Grundwissen Mathematikstudium

Prinzip der offenen Abbildung

Sind X, Y Banachräume und $A \in \mathcal{L}(X, Y)$ ist surjektiv, dann ist A offen, d. h., offene Mengen werden auf offene Mengen abgebildet.

Fortsetzungssatz von Hahn-Banach

Ist $U \subseteq X$ Unterraum eines normierten Raums X über $\mathbb{R}$ oder $\mathbb{C}$ und ist $l \in U'$, dann existiert ein Funktional $\tilde{l} \in X'$ mit der Fortsetzungseigenschaft $\tilde{l}(x) = l(x)$ für $x \in U$ und mit der Operatornorm $\|\tilde{l}\|_{X'} = \|l\|_{U'}$.

Folgerung der Riesz-Theorie

Ist $A\colon X \to X$ ein kompakter, linearer Operator auf einem normierten Raum X, und ist $I - A\colon X \to X$ injektiv, so ist der Operator $L = I - A$ bijektiv mit beschränktem inversen Operator $(I - A)^{-1} \in \mathcal{L}(X, X)$.

Riesz'scher Darstellungssatz

Ist X ein Hilbertraum und $l \in X'$, so gibt es genau ein $\hat{x} \in X$ mit

$$l(x) = (x, \hat{x}) \quad \text{für jedes } x \in X$$

und es gilt $\|l\| = \|\hat{x}\|$.

Spektralsatz kompakter selbstadjungierter Operatoren

- Zu einem kompakten, selbstadjungierten Operator $A \in \mathcal{K}(X, X)$ in einem Hilbertraum X mit $A \neq 0$ gibt es mindestens einen und höchstens abzählbar unendlich viele Eigenwerte.
- Alle Eigenwerte sind reell und zugehörige Eigenräume zu Eigenwerten $\lambda \neq 0$ sind endlich dimensional und zueinander orthogonal.
- Der Nullraum $\mathcal{N}(A) = \{x \in X\colon Ax = 0\}$ steht senkrecht auf allen Eigenräumen zu Eigenwerten $\lambda \neq 0$. Außerdem ist $\lambda = 0$ der einzig mögliche Häufungspunkt der Eigenwerte von A.
- Ordnet man die Eigenwerte $\lambda_j \neq 0$ gemäß $|\lambda_1| \geq |\lambda_2| \geq \ldots > 0$, wobei die Eigenwerte entsprechend ihrer Vielfachheit aufgelistet sind, und bezeichnet mit x_n zugehörige orthonormierte Eigenvektoren, so gibt es zu jedem $x \in X$ genau ein $x_0 \in \mathcal{N}(A)$ mit

  $$x = x_0 + \sum_{n=1}^{\infty} (x, x_n) x_n\,,$$

  und es gilt

  $$Ax = \sum_{n=1}^{\infty} \lambda_n (x, x_n) x_n\,,$$

  wobei x_0 die orthogonale Projektion von x auf $\mathcal{N}(A)$ ist.

Grundregel der Numerik

Eines der berühmtesten Resultate der Numerischen Mathematik lautet: „Aus Konsistenz und Stabilität folgt Konvergenz". Es ist erstaunlich, wie oft man solche Aussagen in der Numerik trifft, wenn man nur die hier ganz abstrakt definierten Begriffe Konsistenz, Stabilität und Konvergenz im konkreten Einzelfall betrachtet.

Weierstraß'scher Approximationssatz

Zu einer stetigen Funktion $f \in C([a, b])$ und einem $\varepsilon > 0$ existiert ein Polynom $p \in \Pi([a, b])$ mit $\|f - p\|_\infty \leq \varepsilon$.

Interpolationsfehler auf beliebigen Stützstellen

Sei $f \in C^n([a, b])$ und die $(n + 1)$-te Ableitung $f^{(n+1)}(x)$ existiere an jedem Punkt $x \in [a, b]$. Ist $a \leq x_0 \leq x_1 \leq \ldots \leq x_n \leq b$ und ist $p \in \Pi^n([a, b])$ das Interpolationspolynom zu den Daten $(x_i, f(x_i))$, $i = 0, \ldots, n$, dann existiert ein von $x, x_0, x_1, \ldots, x_n$ und f abhängiger Punkt ξ mit

$$\min\{x, x_0, x_1, \ldots, x_n\} < \xi < \max\{x, x_0, x_1, \ldots, x_n\},$$

sodass gilt

$$\begin{aligned} R_n(f; x) &:= f(x) - p(x) \\ &= (x - x_0)(x - x_1) \cdot \ldots \cdot (x - x_n) \frac{f^{(n+1)}(\xi)}{(n+1)!} \\ &=: \omega_{n+1}(x) \cdot \frac{f^{(n+1)}(\xi)}{(n+1)!}. \end{aligned}$$

Interpolationsfehler auf den Tschebyschow-Nullstellen

Sind $x_0, \ldots, x_n$ die Nullstellen des Tschebyschow-Polynoms T_{n+1}, dann ist der Interpolationsfehler bei Interpolation

$$R_n(f; x) = \widetilde{T}_{n+1}(x) \frac{f^{n+1}(\xi)}{(n+1)!}, \qquad -1 < \xi < 1.$$

Satz von Holladay

Ist $f \in C^2(a, b)$, $\Delta := \{a = x_1 < x_2 < \ldots < x_n = b\}$ eine Zerlegung von $[a, b]$ und $P_{f,3}$ eine Splinefunktion zu Δ, dann gilt

$$\begin{aligned} &\|f - P_{f,3}\|^2 \\ &= \|f\|^2 - 2\left[(f'(x) - P'_{f,3}(x)) P''_{f,3}(x)\right]\Big|_a^b - \|P_{f,3}\|^2. \end{aligned}$$

Satz über den Quadraturfehler geschlossener Newton-Cotes-Formeln mit geradem n

Sei n gerade und f besitze noch eine stetige $(n + 2)$-te Ableitung. Dann gilt

$$R_{n+1}[f] = -\frac{K_{n+1} \cdot f^{(n+2)}(\eta)}{(n+2)!}, \qquad a < \eta < b$$

mit

$$K_{n+1} := \int_a^b x \cdot \omega_{n+1}(x)\, \mathrm{d}x < 0.$$

Martin Brokate Norbert Henze Frank Hettlich Andreas Meister
Gabriela Schranz-Kirlinger Thomas Sonar

Grundwissen Mathematikstudium

Höhere Analysis, Numerik und Stochastik

unter Mitwirkung von Daniel Rademacher

Springer Spektrum

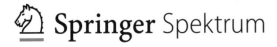

Autoren
Martin Brokate, TU München Zentrum Mathematik (M10), Garching, brokate@ma.tum.de
Norbert Henze, Karlsruher Institut für Technologie (KIT), norbert.henze@kit.edu
Frank Hettlich, Karlsruher Institut für Technologie (KIT), frank.hettlich@kit.edu
Andreas Meister, Universität Kassel, meister@mathematik.uni-kassel.de
Gabriela Schranz-Kirlinger, TU Wien, g.schranz-kirlinger@tuwien.ac.at
Thomas Sonar, TU Braunschweig FB 1 Mathematik und Informatik, Braunschweig, t.sonar@tu-bs.de

ISBN 978-3-642-45077-8 ISBN 978-3-642-45078-5 (eBook)
DOI 10.1007/978-3-642-45078-5

Die Deutsche Nationalbibliothek verzeichnet diese Publikation in der Deutschen Nationalbibliografie; detaillierte bibliografische Daten sind im Internet über http://dnb.d-nb.de abrufbar.

Springer Spektrum

Planung und Lektorat: Dr. Andreas Rüdinger, Bianca Alton
Redaktion: Martin Radke
Fotos/Zeichnungen: Thomas Epp, Joscha Kaiser, Norbert Henze
Satz: EDV-Beratung Frank Herweg, Leutershausen
Einbandentwurf: deblik, Berlin
Einbandabbildung: © Jos Leys

Gedruckt auf säurefreiem und chlorfrei gebleichtem Papier

Springer-Verlag GmbH Berlin Heidelberg ist Teil der Fachverlagsgruppe Springer Science+ Business Media
(www.springer.com)

Vorwort

Wenn mit ANA und LA, der Analysis und der Linearen Algebra, das Fundament für ein Mathematikstudium gelegt ist, wird dieses im zweiten und dritten Studienjahr vertieft und mit der Stochastik und der Numerischen Mathematik um zwei weitere Bereiche ergänzt. So liefert das Grundstudium einen Einstieg in die vier tragenden Säulen der modernen Mathematik: Algebra, Analysis, Numerische Mathematik und Stochastik. Mit dem vorliegenden zweiten Band des „Grundwissen Mathematikstudium" möchten wir Autoren Sie auf Ihrem Weg in die Mathematik weiter anleiten. Dabei werden wie bereits im ersten Band (Arens et al., Grundwissen Mathematikstudium – Analysis und Lineare Algebra mit Querverbindungen, Springer Spektrum, 2013) auch Verknüpfungen der einzelnen Bereiche herausgestellt. Die beiden Lehrbücher sind aber so angelegt, dass mit ihnen auch unabhängig voneinander gearbeitet werden kann.

Zentral sind selbstverständlich die Beweise, von denen wir wieder einige „unter die Lupe" nehmen. Auch die anderen didaktischen Elemente wie Beispielboxen, Ausblicke, Übersichten oder Selbstfragen wird der Leser in diesem Lehrwerk wiederfinden. Es sei angemerkt, dass bei der Verwendung der männlichen Sprachform stets alle Personen, unabhängig von ihrem Geschlecht, gemeint sind.

Die Stoffauswahl für den zweiten Teil unseres Grundwissen-Konzepts orientiert sich an den üblichen Curricula im zweiten bzw. dritten Studienjahr. Dabei gehen wir auch hier neue Wege, indem etwa die Stochastik und die Numerische Mathematik in einem Band zusammen präsentiert werden. Neben diesen beiden großen Bereichen werden durch Kapitel zu Differenzialgleichungen, Funktionentheorie, Funktionalanalysis, Mannigfaltigkeiten und Maßtheorie die Grundlagen der Analysis in verschiedene Richtungen erweitert. Damit eine solche Erweiterung in angemessener Ausführlichkeit dargestellt werden kann, haben wir auf Vertiefungen im Bereich der Algebra, der Geometrie und Topologie sowie der Optimierung verzichtet.

Wir wünschen Ihnen mit dem vorliegenden Buch viele neue Erkenntnisse und hoffen, Ihnen mit dem Grundwissen Mathematikstudium einen zuverlässigen Begleiter beim Erlernen der Grundbausteine der Mathematik und beim späteren Nachschlagen mit auf den Weg geben zu können.

Selbstverständlich ist dieses umfassende Buch nicht ohne die tatkräftige Hilfe anderer entstanden. Zunächst gilt unser Dank den Autoren des ersten Teils, die mit ihren Vorarbeiten einen passenden Rahmen für das vorliegende Werk geschaffen haben. Insbesondere bedanken wir uns bei Herrn Ch. Karpfinger, dessen Beschreibungen wir in Abschnitt 1.2 direkt übernehmen durften. Ebenso richten wir einen ganz besonderen Dank an Herrn D. C. Rademacher, der ganz wesentlich bei der Ausarbeitung des sechsten Kapitels mitgewirkt hat. Unser Dank gilt weiterhin Herrn S. Kopecz, dessen konstruktive Hinweise gepaart mit seiner sehr hilfreichen MATLAB-Programmierung uns bei vielen Beispielen zu didaktisch sinnvollen Illustrationen verhalf. Für aufmerksames Korrekturlesen und zahlreiche Verbesserungsvorschläge bedanken wir uns bei Herrn B. Klar und Frau V. Riess sowie bei Frau N. Bialowas und Frau C. Geiersbach. Darüber hinaus bedanken wir uns für ein perfektes Redigieren des Textes bei Herrn M. Radke. Er gab uns beim Schreiben die Sicherheit, dass alle Texte sehr sorgsam Korrektur gelesen werden. Weiterhin durften wir dankbar auf die Mitarbeit von Herrn T. Epp und Herrn J. Kaiser zählen, die viele unserer oft rudimentären Skizzen in ansprechende Abbildungen umgesetzt haben. Ganz besonders gilt unser Dank der Zusammenarbeit mit dem Verlag Springer Spektrum. Nur die strukturierende Übersicht von Frau B. Alton und die immer wieder beeindruckende Kompetenz von Herrn A. Rüdinger mit vielen kreativen und engagierten Vorschlägen machten die Umsetzung dieses umfangreichen und ehrgeizigen Projekts möglich.

Heidelberg, 2015

Martin Brokate, Norbert Henze, Frank Hettlich,
Andreas Meister, Gabriela Schranz-Kirlinger, Thomas Sonar

Die Autoren

Prof. Dr. Martin Brokate ist als Professor an der Fakultät für Mathematik der Technischen Universität München tätig. Er ist Co-Autor eines Lehrbuchs über Maß- und Integrationstheorie. In der Forschung befasst er sich mit ratenunabhängigen Evolutionen und optimalen Steuerungen.

Prof. Dr. Norbert Henze ist seit 1991 Professor für Mathematische Stochastik am Karlsruher Institut für Technologie (KIT). 2015 wurde er mit dem Ars-legendi-Fakultätenpreis für exzellente Hochschullehre in der Kategorie Mathematik ausgezeichnet.

PD Dr. Frank Hettlich ist als Dozent an der Fakultät für Mathematik des Karlsruher Instituts für Technologie (KIT) tätig.

Prof. Dr. Andreas Meister ist Professor für Angewandte Mathematik an der Universität Kassel und befasst sich mit numerischen Methoden für realitätsbezogene Problemstellungen. Neben dem Kurt-Hartwig-Siemers-Forschungspreis der Hamburgischen Wissenschaftlichen Stiftung erhielt er den Mentorship-Preis der Claussen-Simon-Stiftung und wurde mehrfach mit der Titel „Hochschullehrer des Semesters" ausgezeichnet.

A. o. Prof. Dr. Gabriela Schranz-Kirlinger ist Dozentin an der Technischen Universität Wien und hat sehr viel Erfahrung sowohl in der Servicelehre als auch in der Ausbildung von Studierenden der Mathematik.

Prof. Dr. Thomas Sonar studierte Maschinenbau an der Fachhochschule Hannover und anschließend Mathematik und Informatik an der Leibniz-Universität. Er hat eine Professur für Technomathematik an der TU Braunschweig inne und ist Mitglied der Braunschweigischen Wissenschaftlichen Gesellschaft BWG und korrespondierendes Mitglied der Hamburger Akademie der Wissenschaften.

Unter Mitarbeit von

Daniel C. Rademacher studiert an der Universität Braunschweig Mathematik (Master). Das von ihm verfasste Kapitel 6 beruht zu großen Teilen auf der Vorlesung „Globale Analysis" von Prof. Sonar.

Inhaltsverzeichnis

Verzeichnis der Übersichten

Mathematatik – eine lebendige Wissenschaft

1

Worin bestehen die Inhalte des zweiten und dritten Studienjahrs Mathematik?

Was ist zu beachten beim Schreiben einer Bachelorarbeit?

Welche historischen Entwicklungen prägten die im Buch behandelten Gebiete?

Mit der Analysis und der Linearen Algebra werden im ersten Studienjahr klassische Grundlagen der Mathematik gelegt. Im Hinblick auf die moderne Entwicklung dieses Fachs sind heute weitere Aspekte ebenso maßgebend, die üblicherweise Gegenstand des zweiten und dritten Studienjahrs sind.

Aus diesem Grund setzen wir mit dem vorliegenden Werk das im Folgenden kurz „Band 1" genannte Lehrbuch „Grundwissen Mathematikstudium: Analysis und Lineare Algebra" fort. Es ist bei Kenntnis der Inhalte des ersten Studienjahrs auch unabhängig vom Band 1 verständlich und gut lesbar. Wie in jenem Band wird dabei, neben einer vollständigen Beweisführung, Wert auf Zusammenhänge, Hintergründe, Motivation und alternative Beweisideen gelegt. Damit wollen wir einen Weg weisen hin zu einem umfassenden Verständnis von klassischen sowie numerischen und stochastischen Aspekten der Mathematik, ohne die ein wissenschaftliches Arbeiten im Fach heute nicht mehr denkbar ist.

Neben der Numerischen Mathematik und der Stochastik, die üblicherweise im zweiten bzw. dritten Studienjahr unterrichtet werden, behandeln wir weiterführende Gebiete der Analysis. Hier knüpfen wir an den ersten Band an und ergänzen diesen durch grundlegende Inhalte zu Differenzialgleichungen, Integration auf Mannigfaltigkeiten, Funktionentheorie, Maß- und Integrationstheorie sowie Funktionalanalysis. Auf eine Darstellung weiterer im zweiten und dritten Studienjahr vorkommender Gebiete wie Algebra, Geometrie und Topologie sowie Optimierung haben wir aus Umfangsgründen verzichten müssen. Einige grundlegende Sachverhalte aus Optimierung, Zahlentheorie und Diskreter Mathematik wurden in den letzten drei Kapiteln von Band 1 behandelt.

Um das Konzept des vorliegenden Lehrbuchs unabhängig vom ersten Band nachvollziehbar zu machen, bieten wir den Lesern in diesem einleitenden Kapitel eine kurze Einführung in unsere Intention und die didaktischen Elemente. Außerdem ergänzen wir die geschichtlichen Betrachtungen von Band 1 um die weitere Entwicklung vor allem im 20. Jahrhundert, die den vorliegenden Inhalten letztendlich deren heutige zentrale Bedeutung gegeben hat.

1.1 Über Mathematik, Mathematiker und dieses Lehrbuch

Mathematik ist eine *Formal*wissenschaft. Zu diesen Wissenschaften gehören genau jene, die sich mit *formalen Systemen* beschäftigen. Neben der Mathematik sind die Logik oder die theoretische Informatik Beispiele solcher Formalwissenschaften. Während in den Geistes-, Natur- und Ingenieurwissenschaften frühere Erkenntnisse durch einen neuen Zeitgeist oder durch neue Experimente relativiert werden, sind mathematische Erkenntnisse ein für alle Mal korrekt. Insofern sind letztere kulturunabhängig und prinzipiell von jedem nachvollziehbar. Das heißt aber keineswegs, dass die Mathematik starr ist und irgendwie stehen bleibt. Nicht nur die Darstellungen und der Abstraktionsgrad, sondern vor allem die betrachteten Inhalte unterliegen einem ständigen Veränderungsprozess. Sie liefern bis heute eine äußerst lebendige Wissenschaft, die sich kontinuierlich weiterentwickelt.

Ein wesentliches Merkmal der Mathematik besteht darin, dass ihre Inhalte streng aufeinander aufbauen und jeder einzelne Schritt im Allgemeinen gut zu verstehen ist. Im Ganzen betrachtet ist die Mathematik jedoch ein außerordentlich komplexes und großes Gebiet, das im Laufe der vergangenen ca. 6000 Jahre von vielen Menschen zusammengetragen wurde.

Was ist neu an diesem Lehrbuch?

Mathematiker verwenden üblicherweise eine karge und rein zweckorientierte Sprechweise. Im Interesse der Studierenden – also insbesondere in Ihrem Interesse – sind wir bestrebt, hiervon abzuweichen und fassen in diesem Buch so weit wie möglich Formeln und abstrakte Gebilde auch in Worte. Auf diese Weise nehmen Erklärungen viel Platz ein. Das ist neu, aber es gibt noch mehr.

Aufgabenstellungen in der Mathematik sind häufig zu Beginn schwer zu erfassen. Wir haben uns bemüht, komplexe, nicht sofort offensichtliche Zusammenhänge Schritt für Schritt zu erklären. Wir schildern, stellen dar, gliedern und liefern Beispiele für nicht leicht zu verstehende Sachverhalte. In der Mathematik ist das begriffliche Verständnis von Zusammenhängen wichtig. Keinesfalls ist Auswendiglernen ein erfolgreicher Weg zum Abschluss eines Mathematikstudiums.

Von den typischerweise im zweiten und dritten Studienjahr vertretenen Gebieten behandeln wir Höhere Analysis, Numerische Mathematik und Stochastik ineinander verwoben und teils aufeinander aufbauend.

So treten die Zusammenhänge der Gebiete und die Ähnlichkeit der mathematischen Schlüsse klarer hervor, und es entsteht ein solides Fundament, auf dem ein weiterführendes Studium aufgebaut werden kann. Auch das ist neu, aber noch nicht alles.

Der Stoffumfang des ersten Studienjahrs ist an den meisten Universitäten im deutschsprachigen Raum sehr ähnlich. Wir waren bestrebt, grundlegende Themen des zweiten und zu einem großen Teil des dritten Studienjahrs herauszugreifen und in einem einzigen Buch zusammenzufassen.

Die Inhalte des vorliegenden Werkes decken einen wichtigen Teil des Stoffs dieser beiden Jahre ab. Damit werden drei Säulen der modernen Mathematikausbildung, nämlich **Analysis**, **Numerische Mathematik** und **Stochastik**, ausführlich behandelt. Insofern liegt für Sie auch in diesem Band wieder ein greifbarer Horizont vor, nämlich die letzte Seite dieses Buchs.

Die Mathematik beruht auf Axiomen

Wir wissen schon aus dem ersten Studienjahr, dass die Mathematik als Wissenschaft von *Grundwahrheiten* ausgeht, um weitere Wahrheiten zu vermitteln. Diese auch als **Axiome** oder **Postulate** bezeichneten Grundwahrheiten sind nicht beweisbar, werden aber als gültig vorausgesetzt. Die Gesamtheit der Axiome ist das **Axiomensystem**.

Natürlich sollten sich die Axiome eines solchen Systems nicht widersprechen, und so versuchte man, die *Widerspruchsfreiheit* der gängigen Axiomensysteme zu beweisen, was jedoch nicht gelang. Die Lage ist in der Tat noch verworrener, denn Kurt Gödel (1906–1978) zeigte, dass die vermutete Widerspruchsfreiheit *innerhalb* des betrachteten Axiomensystems weder bewiesen noch widerlegt werden kann.

Die wichtigsten Bausteine und Schritte zum Formulieren mathematischer Sachverhalte lassen sich in drei Typen unterteilen, nämlich *Definition, Satz* und *Beweis*.

Definitionen liefern den Rahmen

Durch **Definitionen** werden die Begriffe festgelegt, mit denen man später arbeitet. Auch allgemein übliche Notationen gehören im weiteren Sinne in diese Kategorie. Definitionen können weder wahr noch falsch sein, wohl aber mehr oder weniger sinnvoll. Auf jeden Fall muss der Gegenstand einer Definition **wohldefiniert** sein. Seine Beschreibung muss eine eindeutige Festlegung beinhalten und darf nicht auf Widersprüche führen.

Wenn wir im Folgenden einen Begriff definieren, so schreiben wir ihn **fett**. Manchmal sind solche Begriffe sehr suggestiv, wir verwenden sie dann oftmals schon vor der eigentlichen Definition oder auch in den einleitenden Absätzen zu den Kapiteln. In diesem Fall setzen wir den betreffenden Begriff *kursiv*. Nach erfolgter Definition wird dieser Begriff nicht mehr besonders hervorgehoben.

Sätze formulieren zentrale Ergebnisse

Sätze stellen auch in diesem Buch die Werkzeuge dar, mit denen wir ständig umgehen, und wir werden grundlegende Sätze der Höheren Analysis, der Numerik und Stochastik formulieren, beweisen und anwenden. Dient ein Satz in erster Linie dazu, mindestens eine nachfolgende, weitreichendere Aussage zu beweisen, wird er oft **Lemma** (Plural *Lemmata*, griechisch für *Weg*) oder **Hilfssatz** genannt. Ein **Korollar** oder eine **Folgerung** formuliert Konsequenzen, die sich aus zentralen Sätzen ergeben.

Erst der Beweis macht einen Satz zum Satz

Jede Aussage, die als Satz, Lemma oder Korollar formuliert wird, muss sich *beweisen* lassen und somit wahr sein. In der Tat ist die Beweisführung zugleich die wichtigste und die anspruchsvollste Tätigkeit in der Mathematik. Einige grundlegende Techniken, Sprech- und Schreibweisen haben wir schon im ersten Studienjahr kennengelernt, wollen sie hier aber teilweise nochmals vorstellen.

Zunächst sollte jedoch der formale Rahmen betont werden, an den man sich beim Beweisen im Idealfall halten sollte. Dabei werden in einem ersten Schritt die Voraussetzungen festgehalten. Anschließend stellt man die Behauptung auf. Erst dann beginnt der eigentliche Beweis. Ist Letzterer gelungen, so lassen sich die Voraussetzungen und die Behauptung zur Formulierung eines entsprechenden Satzes zusammenstellen. Außerdem ist es meistens angebracht, den Beweis noch einmal zu überdenken und schlüssig zu formulieren.

Der Deutlichkeit halber wird das Ende eines Beweises häufig mit „qed" (quod erat demonstrandum – was zu zeigen war) oder einfach mit einem Kästchen „■" gekennzeichnet. Insgesamt liegt fast immer folgende Struktur vor, die auch bei Ihren eigenen Beweisführungen Richtschnur sein sollte:

- Voraussetzungen: …
- Behauptung: …
- Beweis: … ■

Natürlich ist diese Reihenfolge kein Dogma. Auch in diesem Buch werden manchmal Aussagen *hergeleitet*, also letztendlich die Beweisführung bzw. die Beweisidee vorweg genommen, bevor die eigentliche Behauptung komplett formuliert wird. Diese Vorgehensweise kann mathematische Zusammenhänge verständlicher machen. Das Identifizieren der drei Elemente *Voraussetzung*, *Behauptung* und *Beweis* bei Resultaten, bleibt trotzdem stets wichtig, um sich Klarheit über Aussagen zu verschaffen.

O. B. d. A. bedeutet ohne Beschränkung der Allgemeinheit

Mathematische Sprechweisen sind oft etwas gewöhnungsbedürftig. So steht o.B.d.A für „ohne Beschränkung der Allgemeinheit". Manchmal sagt man stattdessen auch o.E.d.A., also „ohne Einschränkung der Allgemeinheit" oder ganz kurz o.E., d. h. „ohne Einschränkung". Hierunter verbirgt sich meist das Abhandeln von Spezialfällen zu Beginn eines Beweises, um den Beweis dadurch übersichtlicher zu gestalten. Der allgemeine Fall wird dennoch mitbehandelt; es wird nur die Aufgabe an die Studierenden übertragen, sich sorgsam zu vergewissern, dass tatsächlich der allgemeine Fall begründet wird. Soll etwa eine Aussage für jede reelle Zahl x bewiesen werden, so bedeutet „sei o.B.d.A. $x \neq 0$", dass die zu beweisende Behauptung im Fall $x = 0$ offensichtlich („trivial") ist.

Logische Aussagen strukturieren Mathematik

In den Beschreibungen des Terminus *Satz* haben wir schon an einigen Stellen von *Aussagen* gesprochen. Letztlich sind nahezu alle mathematischen Sachverhalte *wahre Aussagen* im Sinne der **Aussagenlogik**, die somit einen Grundpfeiler der modernen Mathematik bildet. Diese Sichtweise von Mathematik ist übrigens noch nicht alt, denn sie hat sich erst zu Beginn des zwanzigsten Jahrhunderts etabliert. Die Logik ist schon seit der Antike eine philosophische Disziplin. Wir werden uns hier nur auf die Aspekte der *mathematischen* Logik konzentrieren, die im Hinblick auf das Beweisen grundlegend sind.

Nach dem Grundprinzip der Logik müssen alle verwendeten Ausdrücke eine klare, scharf definierte Bedeutung besitzen, und dieses Prinzip sollte auch Richtschnur für alle wissenschaftlichen Betrachtungen sein. Es erhält gerade in der Mathematik ein ganz zentrales Gewicht. Daher ist die aus gutem Grunde an Symbolen reiche Sprache der Mathematik am Anfang sicher gewöhnungsbedürftig. Sie unterscheidet sich von der Alltagssprache durch eine sehr genaue Beachtung der Semantik.

Abstraktion ist eine Schlüsselfähigkeit

In der Mathematik stößt man immer wieder auf das Phänomen, dass unterschiedlichste Anwendungsprobleme mit denselben oder sehr ähnlichen mathematischen Modellen behandelt werden können. So beschreibt etwa die gleiche Differenzialgleichung sowohl die Schwingung eines Pendels als auch die Vorgänge in einem Stromkreis aus Spule und Kondensator.

Werden in der Mathematik bei unterschiedlichen Problemen gleiche Strukturen erkannt, so ist man bestrebt, deren Wesensmerkmale herauszuarbeiten und für sich zu untersuchen. Man löst sich dann vom eigentlichen konkreten Problem und studiert stattdessen die herauskristallisierte allgemeine Struktur.

Den induktiven Denkprozess, das Wesentliche eines Problems zu erkennen und bei unterschiedlichen Fragestellungen Gemeinsamkeiten auszumachen, die für die Lösung zentral sind, nennt man **Abstraktion**. Hierdurch wird es möglich, mit einer mathematischen Theorie ganz verschiedenartige Probleme gleichzeitig zu lösen, und man erkennt oft auch Zusammenhänge und Analogien, die sehr hilfreich sein können.

Abstraktion ist ein selbstverständlicher, unabdingbarer Bestandteil des mathematischen Denkens, und nach dem ersten Studienjahr haben Sie vermutlich die Anfangsschwierigkeiten damit überwunden. Auch in diesem Band haben wir wieder viel Wert darauf gelegt, Ihnen den Zugang zur Abstraktion mit zahlreichen Beispielen zu erleichtern und Ihre Abstraktionsfähigkeit zu fördern.

Computer beeinflussen die Mathematik

Die Verbreitung des Computers hat die Bedeutung der Mathematik ungemein vergrößert. Mathematik durchdringt heute praktisch alle Lebensbereiche, angefangen von der Telekommunikation, Verkehrsplanung, Meinungsforschung, bis zur Navigation von Schiffen oder Flugzeugen, dem Automobilbau, bildgebenden Verfahren der Medizin oder der Weltraumfahrt. Es gibt kaum ein Produkt, das nicht vor seiner Entstehung als virtuelles Objekt mathematisch beschrieben wird, um sein Verhalten testen und damit den Entwurf weiter verbessern zu können. Das Zusammenspiel von Höchstleistungsrechnern und ausgeklügelten mathematischen Algorithmen ermöglicht es zudem, eine immer größere Datenflut zu verarbeiten. So beträgt etwa die Rohdatenproduktion des ATLAS-Detektors von Elementarteilchen-Kollisionen am CERN in Genf ca. 60 Terabyte pro Sekunde (Stand 2013).

Viele Rechenaufgaben aus unterschiedlichsten Bereichen der Mathematik können heute bequem mit Computeralgebrasystemen (CAS) erledigt werden. Dabei operieren solche Systeme nicht nur mit Zahlen, sondern auch mit Variablen, Funktionen oder Matrizen. So kann ein CAS u. a. lineare Gleichungssysteme lösen, Zahlen und Polynome faktorisieren, Funktionen differenzieren und integrieren, zwei- oder dreidimensionale Graphen zeichnen, Differenzialgleichungen behandeln oder analytisch nicht lösbare Integrale oder Differenzialgleichungen näherungsweise lösen. Für die sachgerechte Verwendung dieser Programme sind aber Kenntnisse der zugrunde liegenden Mathematik unumgänglich.

Was macht man im zweiten und dritten Studienjahr?

In der **Analysis** lassen sich im ersten Studienjahr nicht alle Themen abdecken, die zum Basiswissen der Mathematik gezählt werden, und so werden diese Grundlagen im zweiten bzw. dritten Studienjahr in Veranstaltungen zu *Differenzialgleichungen*, *Maßtheorie*, *Funktionentheorie* oder *Funktionalanalysis* und anderen vermittelt.

Differenzialgleichungen sind Gleichungen, in denen eine gesuchte Funktion und deren Ableitung(en) auftauchen. Sie spielen innerhalb der Mathematik und auch in vielen Anwendungen eine zentrale Rolle.

In der *Maßtheorie* werden die elementargeometrischen Begriffe Streckenlänge, Flächeninhalt und Volumen verallgemeinert, sodass auch Teilmengen einer abstrakten Grundmenge ein Maß zugeordnet werden kann.

In der *Funktionentheorie* betrachtet man komplexwertige Funktionen einer komplexen Veränderlichen. Im Komplexen differenzierbare Funktionen haben eine Vielzahl struktureller – lokaler und globaler – Eigenschaften, die nicht zuletzt wesentlich zum Verständnis von Funktionen im Reellen beitragen.

Die *Funktionalanalysis* ergibt sich aus dem Bestreben, Aussagen und Beweise der Analysis und der Linearen Algebra auf abstraktere Funktionen, den sogenannten Operatoren, in allgemeinen Vektorräumen zu übertragen.

In unserem Lehrbuch findet sich für diesen Studienabschnitt eine gezielte Stoffauswahl zu obigen Themen, die wir als wesentlichen Bestandteil jeder akademischen Mathematikausbildung sehen.

In der **Numerischen Mathematik**, kurz auch **Numerik** genannt, entwickelt und analysiert man Algorithmen, deren Anwendungen näherungsweise Lösungen von Problemen mithilfe von Computern liefern. In der Praxis ist es nämlich oftmals so, dass man Gleichungen erhält, die nicht exakt lösbar sind oder deren Lösungen nicht in analytischer Form angegeben werden können. Hier schafft die Numerische Mathematik Abhilfe. Im Gegensatz zu Computeralgebrasystemen arbeitet ein numerisches Verfahren stets mit konkreten Zahlenwerten, nicht mit Variablen oder anderen abstrakten Objekten. Computeralgebrasysteme benutzen für konkrete Berechnungen die Algorithmen, die in der Numerischen Mathematik entwickelt wurden. Die wesentlichen Gebiete der Numerischen Mathematik, wie Interpolation, Quadratur, Numerik linearer Gleichungssysteme, Eigenwertprobleme, lineare Ausgleichsprobleme, nichtlineare Gleichungen, und Numerik gewöhnlicher Differenzialgleichungen werden im vorliegenden Buch ausführlich behandelt.

In der **Stochastik** lernt man das Axiomensystem von Kolmogorov kennen und damit das Konzept des Wahrscheinlichkeitsraums als allgemeines Modell für stochastische Vorgänge. Grundlegende Begriffe der Stochastik sind u. a. Zufallsvariablen, bedingte Wahrscheinlichkeiten, stochastische Unabhängigkeit, Erwartungswert, Varianz, Korrelation, Quantile, Verteilungsfunktionen und Dichten. Die Stochastik ist in diesem Band so aufgebaut, dass insbesondere Studierende des Lehramts, die im Allgemeinen keine Kenntnisse der abstrakten Maß- und Integrationstheorie erwerben, sich möglichst viele Konzepte und Denkweisen der Stochastik einschließlich der Statistik erschließen können, ist doch die Stochastik unter der Leitidee *Daten und Zufall* wichtiger Bestandteil des gymnasialen Mathematikunterrichts. So gibt es nach einem Kapitel über Wahrscheinlichkeitsräume ein Kapitel über bedingte Wahrscheinlichkeiten und stochastische Unabhängigkeit, von dem große Teile, und hier insbesondere der letzte Abschnitt über Markov-Ketten, keine Kenntnisse der Maß- und Integrationstheorie voraussetzen. Gleiches gilt für das anschließende Kapitel über diskrete Verteilungsmodelle. Insgesamt geht der behandelte Stoff über das, was üblicherweise in einer Einführungsveranstaltung behandelt wird, hinaus. So gibt es ein Kapitel über Konvergenzbegriffe und Grenzwertsätze, in dem das Starke Gesetz großer Zahlen und der Zentrale Grenzwertsatz von Lindeberg-Feller bewiesen werden. Das abschließende Kapitel zur Statistik beinhaltet alle wichtigen Konzepte der schließenden Statistik wie Punktschätzer, Konfidenzbereiche und Tests. Auch einfache nichtparametrische Schätz- und Testverfahren werden behandelt.

Die Zugehörigkeit der Kapitel zu den verschiedenen Gebieten erkennen Sie auch an den Kapiteleingangsseiten, den Überschriften oder den Seitenzahlen: Die Kapitelnummern, Überschriften und Seitenzahlen sind bei den Kapiteln zur **Höheren Analysis** grün, bei den Kapiteln zur **Numerischen Mathematik** blau und bei den Kapiteln zur **Stochastik** orange.

1.2 Die didaktischen Elemente dieses Lehrbuchs

Dieses Lehrbuch weist eine Reihe didaktischer Elemente auf, die bereits in Band 1 mit Erfolg verwendet wurden und Sie beim Erlernen des Stoffs unterstützen sollen. Auch wenn diese Elemente meist selbsterklärend und schon vom ersten Band her für einen Teil der Leser bekannt sind, wollen wir hier kurz schildern, wie sie zu verstehen sind und welche Absichten wir damit verfolgen.

Farbige Überschriften geben den Kerngedanken eines Abschnitts wieder

Der gesamte Text ist durch **farbige Überschriften** gegliedert, die jeweils den Kerngedanken des folgenden Abschnitts zusammenfassen. In der Regel bildet eine farbige Überschrift zusammen mit dem dazugehörigen Abschnitt eine *Lerneinheit*. Machen Sie nach dem Lesen eines solchen Abschnitts eine Pause und rekapitulieren Sie dessen Inhalte. Denken Sie auch darüber nach, inwieweit die zugehörige Überschrift den Kerngedanken beinhaltet. Bedenken Sie, dass diese Überschriften oftmals nur kurz und prägnant formulierte mathematische Aussagen sind, die man sich gut merken kann, die aber keinen Anspruch auf *Vollständigkeit* erheben – hier können auch manche Voraussetzungen weggelassen sein.

Im Gegensatz dazu beinhalten die **gelben Merkkästen** meist Definitionen oder wichtige Sätze bzw. Formeln, die Sie sich wirklich merken sollten. Bei der Suche nach zentralen Aussagen und Formeln dienen sie zudem als Blickfang. In diesen

Definition der Operatornorm

Zu einem linearen beschränkten Operator $A : X \to Y$ in normierten Räumen X, Y bezeichnet man

$$\|A\| = \sup_{x \neq 0} \frac{\|Ax\|_Y}{\|x\|_X}$$

als die **zugeordnete Norm** oder **Operatornorm** des Operators A. Die Operatornorm ist die kleinste Schranke $c > 0$ mit $\|Ax\| \leq c\|x\|$ für alle $x \in X$.

Abbildung 1.1 Gelbe Merkkästen heben das Wichtigste hervor.

Merkkästen sind in der Regel auch alle Voraussetzungen angegeben.

Von den vielen Fallstricken der Mathematik könnten wir Lehrende ein Lied singen. Wir versuchen Sie davor zu bewahren und weisen Sie mit einem roten **Achtung** auf gefährliche Stellen hin.

Achtung: Konvergiert die Folge der Näherungswerte $\{\nu^{(m)}\}_{m\in\mathbb{N}}$ innerhalb der Rayleigh-Quotienten-Iteration gegen einen Eigenwert λ der Matrix $\boldsymbol{A}$, so liegt mit $\{\boldsymbol{A} - \nu^{(m)}\boldsymbol{I}\}_{m\in\mathbb{N}}$ eine Matrixfolge vor, die gegen die singuläre Matrix $(\boldsymbol{A}-\lambda\boldsymbol{I})$ konvergiert und somit ein Verfahrensabbruch bei der Lösung des Gleichungssystems zu befürchten ist. Diese Problematik muss bei der praktischen Umsetzung der Methode geeignet berücksichtigt werden.

Abbildung 1.2 Mit einem roten **Achtung** beginnen Hinweise zu häufig gemachten Fehlern.

Zahlreiche Beispiele helfen Ihnen, neue Begriffe, Ergebnisse oder auch Rechenschemata einzuüben. Diese (kleinen) Beispiele erkennen Sie an der blauen Überschrift **Beispiel**. Das Ende eines solchen Beispiels markiert ein kleines blaues Dreieck.

Beispiel

- Auf einem Grundraum Ω gibt es stets zwei triviale σ-Algebren, nämlich die kleinstmögliche (gröbste) σ-Algebra $\mathcal{A} = \{\emptyset, \Omega\}$ und die größtmögliche (feinste) σ-Algebra $\mathcal{A} = \mathcal{P}(\Omega)$. Die erste ist uninteressant, die zweite im Fall eines überabzählbaren Grundraums im Allgemeinen zu groß.
- Für jede Teilmenge A von Ω ist das Mengensystem

  $$\mathcal{A} := \{\emptyset, A, A^c, \Omega\}$$

  eine σ-Algebra.
- In Verallgemeinerung des letzten Beispiels sei

  $$\Omega = \sum_{n=1}^{\infty} A_n$$

  eine Zerlegung des Grundraums Ω in paarweise disjunkte Mengen $A_1, A_2, \ldots$ Dann ist das System

  $$\mathcal{A} = \left\{ B \subseteq \Omega\colon \exists\, T \subseteq \mathbb{N} \text{ mit } B = \sum_{n\in T} A_n \right\} \qquad (19.1)$$

  aller Teilmengen von Ω, die sich als Vereinigung irgendwelcher der Mengen $A_1, A_2, \ldots$ schreiben lassen, eine σ-Algebra über Ω (Aufgabe 19.7). ◀

Abbildung 1.3 Kleinere Beispiele sind in den Text integriert.

Neben diesen (kleinen) Beispielen gibt es – meist ganzseitige – (große) **Beispiele**. Diese behandeln komplexere oder allgemeinere Probleme, deren Lösung mehr Raum einnimmt. Manchmal wird auch eine Mehrzahl prüfungsrelevanter Einzelbeispiele übersichtlich in einem solchen Kasten untergebracht. Ein solcher Kasten trägt einen Titel und beginnt mit einem blau unterlegten einleitenden Text, der die Problematik schildert. Es folgt ein Lösungshinweis, der das Vorgehen zur Lösung kurz erläutert, und daran schließt sich der ausführliche Lösungsweg an (siehe Abbildung 1.4).

Beispiel: Ein einfaches Randwertproblem

Wir betrachten das skalare Randwertproblem $y''(x) = f(x)$, interpretieren diese Gleichung auf zwei Arten mit verschiedenen Randbedingungen und geben die entsprechende Green'sche Funktion an.

Problemanalyse und Strategie: Die Bestimmung der Ruhelage einer eingespannten, elastisch dehnbaren Saite unter der Einwirkung von Gravitation führt auf das Randwertproblem

$$y''(x) = f(x)\,, \qquad y(a) = y(b) = 0$$

für die Auslenkung $y(x)$, $x \in [a, b]$.

Analog können wir einen horizontalen Stab, mit den Enden bei $x = a$ und $x = b$ betrachten. Er wird an einer Stelle $x \in [a, b]$ mit einer Kraft $f(x)$ belastet. Mit $y(x)$ bezeichnen wir die Auslenkung von diesem Stab aus der Horizontalen an der Stelle x. Bei kleinen Auslenkungen gilt für die Krümmung $y''(x) = f(x)$.

Lösung:
Die beiden Lösungen $y_1 = 1$ und $y_2 = x$ bilden ein Fundamentalsystem für die homogene Gleichung. Die Partikulärlösung $y_p(x)$ kann durch zweimalige Integration der Differenzialgleichung gewonnen werden, die allgemeine Lösung ist

$$y(x) = c_1 + c_2 x + y_p(x)\,.$$

1) Die Randbedingungen

   $$y(a) = y'(a) = 0\,,$$

   die eigentlich Anfangsbedingungen darstellen, entsprechen der Situation, dass der Stab am linken Ende horizontal eingespannt ist. In diesem Fall existiert eine eindeutige Lösung.
2) Wird der Stab an beiden Enden auf gleicher Höhe unterstützt, gelten die Dirichlet-Bedingungen

   $$y(a) = y(b) = 0\,.$$

   Mit allgemeinen Dirichlet-Randbedingungen $R_1 y = y(a)$ und $R_2 y = y(b)$ gilt

   $$\det\begin{pmatrix} R_1 y_1 & R_1 y_2 \\ R_2 y_1 & R_2 y_2 \end{pmatrix} = \det\begin{pmatrix} 1 & a \\ 1 & b \end{pmatrix} = b - a \neq 0\,.$$

   Das Randwertproblem ist für alle stetigen Funktionen $f\colon I \to \mathbb{R}$ und $r_1, r_2 \in \mathbb{R}$ eindeutig lösbar.
3) Wir erhalten Neumann-Randbedingungen

   $$y'(a) = y'(b) = 0\,,$$

   wenn sich die Enden des Stabs zwar vertikal bewegen können, aber waagrecht eingespannt sind. Ein solches Randwertproblem ist nie eindeutig lösbar, da mit $y(x)$ auch $y(x) + c$, $c \in \mathbb{R}$, eine Lösung darstellt. Für die Neumann-Randbedingungen $R_1 y = y'(a)$, $R_2 y = y'(b)$ gilt

   $$\det\begin{pmatrix} R_1 u_1 & R_1 u_2 \\ R_2 u_1 & R_2 u_2 \end{pmatrix} = \det\begin{pmatrix} 0 & 1 \\ 0 & 1 \end{pmatrix} = 0\,.$$

Die gerade auf zwei Arten modellierte lineare, skalare Randwertaufgabe 2. Ordnung $-y'' = f(x)$, $y(0) = y(l) = 0$ mit $a = 0$ und $b = l > 0$ und einer auf $[0, l]$ stetigen Funktion f wollen wir nochmals betrachten. Wir haben ein negatives Vorzeichen vor die zweite Ableitung geschrieben, dadurch wird die Green'sche Funktion später nichtnegativ. Eine spezielle Lösung y_p dieser Differenzialgleichung ist durch das Parameterintegral gegeben

$$y_p(x) = -\int_0^x (x - u) f(u)\,\mathrm{d}u\,.$$

Wir benutzen die Regel zur Ableitung eines solchen Parameterintegrals, siehe I, Abschnitt 16.6 und erhalten

$$y_p'(x) = -\int_0^x f(u)\,\mathrm{d}u\,, \quad y''(x) = -f(x)\,.$$

Daher lautet die allgemeine Lösung

$$y(x) = \int_0^x (u - x) f(u)\,\mathrm{d}u + c_1 + x\,c_2\,,$$

mit zwei reellen Konstanten c_1 und c_2, die sich aus den Randbedingungen zu $c_1 = 0$ und $c_2 = -\frac{1}{l}\int_0^l (u - l)\, f(u)\,\mathrm{d}u$ ergeben. Es ist

$$y(x) = \int_0^x (u - x) f(u)\,\mathrm{d}u - \int_0^l \frac{x}{l}(u - l) f(u)\,\mathrm{d}u\,,$$

und nach Aufspaltung des zweiten Integrals erhalten wir

$$y(x) = \int_0^x \frac{u}{l}(l - x) f(u)\,\mathrm{d}u + \int_x^l \frac{x}{l}(l - u) f(u)\,\mathrm{d}u\,.$$

Mithilfe der Green'schen Funktion

$$G(x, u) := \begin{cases} \frac{u}{l}(l - x) & u \leq x \\ \frac{x}{l}(l - u) & u \geq x \end{cases}$$

gilt

$$y(x) = \int_0^l G(x, u) f(u)\,\mathrm{d}u\,.$$

Abbildung 1.4 Größere Beispiele stehen in einem Kasten und behandeln komplexere Probleme.

Manche Sätze bzw. deren Beweise sind so wichtig, dass wir sie einer genaueren Betrachtung unterziehen. Dazu dienen die Boxen **Unter der Lupe**. Zwar sind diese Sätze mit ihren Beweisen meist auch im Fließtext ausführlich dargestellt, in diesen zugehörigen Boxen jedoch geben wir weitere Ideen und Anregungen, wie man auf diese Aussagen bzw. deren Beweise kommt. Wir stellen oft auch weiterführende Informationen zu Beweisalternativen oder mögliche Verallgemeinerungen der Aussagen bereit (siehe Abbildung 1.5).

Auch der am blauen Fragezeichen erkennbare **Selbsttest** tritt als didaktisches Element häufig auf. Meist enthält er eine Frage, die Sie mit dem Gelesenen beantworten können sollten. Nutzen Sie diese Fragen als Kontrolle, ob Sie noch „am Ball sind". Sollten Sie die Antwort nicht kennen, so emp-

Unter der Lupe: Der Beweis des Satzes von Glivenko-Cantelli

Hier spielen das starke Gesetz großer Zahlen und Monotoniebetrachtungen zusammen.

Wir müssen zeigen, dass es eine Menge $\Omega_0 \in \mathcal{A}$ mit $\mathbb{P}(\Omega_0) = 1$ gibt, sodass mit der Notation (24.74)

$$\lim_{n\to\infty} \sup_{x\in\mathbb{R}} |F_n^\omega(x) - F(x)| = 0 \qquad \forall \omega \in \Omega_0$$

gilt. Hierzu wenden wir das starke Gesetz großer Zahlen auf die Folgen $(\mathbf{1}_{(-\infty,x]}(X_j))$ und $(\mathbf{1}_{(-\infty,x)}(X_j))$, $j \geq 1$, an und erhalten damit zu jedem $x \in \mathbb{R}$ Mengen $A_x, B_x \in \mathcal{A}$ mit $\mathbb{P}(A_x) = \mathbb{P}(B_x) = 1$ und

$$\lim_{n\to\infty} F_n^\omega(x) = F(x),\ \omega \in A_x, \tag{24.75}$$

$$\lim_{n\to\infty} F_n^\omega(x-) = F(x-) = \mathbb{P}(X_1 < x),\ \omega \in B_x. \tag{24.76}$$

Dabei sei allgemein $H(x-) := \lim_{y \nearrow x} H(y)$ gesetzt.

Um $D_n^\omega := \sup_{x\in\mathbb{R}} |F_n^\omega(x) - F(x)|$ abzuschätzen, setzen wir $x_{m,k} := F^{-1}(k/m)$ $(m \geq 2,\ 1 \leq k \leq m-1)$ mit der Quantilfunktion F^{-1} von F, vgl. (22.40). Kombiniert man die Ungleichungen $F(F^{-1}(p)-) \leq p \leq F(F^{-1}(p))$ für $p = k/m$ und $p = (k-1)/m$, so folgt

$$F(x_{m,k}-) - F(x_{m,k-1}) \leq \frac{1}{m}. \tag{24.77}$$

Außerdem gilt

$$F(x_{m,1}-) \leq \frac{1}{m}, \quad F(x_{m,m-1}) \geq 1 - \frac{1}{m}. \tag{24.78}$$

Wir behaupten nun die Gültigkeit der Ungleichung

$$D_n^\omega \leq \frac{1}{m} + D_{m,n}^\omega, \quad m \geq 2, n \geq 1, \omega \in \Omega, \tag{24.79}$$

wobei

$$D_{m,n}^\omega := \max\Big\{|F_n^\omega(x_{m,k}) - F(x_{m,k})|, \\ |F_n^\omega(x_{m,k}-) - F(x_{m,k}-)| : 1 \leq k \leq m-1\Big\}.$$

Sei hierzu $x \in \mathbb{R}$ beliebig gewählt. Falls $x_{m,k-1} \leq x < x_{m,k}$ für ein $k \in \{2,\ldots,m-1\}$, so liefern (24.77), die Monotonie von F_n^ω und F und die Definition von $D_{m,n}^\omega$

$$\begin{aligned} F_n^\omega(x) &\leq F_n^\omega(x_{m,k}-) \leq F(x_{m,k}-) + D_{m,n}^\omega \\ &\leq F(x_{m,k-1}) + \frac{1}{m} + D_{m,n}^\omega \\ &\leq F(x) + \frac{1}{m} + D_{m,n}^\omega. \end{aligned}$$

Analog gilt $F_n^\omega(x) \geq F(x) - \frac{1}{m} - D_{m,n}^\omega$, also zusammen

$$|F_n^\omega(x) - F(x)| \leq \frac{1}{m} + D_{m,n}^\omega. \tag{24.80}$$

Falls $x < x_{m,1}$ (der Fall $x \geq x_{m,m-1}$ wird entsprechend behandelt), so folgt

$$\begin{aligned} F_n^\omega(x) - F(x) &\leq F_n^\omega(x) \leq F_n^\omega(x_{m,1}-) \\ &\leq F(x_{m,1}-) + D_{m,n}^\omega \leq \frac{1}{m} + D_{m,n}^\omega \end{aligned}$$

und unter Beachtung von (24.78)

$$F(x) - F_n^\omega(x) \leq F(x_{m,1}-) \leq \frac{1}{m} + D_{m,n}^\omega.$$

Folglich gilt (24.80) für jedes $x \in \mathbb{R}$ und damit (24.79). Setzen wir

$$\Omega_0 := \bigcap_{m=2}^{\infty} \bigcap_{k=1}^{m-1} (A_{x_{m,k}} \cap B_{x_{m,k}})$$

mit A_x aus (24.75) und B_x aus (24.76), so liegt Ω_0 in $\mathcal{A}$, und es gilt $\mathbb{P}(\Omega_0) = 1$, denn Ω_0 ist abzählbarer Durchschnitt von Eins-Mengen. Ist $\omega \in \Omega_0$, so folgt $\lim_{n\to\infty} D_{m,n}^\omega = 0$ für jedes $m \geq 2$ und somit wegen (24.79) $\limsup_{n\to\infty} D_n^\omega \leq \frac{1}{m}, m \geq 2$, also auch $\lim_{n\to\infty} D_n^\omega = 0$, was zu zeigen war.

Abbildung 1.5 Sätze bzw. deren Beweise, die von großer Bedeutung sind, betrachten wir in einer sogenannten *Unter-der-Lupe*-Box genauer.

fehlen wir Ihnen, den vorhergehenden Text ein weiteres Mal durchzuarbeiten. Kurze Lösungen zu den Selbsttests finden Sie als „Antworten der Selbstfragen" am Ende der jeweiligen Kapitel.

?

Zeigen Sie, dass der Differenzialoperator $D\colon (C^1(I), \|.\|_\infty) \to (C(I), \|.\|_\infty)$ mit $Dx(t) = x'(t)$, $t \in I \subseteq \mathbb{R}$ kein beschränkter Operator ist, indem Sie eine Folge von Funktionen konstruieren, die beschränkt ist auf einem Intervall, deren Ableitungen aber eine unbeschränkte Folge bilden.

Abbildung 1.6 Selbsttests ermöglichen eine Verständniskontrolle.

Im Allgemeinen werden wir Ihnen im Laufe eines Kapitels viele Sätze, Eigenschaften, Merkregeln und Rechentechniken vermitteln. Wann immer es sich anbietet, formulieren wir die zentralen Ergebnisse und Regeln in sogenannten **Übersichten**. Neben einem Titel hat jede Übersicht einen einleitenden Text. Meist sind die Ergebnisse oder Regeln stichpunktartig aufgelistet. Eine Gesamtschau der Übersichten findet sich in einem Verzeichnis im Anschluss an das Inhaltsverzeichnis. Die Übersichten dienen in diesem Sinne auch als eine Art Formelsammlung (siehe Abbildung 1.7).

Hintergrund und Ausblick sind oft ganzseitige Kästen, die analog zu den Übersichts-Boxen gestaltet sind. Sie behandeln Themen mit weiterführendem Charakter, die jedoch wegen

Übersicht: Eigenwerteinschließungen und numerische Verfahren für Eigenwertprobleme

Im Kontext des Eigenwertproblems haben wir neben Eigenwerteinschließungen auch unterschiedliche numerische Verfahren kennengelernt, deren Eigenschaften und Anwendungsbereiche wir an dieser Stelle zusammenstellen werden.

Algebra zur Eigenwerteinschließung

Gerschgorin

Die Gerschgorin-Kreise einer Matrix $\boldsymbol{A} \in \mathbb{C}^{n\times n}$

$$K_i := \Big\{z \in \mathbb{C} \,\Big|\, |z - a_{ii}| \leq r_i\Big\},\ i = 1,\ldots,n$$

liefern eine Einschließung des Spektrums in der Form einer Vereinigungsmenge von Kreisen

$$\sigma(\boldsymbol{A}) \subseteq \bigcup_{i=1}^{n} K_i\,.$$

Bendixson

Der Wertebereich einer Matrix $\boldsymbol{A} \in \mathbb{C}^{n\times n}$

$$W(\boldsymbol{A}) = \Big\{\xi = \boldsymbol{x}^*\boldsymbol{A}\boldsymbol{x} \,\Big|\, \boldsymbol{x} \in \mathbb{C}^n \text{ mit } \|\boldsymbol{x}\|_2 = 1\Big\}$$

liefert gemäß des Satzes von Bendixson eine Einschließung des Spektrums in der Form eines Rechtecks

$$\sigma(\boldsymbol{A}) \subset R = W\left(\frac{\boldsymbol{A}+\boldsymbol{A}^*}{2}\right) + W\left(\frac{\boldsymbol{A}-\boldsymbol{A}^*}{2}\right).$$

Numerik zur Eigenwertberechnung

Potenzmethode

Für eine Matrix $\boldsymbol{A} \in \mathbb{C}^{n\times n}$ mit den Eigenwertpaaren $(\lambda_1, \boldsymbol{v}_1), \ldots, (\lambda_n, \boldsymbol{v}_n) \in \mathbb{C} \times \mathbb{C}^n$, die der Bedingung

$$|\lambda_1| > |\lambda_2| \geq \ldots \geq |\lambda_n|$$

genügen, liefert die Potenzmethode bei Nutzung eines Startvektors

$$z^{(0)} = \alpha_1\boldsymbol{v}_1 + \ldots + \alpha_n\boldsymbol{v}_n,\ \alpha_i \in \mathbb{C},\ \alpha_1 \neq 0$$

die Berechnung des Eigenwertpaares $(\lambda_1, \boldsymbol{v}_1)$.

Deflation

Bei Kenntnis der Eigenwerte $\lambda_1, \ldots, \lambda_k$ kann mit der Deflation die Dimension des Eigenwertproblems von n auf $n-k$ reduziert werden. In Kombination mit der Potenzmethode kann teilweise das gesamte Spektrum ermittelt werden.

Inverse Iteration

Für eine Matrix $\boldsymbol{A} \in \mathbb{C}^{n\times n}$ mit den Eigenwertpaaren $(\lambda_1, \boldsymbol{v}_1), \ldots, (\lambda_n, \boldsymbol{v}_n) \in \mathbb{C} \times \mathbb{C}^n$, die der Bedingung

$$|\lambda_1| \geq |\lambda_2| \geq \ldots > |\lambda_n|$$

genügen, liefert die inverse Iteration bei Nutzung eines Startvektors

$$z^{(0)} = \alpha_1\boldsymbol{v}_1 + \ldots + \alpha_n\boldsymbol{v}_n,\ \alpha_i \in \mathbb{C},\ \alpha_n \neq 0$$

die Berechnung des Eigenwertpaares $(\lambda_n, \boldsymbol{v}_n)$.

Rayleigh-Quotienten-Iteration

Dieses Verfahren entspricht der inversen Iteration, wobei zur Konvergenzbeschleunigung ein adaptiver Shift

$$\boldsymbol{A} \longrightarrow \boldsymbol{A} - \nu^{(m)}\boldsymbol{I}$$

unter Verwendung des Rayleigh-Quotienten

$$\nu^{(m)} = \frac{\langle z^{(m)}, \boldsymbol{A}z^{(m)}\rangle}{\langle z^{(m)}, z^{(m)}\rangle}$$

genutzt wird.

Jacobi-Verfahren

Für eine symmetrische Matrix $\boldsymbol{A} \in \mathbb{R}^{n\times n}$ liefert das Jacobi-Verfahren die Berechnung aller Eigenwerte nebst zugehöriger Eigenvektoren durch sukzessive Ähnlichkeitstransformationen

$$\boldsymbol{A}^{(k)} = \boldsymbol{Q}_k^T\boldsymbol{A}^{(k-1)}\boldsymbol{Q}_k\,,\ k = 1,2,\ldots \text{ mit } \boldsymbol{A}^{(0)} = \boldsymbol{A}$$

unter Verwendung orthogonaler Givens-Rotationsmatrizen $\boldsymbol{Q}_k \in \mathbb{R}^{n\times n}$. Es gilt

$$\lim_{k\to\infty} \boldsymbol{A}^{(k)} = \boldsymbol{D} \in \mathbb{R}^{n\times n}$$

mit einer Diagonalmatrix $\boldsymbol{D} = ag\{\lambda_1, \ldots, \lambda_n\}$. Die Diagonalelemente der Matrix $\boldsymbol{D}$ repräsentieren die Eigenwerte der Matrix $\boldsymbol{A}$, sodass die Eigenschaft $\rho(\boldsymbol{A}) = \{\lambda_1, \ldots, \lambda_n\}$ vorliegt.

QR-Verfahren

Für eine beliebige Matrix $\boldsymbol{A} \in \mathbb{C}^{n\times n}$ basiert das QR-Verfahren auf sukzessiven Ähnlichkeitstransformationen

$$\boldsymbol{A}^{(k)} = \boldsymbol{Q}_k^*\boldsymbol{A}^{(k-1)}\boldsymbol{Q}_k\,,\ k = 1,2,\ldots \text{ mit } \boldsymbol{A}^{(0)} = \boldsymbol{A}$$

unter Verwendung unitärer Matrizen $\boldsymbol{Q}_k \in \mathbb{C}^{n\times n}$. Die Vorgehensweise beruht auf einer QR-Zerlegung, die mittels der auf Seite **??** beschriebenen Givens-Methode berechnet wird. Hinsichtlich der Effizienz des Gesamtverfahrens ist eine vorherige Ähnlichkeitstransformation auf obere Hessenbergform mittels einer Householder-Transformation erforderlich. Unter den auf Seite 78 im Satz zur Konvergenz des QR-Verfahrens aufgeführten Voraussetzungen gilt

$$\lim_{k\to\infty} \boldsymbol{A}^{(k)} = \boldsymbol{R} \in \mathbb{C}^{n\times n}$$

mit einer rechten oberen Dreiecksmatrix $\boldsymbol{R}$. Die Diagonalelemente $r_{11}, \ldots, r_{nn}$ der Matrix $\boldsymbol{R}$ repräsentieren die Eigenwerte der Matrix $\boldsymbol{A}$, sodass die Eigenschaft $\rho(\boldsymbol{A}) = \{r_{11}, \ldots, r_{nn}\}$ vorliegt.

Abbildung 1.7 In Übersichten werden verschiedene Begriffe oder Rechenregeln zu einem Thema zusammengestellt.

Platzmangels nur angerissen und damit keinesfalls erschöpfend behandelt werden können. Diese Themen sind vielleicht nicht unmittelbar grundlegend für das Bachelorstudium, sie sollen Ihnen aber die Vielfalt und Tiefe verschiedener mathematischer Fachrichtungen zeigen und auch ein Interesse an weiteren Gesichtspunkten wecken (siehe Abbildung 1.8). Sie müssen weder die Hintergrund-und-Ausblicks-Kästen noch die Unter-der-Lupe-Kästen kennen, um den sonstigen Text des Buchs verstehen zu können. Diese beiden Elemente enthalten nur zusätzlichen Stoff, auf den im restlichen Text nicht Bezug genommen wird.

Eine **Zusammenfassung** am Ende eines jeden Kapitels enthält die wesentlichen Inhalte, Ergebnisse und Vorgehensweisen. Sie sollten die dort dargestellten Zusammenhänge nachvollziehen und mit den geschilderten Rechentechniken und Lösungsansätzen umgehen können.

Bitte erproben Sie die erlernten Techniken an den zahlreichen **Aufgaben** am Ende eines jeden Kapitels. Sie finden dort Verständnisfragen, Rechenaufgaben und Beweisaufgaben – jeweils in drei verschiedenen Schwierigkeitsgraden. Versuchen Sie sich zuerst selbstständig an den Aufgaben. Erst wenn Sie sicher sind, dass Sie es allein nicht schaffen, sollten Sie die Hinweise am Ende des Buchs zurate ziehen oder sich an Mitstudierende wenden. Zur Kontrolle finden

Hintergrund und Ausblick: Hausdorff-Maße

Messen von Längen und Flächen

Es sei (Ω, d) ein metrischer Raum (siehe z. B. Band I, Abschnitt 19.1). Eine Teilmenge A von Ω heißt **offen**, wenn es zu jedem $u \in A$ ein $\varepsilon > 0$ gibt, sodass $\{v \in \Omega \colon d(u, v) < \varepsilon\} \subset A$ gilt. Die vom System aller offenen Mengen erzeugte σ-Algebra $\mathcal{B}$ heißt **σ-Algebra der Borelmengen** über Ω. Für nichtleere Teilmengen A und B von Ω nennt man $d(A) := \sup\{d(u, v) \colon u, v \in A\}$ den **Durchmesser von** A und $\operatorname{dist}(A, B) := \inf\{d(u, v) \colon u \in A, v \in B\}$ den **Abstand** von A und B.

Ein äußeres Maß $\mu^* \colon \mathcal{P}(\Omega) \to [0, \infty]$ heißt **metrisches äußeres Maß**, falls $\mu^*(A+B) = \mu^*(A) + \mu^*(B)$ für alle $A, B \subseteq \Omega$ mit $A, B \neq \emptyset$ und $\operatorname{dist}(A, B) > 0$ gilt.

Sind $\mathcal{M} \subseteq \mathcal{P}(\Omega)$ ein beliebiges Mengensystem mit $\emptyset \in \mathcal{M}$ und $\mu \colon \mathcal{M} \to [0, \infty]$ eine beliebige Mengenfunktion mit $\mu(\emptyset) = 0$, so definiert man für jedes $\delta > 0$ eine Mengenfunktion $\mu_\delta^* \colon \mathcal{P}(\Omega) \to [0, \infty]$ durch

$$\mu_\delta^*(A) := \inf \left\{ \sum_{n=1}^{\infty} \mu(A_n) \,\middle|\, A \subseteq \bigcup_{n=1}^{\infty} A_n, \; A_n \in \mathcal{M} \text{ und } d(A_n) \leq \delta, \; n \geq 1 \right\}.$$

Die auf Seite 68 angestellten Überlegungen zeigen, dass μ_δ^* ein äußeres Maß ist. Vergrößert man den Parameter δ in der Definition von μ_δ^*, so werden prinzipiell mehr Mengen aus $\mathcal{M}$ zur Überdeckung von A zugelassen. Die Funktion $\delta \mapsto \mu_\delta^*$ ist somit monoton fallend. Setzt man

$$\mu^*(A) := \sup_{\delta > 0} \mu_\delta^*(A), \qquad A \subseteq \Omega,$$

so ist $\mu^* \colon \mathcal{P}(\Omega) \to \mathbb{R}$ eine wohldefinierte Mengenfunktion mit $\mu_\delta^*(\emptyset) = 0$, die wegen

$$\mu_\delta^*\left(\bigcup_{n=1}^{\infty} A_n\right) \leq \sum_{n=1}^{\infty} \mu_\delta^*(A_n) \leq \sum_{n=1}^{\infty} \mu^*(A_n)$$

für jedes $\delta > 0$ ein äußeres Maß darstellt. Die Funktion μ^* ist sogar ein metrisches äußeres Maß, denn sind $A, B \subseteq \Omega$ mit $A \neq \emptyset$, $B \neq \emptyset$ und $\operatorname{dist}(A, B) > 0$ sowie $\mu^*(A + B) < \infty$ (sonst ist wegen der σ-Subadditivität von μ^* nichts zu zeigen), so gibt es ein δ mit $0 < \delta < \operatorname{dist}(A, B)$. Sind dann $C_n \in \mathcal{M}$ mit $d(C_n) \leq \delta$, $n \geq 1$, und $A + B \subseteq \cup_{n=1}^{\infty} C_n$, so zerfällt die Folge (C_n) in Überdeckungsfolgen (A_n) von A und (B_n) von B, und es ergibt sich $\sum_{n=1}^{\infty} \mu(C_n) \geq \mu_\delta^*(A) + \mu_\delta^*(B)$, woraus $\mu_\delta^*(A + B) \geq \mu_\delta^*(A) + \mu_\delta^*(B)$ und somit für $\delta \downarrow 0$ $\mu^*(A + B) \geq \mu^*(A) + \mu^*(B)$ folgt.

Es lässt sich zeigen, dass die σ-Algebra $\mathcal{A}(\mu^*)$ alle offenen Mengen von Ω und somit die σ-Algebra $\mathcal{B}$ der Borelmengen enthält. Nach dem Lemma von Carathéodory liefert die Restriktion von μ^* auf $\mathcal{B}$ ein Maß auf $\mathcal{B}$. Spezialisiert man nun diese Ergebnisse auf den Fall $\mathcal{M} := \{A \subseteq \Omega \colon d(A) < \infty\}$ und die Mengenfunktion $\mu(A) := d(A)^\alpha$, wobei $\alpha > 0$ eine feste reelle Zahl ist, so entsteht als Restriktion von μ^* auf die σ-Algebra $\mathcal{B}$ das mit h_α bezeichnete sogenannte **α-dimensionale Hausdorff-Maß**. Dieses ist nach Konstruktion invariant gegenüber Isometrien, also abstandserhaltenden Transformationen des metrischen Raums Ω auf sich.

Im Fall $\Omega = \mathbb{R}^k$ und der euklidischen Metrik geht die Definition von h_α zurück auf F. Hausdorff. Dieser konnte zeigen, dass für die Fälle $\alpha = 1$, $\alpha = 2$ und $\alpha = k$ zumindest bei „einfachen Mengen“ A der Wert $h_\alpha(A)$ bis auf einen von k abhängenden Faktor mit den gängigen Ausdrücken für Länge, Fläche und k-dimensionalem Volumen übereinstimmt. Ist speziell $A := \{\gamma(t) \colon a \leq t \leq b\}$ das Bild einer rektifizierbaren Kurve, also einer stetigen Abbildung $\gamma \colon [a, b] \to \mathbb{R}^k$ eines kompakten Intervalls $[a, b]$, deren mit $L(\gamma)$ bezeichnete Länge als Supremum der Längen aller γ einbeschriebenen Streckenzüge endlich ist, so gilt $L(\gamma) = h_1(A)$. Man beachte, dass im Fall $\alpha = 1$ die Menge A durch volldimensionale Kugeln überdeckt wird, deren Größe durch die jeweiligen Durchmesser bestimmt ist. Wie das Borel-Lebesgue-Maß sind auch die Hausdorff-Maße h_α bewegungsinvariant Nach dem Charakterisierungssatz auf Seite 80 ergibt sich somit insbesondere für $\alpha = k$ die Gleichheit $h_k = \gamma_k \lambda^k$ für eine Konstante γ_k, die sich zu $\gamma_k = 2^k \Gamma(k/2 + 1)/\pi^{k/2}$ bestimmen lässt.

Mit dem Hausdorff-Maß h_α ist auch ein Dimensionsbegriff verknüpft. Sind $A \in \mathcal{B}^k$ mit $h_\alpha(A) < \infty$ und $\beta > \alpha$, so gilt $h_\beta(A) = 0$. Es existiert somit ein eindeutig bestimmtes $\rho(A) \geq 0$ mit $h_\alpha(A) = 0$ für $\alpha > \rho(A)$ und $h_\alpha(A) = \infty$ für $\alpha < \rho(A)$. Die Zahl $\rho(A)$ heißt **Hausdorff-Dimension** von A. Jede abzählbare Teilmenge von $\mathbb{R}^k$ besitzt die Hausdorff-Dimension 0, jede Menge mit nichtleerem Inneren die Hausdorff-Dimension k. Die Cantor-Menge $C \subseteq [0, 1]$ (vgl. Band I, Abschnitt 9.4) hat die Hausdorff-Dimension $\log 2/ \log 3$.

Literatur:

1. J. Elstrodt: *Maß- und Integrationstheorie*. Vierte Auflage. Springer-Verlag, Heidelberg 2005.
2. C. A. Rogers: *Hausdorff measures*. Cambridge University Press, Cambridge 1970.

Abbildung 1.8 Ein Kasten *Hintergrund und Ausblick* gibt einen Einblick in ein weiterführendes Thema.

Sie dort auch die Resultate. Sollten Sie trotz Hinweisen nicht mit der Aufgabe fertig werden, finden Sie die Lösungswege auf der Website `www.matheweb.de`.

1.3 Ratschläge zum weiterführenden Studium der Mathematik

Sie haben die Anfangsschwierigkeiten im Zusammenhang mit einem Studium der Mathematik überwunden. In diesem Abschnitt geben wir Ihnen, als jetzt fortgeschrittene Studierende, noch einige Ratschläge mit auf den Weg.

Wie schon erwähnt werden im zweiten und dritten Studienjahr die Analysis und die Lineare Algebra um neue Bereiche der Mathematik ergänzt. Die Höhere Analysis, die Numerik und die Stochastik werden auf den Grundlagen des ersten Studienjahrs aufgebaut und diese dadurch vertieft und erweitert. Durch das Anwenden, Benutzen und Wiederholen verstehen Sie vielleicht erst jetzt viele Konzepte der Grundvorlesungen. Wie wichtig und nützlich der im ersten Studienjahr gelernte Stoff ist, erkennen Sie nicht zuletzt auch beim Lösen der Aufgaben zu den höheren Vorlesungen.

Die für Sie neuen Teilgebiete der Mathematik sind nicht unabhängig voneinander zu sehen. Sie werden sich starker Verknüpfungen und Verzahnungen bewusst werden, die Sie zu vielen neuen Einsichten leiten, aber auch zu gegenseitiger Befruchtung dieser Bereiche geführt hat.

Tipps für Fortgeschrittene

Im Vergleich zum ersten Studienjahr ist das fortschreitende Studium in viel stärkerem Maße durch selbstständiges Arbeiten, Ringen um tiefes Verständnis und Auseinandersetzen mit Inhalten geprägt. Automatisiertes Lösen von Übungsaufgaben und das Erlernen von „Kochrezepten“ sind nicht (mehr) erfolgreich und waren es eigentlich auch nicht im ersten Studienjahr. Durch das eigenständige Generieren von Beispielen und Gegenbeispielen müssen Sie sich Begriffe und Inhalte von Definitionen und Sätzen erst greifbar machen. Sie sollten sich auch mit den folgenden Fragen auseinandersetzen:

Welche Konsequenzen hat das Weglassen einzelner Voraussetzungen in der Formulierung eines Satzes?
Welche tiefere Idee liegt diesem Beweis zugrunde?

Durch das Erarbeiten und Verstehen technischer Details, aber schließlich auch durch das Loslösen von diesen, erkennen Sie elegante Konzepte und geniale Ideen. Sie werden durch besseres Verständnis der mathematischen Inhalte Souveränität und Unabhängigkeit im Umgang mit Notationen und Formulierungen von Sätzen und Definitionen erlangen.

Als Fortgeschrittene werden Sie auch die Notwendigkeit und Bedeutung mathematischer Methoden für das Verständnis von Anwendungen und zur Lösung realer Probleme verinnerlichen. Auch dazu gibt Ihnen das vorliegende Buch einen Einblick.

Die Bachelorarbeit – ein erstes mathematisches Werk

Das zweite und dritte Studienjahr wird Ihnen unter anderem eine gewisse Orientierung über Ihr Fach Mathematik bieten, und es werden sich erste Vorlieben und spezielle Interessen herauskristallisieren. Nach den üblichen Studienplänen wird gegen Ende des dritten Studienjahres auch die Bachelorarbeit verfasst. Die Entscheidung für ein bestimmtes Thema sollte im Idealfall schon in Hinblick auf Spezialisierungen, die Sie sich im Masterstudium vorstellen können, fallen. Dabei dürfen aber auch Ihre mathematischen Vorlieben, Ihre Neugierde und nicht zu vergessen die bisherigen Kontakte zu den einzelnen Dozenten eine gewichtige Rolle spielen.

Ist ein Thema gefunden, so sind zunächst eine Einarbeitung und sicher auch eine Literaturrecherche auf Grundlage der Vorgaben des Betreuers erforderlich. Diese sollten Sie schnell beginnen, denn die vermutlich erste wissenschaftliche Arbeit nimmt besonders viel Zeit in Anspruch und erfordert eine gute Planung. Im Zentrum der Arbeit stehen natürlich die mathematischen Inhalte. Aber Sie sollten nicht den zeitlichen Bedarf unterschätzen, der auch im Hinblick auf eine vollständige, saubere Ausformulierung Ihrer Ergebnisse inklusive einer sinnvollen Hinführung zum Thema und allen Definitionen und Voraussetzungen nötig ist. Abgesehen von längeren Seminararbeiten werden Sie erstmals dabei selbst einen mathematischen Text schreiben. Trotz einer gewissen Vertrautheit mit mathematischer Literatur fällt diese Tätigkeit im Allgemeinen nicht leicht. Eine gute Planung und Gliederung, aber auch beratende Unterstützung der Betreuenden, helfen diese Herausforderung zu bewältigen.

Letztendlich wird jeder seinen eigenen Weg in die Mathematik finden müssen. Mit den obigen Hinweisen möchten wir Ihnen eine mögliche, durch unsere Erfahrungen geprägte Leitlinie für ein erfolgreiches Studium mitgeben.

1.4 Entwicklung und historische Einordnung der Gebiete

Im einleitenden Kapitel 1 im Band 1 findet sich ein sehr ausführlicher Überblick über die allgemeine Geschichte der Mathematik, beginnend mit dem Altertum. Diesen Überblick ergänzen wir zum Abschluss dieser Einführung, indem wir uns auf die neu hinzugekommenen mathematischen Bereiche konzentrieren. Selbstverständlich ist etwa die Analysis mit den im ersten Band beschriebenen Grundlagen nicht abgeschlossen, sondern sie entwickelte und entwickelt sich in vielfältiger Form weiter.

Differenzialgleichungen – Gleichungen mit einer Funktion als Unbekannten

Im ersten Band konnte das riesige Thema **Differenzialgleichungen** nur angerissen werden und dieses wird nun im zweiten und dritten Studienjahr vertieft. Im vorliegenden Buch werden Differenzialgleichungen in den Kapiteln 2 bis 4 behandelt.

Das Gebiet der Differenzialgleichungen war schon im 18. Jahrhundert sehr weit entwickelt. Gottfried Wilhelm Leibniz (1646–1716) löste Differenzialgleichungen erster Ordnung durch die Methode der Separation von Variablen. Gemeinsam mit den Schweizer Brüdern Jakob (1654–1705) und Johann Bernoulli (1667–1748) beschäftigte er sich auch mit der Bernoulli'schen Differenzialgleichung, die auf Jakob Bernoulli zurückgeht. Zunächst arbeitete Jakob Bernoulli vor allem auf dem Gebiet der Variationsrechnung und untersuchte Kurven und eben Differenzialgleichungen. Johann Bernoulli benutzte erstmals das Verfahren des integrierenden Faktors, das wir in Kapitel 3 kennenlernen. Auf Leonhard Euler (1707–1783) und Joseph-Louis Lagrange (1736–1813) geht die Lösungstheorie von linearen Differenzialgleichungen n-ter Ordnung zurück. Jean-Baptiste le Rond, genannt d'Alembert (1717–1783), und einige andere Mathematiker untersuchten Systeme von linearen Differenzialgleichungen. Zusammen mit Euler bearbeitete er die Schwingung einer Saite, und beide erkannten deren vollständige Bestimmung durch Vorgabe von Anfangs- und Randbedingungen.

Abbildung 1.9 Henri Poincaré (1854–1912), Popular Science Monthly, Bd. 82, 1913.

Henri Poincarés (1854–1912) Arbeiten markieren den Beginn der qualitativen Theorie von Differenzialgleichungen, heute oft auch als die Theorie dynamischer Systeme bezeichnet. Dieses Gebiet ist ein sehr aktiver Forschungsgegenstand mit vielen Anwendungen etwa in der Physik. Wichtige Beiträge zur Stabilitätstheorie gehen auf Alexander Michailowitsch Ljapunov (1857–1918) zurück. Sie wurden durch zahlreiche russische Mathematiker ergänzt und erweitert. Erwähnenswert sind auch die Arbeiten zur Bifurkationstheorie und strukturellen Stabilität von Alexander Alexandrowitsch Andronow (1901–1952).

Maß- und Integrationstheorie sind für die Analysis und die Stochastik unverzichtbar

Die moderne **Maß- und Integrationstheorie** entstand 1894 mit der Entdeckung der σ-Additivität der elementargeometrischen Länge durch Émile Borel (1871–1956). Im Jahr 1902 setzte Henri Léon Lebesgue (1875–1941) die elementargeometrische Länge auf die σ-Algebra der nach ihm benannten Lebesgue-messbaren Mengen fort. Er begründete zudem einen gegenüber dem bis dahin üblichen Riemann-Integral deutlich flexibleren Integralbegriff, wie etwa der im Jahr 1910 bewiesene Satz von der dominierten Konvergenz zeigt. Das Lebesgue-Integral führte mit dem 1907 aufgestellten Resultat von Guido Fubini (1879–1943) auch zu einer befriedigenden Theorie von Mehrfachintegralen. Johann Radon (1887–1956) vereinigte 1913 die Integrationstheorien von Lebesgue und Thomas Jean Stieltjes (1856–1894) und machte so den Weg zum abstrakten Integralbegriff frei. Constantin Carathéodory (1873–1950) zeigte im Jahr 1914, dass die Messbarkeit einer Menge allein mithilfe eines äußeren

Abbildung 1.10 Henri Léon Lebesgue (1875–1941), Wikimedia commons.

Maßes definiert werden kann. Er legte damit den Grundstein für die Fortsetzung eines beliebigen Prämaßes auf einem Halbring über einer abstrakten Menge. Weitere Meilensteine der Entwicklung sind der nach Frigyes Riesz (1880–1956) und Ernst Sigismund Fischer (1875–1954) benannte Satz (1907) über die Vollständigkeit der Räume von Äquivalenzklassen fast überall gleicher in p-ter Potenz integrierbarer Funktionen.

Wichtige Errungenschaften sind weiterhin die Einführung des nach Felix Hausdorff (1868–1942) benannten (äußeren) Hausdorff-Maßes im Jahr 1919 und eines damit einhergehenden nichtganzzahligen Dimensionsbegriffs sowie der Satz von Radon–Nikodým über die Existenz einer abstrakten Dichte für ein Maß, das durch ein σ-endliches Maß dominiert wird. Mit der 1930 von Otton Marcin Nikodým (1887–1974) bewiesenen allgemeinen Version dieses Satzes war die Entwicklung einer allgemeinen Maß- und Integrationstheorie (vgl. Kapitel 7) soweit abgeschlossen, dass Andrej Nikolajewitsch Kolmogorov (1903–1987) im Jahr 1933 eine Axiomatisierung der Stochastik vornehmen konnte.

Im Komplexen differenzierbare Funktionen haben starke strukturelle Eigenschaften

Funktionen im Komplexen, der Gegenstand der **Funktionentheorie**, basieren auf den komplexen Zahlen.

Nach ihrem ersten Auftreten bei Gerolamo Cardano (1501–1576) fanden die komplexen Zahlen zunehmend Eingang in die Mathematik. Das Verhältnis der Mathematiker zu ihnen war über eine lange Zeit hinweg sehr ambivalent. Einerseits erschienen sie zunehmend nützlich, ja notwendig; sie traten auf unter anderem

- in der im 16. Jahrhundert gefundenen Formel zur Bestimmung der Lösungen einer kubischen Gleichung,
- bei den daran anschließenden Bemühungen, die Lösungen für Gleichungen beliebiger Ordnung zu bestimmen („Fundamentalsatz der Algebra"), und
- bei der Lösung von Schwingungsgleichungen, in deren Zusammenhang Leonhard Euler im Jahr 1740 seine damals wie heute fundamentale Darstellungsformel für den Sinus und den Kosinus als Imaginär- bzw. Realteil der komplexen Exponentialfunktion entwickelte.

Auf der anderen Seite waren sie als mathematische Objekte äußerst suspekt – was soll denn die Wurzel aus -1 für eine Zahl sein? Endgültig als vollwertig anerkannt wurden sie erst, als sich ihre auf Caspar Wessel (1745–1818), Jean Robert Argand (1768–1822) und vor allem Carl Friedrich Gauß (1777–1855) unabhängig voneinander zwischen 1799 und 1806 gefundene Interpretation als Punkte der Ebene durchsetzte.

Abbildung 1.11 Carl Friedrich Gauß (1777–1855), Informationsdienst Wissenschaft (idw) zum Gauß-Jahr.

Entsprechend fanden komplexe Funktionen graduell Eingang in die Mathematik. Reinhold Remmert (geb. 1930) hat einmal die „Geburtsstunde der Funktionentheorie" datiert nach einem Brief aus dem Jahr 1811 von Gauß an Friedrich Wilhelm Bessel (1784–1846). In ihm kommt zum Ausdruck, dass die Analysis „außerordentlich an Schönheit und Reinheit verlieren" würde und „höchst lästige Beschränkungen" aufträten, falls man im Reellen bleibt und nicht ins Komplexe übergeht.

In dieser Zeit begann man auch, über die Betrachtung spezieller Funktionen (Polynome, Sinus, Logarithmus, Gammafunktion …) und daraus gebildeter Funktionen hinauszugehen in Richtung auf den heute üblichen allgemeinen Funktionsbegriff. Es wurden mathematische Sätze formuliert und bewiesen, etwa mit dem Ziel Aussagen über alle differenzierbare Funktionen zu treffen. Die Analysis im Komplexen nahm eine stürmische Entwicklung. Gegen Ende des 19. Jahrhunderts lag eine vielseitige Theorie vor mit starken strukturellen Aussagen, die sich im Reellen nicht wiederfinden; nebenbei bestätigte sich damit die schon von Gauß und anderen gewonnene Einsicht, dass man viele Sachverhalte bei reellen Funktionen erst nach dem Übergang ins Komplexe versteht.

Die klassische Funktionentheorie ist geprägt von unterschiedlichen Betrachtungsweisen, die eng vernetzt sind.

Augustin-Louis Cauchy (1789–1857) fokussierte auf das Zusammenspiel von Differenzial und Integral; wichtige Werkzeuge sind das komplexe Wegintegral und der darauf beruhende und nach ihm benannte Integralsatz. Karl Weierstraß (1815–1897) entwickelte die Funktionentheorie auf der Basis von Potenzreihen, also „algebraisch". Bernhard Riemann (1826–1866) betonte die geometrischen Aspekte: Beispielsweise besagt sein berühmter Abbildungssatz, dass ein Teilgebiet der Ebene genau dann biholomorph (d. h. bijektiv und in beide Richtungen differenzierbar) auf die Einheitskreisscheibe abgebildet werden kann, wenn es einfach zusammenhängend (d. h. „ohne Löcher") ist.

Abbildung 1.12 Augustin-Louis Cauchy (1789–1857), Cauchy Dibner-Collection Smithsonian Inst.

Der in Kapitel 5 behandelte Stoff entstammt ganz überwiegend den Entwicklungen des 19. Jahrhunderts. Neben dem weiteren Ausbau der klassischen Theorie ist im 20. Jahrhundert zunehmend die Analysis von Funktionen im mehrdimensionalen komplexen Raum $\mathbb{C}^n$ in den Vordergrund getreten, Hand in Hand mit Entwicklungen in Geometrie und Topologie.

Seit einiger Zeit wird die Funktionentheorie im eindimensionalen Raum $\mathbb{C}$ als weitgehend abgeschlossen angesehen. Umso spektakulärer ist eines der „übriggebliebenen" Probleme, die noch immer ungelöste Riemann'sche Vermutung über die Nullstellen der Zetafunktion.

Funktionale erweitern die mathematische Welt

Nicht nur Spezialisierungen der grundlegenden Analysis, sondern auch eine erhebliche Verallgemeinerung und Abstraktion etwa des Funktionsbegriffs eröffneten in den letzten 200 Jahren weite neue Felder der Mathematik. Es ist erstaunlich, dass sich am Anfang des 20. Jahrhunderts die wesentlichen Grundlagen eines so fruchtbaren Bereichs der Mathematik wie der **Funktionalanalysis** in nur knapp 30 Jahren entwickeln konnten. Sicherlich war die Zeit um 1910 reif für den gewaltigen Fortschritt im Abstraktionsgrad des mathematischen Denkens, als man begann, Funktionen als Punkte in einem Funktionenraum zu sehen und etwa die Integralgleichungen der Potentialtheorie im Sinne von Funktionen von Funktionen, den heutigen Operatoren, zu lesen.

Aus dieser Sicht lässt sich heute die Geburtsstunde der Funktionalanalysis an den Arbeiten Frigyes Riesz um 1910 fest machen. Dabei fügt Riesz die Arbeiten Vito Volterras (1860–1940), David Hilberts (1862–1943) und Ivar Fredholms (1866–1927) über Integralgleichungen, die Gedanken René Maurice Fréchets (1878–1973) in Hinblick auf Metriken und die Integrationstheorie Henri Lebesgues zusammen. Riesz sprach noch nicht von einem Funktionenraum, sein *hilbertscher Raum* ist der Folgenraum l^2, und der Begriff des normierten Raums lag noch nicht vor. Aber die entscheidende Bedeutung der Vollständigkeit und der *vollstetigen Transformationen*, den heutigen linearen kompakten Operatoren, kristallisierten sich heraus. Dass die Zeit für diese sich neu entwickelnde mächtige Theorie gekommen war, sieht man etwa daran, dass die Vollständigkeit des $L^2(a, b)$ sowohl von Frigyes Riesz als auch von Ernst Fischer unabhängig voneinander gezeigt wurde. Zudem wurden beide Versionen 1907 in derselben Ausgabe der Comptes Rendus der Pariser Akademie der Wissenschaften veröffentlicht.

Um die entstehende Theorie vollständig greifbar zu machen, fehlte noch der Begriff des normierten Vektorraums, der erst mit den Arbeiten von Stefan Banach (1892–1945), Hans Hahn (1879–1934) und Norbert Wiener (1894–1964) Einzug in die mathematische Literatur nimmt. Dabei steht bei diesen Arbeiten bereits die Struktur im Vordergrund, die später von Fréchet als Banachraum bezeichnet wird. Im weiteren Verlauf der Entwicklung gilt das Interesse den Folgen von Operatoren.

Abbildung 1.13 Stefan Banach (1892–1945), mit freundlicher Genehmigung des Mathematical Institute of the Polish Academy of Sciences.

Grundlegend ist dabei der Fortsetzungssatz, der von Banach und Hahn unabhängig voneinander bewiesen wurde und mit seinen vielfältigen Anwendungen das Bild der werdenden Funktionalanalysis abrundete.

Als eigene Disziplin innerhalb der Mathematik hatte sich die Funktionalanalysis spätestens 1932 mit dem Erscheinen des Buchs *Théorie des opérations linéaires* von Stefan Banach etabliert. Das in den Kapiteln 8 bis 10 behandelte Basiswissen der Funktionalanalysis ist heute wichtiger Bestandteil jeder Mathematikausbildung. Eine ausführliche Zusammenstellung der historischen Anfänge der Funktionalanalysis findet sich als Anhang im Buch zur Funktionalanalysis von Harro Heuser (1927–2011).

Noch vor 100 Jahren unterschieden Mathematiker relativ strikt zwischen einer *Reinen* und einer *Angewandten* Mathematik. So wurde etwa die Beschäftigung mit Differenzialgleichungen, die sich im Wesentlichen aus der mathematischen Physik herauskristallisierten, als Angewandte Mathematik aufgefasst, eine Einordnung, die heute bei dem erreichten Abstraktionsgrad sicherlich niemand mehr so eindeutig machen kann. Durch die Entwicklung der Mathematik ist eine strikte Trennung der Mathematik in zwei Bereiche nicht mehr sinnvoll. Man spricht aber häufig bei Stochastik und Numerischer Mathematik von angewandter Mathematik, weil ihre Problemstellungen stärker durch andere Wissenschaften motiviert sind als in den klassischen Bereichen Algebra und Analysis.

Näherungsweises Lösen von Problemen

Numerik im Sinne von „numerischem Rechnen" ist sicher eine mehr als 6000 Jahre alte Tätigkeit. Die eigentliche mathematische Disziplin der Numerischen Mathematik beginnt allerdings erst an der Wende vom 16. zum 17. Jahrhundert mit der Einführung der Logarithmen durch John Napier (1550–1617) und Henry Briggs (1561–1630). Erst diese ermöglichten es Johannes Kepler (1571–1630) seine umfangreichen numerischen Rechnungen zu den Sternentafeln *Tabulae Rudolphinae* zu Ende zu führen. Henry Briggs benutzte dabei schon die Technik der Interpolation, die durch Thomas Harriot (1560–1621) meisterhaft verfeinert wurde. Briggs und Harriot sind auch die Väter der *Differenzenrechnung*, die bis heute in der Numerik eine wichtige Rolle spielt. Mit der Entwicklung der Differenzial- und Integralrechnung durch Isaac Newton (1643–1727) und Gottfried Wilhelm Leibniz konnte die industrielle Revolution im 18. und 19. Jahrhundert Fahrt aufnehmen. Die Interpolation mit Polynomen wird nun zum Standard, Differenzialgleichungen wurden durch Differenzengleichungen approximiert, Integrale können als endliche Summen angenähert werden, und mit Joseph-Louis Lagrange betritt die trigonometrische Interpolation erstmals die Bühne der Numerik.

Mit Carl Friedrich Gauß beginnt ein ganz neues Gebiet der Numerik Interesse zu erregen, die Lösung linearer Gleichungssysteme. Gauß legte den Grundstein für die direkten wie auch die iterativen Methoden und er ist auch verantwortlich für sehr genaue Formeln zur numerischen Integration, für spezielle Interpolationsformeln und für die im 20. Jahrhundert wiederentdeckte Fast-Fourier-Transformation.

Abbildung 1.14 Isaac Newton (1643–1727), Lexikon der bedeutenden Naturwissenschaftler.

Das 18. und 19. Jahrhundert markieren die große Zeit der mathematischen Tafelwerke. Ob zur Berechnung von Interpolation in Logarithmentafeln, für Sterntabellen, Ballistiktafeln oder für die zahllosen anderen Tafelwerke dieser Zeit: Man brauchte die Numerische Mathematik. Den größten Entwicklungssprung machte die Numerik in der zweiten Hälfte des 20. Jahrhunderts, in ihrer Theorie durch Übernahme und Anwendung funktionalanalytischer Inhalte und in ihrer Algorithmik nach der Einführung des Computers. Funktionalanalytische Methoden machten es möglich, numerische Verfahren für unterschiedliche Aufgaben wie die Lösung von Gleichungssystemen, die Berechnung von Eigenwerten und die Lösung von Differenzial- und Integralgleichungen als verschiedene Techniken zur Lösung von allgemeinen Operatorgleichungen aufzufassen. Die Funktionalanalysis machte auch die Theorie der Splines, als spezielle Interpolationsfunktionen, überhaupt erst möglich. Bei den partiellen Differenzialgleichungen, deren Numerik wir in diesem Buch nicht beleuchten können, ist die Finite-Elemente-Methode (FEM) eine funktionalanalytisch begründete Lösungstechnik. Mit der Einführung leistungsfähiger Computer rückte die Numerik dann in der zweiten Hälfte des 20. Jahrhunderts ins Rampenlicht. Ganze Flugzeuge werden mit Finite-Differenzen- und Finite-Volumen-Verfahren simuliert, um die hohen Windkanalkosten zu senken. Entwicklungsabteilungen der Automobilhersteller berechnen die Folgen von Auffahrunfällen inzwischen im Computer, und auch die Unterhaltungselektronik kommt ohne numerische Methoden zur Kompression von Musikdateien nicht mehr aus. Mathematik ist überall, und fast überall ist Numerische Mathematik beteiligt!

Wahrscheinlichkeitstheorie – eine Mathematik des Zufalls

Die **Wahrscheinlichkeitsrechnung** entstand im 17. Jahrhundert aus der Diskussion von Glücksspielen. Als Ausgangspunkt gilt ein Briefwechsel aus dem Jahr 1654 zwischen Blaise Pascal (1623–1662) und Pierre de Fermat (1601–1665) zu mathematischen und moralischen Fragen des Grafen Antoine Gombault Chevalier de Méré (1607–1684). Pascal und Fermat gelangen 1654 auch unabhängig voneinander die Lösung des Teilungsproblems von Luca Pacioli (ca. 1445–1517), siehe Seite 723. Im Jahr 1663 erschien posthum das Werk *Liber de ludo aleae* (das Buch vom Würfelspiel) von Gerolamo Cardano. Christiaan Huygens (1629–1695) veröffentlichte 1657 die Abhandlung *De Rationiciis in Aleae Ludo* (über Schlussfolgerungen im Würfelspiel). Seine tiefe Einsicht in die Logik der Spiele führte ihn dazu, im Zusammenhang mit dem gerechten Einsatz für ein Spiel den zentralen Begriff *Erwartungswert* einzuführen. Jakob Bernoulli schrieb mit der *Ars conjectandi* (Kunst des geschickten Vermutens) das erste, weit über die Mathematik des Glücksspiels hinausgehende, systematische Lehrbuch der Stochastik, siehe Seite 781. Dieses im Jahr 1713 posthum veröffentlichte Werk enthält unter anderem die früheste Form des Gesetzes der großen Zahlen. Abraham de Moivre (1667–1754) bewies in seinem Buch *Doctrine of Chances* (1738) den ersten Zentralen Grenzwertsatz. Auf den Arbeiten von Bernoulli und de Moivre aufbauend entwickelte sich in der Folge die sogenannte *Theorie der Fehler*, deren früher Höhepunkt als Anwendung der Methode der kleinsten Quadrate (vgl. Seite 422) die Wiederentdeckung des Planetoiden Ceres im Jahr 1800 durch Carl Friedrich Gauß war. Ebenfalls posthum erschien 1764 das Hauptwerk *An Essay towards Solving a Problem in the Doctrine of Chances* von Thomas Bayes (1702–1761). Hierin werden unter anderem der Begriff der bedingten Wahrscheinlichkeit eingeführt und ein Spezialfall der Bayes-Formel (vgl. Seite 741) bewiesen. Sowohl die Theorie der Fehler als auch die von Bayes aufgeworfenen Fragen beeinflussten auch die weitere Entwicklung der Statistik, deren historische Entwicklung auf Seite 904 skizziert ist.

Im Jahr 1812 publizierte Pierre Simon de Laplace (1749–1827) mit der *Théorie analytique des probabilités* eine umfassende Darstellung des wahrscheinlichkeitstheoretischen Wissens seiner Zeit. Die moderne Wahrscheinlichkeitstheorie entstand seit Mitte des 19. Jahrhunderts. Dabei stand jedoch eine von David Hilbert auf dem internationalen Mathematikerkongress 1900 in Paris angemahnte mathematische Axiomatisierung dieser Theorie noch aus. Nach diesbezüglichen Ansätzen von Richard von Mises (1883–1953) und bahnbrechenden Arbeiten von Felix Hausdorff war es Andrej Nikolajewitsch Kolmogorov, der 1933 mit seinem Werk *Grundbegriffe der Wahrscheinlichkeitsrechnung* die Entwicklung der Grundlagen der modernen Wahrscheinlichkeitstheorie abschließen konnte, siehe Seite 707.

Abbildung 1.15 Andrej Nikolajewitsch Kolmogorov (1903–1987), Bildarchiv des Mathematischen Forschungsinstituts Oberwolfach.

Die Wahrscheinlichkeitstheorie ist heutzutage eine der fruchtbarsten mathematischen Theorien. Ihre Untersuchungsobjekte sind unter anderem stochastische Prozesse, die als Zufallsvariablen in geeigneten Funktionenräumen aufgefasst werden können. Grundbausteine vieler stochastischer Prozesse sind der eine zentrale Stellung in der stochastischen Analysis und Finanzmathematik einnehmende Brown-Wiener-Prozess (siehe Seite 894) sowie der Poisson-Prozess (siehe Seite 845). Letzterer bildet den Ausgangspunkt für allgemeine Punktprozesse, wobei die untersuchten zufälligen Objekte, wie z.B. in der stochastischen Geometrie und räumlichen Stochastik, Werte in relativ allgemeinen topologischen Räumen annehmen können.

Die Ausrufung des Jahrs 2013 als *Internationales Jahr der Statistik* durch die American Statistical Association und andere Wissenschaftsorganisationen spiegelt die umfassende Bedeutung der Statistik für fast alle Lebensbereiche wider. Weitere Informationen zum Internationalen Jahr der Statistik finden sich im Aufsatz *2013: Internationales Jahr der Statistik* von B. Ebner und N. Henze, Mitteilungen der DMV 21 (2013), S. 212–217.

Abschließend möchten wir noch auf den letzten Abschnitt des einleitenden Kapitels im Band 1 vom Grundwissen Mathematikstudium hinweisen, wo ein sehr umfangreicher Überblick und Ausblick ins 21. Jahrhundert gegeben wird.

Die Entwicklung und Umsetzung stabiler und zuverlässiger Methoden zur praxisrelevanten Lösung realer Anwendungsprobleme ist und bleibt eine wichtige Herausforderung der Mathematik. Natürlich ist dieser Umstand getragen vom Zusammenspiel vieler Theorien und Konzepten aus den verschiedensten Bereichen der Mathematik.

Lineare Differenzialgleichungen – Systeme und Gleichungen höherer Ordnung

2

Was ist eine lineare Differenzialgleichung?

Was ist ein System von Differenzialgleichungen?

Wann existieren Lösungen?

Wie löst man eine lineare Differenzialgleichung?

Was bedeutet Variation der Konstanten?

Differenzialgleichungen sind Gleichungen, in denen eine gesuchte Funktion und deren Ableitung(en) auftauchen. Sie spielen innerhalb der Mathematik und auch in vielen Anwendungen eine zentrale Rolle, etwa bei der Modellierung von dynamischen und parameterabhängigen Prozessen in Naturwissenschaften und Technik, aber auch in den Wirtschafts- und Lebenswissenschaften.

Im Zentrum unseres Interesses steht auch die Frage nach der Existenz und Eindeutigkeit der Lösung solcher Gleichungen.

In diesem Kapitel wollen wir uns vor allem linearen Systemen 1. Ordnung, also mehreren skalaren linearen verkoppelten Differenzialgleichungen 1. Ordnung widmen. Die gesuchte Lösungsfunktion ist dann vektorwertig. Eine Differenzialgleichung heißt linear, wenn die gesuchte Lösungsfunktion und deren Ableitungen in der Gleichung nur linear auftreten.

Einen weiteren Schwerpunkt bilden skalare lineare Differenzialgleichungen höherer Ordnung. Bei solchen Gleichungen kommen nicht nur die erste Ableitung der gesuchten Lösungsfunktion, sondern auch höhere Ableitungen vor.

Wir werden erkennen, dass es einen Zusammenhang zwischen diesen beiden Themen gibt. Ziel dieses Kapitels ist es, einen Apparat zur Lösung solcher Differenzialgleichungen zur Verfügung zu stellen. Dabei werden viele wichtige Methoden und Konzepte der Analysis und der linearen Algebra auch in Kombination verwendet.

Viele Grundlagen und Konzepte vor allem für skalare Differenzialgleichungen werden auch in Band 1, Kapitel 20 behandelt.

2.1 Grundlagen

Eine Differenzialgleichung ist eine Gleichung, in der eine Funktion als Unbekannte auftritt. Es treten in solchen Gleichungen sowohl diese Funktion als auch deren Ableitungen auf. Die Lösung beruht auf Integration. Die Lösungsfunktion ist daher abhängig von Integrationskonstanten.

?

Welche Funktion $y = y(x)$ erfüllt die Differenzialgleichung

$$y'(x) = \sin x\,, \qquad x \in \left[0, \frac{\pi}{2}\right]\,?$$

Beispiel Gesucht ist eine Funktion $y\colon \mathbb{R} \to \mathbb{R}$, für die

$$y'(x) = 5y(x)$$

gilt. Wir suchen also Funktionen $y = y(x)$, $x \in \mathbb{R}$, die abgeleitet ein Vielfaches von sich selbst ergeben. Diese Eigenschaft trifft genau für die Exponentialfunktion zu, denn die Ableitung der Funktion $y(x) = ce^{\lambda x}$ für $\lambda, c \in \mathbb{R}$ nach x ist $y'(x) = \lambda y(x)$. Hier ist speziell $\lambda = 5$ und $c \in \mathbb{R}$ beliebig. Wir erhalten eine ganze Schar von Lösungsfunktionen $y(x) = ce^{5x}$, siehe Abbildung 2.1. ◀

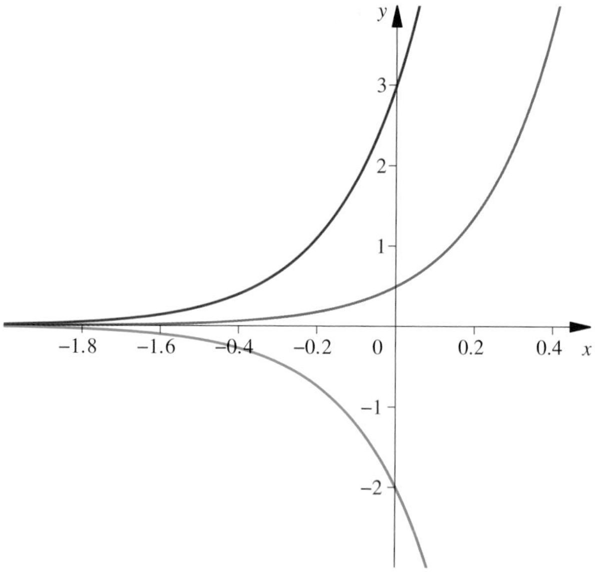

Abbildung 2.1 Die Lösungen $y(x) = ce^{5x}$ der Differenzialgleichung $y'(x) = 5y(x)$ für einige Werte $c \in \mathbb{R}$.

Eine Differenzialgleichung ist ein Zusammenhang zwischen einer gesuchten Funktion und deren Ableitungen

Definition einer Differenzialgleichung 1. Ordnung

Eine **Differenzialgleichung 1. Ordnung** auf einem Intervall $I \subseteq \mathbb{R}$ ist eine Gleichung der Form

$$y'(x) = f(x, y(x))\,, \quad x \in I\,,$$

wobei $y\colon I \to \mathbb{C}$, $y \in C^1(I)$ und $f\colon I \times \mathbb{C} \to \mathbb{C}$.

Wir betrachten den allgemeineren Fall von komplexwertigen Funktionen $y = y(x)$ und $f = f(x, y(x))$. Wenn eine Unterscheidung zwischen reellen und komplexen Funktionen wesentlich ist, werden wir darauf hinweisen.

Als *Ordnung* einer Differenzialgleichung bezeichnet man die höchste vorkommende Ableitung der gesuchten Funktion y.

Genau genommen handelt es sich hier um eine **explizite Differenzialgleichung**. Falls die Auflösung der Gleichung nach der Ableitung $y'(x)$ nicht gelingt, nennt man die Differenzialgleichung **implizit**. Für $y \neq 0$ kann die implizite Differenzialgleichung

$$yy' - 6x \sin y = 0$$

als explizite Differenzialgleichung

$$y' = \frac{6x \sin y}{y}$$

geschrieben werden. Wir behandeln hier **gewöhnliche Differenzialgleichungen**, da die gesuchte Funktion $y = y(x)$

Beispiel: Modellierung von Wachstumsprozessen mithilfe von Differenzialgleichungen

Die Zunahme einer Bevölkerung oder allgemeiner einer Population ist zu Beginn eines biologischen Wachstumsprozesses meist proportional zum Bestand. Aufgrund beschränkter Ressourcen, wie etwa Nahrung und Lebensraum, kann die Population aber nicht beliebig wachsen, sondern wird eine gewisse Maximalgröße nicht überschreiten.

Problemanalyse und Strategie: Wir beschreiben die zeitliche Entwicklung einer Bevölkerung durch eine Funktion $x \to y(x)$, wobei $y(x)$ die Größe der Population zur Zeit x bezeichnet. Die Zunahme proportional zum Bestand wird mathematisch durch das **exponentielle Wachstum** beschrieben. Nach einer Zeitspanne $\triangle x$ wird sich die Bevölkerung um

$$\triangle y = y(x + \triangle x) - y(x)$$

Individuen vermehrt haben. Solange genug Ressourcen vorhanden sind, wird dieser Zuwachs etwa proportional zur Zeitspanne $\triangle x$ und zur Population $y(x)$ zu Beginn des Zeitintervalls $[x, x + \triangle x]$ sein. Also gilt mit einer Proportionalitätskonstanten $\lambda \in \mathbb{R}$

$$\triangle y \approx \lambda y(x) \triangle x .$$

Allerdings ist dieser Wachstumsprozess nur bei sehr kleinem Δx zutreffend modelliert, da während der Zeitspanne Δx immer wieder neue Individuen dazukommen. Aus $\frac{\triangle y}{\triangle x} \approx \lambda y(x)$ und $\triangle x \to 0$ entsteht die Differenzialgleichung

$$y'(x) = \lambda y(x) \qquad x \geq 0 .$$

Eigentlich ist die Anzahl der Individuen ganzzahlig, aber wir machen hier die idealisierende Annahme, dass der Wachstumsprozess durch eine differenzierbare Funktion gut beschrieben werden kann.

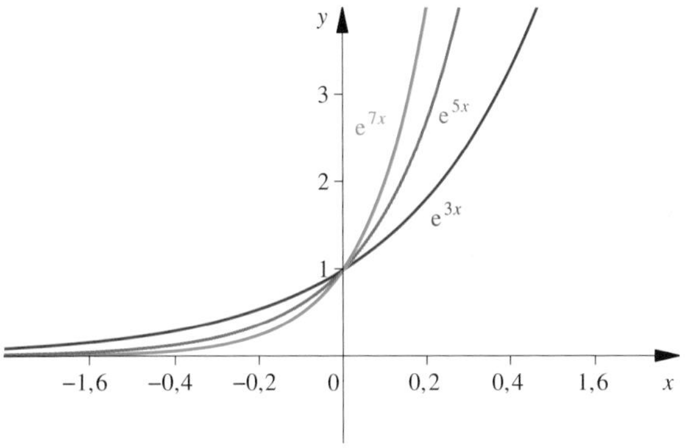

Beim **logistischen Wachstum** wird angenommen, dass eine Population eine gewisse Maximalgröße $K > 0$ nicht überschreiten kann. Wenn wir annehmen, dass die Änderungsrate der Population $y'(x)$ sowohl proportional zum gerade vorhandenen Bestand $y(x)$ als auch noch zum verbleibenden Spielraum $K - y(x)$ ist, ergibt sich die logistische Gleichung

$$y'(x) = \lambda y(x)(K - y(x)), \qquad x \geq 0 .$$

Lösung:

Die uns schon bekannte Lösung der Differenzialgleichung $y'(x) = \lambda y(x)$ ist $y(x) = ce^{\lambda x}$. Eigentlich existieren unendlich viele Lösungen. Die Konstante $c \in \mathbb{R}$ kann aus einer Zusatzbedingung also etwa der Angabe der Population für $x = 0$ berechnet werden. Durch diese Anfangsbedingung ist die Lösung eindeutig festgelegt. Eine exponentiell wachsende Population überschreitet für $x \to \infty$ jede vorgegebene Größe, was in der Praxis natürlich nur eine kurze beschränkte Zeit oder für sehr kleine Populationen zutreffen kann. Bei einer gewissen Größe der Population macht sich die Beschränktheit der Ressourcen bemerkbar, siehe Abbildung oben.

Durch Ableiten und Einsetzen in die logistische Gleichung überzeugen wir uns, dass die Funktion

$$y(x) = \frac{K}{1 + \left(\frac{K}{y(0)} - 1\right) e^{-\lambda K x}}$$

eine Lösung darstellt. In der untenstehenden Abbildung sieht man, dass diese Funktion streng monoton wachsend ist, falls die Anfangsbedingung $y(0) < K$ erfüllt ist.

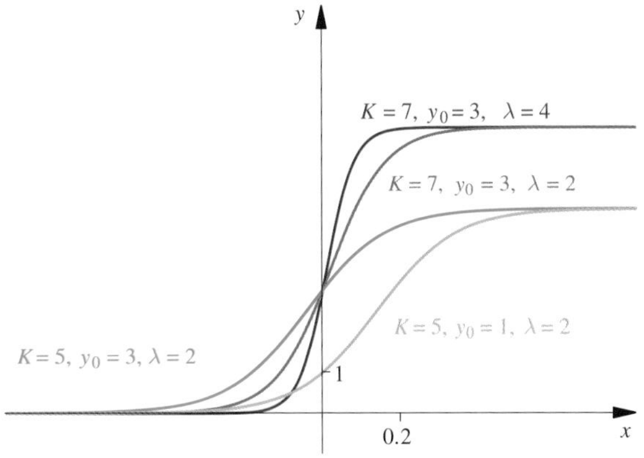

nur von einer Variablen abhängt. Bei **partiellen Differenzialgleichungen** hängt $y = y(\boldsymbol{x})$ von mehreren Variablen $\boldsymbol{x} = (x_1, x_2, \ldots, x_k)^T \in \mathbb{R}^k$, $k \in \mathbb{N}$ ab, und es können alle möglichen partiellen Ableitungen vorkommen.

Bei Differenzialgleichungen höherer Ordnung treten entsprechend auch höhere Ableitungen auf.

Definition einer Differenzialgleichung n-ter Ordnung

Eine allgemeine **Differenzialgleichung n-ter Ordnung** $n \in \mathbb{N}$ hat die Gestalt

$$y^{(n)}(x) = f(x, y(x), y'(x), \ldots, y^{(n-1)}(x))$$

für $x \in I \subseteq \mathbb{R}$. Dabei sind y eine n-mal stetig differenzierbare Funktion auf I also $y \in C^n(I)$ und $f: I \times \mathbb{C}^n \to \mathbb{C}$ eine Funktion von $n+1$ Veränderlichen.

Unter einer **Lösung** y einer Differenzialgleichung auf einem Intervall $J \subseteq I$ versteht man eine (mehrfach) stetig differenzierbare Funktion $y: J \to \mathbb{C}$, die die Differenzialgleichung für jedes $x \in J$ erfüllt.

Beispiel Die Differenzialgleichung

$$y'(x) = y^2(x) \qquad x \in I = \mathbb{R},$$

wird durch die Funktionen $y(x) = -\frac{1}{x+c}$ gelöst, wobei $c \in \mathbb{R}$ eine Integrationskonstante ist. In diesem Fall hat die Funktion $y = y(x)$ an der Stelle $x = -c$ eine Singularität, d. h., die Lösung existiert nur auf dem Intervall $J = (-\infty, -c)$ oder auf dem Intervall $J = (-c, \infty)$, aber jedenfalls ist J verschieden von $I = \mathbb{R}$. ◀

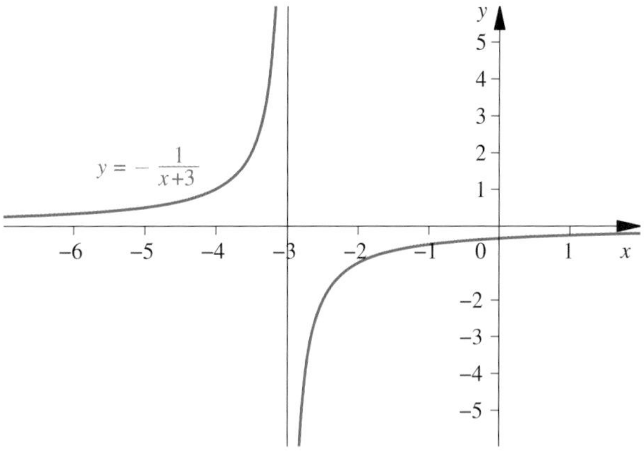

Abbildung 2.2 Die Lösung $y(x) = -\frac{1}{x+c}$ mit $c = 3$.

Das Anfangswertproblem stellt Bedingungen an die Lösung

Wie die Beispiele gezeigt haben, bekommen wir durch die zugrunde liegende Integration bei der Lösung von Differenzialgleichungen eine (oder mehrere) Integrationskonstanten. Die Lösung ist erst durch zusätzliche Bedingungen festgelegt. Dabei bestimmt die Ordnung die Anzahl der Bedingungen.

Definition eines Anfangswertproblems

Eine Differenzialgleichung

$$y^{(n)}(x) = f(x, y(x), y'(x), \ldots, y^{(n-1)}(x)) \qquad x \in I$$

wird als **Anfangswertproblem** für die gesuchte Funktion y bezeichnet, falls zusätzlich n Bedingungen

$$y(x_0) = y_0, y'(x_0) = y_1, \ldots, y^{(n-1)}(x_0) = y_{n-1}$$

für ein $x_0 \in I$ vorgegeben sind.

Aufgrund der Ordnung n sind zur eindeutigen Festlegung der n Integrationskonstanten n Bedingungen notwendig. Durch die Angabe von *Anfangswerten* wird aus einer Schar von Lösungen eine spezielle Lösung der Differenzialgleichung ausgewählt. Diese Schar von Lösungen mit allen Integrationskonstanten wird *allgemeine Lösung* der Differenzialgleichung genannt.

Wir werden im nächsten Abschnitt zeigen, dass eine solche Lösung y unter gewissen Voraussetzungen an die Funktion f immer existiert und zu gegebenen Anfangsbedingungen auch eindeutig ist.

Bei einem **Randwertproblem** werden ebenfalls n Bedingungen an die Lösungsfunktion oder deren Ableitungen vorgegeben, aber an mindestens zwei verschiedenen Stellen im Intervall I. Meist beziehen sich die Vorgaben auf die Randpunkte des Intervalls. Randwertprobleme werden in Kapitel 3 behandelt.

Beispiel Zur Differenzialgleichung 2. Ordnung

$$y''(x) + y(x) = \cos x, \qquad x \in \left[0, \frac{\pi}{2}\right],$$

seien die beiden Anfangsbedingungen $y(0) = y'(0) = 1$ vorgegeben. Dabei setzen wir voraus, dass die Ableitung der gesuchten Lösungsfunktion y' in den Randpunkten des abgeschlossenen Intervalls stetig fortsetzbar ist.

Wir werden sehen, dass sich die allgemeine Lösung dieser Differenzialgleichung in der Form

$$y(x) = c_1 \sin x + c_2 \cos x + \frac{x}{2} \sin x$$

schreiben lässt. Aus

$$y(0) = c_1 \cdot 0 + c_2 + 0 = 1$$
$$y'(0) = c_1 - c_2 \cdot 0 + 0 - 0 = 1$$

ergeben sich die beiden Integrationskonstanten zu $c_1 = 1$ und $c_2 = 1$, also

$$y(x) = \sin x + \cos x + \frac{x}{2} \sin x$$

siehe Abbildung 2.3. ◀

Beispiel Betrachten wir die obige Differenzialgleichung 2. Ordnung, also

$$y''(x) + y(x) = \cos x\,, \quad x \in \left[0, \frac{\pi}{2}\right],$$

mit den Randbedingungen $y(0) = 1$, $y\left(\frac{\pi}{2}\right) = \pi$. Aus der allgemeinen Lösung dieser Differenzialgleichung

$$y(x) = c_1 \sin x + c_2 \cos x + \frac{x}{2} \sin x$$

mit den Bedingungen

$$\begin{aligned} y(0) &= c_1 \cdot 0 + c_2 + 0 = 1 \\ y\left(\frac{\pi}{2}\right) &= c_1 + c_2 \cdot 0 + \frac{\pi}{4} = \pi \end{aligned}$$

ergibt sich für die beiden Integrationskonstanten in diesem Fall $c_1 = \frac{\pi}{2}$ und $c_2 = 1$ und damit die Lösung

$$y(x) = \frac{3\pi}{4} \sin x + \cos x + \frac{x}{2} \sin x\,,$$

siehe Abbildung 2.3. ◄

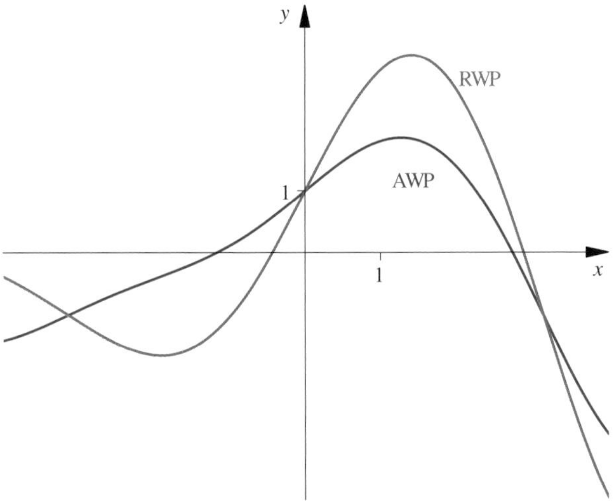

Abbildung 2.3 Die Lösung $y(x) = \sin x + \cos x + \frac{x}{2} \sin x$ des Anfangswertproblems (AWP) und die Lösung $y(x) = \frac{3\pi}{4} \sin x + \cos x + \frac{x}{2} \sin x$ des Randwertproblems (RWP) aus den obigen Beispielen.

2.2 Lineare Systeme von Differenzialgleichungen

In diesem Abschnitt betrachten wir lineare Systeme von gewöhnlichen Differenzialgleichungen. Lineare Differenzialgleichungen sind die einzige große Klasse von Differenzialgleichungen, für die es eine vollständige Theorie gibt. Diese Theorie ist im wesentlichen ein Teil der linearen Algebra und ermöglicht es, alle linearen Differenzialgleichungen vollständig zu lösen. Die Theorie linearer Differenzialgleichungen ist auch als erste Approximation bei der Untersuchung nichtlinearer Probleme sehr nützlich.

Definition eines linearen Systems von Differenzialgleichungen 1. Ordnung

Das System

$$\boldsymbol{y}'(x) = \boldsymbol{A}(x)\boldsymbol{y}(x) + \boldsymbol{f}(x)$$

auf einem Intervall $I \subseteq \mathbb{R}$ mit $\boldsymbol{A}(x) = (a_{ij}(x)) \in \mathbb{C}^{n\times n}$, $a_{ij}\colon I \to \mathbb{C}$ für $i, j \in \{1, 2, \ldots, n\}$, $n \in \mathbb{N}$, $\boldsymbol{y}\colon I \to \mathbb{C}^n$ und $\boldsymbol{f}\colon I \to \mathbb{C}^n$ heißt **lineares System von Differenzialgleichungen**. Die Funktion $\boldsymbol{f}$ heißt **Inhomogenität**. Das System heißt **homogen**, falls $\boldsymbol{f}$ die Nullfunktion ist, andernfalls **inhomogen**.

Beispiel Das lineare Differenzialgleichungssystem mit $\boldsymbol{y} = (y_1, y_2)^\top$

$$\begin{aligned} y_1'(x) &= y_1(x) + y_2(x) \\ y_2'(x) &= -y_1(x) + y_2(x) \end{aligned}$$

ist homogen. Das lineare System

$$\begin{aligned} y_1'(x) &= -y_1(x) + y_2(x) + e^{2x} \\ y_2'(x) &= y_1(x) - 3y_2(x) + x \end{aligned}$$

ist inhomogen mit der Inhomogenität $\boldsymbol{f}(x) = (e^{2x}, x)^\top$. ◄

Mit dem Superpositionsprinzip werden aus Lösungen weitere Lösungen konstruiert

Wir interessieren uns vor allem für die durch die Linearität dieser Differenzialgleichungen bedingte spezielle Struktur der Lösungen und die Beschreibung der allgemeinen Lösung.

Für homogene lineare Differenzialgleichungen gilt das *Superpositionsprinzip*. Darunter versteht man in der Mathematik eine Grundeigenschaft homogener linearer Gleichungen, nach der alle Linearkombinationen von Lösungen weitere Lösungen der Gleichung ergeben.

Satz zum Superpositionsprinzip

Seien $\boldsymbol{y}_1$ und $\boldsymbol{y}_2$ zwei Lösungen der homogenen Differenzialgleichung

$$\boldsymbol{y}'(x) = \boldsymbol{A}(x)\boldsymbol{y}(x)\,, \quad x \in I \subseteq \mathbb{R}\,.$$

Dann ist jede Linearkombination

$$\alpha \boldsymbol{y}_1 + \beta \boldsymbol{y}_2\,, \quad \alpha, \beta \in \mathbb{C}\,,$$

von $\boldsymbol{y}_1$ und $\boldsymbol{y}_2$ ebenfalls eine Lösung.

Beweis: Diese Behauptung folgt aus

$$\begin{aligned} (\alpha \boldsymbol{y}_1(x) + \beta \boldsymbol{y}_2(x))' &= \alpha \boldsymbol{y}_1(x)' + \beta \boldsymbol{y}_2(x)' \\ &= \alpha \boldsymbol{A}(x)\boldsymbol{y}_1(x) + \beta \boldsymbol{A}(x)\boldsymbol{y}_2(x) \\ &= \boldsymbol{A}(x)(\alpha \boldsymbol{y}_1(x) + \beta \boldsymbol{y}_2(x))\,. \end{aligned}$$

■

Kommentar: Die Menge aller Lösungen der homogenen linearen Differenzialgleichung $\boldsymbol{y}'(x) = \boldsymbol{A}\boldsymbol{y}(x)$ bildet einen linearen Vektorraum, genauer einen n-dimensionalen Unterraum des Vektorraums $C^1(I, \mathbb{C}^n)$ aller einmal stetig differenzierbaren Funktionen von I nach $\mathbb{C}^n$. Der Begriff Vektorraum wird in Band 1, Kapitel 6 erklärt.

Auch Funktionen sind linear abhängig oder linear unabhängig

Die Begriffe *lineare Abhängigkeit* oder *lineare Unabhängigkeit* von Vektoren im $\mathbb{R}^n$ oder $\mathbb{C}^n$ kennen wir aus Band 1, Abschnitt 6.4. Im Folgenden werden diese Begriffe in ganz natürlicher Weise auf vektorwertige Funktionen übertragen.

Lineare Unabhängigkeit von Funktionen

Es seien $\boldsymbol{y}_1, \boldsymbol{y}_2, \ldots, \boldsymbol{y}_n$ $\mathbb{C}^n$-wertige Funktionen. Diese n Funktionen heißen **linear unabhängig** auf $I \subseteq \mathbb{R}$, falls

$$c_1\boldsymbol{y}_1(x) + c_2\boldsymbol{y}_2(x) + \ldots + c_n\boldsymbol{y}_n(x) = \boldsymbol{0}, \quad \forall x \in I,$$

$c_1 = c_2 = \ldots = c_n = 0$ nach sich zieht. Ansonsten heißen diese Funktionen **linear abhängig** auf I.

Ein nützliches Werkzeug zur Entscheidung, ob lineare Abhängigkeit oder Unabhängigkeit von n vektorwertigen Funktionen $\boldsymbol{y}_1, \boldsymbol{y}_2, \ldots, \boldsymbol{y}_n$ vorliegt, ist die **Wronski-Determinante**

$$W[\boldsymbol{y}_1, \boldsymbol{y}_2, \ldots, \boldsymbol{y}_n](x) = \det \begin{pmatrix} y_{1,1}(x) & y_{2,1}(x) & \ldots & y_{n,1}(x) \\ y_{1,2}(x) & y_{2,2}(x) & \ldots & y_{n,2}(x) \\ & & \vdots & \\ y_{1,n}(x) & y_{2,n}(x) & \ldots & y_{n,n}(x) \end{pmatrix}.$$

Dabei bezeichnet $y_{j,i}$ die i-te Komponente der Funktion $\boldsymbol{y}_j$, $i, j = 1, 2, \ldots, n$.

Ist die Wronski-Determinante $W[\boldsymbol{y}_1, \boldsymbol{y}_2, \ldots \boldsymbol{y}_n](x_0) \neq 0$ für ein $x_0 \in I$, so sind die Funktionen $\boldsymbol{y}_1, \boldsymbol{y}_2, \ldots, \boldsymbol{y}_n$ linear unabhängig auf dem ganzen Intervall I, was man wie folgt sieht.

Die Beziehung $\sum_{i=1}^n c_i\boldsymbol{y}_i(x_0) = \boldsymbol{0}$ stellt ein lineares Gleichungssystem für die Unbekannten $c_1, c_2, \ldots, c_n$ dar. Da nach Voraussetzung die Determinante der Koeffizientenmatrix $W[\boldsymbol{y}_1, \boldsymbol{y}_2, \ldots, \boldsymbol{y}_n](x_0)$ dieses homogenen Gleichungssystems von null verschieden ist, ist $c_1 = c_2 = c_3 = \ldots = 0$ die einzige Lösung von $\sum_{i=1}^n c_i\boldsymbol{y}_i(x_0) = \boldsymbol{0}$. Daher ist $c_1 = c_2 = \ldots = c_n = 0$ auch die einzige Lösung von $\sum_{i=1}^n c_i\boldsymbol{y}_i(x) = \boldsymbol{0}$ für alle $x \in I$, und somit sind die Funktionen $\boldsymbol{y}_1, \boldsymbol{y}_2, \ldots, \boldsymbol{y}_n$ linear unabhängig auf dem Intervall $I \subseteq \mathbb{R}$.

Für homogene Systeme von linearen Differenzialgleichungen gilt die folgende Umkehrung.

Satz

Sind $\boldsymbol{y}_1, \boldsymbol{y}_2, \ldots, \boldsymbol{y}_n$ linear unabhängige Lösungen von

$$\boldsymbol{y}'(x) = \boldsymbol{A}(x)\boldsymbol{y}(x), \quad x \in I,$$

so ist die Wronski-Determinante $W[\boldsymbol{y}_1, \boldsymbol{y}_2, \ldots, \boldsymbol{y}_n](x)$ für jedes $x \in I$ von null verschieden.

Beweis: Wir führen diesen Beweis indirekt, d. h., wir nehmen das Gegenteil an und führen diese Annahme zu einem Widerspruch.

Gäbe es eine Stelle $x_0 \in I$ mit $W[\boldsymbol{y}_1, \boldsymbol{y}_2, \ldots, \boldsymbol{y}_n](x_0) = 0$, so hätte das homogene System

$$c_1\boldsymbol{y}_1(x_0) + c_2\boldsymbol{y}_2(x_0) + \ldots + c_n\boldsymbol{y}_n(x_0) = \boldsymbol{0}$$

eine Lösung $(c_1, c_2, \ldots, c_n)^\top \neq (0, 0, \ldots, 0)^\top$. Sei nun

$$\boldsymbol{y} := c_1\boldsymbol{y}_1 + c_2\boldsymbol{y}_2 + \ldots + c_n\boldsymbol{y}_n.$$

Wegen des Superpositionsprinzips ist $\boldsymbol{y} = \boldsymbol{y}(x)$ eine Lösung von

$$\begin{aligned} \boldsymbol{y}'(x) - \boldsymbol{A}(x)\boldsymbol{y}(x) &= \boldsymbol{0} \\ \boldsymbol{y}(x_0) &= \boldsymbol{0}. \end{aligned}$$

Da $\boldsymbol{y}(x) = \boldsymbol{0}$ ebenfalls eine Lösung ist, würde aus der im nächsten Abschnitt vorgestellten Existenz und Eindeutigkeit von Lösungen für Anfangswertprobleme

$$c_1\boldsymbol{y}_1(x) + c_2\boldsymbol{y}_2(x) + \ldots + c_n\boldsymbol{y}_n(x) = \boldsymbol{0}, \quad x \in I,$$

folgen. Diese Gleichung würde aber einen Widerspruch zu linearen Unabhängigkeit von $\boldsymbol{y}_1, \boldsymbol{y}_2, \ldots, \boldsymbol{y}_n$ darstellen, also unserer, indirekten Annahme zu Beginn, dass es eine Stelle $x_0 \in I$ mit $W[\boldsymbol{y}_1, \boldsymbol{y}_2, \ldots, \boldsymbol{y}_n](x_0) = 0$ gibt, widersprechen. Damit ist der Satz bewiesen. ■

?

Warum folgt im obigen Beweis aus $W[\boldsymbol{y}_1, \boldsymbol{y}_2, \ldots, \boldsymbol{y}_n](x_0) = 0$, dass das homogene System $c_1\boldsymbol{y}_1(x_0) + c_2\boldsymbol{y}_2(x_0) + \ldots + c_n\boldsymbol{y}_n(x_0) = \boldsymbol{0}$ eine Lösung $(c_1, c_2, \ldots, c_n)^\top \neq (0, 0, \ldots, 0)^\top$ hat?

Für n Lösungen $\boldsymbol{y}_1, \boldsymbol{y}_2, \ldots, \boldsymbol{y}_n$ von $\boldsymbol{y}'(x) = \boldsymbol{A}(x)\boldsymbol{y}(x)$, $x \in I$, ist also die lineare Unabhängigkeit durch $W[\boldsymbol{y}_1, \boldsymbol{y}_2, \ldots, \boldsymbol{y}_n](x) \neq 0$ für alle $x \in I$ und die lineare Abhängigkeit durch $W[\boldsymbol{y}_1, \boldsymbol{y}_2, \ldots, \boldsymbol{y}_n](x) = 0$ für alle $x \in I$ charakterisiert. Es tritt nicht der Fall auf, dass es zwei verschiedene Werte $x_0, x_1 \in I$ mit $W[\boldsymbol{y}_1, \boldsymbol{y}_2, \ldots, \boldsymbol{y}_n](x_0) = 0$ und $W[\boldsymbol{y}_1, \boldsymbol{y}_2, \ldots, \boldsymbol{y}_n](x_1) \neq 0$ gibt.

Fundamentalsystem und Fundamentalmatrix

Eine Menge von n linear unabhängigen Lösungen $\boldsymbol{y}_1, \boldsymbol{y}_2, \ldots, \boldsymbol{y}_n$ von $\boldsymbol{y}'(x) = \boldsymbol{A}(x)\boldsymbol{y}(x)$ bildet ein **Fundamentalsystem.** Die zugehörige Matrix

$$\boldsymbol{Y}(x) = \begin{pmatrix} y_{1,1}(x) & y_{2,1}(x) & \ldots & y_{n,1}(x) \\ y_{1,2}(x) & y_{2,2}(x) & \ldots & y_{n,2}(x) \\ & & \vdots & \\ y_{1,n}(x) & y_{2,n}(x) & \ldots & y_{n,n}(x) \end{pmatrix}$$

heißt **Fundamentalmatrix**.

Beispiel Das System

$$\boldsymbol{y}'(x) = \begin{pmatrix} 1 & -1 \\ -2 & 0 \end{pmatrix} \boldsymbol{y}(x)$$

hat die beiden Lösungen

$$\boldsymbol{y}_1(x) = \begin{pmatrix} e^{2x} \\ -e^{2x} \end{pmatrix}, \qquad \boldsymbol{y}_2(x) = \begin{pmatrix} e^{-x} \\ 2e^{-x} \end{pmatrix}.$$

Für die Wronski-Determinante $W[\boldsymbol{y}_1, \boldsymbol{y}_2]$ gilt

$$W[\boldsymbol{y}_1, \boldsymbol{y}_2](x) = \det \begin{pmatrix} e^{2x} & e^{-x} \\ -e^{2x} & 2\,e^{-x} \end{pmatrix} = 3\,e^x \neq 0\,.$$

Die Lösungen $\boldsymbol{y}_1(x)$ und $\boldsymbol{y}_2(x)$ bilden daher ein Fundamentalsystem, und die Fundamentalmatrix ist

$$\boldsymbol{Y}(x) = \begin{pmatrix} e^{2x} & e^{-x} \\ -e^{2x} & 2\,e^{-x} \end{pmatrix}.$$

◀

Satz

Jedes lineare Differenzialgleichungssystem

$$\boldsymbol{y}'(x) = \boldsymbol{A}(x)\boldsymbol{y}(x)$$

besitzt ein Fundamentalsystem.

Die allgemeine Lösung hat die Form

$$\boldsymbol{y} = c_1\boldsymbol{y}_1 + c_2\boldsymbol{y}_2 + \ldots + c_n\boldsymbol{y}_n = \boldsymbol{Y}\boldsymbol{c}\,,$$

wobei $\boldsymbol{Y}$ eine Fundamentalmatrix und $\boldsymbol{c} \in \mathbb{C}^n$ ein beliebiger Vektor ist.

Beweis: Sei $x_0 \in I$ beliebig, aber fest. Mit der kanonischen Basis $\boldsymbol{e}_1, \boldsymbol{e}_2, \ldots, \boldsymbol{e}_n$ von $\mathbb{C}^n$ definieren wir die n Anfangswertprobleme

$$\begin{aligned} \boldsymbol{y}_i'(x) &= \boldsymbol{A}(x)\boldsymbol{y}_i \qquad x \in I\,, \\ \boldsymbol{y}_i(x_0) &= \boldsymbol{e}_i\,, \quad i = 1, 2, \ldots, n\,. \end{aligned}$$

Wieder gibt es aufgrund der Existenz und Eindeutigkeit von Lösungen solcher Systeme, siehe nächsten Abschnitt, die Funktionen $\boldsymbol{y}_1, \boldsymbol{y}_2, \ldots, \boldsymbol{y}_n$. Diese bilden ein Fundamentalsystem, da

$$W[\boldsymbol{y}_1, \boldsymbol{y}_2, \ldots, \boldsymbol{y}_n](x_0) = \det \begin{pmatrix} 1 & & 0 \\ & \vdots & \\ 0 & & 1 \end{pmatrix} = 1 \neq 0\,.$$

Es sei $\boldsymbol{y}$ irgendeine Lösung von $\boldsymbol{y}'(x) = \boldsymbol{A}(x)\boldsymbol{y}(x)$, und $\{\boldsymbol{y}_1, \boldsymbol{y}_2, \ldots, \boldsymbol{y}_n\}$ ein Fundamentalsystem. Für das Gleichungssystem

$$\boldsymbol{y}(x_0) = c_1\boldsymbol{y}_1(x_0) + c_2\boldsymbol{y}_2(x_0) + \ldots + c_n\boldsymbol{y}_n(x_0)\,, \quad x_0 \in I$$

mit den Unbekannten $c_1, c_2, \ldots, c_n$ existiert eine Lösung, da die Determinante des Gleichungssystems als Wronski-Determinante wegen der linearen Unabhängigkeit von $\boldsymbol{y}_1, \boldsymbol{y}_2, \ldots, \boldsymbol{y}_n$ von null verschieden ist. Die Funktion $\boldsymbol{z} := \sum_{i=1}^n c_i\boldsymbol{y}_i$ ist aufgrund des Superpositionsprinzips eine Lösung von $\boldsymbol{y}'(x) = \boldsymbol{A}(x)\boldsymbol{y}(x)$ mit $\boldsymbol{z}(x_0) = \boldsymbol{y}(x_0)$ für alle $x \in I$. Wegen der eindeutigen Lösbarkeit solcher Systeme folgt $\boldsymbol{y}(x) = \boldsymbol{z}(x) = \sum_{i=1}^n c_i\boldsymbol{y}_i(x)$. ■

Der Satz von Picard-Lindelöf sichert die Existenz und Eindeutigkeit von Lösungen

Wir haben uns bis jetzt nicht überlegt, ob ein lineares System überhaupt lösbar ist. Die Eindeutigkeit der Lösung können wir allerdings nur bei Anfangswertproblemen erwarten und möglicherweise nur auf einem Intervall $J \subseteq I$.

In Band 1, Abschnitt 20.3 wurde die Existenz und Eindeutigkeit – der Satz von Picard-Lindelöf – für allgemeine Differenzialgleichungssysteme 1. Ordnung gezeigt. Wir werden im letzten Abschnitt dieses Kapitels erkennen, dass dieses Resultat ausreichend ist, da Differenzialgleichungen höherer Ordnung und auch Systeme höherer Ordnung immer zu Differenzialgleichungen erster Ordnung transformiert werden können. D. h., jedes Anfangswertproblem hat zumindest in einer kleinen Umgebung des Anfangswerts genau eine Lösung unter der Voraussetzung, dass die Bedingungen des Satzes erfüllt sind.

Wir werden den Satz von Picard-Lindelöf für den viel einfacheren Fall von Systemen linearer Differenzialgleichungen formulieren und die wesentlichen Ideen des Beweises für den allgemeinen Fall als Übersicht zusammenfassen.

Satz

Sind die Koeffizientenmatrix $\boldsymbol{A}$ und die Inhomogenität $\boldsymbol{f}$ stetig auf $I \subseteq \mathbb{R}$, so hat das Anfangswertproblem

$$\begin{aligned} \boldsymbol{y}'(x) &= \boldsymbol{A}(x)\boldsymbol{y}(x) + \boldsymbol{f}(x) \\ \boldsymbol{y}(x_0) &= \boldsymbol{y}_0 \end{aligned}$$

für alle $x, x_0 \in I$ und $\boldsymbol{y}_0 \in \mathbb{C}^n$ eine eindeutige Lösung.

Übersicht: Der Satz von Picard-Lindelöf

Dieser Satz ist grundlegend für die Existenz und Eindeutigkeit von Lösungen gewöhnlicher Differenzialgleichungen. Er geht auf die Mathematiker Ernst Leopold Lindelöf (1870–1946) und Charles Émile Picard (1856–1941) zurück.

Satz von Picard-Lindelöf

Für $x_0 \in \mathbb{R}$, $\boldsymbol{y}_0 \in \mathbb{C}^n$, $a, b > 0$ setze $I = [x_0 - a, x_0 + a]$ und $Q = \{\boldsymbol{z} \in \mathbb{C}^n | \, \|\boldsymbol{z} - \boldsymbol{y}_0\|_\infty \le b\}$. Ist die Funktion $\boldsymbol{F}\colon I \times Q \to \mathbb{C}^n$ stetig, komponentenweise durch die positive Konstante R beschränkt und genügt sie bezüglich ihres zweiten Arguments einer Lipschitz-Bedingung mit Lipschitzkonstanten L, gilt also

$$|\boldsymbol{F}_j(x, \boldsymbol{u}) - \boldsymbol{F}_j(x, \boldsymbol{v})| \le L \sum_{k=1}^{n} |u_k - v_k|$$

für $j = 1, 2, \ldots, n$, $x \in I$ und $\boldsymbol{u}, \boldsymbol{v} \in Q$, so hat das Anfangswertproblem

$$\boldsymbol{y}'(x) = \boldsymbol{F}(x, \boldsymbol{y}(x)), \quad \boldsymbol{y}(x_0) = \boldsymbol{y}_0,$$

auf dem Intervall $J = [x_0 - \alpha, x_0 + \alpha]$ mit $\alpha = \min\{a, b/R\}$ genau eine stetig differenzierbare Lösung $\boldsymbol{y}\colon J \to Q$.

Die Existenz einer Lösung bekommen wir nur lokal, also in der Nähe von x_0, im Satz ausgedrückt durch $I = [x_0 - a, x_0 + a]$ für ein geeignetes $a \in \mathbb{R}$. Die Menge Q, in der $\boldsymbol{y}(x)$ variiert, stellt in zwei Dimensionen geometrisch ein Rechteck, in drei Dimensionen einen Quader dar. Die Lipschitz-Stetigkeit im zweiten Argument von $\boldsymbol{F}$ ist verantwortlich für die Eindeutigkeit der Lösung. Die Basis des Beweises bildet der Banach'sche Fixpunktsatz. Drei Voraussetzungen sind zu erfüllen:

- Es wird ein **vollständiger metrischer Raum** M benötigt.
- Eine **Fixpunktgleichung** erhalten wir dadurch, dass das Anfangswertproblem in eine Integralgleichung auf dem Raum M umgeschrieben wird.
- Bei dem Operator in der Fixpunktgleichung muss es sich um eine **Kontraktion** handeln, d. h. Lipschitz-Stetigkeit des Operators mit einer Lipschitzkonstanten kleiner als eins.

Diese recht restriktiven Voraussetzungen garantieren die Existenz und Eindeutigkeit des Fixpunktes und liefern auch ein Verfahren, den Fixpunkt zu bestimmen.

Beweis: (i) Zunächst leiten wir eine Fixpunktgleichung her. Integration der Differenzialgleichung liefert

$$\boldsymbol{y}(x) = \boldsymbol{y}(x_0) + \int_{x_0}^{x} \boldsymbol{F}(u, \boldsymbol{y}(u))\, du.$$

Wir setzen

$$(\mathcal{G}(\boldsymbol{y}))(x) = \boldsymbol{y}(x_0) + \int_{x_0}^{x} \boldsymbol{F}(u, \boldsymbol{y}(u))\, du, \quad x \in I$$

und suchen einen Fixpunkt dieser Abbildung $\mathcal{G}$. Es wird ein metrischer Raum M benötigt, der durch $\mathcal{G}$ in sich selbst abgebildet wird. Wir setzen $M = \{\boldsymbol{f} \in C(J, \mathbb{C}^n) \mid \|\boldsymbol{f} - \boldsymbol{y}_0\|_\infty \le b\}$, mit J und b wie in der Formulierung des Satzes. Für alle $\boldsymbol{f} \in M$ gilt auch $\boldsymbol{f}(J) \in Q$. Wir betrachten jetzt die Abbildung $\mathcal{G}\colon M \to C(J, \mathbb{C}^n)$.

(ii) Wir zeigen: $\mathcal{G}(M) \subseteq M$, M ist ein vollständiger metrischer Raum. Für alle $x \in J$ und $j = 1, 2, \ldots, n$ ist

$$\begin{aligned}|(\mathcal{G}\boldsymbol{f})_j(x) - y_{j0}| &= \left| \int_{x_0}^{x} |\boldsymbol{F}(u, \boldsymbol{f}(u))_j| \, du \right| \\ &\le R \left| \int_{x_0}^{x} du \right| \le R\, \frac{b}{R} = b.\end{aligned}$$

Es gilt also $\mathcal{G}\boldsymbol{f} \in M$ und damit $\mathcal{G}\colon M \to M$. Der Raum $C(J, \mathbb{C}^n)$ ist mit der Supremumsnorm $\|\boldsymbol{f} - \boldsymbol{g}\|_\infty = \max_{j=1,2,\ldots,n} |(\boldsymbol{f} - \boldsymbol{g})_j|$ für alle $\boldsymbol{f}, \boldsymbol{g} \in M$ ein vollständiger Raum, also ein Banachraum. M ist als abgeschlossene Teilmenge dieses Raumes selbst ein vollständiger metrischer Raum. Wir suchen eine Lösung $\boldsymbol{y} \in M$ der Fixpunktgleichung

$$\mathcal{G}(\boldsymbol{y}) = \boldsymbol{y}.$$

(iii) Wir zeigen nun, dass der Operator $\mathcal{G}^m$ für hinreichend großes m eine Kontraktion ist. Der Versuch, diese Bedingung direkt für $m = 1$ nachzuweisen, liefert

$$|(\mathcal{G}\boldsymbol{f})_j(x) - (\mathcal{G}\boldsymbol{g})_j(x)| \le Ln|x - x_0| \|\boldsymbol{f} - \boldsymbol{g}\|_\infty.$$

Das n kommt wegen der Abschätzung der auftretenden Komponenten $|f_k(u) - g_k(u)|$ durch $\|\boldsymbol{f} - \boldsymbol{g}\|_\infty$ ins Spiel. Nur im Fall $Ln|J| < 1$ ist $\mathcal{G}$ sicher eine Kontraktion. Die folgende Abschätzung jedoch kann mittels vollständiger Induktion nach m für alle $x \in J$, $j = 1, 2, \ldots, n$, $\boldsymbol{f}, \boldsymbol{g} \in M$ und $m \in \mathbb{N}$ gezeigt werden:

$$\begin{aligned}|(\mathcal{G}^m \boldsymbol{f})_j(x) - (\mathcal{G}^m \boldsymbol{g})_j(x)| &\le \frac{Ln|x - x_0|^m}{m!} \|\boldsymbol{f} - \boldsymbol{g}\|_\infty \\ &\le \frac{Ln|J|^m}{m!} \|\boldsymbol{f} - \boldsymbol{g}\|_\infty.\end{aligned}$$

Da die Fakultät schneller wächst als jede Potenz, existiert ein $m_0 \in \mathbb{N}$, sodass $\mathcal{G}^m$ für jedes $m \ge m_0$ eine Kontraktion ist.

(iv) Als Letztes weisen wir die Existenz eines eindeutigen Fixpunktes für $\mathcal{G}$ nach. Nach dem Banach'schen Fixpunktsatz existiert für jedes m ein Fixpunkt $\boldsymbol{u}_m \in M$. Mithilfe der Kontraktionseigenschaften von $\mathcal{G}^m$ gelingt es zu zeigen, dass $\boldsymbol{u}_m = \boldsymbol{u}_{m+1} = \boldsymbol{y}$ für jedes $m \ge m_0$. Somit gilt

$$\boldsymbol{y} = \mathcal{G}^{m+1}\boldsymbol{y} = \mathcal{G}(\mathcal{G}^m \boldsymbol{y}) = \mathcal{G}\boldsymbol{y}.$$

∎

Beweisidee:

Wir formen das Anfangswertproblem in eine äquivalente Integralgleichung um. Es gilt

$$\begin{aligned} \boldsymbol{y}'(x) &= \boldsymbol{A}(x)\boldsymbol{y}(x) + \boldsymbol{f}(x) \\ \int_{x_0}^{x} \boldsymbol{y}'(u)\,\mathrm{d}u &= \int_{x_0}^{x} (\boldsymbol{A}(u)\boldsymbol{y}(u) + \boldsymbol{f}(u))\,\mathrm{d}u \\ \boldsymbol{y}(x) &= \boldsymbol{y}(x_0) + \int_{x_0}^{x} (\boldsymbol{A}(u)\boldsymbol{y}(u) + \boldsymbol{f}(u))\,\mathrm{d}u\,. \end{aligned}$$

Für diese Fixpunktgleichung definieren wir induktiv mittels **Picard-Iteration** die Funktionenfolge

$$\begin{aligned} \boldsymbol{y}_0(x) &:= \boldsymbol{y}(x_0) \\ \boldsymbol{y}_1(x) &:= \boldsymbol{y}(x_0) + \int_{x_0}^{x} (\boldsymbol{A}(u)\boldsymbol{y}_0(u) + \boldsymbol{f}(u))\,\mathrm{d}u \\ \boldsymbol{y}_{n+1}(x) &:= \boldsymbol{y}(x_0) + \int_{x_0}^{x} (\boldsymbol{A}(u)\boldsymbol{y}_n(u) + \boldsymbol{f}(u))\,\mathrm{d}u\,. \end{aligned}$$

Diese Folge $\boldsymbol{y}_n(x)$ konvergiert gegen die Lösung $\boldsymbol{y}(x)$,

$$\boldsymbol{y}(x) := \lim_{n\to\infty} \boldsymbol{y}_n(x)\,.$$

Die so erhaltene Lösung $\boldsymbol{y} = \boldsymbol{y}(x)$ des Anfangswertproblems ist als Grenzwert der Folge $y_n(x)$ eindeutig bestimmt. ■

Kommentar: Bei linearen Differenzialgleichungen ist die Existenz und Eindeutigkeit der Lösung nicht nur lokal – wie im allgemeinen Fall – sondern global für alle $x \in I$ gesichert.

Beispiel Wir lösen das skalare Anfangswertproblem $y'(x) = y(x)$ mit $y(x_0) = y(0) = 1$ mittels Picard-Iteration:

$$\begin{aligned} y_0(x) &= 1 \\ y_1(x) &= 1 + \int_0^x 1\,\mathrm{d}u = 1 + x \\ y_2(x) &= 1 + \int_0^x (1+u)\,\mathrm{d}u = 1 + x + \frac{1}{2}x^2 \\ y_3(x) &= 1 + x + \frac{1}{2}x^2 + \frac{1}{3!}x^3 \\ &\vdots \\ y_n(x) &= \sum_{k=0}^{n} \frac{x^k}{k!} \end{aligned}$$

Somit erhalten wir

$$y(x) = \lim_{n\to\infty} y_n(x) = \sum_{k=0}^{\infty} \frac{x^k}{k!} = e^x\,.$$

Diese unendliche Reihe konvergiert für alle $x \in \mathbb{C}$. ◄

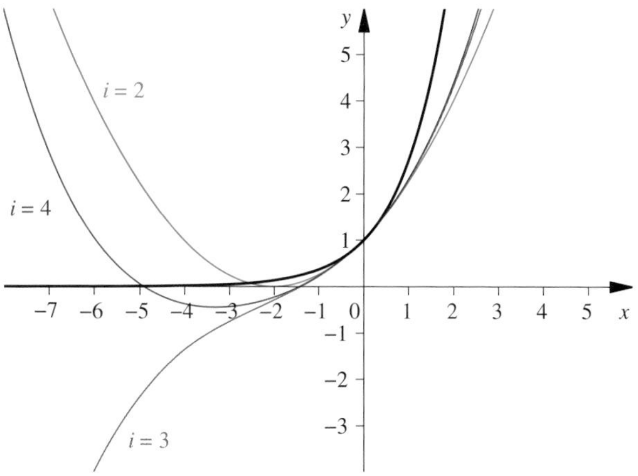

Abbildung 2.4 Konvergenz der Picard-Iterierten y_i für $i = 2, 3, 4$ zur Grenzfunktion $y(x) = e^x$.

Die Lösung von linearen Systemen 1. Ordnung mit konstanten Koeffizienten lässt sich als Matrixexponentialfunktion schreiben

Im Fall der Differenzialgleichung

$$\boldsymbol{y}'(x) = \boldsymbol{A}\boldsymbol{y}(x), \qquad \boldsymbol{A} \in \mathbb{C}^{n\times n}\,,$$

kann ein Fundamentalsystem immer mithilfe der *Matrixexponentialfunktion* angegeben werden. Die Matrixexponentialfunktion und deren grundlegende Eigenschaften werden im Folgenden zusammengefasst.

Zur Erinnerung: Im Fall $n = 1$, also für $y'(x) = ay(x)$, $a \in \mathbb{C}$ und einer Anfangsbedingung $y(x_0) \in \mathbb{C}$ ist die Lösung $y(x) = y(x_0)\,e^{ax}$. Motiviert durch dieses Beispiel machen wir für die Lösungen des Systems mit konstanten Koeffizienten den Ansatz

$$\boldsymbol{y}(x) = \boldsymbol{v}\,e^{\lambda x}, \qquad \lambda \in \mathbb{C}, \boldsymbol{v} \in \mathbb{C}^n\,.$$

Durch Differenzieren und Einsetzen in das lineare System erhalten wir

$$\lambda \boldsymbol{v}\,e^{\lambda x} = \boldsymbol{A}\boldsymbol{v}\,e^{\lambda x} \iff \lambda\boldsymbol{v} = \boldsymbol{A}\boldsymbol{v}\,.$$

Das kommt uns aus der linearen Algebra sehr bekannt vor: $\boldsymbol{y}(x) = \boldsymbol{v}\,e^{\lambda x}$ löst die Differenzialgleichung genau dann, wenn λ ein Eigenwert von $\boldsymbol{A}$ ist und $\boldsymbol{v}$ ein zugehöriger Eigenvektor. Ist die konstante Matrix $\boldsymbol{A}$ diagonalisierbar mit Eigenwerten $\lambda_1, \lambda_2, \ldots, \lambda_n$ und Eigenvektoren $\boldsymbol{v}_1, \boldsymbol{v}_2, \ldots, \boldsymbol{v}_n$, so sind alle $\boldsymbol{v}_i\,e^{\lambda_i x}$, $i = 1, 2, \ldots, n$, linear unabhängige Lösungen. Daher ist die Matrix

$$\boldsymbol{Y}(x) = (\boldsymbol{v}_1\,e^{\lambda_1 x}, \boldsymbol{v}_2\,e^{\lambda_2 x}, \ldots, \boldsymbol{v}_n\,e^{\lambda_n x})$$

eine Fundamentalmatrix von $\boldsymbol{y}'(x) = \boldsymbol{A}\boldsymbol{y}(x)$. Den Zusammenhang dieser Darstellung von $\boldsymbol{Y}(x)$ mit der Matrixexponentialfunktion leiten wir nach der folgenden Definition her.

Definition der Matrixexponentialfunktion

Sei $\boldsymbol{A}$ eine reelle oder komplexe $n \times n$-Matrix. Die Matrixexponentialfunktion ist für $x \in \mathbb{R}$ definiert durch

$$e^{\boldsymbol{A}x} = \boldsymbol{I} + \boldsymbol{A}x + \frac{\boldsymbol{A}^2x^2}{2!} + \frac{\boldsymbol{A}^3x^3}{3!} + \ldots = \sum_{k=0}^{\infty} \frac{\boldsymbol{A}^k x^k}{k!}.$$

Diese Reihe konvergiert für jedes $x \in \mathbb{R}$.

Falls zwei $n \times n$-Matrizen $\boldsymbol{A}$ und $\boldsymbol{B}$ kommutieren, also $\boldsymbol{AB} = \boldsymbol{BA}$ gilt, so folgt

$$e^{\boldsymbol{A}+\boldsymbol{B}} = e^{\boldsymbol{A}}\, e^{\boldsymbol{B}}.$$

Diese Eigenschaft kann in analoger Weise wie für die skalare Exponentialfunktion e^a, $a \in \mathbb{C}$, mithilfe der Cauchy'schen Produktreihe zweier unendlicher Reihen gezeigt werden, siehe Band 1, Abschnitt 10.3. Daraus resultieren einige weitere Eigenschaften der Matrixexponentialfunktion $e^{\boldsymbol{A}}$.

1. $e^{\boldsymbol{A}(x+z)} = e^{\boldsymbol{A}x} e^{\boldsymbol{A}z}$ für alle $x, z \in \mathbb{R}$.
2. $e^{\boldsymbol{A}x}$ ist regulär und $(e^{\boldsymbol{A}x})^{-1} = e^{-\boldsymbol{A}x}$ für jedes $x \in \mathbb{R}$.
3. Die Abbildung $x \mapsto e^{\boldsymbol{A}x}$ ist differenzierbar für jedes $x \in \mathbb{R}$ und es gilt $(e^{\boldsymbol{A}x})' = \boldsymbol{A}\, e^{\boldsymbol{A}x}$.

Aus der letzten Eigenschaft folgt, dass die Matrixexponentialfunktion $e^{\boldsymbol{A}x}$ eine Fundamentalmatrix der Differenzialgleichung $\boldsymbol{y}'(x) = \boldsymbol{A}\boldsymbol{y}(x)$ ist.

Die explizite Berechnung von $e^{\boldsymbol{A}x}$ erfolgt allgemein unter Verwendung der Jordan'schen Normalform $\boldsymbol{J}$ der Matrix $\boldsymbol{A}$. Es gilt

$$\boldsymbol{A} = \boldsymbol{TJT}^{-1},$$

wobei die $n \times n$-Transformationsmatrix $\boldsymbol{T}$, deren Spalten die Eigenvektoren und Hauptvektoren von $\boldsymbol{A}$ sind, regulär ist. Es gilt

$$\begin{aligned} e^{\boldsymbol{A}x} &= \sum_{k=0}^{\infty} \frac{(\boldsymbol{TJT}^{-1}x)^k}{k!} \\ &= \sum_{k=0}^{\infty} \frac{\boldsymbol{TJ}^k\boldsymbol{T}^{-1}x^k}{k!} = \boldsymbol{T} \sum_{k=0}^{\infty} \frac{\boldsymbol{J}^k x^k}{k!} \boldsymbol{T}^{-1}. \end{aligned}$$

Wie leicht zu erkennen ist, genügt es also $e^{\boldsymbol{J}x}$ zu berechnen.

Falls wie in dem motivierenden Beispiel zu Beginn dieses Abschnitts die Matrix $\boldsymbol{A}$ diagonalisierbar ist mit Eigenwerten $\lambda_1, \lambda_2, \ldots \lambda_n$ und Eigenvektoren $\boldsymbol{v}_1, \boldsymbol{v}_2, \ldots, \boldsymbol{v}_n$ so folgt

$$\begin{aligned} e^{\boldsymbol{A}x} &= \boldsymbol{T}\, e^{\boldsymbol{J}x}\, \boldsymbol{T}^{-1} \\ &= \boldsymbol{T} \operatorname{diag}\left(\sum_{k=0}^{\infty} \frac{\lambda_1^k x^k}{k!}, \sum_{k=0}^{\infty} \frac{\lambda_2^k x^k}{k!}, \ldots, \sum_{k=0}^{\infty} \frac{\lambda_n^k x^k}{k!} \right) \boldsymbol{T}^{-1} \\ &= \boldsymbol{T} \operatorname{diag}(e^{\lambda_1 x}, e^{\lambda_2 x}, \ldots, e^{\lambda_n x})\, \boldsymbol{T}^{-1}, \end{aligned}$$

und mit $\boldsymbol{T}\, e^{\boldsymbol{J}x} \boldsymbol{T}^{-1}$ ist auch $\boldsymbol{T}\, e^{\boldsymbol{J}x} = (\boldsymbol{v}_1\, e^{\lambda_1 x}, \boldsymbol{v}_2\, e^{\lambda_2 x}, \ldots, \boldsymbol{v}_n\, e^{\lambda_n x})$ eine Fundamentalmatrix $\boldsymbol{Y}(x)$. Die Berechnung von $\boldsymbol{T}^{-1}$ ist also nicht unbedingt notwendig.

?

Warum ist mit $\boldsymbol{T}\, e^{\boldsymbol{J}x} \boldsymbol{T}^{-1}$ auch $\boldsymbol{T}\, e^{\boldsymbol{J}x} = (\boldsymbol{v}_1\, e^{\lambda_1 x}, \boldsymbol{v}_2\, e^{\lambda_2 x}, \ldots, \boldsymbol{v}_n\, e^{\lambda_n x})$ eine Fundamentalmatrix $\boldsymbol{Y}(x)$ für $\boldsymbol{y}'(x) = \boldsymbol{A}\boldsymbol{y}(x)$?

Falls $\boldsymbol{A}$ nicht diagonalisierbar ist, hat die Jordan'sche Normalform $\boldsymbol{J}$ die allgemeine Gestalt

$$\boldsymbol{J} = \begin{pmatrix} \boldsymbol{J}_1 & 0 & 0 & \ldots & 0 \\ 0 & \boldsymbol{J}_2 & 0 & \ldots & 0 \\ 0 & 0 & \boldsymbol{J}_3 & \ddots & 0 \\ \vdots & \vdots & \ddots & \ddots & \ddots \\ 0 & 0 & 0 & \ddots & \boldsymbol{J}_k \end{pmatrix}.$$

Dabei ist jeder Jordanblock $\boldsymbol{J}_i$, $i = 1, 2, \ldots, k$, eine $m_i \times m_i$-Matrix der Form

$$\boldsymbol{J}_i = \begin{pmatrix} \mu_i & 1 & 0 & \ldots & 0 & 0 \\ 0 & \mu_i & 1 & \ddots & 0 & 0 \\ 0 & 0 & \mu_i & \ddots & 0 & 0 \\ \vdots & \vdots & \ddots & \ddots & \ddots & \ddots \\ 0 & 0 & 0 & \ddots & \mu_i & 1 \\ 0 & 0 & 0 & \ldots & 0 & \mu_i \end{pmatrix},$$

wobei $\mu_i \in \{\lambda_1, \lambda_2, \ldots \lambda_n\}$ ein Eigenwert von $\boldsymbol{J}$ ist. Der Fall $\boldsymbol{J}_i = (\mu_i)$ ist zugelassen. Ein Eigenwert μ_i kann in mehreren Blöcken auftreten. Zu jedem Jordanblock $\boldsymbol{J}_i$ gehören ein Eigenvektor und $m_i - 1$ Hauptvektoren. Die geometrische Vielfachheit eines Eigenwerts λ ist gleich der Anzahl der Jordanblöcke, in denen der Eigenwert λ auftritt. Die algebraische Vielfachheit eines Eigenwerts ist gleich der Summe der Dimensionen aller Jordanblöcke, in denen der Eigenwert λ auftritt.

Wir berechnen $e^{\boldsymbol{J}x}$ für einen $m \times m$-Jordanblock

$$\boldsymbol{J} = \begin{pmatrix} \lambda & 1 & 0 & \ldots & 0 & 0 \\ 0 & \lambda & 1 & \ddots & 0 & 0 \\ 0 & 0 & \lambda & \ddots & 0 & 0 \\ \vdots & \vdots & \ddots & \ddots & \ddots & \ddots \\ 0 & 0 & 0 & \ddots & \lambda & 1 \\ 0 & 0 & 0 & \ldots & 0 & \lambda \end{pmatrix}.$$

Für diesen $m \times m$-Jordanblock, der dem Eigenwert λ entspricht, gilt

$$e^{Jx} = e^{\lambda x} \begin{pmatrix} 1 & x & \frac{x^2}{2} & \ddots & \ddots & \ddots & \frac{x^{m-1}}{(m-1)!} \\ 0 & 1 & x & \ddots & \ddots & \ddots & \ddots \\ 0 & 0 & 1 & \ddots & \ddots & \ddots & \ddots \\ \vdots & \vdots & \ddots & \ddots & \ddots & \ddots & \ddots \\ 0 & 0 & 0 & \ddots & 1 & x & \frac{x^2}{2} \\ 0 & 0 & 0 & \dots & 0 & 1 & x \\ 0 & 0 & 0 & \dots & 0 & 0 & 1 \end{pmatrix}.$$

Dieser Sachverhalt ist eine Konsequenz aus der Darstellung $J = \lambda I + N$, wobei die Matrix

$$N = \begin{pmatrix} 0 & 1 & 0 & \dots & 0 & 0 \\ 0 & 0 & 1 & \ddots & 0 & 0 \\ 0 & 0 & 0 & \ddots & 0 & 0 \\ \vdots & \vdots & \vdots & \ddots & \vdots & \vdots \\ 0 & 0 & 0 & \ddots & 0 & 1 \\ 0 & 0 & 0 & \dots & 0 & 0 \end{pmatrix},$$

eine $m \times m$ **nilpotente Matrix** darstellt, d. h. eine Matrix, für die gilt: $N^k = \mathbf{0}$ für alle $k \geq m$, $m \in \mathbb{N}$.

?

Überprüfen Sie diese Eigenschaften für die Matrix N der Dimension 4.

Daher folgt

$$e^{Nx} = I + xN + \frac{x^2}{2}N^2 + \ldots + \frac{x^{m-1}}{(m-1)!}N^{m-1}.$$

Beispiel Sei $A = TJT^{-1}$ eine 3×3-Matrix mit Jordan'scher Normalform

$$J = \begin{pmatrix} \lambda & 1 & 0 \\ 0 & \lambda & 1 \\ 0 & 0 & \lambda \end{pmatrix}$$

und Transformationsmatrix $T = [v, h_1, h_2]$, wobei h_i, $i = 1, 2$, die entsprechenden Hauptvektoren zum Eigenvektor v sind. Es ist

$$e^{Jx} = e^{\lambda x} \begin{pmatrix} 1 & x & \frac{x^2}{2} \\ 0 & 1 & x \\ 0 & 0 & 1 \end{pmatrix},$$

und die Fundamentalmatrix $Y(x) = Te^{Jx}$ hat die Spalten

$$\begin{aligned} y_1(x) &= v\, e^{\lambda x}, \\ y_2(x) &= (xv + h_1)\, e^{\lambda x}, \\ y_3(x) &= \left(\frac{x^2}{2} v + xh_1 + h_2\right) e^{\lambda x}. \end{aligned}$$

◀

Im folgenden Beispiel werden alle möglichen Fälle von Eigenwerten einer 2×2-Matrix A berücksichtigt.

Beispiel Betrachten wir speziell das lineare zweidimensionale Differenzialgleichungssystem $y'(x) = Ay(x)$:

1.
$$A = \begin{pmatrix} 2 & 1 \\ 1 & 2 \end{pmatrix}$$

Die Eigenwerte von A sind $\lambda_1 = 3$ und $\lambda_2 = 1$ und die entsprechenden Eigenvektoren

$$v_1 = \begin{pmatrix} 1 \\ 1 \end{pmatrix}, \quad v_2 = \begin{pmatrix} -1 \\ 1 \end{pmatrix}.$$

Die allgemeine Lösung y dieses homogenen Systems ist

$$y(x) = c_1 v_1\, e^{3x} + c_2 v_2\, e^x, \quad c_1, c_2 \in \mathbb{C}.$$

2.
$$A = \begin{pmatrix} 2 & 1 \\ 0 & 2 \end{pmatrix}$$

$\lambda = 2$ ist eine doppelter Eigenwert von A mit Eigenvektor v und Hauptvektor h,

$$v = \begin{pmatrix} 1 \\ 0 \end{pmatrix}, \quad h = \begin{pmatrix} 0 \\ 1 \end{pmatrix}.$$

Die allgemeine Lösung y dieses homogenen Systems ist

$$y(x) = c_1 v e^{2x} + c_2(xv + h)\, e^{2x}, \quad c_1, c_2 \in \mathbb{C}.$$

3.
$$A = \begin{pmatrix} 2 & 1 \\ -1 & 2 \end{pmatrix}$$

Die Eigenwerte von A sind

$$\begin{aligned} \lambda_1 &= 2 + \mathrm{i} \\ \lambda_2 &= \overline{\lambda_1} = 2 - \mathrm{i} \end{aligned}$$

und die entsprechenden Eigenvektoren

$$\begin{aligned} v_1 &= \begin{pmatrix} 1 \\ \mathrm{i} \end{pmatrix} = \begin{pmatrix} 1 \\ 0 \end{pmatrix} + \mathrm{i}\begin{pmatrix} 0 \\ 1 \end{pmatrix} =: v + \mathrm{i}u \\ v_2 &= \overline{v_1} = \begin{pmatrix} 1 \\ -\mathrm{i} \end{pmatrix} = v - \mathrm{i}u. \end{aligned}$$

Die allgemeine Lösung y dieses homogenen Systems ist mit $c_1, c_2 \in \mathbb{C}$

$$\begin{aligned} y(x) &= c_1 v_1\, e^{(2+\mathrm{i})x} + c_2 v_2\, e^{(2-\mathrm{i})x} \\ &= c_1 v_1\, e^{2x}(\cos x + \mathrm{i}\sin x) + c_2 v_2\, e^{2x}(\cos x - \mathrm{i}\sin x). \end{aligned}$$

Durch Linearkombination der beiden konjugiert komplexen Fundamentallösungen erhält man zwei linear unabhängige, reelle Fundamentallösungen

$$\begin{aligned} y_1(x) &= \frac{(v_1\, e^{(2+\mathrm{i})x} + v_2\, e^{(2-\mathrm{i})x})}{2} \\ &= e^{2x}(v\cos x - u\sin x), \\ y_2(x) &= \frac{(v_1\, e^{(2+\mathrm{i})x} - v_2\, e^{(2-\mathrm{i})x})}{2\mathrm{i}} \\ &= e^{2x}(u\cos x + v\sin x). \end{aligned}$$

◀

Kommentar: Eine typische $n \times n$-Matrix $\boldsymbol{A}$ ist diagonalisierbar, hat also n Eigenwerte $\lambda_1, \lambda_2, \ldots, \lambda_n$ – nicht alle notwendigerweise verschieden – und n Eigenvektoren $\boldsymbol{v}_1, \boldsymbol{v}_2, \ldots, \boldsymbol{v}_n$. Die Matrix $\boldsymbol{A}$ kann als $\boldsymbol{A} = \boldsymbol{T}\boldsymbol{D}\boldsymbol{T}^{-1}$ geschrieben werden mit $\boldsymbol{D} = \operatorname{diag}(\lambda_1, \lambda_2, \ldots, \lambda_n)$ und $\boldsymbol{T} = (\boldsymbol{v}_1, \boldsymbol{v}_2, \ldots, \boldsymbol{v}_n)$. Das lineare Differenzialgleichungssystem

$$\boldsymbol{y}'(x) = \boldsymbol{A}\boldsymbol{y}(x) = \boldsymbol{T}\boldsymbol{D}\boldsymbol{T}^{-1}\boldsymbol{y}(x),$$

lässt sich mit der Koordinatentransformation $\boldsymbol{z}(x) := \boldsymbol{T}^{-1}\boldsymbol{y}(x)$ oder $\boldsymbol{y}(x) = \boldsymbol{T}\boldsymbol{z}(x)$ entkoppeln. Aus

$$\boldsymbol{T}\boldsymbol{z}'(x) = \boldsymbol{y}'(x) = \boldsymbol{T}\boldsymbol{D}\boldsymbol{T}^{-1}\boldsymbol{y}(x) = \boldsymbol{T}\boldsymbol{D}\boldsymbol{T}^{-1}\boldsymbol{T}\boldsymbol{z}(x)$$

folgt $\boldsymbol{z}'(x) = \boldsymbol{D}\boldsymbol{z}(x)$ oder

$$\begin{aligned} z_1'(x) &= \lambda_1 z_1(x) \\ z_2'(x) &= \lambda_2 z_2(x) \\ &\vdots \\ z_n'(x) &= \lambda_n z_n(x) \end{aligned}$$

mit allgemeiner Lösung $z_i(x) = c_i e^{\lambda_i x}$, $c_i \in \mathbb{C}$ für $i = 1, 2, \ldots, n$. Durch Rücktransformation $\boldsymbol{y}(x) = \boldsymbol{T}\boldsymbol{z}(x)$ gelangt man wieder zu der schon über die Matrixexponentialfunktion bekannten Lösung des Systems $\boldsymbol{y}(x)' = \boldsymbol{A}\boldsymbol{y}(x)$.

Die Methode der Variation der Konstanten löst das inhomogene Problem

Ist eine spezielle Lösung $\boldsymbol{y}_p$ einer inhomogenen, linearen Differenzialgleichung $\boldsymbol{y}'(x) = \boldsymbol{A}(x)\boldsymbol{y}(x) + \boldsymbol{f}(x)$ bekannt, so kann jede weitere Lösung $\boldsymbol{y}$ als

$$\boldsymbol{y} = \boldsymbol{y}_h + \boldsymbol{y}_p$$

geschrieben werden, vgl. Band 1, Abschnitt 20.2. Dabei wird $\boldsymbol{y}_p$ als *Partikulärlösung*, also als eine spezielle Lösung der inhomogenen und $\boldsymbol{y}_h$ als die allgemeine Lösung der zugehörigen homogenen Differenzialgleichung bezeichnet.

?

Überlegen Sie sich, dass $\boldsymbol{y} = \boldsymbol{y}_h + \boldsymbol{y}_p$ immer eine Lösung der inhomogenen Differenzialgleichung $\boldsymbol{y}(x) = \boldsymbol{A}(x)\boldsymbol{y}(x) + \boldsymbol{f}(x)$ ist und dass umgekehrt jede Lösung in dieser Form dargestellt werden kann.

Mithilfe einer Fundamentalmatrix $\boldsymbol{Y}$ des homogenen Problems lässt sich die allgemeine inhomogene Lösung ausdrücken durch

$$\boldsymbol{y} = \boldsymbol{Y}\boldsymbol{c} + \boldsymbol{y}_p, \qquad \boldsymbol{c} \in \mathbb{C}^n.$$

Wie findet man nun eine solche spezielle Lösung $\boldsymbol{y}_p$?

Man **variiert die Konstante**, was zum Ansatz

$$\boldsymbol{y}_p(x) = \boldsymbol{Y}(x)\boldsymbol{c}(x)$$

für die Partikulärlösung $\boldsymbol{y}_p(x)$ führt. Der konstante Vektor $\boldsymbol{c}$ wird also als von x abhängige Funktion $\boldsymbol{c}(x)$ angesetzt. Dieser Ansatz $\boldsymbol{y}_p(x) = \boldsymbol{Y}(x)\boldsymbol{c}(x)$ und die entsprechende elementweise Ableitung $\boldsymbol{y}_p'(x) = \boldsymbol{Y}'(x)\boldsymbol{c}(x) + \boldsymbol{Y}(x)\boldsymbol{c}'(x)$ werden in die Differenzialgleichung $\boldsymbol{y}'(x) = \boldsymbol{A}\boldsymbol{y}(x) + \boldsymbol{f}(x)$ eingesetzt, was

$$\begin{aligned} \boldsymbol{y}_p'(x) &= \boldsymbol{Y}'(x)\boldsymbol{c}(x) + \boldsymbol{Y}(x)\boldsymbol{c}'(x) \\ &= \boldsymbol{A}(x)\boldsymbol{Y}(x)\boldsymbol{c}(x) + \boldsymbol{Y}(x)\boldsymbol{c}'(x) \\ &= \boldsymbol{A}(x)\boldsymbol{Y}(x)\boldsymbol{c}(x) + \boldsymbol{f}(x) \end{aligned}$$

liefert. Nach Umformen und Integration erhalten wir

$$\begin{aligned} \boldsymbol{Y}(x)\boldsymbol{c}'(x) &= \boldsymbol{f}(x), \\ \boldsymbol{c}'(x) &= \boldsymbol{Y}^{-1}(x)\boldsymbol{f}(x), \\ \boldsymbol{c}(x) &= \boldsymbol{c}(x_0) + \int_{x_0}^{x} \boldsymbol{Y}^{-1}(u)\boldsymbol{f}(u)\,\mathrm{d}u. \end{aligned}$$

Für eine Partikulärlösung $\boldsymbol{y}_p(x_0) = \boldsymbol{0}$ ist $\boldsymbol{c}(x_0) = \boldsymbol{0}$. Das Integral über den Vektor $\boldsymbol{Y}^{-1}(u)\boldsymbol{f}(u)$ ist komponentenweise aufzufassen.

Allgemeine Lösung des inhomogenen Systems

Das Anfangswertproblem

$$\begin{aligned} \boldsymbol{y}'(x) &= \boldsymbol{A}(x)\boldsymbol{y}(x) + \boldsymbol{f}(x) \\ \boldsymbol{y}(x_0) &= \boldsymbol{y}_0 \end{aligned}$$

hat die eindeutige Lösung

$$\boldsymbol{y}(x) = \boldsymbol{Y}(x)\boldsymbol{Y}^{-1}(x_0)\boldsymbol{y}_0 + \boldsymbol{Y}(x)\int_{x_0}^{x} \boldsymbol{Y}^{-1}(u)\boldsymbol{f}(u)\,\mathrm{d}u,$$

wobei $\boldsymbol{Y}(x)$ eine Fundamentalmatrix des homogenen Systems ist.

?

Wir sind zu Beginn dieses Abschnitts von der allgemeinen Lösung einer inhomogenen Differenzialgleichung $\boldsymbol{y}(x) = \boldsymbol{Y}(x)\boldsymbol{c} + \boldsymbol{y}_p(x)$ ausgegangen. Verifizieren Sie, dass $\boldsymbol{c} = \boldsymbol{Y}^{-1}(x_0)\boldsymbol{y}_0$ folgt, falls $\boldsymbol{y}(x_0) = \boldsymbol{y}_0$ gilt.

Beispiel Betrachten wir die einfache lineare, skalare Differenzialgleichung

$$y'(x) = q y(x) + a, \qquad q \in \mathbb{R},$$

mit konstanter Inhomogenität $a \in \mathbb{R}$ und einer bei $x_0 = 0$ gegebenen Anfangsbedingung $y(0)$. Die allgemeine Lösung der homogenen Differenzialgleichung ist $y_h(x) = e^{qx}c$, und mithilfe der Variation der Konstanten machen wir für die Partikulärlösung den Ansatz $y_p(x) = e^{qx}c(x)$. Durch Ableiten und Einsetzen in die gegebene Gleichung und anschließender Integration erhalten wir

$$\begin{aligned} y_p'(x) &= q\,e^{qx}c(x) + e^{qx}c'(x) \\ &= q\,e^{qx}c(x) + a \\ e^{qx}c'(x) &= a \\ c'(x) &= a\,e^{-qx} \\ c(x) &= -\frac{a}{q}\,e^{-qx} \\ y_p(x) &= e^{qx}\left(-\frac{a}{q}\right)e^{-qx} = -\frac{a}{q} \end{aligned}$$

und für die allgemeine Lösung der inhomogenen Differenzialgleichung folgt

$$y(x) = y_h(x) + y_p(x) = e^{qx}c - \frac{a}{q}\,.$$

Es überrascht in diesem Fall nicht, dass die Partikulärlösung konstant ist. Falls eine Anfangsbedingung $y(0)$ gegeben ist, kann die Konstante c als Funktion von dieser ausgedrückt werden. ◀

Auch die Ansatzmethode kann das inhomogene Problem lösen

Oft wird auch ein geeigneter **Ansatz** verwendet, um eine Partikulärlösung zu bekommen. Der entsprechende Ansatz richtet sich natürlich nach der Art der Inhomogenität. Die Inhomogenität f einer Differenzialgleichung wird auch als *rechte Seite* bezeichnet, daher spricht man bei dieser Methode auch vom *Ansatz vom Typ der rechten Seite.*

Beispiel Wir wollen das folgende zweidimensionale Anfangswertproblem $\boldsymbol{y}'(x) = \boldsymbol{A}\boldsymbol{y}(x) + \boldsymbol{f}(x)$ lösen, wobei

$$\boldsymbol{A} = \begin{pmatrix} 1 & -2 \\ 2 & 1 \end{pmatrix}, \qquad \boldsymbol{f}(x) = \begin{pmatrix} 1 - x + 2\,e^x \\ -2x \end{pmatrix}$$

und die Anfangsbedingung $\boldsymbol{y}(x_0 = 0) = (3, 0)^\top$ gegeben sind. Die Eigenwerte von $\boldsymbol{A}$ sind $\lambda_1 = 1+2\mathrm{i}$, $\lambda_2 = 1-2\mathrm{i}$ und die Eigenvektoren $\boldsymbol{v}_1 = (1, -\mathrm{i})^\top$, $\boldsymbol{v}_2 = (1, \mathrm{i})^\top$. Die allgemeine Lösung der homogenen Differenzialgleichung ergibt sich zu

$$\boldsymbol{y}(x) = c_1\boldsymbol{v}_1\,e^{(1+2\mathrm{i})x} + c_2\boldsymbol{v}_2\,e^{(1-2\mathrm{i})x}\,,$$

und die entsprechende reelle Darstellung ist

$$\boldsymbol{y}(x) = e^x\begin{pmatrix} \cos 2x & \sin 2x \\ \sin 2x & -\cos 2x \end{pmatrix}\begin{pmatrix} c_1 \\ c_2 \end{pmatrix}.$$

Da die Inhomogenität $\boldsymbol{f}(x)$ in diesem Beispiel gemäß

$$\boldsymbol{f}(x) = \begin{pmatrix} 1 - x \\ -2x \end{pmatrix} + \begin{pmatrix} 2 \\ 0 \end{pmatrix} e^x$$

aufgespalten werden kann, wählen wir als Ansatz für die Partikulärlösung

$$\boldsymbol{y}_p(x) = \boldsymbol{a} + \boldsymbol{b}x + e^x\boldsymbol{d} \qquad \boldsymbol{a}, \boldsymbol{b}, \boldsymbol{d} \in \mathbb{C}^2\,.$$

Nach Ableiten, Einsetzen und Koeffizientenvergleich erhalten wir als Partikulärlösung

$$\boldsymbol{y}_p(x) = \begin{pmatrix} x \\ 0 \end{pmatrix} + \begin{pmatrix} 0 \\ e^x \end{pmatrix},$$

und schließlich ist die allgemeine Lösung der inhomogenen Differenzialgleichung in reeller Darstellung

$$\boldsymbol{y}(x) = c_1\begin{pmatrix} \cos 2x \\ \sin 2x \end{pmatrix}e^x + c_2\begin{pmatrix} \sin 2x \\ -\cos 2x \end{pmatrix}e^x + \begin{pmatrix} x \\ e^x \end{pmatrix}.$$

Einsetzen der Anfangsbedingung $\boldsymbol{y}(0) = (3, 0)^\top$ ergibt $c_1 = 3$ und $c_2 = 1$. Zusammenfassend erhalten wir für die allgemeine Lösung

$$\boldsymbol{y}(x) = \begin{pmatrix} y_1(x) \\ y_2(x) \end{pmatrix} = \begin{pmatrix} 3\,e^x\cos 2x + e^x\sin 2x + x \\ 3\,e^x\sin 2x - e^x\cos 2x + e^x \end{pmatrix}.$$

◀

Kommentar: Falls die Komponenten von $\boldsymbol{f}(x)$ Polynome sind, so macht man einen Polynomansatz für die Partikulärlösung. Falls in $\boldsymbol{f}(x)$ Terme von der Form $e^{\mu x}$, $\mu \in \mathbb{R}$, auftreten, so wählt man als Ansatz für die Partikulärlösung $\boldsymbol{d}\,e^{\mu x}$, $\boldsymbol{d} \in \mathbb{C}^n$. Falls $\boldsymbol{f}(x)$ trigonometrische Polynome $a\cos\nu x + b\sin\nu x$, $a, b, \nu \in \mathbb{R}$, enthält, passt als Ansatz ebenfalls eine Funktion vom gleichen Typ.

2.3 Differenzialgleichungen höherer Ordnung

Zu Beginn dieses Kapitels haben wir eine ganz allgemeine Differenzialgleichung n-ter Ordnung und auch das dazugehörige Anfangswertproblem definiert. Im Folgenden betrachten wir eine lineare Differenzialgleichung n-ter Ordnung.

Definition einer linearen Differenzialgleichung n-ter Ordnung

Eine **lineare Differenzialgleichung n-ter Ordnung**, ($n \in \mathbb{N}$) ist eine Gleichung

$$\begin{aligned} a_n(x)y^{(n)}(x) + a_{n-1}(x)y^{(n-1)}(x) \\ + \ldots + a_0(x)y(x) = f(x) \end{aligned}$$

für jedes $x \in I$, mit stetigen Funktionen $a_j\colon I \to \mathbb{C}$, $j = 1, 2, \ldots, n$, $a_n(x) \neq 0$, für $x \in I$ und $f\colon I \to \mathbb{C}$ stetig. Falls $f(x) = 0$ für alle x liegt eine **homogene** Differenzialgleichung vor, sonst eine **inhomogene**. Die Funktion $f(x)$ wird als **Inhomogenität** oder **rechte Seite** bezeichnet.

Die gesuchte Lösungsfunktion y und deren Ableitungen treten in dieser Gleichung linear auf, werden also nur mit Funktionen der unabhängigen Variablen x multipliziert.

Eine Differenzialgleichung höherer Ordnung ist auch ein lineares System 1. Ordnung

Existenz- und Eindeutigkeitsaussagen folgen direkt aus dem allgemeinen Satz von Picard-Lindelöf für Differenzialgleichungen 1. Ordnung. Neue Variablen $u_1, u_2, \ldots, u_n$ erlauben es nämlich, diese Differenzialgleichung höherer Ordnung in ein *System* 1. Ordnung umzuschreiben,

$$\begin{aligned}
u_1(x) &= y(x)\\
u_2(x) &= y'(x) = u_1'(x)\\
u_3(x) &= y''(x) = u_2'(x)\\
&\vdots\\
u_n(x) &= y^{(n-1)}(x) = u_{n-1}'(x)\\
u_n'(x) &= y^{(n)}(x) = -\frac{1}{a_n(x)}\Big(a_{n-1}(x)u_n\\
&\quad + a_{n-2}(x)u_{n-1}(x) + \ldots\\
&\quad + a_0(x)u_1(x) - f(x)\Big)
\end{aligned}$$

Wir erhalten dadurch das System

$$\boldsymbol{u}'(x) = \boldsymbol{A}(x)\boldsymbol{u}(x) + \boldsymbol{g}(x)$$

von Differenzialgleichungen 1. Ordnung, wobei

$$\boldsymbol{u} = \begin{pmatrix} u_1\\ u_2\\ \vdots\\ u_n \end{pmatrix} \in \mathbb{C}^n, \quad \boldsymbol{g}(x) = \begin{pmatrix} 0\\ 0\\ \vdots\\ 0\\ \frac{f(x)}{a_n(x)} \end{pmatrix} \in \mathbb{C}^n$$

und

$$\boldsymbol{A} = \begin{pmatrix} 0 & 1 & 0 & \ldots & 0\\ 0 & 0 & \ddots & \ddots & 0\\ \vdots & \vdots & \ddots & \ddots & 0\\ 0 & 0 & \ldots & 0 & 1\\ -\frac{a_0(x)}{a_n(x)} & -\frac{a_1(x)}{a_n(x)} & \ldots & \ldots & -\frac{a_{n-1}(x)}{a_n(x)} \end{pmatrix} \in \mathbb{C}^{n\times n}.$$

Es können daher alle Resultate, die im vorigen Abschnitt für Systeme 1. Ordnung hergeleitet wurden, auf lineare Differenzialgleichungen höherer Ordnung übertragen werden.

Dabei wird eine (in)homogene Differenzialgleichung höherer Ordnung in ein (in)homogenes System 1. Ordnung überführt.

Das Superpositionsprinzip gilt, jede Linearkombination von Lösungen der homogenen Differenzialgleichung ist wieder eine Lösung der homogenen Gleichung. Die Menge aller Lösungen der homogenen Differenzialgleichung ist ein n-dimensionaler Vektorraum. Die linear unabhängigen Lösungen $y_1, y_2, \ldots, y_n$ bilden ein Fundamentalsystem also eine Basis dieses Vektorraums. Die n Lösungen sind genau dann linear unabhängig, wenn die Wronski-Determinante

$$W[y_1, y_2, \ldots, y_n](x) = \\ = \det\begin{pmatrix} y_1(x) & y_2(x) & \ldots & y_n(x)\\ y_1'(x) & y_2'(x) & \ldots & y_n'(x)\\ & & \vdots & \\ y_1^{(n-1)}(x) & y_2^{(n-1)}(x) & \ldots & y_n^{(n-1)}(x) \end{pmatrix}$$

an einer Stelle $x \in I$ nicht verschwindet.

Die allgemeine inhomogene Lösung setzt sich zusammen aus der allgemeinen Lösung $y_h(x)$ der homogenen und einer speziellen Lösung $y_p(x)$ der inhomogenen Differenzialgleichung. Eine Partikulärlösung kann wieder mittels der Methode der Variation der Konstanten oder mit einem Ansatz vom Typ der rechten Seite berechnet werden.

Die charakteristische Gleichung entspricht dem charakteristischen Polynom einer Matrix

Betrachten wir nun den einfachen Spezialfall einer linearen Differenzialgleichung n-ter Ordnung mit konstanten Koeffizienten. Motiviert durch die Lösung $y(x) = y(x_0)\,e^{\lambda x}$ der einfachen skalaren linearen Differenzialgleichung 1. Ordnung $y'(x) = \lambda y(x)$, versuchen wir es auch in diesem Fall mit $y(x) = e^{\lambda x}$ als Ansatz für die allgemeine homogene Gleichung, wobei $\lambda \in \mathbb{C}$ noch unbekannt ist.

Beispiel Für die Differenzialgleichung

$$y'''(x) - 2y''(x) - y'(x) + 2y(x) = 0$$

benötigen wir die ersten drei Ableitungen unserer Ansatzfunktion $y(x) = e^{\lambda x}$,

$$\begin{aligned}
y'(x) &= \lambda\, e^{\lambda x},\\
y''(x) &= \lambda^2\, e^{\lambda x},\\
y'''(x) &= \lambda^3\, e^{\lambda x}.
\end{aligned}$$

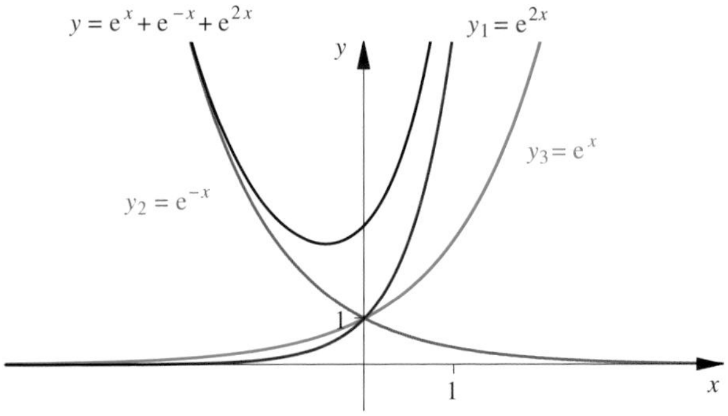

Abbildung 2.5 Drei Fundamentallösungen für $y'''(x) - 2y''(x) - y'(x) + 2y(x) = 0$ und eine Linearkombination $y(x) = c_1\,e^{2x} + c_2\,e^{-x} + c_3\,e^{x}$ mit $c_1 = c_2 = c_3 = 1$.

Einsetzen in die ursprüngliche Gleichung führt zum Ausdruck

$$(\lambda^3 - 2\lambda^2 - \lambda + 2)\, e^{\lambda x} = 0\,.$$

Da die Exponentialfunktion nie null wird, muss

$$\lambda^3 - 2\lambda^2 - \lambda + 2 = (\lambda - 2)(\lambda - 1)(\lambda + 1) = 0$$

gelten. Wir finden drei mögliche Werte für λ und daher auch drei Lösungsfunktionen, $y_1(x) = e^{2x}$, $y_2(x) = e^{-x}$ und $y_3(x) = e^x$. Jede Linearkombination dieser Funktionen ist ebenfalls eine Lösung. Die Funktionen y_1, y_2 und y_3 bilden ein Fundamentalsystem also jede Lösung y von $y''' - 2y'' - y' + 2y = 0$ lässt sich als Linearkombination von y_1, y_2, y_3 schreiben. ◀

Im allgemeinen Fall einer linearen Differenzialgleichung n-ter Ordnung ($n \in \mathbb{N}$) mit konstanten Koeffizienten auf $I \subseteq \mathbb{R}$, also

$$a_n y^{(n)}(x) + a_{n-1} y^{(n-1)}(x) + \ldots + a_0 y(x) = f(x)$$

mit einer auf I stetigen Funktion f und $a_i \in \mathbb{C}$, $i = 1, 2, \ldots, n$, liefert der Ansatz $y(x) = e^{\lambda x}$ ebenfalls ein Fundamentalsystem für die homogene Differenzialgleichung. Entsprechendes Ableiten und Einsetzen führt auf

$$(a_n\lambda^n + a_{n-1}\lambda^{n-1} + \ldots + a_1\lambda + a_0)\, e^{\lambda x} = p(\lambda)\, e^{\lambda x} = 0\,.$$

Die Gleichung $p(\lambda) = 0$ wird als **charakteristische Gleichung** einer Differenzialgleichung n-ter Ordnung bezeichnet. Die Funktion $y(x) = e^{\lambda x}$ ist genau dann eine Lösung der Differenzialgleichung, wenn λ eine Lösung der charakteristischen Gleichung ist.

Kommentar: Die Lösungen dieser charakteristischen Gleichung $p(\lambda) = 0$ entsprechen genau den Eigenwerten der Matrix $\boldsymbol{A}$, die man erhält, wenn die skalare homogene Differenzialgleichung n-ter Ordnung in ein n-dimensionales System 1. Ordnung $\boldsymbol{u}'(x) = \boldsymbol{A}\boldsymbol{u}(x)$ transformiert wird. Die charakteristische Gleichung entspricht daher dem charakteristischen Polynom einer Matrix, wie wir es in Band 1, Abschnitt 14.3 kennengelernt haben.

?

Schreiben Sie die Differenzialgleichung

$$y'''(x) - 2y''(x) - y'(x) + 2y(x) = 0$$

aus obigem Beispiel in ein dreidimensionales System 1. Ordnung $\boldsymbol{u}'(x) = \boldsymbol{A}(x)\boldsymbol{u}(x)$ um. Was sind die Eigenwerte der Matrix A?

Falls das charakteristische Polynom n verschiedene Nullstellen $\lambda_k \in \mathbb{C}$, $k = 1, 2, \ldots, n$ hat, erhält man n linear unabhängige Lösungen, also ein Fundamentalsystem

$$y_1(x) = e^{\lambda_1 x},\, y_2(x) = e^{\lambda_2 x}, \ldots, y_n(x) = e^{\lambda_n x}\,.$$

Jede beliebige Lösung y kann als Linearkombination dargestellt werden.

Falls eine Nullstelle λ der charakteristischen Polynoms die Vielfachheit $m > 1$ hat, sind die Funktionen

$$y_1(x) = e^{\lambda x},\, y_2(x) = x\, e^{\lambda x}, \ldots, y_m(x) = x^{m-1}\, e^{\lambda x}$$

m linear unabhängige Lösungen der Differenzialgleichung. Die lineare Unabhängigkeit kann durch Berechnung der Wronski-Determinante nachgewiesen werden.

Falls das charakteristische Polynom eine komplexe Nullstelle $\lambda = a + ib$ hat, wissen wir schon, dass

$$e^{\lambda x} = e^{(a+ib)x} = e^{ax}(\cos bx + i \sin bx)$$

eine komplexwertige Lösung ist. Aufspalten dieser Lösung in Realteil und Imaginärteil zeigt, dass $\operatorname{Re}(e^{\lambda x})$ und $\operatorname{Im}(e^{\lambda x})$ reelle Lösungen der Differenzialgleichung sind, die dem Paar $a \pm ib$ konjugiert komplexer Nullstellen entsprechen. Falls diese komplexe Nullstelle des charakteristischen Polynoms die Vielfachheit m hat, sind die Funktionen

$$x^j\, e^{ax} \cos bx \quad \text{und} \quad x^j\, e^{ax} \sin bx, \qquad j = 0, 1, 2, \ldots m-1\,,$$

$2m$ linear unabhängige reelle Lösungen der Differenzialgleichung.

Zusammenfassend: Da das Polynom $p(\lambda)$ – nach Vielfachheiten gezählt – genau n Nullstellen hat, existieren auch im Fall mehrfacher Nullstellen n linear unabhängige Lösungen $y_1, y_2, \ldots, y_n$ und jede Lösung y der homogenen Differenzialgleichung höherer Ordnung lässt sich mit $c_k \in \mathbb{R}$, $k = 1, 2, \ldots, n$ wieder schreiben als

$$y = c_1 y_1 + c_2 y_2 + \ldots + c_n y_n\,.$$

Mit der Methode der Variation der Konstanten bekommt man auch hier eine Partikulärlösung, also eine spezielle Lösung der inhomogenen Differenzialgleichung.

Betrachten wir zunächst den Fall einer skalaren Differenzialgleichung der 2. Ordnung, also

$$a_2(x)y''(x) + a_1(x)y'(x) + a_0(x)y(x) = f(x)\,.$$

Ist y_1, y_2 ein Fundamentalsystem der homogenen Differenzialgleichung und schreiben wir die skalare Differenzialgleichung 2. Ordnung in ein zweidimensionales System 1. Ordnung mithilfe der Transformation $\boldsymbol{u}(x) = (y(x), y'(x))^\top$, so erhalten wir

$$\boldsymbol{u}'(x) = \boldsymbol{A}(x)\boldsymbol{u}(x) + \boldsymbol{g}(x)\,,$$

wobei

$$\boldsymbol{A} = \begin{pmatrix} 0 & 1 \\ -\frac{a_0(x)}{a_2(x)} & -\frac{a_1(x)}{a_2(x)} \end{pmatrix} \quad \text{und} \quad \boldsymbol{g}(x) = \begin{pmatrix} 0 \\ \frac{f(x)}{a_2(x)} \end{pmatrix}.$$

Der Ansatz für die Partikulärlösung $\boldsymbol{u}_p$ dieses Systems 1. Ordnung unter Verwendung der Methode der Variation der Konstanten ist

$$\boldsymbol{u}_p(x) = \boldsymbol{Y}(x)\boldsymbol{c}(x) = \begin{pmatrix} y_1(x) & y_2(x) \\ y_1'(x) & y_2'(x) \end{pmatrix} \begin{pmatrix} c_1(x) \\ c_2(x) \end{pmatrix},$$

Es gilt

$$\boldsymbol{u}_p'(x) = \boldsymbol{Y}'(x)\boldsymbol{c}(x) + \boldsymbol{Y}(x)\boldsymbol{c}'(x) = \boldsymbol{A}(x)\boldsymbol{Y}(x)\boldsymbol{c}(x) + \boldsymbol{g}(x)$$

und da $\boldsymbol{Y}'(x)\boldsymbol{c}(x) = \boldsymbol{A}(x)\boldsymbol{Y}(x)\boldsymbol{c}(x)$ erfüllt ist, erhalten wir das lineare Gleichungssystem

$$\begin{pmatrix} y_1(x) & y_2(x) \\ y_1'(x) & y_2'(x) \end{pmatrix} \begin{pmatrix} c_1'(x) \\ c_2'(x) \end{pmatrix} = \begin{pmatrix} 0 \\ \frac{f(x)}{a_2(x)} \end{pmatrix}$$

zur Berechnung der Unbekannten $c_1'(x)$ und $c_2'(x)$. Da die Determinante der Koeffizientenmatrix die Wronski-Determinante ist und sie wegen der linearen Unabhängigkeit von y_1 und y_2 nicht null ist, hat das Gleichungssystem eine eindeutige Lösung. Durch Integration erhält man die gesuchten Funktionen c_1 und c_2 und daraus die Partikulärlösung $\boldsymbol{u}_p$. Für skalare Differenzialgleichungen der Ordnung $n > 2$ kann man in gleicher Art und Weise vorgehen.

Beispiel Die charakteristische Gleichung der Differenzialgleichung

$$y''(x) + y(x) = \frac{2}{\cos x}$$

lautet $\lambda^2 + 1 = 0$, und sie hat die Lösungen $\lambda_1 = \mathrm{i}$ und $\lambda_2 = -\mathrm{i}$. Daher ist die allgemeine Lösung der homogenen Gleichung in reeller Schreibweise

$$y_h(x) = c_1 \cos x + c_2 \sin x\,.$$

Für die Partikulärlösung der homogenen Gleichung machen wir den Ansatz $y_p(x) = c_1(x)\cos x + c_2(x)\sin x$. Nach obigen Überlegungen ergibt sich das folgende lineare Gleichungssystem zur Berechnung der gesuchten Funktionen:

$$\begin{aligned} c_1'(x)\cos x + c_2'(x)\sin x &= 0 \\ -c_1'(x)\sin x + c_2'(x)\cos x &= \frac{2}{\cos x}\,. \end{aligned}$$

Nach Lösen des Gleichungssystems und Integration erhalten wir

$$\begin{aligned} c_1(x) &= 2\ln(|\cos x|) \\ c_2(x) &= 2x\,, \end{aligned}$$

und die allgemeine Lösung ist

$$y(x) = c_1 \cos x + c_2 \sin x + 2\ln(|\cos x|)\cos x + 2x \sin x\,.$$

◀

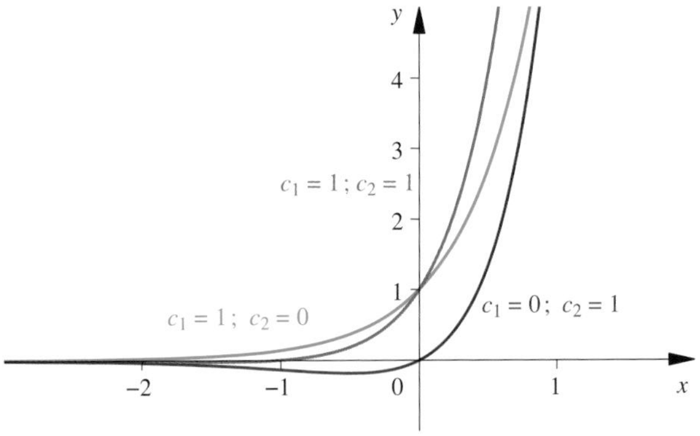

Abbildung 2.6 Drei Lösungen der inhomogenen Differenzialgleichung $y''(x) - 4y'(x) + 4y(x) = e^{2x}$ für einige Werte $c_i \in \mathbb{R}$, $i = 1, 2$.

Das Phänomen der Resonanz beachten

Die partikuläre Lösung kann auch wieder mithilfe von speziellen Ansätzen gefunden werden. Es ist aber zu beachten, dass der Ansatz für die Partikulärlösung mit x^k multipliziert werden muss, falls in der Inhomogenität $f(x)$ auch $e^{\mu x}$ vorkommt und μ eine k-fache Nullstelle des charakteristischen Polynoms ist. Dieser Fall wird als **Resonanz** bezeichnet. Von Resonanz spricht man auch, wenn in der charakteristischen Gleichung der (homogenen) Differenzialgleichung eine mehrfache Nullstelle auftritt.

Beispiel Die Differenzialgleichung

$$y''(x) - 4y'(x) + 4y(x) = e^{2x}$$

weist die doppelte Nullstelle $\lambda = 2$ der charakteristischen Gleichung auf. Daher ist die allgemeine homogene Lösung

$$y_h(x) = c_1\, e^{2x} + c_2 x\, e^{2x}\,,$$

und als Ansatz für die partikuläre Lösung würde man $y_p(x) = c\, e^{2x}$ verwenden. Aber Achtung! Hier liegt Resonanz vor, denn e^{2x} kommt sowohl in der homogenen Lösung als auch in der Inhomogenität vor. Der richtige Ansatz ist hier

$$y_p(x) = cx^2\, e^{2x}\,.$$

Ableiten und Einsetzen in die Differenzialgleichung liefert $c = \frac{1}{2}$. Die allgemeine Lösung der gegebenen inhomogenen Differenzialgleichung ist daher

$$y(x) = c_1\, e^{2x} + c_2 x\, e^{2x} + \frac{1}{2}x^2\, e^{2x}\,.$$

◀

Es sei $p(\lambda)$ das charakteristische Polynom der Differenzialgleichung

$$a_2 y''(x) + a_1 y'(x) + a_0 y(x) = f(x)\,.$$

Für $f(x) = e^{\mu x}$, $\mu \in \mathbb{C}$, sind folgende Fälle zu unterscheiden:

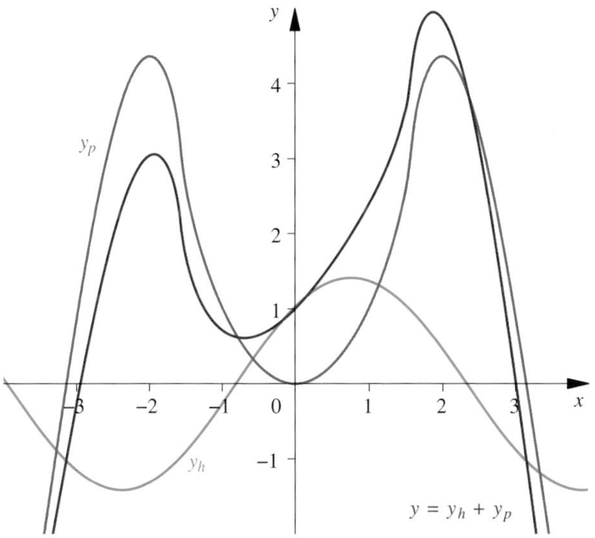

Abbildung 2.7 Die allgemeine homogene Lösung $y_h(x)$ der Differenzialgleichung $y''(x) + y(x) = \frac{2}{\cos x}$, eine Partikulärlösung $y_p(x)$ und die Lösung $y(x) = y_h(x) + y_p(x)$ für $c_1 = c_2 = 1$.

1. Fall: $p(\mu) \neq 0$, d. h., μ ist keine Nullstelle des charakteristischen Polynoms.

Man macht den Ansatz

$$y_p(x) = c\, e^{\mu x}$$

mit einer zu bestimmenden Konstanten $c \in \mathbb{C}$. Einsetzen in die Differenzialgleichung ergibt

$$a_2 c\mu^2\, e^{\mu x} + a_1 c\mu\, e^{\mu x} + a_0 c\, e^{\mu x} = e^{\mu x}\,.$$

Daher ist $y_p(x)$ eine Partikulärlösung, falls

$$cp(\mu) = 1$$

gilt. Für $p(\mu) \neq 0$ ist daher $c = \frac{1}{p(\mu)}$ eindeutig bestimmt.

2. Fall: $p(\mu) = 0,\ p'(\mu) \neq 0$, d. h., μ ist eine einfache Nullstelle des charakteristischen Polynoms. In diesem Fall von Resonanz funktioniert der Ansatz

$$y_p(x) = cx\, e^{\mu x}$$

mit einer zu bestimmenden Konstante $c \in \mathbb{C}$. Einsetzen in die Differenzialgleichung ergibt

$$cx\, e^{\mu x} p(\mu) + c\, e^{\mu x} p'(\mu) = e^{\mu x}\,.$$

Wegen $p(\mu) = 0,\ p'(\mu) \neq 0$ ist $y_p(x)$ für

$$c = \frac{1}{p'(\mu)}$$

eine Partikulärlösung der inhomogenen Differenzialgleichung.

3. Fall: $p(\mu) = 0,\ p'(\mu) = 0$, d. h., μ ist eine doppelte Nullstelle des charakteristischen Polynoms. Wieder liegt Resonanz vor. In diesem Fall funktioniert der Ansatz

$$y_p(x) = cx^2\, e^{\mu x}\,,$$

wobei $c \in \mathbb{C}$ eine zu bestimmende Konstante ist. Einsetzen in die Differenzialgleichung ergibt

$$(p(\mu)x^2 + 2p'(\mu)x + p''(\mu))c\, e^{\mu x} = e^{\mu x}\,.$$

Wegen $p(\mu) = 0,\ p'(\mu) = 0$ ist $y_p(x)$ für

$$c = \frac{1}{p''(\mu)}$$

eine Lösung.

Beispiel Ein *harmonischer Oszillator*, ein klassisches Problem in der Theorie gewöhnlicher Differenzialgleichungen, ist ein eindimensional schwingendes System mit einer Schwingungsfrequenz $\omega_0 \in \mathbb{R}$ und einer eventuell vorhandenen meist periodischen Anregung $f(x) = e^{\mathrm{i}\omega x}$, $\omega \in \mathbb{R}$, von außen, genügt also der Differenzialgleichung

$$y''(x) + \omega_0^2 y(x) = e^{\mathrm{i}\omega x} = (\cos\omega x + \mathrm{i}\sin\omega x)\,.$$

Die charakteristische Gleichung ist

$$p(\lambda) = \lambda^2 + \omega_0^2\,.$$

Daher tritt für $\omega^2 \neq \omega_0^2$ keine Resonanz auf. In diesem Fall ist

$$y_p(x) = \frac{1}{\omega_0^2 - \omega^2}\, e^{\mathrm{i}\omega x} = \frac{1}{\omega_0^2 - \omega^2}(\cos\omega x + \mathrm{i}\sin\omega x)$$

eine komplexe Partikulärlösung. Durch Trennung in Real- und Imaginärteil folgt, dass

$$y_p(x) = \frac{\cos\omega x}{\omega_0^2 - \omega^2}$$

eine Partikulärlösung von

$$y''(x) + \omega_0^2 y(x) = \cos\omega x$$

ist und dass

$$y_p(x) = \frac{\sin\omega x}{\omega_0^2 - \omega^2}$$

eine Partikulärlösung von

$$y''(x) + \omega_0^2 y(x) = \sin\omega x$$

darstellt. Im nichtresonanten Fall schwingt die Partikulärlösung mit konstanter Amplitude, also konstanter maximaler Auslenkung, und mit der Frequenz ω der periodischen äußeren Kraft.

Für $\omega = \pm\omega_0$ tritt Resonanz auf. Sei etwa $\omega = \omega_0$. Wegen $p'(\lambda) = 2\lambda$ gilt $p'(i\omega_0) \neq 0$ und

$$y_p(x) = \frac{x}{2i\omega_0}\, e^{i\omega_0 x} = \frac{x}{2\omega_0}\sin\omega_0 x - i\,\frac{x}{2\omega_0}\cos\omega_0 x$$

ist eine komplexe Partikulärlösung. Durch Trennung in Real- und Imaginärteil folgt, dass

$$y_p(x) = \frac{x}{2\omega_0} \sin \omega_0 x$$

eine Partikulärlösung von

$$y''(x) + \omega_0^2 y(x) = \cos \omega_0 x$$

ist und dass

$$y_p(x) = -\frac{x}{2\omega_0} \cos \omega_0 x$$

eine Partikulärlösung von

$$y''(x) + \omega_0^2 y(x) = \sin \omega_0 x$$

ist. Im resonanten Fall schwingt die Partikulärlösung mit der Frequenz ω der periodischen Anregung, aber mit linear in der Zeit x wachsender Amplitude. ◀

Verallgemeinerung: Im allgemeinen funktioniert dieses Ansatzverfahren für lineare Differenzialgleichungen mit konstanten Koeffizienten und Inhomogenitäten der Bauart

$$f(x) = (d_0 + d_1 x + \cdots + d_n x^n)\, e^{\mu x},$$

mit $\mu \in \mathbb{C}$ und $d_i \in \mathbb{C}$, $i = 0, \ldots, n$. Wie zuvor hängt der Ansatz davon ab, ob Resonanz auftritt. Es ist

$$y_p(x) = x^m (c_0 + c_1 x + \cdots + c_n x^n)\, e^{\mu x},$$

falls μ eine m-fache Nullstelle für $m = 1, 2, \ldots n$ von $p(\mu)$ ist.

Die unbekannten Koeffizienten c_i, $i = 0, \ldots, n$, werden durch Einsetzen in die Differenzialgleichung und Koeffizientenvergleich bestimmt.

Kommentar: Ist die Inhomogenität f aus mehreren Funktionen zusammengesetzt, so bestimmt man für jeden Teil mittels Ansatz eine Partikulärlösung und setzt diese zur Gesamtlösung zusammen (Superposition).

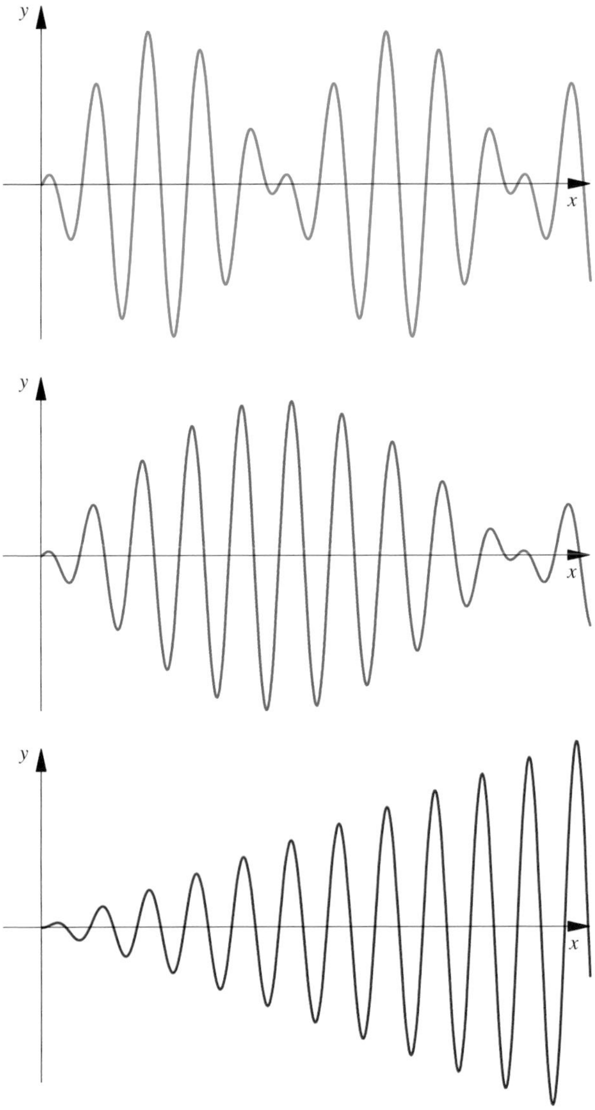

Abbildung 2.8 Die Lösungen des harmonischen Oszillators für $\omega_0 = 1$ und verschiedene Frequenzen ω der periodischen Anregung. ($\omega = 0.8$ grün, $\omega = 0.9$ blau, $\omega = 1.0$ rot)

Wir wollen jetzt eine Klasse von linearen Differenzialgleichungen betrachten, deren Koeffizienten nicht konstant sind, sondern von der Variablen x abhängen können.

Durch Variablensubstitution zu einer Differenzialgleichung höherer Ordnung

Aus der **Euler'schen Differenzialgleichung**

$$a_n x^n y^{(n)}(x) + \ldots + a_2 x^2 y^{(2)}(x) + a_1 x y'(x) + a_0 y(x) = 0$$

wird nach der Variablensubstitution $x = e^t$ eine lineare Differenzialgleichung höherer Ordnung mit konstanten Koeffizienten. Mithilfe der Notation

$$y(e^t) = z(t) \quad \text{oder} \quad y(x) = z(\ln x)$$

folgt für die entsprechenden Ableitungen

$$\frac{\mathrm{d}z}{\mathrm{d}t} = \frac{\mathrm{d}y}{\mathrm{d}x}\frac{\mathrm{d}x}{\mathrm{d}t} = y'(e^t)\, e^t = y'(x)x \Longrightarrow xy'(x) = z'(t),$$
$$\frac{\mathrm{d}^2 z}{\mathrm{d}t^2} = \ldots = y''(x)x^2 + \frac{\mathrm{d}z}{\mathrm{d}t} \Longrightarrow x^2 y''(x) = z''(t) - z'(t),$$
$$\ldots$$

Beispiel Betrachten wir die Euler'sche Differenzialgleichung für $n = 3$, also

$$x^3 y'''(x) + 3x^2 y''(x) - 6xy'(x) + 6y(x) = 0.$$

Die oben beschriebene Vorgehensweise führt mit

$$\begin{aligned} xy'(x) &= z'(t) \\ x^2 y''(x) &= z''(t) - z'(t) \\ x^3 y'''(x) &= z'''(t) - 3z''(t) + 2z'(t) \end{aligned}$$

auf die lineare homogene Differenzialgleichung 3. Ordnung mit konstanten Koeffizienten

$$z'''(t) - 7z'(t) + 6z(t) = 0\,,$$

deren Lösung

$$z(t) = c_1 e^t + c_2\, e^{2t} + c_3\, e^{-3t}$$

ist. Nach Rücksubstitution $t = \ln x$, $x \neq 0$, erhalten wir die allgemeine Lösung der obigen homogenen Euler'schen Differenzialgleichung 3. Ordnung

$$y(x) = c_1 x + c_2 x^2 + \frac{c_3}{x^3}\,.$$

Falls die Euler'sche Differenzialgleichung inhomogen ist, kann wieder mithilfe der Methode der Variation der Konstanten oder der Ansatzmethode eine Partikulärlösung berechnet werden. ◀

Kommentar: Jede Lösung $z(t)$ der zur Euler'schen Differenzialgleichung zugehörigen Differenzialgleichung mit konstanten Koeffizienten ist eine Linearkombination von allen $e^{\lambda t}$, $\lambda \in \mathbb{C}$. Wir haben ursprünglich die Substitution $x = e^t$ oder $t = \ln x$ gewählt. Eine Rücksubstitution führt auf $e^{\lambda \ln x} = x^\lambda$. Daraus folgt, dass jede Lösung $y(x)$ der homogenen Euler'schen Differenzialgleichungen als Linearkombination von x^λ dargestellt werden kann und sich daher auch mit dem Ansatz $y(x) = x^\lambda$, $\lambda \in \mathbb{C}$, berechnen lässt.

Beispiel Zur Berechnung einer Lösung für das Anfangswertproblem

$$x^2 y''(x) + xy'(x) - y(x) = 0\,, \qquad y(1) = 3,\; y'(1) = 1\,,$$

wählen wir – wie gerade hergeleitet – den Ansatz

$$y(x) = x^\lambda$$

mit noch unbekannten $\lambda \in \mathbb{C}$. Wir berechnen

$$\begin{aligned} y'(x) &= \lambda x^{\lambda-1}\,, \\ y''(x) &= \lambda(\lambda-1)x^{\lambda-2} \end{aligned}$$

und erhalten nach Einsetzen in die Differenzialgleichung

$$x^2\lambda(\lambda-1)x^{\lambda-2} + x\lambda x^{\lambda-1} - x^\lambda = x^\lambda(\lambda^2 - 1) = 0\,.$$

Der Faktor x^λ verschwindet nur für $x = 0$. Aus $(\lambda^2 - 1) = 0$ folgt $\lambda = \pm 1$, die allgemeine Lösung der Differenzialgleichung ist

$$y(x) = c_1 x + \frac{c_2}{x}, \qquad x \neq 0\,,$$

und nach Einsetzen der Anfangsbedingungen erhalten wir schließlich

$$y(x) = 2x + \frac{1}{x}\,.$$

◀

Was ist zu beachten, wenn bei der Euler'schen Differenzialgleichung ein λ als mehrfache Nullstelle auftritt?

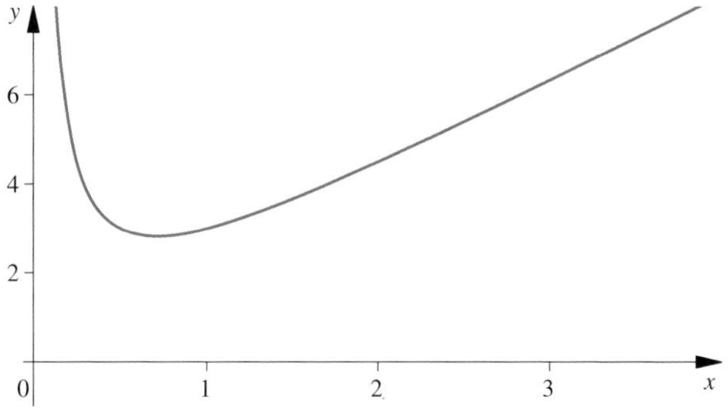

Abbildung 2.9 Die Lösung der Euler'schen Differenzialgleichung $x^2y''(x) + xy'(x) - y(x) = 0$ mit $y(1) = 3$ und $y'(1) = 1$.

Wir erinnern uns an die ursprüngliche Substitution

$$t = \ln x \quad \text{und} \quad y(x) = z(t)\,.$$

Erhält man etwa eine m-fache Lösung λ der charakteristischen Gleichung der Differenzialgleichung für $z(t)$, dann wären

$$z_1(t) = e^{\lambda t}\,,\; z_2(t) = t\, e^{\lambda t}, \ldots, z_m(t) = t^{m-1}\, e^{\lambda t}$$

m Fundamentallösungen. Für die ursprüngliche Euler'sche Differenzialgleichung folgt daraus, dass

$$y_1(x) = x^\lambda\,,\; y_2(x) = \ln x\, x^\lambda, \ldots, y_m(x) = (\ln x)^{m-1} x^\lambda$$

die entsprechenden Fundamentallösungen darstellen.

Für jedes mehrfache Auftreten einer Nullstelle kommt also ein Faktor $\ln x$ dazu.

Übersicht über einige Typen von Differenzialgleichungen

Im Folgenden sind einige der wichtigsten Typen von Differenzialgleichungen zusammengefasst. Wie wir schon wissen sind Differenzialgleichungen Gleichungen, in denen eine gesuchte Funktion und deren Ableitung(en) vorkommen.

- Bei einer *gewöhnlichen* Differenzialgleichung hängt die gesuchte Lösungsfunktion nur von einer Variablen ab, und daher treten auch nur Ableitungen nach dieser einen Variablen auf. Wir beschäftigen uns in diesem Buch ausschließlich mit dieser Klasse von Differenzialgleichungen.
- Hängt die Lösung von mehreren Unbekannten ab, z. B. Ort und Zeit, und treten in der Gleichung partielle Ableitungen nach mehr als einer der Unbekannten auf, so spricht man von einer *partiellen* Differenzialgleichung. Mithilfe von partiellen Differenzialgleichungen werden sehr viele Anwendungsprobleme modelliert. Ein wichtiges Beispiel ist die Wärmeleitungsgleichung

$$\frac{\partial y}{\partial t}(x,t) + \frac{\partial^2 y}{\partial t^2}(x,t) = 0\,.$$

Diese Gleichung beschreibt die Ausbreitung thermischer Veränderungen eines Körpers durch Wärmeleitung, aber auch die Ausbreitung eines gelösten Stoffes durch Diffusion.

- Bei einer *skalaren* Differenzialgleichung ist die gesuchte Funktion eindimensional, es liegt nur eine einzige Gleichung vor.
- Man spricht von einem *System* von Differenzialgleichungen, wenn die Lösungsfunktion vektorwertig ist. Ein System kann in speziellen Fällen entkoppelt werden, d. h., wir haben es dann mit mehreren skalaren Gleichungen zu tun, die einzeln behandelt werden können.
- Eine Differenzialgleichung heißt *linear*, wenn sie sich als eine Linearkombination in der Form

$$a_n(x)y^{(n)} + \ldots + a_1(x)y'(x) + a_0(x)y(x) = b(x)$$

schreiben lässt. Ansonsten spricht man von einer nichtlinearen Differenzialgleichung. In Kapitel 3 lernen wir einige typische nichtlineare Klassen mit speziellen strukturellen Eigenschaften kennen. Oft ist man bei nichtlinearen Differenzialgleichungen auf numerische Näherungsverfahren angewiesen, siehe Kapitel 18.

Lineare Differenzialgleichungen 1. Ordnung mit konstanten Koeffizienten beschreiben exponentielles Wachstum einer Spezies, radioaktiven Zerfall oder auch die Zinsrechnung.

Lineare Differenzialgleichungen 2. Ordnung mit konstanten Koeffizienten modellieren etwa ein Faden- oder Federpendel im Fall kleiner Auslenkungen.

- Eine Differenzialgleichung heißt *autonom*, wenn die unabhängige Variable x in der Gleichung nicht explizit auftritt. Eine autonome Differenzialgleichung beschreibt eine Situation, in der die Ableitungen der gesuchten Funktion y nur von ihrem lokalen Zustand selbst abhängen und nicht von zusätzlichen x-abhängigen Koeffizienten. Ansonsten spricht man von einer *nichtautonomen* Differenzialgleichung. Der Grund für die Bezeichnung *autonom* liegt darin, dass solche Differenzialgleichungen in der Mechanik das Verhalten von Systemen beschreiben, die nicht explizit zeitabhängig sind.
- Bei einem *Anfangswertproblem* sind zusätzliche Bedingungen an die Lösung an einer Stelle vorgegeben, meistens am Beginn des Intervalls auf dem die Lösungsfunktion gesucht wird. Im Gegensatz dazu werden bei *Randwertproblemen* zusätzliche Bedingungen an mehr als einer Stelle der gesuchten Lösungsfunktion vorgegeben, meist eben an den Rändern des betrachteten Intervalls.
- Eine Differenzialgleichung heißt *explizit*, wenn sie sich in der Form

$$y^{(n)}(x) = f\big(x, y(x), \ldots, y^{(n-1)}(x)\big)$$

schreiben lässt. Falls die betrachtete Differenzialgleichung nicht explizit nach $y^{(n)}(x)$ aufgelöst werden kann, so wird sie als *implizit* bezeichnet.

- Bei *stochastischen* Differenzialgleichungen treten in der Gleichung stochastische Prozesse auf, siehe Kapitel 19. Sie sind eigentlich keine Differenzialgleichungen im obigen Sinn, können aber als solche interpretiert werden.
- Bei *Algebro-Differenzialgleichungen* oder auch *differenzial-algebraischen Gleichungen* sind zu den Differenzialgleichungen zusätzlich algebraische Bedingungen vorgegeben.
- Es gibt auch *Delay-Differenzialgleichung*. Hier treten neben einer Funktion und ihren Ableitungen zu einem Zeitpunkt auch noch Funktionswerte bzw. Ableitungen aus der Vergangenheit auf.
- Bei einer *Integro-Differenzialgleichung* kommen in der Gleichung nicht nur die Funktion und deren Ableitung(en) vor, sondern auch noch Integrationen der gesuchten Funktion.

Zusammenfassung

Bei einer Differenzialgleichung ist ein Zusammenhang zwischen einer gesuchten Funktion und deren Ableitungen gegeben. Wir haben uns in diesem Kapitel mit linearen Systemen 1. Ordnung und linearen Differenzialgleichungen höherer Ordnung befasst.

Definition einer Differenzialgleichung n-ter Ordnung

Eine allgemeine **Differenzialgleichung n-ter Ordnung** $n \in \mathbb{N}$ hat die Gestalt

$$y^{(n)}(x) = f(x, y(x), y'(x), \ldots, y^{(n-1)}(x))$$

für $x \in I \subseteq \mathbb{R}$, $y\colon I \to \mathbb{C}$ eine n-mal stetig differenzierbare Funktion, d. h. $y \in C^n(I)$ und $f\colon I \times \mathbb{C}^n \to \mathbb{C}$ eine Funktion von $n+1$ Veränderlichen.

Eine (mehrfach) stetig differenzierbare Funktion $y\colon J \subseteq I \to \mathbb{C}$, die die Differenzialgleichung für jedes $x \in J$ erfüllt, heißt **Lösung** einer Differenzialgleichung. Mit der **allgemeinen Lösung** ist ein Ausdruck gemeint, der unter Verwendung von Integrationskonstanten die Gesamtheit aller Lösungen darstellt.

Durch zusätzliche Vorgabe von Anfangsbedingungen $y(x_0) = y_0, y'(x_0) = y_1, \ldots, y^{(n-1)}(x_0) = y_{n-1}$, also Bedingungen an die Lösungsfunktion y und entsprechende Ableitungen an einer Stelle $x_0 \in I$, erhalten wir ein **Anfangswertproblem**.

Sehr ausführlich haben wir uns mit linearen Systemen von Differenzialgleichungen 1. Ordnung auseinandergesetzt.

Definition eines linearen Systems von Differenzialgleichungen 1. Ordnung

Das System

$$y'(x) = A(x)y(x) + f(x)$$

auf einem Intervall $I \subseteq \mathbb{R}$ mit $A(x) = (a_{ij}(x)) \in \mathbb{C}^{n\times n}$, $a_{ij}\colon I \to \mathbb{C}$ für $i, j \in \{1, 2, \dots, n\}$, $n \in \mathbb{N}$, $y\colon I \to \mathbb{C}^n$ und $f\colon I \to \mathbb{C}^n$ heißt **lineares System von Differenzialgleichungen**. Die Funktion f heißt **Inhomogenität**. Das System heißt **homogen**, falls f die Nullfunktion ist, andernfalls **inhomogen**.

Für lineare Differenzialgleichungen gilt das **Superpositionsprinzip**, also jede Linearkombination von Lösungen des homogenen Systems ist wieder eine Lösung. Die Menge aller Lösungen von $y'(x) = A(x)y(x)$ bildet einen n-dimensionalen Vektorraum.

Eine Menge von n linear unabhängigen Lösungen bildet ein **Fundamentalsystem**, das in der **Fundamentalmatrix** Y zusammengefasst wird. Jedes lineare Differenzialgleichungssystem besitzt ein Fundamentalsystem.

Die **Wronski-Determinante** $W[y_1, y_2, \dots, y_n] = \det Y$ entscheidet über die lineare Abhängigkeit oder Unabhängigkeit. Dabei folgt die lineare Unabhängigkeit der Lösungsvektoren $y_1, y_2, \dots, y_n$,, falls $W[y_1, y_2, \dots, y_n](x_0) \neq 0$ für ein $x_0 \in I$. Für linear abhängige Lösungen $y_1, y_2, \dots, y_n$ von $y'(x) = A(x)y(x)$ ist $W[y_1, y_2, \dots, y_n](x) = 0$ für jedes $x \in I$.

Die Existenz und Eindeutigkeit von Lösungen eines linearen Systems von Differenzialgleichungen ist eine Folgerung aus dem allgemeinen Satz von Picard-Lindelöf.

Für die Lösung von Systemen mit konstanter Koeffizientenmatrix A spielt die **Matrixexponentialfunktion** e^{Ax} zur Berechnung einer Fundamentalmatrix eine zentrale Rolle. Im Fall $A = TJT^{-1}$ ist Te^{Jx} eine Fundamentalmatrix für $y' = Ay$, wobei J die Jordan'sche Normalform von A ist und T die entsprechende Transformationsmatrix.

Die allgemeine Lösung y einer inhomogenen linearen Differenzialgleichung setzt sich aus der allgemeinen Lösung y_h der homogenen Differenzialgleichung und einer speziellen Lösung, also einer Partikulärlösung y_p der inhomogenen Gleichung zusammen, d. h., es gilt $y = y_h + y_p$. Eine Partikulärlösung findet man durch die **Methode der Variation der Konstanten** aus der allgemeinen Lösung der homogenen Differenzialgleichung $y_h(x) = Y(x)c$, indem man den Ansatz $y_p(x) = Y(x)c(x)$ differenziert und in das inhomogene System einsetzt. Eine alternative Möglichkeit ist durch die **Ansatzmethode** gegeben.

Lineare Differenzialgleichungen höherer Ordnung

$$a_n(x)y^{(n)}(x) + a_{n-1}(x)y^{(n-1)}(x) + \ldots + a_0(x) = f(x), \quad x \in I,$$

mit stetigen Funktionen $f\colon I \to \mathbb{C}$ und $a_j\colon I \to \mathbb{C}$, $j = 1, 2, \dots, n$, $a_n(x) \neq 0$, für $x \in I$, lassen sich durch die Koordinatentransformation

$$u_i(x) := y^{(i-1)}(x)$$

in ein System 1. Ordnung umschreiben,

$$u'(x) = A(x)u(x) + g(x)$$

wobei

$$u = \begin{pmatrix} u_1 \\ u_2 \\ \vdots \\ u_n \end{pmatrix} \in \mathbb{C}^n, \quad g(x) = \begin{pmatrix} 0 \\ 0 \\ \vdots \\ 0 \\ \frac{f(x)}{a_n(x)} \end{pmatrix} \in \mathbb{C}^n$$

und

$$A = \begin{pmatrix} 0 & 1 & 0 & \dots & 0 \\ 0 & 0 & \ddots & \ddots & 0 \\ \vdots & \vdots & \ddots & \ddots & 0 \\ 0 & 0 & \dots & 0 & 1 \\ -\frac{a_0(x)}{a_n(x)} & -\frac{a_1(x)}{a_n(x)} & \dots & \dots & -\frac{a_{n-1}(x)}{a_n(x)} \end{pmatrix} \in \mathbb{C}^{n\times n}.$$

Wir können damit alle Resultate, die wir für Systeme 1. Ordnung hergeleitet haben, auf lineare Differenzialgleichungen höherer Ordnung übertragen.

Ableiten und Einsetzen des Ansatzes $y(x) = e^{\lambda x}$ in eine lineare Differenzialgleichung höherer Ordnung mit konstanten Koeffizienten

$$a_n y^{(n)}(x) + a_{n-1}y^{(n-1)}(x) + \ldots + a_0 = f(x)$$

führt auf die **charakteristische Gleichung**

$$p(\lambda) = a_n\lambda^n + a_{n-1}\lambda^{n-1} + \ldots + a_1\lambda + a_0 = 0$$

mit Nullstellen λ_i, $i = 1, 2, \dots, n$. Die allgemeine Lösung der homogenen Differenzialgleichung ist eine Linearkombination von $y_i(x) = e^{\lambda_i x}$, falls λ_i, $i = 1, 2, \dots, n$ verschieden sind. Bei einer k-fachen Nullstelle λ sind $xe^{\lambda x}$, $x^2e^{\lambda x}, \dots, x^{k-1}e^{\lambda x}$, k Fundamentallösungen. **Resonanz** tritt auf, wenn die charakteristische Gleichung $p(\lambda) = 0$ entweder mehrfache Nullstellen hat oder in der Inhomogenität f ein Term $e^{\mu x}$ auftritt und $p(\mu) = 0$ ist.

Die **Euler'sche Differenzialgleichung** ist eine lineare Differenzialgleichung höherer Ordnung mit in spezieller Weise von x abhängigen Koeffizienten,

$$a_n x^n y^{(n)}(x) + \ldots + a_2x^2y^{(2)}(x) + a_1xy'(x) + a_0y(x) = 0.$$

Hier kommt man zu einer Lösung durch die Transformation $x = e^t$ und $y(x) = z(t)$.

Aufgaben

Die Aufgaben gliedern sich in drei Kategorien: Anhand der *Verständnisfragen* können Sie prüfen, ob Sie die Begriffe und zentralen Aussagen verstanden haben, mit den *Rechenaufgaben* üben Sie Ihre technischen Fertigkeiten und die *Beweisaufgaben* geben Ihnen Gelegenheit, zu lernen, wie man Beweise findet und führt.

Ein Punktesystem unterscheidet leichte Aufgaben •, mittelschwere •• und anspruchsvolle ••• Aufgaben. Lösungshinweise am Ende des Buches helfen Ihnen, falls Sie bei einer Aufgabe partout nicht weiterkommen. Dort finden Sie auch die Lösungen – betrügen Sie sich aber nicht selbst und schlagen Sie erst nach, wenn Sie selber zu einer Lösung gekommen sind. Ausführliche Lösungswege, Beweise und Abbildungen finden Sie auf der Website zum Buch.

Viel Spaß und Erfolg bei den Aufgaben!

Verständnisfragen

2.1 • Welche der folgenden skalaren Differenzialgleichungen 1. Ordnung sind linear?

a) $y(x)y'(x) - 2x = 0$
b) $y'(x) + xy(x) = 0$
c) $xy'(x) + 3y(x) = \mathrm{e}^x$
d) $y' + (\tan x)y = 2\sin x$

2.2 • Gibt es eine reelle 2×2-Matrix $\boldsymbol{A}$ mit

$$\mathrm{e}^{\boldsymbol{A}} = \begin{pmatrix} -1 & 0 \\ 0 & -4 \end{pmatrix}?$$

2.3 •• Die Funktionen $y_1(x) = x^3$ und $y_2(x) = |x|^3$ sind linear unabhängig auf $(-1, 1)$, aber $W[y_1, y_2](x) = 0$. Wie ist das möglich?

2.4 • Welche der folgenden Funktionen

a) $\boldsymbol{y}(x) = (2\mathrm{e}^x + \mathrm{e}^{-x}, \mathrm{e}^{2x})^\top$
b) $\boldsymbol{y}(x) = (2\mathrm{e}^x + \mathrm{e}^{-x}, \mathrm{e}^{x})^\top$
c) $\boldsymbol{y}(x) = (2\mathrm{e}^x + \mathrm{e}^{-x}, x\mathrm{e}^{x})^\top$
d) $\boldsymbol{y}(x) = (\mathrm{e}^x + 3\mathrm{e}^{-x}, \mathrm{e}^{x} + 3\mathrm{e}^{-x})^\top$

kann eine Lösung einer Differenzialgleichung

$$\boldsymbol{y}'(x) = \boldsymbol{A}\,\boldsymbol{y}(x)$$

mit $\boldsymbol{A} \in \mathbb{R}^{2\times 2}$ sein?

2.5 • Formulieren Sie die Differenzialgleichungen

a) $y'' - (y')^2 y \sin x = \cosh x - y^2$,
b) $y''' + 2y'' + y' = 2\mathrm{e}^{3x}$,

jeweils als ein System 1. Ordnung.

Rechenaufgaben

2.6 • Lösen Sie das Anfangswertproblem

$$y'(x) = 4x, \qquad y(0) = 1.$$

2.7 • Zeigen Sie, dass die Funktion

$$y(x) = \frac{cx}{1+x}, \qquad x \in I \subseteq \mathbb{R} \setminus \{-1\},\ c \in \mathbb{R}$$

Lösung der Differenzialgleichung

$$x(1+x)y'(x) - y(x) = 0$$

ist.

2.8 •• Berechnen Sie $\mathrm{e}^{\boldsymbol{A}}$ für

$$\boldsymbol{A} = \begin{pmatrix} -1 & -1 & 0 \\ 0 & -1 & 0 \\ 0 & 0 & -2 \end{pmatrix}.$$

2.9 •• Geben Sie für die lineare Differenzialgleichung

$$\boldsymbol{y}'(x) = \boldsymbol{A}_i\,\boldsymbol{y}(x), \quad i = 1, 2, 3$$

mit den folgenden zweidimensionalen Matrizen

$$\boldsymbol{A}_1 = \begin{pmatrix} 2 & 0 \\ 0 & 2 \end{pmatrix}, \quad \boldsymbol{A}_2 = \begin{pmatrix} 2 & 0 \\ 1 & 2 \end{pmatrix}, \quad \boldsymbol{A}_3 = \begin{pmatrix} -2 & 2 \\ 0 & 2 \end{pmatrix}$$

jeweils eine Fundamentalmatrix an.

2.10 •• Bestimmen Sie jeweils ein reelles Fundamentalsystem für die Differenzialgleichung $\boldsymbol{y}' = \boldsymbol{A}_i\,\boldsymbol{y}$, $i = 1, 2, 3$ mit

$$\boldsymbol{A}_1 = \begin{pmatrix} -1 & 1 & -1 \\ 2 & -1 & 2 \\ 2 & 2 & -1 \end{pmatrix}, \qquad \boldsymbol{A}_2 = \begin{pmatrix} 3 & -3 & 2 \\ -1 & 5 & -2 \\ -1 & 3 & 0 \end{pmatrix},$$

$$\boldsymbol{A}_3 = \begin{pmatrix} 6 & -17 \\ 1 & -2 \end{pmatrix}.$$

2.11 • Berechnen Sie jeweils die Lösungen der Differenzialgleichungen zu den Anfangsbedingungen $y(0) = 1$ und $y'(0) = 0$:

a) $y''(x) = -y(x)$,
b) $y''(x) = y(x)$.

2.12 •• Wie muss die rechte Seite f gewählt werden, damit bei der linearen Differenzialgleichung

$$y'''(x) + 2y''(x) + y'(x) + 2y(x) = f(x)$$

Resonanz auftritt?

2.13 •• Bestimmen Sie die Lösung der Differenzialgleichung

$$y'(x) = x(1 + y(x)),$$

mit der Anfangsbedingung $y(0) = 2$.

2.14 •• Betrachten Sie den allgemeinen harmonischen Oszillator mit Reibung, aber ohne äußere Anregung

$$y''(x) + 2by'(x) + cy(x) = 0, \qquad b, c \in \mathbb{R}.$$

Geben Sie in Abhängigkeit von b, c jeweils ein Fundamentalsystem an.

2.15 •• Bestimmen Sie die Lösung des Anfangswertproblems

$$y''(x) + 5y'(x) + 6y(x) = \cos x$$

zu den Anfangsbedingungen $y(0) = y'(0) = 1.1$. Wählen Sie für die Partikulärlösung den Ansatz

$$y_p(x) = d\cos(x + \delta).$$

2.16 •• Gesucht ist eine Lösung der Differenzialgleichung

$$y''(x) + y'(x) = x + 1.$$

2.17 •• Bestimmen Sie die allgemeine Lösung der Differenzialgleichung 3. Ordnung

$$y'''(x) - 3y'(x) + 2y(x) = 9e^x.$$

2.18 •• Berechnen Sie die Lösung der Differenzialgleichung

$$y'(x) = \lambda y(x), \qquad y(0) = 1, \lambda \in \mathbb{R}$$

mithilfe eines Potenzreihenansatzes.

2.19 •• Die Methode der sukzessiven Approximation oder auch Picard-Iteration ist nicht das einzige Iterationsverfahren um (approximative) Lösungen von Anfangswertproblemen zu erhalten. Ein klassisches Vorgehen ist, beim Startpunkt x_0 eine Taylorreihe der Lösung y zu finden. Die Idee ist durch Differenzieren der Differenzialgleichung

$$y'(x) = f(x, y(x))$$

nach x die Werte $y^{(n)}(x_0)$, $n = 0, 1, 2, \ldots$ zu bestimmen. Geben Sie die Formeln für die gesuchten Werte $y^{(n)}(x_0)$ für $n = 1, 2, 3$ an. Betrachten Sie die Differenzialgleichung

$$y' = y^2, \quad y(0) = 1.$$

Um die Koeffizienten der der Taylorreihe von y bei x_0 zu berechnen, ist es geschickt mit dem Ansatz $y(x) = \sum_{n=0}^{\infty} y_n x^n$ zu arbeiten. Geben Sie eine Rekurrenz für die Koeffizienten y_n an. Konvergiert die Taylorreihe? Geben Sie das Konvergenzintervall an.

2.20 •• Eine Gleichung der Gestalt

$$y'(x) = a(x)y(x) + b(x)y^\gamma(x)$$

mit $\gamma \in \mathbb{R}$ und a, b stetigen Funktionen auf I heißt *Bernoulli'sche Differenzialgleichung*. Zeigen Sie, dass für $\gamma \neq 0$ oder $\gamma \neq 1$, der Ansatz $z(x) = y^{1-\gamma}(x)$ auf eine lineare Differenzialgleichung führt.

2.21 •• Eine Gleichung der Gestalt

$$y'(x) = q(x) + p(x)y(x) + r(x)y^2(x),$$

wobei q, p und r stetige Funktionen auf I sind und $r(x) \neq 0$ für jedes $x \in I$, heißt *Riccati'sche Differenzialgleichung*. Beweisen Sie, dass die Gleichung durch den Ansatz $y(x) = u(x) + v(x)$ in eine Bernoulli'sche Differenzialgleichung in $v(x)$ überführt werden kann, falls eine spezielle Lösung $u(x)$ bekannt ist.

2.22 •• Die logistische Gleichung

$$y'(x) = \lambda y(x)(K - y(x)) = \lambda K y(x) - \lambda y^2(x),$$

die wir zu Beginn dieses Kapitels kennengelernt haben, ist eine Bernoulli'sche Differenzialgleichung mit $\gamma = 2$. Lösen Sie die logistische Differenzialgleichung und verifizieren Sie, dass

$$y(x) = \frac{K}{1 + (\frac{K}{y_0} - 1)e^{-\lambda K x}}$$

die Lösung zur Anfangsbedingung $y(0) = y_0$ ist.

Beweisaufgaben

2.23 •• Sei $\boldsymbol{Y} \in C^1(I, \mathbb{R}^{n\times n})$ eine Fundamentalmatrix für das lineare System $\boldsymbol{y}'(x) = \boldsymbol{A}(x)\boldsymbol{y}(x)$. Zeigen Sie

a) Die Matrix $\boldsymbol{X} \in C^1(I, \mathbb{R}^{n\times n})$ ist genau dann eine Fundamentalmatrix, wenn es eine reguläre Matrx $\boldsymbol{B} \in \mathbb{R}^{n\times n}$ gibt mit $\boldsymbol{X}(x) = \boldsymbol{Y}(x)\,\boldsymbol{B}$ für alle $x \in I$.
b) Die Matrix $\boldsymbol{X}(x) := \boldsymbol{Y}(x)(\boldsymbol{Y}(x_0))^{-1}$ ist ein *Hauptfundamentalsystem*, d. h. ein Fundamentalsystem $\boldsymbol{Y}(x)$ mit der Eigenschaft $\boldsymbol{Y}(x_0) = \boldsymbol{I}_n$.

2.24 ••

a) Seien $\boldsymbol{A}$, $\boldsymbol{B} \in \mathbb{R}^{n\times n}$ mit $\boldsymbol{AB} = \boldsymbol{BA}$. Zeigen Sie $e^{\boldsymbol{A}+\boldsymbol{B}} = e^{\boldsymbol{A}}e^{\boldsymbol{B}} = e^{\boldsymbol{B}}e^{\boldsymbol{A}}$ und $e^{(s+t)\boldsymbol{A}} = e^{s\boldsymbol{A}}e^{t\boldsymbol{A}}$ für alle $s, t \in \mathbb{R}$.
b) Im allgemeinen gilt *nicht* $e^{\boldsymbol{A}+\boldsymbol{B}} = e^{\boldsymbol{A}}e^{\boldsymbol{B}}$. Geben Sie ein Gegenbeispiel an.

2.25 •• Sei $\boldsymbol{A}$ eine reelle $n \times n$-Matrix. Zeigen Sie:

a) $\det e^{\boldsymbol{A}} = e^{\operatorname{Sp} \boldsymbol{A}}$
b) $e^{\boldsymbol{A}^T} = (e^{\boldsymbol{A}})^T$
c) Aus $\boldsymbol{A}^T = -\boldsymbol{A}$ (d. h. $\boldsymbol{A}$ ist schiefsymmtrisch) folgt, dass $e^{\boldsymbol{A}x}$ orthogonal ist und $\det e^{\boldsymbol{A}x} = 1$.

2.26 •

a) Zeigen Sie, dass die $m \times m$-Matrix $\boldsymbol{N}$

$$\boldsymbol{N} = \begin{pmatrix} 0 & 1 & 0 & \dots & 0 & 0 \\ 0 & 0 & 1 & \ddots & 0 & 0 \\ 0 & 0 & 0 & \ddots & 0 & 0 \\ \vdots & \vdots & \ddots & \ddots & \ddots & \ddots \\ 0 & 0 & 0 & \ddots & 0 & 1 \\ 0 & 0 & 0 & \dots & 0 & 0 \end{pmatrix},$$

nilpotent ist, d. h., das $\boldsymbol{N}^k = \boldsymbol{0}$ für alle $k \geq m$, $m \in \mathbb{N}$ gilt.

b) Bestimmen Sie alle Eigenwerte einer solchen nilpotenten Matrix $\boldsymbol{N}$.

c) Lösen Sie die Differenzialgleichung $\boldsymbol{y}' = \boldsymbol{N}\boldsymbol{y}$ für $m = 3$.

2.27 •• Gegeben sei eine stetige Funktion $f : \mathbb{R} \to \mathbb{R}$. Zeigen Sie, dass das Anfangswertproblem

$$y''(x) = f(x), \quad y(x_0) = y_0, \quad y'(x_0) = y_1$$

eine eindeutige Lösung $y : \mathbb{R} \to \mathbb{R}$ besitzt.

2.28 •• Für die Wahl $q(x) = 2x$, $p(x) = (1 - 2x)$ und $r(x) = -1$ lässt sich eine spezielle Lösung dieser Riccati'schen Gleichung besonders einfach finden. Berechnen Sie die dieser Gleichung entsprechende Bernoulli'sche Differenzialgleichung und lösen Sie diese.

2.29 •• Beweisen Sie: Erfüllt eine Funktion $\boldsymbol{F}$ die Voraussetzungen des Satzes von Picard-Lindelöf für jedes a. $I = [x_0 - a, x_0 + a]$ und $Q = \mathbb{C}^n$, dann existiert eine auf ganz $\mathbb{R}$ definierte eindeutige Lösung des Anfangswertproblems $\boldsymbol{y}'(x) = \boldsymbol{F}(x, \boldsymbol{y}(x))$ und $\boldsymbol{y}(x_0) = \boldsymbol{y}_0$.

2.30 ••• Beweisen Sie den **Satz von Liouville**: Die Wronski-Determinante $W(x)$ erfüllt die skalare Differenzialgleichung

$$W'(x) = \operatorname{Sp} \boldsymbol{A}(x) W(x), \qquad x \in I,$$

daher gilt für $x, x_0 \in I$

$$W(x) = W(x_0)\, e^{\int_{x_0}^{x} \operatorname{Sp} \boldsymbol{A}(u)\, du}.$$

Antworten der Selbstfragen

S. 16
Die Lösungsfunktion $y(x) = -\cos x + c$ erhält man durch Integration, wobei $c \in \mathbb{R}$ eine Integrationskonstante ist.

S. 20
Die Wronski-Determinante ist die Determinante der Koeffizientenmatrix dieses homogenen linearen Gleichungssystems zur Berechnung von $(c_1, c_2, \dots, c_n)^\top$. Da diese Determinante an der Stelle x_0 null ist, existiert eine vom Nullvektor verschiedene Lösung für das homogene Gleichungssystem.

S. 24
Es gilt

$$\begin{aligned} (\boldsymbol{T} e^{\boldsymbol{J}x} \boldsymbol{T}^{-1})' &= \boldsymbol{T}\boldsymbol{J} e^{\boldsymbol{J}x} \boldsymbol{T}^{-1} \\ = \boldsymbol{T}\boldsymbol{J}\boldsymbol{T}^{-1}\boldsymbol{T} e^{\boldsymbol{J}x} \boldsymbol{T}^{-1} &= \boldsymbol{A}\boldsymbol{T} e^{\boldsymbol{J}x} \boldsymbol{T}^{-1} \end{aligned}$$

und daher auch

$$\begin{aligned} (\boldsymbol{T} e^{\boldsymbol{J}x})' &= \boldsymbol{T}\boldsymbol{J} e^{\boldsymbol{J}x} \\ &= \boldsymbol{T}\boldsymbol{J}\boldsymbol{T}^{-1}\boldsymbol{T} e^{\boldsymbol{J}x} = \boldsymbol{A}\boldsymbol{T} e^{\boldsymbol{J}x}. \end{aligned}$$

S. 25

$$\boldsymbol{N} = \begin{pmatrix} 0 & 1 & 0 & 0 \\ 0 & 0 & 1 & 0 \\ 0 & 0 & 0 & 1 \\ 0 & 0 & 0 & 0 \end{pmatrix}, \qquad \boldsymbol{N}^2 = \begin{pmatrix} 0 & 0 & 1 & 0 \\ 0 & 0 & 0 & 1 \\ 0 & 0 & 0 & 0 \\ 0 & 0 & 0 & 0 \end{pmatrix},$$

$$\boldsymbol{N}^3 = \begin{pmatrix} 0 & 0 & 0 & 1 \\ 0 & 0 & 0 & 0 \\ 0 & 0 & 0 & 0 \\ 0 & 0 & 0 & 0 \end{pmatrix}, \qquad \boldsymbol{N}^4 = \begin{pmatrix} 0 & 0 & 0 & 0 \\ 0 & 0 & 0 & 0 \\ 0 & 0 & 0 & 0 \\ 0 & 0 & 0 & 0 \end{pmatrix}.$$

S. 26
$\boldsymbol{y}_p + \boldsymbol{y}_h$ ist eine Lösung von $\boldsymbol{y}'(x) = \boldsymbol{A}(x)\boldsymbol{y}(x) + \boldsymbol{f}(x)$, da

$$\begin{aligned} \boldsymbol{y}_p'(x) + \boldsymbol{y}_h'(x) &= \boldsymbol{A}(x)\boldsymbol{y}_p(x) + \boldsymbol{f}(x) + \boldsymbol{A}(x)\boldsymbol{y}_h(x) \\ &= \boldsymbol{A}(x)(\boldsymbol{y}_p(x) + \boldsymbol{y}_h(x)) + \boldsymbol{f}(x). \end{aligned}$$

Sind umgekehrt $\boldsymbol{y}_p$ und $\boldsymbol{y}$ Lösungen der inhomogenen Gleichung, so gilt mit $\boldsymbol{z} := \boldsymbol{y} - \boldsymbol{y}_p$

$$\begin{aligned} \boldsymbol{z}'(x) &= \boldsymbol{y}'(x) - \boldsymbol{y}_p'(x) \\ &= \boldsymbol{A}(x)\boldsymbol{y}(x) + \boldsymbol{f}(x) - \boldsymbol{A}(x)\boldsymbol{y}_p(x) - \boldsymbol{f}(x) \\ &= \boldsymbol{A}(x)(\boldsymbol{y}(x) - \boldsymbol{y}_p(x)) = \boldsymbol{A}\boldsymbol{z}(x). \end{aligned}$$

Also ist $\boldsymbol{z}$ eine Lösung der zugehörigen homogenen Gleichung.

S. 26
Einsetzen von $x = x_0$ in

$$y(x) = Y(x)c + Y(x) \int_{x_0}^{x} Y^{-1}(u) f(u)\, du$$

führt zu

$$y(x_0) = Y(x_0)c + Y(x_0) \int_{x_0}^{x_0} Y^{-1}(u) f(u)\, du = y_0$$

$$y(x_0) = Y(x_0)c = y_0 \Longrightarrow c = Y^{-1}(x_0) y_0 .$$

S. 29
Wir setzen

$$\begin{aligned} u_1(x) &= y(x) \\ u_2(x) &= y'(x) = u_1'(x) \\ u_3(x) &= y''(x) = u_2'(x) \\ & \quad y'''(x) = u_3'(x) = 2y''(x) + y'(x) + 2y(x) \\ &= 2u_3(x) + u_2(x) + 2u_1(x) \end{aligned}$$

und erhalten das System

$$u'(x) = Au(x) ,$$

von Differenzialgleichungen 1. Ordnung, wobei

$$u = \begin{pmatrix} u_1 \\ u_2 \\ u_3 \end{pmatrix} \in \mathbb{C}^3, \quad \text{und} \quad A = \begin{pmatrix} 0 & 1 & 0 \\ 0 & 0 & 1 \\ 2 & 1 & 2 \end{pmatrix} \in \mathbb{C}^{3\times 3} .$$

Das charakteristische Polynom der Matrix A ist

$$p(\lambda) = (\lambda - 2)(\lambda - 1)(\lambda + 1) .$$

Durch Nullsetzen berechnen wir die Eigenwerte $\lambda_1 = 2$, $\lambda_2 = 1$ und $\lambda_3 = -1$. Diese Eigenwerte entsprechen genau den Lösungen der charakteristischen Gleichung der gegebenen Differenzialgleichung 3. Ordnung.

3 Randwertprobleme und nichtlineare Differenzialgleichungen – Funktionen sind gesucht

Wann ist eine Differenzialgleichung nichtlinear?

Wann ist sie separabel?

Was ist eine exakte Differenzialgleichung?

Wann liegt ein Randwertproblem vor?

Thema dieses Kapitels ist das Lösen von nichtlinearen Differenzialgleichungen. Allerdings wird es nur für spezielle Typen von Differenzialgleichungen gelingen, Lösungen explizit anzugeben, d. h. analytische Lösungsmethoden zu finden. Verschiedene Ansätze führen bei unterschiedlichen Typen von Differenzialgleichungen zum Erfolg. Wir betrachten in diesem Kapitel speziell separable und exakte Differenzialgleichungen. Oft bleibt nur die Möglichkeit, eine theoretisch als existent nachgewiesene Lösung numerisch zu bestimmen, siehe Kapitel 18.

Eine Lösung einer (nichtlinearen) Differenzialgleichung muss auch nicht unbedingt auf dem ganzen Intervall definiert sein, für das die Differenzialgleichung formuliert wurde. Das Auftreten einer Singularität in endlicher Zeit ist sogar typisch für viele nichtlineare Differenzialgleichungen.

Bei Randwertproblemen sind im Gegensatz zu Anfangswertaufgaben zusätzliche Bedingungen an mindestens zwei Stellen gegeben.

Oft ergeben geometrische Überlegungen ein besseres Verständnis für das Verhalten der Lösungen von nichtlinearen Differenzialgleichungen. Im nächsten Kapitel erfahren wir mehr über die qualitative Theorie. Im Ausblick über Hamilton'sche Systeme und Gradientensysteme lernen wir die ersten Ideen dazu kennen.

Dieses Kapitel ist als eine Einführung in die Theorie nichtlinearer Differenzialgleichungen gedacht. Aus diesem Grund kann auch nur ein Teil dieses umfangreichen Stoffgebiets behandelt.

3.1 Separable Differenzialgleichungen

Für die folgende Klasse von nichtlinearen Differenzialgleichungen lässt sich relativ einfach eine analytische Lösung finden.

Definition einer separablen Differenzialgleichung

Eine Differenzialgleichung der Gestalt

$$y'(x) = g(y(x))h(x) \qquad x \in I \subseteq \mathbb{R}$$

mit stetigen Funktionen $g\colon \mathbb{C} \to \mathbb{C}$ und $h\colon I \to \mathbb{C}$ heißt **separabel**.

Die Funktion $g(y)$ hängt dabei nur von y ab und $h(x)$ nur von der Variablen x. Bei einer solchen Differenzialgleichung kann getrennt nach x und y integriert werden. Sie wird daher oft auch als *Differenzialgleichung mit getrennten Veränderlichen* bezeichnet.

Bei einer *autonomen* Differenzialgleichung liegt keine explizite Abhängigkeit von x vor, was gleichbedeutend mit $h(x) = 1$ für alle x ist. Eine solche Gleichung ist immer separabel.

?

Welche der folgenden Differenzialgleichungen sind separabel?

a) $y'(x) = g(y(x))$ c) $y'(x) = e^{y(x)+x}$
b) $xy'(x) = \cos(y(x) - x)$ d) $y'(x) = y(x)$

Beispiel Betrachten wir die Differenzialgleichung

$$y'(x) = e^{-y(x)}, \qquad x \in I = \mathbb{R}$$

mit der Anfangsbedingung $y(0) = \ln 2$. Diese ist, mit obiger Notation $g(y) = e^{-y}$ und $h(x) = 1$, eine separable Differenzialgleichung. Wir dividieren durch e^{-y}, integrieren die rechte und die linke Seite dieser Gleichung unbestimmt nach x und erhalten mit einer Integrationskonstanten $c \in \mathbb{C}$

$$\int y'(x)e^{y}\,\mathrm{d}x = \int 1\,\mathrm{d}x = x + c\,.$$

Mit der Substitution $u = y(x)$ und $\mathrm{d}u = y'(x)\,\mathrm{d}x$ folgt

$$\int e^{u}\mathrm{d}u = e^{u} = x + c\,,$$
$$e^{u} = e^{y(x)} = x + c\,,$$

woraus sich

$$y(x) = \ln(x + c)$$

ergibt. Nach Einsetzen der Anfangsbedingung $y(0) = \ln 2$ erhalten wir

$$y(x) = \ln(x + 2)\,.$$

Diese Lösung existiert auf dem Intervall $I = (-2, \infty)$. ◄

Allgemeine Vorgehensweise zur Lösung von separablen Differenzialgleichungen $y'(x) = g(y(x))h(x)$:

- Division durch $g(y(x))$, falls $g(y(x)) \neq 0$ für jedes $x \in I$, und Integration nach x, also

$$\frac{y'(x)}{g(y(x))} = h(x)\,,$$
$$\int \frac{y'(x)}{g(y(x))}\,\mathrm{d}x = \int h(x)\,\mathrm{d}x\,.$$

- Substitution

$$y(x) = u$$
$$y'(x)\,\mathrm{d}x = \mathrm{d}u$$

führt auf das Integral

$$\int \frac{1}{g(u)}\,\mathrm{d}u = \int h(x)\,\mathrm{d}x\,.$$

- Integration und Auflösen nach $y(x)$, falls möglich.

Das erfolgreiche Anwenden dieser Methode setzt voraus, dass beide auftretenden Integrale explizit gelöst werden können und dass eine Division durch $g(y(x))$ möglich ist.

Häufig findet sich in der Literatur auch die folgende Kurzschreibweise für das oben beschriebene Vorgehen,

$$\begin{aligned} y'(x) &= \frac{\mathrm{d}y}{\mathrm{d}x} = g(y(x))h(x)\,, \\ \frac{1}{g(y)}\,\mathrm{d}y &= h(x)\,\mathrm{d}x\,, \\ \int \frac{1}{g(y)}\,\mathrm{d}y &= \int h(x)\,\mathrm{d}x\,. \end{aligned}$$

Beispiel Die Differenzialgleichung

$$y'(x) = y^2(x)\,, \quad x \in I = \mathbb{R}\,,$$

ist separabel mit $g(y) = y^2$ und $h(x) = 1$, und es ist

$$\begin{aligned} \frac{\mathrm{d}y}{y^2} &= \mathrm{d}x\,, \\ \int \frac{\mathrm{d}y}{y^2} &= \int \mathrm{d}x = x + c, \quad c \in \mathbb{C} \\ -\frac{1}{y} &= x + c\,, \\ y(x) &= -\frac{1}{x+c}\,. \end{aligned}$$

Diese Lösung kennen wir schon aus Band 1, Kapitel 2. Dabei ist $c \in \mathbb{C}$ eine Integrationskonstante. Die Funktion $y = y(x)$ hat an der Stelle $x = -c$ eine Singularität, d. h., die Lösung existiert nur auf dem Intervall $J = (-\infty, -c)$ oder auf dem Intervall $J = (-c, \infty)$, jedenfalls ist J verschieden von $I = \mathbb{R}$. Dieses Phänomen ist zunächst überraschend, da die rechte Seite der Differenzialgleichung $y^2(x)$ für $x \in \mathbb{R}$ definiert ist. Das Auftreten einer Singularität in endlicher Zeit ist aber typisch für viele nichtlineare Differenzialgleichungen. ◀

Beispiel Auch die Differenzialgleichung

$$y'(x) = e^{y(x)}(1 + x)$$

ist separabel mit $g(y) = e^y$ und $h(x) = 1 + x$. Der oben beschriebene Lösungsweg bei solchen Differenzialgleichungen führt auf die beiden Integrale

$$\int e^{-y}\,\mathrm{d}y = \int (1 + x)\,\mathrm{d}x$$

und somit auf

$$\begin{aligned} -e^{-y(x)} &= x + \frac{x^2}{2} + c\,, \quad c \in \mathbb{C}\,, \\ y(x) &= -\ln\left(-x - \frac{x^2}{2} - c\right). \end{aligned}$$

Falls etwa eine Anfangsbedingung $y(0) = y_0$ gegeben ist, folgt für die Integrationskonstante $c = -e^{-y_0}$, und die entsprechende Lösung lautet daher

$$y(x) = -\ln\left(e^{-y_0} - x - \frac{x^2}{2}\right).$$

Wir erkennen, dass auch diese Lösung nur existiert, falls $e^{-y_0} - x - \frac{x^2}{2} > 0$ gilt, was für $x \in (x_-, x_+)$ mit

$$x_\pm = -1 \pm \sqrt{1 + 2e^{-y_0}}$$

zutrifft. Für $x \to x_\pm$ wird eine Lösung unbeschränkt. ◀

Kommentar: Diese Methode der Separation der Variablen haben wir eigentlich unbewusst schon in Kapitel 2 verwendet. Lineare homogene Differenzialgleichungen 1. Ordnung der Gestalt

$$a_1(x)y'(x) + a_0(x)y(x) = 0\,, \quad a_1(x) \neq 0\,,$$

sind separabel mit $g(y) = y$ und $h(x) = -\frac{a_0(x)}{a_1(x)}$. Für die Lösung erhalten wir

$$\begin{aligned} y'(x) &= \frac{\mathrm{d}y}{\mathrm{d}x} = -\frac{a_0(x)}{a_1(x)}\,y(x)\,, \\ \int \frac{\mathrm{d}y}{y} &= -\int \frac{a_0(x)}{a_1(x)}\,\mathrm{d}x\,, \\ y(x) &= c\,\exp\left(-\int \frac{a_0(x)}{a_1(x)}\,\mathrm{d}x\right) \end{aligned}$$

mit einer Integrationskonstanten $c \in \mathbb{C}$.

?

Machen Sie sich diese Vorgehensweise anhand des Beispiels $y'(x) = (\cos x)y(x)$ klar.

Durch Substitution gelangt man zu einer separablen Differenzialgleichung

Eine Klasse von Differenzialgleichungen, bei denen man mit einer geeigneten Substitution zum Ziel kommt, sind die *homogenen Differenzialgleichungen*.

Homogene Differenzialgleichung

Eine Differenzialgleichung der Gestalt

$$y'(x) = h\left(\frac{y(x)}{x}\right) \quad x \in I, 0 \notin I$$

und $h\colon \mathbb{C} \to \mathbb{C}$ heißt **homogen**.

Mit der Substitution

$$y(x) = xz(x) \quad \text{und} \quad y'(x) = z(x) + xz'(x)$$

erhalten wir

$$z'(x) = \frac{1}{x}(y'(x) - z(x)) = \frac{1}{x}(h(z(x)) - z(x))\,.$$

Diese Differenzialgleichung ist wieder separabel und kann durch Trennung der Variablen gelöst werden. Anschließend erfolgt die Rücksubstitution.

Kommentar: Diese Differenzialgleichung ist in einem anderen Sinn *homogen* als die zu einer inhomogenen linearen Differenzialgleichung gehörende homogene Differenzialgleichung. Aus historischen Gründen werden sie gleich bezeichnet.

Beispiel Die Differenzialgleichung

$$y'(x) = -\frac{3x + y(x)}{x + 3y(x)} = -\frac{3 + \frac{y(x)}{x}}{1 + 3\frac{y(x)}{x}} = h\left(\frac{y(x)}{x}\right), \quad x \neq 0$$

ist homogen. Mit der Substitution $z(x) = \frac{y(x)}{x}$ erhalten wir die folgende separable Differenzialgleichung für die Funktion z:

$$z'(x) = \frac{dz}{dx} = -\frac{1}{x}\left(\frac{3 + z(x)}{1 + 3z(x)} + z(x)\right).$$

Nach Trennung der Variablen und Integration folgt

$$\begin{aligned} \frac{1}{2}\int \frac{2 + 6z}{3z^2 + 2z + 3}\, dz &= -\int \frac{1}{x}\, dx\,, \\ \frac{1}{2}\ln(3z^2 + 2z + 3) &= -\ln|x| + c\,, \quad c \in \mathbb{R}\,, \\ \sqrt{3z^2 + 2z + 3} &= \frac{e^c}{|x|}\,, \\ 3z^2 + 2z + 3 &= \frac{e^{2c}}{x^2}\,. \end{aligned}$$

Durch Rücksubstituieren

$$3\frac{y^2(x)}{x^2} + 2\frac{y(x)}{x} + 3 = \frac{e^{2c}}{x^2}$$

und Umformen erhalten wir

$$x^2 + \frac{2}{3}xy(x) + y^2(x) = \frac{e^{2c}}{3} = c_1\,, \quad c_1 \in \mathbb{R}\,,\ c_1 > 0\,.$$

Diese Gleichung stellt eine Ellipse mit Parameter $c_1 > 0$, $c_1 \in \mathbb{R}$ dar. Die Lösung der gegebenen homogenen Differenzialgleichung ist also eine Schar von Ellipsen. Durch Angabe einer Anfangsbedingung wird eine einzelne Ellipse ausgewählt. ◄

?

Führen Sie die Variablensubstitution $z(x) = \frac{y(x)}{x}$ für obige Differenzialgleichung

$$y'(x) = -\frac{3x + y(x)}{x + 3y(x)}$$

durch und verifizieren Sie

$$z'(x) = -\frac{1}{x}\left(\frac{3 + z(x)}{1 + 3z(x)} + z(x)\right).$$

Eine Differenzialgleichung vom Typ

$$y'(x) = f(ax + by(x) + c), \quad a, b, c \in \mathbb{C}\,,$$

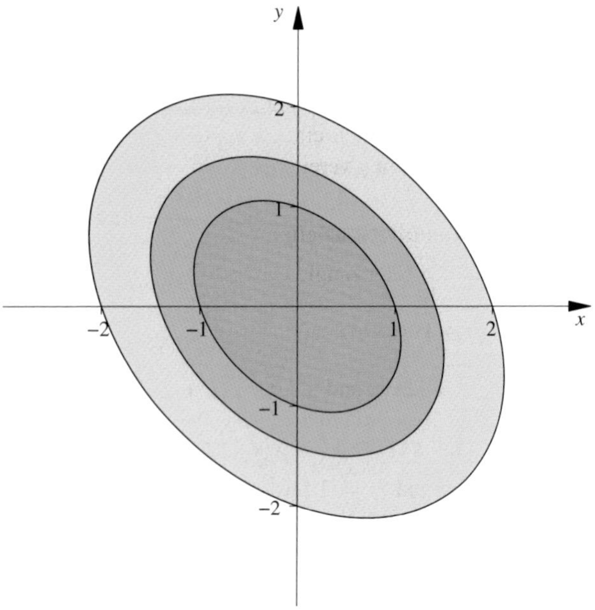

Abbildung 3.1 Die Lösungen der homogenen Differenzialgleichung $y'(x) = -\frac{3x+y(x)}{x+3y(x)}$ für $c_1 = 1, 2, 4$.

lässt sich durch die lineare Substitution

$$u(x) = ax + by(x) + c$$

lösen. Da

$$u'(x) = a + by'(x) = a + bf(u)$$

gilt, kommen wir durch Trennung der Veränderlichen zu der Gleichung

$$\int \frac{du}{a + bf(u)} = \int dx\,.$$

Beispiel Wir betrachten die Differenzialgleichung

$$y'(x) = (x + y(x))^2$$

und substituieren

$$\begin{aligned} u(x) &= x + y(x)\,, \\ u'(x) &= 1 + y'(x) = 1 + u^2(x)\,. \end{aligned}$$

Durch Trennung der Variablen erhalten wir

$$\begin{aligned} \int \frac{du}{1 + u^2} &= \int dx = x + c\,, \quad c \in \mathbb{C}\,, \\ \arctan(u) &= x + c\,, \\ u &= \tan(x + c)\,. \end{aligned}$$

Die Rücksubstitution $u(x) = x + y(x)$ ergibt

$$\begin{aligned} x + y(x) &= \tan(x + c)\,, \\ y(x) &= \tan(x + c) - x\,. \end{aligned}$$ ◄

Substitution kann zu einer linearen Differenzialgleichung führen

Auch weitere Klassen von nichtlinearen Differenzialgleichungen lassen sich mittels einer geeigneten Substitution für die gesuchte Funktion y vereinfachen.

Bernoulli'sche Differenzialgleichung

Eine skalare Differenzialgleichung der Form

$$y'(x) = a(x)y(x) + b(x)y^{\gamma}(x)$$

mit $\gamma \in \mathbb{R} \setminus \{0, 1\}$ und stetigen Funktionen a, b auf $I \subseteq \mathbb{R}$, heißt **Bernoulli'sche Differenzialgleichung**.

Im Fall $\gamma = 0$ und $\gamma = 1$ reduziert sich diese Gleichung auf eine schon bekannte lineare Differenzialgleichung, siehe Kapitel 2.

Bernoulli'sche Differenzialgleichungen lassen sich mittels der Substitution

$$\begin{aligned} y(x) &= u^{\alpha}(x), \quad \alpha \in \mathbb{R}, \\ y'(x) &= \alpha u^{\alpha-1}(x)u'(x) \end{aligned}$$

in

$$\alpha u'(x) = a(x)u(x) + b(x)u(x)^{\alpha\gamma-\alpha+1}$$

überführen. Wir haben noch die Möglichkeit, die Konstante α so zu wählen, dass die Differenzialgleichung so einfach wie möglich wird. Für $\alpha = \frac{1}{1-\gamma}$ ist sie linear; es gilt

$$u'(x) = (1-\gamma)a(x)u(x) + (1-\gamma)b(x).$$

Beispiel Im folgenden Beispiel ist $\beta \neq -1$ und $\beta \neq 0$. Die Bernoulli'sche Differenzialgleichung

$$y'(x) = -y(x) + y^{1+\beta}(x)$$

mit $a(x) = -1$, $b(x) = 1$ und $\gamma = 1 + \beta$ wird mittels

$$y(x) = u^{-\frac{1}{\beta}}(x)$$

zu

$$u'(x) = \beta u(x) - \beta.$$

In diesem Fall erhalten wir eine lineare Differenzialgleichung mit konstanten Koeffizienten, wie wir sie in Kapitel 2 behandelt haben. Die Lösung ist

$$u(x) = ce^{\beta x} + 1 \quad \text{und} \quad y(x) = (ce^{\beta x} + 1)^{-\frac{1}{\beta}},$$

wobei $c \in \mathbb{C}$ aus einer gegebenen Anfangsbedingung berechnet werden kann. ◀

?

Lösen Sie die lineare Differenzialgleichung

$$u'(x) = \beta u(x) - \beta.$$

Durch Substitution kann eine Bernoulli'sche Differenzialgleichung entstehen

Die Riccati'schen Differenzialgleichungen sind eine weitere Klasse von nichtlinearen Differenzialgleichungen, die wir durch eine geeignete Substitution auf einfachere Gestalt bringen können.

Definition einer Riccati'schen Differenzialgleichung

Eine **Riccati'sche Differenzialgleichung** ist eine skalare Differenzialgleichung der Form

$$y'(x) = q(x) + p(x)y(x) + r(x)y^2(x),$$

wobei q, p und r stetige Funktionen auf $I \subseteq \mathbb{R}$ sind und $r(x) \neq 0$ für jedes $x \in I$ gilt.

Falls eine spezielle Lösung $u(x)$ bekannt ist, lässt sich die Gleichung durch den Ansatz $y(x) = u(x) + v(x)$ in eine Bernoulli'sche Differenzialgleichung in $v(x)$ transformieren. Wie wir gesehen haben, lässt sich diese im Allgemeinen in eine lineare Differenzialgleichung umschreiben und entsprechend lösen.

Beispiel Eine spezielle Lösung der Riccati'schen Differenzialgleichung

$$y'(x) = x^2 - y^2(x) + 1$$

ist $u(x) = x$, $x \in \mathbb{R}$. Setzt man

$$\begin{aligned} y(x) &= x + v(x), \\ y'(x) &= 1 + v'(x), \\ y^2(x) &= x^2 + v^2(x) + 2xv(x), \end{aligned}$$

so ergibt sich eine Bernoulli'sche Differenzialgleichung in v mit $a(x) = -2x$, $b(x) = -1$ und $\gamma = 2$, nämlich

$$v'(x) = -2xv(x) - v^2(x).$$

Mit der Substitution $v(x) = z(x)^{-1}$ vereinfacht sich diese Gleichung zu einer inhomogenen linearen Differenzialgleichung

$$z'(x) = 2xz(x) + 1$$

mit der allgemeinen Lösung

$$z(x) = e^{x^2}\left(c + \int_{x_0}^{x} e^{-t^2}\,\mathrm{d}t\right), \quad x \in \mathbb{R},\ c \in \mathbb{C}.$$

Daher ist

$$y(x) = x + \frac{e^{-x^2}}{c + \int_{x_0}^{x} e^{-t^2}\,\mathrm{d}t}$$

die allgemeine Lösung der gegebenen Riccati'schen Differenzialgleichung. Das Integral ist hier nicht in geschlossener Form darstellbar. ◀

Natürlich liegt die Schwierigkeit in der Praxis oft darin, eine spezielle Lösung u einer Riccati'schen Differenzialgleichung zu finden.

Beispiel: Logistisches Wachstum

Die logistische Differenzialgleichung ist ein sehr vielseitig verwendetes Modell sowohl zur Beschreibung des Wachstums von menschlichen Bevölkerungen, von Bakterienkulturen, aber auch von Pflanzen oder Sättigungsvorgängen in Wirtschaft und Gesellschaft. Das logistische Wachstum verbindet exponentielles Wachstum mit begrenztem Wachstum. Mit der logistischen Gleichung, vor allem mit deren Herleitung, haben wir uns schon in Kapitel 2 beschäftigt.

Problemanalyse und Strategie: Die logistische Differenzialgleichung

$$y'(x) = \lambda y(x)(K - y(x)) = \lambda K y(x) - \lambda y^2(x)$$

ist eine Bernoulli'sche Differenzialgleichung mit $a(x) = \lambda K$, $b(x) = -\lambda$ und $\gamma = 2$.

Lösung:
Die Transformation $y(x) = u^{-1}(x)$ führt auf die lineare Differenzialgleichung

$$u'(x) = -\lambda K u(x) + \lambda$$

mit der Lösung

$$u(x) = c\,e^{-\lambda K x} + \frac{1}{K},$$

woraus

$$y(x) = u^{-1}(x) = \frac{K}{1 + Kc\,e^{-\lambda K x}}$$

folgt. Mithilfe einer gegebenen Anfangsbedingung $y(0)$ kann die Konstante c ausgedrückt werden

$$y(x) = \frac{K}{1 + \left(\frac{K}{y(0)} - 1\right) e^{-\lambda K x}}.$$

Interessant ist es auch, die logistische Differenzengleichung

$$y_{n+1} = r y_n \left(1 - \frac{y_n}{K}\right),$$

zu betrachten, also die entsprechende diskrete Version der logistischen Differenzialgleichung, von der wir streng genommen eigentlich in Kapitel 2 ausgegangen sind. Dabei ist y_n die Anzahl der Individuen in der n-ten Generation, K die Kapazität und $r \in \mathbb{R}$, $r > 0$ die Wachstumsrate.

Die *logistische Gleichung* wurde ursprünglich vom belgischen Mathematiker Pierre-François Verhulst (1804–1849) basierend auf Auswertungen vorhandener Statistiken eingeführt. Diese Gleichung ist auch ein Beispiel dafür, wie komplexes, chaotisches Verhalten aus einer einfachen nichtlinearen Differenzengleichung entstehen kann.

Für Werte $y_n > K$ wäre $y_{n+1} < 0$, d. h., wir beschränken uns auf Werte $y_n \leq K$. Zur schreibtechnischen Vereinfachung wird häufig $K = 1$ gesetzt. Zudem betrachten wir $0 < r < 4$, da für $r \geq 4$ und y_n nahe bei $\frac{1}{2}$ wieder exponentielles Wachstum dominiert. In Abhängigkeit vom Parameter r ergeben sich verschiedene Verhaltensweisen der Folge y_n für große n.

Für $r \leq 1$ stirbt die Population aus und nähert sich für $1 < r < 2$ monoton dem Grenzwert $\frac{r-1}{r}$. Falls r zwischen 2 und 3 liegt, ist die Konvergenz gegen diesen Grenzwert alternierend. Wird r weiter vergrößert, entstehen zunächst zwei Häufungspunkte, dann vier Häufungspunkte, dann acht Häufungspunkte usw., denen sich die Folge y_n bei fast allen Startwerten abwechselnd nähert. Bei $r \approx 3.57$ entsteht Chaos, typisch dafür ist auch, dass kleine Änderungen des Anfangswertes in unterschiedlichsten Folgewerten resultieren.

Dieser Übergang, in Abhängigkeit von einem Parameter von einem konvergenten Verhalten über Periodenverdopplungen zu chaotischen Verhalten, ist charakteristisch für nichtlineare Systeme.

Die Verdoppelung oder Verzweigung von Häufungspunkten in Abhängigkeit von dem Parameter r wird *Bifurkation* genannt, siehe Kapitel 4.

Die Clairaut'sche Differenzialgleichung ist stets lösbar

Die Schar der Lösungen der *Clairaut'schen Differenzialgleichung* besteht aus einer Kurve mit der Gesamtheit aller ihrer Tangenten. Wir gehen hier den umgekehrten Weg und leiten mit diesem Wissen die entsprechende Differenzialgleichung her. Dabei gehen wir von einer auf dem Intervall I stetig differenzierbaren Kurve $y = \varphi(x)$ aus. Die Tangente an diese Kurve im Punkt $(a, \varphi(a))$ hat die Gleichung

$$y = \varphi'(a)(x - a) + \varphi(a).$$

Mit $y' = \varphi'(a)$ und der zu φ' inversen Funktion $(\varphi')^{-1} = h$ – also $a = h(y')$ – folgt aus der Tangentengleichung

$$y = xy' + (\varphi(h(y')) - h(y')y')$$
$$y = xy' + f(y')$$

mit einer Funktion $f(y') = \varphi(h(y')) - h(y')y'$. Das ist die Differenzialgleichung der Tangente einer Kurve.

Gehen wir umgekehrt von einer Clairaut'schen Differenzialgleichung $y = xy' + f(y')$ mit einer stetig differenzierbaren Funktion f aus, so ergeben sich deren Lösungen durch folgende Vorgehensweise. Differenzieren wir die Gleichung auf beiden Seiten, so fällt y' weg, denn es ist

$$\begin{aligned} y' &= y' + xy'' + \frac{\mathrm{d}}{\mathrm{d}y'} f(y')y'' , \\ 0 &= y'' \left(x + \frac{\mathrm{d}}{\mathrm{d}y'} f(y') \right) . \end{aligned}$$

Diese Identität ist erfüllt entweder für $y'' = 0$ oder für $x + \frac{\mathrm{d}}{\mathrm{d}y'} f(y') = 0$.

- Falls $y''(x) = 0$ ist, so folgt $y'(x) = c$ und somit $y(x) = cx + \text{const}$. Durch Einsetzen in die Differenzialgleichung folgt $\text{const} = f(c)$, also $y(x) = cx + f(c)$.
  Es entsteht also eine vom Parameter c abhängige einparametrige Lösungsschar von Geraden. Jede einzelne dieser Geraden löst die gegebene Differenzialgleichung.
- Der Term $x + f'(y'(x))$ ist gerade die partielle Ableitung der rechten Seite der Clairaut'schen Differenzialgleichung nach y'. Im Fall

  $$x + f'(y'(x)) = 0$$

  ist eine eindeutige Lösung $y(x)$ definiert, und zwar die Einhüllende der Geradenschar, sofern letztere eine besitzt.

Die Clairaut'sche Differenzialgleichung ist ein Spezialfall der **d'Alembert'schen Differenzialgleichung** (oder auch **Lagrange'schen Differenzialgleichung**),

$$y(x) = xg(y'(x)) + f(y'(x)) .$$

mit stetigen Funktionen f und g. Diese ist ebenfalls eine nichtlineare Differenzialgleichung 1. Ordnung.

Beispiel Für die Clairaut'sche Differenzialgleichung mit

$$f(p) = \frac{1}{2} \ln(1 + p^2) - p \arctan p$$

ist

$$f'(p) = \frac{p}{1 + p^2} - \arctan p - \frac{p}{1 + p^2} = - \arctan p .$$

Es folgt

$$\begin{aligned} 0 = x + f'(y'(x)) &= x - \arctan y'(x) \\ y'(x) &= \tan x \\ y(x) &= - \ln(\cos x) . \end{aligned}$$

Die Geraden $y(x) = cx + 0.5 \ln(1 + c^2) - c \arctan c$ sind für $c \in \mathbb{R}$ Tangenten an die Kurve $y(x) = - \ln(\cos x)$, siehe Abbildung 3.2. ◀

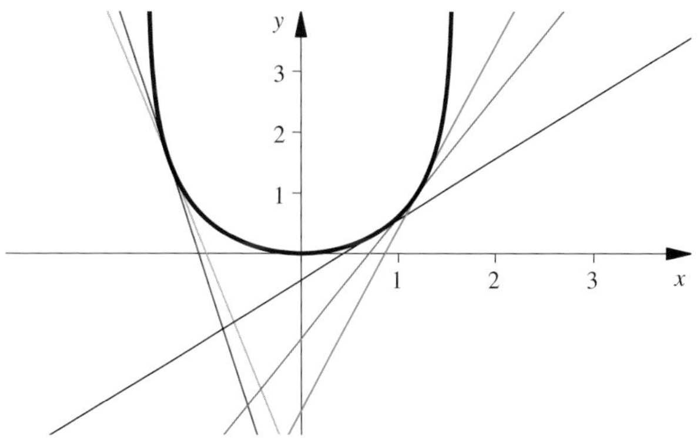

Abbildung 3.2 Die Einhüllende $y(x) = - \ln(\cos x)$ der Geraden $y(x) = cx + 0.5 \ln(1 + c^2) - c \arctan c$ für die Werte $c = -4, -5, 1, 2, 3$.

Die d'Alembert'sche Differenzialgleichung lässt sich in manchen Fällen durch folgende Vorgehensweise lösen: Ist $u\colon (a, b) \to \mathbb{R}$ eine Lösung der linearen Differenzialgleichung

$$(x - g(x))\, u'(x) - g'(x)u(x) = f'(x) , \qquad (3.1)$$

wobei die Funktion u auf dem Intervall (a, b) injektiv mit einer differenzierbaren Umkehrfunktion u^{-1} ist, dann ist

$$y(x) = xg(u^{-1}(x)) + f(u^{-1}(x))$$

eine Lösung der d'Alembert'schen Differenzialgleichung. Es gilt nämlich

$$y'(x) = g(u^{-1}(x)) + \frac{xg'(u^{-1}(x)) + f'(u^{-1}(x))}{u'(u^{-1}(x))} = u^{-1}(x) .$$

Dabei wurde verwendet, dass für die Ableitung der inversen Funktion $(u^{-1})' = \frac{1}{u'(u^{-1})}$ gilt und dass die Funktion u eine Lösung von (3.1) ist.

3.2 Exakte Differenzialgleichungen und integrierender Faktor

Als Motivation betrachten wir zunächst eine separable Differenzialgleichung der Gestalt

$$p(x) + q(y(x))y'(x) = 0 ,$$

lassen jetzt aber zu, dass die beiden Koeffizientenfunktionen p und q sowohl von x als auch von der gesuchten Funktion y abhängen. Wir gelangen so zu der im Allgemeinen nicht mehr separablen Differenzialgleichung

$$p(x, y(x)) + q(x, y(x))y'(x) = 0 . \qquad (3.2)$$

Anderseits kann man von einer zweimal stetig differenzierbaren Funktion $\varphi\colon \mathbb{R}^2 \to \mathbb{R}$ ausgehen und diese auf dem

Graphen einer stetig differenzierbaren Funktion $y = y(x)$ betrachten, also $\varphi = \varphi(x, y(x))$ oder anders ausgedrückt die Zusammensetzung der Funktion φ mit einer Funktion $x \to (x, y(x))$, von $\mathbb{R}$ nach $\mathbb{R}^2$ untersuchen. Wählen wir $\varphi(x, y(x)) = \text{const} = c$, $c \in \mathbb{R}$, so folgt für die Ableitung

$$\frac{\mathrm{d}\varphi}{\mathrm{d}x} = \frac{\partial\varphi(x, x_2)}{\partial x}\Big|_{x_2=y(x)} + \frac{\partial\varphi(x, x_2)}{\partial x_2}\Big|_{x_2=y(x)} \frac{\mathrm{d}y}{\mathrm{d}x} = 0\,.$$

Mit der Notation

$$\frac{\partial\varphi(x, x_2)}{\partial x}\Big|_{x_2=y(x)} = p(x, y)$$

und

$$\frac{\partial\varphi(x, x_2)}{\partial x_2}\Big|_{x_2=y(x)} = q(x, y)$$

erhalten wir wieder die Differenzialgleichung

$$p(x, y(x)) + q(x, y(x))y'(x) = 0\,,$$

von der wir ausgegangen sind. Falls $\frac{\partial^2\varphi}{\partial x_1 \partial x_2}$ oder $\frac{\partial^2\varphi}{\partial x_2 \partial x_1}$ stetig ist, folgt aufgrund des Vertauschungssatzes von Schwarz, Band 1, Abschnitt 21.5, die Integrabilitätsbedingung

$$\frac{\partial^2\varphi}{\partial x_1 \partial x_2} = \frac{\partial^2\varphi}{\partial x_2 \partial x_1}$$

oder gleichbedeutend

$$\frac{\partial p}{\partial y} = \frac{\partial q}{\partial x}\,.$$

Ist diese Bedingung bei einer Differenzialgleichung (3.2) erfüllt, kann es umgekehrt eine Funktion φ geben, für die $\frac{\partial\varphi}{\partial x} = p$ und $\frac{\partial\varphi}{\partial y} = q$ ist. Die Lösungen sind dann zumindest implizit durch die Funktion $\varphi(x, y(x)) = \text{const} = c$ gegeben.

Definition einer exakten Differenzialgleichung

Eine Differenzialgleichung

$$p(x, y(x)) + q(x, y(x))y'(x) = 0$$

mit stetigen Funktionen p, q auf einer offenen Menge $B \subseteq \mathbb{R}^2$ heißt **exakt**, falls eine stetig differenzierbare Funktion $\varphi\colon B \to \mathbb{R}$ existiert, sodass gilt:

$$\frac{\partial\varphi(x, y)}{\partial x} = \varphi_x(x, y) = p(x, y)\,,$$
$$\frac{\partial\varphi(x, y)}{\partial y} = \varphi_y(x, y) = q(x, y)\,.$$

Diese Funktion φ heißt **Stammfunktion** der exakten Differenzialgleichung.

Eine exakte Differenzialgleichung kann auch in der Form

$$p(x, y(x))\,\mathrm{d}x + q(x, y(x))\,\mathrm{d}y = 0$$

geschrieben werden.

Beispiel Die Differenzialgleichung

$$(3x^2y^2 - 2x)\,\mathrm{d}x + (2x^3y + 1)\,\mathrm{d}y = 0$$

ist exakt auf $\mathbb{R}^2$ mit Stammfunktion

$$\varphi(x, y(x)) = x^3y^2 - x^2 + y\,,$$

da

$$\frac{\partial\varphi(x, y)}{\partial x} = 3x^2y^2 - 2x = p(x, y)\,,$$
$$\frac{\partial\varphi(x, y)}{\partial y} = 2x^3y + 1 = q(x, y)\,.$$

◄

Kommentar: Die Funktion φ heißt auch *Potenzialfunktion* des zweidimensionalen Vektorfeldes $(p, q)^\top$. Wir sind in Band 1, Kapitel 23 schon über den Weg der Vektoranalysis auf exakte Differenzialgleichungen gestoßen. Fassen wir den Graphen $(x, y(x))$ der Funktion y als Kurve im $\mathbb{R}^2$ auf, dann sind p und q die Komponenten eines *Gradientenfeldes*,

$$\nabla\varphi(x, y(x)) = \begin{pmatrix} \frac{\partial\varphi}{\partial x} \\ \frac{\partial\varphi}{\partial y} \end{pmatrix} = \begin{pmatrix} p \\ q \end{pmatrix}.$$

Wie wir zu Beginn gesehen haben verschwindet die totale Ableitung $\frac{d}{\mathrm{d}x}\varphi(x, y(x))$ entlang jeder Lösungstrajektorie $(x, y(x))$. Der Wert von $\varphi(x, y)$ ist daher entlang jeder derartigen Trajektorie konstant. Die Lösungen einer exakten Differenzialgleichungen entsprechen also *Niveaulinien* oder *Äquipotenziallinien* der Funktion φ, da $\varphi(x, y(x)) = c = \text{const}$, wobei c die Rolle einer Integrationskonstante spielt. Die Funktion $\varphi(x, y)$ wird auch als *erstes Integral* der exakten Differenzialgleichung bezeichnet, siehe auch Kapitel 4.

Jede separable Differenzialgleichung ist offensichtlich exakt: Falls nämlich $P(x)$ eine Stammfunktion von $p(x)$ und $Q(y)$ eine Stammfunktion von $q(y)$ ist, dann ist $\varphi(x, y) = P(x) + Q(y)$ eine Stammfunktion des Vektorfeldes $(p, q)^\top$. Im Fall einer solchen Differenzialgleichung erkennt man leicht, dass die zuvor beschriebenen Lösungsmethoden, also Separation der Variablen gefolgt von Integration, genau der Herleitung einer impliziten Funktion entspricht, die die Äquipotenziallinien der Funktion φ beschreibt.

Zusammenfassend: Die Lösungen einer exakten Differenzialgleichung sind durch Äquipotenziallinien der Funktion φ gegeben, d. h., Lösungen ergeben sich implizit aus der Gleichung $\varphi(x, y(x)) = \text{const}$. Sind die Bedingungen des Satzes über implizite Funktionen erfüllt, so lässt sich zumindest lokal die Gleichung nach $y(x)$ auflösen.

Beispiel Die Differenzialgleichung

$$e^{-y} + (1 - x\,e^{-y})\,y' = 0$$

ist exakt, da

$$\frac{\partial}{\partial y}\,e^{-y} = \frac{\partial}{\partial x}\,(1 - x\,e^{-y}) = -e^{-y}$$

Unter der Lupe: Der Satz über implizite Funktionen

Sei zunächst eine Gleichung $f(x, y) = 0$ in zwei Variablen gegeben, wobei $f\colon D \subseteq \mathbb{R}^2 \to \mathbb{R}$ auf einer Teilmenge D von $\mathbb{R}^2$ stetig partiell differenzierbar ist. Unter dem Auflösen einer Gleichung $f(x, y) = 0$ nach y versteht man die Frage, ob eine Funktion $x \mapsto y(x)$ existiert, sodass gilt: $f(x, y) = 0 \iff y = y(x)$. In diesem Fall sagt man, dass die Gleichung $f(x, y)$ die Funktion $y(x)$ *implizit definiert.* Der Satz über implizite Funktionen ist eines der wichtigsten Werkzeuge der Analysis und wird generell im Zusammenhang mit der Auflösung implizit gegebener Zusammenhänge benützt.

Um zu allgemeinen Aussagen zu kommen, nimmt man an, dass eine Lösung (x_0, y_0) von $f(x, y) = 0$ existiert, und sucht weitere Lösungen in einer Umgebung von (x_0, y_0).

Satz über implizite Funktionen in zwei Variablen

Es sei $f\colon D \subseteq \mathbb{R}^2 \to \mathbb{R}$ gegeben. Falls

(i) $f(x_0, y_0) = 0$, wobei $(x_0, y_0) \in D$,

(ii) die partiellen Ableitungen $\frac{\partial f}{\partial x} = f_x$ und $\frac{\partial f}{\partial y} = f_y$ in einer Umgebung von (x_0, y_0) stetig sind, und

(iii) $f_y(x_0, y_0) \neq 0$,

dann existieren nichtleere, offene Intervalle I um x_0, J um y_0 und eine Funktion $y\colon I \to J$ mit den Eigenschaften

(1) $y(x_0) = y_0$,

(2) $f(x, y) = 0,\ (x, y) \in I \times J \iff y = y(x),\ x \in I$,

(3) die Auflösungsfunktion y ist auf I stetig differenzierbar, und es gilt

$$y'(x) = \frac{\mathrm{d}y(x)}{\mathrm{d}x} = -\frac{f_x(x, y(x))}{f_y(x, y(x))} \qquad x \in I\,.$$

Beweis: Wir definieren die Abbildung

$$\boldsymbol{g}\colon D \to \mathbb{R}^2, \qquad (x, y) \to (x, f(x, y))\,.$$

Aus der Voraussetzung (i) folgt $\boldsymbol{g}(x_0, y_0) = (x_0, 0)$. Nach (ii) ist die Funktion $\boldsymbol{g}(x, y)$ stetig partiell differenzierbar, und sie hat die Jacobi-Matrix

$$\mathcal{J}(\boldsymbol{g}; x_0, y_0) = \begin{pmatrix} 1 & 0 \\ f_x & f_y \end{pmatrix}.$$

Aufgrund der Voraussetzung (iii) ist zudem $\mathcal{J}(\boldsymbol{g}; x_0, y_0)$ invertierbar, und daher existiert lokal eine stetig differenzierbare, inverse Funktion $\boldsymbol{g}^{-1}$ zu $\boldsymbol{g}$, und es gilt

$$\boldsymbol{g}^{-1}(x, y) = (x, \varphi(x, y))$$

mit einer stetig differenzierbaren Funktion $\varphi(x, y)$ für (x, y) in einer Umgebung $I \times J$ von $(x_0, 0)$. Es gilt $(x, y) = g(g^{-1}(x, y)) = g(x, \varphi(x, y)) = (x, f(g^{-1}(x, y)))$ und für $y = 0$ gilt $(x, 0) = g(g^{-1}(x, 0)) = g(x, \varphi(x, 0)) = (x, f(g^{-1}(x, 0)))$. Betrachten wir jetzt nur die zweite Komponente, so ergibt sich $0 = f(g^{-1}(x, 0)) = f(x, \varphi(x, 0)$. Die Gleichung $f(x, y) = 0$ ist äquivalent zur Gleichung $\boldsymbol{g}(x, y) = (x, 0)$. Daher folgt für die gesuchte Auflösungsfunktion

$$y(x) = \varphi(x, 0) \qquad \text{für } x \in I\,.$$

Damit sind die Behauptungen (1) und (2) bewiesen. Aus $f(x, y(x)) \equiv 0$ für $x \in I$ erhält man durch totales Differenzieren nach x unter Verwendung der Kettenregel

$$0 = \frac{\mathrm{d}}{\mathrm{d}x} f(x, y(x)) = f_x(x, y(x)) + f_y(x, y(x))y'(x)$$

$$y'(x) = -\frac{f_x(x, y(x))}{f_y(x, y(x))},$$

wobei der Nenner nach Voraussetzung (iii) für $x \in I$ verschieden von 0 ist. ■

Die beschriebene Vorgehensweise zur Berechnung der Ableitung von $y(x)$ bezeichnet man als *implizites Differenzieren*. Die allgemeine Version des Satzes über implizite Funktionen lässt sich in gleicher Weise beweisen.

Satz über implizite Funktionen in $n+m$ Variablen

Es sei $\boldsymbol{f}\colon D \subseteq \mathbb{R}^{n+m} \to \mathbb{R}^m$ gegeben, $(\boldsymbol{x}, \boldsymbol{y}) \to \boldsymbol{f}(\boldsymbol{x}, \boldsymbol{y})$. Für einen inneren Punkt $(\boldsymbol{x}_0, \boldsymbol{y}_0) \in D$ gelte

(i) $\boldsymbol{f}(\boldsymbol{x}_0, \boldsymbol{y}_0) = 0$,

(ii) alle partiellen Ableitungen erster Ordnung von $\boldsymbol{f}$ sind in einer Umgebung von $(\boldsymbol{x}_0, \boldsymbol{y}_0)$ stetig, und

(iii) die Matrix $\boldsymbol{f}_{\boldsymbol{y}}(\boldsymbol{x}_0, \boldsymbol{y}_0)$ ist regulär.

Dann existieren eine Umgebung $U \subseteq \mathbb{R}^n$ von $\boldsymbol{x}_0$, eine Umgebung $V \subseteq \mathbb{R}^m$ von $\boldsymbol{y}_0$ und eine eindeutig bestimmte Funktion $\boldsymbol{y}\colon U \to V$ mit den Eigenschaften

(1) $\boldsymbol{y}(\boldsymbol{x}_0) = \boldsymbol{y}_0$,

(2) $\boldsymbol{f}(\boldsymbol{x}, \boldsymbol{y}) = 0,\ (\boldsymbol{x}, \boldsymbol{y}) \in U \times V \iff \boldsymbol{y} = \boldsymbol{y}(\boldsymbol{x})$, $\boldsymbol{x} \in U$.

(3) Die Auflösungsfunktion $\boldsymbol{y}$ ist auf U stetig partiell differenzierbar und die Jacobi-Matrix $\mathcal{J}(\boldsymbol{y}; \boldsymbol{x})$ erfüllt die Gleichung $\boldsymbol{f}_{\boldsymbol{x}}(\boldsymbol{x}, \boldsymbol{y}(\boldsymbol{x})) + \boldsymbol{f}_{\boldsymbol{y}}(\boldsymbol{x}, \boldsymbol{y}(\boldsymbol{x}))\mathcal{J}(\boldsymbol{y}; \boldsymbol{x}) = \boldsymbol{0}$ für $\boldsymbol{x} \in U$.

Beispiel Gegeben sei die Ellipsengleichung $f(x, y) = \frac{x^2}{a^2} + \frac{y^2}{b^2} - 1 = 0$.

Wir betrachten zunächst die Stelle $(x_0, y_0) = (0, b)$, $f_y(0, b) = \frac{2}{b} \neq 0$. Die Auflösung $y = y(x)$ ist in einer Umgebung von $(0, b)$ eindeutig. Die Ableitung können wir durch implizites Differenzieren wie folgt berechnen:

$$f_x(x, y) + f_y(x, y)y'(x) = \frac{2x}{a^2} + \frac{2y}{b^2}\,y'(x) = 0$$

$$\Longrightarrow y'(x) = -\frac{b^2}{a^2}\frac{x}{y}, \qquad y'(0) = 0\,.$$

An der Stelle $(x_0, y_0) = (a, 0)$ ist der Satz jedoch nicht anwendbar, da $f_y(a, 0) = 0$. Da aber $f_x(a, 0) = \frac{2}{a} \neq 0$, können wir die Bedeutung von x und y vertauschen und erhalten $x = x(y)$, die Funktion ist in einer Umgebung von $(a, 0)$ eindeutig. In diesem Beispiel könnten wir allerdings jeweils auch explizit auflösen. ◀

oder

$$\frac{\partial p(x,y)}{\partial y} = \frac{\partial^2 \varphi(x,y)}{\partial y \partial x} = \frac{\partial^2 \varphi(x,y)}{\partial x \partial y} = \frac{\partial q(x,y)}{\partial x}$$

mit

$$\frac{\partial \varphi}{\partial x} = p(x,y) = e^{-y},$$
$$\frac{\partial \varphi}{\partial y} = q(x,y) = 1 - x\,e^{-y},$$

und einer stetig differenzierbaren Funktion $\varphi(x, y)$. Um diese Funktion zu finden, integrieren wir

$$\varphi(x,y) = \int \frac{\partial \varphi}{\partial x}\,\mathrm{d}x = \int p(x,y)\,\mathrm{d}x = \int e^{-y}\,\mathrm{d}x$$
$$= x\,e^{-y} + c(y),$$
$$\varphi(x,y) = \int \frac{\partial \varphi}{\partial y}\,\mathrm{d}y = \int q(x,y)\,\mathrm{d}y = \int (1 - x\,e^{-y})\,\mathrm{d}y$$
$$= y + x\,e^{-y} + c(x).$$

Dabei bezeichnet $c(y)$ und $c(x)$ Integrationskonstanten, die nur von y bzw. nur von x abhängen. Durch Vergleich oder Einsetzen folgt $c(x) = 0$ und $c(y) = y$, und wir erhalten

$$\varphi(x,y) = y + x\,e^{-y}.$$

Da $\varphi(x, y) = \text{const} = c$, folgt $y + x\,e^{-y} = c$, $c \in \mathbb{R}$. Diese Gleichung können wir zwar nicht nach y auflösen, wohl aber nach x und kommen so auf eine Lösung

$$x(y) = e^{y}\,(c - y).$$ ◀

Ein **Gebiet** ist eine zusammenhängende, offene, nichtleere Teilmenge des $\mathbb{R}^n$. Ein solches Gebiet ist **einfach zusammenhängend**, wenn zwei beliebige stetige Kurven mit gleichem Anfangs- und Endpunkt *homotop* sind, d. h., wenn die Kurven stetig ineinander überführt werden können. Im $\mathbb{R}^2$ bedeutet dies anschaulich, dass das Gebiet keine Löcher hat. Diese Begriffe haben wir schon in Band 1, 19 und 23 kennengelernt.

Aus obigen Überlegungen folgt:

Satz

Sei $B \subseteq \mathbb{R}^2$ ein einfach zusammenhängendes Gebiet. Für die Differenzialgleichung

$$p(x, y(x))\,\mathrm{d}x + q(x, y(x))\,\mathrm{d}y = 0$$

mit stetig differenzierbarem Vektorfeld $(p, q)^\top$ existiert eine Stammfunktion $\varphi(x, y(x))$ genau dann, wenn die Integrabilitätsbedingung

$$\frac{\partial^2 \varphi}{\partial x_1 \partial x_2} = \frac{\partial^2 \varphi}{\partial x_2 \partial x_1} \quad \left(\text{oder } \frac{\partial p}{\partial y} = \frac{\partial q}{\partial x}\right)$$

erfüllt ist.

Beweis:

1. Wir beweisen, dass die Existenz einer Stammfunktion φ notwendigerweise die Integrabilitätsbedingung nach sich zieht. Da das Vektorfeld $(p, q)^\top$ nach Voraussetzung stetig differenzierbar ist, folgt die Integrabilitätsbedingung direkt aus dem Vertauschungssatz von Schwarz,
$$\frac{\partial p(x,y)}{\partial y} = \frac{\partial^2 \varphi(x,y)}{\partial x \partial y} = \frac{\partial^2 \varphi(x,y)}{\partial y \partial x} = \frac{\partial q(x,y)}{\partial x}$$
2. Der Beweis der umgekehrten Richtung ist viel aufwendiger. Dass aus der Integrabilitätsbedingung die Existenz einer Stammfunktion folgt, ist eine Folgerung aus dem Gauß'schen Satz, genauer aus der Green'schen Formel, siehe Band 1, Kapitel 23. Wir verweisen dazu auf die Literatur. ■

Kommentar: Der Beweis für den zweiten Teil dieses Satzes findet sich in Band 1, Kapitel 23. Allerdings wurde dort zur Vereinfachung das einfach zusammenhängende Gebiet B eingeschränkt auf den Fall eines **sternförmigen Gebiets**. In diesem Fall gibt es in B ein $z \in B$, sodass die Verbindungsstrecken zu allen Punkten $\boldsymbol{x} \in B$ noch ganz in B liegen, also $\{z + t(\boldsymbol{x} - z) \mid t \in [0, 1]\} \subseteq B$ gilt (Abbildung 3.3).

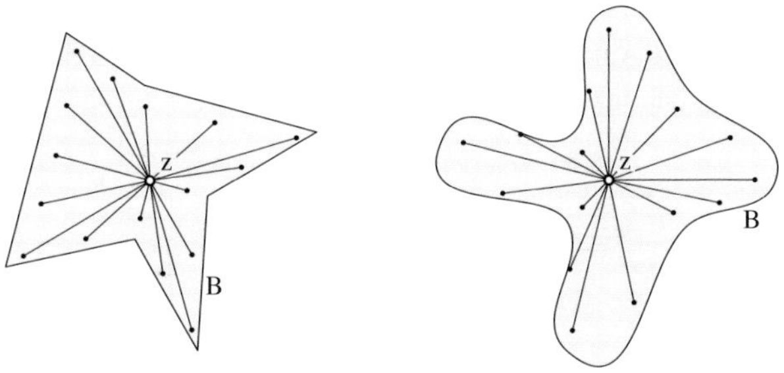

Abbildung 3.3 In einem sternförmigen Gebiet ist jeder Punkt von einem Zentrum aus erreichbar.

Dieses Resultat wurde aber andererseits für n-dimensionale stetig differenzierbare Vektorfelder gezeigt.

Beispiel Ist das Gebiet B in obigem Satz nicht einfach zusammenhängend, ist der Satz nur auf einfach zusammenhängenden Teilgebieten anwendbar. Das auf $\mathbb{R}^2 \setminus \{0\}$ definierte Vektorfeld

$$(p, q)^\top = \frac{1}{x^2 + y^2} \begin{pmatrix} -y \\ x \end{pmatrix}$$

besitzt keine Stammfunktion auf ganz B. Würde eine Stammfunktion oder ein Potenzial existieren, wäre das Kurvenintegral, siehe Band 1, Abschnitt 23.3, entlang eines geschlossenen Weges null. Wählen wir als geschlossenen Weg den einmal in mathematisch positiver Richtung durchlaufenen Einheitskreis $\boldsymbol{w}(t) = (\cos t, \sin t)$ für $0 \le t \le 2\pi$, so folgt $\int_0^{2\pi} (\sin^2 t + \cos^2 t)\,\mathrm{d}t = 2\pi \neq 0$. ◀

?

Welche der folgenden Gebiete sind sternförmig:

- Kreis,
- Dreieck,
- Rechteck,
- $\mathbb{R}^2 \setminus \{(x, y) \in \mathbb{R}^2 \mid x \le 0,\ y = 0\}$ mit $z = (-1, 1)$ und
- $\mathbb{R}^2 \setminus \{(x, y) \in \mathbb{R}^2 \mid x \le 0,\ y = 0\}$ mit $z = (1, 0)$?

Satz

Für eine exakte Differenzialgleichung

$$p(x, y(x))\,\mathrm{d}x + q(x, y(x))\,\mathrm{d}y = 0\,, \quad (x, y) \in B \subseteq \mathbb{R}^2$$

mit Stammfunktion $\varphi(x, y)$ gilt:

1. Die Funktion $\varphi(x, y)$ ist längs der Lösungen der Differenzialgleichung konstant.
2. Falls $(p(x, y), q(x, y)) \neq (0, 0)$ in B, dann geht durch jeden Punkt $(x_0, y_0) \in B$ genau eine Lösung der Differenzialgleichung, die man durch Lösen der Gleichung $\varphi(x, y) = \varphi(x_0, y_0)$ erhält.

Beweis:

1. Folgt direkt aus der Differenzialgleichung $\mathrm{d}\varphi(x, y(x)) = \frac{\partial\varphi}{\partial x}\,\mathrm{d}x + \frac{\partial\varphi}{\partial y}\,\mathrm{d}y = p(x, y(x))\,\mathrm{d}x + q(x, y(x))\,\mathrm{d}y = 0$.
2. Nach dem Satz über implizite Funktionen kann die Gleichung $\varphi(x, y) = \varphi(x_0, y_0) = 0$ in einer Umgebung von (x_0, y_0) eindeutig nach $y = y(x)$ aufgelöst werden. ■

Ein integrierender Faktor kann eine Differenzialgleichung exakt machen

Falls eine Differenzialgleichung

$$p(x, y) + q(x, y)y'(x) = 0$$

nicht exakt ist, kann man versuchen einen **integrierenden Faktor** oder auch **Euler-Multiplikator** zu finden. Darunter verstehen wir eine stetig differenzierbare Funktion $u(x, y)$, die nirgends verschwindet und die Eigenschaft hat, dass die mit u multiplizierte Differenzialgleichung

$$u(x, y)\,p(x, y) \; + \; u(x, y)\,q(x, y)\,\frac{\mathrm{d}y(x)}{\mathrm{d}x} = 0$$

exakt ist. Diese Gleichung hat die gleiche Lösungsmenge wie die ursprüngliche Differenzialgleichung. Die Funktion $u(x, y)$ muss so gewählt werden, dass für die modifizierte Differenzialgleichung die Integrabilitätsbedingung

$$\frac{\partial(up)}{\partial y} = \frac{\partial(uq)}{\partial x}$$

erfüllt ist. Daraus ergibt sich eine partielle Differenzialgleichung für die gesuchte Funktion $u(x, y)$ nämlich

$$p\frac{\partial u}{\partial y} - q\frac{\partial u}{\partial x} = (\frac{\partial q}{\partial x} - \frac{\partial p}{\partial y})u\,.$$

Diese Gleichung kann im Allgemeinen nicht explizit gelöst werden, aber es werden ohnehin nicht alle Lösungen benötigt, sondern wenigstens eine. Oft ist ein Ansatz für die Funktion $u(x, y)$ hilfreich, etwa $u(x)$ oder $u(y)$, also Abhängigkeit von nur einer der beiden Variablen, oder ein Produktansatz $u(x, y) = u_1(x)u_2(x)$.

Beispiel Die Differenzialgleichung

$$(x + y^2(x) + 1) + 2y(x)y'(x) = 0$$

ist wegen

$$\frac{\partial p}{\partial y} = \frac{\partial(x + y^2 + 1)}{\partial y} = 2y \neq 0 = \frac{\partial\,(2y)}{\partial x} = \frac{\partial q}{\partial x}$$

nicht exakt. Versucht man es mit einem integrierenden Faktor $u(x, y)$, erhält man aus

$$\frac{\partial(up)}{\partial y} = \frac{\partial(uq)}{\partial x}$$

und $\frac{\partial u}{\partial y} = 0$

$$\frac{\partial u}{\partial x} = \frac{p_y - q_x}{q}u = \frac{2y - 0}{2y}u = u$$
$$u(x) = e^x\,.$$

Die Differenzialgleichung

$$e^x(x + y(x)^2 + 1) + 2ye^x y'(x) = 0$$

ist exakt mit der Stammfunktion

$$\varphi(x, y) = e^x(x + y^2)\,,$$

und die Lösungskurven sind implizit durch die Gleichung

$$e^x(x + y^2) = c\,, \qquad c \in \mathbb{R}$$

gegeben. ◄

Im Allgemeinen kann die Bestimmung einer speziellen Lösung der partiellen Differenzialgleichung für den integrierenden Faktor $u(x, y)$ sehr schwierig werden.

Beispiel Für die Differenzialgleichung

$$xy^3\,\mathrm{d}x + (1 + 2x^2y^2)\,\mathrm{d}y = 0$$

ist $p(x, y) = xy^3$ und $q(x, y) = 1 + 2x^2y^2$. Die partielle Differenzialgleichung zur Berechnung von $u(x, y)$ lautet hier

$$\frac{\partial u}{\partial y}xy^3 + 3uxy^2 = \frac{\partial u}{\partial x}(1 + 2x^2y^2) + 4uxy^2\,.$$

Um diese Gleichung zu vereinfachen, versuchen wir mit $\frac{\partial u}{\partial x} = 0$ durchzukommen, also $u = u(y)$ anzunehmen. Daraus resultiert die einfachere Differenzialgleichung $y\frac{\partial u(y)}{\partial y} = u(y)$ mit der Lösung $u(y) = cy$, wobei $c \in \mathbb{R}$ beliebig. Da wir aber nur eine Lösung benötigen, setzen wir einfach $c = 1$. Multiplizieren der ursprünglich nicht exakten Differenzialgleichung mit dem integrierenden Faktor $u(y) = y$ führt auf

$$xy^4\,\mathrm{d}x + (y + 2x^2y^3)\,\mathrm{d}y = 0\,.$$

Aus $\frac{\partial\varphi}{\partial x} = xy^4$ und $\frac{\partial\varphi}{\partial y} = y + 2x^2y^3$ erhalten wir jeweils durch Integration

$$\varphi(x, y) = y^4 \int x\,\mathrm{d}x = \frac{1}{2}x^2y^4 + c(y)\,,$$
$$\varphi(x, y) = \int (y + 2x^2y^3)\,\mathrm{d}y = \frac{1}{2}y^2 + \frac{1}{2}x^2y^4 + c(x)\,.$$

Aus dem Vergleich der beiden Lösungen für φ folgt

$$\varphi(x, y) = \frac{1}{2}\left(y^2 + x^2y^4\right) = \text{const}\,.$$ ◀

Oft sind Gleichungen, die mit einem integrierenden Faktor lösbar sind, auf anderem Wege einfacher zu lösen. Das obige Beispiel lässt sich als Bernoulli'sche Differenzialgleichung, allerdings für die Umkehrfunktion $x(y)$ der zu bestimmenden Funktion $y(x)$, behandeln.

Beispiel Wir schreiben obige Differenzialgleichung

$$xy^3\,\mathrm{d}x + (1 + 2x^2y^2)\,\mathrm{d}y = 0$$

in der Form

$$\frac{\mathrm{d}x}{\mathrm{d}y} = -\frac{2}{y}x - \frac{1}{y^3}x^{-1}$$

um. Das ist eine Bernoulli'sche Differenzialgleichung mit $a(y) = -\frac{2}{y}$, $b(y) = -\frac{1}{y^3}$ und $\gamma = -1$. Mit $x(y) = u^{\frac{1}{2}}(y)$ erhalten wir

$$\frac{\mathrm{d}x}{\mathrm{d}y} = \frac{1}{2u^{\frac{1}{2}}}\frac{\mathrm{d}u}{\mathrm{d}y}$$

und daraus

$$\frac{\mathrm{d}u}{\mathrm{d}y} + \frac{4}{y}u = -\frac{2}{y^3}$$

mit der Lösung $u(y) = x^2(y) = cy^{-4} - y^{-2}$ und damit wie oben $y^2 + x^2y^4 = c$. ◀

3.3 Randwertprobleme

Bis jetzt haben wir uns nahezu ausschließlich mit Anfangswertproblemen auseinandergesetzt. Es lassen sich aber nicht alle in der Praxis relevanten Anwendungen durch Anfangswertprobleme beschreiben.

Im Gegensatz zu Anfangswertproblemen werden bei Randwertproblemen Bedingungen an die Lösung der gegebenen Differenzialgleichung an zwei oder mehreren Punkten gestellt. Diese Bedingungen beziehen sich üblicherweise auf die Randpunkte eines Intervalls $I = [x_0, x_{\text{end}}] \subset \mathbb{R}$.

Randwertprobleme können auch auf unbeschränkten Intervallen $[x_0, \infty)$, $(\infty, x_{\text{end}}]$ oder $(-\infty, \infty)$ formuliert werden. In diesem Abschnitt werden wir uns auf endliche Intervalle einschränken und vor allem lineare Differenzialgleichungen 1. und 2. Ordnung behandeln. Wir wollen auch nur reellwertige Funktionen betrachten, obwohl für komplexwertige Funktionen vergleichbare Ergebnisse gelten.

Die Existenz von Lösungen von Randwertproblemen ist nicht in der Allgemeinheit wie bei Anfangswertproblemen gesichert.

Beispiel Die lineare, homogene Differenzialgleichung 2. Ordnung

$$y''(x) + y(x) = 0$$

hat auf dem Intervall $[0, \frac{\pi}{2}]$ mit den Randbedingungen

$$y(0) = 1 \quad \text{und} \quad y\left(\frac{\pi}{2}\right) = -1$$

die eindeutige Lösung

$$y(x) = \cos x - \sin x\,.$$

Auf $[0, \pi]$ existiert zu den Randbedingungen

$$y(0) = 0 \quad \text{und} \quad y(\pi) = 1$$

keine Lösung, aber zu den Randbedingungen

$$y(0) = 1 \quad \text{und} \quad y(\pi) = -1$$

existiert eine Lösungsschar

$$y(x) = \cos x + c\sin x\,, \qquad c \in \mathbb{R}\,.$$ ◀

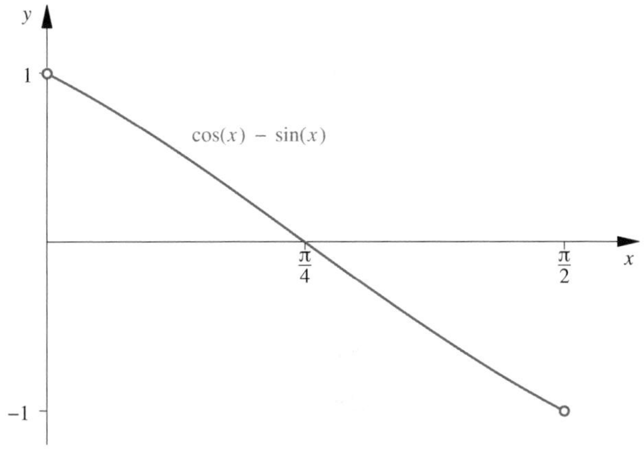

Abbildung 3.4 Das Randwertproblem $y''(x) + y(x) = 0$ hat zu den Randbedingungen $y(0) = 1$ und $y(\frac{\pi}{2}) = -1$ genau eine Lösung.

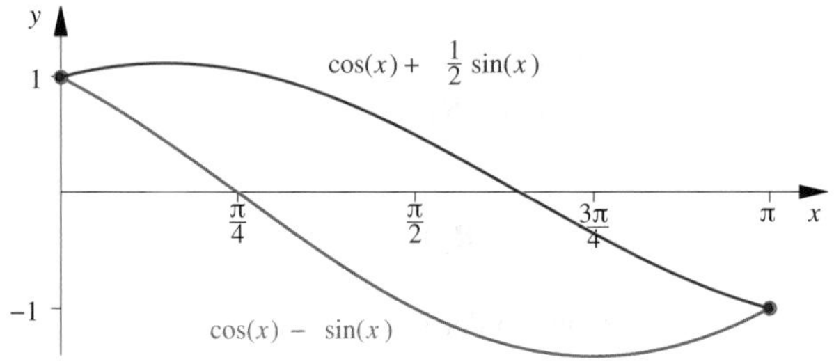

Abbildung 3.5 Das Randwertproblem $y''(x) + y(x) = 0$ hat zu den Randbedingungen $y(0) = 1$ und $y(\pi) = -1$ unendlich viele Lösungen.

Lineare Randwertprobleme 1. Ordnung – wann existiert eine Lösung?

Für ein n-dimensionales System von Differenzialgleichungen 1. Ordnung benötigen wir n Bedingungen, um eine Lösung (eindeutig) zu spezifizieren.

Definition eines linearen Randwertproblems 1. Ordnung

Es seien $I = [a, b] \subset \mathbb{R}$ und $\boldsymbol{A}\colon I \to \mathbb{R}^{n\times n}$, $\boldsymbol{f}\colon I \to \mathbb{R}^n$ stetige Funktionen, $\boldsymbol{R}_1$ und $\boldsymbol{R}_2$ reelle $n \times n$-Matrizen sowie $\boldsymbol{c} \in \mathbb{R}^n$. Dann heißt

$$\boldsymbol{y}'(x) = \boldsymbol{A}(x)\boldsymbol{y}(x) + \boldsymbol{f}(x), \quad \boldsymbol{R}_1\boldsymbol{y}(a) + \boldsymbol{R}_2\boldsymbol{y}(b) = \boldsymbol{c},$$

ein **lineares Randwertproblem 1. Ordnung**. Dieses Randwertproblem ist **inhomogen**, falls $\boldsymbol{f} \neq 0$, $\boldsymbol{c} \neq \boldsymbol{0}$, **homogen** für $\boldsymbol{f} = \boldsymbol{c} = \boldsymbol{0}$ und **halbhomogen** für $\boldsymbol{f} = \boldsymbol{0}$, $\boldsymbol{c} \neq \boldsymbol{0}$ oder $\boldsymbol{f} \neq \boldsymbol{0}$, $\boldsymbol{c} = \boldsymbol{0}$.

Unter Verwendung der Fundamentalmatrix $\boldsymbol{Y}(x)$ des homogenen Systems kann die Lösbarkeit dieses linearen Randwertproblems 1. Ordnung auf eine Rangbestimmung reduziert werden.

Satz

Sei $\boldsymbol{Y}(x)$ eine Fundamentalmatrix für die homogene Differenzialgleichung $\boldsymbol{y}'(x) = \boldsymbol{A}(x)\boldsymbol{y}(x)$ mit der Anfangsbedingung $\boldsymbol{y}(a)$ und $\boldsymbol{Y}(a) = I$. Sei $\boldsymbol{B} := \boldsymbol{R}_1 + \boldsymbol{R}_2\boldsymbol{Y}(b)$ und $\boldsymbol{d} := \boldsymbol{R}_2\boldsymbol{Y}(b)\int_a^b \boldsymbol{Y}^{-1}(u)\boldsymbol{f}(u)\,\mathrm{d}u$. Das Randwertproblem

$$\boldsymbol{y}'(x) = \boldsymbol{A}(x)\boldsymbol{y}(x) + \boldsymbol{f}(x), \quad \boldsymbol{R}_1\boldsymbol{y}(a) + \boldsymbol{R}_2\boldsymbol{y}(b) = \boldsymbol{c},$$

ist genau dann lösbar, wenn gilt:

$$\operatorname{rg} \boldsymbol{B} = \operatorname{rg}(\boldsymbol{B}|\boldsymbol{c} - \boldsymbol{d}).$$

Das Randwertproblem ist eindeutig lösbar, wenn $\operatorname{rg} \boldsymbol{B} = n$ gilt, also die Matrix $\boldsymbol{B}$ regulär ist.

Beweis: Die Lösung des Anfangswertproblems

$$\boldsymbol{y}'(x) = \boldsymbol{A}(x)\boldsymbol{y}(x) + \boldsymbol{f}(x),$$

mit der Anfangsbedingung $\boldsymbol{y}(a)$ lässt sich nach Kapitel 2 schreiben als

$$\boldsymbol{y}(x) = \boldsymbol{Y}(x)\boldsymbol{y}(a) + \boldsymbol{Y}(x)\int_a^x \boldsymbol{Y}^{-1}(u)\boldsymbol{f}(u)\,\mathrm{d}u.$$

Diese Funktion ist Lösung des linearen Randwertproblems, wenn die Randbedingung $\boldsymbol{R}_1\boldsymbol{y}(a) + \boldsymbol{R}_2\boldsymbol{y}(b) = \boldsymbol{c}$ erfüllt ist, also

$$(\boldsymbol{R}_1 + \boldsymbol{R}_2\boldsymbol{Y}(b))\boldsymbol{y}(a) + \boldsymbol{R}_2\boldsymbol{Y}(b)\int_a^b \boldsymbol{Y}^{-1}(u)\boldsymbol{f}(u)\,\mathrm{d}u = \boldsymbol{c}$$

gilt. Mit der Notation in der Formulierung des Satzes lautet diese Bedingung

$$\boldsymbol{B}\boldsymbol{y}(a) = \boldsymbol{c} - \boldsymbol{d}.$$

Ein solches inhomogenes, lineares Gleichungssystem ist aber genau dann lösbar, wenn

$$\operatorname{rg} \boldsymbol{B} = \operatorname{rg}(\boldsymbol{B}|\boldsymbol{c} - \boldsymbol{d}).$$

Es ist eindeutig lösbar, wenn $\operatorname{rg} \boldsymbol{B} = n$. ■

Kommentar: Falls $\operatorname{rg} \boldsymbol{B} < n$ ist, existiert ein $\boldsymbol{c} \in \mathbb{R}^n$, sodass das gegebene Randwertproblem keine Lösung hat.

Ist die Voraussetzung des Satzes für die eine Fundamentalmatrix $\boldsymbol{Y}$ erfüllt, so auch für jede andere. Ist $\boldsymbol{Z}$ nämlich eine zweite Fundamentalmatrix, so ist $\boldsymbol{Z}(x) = \boldsymbol{Y}(x)\boldsymbol{C}$ mit einer regulären Matrix $\boldsymbol{C}$.

Beispiel Sei $\boldsymbol{y}'(x) = \boldsymbol{A}\boldsymbol{y}(x)$ mit der konstanten Matrix $\boldsymbol{A} = \left(\begin{smallmatrix} 0 & 1 \\ 0 & 0 \end{smallmatrix}\right)$, $x \in [0, 1]$, und den Randbedingungen

$$\begin{pmatrix} 1 & 0 \\ 0 & 0 \end{pmatrix}\boldsymbol{y}(0) + \begin{pmatrix} -1 & 0 \\ 0 & 1 \end{pmatrix}\boldsymbol{y}(1) = \begin{pmatrix} 0 \\ 1 \end{pmatrix} = \boldsymbol{c}.$$

Wegen $\boldsymbol{A}^n = \boldsymbol{0}$ für $n \geq 2$ ist

$$\boldsymbol{Y}(x) = \begin{pmatrix} 1 & x \\ 0 & 1 \end{pmatrix}$$

eine Fundamentalmatrix. Für

$$\begin{aligned} \boldsymbol{B} &= \boldsymbol{R}_1 + \boldsymbol{R}_2\boldsymbol{Y}(1) \\ &= \begin{pmatrix} 1 & 0 \\ 0 & 0 \end{pmatrix} + \begin{pmatrix} -1 & 0 \\ 0 & 1 \end{pmatrix}\begin{pmatrix} 1 & 1 \\ 0 & 1 \end{pmatrix} = \begin{pmatrix} 0 & -1 \\ 0 & 1 \end{pmatrix} \end{aligned}$$

ist $\operatorname{rg} \boldsymbol{B} = 1$, aber

$$\operatorname{rg}(\boldsymbol{B}|\boldsymbol{c}) = \operatorname{rg}\left(\begin{array}{cc|c} 0 & -1 & 0 \\ 0 & 1 & 1 \end{array}\right) = 2,$$

daher hat dieses Randwertproblem keine Lösung. ◀

Für die Lösbarkeit eines Randwertproblems mit einer linearen Differenzialgleichung gibt es dieselben Fälle wie für ein lineares Gleichungssystem: eine eindeutige, keine oder unendlich viele Lösungen.

Satz

Das inhomogene Randwertproblem

$$\boldsymbol{y}'(x) = \boldsymbol{A}(x)\boldsymbol{y}(x) + \boldsymbol{f}(x), \quad \boldsymbol{R}_1\boldsymbol{y}(a) + \boldsymbol{R}_2\boldsymbol{y}(b) = \boldsymbol{c},$$

ist genau dann für beliebiges $\boldsymbol{f}$ und $\boldsymbol{c}$ eindeutig lösbar, wenn die Matrix $\boldsymbol{R}_1\boldsymbol{Y}(a) + \boldsymbol{R}_2\boldsymbol{Y}(b)$ invertierbar ist, d. h., die entsprechende Determinante nicht null ist. Das ist äquivalent dazu, dass das zugehörige homogene Randwertproblem

$$\boldsymbol{y}'(x) = \boldsymbol{A}(x)\boldsymbol{y}(x), \qquad \boldsymbol{R}_1\boldsymbol{y}(a) + \boldsymbol{R}_2\boldsymbol{y}(b) = \boldsymbol{0}$$

nur die triviale Lösung $\boldsymbol{y}(x) = 0$ hat.

Beweis: Der Beweis ist eine unmittelbare Konsequenz aus dem vorhergehenden Satz. Die allgemeine Lösung des gegebenen Randwertproblems lässt sich für beliebiges $\boldsymbol{d} \in \mathbb{R}^n$ in der Form

$$\boldsymbol{y}(x) = \boldsymbol{Y}(x)\boldsymbol{d} + \boldsymbol{y}_p(x)$$

schreiben, wobei $\boldsymbol{y}_p(x)$ eine Partikulärlösung mit $\boldsymbol{y}_p(a) = 0$ ist. Einsetzen dieser allgemeinen Lösung in die gegebenen Randbedingungen führt auf das lineare Gleichungssystem

$$(\boldsymbol{R}_1\boldsymbol{Y}(a) + \boldsymbol{R}_2\boldsymbol{Y}(b))\boldsymbol{d} = \boldsymbol{c} - \boldsymbol{R}_2\boldsymbol{y}_p(b)\,.$$

Falls die Koeffizientenmatrix $\boldsymbol{R}_1\boldsymbol{Y}(a) + \boldsymbol{R}_2\boldsymbol{Y}(b)$ regulär ist, hat das System eine eindeutige Lösung. ■

Beispiel Betrachten wir das folgende lineare homogene System von Differenzialgleichungen

$$\boldsymbol{y}'(x) = \begin{pmatrix} 0 & 1 \\ -\alpha^2 & 0 \end{pmatrix} \boldsymbol{y}(x)\,, \qquad x \in [0, \pi]\,,$$

wobei $\alpha \in \mathbb{R}$, mit den Randbedingungen

$$\begin{pmatrix} 1 & 0 \\ 0 & 1 \end{pmatrix} \boldsymbol{y}(0) + \begin{pmatrix} -1 & 0 \\ 0 & -1 \end{pmatrix} \boldsymbol{y}(\pi) = \begin{pmatrix} 0 \\ 0 \end{pmatrix} = \boldsymbol{c}\,.$$

Für $\alpha = 0$ entspricht diese Differenzialgleichung der Differenzialgleichung des vorigen Beispiels, jedoch mit anderen Randbedingungen. Es gilt hier $\operatorname{rg} \boldsymbol{B} = \operatorname{rg}(\boldsymbol{B}|\boldsymbol{c}) = 1$. Das Randwertproblem hat unendlich viele Lösungen, besitzt also eine eindimensionale Lösungsmannigfaltigkeit.

Für $\alpha \neq 0$ ist etwa

$$\boldsymbol{Y}(x) = \begin{pmatrix} \sin(\alpha x) & \cos(\alpha x) \\ \alpha\cos(\alpha x) & -\alpha\sin(\alpha x) \end{pmatrix}$$

eine Fundamentalmatrix des homogenen Systems. Es ist

$$\begin{aligned} &\boldsymbol{R}_1\boldsymbol{Y}(0) + \boldsymbol{R}_2\boldsymbol{Y}(\pi) \\ &= \begin{pmatrix} 1 & 0 \\ 0 & 1 \end{pmatrix}\begin{pmatrix} 0 & 1 \\ \alpha & 0 \end{pmatrix} + \\ &+ \begin{pmatrix} -1 & 0 \\ 0 & -1 \end{pmatrix}\begin{pmatrix} \sin(\alpha\pi) & \cos(\alpha\pi) \\ \alpha\cos(\alpha\pi) & -\alpha\sin(\alpha\pi) \end{pmatrix} \\ &= \begin{pmatrix} -\sin(\alpha\pi) & 1-\cos(\alpha\pi) \\ \alpha - \alpha\cos(\alpha\pi) & \alpha\sin(\alpha\pi) \end{pmatrix}. \end{aligned}$$

Die Determinante

$$\det(\boldsymbol{R}_1\boldsymbol{Y}(0) + \boldsymbol{R}_2\boldsymbol{Y}(\pi)) = -2\alpha(1-\cos(\alpha\pi))$$

dieser Matrix ist unter der Voraussetzung $\alpha \neq 0$ genau dann null, wenn $\alpha = 2k$, $k \in \mathbb{Z}$. Für $\det(\boldsymbol{R}_1\boldsymbol{Y}(0) + \boldsymbol{R}_2\boldsymbol{Y}(\pi)) \neq 0$ besitzt das Randwertproblem für jedes $\boldsymbol{c} \in \mathbb{R}$ eine eindeutige Lösung. ◀

Im Folgenden wollen wir die eindeutige Lösbarkeit des gegebenen inhomogenen Randwertproblems, also die Regularität der Matrix $\boldsymbol{R}_1\boldsymbol{Y}(a) + \boldsymbol{R}_2\boldsymbol{Y}(b)$, voraussetzen. In diesem Fall kann die Lösungsfunktion mithilfe der sogenannten **Green'schen Matrix** oder **Green'schen Funktion** geschrieben werden.

Satz

Es gibt eine matrixwertige Abbildung

$$\boldsymbol{G}\colon [a,b] \times [a,b] \to \mathbb{R}^{n\times n}$$

mit folgenden Eigenschaften:

- Die Einschränkung von $\boldsymbol{G}$ auf die beiden Bereiche $\{(x,u) \mid a \le x < u \le b\}$ und $\{(x,u) \mid a \le u < x \le b\}$ ist jeweils stetig.
- G erfüllt längs $x = u$ die Sprungbedingung $\lim_{x\to u^+} \boldsymbol{G}(x,u) - \lim_{x\to u^-} \boldsymbol{G}(x,u) = \boldsymbol{G}(u+,u) - \boldsymbol{G}(u-,u) = \boldsymbol{I}$ (Einheitsmatrix) für $a < u < b$.
- Für jede stetige Funktion $\boldsymbol{f}\colon [a,b] \to \mathbb{C}^n$ ist durch

$$\boldsymbol{y}(x) = \int_a^b \boldsymbol{G}(x,u)\boldsymbol{f}(u)\,\mathrm{d}u$$

die Lösung $\boldsymbol{y}$ des Randwertproblems

$$\boldsymbol{y}'(x) = \boldsymbol{A}(x)\boldsymbol{y}(x) + \boldsymbol{f}(x)$$

mit homogener Randbedingung ($\boldsymbol{c} = \boldsymbol{0}$) gegeben.

Beweis: Für die Lösung $\boldsymbol{y}(x)$ des gegebenen inhomogenen Randwertproblems $\boldsymbol{y}'(x) = \boldsymbol{A}(x)\boldsymbol{y}(x) + \boldsymbol{f}(x)$ mit homogener Randbedingung gilt

$$\boldsymbol{y}(x) = \boldsymbol{y}_p(x) + \boldsymbol{Y}(x)\boldsymbol{d}$$

mit $\boldsymbol{d} \in \mathbb{R}^n$ und

$$\underbrace{[\boldsymbol{R}_1\boldsymbol{Y}(a) + \boldsymbol{R}_2\boldsymbol{Y}(b)]}_{:=\boldsymbol{R}}\boldsymbol{d} + \boldsymbol{R}_2\boldsymbol{y}_p(b) = 0\,,$$

also $\boldsymbol{d} = -\boldsymbol{R}^{-1}\boldsymbol{R}_2\boldsymbol{y}_p(b)$. Setzen wir für die spezielle Lösung $\boldsymbol{y}_p$ ein, erhalten wir

$$\begin{aligned} \boldsymbol{y}(x) &= \boldsymbol{y}_p(x) + \boldsymbol{Y}(x)\boldsymbol{d} \\ &= \boldsymbol{Y}(x)\int_a^x \boldsymbol{Y}^{-1}(u)\boldsymbol{f}(u)\,\mathrm{d}u \\ &\quad - \boldsymbol{Y}(x)\boldsymbol{R}^{-1}\boldsymbol{R}_2\int_a^b \boldsymbol{Y}(b)\boldsymbol{Y}(u)^{-1}\boldsymbol{f}(u)\,\mathrm{d}u \\ &= \int_a^b \boldsymbol{G}(x,u)\boldsymbol{f}(u)\,\mathrm{d}u\,, \end{aligned}$$

wobei

$$\boldsymbol{G}(x,u) := \begin{cases} \boldsymbol{Y}(x)(\boldsymbol{I} - \boldsymbol{R}^{-1}\boldsymbol{R}_2\boldsymbol{Y}(b))\boldsymbol{Y}^{-1}(u)\,, & a \le u \le x \le b \\ -\boldsymbol{Y}(x)\boldsymbol{R}^{-1}\boldsymbol{R}_2\boldsymbol{Y}(b)\boldsymbol{Y}^{-1}(u)\,, & a \le x < u \le b \end{cases}.$$

Dabei wurde das Integral von a bis b in ein Integral von a bis x und eines von x bis b aufgespalten. Aus der Definition von $\boldsymbol{R}$ folgt

$$(\boldsymbol{I} - \boldsymbol{R}^{-1}\boldsymbol{R}_2\boldsymbol{Y}(b))\boldsymbol{Y}^{-1}(u) = \boldsymbol{R}^{-1}\boldsymbol{R}_1\boldsymbol{Y}(a)\boldsymbol{Y}^{-1}(u)\,,$$

und damit gilt für die einseitigen Limiten $\lim_{x\to u+} \boldsymbol{G}(x,u) = \boldsymbol{G}(u+,u)$ und $\lim_{x\to u-} \boldsymbol{G}(x,u) = \boldsymbol{G}(u-,u)$

$$\boldsymbol{G}(u+,u) = \boldsymbol{Y}(u)\boldsymbol{R}^{-1}\boldsymbol{R}_1\boldsymbol{Y}(a)\boldsymbol{Y}^{-1}(u),$$
$$\boldsymbol{G}(u-,u) = -\boldsymbol{Y}(u)\boldsymbol{R}^{-1}\boldsymbol{R}_2\boldsymbol{Y}(b)\boldsymbol{Y}^{-1}(u),$$

und daher

$$\boldsymbol{G}(u+,u) - \boldsymbol{G}(u-,u) = \boldsymbol{I}.$$ ■

?

Verifizieren Sie durch Nachrechnen, dass $\boldsymbol{G}(u+,u) - \boldsymbol{G}(u-,u) = \boldsymbol{I}$ gilt.

Kommentar: Die Green'sche Matrix ist außerhalb des Bereichs $\{(x,x)|x \in I = [a,b]\} \subseteq I \times I \subseteq \mathbb{R}^2$, der auch *Diagonale* genannt wird, stetig.

Für inhomogene Randbedingungen $\boldsymbol{c} \neq \boldsymbol{0}$ ist die Lösung mithilfe der Green'schen Funktion durch

$$\boldsymbol{y}(x) = \boldsymbol{Y}(x)\,\boldsymbol{d} + \int_a^b \boldsymbol{G}(x,u)\boldsymbol{f}(u)\,\mathrm{d}u$$

gegeben, wobei $\boldsymbol{Y}(x)\,\boldsymbol{d}$ die inhomogene Randbedingung erfüllt.

Die Green'sche Matrix $\boldsymbol{G}$ hängt nicht von der Inhomogenität $\boldsymbol{f}$ der Differenzialgleichung ab. Hat man $\boldsymbol{G}$ berechnet, so lassen sich Lösungen mit beliebiger Inhomogenität $\boldsymbol{f}$ darstellen.

Die Green'sche Funktion $\boldsymbol{G}\colon [a,b] \times [a,b] \to \mathbb{R}^{n\times n}$ ist durch die drei folgenden Eigenschaften eindeutig charakterisiert:

- $\boldsymbol{G}$ erfüllt für jedes u, $u \neq x$, das homogene System
$$\frac{\partial}{\partial x}\boldsymbol{G}(x,u) = \boldsymbol{A}(x)\boldsymbol{G}(x,u).$$
- $\boldsymbol{G}$ erfüllt für festes u, $a < u < b$, die homogenen Randbedingungen
$$\boldsymbol{R}_1\boldsymbol{G}(a,u) + \boldsymbol{R}_2\boldsymbol{G}(b,u) = \boldsymbol{0}.$$
- Längs $u = x$ ist $\boldsymbol{G}$ unstetig; es gilt
$$\lim_{x\to u^+} \boldsymbol{G}(x,u) - \lim_{x\to u^-} \boldsymbol{G}(x,u) = \boldsymbol{G}(u+,u) - \boldsymbol{G}(u-,u) = \boldsymbol{I}.$$

Im folgenden Beispiel stellen wir eine einfache Green'sche Funktion vor.

Beispiel Wir betrachten zunächst das lineare Anfangswertproblem

$$\boldsymbol{y}'(x) = \boldsymbol{A}(x)\boldsymbol{y}(x) + \boldsymbol{f}(x), \quad \boldsymbol{y}(a) = \boldsymbol{c}.$$

Es sei $\boldsymbol{Y}(x)$ die Fundamentalmatrix des zugehörigen homogenen Randwertproblems mit $\boldsymbol{Y}(a) = \boldsymbol{I}$. Mit $\boldsymbol{R}_1 = \boldsymbol{I}$ und $\boldsymbol{R}_2 = \boldsymbol{0}$ folgt $\boldsymbol{y}(a) = \boldsymbol{R}_1\boldsymbol{y}(a) + \boldsymbol{R}_2\boldsymbol{y}(b) = \boldsymbol{c}$ und $\boldsymbol{R} = \boldsymbol{Y}(a) = \boldsymbol{I}$. Daher ist

$$\boldsymbol{G}(x,u) = \begin{cases} \boldsymbol{Y}(x)\boldsymbol{Y}^{-1}(u), & a \le u \le x \le b \\ \boldsymbol{0} & a \le x < u \le b \end{cases}.$$

Wir erhalten

$$\boldsymbol{y}(x) = \int_a^b \boldsymbol{G}(x,u)\boldsymbol{f}(u)\,\mathrm{d}u = \boldsymbol{Y}(x)\int_a^x \boldsymbol{Y}^{-1}(u)\boldsymbol{f}(u)\,\mathrm{d}u$$

als Lösung des Problems mit homogener Randbedingung und

$$\boldsymbol{y}(x) = \boldsymbol{Y}(x)\left(\boldsymbol{c} + \int_a^x \boldsymbol{Y}^{-1}(u)\boldsymbol{f}(u)\,\mathrm{d}u\right)$$

als Lösung des Randwertproblems mit der Inhomogenität $\boldsymbol{c}$ in der Randbedingung. ◀

Und noch ein Beispiel:

Beispiel Das Anfangswertproblem $\boldsymbol{y}'(x) = \boldsymbol{A}\boldsymbol{y}(x) + \boldsymbol{f}(x)$, $\boldsymbol{y}(0) = \boldsymbol{0}$ mit konstanter Matrix $\boldsymbol{A}$ lässt sich als halbhomogenes Randwertproblem auf $[a,b]$ schreiben mit $a = 0$, b beliebig und $\boldsymbol{R}_1 = \boldsymbol{I}$, $\boldsymbol{R}_2 = \boldsymbol{0} \in \mathbb{R}^{n\times n}$ und $\boldsymbol{c} = \boldsymbol{0}$. Mit der Fundamentalmatrix $\boldsymbol{Y}(x) = e^{\boldsymbol{A}x}$ hat die Green'sche Funktion die Gestalt

$$\boldsymbol{G}(x,u) := \begin{cases} e^{\boldsymbol{A}(x-u)}, & u \le x \\ \boldsymbol{0}, & x < u \end{cases}.$$

Die Darstellung der Lösung ist

$$\boldsymbol{y}(x) = \int_0^x e^{\boldsymbol{A}(x-u)}\boldsymbol{f}(u)\,\mathrm{d}u.$$

Für das Anfangswertproblem $\boldsymbol{y}'(x) = \boldsymbol{A}\boldsymbol{y}(x) + \boldsymbol{f}(x)$ und $\boldsymbol{y}(0) = \boldsymbol{r}$ erfüllt die konstante Funktion $\boldsymbol{y}(x) = \boldsymbol{r}$ die Anfangsbedingung. Daher lautet die Lösung des entsprechenden halbhomogenen Randwertproblems

$$\boldsymbol{y}(x) = e^{\boldsymbol{A}x}\boldsymbol{r} + \int_0^x e^{\boldsymbol{A}(x-u)}\boldsymbol{f}(u)\,\mathrm{d}u.$$ ◀

Lineare Randwertprobleme 2. Ordnung – wann existiert eine Lösung?

Lineare Differenzialgleichungen 2. Ordnung treten in vielen Anwendungen auf und haben eine relativ einfache mathematische Struktur. Durch ein Umschreiben in ein System 1. Ordnung (vgl. Kapitel 2) kann man die Resultate des vorherigen Abschnitts anwenden. Sehr häufig ist es aber von Vorteil, mit skalaren Differenzialgleichungen zu arbeiten. In der Praxis treten in den zugehörigen Randbedingungen meist die Funktionswerte der Lösung, die ersten Ableitungen oder auch eine Linearkombination von beiden auf.

Mögliche Randbedingungen

Seien $I = [a, b]$ und a_0, a_1 und a_2 stetige Funktionen auf I mit $a_2 \neq 0, \forall x \in I$. Die Randbedingungen für die **lineare Differenzialgleichung 2. Ordnung**

$$a_2(x)y''(x)+a_1(x)y'(x)+a_0(x)y(x) = f(x), \qquad x \in I$$

nennt man

1) **Dirichlet-Randbedingungen**, falls

$$y(a) = r_1\,, \quad y(b) = r_2\,,$$

2) **Neumann-Randbedingungen**, falls

$$y'(a) = r_1\,, \quad y'(b) = r_2\,,$$

3) **gemischte Randbedingungen**, falls

$$\alpha_1 y(a) + \beta_1 y'(a) = r_1\,, \quad \alpha_2 y(b) + \beta_2 y'(b) = r_2\,,$$

4) **periodische Randbedingungen**, falls

$$y(a) = y(b) \text{ und } y'(a) = y'(b)\,,$$

mit $\alpha_i, \beta_i, r_i \in \mathbb{R}$ und $\alpha_i^2 + \beta_i^2 = 1$ für $i = 1, 2$. Ist $r_1 = r_2 = 0$ und $f = 0$, dann liegt ein **homogenes Randwertproblem** vor, ist $r_1 \neq 0$, $r_2 \neq 0$ und $f \neq 0$, dann nennt man das **Randwertproblem inhomogen**, in allen anderen Fällen **halbhomogen.**

Kommentar: Periodische Randbedingungen sind dann sinnvoll, wenn die Funktionen a_0, a_1, a_2 und f periodisch sind. Dirichlet- und Neumann-Randbedingungen sind Spezialfälle der gemischten Randbedingungen, wir fassen daher diese drei Fälle in der Form

$$\begin{aligned} R_1 y &:= \alpha_1 y(a) + \beta_1 y'(a) = r_1\,, \\ R_2 y &:= \alpha_2 y(b) + \beta_2 y'(b) = r_2 \end{aligned}$$

zusammen. Es könnten auch nichtlineare Randbedingungen oder Integralbedingungen auftreten. Hier verweisen wir auf die Literatur.

Die Lösbarkeit von linearen Randwertproblemen 2. Ordnung kann auf die Berechnung einer Determinante zurückgeführt werden.

Satz

Sei y_1 und y_2 irgendein Fundamentalsystem für die Differenzialgleichung

$$a_2(x)y''(x) + a_1(x)y'(x) + a_0(x)y(x) = 0, \qquad x \in I\,.$$

Das inhomogene Randwertproblem

$$\begin{aligned} &a_2(x)y''(x) + a_1(x)y'(x) + a_0(x)y(x) = f(x), \qquad x \in I, \\ &R_1 y = r_1, \qquad R_2 y = r_2 \end{aligned}$$

ist genau dann für alle stetigen Funktionen $f\colon I \to \mathbb{R}$ und $r_1, r_2 \in \mathbb{R}$ eindeutig lösbar, wenn gilt:

$$\det \begin{pmatrix} R_1 y_1 & R_1 y_2 \\ R_2 y_1 & R_2 y_2 \end{pmatrix} \neq 0\,.$$

Beweis: Sei y_p eine Partikulärlösung der inhomogenen Differenzialgleichung $a_2(x)y''(x) + a_1(x)y'(x) + a_0(x)y(x) = f(x)$. Die allgemeine Lösung lässt sich dann als

$$y(x) = c_1 y_1(x) + c_2 y_2(x) + y_p(x)$$

schreiben. Die Randbedingungen sind dann erfüllt, wenn

$$\begin{aligned} c_1 R_1 y_1 + c_2 R_1 y_2 + R_1 y_p &= r_1 \\ c_1 R_2 y_1 + c_2 R_2 y_2 + R_2 y_p &= r_2 \end{aligned}$$

gilt oder

$$\begin{pmatrix} R_1 y_1 & R_1 y_2 \\ R_2 y_1 & R_2 y_2 \end{pmatrix} \begin{pmatrix} c_1 \\ c_2 \end{pmatrix} = \begin{pmatrix} r_1 - R_1 y_p \\ r_2 - R_2 y_p \end{pmatrix}.$$

Dieses lineare Gleichungssystem für die Unbekannten c_1, c_2 ist genau dann eindeutig lösbar, wenn die Koeffizientenmatrix $\begin{pmatrix} R_1 y_1 & R_1 y_2 \\ R_2 y_1 & R_2 y_2 \end{pmatrix}$ regulär ist. ■

Als unmittelbare Folgerung erhält man:

Satz

Das inhomogene Randwertproblem

$$\begin{aligned} &a_2(x)y''(x) + a_1(x)y'(x) + a_0(x)y(x) = f(x), \qquad x \in [a, b] \\ &R_1 y = r_1, R_2 y = r_2 \end{aligned}$$

ist genau dann für alle stetigen Funktionen $f\colon [a, b] \to \mathbb{R}$ und $r_1, r_2 \in \mathbb{R}$ eindeutig lösbar, wenn das homogene Randwertproblem

$$\begin{aligned} &a_2(x)y''(x) + a_1(x)y'(x) + a_0(x)y(x) = 0\,, \qquad x \in [a, b] \\ &R_1 y = 0, R_2 y = 0 \end{aligned}$$

nur die triviale Lösung hat.

Auch die Länge des betrachten Intervalls $[a, b]$ hat Einfluss auf die Lösbarkeit eines Randwertproblems.

Beispiel Sei

$$y''(x) + y(x) = 0\,, \qquad y(0) = r_1, \quad y(b) = r_2, \quad b > 0\,.$$

Die Funktionen $y_1(x) = \cos x$ und $y_2(x) = \sin x$ bilden ein Fundamentalsystem, mit

$$\det \begin{pmatrix} R_1 y_1 & R_1 y_2 \\ R_2 y_1 & R_2 y_2 \end{pmatrix} = \det \begin{pmatrix} \cos 0 & \sin 0 \\ \cos b & \sin b \end{pmatrix} = \sin b \neq 0\,,$$

falls $b \neq k\pi$, $k \in \mathbb{N}$. In diesem Fall ist das Randwertproblem für alle $r_1, r_2 \in \mathbb{R}$ eindeutig lösbar.

Für $b = k\pi, k \in \mathbb{N}$ hat das halbhomogene Randwertproblem

$$y''(x) + y(x) = 0\,, \qquad y(0) = 0,\ y(b) \neq 0$$

keine Lösung, da für $y(x) = c_1 \cos x + c_2 \sin x$ aus der Bedingung $y(0) = 0$, $c_1 = 0$ folgt und die zweite Randbedingung für kein c_2 aus $\mathbb{R}$ erfüllt werden kann.

Sei des Weiteren

$$y''(x) - y(x) = 0\,, \qquad y(0) = r_1,\ y(b) = r_2,\ b > 0\,.$$

Die Funktionen $y_1(x) = e^x$ und $y_2(x) = e^{-x}$ bilden ein Fundamentalsystem, denn es gilt

$$\begin{aligned}\det\begin{pmatrix} R_1 y_1 & R_1 y_2 \\ R_2 y_1 & R_2 y_2 \end{pmatrix} &= \det\begin{pmatrix} e^0 & e^0 \\ e^b & e^{-b} \end{pmatrix} \\ &= e^{-b} - e^b = e^b(e^{-2b} - 1) \neq 0\,, \quad \forall b \in \mathbb{R}_{>0}\,.\end{aligned}$$

Das homogene Randwertproblem ist für alle $r_1, r_2 \in \mathbb{R}$ eindeutig lösbar. ◄

3.4 Eigenwertprobleme

In den Eigenwerten und Eigenvektoren einer $n \times n$-Matrix $\boldsymbol{A}$ sind wesentliche Informationen über das lineare Gleichungssystem $\boldsymbol{Ax} = \boldsymbol{b}$ für $\boldsymbol{x}, \boldsymbol{b} \in \mathbb{R}^n$ und über die dieser Matrix entsprechende lineare Abbildung $\varphi\colon \mathbb{R}^n \to \mathbb{R}^n\ \boldsymbol{x} \to \boldsymbol{Ax}$ enthalten, siehe Band 1, Kapitel 12 und 14. Ähnliches gilt für lineare Randwertprobleme.

Definition eines Eigenwertproblems

Seien $I = [a, b]$ und a_0, a_1 und a_2 stetige Funktion von I nach $\mathbb{R}$. Für den linearen Differenzialoperator zweiter Ordnung

$$Ly := a_2(x) + a_1(x) + a_0(x)$$

mit

$$\begin{aligned} R_1 y &= \alpha_1 y(a) + \beta_1 y'(a) = 0 \\ R_2 y &= \alpha_2 y(b) + \beta_2 y'(b) = 0\,, \quad \alpha_i, \beta_i \in \mathbb{R} \end{aligned}$$

bezeichnet man als **Eigenwertproblem** die Aufgabe, ein $\lambda \in \mathbb{C}$ und eine zweimal stetig differenzierbare Funktion $y\colon I \to \mathbb{C}$, $y \neq 0$ zu finden, sodass

$$Ly = \lambda y\,, \quad R_1 y = 0\,,\ R_2 y = 0\,.$$

Der Zahl λ heißt **Eigenwert** von L und die Funktion y **Eigenfunktion** von L zum Eigenwert λ.

Kommentar: Mit y ist auch cy, $c \in \mathbb{C} \setminus \{0\}$, eine Eigenfunktion.

Die folgende Charakterisierung von Eigenwerten ist eine direkte Folgerung aus den beiden Sätzen auf Seite 56.

Satz

Seien $y_1(x;\lambda)$ und $y_2(x;\lambda)$ ein Fundamentalsystem der homogenen Differenzialgleichung

$$a_2 y''(x) + a_1 y'(x) + (a_0 - \lambda) y(x) = 0\,, \quad R_1 y = 0,\ R_2 y = 0\,.$$

Die Zahl $\lambda \in \mathbb{C}$ ist ein Eigenwert genau dann, wenn gilt:

$$\det\begin{pmatrix} R_1 y_1(\,\cdot\,;\lambda) & R_1 y_2(\,\cdot\,;\lambda) \\ R_2 y_1(\,\cdot\,;\lambda) & R_2 y_2(\,\cdot\,;\lambda) \end{pmatrix} = 0\,, \quad x \in I = [a, b].$$

Eigenwerte und Eigenfunktion liefern spezielle Lösungen von linearen partiellen Differenzialgleichungen

$$a_2 \frac{\partial^2 u(x,t)}{\partial x^2} + a_1 \frac{\partial u(x,t)}{\partial x} + a_0 u(x,t) = \frac{\partial u(x,t)}{\partial t}$$

oder

$$a_2 \frac{\partial^2 u(x,t)}{\partial x^2} + a_1 \frac{\partial u(x,t)}{\partial x} + a_0 u(x,t) = \frac{\partial^2 u(x,t)}{\partial t^2}\,.$$

Eine Lösung ist eine Funktion $u(x,t)$, $x \in I$ und $t \in \mathbb{R}$, für die alle auftretenden Ableitungen existieren und die die Differenzialgleichung und die Randbedingungen erfüllt. Um eindeutige Lösungen für $t > 0$ zu erhalten, müssen wir in beiden Fällen zusätzlich Anfangsbedingungen

$$\begin{aligned} &u(x,0) = f(x)\,, \quad x \in I \\ &u(x,0) = f(x)\,, \quad u_t(x,0) = g(x)\,, \quad x \in I\,, \end{aligned}$$

vorgeben. Dabei sind f und g geeignete reelle Funktionen.

Ein Exponentialansatz führt auf ein Eigenwertproblem

Die Gleichung

$$\frac{\partial u(x,t)}{\partial t} = u_t(x,t) = u_{xx}(x,t) = Lu(x,t)$$

ist die **Wärmeleitungsgleichung** oder **Diffusionsgleichung**, sie beschreibt den Zusammenhang zwischen der zeitlichen Änderung und der räumlichen Änderung der Temperatur an einem Ort in einem Körper. Hier führt der Exponentialansatz

$$u(x,t) = e^{\lambda t} v(x)$$

auf $\lambda e^{\lambda t} v(x) = e^{\lambda t} L v(x)$, also auf das Eigenwertproblem

$$\lambda v = v_{xx}\,.$$

Seien etwa $v(0) = 0$ und $v(\pi) = 0$ gegeben. Für das charakteristische Polynom dieser gewöhnlichen Differenzialgleichung ergibt sich mit dem Ansatz $v(x) = e^{\mu x}$,

$$p(\mu) = \mu^2 - \lambda\,.$$

Beispiel: Ein einfaches Randwertproblem

Wir betrachten das skalare Randwertproblem $y''(x) = f(x)$, interpretieren diese Gleichung auf zwei Arten mit verschiedenen Randbedingungen und geben die entsprechende Green'sche Funktion an.

Problemanalyse und Strategie: Die Bestimmung der Ruhelage einer eingespannten, elastisch dehnbaren Saite unter der Einwirkung von Gravitation führt auf das Randwertproblem

$$y''(x) = f(x), \qquad y(a) = y(b) = 0$$

für die Auslenkung $y(x)$, $x \in [a, b]$.

Analog können wir einen horizontalen Stab, mit den Enden bei $x = a$ und $x = b$ betrachten. Er wird an einer Stelle $x \in [a, b]$ mit einer Kraft $f(x)$ belastet. Mit $y(x)$ bezeichnen wir die Auslenkung von diesem Stab aus der Horizontalen an der Stelle x. Bei kleinen Auslenkungen gilt für die Krümmung $y''(x) = f(x)$.

Lösung:
Die beiden Lösungen $y_1 = 1$ und $y_2 = x$ bilden ein Fundamentalsystem für die homogene Gleichung. Die Partikulärlösung $y_p(x)$ kann durch zweimalige Integration der Differenzialgleichung gewonnen werden, die allgemeine Lösung ist

$$y(x) = c_1 + c_2 x + y_p(x), \quad c_1, c_2 \in \mathbb{R}.$$

1) Die Randbedingungen

$$y(a) = y'(a) = 0,$$

die eigentlich Anfangsbedingungen darstellen, entsprechen der Situation, dass der Stab am linken Ende horizontal eingespannt ist. In diesem Fall existiert eine eindeutige Lösung.

2) Wird der Stab an beiden Enden auf gleicher Höhe unterstützt, gelten die Dirichlet-Bedingungen

$$y(a) = y(b) = 0.$$

Mit allgemeinen Dirichlet-Randbedingungen $R_1 y = y(a)$ und $R_2 y = y(b)$ gilt

$$\det\begin{pmatrix} R_1 y_1 & R_1 y_2 \\ R_2 y_1 & R_2 y_2 \end{pmatrix} = \det\begin{pmatrix} 1 & a \\ 1 & b \end{pmatrix} = b - a \neq 0.$$

Das Randwertproblem ist für alle stetigen Funktionen $f: I \to \mathbb{R}$ und $r_1, r_2 \in \mathbb{R}$ eindeutig lösbar.

3) Wir erhalten Neumann-Randbedingungen

$$y'(a) = y'(b) = 0,$$

wenn sich die Enden des Stabs zwar vertikal bewegen können, aber waagrecht eingespannt sind. Ein solches Randwertproblem ist nie eindeutig lösbar, da mit $y(x)$ auch $y(x) + c$, $c \in \mathbb{R}$, eine Lösung darstellt. Für die Neumann-Randbedingungen $R_1 y = y'(a)$, $R_2 y = y'(b)$ gilt

$$\det\begin{pmatrix} R_1 u_1 & R_1 u_2 \\ R_2 u_1 & R_2 u_2 \end{pmatrix} = \det\begin{pmatrix} 0 & 1 \\ 0 & 1 \end{pmatrix} = 0.$$

Die gerade auf zwei Arten modellierte lineare, skalare Randwertaufgabe 2. Ordnung $-y'' = f(x)$, $y(0) = y(l) = 0$ mit $a = 0$ und $b = l > 0$ und einer auf $[0, l]$ stetigen Funktion f wollen wir nochmals betrachten. Wir haben ein negatives Vorzeichen vor die zweite Ableitung geschrieben, dadurch wird die Green'sche Funktion später nichtnegativ. Eine spezielle Lösung y_p dieser Differenzialgleichung ist durch das Parameterintegral gegeben

$$y_p(x) = -\int_0^x (x - u) f(u)\, du.$$

Wir benutzen die Regel zur Ableitung eines solchen Parameterintegrals, siehe Band 1, Abschnitt 16.6 und erhalten

$$y_p'(x) = -\int_0^x f(u)\, du, \quad y_p''(x) = -f(x).$$

Daher lautet die allgemeine Lösung

$$y(x) = \int_0^x (u - x) f(u)\, du + c_1 + x\, c_2,$$

mit zwei reellen Konstanten c_1 und c_2, die sich aus den Randbedingungen zu $c_1 = 0$ und $c_2 = -\frac{1}{l}\int_0^l (u - l) f(u)\, du$ ergeben. Es ist

$$y(x) = \int_0^x (u - x) f(u)\, du - \int_0^l \frac{x}{l}(u - l) f(u)\, du,$$

und nach Aufspaltung des zweiten Integrals erhalten wir

$$y(x) = \int_0^x \frac{u}{l}(l - x) f(u)\, du + \int_x^l \frac{x}{l}(l - u) f(u)\, du.$$

Mithilfe der Green'schen Funktion

$$G(x, u) := \begin{cases} \frac{u}{l}(l - x) & u \le x \\ \frac{x}{l}(l - u) & u > x \end{cases}$$

gilt

$$y(x) = \int_0^l G(x, u) f(u)\, du.$$

Hintergrund und Ausblick: Ein nichtlineares Randwertproblem

Gesucht ist die Differenzialgleichung der Seilkurve (oder auch Kettenlinie), d. h. die Kurve $y(x)$, die ein nur unter dem Einfluss der Schwerkraft durchhängendes, homogenes, ideal biegsames Seil einnimmt, das in den Punkten (x_1, y_1) und (x_2, y_2) befestigt ist.

Das zugehörige nichtlineare Randwertproblem lautet

$$y''(x) = a\sqrt{1 + y'^2(x)}, \qquad x_1 \le x \le x_2,$$
$$y(x_1) = y_1, \quad y(x_2) = y_2.$$

Dabei ist $a = \frac{\gamma F}{H}$, wobei γ das spezifische Gewicht und F der Querschnitt des Seiles ist. Die Bogenlänge s der Kurve oder die Gesamtlänge l des Seils

$$s = l = \int_{x_1}^{x_2} \sqrt{1 + y'^2(x)}\,\mathrm{d}x$$

ist bekannt. Der Horizontalzug H ist die (konstante) in horizontaler Richtung wirkende Komponente der Kraft, die an ein Bogenelement $\triangle s$ wirkt. Die Größen H und daher auch a sind unbekannt.

Lösung der Differenzialgleichung und Anpassung an die Randbedingungen:

Die Substitution $z(x) := y'(x)$ führt auf die separable Differenzialgleichung

$$z'(x) = \frac{\mathrm{d}z}{\mathrm{d}x} = a\sqrt{1 + z^2}$$

mit der Lösung

$$z(x) = y'(x) = \sinh(a(x + c_1))$$
$$\text{und} \quad y(x) = \frac{1}{a}\cosh(a(x + c_1)) + c_2\,.$$

Es sind nun die reellen Konstanten c_1, c_2 und $a > 0$ so zu bestimmen, dass die folgenden nichtlinearen Gleichungen erfüllt sind:

$$y(x_1) = \frac{1}{a}\cosh(a(x_1 + c_1)) + c_2 = y_1$$
$$y(x_2) = \frac{1}{a}\cosh(a(x_2 + c_1)) + c_2 = y_2$$
$$l = \int_{x_1}^{x_2} \sqrt{1 + y'^2(x)}\,\mathrm{d}x$$
$$= \int_{x_1}^{x_2} \cosh(a(x + c_1))\,\mathrm{d}x$$
$$= \left[\frac{1}{a}\sinh(a(x + c_1))\right]_{x_1}^{x_2}$$

Mithilfe der Additionstheoreme der hyperbolischen Funktionen vereinfachen wir dieses nichtlineare Gleichungssystem:

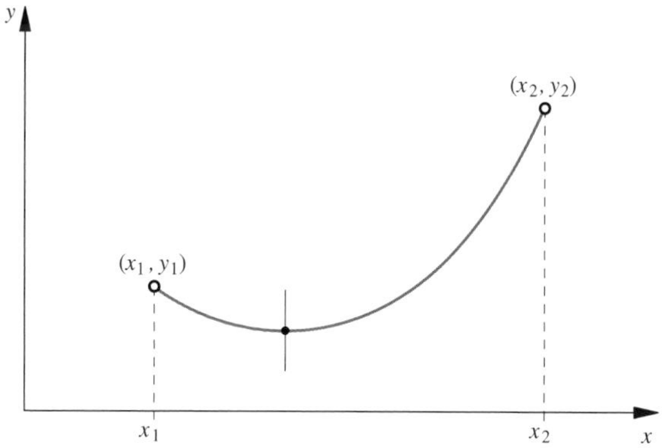

$$y_2 - y_1 = \frac{1}{a}\left[\cosh(a(x_2 + c_1)) - \cosh(a(x_1 + c_1))\right]$$
$$= \frac{2}{a}\sinh\left(a\frac{x_2 - x_1}{2}\right)\sinh\left(a(\frac{x_1 + x_2}{2} + c_1)\right)$$
$$l = \frac{1}{a}\left[\sinh(a(x_2 + c_1)) - \sinh(a(x_1 + c_1))\right]$$
$$= \frac{2}{a}\sinh\left(a\frac{x_2 - x_1}{2}\right)\cosh\left(a\frac{x_1 + x_2}{2} + c_1\right)$$

Unter Verwendung von $\cosh^2\varphi - \sinh^2\varphi = 1$ und durch Bildung von l^2 und $(y_2 - y_1)^2$ können die Konstanten c_1 und c_2 eliminiert werden. Wir erhalten dann eine transzendente Gleichung, d. h. eine Gleichung, die nicht algebraisch ist, in der als Unbekannte nur noch die Größe a auftritt:

$$\frac{2}{a}\sinh\left(a\frac{x_2 - x_1}{2}\right) = \sqrt{l^2 - (y_2 - y_1)^2}$$

Diese Gleichung kann z.B. mit dem Newton-Verfahren iterativ gelöst werden, siehe Kapitel 17. Sobald a bekannt ist, können auch die Konstanten c_1 und c_2 berechnet werden.

Zahlenbeispiel: Aus

$$x_1 = y_1 = 0[\mathrm{m}]\,, x_2 = 200[\mathrm{m}]\,,$$
$$y_2 = 200[\mathrm{m}]\,, l = 250[\mathrm{m}]$$

berechnen wir

$$a = 0.009155\ , c_1 = -53.73\ , c_2 = -122.71$$

und die Kettenlinie ist gegeben durch

$$y(x) = -122.71 + 109.23\cosh[0.009155(x - 53.71)][m]\,.$$

Drei Fälle sind möglich:

$\lambda > 0$: Für $\lambda = \omega^2$ mit $\omega \in \mathbb{R}_{>0}$ sind $\mu_1 = -\omega$ und $\mu_2 = \omega$ die Nullstellen des charakteristischen Polynoms. Daher bilden $v_1(x) = e^{-\omega x}$ und $v_2(x) = e^{\omega x}$ ein Fundamentalsystem. Wegen

$$\det\begin{pmatrix} R_1 v_1 & R_1 v_2 \\ R_2 v_1 & R_2 v_2 \end{pmatrix} = \det\begin{pmatrix} 1 & 1 \\ e^{-\pi\omega} & e^{\pi\omega} \end{pmatrix} = e^{\pi\omega} - e^{-\pi\omega} = 2\sinh(\pi\omega) \neq 0$$

existiert in diesem Fall keine nichttriviale Lösung des Randwertproblems. Es gibt keine positiven Eigenwerte.

$\lambda = 0$: Die allgemeine Lösung ist in diesem Fall $v(x) = c_1 x + c_2$. Aus den Randbedingungen folgt $c_1 = c_2 = 0$. Daher ist auch $\lambda = 0$ kein Eigenwert.

$\lambda < 0$: Für $\lambda = -\omega^2$ mit $\omega \in \mathbb{R}_{>0}$ bilden $v_1(x) = \cos(\omega x)$ und $v_2(x) = \sin(\omega x)$ ein Fundamentalsystem. Wegen

$$\det\begin{pmatrix} R_1 v_1 & R_1 v_2 \\ R_2 v_1 & R_2 v_2 \end{pmatrix} = \det\begin{pmatrix} 1 & 0 \\ \cos(\pi\omega) & \sin(\pi\omega) \end{pmatrix} = \sin(\pi\omega)$$

existiert eine nichttriviale Lösung des Randwertproblems genau für $\omega = k$, $k \in \mathbb{N}$. Es gibt abzählbar unendlich viele Eigenwerte $\lambda_k = -k^2$, die entsprechenden Eigenfunktionen sind $v_k = \sin(kx)$, $k \in \mathbb{N}$.

Zusammenfassend erhält man für die allgemeine Lösung der Wärmeleitungsgleichung die Reihenentwicklung

$$u(x,t) = \sum_{k=1}^{\infty} c_k e^{-k^2 t} \sin(kx)\,.$$

Aus einer gegebenen Anfangsbedingung für $u(x,0)$ können die Koeffizienten c_k berechnet werden. Aus der Eigenschaft dieser Reihe, dass die Terme $c_k e^{-k^2 t}$ für $t > 0$ und $k \to \infty$ sehr schnell abklingen, kann dann gezeigt werden, dass u die Lösung des gegebenen Anfangswertproblems für die Wärmeleitungsgleichung ist.

Die **Wellengleichung**

$$u_{tt}(x,t) = u_{xx}(x,t) = Lu(x,t)$$

beschreibt mit gegebenen Dirichlet-Randbedingungen $u(a,t) = u(b,t) = 0$ die Schwingungen einer bei $x = a$ und $x = b$ eingespannten Saite. Hier führt der entsprechende Exponentialansatz $u(x,t) = e^{\lambda t} v(x)$ auf das Eigenwertproblem

$$\lambda^2 v = Lv = v_{xx}\,.$$

Die Eigenwerte und Eigenfunktion von L ergeben daher jeweils die speziellen Lösungen $u(x,t) = e^{\lambda t} v(x)$ der partiellen Differenzialgleichungen. Die Realteile der Eigenwerte λ entscheiden über das zeitliche Verhalten dieser Lösungen.

Ein Separationsansatz führt auf ein Eigenwertproblem

Für viele lineare partielle Differenzialgleichungen führt ein Separationsansatz auf ein Eigenwertproblem. Setzen wir den Ansatz

$$u(x,t) = w(t)v(x)$$

etwa in die Wärmeleitungsgleichung $Lu = u_t$ ein, erhalten wir nach Division durch wv

$$\frac{w'}{w} = \frac{Lv}{v}\,.$$

Da die linke Seite dieser Gleichung nur von t abhängt und die rechte Seite nur von x, und da die beiden Variablen unabhängig voneinander variieren, ist diese Identität nur dann erfüllt, wenn eine Konstante $\lambda \in \mathbb{C}$ existiert, sodass

$$\frac{w'}{w} = \lambda \quad\Rightarrow\quad w' = \lambda w$$
$$\frac{Lv}{v} = \lambda \quad\Rightarrow\quad Lv = \lambda v\,.$$

Daraus folgt $w(t) = e^{\lambda t}$, und v ist Eigenfunktion von L zum Eigenwert λ.

Beispiel In zwei Raumdimensionen x und y ist der **Laplace-Operator** angewendet auf die Funktion $u(x,y)$ durch

$$Lu := u_{xx} + u_{yy}$$

definiert. Unter Eigenwerten dieses Operators versteht man Skalare $\lambda \in \mathbb{R}$, für welche die Differenzialgleichung

$$Lu(x,y) = u_{xx}(x,y) + u_{yy}(x,y) = \lambda u(x,y)$$

nichttriviale Lösungen $u(x,y)$ besitzt. Diese Funktion $u(x,y)$ heißt dann wieder Eigenfunktion zum Eigenwert λ. Der Separationsansatz $u(x,y) = v(x)w(y)$ führt auf

$$wv_{xx}(x,y) + vw_{yy}(x,y) = \lambda vw$$

und nach Division durch vw

$$\frac{v_{xx}}{v} + \frac{w_{yy}}{w} = \lambda\,.$$

Diese Gleichung kann nur erfüllt sein, wenn

$$v_{xx} = sv\,, \quad w_{yy} = tw\,, \quad s + t = \lambda\,, s, t \in \mathbb{R}$$

Angenommen, diese Differenzialgleichung soll auf dem Gebiet $D = [0,\pi] \times [0,\pi]$ mit den homogenen Randbedingungen

$$u(x,0) = u(x,\pi) = 0\,, \quad x \in [0,\pi]$$
$$u(0,y) = u(\pi,y) = 0\,, \quad y \in [0,\pi]\,,$$

gelöst werden. Aus diesen Randbedingungen folgt $v(0) = v(\pi) = 0$ und $w(0) = w(\pi) = 0$. Es existieren nichttriviale Lösungen $v_m(x) = \sin(mx)$ und $w_n(y) = \sin(ny)$ genau für

$s_m = -m^2$ und $t_n = -n^2$, $m, n \in \mathbb{N}$. Der Laplace-Operator hat daher auf $D = [0, \pi] \times [0, \pi]$ die Eigenwerte

$$\lambda_{m,n} = -(m^2 + n^2),$$

also alle ganzen Zahlen, die sich als (negative) Summe von zwei Quadraten darstellen lassen, mit den Eigenfunktionen

$$u_{m,n}(x, y) = \sin(mx)\sin(ny).$$

Der Eigenwert $\lambda_{1,1} = -2$ ist einfach, $\lambda_{2,1} = \lambda_{1,2} = -5$ ist ein doppelter Eigenwert, und etwa $\lambda_{1,7} = \lambda_{5,5} = \lambda_{7,1} = -50$ hat die Vielfachheit drei. ◀

Das Sturm-Liouville-Eigenwertproblem ist selbstadjungiert

Bei symmetrischen Matrizen $\boldsymbol{A} \in \mathbb{R}^{n\times n}$

- sind alle Eigenwerte reell,
- gibt es ein Orthonormalsystem von Eigenvektoren $\boldsymbol{v}_1, \boldsymbol{v}_2, \ldots, \boldsymbol{v}_n$ von $\boldsymbol{A}$,
- mit diesem Orthonormalsystem lassen sich alle Vektoren $\boldsymbol{x} \in \mathbb{R}^n$ als Linearkombination $\boldsymbol{x} = \sum_{k=1}^{n} (\boldsymbol{x} \cdot \boldsymbol{v}_k)\boldsymbol{v}_k$ mit den sogenannten Fourierkoeffizienten $(\boldsymbol{x} \cdot \boldsymbol{v}_k)$ schreiben.

Für solche Matrizen gilt $\boldsymbol{A} = \boldsymbol{A}^T$, sie werden auch *selbstadjungiert* genannt.

Das Konzept der Selbstadjungiertheit lässt sich auf Eigenwertprobleme für Differenzialgleichungen verallgemeinern.

Definition von Sturm-Liouville-Eigenwertproblemen

Seien $I = [a, b]$, $p\colon I \to \mathbb{R}$ eine einmal stetig differenzierbare Funktion, die Funktionen $q, w\colon I \to \mathbb{R}$ seien stetig und $p > 0$, $w > 0$. Das Eigenwertproblem

$$Ly := -(py')' + qy = \lambda wy$$

mit den Randbedingungen

$$\begin{aligned} R_1 y &:= \alpha_1 y(a) + \beta_1 p(a) y'(a) = 0, \quad \alpha_1^2 + \beta_1^2 = 1, \\ R_2 y &:= \alpha_2 y(b) + \beta_2 p(b) y'(b) = 0, \quad \alpha_2^2 + \beta_2^2 = 1, \end{aligned}$$

wobei $\lambda, \alpha_i, \beta_i \in \mathbb{R}$, heißt **Sturm-Liouville-Eigenwertproblem**.

Diese speziellen Eigenwertprobleme sind selbstadjungiert im folgenden Sinn:

Satz (Selbstadjungiertes Eigenwertproblem)

Das Sturm-Liouville-Eigenwertproblem ist *selbstadjungiert*, d. h., für zweimal stetig differenzierbare Funktionen $u, v\colon I \to \mathbb{R}$, die die Randbedingungen erfüllen, gilt

$$\int_a^b uLv\,\mathrm{d}x = \int_a^b vLu\,\mathrm{d}x.$$

Beweis: Mit partieller Integration erhält man

$$\begin{aligned} \int_a^b (vLu - uLv)\,\mathrm{d}x &= \int_a^b (u(pv')' - (pu')'v)\,\mathrm{d}x \\ &= \big[u(pv') - (pu')v\big]_a^b = 0, \end{aligned}$$

da u und v die Randbedingungen erfüllen. ■

?

Rechnen Sie den letzten Schritt in obigem Beweis nach: Zeigen Sie, dass $[u(pv') - (pu')v]_a^b = 0$ gilt, wenn die Funktionen u und v die Randbedingungen erfüllen.

Kommentar: Durch $\int_a^b f(x)g(x)\,\mathrm{d}x$ ist ein Skalarprodukt auf dem Raum der stetigen, reellen Funktionen definiert.

Differenzialgleichungen 2. Ordnung lassen sich durch eine einfache Umformung in eine sogenannte selbstadjungierte Form bringen.

Lemma

Die lineare inhomogene Differenzialgleichung 2. Ordnung

$$a_2(x)y''(x) + a_1(x)y'(x) + a_0(x)y(x) = f(x)$$

mit $a_2(x) \neq 0$ für alle $x \in [a, b]$ erhält mit

$$\begin{aligned} p(x) &:= \exp \int_a^x \frac{a_1(t)}{a_2(t)}\,\mathrm{d}t, \\ q(x) &:= -\frac{a_0(x)}{a_2(x)}\,p(x), \quad h(x) := -\frac{f(x)}{a_2(x)}\,p(x) \end{aligned}$$

die selbstadjungierte Form

$$-[p(x)y']' + q(x)y = h(x).$$

?

Beweisen Sie die Aussage des Lemmas durch Nachrechnen.

Führt man im Vektorraum $C^2([a, b], \mathbb{R})$ aller reellen zweimal stetig differenzierbaren Funktionen auf $I = [a, b]$ das Skalarprodukt

$$\langle u, v\rangle := \int_a^b u(x)\,v(x)\,w(x)\,\mathrm{d}x \tag{3.3}$$

mit der Gewichtsfunktion $w > 0$ ein, so folgt:

Satz

Für das Sturm-Liouville-Eigenwertproblem gilt

a) Alle Eigenwerte sind reell.
b) Eigenfunktionen zu verschiedenen Eigenwerten sind orthogonal bezüglich (3.3).
c) Jeder Eigenwert hat die geometrische Vielfachheit 1, d. h., zwei Eigenfunktionen zum gleichen Eigenwert sind linear abhängig.

Beweis:

a) Sind $\lambda \in \mathbb{C}$ und $y \neq 0$ eine zugehörige Eigenfunktion, so ist $\bar{y}$ eine Eigenfunktion zu $\bar{\lambda}$, da das Sturm-Liouville-Eigenwertproblem nur reelle Koeffizienten hat. Daher gilt

$$(\lambda - \bar{\lambda})\langle y, \bar{y}\rangle = \langle \lambda y, \bar{y}\rangle - \langle y, \bar{\lambda}\bar{y}\rangle = \int_a^b (Ly\bar{y} - yL\bar{y})\,\mathrm{d}x = 0\,,$$

woraus $\lambda = \bar{\lambda}$ folgt, da $y \neq 0$, $w > 0$ und $\langle y, \bar{y}\rangle > 0$.

b) Sind y_1 und y_2 zwei Eigenfunktionen mit $y_1 \neq y_2$ zu den Eigenwerten λ_1 und λ_2, dann folgt

$$(\lambda_1 - \lambda_2)\langle y_1, y_2\rangle = \int_a^b (\lambda_1\, w\, y_1\, y_2 - \lambda_2\, w\, y_2\, y_1)\,\mathrm{d}x = \int_a^b (Ly_1 y_2 - Ly_2 y_1)\,\mathrm{d}x = 0\,.$$

c) Sind y_1 und y_2 zwei Eigenfunktionen zum Eigenwert λ, so gilt für $x \in [a, b]$

$$\int_a^x (y_1\,\lambda\, y_2 - y_2\,\lambda\, y_1)\, w\,\mathrm{d}t = \int_a^x (y_1 Ly_2 - y_2 Ly_1)\,\mathrm{d}t = \left[p(t)\det\begin{pmatrix} y_1(t) & y_2(t) \\ y_1'(t) & y_2'(t)\end{pmatrix}\right]_a^x = 0\,.$$

Da y_1 und y_2 die Randbedingungen erfüllen, verschwindet die Determinante für $t = a$ und daher für alle $x \in [a, b]$, d. h., die beiden Funktionen y_1 und y_2 sind linear abhängig. ■

Kommentar: Die obige Determinante ist die Wronski-Determinante der beiden Funktionen y_1 und y_2.

Die Eigenfunktionen $y_1, \ldots, y_n, n \in \mathbb{N}$, können normiert werden, sodass

$$\int_a^b w(x)\, y_n^2(x)\,\mathrm{d}x = 1$$

gilt. Sie bilden daher ein Orthonormalsystem.

Für den Beweis der folgenden tiefliegenden Aussagen verweisen wir auf die Literatur.

Satz

Das Sturm-Liouville-Eigenwertproblem besitzt abzählbar unendlich viele Eigenwerte, und es gilt

$$\lambda_1 < \lambda_2 < \lambda_3 < \ldots$$

mit

$$\lim_{n\to\infty} \lambda_n = \infty$$

und Eigenfunktionen y_n, $n \in \mathbb{N}$.

Die Eigenfunktion y_n zum Eigenwert λ_n hat $n-1$ Nullstellen im Intervall (a, b). Zwischen aufeinanderfolgenden Nullstellen von y_n liegt eine Nullstelle der Eigenfunktion y_{n+1}.

Jede einmal stetig differenzierbare Funktion $f(x)$, die die Randbedingungen $R_1 f = 0$ und $R_2 f = 0$ erfüllt, besitzt auf $[a, b]$ eine absolut und gleichmäßig konvergente Entwicklung

$$f(x) = \sum_{k=0}^{\infty} \langle f, y_k\rangle\, y_k(x)\,,$$

wobei die y_k die normierten Eigenfunktionen sind. Man nennt diese Darstellung der Funktion f die *Fourierreihe* von f und $\langle f, y_k\rangle$ den k-ten *Fourierkoeffizienten* von f bezüglich y_k, siehe Band 1, Kapitel 19.

Beispiel Die Eigenwerte und Eigenfunktionen der Differenzialgleichung

$$-y''(x) = \lambda y \quad y(0) = 0\,,\ y(\pi) = 0\,,\ \lambda \in \mathbb{R}\,,$$

sind $\lambda_k = k^2$, $k \in \mathbb{N}$ und $y_k(x) = \sin(kx)$, sodass in diesem Fall die Fourier-Sinusreihe von f dargestellt wird. ◄

3.5 Die Laplace-Transformation

Die Laplace-Transformation ist eng mit der Fourier-Transformation verwandt. Mit ihrer Hilfe lassen sich in vielen Fällen lineare Anfangs- und Randwertprobleme und auch Integralgleichungen elegant durch Integraltransformationen behandeln. Dabei werden Differenziation und Integration in algebraische Operationen umgewandelt.

Bei gewöhnlichen Differenzialgleichungen wird sie vor allem bei inhomogenen linearen Differenzialgleichungen mit konstanten Koeffizienten und gegebenen Anfangswerten benutzt.

Benannt ist die Laplace-Transformation nach dem französischem Mathematiker und Astronomen Pierre-Simon Laplace (1749–1827).

Definition der Laplace-Transformation

Sei $f\colon [0, \infty) \to \mathbb{R}$ eine Funktion. Existiert das uneigentliche Parameterintegral $\int_0^\infty f(t)\, e^{-st}\,\mathrm{d}t$ für $s \in \mathbb{R}$, dann heißt die Funktion

$$F(s) = \int_0^\infty f(t)\, e^{-st}\,\mathrm{d}t = \mathcal{L}[f(t)]$$

die (reelle) **Laplace-Transformierte** von $f(t)$. Die Funktion $F(s)$ heißt auch **Bildfunktion**, und $f(t)$ ist die **Originalfunktion**. Die Umkehrtransformation, falls sie existiert und eindeutig bestimmt ist, wird mit $\mathcal{L}^{-1}[F(s)] = f(t)$ bezeichnet.

Kommentar: Das uneigentliche Integral ist durch den Grenzwert

$$\lim_{x\to\infty} \int_0^x f(t)\, e^{-st}\,\mathrm{d}t$$

definiert, siehe auch Band 1, Kapitel 16.

Durch Berechnung des obigen Integrals können wir einige Laplace-Transformierte direkt bestimmen, siehe Tabelle 3.1.

Beispiel Sei $f(t) = ae^{ct}$ mit den Konstanten $a, c \in \mathbb{R}$. Für $s > c$ gilt

$$F(s) = \mathcal{L}[ae^{ct}] = \int_0^\infty ae^{ct}e^{-st}\,\mathrm{d}t = \int_0^\infty ae^{-(s-c)t}\,\mathrm{d}t$$
$$= \left[\frac{ae^{-(s-c)t}}{c-s}\right]_0^\infty = \frac{a}{s-c}\,.$$

◀

Kommentar: Setzt man in der Definition $s = \sigma + i\omega$, wobei $\sigma, \omega \in \mathbb{R}$, so führt die Laplace-Transformation auf Bildfunktionen $F(s)$ einer komplexen Variablen

$$F(s) = \int_0^\infty e^{-st} f(t)\,\mathrm{d}t := \int_0^\infty e^{-\sigma t}\cos\omega t\, f(t)\,\mathrm{d}t$$
$$+ i\int_0^\infty e^{-\sigma t}\sin\omega t\, f(t)\,\mathrm{d}t\,.$$

$f(t)$	$F(s) = \mathcal{L}[f(t)]$
1	$\frac{1}{s}$, $s > 0$
e^{ct}	$\frac{1}{s-c}$, $s > c \in \mathbb{R}$
t^n	$\frac{n!}{s^{n+1}}$, $s > 0$, $n \in \mathbb{N}_0$
$t^n e^{ct}$	$\frac{n!}{(s-c)^{n+1}}$
$\cos\omega t$	$\frac{s}{s^2+\omega^2}$, $s > 0$
$\sin\omega t$	$\frac{\omega}{s^2+\omega^2}$, $s > 0$

Tabelle 3.1 Transformationstabelle: Laplace-Transformierte $F(s)$ einiger Funktionen $f(t)$.

Nicht jede Funktion ist Laplace-transformierbar.

Satz

Die Funktion $f\colon [0,\infty) \to \mathbb{R}$ sei stückweise stetig, d. h., in jedem endlichen Teilintervall liegen höchstens endlich viele Sprungstellen, und sie besitze höchstens exponentielles Wachstum, d. h., es gilt

$$|f(t)| \le Me^{kt} \quad \text{mit Konstanten } M, k \in \mathbb{R}\,.$$

Dann existiert $\mathcal{L}[f(t)]$.

Beweis: Es gilt

$$|\mathcal{L}[f(t)]| \le \int_0^\infty e^{-st}|f(t)|\,\mathrm{d}t \le M\int_0^\infty e^{(-s+k)t}\,\mathrm{d}t = \frac{M}{s-k}\,.$$

■

Einige Rechenregeln für Laplace-Transformierte

Im Folgenden seien f und g Laplace-transformierbar und s aus dem gemeinsamen Durchschnitt der Definitionsbereiche von $F(s)$ und $G(s)$. Die nachstehenden Rechenregeln folgen im Wesentlichen aus den Eigenschaften des Integrals, wir werden die Beweise hier nicht explizit angeben.

Linearität:

$$\mathcal{L}[af(t) + bg(t)] = a\mathcal{L}[f(t)] + b\mathcal{L}[g(t)]\,, \qquad a, b \in \mathbb{R}$$

Streckung, Ähnlichkeit:

$$\mathcal{L}[f(ct)] = \frac{1}{c}F\left(\frac{1}{c}s\right), \qquad c > 0$$

Transformation der Ableitung und des Integrals:

$$\mathcal{L}[f'(t)] = s\mathcal{L}[f(t)] - f(0)$$
$$\mathcal{L}[f''(t)] = s^2\mathcal{L}[f(t)] - sf(0) - f'(0)$$
$$\mathcal{L}[f^{(n)}(t)] = s^n\mathcal{L}[f(t)] - s^{n-1}f(0) - s^{n-2}f'(0) - \dots - f^{(n-1)}(0)$$

Dabei sind $f(0)$, $f'(0), \dots, f^{(n-1)}(0)$ die Werte von $f(t)$, $f'(t), \dots, f^{n-1}(t)$ zur Zeit $t = 0$.

$$\mathcal{L}\left[\int_0^t f(\tau)\mathrm{d}\tau\right] = \frac{1}{s}\mathcal{L}[f(t)]$$

Differenziation und Integration der Bildfunktion:

$$\mathcal{L}[tf(t)] = -\frac{\mathrm{d}}{\mathrm{d}s}F(s)$$
$$\mathcal{L}[t^n f(t)] = (-1)^n\frac{\mathrm{d}^n}{\mathrm{d}s^n}F(s)$$
$$\mathcal{L}\left[\frac{1}{t}f(t)\right] = \int_s^\infty F(u)\,\mathrm{d}u$$

Dämpfung:

$$\mathcal{L}[e^{-at}f(t)] = F(s+a)$$

Faltung:

$$(f*g)(t) := \int_0^t f(t-\tau)g(\tau)\,\mathrm{d}\tau$$
$$\mathcal{L}[(f*g)(t)] = \mathcal{L}[f(t)]\,\mathcal{L}[g(t)] = F(s)\,G(s)$$

Kommentar: Differenziation und Integration führen zu algebraischen Operationen im Bildbereich. Das ist die wesentliche Bedeutung von Laplace-Transformation für das Lösen von Differenzialgleichungen.

Ein Dämpfungsfaktor e^{-at} bewirkt eine Zeitverschiebung im Urbildbereich.

Hintergrund und Ausblick: Hamilton'sche Systeme

Die Theorie der Hamilton'schen Systeme stellt einen allgemeinen theoretischen Apparat bereit, bei dem Bewegungsgleichungen in einer symmetrischen Form geschrieben werden, in der die Ortskoordinaten und die Geschwindigkeiten oder Impulse als gleichrangige Variablen auftreten. Benannt sind diese Systeme nach dem irischen Mathematiker Sir William Rowan Hamilton (1805–1865).

Die Hamilton'sche Bewegungsgleichungen sind gewöhnliche Differenzialgleichungen der Gestalt

$$\frac{\mathrm{d}\boldsymbol{p}}{\mathrm{d}t} = \boldsymbol{p}' = -\boldsymbol{H}_{\boldsymbol{q}}(\boldsymbol{p}, \boldsymbol{q}), \qquad \frac{\mathrm{d}\boldsymbol{q}}{\mathrm{d}t} = \boldsymbol{q}' = \boldsymbol{H}_{\boldsymbol{p}}(\boldsymbol{p}, \boldsymbol{q}),$$

wobei die Hamilton-Funktion $\boldsymbol{H}(p_1, p_2, \ldots, p_d, q_1, q_2, \ldots, q_d)$, die auch explizit von der Zeit abhängen kann, die Gesamtenergie eines Systems von Teilchen darstellt. Dabei sind p_i Ortskoordinaten und q_i Impulskoordinaten mit $i = 1, 2, ..., d$ und d entspricht der Anzahl von Freiheitsgraden in diesem System. $\boldsymbol{H}_{\boldsymbol{p}}$ und $\boldsymbol{H}_{\boldsymbol{q}}$ sind die Vektoren der partiellen Ableitungen. Die Hamilton'schen Bewegungsgleichungen beschreiben, wie sich Orte und Impulse bei Vernachlässigung von Reibung mit der Zeit ändern. Entlang von Lösungskurven gilt

$$\boldsymbol{H}(\boldsymbol{p}(t), \boldsymbol{q}(t)) = \text{const}.$$

Die Hamilton-Funktion ist *invariant*, ist also eine *Bewegungsinvariante* oder ein *erstes Integral*.

Das mathematische Pendel mit Masse $m = 1$ und masselosem Faden der Länge $l = 1$, Erdbeschleunigung $g = 1$ ist ein System mit einem Freiheitsgrad und der Hamilton-Funktion

$$H(p, q) = \frac{1}{2}p^2 - \cos q,$$

wobei der erste Summand der kinetischen und der zweite der potenziellen Energie dieses Systems entspricht. Daraus ergeben sich die Bewegungsgleichungen zu

$$p' = -\frac{\partial H(p,q)}{\partial q} = -\sin q, \quad q' = \frac{\partial H(p,q)}{\partial p} = p.$$

Das Vektorfeld ist hier 2π-periodisch in q und wir betrachten q als eine Variable am Kreis S^1. Der *Phasenraum* der Punkte (p, q), also die Menge aller Punkte (p, q), ist der Zylinder $\mathbb{R} \times S^1$ und die Lösungskurven von diesem Problem liegen auf Höhenlinien von $H(p, q)$.

Wir werden im folgenden Kapitel 4 zeigen, dass die Bewegung im Phasenraum flächentreu ist. Eine weitere wichtige Eigenschaft: Sehr oft ist es möglich, dass die Hamilton'schen Bewegungsgleichungen durch Transformation in andere einfacher lösbare Hamilton'sche Gleichungen transformiert werden können.

Alle Bewegungsgleichungen, die aus einem sogenannten Wirkungsprinzip folgen, kann man jedenfalls als solche Bewegungsgleichungen schreiben.

Die sogenannten *symplektischen Verfahren* sind die numerischen Verfahren, die für diese Systeme das qualitativ richtige Verhalten zeigen. Hier verweisen wir auf weiterführende Literatur.

Anwendungen: Laplace-Transformation zur Lösung von Differenzialgleichungen

Wir geben die Vorgehensweise für Differenzialgleichungen 1. und 2. Ordnung mit konstanten Koeffizienten an. Für weiterführende Anwendungen und Beispiele verweisen wir auf die Literatur.

Betrachten wir die Differenzialgleichung

$$y' + ay = f(t), \quad a \in \mathbb{R},$$

mit gegebenem Anfangswert $y(0)$ und die Differenzialgleichung

$$y'' + ay' + by = f(t), \quad a, b \in \mathbb{R}$$

mit den Anfangswerten $y(0)$ und $y'(0)$.

Sei $\mathcal{L}[y(t)] = Y(s)$ und $\mathcal{L}[f(t)] = F(s)$, für die Laplace-Transformierte der Ableitungen gilt

$$\begin{aligned}\mathcal{L}[y'(t)] &= sY(s) - y(0),\\ \mathcal{L}[y''(t)] &= s^2Y(s) - sy(0) - y'(0).\end{aligned}$$

Die beiden Differenzialgleichungen gehen dann über in die algebraischen Gleichungen

$$\begin{aligned}[sY(s)-y(0)]+aY(s)&=F(s),\\ [s^2Y(s)-sy(0)-y'(0)]+a[sY(s)-y(0)]+bY(s)&=F(s).\end{aligned}$$

Wir lösen diese linearen Gleichungen im Bildbereich nach der Bildfunktion $Y(s)$ auf und erhalten

$$\begin{aligned}Y(s) &= \frac{F(s) + y(0)}{s + a},\\ Y(s) &= \frac{F(s) + y(0)(s - a) + y'(0)}{s^2 + as + b}.\end{aligned}$$

Die entsprechenden Lösungen $Y(s)$ im Bildbereich transformieren wir mithilfe der Transformationstabellen in den Originalbereich zurück. Er ergibt sich

$$\begin{aligned}y(t) &= \mathcal{L}^{-1}\left[\frac{F(s) + y(0)}{s + a}\right],\\ y(t) &= \mathcal{L}^{-1}\left[\frac{F(s) + y(0)(s - a) + y'(0)}{s^2 + as + b}\right].\end{aligned}$$

Diese Vorgehensweise wollen wir an zwei Beispielen illustrieren:

Beispiel Betrachten wir zunächst die Differenzialgleichung 1. Ordnung

$$y'(t) + 2y(t) = 2t - 4\,, \quad y(0) = 1\,.$$

Nach Transformation in den Bildbereich erhalten wir die folgende algebraische Gleichung für die Bildfunktion $Y(s)$

$$[sY(s)-1]+2Y(s) = \mathcal{L}[2t-4] = 2\mathcal{L}[t]-4\mathcal{L}[1] = \frac{2}{s^2} - \frac{4}{s}$$

und lösen nach dieser Funktion auf, was

$$Y(s) = \frac{2}{s^2(s+2)} - \frac{4}{s(s+2)} + \frac{1}{s+2}$$

ergibt. Die Lösung des Anfangswertproblems lautet daher mithilfe Partialbruchzerlegung und der Transformationstabelle

$$\begin{aligned} y(t) &= \mathcal{L}^{-1}\left[\frac{2}{s^2(s+2)} - \frac{4}{s(s+2)} + \frac{1}{s+2}\right] \\ &= 2\mathcal{L}^{-1}\left[\frac{1}{s^2(s+2)}\right] - 4\mathcal{L}^{-1}\left[\frac{1}{s(s+2)}\right] \\ &\quad + \mathcal{L}^{-1}\left[\frac{1}{s+2}\right] \\ &= 2\frac{e^{-2t}+2t-1}{4} - 4\frac{e^{-2t}-1}{-2} + e^{-2t} \\ &= t - \frac{5}{2} + \frac{7}{2}e^{-2t}\,. \end{aligned}$$

◀

Beispiel Betrachten wir die folgende Differenzialgleichung 2. Ordnung

$$y'' + 4y = \sin\omega t\,, \quad y(0) = c_1\,, \quad y'(0) = c_2\,, \quad \omega, c_1, c_2 \in \mathbb{R}\,.$$

1. Schritt:

$$s^2Y(s) + 4Y(s) = \frac{\omega}{s^2+\omega^2} + sc_1 + c_2$$

2. Schritt:

$$\begin{aligned} Y(s) &= \left(\frac{\omega}{s^2+\omega^2} + sc_1 + c_2\right)\frac{1}{s^2+4} \\ &= \frac{\omega}{(s^2+\omega^2)(s^2+4)} + c_1\frac{s}{s^2+4} + c_2\frac{1}{s^2+4} \end{aligned}$$

3. Schritt: Mithilfe der Transformationstabelle erhält man

$$\begin{aligned} y(t) &= c_1\cos 2t + \frac{c_2}{2}\sin 2t \\ &\quad + \begin{cases} \frac{1}{2(\omega^2-4)}(\omega\sin 2t - 2\sin\omega t)\,, & \text{falls } \omega^2 \neq 4\,, \\ \frac{1}{8}(\sin 2t - 2t\cos 2t)\,, & \text{falls } \omega^2 = 4\,. \end{cases} \end{aligned}$$

Im Fall $\omega^2 = 4$ liegt Resonanz vor, vgl. Kapitel 2. ◀

Zusammenfassung

Bei nichtlinearen Differenzialgleichungen folgt die Existenz und Eindeutigkeit von Lösungen aus dem Satz von Picard-Lindelöf, den wir in Band 1, Kapitel 20 und in Kapitel 2 formuliert und gezeigt haben. Für gewisse Klassen haben wir analytische Lösungsmethoden gezeigt.

Eine Differenzialgleichung der Gestalt

$$y'(x) = g(y(x))h(x) \quad x \in I \subseteq \mathbb{R}$$

mit Funktionen $g\colon \mathbb{C} \to \mathbb{C}$ und $h\colon I \to \mathbb{C}$ heißt **separabel**. Die Funktion $g(y)$ hängt dabei nur von y ab und $h(x)$ nur von der Variablen x. Bei einer solchen Differenzialgleichung kann getrennt nach x und y integriert werden. Man kommt durch folgende Vorgehensweise zu einer Lösung:

$$\begin{aligned} y'(x) = \frac{\mathrm{d}y}{\mathrm{d}x} &= g(y(x))h(x)\,, \\ \frac{1}{g(y)}\,\mathrm{d}y &= h(x)\,\mathrm{d}x\,, \\ \int \frac{1}{g(y)}\,\mathrm{d}y &= \int h(x)\,\mathrm{d}x\,. \end{aligned}$$

Das erfolgreiche Anwenden dieser Methode setzt voraus, dass eine Division durch $g(y(x))$ möglich ist, dass die beiden auftretenden Integrale explizit gelöst werden können und dass schließlich nach y aufgelöst werden kann.

Autonome Differenzialgleichungen sind separabel mit $h(x) = 1$.

Eine Differenzialgleichung der Gestalt

$$y'(x) = h\left(\frac{y(x)}{x}\right) \quad x \in I, 0 \notin I$$

mit $h\colon \mathbb{C} \to \mathbb{C}$ heißt **homogen**. Mit der Substitution

$$y(x) = xz(x) \quad \text{und} \quad y'(x) = z(x) + xz'(x)$$

erhalten wir

$$z'(x) = \frac{1}{x}(y'(x) - z(x)) = \frac{1}{x}\big(h(z(x)) - z(x)\big)\,;$$

diese Differenzialgleichung ist wieder separabel und kann durch Trennung der Variablen gelöst werden. Anschließend erfolgt die Rücksubstitution.

Eine skalare Differenzialgleichung der Gestalt

$$y'(x) = a(x)y(x) + b(x)y^{\gamma}(x)$$

mit $\gamma \in \mathbb{R} \setminus \{0, 1\}$ und a, b stetigen Funktionen auf $I \subseteq \mathbb{R}$, heißt **Bernoulli'sche Differenzialgleichung**. Im Fall $\gamma = 0$ und $\gamma = 1$ ist diese Differenzialgleichung linear. Bernoulli'sche Differenzialgleichungen lassen sich mittels der Substitution

$$\begin{aligned} y(x) &= u^{\alpha}(x)\,, \quad \alpha \in \mathbb{R} \\ y'(x) &= \alpha u^{\alpha-1}(x)u'(x) \end{aligned}$$

für die gesuchte Funktion y in

$$\alpha u'(x) = a(x)u(x) + b(x)u(x)^{\alpha\gamma-\alpha+1}$$

überführen. Für $\alpha = \frac{1}{1-\gamma}$ ist sie linear,

$$u'(x) = (1-\gamma)a(x)u(x) + (1-\gamma)b(x)\,.$$

Eine **Riccati'sche Differenzialgleichung** ist eine skalare Differenzialgleichung der Gestalt

$$y'(x) = q(x) + p(x)y(x) + r(x)y^2(x),$$

wobei q, p und r stetige Funktionen auf $I \subseteq \mathbb{R}$ sind und $r(x) \neq 0$ für jedes $x \in I$. Falls eine spezielle Lösung $u(x)$ bekannt ist, lässt sich die Gleichung durch den Ansatz $y(x) = u(x) + v(x)$ in eine Bernoulli'sche Differenzialgleichung in $v(x)$ transformieren.

Eine in vielen Anwendungen auftretende Klasse von Differenzialgleichungen sind die exakten Differenzialgleichungen.

Definition einer exakten Differenzialgleichung

Eine Differenzialgleichung

$$p(x, y(x)) + q(x, y(x))y'(x) = 0$$

mit p, q stetig auf einer offenen Menge $B \subseteq \mathbb{R}^2$ heißt **exakt**, falls eine stetig differenzierbare Funktion $\varphi\colon B \to \mathbb{R}$ existiert, sodass

$$\begin{aligned} \frac{\partial\varphi(x,y)}{\partial x} &= \varphi_x(x,y) = p(x,y)\,, \\ \frac{\partial\varphi(x,y)}{\partial y} &= \varphi_y(x,y) = q(x,y)\,. \end{aligned}$$

Diese Funktion φ heißt **Stammfunktion** der exakten Differenzialgleichung.

Die Lösungen dieser Differenzialgleichungen sind dann zumindest implizit durch die Funktion $\varphi(x, y) = \text{const} = c$ gegeben. Mithilfe des Satzes über implizite Funktionen können wir entscheiden, ob eine Auflösung nach y oder x möglich ist.

Hat man eine nicht exakte Differenzialgleichung gegeben, kann man versuchen diese durch Multiplikation mit einer

Funktion $u(x, y)$ exakt zu machen. Jede Funktion, die das leistet, ist ein **integrierender Faktor**. Da das Suchen von integrierenden Faktoren aufwendig ist, versucht man es üblicherweise zunächst mit speziellen Funktionen u, etwa $u(x, y) = u(x)$, $u(x, y) = u(y)$ oder $u(x, y) = u_1(x)u_2(y)$.

Bei Randwertproblemen werden, im Gegensatz zu Anfangswertproblemen, Bedingungen an die Lösung der gegebenen Differenzialgleichung an zwei oder mehreren Punkten, eben üblicherweise an den Randpunkten des Intervalls $I = [x_0, x_{\text{end}}]$ gestellt.

Definition eines linearen Randwertproblems 1. Ordnung

Für $I = [a, b] \subset \mathbb{R}$ und $\boldsymbol{A}: I \to \mathbb{R}^{n\times n}$, $\boldsymbol{f}: I \to \mathbb{R}^n$ stetige Funktionen, $\boldsymbol{R}_1$ und $\boldsymbol{R}_2$ reelle $n \times n$-Matrizen und $\boldsymbol{c} \in \mathbb{R}^n$ heißt

$$\boldsymbol{y}'(x) = \boldsymbol{A}(x)\boldsymbol{y}(x) + \boldsymbol{f}(x), \quad \boldsymbol{R}_1\boldsymbol{y}(a) + \boldsymbol{R}_2\boldsymbol{y}(b) = \boldsymbol{c},$$

ein **lineares Randwertproblem 1. Ordnung** Dieses Randwertproblem ist **inhomogen**, falls $\boldsymbol{f} \neq 0$, $\boldsymbol{c} \neq \boldsymbol{0}$, **homogen** für $\boldsymbol{f} = \boldsymbol{c} = \boldsymbol{0}$ und **halbhomogen** für $\boldsymbol{f} = \boldsymbol{0}$, $\boldsymbol{c} \neq \boldsymbol{0}$ oder $\boldsymbol{f} \neq \boldsymbol{0}$, $\boldsymbol{c} = \boldsymbol{0}$.

Unter Verwendung der Fundamentalmatrix $\boldsymbol{Y}$ des homogenen Systems kann die Lösbarkeit dieses linearen Randwertproblems 1. Ordnung auf eine einfache Rangbestimmung reduziert werden. Die Lösbarkeit ist dann gegeben, wenn mit $\boldsymbol{B} := \boldsymbol{R}_1 + \boldsymbol{R}_2\boldsymbol{Y}(b)$ und $\boldsymbol{d} = \boldsymbol{R}_2\boldsymbol{Y}(b)\int_a^b \boldsymbol{Y}^{-1}(u)\boldsymbol{f}(u)\,\mathrm{d}u$

$$rg\boldsymbol{B} = rg(\boldsymbol{B}|\boldsymbol{c} - \boldsymbol{d})$$

gilt.

Im Fall der eindeutigen Lösbarkeit gilt mithilfe der Green'schen Matrix oder Green'schen Funktion

$$\boldsymbol{G}: [a, b] \times [a, b] \to \mathbb{R}^{n\times n},$$

dass für jede stetige Funktion $f: I = [a, b] \to \mathbb{R}^n$ durch

$$\boldsymbol{y}(x) = \int_a^b \boldsymbol{G}(x, u)\boldsymbol{f}(u)\,\mathrm{d}u$$

die Lösung $\boldsymbol{y}$ des Randwertproblems

$$\boldsymbol{y}'(x) = \boldsymbol{A}(x)\boldsymbol{y}(x) + \boldsymbol{f}(x)$$

mit homogener Randbedingung ($\boldsymbol{c} = \boldsymbol{0}$) gegeben ist.

Bei linearen Randwertproblemen 2. Ordnung gibt es mehrere Arten von Randbedingungen.

Mögliche Randbedingungen

Sei $I = [a, b]$ und a_0, a_1 und a_2 stetige Funktionen auf I, $a_2(x) \neq 0$, $\forall x \in I$. Die Randbedingungen für die lineare Differenzialgleichung 2. Ordnung

$$a_2(x)y''(x)+a_1(x)y'(x)+a_0(x)y(x) = f(x), \quad x \in I$$

nennt man

1) **Dirichlet-Randbedingungen**, falls

$$y(a) = r_1, \quad y(b) = r_2,$$

2) **Neumann-Randbedingungen**, falls

$$y'(a) = r_1, \quad y'(b) = r_2,$$

3) **gemischte Randbedingungen**, falls

$$\alpha_1 y(a) + \beta_1 y'(a) = r_1, \quad \alpha_2 y(b) + \beta_2 y'(b) = r_2,$$

4) **periodische Randbedingungen**, falls

$$y(a) = y(b) \text{ und } y'(a) = y'(b),$$

mit $\alpha_i, \beta_i, r_i \in \mathbb{R}$ und $\alpha_i^2 + \beta_i^2 = 1$ für $i = 1, 2$. Ist $r_1 = r_2 = 0$ und $f = 0$, dann liegt ein **homogenes Randwertproblem** vor, ist $r_1 \neq 0$, $r_2 \neq 0$ und $f \neq 0$, dann nennt man das **Randwertproblem inhomogen**, in allen anderen Fällen **halbhomogen.**

Ist y_1, y_2 irgendein Fundamentalsystem der homogenen Differenzialgleichung 2. Ordnung, dann ist die zugehörige inhomogene Differenzialgleichung für alle r_1, r_2 mit $R_1 y = r_1$ und $R_2 y = r_2$ und für alle stetigen Funktionen f genau dann eindeutig lösbar, wenn

$$\det\begin{pmatrix} R_1 y_1 & R_1 y_2 \\ R_2 y_1 & R_2 y_2 \end{pmatrix} \neq 0.$$

Eigenwertprobleme sind spezielle Randwertprobleme.

Definition eines Eigenwertproblems

Sei $I = [a, b]$ und a_0, a_1 und a_2 stetige Funktion von $I \to \mathbb{R}$. Für den linearen Differenzialoperator zweiter Ordnung

$$Ly := a_2 y''(x) + a_1 y'(x) + a_0 y(x)$$

mit

$$R_1 y = \alpha_1 y(a) + \beta_1 y'(a) = 0$$
$$R_2 y = \alpha_2 y(b) + \beta_2 y'(b) = 0, \quad \alpha_i, \beta_i \in \mathbb{R}$$

bezeichnet man als **Eigenwertproblem** die Aufgabe ein $\lambda \in \mathbb{C}$ und eine zweimal stetig differenzierbare Funktion $y: I \to \mathbb{C}$, $y \neq 0$ zu finden, sodass

$$Ly = \lambda y, \quad R_1 y = 0, \quad R_2 y = 0.$$

Der Zahl λ heißt **Eigenwert** von L und die Funktion y **Eigenfunktion** von L zum Eigenwert λ.

Mithilfe der Laplace-Transformation lassen sich viele Anfangs- und Randwertprobleme elegant lösen.

Aufgaben

Die Aufgaben gliedern sich in drei Kategorien: Anhand der *Verständnisfragen* können Sie prüfen, ob Sie die Begriffe und zentralen Aussagen verstanden haben, mit den *Rechenaufgaben* üben Sie Ihre technischen Fertigkeiten und die *Beweisaufgaben* geben Ihnen Gelegenheit, zu lernen, wie man Beweise findet und führt.

Ein Punktesystem unterscheidet leichte Aufgaben •, mittelschwere •• und anspruchsvolle ••• Aufgaben. Lösungshinweise am Ende des Buches helfen Ihnen, falls Sie bei einer Aufgabe partout nicht weiterkommen. Dort finden Sie auch die Lösungen – betrügen Sie sich aber nicht selbst und schlagen Sie erst nach, wenn Sie selber zu einer Lösung gekommen sind. Ausführliche Lösungswege, Beweise und Abbildungen finden Sie auf der Website zum Buch.

Viel Spaß und Erfolg bei den Aufgaben!

Verständnisfragen

3.1 • Ist die Differenzialgleichung

$$e^{-y} + (1 - x e^{-y}) y'(x) = 0$$

exakt?

3.2 •• Ist die Differenzialgleichung

$$y' = e^{x-y}$$

separabel?

Berechnen Sie jene Lösung $y(x)$, für die $y(0) = 1$ gilt.

3.3 •• Bestimmen Sie mithilfe der Definition der Laplace-Transformation die Bildfunktionen der folgenden Originalfunktionen:

a) $f(t) = 2\,t\,e^{-4t}$
b) $f(t) = \sinh(at)$, $a \in \mathbb{R}$, $a < s$
c) $f(t) = \sin^2 t$

Rechenaufgaben

3.4 •• Bestimmen Sie den Typ und die Lösung der Differenzialgleichung

$$y'(x) = (x^2 + 1)y^2 + (x^2 - 1)$$

mit der Anfangsbedingung $y(0) = 1$.

3.5 •• Die Bernoulli'sche Differenzialgleichung

$$y'(x) = -ay(x) + by^{\gamma}(x)$$

mit konstanten Koeffizienten $a, b \in \mathbb{R}$, $a \neq 0$ und $\gamma \neq 1$ ist separabel. Lösen Sie diese Differenzialgleichung mittels der Methode der Separation der Variablen.

3.6 • Lösen Sie die Differenzialgleichung

$$y'(x) = 2x - y(x)$$

mittels einer geeigneten Substitution.

3.7 •• Ist die Differenzialgleichung

$$2xy(x) + x^2 y'(x) = 0$$

exakt? Berechnen Sie die Lösungen.

3.8 •• Finden Sie einen integrierenden Faktor $u(x, y)$, sodass die Differenzialgleichung

$$(y^2 - 2x - 2) + 2yy'(x) = 0$$

exakt wird.

3.9 •• Berechnen Sie die Lösung (in impliziter Form) der Differenzialgleichung

$$y'(x) = -\frac{y^2 - xy}{2xy^3 + xy + x^2}\,.$$

3.10 ••• Berechnen Sie die allgemeine Lösung der Differenzialgleichung

$$(y + xy^2) - xy' = 0$$

mittels eines geeigneten integrierenden Faktors der Form $u(y)$. Bestimmen Sie des Weiteren diejenige Lösung, die durch den Punkt $(x, y) = (2, -2)$ verläuft.

3.11 •• Ist die Differenzialgleichung

$$(2x + y)\,dx + (x - y)\,dy = 0$$

exakt? Begründen Sie Ihre Antwort. Berechnen Sie die allgemeine Lösung dieser Differenzialgleichung.

3.12 •• Finden Sie einen integrierenden Faktor für die nicht exakte Differenzialgleichung

$$(1 - xy) + (xy - x^2)y' = 0\,.$$

3.13 •• Zeigen Sie mittels vollständiger Induktion, dass für die Laplace-Transformierte für Monome $f_n(t) = t^n$, $n \in \mathbb{N}_0$

$$\mathcal{L}[f_n(t)] = \frac{n!}{s^{n+1}}\,, \quad s > 0$$

gilt.

3.14 •• Lösen Sie die Differenzialgleichung 1. Ordnung

$$y'(x) = \frac{x + 2y(x)}{x} = 1 + 2\left(\frac{y(x)}{x}\right).$$

3.15 •• Berechnen Sie alle möglichen Lösungen der Differenzialgleichung

$$y'(x) = 2x\sqrt{y}$$

mittels Separation der Variablen. Geben Sie auch die konkreten Lösungen zu den Anfangsbedingungen $y(0) = 1$, $y(0) = 0$ und $y(0) = -1$. Was passiert im letzten Fall?

3.16 •• Lösen Sie das Randwertproblem

$$y''(x) - y(x) = 1$$

mit den Randbedingungen $y(0) = y'(0) = 0$.

3.17 •• Geben Sie alle Lösungen des Randwertproblems

$$y''(x) + y(x) = 0$$

mit den Randbedingungen $y(0) = y(\pi) = 0$ an.

3.18 •• Bestimmen Sie mithilfe der Laplace–Transformation der Ableitung und der Transformationstabellen die Bildfunktionen der ersten Ableitung der folgenden Funktionen:

a) $f(t) = \sinh(at)$
b) $f(t) = t^3$

3.19 ••• Die Funktion $f(t) = \sin(wt)$ ist eine Lösung der Schwingungsgleichung

$$f''(t) = -\omega^2 f(t).$$

Bestimmen Sie die zugehörige Bildfunktion $\mathcal{L}[f(t)] = F(s)$, indem Sie die Laplace-Transformation auf die Differenzialgleichung anwenden und dabei die Transformation der Ableitung verwenden.

3.20 ••• Gegeben ist die Wellengleichung mit Randbedingungen

$$u_{tt} = u_{xx}, \quad u(0,t) = u(1,t) = 0, \quad x \in [0,1], \, t \in \mathbb{R}.$$

Führen Sie einen Separationsansatz durch, d. h. bestimmen Sie alle Lösungen der Form $u(x,t) = w(t)v(x)$. Dieser Ansatz führt auf ein Sturm-Liouville-Eigenwertproblem für die Funktion v.

Bestimmen Sie damit die Lösung der Wellengleichung, die zusätzlich zu den Randbedingungen auch die Anfangsbedingungen

$$u(x,0) = g(x), \; u_t(x,0) = h(x), \quad x \in [0,1]$$

mit geeigneten Funktion g, h erfüllt. Entwickeln Sie dazu die Lösung in eine Fourierreihe

$$u(x,t) = \sum_{k=1}^{\infty} (a_k \cos(k\pi t) + b_k \sin(k\pi t)) \sin(k\pi x).$$

Die Konvergenz der auftretenden Reihe muss nicht untersucht werden.

3.21 •• Zeigen Sie, dass die Differenzialgleichung

$$Lu = u'' + p(x)u' + q(x)u = 0$$

durch die Substitution

$$v(x) = \mathrm{e}^{\frac{1}{2}\int p \mathrm{d}x} u(x)$$

in die Form

$$v'' + k(x)v = 0$$

gebracht werden kann. Geben Sie die Funktion k explizit an.

Wie wirkt sich diese Tranformation auf das Eigenwertproblem $Lu = \lambda u$ aus?

Transformieren Sie die Hermitesche Differenzialgleichung

$$u'' - 2xu' + 2nu = 0, \quad x \in \mathbb{R}, \; n \in \mathbb{N}_0.$$

3.22 ••• Bestimmen Sie die Eigenwerte und Eigenfunktionen des Sturm-Liouville-Eigenwertproblems

$$-(xu')' = \frac{\lambda}{x} u, \qquad u(1) = 0, \; u(\mathrm{e}) = 0.$$

Beweisaufgaben

3.23 ••• Lösen Sie das Anfangswertproblem

$$y'(x) = 2\sqrt{y(x)}, \quad x \geq 0, \; y(0) = 0.$$

Ist die Lösung eindeutig? Geben Sie eine Begründung!

3.24 ••• Beweisen Sie die Energieerhaltungsgleichung

$$\frac{1}{2}(\varphi'(t))^2 - \omega^2 \cos\varphi(t) = \text{const}$$

für die nichtlineare Pendelgleichung

$$\varphi''(t) + \omega^2 \sin\varphi(t) = 0.$$

Antworten der Selbstfragen

S. 42

a) $h(x) \equiv 1$, autonome Differenzialgleichungen sind separabel.
b) Hier ist keine Trennung der Variablen $y(x)$ und x möglich. Diese Differenzialgleichung ist nicht separabel.
c) Diese Differenzialgleichung ist separabel mit $g(y(x)) = \mathrm{e}^{y(x)}$ und $h(x) = \mathrm{e}^x$.
d) Siehe a).

S. 43 $\dfrac{\mathrm{d}y}{y} = \cos x \,\mathrm{d}x$

$$\begin{aligned}\ln y &= \sin x + \bar{c}\,, \quad \bar{c} \in \mathbb{C}\\ y(x) &= \mathrm{e}^{\sin x + \bar{c}} = \mathrm{e}^{\sin x}\mathrm{e}^{\bar{c}} = c\,\mathrm{e}^{\sin x}\,, \quad c \in \mathbb{C}\,.\end{aligned}$$

S. 44

Es gilt
$$\begin{aligned} z(x) &= \frac{y(x)}{x}\,,\\ z'(x) &= \frac{\mathrm{d}z}{\mathrm{d}x} = \frac{y'(x)x - y(x)}{x^2}\\ = \frac{y'(x)}{x} - \frac{y(x)}{x^2} &= \frac{1}{x}\left(y'(x) - \frac{y(x)}{x}\right)\\ &= -\frac{1}{x}\left(\frac{3+z(x)}{1+3z(x)} + z(x)\right)\,.\end{aligned}$$

S. 45

Für die Lösung der homogenen Differenzialgleichung $u'(x) - \beta u(x) = 0$ machen wir den Ansatz $u(x) = \mathrm{e}^{\lambda x}$. Nach Ableiten und Einsetzen erhalten wir für die homogene Lösung $u(x) = c\,\mathrm{e}^{\beta x}$ mit einer Integrationskonstanten $c \in \mathbb{C}$. Mittels Variation der Konstanten berechnen wir eine Partikulärlösung $u_p(x)$:

$$\begin{aligned} u_p(x) &= c(x)\,\mathrm{e}^{\beta x}\,,\\ u_p' &= c'\mathrm{e}^{\beta x} + c\beta\,\mathrm{e}^{\beta x} = \beta c\,\mathrm{e}^{\beta x} - \beta\,,\\ c'(x) &= -\beta\,\mathrm{e}^{-\beta x}\,,\\ c(x) &= \mathrm{e}^{-\beta x}\,,\\ u_p(x) &= c(x)\,\mathrm{e}^{\beta x} = \mathrm{e}^{-\beta x}\,\mathrm{e}^{\beta x} = 1\,.\end{aligned}$$

Die Lösung der inhomogenen linearen Differenzialgleichung ist daher $u(x) = c\mathrm{e}^{\beta x} + 1$.

S. 50

Kreis, Dreieck, Rechteck sind konvexe Gebiete und daher sternförmig. Die an der negativen x-Achse aufgeschlitzte Ebene ist mit dem Sternmittelpunkt $(1, 0)$ sternförmig, aber nicht mit dem Sternmittelpunkt $(-1, 1)$, da etwa der Punkt $(-1, -1)$ von $(-1, 1)$ nicht durch eine Verbindungsstrecke erreicht werden kann.

S. 55

Es ist
$$\begin{aligned} &\boldsymbol{G}(u+, u) - \boldsymbol{G}(u-, u)\\ &= \boldsymbol{Y}(u)\boldsymbol{R}^{-1}\boldsymbol{R}_1\boldsymbol{Y}(a)\boldsymbol{Y}^{-1}(u) + \boldsymbol{Y}(u)\boldsymbol{R}^{-1}\boldsymbol{R}_2\boldsymbol{Y}(b)\boldsymbol{Y}^{-1}(u)\\ &= \boldsymbol{Y}(u)\boldsymbol{R}^{-1}(\boldsymbol{R}_1\boldsymbol{Y}(a) + \boldsymbol{R}_2\boldsymbol{Y}(b))\boldsymbol{Y}(u)^{-1}\\ &= \boldsymbol{Y}(u)\boldsymbol{R}^{-1}\boldsymbol{R}\boldsymbol{Y}(u)^{-1} = \boldsymbol{I}\,.\end{aligned}$$

S. 61

Es gilt
$$\begin{aligned} &[u(pv') - (pu')v]_a^b\\ &= p(b)\big(u(b)v'(b) - u'(b)v(b)\big)\\ &\quad + p(a)\big(u'(a)v(a) - u(a)v'(a)\big)\,.\end{aligned}$$

Die Funktionen u und v erfüllen die Randbedingungen:

$$\begin{aligned} \alpha_1 u(a) + \beta_1 p(a)u'(a) &= 0\,,\\ \alpha_2 u(b) + \beta_2 p(b)u'(b) &= 0\,,\\ \alpha_1 v(a) + \beta_1 p(a)v'(a) &= 0\,,\\ \alpha_2 v(b) + \beta_2 p(b)u'(b) &= 0\,.\end{aligned}$$

Multiplikation der ersten Gleichung mit $v(a)$ und der dritten Gleichung mit $u(a)$ und anschließende Subtraktion führen auf

$$\beta_1 p(a)\big(u'(a)v(a) - u(a)v'(a)\big) = 0\,.$$

In analoger Weise erhält man

$$\beta_2 p(b)\big(u'(b)v(b) - u(b)v'(b)\big) = 0\,,$$

wobei nach Voraussetzung die Funktion $p\colon I \to \mathbb{R}$, $p > 0$ erfüllt. Die reellen Konstanten α_i und β_i erfüllen die Identitäten $\alpha_1^2 + \beta_i^2 = 1$, $i = 1, 2$. Für jedes $i = 1, 2$ ist daher mindestens eine der beiden Konstanten verschieden von null. Sind $\beta_1 = \beta_2 = 0$ kann ähnlich vorgegangen werden, wobei entsprechend mit $v'(a)$ und $u'(a)$ multipliziert wird. Es folgt also in jedem Fall

$$u'(b)v(b) - u(b)v'(b) = u'(a)v(a) - u(a)v'(a) = 0$$

und daraus $[u(pv') - (pu')v]_a^b = 0$.

S. 61

Ausgehend von

$$y''(x) + \frac{a_1(x)}{a_2(x)}y'(x) + \frac{a_0(x)}{a_2(x)}y(x) = \frac{f(x)}{a_2(x)}$$

und Vergleich mit der selbstadjungierten Gleichung

$$-[p(x)y']' + q(x)y = -p'(x)y' - p(x)y''(x) + q(x)y = h(x)$$

und nach Division durch die Funktion $-p$

$$+y''(x) + \frac{p'(x)}{p(x)}y'(x) - \frac{q(x)}{p(x)}y(x) = -\frac{h(x)}{p(x)}\,,$$

erhält man

$$\begin{aligned} \frac{p'(x)}{p(x)} &= \frac{a_1(x)}{a_2(x)} &&\Longrightarrow\ p(x) = \exp\int_a^x \frac{a_1(t)}{a_2(t)}\,\mathrm{d}t\,,\\ -\frac{q(x)}{p(x)} &= \frac{a_0(x)}{a_2(x)} &&\Longrightarrow\ q(x) = -\frac{a_0(x)}{a_2(x)}\,p(x)\,,\\ -\frac{h(x)}{p(x)} &= \frac{f(x)}{a_2(x)} &&\Longrightarrow\ h(x) = -\frac{f(x)}{a_2(x)}\,p(x)\,.\end{aligned}$$

4 Qualitative Theorie – jenseits von analytischen und mehr als numerische Lösungen

Was ist ein Richtungsfeld?

Was bedeutet Stabilität?

Was ist ein dynamisches System?

Wo befindet sich der Phasenraum?

Wie können sich Gleichgewichtspunkte verzweigen?

Geometrische Aspekte einer Differenzialgleichung gehen von einem Vektorfeld aus. Gesucht ist dann eine Kurve, deren Tangentialvektoren in allen Punkten mit den Richtungen des Vektorfelds übereinstimmen.

Unter qualitativer Theorie von Differenzialgleichungen versteht man das Verhalten von Lösungen speziell für lange Zeiträume. Oft kann man durch das qualitative Verhalten der Lösungen von Differenzialgleichungen Aussagen über Eigenschaften der Gleichungen treffen, ohne sie selbst explizit zu lösen. Diese Betrachtungsweise geht ursprünglich auf den französischen Mathematiker und Physiker Henri Poincaré (1854–1912) zurück. Fragen nach dem Langzeitverhalten und der Stabilität von Lösungen spielen in der Technik und den Naturwissenschaften eine besondere Rolle.

Eindimensionale Systeme in Form sogenannter skalarer Differenzialgleichungen sind relativ einfach zu behandeln. Hier kann es nur Gleichgewichtspunkte geben und Bahnen, die diese verbinden. Zweidimensionale Systeme sind wegen des Jordan'schen Kurvensatzes noch recht gut zu verstehen. Die wesentliche Aussage liefert der Satz von Poincaré-Bendixson, der eine Folgerung aus dem Jordan'schen Kurvensatz ist: Bei Vorliegen geeigneter Eigenschaften existiert ein Gleichgewichtspunkt oder ein periodischer Orbit. Allerdings sind diese Ergebnisse auf den $\mathbb{R}^2$ beschränkt. In höheren Dimensionen wird es dann sehr schwierig.

4.1 Maximales Existenzintervall und stetige Abhängigkeit der Lösungen von den Daten

Aus Gründen der Anschaulichkeit werden wir den Wertebereich der Funktion f und der Lösung y im Folgenden (meistens) von $\mathbb{C}^n$ auf $\mathbb{R}^n$ einschränken. Die unabhängige Variable wird in diesem Kapitel mit t statt wie bisher mit x bezeichnet, da es in diesen Abschnitten oft hilfreich ist, sich darunter die Zeit vorzustellen. Zunächst wird ein n-dimensionales nicht autonomes Differenzialgleichungssystem 1. Ordnung der Gestalt

$$\begin{aligned} \boldsymbol{y}'(t) &= \boldsymbol{f}(t, \boldsymbol{y}(t)), \\ \boldsymbol{y}(t_0) &= \boldsymbol{y}_0 \end{aligned}$$

betrachtet mit $\boldsymbol{f}\colon D \subseteq I \times \mathbb{R}^n \to \mathbb{R}^n$ und $t_0 \in I$, wobei $I \subseteq \mathbb{R}$.

Lokale Lösungen können auf ein maximales Existenzintervall fortgesetzt werden

Im Folgenden zeigen wir, dass lokale Lösungen von Anfangswertproblemen auf größere maximale Zeitintervalle fortgesetzt werden können. **Globale Existenz** einer Lösung bedeutet Existenz dieser Lösung für alle $t \in \mathbb{R}$.

Die *lokale Lipschitz-Stetigkeit* ist eine Abschwächung der Lipschitz-Stetigkeit. Eine Funktion $f\colon X \to Y$ heißt **lokal Lipschitz-stetig** in $x \in X$, wenn eine Umgebung $U \subseteq X$ von x existiert, sodass die Einschränkung von f auf diese Umgebung U Lipschitz-stetig ist.

Für $G := I \times Q$ mit $I = [t_0 - a, t_0 + a]$, $Q = \{z \in \mathbb{C}^n \mid \|z - \boldsymbol{y}_0\| \le b\}$ und $a, b \in \mathbb{R}_{>0}$ garantiert der Satz von Picard-Lindelöf für eine stetige und lokal Lipschitz-stetige Funktion $\boldsymbol{f}$ die Existenz einer Lösung – nennen wir sie $\boldsymbol{y}_0(t)$ – des Anfangswertproblems

$$\begin{aligned} \boldsymbol{y}'(t) &= \boldsymbol{f}(t, \boldsymbol{y}(t)), \\ \boldsymbol{y}(t_0) &= \boldsymbol{y}_0, \end{aligned} \tag{4.1}$$

auf einem möglicherweise kleinen Intervall $I_0 = [t_0 - a_0, t_0 + a_0]$ mit $a_0 = a > 0$. Es sei $t_1 := t_0 + a_0$ und $\boldsymbol{y}_1 = \boldsymbol{y}_0(t_1)$. Nach dem Satz von Picard-Lindelöf gilt $(t_1, \boldsymbol{y}_1) \in G$, und das Anfangswertproblem mit $\boldsymbol{y}(t_1) = \boldsymbol{y}_1$ besitzt eine eindeutige Lösung $\boldsymbol{y}_1(t)$ auf $I_1 := [t_1 - a_0, t_1 + a_1]$ mit $a_1 > 0$. Auf $I_0 \cap I_1$ gilt $\boldsymbol{y}_0(t) = \boldsymbol{y}_1(t)$ aufgrund der Eindeutigkeit der Lösung.

Wir bezeichnen mit $\boldsymbol{y}_+(t)$ eine **Fortsetzung** der lokalen Lösung $\boldsymbol{y}_0(t)$ **nach rechts**. Es gilt $\boldsymbol{y}_+(t) = \boldsymbol{y}_0(t)$ für $t \in [t_0, t_1]$ und $\boldsymbol{y}_+(t) = \boldsymbol{y}_1(t)$ für $t \in [t_1, t_1 + a_1]$.

Eine **Fortsetzung nach links** $\boldsymbol{y}_-(t)$ kann in ähnlicher Weise definiert werden. Diese Konstruktionen können jeweils beliebig oft wiederholt werden. Daher existiert eine eindeutige Lösung des gegebenen Anfangswertproblems auf einem Intervall $[t_0, t_0 + a_0 + a_1 + a_2 + \ldots]$, und falls die Reihe $\sum_{k=0}^{\infty} a_k$ divergiert, existiert die Lösung global in der Vorwärtszeit. Es ist allerdings möglich, dass die Werte a_k, $k \in \mathbb{N}$, beliebig klein werden, wenn sich die Punkte $(t_k, \boldsymbol{y}_+(t_k))$ dem Rand von G nähern und entweder $\|\boldsymbol{f}(t_k, \boldsymbol{y}_+(t_k))\|$ oder die in einer Umgebung geltende Lipschitzkonstante L_k unbeschränkt werden. Dann existiert die Fortsetzung nur auf einem endlichen Intervall.

Beispiel Die nichtlineare Differenzialgleichung

$$y'(t) = 1 + y^2(t)$$

mit Anfangsbedingung $y(0) = 0$ hat die für $t \in \left(-\frac{\pi}{2}, \frac{\pi}{2}\right)$ definierte Lösung $y(t) = \tan t$. Die Funktion $\tan t$ strebt allerdings (betragsmäßig) in endlicher Zeit (für $t \to \pm\frac{\pi}{2}$) ins Unendliche. ◀

Maximales Existenzintervall und maximale Lösung

Seien $\boldsymbol{f}\colon G \to \mathbb{R}^n$ stetig und lokal Lipschitz-stetig bezüglich $\boldsymbol{y}$ und $(t_0, \boldsymbol{y}_0) \in G$. Weiters seien $t_\pm := t_\pm(t_0, \boldsymbol{y}_0) \in \mathbb{R}$ durch

$$\begin{aligned} t_+ &= \sup\{\tau > t_0 \colon \text{es existiert eine Fortsetzung} \\ &\qquad \boldsymbol{y}_+ \text{ von (4.1) auf } [t_0, \tau]\}, \\ t_- &= \inf\{\tau < t_0 \colon \text{es existiert eine Fortsetzung} \\ &\qquad \boldsymbol{y}_- \text{ von (4.1) auf } [\tau, t_0]\} \end{aligned}$$

definiert. Das Intervall (t_-, t_+) heißt das **maximale Existenzintervall** der Lösung des Anfangswertproblems mit $\boldsymbol{y}(t_0) = \boldsymbol{y}_0$. Die **maximale Lösung** $\boldsymbol{y}(t)$ ist für $t \in [t_0, t_+)$ durch $\boldsymbol{y}(t) = \boldsymbol{y}_+(t)$ definiert und für $t \in (t_-, t_0]$ durch $\boldsymbol{y}(t) = \boldsymbol{y}_-(t)$.

Ein maximales Existenzintervall $(-\infty, +\infty)$ bedeutet globale Existenz der Lösung einer Differenzialgleichung.

Kommentar: Im Fall $t_+ < \infty$ kommt die maximale Lösung für $t \to t_+$ dem Rand von Q beliebig nahe oder es tritt ein **Blow-up** auf, was bedeutet, dass $\|\boldsymbol{y}(t)\|$ für $t \to t_+$ unbeschränkt wird. Analoges gilt für $t_- < \infty$.

Für lineare Systeme

$$\boldsymbol{y}'(t) = \boldsymbol{A}(t)\boldsymbol{y}(t) + \boldsymbol{f}(t),$$
$$\boldsymbol{y}(t_0) = \boldsymbol{y}_0$$

gilt immer globale Existenz, falls $\boldsymbol{A}(t)$ und $\boldsymbol{f}(t)$ stetige Funktionen sind.

Beispiel Die skalare Differenzialgleichung

$$y' = y^2,$$
$$y(t_0) = y(0) = 1.$$

hat die Lösung $y(t) = \frac{1}{1-t}$. Das maximale Existenzintervall ist $(t_-, t_+) = (-\infty, 1)$ oder $(1, \infty)$. ◀

Die Lösungen hängen stetig von den Anfangswerten ab

Neben Existenz und Eindeutigkeitsfragen von Lösungen von gewöhnlichen Differenzialgleichungen ist die Abhängigkeit der Lösungen von den Daten essenziell. Es sollten kleine Änderungen der Daten nur zu kleinen Änderungen der Lösungen führen. In diesen Fällen sagt man, dass die Lösungen *stetig* von den Daten abhängen.

Aus dem Existenz- und Eindeutigkeitssatz von Picard-Lindelöf (siehe Kapitel 2, Seite 22 oder auch Band I, Kapitel 20) wissen wir, dass jedes Anfangswertproblem unter gewissen Voraussetzungen an die Funktion $\boldsymbol{f}$ eine eindeutige Lösung besitzt. Diese hängt natürlich vom Anfangswert $\boldsymbol{y}_0$, von $t_0 \in I$ und von der vektorwertigen Funktion $\boldsymbol{f}(t, \boldsymbol{y}(t))$ ab.

Wie stark können sich Störungen der Funktion $\boldsymbol{f}$, des Anfangswerts $\boldsymbol{y}_0$ oder t_0 auf die Lösungen auswirken? Ist diese Abhängigkeit stetig oder sogar differenzierbar?

Diese Fragen sind vor allem in Anwendungen, wo im Allgemeinen der Anfangswert $\boldsymbol{y}_0$ und die Dynamik $\boldsymbol{f}$ nicht genau bekannt sind, fundamental.

Satz über die stetige Abhängigkeit vom Anfangswert

Sei $D \subseteq I \times \mathbb{R}^n$ offen, $\boldsymbol{f}\colon D \to \mathbb{R}^n$ stetig und lokal Lipschitz-stetig bezüglich $\boldsymbol{y}$ und sei $(t_0, \boldsymbol{y}_0) \in D$. Falls die Lösung von

$$\boldsymbol{y}'(t) = \boldsymbol{f}(t, \boldsymbol{y}(t)),$$
$$\boldsymbol{y}(t_0) = \boldsymbol{y}_0, \qquad \boldsymbol{y}_0 \in \mathbb{R}^n$$

für alle $t \in I = [a, b]$ existiert, dann gibt es zu jedem $\varepsilon > 0$ ein $\delta = \delta(\varepsilon) > 0$, sodass gilt:

(i) Falls $\|\boldsymbol{y}_0 - \boldsymbol{z}_0\| < \delta$ ist, existiert auch die Lösung von

$$\boldsymbol{z}'(t) = \boldsymbol{f}(t, \boldsymbol{z}(t)),$$
$$\boldsymbol{z}(t_0) = \boldsymbol{z}_0, \qquad \boldsymbol{z}_0 \in \mathbb{R}^n$$

für $t \in I$.

(ii) Es gilt $\max_{t\in I} \|\boldsymbol{y}(t) - \boldsymbol{z}(t)\| < \varepsilon$.

Beweis: Da D offen ist, existieren ein $\overline{\delta} > 0$ und eine kompakte Menge $K = \{(t, \boldsymbol{z}(t)) \colon t \in I, \|\boldsymbol{y}(t) - \boldsymbol{z}(t)\| \le \overline{\delta}\} \subseteq D$. Auf K ist die Funktion $\boldsymbol{f}$ Lipschitz-stetig bezüglich $\boldsymbol{y}$ mit einer Lipschitzkonstanten L. Sei $\delta < \overline{\delta}$ und $\|\boldsymbol{y}_0 - \boldsymbol{z}_0\| < \delta$. Dann gilt für alle $t_0, t \in I = [a, b]$

$$\|\boldsymbol{y}(t) - \boldsymbol{z}(t)\| \le \delta + L \int_{t_0}^{t} \|\boldsymbol{y}(x) - \boldsymbol{z}(x)\| \mathrm{d}x .$$

Aus dem Lemma von Gronwall (siehe Seite 76) mit $\gamma = L$ folgt für diese t,

$$\|\boldsymbol{y}(t) - \boldsymbol{z}(t)\| \le \delta \mathrm{e}^{L(t-t_0)} \tag{4.2}$$

und zusammen mit der Wahl $\delta \le \overline{\delta}\mathrm{e}^{L(a-b)}$ ergibt sich

$$\|\boldsymbol{y}(t) - \boldsymbol{z}(t)\| \le \overline{\delta}, \qquad t \in I .$$

Also gilt $(t, \boldsymbol{z}(t)) \in K$ für $t \in I$, und Behauptung (i) ist bewiesen.

Mit der Wahl $\delta < \varepsilon \mathrm{e}^{L(a-b)}$ folgt die Aussage (ii) des Satzes. ■

Kommentar: Damit ist gezeigt, dass die Lösung $\boldsymbol{y}(t)$ eines Anfangswertproblems mit Anfangswert $\boldsymbol{y}(t_0) = \boldsymbol{y}_0$ stetig vom Anfangswert $\boldsymbol{y}_0$ abhängt. Um diese Abhängigkeit der Lösung $\boldsymbol{y}(t)$ von den Eingangsdaten zu betonen, verwendet man oft auch die Notation $\boldsymbol{y}(t, t_0, \boldsymbol{y}_0, \boldsymbol{f})$.

Wie die skalare Differenzialgleichung $y' = f(y) = \lambda y$, $\lambda \in \mathbb{R}$ mit der Lipschitzkonstanten $L = |\lambda|$ zeigt, ist die im Beweis erhaltene Abschätzung (4.2) zu pessimistisch. Hier gilt für $t_0 = 0$

$$|y(t) - z(t)| \le \mathrm{e}^{|\lambda|t} |y_0 - z_0| ,$$

d. h., für $\lambda > 0$ gilt in (4.2) sogar die Gleichheit, während für $\lambda < 0$ das exponentielle Abklingen von $|y(t) - z(t)|$ durch die in t exponentiell wachsende Abschätzung nicht richtig wiedergegeben wird. Die Gleichung

$$y' = \lambda y\,, \quad \lambda \in \mathbb{R}_{<0}\,, \ |\lambda| \gg 1$$

ist ein einfaches Beispiel einer *steifen* Differenzialgleichung, siehe Seite 75.

In ähnlicher Art und Weise wie im obigen Satz kann auch gezeigt werden, dass die Abhängigkeit vom Anfangszeitpunkt t_0 und der Funktion $\boldsymbol{f}$ jeweils stetig und unter restriktiveren Annahmen sogar differenzierbar ist. Im Wesentlichen folgt aus der stetigen Differenzierbarkeit der Funktion $\boldsymbol{f}$ nach den einzelnen Argumenten die stetig differenzierbare Abhängigkeit der Lösung $\boldsymbol{y}$ von den entsprechenden Argumenten.

Viele Differenzialgleichungen aus den Anwendungen enthalten oft einen oder mehrere Parameter $\boldsymbol{\mu} \in \mathbb{R}^m$. In diesem Fall hängt die Lösung des gegebenen Anfangswertproblems auch von diesem Parameter ab. Falls die Funktion $\boldsymbol{f}$ in der Maximumsnorm stetig von $\boldsymbol{\mu}$ abhängt, folgt aus der stetigen Abhängigkeit der Lösungen von $\boldsymbol{f}$ auch die stetige Abhängigkeit vom Parameter $\boldsymbol{\mu}$.

4.2 Stabilität und der Fluss

Welchen Effekt kleine Störungen, etwa in den Anfangsbedingungen, auf die Lösungen von Differenzialgleichungen haben, wird durch das Konzept der *Stabilität* beschrieben.

Das Richtungsfeld liefert einen visuellen Eindruck vom Verhalten der Lösungen

Eine **Lösung** $\boldsymbol{y}\colon I \to \mathbb{R}^n$ ist eine auf I differenzierbare Funktion, deren Graph $(t, \boldsymbol{y}(t))$, $t \in I$, eine differenzierbare Kurve in $\mathbb{R}^{n+1}$ darstellt, die **Lösungskurve** oder auch *Integralkurve* genannt wird. Der Richtungsvektor der Tangente im Punkt $(t, \boldsymbol{y}(t))$ ist $(1, \boldsymbol{f}(t, \boldsymbol{y}(t)))$, da $\boldsymbol{y}(t)$ die Differenzialgleichung erfüllt.

?

Überzeugen Sie sich im Fall $n = 1$, dass $(1, f(t_1, y(t_1)))$ der Richtungsvektor der Tangente an den Graphen $(t, y(t)) \in \mathbb{R}^2$, $t \in I$, im Punkt $(t_1, y(t_1))$, $t_1 \in I$, ist.

Die Funktion $\boldsymbol{f}$ ordnet jedem Punkt $(t, \boldsymbol{y}) \in D$ die Steigung (oder auch Richtung) $\boldsymbol{f}(t, \boldsymbol{y})$ zu. Im Fall skalarer Differenzialgleichungen können die Überlegungen im $\mathbb{R}^2$ geometrisch veranschaulicht werden. Man denkt sich durch jeden Punkt $(t, y(t))$ ein **Linienelement**, ein kurzes Geradenstück einheitlicher Länge mit Steigung $f(t, y(t))$, gelegt. Die Gesamtheit aller dieser Linienelemente wird **Richtungsfeld** genannt. Lösungen der Differenzialgleichung entsprechen Kurven, die in jedem ihrer Punkte tangential zum Richtungsfeld liegen. Durch Skizzieren des Richtungsfeldes kann man sich daher ein gutes Bild vom Verhalten der Lösungen machen. Auch mögliche Singularitäten der Lösung sind erkennbar.

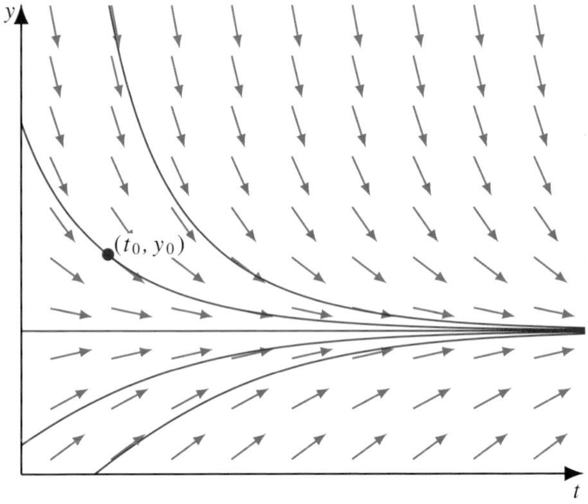

Abbildung 4.1 Richtungsfeld und Lösungskurven einer skalaren Differenzialgleichung. Ist eine Anfangsbedingung $y(t_0) = y_0$ gegeben, so verläuft der Graph der entsprechenden Lösung durch den Punkt (t_0, y_0).

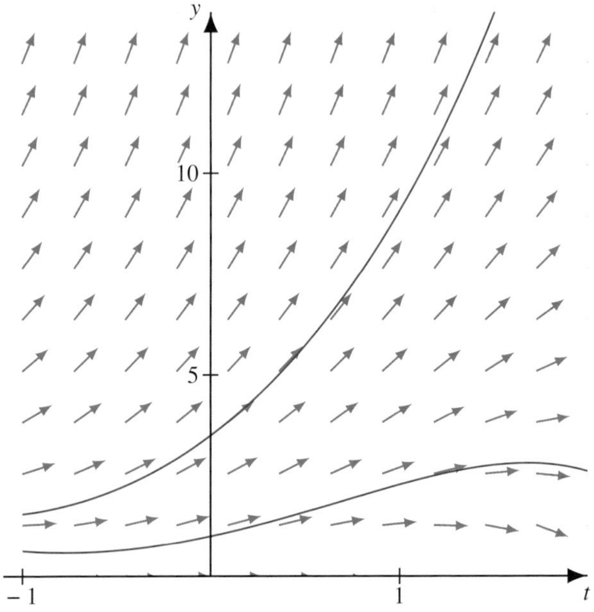

Abbildung 4.2 Das Richtungsfeld und Lösungskurven der Differenzialgleichung $y' = y - t^2$ zu verschiedenen Anfangsbedingungen.

Zusammenfassend: Lösen der Differenzialgleichung bedeutet Kurven finden, die in jedem auf der Kurve liegenden Punkt $(t, \boldsymbol{y}(t))$ den Tangentialvektor $\big(1, \boldsymbol{f}(t, \boldsymbol{y}(t))\big)$ haben. Das Lösen eines Anfangswertproblems $\boldsymbol{y}' = \boldsymbol{f}(t, \boldsymbol{y})$, $\boldsymbol{y}(t_0) = \boldsymbol{y}_0$ entspricht dem Bestimmen einer Kurve, die durch den Anfangspunkt $(t_0, \boldsymbol{y}_0)$ läuft und in jedem Punkt tangential zum Richtungsfeld liegt.

Oft ist es hilfreich **Isoklinen** zur Differenzialgleichung $\boldsymbol{y}'(t) = \boldsymbol{f}(t, \boldsymbol{y}(t))$ zu betrachten, das sind im Fall $n = 1$

Hintergrund und Ausblick: Steife Differenzialgleichungen

Ein System von Differenzialgleichungen $\boldsymbol{y}' = \boldsymbol{f}(t, \boldsymbol{y})$, $\boldsymbol{y}(t_0) = \boldsymbol{y}_0$, wird als **steif** bezeichnet, falls verschiedene Lösungskomponenten ein extrem unterschiedliches Verhalten haben. Es treten verschiedene Zeitskalen auf, sehr kurze schnelle Phasen und lange Phasen, in denen sich die Lösung nur langsam ändert. Intuitiv ist gut verständlich, was Steifheit ist, viel schwieriger ist es, eine exakte Definition dieses Begriffs zu geben, da das Problem der Steifheit sehr vielschichtig ist.

Betrachten wir zunächst das folgende skalare Beispiel

$$y' = \lambda y\,, \quad y(0) = \delta_0 \qquad \lambda \in \mathbb{R}_{<0}\,,\ |\lambda| \gg 1$$

mit der exakten Lösung $y(t) = \mathrm{e}^{\lambda t}\delta_0$. δ_0 kann als Störung des Startwertes $y(0) = 0$ (definiert die Lösung $y(t) \equiv 0$) interpretiert werden. Für $|\lambda| \gg 10$ wird diese Störung rasch weggedämpft.

Das ist ein sehr einfaches Beispiel für ein steifes Problem. Es zeigt das folgende charakteristische Verhalten:

- Die Lipschitzkonstante $L = |\lambda|$ ist sehr groß.
- Für $y_0 = 0$ ist die Lösung $y(t) \equiv 0$ **glatt**, d. h., es gibt keine betragsmäßig großen Ableitungen.
- Für $y_0 \neq 0$ ist die Lösung nicht glatt, sondern klingt sehr schnell in der Nähe des Startes bei 0 ab. Weiter weg von 0 wird die Lösung wieder glatt und nähert sich $y(t) \equiv 0$.

Die **Prothero-Robinson-Gleichung**

$$y' = \lambda(y - g(t)) + g'(t) \qquad \lambda \in \mathbb{R}_{<0}\,,\ |\lambda| \gg 1$$

hat die allgemeine Lösung $y(t) = c\,\mathrm{e}^{\lambda t} + g(t)$ mit $c \in \mathbb{R}$, die sich aus einem glatten Anteil $g(t)$ – etwa $g(t) = \cos t$ oder $\sin t$ – und dem abklingenden Anteil $\mathrm{e}^{\lambda t}$ zusammensetzt.

Das **Robertson-Problem** beschreibt die Kinetik einer autokatalytischen Reaktion von drei Stoffen mit den Konzentrationen y_1, y_2 und y_3, die durch das folgende Differenzialgleichungssystem

$$\begin{aligned} y_1' &= Ay_2y_3 - By_1 \\ y_2' &= By_1 - Ay_2y_3 - Cy_2^2 \\ y_3' &= Cy_2^2 \end{aligned}$$

modelliert wird, Die Reaktionskonstanten $A = 10^4$, $B = 4 \cdot 10^{-2}$ und $C = 3 \cdot 10^7$ sind von sehr unterschiedlicher Größenordnung. Eine Reaktion läuft sehr langsam, die zweite sehr schnell ab, siehe (4.11). Die Gesamtmasse $y_1 + y_2 + y_3$ bleibt konstant, das ist eine typische Eigenschaft in der chemischen Kinetik.

Bei allen diesen Beispielen klingen gewisse Komponenten der Lösung oder Lösungsanteile sehr viel schneller ab als andere. Die folgende Definition charakterisiert diese Eigenschaft.

Ein System gewöhnlicher Differenzialgleichungen

$$\begin{aligned} \boldsymbol{y}' &= \boldsymbol{f}(t, \boldsymbol{y}) \\ \boldsymbol{y}(t_0) &= \boldsymbol{y}_0 \end{aligned}$$

heißt *steif*, falls die Jacobi-Matrix $\mathcal{J} = \frac{\mathrm{d}\boldsymbol{f}}{\mathrm{d}\boldsymbol{y}}$ Eigenwerte λ_i mit $\operatorname{Re}\lambda_i \in \mathbb{R}_{<0}$, $|\operatorname{Re}\lambda_i| \gg 1$ und möglicherweise Eigenwerte von moderater Größenordnung hat.

Die Eigenwerte der entsprechenden Jacobi-Matrix im Robertson-Problem an der Stelle $\boldsymbol{y} = (1, 0.1, 0.1)$ sind $\lambda_1 = -6 \cdot 10^6$, $\lambda_2 = -10^3$ und $\lambda_3 = 0$.

Ein numerisches Verfahren zur Lösung parabolischer Differenzialgleichungen, also einer wichtigen Klasse von partiellen Differenzialgleichungen, ist die sogenannte *Linienmethode*. Dabei werden die Ortsableitungen durch Differenzenquotienten ersetzt und die Zeitableitungen zunächst belassen. Man spricht auch von *Semidiskretisierung*. Als Ergebnis erhält man im Allgemeinen ein steifes Anfangswertproblem.

Mit der numerischen Lösung von Anfangswertproblemen beschäftigen wir uns in Kapitel 18. Es gibt explizite und implizite Verfahren zur numerischen Lösung von Differenzialgleichungen. Der Aufwand für einen Integrationsschritt ist bei expliziten Verfahren deutlich kleiner als bei impliziten Verfahren. Solche Verfahren werden dann verwendet, wenn dieser Nachteil durch größere Schrittweiten bei gleicher Genauigkeit ausgeglichen werden kann. Das trifft genau bei steifen Problemen zu.

Da steife Systeme einen Lösungsanteil haben, der schnell klein wird und dann gegenüber dem anderen langsam veränderlichen Lösungsanteil nicht mehr sichtbar ist, kann dennoch ein explizites numerisches Verfahren gezwungen sein, die Schrittweite nach diesem schnell verschwindenden Lösungsanteil auszurichten und daher unverhältnismäßig viele Integrationsschritte zu benötigen, obwohl die Lösung relativ glatt verläuft. Die Schrittweite wird bei steifen Differenzialgleichungen durch die Stabilität des Verfahrens und nicht durch Genauigkeitsanforderungen bestimmt. Die Länge des Integrationsintervalls spielt dabei eine Rolle, denn die schnell abklingenden Lösungsanteile liefern nur bei großen Intervallen eine starke Einschränkung der Schrittweite.

Daher ist eine sehr pragmatische Charakterisierung von Steifheit und gleichzeitig eine der ersten auch die folgende, die das Verhalten bei numerischer Lösung widerspiegelt.

Steife Differenzialgleichungen sind Gleichungen, wo gewisse implizite Methoden besser, meistens wesentlich besser, als explizite Methoden funktionieren.

Hintergrund und Ausblick: Lemma von Gronwall

Die Gronwall'sche Ungleichung ist ein wichtiges Hilfsmittel, um Abschätzungen in der Theorie gewöhnlicher Differenzialgleichungen zu erhalten. Mit ihrer Hilfe gewinnt man aber auch eine Schranke für eine Funktion, die eine bestimmte Differenzial- oder Integralungleichung erfüllt. Das Lemma existiert in verschiedenen Versionen in Integral- und Differenzialform. Es wurde 1919 von dem schwedischen Mathematiker Thomas Hakon Grönwall (in USA auch Gronwall genannt) (1877–1932) bewiesen.

Satz
Genügt die integrierbare und beschränkte Funktion $g\colon [0, T] \to \mathbb{R}$ der Bedingung

$$g(t) \le \delta + \gamma \int_0^t g(x)\,\mathrm{d}x \quad \text{für alle} \quad t \in [0, T] \qquad (4.3)$$

mit Konstanten $\delta \in \mathbb{R}$, $\gamma \in \mathbb{R}_{\ge 0}$, dann gilt

$$g(t) \le \delta\,\mathrm{e}^{\gamma t} \quad \text{für alle} \quad t \in [0, T].$$

Beweis: Die Gültigkeit der Aussage für $\gamma = 0$ erkennen wir unmittelbar, sodass wir uns im Weiteren auf den Fall $\gamma > 0$ beschränken können. Schreiben wir

$$M := \sup_{0 \le t \le T} g(t),$$

so werden wir durch Induktion über $n = 0, 1, \ldots$ vorerst die Abschätzung

$$g(t) \le \delta \sum_{j=0}^{n} \frac{(\gamma t)^j}{j!} + M \frac{(\gamma t)^{n+1}}{(n+1)!} \quad \text{für alle} \quad t \in [0, T] \qquad (4.4)$$

nachweisen. Für $n = 0$ ergibt sich die Eigenschaft direkt aus der Grundforderung (4.3) durch

$$g(t) \le \delta + \gamma \int_0^t g(x)\,\mathrm{d}x \le \delta + \gamma M t.$$

Gehen wir von der Annahme aus, dass (4.4) für ein beliebiges, aber festes $n \in \mathbb{N}_0$ erfüllt ist, so erschließt sich der Induktionsschritt ($n \to n+1$) aus

$$\begin{aligned} g(t) &\le \delta + \gamma \int_0^t g(x)\,\mathrm{d}x \\ &\le \delta + \gamma \int_0^t \left(\delta \sum_{j=0}^{n} \frac{(\gamma x)^j}{j!} + M \frac{(\gamma x)^{n+1}}{(n+1)!} \right) \mathrm{d}x \\ &= \delta + \gamma\delta \sum_{j=0}^{n} \frac{\gamma^j t^{j+1}}{(j+1)!} + \gamma M \frac{\gamma^{n+1} t^{n+2}}{(n+2)!} \\ &= \delta \sum_{j=0}^{n+1} \frac{(\gamma t)^j}{j!} + M \frac{(\gamma t)^{n+2}}{(n+2)!}. \end{aligned}$$

Somit ist die Abschätzung (4.4) nachgewiesen. Führen wir einen Grenzübergang $n \to \infty$ in (4.4) durch und berücksichtigen die Eigenschaft

$$\frac{(\gamma t)^{n+1}}{(n+1)!} \to 0 \quad \text{für alle} \quad t \in [0, T] \quad \text{und} \quad \gamma > 0,$$

so ergibt sich die Behauptung gemäß

$$\begin{aligned} g(t) &= \lim_{n\to\infty} g(t) \le \lim_{n\to\infty} \left(\delta \sum_{j=0}^{n} \frac{(\gamma t)^j}{j!} + M \frac{(\gamma t)^{n+1}}{(n+1)!} \right) \\ &= \delta\,\mathrm{e}^{\gamma t}. \end{aligned}$$

■

Setzen wir die Stetigkeit der Funktion g voraus und ein beliebiges Intervall $[a, b] \subset \mathbb{R}$, so erhalten wir die Version, die wir hier benötigen.

Satz
Seien $I = [a, b] \subseteq \mathbb{R}$ und $g\colon I \to \mathbb{R}$ eine stetige Funktion. Falls

$$0 \le g(t) \le \delta + \gamma \int_a^t g(x)\,\mathrm{d}x \qquad \forall t \in I, \quad \delta, \gamma > 0,$$

dann gilt

$$g(t) \le \delta\,\mathrm{e}^{\gamma(t-a)}.$$

Beweis: Setzen wir $\varphi(t) = \delta + \gamma \int_a^t g(x)\,\mathrm{d}x$, dann gilt $\varphi'(t) = \gamma g(t) \le \gamma\varphi(t)$ nach Voraussetzung. Die Funktion $\varphi\,\mathrm{e}^{-\gamma t}$ ist monoton fallend, da

$$(\varphi\,\mathrm{e}^{-\gamma t})' = \mathrm{e}^{-\gamma t}(\varphi'(t) - \gamma\varphi(t)) \le 0.$$

Daraus folgt

$$\begin{aligned} g(t)\,\mathrm{e}^{-\gamma t} &\le \varphi(t)\,\mathrm{e}^{-\gamma t} \le \varphi(a)\,\mathrm{e}^{-\gamma a} \\ &= \delta\,\mathrm{e}^{-\gamma a} \quad \forall t \ge a \end{aligned}$$

und die Aussage des Satzes ist bewiesen. ■

Eine dazu verallgemeinerte Voraussetzung ist etwa

$$g(t) \le \delta(t) + \int_a^t \gamma(x) g(x)\,\mathrm{d}x \qquad \forall t \in I,$$

wobei $\delta, \gamma\colon I \to [0, \infty)$ stetige Funktionen sind. Die Gronwall'sche Ungleichung lautet in diesem Fall

$$g(t) \le \delta(t) + \int_a^t \delta(x)\gamma(x)\mathrm{e}^{\int_x^t \gamma(v)\mathrm{d}v}\mathrm{d}x \qquad \forall t \in I.$$

Für den entsprechenden Beweis verweisen wir auf die Literatur.

Eine diskrete Version dieses Lemmas finden Sie in Kapitel 18, auf Seite 680.

Kurven mit konstanter Steigung also $f(t, y(t)) = \text{const} = c$, $c \in \mathbb{R}$, oder allgemein $\boldsymbol{f}(t, \boldsymbol{y}(t)) = \boldsymbol{c}$, $\boldsymbol{c} \in \mathbb{R}^n$, siehe Abbildungen 4.3 und 4.4.

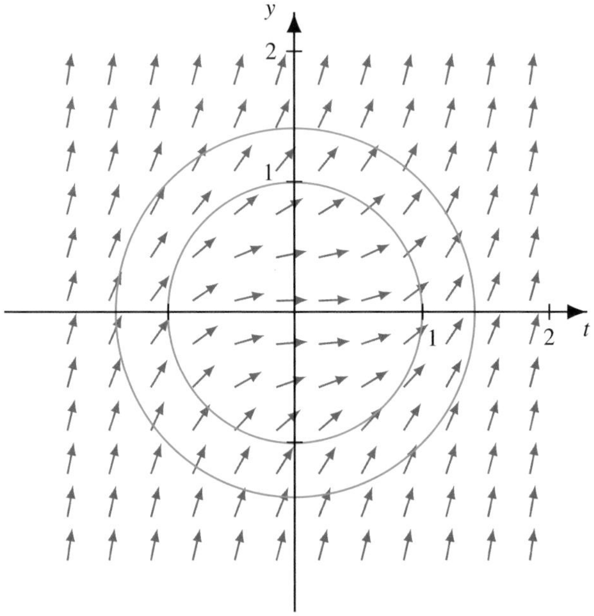

Abbildung 4.3 Das Richtungsfeld und Isoklinen (grün) der Differenzialgleichung $y' = y^2 + t^2$. Die Isoklinen sind hier Kreise $y^2 + t^2 = c$ (in der Abbildung $c = 1$ und $c = 2$) mit Radius $\sqrt{c}$.

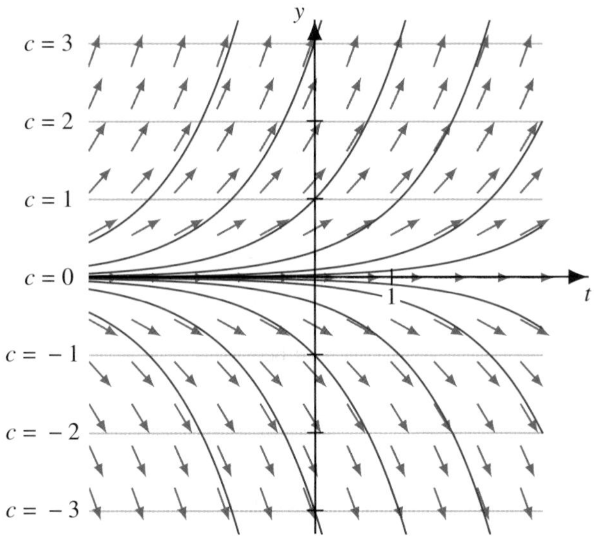

Abbildung 4.4 Das Richtungsfeld, einige Isoklinen (grün) und Lösungskurven der Differenzialgleichung $y' = y$.

Stabilität – wie wirken sich kleine Störungen auf die Lösungen aus?

Wir wollen im Folgenden die Stabilität von Lösungen von Anfangswertproblemen

$$\boldsymbol{y}'(t) = \boldsymbol{f}(t, \boldsymbol{y}(t)), \qquad \boldsymbol{y}(t_0) = \boldsymbol{y}_0$$

untersuchen, insbesondere interessiert uns auch das Verhalten von Lösungen für $t \in [t_0, \infty)$. Wir werden Lösungen mit verschiedenen Anfangswerten vergleichen und bezeichnen diese Lösungen in Abhängigkeit von der Anfangsbedingung $\boldsymbol{y}(t_0) = \boldsymbol{y}_0$ im Folgenden mit $\boldsymbol{y}(t, \boldsymbol{y}_0)$. Bei der Frage der Stabilität geht es um das Verhalten von Lösungen $\boldsymbol{y}(t, \widetilde{\boldsymbol{y}}_0)$, deren Anfangswerte $\widetilde{\boldsymbol{y}}_0$ nur wenig von $\boldsymbol{y}_0$ entfernt sind.

Ist $\|\boldsymbol{y}_0 - \widetilde{\boldsymbol{y}}_0\|$ auf einem endlichen Intervall $[t_0, t_{\text{end}}]$ klein, ist auch $\|\boldsymbol{y}(t, \boldsymbol{y}_0) - \boldsymbol{y}(t, \widetilde{\boldsymbol{y}}_0)\|$ klein für alle $t \in [t_0, t_{\text{end}}]$. Dieser Sachverhalt ist eine Konsequenz aus der stetigen Abhängigkeit von Anfangswerten. Die exponentielle Abschätzung (4.2) wird für $t_{\text{end}} \to \infty$ beliebig schlecht. Diese Resultate sind daher nicht auf unbeschränkte Intervalle $[t_0, \infty)$ übertragbar, hier sind weitere Untersuchungen notwendig.

Wichtige Typen von Lösungen, deren Stabilität wir untersuchen werden, sind *Gleichgewichtspunkte* und *periodische Lösungen*, insbesondere von autonomen Differenzialgleichungen $\boldsymbol{y}'(t) = \boldsymbol{f}(\boldsymbol{y}(t))$. Bei **autonomen** Differenzialgleichungen hängt $\boldsymbol{f}$ nur von $\boldsymbol{y}$ ab und nicht explizit von der Zeit t.

Definition eines Gleichgewichtspunktes

Ein Punkt $\overline{\boldsymbol{y}} \in D \subseteq \mathbb{R}^n$ heißt **Gleichgewichtspunkt** einer Abbildung $\boldsymbol{f}: D \to \mathbb{R}^n$, falls $\boldsymbol{f}(\overline{\boldsymbol{y}}) = \boldsymbol{0}$. Die konstante Lösung $\boldsymbol{y}(t) = \overline{\boldsymbol{y}}$ ist die (einzige) Lösung mit $\boldsymbol{y}(t_0) = \overline{\boldsymbol{y}}$.

Kommentar: Gleichgewichtspunkte werden in der Literatur oft auch als *Ruhelagen*, *stationäre Lösungen*, *Fixpunkte* oder *Equilibria* bezeichnet.

Definition: Stabilität und asymptotische Stabilität eines Gleichgewichtspunktes

Ein Gleichgewichtspunkt $\overline{\boldsymbol{y}}$ heißt **stabil** (im Sinne von Ljapunov), falls für jedes $\varepsilon > 0$ ein $\delta > 0$ existiert, sodass für alle Zeiten $t \geq t_0$ und alle Trajektorien $\boldsymbol{y}(t)$ mit $\|\boldsymbol{y}(t_0) - \overline{\boldsymbol{y}}\| \leq \delta$ gilt $\|\boldsymbol{y}(t) - \overline{\boldsymbol{y}}\| \leq \varepsilon$.

Ein Gleichgewichtspunkt $\overline{\boldsymbol{y}}$ heißt **instabil**, wenn er nicht stabil ist.

Ein Gleichgewichtspunkt $\overline{\boldsymbol{y}}$ ist **asymptotisch stabil**, falls es eine Umgebung U von $\overline{\boldsymbol{y}}$ gibt, sodass $\boldsymbol{y}(t_0) \in U$ zur Folge hat, dass $\lim_{t\to\infty} \boldsymbol{y}(t) = \overline{\boldsymbol{y}}$. Der Gleichgewichtspunkt $\overline{\boldsymbol{y}}$ wird als **Senke** bezeichnet.

Entsprechend ist $\overline{\boldsymbol{y}}$ eine **Quelle**, falls für jede Lösung $\boldsymbol{y}(t)$ mit $\boldsymbol{y}(t_0) \in U$ und $\boldsymbol{y}(t_0) \neq \overline{\boldsymbol{y}}$, ein $t_1 > t_0$ existiert, sodass $\boldsymbol{y}(t) \notin U$ für $t \geq t_1$.

Oft können Differenzialgleichungen nicht explizit gelöst werden. Meistens genügt es aber, die Gleichgewichtspunkte und das Verhalten der Lösung in deren Umgebung zu kennen.

Beispiel Für die skalare, autonome Differenzialgleichung

$$y'(t) = f(y(t))$$

ist die Ruhelage $\bar{y}$ *asymptotisch stabil*, wenn in einer Umgebung U von $\bar{y}$ gilt

$$f(y) > 0 \text{ für } y < \bar{y} \quad \text{und} \quad f(y) < 0 \text{ für } y > \bar{y}\,.$$

Der Gleichgewichtspunkt $\bar{y}$ ist *instabil*, wenn in U die Ungleichungen

$$f(y) < 0 \text{ für } y < \bar{y} \quad \text{oder} \quad f(y) > 0 \text{ für } y > \bar{y}$$

erfüllt sind.

Diese Beziehungen sind eine unmittelbare Folge aus dem Monotonieverhalten der Lösung y. ◀

Wir wollen den Stabilitätsbegriff ganz allgemein auf Lösungen einer Differenzialgleichung erweitern.

Definition: Stabilität von Lösungen

Sei $\boldsymbol{y}(t, \boldsymbol{y}_0)$ eine Lösung von $\boldsymbol{y}'(t) = \boldsymbol{f}(t, \boldsymbol{y}(t))$, $\boldsymbol{y}(t_0) = \boldsymbol{y}_0$, die für alle $t \geq t_0$ existiert.

Diese Lösung heißt **stabil** (im Sinn von Ljapunov), wenn es für alle $\varepsilon > 0$ ein $\delta > 0$ gibt, sodass aus $\|\boldsymbol{y}_0 - \widetilde{\boldsymbol{y}}_0\| \leq \delta$ folgt, dass die Lösung $\boldsymbol{y}(t, \widetilde{\boldsymbol{y}}_0)$ für alle $t \geq t_0$ existiert und $\|\boldsymbol{y}(t, \boldsymbol{y}_0) - \boldsymbol{y}(t, \widetilde{\boldsymbol{y}}_0)\| < \varepsilon$ für alle $t \geq t_0$ gilt.

Die Lösung $\boldsymbol{y}(t, \boldsymbol{y}_0)$ ist **instabil**, wenn sie nicht stabil ist.

Die Lösung $\boldsymbol{y}(t, \boldsymbol{y}_0)$ ist **attraktiv** oder auch **anziehend**, wenn es ein $\delta > 0$ gibt, sodass aus $\|\boldsymbol{y}_0 - \widetilde{\boldsymbol{y}}_0\| \leq \delta$ folgt, dass die Lösung $\boldsymbol{y}(t, \widetilde{\boldsymbol{y}}_0)$ für alle $t \geq t_0$ existiert und $\lim_{t\to\infty} \|\boldsymbol{y}(t, \boldsymbol{y}_0) - \boldsymbol{y}(t, \widetilde{\boldsymbol{y}}_0)\| = 0$ gilt.

Die Lösung $\boldsymbol{y}(t, \boldsymbol{y}_0)$ ist **asymptotisch stabil**, wenn sie stabil und attraktiv ist.

Es gibt weitere interessante und wichtige Lösungen, etwa *periodische Lösungen* oder *geschlossene Orbits*.

Eine **periodische Lösung** einer autonomen Differenzialgleichung $\boldsymbol{y}' = \boldsymbol{f}(\boldsymbol{y})$ ist eine Lösung, für die ein $T > 0$ existiert mit $\boldsymbol{y}(t) = \boldsymbol{y}(t + T)$ für alle t. Das kleinste $T > 0$ mit dieser Eigenschaft heißt **Periode** der Lösung $\boldsymbol{y}(t)$.

Die Bahn einer solchen Lösung ist geschlossen, der Ausgangspunkt wird zur Zeit T wieder erreicht. Eine periodische Lösung entspricht einer Schwingung des Systems.

Auch periodische Lösungen können asymptotisch stabil sein, also andere Lösungen anziehen. *Periodische Attraktoren* sind periodische Lösungen, für die es eine Umgebung gibt, sodass alle Lösungen, die in dieser Umgebung starten, gegen die periodische Lösung streben.

Beispiel Für das zweidimensionale nichtlineare Differenzialgleichungssystem

$$\begin{aligned} y_1'(t) &= y_1 - y_2 - y_1\,(y_1^2 + y_2^2)\,, \\ y_2'(t) &= y_1 + y_2 - y_2\,(y_1^2 + y_2^2)\,, \end{aligned} \tag{4.5}$$

gilt

$$\begin{aligned} (y_1^2 + y_2^2)' &= 2y_1\,y_1' + 2y_2\,y_2' \\ &= 2y_1(y_1 - y_2 - y_1\,(y_1^2 + y_2^2)) \\ &\quad + 2y_2(y_1 + y_2 - y_2\,(y_1^2 + y_2^2)) \\ &= 2(y_1^2 + y_2^2)(1 - (y_1^2 + y_2^2))\,. \end{aligned}$$

Mit der Abkürzung $V(t) := y_1^2 + y_2^2$ erhalten wir die logistische Gleichung

$$V' = 2V(1 - V)\,,$$

die wir schon in Kapitel 3 behandelt haben. Falls $V(t_0) = y_1^2(t_0) + y_2^2(t_0) > 0$, dann gilt $V(t) \to 1$ für $t \to +\infty$, d. h., die Bahnen streben gegen den Einheitskreis. Alle Bahnen von (4.5) mit Ausnahme des Gleichgewichtspunktes $(0, 0)$ streben gegen diesen Kreis, der daher ein Attraktor ist. ◀

Um das Langzeitverhalten von Lösungen zu verstehen, beschreiben wir im Folgenden die Menge der Häufungspunkte der Bahn einer Lösung.

Definition: ω-Limes und α-Limes

Für das autonome System

$$\begin{aligned} \boldsymbol{y}' &= \boldsymbol{f}(\boldsymbol{y})\,, \qquad t \geq t_0 \\ \boldsymbol{y}(t_0) &= \boldsymbol{y}_0 \end{aligned}$$

sei $\boldsymbol{y}_0$ ein Punkt im Definitionsbereich, sodass die für alle $t \in \mathbb{R}$ definierte Bahn $\boldsymbol{y}(t)$ mit $\boldsymbol{y}(t_0) = \boldsymbol{y}_0$ existiert. Der ω-**Limes** von $\boldsymbol{y}_0$ ist definiert als

$$\begin{aligned} \omega(\boldsymbol{y}_0) = \{\boldsymbol{x} \in \mathbb{R}^n :\ & \text{es gibt eine Folge } t_k \to +\infty\,, \\ & \text{sodass } \boldsymbol{y}(t_k) \to \boldsymbol{x}\}. \end{aligned}$$

Der ω-Limes ist also die Menge aller Häufungspunkte der Lösung $\boldsymbol{y}$ des Differenzialgleichungssystems mit Anfangswert in $\boldsymbol{y}_0$.

Entsprechend ist der α-**Limes** definiert als

$$\begin{aligned} \alpha(\boldsymbol{y}_0) = \{\boldsymbol{x} \in \mathbb{R}^n :\ & \text{es gibt eine Folge } t_k \to -\infty\,, \\ & \text{sodass } \boldsymbol{y}(t_k) \to \boldsymbol{x}\}. \end{aligned}$$

Beispiel Für das System

$$\begin{aligned} y_1'(t) &= 1, \quad y_1(0) = (y_1)_0 \\ y_2'(t) &= 0, \quad y_2(0) = (y_2)_0 \end{aligned}$$

mit Lösung $y_1(t) = t + (y_1)_0$ und $y_2(t) = (y_2)_0$ ist der ω-Limes die leere Menge. ◀

Einige Eigenschaften von ω-Limiten (und α-Limiten):

Die Menge $\omega(\boldsymbol{y}_0)$ ist abgeschlossen.

Denn ist $(z_k)_{k\in\mathbb{N}} \subset \omega(\boldsymbol{y}_0)$, $z_k \to z$, so wählen wir zu $k \in \mathbb{N}$ ein $t_k \in \mathbb{R}_{>0}$, $t_k > k$, mit $\|z_k - \boldsymbol{y}(t_k)\| \le \frac{1}{k}$. Daraus folgt

$$\|z - \boldsymbol{y}(t_k)\| \le \|z - z_k\| + \|z_k - \boldsymbol{y}(t_k)\| \le \|z - z_k\| + \frac{1}{k} \to 0$$

für $k \to \infty$ und daher ist auch $z \in \omega(\boldsymbol{y}_0)$.

Jeder Punkt z auf der Bahn $\boldsymbol{y}(t)$ hat denselben ω-Limes.

Denn sei $z = \boldsymbol{y}(t_0 + \overline{t})$ für einen Zeitpunkt $\overline{t}$, dann gilt $z(t - \overline{t}) = \boldsymbol{y}(t)$ für alle t. Falls $\boldsymbol{y}(t_k) \to \boldsymbol{x}$ konvergiert, dann konvergiert auch $z(t_k - \overline{t}) \to \boldsymbol{x}$, d. h., $\boldsymbol{x}$ ist auch im ω-Limes von z.

Diese Limesmengen sind in dem Sinne **invariant**, dass jede Lösung, die in einer invarianten Menge M startet, für alle $t \ge t_0$ in M bleibt.

Angenommen, es gelte $\boldsymbol{x} \in \omega(\boldsymbol{y}_0)$ und es sei t ein beliebiger Zeitpunkt. Da es eine Folge $t_k \to \infty$ gibt mit $\boldsymbol{y}(t_k) \to \boldsymbol{x}$ und da Lösungen stetig sind, folgt $\boldsymbol{y}(t_k + t) \to \boldsymbol{x}(t)$. Daher ist $\boldsymbol{x}(t)$ in $\omega(\boldsymbol{y}_0)$. Der ω-Limes enthält also mit jedem Punkt $\boldsymbol{x}$ auch die ganze durch $\boldsymbol{x}$ verlaufende Bahn.

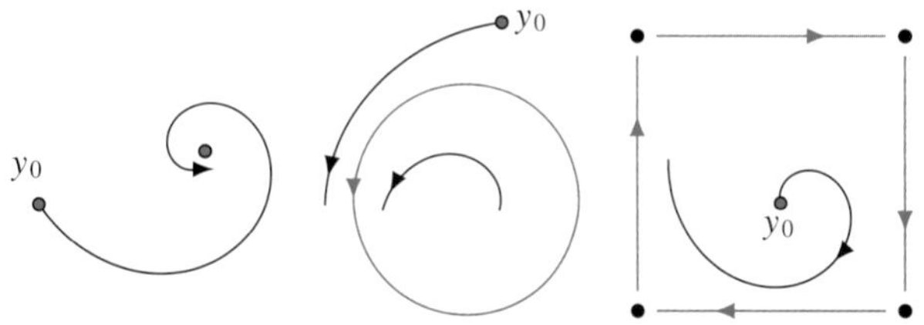

Abbildung 4.5 Beispiele für ω-Limes-Mengen: Ein Gleichgewichtspunkt, eine periodische Bahn, eine invariante Menge aus vier Gleichgewichtspunkten und vier Bahnen, die diese verbinden.

Für jede periodische Bahn γ gilt, dass der ω-Limes von jedem Punkt $\boldsymbol{y}$ auf der Bahn γ wieder die periodische Bahn ist. Eine periodische Bahn heißt **Grenzzyklus**, wenn es einen nicht auf γ liegenden Punkt $\boldsymbol{y}_0$ gibt, sodass $\omega(\boldsymbol{y}_0) = \gamma$ gilt.

Jeder periodische Attraktor ist ein Grenzzyklus, aber die Umkehrung gilt nicht, ein Grenzzyklus könnte nur von innen oder nur von außen attraktiv sein, also ein einseitiger Attraktor sein.

Der Fluss oder das dynamische System

Unter einem **dynamischen System** verstehen wir ein mathematisches Modell, das uns erlaubt, die Entwicklung eines zeitunabhängigen (autonomen) Prozesses zu untersuchen. Ein solcher Prozess hängt vom Anfangszustand, nicht aber vom Anfangszeitpunkt ab.

Formal betrachtet ist ein dynamisches System ein Tripel $(T, S, \boldsymbol{\Phi})$, bestehend aus dem Zeitraum T, dem Zustandsraum S und einer Abbildung $\boldsymbol{\Phi}\colon T \times S \to S$, dem sogenannten *Fluss*.

Im Fall $T = \mathbb{N}$, handelt es sich um *diskrete dynamische Systeme*. Hier verweisen wir auf Kapitel 18 und auf weiterführende Literatur.

Wir werden, wenn nicht anders vermerkt, $T = \mathbb{R}$ und $S = \mathbb{R}^n$ setzen. Wir werden hier auch nur dynamische Systeme betrachten, die durch gewöhnliche Differenzialgleichungen beschrieben sind. Die Gesamtheit aller Lösungen einer gewöhnlichen Differenzialgleichung bildet ein dynamisches System.

Ein dynamisches System ist eine autonome Differenzialgleichung $\boldsymbol{y}'(t) = \boldsymbol{f}(\boldsymbol{y})$, wobei $\boldsymbol{f}$ ein differenzierbares Vektorfeld ist. Der Standardfall eines autonomen Systems ist nicht unbedingt explizit oder analytisch lösbar. Deswegen werden einerseits numerische Verfahren angewendet, um Näherungslösungen zu berechnen und andererseits der Verlauf von Lösungen und Lösungsscharen untersucht und beschrieben.

Definition: Fluss einer autonomen Differenzialgleichung

Der **Fluss** $\boldsymbol{\Phi}(t, \boldsymbol{y}_0)$ oder auch $\boldsymbol{\Phi}_t(\boldsymbol{y}_0)$ einer autonomen Differenzialgleichung

$$\boldsymbol{y}'(t) = \boldsymbol{f}(\boldsymbol{y}(t)),$$
$$\boldsymbol{y}(t_0) = \boldsymbol{y}_0$$

ist eine Abbildung $\boldsymbol{\Phi}\colon \mathbb{R}^{n+1} \to \mathbb{R}^n$, $\boldsymbol{\Phi}(t, \boldsymbol{y}_0) = \boldsymbol{y}(t)$ mit den folgenden Eigenschaften

$$\boldsymbol{\Phi}(t_0, \boldsymbol{y}_0) = \boldsymbol{y}_0, \quad \forall \boldsymbol{y}_0 \in \mathbb{R}^n \quad \text{und}$$

$$\boldsymbol{\Phi}(t_1 + t_2, \cdot) = \boldsymbol{\Phi}(t_2, \boldsymbol{\Phi}(t_1, \cdot)) \text{ für } t_1, t_2 \in \mathbb{R}.$$

Kommentar: $\boldsymbol{\Phi}(t, \boldsymbol{y}_0)$ ist jene Lösung der Differenzialgleichung $\boldsymbol{y}'(t) = \boldsymbol{f}(\boldsymbol{y}(t))$, die an der Stelle t_0 in $\boldsymbol{y}_0$ startet.

Die Abbildung $\boldsymbol{\Phi}\colon \mathbb{R}^{n+1} \to \mathbb{R}^n$ ist differenzierbar, man spricht daher auch von einem *differenzierbaren Fluss*.

Für ein differenzierbares dynamisches System auf $\mathbb{R}^n$ ist $\boldsymbol{\Phi}(t, \boldsymbol{y}_0)$ eine C^1-Funktion und $\frac{\mathrm{d}}{\mathrm{d}t}\boldsymbol{\Phi}(t, \boldsymbol{y}_0) = \boldsymbol{f}(\boldsymbol{\Phi}(t, \boldsymbol{y}_0))$.

Beispiel Für die lineare Differenzialgleichung

$$\boldsymbol{y}'(t) = \boldsymbol{A}\boldsymbol{y}(t),$$
$$\boldsymbol{y}(t_0) = \boldsymbol{y}_0$$

mit $\boldsymbol{A} \in \mathbb{R}^{n\times n}$ gilt $\boldsymbol{\Phi}(t, \boldsymbol{y}_0) = \mathrm{e}^{\boldsymbol{A}t}\boldsymbol{y}_0$ *für alle* $t \in \mathbb{R}$, daher sprechen wir auch von einem **globalen** Fluss. ◀

Lemma

Es gelten die Voraussetzungen des Satzes von Picard-Lindelöf für die Differenzialgleichung $\boldsymbol{y}'(t) = \boldsymbol{f}(\boldsymbol{y}(t))$. Dann schneiden die Lösungen zu verschiedenen Anfangsbedingungen $\boldsymbol{y}_1$, $\boldsymbol{y}_2$ einander nicht.

Beweis: Nehmen wir *indirekt* an, dass ein Schnittpunkt $\boldsymbol{y}^*$ zweier Lösungen $\boldsymbol{\Phi}(t, \boldsymbol{y}_1)$ und $\boldsymbol{\Phi}(t, \boldsymbol{y}_2)$ mit unterschiedlichen Anfangsbedingungen, also

$$\boldsymbol{\Phi}(t_1, \boldsymbol{y}_1) = \boldsymbol{\Phi}(t_2, \boldsymbol{y}_2) = \boldsymbol{y}^*,$$

existiert. Dann gilt aufgrund der Eigenschaften des Flusses

$$\boldsymbol{v}(t) := \boldsymbol{\Phi}(t + t_1, \boldsymbol{y}_1) = \boldsymbol{\Phi}(t, \boldsymbol{\Phi}(t_1, \boldsymbol{y}_1)) = \boldsymbol{\Phi}(t, \boldsymbol{y}^*) \quad \text{und}$$
$$\boldsymbol{w}(t) := \boldsymbol{\Phi}(t + t_2, \boldsymbol{y}_2) = \boldsymbol{\Phi}(t, \boldsymbol{\Phi}(t_2, \boldsymbol{y}_2)) = \boldsymbol{\Phi}(t, \boldsymbol{y}^*).$$

Aus der Eindeutigkeit von Lösungen folgt $\boldsymbol{v}(t) = \boldsymbol{w}(t)$. ■

Das Bild der Abbildung $t \to \boldsymbol{\Phi}(t, \boldsymbol{y}_0)$, die zu einem beliebigen $t_0 \in I$ und Startwert $\boldsymbol{y}(t_0) \in D$ die Lösung $\boldsymbol{y}(t) \in D$ an der Stelle $t \in \mathbb{R}$ zuordnet, also

$$\mathcal{O}(\boldsymbol{y}_0) := \{\boldsymbol{y} \in \mathbb{R}^n : \boldsymbol{y}(t) = \boldsymbol{\Phi}(t, \boldsymbol{y}_0), t \in \mathbb{R}\},$$

heißt **Lösungskurve, Trajektorie**, **Orbit** oder auch **Bahnkurve**. Die Gesamtheit aller Lösungskurven wird als *Phasenraum* oder auch als *Phasenporträt* bezeichnet.

Eine **Bewegungsinvariante** oder auch **Erhaltungsgröße** eines Differenzialgleichungssystems ist eine stetig differenzierbare Funktion $V : D \subseteq \mathbb{R}^n \to \mathbb{R}$, die ihren Wert längs der Lösungskurven nicht ändert.

Beispiel Wir betrachten ein einfaches Räuber-Beute-System, wobei x die Anzahl der Beutetiere und y die Anzahl der Raubtiere bezeichnet

$$\begin{aligned} x' &= x(a - by), \\ y' &= y(-c + dx) \qquad a, b, c, d \in \mathbb{R}_{>0}. \end{aligned} \tag{4.6}$$

Die Beute wächst in Abwesenheit der Räuber exponentiell, und je mehr Raubtiere vorhanden sind, desto geringer das Wachstum, die Abnahme ist proportional zu xy also zu der Anzahl der zufälligen Begegnungen.

Die Raubtierspezies stirbt in Abwesenheit der Beutetiere aus. Je mehr Beute vorhanden ist, desto größer ist das Wachstum der Räuber.

Diese Gleichungen sind ein einfacher Spezialfall der allgemeinen **Lotka-Volterra-Gleichungen**. Die Menge $\mathbb{R}^2_{\geq 0}$ ist invariant, da die positive x-Achse und die positive y-Achse jeweils Bahnkurven darstellen. Der Ursprung $(0, 0)$ ist der einzige Gleichgewichtspunkt am Rand. Im Inneren von $\mathbb{R}^2_{\geq 0}$ existiert ebenfalls nur ein Gleichgewichtspunkt, nämlich $(\bar{x}, \bar{y}) = (\frac{c}{d}, \frac{a}{b})$. Die Bahnen im Inneren sind geschlossene Kurven. Multipliziert man nämlich die Gleichung $\frac{x'}{x} = a - by$ mit $c - dx$ und die Gleichung $\frac{y'}{y} = -c + dx$ mit $a - by$ und addiert sie, dann erhält man

$$\left(\frac{c}{x} - d\right)x' + \left(\frac{a}{y} - b\right)y' = 0 \qquad \text{oder}$$
$$\frac{\mathrm{d}}{\mathrm{d}t}\big(c \ln x - dx + a \ln y - by\big) = 0,$$

und mit

$$B(x) = \bar{x} \ln x - x$$

und

$$R(y) = \bar{y} \ln y - y$$

gilt für die Funktion

$$V(x, y) = dB(x) + bR(y),$$
$$\frac{\mathrm{d}}{\mathrm{d}t} V(x(t), y(t)) = 0$$

oder

$$V(x, y) = \text{const}.$$

Daher ist die Funktion $V(x, y)$ eine Bewegungsinvariante, die ihr Maximum im Gleichgewichtspunkt $(\bar{x}, \bar{y})$ annimmt. Die Mengen

$$\{(x, y) \in \mathbb{R}^2_{>0} : V(x, y) = \text{const}\}$$

sind geschlossene Kurven um den Gleichgewichtspunkt im Inneren. Diese Bahnen entsprechen Höhenlinien, wenn wir $V(x, y)$ als Höhe interpretieren. Die entsprechenden Niveaumengen sind – wie erwähnt – geschlossene Kurven um $(\bar{x}, \bar{y})$.

Jede Bahn im Inneren von $\mathbb{R}^2_{>0}$ ist periodisch und wird gegen den Uhrzeigersinn, also im mathematisch positiven Sinn, durchlaufen.

Der Gleichgewichtspunkt $(\frac{c}{d}, \frac{a}{b})$ ist stabil. Die Funktion $B(x)$ nimmt ihr Maximum genau an der Stelle $\bar{x}$ an und die Funktion $R(x)$ an der Stelle $\bar{y}$.

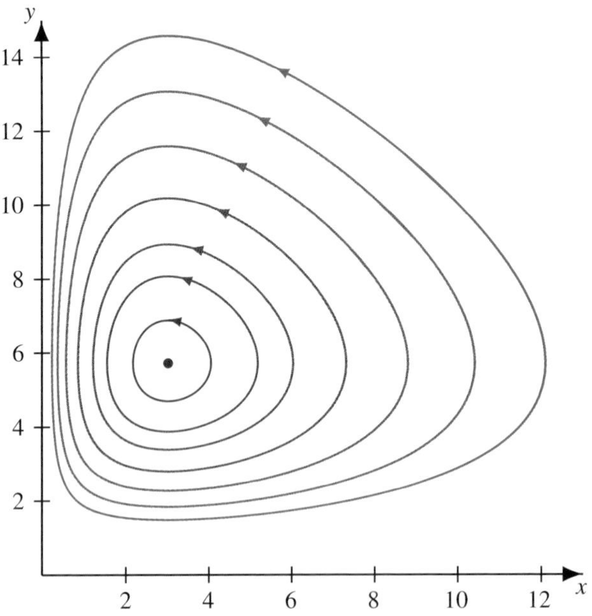

Abbildung 4.6 Phasenporträt der Lösungen von (4.6) mit $a = 4$, $b = 0.7$, $c = 1.5$ und $d = 0.5$ ◀

?

Überzeugen Sie sich, dass die Funktion

$$V(x, y) = dB(x) + bR(y)$$

aus obigem Beispiel ihr Maximum am inneren Gleichgewichtspunkt annimmt.

Im Folgenden stellen wir *Ljapunov-Funktionen* vor. Derartige Funktionen ermöglichen Aussagen über die (asymptotische) Stabilität eines Gleichgewichtspunktes.

Wir betrachten eine Funktion $V: D \subseteq \mathbb{R}^n \to \mathbb{R}$, wobei in der Menge D ein Gleichgewichtspunkt $\overline{\boldsymbol{y}}$ des Systems $\boldsymbol{y}' = \boldsymbol{f}(\boldsymbol{y})$ liegt. Für die Ableitung von V entlang einer Lösungskurve $\boldsymbol{y}(t)$ gilt

$$V'(\boldsymbol{y}(t)) = \frac{\mathrm{d}}{\mathrm{d}t} V(\boldsymbol{y}(t)) = \mathbf{grad}\, V \cdot \boldsymbol{y}'(t) = \mathbf{grad}\, V \cdot \boldsymbol{f}(\boldsymbol{y}(t)).$$

Gilt $V' \le 0$, so ist V eine monoton fallende Funktion entlang aller Lösungskurven $\boldsymbol{y}(t) \in D$.

Satz (Ljapunov-Stabilität)

Sei $\bar{\boldsymbol{y}} \in D \subseteq \mathbb{R}^n$ ein Gleichgewichtspunkt von $\boldsymbol{y}' = \boldsymbol{f}(\boldsymbol{y}(t))$. Ist $V: D \subseteq \mathbb{R}^n \to \mathbb{R}$ eine differenzierbare Funktion auf einer offenen Menge D und gilt

$V(\bar{\boldsymbol{y}}) = 0$ und $V(\boldsymbol{y}) > 0$, für $\boldsymbol{y} \neq \bar{\boldsymbol{y}}$,

$V' = \frac{\mathrm{d}}{\mathrm{d}t} V \le 0$ in $D \setminus \{\overline{\boldsymbol{y}}\}$,

so ist der Gleichgewichtspunkt $\bar{\boldsymbol{y}}$ stabil.

Gilt sogar die strikte Ungleichung $V' < 0$, so ist $\bar{\boldsymbol{y}}$ asymptotisch stabil.

Diese Funktion V heißt **Ljapunov-Funktion**.

Kommentar: Erfüllt eine Funktion V_1 die Bedingungen $V_1(\bar{\boldsymbol{y}}) = 0$ und $V_1(\boldsymbol{y}) < 0$, für $\boldsymbol{y} \neq \bar{\boldsymbol{y}}$, sowie

$V_1' \ge 0$ in $D \setminus \{\overline{\boldsymbol{y}}\}$,

so ist $V(\boldsymbol{y}) := -V_1(\boldsymbol{y})$ offensichtlich eine Ljapunov-Funktion.

Der Satz gibt nicht an, wie man eine Ljapunov-Funktion finden kann. Da es auch keine allgemeine Methode gibt, sind Geschick, Geduld und Glück gefragt, um ein passendes V zu finden.

Beweis: Wähle $\delta > 0$, sodass die Kugel $K_\delta(\bar{\boldsymbol{y}})$ mit Radius δ und Mittelpunkt $\bar{\boldsymbol{y}}$ eine Teilmenge von D ist. Sei nun $\alpha := \min_{\boldsymbol{y} \in S_\delta(\bar{\boldsymbol{y}})} V(\boldsymbol{y})$, wobei $S_\delta(\bar{\boldsymbol{y}})$ die Oberfläche der Kugel $K_\delta(\bar{\boldsymbol{y}})$ bezeichnet. Nach Voraussetzung ist $\alpha > 0$. Wir betrachten die offene Menge

$$U = \{\boldsymbol{y} \in K_\delta(\bar{\boldsymbol{y}}) | V(\boldsymbol{y}) < \alpha\}$$

und eine Lösung $\boldsymbol{y}(t)$ von $\boldsymbol{y}' = \boldsymbol{f}(\boldsymbol{y})$ mit Anfangswert in U. Nach Voraussetzung ist V monoton fallend entlang dieser Lösungskurve und kann den Wert α nie erreichen. Das bedeutet, dass $\boldsymbol{y}(t)$ den Rand $S_\delta(\bar{\boldsymbol{y}})$ nie berührt und somit in U bleibt. Der Gleichgewichtspunkt $\bar{\boldsymbol{y}}$ ist nach Definition stabil.

Gilt nun die strikte Ungleichung $V' < 0$, so ist V auf $U \setminus \{\bar{\boldsymbol{y}}\}$ streng monoton fallend. Sei $\boldsymbol{y}(t)$ eine Lösung mit Anfangswert in $U \setminus \{\bar{\boldsymbol{y}}\}$ und es gelte

$$\boldsymbol{y}(t_n) \to z_0 \in K_\delta(\bar{\boldsymbol{y}})$$

für eine monoton wachsende Folge $(t_n)_{n \in \mathbb{N}}$ mit $t_n \to \infty$.

Nehmen wir *indirekt* $\bar{\boldsymbol{y}} \neq z_0$ an. Da V streng monoton fallend und stetig ist, folgt

$$V(\boldsymbol{y}(t_n)) > V(z_0)$$

und

$$V(\boldsymbol{y}(t_n)) \to V(z_0), \qquad \text{für } n \to \infty.$$

Mit $z(t)$ bezeichnen wir die Lösung mit Anfangswert $z(0) = z_0$. Die Stetigkeit und die Monotonie von V implizieren

$$V(z(t)) < V(z_0), \qquad \text{für } t > 0.$$

Wir wählen eine Lösung $\boldsymbol{x}(t)$ mit Anfangswert $\boldsymbol{x}(0) = \boldsymbol{y}(t_n)$ für ein hinreichend großes n. Das liefert uns den Widerspruch

$$V(\boldsymbol{x}(t)) = V(\boldsymbol{y}(t_n + t)) = V(z(t)) < V(z_0).$$

Also ist $\bar{\boldsymbol{y}}$ der einzige mögliche Grenzwert, und da V strikt monoton fallend ist, muss jede Lösung $\boldsymbol{y}$ mit Anfangswert in $U \setminus \{\bar{\boldsymbol{y}}\}$ konvergieren und $\bar{\boldsymbol{y}}$ ist asymptotisch stabil. ■

4.3 Stabilität von linearen Systemen und Linearisierung

Der Phasenraum beschreibt die Menge aller möglichen Zustände eines dynamischen Systems. Zeitliche Entwicklungen dynamischer Systeme können auch graphisch analysiert werden. Bei bis zu drei zeitlich veränderlichen Variablen des Systems ist eine graphische Veranschaulichung gut möglich. Mit diesem Phasenporträt kann man stabile und instabile Gleichgewichtspunkte oder periodische Orbits ohne explizite Berechnung der Lösungsfunktionen erkennen.

Der Phasenraum hat folgende Eigenschaften:

1. Durch jeden Punkt des Phasenraums geht genau eine Trajektorie.
2. Die Trajektorien schneiden einander nicht, siehe Lemma 4.2.
3. Der Phasenraum ist *deterministisch*, d. h., aus dem momentanen Zustand ist es möglich, künftige und vergangene Lösungen festzulegen.
4. Der Phasenraum ist endlichdimensional.

Phasenporträts – ebene autonome lineare Systeme

Wir betrachten ein homogenes lineares Differenzialgleichungssystem der Form

$$\boldsymbol{y}' = \boldsymbol{A}\boldsymbol{y}, \qquad \boldsymbol{y} \in \mathbb{R}^2, \quad \boldsymbol{A} \in \mathbb{R}^{2\times 2},$$
$$\boldsymbol{y}(t_0) = \boldsymbol{y}_0$$

mit dem Gleichgewichtspunkt $\bar{\boldsymbol{y}} = \mathbf{0}$. Nach Kapitel 2 wird die Stabilität dieses Gleichgewichtspunktes und auch das Verhal-

Beispiel: Räuber-Beute-Modell mit logistischem Wachstum

In dem folgenden Modell soll die Beutepopulation x in Abwesenheit der Räuberpopulation y nicht unbeschränkt wachsen. Daher fügen wir einen zusätzlichen Term ein, der den intraspezifischen Wettkampf der Beute um Ressourcen berücksichtigt. Einen entsprechenden Term ergänzen wir auch bei der Räuberpopulation.

Problemanalyse und Strategie: Wir betrachten das folgende System von Differenzialgleichungen

$$\begin{aligned} x' &= x\,(a - ex - by)\,, \\ y' &= y\,(-c + dx - fy)\,, \qquad a, b, c, d, e, f \in \mathbb{R}_{>0}\,. \end{aligned}$$

Lösung:
Zusätzlich zum offensichtlichen Gleichgewichtspunkt $(0, 0)$ erhalten wir bei Abwesenheit der Räuberspezies den Gleichgewichtspunkt $(\frac{a}{e}, 0)$ auf der x-Achse.
Jede Lösung mit Anfangswert $(x_0, y_0) \in (0, \frac{a}{e}) \times \{0\}$ bleibt in diesem Intervall und konvergiert für $t \to \infty$ gegen den Gleichgewichtspunkt $(\frac{a}{e}, 0)$. Analoges gilt für einen Startwert $(x_0, y_0) \in (\frac{a}{e}, \infty) \times \{0\}$. In Abwesenheit der Beute gilt immer $y' < 0$ und die Räuberpopulation strebt gegen 0.

Für die weiteren Überlegungen betrachten wir die x-Isokline und die y-Isokline, also jene Menge auf der $x' = 0$ oder $ex + by = a$ bzw. $y' = 0$ oder $dx - fy = c$ gilt. Bei Überschreiten dieser Geraden wechseln die Ableitungen das Vorzeichen. Entlang der y-Isokline (hier haben die Lösungen nur eine Änderung in x-Richtung) verlaufen die Tangenten an die Lösungen parallel zur x-Achse, entlang der x-Isokline parallel zur y-Achse, wie in den beiden Abbildungen zu sehen ist.

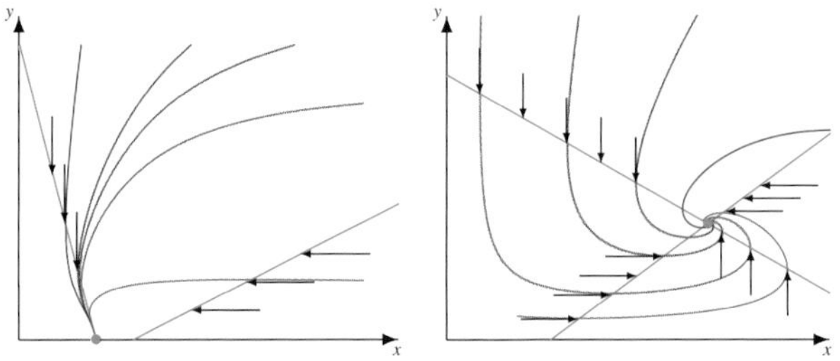

Wenn sich die beiden Geraden im ersten Quadranten nicht schneiden, teilen sie den $\mathbb{R}^2_{\geq 0}$ in drei Gebiete. Alle Lösungen mit Anfangswerten innerhalb von $\mathbb{R}^2_{>0}$ streben zu $(\frac{a}{e}, 0)$. Haben die Geraden einen Schnittpunkt $S = (\bar{x}, \bar{y}) \in \mathbb{R}^2_{>0}$, so ist dieser ein Gleichgewichtspunkt. Um die Stabilität von S zu untersuchen, betrachten wir die Funktion

$$V(x, y) = d(\bar{x} \ln x - x) + b(\bar{y} \ln y - y)\,.$$

Es gilt nach kurzer Rechnung $V'(x, y) = \mathbf{grad}\, V \cdot (x', y') = de(\bar{x} - x)^2 + bf(\bar{y} - y)^2 > 0$ für $(x, y) \neq (\bar{x}, \bar{y})$. Nach dem Satz von Ljapunov ist $V(x, y)$ eine Ljapunov-Funktion, und der Gleichgewichtspunkt S ist asymptotisch stabil in $\mathbb{R}^2_{>0}$.

ten der Lösungen durch die Eigenwerte und Eigenvektoren der Matrix $\boldsymbol{A}$ bestimmt. In Abhängigkeit von den Vorzeichen der Eigenwerte oder ihrer Realteile ergeben sich verschiedene Fälle.

1. Fall: $\lambda_1, \lambda_2 \in \mathbb{R}, \lambda_1 \neq \lambda_2$

a) $\lambda_1 < \lambda_2 < 0$, $\bar{\boldsymbol{y}} = \boldsymbol{0}$ ist ein **stabiler Knoten**.
b) $\lambda_1 < 0 < \lambda_2$, $\bar{\boldsymbol{y}} = \boldsymbol{0}$ ist ein **Sattelpunkt**.
c) $0 < \lambda_1 < \lambda_2$, $\bar{\boldsymbol{y}} = \boldsymbol{0}$ ist ein **instabiler Knoten**.

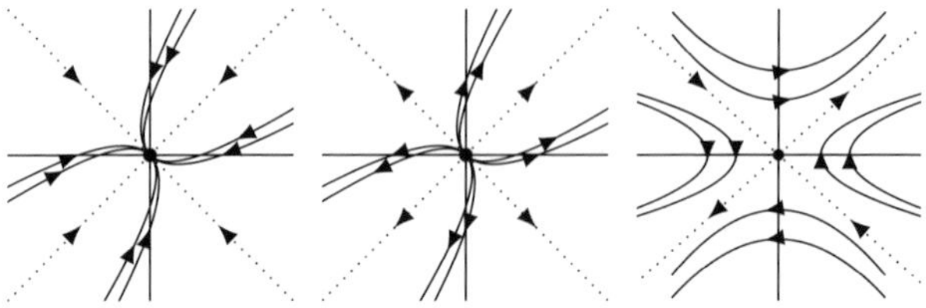

Abbildung 4.7 Im Fall reeller Eigenwerte $\lambda_1, \lambda_2 \in \mathbb{R}$, $\lambda_1 \neq \lambda_2$ ist $\bar{\boldsymbol{y}} = \boldsymbol{0}$ in 1.a) ein stabiler Knoten, in 1.c) ein instabiler Knoten und in 1.b) ein Sattelpunkt.

2. Fall: $\lambda_1, \lambda_2 \in \mathbb{R}, \lambda_1 = \lambda_2 = \lambda$

Hier sind zwei unterschiedliche Jordanstrukturen der Matrix $\boldsymbol{A}$ möglich, nämlich

$$\boldsymbol{J}_1 = \begin{pmatrix} \lambda & 0 \\ 0 & \lambda \end{pmatrix}, \qquad \boldsymbol{J}_2 = \begin{pmatrix} \lambda & 1 \\ 0 & \lambda \end{pmatrix}.$$

a) $\lambda < 0$, $\bar{\boldsymbol{y}} = \boldsymbol{0}$ ist für $\boldsymbol{J}_1$ ein **stabiler Stern** und für $\boldsymbol{J}_2$ ein **entarteter stabiler Knoten**.
b) $\lambda > 0$, $\bar{\boldsymbol{y}} = \boldsymbol{0}$ ist für $\boldsymbol{J}_1$ ein **instabiler Stern** und für $\boldsymbol{J}_2$ ein **entarteter instabiler Knoten**.

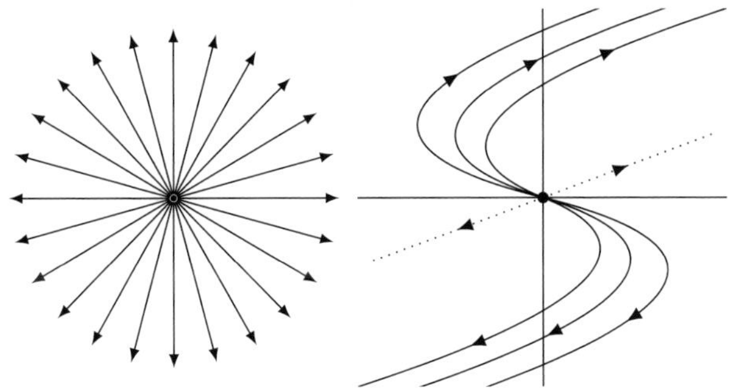

Abbildung 4.8 Im Fall eines reellen Eigenwertes $\lambda_1 = \lambda_2 = \lambda \in \mathbb{R}$ ist $\bar{y} = \mathbf{0}$ für $\lambda > 0$ und A ähnlich zu J_1 ein instabiler Stern und im Fall A ähnlich zu J_2 ein entarteter instabiler Knoten.

3. Fall: $\lambda_1 = a + ib$, $\lambda_2 = a - ib$ mit $a, b \in \mathbb{R}$

a) $a < 0$, $\bar{y} = \mathbf{0}$ ist ein **stabiler Strudel**.
b) $a = 0$, $\bar{y} = \mathbf{0}$ ist ein **Zentrum**.
c) $a > 0$, $\bar{y} = \mathbf{0}$ ist ein **instabiler Strudel**.

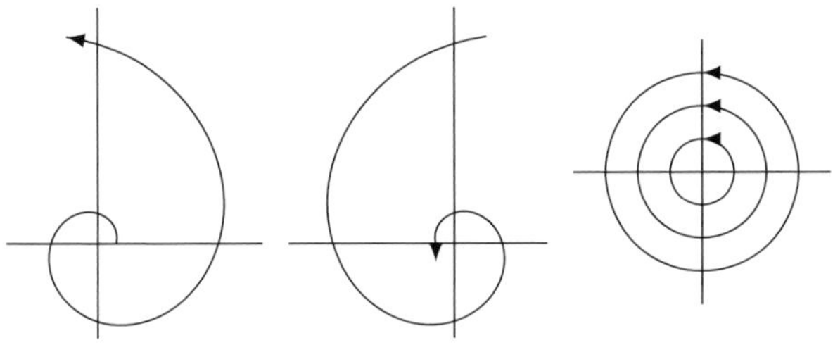

Abbildung 4.9 Im Fall konjugiert komplexer Eigenwerte $\lambda_{1,2} = a \pm ib$ ist $\bar{y} = \mathbf{0}$ für $a > 0$ ein instabiler Strudel, für $a < 0$ ein stabiler Strudel und für $a = 0$ ein Zentrum.

Kommentar: Ist im **1. Fall** einer der Eigenwerte null, so sind alle Punkte auf der durch den Ursprung gehenden und von dem zu null gehörenden Eigenvektor von A aufgespannten Gerade Gleichgewichtspunkte. Je nach Vorzeichen des zweiten Eigenwertes sind dieses Gleichgewichtspunkte anziehend oder abstoßend in die Richtung des anderen Eigenvektors.

Zusammenfassend gilt:

1. Der Gleichgewichtspunkt $\bar{y} = \mathbf{0}$ ist genau dann stabil, wenn $\operatorname{Sp} A \leq 0$ und $\det A \geq 0$ gelten, aber nicht beide gleichzeitig 0 sind, d. h. im Fall 3b) oder im 1. oder 2. Fall, wenn einer der beiden Eigenwerte null ist.
2. Der Gleichgewichtspunkt $\bar{y} = \mathbf{0}$ ist genau dann asymptotisch stabil, wenn $\operatorname{Sp} A$ negativ und $\det A$ positiv ist, also in den Fällen 1a), 2a) und 3a). In diesen Fällen ist $\bar{y} = 0$ eine Senke.
3. Der Gleichgewichtspunkt $\bar{y} = \mathbf{0}$ ist genau dann abstoßend, wenn sowohl $\operatorname{Sp} A$ als auch $\det A$ positiv sind. In den Fällen 1c), 2b) und 3c) ist $\bar{y} = 0$ eine Quelle.

Sattelpunkte, Senken und Quellen sind auch **strukturell stabil**, sie ändern ihren Typ bei kleinen Störungen der Daten nicht.

Stabilität – zunächst von linearen Systemen

In diesem Abschnitt betrachten wir allgemeine lineare Systeme

$$\begin{aligned} y'(t) &= A(t)y(t) + f(t)\,, \qquad t \in \mathbb{R} \qquad (4.7)\\ y(t_0) &= y_0\,, \end{aligned}$$

wobei $y \in C^1(\mathbb{R}, \mathbb{R}^n)$, $f \in C(\mathbb{R}, \mathbb{R}^n)$ und $A \in C(\mathbb{R}, \mathbb{R}^{n \times n})$.

Hier existieren alle Lösungen global. Sind $\tilde{y}$ und $\tilde{\tilde{y}}$ zwei Lösungen von (4.7), dann ist die Differenz $\tilde{y} - \tilde{\tilde{y}}$ eine Lösung der homogenen Differenzialgleichung $y' = A(t)y$. Stabilität bedeutet, dass die Differenz der Lösungen klein bleibt, falls die Differenz der Anfangswerte klein ist. Asymptotisch stabil heißt, dass die Differenz der Lösungen für $t \to \infty$ gegen null strebt.

Aus diesen Überlegungen erhalten wir folgende Charakterisierung der (asymptotischen) Stabilität der Lösungen allgemeiner linearer Systeme.

Satz

Alle Lösungen von (4.7) sind genau dann stabil / asymptotisch stabil, wenn der Gleichgewichtspunkt $\bar{y} = \mathbf{0}$ der zugehörigen homogenen linearen Differenzialgleichung stabil / asymptotisch stabil ist.

Kommentar: Man spricht daher auch davon, dass die Differenzialgleichung stabil, instabil oder asymptotisch stabil ist.

Satz

Die Differenzialgleichung (4.7) ist genau dann stabil, wenn eine Konstante $C > 0$ existiert mit

$$\|Y(t)\| \leq C$$

für alle $t \geq t_0$, wobei $Y(t)$ eine Fundamentalmatrix des zugehörigen homogenen Systems $y' = A(t)y$ ist.

Die Gleichung (4.7) ist genau dann asymptotisch stabil, wenn gilt

$$\lim_{t\to\infty} \|Y(t)\| = 0\,.$$

Beweis: Angenommen, die homogene Differenzialgleichung ist stabil, aber eine der Fundamentallösungen, d. h. eine (beliebige) Spalte y_i von Y, ist unbeschränkt. Das würde bedeuten, dass für $\delta > 0$, $\|\delta y_i(t_0)\|$ beliebig klein ist, aber $\|\delta y_i(t)\|$ für $t \in [t_0, \infty)$ beliebig groß wird im Widerspruch zur Stabilität der Differenzialgleichung.

Umgekehrt folgt aus $\|Y(t)\| \leq C$, dass für jede Lösung $y(t) = Y(t)c$, $c \in \mathbb{R}^n$, für $t \geq t_0$ die Ungleichung $\|y(t)\| \leq C\|c\|$ erfüllt ist.

Falls die Differenzialgleichung asymptotisch stabil ist, dann gilt $\lim_{t\to\infty} \boldsymbol{y}(t) = \boldsymbol{0}$ für jede Lösung und daher für jede Spalte von $\boldsymbol{Y}(t)$. Daher folgt $\lim_{t\to\infty} \|\boldsymbol{Y}(t)\| = 0$.

Umgekehrt folgt aus $\lim_{t\to\infty} \|\boldsymbol{Y}(t)\| = 0$ die Beschränktheit und daher die Stabilität von $\boldsymbol{Y}(t)$ auf $[t_0, \infty)$. Aus $\|\boldsymbol{y}\| \leq \|\boldsymbol{Y}(t)\|\|\boldsymbol{c}\|$ ergibt sich $\lim_{t\to\infty} \boldsymbol{y}(t) = 0$, und die Differenzialgleichung ist asymptotisch stabil. ■

Ist die Matrix $\boldsymbol{A}$ konstant, folgen die Stabilitätseigenschaften aus ihren Eigenwerten.

Satz

Die homogene Differenzialgleichung $\boldsymbol{y}'(t) = \boldsymbol{A}\boldsymbol{y}(t)$ ist genau dann stabil, wenn jeder Eigenwert λ von $\boldsymbol{A}$ die Ungleichung $\operatorname{Re}\lambda \leq 0$ erfüllt und für jeden Eigenwert λ mit $\operatorname{Re}\lambda = 0$ die algebraische gleich der geometrischen Vielfachheit ist.

Die Differenzialgleichung ist genau dann asymptotisch stabil, wenn jeder Eigenwert λ von $\boldsymbol{A}$ einen negativen Realteil besitzt.

Beweis: Die Matrixexponentialfunktion $e^{\boldsymbol{A}t}$ ist ein Fundamentalsystem für $\boldsymbol{y}' = \boldsymbol{A}\boldsymbol{y}$. Der Satz folgt daher aus dem vorigen Satz und Eigenschaften der Matrixexponentialfunktion in Kapitel 2. Falls Eigenwerte λ mit $\operatorname{Re}\lambda = 0$ mehrfach sind und ein nichttrivialer Jordanblock existiert, treten polynomial wachsende Lösungen auf.

Falls alle Eigenwerte der konstanten Matrix $\boldsymbol{A}$ negativen Realteil haben, klingen alle Lösungen exponentiell ab. ■

Linearisierung – ein Werkzeug für nichtlineare Systeme

Ein wichtiges Werkzeug zur Untersuchung einer nichtlinearen Differenzialgleichung ist das *Linearisieren*. Diese Methode kann zur Untersuchung der Stabilität von Gleichgewichtspunkten herangezogen werden. Sei $\boldsymbol{y}' = \boldsymbol{f}(\boldsymbol{y})$ und $\boldsymbol{f} \in C^1(D \subseteq \mathbb{R}^n, \mathbb{R}^n)$ mit dem Gleichgewichtspunkt $\bar{\boldsymbol{y}}$, d. h. $\boldsymbol{f}(\bar{\boldsymbol{y}}) = 0$. Wir entwickeln die Funktion $\boldsymbol{f}$ in eine Taylorreihe mit Entwicklungsstelle $\bar{\boldsymbol{y}}$:

$$\boldsymbol{y}' = \boldsymbol{f}(\boldsymbol{y}) = \boldsymbol{f}(\bar{\boldsymbol{y}} + \boldsymbol{z}) = \boldsymbol{f}(\bar{\boldsymbol{y}}) + \mathcal{J}(\bar{\boldsymbol{y}})\boldsymbol{z} + \boldsymbol{R}(\boldsymbol{z})\,.$$

Wenn wir den Restterm $\|\boldsymbol{R}(\boldsymbol{z})\| = o(\|\boldsymbol{z}\|)$ vernachlässigen, erhalten wir die lineare Differenzialgleichung

$$\boldsymbol{z}' = \mathcal{J}(\bar{\boldsymbol{y}})\boldsymbol{z}$$

oder $\boldsymbol{y}' = \mathcal{J}(\bar{\boldsymbol{y}})\boldsymbol{y}$, wenn wir statt $\boldsymbol{z}$ wieder $\boldsymbol{y}$ schreiben.

Linearisierung einer nichtlinearen Differenzialgleichung

Die Differenzialgleichung $\boldsymbol{y}' = \mathcal{J}(\bar{\boldsymbol{y}})\boldsymbol{y}$ ist die **Linearisierung** der Differenzialgleichung $\boldsymbol{y}' = \boldsymbol{f}(\boldsymbol{y})$ am Gleichgewichtspunkt $\bar{\boldsymbol{y}}$.

Aus Kapitel 2 wissen wir, dass das Verhalten der Lösungen durch die Eigenwerte der Jacobi-Matrix $\mathcal{J}$ an der Stelle $\bar{\boldsymbol{y}}$ bestimmt ist.

Überträgt sich das Stabilitätsverhalten der Linearisierung auf die Stabilität des Gleichgewichtspunktes der nichtlinearen Differenzialgleichung?

Satz

Sei $\boldsymbol{y}' = \boldsymbol{f}(\boldsymbol{y})$, $\boldsymbol{f} \in C^1(\mathbb{R}^n, \mathbb{R}^n)$ mit Gleichgewichtspunkt $\bar{\boldsymbol{y}}$.

Falls jeder Eigenwert λ der Jacobi-Matrix $\mathcal{J}(\bar{\boldsymbol{y}})$ von $\boldsymbol{f}$ einen negativen Realteil aufweist, so ist $\bar{\boldsymbol{y}}$ asymptotisch stabil.

Falls Eigenwerte von $\mathcal{J}(\bar{\boldsymbol{y}})$ mit $\operatorname{Re}\lambda > 0$ existieren, so ist der Gleichgewichtspunkt instabil.

Falls Eigenwerte von $\mathcal{J}(\bar{\boldsymbol{y}})$ mit $\operatorname{Re}\lambda = 0$ existieren, so kann vom Verhalten der Linearisierung nicht auf das Verhalten der nichtlinearen Differenzialgleichung geschlossen werden.

Für den Beweis verweisen wir auf die Literatur.

Hyperbolische Gleichgewichtspunkte – der Satz von Hartman-Grobman

Im Folgenden wollen wir uns mit dem Verhalten von Lösungen von Differenzialgleichungen in der Nähe von Gleichgewichtspunkten beschäftigen. Unter bestimmten Voraussetzungen ist es möglich, durch das Lösen eines einfacheren linearen Differenzialgleichungssystems auf das Verhalten des ursprünglichen nichtlinearen Systems zu schließen.

Sei $\boldsymbol{y}' = \boldsymbol{f}(\boldsymbol{y})$ und $\mathcal{J}(\bar{\boldsymbol{y}})$ die Jacobi-Matrix von $\boldsymbol{f}$ an der Stelle des Gleichgewichtspunktes $\bar{\boldsymbol{y}}$. Wir interessieren uns für die lineare Differenzialgleichung

$$\boldsymbol{y}' = \mathcal{J}(\bar{\boldsymbol{y}})\,\boldsymbol{y}$$

in der Nähe von $\bar{\boldsymbol{y}}$.

Definition: Hyperbolischer Gleichgewichtspunkt

Ein Gleichgewichtspunkt $\bar{\boldsymbol{y}}$ einer autonomen Differenzialgleichung $\boldsymbol{y}' = \boldsymbol{f}(\boldsymbol{y})$ heißt **hyperbolisch**, wenn für jeden Eigenwert λ der Jacobi-Matrix $\mathcal{J}(\bar{\boldsymbol{y}})$ $\operatorname{Re}\lambda \neq 0$ gilt.

Wir können jetzt den folgenden Satz formulieren:

Satz von Hartman-Grobman

Sei $\bar{\boldsymbol{y}}$ ein hyperbolischer Gleichgewichtspunkt der autonomen Differenzialgleichung $\boldsymbol{y}' = \boldsymbol{f}(\boldsymbol{y})$, wobei $\boldsymbol{f}$ stetig differenzierbar ist. Mit $\mathcal{J}(\bar{\boldsymbol{y}})$ bezeichnen wir die Jacobi-Matrix von $\boldsymbol{f}$ an der Stelle $\bar{\boldsymbol{y}}$. Sei $\boldsymbol{y}(t, \boldsymbol{y}_0)$ die Lösung der Differenzialgleichung mit dem Anfangswert $\boldsymbol{y}(0, \boldsymbol{y}_0) = \boldsymbol{y}_0$.

Dann existieren eine Umgebung U von $\bar{y}$ und eine Umgebung V von $\mathbf{0}$, sodass die Differenzialgleichung $y' = f(y)$ in U zur Linearisierung $y' = \mathcal{J}(\bar{y})y$ *topologisch konjugiert* ist, d. h., es existiert ein Homöomorphismus $h\colon U \to V$ mit $h(y(t, y_0)) = e^{\mathcal{J}(\bar{y})t} h(y_0)$ für alle $y_0 \in U$, solange $y(t, y_0) \in U$ gilt.

Kommentar: Ein Homöomorphismus (auch Homeomorphismus) ist eine stetige, bijektive Abbildung auf einer offenen Menge, deren Umkehrabbildung ebenfalls stetig ist. Anschaulich kann man sich einen Homöomorphismus als Dehnen, Stauchen, Verbiegen oder Verzerren eines Gegenstands vorstellen. Eine offene Kreisscheibe mit einem Radius $r > 0$ ist homöomorph zu einem offenen Quadrat mit Seitenlänge $s > 0$ im $\mathbb{R}^2$, d. h., eine Kreisscheibe lässt sich anschaulich gesehen durch Verbiegen und Verzerren, ohne Zerschneiden, in ein Quadrat überführen, und umgekehrt.

Unter gewissen weiteren Voraussetzungen kann man zeigen, dass h sogar ein Diffeomorphismus ist, d. h. eine bijektive, stetig differenzierbare Abbildung.

Eine explizite Berechnung von h kann man natürlich nicht erwarten, da dies äquivalent zum expliziten Lösen der Differenzialgleichung wäre.

Insbesondere folgt aber aus dem Satz, dass sich die eventuelle (asymptotische) Stabilität des Ursprungs $\mathbf{0}$ auf diejenige des Gleichgewichtspunktes $\bar{y}$ von $y' = f(y)$ überträgt.

Existieren rein imaginäre Eigenwerte, dann hängt das Stabilitätsverhalten von Termen höherer Ordnung ab.

Im Beweis wird die Existenz dieser Transformation h als Fixpunkt einer geeigneten Kontraktion nachgewiesen.

Für einen Beweis dieses Theorems verweisen wir auf die Literatur.

4.4 Der Satz von Poincaré-Bendixson

In der qualitativen Theorie von Differenzialgleichungen sind eindimensionale Systeme relativ einfach, es kann nur Gleichgewichtspunkte geben und Bahnen, die sie verbinden. Zweidimensionale Systeme, wie wir in diesem Abschnitt sehen werden, sind noch relativ gut verstanden. Bei Systemen höherer Dimension wird es dann kompliziert.

Der Grund, warum zweidimensionale Systeme noch gut mathematisch analysiert werden können, ist die Gültigkeit des Jordan'schen Kurvensatzes in der Ebene.

Satz (Jordan'scher Kurvensatz)

Eine geschlossene, doppelpunktfreie Kurve zerlegt die Ebene in zwei zusammenhängende Teile, ein Inneres und ein Äußeres. Diese Zerlegung ist derart, dass man zwei Punkte im Inneren oder zwei Punkte im Äußeren immer durch einen stetigen Weg, der die Kurve nirgends trifft, miteinander verbinden kann. Ein Punkt im Inneren und ein Punkt im Äußeren können nicht in dieser Art verbunden werden.

Intuitiv und anschaulich ist der Satz verständlich und klar. Auf den anspruchsvollen und aufwendigen Beweis verzichten wir hier.

Jede periodische Bahn liefert einen solchen geschlossenen, doppelpunktfreien Kurvenzug.

Achtung: Es gilt kein äquivalenter Satz für $\mathbb{R}^n$, $n \geq 3$.

Der folgende Satz beschreibt das Verhalten von Bahnkurven in zweidimensionalen stetigen dynamischen Systemen. Er existiert in einigen äquivalenten Formulierungen.

Eine allgemeine Version ist die folgende:

Satz von Poincaré-Bendixson

Sei $y'(t) = f(y(t))$ eine zeitunabhängige Differenzialgleichung auf einer offenen Menge $G \subseteq \mathbb{R}^2$. Sei $\omega(y)$ ein nichtleerer, beschränkter und abgeschlossener ω-Limes. Wenn $\omega(y)$ keinen Gleichgewichtspunkt enthält, so ist $\omega(y)$ eine geschlossene Bahn.

Es ist durchaus möglich, dass $\omega(y)$ leer oder unbeschränkt ist. Es kann auch sein, dass $\omega(y)$ weder ein Gleichgewichtspunkt noch eine geschlossene Bahn ist, siehe Abbildung 4.5.

Eine unmittelbare Folgerung aus dem Satz von Poincaré-Bendixson ist: Wenn $K \subseteq G$ nichtleer, beschränkt, abgeschlossen und positiv invariant ist, so enthält K einen Gleichgewichtspunkt oder eine periodische Bahn.

Kommentar: Jules Henri Poincaré (1854–1912) hat eine schwächere Form dieses berühmten Satzes allerdings ohne Beweis verfasst. Der Beweis des Satzes in obiger Form geht auf den schwedischen Mathematiker Ivar Otto Bendixson (1861–1935) zurück.

Dieser Satz gilt für $n = 2$ und ist in höheren Dimensionen falsch. Das liegt vor allem an der Anwendung des Jordan'schen Kurvensatzes im Beweis dieses tiefliegenden Ergebnisses.

Hintergrund und Ausblick: Ein nichtlineares Räuber-Beute-Modell

Zahlreiche empirische Daten sprechen für die Ausbildung von Grenzzyklen in realen Räuber-Beute-Systemen. Allerdings kann ein solches Verhalten nicht bei linearer Wechselwirkung auftreten. Wir betrachten das nichtlineare Modell von Gause. Sei im Folgenden x die Anzahl der Beutetiere und y die Anzahl der Raubtiere.

Die Beutepopulation soll in Abwesenheit der Räuber gegen eine Kapazitätsgrenze $K > 0$ stoßen. Also $x' = xg(x)$, wobei

$$g(x) > 0 \text{ für } x < K,\ g(x) < 0 \text{ für } x > K \text{ und } g(K) = 0.$$

In Anwesenheit der Räuberpopulation y wird das Wachstum der Beutepopulation x um $yp(x)$ reduziert, wobei $p(x)$ der Anzahl an Beutetieren entspricht, die von einem Räuberindividuum pro Zeiteinheit getötet wird. Es gilt

$$p(0) = 0 \text{ und } p(x) > 0 \text{ für } x > 0\,.$$

Die Räuberpopulation unterliegt einer Sterberate $-d$, das von x abhängige Wachstum wird von einer Funktion $q(x)$ modelliert, mit

$$q(0) = 0 \text{ und } q'(x) > 0 \text{ für } x > 0\,.$$

Insgesamt erhalten wir das Modell

$$\begin{aligned} x' &= xg(x) - yp(x)\,, \\ y' &= y(-d + q(x)) \end{aligned} \tag{4.8}$$

mit den Gleichgewichtspunkten $(0, 0)$ und $(K, 0)$.

Falls $q(x) < d$ für jedes $x > 0$, so ist $y' < 0$ und die Räuberpopulation stirbt aus. Daher betrachten wir den Fall, dass ein $\tilde{x} > 0$ mit der Eigenschaft $q(\tilde{x}) = d$ existiert. Wegen der strikten Monotonie der Funktion q ist $\tilde{x}$ eindeutig. Die y-Isokline ist die vertikale Gerade $x = \tilde{x}$. Die x-Isokline ist durch die Gleichung

$$y = \frac{xg(x)}{p(x)}$$

gegeben. Falls $\tilde{x} > K$, schneiden sich die beiden Isoklinen nicht und alle Lösungen streben gegen den Gleichgewichtspunkt $(K, 0)$. Die Eigenwerte der Jacobi-Matrix der rechten Seite von (4.8) an der Stelle $(K, 0)$ sind

$$\lambda_1 = Kg'(K) < 0 \quad \text{und} \quad \lambda_2 = -d + q(K) < 0$$

und nach dem Satz von Hartman-Grobman ist dieser Gleichgewichtspunkt stabil. Analog erhält man die Instabilität von $(0, 0)$.

Ist jedoch $\tilde{x} < K$ so gibt es einen eindeutigen Schnittpunkt $(\bar{x}, \bar{y})$ der beiden Isoklinen im Inneren des $\mathbb{R}^2$ und daher einen weiteren Gleichgewichtspunkt. Die beiden Gleichgewichtspunkte $(0, 0)$ und $(K, 0)$ sind Sattelpunkte. Bei Start auf der x-Achse konvergiert die Lösung zu $(K, 0)$. Betrachten wir aber jetzt einen Punkt (x, y) auf einem Orbit, der nicht zu $(K, 0)$ führt, so ist sein ω-Limes beschränkt und nicht leer. Nach dem Satz von Poincaré-Bendixson gibt es zwei mögliche Fälle:

- Wenn der ω-Limes keinen Gleichgewichtspunkt enthält, dann ist er ein periodischer Orbit γ. Dieser Orbit umkreist einen Gleichgewichtspunkt, das kann nur $(\bar{x}, \bar{y})$ sein. Der Orbit γ ist ein Grenzzyklus, da jeder Orbit, der in $\mathbb{R}^2_{>0}$ startet, zu γ konvergiert.
- Wenn der ω-Limes einen Gleichgewichtspunkt enthält, kann das nur $(\bar{x}, \bar{y})$ sein. Mithilfe der Vorzeichen von x' und y' erkennen wir, dass jeder Orbit in $\mathbb{R}^2_{>0}$ zu diesem Gleichgewichtspunkt konvergiert und $(\bar{x}, \bar{y})$ daher global stabil ist.

4.5 Bifurkation: Verzweigung von Gleichgewichtspunkten

Wir betrachten ein von einem Parameter $\mu \in \mathbb{R}$ abhängendes System

$$\boldsymbol{y}'(t) = \boldsymbol{f}(\boldsymbol{y}(t), \mu). \tag{4.9}$$

Haben die Lösungen des Differenzialgleichungssystems (4.9) für $\mu > \mu_0$ ein qualitativ anderes Verhalten als jene Lösungen mit Parameter $\mu < \mu_0$, so erfährt das Differenzialgleichungssystem am Wert $\mu = \mu_0$ eine **Bifurkation**. Der Parameter μ_0 wird als *Bifurkationspunkt* bezeichnet.

Beispiel Ein einfaches Beispiel, bei dem eine Bifurkation auftritt, ist

$$\begin{aligned} y' &= \mu y \\ y(0) &= y_0 \qquad y_0 \in \mathbb{R} \setminus \{0\} \end{aligned}$$

mit Lösung $y(t) = y_0 e^{\mu t}$ und dem Gleichgewichtspunkt $\bar{y} = 0$. Für Werte $\mu > 0$ bewegen sich alle Lösungen weg vom Ursprung und $\bar{y} = 0$ ist instabil. Für $\mu < 0$ streben alle Lösungen gegen den Gleichgewichtspunkt, dieser ist sogar asymptotisch stabil. ◀

In dem Beispiel hat die Bifurkation mit Bifurkationspunkt $\mu = 0$ zur Folge, dass sich die Stabilität des Gleichgewichtspunktes ändert. Es sind aber auch andere Konsequenzen möglich.

Beispiel Sei

$$y_1' = y_2\,,$$
$$y_2' = \mu \sin y_1 - y_1\,,$$

mit Bifurkationspunkt $\mu = 1$. Es gibt einen Gleichgewichtspunkt für $\mu < 1$ und mindestens drei Gleichgewichtspunkte für $\mu > 1$, dabei ändert der Gleichgewichtspunkt $(0, 0)$ sein Stabilitätsverhalten.

?

Überzeugen Sie sich, dass im obigen Beispiel für $\mu > 1$ mindestens drei Gleichgewichtspunkte existieren.

Eine *Hopf-Bifurkation*, benannt nach dem deutsch-amerikanischen Mathematiker Eberhard Hopf (1902–1983), ist ein Typ einer lokalen Verzweigung in nichtlinearen Systemen. Bei einer solchen Bifurkation verliert bei der Variation des Parameters μ ein Gleichgewichtspunkt seine Stabilität und geht in einen Grenzzyklus über.

Bei einer *superkritischen Hopf-Bifurkation* ist der Grenzzyklus stabil, bei einer *subkritischen* ist der Grenzzyklus instabil. Ein Paar komplex konjugierter Eigenwerte der aus der Linearisierung des Systems resultierenden Jacobi-Matrix $\mathcal{J}$ überquert bei Variation des Parameters μ die imaginäre Achse, am Bifurkationspunkt sind diese konjugiert komplexen Eigenwerte rein imaginär.

Wir wollen im Folgenden die *Sattel-Knoten-Bifurkation* (Saddle-Node-Bifurkation), die *Heugabel-Bifurkation* (Pitchfork-Bifurkation) und die *transkritische Bifurkation* jeweils durch ein Beispiel kurz vorstellen.

Beispiel Die skalare Differenzialgleichung

$$y' = -y^2 + \mu \qquad \mu \in \mathbb{R}_{\geq 0}$$

hat die Gleichgewichtspunkte $\bar{y}_1 = \sqrt{\mu}$ und $\bar{y}_2 = -\sqrt{\mu}$. Betrachtet man die linearisierte Differenzialgleichung, so ergibt sich für $\bar{y}_1 = \sqrt{\mu}$ als Lösung eine abklingende Exponentialfunktion, d. h., diese Schar von Gleichgewichtspunkten ist stabil (stabile Knoten).

Für den Fall $\bar{y}_2 = -\sqrt{\mu}$ erhält man als Lösung der linearisierten Differenzialgleichung eine aufklingende Exponentialfunktion. Diese Schar von Gleichgewichtspunkten ist daher instabil.

Am Bifurkationspunkt $\mu = 0$ entsteht ein sogenannter *Sattel-Knoten*. Für $\mu < 0$ existiert kein Gleichgewichtspunkt, siehe Abbildung 4.10. ◀

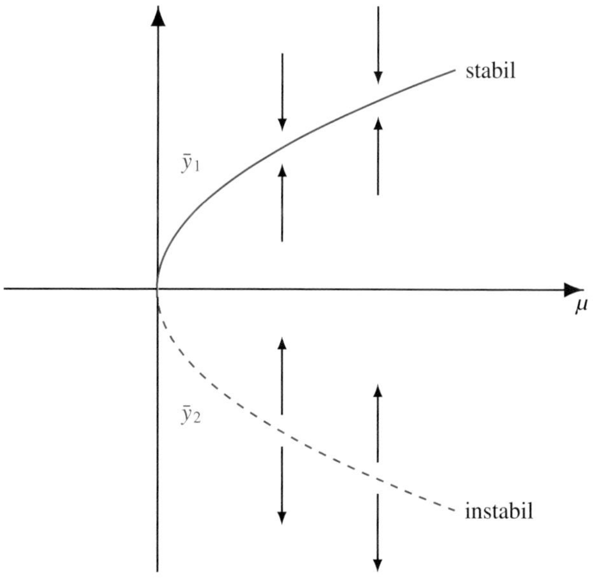

Abbildung 4.10 Saddle-Node-Bifurkation: Die Gleichgewichtspunkte $\bar{y}_i$, $i = 1, 2$, aufgetragen über dem Bifurkationsparameter μ.

Beispiel Die skalare nichtlineare Differenzialgleichung

$$y' = \mu y - y^3, \qquad \mu \in \mathbb{R}_{\geq 0}$$

besitzt die drei Gleichgewichtspunkte $\bar{y}_1 = 0$, $\bar{y}_2 = \sqrt{\mu}$ und $\bar{y}_3 = -\sqrt{\mu}$. Aus der linearisierten Differenzialgleichung folgern wir, dass $\bar{y}_1$ ein instabiler Knoten für $\mu > 0$ und ein stabiler Knoten für $\mu < 0$ ist. Die Gleichgewichtspunkte $\bar{y}_2$ und $\bar{y}_3$ sind stabile Knoten für $\mu > 0$, sie existieren nicht für $\mu < 0$.

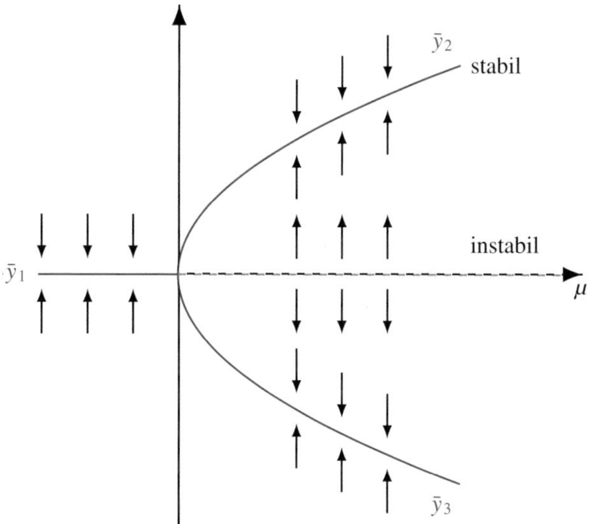

Abbildung 4.11 Pitchfork-Bifurkation: Am Bifurkationspunkt ändert der Gleichgewichtspunkt $\bar{y}_1$ seine Stabilität. Es entstehen zwei neue stabile Gleichgewichtspunkte $\bar{y}_2$ und $\bar{y}_3$.

Mit etwas Phantasie erinnert das Bild an eine Heugabel, siehe Abbildung 4.11. ◀

Beispiel Betrachten wir die Differenzialgleichung

$$y' = \mu y - y^2, \qquad \mu \in \mathbb{R}$$

mit den Gleichgewichtspunkten $\bar{y}_1 = 0$ und $\bar{y}_2 = \mu$. Aus der linearen Stabilitätsuntersuchung erkennen wir, dass $\bar{y}_1$ stabil ist für $\mu < 0$ und instabil für $\mu > 0$ und bei $\bar{y}_2$ das Verhalten genau umgekehrt ist. Eine solche Bifurkation nennt man *transkritisch*, siehe Abbildung 4.12. ◀

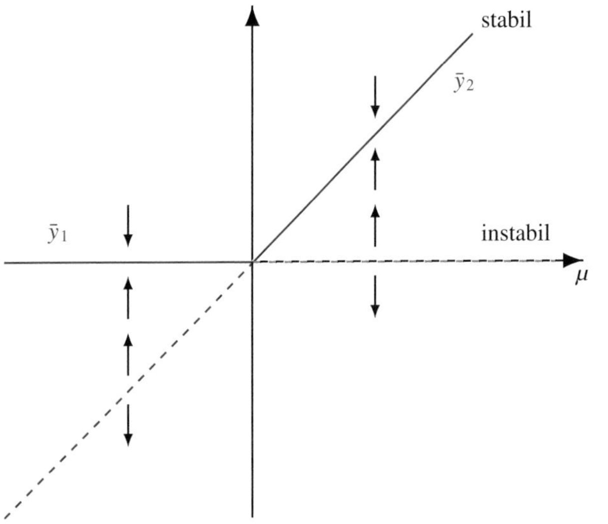

Abbildung 4.12 Transkritische Bifurkation: Der stabile und der instabile Gleichgewichtspunkt vereinigen sich für $\mu = 0$ und trennen sich wieder mit ausgetauschter Stabilität.

Wann ist die Lösung einer Differenzialgleichung nichtnegativ?

In vielen Anwendungen unterliegen die Lösungen einer autonomen Differenzialgleichung $\boldsymbol{y}' = \boldsymbol{f}(\boldsymbol{y})$, $\boldsymbol{y}(t_0) = \boldsymbol{y}_0$ einer natürlichen Nichtnegativitätsbedingung. Welche Bedingungen an die Funktion $\boldsymbol{f}$ garantieren uns diese Eigenschaft? Wir beschäftigen uns mit dieser Frage in der Hintergrund- und Vertiefungsbox auf Seite 89.

Zusammenfassung

In der qualitativen Theorie liegt das Interesse auf geometrischen Eigenschaften einer Differenzialgleichung und dem Verhalten von Lösungen speziell für lange Zeiträume.

Für $G := I \times Q$ mit $I = [t_0 - a, t_0 + a]$, $Q = \{z \in \mathbb{C}^n \,|\, \|z - \boldsymbol{y}_0\| \leq b\}$ und $a, b \in \mathbb{R}_{>0}$ garantiert der Satz von Picard-Lindelöf für eine stetige und lokal Lipschitz-stetige Funktion $\boldsymbol{f}$ die Existenz einer Lösung des Anfangswertproblems

$$\begin{aligned} \boldsymbol{y}'(t) &= \boldsymbol{f}(t, \boldsymbol{y}(t)), \\ \boldsymbol{y}(t_0) &= \boldsymbol{y}_0, \end{aligned} \tag{4.12}$$

auf einem Intervall $I_0 = [t_0 - a_0, t_0 + a_0]$ mit $a_0 > 0$.

Diese Lösung kann auf einem **maximalen Existenzintervall** fortgesetzt werden. Entweder ist dieses Intervall unbeschränkt oder es ist endlich, falls sich die Lösung $\boldsymbol{y}$ dem Rand von G nähert, d. h., Blow-up eintritt, oder die Funktion $\boldsymbol{f}$ unbeschränkt wird. Für lineare Systeme gilt globale Existenz der Lösungen.

Lösungen hängen von den Daten t_0, $\boldsymbol{y}_0$, $\boldsymbol{f}$ und eventuell von weiteren Parametern ab. Diese Abhängigkeit ist zumindest stetig. Welchen Effekt kleine Störungen der Daten auf die Lösungen haben, wird durch das Konzept der **Stabilität** beschrieben. Auf endlichen Intervallen ist Stabilität eine unmittelbare Folgerung der stetigen Abhängigkeit von Lösungen.

Wichtige Typen von Lösungen, deren Stabilität untersucht wird, sind *Gleichgewichtspunkte* und *periodische Lösungen* von autonomen Differenzialgleichungen $\boldsymbol{y}'(t) = \boldsymbol{f}(\boldsymbol{y}(t))$, bei denen $\boldsymbol{f}$ nur von $\boldsymbol{y}$, aber nicht explizit von der Zeit t abhängt.

Definition eines Gleichgewichtspunktes

Ein Punkt $\overline{\boldsymbol{y}} \in D \subseteq \mathbb{R}^n$ heißt **Gleichgewichtspunkt** einer Abbildung $\boldsymbol{f}\colon D \to \mathbb{R}^n$, falls $\boldsymbol{f}(\overline{\boldsymbol{y}}) = \boldsymbol{0}$. Die konstante Lösung $\boldsymbol{y}(t) = \overline{\boldsymbol{y}}$ ist die (einzige) Lösung mit $\boldsymbol{y}(t_0) = \overline{\boldsymbol{y}}$.

Eine **periodische Lösung** ist eine Lösung für die ein $T > 0$ existiert mit $\boldsymbol{y}(t) = \boldsymbol{y}(t + T)$ für alle t. Das kleinste $T > 0$ mit dieser Eigenschaft heißt **Periode** der Lösung $\boldsymbol{y}(t)$.

Lösungen können ganz allgemein die folgenden Stabilitätseigenschaften haben.

Definition: Stabilität von Lösungen

Sei $\boldsymbol{y}(t, \boldsymbol{y}_0)$ eine Lösung von $\boldsymbol{y}'(t) = \boldsymbol{f}(t, \boldsymbol{y}(t))$, $\boldsymbol{y}(t_0) = \boldsymbol{y}_0$, die für alle $t \geq t_0$ existiert.

Diese Lösung heißt **stabil** (im Sinn von Ljapunov), wenn es für alle $\varepsilon > 0$ ein $\delta > 0$ gibt, sodass aus $\|\boldsymbol{y}_0 - \widetilde{\boldsymbol{y}}_0\| \leq \delta$ folgt, dass die Lösung $\boldsymbol{y}(t, \widetilde{\boldsymbol{y}}_0)$ für alle $t \geq t_0$ existiert und $\|\boldsymbol{y}(t, \boldsymbol{y}_0) - \boldsymbol{y}(t, \widetilde{\boldsymbol{y}}_0)\| < \varepsilon$ für alle $t \geq t_0$ gilt.

Die Lösung $\boldsymbol{y}(t, \boldsymbol{y}_0)$ ist **instabil**, wenn sie nicht stabil ist.

Die Lösung $\boldsymbol{y}(t, \boldsymbol{y}_0)$ ist **attraktiv** oder auch **anziehend**, wenn es ein $\delta > 0$ gibt, sodass aus $\|\boldsymbol{y}_0 - \widetilde{\boldsymbol{y}}_0\| \leq \delta$ folgt, dass die Lösung $\boldsymbol{y}(t, \widetilde{\boldsymbol{y}}_0)$ für alle $t \geq t_0$ existiert und $\lim_{t\to\infty} \|\boldsymbol{y}(t, \boldsymbol{y}_0) - \boldsymbol{y}(t, \widetilde{\boldsymbol{y}}_0)\| = 0$ gilt.

Die Lösung $\boldsymbol{y}(t, \boldsymbol{y}_0)$ ist **asymptotisch stabil**, wenn sie stabil und attraktiv ist.

Hintergrund und Ausblick: Nichtnegativität bei Lösungen von Differenzialgleichungen

Viele Fragestellungen in der Biologie, Chemie und anderen Wissenschaften führen auf Anfangswertprobleme der Form

$$\boldsymbol{y}'(t) = \boldsymbol{f}(\boldsymbol{y}(t)), \ \boldsymbol{y}(0) = \boldsymbol{y}_0 \geq \boldsymbol{0},$$

bei denen sich die rechte Seite in einen Zuwachsterm $\boldsymbol{P}$ und einen Verlustterm $\boldsymbol{D}$ gemäß $\boldsymbol{f}(\boldsymbol{y}(t)) = \boldsymbol{P}(\boldsymbol{y}(t)) - \boldsymbol{D}(\boldsymbol{y}(t))$ mit $\boldsymbol{P}(\boldsymbol{y}(t)), \boldsymbol{D}(\boldsymbol{y}(t)) \geq \boldsymbol{0}$ für $\boldsymbol{y}(t) \geq \boldsymbol{0}$ aufteilen lässt und die Größen $\boldsymbol{y}(t) = (y_1(t), \ldots, y_n(t))^T$ einer natürlichen Nichtnegativitätsbedingung unterliegen. Die vektorwertigen Ungleichungen sind stets komponentenweise zu verstehen.

Theoretische Überlegungen: Mit folgendem Kriterium lässt sich die Nichtnegativität leicht nachprüfen, die für das Modell notwendig ist. Dazu nutzen wir die Schreibweise

$$\mathbb{R}^n_{\geq\delta} := \{\boldsymbol{y} = (y_1, \ldots, y_n)^T \in \mathbb{R}^n \mid y_i \geq \delta, \ i = 1, \ldots, n\}.$$

Satz zur Nichtnegativität

Beim Anfangswertproblem

$$\boldsymbol{y}'(t) = \underbrace{\boldsymbol{P}(\boldsymbol{y}(t)) - \boldsymbol{D}(\boldsymbol{y}(t))}_{=\boldsymbol{f}(\boldsymbol{y}(t))}, \ \boldsymbol{y}(0) = \boldsymbol{y}_0 \geq \boldsymbol{0}$$

sei die Funktion $\boldsymbol{f}\colon \mathbb{R}^n_{\geq\delta} \to \mathbb{R}^n$ mit $\delta < 0$ stetig differenzierbar und erfüllt die Bedingung $\|\boldsymbol{f}(\boldsymbol{y})\|_\infty \leq R$ für alle

$$\boldsymbol{y} \in Q := \{\boldsymbol{z} \in \mathbb{R}^n \,\big|\, \|\boldsymbol{z} - \boldsymbol{y}_0\|_\infty < |\delta|\}.$$

Zudem gelte

$$\lim_{y_i \to 0} D_i(\boldsymbol{y}) = 0 \text{ für alle } \boldsymbol{y} \in \mathbb{R}^n_{\geq\delta}, \tag{4.10}$$

dann existiert genau eine Lösung $\boldsymbol{y}$ und es gilt

$$\boldsymbol{y}(t) \geq \boldsymbol{0} \text{ für alle } t \in \mathbb{R}_0^+.$$

Beweis: Wir nutzen den auf Seite 22 aufgeführten Satz von Picard-Lindelöf. Aufgrund der stetigen Differenzierbarkeit von $\boldsymbol{f}(\boldsymbol{y})$ erfüllt die rechte Seite sowohl die Lipschitzbedingung als auch die Stetigkeitsforderung für alle $\boldsymbol{y} \in Q$. Folglich existiert wegen der Beschränktheit der Abbildung $\boldsymbol{f}$ laut dem oben genannten Satz eine stetig differenzierbare Lösung $\boldsymbol{y}\colon J \to Q$ auf $J = [0, \alpha]$ mit $\alpha = \frac{|\delta|}{R}$. Mit (4.10) und der Voraussetzung $\boldsymbol{P}, \boldsymbol{D} \geq \boldsymbol{0}$ gilt für die eindeutig bestimmte Lösung $\boldsymbol{y}(t) \geq \boldsymbol{0}$ für $t \in J$. Die Länge des Intervalls J ist bis auf die Nichtnegativität unabhängig vom genauen Anfangswert, sodass die Lösung entsprechend auf $[0, 2\alpha]$ und letztendlich auf ganz $\mathbb{R}_0^+$ fortgesetzt werden kann und der Nichtnegativität genügt. ■

Anwendungsbeispiele: Ein sehr häufig in der Ozeanographie benutztes System stellt das nichtlineare Phytoplanktonmodell

$$p'(t) = \frac{p(t)n(t)}{n(t)+1} - ap(t)$$
$$n'(t) = -\frac{p(t)n(t)}{n(t)+1}$$
$$d'(t) = ap(t)$$

dar, bei dem p Phytoplankton, n Nährstoffe und d Detritus, d. h. abgestorbene Masse, darstellt und $a \geq 0$ die Sterberate beschreibt. In Bezug auf den obigen Satz wählen wir $\delta = -\frac{1}{2}$. Da keine Singularität in der Funktion und jeglicher Ableitung auf $\mathbb{R}^n_{\geq -\frac{1}{2}}$ auftritt, ist die rechte Seite stetig differenzierbar und erfüllt innerhalb des Würfels Q die Beschränktheitsbedingung. Daher ergibt sich mit den Anfangswerten $p(0) = 0.01$, $n(0) = 9.98$, $d(0) = 0.01$ laut obigem Satz eine eindeutig bestimmte nichtnegative Lösung deren exemplarischen Verlauf wir der folgenden Abbildung entnehmen können.

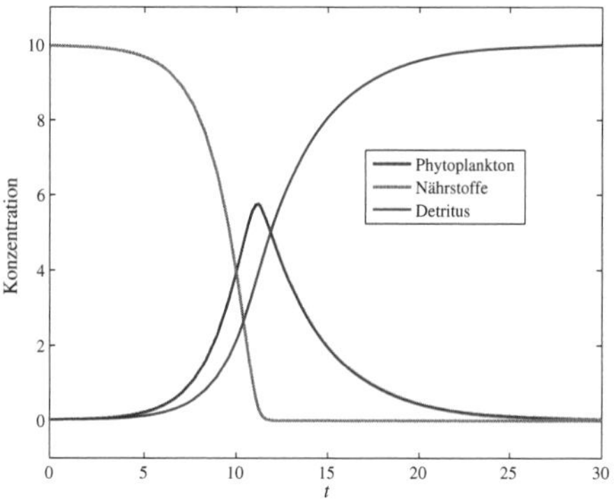

Bereits auf Seite 75 hatten wir gesehen, dass mit dem Robertson-Testfall

$$\begin{aligned} y_1'(t) &= Ay_2(t)y_3(t) - By_1(t) \\ y_2'(t) &= By_1(t) - Ay_2(t)y_3(t) - Cy_2^2(t) \\ y_3'(t) &= Cy_2^2(t) \end{aligned} \tag{4.11}$$

für $A = 10^4$, $B = 4 \cdot 10^{-2}$ und $C = 3 \cdot 10^7$ ein steifes Differenzialgleichungssystem vorliegt. Offensichtlich erfüllt das System aufgrund seiner polynomialen rechten Seite alle für den obigen Satz notwendigen Voraussetzungen, womit für $y_i(0) \geq 0$, $i = 1, 2, 3$ stets ein eindeutig bestimmter Lösungsverlauf mit nichtnegativen Größen vorliegt. Mit den Anfangsbedingungen $y_1(0) = 1$, $y_2(0) = y_3(0) = 0$ ergibt sich der Lösungsverlauf gemäß der anschließenden Abbildung.

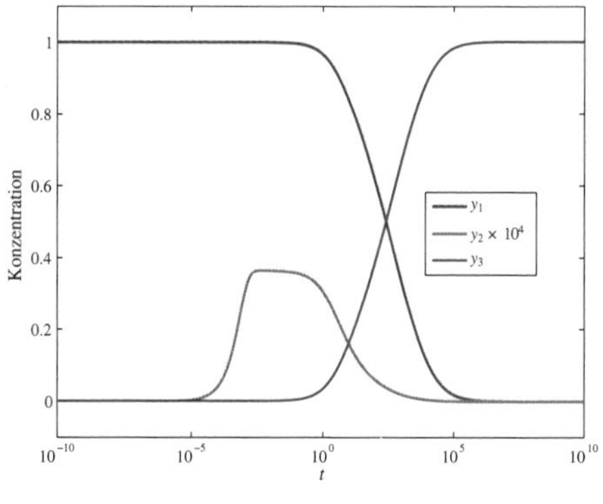

Periodische Attraktoren sind asymptotisch stabile periodische Lösungen.

Zur Untersuchung des Langzeitverhaltens von Lösungen ist die Menge der Häufungspunkte der Bahn ein wichtiges Werkzeug.

Definition: ω-Limes und α-Limes

Für das autonome System

$$\begin{aligned} y' &= f(y), \qquad t \geq t_0 \\ y(t_0) &= y_0 \end{aligned}$$

sei y_0 ein Punkt im Definitionsbereich, sodass die für alle $t \in \mathbb{R}$ definierte Bahn $y(t)$ mit $y(t_0) = y_0$ existiert. Der ω-**Limes** von y_0 ist definiert als

$$\begin{aligned} \omega(y_0) =& \{x \in \mathbb{R}^n : \text{ es gibt eine Folge } t_k \to +\infty\,, \\ & \text{sodass } y(t_k) \to x\}. \end{aligned}$$

Der ω-Limes ist also die Menge aller Häufungspunkte der Lösung y des Differenzialgleichungssystems mit Anfangswert in y_0.

Entsprechend ist der α-**Limes** definiert als

$$\begin{aligned} \alpha(y_0) =& \{x \in \mathbb{R}^n : \text{ es gibt eine Folge } t_k \to -\infty\,, \\ & \text{sodass } y(t_k) \to x\}. \end{aligned}$$

Diese Mengen sind invariant und abgeschlossen. Periodische Bahnen werden als **Grenzzyklen** bezeichnet, wenn es einen nicht auf der periodischen Bahn liegenden Punkt y_0 gibt, sodass $\omega(y_0)$ die periodische Bahn ist.

Die Gesamtheit aller Lösungen einer Differenzialgleichung bildet ein **dynamisches System**, genannt der *Fluss* der Differenzialgleichung.

Definition: Fluss einer autonomen Differenzialgleichung

Der **Fluss** $\Phi(t, y_0)$ oder auch $\Phi_t(y_0)$ einer autonomen Differenzialgleichung

$$\begin{aligned} y'(t) &= f(y(t))\,, \\ y(t_0) &= y_0 \end{aligned}$$

ist eine Abbildung $\Phi\colon \mathbb{R}^{n+1} \to \mathbb{R}^n$, $\Phi(t, y_0) = y(t)$ mit den folgenden Eigenschaften

$$\Phi(t_0, y_0) = y_0, \quad \forall y_0 \in \mathbb{R}^n \quad \text{und}$$

$$\Phi(t_1 + t_2, \cdot) = \Phi(t_2, \Phi(t_1, \cdot)) \text{ für } t_1, t_2 \in \mathbb{R}.$$

Eine **Bewegungsinvariante** ist eine stetig differenzierbare Funktion $V\colon D \subseteq \mathbb{R}^n \to \mathbb{R}$, die ihren Wert längs der Lösungskurven nicht ändert. Sie ist ein Spezialfall einer *Ljapunov-Funktion*, die die folgenden Eigenschaften hat.

Satz (Ljapunov-Stabilität)

Sei $\bar{y} \in D \subseteq \mathbb{R}^n$ ein Gleichgewichtspunkt von $y' = f(y(t))$. Ist $V\colon D \subseteq \mathbb{R}^n \to \mathbb{R}$ eine differenzierbare Funktion auf einer offenen Menge D und gilt

$V(\bar{y}) = 0$ und $V(y) > 0$, für $y \neq \bar{y}$,

$V' = \frac{\mathrm{d}}{\mathrm{d}t} V \leq 0$ in $D \setminus \{\bar{y}\}$,

so ist der Gleichgewichtspunkt $\bar{y}$ stabil.

Gilt sogar die strikte Ungleichung $V' < 0$, so ist $\bar{y}$ asymptotisch stabil.

Diese Funktion V heißt **Ljapunov-Funktion**.

Da es keine allgemeine Methode gibt, eine Ljapunov-Funktion konstruktiv zu finden, ist Geschick und Glück gefragt.

Eine wichtige Methode für das Verständnis von nichtlinearen Systemen stellt in vielen Fällen die *Linearisierung* dar. Die Stabilität von linearen autonomen Systemen ist durch die Realteile der Eigenwerte charakterisiert. Alle möglichen Fälle, etwa für zweidimensionale Systeme, können gut durch *Phasenporträts* dargestellt werden.

Für nichtautonome lineare inhomogene Differenzialgleichungen folgt die Stabilität eines Gleichgewichtspunktes $\bar{y}$ aus der Stabilität des Gleichgewichtspunktes $y = 0$ für die homogene Gleichung.

Für **hyperbolische Gleichgewichtspunkte** (d. h., kein Eigenwert der Jacobi-Matrix von f am Gleichgewichtspunkt hat verschwindenden Realteil) übertragen sich die Stabilitätsaussagen von linearen Differenzialgleichungen auf nichtlineare Differenzialgleichungen (Satz von Hartman-Grobman).

Der Satz von Poincaré-Bendixson beschreibt das Verhalten von Bahnkurven in zweidimensionalen stetigen dynamischen Systemen.

Satz von Poincaré-Bendixson

Sei $y'(t) = f(y(t))$ eine zeitunabhängige Differenzialgleichung auf einer offenen Menge $G \subseteq \mathbb{R}^2$. Sei $\omega(y)$ ein nichtleerer, beschränkter und abgeschlossener ω-Limes. Wenn $\omega(y)$ keinen Gleichgewichtspunkt enthält, so ist $\omega(y)$ eine geschlossene Bahn.

Eine unmittelbare Folgerung aus dem Satz von Poincaré-Bendixson ist: Wenn $K \subseteq G$ nichtleer, beschränkt, abgeschlossen und positiv invariant ist, so enthält K einen Gleichgewichtspunkt oder eine periodische Bahn.

Bifurkationen sind Verzweigungen von Gleichgewichtspunkten eines Systems $y'(t) = f(y(t), \mu)$ in Abhängigkeit von einem Parameter $\mu \in \mathbb{R}$. Dabei haben die Lösungen für $\mu > \mu_0$ ein qualitativ anderes Verhalten als jene Lösungen mit $\mu < \mu_0$. Es wird unterschieden zwischen (superkritischen und subkritischen) *Hopf-Bifurkationen*, *Sattel-Knoten-Bifurkation*, *Heugabel-Bifurkation* und *transkritischer Bifurkation*.

Aufgaben

Die Aufgaben gliedern sich in drei Kategorien: Anhand der *Verständnisfragen* können Sie prüfen, ob Sie die Begriffe und zentralen Aussagen verstanden haben, mit den *Rechenaufgaben* üben Sie Ihre technischen Fertigkeiten und die *Beweisaufgaben* geben Ihnen Gelegenheit, zu lernen, wie man Beweise findet und führt.

Ein Punktesystem unterscheidet leichte Aufgaben •, mittelschwere •• und anspruchsvolle ••• Aufgaben. Lösungshinweise am Ende des Buches helfen Ihnen, falls Sie bei einer Aufgabe partout nicht weiterkommen. Dort finden Sie auch die Lösungen – betrügen Sie sich aber nicht selbst und schlagen Sie erst nach, wenn Sie selber zu einer Lösung gekommen sind. Ausführliche Lösungswege, Beweise und Abbildungen finden Sie auf der Website zum Buch.

Viel Spaß und Erfolg bei den Aufgaben!

Verständnisfragen

4.1 • Gegeben sei das Anfangswertproblem mit dem Parameter $\varepsilon \in \mathbb{R}$

$$y' = -y + \sin(\varepsilon y), \qquad y(0) = a \in \mathbb{R}.$$

Es sei $y(t, a, \varepsilon)$ die Lösung dieses Anfangswertproblems. Begründen Sie, warum $y(t, a, \varepsilon)$ differenzierbar von ε abhängt.

4.2 • Bestimmen Sie allgemeine reelle Lösungen der folgenden Differenzialgleichungen. Wie verhalten sich die Lösungen für $t \to \infty$? Welche Lösungen bleiben für $t \to \infty$ beschränkt?

a) $y^{(4)} - y'' = 0$
b) $y^{(4)} - y'' = 0,\ y(1) = y'(1) = 1,\ y''(1) = y'''(1) = 0$
c) $y''' + y = 0$
d) $y^{(4)} + 4y'' + 4y = 0$

Rechenaufgaben

4.3 •• Betrachten Sie das Differenzialgleichungssystem

$$y_1' = -y_1 - 2y_2 + y_1^2 y_2^2$$
$$y_2' = y_1 - \frac{1}{2} y_2 - y_1^3 y_2 .$$

Konstruieren Sie eine Ljapunov-Funktion V von der Form $V(y_1, y_2) = a y_1^2 + b y_2^2$ mit geeigneten $a, b \in \mathbb{R}$. Was können Sie über die Stabilität des Gleichgewichtspunktes $(0, 0)$ aussagen?

4.4 • Gegeben ist das nichtlineare Differenzialgleichungssystem

$$\boldsymbol{y}'(t) = \begin{pmatrix} -y_1 - 3y_2^2 \\ y_1 y_2 - y_2^3 \end{pmatrix}, \qquad \boldsymbol{y}(t_0 = 0) = \boldsymbol{y}_0.$$

Zeigen Sie, dass $V(\boldsymbol{y}) = \frac{1}{2}(y_1^2 + y_2^2)$ eine Ljapunov-Funktion ist und schließen Sie daraus auf die Stabilitätseigenschaften des Gleichgewichtspunktes $\bar{\boldsymbol{y}} = \boldsymbol{0} \in \mathbb{R}^2$.

4.5 • Überprüfen Sie, dass $V(\boldsymbol{y}) = \frac{1}{2}(y_1^2 + y_2^2)$ eine Ljapunov-Funktion des Differenzialgleichungssystems

$$\boldsymbol{y}' = \begin{pmatrix} y_1 \\ y_2 \end{pmatrix}' = \boldsymbol{f}(\boldsymbol{y}) = \begin{pmatrix} -y_1 + y_2^2 \\ -y_2^3 - y_1 y_2 \end{pmatrix}$$

ist und zeigen Sie, dass der Ursprung $\boldsymbol{0} \in \mathbb{R}^2$ ein stabiler Gleichgewichtspunkt des Systems ist. Welche Aussage lässt sich mittels Linearisierung treffen?

4.6 • Betrachtet wird die Differenzialgleichung

$$\boldsymbol{y}' = \boldsymbol{A}\boldsymbol{y}$$

mit

$$\boldsymbol{A} = \begin{pmatrix} 0 & -1 \\ a-1 & a \end{pmatrix}, \qquad a \in \mathbb{R}.$$

Geben Sie für $a = -1$ und $a = 3$ jeweils ein Fundamentalsystem an und zeichnen Sie die Phasenporträts.

4.7 •• Gegeben ist das System von Differenzialgleichungen

$$y_1' = -y_1 y_2$$
$$y_2' = (2y_1 - 1) y_2 \qquad (y_1, y_2) \in \mathbb{R}^2 .$$

a) Bestimmen Sie alle Gleichgewichtspunkte.
b) Zeigen Sie, dass die y_1- und y_2-Achse invariant sind.
c) Zeichnen Sie das Phasenporträt.

4.8 •• Gegeben ist die Differenzialgleichung

$$y' = -y^2 \sin t .$$

a) Skizzieren Sie das Richtungsfeld.
b) Lösen Sie das Anfangswertproblem $y(0) = y_0$, $y_0 \in \mathbb{R}$.
c) Untersuchen Sie in Abhängigkeit von $y_0 \in \mathbb{R}$ für welche $t \geq 0$ die Lösung existiert.
d) Ist die Lösung $y(t) = 0$ für $t \geq 0$ stabil oder asymptotisch stabil?

4.9 • Gegeben ist die Differenzialgleichung

$$\boldsymbol{y}' = \boldsymbol{A}\boldsymbol{y}, \qquad \boldsymbol{A} = \begin{pmatrix} -1 & -2 & 0 \\ 2 & -1 & 0 \\ 0 & 0 & 3 \end{pmatrix}.$$

Untersuchen Sie, ob der Gleichgewichtspunkt $\bar{\boldsymbol{y}} = \boldsymbol{0}$ stabil ist.

4.10 • Gegeben ist die Differenzialgleichung

$$y' = A\,y\,, \quad A = \begin{pmatrix} 0 & 1 \\ -2 & -1 \end{pmatrix}.$$

Zeigen Sie, dass die Funktion

$$V(y) = y^T P\, y\,, \quad P = \frac{1}{4}\begin{pmatrix} 7 & 1 \\ 1 & 3 \end{pmatrix}$$

eine Ljapunov-Funktion ist. Prüfen Sie mit ihrer Hilfe die Stabilitätseigenschaften der Nulllösung $\bar{y} = \mathbf{0}$.

4.11 • Skizzieren Sie für die skalare Differenzialgleichung

$$y' = y - \sin t$$

die Isoklinen und das Richtungsfeld. Zeichnen Sie außerdem die Lösungskurven durch $(\frac{\pi}{2}, 1)$ bzw. $(\frac{\pi}{2}, -1)$. Welche Aussagen hinsichtlich Beschränktheit der beiden Lösungskurven für $t \geq \frac{\pi}{2}$ bzw. $t \leq \frac{\pi}{2}$ lassen sich analytisch begründen?

4.12 •• Untersuchen Sie die Stabilität bzw. asymptotische Stabilität des Gleichgewichtspunktes $\bar{y} = 0$ der folgenden Differenzialgleichungen. Geben Sie jeweils auch die an $\bar{y} = 0$ linearisierte Differenzialgleichung an.

a) $y' = y \sin t$
b) $y' = \sin y$
c) $y' = -\sin y$
d) $y' = -t \sin y$
e) $y' = -y^2 \sin t$

4.13 •• Betrachten Sie das ebene System

$$y_1' = -y_2 + a y_1 (y_1^2 + y_2^2)\,,$$
$$y_2' = y_1 + a y_2 (y_1^2 + y_2^2)\,, \quad a \in \mathbb{R}\,.$$

Zeigen Sie:

a) Der Gleichgewichtspunkt $(0, 0)$ ist für die Linearisierung ein Zentrum.
b) Für die nichtlineare Differenzialgleichung ist $(0, 0)$ für $a < 0$ stabil und für $a > 0$ instabil.
c) Zeichnen Sie die Phasenporträts für $a < 0$, $a = 0$, und $a > 0$.

4.14 •• Das folgende Beispiel zeigt, dass man im Fall nichtautonomer linearer Differenzialgleichungen

$$y' = A(t)\,y$$

von den Eigenwerten der Matrix $A(t)$ nicht auf die Stabilität des Gleichgewichtspunktes $\bar{y} = 0$ schließen kann. Es sei

$$A(t) = \begin{pmatrix} -1 + \frac{3}{2}\cos^2 t & 1 - \frac{3}{2}\sin t \cos t \\ -1 - \frac{3}{2}\sin t \cos t & -1 + \frac{3}{2}\sin^2 t \end{pmatrix}$$

Zeigen Sie

a) Die Eigenwerte $\lambda_{1,2}(t)$ von $A(t)$, $t \in \mathbb{R}$ haben negativen Realteil.
b) $y(t) = e^{\frac{t}{2}}\,(-\cos t, \sin t)^T$ ist eine Lösung der Differenzialgleichung.
c) Der Gleichgewichtspunkt $\bar{y} = 0$ ist instabil.

4.15 •• Das folgende Lotka-Volterra-Modell beschreibt das zeitliche Verhalten zweier Spezies y_1 und y_2

$$y_1' = y_1(3 - y_1 - 2y_2)$$
$$y_2' = y(2 - y_1 - y_2)$$

a) Bestimmen Sie alle Gleichgewichtspunkte des Differenzialgleichungssystems.
b) Untersuchen Sie die Stabilität und den Typ der Gleichgewichtspunkte mittels Linearisierung.
c) Zeichnen Sie ein plausibles Phasenporträt im 1. Quadranten $(y_1 \geq 0,\ y_2 \geq 0)$.

Beweise

4.16 •• Zeigen Sie, das der ω-Limes einer autonomen Differenzialgleichung $y' = f(y)$, $y(t_0) = y_0$ abgeschlossen ist.

4.17 ••• Beweisen Sie die folgende allgemeine Version des Lemmas von Gronwall:

Seien u und $\delta\,, L : I = [t_0, t_1] \to [0, \infty]$ stetige Funktionen. Falls

$$u(t) \leq \delta(t) + \int_{t_0}^{t} L(x) u(x)\,\mathrm{d}x\,, \quad \forall t \in I\,,$$

dann gilt

$$u(t) \leq \delta(t) + \int_{t_0}^{t} \delta(x) L(x) e^{\int_x^t L(v)\,\mathrm{d}v}\,\mathrm{d}x\,, \quad \forall t \in I\,.$$

4.18 • Betrachten Sie die skalare autonome Differenzialgleichung $y' = f(y)$, wobei $f \in C^1(\mathbb{R}, \mathbb{R})$ mit $f(0) = f(1) = 0$ und $f(y) > 0$ für $y \in (0, 1)$. Geben Sie den ω-Limes $\omega(y_0)$ für $y_0 \in [0, 1]$ an.

Antworten der Selbstfragen

S. 74
Für die Steigung k einer Geraden $y = kt + d$ gilt im Fall einer Tangente durch den Punkt $(t_1, y(t_1))$, dass $k = y'(t_1) = f(t_1, y(t_1))$ ist. Nach Einsetzen des Punktes $(t_1, y(t_1))$ erhält man die Gleichung der Tangente in Normalvektorform

$$f(t_1, y(t_1))t - y = f(t_1, y(t_1))t_1 - y(t_1),$$

woraus sich der angegebene Richtungsvektor ergibt.

S. 80
Es gelten

$$\frac{\mathrm{d}}{\mathrm{d}x} B(x) = \frac{\overline{x}}{x} - 1\,,$$
$$\frac{\mathrm{d}}{\mathrm{d}y} R(y) = \frac{\overline{y}}{y} - 1$$

und

$$\frac{\mathrm{d}^2}{\mathrm{d}x^2} B(x) = -\frac{\overline{x}}{x^2} < 0\,,$$
$$\frac{\mathrm{d}^2}{\mathrm{d}y^2} R(y) = -\frac{\overline{y}}{y^2} < 0\,.$$

Daher nimmt die Funktion $V(x, y)$ ihr Maximum an der Stelle $(\overline{x}, \overline{y})$ an.

S. 87
Für einen Gleichgewichtspunkt muss $y_1' = y_2' = 0$ gelten. Diese beiden Gleichungen implizieren $y_2 = 0$ und $\mu \sin y_1 = y_1$. Wie in der Abbildung ersichtlich schneidet die Funktion $\mu \sin y_1$ die Gerade $y = y_1$ einmal falls $\mu < 1$ und (mindestens) dreimal falls $\mu > 1$.

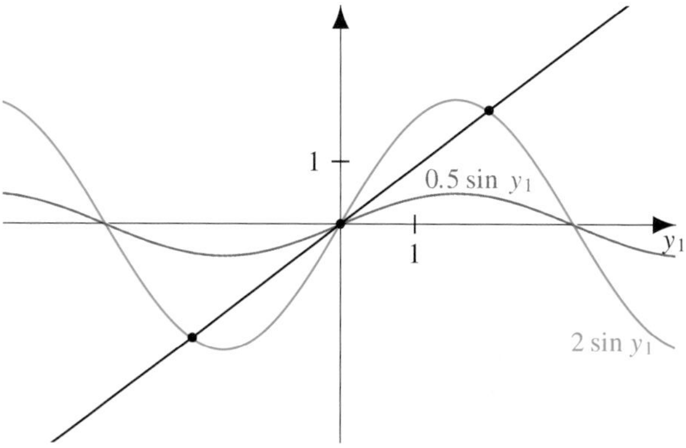

Abbildung 4.13 Im Fall $\mu > 1$ existieren (mindestens) drei Lösungen für die Gleichung $\mu \sin y_1 = y_1$, für $\mu < 1$ gibt es nur eine Lösung.

Funktionentheorie – Analysis im Komplexen

5

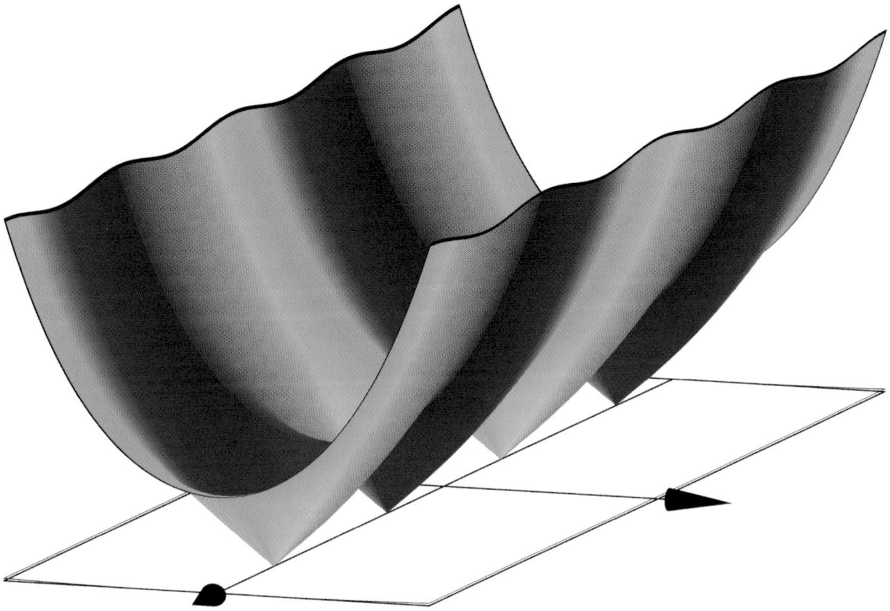

Warum sind holomorphe Funktionen etwas Besonderes?

Welche Typen von Singularitäten gibt es?

Was besagt der Residuensatz?

Das zentrale Studienobjekt dieses Kapitels sind differenzierbare Funktionen $f: U \to \mathbb{C}$ mit offenem Definitionsbereich $U \subset \mathbb{C}$; der Grenzübergang in

$$f'(z) = \lim_{\substack{w \to z \\ w \neq z}} \frac{f(w) - f(z)}{w - z}$$

findet in $\mathbb{C}$ statt, ebenso die Division. Diese zum Reellen formal völlig analoge Definition hat weitreichende Konsequenzen. Im Komplexen ist – im Gegensatz zum Reellen – eine differenzierbare Funktion f um jeden Punkt c lokal als Potenzreihe darstellbar und darüber hinaus durch ihr Verhalten nahe c bereits global eindeutig festgelegt – genauer, in jedem Punkt z, der sich mit c durch einen ganz im Definitionsbereich von f verlaufenden Weg verbinden lässt, unabhängig davon, wie weit z von c entfernt ist.

Hieraus ergeben sich eine Reihe von Resultaten, die – zumindest auf den ersten Blick – recht überraschend sind. So besagt etwa der Satz von Liouville, dass jede auf $\mathbb{C}$ beschränkte und überall differenzierbare Funktion bereits konstant sein muss. Dieser Sachverhalt hat Anwendungen in ganz unterschiedlichen Teilgebieten der Mathematik. Und der Residuensatz hat beispielsweise zur Folge, dass wir das reelle Integral

$$\int_{-\infty}^{\infty} \frac{x^2}{1 + x^4}\,\mathrm{d}x$$

unabhängig von der Kenntnis einer Stammfunktion berechnen können allein aus der Information, dass die Funktion $f(z) = z^2/(1 + z^4)$ einfache Pole unter anderem in $c = \mathrm{e}^{\pi \mathrm{i}/4}$ und $c = \mathrm{e}^{3\pi \mathrm{i}/4}$ hat, und aus den Residuen in diesen beiden Polen, im vorliegenden Fall gegeben durch $\lim_{z \to c}(z - c) f(z)$.

Die damit zusammenhängenden Grundlagen werden im Folgenden ausführlich dargestellt. Der methodische Schwerpunkt liegt auf Integralen längs Kurven (Wegen) in $\mathbb{C}$ und auf Potenzreihen; die geometrische Sichtweise tritt demgegenüber zurück.

Wegen der vielen mit ihnen verbundenen Eigenschaften und strukturellen Resultaten hat man über längere Zeit hinweg die in $\mathbb{C}$ differenzierbaren Funktionen als die „eigentlichen" und „echten" Funktionen angesehen; auch nimmt die Konstruktion und Analyse solcher Funktionen mit vorgegebenen oder „speziellen" Eigenschaften in der klassischen Theorie einen breiten Raum ein. Neben den bereits aus der Analysis im Reellen bekannten wie die Exponentialfunktion und die trigonometrischen Funktionen gehören dazu etwa die Gammafunktion und die Riemann'sche Zetafunktion, aber auch viele weitere. Die im deutschen Sprachraum übliche traditionelle Bezeichnung „Funktionentheorie" ist in diesem Zusammenhang zu sehen; woanders hat sich die Bezeichnung „Komplexe Analysis" durchgesetzt („complex analysis" im Englischen, „analyse complexe" im Französischen, „analisi complessa" im Italienischen, „kompleksnyi analiz" im Russischen).

5.1 Holomorphe Funktionen

Die Analysis im Komplexen befasst sich hauptsächlich mit *holomorphen* Funktionen, so werden die im Komplexen differenzierbaren Funktionen genannt.

Komplexe Zahlen bilden die Grundlage

In Abschnitt 4.6 von Band 1 haben wir uns bereits mit der Definition und den Eigenschaften von komplexen Zahlen beschäftigt. Wir stellen einige dieser Sachverhalte noch einmal zusammen.

Die komplexe Zahlenebene $\mathbb{C}$ ist als Menge identisch mit dem $\mathbb{R}^2$. Eine komplexe Zahl $z \in \mathbb{C}$ mit Realteil $x = \operatorname{Re} z$ und Imaginärteil $y = \operatorname{Im} z$ schreiben wir wahlweise als $z = (x, y)$ oder $z = x + \mathrm{i}y$, mit der imaginären Einheit $\mathrm{i} = (0, 1)$. Wir identifizieren $\mathbb{R}$ mit der horizontalen Achse in $\mathbb{C}$ vermittels $x \mapsto (x, 0)$.

Die Addition in $\mathbb{C}$ entspricht der Vektoraddition im $\mathbb{R}^2$, für $z = x + \mathrm{i}y$ und $w = u + \mathrm{i}v$ ist

$$z + w = (x + u) + \mathrm{i}(y + v)\,.$$

Die Multiplikation ist definiert als

$$w \cdot z = (ux - vy, uy + vx)$$

für $z = (x, y)$ und $w = (u, v)$. Wegen $\mathrm{i}^2 = -1$ hat sie die „gewohnte Form"

$$w \cdot z = (u + \mathrm{i}v) \cdot (x + \mathrm{i}y) = ux - vy + \mathrm{i}(uy + vx)\,.$$

Falls einer der Faktoren reell ist, etwa $w = (u, 0)$ und also $w \cdot z = (ux, uy) = u \cdot (x, z)$, entspricht die Multiplikation in $\mathbb{C}$ der Skalarmultiplikation im $\mathbb{R}^2$.

Im allgemeinen Fall kann man sich die Multiplikation veranschaulichen mithilfe von Polarkoordinaten, wie wir weiter unten in (5.15) sehen werden.

Die zu $z = x + \mathrm{i}y$ konjugiert komplexe Zahl $\overline{z}$ ist definiert als $\overline{z} = x - \mathrm{i}y$, sie entsteht durch Spiegelung von z an der reellen Achse. Der komplexe Betrag $|z| = \sqrt{x^2 + y^2}$ von $z = x + \mathrm{i}y$ ist gleich der euklidischen Norm des Vektors $z = (x, y)$.

Mit der beschriebenen Addition und Multiplikation wird $\mathbb{C}$ ein kommutativer Körper. Wegen $z\overline{z} = |z|^2$ gilt für den Kehrwert von $z = x + \mathrm{i}y$ im Falle $z \neq 0$

$$\frac{1}{z} = \frac{\overline{z}}{|z|^2} = \frac{x - \mathrm{i}y}{x^2 + y^2}\,.$$

Rationale Funktionen der Form

$$f(z) = \frac{az + b}{cz + d} \tag{5.1}$$

mit $ad - bc \neq 0$ und $a, b, c, d \in \mathbb{C}$ heißen **gebrochen rationale Funktionen** oder **Möbiustransformationen**.

Beispiel Cayley-Transformation
Die durch

$$f(z) = \frac{1+z}{1-z} \cdot \mathrm{i}$$

definierte gebrochen rationale Funktion $f\colon \mathbb{C} \setminus \{1\} \to \mathbb{C}$ heißt Cayley-Transformation. Löst man $w = f(z)$ nach z auf, so erhält man $z = (w - \mathrm{i})/(w + \mathrm{i})$, also

$$f^{-1}(w) = \frac{w - \mathrm{i}}{w + \mathrm{i}} .$$

Da $|z| < 1$ genau dann gilt, wenn $|w - \mathrm{i}| < |w + \mathrm{i}| = |w - (-\mathrm{i})|$, bildet f die offene **Einheitskreisscheibe**

$$\mathbb{E} = \{z : z \in \mathbb{C}\, , \; |z| < 1\}$$

bijektiv auf die offene **obere Halbebene**

$$\mathbb{H} = \{w : w \in \mathbb{C}\, , \; \operatorname{Im} w > 0\}$$

ab. Der Rand von $\mathbb{E}$ ohne den Punkt 1 geht über in die reelle Achse, und zwar die obere (untere) Hälfte in die negative (positive) reelle Halbachse, wie man aus Aufgabe 5.16 erkennt. Dem Punkt $1 \in \partial\mathbb{E}$ entspricht ein unendlich ferner Punkt. ◀

Konvergenz in $\mathbb{C}$ ist gleichbedeutend mit Konvergenz im $\mathbb{R}^2$, da der Betrag in $\mathbb{C}$ und die euklidische Länge im $\mathbb{R}^2$ übereinstimmen. Definitionsgemäß gilt $\mathbf{lim}_{n\to\infty}\, z_n = z$ genau dann, wenn $\lim_{n\to\infty} |z_n - z| = 0$, das heißt, die Folge der Abstände zum Grenzwert z konvergiert gegen null. Äquivalent dazu ist, dass die aus Real- und Imaginärteil gebildeten beiden Folgen in $\mathbb{R}$ konvergieren: Es gilt $z_n = x_n + \mathrm{i}y_n \to z = x + \mathrm{i}y$ genau dann, wenn $x_n \to x$ und $y_n \to y$. Nicht konvergente Folgen heißen **divergent**.

Konvergenz „im Unendlichen" spielt ebenfalls eine Rolle. Wir sagen, dass $\mathbf{lim}_{n\to\infty}\, z_n = \infty$ oder $z_n \to \infty$, falls $\lim_{n\to\infty} |z_n| = \infty$, das heißt, für alle $R > 0$ existiert ein $N > 0$, sodass $|z_n| \geq R$ gilt für alle $n \geq N$.

Beispiel Konvergenz gegen ∞ bezieht sich nur auf die Beträge. Für die durch $z_n = n\mathrm{i}^n$ definierte Folge $\mathrm{i}, -2, -3\mathrm{i}, 4, 5\mathrm{i}, \ldots$ gilt $z_n \to \infty$, da $|z_n| = n \to \infty$. Die von z_n mit der reellen Achse gebildeten Winkel durchlaufen periodisch die Werte $0, \pi/2, \pi, 3\pi/2, 0, \ldots$ und bilden somit keine konvergente Folge. ◀

Grenzwerte von Funktionen in $\mathbb{C}$ werden wie im Reellen auf Grenzwerte von Folgen zurückgeführt. So bedeutet

$$\lim_{\substack{z\to c\\ z\in U}} f(z) = w$$

für eine Funktion $f\colon U \to \mathbb{C}$ mit $U \subset \mathbb{C}$, dass

$$\lim_{n\to\infty} f(z_n) = w$$

gilt für jede Folge (z_n) in U mit $z_n \to c$, und dass es mindestens eine solche Folge gibt. Dabei kann sowohl für c als auch für w der Wert ∞ stehen. Beispielsweise gilt für $N \in \mathbb{N}$, $N \geq 1$,

$$z^N \to 0 \quad \text{und} \quad z^{-N} \to \infty \quad \text{für } z \to 0$$

sowie

$$z^N \to \infty \quad \text{und} \quad z^{-N} \to 0 \quad \text{für } z \to \infty.$$

Beispiel Polynome streben gegen ∞ für $z \to \infty$.
Ist p ein nichtkonstantes Polynom, also

$$p(z) = \sum_{k=0}^{N} a_k z^k$$

mit $N \geq 1$ und $a_N \neq 0$, so gilt

$$\lim_{z\to\infty} p(z) = \infty\, , \qquad (5.2)$$

da

$$z^{-N} p(z) = a_N + \sum_{k=0}^{N-1} a_k z^{k-N} \to a_N$$

für $|z| \to \infty$, und daher $|p(z)| \geq (1/2)|a_N||z|^N$ für hinreichend großes $|z|$. ◀

Es hat sich als zweckmäßig herausgestellt, die komplexe Ebene $\mathbb{C}$ im Unendlichen durch einen einzigen „unendlich fernen" Punkt zur **erweiterten komplexen Ebene** $\mathbb{C} \cup \{\infty\}$ zu ergänzen. In der Box auf Seite 98 erläutern wir, wie die Riemann'sche Zahlensphäre eine geometrische Darstellung von $\mathbb{C} \cup \{\infty\}$ liefert.

Holomorphe Funktionen sind Funktionen, die Ableitungen im Komplexen haben

Die Definition der Ableitung sieht im Komplexen formal genauso aus wie im Reellen.

Definition von Differenzierbarkeit und Holomorphie

Sei $U \subset \mathbb{C}$ offen. Eine Funktion $f\colon U \to \mathbb{C}$ heißt differenzierbar in $z \in U$, falls der Grenzwert

$$f'(z) := \lim_{\substack{w\to z\\ w\neq z}} \frac{f(w) - f(z)}{w - z} \qquad (5.8)$$

existiert; er heißt die Ableitung von f in z. Ist f in jedem Punkt von U differenzierbar, so heißt f **holomorph** in U, und die durch (5.8) definierte Funktion $f'\colon U \to \mathbb{C}$ heißt die Ableitung von f in U.

Die Grenzwertbildung „$w \to z$" im Komplexen bedeutet, dass jede Folge $\{w_n\}$ mit $|w_n - z| \to 0$, gleichgültig aus welcher Richtung sie sich z nähert (falls man das überhaupt sagen kann, sie kann beispielsweise auch spiralförmig auf z

Hintergrund und Ausblick: Die Riemann'sche Zahlensphäre

Wir betten die komplexe Ebene $\mathbb{C}$ horizontal in den $\mathbb{R}^3$ ein. Wir betrachten im $\mathbb{R}^3$ zusätzlich die Sphäre um 0 mit Radius 1, die wir wie üblich mit $\mathbb{S}^2$ bezeichnen. Vermittels der stereographischen Projektion bilden wir $\mathbb{S}^2$ auf die erweiterte komplexe Ebene $\mathbb{C} \cup \{\infty\}$ ab. Dabei gehen Kreise auf $\mathbb{S}^2$ in Kreise oder Geraden in $\mathbb{C}$ über und umgekehrt.

Wir identifizieren $\mathbb{C}$ mit $\{(w, 0) : w \in \mathbb{C}\} \subset \mathbb{R}^3$ und schreiben

$$\mathbb{S}^2 = \{(w, t) : w \in \mathbb{C}, t \in \mathbb{R}, |w|^2 + t^2 = 1\}.$$

Mit N bezeichnen wir den Nordpol (0, 1) von $\mathbb{S}^2$, die Schnittmenge $\mathbb{S}^2 \cap \mathbb{C}$ entspricht dem Äquator. Die **stereographische Projektion** $p(w, t) \in \mathbb{C}$ eines Punktes $(w, t) \in \mathbb{S}^2 \setminus \{N\}$ erhalten wir als Schnittpunkt der Geraden durch N und (w, t) mit $\mathbb{C}$, siehe folgende Abbildung.

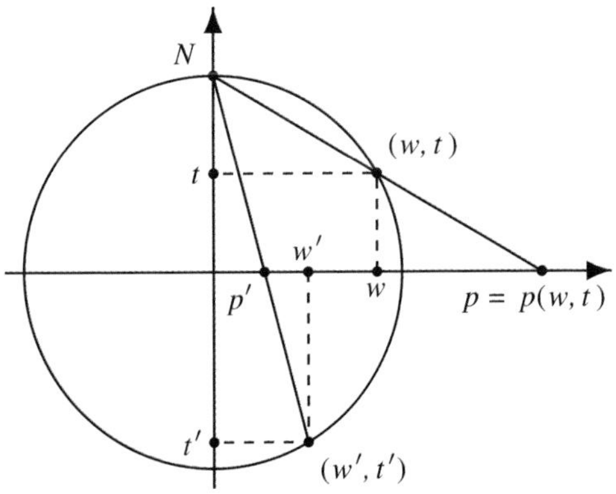

Dort ist zu gegebenem (w, t) die von w und N aufgespannte Ebene dargestellt. Die obere Halbsphäre wird auf das Außengebiet $\{|z| > 1\}$, die untere Halbsphäre auf das Innere der Einheitskreisscheibe von $\mathbb{C}$ abgebildet. Es gilt

$$p(w, t) = \frac{w}{1 - t}, \tag{5.3}$$

wie man durch eine Ähnlichkeitsbetrachtung in obiger Abbildung oder mithilfe der zugehörigen Geradengleichung erkennt. Eine Formel für die Umkehrabbildung erhalten wir aus

$$z = \frac{w}{1-t}, \qquad |w|^2 + t^2 = 1,$$

mit der Rechnung

$$|z|^2 = \frac{|w|^2}{(1-t)^2} = \frac{1-t^2}{(1-t)^2} = \frac{1+t}{1-t},$$

also

$$t = \frac{|z|^2 - 1}{|z|^2 + 1}, \qquad 1 - t = \frac{2}{|z|^2 + 1}, \tag{5.4}$$

und weiter

$$w = (1-t)z = \frac{2z}{|z|^2 + 1}. \tag{5.5}$$

Insgesamt ergibt sich

$$p^{-1}(z) = \left(\frac{2z}{|z|^2 + 1}, \frac{|z|^2 - 1}{|z|^2 + 1}\right). \tag{5.6}$$

Die stereographische Projektion bildet somit $\mathbb{S}^2 \setminus \{N\}$ bijektiv auf $\mathbb{C}$ ab. Dem Nordpol N ordnen wir nun den unendlich fernen Punkt ∞ zu. Es ist dann

$$p : \mathbb{S}^2 \to \mathbb{C} \cup \{\infty\}$$

eine Bijektion zwischen $\mathbb{S}^2$ und der erweiterten komplexen Ebene. Dem Nullpunkt $0 \in \mathbb{C}$ entspricht der Südpol $p^{-1}(0) = (0, -1)$.

Grenzwerte „$z \to \infty$“ in $\mathbb{C}$ haben auf der Riemannsphäre eine natürliche Interpretation. Ist $(w, t) = p^{-1}(z)$, $z \in \mathbb{C}$, so gilt wegen (5.6)

$$|z| > R \quad \Leftrightarrow \quad t > 1 - \frac{2}{R^2 + 1}$$

und damit

$$z_n \to \infty \quad \Leftrightarrow \quad p^{-1}(z_n) \to N.$$

Wir können $\mathbb{C} \cup \{\infty\}$ zu einem metrischen Raum machen, indem wir die euklidische Norm $\|\cdot\|$ des $\mathbb{R}^3$, aufgefasst als Metrik, durch die stereographische Projektion auf $\mathbb{C} \cup \{\infty\}$ transportieren. Das bedeutet, wir setzen

$$d(z, z') = \|p^{-1}(z) - p^{-1}(z')\|, \quad z, z' \in \mathbb{C}. \tag{5.7}$$

Eine explizite Formel für d findet sich in Aufgabe 5.7. Die ε-Umgebungen $\{z : d(z, \infty) < \varepsilon\}$ von ∞ in $\mathbb{C} \cup \{\infty\}$ haben die Form $\{z : |z| > R\}$, da ihre Urbilder auf $\mathbb{S}^2$ den Mengen $\{(w, t) : 1 - t < \delta\}$ entsprechen. Da $\mathbb{S}^2$ kompakt ist, ist auch $\mathbb{C} \cup \{\infty\}$ mit der Metrik d kompakt. Solche sogenannten Ein-Punkt-Kompaktifizierungen finden auch in anderen Zusammenhängen als topologisches Hilfsmittel Verwendung.

Ist G eine Gerade in $\mathbb{C}$, so liegt $p^{-1}(G)$ nach Konstruktion in der von N und G aufgespannten Ebene im $\mathbb{R}^3$ und ist damit – als Durchschnitt einer Ebene und einer Sphäre – ein Kreis auf $\mathbb{S}^2$; er verläuft durch den Nordpol. Das Bild eines beliebigen nicht durch den Nordpol verlaufenden Kreises auf $\mathbb{S}^2$ ist ein Kreis in $\mathbb{C}$, siehe Aufgabe 5.18.

zulaufen), im Limes (5.8) auf dieselbe komplexe Zahl $f'(z)$ führt. Es wird sich bald herausstellen, dass das einschränkender ist als die mehrdimensionale Differenzierbarkeit von f, aufgefasst als Funktion von $U \subset \mathbb{R}^2$ nach $\mathbb{R}^2$.

Wir werden im Folgenden immer wieder feststellen, dass holomorphe Funktionen Eigenschaften aufweisen, die keine Entsprechung im Reellen haben. Sie machen das Besondere der Analysis im Komplexen aus.

Was sich beim Übergang vom Reellen zum Komplexen nicht ändert, sind die Rechenregeln für das Differenzieren: Es gelten

$$(f+g)' = f' + g', \quad (fg)' = f'g + gf',$$
$$\left(\frac{f}{g}\right)' = \frac{gf' - fg'}{g^2}, \tag{5.9}$$

jeweils in Punkten z, in denen f und g differenzierbar sind; im Fall der Quotientenregel muss natürlich außerdem $g(z) \neq 0$ gelten. Weiterhin gilt die Kettenregel

$$(g \circ f)'(z) = g'(f(z))f'(z),$$

falls f differenzierbar ist in z und g differenzierbar ist in $f(z)$. Bewiesen werden diese Regeln wie im Reellen. Ebenso erhält man unmittelbar aus der Definition, dass konstante Funktionen die Ableitung 0 haben und dass $f'(z) = 1$ gilt für die Funktion $f(z) = z$. Aus den Rechenregeln (5.9) folgt weiter, dass Polynome und rationale Funktionen in allen Punkten von $\mathbb{C}$ – mit Ausnahme von Nennernullstellen – holomorph sind und die aus dem Reellen bekannten Formeln für deren Ableitungen auch in $\mathbb{C}$ gelten.

Potenzreihen sind holomorphe Funktionen

Komplexe Potenzreihen der Form

$$\sum_{k=0}^{\infty} a_k (z-c)^k$$

um den Entwicklungspunkt $c \in \mathbb{C}$ mit Koeffizienten $(a_k)_{k\in\mathbb{N}}$ in $\mathbb{C}$ sind in Band 1 bereits ausführlich untersucht worden. Es hatte sich in Kapitel 11 herausgestellt, dass eine solche Potenzreihe im Inneren B einer Kreisscheibe (dem Konvergenzkreis) mit Mittelpunkt c und Radius (dem Konvergenzradius)

$$r = \frac{1}{\limsup_{k\to\infty} \sqrt[k]{|a_k|}}$$

absolut konvergiert, dass diese Konvergenz gleichmäßig ist auf kompakten Teilmengen von B und dass somit

$$f(z) = \sum_{k=0}^{\infty} a_k (z-c)^k \tag{5.10}$$

eine in B stetige Funktion definiert. Dabei sind auch die Fälle $r = \infty$ ($B = \mathbb{C}$) und $r = 0$ (B degeneriert zum Punkt $\{c\}$) möglich.

Im Abschnitt 15.2 von Band 1 ist geklärt worden, dass und wie man Potenzreihen in $\mathbb{R}$ differenzieren kann. Entsprechende Aussagen gelten auch im Komplexen; die dort gegebenen Beweise bleiben wörtlich gültig, wenn man Addition, Multiplikation und Betrag in $\mathbb{C}$ statt in $\mathbb{R}$ betrachtet. Wir fassen zusammen:

Potenzreihen können gliedweise differenziert werden

Jede komplexe Potenzreihe

$$\sum_{k=0}^{\infty} a_k (z-c)^k \tag{5.11}$$

ist im Inneren B ihres Konvergenzkreises absolut konvergent und definiert dort eine holomorphe Funktion $f\colon B \to \mathbb{C}$. Als deren Ableitung $f'\colon B \to \mathbb{C}$ erhalten wir die durch gliedweises Differenzieren aus (5.11) entstehende, ebenfalls in B absolut konvergente Potenzreihe, also

$$f'(z) = \sum_{k=1}^{\infty} k a_k (z-c)^{k-1}. \tag{5.12}$$

Da die Potenzreihe für f' den gleichen Konvergenzkreis B hat wie diejenige für f, können wir durch sukzessives Differenzieren alle Ableitungen $f^{(k)}$ von f, $k \in \mathbb{N}$, durch in B konvergente Potenzreihen darstellen.

Durch Einsetzen von $z = c$ erhalten wir $f^{(k)}(c) = k! a_k$. Die Koeffizienten a_k der Potenzreihenentwicklung (5.10) einer Funktion f sind also eindeutig bestimmt.

Beispiel 1. Die geometrische Reihe

$$f(z) = \frac{1}{1-z} = \sum_{k=0}^{\infty} z^k \tag{5.13}$$

um $c = 0$ hat, wie wir aus der Analysis wissen, den Konvergenzradius $r = 1$. Gemäß (5.12) ist ihre Ableitung im Konvergenzkreis $\{z\colon |z| < 1\}$ gegeben durch

$$f'(z) = \frac{1}{(1-z)^2} = \sum_{k=1}^{\infty} k z^{k-1}.$$

2. Wir wollen die Funktion

$$f(z) = \frac{1}{\zeta - z}$$

mit ζ in der **punktierten Ebene** $\mathbb{C}^\times = \mathbb{C} \setminus \{0\}$ in eine Potenzreihe um $c = 0$ entwickeln. Für $z \neq \zeta$ gilt

$$\frac{1}{\zeta - z} = \frac{1}{\zeta} \frac{1}{1 - (z/\zeta)}.$$

Indem wir z/ζ für z in (5.13) einsetzen, erhalten wir die Potenzreihe

$$f(z) = \frac{1}{\zeta} \sum_{k=0}^{\infty} \left(\frac{z}{\zeta}\right)^k. \tag{5.14}$$

Sie ist für $|z/\zeta| < 1$ konvergent, ihr Konvergenzradius ist also gleich $|\zeta|$. Die Polstelle ζ von f liegt auf dem Rand des zugehörigen Konvergenzkreises, der Kreisscheibe um 0 mit Radius $|\zeta|$. ◀

Hat eine Potenzreihe den Konvergenzradius ∞, so definiert sie eine auf ganz $\mathbb{C}$ holomorphe Funktion. In Abschnitt 5.3 werden wir sehen, dass sich auch umgekehrt jede auf ganz $\mathbb{C}$ holomorphe Funktion durch eine auf ganz $\mathbb{C}$ konvergente Potenzreihe darstellen lässt.

Ganze und transzendente Funktionen

Eine auf ganz $\mathbb{C}$ holomorphe Funktion heißt **ganz**. Eine ganze Funktion, die kein Polynom ist, heißt **transzendent** oder **ganz transzendent**.

Ein hervorstechendes Beispiel einer transzendenten Funktion ist die Exponentialfunktion.

Die Exponentialfunktion ist auch im Komplexen wichtig

Die komplexe Exponentialfunktion $\exp\colon \mathbb{C} \to \mathbb{C}$,

$$\exp(z) = e^z = \sum_{k=0}^{\infty} \frac{z^k}{k!},$$

spielt auch in der Analysis im Komplexen eine zentrale Rolle, vor allem wegen ihrer für alle $z, w \in \mathbb{C}$ gültigen Funktionalgleichung

$$e^{z+w} = e^z e^w$$

und der Euler'schen Formel

$$e^{iz} = \cos z + i \sin z .$$

Sie ist zusammen mit der Sinus- und Kosinusfunktion bereits ausführlich in Kapitel 11 von Band 1 behandelt worden. Dort wurde in Kapitel 4 auch die Darstellung komplexer Zahlen z in Polarkoordinaten

$$z = re^{i\varphi} = r(\cos\varphi + i \sin\varphi)$$

besprochen.

Dabei ist $r = |z|$ die Länge von z, und φ ist der Winkel, den z in der komplexen Ebene mit der reellen Achse bildet. Im Bogenmaß überstreicht er ein Intervall der Länge 2π; normieren wir dieses auf $(-\pi, \pi]$, so nennen wir ihn das **Argument** von z,

$$\varphi = \arg(z), \quad \arg\colon \mathbb{C}^\times \to (-\pi, \pi] .$$

Diese Konvention beinhaltet, dass $\varphi = \arg(z) < 0$ gilt, falls z unterhalb der reellen Achse liegt; der in Abbildung 5.1 gestrichelt eingezeichnete Winkel hat den Betrag $|\varphi| = -\arg(z)$. Beim Überqueren der negativen Halbachse von oben nach

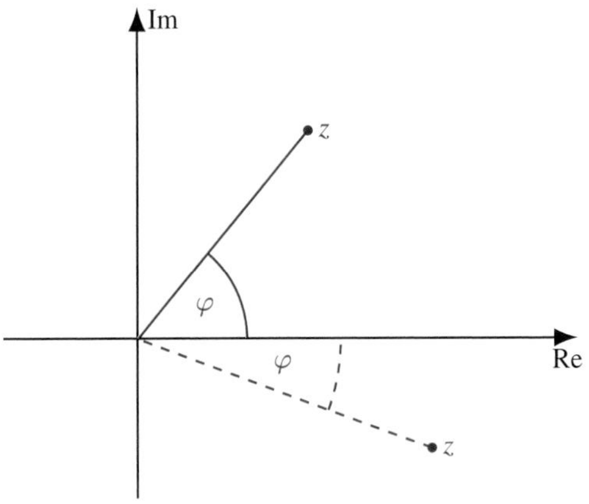

Abbildung 5.1 Polarkoordinaten einer komplexen Zahl.

unten springt das Argument von π nach $-\pi$. Nehmen wir sie aus $\mathbb{C}$ heraus, so erhalten wir die **aufgeschnittene Ebene**

$$\mathbb{C}^- = \mathbb{C} \setminus \{(x, 0) : x \leq 0\},$$

eine offene Teilmenge von $\mathbb{C}$. Auf $\mathbb{C}^-$ ist das Argument stetig, das folgt beispielsweise aus dem lokalen Umkehrsatz aus Abschnitt 21.7 von Band 1, angewendet auf die Funktion $(r, \varphi) \mapsto (r \cos\varphi, r \sin\varphi)$.

In Polarkoordinaten nimmt die Multiplikation zweier komplexer Zahlen eine einfache Form an. Sind

$$z = re^{i\varphi}, \quad w = se^{i\psi},$$

so ist

$$wz = sre^{i(\varphi+\psi)}, \tag{5.15}$$

das heißt, die Längen werden multipliziert und die Winkel addiert, siehe Abbildung 5.2.

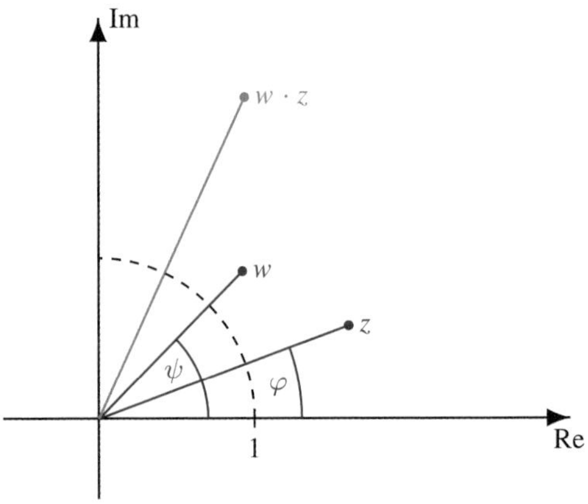

Abbildung 5.2 Multiplikation zweier komplexer Zahlen.

?

Was ist das Bild des Kreises um 0 mit Radius r unter der Abbildung $f(z) = 1/z$?

Neben den für alle $z \in \mathbb{C}$ gültigen Rechenregeln

$$e^0 = 1, \quad e^{-z} = \frac{1}{e^z}, \quad \overline{e^z} = e^{\overline{z}}$$

ist für uns von besonderer Bedeutung, dass die Exponentialfunktion die imaginäre Achse auf den Einheitskreis abbildet,

$$|e^{ix}| = 1 \quad \text{für alle } x \in \mathbb{R},$$

sowie die Formeln

$$e^{\pi i} = -1, \quad e^{2\pi i} = 1,$$

und die daraus resultierende Periodizitätseigenschaft

$$e^{z+2\pi ik} = e^z, \quad \text{für alle } k \in \mathbb{Z}. \tag{5.16}$$

Aus der Euler'schen Formel und den uns bekannten Werten von Sinus und Kosinus ergibt sich unmittelbar, dass

$$e^z = 1 \quad \Leftrightarrow \quad z = 2\pi ik \quad \text{für ein } k \in \mathbb{Z} \tag{5.17}$$

gilt. Damit können wir Einheitswurzeln berechnen.

Beispiel Einheitswurzeln
Wir bestimmen alle Lösungen $z \in \mathbb{C}$ der Gleichung

$$z^m = w$$

für gegebenes $w \in \mathbb{C}$ und $m \geq 1$. Ist $w = re^{i\varphi}$ und $z = se^{i\psi}$, so gilt $z^m = w$ genau dann, wenn $s^m = r$ und $e^{im\psi} = e^{i\varphi}$, also genau dann, wenn $0 \leq s = \sqrt[m]{r}$ und wenn es ein $k \in \mathbb{Z}$ gibt mit $m\psi - \varphi = 2\pi k$. Da $e^{2\pi in} = 1$ für alle $n \in \mathbb{Z}$, gibt es also im Falle $w \neq 0$ genau m verschiedene Zahlen

$$z_k = \sqrt[m]{r} \exp\left(i\frac{\varphi}{m} + 2\pi i\frac{k}{m}\right), \quad k = 0, \ldots, m-1, \tag{5.18}$$

welche $z^m = w$ erfüllen. Sie heißen die ***m*-ten Wurzeln** von w. Für $w = 1$ erhalten wir die ***m*-ten Einheitswurzeln**

$$z_k = \sqrt[m]{r} \exp\left(2\pi i\frac{k}{m}\right), \quad k = 0, \ldots, m-1, \tag{5.19}$$

siehe Abbildung 5.3. ◀

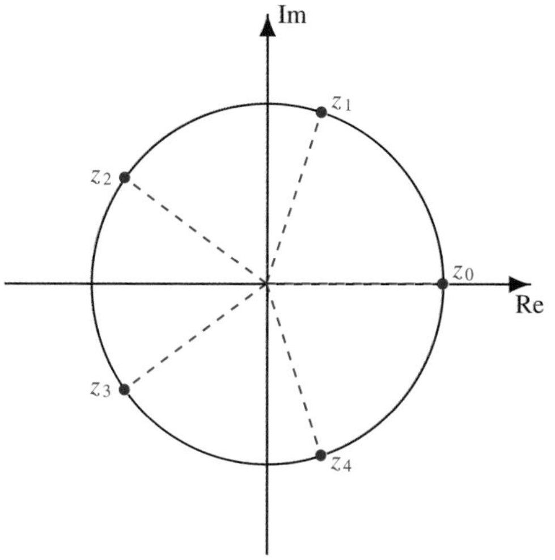

Abbildung 5.3 Einheitswurzeln für $m = 5$.

Im Komplexen ist der Logarithmus mehrdeutig

Im Gegensatz zur Situation im Reellen lässt sich im Komplexen die Logarithmusfunktion nicht ohne Weiteres als die Umkehrfunktion der Exponentialfunktion definieren. Für $z \in \mathbb{C}^\times$ hat die Gleichung $e^w = z$ nicht genau eine, sondern abzählbar unendlich viele Lösungen $w \in \mathbb{C}$: Ist $z = re^{i\varphi}$ mit $r > 0$ und $\varphi = \arg(z) \in (-\pi, \pi]$, so ist zunächst

$$w = \ln r + i\varphi \tag{5.20}$$

eine Lösung. Gilt $e^{w_1} = z = e^{w_2}$, so ist $w_1 - w_2$ ein ganzzahliges Vielfaches von $2\pi i$ wegen (5.17). Die Lösungen von $e^w = z$ sind also genau alle Zahlen der Form

$$w = \ln r + i\varphi + 2\pi ik, \quad k \in \mathbb{Z}. \tag{5.21}$$

Die durch $k = 0$ ausgezeichnete Lösung (5.20) heißt der **Hauptwert** des komplexen Logarithmus von z. Die durch

$$\log z = \ln(|z|) + i\arg(z) \tag{5.22}$$

definierte Funktion

$$\log\colon \mathbb{C}^\times \to \mathbb{C}$$

heißt der **Hauptzweig** des komplexen Logarithmus. Sie ist unstetig entlang der negativen reellen Halbachse, da dort die Argumentfunktion zwischen π und $-\pi$ springt.

Beispiel Der orientierte eingeschlossene Winkel
Die komplexen Zahlen

$$z_1 = r_1 e^{i\varphi_1}, \quad z_2 = r_2 e^{i\varphi_2}$$

seien beide von null verschieden, seien $\varphi_1 = \arg(z_1)$ und $\varphi_2 = \arg(z_2)$. Im Hinblick auf

$$\frac{z_2}{z_1} = \frac{r_2}{r_1} e^{i(\varphi_2 - \varphi_1)}$$

definieren wir den **orientierten Winkel** von z_1 nach z_2 durch

$$\angle(z_1, z_2) = \arg\left(\frac{z_2}{z_1}\right) \in (-\pi, \pi]. \tag{5.23}$$

Er entsteht durch Normierung der Differenz $\varphi_2 - \varphi_1 \in (2\pi, 2\pi)$ auf $(-\pi, \pi]$ gemäß

$$\angle(z_1, z_2) = \varphi_2 - \varphi_1 - 2\pi k, \tag{5.24}$$

wobei

$$k = \begin{cases} 0, & \varphi_2 - \varphi_1 \in (-\pi, \pi], \\ 1, & \varphi_2 - \varphi_1 > \pi, \\ -1, & \varphi_2 - \varphi_1 \leq -\pi. \end{cases}$$ ◀

Weiteres zum komplexen Logarithmus findet sich in Abschnitt 11.5 von Band 1, darunter die **allgemeine Potenzfunktion**

$$c^z = e^{z \log c}, \quad c \in \mathbb{C}^\times, z \in \mathbb{C}.$$

Mit ihrer Hilfe ist die **Riemann'sche Zetafunktion**

$$\zeta(s) = \sum_{n=1}^{\infty} \frac{1}{n^s} \qquad \text{für } s \in \mathbb{C} \text{ mit } \operatorname{Re} s > 1$$

definiert, siehe die Beispielbox auf Seite 103. Sie ist benannt nach Bernhard Riemann (1826–1866), der – auf Arbeiten von Leonhard Euler (1707–1783) aufbauend – ihre Eigenschaften als holomorphe Funktion intensiv untersucht hat.

Holomorphe Funktionen verhalten sich lokal wie Drehstreckungen

Die Multiplikation mit einer festen komplexen Zahl c definiert vermittels $f(z) = cz$ eine Funktion $f: \mathbb{C} \to \mathbb{C}$. Ist $c = se^{i\psi}$ mit $s > 0$, so können wir die Wirkung von f auf die komplexe Ebene gemäß (5.15) geometrisch interpretieren als Kombination einer Drehung um den Winkel ψ und einer Streckung um den Faktor s, jeweils bezogen auf den Nullpunkt.

Ist eine Funktion f differenzierbar in einem Punkt z, so können wir – wie im Reellen – f nahe z darstellen als

$$f(w) = f(z) + f'(z)(w - z) + o(|w - z|)\,, \qquad (5.25)$$

das Inkrement $f(w) - f(z)$ ist gegeben als die durch $f'(z)$ festgelegte Drehstreckung des Inkrements $w - z$, bis auf ein schneller als $|w - z|$ gegen 0 gehendes Restglied.

Wir interpretieren nun die Multiplikation mit $f'(z)$ als lineare Abbildung von $\mathbb{R}^2$ nach $\mathbb{R}^2$. Ihre Matrixdarstellung erhalten wir mit $a = \operatorname{Re} f'(z)$ und $b = \operatorname{Im} f'(z)$ aus der Formel

$$(a + ib)(x + iy) = ax - by + i(ay + bx)$$

als

$$\begin{pmatrix} a & -b \\ b & a \end{pmatrix}, \qquad (5.26)$$

also eine Streckung um $\sqrt{a^2 + b^2} = |f'(z)|$ und Drehung um den Winkel $\cos\varphi = a/\sqrt{a^2 + b^2}$. Fassen wir f auf als Vektorfeld $f = (u, v): \mathbb{R}^2 \to \mathbb{R}^2$ mit den Skalarfeldern $u, v: \mathbb{R}^2 \to \mathbb{R}$ als Komponenten, so ist f differenzierbar in z im Sinne der mehrdimensionalen Analysis genau dann, wenn

$$f(w) = f(z) + J_f(z)(w - z) + o(|w - z|)$$

gilt mit der Jacobimatrix

$$J_f(z) = \begin{pmatrix} \partial_x u(z) & \partial_y u(z) \\ \partial_x v(z) & \partial_y v(z) \end{pmatrix}, \qquad z = (x, y)\,, \qquad (5.27)$$

wobei $J_f(z)(w - z)$ als Matrix-Vektor-Produkt zu lesen ist.

Ist f differenzierbar in z gemäß (5.8), so muss $J_f(z)$ die Form (5.26) haben; hat umgekehrt $J_f(z)$ diese Form, so entspricht die Matrix-Vektor-Multiplikation $J_f(z)(w - z)$ der komplexen Multiplikation $c(w - z)$ mit $c = a + ib$, und f ist folglich differenzierbar in z gemäß (5.8) mit $f'(z) = c$.

?

Ist jede lineare Abbildung $f: \mathbb{R}^2 \to \mathbb{R}^2$, aufgefasst als Funktion $f: \mathbb{C} \to \mathbb{C}$, differenzierbar gemäß (5.8)?

Ein Vergleich von (5.26) und (5.27) führt auf die Differenzialgleichungen $\partial_x u = \partial_y v$ und $\partial_y u = -\partial_x v$.

Cauchy-Riemann'sche Differenzialgleichungen

Eine komplexwertige Funktion f ist holomorph auf einer offenen Menge $U \subset \mathbb{C}$ genau dann, wenn die partiellen Ableitungen von $u = \operatorname{Re} f$ und $v = \operatorname{Im} f$ in U existieren und die Cauchy-Riemann'schen Differenzialgleichungen

$$\begin{aligned} \partial_x u(x, y) &= \partial_y v(x, y) \\ \partial_y u(x, y) &= -\partial_x v(x, y) \end{aligned} \qquad (5.28)$$

in jedem Punkt $z = (x, y)$ von U erfüllen.

Ist $f: U \to \mathbb{C}$ holomorph, und sind $u = \operatorname{Re} f$ und $v = \operatorname{Im} f$ zweimal stetig differenzierbar (was, wie sich später herausstellen wird, bereits aus der Holomorphie von f folgt), so folgt für den Laplace-Operator $\Delta = \partial_x^2 + \partial_y^2$ im $\mathbb{R}^2$ aus den Cauchy-Riemann'schen Differenzialgleichungen

$$\Delta u = \partial_x \partial_x u + \partial_y \partial_y u = \partial_x \partial_y v - \partial_y \partial_x v = 0$$

in U und analog $\Delta v = 0$. Real- und Imaginärteil einer holomorphen Funktion sind also Lösungen der Laplace-Gleichung im $\mathbb{R}^2$.

5.2 Das Wegintegral im Komplexen

Kurven im mehrdimensionalen Raum $\mathbb{R}^n$ sind uns bereits in Abschnitt 23.1 von Band 1 begegnet, sie werden beschrieben durch stetige Funktionen $\gamma: [a, b] \to \mathbb{R}^n$. Eine Kurve in der komplexen Ebene ist demgemäß gegeben durch eine stetige Funktion $\gamma: [a, b] \to \mathbb{C}$. Sie besteht aus den Kurvenpunkten $\gamma(t)$, $t \in [a, b]$, und hat den Anfangspunkt $\gamma(a)$ und den Endpunkt $\gamma(b)$. Stimmen Anfangs- und Endpunkt überein, d. h., gilt $\gamma(a) = \gamma(b)$, so heißt γ **geschlossen**. Statt „Kurve" sagt man auch „Weg", so werden wir im Folgenden verfahren.

Beispiel Die Strecke $[z_0, z_1]$ vom Punkt $z_0 \in \mathbb{C}$ zum Punkt $z_1 \in \mathbb{C}$ ist gegeben durch $\gamma: [0, 1] \to \mathbb{C}$ mit $\gamma(t) = (1 - t)z_0 + tz_1$.

Der Kreis mit Mittelpunkt $c \in \mathbb{C}$ und Radius $r > 0$ kann beschrieben werden durch $\gamma: [0, 2\pi] \to \mathbb{C}$ mit $\gamma(t) =$

Beispiel: Die Riemann'sche Zetafunktion und die Euler'sche Produktformel

Die Zetafunktion ist definiert als

$$\zeta(s) = \sum_{n=1}^{\infty} \frac{1}{n^s} \qquad \text{für } s \in \mathbb{C} \text{ mit } \operatorname{Re} s > 1. \tag{5.29}$$

Wir schreiben „s" statt „z" für das komplexe Argument, entsprechend der allgemein üblichen Notation. Euler hat im Jahre 1748 einen Zusammenhang zu den Primzahlen hergestellt durch die Darstellung der Zetafunktion als unendliches Produkt

$$\zeta(s) = \prod_{p} \frac{1}{1 - p^{-s}}, \tag{5.30}$$

wobei p alle Primzahlen durchläuft. Wie kommt diese Formel zustande?

Problemanalyse und Strategie: Wir entwickeln die Faktoren in (5.30) in eine geometrische Reihe und nutzen aus, dass jede natürliche Zahl eine eindeutige Zerlegung in Primfaktoren hat.

Lösung:

Als erstes untersuchen wir die absolute Konvergenz der Reihe in (5.29). Wegen

$$|n^s| = \left|\mathrm{e}^{s\ln(n)}\right| = \mathrm{e}^{(\operatorname{Re} s)\ln(n)} = n^{\operatorname{Re} s}$$

wird sie von der verallgemeinerten harmonischen Reihe majorisiert: Mit $\alpha := \operatorname{Re} s$ gilt

$$\sum_{n=0}^{\infty} \left|\frac{1}{n^s}\right| \leq \sum_{n=0}^{\infty} \frac{1}{n^\alpha} < \infty, \qquad \text{für } \alpha > 1,$$

wie wir aus der Analysis im Reellen wissen; die Konvergenz folgt aus dem Verdichtungskriterium aus Abschnitt 10.2 oder alternativ aus dem Integralkriterium aus Abschnitt 16.5 von Band 1. Die Zetafunktion ist daher für $\operatorname{Re} s > 1$ wohldefiniert.

Wir wenden uns nun dem Produkt in (5.30) zu. Jeder einzelne Faktor lässt sich als absolut konvergente geometrische Reihe schreiben,

$$\frac{1}{1-p^{-s}} = \sum_{j=0}^{\infty} (p^{-s})^j = \sum_{j=0}^{\infty} p^{-js},$$

da $|p^{-s}| = p^{-\alpha} < 1$ gilt für jedes $p > 1$, also insbesondere für jede Primzahl. Sei nun $p_1 < p_2 < \ldots$ die Folge der Primzahlen. Wir betrachten das Partialprodukt der ersten m Faktoren in (5.30),

$$\prod_{k=1}^{m} \frac{1}{1-p_k^{-s}} = \prod_{k=1}^{m} \sum_{j=0}^{\infty} p_k^{-js}. \tag{5.31}$$

Bei der Behandlung des Cauchy-Produkts zweier Reihen in Abschnitt 10.3 von Band 1 hat sich ergeben, dass absolut konvergente Reihen „wie endliche Summen" multipliziert werden können und dass die resultierende Reihe ebenfalls absolut konvergent ist. Beide Aussagen gelten daher auch für m-fache Produkte mit $m \in \mathbb{N}$, es folgt

$$\prod_{k=1}^{m} \sum_{j=0}^{\infty} p_k^{-js} = \sum_{j_1,\ldots,j_m=0}^{\infty} \prod_{k=1}^{m} p_k^{-j_k s}.$$

Aus (5.31) wird daher

$$\prod_{k=1}^{m} \frac{1}{1-p_k^{-s}} = \sum_{j_1,\ldots,j_m=0}^{\infty} \Bigl(\prod_{k=1}^{m} p_k^{j_k}\Bigr)^{-s}. \tag{5.32}$$

Wir fassen das rechts stehende Produkt auf als die Primzahlzerlegung

$$n = \prod_{k=1}^{m} p_k^{j_k} \tag{5.33}$$

der Zahl n. Sei nun

$$N(m) = \{n\colon\ n \in \mathbb{N}, n \text{ hat eine Darstellung der Form (5.33) mit } 0 \leq j_1, \ldots, j_m\}.$$

Da jedes $n \in \mathbb{N}$ eine eindeutig bestimmte Primzahlzerlegung hat, folgen sowohl $N(m) \subset N(m+1)$ für jedes $m \in \mathbb{N}$ und

$$\mathbb{N} = \bigcup_{m \in \mathbb{N}} N(m) \tag{5.34}$$

als auch

$$\sum_{j_1,\ldots,j_m=0}^{\infty} \Bigl(\prod_{k=1}^{m} p_k^{j_k}\Bigr)^{-s} = \sum_{n \in N(m)} n^{-s}. \tag{5.35}$$

Wegen (5.34) konvergiert für $m \to \infty$ die rechte Seite von (5.35) gegen $\zeta(s)$. Wir können daher in (5.32) den Grenzübergang $m \to \infty$ ausführen und erhalten das gewünschte Ergebnis

$$\zeta(s) = \lim_{m\to\infty} \prod_{k=1}^{m} \frac{1}{1-p_k^{-s}}.$$

$c + r\mathrm{e}^{\mathrm{i}t}$. Der Kreis wird dabei einmal im mathematisch positiven Sinn durchlaufen, also gegen den Uhrzeiger. Ersetzen wir $[0, 2\pi]$ durch ein Intervall $[a, b] \subset [0, 2\pi]$, so erhalten wir den Kreisbogen vom Winkel a zum Winkel b, gemessen im Bogenmaß. ◀

Die genannten Wege sind differenzierbar als Funktionen vom Intervall nach $\mathbb{R}^2$, es gilt $\gamma'(t) = z_1 - z_0$ für die Strecke und $\gamma'(t) = \mathrm{i}r\mathrm{e}^{\mathrm{i}t}$ für den Kreisbogen. Die in der Komplexen Analysis konkret betrachteten Wege setzen sich in der Regel zusammen aus Strecken und Kreisbögen, die zugehörigen Funktionen $\gamma : [a, b] \to \mathbb{C}$ sind also stückweise stetig differenzierbar.

Im Folgenden bedeutet „Weg" immer „stückweise stetig differenzierbarer Weg".

Die **Länge** eines Weges $\gamma : [a, b] \to \mathbb{C}$ ist gegeben durch

$$L(\gamma) = \int_a^b |\gamma'(t)| \, \mathrm{d}t \,,$$

siehe Abschnitt 23.1 von Band 1.

Sind γ_1 und γ_2 Wege, die sich im Punkt $c = \gamma_1(0) = \gamma_2(0)$ schneiden, und sind die **Tangentenvektoren** in c, nämlich $\gamma_1'(0)$ und $\gamma_2'(0)$, beide von null verschieden, so ist der **Schnittwinkel** von γ_1 nach γ_2 in c definiert als der Winkel von $\gamma_1'(0)$ nach $\gamma_2'(0)$. Er ist also gleich der Zahl

$$\angle(\gamma_1'(0), \gamma_2'(0)) = \arg \frac{\gamma_2'(0)}{\gamma_1'(0)} \,. \tag{5.36}$$

Holomorphe Funktionen lassen Schnittwinkel invariant

Schneiden zwei Wege γ_1 und γ_2 sich im Punkt c und ist f in einer Umgebung von c holomorph mit $f'(c) \neq 0$, so ist der Schnittwinkel von $f \circ \gamma_1$ nach $f \circ \gamma_2$ in $f(c)$ gleich dem Schnittwinkel von γ_1 nach γ_2 in c.

Beweis: Dies folgt mit der Rechnung

$$\frac{(f \circ \gamma_2)'(0)}{(f \circ \gamma_1)'(0)} = \frac{f'(c)\gamma_2'(0)}{f'(c)\gamma_1'(0)} = \frac{\gamma_2'(0)}{\gamma_1'(0)}$$

unmittelbar aus der Kettenregel und der Definition. ■

Integrale entlang von Wegen im Komplexen – ein fundamentales Werkzeug

Wir wollen komplexwertige Funktionen integrieren entlang von Wegen in der komplexen Ebene. Als Grundlage dient das Integral im Reellen. Zunächst betrachten wir eine auf einem reellen Intervall $[a, b]$ definierte komplexwertige Funktion w. Die Zerlegung $w(t) = \operatorname{Re} w(t) + \mathrm{i} \operatorname{Im} w(t)$ ihrer Werte in Real- und Imaginärteil liefert uns eine entsprechende Zerlegung

$$w = \operatorname{Re} w + \mathrm{i} \operatorname{Im} w$$

von w in zwei reellwertige Funktionen $\operatorname{Re} w$ und $\operatorname{Im} w$. Sind diese integrierbar, so setzen wir

$$\int_a^b w(t) \, \mathrm{d}t = \int_a^b \operatorname{Re} w(t) \, \mathrm{d}t + \mathrm{i} \int_a^b \operatorname{Im} w(t) \, \mathrm{d}t \,.$$

Das Integral von w ist also eine komplexe Zahl, ihr Real- bzw. Imaginärteil ist definiert als das Integral des Real- bzw. Imaginärteils von w. Diese komponentenweise Definition hat zur Folge, dass viele der aus dem Reellen bekannten Rechenregeln, so etwa

$$\int_a^b w(t) + z(t) \, \mathrm{d}t = \int_a^b w(t) \, \mathrm{d}t + \int_a^b z(t) \, \mathrm{d}t$$

$$\int_a^b c w(t) \, \mathrm{d}t = c \int_a^b w(t) \, \mathrm{d}t \,,$$

$$\int_a^b w(t) \, \mathrm{d}t = - \int_b^a w(t) \, \mathrm{d}t$$

$$\left| \int_a^b w(t) \, \mathrm{d}t \right| \leq \int_a^b |w(t)| \, \mathrm{d}t$$

auch im Komplexen gelten.

Definition eines Wegintegrals im Komplexen

Das Wegintegral einer komplexwertigen Funktion f entlang eines Weges γ ist definiert als

$$\int_\gamma f(z) \, \mathrm{d}z = \int_a^b f(\gamma(t))\gamma'(t) \, \mathrm{d}t \,.$$

Hierbei ist $\gamma : [a, b] \to \mathbb{C}$ ein stückweise stetig differenzierbarer Weg und f eine stetige Funktion, deren Definitionsbereich das Bild $\gamma([a, b])$ des Weges umfasst.

Als Beispiel betrachten wir das Integral von $f(z) = (z - c)^n$ für $c \in \mathbb{C}$ und $n \in \mathbb{Z}$ entlang des Kreises um c mit Radius $r > 0$. Mit $\gamma(t) = c + r\mathrm{e}^{\mathrm{i}t}$ erhalten wir

$$\int_\gamma f(z) \, \mathrm{d}z = \int_\gamma (z - c)^n \, \mathrm{d}z = \int_0^{2\pi} r^n \mathrm{e}^{\mathrm{i}nt} \mathrm{i}r\mathrm{e}^{\mathrm{i}t} \, \mathrm{d}t$$

$$= \mathrm{i}r^{n+1} \int_0^{2\pi} \mathrm{e}^{\mathrm{i}(n+1)t} \, \mathrm{d}t \,.$$

Auswertung des Integrals mit dem Hauptsatz ergibt für $n \neq -1$ den Wert 0. Für $n = -1$ hat das Integral den Wert 2π, und wir erhalten die Formel

$$\int_\gamma \frac{1}{z - c} \, \mathrm{d}z = 2\pi\mathrm{i} \,. \tag{5.37}$$

Es fällt auf, dass der Wert des Integrals nicht von r abhängt.

Die Linearität des Wegintegrals

$$\int_\gamma \alpha f(z) + \beta g(z) \, \mathrm{d}z = \alpha \int_\gamma f(z) \, \mathrm{d}z + \beta \int_\gamma g(z) \, \mathrm{d}z$$

für Funktionen f, g und Skalare α, β erhalten wir unmittelbar aus dessen Definition. Die

Standardabschätzung des Wegintegrals

$$\left|\int_\gamma f(z)\,\mathrm{d}z\right| \le L(\gamma)\cdot \|f\|_{\infty,\gamma} \tag{5.38}$$

folgt aus der Abschätzung

$$\int_a^b |f(\gamma(t))\gamma'(t)|\,\mathrm{d}t \le \int_a^b |\gamma'(t)|\,\mathrm{d}t \cdot \max_{z\in\gamma([a,b])} |f(z)|\,,$$

in (5.38) bezeichnet $\|f\|_{\infty,\gamma} = \max_{z\in\gamma([a,b])} |f(z)|$ die Maximumnorm von f entlang des Weges γ. Letztere lässt sich natürlich durch die Supremumsnorm $\|f\|_\infty$ von f in jeder Menge $U \subset \mathbb{C}$ abschätzen, in der der Weg γ verläuft.

Das Wegintegral in $\mathbb{C}$ stellt, nicht zuletzt vermittels (5.37), ein für die gesamte Analysis im Komplexen grundlegendes theoretisches Werkzeug dar, eine Rolle, die dem Wegintegral im $\mathbb{R}^n$ in der mehrdimensionalen reellen Analysis nicht zukommt.

Wege und Wegintegrale lassen sich umparametrisieren und zusammensetzen

Beschreiben wir den Kreis $\gamma(t) = c + r\mathrm{e}^{\mathrm{i}t}$ anstelle von γ durch $\tilde\gamma(t) = c + r\mathrm{e}^{2\pi\mathrm{i}t}$ mit $\tilde\gamma : [0,1] \to \mathbb{C}$, so ändert sich gemäß

$$\int_{\tilde\gamma} \frac{1}{z-c}\,\mathrm{d}z = \int_0^1 \frac{1}{r}\mathrm{e}^{-2\pi\mathrm{i}t} 2\pi\mathrm{i}r\mathrm{e}^{2\pi\mathrm{i}t}\,\mathrm{d}t = 2\pi\mathrm{i}$$

der Wert des Wegintegrals nicht. Allgemein gilt: Ist $\tilde\gamma = \gamma\circ\varphi$ eine Umparametrisierung von γ, wobei $\varphi\colon [\tilde a, \tilde b] \to [a,b]$ eine differenzierbare monotone Funktion mit $\varphi(\tilde a) = a$ und $\varphi(\tilde b) = b$ ist, so folgt mit der Ketten- und der Substitutionsregel

$$\begin{aligned}\int_{\tilde\gamma} f(z)\,\mathrm{d}z &= \int_{\tilde a}^{\tilde b} f(\gamma(\varphi(\tau)))\gamma'(\varphi(\tau))\varphi'(\tau)\,\mathrm{d}\tau \\ &= \int_a^b f(\gamma(t))\gamma'(t)\,\mathrm{d}t = \int_\gamma f(z)\,\mathrm{d}z\,,\end{aligned}$$

der Wert des Wegintegrals ändert sich also auch in dieser allgemeinen Situation nicht. Ist der Endpunkt eines Weges $\gamma_1\colon [a_1,a_2] \to \mathbb{C}$ auch Anfangspunkt eines Weges $\gamma_2\colon [a_2,a_3] \to \mathbb{C}$, so können wir den zusammengesetzten Weg $\gamma\colon [a_1,a_3] \to \mathbb{C}$ bilden durch $\gamma(t) = \gamma_1(t)$ bzw. $\gamma(t) = \gamma_2(t)$, und es gilt

$$\int_\gamma f(z)\,\mathrm{d}z = \int_{\gamma_1} f(z)\,\mathrm{d}z + \int_{\gamma_2} f(z)\,\mathrm{d}z \tag{5.39}$$

für jede geeignete Funktion f. Wir schreiben $\gamma = \gamma_1 + \gamma_2$; das Pluszeichen bedeutet dabei die Zusammensetzung der Wege, nicht die Addition der Funktionen γ_1 und γ_2. (Da es keinen Grund gibt, Wege punktweise zu addieren, führt diese Konvention nicht zu Problemen.)

Da Wegintegrale sich beim Umparametrisieren nicht ändern, bleibt (5.39) gültig unabhängig davon, wie wir die beteiligten Wege parametrisieren.

Ist $\gamma\colon [a,b] \to \mathbb{C}$ ein Weg, so können wir ihn vermittels $\tilde\gamma(t) = \gamma(b+a-t)$ in umgekehrter Richtung durchlaufen. Den so erhaltenen „Umkehrweg" bezeichnen wir mit $-\gamma$. Substitution im Wegintegral ergibt

$$\int_{-\gamma} f(z)\,\mathrm{d}z = -\int_\gamma f(z)\,\mathrm{d}z\,. \tag{5.40}$$

?

Was ergibt sich für $\int_\gamma 1/(z-c)\,\mathrm{d}z$, wenn γ den Kreis um c mit Radius r (a) einmal im Uhrzeigersinn und (b) zweimal gegen den Uhrzeigersinn durchläuft?

Wegintegrale und Stammfunktionen

Verbinden wir zwei Punkte c und z in $\mathbb{C}$ durch einen Weg $\gamma\colon [a,b] \to \mathbb{C}$, so hängt das Wegintegral $\int_\gamma f(\zeta)\,\mathrm{d}\zeta$ für beliebige stetige Funktionen f im Allgemeinen von der Lage des Wegs ab. Gilt aber $f = F'$ für ein holomorphes F – wie im Reellen nennt man F dann eine **Stammfunktion** von f – so folgt aus Kettenregel und Hauptsatz

$$\begin{aligned}\int_\gamma f(\zeta)\,\mathrm{d}\zeta &= \int_\gamma f(\gamma(t))\gamma'(t)\,\mathrm{d}t = \int_a^b (F\circ\gamma)'(t)\,\mathrm{d}t = \\ &= F(\gamma(b)) - F(\gamma(a)) = F(z) - F(c)\,.\end{aligned}$$

In dieser Situation hängt das Wegintegral also nur von Anfangs- und Endpunkt ab, nicht aber vom Verlauf des Weges dazwischen, und für einen geschlossenen Weg, also $z = c$, ist das Wegintegral gleich null.

Ist $U \subset \mathbb{C}$ offen und $f\colon U \to \mathbb{C}$ eine stetige Funktion, so nennen wir das Wegintegral von f **wegunabhängig in U**, falls

$$\int_{\gamma_1} f(\zeta)\,\mathrm{d}\zeta = \int_{\gamma_2} f(\zeta)\,\mathrm{d}\zeta \tag{5.41}$$

gilt für jede Wahl zweier vollständig in U verlaufender Wege γ_1 und γ_2 mit gleichem Anfangs- und Endpunkt. Da solche Wege zu einem geschlossenen Weg $\gamma = \gamma_1 - \gamma_2$ zusammengesetzt werden können, und umgekehrt jeder geschlossene Weg entsprechend aufgeteilt werden kann, ist Wegunabhängigkeit in U äquivalent dazu, dass

$$\int_\gamma f(\zeta)\,\mathrm{d}\zeta = 0 \tag{5.42}$$

gilt für jeden vollständig in U verlaufenden geschlossenen Weg γ.

Da $\int_\gamma (1/\zeta)\,\mathrm{d}\zeta = 2\pi\mathrm{i}$ gilt für den Einheitskreis γ, siehe (5.37) mit $c = 0$, ist das Wegintegral von $f(z) = 1/z$ nicht wegunabhängig in der punktierten Ebene $\mathbb{C}^\times$, es kann also kein F geben mit $F'(z) = f(z)$ für alle $z \in \mathbb{C}^\times$. Andererseits erwarten wir, mit $F(z) = \log z$ eine Stammfunktion von f vorzufinden. Wie passt das zusammen? Die Antwort ist, dass es bei gegebener Form von f wesentlich von der Menge U abhängen kann, ob Wegunabhängigkeit vorliegt oder nicht.

Definition eines Sterngebiets

Eine offene Menge $U \subset \mathbb{C}$ heißt **Sterngebiet** mit **Bezugspunkt** $c \in U$, falls für jedes $z \in U$ die Verbindungsstrecke $[c, z]$ ganz in U liegt.

Man kann also „vom Bezugspunkt c aus jeden Punkt in U sehen".

Jedes konvexe $U \subset \mathbb{C}$ ist ein Sterngebiet, in diesem Fall kann jeder Punkt in U als Bezugspunkt fungieren.

?

Welche der folgenden Teilmengen von $\mathbb{C}$ sind Sterngebiete? Welche Punkte kommen als Bezugspunkte in Frage? (a) die Einheitskreisscheibe, (b) die punktierte Ebene $\mathbb{C}^\times = \mathbb{C} \setminus \{0\}$, (c) die aufgeschnittene Ebene $\mathbb{C}^- = \mathbb{C} \setminus \{(x, 0) : x \le 0\}$, (d) die offene rechte Halbebene ohne die zur abgeschlossenen Einheitskreisscheibe gehörenden Punkte, (e) der offene obere rechte Quadrant ohne die zur abgeschlossenen Einheitskreisscheibe gehörenden Punkte.

Liegt Wegunabhängigkeit in U vor, so lässt sich zu gegebenem stetigen $f : U \to \mathbb{C}$ eine Stammfunktion F angeben. Sei zunächst U ein Sterngebiet. Wir setzen

$$F(z) = \int_{[c,z]} f(\zeta)\,\mathrm{d}\zeta\,, \quad z \in U\,, \tag{5.43}$$

wobei $c \in U$ ein fest gewählter Bezugspunkt ist, und behaupten, dass $F'(z) = f(z)$ für alle $z \in U$ gilt. Sei dazu B eine Kreisscheibe um z. Für beliebiges $w \in B$ betrachten wir das von den Punkten c, z, w gebildete Dreieck und den dessen Rand durchlaufenden geschlossenen „Dreiecksweg" $\gamma = [c, z] + [z, w] + [w, c]$.

Der Radius von B sei so klein gewählt, dass alle solche Wege ganz in U verlaufen. Es gilt dann $\int_\gamma f(z)\,\mathrm{d}z = 0$ wegen Wegunabhängigkeit, also

$$F(w) = F(z) + \int_{[z,w]} f(z)\,\mathrm{d}z\,. \tag{5.44}$$

Da $\int_{[z,w]} 1\,\mathrm{d}z = w - z$, folgt für $w \neq z$

$$\begin{aligned}\frac{F(w) - F(z)}{w - z} - f(z) &= \frac{1}{w - z}\int_{[z,w]} f(\zeta)\,\mathrm{d}\zeta - f(z)\\ &= \frac{1}{w - z}\int_{[z,w]} f(\zeta) - f(z)\,\mathrm{d}\zeta\,.\end{aligned}$$

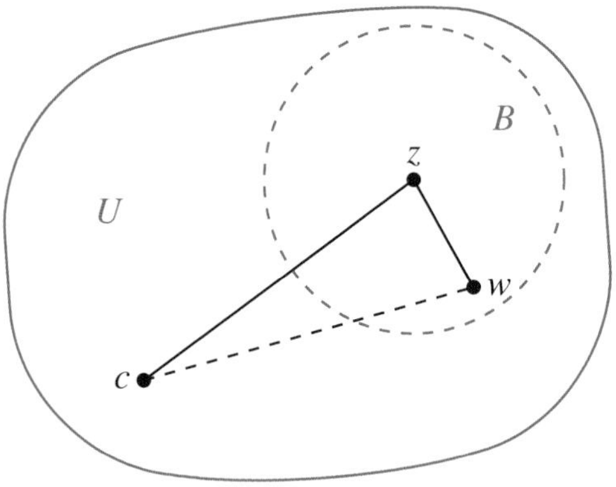

Abbildung 5.4 Aus der Betrachtung dieses Integrationswegs ergibt sich die Holomorphie von F.

Mithilfe der Abschätzung (5.38) erhalten wir wegen $L([z, w]) = |w - z|$, dass

$$\left|\frac{F(w) - F(z)}{w - z} - f(z)\right| \le \sup_{\zeta \in [z,w]} |f(\zeta) - f(z)| \to 0$$

für $w \to z$ wegen der Stetigkeit von f, also ist F differenzierbar in z und $F'(z) = f(z)$.

Ist U kein Sterngebiet, aber immer noch zusammenhängend in dem Sinn, dass sich zwei beliebige Punkte von U durch einen ganz in U verlaufenden Weg verbinden lassen, so wollen wir eine Stammfunktion F durch

$$F(z) = \int_{\gamma_z} f(\zeta)\,\mathrm{d}\zeta\,, \quad z \in U$$

erhalten. Ausgehend von einem festen Punkt $c \in U$ ist hierbei γ_z für jedes $z \in U$ ein Weg, der c mit z verbindet. Da wir nach wie vor annehmen, dass Wegunabhängigkeit vorliegt, hängt $F(z)$ nicht von der Wahl von γ_z ab, die Funktion F ist daher wohldefiniert. Wir betrachten nun den geschlossenen Weg $\gamma = \gamma_z + [z, w] - \gamma_w$. Beginnend mit (5.44) zeigen dieselben Argumente wie oben, dass F in z differenzierbar ist mit $F'(z) = f(z)$.

Wir haben damit gezeigt, dass in die Existenz von Stammfunktionen durch die Wegunabhängigkeit von Wegintegralen charakterisiert wird. Wir fassen zusammen.

Wegunabhängigkeit und Stammfunktionen

Sei $U \subset \mathbb{C}$ offen und $f : U \to \mathbb{C}$ stetig.
(a) Hat f in U eine Stammfunktion, so sind Wegintegrale von f in U wegunabhängig.
(b) Lassen sich je zwei Punkte U durch einen Weg verbinden und sind Wegintegrale von f in U wegunabhängig, so hat f eine Stammfunktion in U.
(c) Ist U ein Sterngebiet, so genügt es für die Wegunabhängigkeit nachzuprüfen, dass

$$\int_\gamma f(z)\,\mathrm{d}z = 0$$

für die Ränder γ aller in U gelegenen Dreiecke gilt.

Wir werden gleich sehen, dass holomorphe Funktionen in Sterngebieten die im vorangehenden Satz genannte Bedingung erfüllen. Bevor wir das tun, halten wir für spätere Verwendung die Ungleichung im vorangehenden Beweis fest, und zwar in der Form

$$|F(z+h) - F(z) - hf(z)| \leq |h| \sup_{\zeta \in [z,z+h]} |f(\zeta) - f(z)| . \tag{5.45}$$

Sie gilt wie gezeigt für Stammfunktionen F einer stetigen Funktion f, falls die Strecke $[z, z+h]$ ganz im offenen Definitionsbereich $U \subset \mathbb{C}$ von f enthalten ist. Man kann (5.45) als Variante des Mittelwertsatzes der Differenzialrechnung ansehen.

5.3 Der Integralsatz von Cauchy

Ob eine holomorphe Funktion eine Stammfunktion in einer Teilmenge U ihres Definitionsbereichs hat, hängt – wie wir gesehen haben – von der Form von U ab. Kommt es auch auf die Form von f an? Die Antwort ist „nein", das hat Augustin-Louis Cauchy (1789–1857) in einer 1825 erschienenen Arbeit herausgefunden, zu einer Zeit also, in der die formalen Grundlagen der Analysis erst im Entstehen waren. Deren Präzisierung ging Hand in Hand mit der weiteren Entwicklung der Theorie. Edouard Goursat (1858–1936) hat 1883 in seinem Integrallemma gezeigt, dass jede holomorphe Funktion f die Bedingung $\int_\gamma f(z)\,\mathrm{d}z = 0$ für Rechteckränder γ erfüllt. Alfred Pringsheim (1850–1941) hat 1901 festgestellt, dass das auch für Dreiecksränder gilt, sodass der Satz über die Wegunabhängigkeit aus dem vorigen Abschnitt direkt anwendbar wird.

Integrallemma

Sei $U \subset \mathbb{C}$ offen, sei $f : U \to \mathbb{C}$ holomorph. Dann gilt

$$\int_\gamma f(z)\,\mathrm{d}z = 0 \tag{5.46}$$

für den Rand $\gamma = \partial\Delta$ jedes Dreiecks Δ mit $\Delta \subset U$.

Beweis: Die Idee des Beweises besteht darin, das Integral (5.46) durch Integrale über kleine Dreiecke abzuschätzen und auszunutzen, dass die differenzierbare Funktion f lokal linear approximiert werden kann.

Sei Δ ein Dreieck mit $\Delta \subset U$. Wir setzen $\Delta_0 = \Delta$ und zerlegen Δ_0 in 4 kongruente Dreiecke $D_1, \ldots, D_4$, indem wir die drei Seitenmitten von Δ_0 verbinden, siehe Abbildung 5.5.

Es gilt dann

$$\int_{\partial\Delta_0} f(z)\,\mathrm{d}z = \sum_{k=1}^{4} \int_{\partial D_k} f(z)\,\mathrm{d}z , \tag{5.47}$$

wenn wir die Ränder alle im mathematisch positiven Sinn durchlaufen, da sich die Integrale über die inneren Strecken

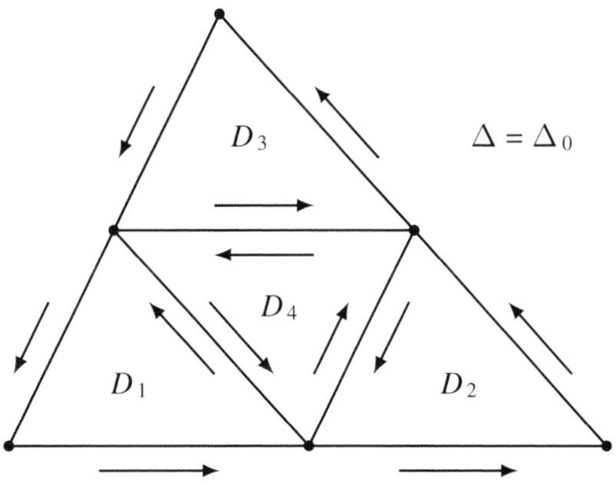

Abbildung 5.5 Zerlegung und Integrationswege.

gegenseitig wegheben. Ist k der Index des betragsgrößten Integrals auf der rechten Seite von (5.47), so setzen wir $\Delta_1 = D_k$. Es gilt also

$$\left| \int_{\partial\Delta_0} f(z)\,\mathrm{d}z \right| \leq 4 \left| \int_{\partial\Delta_1} f(z)\,\mathrm{d}z \right| .$$

Indem wir diese Konstruktion iterativ fortsetzen, erhalten wir eine Folge (Δ_n) von Dreiecken mit

$$\left| \int_{\partial\Delta_{n-1}} f(z)\,\mathrm{d}z \right| \leq 4 \left| \int_{\partial\Delta_n} f(z)\,\mathrm{d}z \right| . \tag{5.48}$$

Da die Konstruktion auf Halbierung beruht, gilt

$$\operatorname{diam}(\Delta_n) = 2^{-n}\operatorname{diam}(\Delta) , \quad L(\partial\Delta_n) = 2^{-n} L(\partial\Delta) . \tag{5.49}$$

Sei nun (z_n) eine Folge mit $z_n \in \Delta_n$. Da $\Delta_0 \supset \Delta_1 \supset \ldots$, gilt für alle $m \geq n$

$$z_m \in \Delta_n , \quad |z_m - z_n| \leq 2^{-n}\operatorname{diam}(\Delta) ,$$

also ist (z_n) eine Cauchyfolge. Sei $c = \lim_{m\to\infty} z_m$. Es folgt $c \in \Delta_n$ für jedes n, da Δ_n abgeschlossen ist, und damit

$$c \in \bigcap_{n\in\mathbb{N}} \Delta_n .$$

Wir definieren nun $g : U \to \mathbb{C}$ durch

$$g(z) = \begin{cases} \frac{f(z)-f(c)}{z-c} - f'(c) , & z \neq c , \\ 0 , & z = c . \end{cases}$$

Da f in U holomorph ist, ist g in U stetig, und es gilt

$$f(z) = f(c) + (z-c)f'(c) + (z-c)g(z) .$$

Die Funktion $z \mapsto f(c) + (z-c)f'(c)$ hat eine Stammfunktion, nämlich $z \mapsto f(c)z + (z-c)^2 f'(c)/2$. Ihr Wegintegral über $\partial\Delta_n$ ist also gleich null, und es folgt

$$\int_{\partial\Delta_n} f(z)\,\mathrm{d}z = \int_{\partial\Delta_n} (z-c)g(z)\,\mathrm{d}z .$$

Aus der Abschätzung (5.38) folgt

$$\left|\int_{\partial\Delta_n} f(z)\,\mathrm{d}z\right| \leq L(\partial\Delta_n) \sup_{z\in\partial\Delta_n} |z-c||g(z)|$$
$$\leq (L(\partial\Delta_n))^2 \sup_{z\in\partial\Delta_n} |g(z)|\,,$$

da in jedem Dreieck D gilt $\operatorname{diam}(D) \leq L(\partial D)$. Aus (5.48) und (5.49) folgt weiter

$$\left|\int_{\partial\Delta} f(z)\,\mathrm{d}z\right| \leq 4^n\left|\int_{\partial\Delta_n} f(z)\,\mathrm{d}z\right|$$
$$\leq 4^n(L(\partial\Delta_n))^2 \sup_{z\in\partial\Delta_n} |g(z)|$$
$$= (L(\partial\Delta))^2 \sup_{z\in\partial\Delta_n} |g(z)| \to 0$$

für $n \to \infty$, da g stetig ist und $g(c) = 0$ gilt. Damit ist (5.46) gezeigt. ■

Indem wir das Integrallemma mit dem Satz über die Wegunabhängigkeit kombinieren, erhalten wir folgenden fundamentalen Satz.

Integralsatz von Cauchy

Ist U ein Sterngebiet und f auf U holomorph, so hat f eine Stammfunktion in U, und es gilt

$$\int_\gamma f(z)\,\mathrm{d}z = 0$$

für jeden geschlossenen Weg in U.

Wie in Abschnitt 5.2 dargestellt, können wir für jeden Bezugspunkt c von U eine Stammfunktion F von f als Wegintegral

$$F(z) = \int_{[c,z]} f(\zeta)\,\mathrm{d}\zeta$$

entlang der Gerade von c nach z erhalten, es ist dann $F(c) = 0$.

Wir erhalten auf diese Weise einen neuen Zugang zur Logarithmusfunktion im Komplexen.

Beispiel Die holomorphe Funktion $f(z) = 1/z$ hat, wie wir wissen, in der punktierten Ebene $\mathbb{C}^\times$ keine Stammfunktion. In der aufgeschnittenen Ebene $\mathbb{C}^-$, einem Sterngebiet, ist hingegen die durch

$$F(z) = \int_{[1,z]} \frac{1}{\zeta}\,\mathrm{d}\zeta$$

definierte Funktion eine Stammfunktion von $1/z$ mit $F(1) = 0$. Sie stimmt, wie wir später als Anwendung des Identitätssatzes sehen werden, mit dem in (5.20) definierten Hauptwert des komplexen Logarithmus überein. ◄

Wegintegrale entlang von Kreisen lassen sich zentrieren und lokalisieren

Der Integralsatz von Cauchy ermöglicht es, Wegintegrale einer holomorphen Funktion f ineinander zu überführen. Sei U eine offene Menge, welche eine Kreisscheibe B samt ihres Randes γ enthält, sei z ein Punkt im Innern von B, und sei β der im gleichen Sinne wie γ durchlaufene Rand einer ganz im Innern von B gelegenen Kreisscheibe mit Mittelpunkt z, siehe Abbildung 5.6.

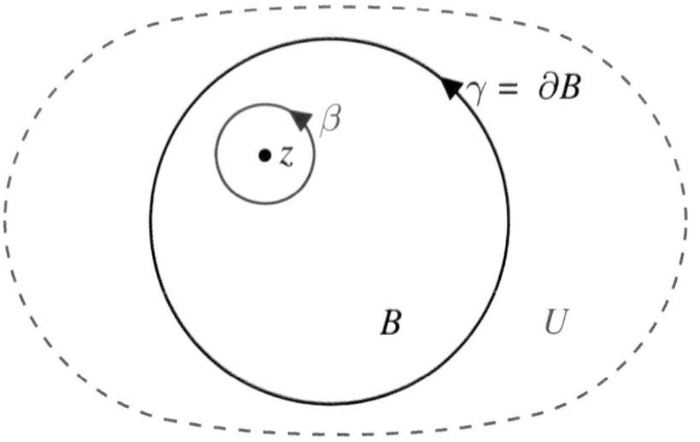

Abbildung 5.6 Im Zentrierungslemma werden die Kreiswege γ und β betrachtet.

Zentrierungslemma

Ist f eine in $U \setminus \{z\}$ holomorphe Funktion, so gilt

$$\int_\gamma f(\zeta)\,\mathrm{d}\zeta = \int_\beta f(\zeta)\,\mathrm{d}\zeta\,. \qquad (5.50)$$

Wir führen auf diese Weise das linksstehende Wegintegral zurück auf ein Wegintegral entlang eines um z zentrierten Kreises, der zudem einen beliebig kleinen Radius haben kann.

Beweis: Gemäß Abbildung 5.7 zerlegen wir die beiden Kreiswege in $\gamma = \gamma_1 + \gamma_2$ und $\beta = \beta_1 + \beta_2$ und verbinden sie durch die Hilfswege δ_1 und δ_2.

Es entstehen zwei geschlossene Wege

$$\alpha_1 = \gamma_1 + \delta_1 - \beta_1 - \delta_2$$

und $\alpha_2 = \gamma_2 + \delta_2 - \beta_2 - \delta_1$. Der Weg α_1 verläuft vollständig in einem Sterngebiet $U_1 \subset U$; dieses erhalten wir, indem wir die Kreisscheibe B unter Beibehaltung des Mittelpunkts zu einer Kreisscheibe $\tilde{B}$ mit $\tilde{B} \subset U$ vergrößern und eine von z ausgehende Halbgerade L entfernen, siehe Abbildung 5.8.

Analog konstruiert man für den Weg α_2 ein Sterngebiet $U_2 \subset U$. Aus dem Integralsatz von Cauchy folgt nun

$$\int_{\alpha_1} f(\zeta)\,\mathrm{d}\zeta = 0 = \int_{\alpha_2} f(\zeta)\,\mathrm{d}\zeta$$

und damit

$$\int_{\gamma_1} f(\zeta)\,\mathrm{d}\zeta = \int_{\beta_1} f(\zeta)\,\mathrm{d}\zeta - \int_{\delta_1} f(\zeta)\,\mathrm{d}\zeta + \int_{\delta_2} f(\zeta)\,\mathrm{d}\zeta$$

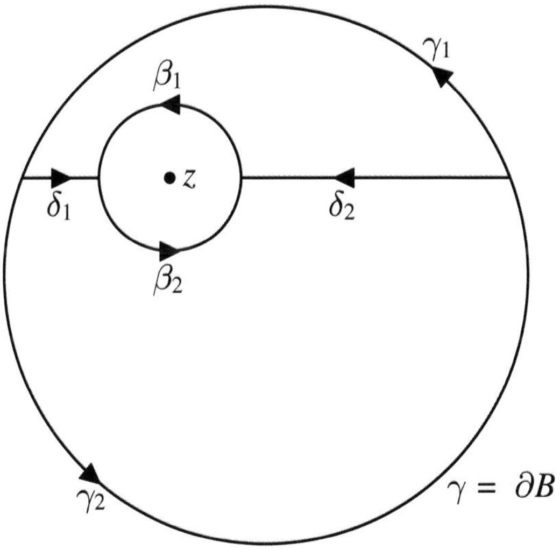

Abbildung 5.7 Die Kreiswege werden zerlegt, verbunden und zu neuen Wegen zusammengesetzt.

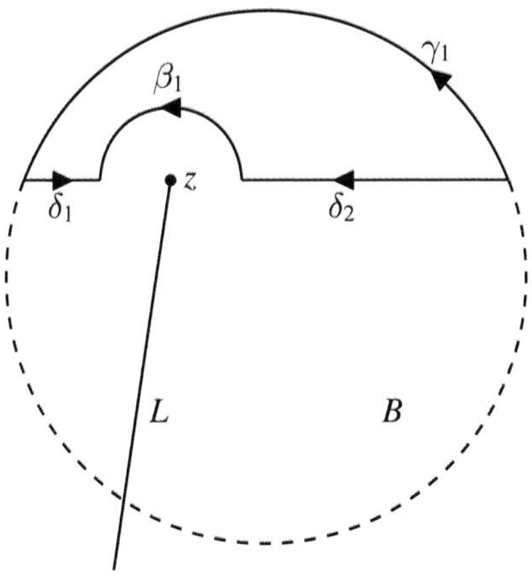

Abbildung 5.8 Der Weg α_1 verläuft in einem Sterngebiet.

sowie

$$\int_{\gamma_2} f(\zeta)\,\mathrm{d}\zeta = \int_{\beta_2} f(\zeta)\,\mathrm{d}\zeta - \int_{\delta_2} f(\zeta)\,\mathrm{d}\zeta + \int_{\delta_1} f(\zeta)\,\mathrm{d}\zeta\,.$$

Indem wir die beiden letztgenannten Gleichungen addieren, erhalten wir die Behauptung. ■

Das Zentrierungslemma bezieht sich auf eine spezielle geometrische Situation. In der Box auf Seite 110 ordnen wir sie in einen allgemeinen Rahmen ein.

Holomorphe Funktionen lassen sich als Wegintegrale darstellen

Der folgende Satz zeigt, dass wir jeden Wert $f(z)$ holomorpher Funktionen als Wegintegral über einen z umgebenden Kreis darstellen können.

Integralformel von Cauchy für Kreise

Ist f in einer offenen Menge U holomorph, so gilt

$$f(z) = \frac{1}{2\pi\mathrm{i}} \int_\gamma \frac{f(\zeta)}{\zeta - z}\,\mathrm{d}\zeta \qquad (5.57)$$

für jede mit ihrem positiv orientierten Rand γ in U gelegene Kreisscheibe B und jeden Punkt z im Innern von B.

Bemerkenswert ist, dass im Integranden die Funktion f selbst vorkommt und nicht – wie im Hauptsatz der Differenzial- und Integralrechnung – deren Ableitung.

Beweis: Der Kreis γ_ε um z mit Radius ε liegt in B, falls $\varepsilon > 0$ hinreichend klein ist. Aus dem Zentrierungslemma, angewendet auf die Funktion $\zeta \mapsto f(\zeta)/(\zeta - z)$, folgt

$$\int_\gamma \frac{f(\zeta)}{\zeta - z}\,\mathrm{d}\zeta = \int_{\gamma_\varepsilon} \frac{f(\zeta)}{\zeta - z}\,\mathrm{d}\zeta\,.$$

Wir zerlegen dieses – von ε unabhängige – Integral in

$$\int_{\gamma_\varepsilon} \frac{f(\zeta)}{\zeta - z}\,\mathrm{d}\zeta = \int_{\gamma_\varepsilon} \frac{f(z)}{\zeta - z}\,\mathrm{d}\zeta + \int_{\gamma_\varepsilon} \frac{f(\zeta) - f(z)}{\zeta - z}\,\mathrm{d}\zeta\,.$$

Das erste Integral auf der rechten Seite hat den Wert $2\pi\mathrm{i}\,f(z)$ gemäß (5.37), unabhängig von ε. Das zweite somit ebenfalls von ε unabhängige Integral hat den Wert 0: Es gilt

$$\left|\int_{\gamma_\varepsilon} g(\zeta)\,\mathrm{d}\zeta\right| \le L(\gamma_\varepsilon) \sup_{\zeta\in\gamma_\varepsilon} |g(\zeta)|\,, \quad g(\zeta) := \frac{f(\zeta) - f(z)}{\zeta - z}\,,$$

nach (5.38), es ist $L(\gamma_\varepsilon) = 2\pi\varepsilon$, und $\sup_{\zeta\in\gamma_\varepsilon} |g(\zeta)| \le C < \infty$ unabhängig von ε, da die durch $g(z) = f'(z)$ fortgesetzte Funktion stetig ist. Insgesamt ergibt sich (5.57). ■

Holomorphe Funktionen haben die Mittelwerteigenschaft

Wählen wir in der Integralformel (5.57) den Punkt z speziell als den Mittelpunkt der Kreisscheibe B, welche den Radius r haben möge, so ergibt sich

$$f(z) = \frac{1}{2\pi\mathrm{i}} \int_\gamma \frac{f(\zeta)}{\zeta - z}\,\mathrm{d}\zeta = \frac{1}{2\pi\mathrm{i}} \int_0^{2\pi} \frac{f(z + r\mathrm{e}^{\mathrm{i}t})}{r\mathrm{e}^{\mathrm{i}t}} \mathrm{i}r\mathrm{e}^{\mathrm{i}t}\,\mathrm{d}t$$
$$= \frac{1}{2\pi} \int_0^{2\pi} f(z + r\mathrm{e}^{\mathrm{i}t})\,\mathrm{d}t\,.$$

Holomorphe Funktionen f haben also die **Mittelwerteigenschaft**

$$f(z) = \frac{1}{2\pi} \int_0^{2\pi} f(z + r\mathrm{e}^{\mathrm{i}t})\,\mathrm{d}t\,, \qquad (5.58)$$

sofern die Kreisscheibe mit dem Rand $\gamma(t) = z + r\mathrm{e}^{\mathrm{i}t}$ vollständig im Definitionsbereich von f liegt.

Hintergrund und Ausblick: Homotopieinvarianz des Wegintegrals

Zwei in einer offenen Teilmenge U von $\mathbb{C}$ verlaufende Wege γ und β heißen homotop, wenn sie „sich stetig ineinander überführen lassen" – eine präzise Definition dieses Sachverhalts wird gleich gegeben werden. Es stellt sich heraus, dass Wegintegrale sich dabei nicht ändern, falls γ und β dieselben Anfangs- und Endpunkte haben oder falls beide Wege geschlossen sind. In beiden Fällen gilt

$$\int_\gamma f(\zeta)\,\mathrm{d}\zeta = \int_\beta f(\zeta)\,\mathrm{d}\zeta \tag{5.51}$$

für holomorphe Funktionen $f\colon U \to \mathbb{C}$.

Ist U außerdem konvex und haben $\gamma, \beta\colon [a, b] \to U$ denselben Anfangs- und Endpunkt A bzw. E, so verlaufen die durch

$$\gamma_\lambda(t) = (1-\lambda)\gamma(t) + \lambda\beta(t)$$

definierten Wege für $\lambda \in [0, 1]$ ebenfalls von A nach E in U. Wir stellen uns vor, dass $\gamma = \gamma_0$ stetig in $\beta = \gamma_1$ überführt wird, wenn λ das Intervall $[0, 1]$ durchläuft. Die in U gültige Wegunabhängigkeit des Wegintegrals besagt, dass

$$\int_\gamma f(\zeta)\,\mathrm{d}\zeta = \int_{\gamma_\lambda} f(\zeta)\,\mathrm{d}\zeta = \int_\beta f(\zeta)\,\mathrm{d}\zeta \tag{5.52}$$

gilt für jedes $\lambda \in (0, 1)$ und jede holomorphe Funktion $f\colon U \to \mathbb{C}$.

Dieser Sachverhalt lässt sich verallgemeinern. Sei U eine beliebige offene Teilmenge von $\mathbb{C}$. Zwei beliebige Wege $\gamma, \beta\colon [a, b] \to U$ heißen **homotop in U**, falls es eine stetige Abbildung

$$H : [a, b] \times [0, 1] \to U \tag{5.53}$$

gibt mit

$$H(t, 0) = \gamma(t), \quad H(t, 1) = \beta(t), \tag{5.54}$$

für alle $t \in [a, b]$. Die Abbildung H heißt **Homotopie**. Es kommt dabei weder darauf an, welche Form die „Zwischenwege" $\gamma_\lambda(t) = H(t, \lambda)$ haben, noch ob sie geschlossen sind oder nicht; wichtig ist lediglich, dass sie – wie in (5.53) verlangt – vollständig in U verlaufen.

Wir betrachten zunächst den Fall, dass alle Wege denselben Anfangs- und Endpunkt haben, dass also

$$\begin{aligned} H(a, \lambda) &= H(a, 0) = \gamma(a) \\ H(b, \lambda) &= H(b, 0) = \gamma(b) \end{aligned} \tag{5.55}$$

gilt für alle $\lambda \in [0, 1]$. Die sogenannte Homotopieversion des Integralsatzes von Cauchy besagt nun, dass in diesem Fall die Formel (5.51) gültig bleibt für jede holomorphe Funktion $f\colon U \to \mathbb{C}$. Man nennt das die **Homotopieinvarianz des Wegintegrals**. Wir skizzieren den Beweis.

Wir zerlegen das Rechteck $R = [a, b] \times [0, 1]$ in Rechtecke $R_{ij} = [t_i, t_{i+1}] \times [\lambda_j, \lambda_{j+1}]$, die so klein sind, dass $H(R_{ij}) \subset B_{ij} \subset U$ mit geeigneten Kreisscheiben B_{ij} gilt. Bezeichnet nun $H(\partial R_{ij})$ das Bild des Randwegs von R_{ij} unter H, so gilt

$$\int_{H(\partial R_{ij})} f(\zeta)\,\mathrm{d}\zeta = 0 \tag{5.56}$$

nach dem Integralsatz von Cauchy, da alle solchen Randwege geschlossen sind. Summation über alle Rechtecke ergibt

$$\int_{H(\partial R)} f(\zeta)\,\mathrm{d}\zeta = 0,$$

was gleichbedeutend ist mit (5.51), da $H(\partial R)$ aus den beiden Wegen γ und β sowie gemäß (5.55) aus den punktförmigen Wegen $\lambda \mapsto H(a, 0)$ und $\lambda \mapsto H(b, 0)$ besteht.

Homotopien spielen in der Topologie und der Analysis als Hilfsmittel eine wichtige Rolle.

Verlangt man, wie allgemein üblich und oben geschehen, in der Definition der Homotopie H lediglich deren Stetigkeit, so tritt bei der Ausführung des eben skizzierten Beweises die Komplikation auf, dass die in (5.56) auftretenden Wege $H(\partial R_{ij})$ möglicherweise nicht stückweise differenzierbar sind und unsere Definition des Wegintegrals sich nicht anwenden lässt. Wir gehen darauf nicht weiter ein, sondern verweisen auf die Literatur, etwa S. Lang, Complex Analysis, oder E. Freitag und R. Busam, Funktionentheorie.

Lassen wir die Voraussetzung (5.55) fallen und nehmen stattdessen an, dass γ und β geschlossen sind, so gilt die Homotopieinvarianz ebenfalls. Auch in diesem Fall beschränken wir uns auf eine Skizze der Argumente. Ausgehend von einer Homotopie H zwischen γ und β ersetzt man β durch einen Weg $\tilde\beta$, der zunächst von $\gamma(a)$ nach $\beta(a)$, dann entlang β bis $\beta(b) = \beta(a)$ und schließlich wieder zurück nach $\gamma(a)$ verläuft. Man kann nun aus H eine geeignete Homotopie $\tilde H$ zwischen γ und $\tilde\beta$ konstruieren und wegen $\gamma(a) = \tilde\beta(a) = \gamma(b) = \tilde\beta(b)$ das Ergebnis für den Fall gleicher Anfangs- und Endpunkte anwenden.

Holomorphe Funktionen lassen sich in Potenzreihen entwickeln

Der nach Cauchy und Brook Taylor (1685–1731) benannte Entwicklungssatz bezieht sich auf die in Abbildung 5.9 dargestellte Situation.

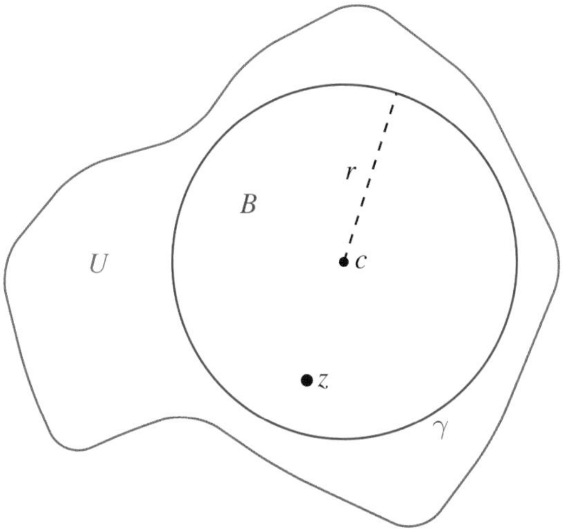

Abbildung 5.9 Zum Entwicklungssatz von Cauchy-Taylor.

Entwicklungssatz von Cauchy-Taylor

Ist f in einer offenen Menge U holomorph, so gilt für jede mit ihrem Rand γ ganz in U gelegene Kreisscheibe B mit Mittelpunkt c und Radius r, dass f sich in eine für jeden Punkt z im Innern von B konvergente Potenzreihe

$$f(z) = \sum_{k=0}^{\infty} a_k (z-c)^k$$

entwickeln lässt, mit den Koeffizienten

$$a_k = \frac{1}{2\pi \mathrm{i}} \int_\gamma \frac{f(\zeta)}{(\zeta - c)^{k+1}} \, \mathrm{d}\zeta \,. \tag{5.59}$$

Diese Darstellungsformel für die Koeffizienten a_k enthält keine Ableitungen von f, im Kontrast zur aus der Taylorentwicklung herrührenden Formel $a_k = f^{(k)}(c)/k!$.

Beweis: Wir können $c = 0$ annehmen, der allgemeine Fall wird durch Betrachten der Funktion $z \mapsto f(c+z)$ anstelle von f darauf zurückgeführt. Die Integralformel von Cauchy besagt, dass

$$f(z) = \frac{1}{2\pi \mathrm{i}} \int_\gamma \frac{f(\zeta)}{\zeta - z} \, \mathrm{d}\zeta \,. \tag{5.60}$$

Es ist $|\zeta| = r$ auf γ. Wegen $|z| < r$ ist $q := |z|/r < 1$, und wir können $1/(\zeta - z)$ in die geometrische Reihe

$$\frac{1}{\zeta - z} = \frac{1}{\zeta} \frac{1}{1 - \frac{z}{\zeta}} = \frac{1}{\zeta} \sum_{k=0}^{\infty} \left(\frac{z}{\zeta}\right)^k$$

entwickeln, wie wir bereits in (5.14) gesehen haben. Einsetzen in (5.60) ergibt

$$f(z) = \frac{1}{2\pi \mathrm{i}} \int_\gamma \underbrace{\sum_{k=0}^{\infty} \frac{f(\zeta)}{\zeta} \left(\frac{z}{\zeta}\right)^k}_{=:\, g_k(\zeta)} \mathrm{d}\zeta \,. \tag{5.61}$$

Entlang γ gilt $\|g_k\|_\infty \le (\|f\|_\infty / r) q^k$, also konvergieren die Partialsummen $s_n = \sum_{k=0}^{n} g_k$ gleichmäßig gegen eine stetige Funktion nach dem Kriterium von Weierstraß, und wir können die Summe mit dem Integral vertauschen,

$$f(z) = \sum_{k=0}^{\infty} \frac{1}{2\pi \mathrm{i}} \int_\gamma \frac{f(\zeta)}{\zeta^{k+1}} \, \mathrm{d}\zeta \cdot z^k \,. \qquad \blacksquare$$

Als unmittelbare Konsequenz des Entwicklungssatzes halten wir fest:

Holomorphe Funktionen sind beliebig oft differenzierbar

Eine holomorphe Funktion ist in jedem Punkt ihres Definitionsbereichs (den wir, wie immer, als offen voraussetzen) beliebig oft differenzierbar.

Die vorangehende Aussage markiert einen wesentlichen Unterschied zur Situation im Reellen. Im Reellen gibt es Funktionen, die k-mal, aber nicht $(k+1)$-mal differenzierbar sind, und solche, die beliebig oft differenzierbar sind, aber nicht in eine Potenzreihe entwickelt werden können. Zu Letzteren gehört etwa die durch $f(x) = \exp(-1/x)$ für $x > 0$ und $f(x) = 0$ für $x \le 0$ definierte Funktion; deren sämtliche Ableitungen im Nullpunkt sind gleich 0, siehe Abschnitt 15.5 im Band 1. Im Komplexen hingegen ist jede holomorphe Funktion, deren Ableitungen in einem Punkt alle gleich 0 sind, zumindest in der Nähe dieses Punktes identisch gleich null.

Der Entwicklungssatz von Cauchy-Taylor liefert wegen $f^{(k)}(c) = k! a_k$ unmittelbar eine ableitungsfreie Darstellung der k-ten Ableitung im Mittelpunkt c einer Kreisscheibe B. Wie bei der Integralformel (5.57) von Cauchy lässt sie sich auf beliebige andere Punkte im Innern von B übertragen.

Verallgemeinerte Integralformel von Cauchy

Ist f in einer offenen Menge U holomorph, so gilt

$$f^{(k)}(z) = \frac{k!}{2\pi \mathrm{i}} \int_\gamma \frac{f(\zeta)}{(\zeta - z)^{k+1}} \, \mathrm{d}\zeta \tag{5.62}$$

für jedes $k \in \mathbb{N}$, jede mit ihrem positiv orientierten Rand γ in U gelegene Kreisscheibe B und jeden Punkt z im Innern von B.

Beweis: Ist z ein solcher Punkt und β ein hinreichend kleiner Kreis um z, so gilt

$$f^{(k)}(z) = \frac{k!}{2\pi \mathrm{i}} \int_\beta \frac{f(\zeta)}{(\zeta - z)^{k+1}} \,\mathrm{d}\zeta$$

nach dem Entwicklungssatz, angewendet auf $c = z$. Die Behauptung folgt nun aus dem Zentrierungslemma auf Seite 108. ■

Wir können die Darstellungsformel aus dem Entwicklungssatz

$$a_k = \frac{1}{2\pi \mathrm{i}} \int_\gamma \frac{f(\zeta)}{(\zeta - c)^{k+1}} \,\mathrm{d}\zeta$$

dazu nutzen, um die Koeffizienten a_k der Potenzreihenentwicklung von f in c abzuschätzen. Bezeichnet

$$M_r = \max_{|\zeta - c| = r} |f(\zeta)|$$

das Maximum von f entlang γ, so gilt mit der Standardabschätzung (5.38)

$$\begin{aligned} |a_k| &= \frac{1}{2\pi} \left| \int_\gamma \frac{f(\zeta)}{(\zeta - c)^{k+1}} \,\mathrm{d}\zeta \right| \le \frac{1}{2\pi} 2\pi r \frac{M_r}{r^{k+1}} \\ &= \frac{M_r}{r^k} . \end{aligned} \tag{5.63}$$

Für die Ableitungen von f in c folgt entsprechend

$$|f^{(k)}(c)| = k!|a_k| \le M_r \frac{k!}{r^k} ,$$

das heißt, Schranken für f liefern Schranken für die Ableitungen von f. Für die Einschränkungen aufs Reelle gilt diese Aussage nicht, wie das Beispiel $f(x) = \sin(nx)$ mit $\|f\|_\infty = 1$ und $\|f'\|_\infty = n$ zeigt.

Ist f auf ganz $\mathbb{C}$ holomorph, so gilt (5.63) für jedes $r > 0$. Ist f außerdem auf $\mathbb{C}$ beschränkt, so ist $\sup_{r>0} M_r < \infty$, und mit $r \to \infty$ in (5.63) sehen wir, dass $a_k = 0$ gilt für alle $k \ge 1$. Somit ist $f(z) = a_0 = f(c)$ für alle $z \in \mathbb{C}$, und wir erhalten folgenden Satz.

Satz von Liouville

Ist f auf ganz $\mathbb{C}$ holomorph und beschränkt, so ist f konstant.

Dieser nach Joseph Liouville (1809–1882) benannte Satz findet immer wieder Anwendung in unterschiedlichen Bereichen der Mathematik. Ein Beispiel aus der Funktionalanalysis („jeder lineare stetige Operator hat mindestens einen Spektralwert“) ist in der Box auf Seite 113 dargestellt.

Wir können nun die Umkehrung des Integrallemmas beweisen.

Satz von Morera

Sei $U \subset \mathbb{C}$ offen, sei $f: U \to \mathbb{C}$ stetig, es gelte

$$\int_\gamma f(z) \,\mathrm{d}z = 0 \tag{5.67}$$

für den Rand $\gamma = \partial\Delta$ jedes Dreiecks Δ mit $\Delta \subset U$. Dann ist f in U holomorph.

Beweis: Nach dem Satz über Wegunabhängigkeit und Stammfunktionen (am Ende des vorigen Abschnitts 5.2) hat f in jeder Kreisscheibe $B \subset U$ eine Stammfunktion F. Diese ist wegen $F' = f$ in B holomorph und damit beliebig oft differenzierbar, wie wir als Folgerung aus dem Entwicklungssatz festgestellt hatten. Also ist auch f holomorph. ■

Gleichmäßige Grenzwerte holomorpher Funktionen sind holomorph

Wir erinnern daran, dass Potenzreihen auf kompakten Teilmengen des Inneren B ihres Konvergenzkreises gleichmäßig gegen die durch sie dargestellten holomorphen Funktionen konvergieren.

Wir wollen nun eine allgemeinere Situation betrachten.

Definition der lokal gleichmäßigen Konvergenz

Sei $U \subset \mathbb{C}$ offen. Eine Folge holomorpher Funktionen $f_n: U \to \mathbb{C}$ heißt **lokal gleichmäßig konvergent** gegen eine Funktion $f: U \to \mathbb{C}$, falls es zu jedem $z \in U$ eine Kreisscheibe $B_z \subset U$ um z gibt, auf der f_n gleichmäßig gegen f konvergiert.

Ist $K \subset U$ ein beliebiges Kompaktum, so wird es von endlich vielen solchen B_z überdeckt. Die gleichmäßige Konvergenz auf jeder einzelnen dieser endlich vielen Kreisscheiben führt dann zur gleichmäßigen Konvergenz auf K. Eine Folge von Funktionen $f_n : U \to \mathbb{C}$, die lokal gleichmäßig gegen ein $f: U \to \mathbb{C}$ konvergiert, ist daher **kompakt konvergent** gegen f in dem Sinn, dass für jedes Kompaktum $K \subset U$ die Folge der Restriktionen $f_n|K$ gleichmäßig gegen $f|K$ konvergiert. Da umgekehrt die kompakte Konvergenz die lokal gleichmäßige Konvergenz impliziert, wie man den Definitionen unmittelbar entnimmt, sind beide Konvergenzbegriffe äquivalent.

?

Warum impliziert gleichmäßige Konvergenz einer Folge reell- oder komplexwertiger Funktionen auf Mengen M_k, $1 \le k \le m$, deren gleichmäßige Konvergenz auf $M = \cup_{k=1}^m M_k$?

Lokal gleichmäßige Konvergenz hat die Konvergenz von Wegintegralen zur Folge.

Hintergrund und Ausblick: Existenz von Spektralwerten

Ist $A : \mathbb{C}^n \to \mathbb{C}^n$ eine lineare Abbildung, so ist $\lambda \in \mathbb{C}$ genau dann ein Eigenwert von A, wenn $\lambda I - A$ nicht bijektiv ist. Die zugehörigen Vektoren $\boldsymbol{v} \in \mathbb{C}^n$ mit $A\boldsymbol{v} = \lambda \boldsymbol{v}$ bilden den Eigenraum von λ. Wir erhalten die Eigenwerte von A als Nullstellen des charakteristischen Polynoms $p(\lambda) = \det(\lambda I - A)$; insbesondere gibt es mindestens einen Eigenwert $\lambda \in \mathbb{C}$. In Kapitel 14 von Band 1 sind Eigenwerte und Eigenvektoren ausführlich behandelt worden.

In der Funktionalanalysis liegt eine analoge Situation vor. Ist $A: X \to X$ eine lineare stetige Abbildung eines Banachraums X über $\mathbb{C}$ in sich, so heißt ein $\lambda \in \mathbb{C}$ Spektralwert von A, wenn $\lambda I - A$ nicht bijektiv ist. Die Menge $\sigma(A)$ der Spektralwerte von A heißt das Spektrum von A. Deren Komplement $\rho(A) = \mathbb{C} \setminus \sigma(A)$ heißt die Resolventenmenge von A, die zugehörigen Resolventen $R_\lambda = (\lambda I - A)^{-1}$ sind sämtlich bijektiv, linear und stetig. In Kapitel 10 wird dazu einiges gesagt werden.

Mithilfe des Satzes von Liouville kann man beweisen, dass jeder solche Operator A mindestens einen Spektralwert hat. Wir skizzieren die dazu führende Argumentation; man kann sie in ihren Einzelheiten nachvollziehen, wenn man sich mit den Grundlagen der Funktionalanalysis (siehe Kapitel 8) beschäftigt hat. Die Strategie besteht darin, geeignete holomorphe Funktionen $f: \rho(A) \to \mathbb{C}$ zu konstruieren und aus der Annahme $\sigma(A) = \emptyset$ bzw. $\rho(A) = \mathbb{C}$ einen Widerspruch herzuleiten.

Zur Konstruktion solcher Funktionen f geht man den Umweg über den Dualraum $\mathcal{L}(X, X)'$ des Banachraums $\mathcal{L}(X, X)$ aller linearen stetigen Abbildungen von X nach X. Wir fixieren ein beliebiges Funktional $\ell \in \mathcal{L}(X, X)'$ und definieren f auf $\rho(A)$ durch

$$f(\lambda) = \ell(R_\lambda), \quad R_\lambda = (\lambda I - A)^{-1} = \frac{1}{\lambda}\Big(I - \frac{1}{\lambda}A\Big)^{-1}.$$

Eine Formel für R_λ erhalten wir gemäß dem Störungslemma auf Seite 283 im Falle $|\lambda| > \|A\|$ aus der Neumann'schen Reihe, nämlich

$$R_\lambda = \frac{1}{\lambda}\sum_{k=0}^{\infty}\Big(\frac{1}{\lambda}A\Big)^k.$$

Da diese in $\mathcal{L}(X, X)$ absolut konvergiert und ℓ stetig ist, ergibt sich weiter

$$f(\lambda) = \ell(R_\lambda) = \frac{1}{\lambda}\sum_{k=0}^{\infty}\frac{1}{\lambda^k}\ell(A^k). \tag{5.64}$$

Es gilt $|\ell(A^k)| \le \|\ell\|\|A^k\| \le \|\ell\|\|A\|^k$ und folglich

$$|f(\lambda)| \le \frac{\|\ell\|}{|\lambda|}\sum_{k=0}^{\infty}\frac{1}{2^k} = \frac{2\|\ell\|}{|\lambda|}, \quad \text{falls } |\lambda| \ge 2\|A\|. \tag{5.65}$$

Das Störungslemma ermöglicht es außerdem, für jedes $\mu \in \rho(A)$ eine Potenzreihenentwicklung von f nahe μ zu finden. Für beliebiges $\lambda \in \mathbb{C}$ gilt

$$\lambda I - A = (\mu I - A)\Big[I - (\mu - \lambda)(\mu I - A)^{-1}\Big],$$

wie man durch Ausmultiplizieren der rechten Seite erkennt. Ist $|\lambda - \mu|$ hinreichend klein, so liefert die Neumann'sche Reihe die Inverse des Ausdrucks in eckigen Klammern in der Form

$$\sum_{k=0}^{\infty}\Big((\mu - \lambda)(\mu I - A)^{-1}\Big)^k = \sum_{k=0}^{\infty}(\mu - \lambda)^k R_\mu^k.$$

Aus den beiden vorangehenden Identitäten ergibt sich nun, dass $\lambda I - A$ invertierbar ist für λ hinreichend nahe bei μ und dass

$$R_\lambda = \sum_{k=0}^{\infty}(\mu - \lambda)^k R_\mu^{k+1} \tag{5.66}$$

gilt. Insbesondere ist $\rho(A)$ eine offene Teilmenge von $\mathbb{C}$. Weiterhin erhalten wir, analog zu (5.64),

$$f(\lambda) = \ell(R_\lambda) = \sum_{k=0}^{\infty}(\mu - \lambda)^k \ell(R_\mu^{k+1}),$$

die gesuchte Potenzreihenentwicklung von f um μ. Somit ist f auf $\rho(A)$ holomorph.

Wir nehmen nun an, es gelte $\rho(A) = \mathbb{C}$. Es ist dann f auf $\mathbb{C}$ holomorph und beschränkt; Letzteres folgt aus (5.65), da f auf $\{\lambda : |\lambda| \le 2\|A\|\}$ als stetige Funktion auf einem Kompaktum ohnehin beschränkt ist. Der Satz von Liouville impliziert nun, dass f konstant ist. Da außerdem $f(\lambda) \to 0$ für $\lambda \to \infty$ gilt gemäß (5.65), folgt $f = 0$ und damit $\ell(R_\lambda) = 0$ für jedes λ.

Die Folgerung zum Satz von Hahn-Banach auf Seite 300 besagt, dass es zu gegebenem R_λ ein $\ell \in \mathcal{L}(X, X)'$ gibt mit $\ell(R_\lambda) = \|R_\lambda\|$. Da in der obigen Herleitung ℓ beliebig gewählt war, folgt $\|R_\lambda\| = 0$ und also $R_\lambda = 0$. Das ist aber unmöglich, da R_λ invertierbar ist.

Der Fall $\rho(A) = \mathbb{C}$ kann also nicht eintreten. Es folgt $\sigma(A) \neq \emptyset$, das heißt, A hat mindestens einen Spektralwert.

Übersicht: Zur Holomorphie äquivalente Eigenschaften

Ist $f: U \to \mathbb{C}$ eine auf einem Sterngebiet $U \subset \mathbb{C}$ stetige Funktion, so lässt sich auf unterschiedliche Weise charakterisieren, dass f auf U holomorph ist. Dazu gelangen wir, indem wir die Eigenschaften des Wegintegrals mit den Sätzen aus dem Kontext des Integralsatzes von Cauchy kombinieren.

Sei U ein Sterngebiet in $\mathbb{C}$ und $f: U \to \mathbb{C}$ stetig. Im vorigen Abschnitt 5.2 haben wir beim Satz über Wegunabhängigkeit und Stammfunktionen auf Seite 106 gesehen, dass die folgenden vier Eigenschaften untereinander äquivalent sind.

(a) f hat eine Stammfunktion.
Es gibt eine holomorphe Funktion $F: U \to \mathbb{C}$ mit $F' = f$ in U.

(b) Wegintegrale von f in U sind wegunabhängig.
Es gilt

$$\int_{\gamma_1} f(\zeta)\,\mathrm{d}\zeta = \int_{\gamma_2} f(\zeta)\,\mathrm{d}\zeta$$

für jede Wahl zweier vollständig in U verlaufender Wege γ_1 und γ_2 mit gleichem Anfangs- und Endpunkt.

(c) Wegintegrale entlang geschlossener Wege sind gleich null.
Es gilt

$$\int_{\gamma} f(\zeta)\,\mathrm{d}\zeta = 0$$

für jeden vollständig in U verlaufenden Weg γ mit übereinstimmendem Anfangs- und Endpunkt.

(d) Wegintegrale entlang von Dreieckswegen sind gleich null.
Es gilt

$$\int_{\partial\Delta} f(\zeta)\,\mathrm{d}\zeta = 0$$

für jedes vollständig in U gelegene Dreieck Δ.

Die Implikationen „(a)⇒(b)⇒(c)⇒(d)“ ergeben sich als unmittelbare Folge der elementaren Eigenschaften des Wegintegrals. Der Beweis der Implikation „(d)⇒(a)“ wird durch Konstruktion einer Stammfunktion geführt.

Im laufenden Abschnitt 5.3 hat sich deren Äquivalenz zu zwei weiteren Eigenschaften herausgestellt.

(e) f ist holomorph auf U.
In jedem Punkt $z \in U$ existiert die Ableitung $f'(z)$ als Grenzwert im Komplexen.

(f) f lässt sich in jedem Punkt von U in eine Potenzreihe entwickeln.
Jeder Punkt $c \in U$ ist Mittelpunkt einer Kreisscheibe B, in der

$$f(z) = \sum_{k=0}^{\infty} a_k (z-c)^k\,, \quad z \in B$$

gilt mit geeigneten Koeffizienten $a_k \in \mathbb{C}$.

Die Äquivalenz von (d) und (e) folgt aus dem Integrallemma, was „(e)⇒(d)“ angeht, und aus dem Satz von Morera, was „(d)⇒(e)“ betrifft. Die nichttriviale Implikation „(e)⇒(f)“ der Äquivalenz von (e) und (f) folgt aus dem Entwicklungssatz von Cauchy-Taylor.

Ist U offen, aber kein Sterngebiet, so sind (d), (e) und (f) nach wie vor äquivalent und werden von der Existenz einer Stammfunktion impliziert. Die Umkehrung gilt nicht, wie wir am Beispiel $f(z) = 1/z$ gesehen haben; zu dieser Funktion f gibt es in $U = \mathbb{C}^\times$ keine Stammfunktion.

Lemma
Sei $U \subset \mathbb{C}$ offen, seien $f_n: U \to \mathbb{C}$ lokal gleichmäßig konvergent gegen ein $f: U \to \mathbb{C}$. Dann ist f stetig auf U und

$$\lim_{n\to\infty} \int_{\gamma} f_n(z)\,\mathrm{d}z = \int_{\gamma} f(z)\,\mathrm{d}z \tag{5.68}$$

für jeden ganz in U verlaufenden Weg γ.

Beweis: Wie wir aus der Analysis im Reellen wissen, ist f stetig in jeder Kreisscheibe, auf der f_n gleichmäßig gegen f konvergiert, und somit in jedem Punkt von U. Aus der Standardabschätzung (5.38) folgt nun

$$\left| \int_{\gamma} f_n(z)\,\mathrm{d}z - \int_{\gamma} f(z)\,\mathrm{d}z \right| \le L(\gamma)\|f_n - f\|_{\infty,\gamma} \to 0\,,$$

da $\gamma([a,b])$ kompakt ist und f_n auf Kompakta gleichmäßig gegen f konvergiert. ■

Wir befassen uns nun mit der Frage, ob Grenzwerte von Folgen holomorpher Funktionen wieder holomorph sind, und ob sich etwas über die Grenzwerte der Ableitungen sagen lässt.

Führen wir uns zunächst die Situation im Reellen vor Augen. Ist $f: [a,b] \to \mathbb{R}$ eine stetige Funktion, die in keinem einzigen Punkt differenzierbar ist, so kann sie dennoch als gleichmäßiger Grenzwert einer Folge differenzierbarer Funktionen erhalten werden; gemäß dem Approximationssatz von Weierstraß sogar als gleichmäßiger Grenzwert einer Folge von Polynomen. Als zweites Beispiel betrachten wir die Funktionen $f_n(x) = n^{-1}\sin(nx)$. Sie sind differenzierbar und konvergieren in jedem Intervall gleichmäßig gegen 0, eine differenzierbare Funktion. Ihre Ableitungen $f_n'(x) = \cos(nx)$ sind aber in jedem Punkt x außer $x = 2k\pi$, $k \in \mathbb{Z}$, für $n \to \infty$ divergent.

Folgen holomorpher Funktionen haben weit bessere Eigenschaften hinsichtlich gleichmäßiger Konvergenz.

Lokal gleichmäßige Konvergenz erhält Holomorphie

Sei $U \subset \mathbb{C}$ offen, seien $f_n : U \to \mathbb{C}$ lokal gleichmäßig konvergent gegen ein $f : U \to \mathbb{C}$. Dann ist f holomorph auf U, und die Folge der Ableitungen f_n' konvergiert lokal gleichmäßig gegen f'.

Beweis: Ist $\Delta \subset U$ ein beliebiges Dreieck, so gilt

$$\int_{\partial\Delta} f(z)\,\mathrm{d}z = \lim_{n\to\infty} \int_{\partial\Delta} f_n(z)\,\mathrm{d}z = 0$$

nach dem Integralsatz von Cauchy und dem obenstehenden Lemma, da die Funktionen f_n holomorph sind und auf Kompakta gleichmäßig gegen f konvergieren. Aus dem Satz von Morera folgt nun, dass f holomorph ist. Sei nun $c \in U$ ein beliebiger Punkt; es genügt zu zeigen, dass f_n' auf einer Kreisscheibe B_ε um c mit geeignetem Radius $\varepsilon > 0$ gleichmäßig gegen f' konvergiert. Zu diesem Zweck wählen wir ε so klein, dass die Kreisscheibe $B_{2\varepsilon}$ in U enthalten ist. Für $\gamma = \partial B_{2\varepsilon}$ gilt

$$f_n'(z) = \frac{1}{2\pi\mathrm{i}} \int_\gamma \frac{f_n(\zeta)}{(\zeta - z)^2}\,\mathrm{d}\zeta \tag{5.69}$$

für alle z im Innern von $B_{2\varepsilon}$, gemäß der verallgemeinerten Integralformel (5.62) von Cauchy. Für f anstelle von f_n gilt (5.69) ebenfalls. Ist nun $z \in B_\varepsilon$ beliebig, so folgt $|\zeta - z| \geq \varepsilon$ für jeden Punkt ζ auf γ und daher mit der Standardabschätzung (5.38)

$$\begin{aligned} |f_n'(z) - f'(z)| &= \frac{1}{2\pi}\left| \int_\gamma \frac{f_n(\zeta) - f(\zeta)}{(\zeta - z)^2}\,\mathrm{d}\zeta \right| \\ &\leq \frac{1}{2\pi} \cdot 2\pi\varepsilon \cdot \frac{1}{\varepsilon^2} \|f_n - f\|_{\infty,\gamma} \\ &\to 0 \quad \text{für } n \to \infty \end{aligned}$$

gleichmäßig auf B_ε, da f_n auf dem Kompaktum $\gamma = \partial B_{2\varepsilon}$ gleichmäßig gegen f konvergiert. ■

Beispiel Die Riemann'sche Zetafunktion ist holomorph. Wie wir in der Beispielbox auf Seite 103 gesehen haben, ist die Zetafunktion

$$\zeta(s) = \sum_{n=1}^{\infty} \frac{1}{n^s} \tag{5.70}$$

für $s \in \mathbb{C}$ mit $\operatorname{Re} s > 1$ wohldefiniert, da die Reihe in jedem solchen Punkt absolut konvergiert. Wir wollen zeigen, dass ζ holomorph ist. Sei $\alpha > 1$ und

$$U_\alpha = \{s : s \in \mathbb{C}\,,\ \operatorname{Re} s \geq \alpha\}$$

die rechts von der Vertikalen $\{\operatorname{Re} s = \alpha\}$ liegende abgeschlossene Halbebene. Wegen $|n^s| = n^{\operatorname{Re} s}$ und $\alpha > 1$ gilt

$$\sum_{n=N}^{\infty} \left|\frac{1}{n^s}\right| \leq \sum_{n=N}^{\infty} \frac{1}{n^\alpha} \to 0 \quad \text{für } N \to \infty$$

gleichmäßig für $s \in U_\alpha$. Die Partialsummen

$$S_N(s) = \sum_{n=1}^{N} \frac{1}{n^s}$$

sind in $\{\operatorname{Re} s > 1\}$ holomorph und nach dem Gesagten dort lokal gleichmäßig gegen ζ konvergent. Nach dem Satz über die lokal gleichmäßige Konvergenz ist die Zetafunktion auf $\{s : \operatorname{Re} s > 1\}$ holomorph. ◀

Parameterabhängige Wegintegrale sind holomorph

Wir betrachten ein parameterabhängiges Wegintegral der Form

$$f(z) = \int_\gamma g(z, \zeta)\,\mathrm{d}\zeta\,.$$

Hierbei ist $\gamma : I \to \mathbb{C}$ ein Weg in $\mathbb{C}$, I Intervall, und $g : U \times \gamma(I) \to \mathbb{C}$ eine stetige Funktion, $U \subset \mathbb{C}$ offen.

Ist g außerdem holomorph in z, so stellt es sich heraus, dass auch f holomorph ist.

Holomorphe Abhängigkeit vom Parameter

Sei $g : U \times \gamma(I) \to \mathbb{C}$ stetig und $z \mapsto g(z, \zeta)$ holomorph in U für jedes $\zeta \in \gamma(I)$. Dann ist die durch

$$f(z) = \int_\gamma g(z, \zeta)\,\mathrm{d}\zeta \tag{5.71}$$

definierte Funktion f holomorph in U.

Beweis: Ist Δ ein beliebiges in U gelegenes Dreieck, so gilt

$$\begin{aligned} \int_{\partial\Delta} f(z)\,\mathrm{d}z &= \int_{\partial\Delta} \int_\gamma g(z, \zeta)\,\mathrm{d}\zeta\,\mathrm{d}z \\ &= \int_\gamma \int_{\partial\Delta} g(z, \zeta)\,\mathrm{d}z\,\mathrm{d}\zeta = 0 \end{aligned}$$

nach dem Integrallemma, da g holomorph ist in U bzgl. z. Aus dem Satz von Morera folgt nun, dass f holomorph ist. Für das Vertauschen der Integrale wird der Satz von Fubini herangezogen; er gilt auch für Wegintegrale, wie wir aus der Rechnung mit einer Parametrisierung $\delta : J \to \mathbb{C}$ von $\partial\Delta$

$$\begin{aligned} \int_{\partial\Delta}\int_\gamma g(z, \zeta)\,\mathrm{d}\zeta\,\mathrm{d}z &= \int_J \int_I g(\gamma(t), \delta(s))\gamma'(t)\,\mathrm{d}t \cdot \delta'(s)\,\mathrm{d}s \\ &= \int_I \int_J g(\gamma(t), \delta(s))\delta'(s)\,\mathrm{d}s \cdot \gamma'(t)\,\mathrm{d}t \\ &= \int_\gamma \int_{\partial\Delta} g(z, \zeta)\,\mathrm{d}z\,\mathrm{d}\zeta \end{aligned}$$

erkennen. ■

Ist außerdem $\partial_z g$ stetig auf $U \times \gamma(I)$, so können wir Ableitung und Integral vertauschen, es gilt

$$f'(z) = \int_\gamma \partial_z g(z, \zeta)\, d\zeta \,. \tag{5.72}$$

Für den Differenzenquotienten von f gilt nämlich für festes $z \in U$ und hinreichend kleines $h \in \mathbb{C}$

$$\frac{f(z+h) - f(z)}{h} = \int_\gamma \frac{g(z+h, \zeta) - g(z, \zeta)}{h}\, d\zeta \,, \tag{5.73}$$

und wegen

$$\left| \frac{g(z+h, \zeta) - g(z, \zeta)}{h} - \partial_z g(z, \zeta) \right| \le \sup_{|w-z| \le |h|} |\partial_z g(w, \zeta) - \partial_z g(z, \zeta)|$$

konvergiert der Integrand auf der rechten Seite von (5.73) mit $h \to 0$ gleichmäßig gegen die durch $\zeta \mapsto \partial_z g(z, \zeta)$ definierte Funktion, sodass (5.72) folgt.

5.4 Nullstellen

Eine in einer Kreisscheibe B um c definierte und dort holomorphe Funktion f lässt sich, wie wir wissen, in die in B konvergente Potenzreihe

$$f(z) = \sum_{k=0}^{\infty} a_k (z-c)^k \,, \quad a_k = \frac{f^{(k)}(c)}{k!} \,,$$

entwickeln. Ist c eine Nullstelle von f, $f(c) = 0$, so heißt die kleinste Zahl $m \ge 1$ mit $f^{(m)}(c) \ne 0$ die **Ordnung** der Nullstelle c, wir nennen c eine **m-fache Nullstelle**. Ist $f^{(m)}(c) = 0$ für alle $m \ge 1$, so sprechen wir von einer Nullstelle **unendlicher Ordnung** – in diesem Fall ist $f = 0$ in B, wie die Potenzreihe zeigt.

Die Funktion $f(z) = z^m$ mit $m \ge 1$ ist das einfachste Beispiel einer Funktion mit einer m-fachen Nullstelle in $c = 0$.

Beispiel Der Fundamentalsatz der Algebra
Dieser besagt, dass sich jedes komplexe Polynom p vom Grad $n \ge 1$ in n Linearfaktoren zerlegen lässt,

$$p(z) = a(z - c_1) \cdots (z - c_n) \,.$$

Die Nullstellenmenge von p ist also $\{c_1, \ldots, c_n\}$. Gibt es davon ℓ verschiedene, so setzen wir sie an den Anfang, $c_1, \ldots, c_\ell$. Es ist dann

$$p(z) = a(z - c_1)^{m_1} \cdots (z - c_\ell)^{m_\ell} \,, \quad \sum_{k=1}^{\ell} m_k = n \,.$$

Das Polynom p hat die Nullstellen c_j der Ordnung m_j, $1 \le j \le \ell$.

Es gibt viele Beweise des Fundamentalsatzes der Algebra. In Aufgabe 5.21 wird er auf den Satz von Liouville zurückgeführt. ◀

Bei einfachen Nullstellen sind holomorphe Funktionen lokal umkehrbar

Wir betrachten den Fall einer einfachen Nullstelle genauer. Sei $f'(c) \ne 0$, zerlegt mittels $f'(c) = a + ib$ in Real- und Imaginärteil. Interpretieren wir f als Abbildung von $\mathbb{R}^2$ nach $\mathbb{R}^2$, so ist die Jacobi-Matrix in c gemäß (5.26) gegeben durch

$$J_f(c) = \begin{pmatrix} a & -b \\ b & a \end{pmatrix}$$

mit $\det(J_f(c)) = a^2 + b^2 \ne 0$. Wir wenden nun den lokalen Umkehrsatz aus Abschnitt 21.7 von Band 1 – auch als „Satz über inverse Funktionen" bekannt – an. Ihm zufolge ist f lokal invertierbar in c in dem Sinne, dass f eine offene Kreisscheibe B um c mit hinreichend kleinem Radius $\varepsilon > 0$ bijektiv auf die ebenfalls offene Menge $f(B)$ abbildet und dass die Umkehrabbildung f^{-1} in $f(c)$ reell differenzierbar ist mit

$$J_{f^{-1}}(f(c)) = J_f(c)^{-1} = \frac{1}{a^2 + b^2} \begin{pmatrix} a & b \\ -b & a \end{pmatrix} .$$

Diese Matrix repräsentiert die Multiplikation in $\mathbb{C}$ mit $1/f'(c)$. Die Abbildung f^{-1} ist also differenzierbar in $f(c)$. Die vorangehenden Überlegungen bleiben auch in jedem anderen Punkt $z \in B$ gültig, solange nur $f'(z) \ne 0$; Letzteres ist bei hinreichend kleinem ε der Fall, da f' in c stetig ist. Die Umkehrabbildung f^{-1} ist also auf $f(B)$ holomorph.

Definition einer biholomorphen Funktion

Seien U, V offene Teilmengen von $\mathbb{C}$. Eine holomorphe Funktion $f\colon U \to V$ heißt **biholomorph**, wenn sie bijektiv und ihre Umkehrabbildung ebenfalls holomorph ist; im Fall $U = V$ heißt sie ein **Automorphismus** von U. Sie heißt **lokal biholomorph** im Punkt $c \in U$, wenn ihre Einschränkung auf eine hinreichend kleine Kreisscheibe um c biholomorph ist.

Statt „biholomorph" sagt man auch „konform".

Beispielsweise definiert die Vorschrift $f(z) = 1/z$ eine biholomorphe Abbildung von $\mathbb{C}^\times$ nach $\mathbb{C}^\times$ und damit einen Automorphismus von $\mathbb{C}^\times$: Wegen $f(f(z)) = 1/(1/z) = z$ für $z \ne 0$ ist nämlich f bijektiv auf $\mathbb{C}^\times$, und es gilt $f^{-1} = f$.

Automorphismen bilden eine Gruppe

Da Komposition und Inverse von Automorphismen einer offenen Teilmenge U von $\mathbb{C}$ ebenfalls Automorphismen sind, bilden die Automorphismen von U eine Gruppe. Sie wird mit **Aut(U)** bezeichnet.

Die Überlegungen unmittelbar vor der Definition der Biholomorphie haben gezeigt, dass das Nichtverschwinden der Ableitung die lokale Biholomorphie garantiert.

Satz
Ist $f\colon U \to \mathbb{C}$ holomorph und ist $c \in U$ mit $f'(c) \ne 0$, so ist f lokal biholomorph in c.

Beispiel: Die Laplace-Transformation

Die Laplace-Transformation $\mathcal{L}$ ordnet einer Funktion $f\colon [0,\infty) \to \mathbb{C}$ ihre Laplace-Transformierte $\mathcal{L}f$ zu mittels

$$(\mathcal{L}f)(s) = \int_0^\infty \mathrm{e}^{-st} f(t)\,\mathrm{d}t\,. \tag{5.74}$$

Für das komplexe Argument von $\mathcal{L}f$ schreiben wir „s" statt „z" und folgen damit der allgemein üblichen Notation. Wir suchen nach Voraussetzungen an f, die sicherstellen, dass $\mathcal{L}f$ holomorph ist in geeigneten Teilmengen von $\mathbb{C}$, und fragen nach elementaren Eigenschaften von $\mathcal{L}$.

Problemanalyse und Strategie: Wir wollen den Satz über holomorphe Abhängigkeit von Parametern anwenden, und zwar in Verbindung mit einem Grenzübergang, um das unbeschränkte Integrationsintervall $[0,\infty)$ in den Griff zu bekommen.

Lösung:
Das uneigentliche Integral wollen wir als Grenzwert

$$\int_0^\infty \mathrm{e}^{-st} f(t)\,\mathrm{d}t = \lim_{R\to\infty} \int_0^R \mathrm{e}^{-st} f(t)\,\mathrm{d}t$$

auffassen. Solche Situationen sind bereits in Abschnitt 16.5 von Band 1 behandelt worden, als Spezialfall eines Konvergenzkriteriums für Integrale.

Ist f auf $[0,\infty)$ stetig und $R > 0$, so ist die durch

$$g_R(s) = \int_0^R \mathrm{e}^{-st} f(t)\,\mathrm{d}t$$

definierte Funktion g_R holomorph auf $\mathbb{C}$ gemäß dem Satz über die holomorphe Abhängigkeit von Parametern; als Integrationsweg fungiert dabei $\gamma_R : [0,R] \to \mathbb{C}$, $\gamma_R(t) = t$.

Wir erinnern uns daran, dass die Funktion $t \mapsto \mathrm{e}^{-xt}$ für $x > 0$ integrierbar ist auf $[0,\infty)$. Um das Integral in (5.74) darauf zurückzuführen, nehmen wir nun zusätzlich an, dass f einer Wachstumsbedingung

$$|f(t)| \le C\mathrm{e}^{\alpha t} \tag{5.75}$$

mit geeigneten Konstanten $\alpha \in \mathbb{R}$ und $C > 0$ genügt. Für den Integranden in (5.74) gilt dann

$$|\mathrm{e}^{-st} f(t)| = |f(t)\mathrm{e}^{-(\mathrm{Re}\,s)t}\mathrm{e}^{-\mathrm{i}(\mathrm{Im}\,s)t}| \le C\mathrm{e}^{(\alpha-\mathrm{Re}\,s)t}\,.$$

Ist $\mathrm{Re}\,s \ge \alpha + \varepsilon$ mit $\varepsilon > 0$, so folgt

$$\Big|\int_R^\infty \mathrm{e}^{-st} f(t)\,\mathrm{d}t\Big| \le C \int_R^\infty \mathrm{e}^{(\alpha-\mathrm{Re}\,s)t}\,\mathrm{d}t$$
$$= \frac{C}{\mathrm{Re}\,s-\alpha}\mathrm{e}^{-(\mathrm{Re}\,s-\alpha)R} \le \frac{C}{\varepsilon}\mathrm{e}^{-\varepsilon R}\,.$$

Für $R \to \infty$ konvergiert dieses Integral gegen 0, und zwar gleichmäßig in s auf der abgeschlossenen Halbebene $\{s\colon \mathrm{Re}\,s \ge \alpha+\varepsilon\}$. Es folgt, dass

$$\int_0^\infty \mathrm{e}^{-st} f(t)\,\mathrm{d}t = \lim_{R\to\infty} g_R(s)$$

auf der offenen Halbebene

$$U_\alpha = \{s\colon \mathrm{Re}\,s > \alpha\}\,,$$

im Sinne der lokal gleichmäßigen Konvergenz. Da diese die Holomorphie erhält, ist

$$\mathcal{L}f\colon U_\alpha \to \mathbb{C}$$

holomorph. Das kleinste α mit dieser Eigenschaft heißt die **Konvergenzabszisse** von $\mathcal{L}f$.

Die Laplacetransformation ist linear, es gilt

$$\mathcal{L}(\lambda f + \mu g) = \lambda\mathcal{L}f + \mu\mathcal{L}g\,,\quad \lambda,\mu\in\mathbb{C}\,,$$

auf U_α, falls f und g der Wachstumsbedingung (5.75) genügen. Hat auch die Ableitung f' diese Eigenschaft, so gilt

$$(\mathcal{L}(f'))(s) = s(\mathcal{L}f)(s) - f(0) \tag{5.76}$$

auf U_α. Diese Formel erhalten wir durch partielle Integration von $\int_0^R \mathrm{e}^{-st} f'(t)\,\mathrm{d}t$ und Grenzübergang $R \to \infty$, siehe Aufgabe 5.20.

Auf der Grundlage von (5.76) ist es möglich, lineare Differenzialgleichungen in algebraische Gleichungen zu transformieren.

Dieser Satz stellt das Analogon zum lokalen Umkehrsatz im $\mathbb{R}^n$ dar. Im Gegensatz zum Reellen gilt auch die Umkehrung, wie wir am Ende dieses Abschnitts 5.4 sehen werden.

Mit seiner Hilfe können wir erkennen, dass m-te Wurzeln außerhalb des Nullpunkts holomorphe Funktionen sind.

Beispiel Wurzelfunktion
Wir haben gesehen, dass für $w \ne 0$ die Gleichung $z^m = w$ genau m Lösungen $z_1,\dots,z_m$ hat, die m-ten Wurzeln von w.

Ist ζ eine solche Wurzel, so ist $\zeta \ne 0$, und für die Funktion $p(z) = z^m$ gilt

$$p'(\zeta) = m\zeta^{m-1} \ne 0\,.$$

Gemäß dem soeben festgestellten Kriterium ist p lokal biholomorph in ζ. Für jede m-te Wurzel z_k von w liefert also die lokale Umkehrfunktion von p eine auf einer hinreichend kleinen Kreisscheibe B um w holomorphe Funktion q_k mit $q_k(w) = z_k$ und $q_k(v)^m = v$ für alle $v \in B$. Jede der Funktionen q_k nennt man eine m-te Wurzelfunktion. ◀

Analog zur Situation im Reellen ist es im Fall $m > 1$ nicht möglich, eine im Nullpunkt holomorphe m-te Wurzelfunktion q zu definieren. Aus $w = q(w)^m$ mit holomorphem q folgt nämlich nach Kettenregel

$$1 = mq(w)^{m-1}q'(w)\,,$$

also $q(w) \neq 0$ und damit auch $w \neq 0$.

Bei mehrfachen Nullstellen verhalten sich holomorphe Funktionen wie Potenzfunktionen

Wir betrachten nun Nullstellen beliebiger endlicher Ordnung $m \geq 1$. Wir wollen herausfinden, dass sich holomorphe Funktionen in der Nähe einer m-fachen Nullstelle c „im Wesentlichen", das heißt bis auf eine biholomorphe Transformation, verhalten wie die Funktion $z \mapsto z^m$. Wir suchen also nach einer Darstellung von f der Form

$$f(z) = h(z)^m$$

für z nahe c mit einer biholomorphen Funktion h. Naheliegend wäre es, $h = q \circ f$ zu setzen mit irgendeiner m-ten Wurzelfunktion q, wie sie im vorangehenden Beispiel betrachtet wurden. Da q im Nullpunkt nicht holomorph ist, geht das aber wegen $f(c) = 0$ nicht so ohne Weiteres. Man muss die Nullstelle erst abspalten, wie es im Beweis des folgenden Satzes geschieht.

Satz

Sei $c \in U$ eine m-fache Nullstelle einer in einer offenen Menge U holomorphen Funktion f. Dann gibt es eine offene Kreisscheibe $B \subset U$ um c und eine biholomorphe Funktion $h\colon B \to h(B)$ mit $h(c) = 0$, $h'(c) \neq 0$ und

$$f(z) = h(z)^m\,, \quad z \in B\,. \tag{5.77}$$

Insbesondere gilt $f(z) \neq 0$ für alle $z \in B$, $z \neq c$.

Beweis: Die Potenzreihenentwicklung von f in c hat wegen $f^{(k)}(c) = 0$ für $k < m$ die Form

$$f(z) = \sum_{k=m}^{\infty} a_k(z-c)^k\,, \quad a_m \neq 0\,,$$

also

$$f(z) = (z-c)^m g(z)\,, \quad g(z) = a_m + \sum_{k=m+1}^{\infty} a_k(z-c)^{k-m}\,.$$

Wegen

$$f^{(m)}(z) = m!a_m + \sum_{k=m+1}^{\infty} a_k(z-c)^{k-m}\prod_{j=0}^{m-1}(k-j)$$

wird die Potenzreihe für g in c von derjenigen für $f^{(m)}$ majorisiert, also ist g holomorph nahe c, und es gilt $g(c) = a_m \neq 0$. Sei q eine in einer Umgebung V von $g(c)$ biholomorphe m-te Wurzelfunktion, sei B eine offene Kreisscheibe um c mit $g(B) \subset V$. Durch

$$h(z) = (z-c)q(g(z))$$

erhalten wir eine auf B holomorphe Funktion mit $h(c) = 0$ und $h'(c) = q(g(c)) \neq 0$. Gemäß dem Kriterium für lokale Biholomorphie ist h biholomorph auf B, wobei wir B verkleinern, falls nötig. Schließlich ergibt sich

$$h(z)^m = (z-c)^m q(g(z))^m = (z-c)^m g(z) = f(z)\,. \qquad \blacksquare$$

Der vorangehende Satz hat zur Folge, dass die Gleichung $f(z) = w$ in der Nähe einer m-fachen Nullstelle c genau m Lösungen hat, falls $w \neq 0$ hinreichend klein ist.

Lokales Verhalten holomorpher Funktionen in der Nähe von Nullstellen endlicher Ordnung

Sei $c \in U$ eine m-fache Nullstelle einer in einer offenen Menge U holomorphen Funktion f. Dann gibt es eine offene Kreisscheibe B_0 um 0 und eine offene Umgebung $V \subset U$ von c mit $f(V) = B_0$, sodass jedes $w \in B_0$ mit $w \neq 0$ genau m Urbilder unter f in V hat und c die einzige Nullstelle von f in V ist.

Beweis: Sei $h\colon B \to h(B)$ eine biholomorphe Funktion mit $f = h^m$ auf einer offenen Kreisscheibe B um c gemäß dem vorangehenden Satz, sei p das Monom $p(z) = z^m$. Ist B_0 offene Kreisscheibe um 0, so auch $\tilde{B}_0 = p^{-1}(B_0)$; wir wählen B_0 so, dass $\tilde{B}_0 \subset h(B)$, siehe Abbildung 5.10.

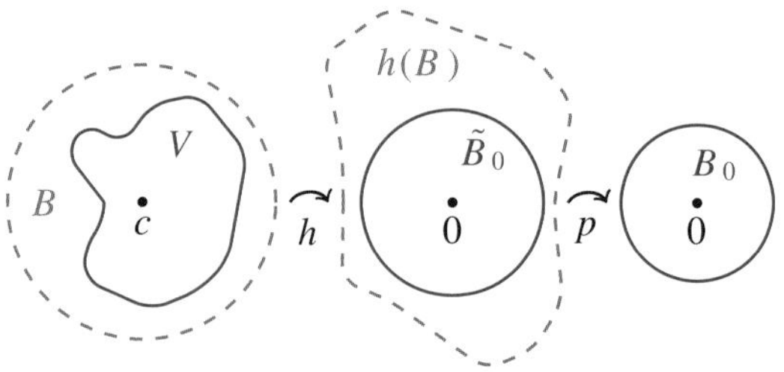

Abbildung 5.10 B_0 und V werden aus der Zerlegung $f = p \circ h$ konstruiert.

Da jedes von null verschiedene $w \in B_0$ genau m Urbilder unter p hat, nämlich die m-ten Wurzeln, und da h bijektiv ist, leistet $V = h^{-1}(\tilde{B}_0)$ das Verlangte. $\blacksquare$

Jeder der beiden vorangehenden Sätze impliziert, dass Nullstellen endlicher Ordnung *isoliert* sind in folgendem Sinn. Ist M eine beliebige Teilmenge von $\mathbb{C}$, so heißt ein Punkt $z \in M$ **isolierter Punkt von M**, oder einfach **isoliert**, falls es eine Kreisscheibe B um z gibt, welche keinen weiteren Punkt von

M enthält, also $M \cap B = \{z\}$. Ein $z \in M$ ist demnach isolierter Punkt von M genau dann, wenn z kein Häufungspunkt von M ist, gemäß der Definition eines Häufungspunktes.

Eine Menge $M \subset \mathbb{C}$ heißt **diskret**, falls sie nur aus isolierten Punkten besteht oder leer ist. Insbesondere ist jede Menge diskret, die nur endlich viele Punkte enthält. Unendliche diskrete Mengen sind abzählbar; ist $\mathcal{B} = \{B(z) : z \in M\}$ eine Familie von Kreisscheiben mit Mittelpunkt z und $B(z) \cap M = \{z\}$ für jedes $z \in M$, so erhalten wir durch Halbierung aller Radien eine disjunkte und daher abzählbare Familie von Kreisscheiben.

Wir fassen zusammen.

Nullstellen endlicher Ordnung sind isoliert

(a) Jede Nullstelle endlicher Ordnung einer holomorphen Funktion f ist isolierter Punkt der Nullstellenmenge von f.
(b) Die Menge aller Nullstellen endlicher Ordnung von f ist diskret.

Wir betrachten einige Beispiele.

Beispiel (i) Die Nullstellenmenge eines Polynoms $p \neq 0$ ist endlich. Dasselbe gilt für die Nullstellenmenge einer rationalen Funktion, da sie gerade aus den Nullstellen des Zählerpolynoms besteht.

(ii) Wegen $\sin z = (e^{iz} - e^{-iz})/2i$ gilt $\sin z = 0$ genau dann, wenn $e^{iz} = e^{-iz}$, was gleichbedeutend ist mit $e^{2iz} = 1$. Gemäß (5.17) ist die Nullstellenmenge des Sinus im Komplexen also gegeben durch

$$\pi\mathbb{Z} = \{k\pi : k \in \mathbb{Z}\},$$

außerhalb der reellen Achse gibt es keine weiteren Nullstellen. Alle Nullstellen sind einfach, da $\sin'(k\pi) = \cos(k\pi) = \pm 1$ gilt für jedes $k \in \mathbb{Z}$.

(iii) Die Nullstellenmenge von $f(z) = \sin(1/z)$ besteht gemäß (ii) aus den Punkten

$$\frac{1}{k\pi}, \quad k \in \mathbb{Z}. \qquad \blacktriangleleft$$

Teil (iii) des vorangehenden Beispiels zeigt, dass eine unendliche diskrete Menge M sehr wohl einen Häufungspunkt in $\mathbb{C}$ haben kann, in diesem Fall den Nullpunkt; ein solcher Häufungspunkt kann aber nicht zu M gehören.

Wir haben bislang über Nullstellen gesprochen; der Funktionswert 0 nimmt aber keine Sonderrolle ein. Da für beliebiges $w \in \mathbb{C}$ eine Funktion $f : U \to \mathbb{C}$ holomorph ist genau dann, wenn $f - w$ holomorph ist, übertragen sich die für Nullstellen besprochenen Sachverhalte unmittelbar auch auf w-Stellen, das heißt, auf Punkte $c \in U$ mit $f(c) = w$. Ein $c \in U$ heißt ***m*-fache *w*-Stelle** einer holomorphen Funktion $f : U \to \mathbb{C}$, falls c eine m-fache Nullstelle der Funktion $f - w$ ist. Die Menge $f^{-1}(\{w\})$ aller w-Stellen endlicher Ordnung von f ist also ebenfalls diskret, für jedes $w \in \mathbb{C}$.

Mit unserer Beschreibung des lokalen Verhaltens holomorpher Funktionen können wir nun lokale Biholomorphie vollständig charakterisieren.

Kriterium für lokale Biholomorphie

Eine auf einer offenen Menge U holomorphe Funktion f ist in einem Punkt $c \in U$ genau dann lokal biholomorph, wenn $f'(c) \neq 0$ gilt.

Beweis: Im Abschnitt über einfache Nullstellen hatten wir bereits gesehen, dass die Bedingung $f'(c) \neq 0$ die lokale Biholomorphie in c impliziert. Ist umgekehrt f auf einer offenen Kreisscheibe B um c biholomorph, so ist $f^{(k)}(c) \neq 0$ für ein geeignetes $k \geq 1$; andernfalls wäre f konstant nahe c. Das kleinste solche k entspricht der Ordnung m von c als $f(c)$-Stelle. Wäre $m > 1$, so hätten Werte w nahe $f(c)$ mehrere Urbilder in B, im Widerspruch zur Bijektivität von f. Es folgt $m = 1$ und damit $f'(c) \neq 0$. ∎

5.5 Identitätssatz und Maximumprinzip

Ist f eine beliebige Funktion, von der wir nichts weiter kennen als ihr Definitionsgebiet und ihren Wertebereich, so können wir aus Informationen über das Verhalten von f in einer Teilmenge M ihres Definitionsgebiets nichts schließen für ihr Verhalten in nicht in M gelegenen Punkten. Ist andererseits f in einer offenen Kreisscheibe B um den Punkt c durch eine konvergente Potenzreihe gegeben,

$$f(z) = \sum_{k=0}^{\infty} a_k z^k,$$

so sind sämtliche Werte von f in B festgelegt durch die Koeffizienten a_k, also wegen $f^{(k)}(c) = k!a_k$ durch die Werte aller Ableitungen von f in c. Diese Situation liegt vor, wenn f in B holomorph ist, das folgt aus dem Entwicklungssatz von Cauchy-Taylor aus Abschnitt 5.3.

Betrachten wir statt einer Kreisscheibe ein aus zwei disjunkten offenen Kreisscheiben B_1 und B_2 bestehendes Definitionsgebiet, und ist f holomorph in $B_1 \cup B_2$, so sagt das Verhalten von f in B_1 nichts über das Verhalten in B_2 aus und umgekehrt. (Es könnte z. B. $f(z) = d_i$ in B_i gelten mit beliebigen Konstanten d_i.) Das ändert sich grundlegend, wenn B_1 und B_2 durch einen Schlauch D verbunden werden wie in Abbildung 5.11.

Ist f auf $G = B_1 \cup D \cup B_2$ (gemeint ist einschließlich der gestrichelten Kreisbögen, aber ohne die durchgezogenen Ränder) holomorph, so legt, wie wir im Folgenden sehen

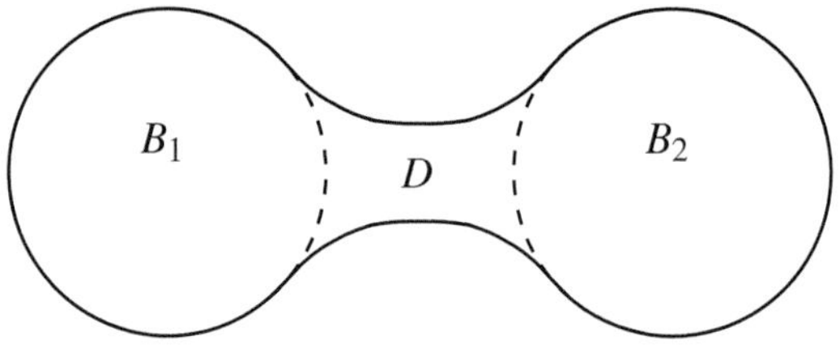

Abbildung 5.11 Durch die Verbindung D entsteht aus B_1 und B_2 eine zusammenhängende Menge.

werden, das Verhalten von f z. B. in B_1 das Verhalten in ganz G fest. Es kommt dabei nicht auf die Dicke von D an, sondern nur darauf, dass eine Verbindung besteht und die resultierende Menge U offen ist. Es genügt also nicht, dass B_1 und B_2 durch eine Linie verbunden werden.

Die Menge $G = B_1 \cup D \cup B_2$ in Abbildung 5.11 ist *zusammenhängend*, die Menge $U = B_1 \cup B_2$ hingegen nicht. Als mathematische Begriffe dafür haben sich zwei Varianten etabliert, „wegzusammenhängend" und „zusammenhängend". Sie sind in Abschnitt 19.4 von Band 1 bereits besprochen worden, wir stellen die für uns hier wesentlichen Punkte nochmals kurz vor.

Ist X ein metrischer Raum (beispielsweise eine Teilmenge von $\mathbb{C}$), so heißt X **wegzusammenhängend**, falls sich je zwei Punkte c und d in X durch einen Weg verbinden lassen, also vermittels einer stetigen Funktion $\gamma\colon [0,1] \to X$ mit $\gamma(0) = c$ und $\gamma(1) = d$. Die andere Variante beruht auf dem Begriff der lokal konstanten Funktion. Eine Funktion $f\colon X \to \mathbb{R}$ heißt **lokal konstant**, falls es zu jedem Punkt $c \in X$ eine Kugel $B(c)$ um c gibt, sodass f in $B(c)$ konstant ist – der Radius von $B(c)$ kann von c abhängen, muss aber größer als 0 sein. Offenbar ist jede lokal konstante Funktion stetig. Ein metrischer Raum X heißt **zusammenhängend**, falls jede lokal konstante Funktion $f\colon X \to \mathbb{R}$ konstant ist, das heißt, f kann nicht zwei verschiedene Werte annehmen. Wir betrachten nochmals Abbildung 5.11. Definieren wir $f(z) = 1$ auf B_1 und $f(z) = 2$ auf B_2, so ist f auf $U = B_1 \cup B_2$ lokal konstant, aber nicht konstant; andererseits kann man sich nicht vorstellen, dass f zu einer auf ganz G lokal konstanten Funktion fortgesetzt werden kann. Der so definierte Begriff des Zusammenhangs ist weniger intuitiv als der Begriff des Wegzusammenhangs. Für unsere Zwecke laufen beide Begriffe auf dasselbe hinaus.

Äquivalenz der Zusammenhangsbegriffe

Für eine offene Teilmenge U von $\mathbb{C}$ sind äquivalent: (a) U ist zusammenhängend. (b) Ist A eine nichtleere Teilmenge von U, welche relativ zu U sowohl offen als auch abgeschlossen ist, so muss $A = U$ gelten. (c) U ist wegzusammenhängend.

Eine offene zusammenhängende Teilmenge von $\mathbb{C}$ heißt **Gebiet**.

Die Charakterisierung in (b) ist die am wenigsten anschauliche, aber für mathematische Beweise oft sehr zweckmäßig.

Beweis: „(b)⇒(a)": Sei $f\colon U \to \mathbb{C}$ lokal konstant. Wir wählen irgendein $c \in U$ und betrachten die Menge A derjenigen Punkte in U, in denen f den Wert $f(c)$ hat, also $A = f^{-1}(\{f(c)\})$. A ist nichtleer da $c \in A$, offen da f lokal konstant, und abgeschlossen als Urbild einer einpunktigen Menge unter einer stetigen Funktion. Nach Voraussetzung (b) ist $A = U$, also f konstant.

„(c)⇒(b)": Sei $z \in U$ beliebig. Wähle ein $c \in A$ und einen Weg $\gamma\colon [a,b] \to U$ von c nach z. Setze

$$s = \sup\{t : t \in [a,b],\ \gamma(t) \in A\}\,.$$

Ist $t_n \uparrow s$ mit $\gamma(t_n) \in A$, so folgt $\gamma(s) \in A$, da A abgeschlossen und γ stetig ist. Da A offen ist, muss $s = b$ gelten, also $z = \gamma(b) \in A$. Da z beliebig war, folgt $A = X$.

„(a)⇒(c)": Sei $c \in U$. Sei $f\colon U \to \mathbb{R}$ definiert als $f(z) = 1$, falls es einen Weg von c nach z gibt, und als $f(z) = 0$ andernfalls. Da Kreisscheiben wegzusammenhängend sind, gilt für jede Kreisscheibe $B \subset U$, dass $f|B = 1$ oder $f|B = 0$. Also ist f lokal konstant. Nach (a) ist f konstant auf U; wegen $f(c) = 1$ folgt $f(z) = 1$ für alle $z \in U$ und damit (c). ■

Zusammenhängend oder nicht – im Komplexen hat das weitreichende Folgen

Der nun folgende Identitätssatz besagt, dass eine auf einem Gebiet U definierte holomorphe Funktion bereits dann festliegt, wenn wir ihre Werte in einer Folge von Punkten, die einen Häufungspunkt in U hat, kennen, oder wenn wir die Werte aller ihrer Ableitungen in einem einzigen Punkt kennen.

Identitätssatz

Sei U ein Gebiet in $\mathbb{C}$, seien $f, g\colon U \to \mathbb{C}$ holomorph. Dann sind äquivalent: (a) Es gilt $f = g$ auf U. (b) Die Menge $\{f = g\}$ hat einen Häufungspunkt in U. (c) Es gibt ein $c \in U$ mit $f^{(k)}(c) = g^{(k)}(c)$ für alle $k \in \mathbb{N}$.

Beweis: „(a)⇒(b)" ist klar. Zum Beweis von „(b)⇒(c)" sei $c \in U$ ein Häufungspunkt von $\{f = g\}$. Da $\{f = g\}$ abgeschlossen ist in U, gilt $f(c) = g(c)$. Die Funktion $h = f - g$ ist holomorph in U mit $h(c) = 0$. Da c Häufungspunkt ist von $\{f = g\}$, liegt in jeder Umgebung von c eine weitere Nullstelle von h. Die Nullstelle c ist also kein isolierter Punkt der Nullstellenmenge von f und kann daher keine endliche Ordnung haben. Es folgt $0 = h^{(k)}(c) = f^{(k)}(c) - g^{(k)}(c)$ für alle $k \in \mathbb{N}$. Zum Beweis von „(c)⇒(a)" betrachten wir die gemäß (c) nichtleere Menge

$$A = \{z\colon z \in U,\ f^{(k)}(z) = g^{(k)}(z) \text{ für alle } k \in \mathbb{N}\}\,.$$

Die Menge A ist abgeschlossen in U als Durchschnitt der abgeschlossenen Mengen $\{f^{(k)} = g^{(k)}\}$. Sie ist außerdem offen: Ist $c \in A$, so entwickeln wir $h = f - g$ in einer Kreisscheibe B um c und erhalten

$$h(z) = \sum_{k=0}^{\infty} \frac{h^{(k)}(c)}{k!}(z-c)^k = 0$$

in B. Es folgt $h^{(k)} = 0$ in B für alle $k \in \mathbb{N}$ und damit $B \subset A$, also ist A offen. Da U zusammenhängend ist, muss $A = U$ gelten. ∎

Folgerung
Ist U ein Gebiet in $\mathbb{C}$ und $f: U \to \mathbb{C}$ holomorph mit $f' = 0$ in U, so ist f konstant.

Beweis: Ist g die konstante Funktion mit Wert $f(c)$ für irgendein $c \in U$, so ist die Bedingung (c) im Identitätssatz erfüllt. ∎

?

Sei f auf $\mathbb{C}$ holomorph. Welche der folgenden Bedingungen garantieren, dass $f = 0$ auf ganz $\mathbb{C}$ gilt?
(a) $f(z) = 0$ für alle $z \in \mathbb{Z}$,
(b) $f(1/z) = 0$ für alle $z \in \mathbb{Z}$.

Die Struktur von Nullstellen holomorpher Funktionen lässt sich mit dem Identitätssatz weiter eingrenzen. Setzen wir dort $g = 0$, so erkennen wir, dass jede in einem Gebiet U holomorphe Funktion f, deren Nullstellen in U einen Häufungspunkt haben, oder die in U eine Nullstelle unendlicher Ordnung hat, bereits die Nullfunktion sein muss. Andersherum ausgedrückt: Alle Nullstellen einer in einem Gebiet U nichtkonstanten holomorphen Funktion f haben endliche Ordnung und sind isoliert, sie bilden also eine diskrete Teilmenge von U. Entsprechendes gilt auch für w-Stellen, da für jedes $w \in \mathbb{C}$ die Funktion $f - w$ ebenfalls nichtkonstant und holomorph in U ist.

Aus der Äquivalenz von (a) und (b) im Identitätssatz folgt weiterhin, dass wir reelle Funktionen auf höchstens eine Weise zu einer holomorphen Funktion ins Komplexe fortsetzen können. Genauer: Ist I ein Intervall in $\mathbb{R}$ und $f: I \to \mathbb{R}$, und ist U ein Gebiet in $\mathbb{C}$ mit $I \subset U$, so gibt es höchstens eine holomorphe Funktion $\tilde{f}: U \to \mathbb{C}$, welche auf I mit f übereinstimmt.

Beispiel Das Permanenzprinzip
Die Cotangens-Funktion

$$\cot z = \frac{\cos z}{\sin z}$$

ist holomorph auf $U = \mathbb{C} \setminus \pi\mathbb{Z}$. Da wir aus dem Reellen wissen, dass der Cotangens π-periodisch ist, also

$$\cot(x + \pi) = \cot(x), \quad \text{für alle } x \in \mathbb{R} \setminus \pi\mathbb{Z}$$

gilt, so können wir ohne Rechnung unmittelbar aus dem Identitätssatz schließen, dass auf U

$$\cot(z + \pi) = \cot(z)$$

gelten muss und damit der Cotangens π-periodisch ist auf U. Formeln bzw. Eigenschaften aus dem Reellen behalten also auch im Komplexen ihre Gültigkeit, sofern sie durch holomorphe Funktionen ausgedrückt werden können. Diesen Sachverhalt bezeichnet man als *Permanenzprinzip*. ◀

In Sterngebieten existieren Logarithmusfunktionen

Sei $f: U \to \mathbb{C}$ holomorph und nullstellenfrei, das heißt, $f(z) \neq 0$ für alle $z \in U$. Eine stetige Funktion $g: U \to \mathbb{C}$ heißt eine **Logarithmusfunktion** (oder kürzer ein **Logarithmus**) **von f auf U**, falls

$$e^{g(z)} = f(z) \tag{5.84}$$

auf U gilt. Im Falle $f(z) = z$ spricht man einfach von einem Logarithmus auf U. Da die Exponentialfunktion lokal biholomorph ist und Logarithmen als stetig vorausgesetzt sind, ist jeder Logarithmus auf U holomorph auf U; dasselbe gilt für jeden Logarithmus von f auf U, da dieser als Komposition von f und einer biholomorphen Abbildung auf U entsteht.

Die Differenz $g_1 - g_2$ zweier Logarithmen von f auf U kann wegen (5.17) nur Werte in der diskreten Menge $\{2\pi i k : k \in \mathbb{Z}\}$ annehmen und ist daher wegen der Stetigkeit von g_1 und g_2 lokal konstant. Ist U ein Gebiet, so ist $g_1 - g_2$ konstant, und alle Logarithmen von f auf U sind gegeben durch

$$g + 2\pi i k, \quad k \in \mathbb{Z},$$

falls es überhaupt einen Logarithmus g von f auf U gibt.

Ist f auf U holomorph und nullstellenfrei, so heißt die Funktion f'/f die **logarithmische Ableitung** von f. Es gilt $f'/f = g'$, falls g ein Logarithmus von f ist, denn Differenzieren in (5.84) ergibt

$$f'(z) = e^{g(z)} g'(z) = f(z) g'(z).$$

In einem Sterngebiet U können wir also einen Logarithmus von f als Stammfunktion von f'/f konstruieren, gemäß dem Integralsatz von Cauchy. Ist c ein Bezugspunkt von U, so setzen wir dementsprechend

$$g(z) = \int_{[c,z]} \frac{f'(\zeta)}{f(\zeta)} \, d\zeta + b, \tag{5.85}$$

wobei $b \in \mathbb{C}$ ein Logarithmus von $f(c)$ ist, $e^b = f(c)$. Nach Konstruktion gilt $g' = f'/f$, also

$$(f e^{-g})' = f' e^{-g} + f e^{-g}(-g') = 0.$$

Gemäß der Folgerung zum Identitätssatz ist $f e^{-g}$ konstant auf U, also $f(z) = \alpha e^{g(z)}$ mit $\alpha \in \mathbb{C}$. Für $z = c$ erhalten wir $e^{g(c)} = e^b = f(c)$ und damit $\alpha = 1$. Die in (5.85) definierte Funktion g ist also tatsächlich ein Logarithmus von f auf dem Sterngebiet U.

Hintergrund und Ausblick: Die Gammafunktion

Die Gammafunktion ist für $z \in \mathbb{C}$ mit $\operatorname{Re} z > 0$ definiert durch das auf Euler zurückgehende Integral

$$\Gamma(z) = \int_0^\infty t^{z-1} \mathrm{e}^{-t}\, \mathrm{d}t \,. \tag{5.78}$$

Sie ist holomorph, erfüllt die Funktionalgleichung

$$\Gamma(z+1) = z\Gamma(z) \tag{5.79}$$

und lässt sich holomorph in die linke Halbebene mit Ausnahme der Punkte $\{0, -1, -2, \dots\}$ fortsetzen. Es gilt $\Gamma(1) = 1$ und daher $\Gamma(n+1) = n!$ als Konsequenz von (5.79).

Wir zerlegen das an beiden Integrationsgrenzen uneigentliche Integral (5.78) in zwei Teile mittels $\Gamma = \Gamma_0 + \Gamma_1$,

$$\Gamma_0(z) = \int_0^1 t^{z-1}\mathrm{e}^{-t}\,\mathrm{d}t\,, \quad \Gamma_1(z) = \int_1^\infty t^{z-1}\mathrm{e}^{-t}\,\mathrm{d}t\,.$$

Wir betrachten zunächst Γ_0. Für $z \in \mathbb{C}$ mit $\operatorname{Re} z \geq \varepsilon > 0$ gilt $|t^z| = |\mathrm{e}^{z\ln(t)}| = \mathrm{e}^{\operatorname{Re} z \cdot \ln(t)} = t^{\operatorname{Re} z}$ und weiter

$$\int_0^{1/n} |t^{z-1}|\mathrm{e}^{-t}\,\mathrm{d}t \leq \int_0^{1/n} t^{\varepsilon-1}\mathrm{e}^{-t}\,\mathrm{d}t \leq \int_0^{1/n} t^{\varepsilon-1}\,\mathrm{d}t$$
$$= \frac{1}{\varepsilon}n^{-\varepsilon} \to 0 \qquad \text{für } n \to \infty$$

gleichmäßig in $\{z\colon \operatorname{Re} z \geq \varepsilon\}$. Die durch

$$f_n(z) = \int_{1/n}^1 t^{z-1}\mathrm{e}^{-t}\,\mathrm{d}t$$

definierten Funktionen sind nach dem Satz über die holomorphe Abhängigkeit von Parametern auf Seite 115 holomorph und nach dem Gesagten auf $\{\operatorname{Re} z > 0\}$ lokal gleichmäßig konvergent für $n \to \infty$. Die Funktion Γ_0 ist daher auf $\{\operatorname{Re} z > 0\}$ wohldefiniert und nach dem Satz über die lokal gleichmäßige Konvergenz auf Seite 115 dort auch holomorph.

Für Γ_1 geht man analog vor. Für jedes $x \geq 1$ gilt

$$\int_1^\infty t^{x-1}\mathrm{e}^{-t}\,\mathrm{d}t < \infty\,,$$

da $t^{x-1}\mathrm{e}^{-t} = \mathrm{e}^{(x-1)\ln(t)-t} \leq \mathrm{e}^{-t/2}$ für hinreichend große t bei festem x gilt und $t \mapsto \mathrm{e}^{-t/2}$ uneigentlich integrierbar ist auf $[0,\infty)$. Es folgt für $z \in \mathbb{C}$ mit $\operatorname{Re} z \leq x$, dass

$$\int_n^\infty |t^{z-1}|\mathrm{e}^{-t}\,\mathrm{d}t \leq \int_n^\infty t^{x-1}\mathrm{e}^{-t}\,\mathrm{d}t \to 0 \quad \text{für } n \to \infty$$

gleichmäßig auf $\{\operatorname{Re} z \leq x\}$ für jedes $x \geq 1$ und damit wie oben, dass Γ_1 wohldefiniert und holomorph ist, und zwar sogar auf ganz $\mathbb{C}$. Wir wissen nun also, dass $\Gamma : \{\operatorname{Re} z > 0\} \to \mathbb{C}$ holomorph ist.

Wir zeigen als Nächstes, dass die Funktionalgleichung

$$\Gamma(x+1) = x\Gamma(x) \tag{5.80}$$

gilt für reelle $x > 0$. Dies folgt in der Tat mit partieller Integration

$$\int_a^b t^x\mathrm{e}^{-t}\,\mathrm{d}t = -t^x\mathrm{e}^{-t}\Big|_{t=a}^{t=b} + \int_a^b xt^{x-1}\mathrm{e}^{-t}\,\mathrm{d}t$$

für $0 < a < b < \infty$ und anschließenden Grenzübergang $a \to 0$ sowie $b \to \infty$. Es folgt $\Gamma(n+1) = n!$, da $\Gamma(1) = \int_0^\infty \mathrm{e}^{-t}\,\mathrm{d}t = 1$ gilt.

Aus dem Identitätssatz schließen wir nun, dass

$$\Gamma(z+1) = z\Gamma(z) \tag{5.81}$$

in der gesamten rechten Halbebene $\{\operatorname{Re} z > 0\}$ gilt, denn beide Seiten definieren holomorphe Funktionen, die wegen (5.80) auf der positiven reellen Achse übereinstimmen.

Schließlich wollen wir Γ in die linke Halbebene fortsetzen. Eine n-fache Anwendung von (5.81) liefert uns

$$\Gamma(z) = \frac{\Gamma(z+n+1)}{z(z+1)\cdots(z+n)} \tag{5.82}$$

für $\operatorname{Re} z > 0$. Die rechte Seite dieser Gleichung hat nun aber einen größeren Definitionsbereich G_n, nämlich $\{z\colon \operatorname{Re} z > -(n+1)\}$ mit Ausnahme der Punkte $0, -1, \dots, -n$, und ist dort holomorph. Wir können also durch sie eine holomorphe Fortsetzung $\tilde{\Gamma}_n$ von Γ auf G_n definieren. Wegen des Identitätssatzes stimmt $\tilde{\Gamma}_m$ für $m > n$ auf G_n mit $\tilde{\Gamma}_n$ überein; wir bezeichnen demgemäß alle diese Fortsetzungen wiederum mit Γ.

Insgesamt haben wir eine holomorphe Funktion

$$\Gamma : \mathbb{C} \setminus \{0, -1, -2, \dots\} \to \mathbb{C} \tag{5.83}$$

erhalten, welche dort die Funktionalgleichung (5.79) erfüllt und wegen $\Gamma(n+1) = n!$ die Fakultät interpoliert.

Ist U kein Sterngebiet, so braucht ein Logarithmus auf U nicht zu existieren. Die logarithmische Ableitung von $f(z) = z$ ist $(f'/f)(z) = 1/z$, sie hat keine Stammfunktion in $U = \mathbb{C}^\times$. Die Bedingung (5.84) ist daher auf $\mathbb{C}^\times$ für kein stetiges g erfüllbar. Hingegen existieren Logarithmen auf der aufgeschnittenen Ebene $\mathbb{C}^-$, einem Sterngebiet.

Beispiel Der Hauptzweig des Logarithmus
Auf den Polarkoordinaten aufbauend hatten wir in (5.20) den Hauptzweig des Logarithmus definiert als

$$\log z = \ln(|z|) + \mathrm{i} \arg(z) .$$

Nach Konstruktion gilt $\mathrm{e}^{\log z} = z$ und $\log 1 = 0$; da die Argumentfunktion und daher auch log stetig sind auf $\mathbb{C}^-$, ist log eine Logarithmusfunktion im obigen Sinn und daher insbesondere holomorph. Aus (5.85) mit $f(z) = z$, $c = 1$ und $b = 0$ erhalten wir, dass

$$\log z = \int_{[1,z]} \frac{1}{\zeta} \,\mathrm{d}\zeta . \tag{5.86}$$

Wir wollen nun sehen, dass auf der Einheitskreisscheibe $\{|z| < 1\}$ die auf Nicolaus Mercator (1620–1687) zurückgehende Potenzreihenentwicklung

$$\log(1 + z) = \sum_{n=1}^{\infty} (-1)^n \frac{z^n}{n} \tag{5.87}$$

gilt: Die Reihe hat Konvergenzradius 1, da sie einerseits von der geometrischen Reihe majorisiert wird und andererseits in $z = -1$ divergiert. Beide Seiten von (5.87) definieren holomorphe Funktionen, deren sämtliche Ableitungen im Nullpunkt übereinstimmen, wie man durch Differenzieren unmittelbar nachprüft. Aus dem Identitätssatz folgt daher, dass sie auf der Einheitskreisscheibe gleich sind. ◀

Wir kehren zurück zur allgemeinen Situation. Setzen wir die Formel (5.85) für g in die Gleichung $f(z) = \mathrm{e}^{g(z)}$ ein, so erhalten wir unmittelbar

$$f(z) = f(c) \exp\left[\int_{[c,z]} \frac{f'(\zeta)}{f(\zeta)} \,\mathrm{d}\zeta\right] . \tag{5.88}$$

Es stellt sich nun heraus, dass sich diese Formel auf beliebige Wege in beliebigen offenen Definitionsbereichen verallgemeinern lässt.

Satz

Sei f holomorph auf einer offenen Menge $U \subset \mathbb{C}$, sei $\gamma\colon [a, b] \to \mathbb{C}$ ein Weg in U und f nullstellenfrei auf γ. Dann gilt

$$f(\gamma(b)) = f(\gamma(a)) \exp\left[\int_{\gamma} \frac{f'(\zeta)}{f(\zeta)} \,\mathrm{d}\zeta\right] . \tag{5.89}$$

Ist insbesondere γ geschlossen, so gilt

$$\exp\left[\int_{\gamma} \frac{f'(\zeta)}{f(\zeta)} \,\mathrm{d}\zeta\right] = 1 . \tag{5.90}$$

Dieser Sachverhalt wird eine Rolle spielen bei der Behandlung der Umlaufzahl im Zusammenhang mit dem Residuensatz.

Beweis: Da $\gamma([a, b])$ kompakt ist, gibt es ein $r > 0$, sodass für jedes $t \in [a, b]$ die Kreisscheibe B_t um $\gamma(t)$ mit Radius r in U liegt und keine Nullstelle von f enthält. Wir wählen eine Zerlegung $a = t_0 < t_1 < \cdots < t_N = b$ so, dass für jedes i das Kurvenstück $\gamma_i = \gamma|[t_{i-1}, t_i]$ und die Strecke $\tilde{\gamma}_i = [\gamma(t_{i-1}), \gamma(t_i)]$ beide in einer solchen Kreisscheibe B_t liegen. Wegen Wegunabhängigkeit in B_t gilt

$$\int_{\gamma} \frac{f'(\zeta)}{f(\zeta)} \,\mathrm{d}\zeta = \sum_{i=1}^{N} \int_{\gamma_i} \frac{f'(\zeta)}{f(\zeta)} \,\mathrm{d}\zeta = \sum_{i=1}^{N} \int_{\tilde{\gamma}_i} \frac{f'(\zeta)}{f(\zeta)} \,\mathrm{d}\zeta .$$

Es folgt

$$\begin{aligned} \exp\left[\int_{\gamma} \frac{f'(\zeta)}{f(\zeta)} \,\mathrm{d}\zeta\right] &= \prod_{i=1}^{N} \exp\left[\int_{\tilde{\gamma}_i} \frac{f'(\zeta)}{f(\zeta)} \,\mathrm{d}\zeta\right] \\ &= \prod_{i=1}^{N} \frac{f(\gamma(t_i))}{f(\gamma(t_{i-1}))} = \frac{f(\gamma(b))}{f(\gamma(a))} , \end{aligned}$$

wobei wir (5.88) auf $\tilde{\gamma}_i$ angewendet haben. ■

Holomorphe Abbildungen bilden offene Mengen auf offene Mengen ab

Eine Abbildung f zwischen metrischen Räumen X und Y heißt **offen**, falls $f(U)$ offen ist in Y für jede offene Teilmenge U von X. Konstante Abbildungen haben einen einpunktigen Wertebereich und sind daher in der Regel nicht offen. Das Beispiel $f(x) = x^2$ mit $f(\mathbb{R}) = [0, \infty)$ illustriert, dass im Reellen viele ansonsten sehr reguläre Funktionen nicht offen sind.

Holomorphe nichtkonstante Funktionen sind offen

Sei f holomorph und nichtkonstant auf einem Gebiet G in $\mathbb{C}$. Dann ist f offen, und $f(G)$ ist ein Gebiet.

Diesen Sachverhalt bezeichnet man als die *gebietstreue* holomorpher Funktionen.

Beweis: Sei $U \subset G$ offen und $w \in f(U)$ beliebig. Alle w-Stellen von f haben endliche Ordnung, als Folge des Identitätssatzes. Hat w die Ordnung m und ist $w = f(c)$ mit $c \in U$, so gibt es eine offene Kreisscheibe B um w, deren Elemente genau m Urbilder nahe c haben, wie wir im Satz über das lokale Verhalten holomorpher Funktionen auf Seite 118 gesehen haben. Insbesondere ist B Teilmenge von $f(U)$ und daher $f(U)$ offen. Da stetige Funktionen zusammenhängende Mengen auf zusammenhängende Mengen abbilden, ist $f(G)$ zusammenhängend und damit ein Gebiet. ■

Ist f sogar injektiv, so ist gemäß dem folgenden Satz die Umkehrabbildung „automatisch" differenzierbar – die Gegenbeispiele aus dem Reellen, wie etwa $f(x) = x^3$, kommen nicht zum Tragen, da bei deren holomorphen Fortsetzung ins Komplexe die Injektivität verlorengeht.

Satz

Sei f holomorph und injektiv auf einem Gebiet G. Dann ist $f: G \to f(G)$ biholomorph.

Beweis: Dieser wird in Aufgabe 5.24 geführt. ■

Betragsmaxima holomorpher Funktionen liegen auf dem Rand

Eine weitere unmittelbare Folge der Offenheit nichtkonstanter holomorpher Funktionen ist das Maximumprinzip. Es besagt, dass nichtkonstante holomorphe Funktionen in einem Gebiet kein Betragsmaximum annehmen können; ein solches muss auf dem Rand des Gebiets liegen.

Maximumprinzip

Sei f holomorph und nichtkonstant auf einem Gebiet G in $\mathbb{C}$. Dann gilt für alle $z \in G$

$$|f(z)| < \sup_{\zeta \in G} |f(\zeta)|\,. \tag{5.91}$$

Ist darüber hinaus G beschränkt und f stetig auf $\overline{G} = G \cup \partial G$, so gibt es ein $z \in \partial G$ mit

$$|f(z)| = \max_{\zeta \in \overline{G}} |f(\zeta)|\,. \tag{5.92}$$

Beweis: Da f offen ist, gibt es zu jedem $z \in G$ eine Kreisscheibe B um $f(z)$ mit $B \subset f(G)$ und damit ein $\zeta \in G$ mit $|f(z)| < |f(\zeta)|$, also folgt (5.91). Im Falle des Zusatzes nimmt die stetige Funktion $|f|$ auf der kompakten Menge $\overline{G}$ das Maximum an; eine solche Maximalstelle kann wie gezeigt nicht in G liegen. ■

Als Anwendung des Maximumprinzips erhalten wir ein Resultat über holomorphe Funktionen, die die offene Einheitskreisscheibe $\mathbb{E} = \{z\colon |z| < 1\}$ in sich abbilden. Dessen erste Aussage (5.93) wird allgemein als „Schwarz'sches Lemma" bezeichnet. Sie geht auf Hermann Amandus Schwarz (1843–1921) zurück, als Spezialfall eines von ihm 1869 bewiesenen Satzes.

Schwarz'sches Lemma

Sei $f: \mathbb{E} \to \mathbb{E}$ holomorph mit $f(0) = 0$. Dann gilt

$$|f(z)| \le |z| \tag{5.93}$$

für jedes $z \in \mathbb{E}$ sowie weiterhin

$$|f'(0)| \le 1\,. \tag{5.94}$$

Gilt außerdem $|f(z_*)| = |z_*|$ für ein $z_* \in \mathbb{E}$ mit $z_* \ne 0$, so ist f eine Drehung, das heißt, es gibt ein $c \in \mathbb{C}$ mit $|c| = 1$ und

$$f(z) = cz \tag{5.95}$$

für alle $z \in \mathbb{C}$.

Beweis: Wir entwickeln f um 0 in eine Potenzreihe

$$f(z) = \sum_{k=1}^{\infty} a_k z^k$$

gemäß dem Entwicklungssatz von Cauchy-Taylor, es ist $a_0 = 0$ wegen $f(0) = 0$. Division durch z führt auf die ebenfalls in $\mathbb{E}$ konvergente Potenzreihe

$$g(z) = \sum_{k=1}^{\infty} a_k z^{k-1} = \begin{cases} \frac{f(z)}{z}\,, & z \ne 0\,, \\ f'(0)\,, & z = 0\,, \end{cases}$$

da $a_1 = f'(0)$ gilt. Auf die Funktion g wenden wir im Gebiet $G_r = r\mathbb{E}$ mit $r < 1$ das Maximumprinzip an. Für jedes $z \in G_r$ gilt also gemäß (5.92)

$$|g(z)| = \max_{|\zeta|=r} |g(\zeta)| = \max_{|\zeta|=r} \frac{|f(\zeta)|}{|\zeta|} \le \frac{1}{r}\,, \tag{5.96}$$

da nach Voraussetzung $|f|$ auf $\mathbb{E}$ durch 1 beschränkt ist. Da (5.96) für beliebiges $r < 1$ gilt, folgt

$$|g(z)| \le 1$$

für jedes $z \in \mathbb{E}$. Für $z \ne 0$ erhalten wir (5.93), für $z = 0$ ergibt sich (5.94).

Ist nun $|f(z_*)| = |z_*|$ für ein $z_* \ne 0$, so ist $|g(z_*)| = 1$, das heißt, $|g|$ hat ein Maximum in $\mathbb{E}$. Nach dem Maximumprinzip ist das nur möglich, wenn g konstant ist. Es folgt $f(z) = zg(z) = zc$ für ein $c \in \mathbb{C}$. ■

In der Box auf Seite 125 wenden wir das Schwarz'sche Lemma an, um die Automorphismengruppe von $\mathbb{E}$ zu charakterisieren.

5.6 Singularitäten

Die Funktion $f(z) = 1/z$ ist holomorph in der punktierten komplexen Ebene $\mathbb{C}^\times = \mathbb{C} \setminus \{0\}$, im Grenzübergang $z \to 0$ gilt $|f(z)| \to \infty$. Wir wollen generell das Verhalten holomorpher Funktionen in der Nähe solcher einpunktigen *Löcher in ihrem Definitionsbereich* studieren.

Ist B eine Kreisscheibe mit Mittelpunkt c und Radius r, so bezeichnet $B^\times = B \setminus \{c\}$ die **punktierte Kreisscheibe**, welche aus B durch Herausnahme des Mittelpunkts entsteht.

Beispiel: Charakterisierung der Automorphismen von $\mathbb{E}$

Die Drehungen um den Nullpunkt,

$$f(z) = cz\,, \quad |c| = 1\,,$$

sind Automorphismen von $\mathbb{E}$, das heißt, $f\colon \mathbb{E} \to \mathbb{E}$ ist biholomorph. Da solche Drehungen den Nullpunkt invariant lassen, vermuten wir, dass es noch andere Automorphismen von $\mathbb{E}$ gibt. Wir wollen sie alle bestimmen.

Problemanalyse und Strategie: Von den Drehungen einmal abgesehen erwartet man nicht, dass sich Polynome für diesen Zweck eignen. Wir versuchen stattdessen, gebrochen rationale Funktionen (Möbiustransformationen)

$$f(z) = \frac{az + b}{cz + d} \tag{5.97}$$

als Automorphismen von $\mathbb{E}$ zu erhalten. Zum Nachweis, dass es keine weiteren außer den so gefundenen gibt, werden wir das Schwarz'sche Lemma heranziehen.

Lösung:

Damit $f(0)$ definiert ist, muss $d \neq 0$ in (5.97) gelten. Da f sich nicht ändert, wenn wir alle Parameter $a, b, c, d \in \mathbb{C}$ mit einer festen Zahl multiplizieren, können wir $d = -1$ setzen.

Wir geben $\alpha \in \mathbb{E}$ mit $\alpha \neq 0$ beliebig vor und versuchen,

$$f(0) = \alpha\,, \quad f(\alpha) = 0\,, \tag{5.98}$$

zu erreichen. Die erste Forderung führt auf $b = -\alpha$, die zweite auf $a\alpha - \alpha = 0$, also $a = 1$. Wir betrachten demgemäß

$$f(z) = \frac{z - \alpha}{cz - 1}\,.$$

Um eine Nennernullstelle in $\mathbb{E}$ zu vermeiden, verlangen wir $|c| < 1$.

Die Inverse von f lässt sich explizit angeben. Lösen wir

$$w = \frac{z - \alpha}{cz - 1}$$

nach w auf, so gelangen wir über $w(cz - 1) = z - \alpha$ und $z(cw - 1) = w - \alpha$ zu

$$z = \frac{w - \alpha}{cw - 1}\,.$$

Es folgt $f(f(z)) = z$, somit bildet f die Menge $\mathbb{C} \setminus \{c^{-1}\}$ bijektiv auf sich ab mit $f^{-1} = f$.

Damit $\mathbb{E}$ von f in sich abgebildet wird, muss $|f(z)| < 1$ gelten für alle $z \in \mathbb{E}$. Dies ist gleichbedeutend mit $f(z)\overline{f(z)} < 1$, was wiederum äquivalent ist zu

$$(z - \alpha)(\overline{z} - \overline{\alpha}) < (cz - 1)(\overline{cz} - 1)\,.$$

Ausmultiplizieren und Umsortieren führt äquivalent auf

$$(1 - |c|^2)|z|^2 < 1 - |\alpha|^2 + (\overline{\alpha} - c)z + (\alpha - \overline{c})\overline{z}\,.$$

Setzen wir $c = \overline{\alpha}$, so gilt $|f(z)| < 1$ für $|z| < 1$, also $f(\mathbb{E}) \subset \mathbb{E}$ und wegen $f^{-1} = f$ auch $\mathbb{E} = f(f(\mathbb{E})) \subset f(\mathbb{E})$. Wir haben ein Zwischenziel erreicht: Die Vorschrift

$$f_\alpha(z) = \frac{z - \alpha}{\overline{\alpha}z - 1}\,, \quad |\alpha| < 1\,,$$

liefert einen Automorphismus von $\mathbb{E}$, für den zusätzlich (5.98) sowie $f_\alpha^{-1} = f_\alpha$ gelten. Die Funktion

$$g(z) = \beta\frac{z - \alpha}{\overline{\alpha}z - 1}\,, \quad |\alpha| < 1\,, \quad |\beta| = 1\,, \tag{5.99}$$

ist ebenfalls ein Automorphismus von $\mathbb{E}$.

Wir wollen zeigen, dass es keine weiteren Automorphismen gibt. Sei zunächst $f\colon \mathbb{E} \to \mathbb{E}$ ein Automorphismus mit $f(0) = 0$. Gemäß dem Schwarz'schen Lemma gilt $|f(z)| \leq |z|$ für alle $z \in \mathbb{E}$. Da f^{-1} ebenfalls ein Automorphismus von $\mathbb{E}$ mit $f^{-1}(0) = 0$ ist, folgt weiter $|z| = |f^{-1}(f(z))| \leq |f(z)|$ und damit insgesamt $|f(z)| = |z|$. Aus dem zweiten Teil des Schwarz'schen Lemmas folgt, dass f eine Drehung um den Nullpunkt sein muss, also die Form (5.99) hat mit $\alpha = 0$.

Sei nun f ein beliebiger Automorphismus von $\mathbb{E}$. Setzen wir $\alpha = f^{-1}(0)$, so ist $f \circ f_\alpha$ ein Automorphismus mit $(f \circ f_\alpha)(0) = f(\alpha) = 0$. Nach dem eben Bewiesenen ist $f \circ f_\alpha$ eine Drehung $z \mapsto \beta z$ um den Nullpunkt mit geeignetem $|\beta| = 1$. Es folgt wegen $f_\alpha^{-1} = f_\alpha$

$$f(z) = (f \circ f_\alpha)(f_\alpha^{-1}(z)) = \beta f_\alpha^{-1}(z) = \beta\frac{z - \alpha}{\overline{\alpha}z - 1}\,.$$

Also hat jedes Element der Automorphismengruppe $\mathrm{Aut}(\mathbb{E})$ die Form (5.99).

Definition einer isolierten Singularität

Ein Punkt $c \in \mathbb{C}$ heißt **isolierte Singularität** einer holomorphen Funktion f, falls deren Definitionsbereich U eine punktierte Kreisscheibe um c umfasst, aber c nicht zu U gehört.

Im Beispiel $f(z) = 1/z$ hat jede Kreisscheibe um 0 diese Eigenschaft. Betrachten wir als weiteres Beispiel

$$f(z) = \frac{1}{z^2 - 1}$$

mit Definitionsbereich $U = \mathbb{C} \setminus \{-1, 1\}$, so sind $c = \pm 1$ isolierte Singularitäten von f, jede Kreisscheibe um ± 1 mit Radius $r < 2$ hat die verlangte Eigenschaft. Für $f(z) = 1/\sin(1/z)$ hingegen ist 0 keine isolierte Singularität, da die Punkte $(n\pi)^{-1}$ für kein $n \in \mathbb{N}$ zum Definitionsbereich von f gehören und jede punktierte Kreisscheibe um 0 solche Punkte enthält.

Die Eigenschaft, isolierte Singularität einer holomorphen Funktion zu sein, ist also an deren Definitionsbereich geknüpft und zunächst unabhängig vom Verhalten der Funktionswerte. Wir können nun beispielsweise $\mathbb{C}^\times$ statt $\mathbb{C}$ als Definitionsbereich von $f(z) = z$ betrachten; dann wird 0 plötzlich zu einer isolierten Singularität von f. Das erscheint zunächst unsinnig; solche Situationen tauchen aber sehr wohl auf, etwa wenn man $f(z) = 1/z$ mit Definitionsbereich $\mathbb{C}^\times$ multipliziert mit $g(z) = z$. Das Produkt fg hat kanonisch den Definitionsbereich $\mathbb{C}^\times$; da aber $(fg)(z) = 1$ für alle $z \in \mathbb{C}^\times$ gilt, können wir den Nullpunkt zum Definitionsbereich des Produkts hinzunehmen und damit die Singularität zum Verschwinden bringen. Analoge Situationen werden sich in den folgenden Betrachtungen immer wieder ergeben.

Definition einer hebbaren Singularität

Ist $c \in \mathbb{C}$ isolierte Singularität einer holomorphen Funktion $f: U \to \mathbb{C}$ mit offenem Definitionsbereich $U \subset \mathbb{C}$, so heißt c eine **hebbare Singularität** von f, falls f holomorph auf $U \cup \{c\}$ fortsetzbar ist, das heißt, falls es ein holomorphes $\tilde{f}: U \cup \{c\} \to \mathbb{C}$ mit $\tilde{f}|U = f$ gibt.

Die Fortsetzung von f zu $\tilde{f}$ bringt die Singularität in c zum Verschwinden. Wann das möglich ist, charakterisiert der folgende Satz.

Hebbarkeitssatz von Riemann

Für eine isolierte Singularität c einer holomorphen Funktion $f: U \to \mathbb{C}$ sind äquivalent:
(a) c ist hebbar.
(b) f ist stetig fortsetzbar auf $U \cup \{c\}$.
(c) Es gibt eine punktierte Kreisscheibe $B^\times$ um c, auf der f beschränkt ist.
(d) Es gilt

$$\lim_{\substack{z \to c \\ z \neq c}} (z - c) f(z) = 0 \,. \qquad (5.100)$$

Beweis: Die Implikationen „(a) $\Rightarrow$ (b) $\Rightarrow$ (c) $\Rightarrow$ (d)" sind offensichtlich. Wir zeigen „(d) $\Rightarrow$ (a)". Wir definieren $g, h: U \cup \{c\} \to \mathbb{C}$ durch

$$g(z) = \begin{cases} (z - c) f(z) \,, & z \neq c \,, \\ 0 \,, & z = c \,, \end{cases}$$

und $h(z) = (z - c) g(z)$. Nach Voraussetzung (d) ist g stetig in c. Wegen $h(z) = h(c) + (z - c) g(z)$ folgt daraus, dass h auch im Punkt c differenzierbar ist und daher nicht nur in U, sondern auch in $U \cup \{c\}$ holomorph ist. Wir können daher h in einer hinreichend kleinen Kreisscheibe B um c in eine Potenzreihe entwickeln, welche wegen $h(c) = 0$ und $h'(c) = g(c) = 0$ die Form

$$h(z) = \sum_{k=2}^{\infty} a_k (z - c)^k = (z - c)^2 \sum_{k=0}^{\infty} a_{k+2} (z - c)^k$$

hat. Da weiterhin $h(z) = (z - c)^2 f(z)$ gilt für $z \neq c$ nach Definition von h, folgt

$$f(z) = \sum_{k=0}^{\infty} a_{k+2} (z - c)^k$$

für alle z in der punktierten Kreisscheibe $B^\times$. Die gesuchte holomorphe Fortsetzung $\tilde{f}$ von f auf $U \cup \{c\}$ ist also gegeben durch $\tilde{f}(c) = a_2$ und $\tilde{f}|U = f$. ■

?

Für welche der folgenden Funktionen ist 0 eine hebbare Singularität?
(a) $f(z) = (\sin z)/z$
(b) $f(z) = \cos(1/z)$

Bei nicht hebbaren Singularitäten unterscheidet man zwischen Polstellen und wesentlichen Singularitäten

Aus der Analysis im Reellen kennen wir Polstellen einer Funktion f als Stellen, an denen f gegen $+\infty$ oder $-\infty$ strebt. Sie treten häufig (aber nicht ausschließlich) auf als Nullstellen von Nennern rationaler Funktionen. Im Komplexen sind rationale Funktionen wie im Reellen als Quotienten zweier Polynome definiert. Als Beispiel betrachten wir

$$f(z) = \frac{2z}{z^3 - 3z + 2} = \frac{2z}{(z - 1)^2 (z + 2)}$$

mit einer doppelten Nullstelle $z = 1$ und einer einfachen Nullstelle $z = -2$ im Nenner. Wir sehen, dass

$$g(z) = (z - 1)^2 f(z) = \frac{2z}{z + 2}$$

eine nahe $z = 1$ holomorphe Funktion g definiert, ebenso liefert die Vorschrift $z \mapsto (z + 2) f(z)$ eine nahe $z = -2$ holomorphe Funktion.

Definition einer Polstelle

Eine isolierte, nicht hebbare Singularität $c \in \mathbb{C}$ einer holomorphen Funktion $f\colon U \to \mathbb{C}$ heißt für $m \geq 1$ eine ***m*-fache Polstelle von *f***, falls c eine hebbare Singularität der durch

$$g(z) = (z-c)^m f(z) \tag{5.101}$$

definierten Funktion g ist und falls

$$g(c) \neq 0 \tag{5.102}$$

für deren ebenfalls mit g bezeichnete holomorphe Fortsetzung gilt.

Die so definierte Vielfachheit m ist eindeutig bestimmt, da für $k \neq m$ die durch $h(z) = (z-c)^k f(z) = (z-c)^{k-m} g(z)$ definierte Funktion $h(c) = 0$ erfüllt, wenn $k > m$, bzw. im Fall $k < m$ in jeder Kreisscheibe um c unbeschränkt ist und damit c nach dem Hebbarkeitssatz keine hebbare Singularität von h ist.

Addition einer holomorphen Funktion ändert nichts am Pol

Hat f in c einen m-fachen Pol und ist g in c holomorph, so hat $f+g$ ebenfalls einen m-fachen Pol in c.

Den Beweis stellen wir als Aufgabe 5.25.

Die in (5.101) und (5.102) betrachtete holomorphe Funktion g hat in einer geeigneten Kreisscheibe B um c eine Potenzreihenentwicklung $g(z) = \sum_{k=0}^{\infty} b_k (z-c)^k$ mit $b_0 \neq 0$. Wir schließen daraus: Ist c eine Polstelle der Ordnung m von f, so hat f gemäß (5.101) die in $B^{\times}$ gültige Reihenentwicklung

$$f(z) = \frac{a_{-m}}{(z-c)^m} + \cdots + \frac{a_{-1}}{z-c} + \sum_{k=0}^{\infty} a_k (z-c)^k\,, \qquad a_{-m} \neq 0\,, \tag{5.103}$$

wobei $a_k = b_{k+m}$ gesetzt wird.

Sei eine rationale Funktion f als ausgekürzter Quotient $f = p/q$ zweier Polynome dargestellt. Wegen $1/f = q/p$ stimmen die Polstellen von f mit den Nullstellen von $1/f$ in Lage und Vielfachheit überein, da beide gegeben sind durch die Nullstellen von q. Eine analoge Beziehung zwischen Pol- und Nullstellen besteht auch bei allgemeinen holomorphen Funktionen.

Polstellen von f entsprechen Nullstellen von $1/f$

Ein $c \in \mathbb{C}$ ist m-fache Polstelle einer holomorphen Funktion $f\colon U \to \mathbb{C}$ genau dann, wenn $1/f$ auf eine hinreichend kleine Kreisscheibe B um c holomorph fortsetzbar ist und c als m-fache Nullstelle hat.

Beweis: Ist c ein m-facher Pol von f, so gilt in einer hinreichend kleinen punktierten Kreisscheibe $B^{\times}$ um c

$$\frac{1}{f(z)} = (z-c)^m \frac{1}{g(z)}\,, \qquad g(c) \neq 0$$

gemäß (5.101) und (5.102), also ist $1/f$ holomorph fortsetzbar auf B, und c ist eine m-fache Nullstelle dieser Fortsetzung. Ist umgekehrt Letzteres erfüllt, so ist die holomorphe Fortsetzung von $1/f$ in c entwickelbar in der Form $\sum_{k=m}^{\infty} a_k (z-c)^k$. Durch

$$h(z) = (z-c)^{-m} \frac{1}{f(z)}$$

erhalten wir eine auf B holomorphe Funktion mit $h(c) \neq 0$. Da $(z-c)^m f(z) = 1/h(z)$ gilt für $z \in B^{\times}$, ist c definitionsgemäß ein m-facher Pol von f. ■

Beispiel Die Gammafunktion

In der Box auf Seite 122 haben wir gesehen, dass die Gammafunktion auf $\mathbb{C}$ mit Ausnahme der Punkte $0, -1, -2, \ldots$ holomorph ist und für jedes $n \in \mathbb{N}$ die Gleichung

$$\Gamma(z) = \frac{\Gamma(z+n+1)}{z(z+1)\cdots(z+n)}$$

erfüllt. Es folgt

$$\lim_{z \to -n} (z+n)\Gamma(z) = \frac{\Gamma(1)}{(-n)(-n+1)\cdots 1} = \frac{(-1)^n}{n!}\,, \tag{5.104}$$

also ist $-n$ ein einfacher Pol von Γ. Die Gammafunktion hat somit unendlich viele Pole, die sämtlich einfach sind. ◀

Definition einer wesentlichen Singularität

Eine isolierte Singularität einer holomorphen Funktion f, die weder hebbar noch Polstelle ist, heißt **wesentliche Singularität** von f.

Ein Beispiel einer wesentlichen Singularität liefert die auf $\mathbb{C}^{\times}$ definierte und dort holomorphe Funktion

$$f(z) = \exp\left(\frac{1}{z}\right) = \sum_{k=0}^{\infty} \frac{z^{-k}}{k!}\,. \tag{5.105}$$

Da $x^m f(x) \to \infty$ für positive reelle $x \to 0$, ist für jedes $m \geq 0$ die durch $z \mapsto z^m f(z)$ definierte Funktion auf jeder Kreisscheibe um 0 unbeschränkt und hat somit 0 als nicht hebbare Singularität gemäß dem Hebbarkeitssatz. Also ist 0 weder hebbare Singularität noch Polstelle von f.

Im vorangehenden Beispiel ist die holomorphe Funktion f in Form einer Potenzreihe in $1/z$ gegeben. Weiter unten im Abschnitt über Laurentreihen werden wir solche Entwicklungen genauer untersuchen.

Werteverteilungen charakterisieren den Typ der Singularität

Sei c isolierte Singularität einer holomorphen Funktion f.

Ist c eine hebbare Singularität von f, so existiert $\lim_{z\to c, z\neq c} f(z)$ in $\mathbb{C}$ und ist gleich dem Wert der holomorphen Fortsetzung von f,

$$\lim_{z\to c} f(z) = f(c)\,. \tag{5.106}$$

Ist c eine Polstelle von f, so ist c eine Nullstelle der holomorphen Fortsetzung von $1/f$ wie oben gezeigt, also gilt insbesondere

$$\lim_{z\to c} \frac{1}{f(z)} = 0\,.$$

Es folgt

$$\lim_{z\to c} |f(z)| = \infty\,, \tag{5.107}$$

das heißt, zu jedem $M > 0$ gibt es ein $\delta > 0$ mit $|f(z)| > M$ für alle z mit $|z - c| < \delta$.

?

Welchen Typ hat die Singularität 0 der Funktion $f(z) = \cos(1/z)$?

Ist c eine wesentliche Singularität von f, so existiert $\lim_{z\to c, z\neq c} f(z)$ nicht. Ganz im Gegenteil, der berühmte *große Satz von Picard* besagt, dass entweder $f(B^\times) = \mathbb{C}$ für jede im Definitionsbereich von f enthaltene punktierte Kreisscheibe $B^\times$ um c gilt oder dass es ein $w \in \mathbb{C}$ gibt mit $f(B^\times) = \mathbb{C} \setminus \{w\}$ für jedes solche $B^\times$. Diesen Satz können wir hier nicht beweisen. Stattdessen behandeln wir eine etwas schwächere, aber ebenfalls berühmte Version.

Satz von Casorati und Weierstraß

Ist c wesentliche Singularität einer auf U holomorphen Funktion f, so liegt $f(B^\times)$ dicht in $\mathbb{C}$ für jede in U enthaltene punktierte Kreisscheibe $B^\times$ um c.

Beweis: Ist $f(B^\times)$ nicht dicht in $\mathbb{C}$ für ein geeignetes $B^\times$, so gibt es ein $w \in \mathbb{C}$ und ein $\varepsilon > 0$, sodass $|f(z) - w| \geq \varepsilon$ für alle $z \in B^\times$. Die durch $h(z) = (f(z) - w)^{-1}$ definierte Funktion h ist auf $B^\times$ holomorph und durch $1/\varepsilon$ beschränkt, also nach dem Hebbarkeitssatz holomorph auf B fortsetzbar. Es gilt

$$f(z) = w + \frac{1}{h(z)}\,, \qquad z \in B^\times\,.$$

Ist $h(c) \neq 0$, so ist c hebbare Singularität von f; ist $h(c) = 0$, so ist die Ordnung von c endlich, da $h \neq 0$ auf $B^\times$. Also ist c eine Polstelle von $1/h$ und damit auch von f, wie wir im Anschluss an die Definition einer Polstelle auf Seite 127 gesehen haben. ■

Aus dem Satz von Casorati und Weierstraß können wir schließen: Ist c eine wesentliche Singularität von f, so können wir zu beliebig vorgegebenem $w \in \mathbb{C}$ eine Folge $z_n \to c$ finden mit

$$\lim_{n\to\infty} f(z_n) = w\,. \tag{5.108}$$

Diesen Sachverhalt werden wir uns im Beispiel auf Seite 129 zunutze machen.

Meromorphe Funktionen

Rationale Funktionen haben die Eigenschaft, dass nicht nur Addition, Subtraktion und Multiplikation zweier rationaler Funktionen wieder eine rationale Funktion ergibt, sondern auch Division, solange nicht die Nullfunktion im Nenner steht. Bei der Kehrwertbildung $f \mapsto 1/f$ gehen Nullstellen in Polstellen gleicher Vielfachheit über und umgekehrt. Letzteres gilt, wie wir im vorigen Abschnitt gesehen haben, auch für holomorphe Funktionen mit isolierten Singularitäten.

Diese Beobachtung liefert den Ausgangspunkt für eine algebraische Sichtweise auf holomorphe Funktionen.

Definition einer meromorphen Funktion

Ist U eine offene Teilmenge von $\mathbb{C}$, so heißt eine Funktion f **meromorph auf U**, falls es eine diskrete Menge $P(f) \subset U$ gibt, sodass f auf $U \setminus P(f)$ holomorph ist und alle Punkte in $P(f)$ Polstellen von f sind.

Jede auf U holomorphe Funktion ist auf U meromorph, das entspricht gerade dem Fall $P(f) = \emptyset$.

Rationale Funktionen f sind meromorph in $\mathbb{C}$, ihre Polstellenmenge $P(f)$ besteht aus den Nullstellen des Nennerpolynoms q in der ausgekürzten Form $f = p/q$ und ist daher endlich.

Ist f meromorph und g holomorph auf U, so ist jede m-fache Polstelle von f auch eine m-fache Polstelle von $f+g$ und umgekehrt, siehe Aufgabe 5.25. Es gilt also $P(f+g) = P(f)$. Insbesondere ist $P(f+g)$ endlich, falls f rational und g holomorph ist. Als Ergebnis der Aufgaben 5.27 und 5.28 sehen wir, dass auch die Umkehrung gilt. Es stellt sich somit heraus, dass die Polstellenmenge einer auf U meromorphen Funktion f genau dann endlich ist, wenn f sich als Summe einer rationalen und einer auf U holomorphen Funktion schreiben lässt.

Es bleibt der Fall, dass $P(f)$ abzählbar unendlich ist. Die Funktion $f(z) = 1/\sin(\pi z)$ liefert ein Beispiel, sie ist meromorph auf $\mathbb{C}$ mit $P(f) = \mathbb{Z}$. Die Gammafunktion ist ein weiteres Beispiel, sie ist ebenfalls meromorph auf $\mathbb{C}$, und es gilt $P(\Gamma) = \{0, -1, -2, \ldots\}$, wie wir auf Seite 127 gesehen haben.

?

Welche der folgenden Funktionen ist meromorph auf $\mathbb{C}$, welche nicht?

(a) $f(z) = (\sin z)/(z^2 - 1)$

(b) $f(z) = \exp(1/z)$

Beispiel: Charakterisierung der Automorphismen von $\mathbb{C}$

Die Funktionen

$$f(z) = az + b, \quad a \neq 0, \tag{5.109}$$

mit $a, b \in \mathbb{C}$ sind Automorphismen von $\mathbb{C}$, das heißt, $f : \mathbb{C} \to \mathbb{C}$ ist biholomorph; die Umkehrabbildung ist gegeben durch $f^{-1}(w) = (w - b)/a$. Wir stellen uns die Frage: Gibt es noch andere Automorphismen von $\mathbb{C}$?

Problemanalyse und Strategie: Wir versuchen, unsere Kenntnisse über Singularitäten einzubringen. Zu diesem Zweck untersuchen wir das Verhalten einer beliebigen biholomorphen Abbildung $f : \mathbb{C} \to \mathbb{C}$ im Unendlichen, indem wir die Funktion

$$g(z) = f\Big(\frac{1}{z}\Big), \quad g : \mathbb{C}^{\times} \to \mathbb{C}$$

betrachten. Diese hat eine isolierte Singularität in $c = 0$.

Lösung:

Sei $f : \mathbb{C} \to \mathbb{C}$ biholomorph. Gemäß dem Entwicklungssatz von Cauchy und Taylor auf Seite 111 können wir f in eine in ganz $\mathbb{C}$ konvergente Potenzreihe entwickeln,

$$f(z) = \sum_{k=0}^{\infty} a_k z^k .$$

Für die durch $g(z) = f(1/z)$ definierte holomorphe Funktion gilt dann

$$g(z) = \sum_{k=0}^{\infty} a_k z^{-k}, \quad z \in \mathbb{C}^{\times} .$$

Welchen Typ hat die isolierte Singularität 0 von g? Der Wertebereich von g nahe null entspricht dem Wertebereich von f für betragsgroße Argumente. Ist nun B eine Kreisscheibe um 0, so ist $f^{-1}(\overline{B})$ als Bild einer kompakten Menge unter der stetigen Funktion f^{-1} ebenfalls kompakt, also beschränkt, etwa durch $R > 0$. Sei nun $\{z_n\}$ eine beliebige Folge in $\mathbb{C}^{\times}$ mit $z_n \to 0$. Es folgt

$$\Big|\frac{1}{z_n}\Big| > R, \quad \text{also} \quad g(z_n) = f\Big(\frac{1}{z_n}\Big) \notin B$$

für hinreichend große n. Wäre nun 0 eine wesentliche Singularität von g, so müsste es gemäß (5.108), einer Konsequenz des Satzes von Casorati und Weierstraß, eine Folge $z_n \to 0$ geben mit $g(z_n) \to 0$, also $g(z_n) \in B$ für große n, ein Widerspruch. Also ist 0 keine wesentliche Singularität von g.

Da f und somit g nicht konstant sind, ist 0 ein Pol von g, er habe die Ordnung $m > 0$. Es folgt $a_k = 0$ für $k > m$ und daher

$$f(z) = \sum_{k=0}^{m} a_k z^k .$$

Da f injektiv ist und als nichtkonstantes Polynom mindestens eine Nullstelle hat, hat f genau eine Nullstelle $z_0 \in \mathbb{C}$. Diese muss die Ordnung m haben, es ist also

$$f(z) = a(z - z_0)^m$$

für ein $a \in \mathbb{C}$ mit $a \neq 0$. Da jeder Wert $w \neq 0$ genau m Urbilder unter f hat und f injektiv ist, muss $m = 1$ sein.

Die Antwort auf die Ausgangsfrage lautet also „nein", die Automorphismengruppe Aut($\mathbb{C}$) besteht nur aus den Funktionen der Form (5.109).

Eine völlig andere Situation ergibt sich, wenn wir uns auf die algebraische Struktur von $\mathbb{C}$ beziehen und nach Körperautomorphismen fragen, das sind bijektive Abbildungen von $\mathbb{C}$ nach $\mathbb{C}$, die mit der Addition und der Multiplikation verträglich sind. Außer der Identität und der komplexen Konjugation gibt es noch weitere, diese sind aber alle unstetig.

Satz

Die Summe und das Produkt zweier meromorpher Funktionen $f, g : U \to \mathbb{C}$ sind ebenfalls meromorph, und es gilt $P(f + g) \subset P(f) \cup P(g)$ sowie $P(fg) \subset P(f) \cup P(g)$.

Beweis: Seien $f : U \to \mathbb{C}$ meromorph und c ein beliebiger Punkt von U. Ist c eine m-fache Polstelle von f, so ist die Funktion $z \mapsto (z - c)^m f(z)$ holomorph in einer Kreisscheibe um c; falls c kein Pol ist, so setzen wir $m = 0$. Analoges gilt für g und die Funktion $z \mapsto (z - c)^n g(z)$ mit geeignetem $n \in \mathbb{N}$. Somit sind auch die Funktionen $z \mapsto (z-c)^{n+m}(f(z)+g(z))$ sowie $z \mapsto (z-c)^{n+m}(f(z) \cdot g(z))$ holomorph nahe c, und c ist daher entweder ein Pol oder eine hebbare Singularität von $f + g$ bzw. fg.

?

Sind die Inklusionen im obigen Satz strikt oder nicht?

Ist die zugrunde liegende Menge U ein Gebiet, so sind Kehrwerte $1/f$ von meromorphen Funktionen $f \neq 0$ ebenfalls meromorph, wie es sich gleich herausstellen wird.

Körpereigenschaft der meromorphen Funktionen

Die Menge der auf einem Gebiet G meromorphen Funktionen bildet einen Körper.

Beweis: Sei $f: G \to \mathbb{C}$ meromorph mit $f \neq 0$. Wir wissen bereits, dass – als Konsequenz des Identitätssatzes – alle Nullstellen von f endliche Ordnung haben und die Nullstellenmenge $N(f)$ von f diskret ist. Da $1/f$ holomorph ist auf $G \setminus N(f)$ und die Nullstellen von f gerade den Polstellen von $1/f$ entsprechen, wie wir im Abschnitt über Singularitäten gesehen haben, ist $1/f$ meromorph mit $P(1/f) = N(f)$.

5.7 Laurentreihen

Eine holomorphe Funktion f mit einer m-fachen Polstelle in 0 lässt sich, wie wir gesehen haben, in einer hinreichend kleinen punktierten Kreisscheibe um 0 entwickeln als

$$f(z) = \sum_{k=-m}^{-1} a_k z^k + \sum_{k=0}^{\infty} a_k z^k .$$

Die erste Summe auf der rechten Seite können wir auffassen als ein Polynom in $1/z$. Es wird sich herausstellen, dass wir beliebige (auch alle wesentlichen) Singularitäten mit einer solchen Darstellung erfassen können, falls wir statt eines Polynoms in $1/z$ eine Potenzreihe in $1/z$ verwenden. Eine so entstehende Reihe heißt Laurentreihe. An ihr kann man den Typ einer Singularität erkennen. Laurentreihen werden weiterhin verwendet im Beweis des Residuensatzes, eines der grundlegenden Sätze der Analysis im Komplexen.

Wir betrachten demgemäß für $z \in \mathbb{C}$ Reihen der Form

$$\sum_{k=-\infty}^{-1} a_k z^k \tag{5.110}$$

mit Koeffizienten $a_k \in \mathbb{C}$. Da $|1/z| > 1/\rho$ genau dann gilt, wenn $|z| < \rho$, entspricht dem Konvergenzkreis $\{z\colon |z| < \rho\}$ der Potenzreihe

$$\sum_{j=1}^{\infty} a_{-j} z^j \tag{5.111}$$

der Konvergenzbereich $\{z\colon |z| > 1/\rho\}$ der Reihe (5.110), das ist das Äußere der Kreisscheibe um 0 mit zum Konvergenzradius von (5.111) reziproken Radius $1/\rho$. Ebenso folgt aus der gleichmäßigen Konvergenz der Potenzreihe (5.111) in jeder kompakten Kreisscheibe $\{z\colon |z| \leq \rho - \varepsilon\}$ mit beliebigem $\varepsilon > 0$ die gleichmäßige Konvergenz der Reihe (5.110) in jedem (nun nicht mehr kompakten) Außenbereich der Form $\{z\colon |z| \geq 1/\rho + \varepsilon\}$ mit ebenfalls beliebigem $\varepsilon > 0$.

Wir wählen nun statt 0 einen beliebigen Entwicklungspunkt $c \in \mathbb{C}$.

Definition einer Laurentreihe

Eine Reihe der Form

$$\sum_{k=-\infty}^{-1} a_k (z-c)^k + \sum_{k=0}^{\infty} a_k (z-c)^k \tag{5.112}$$

heißt **Laurentreihe** um c mit **Hauptteil** $\sum_{k=-\infty}^{-1} a_k (z-c)^k$ und **Nebenteil** $\sum_{k=0}^{\infty} a_k (z-c)^k$.

Ihr natürlicher Konvergenzbereich ist ein Kreisring A der Form

$$A = \{z \in \mathbb{C} : r < |z-c| < R\}, \tag{5.113}$$

welcher entsteht als Durchschnitt des Konvergenzbereichs $\{z\colon |z-c| > r\}$ des Hauptteils und des Konvergenzkreises $\{z\colon |z-c| < R\}$ des Nebenteils, siehe Abbildung 5.12. Sowohl $r = 0$ als auch $R = \infty$ sind möglich. Im Fall $r = 0$ wird der Kreisring zur punktierten Kreisscheibe um c mit Radius R. Dieser Fall liegt also vor, wenn man eine Reihenentwicklung in der Umgebung einer isolierte Singularität c sucht.

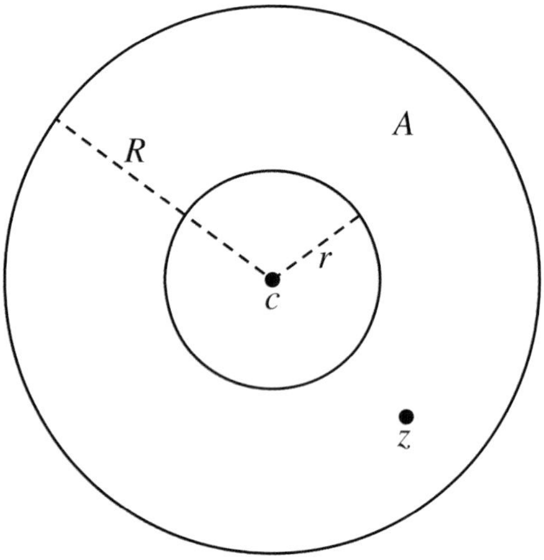

Abbildung 5.12 Konvergenzbereich A einer Laurentreihe um den Punkt c.

Potenzreihen sind Spezialfälle von Laurentreihen, hier ist der Hauptteil gleich null, also $a_k = 0$ für alle $k < 0$. Wir können $r = 0$ setzen und für R den Konvergenzradius der Potenzreihe nehmen. Im Entwicklungspunkt c befindet sich keine Singularität – wir können c natürlich als hebbare Singularität auffassen.

Ist c ein m-facher Pol einer holomorphen Funktion f, so ist die in (5.103) angegebene Entwicklung

$$f(z) = \frac{a_{-m}}{(z-c)^m} + \cdots + \frac{a_{-1}}{z-c} + \sum_{k=0}^{\infty} a_k (z-c)^k , \quad a_{-m} \neq 0$$

ebenfalls eine Laurentreihe mit $r = 0$.

Beispiel: Berechnung der Laurentreihe einer rationalen Funktion

Gegeben sei die Funktion

$$f(z) = \frac{1}{z^2+3z+2}\,.$$

Gesucht ist die Laurentreihe von f in den Kreisringen

(a) $1 < |z| < 2$, (b) $|z| > 2$, (c) $0 < |z| < 1$, (d) $0 < |z+1| < 1$.

Problemanalyse und Strategie: Zu bestimmen ist die Reihenentwicklung in der Form (5.112) mit $c = 0$ in (a), (b) und (c) sowie mit $c = -1$ in (d). Die Idee ist, durch Faktorisierung des Nenners und Partialbruchzerlegung das Problem auf die einfachere Situation $f(z) = A/(Bz+C)$ zurückzuführen und für diesen Fall die Laurentreihe aus der geometrischen Reihe zu gewinnen.

Lösung:
Die Partialbruchzerlegung ist in Abschnitt 16.4 von Band 1 behandelt worden. Im vorliegenden Fall ergibt sich

$$f(z) = \frac{1}{(z+1)(z+2)} = \frac{1}{z+1} - \frac{1}{z+2}\,.$$

Die Pole von f liegen in -1 und -2, sie sind einfach. Bei (a) handelt es sich um einen „echten" Ring, bei (b) um ein Außengebiet (es ist $R = \infty$) und bei (c) und (d) um eine punktierte Kreisscheibe (es ist $r = 0$). Auf allen diesen Gebieten ist f holomorph, deren Ränder enthalten jeweils einen oder beide Pole von f.

Wir betrachten zunächst den Fall $c = 0$. Für die Funktion $z \mapsto 1/(z+1)$ erhalten wir im Gebiet $\{|z| < 1\}$ die Entwicklung

$$\frac{1}{z+1} = \frac{1}{1-(-z)} = 1 - z + z^2 - z^3 + \ldots$$

Im Gebiet $\{|z| > 1\}$ benötigen wir eine Entwicklung in Potenzen von $1/z$,

$$\frac{1}{z+1} = \frac{1}{z}\cdot\frac{1}{1-(-\frac{1}{z})} = \frac{1}{z}\Big(1 - \frac{1}{z} + \frac{1}{z^2} - \frac{1}{z^3} + \ldots$$

Für die Funktion $z \mapsto 1/(z+2)$ erhalten wir analog in $\{|z| < 2\}$

$$\frac{1}{z+2} = \frac{1}{2}\cdot\frac{1}{1-(-\frac{z}{2})} = \frac{1}{2}\Big(1 - \frac{z}{2} + \frac{z^2}{4} - \frac{z^3}{8} + \ldots$$

sowie in $\{|z| > 2\}$

$$\frac{1}{z+2} = \frac{1}{z}\cdot\frac{1}{1-(-\frac{2}{z})} = \frac{1}{z}\Big(1 - \frac{2}{z} + \frac{4}{z^2} - \frac{8}{z^3} + \ldots$$

Die Laurentreihen in den Gebieten (a) – (c) ergeben sich durch Subtraktion der entsprechenden Teile. Für den Kreisring (a) gilt

$$f(z) = \cdots - \frac{1}{z^4} + \frac{1}{z^3} - \frac{1}{z^2} + \frac{1}{z} - \frac{1}{2} + \frac{z}{4} - \frac{z^2}{8} + \frac{z^3}{16} - \ldots$$

Für das Außengebiet (b) gilt

$$f(z) = \cdots + \frac{7}{z^4} - \frac{3}{z^3} + \frac{1}{z^2}\,,$$

insbesondere ist der Nebenteil gleich null.

Für die punktierte Kreisscheibe in (c) gilt

$$f(z) = \frac{1}{2} - \frac{3}{4}z + \frac{7}{8}z^2 - \frac{15}{16}z^3 + \ldots\,,$$

der Hauptteil ist gleich null, die Laurentreihe wird zur Potenzreihe, und f ist auch im Entwicklungspunkt 0 holomorph.

Für die punktierte Kreisscheibe in (d) ist $c = -1$, wir suchen also eine Entwicklung in Potenzen von $z+1$. Mit $w = z+1$ werden aus $z \mapsto 1/(z+1)$ bzw. $z \mapsto 1/(z+2)$ die Funktionen $w \mapsto 1/w$ bzw. $w \mapsto 1/(w+1)$. Diese sind in $\{0 < |w| < 1\}$ zu entwickeln. Erstere hat in $\{|w| > 0\}$ bereits die gewünschte Form, Letztere führt in $\{|w| < 1\}$ wie oben auf

$$\frac{1}{w+1} = 1 - w + w^2 - w^3 + \ldots$$

Wir ersetzen w durch $z+1$ und erhalten insgesamt

$$f(z) = \frac{1}{z+1} - 1 + (z+1) - (z+1)^2 + (z+1)^3 \ldots$$

Dem einfachen Pol von f in $c = -1$, dem Mittelpunkt der punktierten Kreisscheibe, entspricht, dass der Hauptteil keine höheren Potenzen von $1/(z+1)$ enthält.

Beispiel (a) Wir betrachten

$$f(z) = \frac{3}{z^2-2z+1}$$

zum Entwicklungspunkt $c = 1$. Faktorisierung des Nenners

$$f(z) = \frac{3}{(z-1)^2}$$

liefert eine Laurentreihe, die nur aus einem einzigen Term besteht, es ist $a_{-2} = 3$ und $a_k = 0$ für $k \neq -2$. Hier können $r = 0$ und $R = \infty$ gewählt werden. Der Fall $c \neq 1$ erfordert eine Rechnung; wie man dabei verfährt, wird im Beispiel auf Seite 131 erläutert. Die Wahl von A ist eingeschränkt durch die Bedingung, dass der Pol $z = 1$ nicht zu A gehören darf.

Für $c = 3$ sind beispielsweise $A = \{0 < |z-3| < 2\}$ und $A = \{2 < |z-3|\}$ möglich.
(b) Die Reihendarstellung

$$\exp\left(\frac{1}{z}\right) = \sum_{k=0}^{\infty} \frac{z^{-k}}{k!}$$

ist eine Laurentreihe in $A = \mathbb{C}^{\times}$, entwickelt um die wesentliche Singularität $c = 0$ dieser Funktion. ◀

Wir beschäftigen uns nun mit der Frage, ob wir eine beliebige holomorphe Funktion $f\colon U \to \mathbb{C}$ als eine Laurentreihe darstellen können, die in einem geeigneten Kreisring um c konvergiert. In einem vorbereitenden Schritt nehmen wir an, dass der kreisförmige Weg γ_ρ um c mit Radius ρ in U enthalten ist, und setzen

$$J(\rho) = \int_{\gamma_\rho} \frac{f(z)}{z-c}\,\mathrm{d}z\,. \tag{5.114}$$

Durch Parametrisierung $\gamma_\rho(t) = c + \rho\mathrm{e}^{\mathrm{i}t}$ erhalten wir wie bei der Herleitung der Mittelwerteigenschaft

$$J(\rho) = \int_0^{2\pi} \frac{f(c+\rho\mathrm{e}^{\mathrm{i}t})}{\rho\mathrm{e}^{\mathrm{i}t}}\mathrm{i}\rho\mathrm{e}^{\mathrm{i}t}\,\mathrm{d}t = \mathrm{i}\int_0^{2\pi} f(c+\rho\mathrm{e}^{\mathrm{i}t})\,\mathrm{d}t\,.$$

Da der Definitionsbereich U von f wie immer als offen vorausgesetzt ist, ist J in einer Umgebung von ρ definiert. Differenzieren führt auf

$$J'(\rho) = \int_0^{2\pi} f'(c+\rho\mathrm{e}^{\mathrm{i}t})\mathrm{i}\mathrm{e}^{\mathrm{i}t}\,\mathrm{d}t = \int_{\gamma_\rho} f'(z)\,\mathrm{d}z = 0\,,$$

da γ_ρ geschlossen ist und f' in U eine Stammfunktion (nämlich f) besitzt. (Wir können Ableitung und Integral vertauschen gemäß dem Satz über die holomorphe Abhängigkeit von Parametern auf Seite 115.) Aus diesen Überlegungen ergibt sich, dass J konstant ist auf einem Intervall $[r, R]$, falls die Wege γ_ρ in U enthalten sind für alle $\rho \in [r, R]$. Hieraus erhalten wir den folgenden Satz.

Integralsatz von Cauchy für Kreisringe

Sei f eine holomorphe Funktion, deren Definitionsbereich den abgeschlossenen Kreisring $\{z\colon r \le |z-c| \le R\}$ um einen Punkt $c \in \mathbb{C}$ umfasst. Dann gilt

$$\int_{\gamma_r} f(z)\,\mathrm{d}z = \int_{\gamma_R} f(z)\,\mathrm{d}z \tag{5.115}$$

für die im positiven Sinn durchlaufenen Kreiswege γ_r und γ_R mit Radius r bzw. R um c.

Beweis: Setzen wir $g(z) = (z-c)f(z)$, so erhalten wir aus den vorangehenden Überlegungen, dass

$$\int_{\gamma_r} f(z)\,\mathrm{d}z = \int_{\gamma_r} \frac{g(z)}{z-c}\,\mathrm{d}z = \int_{\gamma_R} \frac{g(z)}{z-c}\,\mathrm{d}z = \int_{\gamma_R} f(z)\,\mathrm{d}z\,.$$

■

Die Herleitung von (5.115) mittels der Hilfsfunktion J aus (5.114) ist kurz, aber unanschaulich. Ein geometrisch anschaulicher, aber ausformuliert etwas umfangreicherer Beweis wird in Aufgabe 5.29 vorgestellt.

Man kann den Satz auch als unmittelbare Konsequenz der Homotopieinvarianz des Wegintegrals auffassen, siehe die Darstellung auf Seite 110.

?

Sehen Sie einen Zusammenhang zwischen dem Integralsatz für Kreisringe und dem Zentrierungslemma?

Sei nun $A = \{z\colon r < |z-c| < R\}$ ein offener Kreisring um einen Punkt $c \in \mathbb{C}$ mit $0 \le r < R \le \infty$, sei f auf A holomorph. Wir suchen eine Entwicklung von f in eine Laurentreihe

$$f(z) = \sum_{k=-\infty}^{-1} a_k(z-c)^k + \sum_{k=0}^{\infty} a_k(z-c)^k \tag{5.116}$$

für beliebiges $z \in A$. Zu diesem Zweck konstruieren wir eine Zerlegung

$$f(z) = f^-(z) + f^+(z) \tag{5.117}$$

von f mit einer auf dem Außengebiet $\{z\colon r < |z-c|\}$ holomorphen Funktion f^- und einer auf der offenen Kreisscheibe $\{z\colon |z-c| < R\}$ holomorphen Funktion f^+ auf folgende Weise. Für fest gewähltes $z \in A$ betrachten wir den Differenzenquotienten

$$g_z(\zeta) = \frac{f(\zeta)-f(z)}{\zeta - z}\,, \qquad g_z\colon A\setminus\{z\} \to \mathbb{C}\,.$$

Da f holomorph ist auf A, lässt g_z sich gemäß Hebbarkeitssatz holomorph auf A fortsetzen, und zwar vermittels $g_z(z) = f'(z)$. Seien s, S beliebige Radien mit $r < s < |z-c| < S < R$ mit zugehörigen Kreiswegen γ_s und γ_S um c. Es gilt

$$\int_{\gamma_s} g_z(\zeta)\,\mathrm{d}\zeta = \int_{\gamma_S} g_z(\zeta)\,\mathrm{d}\zeta$$

nach dem Integralsatz von Cauchy für den Kreisring $s \le |z-c| \le S$. Einsetzen der Definition von g_z ergibt

$$\begin{aligned}\int_{\gamma_s} \frac{f(\zeta)}{\zeta-z}\,\mathrm{d}\zeta - f(z)\int_{\gamma_s}\frac{1}{\zeta-z}\,\mathrm{d}\zeta \\ = \int_{\gamma_S} \frac{f(\zeta)}{\zeta-z}\,\mathrm{d}\zeta - f(z)\int_{\gamma_S}\frac{1}{\zeta-z}\,\mathrm{d}\zeta\,.\end{aligned} \tag{5.118}$$

Es ist $\int_{\gamma_s} 1/(\zeta-z)\,\mathrm{d}\zeta = 0$ nach dem Integralsatz von Cauchy, da γ_s ganz in der offenen Kreisscheibe $\{\zeta : |\zeta-c| < |z-c|\}$ verläuft und der Integrand dort holomorph ist. Weiterhin ist $\int_{\gamma_S} 1/(\zeta-z)\,\mathrm{d}\zeta = 2\pi\mathrm{i}$ nach der Integralformel von Cauchy, angewendet auf die Konstante 1 in der Kreisscheibe um c mit Radius S. Einsetzen dieser beiden Werte in (5.118) führt auf

$$f(z) = -\frac{1}{2\pi\mathrm{i}}\int_{\gamma_s}\frac{f(\zeta)}{\zeta-z}\,\mathrm{d}\zeta + \frac{1}{2\pi\mathrm{i}}\int_{\gamma_S}\frac{f(\zeta)}{\zeta-z}\,\mathrm{d}\zeta\,. \tag{5.119}$$

Wir definieren nun f^- im Außenbereich $\{z\colon |z-c| > r\}$ durch

$$f^-(z) = -\frac{1}{2\pi \mathrm{i}} \int_{\gamma_s} \frac{f(\zeta)}{\zeta - z}\, \mathrm{d}\zeta \tag{5.120}$$

mit $r < s < |z-c|$; solange diese Bedingung erfüllt ist, hängt der Wert des Integrals gemäß Integralsatz für Kreisringe nicht von der Wahl von s ab. Entsprechend definieren wir f^+ in der offenen Kreisscheibe $\{z\colon |z-c| < R\}$ durch

$$f^+(z) = \frac{1}{2\pi \mathrm{i}} \int_{\gamma_S} \frac{f(\zeta)}{\zeta - z}\, \mathrm{d}\zeta\,, \tag{5.121}$$

wobei S beliebig mit $|z-c| < S < R$ gewählt werden kann.

Durch geeignete Entwicklung von f^- und f^+ erhalten wir Haupt- und Nebenteil einer Laurentreihe, welche f im Kreisring darstellt.

Laurententwicklung im Kreisring

Sei f eine auf dem offenen Kreisring $A = \{z\colon r < |z-c| < R\}$ um $c \in \mathbb{C}$ holomorphe Funktion, wobei $0 \le r < R < \infty$. Dann gilt

$$f(z) = \sum_{k=-\infty}^{-1} a_k (z-c)^k + \sum_{k=0}^{\infty} a_k (z-c)^k \tag{5.122}$$

mit eindeutig bestimmten Koeffizienten a_k. Diese erfüllen

$$a_k = \frac{1}{2\pi \mathrm{i}} \int_{\gamma} \frac{f(\zeta)}{(\zeta - c)^{k+1}}\, \mathrm{d}\zeta\,, \tag{5.123}$$

wobei γ ein Kreisweg um c mit beliebigem Radius $\rho \in (r, R)$ ist. Für jedes $\varepsilon > 0$ konvergiert der Hauptteil gleichmäßig im Gebiet $\{z\colon r+\varepsilon \le |z-c| < \infty\}$ und der Nebenteil gleichmäßig in der Kreisscheibe $\{z\colon |z-c| \le R - \varepsilon\}$.

Im Fall $R = \infty$ bleibt dieser Satz gültig mit der Modifikation, dass der Nebenteil gleichmäßig in jeder Kreisscheibe $\{z\colon 0 \le |z-c| \le S\}$ mit beliebigem $S > 0$ konvergiert.

Beweis: Der Beweis erfolgt analog zum Beweis des Entwicklungssatzes von Cauchy-Taylor auf Seite 111. Wie dort können wir $c = 0$ annehmen und den Fall $c \ne 0$ durch Übergang zur Funktion $z \mapsto f(c+z)$ darauf zurückführen. Für den Nebenteil betrachten wir

$$f^+(z) = \frac{1}{2\pi \mathrm{i}} \int_{\gamma_S} \frac{f(\zeta)}{\zeta - z}\, \mathrm{d}\zeta$$

aus (5.121) für $|z| < S < R$. Mithilfe der Entwicklung (beachte $|\zeta| = S$ auf γ_S)

$$\frac{1}{\zeta - z} = \frac{1}{\zeta} \sum_{k=0}^{\infty} \left(\frac{z}{\zeta}\right)^k$$

erhalten wir

$$\begin{aligned} f^+(z) &= \frac{1}{2\pi \mathrm{i}} \int_{\gamma_S} \frac{f(\zeta)}{\zeta} \sum_{k=0}^{\infty} \left(\frac{z}{\zeta}\right)^k \mathrm{d}\zeta \\ &= \sum_{k=0}^{\infty} \frac{1}{2\pi \mathrm{i}} \int_{\gamma_S} \frac{f(\zeta)}{\zeta} \left(\frac{z}{\zeta}\right)^k \mathrm{d}\zeta = \sum_{k=0}^{\infty} a_k z^k \end{aligned}$$

mit a_k gemäß (5.123) für $k \ge 0$. Die Vertauschbarkeit von Summe und Integral sowie die gleichmäßige Konvergenz für $|z| \le R - \varepsilon$ mit beliebigem $\varepsilon > 0$ folgt wie bei Cauchy-Taylor aus dem Kriterium von Weierstraß für Funktionenreihen.

Der Hauptteil entsteht aus (5.120),

$$f^-(z) = -\frac{1}{2\pi \mathrm{i}} \int_{\gamma_s} \frac{f(\zeta)}{\zeta - z}\, \mathrm{d}\zeta\,,$$

für $r < s < |z|$ vermittels der Entwicklung

$$\frac{1}{z - \zeta} = \frac{1}{z} \frac{1}{1 - \frac{\zeta}{z}} = \frac{1}{z} \sum_{j=0}^{\infty} \left(\frac{\zeta}{z}\right)^j$$

mit der Rechnung

$$\begin{aligned} f^-(z) &= \frac{1}{2\pi \mathrm{i}} \int_{\gamma_s} \frac{f(\zeta)}{z} \sum_{j=0}^{\infty} \left(\frac{\zeta}{z}\right)^j \mathrm{d}\zeta \\ &= \sum_{k=-1}^{-\infty} \frac{1}{2\pi \mathrm{i}} \int_{\gamma_s} \frac{f(\zeta)}{z} \left(\frac{z}{\zeta}\right)^{k+1} \mathrm{d}\zeta = \sum_{k=-1}^{-\infty} a_k z^k\,, \end{aligned}$$

wieder mit a_k gemäß (5.123), diesmal für $k < 0$. Die gleichmäßige Konvergenz wie behauptet ergibt sich ebenfalls aus dem Kriterium von Weierstraß. Da $f(z) = f^+(z) + f^-(z)$ nach (5.117), ist (5.122) gezeigt.

Zum Beweis der Eindeutigkeit nehmen wir an, dass

$$f(z) = \tilde{f}^+(z) + \tilde{f}^-(z) = \sum_{k=0}^{\infty} \tilde{a}_k z^k + \sum_{k=-1}^{-\infty} \tilde{a}_k z^k$$

eine weitere Darstellung von f mit einer in A konvergenten Laurentreihe ist. Es folgt $f^+ - \tilde{f}^+ = \tilde{f}^- - f^-$ in A. Da die Hauptteile f^- und $\tilde{f}^-$ in $\{z\colon |z| > r\}$ und die Nebenteile f^+ und $\tilde{f}^+$ in $\{z\colon |z| < R\}$ konvergieren, wird durch

$$h(z) = \begin{cases} f^+(z) - \tilde{f}^+(z)\,, & |z| < R\,, \\ \tilde{f}^-(z) - f^-(z)\,, & |z| > r\,, \end{cases}$$

eine holomorphe Funktion $h\colon \mathbb{C} \to \mathbb{C}$ definiert mit

$$\lim_{|z| \to \infty} |h(z)| = 0\,. \tag{5.124}$$

Hieraus folgt, dass h auf $\mathbb{C}$ beschränkt ist. Nach dem Satz von Liouville ist h konstant, und wiederum wegen (5.124) gilt $h = 0$. Es folgt $\tilde{f}^+ = f^+$ sowie $\tilde{f}^- = f^-$ und damit $\tilde{a}_k = a_k$ für alle k wegen Eindeutigkeit der Potenzreihendarstellung. ∎

An der Laurententwicklung können wir erkennen, welcher Typ einer isolierten Singularität vorliegt.

Die Laurententwicklung charakterisiert den Typ einer isolierten Singularität

Sei f auf U holomorph mit einer isolierten Singularität in c und zugehöriger Laurententwicklung

$$f(z) = \sum_{k=-\infty}^{-1} a_k(z-c)^k + \sum_{k=0}^{\infty} a_k(z-c)^k$$

in einer punktierten Kreisscheibe um c.
(a) c ist hebbar genau dann, wenn der Hauptteil verschwindet, das heißt, $a_k = 0$ für alle $k < 0$.
(b) c ist ein m-facher Pol genau dann, wenn $a_k = 0$ für alle $k < -m$ sowie $a_{-m} \neq 0$.
(c) c ist wesentliche Singularität genau dann, wenn es unendlich viele $k < 0$ gibt mit $a_k \neq 0$.

Die Äquivalenzen (a) und (b) sind bereits in Abschnitt 5.6 besprochen worden. Da eine Singularität wesentlich ist genau dann, wenn sie weder hebbar noch eine Polstelle ist, gilt auch (c).

5.8 Der Residuensatz

Der Residuensatz gibt Auskunft über den Wert von

$$\int_\gamma f(z)\,\mathrm{d}z$$

für geschlossene Wege γ. Verläuft γ in einem Sterngebiet, in dem f holomorph ist, so hat das Integral den Wert null, nach dem Integralsatz von Cauchy. Umläuft γ aber Singularitäten von f, so gilt das in der Regel nicht mehr.

Die Leistung des Residuensatzes ist es, die Berechnung des Integrals allein aus der Kenntnis der Anzahl der Umläufe von γ um die Singularitäten von f und der Werte der Laurent-Koeffizienten a_{-1} an diesen Singularitäten zu ermöglichen.

Eine Stammfunktion von f wird dabei nicht benötigt; eine solche wird es in der Regel auch nicht geben. Wir erinnern uns: Hat f in einer offenen Menge U eine Stammfunktion, so ist das Wegintegral über jeden geschlossenen, vollständig in U verlaufenden Weg γ gleich null.

Die Anzahl der Umläufe wird durch ein spezielles Wegintegral dargestellt

Wir betrachten einen Kreis mit Mittelpunkt c und beliebigem Radius. Wir durchlaufen ihn k-mal mit $k \in \mathbb{Z}$, das Vorzeichen gibt den Umlaufsinn an. Für den resultierenden Weg γ gilt, wie wir wissen,

$$\int_\gamma \frac{1}{z-c}\,\mathrm{d}z = 2\pi \mathrm{i}k\,. \qquad (5.125)$$

?

Bleibt diese Formel richtig, wenn c ein anderer innerer Punkt des Kreises ist?

Die Umlaufzahl eines beliebigen geschlossenen Weges wird als Verallgemeinerung von (5.125) gebildet.

Definition der Umlaufzahl

Für einen beliebigen geschlossenen Weg γ und einen nicht auf γ liegenden Punkt c definieren wir seine **Umlaufzahl** $\nu_\gamma(c)$, auch **Windungszahl** genannt, durch

$$\nu_\gamma(c) = \frac{1}{2\pi\mathrm{i}} \int_\gamma \frac{1}{z-c}\,\mathrm{d}z\,. \qquad (5.126)$$

Dass mit (5.126) tatsächlich die Umläufe von γ wie schon im Spezialfall des Kreises richtig gezählt werden, werden wir in der Box auf Seite 137 feststellen.

Bei der Besprechung von Logarithmusfunktionen hatten wir im Satz auf Seite 123 in (5.90) gesehen, dass

$$\exp\left[\int_\gamma \frac{f'(z)}{f(z)}\,\mathrm{d}z\right] = 1$$

gilt für jede holomorphe und auf γ nullstellenfreie Funktion f. Da c nicht auf γ liegt, ergibt sich hieraus für $f(z) = z - c$, dass

$$\exp\left[\int_\gamma \frac{1}{z-c}\,\mathrm{d}z\right] = 1\,, \qquad (5.127)$$

also

$$\int_\gamma \frac{1}{z-c}\,\mathrm{d}z = 2\pi \mathrm{i}k \qquad (5.128)$$

für ein $k \in \mathbb{Z}$ gemäß (5.17). Der Vergleich mit (5.126) zeigt

$$\nu_\gamma(c) \in \mathbb{Z}\,, \qquad (5.129)$$

die Umlaufzahl ist also tatsächlich eine ganze Zahl, unabhängig von der Form von γ. Für $\gamma\colon I = [a, b] \to \mathbb{C}$ ist die Funktion

$$\nu_\gamma\colon \mathbb{C} \setminus \gamma(I) \to \mathbb{C}$$

aus (5.126) als parameterabhängiges Wegintegral stetig (sogar holomorph), wie wir auf Seite 115 gesehen haben. Da sie nur ganzzahlige Werte annimmt, ist sie lokal konstant und daher auf Gebieten $G \subset \mathbb{C} \setminus \gamma(I)$ konstant.

Entscheidend für die vorangehenden Überlegungen ist die Gültigkeit der Formel (5.127). In Aufgabe 5.30 werden wir sie ohne expliziten Rückgriff auf die allgemeinere Formel (5.90) beweisen – implizit wird dabei allerdings dieselbe Idee wie im allgemeinen Fall verwendet.

In vielen Situationen lässt sich die Umlaufzahl einfach ermitteln. Als erstes betrachten wir Punkte c im **Außengebiet von** $\boldsymbol{\gamma}$, das heißt im maximalen Gebiet G, welches $\{z\colon |z| > \|\gamma\|_\infty\}$ umfasst.

Im Außengebiet ist die Umlaufzahl gleich null

Liegt c im Außengebiet eines geschlossenen Weges γ, so gilt

$$\nu_\gamma(c) = 0\,. \qquad (5.130)$$

Beweis: Aus (5.126) folgt mit der Standardabschätzung (5.38) für Kurvenintegrale, dass

$$|\nu_\gamma(c)| \le \frac{1}{2\pi} \frac{L(\gamma)}{\operatorname{dist}(c, \gamma(I))} \to 0\,, \quad \text{falls } c \to \infty.$$

Da ν_γ ganzzahlig ist, muss $\nu_\gamma = 0$ im Außengebiet von γ gelten. ■

Kann man den Weg γ zeichnen, so ist in der Regel anschaulich unmittelbar klar, welche Punkte zum Außengebiet gehören und welche nicht. „Mathematisch-formal" gilt das Folgende: Ein Punkt c liegt jedenfalls dann im Außengebiet eines geschlossenen Weges $\gamma : I \to \mathbb{C}$, falls es eine von c ausgehende Halbgerade $\{c + tz : t \ge 0\}$ mit $z \ne 0$ gibt, die γ nicht trifft. In diesem Fall ist nämlich c durch die ganz in $\mathbb{C} \setminus \gamma(I)$ verlaufende Strecke $[c, c + tz]$ mit einem Punkt $c + tz$ verbunden, für den $|c + tz| > \|\gamma\|_\infty$ gilt, falls t hinreichend groß ist. Für den Weg γ im linken Teil von Abbildung 5.13 ist das eben genannte Kriterium für jedes c im Außengebiet erfüllt, für den Weg im rechten Teil des Bildes ist ein c im Außengebiet eingezeichnet, welches das Kriterium nicht erfüllt.

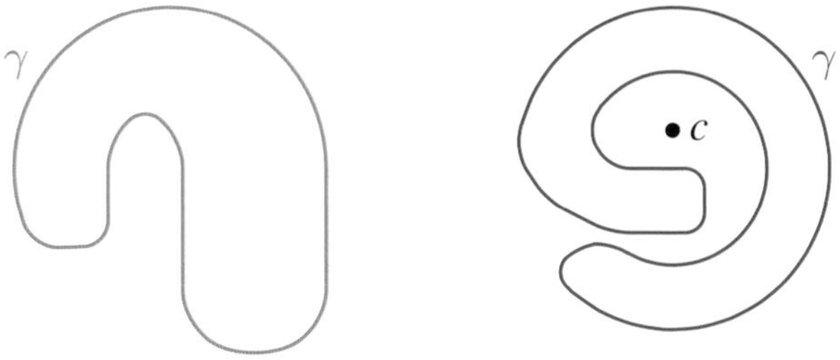

Abbildung 5.13 Mögliche Lage von Punkten im Außengebiet.

Residuum und Umlaufzahl liefern den Wert eines Wegintegrals um eine einzelne Singularität

Wir betrachten nun das Wegintegral

$$\int_\gamma f(z)\,\mathrm{d}z$$

für einen geschlossenen Weg, und zwar zunächst in einer lokalen Situation. Ist f in einer punktierten Kreisscheibe $B^\times$ um einen Punkt c holomorph, so besitzt f gemäß dem Satz auf Seite 133 eine Laurententwicklung

$$f(z) = \sum_{k=-\infty}^{-1} a_k(z-c)^k + \sum_{k=0}^{\infty} a_k(z-c)^k\,.$$

Sei γ ein ganz in $B^\times$ enthaltener geschlossener Weg. Es gilt $\int_\gamma (z-c)^k\,\mathrm{d}z = 0$ für alle $k \ne -1$, da dann der Integrand in $B^\times$ die Stammfunktion $z \mapsto (z-c)^{k+1}/(k+1)$ hat. Es folgt

$$\int_\gamma f(z)\,\mathrm{d}z = \int_\gamma \frac{a_{-1}}{z-c}\,\mathrm{d}z = 2\pi\mathrm{i}a_{-1}\nu_\gamma(c)\,, \qquad (5.137)$$

mit (5.126), da wir das Integral mit der Laurentreihe in deren Konvergenzgebiet vertauschen dürfen.

Definition des Residuums

Die Zahl a_{-1} aus der Laurententwicklung von f um c heißt das **Residuum von f in c**, geschrieben

$$\operatorname{Res}(f, c)\,.$$

Das Residuum von f in c ist somit durch die Laurententwicklung von f um c festgelegt.

?

Welches Residuum haben folgende Funktionen in $c = 0$? (a) $f(z) = (z^2+2)/z$, (b) $f(z) = z^3/((z+2)(z^5-1))$, (c) $f(z) = \mathrm{e}^z/z^4$.

Unmittelbar aus der Definition des Residuums folgt, dass

$$\operatorname{Res}(\lambda f + \mu g, c) = \lambda \operatorname{Res}(f, c) + \mu \operatorname{Res}(g, c) \qquad (5.138)$$

gilt für nahe c holomorphe Funktionen f, g und $\lambda, \mu \in \mathbb{C}$.

?

Gilt auch $\operatorname{Res}(fg, c) = \operatorname{Res}(f, c) \cdot \operatorname{Res}(g, c)$?

Der Residuensatz charakterisiert Wegintegrale zu beliebigen geschlossenen Wegen

Übertragen wir (5.137) aufs Globale, das heißt auf einen beliebigen Integrationsweg, so erhalten wir den Residuensatz. Wir betrachten ein Sterngebiet G, oft ist $G = \mathbb{C}$, und eine auf G mit Ausnahme endlich vieler isolierter Singularitäten holomorphe Funktion f. Bezeichnet S die Menge dieser Singularitäten, so ist f also holomorph auf $U = G \setminus S$.

Residuensatz

Ist $\gamma : I \to G$ ein geschlossener Weg mit $\gamma(I) \cap S = \emptyset$, welcher also nicht durch eine Singularität von f verläuft, so gilt

$$\int_\gamma f(z)\,\mathrm{d}z = 2\pi\mathrm{i} \sum_{c \in S} \operatorname{Res}(f, c)\nu_\gamma(c)\,. \qquad (5.139)$$

Die Idee des Beweises besteht darin, durch „Abziehen der Singularitäten" die Situation des Integralsatzes von Cauchy herzustellen.

Beispiel: Einfach geschlossene Wege

Ein geschlossener Weg $\gamma\colon I \to \mathbb{C}$ heißt **einfach geschlossen**, falls $\nu_\gamma(\mathbb{C} \setminus \gamma(I)) = \{0, 1\}$ gilt, das heißt, falls die Umlaufzahl beide Werte 0 und 1 annimmt, aber keine anderen. Solche Wege wollen wir identifizieren.

Problemanalyse und Strategie: Jeder im positiven Sinn durchlaufene Kreis γ ist einfach geschlossen, da $\nu_\gamma = 1$ im Inneren und $\nu_\gamma = 0$ im Äußeren gilt. Indem wir ausnutzen, dass generell $\nu_\gamma = 0$ im Außengebiet gilt, können wir auch andere Wege durch einfache geometrische Konstruktionen als einfach geschlossen erkennen.

Lösung:

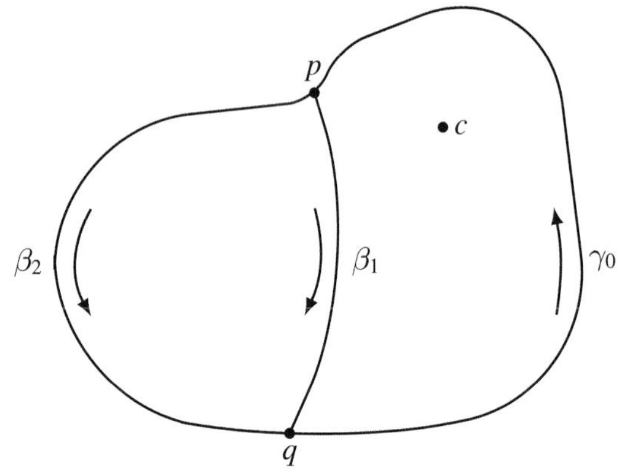

Oben stehendes Bild veranschaulicht das folgende Schema zur Identifizierung einfach geschlossener Wege. Seien β_1 und β_2 Wege von p nach q, sei γ_0 ein Weg von q nach p. Die zusammengesetzten Wege

$$\gamma_1 = \gamma_0 + \beta_1\,, \quad \gamma_2 = \gamma_0 + \beta_2$$

sind beide geschlossen, ebenso $\beta = \beta_1 - \beta_2$. Ist nun c ein Punkt im Außengebiet von β, so ist $\nu_\beta(c) = 0$ gemäß (5.130). Es folgt

$$\int_{\beta_1} \frac{1}{z-c}\,\mathrm{d}z = \int_{\beta_2} \frac{1}{z-c}\,\mathrm{d}z$$

und daraus

$$\begin{aligned} \nu_{\gamma_1}(c) &= \int_{\gamma_0} \frac{1}{z-c}\,\mathrm{d}z + \int_{\beta_1} \frac{1}{z-c}\,\mathrm{d}z \\ &= \int_{\gamma_0} \frac{1}{z-c}\,\mathrm{d}z + \int_{\beta_2} \frac{1}{z-c}\,\mathrm{d}z \\ &= \nu_{\gamma_2}(c) \end{aligned} \tag{5.131}$$

für jedes c im Außengebiet von β. Hiermit lässt sich die erwähnte Eigenschaft des Kreises ($\nu_\gamma = 1$ im Inneren, $\nu_\gamma = 0$ im Äußeren) auf andere Kurven übertragen, so etwa auf Kreisabschnitte oder – durch mehrfache Anwendung – auf konvexe Polygone, siehe unten stehende Abbildung. Insbesondere sind im positiven Sinn durchlaufene Halbkreise, Dreiecke und Rechtecke einfach geschlossene Wege.

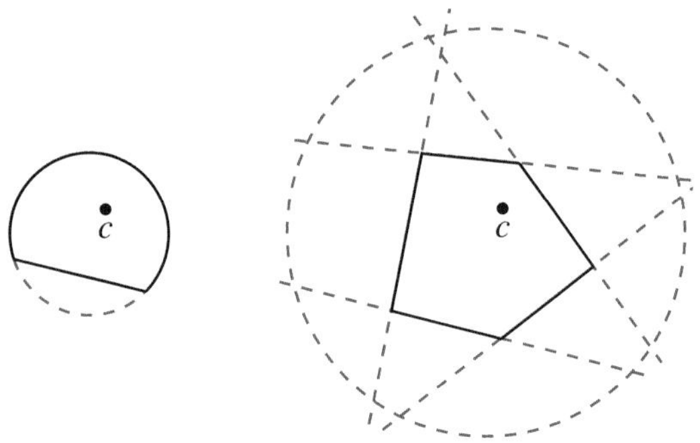

Beweis: Für jede Singularität $c \in S$ betrachten wir den Hauptteil der Laurentreihe von f um c,

$$f_c(z) = \frac{\operatorname{Res}(f, c)}{z-c} + \sum_{k=-\infty}^{-2} a_k (z-c)^k\,.$$

Die Funktion f_c ist holomorph auf $\mathbb{C} \setminus \{c\}$, und

$$\int_\gamma f_c(z)\,\mathrm{d}z = 2\pi \mathrm{i} \operatorname{Res}(f, c)\nu_\gamma(c) \tag{5.140}$$

folgt wie gehabt, da die Integrale über $(z-c)^k$ null sind für $k < -1$. Die Funktion $f - f_c$ hat eine hebbare Singularität in c, da sie auf einer hinreichend kleinen Kreisscheibe um c gleich dem Nebenteil der Laurentreihe von f um c ist. Die Funktion

$$g = f - \sum_{c \in S} f_c$$

ist auf $G \setminus S$ holomorph, und nach Konstruktion sind alle Singularitäten von g hebbar. Wir können somit g zu einer auf G holomorphen Funktion $\tilde{g}$ fortsetzen. Da γ die Singularitätenmenge S nicht trifft, folgt aus dem Integralsatz von Cauchy nun, dass

$$\int_\gamma g(z)\,\mathrm{d}z = \int_\gamma \tilde{g}(z)\,\mathrm{d}z = 0\,.$$

Mit (5.140) ergibt sich hieraus

$$\int_\gamma f(z)\,\mathrm{d}z = \sum_{c \in S} \int_\gamma f_c(z)\,\mathrm{d}z = 2\pi \mathrm{i} \sum_{c \in S} \operatorname{Res}(f, c)\nu_\gamma(c)\,,$$

was zu beweisen war. ∎

Unter der Lupe: Die Umlaufzahl

Die Umlaufzahl, eine geometrische Größe, ist definiert über ein Wegintegral, ein analytischer Ausdruck. Ihre Ganzzahligkeit basiert auf der Formel (5.127), die wir aus der Betrachtung von Logarithmusfunktionen gewonnen haben. Aber warum liefert uns $\nu_\gamma(c)$ die richtige Anzahl der Umläufe von γ um c entsprechend unserer anschaulichen Vorstellung? Diese Frage werden wir jetzt beantworten.

Sei $\gamma\colon [a,b] \to \mathbb{C}$ ein Weg, welcher nicht durch den Punkt c verläuft; wir setzen nicht voraus, dass γ geschlossen ist. Wir betrachten das zwischen $\gamma(s)$ und $\gamma(t)$ verlaufende Teilstück, mit $a \le s < t \le b$. Aus (5.89) mit $f(z) = z - c$ wissen wir, dass

$$\frac{\gamma(t)-c}{\gamma(s)-c} = \exp\left[\int_{\gamma|[s,t]} \frac{1}{z-c}\,\mathrm{d}z\right]. \qquad (5.132)$$

In der für alle $z, w \in \mathbb{C}$ gültigen Äquivalenz, siehe (5.21),

$$z = \mathrm{e}^w \quad \Leftrightarrow \quad w = \ln(|z|) + \mathrm{i}\arg(z) + 2\pi\mathrm{i}m\,, \quad m \in \mathbb{Z}\,,$$

gilt $m = 0$ falls $|w|$ hinreichend klein ist. Aus (5.132) wird daher

$$\arg\left(\frac{\gamma(t)-c}{\gamma(s)-c}\right) = \operatorname{Im}\left[\int_{\gamma|[s,t]} \frac{1}{z-c}\,\mathrm{d}z\right], \qquad (5.133)$$

falls $t - s$ hinreichend klein ist. Die linke Seite ist gemäß dem Beispiel auf Seite 101 gleich dem auf $(-\pi, \pi]$ normierten Winkel zwischen $\gamma(s) - c$ und $\gamma(t) - c$.

Zur genaueren Analyse dieses Winkels transformieren wir den Weg γ auf den Einheitskreis vermittels

$$\beta(\tau) = \frac{\gamma(\tau)-c}{|\gamma(\tau)-c|}\,, \qquad \beta\colon [a,b] \to \mathbb{C}\,.$$

Da $\arg(rz) = r\arg(z)$ für alle reellen $r \neq 0$ und alle komplexen $z \neq 0$, gilt

$$\arg\left(\frac{\gamma(t)-c}{\gamma(s)-c}\right) = \arg\left(\frac{\beta(t)}{\beta(s)}\right). \qquad (5.134)$$

Die Punkte $\beta(s)$ und $\beta(t)$ teilen den Einheitskreis in zwei Segmente, sei I das kleinere davon (wir unterstellen $|\beta(t) - \beta(s)| < 2$), einschließlich seiner beiden Randpunkte, siehe Abbildung.

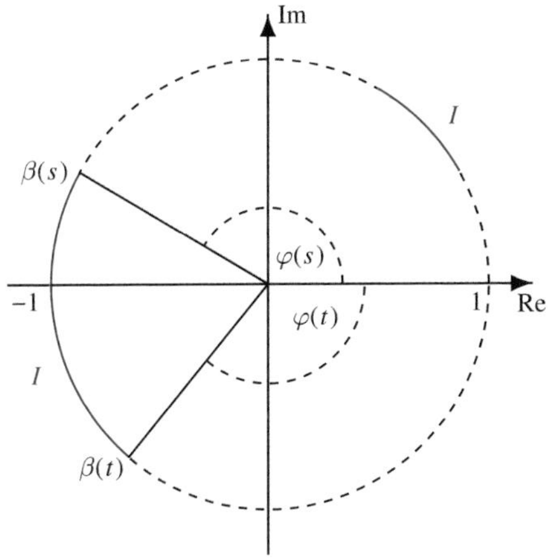

Ist nun $-1 \in I$ und $\operatorname{sign}(\varphi(t)) \neq \operatorname{sign}(\varphi(s))$ mit $\varphi = \arg(\beta)$, so springt das Argument im Bereich $[s,t]$, und

$$\arg\left(\frac{\beta(t)}{\beta(s)}\right) = \varphi(t) - \varphi(s) \pm 2\pi\,, \qquad (5.135)$$

wobei „+" dem Fall entspricht, dass – wie in der Abbildung – der Übergang von $\beta(s)$ zu $\beta(t)$ entlang I im positiven Sinn erfolgt. Andernfalls gilt

$$\arg\left(\frac{\beta(t)}{\beta(s)}\right) = \varphi(t) - \varphi(s)\,. \qquad (5.136)$$

Sei nun $\Delta = \{t_j\}$, $a = t_0 < \cdots < t_n = b$ eine hinreichend feine Zerlegung, sodass die eben vorgebrachten Argumente gültig sind. Aus (5.133) – (5.135) folgt nun

$$\begin{aligned}\operatorname{Im}\left[\int_\gamma \frac{1}{z-c}\,\mathrm{d}z\right] &= \sum_{j=1}^n \operatorname{Im}\left[\int_{\gamma|[t_{j-1},t_j]} \frac{1}{z-c}\,\mathrm{d}z\right]\\ &= \sum_{j=1}^n \arg\left(\frac{\gamma(t_j)-c}{\gamma(t_{j-1})-c}\right) = \sum_{j=1}^n \arg\left(\frac{\beta(t_j)}{\beta(t_{j-1})}\right)\\ &= \sum_{j=1}^n (\varphi(t_j) - \varphi(t_{j-1})) + 2K\pi = \varphi(b) - \varphi(a) + 2K\pi\,,\end{aligned}$$

wobei K die Anzahl der Übergänge über den Punkt -1 ist, die positiven mit $+1$ und die negativen mit -1 gezählt. Da K auf der linken Seite nicht vorkommt, ist K von Δ unabhängig, falls Δ hinreichend fein ist. Geht die Feinheit von Δ gegen null, so konvergieren die zugehörigen linearen Interpolierenden der Punkte $\gamma(t_j)$ gleichmäßig gegen γ. In diesem Sinne werden – bis auf den Faktor 2π und den Effekt von Anfangs- und Endpunkt – die Umläufe von γ um c durch den Imaginärteil des Integrals $\int_\gamma 1/(z-c)\,\mathrm{d}z$ durch K richtig gezählt.

Ist nun γ geschlossen, so ist $\varphi(b) = \varphi(a)$ und

$$2\pi\mathrm{i}k = \int_\gamma \frac{1}{z-c}\,\mathrm{d}z$$

für ein $k \in \mathbb{Z}$ nach (5.128), welches definitionsgemäß gleich $\nu_\gamma(c)$ ist. Das Integral hat also den Realteil 0. Ein Vergleich mit obiger Gleichungskette zeigt, dass $k = K$ gilt. Somit ist

$$\nu_\gamma(c) = K\,,$$

das heißt, $\nu_\gamma(c)$ zählt die Umläufe von γ um c.

Für Residuen an Polstellen gibt es einfache Formeln

Ist c ein einfacher Pol einer nahe c holomorphen Funktion f, und ist f^+ der Nebenteil der Laurentreihe von f in c, so ist

$$f(z) = \frac{a_{-1}}{z-c} + f^+(z)$$

nahe c und daher

$$\operatorname{Res}(f, c) = \lim_{z \to c} (z-c) f(z) . \tag{5.141}$$

Dieser Fall liegt beispielsweise vor, wenn

$$f(z) = \frac{g(z)}{h(z)}$$

mit $g(c) \neq 0$ gelten und c eine einfache Nullstelle von h ist, also $h(c) = 0$ und $h'(c) \neq 0$. Es ist dann

$$(z-c) f(z) = g(z) \frac{z-c}{h(z)} = g(z) \frac{z-c}{h(z) - h(c)} ,$$

nahe c, und mit (5.141) folgt

$$\operatorname{Res}(f, c) = \frac{g(c)}{h'(c)} . \tag{5.142}$$

Beispiel Residuum am einfachen Pol

1. Die Funktion

$$f(z) = \frac{1}{1+z^2}$$

hat in $c = \pm \mathrm{i}$ jeweils einen einfachen Pol. Mit $g(z) = 1$ und $h(z) = 1 + z^2$, $h'(z) = 2z$ ergibt sich aus (5.142)

$$\operatorname{Res}(f, \mathrm{i}) = \frac{g(\mathrm{i})}{h'(\mathrm{i})} = \frac{1}{2\mathrm{i}} , \quad \operatorname{Res}(f, -\mathrm{i}) = -\frac{1}{2\mathrm{i}} .$$

2. Die Funktion

$$f(z) = \frac{z^2}{1+z^4}$$

hat vier einfache Polstellen, nämlich

$$c = \mathrm{e}^{\frac{\pi \mathrm{i}}{4}} , \quad \mathrm{i}c , \quad -c , \quad -\mathrm{i}c .$$

Mit $g(z) = z^2$ und $h(z) = 1 + z^4$, $h'(z) = 4z^3$ ergibt sich aus (5.142)

$$\operatorname{Res}(f, c) = \frac{c^2}{4c^3} = \frac{1}{4c} = \frac{1}{4} \mathrm{e}^{-\frac{\pi \mathrm{i}}{4}} ,$$

und entsprechend die drei anderen Residuen. ◀

Ist c ein einfacher Pol einer nahe c holomorphen Funktion f, und ist g holomorph, so ist c auch einfacher Pol des Produkts fg, und es gilt

$$\operatorname{Res}(fg, c) = \lim_{z \to c} (z-c) f(z) g(z) = g(c) \operatorname{Res}(f, c) \tag{5.143}$$

gemäß (5.141).

Ist c ein m-facher Pol einer nahe c holomorphen Funktion f, so kann man analog vorgehen. Wir multiplizieren

$$f(z) = \frac{a_{-m}}{(z-c)^m} + \sum_{k > -m} a_k (z-c)^k$$

mit $(z-c)^m$ und erhalten das Residuum a_{-1} von f in c als den $(m-1)$-ten Koeffizienten der Potenzreihe der durch $h(z) = (z-c)^m f(z)$ definierten Funktion h,

$$\operatorname{Res}(f, c) = \frac{h^{(m-1)}(c)}{(m-1)!} .$$

?

Gilt (5.143) auch, wenn f einen mehrfachen Pol in c hat?

Bei einer wesentlichen Singularität kommt man auf diese Weise nicht weiter, man ist auf eine Analyse der Laurentreihe im Einzelfall angewiesen.

Mit dem Residuensatz lassen sich Integrale explizit auswerten

Integrale im Reellen der Form

$$\int_a^b f(t)\, \mathrm{d}t$$

können wir mit dem Hauptsatz der Differenzial- und Integralrechnung formelmäßig auswerten, falls wir eine explizite Formel für eine Stammfunktion F von f kennen. Der Residuensatz liefert eine weitere Methode zur Berechnung eines solchen Integrals: Man stellt einen Zusammenhang her zu einem geeigneten Integral über einen geschlossenen Weg im Komplexen und wertet dieses mit dem Residuensatz aus.

Eine explizite Kenntnis von Stammfunktionen wird dabei nicht benötigt.

Ein solcher Zusammenhang zu einem Wegintegral im Komplexen kann auf unterschiedliche Art und Weise hergestellt werden. Hat etwa f die Form

$$f(t) = \tilde{f}(\gamma(t)) \gamma'(t)$$

für einen geschlossenen Weg $\gamma \colon [a, b] \to \mathbb{C}$ und eine holomorphe Funktion $\tilde{f}$, so gilt

$$\int_a^b f(t)\, \mathrm{d}t = \int_\gamma \tilde{f}(z)\, \mathrm{d}z = 2\pi \mathrm{i} \sum_{c \in S} \operatorname{Res}(\tilde{f}, c) \nu_\gamma(c) ,$$

falls $\tilde{f}$ die Voraussetzungen des Residuensatzes erfüllt und S als Singularitätenmenge hat. Als Beispiel behandeln wir das Integral in (5.144).

Eine andere Möglichkeit besteht darin, das reelle Integrationsintervall als Teil eines geschlossenen Weges im Komplexen aufzufassen. Man wendet dann den Residuensatz auf die holomorphe Fortsetzung von f ins Komplexe an.

Beispiel: Integral einer rationalen Funktion von Sinus und Kosinus

Wir wollen das Integral

$$\int_0^{2\pi} g(\cos t, \sin t)\,\mathrm{d}t \tag{5.144}$$

berechnen für eine gegebene rationale Funktion g, das heißt, $g = p/q$ für geeignete Polynome p, q auf $\mathbb{R}^2$. Wir setzen voraus, dass g keine Pole auf dem Einheitskreis hat, dass also $q(x, y) \neq 0$ gilt für alle $x, y \in \mathbb{R}$ mit $x^2 + y^2 = 1$.

Problemanalyse und Strategie: Mittels $\gamma(t) = \mathrm{e}^{\mathrm{i}t}$ verwandeln wir das Integral (5.144) in ein Wegintegral entlang des Einheitskreises mit einem rationalen Integranden und werten dieses mit dem Residuensatz aus.

Lösung:
Für $z = \gamma(t) = \mathrm{e}^{\mathrm{i}t}$ gelten

$$\cos t = \frac{1}{2}\big(\mathrm{e}^{\mathrm{i}t} + \mathrm{e}^{-\mathrm{i}t}\big) = \frac{1}{2}\big(z + \frac{1}{z}\big)$$

und

$$\sin t = \frac{1}{2\mathrm{i}}\big(\mathrm{e}^{\mathrm{i}t} - \mathrm{e}^{-\mathrm{i}t}\big) = \frac{1}{2\mathrm{i}}\big(z - \frac{1}{z}\big).$$

Wegen $\gamma'(t) = \mathrm{i}\gamma(t) = \mathrm{i}z$ setzen wir

$$h(z) = g\Big(\frac{1}{2}\big(z + \frac{1}{z}\big), \frac{1}{2\mathrm{i}}\big(z - \frac{1}{z}\big)\Big)\frac{1}{z}$$

und erhalten

$$\begin{aligned}\int_0^{2\pi} g(\cos t, \sin t)\,\mathrm{d}t &= \int_\gamma h(z)\cdot\frac{1}{\mathrm{i}}\,\mathrm{d}z\\ &= 2\pi\sum_{c\in S}\mathrm{Res}\,(h, c)\nu_\gamma(c) = 2\pi\sum_{c\in S}\mathrm{Res}\,(h, c)\end{aligned} \tag{5.145}$$

aus dem Residuensatz, wobei S die Singularitätenmenge von h im Innern der Einheitskreisscheibe ist. Diesen können wir anwenden, da h eine rationale Funktion auf $\mathbb{C}$ ist und keine Pole auf dem Einheitskreis hat.

Als Beispiel betrachten wir

$$\int_0^{2\pi} \frac{1}{1 - 2r\cos t + r^2}\,\mathrm{d}t\,.$$

Es ist $g(x, y) = 1/(1 - 2rx + r^2)$ und

$$\begin{aligned}h(z) &= \frac{1}{1 - r(z + z^{-1}) + r^2}\cdot\frac{1}{z} = \frac{1}{z - rz^2 - r + r^2 z}\\ &= \frac{1}{(z - r)(1 - rz)}\,.\end{aligned}$$

Für $|r| \neq 1$ hat h keinen Pol auf dem Einheitskreis und genau einen Pol im Innern, nämlich $c = r$ falls $|r| < 1$ bzw. $c = 1/r$ falls $|r| > 1$. Im Fall $|r| < 1$ ist

$$\mathrm{Res}\,(h, c) = \mathrm{Res}\,(h, r) = \lim_{z\to r}(z - r)h(z) = \frac{1}{1 - r^2}\,,$$

und damit

$$\int_0^{2\pi} \frac{1}{1 - 2r\cos t + r^2}\,\mathrm{d}t = \frac{2\pi}{1 - r^2}\,.$$

Im Fall $|r| > 1$ ergibt sich mit analoger Rechnung

$$\int_0^{2\pi} \frac{1}{1 - 2r\cos t + r^2}\,\mathrm{d}t = \frac{2\pi}{r^2 - 1}\,.$$

Wir ergänzen einen Halbkreis

Zur Berechnung von

$$\int_{-\infty}^{\infty} f(x)\,\mathrm{d}x \tag{5.146}$$

ist es hilfreich, wenn die ins Komplexe fortgesetzte Funktion f für große Argumente schnell genug klein wird. Sei etwa f auf $\mathbb{C}$ mit Ausnahme einer endlichen Singularitätenmenge S holomorph, es gelte $f(z) = o(1/z)$, das heißt,

$$\lim_{z\to\infty} zf(z) = 0\,, \tag{5.147}$$

und es gelte $S \cap \mathbb{R} = \emptyset$, das heißt, auf der reellen Achse liegt keine Singularität. Entlang des Halbkreisbogens $\beta_r\colon [0, \pi] \to \mathbb{C}$, $\beta_r(t) = r\mathrm{e}^{\mathrm{i}t}$, gilt dann (siehe Abbildung 5.14)

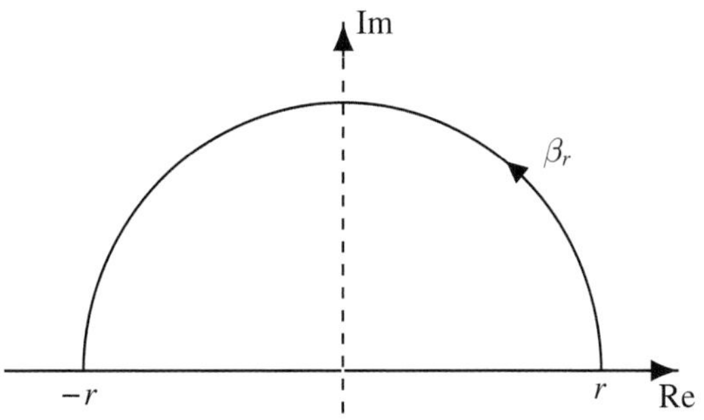

Abbildung 5.14 Integrationsweg zur Berechnung eines uneigentlichen Integrals.

$$\left|\int_{\beta_r} f(z)\,\mathrm{d}z\right| = \left|\int_0^\pi f(r\mathrm{e}^{\mathrm{i}t})\mathrm{i}r\mathrm{e}^{\mathrm{i}t}\,\mathrm{d}t\right| \le \int_0^\pi |f(r\mathrm{e}^{\mathrm{i}t})|r\,\mathrm{d}t$$
$$\le \pi \sup_{|z|=r} |zf(z)| \to 0$$

für $r \to \infty$. Sei γ_r der aus β_r und dem Intervall $[-r, r]$ bestehende geschlossene im positiven Sinn durchlaufene Halbkreis. Für hinreichend großes $r > 0$ enthält dieser Halbkreis die Menge $S^+ = \{c : c \in S,\ \operatorname{Im} c > 0\}$ aller Singularitäten, die in der oberen Halbebene liegen. Aus dem Residuensatz folgt

$$\int_{-r}^r f(x)\,\mathrm{d}x + \int_{\beta_r} f(z)\,\mathrm{d}z = \int_{\gamma_r} f(z)\,\mathrm{d}z$$
$$= 2\pi\mathrm{i}\sum_{c\in S^+} \operatorname{Res}(f, c)\nu_{\gamma_r}(c)\,.$$

Es ist $\nu_{\gamma_r}(c) = 1$ für $c \in S^+$, da der Integrationsweg einfach geschlossen ist. Mit $r \to \infty$ erhalten wir insgesamt

$$\int_{-\infty}^\infty f(x)\,\mathrm{d}x = 2\pi\mathrm{i}\sum_{c\in S^+} \operatorname{Res}(f, c)\,. \tag{5.148}$$

Hierbei ist das uneigentliche Integral im Sinne des Hauptwerts

$$\int_{-\infty}^\infty f(x)\,\mathrm{d}x = \lim_{r\to\infty}\int_{-r}^r f(x)\,\mathrm{d}x$$

zu verstehen. Gilt darüber hinaus $\int_{-\infty}^\infty |f(x)|\,\mathrm{d}x < \infty$, so kann der Grenzübergang für $+\infty$ und $-\infty$ unabhängig voneinander durchgeführt werden.

Die letztgenannte Bedingung sowie die Voraussetzung (5.147) sind beispielsweise dann erfüllt, wenn f eine rationale Funktion

$$f(x) = \frac{p(x)}{q(x)} \tag{5.149}$$

ist und der Grad des Nennerpolynoms q um mindestens 2 größer ist als der Grad des Zählerpolynoms p. Außerdem darf q keine reelle Nullstelle haben, damit keine Singularität auf der reellen Achse liegt.

Beispiel Uneigentliches Integral einer rationalen Funktion

1. Für $f(z) = 1/(1+z^2)$ gilt $S = \{\mathrm{i}, -\mathrm{i}\}$, also $S^+ = \{\mathrm{i}\}$, und damit

$$\int_{-\infty}^\infty \frac{1}{1+x^2}\,\mathrm{d}x = 2\pi\mathrm{i}\operatorname{Res}(f, \mathrm{i}) = \pi\,,$$

da $\operatorname{Res}(f, \mathrm{i}) = 1/(2\mathrm{i})$ gemäß dem Beispiel auf Seite 138. In diesem Fall könnten wir auch einfach den Hauptsatz der Differenzial- und Integralrechnung verwenden, da der Arcustangens Stammfunktion von f auf $\mathbb{R}$ ist und $\arctan x \to \pm\pi/2$ für $x \to \pm\infty$.

2. Für

$$f(z) = \frac{z^2}{1+z^4}$$

gilt $S = \{c, \mathrm{i}c, -c, -\mathrm{i}c\}$ mit $c = \mathrm{e}^{\pi\mathrm{i}/4}$, also $S^+ = \{c, \mathrm{i}c\}$, und damit gemäß dem Beispiel auf Seite 138

$$\int_{-\infty}^\infty \frac{x^2}{1+x^4}\,\mathrm{d}x = 2\pi\mathrm{i}\operatorname{Res}(f, c) + 2\pi\mathrm{i}\operatorname{Res}(f, \mathrm{i}c)$$
$$= 2\pi\mathrm{i}\left(\frac{1}{4c} + \frac{1}{4\mathrm{i}c}\right) = \frac{\pi}{2}\left(c + \frac{1}{c}\right) = \pi\cos\frac{\pi}{4}$$
$$= \frac{\pi}{\sqrt{2}}\,.$$

◀

Für Fouriertransformierte laufen wir im Rechteck

Wir wollen

$$\int_{-\infty}^\infty f(x)\mathrm{e}^{\mathrm{i}x\xi}\,\mathrm{d}x\,, \quad \xi \ne 0\,, \tag{5.150}$$

für $\xi \in \mathbb{R}$ mit $\xi \ne 0$ berechnen. Hierbei ist f eine Funktion, die auf $\mathbb{C}$, von einer endlichen Singularitätenmenge S abgesehen, holomorph ist, keine Singularität im Reellen hat und im Komplexen

$$\lim_{z\to\infty} f(z) = 0 \tag{5.151}$$

erfüllt. Als Funktion von ξ betrachtet handelt es sich bei (5.150) um die Fouriertransformierte von f, modifiziert – je nach Konvention – um einen konstanten Faktor oder das Vorzeichen von ξ. Das uneigentliche Integral ist zu verstehen als der Grenzwert

$$\int_{-\infty}^\infty f(x)\mathrm{e}^{\mathrm{i}x\xi}\,\mathrm{d}x = \lim_{r,s\to\infty}\int_{-r}^s f(x)\mathrm{e}^{\mathrm{i}x\xi}\,\mathrm{d}x \tag{5.152}$$
$$= \lim_{r\to\infty}\int_{-r}^0 f(x)\mathrm{e}^{\mathrm{i}x\xi}\,\mathrm{d}x + \lim_{s\to\infty}\int_0^s f(x)\mathrm{e}^{\mathrm{i}x\xi}\,\mathrm{d}x\,.$$

Wir setzen nicht voraus, dass $\int_{-\infty}^\infty |f(x)|\,\mathrm{d}x < \infty$.

Im Fall $\xi > 0$ ergänzen wir den Weg γ_0 von $(-r, 0)$ nach $(s, 0)$ durch die Wege γ_1 von $(s, 0)$ nach $(s, r+s)$, γ_2 von $(s, r+s)$ nach $(-r, r+s)$ und γ_3 von $(-r, r+s)$ nach $(-r, 0)$, sodass $\gamma = \sum_{j=0}^3 \gamma_j$ ein Rechteck im positiven Sinn durchläuft, siehe Abbildung 5.15.

Wir wählen r und s so groß, dass alle Singularitäten mit positivem Imaginärteil (welche die Menge S^+ bilden) im Rechteck liegen.

Nach dem Residuensatz gilt

$$\int_\gamma f(z)\mathrm{e}^{\mathrm{i}z\xi}\,\mathrm{d}z = 2\pi\mathrm{i}\sum_{c\in S^+}\operatorname{Res}(g, c)\nu_\gamma(c)\,, \tag{5.153}$$

wobei $g\colon \mathbb{C}\setminus S \to \mathbb{C}$ definiert ist durch

$$g(z) = f(z)\mathrm{e}^{\mathrm{i}z\xi}\,. \tag{5.154}$$

Das Wegintegral entlang γ setzt sich zusammen als

$$\int_\gamma f(z)\mathrm{e}^{\mathrm{i}z\xi}\,\mathrm{d}z = \int_{-r}^s f(x)\mathrm{e}^{\mathrm{i}x\xi}\,\mathrm{d}x + \sum_{j=1}^3\int_{\gamma_j} f(z)\mathrm{e}^{\mathrm{i}z\xi}\,\mathrm{d}z\,.$$

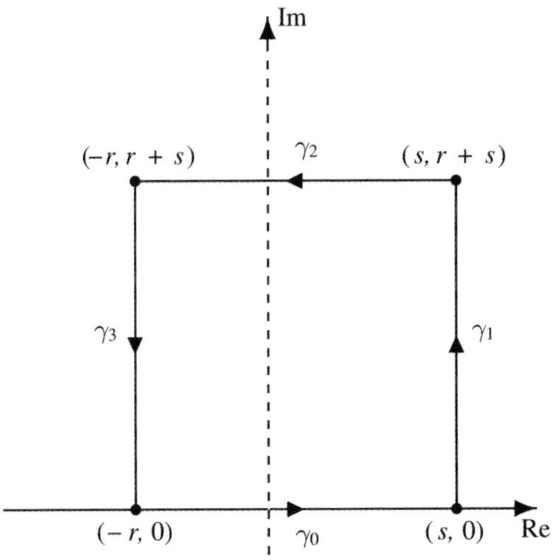

Abbildung 5.15 Integrationsweg zur Berechnung einer Fouriertransformierten.

Die weitere Strategie besteht darin, zu zeigen, dass die Integrale entlang γ_j gegen 0 konvergieren für $r, s \to \infty$. Gelingt das, so erhalten wir mit (5.153) das Ergebnis

$$\begin{aligned}\int_{-\infty}^{\infty} f(x)\mathrm{e}^{\mathrm{i}x\xi}\,\mathrm{d}x &= \lim_{r,s\to\infty}\int_{-r}^{s} f(x)\mathrm{e}^{\mathrm{i}x\xi}\,\mathrm{d}x \\ &= 2\pi\mathrm{i}\sum_{c\in S^+}\mathrm{Res}\,(g,c)\,,\end{aligned} \tag{5.155}$$

da der Integrationsweg einfach geschlossen ist und daher $\nu_\gamma(c) = 1$ für jedes $c \in S^+$ gilt. Besteht S^+ nur aus einfachen Polen, so wird (5.155) zu

$$\int_{-\infty}^{\infty} f(x)\mathrm{e}^{\mathrm{i}x\xi}\,\mathrm{d}x = 2\pi\mathrm{i}\sum_{c\in S^+}\mathrm{e}^{\mathrm{i}c\xi}\,\mathrm{Res}\,(f,c) \tag{5.156}$$

gemäß (5.143).

Wir betrachten die Wegintegrale entlang γ_j. Zunächst halten wir fest, dass für $z \in \mathbb{C}$ gilt

$$\mathrm{e}^{\mathrm{i}z\xi} = \mathrm{e}^{\mathrm{i}\xi\,\mathrm{Re}\,z}\mathrm{e}^{-\xi\,\mathrm{Im}\,z}\,, \qquad \left|\mathrm{e}^{\mathrm{i}z\xi}\right| = \mathrm{e}^{-\xi\,\mathrm{Im}\,z}\,.$$

Für γ_2 erhalten wir die Abschätzung

$$\begin{aligned}\left|\int_{\gamma_2} f(z)\mathrm{e}^{\mathrm{i}z\xi}\,\mathrm{d}z\right| &= \left|-\int_{-r}^{s} f(t+\mathrm{i}(r+s))\mathrm{e}^{\mathrm{i}t\xi}\mathrm{e}^{-(r+s)\xi}\,\mathrm{d}t\right| \\ &\le (r+s)\mathrm{e}^{-(r+s)\xi}\sup_{t\in[-r,s]}|f(t+\mathrm{i}(r+s))|\,.\end{aligned}$$

Für γ_1 gilt

$$\begin{aligned}\left|\int_{\gamma_1} f(z)\mathrm{e}^{\mathrm{i}z\xi}\,\mathrm{d}z\right| &= \left|\int_{0}^{r+s} f(s+\mathrm{i}t)\mathrm{e}^{\mathrm{i}s\xi}\mathrm{e}^{-t\xi}\mathrm{i}\,\mathrm{d}t\right| \\ &\le \frac{1}{\xi}(1-\mathrm{e}^{-(r+s)\xi})\sup_{t\in[0,r+s]}|f(s+\mathrm{i}t)| \\ &\le \frac{1}{\xi}\sup_{t\in[0,r+s]}|f(s+\mathrm{i}t)|\,.\end{aligned}$$

Analog zeigt man

$$\left|\int_{\gamma_3} f(z)\mathrm{e}^{\mathrm{i}z\xi}\,\mathrm{d}z\right| \le \frac{1}{\xi}\sup_{t\in[0,r+s]}|f(-r+\mathrm{i}t)|\,.$$

Aus diesen drei Abschätzungen für die Wegintegrale entlang γ_j erhalten wir mit (5.151), dass es zu jedem $\varepsilon > 0$ ein M gibt mit

$$\sum_{j=1}^{3}\left|\int_{\gamma_j} f(z)\mathrm{e}^{\mathrm{i}z\xi}\,\mathrm{d}z\right| \le \varepsilon\,, \qquad \text{für alle } r, s \ge M.$$

Damit ist die erwünschte Konvergenz dieser drei Wegintegrale gegen 0 gezeigt, und wir haben als Ergebnis für $\xi > 0$ erhalten, dass

$$\int_{-\infty}^{\infty} f(x)\mathrm{e}^{\mathrm{i}x\xi}\,\mathrm{d}x = 2\pi\mathrm{i}\sum_{c\in S^+}\mathrm{Res}\,(g,c)\,, \tag{5.157}$$

wobei $g(z) = f(z)\mathrm{e}^{\mathrm{i}z\xi}$.

Im Fall $\xi < 0$ ergänzen wir das Intervall $[-r, s]$ zu einem Rechteck in der unteren Halbebene und erhalten mit analoger Rechnung

$$\int_{-\infty}^{\infty} f(x)\mathrm{e}^{\mathrm{i}x\xi}\,\mathrm{d}x = -2\pi\mathrm{i}\sum_{c\in S^-}\mathrm{Res}\,(g,c)\,, \tag{5.158}$$

wobei S^- alle Singularitäten c mit negativem Imaginärteil enthält.

Beispiel Fouriertransformation einer rationalen Funktion
Wir wollen das Integral

$$\int_{-\infty}^{\infty}\frac{\cos x\xi}{1+x^2}\,\mathrm{d}x = \mathrm{Re}\int_{-\infty}^{\infty}\frac{\mathrm{e}^{\mathrm{i}x\xi}}{1+x^2}\,\mathrm{d}x$$

bestimmen. Gemäß dem Beispiel auf Seite 138 hat $f(z) = 1/(1+z^2)$ die einfachen Pole $c = \pm\mathrm{i}$ mit den Residuen $\mathrm{Res}\,(f, \pm\mathrm{i}) = \pm 1/(2\mathrm{i})$. Mit $h(z) = \mathrm{e}^{\mathrm{i}z\xi}$ folgt aus (5.143), dass

$$\mathrm{Res}\,(fh, c) = \mathrm{e}^{\mathrm{i}c\xi}\cdot\mathrm{Res}\,(f,c)$$

gilt. Einsetzen in (5.157) bzw. (5.158) ergibt

$$\int_{-\infty}^{\infty}\frac{\mathrm{e}^{\mathrm{i}x\xi}}{1+x^2}\,\mathrm{d}x = \begin{cases}\pi\mathrm{e}^{-\xi}\,, & \xi > 0\,,\\ \pi\mathrm{e}^{\xi}\,, & \xi < 0\,,\end{cases}$$

und damit insgesamt

$$\int_{-\infty}^{\infty}\frac{\cos x\xi}{1+x^2}\,\mathrm{d}x = \pi\mathrm{e}^{-\xi}\,.$$

◀

Zusammenfassung

Gegenstand dieses Kapitels sind holomorphe Funktionen. Eine auf einer offenen Teilmenge U von $\mathbb{C}$ definierte Funktion $f\colon U \to \mathbb{C}$ heißt holomorph in U, falls

$$f'(z) := \lim_{\substack{w \to z \\ w \neq z}} \frac{f(w) - f(z)}{w - z}$$

in jedem Punkt $z \in U$ existiert. Der Grenzwert „$w \to z$" wird in der Metrik von $\mathbb{C}$ genommen, welche mit der Metrik des $\mathbb{R}^2$ übereinstimmt.

Exponentialfunktion und Logarithmus spielen auch im Komplexen eine wichtige Rolle. Letzterer ist – im Unterschied zum Reellen – mehrdeutig, da die Exponentialfunktion in $\mathbb{C}$ periodisch ist mit der Periode $2\pi\mathrm{i}$.

Der Realteil $u = \operatorname{Re} f$ und der Imaginärteil $u = \operatorname{Im} f$ einer holomorphen Funktion $f\colon U \to \mathbb{C}$ erfüllen die Cauchy-Riemann'schen Differenzialgleichungen

$$\partial_x u(x, y) = \partial_y v(x, y)$$
$$\partial_y u(x, y) = -\partial_x v(x, y)$$

und sind Lösungen der Laplace-Gleichung, es gelten also $\Delta u = 0$ und $\Delta v = 0$ in U.

Das Wegintegral

$$\int_\gamma f(z)\,\mathrm{d}z := \int_a^b f(\gamma(t))\gamma'(t)\,\mathrm{d}t$$

einer stetigen Funktion f entlang eines stückweise differenzierbaren Weges $\gamma\colon [a, b] \to \mathbb{C}$ ist ein grundlegendes Werkzeug der Analysis im Komplexen. Das Wegintegral heißt wegunabhängig in U für $f\colon U \to \mathbb{C}$, falls es bei beliebig in U gegebenen Anfangspunkten $\gamma(a)$ und Endpunkten $\gamma(b)$ nicht vom Verlauf des Weges zwischen diesen beiden Punkten abhängt. Gleichbedeutend damit ist, dass das Wegintegral entlang jedes geschlossenen Weges gleich null ist.

Eine Funktion $F : U \to \mathbb{C}$ heißt Stammfunktion einer stetigen Funktion $f\colon U \to \mathbb{C}$, falls $F' = f$ in U gilt. Hat f eine Stammfunktion in U, so sind Wegintegrale von f in U wegunabhängig. Die Umkehrung gilt ebenfalls. Falls darüber hinaus U ein Sterngebiet ist, also falls ein $c \in U$ existiert, sodass für jedes $z \in U$ auch die Verbindungsstrecke $[c, z]$ in U liegt, so lässt sich eine Stammfunktion F von f als Wegintegral

$$F(z) = \int_{[c,z]} f(\zeta)\,\mathrm{d}\zeta$$

konstruieren.

Die punktierte Ebene $\mathbb{C}^\times = \mathbb{C} \setminus \{0\}$ ist kein Sterngebiet. Die Funktion $f(z) = 1/z$ ist holomorph in $\mathbb{C}^\times$, hat aber dort keine Stammfunktion, und für jeden Kreis γ um 0 gilt

$$\int_\gamma \frac{1}{z}\,\mathrm{d}z = 2\pi\mathrm{i}\,.$$

In der aufgeschnittenen Ebene $\mathbb{C}^- = \mathbb{C} \setminus \{(x, 0) : x \geq 0\}$, einem Sterngebiet, hat hingegen $f(z) = 1/z$ eine Stammfunktion, nämlich den Hauptwert w des Logarithmus von z, gegeben durch

$$w = \ln r + \mathrm{i}\varphi\,,$$

wobei $z = r\mathrm{e}^{\mathrm{i}\varphi}$ mit $r > 0$ und $\varphi \in (-\pi, \pi)$.

Der Integralsatz von Cauchy besagt, dass holomorphe Funktionen in Sterngebieten immer eine Stammfunktion haben.

Integralsatz von Cauchy

Ist U ein Sterngebiet und f auf U holomorph, so hat f eine Stammfunktion in U, und es gilt

$$\int_\gamma f(z)\,\mathrm{d}z = 0$$

für jeden geschlossenen Weg in U.

Mit dem Integralsatz von Cauchy können wir eine ganze Reihe von Eigenschaften holomorpher Funktionen erhalten. Ist γ ein Kreisweg und z ein innerer Punkt der zugehörigen Kreisscheibe B, so besagt das Zentrierungslemma, dass

$$\int_\beta f(z)\,\mathrm{d}z = \int_\gamma f(z)\,\mathrm{d}z$$

gilt für jeden Kreisweg β um z, der im Innern von B verläuft. Hierauf beruht eine Darstellungsformel für die Werte holomorpher Funktionen.

Integralformel von Cauchy für Kreise

Ist f in einer offenen Menge U holomorph, so gilt

$$f(z) = \frac{1}{2\pi\mathrm{i}} \int_\gamma \frac{f(\zeta)}{\zeta - z}\,\mathrm{d}\zeta$$

für jede mit ihrem positiv orientierten Rand γ in U gelegene Kreisscheibe B und jeden Punkt z im Innern von B.

Ist speziell z der Mittelpunkt von B, so erhalten wir daraus die Mittelwerteigenschaft

$$f(z) = \frac{1}{2\pi} \int_0^{2\pi} f(z + r\mathrm{e}^{\mathrm{i}t})\,\mathrm{d}t\,.$$

Holomorphe Funktionen lassen sich lokal immer als Potenzreihen darstellen.

Entwicklungssatz von Cauchy-Taylor

Ist f in einer offenen Menge U holomorph, so gilt für jede mit ihrem Rand γ ganz in U gelegene Kreisscheibe B mit Mittelpunkt c und Radius r, dass f sich in eine für jeden Punkt z im Innern von B konvergente Potenzreihe

$$f(z) = \sum_{k=0}^{\infty} a_k (z-c)^k$$

entwickeln lässt, mit den Koeffizienten

$$a_k = \frac{1}{2\pi \mathrm{i}} \int_\gamma \frac{f(\zeta)}{(\zeta - c)^{k+1}} \, \mathrm{d}\zeta \,.$$

Im Komplexen gilt also:

„Einmal differenzierbar" $\Rightarrow$ „Beliebig oft differenzierbar".

Mit dem Entwicklungssatz von Cauchy-Taylor ist es möglich, die Koeffizienten a_k gegen die Funktionswerte von f abzuschätzen, mit der folgenden Konsequenz.

Satz von Liouville

Ist f auf ganz $\mathbb{C}$ holomorph und beschränkt, so ist f konstant.

Im Gefolge des Integralsatzes von Cauchy stellen sich eine Reihe von Aussagen als zur Holomorphie äquivalent heraus. Diese Äquivalenzen verdeutlichen, welche starken strukturellen Konsequenzen die Holomorphie, das heißt die Differenzierbarkeit, im Komplexen hat.

Äquivalente Eigenschaften holomorpher Funktionen in Sterngebieten

Ist U ein Sterngebiet und $f\colon U \to \mathbb{C}$ stetig, so sind äquivalent:
(a) f ist in U holomorph.
(b) f lässt sich in jedem Punkt von U lokal in eine Potenzreihe entwickeln.
(c) f hat in U eine Stammfunktion.
(d) Wegintegrale von f in U sind wegunabhängig.
(e) Alle Wegintegrale von f entlang geschlossener Wege in U sind gleich null.
(f) Alle Wegintegrale von f entlang von Dreieckswegen in U sind gleich null.

Mit „Dreiecksweg in U" ist gemeint der Rand eines Dreiecks $\Delta \subset U$.

Eine Abbildung $f\colon U \to V$ zwischen offenen Teilmengen U, V von $\mathbb{C}$ heißt biholomorph, wenn f bijektiv und sowohl f als auch f^{-1} holomorph ist. Sie heißt lokal biholomorph in $z \in U$, falls $f\colon B \to f(B)$ biholomorph ist für eine geeignete offene Kreisscheibe B um z.

Kriterium für lokale Biholomorphie

Eine auf einer offenen Menge U holomorphe Funktion f ist in einem Punkt $z \in U$ genau dann lokal biholomorph, wenn $f'(z) \neq 0$ gilt.

Die Nullstellen einer holomorphen Funktion f haben eine Reihe struktureller Eigenschaften, die mit der lokalen Darstellbarkeit als Potenzreihe zusammenhängen. Ist $f(c) = 0$ und f nicht identisch gleich null in einer Kreisscheibe um c, so hat c eine endliche Ordnung $m \in \mathbb{N}$, gegeben durch den ersten nichtverschwindenden Koeffizienten a_m in der Potenzreihe für f in c. Weiterhin ist c isolierte Nullstelle, und f verhält sich in der Nähe von c wie das Polynom $p(z) = (z-c)^m$ in dem Sinne, dass für Werte w nahe 0 es genau m Punkte z_k nahe c gibt mit $f(z_k) = w$. Die Punkte z_k entsprechen den m-ten Wurzeln.

Eine wichtige Rolle in der Theorie und Anwendung holomorpher Funktionen spielt der Identitätssatz. Er besagt, dass holomorphe Funktionen auf einem Gebiet, das heißt auf einer offenen zusammenhängenden Teilmenge von $\mathbb{C}$, durch vergleichsweise wenige Vorgaben bereits eindeutig festgelegt sind.

Identitätssatz

Sei U ein Gebiet in $\mathbb{C}$, seien $f, g\colon U \to \mathbb{C}$ holomorph. Dann sind äquivalent: (a) Es gilt $f = g$ auf U. (b) Die Menge $\{f = g\}$ hat einen Häufungspunkt in U. (c) Es gibt ein $c \in U$ mit $f^{(k)}(c) = g^{(k)}(c)$ für alle $k \in \mathbb{N}$.

Nichtkonstante holomorphe Funktionen sind gebietstreu, das heißt, die Bilder von Gebieten sind ebenfalls Gebiete. Als Konsequenz ergibt sich, dass solche Funktionen auf Gebieten (und folglich auf beliebigen offenen Mengen) keine Betragsmaxima annehmen können. Maxima relativ zu einem Gebiet können nur auf dem Rand des Gebiets liegen.

Maximumprinzip

Sei f holomorph und nichtkonstant auf einem Gebiet G in $\mathbb{C}$. Dann gilt für alle $z \in G$

$$|f(z)| < \sup_{\zeta \in G} |f(\zeta)| \,.$$

Ist darüber hinaus G beschränkt und f stetig auf $\overline{G} = G \cup \partial G$, so gibt es ein $z \in \partial G$ mit

$$|f(z)| = \max_{\zeta \in \overline{G}} |f(\zeta)| \,.$$

Aus dem Maximumprinzip folgen strukturelle Aussagen für holomorphe Funktionen $f\colon \mathbb{E} \to \mathbb{E}$.

Schwarz'sches Lemma

Sei $f\colon \mathbb{E} \to \mathbb{E}$ holomorph mit $f(0) = 0$. Dann gilt

$$|f(z)| \leq |z|$$

für jedes $z \in \mathbb{E}$ sowie weiterhin

$$|f'(0)| \leq 1 \,.$$

Gilt außerdem $|f(z_*)| = |z_*|$ für ein $z_* \in \mathbb{E}$ mit $z_* \neq 0$, so ist f eine Drehung, d. h., es gibt ein $c \in \mathbb{C}$ mit $|c| = 1$ und
$$f(z) = cz$$
für alle $z \in \mathbb{C}$.

Neben Nullstellen sind auch Singularitäten von Interesse. Ein Punkt $c \in \mathbb{C}$ heißt isolierte Singularität einer holomorphen Funktion $f\colon U \to \mathbb{C}$, falls $c \notin U$, aber $B^\times \subset U$ gilt für eine punktierte Kreisscheibe $B^\times$ mit Mittelpunkt c. Es gibt drei Typen isolierter Singularitäten.

- c heißt hebbare Singularität, falls f sich stetig auf $U \cup \{c\}$ fortsetzen lässt; die Fortsetzung ist sogar holomorph.
- c heißt Pol, falls c hebbare Singularität einer Funktion $z \mapsto (z-c)^m f(z)$ ist mit geeignetem $m \in \mathbb{N}$; das kleinste solche m heißt die Ordnung des Pols.
- c heißt wesentliche Singularität, falls sie weder hebbar noch ein Pol ist.

Es gilt
$$\lim_{z \to c} f(z) = f(c)\,, \quad \text{bzw.} \quad \lim_{z \to c} |f(z)| = \infty\,,$$
falls c hebbare Singularität bzw. Pol ist; für eine wesentliche Singularität ist $f(B^\times)$ dicht in $\mathbb{C}$ für jede punktierte Kreisscheibe $B^\times$ um c, gemäß dem Satz von Casorati-Weierstraß. Nach dem großen Satz von Picard, den wir nicht behandelt haben, gilt sogar $f(B^\times) = \mathbb{C}$ oder $f(B^\times) = \mathbb{C} \setminus \{w\}$ für ein geeignetes $w \in \mathbb{C}$.

Hat ein holomorphes $f\colon U \to \mathbb{C}$ eine isolierte Singularität in c, so lässt sich f in jeder punktierten Kreisscheibe $B^\times \subset U$ um c in eine eindeutig bestimmte Laurentreihe
$$f(z) = \sum_{k=-\infty}^{-1} a_k (z-c)^k + \sum_{k=0}^{\infty} a_k (z-c)^k$$
mit den Koeffizienten
$$a_k = \frac{1}{2\pi \mathrm{i}} \int_\gamma \frac{f(\zeta)}{(\zeta - c)^{k+1}}\, \mathrm{d}\zeta\,,$$
entwickeln. Die Summe mit den negativen Indizes k heißt der Hauptteil, die andere Summe der Nebenteil der Laurentreihe. Die Singularität c ist hebbar genau dann, wenn der Hauptteil verschwindet, und ein Pol m-ter Ordnung genau dann, wenn $a_{-m} \neq 0$ und $a_k = 0$ für alle $k < -m$.

Der Koeffizient a_{-1} der Laurentreihe von f um c heißt das Residuum von f in c, geschrieben $\mathrm{Res}(f, c)$. Residuen sind eines der beiden zentralen Bestandteile des Residuensatzes. Dieser dient der Berechnung von
$$\int_\gamma f(z)\, \mathrm{d}z$$
entlang geschlossener Wege γ in allgemeinen Definitionsbereichen (nicht nur Sterngebiete) U von f. Der andere Bestandteil ist die Umlaufszahl oder Windungszahl $\nu_\gamma(c)$ des Weges γ um c, definiert als
$$\nu_\gamma(c) = \frac{1}{2\pi \mathrm{i}} \int_\gamma \frac{1}{z-c}\, \mathrm{d}z\,.$$
Der Residuensatz bezieht sich auf eine Funktion f, die in einem Sterngebiet G mit Ausnahme einer endlichen Menge S von isolierten Singularitäten holomorph ist.

Residuensatz

Ist $\gamma\colon I \to G$ ein geschlossener stückweise differenzierbarer Weg mit $\gamma(I) \cap S = \emptyset$, welcher also nicht durch eine Singularität von f verläuft, so gilt
$$\int_\gamma f(z)\, \mathrm{d}z = 2\pi \mathrm{i} \sum_{c \in S} \mathrm{Res}\,(f, c)\nu_\gamma(c)\,.$$

Für Residuen an Polen gibt es einfache Formeln. Ist etwa $c \in \mathbb{C}$ ein einfacher Pol von
$$f(z) = \frac{g(z)}{h(z)}\,,$$
wobei $g(c) \neq 0$ und c einfache Nullstelle von h ist, so gilt
$$\mathrm{Res}(f, c) = \frac{g(c)}{h'(c)}\,.$$
Der Residuensatz kann zur Berechnung uneigentlicher Integrale im Reellen verwendet werden. Ist
$$\int_{-\infty}^{\infty} f(x)\, \mathrm{d}x$$
gesucht, so kann man folgendermaßen vorgehen:

- Man geht aus von einem Intervall $[-r, s]$ und ergänzt dieses in der komplexen Ebene zu einer geschlossenen Kurve $\gamma_{r,s}$.
- Man berechnet das Wegintegral über $\gamma_{r,s}$ mit dem Residuensatz.
- Man führt den Grenzübergang $r, s \to \infty$ getrennt oder gemeinsam durch.
- Falls im Grenzübergang das Integral über den ergänzten Kurventeil gegen null geht, ist das gesuchte Integral über $(-\infty, \infty)$ gleich dem Grenzwert des Wegintegrals.

Damit der letzte Schritt dieses Verfahrens funktioniert, muss der Integrand f geeignete Eigenschaften haben. Als Beispiele wurden betrachtet erstens
$$\int_{-\infty}^{\infty} f(x)\, \mathrm{d}x\,,$$
wobei
$$\lim_{z \to \infty} z f(z) = 0$$
gilt für die ins Komplexe fortgesetzte Funktion f, und zweitens die Fouriertransformierte
$$\int_{-\infty}^{\infty} f(x) \mathrm{e}^{\mathrm{i}x\xi}\, \mathrm{d}x\,, \quad \xi \neq 0\,,$$
wobei
$$\lim_{z \to \infty} f(z) = 0$$
gilt für die komplexe Fortsetzung.

Aufgaben

Die Aufgaben gliedern sich in drei Kategorien: Anhand der *Verständnisfragen* können Sie prüfen, ob Sie die Begriffe und zentralen Aussagen verstanden haben, mit den *Rechenaufgaben* üben Sie Ihre technischen Fertigkeiten und die *Beweisaufgaben* geben Ihnen Gelegenheit, zu lernen, wie man Beweise findet und führt.

Ein Punktesystem unterscheidet leichte Aufgaben •, mittelschwere •• und anspruchsvolle ••• Aufgaben. Lösungshinweise am Ende des Buches helfen Ihnen, falls Sie bei einer Aufgabe partout nicht weiterkommen. Dort finden Sie auch die Lösungen – betrügen Sie sich aber nicht selbst und schlagen Sie erst nach, wenn Sie selber zu einer Lösung gekommen sind. Ausführliche Lösungswege, Beweise und Abbildungen finden Sie auf der Website zum Buch.

Viel Spaß und Erfolg bei den Aufgaben!

Verständnisfragen

5.1 • In welchen Punkten $z \in \mathbb{C}$ ist die komplexe Konjugation $f(z) = \overline{z}$ differenzierbar?

5.2 •• Gibt es eine biholomorphe Abbildung von $\mathbb{C}$ auf die offene Einheitskreisscheibe $\mathbb{E}$?

Rechenaufgaben

5.3 • Für welche Zahlen $z \in \mathbb{C}$ gilt a) $z^2 \in \mathbb{R}$, b) $z^2 \geq 0$?

5.4 • Berechnen Sie das Bild $f(K \setminus \{0\})$ unter der Abbildung $f(z) = 1/z$, wobei K der Kreis um 1 mit Radius 1 ist.

5.5 • Berechnen Sie das Bild $f(\mathbb{H})$ der oberen Halbebene $\mathbb{H} = \{z \in \mathbb{C}\colon \operatorname{Im} z > 0\}$ unter der Abbildung $f(z) = -z^2$. Ist f auf $\mathbb{H}$ injektiv?

5.6 •• Sei

$$f(z) = \frac{1}{2}\left(z + \frac{1}{z}\right), \quad f\colon \mathbb{C}^\times \to \mathbb{C}.$$

Berechnen Sie $f(\mathbb{C}^\times)$, $f(\partial\mathbb{E})$ und $f(\mathbb{E}^\times)$, wobei $\mathbb{E}^\times = \mathbb{E}\setminus\{0\}$. Ist $f\colon \mathbb{E}^\times \to f(\mathbb{E}^\times)$ bijektiv?

5.7 ••• Zeigen Sie, dass für die durch die stereographische Projektion $p\colon \mathbb{S}^2 \to \mathbb{C} \cup \{\infty\}$ auf $\mathbb{C} \cup \{\infty\}$ induzierte Metrik

$$d(z, z') = \|p^{-1}(z) - p^{-1}(z')\|$$

gilt

$$d(z, z') = \frac{2|z - z'|}{\sqrt{(|z|^2 + 1)(|z'|^2 + 1)}}$$

für alle $z, z' \in \mathbb{C}$.

5.8 ••• Finden Sie alle geraden – das heißt, $f(z) = f(-z)$ für alle z – holomorphen Funktionen $f\colon \mathbb{C} \to \mathbb{C}$ mit $f(0) = 1$, welche $f(z^2) = f(z)^2$ in $\mathbb{C}$ erfüllen.

5.9 •• Sei $u\colon \mathbb{R}^2 \to \mathbb{R}$ definiert durch

$$u(x, y) = x^2 + 2axy + by^2.$$

Stellen Sie fest, für welche $a, b \in \mathbb{R}$ die Funktion u Realteil einer holomorphen Funktion $f\colon \mathbb{C} \to \mathbb{C}$ ist, und bestimmen Sie alle solchen Funktionen f.

5.10 • Sei ein Weg γ gegeben als das Stück der Parabel $y = x^2$, welches die Punkte $(0, 0)$ und $(1, 1)$ verbindet. Berechnen Sie

$$\int_\gamma \overline{z}\,\mathrm{d}z.$$

5.11 • Finden Sie die Laurentreihe für $f(z) = 1/(z^2 - z)$ in der punktierten Kreisscheibe $\{0 < |z| < 1\}$.

5.12 •• Finden Sie die Laurentreihe für

$$f(z) = (2z + 2)/(z^2 + 1)$$

in der punktierten Kreisscheibe $\{0 < |z - \mathrm{i}| < 2\}$.

5.13 • (a) Berechnen Sie das Residuum in $c = 0$ von $f(z) = (3z^2 - 4z + 5)/z^3$.
(b) Berechnen Sie das Residuum in $c = 1$ von $f(z) = (z - 1)^{-5} \log z$.

5.14 •• (a) Berechnen Sie das Residuum von $f(z) = \mathrm{e}^z / \sin z$ in $c = 0$.
(b) Berechnen Sie das Residuum von $f(z) = (1 + z^2)/(1 + \mathrm{e}^z)$ in allen Singularitäten von f.

5.15 •• Berechnen Sie

$$\int_0^\infty \frac{1}{1 + z^6}\,\mathrm{d}z.$$

Beweisaufgaben

5.16 • Sei f die Cayley-Transformation

$$f(z) = \frac{1 + z}{1 - z} \cdot \mathrm{i}.$$

Zeigen Sie, dass

$$f(z) = -\frac{2 \operatorname{Im} z}{|1 - z|^2}$$

gilt falls $|z| = 1$, $z \neq 1$.

5.17 • Sei $f(z) = \cos(1/z)$. Zeigen Sie, dass $f(ix) \to \infty$ für $x \to 0$ in $\mathbb{R}$.

5.18 •• Zeigen Sie: Ist K ein Kreis auf $\mathbb{S}^2$, so ist dessen stereographische Projektion $p(\mathrm{K})$ eine Gerade oder ein Kreis in $\mathbb{C}$, je nachdem, ob der Nordpol $\mathrm{N} = (0, 0, 1)$ auf K liegt oder nicht.

5.19 •• Sei $f: \mathbb{C} \to \mathbb{C}$ holomorph, es gelte

$$\max_{|z|=r} |f(z)| \le C r^m$$

für alle $r > 0$ mit festen $C > 0$ und $m \in \mathbb{N}$. Zeigen Sie: f ist ein Polynom vom Grad kleiner oder gleich m.

5.20 •• Zeigen Sie, dass für die Laplace-Transformation $\mathcal{L}$ auf $\{s : \operatorname{Re} s > \alpha\}$ gilt

$$(\mathcal{L}(f'))(s) = s(\mathcal{L}f)(s) - f(0),$$

falls $f: [0, \infty) \to \mathbb{C}$ stetig differenzierbar ist und sowohl $|f(t)|$ als auch $|f'(t)|$ für alle $t \ge 0$ durch $C\mathrm{e}^{\alpha t}$ für geeignete $C > 0$ und $\alpha \in \mathbb{R}$ beschränkt sind.

5.21 •• Beweisen Sie den Fundamentalsatz der Algebra:
(a) Jedes nichtkonstante Polynom $p: \mathbb{C} \to \mathbb{C}$ hat eine Nullstelle.
(b) Jedes Polynom $p: \mathbb{C} \to \mathbb{C}$ vom Grad $n \ge 1$ lässt sich in n Linearfaktoren zerlegen, das heißt, es gilt $p(z) = a(z - c_1) \cdots (z - c_n)$ für geeignete komplexe Zahlen $a, c_1, \ldots, c_n$.

5.22 •• Zeigen Sie: Jede holomorphe Funktion $f: \mathbb{C} \to \mathbb{C}$, deren Realteil auf $\mathbb{C}$ beschränkt ist, ist konstant.

5.23 •• Sei f auf einem Gebiet G holomorph und nicht gleich der Nullfunktion. Zeigen Sie, dass f keinen kompakten Träger in G haben kann. (Holomorphe Funktionen können also nicht zur Konstruktion von Zerlegungen der Eins – siehe Band I, Abschnitt 23.4 – herangezogen werden.)

5.24 •• Zeigen Sie, dass jede auf einem Gebiet G holomorphe und injektive Funktion f auf G biholomorph ist.

5.25 • Sei c eine m-fache Polstelle einer holomorphen Funktion $f: U \to \mathbb{C}$. Zeigen Sie: Ist g eine auf $U \cup \{c\}$ holomorphe Funktion, so ist c eine m-fache Polstelle von $f + g$.

5.26 •• Sei c eine wesentliche Singularität einer holomorphen Funktion f. Zeigen Sie, dass c dann auch eine wesentliche Singularität der Funktion $1/f$ ist.

5.27 •• Zeigen Sie: Ist f meromorph auf U und $c \in U$ ein Pol von f, so gibt es eine rationale Funktion r mit $P(r) = \{c\}$ und $P(f - r) = P(f) \setminus \{c\}$.

5.28 •• Zeigen Sie: Ist f meromorph auf U und $P(f)$ endlich, so lässt sich f darstellen als Summe einer rationalen Funktion und einer auf U holomorphen Funktion.

5.29 •• Sei $A = \{z : r < |z - c| < R\}$ ein Kreisring um c, welcher zusammen mit seinem Rand ∂A vollständig im offenen Definitionsgebiet U einer holomorphen Funktion enthalten ist. Sei

$$S = \{z : z \in A, \ \varphi < \arg(z - c) < \psi\}$$

der Kreissektor zum Winkelbereich (φ, ψ).
(a) Zeigen Sie: Ist $\psi - \varphi$ hinreichend klein, so gilt $\int_{\partial S} f(z)\,\mathrm{d}z = 0$.
(b) Zeigen Sie, dass $\int_{\partial S} f(z)\,\mathrm{d}z = 0$ auch ohne Einschränkung an φ und ψ gilt, und beweisen Sie damit den Integralsatz von Cauchy für Kreisringe auf Seite 132.

5.30 •• Sei γ ein geschlossener Weg in $\mathbb{C}$ und c ein nicht auf γ liegender Punkt.
(a) Zeigen Sie: Ist

$$G(t) = (\gamma(t) - c)\,\mathrm{e}^{-g(t)},$$

wobei

$$g(t) = \int_a^t \frac{\gamma'(\tau)}{\gamma(\tau) - c}\,\mathrm{d}\tau,$$

so ist G konstant.
(b) Schließen Sie daraus, dass

$$\exp\left[\int_\gamma \frac{1}{z - c}\,\mathrm{d}z\right] = 1.$$

Antworten der Selbstfragen

S. 100
Der Kreis um 0 mit Radius $1/r$, da $z = re^{i\varphi}$ auf $f(z) = r^{-1}e^{-i\varphi}$ abgebildet wird.

S. 102
Nein. Sie ist genau dann differenzierbar, wenn sie eine Drehstreckung ist, ihre darstellende Matrix also die Form

$$\begin{pmatrix} a & -b \\ b & a \end{pmatrix}$$

hat.

S. 105
(a) $-2\pi i$, (b) $4\pi i$.

S. 106
(a) Ja, jeder Punkt; Kreisscheiben sind konvex. (b) Nein; von $c \neq 0$ aus ist die Halbgerade $\{-tc : t > 0\}$ nicht sichtbar, alle anderen Punkte von $\mathbb{C}^\times$ schon. (c) Ja, alle positiven reellen Zahlen; diese liefern gerade diejenigen Punkte, deren gemäß der Lösung zu b) korrespondierenden Halbgeraden nicht zu $\mathbb{C}^-$ gehören. (d) Nein; von keinem Punkt c aus sind die Punkte $(\varepsilon, 1 + \varepsilon)$ und $(\varepsilon, -1 - \varepsilon)$ beide sichtbar, wenn $\varepsilon > 0$ hinreichend klein gewählt wird. (e) Ja, jeder Punkt z mit $\operatorname{Re} z \geq 1$ und $\operatorname{Im} z \geq 1$. Ist hingegen $\operatorname{Im} z < 1$, so ist $(\varepsilon, 1 + \varepsilon)$ nicht sichtbar, falls $\varepsilon > 0$ hinreichend klein ist, Analoges gilt im Fall $\operatorname{Re} z < 1$.

S. 112 Gilt $f_n \to f$ gleichmäßig auf allen M_k, so gibt es zu vorgegebenem $\varepsilon > 0$ für jedes k ein $N_k > 0$ mit $|f_n(z) - f(z)| < \varepsilon$ für alle $n \geq N_k$ und alle $z \in M_k$. Setzen wir $N = \max_k N_k$, so folgt $|f_n(z) - f(z)| < \varepsilon$ für alle $n \geq N$ und alle $z \in M$.

S. 121 (a) Nein, Gegenbeispiel ist $f(z) = \sin(\pi z)$. (b) Ja, da die Menge $\{f = 0\}$ den Häufungspunkt 0 hat.

S. 126 (a) 0 ist hebbar. Die Bedingung (d) im Hebbarkeitssatz ist erfüllt, da $zf(z) = \sin z \to 0$ für $z \to 0$.
(b) 0 ist nicht hebbar. Die Bedingung (b) im Hebbarkeitssatz ist verletzt, da $\cos(1/x)$ keinen Grenzwert hat für $x \to 0$, $x \in \mathbb{R}$.

S. 128 Sie ist eine wesentliche Singularität, da $|f(x)| \leq 1$ für $x \in \mathbb{R}$ und weiter $f(ix) = (e^{1/x} + e^{-1/x})/2 \to \infty$ für $x \to 0$ in $\mathbb{R}$ gemäß Aufgabe 5.17. Somit gelten weder (5.106) noch (5.107).

S. 128 (a) Ja, f hat jeweils einen einfachen Pol in $z = \pm 1$ und ist holomorph auf $\mathbb{C} \setminus \{1, -1\}$.
(b) Nein, $f(z) = \exp(1/z)$ ist zwar holomorph auf $\mathbb{C}^\times$, aber 0 ist kein Pol von f, sondern eine wesentliche Singularität.

S. 129 Beides kommt vor. Für $g = 0$ gilt $P(f+g) = P(f) \cup P(g) = P(f)$ und $P(fg) = \emptyset$. Für $g = -f$ gilt $P(fg) = P(f) \cup P(g) = P(f)$ und $P(f+g) = \emptyset$.

S. 132 Falls f außerdem in der punktierten Kreisscheibe $\{z : 0 < |z - c| < r\}$ definiert und dort holomorph ist, ist der Satz ein Spezialfall des Zentrierungslemmas.

S. 134 Ja, das folgt beispielsweise aus dem Zentrierungslemma.

S. 135 Wir betrachten die Laurentreihe um $c = 0$.
(a) Es ist $f(z) = z + 2/z$, $\operatorname{Res}(f, 0) = 2$.
(b) 0 ist keine Singularität von f, also $\operatorname{Res}(f, 0) = 0$.
(c) Division durch z^4 verschiebt alle Koeffizienten um 4 Stellen,

$$f(z) = \sum_{k=0}^{\infty} \frac{z^{k-4}}{k!},$$

also $\operatorname{Res}(f, 0) = 1/3!$.

S. 135 Im Allgemeinen nicht. Beispielsweise gilt für $f(z) = 1/z^2$ und $g(z) = z$

$$\operatorname{Res}(fg, 0) = 1, \quad \text{aber} \quad \operatorname{Res}(f, 0) = 0 = \operatorname{Res}(g, 0).$$

S. 138 Im Allgemeinen nicht. Beispielsweise gilt für $f(z) = 1/z^2$ und $g(z) = z$

$$\operatorname{Res}(fg, 0) = 1, \quad \text{aber} \quad \operatorname{Res}(f, 0) = 0 = g(0).$$

Differenzialformen und der allgemeine Satz von Stokes

6

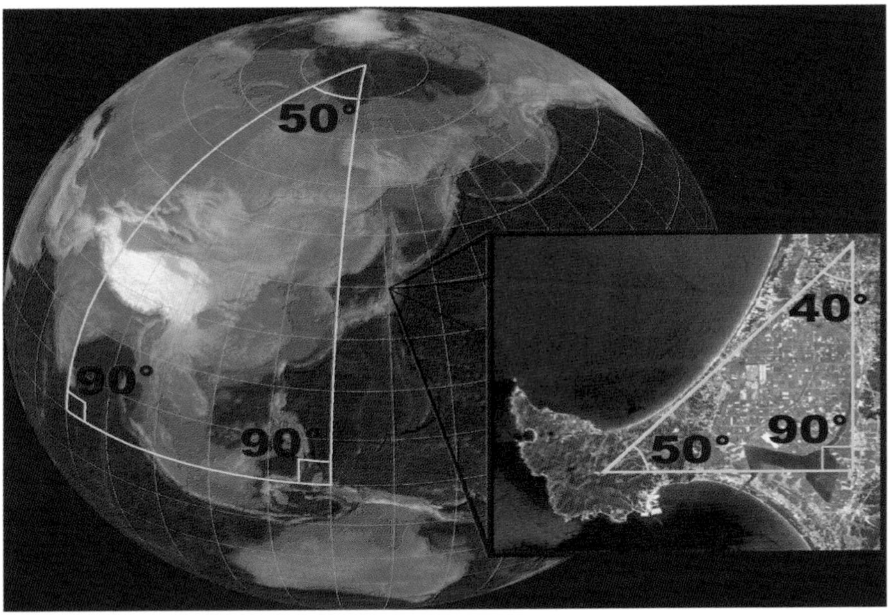

Was ist eine Mannigfaltigkeit in $\mathbb{R}^n$?

Lässt sich der Satz von Stokes auch für den $\mathbb{R}^n$ formulieren?

Wie lautet die Rotation im $\mathbb{R}^n$?

In Kapitel 23 des ersten Bandes wurden die Grundlagen der Vektoranalysis entwickelt. Neben regulären Kurven und Flächen wurden auch die Differenzialoperatoren Gradient, Divergenz und Rotation (nur in $\mathbb{R}^3$) eingeführt und mit dem Satz von Gauß eine erste Verallgemeinerung des Hauptsatzes der Differenzial- und Integralrechnung (HDI) auf Vektorfelder im $\mathbb{R}^n$ präsentiert.

In diesem Kapitel geht es nun darum, die bisherigen Ergebnisse aus der Vektoranalysis in eine allgemeinere Integrationstheorie einzubetten, die oft in der höheren Analysis und der theoretischen Physik Anwendung findet. Das wichtigste Resultat ist der allgemeine Satz von Stokes, der alle wesentlichen Integralsätze (Satz von Gauß, Satz von Green, Satz von Stokes im $\mathbb{R}^3$, HDI im 1-dimensionalen) als Spezialfälle beinhaltet.

Es werden zunächst d-Mannigfaltigkeiten im $\mathbb{R}^n$ als Integrationsgebiete eingeführt. Anschließend wird die Theorie der Differenzialformen im $\mathbb{R}^n$ entwickelt, die zur Formulierung des allgemeinen Satzes von Stokes notwendig ist. Mithilfe der äußeren Ableitung lassen sich die bisherigen Differenzialoperatoren dann geschlossen darstellen und die Rotation kann auf Vektorfelder im $\mathbb{R}^n$ verallgemeinert werden. Im letzten Abschnitt wird dann die Integration von Differenzialformen auf Mannigfaltigkeiten vorgestellt und der allgemeine Satz von Stokes bewiesen.

6.1 Mannigfaltigkeiten in $\mathbb{R}^n$

Im Kapitel 23 des ersten Bandes wurden bereits reguläre Kurven und Flächen als mathematische Objekte vorgestellt. Dabei handelte es sich um Teilmengen Γ des $\mathbb{R}^n$, die als Bildmenge einer stetigen Abbildung $\gamma\colon D \subset \mathbb{R}^d \to \mathbb{R}^n$ mit $1 \le d \le n$ und $\operatorname{Rg}(D\gamma(x)) = d$ für alle $x \in D$ gegeben waren, also $\Gamma = \gamma(D)$. **Mannigfaltigkeit in $\mathbb{R}^n$** ist ein Oberbegriff für solche Teilmengen des $\mathbb{R}^n$, die sich lokal durch Parametrisierungen beschreiben lassen. Wir betrachten zunächst den Spezialfall einer randlosen Mannigfaltigkeit:

Definition (Mannigfaltigkeit in $\mathbb{R}^n$ ohne Rand)

Sei $d \in \mathbb{N}$ und M eine Teilmenge des $\mathbb{R}^n$, sodass für alle $p \in M$ eine offene Umgebung $V \subset M$ mit $p \in V$ und eine offene Menge $U \subset \mathbb{R}^d$ sowie eine stetige injektive Abbildung $\alpha\colon U \to V$ mit

- α ist k-mal stetig differenzierbar
- α^{-1} ist stetig
- $\operatorname{Rg}(D\alpha(u)) = d$ für alle $u \in U$

existieren, dann heißt M eine **d-Mannigfaltigkeit ohne Rand in $\mathbb{R}^n$ der Klasse C^k**. Die Abbildung α nennt man **Karte von M um p**.

Kommentar:

- In diesem Kapitel schreiben wir $Df(x)$ für die Jacobi-Matrix $\mathcal{J}(f;x)$ einer Funktion $f\colon \mathbb{R}^d \to \mathbb{R}^n$ an der Stelle x und $D_i f(x)$ für die partiellen Ableitungen $\frac{\partial f}{\partial x_i}$.
- Ist die Karte $\alpha\colon U \to V$ bijektiv, dann heißt α ein **Homöomorphismus**. Man sagt dann auch, dass U homöomorph auf V abgebildet wird (siehe Band 1, Abschnitt 19.2).

Ist eine Teilmenge M des $\mathbb{R}^n$ definiert über eine reguläre Parametrisierung, d. h. $M = \alpha(U)$, wobei U ein Gebiet in $\mathbb{R}^d$ und $\alpha\colon U \to \mathbb{R}^n$ eine C^1-Abbildung mit $\operatorname{Rg}(D\alpha(u)) = d$ für alle $u \in U$ ist, dann spricht man auch von einer **parametrisierten Mannigfaltigkeit**. Man muss aber aufpassen, da nicht jede parametrisierte Mannigfaltigkeit automatisch eine Mannigfaltigkeit im obigen Sinne ist. Betrachtet man z. B. $D = (0, 2\pi)$ und

$$\alpha\colon D \to \mathbb{R}^2\,, \quad t \mapsto (2\cos(t), \sin(2t)),$$

so ist $\alpha(D)$ eine „Schleife" (siehe Abbildung 6.1). Es gilt

$$D\alpha(t) = (-2\sin(t), 2\cos(2t)) \neq 0 \quad \forall t \in D$$

und es handelt sich somit um eine parametrisierte 1-Mannigfaltigkeit in $\mathbb{R}^2$. In der obigen Definition ist aber zudem die Stetigkeit der Umkehrabbildung α^{-1} gefordert. Hier ist jedoch α^{-1} in einer Umgebung von $(0,0)$ nicht stetig, denn Punkte in einer Umgebung von $(0,0)$ werden nicht nur in eine Umgebung von $\frac{1}{2}\pi$ abgebildet, sondern auch in eine Umgebung von $\frac{3}{2}\pi$. Also ist $\alpha(D)$ keine 1-Mannigfaltigkeit in $\mathbb{R}^2$.

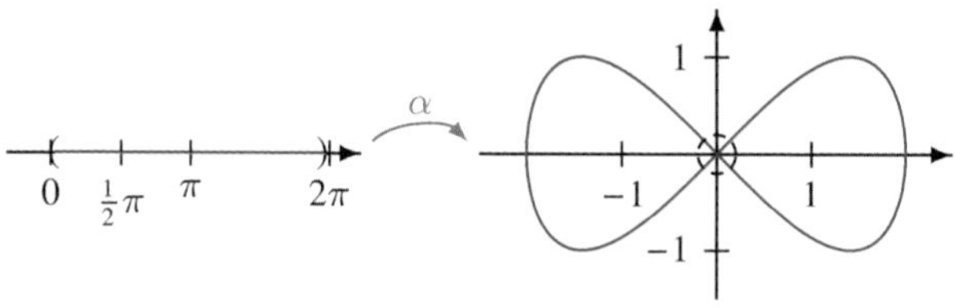

Abbildung 6.1 α^{-1} ist in einer Umgebung von $(0,0)$ nicht stetig.

Ist jedoch $\gamma\colon D \to \mathbb{R}^n$ eine injektive und reguläre Parametrisierung mit stetiger Umkehrfunktion γ^{-1}, dann ist $\gamma(D)$ eine Mannigfaltigkeit ohne Rand, die durch eine einzige Karte beschrieben werden kann. Die folgenden Beispiele sollen den drei Bedingungen an eine Karte eine geometrische Anschauung geben:

Beispiel

- Sei $d = 1$, dann ist $\operatorname{Rg}(D\alpha(u)) = 1$ für alle $u \in U$ gleichbedeutend mit $D\alpha(u) \neq 0$ für alle $u \in U$. Dies schließt aus, dass M „Spitzen" und „Ecken" hat. Betrachtet man beispielsweise

$$\alpha\colon \mathbb{R} \to \mathbb{R}^2\,, \quad t \mapsto (t^3, t^2)$$

und setzt $M = \alpha(\mathbb{R})$, dann besitzt M eine Spitze am Ursprung (siehe Abbildung 6.2). Offensichtlich ist $\alpha \in C^\infty$ und α^{-1} stetig, doch es gilt

$$D\alpha(0) = (0, 0)$$

und somit ist M keine Mannigfaltigkeit.

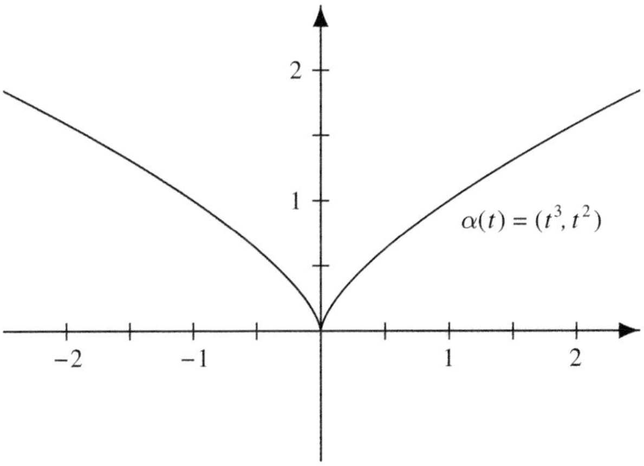

Abbildung 6.2 M besitzt am Ursprung eine Spitze.

- Sei $d = 2$, dann bedeutet $\mathrm{Rg}(D\alpha(u)) = 2$ für alle $u \in U$, dass die Vektoren

$$\frac{\partial \alpha}{\partial x_1}(u) \quad \text{und} \quad \frac{\partial \alpha}{\partial x_2}(u)$$

linear unabhängig sind und somit die „Tangential-Ebene"

$$\mathrm{span}\left\{\frac{\partial \alpha}{\partial x_1}, \frac{\partial \alpha}{\partial x_2}\right\}$$

überall an M existiert (siehe Abbildung 6.3).

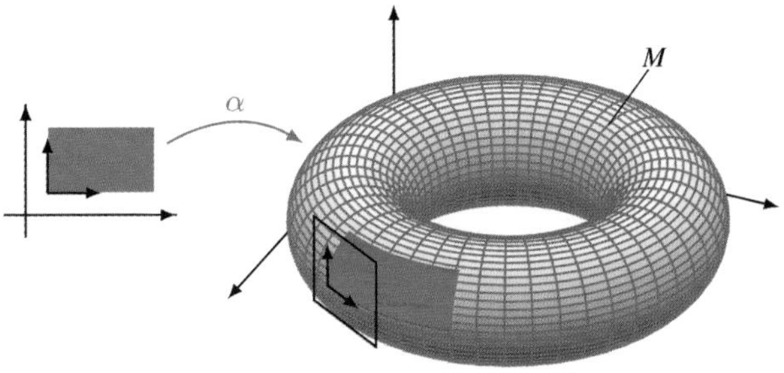

Abbildung 6.3 Der Torus besitzt an jedem Punkt eine Tangential-Ebene.

Ein Gegenbeispiel für eine Abbildung, die diese Eigenschaft nicht erfüllt, ist durch

$$\alpha\colon \mathbb{R}^2 \to \mathbb{R}^3, \quad (x, y) \mapsto (x(x^2+y^2), y(x^2+y^2), x^2+y^2)$$

gegeben. Setze $M = \alpha(\mathbb{R}^2)$, dann besitzt M am Ursprung keine Tangential-Ebene (siehe Abbildung 6.4), denn

$$D\alpha(x, y) = \begin{pmatrix} 3x^2 + y^2 & 2xy \\ 2xy & x^2 + 3y^2 \\ 2x & 2y \end{pmatrix}$$

und somit $\mathrm{Rg}(D\alpha(0, 0)) = 1$. ◄

Bezeichnet man mit $\mathbb{H}^d$ den **oberen Halbraum** bzw. mit $\mathbb{H}^d_+$ den **offenen oberen Halbraum von** $\mathbb{R}^d$, d. h.

$$\begin{aligned} \mathbb{H}^d &:= \{(x_1, \ldots, x_d) \in \mathbb{R}^d \mid x_d \geq 0\} \\ \mathbb{H}^d_+ &:= \{(x_1, \ldots, x_d) \in \mathbb{R}^d \mid x_d > 0\}, \end{aligned}$$

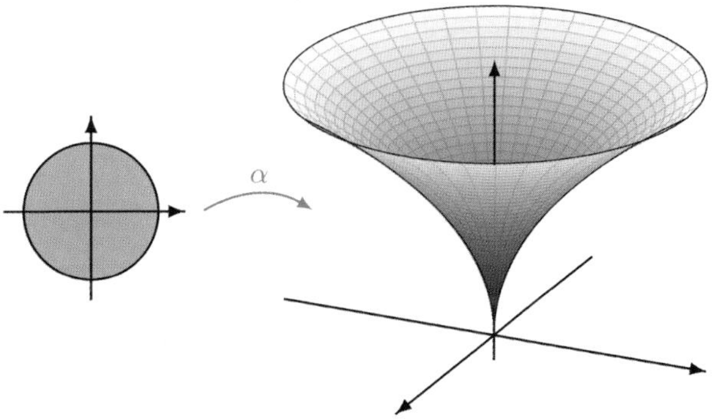

Abbildung 6.4 M besitzt keine Tangential-Ebene am Ursprung.

so lässt sich die allgemeine Definition einer berandeten Mannigfaltigkeit in $\mathbb{R}^n$ wie folgt angeben:

Definition (Mannigfaltigkeit in $\mathbb{R}^n$)

Sei $d \in \mathbb{N}$ und M eine Teilmenge des $\mathbb{R}^n$, sodass für alle $p \in M$ eine offene Umgebung $V \subset M$ mit $p \in V$ und eine in $\mathbb{R}^d$ oder $\mathbb{H}^d$ offene Menge U sowie eine stetige injektive Abbildung $\alpha\colon U \to V$ mit

- α ist k-mal stetig differenzierbar
- α^{-1} ist stetig
- $\mathrm{Rg}(D\alpha(u)) = d$ für alle $u \in U$

existieren, dann heißt M eine d**-Mannigfaltigkeit in** $\mathbb{R}^n$ **der Klasse** C^k. Die Abbildung α nennt man **Karte von** M **um** p.

Kommentar: Man beachte, dass eine Teilmenge $A \subset \mathbb{R}^d$ genau dann offen in $\mathbb{H}^d$ ist, wenn sie von der Form $A = U \cap \mathbb{H}^d$ mit U offen in $\mathbb{R}^d$ ist (Teilraumtopologie). Beispielsweise ist die Menge $[0, 2) \subset \mathbb{R}$ nicht offen in $\mathbb{R}$, aber wegen $(-1, 2) \cap \mathbb{H} = [0, 2)$ offen in $\mathbb{H}$.

Eine Mannigfaltigkeit ohne Rand ist also der Spezialfall einer Mannigfaltigkeit in $\mathbb{R}^n$, bei der alle Karten offene Urbilder in $\mathbb{R}^d$ besitzen.

Lemma

Sei M eine d-Mannigfaltigkeit in $\mathbb{R}^n$ der Klasse C^k und $\alpha\colon U \to V$ eine Karte auf M. Ist $U_0 \subset U$ offen in U, dann ist auch $\alpha|_{U_0}$ eine Karte auf M.

Beweis: Da $U_0 \subset U$ offen in U und α^{-1} stetig sind, ist $V_0 = \alpha(U_0)$ offen in V (vgl. Definition der topologischen Stetigkeit). Als Teilmenge von U ist U_0 offen in $\mathbb{R}^d$ oder in $\mathbb{H}^d$ und V_0 ist offen in M. Die Einschränkung $\alpha|_{U_0}: U_0 \to V_0$ ist injektiv und aus C^k, weil α injektiv und aus C^k ist. Weiterhin ist $\alpha|_{U_0}^{-1}$ als Einschränkung von α^{-1} stetig. Die Jacobi-Matrix $D\alpha|_{U_0}$ hat Rang d, weil $D\alpha$ Rang d hat. Insgesamt folgt also, dass $\alpha|_{U_0}$ eine Karte auf M ist. ■

Lemma (lokal $C^k \Rightarrow$ global C^k)
Sei $S \subset \mathbb{R}^d$ und $f: S \to \mathbb{R}^n$. Wenn gilt, dass für alle $x \in S$ eine Umgebung U_x von x und eine C^k-Abbildung $g_x: U_x \to \mathbb{R}^n$ mit $g_x|_{U_x \cap S} = f$ existieren, dann ist f eine C^k-Abbildung auf S.

Beweis: Wähle für jedes $x \in S$ eine Umgebung U_x und setze $\mathcal{A} = \{U_x \mid x \in S\}$, dann existiert eine Teilmenge $\widehat{\mathcal{A}} \subseteq \mathcal{A}$ mit $|\widehat{\mathcal{A}}| = \mathbb{N}$ und $S \subseteq A = \bigcup_{U_x \in \widehat{\mathcal{A}}} U_x$. Sei $\{\Phi_i \mid i \in \mathbb{N}\}$ eine Zerlegung der 1 auf A (siehe Band 1, Abschnitt 23.4), dann enthält für jedes $i \in \mathbb{N}$ ein U_x den Träger $\operatorname{supp}(\Phi_i)$. Sei g_i als die C^k-Abbildung $g_x: U_x \to \mathbb{R}^n$ definiert, dann verschwindet die C^k-Abbildung $\Phi_i g_i: U_x \to \mathbb{R}^n$ außerhalb einer abgeschlossenen Teilmenge von U_x. Man setzt nun $\Phi_i g_i$ zu einer C^k-Abbildung h_i auf ganz A fort, indem man $h_i|_{U_x^c} = 0$ sowie $h_i|_{U_x} = \Phi_i g_i$ definiert. Betrachtet man die Funktion

$$g(x) = \sum_{i=1}^{\infty} h_i(x),$$

dann hat jedes $x \in A$ eine Umgebung, auf der g nur eine endliche Summe der h_i ist und somit ist $g \in C^k$ auf dieser Umgebung. Da die Umgebungen A überdecken, ist folglich $g \in C^k$ auf ganz A. Für $x \in S$ folgt weiterhin

$$g(x) = \sum_{i=1}^{\infty} \Phi_i(x) f(x) = f(x),$$

da für alle i mit $\Phi_i(x) \neq 0$ gilt

$$h_i(x) = \Phi_i(x) g_i(x) = \Phi_i(x) f(x).$$

Also ist $f \in C^k$ auf ganz A und damit auch auf S. ∎

Eine einzelne Karte beschreibt im Allgemeinen nur einen Teil der Mannigfaltigkeit M. Will man jedoch M als Ganzes beschreiben, so benötigt man einen Atlas.

Definition (Atlas)
Sei M eine d-Mannigfaltigkeit in $\mathbb{R}^n$ der Klasse C^k und $(\alpha_i, U_i, V_i)_{i \in I} := \{\alpha_i : U_i \to V_i \mid i \in I\}$, $I \subseteq \mathbb{N}$, eine Familie von Karten auf M. Gilt

$$M = \bigcup_{i \in I} V_i,$$

so nennt man $(\alpha_i, U_i, V_i)_{i \in I}$ einen **Atlas von** M.

Hat man nun eine Mannigfaltigkeit M gegeben, deren Atlas aus mehr als einer Karte besteht, so stellt sich die Frage, wie man von einer Karte auf die nächste wechselt und ob dieser Übergang stetig ist (siehe Abbildung 6.5). Die Antwort liefert der folgende Satz:

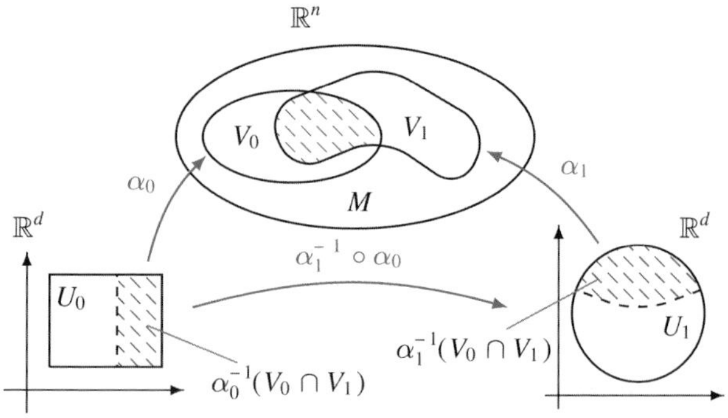

Abbildung 6.5 Illustration eines Kartenwechsels.

Satz (Kartenwechsel)
Sei M eine d-Mannigfaltigkeit in $\mathbb{R}^n$ der Klasse C^k. Sind $\alpha_0: U_0 \to V_0$, $\alpha_1: U_1 \to V_1$ zwei Karten auf M mit $W = V_0 \cap V_1 \neq \emptyset$ und $W_i = \alpha_i^{-1}(W)$, dann sind die Abbildungen

$$\alpha_1^{-1} \circ \alpha_0 : W_0 \to W_1 , \quad \alpha_0^{-1} \circ \alpha_1 : W_1 \to W_0$$

aus C^k und ihre Ableitungen sind nicht singulär. Es handelt sich also um Diffeomorphismen. Man nennt $\alpha_1^{-1} \circ \alpha_0$ die **Übergangsfunktion** zwischen den Karten α_0 und α_1.

Beweis: Wir wollen zeigen, dass $\alpha^{-1}: V \subset \mathbb{R}^n \to \mathbb{R}^d$ eine C^k-Abbildung ist, falls $\alpha: U \to V$ eine Karte auf M ist. Sind nämlich α_0^{-1} und α_1^{-1} jeweils C^k-Abbildungen, so ist auch $\alpha_1^{-1} \circ \alpha_0$ bzw. $\alpha_0^{-1} \circ \alpha_1$ aus C^k. Durch Anwenden der Kettenregel zeigt sich dann, dass beide Übergangsfunktionen nicht-singuläre Ableitungen haben.

Um $\alpha^{-1} \in C^k$ nachzuweisen, reicht es nach dem vorangegangenen Lemma $\alpha^{-1} \in C^k$ lokal zu zeigen. Wähle dazu $p_0 \in V$ und setze $\alpha^{-1}(p_0) = x_0$. Wir zeigen, dass sich α^{-1} zu einer C^k-Funktion auf einer Nachbarschaft um p_0 erweitern lässt. Dazu betrachten wir zwei Fälle:

(i) Mannigfaltigkeit mit Rand: Sei U eine in $\mathbb{H}^d$ offene Umgebung von x_0, die nicht offen in $\mathbb{R}^d$ ist, dann lässt sich α zu einer Abbildung $\beta: U' \to \mathbb{R}^n$ erweitern, die C^k auf einer offenen Menge $U' \subset \mathbb{R}^d$ ist. Wegen $\operatorname{Rg}(D\alpha(x_0)) = d$, lassen sich o.B.d.A. die ersten d-Zeilen von $D\alpha(x_0)$ als linear unabhängig annehmen. Sei nun $\pi: \mathbb{R}^n \to \mathbb{R}^d$ die Projektion des $\mathbb{R}^n$ auf die ersten d Koordinaten, dann ist $g = \pi \circ \beta$ eine Funktion von U' nach $\mathbb{R}^d$ und es gilt

$$Dg(x_0) = D\pi(\beta(x_0)) D\beta(x_0) = D\pi(\alpha(x_0)) D\alpha(x_0).$$

Also besteht $Dg(x_0)$ gerade aus den ersten d-Zeilen von $D\alpha(x_0)$ und somit gilt $\operatorname{Rg}(Dg(x_0)) = d$, d. h., $Dg(x_0)$ ist invertierbar. Nach dem lokalen Umkehrsatz (siehe Band 1, Abschnitt 21.7) besitzt g damit lokal eine stetig differenzierbare Umkehrfunktion g^{-1}, d. h., g ist ein C^k-Diffeomorphismus.

Jetzt zeigen wir noch, dass $h = g^{-1} \circ \pi$ (das ist eine C^k-Abbildung) die gesuchte Erweiterung von α^{-1} auf eine Nachbarschaft A von p_0 ist.
Die Menge $U_0 = W \cap U$ ist offen in U und wegen der Stetigkeit von α^{-1} ist damit auch $V_0 = \alpha(U_0)$ offen in V, d. h., es existiert eine offene Menge $A \subset \mathbb{R}^n$ mit $A \cap V = V_0$. Wähle A aus dem Träger von h (notfalls schneide A mit $\pi^{-1} \circ g(W)$), dann ist $h\colon A \to \mathbb{R}^d$ aus C^k und für $p \in A \cap V = V_0$ sei $x = \alpha^{-1}(p)$. Es folgt

$$h(p) = h(\alpha(x)) = g^{-1}(\pi(\alpha(x))) = g^{-1}(g(x)) = x = \alpha^{-1}(p)$$

(ii) Mannigfaltigkeit ohne Rand: Ein solches Argument zieht auch für U offen in $\mathbb{R}^d$. Man setzt einfach $U' = U$ und $\beta = \alpha$, dann läuft der Beweis wie in (i). ■

Beispiel Betrachten wir den Einheitskreis S^1, so lässt er sich mit den Abbildungen

$$\begin{aligned}
\alpha_1\colon (-1,1) &\to \mathbb{R}^2, \quad t \mapsto (t, \sqrt{1-t^2})\\
\alpha_2\colon (-1,1) &\to \mathbb{R}^2, \quad t \mapsto (t, -\sqrt{1-t^2})\\
\alpha_3\colon (-1,1) &\to \mathbb{R}^2, \quad t \mapsto (\sqrt{1-t^2}, t)\\
\alpha_4\colon (-1,1) &\to \mathbb{R}^2, \quad t \mapsto (-\sqrt{1-t^2}, t)
\end{aligned}$$

stückweise parametrisieren. Somit bilden die α_i einen Atlas für den Einheitskreis, denn alle Bedingungen an eine Karte sind offensichtlich erfüllt und es gilt

$$S^1 = \bigcup_{i=1}^{4} \alpha_i((-1,1)),$$

siehe Abbildung 6.6 (dort und im Folgenden $V_i = \alpha_i((-1,1))$). Wir wollen nun exemplarisch die Übergangsfunktion $\alpha_3^{-1} \circ \alpha_1$ bestimmen. Zunächst gilt

$$V_1 \cap V_3 = \{(x,y) \in S^1 \mid x > 0, y > 0\}$$

und es folgt

$$\alpha_1^{-1}(V_1 \cap V_3) = (0,1), \quad \alpha_3^{-1}(V_1 \cap V_3) = (0,1).$$

Durch Nachrechnen können wir nun die Übergangsfunktion $\alpha_3^{-1} \circ \alpha_1\colon (0,1) \to (0,1)$ bestimmen:

$$\alpha_3^{-1} \circ \alpha_1(t) = \alpha_3^{-1}(t, \sqrt{1-t^2}) = \sqrt{1-t^2}.$$

Die anderen Übergangsfunktionen bestimmt man analog. ◀

Der Rand einer Mannigfaltigkeit

Wir kommen nun zu der insbesondere für die späteren Integralsätze wichtigen Definition des **Randes einer Mannigfaltigkeit**.

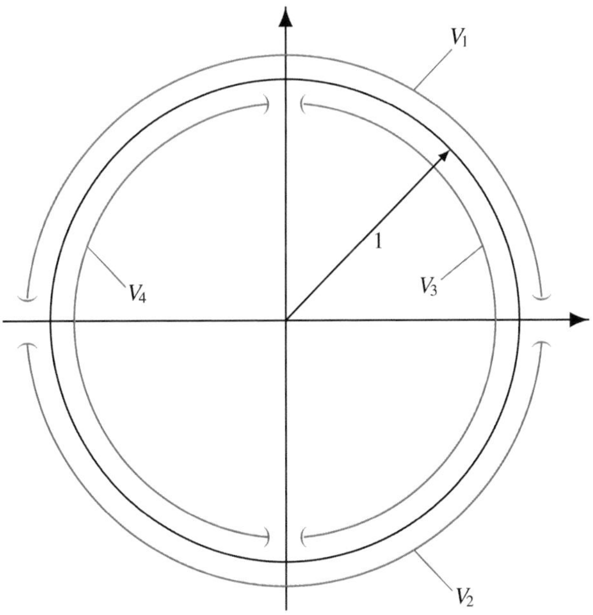

Abbildung 6.6 Stückweise Parametrisierung des Einheitskreises. Die Kreislinienstücke V_i sind jeweils offen.

Definition (Rand einer Mannigfaltigkeit in $\mathbb{R}^n$)
Sei M eine d-Mannigfaltigkeit in $\mathbb{R}^n$ der Klasse C^k. Ein Punkt $p \in M$ heißt ein **innerer Punkt** von M, falls es eine Karte $\alpha\colon U \subset \mathbb{R}^d \to V \subset M$ mit $p \in V$ gibt, sodass U offen in $\mathbb{R}^d$ ist. Anderenfalls heißt p ein **Randpunkt** von M. Die Menge

$$\partial M := \{p \in M \mid p \text{ ist Randpunkt}\}$$

aller Randpunkte von M wird **Rand** von M genannt.

Kommentar: Die Begriffe „innerer Punkt" und „Rand" sollten nicht mit den topologischen Begriffen verwechselt werden. Jede Menge $S \subset \mathbb{R}^n$ hat aus topologischer Sicht ein Inneres Int S, einen Rand Bd $S = \partial S$ und ein Äußeres Ext S.

Das folgende Lemma hilft bei der Identifikation von Randpunkten und liefert daher ein nützliches Werkzeug bei der Betrachtung von Mannigfaltigkeiten.

Lemma (Charakterisierung von Randpunkten)
Sei M eine d-Mannigfaltigkeit in $\mathbb{R}^n$ der Klasse C^k und $\alpha\colon U \to V$ eine Karte um den Punkt $p \in M$, dann gilt:

- Ist U offen in $\mathbb{R}^d$, dann ist p ein innerer Punkt von M.
- Ist U offen in $\mathbb{H}^d$ und $p = \alpha(x_0)$ für $x_0 \in \mathbb{H}^d_+$, dann ist p ein innerer Punkt von M.
- Ist U offen in $\mathbb{H}^d$ und $p = \alpha(x_0)$ für $x_0 \in \mathbb{R}^{d-1} \times \{0\}$, dann ist p ein Randpunkt von M.

Beweis: Wir beweisen die drei Aussagen nacheinander:
(i) Die erste Aussage folgt direkt aus der Definition eines Randpunktes.

Hintergrund und Ausblick: Topologische und differenzierbare Mannigfaltigkeiten

Die in diesem Kapitel eingeführte Definition von Mannigfaltigkeiten bezieht sich auf Teilmengen des $\mathbb{R}^n$. Die Idee, Mengen lokal durch Karten-Abbildungen zu beschreiben, lässt sich aber auch auf topologische Räume erweitern.

Topologische Räume wurden bereits in Band 1 in Abschnitt 19.2 definiert. Wir definieren nun eine **topologische Mannigfaltigkeit der Dimension** d als einen topologischen Raum $M = (X, \mathcal{T})$, für den gilt:

- M ist ein Hausdorffraum,
- M erfüllt das zweite Abzählbarkeitsaxiom,
- für alle $x \in M$ existiert eine Umgebung $U(x) \subset M$, die homöomorph zu einer offenen Teilmenge des $\mathbb{R}^d$ ist, d. h., es existiert eine stetige bijektive Abbildung $\varphi\colon U(x) \to V \subset \mathbb{R}^d$ deren Umkehrabbildung φ^{-1} ebenfalls stetig ist (Karte auf M).

Das zweite Abzählbarkeitsaxiom besagt, dass es eine höchstens abzählbare Menge $\{U_1, U_2, \dots\}$ von offenen Teilmengen gibt, die zu jedem Punkt $x \in M$ eine Umgebungsbasis enthält, d. h., für alle Umgebungen V eines Punktes x existiert ein $k \in \mathbb{N}$, sodass $x \in U_k \subset V$ gilt.

Da eine Teilmenge $M \subset \mathbb{R}^n$, ausgestattet mit der Teilraumtopologie, einen topologischen Raum bildet, der offensichtlich Hausdorff'sch ist und das zweite Abzählbarkeitsaxiom erfüllt, ist jede d-Mannigfaltigkeit in $\mathbb{R}^n$ ohne Rand auch eine topologische Mannigfaltigkeit, falls die Karten $\alpha_i : U_i \to V_i \subset M$ bijektiv sind. Man setzt dann einfach $\varphi_i = \alpha_i^{-1}$.

Will man nun differenzierbare Funktionen auf Mannigfaltigkeiten betrachten, so stellt man fest, dass die topologische Struktur allein dazu nicht ausreicht. Man muss zusätzlich fordern, dass für alle Karten (U_i, φ_i) und (U_j, φ_j) auf M die Übergangsfunktion

$$\varphi_i \circ \varphi_j^{-1} : \varphi_j(U_i \cap U_j) \to \varphi_i(U_i \cap U_j)$$

ein Diffeomorphismus ist, d. h. stetig differenzierbar mit stetig differenzierbarer Umkehrfunktion. Solche Karten heißen dann **kompatibel**. Denn hat man eine m-Mannigfaltigkeit M und eine n-Mannigfaltigkeit N gegeben und betrachtet eine Funktion $f\colon M \to N$, so besitzt f bezüglich der Karten (U, φ) von M und (V, ψ) von N mit $f(U) \subset V$ die Kartendarstellung

$$\psi \circ f \circ \varphi^{-1} : \varphi(U) \subset \mathbb{R}^m \to \psi(V) \subset \mathbb{R}^n.$$

Die Funktion f ist nun aus C^k (d. h. k-mal stetig differenzierbar), falls alle Kartendarstellungen aus C^k sind. Damit die Differenzierbarkeit von f also nicht von der Wahl der Karten abhängt, fordert man, dass die Kartenwechsel Diffeomorphismen sind. Mit der Kettenregel folgt dann, dass f unabhängig von den Karten aus C^k ist.

Eine topologische Mannigfaltigkeit, bei der alle Karten eines Atlanten kompatibel sind, wird als **differenzierbare Mannigfaltigkeit** bezeichnet.

Wir haben bereits gezeigt, dass die Übergangsfunktionen zweier Karten (α_0, V_0) und (α_1, V_1) auf einer d-Mannigfaltigkeit in $\mathbb{R}^n$ aus C^k sind. Zudem haben die Übergangsfunktionen nicht singuläre Ableitungen und sind somit differenzierbar. Jede d-Mannigfaltigkeit in $\mathbb{R}^n$ ohne Rand ist also eine differenzierbare Mannigfaltigkeit, aber nicht umgekehrt!

Verschärft man die Forderung dahin, dass die Übergangsfunktionen glatt sein müssen, d. h. aus C^∞, dann spricht man auch von **glatten Mannigfaltigkeiten**.

(ii) Für die zweite Aussage betrachte $\alpha : U \to V$ mit U offen in $\mathbb{H}^d$ und setze $U_0 = U \cap \mathbb{H}^d_+$ sowie $V_0 = \alpha(U_0)$. Dann ist $\alpha\colon U_0 \to V_0$ eine Karte um p mit U_0 offen in $\mathbb{R}^d$.

(iii) Die dritte Aussage ergibt sich wie folgt:
Sei $\alpha_0\colon U_0 \to V_0$ eine Karte um p mit U_0 offen in $\mathbb{H}^d$ und $p = \alpha_0(x_0)$ für $x_0 \in \mathbb{R}^{d-1} \times \{0\}$. Man führt nun die Annahme, dass es eine Karte $\alpha_1 : U_1 \to V_1$ um p mit U_1 offen in $\mathbb{R}^d$ gibt, zum Widerspruch:

Da V_0 und V_1 offene Mengen in M sind, ist auch $W = V_0 \cap V_1$ offen in M mit $p \in W$. Setzt man $W_i = \alpha_i^{-1}(W)$ für $i = 0, 1$, dann ist W_0 offen in $\mathbb{H}^d$ mit $x_0 \in W_0$ und W_1 ist offen in $\mathbb{R}^d$. Wir wissen, dass die Übergangsfunktion $\alpha_0^{-1} \circ \alpha_1 : W_1 \to W_0$ eine injektive C^k-Abbildung ist und eine nicht-singuläre Ableitung besitzt. Es lässt sich zeigen, dass unter diesen Voraussetzungen das Bild $\alpha_0^{-1} \circ \alpha_1(W_1) = W_0$ eine offene Menge in $\mathbb{R}^d$ ist. Dies ist jedoch ein Widerspruch, denn $W_0 \subset \mathbb{R}^d$ enthält nach Voraussetzung $x_0 \in \mathbb{R}^{d-1} \times \{0\}$ und ist somit nicht offen in $\mathbb{R}^d$. ∎

Kommentar: $\mathbb{H}^d$ ist offensichtlich selbst eine d-Mannigfaltigkeit in $\mathbb{R}^d$ mit der Identität id als Karte. Ausgestattet mit der Teilraumtopologie des $\mathbb{R}^d$ ist $\mathbb{H}^d$ als Ganzes sowohl eine offene als auch eine abgeschlossene Menge. Die dritte Aussage des Lemmas impliziert zudem

$$\partial \mathbb{H}^d = \mathbb{R}^{d-1} \times \{0\}.$$

Mit diesem Lemma lässt sich nun ein wichtiges Ergebnis in der Theorie der d-Mannigfaltigkeiten in $\mathbb{R}^n$ beweisen. Als Satz formuliert lautet es wie folgt:

Satz (∂M ist eine $(d-1)$-Mannigfaltigkeit)
Sei M eine d-Mannigfaltigkeit in $\mathbb{R}^n$ der Klasse C^k mit $\partial M \neq \emptyset$, dann ist ∂M eine $(d-1)$-Mannigfaltigkeit ohne Rand in $\mathbb{R}^n$ der Klasse C^k.

Beweis: Sei $p \in \partial M$ und $\alpha: U \to V$ eine Karte auf M um p, dann ist nach dem vorhergehenden Lemma U offen in $\mathbb{H}^d$ und $p = \alpha(x_0)$ für ein $x_0 \in \partial\mathbb{H}^d$. Zudem wird jeder Punkt aus $U \cap \mathbb{H}_+^d$ durch α auf einen inneren Punkt von M abgebildet und jeder Punkt aus $U \cap \partial\mathbb{H}^d$ auf einen Punkt von ∂M. Also wird $U \cap \partial\mathbb{H}^d$ durch $\alpha|_{U\cap\partial\mathbb{H}^d}$ injektiv auf die offene Menge $V_0 = V \cap \partial M \subset \partial M$ abgebildet. Wähle $U_0 \subset \mathbb{R}^{d-1}$ offen so, dass $U_0 \times 0 = U \cap \partial\mathbb{H}^d$ gilt. Definiere nun $\alpha_0(x) = \alpha(x, 0)$ für $x \in U_0$, dann ist $\alpha_0: U_0 \to V_0$ aus C^k, da $\alpha \in C^k$. Weiterhin gilt $\mathrm{Rg}(D\alpha(x)) = d-1$, weil $D\alpha_0(x)$ aus den ersten $d-1$ Zeilen von $D\alpha(x)$ besteht. Da α_0^{-1} zudem wegen $\alpha_0^{-1} = \pi \circ \alpha^{-1}|_{V_0}$ als Verknüpfung stetiger Funktionen stetig ist, handelt es sich bei α_0 also um eine Karte um p auf ∂M. Da sich für jedes $p \in \partial M$ eine solche Karte finden lässt, ist ∂M insgesamt eine $(d-1)$-Mannigfaltigkeit in $\mathbb{R}^n$. ■

Bisher steht man noch vor dem Problem, dass eine Teilmenge des $\mathbb{R}^n$ nur dann als Mannigfaltigkeit identifiziert werden kann, wenn explizit ein Atlas, d. h. eine Überdeckung durch Karten, gegeben ist. Ohne gegebene Karten ist es sehr schwer, die Bedingungen der Definition einer d-Mannigfaltigkeit nachzuweisen. Der folgende Satz liefert nun einen alternativen Zugang zu Mannigfaltigkeiten als Menge von Punkten $x \in \mathbb{R}^n$, die für eine stetig differenzierbare Funktionen $f: \mathbb{R}^n \to \mathbb{R}$ eine der Nebenbedingungen $f(x) = 0$ oder $f(x) \geq 0$ erfüllen.

Satz (Charakterisierung einer Mannigfaltigkeit durch Nebenbedingungen)
Sei O offen in $\mathbb{R}^n$ und $f: O \to \mathbb{R}$ eine C^k-Funktion sowie $M = \{x|\ f(x) = 0\}$ und $N = \{x|\ f(x) \geq 0\}$. Gilt $M \neq \emptyset$ und $\mathrm{Rg}(Df(x)) = 1$ für alle $x \in M$, so ist N eine n-Mannigfaltigkeit in $\mathbb{R}^n$ und $\partial N = M$.

Beweis: Wir wollen für $p \in N$ geeignete Karten finden. Dazu betrachten wir die zwei Fälle $f(p) > 0$ und $f(p) = 0$:
(i) Sei $p \in N$ mit $f(p) > 0$ und $U \subset \mathbb{R}^n$ definiert durch

$$U = \{x|\ f(x) > 0\}.$$

Dann folgt aus der Stetigkeit von f, dass U offen ist. Sei $\alpha: U \to U$ die Identität, dann ist α offensichtlich eine Karte auf N um p, deren Definitionsmenge offen in $\mathbb{R}^n$ ist.

(ii) Sei $p \in N$ mit $f(p) = 0$. Wegen $\mathrm{Rg}(Df(p)) = 1$ ist $Df(p) \neq 0$ und daher gibt es mindestens eine partielle Ableitungen mit $D_i f(p) \neq 0$. Sei o.B.d.A. $D_n f(p) \neq 0$ und definiere $F: O \to \mathbb{R}^n$ durch $F(x) = (x_1, \ldots, x_{n-1}, f(x))$, dann gilt

$$DF = \begin{bmatrix} E_{n-1} & 0 \\ * & D_n f \end{bmatrix},$$

wobei E_{n-1} die Einheitsmatrix ist. Wegen $\mathrm{Rg}(DF) = n$ ist DF invertierbar und nach dem lokalen Umkehrsatz existiert somit $F^{-1}: B \to A$, wobei A eine offene Umgebung von p, B eine offene Menge in $\mathbb{R}^n$ und F^{-1} stetig differenzierbar ist. Also ist F ein Diffeomorphismus zwischen A und B. Weil $x \in N$ äquivalent zu $f(x) \geq 0$ ist, bildet F die offene Menge $A \cap N \subset N$ auf die offene Menge $B \cap \mathbb{H}^n \subset \mathbb{H}^n$ ab. Ebenso ist $x \in M$ äquivalent zu $f(x) = 0$ und daher bildet F entsprechend $A \cap M$ auf $B \cap \partial\mathbb{H}^n$ ab. Also ist $F^{-1}: B \cap \partial\mathbb{H}^n \to A \cap M$ die gesuchte Karte auf M um p. ■

Kommentar: Der gerade bewiesene Satz besagt, dass $\partial N = M$ gilt. Mit dem Satz (∂M ist eine $(d-1)$-Mannigfaltigkeit) (siehe Seite 154) folgt daraus, dass die Nullstellenmenge einer C^k-Funktion $f: \mathbb{R}^n \to \mathbb{R}$ eine $(n-1)$-Mannigfaltigkeit in $\mathbb{R}^n$ bildet.

Beispiel Definiere für $a > 0$ die Mengen

$$\begin{aligned} B^n(a) &= \{x \in \mathbb{R}^n|\ \|x\| \leq a\} \\ S^{n-1}(a) &= \{x \in \mathbb{R}^n|\ \|x\| = a\}, \end{aligned}$$

dann nennt man $B^n(a)$ die n-**Kugel** und $S^{n-1}(a)$ die $(n-1)$-**Sphäre** vom Radius a. Unter Anwendung des obigen Satzes, lässt sich auch ohne einen Atlas zeigen, dass es sich bei beiden Mengen um eine n- bzw. $(n-1)$-Mannigfaltigkeit in $\mathbb{R}^n$ handelt. Wir betrachten dazu einfach die Funktion $f(x) = a^2 - \|x\|^2$, denn es folgt sofort

$$\begin{aligned} \{x \mid f(x) \geq 0\} &= B^n(a) \\ \{x \mid f(x) = 0\} &= S^{n-1}(a). \end{aligned}$$

Wegen

$$Df(x) = [-2x_1, \ldots, -2x_n] \neq 0 \quad \forall x \in S^{n-1}(a)$$

gilt natürlich $\mathrm{Rg}(Df(x)) = 1$ für alle $x \in S^{n-1}(a)$ und damit sind die Bedingungen des Satzes erfüllt, es folgt also die Behauptung. Eine mögliche Parametrisierung ist durch die n-dimensionalen Kugelkoordinaten gegeben (siehe Band 1, Abschnitt 22.4). ◄

Integration skalarwertiger Funktionen über d-Mannigfaltigkeiten in $\mathbb{R}^n$

Wir kommen nun zur Integration skalarwertiger Funktionen über Mannigfaltigkeiten. Dazu knüpfen wir an den in Abschnitt 23.3 des ersten Bandes entwickelten Begriff des Flächenintegrals an. Sei dazu $\gamma: D \subset \mathbb{R}^d \to \mathbb{R}^n$ eine reguläre Parametrisierung und $\Gamma = \gamma(D)$ die dazugehörige d-dimensionale Fläche. Als Verallgemeinerung der Transformationsformel lässt sich mithilfe der Gram'schen Determinante das Integral einer integrierbaren Funktion $f: \mathbb{R}^n \to \mathbb{R}$ über Γ durch

$$\int_\Gamma f \,\mathrm{d}\mu := \int_D (f \circ \gamma)(x) \sqrt{\det(D\gamma(x)^\top D\gamma(x))} \,\mathrm{d}\lambda(x)$$

definieren. Dabei bezeichnet λ das Lebesgue-Maß auf $\mathbb{R}^d$ und das rechte Integral entspricht somit einem gewöhnlichen Lebesgue-Integral. Die genaue Herleitung des Flächenintegrals lässt sich im ersten Band in den Kapiteln 22 und 23 nachlesen. Wir wollen nun auch die Integration über allgemeine d-Mannigfaltigkeiten in $\mathbb{R}^n$ definieren, die nicht unbedingt reguläre Flächen sind.

Betrachtet man eine kompakte d-Mannigfaltigkeit M der Klasse C^k in $\mathbb{R}^n$ und definiert auf ihr eine stetige Funktion $f\colon M \to \mathbb{R}$, so folgt aus der Kompaktheit von M, dass auch der Träger $\operatorname{supp}(f) = \overline{\{x \in M \mid f(x) \neq 0\}}$ von f kompakt ist, da abgeschlossene Teilmengen von kompakten Mengen wieder kompakt sind. Wählt man nun eine Karte $\alpha : U \to V$ auf M mit $\operatorname{supp}(f) \subset V$, dann ist $\alpha^{-1}(\operatorname{supp}(f))$ wiederum kompakt, da α^{-1} als stetige Funktion Kompakta auf Kompakta abbildet. U kann daher als beschränkt angenommen werden (falls U nicht beschränkt ist, verkleinert man den Definitionsbereich von α einfach auf eine passende beschränkte Menge $U' \subset U$). Das **Integral von f über M** lässt sich dann in Analogie zum Flächenintegral wie folgt definieren:

Definition (Integration über eine Mannigfaltigkeit in $\mathbb{R}^n$ im Falle der Überdeckung durch eine einzige Karte)

Sei M eine d-Mannigfaltigkeit in $\mathbb{R}^n$ der Klasse C^k und $f\colon M \to \mathbb{R}$ eine stetige Funktion. Weiterhin sei $\alpha\colon U \to V$ eine Karte auf M mit $\operatorname{supp}(f) \subset V$, dann ist das **Integral von f über M** durch

$$\int_M f \,\mathrm{d}\mu := \int_{\operatorname{Int} U} (f \circ \alpha)(x) \sqrt{\det(D\alpha(x)^\top D\alpha(x))}\,\mathrm{d}\lambda(x)$$

definiert. Es gilt dabei: $\operatorname{Int} U = U$, falls U offen in $\mathbb{R}^d$ ist, und $\operatorname{Int} U = U \cap \mathbb{H}^d_+$, falls U offen in $\mathbb{H}^d$, aber nicht offen in $\mathbb{R}^d$ ist. Zur Übersicht lässt man auch das Argument auf der rechten Seite weg und schreibt kürzer

$$\int_M f \,\mathrm{d}\mu = \int_{\operatorname{Int} U} (f \circ \alpha) \sqrt{\det(D\alpha^\top D\alpha)}\,\mathrm{d}\lambda.$$

Unter obigen Voraussetzungen ist das Integral unabhängig von der Wahl der Karte α, also wohldefiniert. Seien dazu $\alpha_0\colon U_0 \to V_0$ und $\alpha_1 : U_1 \to V_1$ zwei Karten auf M, sodass V_0 und V_1 den Träger von f enthalten. Setzt man $W_i = \alpha_i^{-1}(W)$ für $i = 0, 1$, wobei $W = V_0 \cap V_1$, dann ist das Integral von

$$(f \circ \alpha_i)(x) \sqrt{\det(D\alpha_i(x)^\top D\alpha_i(x))}$$

über $\operatorname{Int} U_i$ das gleiche wie über $\operatorname{Int} W_i$, da $(f \circ \alpha_i)$ außerhalb von W_i verschwindet. Bezeichnet man mit $\phi = \alpha_1^{-1} \circ \alpha_0$ den Kartenwechsel von $\operatorname{Int} W_0$ nach $\operatorname{Int} W_1$ und setzt

$$G_i(x) = \sqrt{\det(D\alpha_i(x)^\top D\alpha_i(x))},$$

dann ist $\alpha_0 = \alpha_1 \circ \phi$ und Nachrechnen liefert

$$G_0(x) = G_1(\phi(x)) \det(D\phi(x)).$$

Mit der Transformationsformel folgt daher

$$\begin{aligned}
&\int_{W_1} (f \circ \alpha_1)(x) G_1(x)\,\mathrm{d}\lambda(x) \\
&= \int_{\phi(W_1)} (f \circ \alpha_1)(\phi(x)) G_1(\phi(x)) \det(D\phi(x))\,\mathrm{d}\lambda(x) \\
&= \int_{W_0} (f \circ \alpha_0)(x) G_0(x)\,\mathrm{d}\lambda(x),
\end{aligned}$$

woraus sich die Unabhängigkeit von $\int_M f\,\mathrm{d}\mu$ bzgl. der Wahl der Karte ergibt.

Als Nächstes ist der allgemeine Fall zu betrachten, bei dem $\operatorname{supp}(f)$ nicht von einer einzigen Karte überdeckt wird. Um auch dann ein Integral über M definieren zu können, das den bisherigen Integralbegriff konsistent erweitert, benötigen wir noch das folgende Hilfsmittel (vgl. Band 1, Abschnitt 23.4).

Satz (Partition der Eins auf einer Mannigfaltigkeit in $\mathbb{R}^n$)

Sei M eine kompakte d-Mannigfaltigkeit in $\mathbb{R}^n$ der Klasse C^k, dann existiert für eine gegebene Überdeckung von M mit Karten eine endliche Menge von Funktionen $\Phi_1, \ldots, \Phi_l\colon \mathbb{R}^n \to \mathbb{R}$ mit $\Phi_i \in C^\infty(\mathbb{R}^n)$, für die gilt

- $\Phi_i(x) \geq 0$ für alle $x \in \mathbb{R}^n$,
- $\operatorname{supp}(\Phi_i)$ ist für alle $i = 1, \ldots, l$ kompakt und es gibt eine Karte $\alpha_i : U_i \to V_i$ aus der gegebenen Überdeckung, sodass

$$((\operatorname{supp}(\Phi_i)) \cap M) \subset V_i,$$

- $\sum_{i=1}^l \Phi_i(x) = 1$ für alle $x \in M$.

Man nennt $\{\Phi_1, \ldots, \Phi_l\}$ eine **Partition/Zerlegung der Eins auf M**.

Beweis: Zu jeder Karte $\alpha\colon U \to V$ aus der gegebenen Überdeckung wähle $A_V \subset \mathbb{R}^n$ offen so, dass $A_V \cap M = V$ gilt. Setze $A = \bigcup A_V$ und wähle eine Zerlegung der Eins auf A. Nur eine endliche Anzahl an Funktionen $\Phi_1, \ldots, \Phi_l$ der Zerlegung der Eins verschwindet dann nicht auf M und dies ist gerade die gesuchte Zerlegung der Eins auf M. ∎

Nun lässt sich die allgemeine Definition des Integrals über einer Mannigfaltigkeit in $\mathbb{R}^n$ angeben:

Definition (Integration über eine Mannigfaltigkeit in $\mathbb{R}^n$)

Sei M eine kompakte d-Mannigfaltigkeit in $\mathbb{R}^n$ der Klasse C^k und $f\colon M \to \mathbb{R}$ eine stetige Funktion sowie $\{\Phi_1, \ldots, \Phi_l\}$ eine Partition der Eins auf M, dann ist das **Integral von f über M** durch

$$\int_M f\,\mathrm{d}\mu := \sum_{i=1}^l \int_M \Phi_i f\,\mathrm{d}\mu$$

definiert. Das d-dimensionale Volumen von M ist entsprechend definiert als

$$\operatorname{vol}(M) := \int_M 1\,\mathrm{d}\mu.$$

Die Definition ist konsistent mit der vorherigen, denn wird $\operatorname{supp}(f)$ von einer einzigen Karte $\alpha\colon U \to V$ überdeckt, d. h. $\operatorname{supp}(f) \subset V$, dann folgt mit $G(x) = \sqrt{\det(D\alpha(x)^\top D\alpha(x))}$, dass

$$\begin{aligned}
\sum_{i=1}^{l} \int_M \Phi_i f \, d\mu
&= \sum_{i=1}^{l} \int_{\operatorname{Int} U} \Phi_i(\alpha(x)) f(\alpha(x)) G(x) \, d\lambda(x) \\
&= \int_{\operatorname{Int} U} \sum_{i=1}^{l} \Phi_i(\alpha(x)) f(\alpha(x)) G(x) \, d\lambda(x) \\
&= \int_{\operatorname{Int} U} (f \circ \alpha)(x) G(x) \, d\lambda(x) = \int_M f \, d\mu
\end{aligned}$$

gilt. Für die zweite Umformung wurde die Linearität des Integrals (siehe folgenden Satz) benutzt. Zudem ist die Definition auch unabhängig von der Wahl der Zerlegung der Eins. Denn ersetzt man in obiger Rechnung f durch $\Psi_j f$, wobei $\{\Psi_1, \ldots, \Psi_r\}$ eine andere Zerlegung der Eins ist, erhält man

$$\sum_{i=1}^{l} \int_M \Phi_i \Psi_j f \, d\mu = \int_M \Psi_j f \, d\mu$$

und es folgt direkt

$$\begin{aligned}
\sum_{j=1}^{r} \int_M \Psi_j f \, d\mu &= \sum_{j=1}^{r} \sum_{i=1}^{l} \int_M \Phi_i \Psi_j f \, d\mu \\
&= \sum_{i=1}^{l} \int_M \Phi_i f \, d\mu .
\end{aligned}$$

Satz (Linearität)

Sei M eine kompakte d-Mannigfaltigkeit in $\mathbb{R}^n$ der Klasse C^k und seien $f, g\colon M \to \mathbb{R}$ zwei stetige Funktionen, dann gilt

$$\int_M (af + bg) \, d\mu = a \int_M f \, d\mu + b \int_M g \, d\mu$$

für alle $a, b \in \mathbb{R}$.

?

Beweisen Sie den Satz zur Linearität des Integrals über eine Mannigfaltigkeit in $\mathbb{R}^n$.

Was die Erweiterung des Flächenintegrals auf Mannigfaltigkeiten in $\mathbb{R}^n$ angeht, sind wir damit eigentlich fertig. Die Definition über Zerlegungen der Eins ist aber nur aus theoretischer Sicht zufriedenstellend, denn mit ihr ist es praktisch unmöglich oder sehr aufwendig Integrale auf Mannigfaltigkeiten zu berechnen.

Wir erinnern uns, dass bei einer stückweise zusammengesetzten Kurve Γ in $\mathbb{R}^n$ das Integral über Γ als die Summe der Integrale über die Teilstücke definiert war. Man kann analog dazu probieren M in geeignete disjunkte Teile zu zerlegen, anschließend über die einzelnen Teile zu integrieren und dann zu summieren. Um diese Idee mathematisch formulieren zu können, benötigen wir noch folgende Definition:

Definition (Nullmengen von Mannigfaltigkeiten in $\mathbb{R}^n$)

Sei M eine kompakte d-Mannigfaltigkeit in $\mathbb{R}^n$ der Klasse C^k und $D \subset M$, dann ist D eine **Nullmenge bzw. eine Menge vom Maß** 0, falls für jede Karte $\alpha\colon U \to V$ auf M mit $D \cap V \neq \emptyset$ gilt

$$\lambda(\alpha^{-1}(D \cap V)) = 0,$$

wobei λ das Lebesgue-Maß auf $\mathbb{R}^d$ ist.
Äquivalente Definition: Kann D durch abzählbar viele Karten $\alpha_i\colon U_i \to V_i$ überdeckt werden, sodass $\lambda(\alpha_i^{-1}(D \cap V_i)) = 0 \ \forall i$ gilt, dann ist D ein Nullmenge.

Nun lässt sich obige Idee zur Berechnung von $\int_M f \, d\mu$ als Satz angeben.

Satz (Integration durch disjunkte Zerlegung von M)

Sei M eine kompakte d-Mannigfaltigkeit in $\mathbb{R}^n$ der Klasse C^k und $f\colon M \to \mathbb{R}$ eine stetige Funktion. Sind $\alpha_i\colon A_i \to M_i$, $i = 1, \ldots, N$, Karten auf M, sodass die A_i offen in $\mathbb{R}^d$ sind und $M = \left(\bigcup_{i=1}^N M_i\right) \cup K$ gilt, wobei die $M_i \subset M$ paarweise disjunkt sind und $K \subset M$ eine Nullmenge ist, dann gilt

$$\int_M f \, d\mu = \sum_{i=1}^{N} \int_{A_i} (f \circ \alpha_i) \sqrt{\det(D\alpha_i^\top D\alpha_i)} \, d\lambda .$$

Beweis: Wegen der Linearität des Integrals reicht es, den Satz für den Fall, dass $\operatorname{supp}(f)$ von einer einzigen Karte überdeckt werden kann, zu zeigen. Sei also $\alpha\colon U \to V$ eine Karte auf M mit $\operatorname{supp}(f) \subset V$ und U beschränkt, dann gilt per definitionem

$$\int_M f \, d\mu = \int_{\operatorname{Int} U} (f \circ \alpha) \sqrt{(D\alpha^\top D\alpha)} \, d\lambda .$$

Sei $\{M_1, \ldots, M_N\}$ eine disjunkte Zerlegung von M und K eine Nullmenge, sodass $M = \left(\bigcup_{i=1}^N M_i\right) \cup K$ gilt. Setze $W_i = \alpha^{-1}(M_i \cap V)$ und $L = \alpha^{-1}(K \cap V)$. Nach Voraussetzung ist W_i offen in $\mathbb{R}^d$ und es gilt $\lambda(L) = 0$. Für U folgt

$$\begin{aligned}
U &= \alpha^{-1}(V) \\
&= \alpha^{-1}(M \cap V) \\
&= \alpha^{-1}\left(\bigcup_{i=1}^{N} (M_i \cap V) \cup (K \cap V)\right) \\
&= \bigcup_{i=1}^{N} W_i \cup L,
\end{aligned}$$

Unter der Lupe: Das Lebesgue-Maß auf einer Mannigfaltigkeit in $\mathbb{R}^n$

In dieser Box wird kurz beschrieben, wie die Integration auf Mannigfaltigkeiten im Rahmen der Lebesgue'schen Integrationstheorie formuliert werden kann.

Es sei M eine d-Mannigfaltigkeit in $\mathbb{R}^n$ und mit $\mathcal{B}(M)$ sei die Borel-σ-Algebra auf M bezeichnet. Um nun ein Maß auf $\mathcal{B}(M)$ zu definieren, liegt es nahe, zu versuchen das Lebesgue-Maß λ auf $\mathcal{B}^d$ mithilfe von Karten nach M zu transportieren. Sei also $p \in M$, $\alpha\colon U \to V$ eine Karte auf M mit $p \in V$ und

$$G_\alpha(x) = \det(D\alpha(x)^\top D\alpha(x))$$

die Gram'sche Determinante von α. Nach Definition des Integrals, ist das n-dimensionale Lebesgue-Maß einer Menge $A \subseteq V$ dann gegeben durch

$$\lambda_V(A) = \int_A 1 \,\mathrm{d}\lambda(x) = \int_{\alpha^{-1}(A)} \sqrt{G_\alpha(x)}\,\mathrm{d}\lambda(x).$$

Wir werden nun nachweisen, dass λ_V tatsächlich ein Maß auf $\mathcal{B}(V)$ definiert:

Sei dazu $(A_i)_{i\in\mathbb{N}}$ eine Folge paarweise disjunkter Mengen aus V, dann ist $(\alpha^{-1}(A_i))_{i\in\mathbb{N}}$ eine Folge ebenfalls disjunkter Mengen in U und es folgt somit:

$$\begin{aligned}
\lambda_V\Big(\bigcup_{i\in\mathbb{N}} A_i\Big) &= \int_{\alpha^{-1}(\bigcup_{i\in\mathbb{N}} A_i)} \sqrt{G_\alpha(x)}\,\mathrm{d}\lambda(x)\\
&= \int_{\bigcup_{i\in\mathbb{N}} \alpha^{-1}(A_i)} \sqrt{G_\alpha(x)}\,\mathrm{d}\lambda(x)\\
&= \sum_{i\in\mathbb{N}} \int_{\alpha^{-1}(A_i)} \sqrt{G_\alpha(x)}\,\mathrm{d}\lambda(x)\\
&= \sum_{i\in\mathbb{N}} \lambda_V(A_i).
\end{aligned}$$

Weiterhin gilt natürlich

$$\begin{aligned}
\lambda_V(\emptyset) &= \int_{\alpha^{-1}(\emptyset)} \sqrt{G_\alpha(x)}\,\mathrm{d}\lambda(x)\\
&= \int_\emptyset \sqrt{G_\alpha(x)}\,\mathrm{d}\lambda(x) = 0
\end{aligned}$$

und somit ist λ_V ein Maß auf $\mathcal{B}(V)$.

Ist nun auf M ein Atlas $(\alpha_i, U_i, V_i)_{i\in\mathbb{N}}$ gegeben, dann gilt $M = \bigcup_{i\in\mathbb{N}} V_i$, wobei sich die Bildmengen V_i der einzelnen Karten schneiden können. Um aus den einzelnen Maßen λ_{V_i} ein Maß auf ganz $\mathcal{B}(M)$ zu gewinnen, müssen wir zunächst die Bildmengen V_i der einzelnen Karten disjunkt machen. Dazu benutzen wir die in der Maßtheorie übliche Rekursion $D_1 = V_1$, $D_2 = V_2 \backslash D_1$, $D_3 = V_3 \backslash (D_1 \cup D_2), \ldots$, d. h.

$$D_i = V_i \backslash (D_1 \cup \ldots \cup D_{i-1}).$$

Dann ist $(D_i)_{i\in\mathbb{N}}$ eine disjunkte Folge in $\mathbb{R}^n$ mit

$$\bigcup_{i\in\mathbb{N}} D_i = \bigcup_{i\in\mathbb{N}} V_i = M.$$

Definiert man nun die Abbildung $\lambda_M\colon \mathcal{B}(M) \to [0, \infty]$ durch

$$\begin{aligned}
\lambda_M(A) &= \sum_{i\in\mathbb{N}} \lambda_{V_i}(A \cap D_i)\\
&= \sum_{i\in\mathbb{N}} \int_{\alpha_i^{-1}(A\cap D_i)} \sqrt{G_{\alpha_i}(x)}\,\mathrm{d}\lambda(x),
\end{aligned}$$

so ist λ_M ein Maß auf $\mathcal{B}(M)$, denn die Summe von Maßen ist bekanntlich wieder ein Maß.

Um zu sehen, dass λ_M auch eindeutig bestimmt ist, bleibt jetzt noch nachzuweisen, dass λ_M unabhängig von der Wahl der Atlanten ist. Sei dazu (β_j, U_j', V_j') ein weiterer Atlas auf M. Durch Anwenden obiger Rekursion auf die V_j' erhält man ebenfalls eine Folge disjunkter Mengen $(D_j')_{j\in\mathbb{N}}$ mit

$$\bigcup_{j\in\mathbb{N}} D_j' = \bigcup_{j\in\mathbb{N}} V_j' = M.$$

Für $A \in \mathcal{B}(M)$ zeigen wir, dass $A \cap D_i \cap D_j'$ in beiden Fällen das gleiche Maß zugeordnet wird, d. h.

$$\int_X \sqrt{G_{\alpha_i}}\,\mathrm{d}\lambda(x) = \int_Y \sqrt{G_{\beta_j}}\,\mathrm{d}\lambda(x)$$

mit $X = \alpha_i^{-1}(A \cap D_i \cap D_j')$ und $Y = \beta_j^{-1}(A \cap D_i \cap D_j')$. Bezeichnen wir mit ϕ den Kartenwechsel $\beta_j^{-1} \circ \alpha_i$, dann ist $\phi \in C^k$ und $\alpha_i = \beta_j \circ \phi$. Wegen der Kettenregel gilt

$$D\alpha_i(x)^\top D\alpha_i(x) = D\phi(x)^\top D\beta_j(\phi(x))^\top D\beta_j(\phi(x)) D\phi(x)$$

und für die Gram'sche Determinante folgt

$$\begin{aligned}
G_{\alpha_i}(x) &= \det(D\alpha_i(x)^\top D\alpha_i(x))\\
&= \det(D\phi(x)^\top) G_{\beta_j}(\phi(x)) \det(D\phi(x))\\
&= G_{\beta_j}(\phi(x)) |\det(D\phi(x))|^2.
\end{aligned}$$

Anwenden der Transformationsformel liefert somit die Behauptung. Mit der üblichen sukzessiven Entwicklung des Lebesgue'schen Integrals, ausgehend von Elementarfunktionen über positive Funktionen hin zu integrierbaren Funktionen, kommt man zu einem Integral auf M bzgl. λ_M. Mit den eingeführten Bezeichnungen lässt es sich wie folgt schreiben:

$$\int_M f\,\mathrm{d}\lambda_M = \sum_{i\in\mathbb{N}} \int_{\alpha_i^{-1}(D_i)} f(\alpha_i(x)) \sqrt{G_{\alpha_i}(x)}\,\mathrm{d}\lambda(x).$$

d. h., U ist die disjunkte Vereinigung der W_i und K. Nun lässt sich zeigen, dass

$$\int_M f\,\mathrm{d}\mu = \sum_{i=1}^{N} \int_{W_i} (f \circ \alpha)\sqrt{\det(D\alpha^\top D\alpha)}\,\mathrm{d}\lambda$$

gilt. Sei dazu $F = (f \circ \alpha)\sqrt{\det(D\alpha^\top D\alpha)}$, dann existieren die Integrale $\int_{W_i} F\,\mathrm{d}\lambda$ für $i = 1, \ldots, N$, da F beschränkt ist und in einer Umgebung jedes Punktes $x \in \partial W_i \setminus L$ verschwindet. Somit folgt

$$\sum_{i=1}^{N} \int_{W_i} F\,\mathrm{d}\lambda = \int_{\mathrm{Int}U\setminus L} F\,\mathrm{d}\lambda = \int_{\mathrm{Int}U} F\,\mathrm{d}\lambda = \int_M f\,\mathrm{d}\mu.$$

Es bleibt noch zu zeigen, dass $\int_{W_i} F\,\mathrm{d}\lambda = \int_{A_i} F_i\,\mathrm{d}\lambda$ gilt, wobei $F_i = (f \circ \alpha_i)\sqrt{\det(D\alpha_i^\top D\alpha_i)}$ ist. Wir setzen $\phi = \alpha_i^{-1} \circ \alpha$ für die Übergangsfunktion, die W_i auf die offene Menge $B_i = \alpha_i^{-1}(M_i \cap V) \subset \mathbb{R}^d$ abbildet. Es gilt

$$\sqrt{\det(D\alpha^\top D\alpha)} = \sqrt{\det(D(\alpha_i \circ \phi)^\top D(\alpha_i \circ \phi))}\det(D\phi)$$

und mit der Transformationsformel folgt somit

$$\begin{aligned}\int_{B_i} F_i\,\mathrm{d}\lambda &= \int_{\phi(W_i)} (f \circ \alpha_i)\sqrt{\det(D\alpha_i^\top D\alpha_i)}\,\mathrm{d}\lambda\\ &= \int_{W_i} (f \circ \alpha)\sqrt{\det(D\alpha^\top D\alpha)}\,\mathrm{d}\lambda\\ &= \int_{W_i} F\,\mathrm{d}\lambda,\end{aligned}$$

d. h., es muss nur noch $\int_{B_i} F_i\,\mathrm{d}\lambda = \int_{A_i} F_i\,\mathrm{d}\lambda$ gezeigt werden. Diese Integrale sind unter Umständen uneigentlich. Da $\mathrm{supp}(f)$ abgeschlossen in M ist, ist $\alpha_i^{-1}(\mathrm{supp}(f))$ abgeschlossen in A_i und das Komplement $C_i = A_i \setminus \alpha_i^{-1}(\mathrm{supp}(f))$ somit offen in A_i und damit auch in $\mathbb{R}^d$. Da F_i auf C_i verschwindet, folgt also

$$\begin{aligned}\int_{A_i} F_i\,\mathrm{d}\lambda &= \int_{B_i} F_i\,\mathrm{d}\lambda + \int_{C_i} F_i\,\mathrm{d}\lambda - \int_{B_i \cap C_i} F_i\,\mathrm{d}\lambda\\ &= \int_{B_i} F_i\,\mathrm{d}\lambda\end{aligned}$$ ■

Mit diesem praktisch relevanten Satz zur Integration skalarwertiger Funktionen auf Mannigfaltigkeiten in $\mathbb{R}^n$ wollen wir den Abschnitt beenden. Abschließend halten wir noch alle wichtigen Ergebnisse fest:

6.2 Differenzialformen

Nachdem das Integral einer stetigen Funktion f über eine Mannigfaltigkeit definiert ist, kommen wir zu dem zentralen Thema dieses Kapitels, nämlich der Verallgemeinerung der Ergebnisse der Vektoranalysis, und besonders der aus ihr bekannten Integralsätze, auf Mannigfaltigkeiten. Um dies mit der nötigen mathematischen Strenge durchzuführen, benötigt es jedoch einer gewissen Vorbereitung.

In diesem Abschnitt wird die Theorie der Differenzialformen entwickelt, die den geeigneten Rahmen für eine allgemeinere Integrationstheorie auf Mannigfaltigkeiten in $\mathbb{R}^n$ liefert. Wir fangen dabei relativ allgemein an und studieren zunächst multilineare Abbildungen, die auch Tensoren genannt werden. Später werden Differenzialformen dann als spezielle alternierende Tensoren definiert und die allgemeinen Ergebnisse aus der Theorie der Tensoren können direkt verwendet werden.

Für den Rest dieses Abschnittes sei V immer ein endlichdimensionaler $\mathbb{R}$-Vektorraum. Wir beginnen mit der Definition eines Tensors.

Definition (Tensor)

Sei V ein $\mathbb{R}$-Vektorraum und $V^d = V \times \cdots \times V$, $d \in \mathbb{N}$, das entsprechende d-fache kartesische Produkt, dann heißt eine Funktion $f\colon V^d \to \mathbb{R}$, mit den Eigenschaften

- $f(v_1, \ldots, v_i + \widetilde{v}_i, \ldots, v_d) = f(v_1, \ldots, v_i, \ldots, v_d) + f(v_1, \ldots, \widetilde{v}_i, \ldots, v_d)$
- $f(v_1, \ldots, \alpha v_i, \ldots, v_d) = \alpha f(v_1, \ldots, v_i, \ldots, v_d)$,

für alle $i = 1, \ldots, d$ und $\alpha \in \mathbb{R}$, ein **Tensor der Ordnung** d **auf** V. Die **Menge aller** d**-Tensoren auf** V wird mit $\mathcal{L}^d(V)$ bezeichnet. Auf $\mathcal{L}^d(V)$ sind durch

$$+\colon \begin{cases}\mathcal{L}^d(V) \times \mathcal{L}^d(V) \to \mathcal{L}^d(V)\\ (f, g) \mapsto f + g,\end{cases}$$

d. h. $(f + g)(v_1, \ldots, v_d) = f(v_1, \ldots, v_d) + g(v_1, \ldots, v_d)$, eine Addition und durch

$$\cdot\colon \begin{cases}\mathbb{R} \times \mathcal{L}^d(V) \to \mathcal{L}^d(V)\\ (\alpha, f) \mapsto \alpha \cdot f,\end{cases}$$

d. h. $(\alpha \cdot f)(v_1, \ldots, v_d) = \alpha \cdot (f(v_1, \ldots, v_d))$, eine skalare Multiplikation definiert.

Kommentar: Im Fall $d = 1$ sind 1-Tensoren einfach lineare Abbildungen von V in den Grundkörper $\mathbb{R}$, sie entsprechen also den aus Band 1, Kapitel 12 bekannten Linearformen. Die Menge aller Linearformen bildet den Dualraum von V, der mit V^* bezeichnet wird. Es gilt also $V^* = \mathcal{L}^1(V)$.

Durch einfaches Nachrechnen der Vektorraumeigenschaften ergibt sich folgender Satz:

Satz

Sei V ein $\mathbb{R}$-Vektorraum, dann bildet die Menge $\mathcal{L}^d(V)$ einen $\mathbb{R}$-Vektorraum.

Übersicht: Mannigfaltigkeiten in $\mathbb{R}^n$

Zur Untersuchung von Mannigfaltigkeiten M in $\mathbb{R}^n$ wurden Karten, Übergangsfunktionen und der Rand ∂M als neue mathematische Objekte eingeführt. Zudem wurde mit der Integration auf Mannigfaltigkeiten im $\mathbb{R}^n$ das nicht orientierte Flächenintegral aus Kapitel 23 des ersten Bandes erweitert. Wir wollen dies noch einmal zusammenfassend darstellen.

Ausgangspunkt unserer Betrachtung waren Teilmengen M des $\mathbb{R}^n$, die sich lokal durch gewisse injektive C^k-Abbildungen $\alpha\colon U \subseteq \mathbb{R}^d \to V \subset M \subseteq \mathbb{R}^n$ beschreiben lassen. Diese Abbildungen werden **Karten** genannt und M wird somit zu einer **d-Mannigfaltigkeit in $\mathbb{R}^n$**. Hat man eine Familie $(\alpha_i, U_i, V_i)_{i\in I}$ von Karten gegeben, die

$$M = \bigcup_{i\in I} V_i$$

erfüllt, so nennt man $(\alpha_i, U_i, V_i)_{i\in I}$ einen **Atlas von** M. Will man von einem Kartengebiet V_i auf ein anderes Kartengebiet V_j wechseln, vorausgesetzt es ist $W = V_i \cap V_j \neq \emptyset$, dann muss man die **Übergangsfunktion**

$$\alpha_j^{-1} \circ \alpha_i : \alpha_i^{-1}(W) \to \alpha_j^{-1}(W)$$

benutzen. Wir hatten gesehen, dass $\alpha_j^{-1} \circ \alpha_i$ ein C^k-Diffeomorphismus ist und somit durch Bilden der Umkehrabbildung von V_i nach V_j genauso wie von V_j nach V_i gewechselt werden kann.

Die Urbilder U_i der einzelnen Karten können offen in $\mathbb{R}^d$ oder in $\mathbb{H}^d$ sein. Sind sämtliche Urbilder U_i, $i \in I$, eines Atlanten offen in $\mathbb{R}^d$, so nennt man M eine d-Mannigfaltigkeit ohne Rand. Anderenfalls besitzt M einen **Rand** ∂M, der durch die Menge aller Randpunkte gegeben ist. Dabei ist ein Randpunkt $p \in M$ wie folgt definiert:
p ist ein Randpunkt, falls es eine Karte $\alpha\colon U \subset \mathbb{H}^d \to V \subset M$ mit U offen in $\mathbb{H}^d$ und $p \in V$ gibt, sodass ein $x \in \mathbb{R}^{d-1} \times \{0\} \subseteq U$ existiert, welches $p = \alpha(x)$ erfüllt.

Wir haben zudem gezeigt, dass es sich bei dem Rand ∂M einer d-Mannigfaltigkeit M wieder um eine Mannigfaltigkeit (aber der Dimension d und ohne Rand) handelt.

Ist $f\colon M \to \mathbb{R}$ eine stetige Funktion und $\alpha\colon U \to V \subset M$ eine Karte mit $\operatorname{supp}(f) \subset V$, so haben wir das **Integral von f über M** durch

$$\int_M f \, \mathrm{d}\mu = \int_{\operatorname{Int} U} (f \circ \alpha)(x) \sqrt{\det(D\alpha(x)^\top D\alpha(x))} \, \mathrm{d}\lambda(x)$$

definiert. Liegt der Träger von f in mehr als einer Karte, so gilt

$$\int_M f \, \mathrm{d}\mu = \sum_{i=1}^{l} \int_M \Phi_i f \, \mathrm{d}\mu,$$

wobei $\{\Phi_1, \ldots, \Phi_l\}$ eine **Zerlegung der Eins** auf M ist (siehe Seite 156). Diese Definition von $\int_M f \, \mathrm{d}\mu$ ist unabhängig von den gewählten Atlanten auf M und es gelten folgende Eigenschaften:

- **Linearität**: Für $f, g\colon M \to \mathbb{R}$ stetig und $\alpha, \beta \in \mathbb{R}$ gilt

$$\int_M \alpha f + \beta g \, \mathrm{d}\mu = \alpha \int_M f \, \mathrm{d}\mu + \beta \int_M g \, \mathrm{d}\mu.$$

- **Disjunkte Zerlegung**: Sei $(\alpha_i, U_i, V_i)_{i\in N}$, $N \in \mathbb{N}$, ein Atlas, der M bis auf eine Menge vom Maß null überdeckt. Weiterhin seien die U_i offen in $\mathbb{R}^d$ und die V_i paarweise disjunkt, dann gilt

$$\int_M f \, \mathrm{d}\mu = \sum_{i=1}^{N} \int_{U_i} (f \circ \alpha_i) \sqrt{\det(D\alpha_i^\top D\alpha_i)} \, \mathrm{d}x.$$

Beweis: Man führt einen Null-Tensor 0 ein, d. h.

$$0(v_1, \ldots, v_d) = 0$$

für alle d-Tupel $(v_1, \ldots, v_d) \in V^d$ und rechnet die Vektorraumeigenschaften nach. ∎

Es stellt sich nun natürlich die Frage, ob $\mathcal{L}^d(V)$ als Vektorraum auch eine Basis besitzt und ob diese endlich ist. Dabei betrachten wir zunächst den Dualraum $V^* = \mathcal{L}^1(V)$. Falls V die Basis $\{a_1, \ldots, a_n\}$ besitzt, wissen wir aus der Linearen Algebra, dass der Dualraum $\mathcal{L}^1(V)$ von V eine duale Basis $\{a_1^*, \ldots, a_n^*\}$ besitzt. Wir wollen nun daran anknüpfen und eine allgemeine Basis für $\mathcal{L}^d(V)$, $d \in \mathbb{N}$, angeben. Das folgende Lemma zeigt zunächst, dass multilineare Abbildungen genau wie lineare Abbildungen bereits eindeutig durch ihre Werte auf den Basisvektoren bestimmt sind.

Lemma (Eindeutigkeit von Tensoren)

Sei V ein $\mathbb{R}$-Vektorraum mit Basis $\{a_1, \ldots, a_n\}$ und $f, g \in \mathcal{L}^d(V)$. Gilt

$$f(a_{i_1}, \ldots, a_{i_d}) = g(a_{i_1}, \ldots, a_{i_d})$$

für alle d-Tupel $I = (i_1, \ldots, i_d)$ mit $i_j \in \{1, \ldots, n\}$, dann ist $f = g$.

Beweis: Für alle $v_i \in V$ in einem d-Tupel $(v_1, \ldots, v_d)$ gibt es eine Basisdarstellung $v_i = \sum_{j=1}^n c_{ij} a_j$. Durch Nachrechnen ergibt sich sofort

$$\begin{aligned} f(v_1,\ldots,v_d) &= \sum_{j_1=1}^{n} c_{1j_1} f(a_{j_1},v_2,\ldots,v_d) \\ &= \sum_{1\le j_1,\ldots,j_d\le n} c_{1j_1}\cdot\ldots\cdot c_{kj_d} f(a_{j_1},\ldots,a_{j_d}) \\ &= \sum_{1\le j_1,\ldots,j_d\le n} c_{1j_1}\cdot\ldots\cdot c_{kj_d} g(a_{j_1},\ldots,a_{j_d}) \\ &= g(v_1,\ldots,v_d), \end{aligned}$$

wobei die Notation $\sum_{1\le j_1,\ldots,j_d\le n} = \sum_{j_1=1}^{n}\cdots\sum_{j_d=1}^{n}$ benutzt wurde. ■

Ein d-Tensor ist also eindeutig durch seine Werte auf d-Tupeln von Basisvektoren bestimmt. Im Folgenden nennen wir ein d-Tupel $I = (i_1,\ldots,i_d)$ mit $i_j \in \{1,\ldots,n\}$ auch ein d-Tupel mit Einträgen aus $\{1,\ldots,n\}$.

Betrachtet man $\mathcal{L}^1(V)$, so sind die dualen Basisvektoren $\{a_1^*,\ldots,a_n^*\}$ bei gegebener Basis $\{a_1,\ldots,a_n\}$ von V durch

$$a_i^*(a_j) = \begin{cases} 0, & i\neq j \\ 1, & i=j \end{cases}$$

definiert (vgl. Band 1, Abschnitt 12.9). Mit dem Lemma (Eindeutigkeit von Tensoren) folgt direkt, dass die a_i^* eindeutig bestimmt sind. Dies motiviert analog dazu d-Tensoren zu definieren, die nur auf einem speziellen d-Tupel von Basisvektoren den Wert 1 annehmen und sonst immer 0 sind. Allgemeine d-Tensoren können dann als Linearkombination eben dieser „Basis-Tensoren“ dargestellt werden. Der folgende Satz konkretisiert diese Überlegung.

Satz (Basis von $\mathcal{L}^d(V)$)

Sei V ein $\mathbb{R}$-Vektorraum mit Basis $\{a_1,\ldots,a_n\}$ und $I = (i_1,\ldots,i_d)$ ein d-Tupel mit Einträgen aus $\{1,\ldots,n\}$, dann gibt es einen eindeutig bestimmten d-Tensor $\Phi_I \in \mathcal{L}^d(V)$, sodass für jedes d-Tupel $J = (j_1,\ldots,j_d)$ mit Einträgen aus $\{1,\ldots,n\}$ gilt

$$\Phi_I(a_{j_1},\ldots,a_{j_d}) = \delta_I^J = \begin{cases} 0, & I\neq J \\ 1, & I=J. \end{cases}$$

Die $\{\Phi_I\}_{I\in[I]}$ heißen **elementare d-Tensoren** bezüglich der Basis $\{a_1,\ldots,a_n\}$ und bilden selbst eine Basis für $\mathcal{L}^d(V)$. Da es n^d verschiedene d-Tupel mit Einträgen aus $\{1,\ldots,n\}$ gibt, gilt folglich $\dim\mathcal{L}^d(V) = n^d$.

Beweis: Die Eindeutigkeit der Φ_I folgt sofort aus dem Lemma (Eindeutigkeit von Tensoren). Für den Nachweis der Existenz betrachten wir zunächst $d = 1$ und definieren

$$\Phi_i(a_j) = \begin{cases} 0, & i\neq j \\ 1, & i=j. \end{cases}$$

Es ist klar, dass dies die gesuchten 1-Tensoren sind, mit denen sich nun auch die elementaren d-Tensoren für $d > 1$ durch

$$\Phi_I(v_1,\ldots,v_d) = [\Phi_{i_1}(v_1)]\cdot[\Phi_{i_2}(v_2)]\cdot\ldots\cdot[\Phi_{i_d}(v_d)]$$

definieren lassen. Die Φ_I sind multilinear, da jedes Φ_i linear und die Multiplikation distributiv ist. Wie gefordert gilt auch $\Phi_I(a_{j_1},\ldots,a_{j_k}) = \delta_I^J$. Es bleibt noch zu zeigen, dass diese Funktionen tatsächlich eine Basis für $\mathcal{L}^d(V)$ bilden. Wähle dazu $f \in \mathcal{L}^d(V)$ beliebig und setze $d_I := f(a_{i_1},\ldots,a_{i_d})$ für jedes d-Tupel $I = (i_1,\ldots,i_d)$. Definiere nun den d-Tensor

$$g := \sum_{[J]} d_J\Phi_J,$$

wobei $\sum_{[J]}$ Summation über alle d-Tupel $J = (j_1,\ldots,j_d)$ aus $\{1,\ldots,n\}$ bedeutet, dann gilt

$$\begin{aligned} g(a_{i_1},\ldots,a_{i_d}) &= \sum_{[J]} d_J\Phi_J(a_{i_1},\ldots,a_{i_d}) \\ &= d_I = f(a_{i_1},\ldots,a_{i_d}) \end{aligned}$$

und mit dem Lemma (Eindeutigkeit von Tensoren) folgt $f = g$. Also besitzt f eine eindeutige Darstellung bezüglich der Basis $\{\Phi_J\}$. ■

In dem Beweis wird die Notation $\sum_{[I]}$ benutzt, um die Summation über alle d-Tupel I abgekürzt zu schreiben. Ausgeschrieben steht $[I]$ dabei für

$$[I] = \{I = (i_1,\ldots,i_d) \mid i_j \in \{1,\ldots,n\},\ j = 1,\ldots,d\}.$$

Um sich mit dieser Schreibweise vertraut zu machen, geben wir ein kleines Beispiel an:

Beispiel Betrachten wir $V = \mathbb{R}^3$ mit der Standardbasis $\{e_1,e_2,e_3\}$, dann sind die elementaren 1-Tensoren Φ_1,Φ_2,Φ_3 durch

$$\Phi_i(e_j) = \delta_{ij} = \begin{cases} 0, & i\neq j \\ 1, & i=j \end{cases}$$

definiert. Sei $d = 2$, dann gilt $\dim\mathcal{L}^2(\mathbb{R}^3) = 3^2 = 9$ und

$$\begin{aligned} I_1 &= (1,1)\,,\ I_2 = (1,2)\,,\ I_3 = (1,3) \\ I_4 &= (2,1)\,,\ I_5 = (2,2)\,,\ I_6 = (2,3) \\ I_7 &= (3,1)\,,\ I_8 = (3,2)\,,\ I_9 = (3,3) \end{aligned}$$

sind alle möglichen 2-Tupel aus $\{1,2,3\}$. Schreibt man $I_j = (j_1,j_2)$ für solch ein Tupel, dann ist

$$\Phi_{I_j} = \Phi_{j_1}\cdot\Phi_{j_2}$$

ein elementarer 2-Tensor auf $\mathbb{R}^3$ und $\{\Phi_{I_j}\}_{j=1,\ldots,9}$ entsprechend eine Basis von $\mathcal{L}^2(\mathbb{R}^3)$. Für ein $f \in \mathcal{L}^2(\mathbb{R}^3)$ setze

$$d_{I_j} := f(e_{j_1},e_{j_2}),$$

dann besitzt f die eindeutige Darstellung

$$f = \sum_{j=1}^{9} d_{I_j}\cdot\Phi_{I_j} = \sum_{[I]} d_I\Phi_I.$$ ◄

Beispiel: Tensoren auf dem $\mathbb{R}^n$

Es sei $V = \mathbb{R}^n$ mit der Standardbasis $\{e_1, \ldots, e_n\}$. Definiere zuerst die elementaren Tensoren auf $\mathbb{R}^n$ bezüglich der Standardbasis. Untersuche anschließend die Wirkung auf beliebigen d-Tupeln von Vektoren aus dem $\mathbb{R}^n$ und gebe eine explizite Darstellung an.

Problemanalyse und Strategie: Man konstruiert mithilfe des Satzes (Basis von $\mathcal{L}^d(V)$), siehe Seite 161, die elementaren Tensoren auf $\mathbb{R}^n$. Unter Berücksichtigung der Multilinearität lässt sich dann die Wirkung auf beliebigen d-Tupeln angeben.

Lösung:
Sei $x \in \mathbb{R}^n$, dann besitzt x bezüglich der Standardbasis die Darstellung $x = x_1e_1 + \ldots + x_ne_n$. Die elementaren 1-Tensoren $\Phi_1, \ldots, \Phi_n$ bilden eine Basis für $\mathcal{L}^1(\mathbb{R}^n)$ und sind bezüglich $\{e_1, \ldots, e_n\}$ durch

$$\Phi_i(e_j) = \begin{cases} 0, & i \neq j \\ 1, & i = j \end{cases}$$

eindeutig bestimmt. Kombiniert man beides, so folgt unter Berücksichtigung der Linearität

$$\begin{aligned} \Phi_i(x) &= \Phi_i(x_1e_1 + \ldots + x_ne_n) \\ &= x_1\Phi_i(e_1) + \ldots x_n\Phi_i(e_n) \\ &= x_i. \end{aligned} \tag{6.1}$$

Also entspricht $\Phi_i : \mathbb{R}^n \to \mathbb{R}$ der Projektion auf die i-te Koordinate. Ist nun $f \in \mathcal{L}^1(\mathbb{R}^n)$ ein beliebiger 1-Tensor auf $\mathbb{R}^n$, dann gilt somit

$$\begin{aligned} f(x) &= d_1\Phi_1(x) + \ldots + d_n\Phi_n(x) \\ &= d_1x_1 + \ldots + d_nx_n, \end{aligned}$$

wobei $d_i = f(e_i)$, $i = 1, \ldots, n$, ist. Für $d > 1$ sind die elementaren d-Tensoren bezüglich $\{e_1, \ldots, e_n\}$ durch

$$\Phi_I(e_{j_1}, \ldots, e_{j_d}) = \Phi_{i_1}(e_{j_1}) \cdot \ldots \cdot \Phi_{i_d}(e_{j_d})$$

eindeutig bestimmt, wobei $I = (i_1, \ldots, i_d)$ und $J = (j_1, \ldots, j_d)$ jeweils d-Tupel aus $\{1, \ldots, n\}$ sind.

Sei nun $(x_1, \ldots, x_d)$ ein beliebiges d-Tupel von Vektoren aus dem $\mathbb{R}^n$. Setzt man

$$X = [x_1, \ldots, x_n] = (x_{ij}) \in \mathbb{R}^{n \times d},$$

dann folgt mit (6.1) unter Berücksichtigung der Multilinearität

$$\begin{aligned} \Phi_I(x_1, \ldots, x_d) &= \Phi_{i_1}(x_1) \cdot \ldots \cdot \Phi_{i_d}(x_d) \\ &= x_{i_1 1} \cdot \ldots \cdot x_{i_d d}, \end{aligned}$$

d. h., $\Phi_I : \mathbb{R}^n \times \cdots \times \mathbb{R}^n \to \mathbb{R}$ ist einfach das Produkt von Einträgen der Vektoren $x_1, \ldots, x_d$. Allgemeine d-Tensoren auf dem $\mathbb{R}^n$ sind somit Linearkombinationen solcher Produkte.
Ist beispielsweise $g \in \mathcal{L}^2(\mathbb{R}^n)$ und setzt man

$$d_{ij} = g(e_i, e_j),$$

für $i, j = 1, \ldots, n$, so besitzt g die Darstellung

$$g(x, y) = \sum_{i,j=1}^{n} d_{ij}x_iy_j.$$

Wir haben also eine Basis für $\mathcal{L}^d(V)$ bestimmt und somit eine eindeutige Darstellung von d-Tensoren gewonnen.

Als Nächstes wollen wir noch das Produkt von zwei Tensoren, das sogenannte Tensorprodukt, definieren:

Definition (Tensorprodukt)

Sei V ein $\mathbb{R}$-Vektorraum, $f \in \mathcal{L}^d(V)$ und $g \in \mathcal{L}^l(V)$, dann ist das **Tensorprodukt**

$$\otimes : \begin{cases} \mathcal{L}^d(V) \times \mathcal{L}^l(V) \to \mathcal{L}^{d+l}(V) \\ (f, g) \mapsto f \otimes g, \end{cases}$$

durch

$$f \otimes g(v_1, \ldots, v_{d+l}) = f(v_1, \ldots, v_d)g(v_{d+1}, \ldots, v_{d+l})$$

definiert.

Achtung: Ist $(v_1, \ldots, v_{d+l}) \in V^{d+l}$, $f \in \mathcal{L}^d(V)$ und $g \in \mathcal{L}^l(V)$, dann ist im Allgemeinen

$$f \otimes g(v_1, \ldots, v_{d+l}) \neq g \otimes f(v_1, \ldots, v_{d+l}),$$

d. h., das Tensorprodukt ist nicht kommutativ.

Es lassen sich nun einige Eigenschaften des Tensorprodukts festhalten.

Eigenschaften des Tensorprodukts

Sei V ein $\mathbb{R}$-Vektorraum mit Basis $\{a_1, \ldots, a_n\}$ und $f, g \in \mathcal{L}^d(V)$, $h \in \mathcal{L}^l(V)$ sowie $\alpha \in \mathbb{R}$, dann gilt

- Assoziativität: $f \otimes (g \otimes h) = (f \otimes g) \otimes h$
- Homogenität: $(\alpha f) \otimes h = \alpha(f \otimes h) = f \otimes (\alpha h)$
- Distributivität:
  (i) $(f + g) \otimes h = f \otimes h + g \otimes h$
  (ii) $h \otimes (f + g) = h \otimes f + h \otimes g$
- $\Phi_I = \Phi_{i_1} \otimes \Phi_{i_2} \otimes \ldots \otimes \Phi_{i_d}$, $\quad I = (i_1, \ldots, i_d)$

?

Beweisen Sie den Satz (Eigenschaften des Tensorprodukts).

Sind V und W jeweils $\mathbb{R}$-Vektorräume und $T: V \to W$ eine lineare Abbildung, dann lässt sich durch

$$T^*: \begin{cases} \mathcal{L}^1(W) \to \mathcal{L}^1(V), \\ f \mapsto f \circ T \end{cases}$$

eine lineare Abbildung definieren, die jedem 1-Tensor auf W einen 1-Tensor auf V zuordnet. Man nennt T^* die zu T duale Abbildung (siehe Band 1, Abschnitt 12.9). Diese Möglichkeit, 1-Tensoren mittels linearer Abbildungen zwischen Vektorräumen zu transformieren, lässt sich direkt auf d-Tensoren verallgemeinern:

Definition (Duale Transformation)

Seien V und W zwei $\mathbb{R}$-Vektorräume und $T: V \to W$ eine lineare Abbildung, dann ist durch

$$T^*: \begin{cases} \mathcal{L}^d(W) \to \mathcal{L}^d(V), \\ f \mapsto f \circ T, \end{cases}$$

d. h. $(T^*f)(v_1, \ldots, v_d) = f(T(v_1), \ldots, T(v_d))$, die **duale Transformation** T^* definiert.

Kommentar: Da T linear und f multilinear ist, ist auch T^*f multilinear. Im Fall von 1-Tensoren entspricht die duale Transformation der dualen Abbildung.

Einige Eigenschaften der dualen Transformation, die im weiteren Verlauf des Kapitels noch benötigt werden, halten wir in einem Lemma fest.

Lemma (Eigenschaften der dualen Transformation)

Sei $T : V \to W$ eine lineare Transformation und $T^*: \mathcal{L}^d(W) \to \mathcal{L}^d(V)$ die dazugehörige duale Transformation sowie $f, g \in \mathcal{L}^d(W)$, dann gilt

- T^* ist linear,
- $T^*(f \otimes g) = T^*f \otimes T^*g$.

Ist $S : W \to U$ eine weitere lineare Transformation und $h \in \mathcal{L}^d(U)$, so gilt

- $(S \circ T)^*h = T^*(S^*h)$.

Beweis: Die ersten beiden Eigenschaften ergeben sich unmittelbar aus der Definition, die letzte rechnen wir einfach nach:

$$\begin{aligned}(S \circ T)^*h(v_1, \ldots, v_d) &= h(S(T(v_1)), \ldots, S(T(v_d))) \\ &= (S^*h)(T(v_1), \ldots, T(v_d)) \\ &= T^*(S^*h)(v_1, \ldots, v_d)\end{aligned}$$ ∎

Beispiel Sei $V = \mathbb{R}^m$ und $W = \mathbb{R}^n$, dann ist eine lineare Abbildung $T: \mathbb{R}^m \to \mathbb{R}^n$ eindeutig durch ihre Darstellungsmatrix $B = (b_{ij}) \in \mathbb{R}^{n\times m}$ bestimmt, es ist also $T(x) = B \cdot x$ für $x \in \mathbb{R}^m$. Weiterhin sei $f \in \mathcal{L}^1(\mathbb{R}^n)$ durch $f = \sum_{i=1}^n a_i \Phi_i$ mit $a_i = f(e_i)$ gegeben, d. h., für $y \in \mathbb{R}^n$ gilt

$$f(y) = \sum_{i=1}^n a_i \Phi_i(y) = \sum_{i=1}^n a_i y_i = A \cdot y,$$

wobei $A = [a_1 \ldots a_n] \in \mathbb{R}^{1\times n}$. Für die duale Transformation $T^*: \mathcal{L}^1(\mathbb{R}^n) \to \mathcal{L}^1(\mathbb{R}^m)$ ergibt sich dann

$$\begin{aligned}(T^*f)(x) &= f(T(x)) = f(B \cdot x) = A \cdot B \cdot x \\ &= \left[\sum_{i=1}^n a_i b_{i1} \ \ldots \ \sum_{i=1}^n a_i b_{im}\right] \cdot x\end{aligned}$$

also ist

$$T^*f = \sum_{j=1}^m c_j \Phi_j \in \mathcal{L}^1(\mathbb{R}^m)$$

mit $c_j = \sum_{i=1}^n a_i b_{ij}$. ◀

Wir haben nun alle nötigen Grundlagen aus der Theorie der Tensoren zusammengetragen und wollen im Folgenden eine spezielle Teilmenge von $\mathcal{L}^d(V)$, die sogenannten alternierenden Tensoren, genauer untersuchen.

Alternierende Tensoren sind der Schlüssel zu den Differenzialformen

In Band 1, Kapitel 13 wurde bereits die symmetrische Gruppe $(S_n, \circ)$ aller Permutationen der Menge $I_n = \{1, \ldots, n\}$ benötigt, um die Leibniz'sche Formel der Determinanten anzugeben. Im Falle einer reellen Matrix $A = (a_{ij}) \in \mathbb{R}^{n\times n}$ ist sie durch

$$\det(A) = \sum_{\sigma \in S_n} \operatorname{sgn}(\sigma) \prod_{i=1}^n a_{i\sigma(j)}$$

gegeben. Wir werden eine ähnliche Darstellung bei der Angabe einer Basis für die alternierenden Tensoren wiederfinden.

Bevor wir jedoch dazu kommen, halten wir noch einige wichtige Eigenschaften des Signums $\operatorname{sgn}(\sigma)$ einer Permutation fest, die im Weiteren häufig gebraucht werden. Dazu definieren wir zunächst:

Definition (Elementare Permutation)

Sei $n \in \mathbb{N}$ und $i \in \{1, \ldots, n-1\}$. Die durch

$$e_i(j) = \begin{cases} j, & j \notin \{i, i+1\} \\ i+1, & j = i \\ i, & j = i+1 \end{cases}$$

definierte Permutation $e_i \in S_n$ heißt **elementare Permutation**.

Eine elementare Permutation e_i vertauscht also nur den i-ten mit dem $(i+1)$-ten Eintrag und lässt alle anderen an ihren Stellen. Damit gilt offensichtlich $\operatorname{sgn}(e_i) = -1$, $i = 1, \dots, n-1$. Weiterhin ist $e_i \circ e_i = \mathrm{id}$ und somit ist jede elementare Permutation selbstinvers.

?

Zeigen Sie, dass sich jede Permutation $\sigma \in S_n$ als Komposition elementarer Permutationen darstellen lässt.

Nun lassen sich folgende Eigenschaften des Signums festhalten:

Regeln zur Berechnung des Signums

Sei $n \in \mathbb{N}$ und $\sigma, \tau \in S_n$ zwei Permutationen, dann gilt:

- Ist σ eine Komposition von m elementaren Permutationen, dann ist $\operatorname{sgn}(\sigma) = (-1)^m$.
- $\operatorname{sgn}(\sigma \circ \tau) = \operatorname{sgn}(\sigma) \cdot \operatorname{sgn}(\tau)$
- $\operatorname{sgn}(\sigma^{-1}) = \operatorname{sgn}(\sigma)$
- Ist $p \neq q$ und τ die Transposition, die p und q vertauscht und alle anderen Zahlen festhält, dann ist $\operatorname{sgn}(\tau) = -1$.

Beweis: Nur die erste Eigenschaft muss nachgewiesen werden, da die anderen Aussagen schon in Kapitel 13 des ersten Bandes bewiesen wurden. Sei also $\sigma = \sigma_1 \circ \sigma_2 \circ \cdots \circ \sigma_m$, wobei die σ_i jeweils elementare Permutationen sind, dann folgt

$$\begin{aligned}\operatorname{sgn}(\sigma) &= \operatorname{sgn}(\sigma_1 \circ \sigma_2 \circ \cdots \circ \sigma_m) \\ &= \operatorname{sgn}(\sigma_1)\operatorname{sgn}(\sigma_2) \cdot \ldots \cdot \operatorname{sgn}(\sigma_m) \\ &= (-1)^m.\end{aligned}$$ ■

Wir wollen nun alternierende Tensoren einführen und definieren hierzu zunächst die Wirkung einer Permutation auf einen d-Tensor.

Definition von f^σ

Sei V ein $\mathbb{R}$-Vektorraum, $f \in \mathcal{L}^d(V)$ und $\sigma \in S_d$, dann ist durch

$$f^\sigma(v_1, \dots, v_d) := f(v_{\sigma(1)}, \dots, v_{\sigma(d)})$$

ein Tensor $f^\sigma \in \mathcal{L}^d(V)$ definiert.

?

Warum ist f^σ wieder ein Tensor?

Lemma

Sei V ein $\mathbb{R}$-Vektorraum und $f \in \mathcal{L}^d(V)$. Sind $\sigma, \tau \in S_d$, dann gilt

$$(f^\sigma)^\tau = f^{\tau\circ\sigma}$$

Beweis: Setze $(v_{\tau(1)}, \dots, v_{\tau(d)}) = (w_1, \dots, w_d)$, dann folgt

$$\begin{aligned}(f^\sigma)^\tau(v_1, \dots, v_d) &= f^\sigma(w_1, \dots, w_d) \\ &= f(w_{\sigma(1)}, \dots, w_{\sigma(d)}) \\ &= f(v_{\tau(\sigma(1))}, \dots, v_{\tau(\sigma(d))}) \\ &= f^{\tau\circ\sigma}(v_1, \dots, v_d).\end{aligned}$$ ■

Durch einfaches Nachrechnen ergibt sich, dass die Abbildung $f \mapsto f^\sigma$ linear ist, d. h., es gilt

$$(\alpha f + \beta g)^\sigma = \alpha f^\sigma + \beta g^\sigma,$$

wobei $f, g \in \mathcal{L}^d(V)$ und $\alpha, \beta \in \mathbb{R}$. Man kann alternierende Tensoren nun über die Wirkung elementarer Permutationen definieren:

Definition (Alternierende Tensoren)

Sei V ein $\mathbb{R}$-Vektorraum und $f \in \mathcal{L}^d(V)$. Ist $f^e = -f$ für jede elementare Permutation $e \in S_d$, d. h.

$$\begin{aligned}&f(v_1, \dots, v_{i+1}, v_i, \dots, v_d) \\ &\quad = -f(v_1, \dots, v_i, v_{i+1}, \dots, v_d),\end{aligned}$$

dann nennt man f **alternierend**. Die **Menge aller alternierenden d-Tensoren** wird mit $\mathcal{A}^d(V)$ bezeichnet. Da alternierende 1-Tensoren a priori sinnlos sind, setzt man $\mathcal{A}^1(V) = \mathcal{L}^1(V)$.

Beispiel Sei $V = \mathbb{R}^n$ mit der Standardbasis $\{e_1, \dots, e_n\}$ und sei $d = 2$, dann sind die elementaren 2-Tensoren $\Phi_{(i,j)}$ mit $i, j \in \{1, \dots, n\}$ nicht alternierend, da für $x, y \in \mathbb{R}^n$ im Allgemeinen

$$\Phi_{(i,j)}(y, x) = y_i x_j \neq -x_i y_j = -\Phi_{(i,j)}(x, y)$$

gilt. Betrachtet man jedoch den Tensor $f = \Phi_{(i,j)} - \Phi_{(j,i)}$, dann gilt

$$f(y, x) = y_i x_j - y_j x_i = -f(x, y)$$

und somit ist f ein alternierender 2-Tensor, d. h. $f \in \mathcal{A}^2(\mathbb{R}^n)$. Bei genauer Betrachtung fällt auf, dass

$$f(x, y) = x_i y_j - x_j y_i = \det\begin{bmatrix} x_i & y_i \\ x_j & y_j \end{bmatrix}$$

gilt. Analog sieht man unter Berücksichtigung der Rechenregeln für Determinanten, dass durch

$$g(x, y, z) = \det\begin{bmatrix} x_i & y_i & z_i \\ x_j & y_j & z_j \\ x_k & y_k & z_k \end{bmatrix}$$

ein alternierender Tensor $g \in \mathcal{A}^3(\mathbb{R}^n)$ definiert wird, der sich nach der Regel von Sarrus mit Hilfe der elementaren Tensoren als

$$\begin{aligned}g \;=\; &\Phi_{(i,j,k)} + \Phi_{(j,k,i)} + \Phi_{(k,i,j)} \\ &-\Phi_{(j,i,k)} - \Phi_{(i,k,j)} - \Phi_{(k,j,i)}\end{aligned}$$

schreiben lässt. Der Zusammenhang von alternierenden Tensoren und Determinanten wird in der Box „Die Determinante ist ein alternierender Tensor“ genauer untersucht. ◀

Der folgende Satz liegt aufgrund der Definition alternierender Tensoren nahe.

Satz

Sei V ein $\mathbb{R}$-Vektorraum, dann ist $\mathcal{A}^d(V)$ ein Untervektorraum von $\mathcal{L}^d(V)$ und somit selbst ein Vektorraum.

Beweis: Seien $f, g \in \mathcal{A}^d(V)$ und $\alpha \in \mathbb{R}$ sowie $e \in S_d$ eine elementare Permutation, dann gilt

$$\begin{aligned} &\alpha(f+g)^e(v_1,\ldots,v_d) \\ &= \alpha(f+g)(v_{e(1)},\ldots,v_{e(d)}) \\ &= \alpha f(v_{e(1)},\ldots,v_{e(d)}) + \alpha g(v_{e(1)},\ldots,v_{e(d)}) \\ &= -\alpha f(v_1,\ldots,v_d) - \alpha g(v_1,\ldots,v_d) \\ &= -\alpha(f+g)(v_1,\ldots,v_d) \end{aligned}$$

und somit ist $\alpha(f+g) \in \mathcal{A}^d(V)$. Für $\alpha = 0$ ist daher auch der 0-Tensor

$$0(v_1,\ldots,v_d) = 0$$

in $\mathcal{A}^d(V)$ enthalten, woraus $\mathcal{A}^d(V) \neq \emptyset$ folgt. ■

Da sich jede Permutation $\sigma \in S_d$ als Komposition

$$\sigma = \sigma_1 \circ \sigma_2 \circ \cdots \circ \sigma_m$$

darstellen lässt, wobei die σ_i, $i = 1,\ldots,m$, jeweils elementare Permutationen sind, folgt, dass ein Tensor $f \in \mathcal{L}^d(V)$ genau dann alternierend ist, wenn

$$\begin{aligned} f^\sigma &= f^{\sigma_1\circ\ldots\circ\sigma_m} \\ &= ((\ldots(f^{\sigma_m})\ldots)^{\sigma_2})^{\sigma_1} \\ &= (-1)^m f \quad (f \text{ alternierend}) \\ &= \operatorname{sgn}(\sigma) f \end{aligned}$$

gilt. Ist nun $(v_1,\ldots,v_d)$ ein d-Tupel von Elementen aus V mit $v_i = v_j$ für $i \neq j$ und τ die Transposition, welche i und j vertauscht, so folgt für $f \in \mathcal{A}^d(V)$ einerseits

$$f^\tau(v_1,\ldots,v_d) = f(v_1,\ldots,v_d),$$

da $v_i = v_j$ ist. Wegen $\operatorname{sgn}(\tau) = -1$ gilt andererseits aber auch

$$f^\tau(v_1,\ldots,v_d) = -f(v_1,\ldots,v_d),$$

womit sich insgesamt $f(v_1,\ldots,v_d) = 0$ ergibt. Wir halten diese Ergebnisse in einem Lemma fest.

Lemma (Charakterisierung alternierender Tensoren)

Sei V ein $\mathbb{R}$-Vektorraum und $f \in \mathcal{L}^d(V)$, so ist f genau dann alternierend, wenn

$$f^\sigma = \operatorname{sgn}(\sigma) f \quad \forall \sigma \in S_d$$

gilt. Ist $f \in \mathcal{A}^d(V)$, so gilt

$$f(v_1,\ldots,v_d) = 0$$

für jedes d-Tupel $(v_1,\ldots,v_d)$ mit zwei gleichen Einträgen.

Das Beispiel von Seite 164 hat gezeigt, dass elementare d-Tensoren Φ_I im Allgemeinen zwar nicht alternierend sind, bestimmte Linearkombinationen von ihnen aber schon. Dies motiviert dazu, eine Basis für $\mathcal{A}^d(V)$ zu konstruieren, die aus solchen Linearkombinationen elementarer d-Tensoren besteht. Das Vorgehen ist dabei ganz analog zu dem bei der Konstruktion einer Basis für $\mathcal{L}^d(V)$.

Wir zeigen zunächst, dass alternierende d-Tensoren schon eindeutig durch ihre Werte auf aufsteigenden d-Tupeln von Basisvektoren bestimmt sind.

Definition (Aufsteigendes d-Tupel)

Sei $n \in \mathbb{N}$ und $I = (i_1,\ldots,i_d)$ ein d-Tupel mit Einträgen aus $\{1,\ldots,n\}$, dann heißt I ein **aufsteigendes d-Tupel**, falls

$$i_1 < i_2 < \ldots < i_n$$

gilt.

Da die Definition eines aufsteigenden d-Tupels ausschließt, dass zwei Einträge gleich sind, sei von nun an immer $d \leq n$.

Lemma (Eindeutigkeit alternierender Tensoren)

Seien V ein $\mathbb{R}$-Vektorraum mit Basis $\{a_1,\ldots,a_n\}$ und $f, g \in \mathcal{A}^d(V)$, sodass

$$f(a_{i_1},\ldots,a_{i_d}) = g(a_{i_1},\ldots,a_{i_d})$$

für jedes aufsteigende d-Tupel $I = \{i_1,\ldots,i_d\}$ aus $\{1,\ldots,n\}$ gilt, dann ist $f = g$.

Beweis: Nach dem Lemma (Eindeutigkeit von Tensoren), reicht es, die Gleichheit auf einem beliebigen d-Tupel $\{a_{j_1},\ldots,a_{j_d}\}$ zu zeigen.

Setze also $J = \{j_1,\ldots,j_d\}$, dann ist $f = g = 0$, falls zwei Indizes in J gleich sind. Sind alle Indizes in J verschieden, dann sei σ die Permutation, die

$$j_{\sigma(1)} < j_{\sigma(2)} < \ldots < j_{\sigma(d)}$$

erfüllt. Setze $I = (i_1, \ldots, i_d) = (j_{\sigma(1)}, \ldots, j_{\sigma(d)})$, dann gilt

$$\begin{aligned} f(a_{i_1}, \ldots, a_{i_d}) &= f^\sigma(a_{j_1}, \ldots, a_{j_d}) \\ &= \operatorname{sgn}(\sigma) f(a_{j_1}, \ldots, a_{j_d}). \end{aligned}$$

Eine analoge Darstellung gilt auch für g, sodass aus $f(a_{i_1}, \ldots, a_{i_d}) = g(a_{i_1}, \ldots, a_{i_d})$ auch

$$f(a_{j_1}, \ldots, a_{j_d}) = g(a_{j_1}, \ldots, a_{j_d})$$

folgt. ■

Es lässt sich nun wie angekündigt eine Basis von $\mathcal{A}^d(V)$ mittels spezieller Linearkombinationen von elementaren d-Tensoren angeben:

Satz (Basis von $\mathcal{A}^d(V)$)

Sei V ein $\mathbb{R}$-Vektorraum mit Basis $\{a_1, \ldots, a_n\}$ und $I = (i_1, \ldots, i_d)$ ein aufsteigendes d-Tupel aus $\{1, \ldots, n\}$. Dann existiert ein eindeutig bestimmter alternierender d-Tensor Ψ_I, sodass für jedes aufsteigende d-Tupel $J = (j_1, \ldots, j_d)$ aus $\{1, \ldots, n\}$ gilt

$$\Psi_I(a_{j_1}, \ldots, a_{j_d}) = \begin{cases} 0, & I \neq J \\ 1, & I = J. \end{cases}$$

Die $\{\Psi_I\}_{I \in [I]}$ heißen **elementare alternierende d-Tensoren** bezüglich der Basis $\{a_1, \ldots, a_n\}$ und bilden selbst eine Basis für $\mathcal{A}^d(V)$. Es gilt

$$\Psi_I = \sum_{\sigma \in S_d} \operatorname{sgn}(\sigma) \cdot \Phi_I^\sigma,$$

wobei $\sum_{\sigma \in S_d}$ für die Summation über alle Permutationen aus S_d steht.

Beweis: Definiere Ψ_I wie angegeben, dann ist Ψ_I alternierend, denn für $\tau \in S_d$ gilt

$$\begin{aligned} \Psi_I^\tau &= \sum_{\sigma \in S_d} \operatorname{sgn}(\sigma) \cdot (\Phi_I^\sigma)^\tau \\ &= \sum_{\sigma \in S_d} \operatorname{sgn}(\sigma) \cdot \Phi_I^{\tau \circ \sigma} \\ &= \operatorname{sgn}(\tau) \sum_{\sigma \in S_d} \operatorname{sgn}(\tau \circ \sigma) \cdot \Phi_I^{\tau \circ \sigma} \\ &= \operatorname{sgn}(\tau) \Psi_I. \end{aligned}$$

Für die letzte Gleichheit wird ausgenutzt, dass $\tau \circ S_d = S_d$ gilt und somit unerheblich ist, ob man über σ oder $\tau \circ \sigma$ summiert.

Im nächsten Schritt zeigen wir $\Psi_I(a_{j_1}, \ldots, a_{j_d}) = \delta_I^J$. Sei dazu J ein beliebiges aufsteigendes d-Tupel, dann ist

$$\Psi_I(a_{j_1}, \ldots, a_{j_d}) = \sum_{\sigma \in S_d} \operatorname{sgn}(\sigma) \Phi_I(a_{j_{\sigma(1)}}, \ldots, a_{j_{\sigma(d)}})$$

und höchstens ein Summand kann demnach von 0 verschieden sein, nämlich derjenige, für den $I = (j_{\sigma(1)}, \ldots, j_{\sigma(d)})$ gilt. Da sowohl I als auch J aufsteigende d-Tupel sind, kann dies nur für $I = J$ eintreten und es ist $\sigma = \text{id}$. In diesem Fall folgt $\Psi_I = 1$ und sonst ist $\Psi_I = 0$.

Schließlich bleibt noch nachzuweisen, dass die $\{\Psi_I\}$ auch eine Basis für $\mathcal{A}^d(V)$ bilden. Wähle dazu $f \in \mathcal{A}^d(V)$ beliebig und setze $d_I = f(a_{i_1}, \ldots, a_{i_d})$ für alle aufsteigenden d-Tupel I aus $\{1, \ldots, n\}$. Betrachtet man nun den Tensor

$$g := \sum_{[J]} d_J \Psi_J,$$

wobei nur über aufsteigende d-Tupel summiert wird, so gilt

$$g(a_{i_1}, \ldots, a_{i_d}) = d_I = f(a_{i_1}, \ldots, a_{i_d})$$

für alle aufsteigenden d-Tupel I. Da alternierende Tensoren eindeutig durch ihre Werte auf aufsteigenden Tupeln von Basisvektoren festgelegt sind, folgt $f = g$. Die $\{\Psi_I\}$ bilden also eine Basis. ■

Kommentar: Schreibt man $f \in \mathcal{A}^d(V)$ in der Form

$$f = \sum_{[J]} d_J \Psi_J,$$

so nennt man die d_J **Komponenten von** f bezüglich der Basis $\{\Psi_I\}$. Da es zu jeder d-elementigen Teilmenge von $\{1, \ldots, n\}$ genau ein zugehöriges aufsteigendes d-Tupel gibt, folgt

$$\dim \mathcal{A}^d(V) = \binom{n}{d} = \frac{n!}{d!(n-d)!}.$$

Wie schon angesprochen, gibt es eine enge Beziehung zwischen alternierenden Tensoren und der Determinante. Dies wird bei Betrachtung der Leibniz'schen Formel für die Determinante deutlich. Die Box auf Seite 167 nimmt das Zusammenspiel von alternierenden Tensoren und der Determinante genauer „Unter die Lupe".

?

Sei $T : V \to W$ eine lineare Abbildung zwischen den $\mathbb{R}$-Vektorräumen V und W. Weiterhin sei $f \in \mathcal{A}^d(W)$. Zeigen Sie, dass dann $T^* f \in \mathcal{A}^d(V)$ gilt, d. h., die duale Transformation lässt sich auf $\mathcal{A}^d(W)$ einschränken.

Das Dachprodukt

Wir haben bereits auf $\mathcal{L}^d(V) \times \mathcal{L}^l(V)$ das Tensorprodukt „$\otimes$" definiert, das einen $(d + l)$-Tensor lieferte. Es stellt sich nun die Frage, ob das Tensorprodukt eingeschränkt auf $\mathcal{A}^d(V) \times \mathcal{A}^l(V)$ auch wieder einen alternierenden $(d + l)$-Tensor liefert. Wir betrachten dazu folgendes Beispiel:

Unter der Lupe: Die Determinante ist ein alternierender Tensor

Wie zu Beginn des Abschnittes erwähnt wurde, haben alternierende Tensoren und Determinanten viel gemeinsam. Dies wird deutlich, wenn man die Leibniz'sche Definition der Determinanten betrachtet und diese mit der Definition elementarer alternierender d-Tensoren vergleicht.

Wir wollen zeigen, dass sich alternierende Tensoren als Determinanten schreiben lassen und umgekehrt. Seien dazu $\{e_1, \ldots, e_n\}$ die Standardbasis des $\mathbb{R}^n$ und $\{\Phi_1, \ldots, \Phi_n\}$ die dazugehörigen elementaren 1-Formen. Es gibt wegen $\dim \mathcal{A}^n(\mathbb{R}^n) = 1$ genau einen alternierenden n-Tensor $\Psi_{(1,\ldots,n)}$ und dieser ist gerade die aus der Linearen Algebra bekannte Determinante. Es gilt also

$$\det(X) = \Psi_{(1,\ldots,n)}(x_1, \ldots, x_n),$$

wobei $X = (x_{ij})_{i,j=1,\ldots,n} = [x_1, \ldots, x_n] \in \mathbb{R}^{n\times n}$. Denn eine Abbildung von $\mathbb{R}^{n\times n}$ nach $\mathbb{R}$ ist genau dann die Determinante einer quadratischen Matrix, wenn sie

- multilinear,
- alternierend und
- normiert

ist. Diese drei Eigenschaften werden offenbar von Ψ_I erfüllt, wobei $I = (1, \ldots, n)$, denn Ψ_I ist per constructionem multilinear und alternierend und für die Einheitsmatrix $E_n = [e_1, \ldots, e_n]$ gilt

$$\Psi_I(E_n) = 1,$$

also ist Ψ_I auch normiert. Weiterhin gilt

$$\begin{aligned}\Psi_I(x_1, \ldots, x_n) &= \sum_{\sigma\in S_n} \operatorname{sgn}(\sigma)\Phi_I^\sigma(x_1, \ldots, x_n)\\ &= \sum_{\sigma\in S_n} \operatorname{sgn}(\sigma)x_{1\sigma(1)} \cdot \ldots \cdot x_{n\sigma(n)}\\ &= \sum_{\sigma\in S_n} \operatorname{sgn}(\sigma)\prod_{i=1}^{n} x_{i\sigma(i)}\end{aligned}$$

und das ist gerade die Definition der Determinanten durch die Leibniz'sche Formel (siehe Seite 163). Diese Darstellung eines elementaren alternierenden n-Tensors als Determinante motiviert zu folgender Verallgemeinerung:

Satz Sei $\{e_1, \ldots, e_n\}$ die Standardbasis des $\mathbb{R}^n$ und $x_1, \ldots, x_d \in \mathbb{R}^n$ sowie $X = [x_1, \ldots, x_d] \in \mathbb{R}^{n\times d}, d \le n$. Ist Ψ_I ein elementarer alternierender d-Tensor auf $\mathbb{R}^n$ mit $I = (i_1, \ldots, i_d)$, dann gilt

$$\Psi_I(x_1, \ldots, x_d) = \det(X_I),$$

wobei $X_I \in \mathbb{R}^{d\times d}$ die Matrix mit den Zeilen $i_1, \ldots, i_d$ aus X ist.

Beweis Dies sieht man, indem man einfach nachrechnet:

$$\begin{aligned}\Psi_I(x_1, \ldots, x_d) &= \sum_{\sigma\in S_d} \operatorname{sgn}(\sigma)\Phi_I^\sigma(x_1, \ldots, x_n)\\ &= \sum_{\sigma\in S_d} \operatorname{sgn}(\sigma)x_{i_1\sigma(1)} \cdot \ldots \cdot x_{i_d\sigma(d)}\end{aligned}$$

und das entspricht nach der Leibniz'schen Formel gerade $\det(X_I)$.

Man kann damit nun zum Beispiel die elementaren alternierenden 3-Tensoren auf $\mathbb{R}^4$, also eine Basis von $\mathcal{A}^3(\mathbb{R}^4)$, schreiben als

$$\Psi_{(i,j,k)}(x, y, z) = \det\begin{bmatrix} x_i & y_i & z_i\\ x_j & y_j & z_j\\ x_k & y_k & z_k\end{bmatrix},$$

wobei $(i, j, k) \in \{(1, 2, 3), (1, 2, 4), (1, 3, 4), (2, 3, 4)\}$ und $x, y, z \in \mathbb{R}^4$ sind. Setzt man nun

$$\det_{(i,j,k)}[x, y, z] = \det\begin{bmatrix} x_i & y_i & z_i\\ x_j & y_j & z_j\\ x_k & y_k & z_k\end{bmatrix},$$

dann lässt sich jedes $f \in \mathcal{A}^3(\mathbb{R}^4)$ als

$$\begin{aligned}&f(x, y, z)\\ &= f_{(1,2,3)} \det_{(1,2,3)}[x, y, z] + f_{(1,2,4)} \det_{(1,2,4)}[x, y, z]\\ &\quad + f_{(1,3,4)} \det_{(1,3,4)}[x, y, z] + f_{(2,3,4)} \det_{(2,3,4)}[x, y, z]\end{aligned}$$

schreiben, wobei die $f_{(i,j,k)} \in \mathbb{R}$ die entsprechenden Komponenten von f sind.

Beispiel Seien Ψ_I und Ψ_J zwei elementare alternierende 2-Tensoren mit $I = (i_1, i_2)$ bzw. $J = (j_1, j_2)$, so folgt für $v_1, v_2, v_3, v_4 \in V$

$$\begin{aligned}\Psi_I \otimes \Psi_J(v_1, v_2, v_3, v_4) &= \Psi_I(v_1, v_2) \cdot \Psi_J(v_3, v_4)\\ &= [\Phi_I(v_1, v_2) - \Phi_I(v_2, v_1)]\\ &\quad \cdot[\Phi_J(v_3, v_4) - \Phi_J(v_4, v_3)].\end{aligned}$$

Sei nun e_2 die elementare Permutation, welche die Einträge 2 und 3 vertauscht, dann folgt

$$\begin{aligned}(\Psi_I\otimes\Psi_J)^{e_2}(v_1, v_2, v_3, v_4) &= \Psi_I(v_1, v_3) \cdot \Psi_J(v_2, v_4)\\ &= [\Phi_I(v_1, v_3) - \Phi_I(v_3, v_1)]\\ &\quad \cdot [\Phi_J(v_2, v_4) - \Phi_J(v_4, v_2)].\end{aligned}$$

Also ist offensichtlich

$$\Psi_I \otimes \Psi_J \ne -(\Psi_I \otimes \Psi_J)^{e_2}$$

und somit $\Psi_I \otimes \Psi_J \notin \mathcal{A}^4(V)$. ◀

Das Beispiel zeigt, dass für Tensoren $f \in \mathcal{A}^d(V)$ und $g \in \mathcal{A}^l(V)$ ihr Tensorprodukt $f \otimes g$ im Allgemeinen kein alternierender Tensor mehr ist. Wir müssen uns also ein neues Produkt überlegen, welches einem alternierenden d-Tensor und einem alternierenden l-Tensor einen alternierenden $d+l$-Tensor zuweist. Wir definieren hierzu zunächst eine Abbildung, welche gewisse Eigenschaften erfüllt und weisen anhand dieser die Existenz und Eindeutigkeit des gesuchten Produktes alternierender Tensoren nach.

Satz (Dachprodukt)

Sei V ein $\mathbb{R}$-Vektorraum mit Basis $\{a_1, \ldots, a_n\}$ sowie $\{\Phi_1, \ldots, \Phi_n\}$ die dazugehörige duale Basis von $\mathcal{L}^1(V)$. Weiterhin seien $f, g \in \mathcal{A}^d(V)$ und $h \in \mathcal{A}^l(V)$ sowie $\alpha \in \mathbb{R}$ und $I = (i_1, \ldots, i_d)$ ein aufsteigendes d-Tupel aus $\{1, \ldots, n\}$, dann gibt es eine Abbildung

$$\wedge\colon \begin{cases} \mathcal{A}^d(V) \times \mathcal{A}^l(V) \to \mathcal{A}^{d+l}(V), \\ (f, h) \mapsto f \wedge h \end{cases}$$

mit den folgenden Eigenschaften:

- Assoziativität: $f \wedge (g \wedge h) = (f \wedge g) \wedge h$
- Homogenität: $(\alpha f) \wedge h = \alpha(f \wedge h) = f \wedge (\alpha h)$
- Distributivität:
  (i) $(f + g) \wedge h = f \wedge h + g \wedge h$
  (ii) $h \wedge (f + g) = h \wedge f + h \wedge g$
- Antikommutativität: $f \wedge h = (-1)^{dl} h \wedge f$
- $\Psi_I = \Phi_{i_1} \wedge \Phi_{i_2} \wedge \ldots \wedge \Phi_{i_d}$
- Ist $T: W \to V$ eine lineare Abbildung, dann gilt

$$T^*(f \wedge h) = T^* f \wedge T^* h.$$

Der Tensor $f \wedge h$ heißt **Dachprodukt von** f **und** h und ist wie folgt definiert:

$$f \wedge h := \frac{1}{d! \cdot l!} \sum_{\sigma \in S_{d+l}} \operatorname{sgn}(\sigma)(f \otimes h)^\sigma$$

Kommentar:

- Die ersten 5 Bedingungen bestimmen das Dachprodukt eindeutig auf endlichdimensionalen Vektorräumen.
- Ist f von ungerader Ordnung, d. h. $f \in \mathcal{A}^{2k+1}(V)$, so folgt aus der Antikommutativität

$$f \wedge f = (-1)^{(2k+1)^2} f \wedge f = -f \wedge f,$$

d. h. $f \wedge f = 0$.

Beweis: Wir zerlegen den Beweis in mehrere Schritte:
(1) Sei $F \in \mathcal{L}^d(V)$ und $A\colon \mathcal{L}^d(V) \to \mathcal{L}^d(V)$ eine Transformation definiert durch

$$A(F) := \sum_{\sigma \in S_d} \operatorname{sgn}(\sigma) F^\sigma,$$

dann ist $\Psi_I = A(\Phi_I)$ und A hat folgende Eigenschaften:

(1.a) A ist linear, denn aus der Linearität von $F \mapsto F^\sigma$ folgt

$$\begin{aligned} A(\alpha F + \beta G) &= \sum_{\sigma \in S_d} \operatorname{sgn}(\sigma)(\alpha F + \beta G)^\sigma \\ &= \sum_{\sigma \in S_d} \alpha \operatorname{sgn}(\sigma) F^\sigma + \beta \operatorname{sgn}(\sigma) G^\sigma \\ &= \alpha A(F) + \beta A(G) \end{aligned}$$

mit $\alpha, \beta \in \mathbb{R}$ und $F, G \in \mathcal{L}^d(V)$.

(1.b) Sei $F \in \mathcal{L}^d(V)$, dann ist $A(F) \in \mathcal{A}^d(V)$. Sei dazu $\tau \in S_d$, dann gilt

$$\begin{aligned} A(F)^\tau &= \sum_{\sigma \in S_d} \operatorname{sgn}(\sigma)(F^\sigma)^\tau \\ &= \sum_{\sigma \in S_d} \operatorname{sgn}(\sigma) F^{\tau \circ \sigma} \\ &= \operatorname{sgn}(\tau) \sum_{\sigma \in S_d} \operatorname{sgn}(\tau \circ \sigma) F^{\tau \circ \sigma} \\ &= \operatorname{sgn}(\tau) A(F) \end{aligned}$$

und somit ist $A(F)$ alternierend.

(1.c) Sei $F \in \mathcal{A}^d(V)$, dann gilt $A(F) = (d!)F$. Dies ergibt sich durch Nachrechnen:

$$A(F) = \sum_{\sigma \in S_d} \operatorname{sgn}(\sigma)^2 F = (d!)F$$

Sind nun $f \in \mathcal{A}^d(V)$ und $h \in \mathcal{A}^l(V)$, dann gilt nach Definition

$$f \wedge h = \frac{1}{d!\, l!} A(f \otimes h).$$

Damit ist $f \wedge h$ ein alternierender $(d + l)$-Tensor und der Vorfaktor $\frac{1}{d!\, l!}$ erklärt sich dadurch, dass der Summand

$$\operatorname{sgn}(\sigma) \cdot f(v_{\sigma(1)}, \ldots, v_{\sigma(d)}) \cdot h(v_{\sigma(d+1)}, \ldots, v_{\sigma(d+l)})$$

$(d!\, l!)$-mal denselben Wert annimmt.

(2) Mit den Ergebnissen aus (1) ergeben sich nun direkt die Homogenität und Antikommutativität:
Für $\alpha \in \mathbb{R}$, $f \in \mathcal{A}^d(V)$ und $h \in \mathcal{A}^l(V)$ gilt

$$\begin{aligned} (\alpha f) \wedge h &= \frac{1}{d!\, l!} A((\alpha f) \otimes h) = \frac{1}{d!\, l!} \alpha A(f \otimes h) \\ &= \alpha(f \wedge h) \end{aligned}$$

und analog folgt $f \wedge (\alpha h) = \alpha(f \wedge h)$, also ist „$\wedge$“ homogen. Um die Antikommutativität nachzuweisen, zeigen wir etwas allgemeiner, dass

$$A(F \otimes G) = (-1)^{dl} A(G \otimes F)$$

für zwei Tensoren $F \in \mathcal{L}^d(V)$ und $G \in \mathcal{L}^l(V)$ gilt.
Dazu sei π die Permutation von $\{1, \ldots, d + l\}$ mit

$$(\pi(1), \ldots, \pi(d+l)) = (d+1, d+2, \ldots, d+l, 1, 2, \ldots, d),$$

dann ist $\operatorname{sgn}(\pi) = (-1)^{dl}$ und $(F \otimes G) = (G \otimes F)^{\pi}$. Es folgt somit

$$\begin{aligned} A(F \otimes G) &= \sum_{\sigma \in S_d} \operatorname{sgn}(\sigma)((G \otimes F)^{\pi})^{\sigma} \\ &= \operatorname{sgn}(\pi) \sum_{\sigma \in S_d} \operatorname{sgn}(\sigma \circ \pi)(G \otimes F)^{\sigma \circ \pi} \\ &= (-1)^{dl} A(G \otimes F) \end{aligned}$$

und daraus ergibt sich unmittelbar die Antikommutativität von „$\wedge$".

(3) Der Nachweis der Assoziativität ist etwas komplizierter. Daher werden wir ihn unterteilen:

(3.a) Wir zeigen, dass $A(F \otimes G) = 0$ für $F \in \mathcal{L}^d(V)$ mit $A(F) = 0$ und $G \in \mathcal{L}^l(V)$ gilt.
Betrachtet man einen Term

$$\operatorname{sgn}(\sigma) F(v_{\sigma(1)}, \ldots, v_{\sigma(d)}) \cdot G(v_{\sigma(d+1)}, \ldots, v_{\sigma(d+l)})$$

aus $A(F \otimes G)$, dann sieht man, dass sich alle Terme in $A(F \otimes G)$, die denselben letzten Faktor $G(\ldots)$ haben, wie folgt als Summe schreiben lassen:

$$\operatorname{sgn}(\sigma) \left[\sum_{\tau \in S_d} \operatorname{sgn}(\tau) F^{\tau}(v_{\sigma(1)}, \ldots, v_{\sigma(d)}) \right] \cdot G(v_{\sigma(d+1)}, \ldots, v_{\sigma(d+l)})$$

Dabei ist der Ausdruck in den eckigen Klammern nach Definition gerade $A(F)(v_{\sigma(1)}, \ldots, v_{\sigma(d)})$. Nach Voraussetzung ist aber $A(F) = 0$. Da man dies für jedes $\sigma \in S_{d+l}$ machen kann, folgt insgesamt $A(F \otimes G) = 0$.

(3.b) Wir zeigen, dass

$$A(F) \wedge h = \frac{1}{l!} A(F \otimes h)$$

für $F \in \mathcal{L}^d(V)$ und $h \in \mathcal{A}^l(V)$ gilt.

Die Gleichung ist nach Einsetzen der Definition von „$\wedge$" äquivalent zu

$$\frac{1}{d!l!} A(A(F) \otimes h) = \frac{1}{l!} A(F \otimes h),$$

was wiederum zu der Gleichung

$$\begin{aligned} & A\left[A(F) \otimes h - d!F \otimes h\right] = 0 \\ \Leftrightarrow\ & A\left[(A(F) - d!F) \otimes h\right] = 0 \end{aligned}$$

äquivalent ist. Nach (3.a) ist diese Gleichungen erfüllt, wenn $A[A(F) - (d!)F] = 0$ gilt. Dies folgt aber unmittelbar aus (1.c), denn

$$A[A(F) - d!F] = d!A(F) - d!A(F) = 0.$$

(3.c) Sei $f \in \mathcal{A}^d(V)$, $g \in \mathcal{A}^m(V)$ sowie $h \in \mathcal{A}^l(V)$ und setze $F = f \otimes g$, dann folgt mit (3.b)

$$\begin{aligned} (f \wedge g) \wedge h &= \frac{1}{d!m!} A(F) \wedge h = \frac{1}{d!m!l!} A(F \otimes h) \\ &= \frac{1}{d!m!l!} A((f \otimes g) \otimes h). \end{aligned}$$

(3.d) Wir können nun die Assoziativität nachweisen. Seien dazu f, g und h wie in (3.c), dann gilt

$$\begin{aligned} (d!m!l!)(f \wedge g) \wedge h &= A((f \otimes g) \otimes h) \\ &= A(f \otimes (g \otimes h)) \\ &= (-1)^{d(m+l)} A((g \otimes h) \otimes f) \\ &= (-1)^{d(m+l)} (m!l!d!)(g \wedge h) \wedge f \\ &= (m!l!d!) f \wedge (g \wedge h). \end{aligned}$$

und somit $(f \wedge g) \wedge h = f \wedge (g \wedge h)$.

(4) Um $\Psi_I = \Phi_{i_1} \wedge \cdots \wedge \Phi_{i_d}$ zu beweisen, zeigen wir allgemeiner, dass

$$A(f_1 \otimes \ldots \otimes f_d) = f_1 \wedge \ldots \wedge f_d$$

für jede Menge $f_1, \ldots, f_d$ von 1-Tensoren gilt.

Für $d = 1$ ist die Behauptung trivial. Nehmen wir nun an, die Behauptung gelte für $d - 1$, dann folgt mit $F = f_1 \otimes \ldots \otimes f_{d-1}$ und Schritt (3.b), dass

$$A(F \otimes f_d) = 1!A(F) \wedge f_d = (f_1 \wedge \ldots \wedge f_{d-1}) \wedge f_d$$

ist. Per vollständiger Induktion folgt daher, dass die Behauptung allgemein gilt. Wegen $A(\Phi_I) = \Psi_I$, ergibt sich als Spezialfall

$$\Phi_{i_1} \wedge \ldots \wedge \Phi_{i_d} = \Psi_I.$$

(5) Als Letztes muss noch der Nachweis erbracht werden, dass sich Dachprodukte eindeutig mit den ersten 5 Eigenschaften berechnen lassen. Seien dazu $f \in \mathcal{A}^d(V)$ und $h \in \mathcal{A}^l(V)$, dann lassen sie sich als

$$f = \sum_{[I]} b_I \Psi_I \quad \text{und} \quad h = \sum_{[J]} c_J \Psi_J$$

darstellen. Weil „$\wedge$" distributiv und homogen ist, gilt

$$f \wedge g = \sum_{[I]} \sum_{[J]} (b_I c_J) \Psi_I \wedge \Psi_J$$

und zur Bestimmung allgemeiner Dachprodukte muss man also nur wissen, wie man

$$\Psi_I \wedge \Psi_J = (\Phi_{i_1} \wedge \ldots \wedge \Phi_{i_d}) \wedge (\Phi_{j_1} \wedge \ldots \wedge \Phi_{j_l})$$

berechnet. Wegen der Antikommutativität und der Assoziativität gilt $\Psi_I \wedge \Psi_J = 0$, falls zwei Indizes in I und J übereinstimmen. Andernfalls ist $\Psi_I \wedge \Psi_J = \operatorname{sgn}(\pi)\Psi_K$, wobei $K = \pi(I, J)$ und $\pi \in S_{d+l}$ die Permutation ist, welche (I, J) in aufsteigende Ordnung bringt. ■

?

Weisen Sie die Distributivität und die Eigenschaft

$$T^*(f \wedge h) = T^* f \wedge T^* h$$

des Dachproduktes nach.

Der Tangentialraum bildet den Vektorraum, auf dem Differenzialformen operieren

Die bisher betrachteten Tensoren waren über einem allgemeinen $\mathbb{R}$-Vetorraum V definiert. Um nun Differenzialformen als alternierende Tensoren einzuführen, müssen wir noch den zugrundeliegenden Vektorraum V spezifizieren. Dies ist der sogenannte **Tangentialraum**, der schon in Band 1, Kapitel 23 erwähnt wurde und genutzt wird, um eine gekrümmte Fläche linear zu approximieren. Wir definieren zunächst den Tangentialraum zu $\mathbb{R}^n$.

Definition (Tangentialraum zu $\mathbb{R}^n$)

Sei $x \in \mathbb{R}^n$, dann ist für $v \in \mathbb{R}^n$ durch das Paar $(x; v)$ der **Tangentialvektor an $\mathbb{R}^n$ in** x in Richtung v definiert. Die Menge

$$\mathcal{T}_x(\mathbb{R}^n) := \{(x; v) \mid v \in \mathbb{R}^n\}$$

aller Tangentialvektoren an $\mathbb{R}^n$ in x nennt man **Tangentialraum zu $\mathbb{R}^n$ in** x. Auf $\mathcal{T}_x(\mathbb{R}^n)$ sind eine Addition und eine skalare Multiplikation wie folgt definiert:

$$+ : \begin{cases} \mathcal{T}_x(\mathbb{R}^n) \times \mathcal{T}_x(\mathbb{R}^n) \to \mathcal{T}_x(\mathbb{R}^n), \\ ((x; v), (x; w)) \mapsto (x; v + w), \end{cases}$$

$$\cdot : \begin{cases} \mathbb{R} \times \mathcal{T}_x(\mathbb{R}^n) \to \mathcal{T}_x(\mathbb{R}^n), \\ (\alpha, (x; v)) \mapsto (x; \alpha \cdot v). \end{cases}$$

Achtung: Sowohl x als auch v sind Elemente des $\mathbb{R}^n$, spielen jedoch unterschiedliche Rollen. x ist als „Punkt" zu verstehen, also als ein Element des $\mathbb{R}^n$ im Sinne eines metrischen Raumes. v hingegen repräsentiert einen „Pfeil" und ist somit Element des $\mathbb{R}^n$ als Vektorraum (siehe Abbildung 6.7).

Der folgende Satz soll nicht bewiesen werden, da er sich durch einfaches Nachrechnen der Vektorraumaxiome ergibt.

Satz ($\mathcal{T}_x(\mathbb{R}^n)$ ist ein Vektorraum)

Der Tangentialraum $\mathcal{T}_x(\mathbb{R}^n)$ bildet mit der Addition und der skalaren Multiplikation einen $\mathbb{R}$-Vektorraum.

Als Nächstes geben wir noch eine Basis des Tangentialraums $\mathcal{T}_x(\mathbb{R}^n)$ an:

Lemma (Basis von $\mathcal{T}_x(\mathbb{R}^n)$)

Sei $x \in \mathbb{R}^n$ und bezeichne e_i den i-ten Einheitsvektor des $\mathbb{R}^n$, dann besitzt $\mathcal{T}_x(\mathbb{R}^n)$ die Basis

$$\{(x; e_1), \ldots, (x; e_n)\}$$

und es gilt $\dim(\mathcal{T}_x(\mathbb{R}^n)) = n$.

?

Beweisen Sie das Lemma (Basis von $\mathcal{T}_x(\mathbb{R}^n)$).

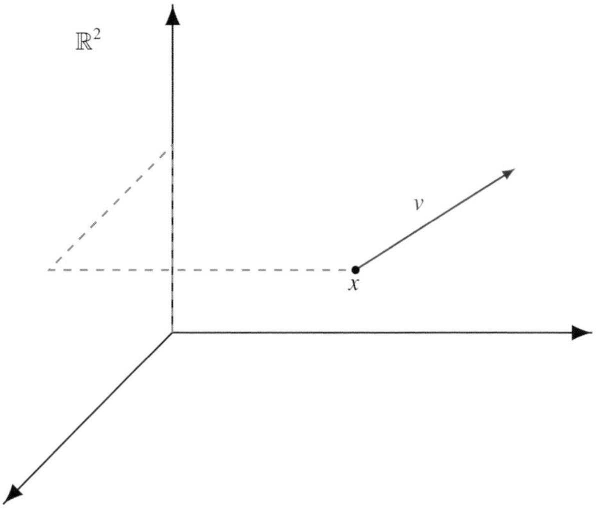

Abbildung 6.7 Tangentialvektor $(x; v)$.

Wir wollen nun den Tangentialraum einer d-Mannigfaltigkeit in $\mathbb{R}^n$ konstruieren.

Aus der Theorie der Kurvenintegrale wissen wir, dass der Geschwindigkeitsvektor einer durch eine C^k-Parametrisierung $\gamma\colon (a, b) \to \mathbb{R}^n$ definierten Kurve durch $D\gamma(t) = (\dot{\gamma}_1(t), \ldots, \dot{\gamma}_n(t))^T$ gegeben ist. In der gerade eingeführten Notation schreibt sich dieser Tangentialvektor als $(\gamma(t); D\gamma(t)) \in \mathcal{T}_{\gamma(t)}(\mathbb{R}^n)$. Die Parametrisierung γ induziert also eine Abbildung zwischen den Tangentialräumen $\mathcal{T}_t(\mathbb{R})$ und $\mathcal{T}_{\gamma(t)}(\mathbb{R}^n)$. Dies motiviert zu folgender Verallgemeinerung:

Definition (Induzierte Abbildung)

Sei A eine in $\mathbb{R}^d$ oder $\mathbb{H}^d$ offene Menge und $\alpha\colon A \to \mathbb{R}^n$ eine C^k-Abbildung, dann ist durch

$$\alpha_* : \begin{cases} \mathcal{T}_x(\mathbb{R}^d) \to \mathcal{T}_{\alpha(x)}(\mathbb{R}^n) \\ (x; v) \mapsto (\alpha(x); D\alpha(x) \cdot v) \end{cases}$$

eine lineare Abbildung zwischen den Tangentialräumen definiert. Man nennt α_* **die durch α induzierte Abbildung**.

Man kann das Bild der induzierten Abbildung ebenfalls als Geschwindigkeitsvektor einer Kurve interpretieren. Sei dazu A eine in $\mathbb{R}^d$ oder $\mathbb{H}^d$ offene Menge und $\alpha\colon A \to \mathbb{R}^n$ eine C^k-Abbildung. Definiert man nun die Kurve $\gamma\colon \mathbb{R} \to \mathbb{R}^n$ durch

$$\gamma(t) = \alpha(x + tv),$$

wobei $x, v \in \mathbb{R}^d$ fest sind, dann gilt

$$D\gamma(t) = D\alpha(x + tv) \cdot v$$

und somit $D\gamma(0) = D\alpha(x) \cdot v$. Für gegebenes $(x; v) \in \mathcal{T}_x(\mathbb{R}^d)$ ist $\alpha_*(x; v)$ also der Geschwindigkeitsvektor der Kurve $\gamma(t) = \alpha(x + tv)$ zum Zeitpunkt $t = 0$ (siehe Abbildung 6.8).

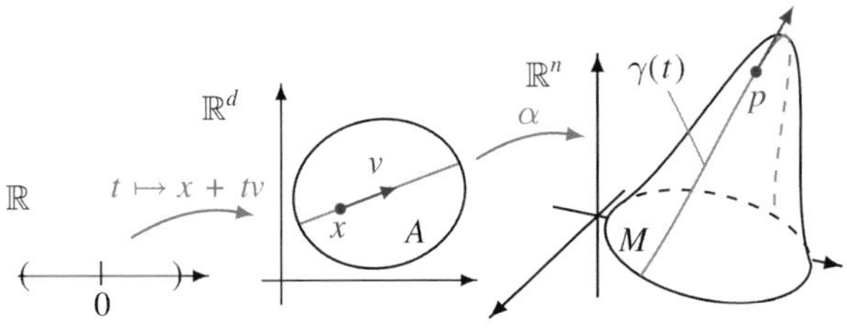

Abbildung 6.8 Geschwindigkeitsvektor der Kurve $\gamma(t) = \alpha(x + tv)$.

Das folgende Lemma zeigt, wie sich die induzierte Abbildung bei der Verknüpfung von C^k-Abbildungen verhält:

Lemma
Sei A eine in $\mathbb{R}^d$ oder $\mathbb{H}^d$ offene Menge und $\alpha\colon A \to \mathbb{R}^m$ eine C^k-Abbildung. Des Weiteren sei B eine in $\mathbb{R}^m$ oder $\mathbb{H}^m$ offene Menge mit $\alpha(A) \subseteq B$ und $\beta\colon B \to \mathbb{R}^n$ eine C^k-Abbildung, dann gilt

$$(\beta \circ \alpha)_* = \beta_* \circ \alpha_* .$$

Beweis: Setze $y = \alpha(x)$ und $z = \beta(y)$, dann folgt mit der Kettenregel

$$\begin{aligned}(\beta \circ \alpha)_*(x; v) &= (\beta(\alpha(x)); D(\beta \circ \alpha)(x) \cdot v)\\ &= (\beta(y); D\beta(y) \cdot D\alpha(x) \cdot v)\\ &= \beta_*(y; D\alpha(x) \cdot v)\\ &= \beta_*(\alpha_*(x; v)).\end{aligned}$$ ∎

Mithilfe der induzierten Abbildung lässt sich nun der Tangentialraum einer d-Mannigfaltigkeit in $\mathbb{R}^n$ angeben.

Definition (Tangentialraum einer d-Mannigfaltigkeit in $\mathbb{R}^n$)
Sei M eine d-Mannigfaltigkeit in $\mathbb{R}^n$. Für $p \in M$ sei $\alpha : U \to V$ eine Karte um p mit $p = \alpha(x)$. Dabei kann U offen in $\mathbb{R}^d$ oder $\mathbb{H}^d$ sein. Man nennt dann die Menge

$$\mathcal{T}_p(M) := \{\alpha_*(x; v) \mid v \in \mathbb{R}^d\} = \alpha_*(\mathcal{T}_x(\mathbb{R}^d))$$

den **Tangentialraum von M bei p**.

Man kann sich fragen, ob diese Definition von $\mathcal{T}_p(M)$ nicht von der Wahl der Karte α abhängt. Dann wäre die Definition jedoch unbrauchbar, da der Tangentialraum die Mannigfaltigkeit gerade unabhängig von der gewählten Karte linear approximieren soll. Dass dies auch der Fall ist, besagt das folgende Lemma.

Lemma ($\mathcal{T}_p(M)$ ist unabhängig von der gewählten Karte)
Sei M eine d-Mannigfaltigkeit in $\mathbb{R}^n$ und $p \in M$, dann ist $\mathcal{T}_p(M)$ unabhängig von der gewählten Karte.

Beweis: Seien $\alpha\colon A \to V \subset M$ und $\beta\colon B \to U \subset M$, A, B offen in $\mathbb{R}^d$ oder $\mathbb{H}^d$, zwei Karten um p, d. h. $\alpha(x) = p = \beta(y)$ für $x \in A$ und $y \in B$. Setzt man $W = V \cap U$, $\widetilde{A} = \alpha^{-1}(W)$, $\widetilde{B} = \beta^{-1}(W)$, dann ist

$$g := \beta^{-1} \circ \alpha\colon \widetilde{A} \to \widetilde{B}$$

ein Diffeomorphismus (siehe Seite 152) und $\widetilde{\alpha} := \alpha|_{\widetilde{A}}$ bzw. $\widetilde{\beta} := \beta|_{\widetilde{B}}$ sind immer noch zwei Karten um p. Zudem gilt $\alpha(x) = \widetilde{\alpha}(x) = p = \widetilde{\beta}(y) = \beta(y)$ und $\widetilde{\alpha} = \widetilde{\beta} \circ g$. Einsetzen der Definition liefert nun

$$\begin{aligned}\alpha_*(x; v) &= \widetilde{\alpha}_*(x; v)\\ &= (\widetilde{\beta} \circ g)_*(x; v)\\ &= (\widetilde{\beta}(g(x)); D(\widetilde{\beta} \circ g)(x) \cdot v)\\ &= (\beta(y); D\beta(y) \cdot Dg(x) \cdot v)\\ &= \beta_*(y; w),\end{aligned}$$

wobei $w = Dg(x) \cdot v$ ist. Wegen $\operatorname{Rg}(Dg(x)) = d$, ist

$$\{w \in \mathbb{R}^d \mid \exists v \in \mathbb{R}^d \text{ mit } w = Dg(x) \cdot v\} = \mathbb{R}^d$$

und somit gilt

$$\{\alpha_*(x; v) \mid v \in \mathbb{R}^d\} = \{\beta_*(x; w) \mid w \in \mathbb{R}^d\},$$

d. h., $\mathcal{T}_p(M)$ ist unabhängig von der Wahl der Karte. ∎

Offenbar ist $\mathcal{T}_p(M)$ eine Teilmenge von $\mathcal{T}_p(\mathbb{R}^n)$ und nach dem folgenden Satz sogar ein Untervektorraum.

Satz ($\mathcal{T}_p(M)$ ist ein Untervektorraum von $\mathcal{T}_p(\mathbb{R}^n)$)
Sei M eine d-Mannigfaltigkeit in $\mathbb{R}^n$ und $p \in M$, dann ist $\mathcal{T}_p(M)$ ein Untervektorraum von $\mathcal{T}_p(\mathbb{R}^n)$.

Beweis: Sei $\alpha\colon U \to V \subset M$ eine Karte auf M mit $p = \alpha(x)$ und U offen in $\mathbb{R}^d$ oder $\mathbb{H}^d$. Seien nun $\alpha_*(x; v)$, $\alpha_*(x; w) \in \mathcal{T}_p(M)$ und $c \in \mathbb{R}$, dann folgt

$$\begin{aligned}c\alpha_*(x; v) + \alpha_*(x; w) &= c(p; D\alpha(x) \cdot v) + (p; D\alpha(x) \cdot w)\\ &= (p; cD\alpha(x) \cdot v + D\alpha(x) \cdot w)\\ &= (p; D\alpha(x) \cdot (cv + w))\\ &= \alpha_*(x; cv + w),\end{aligned}$$

also ist $c\alpha_*(x; v) + \alpha_*(x; w) \in \mathcal{T}_p(M)$. Die Tatsache, dass $\mathcal{T}_p(M) \subseteq \mathcal{T}_p(\mathbb{R}^n)$ und $\mathcal{T}_p(M) \neq \emptyset$ ist, ist trivial. Daraus folgt, dass $\mathcal{T}_p(M)$ ein Untervektorraum ist. ∎

Wir wollen nun ebenfalls eine Basis für $\mathcal{T}_p(M)$ angeben:

Lemma (Basis von $\mathcal{T}_p(M)$)
Sei M eine d-Mannigfaltigkeit in $\mathbb{R}^n$ und $\alpha\colon U \to V \subset M$ eine Karte mit $\alpha(x) = p \in M$. Ist $\{e_1, \dots, e_d\}$ die Standardbasis des $\mathbb{R}^d$, dann bilden die Vektoren

$$(p; D\alpha(x) \cdot e_i) = (p; D_i\alpha(x))$$

mit $i = 1, \ldots, d$ eine Basis für $\mathcal{T}_p(M)$ und es gilt $\dim(\mathcal{T}_p(M)) = d$.

Beweis: Wegen $\mathrm{Rg}(D\alpha(x)) = d$, ist die lineare Unabhängigkeit der Vektoren $(p; D_i\alpha(x))$ klar. Ferner lässt sich jedes Element $\alpha_*(x; v) \in \mathcal{T}_x(M)$ schreiben als

$$\begin{aligned} \alpha_*(x; v) &= (p; D\alpha(x) \cdot v) \\ &= (p; \sum_{i=1}^{d} D_i\alpha(x)v_i) \\ &= \sum_{i=1}^{d} v_i(p; D_i\alpha(x)) \end{aligned}$$

und besitzt somit eine eindeutige Darstellung als Linearkombination von $\{(p; D_1\alpha(x)), \ldots, (p; D_d\alpha(x))\}$. ■

Ist M eine d-Mannigfaltigkeit, so wird also jedem Punkt $p \in M$ ein Tangentialraum $\mathcal{T}_p(M)$ zugeordnet. Vereinigt man alle Tangentialräume, erhält man das sogenannte **Tangentialbündel von** M:

$$\mathcal{T}(M) := \bigcup_{p \in M} \mathcal{T}_p(M)$$

Definition einer Differenzialform

Wir können nun endlich Differenzialformen einführen. Dabei macht die Definition klar, warum die bisherige Vorarbeit nötig war.

Definition (Differenzialform)

Sei $A \subseteq \mathbb{R}^n$ eine offene Menge, dann nennt man eine Funktion

$$\omega\colon \begin{cases} A \to \mathcal{A}^d(\mathcal{T}_x(\mathbb{R}^n)) \\ x \mapsto \omega(x)((x; v_1), \ldots, (x; v_d)) \end{cases}$$

Differenzialform der Ordnung d **auf** A, falls $\omega(x)$ für alle $x \in A$ ein alternierender d-Tensor und mindestens stetig bzgl. $(x, v_1, \ldots, v_d)$ ist. $\omega(x)$ bildet also ein d-Tupel von Tangentialvektoren an $\mathbb{R}^n$ bei x ab nach $\mathbb{R}$ und ist ω k-mal stetig differenzierbar, so spricht man von einer Differenzialform aus C^k. Allgemeiner gilt für eine m-Mannigfaltigkeit M in $\mathbb{R}^n$, dass eine Funktion

$$\omega\colon \begin{cases} M \to \mathcal{A}^d(\mathcal{T}_p(M)) \\ p \mapsto \omega(p)((p; v_1), \ldots, (p; v_d)) \end{cases}$$

Differenzialform der Ordnung d **auf** M heißt, falls $\omega(p)$ für alle $p \in M$ ein alternierender d-Tensor und mindestens stetig bzgl. $(p, v_1, \ldots, v_d)$ ist. Ist $A \subseteq \mathbb{R}^n$ offen, dann bezeichnet $\Omega_k^d(A)$ **die Menge der** C^k-**Differenzialformen der Ordnung** d **auf** A. Spielt der Grad der Differenzierbarkeit keine Rolle oder ist er aus dem Kontext ersichtlich, so schreibt man einfach $\Omega^d(A)$.

Im Folgenden wird abkürzend auch von Formen statt von Differenzialformen gesprochen, beides bezeichnet aber dasselbe. Sei M eine m-Mannigfaltigkeit in $\mathbb{R}^n$ und $A \subseteq \mathbb{R}^n$ eine offene Teilmenge mit $M \subseteq A$. Ist $\omega \in \Omega^d(A)$ eine Differenzialform auf A, so ist die Einschränkung von ω auf M eine Differenzialform auf M, da alle Tangentialvektoren an M auch Tangentialvektoren an $\mathbb{R}^n$ sind. Andersrum kann auch jede Differenzialform ω, die auf M definiert ist, auf eine offene Teilmenge $A \subseteq \mathbb{R}^n$ erweitert werden, die M enthält. Da die Fortsetzung einer Differenzialform hochgradig nicht-trivial ist, wird an dieser Stelle auf einen Beweis des Resultates verzichtet. Um die Darstellung möglichst übersichtlich zu halten, betrachten wir nur Formen, die auf einer offenen Menge in $\mathbb{R}^n$ definiert sind.

Sei also A eine in $\mathbb{R}^n$ offene Menge sowie ω und η zwei d-Formen auf A aus C^k. Für $a, b \in \mathbb{R}$ ist dann auch $a\omega + b\eta$ aus C^k, da es sich um eine Linearkombination von C^k-Funktionen handelt. Somit ist $a\omega + b\eta$ wieder eine d-Form auf A.

Ist θ eine weitere l-Form auf A aus C^k, dann ist auch $\omega \wedge \theta \in C^k$, da per definitionem

$$\omega \wedge \theta = \frac{1}{d!\, l!} A(\omega \otimes \theta)$$

gilt. $\omega \otimes \theta$ ist als Produkt von zwei C^k-Funktionen wieder eine C^k-Funktion und ebenso ist A als lineare Abbildung eine C^k-Funktionen. Da die Verknüpfung von C^k-Funktionen wieder C^k ist, ist also $\omega \wedge \theta \in C^k$. Wir erhalten daraus folgenden Satz:

Satz ($\Omega_k^d(A)$ ist ein $\mathbb{R}$-Vektorraum)

Sei $A \subseteq \mathbb{R}^n$ offen, dann ist $\Omega_k^d(A)$ ein $\mathbb{R}$-Vektorraum mit der Addition

$$+\colon \begin{cases} \Omega_k^d(A) \times \Omega_k^d(A) \to \Omega_k^d(A), \\ (\omega(x), \eta(x)) \mapsto \omega(x) + \eta(x) \end{cases}$$

und der skalaren Multiplikation

$$\cdot\colon \begin{cases} \mathbb{R} \times \Omega_k^d(A) \to \Omega_k^d(A), \\ (a, \omega(x)) \mapsto a\omega(x). \end{cases}$$

Zusätzlich ist noch ein weiteres Produkt durch

$$\wedge\colon \begin{cases} \Omega_k^d(A) \times \Omega_k^l(A) \to \Omega_k^{d+l}(A), \\ (\omega(x), \eta(x)) \mapsto \omega \wedge \eta(x) \end{cases}$$

definiert.

Beweis: Man führt eine Null-Form $0 \in \Omega_k^d(A)$ ein, d. h.

$$0(x)((x; v_1), \ldots, (x; v_d)) = 0$$

für alle $x \in A$ und $(x; v_1), \ldots, (x; v_d) \in \mathcal{T}_x(\mathbb{R}^n)$ und rechnet die Vektorraumeigenschaften nach. ■

Übersicht: Tensoren, Dachprodukt und Tangentialraum

Es sollen noch einmal die wichtigsten Ergebnisse des Abschnitts über Differenzialformen zusammengestellt werden.

Tensor: Ist V ein $\mathbb{R}$-Vektorraum, so ist eine Abbildung $f\colon V^d \to \mathbb{R}$ genau dann ein d-Tensor, falls sie linear in jedem Argument ist, d. h., falls

$$f(v_1,\dots,\alpha v_i+\widetilde{v}_i,\dots,v_d) = \alpha f(v_1,\dots,v_i,\dots,v_d) + f(v_1,\dots,\widetilde{v}_i,\dots,v_d)$$

gilt. Die Menge aller d-Tensoren wird mit $\mathcal{L}^d(V)$ bezeichnet. Ist $\{a_1,\dots,a_n\}$ eine Basis von V, so definiert man für $d=1$ durch

$$\Phi_i(a_j) = \begin{cases} 0, & i \neq j \\ 1, & i = j \end{cases}$$

die elementaren 1-Tensoren Φ_i auf V. Für $d>1$ definiert man die elementaren d-Tensoren durch

$$\Phi_I(v_1,\dots,v_d) = [\Phi_{i_1}(v_1)]\cdot[\Phi_{i_2}(v_2)]\cdot\ldots\cdot[\Phi_{i_d}(v_d)],$$

wobei $I=(i_1,\dots,i_d)$ ein d-Tupel mit Einträgen aus $\{1,\dots,n\}$ ist. Ist $J=(j_1,\dots,j_d)$ ein weiteres d-Tupel mit Einträgen aus $\{1,\dots,n\}$, dann gilt offensichtlich

$$\Phi_I(a_{j_1},\dots,a_{j_d}) = \delta_I^J = \begin{cases} 0, & I \neq J \\ 1, & I = J \end{cases}$$

und da ein d-Tensor $f \in \mathcal{L}^d(V)$ eindeutig durch seine Werte auf d-Tupeln von Basisvektoren bestimmt ist, folgt mit $d_I = f(a_{i_1},\dots,a_{i_d})$ die Darstellung

$$f = \sum_{[I]} d_I \Phi_I.$$

Die elementaren d-Tensoren bilden also eine Basis für $\mathcal{L}^d(V)$. Für $f \in \mathcal{L}^d(V)$ und $g \in \mathcal{L}^l(V)$ ist durch

$$f\otimes g(v_1,\dots,v_{d+l}) = f(v_1,\dots,v_d)g(v_{d+1},\dots,v_{d+l})$$

das **Tensorprodukt** $f\otimes g \in \mathcal{L}^{d+l}(V)$ definiert. Ist W ein weiterer $\mathbb{R}$-Vektorraum und $T\colon V\to W$ eine lineare Abbildung, so definiert man für $f\in\mathcal{L}^d(W)$ durch

$$T^*f(v_1,\dots,v_d) = f(T(v_1),\dots,T(v_d))$$

einen Tensor $T^*f \in \mathcal{L}^d(V)$. Die Abbildung T^* bezeichnet man als **duale Transformation**.

Alternierender Tensor: Sei $\sigma \in S_d$ eine Permutation, dann ist der Tensor $f\in\mathcal{L}^d(V)$ genau dann alternierend, falls

$$f(v_{\sigma(1)},\dots,v_{\sigma(d)}) = \operatorname{sgn}(\sigma) f(v_1,\dots,v_d)$$

gilt. Man setzt $f(v_{\sigma(1)},\dots,v_{\sigma(d)}) = f^\sigma(v_1,\dots,v_d)$. Die Menge aller alternierenden d-Tensoren wird mit $\mathcal{A}^d(V)$ bezeichnet und bildet eine echte Teilmenge von $\mathcal{L}^d(V)$. Mithilfe der elementaren d-Tensoren definiert man durch

$$\Psi_I := \sum_{\sigma\in S_D} \operatorname{sgn}(\sigma)\cdot\Phi_I^\sigma$$

die elementaren alternierenden d-Tensoren und $f\in\mathcal{A}^d(V)$ lässt sich als

$$f = \sum_{[I]} d_I \Psi_I$$

schreiben, d. h., die Ψ_I bilden eine Basis für $\mathcal{A}^d(V)$.

Dachprodukt: Analog zum Tensorprodukt $\otimes\colon \mathcal{L}^d(V)\times\mathcal{L}^l(V)\to\mathcal{L}^{d+l}(V)$, lässt sich für $f\in\mathcal{A}^d(V)$ und $h\in\mathcal{A}^l(V)$ durch

$$f\wedge h := \frac{1}{d!\cdot l!}\sum_{\sigma\in S_{d+l}} \operatorname{sgn}(\sigma)(f\otimes h)^\sigma$$

das sogenannte Dachprodukt $\wedge\colon \mathcal{A}^d(V)\times\mathcal{A}^l(V)\to\mathcal{A}^{d+l}(V)$ definieren. Für dieses Produkt gelten die folgenden Rechenregeln:

- Assoziativität: $f\wedge(g\wedge h) = (f\wedge g)\wedge h$
- Homogenität: $(\alpha f)\wedge h = \alpha(f\wedge h) = f\wedge(\alpha h)$
- Distributivität:
  (i) $(f+g)\wedge h = f\wedge h + g\wedge h$
  (ii) $h\wedge(f+g) = h\wedge f + h\wedge g$
- Antikommutativität: $f\wedge h = (-1)^{dl} h\wedge f$
- $\Psi_I = \Phi_{i_1}\wedge\Phi_{i_2}\wedge\ldots\wedge\Phi_{i_d}$
- Ist $T\colon W\to V$ eine lineare Abbildung, dann gilt

$$T^*(f\wedge h) = T^*f\wedge T^*h.$$

Tangentialraum: Für $x\in\mathbb{R}^n$ ist der Tangentialraum zu $\mathbb{R}^n$ an x durch $\mathcal{T}_x(\mathbb{R}^n) := \{(x;v) \mid v\in\mathbb{R}^n\}$ definiert. Ist A eine in $\mathbb{H}^d$ oder $\mathbb{R}^d$ offene Menge und $\alpha\colon A\to\mathbb{R}^n$ eine C^k-Abbildung, dann heißt

$$\alpha_*\colon \begin{cases} \mathcal{T}_x(\mathbb{R}^d) \to \mathcal{T}_{\alpha(x)}(\mathbb{R}^n) \\ (x;v) \mapsto (\alpha(x); D\alpha(x)\cdot v) \end{cases}$$

die durch α induzierte Abbildung. Ist nun M eine d-Mannigfaltigkeit in $\mathbb{R}^n$ und $\alpha\colon U\to V$ eine Karte um $p\in M$, dann lässt sich durch

$$\mathcal{T}_p(M) := \{\alpha_*(x;v) \mid v\in\mathbb{R}^d\} = \alpha_*(\mathcal{T}_x(\mathbb{R}^d))$$

der Tangentialraum von M bei p definieren. Sowohl $\mathcal{T}_x(\mathbb{R}^n)$, als auch $\mathcal{T}_p(M)$ sind jeweils $\mathbb{R}$-Vektorräume.

Wir hatten bereits gesehen, dass $\{(x; e_1), \dots, (x; e_n)\}$ die kanonische Basis von $\mathcal{T}_x(\mathbb{R}^n)$ bildet (siehe Seite 170). Außerdem hatten wir schon eine Basis von $\mathcal{A}^d(V)$ für allgemeine $\mathbb{R}$-Vektorräume V definiert (siehe Seite 166) und mithilfe des Dachproduktes die elementaren alternierenden d-Tensoren dargestellt (siehe Seite 168). Wir bauen nun direkt auf diesen Ergebnissen auf und geben eine Basis für $\Omega^d(\mathbb{R}^n)$ an.

Satz (Basis von $\Omega^d(\mathbb{R}^n)$)

Sei $\{e_1, \dots, e_n\}$ die Standardbasis des $\mathbb{R}^n$ und entsprechend $\{(x; e_1), \dots, (x; e_n)\}$ die kanonische Basis von $\mathcal{T}_x(\mathbb{R}^n)$. Die für $i = 1, \dots, n$ durch

$$\widetilde{\Phi}_i(x)(x; e_j) = \begin{cases} 0, & i \neq j \\ 1, & i = j \end{cases}$$

definierten Abbildungen heißen **elementare 1-Formen auf $\mathbb{R}^n$**. Sei $I = (i_1, \dots, i_d)$ ein aufsteigendes d-Tupel aus $\{1, \dots, n\}$, dann heißen die durch

$$\widetilde{\Psi}_I(x) = \widetilde{\Phi}_{i_1}(x) \wedge \dots \wedge \widetilde{\Phi}_{i_d}(x)$$

definierten Abbildungen **elementare d-Formen auf $\mathbb{R}^n$**. Die Menge $\{\widetilde{\Psi}_I(x)\}_{I \in [I]}$ bildet eine Basis für $\Omega^d(\mathbb{R}^n)$, d. h., jede d-Form ω kann eindeutig durch

$$\omega(x) = \sum_{[I]} b_I(x) \widetilde{\Psi}_I(x)$$

dargestellt werden, wobei die Funktionen $b_I : \mathbb{R}^n \to \mathbb{R}$ dabei mindestens stetig sein müssen. Man nennt die b_I **Komponenten von ω bezüglich der elementaren d-Formen auf $\mathbb{R}^n$**.

Beweis: Dass die $\{\widetilde{\Psi}_I(x)\}$ eine Basis für $\mathcal{A}^d(\mathcal{T}_x(\mathbb{R}^n))$ bilden, folgt unmittelbar aus dem Satz (Basis von $\mathcal{A}^d(V)$). Es bleibt also nur zu zeigen, dass die $\Psi_I(x)$ auch stetig sind, damit es sich um d-Formen handelt. Wir zeigen $\widetilde{\Phi}_i(x)$, $\widetilde{\Psi}_I(x) \in C^\infty$:

Für $(x; v) \in \mathcal{T}_x(\mathbb{R}^n)$ folgt aus der Definition von $\widetilde{\Phi}_i(x)$ direkt

$$\widetilde{\Phi}_i(x)(x; v) = v_i$$

und somit ist $\widetilde{\Phi}_i(x) \in C^\infty$. Die Darstellung alternierender Tensoren als Determinante (siehe Seite 167) impliziert für $(x; v_1), \dots, (x; v_d) \in \mathcal{T}_x(\mathbb{R}^n)$ zudem

$$\widetilde{\Psi}_I(x)((x; v_1), \dots, (x; v_d)) = \det(V_I),$$

wobei $V = [v_1, \dots, v_d]$ ist. Die Determinante ist als Summe von Produkten der Matrixeinträge eine C^∞-Funktion und somit ist auch $\widetilde{\Psi}_I(x) \in C^\infty$. Insgesamt folgt, dass die $\widetilde{\Psi}_I(x)$ eine Basis für $\Omega^d(\mathbb{R}^n)$ bilden. ∎

Lemma

Sei $A \subseteq \mathbb{R}^n$ offen und $\omega \in \Omega^d(A)$ eine d-Form mit Komponenten b_I, dann sind folgende Aussagen äquivalent:

- $\omega \in C^k$ auf A,
- $b_I \in C^k$ auf A, für alle aufsteigenden d-Tupel I.

Beweis: Da die $\widetilde{\Psi}_I$ C^k-Funktionen sind, folgt aus $b_I \in C^k$ sofort $\omega \in C^k$. Ist andererseits ω als Funktion von $(x, v_1, \dots, v_d)$ aus C^k, dann ist folglich

$$\omega(x)((x; e_{j_1}), \dots, (x; e_{j_d})) = b_J(x)$$

für jedes aufsteigende d-Tupel $J = (j_1, \dots, j_d)$ eine C^k-Funktion. ∎

Es bleibt noch die Frage, ob wir den Fall $d = 0$ ausschließen müssen oder ob sich 0-Formen in geeigneter Weise in den bisherigen Formenkalkül integrieren lassen. Dazu folgende Definition:

Definition (Skalarfelder bzw. 0-Formen)

Sei $A \subseteq \mathbb{R}^n$ offen und $f : A \to \mathbb{R}$ aus C^k, dann heißt f ein **Skalarfeld** in A oder auch **Differenzialform der Ordnung 0**. Sind f und g zwei 0-Formen sowie ω eine d-Form, dann definiere

- $f \wedge g(x) := f(x) \cdot g(x)$,
- $\omega \wedge f(x) := f \wedge \omega(x) = f(x) \cdot \omega(x)$.

Kommentar: Alle Eigenschaften des Dachprodukts gelten damit auch für 0-Formen. Als Notationskonvention bezeichnen wir 0-Formen mit $f, g, h, \dots$ und d-Formen mit $\omega, \eta, \theta, \dots$ für $d > 0$.

Es ist nun ersichtlich, dass die hergeleiteten Differenzialformen eine wesentliche Verallgemeinerung von C^k-Funktionen (0-Formen) und den in Band 1, Kapitel 21 erwähnten „Pfaff'schen Formen" (1-Formen) darstellen.

Äußere Ableitung

Im nächsten Schritt, auf dem Weg zum allgemeinen Satz von Stokes, soll der Begriff der Ableitung $\frac{\mathrm{d}f}{\mathrm{d}x} = f'(x)$ bzw. der Richtungsableitung $\frac{\partial f}{\partial v} = \partial_v f$ eines Skalarfeldes $f : \mathbb{R}^n \to \mathbb{R}$ auf d-Formen erweitert werden. Wir stellen hierzu zunächst fest, dass die Ableitung einer 0-Form eine lineare Abbildung von $\mathcal{T}_x(\mathbb{R}^n)$ nach $\mathbb{R}$ ist, und es sich daher formal um eine 1-Form handelt.

Definition (Äußere Ableitung einer 0-Form)

Sei $A \subseteq \mathbb{R}^n$ offen und $f : A \to \mathbb{R}$ eine 0-Form aus C^k, dann heißt die durch

$$\mathrm{d}f(x)(x; v) := Df(x) \cdot v$$

definierte 1-Form $\mathrm{d}f \in \Omega^1(A)$ **äußere Ableitung oder Differenzial von f**. Es handelt sich also um den aus der Analysis bekannten Begriff der Richtungsableitung einer Funktion. d nennt man **Differenzialoperator**.

Da der Operator d Skalarfeldern ihre „Ableitung“ zuordnet, ist er dementsprechend linear, d. h. für zwei 0-Formen $f, g\colon A \to \mathbb{R}$, $A \subseteq \mathbb{R}^n$ offen, und $a, b \in \mathbb{R}$ gilt

$$\mathrm{d}(af + bg) = a\mathrm{d}f + b\mathrm{d}g.$$

?

Zeigen Sie, dass $\mathrm{d}(af + bg) = a\mathrm{d}f + b\mathrm{d}g$ gilt.

Zudem erlaubt uns der Differenzialoperator die elementaren 1-Formen $\tilde{\Phi}_1, \ldots, \tilde{\Phi}_n$ als Differenzial der Projektionsabbildung

$$\pi_i\colon \mathbb{R}^n \to \mathbb{R}, \quad \pi_i(x_1, \ldots, x_n) = x_i$$

mit $i = 1, \ldots, n$ darzustellen. Denn für $(x; v) \in \mathcal{T}_x(\mathbb{R}^n)$ erhält man durch Einsetzen der Definition

$$\mathrm{d}\pi_i(x)(x; v) = D\pi_i(x) \cdot v = v_i = \widetilde{\Phi}_i(x)(x; v)$$

und somit gilt $\mathrm{d}\pi_i = \widetilde{\Phi}_i$. Es hat sich jedoch etabliert, dass die Projektionen statt mit π_i ebenfalls mit x_i bezeichnet werden und somit $\mathrm{d}x_i$ statt $\mathrm{d}\pi_i$ geschrieben wird. Wir wollen uns im Folgenden dieser Notationskonvention anschließen.

Eine direkte Folge dieser Darstellung von elementaren 1-Formen ist, dass sich elementare d-Formen nun als

$$\widetilde{\Psi}_I = \mathrm{d}x_{i_1} \wedge \ldots \wedge \mathrm{d}x_{i_d} =: \mathrm{d}x_I,$$

darstellen lassen, wobei $I = (i_1, \ldots, i_d)$ ein aufsteigendes d-Tupel aus $\{1, \ldots, n\}$ ist. Wir hatten bereits gesehen, dass sich elementare alternierende d-Tensoren als Determinanten schreiben lassen (siehe Seite 167). Daraus ergibt sich unmittelbar, dass die elementaren Formen $\mathrm{d}x_i$ und $\mathrm{d}x_I$ durch

$$\mathrm{d}x_i(x)(x; v) = v_i$$

und

$$\mathrm{d}x_I(x)((x; v_1), \ldots, (x; v_d) = \det(V_I)$$

charakterisiert sind. Dabei besteht $V_I \in \mathbb{R}^{d\times d}$ aus den Zeilen $I = (i_1, \ldots, i_d)$ von $V = [v_1, \ldots, v_d] \in \mathbb{R}^{n\times d}$. Wir halten diese Ergebnisse wie folgt fest:

Darstellung elementarer d-Formen in $\mathbb{R}^n$

Sei $d \leq n$ und $I = (i_1, \ldots, i_d)$ eine aufsteigendes d-Tupel aus $\{1, \ldots, n\}$, dann gilt

$$\widetilde{\Psi}_I = \mathrm{d}x_I := \mathrm{d}x_{i_1} \wedge \ldots \wedge \mathrm{d}x_{i_d},$$

wobei $x_{i_k}\colon (x_1, \ldots, x_n) \mapsto x_{i_k}, k \in \{1, \ldots, d\}$, die Projektion auf die i_k-te Koordinate ist. Des Weiteren ist

$$\mathrm{d}x_I(x)((x; v_1), \ldots, (x; v_d)) = \det(V_I)$$

und allgemeine d-Formen $\omega \in \Omega^d(\mathbb{R}^n)$ lassen sich nun als

$$\omega(x) = \sum_{[I]} b_I(x)\mathrm{d}x_I(x)$$

schreiben.

Man beachte, dass es sich bei $\mathrm{d}x_i$ um das Differenzial einer 0-Form handelt, bei $\mathrm{d}x_I$ jedoch um das Dachprodukt elementarer 1-Formen. Ist f eine 0-Form, dann lässt sich die 1-Form $\mathrm{d}f$ eindeutig als Linearkombination elementarer 1-Formen schreiben:

Satz (Totales Differenzial)

Sei $A \subseteq \mathbb{R}^n$ und $f\colon A \to \mathbb{R}$ ein Skalarfeld aus C^k, dann gilt

$$\mathrm{d}f = (D_1 f)\mathrm{d}x_1 + \ldots + (D_n f)\mathrm{d}x_n$$

mit $D_i f = \frac{\partial f}{\partial x_i}$. Man nennt $\mathrm{d}f$ das **totale Differenzial von f**.

Beweis: Sei $(x; v) \in \mathcal{T}_x(\mathbb{R}^n)$ beliebig, dann folgt

$$\begin{aligned} \mathrm{d}f(x)(x; v) &= Df(x) \cdot v = \sum_{i=1}^{n} D_i f(x) \cdot v_i \\ &= \sum_{i=1}^{n} D_i f(x)\mathrm{d}x_i(x)(x; v). \quad \blacksquare \end{aligned}$$

Kommentar: In Kapitel 21 des ersten Bandes wurde bereits die totale Differenzierbarkeit einer Funktion diskutiert. Dabei wurde gefordert, dass sich die Funktion $f\colon A \subset \mathbb{R}^n \to \mathbb{R}$ durch eine $\mathbb{R}$-lineare Abbildung $L\colon \mathbb{R}^n \to \mathbb{R}$ an der Stelle $a \in A$ in der Art approximieren lässt, dass für den durch die Gleichung

$$f(x) = f(a) + L(x - a) + r(x)$$

definierten Rest $r\colon \mathbb{R}^n \to \mathbb{R}$ gilt

$$\lim_{x\to a} \frac{r(x)}{\|x - a\|} = 0.$$

Man nennt L dann Differenzial von f in a. Wir haben nun folgende Darstellung von L für den Fall einer Funktion $f\colon \mathbb{R}^n \to \mathbb{R}$ gefunden:

$$L(a; v) = \mathrm{d}f(a; v) = \sum_{i=1}^{n} (D_i f(a))\mathrm{d}x_i(v),$$

wobei L nun als 1-Form gesehen wird und somit als Argument $(a; v) \in \mathcal{T}_a(\mathbb{R}^n)$ hat.

Leider ist für Funktionen $f \in C^k$ ihr totales Differenzial $\mathrm{d}f$ nur noch aus C^{k-1}. Es hat sich jedoch herausgestellt, dass der Fall $k < \infty$ nur sehr selten vorkommt. Wir schließen ihn daher von nun an aus und betrachten ausschließlich Mannigfaltigkeiten, Abbildungen und Formen aus C^∞.

Nachdem wir das Differenzial von 0-Formen definiert haben, ist es nun unser Ziel, dies auch für d-Formen mit $d > 0$ zu tun. Dem Vorgehen bei der Herleitung des Dachproduktes ähnlich, definieren wir hierzu erst eine Abbildung, die gewissen Eigenschaften genügen soll, und weisen anschließend anhand dieser nach, dass es sich bei der Abbildung um die gesuchte **äußere Ableitung** einer d-Form handelt.

Satz (Äußere Ableitung einer d-Form)

Sei $A \subseteq \mathbb{R}^n$ offen und $d \leq n$, dann existiert eine lineare Abbildung

$$\mathrm{d}\colon \begin{cases} \Omega^d(A) \to \Omega^{d+1}(A), \\ \omega \mapsto \mathrm{d}\omega, \end{cases}$$

die für $\omega = \sum_{[I]} f_I \mathrm{d}x_I \in \Omega^d(A)$ durch

$$\mathrm{d}\omega := \sum_{[I]} \mathrm{d}f_I \wedge \mathrm{d}x_I$$

definiert ist. Im Fall von 0-Formen $f \in \Omega^0(A)$ setzt man

$$\mathrm{d}f := Df,$$

d. h. $\mathrm{d}f(x)(x; v) = Df(x) \cdot v$. Für $\omega \in \Omega^m(A)$ und $\eta \in \Omega^l(A)$ besitzt d die Eigenschaften

- $\mathrm{d}(\omega \wedge \eta) = \mathrm{d}\omega \wedge \eta + (-1)^m \omega \wedge \mathrm{d}\eta$,
- $\mathrm{d}(\mathrm{d}\omega) = 0$.

Man nennt $\mathrm{d}\omega$ die **äußere Ableitung oder das Differenzial von** ω.

Beweis: Wir unterteilen den Beweis in mehrere Schritte.

(1) Wir zeigen zunächst die Linearität von d:
Wir wissen bereits, dass d linear auf 0-Formen ist. Seien jetzt

$$\omega = \sum_{[I]} f_I \mathrm{d}x_I \quad \text{und} \quad \eta = \sum_{[I]} g_I \mathrm{d}x_I$$

zwei d-Formen auf A und $a, b \in \mathbb{R}$, dann gilt per definitionem

$$\begin{aligned} \mathrm{d}(a\omega + b\eta) &= \sum_{[I]} \mathrm{d}(af_I + bg_I) \wedge \mathrm{d}x_I \\ &= \sum_{[I]} a\mathrm{d}f_I \wedge \mathrm{d}x_I + \sum_{[I]} b\mathrm{d}g_I \wedge \mathrm{d}x_I \\ &= a\mathrm{d}\omega + b\mathrm{d}\eta. \end{aligned}$$

Also ist d eine lineare Abbildung.

(2) Als Nächstes wird gezeigt, dass die Bedingungen

- $\mathrm{d}f = Df$,
- $\mathrm{d}(\omega \wedge \eta) = \mathrm{d}\omega \wedge \eta + (-1)^m \omega \wedge \mathrm{d}\eta$ und
- $\mathrm{d}(\mathrm{d}\omega) = 0$

die äußere Ableitung $\mathrm{d}\omega$ einer d-Form ω eindeutig festlegen. Wegen der Linearität von d reicht es $\omega = f\mathrm{d}x_I$ zu betrachten. Es folgt

$$\begin{aligned} \mathrm{d}\omega &= \mathrm{d}(f\mathrm{d}x_I) = \mathrm{d}(f \wedge \mathrm{d}x_I) \\ &= \mathrm{d}f \wedge \mathrm{d}x_I + (-1)^0 f \wedge \mathrm{d}(\mathrm{d}x_I) \\ &= \mathrm{d}f \wedge \mathrm{d}x_I \end{aligned}$$

und somit ist $\mathrm{d}\omega$ vollständig durch $\mathrm{d}f$ bestimmt. Hierin liegt auch der Grund für die allgemeine Definition von $\mathrm{d}\omega$.

(3) Wir zeigen $\mathrm{d}\omega \in C^\infty$. Sei dazu $\omega = \sum_{[I]} f_I \mathrm{d}x_I$ eine beliebige d-Form, dann gilt

$$\begin{aligned} \mathrm{d}\omega &= \sum_{[I]} \mathrm{d}f_I \wedge \mathrm{d}x_I. \\ &= \sum_{[I]} \left(\sum_{j=1}^{n} (D_j f_I)\mathrm{d}x_j \right) \wedge \mathrm{d}x_I. \end{aligned}$$

Löscht man alle Terme, in denen j auch in den Indizes von I auftaucht, und fasst gleiche Terme zusammen, so folgt, dass jede Komponente von $\mathrm{d}\omega$ eine Linearkombination der Funktionen $D_j f_I$ ist. Wegen $D_j f_I \in C^\infty$ ist somit auch jede Komponente von $\mathrm{d}\omega$ aus C^∞. Mit dem Lemma von Seite 174 folgt entsprechend $\mathrm{d}\omega \in C^\infty$.

(4) Bevor noch die genannten Eigenschaften von d nachgewiesen werden, zeigen wir, dass auch

$$\mathrm{d}(f \wedge \mathrm{d}x_J) = \mathrm{d}f \wedge \mathrm{d}x_J$$

für beliebige d-Tupel J aus $\{1, \ldots, n\}$ gilt.

Seien dazu alle Indizes in J verschieden, da sonst trivialerweise $\mathrm{d}x_J = 0$ gilt, und sei I das aus J gebildete aufsteigende d-Tupel sowie π die dazu passende Permutation, dann gilt wegen der Antikommutativität $\mathrm{d}x_I = \operatorname{sgn}(\pi)\mathrm{d}x_J$. Weil d linear und $\wedge$ homogen ist, folgt aus $\mathrm{d}(f \wedge \mathrm{d}x_I) = \mathrm{d}f \wedge \mathrm{d}x_I$, dass

$$\operatorname{sgn}(\pi)\mathrm{d}(f \wedge \mathrm{d}x_J) = \operatorname{sgn}(\pi)\mathrm{d}f \wedge \mathrm{d}x_J.$$

(5) Wir zeigen die Eigenschaft

$$\mathrm{d}(\omega \wedge \eta) = \mathrm{d}\omega \wedge \eta + (-1)^m \omega \wedge \mathrm{d}\eta$$

für eine m-Form ω und eine l-Form η. Betrachtet man zunächst den Fall $m = l = 0$, dann folgt

$$\begin{aligned} \mathrm{d}(f \wedge g) &= \sum_{j=1}^{n} D_j(fg)\mathrm{d}x_j \\ &= \sum_{j=1}^{n} (D_j f)g\mathrm{d}x_j + \sum_{j=1}^{n} f(D_j g)\mathrm{d}x_j \\ &= \mathrm{d}f \wedge g + f \wedge \mathrm{d}g, \end{aligned}$$

also gilt die Behauptung für 0-Formen f, g. Seien nun $\omega = f\mathrm{d}x_I$ und $\eta = g\mathrm{d}x_J$ zwei m bzw. l Formen mit $m, l > 0$, dann folgt mit Schritt (4), dass

$$\begin{aligned} \mathrm{d}(\omega \wedge \eta) &= \mathrm{d}(fg\mathrm{d}x_I \wedge \mathrm{d}x_J) \\ &= \mathrm{d}(fg) \wedge \mathrm{d}x_I \wedge \mathrm{d}x_J \\ &= (\mathrm{d}f \wedge g + f \wedge \mathrm{d}g) \wedge \mathrm{d}x_I \wedge \mathrm{d}x_J \\ &= \mathrm{d}f \wedge g \wedge \mathrm{d}x_I \wedge \mathrm{d}x_J + f \wedge \mathrm{d}g \wedge \mathrm{d}x_I \wedge \mathrm{d}x_J \\ &= (\mathrm{d}f \wedge \mathrm{d}x_I) \wedge (g \wedge \mathrm{d}x_J) \\ &\quad + (-1)^d (f \wedge \mathrm{d}x_I) \wedge (\mathrm{d}g \wedge \mathrm{d}x_J) \\ &= \mathrm{d}\omega \wedge \eta + (-1)^d \omega \wedge \mathrm{d}\eta \end{aligned}$$

ist und somit gilt die Behauptung für den Fall $m, l > 0$. Die Fälle $m = 0, l > 0$ bzw. $m > 0, l = 0$ zu beweisen bleibt dem Leser selbst überlassen (siehe Selbstfrage).

(6) Im letzten Schritt ist noch die Eigenschaft $\mathrm{d}(\mathrm{d}\omega) = 0$ für eine d-Form ω zu zeigen. Dazu betrachten wir zunächst wieder eine 0-Form f und stellen fest, dass

$$\begin{aligned} \mathrm{d}(\mathrm{d}f) &= \mathrm{d}\left(\sum_{j=1}^{n} D_j f \mathrm{d}x_j\right) \\ &= \sum_{j=1}^{n} \mathrm{d}(D_j f) \wedge \mathrm{d}x_j \\ &= \sum_{j=1}^{n}\sum_{i=1}^{n} D_i D_j f \mathrm{d}x_i \wedge \mathrm{d}x_j \end{aligned}$$

gilt. Löscht man alle Terme, für die $i = j$ ist, und berücksichtigt beim Umsortieren der verbleibenden Terme die Antikommutativität, dann folgt mit dem Vertauschungssatz von H. A. Schwarz (siehe Band 1, Abschnitt 21.5)

$$\mathrm{d}(\mathrm{d}f) = \sum_{i<j} (D_i D_j f - D_j D_i f)\mathrm{d}x_i \wedge \mathrm{d}x_j = 0.$$

Sei nun $\omega = f\mathrm{d}x_I$ eine d-Form mit $d > 0$, dann gilt

$$\begin{aligned} \mathrm{d}(\mathrm{d}\omega) &= \mathrm{d}(\mathrm{d}f \wedge \mathrm{d}x_I) \\ &= \mathrm{d}(\mathrm{d}f) \wedge \mathrm{d}x_I - \mathrm{d}f \wedge \mathrm{d}(\mathrm{d}x_I) \\ &= -\mathrm{d}f \wedge \mathrm{d}(\mathrm{d}x_I) = 0, \end{aligned}$$

da $\mathrm{d}(\mathrm{d}x_I) = \mathrm{d}1 \wedge \mathrm{d}x_I = 0 \cdot \mathrm{d}x_I = 0$ ist. ■

?

Weisen Sie die Eigenschaft

$$\mathrm{d}(\omega \wedge \eta) = \mathrm{d}\omega \wedge \eta + (-1)^m \omega \wedge \mathrm{d}\eta$$

für die Fälle $m = 0, l > 0$ bzw. $m > 0, l = 0$ nach.

Beispiel Seien ω und η zwei 1-Formen auf dem $\mathbb{R}^3$ gegeben durch

$$\begin{aligned} \omega &= xy\,\mathrm{d}x + 3\,\mathrm{d}y - yz\,\mathrm{d}z \\ \eta &= x\,\mathrm{d}x - yz^2\,\mathrm{d}y + 2x\,\mathrm{d}z. \end{aligned}$$

- Wir wollen exemplarisch nachrechnen, dass $\mathrm{d}(\mathrm{d}\omega) = 0$ ist. Es gilt

$$\begin{aligned} \mathrm{d}\omega &= \mathrm{d}(xy\,\mathrm{d}x + 3\,\mathrm{d}y - yz\,\mathrm{d}z) \\ &= \mathrm{d}(xy) \wedge \mathrm{d}x + \mathrm{d}(3) \wedge \mathrm{d}y - \mathrm{d}(yz) \wedge \mathrm{d}z \\ &= (y\,\mathrm{d}x + x\,\mathrm{d}y) \wedge \mathrm{d}x + 0 \wedge \mathrm{d}y \\ &\quad -(z\,\mathrm{d}y + y\,\mathrm{d}z) \wedge \mathrm{d}z \\ &= x\,\mathrm{d}y \wedge \mathrm{d}x - z\,\mathrm{d}y \wedge \mathrm{d}z \\ &= -x\,\mathrm{d}x \wedge \mathrm{d}y - z\,\mathrm{d}y \wedge \mathrm{d}z \end{aligned}$$

und damit folgt

$$\begin{aligned} \mathrm{d}(\mathrm{d}\omega) &= \mathrm{d}(-x\,\mathrm{d}x \wedge \mathrm{d}y - z\,\mathrm{d}y \wedge \mathrm{d}z) \\ &= -\mathrm{d}(x) \wedge \mathrm{d}x \wedge \mathrm{d}y - \mathrm{d}(z) \wedge \mathrm{d}y \wedge \mathrm{d}z \\ &= -1\,\mathrm{d}x \wedge \mathrm{d}x \wedge \mathrm{d}y - 1\,\mathrm{d}z \wedge \mathrm{d}y \wedge \mathrm{d}z \\ &= 0. \end{aligned}$$

- Wir wollen exemplarisch nachrechnen, dass

$$\mathrm{d}(\omega \wedge \eta) = \mathrm{d}\omega \wedge \eta - \omega \wedge \mathrm{d}\eta$$

ist. Einerseits gilt

$$\begin{aligned} \mathrm{d}(\omega\wedge\eta) &= \mathrm{d}((xy\,\mathrm{d}x + 3\,\mathrm{d}y - yz\,\mathrm{d}z) \\ &\quad \wedge(x\,\mathrm{d}x - yz^2\,\mathrm{d}y + 2x\,\mathrm{d}z)) \\ &= \mathrm{d}(-xy^2z^2\,\mathrm{d}x \wedge \mathrm{d}y + 2x^2y\,\mathrm{d}x \wedge \mathrm{d}z \\ &\quad +3x\,\mathrm{d}y \wedge \mathrm{d}x + 6x\,\mathrm{d}y \wedge \mathrm{d}z \\ &\quad -xyz\,\mathrm{d}z \wedge \mathrm{d}x + y^2z^3\mathrm{d}z \wedge \mathrm{d}y) \\ &= -\mathrm{d}(xy^2z^2) \wedge \mathrm{d}x \wedge \mathrm{d}y + \mathrm{d}(2x^2y) \wedge \mathrm{d}x \wedge \mathrm{d}z \\ &\quad +\mathrm{d}(3x) \wedge \mathrm{d}y \wedge \mathrm{d}x + \mathrm{d}(6x) \wedge \mathrm{d}y \wedge \mathrm{d}z \\ &\quad -\mathrm{d}(xyz) \wedge \mathrm{d}z \wedge \mathrm{d}x + \mathrm{d}(y^2z^3) \wedge \mathrm{d}z \wedge \mathrm{d}y \\ &= -(y^2z^2\,\mathrm{d}x + 2xyz^2\,\mathrm{d}y + 2xy^2z\,\mathrm{d}z) \wedge \mathrm{d}x \wedge \mathrm{d}y \\ &\quad +(4xy\,\mathrm{d}x + 2x^2\,\mathrm{d}y) \wedge \mathrm{d}x \wedge \mathrm{d}z \\ &\quad +(3\,\mathrm{d}x) \wedge \mathrm{d}y \wedge \mathrm{d}x + (6\mathrm{d}x) \wedge \mathrm{d}y \wedge \mathrm{d}z \\ &\quad -(yz\,\mathrm{d}x + xz\,\mathrm{d}y + xy\,\mathrm{d}z) \wedge \mathrm{d}z \wedge \mathrm{d}x \\ &\quad +(2yz^3\,\mathrm{d}y + 3y^2z^2\,\mathrm{d}z) \wedge \mathrm{d}z \wedge \mathrm{d}y \\ &= -2xy^2z\,\mathrm{d}z \wedge \mathrm{d}x \wedge \mathrm{d}y + 2x^2\,\mathrm{d}y \wedge \mathrm{d}x \wedge \mathrm{d}z \\ &\quad +6\,\mathrm{d}x \wedge \mathrm{d}y \wedge \mathrm{d}z - xz\,\mathrm{d}y \wedge \mathrm{d}z \wedge \mathrm{d}x \\ &= (6 - 2xy^2z - 2x^2 - xz)\,\mathrm{d}x \wedge \mathrm{d}y \wedge \mathrm{d}z. \end{aligned}$$

Andererseits gilt

$$\begin{aligned} \mathrm{d}\eta &= \mathrm{d}(x\,\mathrm{d}x - yz^2\,\mathrm{d}y + 2x\,\mathrm{d}z) \\ &= (1\,\mathrm{d}x) \wedge \mathrm{d}x - (z^2\,\mathrm{d}y + 2yz\,\mathrm{d}z) \wedge \mathrm{d}y \\ &\quad +(2\,\mathrm{d}x) \wedge \mathrm{d}z \\ &= 2yz\,\mathrm{d}y \wedge \mathrm{d}z + 2\,\mathrm{d}x \wedge \mathrm{d}z \end{aligned}$$

und somit folgt

$$\begin{aligned} \omega \wedge \mathrm{d}\eta &= (xy\,\mathrm{d}x + 3\,\mathrm{d}y - yz\,\mathrm{d}z) \\ &\quad \wedge(2yz\,\mathrm{d}y \wedge \mathrm{d}z + 2\,\mathrm{d}x \wedge \mathrm{d}z) \\ &= 2xy^2z\,\mathrm{d}x \wedge \mathrm{d}y \wedge \mathrm{d}z - 6\mathrm{d}x \wedge \mathrm{d}y \wedge \mathrm{d}z. \end{aligned}$$

Wegen

$$\begin{aligned} \mathrm{d}\omega \wedge \eta &= (-x\,\mathrm{d}x \wedge \mathrm{d}y - z\,\mathrm{d}y \wedge \mathrm{d}z) \\ &\quad \wedge(x\,\mathrm{d}x - yz^2\,\mathrm{d}y + 2x\,\mathrm{d}z) \\ &= -2x^2\,\mathrm{d}x \wedge \mathrm{d}y \wedge \mathrm{d}z - xz\,\mathrm{d}x \wedge \mathrm{d}y \wedge \mathrm{d}z \end{aligned}$$

ergibt sich somit insgesamt

$$\begin{aligned} \mathrm{d}\omega\wedge\eta-\omega\wedge\mathrm{d}\eta &= (-2x^2 - xz)\mathrm{d}x \wedge \mathrm{d}y \wedge \mathrm{d}z \\ &\quad -(2xy^2z - 6)\mathrm{d}x \wedge \mathrm{d}y \wedge \mathrm{d}z \\ &= (6 - 2xy^2z - 2x^2 - xz)\mathrm{d}x\wedge\mathrm{d}y\wedge\mathrm{d}z \\ &= \mathrm{d}(\omega \wedge \eta). \end{aligned}$$ ◀

Die Wirkung differenzierbarer Abbildungen

Wir haben bereits im Abschnitt über Tangentialräume (siehe Seite 170) gesehen, dass eine C^∞-Abbildung $\alpha\colon \mathbb{R}^d \to \mathbb{R}^n$, eine lineare Abbildung

$$\alpha_*\colon \begin{cases} \mathcal{T}_x(\mathbb{R}^d) \to \mathcal{T}_{\alpha(x)}(\mathbb{R}^n), \\ (x;\, v) \mapsto (\alpha(x);\, D\alpha(x)\cdot v) \end{cases}$$

induziert. Beachtet man, dass $\mathcal{T}_x(\mathbb{R}^d)$ und $\mathcal{T}_{\alpha(x)}(\mathbb{R}^n)$ jeweils Vektorräume sind, so wissen wir ebenfalls (siehe Seite 163), dass $T := \alpha_*$ zu einer dualen Transformation

$$T^*\colon \begin{cases} \mathcal{A}^l(\mathcal{T}_{\alpha(x)}(\mathbb{R}^n)) \to \mathcal{A}^l(\mathcal{T}_x(\mathbb{R}^d)), \\ \omega(\alpha(x)) \mapsto T^*\omega(\alpha(x)) \end{cases}$$

von Formen motiviert. Für $\omega \in \Omega^l(\mathbb{R}^n)$ und $x \in \mathbb{R}^d$ ist also $\omega(\alpha(x)) \in \mathcal{A}^l(\mathcal{T}_{\alpha(x)}(\mathbb{R}^n))$ und $T^*\omega(\alpha(x)) \in \mathcal{A}^l(\mathcal{T}_x(\mathbb{R}^d))$. Wählt man nun $(x;v_1),\ldots,(x;v_l) \in \mathcal{T}_x(\mathbb{R}^d)$ beliebig und wertet $T^*\omega(\alpha(x))$ darauf aus, so folgt

$$\begin{aligned} &T^*\omega(\alpha(x))((x;v_1),\ldots,(x;v_l)) \\ =\;& \omega(\alpha(x))(T(x;v_1),\ldots,T(x;v_l)) \\ =\;& \omega(\alpha(x))(\alpha_*(x;v_1),\ldots,\alpha_*(x;v_l)). \end{aligned} \tag{6.2}$$

Das motiviert zu der folgenden Definition:

Definition (Duale Transformation von Formen)
Sei $A \subseteq \mathbb{R}^d$ offen und $\alpha\colon A \to \mathbb{R}^n$ eine C^∞-Abbildung. Weiterhin sei $B \subseteq \mathbb{R}^n$ offen mit $\alpha(A) \subset B$. Ist $f \in \Omega^0(B)$, dann definiere eine 0-Form auf A durch

$$\alpha^*\colon \begin{cases} \Omega^0(B) \to \Omega^0(A), \\ f(x) \mapsto f(\alpha(x)) \end{cases}$$

für alle $x \in A$. Ist $\omega \in \Omega^l(B)$ mit $l > 0$, dann definiere eine l-Form auf A durch

$$\alpha^*\colon \begin{cases} \Omega^l(B) \to \Omega^l(A), \\ \omega(x) \mapsto T^*\omega(\alpha(x)), \end{cases}$$

wobei $T := \alpha_*$. D.h. für $(x;v_1),\ldots,(x;v_l) \in \mathcal{T}_x(\mathbb{R}^d)$ gilt

$$\begin{aligned} &\alpha^*\omega(x)((x;v_1),\ldots,(x;v_l)) \\ =\;& \omega(\alpha(x))(\alpha_*(x;v_1),\ldots,\alpha_*(x;v_l)). \end{aligned}$$

Die Abbildung α induziert also eine **duale Transformation von Formen**.

Kommentar: Ist $\alpha(x) = c$ konstant, dann ist $\alpha^* f$ ebenfalls konstant und $\alpha^*\omega$ folglich ein 0-Tensor.

Mit der Definition von α^* gilt nach der Gleichung (6.2)

$$T^*\omega(\alpha(x)) = \alpha^*\omega(x)$$

und frühere Ergebnisse über T^* (siehe Seite 163) lassen sich direkt auf α^* übertragen.

Satz (Eigenschaften der dualen Transformation von Formen)
Seien $A \subseteq \mathbb{R}^d$ offen und $\alpha\colon A \to \mathbb{R}^n$ eine C^∞-Abbildung. Weiterhin sei $B \subseteq \mathbb{R}^n$ offen mit $\alpha(A) \subset B$ und $\beta\colon B \to \mathbb{R}^m$ eine C^∞-Abbildung. Ist $C \subseteq \mathbb{R}^m$ offen und sind $\omega, \eta \in \Omega^d(C)$ sowie $\vartheta \in \Omega^l(C)$, dann gilt

- $\beta^*(a\omega + b\eta) = a(\beta^*\omega) + b(\beta^*\eta)$,
- $\beta^*(\omega \wedge \vartheta) = \beta^*\omega \wedge \beta^*\vartheta$,
- $(\beta \circ \alpha)^*\omega = \alpha^*(\beta^*\omega)$,

wobei $a, b \in \mathbb{R}$ sind.

Beweis: Die erste und dritte Eigenschaft sind Reformulierungen des Lemmas von Seite 163. Die zweite Eigenschaft folgt direkt aus der letzten Eigenschaft des Dachproduktes (siehe Seite 168). ■

Die duale Transformation von Formen erhält also die Vektorraumstruktur der Differenzialformen und das Dachprodukt. Es bleibt noch die Frage, wie sie sich mit der äußeren Ableitung verträgt. Dazu benötigen wir zunächst eine Berechnungsformel für $\alpha^*\omega$. Betrachten wir eine d-Form

$$\omega = \sum_{[I]} f_I \mathrm{d}x_I,$$

definiert auf einer offenen Teilmenge U des $\mathbb{R}^n$, so gilt

$$\begin{aligned} \alpha^*\omega &= \sum_{[I]} \alpha^*(f_I \mathrm{d}x_I) \\ &= \sum_{[I]} \alpha^* f_I \wedge \alpha^*\mathrm{d}x_I \\ &= \sum_{[I]} (f_I \circ \alpha) \wedge \alpha^*\mathrm{d}x_I. \end{aligned}$$

Man muss also nur wissen, wie man α^* für elementare d-Formen mit $d > 0$ berechnet, um $\alpha^*\omega$ zu bestimmen.

Satz (Duale Transformation elementarer Formen)
Sei $A \subseteq \mathbb{R}^d$ offen und $\alpha\colon A \to \mathbb{R}^n$ eine C^∞-Abbildung. Weiterhin sei $I = (i_1,\ldots,i_d)$ ein aufsteigendes d-Tupel aus $\{1,\ldots,n\}$ und für $x \in \mathbb{R}^d$ und $y \in \mathbb{R}^n$ sind durch $\mathrm{d}x_i$ bzw. $\mathrm{d}y_i$ die elementaren 1-Formen in $\mathbb{R}^d$ bzw. $\mathbb{R}^n$ gegeben, dann gilt

- $\alpha^*\mathrm{d}y_i = \mathrm{d}\alpha_i$,
- $\alpha^*\mathrm{d}y_I = (\det \frac{\partial \alpha_I}{\partial x})\mathrm{d}x_1 \wedge \ldots \wedge \mathrm{d}x_d$,

wobei $\frac{\partial \alpha_I}{\partial x} = \frac{\partial(\alpha_{i_1},\ldots,\alpha_{i_d})}{\partial(x_1,\ldots,x_d)}$ ist.

Beweis: (1) Sei $y = \alpha(x)$ und $(x; v) \in \mathcal{T}_x(\mathbb{R}^d)$, dann folgt

$$\begin{aligned}\alpha^* \mathrm{d}y_i(x)(x; v) &= \mathrm{d}y_i(y)(\alpha_*(x; v)) \\ &= \mathrm{d}y_i(y)(y; D\alpha(x) \cdot v) \\ &= \sum_{j=1}^n D_j \alpha_i(x) v_j \\ &= \sum_{j=1}^n \frac{\partial \alpha_i}{\partial x_j}(x) \mathrm{d}x_j(x)(x; v) \\ &= \mathrm{d}\alpha_i(x)(x; v).\end{aligned}$$

(2) Da $\mathrm{d}y_I$ eine d-Form auf $\mathbb{R}^n$ ist, folgt, dass $\alpha^*(\mathrm{d}y_I)$ eine d-Form auf einer offenen Menge $A \subseteq \mathbb{R}^d$ ist. Wegen $\dim \mathcal{A}^d(\mathcal{T}_x(\mathbb{R}^d)) = 1$, gilt

$$\alpha^* \mathrm{d}y_I = h \mathrm{d}x_1 \wedge \ldots \wedge \mathrm{d}x_d$$

mit einer passenden skalaren Funktion h. Setzt man $\alpha(x) = y$ und wertet die rechte Seite auf dem d-Tupel $((x; e_1), \ldots, (x; e_d))$ aus, dann erhält man $h(x)$ wie folgt:

$$\begin{aligned}h(x) &= \alpha^* \mathrm{d}y_I(x)((x; e_1), \ldots, (x; e_d)) \\ &= \mathrm{d}y_I(y)(\alpha_*(x; e_1), \ldots, \alpha_*(x; e_d)) \\ &= \mathrm{d}y_I(y)((y; \frac{\partial \alpha}{\partial x_1}), \ldots, (y; \frac{\partial \alpha}{\partial x_d})) \\ &= \det(D\alpha(x)_I) = \det \frac{\partial \alpha_I}{\partial x}\end{aligned}$$

∎

Die duale Transformation erlaubt beispielsweise eine elegante Berechnung der Volumenelemente von Koordinatentransformationen:

Beispiel Sei $A = (0, R) \times (0, 2\pi) \times (0, \pi) \subset \mathbb{R}^3$ und $\alpha\colon A \to \mathbb{R}^3$,

$$(r, \phi, \theta) \mapsto \begin{pmatrix} x(r, \theta, \phi) \\ y(r, \theta, \phi) \\ z(r, \theta, \phi) \end{pmatrix} = \begin{pmatrix} r \sin\theta \cos\phi \\ r \sin\theta \sin\phi \\ r \cos\theta \end{pmatrix}$$

die Transformation auf Kugelkoordinaten, dann besitzt ein Punkt $p \in \mathbb{R}^3$ die Koordinaten (r, ϕ, θ) bzw. (x, y, z) und somit sind sowohl $\mathrm{d}r, \mathrm{d}\phi, \mathrm{d}\theta$, als auch $\mathrm{d}x, \mathrm{d}y, \mathrm{d}z$ die elementaren 1-Formen auf $\mathbb{R}^3$. Die duale Transformation liefert nun

$$\begin{aligned}\alpha^*(\mathrm{d}x \wedge \mathrm{d}y \wedge \mathrm{d}z) &= \det \frac{\partial \alpha_{(1,2,3)}}{\partial(r, \phi, \theta)} \mathrm{d}r \wedge \mathrm{d}\phi \wedge \mathrm{d}\theta \\ &= r^2 \sin\theta \mathrm{d}r \wedge \mathrm{d}\phi \wedge \mathrm{d}\theta.\end{aligned}$$

Analog erhält man so auch die Volumenelemente von Polar- und Zylinderkoordinaten. ◀

Es kann nun die obige Frage nach der Verträglichkeit von äußerer Ableitung und dualer Transformation beantworten werden. Wir halten das Resultat in folgendem Satz fest:

Satz
Sei $A \subseteq \mathbb{R}^d$ offen und $\alpha\colon A \to \mathbb{R}^n$ eine C^∞-Abbildung. Ist $B \subseteq \mathbb{R}^n$ offen mit $\alpha(A) \subseteq B$ und ist $\omega \in \Omega^l(B)$, dann gilt

$$\alpha^* \mathrm{d}\omega = \mathrm{d}\alpha^* \omega.$$

Beweis: Seien $x \in \mathbb{R}^d$ bzw. $y \in \mathbb{R}^n$ und somit $\mathrm{d}x_i$ bzw. $\mathrm{d}y_i$ die elementaren 1-Formen. Wir zerlegen den Beweis in zwei Schritte.

(1) Wir zeigen die Behauptung zunächst für eine 0-Form $f \in \Omega^0(B)$. Es gilt

$$\begin{aligned}\alpha^* \mathrm{d}f &= \alpha^* \left(\sum_{i=1}^n D_i f \mathrm{d}y_i \right) \\ &= \sum_{i=1}^n (D_i f \circ \alpha) \mathrm{d}\alpha_i \qquad (6.3)\end{aligned}$$

$$\mathrm{d}\alpha^* f = \mathrm{d}(f \circ \alpha) = \sum_{j=1}^d D_j (f \circ \alpha) \mathrm{d}x_j. \qquad (6.4)$$

Setze $y = \alpha(x)$, dann ist $D(f \circ \alpha)(x) = Df(y) \cdot D\alpha(x)$. Da f eine 0-Form ist, sind $D(f \circ \alpha)$ und Df Zeilenvektoren und es folgt

$$\begin{aligned}D_j(f \circ \alpha)(x) &= Df(y) \cdot D_j \alpha(x) \\ &= \sum_{i=1}^n D_i f(y) \cdot D_j \alpha_i(x) \\ &= \sum_{i=1}^n (D_i f \circ \alpha)(x) D_j \alpha_i(x).\end{aligned}$$

Einsetzen von $D_j(f \circ \alpha)$ in (6.4) liefert nun

$$\begin{aligned}\mathrm{d}\alpha^* f &= \sum_{j=1}^d \sum_{i=1}^n (D_i f \circ \alpha) D_j \alpha_i \mathrm{d}x_j \\ &= \sum_{i=1}^n (D_i f \circ \alpha) \mathrm{d}\alpha_i\end{aligned}$$

und somit die Gleichheit mit (6.3), d. h. $\alpha^* \mathrm{d}f = \mathrm{d}\alpha^* f$.

(2) Ist ω eine l-Form mit $l > 0$ auf B, dann reicht es, wegen der Linearität von α^* und d, den Fall $\omega = f \mathrm{d}y_I$ zu betrachten, wobei $I = (i_1, \ldots, i_l)$ ein aufsteigendes l-Tupel aus $\{1, \ldots, n\}$ ist. Mit dem Satz (Eigenschaften der dualen Transformation) folgt einerseits

$$\alpha^* \mathrm{d}\omega = \alpha^*(\mathrm{d}f \wedge \mathrm{d}y_I) = \alpha^* \mathrm{d}f \wedge \alpha^* \mathrm{d}y_I \qquad (6.5)$$

und wegen

$$\mathrm{d}(\alpha^* \mathrm{d}y_I) = \mathrm{d}(\mathrm{d}\alpha_{i_1} \wedge \cdots \wedge \mathrm{d}\alpha_{i_l}) = 0$$

andererseits auch

$$\begin{aligned} d\alpha^*\omega &= d(\alpha^*(f \wedge dy_I)) \\ &= d(\alpha^* f \wedge \alpha^* dy_I) \\ &= d\alpha^* f \wedge \alpha^* dy_I + \alpha^* f \wedge d(\alpha^* dy_I) \\ &= \alpha^* df \wedge \alpha^* dy_I. \end{aligned} \tag{6.6}$$

Ein Vergleich von (6.5) und (6.6) liefert die Behauptung. ∎

Vektor- und Skalarfelder

Da die Motivation zur Entwicklung des Formenkalküls in der Verallgemeinerung der aus der klassischen Vektoranalysis bekannten Differenzialoperatoren **Gradient** (grad), **Divergenz** (div) und **Rotation** (rot) lag, soll am Ende dieses Abschnitts noch auf die Zusammenhänge zwischen diesen und der äußeren Ableitung (d) eingegangen werden. Da sowohl Divergenz als auch Rotation Operatoren sind, die auf **Vektorfelder** angewandt werden, definieren wir diese kurz.

Definition (Vektorfelder)

Ist $A \subseteq \mathbb{R}^n$ offen und $f: A \to \mathbb{R}^n$ eine C^k-Abbildung, dann heißt eine Funktion

$$F: \begin{cases} A \to \mathcal{T}(\mathbb{R}^n), \\ x \mapsto (x; f(x)) \end{cases}$$

C^k-Tangentialvektorfeld. Man nennt F auch kürzer **C^k-Vektorfeld**.

Ist nun $A \subseteq \mathbb{R}^n$ offen und $f: A \to \mathbb{R}$ ein Skalarfeld sowie $G(x) = (x; g(x))$ ein Vektorfeld in A mit

$$g(x) = g_1(x)e_1 + \ldots + g_n(x)e_n = \begin{pmatrix} g_1(x) \\ \vdots \\ g_n(x) \end{pmatrix},$$

so schreiben sich Gradient und Divergenz in der Notation dieses Kapitels bzgl. der Standardbasis als

$$\begin{aligned} \operatorname{grad} f(x) &= (x; D_1 f(x)e_1 + \ldots + D_n f(x)e_n) \\ \operatorname{div} G(x) &= D_1 g_1(x) + \ldots + D_n g_n(x). \end{aligned}$$

Der Gradient wandelt also ein Skalarfeld in ein Vektorfeld um und die Divergenz macht aus einem Vektorfeld ein Skalarfeld. Um die Zusammenhänge mit der äußeren Ableitung aufzuzeigen, müssen wir Skalar- bzw. Vektorfelder in Formen umwandeln. Dazu definieren wir die folgenden Isomorphismen:

Definition (Umwandlung von Skalar- und Vektorfeldern in Formen)

Sei $A \subseteq \mathbb{R}^n$ offen und $f: A \to \mathbb{R}$ ein Skalarfeld sowie $G(x; g(x))$ mit $g: A \to \mathbb{R}^n$ ein Vektorfeld in A, dann lassen sich f und G durch die Isomorphismen

$$\begin{aligned} \alpha_0 f &:= f \in \Omega^0(A), \\ \alpha_1 G &:= \sum_{i=1}^n g_i dx_i \in \Omega^1(A), \\ \beta_{n-1} G &:= \sum_{i=1}^n (-1)^{i-1} g_i dx_1 \wedge \ldots \\ &\qquad \ldots \wedge \widehat{dx_i} \wedge \ldots \wedge dx_n \in \Omega^{n-1}(A), \\ \beta_n f &:= f dx_1 \wedge \ldots \wedge dx_n \in \Omega^n(A), \end{aligned}$$

in Formen umwandeln. Dabei bedeutet $\widehat{dx_i}$, dass dieser Term weggelassen wird.

Die Linearität der Abbildungen ist sofort ersichtlich und ebenfalls die Bijektivität von α_0, α_1 und β_n. Es bleibt dem Leser selbst überlassen, die Bijektivität von β_{n-1} nachzuweisen.

?

Zeigen Sie, dass β_{n-1} bijektiv ist.

Die eingeführten Isomorphismen ermöglichen uns nun Gradient und Divergenz als äußere Ableitung einer Form aufzufassen.

Satz (Zusammenhang von grad und div mit d)

Sei $A \subseteq \mathbb{R}^n$ offen und f ein Skalarfeld sowie $G = (x; g(x))$ ein Vektorfeld auf A, dann gilt

- $(d \circ \alpha_0)(f) = (\alpha_1 \circ \operatorname{grad})(f)$,
- $(d \circ \beta_{n-1})(G) = (\beta_n \circ \operatorname{div})(G)$.

Als Diagramm dargestellt ergibt sich:

$$\begin{array}{ccc} \text{Skalarfelder in A} & \xrightarrow{\alpha_0} & \Omega^0(A) \\ \downarrow \text{grad} & & \downarrow d \\ \text{Vektorfelder in A} & \xrightarrow{\alpha_1} & \Omega^1(A) \end{array}$$

$$\begin{array}{ccc} \text{Vektorfelder in A} & \xrightarrow{\beta_{n-1}} & \Omega^{n-1}(A) \\ \downarrow \text{div} & & \downarrow d \\ \text{Skalarfelder in A} & \xrightarrow{\beta_n} & \Omega^n(A), \end{array}$$

Kommentar: Die erste Aussage ist gerade die Definition des totalen Differenzials (siehe Seite 175) und die zweite Aussage lässt sich als

$$d(\beta_{n-1} G) = \operatorname{div} G dx_1 \wedge \ldots \wedge dx_n$$

schreiben. Da eine $(n-1)$-Form auf $\mathbb{R}^n$ eindeutig als

$$\omega = \sum_{i=1}^{n} b_i(-1)^{i-1} dx_1 \wedge \ldots \wedge \widehat{dx_i} \wedge \ldots \wedge dx_n$$

dargestellt werden kann, gilt somit

$$d\omega = \operatorname{div} B dx_1 \wedge \ldots \wedge dx_n,$$

wobei $B = (x; b(x))$ mit $b(x) = (b_1(x), \ldots, b_n(x))^T$ ist.

Beweis: Die erste Aussage folgt sofort durch einfaches Nachrechnen:
Es gilt

$$(d \circ \alpha_0)(f) = d(\alpha_0 f) = df = \sum_{i=1}^{n} D_i f dx_i$$

und

$$\begin{aligned}(\alpha_1 \circ \operatorname{grad})(f) &= \alpha_1(\operatorname{grad} f)\\ &= \alpha_1((x; D_1 f e_1 + \ldots + D_n f e_n))\\ &= \sum_{i=1}^{n} D_i f dx_i .\end{aligned}$$

Die zweite Aussage kann in gleicher Weise nachgerechnet werden:

$$\begin{aligned}&(d \circ \beta_{n-1})(G)\\ &= d\left(\sum_{i=1}^{n}(-1)^{i-1} g_i dx_1 \wedge \ldots \wedge \widehat{dx_i} \wedge \ldots \wedge dx_n\right)\\ &= \sum_{i=1}^{n}(-1)^{i-1}\left(\sum_{j=1}^{n} D_j g_i dx_j\right) \wedge dx_1 \wedge \ldots\\ &\quad \ldots \wedge \widehat{dx_i} \wedge \ldots \wedge dx_n\\ &= \sum_{i=1}^{n}(-1)^{i-1} D_i g_i dx_i \wedge dx_1 \wedge \ldots \wedge \widehat{dx_i} \wedge \ldots\\ &\quad \ldots \wedge dx_n\\ &= \sum_{i=1}^{n} D_i g_i dx_1 \wedge \ldots \wedge dx_n\end{aligned}$$

und

$$\begin{aligned}(\beta_n \circ \operatorname{div})(G) &= \beta_n(D_1 g_1 + \ldots + D_n g_n)\\ &= \sum_{i=1}^{n} D_i g_i dx_1 \wedge \ldots \wedge dx_n .\end{aligned}$$ ■

Ist $A \subset \mathbb{R}^3$ offen und $F(x) = (x; f(x))$ eine Vektorfeld auf A, so lässt sich die Rotation von F berechnen. In der Notation dieses Kapitels ist sie bezüglich der Standardbasis durch

$$\operatorname{rot} F(x) = \begin{pmatrix} & D_2 f_3(x) - D_3 f_2(x)\\ x\,; & D_3 f_1(x) - D_1 f_3(x)\\ & D_1 f_2(x) - D_2 f_1(x)\end{pmatrix}$$

gegeben. Wir zeigen nun wie die Rotation mit der äußeren Ableitung zusammenhängt:

Lemma (Rotation in $\mathbb{R}^3$)
Sei $A \subset \mathbb{R}^3$ offen und $F(x) = (x; f(x))$ eine Vektorfeld auf A, dann gilt

$$(d \circ \alpha_1)(F) = (\beta_2 \circ \operatorname{rot})(F),$$

wobei α_1 und β_2 die eingeführten Isomorphismen von Seite 180 sind.

Beweis: Wir weisen $(\beta_2^{-1} \circ d \circ \alpha_1)(F) = \operatorname{rot} F$ nach. Es gilt

$$\begin{aligned}(d \circ \alpha_1)(F) &= d(f_1 dx_1 + f_2 dx_2 + f_3 dx_3)\\ &= (D_2 f_1 dx_2 \wedge dx_1 + D_3 f_1 dx_3 \wedge dx_1)\\ &\quad +(D_1 f_2 dx_1 \wedge dx_2 + D_3 f_2 dx_3 \wedge dx_2)\\ &\quad +(D_1 f_3 dx_1 \wedge dx_3 + D_2 f_3 dx_2 \wedge dx_3)\\ &= (D_1 f_2 - D_2 f_1) dx_1 \wedge dx_2\\ &\quad +(D_1 f_3 - D_3 f_1) dx_1 \wedge dx_3\\ &\quad +(D_2 f_3 - D_3 f_2) dx_2 \wedge dx_3\end{aligned}$$

und damit folgt

$$\begin{aligned}\beta_2^{-1}(d \circ \alpha_1(F)) &= (D_2 f_3 - D_3 f_2) e_1\\ &\quad -(D_1 f_3 - D_3 f_1) e_2\\ &\quad +(D_1 f_2 - D_2 f_1) e_3\\ &= \operatorname{rot} F.\end{aligned}$$ ■

Kommentar: α_1 wird häufig als $\flat$ (Be-Isomorphismus) und α_1^{-1} als $\sharp$ (Kreuz-Isomorphismus) bezeichnet, d. h., es gelten die Schreibweisen

$$\begin{aligned}\alpha_1 F &=: F^\flat\\ \alpha_1^{-1}\omega &=: \omega^\sharp\end{aligned}$$

für ein Vektorfeld F und eine 1-Form ω. Wir wollen uns im Folgenden dieser Notation anschließen.

Mit der eingeführten Notation erhalten wir folge Darstellung des Gradienten:

Lemma (Gradient)
Sei $A \subset \mathbb{R}^n$ offen und f ein Skalarfeld auf A, dann gilt

$$\operatorname{grad} f = (df)^\sharp .$$

Beweis:

$$\begin{aligned}(df)^\sharp &= (D_1 f dx_1 + \ldots + D_n f dx_n)^\sharp\\ &= (x; D_1 f e_1 + \ldots + D_n f e_n) = \operatorname{grad} f\end{aligned}$$ ■

Wir führen noch einen weiteren Isomorphismus ein, mit dem sich Divergenz und Rotation in ähnlicher Weise darstellen lassen.

Definition (Hodge-Stern-Operator im $\mathbb{R}^n$)

Sei $d \in \mathbb{N}_0$ mit $d \leq n$ und $I = (i_1, \ldots, i_d)$ ein aufsteigendes d-Tupel aus $\{1, \ldots, n\}$, dann existiert eine Permutation $\sigma_I \in S_n$, sodass

$$\sigma_I(1, \ldots, n) = (i_1, \ldots, i_d, j_1, \ldots, j_{n-d})$$

mit $j_1 < \cdots < j_{n-d}$ gilt. Man definiert nun den **Hodge-Stern-Operator in $\mathbb{R}^n$**

$$*\colon \Omega^d(\mathbb{R}^n) \to \Omega^{n-d}(\mathbb{R}^n)$$

für elementare d-Formen durch

$$*(\mathrm{d}x_{i_1} \wedge \ldots \wedge \mathrm{d}x_{i_d}) = \operatorname{sgn}(\sigma_I)\mathrm{d}x_{j_1} \wedge \ldots \wedge \mathrm{d}x_{j_{n-d}}.$$

Für allgemeine d-Formen $\omega = \sum_{[I]} b_I \mathrm{d}x_I$ gilt entsprechend

$$*\omega = * \sum_{[I]} b_I \mathrm{d}x_I = \sum_{[I]} b_I * \mathrm{d}x_I.$$

Kommentar: Man beachte, dass wegen der Symmetrie der Binomialkoeffizienten

$$\binom{n}{d} = \binom{n}{n-d}$$

der Ausdruck

$$\begin{aligned} *\omega &= \sum_{[I]} b_I * \mathrm{d}x_{i_1} \wedge \ldots \wedge \mathrm{d}x_{i_d} \\ &= \sum_{[I]} b_I \operatorname{sgn}(\sigma_I)\mathrm{d}x_{j_1} \wedge \ldots \wedge \mathrm{d}x_{j_{n-d}} \end{aligned}$$

immer definiert ist. Somit ist der Hodge-Stern-Operator bijektiv und wegen der Linearität ein Isomorphismus. Die Permutation

$$\sigma_I\colon (1, \ldots, n) \to (i_1, \ldots, i_d, j_1, \ldots, j_{n-d})$$

ist offensichtlich eine Komposition von d Transpositionen und folglich gilt $\operatorname{sgn}(\sigma_I) = (-1)^d$.

Der Hodge-Stern-Operator ist im folgenden Sinn selbstinvers:

Lemma

Sei ω eine d-Form auf $\mathbb{R}^n$, dann gilt

$$* * \omega = (-1)^{d(n-d)}\omega.$$

Beweis: Die d-Form ω besitzt die Darstellung $\omega = \sum_{[I]} b_I \mathrm{d}x_I$ und per definitionem folgt

$$\begin{aligned} &* * \omega \\ &= * \left(\sum_{i_1 < \ldots < i_d} b_{(i_1, \ldots, i_d)} * \mathrm{d}x_{i_1} \wedge \ldots \wedge \mathrm{d}x_{i_d} \right) \\ &= * \left(\sum_{i_1 < \ldots < i_d} b_{(i_1, \ldots, i_d)} \operatorname{sgn}(\sigma_I)\mathrm{d}x_{j_1} \wedge \ldots \wedge \mathrm{d}x_{j_{n-d}} \right) \\ &= \sum_{i_1 < \ldots < i_d} b_{(i_1, \ldots, i_d)}(-1)^d \operatorname{sgn}(\sigma_J)\mathrm{d}x_{i_1} \wedge \ldots \wedge \mathrm{d}x_{i_d} \\ &= (-1)^{d(n-d)}\omega, \end{aligned}$$

wobei $\sigma_J\colon (1, \ldots, n) \to (j_1, \ldots, j_{n-d}, i_1, \ldots, i_d)$ ist. ■

Der Hodge-Stern-Operator ermöglicht nun die Divergenz als Differenzial einer Form zu schreiben.

Lemma (Divergenz)

Sei $A \subset \mathbb{R}^n$ offen und $F(x) = (x; f(x))$ ein Vektorfeld auf A, dann gilt

$$\operatorname{div} F = (* \circ \mathrm{d} \circ *)(F^\flat).$$

Beweis: Wir wissen bereits, dass

$$\operatorname{div} F = (\beta_n^{-1} \circ \mathrm{d} \circ \beta_{n-1})F$$

gilt (siehe Seite 180). Es reicht daher

$$\begin{aligned} \beta_{n-1} &= * \circ \flat \\ \beta_n^{-1} &= * \end{aligned}$$

nachzuweisen. Nachrechnen liefert

$$\begin{aligned} (* \circ \flat)(F) &= * \left(\sum_{i=1}^n f_i \mathrm{d}x_i \right) = \sum_{i=1}^n f_i * \mathrm{d}x_i \\ &= \sum_{i=1}^n f_i \operatorname{sgn}(\sigma_i)\mathrm{d}x_1 \wedge \ldots \wedge \widehat{\mathrm{d}x_i} \wedge \ldots \wedge \mathrm{d}x_n \\ &= \sum_{i=1}^n f_i(-1)^{i-1}\mathrm{d}x_1 \wedge \ldots \wedge \widehat{\mathrm{d}x_i} \wedge \ldots \wedge \mathrm{d}x_n \\ &= \beta_{n-1}F, \end{aligned}$$

wobei $\sigma_i(1, \ldots, n) = (i, 1, \ldots, i-1, i+1, \ldots, n)$ ist. Ebenso folgt

$$\beta_n^{-1}(h\mathrm{d}x_1 \wedge \ldots \wedge \mathrm{d}x_n) = h = *(h\mathrm{d}x_1 \wedge \ldots \wedge \mathrm{d}x_n)$$

und damit ist die Behauptung bewiesen. ■

Nach dem Lemma (Rotation im $\mathbb{R}^3$) (siehe Seite 181) gilt

$$\operatorname{rot} F = (\beta_2^{-1} \circ \mathrm{d} \circ \flat)F = (\beta_2^{-1} \circ \mathrm{d})(F^\flat)$$

und durch Umformen folgt dann mit den Ergebnissen aus dem Beweis des letzten Lemmas (Divergenz)

$$\begin{aligned}&(\beta_2 \circ \mathrm{rot})(F) = \mathrm{d}F^\flat \\ \Leftrightarrow\ & (* \circ \flat \circ \mathrm{rot})(F) = \mathrm{d}F^\flat \\ \Leftrightarrow\ & (\flat \circ \mathrm{rot})(F) = (* \circ \mathrm{d})(F^\flat) \\ \Leftrightarrow\ & \mathrm{rot} F = (\sharp \circ * \circ \mathrm{d})(F^\flat).\end{aligned}$$

Für die zweite Umformung wurde benutzt, dass $**\omega = \omega$ für eine 1-Form ω in $\mathbb{R}^3$ gilt. Die rechte Seite besteht nun aus Ausdrücken, die alle für ein n-dimensionales Vektorfeld definiert sind. Damit lässt sich die Rotation wie folgt auf Vektorfelder in $\mathbb{R}^n$ verallgemeinern:

Definition (Rotation in $\mathbb{R}^n$)

Sei $A \subset \mathbb{R}^n$ offen und $F(x) = (x;\, f(x))$ eine Vektorfeld auf A, dann heißt

$$\mathrm{rot} F := (*\mathrm{d}F^\flat)^\sharp$$

die **Rotation von F**.

Die in der Beispiel-Box „Äußere Ableitung und Dachprodukt im $\mathbb{R}^3$" (siehe Seite 184) hergeleiteten Darstellungen von Skalar- und Kreuzprodukt halten wir kurz in folgendem Lemma fest:

Lemma

Sei $A \subseteq \mathbb{R}^n$ offen sowie $F(x) = (x;\, f(x))$ und $G(x) = (x;\, g(x))$ zwei Vektorfelder definiert auf A, dann gilt:

- $F \cdot G = *(F^\flat \wedge \beta_2 G)$
- $F \times G = \left[*(F^\flat \wedge G^\flat)\right]^\sharp$

Beweis: Es wurde bereits gezeigt, dass

$$(F^\flat \wedge \beta_2 G) = \beta_3(F \cdot G)$$

und

$$(F^\flat \wedge G^\flat) = \beta_2(F \times G)$$

gilt. Zudem wurde schon $\beta_n^{-1} = *$ für $n \in \mathbb{N}$ nachgewiesen (siehe Beweis von Lemma (Divergenz), Seite 182) und somit gilt die Gleichheit für $F \cdot G$. Für die zweite Gleichheit reicht es nachzuweisen, dass $\sharp \circ * = \beta_2^{-1}$ gilt. Dies ist aber äquivalent zu $* \circ \beta_2 = \flat$. Sei nun $A \subseteq \mathbb{R}^3$ offen und $F(x) = (x;\, f(x))$ ein beliebiges Vektorfeld auf A, dann gilt

$$\begin{aligned}(* \circ \beta_2)(F) &= g_1 * (\mathrm{d}x_2 \wedge \mathrm{d}x_3) - g_2 * (\mathrm{d}x_1 \wedge \mathrm{d}x_3) \\ &\quad + g_3 * (\mathrm{d}x_1 \wedge \mathrm{d}x_2) \\ &= g_1 \mathrm{d}x_1 + g_2 \mathrm{d}x_2 + g_3 \mathrm{d}x_3 = F^\flat\end{aligned}$$

und somit ist $* \circ \beta_2 = \flat$. ■

6.3 Integration von Formen und der Satz von Stokes

In diesem Abschnitt kommen wir nun zur allgemeinen Formulierung des Satzes von Stokes im $\mathbb{R}^n$. Dazu ist zunächst das Integral einer Form über eine Mannigfaltigkeit zu definieren.

Betrachten wir eine auf einer offenen Menge $A \subseteq \mathbb{R}^d$ definierte d-Form ω, dann kann ω eindeutig durch

$$\omega = f \mathrm{d}x_1 \wedge \ldots \wedge \mathrm{d}x_d$$

dargestellt werden. Für $x \in A$ und $(x; v_1), \ldots, (x; v_d) \in \mathcal{T}_x(\mathbb{R}^d)$ gilt also

$$\begin{aligned}&\omega(x)((x; v_1), \ldots, (x; v_d)) \\ =\ & f(x)\mathrm{d}x_I(x)((x; v_1), \ldots, (x; v_d)),\end{aligned}$$

wobei $\mathrm{d}x_I = \mathrm{d}x_1 \wedge \ldots \wedge \mathrm{d}x_d$ ist und $f(x)$ durch

$$f(x) = \omega(x)((x; e_1), \ldots, (x; e_d))$$

gegeben ist. Man kann über diese Darstellung von ω wie folgt ein Integral auf A definieren:

Definition (Integration einer d-Form in $\mathbb{R}^d$)

Sei $A \subseteq \mathbb{R}^d$ offen und $\omega \in \Omega^d(A)$, dann lässt sich ω als

$$\omega = f \mathrm{d}x_1 \wedge \ldots \wedge \mathrm{d}x_d$$

darstellen und durch

$$\int_A \omega := \int_A f(x_1, \ldots, x_d)\, \mathrm{d}x_1 \ldots \mathrm{d}x_d$$

ist das **Integral von ω über** A definiert. Dabei bezeichnet $\mathrm{d}x_1 \ldots \mathrm{d}x_d$ die Integration bezüglich des d-dimensionale Lebesgue-Maßes λ auf $\mathcal{B}(\mathbb{R}^d)$. Setzt man $\mathrm{d}\lambda(x) = \mathrm{d}x_1 \ldots \mathrm{d}x_d$, so schreibt sich die Definition als

$$\int_A \omega := \int_A f(x)\, \mathrm{d}\lambda(x)$$

und auf der rechten Seite steht somit ein gewöhnliches Lebesgue-Integral.

Aus dem Transformationssatz folgt, dass das Integral invariant unter Koordinatenwechseln ist (siehe Seite 186).

Bevor wir Formen über Mannigfaltigkeiten in $\mathbb{R}^n$ integrieren, betrachten wir zunächst den Spezialfall einer parametrisierten Mannigfaltigkeit.

Beispiel: Äußere Ableitung und Dachprodukt im $\mathbb{R}^3$

Im Folgenden soll die vereinheitlichende Kraft des Differenzialformen-Kalküls anhand von Ergebnissen der klassischen Vektoranalysis veranschaulicht werden. Dabei werden die eingeführten Isomorphismen zwischen Skalar- bzw. Vektorfeldern und Formen dazu dienen, die Aussagen $\mathrm{rot}(\mathrm{grad} f) = 0$ und $\mathrm{div}(\mathrm{rot} G) = 0$ für alle Skalarfelder $f\colon A \subseteq \mathbb{R}^3 \to \mathbb{R}$ und alle Vektorfelder $G\colon A \subseteq \mathbb{R}^3 \to \mathbb{R}^3$ mittels der äußeren Ableitung d zu zeigen. Ferner soll das Skalar- sowie das Kreuzprodukt von Vektorfeldern unter Verwendung des Dachproduktes dargestellt werden.

Problemanalyse und Strategie: Für die 3 Operatoren grad, rot und div wurden bereits eindeutige Darstellungen mittels der äußeren Ableitung von Formen hergeleitet. Weiterhin wissen wir, dass $\mathrm{d}(\mathrm{d}\omega) = 0$ für alle $\omega \in \Omega^k(A)$, $k = 0, \ldots, 3$, gilt. Kombiniert man beides, erhält man die gesuchten Identitäten. Um die Darstellungen von Skalar- und Kreuzprodukt zu erhalten, nutzen wir die gegebenen Isomorphismen geschickt.

Lösung:
Sei $A \subseteq \mathbb{R}^3$ sowie f ein Skalarfeld auf A und $G = (x; g(x))$ ein Vektorfeld auf A, dann wissen wir bereits, dass Folgendes gilt:

$$\begin{aligned}(\mathrm{d} \circ \alpha_0)(f) &= (\alpha_1 \circ \mathrm{grad})(f),\\ (\mathrm{d} \circ \alpha_1)(G) &= (\beta_2 \circ \mathrm{rot})(G),\\ (\mathrm{d} \circ \beta_2)(G) &= (\beta_3 \circ \mathrm{div})(G),\end{aligned}$$

wobei α_0, α_1, β_2 und β_3 die auf Seite 180 eingeführten Isomorphismen sind. Als Übersicht erhält man im $\mathbb{R}^3$ also

$$\begin{array}{ccc} \text{Skalarfelder in A} & \xrightarrow{\alpha_0} & \Omega^0(A)\\ \downarrow \text{grad} & & \downarrow \mathrm{d}\\ \text{Vektorfelder in A} & \xrightarrow{\alpha_1} & \Omega^1(A)\\ \downarrow \text{rot} & & \downarrow \mathrm{d}\\ \text{Vektorfelder in A} & \xrightarrow{\beta_2} & \Omega^2(A)\\ \downarrow \text{div} & & \downarrow \mathrm{d}\\ \text{Skalarfelder in A} & \xrightarrow{\beta_3} & \Omega^3(A). \end{array}$$

Damit folgt nun direkt, dass

$$\begin{aligned}\mathrm{rot}(\mathrm{grad} f) &= \beta_2^{-1}(\mathrm{d}(\mathrm{d} f))\\ &= \beta_2^{-1}(0) = 0\end{aligned}$$

ist. Ebenso ergibt sich

$$\begin{aligned}\mathrm{div}(\mathrm{rot} G) &= \beta_3^{-1}(\mathrm{d}(\mathrm{d} G^\flat))\\ &= \beta_3^{-1}(0) = 0.\end{aligned}$$

Sei nun $F = (x; f(x))$ ein weiteres Vektorfeld auf A. Da F und G jeweils nur zu einer 1- bzw. 2-Form korrespondieren und wir $F \cdot G$ als Dachprodukt der korrespondierenden Formen schreiben wollen, müssen wir das Skalarfeld $F \cdot G = \sum_{i=1}^3 f_i g_i$ mittels

$$\beta_3(F \cdot G) = \sum_{i=1}^3 f_i g_i \mathrm{d}x_1 \wedge \mathrm{d}x_2 \wedge \mathrm{d}x_3$$

als 3-Form auf A betrachten. Wendet man nun α_1 auf F sowie β_2 auf G an und betrachtet das Dachprodukt der Formen, so folgt

$$\begin{aligned}&F^\flat \wedge \beta_2 G\\ &= (f_1 \mathrm{d}x_1 + f_2 \mathrm{d}x_2 + f_3 \mathrm{d}x_3)\\ &\quad \wedge (g_1 \mathrm{d}x_2 \wedge \mathrm{d}x_3 - g_2 \mathrm{d}x_1 \wedge \mathrm{d}x_3 + g_3 \mathrm{d}x_1 \wedge \mathrm{d}x_2)\\ &= f_1 g_1 \mathrm{d}x_1 \wedge \mathrm{d}x_2 \wedge \mathrm{d}x_3 - f_2 g_2 \mathrm{d}x_2 \wedge \mathrm{d}x_1 \wedge \mathrm{d}x_3\\ &\quad + f_3 g_3 \mathrm{d}x_3 \wedge \mathrm{d}x_1 \wedge \mathrm{d}x_2\\ &= \sum_{i=1}^3 f_i g_i \mathrm{d}x_1 \wedge \mathrm{d}x_2 \wedge \mathrm{d}x_3.\end{aligned}$$

Wir haben also folgende Darstellung für das Skalarprodukt zweier Vektorfelder hergeleitet:

$$F^\flat \wedge \beta_2 G = \beta_3(F \cdot G)$$

Jetzt suchen wir noch eine analoge Darstellung für das Kreuzprodukt

$$(F \times G)(x) = \begin{pmatrix} & (f_2 g_3 - f_3 g_2)(x)\\ x\,; & (f_3 g_1 - f_1 g_3)(x)\\ & (f_1 g_2 - f_2 g_1)(x) \end{pmatrix}.$$

$(F \times G)$ korrespondiert zu entweder einer 1- oder einer 2-Form. Da aber $(F \times G)$ als Dachprodukt der zu F bzw. G korrespondierenden Formen geschrieben werden soll, kommt nur die Betrachtung von

$$\begin{aligned}&\beta_2(F \times G)\\ &= (f_2 g_3 - f_3 g_2)\mathrm{d}x_2 \wedge \mathrm{d}x_3 - (f_3 g_1 - f_1 g_3)\mathrm{d}x_1 \wedge \mathrm{d}x_3\\ &\quad + (f_1 g_2 - f_2 g_1)\mathrm{d}x_1 \wedge \mathrm{d}x_2\end{aligned}$$

in Frage. Berechnet man nun das Dachprodukt der zu F bzw. G gehörenden 1-Formen, so erhält man

$$\begin{aligned}F^\flat \wedge G^\flat &= \sum_{\substack{i,j=1\\ i\neq j}}^3 f_i g_j \mathrm{d}x_i \wedge \mathrm{d}x_j\\ &= (f_2 g_3 - f_3 g_2)\mathrm{d}x_2 \wedge \mathrm{d}x_3\\ &\quad - (f_3 g_1 - f_1 g_3)\mathrm{d}x_1 \wedge \mathrm{d}x_3\\ &\quad + (f_1 g_2 - f_2 g_1)\mathrm{d}x_1 \wedge \mathrm{d}x_2\end{aligned}$$

und es gilt

$$F^\flat \wedge G^\flat = \beta_2(F \times G).$$

Übersicht: Differenzialformen

Es werden noch einmal die wichtigsten Ergebnisse des Abschnitts über Differenzialformen zusammengestellt.

Differenzialform: Sei $A \subseteq \mathbb{R}^n$ offen, dann nennt man eine Funktion

$$\omega\colon \begin{cases} A \to \mathcal{A}^d(\mathcal{T}_x(\mathbb{R}^n)), \\ x \mapsto \omega(x)((x;v_1),\ldots,(x;v_d)) \end{cases}$$

eine Differenzialform (der Ordnung d), falls $\omega(x)$ für alle $x \in A$ ein alternierender d-Tensor auf $\mathcal{T}_x(\mathbb{R}^n)$ und mindestens stetig bzgl. $(x, v_1, \ldots, v_d)$ ist. Ist ω aus C^k, so nennt man ω auch eine C^k-Form auf A und mit $\Omega_k^d(A)$ bzw. $\Omega^d(A)$ wird die Menge aller solcher C^k-Formen auf A bezeichnet. Eine Differenzialform auf M ist analog definiert. Die kanonische Basis von $\mathcal{T}_x(\mathbb{R}^n)$ ist $\{(x;e_1),\ldots,(x;e_n)\}$ und damit sind durch

$$\widetilde{\Phi}_i(x)(x;e_j) = \begin{cases} 0, & i \neq j \\ 1, & i = j \end{cases}$$

die elementaren 1-Formen $\widetilde{\Phi}_i(x)$ gegeben. Die elementaren d-Formen $\widetilde{\Psi}_I(x)$ sind entsprechend durch

$$\widetilde{\Psi}_I(x) := \widetilde{\Phi}_{i_1}(x) \wedge \ldots \wedge \widetilde{\Phi}_{i_d}(x)$$

definiert und bilden eine Basis für $\Omega^d(A)$, d. h., $\omega \in \Omega^d(A)$ lässt sich als

$$\omega(x) = \sum_{I\in[I]} b_I(x)\widetilde{\Psi}_I(x)$$

schreiben. Eine gewöhnliche C^k-Funktion $f\colon A \to \mathbb{R}$ wird als 0-Form bezeichnet.

Äußere Ableitung: Sei $A \subseteq \mathbb{R}^n$ offen, dann ist die äußere Ableitung einer 0-Form $f\colon A \to \mathbb{R}$, die durch

$$\mathrm{d}f(x)(x;v) = Df(x)\cdot v$$

definierte 1-Form $\mathrm{d}f \in \Omega^1(A)$. Bezeichnet $x_i\colon A \to \mathbb{R}$, $(x_1,\ldots,x_n) \mapsto x_i$ die Projektion auf die i-te Koordinate, dann gilt

$$\mathrm{d}x_i(x)(x;v) = v_i = \widetilde{\Phi}_i(x)(x;v)$$

und für die elementaren d-Formen folgt somit

$$\widetilde{\Psi}_I = \mathrm{d}x_I := \mathrm{d}x_{i_1} \wedge \ldots \wedge \mathrm{d}x_{i_d}.$$

Mithilfe der äußeren Ableitung der Projektionen ergibt sich für eine Form $\omega \in \Omega^d(A)$ also die Darstellung

$$\omega = \sum_{[I]} b_I \mathrm{d}x_I.$$

Die äußere Ableitung einer d-Form ω mit $d > 0$ lässt sich dann durch

$$\mathrm{d}\omega := \sum_{I\in[I]} \mathrm{d}b_I \wedge \mathrm{d}x_I \in \Omega^{d+1}(A)$$

definieren. Sind $\omega \in \Omega^d(A)$ und $\eta \in \Omega^l(A)$, so gelten folgende Rechenregeln für die äußere Ableitung:

- $\mathrm{d}(\omega \wedge \eta) = \mathrm{d}\omega \wedge \eta + (-1)^d \omega \wedge \mathrm{d}\eta$
- $\mathrm{d}(\mathrm{d}\omega) = 0$

Duale Transformation von Formen: Seien $A \subseteq \mathbb{R}^d$ und $B \subseteq \mathbb{R}^n$ offen und $\alpha\colon A \to B$ eine C^∞-Abbildung mit $\alpha(A) \subset B$. Die duale Transformation von $\omega \in \Omega^l(B)$ ist dann durch

$$\begin{aligned} &\alpha^*\omega(x)((x;v_1),\ldots,(x;v_l)) \\ = \; &\omega(\alpha(x))(\alpha_*(x;v_1),\ldots,\alpha_*(x;v_l)) \end{aligned}$$

definiert, d. h., es ist $\alpha^*\omega \in \Omega^l(A)$. Bezeichnet man mit $\mathrm{d}x_i$ bzw. $\mathrm{d}y_i$ die elementaren 1-Formen in $\mathbb{R}^d$ bzw. $\mathbb{R}^n$, so gilt

- $\alpha^*\mathrm{d}y_i = \mathrm{d}\alpha_i$,
- $\alpha^*\mathrm{d}y_I = (\det \frac{\partial \alpha_I}{\partial x})\mathrm{d}x_1 \wedge \ldots \wedge \mathrm{d}x_d$,

mit

$$\frac{\partial \alpha_I}{\partial x} = \frac{\partial(\alpha_{i_1},\ldots,\alpha_{i_d})}{\partial(x_1,\ldots,x_d)}.$$

Da sich jede Form $\omega \in \Omega^l(B)$ als $\omega = \sum_{I\in[I]} b_I \mathrm{d}y_I$ schreiben lässt, reicht es wegen

$$\alpha^*\omega = \sum_{I\in[I]} (b_I \circ \alpha) \wedge \alpha^*(\mathrm{d}y_I)$$

die duale Transformation elementarer Formen zu berechnen, um $\alpha^*\omega$ zu bestimmen. Weiterhin ist die duale Transformation mit dem Dachprodukt verträglich, d. h., für $\omega \in \Omega^d(B)$ und $\eta \in \Omega^l(A)$ gilt

$$\alpha^*(\omega \wedge \eta) = \alpha^*\omega \wedge \alpha^*\eta$$

und sie ist mit der äußeren Ableitung vertauschbar, d. h.

$$\alpha^*\mathrm{d}\omega = \mathrm{d}\alpha^*\omega.$$

Vektoranalysis: Mit den Isomorphismen $\alpha_0, \alpha_1, \beta_{n-1}, \beta_n$ lassen sich Skalar- und Vektorfelder auf dem $\mathbb{R}^n$ in Formen umwandeln (siehe Seite 180). Ist f ein Skalarfeld und F ein Vektorfeld auf $\mathbb{R}^n$, dann lassen sich die klassischen Differenzialoperatoren der Vektoranalysis mithilfe des **Hodge-Stern-Operators in** $\mathbb{R}^n$ $*$ (siehe Seite 182) als

- $\mathrm{grad}(f) = \alpha_1^{-1}(\mathrm{d}f) = (\mathrm{d}f)^\sharp$,
- $\mathrm{div}(F) = (* \circ \mathrm{d} \circ *)(\alpha_1 F) = (* \circ \mathrm{d} \circ *)(F^\flat)$,
- $\mathrm{rot}(F) = \alpha_1^{-1}\big[* \mathrm{d}(\alpha_1 F)\big] = (*\mathrm{d}F^\flat)^\sharp$

schreiben.

Unter der Lupe: Das Integral $\int_A \omega$ ist invariant unter Koordinatenwechseln

Bei der Konstruktion der elementaren 1-Formen $\widetilde{\Phi}_i$ bzw. $\mathrm{d}x_i$ haben wir die Standardbasis $\{e_1, \ldots, e_d\}$ des $\mathbb{R}^d$ zugrunde gelegt und diese ist offenbar orthonormal. Wir wollen nun zeigen, dass $\int_A \omega$ unabhängig von der gewählten Orthonormalbasis des $\mathbb{R}^n$ ist.

Seien $E := \{e_1, \ldots, e_d\}$ die Standardbasis des $\mathbb{R}^d$ und $B := \{b_1, \ldots, b_d\}$ eine weitere Orthonormalbasis des $\mathbb{R}^d$, dann lässt sich ein Vektor $v \in \mathbb{R}^d$ als

$$v = \sum_{i=1}^{d} x_i e_i = \sum_{i=1}^{d} y_i b_i$$

schreiben, d. h., v hat bezüglich E die Darstellung $(x_1, \ldots, x_d)$ und bezüglich B die Darstellung $(y_1, \ldots, y_d)$. Daraus folgt, dass die elementaren 1-Formen auf $\mathbb{R}^d$ bezüglich E durch $\mathrm{d}x_i$ und bezüglich B durch $\mathrm{d}y_i$ definiert sind. Entsprechend sind auch die elementaren k-Formen, $k \in \{2, \ldots, d\}$, auf $\mathbb{R}^d$ einerseits durch $\mathrm{d}x_I = \mathrm{d}x_{i_1} \wedge \ldots \wedge \mathrm{d}x_{i_k}$ bezüglich E und andererseits durch $\mathrm{d}y_I = \mathrm{d}y_{i_1} \wedge \ldots \wedge \mathrm{d}y_{i_k}$ bezüglich B definiert, wobei $I = (i_1, \ldots, i_k)$ ein aufsteigendes k-Tupel aus $\{1, \ldots, d\}$ ist.

Fassen wir nun $E = [e_1, \ldots, e_d]$ und $B = [b_1, \ldots, b_d]$ jeweils als $(d \times d)$-Matrizen auf, dann handelt es sich in beiden Fällen um eine orthogonale Matrix. Aus der Linearen Algebra ist bekannt, dass sich der Übergang von einer Basis zur anderen Basis durch eine Basistransformation angeben lässt. Dazu stellt man die Vektoren der alten Basis als Linearkombination der neuen Basis dar und schreibt die Koeffizienten jeweils spaltenweise in eine Matrix. Wir sind am Basiswechsel T_B^E von E nach B interessiert, d. h., wir suchen die eindeutig bestimmte Matrix $T_B^E \in \mathbb{R}^{d \times d}$, die

$$E = B \cdot T_B^E$$

erfüllt. Aus dieser Bedingung folgt aber direkt, dass

$$T_B^E = B^{-1} \cdot E = B^\top$$

gilt und somit ist auch T_B^E orthogonal. Für $x = \sum_{i=1}^d x_i e_i$ und $y = \sum_{i=1}^d y_i b_i$ liefert ein Koeffizientenvergleich, dass

$$y = T_B^E \cdot x$$

erfüllt ist. Definieren wir die lineare Abbildung $\alpha \colon \mathbb{R}^d \to \mathbb{R}^d$ durch

$$\alpha(x) := T_B^E \cdot x,$$

dann gilt also $\alpha(x) = y$.

Sei nun $A \subseteq \mathbb{R}^d$ offen und $\omega \in \Omega^d(A)$ eine d-Form auf A. Bezüglich der Basen E und B besitze ω jeweils die Darstellung

$$\omega = f \mathrm{d}x_1 \wedge \ldots \wedge \mathrm{d}x_d$$

bzw.

$$\omega = g \mathrm{d}y_1 \wedge \ldots \wedge \mathrm{d}y_d,$$

wobei die Komponenten f und g jeweils durch

$$\begin{aligned} f(x) &:= \omega(x)((x; e_1), \ldots, (x; e_d)), \\ g(y) &:= \omega(y)((y; b_1), \ldots, (y; b_d)) \end{aligned}$$

definiert sind. Integriert man ω über A, so folgt mit dem Transformationssatz

$$\begin{aligned} \int_A \omega &= \int_A g \mathrm{d}y_1 \wedge \ldots \wedge \mathrm{d}y_d \\ &= \int_A g(y)\, \mathrm{d}\lambda(y) \\ &= \int_A (g \circ \alpha)(x) |\det(D\alpha(x))|\, \mathrm{d}\lambda(x) \\ &= \int_A f(x)\, \mathrm{d}\lambda(x), \end{aligned}$$

da $D\alpha(x) = T_B^E$ ist und somit $|\det(D\alpha(x))| = 1$ für alle $x \in A$ gilt. Also ist

$$\int_A g(y)\, \mathrm{d}\lambda(y) = \int_A \omega = \int_A f(x)\, \mathrm{d}\lambda(x),$$

woraus die Unabhängigkeit von $\int_A \omega$ bezüglich der gewählten Orthonormalbasis des $\mathbb{R}^d$ folgt. Dies ist gleichbedeutend mit der Invarianz von $\int_A \omega$ unter Koordinatenwechseln.

Definition (Integration einer d-Form über eine parametrisierte d-Mannigfaltigkeit in $\mathbb{R}^n$)

Sei $\alpha \colon A \subseteq \mathbb{R}^d \to \mathbb{R}^n$ eine reguläre Parametrisierung und $M = \alpha(A)$ die parametrisierte d-Mannigfaltigkeit. Ist ω eine d-Form, die auf einer offenen Menge, die M enthält, definiert ist, dann ist das **Integral von ω über** M durch

$$\int_M \omega := \int_A \alpha^* \omega$$

definiert.

Kommentar: Das Integral auf der rechten Seite existiert nicht immer. Falls es nicht existiert, dann ist das Integral über M nicht definiert.

Zur Berechnung des Integrals ergibt sich folgender Satz direkt aus der Definition:

Satz

Sei $\alpha \colon A \subset \mathbb{R}^d \to \mathbb{R}^n$ eine reguläre Parametrisierung und

$M = \alpha(A)$ die parametrisierte Mannigfaltigkeit. Weiterhin seien $\mathrm{d}x_i$ die elementaren 1-Formen in $\mathbb{R}^d$ und $\mathrm{d}z_i$ die elementaren 1-Formen in $\mathbb{R}^n$. Ist

$$\omega = f\,\mathrm{d}z_{i_1} \wedge \ldots \wedge \mathrm{d}z_{i_d} = f\,\mathrm{d}z_I$$

eine d-Form, die auf einer offenen Menge, die M enthält, definiert ist, dann gilt

$$\int_M \omega = \int_A (f \circ \alpha)(x) \det \frac{\partial \alpha_I}{\partial x}(x)\, \mathrm{d}\lambda(x).$$

Beweis: Mit dem Satz von Seite 178 gilt

$$\begin{aligned} \alpha^*\omega &= (f \circ \alpha) \wedge \alpha^* \mathrm{d}z_I \\ &= (f \circ \alpha) \det \frac{\partial \alpha_I}{\partial x} \mathrm{d}x_1 \wedge \ldots \wedge \mathrm{d}x_d \end{aligned}$$

und somit folgt

$$\begin{aligned} \int_M \omega &= \int_A (f \circ \alpha)(x) \det \frac{\partial \alpha_I}{\partial x}(x)\, \mathrm{d}x_1 \wedge \ldots \wedge \mathrm{d}x_d \\ &= \int_A (f \circ \alpha)(x) \det \frac{\partial \alpha_I}{\partial x}(x)\, \mathrm{d}\lambda(x). \end{aligned}$$

■

Wir haben noch nicht geprüft, ob das Integral $\int_M \omega$ überhaupt wohldefiniert ist, d. h., ob es unabhängig von der gewählten Parametrisierung ist. Dass dies, abgesehen von einem möglichen Vorzeichenwechsel, der Fall ist, zeigt das folgende Lemma.

Lemma

Seien A und B offene Mengen in $\mathbb{R}^d$ und sei $g\colon A \to B$ ein Diffeomorphismus, dessen Funktionaldeterminante $\det(Dg)$ auf A nur von einerlei Vorzeichen ist. Weiterhin seien $\alpha\colon A \to \mathbb{R}^n$ und $\beta\colon B \to \mathbb{R}^n$ zwei reguläre Parametrisierungen mit $\alpha = \beta \circ g$, sodass $\alpha(A) = M_\alpha = M_\beta = \beta(B)$ ist. Für eine d-Form ω, die auf einer offenen Menge, die $M_\alpha = M_\beta$ enthält, definiert ist, gilt dann

$$\int_{M_\alpha} \omega = \pm \int_{M_\beta} \omega,$$

wobei das Vorzeichen auf der rechten Seite dem von $\det(Dg)$ entspricht.

Beweis: Es ist zu zeigen, dass

$$\int_A \alpha^*\omega = \pm \int_B \beta^*\omega \tag{6.7}$$

gilt. Setzt man $\eta = \beta^*\omega$, so ist die Gleichung (6.7) wegen

$$g^*\eta = g^*(\beta^*\omega) = (\beta \circ g)^*\omega = \alpha^*\omega$$

äquivalent zu

$$\int_A g^*\eta = \pm \int_B \eta. \tag{6.8}$$

Sei nun $x \in A$ und $g(x) = y \in B$, dann besitzt η die Darstellung $\eta = f\,\mathrm{d}y_1 \wedge \ldots \wedge \mathrm{d}y_d$ und es gilt

$$\begin{aligned} g^*\eta &= g^*(f\,\mathrm{d}y_1 \wedge \ldots \wedge \mathrm{d}y_d) \\ &= (f \circ g) g^*(\mathrm{d}y_1 \wedge \ldots \wedge \mathrm{d}y_d) \\ &= (f \circ g) \det(Dg) \mathrm{d}x_1 \wedge \ldots \wedge \mathrm{d}x_d. \end{aligned}$$

Die Gleichung (6.8) erscheint nun in der Form

$$\int_A (f \circ g)(x) \det(Dg)(x) \mathrm{d}\lambda(x) = \pm \int_B f(y) \mathrm{d}\lambda(y)$$

und nach dem Transformationssatz ist diese Gleichung erfüllt, da $\pm|\det Dg| = \det Dg$ gilt. ■

Beispiel

- Ist $\eta = f\,\mathrm{d}x \in \Omega^1((a,b))$ eine 1-Form auf dem offenen Intervall $(a,b) \subset \mathbb{R}$, dann gilt per definitionem

$$\int_{(a,b)} \eta = \int_a^b f(x)\, \mathrm{d}\lambda(x).$$

- Sei $f\colon \mathbb{R}^n \to \mathbb{R}^n$ aus C^∞ und $F(x) = (x; f(x))$ das zugehörige Vektorfeld, definiert auf einer offenen Menge $A \subseteq \mathbb{R}^n$. Zudem sei $\gamma\colon (a,b) \subset \mathbb{R} \to \mathbb{R}^n$ eine reguläre Parametrisierung und $\Gamma = \gamma((a,b)) \subseteq A$ die parametrisierte Kurve (1-Mannigfaltigkeit) in $\mathbb{R}^n$. F korrespondiert zu der 1-Form (siehe Seite 180)

$$F^\flat = f_1 \mathrm{d}x_1 + \ldots + f_n \mathrm{d}x_n \in \Omega^1(A)$$

und es folgt

$$\begin{aligned} \int_\Gamma F^\flat &= \int_\Gamma f_1 \mathrm{d}x_1 + \ldots + f_n \mathrm{d}x_n \\ &= \int_{(a,b)} \gamma^*(f_1 \mathrm{d}x_1 + \ldots + f_n \mathrm{d}x_n) \\ &= \int_{(a,b)} (f_1 \circ \gamma)\gamma^* \mathrm{d}x_1 + \ldots + (f_n \circ \gamma)\gamma^* \mathrm{d}x_n \\ &= \int_{(a,b)} f_1(\gamma(t)) \frac{\partial \gamma_1}{\partial t}(t) \mathrm{d}t + \ldots \\ &\quad \ldots + f_n(\gamma(t)) \frac{\partial \gamma_n}{\partial t}(t) \mathrm{d}t \\ &= \int_{(a,b)} f(\gamma(t)) \cdot \gamma'(t)\, \mathrm{d}\lambda(t). \end{aligned}$$

Die zu einem Vektorfeld F korrespondierende 1-Form $F^\flat$ ist also der natürliche Integrand für das **orientierte Kurvenintegral** entlang der Kurve Γ.

- Sei $f\colon \mathbb{R}^3 \to \mathbb{R}^3$ aus C^∞ und $F(x) = (x; f(x))$ das zugehörige Vektorfeld, definiert auf einer offenen Menge $B \subseteq \mathbb{R}^3$. Zudem sei $\alpha\colon A \subset \mathbb{R}^2 \to \mathbb{R}^3$ eine reguläre Parametrisierung und $M = \alpha(A) \subseteq B$ die parametrisierte 2-Mannigfaltigkeit in $\mathbb{R}^3$ (z. B. eine gekrümmte Fläche). F korrespondiert zu der 2-Form (siehe Seite 180)

$$\begin{aligned} \beta_2 F &= f_1 \mathrm{d}x_2 \wedge \mathrm{d}x_3 - f_2 \mathrm{d}x_1 \wedge \mathrm{d}x_3 \\ &\quad + f_3 \mathrm{d}x_1 \wedge \mathrm{d}x_2 \in \Omega^2(A) \end{aligned}$$

und es folgt

$$\begin{aligned}\int_M \beta_2 F &= \int_M f_1 \mathrm{d}x_2 \wedge \mathrm{d}x_3 - f_2 \mathrm{d}x_1 \wedge \mathrm{d}x_3 \\ &\quad + f_3 \mathrm{d}x_1 \wedge \mathrm{d}x_2 \\ &= \int_A \alpha^*(f_1 \mathrm{d}x_2 \wedge \mathrm{d}x_3 - f_2 \mathrm{d}x_1 \wedge \mathrm{d}x_3 \\ &\quad + f_3 \mathrm{d}x_1 \wedge \mathrm{d}x_2) \\ &= \int_A (f_1 \circ \alpha)\alpha^*(\mathrm{d}x_2 \wedge \mathrm{d}x_3) \\ &\quad -(f_2 \circ \alpha)\alpha^*(\mathrm{d}x_1 \wedge \mathrm{d}x_3) \\ &\quad +(f_3 \circ \alpha)\alpha^*(\mathrm{d}x_1 \wedge \mathrm{d}x_2) \\ &= \int_A f_1(\alpha(y)) \det \frac{\partial \alpha_{(2,3)}}{\partial y} \mathrm{d}y_1 \wedge \mathrm{d}y_2 \\ &\quad - f_2(\alpha(y)) \det \frac{\partial \alpha_{(1,3)}}{\partial y} \mathrm{d}y_1 \wedge \mathrm{d}y_2 \\ &\quad + f_3(\alpha(y)) \det \frac{\partial \alpha_{(1,2)}}{\partial y} \mathrm{d}y_1 \wedge \mathrm{d}y_2 \\ &= \int_A f(\alpha(y)) \cdot \left(\frac{\partial \alpha}{\partial y_1} \times \frac{\partial \alpha}{\partial y_2} \right) \mathrm{d}\lambda(y).\end{aligned}$$

Die zu einem 3-dimensionalen Vektorfeld F korrespondierende 2-Form $\beta_2 F$ ist also der natürliche Integrand für das **orientierte Flächenintegral** im $\mathbb{R}^3$.

- Betrachten wir das Vektorfeld $F(x) = (x; (x_2, x_1, x_3)^T)$ und die reguläre Parametrisierung $\gamma\colon A = (0, \frac{\pi}{2}) \times (0, 2\pi) \to \mathbb{R}^3$ mit

$$\gamma(\theta, \phi) = R \begin{pmatrix} \cos\phi \sin\theta \\ \sin\phi \sin\theta \\ \cos\theta \end{pmatrix}$$

(siehe Band 1, Beispiel Abschnitt 23.3) und setzen $\Gamma = \gamma(A)$, dann lässt sich das orientierte Flächenintegral wie folgt berechnen:

$$\begin{aligned}&\int_\Gamma F \mathrm{d}\mu \\ &= \int_\Gamma \beta_2 F \\ &= \int_\Gamma x_2 \mathrm{d}x_2 \wedge \mathrm{d}x_3 - x_1 \mathrm{d}x_1 \wedge \mathrm{d}x_3 + x_3 \mathrm{d}x_1 \wedge \mathrm{d}x_2 \\ &= \int_A (x_2 \circ \gamma)\gamma^* \mathrm{d}x_2 \wedge \mathrm{d}x_3 - (x_1 \circ \gamma)\gamma^* \mathrm{d}x_1 \wedge \mathrm{d}x_3 \\ &\quad + (x_3 \circ \gamma)\gamma^* \mathrm{d}x_1 \wedge \mathrm{d}x_2.\end{aligned}$$

Es gilt

$$\begin{aligned}\gamma^* \mathrm{d}x_2 \wedge \mathrm{d}x_3 &= \det \frac{\partial \gamma_{(2,3)}}{\partial(\theta, \phi)} \mathrm{d}\phi \wedge \mathrm{d}\theta \\ &= R^2 \cos\phi \sin^2\theta \mathrm{d}\phi \wedge \mathrm{d}\theta \\ \gamma^* \mathrm{d}x_1 \wedge \mathrm{d}x_3 &= \det \frac{\partial \gamma_{(1,3)}}{\partial(\theta, \phi)} \mathrm{d}\phi \wedge \mathrm{d}\theta \\ &= -R^2 \sin\phi \sin^2\theta \mathrm{d}\phi \wedge \mathrm{d}\theta \\ \gamma^* \mathrm{d}x_1 \wedge \mathrm{d}x_2 &= \det \frac{\partial \gamma_{(1,2)}}{\partial(\theta, \phi)} \mathrm{d}\phi \wedge \mathrm{d}\theta \\ &= R^2 \cos\theta \sin\theta \mathrm{d}\phi \wedge \mathrm{d}\theta\end{aligned}$$

und somit folgt

$$\begin{aligned}&\int_A \gamma^*(\beta_2 F) \\ &= \int_A (R \sin\phi \sin\theta)(R^2 \cos\phi \sin^2\theta) \mathrm{d}\phi \wedge \mathrm{d}\theta \\ &\quad - (R \cos\phi \sin\theta)(-R^2 \sin\phi \sin^2\theta) \mathrm{d}\phi \wedge \mathrm{d}\theta \\ &\quad + (R \cos\theta)(R^2 \cos\theta \sin\theta) \mathrm{d}\phi \wedge \mathrm{d}\theta \\ &= R^3 \int_A 2 \sin\phi \cos\phi \sin^3\theta + \cos^2\theta \sin\theta \mathrm{d}\phi \wedge \mathrm{d}\theta \\ &= 2R^3 \int_0^{\frac{1}{2}\pi} \int_0^{2\pi} \sin\phi \cos\phi \, \mathrm{d}\lambda(\phi) \, \sin^3\theta \, \mathrm{d}\lambda(\theta) \\ &\quad + R^3 \int_0^{\frac{1}{2}\pi} \int_0^{2\pi} 1 \, \mathrm{d}\lambda(\phi) \, \cos^2\theta \sin\theta \, \mathrm{d}\lambda(\theta) \\ &= 2R^3 \int_0^{\frac{1}{2}\pi} 0 \cdot \sin^3\theta \, \mathrm{d}\lambda(\theta) + \frac{2\pi R^3}{3} \\ &= \frac{2\pi R^3}{3}.\end{aligned}$$

◀

Die in den Beispielen ersichtliche Beziehung zwischen der Integration von Formen und der Definition des orientierten Kurven- bzw. Flächenintegrals wird im Abschnitt über die Zusammenhänge mit der klassischen Vektoranalysis noch genauer erörtert (siehe Seite 199).

Erst die Orientierung macht die Integration von Formen auf Mannigfaltigkeiten in $\mathbb{R}^n$ eindeutig

Das Lemma zur Unabhängigkeit des Integrals von der gewählten Parametrisierung (siehe Seite 187) hat gezeigt, dass bei Parameterwechseln die Integration nur invariant modulo Vorzeichen ist. Um $\int_M \omega$ eindeutig festzulegen, ist also eine weitere Bedingung an M notwendig. Dies ist die **Orientierbarkeit**.

Definition (Orientierung eines Parameterwechsels)

Seien A und B offene Mengen in $\mathbb{R}^d$, dann heißt ein Diffeomorphismus $g\colon A \to B$

- **orientierungserhaltend (oe)**, falls $\det(Dg(x)) > 0 \quad \forall x \in A$,
- **orientierungsumkehrend (ou)**, falls $\det(Dg(x)) < 0 \quad \forall x \in A$.

Kommentar: Der Diffeomorphismus g induziert durch

$$g_*(x; v) = (g(x); Dg(x) \cdot v)$$

eine lineare Abbildung $g_*\colon \mathcal{T}_x(A) \to \mathcal{T}_{g(x)}(B)$ zwischen den Tangentialräumen. Offenbar ist g also genau dann orientierungserhaltend, falls die lineare Abbildung

$$v \mapsto Dg(x) \cdot v$$

für alle $x \in A$ orientierungserhaltend im obigen Sinne ist.

Auf der Definition der Orientierung eines Parameterwechsels aufbauend, können wir nun angeben, wann eine Mannigfaltigkeit in $\mathbb{R}^n$ **orientierbar** ist.

Definition (Orientierbarkeit einer Mannigfaltigkeit in $\mathbb{R}^n$)

Sei M eine d-Mannigfaltigkeit in $\mathbb{R}^n$ und seien $\alpha_i : U_i \to V_i$, $i \in \{0, 1\}$, zwei Karten auf M mit $V_0 \cap V_1 \neq \emptyset$. Man sagt, die Karten **überlappen positiv**, falls die Übergangsfunktion $\alpha_1^{-1} \circ \alpha_0$ orientierungserhaltend ist. Gibt es einen Atlas $(\alpha_i, U_i, V_i)_{i \in I}$ von M, dessen sämtliche Karten positiv überlappen, so nennt man M **orientierbar**. Existiert kein solcher Atlas, dann ist M **nicht orientierbar**.

Beispiel Sei M eine d-Mannigfaltigkeit in $\mathbb{R}^n$, die durch eine einzige Karte $\alpha : U \to \alpha(U) = M$ überdeckt werden kann. Außer

$$\mathrm{id} = \alpha^{-1} \circ \alpha : U \to U$$

gibt es dann keine möglichen Kartenwechsel. Da $\det(D\mathrm{id}(x)) = 1 > 0$ für alle $x \in U$ gilt, ist M somit orientierbar. Es folgt, dass insbesondere jede offene Teilmenge $A \subseteq \mathbb{R}^n$ eine orientierbare n-Mannigfaltigkeit in $\mathbb{R}^n$ ist, da offensichtlich die Identität $\mathrm{id} : A \to \mathbb{R}^n$ eine Karte auf A ist, die A vollständig überdeckt. ◀

Nachdem die Orientierbarkeit einer Mannigfaltigkeit in $\mathbb{R}^n$ geklärt ist, lässt sich auch eine **Orientierung** auf solchen Mannigfaltigkeiten festlegen.

Definition (Orientierung einer Mannigfaltigkeit in $\mathbb{R}^n$)

Sei M eine orientierbare d-Mannigfaltigkeit in $\mathbb{R}^n$ und $(\alpha_i, U_i, V_i)_{i \in I}$ ein Atlas auf M, dessen Karten sich alle positiv überlappen. Nimmt man zu dieser Menge von Karten alle weiteren Karten hinzu, welche die gegebenen Karten positiv überlappen, so nennt man diese vergrößerte Menge von Karten die **Orientierung auf M**. Zusammen mit einer Orientierung heißt M **orientierte d-Mannigfaltigkeit in $\mathbb{R}^n$**.

Kommentar: Die Definitionen von Orientierbarkeit und Orientierung einer d-Mannigfaltigkeit in $\mathbb{R}^n$ sind nur für $d \geq 1$ sinnvoll. Hat man eine 0-Mannigfaltigkeit, also eine Menge diskreter Punkte im $\mathbb{R}^n$ gegeben, so muss man die Orientierung anders festlegen. Dieser Spezialfall wird an späterer Stelle gesondert betrachtet (siehe Seite 199).

Ist V ein d-dimensionaler reeller Vektorraum und $(a_1, \ldots, a_d)$ ein d-Tupel von linear unabhängigen Vektoren aus V, genannt **d-Frame**, dann lässt sich auch eine Orientierung auf V definieren. Sei dazu zunächst $V = \mathbb{R}^d$ und $a_1, \ldots, a_d \in \mathbb{R}^d$, dann heißt der d-Frame $(a_1, \ldots, a_d)$

- **rechtshändig**, falls $\det(A) > 0$,
- **linkshändig**, falls $\det(A) < 0$

ist, wobei $A = [a_1, \ldots, a_d] \in \mathbb{R}^{d \times d}$. Die Menge aller rechtshändigen d-Frames in $\mathbb{R}^d$ nennt man **Orientierung von $\mathbb{R}^d$**. Ist nun V ein beliebiger $\mathbb{R}$-Vektorraum mit $\dim(V) = d$, dann ist V isomorph zum $\mathbb{R}^d$ und daher existiert mindestens ein Isomorphismus (siehe Band 1, Seite 434)

$$T : \mathbb{R}^d \to V.$$

Man definiert nun eine **Orientierung auf** V durch die Menge aller d-Frames $(T(a_1), \ldots, T(a_d))$ in V, für die $(a_1, \ldots, a_d)$ rechtshändig ist. Eine weitere Orientierung auf V ist die Menge der d-Frames $(T(a_1), \ldots, T(a_d))$, für die $(a_1, \ldots, a_d)$ linkshändig ist. Ist auf V eine Orientierung gegeben, dann wähle zu jedem d-Frame $(v_1, \ldots, v_d)$ aus der Orientierung den Isomorphismus

$$\alpha : \mathbb{R}^d \to V\ ,\ x = \begin{pmatrix} x_1 \\ \vdots \\ x_d \end{pmatrix} \mapsto \sum_{i=1}^{d} x_i v_i = \widetilde{v}.$$

Für jedes i ist dann $\alpha(e_i) = v_i$ eine Karte auf V und zwei solcher Karten überlappen sich positiv. Die Menge aller solcher Karten ist dann eine Orientierung auf V im Sinne obiger Definition.

Nachdem die Orientierung von Mannigfaltigkeiten und Vektorräumen allgemein definiert ist, wollen wir diese in gewissen Dimensionen geometrisch veranschaulichen. Dazu betrachten wir den Zusammenhang zwischen den Tangentialräumen und der Orientierung von 1-, $(n-1)$- sowie n-Mannigfaltigkeiten in $\mathbb{R}^n$ genauer. Wir kommen zuerst zum Tangentialraum einer 1-Mannigfaltigkeit in $\mathbb{R}^n$.

Definition (Einheits-Tangentenfeld)

Sei M eine orientierte 1-Mannigfaltigkeit in $\mathbb{R}^n$ und $\alpha : U \to V$ eine Karte um $p \in M$ aus der gegebenen Orientierung. Wähle $t_0 \in U$ so, dass $\alpha(t_0) = p$ ist, und setze

$$T(p) = \left(p; \frac{D\alpha(t_0)}{\|D\alpha(t_0)\|}\right) \in \mathcal{T}_p(\mathbb{R}^n),$$

dann heißt $T(p)$ das **Einheits-Tangentenfeld zur Orientierung von M**.

Das Einheits-Tangentenfeld gibt also die „Richtung" vor, mit der eine Kurve durchlaufen wird und ist natürlich wohldefiniert. Sei nämlich $\beta : U' \to V'$ eine zweite Karte um $p \in M$ aus der gegeben Orientierung mit $\beta(t_1) = p$, dann ist durch

$g = \beta^{-1} \circ \alpha$ ein Diffeomorphismus zwischen Umgebungen von t_0 und t_1 gegeben und nach der Kettenregel gilt

$$D\alpha(t_0) = D(\beta \circ g)(t_0) = D\beta(t_1) \cdot Dg(t_0).$$

Da β aus der gegebenen Orientierung gewählt war, ist g orientierungserhaltend, d. h., es gilt $\det(Dg(t_0)) = Dg(t_0) > 0$ und somit folgt

$$\left(p; \frac{D\alpha(t_0)}{\|D\alpha(t_0)\|}\right) = \left(p; \frac{D\beta(t_1)}{\|D\beta(t_1)\|}\right).$$

Ferner ist $T(p)$ aus C^∞, da sowohl $t_0 = \alpha^{-1}(p)$ als auch $D\alpha(t)$ aus C^∞ sind.

Beispiel Sei $M \subset \mathbb{R}^2$ der obere Halbkreis, dann lässt sich $M \backslash \partial M$ durch die Karte

$$\alpha_0 \colon (0, \pi) \to \mathbb{R}^2, \quad \phi \mapsto (\cos\phi, \sin\phi)$$

überdecken. Nach dem Lemma zur Charakterisierung von Randpunkten einer Mannigfaltigkeit in $\mathbb{R}^n$ (siehe Seite 153) gilt, dass ein Punkt $p \in \partial M = \{(1,0), (-1,0)\}$ von einer Karte α überdeckt wird, deren Definitionsbereich offen in $\mathbb{H}^1$, aber nicht offen in $\mathbb{R}^1$ ist, und für die gilt $\alpha(0) = p$. Sei $\epsilon > 0$ und setze

$$\alpha_1 \colon [0, \epsilon) \to \mathbb{R}^2, \quad \phi \mapsto (\cos\phi, \sin\phi),$$
$$\alpha_2 \colon [0, \epsilon) \to \mathbb{R}^2, \quad \phi \mapsto (\cos(\pi + \phi), \sin\phi),$$

dann ist $[0, \epsilon) = (-\epsilon, \epsilon) \cap \mathbb{H}^1$ offen in $\mathbb{H}^1$, aber nicht offen in $\mathbb{R}^1$ und es gilt

$$\alpha_1(0) = p \quad \text{sowie} \quad \alpha_2(0) = q,$$

mit $p = (1,0)$ und $q = (-1,0)$. Also sind α_1 und α_2 zwei Karten für ∂M. Des Weiteren gilt aber auch

$$D\alpha_1(0) = (0,1) \quad \text{sowie} \quad D\alpha_2(0) = (0,1)$$

und somit ist

$$T(p) = \left(p; \frac{D\alpha_1(0)}{\|D\alpha_1(0)\|}\right) = (p; (0,1))$$
$$T(q) = \left(q; \frac{D\alpha_2(0)}{\|D\alpha_2(0)\|}\right) = (q; (0,1)).$$

Also zeigen $T(p)$ sowie $T(q)$ beide in Richtung von M (siehe Abbildung 6.9) und M scheint somit nicht orientierbar zu sein. ◀

Das Beispiel von Seite 190 suggeriert eine mögliche Anomalie bei der Orientierbarkeit von 1-Mannigfaltigkeiten in $\mathbb{R}^n$. Doch dies lässt sich beheben, indem man erlaubt, dass der Definitionsbereich U einer Karte α offen in $\mathbb{R}^1$, $\mathbb{H}^1$ oder $\mathbb{L}^1 = \{x \in \mathbb{R} \mid x \leq 0\}$ ist. Mit diesem extra Grad an Freiheit ist jede 1-Mannigfaltigkeit in $\mathbb{R}^n$ orientierbar. Dieses Resultat soll hier jedoch nicht bewiesen werden.

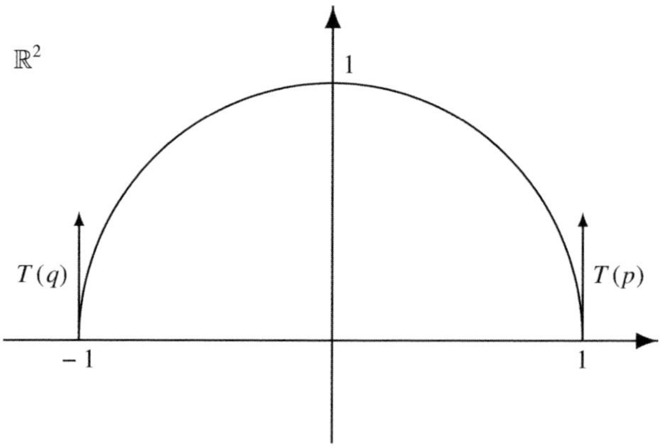

Abbildung 6.9 Scheinbare Anomalie bei der Orientierung von M.

?

Wie muss die Karte α_2 in dem Beispiel von Seite 190 modifiziert werden, damit M orientiert ist?

Als Nächstes kommen wir zu $(n-1)$-Mannigfaltigkeiten in $\mathbb{R}^n$, deren Orientierung sich mittels eines Normalen-Vektors interpretieren lässt.

Definition (Einheits-Normalenfeld)

Sei M eine orientierte $(n-1)$-Mannigfaltigkeit in $\mathbb{R}^n$ und $\alpha \colon U \to V$ eine Karte um $p \in M$ aus der gegebenen Orientierung. Sei $x \in U$ mit $p = \alpha(x)$, dann gilt (siehe Seite 172)

$$\mathcal{T}_p(M) = \operatorname{span}\left\{\left(p; \frac{\partial\alpha}{\partial x_1}(x)\right), \ldots, \left(p; \frac{\partial\alpha}{\partial x_{n-1}}(x)\right)\right\}.$$

Man nennt einen Vektor $N(p) := (p; n) \in \mathcal{T}_p(\mathbb{R}^n)$ mit

- $\|n\| = 1$,
- $(p; n) \perp \mathcal{T}_p(M)$

einen **Einheitsnormalenvektor an M bei p**, und bis auf sein Vorzeichen ist $n \in \mathbb{R}^n$ bereits eindeutig durch diese beiden Bedingungen festgelegt. Das Vorzeichen von n wird durch die Forderung, dass der n-Frame

$$\left(n, \frac{\partial\alpha}{\partial x_1}(x), \ldots, \frac{\partial\alpha}{\partial x_{n-1}}(x)\right)$$

rechtshändig ist, bestimmt. Man sagt dann, der Einheitsnormalenvektor **korrespondiert zur Orientierung von M**. Man nennt eine Abbildung

$$N \colon \begin{cases} M \to \mathcal{T}(\mathbb{R}^n), \\ p \mapsto (p; n), \end{cases}$$

die jedem Punkt p einen Einheitsnormalenvektor zuordnet, der zur Orientierung von M korrespondiert, ein **Einheits-Normalenfeld von M**.

Beispiel Seien $a, b \in \mathbb{R}^3$ linear unabhängig, dann lässt sich ein Parallelogramm P in $\mathbb{R}^3$ (2-Mannigfaltigkeit in $\mathbb{R}^3$) durch

$$\alpha\colon (0,1)^2 \subset \mathbb{R}^2 \to \mathbb{R}^3, \quad (x,y) \mapsto xa + yb$$

definieren, d. h. $P = \alpha((0,1)^2)$. Wegen $D\alpha(x,y) = (a,b)$, ist trivialerweise

$$\mathcal{T}_p(P) = \operatorname{span}(a,b)$$

für alle $p \in P$. Definiert man nun $c := a \times b$, dann gilt (siehe Band 1, Abschnitt 7.3)

- $\|c\| = \operatorname{vol}(P)$,
- $c \perp \mathcal{T}_p(P) \quad \forall p \in P$,
- $\det(c, a, b) > 0$.

Durch Normieren $\widetilde{c} = \frac{c}{\|c\|}$ erhält man so ein Einheitsnormalenfeld $\widetilde{c}$ korrespondierend zur Orientierung von P, da $\widetilde{c}$ für alle $p \in P$ ein Einheitsnormalenvektor ist. Die Komponenten von c sind durch

$$\begin{aligned} c_1 &= \det\begin{pmatrix} a_2 & b_2 \\ a_3 & b_3 \end{pmatrix} = \mathrm{d}x_2 \wedge \mathrm{d}x_3(a,b), \\ c_2 &= -\det\begin{pmatrix} a_1 & b_1 \\ a_3 & b_3 \end{pmatrix} = -\mathrm{d}x_1 \wedge \mathrm{d}x_3(a,b), \\ c_3 &= \det\begin{pmatrix} a_1 & b_1 \\ a_2 & b_2 \end{pmatrix} = \mathrm{d}x_1 \wedge \mathrm{d}x_2(a,b) \end{aligned}$$

gegeben (siehe Definition des Kreuzproduktes). ◀

Das Beispiel von dieser Seite motiviert zu folgender Verallgemeinerung:

Lemma

Seien $x_1, \ldots, x_{n-1}$ linear unabhängige Vektoren aus $\mathbb{R}^n$ und sei $X = [x_1, \ldots, x_{n-1}] \in \mathbb{R}^{n \times (n-1)}$. Definiert man den Vektor $c = \sum_{i=1}^n c_i e_i \in \mathbb{R}^n$ durch

$$c_i = (-1)^{i-1} \mathrm{d}x_1 \wedge \ldots \wedge \widehat{\mathrm{d}x_i} \wedge \ldots \wedge \mathrm{d}x_n(X),$$

dann ist $c \neq 0$ und hat folgende Eigenschaften:

- $c \perp x_i \; \forall i = 1, \ldots, n-1$,
- $(c, x_1, \ldots, x_{n-1})$ ist rechtshändig,
- $\|c\| = \operatorname{vol}(X)$.

Beweis: Es gilt

$$\mathrm{d}x_1 \wedge \ldots \wedge \widehat{\mathrm{d}x_j} \wedge \ldots \wedge \mathrm{d}x_n(X) = \det X_{I_j}$$

mit $I_j = (1, \ldots, \widehat{j}, \ldots, n)$. X_{I_j} entspricht also der Matrix X ohne deren j-te Zeile und somit folgt

$$c_j = (-1)^{j-1} \det X_{I_j}.$$

Da $n-1$ Zeilen von X linear unabhängig sind, gilt $c_j \neq 0$ für $j = 1, \ldots, n$. Sei nun $a \in \mathbb{R}^n$ beliebig, dann gilt nach dem Entwicklungssatz von Laplace (hier: Entwicklung nach der ersten Spalte)

$$\det[a, x_1, \ldots, x_{n-1}] = \sum_{j=1}^n a_j (-1)^{j-1} \det X_{I_j} = a \cdot c.$$

Wir betrachten nun folgende Fälle:

(1) Ist $a = x_i$ für $i = 1, \ldots, n-1$, dann hat die Matrix $[a, x_1, \ldots, x_{n-1}]$ zwei identische Spalten und es gilt

$$\det[x_i, x_1, \ldots, x_{n-1}] = x_i \cdot c = 0.$$

Dies ist gerade äquivalent zu $c \perp x_i$ für $i = 1, \ldots, n-1$.

(2) Ist $a = c$, so gilt

$$\det[c, x_1, \ldots, x_{n-1}] = c \cdot c = \|c\|^2 > 0,$$

da $c \neq 0$. Also ist der Frame $(c, x_1, \ldots, x_{n-1})$ rechtshändig.

(3) Aus der Orthogonalität folgt

$$[c, x_1, \ldots, x_{n-1}]^\top \cdot [c, x_1, \ldots, x_{n-1}] = \begin{bmatrix} \|c\|^2 & 0 \\ 0 & X^T X \end{bmatrix}.$$

Berechnet man die Determinante auf beiden Seiten und berücksichtigt (2), so ergibt sich wegen $\operatorname{vol}(X) = \sqrt{\det(X^T X)}$, dass

$$\|c\|^2 \|c\|^2 = \|c\|^2 \operatorname{vol}(X)^2$$

gilt und da $\|c\| \neq 0$ ist, folgt $\|c\| = \operatorname{vol}(X)$. ∎

Mit diesem Lemma lässt sich nun ein Verfahren zur Konstruktion von Einheits-Normalenfeldern angeben.

Satz (Einheits-Normalenfeld)

Sei M eine orientierte $(n-1)$-Mannigfaltigkeit in $\mathbb{R}^n$ und $(\alpha_i, U_i, V_i)_{i \in I}$ ein Atlas auf M aus der gegebenen Orientierung. Wähle für jedes $p \in M$ eine passende Karte α um p aus dem Atlas und setze

$$c_j(p) = (-1)^{j-1} \mathrm{d}x_1 \wedge \ldots \wedge \widehat{\mathrm{d}x_j} \wedge \ldots \wedge \mathrm{d}x_n(D\alpha(x)),$$

wobei $x = \alpha^{-1}(p)$ ist. Definiert man $c(p) = \sum_{j=1}^n c_j(p) e_j$, dann ist

$$N(p) = \left(p; \frac{c(p)}{\|c(p)\|}\right)$$

ein Einheits-Normalenfeld aus C^∞, korrespondierend zur Orientierung von M.

Beweis: Nach dem Lemma von Seite 191 ist $c(p) \neq 0$ für alle $p \in M$ und es gilt

$$c(p) \perp \operatorname{span}\left\{\frac{\partial \alpha}{\partial x_1}, \ldots, \frac{\partial \alpha}{\partial x_{n-1}}\right\}.$$

Also ist $c(p) \perp \operatorname{span}(D\alpha(x))$ und daraus ergibt sich unmittelbar

$$N(p) \perp \mathcal{T}_p(M)$$

für alle $p \in M$. Weiterhin folgt aus dem Lemma, dass der Frame

$$\left(\frac{c(p)}{\|c(p)\|}, \frac{\partial \alpha}{\partial x_1}, \ldots, \frac{\partial \alpha}{\partial x_{n-1}} \right)$$

rechtshändig ist. Trivialerweise gilt auch $\left\| \frac{c(x)}{\|c(x)\|} \right\| = 1$ und somit ist $N(p)$ ein Einheits-Normalenfeld.

Wir hatten schon gezeigt, dass die elementaren Formen $\mathrm{d}x_I$ aus C^∞ sind (siehe Seite 174), und daher sind auch die $c_j(p)\colon M \to \mathbb{R}$ aus C^∞. Daraus folgt aber unmittelbar, dass auch $c(p)\colon M \to \mathbb{R}^n$ aus C^∞ ist und somit ist ebenfalls $N(p)$ aus C^∞. ■

Schließlich betrachten wir noch den Fall einer n-Mannigfaltigkeit M in $\mathbb{R}^n$. In dieser Situation ist M nämlich nicht nur orientierbar, sondern besitzt sogar eine natürliche Orientierung.

Definition (Orientierung einer n-Mannigfaltigkeit in $\mathbb{R}^n$)

Sei M eine n-Mannigfaltigkeit in $\mathbb{R}^n$ und $\alpha\colon U \to V$ eine Karte auf M, dann ist

$$D\alpha(x) \in \mathbb{R}^{n\times n}$$

für alle $x \in U$. Die **natürliche Orientierung von** M besteht aus allen Karten α auf M mit $\det(D\alpha) > 0$.

Nachdem die Orientierbarkeit bzw. die Orientierung von Mannigfaltigkeiten in $\mathbb{R}^n$ in wichtigen Dimensionen $(1, n-1, n)$ geklärt ist, kommen wir zu der interessanten Frage, ob man eine gegebene Orientierung auch umkehren kann. Dazu zunächst folgende Definition:

Definition (Spiegelung)

Für $n \in \mathbb{N}$ setze $H := \operatorname{span}\{e_2, \ldots, e_n\}$, dann ist durch

$$r\colon \begin{cases} \mathbb{R}^n \to \mathbb{R}^n, \\ (x_1, x_2, \ldots, x_n) \mapsto (-x_1, x_2, \ldots, x_n) \end{cases}$$

die **Spiegelung an der Hyperebene** H definiert. Die Spiegelung r ist offenbar selbstinvers, d. h., $r^{-1} = r$ und eingeschränkt auf $\mathbb{H}^n$ gilt

$$r\colon \mathbb{H}^n \to \mathbb{H}^n \quad \text{und} \quad r\colon \mathbb{H}^1 \to \mathbb{L}^1.$$

Ist nun M eine orientierte d-Mannigfaltigkeit in $\mathbb{R}^n$ und $\mathcal{A}$ die Menge aller Karten aus dieser Orientierung, dann lässt sich mittels der Spiegelung r eine neue Menge $\mathcal{B}$ von Karten definieren, die ebenfalls eine Orientierung auf M bildet. Die Karten aus $\mathcal{A}$ und $\mathcal{B}$ überdecken sich dabei negativ, d. h., $\mathcal{B}$ ist die $\mathcal{A}$ entgegengesetzte Orientierung auf M.

Satz (Reverse Orientierung)

Sei M eine orientierte d-Mannigfaltigkeit in $\mathbb{R}^n$ und bezeichne $\mathcal{A}$ die Menge aller Karten aus dieser Orientierung. Für jede Karte $\alpha\colon U \to V$ aus $\mathcal{A}$ definiere

$$\beta := \alpha \circ r\colon r(U) \to V$$

und bezeichne $\mathcal{B}$ die Menge aller solcher Karten, dann bildet $\mathcal{B}$ die zu $\mathcal{A}$ **reverse Orientierung** und mit $-M$ wird die **revers orientierte Mannigfaltigkeit** bezeichnet.

Beweis: Seien $\alpha_0\colon U_0 \to V_0$ und $\alpha_1\colon U_1 \to V_1$ zwei Karten aus $\mathcal{A}$ mit nicht trivialem Kartenwechsel, d. h. $V_0 \cap V_1 \neq \emptyset$. Setze nun $\beta_0 = \alpha_0 \circ r$ und $\beta_1 = \alpha_1 \circ r$, dann gilt

$$\begin{aligned} \beta_1^{-1} \circ \beta_0 &= (\alpha_1 \circ r)^{-1} \circ (\alpha_0 \circ r) \\ &= r \circ \alpha_1^{-1} \circ \alpha_0 \circ r. \end{aligned}$$

Die Übergangsfunktion $g = \alpha_1^{-1} \circ \alpha_0\colon \widetilde{U}_0 \to \widetilde{U}_1$ mit $\widetilde{U}_i = \alpha_i^{-1}(V_0 \cap V_1)$, $i = 0, 1$, ist nach Voraussetzung ein Diffeomorphismus mit $\det(Dg(x)) > 0$ für alle $x \in \widetilde{U}_0$ und somit folgt

$$\begin{aligned} &\det\left[D(\beta_1^{-1} \circ \beta_0)(x)\right] \\ &\quad = \det\left[D(r \circ g \circ r)(x)\right] \\ &\quad = \det\left[Dr(g \circ r(x))\right] \cdot \det\left[Dg(r(x))\right] \cdot \det\left[Dr(x)\right] \\ &\quad = \det Dg(r(x)) > 0. \end{aligned}$$

Analog zeigt man $\det\left[D(\beta_0^{-1} \circ \beta_1)(x)\right] > 0$, d. h., die Karten β_0 und β_1 überlappen positiv. Weiterhin gilt

$$\alpha_1^{-1} \circ \beta_0 = \alpha_1^{-1} \circ \alpha_0 \circ r = g \circ r$$

und somit folgt

$$\begin{aligned} \det\left[D(\alpha_1^{-1} \circ \beta_0)(x)\right] &= \det\left[D(g \circ r)(x)\right] \\ &= \det\left[Dg(r(x))\right] \cdot \det\left[Dr(x)\right] \\ &= -\det\left[Dg(r(x))\right] < 0. \end{aligned}$$

Analog zeigt man $\det\left[D(\alpha_0^{-1} \circ \beta_1)(x)\right] < 0$. Wegen $\alpha_i^{-1} \circ \beta_i = r$, gilt ebenso $\det\left[D(\alpha_i^{-1} \circ \beta_i)(x)\right] < 0$, $i = 0, 1$, und somit überlappen sich die α_i und β_j negativ für $i, j \in \{0, 1\}$. Da die Karten beliebig gewählt waren, folgt die Behauptung. ■

Jede orientierbare Mannigfaltigkeit M in $\mathbb{R}^n$ hat also mindestens zwei Orientierungen, nämlich die gegebene und die dazu reverse Orientierung. Ist M zusammenhängend, dann sind dies auch die einzigen Orientierungen auf M. Andernfalls kann es noch weitere Orientierungen geben (siehe Abbildung 6.10).

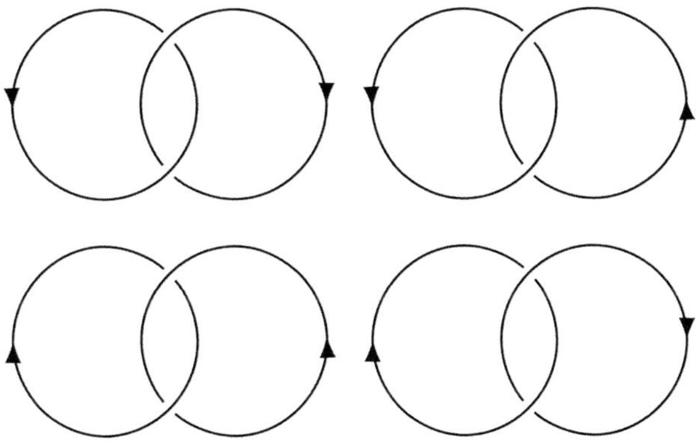

Abbildung 6.10 1-Mannigfaltigkeit mit 4 verschiedenen Orientierungen.

Beispiel

- Sei M eine orientierte 1-Mannigfaltigkeit in $\mathbb{R}^n$ mit dazugehörigem Einheits-Tangentenfeld
$$T(p) = \left(p; \frac{D\alpha(t)}{\|D\alpha(t)\|}\right),$$
wobei $\alpha\colon U \to V$ eine Karte aus der gegebenen Orientierung um p ist mit $\alpha(t) = p$. Der reversen Orientierung auf M entspricht dann der Übergang von T zu $-T$.

  Denn per definitionem ist $\alpha \circ r$ aus der reversen Orientierung und wegen $\alpha \circ r(t) = \alpha(-t)$ gilt
$$D(\alpha \circ r)(t) = -D\alpha(t).$$
Es folgt
$$-T(p) = \left(p; -\frac{D\alpha(t)}{\|D\alpha(t)\|}\right) = \left(p; \frac{D(\alpha \circ r)(t)}{\|D(\alpha \circ r)(t)\|}\right)$$
und somit ist $-T(p)$ das Einheits-Tangentenfeld der reversen Orientierung.
- Sei M eine orientierte $(n-1)$-Mannigfaltigkeit in $\mathbb{R}^n$ mit dazugehörigem Einheits-Normalenfeld $N(p) = (p; c(p))$, dann entspricht der reversen Orientierung auf M der Übergang von N zu $-N$.

  Um das zu sehen, wähle $p \in M$ und eine Karte $\alpha\colon U \to V$ um p aus der gegebenen Orientierung. Dann ist $\alpha \circ r$ aus der reversen Orientierung, und wegen
$$(\alpha \circ r)(x) = \alpha(-x_1, x_2, \ldots, x_{n-1})$$
gilt
$$\frac{\partial(\alpha \circ r)}{\partial x_1} = -\frac{\partial \alpha}{\partial x_1} \quad \text{sowie} \quad \frac{\partial(\alpha \circ r)}{\partial x_i} = \frac{\partial \alpha}{\partial x_i}$$
für $i = 2, \ldots, n-1$. Es ist
$$\Leftrightarrow \det\left(c, \frac{\partial \alpha}{\partial x_1}, \ldots, \frac{\partial \alpha}{\partial x_{n-1}}\right) > 0 \quad \forall p \in M$$
$$\Leftrightarrow \det\left(c, -\frac{\partial \alpha}{\partial x_1}, \ldots, \frac{\partial \alpha}{\partial x_{n-1}}\right) < 0 \quad \forall p \in M$$
$$\Leftrightarrow \det\left(-c, -\frac{\partial \alpha}{\partial x_1}, \ldots, \frac{\partial \alpha}{\partial x_{n-1}}\right) > 0 \quad \forall p \in M$$
und somit ist $-N(p) = (p; -c(p))$ das Einheits-Normalenfeld der reversen Orientierung. ◀

Im Abschnitt über Mannigfaltigkeiten in $\mathbb{R}^n$ haben wir bereits gesehen, dass der Rand ∂M einer d-Mannigfaltigkeit M in $\mathbb{R}^n$ wiederum eine $(d-1)$-Mannigfaltigkeit in $\mathbb{R}^n$ ist. Ist nun M orientierbar und hat man eine Orientierung auf M gegeben, so stellt sich die Frage, ob dann automatisch eine Orientierung auf ∂M vererbt wird? Der folgende Satz sichert zunächst die Orientierbarkeit von ∂M.

Satz

Sei $d \in \{2, \ldots, n\}$ und M eine orientierte d-Mannigfaltigkeit in $\mathbb{R}^n$ mit $\partial M \neq \emptyset$, dann ist ∂M orientierbar.

Beweis: Sei $p \in \partial M$ und $\alpha\colon U \to V$ eine Karte um p aus der gegebenen Orientierung. Definiere die Abbildung
$$b\colon \begin{cases} \mathbb{R}^{d-1} \to \mathbb{R}^d, \\ (x_1, \ldots, x_{d-1}) \mapsto (x_1, \ldots, x_{d-1}, 0), \end{cases}$$
dann ist $\alpha_0 = \alpha \circ b$, als Restriktion von α auf ∂M, eine Karte auf ∂M. Um den Satz zu beweisen, reicht nun zu zeigen:

Sind α und β Karten auf M um p, die positiv überlappen, dann überlappen auch α_0 und $\beta_0 = \beta \circ b$ positiv.

Setze $g := \beta^{-1} \circ \alpha$, dann gilt für geeignete Mengen W_0 und W_1, die offen in $\mathbb{H}^d$ sind,
$$g\colon W_0 \to W_1$$
und nach Voraussetzung ist $\det Dg(x) > 0$ für alle $x \in W_0$. Es gilt $W_0 \cap \partial\mathbb{H}^d \neq \emptyset$. Wählt man nun $x \in \partial\mathbb{H}^d = \mathbb{R}^{d-1} \times 0$ und betrachtet
$$g(x) = g(x_1, \ldots, x_d) = \begin{pmatrix} g_1(x_1, \ldots, x_d) \\ \vdots \\ g_d(x_1, \ldots, x_d) \end{pmatrix},$$
so bewirkt eine Änderung von $x_1, \ldots, x_{d-1}$ keine Veränderung von g_d. Eine positive Änderung von x_d jedoch, bewirkt eine Vergrößerung von g_d. Damit hat die letzte Zeile von $Dg(x)$ die Form
$$Dg_d(x) = \left[0, \ldots, 0, \frac{\partial g_d}{\partial x_d}(x)\right]$$
mit $\frac{\partial g_d}{\partial x_d}(x) \geq 0$. Wegen $\det Dg(x) > 0$, folgt $\frac{\partial g_d}{\partial x_d}(x) > 0$ für alle $x \in \partial\mathbb{H}^d$ und damit gilt
$$\det \frac{\partial(g_1, \ldots, g_{d-1})}{\partial(x_1, \ldots, x_{d-1})} > 0,$$
wobei $\frac{\partial(g_1, \ldots, g_{d-1})}{\partial(x_1, \ldots, x_{d-1})} = D(\beta_0^{-1} \circ \alpha_0)$ die Ableitung der Übergangsfunktion auf ∂M ist. ■

Der Beweis des letzten Satzes zeigt, dass man immer eine Orientierung des Randes ∂M einer orientierten Mannigfaltigkeit M erhält, indem die Karten auf M durch die Abbildung
$$b\colon \begin{cases} \mathbb{R}^{d-1} \to \mathbb{R}^d, \\ (x_1, \ldots, x_{d-1}) \mapsto (x_1, \ldots, x_{d-1}, 0) \end{cases}$$

auf den Rand ∂M eingeschränkt werden. Jedoch ist diese Orientierung nicht immer die gewünschte und daher definiert man die Orientierung des Randes wie folgt:

Definition (Induzierte Orientierung von ∂M)

Sei M eine orientierbare d-Mannigfaltigkeit in $\mathbb{R}^n$ mit $\partial M \neq \emptyset$. Ist auf M eine Orientierung gegeben, so ist die **induzierte Orientierung von** ∂M wie folgt definiert:

- Ist d gerade, dann wähle die Einschränkung der Orientierung von M auf ∂M.
- Ist d ungerade, dann wähle die reverse Orientierung der Einschränkung der Orientierung von M auf ∂M.

Beispiel Die 2-Sphäre S^2 und der Torus T sind orientierbare 2-Mannigfaltigkeiten in $\mathbb{R}^3$, denn sie sind jeweils die Ränder von orientierbaren 3-Mannigfaltigkeiten. Es ist

$$S^2 = \partial B^3 \quad \text{und} \quad T = \partial \widehat{T},$$

wobei $\widehat{T}$ den Voll-Torus, also einen „gefüllten" Torus meint. Eine mögliche Parametrisierung von $\widehat{T}$ (siehe Abbildung 6.11) ist gegeben durch $\alpha\colon A \to \mathbb{R}^3$ mit $A = [0, 2\pi] \times [0, 2\pi] \times [0, R]$ und

$$(t, \rho, r) \mapsto D \begin{pmatrix} \cos t \\ \sin t \\ 0 \end{pmatrix} + r \begin{pmatrix} \cos t \cdot \cos \rho \\ \sin t \cdot \cos \rho \\ \sin \rho \end{pmatrix}.$$

Hält man d fest und setzt $d = R$, so ergibt sich eine Parametrisierung für T. ◀

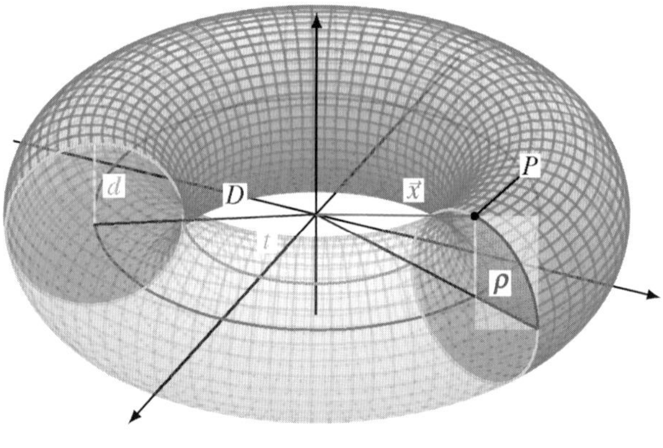

Abbildung 6.11 Parametrisierung des (Voll)-Torus.

Integration von Formen über orientierte Mannigfaltigkeiten

Wir kommen nun zur Definition des Integrals über einer orientierten Mannigfaltigkeit in $\mathbb{R}^n$. Das Vorgehen ist dabei ähnlich zu dem bei der Definition des Integrals einer skalaren Funktion über einer Mannigfaltigkeit (siehe Seite 156 ff.), sodass die Motivation der einzelnen Schritte bekannt sein sollte. Wir betrachten zunächst den Fall, bei dem der Träger $\operatorname{supp}(\omega)$ einer d-Form ω von einer einzigen Karte überdeckt werden kann.

Definition (Integration einer d-Form über eine orientierte d-Mannigfaltigkeit in $\mathbb{R}^n$ im Falle der Überdeckung des Trägers durch eine Karte)

Sei M eine kompakte, orientierte d-Mannigfaltigkeit in $\mathbb{R}^n$ und ω eine d-Form, die auf einer offenen Menge in $\mathbb{R}^n$ definiert ist, die M enthält. Setze $C = M \cap \operatorname{supp}(\omega)$, dann ist C kompakt. Sei $\alpha\colon U \to V$ eine Karte aus der gegebenen Orientierung von M mit $C \subseteq V$, dann ist das **Integral von** ω **über** M durch

$$\int_M \omega := \int_{\operatorname{Int} U} \alpha^* \omega$$

definiert. Dabei gilt $\operatorname{Int} U = U$, falls U offen in $\mathbb{R}^d$ ist, und $\operatorname{Int} U = U \cap \mathbb{H}^d_+$, falls U offen in $\mathbb{H}^d$, aber nicht offen in $\mathbb{R}^d$ ist.

Kommentar: U kann immer als beschränkt angenommen werden, indem man U zur Not durch eine kleinere offene Menge ersetzt.

Es soll kurz erklärt werden, warum die Definition sinnvoll ist:

Wir wissen bereits, dass die Form $\alpha^*\omega$ als

$$\alpha^*\omega = h\,\mathrm{d}x_1 \wedge \ldots \wedge \mathrm{d}x_d$$

geschrieben werden kann, wobei $h\colon \mathbb{R}^d \to \mathbb{R}$ durch

$$h(x) = \alpha^*\omega(x)((x; e_1), \ldots, (x; e_d))$$

definiert ist und somit aus C^∞ ist. Da h stetig auf U ist und auf $U \backslash \alpha^{-1}(C)$ mit $C := M \cap \operatorname{supp}(\omega)$ verschwindet, ist h beschränkt auf U.

Wenn U offen in $\mathbb{R}^d$ ist, dann verschwindet h ebenfalls in einer Umgebung eines jeden Randpunktes $x \in \partial U$. Ist U nicht offen in $\mathbb{R}^d$, dann verschwindet h in einer Umgebung eines jeden Randpunktes $x \in \partial U$, der nicht in $\partial \mathbb{H}^d$ liegt. Der Schnitt $\partial U \cap \partial \mathbb{H}^d$ ist aber vom Maß null in $\mathbb{R}^d$ und daher ist h in beiden Fällen integrierbar über U und somit ebenfalls über $\operatorname{Int} U$.

Weiterhin ist das Integral unabhängig von der gewählten Karte α, solange die Karte aus der gegeben Orientierung gewählt ist. Der Beweis hierzu ist dem Beweis bezüglich parametrisierter Mannigfaltigkeiten sehr ähnlich (siehe Seite 187). Man muss nur beachten, dass die Übergangsfunktion orientierungserhaltend ist und daher die Determinante ihrer Jacobi-Matrix ein positives Vorzeichen hat.

Das oben definierte Integral ist zudem linear, d. h. für zwei d-Formen ω und η, deren Träger von einer einzigen Karte α überdeckt werden, gilt

$$\int_M a\omega + b\eta = a \int_M \omega + b \int_M \eta$$

mit $a, b \in \mathbb{R}$. Dies folgt direkt aus der Linearität der Operatoren α^* und $\int_{\text{Int}U}$. Abschließend sei noch bemerkt, dass nach dem Lemma von Seite 187 auch

$$\int_{-M} \omega = -\int_M \omega$$

gilt, wobei $-M$ die Mannigfaltigkeit M mit der reversen Orientierung ist. Wir fassen diese Eigenschaften kurz in einem Lemma zusammen:

Lemma (Eigenschaften des Integrals über einer orientierten Mannigfaltigkeit in $\mathbb{R}^n$)

Seien M eine kompakte, orientierte d-Mannigfaltigkeit in $\mathbb{R}^n$ und ω, η zwei d-Formen, die auf offenen Mengen in $\mathbb{R}^n$ definiert sind, die M enthalten. Sind $\alpha\colon U \to V$ und $\beta\colon U' \to V'$ zwei Karten auf M aus der gegeben Orientierung mit $C \subseteq V$ und $C \subseteq V'$, wobei $C = M \cap (\text{supp}(\omega) \cup \text{supp}(\eta))$ ist, dann gilt:

- $\int_M a\omega + b\eta = a\int_M \omega + b\int_M \eta, \quad a, b \in \mathbb{R}$
- $\int_{\text{Int}\, U} \alpha^*\omega = \int_M \omega = \int_{\text{Int}\, U'} \beta^*\omega$
- $\int_{-M} \omega = -\int_M \omega$

Wie schon im Abschnitt zur Integration skalarwertiger Funktionen (siehe Seite 156) benötigen wir wieder die Partition der Eins, um $\int_M \omega$ allgemein definieren zu können.

Definition (Integration einer d-Form über eine orientierte d-Mannigfaltigkeit in $\mathbb{R}^n$)

Sei M eine kompakte, orientierte d-Mannigfaltigkeit in $\mathbb{R}^n$ und ω eine d-Form, die auf einer offenen Menge, die M enthält, definiert ist. Ist $(\alpha_i, U_i, V_i)_{i\in I}$ ein Atlas auf M aus der gegebenen Orientierung sowie $\Phi_1, \ldots, \Phi_l$ eine dazu passende Zerlegung der Eins auf M, dann ist das **Integral von ω über M** durch

$$\int_M \omega := \sum_{i=1}^{l} \int_M \Phi_i \omega$$

definiert.

Die Definition ist konsistent mit der von Seite 194, denn wird $\text{supp}(\omega)$ von einer einzigen Karte $\alpha\colon U \to V$ überdeckt, so folgt

$$\begin{aligned}\int_M \omega = \sum_{i=1}^{l} \int_M \Phi_i\omega &= \sum_{i=1}^{l} \int_{\text{Int}U} \alpha^*(\Phi_i\omega)\\ &= \int_{\text{Int}U} \sum_{i=1}^{l} (\Phi_i \circ \alpha)\alpha^*\omega\\ &= \int_{\text{Int}U} \alpha^*\omega.\end{aligned}$$

Zudem folgt mit der gleichen Argumentation wie im Abschnitt zur Integration skalarwertiger Funktionen (siehe Seite 156), dass $\int_M \omega$ unabhängig von der gewählten Zerlegung der Eins ist.

?

Zeigen Sie die Unabhängigkeit des Integrals von der gewählten Zerlegung der Eins.

Um das Integral auch berechnen zu können, ist der folgende Satz hilfreich. Er liefert eine analoge Aussage zum Satz von Seite 157 für d-Formen.

Satz (Integration durch disjunkte Zerlegung von M)

Sei M eine kompakte, orientierte d-Mannigfaltigkeit in $\mathbb{R}^n$ und ω eine d-Form, die auf einer offenen Menge, die M enthält, definiert ist. Weiterhin seien $\alpha_i\colon A_i \to M_i$, $i = 1, \ldots, N$, Karten aus der gegebenen Orientierung mit A_i offen in $\mathbb{R}^d$, sodass $M = \left(\bigcup_{i=1}^N M_i\right) \cup K$ gilt, wobei $M_i \cap M_j = \emptyset$ für $i \neq j$ und K eine Menge vom Maß null ist, dann gilt

$$\int_M \omega = \sum_{i=1}^{N} \int_{A_i} \alpha^*\omega.$$

Beweis: Der Beweis läuft fast vollständig analog zum Beweis des gleichen Resultates für skalare Funktionen, siehe Seite 157. ■

Geometrische Anschauung von Formen

Nachdem die Theorie zur Integration von Formen über orientierte Mannigfaltigkeiten in $\mathbb{R}^n$ so weit entwickelt wurde, dass wir das Integral

$$\int_M \omega$$

für eine kompakte, orientierbare d-Mannigfaltigkeit M in $\mathbb{R}^n$ und $\omega \in \Omega^d(M)$ definieren können, soll in diesem Einschub kurz auf die geometrische Interpretation von Formen eingegangen werden, bevor im nächsten Abschnitt der allgemeine Satz von Stokes behandelt wird.

Das Integral einer Form über eine orientierte Mannigfaltigkeit scheint auf den ersten Blick hin sehr abstrakt zu sein, aber es lässt sich in gewisser Weise geometrisch veranschaulichen. Dazu rufen wir uns zunächst in Erinnerung, dass für den elementaren alternierenden n-Tensor auf $\mathbb{R}^n$ gilt

$$\Psi_{(1,\ldots,n)}(v_1, \ldots, v_n) = \det(V) = \pm\text{vol}(V)$$

mit $v_1, \ldots, v_n \in \mathbb{R}^n$ und $V = [v_1, \ldots, v_n] \in \mathbb{R}^{n\times n}$. Diese Beziehung zwischen alternierenden Tensoren und der Volumenfunktion lässt sich im Allgemeinen wie folgt festhalten:

Satz

Sei W ein d-dimensionaler Teilraum des $\mathbb{R}^n$ und $(a_1, \ldots, a_d)$ ein orthonormaler d-Frame in W. Ist $f \in \mathcal{A}^d(W)$ ein alternierender d-Tensor auf W und $x_1, \ldots, x_d \in W$ beliebig, dann gilt

$$f(x_1, \ldots, x_d) = \pm\text{vol}(x_1, \ldots, x_d) \cdot f(a_1, \ldots, a_d).$$

Vorausgesetzt die x_i sind linear unabhängig, dann ist das Vorzeichen positiv, falls die Frames $(x_1, \ldots, x_d)$ und $(a_1, \ldots, a_d)$ zur selben Orientierung gehören, und anderenfalls ist es negativ.

Beweis: Wir zeigen zunächst den Spezialfall $W = \mathbb{R}^d$ und weisen anschließend den allgemeinen Fall nach:

(1) Sei $W = \mathbb{R}^d$ und $f \in \mathcal{A}^d(\mathbb{R}^d)$, dann ist f ein Vielfaches der Determinanten-Funktion, d. h., es gibt ein $c \in \mathbb{R}$, sodass

$$f(x_1, \ldots, x_d) = c \cdot \det(X)$$

für alle $x_1, \ldots, x_d \in \mathbb{R}^d$ gilt, wobei $[x_1, \ldots, x_d] = X$ ist. Sind die x_i linear abhängig, dann folgt $f = 0$ und die Behauptung gilt für $W = \mathbb{R}^d$. Anderenfalls gilt

$$f(x_1, \ldots, x_d) = c \cdot \det(X) = c \cdot \epsilon_1 \cdot \text{vol}(X)$$

mit $\epsilon_1 = 1$, falls $(x_1, \ldots, x_d)$ rechtshändig ist, und sonst $\epsilon_1 = -1$. Für einen orthonormalen d-Frame $(a_1, \ldots, a_d)$ folgt ebenso

$$f(a_1, \ldots, a_d) = c \cdot \epsilon_2 \cdot \det(A) = c \cdot \epsilon_2$$

mit $[a_1, \ldots, a_d] = A$. Dabei ist ϵ_2 analog zu ϵ_1 definiert. Insgesamt erhält man

$$\begin{aligned} \frac{f(x_1, \ldots, x_d)}{f(a_1, \ldots, a_d)} &= \frac{\epsilon_1}{\epsilon_2} \cdot \text{vol}(X) \\ \Leftrightarrow f(x_1, \ldots, x_d) &= \frac{\epsilon_1}{\epsilon_2} \cdot \text{vol}(X) \cdot f(a_1, \ldots, a_d) \end{aligned}$$

und da $\frac{\epsilon_1}{\epsilon_2} = +1$ nur dann gilt, wenn $(x_1, \ldots, x_d)$ und $(a_1, \ldots, a_d)$ zur selben Orientierung gehören, ist die Behauptung für den Fall $W = \mathbb{R}^d$ bewiesen.

(2) Sei W ein beliebiger d-dimensionaler Teilraum des $\mathbb{R}^n$, dann wähle eine orthogonale Transformation $h \colon \mathbb{R}^n \to \mathbb{R}^n$ die W auf $\mathbb{R}^d \times \{0\}^{n-d}$ abbildet und setze

$$k := h^{-1} \colon \mathbb{R}^d \times \{0\}^{n-d} \to \mathbb{R}^n$$

als die Umkehrabbildung. Ist nun f ein alternierender Tensor auf W, so ist $k^* f$ ein alternierender Tensor auf $\mathbb{R}^d \times \{0\}^{n-d}$. Da $h(X) = (h(x_1), \ldots, h(x_d))$ ein d-Frame in $\mathbb{R}^d \times \{0\}^{n-d}$ und $h(A) = (h(a_1), \ldots, h(a_d))$ ein orthonormaler d-Frame in $\mathbb{R}^d \times \{0\}^{n-d}$ ist, folgt mit Schritt (1)

$$k^* f(h(X)) = \epsilon \cdot \text{vol}(h(X)) \cdot k^* f(h(A)).$$

Das Volumen ist invariant unter orthogonalen Transformationen, d. h., es gilt $\text{vol}(h(X)) = \text{vol}(X)$, und die Gleichung lässt sich somit zu

$$f(x_1, \ldots, x_d) = \epsilon \cdot \text{vol}(X) \cdot f(a_1, \ldots, a_d)$$

umschreiben. Angenommen, die x_i sind linear unabhängig (anderenfalls sind wir schon fertig, da dann die Behauptung trivialerweise gilt), dann ist auch $h(X)$ linear unabhängig und nach Schritt (1) ist $\epsilon = 1$, genau dann, wenn $h(X)$ und $h(A)$ zur selben Orientierung von $\mathbb{R}^d \times \{0\}$ gehören. Dies passiert aber per definitionem nur dann, wenn $(x_1, \ldots, x_d)$ und $(a_1, \ldots, a_d)$ zur selben Orientierung von W gehören. ■

Wir benötigen noch die folgende Definition, die den Begriff der Orientierung auf Tangentialräume erweitert.

Definition (Natürliche Orientierung des Tangentialraums)

Sei M eine orientierte d-Mannigfaltigkeit in $\mathbb{R}^n$ und sei $\alpha \colon U \to V$ eine Karte aus der gegebenen Orientierung mit $\alpha(x) = p$, dann heißt die Menge aller d-Frames von der Form

$$(\alpha_*(x; a_1), \ldots, \alpha_*(x; a_d) \in \mathcal{T}_p(M),$$

wobei $(a_1, \ldots, a_d)$ ein rechtshändiger d-Frame in $\mathbb{R}^d$ ist, die **natürliche Orientierung von** $\mathcal{T}_p(M)$, welche durch die Orientierung von M induziert wird.

Mit dieser Definition und dem eben bewiesenen Satz lässt sich nun eine Beziehung zwischen dem Integral einer Form über eine Mannigfaltigkeit in $\mathbb{R}^n$ und dem Integral einer skalarwertigen Funktion über eine Mannigfaltigkeit in $\mathbb{R}^n$ angeben:

Satz

Sei M eine kompakte, orientierte d-Mannigfaltigkeit in $\mathbb{R}^n$ und sei ω eine d-Form, definiert auf einer offenen Menge in $\mathbb{R}^n$, die M enthält. Definiere eine skalarwertige Funktion χ auf M durch

$$\chi(p) := \omega(p)((p; a_1), \ldots, (p; a_d)),$$

wobei $((p; a_1), \ldots, (p; a_d))$ ein orthonormaler d-Frame in $\mathcal{T}_p(M)$ ist, der zur natürlichen Orientierung von M gehört, dann ist χ stetig und es gilt

$$\int_M \omega = \int_M \chi \, d\mu.$$

Beweis: Wegen der Linearität reicht es, den Fall zu betrachten, dass $\text{supp}(\omega)$ von einer einzigen Karte $\alpha \colon U \to V$

überdeckt wird, die aus der Orientierung von M stammt. Es gilt

$$\alpha^*\omega = h\mathrm{d}x_1 \wedge \ldots \wedge \mathrm{d}x_d \in \Omega^d(U)$$

für eine passende C^∞-Funktion h. Sei $\alpha(x) = p$, dann berechnet sich h wie folgt

$$\begin{aligned} h(x) &= (\alpha^*\omega)(x)((x; e_1), \ldots, (x; e_d)) \\ &= \omega(\alpha(x))(\alpha_*(x; e_1), \ldots, \alpha_*(x; e_d)) \\ &= \omega(p)\left(\left(p; \frac{\partial \alpha}{\partial x_1}\right), \ldots, \left(p; \frac{\partial \alpha}{\partial x_d}\right)\right) \\ &= \pm \mathrm{vol}(D\alpha(x)) \cdot \chi(p), \end{aligned}$$

wobei die letzte Gleichheit aus dem Satz von Seite 196 folgt. Das Vorzeichen muss „+" sein, da der d-Frame

$$\left(\left(p; \frac{\partial \alpha}{\partial x_1}\right), \ldots, \left(p; \frac{\partial \alpha}{\partial x_d}\right)\right)$$

nach Voraussetzung zur natürlichen Orientierung von $\mathcal{T}_p(M)$ gehört. Wegen $\mathrm{Rg}(D\alpha(x)) = d$, gilt $\mathrm{vol}(D\alpha(x)) \neq 0$ für alle $x \in U$. Also ist

$$\chi(p) = \frac{h(x)}{\mathrm{vol}(D\alpha(x))}$$

eine stetige Funktion von p, da $x = \alpha^{-1}(p)$ eine stetige Funktion von p ist. Es folgt nun mit der Definition des Integrals

$$\begin{aligned} \int_M \chi \,\mathrm{d}\mu &= \int_{\mathrm{Int}\, U} (\chi \circ \alpha)(x)\mathrm{vol}(D\alpha(x)) \,\mathrm{d}\lambda(x) \\ &= \int_{\mathrm{Int}\, U} h(x) \,\mathrm{d}\lambda(x), \end{aligned}$$

wobei benutzt wurde, dass für $D\alpha(x) \in \mathbb{R}^{n\times d}$ gilt

$$\mathrm{vol}(D\alpha(x)) = \sqrt{\det(D\alpha(x)^\top D\alpha(x))}.$$

Per definitionem gilt andererseits aber auch

$$\int_M \omega = \int_{\mathrm{Int}\, U} \alpha^*\omega = \int_{\mathrm{Int}\, U} h(x) \,\mathrm{d}\lambda(x)$$

und damit ist der Satz gezeigt. ■

Der gerade bewiesene Satz besagt also, dass zu jeder d-Form $\omega \in \Omega^d(M)$ eine geeignete Funktion $\chi : M \to \mathbb{R}$ existiert, sodass

$$\int_M \omega = \int_M \chi \,\mathrm{d}\mu$$

gilt.

Der allgemeine Satz von Stokes

Wir wollen zunächst einen Spezialfall betrachten, bevor wir den Satzes von Stokes in seiner allgemeinen Form formulieren und beweisen werden. Dazu benötigen wir den Einheitswürfel in $\mathbb{R}^d$, der wie folgt definiert ist:

Definition (Einheitswürfel in $\mathbb{R}^d$)

Der **abgeschlossene Einheitswürfel** I^d in $\mathbb{R}^d$ ist durch das d-fache kartesische Produkt

$$I^d := [0, 1]^d = [0, 1] \times \ldots \times [0, 1]$$

definiert. Entsprechend ist das Innere des Einheitswürfels durch

$$\mathrm{Int}\, I^d := (0, 1)^d = (0, 1) \times \ldots \times (0, 1)$$

gegeben und für den Rand des Einheitswürfels gilt

$$\partial I^d := I^d \setminus \mathrm{Int}\, I^d = \{x \in \mathbb{R}^d \mid (x \in I^d) \wedge (x \notin \mathrm{Int}\, I^d)\}.$$

Achtung: Der Rand ∂I^d ist hier im topologischen Sinne definiert und sollte nicht mit dem Rand einer Mannigfaltigkeit verwechselt werden.

Wir kommen nun zu einer vereinfachten Form des Satzes von Stokes auf dem Einheitswürfel.

Lemma

Sei $d > 1$ und η eine $(d-1)$-Form, die auf einer offenen Menge $U \subseteq \mathbb{R}^d$ mit $I^d \subset U$ definiert ist. Verschwindet η auf allen Punkten von ∂I^d mit Ausnahme von Punkte aus Int $I^{d-1} \times \{0\}$, dann gilt

$$\int_{\mathrm{Int}\, I^d} \mathrm{d}\eta = (-1)^d \int_{\mathrm{Int}\, I^{d-1}} b^*\eta,$$

wobei $b\colon I^{d-1} \to I^d$ durch

$$b(u_1, \ldots, u_{d-1}) = (u_1, \ldots, u_{d-1}, 0)$$

definiert ist. Man beachte, dass $b(I^{d-1}) = I^{d-1} \times \{0\} \subset \partial I^d$ gilt.

Beweis: Sei $j \in \{1, \ldots, d\}$ und setze $J_j = (1, \ldots, \widehat{j}, \ldots, d)$, dann sind für $x \in \mathbb{R}^d$ die elementaren $(d-1)$-Form in $\mathbb{R}^d$ durch

$$\mathrm{d}x_{J_j} = \mathrm{d}x_1 \wedge \ldots \wedge \widehat{\mathrm{d}x_j} \wedge \ldots \wedge \mathrm{d}x_d$$

gegeben. Da sowohl die Integration als auch die Differenziation lineare Operatoren sind und zudem b^* linear ist, reicht es, den Beweis für den Fall

$$\eta = f\mathrm{d}x_{J_j}$$

zu führen. Es gilt zunächst

$$\begin{aligned} \mathrm{d}\eta &= \mathrm{d}f \wedge \mathrm{d}x_{J_j} \\ &= \left(\sum_{i=1}^d D_i f \mathrm{d}x_i\right) \wedge \mathrm{d}x_{J_j} \\ &= (-1)^{j-1} D_j f \mathrm{d}x_1 \wedge \ldots \wedge \mathrm{d}x_d \end{aligned}$$

und damit folgt für die linke Seite

$$\begin{aligned}\int_{\text{Int } I^d} \mathrm{d}\eta &= (-1)^{j-1} \int_{\text{Int } I^d} D_j f \, \mathrm{d}x_1 \ldots \mathrm{d}x_d \\ &= (-1)^{j-1} \int_{I^d} D_j f(x) \, \mathrm{d}\lambda(x) \\ &= (-1)^{j-1} \int_{I^{d-1}} \int_I D_j f(x) \, \mathrm{d}\lambda(x).\end{aligned}$$

Integration nach der j-ten Variable liefert mit dem Hauptsatz der Differenzial- und Integralrechnung:

$$\int_I D_j f \, \mathrm{d}x_j = f(x_1, \ldots, 1, \ldots, x_d) - f(x_1, \ldots, 0, \ldots, x_d)$$

Nach Voraussetzung verschwindet η und damit auch f auf ∂I^d mit Ausnahme von Punkten aus $\text{Int} I^{d-1} \times \{0\}$. Es gilt also

$$\int_I D_j f \, \mathrm{d}x_j = \begin{cases} 0 & , \ j < d \\ -f(x_1, \ldots, x_{d-1}, 0) & , \ j = d, \end{cases}$$

woraus insgesamt

$$\int_{\text{Int} I^d} \mathrm{d}\eta = \begin{cases} 0 & , \ j < d \\ (-1)^d \int_{I^{d-1}} (f \circ b)(u) \, \mathrm{d}\lambda(u) & , \ j = d \end{cases}$$

folgt, wobei $u \in \mathbb{R}^{d-1}$ ist. Betrachtet man nun die Ableitung der Abbildung $b \colon \mathbb{R}^{d-1} \to \mathbb{R}^d$, so gilt

$$Db = \begin{bmatrix} E_{d-1} \\ 0 \end{bmatrix} \in \mathbb{R}^{d \times (d-1)}.$$

Für $u \in \mathbb{R}^{d-1}$ folgt dann

$$\begin{aligned} b^* \mathrm{d}x_{J_j} &= \det\left(Db_{J_j}\right) \mathrm{d}u_1 \wedge \ldots \wedge \mathrm{d}u_{d-1} \\ &= \begin{cases} 0 & , \ j < d \\ \mathrm{d}u_1 \wedge \ldots \wedge \mathrm{d}u_{d-1} & , \ j = d \end{cases}\end{aligned}$$

und wegen $b^*\eta = (f \circ b) b^* \mathrm{d}x_{J_j}$ erhält man

$$\begin{aligned} &(-1)^d \int_{\text{Int} I^{d-1}} b^*\eta \\ &= \begin{cases} 0 & , \ j < d \\ (-1)^d \int_{I^{d-1}} (f \circ b)(u) \, \mathrm{d}\lambda(u) & , \ j = d. \end{cases}\end{aligned}$$

Ein Vergleich der beiden Integrale liefert die Behauptung. ■

Die entwickelte Integrationstheorie von Formen auf Mannigfaltigkeiten in $\mathbb{R}^n$ erlaubt es uns nun, den Satz von Stokes in seiner allgemeinen Form anzugeben und mit dem gerade gezeigten Lemma lässt er sich auch elegant beweisen.

Der Satz von Stokes

Sei M eine kompakte, orientierte d-Mannigfaltigkeit in $\mathbb{R}^n$, $d > 1$, und sei $\partial M \neq \emptyset$ mit der induzierten Orientierung versehen, dann gilt für $\omega \in \Omega^{d-1}(M)$

$$\int_M \mathrm{d}\omega = \int_{\partial M} \omega.$$

Ist $\partial M = \emptyset$, so gilt $\int_M \mathrm{d}\omega = 0$.

Beweis: (1) Wir überdecken M mit ausgewählten Karten und unterscheiden dabei zwei Fälle:

(i) Sei $p \in M \backslash \partial M$, dann wähle eine Karte $\alpha \colon U \to V$ aus der gegebenen Orientierung von M, sodass $I^d \subset U$ ist und $p \in \alpha(I^d)$ gilt. Setzt man $W = \text{Int } I^d$ und $Y = \alpha(W)$, dann ist W offen in $\mathbb{R}^d$ und $\alpha \colon W \to Y$ ist immer noch eine Karte um p aus der gegebenen Orientierung von M. Für Punkte $p \in M \backslash \partial M$ wählen wir im Folgenden eine ebensolche Karte aus.

(ii) Sei $p \in \partial M$, dann wähle eine Karte $\alpha \colon U \to V$ aus der gegebenen Orientierung von M, sodass $I^d \subset U$ ist mit U offen in $\mathbb{H}^d$ und $p \in \alpha(\text{Int } I^{d-1} \times \{0\})$. Setzt man $W = \text{Int } I^d \cup (\text{Int } I^{d-1} \times \{0\})$ und $Y = \alpha(W)$, dann ist W offen in $\mathbb{H}^d$, aber nicht offen in $\mathbb{R}^d$ und $\alpha \colon W \to Y$ ist immer noch eine Karte um p. Für Punkte $p \in \partial M$ wählen wir im Folgenden eine ebensolche Karte aus.

(2) Wegen der Linearität des Integral- und des Differenzialoperators, reicht es, den Beweis für eine $(d-1)$-Form ω zu führen, bei der $C = M \cap \text{supp}(\omega)$ durch eine einzige Karte $\alpha \colon W \to Y$ überdeckt wird. Da $\text{supp}(\mathrm{d}\omega) \subset \text{supp}(\omega)$ gilt, folgt $(M \cap \text{supp}(\mathrm{d}\omega)) \subset C$, d. h., dieselbe Karte überdeckt auch den Träger von $\mathrm{d}\omega$.

Setzt man nun $\eta = \alpha^*\omega$, dann ist η eine $(d-1)$-Form aus C^∞ auf einer offenen Menge in $\mathbb{R}^d$ (falls nötig, lässt sich η auf eine offene Menge in $\mathbb{R}^d$ erweitern). Nach Konstruktion der Karten verschwindet η auf $\partial I^d = I^d \backslash \text{Int } I^d$, außer vielleicht in Punkten aus $\text{Int } I^{d-1} \times \{0\}$. Damit sind alle Voraussetzungen des Lemmas von Seite 197 erfüllt.

(3) Sei $\alpha \colon W \to Y$ die Karte, die C für den Fall überdeckt, dass $p \in M \backslash \partial M$ gilt. Wegen $W = \text{Int } I^d$ hat $Y = \alpha(W)$ keinen Punkt mit ∂M gemeinsam und es folgt

$$\begin{aligned}\int_M \mathrm{d}\omega &= \int_{\text{Int } I^d} \alpha^* \mathrm{d}\omega \\ &= \int_{\text{Int } I^d} \mathrm{d}\eta \\ &= (-1)^d \int_{\text{Int } I^{d-1}} b^*\eta.\end{aligned}$$

Da η außerhalb von $\text{Int } I^d$ verschwindet, gilt insbesondere $\eta = 0$ auf $I^{d-1} \times \{0\}$. Also ist $b^*\eta = 0$ auf $\text{Int } I^{d-1}$ und es folgt

$$\int_M \mathrm{d}\omega = 0.$$

Das ist der Satz von Stokes für den Fall, dass $\partial M = \emptyset$ gilt. Ist $\partial M \neq \emptyset$, dann folgt wegen $\operatorname{supp}(\omega) \cap \partial M = \emptyset$ trivialerweise ebenfalls

$$\int_M \mathrm{d}\omega = 0 = \int_{\partial M} \omega.$$

(4) Sei $\alpha\colon W \to Y$ die Karte, die C überdeckt, für den Fall, dass $p \in \partial M$ gilt. Nach Konstruktion der Karte ist W offen in $\mathbb{H}^d$, aber nicht offen in $\mathbb{R}^d$, und es gilt $Y \cap \partial M \neq \emptyset$. Wegen $\operatorname{Int} W = \operatorname{Int} I^d$ folgt wie in Schritt (3)

$$\int_M \mathrm{d}\omega = \int_{\operatorname{Int} I^d} \mathrm{d}\eta = (-1)^d \int_{\operatorname{Int} I^{d-1}} b^*\eta.$$

Wir zeigen jetzt, dass $\int_{\partial M} \omega$ das gleiche liefert. Die Menge $\partial M \cap \operatorname{supp}(\omega)$ wird durch die Karte

$$\beta = \alpha \circ b\colon \operatorname{Int} I^{d-1} \to Y \cap \partial M$$

überdeckt (Restriktion von α auf den Rand). Ist d gerade, so gehört β zur induzierten Orientierung auf ∂M. Anderenfalls gehört β zur reversen Orientierung, d. h., für ungerades d muss das Integral bei Verwendung von β einen Vorzeichenwechsel haben. Also gilt

$$\int_{\partial M} \omega = (-1)^d \int_{\operatorname{Int} I^{d-1}} \beta^*\omega = (-1)^d \int_{\operatorname{Int} I^{d-1}} b^*\eta. \quad \blacksquare$$

Es bleibt noch die Frage, ob der Satz von Stokes auch für $d = 1$ gilt? Hat man eine 1-Mannigfaltigkeit M in $\mathbb{R}^n$ mit $\partial M = \emptyset$ gegeben, so gilt nach dem Satz von Stokes $\int_M \mathrm{d}f = 0$, für eine 0-Form f. Ist jedoch $\partial M \neq \emptyset$, dann handelt es sich bei dem Rand um eine 0-Mannigfaltigkeit in $\mathbb{R}^n$ und wir haben bisher noch nicht geklärt, wie dann die Orientierung definiert ist. Dazu betrachten wir zunächst das folgende motivierende Beispiel:

Sei $\alpha\colon [a, b] \to \mathbb{R}^n$ eine reguläre Parametrisierung und $M = \alpha([a, b])$ (1-Mannigfaltigkeit in $\mathbb{R}^n$) die dazugehörige Kurve mit dem Rand $\partial M = \{\alpha(a) = p, \alpha(b) = q\}$.

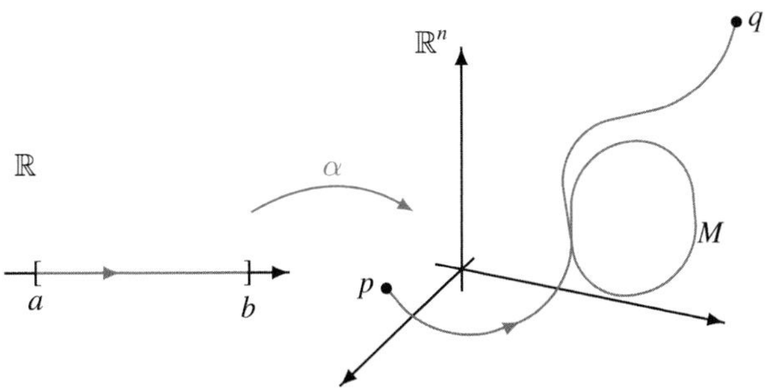

Abbildung 6.12 Orientierung von Anfangs- und Endpunkt einer 1-Mannigfaltigkeit.

Ist auf M eine Orientierung gegeben und $\alpha|_{(a,b)} : (a, b) \to M\setminus\{p, q\}$ eine Karte aus dieser Orientierung, so kann man M einen Anfangs- und einen Endpunkt zuordnen (siehe Abbildung 6.12). Da $\alpha|_{(a,b)}$ die Kurve M bis auf eine Menge vom Maß null überdeckt, gilt für eine 1-Form $\mathrm{d}f \in \Omega^1(M)$ nach dem Hauptsatz der Differenzial- und Integralrechnung

$$\begin{aligned}\int_M \mathrm{d}f &= \int_{(a,b)} \alpha^*\mathrm{d}f \\ &= \int_{(a,b)} \mathrm{d}(f \circ \alpha) \\ &= \int_a^b D(f \circ \alpha)(t)\, \mathrm{d}t \\ &= f(q) - f(p).\end{aligned}$$

Wegen $\operatorname{grad} f = (\mathrm{d}f)^\sharp$, kann man $\mathrm{d}f$ als Gradientenfeld interpretieren und das eben Gezeigte entspricht der bekannten „Wegunabhängigkeit" des orientierten Kurvenintegrals bei Gradientenfeldern. Darüber hinaus motiviert das Resultat zur folgenden Definition der Orientierung von ∂M:

Definition (Orientierung des Randes einer 1-Mannigfaltigkeit in $\mathbb{R}^n$)

Sei M eine orientierte 1-Mannigfaltigkeit in $\mathbb{R}^n$ mit $\partial M \neq \emptyset$, dann ist die **induzierte Orientierung von** ∂M durch eine Funktion

$$\epsilon\colon \begin{cases} \partial M \to \{+1, -1\}, \\ p \mapsto \epsilon(p) \end{cases}$$

gegeben. Dabei ist $\epsilon(p) = -1$, falls es eine Karte $\alpha\colon U \to V$ mit U offen in $\mathbb{H}^1$ um p gibt, die zur Orientierung von M gehört. Gibt es keine solche Karte, dann ist $\epsilon(p) = +1$.

Allgemeiner lässt sich die Orientierung einer Menge diskreter Punkte $N = \{x_1, \ldots, x_m\}$ aus $\mathbb{R}^n$, d. h. einer 0-MF in $\mathbb{R}^n$, als eine Funktion $\epsilon\colon N \to \{+1, -1\}$ definieren. Ist $f \in \Omega^0(N)$, so lässt sich das **Integral von** f **über** N als

$$\int_N f = \sum_{i=1}^m \epsilon(x_i) f(x_i)$$

definieren. Wir können den Satz von Stokes nun auch für $d = 1$ angeben.

Der Satz von Stokes (für $d = 1$)

Sei M eine kompakte, orientierte 1-Mannigfaltigkeit in $\mathbb{R}^n$ und habe ∂M die induzierte Orientierung, falls $\partial M \neq \emptyset$ ist, dann gilt für eine 0-Form $f \in \Omega^0(M)$

$$\int_M \mathrm{d}f = \int_{\partial M} f.$$

Zusammenhänge mit der Vektoranalysis

Wir haben bereits gesehen, dass d-Formen in den Fällen $d \in \{0, 1, n-1, n\}$ zu Skalar- bzw. Vektorfeldern korrespondieren (siehe Seite 180). Im Folgenden wird nun darauf eingegangen, wie sich dieser Zusammenhang auf die Integra-

Beispiel: Der Cauchy'sche Integralsatz folgt aus dem Satz von Stokes

Es soll der Cauchy'sche Integralsatz für Elementargebiete aus der Funktionentheorie mithilfe des orientierten Kurvenintegrals und des Satzes von Stokes hergeleitet werden.

Problemanalyse und Strategie: Wir werden zuerst das komplexe Kurvenintegral als Summe zweier reeller Kurvenintegrale schreiben. Anschließend kann mithilfe des Satzes von Stokes unter Berücksichtigung der Cauchy-Riemann'schen Differenzialgleichungen der Cauchy'sche Integralsatz für Elementargebiete verifiziert werden.

Lösung:
Sei $z = x + \mathrm{i}y \in \mathbb{C}$ mit $x, y \in \mathbb{R}$ und sei $f: D \subset \mathbb{C} \to \mathbb{C}$ eine stetige Funktion. Setzt man

$$\begin{aligned} u(x, y) &= \operatorname{Re} f(x + \mathrm{i}y), \\ v(x, y) &= \operatorname{Im} f(x + \mathrm{i}y), \end{aligned}$$

so gilt $f(x + \mathrm{i}y) = u(x, y) + \mathrm{i}v(x, y)$. Sei nun $\gamma: [a, b] \to \mathbb{C}$ eine Kurve in D. Setzt man $\gamma_1(t) = \operatorname{Re}\gamma(t)$ und $\gamma_2(t) = \operatorname{Im}\gamma(t)$, so parametrisiert $(\gamma_1, \gamma_2): [a, b] \to \mathbb{R}^2$ eine Kurve im $\mathbb{R}^2$. Setzt man $\Gamma = (\gamma_1, \gamma_2)([a, b])$ dann gilt für das komplexe Kurvenintegral (vgl. Seite 188)

$$\begin{aligned} &\int_\gamma f(z)\,\mathrm{d}z \\ &= \int_a^b f(\gamma(t)) \cdot \gamma'(t)\,\mathrm{d}\lambda(t) \\ &= \int_a^b \big[u(\gamma(t)) + \mathrm{i}v(\gamma(t))\big] \cdot \left[\frac{\partial\gamma_1}{\partial t}(t) + \mathrm{i}\frac{\partial\gamma_2}{\partial t}(t)\right] \mathrm{d}\lambda(t) \\ &= \int_a^b \left[u(\gamma(t))\frac{\partial\gamma_1}{\partial t}(t) - v(\gamma(t))\frac{\partial\gamma_2}{\partial t}(t)\right] \\ &\quad + \mathrm{i}\left[v(\gamma(t))\frac{\partial\gamma_1}{\partial t}(t) + u(\gamma(t))\frac{\partial\gamma_2}{\partial t}(t)\right] \mathrm{d}\lambda(t) \\ &= \int_a^b (u \circ \gamma)\gamma^*\mathrm{d}x - (v \circ \gamma)\gamma^*\mathrm{d}y \\ &\quad + \mathrm{i}\int_a^b (v \circ \gamma)\gamma^*\mathrm{d}x + (u \circ \gamma)\gamma^*\mathrm{d}y \\ &= \int_a^b \gamma^*(u\mathrm{d}x - v\mathrm{d}y) + \mathrm{i}\int_a^b \gamma^*(v\mathrm{d}x + u\mathrm{d}y) \\ &= \int_\Gamma u\mathrm{d}x - v\mathrm{d}y + \mathrm{i}\int_\Gamma v\mathrm{d}x + u\mathrm{d}y. \end{aligned}$$

Ein komplexes Kurvenintegral kann also mithilfe reeller Kurvenintegrale ausgedrückt werden.

Sei nun $f = u + \mathrm{i}v$ eine auf dem Elementargebiet $D \subset \mathbb{C}$ holomorphe Funktion. Die Abbildung $l: \mathbb{R}^2 \to \mathbb{C}$, $(x, y) \mapsto x + \mathrm{i}y$ ist bijektiv und somit kann die Menge $G = l^{-1}(D) \subset \mathbb{R}^2$ mit dem Elementargebiet identifiziert werden. Ist nun $\gamma: [a, b] \to \mathbb{C}$ eine Kurve mit $(\gamma_1, \gamma_2)([a, b]) = \partial G$, wobei γ_1 und γ_2 wie oben definiert sind, dann folgt mit dem Satz von Stokes

$$\begin{aligned} &\int_\gamma f(z)\mathrm{d}z \\ &= \int_{\partial G} u\mathrm{d}x - v\mathrm{d}y + \mathrm{i}\int_{\partial G} v\mathrm{d}x + u\mathrm{d}y \\ &= \int_G \mathrm{d}(u\mathrm{d}x - v\mathrm{d}y) + \mathrm{i}\int_G \mathrm{d}(v\mathrm{d}x + u\mathrm{d}y) \\ &= \int_G \left(-\frac{\partial v}{\partial x} - \frac{\partial u}{\partial y}\right)\mathrm{d}x \wedge \mathrm{d}y \\ &\quad + \mathrm{i}\int_G \left(\frac{\partial u}{\partial x} - \frac{\partial v}{\partial y}\right)\mathrm{d}x \wedge \mathrm{d}y. \end{aligned}$$

Da $f = u + \mathrm{i}v$ als holomorph vorausgesetzt war, ist das Vektorfeld $(u, v): G \to \mathbb{R}^2$ total differenzierbar und es gelten die Cauchy-Riemann'schen Differenzialgleichungen

$$\begin{aligned} \frac{\partial u}{\partial x} &= \frac{\partial v}{\partial y}, \\ \frac{\partial v}{\partial x} &= -\frac{\partial u}{\partial y}. \end{aligned}$$

Eingesetzt in obige Gleichung ergibt sich nun wie gewünscht

$$\int_\gamma f(z)\,\mathrm{d}z = 0$$

und somit ist die Aussage des Cauchy'schen Integralsatzes für Elementargebiete gewonnen.

tion auswirkt, d. h., welche Äquivalenzen bei der Integration von Formen und Skalar- bzw. Vektorfeldern bestehen. Zudem wird gezeigt, dass der allgemeine Satz von Stokes die klassischen Sätze der Vektoranalysis (Satz von Gauß, Satz von Stokes im $\mathbb{R}^3$) als Spezialfälle beinhaltet. In der Tradition des ersten Bandes werden vektorwertige Funktionen jetzt ***fett*** geschrieben.

Wir betrachten zunächst die Integration eines Vektorfeldes über eine 1-Mannigfaltigkeit in $\mathbb{R}^n$.

Lemma (Orientiertes Kurvenintegral)
Sei M eine kompakte, orientierte 1-Mannigfaltigkeit in $\mathbb{R}^n$ und $\boldsymbol{T}$ das Einheits-Tangentenfeld an M aus der gegeben Orientierung. Ist $\boldsymbol{f}: \mathbb{R}^n \to \mathbb{R}^n$ auf einer offenen Menge in $\mathbb{R}^n$, die M enthält, definiert und ist $\boldsymbol{F}(x) = (x, \boldsymbol{f}(x))$ das zugehörige Vektorfeld, dann korrespondiert $\boldsymbol{F}$ bzw. $\boldsymbol{f}$ zu der 1-Form

$$\omega = \boldsymbol{F}^\flat = \sum_{i=1}^n f_i \mathrm{d}x_i$$

und es gilt

$$\int_M \omega = \int_M \boldsymbol{F} \cdot \boldsymbol{T} \, \mathrm{d}\mu.$$

Beweis: Da das Integral linear bzgl. ω und $\boldsymbol{F}$ ist, reicht es, den Fall, dass $C = M \cap \operatorname{supp}(\omega)$ von einer einzigen Karte $\boldsymbol{\alpha}: U \to V$ aus der gegeben Orientierung überdeckt wird, zu betrachten. Für $t \in \mathbb{R}$ gilt einerseits

$$\begin{aligned}\int_M \omega &= \int_{\operatorname{Int} U} \boldsymbol{\alpha}^* \omega \\ &= \int_{\operatorname{Int} U} \sum_{i=1}^n (f_i \circ \alpha) D\alpha_i \, \mathrm{d}t \\ &= \int_{\operatorname{Int} U} (\boldsymbol{f} \circ \boldsymbol{\alpha})(t) \cdot D\boldsymbol{\alpha}(t) \, \mathrm{d}\lambda(t). \qquad (6.9)\end{aligned}$$

Wegen $\sqrt{\det(D\boldsymbol{\alpha}^T D\boldsymbol{\alpha})} = \|D\boldsymbol{\alpha}\|$ folgt andererseits aber auch

$$\begin{aligned}&\int_M \boldsymbol{F} \cdot \boldsymbol{T} \, \mathrm{d}\mu \\ &= \int_{\operatorname{Int} U} (\boldsymbol{F} \circ \boldsymbol{\alpha})(t) \cdot (\boldsymbol{T} \circ \boldsymbol{\alpha})(t) \\ &\qquad \sqrt{\det(D\boldsymbol{\alpha}(t)^\top D\boldsymbol{\alpha}(t))} \, \mathrm{d}\lambda(t) \\ &= \int_{\operatorname{Int} U} (\boldsymbol{f} \circ \boldsymbol{\alpha})(t) \cdot \frac{D\boldsymbol{\alpha}(t)}{\|D\boldsymbol{\alpha}(t)\|} \|D\boldsymbol{\alpha}(t)\| \, \mathrm{d}\lambda(t) \\ &= \int_{\operatorname{Int} U} (\boldsymbol{f} \circ \boldsymbol{\alpha})(t) \cdot D\boldsymbol{\alpha}(t) \, \mathrm{d}\lambda(t) \qquad (6.10)\end{aligned}$$

und ein Vergleich von (6.9) und (6.10) liefert die Behauptung. ∎

Als Konsequenz des Lemmas (orientiertes Kurvenintegral), ergibt sich der folgende Satz zur Integration von Gradientenfeldern:

Satz (Integration von Gradientenfeldern)

Sei M eine kompakte, orientierte 1-Mannigfaltigkeit in $\mathbb{R}^n$ und $\boldsymbol{T}$ das Einheits-Tangentenfeld an M aus der gegebenen Orientierung. Ist $f: \mathbb{R}^n \to \mathbb{R}$ auf einer offenen Menge in $\mathbb{R}^n$, die M enthält, definiert und ist $\partial M = \emptyset$, dann gilt

$$\int_M \operatorname{\mathbf{grad}} f \cdot \boldsymbol{T} \, \mathrm{d}\mu = 0.$$

Ist $\partial M = \{x_1, \ldots, x_m\}$, dann sei $\epsilon(x_i)$ die induzierte Orientierung, d. h. $\epsilon(x_i) = -1$, falls $\boldsymbol{T}$ im Punkt x_i in Richtung M zeigt, und $\epsilon(x_i) = +1$ sonst, dann gilt

$$\int_M \operatorname{\mathbf{grad}} f \cdot \boldsymbol{T} \, \mathrm{d}\mu = \sum_{i=1}^m \epsilon(x_i) f(x_i).$$

Beweis: $\operatorname{\mathbf{grad}} f$ ist ein Vektorfeld und korrespondiert zu der 1-Form

$$(\operatorname{\mathbf{grad}} f)^\flat = \sum_{i=1}^n D_i f \mathrm{d}x_i = \mathrm{d}f.$$

Daher gilt nach dem Lemma (Orientiertes Kurvenintegral) (siehe Seite 201)

$$\int_M \mathrm{d}f = \int_M \operatorname{\mathbf{grad}} f \cdot \boldsymbol{T} \, \mathrm{d}\mu$$

und mit dem Satz von Stokes für $d = 1$ (siehe Seite 199) folgt

$$\int_M \mathrm{d}f = \int_{\partial M} f = \sum_{i=1}^n \epsilon(x_i) f(x_i).$$ ∎

Als Nächstes betrachten wir die Integration eines Vektorfeldes über eine $(n-1)$-Mannigfaltigkeit in $\mathbb{R}^n$. Das folgende Lemma zeigt, dass eine Korrespondenz zur Integration einer $(n-1)$-Form besteht.

Lemma (orientiertes Flächenintegral)

Sei M eine kompakte, orientierte $(n-1)$-Mannigfaltigkeit in $\mathbb{R}^n$ und $\boldsymbol{N}$ das zugehörige Einheits-Normalenfeld korrespondierend zur Orientierung von M. Ist $\boldsymbol{g}: \mathbb{R}^n \to \mathbb{R}^n$ auf einer offenen Menge in $\mathbb{R}^n$, die M enthält, definiert und ist $\boldsymbol{G}(x) = (x; \boldsymbol{g}(x))$ das zugehörige Vektorfeld, dann korrespondiert $\boldsymbol{G}$ bzw. $\boldsymbol{g}$ zu der $(n-1)$-Form

$$\omega = \beta_{n-1} \boldsymbol{G} = \sum_{i=1}^n (-1)^{i-1} g_i \mathrm{d}x_1 \wedge \ldots \wedge \widehat{\mathrm{d}x_i} \wedge \ldots \wedge \mathrm{d}x_n$$

und es gilt

$$\int_M \omega = \int_M \boldsymbol{G} \cdot \boldsymbol{N} \, \mathrm{d}\mu.$$

Beweis: Da das Integral linear auf ω bzw. $\boldsymbol{G}$ ist, reicht es, den Beweis für den Fall, dass $C := M \cap \operatorname{supp}(\omega)$ von genau einer Karte $\boldsymbol{\alpha}: U \to V$ aus der gegebenen Orientierung überdeckt wird, zu führen. Sei $y \in \mathbb{R}^{n-1}$, dann gilt für das erste Integral

$$\begin{aligned}&\int_M \omega \\ &= \int_{\operatorname{Int} U} \boldsymbol{\alpha}^* \omega \\ &= \int_{\operatorname{Int} U} \sum_{i=1}^n (-1)^{i-1} (g_i \circ \boldsymbol{\alpha})(y) \det(D\boldsymbol{\alpha}_{I_i}(y)) \, \mathrm{d}\lambda(y)\end{aligned}$$

mit $I_i = (1, \ldots, \widehat{i}, \ldots, n)$. Setze $\boldsymbol{\alpha}(y) = x$, dann gilt nach dem Satz über das Einheits-Normalenfeld (siehe Seite 191)

$$\boldsymbol{N}(x) = \left(\boldsymbol{\alpha}(y); \frac{c(x)}{\|c(x)\|}\right)$$

mit $c(x) = \sum_{i=1}^{n} c_i(x)e_i$, wobei

$$c_i(x) = (-1)^{i-1}\mathrm{d}x_{I_i}(D\boldsymbol{\alpha}(y)) = (-1)^{i-1}\det(D\boldsymbol{\alpha}_{I_i}(y))$$

ist. $\boldsymbol{N}$ korrespondiert zur Orientierung von M und somit folgt für das zweite Integral

$$\begin{aligned}&\int_M \boldsymbol{G}\cdot\boldsymbol{N}\,\mathrm{d}\mu\\ &= \int_{\mathrm{Int}U}(\boldsymbol{G}\circ\boldsymbol{\alpha})(y)\cdot(\boldsymbol{N}\circ\boldsymbol{\alpha})(y)\\ &\quad\sqrt{\det(D\boldsymbol{\alpha}(y)^\top D\boldsymbol{\alpha}(y))}\,\mathrm{d}\lambda(y)\\ &= \int_{\mathrm{Int}U}(\boldsymbol{g}\circ\boldsymbol{\alpha})(y)\cdot\frac{c(x)}{\|c(x)\|}\\ &\quad\sqrt{\det(D\boldsymbol{\alpha}(y)^\top D\boldsymbol{\alpha}(y))}\,\mathrm{d}\lambda(y).\end{aligned}$$

Nach dem Lemma von Seite 191 gilt

$$\|c(x)\| = \mathrm{vol}(D\boldsymbol{\alpha}(y)) = \sqrt{\det(D\boldsymbol{\alpha}(y)^\top D\boldsymbol{\alpha}(y))},$$

und daher ist

$$\begin{aligned}&\int_M \boldsymbol{G}\cdot\boldsymbol{N}\,\mathrm{d}\mu\\ &= \int_{\mathrm{Int}U}(\boldsymbol{g}\circ\boldsymbol{\alpha})(y)\cdot c(x)\,\mathrm{d}\lambda(y)\\ &= \int_{\mathrm{Int}U}\sum_{i=1}^{n}(g_i\circ\boldsymbol{\alpha})(y)(-1)^{i-1}\det(D\boldsymbol{\alpha}_{I_i}(y))\,\mathrm{d}\lambda(y).\end{aligned}$$

Ein Vergleich der beiden Integrale liefert die Behauptung. ∎

Nachdem wir die Integration von Vektorfeldern betrachtet haben, kommen wir zur Integration von Skalarfeldern. Wie das folgende Lemma zeigt, ist dieser Fall fast trivial:

Lemma (Integration von Skalarfeldern)

Sei M eine kompakte n-Mannigfaltigkeit in $\mathbb{R}^n$ mit natürlicher Orientierung und sei $h\colon \mathbb{R}^n \to \mathbb{R}$ auf einer offenen Menge, die M enthält, definiert, dann korrespondiert h zu der n-Form $\omega = h\mathrm{d}x_1 \wedge \ldots \wedge \mathrm{d}x_n$ und es gilt

$$\int_M \omega = \int_M h\,\mathrm{d}\mu.$$

?

Beweisen Sie das obige Lemma. Tipp: Berücksichtigen Sie die Linearität des Integrals.

Man beachte, dass $\int_M h\,\mathrm{d}\mu$ ein gewöhnliches Lebesgue-Integral ist. Denn setzt man $A := M\setminus\partial M$, dann ist A offen in $\mathbb{R}^n$ und $\mathbf{id}\colon A \to A$ ist eine Karte, die M bis auf eine Menge vom Maß null überdeckt. Also gilt

$$\begin{aligned}\int_M h\,\mathrm{d}\mu &= \int_A (h\circ\mathbf{id})(x)|\det(D\mathbf{id}(x))|\,\mathrm{d}\lambda(x)\\ &= \int_A h(x)\,\mathrm{d}\lambda(x).\end{aligned}$$

Bevor wir nun zu den klassischen Sätzen der Vektoranalysis kommen, benötigen wir noch folgendes Resultat.

Lemma

Sei M eine natürlich orientierte n-Mannigfaltigkeit in $\mathbb{R}^n$, dann korrespondiert die induzierte Orientierung von ∂M zum Einheits-Normalenfeld $\boldsymbol{N}$ auf ∂M.

Beweis: Sei $p \in \partial M$ und $\boldsymbol{\alpha}\colon U \to V$ eine Karte aus der Orientierung von M, d. h. $\det(D\boldsymbol{\alpha}(u)) > 0$ für alle $u \in U$, mit $\boldsymbol{\alpha}(x) = p$. Definiere die Abbildung

$$\boldsymbol{b}\colon \begin{cases}\mathbb{R}^{n-1} \to \mathbb{R}^n,\\ (x_1,\ldots,x_{n-1}) \mapsto (x_1,\ldots,x_{n-1},0),\end{cases}$$

dann ist $\boldsymbol{\alpha_0} = \boldsymbol{\alpha}\circ\boldsymbol{b}$ eine Karte auf ∂M um p und es gilt

$$\left(D\boldsymbol{\alpha_0}(x),\ \frac{\partial\alpha}{\partial x_n}(x)\right) = D\boldsymbol{\alpha}(x).$$

Nach Definition (siehe Seite 194) gehört α_0 zur induzierten Orientierung von ∂M, wenn n gerade ist, und zur reversen Orientierung, wenn n ungerade ist. Für das Einheits-Normalenfeld $\boldsymbol{N}(p) = (p;\boldsymbol{n}(p))$ gilt somit (siehe Beispiel Seite 193)

$$\begin{aligned}&\det\left[(-1)^n\boldsymbol{n}(p),\ D\boldsymbol{\alpha_0}(x)\right] > 0\\ \Leftrightarrow\ &\det\left[D\boldsymbol{\alpha_0}(x),\ (-1)^n\boldsymbol{n}(p)\right] < 0.\end{aligned}$$

Wegen $\det(D\boldsymbol{\alpha}(x)) > 0$, folgt

$$-\boldsymbol{n}(p) = \frac{\frac{\partial\alpha}{\partial x_n}(x)}{\left\|\frac{\partial\alpha}{\partial x_n}(x)\right\|}$$

und daher gilt

$$\begin{aligned}&\det\left[D\boldsymbol{\alpha_0}(x),\ -\boldsymbol{n}(p)\right] > 0\\ \Leftrightarrow\ &\det\left[\boldsymbol{n}(p),\ D\boldsymbol{\alpha_0}(x)\right] > 0.\end{aligned}$$

Also ist $\boldsymbol{N}(p)$ das Einheits-Normalenfeld an ∂M, korrespondierend zur induzierten Orientierung. ∎

Mit der entwickelten Integrationstheorie lässt sich nun zeigen, dass der klassische Satz von Gauß ein Spezialfall des allgemeinen Satzes von Stokes ist.

Satz von Gauß

Sei M eine kompakte, natürlich orientierte n-Mannigfaltigkeit in $\mathbb{R}^n$ und $\boldsymbol{N}$ das Einheits-Normalenfeld an ∂M. Ist $\boldsymbol{g}: \mathbb{R}^n \to \mathbb{R}^n$ auf einer offenen Menge, die M enthält, definiert und ist $\boldsymbol{G}(x) = (x; \boldsymbol{g}(x))$ das zugehörige Vektorfeld, dann gilt

$$\int_M \operatorname{div} G \, \mathrm{d}\mu = \int_{\partial M} \boldsymbol{G} \cdot \boldsymbol{N} \, \mathrm{d}\mu.$$

Kommentar: Man beachte, dass auf der linken Seite bzgl. eines n-dim. Volumens integriert wird und rechts bzgl. eines $(n-1)$-dim. Volumens.

Beweis: $\boldsymbol{G}$ bzw. $\boldsymbol{g}$ korrespondiert zu der $(n-1)$-Form $\omega = \beta_{n-1}\boldsymbol{G}$. Auf M ist die natürliche Orientierung gegeben und nach dem Lemma auf Seite 202 korrespondiert $\boldsymbol{N}$ zur induzierten Orientierung auf ∂M. Mit dem Lemma (orientiertes Flächenintegral) (siehe Seite 201) gilt daher

$$\int_{\partial M} \omega = \int_{\partial M} \boldsymbol{G} \cdot \boldsymbol{N} \, \mathrm{d}\mu.$$

Wegen (vgl. Seite 181)

$$\mathrm{d}\omega = \operatorname{div} G \mathrm{d}x_1 \wedge \ldots \wedge \mathrm{d}x_n$$

folgt mit dem Lemma (Integration von Skalarfeldern) (siehe Seite 202)

$$\int_M \mathrm{d}\omega = \int_M \operatorname{div} G \, \mathrm{d}\mu$$

und der Satz von Gauß ergibt sich nun aus dem allgemeinen Satz von Stokes, denn

$$\int_M \operatorname{div} G \, \mathrm{d}\mu = \int_M \mathrm{d}\omega = \int_{\partial M} \omega = \int_{\partial M} \boldsymbol{G} \cdot \boldsymbol{N} \, \mathrm{d}\mu. \qquad \blacksquare$$

Zur Vollständigkeit zeigen wir abschließend noch den Zusammenhang zwischen dem klassischen Satz von Stokes im $\mathbb{R}^3$ und der allgemeinen Version.

Der klassische Satz von Stokes

Seien M eine kompakte, orientierbare 2-Mannigfaltigkeit in $\mathbb{R}^3$ und $\boldsymbol{N}$ ein Einheits-Normalenfeld an M. Ist $\boldsymbol{f}: \mathbb{R}^3 \to \mathbb{R}^3$ auf einer offenen Menge, die M enthält, definiert und ist $\boldsymbol{F}(x) = (x; \boldsymbol{f}(x))$ das zugehörige Vektorfeld, dann gilt für $\partial M = \emptyset$

$$\int_M \mathbf{rot}\boldsymbol{F} \cdot \boldsymbol{N} \, \mathrm{d}\mu = 0.$$

Ist $\partial M \neq \emptyset$, dann sei $\boldsymbol{T}$ das Einheits-Tangentenfeld an ∂M, sodass $\boldsymbol{W}(p) = \boldsymbol{N}(p) \times \boldsymbol{T}(p)$ in Richtung M zeigt. Es gilt dann

$$\int_M \mathbf{rot}\boldsymbol{F} \cdot \boldsymbol{N} \, \mathrm{d}\mu = \int_{\partial M} \boldsymbol{F} \cdot \boldsymbol{T} \, \mathrm{d}\mu.$$

Beweis: Zu $\boldsymbol{F}$ korrespondiert die 1-Form $\boldsymbol{F}^\flat = \omega$ und zum Vektorfeld $\mathbf{rot}\boldsymbol{F}$ korrespondiert die 2-Form $\mathrm{d}\boldsymbol{F}^\flat = \mathrm{d}\omega$ (siehe Seite 181). Orientiere M so, dass $\boldsymbol{N}$ zur Orientierung von M korrespondiert, dann gilt mit dem Lemma von Seite 201

$$\int_M \mathrm{d}\omega = \int_M \mathbf{rot}\boldsymbol{F} \cdot \boldsymbol{N} \, \mathrm{d}\mu.$$

Ist $\partial M \neq \emptyset$, dann entspricht der induzierten Orientierung von ∂M die Richtung von T und mit dem Lemma (Orientiertes Kurvenintegral), siehe Seite 201, folgt

$$\int_{\partial M} \omega = \int_{\partial M} \boldsymbol{F} \cdot \boldsymbol{T} \, \mathrm{d}\mu.$$

Somit ergibt sich die Behauptung aus dem allgemeinen Satz von Stokes. ■

Zusammenfassung

Anstelle einer ausführlichen Zusammenfassung am Ende des Kapitels, sei auf die einzelnen Übersichtsboxen am Ende eines jeden Abschnitts verwiesen. So findet sich auf Seite 160 eine Zusammenfassung über Mannigfaltigkeiten in $\mathbb{R}^n$. Auf den Seiten 173 und 185 befindet sich jeweils eine Übersicht zu Tensoren bzw. Differenzialformen im $\mathbb{R}^n$. Die Resultate zur Integration von Formen auf Mannigfaltigkeiten in $\mathbb{R}^n$ sind auf Seite 204 zusammengefasst.

Übersicht: Integration von Formen auf Mannigfaltigkeiten im $\mathbb{R}^n$

Eine Übersicht zur Integration von Formen auf Mannigfaltigkeit im $\mathbb{R}^n$ soll noch einmal den vereinheitlichenden Charakter des Formen-Kalküls veranschaulichen.

Integration einer d-Form:

- Sei $A \subseteq \mathbb{R}^d$ offen und $\omega = f\,dx_1 \wedge \ldots \wedge dx_d \in \Omega^d(A)$, dann ist durch
$$\int_A \omega := \int_A f(x)\,dx_1 \ldots dx_d = \int_A f(x)\,d\lambda(x)$$
das **Integral von ω über A** definiert.

- Sei $\alpha\colon A \subseteq \mathbb{R}^d \to \mathbb{R}^n$ eine reguläre Parametrisierung und $M = \alpha(A)$. Für eine d-Form ω, die auf einer offenen Menge, die M enthält, definiert ist, ist durch
$$\int_M \omega := \int_A \alpha^*\omega$$
das **Integral von ω über M** definiert. Besitzt ω die Gestalt
$$\omega = f\,dz_{i_1} \wedge \ldots \wedge dz_{i_d} = f\,dz_I,$$
so gilt
$$\int_M \omega = \int_A (f \circ \alpha)(x) \det \frac{\partial \alpha_I}{\partial x}(x)\,d\lambda(x).$$
Achtung: Das Integral $\int_A \alpha^*\omega$ kann abhängig von der gewählten Parametrisierung einen Vorzeichenwechsel haben (siehe Seite 187).

- Sei M eine kompakte, orientierte d-Mannigfaltigkeit in $\mathbb{R}^n$ und ω eine d-Form, die auf einer offenen Menge, die M enthält, definiert ist. Sei $C = M \cap \operatorname{supp}(\omega)$ und $\alpha\colon U \to V$ eine Karte aus der gegeben Orientierung von M mit $C \subseteq V$, dann ist durch
$$\int_M \omega := \int_{\operatorname{Int} U} \alpha^*\omega$$
das **Integral von ω über M** definiert. Lässt sich C nicht durch eine einzige Karte überdecken, so wählt man zu einem Atlas $(\alpha_i, U_i, V_i)_{i\in I}$ aus der gegebenen Orientierung von M eine passende Zerlegung der Eins $\Phi_1, \ldots, \Phi_l$ auf M und setzt
$$\int_M \omega := \sum_{i=1}^{l} \int_M \Phi_i\omega.$$
Hat man eine disjunkte Zerlegung von M in der Art vorliegen, dass es Karten $\alpha_i\colon A_i \to M_i,\ i = 1, \ldots, N$ aus der gegeben Orientierung mit $A_i \subseteq \mathbb{R}^d$ offen gibt, sodass $M = \left(\bigcup_{i=1}^N M_i\right) \cup K$ ist, wobei K eine Menge vom Maß 0 ist, dann gilt
$$\int_M \omega = \sum_{i=1}^{N} \int_{A_i} \alpha^*\omega.$$

Vektoranalysis:

- Sei M eine kompakte, orientierte 1-Mannigfaltigkeit in $\mathbb{R}^n$ und $F(x) = (x; f(x))$ ein auf einer offenen Menge, die M enthält, definiertes Vektorfeld mit $f\colon \mathbb{R}^n \to \mathbb{R}^n$. Setzt man $\omega = F^\flat \in \Omega^1(M)$, so gilt
$$\int_M \omega = \int_M F \cdot T\,d\mu$$
für das **orientierte Kurvenintegral**.

- Sei M eine kompakte, orientierte $(n-1)$-Mannigfaltigkeit in $\mathbb{R}^n$ und $G(x) = (x; g(x))$ ein auf einer offenen Menge, die M enthält, definiertes Vektorfeld mit $g\colon \mathbb{R}^n \to \mathbb{R}^n$. Setzt man $\omega = \beta_{n-1}G \in \Omega^{n-1}(M)$, so gilt
$$\int_M \omega = \int_M G \cdot N\,d\mu$$
für das **orientierte Flächenintegral**.

Der Satz von Stokes: Für eine kompakte, orientierte d-Mannigfaltigkeit M und eine auf einer offenen Menge, die M enthält, definierten $(d-1)$-Form ω, besagt der Satz von Stokes, dass
$$\int_M d\omega = \int_{\partial M} \omega$$
gilt.

- Sei M eine kompakte, natürlich orientierte n-Mannigfaltigkeit in $\mathbb{R}^n$ und $G(x) = (x; g(x))$ ein auf einer offenen Menge, die M enthält, definiertes Vektorfeld mit $g\colon \mathbb{R}^n \to \mathbb{R}^n$. Setzt man $\omega = \beta_{n-1}G \in \Omega^{n-1}(M)$, dann gilt
$$\int_M \operatorname{div} G\,d\mu = \int_M d\omega = \int_{\partial M} \omega = \int_{\partial M} G \cdot N\,d\mu,$$
d. h., der Satz von Stokes impliziert den **Satz von Gauß**.

- Sei M eine kompakte, orientierbare 2-Mannigfaltigkeit in $\mathbb{R}^3$ und $F(x) = (x; f(x))$ ein auf einer offenen Menge, die M enthält, definiertes Vektorfeld mit $f\colon \mathbb{R}^3 \to \mathbb{R}^3$. Setzt man $\omega = G^\flat \in \Omega^1(M)$, dann gilt
$$\int_M \operatorname{rot} F \cdot N\,d\mu = \int_M d\omega = \int_{\partial M} \omega = \int_{\partial M} F \cdot T\,d\mu$$
und das ist der **klassische Satz von Stokes**.

Aufgaben

Die Aufgaben gliedern sich in drei Kategorien: Anhand der *Verständnisfragen* können Sie prüfen, ob Sie die Begriffe und zentralen Aussagen verstanden haben, mit den *Rechenaufgaben* üben Sie Ihre technischen Fertigkeiten und die *Beweisaufgaben* geben Ihnen Gelegenheit, zu lernen, wie man Beweise findet und führt.

Ein Punktesystem unterscheidet leichte Aufgaben •, mittelschwere •• und anspruchsvolle ••• Aufgaben. Lösungshinweise am Ende des Buches helfen Ihnen, falls Sie bei einer Aufgabe partout nicht weiterkommen. Dort finden Sie auch die Lösungen – betrügen Sie sich aber nicht selbst und schlagen Sie erst nach, wenn Sie selber zu einer Lösung gekommen sind. Ausführliche Lösungswege, Beweise und Abbildungen finden Sie auf der Website zum Buch.

Viel Spaß und Erfolg bei den Aufgaben!

Rechenaufgaben

6.1 • Seien $x, y, z \in \mathbb{R}^4$. Prüfen Sie, welche der folgenden Abbildungen Tensoren auf dem $\mathbb{R}^4$ sind. Bei welchen handelt es sich um alternierende Tensoren?

1. $d(x, y) = x_1 y_3 - x_3 y_1$
2. $f(x, y, z) = 2x_1 y_2 z_2 - x_2 y_3 z_1$
3. $g = \Phi_{(2,1)} - 5\Phi_{(3,1)}$
4. $h(x, y) = (x_1)^3 (y_2)^3 - (x_2)^3 (y_1)^3$

6.2 • Seien f und g wie in Aufgabe 6.1 gegeben.

1. Drücken Sie $f \otimes g$ mithilfe elementarer Tensoren aus.
2. Schreiben Sie $f \otimes g$ als Funktion von $x, y, z, u, v \in \mathbb{R}^4$.

6.3 • Sei $\sigma \in S_5$ durch $\sigma\colon (1, 2, 3, 4, 5) \mapsto (3, 1, 4, 5, 2)$ definiert. Schreiben Sie σ als Komposition elementarer Permutationen.

6.4 •• Sei V ein $\mathbb{R}$-Vektorraum mit Basis $\{a_1, \ldots, a_n\}$. Seien $J = (j_1, \ldots, j_d)$ ein beliebiges d-Tupel und $I = (i_1, \ldots, i_d)$ ein aufsteigendes d-Tupel mit Einträgen aus $\{1, \ldots, n\}$, $d \leq n$. Weiterhin sei Ψ_I der zu I korrespondierende elementare alternierende d-Tensor bezüglich der Basis $\{a_1, \ldots, a_n\}$. Bestimmen Sie den Wert von $\Psi_I(a_{j_1}, \ldots, a_{j_d})$.

6.5 • Sei $\alpha\colon \mathbb{R}^3 \to \mathbb{R}^6$ eine C^∞-Abbildung, d. h.

$$x = \begin{pmatrix} x_1 \\ x_2 \\ x_3 \end{pmatrix} \mapsto \begin{pmatrix} \alpha_1(x) \\ \alpha_2(x) \\ \vdots \\ \alpha_6(x) \end{pmatrix} = \begin{pmatrix} y_1 \\ y_2 \\ \vdots \\ y_6 \end{pmatrix} = y.$$

Bestimmen Sie $d\alpha_1 \wedge d\alpha_3 \wedge d\alpha_5 \in \Omega^3(\mathbb{R}^3)$ einmal direkt und einmal unter Verwendung des Satzes (Duale Transformation elementarer Formen), siehe Seite 178.

6.6 • Sei $A = (0, 1)^2 \subset \mathbb{R}^2$ und $\alpha\colon A \to \mathbb{R}^3$ durch

$$(u, v) \mapsto (u, v, u^2 + v^2 + 1)$$

definiert. Bestimmen Sie

$$\int_M x_2 dx_2 \wedge dx_3 + x_1 x_3 dx_1 \wedge dx_3,$$

wobei $M = \alpha(A)$ ist.

Beweisaufgaben

6.7 •• Auf $\mathbb{R}^n \setminus \{0\}$ sei die 0-Form $r(x) := \|x\|_2$ definiert. Zeigen Sie, dass

$$dr \wedge *(dr) = dx_1 \wedge \ldots \wedge dx_n$$

gilt, wobei dx_i, $i = 1, \ldots, n$, die elementaren 1-Formen sind.

6.8 •• Sei $U \subseteq \mathbb{R}^n$ offen. Für $i = 1, \ldots, k$ sei $\omega_i \in \Omega^{p_i}(U)$ eine p_i-Differenzialform, wobei $\sum_{i=1}^k p_i < n$ gilt. Bestimmen Sie eine Produktformel für die äußere Ableitung

$$d(\omega_1 \wedge \ldots \wedge \omega_k).$$

6.9 •• Sei $U \subseteq \mathbb{R}^n$ offen und seien $f, g \in \Omega^0(U)$ stetig differenzierbar mit $g = \varphi \circ f$, wobei $\varphi\colon \mathbb{R} \to \mathbb{R}$ stetig differenzierbar ist. Zeigen Sie, dass unter diesen Voraussetzungen $df \wedge dg = 0$ gilt.

6.10 •• Sei $\omega \in \Omega^2(\mathbb{R}^3)$ durch

$$\omega = xy dx \wedge dy + 2x dy \wedge dz + 2y dx \wedge dz$$

gegeben. Zeigen Sie, dass das Integral von ω auf der oberen Einheitshalbsphäre

$$\{(x, y, z) \in \mathbb{R}^3 \mid x^2 + y^2 + z^2 = 1,\ z \geq 0\}$$

verschwindet.

6.11 •• Zeigen Sie, dass zu jeder orientierten d-Mannigfaltigkeit in $\mathbb{R}^n$ eine **Volumenform** $dM = \omega_v$ existiert, die jeder Orthonormalbasis (ONB) des Tangentialraums $\mathcal{T}_p(M)$, $p \in M$, mit natürlicher Orientierung den Wert 1 zuordnet, d. h.

$$\int_M \omega_v = \int_M 1\, d\mu = \operatorname{vol}(M).$$

6.12 •• Sei M eine orientierte d-Mannigfaltigkeit in $\mathbb{R}^n$, die durch eine einzige Karte α überdeckt werden kann. Zeigen Sie, dass für die Volumenform ω_v (siehe Aufgabe 6.11) dann

$$\alpha^* \omega_v = \sqrt{\det(G)} dx_1 \wedge \ldots \wedge dx_d$$

gilt, wobei $G = (g_{ij})_{i,j=1,\ldots,d} \in \mathbb{R}^{d \times d}$ mit

$$g_{ij} = \frac{\partial \alpha}{\partial x_i} \cdot \frac{\partial \alpha}{\partial x_j}$$

ist.

6.13 •• Sei M eine orientierte und geschlossene $d+l+1$-Mannigfaltigkeit in $\mathbb{R}^n$, d. h. kompakt und ohne Rand, und seien $\omega \in \Omega^d(M)$ und $\eta \in \Omega^l(M)$. Zeigen Sie, dass dann

$$\int_M \mathrm{d}\omega \wedge \eta = a \int_M \omega \wedge \mathrm{d}\eta$$

für ein gewisses $a \in \mathbb{R}$ gilt.

6.14 •• Sei M eine kompakte, natürlich orientierte 2-Mannigfaltigkeit in $\mathbb{R}^2$ und sei auf ∂M die induzierte Orientierung gegeben. Beweisen Sie die Green'sche Formel

$$\int_{\partial M} P\mathrm{d}x + Q\mathrm{d}y = \int_M \left(\frac{\partial Q}{\partial x} - \frac{\partial P}{\partial y}\right) \mathrm{d}x \wedge \mathrm{d}y$$

für eine 1-Form $P\mathrm{d}x + Q\mathrm{d}y \in \Omega^1(M)$

Antworten der Selbstfragen

S. 157
Die Linearität folgt sofort aus der Definition, denn

$$\begin{aligned}
&\int_M (\alpha f + \beta g)\,\mathrm{d}\mu \\
&= \sum_{i=1}^l \int_M \Phi_i(\alpha f + \beta g)\,\mathrm{d}\mu \\
&= \sum_{i=1}^l \alpha \int_M \Phi_i f\,\mathrm{d}\mu + \beta \int_M \Phi_i g\,\mathrm{d}\mu \\
&= \alpha \sum_{i=1}^l \int_M \Phi_i f\,\mathrm{d}\mu + \beta \sum_{i=1}^l \int_M \Phi_i g\,\mathrm{d}\mu \\
&= \alpha \int_M f\,\mathrm{d}\mu + \beta \int_M g\,\mathrm{d}\mu.
\end{aligned}$$

S. 163
Seien f, g, h wie in dem Satz angegeben, dann gilt

$$\begin{aligned}
&f \otimes (g \otimes h)(v_1, \ldots, v_{2d+l}) \\
&= f(v_1, \ldots, v_d) \cdot g(v_{d+1}, \ldots, v_{2d}) \cdot h(v_{2d+1}, \ldots, v_{2d+l}) \\
&= (f \otimes g) \otimes h(v_1, \ldots, v_{2d+l})
\end{aligned}$$

und somit ist „$\otimes$" assoziativ. Homogenität und Distributivität rechnet man analog nach. Die letzte Eigenschaft folgt direkt aus den Definitionen von Φ_I und dem Tensorprodukt.

S. 164
Sei $\sigma \in S_n$ und $i \in \{0, \ldots, n\}$, sodass gilt

$$\sigma(1, \ldots, n) = (1, \ldots, i, \sigma(i+1), \ldots, \sigma(n)),$$

d. h., σ hält die ersten i natürlichen Zahlen fest. Ist $i = 0$, so hält σ keine Zahl fest. Ist $i = n$, so gilt

$$\sigma(1, \ldots, n) = (1, \ldots, n) = \mathrm{id}(1, \ldots, n)$$

und wegen $\mathrm{id} = e_j \circ e_j$, $j = 1, \ldots, n-1$, gilt die Behauptung in diesem Fall.
Zeige nun: Hält σ für $i \in \{1, \ldots, n\}$ die ersten $i-1$ Zahlen fest, dann gilt $\sigma = \pi \circ \sigma'$, wobei σ' die ersten i Zahlen festhält und π eine Komposition elementarer Permutationen ist.

Ist $\sigma(i) = i$, dann setze $\sigma' = \sigma$ und $\pi = \mathrm{id}$, dann gilt $\sigma = \pi \circ \sigma'$.
Ist $\sigma(i) = l > i$, dann setze $\sigma' = e_i \circ e_{i-1} \circ \ldots \circ e_{l-1} \circ \sigma$. Da σ und $e_i \circ \ldots \circ e_{l-1}$ die Zahlen $1, \ldots, i-1$ festhalten, hält auch σ' diese fest. Zudem gilt

$$\begin{aligned}
\sigma'(i) &= e_i \circ \ldots \circ e_{l-1} \circ \sigma(i) \\
&= e_i \circ \ldots \circ e_{l-1}(l) \\
&= e_i \circ \ldots \circ e_{l-2}(l-1) \\
&= e_i(i+1) = i
\end{aligned}$$

und somit folgt

$$e_{l-1} \circ \ldots \circ e_i \circ \sigma' = \sigma.$$

Die Behauptung folgt nun per Induktion über i.

S. 164
f ist linear in jedem Argument und es folgt

$$\begin{aligned}
&f^\sigma(v_1, \ldots, \alpha v_i + \widetilde{v}_i, \ldots, v_d) \\
&= f(v_{\sigma(1)}, \ldots, \alpha v_{\sigma(i)} + \widetilde{v}_{\sigma(i)}, \ldots, v_{\sigma(d)}) \\
&= \alpha f(v_{\sigma(1)}, \ldots, v_{\sigma(i)}, \ldots, v_{\sigma(d)}) \\
&\quad + f(v_{\sigma(1)}, \ldots, \widetilde{v}_{\sigma(i)}, \ldots, v_{\sigma(d)}) \\
&= \alpha f^\sigma(v_1, \ldots, v_d) + f^\sigma(v_1, \ldots, v_d),
\end{aligned}$$

für alle $i = 1, \ldots, d$. Also ist auch f^σ linear in jedem Argument und somit ein d-Tensor.

S. 166
Per definitionem gilt

$$T^* f(v_1, \ldots, v_d) = f(T(v_1), \ldots, T(v_d)) = f(w_1, \ldots, w_d)$$

und da f ein alternierender Tensor ist, folgt

$$\begin{aligned}
&f(w_1, \ldots, w_{i+1}, w_i, \ldots, w_d) \\
&= -f(w_1, \ldots, w_i, w_{i+1}, \ldots, w_d) \\
\Leftrightarrow\ & f(T(v_1), \ldots, T(v_{i+1}), T(v_i), \ldots, T(v_d)) \\
&= -f(T(v_1), \ldots, T(v_i), T(v_{i+1}), \ldots, T(v_d)) \\
\Leftrightarrow\ & T^* f(v_1, \ldots, v_{i+1}, v_i, \ldots, v_d) \\
&= -T^* f(v_1, \ldots, v_i, v_{i+1}, \ldots, v_d).
\end{aligned}$$

S. 169
Wir zeigen zuerst die Distributivität. Seien dazu $f, g \in \mathcal{A}^d(V)$ und $h \in \mathcal{A}^l(V)$, dann gilt

$$\begin{aligned}(f+g)\wedge h &= \frac{1}{d!l!}A(f\otimes h+g\otimes h)\\ &= \frac{1}{d!l!}(A(f\otimes h)+A(g\otimes h))\\ &= f\wedge h+g\wedge h.\end{aligned}$$

Analog ergibt sich $h\wedge(f+g)=h\wedge f+h\wedge g$. Um die Behauptung $T^*(f\wedge h)=T^*f\wedge T^*h$ zu zeigen, berücksichtigt man, dass $T^*(F^\sigma)=(T^*F)^\sigma$ ist und wegen der Linearität von T^* daher auch $T^*(AF)=A(T^*F)$ gilt. Es folgt

$$\begin{aligned}T^*(f\wedge h) &= \frac{1}{d!l!}T^*(A(f\otimes h))\\ &= \frac{1}{d!l!}A(T^*(f\otimes h))\\ &= \frac{1}{d!l!}A(T^*(f)\otimes T^*(h))\\ &= T^*(f)\wedge T^*(h).\end{aligned}$$

S. 170
Offenbar ist $\{(x;e_1),\ldots,(x;e_n)\}$ ein Erzeugendensystem von $\mathcal{T}_x(\mathbb{R}^n)$, denn jedes Element $(x;v)\in\mathcal{T}_x(\mathbb{R}^n)$ mit $v=(v_1,\ldots,v_d)^\top$ lässt sich schreiben als

$$v_1(x;e_1)+\ldots+v_n(x;e_n)=(x;v).$$

Des Weiteren ist $\{(x;e_1),\ldots,(x;e_n)\}$ linear unabhängig, da

$$\begin{aligned}&\lambda_1(x;e_1)+\ldots+\lambda_n(x;e_n)=(x;0)\\ \Leftrightarrow\ &(x;\lambda_1e_1+\ldots+\lambda_ne_n)=(x;0)\\ \Leftrightarrow\ &\lambda_1=\ldots\lambda_n=0\end{aligned}$$

gilt.

S. 175
Setze $h=af+bg$, dann gilt

$$Dh(x)=aDf(x)+bDg(x)$$

und somit ist

$$\mathrm{d}h(x)(x;v)=a\mathrm{d}f(x)(x;v)+b\mathrm{d}g(x)(x;v).$$

S. 177
Sei f eine 0-Form und $\eta=g\mathrm{d}x_J$ eine l-Form mit $l>0$, dann gilt

$$\begin{aligned}\mathrm{d}(f\wedge\eta) &= \mathrm{d}(f\wedge g\mathrm{d}x_J)\\ &= \mathrm{d}(fg)\wedge\mathrm{d}x_J\\ &= (\mathrm{d}f\wedge g+f\wedge\mathrm{d}g)\wedge\mathrm{d}x_J\\ &= \mathrm{d}f\wedge\eta+f\wedge\mathrm{d}\eta.\end{aligned}$$

Der Fall $m>0$ und $l=0$ folgt analog.

S. 180
Injektivität: Seien $G=(x;g(x))$ und $F(x;f(x))$ zwei Vektorfelder mit $g\neq f$, dann ist auch $\beta_{n-1}G\neq\beta_{n-1}F$.

Surjektivität: Jede d-Form auf $\mathbb{R}^n$ besitzt die eindeutige Darstellung

$$\omega=\sum_{[I]}b_I\mathrm{d}x_I.$$

Für $\omega\in\Omega^{n-1}(A)$ bedeutet dies gerade

$$\omega=\sum_{j=1}^n b_j(-1)^{j-1}\mathrm{d}x_1\wedge\ldots\wedge\widehat{\mathrm{d}x_j}\wedge\ldots\wedge\mathrm{d}x_n.$$

Setze $B=(x,b(x))$ mit $b(x)=(b_1(x),\ldots,b_n(x))$, dann gilt $\beta_{n-1}B=\omega$. Also existiert zu jeder $(n-1)$-Form ω mindestens ein passendes Vektorfeld B mit $\beta_{n-1}B=\omega$. Insgesamt folgt, dass β_{n-1} bijektiv ist.

S. 190
Sei $r(x)=-x$, dann ist $r(\mathbb{H}^1)=\mathbb{L}^1$ und

$$\widetilde{\alpha}_2:=\alpha_2\circ r:\begin{cases}(-\epsilon,0]\subset\mathbb{L}^1\to\mathbb{R}^2,\\ \phi\mapsto(\cos(\pi+\phi),\sin\phi)\end{cases}$$

ist die gesuchte Karte, denn es gilt

$$D\widetilde{\alpha}_2(0)=(\sin(\pi),-\cos(0))=(0,-1).$$

S. 195
Seien $\{\Phi_1,\ldots,\Phi_l\}$ und $\{\Psi_1,\ldots,\Psi_r\}$ zwei Zerlegung der Eins auf M, die zum Atlas $(\alpha_i,U_i,V_i)_{i\in I}$ passen, dann gilt

$$\sum_{i=1}^l\int_M\Psi_j\Phi_i\omega=\int_M\Psi_j\omega$$

und es folgt

$$\begin{aligned}\sum_{j=1}^r\int_M\Psi_j\omega &= \sum_{i=1}^l\sum_{j=1}^r\int_M\Phi_i\Psi_j\omega\\ &= \sum_{i=1}^l\int_M\Phi_i\omega.\end{aligned}$$

S. 202
Wegen der Linearität kann o.B.d.A angenommen werden, dass $M\cap\mathrm{supp}(\omega)$ von einer einzigen Karte $\alpha\colon U\to V$ aus der gegeben Orientierung überdeckt wird. Per definitionem gilt dann einerseits

$$\begin{aligned}\int_M\omega &= \int_{\mathrm{Int}U}\alpha^*\omega\\ &= \int_{\mathrm{Int}U}(h\circ\alpha)(x)\det(D\alpha(x))\,\mathrm{d}\lambda(x)\end{aligned}$$

sowie wegen $\mathrm{vol}(D\alpha(x))=|\det(D\alpha(x))|$ andererseits

$$\begin{aligned}\int_M h\,\mathrm{d}\mu &= \int_{\mathrm{Int}U}(h\circ\alpha)(x)\sqrt{D\alpha(x)^\top D\alpha(x)}\,\mathrm{d}\lambda(x)\\ &= \int_{\mathrm{Int}U}(h\circ\alpha)(x)|\det(D\alpha)(x)|\,\mathrm{d}\lambda(x).\end{aligned}$$

Da α aus der Orientierung von M ist, gilt $|\det(D\alpha)|=\det(D\alpha)$ und somit ist die Behauptung bewiesen.

Grundzüge der Maß- und Integrationstheorie – vom Messen und Mitteln

7

Was ist der Unterschied zwischen einem Inhalt und einem Maß?

Was besagt der Maß-Fortsetzungssatz?

Wie vollzieht sich der Aufbau des Integrals?

Unter welchen Voraussetzungen darf man Limes- und Integralbildung vertauschen?

Was besagt der Satz von Fubini?

Gegenstand der Maß- und Integrationstheorie sind Maßräume und der dazugehörige Integrationsbegriff. Kenntnisse dieses Teilgebiets der Mathematik sind unerlässlich für jede systematische Darstellung der Stochastik und anderer mathematischer Disziplinen, insbesondere der Analysis. In diesem Kapitel stellen wir die wichtigsten Resultate und Methoden aus der Maß- und Integrationstheorie bereit. Entscheidende Resultate sind der Maß-Fortsetzungssatz sowie der Eindeutigkeitssatz für Maße. Eine besondere Rolle kommt dem Borel-Lebesgue-Maß λ^k im $\mathbb{R}^k$ zu. Dieses löst das Problem, einer möglichst großen Klasse von Teilmengen des $\mathbb{R}^k$ deren k-dimensionales Volumen, also insbesondere im Fall $k = 2$ deren Fläche, zuzuordnen. Charakteristisch für das Maß λ^k ist, dass es dem k-dimensionalen Einheitskubus den Wert 1 zuweist und sich bei Verschiebungen von Mengen nicht ändert. Des Weiteren kann man zu jedem Maß ein Integral definieren; als Spezialfall entsteht hier das Lebesgue-Integral. Wichtige Resultate, die die Vertauschbarkeit von Integration und der Limesbildung von Funktionen rechtfertigen, sind die schon aus Kapitel 16 von Band 1 für das Lebesgue-Integral bekannten Sätze von Beppo Levi und Henri Lebesgue. Wir werden sehen, dass Mengen vom Maß Null bei der Integration keine Rolle spielen und dass man unter schwachen Voraussetzungen in Verallgemeinerung des Cavalieri'schen Prinzips (siehe Abschnitt 22.2 von Band 1) aus zwei beliebigen Maßen ein Produktmaß konstruieren kann.

7.1 Inhaltsproblem und Maßproblem

Schon in der Schule lernt man, dass der Flächeninhalt eines Rechtecks oder das Volumen eines Quaders gleich dem Produkt der jeweiligen Seitenlängen ist und dass der Rauminhalt einer Pyramide ein Drittel des Produkts aus Grundfläche und Höhe beträgt. Bis weit in das 19. Jahrhundert hinein begnügte man sich damit, Flächen- bzw. Rauminhalte von konkret gegebenen Teilmengen des $\mathbb{R}^2$ bzw. des $\mathbb{R}^3$ zu bestimmen. Die dafür verfügbaren Methoden wurden durch das Aufkommen der Analysis immer weiter verfeinert. So erfährt man etwa im ersten Jahr eines Mathematikstudiums, dass die Fläche einer Teilmenge A des $\mathbb{R}^2$, die von den Abszissenwerten a und b und den Graphen zweier über dem Intervall $[a, b]$ stetiger Funktionen g und h mit $g(x) \le h(x)$, $a \le x \le b$, eingespannt ist, gleich dem (Riemann- oder Lebesgue-)Integral $\int_a^b (h(x) - g(x))\,\mathrm{d}x$ ist (siehe Abb. 7.1).

Auch bei der in Abb. 7.2 links eingezeichneten Teilmenge A des $\mathbb{R}^2$ ist man sich von der Anschauung her sicher, dass sie einen bestimmten Flächeninhalt besitzt. Um diesen zu berechnen, bietet es sich an, die Menge A durch achsenparallele Rechtecke, deren Flächeninhalte man kennt, möglichst gut auszuschöpfen, um so mit der Summe der Flächeninhalte der in Abb. 7.2 rechts eingezeichneten Rechtecke zumindest eine untere Schranke für die Fläche von A zu erhalten. Bei dieser Vorgehensweise erkennt man bereits ein wichtiges Grundprinzip für den axiomatischen Aufbau einer Flächen-

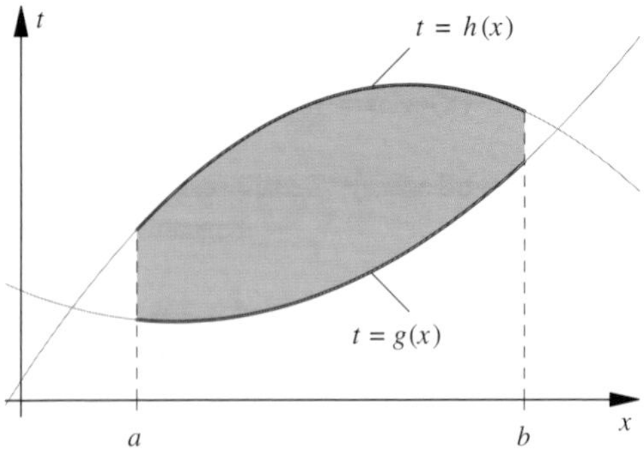

Abbildung 7.1 Die Fläche von A ist das Integral $\int_a^b (h(x) - g(x))\,\mathrm{d}x$.

messung im $\mathbb{R}^2$: Ist eine Menge B die *disjunkte Vereinigung* endlich vieler Mengen $B_1, \ldots, B_n$, so soll der Flächeninhalt von B gleich der Summe der Flächeninhalte von $B_1, \ldots, B_n$ sein. Dabei steht die Sprechweise „disjunkte Vereinigung" hier und im Folgenden für eine Vereinigung *paarweise disjunkter* Mengen. Um diese häufig vorkommende spezielle Situation auch in der Notation zu betonen, schreiben wir disjunkte Vereinigungen mit dem Summenzeichen, setzen also allgemein

$$C = A + B : \iff C = A \cup B \text{ und } A \cap B = \emptyset,$$

$$C = \sum_{j=1}^{n} A_j : \iff C = \bigcup_{j=1}^{n} A_j \text{ und } A_i \cap A_j = \emptyset\ \forall i \ne j\,.$$

In gleicher Weise verwenden wir die Schreibweise $\sum_{j=1}^{\infty} A_j$ für eine abzählbar-unendliche Vereinigung paarweise disjunkter Mengen.

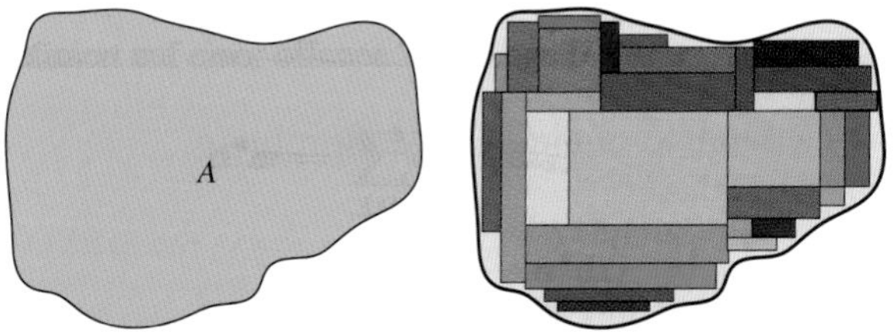

Abbildung 7.2 Zum Inhaltsproblem.

Die paarweise Disjunktheit der Rechtecke in Abb. 7.2 kann dadurch erreicht werden, dass jedes Rechteck kartesisches Produkt $(a, b] \times (c, d]$ zweier *halboffener* Intervalle ist und somit „nach links unten offen wird".

Unterwirft man die Menge A einer Verschiebung oder Drehung, so sollte die resultierende Menge den gleichen Flächeninhalt aufweisen; der Flächeninhalt von A sollte also invariant gegenüber Bewegungen des $\mathbb{R}^2$ sein.

Die hier aufgeworfenen Fragen gelten offenbar genauso im Hinblick auf die Bestimmung des Rauminhalts im $\mathbb{R}^3$ oder das Problem der Längenmessung im $\mathbb{R}^1$. Ist ein irgendwie geartetes „Gebilde" A (im $\mathbb{R}^1$, $\mathbb{R}^2$ oder $\mathbb{R}^3$) die disjunkte Vereinigung endlich vieler „Teilgebilde", so sollte sein „geometrischer Inhalt", also die Länge (im $\mathbb{R}^1$), die Fläche (im

$\mathbb{R}^2$) oder das Volumen (im $\mathbb{R}^3$), gleich der Summe der geometrischen Inhalte (Längen bzw. Flächen bzw. Volumina) der einzelnen Teilgebilde sein, und unterwirft man das Gebilde A einer Bewegung T, so sollte das entstehende, zu A kongruente Gebilde $T(A)$ den gleichen geometrischen Inhalt besitzen. Dabei bezeichnen wir allgemein die Menge der Bewegungen des $\mathbb{R}^k$ mit

$$\begin{aligned}\mathcal{D}_k \;:=\; \{T\colon \mathbb{R}^k \to \mathbb{R}^k : \exists U \in \mathbb{R}^{k\times k},\; U \text{ orthogonal}\\ \exists b \in \mathbb{R}^k \text{ mit } T(x) = Ux + b,\, x \in \mathbb{R}^k\}.\end{aligned}$$

Vereinbart man noch, dass dem Einheitsintervall $[0, 1]$ die Länge 1, dem Einheitsquadrat $[0, 1]^2$ die Fläche 1 und dem Einheitswürfel $[0, 1]^3$ das Volumen 1 zukommt und unbeschränkte Mengen die Länge bzw. die Fläche bzw. das Volumen ∞ erhalten können, so stellt sich mit der Festsetzung

$$[0, \infty] := [0, \infty) \cup \{\infty\}$$

und den Rechenregeln $\infty+\infty = \infty = x+\infty = \infty+x, x \in \mathbb{R}$ sowie der eben getroffenen Vereinbarung, die Vereinigung disjunkter Mengen mit dem Plus-Zeichen zu schreiben, das *Inhaltsproblem* im $\mathbb{R}^k$ wie folgt dar:

Das Inhaltsproblem

Gibt es eine Funktion $\iota_k\colon \mathcal{P}(\mathbb{R}^k) \to [0, \infty]$ mit den Eigenschaften

a) $\iota_k(\emptyset) = 0$,

b) $\iota_k(A + B) = \iota_k(A) + \iota_k(B)$,

c) $\iota_k\left([0, 1]^k\right) = 1$,

d) $\iota_k(T(A)) = \iota_k(A), \quad A \subseteq \mathbb{R}^k, T \in \mathcal{D}_k$?

Offenbar sind diese Anforderungen an eine Funktion ι_k, die jeder Teilmenge A des $\mathbb{R}^k$ einen *k-dimensionalen geometrischen Elementarinhalt* (kurz: *k-Inhalt*) zuordnen soll, völlig natürlich. Der Knackpunkt ist, dass ι_k auf der vollen Potenzmenge $\mathcal{P}(\mathbb{R}^k)$ definiert sein soll, was beliebig abstruse Mengen einschließt.

Nach einem Satz von Felix Hausdorff (1868–1942) aus dem Jahr 1914 ist das Inhaltsproblem im Fall $k \geq 3$ unlösbar. Wie der polnische Mathematiker Stefan Banach (1892–1945) im Jahr 1923 zeigte, ist es für die Fälle $k = 1$ und $k = 2$ zwar lösbar, aber nicht eindeutig.

Die Unlösbarkeit des Inhaltsproblems im Fall $k \geq 3$ wird unterstrichen durch einen Satz von Banach und Alfred Tarski (1902–1983) aus dem Jahr 1924, dessen Aussage so unglaublich ist, dass er als *Banach-Tarski-Paradoxon* in die Literatur Eingang fand. Dieses „Paradoxon" besagt, dass man im Fall $k \geq 3$ zu beliebigen beschränkten Mengen $A, B \subseteq \mathbb{R}^k$, die jeweils innere Punkte besitzen, endlich viele Mengen $C_1, \ldots, C_n \subseteq \mathbb{R}^k$ und Bewegungen $T_1, \ldots, T_n$ finden kann, sodass $A = \sum_{j=1}^n C_j$ und $B = \sum_{j=1}^n T_j(C_j)$ gilt. Wählt man etwa im $\mathbb{R}^3$ für A den Einheitswürfel und für B eine Kugel mit Radius 10^6, so kann man nach obigem Ergebnis den Würfel in endlich viele Mengen zerlegen und diese Teilstücke durch geeignete Bewegungen des $\mathbb{R}^3$ so in paarweise disjunkte Mengen abbilden, dass deren Vereinigung eine Kugel mit einem Radius ergibt, der – gemessen in Kilometern – den unserer Sonne übersteigt. Es ist verständlich, dass die Mengen $C_1, \ldots, C_n$ jede Vorstellungskraft sprengen. Sie sind im Allgemeinen so kompliziert, dass ihre Existenz nur mit dem Auswahlaxiom der Mengenlehre gesichert werden kann.

Der Schlüssel für eine tragfähige Theorie der Volumenmessung im $\mathbb{R}^k$ besteht in einer auf den ersten Blick aussichtslos scheinenden Vorgehensweise: Einer Idee des französischen Mathematikers Emile Borel (1871–1956) im Jahr 1898 folgend verschärft man die obige Bedingung b), wonach der k-Inhalt einer disjunkten Vereinigung zweier (und damit endlich vieler) Mengen gleich der Summe der k-Inhalte der einzelnen Mengen ist, dahingehend, dass bei der Addition der Inhalte paarweise disjunkter Mengen auch *abzählbar-unendliche* und nicht nur endliche Summen zugelassen werden. Auf diese Weise entsteht das sogenannte *Maßproblem*:

Das Maßproblem

Gibt es eine Funktion $\iota_k\colon \mathcal{P}(\mathbb{R}^k) \to [0, \infty]$ mit den Eigenschaften a), c) und d) wie oben sowie

b') $\iota_k\left(\sum_{j=1}^{\infty} A_j\right) = \sum_{j=1}^{\infty} \iota_k(A_j)$,

falls $A_1, A_2, \ldots \subseteq \mathbb{R}^k$ paarweise disjunkt sind?

Eigenschaft b') heißt *σ-Additivität* von ι_k, in Verschärfung der in b) formulierten *endlichen Additivität*. Ersterer kommt für die weitere Entwicklung der Maß- und Integrationstheorie eine Schlüsselrolle zu. Man beachte, dass Bedingung b') in der Tat eine gegenüber b) stringentere Forderung darstellt, da man in b') nur $A_1 := A$, $A_2 := B$ und $A_j := \emptyset$ für $j \geq 3$ setzen muss, um b) zu erhalten. Da gewisse Summanden in b') gleich ∞ sein können, vereinbaren wir, dass die in b') auftretende Reihe den Wert ∞ annimmt, falls dies für mindestens einen Summanden zutrifft. Andernfalls kann die unendliche Reihe reeller Zahlen (mit dem Wert ∞) divergieren oder konvergieren.

Die nachfolgende kaum verwundernde Aussage stammt von dem italienischen Mathematiker Giuseppe Vitali (1875–1932). Ihren Beweis führen wir im Zusammenhang mit der Existenz nicht Borel'scher Mengen auf Seite 236.

Satz von Vitali (1905)

Das Maßproblem ist für kein $k \geq 1$ lösbar.

Diese negativen Resultate und der Anschauung zuwiderlaufenden Phänomene machen eines deutlich: Es ist hoffnungslos, ι_k auf der vollen Potenzmenge des $\mathbb{R}^k$ definieren und somit *jeder* Teilmenge A des $\mathbb{R}^k$ ein k-dimensionales Volumen $\iota_k(A)$ zuordnen zu wollen. Möchte man an den Forderungen a) bis d) festhalten, so muss man sich offenbar als

Definitionsbereich für ι_k auf ein gewisses, geeignetes System $\mathcal{M} \subseteq \mathcal{P}(\mathbb{R}^k)$ von Teilmengen des $\mathbb{R}^k$ beschränken. Ähnliche Phänomene beobachtet man in der Stochastik, wo es vielfach auch nicht möglich ist, *jeder* Teilmenge eines Ergebnisraums eine Wahrscheinlichkeit zuzuweisen, ohne grundlegende Forderungen zu verletzen (siehe z. B. Seite 710).

Beim Aufbau einer „axiomatischen Theorie des Messens im weitesten Sinn" hat sich herausgestellt, dass eine Einschränkung auf den $\mathbb{R}^k$ unnötig ist. Der bei dem jetzt vorgestellten abstrakten Aufbau entstehende Mehraufwand ist gering, der Gewinn an Allgemeinheit insbesondere für die Stochastik und die Funktionalanalysis beträchtlich.

7.2 Mengensysteme

Im Folgenden betrachten wir eine beliebige, auch **Grundraum** genannte nichtleere Menge Ω und **Mengensysteme** über Ω, d. h. Teilmengen $\mathcal{M}$ der Potenzmenge $\mathcal{P}(\Omega)$ von Ω. Ein solches Mengensystem $\mathcal{M}$, das eine *Menge von Teilmengen von* Ω darstellt, wird als Definitionsbereich einer geeigneten „Inhaltsfunktion" oder „Maßfunktion" fungieren, deren Eigenschaften genauer zu spezifizieren sind. Da man mit Mengen Operationen wie etwa Durchschnitts- oder Vereinigungsbildung durchführen möchte, sollte ein für die Maßtheorie sinnvolles Mengensystem gewisse Abgeschlossenheitseigenschaften gegenüber solchen mengentheoretischen Verknüpfungen aufweisen.

Ein Mengensystem $\mathcal{M} \subseteq \mathcal{P}(\Omega)$ heißt **durchschnittsstabil** bzw. **vereinigungsstabil**, falls es mit je zwei und damit je endlich vielen Mengen auch deren Durchschnitt bzw. deren Vereinigung enthält, und man schreibt hierfür kurz **∩-stabil** bzw. **∪-stabil**.

Definition eines Rings und einer Algebra

Ein Mengensystem $\mathcal{R} \subseteq \mathcal{P}(\Omega)$ heißt **Ring**, falls gilt:

- $\emptyset \in \mathcal{R}$,
- aus $A, B \in \mathcal{R}$ folgt $A \cup B \in \mathcal{R}$,
- aus $A, B \in \mathcal{R}$ folgt $A \setminus B \in \mathcal{R}$.

Gilt zusätzlich

- $\Omega \in \mathcal{R}$,

so heißt $\mathcal{R}$ eine **Algebra**.

Wegen

$$A \cap B = A \setminus (A \setminus B)$$

ist offenbar jeder Ring nicht nur ∪-stabil, sondern auch ∩-stabil. Wohingegen ein Ring abgeschlossen gegenüber der Bildung von Vereinigungen und Durchschnitten sowie Differenzen von Mengen ist, kann man wegen $A^c = \Omega \setminus A$ in einer Algebra auch unbedenklich Komplemente von Mengen bilden, ohne dieses Mengensystem zu verlassen.

Beispiel

- Das System aller endlichen Teilmengen einer Menge Ω bildet einen Ring. Dieser ist genau dann eine Algebra, wenn Ω endlich ist.
- Der kleinste über einer Menge Ω existierende Ring besteht nur aus $\{\emptyset\}$, die kleinste Algebra aus $\{\emptyset, \Omega\}$.
- Das System aller beschränkten Teilmengen des $\mathbb{R}^k$ bildet einen Ring.
- Das System $\mathcal{O}^k$ der offenen Mengen im $\mathbb{R}^k$ ist ∩-stabil und ∪-stabil, ja sogar abgeschlossen gegenüber der Vereinigung beliebig vieler Mengen, aber kein Ring, da die Differenz offener Mengen nicht notwendig offen ist. ◀

Sowohl für den Aufbau der Maßtheorie als auch der Stochastik sind Ringe und Algebren nicht reichhaltig genug, da sie nur bezüglich der Bildung *endlicher* Vereinigungen und Durchschnitte abgeschlossen sind. *Das* zentrale Mengensystem für die Maßtheorie und die Stochastik ist Gegenstand der folgenden Definition.

Definition einer σ-Algebra

Eine **σ-Algebra** über Ω ist ein System $\mathcal{A} \subseteq \mathcal{P}(\Omega)$ von Teilmengen von Ω mit folgenden Eigenschaften:

- $\emptyset \in \mathcal{A}$,
- aus $A \in \mathcal{A}$ folgt $A^c = \Omega \setminus A \in \mathcal{A}$,
- aus $A_1, A_2, \ldots \in \mathcal{A}$ folgt $\bigcup_{n=1}^{\infty} A_n \in \mathcal{A}$.

Eine σ-Algebra $\mathcal{A}$ ist also abgeschlossen gegenüber der Bildung von Komplementen und Vereinigungen *abzählbar* vieler (nicht notwendigerweise *beliebig vieler*) Mengen. Aus den beiden ersten Eigenschaften folgt $\Omega = \emptyset^c \in \mathcal{A}$. Setzt man in der dritten Eigenschaft $A_n := \emptyset$ für jedes $n \geq 3$, so ergibt sich, dass mit je zwei (und somit auch mit je endlich vielen) Mengen aus $\mathcal{A}$ auch deren Vereinigung zu $\mathcal{A}$ gehört. Eine σ-Algebra ist somit vereinigungsstabil und damit auch eine Algebra.

?

Enthält eine σ-Algebra mit Mengen $A_1, A_2, \ldots$ auch die Durchschnitte $A_1 \cap A_2$ und $\bigcap_{n=1}^{\infty} A_n$?

Kommentar: Das Präfix „σ-" im Wort σ-Algebra steht für die Möglichkeit, *abzählbar-unendlich viele* Mengen bei der Vereinigungs- und Durchschnittsbildung zuzulassen. Dabei soll der Buchstabe σ an „Summe" erinnern.

Beispiel

- Die kleinstmögliche σ-Algebra über Ω ist $\mathcal{A} = \{\emptyset, \Omega\}$, die größtmögliche die Potenzmenge $\mathcal{A} = \mathcal{P}(\Omega)$. Die erste ist uninteressant, die zweite im Allgemeinen zu groß.
- Für jede Teilmenge A von Ω ist das Mengensystem

  $$\mathcal{A} := \{\emptyset, A, A^c, \Omega\}$$

  eine σ-Algebra.

- Es sei $\Omega := \mathbb{N}$ und

$$\mathcal{A}_0 := \{A \subseteq \Omega\colon A \text{ endlich oder } A^c \text{ endlich}\}.$$

Dann ist $\mathcal{A}_0$ eine Algebra (sog. **Algebra der endlichen oder co-endlichen Mengen**), aber wegen der dritten definierenden Eigenschaft keine σ-Algebra. Als solche müsste sie nämlich jede Teilmenge von Ω enthalten, also gleich $\mathcal{P}(\mathbb{N})$ sein. Die Menge der geraden Zahlen liegt aber zum Beispiel nicht in $\mathcal{A}_0$.

- Ist Ω eine beliebige nichtleere Menge, so ist das System

$$\mathcal{A} := \{A \subseteq \Omega\colon A \text{ abzählbar oder } A^c \text{ abzählbar}\}$$

der sog. **abzählbaren oder co-abzählbaren Mengen** eine σ-Algebra. Dabei sind die beiden ersten definierenden Eigenschaften einer σ-Algebra klar, denn die leere Menge ist abzählbar. Für den Nachweis der dritten Eigenschaft beachte man: Sind alle Mengen A_n abzählbar, so ist auch deren Vereinigung $\bigcup_{n=1}^{\infty} A_n$ abzählbar. Ist ein A_{n_0} nicht abzählbar, so ist $\left(\bigcup_{n=1}^{\infty} A_n\right)^c = \bigcap_{n=1}^{\infty} A_n^c$ in $A_{n_0}^c$ enthalten und daher abzählbar. Offenbar gilt $\mathcal{A} = \mathcal{P}(\Omega)$, falls Ω abzählbar ist.

- Sind $\mathcal{A} \subseteq \mathcal{P}(\Omega)$ eine σ-Algebra und Ω_0 eine Teilmenge von Ω, so ist das Mengensystem

$$\Omega_0 \cap \mathcal{A} := \{\Omega_0 \cap A\colon A \in \mathcal{A}\} \tag{7.1}$$

eine σ-Algebra über Ω_0. Sie heißt **Spur(-σ-Algebra) von $\mathcal{A}$ in Ω_0.** Gilt $\Omega_0 \in \mathcal{A}$, so besteht $\Omega_0 \cap \mathcal{A}$ aus allen zu $\mathcal{A}$ gehörenden Teilmengen von Ω_0. ◀

Eine σ-Algebra ist ein Dynkin-System, ein $\cap$-stabiles Dynkin-System eine σ-Algebra

Sowohl bei der Konstruktion von Maßfortsetzungen als auch bei Fragen der Eindeutigkeit von Maßen und der stochastischen Unabhängigkeit hat sich die folgende, auf den russischen Mathematiker Eugene B. Dynkin (1924–2014) zurückgehende Begriffsbildung als nützlich erwiesen.

Definition eines Dynkin-Systems

Ein Mengensystem $\mathcal{D} \subseteq \mathcal{P}(\Omega)$ heißt **Dynkin-System** über Ω, falls gilt:

- $\Omega \in \mathcal{D}$,
- aus $D, E \in \mathcal{D}$ und $D \subseteq E$ folgt $E \setminus D \in \mathcal{D}$,
- sind $D_1, D_2, \ldots$ paarweise disjunkte Mengen aus $\mathcal{D}$, so gilt $\sum_{n=1}^{\infty} D_n \in \mathcal{D}$.

Ein Dynkin-System enthält die leere Menge sowie mit jeder Menge auch deren Komplement. Vergleicht man die obigen Eigenschaften mit den definierenden Eigenschaften einer σ-Algebra, so folgt unmittelbar, dass jede σ-Algebra auch ein Dynkin-System ist. Dass hier die Umkehrung nur unter Zusatzvoraussetzungen gilt, zeigen das folgende Beispiel und das anschließende Resultat.

Beispiel Es sei $\Omega := \{1, 2, \ldots, 2k\}$, wobei $k \in \mathbb{N}$. Dann ist das System

$$\mathcal{D} := \{D \subseteq \Omega\colon \exists m \in \{0, 1, \ldots, k\} \text{ mit } |D| = 2m\}$$

aller Teilmengen von Ω mit einer geraden Elementanzahl ein Dynkin-System, aber im Fall $k \geq 2$ keine σ-Algebra. ◀

Lemma (über $\cap$-stabile Dynkin-Systeme)

Es sei $\mathcal{D} \subseteq \mathcal{P}(\Omega)$ ein $\cap$-stabiles Dynkin-System. Dann ist $\mathcal{D}$ eine σ-Algebra.

Beweis: Wir müssen nur zeigen, dass $\mathcal{D}$ mit beliebigen Mengen $A_1, A_2, \ldots$ aus $\mathcal{D}$ auch deren Vereinigung enthält. Da sich $\bigcup_{n=1}^{\infty} A_n$ in der Form

$$\bigcup_{n=1}^{\infty} A_n = A_1 + \sum_{n=2}^{\infty} A_n \cap A_1^c \cap \ldots \cap A_{n-1}^c \tag{7.2}$$

als disjunkte Vereinigung darstellen lässt und jede der rechts stehenden Mengen wegen der vorausgesetzten $\cap$-Stabilität zu $\mathcal{D}$ gehört, folgt die Behauptung nach Definition eines Dynkin-Systems. ■

?

Warum gilt die Darstellung (7.2), und warum sind die in der Vereinigung auftretenden Mengen paarweise disjunkt?

Wie findet man geeignete σ-Algebren, die hinreichend reichhaltig sind, um alle für eine vorliegende Fragestellung wichtigen Teilmengen von Ω zu enthalten? Die gleiche Frage stellt sich auch für andere Mengensysteme wie Ringe, Algebren und Dynkin-Systeme. Die Vorgehensweise ist ganz analog zu derjenigen in der Linearen Algebra, wenn zu einer Menge M von Vektoren in einem Vektorraum V der kleinste Unterraum U von V mit der Eigenschaft $M \subseteq U$ gesucht wird. Dieser Vektorraum ist der Durchschnitt aller Unterräume, die M enthalten. Hierzu muss man sich nur überlegen, dass der Durchschnitt beliebig vieler Unterräume von V wieder ein Unterraum ist.

Für die betrachteten vier Typen von Mengensystemen gilt analog zu Unterräumen:

Satz über den Durchschnitt von σ-Algebren

Ist $J \neq \emptyset$ eine beliebige Menge, und sind $\mathcal{A}_j$, $j \in J$, σ-Algebren über Ω, so ist auch deren Durchschnitt

$$\bigcap_{j \in J} \mathcal{A}_j := \{A \subseteq \Omega\colon A \in \mathcal{A}_j \text{ für jedes } j \in J\}$$

eine σ-Algebra über Ω. Ein analoger Sachverhalt gilt für Ringe, Algebren und Dynkin-Systeme.

?

Warum ist $\mathcal{A} := \bigcap_{j \in J} \mathcal{A}_j$ eine σ-Algebra?

Man beachte, dass die Vereinigung von σ-Algebren im Allgemeinen keine σ-Algebra ist (Aufgabe 7.1).

$\sigma(\mathcal{M})$ ist die kleinste $\mathcal{M}$ enthaltende σ-Algebra

Die von einem Mengensystem erzeugte σ-Algebra

Ist $\mathcal{M} \subseteq \mathcal{P}(\Omega)$ ein beliebiges nichtleeres System von Teilmengen von Ω, so setzen wir

$$\sigma(\mathcal{M}) := \bigcap \{\mathcal{A} \colon \mathcal{A} \subseteq \mathcal{P}(\Omega)\ \sigma\text{-Algebra und } \mathcal{M} \subseteq \mathcal{A}\}$$

und nennen $\sigma(\mathcal{M})$ **die von $\mathcal{M}$ erzeugte σ-Algebra**. Das System $\mathcal{M}$ heißt ein **Erzeugendensystem** oder kurz ein **Erzeuger** von $\sigma(\mathcal{M})$.

Ersetzt man in der Definition von $\sigma(\mathcal{M})$ das Wort σ-Algebra durch Algebra bzw. Ring bzw. Dynkin-System, so entstehen **die von $\mathcal{M}$ erzeugte Algebra $\alpha(\mathcal{M})$** bzw. **der von $\mathcal{M}$ erzeugte Ring $\rho(\mathcal{M})$** bzw. **das von $\mathcal{M}$ erzeugte Dynkin-System $\delta(\mathcal{M})$**.

Da die Potenzmenge $\mathcal{P}(\Omega)$ eine σ-Algebra mit der Eigenschaft $\mathcal{M} \subseteq \mathcal{P}(\Omega)$ darstellt, ist $\sigma(\mathcal{M})$ wohldefiniert und als Durchschnitt von σ-Algebren ebenfalls eine σ-Algebra. Nach Konstruktion gilt zudem

$$\mathcal{M} \subseteq \sigma(\mathcal{M}).$$

Ist $\mathcal{A} \subseteq \mathcal{P}(\Omega)$ eine beliebige σ-Algebra mit $\mathcal{M} \subseteq \mathcal{A}$, so gilt nach Definition von $\sigma(\mathcal{M})$ als Durchschnitt aller σ-Algebren über Ω, die $\mathcal{M}$ enthalten, die Inklusion $\sigma(\mathcal{M}) \subseteq \mathcal{A}$. Die σ-Algebra $\sigma(\mathcal{M})$ ist also die eindeutig bestimmte kleinste σ-Algebra über Ω, die das Mengensystem $\mathcal{M}$ umfasst. In gleicher Weise ist $\alpha(\mathcal{M})$ die kleinste $\mathcal{M}$ enthaltende Algebra, $\rho(\mathcal{M})$ der kleinste $\mathcal{M}$ umfassende Ring und $\delta(\mathcal{M})$ das kleinste $\mathcal{M}$ enthaltende Dynkin-System.

Beispiel Für eine beliebige nichtleere Menge Ω sei

$$\mathcal{M} := \{\{\omega\} \colon \omega \in \Omega\}$$

das System aller einelementigen Teilmengen von Ω. Es ist

$$\begin{aligned}
\rho(\mathcal{M}) &= \{A \subseteq \Omega \colon A \text{ endlich}\},\\
\alpha(\mathcal{M}) &= \{A \subseteq \Omega \colon A \text{ endlich oder } A^c \text{ endlich}\},\\
\sigma(\mathcal{M}) &= \{A \subseteq \Omega \colon A \text{ abzählbar oder } A^c \text{ abzählbar}\},\\
\delta(\mathcal{M}) &= \sigma(\mathcal{M}).
\end{aligned}$$

Der Nachweis dieser Behauptungen erfolgt immer in der gleichen Weise und soll exemplarisch für $\rho(\mathcal{M})$ geführt werden. Sei $\mathcal{E}$ das System aller endlichen Teilmengen von Ω. Da $\mathcal{E}$ einen Ring bildet, der $\mathcal{M}$ umfasst, gilt auch $\rho(\mathcal{M}) \subseteq \mathcal{E}$. Andererseits muss jeder Ring über Ω, der die einelementigen Mengen enthält, auch $\mathcal{E}$ enthalten. Folglich gilt auch $\rho(\mathcal{M}) \supseteq \mathcal{E}$. ◀

?

Warum gilt stets $\rho(\mathcal{M}) \subseteq \alpha(\mathcal{M}) \subseteq \sigma(\mathcal{M})$?

Eine σ-Algebra $\mathcal{A}$ über Ω kann sehr verschiedene Erzeuger besitzen, d. h., es kann Mengensysteme $\mathcal{M}, \mathcal{N} \subseteq \mathcal{P}(\Omega)$ geben, für die $\mathcal{M} \neq \mathcal{N}$, aber $\sigma(\mathcal{M}) = \sigma(\mathcal{N})$ gilt. Zum Nachweis der letzten Gleichung in konkreten Fällen ist folgendes Resultat – das in analoger Weise gilt, wenn man σ durch α, ρ oder δ ersetzt – hilfreich.

Lemma (über Erzeugendensysteme)

Es seien $\mathcal{M}, \mathcal{N} \subseteq \mathcal{P}(\Omega)$ Mengensysteme. Dann gelten:

a) Aus $\mathcal{M} \subseteq \mathcal{N}$ folgt $\sigma(\mathcal{M}) \subseteq \sigma(\mathcal{N})$,

b) $\sigma(\mathcal{M}) = \sigma(\sigma(\mathcal{M}))$,

c) aus $\mathcal{M} \subseteq \sigma(\mathcal{N})$ und $\mathcal{N} \subseteq \sigma(\mathcal{M})$ folgt $\sigma(\mathcal{M}) = \sigma(\mathcal{N})$.

?

Können Sie diese Aussagen beweisen?

Borelmengen: Die Standard-σ-Algebra im $\mathbb{R}^k$

Wenn wir im Folgenden mit dem Grundraum $\Omega = \mathbb{R}^k$ arbeiten werden, legen wir – falls nichts anderes gesagt ist – stets eine nach E. Borel benannte σ-Algebra zugrunde.

Die σ-Algebra der Borelmengen des $\mathbb{R}^k$

Bezeichnet $\mathcal{O}^k$ das System der offenen Mengen des $\mathbb{R}^k$, so ist die σ-Algebra der Borel'schen Mengen des $\mathbb{R}^k$ durch

$$\mathcal{B}^k := \sigma(\mathcal{O}^k)$$

definiert. Im Fall $k = 1$ schreiben wir kurz $\mathcal{B} := \mathcal{B}^1$.

Mithilfe des obigen Lemmas sieht man schnell ein, dass die σ-Algebra $\mathcal{B}^k$ noch viele weitere Erzeugendensysteme besitzt. Zu diesem Zweck setzen wir für $x = (x_1, \ldots, x_k) \in \mathbb{R}^k$ und $y = (y_1, \ldots, y_k) \in \mathbb{R}^k$ kurz $x \leq y$, falls für jedes $j = 1, \ldots, k$ die Beziehung $x_j \leq y_j$ gilt. In gleicher Weise verwenden wir die Bezeichnung $x < y$. Hiermit sind im Fall $x < y$ allgemeine Intervalle der Form

$$\begin{aligned}
(x, y) &:= \{z \in \mathbb{R}^k \colon x < z < y\},\\
(x, y] &:= \{z \in \mathbb{R}^k \colon x < z \leq y\}
\end{aligned}$$

usw. definiert. Schließlich setzen wir

$$(-\infty, x] := \{z \in \mathbb{R}^k \colon z \leq x\}.$$

Im Fall $k = 1$ sind (x, y) und $(x, y]$ ein offenes bzw. halboffenes Intervall, und $(-\infty, x]$ ist ein bei x beginnender und nach links zeigender Halbstrahl. Im $\mathbb{R}^2$ sind (x, y) ein offenes Rechteck und $(x, y]$ ein Rechteck, das nach rechts oben hin

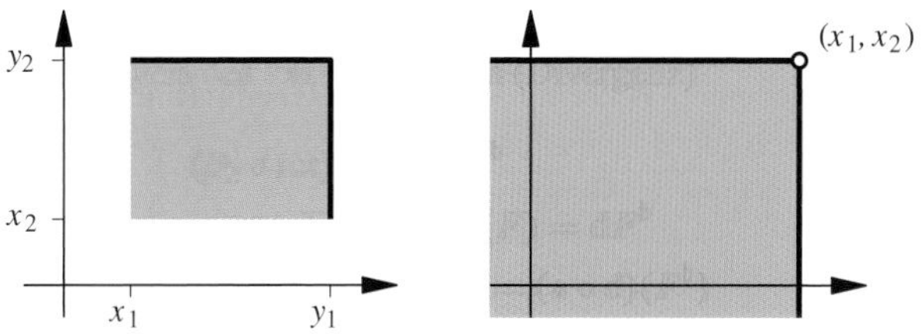

Abbildung 7.3 Die Mengen $(x, y]$ (links) und $(-\infty, x]$ (rechts).

abgeschlossen und nach links unten hin offen ist (Abb. 7.3 links). In diesem Fall ist $(-\infty, x]$ eine nach rechts oben bei x begrenzte „Viertel-Ebene" (Abb. 7.3 rechts).

Im Folgenden bezeichne

- $\mathcal{A}^k$ das System aller abgeschlossenen Mengen des $\mathbb{R}^k$,
- $\mathcal{K}^k$ das System aller kompakten Mengen des $\mathbb{R}^k$,
- $\mathcal{I}^k := \{(x, y]\colon x, y \in \mathbb{R}^k, x \leq y\}$ das um die leere Menge erweiterte System aller halboffenen Intervalle des $\mathbb{R}^k$,
- $\mathcal{J}^k := \{(-\infty, x]\colon x \in \mathbb{R}^k\}$.

Satz über Erzeugendensysteme der Borelmengen

Es gilt

$$\mathcal{B}^k = \sigma(\mathcal{A}^k) = \sigma(\mathcal{K}^k) = \sigma(\mathcal{I}^k) = \sigma(\mathcal{J}^k)\,.$$

Beweis: Da eine σ-Algebra mit einer Menge auch deren Komplement enthält und die abgeschlossenen Mengen die Komplemente der offenen Mengen sind und umgekehrt, gelten $\mathcal{A}^k \subseteq \sigma(\mathcal{O}^k)$ sowie $\mathcal{O}^k \subseteq \sigma(\mathcal{A}^k)$. Wegen $\mathcal{B}^k = \sigma(\mathcal{O}^k)$ folgt somit $\mathcal{B}^k = \sigma(\mathcal{A}^k)$ aus Teil c) des obigen Lemmas. Der Nachweis von $\sigma(\mathcal{A}^k) = \sigma(\mathcal{K}^k)$ ist Gegenstand von Aufgabe 7.22. Um $\sigma(\mathcal{O}^k) = \sigma(\mathcal{I}^k)$ zu zeigen, weisen wir

$$\mathcal{I}^k \subseteq \sigma(\mathcal{O}^k), \qquad \mathcal{O}^k \subseteq \sigma(\mathcal{I}^k), \tag{7.3}$$

nach. Sei hierzu $(x, y] \in \mathcal{I}^k$ beliebig, wobei $y = (y_1, \ldots, y_k)$. Setzen wir

$$w_n := \left(y_1 + \frac{1}{n}, y_2 + \frac{1}{n}, \ldots, y_k + \frac{1}{n}\right), \qquad n \in \mathbb{N},$$

so gilt $(x, y] = \bigcap_{n=1}^{\infty}(x, w_n)$. Als Schnitt abzählbar vieler offener Mengen gehört $\bigcap_{n=1}^{\infty}(x, w_n)$ zu $\sigma(\mathcal{O}^k)$, was $\mathcal{I}^k \subseteq \sigma(\mathcal{O}^k)$ zeigt. Um $\mathcal{O}^k \subseteq \sigma(\mathcal{I}^k)$ nachzuweisen, sei $O \in \mathcal{O}^k$, $O \neq \emptyset$, beliebig. Da O nur innere Punkte besitzt, gibt es zu jedem $x \in O$ eine Menge $C(x) \in \mathcal{I}^k$ mit $x \in C(x) \subseteq O$. Weil die abzählbare Menge $\mathbb{Q}$ in $\mathbb{R}$ dicht liegt, kann sogar angenommen werden, dass $C(x)$ zur Menge

$$\mathcal{I}^k_{\mathbb{Q}} := \{(x, y] \in \mathcal{I}^k\colon x, y \in \mathbb{Q}^k\} \subseteq \mathcal{I}^k$$

gehört. Da $\mathcal{I}^k_{\mathbb{Q}}$ abzählbar ist, ist die in der Darstellung $O = \bigcup_{x \in O} C(x)$ stehende formal überabzählbare Vereinigung tatsächlich eine Vereinigung abzählbar vieler Mengen aus $\mathcal{I}^k_{\mathbb{Q}}$. Sie liegt also in der von $\mathcal{I}^k_{\mathbb{Q}}$ erzeugten σ-Algebra, was $\mathcal{O}^k \subseteq \sigma(\mathcal{I}^k_{\mathbb{Q}}) \subseteq \sigma(\mathcal{I}^k)$ zeigt und den Nachweis von (7.3) abschließt. Der Beweis des letzten Gleichheitszeichens ist Gegenstand von Aufgabe 7.23. ■

Da jede σ-Algebra ein Dynkin-System ist, umfasst die kleinste $\mathcal{M}$ enthaltende σ-Algebra auch das kleinste $\mathcal{M}$ enthaltende Dynkin-System; es gilt also die Relation $\delta(\mathcal{M}) \subseteq \sigma(\mathcal{M})$. Für ein durchschnittsstabiles Mengensystem tritt hier sogar das Gleichheitszeichen ein.

Lemma

Ist $\mathcal{M} \subseteq \mathcal{P}(\Omega)$ ein $\cap$-stabiles Mengensystem, so gilt

$$\delta(\mathcal{M}) = \sigma(\mathcal{M}).$$

Beweis: Es ist nur zu zeigen, dass $\delta(\mathcal{M})$ $\cap$-stabil ist, denn dann ist $\delta(\mathcal{M})$ eine $\mathcal{M}$ enthaltende σ-Algebra. Als solche muss sie auch die kleinste $\mathcal{M}$ enthaltende σ-Algebra $\sigma(\mathcal{M})$ umfassen. Zum Nachweis der Eigenschaft

$$A, B \in \delta(\mathcal{M}) \Longrightarrow A \cap B \in \delta(\mathcal{M})$$

definieren wir für beliebiges $A \in \delta(\mathcal{M})$ das Mengensystem

$$\mathcal{D}_A := \{B \subseteq \Omega\colon B \cap A \in \delta(\mathcal{M})\}.$$

Zu zeigen ist die Inklusion $\delta(\mathcal{M}) \subseteq \mathcal{D}_A$. Nachrechnen der definierenden Eigenschaften liefert, dass $\mathcal{D}_A$ ein Dynkin-System ist. Ist $A \in \mathcal{M}$, so gilt aufgrund der $\cap$-Stabilität von $\mathcal{M}$ die Relation $\mathcal{M} \subseteq \mathcal{D}_A$. Da $\mathcal{D}_A$ ein Dynkin-System ist, folgt hieraus $\delta(\mathcal{M}) \subseteq \mathcal{D}_A$ und somit die Implikation

$$B \in \delta(\mathcal{M}),\ A \in \mathcal{M} \Longrightarrow B \cap A \in \delta(\mathcal{M}).$$

Vertauscht man hier die Rollen von A und B, so wird obige Zeile zu $\mathcal{M} \subseteq \mathcal{D}_A$ für jedes $A \in \delta(\mathcal{M})$. Hieraus folgt $\delta(\mathcal{M}) \subseteq \mathcal{D}_A$, da $\mathcal{D}_A$ ein Dynkin-System ist. ■

?

Warum ist $\mathcal{D}_A$ ein Dynkin-System?

Im Zusammenhang mit der im nächsten Abschnitt vorgestellten Fortsetzung von Mengenfunktionen ist die folgende Begriffsbildung nützlich.

Definition eines Halbrings

Ein Mengensystem $\mathcal{H} \subseteq \mathcal{P}(\Omega)$ heißt **Halbring** über Ω, falls gilt:

- $\emptyset \in \mathcal{H}$,
- $\mathcal{H}$ ist $\cap$-stabil,
- sind $A, B \in \mathcal{H}$, so gibt es ein $k \in \mathbb{N}$ und *paarweise disjunkte* Mengen $C_1, \ldots, C_k$ aus $\mathcal{H}$ mit

$$A \setminus B = \sum_{j=1}^{k} C_j\,.$$

Offenbar ist jeder Ring und somit erst recht jede Algebra oder σ-Algebra ein Halbring. Abb. 7.4 zeigt die eingeführten Mengensysteme in deren Hierarchie.

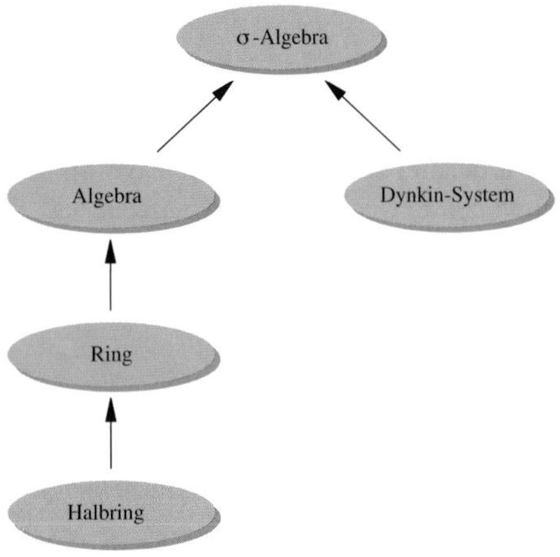

Abbildung 7.4 Die eingeführten Mengensysteme im Überblick.

Beispiel Das System $\mathcal{I}^k$ der halboffenen Intervalle $(x, y]$ mit $x \leq y$ ist ein Halbring über $\mathbb{R}^k$. Dieser Sachverhalt ist für den Fall $k = 1$ unmittelbar einzusehen. Wegen $\mathcal{I}^k = \mathcal{I}^1 \times \cdots \times \mathcal{I}^1$ (k Faktoren) folgt die Behauptung für allgemeines k aus dem nachstehenden Resultat. ◀

Lemma (über kartesische Produkte von Halbringen)
Es seien $\Omega_1, \ldots, \Omega_k$ nichtleere Mengen und $\mathcal{H}_1 \subseteq \mathcal{P}(\Omega_1), \ldots, \mathcal{H}_k \subseteq \mathcal{P}(\Omega_k)$ Halbringe. Dann ist das System

$$\mathcal{H}_1 \times \cdots \times \mathcal{H}_k := \{A_1 \times \cdots \times A_k \colon A_j \in \mathcal{H}_j,\ j = 1, \ldots, k\}$$

ein Halbring über $\Omega_1 \times \cdots \times \Omega_k$.

Beweis: Es reicht, die Behauptung für $k = 2$ zu zeigen. Der allgemeine Fall folgt dann induktiv. Zunächst gilt $\emptyset = \emptyset \times \emptyset \in \mathcal{H}_1 \times \mathcal{H}_2$. Sind $A_1 \times A_2$ und $B_1 \times B_2$ in $\mathcal{H}_1 \times \mathcal{H}_2$, so ist wegen

$$(A_1 \times A_2) \cap (B_1 \times B_2) = (A_1 \cap B_1) \times (A_2 \cap B_2)$$

und der $\cap$-Stabilität von $\mathcal{H}_1$ und $\mathcal{H}_2$ auch $\mathcal{H}_1 \times \mathcal{H}_2$ $\cap$-stabil. Weiter gilt

$$(A_1 \times A_2) \setminus (B_1 \times B_2) = ((A_1 \setminus B_1) \times A_2) + ((A_1 \cap B_1) \times (A_2 \setminus B_2))\,.$$

Hier sind die Mengen auf der rechten Seite paarweise disjunkt, und $A_1 \setminus B_1$ ist aufgrund der letzten Halbring-Eigenschaft eine endliche Vereinigung disjunkter Mengen aus $\mathcal{H}_1$. In gleicher Weise ist $A_2 \setminus B_2$ eine endliche disjunkte Vereinigung von Mengen aus $\mathcal{H}_2$. Hieraus folgt die noch fehlende Halbring-Eigenschaft für $\mathcal{H}_1 \times \mathcal{H}_2$. ■

Das nächste Ergebnis zeigt, dass man den von einem Halbring erzeugten Ring konstruktiv angeben kann.

Satz über den von einem Halbring erzeugten Ring
Der von einem Halbring $\mathcal{H} \subseteq \mathcal{P}(\Omega)$ erzeugte Ring $\rho(\mathcal{H})$ ist gleich der Menge aller endlichen Vereinigungen paarweise disjunkter Mengen aus $\mathcal{H}$.

Beweis: Schreiben wir $\mathcal{R}$ für die Menge aller endlichen Vereinigungen paarweise disjunkter Mengen aus $\mathcal{H}$, so ist

$$\rho(\mathcal{H}) = \mathcal{R} \tag{7.4}$$

zu zeigen. Da jeder $\mathcal{H}$ enthaltende Ring auch $\mathcal{R}$ umfasst, gilt „$\supseteq$" in (7.4). Somit muss nur noch gezeigt werden, dass $\mathcal{R}$ ein Ring ist, da wegen $\mathcal{H} \subseteq \mathcal{R}$ dann auch $\rho(\mathcal{H}) \subseteq \mathcal{R}$ gelten würde. Wegen $\emptyset \in \mathcal{H}$ gilt zunächst $\emptyset \in \mathcal{R}$. Sind $A = \sum_{i=1}^m A_i$ und $B = \sum_{j=1}^n B_j$ disjunkte Vereinigungen von Mengen aus $\mathcal{H}$, so liegt $A \cap B = \sum_{i=1}^m \sum_{j=1}^n A_i \cap B_j$ als disjunkte Vereinigung von Mengen aus $\mathcal{H}$ in $\mathcal{R}$. Weiter gilt $A \setminus B = \sum_{i=1}^m (A_i \setminus \sum_{j=1}^n B_j)$. Nach Aufgabe 7.31 ist für jedes i die Menge $A_i \setminus \sum_{j=1}^n B_j$ disjunkte Vereinigung endlich vieler Mengen aus $\mathcal{H}$, sodass die Behauptung folgt. ■

Beispiel Der nach obigem Satz vom Halbring $\mathcal{I}^k = \{(x, y] \colon x, y \in \mathbb{R}^k, x \leq y\}$ erzeugte Ring

$$\mathcal{F}^k := \left\{ \sum_{j=1}^n I_j \,\middle|\, n \in \mathbb{N},\ I_1, \ldots, I_n \in \mathcal{I}^k \text{ paarweise disjunkt} \right\}$$

heißt **Ring der k-dimensionalen Figuren**. Abb. 7.5 zeigt eine solche Figur.

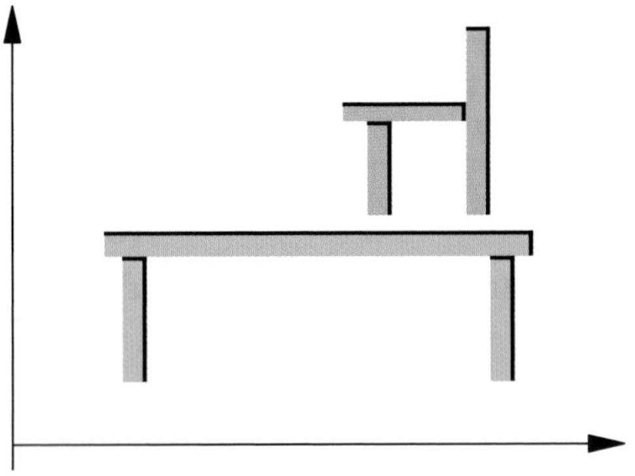

Abbildung 7.5 Zweidimensionale Figur. ◀

7.3 Inhalte und Maße

Im Folgenden wenden wir uns unter anderem der Frage zu, für welche Teilmengen des $\mathbb{R}^k$ ein k-dimensionaler Rauminhalt definiert werden kann, der den auf Seite 211 formulierten Eigenschaften a), b'), c) und d) genügt. Im Hinblick auf andere Anwendungen, insbesondere in der Stochastik, führen wir den begonnenen abstrakten Aufbau weiter fort. Es ist jedoch hilfreich, bei den nachfolgenden Definitionen den oben angesprochenen Rauminhalt „im Hinterkopf zu haben“. Bevor wir fortfahren, seien noch einige übliche Sprechweisen und eine Notation eingeführt.

Ist $(A_n)_{n\in\mathbb{N}}$ eine Folge von Teilmengen von Ω, so heißt $(A_n)_{n\in\mathbb{N}}$ **aufsteigend mit Limes A**, falls

$$A_n \subseteq A_{n+1},\ n \in \mathbb{N}, \quad \text{und} \quad A = \bigcup_{n=1}^{\infty} A_n$$

gilt, und wir schreiben hierfür kurz $A_n \uparrow A$. In gleicher Weise verwenden wir die Notation $A_n \downarrow A$, falls

$$A_n \supseteq A_{n+1},\ n \in \mathbb{N}, \quad \text{und} \quad A = \bigcap_{n=1}^{\infty} A_n$$

zutrifft, und nennen die Mengenfolge $(A_n)_{n\in\mathbb{N}}$ **absteigend mit Limes A**.

Im Fall $\Omega = \mathbb{R}$ gelten also $[0, 1 - 1/n] \uparrow [0, 1)$ und $[0, 1 + 1/n) \downarrow [0, 1]$.

Ein Inhalt ist additiv, ein Prämaß σ-additiv

Ist $\mathcal{M} \subseteq \mathcal{P}(\Omega)$, $\mathcal{M} \neq \emptyset$, ein Mengensystem, so heißt jede Abbildung $\mu\colon \mathcal{M} \to [0, \infty]$ eine nichtnegative **Mengenfunktion** (auf $\mathcal{M}$). Da wir nur nichtnegative Mengenfunktionen betrachten, werden wir dieses Attribut meist weglassen.

Grundlegende Eigenschaften von Mengenfunktionen

Eine Mengenfunktion $\mu\colon \mathcal{M} \to [0, \infty]$ heißt

- **(endlich-)additiv**, falls für jedes $n \geq 2$ und jede Wahl paarweise disjunkter Mengen $A_1, \ldots, A_n$ aus $\mathcal{M}$ mit der Eigenschaft $\sum_{j=1}^{n} A_j \in \mathcal{M}$ gilt:

$$\mu\left(\sum_{j=1}^{n} A_j\right) = \sum_{j=1}^{n} \mu(A_j),$$

- **σ-additiv**, falls für jede Folge $(A_n)_{n\geq 1}$ paarweise disjunkter Mengen aus $\mathcal{M}$ mit der Eigenschaft $\sum_{j=1}^{\infty} A_j \in \mathcal{M}$ gilt:

$$\mu\left(\sum_{j=1}^{\infty} A_j\right) = \sum_{j=1}^{\infty} \mu(A_j),$$

- **σ-subadditiv**, falls für jede Folge $(A_n)_{n\geq 1}$ von Mengen aus $\mathcal{M}$ mit $\bigcup_{j=1}^{\infty} A_j \in \mathcal{M}$ gilt:

$$\mu\left(\bigcup_{j=1}^{\infty} A_j\right) \leq \sum_{j=1}^{\infty} \mu(A_j),$$

- **endlich**, falls $\mu(A) < \infty$ für $A \in \mathcal{M}$,
- **σ-endlich**, falls eine aufsteigende Folge (A_n) aus $\mathcal{M}$ mit $A_n \uparrow \Omega$ und $\mu(A_n) < \infty$ für jedes n existiert.

Kommentar: Man beachte, dass bei der Additivitätseigenschaft gefordert wird, dass $\sum_{j=1}^{n} A_j$ in $\mathcal{M}$ liegt, denn μ ist ja nur auf $\mathcal{M}$ definiert. Gleiches gilt bei den Formulierungen der σ-Additivität und der σ-Subadditivität.

Zum Nachweis der endlichen Additivität muss nur der Fall $n = 2$ betrachtet werden, wenn das Mengensystem $\mathcal{M}$ wie z. B. ein Ring $\cup$-stabil oder – wie bei Dynkin-Systemen der Fall – zumindest abgeschlossen gegenüber der Vereinigungsbildung von endlich vielen paarweise disjunkten Mengen aus $\mathcal{M}$ ist. Ferner ist unter den Zusatzvoraussetzungen $\emptyset \in \mathcal{M}$ und $\mu(\emptyset) = 0$ jede σ-additive Mengenfunktion auf $\mathcal{M}$ auch endlich-additiv; man muss die beim Nachweis der endlichen Additivität auftretenden paarweise disjunkten Mengen $A_1, \ldots, A_n$ ja nur um $A_j := \emptyset$ für $j > n$ zu einer unendlichen Folge zu ergänzen.

Beispiel Es seien $\Omega := \mathbb{N}$, $\mathcal{M} := \mathcal{P}(\Omega)$ und

$$\mu(A) := \begin{cases} 0, & \text{falls } A \text{ endlich} \\ \infty & \text{sonst} \end{cases} \qquad \text{für } A \subseteq \Omega .$$

Dann ist μ additiv, denn es gilt $\mu(A+B) = \mu(A)+\mu(B) = 0$ genau dann, wenn sowohl A als auch B endlich sind. Andernfalls ist der obige Wert 0 durch ∞ zu ersetzen. Wegen

$$\infty = \mu(\mathbb{N}) = \mu\left(\sum_{n=1}^{\infty} \{n\}\right) \neq \sum_{n=1}^{\infty} \mu(\{n\}) = 0$$

ist μ jedoch nicht σ-additiv. Setzen wir $A_n := \{1, \ldots, n\}$, so gilt $A_n \uparrow \Omega$ und $\mu(A_n) = 0$, $n \geq 1$. Die Mengenfunktion μ ist somit σ-endlich, aber nicht endlich. Die Wahl $A_n := \{n\}$ zeigt, dass μ nicht σ-subadditiv ist. ◀

Inhalt, Prämaß, Maß und Maßraum

Es sei $\mathcal{H} \subseteq \mathcal{P}(\Omega)$ ein Halbring. Eine Mengenfunktion $\mu\colon \mathcal{H} \to [0, \infty]$ heißt **Inhalt** (auf $\mathcal{H}$), falls gilt:

a) $\mu(\emptyset) = 0$,

b) μ ist endlich-additiv.

Ein σ-additiver Inhalt μ auf $\mathcal{H}$ heißt **Prämaß**. Ein **Maß** μ ist ein auf einer σ-Algebra $\mathcal{A}$ über Ω definiertes Prämaß. In diesem Fall nennt man das Tripel $(\Omega, \mathcal{A}, \mu)$ einen **Maßraum**. Letzterer heißt **endlich** bzw. **σ-endlich**, falls μ endlich bzw. σ-endlich ist.

Kommentar: Die Definition eines Inhalts formalisiert offenbar schon in Abschnitt 7.1 diskutierte Mindestanforderungen, die wir mit der anschaulichen Vorstellung des Messens verbinden würden: das Maß eines wie immer gearteten „Gebildes“, das sich aus endlich vielen Teilgebilden zusammensetzt, sollte gleich der Summe der Maße dieser Teilgebilde sein. Die gegenüber der endlichen Additivität wesentlich stärkere Eigenschaft der σ-Additivität ist für eine fruchtbare Theorie unverzichtbar. Hier kann sich ein Gebilde aus abzählbar vielen Teilgebilden zusammensetzen. Das Maß des Gebildes ergibt sich dann als Grenzwert der unendlichen Summe der Maße aller Teilgebilde. Die schwache Zusatzeigenschaft der σ-Endlichkeit dient unter anderem dazu, pathologische Mengenfunktionen, die nur die Werte 0 und ∞ annehmen, auszuschließen. Besitzt ein Maß μ die Eigenschaft $\mu(\Omega) = 1$, so spricht man von einem **Wahrscheinlichkeitsmaß** und schreibt $\mathbb{P} := \mu$; der Maßraum $(\Omega, \mathcal{A}, \mathbb{P})$ heißt dann **Wahrscheinlichkeitsraum** (siehe Kapitel 19).

Beispiel

- Ist A eine Menge, so bezeichnen wir mit $|A|$ die Mächtigkeit von A. Insbesondere ist dann $|A|$ die Anzahl der Elemente einer endlichen Menge A. Ist $\Omega \neq \emptyset$ eine beliebige Menge, so wird durch die Festsetzung

$$\mu_Z(A) := \begin{cases} |A|, & \text{falls } A \text{ endlich} \\ \infty & \text{sonst} \end{cases}$$

ein Maß auf $\mathcal{P}(\Omega)$ definiert. Es heißt **Zählmaß** auf Ω.

- Es seien $\Omega \neq \emptyset$ und $\mathcal{A}$ eine beliebige σ-Algebra über Ω. Für festes $\omega \in \Omega$ heißt das durch

$$\delta_\omega(A) := \begin{cases} 1, & \text{falls } \omega \in A \\ 0 & \text{sonst} \end{cases} \qquad A \in \mathcal{A}$$

definierte Maß δ_ω **Dirac-Maß** oder **Einpunktverteilung** in ω. Es ist nach dem französischen Physiker und Mathematiker Paul A. M. Dirac (1902–1984) benannt.

- Sind μ_n, $n \geq 1$, Maße auf $\mathcal{A}$ sowie $(b_n)_{n\geq 1}$ eine Folge positiver reeller Zahlen, so ist auch die durch

$$\mu(A) := \sum_{n=1}^{\infty} b_n \cdot \mu_n(A) \qquad (7.5)$$

definierte Mengenfunktion μ ein Maß auf $\mathcal{A}$. Hierbei werden die naheliegenden Konventionen $x \cdot \infty = \infty \cdot x = \infty$, $x \in \mathbb{R}, x > 0$ benutzt. Ist speziell $\mu_n = \delta_{\omega_n}$ das Dirac-Maß im Punkt ω_n, so kann man sich das Maß μ als Massenverteilung vorstellen, die in den Punkt ω_n die Masse b_n legt (Abb. 7.6).

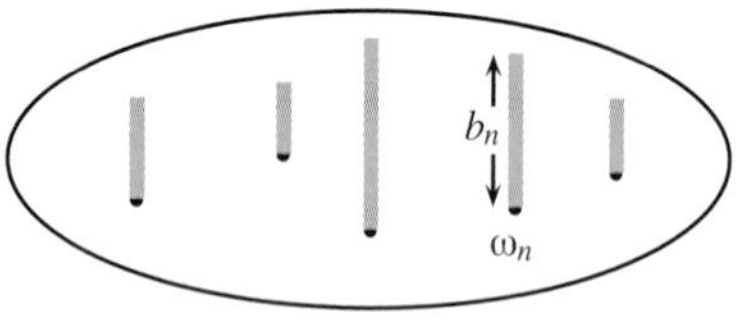

Abbildung 7.6 Deutung des Maßes in (7.5) als Massenverteilung. ◄

?

Können Sie zeigen, dass es sich in diesen Fällen um Maße handelt?

Die nachfolgenden Eigenschaften sind grundlegend im Umgang mit Inhalten. Dabei verwenden wir für das Symbol ∞ zusätzlich zu den bislang gemachten Konventionen die Regeln $\infty \leq \infty$, $\quad x < \infty,\ x \in \mathbb{R},\ \infty - x = \infty,\ x \in \mathbb{R}$.

Satz über die Eigenschaften von Inhalten

Ein Inhalt μ auf einem Halbring $\mathcal{H} \subseteq \mathcal{P}(\Omega)$ besitzt folgende Eigenschaften:

a) μ ist **monoton**, d. h., sind $A, B \in \mathcal{H}$ mit $A \subseteq B$, so folgt $\mu(A) \leq \mu(B)$.

b) Sind $A_1, \ldots, A_n$ paarweise disjunkte Mengen aus $\mathcal{H}$ und $A \in \mathcal{H}$ mit $\sum_{j=1}^n A_j \subseteq A$, so folgt

$$\sum_{j=1}^{n} \mu(A_j) \leq \mu(A).$$

c) Sind $A, A_1, \ldots, A_n$ aus $\mathcal{H}$ mit $A \subseteq \bigcup_{j=1}^n A_j$, so gilt

$$\mu(A) \leq \sum_{j=1}^{n} \mu(A_j).$$

d) μ ist σ-additiv $\Longleftrightarrow$ μ ist σ-subadditiv.

e) Ist μ ein Inhalt auf einem *Ring* $\mathcal{R}$, so gilt für $A, B \in \mathcal{R}$ mit $A \subseteq B$ und $\mu(A) < \infty$

$$\mu(B \setminus A) = \mu(B) - \mu(A) \qquad \textbf{(Subtraktivität)}.$$

f) Ist μ ein *endlicher* Inhalt auf einem Ring $\mathcal{R}$, so gilt: μ ist genau dann σ-additiv und somit ein Prämaß, wenn μ in folgendem Sinn **$\emptyset$-stetig** ist: Für jede Folge (A_n) von Mengen aus $\mathcal{R}$ mit $A_n \downarrow \emptyset$ gilt $\lim_{n\to\infty} \mu(A_n) = 0$.

Beweis: a) Sind $A, B \in \mathcal{H}$ mit $A \subseteq B$, so gilt nach Definition eines Halbrings $B = A + \sum_{j=1}^k C_j$ mit paarweise disjunkten Mengen $C_1, \ldots, C_k$ aus $\mathcal{H}$. Die Additivität und Nichtnegativität von μ liefern dann $\mu(B) \geq \mu(A)$.

b) Es gilt $A = \sum_{j=1}^n A_j + A \cap A_1^c \cap \ldots \cap A_n^c$. Nach Aufgabe 7.31 gibt es paarweise disjunkte Mengen $C_1, \ldots, C_k$ aus $\mathcal{H}$ mit $A \cap A_1^c \cap \ldots \cap A_n^c = \sum_{j=1}^k C_j$; es gilt also $A = \sum_{j=1}^n A_j + \sum_{j=1}^k C_j$. Dabei liegen alle rechts stehenden Mengen in $\mathcal{H}$. Die Additivität von μ sowie $\mu(C_j) \geq 0$, $1 \leq j \leq k$, ergeben dann die behauptete Ungleichung.

c) Wegen $\cup_{j=1}^n A_j = A_1 + A_2 \cap A_1^c + \ldots + A_n \cap A_1^c \cap \ldots \cap A_{n-1}^c$ ergibt die Voraussetzung $A \subseteq \cup_{j=1}^n A_j$ die Darstellung

$$A = A \cap A_1 + A \cap A_2 \cap A_1^c + \ldots + A \cap A_n \cap A_1^c \cap \ldots \cap A_{n-1}^c.$$

Aufgrund der $\cap$-Stabilität von $\mathcal{H}$ gehört $A \cap A_1$ zu $\mathcal{H}$ – und wiederum nach Aufgabe 7.31 – gilt für jedes $j = 2, \ldots, n$

$$A \cap A_j \cap A_1^c \cap \ldots \cap A_{j-1}^c = \sum_{m=1}^{m_j} C_{j,m}$$

für ein $m_j \in \mathbb{N}$ und paarweise disjunkte Mengen $C_{j,1}, \ldots, C_{j,m_j} \in \mathcal{H}$. Zusammen mit $A \cap A_1 \subseteq A_1$ und $\sum_{m=1}^{m_j} C_{j,m} \subseteq A_j$ $(j = 2, \ldots, n)$ ergeben dann die Additivität von μ zusammen mit b) und der in a) gezeigten Monotonie von μ die Behauptung.

d) Es seien μ σ-additiv und $A_1, A_2, \ldots$ eine Folge aus $\mathcal{H}$ mit $\cup_{j=1}^{\infty} A_j \in \mathcal{H}$. Zu zeigen ist $\mu\big(\cup_{j=1}^{\infty} A_j\big) \leq \sum_{j=1}^{\infty} \mu(A_j)$. Unter nochmaliger Verwendung von Aufgabe 7.31 gilt

$$\begin{aligned}\bigcup_{j=1}^{\infty} A_j &= A_1 + \sum_{j=2}^{\infty} A_j \cap A_1^c \cap \ldots \cap A_{j-1}^c \\ &= A_1 + \sum_{j=2}^{\infty} \sum_{m=1}^{m_j} C_{j,m}\end{aligned}$$

mit $m_j \in \mathbb{N}$ und disjunkten Mengen $C_{j,1}, \ldots, C_{j,m_j} \in \mathcal{H}$. Die σ-Additivität von μ ergibt

$$\mu\left(\bigcup_{j=1}^{\infty} A_j\right) = \mu(A_1) + \sum_{j=2}^{\infty}\left[\sum_{m=1}^{m_j} \mu\left(C_{j,m}\right)\right].$$

Wegen $\sum_{m=1}^{m_j} C_{j,m} \subseteq A_j$ folgt die Behauptung mit dem bereits bewiesenen Teil b).

Es seien nun μ σ-subadditiv und $A_1, A_2, \ldots$ paarweise disjunkte Mengen aus $\mathcal{H}$ mit $\sum_{j=1}^{\infty} A_j \in \mathcal{H}$. Zu zeigen ist $\mu\big(\sum_{j=1}^{\infty} A_j\big) = \sum_{j=1}^{\infty} \mu(A_j)$. Wegen der σ-Subadditivität ist hierbei nur die Ungleichung „$\geq$" nachzuweisen. Nach Teil b) gilt $\mu\big(\sum_{j=1}^{\infty} A_j\big) \geq \sum_{j=1}^{n} \mu(A_j)$ für jedes $n \geq 1$, sodass die Behauptung für $n \to \infty$ folgt.

e) folgt aus $\mu(B) = \mu(A) + \mu(B \setminus A)$ und $\mu(A) < \infty$.

f) Es sei μ σ-additiv. Ist dann (A_n) eine Folge von Mengen aus $\mathcal{R}$ mit $A_n \downarrow \emptyset$, so sind $B_j := A_j \setminus A_{j+1}$, $j \geq 1$, paarweise disjunkte Mengen aus $\mathcal{R}$ mit $A_1 = \sum_{j=1}^{\infty} B_j$. Wegen der Endlichkeit von μ gilt $\mu(B_j) = \mu(A_j) - \mu(A_{j+1})$, $j \geq 1$, und die σ-Additivität von μ liefert

$$\begin{aligned}\mu(A_1) &= \sum_{j=1}^{\infty} \mu(B_j) = \lim_{n\to\infty} \sum_{j=1}^{n} \big(\mu(A_j) - \mu(A_{j+1})\big) \\ &= \mu(A_1) - \lim_{n\to\infty} \mu(A_{n+1})\end{aligned}$$

und folglich $\lim_{n\to\infty} \mu(A_n) = 0$.

Es sei nun μ als $\emptyset$-stetig angenommen. Wir betrachten eine beliebige Folge paarweise disjunkter Mengen $A_1, A_2, \ldots$ aus $\mathcal{R}$ mit der Eigenschaft $A := \sum_{j=1}^{\infty} A_j \in \mathcal{R}$. Setzen wir $B_n := \sum_{j=1}^{n} A_j$, $n \geq 1$, so gilt $C_n := A \setminus B_n \in \mathcal{R}$, $n \geq 1$, sowie $C_n \downarrow \emptyset$. Die $\emptyset$-Stetigkeit und die endliche Additivität von μ ergeben dann

$$\begin{aligned}0 &= \lim_{n\to\infty} \mu(C_n) = \lim_{n\to\infty} \big(\mu(A) - \mu(B_n)\big) \\ &= \mu(A) - \lim_{n\to\infty} \mu(B_n) = \mu(A) - \sum_{n=1}^{\infty} \mu(A_n),\end{aligned}$$

also die σ-Additivität von μ. ∎

Wir kehren nun zu unserer geometrischen Anschauung zurück und definieren auf dem Halbring $\mathcal{I}^k = \{(x, y]: x = (x_1, \ldots, x_k),\ y = (y_1, \ldots, y_k) \in \mathbb{R}^k,\ x \leq y\}$ durch

$$I_k^*((x, y]) := \prod_{j=1}^{n} (y_j - x_j)$$

eine Funktion $I_k^*: \mathcal{I}^k \to \mathbb{R}$. Die Funktion I_k^* heißt ***k*-dimensionaler geometrischer Elementarinhalt**; sie ordnet einem achsenparallelen Quader $(x, y]$ das Produkt der Seitenlängen als k-dimensionalen geometrischen Elementarinhalt zu. Das folgende Resultat ist aufgrund unserer geometrischen Anschauung nicht verwunderlich.

Satz über den geometrischen Elementarinhalt auf $\mathcal{I}^k$

Es existiert genau ein Inhalt $I_k: \mathcal{F}^k \to \mathbb{R}$ auf dem Ring $\mathcal{F}^k$ der k-dimensionalen Figuren, der I_k^* fortsetzt, für den also gilt:

$$I_k(A) = I_k^*(A), \quad A \in \mathcal{I}^k.$$

Beweis: In Aufgabe 7.32 wird allgemein bewiesen, dass ein auf einem Halbring $\mathcal{H}$ definierter Inhalt eine eindeutige Fortsetzung auf den erzeugten Ring $\rho(\mathcal{H})$ besitzt. Es ist also nur zu zeigen, dass I_k^* einen Inhalt auf dem Halbring $\mathcal{I}^k$ darstellt, also die Bedingung $I_k^*(\emptyset) = 0$ erfüllt und endlich-additiv ist. Wegen $(x, x] = \emptyset$ ist nach Definition von I_k^* die erste Eigenschaft gegeben. Zum Nachweis der Additivität von I_k^* stellen wir zunächst eine Vorüberlegung an: Sind $A := (x, y] \in \mathcal{I}^k$ mit $x < y$ und $a \in \mathbb{R}$ mit $x_j < a < y_j$ für ein $j = 1, \ldots, k$, so zerlegt die durch

$$H_j(a) := \{z = (z_1, \ldots, z_k) \in \mathbb{R}^k : z_j = a\}$$

definierte Hyperebene die Menge A in zwei disjunkte Mengen $A_1 = (x, y']$ und $A_2 = (x', y]$ aus $\mathcal{I}^k$. Dabei gehen x' aus x und y' aus y dadurch hervor, dass man jeweils die j-te Koordinate in a ändert (Abb. 7.7 links).

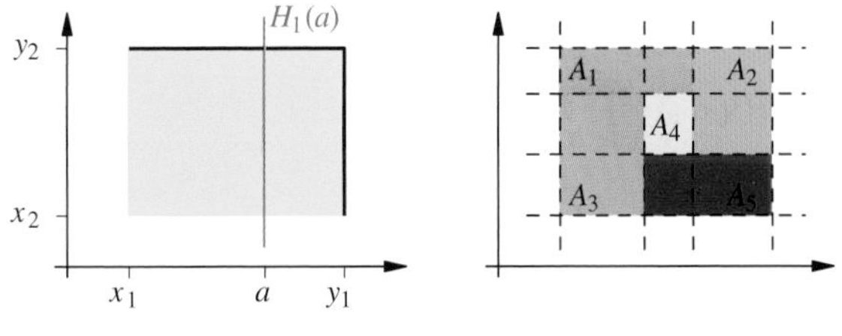

Abbildung 7.7 Aufspaltung einer Menge aus $\mathcal{I}^2$ durch Hyperebenenschnitte.

Nach Definition von I_k^* gilt dann $I_k^*(A) = I_k^*(A_1) + I_k^*(A_2)$. Induktiv ergibt sich jetzt

$$I_k^*(A) = I_k^*(A_1) + \ldots + I_k^*(A_n), \tag{7.6}$$

wenn eine Menge $A \in \mathcal{I}^k$ mithilfe endlich vieler Hyperebenen der oben beschriebenen Art in paarweise disjunkte Mengen $A_1, \ldots, A_n \in \mathcal{I}^k$ zerlegt wird.

Es seien nun $A_1, \ldots, A_n$ paarweise disjunkte und ohne Beschränkung der Allgemeinheit nichtleere Mengen aus $\mathcal{I}^k$ mit der Eigenschaft $A := \sum_{j=1}^{n} A_j \in \mathcal{I}^k$. Wir behaupten die Gültigkeit von $I_k^*(A) = \sum_{j=1}^{n} I_k^*(A_j)$, womit I_k^* als endlich-additiv nachgewiesen wäre. Hierzu sei

$A_j =: (u_j, v_j]$ mit $u_j = (u_{j1}, \ldots, u_{jk})$ und $v_j = (v_{j1}, \ldots, v_{jk})$. Indem man die Menge A mit allen Hyperebenen $H_i(u_{ji})$ und $H_i(v_{ji})$ $(i = 1, \ldots, k,\ j = 1, \ldots, n)$ schneidet, zerfällt A in endlich viele paarweise disjunkte Mengen $B_1, \ldots, B_m \in \mathcal{I}^k$ (siehe Abb. 7.7 rechts, im dortigen Beispiel ist $n = 5$ und $m = 9$). Jede der Mengen $A_1, \ldots, A_n$ spaltet sich in gewisse dieser $B_1, \ldots, B_m$ auf. Verwendet man die in Gleichung (7.6) mündende Vorüberlegung für A und jedes einzelne A_j, so folgt die Behauptung. ■

Im Hinblick auf die Existenz eines Maßes auf einer geeigneten σ-Algebra $\mathcal{A} \supseteq \mathcal{F}^k$, das den Inhalt I_k fortsetzt, ist folgender Sachverhalt entscheidend:

Satz

Der Inhalt I_k auf $\mathcal{F}^k$ ist σ-additiv, also ein Prämaß.

Beweis: Da I_k endlich ist, müssen wir nach Eigenschaft f) eines Inhalts auf Seite 218 nur die $\emptyset$-Stetigkeit von I_k nachweisen. Sei hierzu (A_n) eine Folge aus $\mathcal{I}^k$ mit $A_n \downarrow \emptyset$. Zu zeigen ist $\lim_{n\to\infty} I_k(A_n) = 0$. Wir führen den Beweis durch Kontraposition, nehmen also

$$\varepsilon := \lim_{n\to\infty} I_k(A_n) = \inf_{n\geq 1} I_k(A_n) > 0$$

an und zeigen $\bigcap_{n=1}^{\infty} A_n \neq \emptyset$, was ein Widerspruch zu $A_n \downarrow \emptyset$ wäre. Da A_n disjunkte Vereinigung endlich vieler Mengen aus $\mathcal{I}^k$ ist, kann man durch eine naheliegende Verkleinerung dieser Mengen „von links unten her" eine Figur $B_n \in \mathcal{F}^k$ mit den Eigenschaften

$$\bar{B}_n \subseteq A_n, \qquad I_k(B_n) \geq I_k(A_n) - \frac{\varepsilon}{2^n} \qquad (7.7)$$

erhalten. Dabei bezeichne allgemein $\bar{B}$ die abgeschlossene Hülle einer Menge $B \subseteq \mathbb{R}^k$. Setzen wir $C_n := B_1 \cap \ldots \cap B_n$, so ist (C_n) eine Folge aus $\mathcal{F}^k$ mit $C_n \supseteq C_{n+1}$, $n \geq 1$, und $\bar{C}_n \subseteq \bar{B}_n \subseteq A_n$, $n \geq 1$. Die Mengen $C_1, C_2, \ldots$ sind abgeschlossen und beschränkt, sodass mit (C_n) eine absteigende Folge *kompakter* Mengen vorliegt.

Nach dem *Cantor'schen Durchschnittssatz* muss $\bigcap_{n=1}^{\infty} C_n \neq \emptyset$ gelten, falls jedes C_n nichtleer ist. Zum Beweis dieses Satzes wählen wir aus jedem C_n ein x_n. Da C_n Teilmenge der beschränkten Menge C_1 ist, ist (x_n) eine beschränkte Folge in $\mathbb{R}^k$, die nach dem Satz von Bolzano-Weierstraß eine konvergente Teilfolge $(x_{n_l})_{l\geq 1}$ besitzt, deren Grenzwert mit x bezeichnet sei. Es gilt $x \in \bigcap_{n=1}^{\infty} C_n$ und folglich $x \in \bigcap_{n=1}^{\infty} A_n$, denn für jedes feste $m \in \mathbb{N}$ gibt es ein l mit $n_l \geq m$ und somit $x_{n_i} \in C_{n_l} \subseteq C_m$ für jedes $i \geq l$. Wegen $x_{n_i} \to x$ für $i \to \infty$ gilt $x \in C_m$. Da m beliebig war, folgt die Behauptung.

Dass $C_n \neq \emptyset$ für jedes $n \geq 1$ gilt, zeigen wir durch den Nachweis der Ungleichungen

$$I_k(C_n) \geq I_k(A_n) - \varepsilon(1 - 2^{-n}), \qquad n \geq 1. \qquad (7.8)$$

Wegen $I_k(A_n) \geq \varepsilon$ würde dann $I_k(C_n) \geq \varepsilon/2^n > 0$ und somit die noch fehlende Aussage $C_n \neq \emptyset, n \geq 1$, folgen. Der Nachweis von (7.8) erfolgt durch Induktion über n, wobei der Induktionsanfang $n = 1$ wegen $C_1 = B_1$ mit (7.7) erbracht ist. Wir nehmen nun (7.8) für ein n an und beachten, dass wegen $C_{n+1} = B_{n+1} \cap C_n$ nach Aufgabe 7.25 die Beziehung

$$I_k(C_{n+1}) = I_k(B_{n+1}) + I_k(C_n) - I_k(B_{n+1} \cup C_n)$$

besteht. Nach (7.7) gilt $I_k(B_{n+1}) \geq I_k(A_{n+1}) - \varepsilon/2^{n+1}$, und $B_{n+1} \cup C_n \subseteq A_{n+1} \cup A_n = A_n$ hat $I_k(B_{n+1} \cup C_n) \leq I_k(A_n)$ zur Folge – da μ monoton ist. Zusammen mit der Induktionsvoraussetzung folgt

$$\begin{aligned} I_k(C_{n+1}) &\geq I_k(A_{n+1}) - \frac{\varepsilon}{2^{n+1}} + I_k(A_n) - \varepsilon\left(1 - \frac{1}{2^n}\right) - I_k(A_n) \\ &= I_k(A_{n+1}) - \varepsilon\left(1 - \frac{1}{2^{n+1}}\right), \end{aligned}$$

was zu zeigen war. ■

Satz über die Eigenschaften von Maßen

Ist $(\Omega, \mathcal{A}, \mu)$ ein Maßraum, so besitzt μ die folgenden Eigenschaften: Dabei sind $A, B, A_1, A_2, \ldots$ Mengen aus $\mathcal{A}$.

a) $\boldsymbol{\mu}$ ist **endlich-additiv**, d. h., es gilt
$\mu\left(\sum_{j=1}^{n} A_j\right) = \sum_{j=1}^{n} \mu(A_j)$ für jedes $n \geq 2$ und jede Wahl paarweise disjunkter Mengen $A_1, \ldots, A_n$,

b) $\boldsymbol{\mu}$ ist **monoton**, d. h., es gilt
$A \subseteq B \Longrightarrow \mu(A) \leq \mu(B)$,

c) $\boldsymbol{\mu}$ ist **subtraktiv**, d. h., es gilt
$A \subseteq B$ und $\mu(A) < \infty \Longrightarrow \mu(B \setminus A) = \mu(B) - \mu(A)$,

d) $\boldsymbol{\mu}$ ist $\boldsymbol{\sigma}$**-subadditiv**, d. h., es gilt
$\mu\left(\bigcup_{j=1}^{\infty} A_j\right) \leq \sum_{j=1}^{\infty} \mu(A_j)$,

e) $\boldsymbol{\mu}$ ist **stetig von unten**, d. h., es gilt
$A_n \uparrow A \Longrightarrow \mu(A) = \lim_{n\to\infty} \mu(A_n)$,

f) $\boldsymbol{\mu}$ ist **stetig von oben**, d. h., es gilt
$A_n \downarrow A$ und $\mu(A_1) < \infty \Longrightarrow \mu(A) = \lim_{n\to\infty} \mu(A_n)$.

Achtung: Für die Stetigkeit von unten vereinbaren wir, dass für eine Folge (a_n) mit $0 \leq a_n \leq a_{n+1} \leq \infty$, $n \in \mathbb{N}$, $\lim_{n\to\infty} a_n := \infty$ gesetzt wird, falls entweder $a_n = \infty$ für mindestens ein n gilt oder andernfalls die (dann) reelle Folge (a_n) unbeschränkt ist.

Beweis: Dass die σ-Additivität die endliche Additivität impliziert, wurde schon auf Seite 217 angemerkt. Die Behauptungen b) bis d) ergeben sich aus den auf Seite 218 formulierten Eigenschaften von Inhalten. Zum Nachweis der Stetigkeit von unten sei (A_n) eine Folge aus $\mathcal{A}$ mit $A_n \uparrow A := \bigcup_{j=1}^{\infty} A_j$. Setzen wir $B_1 := A_1$ sowie für $j \geq 2$

$$B_j := A_j \setminus (A_1 \cup \ldots \cup A_{j-1}) = A_j \cap A_{j-1}^c \cap \ldots \cap A_2^c \cap A_1^c,$$

so sind $B_1, B_2, \ldots$ paarweise disjunkt, und es gilt

$$\bigcup_{j=1}^{n} A_j = \sum_{j=1}^{n} B_j\,, \quad A = \sum_{j=1}^{\infty} B_j$$

(vgl. (7.2) und die nachfolgende Beweisführung). Wegen $A_n = \cup_{j=1}^{n} A_j$ ergibt sich

$$\begin{aligned}\mu(A) &= \mu\left(\sum_{j=1}^{\infty} B_j\right) = \sum_{j=1}^{\infty} \mu(B_j)\\ &= \lim_{n\to\infty} \sum_{j=1}^{n} \mu(B_j) = \lim_{n\to\infty} \mu\left(\sum_{j=1}^{n} B_j\right)\\ &= \lim_{n\to\infty} \mu\left(\bigcup_{j=1}^{n} A_j\right) = \lim_{n\to\infty} \mu(A_n)\,.\end{aligned}$$

Dabei wurde beim drittletzten Gleichheitszeichen die endliche Additivität von μ ausgenutzt.

Um f) zu zeigen, beachte man, dass aus $A_n \downarrow A$ die Konvergenz $A_1 \setminus A_n \uparrow A_1 \setminus A$ folgt. Die bereits bewiesenen Teile e) und c) liefern dann wegen $\mu(A_1) < \infty$

$$\begin{aligned}\mu(A_1) - \mu(A) &= \mu(A_1 \setminus A)\\ &= \lim_{n\to\infty} \mu(A_1 \setminus A_n)\\ &= \lim_{n\to\infty} [\mu(A_1) - \mu(A_n)]\\ &= \mu(A_1) - \lim_{n\to\infty} \mu(A_n)\end{aligned}$$

und somit die Behauptung. ∎

Das nachfolgende Beispiel zeigt, dass auf die Voraussetzung $\mu(A) < \infty$ in f) nicht verzichtet werden kann.

Beispiel Es seien $\Omega := \mathbb{N}$, $\mathcal{A} := \mathcal{P}(\Omega)$, $\mu(A) := |A|$, falls A endlich, und $\mu(A) := \infty$ sonst, sowie $A_n := \{n, n+1, n+2, \ldots\}$. Dann gilt $A_n \downarrow \emptyset$, aber $\mu(A_n) = \infty$ für jedes n. ◀

Ein auf einem ∩-stabilen Erzeuger $\mathcal{M}$ von $\mathcal{A}$ σ-endliches Maß ist durch seine Werte auf $\mathcal{M}$ festgelegt

Bevor wir uns dem Problem widmen, ein auf einem Halbring $\mathcal{H}$ definiertes Prämaß auf die erzeugte σ-Algebra fortzusetzen, soll der Frage nachgegangen werden, inwieweit eine solche Fortsetzung, sofern sie denn existiert, eindeutig bestimmt ist. Eine Antwort hierauf gibt der folgende Satz.

Eindeutigkeitssatz für Maße

Es seien $\Omega \neq \emptyset$, $\mathcal{A}$ eine σ-Algebra über Ω, $\mathcal{M} \subseteq \mathcal{P}(\Omega)$ ein ∩-stabiler Erzeuger von $\mathcal{A}$ und μ_1 sowie μ_2 Maße auf $\mathcal{A}$, die auf $\mathcal{M}$ übereinstimmen, für die also

$$\mu_1(M) = \mu_2(M)\,, \qquad M \in \mathcal{M}\,,$$

gilt. Gibt es eine aufsteigende Folge $M_n \uparrow \Omega$ von Mengen aus $\mathcal{M}$ mit der Eigenschaft

$$\mu_1(M_n)\ (= \mu_2(M_n)) < \infty\,, \qquad n \in \mathbb{N}\,,$$

so folgt $\mu_1 = \mu_2$.

Beweis: Zu einer beliebigen Menge $B \in \mathcal{M}$ mit $\mu_1(B) = \mu_2(B) < \infty$ setzen wir

$$\mathcal{D}_B := \{A \in \mathcal{A} \colon \mu_1(B \cap A) = \mu_2(B \cap A)\}\,.$$

Nachrechnen der definierenden Eigenschaften zeigt, dass $\mathcal{D}_B$ ein Dynkin-System ist (Aufgabe 7.14). Wegen der Gleichheit von μ_1 und μ_2 auf $\mathcal{M}$ und der ∩-Stabilität von $\mathcal{M}$ gilt $\mathcal{M} \subseteq \mathcal{D}_B$ und somit $\delta(\mathcal{M}) \subseteq \mathcal{D}_B$. Da $\mathcal{M}$ ∩-stabil ist, gilt $\delta(\mathcal{M}) = \sigma(\mathcal{M})$, und wir erhalten $\mathcal{A} = \sigma(\mathcal{M}) \subseteq \mathcal{D}_B$, also insbesondere $\mathcal{A} \subseteq \mathcal{D}_{M_n}$ für jedes n. Wegen $A \cap M_n \uparrow A$, $A \in \mathcal{A}$, liefert die Stetigkeit von unten

$$\mu_1(A) = \lim_{n\to\infty} \mu_1(A \cap M_n) = \lim_{n\to\infty} \mu_2(A \cap M_n) = \mu_2(A)\,,$$

$A \in \mathcal{A}$, was zu zeigen war. ∎

Die σ-Algebra $\mathcal{B}^k$ der Borelmengen im $\mathbb{R}^k$ besitzt unter anderem den ∩-stabilen Erzeuger $\mathcal{I}^k$. Im Hinblick auf unser eingangs formuliertes Problem, möglichst vielen Teilmengen des $\mathbb{R}^k$ ein k-dimensionales Volumen zuzuordnen, ergibt sich wegen der Endlichkeit des geometrischen Elementarinhalts $\prod_{j=1}^{k}(y_j - x_j)$ eines Quaders $(x, y] \in \mathcal{I}^k$ und der Konvergenz $(-n, n]^k \uparrow \mathbb{R}^k$ bei $n \to \infty$ aus dem Eindeutigkeitssatz:

Folgerung

Es gibt (wenn überhaupt) nur ein Maß μ auf $\mathcal{B}^k$ mit

$$\mu((x, y]) = \prod_{j=1}^{k}(y_j - x_j)\,, \qquad (x, y] \in \mathcal{I}^k\,.$$

Die entscheidende Idee, wie ein auf einem Halbring $\mathcal{H}$ definiertes Prämaß μ auf die erzeugte σ-Algebra $\sigma(\mathcal{H})$ fortgesetzt werden kann, besteht darin, in zwei Schritten vorzugehen. Dabei ist man zunächst ganz unbescheiden und erweitert μ auf die volle Potenzmenge von Ω. Natürlich kann man nicht hoffen, dass die so entstehende Mengenfunktion σ-additiv, also ein Maß ist, aber sie besitzt als sogenanntes *äußeres Maß* gewisse wünschenswerte Eigenschaften. In einem zweiten Schritt schränkt man sich dann hinsichtlich des Definitionsbereichs wieder ein, erhält dafür aber ein Maß, das μ fortsetzt. Dabei ist der Definitionsbereich dieses Maßes hinreichend reichhaltig, um die von $\mathcal{H}$ erzeugte σ-Algebra zu umfassen.

Definition eines äußeren Maßes

Eine Mengenfunktion $\mu^*\colon \mathcal{P}(\Omega) \to [0,\infty]$ heißt **äußeres Maß**, falls gilt:

- $\mu^*(\emptyset) = 0$,
- aus $A \subseteq B$ folgt $\mu^*(A) \le \mu^*(B)$ (**Monotonie**),
- $\mu^*\left(\bigcup_{j=1}^{\infty} A_j\right) \le \sum_{j=1}^{\infty} \mu^*(A_j)$ $(A_1, A_2, \ldots \subseteq \Omega)$ (**σ-Subadditivität**).

Ein äußeres Maß besitzt also die gegenüber einem Maß schwächeren – weil aus der σ-Additivität folgenden – Eigenschaften der Monotonie und σ-Subadditivität. Dafür ist es aber auf *jeder* Teilmenge von Ω definiert.

Beispiel

- Jedes Maß auf $\mathcal{P}(\Omega)$ ist ein äußeres Maß.
- Es sei $\mu^*(A) := 0$, falls $A \subseteq \Omega$ abzählbar, und sonst $\mu^*(A) := 1$. Dann ist μ^* ein äußeres Maß. Dabei ist $\Omega \neq \emptyset$ beliebig.
- Es sei $\Omega = \mathbb{R}^k$ und $\mu^*(A) := 0$, falls $A \subseteq \mathbb{R}^k$ eine beschränkte Menge ist, sowie $\mu^*(A) := 1$ sonst. Dann ist μ^* kein äußeres Maß auf $\mathcal{P}(\mathbb{R}^k)$, da μ^* nicht σ-subadditiv ist. Zum Nachweis merken wir an, dass $\mathbb{Q}^k =: \{q_1, q_2, \ldots\}$ eine abzählbare unbeschränkte Menge ist, wohingegen jede einelementige Menge $\{q_j\}$ beschränkt ist. Es folgt $1 = \mu^*(\mathbb{Q}^k) = \mu^*(\sum_{j=1}^{\infty}\{q_j\}) > 0 = \sum_{j=1}^{\infty} \mu^*(\{q_j\})$, was der σ-Subadditivität widerspricht. ◀

Die Namensgebung *äußeres Maß* wird durch die in der nachfolgenden Definition beschriebene Vorgehensweise verständlich und ist im Abb. 7.8 illustriert.

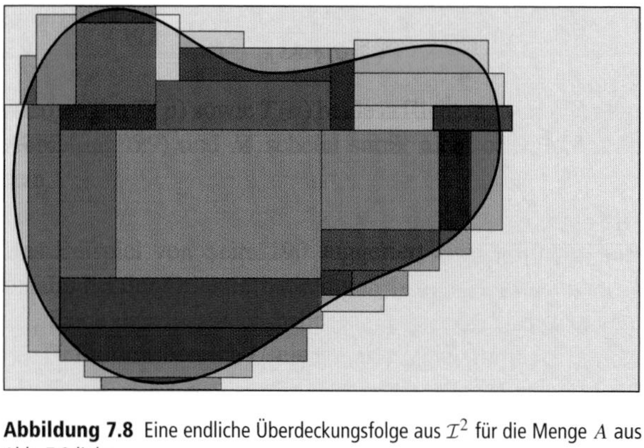

Abbildung 7.8 Eine endliche Überdeckungsfolge aus $\mathcal{I}^2$ für die Menge A aus Abb. 7.2 links.

Definition des von einer Mengenfunktion induzierten äußeren Maßes

Es seien $\mathcal{M} \subseteq \mathcal{P}(\Omega)$ ein Mengensystem mit $\emptyset \in \mathcal{M}$ und $\mu\colon \mathcal{M} \to [0,\infty]$ eine Mengenfunktion mit $\mu(\emptyset) = 0$. Für $A \subseteq \Omega$ bezeichne

$$\mathcal{U}(A) := \{(A_n)_{n\in\mathbb{N}}\colon A_n \in \mathcal{M}\ \forall n \ge 1,\ A \subseteq \cup_{n=1}^{\infty} A_n\}$$

die (unter Umständen leere) Menge alle Überdeckungsfolgen von A durch Mengen aus $\mathcal{M}$. Dann wird durch die Festsetzung

$$\mu^*(A) := \inf\left\{\sum_{n=1}^{\infty} \mu(A_n) \,\middle|\, (A_n)_{n\in\mathbb{N}} \in \mathcal{U}(A)\right\},$$

falls $\mathcal{U}(A) \neq \emptyset$, und $\mu^*(A) := \infty$ sonst, ein (durch „Approximation von außen" gewonnenes) äußeres Maß definiert, das auch als **das von μ induzierte äußere Maß** bezeichnet wird.

Beweis: Wegen $\emptyset \in \mathcal{M}$ und $\mu(\emptyset) = 0$ gilt $\mu^*(\emptyset) = 0$. Die Monotonie von μ^* folgt aus der Tatsache, dass im Fall $A \subseteq B$ jede B überdeckende Folge aus $\mathcal{M}$ auch A überdeckt, also $\mathcal{U}(B) \subseteq \mathcal{U}(A)$ gilt. Zum Nachweis der σ-Subadditivität von μ^* kann o.B.d.A. $\mu^*(A_n) < \infty$ für jedes n angenommen werden. Nach Definition von μ^* existiert dann zu beliebig vorgegebenem $\varepsilon > 0$ für jedes n eine Folge $(B_{n,k})_{k\ge1}$ von Mengen aus $\mathcal{M}$ mit $A_n \subseteq \bigcup_{k=1}^{\infty} B_{n,k}$ und

$$\sum_{k=1}^{\infty} \mu(B_{n,k}) \le \mu^*(A_n) + \frac{\varepsilon}{2^n}, \quad n \ge 1.$$

Da die Doppelfolge $(B_{n,k})_{n,k\ge1}$ eine Überdeckungsfolge aus $\mathcal{M}$ für $\bigcup_{n=1}^{\infty} A_n$ darstellt, ergibt sich

$$\mu^*\left(\bigcup_{n=1}^{\infty} A_n\right) \le \sum_{n=1}^{\infty}\sum_{k=1}^{\infty} \mu(B_{n,k}) \le \sum_{n=1}^{\infty} \mu^*(A_n) + \varepsilon.$$

Weil $\varepsilon > 0$ beliebig war, folgt die Behauptung. ■

Ein äußeres Maß ist auf der σ-Algebra der μ^*-messbaren Mengen ein Maß

Das folgende, auf den Mathematiker und Physiker Constantin Carathéodory (1873–1950) zurückgehende Lemma zeigt, dass ein äußeres Maß nach Einschränkung auf eine geeignete σ-Algebra zu einem Maß führt.

Lemma (von Carathéodory)

Für ein äußeres Maß $\mu^*\colon \mathcal{P}(\Omega) \to [0,\infty]$ bezeichne

$$\mathcal{A}(\mu^*) := \{A \subseteq \Omega\colon \mu^*(A \cap E) + \mu^*(A^c \cap E) = \mu^*(E)\ \forall E \subseteq \Omega\}$$

das System der sogenannten **μ^*-messbaren Mengen**. Dann gelten:

a) $\mathcal{A}(\mu^*)$ ist eine σ-Algebra über Ω,

b) die Restriktion von μ^* auf $\mathcal{A}(\mu^*)$ ist ein Maß.

Beweis: a) Nach Konstruktion enthält $\mathcal{A}(\mu^*)$ mit jeder Menge auch deren Komplement, und es gilt $\Omega \in \mathcal{A}(\mu^*)$. Wir zeigen zunächst, dass $\mathcal{A}(\mu^*)$ $\cup$-stabil (und damit wegen der Komplement-Stabilität auch $\cap$-stabil) ist. Gehören A und B zu $\mathcal{A}(\mu^*)$, gelten also

$$\mu^*(A\cap E) + \mu^*(A^c\cap E) = \mu^*(E) \quad \forall E \subseteq \Omega\,, \tag{7.9}$$
$$\mu^*(B\cap E) + \mu^*(B^c\cap E) = \mu^*(E) \quad \forall E \subseteq \Omega\,, \tag{7.10}$$

so ersetzen wir die beliebige Menge E in (7.10) zum einen durch $A \cap E$, zum anderen durch $A^c \cap E$ und erhalten

$$\mu^*(A\cap B\cap E) + \mu^*(A\cap B^c\cap E) = \mu^*(A\cap E) \quad \forall E \subseteq \Omega\,,$$
$$\mu^*(A^c\cap B \cap E) + \mu^*(A^c\cap B^c\cap E) = \mu^*(A^c\cap E) \quad \forall E \subseteq \Omega\,.$$

Setzt man diese Ausdrücke in (7.9) ein, so folgt

$$\begin{aligned}\mu^*(E) = {}&\mu^*(A\cap B\cap E) + \mu^*(A\cap B^c\cap E)\\ &+\mu^*(A^c\cap B\cap E) + \mu^*(A^c\cap B^c\cap E)\end{aligned}$$

für jedes $E \subseteq \Omega$ und somit – indem man hier E durch $(A \cup B) \cap E$ ersetzt – auch

$$\begin{aligned}&\mu^*(E\cap(A\cup B))\\ &= \mu^*(A\cap B\cap E) + \mu^*(A\cap B^c\cap E) + \mu^*(A^c\cap B\cap E)\end{aligned} \tag{7.11}$$

für jedes $E \subseteq \Omega$. Aus den beiden letzten Gleichungen ergibt sich jetzt

$$\mu^*((A \cup B) \cap E) + \mu^*((A \cup B)^c \cap E) = \mu^*(E) \quad \forall E \subseteq \Omega$$

und somit wie behauptet $A \cup B \in \mathcal{A}(\mu^*)$.

Wir zeigen jetzt, dass $\mathcal{A}(\mu^*)$ mit einer Folge paarweise disjunkter Mengen $A_1, A_2, \ldots$ auch deren mit $A := \sum_{j=1}^{\infty} A_j$ bezeichnete Vereinigung enthält, also ein Dynkin-System ist. Wegen der $\cap$-Stabilität ist dann $\mathcal{A}(\mu^*)$ eine σ-Algebra. Setzen wir kurz $B_n := \sum_{j=1}^{n} A_j$, so folgt aus (7.11) mittels vollständiger Induktion über n

$$\mu^*(B_n \cap E) = \sum_{j=1}^{n} \mu^*(A_j \cap E) \quad \forall E \subseteq \Omega \ \forall n \geq 1\,.$$

Da B_n nach dem bereits Gezeigten in $\mathcal{A}(\mu^*)$ liegt und μ^* monoton ist, ergibt sich somit

$$\begin{aligned}\mu^*(E) &= \mu^*(B_n \cap E) + \mu^*(B_n^c \cap E)\\ &\geq \sum_{j=1}^{n} \mu^*(A_j \cap E) + \mu^*(A^c \cap E)\end{aligned}$$

für jedes $n \geq 1$, also auch

$$\mu^*(E) \geq \sum_{j=1}^{\infty} \mu^*(A_j \cap E) + \mu^*(A^c \cap E) \quad \forall E \subseteq \Omega\,. \tag{7.12}$$

Die σ-Subadditivität von μ^* liefert dann

$$\mu^*(E) \geq \mu^*(A \cap E) + \mu^*(A^c \cap E) \quad \forall E \subseteq \Omega\,.$$

Wegen $E = A \cap E + A^c \cap E + \emptyset + \emptyset + \ldots$ und der σ-Subadditivität von μ^* gilt hier auch „$\leq$", also insgesamt

$$\mu^*(A \cap E) + \mu^*(A^c \cap E) = \mu^*(E) \quad \forall E \subseteq \Omega$$

und somit $A \in \mathcal{A}(\mu^*)$, was zu zeigen war.

b) Setzen wir in (7.12) speziell $E = A$, so folgt $\mu^*(A) \geq \sum_{j=1}^{\infty} \mu^*(A_j)$. Zusammen mit der σ-Subadditivität von μ^* gilt also $\mu^*(A) = \sum_{j=1}^{\infty} \mu^*(A_j)$, was die σ-Additivität von μ^* auf $\mathcal{A}(\mu^*)$ zeigt. Also ist die Restriktion von μ^* auf die σ-Algebra $\mathcal{A}(\mu^*)$ ein Maß. ∎

Jedes Prämaß auf einem Halbring $\mathcal{H}$ lässt sich auf die σ-Algebra $\sigma(\mathcal{H})$ fortsetzen

Die Definition der μ^*-Messbarkeit einer Menge A besagt, dass A und A^c *jede* Teilmenge von Ω in zwei Teile zerlegen, auf denen sich μ^* additiv verhält. Aus diesem Grund wird das System $\mathcal{A}(\mu^*)$ häufig auch als *Gesamtheit der additiven Zerleger zu* μ^* bezeichnet. Die Bedeutung der σ-Algebra $\mathcal{A}(\mu^*)$ zeigt sich im Beweis des nachstehenden grundlegenden Maß-Fortsetzungssatzes.

Maß-Fortsetzungssatz

Es seien $\mathcal{H} \subseteq \mathcal{P}(\Omega)$ ein Halbring und $\mu\colon \mathcal{H} \to [0, \infty]$ ein Prämaß. Dann existiert mindestens ein Maß $\widetilde{\mu}$ auf $\sigma(\mathcal{H})$ mit

$$\mu(A) = \widetilde{\mu}(A)\,, \quad A \in \mathcal{H}\,.$$

Ist μ σ-endlich, so ist $\widetilde{\mu}$ eindeutig bestimmt.

Beweis: Es seien μ^* das von μ induzierte äußere Maß und $\mathcal{A}(\mu^*)$ die σ-Algebra der μ^*-messbaren Mengen. Wir behaupten zunächst, dass jede Menge aus $\mathcal{H}$ μ^*-messbar ist, also $\mathcal{H} \subseteq \mathcal{A}(\mu^*)$ gilt. Seien hierzu $A \in \mathcal{H}$ und $E \subseteq \Omega$ beliebig. Aufgrund der σ-Subadditivität von μ^* ist nur

$$\mu^*(A \cap E) + \mu^*(A^c \cap E) \leq \mu^*(E)$$

zu zeigen, wobei o.B.d.A. $\mu^*(E) < \infty$ angenommen werden kann. Nach Definition von μ^* gibt es zu beliebigem $\varepsilon > 0$ eine Folge $(A_n)_{n\geq 1}$ aus $\mathcal{H}$ mit $E \subseteq \bigcup_{n=1}^{\infty} A_n$ und

$$\sum_{n=1}^{\infty} \mu(A_n) \leq \mu^*(E) + \varepsilon\,. \tag{7.13}$$

Da $\mathcal{H}$ ein Halbring ist, liegt für jedes $n \geq 1$ die Menge $B_n := A \cap A_n$ in $\mathcal{H}$, und zu jedem n existieren paarweise disjunkte Mengen $C_{n,1}, C_{n,2}, \ldots, C_{n,m_n}$ aus $\mathcal{H}$ mit

$$A_n \cap A^c = A_n \setminus B_n = \sum_{k=1}^{m_n} C_{n,k}\,,$$

also

$$A_n = B_n + \sum_{k=1}^{m_n} C_{n,k}\,. \tag{7.14}$$

Wegen $A \cap E \subseteq \bigcup_{n=1}^{\infty} B_n$, $A^c \cap E \subseteq \bigcup_{n=1}^{\infty} \sum_{k=1}^{m_n} C_{n,k}$ ergibt sich unter Verwendung der Definition von μ^*, des großen Umordnungssatzes für Reihen sowie (7.14) und der endlichen Additivität von μ

$$\begin{aligned}\mu^*(A\cap E) + \mu^*(A^c\cap E) &\leq \sum_{n=1}^{\infty} \mu(B_n) + \sum_{n=1}^{\infty}\sum_{k=1}^{m_n} \mu(C_{n,k})\\ &= \sum_{n=1}^{\infty}\left[\mu(B_n) + \sum_{k=1}^{m_n}\mu(C_{n,k})\right]\\ &= \sum_{n=1}^{\infty}\mu(A_n)\,.\end{aligned}$$

Da ε in (7.13) beliebig war, folgt $\mathcal{H} \subseteq \mathcal{A}(\mu^*)$ und – weil $\mathcal{A}(\mu^*)$ eine σ-Algebra ist – auch $\sigma(\mathcal{H}) \subseteq \mathcal{A}(\mu^*)$. Es bleibt somit nur die Gleichheit

$$\mu^*(A) = \mu(A)\,, \qquad A \in \mathcal{H}\,, \tag{7.15}$$

zu zeigen. Dann wäre nämlich die Restriktion von μ^* auf $\sigma(\mathcal{H})$ eine gesuchte Fortsetzung $\widetilde{\mu}$. Da $(A, \emptyset, \emptyset, \ldots)$ *eine* Überdeckungsfolge von A durch Mengen aus $\mathcal{H}$ ist, gilt $\mu^*(A) \leq \mu(A)$, sodass nur $\mu^*(A) \geq \mu(A)$ $(A \in \mathcal{H})$ nachzuweisen ist. Diese Ungleichung folgt aber aufgrund der σ-Subadditivität und Monotonie von μ (vgl. Seite 218) aus der für eine beliebige Folge $(A_n)_{n\geq 1}$ aus $\mathcal{H}$ mit $A \subseteq \bigcup_{n=1}^{\infty} A_n$ gültigen Ungleichungskette

$$\mu(A) = \mu\left(\bigcup_{n=1}^{\infty}(A\cap A_n)\right) \leq \sum_{n=1}^{\infty}\mu(A\cap A_n) \leq \sum_{n=1}^{\infty}\mu(A_n)\,.$$

Die Eindeutigkeit der Fortsetzung im Falle der σ-Endlichkeit von μ ergibt sich unmittelbar aus dem Eindeutigkeitssatz für Maße. ■

Weil der geometrische Elementarinhalt I_k ein Prämaß auf dem Ring $\mathcal{F}^k$ der k-dimensionalen Figuren darstellt und $\mathcal{F}^k$ die Borel'sche σ-Algebra $\mathcal{B}^k$ erzeugt, können wir im Hinblick auf das eingangs gestellte Inhalts- und Maßproblem das folgende wichtige Ergebnis festhalten:

Existenz und Eindeutigkeit des Borel-Lebesgue-Maßes

Es gibt genau ein Maß λ^k auf der Borel'schen σ-Algebra $\mathcal{B}^k$ mit der Eigenschaft

$$\lambda^k((x,y]) = \prod_{j=1}^{k}(y_j - x_j)\,, \qquad (x,y] \in \mathcal{I}^k\,.$$

Dieses Maß heißt **Borel-Lebesgue-Maß** im $\mathbb{R}^k$.

Durch das Borel-Lebesgue-Maß λ^k wird in zufriedenstellender Weise das Problem gelöst, möglichst vielen Teilmengen des $\mathbb{R}^k$ ein k-dimensionales Volumen ($k = 1$: Länge, $k = 2$: Fläche) zuzuordnen, zumal λ^k bewegungsinvariant ist (siehe Seite 235). Hintergrundinformationen über λ^k im Zusammenhang mit dem Lebesgue-Maß und dem Jordan-Inhalt finden sich auf Seite 225.

Folgerung

Sind $A_0 \in \mathcal{B}^k$ eine Borelmenge und $\mathcal{B}_0^k := A_0 \cap \mathcal{B}^k \subseteq \mathcal{P}(A_0)$ die in (7.1) eingeführte Spur-σ-Algebra von $\mathcal{B}^k$ in A_0, so definiert man über die Festsetzung

$$\lambda_{A_0}^k(B) := \lambda^k(B)\,, \qquad B \in \mathcal{B}_0^k\,,$$

das **Borel-Lebesgue-Maß auf $\mathcal{B}_0^k$**. Man beachte, dass auf diese Weise aus $(\mathbb{R}^k, \mathcal{B}^k, \lambda^k)$ der neue Maßraum $(A_0, \mathcal{B}_0^k, \lambda_{A_0}^k)$ entsteht. Ein wichtiger Spezialfall ergibt sich, wenn $\lambda^k(A_0) = 1$ gilt. In diesem Fall ist $\lambda_{A_0}^k$ ein Wahrscheinlichkeitsmaß auf $\mathcal{B}_0^k$, die sogenannte **Gleichverteilung auf A_0**.

Zu jeder maßdefinierenden Funktion gehört genau ein Maß auf der Borel-σ-Algebra $\mathcal{B}$

Als weitere Anwendung des Maß-Fortsetzungssatzes betrachten wir das Problem der Konstruktion von Maßen auf der Borel'schen σ-Algebra $\mathcal{B}$.

Definition einer maßdefinierenden Funktion

Eine Funktion $G\colon \mathbb{R} \to \mathbb{R}$ heißt **maßdefinierende Funktion**, falls gilt:

- aus $x \leq y$ folgt $G(x) \leq G(y)\,, \quad x, y \in \mathbb{R}\,,$
- G ist rechtsseitig stetig.

Gilt zusätzlich

- $\lim_{x\to\infty} G(x) = 1 \quad$ und $\quad \lim_{x\to-\infty} G(x) = 0\,,$

so heißt G **Verteilungsfunktion**.

Abb. 7.9 zeigt, dass eine maßdefinierende Funktion Unstetigkeitsstellen und auch Konstanzbereiche besitzen kann. Wegen der (schwachen) Monotonie können Unstetigkeitsstellen nur Sprungstellen von G sein.

Hintergrund und Ausblick: Borel-Lebesgue-Maß, Lebesgue-Maß und Jordan-Inhalt

Das Lebesgue-Maß ist die Vervollständigung von λ^k, der Jordan-Inhalt arbeitet mit endlichen Überdeckungen aus $\mathcal{F}^k$.

Obgleich mit dem Borel-Lebesgue-Maß λ^k in zufriedenstellender Weise das Problem gelöst wird, allen praktisch wichtigen Teilmengen des $\mathbb{R}^k$ ein k-dimensionales Volumen zuzuordnen, fragt man sich, ob λ^k nicht auf eine σ-Algebra $\mathcal{A} \supseteq \mathcal{B}^k$ fortgesetzt werden kann. Dies trifft in der Tat zu. Bei der Fortsetzung eines Prämaßes μ auf einem Halbring $\mathcal{H}$ zu einem Maß auf $\sigma(\mathcal{H})$ war ja in einem ersten Schritt ein äußeres Maß μ^* auf der Potenzmenge von Ω konstruiert worden. Danach wurde μ^* auf die σ-Algebra $\mathcal{A}(\mu^*)$ der μ^*-messbaren Mengen eingeschränkt und erwies sich dort als Maß. Im Beweis des Maß-Fortsetzungssatzes wurde die Beziehung $\sigma(\mathcal{H}) \subseteq \mathcal{A}(\mu^*)$ gezeigt. Hier erhebt sich die natürliche Frage: Um wie viel ist $\mathcal{A}(\mu^*)$ größer als $\sigma(\mathcal{H})$?

Im Fall des geometrischen Elementarinhalts $\mu := I_k$ auf $\mathcal{F}^k$ heißt das Mengensystem $\mathcal{A}(\mu^*)$ die σ-Algebra der **Lebesgue-messbaren Mengen** im $\mathbb{R}^k$. Sie wird mit $\mathcal{L}^k$ bezeichnet. Die als λ^k_* notierte Einschränkung von μ^* auf $\mathcal{L}^k$ heißt **Lebesgue-Maß** im $\mathbb{R}^k$.

Wegen $\mathcal{B}^k \subseteq \mathcal{L}^k$ ist das Lebesgue-Maß λ^k_* eine Fortsetzung von λ^k auf die σ-Algebra $\mathcal{L}^k$. Eine wichtige Eigenschaft, die das Lebesgue-Maß gegenüber λ^k auszeichnet, ist seine **Vollständigkeit**. Dabei heißt ein Maß μ auf einer σ-Algebra $\mathcal{A} \subseteq \mathcal{P}(\Omega)$ **vollständig**, falls gilt: Ist $A \in \mathcal{A}$ eine Menge mit $\mu(A) = 0$ (eine sogenannte μ-Nullmenge), und ist $B \subseteq A$, so gilt $B \in \mathcal{A}$. In diesem Fall spricht man auch von einem **vollständigen Maßraum**. In einem solchen Maßraum sind also Teilmengen von μ-Nullmengen stets messbar und damit wegen der Monotonie von μ auch μ-Nullmengen.

Ist $A \in \mathcal{L}^k$ eine Lebesgue-messbare Menge mit $\lambda^k_*(A) = 0$, und ist $B \subseteq A$ eine beliebige Teilmenge von A, so gilt nach Aufgabe 7.27 auch $B \in \mathcal{L}^k$. Das Lebesgue-Maß ist somit vollständig.

Jeder Maßraum $(\Omega, \mathcal{A}, \mu)$ lässt sich wie folgt **vervollständigen**: Das Mengensystem $\mathcal{A}_\mu := \{A \subseteq \Omega \colon \exists E, F \in \mathcal{A}$ mit $E \subset A \subset F$ und $\mu(F \setminus E) = 0\}$ ist eine $\mathcal{A}$ enthaltende σ-Algebra. Die Mengen aus $\mathcal{A}_\mu$ liegen also sämtlich zwischen zwei Mengen aus $\mathcal{A}$, deren Differenz eine μ-Nullmenge bildet. Definiert man eine Mengenfunktion $\bar{\mu}$ auf $\mathcal{A}_\mu$ durch

$$\bar{\mu}(A) := \sup\{\mu(B) \colon B \in \mathcal{A}, B \subseteq A\},$$

so ist $\bar{\mu}$ ein Maß, das μ fortsetzt, und der Maßraum $(\Omega, \mathcal{A}_\mu, \bar{\mu})$ ist vollständig (siehe Aufgabe 7.28).

Das Lebesgue-Maß λ^k_* ist die Vervollständigung von λ^k. Eine Menge $A \subseteq \mathbb{R}^k$ ist nach obiger Konstruktion genau dann Lebesgue-messbar, wenn es Borelmengen E und F mit $E \subseteq A \subseteq F$ und $\lambda^k(F \setminus E) = 0$ gibt. Ein Vorteil des Borel-Lebesgue-Maßes gegenüber λ^k_* besteht darin, dass die σ-Algebra $\mathcal{B}^k$ „näher an der Topologie des $\mathbb{R}^k$ ist", da sie von den offenen Mengen erzeugt wird.

Wir merken noch an, dass jede der Inklusionen $\mathcal{B}^k \subset \mathcal{L}^k$ und $\mathcal{L}^k \subset \mathcal{P}(\mathbb{R}^k)$ strikt ist.

Aus historischer Sicht gab es vor den bahnbrechenden Arbeiten von Borel und Lebesgue eine Axiomatik der Volumenmessung im $\mathbb{R}^k$, die sich auf den nach dem französischen Mathematiker Camille Jordan (1838–1922) benannten **Jordan-Inhalt** gründete.

Ist allgemein μ ein Inhalt auf einem Ring $\mathcal{R} \subseteq \mathcal{P}(\Omega)$, so nennt man eine Menge $A \subseteq \Omega$ **Jordan-messbar**, wenn es zu jedem $\varepsilon > 0$ Mengen E, F aus $\mathcal{R}$ mit $E \subseteq A \subseteq F$ und $\mu(F \setminus E) < \varepsilon$ gibt. Das System $\mathcal{R}_\mu$ dieser Mengen ist ein Ring, der $\mathcal{R}$ enthält, und durch

$$\mu^*(A) := \sup\{\mu(B) \colon B \subseteq A, \; B \in \mathcal{R}\}$$

wird eine eindeutig bestimmte additive Fortsetzung von μ auf $\mathcal{R}_\mu$ definiert. Der oben genannte Jordan-Inhalt entsteht, wenn man den Elementarinhalt I_k auf dem Ring $\mathcal{F}^k$ der k-dimensionalen Figuren betrachtet. Eine Menge $A \subseteq \mathbb{R}^k$ ist Jordan-messbar, wenn sie anschaulich gesprochen „beliebig genau zwischen zwei Figuren passt". Insbesondere ist jede Jordan-messbare Teilmenge A des $\mathbb{R}^k$ beschränkt, und es gibt Borelmengen B und C mit $B \subseteq A \subseteq C$ und $\lambda^k(C \setminus B) = 0$. Man beachte, dass die Menge $A := \mathbb{Q}^k \cap (0, 1]^k$ zwar Borel-, aber nicht Jordan-messbar ist. Als abzählbare Menge gehört A zu $\mathcal{B}^k$, die kleinste Figur, die A enthält, ist $(0, 1]^k$, die größte in A enthaltene Figur jedoch die leere Menge. An diesem Beispiel ersieht man den entscheidenden Fortschritt, der mit dem Übergang zu σ-additiven Mengenfunktionen auf σ-Algebren verbunden war!

Literatur

J. Elstrodt: *Maß- und Integrationstheorie*. 4. Aufl. Springer-Verlag, Heidelberg 2005.

Der nachstehende Satz rechtfertigt die Begriffsbildung *maßdefinierende* Funktion. Er zeigt, dass zu jeder solchen Funktion G genau ein Maß auf der Borel'schen σ-Algebra $\mathcal{B}$ korrespondiert, das jedem Intervall $(x, y]$ mit $x < y$ den Wert $G(y) - G(x)$ zuordnet. Als wichtiger Spezialfall wird sich auf anderem Wege das Borel-Lebesgue-Maß auf $\mathcal{B}$ ergeben.

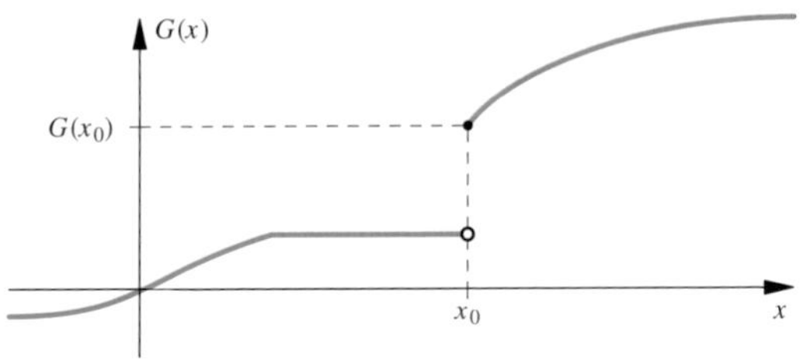

Abbildung 7.9 Graph einer maßdefinierenden Funktion.

Satz über maßdefinierende Funktionen

Ist G eine maßdefinierende Funktion, so existiert genau ein Maß μ_G auf der Borel'schen σ-Algebra $\mathcal{B}$ mit

$$\mu_G((a,b]) = G(b) - G(a) \quad \forall (a,b] \in \mathcal{I}^1\,. \quad (7.16)$$

Dieses Maß ist σ-endlich. Ist G eine Verteilungsfunktion, so ist μ_G ein Wahrscheinlichkeitsmaß.

Das Maß μ_G heißt zu Ehren der Mathematiker Henri Léon Lebesgue (1875–1941) und Thomas Jean Stieltjes (1856–1894) **Lebesgue-Stieltjes-Maß** zu G.

Beweis: Durch (7.16) wird auf dem Halbring $\mathcal{I}^1$ über $\mathbb{R}$ eine nichtnegative Mengenfunktion mit $\mu_G(\emptyset) = 0$ $(= \mu_G((x,x]))$ definiert. Diese ist endlich-additiv und folglich ein Inhalt, denn sind $A_1, \ldots, A_n$ paarweise disjunkte Mengen aus $\mathcal{I}^1$ mit $A := \sum_{j=1}^n A_j =: (x,y] \in \mathcal{I}^1$, wobei $x < y$, so gilt nach eventueller Umnummerierung $A_j = (x_j, y_j]$, wobei $x_1 = x$, $y_n = y$ und $x_{j+1} = y_j$, $1 \le j \le n-1$. Ein Teleskop-Effekt liefert dann wie behauptet

$$\begin{aligned}\sum_{j=1}^n \mu_G(A_j) &= \sum_{j=1}^n \big(G(y_j) - G(x_j)\big) = G(y) - G(x)\\ &= \mu_G\left(\sum_{j=1}^n A_j\right).\end{aligned}$$

Um den Maß-Fortsetzungssatz anwenden zu können, bleibt nur zu zeigen, dass μ_G σ-additiv und somit ein Prämaß ist. Letzteres ist nach Eigenschaft d) auf Seite 218 äquivalent zur σ-Subadditivität von μ_G. Seien hierzu $A_n = (x_n, y_n], n \ge 1$, eine Folge aus $\mathcal{I}^1$ mit $\emptyset \ne A := \bigcup_{n=1}^\infty A_n =: (x,y] \in \mathcal{I}^1$ sowie $\varepsilon > 0$ beliebig. Zu zeigen ist

$$\mu_G(A) \le \sum_{n=1}^\infty \mu_G(A_n) + \varepsilon\,.$$

Die bewiesene endliche Additivität von μ_G erlaubt aber nach Eigenschaft c) auf Seite 218 nur die Abschätzung $\mu_G(\widetilde{A}) \le \sum_{n=1}^m \mu_G(\widetilde{A}_n)$, falls alle hier auftretenden Mengen aus $\mathcal{I}^1$ sind und $\widetilde{A} \subseteq \cup_{j=1}^m \widetilde{A}_j$ gilt, also $\widetilde{A}$ im Gegensatz zu A von *endlich vielen* Mengen überdeckt wird. An dieser Stelle kommt die rechtsseitige Stetigkeit von G ins Spiel. Sie garantiert die Existenz einer Zahl $\delta > 0$ mit $\delta < y - x$, sodass

$$0 \le \mu_G((x, x+\delta]) = G(x+\delta) - G(x) \le \frac{\varepsilon}{2}\,.$$

Setzen wir $\widetilde{A} := (x+\delta, y]$, so gilt folglich

$$\mu_G(A) \le \mu_G(\widetilde{A}) + \frac{\varepsilon}{2}\,. \quad (7.17)$$

In gleicher Weise existiert zu jedem n ein $\delta_n > 0$ mit

$$\mu_G(\widetilde{A}_n) \le \mu_G(A_n) + \frac{\varepsilon}{2^{n+1}}\,, \quad (7.18)$$

wobei $\widetilde{A}_n := (x_n, y_n + \delta_n]$ gesetzt ist. Da $\{(x_n, y_n + \delta_n) : n \ge 1\}$ eine offene Überdeckung des kompakten Intervalls $[x+\delta, y]$ bildet, gibt es nach dem Satz von Heine-Borel eine natürliche Zahl m mit

$$\widetilde{A} \subseteq [x+\delta, y] \subseteq \bigcup_{n=1}^m \widetilde{A}_n\,.$$

Mit Eigenschaft c) auf Seite 218 und (7.18) ergibt sich

$$\mu_G(\widetilde{A}) \le \sum_{n=1}^m \mu_G(\widetilde{A}_n) \le \sum_{n=1}^\infty \mu_G(A_n) + \frac{\varepsilon}{2}\,,$$

sodass (7.17) die Behauptung liefert, da $\varepsilon > 0$ beliebig war. Die Eindeutigkeit von μ_G folgt aus dem Eindeutigkeitssatz für Maße. ■

?

Warum ist μ_G σ-endlich?

Beispiel

- Das zur maßdefinierenden Funktion $G(x) := x$, $x \in \mathbb{R}$, korrespondierende Lebesgue-Stieltjes-Maß μ_G auf $\mathcal{B}$ ordnet jedem Intervall $(x,y]$ mit $x < y$ dessen Länge $y - x = G(y) - G(x)$ als Maß zu, stimmt also auf dem System $\mathcal{I}^1$ mit dem Borel-Lebesgue-Maß λ^1 überein. Nach dem Eindeutigkeitssatz für Maße gilt $\mu_G = \lambda^1$. Wir haben also auf anderem Wege die Existenz des Borel-Lebesgue-Maßes im $\mathbb{R}^1$ nachgewiesen.
- Durch

$$H(x) := \begin{cases} 0, & \text{falls } x < 0\\ x, & \text{falls } 0 \le x \le 1\\ 1, & \text{falls } x > 1\end{cases}$$

wird eine maßdefinierende Funktion $H\colon \mathbb{R} \to \mathbb{R}$ erklärt. Es gilt $\mu_H((1,n]) = H(n) - H(1) = 0$ sowie $\mu_H((-n,0]) = H(0) - H(-n) = 0$, $n \ge 1$ und somit – da μ_H stetig von unten ist – $\mu_H(\mathbb{R} \setminus (0,1]) = 0$. Das Maß μ_H ist also ganz auf dem Intervall $(0,1]$ konzentriert und stimmt dort mit λ^1 überein: es gilt $\mu_H(B) = \lambda^1(B)$ für jede Borel'sche Teilmenge von $(0,1]$.

- Es sei $f : \mathbb{R} \to \mathbb{R}$ eine bis auf endlich viele Stellen stetige nichtnegative Funktion mit der Eigenschaft $\int_{-\infty}^{\infty} f(t)\mathrm{d}t = 1$. Dabei kann das Integral als uneigentliches Riemann-Integral oder als Lebesgue-Integral (vgl. Band 1, Kapitel 16) interpretiert werden. Dann wird durch

$$F(x) := \int_{-\infty}^{x} f(t)\,\mathrm{d}t\,, \quad x \in \mathbb{R}\,,$$

eine maßdefinierende Funktion erklärt, die sogar eine Verteilungsfunktion ist. Das resultierende Lebesgue-Stieltjes-Maß μ_F auf $\mathcal{B}$ ist ein Wahrscheinlichkeitsmaß. Das Maß eines Intervalls (a, b) (egal, ob offen, abgeschlossen oder halboffen) ergibt sich zu

$$\mu_F((a,b)) = \mu_F([a,b]) = \mu_F((a,b]) = \int_a^b f(t)\,\mathrm{d}t\,,$$

also anschaulich als Flächeninhalt zwischen dem Graphen von f und der x-Achse über dem Intervall $[a, b]$ (Abb. 7.10).

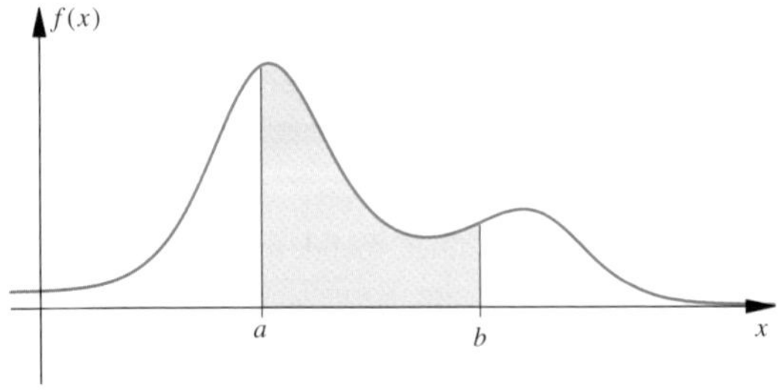

Abbildung 7.10 Deutung der farbigen Fläche als Wahrscheinlichkeit. ◀

7.4 Messbare Abbildungen, Bildmaße

In diesem Abschnitt geht es um eine Begriffsbildung, die sich in ganz natürlicher Weise ergibt, wenn man Abbildungen zwischen Mengen betrachtet, die jeweils mit einer σ-Algebra versehen sind. Zunächst seien Ω und Ω' beliebige nichtleere Mengen und $f : \Omega \to \Omega'$ eine beliebige Abbildung. Die **Urbildabbildung zu** f ist definiert durch

$$f^{-1} : \begin{cases} \mathcal{P}(\Omega') \to \mathcal{P}(\Omega) \\ A' \mapsto f^{-1}(A') := \{\omega \in \Omega : f(\omega) \in A'\} \end{cases}$$

(vgl. Band 1, Abschnitt 2.3). Sie ordnet jeder Teilmenge von Ω' eine Teilmenge von Ω zu und darf nicht mit der bei bijektivem f vorhandenen inversen Abbildung verwechselt werden. Die Urbildabbildung f^{-1} ist verträglich mit allen mengentheoretischen Operationen. Genauer gilt:

Satz über die Operationstreue der Urbildabbildung

Ist J eine beliebige nichtleere Indexmenge, und sind A' sowie A'_j, $j \in J$, Teilmengen von Ω', so gelten:

- $f^{-1}\big(\bigcap_{j\in J} A'_j\big) = \bigcap_{j\in J} f^{-1}(A'_j)$,
- $f^{-1}\big(\bigcup_{j\in J} A'_j\big) = \bigcup_{j\in J} f^{-1}(A'_j)$,
- $f^{-1}(\Omega' \setminus A') = \Omega \setminus f^{-1}(A')$,
- $f^{-1}(\Omega') = \Omega$.

Das Urbild eines Durchschnittes bzw. einer Vereinigung von Mengen ist also der Durchschnitt bzw. die Vereinigung der einzelnen Urbilder, und das Urbild des Komplements einer Menge ist das Komplement von deren Urbild. Da wir im Folgenden häufig die Menge aller Urbilder von gewissen Teilsystemen der Potenzmenge von Ω' betrachten werden, setzen wir für ein Mengensystem $\mathcal{M}' \subseteq \mathcal{P}(\Omega')$

$$f^{-1}(\mathcal{M}') := \left\{ f^{-1}(A') : A' \in \mathcal{M}' \right\}$$

und nennen $f^{-1}(\mathcal{M}')$ das **Urbild** von $\mathcal{M}'$ unter f. Das Urbild eines Mengensystems $\mathcal{M}'$ ist also die Menge der Urbilder aller zu $\mathcal{M}'$ gehörenden Mengen.

Lemma (über σ-Algebren und Abbildungen)

Es seien $\Omega, \Omega' \neq \emptyset$ und $f : \Omega \to \Omega'$ eine Abbildung. Dann gelten:

a) Ist $\mathcal{A}'$ eine σ-Algebra über Ω', so ist $f^{-1}(\mathcal{A}')$ eine σ-Algebra über Ω.

b) Wird $\mathcal{A}'$ von $\mathcal{M}' \subseteq \mathcal{P}(\Omega')$ erzeugt, so wird $f^{-1}(\mathcal{A}')$ von $f^{-1}(\mathcal{M}')$ erzeugt.

c) Ist $\mathcal{A}$ eine σ-Algebra über Ω, so ist

$$\mathcal{A}_f := \{A' \subseteq \Omega' : f^{-1}(A') \in \mathcal{A}\}$$

eine σ-Algebra über Ω'.

Beweis: Die Aussagen a) und c) beweist man durch direktes Nachprüfen der definierenden Eigenschaften einer σ-Algebra unter Verwendung des Satzes über die Operationstreue der Urbildabbildung (siehe Aufgabe 7.29). Aussage b) ist gleichbedeutend mit

$$\sigma\left(f^{-1}(\mathcal{M}')\right) = f^{-1}\left(\sigma(\mathcal{M}')\right). \tag{7.19}$$

Nach a) ist $f^{-1}\left(\sigma(\mathcal{M}')\right)$ eine σ-Algebra mit $f^{-1}(\mathcal{M}') \subseteq f^{-1}\left(\sigma(\mathcal{M}')\right)$. Dies beweist $\subseteq$ in (7.19). Zum Nachweis der umgekehrten Richtung beachte man, dass nach c) das System $\mathcal{C}' := \{A' \subseteq \Omega' : f^{-1}(A') \in \sigma(f^{-1}(\mathcal{M}'))\}$ eine σ-Algebra ist. Wegen $\mathcal{M}' \subseteq \mathcal{C}'$ folgt $\sigma(\mathcal{M}') \subseteq \mathcal{C}'$, was zu zeigen war. ■

Wohingegen nach a) das Urbild einer σ-Algebra eine σ-Algebra ist, besagt Aussage c), dass diejenigen Teilmengen

Hintergrund und Ausblick: Maßdefinierende Funktionen auf $\mathbb{R}^k$

Die Existenz und Eindeutigkeit vieler Maße auf $\mathcal{B}^k$ kann mithilfe maßdefinierender Funktionen gezeigt werden.

In Verallgemeinerung der auf Seite 224 angestellten Betrachtungen kann die Existenz vieler Maße auf $\mathcal{B}^k$ mithilfe von *maßdefinierenden Funktionen* $G\colon \mathbb{R}^k \to \mathbb{R}$ bewiesen werden. Zur Motivation der Begriffsbildung rufen wir uns in Erinnerung, dass im Fall $k = 1$ die Monotonie einer maßdefinierenden Funktion $G\colon \mathbb{R} \to \mathbb{R}$ dazu diente, über die Festsetzung $\mu_G((a,b]) := G(b) - G(a)$ eine nichtnegative Mengenfunktion μ_G auf $\mathcal{I}^1$ zu definieren. Im Fall $k \geq 2$ benötigen wir eine Verallgemeinerung dieser Monotonieeigenschaft, um μ_G auf dem Halbring $\mathcal{I}^k$ aller halboffenen k-dimensionalen Intervalle $(a,b]$ mit $a,b \in \mathbb{R}^k$, $a \leq b$ festzulegen. Zur Illustration betrachten wir zunächst den Fall $k = 2$.

Nehmen wir einmal an, wir hätten bereits ein *endliches* Maß μ auf $\mathcal{B}^2$. Sind $a = (a_1, a_2)$, $b = (b_1, b_2) \in \mathbb{R}^2$ mit $a \leq b$, so gilt mit der Abkürzung $S_x := (-\infty, x]$

$$(a,b] = (-\infty, b] \setminus \left(S_{(a_1,b_2)} \cup S_{(b_1,a_2)}\right) .$$

Schreiben wir

$$G(x) := \mu(S_x), \quad x \in \mathbb{R}^k ,$$

so folgt $\mu((a,b]) = G(b) - \mu(S_{(a_1,b_2)} \cup S_{(b_1,a_2)})$. Wegen $S_{(a_1,b_2)} \cap S_{(b_1,a_2)} = S_{(a_1,a_2)}$ gilt nach Teil a) des Satzes über additive Mengenfunktionen auf einem Ring

$$\mu(S_{(a_1,b_2)} \cup S_{(b_1,a_2)}) = G(a_1,b_2) + G(b_1,a_2) - G(a_1,a_2)$$

und somit

$$\mu((a,b]) = G(b_1,b_2) - G(a_1,b_2) - G(b_1,a_2) + G(a_1,a_2) .$$

Das Maß des Rechtecks $(a,b]$ ergibt sich somit wie in der nachstehenden Abb. als alternierende Summe über die Werte der Funktion G in den vier Eckpunkten des Rechtecks.

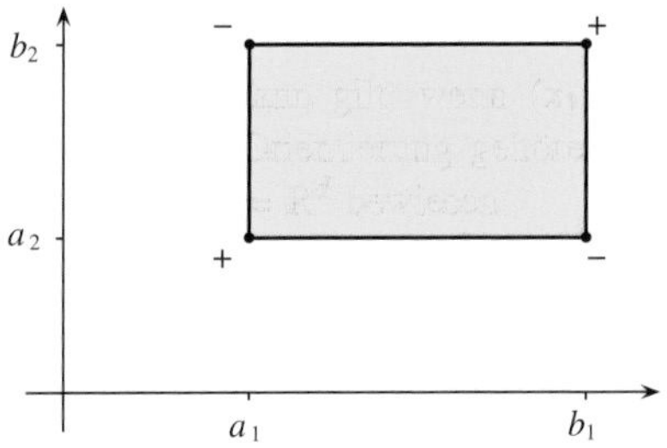

Allgemein definiert man für eine Funktion $G\colon \mathbb{R}^k \to \mathbb{R}$ und $a,b \in \mathbb{R}^k$ mit $a \leq b$ die alternierende Summe

$$\Delta_a^b G := \sum_{\rho \in \{0,1\}^k} (-1)^{k-s(\rho)} \cdot G(b_1^{\rho_1} a_1^{1-\rho_1}, \ldots, b_k^{\rho_k} a_k^{1-\rho_k}) .$$

Dabei ist $\rho := (\rho_1, \ldots, \rho_k)$ und $s(\rho) := \rho_1 + \ldots + \rho_k$.

Offenbar gilt $\Delta_a^b G = G(b) - G(a)$ für $k = 1$, und im Fall $k = 2$ ist $\Delta_a^b G$ die oben stehende viergliedrige alternierende Summe.

Eine Funktion $G\colon \mathbb{R}^k \to \mathbb{R}$ heißt **maßdefinierende Funktion**, falls gilt:

- G besitzt die **verallgemeinerte Monotonieeigenschaft**
$$\Delta_a^b G \geq 0 \quad \forall (a,b] \in \mathcal{I}^k ,$$
- G ist **rechtsseitig stetig**, d. h., es gilt
$$G(x) = \lim_{n\to\infty} G(x_n)$$
für jedes $x \in \mathbb{R}^k$ und jede Folge $x_n = (x_{n1}, \ldots, x_{nk})$ mit $x_{nj} \downarrow x_j$, $j = 1, \ldots, k$, bei $n \to \infty$.

Ist G eine maßdefinierende Funktion, so definiert man

$$\mu_G((a,b]) := \Delta_a^b G \quad \forall (a,b] \in \mathcal{I}^k$$

auf dem Halbring $\mathcal{I}^k$ und weist völlig analog wie im Beweis des Satzes über maßdefinierende Funktionen nach, dass für μ_G die Voraussetzungen des Maß-Fortsetzungssatzes erfüllt sind. Es existiert somit ein (wegen der σ-Endlichkeit von μ_G auf $\mathcal{I}^k$ eindeutig bestimmtes) Maß μ_G auf $\mathcal{B}^k$ mit der Eigenschaft $\mu_G((a,b]) = \Delta_a^b G \; \forall (a,b] \in \mathcal{I}^k$, das wiederum als **Lebesgue-Stieltjes-Maß zu** G bezeichnet wird.

Als prominentes Beispiel betrachten wir die durch

$$G(x) := \prod_{j=1}^{k} x_j , \quad x = (x_1, \ldots, x_k) \in \mathbb{R}^k ,$$

definierte stetige Funktion $G\colon \mathbb{R}^k \to \mathbb{R}$. Wegen

$$\Delta_a^b G = \prod_{j=1}^{k} (b_j - a_j) \geq 0, \quad (a,b] \in \mathcal{I}^k ,$$

ist G maßdefinierend. Da μ_G und λ^k auf $\mathcal{I}^k$ übereinstimmen, gilt nach dem Eindeutigkeitssatz für Maße $\mu_G = \lambda^k$, sodass auch das mehrdimensionale Borel-Lebesgue-Maß auf anderem Wege hergeleitet wurde.

Literatur

J. Elstrodt: *Maß- und Integrationstheorie*. 4. Aufl. Springer-Verlag, Heidelberg 2005.

von Ω', deren Urbild in der σ-Algebra $\mathcal{A}$ liegt, selbst eine σ-Algebra bilden. Wie das folgende Beispiel zeigt, ist das Bild $f(\mathcal{A}) := \{f(A) : A \in \mathcal{A}\}$ einer σ-Algebra im Allgemeinen keine σ-Algebra.

Beispiel

- Es seien $\Omega := \mathbb{N}$ und $G := \{2, 4, 6, \ldots\}$ die Menge der geraden Zahlen sowie $\mathcal{A} := \{\emptyset, G, G^c, \mathbb{N}\}$. Die Abbildung $f : \mathbb{N} \to \mathbb{N}$ sei durch $f(1) := f(2) := 1$ sowie $f(n) := n - 1$ für $n \geq 3$ definiert. Dann gilt $f(G) = G^c$ und $f(G^c) = \{1\} \cup G$. Das System $\mathcal{A}$ ist eine σ-Algebra, dessen Bild $f(\mathcal{A}) = \{\emptyset, \mathbb{N}, G^c, \{1\} \cup G\}$ jedoch nicht. Man beachte, dass die Abbildung f surjektiv ist. Bei nicht surjektivem f ist ganz allgemein $f(\mathcal{A})$ keine σ-Algebra, denn es gilt $\Omega' \notin f(\mathcal{A})$.
- Sind $\mathcal{A}$ eine σ-Algebra über Ω und $\Omega_0 \subseteq \Omega$ eine Teilmenge von Ω, so kann man Teil a) des obigen Lemmas auf die Injektion $i : \Omega_0 \to \Omega$, $\omega \mapsto i(\omega) := \omega$, anwenden. Als resultierende σ-Algebra $i^{-1}(\mathcal{A}) = \{A \cap \Omega_0 : A \in \mathcal{A}\}$ ergibt sich die schon in (7.1) eingeführte **Spur-σ-Algebra** von $\mathcal{A}$ in Ω_0. ◀

Im Folgenden seien die nichtleeren Mengen Ω und Ω' jeweils mit einer σ-Algebra versehen. Ist $\mathcal{A} \subseteq \mathcal{P}(\Omega)$ eine σ-Algebra über Ω, so nennt man das Paar $(\Omega, \mathcal{A})$ einen **Messraum** und die Mengen aus $\mathcal{A}$ **messbare Mengen**.

Eine Abbildung ist messbar, wenn das Urbild eines Erzeugers von $\mathcal{A}'$ Teilsystem von $\mathcal{A}$ ist

Sind $(\Omega, \mathcal{A})$ und $(\Omega', \mathcal{A}')$ Messräume, $f : \Omega \to \Omega'$ eine Abbildung und μ ein Maß auf $\mathcal{A}$, so bietet es sich an, die Größe einer Menge $A' \in \mathcal{A}'$ mithilfe von μ dadurch zu messen, dass man das Urbild $f^{-1}(A')$ betrachtet und dessen Maß $\mu(f^{-1}(A'))$ bildet. Hierfür muss aber $f^{-1}(A')$ zum Definitionsbereich $\mathcal{A}$ von μ gehören. Diese Betrachtungen legen fast zwangsläufig die folgende Begriffsbildung nahe.

Definition der Messbarkeit

Sind $(\Omega, \mathcal{A})$ und $(\Omega', \mathcal{A}')$ Messräume, so heißt eine Abbildung $f : \Omega \to \Omega'$ **$(\mathcal{A}, \mathcal{A}')$-messbar**, falls gilt:

$$f^{-1}(\mathcal{A}') \subseteq \mathcal{A}.$$

Die Definition der Messbarkeit einer Abbildung ist formal die gleiche wie diejenige der Stetigkeit einer Abbildung zwischen topologischen Räumen. Sind $\mathcal{A}$, $\mathcal{A}'$ *Topologien* genannte Systeme offener Mengen auf Ω bzw. Ω', so ist obige Definition gerade die Definition der Stetigkeit von f, denn sie besagt, dass Urbilder offener Mengen offen sind.

Kommentar: Offenbar ist im Fall $\mathcal{A} = \mathcal{P}(\Omega)$ jede Abbildung $f : \Omega \to \Omega'$ $(\mathcal{A}, \mathcal{A}')$-messbar. Hierbei darf $\mathcal{A}'$ beliebig sein. Das Gleiche gilt, wenn die σ-Algebra $\mathcal{A}'$ nur aus $\emptyset$ und Ω' besteht. Die Forderung der $(\mathcal{A}, \mathcal{A}')$-Messbarkeit an f ist umso stärker, je feiner $\mathcal{A}'$ bzw. je gröber $\mathcal{A}$ ist. Dabei nennen wir allgemein ein Mengensystem $\mathcal{M}_1$ **feiner** bzw. **gröber** als ein Mengensystem $\mathcal{M}_2$, falls $\mathcal{M}_1 \supseteq \mathcal{M}_2$ bzw. $\mathcal{M}_1 \subseteq \mathcal{M}_2$ gilt.

Falls $\mathcal{A} = \{\emptyset, \Omega\}$ und $\mathcal{A}' = \mathcal{P}(\Omega')$, so sind die konstanten Abbildungen

$$f(\omega) := \omega' \qquad \forall \omega \in \Omega$$

($\omega' \in \Omega'$ fest) die einzigen $(\mathcal{A}, \mathcal{A}')$-messbaren Abbildungen. Man beachte, dass nach Definition der σ-Algebra $\mathcal{A}_f$ folgende Äquivalenz gilt:

$$f \text{ ist } (\mathcal{A}, \mathcal{A}')\text{-messbar} \iff \mathcal{A}' \subseteq \mathcal{A}_f\,.$$

Beispiel Die einfachste nichtkonstante messbare Funktion ist die durch

$$\mathbf{1}_A(\omega) := \begin{cases} 1, & \text{falls } \omega \in A \\ 0 & \text{sonst} \end{cases}$$

definierte **Indikatorfunktion** $\mathbf{1}_A : \Omega \to \mathbb{R}$ einer Menge $A \in \mathcal{A}$. Vielfach wird $\mathbf{1}_A$ auch die **charakteristische Funktion** von A genannt und mit χ_A bezeichnet.

Anstelle von $\mathbf{1}_A$ schreiben wir häufig auch $\mathbf{1}\{A\}$ und nennen $\mathbf{1}_A$ auch kurz den **Indikator** von A. ◀

Ganz analog zu stetigen Abbildungen gilt, dass die Verkettung messbarer Abbildungen wieder messbar ist.

Satz über die Verkettung messbarer Abbildungen

Sind $(\Omega_j, \mathcal{A}_j)$, $j = 1, 2, 3$, Messräume und $f_j : \Omega_j \to \Omega_{j+1}$ $(\mathcal{A}_j, \mathcal{A}_{j+1})$-messbare Abbildungen ($j = 1, 2$), so ist die zusammengesetzte Abbildung

$$f_2 \circ f_1 : \begin{cases} \Omega_1 \to \Omega_3 \\ \omega_1 \mapsto f_2 \circ f_1(\omega_1) := f_2(f_1(\omega_1)) \end{cases}$$

$(\mathcal{A}_1, \mathcal{A}_3)$-messbar.

?

Können Sie diese Aussage beweisen?

Das folgende wichtige Resultat besagt, dass zum Nachweis der Messbarkeit nur die Inklusion $f^{-1}(\mathcal{M}') \subseteq \mathcal{A}$ für einen Erzeuger $\mathcal{M}'$ von $\mathcal{A}'$ nachgewiesen werden muss.

Satz über Erzeuger und Messbarkeit

Es seien $(\Omega, \mathcal{A})$, $(\Omega', \mathcal{A}')$ Messräume, $f : \Omega \to \Omega'$ eine Abbildung und $\mathcal{M}' \subseteq \mathcal{A}'$ mit $\sigma(\mathcal{M}') = \mathcal{A}'$. Dann gilt:

$$f \text{ ist } (\mathcal{A}, \mathcal{A}')\text{-messbar} \iff f^{-1}(\mathcal{M}') \subseteq \mathcal{A}\,.$$

Beweis: Es ist nur die Implikation „$\Leftarrow$" nachzuweisen. Die Voraussetzung besagt $\mathcal{M}' \subseteq \mathcal{A}_f$. Da $\mathcal{A}_f$ eine σ-Algebra ist, folgt $\mathcal{A}' = \sigma(\mathcal{M}') \subseteq \mathcal{A}_f$. ∎

Folgerung

a) Eine Abbildung $f: \Omega \to \mathbb{R}$ ist genau dann $(\mathcal{A}, \mathcal{B})$-messbar, wenn gilt:

$$\{\omega \in \Omega: f(\omega) \leq c\} \in \mathcal{A}, \qquad c \in \mathbb{R}. \tag{7.20}$$

b) Eine stetige Abbildung $f: \mathbb{R}^k \to \mathbb{R}^m$ ist $(\mathcal{B}^k, \mathcal{B}^m)$-messbar.

c) Es seien $f_j: \Omega \to \mathbb{R}$, $j = 1, \ldots, k$ Abbildungen sowie $f = (f_1, \ldots, f_k): \Omega \to \mathbb{R}^k$ die vektorwertige Abbildung mit Komponenten $f_1, \ldots, f_k$. Dann gilt:

$$f\,(\mathcal{A},\mathcal{B}^k)\text{-messbar} \iff f_j\,(\mathcal{A},\mathcal{B})\text{-messbar}, \; j = 1, \ldots, k.$$

Beweis: a) Wegen $\sigma(\{(-\infty, c]: c \in \mathbb{R}\}) = \mathcal{B}$ (vgl. Seite 215) folgt die Behauptung aus obigem Satz.

b) Die Stetigkeit von f ist gleichbedeutend mit $f^{-1}(\mathcal{O}^m) \subseteq \mathcal{O}^k$, denn das Urbild einer offenen Menge unter einer stetigen Abbildung ist offen. Wegen $\mathcal{O}^m \subseteq \mathcal{B}^m$ und $\sigma(\mathcal{O}^m) = \mathcal{B}^m$ liefert der Satz über Erzeuger und Messbarkeit die Behauptung.

c) Zum Beweis von „$\Rightarrow$" seien $j \in \{1, \ldots, k\}$ fest und O_j eine beliebige offene Teilmenge von $\mathbb{R}$. Dann ist die Menge $O := \times_{m=1}^{j-1} \mathbb{R} \times O_j \times_{m=j+1}^{k} \mathbb{R}$ offen in $\mathbb{R}^k$, und es gilt $f_j^{-1}(O_j) = f^{-1}(O) \in \mathcal{A}$, sodass wegen $\mathcal{B} = \sigma(\mathcal{O}^1)$ und obigem Satz die Behauptung folgt. Zum Nachweis der Richtung „$\Leftarrow$" beachte man, dass das Urbild einer Menge $(a, b] = \times_{j=1}^{k}(a_j, b_j] \in \mathcal{I}^k$ die Darstellung $f^{-1}((a, b]) = \bigcap_{j=1}^{k} f_j^{-1}((a_j, b_j])$ besitzt. Wegen $f_j^{-1}((a_j, b_j]) \in \mathcal{A}$ $(j = 1, \ldots, k)$ ergibt sich die Behauptung aus $\sigma(\mathcal{I}^k) = \mathcal{B}^k$ und dem Satz über Erzeuger und Messbarkeit. ∎

Da wir auf dem $\mathbb{R}^k$ stets die Borel-σ-Algebra $\mathcal{B}^k$ zugrunde legen, sprechen wir im Falle einer $(\mathcal{A}, \mathcal{B}^k)$-messbaren Abbildung kurz von einer **Borel-messbaren Abbildung** bzw. im Spezialfall $k = 1$ von einer **Borel-messbaren Funktion**. Aus dem Satz über Erzeuger und Messbarkeit ergibt sich unmittelbar:

Satz über Eigenschaften Borel-messbarer Funktionen

Es seien $f, g: \Omega \to \mathbb{R}$ Borel-messbare Funktionen. Dann sind die folgenden Funktionen Borel-messbar:

a) $a \cdot f + b \cdot g \qquad a, b \in \mathbb{R}$,

b) $f \cdot g$,

c) $\dfrac{f}{g}$, falls $g(\omega) \neq 0$, $\omega \in \Omega$,

d) $\max(f, g)$ und $\min(f, g)$.

Beweis: Nach Teil c) der obigen Folgerungen ist $(f, g): \Omega \to \mathbb{R}^2$ eine $(\mathcal{A}, \mathcal{B}^2)$-messbare Abbildung. Verknüpft man diese mit den Borel-messbaren – da stetigen – Abbildungen $T: \mathbb{R}^2 \to \mathbb{R}^1$, wobei $T(x, y) = ax + by$ bzw. $T(x, y) = x \cdot y$ bzw. $T(x, y) = \max(x, y)$ bzw. $T(x, y) = \min(x, y)$, $(x, y) \in \mathbb{R}^2$, so ergeben sich a), b) und d) aus dem Satz über die Verkettung messbarer Abbildungen. Dieser liefert auch c), wenn man (unter Verwendung von (7.20)) beachtet, dass die durch $T(x, y) := x/y$, falls $y \neq 0$, und $T(x, y) := 0$ sonst, definierte Abbildung Borel-messbar ist. ∎

Insbesondere in der Integrationstheorie werden wir häufig Funktionen betrachten, die Werte in der Menge

$$\bar{\mathbb{R}} := \mathbb{R} \cup \{+\infty, -\infty\} =: [-\infty, +\infty]$$

der (um die Symbole $(+)\infty$ und $-\infty$) **erweiterten reellen Zahlen** annehmen. Eine solche Funktion werde **numerische Funktion** genannt.

Für das Rechnen mit numerischen Funktionen vereinbaren wir die für jedes $x \in \mathbb{R}$ geltenden naheliegenden Regeln

$$x + (\pm\infty) = (\pm\infty) + x = \pm\infty,$$

$$x \cdot (\pm\infty) = (\pm\infty) \cdot x = \begin{cases} \pm\infty, & \text{falls } x > 0 \\ \mp\infty, & \text{falls } x < 0 \end{cases}$$

sowie die ebenfalls selbstverständlichen Festsetzungen

$$(\pm\infty) + (\pm\infty) = \pm\infty, \; (\pm\infty) - (\mp\infty) = \pm\infty,$$

$$(\pm\infty) \cdot (\pm\infty) = +\infty, \; (\pm\infty) \cdot (\mp\infty) = -\infty.$$

Ergänzt man diese auch intuitiv klaren Definitionen durch die *willkürlichen Festlegungen*

$$\infty - \infty := -\infty + \infty := 0, \quad 0 \cdot (\pm\infty) := (\pm\infty) \cdot 0 := 0,$$

so sind Summe, Differenz und Produkt zweier Elemente aus $\bar{\mathbb{R}}$ erklärt. Man beachte, dass die für reelle Zahlen vertrauten Rechenregeln nur mit Einschränkungen für das Rechnen in $\bar{\mathbb{R}}$ gelten. So sind die Addition und die Multiplikation in $\bar{\mathbb{R}}$ zwar kommutativ, aber nicht assoziativ, und auch das Distributivgesetz gilt nicht. Schränkt man jedoch die Addition auf $(-\infty, \infty]$ oder $[-\infty, \infty)$ ein, so liegt Assoziativität vor.

Eine *Umgebung von* ∞ bzw. von $-\infty$ ist eine Menge $A \subseteq \bar{\mathbb{R}}$, die ein Intervall der Form $[a, \infty] := [a, \infty) \cup \{\infty\}$ mit $a \in \mathbb{R}$ bzw. $[-\infty, a] := (-\infty, a] \cup \{-\infty\}$ enthält. Hiermit ist die Konvergenz von Folgen in $\bar{\mathbb{R}}$ festgelegt: Eine Folge (x_n) mit Gliedern aus $\bar{\mathbb{R}}$ konvergiert gegen ∞ bzw. $-\infty$, falls es zu jedem $a \in \mathbb{R}$ ein n_0 gibt, sodass $x_n \geq a$ bzw. $x_n \leq a$ für jedes $n \geq n_0$ gilt. Man beachte, dass jede Folge aus $\bar{\mathbb{R}}$ mindestens einen Häufungspunkt in $\bar{\mathbb{R}}$ besitzt, und dass der Limes superior und der Limes inferior von (a_n) als größter bzw. kleinster Häufungspunkt in $\bar{\mathbb{R}}$ existieren. Diese Überlegungen für Folgen in $\bar{\mathbb{R}}$ gelten sinngemäß auch für die punktweise Konvergenz von Folgen numerischer Funktionen $f_n: \Omega \to \bar{\mathbb{R}}$.

Um von der *Messbarkeit einer numerischen Funktion* sprechen zu können, versieht man die Menge $\bar{\mathbb{R}}$ mit der σ-Algebra

$$\bar{\mathcal{B}} := \{B \cup E : B \in \mathcal{B}, E \subseteq \{-\infty, +\infty\}\}$$

der sogenannten **in $\bar{\mathbb{R}}$ Borel'schen Mengen**.

?

Warum ist $\bar{\mathcal{B}}$ eine σ-Algebra über $\bar{\mathbb{R}}$?

Ist $(\Omega, \mathcal{A})$ ein Messraum, so heißt eine Funktion $f : \Omega \to \bar{\mathbb{R}}$ **messbare numerische Funktion**, falls f $(\mathcal{A}, \bar{\mathcal{B}})$-messbar ist, also $f^{-1}(\bar{\mathcal{B}}) \subseteq \mathcal{A}$ gilt. Wegen $\mathcal{B} \subseteq \bar{\mathcal{B}}$ ist jede reellwertige $(\mathcal{A}, \mathcal{B})$-messbare Funktion $f : \Omega \to \mathbb{R}$ auch eine messbare numerische Funktion.

Die folgenden abkürzenden Schreibweisen sind vielleicht etwas gewöhnungsbedürftig, aber äußerst suggestiv und vor allem allgemein üblich. Sind $f, g : \Omega \to \bar{\mathbb{R}}$ numerische Funktionen, so setzen wir für $a, b \in \bar{\mathbb{R}}$

$$\begin{aligned}\{f \le a\} &:= \{a \ge f\}\\ &:= \{\omega \in \Omega : f(\omega) \le a\} = f^{-1}([-\infty, a]) .\end{aligned}$$

Ganz analog sind $\{f < a\}$, $\{f > a\}$, $\{f \ge a\}$, $\{f = a\}$, $\{f \ne a\}$, $\{a < f \le b\}$, $\{f < g\}$, $\{f \le g\}$, $\{f = g\}$, $\{f \ne g\}$, $\{f \le a, g > b\}$ usw. definiert.

?

Können Sie $\{f \le a, g > b\}$ als Urbild einer Menge unter einer geeigneten Abbildung schreiben?

Mit messbaren numerischen Funktionen kann man (fast) bedenkenlos rechnen

Messbarkeitskriterien für numerische Funktionen

Es seien $(\Omega, \mathcal{A})$ ein Messraum und $f : \Omega \to \bar{\mathbb{R}}$ eine numerische Funktion. Dann sind folgende Aussagen äquivalent:

a) f ist $(\mathcal{A}, \bar{\mathcal{B}})$-messbar,
b) $\{f > c\} \in \mathcal{A} \quad \forall c \in \mathbb{R}$,
c) $\{f \ge c\} \in \mathcal{A} \quad \forall c \in \mathbb{R}$,
d) $\{f < c\} \in \mathcal{A} \quad \forall c \in \mathbb{R}$,
e) $\{f \le c\} \in \mathcal{A} \quad \forall c \in \mathbb{R}$.

Beweis: „a) $\Rightarrow$ b)" folgt wegen $(c, \infty] \in \bar{\mathcal{B}}$, und die Implikation „b) $\Rightarrow$ c)" ergibt sich aus $\{f \ge c\} = \cap_{n=1}^{\infty}\{f > c - n^{-1}\}$. Die Darstellung $\{f < c\} = \{f \ge c\}^c$ begründet den Schluss von c) auf d), und „d) $\Rightarrow$ e)" erhält man mit $\{f \le c\} = \cap_{n=1}^{\infty}\{f < c + n^{-1}\}$. Da das System $\{[-\infty, c] : c \in \mathbb{R}\}$ einen Erzeuger von $\bar{\mathcal{B}}$ bildet (Aufgabe 7.6), folgt der verbleibende Beweisteil „e) $\Rightarrow$ a)" aus dem Satz über Erzeuger und Messbarkeit. ■

Wie das nächste Resultat unter anderem zeigt, sind Grenzwerte punktweise konvergenter messbarer numerischer Funktionen wieder messbar, ganz im Gegensatz zu stetigen Funktionen, bei denen ein entsprechender Sachverhalt nicht notwendigerweise gilt.

Satz über die Messbarkeit von (Lim)Sup und (Lim)Inf

Es seien $f_1, f_2, \ldots$ messbare numerische Funktionen auf Ω. Dann sind folgende Funktionen messbar:

a) $\sup_{n\ge1} f_n, \quad \inf_{n\ge1} f_n$

b) $\limsup_{n\to\infty} f_n \left(= \inf_{n\ge1} \sup_{k\ge n} f_k\right)$,

$\liminf_{n\to\infty} f_n \left(= \sup_{n\ge1} \inf_{k\ge n} f_k\right)$

Insbesondere ist $\lim_{n\to\infty} f_n$ messbar, falls die Folge (f_n) punktweise in $\bar{\mathbb{R}}$ konvergiert.

Beweis: a): Wegen $\{\sup_{n\ge1} f_n \le c\} = \cap_{n=1}^{\infty}\{f_n \le c\}$, $c \in \mathbb{R}$, folgt die erste Behauptung aus dem obigen Satz, und die zweite wegen $\{\inf_{n\ge1} f_n \ge c\} = \cap_{n=1}^{\infty}\{f_n \ge c\}$ ebenfalls. Teil b) ergibt sich aus a). ■

Wendet man dieses Ergebnis auf die Folge $f_1, \ldots, f_n, f_n, f_n, \ldots$ an, so ergibt sich nachstehender Sachverhalt.

Folgerung

Sind $f_1, \ldots, f_n$ messbare numerische Funktionen auf Ω, so sind auch die Funktionen $\max(f_1, \ldots, f_n)$ und $\min(f_1, \ldots, f_n)$ messbar.

Auch die Bildung von Linearkombinationen und Produkten messbarer Funktionen ergibt wieder eine messbare Funktion.

Satz über die Messbarkeit von Linearkombination, Produkt und Betrag

Sind $f, g : \Omega \to \bar{\mathbb{R}}$ messbare numerische Funktionen und $a, b \in \mathbb{R}$, so sind folgende Funktionen messbar:

a) $a \cdot f + b \cdot g$,
b) $f \cdot g$,
c) $|f|$.

Dabei definieren wir $|-\infty| = |\infty| = \infty$.

Beweis: Sind f und g *reellwertig*, so sind $f + g$ und $f \cdot g$ nach den beiden ersten Eigenschaften Borel-messbarer Funktionen messbar. Sind nun f und g messbare *numerische* Funktionen, so sind die durch $f_n := \max(-n, \min(f, n))$, $g_n := \max(-n, \min(g, n))$ definierten Funktionen f_n und g_n nach der obigen Folgerung messbar. Nach dem eben Gezeigten sind wegen der Reellwertigkeit von f_n und g_n die Funktionen $f_n + g_n$ und $f_n \cdot g_n$, $n \ge 1$, messbar und somit nach dem obigen Satz auch die Funktionen $f + g = \lim_{n\to\infty}(f_n + g_n)$

sowie $f \cdot g = \lim_{n\to\infty}(f_n \cdot g_n)$. Da die konstanten Funktionen a und b für jede Wahl von $a, b \in \bar{\mathbb{R}}$ messbar sind, sind auch af und bg messbar und damit auch die Linearkombination $af + bg$. Speziell ist also $-f$ messbar und somit auch $\max(f, -f) = |f|$. ■

Beim Aufbau des Integrals spielen der **Positivteil**

$$f^+ : \Omega \to \bar{\mathbb{R}}, \quad \omega \mapsto f^+(\omega) := \max(f(\omega), 0)$$

und der **Negativteil**

$$f^- : \Omega \to \bar{\mathbb{R}}, \quad \omega \mapsto f^-(\omega) := \max(-f(\omega), 0)$$

einer numerischen Funktion f eine große Rolle (Abb. 7.11).

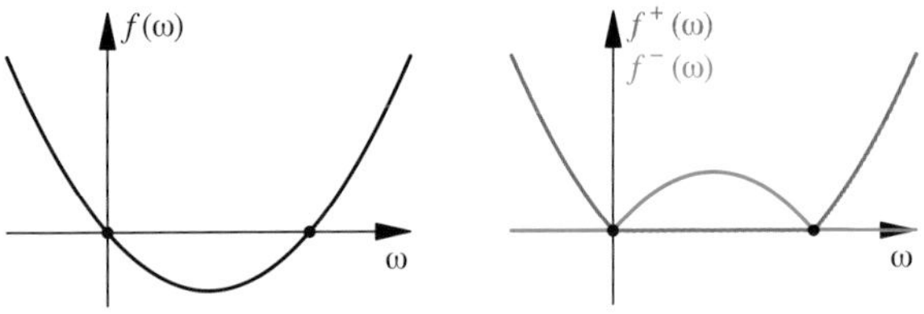

Abbildung 7.11 Funktion f mit Positiv- und Negativteil.

Nach den obigen Überlegungen sind mit f auch f^+ und f^- messbar. Man beachte, dass sowohl f^+ als auch f^- nichtnegativ sind, und dass

$$f = f^+ - f^-, \quad |f| = f^+ + f^-$$

gelten.

Für spätere Zwecke notieren wir noch:

Lemma
Sind $f, g : \Omega \to \bar{\mathbb{R}}$ messbare numerische Funktionen, so gehört jede der Mengen $\{f < g\}$, $\{f \le g\}$, $\{f = g\}$ und $\{f \ne g\}$ zu $\mathcal{A}$.

Beweis: Wegen $\{f < g\} = \{f - g < 0\}$, $\{f \le g\} = \{f - g \le 0\}$, $\{f = g\} = \{f \le g\} \cap \{g \le f\}$ und $\{f \ne g\} = \{f = g\}^c$ folgt die Behauptung aus der Messbarkeit von $f - g$ und $g - f$. ■

Kommentar: Die obigen Resultate zeigen, dass man mit messbaren numerische Funktionen fast bedenkenlos rechnen kann und wiederum messbare Funktionen erhält. Man rufe sich in Erinnerung, dass dieser Sachverhalt für stetige Funktionen nicht gilt: die Grenzfunktion einer punktweise konvergenten Folge stetiger Funktionen muss nicht stetig sein.

$\sigma(f_j;\ j \in J)$ ist die kleinste σ-Algebra, bezüglich derer alle f_j messbar sind

Die im Folgenden beschriebene Möglichkeit, σ-Algebren mithilfe von Abbildungen zu erzeugen, hat grundlegende Bedeutung. Gegeben seien eine nichtleere Menge Ω, eine nichtleere Indexmenge J, eine Familie $((\Omega_j, \mathcal{A}_j))_{j\in J}$ von Messräumen und eine Familie $(f_j)_{j\in J}$ von Abbildungen $f_j : \Omega \to \Omega_j$.

Wir stellen uns die Aufgabe, eine σ-Algebra $\mathcal{A}$ über Ω zu konstruieren, sodass für jedes j die Abbildung f_j $(\mathcal{A}, \mathcal{A}_j)$-messbar ist. Dabei soll diese σ-Algebra so klein wie möglich sein (man beachte, dass ohne diese zusätzliche Bedingung die triviale σ-Algebra $\mathcal{P}(\Omega)$ das Gewünschte leistet). Damit die Abbildung f_j $(\mathcal{A}, \mathcal{A}_j)$-messbar ist, muss die gesuchte σ-Algebra das Mengensystem $f_j^{-1}(\mathcal{A}_j)$ enthalten. Da diese Messbarkeit für *jedes* j gelten soll, muss die gesuchte σ-Algebra das Mengensystem $\cup_{j\in J} f_j^{-1}(\mathcal{A}_j)$ umfassen. Dieses Mengensystem ist jedoch im Allgemeinen keine σ-Algebra, sodass wir zur erzeugten σ-Algebra übergehen müssen. Die folgende Definition ist somit selbstredend.

Definition der von Abbildungen erzeugten σ-Algebra
Es seien $\Omega \ne \emptyset$, $J \ne \emptyset$, $((\Omega_j, \mathcal{A}_j))_{j\in J}$ eine Familie von Messräumen und $(f_j)_{j\in J}$ eine Familie von Abbildungen $f_j : \Omega \to \Omega_j$. Dann heißt

$$\sigma(f_j;\ j \in J) := \sigma\left(\bigcup_{j\in J} f_j^{-1}(\mathcal{A}_j)\right)$$

die von den Abbildungen f_j (und den Messräumen $(\Omega_j, \mathcal{A}_j)$) **erzeugte σ-Algebra**.

Nach Konstruktion ist $\sigma(f_j;\ j \in J)$ die kleinste σ-Algebra $\mathcal{A}$ über Ω, bezüglich derer jede Abbildung f_k $(\mathcal{A}, \mathcal{A}_k)$-messbar ist $(k \in J)$. Ist $J = \{1, \ldots, n\}$, so schreibt man dafür auch $\sigma(f_1, \ldots, f_n)$.

Beispiel

- Wir betrachten die Situation des zweifachen Würfelwurfs mit dem Grundraum $\Omega := \{\omega := (i, j) : i, j \in \{1, \ldots, 6\}\}$. Dabei stehen i und j anschaulich für das Ergebnis des ersten bzw. zweiten Wurfs. Die durch $f(\omega) = f((i, j)) := i + j$, $\omega \in \Omega$, definierte Abbildung $f : \Omega \to \mathbb{R}$ beschreibt dann die Augensumme aus beiden Würfen. Legen wir auf $\mathbb{R}$ die Borel'sche σ-Algebra $\mathcal{B}$ zugrunde, so liegt die Situation der obigen Definition mit $J = 1$ und $(\Omega_1, \mathcal{A}_1) = (\mathbb{R}, \mathcal{B})$ vor.

  Nach Definition ist $\sigma(f) = \sigma(f^{-1}(\mathcal{B})) = f^{-1}(\mathcal{B})$. Dabei gilt das letzte Gleichheitszeichen, da Urbilder von σ-Algebren wieder σ-Algebren sind. Welche Mengen gehören nun zu $f^{-1}(\mathcal{B})$? Da f nur Werte aus der Menge $M := \{2, 3, \ldots, 12\}$ annimmt, ist $f^{-1}(\mathbb{R} \setminus M) = \emptyset$. Für $k \in M$ gilt $f^{-1}(\{k\}) = \{(i, j) \in \Omega : i + j = k\} =: A_k$. Da das Urbild einer Borelmenge B die (eventuell leere) Vereinigung über die Mengen A_k mit $k \in B$ ist, folgt

$$\sigma(f) = \left\{ \bigcup_{k\in T} A_k \,\middle|\, T \subseteq \{2, 3, \ldots, 12\} \right\}.$$

  In dieser σ-Algebra liegt also z. B. die Teilmenge $\{(1, 3), (2, 2), (3, 1)\}$ von Ω, nicht aber $\{(1, 5), (2, 3)\}$.

- In Verallgemeinerung des obigen Beispiels betrachten wir eine nichtleere Menge Ω und eine Abbildung $f: \Omega \to \mathbb{R}$, die abzählbar viele verschiedene Werte $x_1, x_2, \ldots$ annimmt. Schreiben wir $A_k := f^{-1}(\{x_k\})$, $k = 1, 2, \ldots$, sowie $M := \{x_1, x_2, \ldots\}$, so ist wegen $f^{-1}(\mathbb{R} \setminus M) = \emptyset$ das Urbild $f^{-1}(B)$ einer Borelmenge B gleich der (eventuell leeren) Vereinigung derjenigen A_k mit $x_k \in B$. Es folgt
$$\sigma(f) = \left\{ \bigcup_{k \in T} A_k \middle| T \subseteq \{1, 2, \ldots\} \right\}.$$
Man beachte, dass der Wertebereich von f auch eine allgemeine Menge sein kann, wenn die darauf definierte σ-Algebra alle einelementigen Mengen enthält. Man mache sich auch klar, dass die Mengen A_k eine Zerlegung des Grundraums Ω liefern: Es gilt $\Omega = A_1 + A_2 + \ldots$. Die σ-Algebra $\sigma(f)$ ist identisch mit der σ-Algebra, die vom Mengensystem $\mathcal{M} := \{A_1, A_2, \ldots\}$ erzeugt wird. ◄

Als weiteres Beispiel einer durch Abbildungen erzeugten σ-Algebra betrachten wir das Produkt von σ-Algebren.

Definition des Produkts von σ-Algebren

Seien $(\Omega_1, \mathcal{A}_1), \ldots, (\Omega_n, \mathcal{A}_n)$, $n \geq 2$, Messräume und

$$\begin{aligned} \Omega &= \times_{j=1}^n \Omega_j \\ &= \{\omega = (\omega_1, \ldots, \omega_n) \colon \omega_j \in \Omega_j \text{ für } j = 1, \ldots, n\} \end{aligned}$$

das kartesische Produkt von $\Omega_1, \ldots, \Omega_n$. Bezeichnet $\pi_j : \Omega \to \Omega_j$ die durch $\pi_j(\omega) := \omega_j$ definierte j-te Projektion, $j = 1, \ldots, n$, so heißt die von den Projektionen $\pi_1, \ldots, \pi_n$ über Ω erzeugte σ-Algebra $\sigma(\pi_1, \ldots, \pi_n)$ **Produkt (σ-Algebra) von $\mathcal{A}_1, \ldots, \mathcal{A}_n$**. Die Notation hierfür ist

$$\bigotimes_{j=1}^n \mathcal{A}_j := \mathcal{A}_1 \otimes \ldots \otimes \mathcal{A}_n := \sigma(\pi_1, \ldots, \pi_n).$$

Kommentar: Sind $A_1 \in \mathcal{A}_1, \ldots, A_n \in \mathcal{A}_n$, so gilt

$$\bigcap_{j=1}^n \pi_j^{-1}(A_j) = A_1 \times \ldots \times A_n.$$

Wegen $\sigma(\pi_1, \ldots, \pi_n) = \sigma\left(\cup_{j=1}^n \pi_j^{-1}(\mathcal{A}_j)\right)$ enthält die Produkt-σ-Algebra das System

$$\mathcal{H}_n := \{A_1 \times \ldots \times A_n \colon A_j \in \mathcal{A}_j \text{ für } j = 1, \ldots, n\}$$

der sogenannten **messbaren Rechtecke**. Dieses System ist nach dem Lemma auf Seite 216 ein Halbring über Ω, und die Teilmengenbeziehung

$$\bigcup_{j=1}^n \pi_j^{-1}(\mathcal{A}_j) \subseteq \mathcal{H}_n$$

liefert, dass $\mathcal{H}_n$ ein Erzeugendensystem für $\bigotimes_{j=1}^n \mathcal{A}_j$ darstellt (siehe auch Aufgabe 7.47).

?

Warum gilt $\bigcup_{j=1}^n \pi_j^{-1}(\mathcal{A}_j) \subseteq \mathcal{H}_n$?

Beispiel In der Situation des zweifachen Würfelwurfs im Beispiel auf Seite 232 geben die Projektionen $\pi_1((i, j)) = i$ und $\pi_2((i, j)) = j$ das Ergebnis des ersten bzw. zweiten Wurfs an. Da die Produkt-σ-Algebra alle messbaren Rechtecke $\{i\} \times \{j\} = \{(i, j)\}$ mit $i, j = 1, \ldots, 6$ enthält, gilt $\sigma(\pi_1, \pi_2) = \mathcal{P}(\Omega)$. ◄

Beispiel **Es gilt $\mathcal{B}^k = \mathcal{B} \otimes \cdots \otimes \mathcal{B}$ (k Faktoren).** In der Tat: Nach Aufgabe 7.47 mit $\mathcal{A}_j = \mathcal{B}$ und $\mathcal{M}_j = \mathcal{I}^1$, $j = 1, \ldots, k$, gilt $\mathcal{B} \otimes \cdots \otimes \mathcal{B} = \sigma(\mathcal{I}^1 \times \ldots \times \mathcal{I}^1)$. Wegen $\mathcal{I}^1 \times \ldots \times \mathcal{I}^1 = \mathcal{I}^k$ und $\sigma(\mathcal{I}^k) = \mathcal{B}^k$ folgt die Behauptung. In gleicher Weise argumentiert man, um die Gleichheit

$$\mathcal{B}^{k+s} = \mathcal{B}^k \otimes \mathcal{B}^s, \quad k, s \in \mathbb{N}$$

zu zeigen. ◄

Die Messbarkeit einer Ω-wertigen Abbildung bezüglich der σ-Algebra $\sigma(f_j;\, j \in J)$ kennzeichnet das folgende Resultat.

Satz

Es seien $(\Omega_0, \mathcal{A}_0)$ ein Messraum und $f : \Omega_0 \to \Omega$ eine Abbildung, wobei die Situation der obigen Definition zugrunde liege. Dann sind die folgenden Aussagen äquivalent:

a) f ist $(\mathcal{A}_0, \sigma(f_j;\ j \in J))$-messbar,

b) $f_j \circ f$ ist $(\mathcal{A}_0, \mathcal{A}_j)$-messbar für jedes $j \in J$.

Beweis: Die Implikation „a) $\Rightarrow$ b)" folgt aus dem Satz über die Verkettung messbarer Abbildungen und der Tatsache, dass f_j $(\sigma(f_j;\ j \in J), \mathcal{A}_j)$-messbar ist. Zum Beweis der umgekehrten Richtung sei $\mathcal{M} := \bigcup_{j \in J} f_j^{-1}(\mathcal{A}_j)$ gesetzt. Zu $A \in \mathcal{M}$ gibt es dann ein $j \in J$ und ein $A_j \in \mathcal{A}_j$ mit $A = f_j^{-1}(A_j)$. Wegen

$$f^{-1}(A) = f^{-1}(f_j^{-1}(A_j)) = (f_j \circ f)^{-1}(A_j) \in \mathcal{A}_0$$

aufgrund der vorausgesetzten $(\mathcal{A}_0, \mathcal{A}_j)$-Messbarkeit von $f_j \circ f$ gilt $f^{-1}(\mathcal{M}) \subseteq \mathcal{A}_0$, sodass das Messbarkeitskriterium die Behauptung liefert. ■

Messbare Abbildungen transportieren Maße

Die Bedeutung messbarer Abbildungen liegt unter anderem darin, dass sie aus Maßen neue Maße generieren.

Definition des Bildmaßes

Es seien $(\Omega, \mathcal{A}, \mu)$ ein Maßraum, $(\Omega', \mathcal{A}')$ ein Messraum und $f: \Omega \to \Omega'$ eine $(\mathcal{A}, \mathcal{A}')$-messbare Abbildung. Dann wird durch die Festsetzung

$$\mu^f(A') := \mu\left(f^{-1}(A')\right)$$

ein Maß $\mu^f: \mathcal{A}' \to [0, \infty]$ auf $\mathcal{A}'$ definiert. Es heißt **Bild(-Maß) von μ unter der Abbildung f** und wird auch mit $f(\mu)$ oder $\mu \circ f^{-1}$ bezeichnet.

?

Können Sie zeigen, dass μ^f ein Maß ist?

Beispiel Es seien $(\Omega, \mathcal{A}) = (\Omega', \mathcal{A}') = (\mathbb{R}^k, \mathcal{B}^k)$ und μ das Borel-Lebesgue-Maß λ^k. Für festes $b \in \mathbb{R}^k$ sei $T_b: \mathbb{R}^k \to \mathbb{R}^k$ die durch $T_b(x) := x + b$, $x \in \mathbb{R}^k$, definierte **Translation** um b. Als stetige Abbildung ist T_b nach Folgerung a) auf Seite 230 messbar. Die Abbildung T_b ist ferner bijektiv, wobei die inverse Abbildung durch T_{-b} gegeben ist. Ist $(x, y] \in \mathcal{I}^k$ beliebig, so gilt $T_b^{-1}((x, y]) = (x - b, y - b]$, und wegen $\lambda^k((x - b, y - b]) = \lambda^k((x, y])$ folgt, dass die Maße λ^k und $T_b(\lambda^k)$ auf $\mathcal{I}^k$ übereinstimmen. Nach dem Eindeutigkeitssatz für Maße (vgl. Seite 221) gilt

$$T_b(\lambda^k) = \lambda^k \quad \text{für jedes } b \in \mathbb{R}^k,$$

was als **Translationsinvarianz von λ^k** bezeichnet wird. ◀

Kommentar: Die Konstruktion des Bildmaßes unter messbaren Abbildungen ist offenbar in folgendem Sinn *transitiv*: Sind $(\Omega_1, \mathcal{A}_1)$, $(\Omega_2, \mathcal{A}_2)$ und $(\Omega_3, \mathcal{A}_3)$ Messräume, μ ein Maß auf $\mathcal{A}_1$ sowie $f_1: \Omega_1 \to \Omega_2$ und $f_2: \Omega_2 \to \Omega_3$ eine $(\mathcal{A}_1, \mathcal{A}_2)$- bzw. $(\mathcal{A}_2, \mathcal{A}_3)$-messbare Abbildung, so kann man einerseits das Bildmaß von μ unter der Verknüpfung $f_2 \circ f_1: \Omega_1 \to \Omega_3$, also das auf $\mathcal{A}_3$ erklärte Maß $(f_2 \circ f_1)(\mu)$ bilden, zum anderen lässt sich das Bild von $f_1(\mu)$ als Maß auf $\mathcal{A}_2$ mithilfe der messbaren Abbildung f_2 weitertransportieren zu einem Maß auf $\mathcal{A}_3$, nämlich dem Bildmaß $f_2(f_1(\mu))$ von $f_1(\mu)$ unter f_2. Die Transitivitätseigenschaft der Bildmaß-Konstruktion besagt, dass die Gleichheit

$$(f_2 \circ f_1)(\mu) = f_2(f_1(\mu))$$

besteht. Wegen $(f_2 \circ f_1)^{-1}(A_3) = f_1^{-1}(f_2^{-1}(A_3))$ für jede Menge $A_3 \in \mathcal{A}_3$ folgt in der Tat

$$\begin{aligned}
(f_2 \circ f_1)(\mu)(A_3) &= \mu\big((f_2 \circ f_1)^{-1}(A_3)\big) \\
&= \mu\big(f_1^{-1}(f_2^{-1}(A_3))\big) \\
&= f_1(\mu)\big(f_2^{-1}(A_3)\big) \\
&= f_2\big(f_1(\mu)\big)(A_3),
\end{aligned}$$

$A_3 \in \mathcal{A}_3$, was zu zeigen war.

Das nachstehende Resultat besagt unter anderem, dass das Borel-Lebesgue-Maß λ^k durch seine Translationsinvarianz und die Normierungseigenschaft $\lambda^k((0, 1]^k) = 1$ eindeutig bestimmt ist. Es dient als entscheidendes Hilfsmittel, um die wesentlich stärkere Eigenschaft der Bewegungsinvarianz von λ^k nachzuweisen.

Satz über eine Charakterisierung von λ^k als translationsinvariantes Maß mit $\lambda^k((0, 1]^k) = 1$

Es sei μ ein Maß auf $\mathcal{B}^k$ mit

$$\gamma := \mu((0, 1]^k) < \infty .$$

Ist μ translationsinvariant, gilt also $T_b(\mu) = \mu$ für jedes $b \in \mathbb{R}^k$, so folgt $\mu = \gamma \cdot \lambda^k$.

Beweis: Für natürliche Zahlen $b_1, \ldots, b_k$ sei A der Quader $A := \times_{j=1}^k (0, 1/b_j]$ (siehe Abb. 7.12 links für den Fall $k = 2$ und $b_1 = 5, b_2 = 4$). Verschiebt man A in Richtung der j-ten Koordinatenachse wiederholt jeweils um $1/b_j$, so entsteht eine Zerlegung des Einheitswürfels $(0, 1]^k$ in $b_1 \cdot \ldots \cdot b_k$ kongruente Mengen, die alle das gleiche Maß $\mu(A)$ besitzen, weil sie jeweils durch eine Translation aus A hervorgehen und μ translationsinvariant ist. Aufgrund der Additivität von μ folgt

$$\gamma = \mu((0, 1]^k) = b_1 \cdot \ldots \cdot b_k \cdot \mu(A) .$$

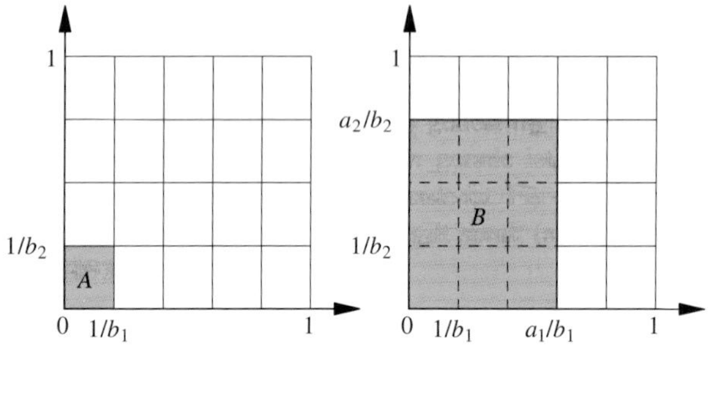

Abbildung 7.12 Zerlegung von $(0, 1]^2$ in kongruente Rechtecke.

Sind $a_1, \ldots, a_k$ weitere natürliche Zahlen und $B := (0, a_1/b_1] \times \cdots \times (0, a_k/b_k]$ gesetzt (siehe Abb. 7.12 rechts für den Fall $k = 2$ und $a_1 = b_1 = 3$), so folgt mit dem gleichen Argument $\mu(B) = a_1 \cdot \ldots \cdot a_k \cdot \mu(A)$ sowie nach Definition des λ^k-Maßes eines Quaders

$$\mu(B) = \gamma \cdot \frac{a_1}{b_1} \cdot \ldots \cdot \frac{a_k}{b_k} = \gamma \cdot \lambda^k(B) .$$

Bezeichnet $\mathbf{0}$ den Ursprung im $\mathbb{R}^k$, so liefern also die Maße μ und $\gamma\lambda^k$ für alle Mengen $(\mathbf{0}, y] \in \mathcal{I}^k$ gleiche Werte, für die der Vektor y lauter positive rationale Komponenten besitzt. Wiederum aufgrund der Translationsinvarianz von μ und λ^k folgt dann, dass μ und $\gamma\lambda^k$ auf dem Mengensystem $\mathcal{I}_{\mathbb{Q}}^k =$

$\{(x, y] \in \mathcal{I}^k : x, y \in \mathbb{Q}^k\}$ übereinstimmen. Dieses ist $\cap$-stabil und enthält mit $A_n := (-n, n]^k$ eine Folge $A_n \uparrow \mathbb{R}^k$. Da wir im Beweis des Satzes über Erzeugendensysteme von $\mathcal{B}^k$ auf Seite 215 gesehen hatten, dass $\mathcal{O}^k \subseteq \sigma(\mathcal{I}^k_{\mathbb{Q}})$ und folglich $\mathcal{B}^k = \sigma(\mathcal{I}^k_{\mathbb{Q}})$ gilt, ergibt sich die Behauptung aus dem Eindeutigkeitssatz für Maße. ■

Wir werden jetzt die eingangs gestellte Frage nach der Lösung des Maßproblems im $\mathbb{R}^k$ wieder aufgreifen und zeigen, dass das Borel-Lebesgue-Maß bewegungsinvariant ist, also kongruenten Mengen das gleiche Maß zuordnet.

Satz über die Bewegungsinvarianz von λ^k

Das Borel-Lebesgue-Maß λ^k ist bewegungsinvariant, d. h., es gilt

$$T(\lambda^k) = \lambda^k$$

für jede Bewegung $T : \mathbb{R}^k \to \mathbb{R}^k$ des $\mathbb{R}^k$.

Beweis: Jede Bewegung T besitzt die Gestalt $T(x) = Ux + b$ mit einer orthogonalen $(k \times k)$-Matrix U und einem $b \in \mathbb{R}^k$. Da λ^k translationsinvariant ist, können wir aufgrund der Transitivität der Bildmaß-Bildung o.B.d.A. den Spezialfall $b = 0$ annehmen. Wir werden zeigen, dass $T(\lambda^k)$ ein translationsinvariantes Maß ist und die Voraussetzungen des obigen Satzes erfüllt sind. Nach diesem Satz muss dann $T(\lambda^k) = \gamma\lambda^k$ für ein $\gamma \in [0, \infty)$ gelten. Abschließend zeigen wir, dass eine Menge $S \in \mathcal{B}^k$ existiert, für die $0 < T(\lambda^k)(S) = \lambda^k(S) < \infty$ gilt, sodass $\gamma = 1$ sein muss.

Bezeichnet wie früher $T_a : \mathbb{R}^k \to \mathbb{R}^k, x \mapsto x + a$, die Translation um den Vektor $a \in \mathbb{R}^k$, so bedeutet die Translationsinvarianz von $T(\lambda^k)$ gerade $T_a(T(\lambda^k)) = T(\lambda^k)$ für jedes $a \in \mathbb{R}^k$. Mit der Abkürzung $c := T^{-1}(a)$ gilt nun für jedes $x \in \mathbb{R}^k$

$$T_a \circ T(x) = T(x) + a = T(x) + T(c) = T(x+c) = T \circ T_c(x),$$

was gleichbedeutend mit $T_a \circ T = T \circ T_c$ ist. Wegen der Translationsinvarianz von λ^k folgt hieraus

$$T_a(T(\lambda^k)) = T(T_c(\lambda^k)) = T(\lambda^k), \qquad a \in \mathbb{R}^k.$$

Das Maß $T(\lambda^k)$ ist somit in der Tat translationsinvariant. Setzen wir kurz $W := (0, 1]^k$ und schreiben $\overline{W} = [0, 1]^k$ für die abgeschlossene Hülle von W, so gilt, da $T^{-1}(\overline{W})$ als Bild der kompakten Menge $\overline{W}$ unter der stetigen Abbildung T^{-1} ebenfalls kompakt und damit insbesondere beschränkt ist,

$$\gamma := T(\lambda^k)(W) \le T(\lambda^k)(\overline{W}) = \lambda^k(T^{-1}(\overline{W})) < \infty.$$

Nach obigem Satz gilt also $T(\lambda^k) = \gamma\lambda^k$ für ein $\gamma \in [0, \infty)$.

Um den Beweis abzuschließen, betrachten wir die kompakte Einheitskugel $B := \{x \in \mathbb{R}^k : \|x\| \le 1\}$. Da mit T auch T^{-1} eine orthogonale Abbildung des $\mathbb{R}^k$ in sich ist, liefert die Invarianz des Euklidischen Abstands unter solchen Abbildungen die Gleichung $T^{-1}(B) = B$ und somit $\lambda^k(B) = \lambda^k(T^{-1}(B)) = T(\lambda^k)(B) = \gamma\lambda^k(B)$. Hieraus folgt $\gamma = 1$, denn es gilt $0 < \lambda^k(B) < \infty$. ■

?

Warum gilt $\lambda^k(B) > 0$? (Sie dürfen nicht anschaulich argumentieren!)

Folgerung (Verhalten von λ^k unter affinen Abbildungen)

Zu einer invertierbaren Matrix $A \in \mathbb{R}^{k \times k}$ und einem (Spalten-)Vektor $a \in \mathbb{R}^k$ sei $T : \mathbb{R}^k \to \mathbb{R}^k$ die durch

$$T(x) := Ax + a, \quad x = (x_1, \ldots, x_k)^\top \in \mathbb{R}^k,$$

definierte affine Abbildung. Dann gelten:

a) $T(\lambda^k) = |\det A|^{-1} \cdot \lambda^k$,

b) $\lambda^k(T(B)) = |\det A| \cdot \lambda^k(B), \quad B \in \mathcal{B}^k$.

Beweis: a): Wegen der Translationsinvarianz von λ^k und der Transitivität der Bildmaßes unter Kompositionen von Abbildungen sei o.B.d.A. $a = 0$ gesetzt. Die Matrix $AA^\top$ ist symmetrisch und positiv definit, es gilt also $AA^\top = UD^2U^\top$ mit einer orthogonalen Matrix U und einer Diagonalmatrix $D := \operatorname{diag}(d_1, \ldots, d_k)$ mit strikt positiven Diagonaleinträgen. Die Matrix $V := D^{-1}U^\top A$ ist orthogonal, und es gilt $A = UDV$. Die durch A vermittelte affine Abbildung ist somit die Hintereinanderausführung einer Bewegung, einer Streckung mit koordinatenabhängigen Streckungsfaktoren und einer weiteren Bewegung. Da λ^k bewegungsinvariant ist und $|\det U| = 1 = |\det V|$ gilt, können wir $T(x) = Dx = (d_1x_1, \ldots, d_kx_k)^\top$, $x \in \mathbb{R}^k$, annehmen. Für jeden Quader $(a, b] \in \mathcal{I}^k$ gilt aber $D^{-1}((a, b]) = \times_{j=1}^k (a_j/d_j, b_j/d_j]$ und somit

$$\begin{aligned}\lambda^k\left(T^{-1}((a, b])\right) &= \prod_{j=1}^k \frac{1}{d_j} \cdot (b_j - a_j) \\ &= |\det D|^{-1}\lambda^k((a, b]).\end{aligned}$$

Nach dem Eindeutigkeitssatz für Maße sind die Maße $T(\lambda^k)$ und $|\det D|^{-1}\lambda^k$ gleich.

b): Wenden wir Teil a) auf die Umkehrabbildung T^{-1} an, so folgt wegen $|\det A^{-1}| = |\det A|^{-1}$ die Beziehung $T^{-1}(\lambda^k) = |\det A| \cdot \lambda^k$ und somit für jedes $B \in \mathcal{B}^k$

$$\lambda^k(T(B)) = T^{-1}(\lambda^k)(B) = |\det A| \cdot \lambda^k(B). \qquad ■$$

Kommentar: In Abschnitt 13.4 von Band 1 wurde das k-dimensionale Volumen des von k Spaltenvektoren $\boldsymbol{v}_1, \ldots, \boldsymbol{v}_k$ erzeugten Parallelepipeds

$$P = \{\alpha_1\boldsymbol{v}_1 + \ldots + \alpha_k\boldsymbol{v}_k : 0 \le \alpha_j \le 1 \text{ für } j = 1, \ldots, k\}$$

als $|\det(\boldsymbol{v}_1, \ldots, \boldsymbol{v}_k)|$ *definiert*. Wie man schnell einsieht, gilt

$$\lambda^k(P) = |\det(\boldsymbol{v}_1, \ldots, \boldsymbol{v}_k)|. \tag{7.21}$$

Bezeichnet A die aus den Vektoren $\boldsymbol{v}_1, \ldots, \boldsymbol{v}_k$ gebildete Matrix, so ist $P = A\,[0,1]^k = \{Ax : x \in [0,1]^k\}$ das affine Bild des k-dimensionalen Einheitswürfels unter der durch A gegebenen linearen Abbildung. Nach Teil b) des obigen Satzes gilt dann $\lambda^k(P) = \det A \cdot \lambda^k([0,1]^k) = \det A$, falls A invertierbar ist, falls also $\boldsymbol{v}_1, \ldots, \boldsymbol{v}_k$ linear unabhängig sind. Andernfalls verschwindet die rechte Seite von (7.21), aber auch die linke, weil P dann Teilmenge einer $(k-1)$-dimensionalen Hyperebene ist, die im Vorgriff auf das Beispiel auf Seite 244 eine λ^k-Nullmenge ist.

Mithilfe der Translationsinvarianz von λ^k kann leicht die Existenz nicht Borel'scher Mengen nachgewiesen werden. Die Beweisführung liefert zugleich einen Beweis des Unmöglichkeitssatzes von Vitali auf Seite 211.

Satz über die Existenz nicht Borel'scher Mengen

Es gilt $\mathcal{B}^k \neq \mathcal{P}(\mathbb{R}^k)$.

Beweis: Durch $x \sim y : \iff x - y \in \mathbb{Q}^k$, $x, y \in \mathbb{R}^k$, entsteht eine Äquivalenzrelation „$\sim$" auf $\mathbb{R}^k$. Mithilfe des Auswahlaxioms wählen wir aus jeder der paarweise disjunkten Äquivalenzklassen ein Element aus. Da $\mathbb{Q}^k$ in $\mathbb{R}^k$ dicht liegt, kann die resultierende Menge K o.B.d.A. als Teilmenge von $(0,1]^k$ angenommen werden. Wir nehmen an, es gälte $K \in \mathcal{B}^k$, und führen diese Annahme zu einem Widerspruch. Mit $r + K := \{r + x : x \in K\}$ gilt

$$(r + K) \cap (r' + K) = \emptyset \quad \text{für alle } r, r' \in \mathbb{Q}^k \text{ mit } r \neq r',$$

denn andernfalls gäbe es $x, x' \in K$ und $r, r' \in \mathbb{Q}^k$ mit $r \neq r'$ und $r + x = r' + x'$, also $x - x' = r' - r \in \mathbb{Q}^k$ und $x \neq x'$, was der Wahl von K widerspräche. Da jedes $y \in \mathbb{R}^k$ zu genau einem $x \in K$ äquivalent ist, folgt

$$\mathbb{R}^k = \sum_{r \in \mathbb{Q}^k} (r + K), \tag{7.22}$$

wobei $r + K$ als Urbild von K unter T_{-r} zu $\mathcal{B}^k$ gehört. Die σ-Additivität und Translationsinvarianz von λ^k liefern

$$\infty = \lambda^k(\mathbb{R}^k) = \sum_{r \in \mathbb{Q}^k} \lambda^k(r + K) = \sum_{r \in \mathbb{Q}^k} \lambda^k(K)$$

und somit $\lambda^k(K) > 0$. Wegen $K \subseteq (0,1]^k$ gilt andererseits $\sum_{r \in \mathbb{Q}^k \cap (0,1]^k} (r + K) \subseteq (0,2]^k$ und folglich, wiederum unter Verwendung der Translationsinvarianz von λ^k,

$$\sum_{r \in \mathbb{Q}^k \cap (0,1]^k} \lambda^k(K) \le \lambda^k((0,2]^k) = 2^k < \infty,$$

also $\lambda^k(K) = 0$, was ein Widerspruch ist. ∎

Kommentar: Ersetzt man von (7.22) ausgehend in der Beweisführung λ^k durch die im Maßproblem von Seite 211 auftretende Funktion ι_k und beachtet, dass ι_k ein bewegungsinvariantes Maß auf $\mathcal{P}(\mathbb{R}^k)$ sein soll, so ergibt sich wie oben für die Menge K einerseits $\iota_k(K) = \infty$, zum anderen $\iota_k(K) = 0$. Die Funktion ι_k kann somit nicht auf der vollen Potenzmenge von $\mathbb{R}^k$ definiert sein, was den auf Seite 211 formulierten Satz von Vitali beweist.

7.5 Das Maß-Integral

Es sei $(\Omega, \mathcal{A}, \mu)$ ein beliebiger, im Folgenden festgehaltener Maßraum. Wir stellen uns das Problem, einer möglichst großen Menge $\mathcal{A}$-messbarer numerischer Funktionen f auf Ω ein mit $\int f \,\mathrm{d}\mu$ bezeichnetes *Integral* bezüglich μ zuzuordnen. Im Spezialfall des Borel-Lebesgue-Maßes wird sich dabei das schon aus Band 1 bekannte Lebesgue-Integral ergeben.

Der Aufbau des Integrals erfolgt in 3 Schritten

Der Aufbau des Integrals erfolgt in drei Schritten:

- Ausgehend von der Festsetzung

$$\int \mathbf{1}_A \,\mathrm{d}\mu := \mu(A), \quad A \in \mathcal{A},$$

  für Indikatorfunktionen werden zunächst *nichtnegative reellwertige* Funktionen *mit endlichem Wertebereich* betrachtet.
- In einem zweiten Schritt erfolgt eine Erweiterung des Integralbegriffs auf beliebige *nichtnegative* Funktionen, indem man diese durch Funktionen mit endlichem Wertebereich approximiert.
- Abschließend löst man sich durch die *Zerlegung* $f = f^+ - f^-$ einer Funktion in Positiv- und Negativteil von der Nichtnegativitätsbeschränkung.

Wir betrachten zunächst die Menge

$$\mathcal{E}_+ := \{f : \Omega \to \mathbb{R} : f \ge 0,\ f\ \mathcal{A}\text{-messbar},\ f(\Omega) \text{ endlich}\}$$

der sog. **Elementarfunktionen** auf Ω. Es ist leicht einzusehen, dass mit f und g auch $a \cdot f$ $(a \in \mathbb{R}_{\ge 0})$, $f + g$, $f \cdot g$, $\max(f, g)$ und $\min(f, g)$ Elementarfunktionen sind. Ist f eine Elementarfunktion mit $f(\Omega) = \{\alpha_1, \ldots, \alpha_n\}$, so gilt

$$f = \sum_{j=1}^{n} \alpha_j \cdot \mathbf{1}\{A_j\} \tag{7.23}$$

mit $A_j = f^{-1}(\{\alpha_j\}) \in \mathcal{A}$ und $\Omega = \sum_{j=1}^n A_j$. Allgemein heißt eine Darstellung der Form (7.23) mit paarweise disjunkten Mengen $A_j \in \mathcal{A}$ und $\Omega = \sum_{j=1}^n A_j$ eine **Normaldarstellung** von f.

Hintergrund und Ausblick: Hausdorff-Maße

Messen von Längen und Flächen

Es sei (Ω, d) ein metrischer Raum (siehe z. B. Band 1, Abschnitt 19.1). Eine Teilmenge A von Ω heißt **offen**, wenn es zu jedem $u \in A$ ein $\varepsilon > 0$ gibt, sodass $\{v \in \Omega: d(u, v) < \varepsilon\} \subset A$ gilt. Die vom System aller offenen Mengen erzeugte σ-Algebra $\mathcal{B}$ heißt **σ-Algebra der Borelmengen** über Ω. Für nichtleere Teilmengen A und B von Ω nennt man $d(A) := \sup\{d(u, v): u, v \in A\}$ den **Durchmesser von** A und $\operatorname{dist}(A, B) := \inf\{d(u, v): u \in A, v \in B\}$ den **Abstand** von A und B.

Ein äußeres Maß $\mu^*: \mathcal{P}(\Omega) \to [0, \infty]$ heißt **metrisches äußeres Maß**, falls $\mu^*(A+B) = \mu^*(A)+\mu^*(B)$ für alle $A, B \subseteq \Omega$ mit $A, B \neq \emptyset$ und $\operatorname{dist}(A, B) > 0$ gilt.

Sind $\mathcal{M} \subseteq \mathcal{P}(\Omega)$ ein beliebiges Mengensystem mit $\emptyset \in \mathcal{M}$ und $\mu: \mathcal{M} \to [0, \infty]$ eine beliebige Mengenfunktion mit $\mu(\emptyset) = 0$, so definiert man für jedes $\delta > 0$ eine Mengenfunktion $\mu_\delta^*: \mathcal{P}(\Omega) \to [0, \infty]$ durch

$$\mu_\delta^*(A) := \inf\left\{\sum_{n=1}^{\infty} \mu(A_n) \middle| A \subseteq \bigcup_{n=1}^{\infty} A_n,\right. \\ \left. A_n \in \mathcal{M} \text{ und } d(A_n) \leq \delta,\ n \geq 1\right\}.$$

Die auf Seite 222 angestellten Überlegungen zeigen, dass μ_δ^* ein äußeres Maß ist. Vergrößert man den Parameter δ in der Definition von μ_δ^*, so werden prinzipiell mehr Mengen aus $\mathcal{M}$ zur Überdeckung von A zugelassen. Die Funktion $\delta \mapsto \mu_\delta^*$ ist somit monoton fallend. Setzt man

$$\mu^*(A) := \sup_{\delta>0} \mu_\delta^*(A), \qquad A \subseteq \Omega,$$

so ist $\mu^*: \mathcal{P}(\Omega) \to \mathbb{R}$ eine wohldefinierte Mengenfunktion mit $\mu_\delta^*(\emptyset) = 0$, die wegen

$$\mu_\delta^*\left(\bigcup_{n=1}^{\infty} A_n\right) \leq \sum_{n=1}^{\infty} \mu_\delta^*(A_n) \leq \sum_{n=1}^{\infty} \mu^*(A_n)$$

für jedes $\delta > 0$ ein äußeres Maß darstellt. Die Funktion μ^* ist sogar ein metrisches äußeres Maß, denn sind $A, B \subseteq \Omega$ mit $A \neq \emptyset$, $B \neq \emptyset$ und $\operatorname{dist}(A, B) > 0$ sowie $\mu^*(A + B) < \infty$ (sonst ist wegen der σ-Subadditivität von μ^* nichts zu zeigen), so gibt es ein δ mit $0 < \delta < \operatorname{dist}(A, B)$. Sind dann $C_n \in \mathcal{M}$ mit $d(C_n) \leq \delta$, $n \geq 1$, und $A + B \subseteq \cup_{n=1}^{\infty} C_n$, so zerfällt die Folge (C_n) in Überdeckungsfolgen (A_n) von A und (B_n) von B, und es ergibt sich $\sum_{n=1}^{\infty} \mu(C_n) \geq \mu_\delta^*(A) + \mu_\delta^*(B)$, woraus $\mu_\delta^*(A + B) \geq \mu_\delta^*(A) + \mu_\delta^*(B)$ und somit für $\delta \downarrow 0$ $\mu^*(A + B) \geq \mu^*(A) + \mu^*(B)$ folgt.

Es lässt sich zeigen, dass die σ-Algebra $\mathcal{A}(\mu^*)$ alle offenen Mengen von Ω und somit die σ-Algebra $\mathcal{B}$ der Borelmengen enthält. Nach dem Lemma von Carathéodory liefert die Restriktion von μ^* auf $\mathcal{B}$ ein Maß auf $\mathcal{B}$. Spezialisiert man nun diese Ergebnisse auf den Fall $\mathcal{M} := \{A \subseteq \Omega: d(A) < \infty\}$ und die Mengenfunktion $\mu(A) := d(A)^\alpha$, wobei $\alpha > 0$ eine feste reelle Zahl ist, so entsteht als Restriktion von μ^* auf die σ-Algebra $\mathcal{B}$ das mit h_α bezeichnete sogenannte **α-dimensionale Hausdorff-Maß**. Dieses ist nach Konstruktion invariant gegenüber Isometrien, also abstandserhaltenden Transformationen des metrischen Raums Ω auf sich.

Im Fall $\Omega = \mathbb{R}^k$ und der euklidischen Metrik geht die Definition von h_α zurück auf F. Hausdorff. Dieser konnte zeigen, dass für die Fälle $\alpha = 1$, $\alpha = 2$ und $\alpha = k$ zumindest bei „einfachen Mengen“ A der Wert $h_\alpha(A)$ bis auf einen von k abhängenden Faktor mit den gängigen Ausdrücken für Länge, Fläche und k-dimensionalem Volumen übereinstimmt. Ist speziell $A := \{\gamma(t): a \leq t \leq b\}$ das Bild einer rektifizierbaren Kurve, also einer stetigen Abbildung $\gamma: [a, b] \to \mathbb{R}^k$ eines kompakten Intervalls $[a, b]$, deren mit $L(\gamma)$ bezeichnete Länge als Supremum der Längen aller γ einbeschriebenen Streckenzüge endlich ist, so gilt $L(\gamma) = h_1(A)$. Man beachte, dass im Fall $\alpha = 1$ die Menge A durch volldimensionale Kugeln überdeckt wird, deren Größe durch die jeweiligen Durchmesser bestimmt ist. Wie das Borel-Lebesgue-Maß sind auch die Hausdorff-Maße h_α bewegungsinvariant Nach dem Charakterisierungssatz auf Seite 234 ergibt sich somit insbesondere für $\alpha = k$ die Gleichheit $h_k = \gamma_k \lambda^k$ für eine Konstante γ_k, die sich zu $\gamma_k = 2^k \Gamma(k/2 + 1)/\pi^{k/2}$ bestimmen lässt.

Mit dem Hausdorff-Maß h_α ist auch ein Dimensionsbegriff verknüpft. Sind $A \in \mathcal{B}^k$ mit $h_\alpha(A) < \infty$ und $\beta > \alpha$, so gilt $h_\beta(A) = 0$. Es existiert somit ein eindeutig bestimmtes $\rho(A) \geq 0$ mit $h_\alpha(A) = 0$ für $\alpha > \rho(A)$ und $h_\alpha(A) = \infty$ für $\alpha < \rho(A)$. Die Zahl $\rho(A)$ heißt **Hausdorff-Dimension** von A. Jede abzählbare Teilmenge von $\mathbb{R}^k$ besitzt die Hausdorff-Dimension 0, jede Menge mit nichtleerem Inneren die Hausdorff-Dimension k. Die Cantor-Menge $C \subseteq [0, 1]$ (vgl. Band 1, Abschnitt 9.4) hat die Hausdorff-Dimension $\log 2/\log 3$.

Literatur

J. Elstrodt: *Maß- und Integrationstheorie*. 4. Aufl. Springer-Verlag, Heidelberg 2005.

C. A. Rogers: *Hausdorff measures*. Cambridge University Press, Cambridge 1970.

Eine Elementarfunktion kann verschiedene Normaldarstellungen besitzen. Wichtig für den Aufbau des Integrals ist jedoch die folgende Aussage. Sie garantiert, dass die anschließende Definition widerspruchsfrei ist.

Lemma (über Normaldarstellungen)
Für je zwei Normaldarstellungen

$$f = \sum_{i=1}^{m} \alpha_i \cdot \mathbf{1}\{A_i\} = \sum_{j=1}^{n} \beta_j \cdot \mathbf{1}\{B_j\} \qquad (7.24)$$

einer Elementarfunktion f gilt

$$\sum_{i=1}^{m} \alpha_i \cdot \mu(A_i) = \sum_{j=1}^{n} \beta_j \cdot \mu(B_j)\,.$$

Beweis: Wegen $\Omega = \sum_{i=1}^{m} A_i = \sum_{j=1}^{n} B_j$ erhält man aufgrund der Additivität von μ

$$\mu(A_i) = \sum_{j=1}^{n} \mu(A_i \cap B_j)\,, \quad \mu(B_j) = \sum_{i=1}^{m} \mu(A_i \cap B_j)\,.$$

Aus $\mu(A_i \cap B_j) \neq 0$ folgt $A_i \cap B_j \neq \emptyset$ und somit wegen (7.24) $\alpha_i = \beta_j$. Es ergibt sich also wie behauptet

$$\begin{aligned}\sum_{i=1}^{m} \alpha_i \cdot \mu(A_i) &= \sum_{i=1}^{m}\sum_{j=1}^{n} \alpha_i \cdot \mu(A_i \cap B_j)\\ &= \sum_{i=1}^{m}\sum_{j=1}^{n} \beta_j \cdot \mu(A_i \cap B_j)\\ &= \sum_{j=1}^{n} \beta_j \cdot \mu(B_j)\,.\end{aligned}$$

■

Definition des Integrals für Elementarfunktionen
Ist f eine Elementarfunktion mit Normaldarstellung $f = \sum_{j=1}^{n} \alpha_j \cdot \mathbf{1}\{A_j\}$, so heißt

$$\int f\,\mathrm{d}\mu := \int_{\Omega} f\,\mathrm{d}\mu := \mu(f) := \sum_{j=1}^{n} \alpha_j \cdot \mu(A_j)$$

das (μ-)**Integral von f** (über Ω).

Kommentar: Man beachte, dass das Integral einer Elementarfunktion den Wert ∞ annehmen kann. Ist speziell $\Omega = \mathbb{R}$, $\mathcal{A} = \mathcal{B}$, und sind $A_1, \ldots, A_n$ Intervalle, so ist f eine Treppenfunktion, die auf dem Intervall A_j den Wert α_j annimmt (Abb. 7.13). Ist $\alpha_j = 0$, falls A_j unbeschränkt ist, so beschreibt im Fall $\mu = \lambda^1$ das Integral $\int f\,\mathrm{d}\lambda^1$ anschaulich die (endliche) Fläche zwischen dem Graphen von f und der x-Achse.

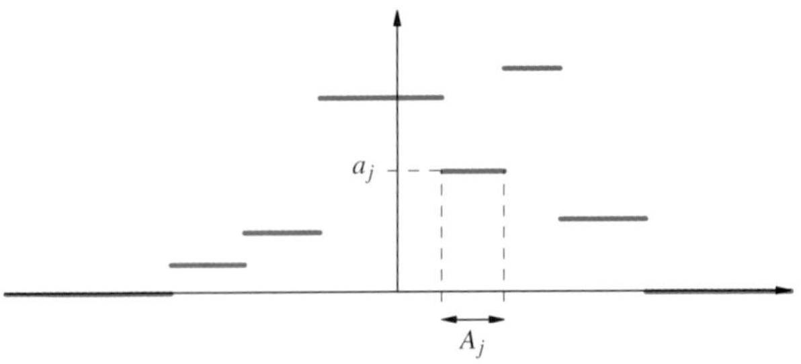

Abbildung 7.13 Elementarfunktion als Treppenfunktion auf $\mathbb{R}$.

?

Warum kann das Integral einer Elementarfunktion den Wert ∞ annehmen?

Beispiel Abb. 7.14 zeigt den Graphen einer Elementarfunktion im Fall $\Omega = \mathbb{R}^2$, $\mathcal{A} = \mathcal{B}^2$. Hier nimmt f über fünf aneinandergrenzende Rechtecke der Gestalt

$$A_j = \{(x_1, x_2) \in \mathbb{R}^2 : a_j < x_1 \le a_{j+1},\ 0 < x_2 \le b\}$$

($j = 1, \ldots, 5$) jeweils einen konstanten positiven Wert α_j an und verschwindet außerhalb der Vereinigung dieser Rechtecke, d. h., es gilt $f(x_1, x_2) = 0$, falls $(x_1, x_2) \in A_6 := \mathbb{R}^2 \setminus (\cup_{j=1}^{5} A_j)$. Wegen $\lambda^2(A_j) = (a_{j+1} - a_j) \cdot b$ gilt

$$\int f\,\mathrm{d}\lambda^2 = \sum_{j=1}^{5} \alpha_j \cdot (a_{j+1} - a_j) \cdot b\,,$$

d. h., das Integral ist gleich dem Rauminhalt, den der Graph von f mit der (x_1, x_2)-Ebene einschließt. Hierbei haben wir angenommen, dass alle α_j paarweise verschieden sind, sodass eine Normaldarstellung für f vorliegt. Das nächste Resultat zeigt, dass diese Annahme unnötig ist. ◀

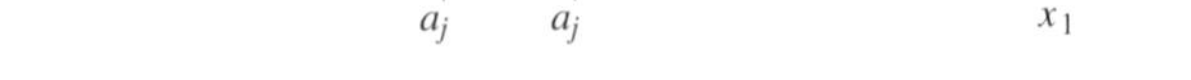

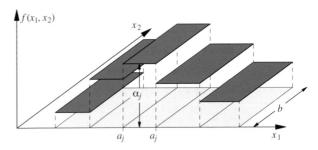

Abbildung 7.14 Graph einer Treppenfunktion über $\mathbb{R}^2$.

Satz über die Eigenschaften des Integrals
Für $f,\ g \in \mathcal{E}_+$, $A \in \mathcal{A}$ und $\alpha \in \mathbb{R}_{\ge 0}$ gelten:

a) $\int \mathbf{1}_A\,\mathrm{d}\mu = \mu(A)$,

b) $\int (\alpha \cdot f)\,\mathrm{d}\mu = \alpha \cdot \int f\,\mathrm{d}\mu$ **(positive Homogenität)**,

c) $\int (f + g)\,\mathrm{d}\mu = \int f\,\mathrm{d}\mu + \int g\,\mathrm{d}\mu$ **(Additivität)**,

d) $f \le g \Longrightarrow \int f\,\mathrm{d}\mu \le \int g\,\mathrm{d}\mu$ **(Monotonie)**.

Beweis: Die Regeln a) und b) sind unmittelbar klar. Zum Nachweis von c) betrachten wir Normaldarstellungen $f = \sum_{i=1}^m \alpha_i \cdot \mathbf{1}\{A_i\}$ und $g = \sum_{j=1}^n \beta_j \cdot \mathbf{1}\{B_j\}$. Wegen $\sum_{i=1}^m \mathbf{1}\{A_i\} = \sum_{j=1}^n \mathbf{1}\{B_j\} = 1$ gilt

$$f = \sum_{i=1}^m \sum_{j=1}^n \alpha_i \mathbf{1}\{A_i \cap B_j\}, \quad g = \sum_{i=1}^m \sum_{j=1}^n \beta_j \mathbf{1}\{A_i \cap B_j\}, \tag{7.25}$$

und wir erhalten mit $f+g = \sum_{i=1}^m \sum_{j=1}^n (\alpha_i+\beta_j)\mathbf{1}\{A_i \cap B_j\}$ eine Normaldarstellung von $f + g$. Es folgt

$$\begin{aligned}\int (f+g)\,\mathrm{d}\mu &= \sum_{i=1}^m \sum_{j=1}^n (\alpha_i + \beta_j)\mu(A_i \cap B_j)\\ &= \sum_{i=1}^m \alpha_i \sum_{j=1}^n \mu(A_i \cap B_j) + \sum_{j=1}^n \beta_j \sum_{i=1}^m \mu(A_i \cap B_j)\\ &= \sum_{i=1}^m \alpha_i \mu(A_i) + \sum_{j=1}^n \beta_j \mu(B_j)\\ &= \int f\,\mathrm{d}\mu + \int g\,\mathrm{d}\mu .\end{aligned}$$

d) ergibt sich aus Darstellung (7.25), denn $f \le g$ zieht $\alpha_i \le \beta_j$ für jedes Paar i, j mit $A_i \cap B_j \ne \emptyset$ nach sich. ■

Jede nichtnegative messbare Funktion ist Grenzwert einer isotonen Folge aus $\mathcal{E}_+$

Wir erweitern jetzt das μ-Integral auf die mit

$$\mathcal{E}_+^\uparrow := \{f : \Omega \to \bar{\mathbb{R}} : f \ge 0,\ f\ \mathcal{A}\text{-messbar}\}$$

bezeichnete Menge aller **nichtnegativen**, $\mathcal{A}$-messbaren numerischen Funktionen. Ansatzpunkt ist hier, dass jede solche Funktion Grenzwert einer *isotonen* Folge von Elementarfunktionen ist. Dabei heißt allgemein eine Folge (f_n) numerischer Funktionen auf Ω **isoton** bzw. **antiton**, falls (punktweise auf Ω)

$$f_n \le f_{n+1}, \quad n \in \mathbb{N} \quad \text{bzw.} \quad f_n \ge f_{n+1}, \quad n \in \mathbb{N},$$

gilt. Konvergiert eine isotone bzw. antitone Folge (f_n) punktweise in $\bar{\mathbb{R}}$ gegen eine Funktion f, so schreiben wir hierfür kurz

$$f_n \uparrow f \quad \text{bzw.} \quad f_n \downarrow f .$$

Satz

Zu jedem $f \in \mathcal{E}_+^\uparrow$ existiert eine *isotone* Folge $(u_n)_{n\ge 1}$ aus $\mathcal{E}_+$ mit $u_n \uparrow f$.

Beweis: Wir zerlegen den Wertebereich $[0, \infty]$ von f in die Intervalle $[j/2^n, (j+1)/2^n)$, $0 \le j \le n2^n - 1$, sowie $[n, \infty]$ und definieren eine Funktion u_n, indem wir deren Funktionswerte auf den Urbildern dieser Intervalle konstant gleich dem dort jeweils kleinstmöglichen Wert von f setzen. Die Funktion u_n besitzt also die Darstellung

$$u_n = \sum_{j=0}^{n2^n-1} \frac{j}{2^n} \cdot \mathbf{1}\left\{\frac{j}{2^n} \le f < \frac{j+1}{2^n}\right\} + n \cdot \mathbf{1}\{f \ge n\}. \tag{7.26}$$

Wegen der Messbarkeit von f liegen die hier auftretenden paarweise disjunkten Mengen in $\mathcal{A}$; die Funktion u_n ist also eine Elementarfunktion. Nach Konstruktion ist die Folge (u_n) isoton. Weiter gilt $u_n \to f$, denn für ein ω mit $f(\omega) < \infty$ ist $|u_n(\omega) - f(\omega)| \le 1/2^n$ für jedes n mit $n > f(\omega)$, und im Fall $f(\omega) = \infty$ gilt $u_n(\omega) = n \to f(\omega)$. ■

Abb. 7.15 zeigt einen Ausschnitt der Graphen einer quadratischen Funktion f sowie der approximierenden Elementarfunktion u_2 wie in (7.26).

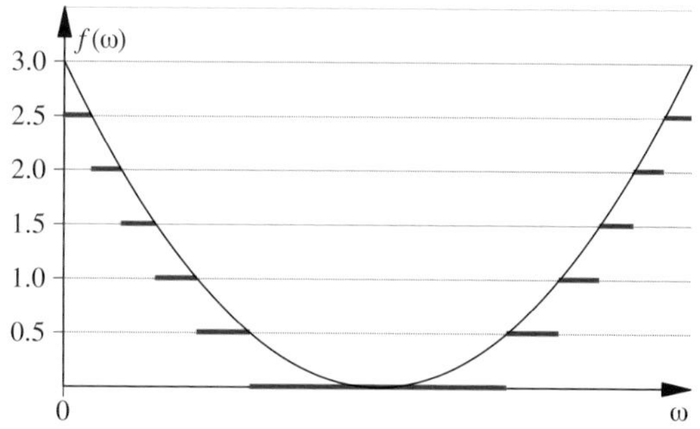

Abbildung 7.15 Approximation einer quadratischen Funktion f durch u_2.

?

Können Sie die Isotonie der Folge (u_n) beweisen?

Angesichts dieses Resultats bietet es sich an, das Integral über f als Grenzwert der monoton wachsenden Folge der Integrale $\int u_n\,\mathrm{d}\mu$ zu definieren. Hierzu muss sichergestellt sein, dass dieser Grenzwert nicht von der speziellen Folge (u_n) mit $u_n \uparrow f$ abhängt. Diesem Zweck dienen das nächste Lemma und die sich anschließende Folgerung.

Lemma

Sind $(u_n)_{n\ge 1}$ eine isotone Folge aus $\mathcal{E}_+$ und $v \in \mathcal{E}_+$, so gilt:

$$v \le \lim_{n\to\infty} u_n \Longrightarrow \int v\,\mathrm{d}\mu \le \lim_{n\to\infty} \int u_n\,\mathrm{d}\mu .$$

Beweis: Es seien $v = \sum_{j=1}^m \alpha_j \mathbf{1}\{A_j\}$, wobei $A_j \in \mathcal{A}$ und $\alpha_j \in \mathbb{R}_{\ge 0}$ $(j = 1, \dots, m)$ sowie c mit $0 < c < 1$ beliebig. Setzen wir $B_n := \{u_n \ge c \cdot v\}$, so folgt wegen der Ungleichung $u_n \ge c \cdot v \cdot \mathbf{1}\{B_n\}$

$$\int u_n\,\mathrm{d}\mu \ge c \cdot \int v \cdot \mathbf{1}\{B_n\}\,\mathrm{d}\mu, \quad n \ge 1. \tag{7.27}$$

Die Voraussetzung $v \leq \lim_{n\to\infty} u_n$ liefert $B_n \uparrow \Omega$, also auch $A_j \cap B_n \uparrow A_j$ $(j = 1, \ldots, m)$ und somit

$$\begin{aligned}\int v\,\mathrm{d}\mu &= \sum_{j=1}^{m} \alpha_j \mu(A_j) = \lim_{n\to\infty} \sum_{j=1}^{m} \alpha_j \mu(A_j \cap B_n)\\ &= \lim_{n\to\infty} \int v \cdot \mathbf{1}\{B_n\}\,\mathrm{d}\mu\,.\end{aligned}$$

Aus (7.27) folgt $\lim_{n\to\infty} \int u_n \mathrm{d}\mu \geq c \cdot \int v \mathrm{d}\mu$ und somit die Behauptung, da $c < 1$ beliebig war. ■

Folgerung

Sind (u_n), (v_n) isotone Folgen von Elementarfunktionen mit $\lim_{n\to\infty} u_n = \lim_{n\to\infty} v_n$, so gilt

$$\lim_{n\to\infty} \int u_n \mathrm{d}\mu = \lim_{n\to\infty} \int v_n \mathrm{d}\mu\,.$$

Beweis: Die Behauptung folgt aus $v_k \leq \lim_{n\to\infty} u_n$ und $u_k \leq \lim_{n\to\infty} v_n$, $k \geq 1$, und dem vorigen Lemma. ■

Definition des Integrals auf $\mathcal{E}_+^\uparrow$

Es seien $f \in \mathcal{E}_+^\uparrow$ und (u_n) eine isotone Folge von Elementarfunktionen mit $u_n \uparrow f$. Dann heißt

$$\int f \mathrm{d}\mu := \int_\Omega f\,\mathrm{d}\mu := \mu(f) := \lim_{n\to\infty} \int u_n \mathrm{d}\mu$$

das **(μ-)Integral von f (über Ω)**.

Aufgrund der Vorüberlegungen ist das Integral auf $\mathcal{E}_+^\uparrow$ wohldefiniert. Da für ein $u \in \mathcal{E}_+$ die konstante Folge $u, u, \ldots$ isoton gegen u konvergiert, ist der Integralbegriff für nichtnegative messbare Funktionen zudem in der Tat eine Erweiterung des Integrals für Elementarfunktionen.

Die auf Seite 238 aufgeführten Eigenschaften des Integrals gelten unverändert auch für Funktionen aus $\mathcal{E}_+^\uparrow$. So erhält man etwa die Additivität des Integrals wie folgt:

Sind $f, g \in \mathcal{E}_+^\uparrow$ mit $u_n \uparrow f$, $v_n \uparrow g$ $(u_n, v_n \in \mathcal{E}_+)$, so gilt $u_n + v_n \uparrow f + g$ mit $u_n + v_n \in \mathcal{E}_+$. Es ergibt sich

$$\begin{aligned}\mu(f+g) &= \lim_{n\to\infty} \mu(u_n + v_n)\\ &= \lim_{n\to\infty} [\mu(u_n) + \mu(v_n)]\\ &= \lim_{n\to\infty} \mu(u_n) + \lim_{n\to\infty} \mu(v_n)\\ &= \mu(f) + \mu(g)\,.\end{aligned}$$

Der Nachweis der Monotonie des Integrals erfolgt mithilfe des Lemmas auf Seite 239.

?

Können Sie die Monotonie des Integrals auf $\mathcal{E}_+^\uparrow$ beweisen?

Da die in (7.26) definierte Folge (u_n) isoton gegen f konvergiert, erhalten wir mit der Kurzschreibweise

$$\mu(a \leq f < b) := \mu(\{a \leq f < b\})$$

(analog: $\mu(f \geq a)$) die folgende Darstellung, die eine explizite Berechnung des Integrals erlaubt.

Folgerung (Berechnung des Integrals)

Ist f eine nichtnegative messbare numerische Funktion auf Ω, so gilt

$$\int f\,\mathrm{d}\mu = \lim_{n\to\infty} \left[\sum_{j=0}^{n2^n-1} \frac{j}{2^n} \mu\left(\frac{j}{2^n} \leq f < \frac{j+1}{2^n}\right) + n\mu(f \geq n)\right].$$

Eine messbare Funktion f ist genau dann integrierbar, wenn $|f|$ integrierbar ist

Im letzten Schritt beim Aufbau des Integrals lösen wir uns nun von der bislang gemachten Nichtnegativitätsannahme.

Definition (Integrierbarkeit und Integral)

Eine $\mathcal{A}$-messbare numerische Funktion $f\colon \Omega \to \bar{\mathbb{R}}$ heißt **(μ-)integrierbar**, falls gilt:

$$\int f^+\,\mathrm{d}\mu < \infty \quad \textit{und} \quad \int f^-\,\mathrm{d}\mu < \infty\,.$$

In diesem Fall heißt

$$\int f\,\mathrm{d}\mu := \mu(f) := \int f^+\,\mathrm{d}\mu - \int f^-\,\mathrm{d}\mu \qquad (7.28)$$

das **(μ-)Integral von f** (über Ω). Alternative Schreibweisen sind

$$\int f(\omega)\,\mu(\mathrm{d}\omega) := \int_\Omega f\,\mathrm{d}\mu := \int f\,\mathrm{d}\mu\,.$$

Kommentar:

- Weil beide Integrale auf der rechten Seite von (7.28) als endlich vorausgesetzt sind, ergibt das Integral einer integrierbaren Funktion immer einen endlichen Wert. Da jedoch für jede reelle Zahl x die Rechenoperationen $\infty - x = \infty$ und $x - \infty = -\infty$ definiert sind, macht die Differenz in (7.28) auch Sinn, wenn *entweder* $\int f^+\,\mathrm{d}\mu = \infty$ *oder* $\int f^-\,\mathrm{d}\mu = \infty$ gilt. In diesem Fall heißt f **quasi-integrierbar**.

  Man beachte auch, dass die obige Definition mit dem Integralbegriff auf $\mathcal{E}_+^\uparrow$ verträglich ist: Es gilt

  $$f \in \mathcal{E}_+^\uparrow \text{ ist integrierbar} \quad \Longleftrightarrow \quad \int f\,\mathrm{d}\mu < \infty\,.$$

- Die schon bei der Definition des Integrals für Elementarfunktionen und nichtnegative messbare Funktionen eingeführte und im Beweis auf Seite 240 verwendete Schreibweise $\mu(f)$ anstelle von $\int f \, d\mu$ macht eine *funktionalanalytische Sichtweise des Integralbegriffs* deutlich. Wie auf Seite 241 gezeigt wird (siehe auch den Satz über die Vektorraumstruktur von $\mathcal{L}^p$ auf Seite 248), bildet die mit $\mathcal{L}^1$ bezeichnete Menge aller messbaren *reellen* μ-integrierbaren Funktionen auf Ω einen Vektorraum über $\mathbb{R}$. Auf diesem Vektorraum ist die Zuordnung $\mathcal{L}^1 \ni f \mapsto \mu(f)$ eine *positive Linearform*, d. h., es gelten für $f, g \in \mathcal{L}^1$ und $a, b \in \mathbb{R}$

$$\mu(af + bg) = a\mu(f) + b\mu(g)$$

sowie $\mu(f) \geq 0$, falls $f \geq 0$ (siehe auch Seite 242).

Nach Definition ist eine Funktion genau dann integrierbar, wenn sowohl ihr Positivteil als auch ihr Negativteil integrierbar sind. Der folgende Satz liefert Kriterien für die Integrierbarkeit.

Satz über die Integrierbarkeitskriterien

Für eine $\mathcal{A}$-messbare Funktion $f : \Omega \to \bar{\mathbb{R}}$ sind folgende Aussagen äquivalent:

a) f^+ und f^- sind integrierbar,

b) es gibt integrierbare Funktionen $u \geq 0$, $v \geq 0$ mit $f = u - v$,

c) es gibt eine integrierbare Funktion g mit $|f| \leq g$,

d) $|f|$ ist integrierbar.

Aus b) folgt $\displaystyle\int f \, d\mu = \int u \, d\mu - \int v \, d\mu$.

Beweis: Für die Implikation „a) $\Rightarrow$ b)" reicht es, $u := f^+$, $v := f^-$ zu setzen. Um „b) $\Rightarrow$ c)" zu zeigen, beachte man, dass die Funktion $u + v$ aufgrund der Additivität des Integrals auf $\mathcal{E}_+^\uparrow$ integrierbar ist. Wegen $|f| \leq u + v$ kann dann $g := u + v$ gewählt werden. Die Implikation „c) $\Rightarrow$ d)" folgt aus der Monotonie des Integrals auf $\mathcal{E}_+^\uparrow$. Der Beweisteil „d) $\Rightarrow$ a)" ergibt sich wegen $f^+ \leq |f|$, $f^- \leq |f|$ aus der Monotonie des Integrals auf $\mathcal{E}_+^\uparrow$.

Der Zusatz ergibt sich wie folgt: Mit $f = u - v = f^+ - f^-$ erhält man $u + f^- = v + f^+$. Die Additivität des Integrals auf $\mathcal{E}_+^\uparrow$ liefert $\int u \, d\mu + \int f^- \, d\mu = \int v \, d\mu + \int f^+ \, d\mu$ und somit wegen (7.28) die Behauptung. ∎

Satz über Eigenschaften integrierbarer Funktionen

Es seien f und g integrierbare numerische Funktionen auf Ω und $\alpha \in \mathbb{R}$. Dann gelten:

a) $\alpha \cdot f$ und $f + g$ sind integrierbar, wobei

$$\int (\alpha \cdot f) \, d\mu = \alpha \cdot \int f \, d\mu \qquad \textbf{(Homogenität)},$$

$$\int (f + g) \, d\mu = \int f \, d\mu + \int g \, d\mu \quad \textbf{(Additivität)},$$

b) $\max(f, g)$ und $\min(f, g)$ sind integrierbar,

c) aus $f \leq g$ folgt $\displaystyle\int f \, d\mu \leq \int g \, d\mu$ **(Monotonie)**,

d) $\displaystyle\left|\int f \, d\mu\right| \leq \int |f| \, d\mu$.

Beweis: a) Die erste Behauptung ergibt sich aus $(\alpha f)^+ = \alpha f^+$ und $(\alpha f)^- = \alpha f^-$ für $\alpha \geq 0$ bzw. $(\alpha f)^+ = |\alpha| f^-$ und $(\alpha f)^- = |\alpha| f^+$ für $\alpha \leq 0$ und der Homogenität des Integrals auf $\mathcal{E}_+^\uparrow$. Wegen $f + g = f^+ + g^+ - (f^- + g^-)$ und der Integrierbarkeit von $u := f^+ + g^+$ und $v := f^- + g^-$ folgt die zweite Aussage aus Teil b) des Satzes über Integrierbarkeitskriterien und der Additivität des Integrals auf $\mathcal{E}_+^\uparrow$. Behauptung b) erhält man aus Teil c) dieses Satzes, denn es gilt $|\max(f, g)| \leq |f| + |g|$ und $|\min(f, g)| \leq |f| + |g|$. Um c) zu zeigen, beachte man, dass $f \leq g$ die Ungleichungen $f^+ \leq g^+$ und $f^- \geq g^-$ nach sich zieht. Die Behauptung folgt dann wegen der Monotonie des Integrals auf $\mathcal{E}_+^\uparrow$. Die verbleibende Aussage d) ergibt sich wegen $f \leq |f|$ und $-f \leq |f|$ aus c) mit $g := |f|$. ∎

Algebraische Induktion in drei Schritten ist ein Beweisprinzip für messbare Funktionen

Kommentar: Wir sind beim Aufbau des abstrakten Integrals bezüglich eines allgemeinen Maßes μ im Wesentlichen der Vorgehensweise beim Aufbau des Lebesgue-Integrals (siehe Band 1) gefolgt. Letzteres ergibt sich, wenn der zugrunde liegende Maßraum gleich $(\mathbb{R}^k, \mathcal{B}^k, \lambda^k)$ ist. Ist eine Borel-messbare Funktion $f : \mathbb{R}^k \to \bar{\mathbb{R}}$ integrierbar bezüglich λ^k, so nennen wir f **Lebesgue-integrierbar** und schreiben das λ^k-Integral von f auch in der Form

$$\int f(x) \, dx := \int f(x) \, \lambda^k(dx) := \int f \, d\lambda^k .$$

Soll das Integral nur über eine Teilmenge $B \in \mathcal{B}^k$ erfolgen, so kann man wie zu Beginn von Abschnitt 7.7 ausgeführt vorgehen und das Produkt $f \mathbf{1}_B$ integrieren, also

$$\int_B f(x) \, dx := \int f(x) \mathbf{1}_B(x) \, dx := \int f \mathbf{1}_B \, d\lambda^k$$

bilden. Zum anderen kann man die mit λ_B^k bezeichnete Restriktion von λ^k auf die Spur $B \cap \mathcal{B}^k$ von $\mathcal{B}^k$ in B betrachten und die Restriktion f_B von f auf B bezüglich λ_B^k integrieren. Dass man mit dieser Vorgehensweise ganz allgemein zum gleichen Ziel gelangt, zeigt das folgende Resultat.

Satz

Es seien $(\Omega, \mathcal{A}, \mu)$ ein Maßraum und $f \in \mathcal{E}_+^\uparrow$. Für eine Menge $A \in \mathcal{A}$ bezeichnen μ_A die Restriktion von μ auf die Spur-σ-Algebra $A \cap \mathcal{A}$ von $\mathcal{A}$ in A und f_A die Restriktion von f auf A. Dann ist f_A auf A messbar bezüglich $A \cap \mathcal{A}$, und es gilt

$$\int f_A \, d\mu_A = \int_A f \, d\mu := \int f \cdot \mathbf{1}_A \, d\mu . \qquad (7.30)$$

Hintergrund und Ausblick: Ein Darstellungssatz von Friedrich Riesz

Positive Linearformen können Maße festlegen.

Es seien $C(\mathbb{R}^k)$ die Menge aller stetigen Funktionen $f: \mathbb{R}^k \to \mathbb{R}$ und $C_c(\mathbb{R}^k)$ die Teilmenge derjenigen f, die einen *kompakten Träger* $\overline{\{x \in \mathbb{R}^k \mid f(x) \neq 0\}}$ besitzen. Ein *Borel-Maß* ist ein Maß μ auf der Borel'schen σ-Algebra $\mathcal{B}^k$ mit der Eigenschaft, dass es zu jedem $x \in \mathbb{R}^k$ ein $\varepsilon > 0$ mit $\mu(B(x, \varepsilon)) < \infty$ gibt. Offenbar ist das Borel-Lebesgue-Maß λ^k ein Borel-Maß.

Da sich jede kompakte Menge durch endlich viele Kugeln $B(x, \varepsilon)$ überdecken lässt (siehe z. B. Band 1, Abschnitt 19.3), liefert jedes Borel-Maß μ auf kompakten Mengen endliche Werte. Aus diesem Grund definiert

$$I(f) := \int_{\mathbb{R}^k} f \, d\mu, \quad f \in C_c(\mathbb{R}^k), \tag{7.29}$$

wegen der Eigenschaften des μ-Integrals eine *Linearform* $I: C_c(\mathbb{R}^k) \to \mathbb{R}$, die *positiv* ist, für die also $I(f) \geq 0$ für jedes $f \in C_c(\mathbb{R}^k)$ mit $f \geq 0$ gilt.

Eine spannende Frage ist, ob jede positive Linearform I auf $C_c(\mathbb{R}^k)$ die Gestalt (7.29) mit einem geeigneten Borel-Maß μ besitzt, und ob das Maß μ – wenn es überhaupt existiert – eindeutig bestimmt ist.

Ein *Darstellungssatz von F. Riesz* besagt, dass beide Fragen positiv zu beantworten sind. Um die Existenz von μ zu zeigen, definiert man zunächst mittels

$$\mu_0(K) := \inf\{I(f): f \in C_c(\mathbb{R}^k), \ f \geq \mathbf{1}_K\}$$

eine Mengenfunktion μ_0 auf dem System $\mathcal{K}^k$ der kompakten Teilmengen des $\mathbb{R}^k$. Anschließend setzt man diese Funktion über den Ansatz

$$\mu(B) := \sup\{\mu_0(K): K \subseteq B, \ K \in \mathcal{K}^k\}$$

auf $\mathcal{B}^k$ fort.

Die Eindeutigkeit von μ ergibt sich wie folgt: Nehmen wir an, es gälte

$$\int_{\mathbb{R}^k} f \, d\mu = \int_{\mathbb{R}^k} f \, d\nu, \quad f \in C_c(\mathbb{R}^k),$$

für Borel-Maße μ und ν. Wir zeigen, dass dann $\mu(K) = \nu(K)$, $K \in \mathcal{K}^k$, und somit wegen des Eindeutigkeitssatzes für Maße $\mu = \nu$ folgen würde. Hierzu definieren wir für $K \in \mathcal{K}^k$ und $\varepsilon > 0$ eine Funktion $f_\varepsilon: \mathbb{R}^k \to \mathbb{R}$ durch

$$f_\varepsilon(x) := \max\left(0, 1 - \frac{d(x, K)}{\varepsilon}\right), \quad x \in \mathbb{R}^k.$$

Dabei ist $d(x, K) := \inf\{\|x - y\| : y \in K\}$ der euklidische Abstand von x zu K. Wegen $|f_\varepsilon(x) - f_\varepsilon(y)| \leq \|x - y\|/\varepsilon$ und $\{x: f_\varepsilon(x) \neq 0\} = K^\varepsilon$, wobei $K^\varepsilon = \{x: d(x, K) < \varepsilon\}$, gehört f_ε zu $C_c(\mathbb{R}^k)$, und nach Konstruktion gilt $\mathbf{1}_K \leq f_\varepsilon \leq \mathbf{1}_{K^\varepsilon}$. Hiermit folgt

$$\mu(K) = \int \mathbf{1}_K d\mu \leq \int f_\varepsilon d\mu = \int f_\varepsilon d\nu \leq \int \mathbf{1}_{K^\varepsilon} d\nu = \nu(K^\varepsilon)$$

und damit wegen $K^\varepsilon \downarrow K$ für $\varepsilon \downarrow 0$ die Ungleichung $\mu(K) \leq \nu(K)$. In gleicher Weise gilt $\nu(K) \leq \mu(K)$.

Betrachtet man anstelle des $\mathbb{R}^k$ allgemeiner einen lokalkompakten Hausdorff-Raum, so kann man die Eindeutigkeit von μ unter Umständen nur dann erreichen, wenn man sich auf spezielle Borel-Maße (sog. *Radon-Maße*) einschränkt, die durch ihre Werte auf kompakten Mengen festgelegt sind.

Literatur

J. Elstrodt: *Maß- und Integrationstheorie*. 4. Aufl. Springer-Verlag, Heidelberg 2005.

Beweis: Aus Aufgabe 7.30 folgt die behauptete Messbarkeit von f_A. Da das Produkt $f\mathbf{1}_A$ in $\mathcal{E}_+^\uparrow$ liegt, gibt es eine Folge (u_n) aus $\mathcal{E}_+$ mit $u_n \uparrow f\mathbf{1}_A$. Bezeichnet u_n^* die Restriktion von u_n auf A, so ist (u_n^*) eine Folge von Elementarfunktionen auf A mit $u_n^* \uparrow f_A$. Nach Definition des Integrals folgt

$$\int_A f \, d\mu = \lim_{n\to\infty} \int u_n \, d\mu, \qquad \int f_A \, d\mu_A = \lim_{n\to\infty} \int u_n^* \, d\mu_A.$$

Wegen $0 \leq u_n \leq f\mathbf{1}_A$ gilt $u_n = u_n\mathbf{1}_A$. Somit ist u_n von der Gestalt $u_n = \sum_{j=1}^{k_n} \alpha_{j,n}\mathbf{1}\{A_{j,n}\}$ mit $\alpha_{j,n} \in \mathbb{R}_{\geq 0}$ und Mengen $A_{j,n} \in A \cap \mathcal{A}$. Bezeichnet allgemein $\mathbf{1}_Q^*$ die *auf A definierte* Indikatorfunktion einer Menge $Q \subseteq A$, so ergibt sich $u_n^* = \sum_{j=1}^{k_n} \alpha_{j,n}\mathbf{1}^*\{A_{j,n}\}$ und somit

$$\int u_n \, d\mu = \int u_n^* \, d\mu_A, \qquad n \geq 1,$$

woraus die Behauptung folgt. ∎

Ist f in der obigen Situation eine μ-integrierbare numerische Funktion auf Ω, so kann man den Satz getrennt auf f^+ und f^- anwenden und erhält ebenfalls (7.30). Liegt speziell der Maßraum $(B, B \cap \mathcal{B}^k, \lambda_B^k)$ zugrunde, so heißt für eine $(B \cap \mathcal{B}^k, \bar{\mathcal{B}})$-messbare und λ_B^k-integrierbare numerische Funktion $f: B \to \bar{\mathbb{R}}$

$$\int_B f(x) \, dx := \int_B f(x) \, \lambda_B^k(dx) := \int f \, d\lambda_B^k$$

das **Lebesgue-Integral** von f über B.

In der Folge wird es oft der Fall sein, dass eine Aussage über eine messbare Funktion f bewiesen werden soll. In Anlehnung an den Aufbau des Integrals geht man auch hier in drei Schritten vor:

- Zunächst wird die Gültigkeit der Aussage für Elementarfunktionen nachgewiesen.

- In einem zweiten Schritt beweist man die Aussage für nichtnegatives f unter Verwendung des Satzes über die Approximation nichtnegativer messbarer Funktionen durch Elementarfunktionen auf Seite 239.
- Schließlich nutzt man die Darstellung $f = f^+ - f^-$ aus, um die Aussage für allgemeines f zu beweisen.

Dieses oft **algebraische Induktion** genannte Beweisprinzip soll anhand zweier Beispiele vorgestellt werden. Dabei seien $(\Omega, \mathcal{A})$ ein beliebiger Messraum und $f\colon \Omega \to \bar{\mathbb{R}}$ eine messbare numerische Funktion.

Beispiel

- Es seien $\omega_0 \in \Omega$ und δ_{ω_0} das auf Seite 218 definierte Dirac-Maß in ω_0. Dann ist f genau dann δ_{ω_0}-integrierbar, falls $|f(\omega_0)| < \infty$. In diesem Fall gilt

$$\int f \, \mathrm{d}\delta_{\omega_0} = f(\omega_0)\,.$$

  Zum Beweis betrachten wir eine Elementarfunktion $f = \sum_{j=1}^n \alpha_j \cdot \mathbf{1}\{A_j\}$ in Normaldarstellung. Es gilt $\omega_0 \in A_k$ für genau ein $k \in \{1, \ldots, n\}$, und somit folgt $\int f \mathrm{d}\delta_{\omega_0} = \sum_{j=1}^n \alpha_j \cdot \delta_{\omega_0}(A_j) = \alpha_k = f(\omega_0)$. Sind $f \in \mathcal{E}_+^{\uparrow}$ und (u_n) eine Folge aus $\mathcal{E}_+$ mit $u_n \uparrow f$, also insbesondere $f(\omega_0) = \lim_{n\to\infty} u_n(\omega_0)$, so gilt nach dem bereits Gezeigten $\int u_n \, \mathrm{d}\delta_{\omega_0} = u_n(\omega_0)$, $n \geq 1$. Nach Definition des Integrals auf $\mathcal{E}_+^{\uparrow}$ gilt $\int f \, \mathrm{d}\delta_{\omega_0} = \lim_{n\to\infty} \int u_n \, \mathrm{d}\delta_{\omega_0}$. Hieraus folgt die Behauptung für $f \in \mathcal{E}_+^{\uparrow}$. Ist f eine beliebige messbare numerische Funktion, so gilt nach dem bereits Bewiesenen $\int f^+ \, \mathrm{d}\delta_{\omega_0} = f^+(\omega_0)$ und $\int f^- \, \mathrm{d}\delta_{\omega_0} = f^-(\omega_0)$. f ist genau dann integrierbar, wenn beide Integrale endlich sind, was mit $|f(\omega_0)| < \infty$ gleichbedeutend ist. In diesem Fall gilt $\int f \, \mathrm{d}\delta_{\omega_0} = f^+(\omega_0) - f^-(\omega_0) = f(\omega_0)$, was zu zeigen war.

- Es sei $(\mu_n)_{n\geq 1}$ eine Folge von Maßen auf $\mathcal{A}$ und μ das durch $\mu(A) := \sum_{j=1}^\infty \mu_j(A)$, $A \in \mathcal{A}$, definierte Maß (vgl. das Beispiel auf Seite 218). Für eine $\mathcal{A}$-messbare Funktion $f\colon \Omega \to \bar{\mathbb{R}}$ gilt:

$$f \text{ ist } \mu\text{-integrierbar} \iff \sum_{n=1}^\infty \int |f| \, \mathrm{d}\mu_n < \infty\,.$$

  Im Falle der Integrierbarkeit gilt

$$\int f \, \mathrm{d}\mu = \sum_{n=1}^\infty \int f \, \mathrm{d}\mu_n\,. \tag{7.31}$$

  Das Integral bezüglich einer Summe von Maßen ist also die Summe der einzelnen Integrale.

  Auch hier erfolgt der Nachweis durch algebraische Induktion. Machen Sie sich klar, dass die Behauptung aufgrund des großen Umordnungssatzes (vgl. Band 1, Abschnitt 10.4) für Elementarfunktionen gilt. Ist $f \in \mathcal{E}_+^{\uparrow}$, und ist (u_k) eine isoton gegen f konvergierende Folge aus $\mathcal{E}_+$, so setzen wir für $k, m \geq 1$

$$\alpha_{k,m} := \sum_{j=1}^m \int u_k \, \mathrm{d}\mu_j\,.$$

  Wegen $\sup_{k\geq 1}(\sup_{m\geq 1} \alpha_{k,m}) = \sup_{m\geq 1}(\sup_{k\geq 1} \alpha_{k,m})$ gilt dann ebenfalls (7.31). Im allgemeinen Fall führe man wieder die Zerlegung $f = f^+ - f^-$ durch. ◀

Integration bezüglich des Zählmaßes auf $\mathbb{N}$ bedeutet Summation

Wählt man im letzten Beispiel speziell $(\Omega, \mathcal{A}) = (\mathbb{N}, \mathcal{P}(\mathbb{N}))$ und setzt $\mu = \sum_{n=1}^\infty \delta_n$, so ist μ das Zählmaß auf $\mathbb{N}$. Eine Funktion $f\colon \mathbb{N} \to \bar{\mathbb{R}}$ ist durch die Folge $(f(n))_{n\geq 1}$ ihrer Funktionswerte beschrieben. Es gilt:

$$f \text{ ist } \mu\text{-integrierbar} \iff \sum_{n=1}^\infty |f(n)| < \infty\,.$$

Im Falle der Integrierbarkeit gilt

$$\int f \, \mathrm{d}\mu = \sum_{n=1}^\infty f(n)\,.$$

Integration bezüglich des Zählmaßes auf $\mathbb{N}$ bedeutet also Summation.

Zum Schluss dieses Abschnitts soll das Prinzip der algebraischen Induktion anhand des wichtigen *Transformationssatzes für Integrale* demonstriert werden.

Transformationssatz für Integrale

Es seien $(\Omega, \mathcal{A}, \mu)$ ein Maßraum, $(\Omega', \mathcal{A}')$ ein Messraum und $f\colon \Omega \to \Omega'$ eine $(\mathcal{A}, \mathcal{A}')$-messbare Abbildung.

a) Es sei $h\colon \Omega' \to \bar{\mathbb{R}}$ $\mathcal{A}'$-messbar, $h \geq 0$. Dann gilt

$$\int_{\Omega'} h \, \mathrm{d}\mu^f = \int_\Omega h \circ f \, \mathrm{d}\mu\,. \tag{7.32}$$

b) Es sei $h\colon \Omega' \to \bar{\mathbb{R}}$ $\mathcal{A}'$-messbar. Dann gilt:

$$h \text{ ist } \mu^f\text{-integrierbar} \iff h \circ f \text{ ist } \mu\text{-integrierbar}\,.$$

In diesem Fall gilt ebenfalls (7.32).

Beweis: a) Ist $h = \sum_{j=1}^n \alpha_j \cdot \mathbf{1}\{A'_j\}$ $(A'_j \in \mathcal{A}', \alpha_j \geq 0)$ eine Elementarfunktion auf Ω', so gilt

$$\begin{aligned}
\int h \, \mathrm{d}\mu^f &= \sum_{j=1}^n \alpha_j \cdot \mu^f(A'_j) \\
&= \sum_{j=1}^n \alpha_j \cdot \mu(f^{-1}(A'_j)) \\
&= \sum_{j=1}^n \alpha_j \cdot \int \mathbf{1}\{f^{-1}(A'_j)\} \, \mathrm{d}\mu \\
&= \int \left(\sum_{j=1}^n \alpha_j \cdot \mathbf{1}\{f^{-1}(A'_j)\} \right) \mathrm{d}\mu \\
&= \int h \circ f \, \mathrm{d}\mu\,.
\end{aligned}$$

Ist (u_n) eine Folge von Elementarfunktionen auf Ω' mit $u_n \uparrow h$, so ist $(u_n \circ f)$ eine Folge von Elementarfunktionen auf Ω mit $u_n \circ f \uparrow h \circ f$. Nach dem bereits Bewiesenen ergibt sich

$$\int h \, \mathrm{d}\mu^f = \lim_{n\to\infty} \int u_n \, \mathrm{d}\mu^f = \lim_{n\to\infty} \int u_n \circ f \, \mathrm{d}\mu$$
$$= \int h \circ f \, \mathrm{d}\mu .$$

b) Nach a) gilt $\int h^+ \, \mathrm{d}\mu^f = \int h^+ \circ f \, \mathrm{d}\mu$ und $\int h^- \, \mathrm{d}\mu^f = \int h^- \circ f \, \mathrm{d}\mu$. Wegen $(h \circ f)^+ = h^+ \circ f$ und $(h \circ f)^- = h^- \circ f$ folgt die Behauptung. ■

Beispiel Wir betrachten den Maßraum $(\mathbb{R}^k, \mathcal{B}^k, \lambda^k)$ und den Messraum $(\mathbb{R}^k, \mathcal{B}^k)$ sowie eine Lebesgue-integrierbare Funktion $f: \mathbb{R}^k \to \mathbb{R}$. Für $a \in \mathbb{R}^k$ bezeichne wie früher $T_a: \mathbb{R}^k \to \mathbb{R}^k$ die durch $T_a(x) := x + a$, $x \in \mathbb{R}^k$, definierte Translation um a. Der Transformationssatz liefert

$$\int_{\mathbb{R}^k} f \, \mathrm{d}T_a(\lambda^k) = \int_{\mathbb{R}^k} f \circ T_a \, \mathrm{d}\lambda^k ,$$

was wegen der Translationsinvarianz von λ^k die Gestalt

$$\int_{\mathbb{R}^k} f(x) \, \mathrm{d}x = \int_{\mathbb{R}^k} f(x + a) \, \mathrm{d}x, \quad a \in \mathbb{R}^k ,$$

annimmt. ◀

7.6 Nullmengen, Konvergenzsätze

In diesem Abschnitt sei $(\Omega, \mathcal{A}, \mu)$ ein beliebiger Maßraum. Eine Menge $A \in \mathcal{A}$ heißt **(μ-)Nullmenge**, falls $\mu(A) = 0$ gilt. Nullmengen sind aus Sicht der Maß- und Integrationstheorie vernachlässigbar. So werden wir gleich sehen, dass sich das Integral einer Funktion nicht ändert, wenn man den Integranden auf einer Nullmenge ändert. Man beachte, dass die Betonung des Maßes μ bei der Definition einer Nullmenge wichtig ist und nur weggelassen wird, wenn das zugrunde liegende Maß unzweideutig feststeht.

Beispiel

- Es sei $(\Omega, \mathcal{A}) = (\mathbb{R}, \mathcal{B})$. Dann ist die Menge $A := \mathbb{R} \setminus \{0\}$ Nullmenge bezüglich des Dirac-Maßes δ_0 im Nullpunkt, für das Borel-Lebesgue-Maß λ^1 gilt jedoch $\lambda^1(A) = \infty$.
- Jede Hyperebene H des $\mathbb{R}^k$ ist eine λ^k-Nullmenge, d. h., es gilt $\lambda^k(H) = 0$. Um diesen Sachverhalt einzusehen, können wir wegen der Bewegungsinvarianz von λ^k (vgl. Seite 235) o.B.d.A. annehmen, dass H zu einer der Koordinatenachsen des $\mathbb{R}^k$ orthogonal ist. Gilt dies etwa für die j-te Koordinatenachse, so gibt es ein $a \in \mathbb{R}$ mit $H = \{x = (x_1, \ldots, x_k) \in \mathbb{R}^k : x_j = a\}$. Als abgeschlossene Menge liegt H in $\mathcal{B}^k$. Zu beliebig vorgegebenem $\varepsilon > 0$ bezeichnen u_n und v_n diejenigen Punkte im $\mathbb{R}^k$, deren sämtliche Koordinaten mit Ausnahme der j-ten gleich $-n$ bzw. n sind. Die j-te Koordinate von u_n sei $a - 2^{-n}(2n)^{1-k}\varepsilon$, die von v_n gleich a. Dann gilt

$$H \subseteq \cup_{n=1}^{\infty} (u_n, v_n] ,$$

und wegen $\lambda^k((u_n, v_n]) = (2n)^{k-1} 2^{-n} (2n)^{1-k} \varepsilon = \varepsilon / 2^n$ folgt $\lambda^k(H) \le \sum_{n=1}^{\infty} \lambda^k((u_n, v_n]) \le \varepsilon$ und somit $\lambda^k(H) = 0$.
- Aus dem obigen Beispiel folgt

$$\lambda^k((a, b]) = \lambda^k((a, b)) = \lambda^k([a, b)) = \lambda^k([a, b]) \tag{7.33}$$

für alle $a, b \in \mathbb{R}^k$ mit $a < b$, denn die Borelmenge $[a, b] \setminus (a, b)$ ist Teilmenge der Vereinigung von endlich vielen Hyperebenen des oben beschriebenen Typs. ◀

Das μ-Integral bleibt bei Änderung des Integranden auf einer μ-Nullmenge gleich

Wir werden in diesem Abschnitt feststellen, dass sich unter sehr handlichen Kriterien Integral- und Limesbildung bei Funktionenfolgen vertauschen lassen. Die resultierenden Sätze von Beppo Levi und Henri Lebesgue sind Verallgemeinerungen der entsprechenden Resultate aus Band 1, Kapitel 22, für das Lebesgue-Integral.

Ist E eine Aussage derart, dass für jedes $\omega \in \Omega$ definiert ist, ob E für ω zutrifft oder nicht, so sagt man, ***E* gilt μ-fast überall** und schreibt hierfür kurz „E μ-f.ü.“, wenn es eine μ-Nullmenge N gibt, sodass E für jedes ω in N^c zutrifft.

Achtung: Offenbar wird nicht gefordert, dass die Ausnahmemenge $\{\omega \in \Omega: E \text{ trifft nicht zu für } \omega\}$ in $\mathcal{A}$ liegt. Entscheidend ist nur, dass diese Ausnahmemenge in einer μ-Nullmenge enthalten ist. In diesem Zusammenhang sei daran erinnert, dass nur bei einem vollständigen Maßraum die σ-Algebra $\mathcal{A}$ mit jeder μ-Nullmenge N auch sämtliche Teilmengen von N enthält (siehe Seite 225).

Beispiel Es seien $f, g: \Omega \to \bar{\mathbb{R}}$. Dann gilt $f = g$ μ-f.ü. genau dann, wenn es eine Menge $N \in \mathcal{A}$ mit $\mu(N) = 0$ gibt, sodass $f(\omega) = g(\omega)$ für jedes $\omega \in N^c$ gilt. Sind f und g $\mathcal{A}$-messbar, so ist $f = g$ μ-f.ü. gleichbedeutend mit $\mu(\{f \neq g\}) = 0$, denn aufgrund des Lemmas auf Seite 232 gilt $\{f \neq g\} \in \mathcal{A}$. Im Spezialfall $(\Omega, \mathcal{A}) = (\mathbb{R}, \mathcal{B})$ und $f(x) = x^2$, $x \in \mathbb{R}$, sowie $g \equiv 0$ gilt etwa $f \neq g$ λ^1-f.ü., aber $f = g$ δ_0-f.ü. (Abb. 7.16). ◀

Das nachstehende Resultat besagt, dass das μ-Integral durch Änderungen des Integranden auf μ-Nullmengen nicht beeinflusst wird.

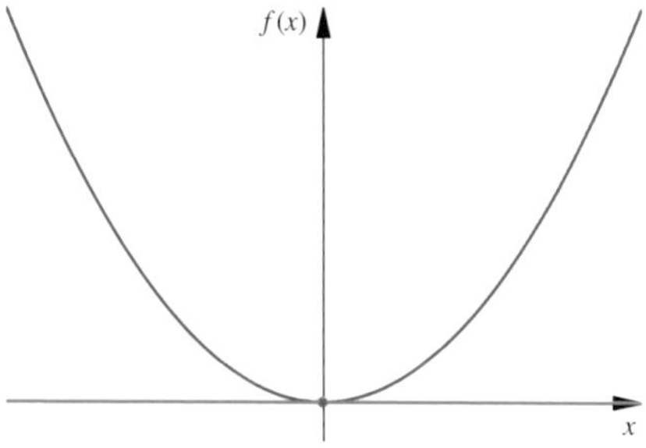

Abbildung 7.16 $f \neq 0\ \lambda^1$-f.ü., aber $f = 0\ \delta_0$-f.ü.

Satz über die Nullmengen-Unempfindlichkeit des Integrals

Es seien f und g $\mathcal{A}$-messbare numerische Funktionen auf Ω mit $f = g$ μ-fast überall. Dann gilt:

$$f \text{ ist } \mu\text{-integrierbar} \iff g \text{ ist } \mu\text{-integrierbar}.$$

In diesem Fall folgt $\int f \,\mathrm{d}\mu = \int g \,\mathrm{d}\mu$.

Beweis: Wegen $\{f^+ \neq g^+\} \cup \{f^- \neq g^-\} \subseteq \{f \neq g\}$ kann o.B.d.A. $f \geq 0$ und $g \geq 0$ angenommen werden. Sei $N := \{f \neq g\}$ $(\in \mathcal{A})$ sowie $h := \infty \cdot \mathbf{1}_N$. Für die Elementarfunktionen $h_n := n \cdot \mathbf{1}_N$, $n \in \mathbb{N}$, gilt $h_n \uparrow h$ und $\mu(h_n) = n \cdot \mu(N) = 0$, also $\mu(h) = 0$. Wegen $g \leq f + h$ und $f \leq g + h$ folgt aus der Integrierbarkeit von f die Integrierbarkeit von g und umgekehrt sowie im Falle der Integrierbarkeit die Gleichheit der Integrale. ∎

Markov-Ungleichung

Es sei $f\colon \Omega \to \bar{\mathbb{R}}$ $\mathcal{A}$-messbar und *nichtnegativ*. Dann gilt für jedes $t > 0$:

$$\mu(\{f \geq t\}) \leq \frac{1}{t} \cdot \int f \,\mathrm{d}\mu .$$

Beweis: Es gilt (punktweise auf Ω) $\mathbf{1}\{f \geq t\} \leq t^{-1} \cdot f$. Integriert man beide Seiten dieser Ungleichung bezüglich μ, so liefert die Monotonie des Integrals die Behauptung. ∎

Folgerung

a) Ist $f\colon \Omega \to \bar{\mathbb{R}}$ $\mathcal{A}$-messbar und *nichtnegativ*, so gilt:

$$\int f \mathrm{d}\mu = 0 \quad \iff \quad f = 0 \quad \mu\text{-f.ü.} \tag{7.34}$$

b) Ist $f\colon \Omega \to \bar{\mathbb{R}}$ $\mathcal{A}$-messbar und μ-*integrierbar*, so gilt

$$\mu(\{|f| = \infty\}) = 0, \quad \text{d. h. } |f| < \infty \quad \mu\text{-f.ü.}$$

Beweis: a): Die Implikation „$\Longleftarrow$" folgt aus dem Satz über die Nullmengen-Unempfindlichkeit des Integrals. Die Umkehrung ergibt sich aus der Markov-Ungleichung, indem man dort $t = n^{-1}$, $n \in \mathbb{N}$, setzt. Es folgt dann $\mu(\{f \geq n^{-1}\}) \leq n \cdot \int f \,\mathrm{d}\mu = 0$ für jedes $n \geq 1$ und somit wegen $\{f > 0\} \subseteq \cup_{n=1}^{\infty}\{f \geq n^{-1}\}$

$$\mu(\{f > 0\}) \leq \sum_{n=1}^{\infty} \mu\left(\{f \geq n^{-1}\}\right) = 0 .$$

b): Die Markov-Ungleichung mit $t = n$, $n \in \mathbb{N}$, angewendet auf $|f|$, liefert $\mu(\{|f| \geq n\}) \leq n^{-1} \cdot \int |f| \,\mathrm{d}\mu$. Wegen $\{|f| = \infty\} \subseteq \{|f| \geq n\}$, $n \in \mathbb{N}$, folgt die Behauptung. ∎

Beispiel Da die Menge $\mathbb{Q}$ der rationalen Zahlen abzählbar und damit eine λ^1-Nullmenge ist, ist die auch als **Dirichlet'sche Sprungfunktion** bekannte Indikatorfunktion $\mathbf{1}_{\mathbb{Q}}\colon \mathbb{R} \to \mathbb{R}$ λ^1-fast überall gleich der Nullfunktion, und somit gilt

$$\int \mathbf{1}_{\mathbb{Q}} \,\mathrm{d}\lambda^1 = 0 .$$

Im Falle des Zählmaßes μ auf $\mathbb{N}$ und einer nichtnegativen Funktion $f\colon \mathbb{N} \to [0, \infty]$ gilt

$$\int f \,\mathrm{d}\mu = \sum_{n=1}^{\infty} f(n) = 0 \iff f \equiv 0 .$$

Hier hat also das Verschwinden des Integrals zur Folge, dass f identisch gleich der Nullfunktion ist. ◀

Bei monotoner oder dominierter Konvergenz sind Limes- und Integralbildung vertauschbar

Der folgende, nach dem italienischen Mathematiker Beppo Levi (1875–1961) benannte wichtige Satz besagt, dass bei *isotonen* Folgen *nichtnegativer* Funktionen Integral- und Limes-Bildung vertauscht werden dürfen.

Satz von der monotonen Konvergenz, Beppo Levi

Ist (f_n) eine *isotone* Folge nichtnegativer $\mathcal{A}$-messbarer numerischer Funktionen auf Ω, so gilt

$$\int \lim_{n\to\infty} f_n \,\mathrm{d}\mu = \lim_{n\to\infty} \int f_n \,\mathrm{d}\mu .$$

Beweis: Wegen der Isotonie der Folge (f_n) existiert (in $\bar{\mathbb{R}}$) der Grenzwert $f := \lim_{n\to\infty} f_n$ als messbare Funktion, und $f_n \leq f$ hat

$$\lim_{n\to\infty} \int f_n \,\mathrm{d}\mu \leq \int f \,\mathrm{d}\mu \tag{7.35}$$

zur Folge. Sei $(u_{n,k})_{k\geq 1}$ eine Folge von Elementarfunktionen mit $u_{n,k} \uparrow_{k\to\infty} f_n$, $n \geq 1$. Setzen wir

$$v_k := \max(u_{1,k}, u_{2,k}, \ldots, u_{k,k}), \quad k \in \mathbb{N},$$

so ist $(v_k)_{k\geq 1}$ eine isotone Folge von Elementarfunktionen mit $v_k \leq f_k$, $k \geq 1$, also $\lim_{k\to\infty} v_k \leq f$. Es gilt aber auch $f \leq \lim_{k\to\infty} v_k$, denn es ist $u_{n,k} \leq v_k$ für $n \leq k$ und somit

$$\lim_{k\to\infty} u_{n,k} = f_n \leq \lim_{k\to\infty} v_k\,, \qquad n \in \mathbb{N}\,.$$

Es folgt $\int f\,\mathrm{d}\mu = \lim_{k\to\infty} \int v_k\,\mathrm{d}\mu \leq \lim_{n\to\infty} \int f_n\,\mathrm{d}\mu$, was zusammen mit (7.35) die Behauptung liefert. ■

Wendet man den obigen Satz auf die isotone Folge der Partialsummen der f_n an, so ergibt sich:

Folgerung
Für jede Folge $(f_n)_{n\geq 1}$ nichtnegativer $\mathcal{A}$-messbarer numerischer Funktionen auf Ω gilt

$$\int \sum_{n=1}^{\infty} f_n\,\mathrm{d}\mu = \sum_{n=1}^{\infty} \int f_n\,\mathrm{d}\mu\,.$$

Wir wollen uns jetzt von der Isotonie der Funktionenfolge (f_n) lösen. In diesem Zusammenhang ist das folgende, auf den französischen Mathematiker Pierre Joseph Louis Fatou (1878–1929) zurückgehende Resultat hilfreich.

Lemma von Fatou
Es sei $(f_n)_{n\geq 1}$ eine Folge *nichtnegativer* $\mathcal{A}$-messbarer numerischer Funktionen auf Ω. Dann gilt

$$\int \liminf_{n\to\infty} f_n\,\mathrm{d}\mu \leq \liminf_{n\to\infty} \int f_n\,\mathrm{d}\mu\,.$$

Beweis: Sei $g_n := \inf_{k\geq n} f_k$, $n \geq 1$. Es gilt $g_1 \leq g_2 \leq \ldots$ und $\liminf_{n\to\infty} f_n = \lim_{n\to\infty} g_n$. Aus dem Satz von Beppo Levi und der Ungleichung $g_n \leq f_n$, $n \geq 1$, folgt

$$\int \liminf_{n\to\infty} f_n\,\mathrm{d}\mu = \lim_{n\to\infty} \int g_n\,\mathrm{d}\mu \leq \liminf_{n\to\infty} \int f_n\,\mathrm{d}\mu\,.$$

■

Das folgende Beispiel zeigt, dass die obige Ungleichung strikt sein kann. Außerdem hilft sie, sich deren Richtung zu merken.

Beispiel Es seien $(\Omega, \mathcal{A}, \mu) = (\mathbb{R}, \mathcal{B}, \lambda^1)$ und $f_n = \mathbf{1}_{[n,n+1]}$, $n \in \mathbb{N}$. Dann gilt $f_n(x) \to f(x) = 0$, $x \in \mathbb{R}$, sowie $\int f_n\,\mathrm{d}\lambda^1 = 1$ und folglich $0 = \int \liminf f_n\,\mathrm{d}\lambda^1 < \liminf \int f_n\,\mathrm{d}\lambda^1 = 1$. ◀

Der nachstehende Satz von der dominierten Konvergenz ist ein schlagkräftiges Instrument zur Rechtfertigung der Vertauschung von Limes- und Integral-Bildung im Zusammenhang mit Funktionenfolgen.

Satz von der dominierten Konvergenz, H. Lebesgue
Es seien $f, f_1, f_2, \ldots$ $\mathcal{A}$-messbare numerische Funktionen auf Ω mit

$$f = \lim_{n\to\infty} f_n \quad \mu\text{-f.ü.}$$

Gibt es eine μ-integrierbare nichtnegative numerische Funktion g auf Ω mit der *Majorantenbedingung*

$$|f_n| \leq g \qquad \mu\text{-f.ü.}\,, \quad n \geq 1\,,$$

so ist f μ-integrierbar, und es gilt

$$\int f\,\mathrm{d}\mu = \lim_{n\to\infty} \int f_n\,\mathrm{d}\mu\,.$$

Beweis: Wir nehmen zunächst $g(\omega) < \infty$, $\omega \in \Omega$, sowie $f_n \to f$ und $|f_n| \leq g$ für jedes $n \geq 1$ an und erinnern an die Notation $\mu(f) = \int f\,\mathrm{d}\mu$. Wegen $f_n \to f$ und der im Satz formulierten Majorantenbedingung gilt $|f| \leq g$, sodass f integrierbar ist. Aus $|f_n| \leq g$ folgt $0 \leq g + f_n$, weshalb $g + f_n \to g + f$ und das Lemma von Fatou

$$\mu(g+f) \leq \liminf_{n\to\infty} \mu(g+f_n) = \mu(g) + \liminf_{n\to\infty} \mu(f_n)$$

und somit $\mu(f) \leq \liminf_{n\to\infty} \mu(f_n)$ liefern. Andererseits folgt aus $0 \leq g - f_n \to g - f$ und dem Lemma von Fatou

$$\mu(g-f) \leq \liminf_{n\to\infty} \mu(g-f_n) = \mu(g) - \limsup_{n\to\infty} \mu(f_n)$$

und somit $\limsup_{n\to\infty} \mu(f_n) \leq \mu(f)$. Insgesamt ergibt sich wie behauptet $\mu(f) = \lim_{n\to\infty} \mu(f_n)$.

Um der Tatsache Rechnung zu tragen, dass g auch den Wert ∞ annehmen kann und die Konvergenz von f_n gegen f sowie die Ungleichungen $|f_n| \leq g$ nur μ-fast überall gelten, nutzen wir den Satz über die Nullmengen-Unempfindlichkeit des Integrals aus. Hierzu beachte man, dass g nach der Folgerung aus der Markov-Ungleichung μ-f.ü. endlich ist und die Menge

$$N := \{f \neq \lim_{n\to\infty} f_n\} \cup \bigcup_{n=1}^{\infty} \{|f_n| > g\} \cup \{g = +\infty\}$$

als Vereinigung abzählbar vieler Nullmengen aufgrund der σ-Subadditivität von μ eine Nullmenge darstellt. Setzen wir $\tilde{f} := f \cdot \mathbf{1}\{N^c\}$, $\tilde{f}_n := f_n \cdot \mathbf{1}\{N^c\}$, $n \geq 1$, $\tilde{g} := g \cdot \mathbf{1}\{N^c\}$, so gilt $\tilde{f}_n \to \tilde{f}$, $|\tilde{f}_n| \leq \tilde{g} < \infty$, und nach dem bereits Gezeigten folgt $\mu(\tilde{f}) = \lim_{n\to\infty} \mu(\tilde{f}_n)$. Wegen $\mu(f) = \mu(\tilde{f})$ und $\mu(\tilde{f}_n) = \mu(f_n)$ folgt die Behauptung. ■

Kommentar: Der Beweis des Satzes von der dominierten Konvergenz schreibt die Betragsungleichung $|f_n| \leq g$ in die beiden Ungleichungen $0 \leq g + f_n$ und $0 \leq g - f_n$ um und wendet auf jede der Funktionenfolgen $(g + f_n)$ und $(g - f_n)$ das Lemma von Fatou an. Dass gewisse Voraussetzungen nur μ-fast überall gelten, ist kein Problem, da das Integral durch Änderungen des Integranden auf Nullmengen nicht beeinflusst wird. Insofern können auch die Voraussetzungen des Satzes von der monotonen Konvergenz abgeschwächt werden. So darf etwa die Ungleichung $f_n \leq f_{n+1}$ auf einer Nullmenge verletzt sein.

Wie das nachstehende Beispiel zeigt, spielt die Existenz einer „die Folge (f_n) dominierenden Majorante" eine entscheidende Rolle.

Beispiel Es seien $(\Omega, \mathcal{A}, \mu) = (\mathbb{R}, \mathcal{B}, \lambda^1)$ und $f_n = \mathbf{1}_{[n,2n]}$, $n \in \mathbb{N}$. Dann gilt $f_n(x) \to 0$ für jedes $x \in \mathbb{R}$, aber $\lim_{n\to\infty} \int f_n \,\mathrm{d}\lambda^1 = \infty$ (siehe Abb. 7.17). Der Satz von der dominierten Konvergenz ist nicht anwendbar, weil eine integrierbare Majorante g fehlt. Letztere müsste die Ungleichung $g \geq \mathbf{1}_{[1,\infty)}$ erfüllen, wäre dann aber nicht λ^1-integrierbar.

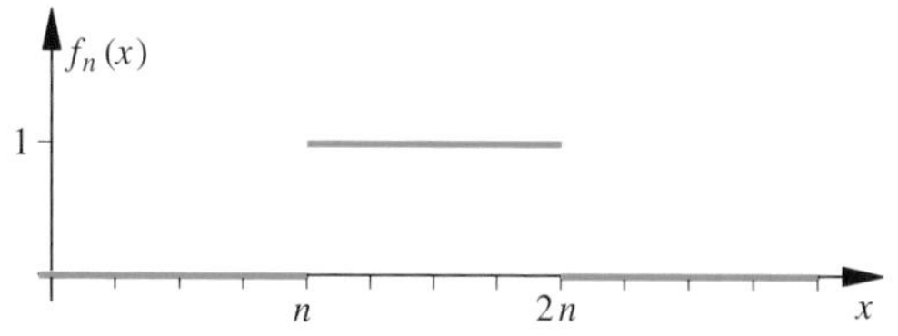

Abbildung 7.17 Für die Folge (f_n) fehlt eine integrierbare Majorante. ◀

Der Satz von der dominierten Konvergenz garantiert, dass unter gewissen Voraussetzungen die Vertauschung von Differentiation und Integration, also die Differentiation unter dem Integralzeichen, erlaubt ist. Das nachfolgende Resultat ist in diesem Zusammenhang eine weitreichende Verallgemeinerung des Satzes über die Ableitung eines Parameterintegrals aus Abschnitt 16.6 von Band 1.

Satz über die Ableitung eines Parameterintegrals

Es seien $(\Omega, \mathcal{A}, \mu)$ ein Maßraum, U eine offene Teilmenge von $\mathbb{R}$ und $f: U \times \Omega \to \mathbb{R}$ eine Funktion mit folgenden Eigenschaften:

- $\omega \mapsto f(t, \omega)$ ist μ-integrierbar für jedes $t \in U$,
- $t \mapsto f(t, \omega)$ ist auf U differenzierbar für jedes $\omega \in \Omega$; die Ableitung werde mit $\partial_t f(t, \omega)$ bezeichnet,
- es gibt eine μ-integrierbare Funktion $h: \Omega \to \mathbb{R}$ mit

$$|\partial_t f(t, \omega)| \leq h(\omega), \quad \omega \in \Omega,\ t \in U. \tag{7.36}$$

Dann ist die durch

$$\varphi(t) := \int f(t, \omega)\, \mu(\mathrm{d}\omega) \tag{7.37}$$

definierte Abbildung $\varphi: U \to \mathbb{R}$ differenzierbar. Weiter ist für jedes $t \in U$ die Funktion $\omega \mapsto \partial_t f(t, \omega)$ μ-integrierbar, und es gilt

$$\varphi'(t) = \int \partial_t f(t, \omega)\, \mu(\mathrm{d}\omega).$$

Beweis: Es seien $t \in U$ fest und (t_n) eine Folge in U mit $t_n \neq t$ für jedes n sowie $t_n \to t$. Setzen wir

$$f_n(\omega) := \frac{f(t_n, \omega) - f(t, \omega)}{t_n - t}, \qquad \omega \in \Omega,$$

so gilt $f_n(\omega) \to \partial_t f(t, \omega)$ aufgrund der Differenzierbarkeit der Funktion $t \to f(t, \omega)$. Als punktweiser Limes Borel-messbarer Funktionen ist $\omega \to \partial_t f(t, \omega)$ Borel-messbar. Nach dem Mittelwertsatz und (7.36) gilt $|f_n(\omega)| = |\partial_t f(s_n, \omega)| \leq h(\omega)$ mit einem Zwischenpunkt s_n, wobei $|s_n - t| \leq |t_n - t|$. Die Linearität des Integrals und der Satz von der dominierten Konvergenz liefern dann

$$\frac{\varphi(t_n) - \varphi(t)}{t_n - t} = \int f_n \,\mathrm{d}\mu \to \int \partial_t f(t, \omega)\, \mu(\mathrm{d}\omega),$$

was zu zeigen war. ■

In gleicher Weise ist das nächste Resultat eine Verallgemeinerung des Satzes über die Stetigkeit von Parameterintegralen aus Abschnitt 16.6 von Band 1.

Satz über die Stetigkeit eines Parameterintegrals

In der Situation des vorigen Satzes gelte:

- $\omega \mapsto f(t, \omega)$ ist μ-integrierbar für jedes $t \in U$,
- $t \mapsto f(t, \omega)$ ist stetig für jedes $\omega \in \Omega$,
- es gibt eine μ-integrierbare Funktion $h: \Omega \to \mathbb{R}$ mit $|f(t, \omega)| \leq h(\omega)$ für jedes $\omega \in \Omega$ und jedes $t \in U$.

Dann ist die in (7.37) erklärte Funktion stetig auf U.

?

Können Sie dieses Ergebnis beweisen?

7.7 $\mathcal{L}^p$-Räume

In diesem Abschnitt seien $(\Omega, \mathcal{A}, \mu)$ ein Maßraum und p eine positive reelle Zahl. Mit der Festsetzung $|\infty|^p := \infty$ betrachten wir messbare numerische Funktionen f auf Ω, für die $|f|^p$ μ-integrierbar ist, für die also $\int |f|^p \,\mathrm{d}\mu < \infty$ gilt. Eine derartige Funktion heißt ***p*-fach (*μ*-)integrierbar**. Im Fall $p = 2$ spricht man auch von **quadratischer Integrierbarkeit**. Für eine solche Funktion setzen wir

$$\|f\|_p := \left(\int |f|^p \,\mathrm{d}\mu\right)^{1/p}.$$

Eine messbare numerische Funktion f heißt **μ-fast überall beschränkt**, falls eine Zahl K mit $0 \leq K < \infty$ existiert, sodass $\mu(\{|f| > K\}) = 0$ gilt. In diesem Fall setzen wir

$$\|f\|_\infty := \inf\{K > 0 : \mu(\{|f| > K\}) = 0\}$$

und nennen $\|f\|_\infty$ das **wesentliche Supremum** von f. Man beachte, dass die Größen $\|f\|_p$ und $\|f\|_\infty$ (eventuell mit dem Wert ∞) für *jede* messbare numerische Funktion auf Ω erklärt sind.

Beispiel Es seien $(\Omega, \mathcal{A}, \mu) = (\mathbb{R}, \mathcal{B}, \lambda^1)$ und $a \in \mathbb{R}$ mit $a > 0$. Dann ist die durch $f(x) := 1/x^a$ für $x \geq 1$ und $f(x) := 0$ sonst definierte Funktion p-fach λ^1-integrierbar, falls $ap > 1$. In diesem Fall ist

$$\|f\|_p = \left(\int_1^\infty \frac{1}{x^{ap}}\,\mathrm{d}x\right)^{1/p} = (ap-1)^{-1/p}.$$

Die durch $g(x) := \infty$, falls $x \in \mathbb{Q}$, und $g(x) := 1$ sonst definierte Funktion ist wegen $\lambda^1(|g| > 1) = \lambda^1(\mathbb{Q}) = 0$ (siehe Aufgabe 7.15) λ^1-fast überall beschränkt, und es gilt $\|g\|_\infty = 1$. ◀

Im Folgenden bezeichnen

$$\begin{aligned}\mathcal{L}^p &:= \mathcal{L}^p(\Omega, \mathcal{A}, \mu) := \left\{f : \Omega \to \mathbb{R} \,\middle|\, \|f\|_p < \infty\right\}\\ \mathcal{L}^\infty &:= \mathcal{L}^\infty(\Omega, \mathcal{A}, \mu) := \left\{f : \Omega \to \mathbb{R} \,\middle|\, \|f\|_\infty < \infty\right\}\end{aligned}$$

die Menge der p-fach integrierbaren bzw. der μ-fast überall beschränkten *reellen* messbaren Funktionen auf Ω.

Satz über die Vektorraumstruktur von $\mathcal{L}^p$

Für jedes p mit $0 < p \leq \infty$ ist die Menge $\mathcal{L}^p$ (mit der Addition von Funktionen und der skalaren Multiplikation) ein Vektorraum über $\mathbb{R}$.

Beweis: Offenbar gehört für jedes $p \in (0, \infty]$ und jedes $\alpha \in \mathbb{R}$ mit einer Funktion f auch die Funktion $\alpha \cdot f$ zu $\mathcal{L}^p$. Des Weiteren liegt im Fall $p < \infty$ wegen

$$\begin{aligned}|f+g|^p &\leq (|f|+|g|)^p \leq (2 \cdot \max(|f|,\ |g|))^p\\ &\leq 2^p \cdot |f|^p + 2^p \cdot |g|^p\end{aligned}$$

mit je zwei Funktionen f und g auch die Summe $f+g$ in $\mathcal{L}^p$. Folglich ist $\mathcal{L}^p$ ein Vektorraum über $\mathbb{R}$. Wegen

$$\mu(\{|f+g| > K+L\}) \leq \mu(\{|f| > K\}) + \mu(\{|g| > L\})$$

ist auch $\mathcal{L}^\infty$ ein Vektorraum über $\mathbb{R}$. ■

?

Warum gilt die letzte Ungleichung?

Wir werden sehen, dass die Menge $\mathcal{L}^p$, versehen mit der Abbildung $f \mapsto \|f\|_p$, für jedes p mit $1 \leq p \leq \infty$ (nicht aber für $p < 1$!) ein *halbnormierter Vektorraum* ist, d. h., es gelten für $f, g \in \mathcal{L}^p$ und $\alpha \in \mathbb{R}$:

$$\begin{aligned}\|f\|_p &\geq 0,\\ f \equiv 0 &\Rightarrow \|f\|_p = 0,\\ \|\alpha f\|_p &= |\alpha| \cdot \|f\|_p && \textit{(Homogenität)},\\ \|f+g\|_p &\leq \|f\|_p + \|g\|_p && \textit{(Dreiecksungleichung)}.\end{aligned}$$

Als Vorbereitung hierfür dient die nachfolgende, auf Ludwig Otto Hölder (1859–1937) zurückgehende Ungleichung.

Hölder-Ungleichung

Es sei $p \in \mathbb{R}$ mit $1 < p < \infty$ und q definiert durch $\frac{1}{p} + \frac{1}{q} = 1$. Dann gilt für je zwei messbare numerische Funktionen f und g auf Ω

$$\int |f \cdot g|\,\mathrm{d}\mu \leq \left(\int |f|^p\,\mathrm{d}\mu\right)^{1/p} \left(\int |g|^q\,\mathrm{d}\mu\right)^{1/q}$$

oder kürzer

$$\|f \cdot g\|_1 \leq \|f\|_p \cdot \|g\|_q. \tag{7.38}$$

Beweis: Wir stellen dem Beweis eine Vorbetrachtung voran: Sind $x, y \in [0, \infty]$, so gilt (vgl. Band 1, Abschnitt 24.4)

$$x \cdot y \leq \frac{x^p}{p} + \frac{y^q}{q}. \tag{7.39}$$

Zum Beweis bemerken wir, dass (7.39) im Fall $\{x, y\} \cap \{0, \infty\} \neq \emptyset$ trivialerweise erfüllt ist. Für den Fall $0 < x, y < \infty$ folgt die Behauptung aus Abb. 7.18, wenn beide Seiten von (7.39) als Flächen gedeutet werden. Beachten Sie hierzu die Bedingung $1/p + 1/q = 1$.

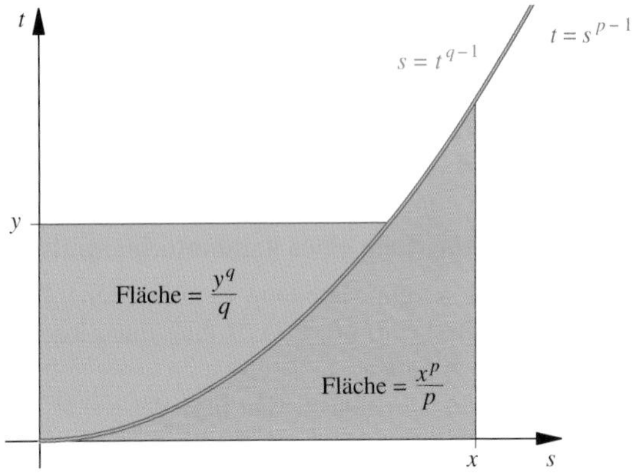

Abbildung 7.18 Zur Hölder'schen Ungleichung.

Offenbar kann zum Nachweis der Hölder-Ungleichung o.B.d.A. $0 < \|f\|_p, \|g\|_q < \infty$ angenommen werden. Nach (7.39) gilt punktweise auf Ω

$$\frac{|f|}{\|f\|_p} \cdot \frac{|g|}{\|g\|_q} \leq \frac{1}{p} \cdot \frac{|f|^p}{\|f\|_p^p} + \frac{1}{q} \cdot \frac{|g|^q}{\|g\|_q^q}.$$

Integration bezüglich μ liefert

$$\frac{1}{\|f\|_p \|g\|_q} \cdot \|f \cdot g\|_1 \leq \frac{1}{p} \cdot 1 + \frac{1}{q} \cdot 1 = 1.$$ ■

Als Spezialfall der Hölder-Ungleichung ergibt sich für $p = q = 2$ die nach Augustin Louis Cauchy (1789–1857) und Hermann Amandus Schwarz (1843–1921) benannte **Cauchy-Schwarz'sche Ungleichung**

$$\int |f \cdot g| \, d\mu \le \sqrt{\int f^2 \, d\mu \cdot \int g^2 \, d\mu}\,. \tag{7.40}$$

Die Gleichung $1/p + 1/q = 1$ macht auch für $p = 1$ und $q = \infty$ Sinn, und in der Tat (siehe Aufgabe 7.41) gilt in Ergänzung zu (7.38) die Ungleichung

$$\|f \cdot g\|_1 \le \|f\|_1 \cdot \|g\|_\infty\,. \tag{7.41}$$

Das nachfolgende, nach Hermann Minkowski (1864–1909) benannte wichtige Resultat besagt, dass die Zuordnung $f \mapsto \|f\|_p$ im Fall $p \ge 1$ die Dreiecksungleichung erfüllt.

Minkowski-Ungleichung

Es seien f, g messbare numerische Funktionen auf Ω. Dann gilt für jedes p mit $1 \le p \le \infty$:

$$\|f + g\|_p \;\le\; \|f\|_p + \|g\|_p\,. \tag{7.42}$$

Beweis: Es sei zunächst $p < \infty$ vorausgesetzt. Wegen $\|f + g\|_p \le \|\,|f| + |g|\,\|_p$ kann o.B.d.A. $f \ge 0$, $g \ge 0$ angenommen werden. Für $p = 1$ steht dann in (7.42) das Gleichheitszeichen, also sei fortan $p > 1$. Weiter sei o.B.d.A. $\|f\|_p < \infty$, $\|g\|_p < \infty$ und somit $\|f + g\|_p < \infty$. Nun gilt mit $\frac{1}{q} := 1 - \frac{1}{p}$ und der Hölder-Ungleichung

$$\begin{aligned}
&\int (f+g)^p \, d\mu \\
&\quad = \int f(f+g)^{p-1} \, d\mu + \int g(f+g)^{p-1} \, d\mu \\
&\quad \le \|f\|_p \|(f+g)^{p-1}\|_q + \|g\|_p \|(f+g)^{p-1}\|_q \\
&\quad = (\|f\|_p + \|g\|_p) \left[\int (f+g)^{(p-1)q} \, d\mu \right]^{1/q},
\end{aligned}$$

was wegen $(p-1)q = p$ die Behauptung liefert. Der Fall $p = \infty$ folgt aus der für jedes positive ε gültigen Ungleichung

$$\begin{aligned}
&\mu\left(\{|f+g| > \|f\|_\infty + \|g\|_\infty + \varepsilon\}\right) \\
&\quad \le \mu\left(\left\{|f| > \|f\|_\infty + \frac{\varepsilon}{2}\right\}\right) + \mu\left(\left\{|g| > \|g\|_\infty + \frac{\varepsilon}{2}\right\}\right).
\end{aligned}$$

Dabei wurde o.B.d.A. $\|f\|_\infty, \|g\|_\infty < \infty$ angenommen. ■

Ist $0 < p \le 1$, so gilt für messbare numerische Funktionen f und g die Ungleichung

$$\int |f + g|^p \, d\mu \le \int |f|^p \, d\mu + \int |g|^p \, d\mu \tag{7.43}$$

(Aufgabe 7.11). Wie das folgende Beispiel zeigt, ist jedoch im Fall $0 < p < 1$ die Dreiecksungleichung (7.42) im Allgemeinen nicht erfüllt.

Beispiel Es sei $(\Omega, \mathcal{A}, \mu) = (\mathbb{R}, \mathcal{B}, \lambda^1)$ sowie $f = \mathbf{1}_{[0,1)}$ und $g = \mathbf{1}_{[1,2)}$. Dann gilt für jedes $p \in (0, \infty)$

$$\int |f|^p \, d\mu = 1 = \int |g|^p \, d\mu\,, \quad \int |f + g|^p \, d\mu = 2$$

und somit im Fall $p < 1$

$$2^{1/p} = \|f + g\|_p > \|f\|_p + \|g\|_p = 2\,. \qquad ◀$$

Kommentar: Aus der Minkowski-Ungleichung folgt die schon weiter oben erwähnte Tatsache, dass die Menge $\mathcal{L}^p$, versehen mit der Abbildung $f \mapsto \|f\|_p$, für jedes p mit $1 \le p \le \infty$ ein halbnormierter Vektorraum ist. Wie obiges Beispiel zeigt, gilt dies nicht für den Fall $p < 1$. Für diesen Fall zeigt aber Ungleichung (7.43), dass die Menge $\mathcal{L}^p$, versehen mit der durch

$$d_p(f, g) := \int |f - g|^p \, d\mu = \|f - g\|_p^p \tag{7.44}$$

definierten Abbildung $d_p\colon \mathcal{L}^p \times \mathcal{L}^p \to \mathbb{R}_{\ge 0}$, einen *halbmetrischen Raum* darstellt, d. h., es gelten $d_p(f, f) = 0$ sowie $d_p(f, g) = d_p(g, f)$ und die Dreiecksungleichung $d_p(f, h) \le d_p(f, g) + d_p(g, h)$ $(f, g, h \in \mathcal{L}^p)$.

Die Räume $\mathcal{L}^p(\Omega, \mathcal{A}, \mu)$ sind vollständig

Nach diesen Betrachtungen drängt sich der folgende Konvergenzbegriff für Funktionen im Raum $\mathcal{L}^p$ geradezu auf.

Definition der Konvergenz im p-ten Mittel

Es sei $0 < p \le \infty$. Eine Folge $(f_n)_{n \ge 1}$ aus $\mathcal{L}^p$ **konvergiert im p-ten Mittel** gegen $f \in \mathcal{L}^p$ (in Zeichen: $f_n \xrightarrow{\mathcal{L}^p} f$), falls gilt:

$$\lim_{n \to \infty} \|f_n - f\|_p = 0\,.$$

Für $p = 1$ bzw. $p = 2$ sind hierfür auch die Sprechweisen *Konvergenz im Mittel* bzw. *im quadratischen Mittel* gebräuchlich.

?

Ist der Grenzwert einer im p-ten Mittel konvergenten Folge μ-fast überall eindeutig bestimmt?

Das folgende Beispiel zeigt, dass eine im p-ten Mittel konvergente Folge für den Fall $p < \infty$ in keinem Punkt aus Ω konvergieren muss. Dies gilt jedoch nicht im Fall $p = \infty$. So werden wir im Beweis des Satzes von Riesz-Fischer sehen, dass $\|f_n - f\|_\infty \to 0$ die gleichmäßige Konvergenz von f_n gegen f außerhalb einer μ-Nullmenge bedeutet.

Beispiel Sei $\Omega := [0,1)$, $\mathcal{A} := \Omega \cap \mathcal{B}$, $\mu := \lambda^1_\Omega$, $f_n := \mathbf{1}\{A_n\}$ mit $A_n := [j\cdot 2^{-k}, (j+1)\cdot 2^{-k})$ für $n = 2^k + j$, $0 \le j < 2^k$, $k \in \mathbb{N}_0$. Für jedes $p \in [1,\infty)$ gilt

$$\int f_n^p \, d\mu = \int f_n \, d\mu = \mu(A_n) = 2^{-k}$$

und somit $f_n \xrightarrow{\mathcal{L}^p} 0$. Die Folge (f_n) ist also insbesondere eine Cauchy-Folge in $\mathcal{L}^p$. Offenbar konvergiert jedoch $(f_n(\omega))_{n\ge1}$ für kein ω aus $[0,1)$, da für jede Zweierpotenz 2^k das Intervall $[0,1)$ in 2^k gleich lange Intervalle zerlegt wird und jedes $\omega \in [0,1)$ in genau einem dieser Intervalle liegt. Für jedes ω gilt also $\limsup_{n\to\infty} f_n(\omega) = 1$ und $\liminf_{n\to\infty} f_n(\omega) = 0$.

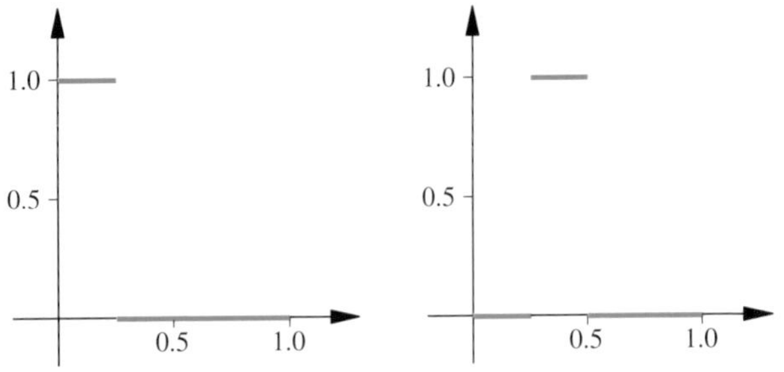

Abbildung 7.19 Graph der Funktionen f_4 (links) und f_5 (rechts). ◀

Kommentar: Im Allgemeinen bestehen keine Inklusionsbeziehungen zwischen den Räumen $\mathcal{L}^p$ für verschiedene Werte von p; insofern sind auch die zugehörigen Konvergenzbegriffe nicht vergleichbar (siehe Aufgabe 7.17). Gilt jedoch $\mu(\Omega) < \infty$, was insbesondere für Wahrscheinlichkeitsräume zutrifft, so folgt $\mathcal{L}^p \subseteq \mathcal{L}^s$, falls $0 < s < p \le \infty$ (siehe Aufgabe 7.41).

Offenbar ist jede im p-ten Mittel konvergente Folge (f_n) aus $\mathcal{L}^p$ eine Cauchy-Folge, es gilt also $\|f_n - f_m\|_p \to 0$ für $m, n \to \infty$. Der folgende berühmte Satz von Friedrich Riesz (1880–1956) und Ernst Fischer (1875–1955) besagt, dass auch die Umkehrung gilt.

Satz von Riesz-Fischer (1907)

Die Räume $\mathcal{L}^p$, $0 < p \le \infty$, sind vollständig, m.a.W.: Zu jeder Cauchy-Folge (f_n) in $\mathcal{L}^p$ gibt es ein $f \in \mathcal{L}^p$ mit

$$\lim_{n\to\infty} \|f_n - f\|_p = 0 .$$

Beweis: Es sei zunächst $1 \le p \le \infty$ vorausgesetzt. Da (f_n) eine Cauchy-Folge ist, gibt es zu jedem $k \ge 1$ ein $n_k \in \mathbb{N}$ mit der Eigenschaft

$$\|f_n - f_m\|_p \le 2^{-k} \qquad \text{für } m, n \ge n_k . \tag{7.45}$$

Sei $g_k := f_{n_{k+1}} - f_{n_k}$, $k \ge 1$, sowie $g := \sum_{k=1}^\infty |g_k|$. Aufgrund von Aufgabe 7.42 gilt

$$\|g\|_p \le \sum_{k=1}^{\infty} \|g_k\|_p \le 1 < \infty \tag{7.46}$$

und somit für $p < \infty$ nach Folgerung b) auf Seite 245 und im Fall $p = \infty$ nach Definition von $\|\cdot\|_\infty$ die Beziehung $|g| < +\infty$ μ-f.ü. Dies bedeutet, dass die Reihe $\sum_{k=1}^\infty g_k$ μ-fast überall absolut konvergiert. Wegen $\sum_{k=1}^l g_k = f_{n_{l+1}} - f_{n_1}$ konvergiert dann die Folge $(f_{n_k})_{k\ge1}$ μ-fast überall. Es gibt also eine μ-Nullmenge N_1, sodass der Grenzwert $\lim_{k\to\infty} f_{n_k}(\omega)$ für jedes $\omega \in N_1^c$ existiert. Weiter gilt

$$|f_{n_{k+1}}| = |g_1 + \cdots + g_k + f_{n_1}| \le g + |f_{n_1}| ,$$

wobei $g + |f_{n_1}|$ wegen (7.46) in $\mathcal{L}^p$ liegt. Somit ist die Menge $N_2 := \{g + |f_{n_1}| = \infty\}$ eine μ-Nullmenge. Setzen wir

$$f := 0 \cdot \mathbf{1}\{N_1 \cup N_2\} + \lim_{k\to\infty} f_{n_k} \cdot \mathbf{1}\{(N_1 \cup N_2)^c\} ,$$

so ist f reell und $\mathcal{A}$-messbar. Aus Aufgabe 7.43 folgt im Fall $p < \infty$ $f \in \mathcal{L}^p$ sowie $\lim_{k\to\infty} \|f_{n_k} - f\|_p = 0$, also auch $\lim_{n\to\infty} \|f_n - f\|_p = 0$, da eine Cauchy-Folge mit konvergenter Teilfolge konvergiert.

Im Fall $p = \infty$ ergibt sich $\{|f| > t\} \subseteq \bigcup_{k=1}^\infty \{|f_{n_k}| > t\}$ $(t \ge 0)$ und somit wegen $\|f_{n_k}\|_\infty \le \|g\|_\infty + \|f_{n_1}\|_\infty < \infty$, $k \ge 1$, auch $\|f\|_\infty < \infty$, also $f \in \mathcal{L}^\infty$. Ungleichung (7.45) für $p = \infty$ liefert $|f_n - f_m| \le 2^{-k}$ für $m, n \ge n_k$ auf einer Menge $E_k \in \mathcal{A}$ mit $\mu(E_k^c) = 0$. Setzen wir $E = \bigcap_{k=1}^\infty E_k \cap N_1^c$ $(\in \mathcal{A})$, so gilt $\mu(E^c) = 0$ sowie $(n = n_l,\ l \to \infty)$

$$|f - f_m| \le 2^{-k} \ \forall m \ge n_k \quad \text{auf } E ,$$

also $f_m \xrightarrow{\mathcal{L}^\infty} f$ bei $m \to \infty$. Insbesondere konvergiert (f_n) außerhalb einer μ-Nullmenge *gleichmäßig* gegen f. Im verbleibenden Fall $p < 1$ beachte man, dass nach Ungleichung (7.43) $\|\cdot\|_p^p$ der Dreiecksungleichung genügt, sodass die oben für den Fall $p \ge 1$ gemachten Schlüsse nach Ersetzen von $\|\cdot\|_p$ durch $\|\cdot\|_p^p$ gültig bleiben. ■

Aus obigen Beweis ergibt sich unmittelbar das folgende, auf Hermann Weyl (1885–1955) zurückgehende Resultat.

Folgerung (H. Weyl (1909))

Es sei $0 < p \le \infty$. Dann gilt:

a) Zu jeder Cauchy-Folge $(f_n)_{n\ge1}$ aus $\mathcal{L}^p$ gibt es eine Teilfolge $(f_{n_k})_{k\ge1}$ und ein $f \in \mathcal{L}^p$ mit $f_{n_k} \to f$ μ-fast überall für $k \to \infty$.
b) Konvergiert die Folge $(f_n)_{n\ge1}$ in $\mathcal{L}^p$ gegen $f \in \mathcal{L}^p$, so existiert eine geeignete Teilfolge, die μ-fast überall gegen f konvergiert.

Beweis: Die Aussage a) ist im Beweis des Satzes von Riesz-Fischer enthalten. Um b) zu zeigen, beachte man, dass (f_n) eine Cauchy-Folge ist. Nach dem Satz von Riesz-Fischer gibt es ein $g \in \mathcal{L}^p$ mit $\|f_n - g\|_p \to 0$ für $n \to \infty$ sowie eine Teilfolge (f_{n_k}) mit $f_{n_k} \to g$ μ-f.ü. für $k \to \infty$. Wegen $\|f_n - f\|_p \to 0$ gilt $f = g$ μ-fast überall und somit $f_{n_k} \to f$ μ-f.ü. ■

Man beachte, dass im Beispiel von Seite 250 jede der Teilfolgen $(f_{2^k+j})_{k\geq 0}$ $(j = 0, 1, \ldots, 2^k - 1)$ fast überall gegen die Nullfunktion konvergiert, obwohl die gesamte Folge in keinem Punkt konvergiert.

Identifiziert man μ-f.ü. gleiche Funktionen, so entsteht für $p \geq 1$ der Banachraum L^p

Kommentar: Da $\|f\|_p = 0$ nur $f = 0$ μ-fast überall zur Folge hat, ist $\|.\|_p$ im Fall $p \in [1, \infty]$ *keine Norm* auf $\mathcal{L}^p$. In gleicher Weise ist für $p \in (0, 1]$ die in (7.44) definierte Funktion d_p keine Metrik auf $\mathcal{L}^p$, denn aus $d_p(f, g) = 0$ folgt nur $f = g$ μ-f.ü. Durch folgende Konstruktion kann man jedoch im Fall $p \in [1, \infty]$ einen normierten Raum und im Fall $p \in (0, 1]$ einen metrischen Raum erhalten: Die Menge $\mathcal{N}_0 := \{f \in \mathcal{L}^p : f = 0\ \mu\text{-f.ü.}\}$ ist ein Untervektorraum von $\mathcal{L}^p$. Durch Übergang zum *Quotientenraum*

$$L^p: = L^p(\Omega, \mathcal{A}, \mu) := \mathcal{L}^p(\Omega, \mathcal{A}, \mu)/\mathcal{N}_0$$

identifiziert man μ-fast überall gleiche Funktionen, geht also vermöge der kanonischen Abbildung

$$f \to [f] := \{g \in \mathcal{L}^p : g = f\ \mu\text{-f.ü.}\}$$

von $\mathcal{L}^p$ auf L^p von Funktionen zu Äquivalenzklassen von jeweils μ-fast überall gleichen Funktionen über. Für $f, g \in \mathcal{L}^p$ gilt also $[f] = [g] \iff f = g$ μ-f.ü.

Addition und skalare Multiplikation werden widerspruchsfrei mithilfe von Vertretern der Äquivalenzklassen erklärt. Ist $[f] \in L^p$ die Klasse, in der $f \in \mathcal{L}^p$ liegt, so hat $\|g\|_p$ für jedes $g \in [f]$ denselben Wert, sodass die Definitionen $\|[f]\|_p := \|f\|_p$ im Fall $p \in [1, \infty]$ und $d_p([f], [g]) := d_p(f, g)$ im Fall $p \in (0, 1]$ Sinn machen. Direktes Nachrechnen ergibt, dass im Fall $p \in [1, \infty]$ die Zuordnung $[f] \to \|[f]\|_p$ eine *Norm* und für $p < 1$ die Festsetzung $([f], [g]) \to d_p([f], [g])$ eine Metrik auf L^p ist. Aus dem Satz von Riesz-Fischer erhalten wir somit folgenden Satz.

Satz über die Banachraumsstruktur von L^p, $p \geq 1$

Für $1 \leq p \leq \infty$ ist der Raum L^p der Äquivalenzklassen μ-f.ü. gleicher Funktionen bezüglich $\|\cdot\|_p$ ein vollständiger normierter Raum und somit ein *Banachraum*, und für $0 < p < 1$ ist das Paar (L^p, d_p) ein vollständiger metrischer Raum.

Obwohl die Elemente der Räume L^p keine Funktionen, sondern Äquivalenzklassen von Funktionen sind, spricht man oft von „dem Funktionenraum L^p" und behandelt die Elemente von L^p wie Funktionen, wobei μ-fast überall gleiche Funktionen identifiziert werden müssen. Im Fall eines Zählmaßes auf einer abzählbaren Menge ist der Übergang von Funktionen zu Äquivalenzklassen unnötig, wie die folgenden prominenten Beispiele zeigen.

Beispiel Es sei $(\Omega, \mathcal{A}, \mu) := (\mathbb{N}, \mathcal{P}(\mathbb{N}), \mu_{\mathbb{N}})$, wobei $\mu_{\mathbb{N}}$ das Zählmaß auf $\mathbb{N}$ bezeichnet. Eine Funktion $f: \Omega \to \mathbb{R}$ ist dann durch die Folge $x = (x_j)_{j\geq 1}$ mit $x_j := f(j)$, $j \geq 1$, gegeben. Der Raum $\mathcal{L}^p$ wird in diesem Fall mit

$$l^p := \left\{x = (x_j)_{j\geq 1} \in \mathbb{R}^{\mathbb{N}} : \|x\|_p < \infty\right\}$$

bezeichnet. Dabei ist $\|x\|_\infty = \sup_{j\geq 1} |x_j|$ und

$$\|x\|_p = \left(\sum_{j=1}^{\infty} |x_j|^p\right)^{1/p}, \qquad 0 < p < \infty.$$

Der Satz von Riesz-Fischer besagt, dass der Folgenraum $(l^p, \|\cdot\|_p)$ für jedes p mit $1 \leq p \leq \infty$ ein Banachraum ist. Da $\|x\|_p = 0$ die Gleichheit $x_j = 0$ für jedes $j \geq 1$ zu Folge hat, ist es in diesem Fall nicht nötig, zu einer Quotientenstruktur überzugehen.

Die p-Normen (vgl. auch Abschnitt 19.1 von Band 1)

$$\|x\|_p = \left(\sum_{j=1}^{k} |x_j|^p\right)^{1/p}, \qquad \|x\|_\infty = \max_{j=1,\ldots,k} |x_j|,$$

im $\mathbb{R}^k$ erhält man im Fall $(\Omega, \mathcal{A}) = (\mathbb{N}_k, \mathcal{P}(\mathbb{N}_k))$, indem man das Zählmaß auf $\mathbb{N}_k := \{1, 2, \ldots, k\}$ betrachtet. Dabei wurde $x = (x_1, \ldots, x_k)$ gesetzt. ◀

7.8 Maße mit Dichten

In diesem Abschnitt sei $(\Omega, \mathcal{A}, \mu)$ ein beliebiger Maßraum. Bislang haben wir das Integral einer auf Ω definierten $\mathcal{A}$-messbaren integrierbaren numerischen Funktion f stets über dem gesamten Grundraum Ω betrachtet. Ist $A \in \mathcal{A}$ eine messbare Menge, so definiert man das **μ-Integral von f über A** durch

$$\int_A f \,\mathrm{d}\mu := \int f \cdot \mathbf{1}_A \,\mathrm{d}\mu\,, \tag{7.47}$$

setzt also den Integranden außerhalb der Menge A zu null. Wegen $|f \cdot \mathbf{1}_A| \leq |f|$ ist das obige Integral wohldefiniert. Ist die Funktion f nichtnegativ, so muss sie nicht integrierbar sein. Als Wert des Integrals kann dann auch ∞ auftreten. Wie der folgende Satz zeigt, entsteht in diesem Fall durch (7.47) als Funktion der Menge A ein Maß auf $\mathcal{A}$.

Nichtnegative messbare Funktionen und Maße führen zu neuen Maßen

Satz

Für jede nichtnegative $\mathcal{A}$-messbare Funktion $f: \Omega \to \bar{\mathbb{R}}$ wird durch

$$\nu(A) := \int_A f \,\mathrm{d}\mu\,, \quad A \in \mathcal{A}, \tag{7.48}$$

ein Maß ν auf $\mathcal{A}$ definiert.

Hintergrund und Ausblick: Welche linearen stetigen Funktionale gibt es auf $L^p(\Omega, \mathcal{A}, \mu)$?

Für $p \geq 1$ ist der Dualraum von $L^p(\Omega, \mathcal{A}, \mu)$ normisomorph zu $L^q(\Omega, \mathcal{A}, \mu)$, wobei $1/p + 1/q = 1$.

Für einen Banachraum $(V, \|\cdot\|)$ bezeichne allgemein

$$V' := \{l : l : V \to \mathbb{R},\ l \text{ linear und stetig}\}$$

den mit der Norm $\|l\|' := \sup\{|l(x)| : x \in V,\ \|x\| \leq 1\}$ versehenen *Dualraum* von V. Auch $(V', \|\cdot\|')$ ist ein Banachraum, und die Kenntnis von V' ist für viele funktionalanalytische Methoden wichtig.

Im Folgenden betrachten wir zu einem Maßraum $(\Omega, \mathcal{A}, \mu)$ den Banachraum $(L^p, \|\cdot\|_p)$, wobei $L^p = L^p(\Omega, \mathcal{A}, \mu)$, vgl. Seite 251. Dabei behandeln wir wie auf Seite 251 vereinbart die Elemente von L^p wie Funktionen. Wir beschränken uns auf den Fall $p > 1$ und legen $q \in (1, \infty)$ durch die zu $p(q-1) = q$ äquivalente Gleichung $1/p + 1/q = 1$ fest. Zu einem beliebigen $g \in L^q$ definieren wir eine Abbildung $l_g : L^p \to \mathbb{R}$ durch

$$l_g(f) = \int fg\,\mathrm{d}\mu, \quad f \in L^p.$$

Nach der Hölder-Ungleichung gilt $|l_g(f)| \leq \|g\|_g \cdot \|f\|_p$, und somit ist l_g ein wohldefiniertes stetiges lineares Funktional auf L^p mit $\|l_g\|' \leq \|g\|_q$. Hier tritt sogar das Gleichheitszeichen ein, denn die durch

$$h(\omega) := \frac{g(\omega)|g(\omega)|^{q-1}}{|g(\omega)|}, \quad \text{falls } g(\omega) \neq 0,$$

und $h(\omega) := 0$ sonst definierte Funktion h liegt wegen

$$\int |h|^p\,\mathrm{d}\mu = \int |g|^{p(q-1)}\,\mathrm{d}\mu = \int |g|^q\,\mathrm{d}\mu < \infty$$

in L^p und genügt der Gleichungskette

$$l_g(h) = \int |g|^q\,\mathrm{d}\mu = \left(\int |g|^q\,\mathrm{d}\mu\right)^{1/q} \left(\int |g|^q\,\mathrm{d}\mu\right)^{1-1/q} = \|g\|_q \cdot \|h\|_p.$$

Mit $T(g) := l_g$ haben wir also eine Abbildung $T : L^q \to (L^p)'$ erhalten, die linear und zudem injektiv ist, da sie wegen $\|l_g\|' = \|g\|_q$ die Norm erhält. Ein Satz von Friedrich Riesz aus dem Jahr 1910 besagt, dass T sogar surjektiv und somit ein *Normisomorphismus* von L^q auf $(L^p)'$ ist. Hierzu muss gezeigt werden, dass zu jedem ψ aus $(L^p)'$ ein $g \in L^q$ mit $\psi = l_g$ existiert. Gilt $\mu(\Omega) < \infty$, so gelingt dieser Nachweis relativ schnell mit dem auf Seite 254 vorgestellten Satz von Radon-Nikodym. Wegen $\mu(\Omega) < \infty$ gilt nämlich $\mathbf{1}_A \in L^p$ für jedes $A \in \mathcal{A}$, und man kann mithilfe der Linearität und Stetigkeit von ψ zeigen, dass die durch $\nu(A) := \psi(\mathbf{1}_A)$, $A \in \mathcal{A}$, definierte Mengenfunktion ν die Differenz zweier Maße ist, die absolut stetig bezüglich μ sind. Nach dem Satz von Radon-Nikodym existiert somit eine messbare Funktion g auf Ω mit

$$\psi(\mathbf{1}_A) = \nu(A) = \int \mathbf{1}_A g\,\mathrm{d}\mu, \qquad A \in \mathcal{A}.$$

Die Linearität von ψ und des Integrals liefern dann

$$\psi(f) = l_g(f) = \int fg\,\mathrm{d}\mu$$

für jedes $f \in L^p$, das eine Linearkombination von Indikatorfunktionen ist. Letztere Einschränkung fällt schließlich mit einem Approximationsargument weg. Wir merken noch an, dass im Fall der σ-Endlichkeit von μ der Dualraum von L^1 normisomorph zu L^∞ ist.

Literatur

J. Elstrodt: *Maß- und Integrationstheorie*. 4. Aufl. Springer-Verlag, Heidelberg 2005.

Beweis: Offenbar ist ν eine nichtnegative Mengenfunktion auf $\mathcal{A}$ mit $\nu(\emptyset) = 0$. Sind $A_1, A_2, \ldots$ paarweise disjunkte Mengen aus $\mathcal{A}$, und ist $A := \sum_{n=1}^\infty A_n$ gesetzt, so gilt $f\mathbf{1}\{A\} = \sum_{n=1}^\infty f\mathbf{1}\{A_n\}$. Mit dem Satz von der monotonen Konvergenz auf Seite 245 erhalten wir

$$\begin{aligned}\nu(A) &= \int \sum_{n=1}^\infty f\mathbf{1}\{A_n\}\,\mathrm{d}\mu = \sum_{n=1}^\infty \int f\mathbf{1}\{A_n\}\,\mathrm{d}\mu \\ &= \sum_{n=1}^\infty \nu(A_n),\end{aligned}$$

was die σ-Additivität von ν zeigt. ■

Das durch (7.48) definierte Maß heißt **Maß mit der Dichte *f* bezüglich μ**; es wird in der Folge mit

$$\nu =: f\mu$$

bezeichnet. Man beachte, dass nach dem Satz über die Nullmengen-Unempfindlichkeit des Integrals der Integrand f in (7.48) auf einer Nullmenge abgeändert werden kann, ohne das Maß ν zu verändern, denn $f = g$ μ-f.ü. hat für jedes $A \in \mathcal{A}$ $f\mathbf{1}_A = g\mathbf{1}_A$ μ-f.ü. zur Folge. Die Dichte f kann also nur μ-fast überall eindeutig bestimmt sein. Wie das folgende Beispiel zeigt, ist die Bedingung $f = g$ μ-f.ü. zwar hinreichend, aber im Allgemeinen nicht notwendig für $f\mu = g\mu$. Eine notwendige Bedingung gibt der nachfolgende Satz.

Beispiel Es sei Ω eine überabzählbare Menge,

$$\mathcal{A} := \{A \subseteq \Omega : A \text{ abzählbar oder } A^c \text{ abzählbar}\}$$

die σ-Algebra der abzählbaren bzw. co-abzählbaren Mengen (vgl. Seite 213) und $\mu(A) := 0$ bzw. $\mu(A) := \infty$ je nachdem, ob A oder A^c abzählbar ist. Dann ist μ ein nicht σ-endliches

Maß auf $\mathcal{A}$. Setzen wir $f(\omega) := 1$ und $g(\omega) := 2$, $\omega \in \Omega$, so gilt wegen $\mu(A) = 2\mu(A)$, $A \in \mathcal{A}$, die Gleichheit $\mu = f\mu = g\mu$, aber $\mu(\{f \neq g\}) = \mu(\Omega) = \infty$. ◀

Satz über die Eindeutigkeit der Dichte

Es seien f und g nichtnegative messbare numerische Funktionen mit $f\mu = g\mu$. Sind f oder g μ-integrierbar, so gilt $f = g$ μ-fast überall.

Beweis: Es sei $\int f \,\mathrm{d}\mu < \infty$ und $f\mu = g\mu$. Wegen $g \geq 0$ und $\int g \,\mathrm{d}\mu = \int f \,\mathrm{d}\mu$ ist auch g integrierbar. Sei $N := \{f > g\}$ und $h := f\mathbf{1}_N - g\mathbf{1}_N$. Die Ungleichungen $f\mathbf{1}_N \leq f$ und $g\mathbf{1}_N \leq g$ zeigen, dass auch $f\mathbf{1}_N$ und $g\mathbf{1}_N$ integrierbar sind. Aus $f\mu = g\mu$ folgt $\int f\mathbf{1}_N \,\mathrm{d}\mu = \int g\mathbf{1}_N \,\mathrm{d}\mu$ und somit

$$\int h \,\mathrm{d}\mu = \int_N f \,\mathrm{d}\mu - \int_N g \,\mathrm{d}\mu = 0 .$$

Wegen $N = \{h > 0\}$ und $h \geq 0$ liefert Folgerung a) aus der Markov-Ungleichung $\mu(N) = 0$. Aus Symmetriegründen gilt $\mu(\{g > f\}) = 0$, also insgesamt $\mu(\{f \neq g\}) = 0$. ■

Mit der Konstruktion (7.48) besitzen wir ein allgemeines Werkzeug, um aus einem Maß μ ein neues Maß ν zu konstruieren. Gilt insbesondere $\int f \,\mathrm{d}\mu = 1$, so ist ν ein Wahrscheinlichkeitsmaß auf $\mathcal{A}$. Die folgenden Beispiele sollen den abstrakten Dichtebegriff etwas anschaulicher machen.

Beispiel

- Abb. 7.20 zeigt den Graphen der Funktion

$$\varphi(x) = \frac{1}{\sqrt{2\pi}} \cdot \exp\left(-\frac{x^2}{2}\right), \qquad x \in \mathbb{R} . \tag{7.49}$$

Nach Band 1, Abschnitt 16.7 gilt $\int_{-\infty}^{\infty} \exp(-x^2)\,\mathrm{d}x = \sqrt{\pi}$, woraus sich $\int_{\mathbb{R}} \varphi(x)\,\mathrm{d}x = 1$ ergibt. Die in Abb. 7.20 dargestellte Funktion φ ist somit die Dichte eines Wahrscheinlichkeitsmaßes $\varphi\lambda^1$, der sogenannten **Standard-Normalverteilung**.

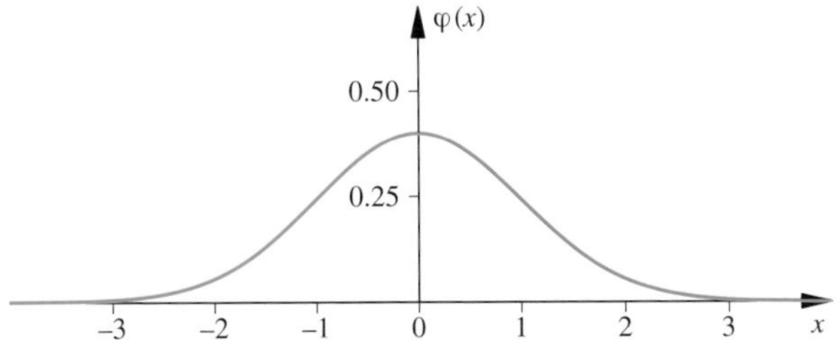

Abbildung 7.20 Dichte der Standard-Normalverteilung.

- Es sei $(\Omega, \mathcal{A}, \mu) = (\mathbb{R}^k, \mathcal{B}^k, \lambda^k)$. In diesem Fall heißt f eine **Lebesgue-Dichte** von ν. Ist $x \in \mathbb{R}^k$ ein Punkt, in dem die Dichte f stetig ist, so gibt es zu jedem $\varepsilon > 0$ ein $\delta > 0$, sodass gilt:

$$|f(x) - f(y)| \leq \varepsilon , \quad \text{falls } \|x - y\| \leq \delta .$$

Schreiben wir $B(x,r) := \{y \in \mathbb{R}^k : \|x - y\| < r\}$ für die Kugel mit Mittelpunkt x und Radius r, so folgen hieraus für jedes r mit $r \leq \delta$ die Ungleichungen

$$f(x) - \varepsilon \leq \frac{\int_{B(x,r)} f \,\mathrm{d}\lambda^1}{\lambda^k(B(x,r))} \leq f(x) + \varepsilon .$$

Da $\varepsilon > 0$ beliebig war, ergibt sich

$$f(x) = \lim_{\varepsilon \downarrow 0} \frac{\int_{B(x,\varepsilon)} f \,\mathrm{d}\lambda^1}{\lambda^k(B(x,\varepsilon))} . \tag{7.50}$$

Interpretieren wir mit einer Lebesgue-Dichte f eine (bei nichtkonstantem f) inhomogene Masseverteilung im k-dimensionalen Raum, so können wir demnach bei stetigem f den Wert $f(x)$ als physikalische lokale Dichte im Punkt x ansehen. Diese ergibt sich, wenn man die Masse $\int_{B(x,\varepsilon)} f \,\mathrm{d}\lambda^k$ einer Kugel um x mit Radius ε durch das in Band 1 mithilfe von Kugelkoordinaten berechnete und auf Seite 261 auf anderem Wege hergeleitete k-dimensionale Volumen

$$\lambda^k(B(x,\varepsilon)) = \frac{\pi^{k/2}}{\Gamma(1 + k/2)} \cdot \varepsilon^k$$

dieser Kugel teilt und deren Radius ε gegen null konvergieren lässt. Dabei gilt die Aussage (7.50) sogar λ^k-fast überall (siehe Hintergrundinformation auf Seite 258).

- Ist μ ein Zählmaß auf einer abzählbaren Menge, so nennt man f auch eine **Zähldichte**. Sind z. B. $(\Omega, \mathcal{A}) = (\mathbb{N}_0, \mathcal{P}(\mathbb{N}_0))$ und μ das Zählmaß auf $\mathbb{N}_0$, so ist eine Zähldichte f durch die Folge $(f(n))_{n \geq 0}$ mit $f(n) \in [0, \infty]$, $n \in \mathbb{N}_0$, gegeben. Für $A \subseteq \mathbb{N}_0$ ist dann

$$f\mu(A) = \int_A f \,\mathrm{d}\mu = \sum_{n \in A} f(n) .$$

Als Beispiel betrachten wir für $\lambda > 0$ die durch

$$f_\lambda(n) := \mathrm{e}^{-\lambda} \cdot \frac{\lambda^n}{n!} , \qquad n \in \mathbb{N}_0 ,$$

definierte Zähldichte. Wegen $\sum_{n=0}^{\infty} f_\lambda(n) = 1$ definiert diese ein Wahrscheinlichkeitsmaß auf $\mathcal{P}(\mathbb{N}_0)$, die (ungerechtfertigter Weise – da schon de Moivre bekannt) nach dem Mathematiker Siméon Denis Poisson (1781–1840) benannte **Poisson-Verteilung Po(λ) mit Parameter λ.** Diese Verteilung spielt in der Stochastik eine herausragende Rolle (siehe Seite 784 ff.). Bild 7.21 zeigt die Zähldichte der Poisson-Verteilung Po(2) in Form eines Stabdiagramms.

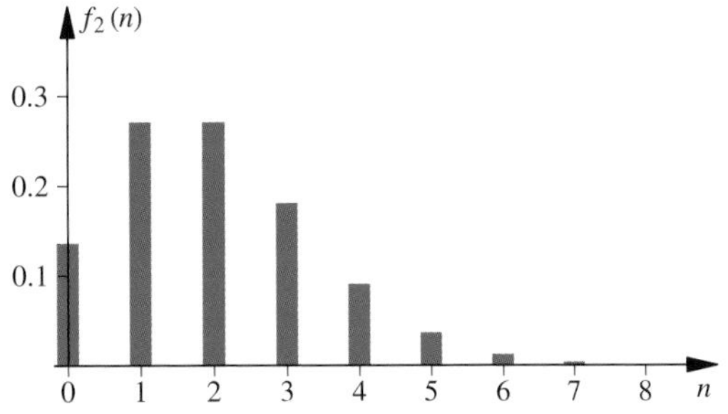

Abbildung 7.21 Zähldichte der Poisson-Verteilung Po(2). ◀

Da wir mithilfe von μ und der Dichte f ein neues Maß ν gewonnen haben, existiert auch ein ν-Integral für messbare numerische Funktionen auf Ω. Dass wir beim Aufbau dieses Integrals vom μ-Integral profitieren können, zeigt der folgende Satz.

Satz über den Zusammenhang zwischen μ- und ν-Integral

Es seien $(\Omega, \mathcal{A}, \mu)$ ein Maßraum und $\nu = f\mu$ das Maß mit der Dichte f bezüglich μ. Dann gelten:

a) Ist $\varphi \in \mathcal{E}_+^\uparrow$, so gilt

$$\int \varphi \, d\nu = \int \varphi \cdot f \, d\mu . \tag{7.51}$$

b) Für eine $\mathcal{A}$-messbare Funktion $\varphi\colon \Omega \to \bar{\mathbb{R}}$ gilt:

$$\varphi \text{ ist } \nu\text{-integrierbar} \iff \varphi \cdot f \text{ ist } \mu\text{-integrierbar}.$$

In diesem Fall gilt auch (7.51).

Beweis: Der Beweis erfolgt durch algebraische Induktion. Für eine Elementarfunktion $\varphi = \sum_{j=1}^n \alpha_j \mathbf{1}\{A_j\}$ gilt

$$\begin{aligned}\int \varphi \, d\nu &= \sum_{j=1}^n \alpha_j \nu(A_j) = \sum_{j=1}^n \alpha_j \int f \mathbf{1}\{A_j\} \, d\mu \\ &= \int \left(\sum_{j=1}^n \alpha_j \mathbf{1}\{A_j\} \right) f \, d\mu \\ &= \int \varphi f \, d\mu .\end{aligned}$$

Ist $\varphi \in \mathcal{E}_+^\uparrow$ und $u_n \uparrow \varphi$ mit $u_n \in \mathcal{E}_+$, $n \geq 1$, so gilt $u_n f \uparrow \varphi f$. Nach dem bereits Bewiesenen und unter zweimaliger Verwendung der Definition des Integrals auf $\mathcal{E}_+^\uparrow$ folgt

$$\int \varphi \, d\nu = \lim_{n\to\infty} \int u_n \, d\nu = \lim_{n\to\infty} \int u_n \, f \, d\mu = \int \varphi \, f \, d\mu ,$$

was a) beweist. Um b) zu zeigen, beachte man, dass nach a) sowohl $\int \varphi^+ d\nu = \int \varphi^+ f d\mu$ als auch $\int \varphi^- d\nu = \int \varphi^- f d\mu$ gelten, was zusammen mit der Definition der Integrierbarkeit die Behauptung ergibt. ■

Das Maß ν in (7.48) hat folgende grundlegende Eigenschaft: Ist $A \in \mathcal{A}$ eine μ-Nullmenge, so ist der Integrand $f\mathbf{1}_A$ in (7.48) μ-fast überall gleich null. Wegen der Nullmengen-Unempfindlichkeit des Integrals gilt dann auch $\nu(A) = 0$. Das Maß ν ist somit absolut stetig bezüglich μ im Sinne der folgenden Definition:

Definition der absoluten Stetigkeit von Maßen

Es seien $(\Omega, \mathcal{A})$ ein Messraum und μ sowie ν beliebige Maße auf $\mathcal{A}$. ν heißt **absolut stetig bezüglich μ**, falls jede μ-Nullmenge auch eine ν-Nullmenge ist, falls also gilt:

$$\forall \, A \in \mathcal{A} : \; \mu(A) = 0 \Longrightarrow \nu(A) = 0 .$$

In diesem Fall schreibt man kurz $\nu \ll \mu$. Ist ν absolut stetig bezüglich μ, so sagt man auch, dass μ das Maß ν **dominiert**.

Die obigen Überlegungen zeigen, dass auf jeden Fall $\nu \ll \mu$ gilt, wenn ν eine Dichte f bezüglich μ besitzt. Aufgabe 7.12 macht deutlich, dass aus $\nu \ll \mu$ im Allgemeinen nicht die Existenz einer Dichte von ν bezüglich μ folgt Ist μ jedoch σ-endlich, so gilt folgender tiefliegende, nach den Mathematikern Johann Karl August Radon (1887–1956) und Otto Martin Nikodym (1887–1974) benannte Satz.

Satz von Radon-Nikodym (1930)

Es seien $(\Omega, \mathcal{A})$ ein Messraum und μ sowie ν Maße auf $\mathcal{A}$. Ist μ σ-endlich, so gilt:

$$\nu \ll \mu \iff \nu \text{ besitzt eine Dichte bezüglich } \mu .$$

In diesem Fall ist die Dichte μ-fast überall eindeutig bestimmt.

Beweis: Der umfangreiche Beweis dieses Satzes würde den Rahmen dieser Einführung sprengen, sodass wir darauf verzichten und den Leser auf einschlägige Literatur über Maßtheorie verweisen müssen. Wir möchten aber zumindest im Fall eines *endlichen* Maßes ν den entscheidenden Ansatz zur Gewinnung einer μ-Dichte von ν im Fall $\nu \ll \mu$ aufzeigen. Hierzu betrachten wir zunächst den Fall, dass μ endlich ist. Die Grundidee ist, die Menge

$$\mathcal{G} := \left\{ g \in \mathcal{E}_+^\uparrow \,\middle|\, \int_A g \, d\mu \leq \nu(A) \; \forall A \in \mathcal{A} \right\}$$

aller nichtnegativen messbaren Funktionen g zu betrachten, deren zugehörige Maße $g\mu$ kleiner oder gleich ν sind. Wegen $g \equiv 0 \in \mathcal{G}$ gilt $\mathcal{G} \neq \emptyset$, und $\mathcal{G}$ enthält mit je zwei Funktionen g und h auch die Funktion $\max(g, h)$, da

$$\begin{aligned}\int_A \max(g, h) \, d\mu &= \int_{A\cap\{g\geq h\}} g \, d\mu + \int_{A\cap\{g<h\}} h \, d\mu \\ &\leq \nu(A \cap \{g \geq h\}) + \nu(A \cap \{g < h\}) \\ &= \nu(A) .\end{aligned}$$

Es seien nun $\gamma := \sup\left\{\int g \, d\mu : g \in \mathcal{G}\right\}$ $(\leq \nu(\Omega) < \infty)$ und (g_n') eine Folge aus $\mathcal{G}$ mit $\lim_{n\to\infty} \mu(g_n') = \gamma$. Setzen wir $g_n := \max\left(g_1', \ldots, g_n'\right)$ $(\in \mathcal{G})$, so folgt wegen $\mu(g_n') \leq \mu(g_n)$ auch $\lim_{n\to\infty} \mu(g_n) = \gamma$. Nach dem Satz von der monotonen Konvergenz enthält $\mathcal{G}$ auch die Funktion $f := \sup_{n\geq 1} g_n$, und es gilt $\mu(f) = \gamma$. Die Funktion f ist die gesuchte Dichte.

Ist $\mu(\Omega) = \infty$, so gibt es nach Aufgabe 7.34 eine Borel-messbare Funktion $h\colon \Omega \to \mathbb{R}$ mit $0 < h(\omega)$, $\omega \in \Omega$, und $\int h\,\mathrm{d}\mu < \infty$. Somit ist $h\mu$ ein endliches Maß, das die gleichen Nullmengen wie μ besitzt. Folglich gilt auch $\nu \ll h\mu$. Nach dem bereits Gezeigten besitzt ν eine mit f bezeichnete Dichte bezüglich $h\mu$. Es gilt also

$$\nu(A) = \int_A f\,\mathrm{d}(h\mu)\,, \qquad A \in \mathcal{A}\,.$$

Nach dem Satz über den Zusammenhang zwischen μ- und ν-Integral auf Seite 254 ist das Produkt $f\,h$ die gesuchte Dichte. ■

Kommentar: In der obigen Situation nennt man jede Dichte f von ν bezüglich μ auch eine **Radon-Nikodym-Ableitung** oder auch **Radon-Nikodym-Dichte** von ν bezüglich μ. Da die Dichte f μ-f.ü. eindeutig bestimmt ist, spricht man auch von **der** Radon-Nikodym-Ableitung und schreibt

$$f \;=:\; \frac{\mathrm{d}\nu}{\mathrm{d}\mu} \qquad (\mu\text{-f.ü.})\,.$$

Wir wenden uns nun der Frage zu, wie sich Lebesgue-Dichten unter Abbildungen verhalten. Dieses Problem ist auch in der Stochastik von großer Bedeutung, interessiert man sich doch oft für die Verteilung eines Zufallsvektors, der durch Transformation aus einem Zufallsvektor hervorgeht, dessen Verteilung eine Lebesgue-Dichte besitzt. Seien hierzu $\mu = f\lambda^k$ ein Maß auf $\mathcal{B}^k$ mit einer Lebesgue-Dichte f und $T : \mathbb{R}^k \to \mathbb{R}^k$ eine Borel-messbare Abbildung. Besitzt das Bildmaß $T(\mu)$ auch eine Lebesgue-Dichte? Falls ja: Wie lässt sich diese mithilfe von f und T ausdrücken? So haben wir auf Seite 235 gesehen, dass $T(\lambda^k) = |\det A|^{-1}\lambda^k$ gilt, falls T eine affine Abbildung der Gestalt $T(x) = Ax+a$ mit einer regulären Matrix A ist. Die konstante Dichte $f = \mathbf{1}_{\mathbb{R}^k}$ geht also unter einer solchen Abbildung in die konstante Dichte $|\det A|^{-1}\mathbf{1}_{\mathbb{R}^k}$ über. Natürlich wird man an die Abbildung T gewisse Regularitätsbedingungen stellen müssen, damit das Maß $T(\mu)$ überhaupt absolut stetig bezüglich λ^k ist. Ist der Wertebereich $T(\mathbb{R}^k)$ eine λ^k-Nullmenge, so ist z. B. letztere Bedingung nur erfüllt, wenn μ das *Nullmaß* ist, also $\mu(B) = 0$ für jedes $B \in \mathcal{B}^k$ gilt.

Der Transformationssatz liefert eine λ^k-Dichte von $T(f\lambda^k)$ unter regulären Transformationen

Um die obigen Fragen zu beantworten, erinnern wir an die in Abschnitt 22.3 von Band 1 bewiesene *Transformationsformel für Gebietsintegrale*. Diese setzt offene Mengen U und V des $\mathbb{R}^k$ sowie eine bijektive und stetig differenzierbare Transformation $\psi\colon U \to V$ mit nirgends verschwindender Funktionaldeterminante $\det\psi'(x)$, $x \in U$, also einen C^1-*Diffeomorphismus* zwischen U und V, voraus. Ist dann $h\colon V \to \mathbb{R}$ eine nichtnegative oder integrierbare Borel-messbare Funktion, so gilt die *Transformationsformel*

$$\int_V h(x)\,\mathrm{d}x = \int_U h(\psi(y)) \cdot |\det\psi'(y)|\,\mathrm{d}y\,. \qquad (7.52)$$

Wir nehmen zunächst an, dass $T : \mathbb{R}^k \to \mathbb{R}^k$ bijektiv und stetig differenzierbar mit $\det T'(x) \neq 0$, $x \in \mathbb{R}^k$, also ein C^1-Diffeomorphismus des $\mathbb{R}^k$ auf sich selbst ist, und betrachten eine beliebige nichtleere offene Menge $O \in \mathcal{O}^k$. Nach Definition des Bildmaßes und wegen $\mu = f\lambda^k$ gilt

$$T(\mu)(O) = \mu\left(T^{-1}(O)\right) = \int_{T^{-1}(O)} f(x)\,\mathrm{d}x\,. \qquad (7.53)$$

Da wir eine mit g bezeichnete λ^k-Dichte von $T(\mu)$ suchen, sollte sich die rechte Seite in der Form $\int_O g(y)\,\mathrm{d}y$ schreiben lassen. Wir müssen also das Integral über die wegen der Diffeomorphismus-Eigenschaft *offene* Menge $T^{-1}(O)$ in ein Integral über O transformieren. Nun ist die Restriktion der Umkehrabbildung T^{-1} auf die Menge O ein C^1-Diffeomorphismus zwischen $U := O$ und $V := T^{-1}(O)$ mit der Funktionaldeterminante

$$\det(T^{-1})'(y) = \frac{1}{\det T'(T^{-1}(y))}\,, \qquad y \in O\,.$$

Formel (7.52) liefert also mit dieser Wahl von U und V sowie $\psi := T^{-1}_{|O}$ sowie $h := f$ zusammen mit (7.53) das Resultat

$$T(\mu)(O) = \int_O f(T^{-1}(y)) \cdot \frac{1}{|\det T'(T^{-1}(y))|}\,\mathrm{d}y\,. \quad (7.54)$$

Diese Gleichung gilt aber nicht nur für jede offene Menge, sondern für jede Borelmenge $O \in \mathcal{B}^k$. Hierzu beachten wir, dass die rechte Seite von (7.54) als Funktion von O ein mit ν bezeichnetes Maß auf $\mathcal{B}^k$ mit der durch

$$g(y) := f(T^{-1}(y)) \cdot \frac{1}{|\det T'(T^{-1}(y))|}\,, \qquad y \in \mathbb{R}^k\,, \quad (7.55)$$

definierten Dichte g darstellt und die Maße $T(\mu)$ und ν nach (7.54) auf dem Mengensystem $\mathcal{O}^k$ übereinstimmen. Nach dem Eindeutigkeitssatz für Maße gilt somit $\nu = T(\mu)$. Wir haben also mit der in (7.55) definierten Funktion eine Lebesgue-Dichte von $T(\mu)$ gefunden und somit unser eingangs gestelltes Problem für den Fall gelöst, dass T ganz $\mathbb{R}^k$ bijektiv auf sich abbildet.

Häufig liegt jedoch eine Transformation $T : U \to V$ vor, die nur einen C^1-Diffeomorphismus zwischen zwei offenen echten Teilmengen U und V des $\mathbb{R}^k$ darstellt. Solange die Lebesgue-Dichte f von μ außerhalb von U verschwindet, also $\{f > 0\} \subseteq U$ gilt, ist das kein Problem. Man ergänzt die auf U definierte Transformation T durch eine geeignete Festsetzung auf $\mathbb{R}^k \setminus U$ (z. B. $T(x) := 0$, $x \in \mathbb{R}^k \setminus U$) zu einer (der Einfachheit halber ebenfalls mit T bezeichneten) auf ganz $\mathbb{R}^k$ definierten Borel-messbaren Abbildung. Wegen

$\{f > 0\} \subseteq U$ gilt $\mu(\mathbb{R}^k \setminus U) = 0$ und $T(\mu)(\mathbb{R}^k \setminus V) = \mu(T^{-1}(\mathbb{R}^k \setminus V)) = 0$, sodass die Maße μ bzw. $T(\mu)$ auf den Mengen U bzw. V konzentriert sind. Ist dann O eine beliebige *offene Teilmenge* von V, so hat (7.54) unverändert Gültigkeit. Mit dem Eindeutigkeitssatz für Maße gilt dann (7.54) für jede *Borel'sche Teilmenge* von V. Definiert man jetzt eine Funktion $g(y)$ auf $\mathbb{R}^k$ durch die Festsetzung (7.55) für $y \in V$ und $g(y) := 0$ für $y \in \mathbb{R}^k \setminus V$, so folgt für jede Borelmenge $B \in \mathcal{B}^k$

$$\begin{aligned} T(\mu)(B) &= T(\mu)(B \cap V) + T(\mu)(B \cap (\mathbb{R}^k \setminus V)) \\ &= \int_{B\cap V} f(T^{-1}(y)) \cdot \frac{1}{|\det T'(T^{-1}(y))|}\,\mathrm{d}y + 0 \\ &= \int_B g(y)\,\mathrm{d}y\,, \end{aligned}$$

sodass g eine Lebesgue-Dichte von μ darstellt. Diese Überlegungen münden in den folgenden Satz.

Transformationssatz für λ^k-Dichten

Es sei $\mu = f\lambda^k$ ein Maß auf $\mathcal{B}^k$. Die Dichte f verschwinde außerhalb einer offenen Menge U; es gelte also $\{f > 0\} \subseteq U$. Weiter sei $T: \mathbb{R}^k \to \mathbb{R}^k$ eine Borel-messbare Abbildung, deren Restriktion auf U stetig differenzierbar sei, eine nirgends verschwindende Funktionaldeterminante besitze und U bijektiv auf eine Menge $V \subseteq \mathbb{R}^k$ abbilde. Dann ist die durch

$$g(y) := \begin{cases} \dfrac{f(T^{-1}(y))}{|\det T'(T^{-1}(y))|}\,, & \text{falls } y \in V\,, \\ 0 & \text{, falls } y \in \mathbb{R}^k \setminus V\,, \end{cases}$$

definierte Funktion g eine λ^k-Dichte von $T(\mu)$.

Kommentar: Der obige Transformationssatz besagt also, dass unter den gemachten Voraussetzungen für jede Borelmenge B die Gleichung

$$\int_{T^{-1}(B)} f(x)\,\mathrm{d}x = \int_B g(y)\,\mathrm{d}y$$

erfüllt ist. Dabei ist $T^{-1}(B)$ das Urbild von B unter T, und g ist wie oben definiert. Diese Gleichung geht mit $h := f$, $T := \psi^{-1}$ und $U := B$ formal in (7.52) über.

Beispiel Polarmethode

Es seien $k = 2$ und $U := (0, 1)^2$ sowie $f = \mathbf{1}_U$ die Dichte der Gleichverteilung auf dem offenen Einheitsquadrat. Die Borel-messbare Abbildung $T: \mathbb{R}^2 \to \mathbb{R}^2$ sei durch

$$T(x) := \left(\sqrt{-2\log x_1}\cos(2\pi x_2), \sqrt{-2\log x_1}\sin(2\pi x_2)\right),$$

falls $x = (x_1, x_2) \in U$, und $T(x) := 0$ sonst definiert. Die Restriktion von T auf U ist stetig differenzierbar, und sie bildet U bijektiv auf die geschlitzte Ebene $V := \mathbb{R}^2 \setminus \{(y_1, y_2) \in \mathbb{R}^2 : y_1 \geq 0, y_2 = 0\}$ ab. Eine direkte Rechnung ergibt weiter $\det T'(x) = -(2\pi)/x_1$, $x \in U$, und somit $\det T'(x) \neq 0$, $x \in U$. Mit $y := (y_1, y_2) := T(x_1, x_2)$ gilt $x_1 = \exp(-\frac{1}{2}(y_1^2 + y_2^2))$. Nach dem Transformationssatz ist

$$\begin{aligned} g(y_1, y_2) &= \left|\frac{2\pi}{\exp(-\frac{1}{2}(y_1^2 + y_2^2))}\right|^{-1} \\ &= \prod_{j=1}^{2} \frac{1}{\sqrt{2\pi}} \exp\left(-y_j^2/2\right) \end{aligned}$$

für $(y_1, y_2) \in V$ und $g(y_1, y_2) := 0$ sonst eine λ^2-Dichte von $T(f\lambda^2)$. Da $\{(y_1, y_2) \in \mathbb{R}^2 : y_1 \geq 0, y_2 = 0\}$ eine λ^2-Nullmenge ist, ist auch $g(y_1, y_2) := \varphi(y_1)\varphi(y_2)$, $(y_1, y_2) \in \mathbb{R}^2$, eine λ^2-Dichte von $T(f\lambda^2)$. Dabei ist φ die in (7.49) definierte Dichte der Standardnormalverteilung.

Die Abbildung T ist im Wesentlichen eine Transformation auf Polarkoordinaten. In der Stochastik dient sie einer einfachen Erzeugung von standardnormalveteilten Pseudozufallszahlen y_1, y_2 aus gleichverteilten Pseudozufallszahlen x_1 und x_2 (siehe Seite 823) und wird dort auch *Polarmethode* genannt. ◀

Gegenseitig singuläre Maße leben auf disjunkten Mengen

Die Eigenschaft $\nu \ll \mu$ besagt, dass sich das Maß ν dem Maß in dem Sinne unterordnet, dass die μ-Nullmengen auf jeden Fall auch ν-Nullmengen sind. Eine andere Beziehung, in der zwei Maße zueinander stehen können, ist die gegenseitige Singularität.

Definition der gegenseitigen Singularität von Maßen

Zwei Maße μ und ν auf einer σ-Algebra $\mathcal{A} \subseteq \mathcal{P}(\Omega)$ heißen (gegenseitig) **singulär** (in Zeichen: $\mu \perp \nu$), falls gilt: Es existiert eine Menge $A \in \mathcal{A}$ mit

$$\mu(A) = \nu(\Omega \setminus A) = 0\,. \tag{7.56}$$

Obwohl die Relation „$\perp$" symmetrisch ist, sind hierbei auch die Sprechweisen *μ ist singulär bezüglich ν* bzw. *ν ist singulär bezüglich μ* gebräuchlich. Im Fall $(\Omega, \mathcal{A}) = (\mathbb{R}^k, \mathcal{B}^k)$ steht die Sprechweise *μ ist singulär* kurz für die Singularität von μ bezüglich des Borel-Lebesgue-Maßes λ^k. Die Singularität von μ bezüglich ν bedeutet anschaulich, dass μ und ν „auf disjunkten Mengen leben". Gilt $\mu \perp \nu$ und $\nu \ll \mu$, so folgt aus (7.56) die Beziehung $\nu(A) = \nu(\Omega \setminus A) = 0$, also $\nu = 0$. In diesem Sinne sind die beiden Begriffe *absolute Stetigkeit* und Singularität diametral zueinander.

Beispiel Es seien $(\Omega, \mathcal{A}) = (\mathbb{R}^k, \mathcal{B}^k)$ und $\mu = \lambda^k$ das Borel-Lebesgue-Maß. Weiter sei $B \subseteq \mathbb{R}^k$ eine beliebige nichtleere abzählbare Menge. Dann ist das durch $\nu(A) := |A \cap B|$, $A \in \mathcal{B}^k$, definierte B-Zählmaß singulär bezüglich λ^k, denn es gilt $\lambda^k(B) = 0$ und $\nu(\mathbb{R}^k \setminus B) = 0$. ◀

Der im Folgenden vorgestellte *Lebesgue'sche Zerlegungssatz* kann in gewisser Weise als Ergänzung zum Satz von Radon-Nikodym angesehen werden.

Satz über die Lebesgue-Zerlegung

Es seien $(\Omega, \mathcal{A})$ ein Messraum und μ sowie ν Maße auf $\mathcal{A}$; *ν sei σ-endlich.* Dann gibt es eindeutig bestimmte Maße ν_a und ν_s auf $\mathcal{A}$ mit den Eigenschaften

- $\nu_a \ll \mu$,
- $\nu_s \perp \mu$,
- $\nu = \nu_a + \nu_s$.

Die Maße ν_a und ν_s heißen **absolut stetiger** bzw. **singulärer Teil** von ν bezüglich μ. Ist μ σ-endlich, so besitzt ν_a nach dem Satz von Radon-Nikodym eine Dichte bezüglich μ.

Beweis: Wir führen den Beweis nur für den Fall $\nu(\Omega) < \infty$. Die Beweisidee ist transparent: Man finde im System $\mathcal{N}_\mu := \{A \in \mathcal{A} \colon \mu(A) = 0\}$ der μ-Nullmengen eine Menge N mit maximalem ν-Maß. Dann setze man ν_s und ν_a so an, dass ν_s „ganz auf N und ν_a ganz auf N^c lebt", also $\nu_s(N^c) = 0 = \nu_a(N)$ gilt. Hierzu sei $A_n \uparrow N$ eine aufsteigende Folge aus $\mathcal{N}_\mu$ mit $\lim_{n\to\infty} \nu(A_n) = \alpha$, wobei $\alpha := \sup\left\{\nu(A) \colon A \in \mathcal{N}_\mu\right\}$. Wegen $N = \cup_{n=1}^\infty A_n$ gilt dann $\mu(N) = 0$ und $\nu(N) = \alpha$. Setzen wir

$$\nu_a(A) := \nu(A \cap N^c), \qquad \nu_s(A) := \nu(A \cap N), \qquad A \in \mathcal{A},$$

so sind ν_a und ν_s Maße auf $\mathcal{A}$ mit $\nu = \nu_a + \nu_s$. Wegen $\nu_s(N^c) = 0$ und $\mu(N) = 0$ gilt dabei $\nu_s \perp \mu$. Aus $\mu(A) = 0$ folgt $N + A \cap N^c \in \mathcal{N}_\mu$ und deshalb nach Definition von α

$$\nu\left(N + A \cap N^c\right) = \nu(N) + \nu\left(A \cap N^c\right) = \alpha + \nu_a(A) \le \alpha.$$

Diese Überlegung zeigt $\nu_a(A) = 0$ und somit $\nu_a \ll \mu$. Zum Beweis der Eindeutigkeit der Zerlegung nehmen wir die Gültigkeit der Zerlegungen $\nu = \nu_a + \nu_s = \nu_a^* + \nu_s^*$ mit ν_a, ν_s wie oben und $\nu_a^* \ll \mu$ sowie $\nu_s^* \perp \mu$ an. Wegen $\nu_s^* \perp \mu$ existiert eine μ-Nullmenge N^* mit $\nu_s^*(\Omega \setminus N^*) = 0$, also

$$\nu_s^*(A) = \nu_s^*(A \cap N^*), \qquad A \in \mathcal{A}. \tag{7.57}$$

Setzen wir $N_0 := N \cup N^*$, so gilt wegen $N_0 \in \mathcal{N}_\mu$ und $\nu_a \ll \mu$, $\nu_a^* \ll \mu$ die Beziehung $\nu_a(A \cap N_0) = \nu_a^*(A \cap N_0) = 0$, $A \in \mathcal{A}$. Hieraus folgt mit (7.57)

$$\begin{aligned}\nu(A \cap N_0) &= \nu_s^*(A \cap N_0) = \nu_s^*(A \cap N_0 \cap N^*)\\ &= \nu_s^*(A \cap N^*) = \nu_s^*(A), \qquad A \in \mathcal{A}\end{aligned}$$

und ebenso $\nu(A \cap N_0) = \nu_s(A)$, $A \in \mathcal{A}$. Also gilt $\nu_s = \nu_s^*$ und somit $\nu_a = \nu_a^*$. ■

Beispiel

- Es seien $(\Omega, \mathcal{A}) = (\mathbb{R}, \mathcal{B})$ und $\mu = f\lambda^1$, $\nu = g\lambda^1$ Maße mit den Lebesgue-Dichten $f = \mathbf{1}_{[0,2]}$ bzw. $g = \mathbf{1}_{[1,3]}$. Dann gilt $\nu_a = \mathbf{1}_{[1,2]}\lambda^1$ und $\nu_s = \mathbf{1}_{(2,3]}\lambda^1$, denn es ist $\nu_a + \nu_s = \nu$, und $\mu(A) = 0$ zieht $\nu_a(A) = \int \mathbf{1}_A \mathbf{1}_{[1,2]}\,\mathrm{d}\mu \le \mu(A)$ und somit $\nu_a \ll \mu$ nach sich. Weiter gilt $\nu_s(\mathbb{R} \setminus (2,3]) = 0$ und $\mu((2,3]) = 0$, was $\nu_s \perp \mu$ zeigt.
- Auf die Voraussetzung der σ-Endlichkeit im Lebesgue'schen Zerlegungssatz kann nicht verzichtet werden. Es sei $(\Omega, \mathcal{A}) = (\mathbb{R}^k, \mathcal{B}^k)$ und $\mu := \lambda^k$ sowie ν das nicht σ-endliche Zählmaß auf $\mathbb{R}^k$. Angenommen, es gälte $\nu = \nu_a + \nu_s$ mit Maßen $\nu_a \ll \lambda^k$ und $\nu_s \perp \lambda^k$. Die Gleichung $\lambda^k(\{x\}) = 0$ zieht dann $\nu_a(\{x\}) = 0$, $x \in \mathbb{R}^k$, nach sich, und es folgt $1 = \nu(\{x\}) = \nu_s(\{x\})$, $x \in \mathbb{R}^k$. Wegen $\nu_s \perp \lambda^k$ gibt es ein $B \in \mathcal{B}^k$ mit $\lambda^k(B) = 0$ und $\nu_s(B^c) = 0$. Mit $\nu_s(\{x\}) = 1$, $x \in \mathbb{R}^k$, folgt $B^c = \emptyset$ und $B = \mathbb{R}^k$, was ein Widerspruch zu $\lambda^k(B) = 0$ ist. ◄

Wir möchten diesen Abschnitt mit einem häufig benutzten Resultat über Dichten beschließen, das von dem amerikanischen Statistiker Henri Scheffé (1907–1977) stammt.

Lemma von Scheffé (1947)

Es seien $(\Omega, \mathcal{A}, \mu)$ ein Maßraum und $P = f\mu$, $Q = g\mu$, $P_n = f_n\mu$, $n \ge 1$, Wahrscheinlichkeitsmaße auf $\mathcal{A}$ mit Dichten $f, g, f_n, n \ge 1$, bezüglich μ. Dann gelten:

a)

$$\sup_{A \in \mathcal{A}} |P(A) - Q(A)| = \frac{1}{2} \cdot \int |f - g|\,\mathrm{d}\mu$$

b) Aus $f_n \to f$ μ-f.ü. folgt $\lim\limits_{n\to\infty} |f_n - f|\,\mathrm{d}\mu = 0$.

Beweis: a) Es gilt $0 = \int (f-g)\,\mathrm{d}\mu = \int (f-g)^+\,\mathrm{d}\mu - \int (f-g)^-\,\mathrm{d}\mu$. und somit

$$\int (f-g)^+\,\mathrm{d}\mu = \int (f-g)^-\,\mathrm{d}\mu = \frac{1}{2} \cdot \int |f-g|\,\mathrm{d}\mu. \tag{7.61}$$

Für $A \in \mathcal{A}$ gilt

$$\begin{aligned}P(A) - Q(A) &= \int (f-g)^+ \mathbf{1}_A\,\mathrm{d}\mu - \int (f-g)^- \mathbf{1}_A\,\mathrm{d}\mu\\ &\le \int (f-g)^+\,\mathrm{d}\mu\\ &= \frac{1}{2} \cdot \int |f-g|\,\mathrm{d}\mu,\end{aligned}$$

wobei das Gleichheitszeichen für $A = \{f - g > 0\}$ eintritt. Ebenso erhalten wir

$$Q(A) - P(A) \le \frac{1}{2} \cdot \int |f-g|\,\mathrm{d}\mu.$$

b) Es gilt $0 \le (f - f_n)^+ \le f$. Wegen $(f - f_n)^+ \to 0$ μ-f.ü. für $n \to \infty$ liefern der Satz von der dominierten Konvergenz und (7.61) die Behauptung. ■

Hintergrund und Ausblick: Absolute Stetigkeit und Singularität von Borel-Maßen im $\mathbb{R}^k$

Es sei ν ein beliebiges σ-endliches Maß ν auf der Borel'schen σ-Algebra $\mathcal{B}^k$. Wir stellen uns die Aufgabe, ν und das Borel-Lebesgue-Maß λ^k miteinander zu vergleichen. Da der Quotient $\nu(B)/\lambda^k(B)$ für eine Borelmenge B mit $\lambda^k(B) > 0$ die – physikalisch betrachtet – durch ν gegebene „Masse" von B in Beziehung zum k-dimensionalen Volumen von B setzt, also die „ν-Masse-Dichte von B" darstellt, liegt es nahe, die Menge B zu einem Punkt x „zusammenschrumpfen zu lassen", um so eine lokale Dichte von ν bezüglich λ^k an der Stelle x zu erhalten. Bezeichnen $\|\cdot\|$ die Euklidische Norm in $\mathbb{R}^k$ und $B(x,r) = \{y \in \mathbb{R}^k : \|x-y\| < r\}$ die k-dimensionale Kugel um x mit Radius r, so heißt der Grenzwert

$$(D\nu)(x) := \lim_{r\to 0} \frac{\nu(B(x,r))}{\lambda^k(B(x,r))} \qquad (7.58)$$

(im Falle seiner Existenz) die **symmetrische Ableitung** oder **lokale Dichte von ν bezüglich λ^k** an der Stelle x. Hierbei ist $\lambda^k(B(x,r)) = \pi^{k/2}r^k/\Gamma(1+k/2)$ (vgl. das Beispiel auf Seite 261).

Offenbar existiert $(D\nu)(x)$ als uneigentlicher Grenzwert $+\infty$, falls $\nu(\{x\}) > 0$ gilt, also ν eine Punktmasse an der Stelle x besitzt. Ist ν absolut stetig bezüglich λ^k mit Radon-Nikodym-Dichte (Lebesgue-Dichte) f, so gilt (vgl. (7.50)) für jeden Stetigkeitspunkt x von f die Beziehung

$$f(x) = (D\nu)(x)\,. \qquad (7.59)$$

Wir können folglich mit einer Lebesgue-Dichte f zumindest in deren Stetigkeitspunkten die mittels (7.58) gegebene anschauliche Vorstellung des „lokalen Verhältnisses von ν-Masse pro Volumen" verbinden. Da f jedoch – wie das Beispiel $f = \mathbf{1}\{\mathbb{R}^k \setminus \mathbb{Q}^k\}$) zeigt – in keinem Punkt stetig sein muss, erhebt sich die Frage, ob es überhaupt Punkte x mit der Eigenschaft (7.59) gibt. Dass dies stets der Fall ist, besagt ein berühmtes Resultat von Lebesgue, wonach (7.59) für λ^k-fast alle x gilt.

Ist in Verallgemeinerung des Beispiels auf Seite 256 das Maß ν **diskret** in dem Sinne, dass $\nu(\{x_j\}) > 0$, $j \ge 1$, für eine abzählbare Teilmenge $B = \{x_1, x_2, \ldots\} \subseteq \mathbb{R}^k$ sowie $\nu(\mathbb{R}^k \setminus B) = 0$ gelten, so ist ν singulär bezüglich λ^k, und es gilt

$$(D\nu)(x) = \begin{cases} 0, & \text{falls } x \notin B \\ \infty & \text{sonst,} \end{cases} \qquad (7.60)$$

also insbesondere $D\nu = 0$ λ^k-f.ü. und $D\nu = \infty$ ν-f.ü.

Ein einfaches nicht diskretes singuläres Maß ν bezüglich λ^k ist im Fall $k \ge 2$ das Bildmaß $T(\lambda^1)$ von λ^1 unter der Abbildung $T\colon \mathbb{R}^1 \to \mathbb{R}^k$, $x \mapsto (x, 0, \ldots, 0)$, also die Übertragung des Borel-Lebesgue-Maßes im $\mathbb{R}^1$ auf die erste Koordinatenachse im $\mathbb{R}^k$. Wegen $\lambda^k(T(\mathbb{R}^1)) = 0$ gilt $T(\lambda^1)\perp\lambda^k$ sowie (7.60) mit $T(\lambda^k)$ und $T(\mathbb{R}^1)$ anstelle von ν bzw. B.

Ein auch historisch wichtiges nicht diskretes singuläres Wahrscheinlichkeitsmaß $\mathbb{P}$ auf $\mathcal{B}$ ist die **Cantor-Verteilung**. Die zugehörige stetige maßdefinierende Funktion, die um die Festsetzungen $F(x) := 1$ für $x > 1$ und $F(x) := 0$ für $x < 0$ zu einer auf ganz $\mathbb{R}^1$ definierten Funktion ergänzt wird, heißt **Cantor-Lebesgue-Funktion** oder **Teufelstreppe**. Letztere wurde in Abschnitt 16.2 von Band 1 als gleichmäßiger Limes von stetigen Funktionen auf $[0,1]$ konstruiert und ist in Abbildung 22.6 skizziert.

Da F außerhalb der in Abschnitt 16.2 von Band 1 als λ^1-Nullmenge nachgewiesenen überabzählbaren Cantor-Menge C konstant ist, gilt $\mathbb{P}(C) = 1$ und somit $\mathbb{P}\perp\lambda^1$.

Literatur

W. Rudin: *Real and Complex Analysis*, 3. Aufl. Mc Graw-Hill. Singapur 1986.

Kommentar: Man nennt

$$d_{TV}(P,Q) := \sup_{A\in\mathcal{A}} |P(A) - Q(A)|$$

auch den *totalen Variationsabstand* von P und Q. Die Funktion $d_{TV}(\cdot,\cdot)$ definiert eine Metrik auf der Menge aller Wahrscheinlichkeitsmaße auf $\mathcal{A}$. Das in a) formulierte Resultat zeigt also, wie der Totalvariationsabstand mithilfe von Dichten berechnet werden kann.

7.9 Produktmaße, Satz von Fubini

Das Borel-Lebesgue-Maß λ^2 ist dadurch festgelegt, dass man achsenparallelen Rechtecken das Produkt der Seitenlängen als Fläche zuordnet. In diesem Abschnitt geht es um eine direkte Verallgemeinerung dieses Ansatzes, um aus vorhandenen Maßen ein Produktmaß zu konstruieren.

Es seien $(\Omega_1, \mathcal{A}_1, \mu_1), \ldots, (\Omega_n, \mathcal{A}_n, \mu_n)$, $n \ge 2$, Maßräume, $\Omega := \times_{j=1}^n \Omega_j$ das kartesische Produkt von $\Omega_1, \ldots, \Omega_n$ und $\pi_j\colon \Omega \to \Omega_j$ die durch $\pi_j(\omega) := \omega_j$, $\omega = (\omega_1, \ldots, \omega_n)$, definierte j-te Projektionsabbildung. Die auf Seite 233 eingeführte Produkt-σ-Algebra von $\mathcal{A}_1, \ldots, \mathcal{A}_n$ wird mit $\bigotimes_{j=1}^n \mathcal{A}_j = \sigma(\pi_1, \ldots, \pi_n)$ bezeichnet.

Wir stellen uns die Frage, ob es ein (eventuell sogar eindeutig bestimmtes) Maß μ auf $\bigotimes_{j=1}^n \mathcal{A}_j$ mit der Eigenschaft

$$\mu(A_1 \times \ldots \times A_n) = \prod_{j=1}^n \mu_j(A_j) \qquad (7.62)$$

für beliebige Mengen A_j aus $\mathcal{A}_j$ $(j = 1, \ldots, n)$ gibt. Im Falle der eingangs angesprochenen Flächenmessung ist $(\Omega_j, \mathcal{A}_j, \mu_j) = (\mathbb{R}, \mathcal{B}, \lambda^1)$, $j = 1, 2$. Sind A_1 und A_2 beschränkte Intervalle, so bedeutet der Ansatz (7.62) gerade, die Fläche des Rechtecks $A_1 \times A_2$ mit den Grundseiten A_1 und A_2 zu bilden, indem man die Längen dieser Seiten miteinander multipliziert.

Die Frage der Eindeutigkeit von μ kann sofort mithilfe des Eindeutigkeitssatzes für Maße beantwortet werden.

Satz über die Eindeutigkeit des Produktmaßes

Sind die Maße $\mu_1, \ldots, \mu_n$ σ-endlich, so gibt es höchstens ein Maß μ auf $\bigotimes_{j=1}^n \mathcal{A}_j$ mit der Eigenschaft (7.62).

Beweis: Wegen der σ-Endlichkeit von μ_j ist das $\cap$-stabile Mengensystem $\mathcal{M}_j := \{M \in \mathcal{A}_j : \mu_j(M) < \infty\}$ ein Erzeuger von $\mathcal{A}_j$ $(j = 1, \ldots, n)$. Da allgemein

$$\left(\bigtimes_{j=1}^n E_j\right) \cap \left(\bigtimes_{j=1}^n F_j\right) = \bigtimes_{j=1}^n (E_j \cap F_j)$$

gilt, ist auch das Mengensystem $\mathcal{M} := \mathcal{M}_1 \times \cdots \times \mathcal{M}_n$ $\cap$-stabil. Nach Aufgabe 7.47 gilt $\sigma(\mathcal{M}) = \bigotimes_{j=1}^n \mathcal{A}_j$. Da $\mathcal{M}$ eine Folge $(B_k)_{k\geq 1}$ mit $B_k \uparrow \Omega_1 \times \cdots \times \Omega_n$ bei $k \to \infty$ enthält, ergibt sich die Behauptung aus dem Eindeutigkeitssatz für Maße. ∎

Die Bildung des Produktmaßes einer Menge verallgemeinert das Cavalieri'sche Prinzip

Zur Frage der Existenz von μ betrachten wir zunächst den Fall $n = 2$. Da wir nicht nur messbaren Rechtecken wie in (7.62) ein Maß zuordnen wollen, sondern auch komplizierten Mengen Q in der Produkt-σ-Algebra $\bigotimes_{j=1}^n \mathcal{A}_j$, bietet es sich an, wie bei der Flächenberechnung von Teilmengen des $\mathbb{R}^2$ zu verfahren und durch den Ansatz

$$\mu(Q) := \int_{\Omega_1} \mu_2(\{\omega_2 \in \Omega_2 : (\omega_1, \omega_2) \in Q\})\, \mu_1(\mathrm{d}\omega_1) \qquad (7.63)$$

zum Ziel zu kommen. Man hält also zunächst ω_1 fest, bildet das μ_2-Maß der auch als **ω_1-Schnitt von Q** bezeichneten und in Abb. 7.22 links skizzierten Menge

$$_{\omega_1}Q := \{\omega_2 \in \Omega_2 : (\omega_1, \omega_2) \in Q\} \qquad (7.64)$$

und integriert diese von ω_1 abhängenden Maße $\mu_2(_{\omega_1}Q)$ bezüglich μ_1 über ω_1. Symmetrisch dazu könnte man auch zunächst ω_2 festhalten, das μ_1-Maß des sogenannten **ω_2-Schnitts**

$$Q_{\omega_2} := \{\omega_1 \in \Omega_1 : (\omega_1, \omega_2) \in Q\} \qquad (7.65)$$

von Q (Abb. 7.22 rechts) betrachten und dann das Integral

$$\int_{\Omega_2} \mu_1(Q_{\omega_2})\, \mu_2(\mathrm{d}\omega_2) \qquad (7.66)$$

bilden. Es wird sich zeigen, dass dieser Ansatz zum Ziel führt, und dass die Integrale in (7.63) und (7.66) den gleichen Wert liefern. Zunächst sind jedoch einige technische Feinheiten zu beachten. So müssen die ω_1- und ω_2-Schnitte einer Menge $Q \in \mathcal{A}_1 \otimes \mathcal{A}_2$ in $\mathcal{A}_2$ bzw. $\mathcal{A}_1$ liegen, damit die entsprechenden Maße dieser Mengen erklärt sind. Des Weiteren müssen die Funktionen $\Omega_1 \ni \omega_1 \mapsto \mu_2(_{\omega_1}Q)$ und $\Omega_2 \ni \omega_2 \mapsto \mu_1(Q_{\omega_2})$ $\mathcal{A}_1$- bzw. $\mathcal{A}_2$-messbar sein, damit die Integrale in (7.63) und (7.66) wohldefiniert sind. Diesem Zweck dienen die beiden folgenden Hilfssätze.

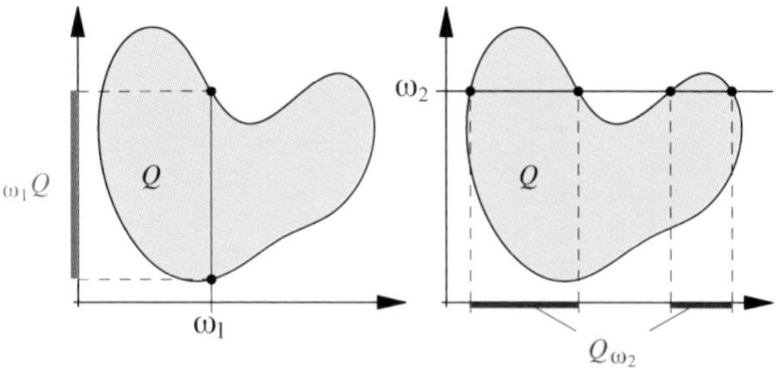

Abbildung 7.22 ω_1- und ω_2-Schnitt einer Menge.

Lemma (über Schnitte)

Aus $Q \in \mathcal{A}_1 \otimes \mathcal{A}_2$ folgt $_{\omega_1}Q \in \mathcal{A}_2$ für jedes $\omega_1 \in \Omega_1$ und $Q_{\omega_2} \in \mathcal{A}_1$ für jedes $\omega_2 \in \Omega_2$.

Beweis: Wir betrachten für festes $\omega_1 \in \Omega_1$ das Mengensystem $\mathcal{A} := \{Q \subseteq \Omega : {_{\omega_1}Q} \in \mathcal{A}_2\}$. Wegen $_{\omega_1}\Omega = \Omega_2$, $_{\omega_1}(\Omega \setminus Q) = \Omega_2 \setminus (_{\omega_1}Q)$ und

$$_{\omega_1}\left(\bigcup_{n=1}^\infty Q_n\right) = \bigcup_{n=1}^\infty {_{\omega_1}Q_n} \qquad (7.67)$$

für Teilmengen $Q, Q_1, Q_2, \ldots$ von Ω sowie

$$_{\omega_1}(A_1 \times A_2) = \begin{cases} A_2, \text{ falls } \omega_1 \in A_1 \\ \emptyset \text{ sonst} \end{cases} \qquad (7.68)$$

für $A_1 \subseteq \Omega_1$ und $A_2 \subseteq \Omega_2$ ist $\mathcal{A}$ eine σ-Algebra über Ω mit $\mathcal{H} := \{A_1 \times A_2 : A_1 \in \mathcal{A}_1, A_2 \in \mathcal{A}_2\} \subseteq \mathcal{A}$. Wegen $\sigma(\mathcal{H}) = \mathcal{A}_1 \otimes \mathcal{A}_2 \subseteq \mathcal{A}$ folgt die Behauptung für ω_1-Schnitte. Die Betrachtungen für ω_2-Schnitte sind analog. ∎

Lemma (über die Messbarkeit der Schnitt-Maße)

Sind die Maße μ_1 und μ_2 σ-endlich, so gilt für jedes $Q \in \mathcal{A}_1 \otimes \mathcal{A}_2$: Die (aufgrund des obigen Lemmas wohldefinierten) Funktionen

$$\Omega_1 \ni \omega_1 \mapsto \mu_2(_{\omega_1}Q), \qquad \Omega_2 \ni \omega_2 \mapsto \mu_1(Q_{\omega_2})$$

sind $\mathcal{A}_1$- bzw. $\mathcal{A}_2$-messbar.

Beweis: Wir schreiben kurz $s_Q(\omega_1) := \mu_2({}_{\omega_1}Q)$ und nehmen zunächst $\mu_2(\Omega_2) < \infty$ an. Das Mengensystem

$$\mathcal{D} := \{D \in \mathcal{A}_1 \otimes \mathcal{A}_2 \colon s_D \text{ ist } \mathcal{A}_1\text{-messbar}\}$$

ist ein Dynkin-System, was man wie folgt einsieht: Wegen $s_\Omega \equiv \mu_2(\Omega_2)$ gilt zunächst $\Omega \in \mathcal{D}$, da konstante Funktionen messbar sind. Sind $D, E \in \mathcal{D}$ mit $D \subseteq E$, so folgt wegen ${}_{\omega_1}(E \setminus D) = {}_{\omega_1}E \setminus {}_{\omega_1}D$ und ${}_{\omega_1}D \subseteq {}_{\omega_1}E$ die Gleichheit $s_{E\setminus D} = s_E - s_D$. Da die Differenz messbarer Funktionen messbar ist, gehört $E \setminus D$ zu $\mathcal{D}$. Nach (7.67) gilt $s_{\sum_{n=1}^\infty D_n} = \sum_{n=1}^\infty s_{D_n}$ für eine disjunkte Vereinigung von Mengen aus $\mathcal{D}$, sodass $\mathcal{D}$ auch die Vereinigung $\sum_{n=1}^\infty D_n$ enthält. Folglich ist $\mathcal{D}$ ein Dynkin-System.

Mit (7.68) ergibt sich $s_{A_1\times A_2} = \mu_2(A_2)\cdot \mathbf{1}\{A_1\}$, was bedeutet, dass $\mathcal{D}$ das $\cap$-stabile System $\mathcal{H} := \mathcal{A}_1 \times \mathcal{A}_2$ aller messbaren Rechtecke enthält. Nach dem Lemma auf Seite 215 folgt $\mathcal{A}_1 \otimes \mathcal{A}_2 = \sigma(\mathcal{H}) = \delta(\mathcal{H}) \subseteq \mathcal{D}$, was zu zeigen war.

Ist μ_2 nur σ-endlich, so wählen wir eine Folge $(B_n)_{n\geq 1}$ aus $\mathcal{A}_2$ mit $B_n \uparrow \Omega_2$ und $\mu_2(B_n) < \infty$, $n \geq 1$. Für jedes n ist $A_2 \mapsto \mu_2(A_2 \cap B_n)$ ein endliches Maß $\mu_{2,n}$ auf $\mathcal{A}_2$. Nach dem bereits Gezeigten ist für jedes $n \geq 1$ die Funktion $\omega_1 \mapsto \mu_{2,n}({}_{\omega_1}Q)$ $\mathcal{A}_1$-messbar. Wegen $\mu_2({}_{\omega_1}Q) = \sup_{n\geq 1}\mu_{2,n}({}_{\omega_1}Q)$ ist $\omega_1 \mapsto \mu_2({}_{\omega_1}Q)$ als Supremum abzählbar vieler messbarer Funktionen $\mathcal{A}_1$-messbar. ■

Existenz und Eindeutigkeit des Produktmaßes

Es seien $(\Omega_1, \mathcal{A}_1, \mu_1)$ und $(\Omega_2, \mathcal{A}_2, \mu_2)$ σ-endliche Maßräume. Dann gibt es genau ein σ-endliches Maß μ auf $\mathcal{A}_1 \otimes \mathcal{A}_2$ mit

$$\mu(A_1\times A_2) = \mu_1(A_1)\cdot\mu_2(A_2)\,, \qquad A_1 \in \mathcal{A}_1,\ A_2 \in \mathcal{A}_2\,. \tag{7.69}$$

Für jede Menge $Q \in \mathcal{A}_1 \otimes \mathcal{A}_2$ gilt

$$\mu(Q) = \int \mu_2({}_{\omega_1}Q)\,\mu_1(\mathrm{d}\omega_1) \tag{7.70}$$

$$= \int \mu_1(Q_{\omega_2})\,\mu_2(\mathrm{d}\omega_2)\,. \tag{7.71}$$

μ heißt **Produkt der Maße μ_1 und μ_2** oder **Produktmaß von μ_1 und μ_2** und wird mit $\mu_1 \otimes \mu_2$ bezeichnet.

Beweis: Wie früher sei $s_Q(\omega_1) := \mu_2({}_{\omega_1}Q)$ gesetzt. Wegen $s_Q \geq 0$ und dem obigen Lemma ist die Funktion

$$\mu(Q) := \int s_Q\,\mathrm{d}\mu_1\,, \qquad Q \in \mathcal{A}_1 \otimes \mathcal{A}_2\,,$$

wohldefiniert. Es gilt $s_\emptyset \equiv 0$ und somit $\mu(\emptyset) = 0$. Sind $Q_1, Q_2, \ldots$ paarweise disjunkte Mengen aus $\mathcal{A}_1 \otimes \mathcal{A}_2$, so liefern $s_{\sum_{n=1}^\infty Q_n} = \sum_{n=1}^\infty s_{Q_n}$ und die Folgerung aus dem Satz von der monotonen Konvergenz auf Seite 246 $\mu(\sum_{n=1}^\infty Q_n) = \sum_{n=1}^\infty \mu(Q_n)$. Also ist μ ein Maß. Wegen $s_{A_1\times A_2} = \mu_2(A_2)\cdot\mathbf{1}\{A_1\}$ gilt (7.69). Ebenso definiert

$$\tilde{\mu}(Q) := \int \mu_1(Q_{\omega_2})\,\mu_2(\mathrm{d}\omega_2)$$

ein Maß $\tilde{\mu}$ auf $\mathcal{A}_1 \otimes \mathcal{A}_2$ mit der Eigenschaft (7.69). (7.71) gilt, da μ und $\tilde{\mu}$ nach dem Eindeutigkeitssatz auf Seite 259 übereinstimmen. ■

Beispiel Es gilt $\lambda^{k+s} = \lambda^k \otimes \lambda^s$.
Für $x = (x_1, \ldots, x_{k+s})$, $y = (y_1, \ldots, y_{k+s}) \in \mathbb{R}^{k+s}$ mit $x \leq y$ sei $A_1 := \times_{j=1}^k (x_j, y_j]$, $A_2 := \times_{j=k+1}^{k+s}(x_j, y_j]$. Nach (7.69) gilt für das Produktmaß $\lambda^k \otimes \lambda^s$ auf $\mathcal{B}^k \otimes \mathcal{B}^s$ ($= \mathcal{B}^{k+s}$, siehe Seite 233)

$$\begin{aligned}
\lambda^k \otimes \lambda^s((x, y]) &= \lambda^k \otimes \lambda^s(A_1 \times A_2)\\
&= \lambda^k(A_1)\cdot\lambda^s(A_2)\\
&= \prod_{j=1}^k (y_j - x_j)\cdot \prod_{j=k+1}^{k+s}(y_j - x_j)\\
&= \prod_{j=1}^{k+s}(y_j - x_j)\\
&= \lambda^{k+s}((x, y])\,,
\end{aligned}$$

also $\lambda^k \otimes \lambda^s(Q) = \lambda^{k+s}(Q)\ \forall Q \in \mathcal{I}^k$. Nach dem Eindeutigkeitssatz für Maße folgt $\lambda^k \otimes \lambda^s = \lambda^{k+s}$. ◀

Kommentar: Der italienische Mathematiker und Astronom Buonaventura Cavalieri (1598–1647) formulierte ein nach ihm benanntes Prinzip der Flächen- und Volumenmessung. Dieses *Cavalieri'sche Prinzip* besagt im $\mathbb{R}^3$, dass zwei Körper das gleiche Volumen aufweisen, wenn alle ebenen Schnitte, die parallel zu einer vorgegebenen Grundebene und in übereinstimmenden Abständen ausgeführt werden, die jeweils gleiche Fläche besitzen. Diese Aussage ist ein Spezialfall der ersten Gleichheit in (7.71) für den Fall $\mu_1 = \lambda^1$, $\mu_2 = \lambda^2$, wonach für $Q \in \mathcal{B}^3$

$$\lambda^3(Q) = \int_{\mathbb{R}} \lambda^2({}_xQ)\,\lambda^1(\mathrm{d}x)$$

gilt. Ist also $R \in \mathcal{B}^3$ ein weiterer Körper mit der Eigenschaft $\lambda^2({}_xR) = \lambda^2({}_xQ)$ für jedes $x \in \mathbb{R}$, ergeben also alle Schnitte von R und Q mit den zu $\{(0, y, z)\colon y, z \in \mathbb{R}\}$ parallelen Ebenen jeweils gleiche Schnittflächen, so folgt $\lambda^3(Q) = \lambda^3(R)$. Dabei muss die Gleichheit der Schnittflächen nur für λ^1-fast alle x gelten.

In gleicher Weise besitzen zwei messbare Teilmengen des $\mathbb{R}^2$ die gleiche Fläche, wenn alle Schnitte mit Geraden, die parallel zu einer vorgegebenen Geraden ausgeführt werden, die jeweils gleiche Länge besitzen. Dieses Prinzip spiegelt sich in der ersten Gleichheit in (7.71) für den Fall $\mu_1 = \mu_2 = \lambda^1$ wider.

Beispiel: Bestimmung des Volumens einer Kugel im $\mathbb{R}^k$ mit vollständiger Induktion

Bestimmen Sie $\lambda^k(B_k(x,r))$, wobei $B_k(x,r) = \{y \in \mathbb{R}^k \colon \|y-x\| < r\}$.

Problemanalyse und Strategie: Das Volumen von $B_k(x,r)$ wurde in Abschnitt 22.4 von Band 1 mithilfe von Kugelkoordinaten zu $\pi^{k/2} r^k / \Gamma(k/2+1)$ hergeleitet. Dabei ist $\Gamma\colon (0,\infty) \to \mathbb{R}$ die in Abschnitt 16.6 und Aufgabe 16.12 von Band 1 studierte und durch $\Gamma(t) := \int_0^\infty \mathrm{e}^{-x} t^{x-1}\,\mathrm{d}x$ definierte *Gammafunktion*. Wir versuchen, diese Formel induktiv mithilfe der Beziehung $\lambda^{k+s} = \lambda^k \otimes \lambda^s$ herzuleiten.

Lösung:

Für jede natürliche Zahl k sei kurz

$$c_k := \frac{\pi^{k/2}}{\Gamma\left(\frac{k}{2}+1\right)}, = \begin{cases} \dfrac{(2\pi)^{k/2}}{k\cdot(k-2)\cdot\ldots\cdot 4\cdot 2}, & \text{falls } k \text{ gerade,} \\ \dfrac{2\cdot(2\pi)^{(k-1)/2}}{k\cdot(k-2)\cdot\ldots\cdot 3\cdot 1}, & \text{falls } k \text{ ungerade,} \end{cases}$$

gesetzt. Da λ^k translationsinvariant ist und nach Aufgabe 7.35 bei einer durch $H_\kappa(x) := \kappa\cdot x$ ($x \in \mathbb{R}^k$, $\kappa \neq 0$), gegebenen zentrischen Streckung gemäß $H_\kappa(\lambda^k) = |\kappa|^{-k}\cdot\lambda^k$ transformiert wird, können wir o.B.d.A. $x = 0$ und $r = 1$ annehmen. Es ist also

$$\lambda^k(S_k(0,1)) = c_k \qquad (7.72)$$

zu zeigen.

Im Fall $k = 1$ gilt $B_1(0,1) = (-1,1)$ und somit $\lambda^1(B_1(0,1)) = 2$, was wegen $c_1 = 2$ mit (7.72) übereinstimmt. Im Fall $k \geq 2$ verwenden wir für den Induktionsschluss von $k-1$ auf k die Beziehungen $\mathbb{R}^k = \mathbb{R}\times\mathbb{R}^{k-1}$ und $\lambda^k = \lambda^1 \otimes \lambda^{k-1}$. Setzen wir kurz $B_k := B_k(0,1)$, so ergibt sich für jedes $x_1 \in (-1,1)$ der x_1-Schnitt von B_k zu

$$\begin{aligned} {}_{x_1}B_k &= \{(x_2,\ldots,x_k) \in \mathbb{R}^{k-1} \colon x_2^2 + \ldots + x_k^2 < 1 - x_1^2\} \\ &= B_{k-1}\left(0, \sqrt{1-x_1^2}\right). \end{aligned}$$

Nach Induktionsvoraussetzung gilt

$$\lambda^{k-1}\left({}_{x_1}B_k\right) = c_{k-1}\cdot\left(1-x_1^2\right)^{(k-1)/2}$$

sowie $\lambda^{k-1}\left({}_{x_1}B_k\right) = 0$, falls $|x_1| \geq 1$. Mit (7.71) und der Substitution $t = \cos x_1$ sowie

$$a_k := \int_0^{\pi/2} (\sin t)^k \,\mathrm{d}t,$$

folgt

$$\begin{aligned} \lambda^k(B_k) &= \int_{\mathbb{R}} \lambda^{k-1}\left({}_{x_1}B_k\right)\lambda^1(\mathrm{d}x_1) \\ &= c_{k-1}\cdot\int_{-1}^1 \left(1-x_1^2\right)^{(k-1)/2} \mathrm{d}x_1 \\ &= 2\cdot c_{k-1}\cdot a_k \end{aligned}$$

und somit

$$\frac{\lambda^k(B_k)}{\lambda^{k-2}(B_{k-2})} = \frac{c_{k-1}}{c_{k-3}}\cdot\frac{a_k}{a_{k-2}}, \quad k \geq 3. \qquad (7.73)$$

Wegen $\Gamma(x+1) = x\Gamma(x)$ gilt

$$\frac{c_{k-1}}{c_{k-3}} = \frac{2\pi}{k-1},$$

und partielle Integration liefert $a_k/a_{k-2} = (k-1)/k$, $k \geq 3$. Gleichung (7.73) geht somit in die Rekursionsformel

$$\lambda^k(B_k) = \frac{2\pi}{k}\cdot\lambda^{k-2}(B_{k-2}), \quad k \geq 3,$$

über. Die Folge (c_k) erfüllt die gleiche Rekursionsformel und die gleichen Anfangsbedingungen, nämlich $c_1 = 2 = \lambda^1(B_1)$, $c_2 = \pi = \lambda^2(B_2)$, es gilt also $c_k = \lambda^k(B_k)$ für jedes $k \geq 1$, was zu zeigen war.

Integration bezüglich des Produktmaßes bedeutet iterierte Integration

Getreu dem Motto „Wo ein Maß ist, ist auch ein Integral" wenden wir uns jetzt der Integration bezüglich des Produktmaßes $\mu_1 \otimes \mu_2$ zu. Sei hierzu $f\colon \Omega_1\times\Omega_2 \to \bar{\mathbb{R}}$ eine $\mathcal{A}_1\otimes\mathcal{A}_2$-messbare Funktion. Zur Verdeutlichung, welches der Argumente ω_1 oder ω_2 von f festgehalten wird, schreiben wir

$$f(\omega_1,\cdot)\colon \begin{cases} \Omega_2 \to \bar{\mathbb{R}} \\ \omega_2 \mapsto f(\omega_1,\omega_2) \end{cases} \qquad f(\cdot,\omega_2)\colon \begin{cases} \Omega_1 \to \bar{\mathbb{R}} \\ \omega_1 \mapsto f(\omega_1,\omega_2). \end{cases}$$

Wegen $f(\omega_1,\cdot)^{-1}(B) = \{\omega_2 \colon (\omega_1,\omega_2) \in f^{-1}(B)\} = {}_{\omega_1}(f^{-1}(B))$ ($\omega_1 \in \Omega_1$, $B \in \bar{\mathcal{B}}$) ist $f(\omega_1,\cdot)$ nach dem Lemma über Schnitte $\mathcal{A}_2$-messbar. Ebenso ist $f(\cdot,\omega_2)$ für jedes $\omega_2 \in \Omega_2$ $\mathcal{A}_1$-messbar.

Das erste Resultat über die Integration bezüglich des Produktmaßes betrifft nichtnegative Funktionen. Es geht auf den italienischen Mathematiker Leonida Tonelli (1885–1946) zurück.

Satz von Tonelli

Es seien $(\Omega_1, \mathcal{A}_1, \mu_1)$ und $(\Omega_2, \mathcal{A}_2, \mu_2)$ σ-endliche Maßräume. Die Funktion $f: \Omega_1 \times \Omega_2 \to \bar{\mathbb{R}}$ sei *nichtnegativ* und $\mathcal{A}_1 \otimes \mathcal{A}_2$-messbar. Dann sind die Funktionen

$$\Omega_2 \ni \omega_2 \mapsto \int f(\cdot, \omega_2)\mathrm{d}\mu_1 ,$$

$$\Omega_1 \ni \omega_1 \mapsto \int f(\omega_1, \cdot)\mathrm{d}\mu_2$$

$\mathcal{A}_2$- bzw. $\mathcal{A}_1$-messbar, und es gilt

$$\int f \,\mathrm{d}\mu_1 \otimes \mu_2 = \int \left(\int f(\cdot, \omega_2)\mathrm{d}\mu_1 \right) \mu_2(\mathrm{d}\omega_2) \quad (7.74)$$

$$= \int \left(\int f(\omega_1, \cdot)\mathrm{d}\mu_2 \right) \mu_1(\mathrm{d}\omega_1) . \quad (7.75)$$

Beweis: Der Beweis erfolgt durch algebraische Induktion. Sei hierzu $(\Omega, \mathcal{A}, \mu) := (\Omega_1 \times \Omega_2, \mathcal{A}_1 \otimes \mathcal{A}_2, \mu_1 \otimes \mu_2)$. Ist $f = \mathbf{1}_Q$, $Q \in \mathcal{A}$, eine Indikatorfunktion, so folgt die Behauptung direkt aus (7.71), denn es gilt $\mu_1(Q_{\omega_2}) = \int f(\cdot, \omega_2)\mathrm{d}\mu_1$ und $\mu_2({}_{\omega_1}Q) = \int f(\omega_1, \cdot)\mathrm{d}\mu_2$. Wegen der Linearität des Integrals gilt die Behauptung dann auch für jede Elementarfunktion. Ist f eine nichtnegative $\mathcal{A}$-messbare Funktion, und ist (u_n) eine Folge von Elementarfunktionen mit $u_n \uparrow f$, so ist für festes ω_2 $(u_n(\cdot, \omega_2))$ eine entsprechende Folge auf Ω_1 mit $u_n(\cdot, \omega_2) \uparrow f(\cdot, \omega_2)$. Die durch $\varphi_n(\omega_2) := \int u_n(\cdot, \omega_2)\mathrm{d}\mu_1$, $\omega_2 \in \Omega_2$, auf Ω_2 definierte Funktion φ_n ist $\mathcal{A}_2$-messbar, $n \geq 1$, mit $\varphi_n(\omega_2) \uparrow \int f(\cdot, \omega_2)\mathrm{d}\mu_1$. Also ist die Funktion $\Omega_2 \ni \omega_2 \mapsto \int f(\cdot, \omega_2)\mathrm{d}\mu_1$ $\mathcal{A}_2$-messbar, und es folgt mit dem Satz von der monotonen Konvergenz, dem ersten Beweisteil sowie der Definition des Integrals für nichtnegative messbare Funktionen

$$\begin{aligned} \int \left(\int f(\cdot, \omega_2)\,\mathrm{d}\mu_1 \right) \mu_2(\mathrm{d}\omega_2) &= \lim_{n\to\infty} \int \varphi_n \,\mathrm{d}\mu_2 \\ &= \lim_{n\to\infty} \int u_n \,\mathrm{d}\mu \\ &= \int f \,\mathrm{d}\mu . \end{aligned}$$

Eine analoge Betrachtung für $f(\omega_1, \cdot)$ liefert (7.75). ∎

Beispiel Die durch

$$B(\alpha, \beta) := \int_0^1 t^{\alpha-1}(1-t)^{\beta-1}\,\mathrm{d}t$$

definierte Funktion $B: (0, \infty)^2 \to \mathbb{R}$ heißt **Euler'sche Betafunktion**. Wie mithilfe des Satzes von Tonelli gezeigt werden soll, besteht ein einfacher Zusammenhang zwischen dieser nach Leonhard Euler (1707–1783) benannten Funktion und der im Beispiel auf Seite 261 definierten Gammafunktion. Es gilt nämlich

$$B(\alpha, \beta) = \frac{\Gamma(\alpha) \cdot \Gamma(\beta)}{\Gamma(\alpha + \beta)}, \qquad \alpha, \beta > 0 . \quad (7.76)$$

Zum Nachweis von (7.76) starten wir mit der aus dem Satz von Tonelli folgenden Gleichung

$$\Gamma(\alpha)\Gamma(\beta) = \int_0^\infty \left(\int_0^\infty t^{\alpha-1}u^{\beta-1}\mathrm{e}^{-(t+u)}\,\mathrm{d}u \right) \mathrm{d}t .$$

Substituiert man im inneren Integral $v := u + t$, so folgt mit $A := \{(t, v) \in \mathbb{R}^2 : 0 < t < v\}$

$$\begin{aligned} \Gamma(\alpha)\Gamma(\beta) &= \int_0^\infty \left(\int_t^\infty t^{\alpha-1}(v-t)^{\beta-1}\mathrm{e}^{-v}\,\mathrm{d}v \right) \mathrm{d}t \\ &= \int_{(0,\infty)^2} \mathbf{1}_A(t, v) t^{\alpha-1}(v-t)^{\beta-1}\mathrm{e}^{-v}\,\mathrm{d}\lambda^2(t, v) . \end{aligned}$$

Vertauscht man die Integranden – was nach dem Satz von Tonelli gestattet ist – so ergibt sich

$$\begin{aligned} \Gamma(\alpha)\Gamma(\beta) &= \int_0^\infty \left(\int_0^v t^{\alpha-1}(v-t)^{\beta-1}\mathrm{d}t \right) \mathrm{e}^{-v}\,\mathrm{d}v \\ &= \int_0^\infty \left(\int_0^1 s^{\alpha-1}(1-s)^{\beta-1}\mathrm{d}s \right) v^{\alpha+\beta-1}\mathrm{e}^{-v}\,\mathrm{d}v \\ &= B(\alpha, \beta) \cdot \Gamma(\alpha + \beta) . \end{aligned}$$ ◀

Wie schon der Satz von Tonelli besagt auch der nachstehende Satz von Guido Fubini (1879–1943), dass unter allgemeinen Voraussetzungen das Integral bezüglich des Produktmaßes durch iterierte Integration in beliebiger Reihenfolge gewonnen werden kann. Wohingegen die betrachtete Funktion im Satz von Tonelli nichtnegativ ist (und dann das entstehende Integral den Wert ∞ annehmen kann), muss sie für die Anwendung des Satzes von Fubini bezüglich des Produktmaßes integrierbar sein.

Satz von Fubini

Es seien $(\Omega_1, \mathcal{A}_1, \mu_1)$ und $(\Omega_2, \mathcal{A}_2, \mu_2)$ σ-endliche Maßräume und $f: \Omega_1 \times \Omega_2 \to \bar{\mathbb{R}}$ eine $\mu_1 \otimes \mu_2$-integrierbare $\mathcal{A}_1 \otimes \mathcal{A}_2$-messbare Funktion. Dann gilt:

- $f(\omega_1, \cdot)$ ist μ_2-integrierbar für μ_1-fast alle ω_1,
- $f(\cdot, \omega_2)$ ist μ_1-integrierbar für μ_2-fast alle ω_2.
- Die μ_1-f.ü. bzw. μ_2-f.ü. definierten Funktionen $\omega_1 \mapsto \int f(\omega_1, \cdot)\mathrm{d}\mu_2$ bzw. $\omega_2 \mapsto \int f(\cdot, \omega_2)\mathrm{d}\mu_1$ sind μ_1- bzw. μ_2-integrierbar, und es gelten (7.74) und (7.75).

Beweis: Aus (7.74) und (7.75) folgt mit $\mu := \mu_1 \otimes \mu_2$

$$\begin{aligned} &\int \left(\int |f(\omega_1, \cdot)|\mathrm{d}\mu_2 \right) \mu_1(\mathrm{d}\omega_1) \\ &= \int \left(\int |f(\cdot, \omega_2)|\mathrm{d}\mu_1 \right) \mu_2(\mathrm{d}\omega_2) \\ &= \int |f|\,\mathrm{d}\mu < \infty. \end{aligned}$$

Teil b) der Folgerung aus der Markov-Ungleichung auf Seite 245 liefert dann die ersten beiden Behauptungen. Damit und wegen des Satzes von Tonelli ist die Funktion

$$\omega_1 \mapsto \int f(\omega_1, \cdot)\mathrm{d}\mu_2 = \int f(\omega_1, \cdot)^+\mathrm{d}\mu_2 - \int f(\omega_1, \cdot)^-\mathrm{d}\mu_2$$

μ_1-f.ü. definiert und (nach einer geeigneten Festlegung auf einer μ_1-Nullmenge) $\mathcal{A}_1$-messbar. Indem man den Satz von Tonelli auf f^+ und f^- anwendet, folgt die Integrierbarkeit dieser Funktion sowie mit der Kurzschreibweise $f_{\omega_1}^{\pm} = f(\omega_1, \cdot)^{\pm}$

$$\begin{aligned}\int f \mathrm{d}\mu &= \int f^+ \mathrm{d}\mu - \int f^- \mathrm{d}\mu \\ &= \iint f_{\omega_1}^+ \mathrm{d}\mu_2\, \mu_1(\mathrm{d}\omega_1) - \iint f_{\omega_1}^- \mathrm{d}\mu_2\, \mu_1(\mathrm{d}\omega_1) \\ &= \iint f(\omega_1, \cdot)\, \mathrm{d}\mu_2\, \mu_1(\mathrm{d}\omega_1)\,.\end{aligned}$$

Vertauscht man die Rollen von ω_1 und ω_2, so ergibt sich der Rest der Behauptung. ■

Beispiel **Integral von Dirichlet**
Der Satz von Fubini liefert die Grenzwertaussage

$$\lim_{t\to\infty} \int_0^t \frac{\sin x}{x}\, \mathrm{d}x = \frac{\pi}{2} \tag{7.77}$$

(siehe Band 1, Abschnitt 16.6). Zunächst ergibt sich nämlich durch Differentiation nach t für jedes $t \geq 0$

$$\int_0^t \mathrm{e}^{-ux} \sin x\, \mathrm{d}x = \frac{1 - \mathrm{e}^{-ut}(u \cdot \sin t + \cos t)}{1 + u^2}\,. \tag{7.78}$$

Wegen

$$\int_0^t \left[\int_0^\infty |\mathrm{e}^{-ux} \sin x|\, \mathrm{d}u\right] \mathrm{d}x = \int_0^t \frac{|\sin x|}{x}\, \mathrm{d}x \leq t < \infty$$

kann der Satz von Fubini auf die Integration von $\mathrm{e}^{-ux} \sin x$ über $(0, t) \times (0, \infty)$ angewendet werden. Mit (7.78) folgt

$$\begin{aligned}\int_0^t \frac{\sin x}{x}\, \mathrm{d}x &= \int_0^t \sin x \left[\int_0^\infty \mathrm{e}^{-ux}\, \mathrm{d}u\right] \mathrm{d}x \\ &= \int_0^\infty \left[\int_0^t \mathrm{e}^{-ux} \sin x\, \mathrm{d}x\right] \mathrm{d}u \\ &= \int_0^\infty \frac{\mathrm{d}u}{1 + u^2} - \int_0^\infty \frac{\mathrm{e}^{-ut}(u \sin t + \cos t)}{1 + u^2} \mathrm{d}u\end{aligned}$$

und somit (7.77), da das zweite Integral für $t \to \infty$ gegen null konvergiert. ◀

Kommentar: Die Sätze von Tonelli und Fubini besagen, dass unter den gemachten Voraussetzungen die Integrationsreihenfolge irrelevant ist. Aus diesem Grund schreiben wir (7.74) und (7.75) in der Form

$$\begin{aligned}\int f\, \mathrm{d}\mu_1 \otimes \mu_2 &= \iint f(\omega_1, \omega_2)\, \mu_1(\mathrm{d}\omega_1)\, \mu_2(\mathrm{d}\omega_2) \\ &= \iint f(\omega_1, \omega_2)\, \mu_2(\mathrm{d}\omega_2)\, \mu_1(\mathrm{d}\omega_1)\,.\end{aligned}$$

Abb. 7.23 illustriert die im Zusammenhang mit den Sätzen von Tonelli und Fubini angewandte und im Fall des Borel-Lebesgue-Maßes in Band 1 ausführlich geübte Integrationstechnik. Soll das Volumen zwischen dem Graphen einer nichtnegativen Funktion f und der (x, y)-Ebene über dem Rechteck $[a_1, b_1] \times [a_2, b_2]$ bestimmt werden, so kann man bei festgehaltenem $y_0 \in [a_2, b_2]$ das als Fläche deutbare Integral $\int_{a_1}^{b_1} f(x, y_0)\, \mathrm{d}x$ berechnen und diese von y_0 abhängende Funktion über y_0 von a_2 bis b_2 integrieren. Dabei führt die Vertauschung der Reihenfolge der inneren und äußeren Integration zum gleichen Wert.

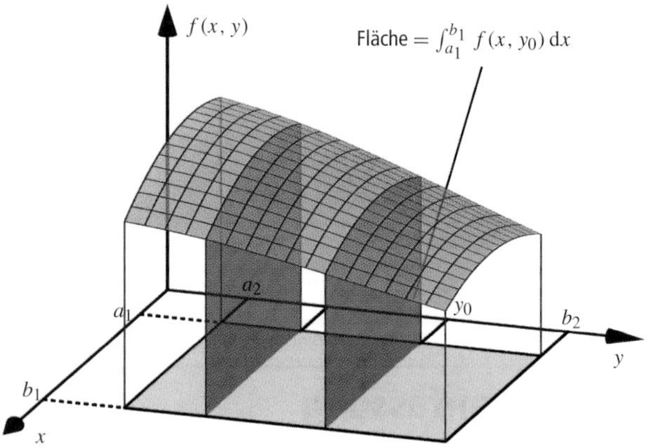

Abbildung 7.23 Zum Satz von Tonelli.

Unter Beachtung der Bijektion

$$\begin{aligned}(\Omega_1 \times \ldots \times \Omega_{n-1}) \times \Omega_n &\to \Omega_1 \times \ldots \times \Omega_n \\ ((\omega_1, \ldots, \omega_{n-1}), \omega_n) &\mapsto (\omega_1, \ldots, \omega_n)\end{aligned}$$

ergibt sich nun mithilfe vollständiger Induktion die Verallgemeinerung der erzielten Resultate auf n-fache kartesische Produkte.

Satz über die Existenz und Eindeutigkeit des Produktmaßes

Es seien $(\Omega_1, \mathcal{A}_1, \mu_1), \ldots, (\Omega_n, \mathcal{A}_n, \mu_n)$, $n \geq 2$, σ-*endliche* Maßräume. Dann existiert genau ein σ-endliches Maß μ auf $\mathcal{A}_1 \otimes \ldots \otimes \mathcal{A}_n$ mit (7.62). Dieses Maß heißt das **Produktmaß)** von $\mu_1, \ldots, \mu_n$ und wird mit

$$\bigotimes_{j=1}^n \mu_j := \mu_1 \otimes \ldots \otimes \mu_n := \mu$$

bezeichnet. Der Maßraum

$$\bigotimes_{j=1}^n (\Omega_j, \mathcal{A}_j, \mu_j) := \left(\mathop{\times}_{j=1}^n \Omega_j, \bigotimes_{j=1}^n \mathcal{A}_j, \bigotimes_{j=1}^n \mu_j\right)$$

heißt **Produkt der Maßräume** $(\Omega_j, \mathcal{A}_j, \mu_j), 1 \leq j \leq n$.

Beweis: Die Eindeutigkeit von μ wurde schon auf Seite 259 bewiesen. Angenommen, die Existenz von $\tilde{\mu} :=$

$\mu_1 \otimes \ldots \otimes \mu_{n-1}$ sei für ein $n > 2$ gezeigt. Aufgrund der σ-Endlichkeit von $\tilde{\mu}$ ist dann auch $\mu := \tilde{\mu} \otimes \mu_n$ definiert. μ ist ein Maß auf $(\mathcal{A}_1 \otimes \ldots \otimes \mathcal{A}_{n-1}) \otimes \mathcal{A}_n$ mit

$$\mu(\tilde{Q} \times A_n) = \tilde{\mu}(\tilde{Q}) \cdot \mu_n(A_n),$$
$$\tilde{Q} \in \mathcal{A}_1 \otimes \ldots \otimes \mathcal{A}_{n-1}, \quad A_n \in \mathcal{A}_n.$$

Wegen $(\mathcal{A}_1 \otimes \ldots \otimes \mathcal{A}_{n-1}) \otimes \mathcal{A}_n = \mathcal{A}_1 \otimes \ldots \otimes \mathcal{A}_n$ (aufgrund obiger Bijektion) erfüllt μ die Bedingung (7.62). ■

Mit ganz analogen Überlegungen ergibt sich die *Assoziativität* der Produktmaß-Bildung, d. h., es gilt

$$\left(\bigotimes_{i=1}^{l} \mu_i\right) \otimes \left(\bigotimes_{i=l+1}^{n} \mu_i\right) = \bigotimes_{i=1}^{n} \mu_i \qquad (7.79)$$

für jede Wahl von l mit $1 \le l < n$. Insbesondere gilt $\lambda^k = \lambda^1 \otimes \ldots \otimes \lambda^1$ (k Faktoren).

Mithilfe der Darstellung (7.79) und vollständiger Induktion übertragen sich auch die Sätze von Tonelli und Fubini auf den allgemeinen Fall von n Faktoren. Ist f eine nichtnegative oder $\mu_1 \otimes \ldots \otimes \mu_n$-integrierbare $\mathcal{A}_1 \otimes \ldots \otimes \mathcal{A}_n$-messbare numerische Funktion auf $\Omega_1 \times \ldots \times \Omega_n$, so gilt für jede Permutation $(i_1, \ldots, i_n)$ von $(1, \ldots, n)$:

$$\int f \,\mathrm{d}(\mu_1 \otimes \ldots \otimes \mu_n)$$
$$= \int \ldots \int f(\omega_1, \ldots, \omega_n) \mu_{i_1}(\mathrm{d}\omega_{i_1}) \ldots \mu_{i_n}(\mathrm{d}\omega_{i_n}).$$

Die Integration bezüglich des Produktmaßes kann also in beliebiger Reihenfolge ausgeführt werden.

Zusammenfassung

Gegenstand der Maß- und Integrationstheorie sind Maßräume und der dazu gehörige Integrationsbegriff. Ein **Maßraum** ist ein Tripel $(\Omega, \mathcal{A}, \mu)$, wobei Ω eine nichtleere Menge und $\mathcal{A} \subseteq \mathcal{P}(\Omega)$ eine σ-Algebra über Ω bezeichnen. Das Paar $(\Omega, \mathcal{A})$ heißt **Messraum**. Eine **σ-Algebra** enthält die leere Menge, mit jeder Menge auch deren Komplement und mit jeder Folge von Mengen auch deren Vereinigung. Ein **Maß** auf $\mathcal{A}$ ist eine Funktion $\mu\colon \mathcal{A} \to [0, \infty]$ mit $\mu(\emptyset) = 0$, die **σ-additiv** ist, also die Gleichung $\mu(\sum_{j=1}^{\infty} A_j) = \sum_{j=1}^{\infty} \mu(A_j)$ für jede Folge (A_n) paarweise disjunkter Mengen aus $\mathcal{A}$ erfüllt. Maße können im Allgemeinen nicht auf der vollen Potenzmenge definiert werden.

Bei der Konstruktion von Maßen liegt eine auf einem System $\mathcal{M} \subseteq \mathcal{P}(\Omega)$ „einfacher" Mengen definierte Funktion vor, die auf die kleinste $\mathcal{M}$ enthaltende σ-Algebra $\sigma(\mathcal{M}) = \bigcap\{\mathcal{A}\colon \mathcal{A} \subseteq \mathcal{P}(\Omega)$ σ-Algebra und $\mathcal{M} \subseteq \mathcal{A}\}$ über Ω fortgesetzt werden soll. Das System $\mathcal{M}$ heißt **Erzeuger** von $\sigma(\mathcal{M})$. Das System $\mathcal{H}$ einfacher Mengen ist ein **Halbring**, d. h., es enthält die leere Menge und ist $\cap$-stabil. Weiter lässt sich die Differenz zweier Mengen aus $\mathcal{H}$ als disjunkte Vereinigung endlich vieler Mengen aus $\mathcal{H}$ schreiben. Ein Beispiel für einen Halbring im $\mathbb{R}^k$ ist das System $\mathcal{I}^k = \{(x, y]\colon x, y \in \mathbb{R}^k, x \le y\}$ der nach links unten offenen achsenparallelen Quader des $\mathbb{R}^k$. Dieses erzeugt die σ-Algebra $\mathcal{B}^k$ der Borelmengen im $\mathbb{R}^k$. Ein **Prämaß** auf $\mathcal{H}$ ist eine σ-additive Funktion $\mu\colon \mathcal{H} \to [0, \infty]$ mit $\mu(\emptyset) = 0$.

Wichtige Resultate der Maßtheorie sind der Fortsetzungssatz und der Eindeutigkeitssatz. Ersterer besagt, dass sich jedes Prämaß μ auf einem Halbring $\mathcal{H} \subseteq \mathcal{P}(\Omega)$ zu einem Maß auf die von $\mathcal{H}$ erzeugte σ-Algebra $\sigma(\mathcal{H})$ fortsetzen lässt. Nach dem Eindeutigkeitssatz sind zwei Maße auf $\mathcal{A}$ schon dann gleich, wenn sie auf einem $\cap$-stabilen Erzeuger von $\mathcal{A}$, der eine aufsteigende Folge $M_j \uparrow \Omega$ enthält, die gleichen, *endlichen* Werte annehmen. Um ein Prämaß μ fortzusetzen, betrachtet man für eine Menge $A \subseteq \Omega$ die Menge $\mathcal{U}(A) := \{(A_n)_{n\in\mathbb{N}}\colon A_n \in \mathcal{H}\ \forall n \ge 1, A \subseteq \bigcup_{n=1}^{\infty} A_n\}$ aller Überdeckungsfolgen von A durch Mengen aus $\mathcal{H}$ und setzt $\mu^*(A) := \inf\{\sum_{n=1}^{\infty} \mu(A_n)\colon (A_n)_{n\in\mathbb{N}} \in \mathcal{U}(A)\}$. Auf diese Weise entsteht ein **äußeres Maß** $\mu^*\colon \mathcal{P}(\Omega) \to [0, \infty]$, d. h., es gilt $\mu^*(\emptyset) = 0$, und μ^* ist monoton (aus $A \subseteq B$ folgt $\mu^*(A) \le \mu^*(B)$) sowie σ-subadditiv (es gilt $\mu^*\left(\bigcup_{j=1}^{\infty} A_j\right) \le \sum_{j=1}^{\infty} \mu^*(A_j)$).

Nach dem **Lemma von Carathéodory** ist das System $\mathcal{A}(\mu^*) := \{A \subseteq \Omega\colon \mu^*(AE) + \mu^*(A^c E) = \mu^*(E)\ \forall E \subseteq \Omega\}$ der **μ^*-messbaren Mengen** eine σ-Algebra mit $\sigma(\mathcal{H}) \subseteq \mathcal{A}(\mu^*)$, und die Restriktion von μ^* auf $\mathcal{A}(\mu^*)$ ist ein Maß. Für den Spezialfall des Halbrings $\mathcal{I}^k$ und den durch $I_k^*((x, y]) := \prod_{j=1}^{n}(y_j - x_j)$ definierten **k-dimensionalen geometrischen Elementarinhalt** zeigt der Cantor'sche Durchschnittssatz, dass I_k^* ein Prämaß ist. Die nach obigen allgemeinen Sätzen eindeutige Fortsetzung λ^k von I_k^* auf $\mathcal{B}^k$ heißt **Borel-Lebesgue-Maß** im $\mathbb{R}^k$.

Ist $G\colon \mathbb{R} \to \mathbb{R}$ eine **maßdefinierende Funktion**, also monoton wachsend und rechtsseitig stetig, so definiert $\mu_G((a, b]) = G(b) - G(a)$ ein Prämaß auf $\mathcal{I}^1$, das eine eindeutige Fortsetzung auf $\mathcal{B}^1$ besitzt. Das entstehende Maß auf $\mathcal{B}^1$ heißt **Lebesgue-Stieltjes-Maß** zu G. Gilt zusätzlich $\lim_{x\to\infty} G(x) = 1$ und $\lim_{x\to-\infty} G(x) = 0$, so heißt G eine **Verteilungsfunktion**; das resultierende Maß ist dann ein Wahrscheinlichkeitsmaß.

Sind $(\Omega, \mathcal{A})$, $(\Omega', \mathcal{A}')$ Messräume, so heißt eine Abbildung $f : \Omega \to \Omega'$ **$(\mathcal{A}, \mathcal{A}')$-messbar**, falls $f^{-1}(\mathcal{A}') \subseteq \mathcal{A}$ gilt, also die Urbilder aller Mengen aus $\mathcal{A}'$ zu $\mathcal{A}$ gehören. Dabei reicht schon die Inklusion $f^{-1}(\mathcal{M}') \subseteq \mathcal{A}$ für einen Erzeuger $\mathcal{M}'$ von $\mathcal{A}'$ aus. Gilt speziell $(\Omega', \mathcal{A}') = (\mathbb{R}, \mathcal{B})$, so heißt f kurz **messbar**. Im Fall $\Omega' = \bar{\mathbb{R}} = \mathbb{R} \cup \{\infty, -\infty\}$ spricht man von einer **numerischen Funktion** und legt die σ-Algebra $\bar{\mathcal{B}} := \{B \cup E : B \in \mathcal{B}, E \subseteq \{-\infty, \infty\}\}$ der **in $\bar{\mathbb{R}}$ Borel'schen Mengen** zugrunde.

Wie für stetige Funktionen gelten auch für messbare Funktionen Rechenregeln. So sind Linearkombinationen und Produkte messbarer numerischer Funktionen messbar und für Folgen (f_n) solcher Funktionen auch die Funktionen $\sup_{n\ge 1} f_n$, $\inf_{n\ge 1} f_n$, $\limsup_{n\to\infty} f_n$ und $\liminf_{n\to\infty} f_n$. Insbesondere ist $\lim_{n\to\infty} f_n$ messbar, falls (f_n) punktweise in $\bar{\mathbb{R}}$ konvergiert. Außerdem sind mit einer Funktion f auch deren **Positivteil** $f^+ := \max(f, 0)$ und deren **Negativteil** $f^- := -\min(f, 0)$ messbar. Für jedes $A \in \mathcal{A}$ ist die durch $\mathbf{1}_A(\omega) := 1$, falls $\omega \in A$, und $\mathbf{1}_A(\omega) := 0$, falls $\omega \notin A$ definierte **Indikatorfunktion $\mathbf{1}_A$** messbar.

Sind $(\Omega, \mathcal{A}, \mu)$ ein Maßraum, $(\Omega', \mathcal{A}')$ ein Messraum und $f : \Omega \to \Omega'$ eine $(\mathcal{A}, \mathcal{A}')$-messbare Abbildung, so wird durch $\mu^f(A') := \mu(f^{-1}(A'))$, $A' \in \mathcal{A}'$, ein Maß auf $\mathcal{A}'$ definiert. Es heißt **Bild(-Maß) von μ unter f** und wird auch mit $f(\mu)$ oder $\mu \circ f^{-1}$ bezeichnet. Für jedes $b \in \mathbb{R}^k$ ist das Bild des Borel-Lebesgue-Maßes λ^k unter der mit T_b bezeichneten Translation um b gleich λ^k. Das Maß λ^k ist somit **translationsinvariant**, und jedes andere translationsinvariante Maß μ auf $\mathcal{B}^k$ mit der Eigenschaft $\mu((0,1]^k) < \infty$ stimmt bis auf einen Faktor mit λ^k überein. Hiermit zeigt man, dass λ^k sogar **bewegungsinvariant** ist, also $T(\lambda^k) = \lambda^k$ für jede Bewegung T des $\mathbb{R}^k$ gilt. Ist allgemeiner T eine durch $T(x) := Ax + a$, $x \in \mathbb{R}^k$, definierte affine Abbildung mit einer invertierbaren Matrix A, so gilt $T(\lambda^k) = |\det A|^{-1} \cdot \lambda^k$.

Auf einem Maßraum $(\Omega, \mathcal{A}, \mu)$ konstruiert man wie folgt das μ-Integral einer messbaren numerischen Funktion $f : \Omega \to \bar{\mathbb{R}}$. Zunächst betrachtet man die Menge $\mathcal{E}_+$ aller **Elementarfunktionen**, also Funktionen $f : \Omega \to \mathbb{R}_{\ge 0}$ mit $|f(\Omega)| < \infty$. Jedes $f \in \mathcal{E}_+$ hat eine Darstellung der Form $f = \sum_{j=1}^n \alpha_j \cdot \mathbf{1}\{A_j\}$ mit paarweise disjunkten Mengen $A_1, \ldots, A_n$ aus $\mathcal{A}$ und $\alpha_1, \ldots, \alpha_n \in \mathbb{R}_{\ge 0}$. Die nicht von der speziellen Darstellung abhängende $[0, \infty]$-wertige Größe $\int f \, d\mu := \sum_{j=1}^n \alpha_j \mu(A_j)$ heißt das **(μ-)Integral von f** (über Ω). Insbesondere gilt also $\int \mathbf{1}_A d\mu = \mu(A)$, $A \in \mathcal{A}$.

In einem zweiten Schritt betrachtet man die Menge $\mathcal{E}_+^\uparrow$ aller messbaren Funktionen $f : \Omega \to [0, \infty]$. Jedes solche f ist punktweiser Grenzwert einer Folge (u_n) aus $\mathcal{E}_+$ mit $u_n \le u_{n+1}$, $n \in \mathbb{N}$. Weil das μ-Integral auf $\mathcal{E}$ die Monotonieeigenschaft „$u \le v \Longrightarrow \int u d\mu \le \int v \, d\mu$" erfüllt, definiert man $\int f \, d\mu := \lim_{n\to\infty} \int u_n \, d\mu$ als das **(μ-)Integral von f (über Ω)**. Da der Grenzwert nicht von der speziellen Folge **(u_n)** abhängt, ist diese Erweiterung des Integralbegriffs auf **$\mathcal{E}_+^\uparrow$** widerspruchsfrei. Schließlich löst man sich von der Bedingung **$f \ge 0$** und nennt eine messbare numerische Funktion auf **Ω (μ-)integrierbar**, falls $\int f^+ d\mu < \infty$ und $\int f^- d\mu < \infty$. In diesem Fall heißt die reelle Zahl

$$\int f \, d\mu := \int f^+ \, d\mu - \int f^- \, d\mu$$

das **(μ-)Integral von f** (über Ω). Wegen $|f| = f^+ + f^-$ ist f genau dann integrierbar, wenn $|f|$ integrierbar ist.

Das μ-Integral besitzt alle vom Lebesgue-Integral her bekannten strukturellen Eigenschaften. So sind mit integrierbaren numerische Funktionen f und g auf Ω und $\alpha \in \mathbb{R}$ auch αf und $f + g$ integrierbar, und es gelten $\int(\alpha \cdot f) \, d\mu = \alpha \cdot \int f \, d\mu$ und $\int (f + g) \, d\mu = \int f \, d\mu + \int g \, d\mu$ sowie die Ungleichung $\left|\int f \, d\mu\right| \le \int |f| \, d\mu$.

Sind $(\Omega, \mathcal{A}, \mu)$ ein Maßraum, $(\Omega', \mathcal{A}')$ ein Messraum, $f : \Omega \to \Omega'$ eine $(\mathcal{A}, \mathcal{A}')$-messbare Abbildung und $h : \Omega' \to \bar{\mathbb{R}}$ eine messbare nichtnegative oder μ^f-integrierbare Funktion, so gilt der **Transformationssatz für Integrale**

$$\int_{\Omega'} h \, d\mu^f = \int_\Omega h \circ f \, d\mu .$$

Eine Menge $A \in \mathcal{A}$ mit $\mu(A) = 0$ heißt (μ-)**Nullmenge**. Eine für jedes $\omega \in \Omega$ zutreffende oder nicht zutreffende Eigenschaft E gilt (μ-)**fast überall** oder kurz f.ü., falls E auf dem Komplement einer Nullmenge zutrifft. Das μ-Integral ändert sich nicht, wenn der Integrand auf einer Nullmenge abgeändert wird. Für eine Funktion $f \ge 0$ gilt $\int f d\mu = 0 \Longleftrightarrow f = 0$ μ-f.ü. Jede μ-integrierbare Funktion ist μ-f.ü. endlich.

Ist $f_1 \le f_2 \le f_3 \le \ldots$ eine isotone Folge aus $\mathcal{E}_+^\uparrow$, so gilt

$$\int \lim_{n\to\infty} f_n \, d\mu = \lim_{n\to\infty} \int f_n \, d\mu$$

(**Satz von der monotonen Konvergenz**). Man kann Integral- und Limesbildung auch vertauschen, wenn die f_n beliebige messbare Funktionen sind, die f.ü. konvergieren und $|f_n| \le g$ f.ü. für eine integrierbare Funktion g gilt (**Satz von der dominierten Konvergenz**). Der Beweis dieses Satzes verwendet das **Lemma von Fatou**, wonach für Funktionen f_n aus $\mathcal{E}_+^\uparrow$ die Ungleichung $\int \liminf_{n\to\infty} f_n \, d\mu \le \liminf_{n\to\infty} \int f_n \, d\mu$ gilt.

Für eine positive reelle Zahl p und eine messbare numerische Funktion f sei $\|f\|_p := (\int |f|^p \, d\mu)^{1/p}$ $(\le \infty)$ gesetzt. f heißt **p-fach integrierbar**, falls $\|f\|_p < \infty$. Die Menge $\mathcal{L}^p$ der reellen p-fach integrierbaren Funktionen ist ein Vektorraum. Im Fall $p \ge 1$ ist die Zuordnung $f \mapsto \|f\|_p$ eine Halbnorm auf $\mathcal{L}^p$, d. h., es gelten $\|f\|_p \ge 0$, $\|\alpha f\|_p = |\alpha| \|f\|_p$ für $\alpha \in \mathbb{R}$ sowie die **Minkowski-Ungleichung** $\|f + g\|_p \le \|f\|_p + \|g\|_p$. Sind $p > 1$ und $q > 1$ mit $1/p + 1/q = 1$, so gilt für messbare numerische Funktionen die **Hölder-Ungleichung** $\|f \cdot g\|_1 \le \|f\|_p \cdot \|g\|_q$.

Eine Folge (f_n) aus $\mathcal{L}^p$ konvergiert im p-ten Mittel gegen $f \in \mathcal{L}^p$, wenn $\|f_n - f\|_p \to 0$. Nach dem **Satz von Riesz-**

Fischer ist der Raum $\mathcal{L}^p$ bezüglich dieser Konvergenz vollständig, jede Cauchy-Folge hat also einen Grenzwert. Die Menge L^p der Äquivalenzklassen μ-f.ü. gleicher Funktionen aus $\mathcal{L}^p$ ist ein Banachraum.

Sind $(\Omega, \mathcal{A}, \mu)$ ein Maßraum und $f\colon \Omega \to [0, \infty]$ eine messbare Funktion, so definiert die Festsetzung

$$\nu(A) := \int_A f \,\mathrm{d}\mu = \int f \cdot \mathbf{1}_A \,\mathrm{d}\mu\,, \quad A \in \mathcal{A}\,,$$

ein Maß $\nu =: f\mu$ auf $\mathcal{A}$, das **Maß mit der Dichte f bezüglich μ**. Da jede μ-Nullmenge eine ν-Nullmenge darstellt, ist ν absolut stetig bezüglich μ, kurz: $\nu \ll \mu$. Ist μ σ-endlich, gibt es also eine Folge (A_n) aus $\mathcal{A}$ mit $A_n \uparrow \Omega$ und $\mu(A_n) < \infty$ für jedes n, so gilt nach dem **Satz von Radon-Nikodym** auch die Umkehrung: Ist ν ein Maß auf $\mathcal{A}$ mit $\nu \ll \mu$, so gilt die obige Darstellung von ν mit einer μ-f.ü. eindeutigen Dichte f. Wegen $\int \varphi \mathrm{d}\nu = \int \varphi\, f \mathrm{d}\mu$ für $\varphi \in \mathcal{E}_+^{\uparrow}$ kann die Integration bezüglich ν auf diejenige bezüglich μ zurückgeführt werden.

Sind $\mu = f\lambda^k$ ein Maß mit einer Lebesgue-Dichte f auf $\mathcal{B}^k$, die außerhalb einer offenen Menge $U \subseteq \mathbb{R}^k$ verschwindet und $T\colon \mathbb{R}^k \to \mathbb{R}^k$ eine messbare Abbildung, deren Restriktion auf U stetig differenzierbar mit nirgends verschwindender Funktionaldeterminante ist, so ist

$$g(y) := \frac{f(T^{-1}(y))}{|\det T'(T^{-1}(y))|}\,, \quad \text{falls } y \in T(U)\,,$$

und $g(y) := 0$ sonst eine λ^k-Dichte des Bildmaßes $T(\mu)$ (**Transformationssatz für λ^k-Dichten**).

Sind μ und ν Maße auf $\mathcal{A}$, wobei ν σ-endlich ist, so existieren nach dem **Lebesgue'schen Zerlegungssatz** eindeutig bestimmte Maße ν_a und ν_s mit $\nu = \nu_a + \nu_s$ und $\nu_a \ll \mu$ sowie $\nu_s \perp \mu$. Die letztere Eigenschaft bedeutet, dass ν_s und μ in dem Sinne **singulär** zueinander sind, dass es eine Menge $A \in \mathcal{A}$ mit $\mu(A) = 0 = \nu_s(\Omega \setminus A)$ gibt. Die Maße ν_a und ν_s heißen **absolut stetiger** bzw. **singulärer Anteil** von ν bezüglich μ.

Sind $(\Omega_1, \mathcal{A}_1, \mu_1)$ und $(\Omega_2, \mathcal{A}_2, \mu_2)$ σ-endliche Maßräume, so existiert genau ein Maß μ auf der von den Mengen $A_1 \times A_2$ mit $A_1 \in \mathcal{A}_1$, $A_2 \in \mathcal{A}_2$ erzeugten Produkt-σ-Algebra $\mathcal{A}_1 \otimes \mathcal{A}_2$ mit $\mu(A_1 \times A_2) = \mu_1(A_1) \cdot \mu_2(A_2)$ für alle $A_1 \in \mathcal{A}_1$, $A_2 \in \mathcal{A}_2$. Dieses Maß heißt **Produktmaß** und wird mit $\mu =: \mu_1 \otimes \mu_2$ bezeichnet. Für jedes $Q \in \mathcal{A}_1 \otimes \mathcal{A}_2$ gilt die das Cavalieri'sche Prinzip verallgemeinernde Gleichung $\mu(Q) = \int_{\Omega_1} \mu_2(\{\omega_2 \in \Omega_2\colon (\omega_1, \omega_2) \in Q\})\mu_1(\mathrm{d}\omega_1)$. Die Integration einer messbaren Funktion $f\colon \Omega_1 \times \Omega_2 \to \bar{\mathbb{R}}$ bezüglich $\mu_1 \otimes \mu_2$ erfolgt iteriert, wobei obige Gleichung den Fall einer Indikatorfunktion $\mathbf{1}\{Q\}$ beschreibt. Allgemein gilt $\int f \mathrm{d}\mu_1 \otimes \mu_2 = \int \left(\int f(\omega_1, \omega_2)\mu_1(\mathrm{d}\omega_1)\right) \mu_2(\mathrm{d}\omega_2)$, wenn f entweder nichtnegativ (**Satz von Tonelli**) oder μ-integrierbar (**Satz von Fubini**) ist. Dabei kann die Integration auch in umgekehrter Reihenfolge durchgeführt werden. Diese Resultate übertragen sich durch Induktion auf den Fall von mehr als zwei Maßräumen.

Aufgaben

Die Aufgaben gliedern sich in drei Kategorien: Anhand der *Verständnisfragen* können Sie prüfen, ob Sie die Begriffe und zentralen Aussagen verstanden haben, mit den *Rechenaufgaben* üben Sie Ihre technischen Fertigkeiten und die *Beweisaufgaben* geben Ihnen Gelegenheit, zu lernen, wie man Beweise findet und führt.

Ein Punktesystem unterscheidet leichte Aufgaben •, mittelschwere •• und anspruchsvolle ••• Aufgaben. Lösungshinweise am Ende des Buches helfen Ihnen, falls Sie bei einer Aufgabe partout nicht weiterkommen. Dort finden Sie auch die Lösungen – betrügen Sie sich aber nicht selbst und schlagen Sie erst nach, wenn Sie selber zu einer Lösung gekommen sind. Ausführliche Lösungswege, Beweise und Abbildungen finden Sie auf der Website zum Buch.

Viel Spaß und Erfolg bei den Aufgaben!

Verständnisfragen

7.1 • Zeigen Sie im Falle des Grundraums $\Omega = \{1, 2, 3\}$, dass die Vereinigung von σ-Algebren im Allgemeinen keine σ-Algebra ist.

7.2 • Es seien Ω eine unendliche Menge und die Funktion $\mu^*\colon \mathcal{P}(\Omega) \to [0, \infty]$ durch $\mu^*(A) := 0$, falls A endlich, und $\mu^*(A) := \infty$ sonst definiert. Ist μ^* ein äußeres Maß?

7.3 • Es sei $G\colon \mathbb{R} \to \mathbb{R}$ eine maßdefinierende Funktion mit zugehörigem Maß μ_G. Für $x \in \mathbb{R}$ bezeichne $G(x-) := \lim_{y \uparrow x, y<x} G(y)$ den linksseitigen Grenzwert von G an der Stelle x. Wegen der Monotonie von G ist dabei $\lim_{n\to\infty} G(y_n)$ nicht von der speziellen Folge (y_n) mit $y_n \le y_{n+1}$, $n \in \mathbb{N}$, und $y_n \to x$ abhängig, was die verwendete Kurzschreibweise rechtfertigt. Zeigen Sie: Es gilt

$$G(x) - G(x-) = \mu_G(\{x\})\,, \quad x \in \mathbb{R}\,.$$

7.4 • Zeigen Sie: Jede monotone Funktion $f\colon \mathbb{R} \to \mathbb{R}$ ist Borel-messbar.

7.5 • Es seien $(\Omega, \mathcal{A})$ ein Messraum und $f\colon \Omega \to \bar{\mathbb{R}}$ eine numerische Funktion. Zeigen Sie, dass aus der Messbarkeit von $|f|$ im Allgemeinen nicht die Messbarkeit von f folgt.

7.6 • Zeigen Sie, dass das System $\bar{\mathcal{I}} := \{[-\infty, c]|: c \in \mathbb{R}\}$ einen Erzeuger der σ-Algebra $\bar{\mathcal{B}}$ über $\bar{\mathbb{R}}$ bildet.

7.7 • Es sei μ ein Inhalt auf einer σ-Algebra $\mathcal{A} \subseteq \mathcal{P}(\Omega)$. Zeigen Sie: Ist μ stetig von unten, so ist μ σ-additiv und somit ein Maß.

7.8 •• Es seien $(\Omega, \mathcal{A}, \mu)$ ein Maßraum, $(\Omega', \mathcal{A}')$ ein Messraum und $f: \Omega \to \Omega'$ eine $(\mathcal{A}, \mathcal{A}')$-messbare Abbildung. Prüfen Sie die Gültigkeit folgender Implikationen:

a) μ ist σ-endlich $\Longrightarrow \mu^f$ ist σ-endlich,

b) μ^f ist σ-endlich $\Longrightarrow \mu$ ist σ-endlich.

7.9 •• Geben Sie Folgen (f_n), (g_n) und (h_n) λ^1-integrierbarer reellwertiger Funktionen auf $\mathbb{R}$ an, die jeweils λ^1-f.ü. gegen null konvergieren, und für die Folgendes gilt:

- $\lim_{n\to\infty} \int f_n \,\mathrm{d}\lambda^1 = \infty$,
- $\lim_{n\to\infty} \int g_n \,\mathrm{d}\lambda^1 = 1$,
- $\limsup_{n\to\infty} \int h_n \,\mathrm{d}\lambda^1 = 1, \ \liminf_{n\to\infty} \int h_n \,\mathrm{d}\lambda^1 = -1$.

7.10 • Es seien $(\Omega, \mathcal{A}, \mu)$ ein Maßraum, $(\Omega', \mathcal{A}')$ ein Messraum und $f: \Omega \to \Omega'$ eine $(\mathcal{A}, \mathcal{A}')$-messbare Abbildung. Zeigen Sie: Ist $h: \Omega' \to \bar{\mathbb{R}}$ eine nichtnegative $\mathcal{A}'$-messbare Funktion, so gilt

$$\int_{A'} h \,\mathrm{d}\mu^f = \int_{f^{-1}(A')} h \circ f \,\mathrm{d}\mu, \quad A' \in \mathcal{A}'.$$

7.11 • Es seien $(\Omega, \mathcal{A}, \mu)$ ein Maßraum sowie $p \in \mathbb{R}$ mit $0 < p \leq 1$. Zeigen Sie: Für messbare numerische Funktionen f und g auf Ω gilt

$$\int |f + g|^p \,\mathrm{d}\mu \;\leq\; \int |f|^p \,\mathrm{d}\mu + \int |g|^p \,\mathrm{d}\mu.$$

7.12 •• Es seien Ω eine *überabzählbare* Menge und $\mathcal{A} := \{A \subseteq \Omega: A$ abzählbar oder A^c abzählbar$\}$ die σ-Algebra der abzählbaren oder co-abzählbaren Mengen. Die Maße ν und μ auf $\mathcal{A}$ seien durch $\nu(A) := 0$, falls A abzählbar und $\nu(A) := \infty$ sonst sowie $\mu(A) := |A|$, falls A endlich und $\mu(A) := \infty$ sonst definiert. Zeigen Sie:

a) $\nu \ll \mu$.

b) ν besitzt keine Dichte bezüglich μ.

c) Warum steht dieses Ergebnis nicht im Widerspruch zum Satz von Radon-Nikodym?

7.13 •• Es seien $(\Omega, \mathcal{A})$ ein Messraum und μ, ν Maße auf $\mathcal{A}$. Weisen Sie in Teil a) – c) $\nu \ll \mu$ nach. Geben Sie jeweils eine Radon–Nikodym-Dichte f von ν bzgl. μ an.

a) $(\Omega, \mathcal{A})$ beliebig, μ ein beliebiges Maß auf $\mathcal{A}$, $A_0 \in \mathcal{A}$ fest, $\nu(A) := \mu(A \cap A_0)$, $A \in \mathcal{A}$.

b) $(\Omega, \mathcal{A}) := (\mathbb{N}, \mathcal{P}(\mathbb{N}))$, P und Q beliebige Wahrscheinlichkeitsmaße auf $\mathcal{P}(\mathbb{N})$, $\mu := P + Q$, $\nu := P$.

c) $(\Omega, \mathcal{A})$ beliebig, λ ein σ-endliches Maß auf $\mathcal{A}$, P und Q Wahrscheinlichkeitsmaße auf $\mathcal{A}$ mit Dichten f bzw. g bzgl. λ ($P = f\lambda$, $Q = g\lambda$), $\mu := P + Q$, $\nu := P$.

Rechenaufgaben

7.14 • Zeigen Sie: Das im Beweis des Eindeutigkeitssatzes für Maße auf Seite 221 auftretende Mengensystem $\mathcal{D}_B = \{A \in \mathcal{A}: \mu_1(BA) = \mu_2(BA)\}$ ist ein Dynkin-System.

7.15 • Es sei λ^k das Borel-Lebesgue-Maß auf $\mathcal{B}^k$. Zeigen Sie: $\lambda^k(\mathbb{Q}^k) = 0$.

7.16 • Betrachten Sie den Messraum $(\mathbb{N}, \mathcal{P}(\mathbb{N}))$ mit dem Zählmaß μ auf $\mathbb{N}$ sowie die durch $f(1) := f(4) := 4.3$, $f(2) := 1.7$, $f(3) := f(7) := f(9) := 6.1$ sowie $f(n) := 0$ sonst definierte Elementarfunktion auf $\mathbb{N}$. Schreiben Sie f in Normaldarstellung und berechnen Sie $\int f \,\mathrm{d}\mu$.

7.17 •• Es seien $(\Omega, \mathcal{A}, \mu) := (\mathbb{R}_{>0}, \mathcal{B} \cap \mathbb{R}_{>0}, \lambda^1|_{\mathbb{R}_{>0}})$ und $p \in (0, \infty)$. Zeigen Sie: Es existiert eine Funktion $f \in \mathcal{L}^p(\Omega, \mathcal{A}, \mu)$ mit der Eigenschaft $f \notin \mathcal{L}^q(\Omega, \mathcal{A}, \mu)$ für jedes $q \in (0, \infty)$ mit $q \neq p$.

7.18 • Die Funktion $f: \mathbb{R}^2 \to \mathbb{R}$ sei durch

$$f(x, y) := \begin{cases} 1, & \text{falls} \quad x \geq 0, \ x \leq y < x + 1, \\ -1, & \text{falls} \quad x \geq 0, \ x + 1 \leq y < x + 2, \\ 0 & \text{sonst,} \end{cases}$$

definiert. Zeigen Sie:

$$\int \left(\int f(x, y) \lambda^1(\mathrm{d}y) \right) \lambda^1(\mathrm{d}x) \neq \int \left(\int f(x, y) \lambda^1(\mathrm{d}x) \right) \lambda^1(\mathrm{d}y).$$

Warum widerspricht dieses Ergebnis nicht dem Satz von Fubini?

Beweisaufgaben

7.19 • Es seien $\mathcal{R} \subseteq \mathcal{P}(\Omega)$ ein Ring sowie $\mathcal{A} := \mathcal{R} \cup \{A^c: A \in \mathcal{R}\}$. Zeigen Sie: $\mathcal{A} = \alpha(\mathcal{R})$.

7.20 • Es sei $(\mathcal{A}_n)_{n\geq 1}$ eine wachsende Folge von Algebren über Ω, also $\mathcal{A}_n \subseteq \mathcal{A}_{n+1}$ für $n \geq 1$. Zeigen Sie:

a) $\cup_{n=1}^{\infty} \mathcal{A}_n$ ist eine Algebra.

b) Sind $\mathcal{A}_n \subseteq \mathcal{P}(\Omega)$, $n \geq 1$, σ-Algebren mit $\mathcal{A}_n \subset \mathcal{A}_{n+1}$, $n \geq 1$, so ist $\cup_{n=1}^{\infty} \mathcal{A}_n$ keine σ-Algebra.

7.21 • Es sei $\mathcal{M} \subseteq \mathcal{P}(\Omega)$ ein beliebiges Mengensystem. Wir setzen $\mathcal{M}_0 := \mathcal{M} \cup \{\emptyset\}$ sowie induktiv $\mathcal{M}_n := \{A \setminus B, A \cup B: A, B \in \mathcal{M}_{n-1}\}$, $n \geq 1$. Zeigen Sie: Der von $\mathcal{M}$ erzeugte Ring ist $\rho(\mathcal{M}) = \cup_{n=0}^{\infty} \mathcal{M}_n$.

7.22 • Es seien $\mathcal{A}^k$ und $\mathcal{K}^k$ die Systeme der abgeschlossenen bzw. kompakten Teilmengen des $\mathbb{R}^k$. Zeigen Sie: $\sigma(\mathcal{A}^k) = \sigma(\mathcal{K}^k)$.

7.23 • Es seien $\mathcal{I}^k = \{(x,y]\colon x, y \in \mathbb{R}^k, x \le y\}$ und $\mathcal{J}^k := \{(-\infty, x]\colon x \in \mathbb{R}^k\}$. Zeigen Sie: $\sigma(\mathcal{I}^k) = \sigma(\mathcal{J}^k)$.

7.24 • a) Es sei $\Omega \neq \emptyset$. Geben Sie eine notwendige und hinreichende Bedingung dafür an, dass das Zähl-Maß μ auf Ω σ-endlich ist.

b) Auf dem Messraum $(\mathbb{R}, \mathcal{B})$ betrachte man das durch $\mu(B) := |B \cap \mathbb{Q}|$, $B \in \mathcal{B}$, definierte Maß. Zeigen Sie, dass μ σ-endlich ist, obwohl jedes offene Intervall das μ-Maß ∞ besitzt.

7.25 • Zeigen Sie: Ist μ ein Inhalt auf einem Ring $\mathcal{R} \subseteq \mathcal{P}(\Omega)$, so gilt für $A, B \in \mathcal{R}$

$$\mu(A \cup B) + \mu(A \cap B) = \mu(A) + \mu(B).$$

7.26 •• Es seien $\Omega := (0,1]$ und $\mathcal{H}$ der Halbring aller halboffenen Intervalle der Form $(a,b]$ mit $0 \le a \le b \le 1$. Für $(a,b] \in \mathcal{H}$ sei $\mu((a,b]) := b - a$ gesetzt, falls $0 < a$; weiter ist $\mu((0,b]) := \infty$, $0 < b \le 1$. Zeigen Sie: μ ist ein Inhalt, aber kein Prämaß.

7.27 •• Zeigen Sie: Die im Lemma von Carathéodory auf Seite 222 auftretende σ-Algebra

$$\mathcal{A}(\mu^*) \\ = \{A \subseteq \Omega\colon \mu^*(A \cap E) + \mu^*(A^c \cap E) = \mu^*(E)\ \forall E \subseteq \Omega\}$$

besitzt folgende Eigenschaft: Ist $A \in \mathcal{A}(\mu^*)$ mit $\mu^*(A) = 0$, und ist $B \subseteq A$, so gilt auch $B \in \mathcal{A}(\mu^*)$ (und damit wegen der Monotonie und Nichtnegativität von μ^* auch $\mu^*(B) = 0$).

7.28 ••• Es seien $(\Omega, \mathcal{A}, \mu)$ ein Maßraum und

$$\mathcal{A}_\mu := \{A \subseteq \Omega\colon \exists E, F \in \mathcal{A} \text{ mit } E \subseteq A \subseteq F,\ \mu(F \setminus E) = 0\}.$$

Die Mengenfunktion $\bar{\mu}\colon \mathcal{A}_\mu \to [0, \infty]$ sei durch $\bar{\mu}(A) := \sup\{\mu(B)\colon B \in \mathcal{A}, B \subseteq A\}$ definiert. Zeigen Sie:

a) $\mathcal{A}_\mu$ ist eine σ-Algebra über Ω mit $\mathcal{A} \subseteq \mathcal{A}_\mu$.
b) $\bar{\mu}$ ist ein Maß auf $\mathcal{A}_\mu$ mit $\bar{\mu}|_{\mathcal{A}} = \mu$.
c) Der Maßraum $(\Omega, \mathcal{A}_\mu, \bar{\mu})$ ist vollständig, mit anderen Worten: Sind $A \in \mathcal{A}_\mu$ mit $\bar{\mu}(A) = 0$ und $B \subseteq A$, so folgt $B \in \mathcal{A}_\mu$.

7.29 • Beweisen Sie Teil a) und c) des Lemmas über σ-Algebren und Abbildungen auf Seite 227.

7.30 •• Es seien $(\Omega, \mathcal{A})$ und $(\Omega', \mathcal{A}')$ Messräume sowie $f\colon \Omega \to \Omega'$ eine Abbildung. Ferner seien $A_1, A_2, \ldots \in \mathcal{A}$ paarweise disjunkt mit $\Omega = \sum_{j=1}^\infty A_j$. Für $n \in \mathbb{N}$ bezeichne $\mathcal{A}_n := \mathcal{A} \cap A_n$ die Spur-σ-Algebra von $\mathcal{A}$ in A_n und $f_n := f|_{A_n}$ die Restriktion von f auf A_n. Zeigen Sie:

$$f \text{ ist } (\mathcal{A}, \mathcal{A}')\text{-messbar} \iff f_n \text{ ist } (\mathcal{A}_n, \mathcal{A}')\text{-messbar},\ n \ge 1.$$

Folgern Sie hieraus, dass eine Funktion $f\colon \mathbb{R}^k \to \mathbb{R}^s$, die höchstens abzählbar viele Unstetigkeitsstellen besitzt, $(\mathcal{B}^k, \mathcal{B}^s)$-messbar ist.

7.31 •• Es seien $\mathcal{H} \subseteq \mathcal{P}(\Omega)$ ein Halbring und $A, A_1, \ldots, A_n \in \mathcal{H}$. Zeigen Sie: Es gibt eine natürliche Zahl k und disjunkte Mengen $C_1, \ldots, C_k$ aus $\mathcal{H}$ mit

$$A \setminus (A_1 \cup \ldots \cup A_n) = A \cap A_1^c \cap \ldots \cap A_n^c = \sum_{j=1}^k C_j.$$

7.32 ••• Es sei μ ein Inhalt auf einem Halbring $\mathcal{H} \subseteq \mathcal{P}(\Omega)$. Zeigen Sie:

a) Durch $\nu(A) := \sum_{j=1}^n \mu(A_j)$ ($A_1, \ldots, A_n \in \mathcal{H}$ paarweise disjunkt, $A = \sum_{j=1}^n A_j$) entsteht ein auf $\mathcal{R} := \rho(\mathcal{H})$ wohldefinierter Inhalt, der μ eindeutig fortsetzt.
b) Mit μ ist auch ν ein Prämaß.

7.33 •• Es sei $(\Omega, \mathcal{A}, \mu)$ ein Maßraum.

a) Zeigen Sie: μ ist genau dann σ-endlich, wenn eine Zerlegung von Ω in abzählbar viele messbare Teilmengen endlichen μ-Maßes existiert.
b) Es sei nun μ σ-endlich, und es gelte $\mu(\Omega) = \infty$. Zeigen Sie, dass es zu jedem K mit $0 < K < \infty$ eine Menge $A \in \mathcal{A}$ mit $K < \mu(A) < \infty$ gibt.

7.34 •• Es sei $(\Omega, \mathcal{A}, \mu)$ ein Maßraum. Zeigen Sie die Äquivalenz der folgenden Aussagen:

a) μ ist σ-endlich,
b) Es existiert eine Borel-messbare Abbildung $h\colon \Omega \to \mathbb{R}$ mit $h(\omega) > 0$ für jedes $\omega \in \Omega$ und $\int h\,\mathrm{d}\mu < \infty$.

7.35 •• Für eine reelle Zahl $\kappa \neq 0$ sei $H_\kappa\colon \mathbb{R}^k \to \mathbb{R}^k$ die durch $H_\kappa(x) := \kappa \cdot x$, $x \in \mathbb{R}^k$, definierte *zentrische Streckung*. Zeigen Sie: Für das Bildmaß von λ^k unter H_κ gilt

$$H_\kappa(\lambda^k) = \frac{1}{|\kappa|^k} \cdot \lambda^k.$$

7.36 •• Es seien $a_1, \ldots, a_k > 0$ und E das Ellipsoid $E := \{x \in \mathbb{R}^k\colon x_1^2/a_1^2 + \ldots + x_k^2/a_k^2 < 1\}$. Zeigen Sie: Es gilt $E \in \mathcal{B}^k$, und es ist

$$\lambda^k(E) = a_1 \cdot \ldots \cdot a_k \cdot \lambda^k(B),$$

wobei $B := \{x \in \mathbb{R}^k\colon \|x\| < 1\}$ die Einheitskugel im $\mathbb{R}^k$ bezeichnet.

7.37 •• Es seien $(\Omega, \mathcal{A}, \mu)$ ein Maßraum und $(A_n)_{n \ge 1}$ eine Folge von Mengen aus $\mathcal{A}$. Für $k \in \mathbb{N}$ sei B_k die Menge aller $\omega \in \Omega$, die in mindestens k der Mengen $A_1, A_2, \ldots$ liegen. Zeigen Sie:

a) $B_k \in \mathcal{A}$,
b) $k\mu(B_k) \le \sum_{n=1}^\infty \mu(A_n)$.

7.38 •• Es seien $(\Omega, \mathcal{A}, \mu)$ ein Maßraum und $f\colon \Omega \to \mathbb{N}_0 \cup \{\infty\}$ eine messbare Abbildung. Zeigen Sie:

$$\int f\,\mathrm{d}\mu = \sum_{n=1}^\infty \mu(f \ge n).$$

7.39 •• Es seien $(\Omega, \mathcal{A}, \mu)$ ein Maßraum und $f: \Omega \to \bar{\mathbb{R}}$ eine *nichtnegative* messbare numerische Funktion. Zeigen Sie:

$$\lim_{n\to\infty} n \int \log\left(1 + \frac{f}{n}\right) \mathrm{d}\mu = \int f \,\mathrm{d}\mu .$$

7.40 •• Es seien $(\Omega, \mathcal{A}, \mu)$ ein *endlicher* Maßraum und $(f_n)_{n\geq 1}$ eine Folge μ-integrierbarer reeller Funktionen auf Ω mit $f := \lim_{n\to\infty} f_n$ *gleichmäßig* auf Ω. Zeigen Sie:

$$\int f \,\mathrm{d}\mu = \lim_{n\to\infty} \int f_n \,\mathrm{d}\mu .$$

7.41 •• Es seien $(\Omega, \mathcal{A}, \mu)$ ein Maßraum und f, g messbare numerische Funktionen auf Ω. Zeigen Sie:

a) $\|f \cdot g\|_1 \leq \|f\|_1 \cdot \|g\|_\infty$.

b) Falls $\mu(\Omega) < \infty$, so gilt

$$\|f\|_q \leq \|f\|_p \cdot \mu(\Omega)^{1/q-1/p} \quad (1 \leq q < p \leq \infty).$$

(Konsequenz: $\mathcal{L}^p \subseteq \mathcal{L}^q$.)

7.42 •• Es seien $(\Omega, \mathcal{A}, \mu)$ ein Maßraum und $(f_n)_{n\geq 1}$ eine Folge nichtnegativer messbarer numerischer Funktionen auf Ω. Zeigen Sie: Für jedes $p \in [1, \infty]$ gilt

$$\left\| \sum_{n=1}^{\infty} f_n \right\|_p \leq \sum_{n=1}^{\infty} \|f_n\|_p .$$

7.43 •• Es seien $(\Omega, \mathcal{A}, \mu)$ ein Maßraum und $p \in (0, \infty]$. $(f_n)_{n\geq 1}$ sei eine Funktionenfolge aus $\mathcal{L}^p$ mit $\lim_{n\to\infty} f_n = f$ μ-f.ü. für eine reelle messbare Funktion f auf Ω. Es existiere eine messbare numerische Funktion $g \geq 0$ auf Ω mit $\int g^p \,\mathrm{d}\mu < \infty$ und $|f_n| \leq g$ μ-f.ü. für jedes $n \geq 1$. Zeigen Sie:

a) $\int |f|^p \,\mathrm{d}\mu < \infty$.

b) $\lim_{n\to\infty} \int |f_n - f|^p \,\mathrm{d}\mu = 0$ (d.h. $f_n \overset{\mathcal{L}^p}{\to} f$).

7.44 •• Es seien $(\Omega, \mathcal{A}, \mu)$ ein Maßraum sowie $0 < p < \infty$. Zeigen Sie: Die Menge

$$\mathcal{F} := \Big\{ u := \sum_{k=1}^{n} \alpha_k \mathbf{1}\{A_k\} : n \in \mathbb{N},\ A_1, \ldots, A_n \in \mathcal{A},$$
$$\alpha_1, \ldots, \alpha_n \in \mathbb{R},\ \mu(A_j) < \infty \text{ für } j = 1, \ldots, n \Big\}$$

liegt dicht in $\mathcal{L}^p = \mathcal{L}^p(\Omega, \mathcal{A}, \mu)$, d. h. zu jedem $f \in \mathcal{L}^p$ und jedem $\varepsilon > 0$ gibt es ein $u \in \mathcal{F}$ mit $\|f - u\|_p < \varepsilon$.

7.45 ••• Für $A \subseteq \mathbb{N}$ sei $d_n(A) := n^{-1}|A \cap \{1, \ldots, n\}|$ sowie

$$\mathcal{C} := \{A \subseteq \mathbb{N} : d(A) := \lim_{n\to\infty} d_n(A) \text{ existiert}\} .$$

Die Größe $d(A)$ heißt *Dichte von A*. Zeigen Sie:

a) Die Mengenfunktion $d: \mathcal{C} \to [0, 1]$ ist endlich-additiv, aber nicht σ-additiv.

b) $\mathcal{C}$ ist nicht $\cap$-stabil.

c) Ist $\mathcal{C}$ ein Dynkin-System?

7.46 ••• Es seien $\mathcal{O}^k$, $\mathcal{A}^k$ und $\mathcal{K}^k$ die Systeme der offenen bzw. abgeschlossenen bzw. kompakten Teilmengen des $\mathbb{R}^k$. Beweisen Sie folgende *Regularitätseigenschaft* eines *endlichen* Maßes μ auf $\mathcal{B}^k$:

a) Zu jedem $B \in \mathcal{B}^k$ und zu jedem $\varepsilon > 0$ gibt es ein $O \in \mathcal{O}^k$ und ein $A \in \mathcal{A}^k$ mit der Eigenschaft $\mu(O \setminus A) < \varepsilon$.

b) Es gilt $\mu(B) = \sup\{\mu(K) : K \subseteq B,\ K \in \mathcal{K}^k\}$.

7.47 ••• Es seien $(\Omega_j, \mathcal{A}_j)$ Messräume und $\mathcal{M}_j \subseteq \mathcal{A}_j$ mit $\sigma(\mathcal{M}_j) = \mathcal{A}_j$ $(j = 1, \ldots, n)$. In $\mathcal{M}_j$ existiere eine Folge $(M_{jk})_{k\geq 1}$ mit $M_{jk} \uparrow \Omega_j$ bei $k \to \infty$. $\pi_j: \Omega_1 \times \cdots \times \Omega_n \to \Omega_j$ bezeichne die j-te Projektionsabbildung und

$$\mathcal{M}_1 \times \cdots \times \mathcal{M}_n := \{M_1 \times \cdots \times M_n : M_j \in \mathcal{M}_j,\ j = 1, \ldots, n\}$$

das System aller „messbaren Rechtecke mit Seiten aus $\mathcal{M}_1, \ldots, \mathcal{M}_n$“. Zeigen Sie:

a) $\mathcal{M}_1 \times \cdots \times \mathcal{M}_n \subseteq \sigma\left(\bigcup_{j=1}^{n} \pi_j^{-1}(\mathcal{M}_j)\right)$,

b) $\bigcup_{j=1}^{n} \pi_j^{-1}(\mathcal{M}_j) \subseteq \sigma(\mathcal{M}_1 \times \cdots \times \mathcal{M}_n)$,

c) $\bigotimes_{j=1}^{n} \mathcal{A}_j = \sigma(\mathcal{M}_1 \times \cdots \times \mathcal{M}_n)$.

7.48 ••• Es seien μ und ν Maße auf einer σ-Algebra $\mathcal{A} \subseteq \mathcal{P}(\Omega)$ mit $\nu(\Omega) < \infty$. Beweisen Sie folgendes ε-δ-Kriterium für absolute Stetigkeit:

$$\nu \ll \mu \iff \forall \varepsilon > 0\ \exists \delta > 0\ \forall A \in \mathcal{A}: \mu(A) \leq \delta \Rightarrow \nu(A) \leq \varepsilon.$$

7.49 •• Es seien μ und ν Maße auf einer σ-Algebra $\mathcal{A}$ über Ω mit $\nu(A) \leq \mu(A)$, $A \in \mathcal{A}$. Weiter sei μ σ-endlich. Zeigen Sie: Es existiert eine $\mathcal{A}$-messbare Funktion $f: \Omega \to \mathbb{R}$ mit $0 \leq f(\omega) \leq 1$ für jedes $\omega \in \Omega$.

Antworten der Selbstfragen

S. 212
Ja, denn nach der De Morgan'schen Regel gilt

$$A_1 \cap A_2 = \left(A_1^c \cup A_2^c\right)^c, \quad \bigcap_{n=1}^{\infty} A_n = \left(\bigcup_{n=1}^{\infty} A_n^c\right)^c,$$

und die jeweils rechts stehenden Mengen gehören zu $\mathcal{A}$. Eine σ-Algebra ist also insbesondere auch $\cap$-stabil.

S. 213
Setzen wir kurz $B_1 := A_1$ und $B_n := A_n \setminus (A_1 \cup \ldots \cup A_{n-1}) = A_n \cap A_{n-1}^c \cap \ldots \cap A_2^c \cap A_1^c$ für $n \geq 2$, so gilt $B_n \subseteq A_n$, $n \geq 1$, und somit folgt $\supseteq$ in (7.2). Es gilt aber auch $\subseteq$, da es zu jedem $\omega \in \bigcup_{n=1}^{\infty} A_n$ einen *kleinsten* Index n mit $\omega \in A_n$ und somit $\omega \in A_n \cap A_{n-1}^c \cap \ldots \cap A_1^c = B_n$ gibt. Die Mengen $B_1, B_2, \ldots$ sind paarweise disjunkt, denn sind $n, k \in \mathbb{N}$ mit $n < k$, so gilt $B_n \cap B_k \subseteq A_n \cap A_n^c = \emptyset$.

S. 213
Die drei definierenden Eigenschaften einer σ-Algebra sind erfüllt, denn es gilt $\emptyset \in \mathcal{A}_j$ für jedes $j \in J$ und somit $\emptyset \in \mathcal{A}$. Ist $A \in \mathcal{A}$, so gilt $A \in \mathcal{A}_j$ für jedes $j \in J$ und somit $A^c \in \mathcal{A}_j$ für jedes $j \in J$, also auch $A^c \in \mathcal{A}$. Sind $A_1, A_2, \ldots$ Mengen aus $\mathcal{A}$, so gilt $\bigcup_{n=1}^{\infty} A_n \in \mathcal{A}_j$ für jedes $j \in J$ und somit $\bigcup_{n=1}^{\infty} A_n \in \mathcal{A}$. In gleicher Weise argumentiert man für Ringe, Algebren und Dynkin-Systeme.

S. 214
Da jede Algebra insbesondere ein Ring ist, bildet $\alpha(\mathcal{M})$ als Algebra, die $\mathcal{M}$ umfasst, auch einen $\mathcal{M}$ enthaltenden Ring. Folglich muss $\alpha(\mathcal{M})$ auch den kleinsten $\mathcal{M}$ umfassenden Ring $\rho(\mathcal{M})$ enthalten. Genauso zeigt man die zweite Inklusion, denn jede σ-Algebra ist eine Algebra.

S. 214
Wegen $\mathcal{N} \subseteq \sigma(\mathcal{N})$ gilt zunächst $\mathcal{M} \subseteq \sigma(\mathcal{N})$. Da $\sigma(\mathcal{N})$ eine σ-Algebra ist, die $\mathcal{M}$ enthält, muss sie auch die kleinste $\mathcal{M}$ enthaltende σ-Algebra umfassen. Letztere ist aber nach Konstruktion gleich $\sigma(\mathcal{M})$, was a) zeigt. Zum Nachweis von b) ist nur zu beachten, dass $\sigma(\mathcal{M})$ bereits eine σ-Algebra ist. Mit a) und b) ergibt die erste Inklusion $\sigma(\mathcal{M}) \subseteq \sigma(\mathcal{N})$, die zweite liefert dann die umgekehrte Teilmengenbeziehung $\sigma(\mathcal{M}) \supseteq \sigma(\mathcal{N})$.

S. 215
Wegen $\Omega \cap A = A \in \delta(\mathcal{M})$ gilt zunächst $\Omega \in \mathcal{D}_A$. Sind $E, D \in \mathcal{D}_A$ mit $D \subseteq E$, gelten also $E \cap A \in \delta(\mathcal{M})$ und $D \cap A \in \delta(\mathcal{M})$, so ergibt sich wegen

$$(E \setminus D) \cap A = (E \cap A) \setminus (D \cap A)$$

und der zweiten Eigenschaft eines Dynkin-Systems $(E \setminus D) \cap A \in \delta(\mathcal{M})$ und somit $E \setminus D \in \mathcal{D}_A$. Sind schließlich $D_1, D_2, \ldots$ paarweise disjunkte Mengen aus $\mathcal{D}_A$, gilt also $D_j \cap A \in \delta(\mathcal{M})$ für jedes $j \geq 1$, so folgt wegen der paarweisen Disjunktheit der letzteren Mengen und der Tatsache, dass $\delta(\mathcal{M})$ ein Dynkin-System ist, die Beziehung

$$\left(\sum_{j=1}^{\infty} D_j\right) \cap A = \sum_{j=1}^{\infty} D_j \cap A \in \mathcal{D}_A,$$

also $\sum_{j=1}^{\infty} D_j \in \mathcal{D}_A$, was zu zeigen war.

S. 218
Offenbar gilt $\mu_Z(\emptyset) = \delta_\omega(\emptyset) = \mu(\emptyset) = 0$, und der Wertebereich der Funktionen μ_Z, δ_ω und μ ist $[0, \infty]$. Um die σ-Additivität des Zählmaßes nachzuweisen, unterscheide man die Fälle, dass $\sum_{j=1}^{\infty} A_j$ endlich oder unendlich ist. Das Dirac-Maß δ_ω ist σ-additiv, weil ω (wenn überhaupt) nur in genau einer von paarweise disjunkten Mengen liegen kann. Für den Nachweis der σ-Additivität von μ beachte man, dass in der Gleichungskette

$$\begin{aligned}\mu\left(\sum_{j=1}^{\infty} A_j\right) &= \sum_{n=1}^{\infty} b_n \mu_n\left(\sum_{j=1}^{\infty} A_j\right) = \sum_{n=1}^{\infty} b_n \sum_{j=1}^{\infty} \mu_n(A_j)\\ &= \sum_{j=1}^{\infty}\sum_{n=1}^{\infty} b_n \mu_n(A_j) = \sum_{j=1}^{\infty} \mu(A_j)\end{aligned}$$

das dritte Gleichheitszeichen aufgrund des großen Umordnungssatzes für Reihen (siehe Band 1, Abschnitt 10.4) gilt.

S. 226
Für die Mengen $A_n := (-n, n]$, $n \in \mathbb{N}$, gilt $A_n \uparrow \mathbb{R}$ und $\mu_G(A_n) = G(n) - G(-n) < \infty$, $n \in \mathbb{N}$.

S. 229
Für $A_3 \in \mathcal{A}_3$ gilt $(f_2 \circ f_1)^{-1}(A_3) = f_1^{-1}(f_2^{-1}(A_3))$. Hieraus folgt die Behauptung.

S. 231
Es ist $\bar{\mathbb{R}} = \mathbb{R} \cup \{-\infty, +\infty\} \in \bar{\mathcal{B}}$. Ist $A = B \cup E \in \bar{\mathcal{B}}$, wobei $B \in \mathcal{B}$ und $E \subseteq \{-\infty, +\infty\}$, so gilt $\bar{\mathbb{R}} \setminus A = (\mathbb{R} \setminus B) \cup (\{-\infty, +\infty\} \setminus E) \in \bar{\mathcal{B}}$. Sind $A_n = B_n \cup E_n \in \bar{\mathcal{B}}$, wobei $B_n \in \mathcal{B}$ und $E_n \subseteq \{-\infty, +\infty\}$, so folgt $\cup_{n=1}^{\infty} A_n = \cup_{n=1}^{\infty} B_n \cup \cup_{n=1}^{\infty} E_n$ mit $\cup_{n=1}^{\infty} B_n \in \mathcal{B}$ und $\cup_{n=1}^{\infty} E_n \subseteq \{-\infty, +\infty\}$ und somit $\cup_{n=1}^{\infty} A_n \in \bar{\mathcal{B}}$, was zu zeigen war.

S. 231
Es ist

$$\begin{aligned}\{f \leq a, g > b\} &= \{\omega \in \Omega\colon f(\omega) \leq a \text{ und } g(\omega) > b\}\\ &= (f, g)^{-1}([-\infty, a] \times (b, \infty]) .\end{aligned}$$

S. 233
Eine Menge $A \in \pi_j^{-1}(\mathcal{A}_j)$ besitzt die Darstellung

$$A = \Omega_1 \times \ldots \times \Omega_{j-1} \times A_j \times \Omega_{j+1} \times \ldots \times \Omega_n$$

mit $A_j \in \mathcal{A}_j$. Wegen $\Omega_i \in \mathcal{A}_i \; \forall i$ folgt die Behauptung.

S. 234
Da f messbar ist, ist μ^f als $[0, \infty]$-wertige Mengenfunktion auf $\mathcal{A}'$ wohldefiniert. Wegen $f^{-1}(\emptyset) = \emptyset$ gilt $\mu^f(\emptyset) = 0$. Da Urbilder paarweise disjunkter Mengen $A'_1, A'_2, \ldots$ aus $\mathcal{A}'$ ebenfalls paarweise disjunkt sind, gilt

$$\begin{aligned}\mu^f\left(\sum_{j=1}^{\infty} A'_j\right) &= \mu\left(f^{-1}\left(\sum_{j=1}^{\infty} A'_j\right)\right) = \mu\left(\sum_{j=1}^{\infty} f^{-1}(A'_j)\right)\\ &= \sum_{j=1}^{\infty} \mu\left(f^{-1}(A'_j)\right) = \sum_{j=1}^{\infty} \mu^f(A'_j),\end{aligned}$$

was die σ-Additivität von μ^f zeigt.

S. 235
Es gilt $I := (-1/\sqrt{k}, 1/\sqrt{k}]^k \subseteq B$, denn $x = (x_1, \ldots, x_k) \in I$ hat $\sum_{j=1}^k x_j^2 \leq 1$ zur Folge. Wegen $I \in \mathcal{I}^k$ gilt nach Definition von λ^k auf $\mathcal{I}^k$ die Ungleichung $0 < \lambda^k(I)$ und somit wegen der Monotonie von λ^k auch $0 < \lambda^k(B)$.

S. 238
Gilt $\mu(A) = \infty$, so folgt $\int \mathbf{1}_A \, d\mu = \mu(A) = \infty$.

S. 239
Wir unterscheiden die beiden Fälle $j/2^n \leq f(\omega) < (j+1)/2^n$ für ein $j \in \{0, 1, \ldots, n2^n - 1\}$ und $f(\omega) \geq n$. Im ersten Fall entstehen die beiden Unterfälle $(2j)/2^{n+1} \leq f(\omega) < (2j+1)/2^{n+1}$ und $(2j+1)/2^{n+1} \leq f(\omega) < (2j+2)/2^{n+1}$. Im ersten dieser Unterfälle gilt $u_{n+1}(\omega) = (2j)/2^{n+1} = u_n(\omega)$, im zweiten $u_{n+1}(\omega) = (j+1/2)/2^n > u_n(\omega)$. Im zweiten Fall unterscheidet man die Unterfälle $f(\omega) \geq n+1$ und $n \leq f(\omega) < n+1$, die zu $u_{n+1}(\omega) = n+1 > u_n(\omega)$ bzw. $u_{n+1}(\omega) = n = u_n(\omega)$ führen.

S. 240
Sind $f, g \in \mathcal{E}_+^{\uparrow}$ mit $f \leq g$, wobei $u_n \uparrow f$, $v_n \uparrow g$ mit $u_n, v_n \in \mathcal{E}_+$, so gilt für festes $k \geq 1$ die Ungleichung $u_k \leq \lim_{n\to\infty} v_n$. Das Lemma auf Seite 239 liefert $\int u_k d\mu \leq \lim_{n\to\infty} \int v_n d\mu = \int g \, d\mu$. Der Grenzübergang $k \to \infty$ ergibt dann die Behauptung.

S. 247
Sind $t \in U$ fest und (t_n) eine beliebige Folge in U, die gegen t konvergiert, so ist $\varphi(t_n) \to \varphi(t)$ zu zeigen. Setzen wir $g_n(\omega) := f(t_n, \omega) - f(t, \omega)$, $\omega \in \Omega$, so gilt

$$\varphi(t_n) - \varphi(t) = \int g_n(\omega) \, \mu(d\omega) \, .$$

Aus der Stetigkeit von $t \mapsto f_n(t, \omega)$ für festes ω folgt $\lim_{n\to\infty} g_n(\omega) = 0$, $\omega \in \Omega$. Zusammen mit der Dreiecksungleichung liefert die letzte Voraussetzung $|g_n(\omega)| \leq 2h(\omega)$, $\omega \in \Omega$. Da h μ-integrierbar ist, ergibt sich die Behauptung aus dem Satz von der dominierten Konvergenz.

S. 248
Wegen $|f(\omega) + g(\omega)| \leq |f(\omega)| + |g(\omega)|$ für jedes $\omega \in \Omega$ gilt $\{|f| \leq K\} \cap \{|g| \leq L\} \subseteq \{|f+g| \leq K+L\}$. Geht man hier zu Komplementen über, so ergibt sich die Behauptung.

S. 249
Ja, denn im Fall $p \in [1, \infty]$ folgt aus $\|f_n - f\|_p \to 0$ und $\|f_n - g\|_p \to 0$ wegen $\|f - g\|_p \leq \|f - f_n\|_p + \|f_n - g\|_p$, $n \geq 1$, die Beziehung $\|f - g\|_p = 0$. Im Fall $p < \infty$ ergibt sich hieraus nach Folgerung a) aus der Markov-Ungleichung auf Seite 245 $f - g = 0$ μ-f.ü. Im Fall $p = \infty$ bedeutet $\|f - g\|_\infty = 0$ nach Definition $\mu(|f - g| > 0) = 0$, also $f = g$ μ-f.ü. Ebenso argumentiert man mit (7.43) im Fall $p < 1$.

Lineare Funktionalanalysis – Operatoren statt Matrizen

8

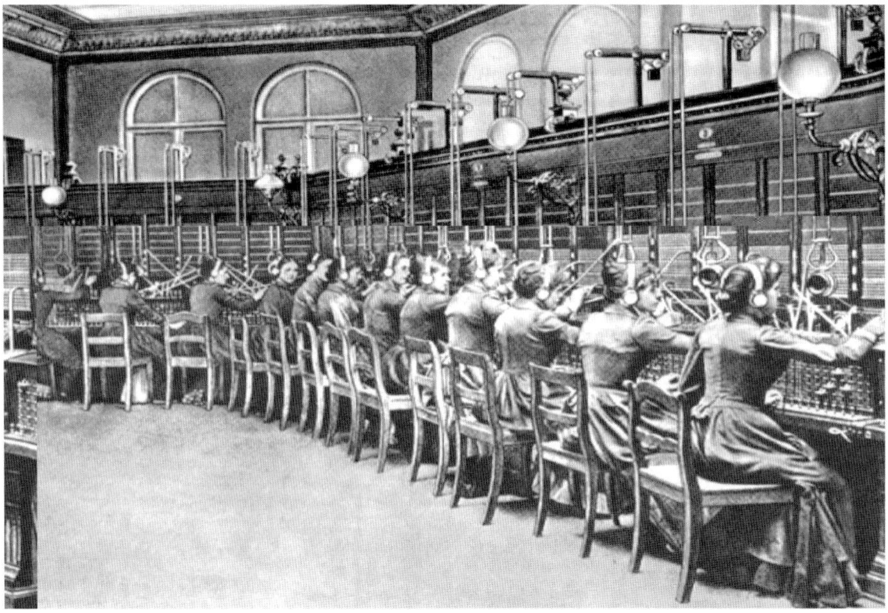

Was ist die Neumann'sche Reihe?

Was besagt das Prinzip der offenen Abbildung?

Lassen sich lineare Funktionale fortsetzen?

Immer wieder begegnen wir dem Phänomen, dass mathematische Fragestellungen erheblich leichter zu erfassen sind, wenn zugrunde liegende abstrakte Strukturen herauskristallisiert und somit Zusammenhänge deutlicher werden. Genau aus diesem Grund sind Aspekte der *linearen Funktionalanalysis* in vielen Bereichen der Mathematik anzutreffen; denn sie beschäftigt sich mit den abstrakten, allgemeinen Eigenschaften linearer Abbildungen in normierten Räumen. Mithilfe der Funktionalanalysis lassen sich einerseits Kenntnisse aus der linearen Algebra in Hinblick auf normierte Räume sortieren und erweitern. Zum anderen wird mit diesem Kapitel eine Grundlage für eine Analysis in abstrakten Vektorräumen gelegt.

Im Vordergrund stehen linearen Abbildungen bzw. *lineare Operatoren*, mit denen wir uns hier beschäftigen und einige Sätze der Funktionalanalysis erarbeiten werden. Dabei ist die Invertierbarkeit solcher Operatoren eine zentrale Frage. Darüber hinaus wird sich der Spezialfall eines linearen, stetigen *Funktionals*, einer linearen beschränkten Abbildung in den Grundkörper, als grundlegend herausstellen. In den beiden folgenden Kapitel werden später weitergehende Aussagen angesprochen, wenn mit *Kompaktheit* des Operators oder durch die Struktur eines *Hilbertraums* stärkere Voraussetzungen gegeben sind.

8.1 Lineare beschränkte Operatoren

Wir beginnen mit einem Beispiel, das wir bereits kennen.

Beispiel Im Grundstudium wird meistens ein Beweis des Satzes von Picard-Lindelöf (siehe Übersicht 22) vorgestellt. Ist zu einer stetigen Funktion $g\colon \mathbb{R}^d \times [a,b] \to \mathbb{R}^d$ und $x_0 \in \mathbb{R}^d$ eine Lösung $x \in C^1([a,b],\mathbb{R}^d)$ zum Anfangswertproblem

$$\begin{aligned} \dot{x}(t) &= g(x(t),t), \quad t \in (a,b),\\ x(a) &= x_0 \end{aligned}$$

gesucht, so wird das Anfangswertproblem in dem Existenzbeweis zu einer äquivalenten *Integralgleichung*

$$x(t) = x_0 + \int_a^t g(x(s),s)\,\mathrm{d}s, \qquad a \le t \le b$$

umformuliert.

Dabei ist zu beachten, wenn $x \in C([a,b],\mathbb{R}^d)$ Lösung der Integralgleichung ist, so folgt $x \in C^1([a,b],\mathbb{R}^d)$, d. h., eine Lösung der Integralgleichung in den stetigen Funktionen ist eine differenzierbare Lösung des Anfangswertproblems. In diesem Sinne sind Integralgleichung und Anfangswertproblem äquivalent (siehe auch Aufgabe 8.3).

Die Beweisidee zum Satz besteht darin, die Existenz von Lösungen der Integralgleichung zu untersuchen. Dazu wird der Banach'sche Fixpunktsatz angewendet auf den *Operator F*, der die Funktion x auf die Funktion $F(x) = y$ mit $y(t) = x_0 + \int_a^t g(x(s),s)\,\mathrm{d}s$ abbildet. Letztendlich sind es somit die Abbildungseigenschaften des Operators, die Existenz einer Lösung des Anfangswertproblems garantieren. ◀

Die Funktionalanalysis beschäftigt sich mit generellen Eigenschaften und Aussagen zu Operatoren. Im Gegensatz zum Beispiel werden wir uns in dieser Einführung mit der linearen Funktionalanalysis beschäftigen, d. h. mit linearen Abbildungen. Im Ausblick auf Seite 287 werden kurz ein paar Aspekte der nichtlinearen Funktionalanalysis vorgestellt. Unter einem **linearen Operator**, einer linearen Abbildung oder auch **Homomorphismus** $A\colon X \to Y$ verstehen wir eine Abbildung zwischen Vektorräumen X, Y, die mit den Vektorraum-Verknüpfungen verträglich ist, d. h.

$$A(\lambda_1 x_1 + \lambda_2 x_2) = \lambda_1 A x_1 + \lambda_2 A x_2$$

für alle $x_1, x_2 \in X$ und $\lambda_1, \lambda_2 \in \mathbb{K}$. Wir gehen im Folgenden für $\mathbb{K}$ stets von einem der beiden Körper $\mathbb{R}$ oder $\mathbb{C}$ aus.

Beispiel

- Lineare Abbildungen werden bereits in der linearen Algebra ausführlich untersucht. Sind X, Y endlich dimensional und sind in den Räumen Basen gegeben, so lässt sich jeder Homomorphismus $\alpha\colon X \to Y$ durch eine Matrix darstellen und umgekehrt liefert jede Matrix einen Homomorphismus. Mit der üblichen Matrixmultiplikation gilt, wenn $\boldsymbol{x}$ den Koordinatenvektor eines Punkts in X bezeichnet,
$$\alpha(\boldsymbol{x}) = \boldsymbol{A}\boldsymbol{x},$$
wobei die Spalten der Matrix aus den Koordinatenvektoren der Bilder $\alpha(\boldsymbol{e}_j) \in Y$ der Basisvektoren $\boldsymbol{e}_j \in X$ bestehen. Inwieweit die vielen Konzepte wie Invertierbarkeit, Eigenwerte etc. (siehe Band 1, Kapitel 12ff) in allgemeinen normierten Vektorräumen gelten, wird in der linearen Funktionalanalysis untersucht.
- Wir können das Differenzieren durch die Definition
$$Dx = x'$$
als einen linearen Operator $D\colon C^1(I) \to C(I)$ von den stetig differenzierbaren Funktionen in die stetigen Funktionen über einem Intervall I auffassen. ◀

Man beachte, dass bei linearen Abbildungen üblicherweise die Klammern um das Argument nicht geschrieben werden, d. h., wir schreiben wie bei den durch Matrizen gegebenen linearen Abbildungen

$$A(x) = Ax\,,$$

wenn aus dem Kontext klar ist, auf welches Argument der Operator wirkt.

?

Finden Sie Beispiele für $g\colon \mathbb{R} \times [a,b] \times [a,b] \to \mathbb{R}$, sodass der Integraloperator A mit

$$Ax(t) = \int_a^b g(x(s),t,s)\,dt$$

für $x \in C([a,b])$ ein linearer Operator ist.

Normierte Räume als Spielwiesen linearer beschränkter Operatoren

Generell interessiert, wie bereits in der linearen Algebra, die Frage, unter welchen Bedingungen eine lineare Gleichung der Form

$$Ax = y$$

mit einem linearen Operator A eine Lösung besitzt. Dazu ist selbstverständlich zu klären, welche Definitions- und Bildmengen relevant sind. Im Idealfall ist der Operator bijektiv und es gibt einen inversen Operator. Wir schreiben in diesem Fall, wie gewohnt, $A^{-1}: Y \to X$ und erhalten eine eindeutige Lösung $x = A^{-1}y$ der Operatorgleichung.

?

Zeigen Sie, dass der inverse Operator zu einem linearen Operator, wenn er existiert, linear ist.

Für einen Einstieg wählen wir für X und Y stets normierte Räume, da man mit deren Topologie bereits durch die endlich dimensionalen Räume relativ vertraut ist. Außerdem ist der in diesem Abschnitt aufgezeigte Zusammenhang zwischen der Norm und der Stetigkeit bei linearen Operatoren grundlegend. Zunächst erinnern wir an die Definition (siehe Abschnitt 17.2 in Band 1).

Definition Norm und normierter Raum

Ist X Vektorraum über $\mathbb{R}$ oder $\mathbb{C}$, so heißt eine Abbildung $\|\,.\,\|: X \to \mathbb{R}$ **Norm**, wenn für $x, y \in X$, $\lambda \in \mathbb{R}$ bzw. $\lambda \in \mathbb{C}$ folgende Eigenschaften gelten:

- die Abbildung ist **positiv**, d. h. $\|x\| \geq 0$,
- sie ist **definit**, $\|x\| = 0 \Leftrightarrow x = 0$,
- sie ist **homogen**, $\|\lambda x\| = |\lambda|\,\|x\|$,
- und es gilt die **Dreiecksungleichung**, $\|x + y\| \leq \|x\| + \|y\|$.

Ein Vektorraum ausgestattet mit einer Norm heißt **normierter Raum**. Wir schreiben $(X, \|.\|)$, wenn die betrachtete Norm nicht offensichtlich ist.

Einige Beispiele sind inzwischen geläufig. So ist der Raum $(\mathbb{R}^d, |\,.\,|)$ ausgestattet mit der euklidischen Norm $|\boldsymbol{x}| = \sqrt{\sum_{i=1}^d |x_i|^2}$ oder der Maximumsnorm $|\boldsymbol{x}|_\infty = \max_{i=1,\dots,n} |x_i|$ bekannt. Aber auch Funktionenräume, wie die Menge der stetigen Funktionen $C(G)$ über $G \subseteq \mathbb{R}^d$ ausgestattet mit der Supremumsnorm

$$\|x\|_\infty = \sup_{t\in G} |x(t)|$$

oder der Raum $L^p(G)$ mit der Norm

$$\|u\|_p = \left(\int_G |u(t)|^p \, dt \right)^{\frac{1}{p}},$$

wurden bereits aufgezeigt (siehe Band 1, Kapitel 19).

Beispiel

- Normierte Räume, die häufig in der Funktionalanalysis betrachtet werden, sind die Folgenräume

$$l^p = \left\{ (a_n)_{n\in\mathbb{N}} \subseteq \mathbb{K}\colon \sum_{n=1}^\infty |a_n|^p < \infty \right\}$$

für $\mathbb{K} = \mathbb{R}$ oder $\mathbb{K} = \mathbb{C}$ und $p \geq 1$. Die Folgen lassen sich als direkte Verallgemeinerung der Koordinatenvektoren im $\mathbb{C}^n$ auffassen und dienen deswegen oft als Beispiele beim Übergang von endlich dimensionalen Räumen zu allgemeinen normierten Räumen. Es handelt sich um einen Spezialfall des allgemeinen Maßraums $\mathcal{L}^p(X, \mu)$, wie er in Abschnitt 7.7 eingeführt ist.

Eine Norm auf l^p ist durch

$$\|(a_n)\|_p = \left(\sum_{n=1}^\infty |a_n|^p \right)^{\frac{1}{p}}$$

gegeben. Nach Definition von l^p ist die Reihe konvergent für jede Folge $(a_n) \in l^p$.

Wir müssen zeigen, dass es sich um einen linearen Raum handelt und die Normeigenschaften prüfen, wobei Positivität und Homogenität sofort aus der Definition ersichtlich sind. Auch die Definitheit der Norm sehen wir leicht, da der Grenzwert $\sum_{n=1}^\infty |a_n|^p$ genau dann null ist, wenn alle Folgenglieder $a_n = 0$, $n \in \mathbb{N}$, verschwinden.

Für diejenigen Leser, die sich nicht intensiv mit Abschnitt 7.7 beschäftigt haben, stellen wir den Beweis der Dreiecksungleichung

$$\left(\sum_{n=1}^\infty |a_n + b_n|^p \right)^{\frac{1}{p}} \leq \left(\sum_{n=1}^\infty |a_n|^p \right)^{\frac{1}{p}} + \left(\sum_{n=1}^\infty |b_n|^p \right)^{\frac{1}{p}}$$

nochmal zusammen, die wir bereits unter dem Namen **Minkowski-Ungleichung** (siehe Seite 249 und Band 1, Abschnitt 19.1) kennengelernt haben.

Zunächst betrachtet man den Fall $p = 1$. In diesem Fall folgt die Abschätzung direkt aus der Dreiecksungleichung in $\mathbb{C}$ bzw. $\mathbb{R}$ für die Summanden; denn die Reihen sind absolut konvergent und können insbesondere umgeordnet werden.

Für den Fall $p > 1$ zeigen wir in einem ersten Schritt die *Hölder'sche Ungleichung*: Definieren wir $q > 1$ mit $\frac{1}{p} + \frac{1}{q} = 1$. Da die Exponentialfunktion konvex ist, gilt für nicht negative reelle Zahlen $x, y \in \mathbb{R}_{\geq 0}$ die Abschätzung

$$\begin{aligned} xy = \mathrm{e}^{\ln x}\mathrm{e}^{\ln y} &= \mathrm{e}^{\frac{1}{p}\ln(x^p) + \frac{1}{q}\ln(x^q)} \\ &\leq \frac{1}{p}x^p + \frac{1}{q}x^q\,. \end{aligned}$$

Sind $(a_n) \in l^p$ und $(b_n) \in l^q$ zwei Folgen, die beide nicht konstant null sind, und setzen wir

$$\hat{a}_n = \frac{a_n}{\|(a_n)\|_p} \quad \text{und} \quad \hat{b}_n = \frac{b_n}{\|(b_n)\|_q},$$

so gilt mit obiger Ungleichung

$$\sum_{n=1}^{N} |\hat{a}_n \hat{b}_n| \leq \frac{1}{p} \sum_{n=1}^{N} |\hat{a}_n|^p + \frac{1}{q} \sum_{n=1}^{N} |\hat{b}_n|^q \leq \frac{1}{p} + \frac{1}{q} = 1\,.$$

Im Grenzfall $N \to \infty$ ergibt sich Konvergenz und die Abschätzung

$$\sum_{n=1}^{\infty} |\hat{a}_n \hat{b}_n| \leq \frac{1}{p} \sum_{n=1}^{\infty} |\hat{a}_n|^p + \frac{1}{q} \sum_{n=1}^{\infty} |\hat{b}_n|^q = 1\,.$$

Wenn wir $\hat{a}_n$ und $\hat{b}_n$ einsetzen und $\|(a_n)\|_p$ und $\|(b_n)\|_p$ ausschreiben, erhalten wir die **Hölder'sche Ungleichung**

$$\sum_{n=1}^{\infty} |a_n b_n| \leq \left(\sum_{n=1}^{\infty} |a_n|^p\right)^{\frac{1}{p}} \left(\sum_{n=1}^{\infty} |b_n|^q\right)^{\frac{1}{q}}.$$

Aus der Hölder'schen Ungleichung erhalten wir mit der Dreiecksungleichung in $\mathbb{R}$ oder $\mathbb{C}$ durch

$$\begin{aligned}\sum_{n=1}^{N} |a_n + b_n|^p &\leq \sum_{n=1}^{N} |a_n|\,|a_n + b_n|^{p-1} + |b_n|\,|a_n + b_n|^{p-1} \\ &\leq \left(\sum_{n=1}^{N} |a_n|^p\right)^{\frac{1}{p}} \left(\sum_{n=1}^{N} |a_n + b_n|^{q(p-1)}\right)^{\frac{1}{q}} \\ &\quad + \left(\sum_{n=1}^{N} |b_n|^p\right)^{\frac{1}{p}} \left(\sum_{n=1}^{N} |a_n + b_n|^{q(p-1)}\right)^{\frac{1}{q}}\end{aligned}$$

bzw. mit $q(p-1) = p$

$$\left(\sum_{n=1}^{N} |a_n + b_n|^p\right)^{1-\frac{1}{q}} \leq \left(\sum_{n=1}^{N} |a_n|^p\right)^{\frac{1}{p}} + \left(\sum_{n=1}^{N} |b_n|^p\right)^{\frac{1}{p}}.$$

Betrachten wir den Grenzfall $N \to \infty$, so folgt Konvergenz der Reihe auf der linken Seite und die Minkowski-Ungleichung

$$\left(\sum_{n=1}^{\infty} |a_n + b_n|^p\right)^{\frac{1}{p}} \leq \left(\sum_{n=1}^{\infty} |a_n|^p\right)^{\frac{1}{p}} + \left(\sum_{n=1}^{\infty} |b_n|^p\right)^{\frac{1}{p}}$$

wegen $1 - \frac{1}{q} = \frac{1}{p}$. Insgesamt haben wir somit nicht nur die Dreiecksungleichung in l^p gezeigt, sondern auch, dass die Summe zweier Folgen wiederum Element in l^p ist. Zusammen mit der oben angesprochenen Homogenität ergibt sich, dass die Menge l^p ein linearer normierter Raum ist. Die Forderung $p \geq 1$ ist notwendig, um einen normierten Raum zu erhalten. Im Fall $p \in (0,1)$ ist l^p zwar noch ein Vektorraum und durch $d(a,b) = \sum_{n=1}^{\infty} |a_n - b_n|^p$ lässt sich eine Metrik auf l^p angeben. Aber nehmen wir die p-te Wurzel dieser Metrik, um Homogenität von $d(a,0)$ zu erzeugen, so gilt die Dreiecksungleichung nicht mehr. Dies sehen wir etwa am Beispiel der beiden Folgen $a_1 = 1$, $a_n = 0$ für $n \geq 2$ und $b_1 = 0$, $b_2 = 1$, $b_n = 0$ für $n \geq 3$, für die mit

$$\begin{aligned}&\left(\sum_{n=1}^{\infty} |a_n + b_n|^p\right)^{\frac{1}{p}} \\ &= 2^{\frac{1}{p}} > 2 = \left(\sum_{n=1}^{\infty} |a_n|^p\right)^{\frac{1}{p}} + \left(\sum_{n=1}^{\infty} |b_n|^p\right)^{\frac{1}{p}}\end{aligned}$$

die Dreiecksungleichung nicht gilt. Für generelle Betrachtungen etwa in *topologischen Vektorräume* verweisen wir auf die Literatur und konzentrieren uns hier weiterhin auf normierte Räume.

- Ist $G \subseteq \mathbb{R}^d$ offen und D^j der Differenzialoperator

$$D^j u = \frac{\partial^{|j|} u}{\partial t_1^{j_1} \ldots \partial t_n^{j_n}}$$

zum Multiindex $j = (j_1, \ldots, j_n) \in \mathbb{N}_0^n$ mit $|j| = j_1 + \ldots + j_n$. Dann ist

$$C^k(G) = \left\{u : G \to \mathbb{R} :\ D^j u \text{ stetig für } |j| \leq k\right\}$$

der Vektorraum der k-mal stetig differenzierbaren Funktionen, wobei die Addition durch die punktweise Addition $(u+v)(t) = u(t) + v(t)$ gegeben ist. Die Menge

$$X = \{u \in C^k(G) :\ \max_{|j| \leq k} \sup_{t \in G} |D^j u(t)| < \infty\}$$

ist ein normierter Raum mit der Norm

$$\|u\|_{k,\infty} = \max_{|j| \leq k} \sup_{t \in G} |D^j u(t)|.$$

Wir schreiben übrigens oft $\|\cdot\|_\infty = \|\cdot\|_{0,\infty}$. Mit der Linearität der Ableitung ist dies offensichtlich ein linearer Raum. Die Norm-Eigenschaften zu $\|.\|_{k,\infty}$ ergeben sich aus den entsprechenden Eigenschaften der Supremumsnorm; denn schreiben wir

$$\|u\|_{k,\infty} = \max_{|j| \leq k} \|D^j u\|_\infty$$

so ist $\|u\|_{k,\infty} \geq 0$ offensichtlich positiv. Aus $\|u\|_{k,\infty} = 0$ ergibt sich insbesondere $\|u\|_\infty = 0$ und, da die Supremumsnorm definit ist, folgt $u = 0$. Auch die Homogenität, $\|\lambda u\|_{k,\infty} = \max_{|j| \leq k} \|D^j(\lambda u)\|_\infty = |\lambda| \max_{|j| \leq k} \|D^j u\|_\infty = |\lambda| \|u\|_{k,\infty}$, lesen wir direkt ab. Und letztendlich erhalten wir die Dreiecksungleichung aus

$$\begin{aligned}\|u + v\|_{k,\infty} &= \max_{|j| \leq k} \|D^j(u+v)\|_\infty \\ &= \max_{|j| \leq k} \|D^j u + D^j v\|_\infty \\ &\leq \max_{|j| \leq k} (\|D^j u\|_\infty + \|D^j v\|_\infty) \\ &\leq \max_{|j| \leq k} \|D^j u\|_\infty + \max_{|j| \leq k} \|D^j v\|_\infty \\ &= \|u\|_{k,\infty} + \|v\|_{k,\infty}\,.\end{aligned}$$

◀

Eine Übersicht zu häufig betrachteten normierten Räumen findet sich auf Seite 282. Wir wollen im Rahmen dieser Einführung nicht alle diese Räume ausführlich betrachten und werden gegebenenfalls in den Beispielen auf die jeweils betrachteten Räume eingehen.

Grundbegriffe der Topologie werden oft benötigt

In normierten Räumen können wir von *beschränkten* Mengen sprechen. Eine Menge $M \subseteq X$ heißt **beschränkt**, wenn eine Konstante $c > 0$ existiert mit $\|x\| \leq c$ für jedes $x \in M$. Insbesondere ist $(x_n)_n \subseteq X$ eine beschränkte Folge, wenn $\|x_n\| \leq c$ für alle $n \in \mathbb{N}$ gilt. Weiter steht uns im Zusammenhang mit den normierten Räumen die durch die Norm induzierte Topologie zur Verfügung. Wir erinnern an einige topologische Begriffe für den Spezialfall des normierten Raums X.

- Eine Folge $(x_n)_{n\in\mathbb{N}} \subseteq X$ heißt **konvergent**, wenn ein Grenzwert $x \in X$ existiert, d. h., es gibt zu jedem $\varepsilon > 0$ ein $N \in \mathbb{N}$ mit
$$\|x_n - x\| \leq \varepsilon, \quad \text{für jedes } n \geq N .$$
Für konvergente Folgen nutzen wir weiterhin die beiden Schreibweisen $\lim_{n\to\infty} x_n = x$ oder $x_n \to x$, $n \to \infty$.
- Eine Folge $(x_n)_n \subseteq X$ heißt **Cauchy-Folge**, falls zu jedem $\varepsilon > 0$ ein $N \in \mathbb{N}$ existiert, sodass
$$\|x_m - x_n\| \leq \varepsilon, \quad \text{für alle } n, m \geq N.$$
- Ein Element $x \in X$ ist **Häufungspunkt** einer Folge $(x_n)_n \subseteq X$, wenn es eine Teilfolge $(x_{n(k)})_k \subseteq X$ gibt mit $x_{n(k)} \to x$ für $k \to \infty$.
- Eine Menge $M \subseteq X$ heißt **offen**, wenn zu jedem $x \in M$ ein $\varepsilon > 0$ existiert, sodass
$$B(x, \varepsilon) = \{y \in X : \|x - y\| < \varepsilon\} \subseteq M.$$
- Eine Menge $M \subseteq X$ ist **abgeschlossen**, wenn $X \setminus M$ offen ist. Eine wichtige Charakterisierung in normierten Räumen ist, dass M genau dann abgeschlossen ist, wenn M folgenabgeschlossen ist, d. h., wenn für jede in X konvergente Folge $(x_n)_n$ mit $x_n \in M$, auch der Grenzwert $\lim_{n\to\infty} x_n$ in M liegt (siehe Band 1, Abschnitt 19.2).
- Zu einer Menge $M \subseteq X$ bezeichnen wir mit
$$\mathring{M} = \{x \in M : \exists\, \varepsilon > 0 \text{ mit } B(x, \varepsilon) \subseteq M\}$$
das **Innere** von M und mit
$$\overline{M} = \{x \in X : \exists\, (x_n)_n \subseteq M \text{ mit } \lim_{n\to\infty} x_n = x\}$$
den **Abschluss** von M.
- Wir sagen, dass eine Menge $M \subseteq X$ **dicht** liegt in X, wenn $\overline{M} = X$ ist, oder mit anderen Worten, wenn sich jedes $x \in X$ beliebig genau durch Elemente aus M approximieren lässt.

Diese Definitionen sind von der betrachteten Norm abhängig. Nur im Fall von äquivalenten Normen unterscheiden sich die Begriffe und Mengen nicht, d. h., wenn es Konstanten $c_1, c_2 > 0$ gibt mit
$$c_1\|x\|_1 \leq \|x\|_2 \leq c_2\|x\|_1 .$$
für alle $x \in X$. In Band 1, Abschnitt 19.3 wurde unter anderem gezeigt, dass in einem endlich dimensionalen linearen Raum alle Normen äquivalent sind (siehe Abbildung 8.1). Dies ist im Allgemeinen nicht der Fall.

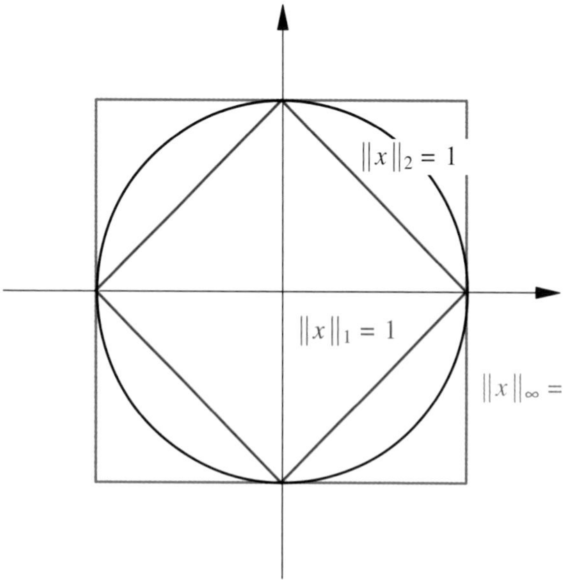

Abbildung 8.1 Bei endlicher Dimension sind alle Normen äquivalent. Zugehörige Einheitskreise sind aber unterschiedlich.

Beispiel Am einfachen Beispiel verdeutlichen wir, dass bei nicht endlich dimensionalen Räumen verschiedene Normen unterschiedliche topologische Eigenschaften erzeugen. Man betrachte etwa die Folge $(x_n)_n \subseteq C([0, 1])$ mit $x_n(t) = t^n$. Die Folge ist punktweise konvergent mit
$$x_n(t) \to \begin{cases} 0, & t \in [0, 1)\,, \\ 1, & t = 1\,, \end{cases} \qquad n \to \infty .$$
Weiter gilt
$$\begin{aligned} \|x_n - x_m\|_\infty &= \max_{t\in[0,1]} (t^n - t^m) \\ &= \left(\frac{n}{m}\right)^{\frac{n}{m-n}} \left(1 - \frac{n}{m}\right) \to 1\,, \end{aligned}$$
für $m \to \infty$ und ein festes $n \in \mathbb{N}$. Also ist (x_n) keine Cauchy-Folge bzgl. der Supremumsnorm $\|\cdot\|_\infty$ und insbesondere nicht konvergent, d. h., die Folge ist nicht gleichmäßig konvergent. Aber es gilt
$$\|x_n - 0\|_2^2 = \int_0^1 |x_n(t)|^2 dt = \int_0^1 t^{2n} dt = \frac{1}{2n+1} \to 0\,,$$

für $n \to \infty$. Die Folge (x_n) konvergiert bzgl. der L^2-Norm gegen $x(t) = 0$. Somit können die beiden Normen in $C([0, 1])$ nicht äquivalent sein (siehe Abbildung 8.2). ◀

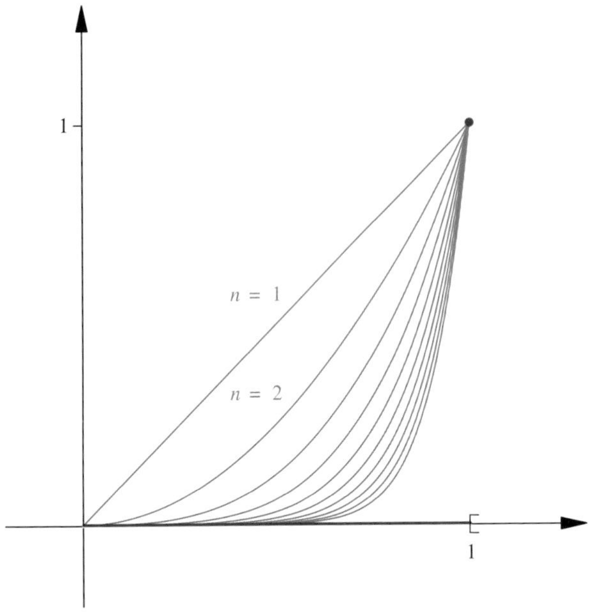

Abbildung 8.2 Eine Folge stetiger Funktionen, die in der L^2-Norm konvergiert, aber nicht in der Supremumsnorm.

Je nach Fragestellung sind bei Funktionenräumen unterschiedliche Normen erforderlich und somit verschiedene normierte Räume. Abhängig vom Problem wird ein Abstand von Funktionen zur Nullfunktion bzw. untereinander unterschiedlich gemessen. Betrachtet etwa die Supremumsnorm die absolute Größe von Funktionswerten, so berücksichtigt hingegen die L^1-Norm die Fläche unter dem Graphen einer reellwertigen Funktion.

Bei linearen Operatoren ist Stetigkeit äquivalent zu Beschränktheit

Kommen wir zurück auf die linearen Operatoren. Sind durch die Normen die Topologien im Bild und im Urbild festgelegt, so ist Stetigkeit eine wesentliche Eigenschaft einer Abbildung. Bei den linearen Operatoren in normierten Räumen gibt es eine nützliche Charakterisierung der Stetigkeit.

Beschränkt und stetig

Sind X, Y normierte Räume und $A: X \to Y$ linear, so sind die folgenden Aussagen äquivalent:

(a) A ist stetig in jedem $x \in X$, d. h., $x_n \to x, n \to \infty$, impliziert $Ax_n \to Ax, n \to \infty$.
(b) A ist stetig in $x = 0$.
(c) A ist **beschränkt**, d. h., es existiert eine Konstante $c > 0$ mit

$$\|Ax\|_Y \leq c\|x\|_X, \qquad \text{für alle } x \in X .$$

Beweis: Wir zeigen die drei Implikationen (a)⇒(b)⇒(c)⇒(a).

„(a) ⇒ (b)" ist offensichtlich.

„(b) ⇒ (c)" Wenn A stetig in $x = 0$ ist, existiert $\delta > 0$, sodass aus $\|x\| = \|x - 0\| \leq \delta$ folgt $\|Ax - 0\| = \|Ax\| \leq 1$. Ist $x \in X$ beliebig, ergibt sich

$$\|Ax\| = \frac{1}{\delta}\left\|A\left(\frac{\delta x}{\|x\|}\right)\right\| \|x\| \leq \frac{1}{\delta}\|x\| ,$$

da $\|\frac{\delta x}{\|x\|}\| = \delta$ gilt. Also ist A beschränkt mit $c = \frac{1}{\delta}$.

„(c) ⇒ (a)" Sei $(x_n)_n \subseteq X$ eine konvergente Folge mit $x_n \to x, n \to \infty$. Es folgt aus

$$\|Ax_n - Ax\| = \|A(x_n - x)\| \leq c\,\|x_n - x\| \to 0, \quad n \to \infty ,$$

dass $\lim_{n\to\infty} Ax_n = Ax$ ist, d. h., A ist stetig. ■

?

Zeigen Sie, dass endlich dimensionale lineare Abbildungen $A: \mathbb{C}^n \to \mathbb{C}^m$ stets beschränkt sind.

Die Beschränktheit eines Operators ermöglicht es, dem Operator eine Norm zuzuordnen.

Definition der Operatornorm

Zu einem linearen beschränkten Operator $A: X \to Y$ in normierten Räumen X, Y bezeichnet man

$$\|A\| = \sup_{x \neq 0} \frac{\|Ax\|_Y}{\|x\|_X}$$

als die **zugeordnete Norm** oder **Operatornorm** des Operators A. Die Operatornorm ist die kleinste Schranke $c > 0$ mit $\|Ax\| \leq c\|x\|$ für alle $x \in X$.

Die Operatornorm definiert eine Norm auf dem Raum der linearen, beschränkten Operatoren. Dabei ergeben sich die Normeigenschaften der Operatornorm direkt aus den entsprechenden Eigenschaften der Normen $\|.\|_X$ und $\|.\|_Y$.

Beispiel

(a) Betrachten wir eine lineare Abbildung $\alpha: \mathbb{C}^n \to \mathbb{C}^m$, die durch eine Matrix $\boldsymbol{A} \in \mathbb{C}^{m\times n}$ gegeben ist. Die Operatornorm oder auch zugeordnete Matrixnorm ist gegeben durch

$$\|\boldsymbol{A}\| = \sup_{x \neq 0} \frac{|\boldsymbol{A}\boldsymbol{x}|}{|\boldsymbol{x}|} .$$

Die Matrixnorm hängt von den gewählten Normen in $\mathbb{C}^m$ und $\mathbb{C}^n$ ab und ist diesen Normen zugeordnet (siehe Seite 385).

Wählen wir etwa die Maximumsnorm in den beiden Räumen, so gilt mit der Dreiecksungleichung

$$\begin{aligned} |\boldsymbol{A}x|_\infty &= \max_{i=1,\ldots,m} \left|\sum_{j=1}^n a_{ij} x_j\right| \\ &\le \max_{i=1,\ldots,m} \sum_{j=1}^n |a_{ij}|\,|x_j| \\ &\le \left(\max_{i=1,\ldots,m} \sum_{j=1}^n |a_{ij}|\right) |\boldsymbol{x}|_\infty . \end{aligned}$$

Somit ist

$$\|\boldsymbol{A}\|_\infty \le \max_{i=1,\ldots,m} \sum_{j=1}^n |a_{ij}| .$$

Um Gleichheit zu zeigen, wählen wir den Index $k \in 1, \ldots, m$ mit

$$\sum_{j=1}^n |a_{kj}| = \max_{i=1,\ldots,m} \sum_{j=1}^n |a_{ij}| ,$$

und definieren für $j = 1, \ldots, n$

$$\hat{x}_j = \begin{cases} \dfrac{\overline{a_{kj}}}{|a_{kj}|}, & \text{falls } a_{kj} \neq 0 \\ 0, & \text{falls } a_{kj} = 0 . \end{cases}$$

Offensichtlich gilt $|\hat{x}|_\infty = 1$ und es folgt

$$\begin{aligned} \max_{i=1,\ldots,m} \sum_{j=1}^n |a_{ij}| &= \sum_{j=1}^\infty a_{kj} \hat{x}_j \\ &= \left|\sum_{j=1}^\infty a_{kj} \hat{x}_j\right| \\ &\le |\boldsymbol{A}\hat{x}|_\infty \le \|\boldsymbol{A}\|_\infty |\hat{x}|_\infty = \|\boldsymbol{A}\|_\infty . \end{aligned}$$

Wir haben gezeigt, dass

$$\|\boldsymbol{A}\|_\infty = \max_{i=1,\ldots,m} \sum_{j=1}^n |a_{ij}|$$

gilt. Diese der Maximumsnorm zugeordnete Matrixnorm wird in der Literatur **Zeilensummennorm** genannt (siehe Seite 385).

Ein wenig komplizierter wird die Situation für eine Darstellung der Matrixnorm, die der euklidischen Norm zugeordnet ist. Diese Norm wird in der Literatur *Spektralnorm* genannt; denn es gilt

$$\|\boldsymbol{A}\|_2 = \sup_{x \neq 0} \frac{\|\boldsymbol{A}\boldsymbol{x}\|_2}{\|\boldsymbol{x}\|_2} = \sqrt{\rho(\boldsymbol{A}^*\boldsymbol{A})} ,$$

wobei

$$\rho(\boldsymbol{A}^*\boldsymbol{A}) = \max_{j=1,\ldots,n} |\lambda_j|$$

der Spektralradius ist, der größte Betrag der n Eigenwerte der hermiteschen Matrix $\boldsymbol{A}^*\boldsymbol{A}$ (siehe Seite 359).

(b) Auf einer kompakten Menge $G \subseteq \mathbb{R}^d$ betrachten wir den linearen Operator $A\colon C(G) \to C(G)$ mit

$$Ax(t) = a(t)x(t)$$

zu einer gegebenen stetigen Funktion $a\colon G \to \mathbb{R}$, den Multiplikationsoperator. Betrachten wir das Supremum des Produkts, so ist

$$\sup_{t\in G} |a(t)x(t)| \le \sup_{t\in G}(|a(t)|)\ \sup_{s\in G}(|x(s)|) .$$

Man beachte, dass keine Gleichheit gilt, da die Suprema von a und x an unterschiedlichen Stellen angenommen werden können. Die Abschätzung zeigt, dass der Multiplikationsoperator beschränkt ist mit

$$\|Ax\|_\infty \le \|a\|_\infty \|x\|_\infty .$$

Somit ist $\|A\| \le \|a\|_\infty$.

Weiter ergibt sich mit $\|a\|_\infty \neq 0$ für die zugeordnete Operatornorm

$$\|A\| = \sup_{x\neq 0} \frac{\|Ax\|_\infty}{\|x\|_\infty} \ge \frac{\|Aa\|_\infty}{\|a\|_\infty} = \|a\|_\infty .$$

Da wir mit $x = a$ ein Element gefunden haben, für das $\|Ax\|_\infty = \|a\|_\infty \|x\|_\infty$ gilt, folgt insgesamt $\|A\| = \|a\|_\infty$ für die Operatornorm. ◀

Viele verschiedene beschränkte lineare Operatoren werden uns noch begegnen. Im Beispiel auf Seite 280 wird eine weite Klasse von linearen beschränkten Operatoren aufgezeigt, die Integraloperatoren. Da die Beschränktheit eines Operators von den betrachteten Normen abhängt, ist es stets erforderlich, die betrachteten Räume mit anzugeben.

?

Zeigen Sie, dass der Differenzialoperator $D\colon (C^1(I), \|.\|_\infty) \to (C(I), \|.\|_\infty)$ mit $Dx(t) = x'(t)$, $t \in I \subseteq \mathbb{R}$ kein beschränkter Operator ist, indem Sie eine Folge von Funktionen konstruieren, die beschränkt ist auf einem Intervall, deren Ableitungen aber eine unbeschränkte Folge bilden.

Die Menge der linearen beschränkten Operatoren ist ein normierter Raum

Die Menge der linearen beschränkten Operatoren von X nach Y werden wir im Folgenden mit

$$\mathcal{L}(X, Y) = \{A\colon X \to Y : A \text{ linear und beschränkt}\}$$

bezeichnen. Mit $A, B \in \mathcal{L}(X, Y)$ ist durch $(A + B)x = Ax + Bx$ eine Addition und durch $(\lambda A)x = \lambda Ax$ ein skalares Produkt gegeben. Mit der Dreiecksungleichung zu $\|.\|_Y$ ist

$$\|Ax + Bx\|_Y \le (\|A\| + \|B\|)\|x\|_X$$

Beispiel: Integraloperatoren mit stetigem Kern

Ist $G \subseteq \mathbb{R}^d$ eine kompakte Menge und ist $k \in C(G \times G)$, so ist durch

$$Ax(t) = \int_G k(t,s)\,x(s)\,\mathrm{d}s, \quad t \in G,$$

ein Integraloperator $A\colon C(G) \to C(G)$ definiert. Es soll gezeigt werden, dass A bzgl. der Supremumsnorm $\|\cdot\|_\infty$ ein linearer, beschränkter Operator ist mit der Norm $\|A\|_\infty = \max_{t\in G} \int_G |k(t,s)|\,\mathrm{d}s$.

Problemanalyse und Strategie: Es muss zunächst überlegt werden, dass Ax existiert und eine stetige Funktion ist. Weiter ist die Linearität zu begründen und eine Abschätzung der Form $\|Ax\|_\infty \le c\|x\|_\infty$ für alle $x \in C(G)$ gesucht. Im letzten Schritt bleibt noch die angegebene Operatornorm zu beweisen, indem man Abschätzungen von der Gestalt „$\|A\| \le \ldots$“ und „$\|A\| \ge \ldots$“ zeigt.

Lösung:
Zunächst machen wir uns klar, dass das Integral existiert, da G kompakt und k stetig ist. Außerdem ist $Ax \in C(G)$ eine stetige Funktion, wie es in Abschnitt 16.6. in Band 1 über parameterabhängige Integrale gezeigt ist.
Aus der Linearität des Integrals folgt, dass der Operator linear ist. Weiter gilt

$$|Ax(t)| \le \int_G |k(t,s)|\,|x(s)|\,\mathrm{d}s \le \|x\|_\infty \int_G |k(t,s)|\,\mathrm{d}s\,.$$

Also ist $\|Ax\|_\infty \le \|x\|_\infty \max_{t\in G} \int_G |k(t,s)|\,\mathrm{d}s$, d. h., A ist beschränkt und

$$\|A\|_\infty \le \max_{t\in G} \int_G |k(t,s)|\,\mathrm{d}s\,.$$

Um die Gleichheit zu beweisen, zeigen wir noch $\|A\|_\infty \ge \max_{t\in G} \int_G |k(t,s)|\,\mathrm{d}s$. Dazu nutzen wir, dass G kompakt ist. Somit gibt es $t_0 \in G$ mit

$$\int_G |k(t_0,s)|\,\mathrm{d}s = \max_{t\in G} \int_G |k(t,s)|\,\mathrm{d}s\,.$$

Formal lässt sich nun einfach $x(s) = \overline{k(t_0,s)}/|k(t_0,s)|$ einsetzen und wir erhalten Gleichheit. Da aber $k(t_0,s)$ Nullstellen besitzen kann, müssen wir diese Idee modifizieren. Wir definieren zu $\varepsilon > 0$ die Funktion

$$x_\varepsilon(s) := \frac{\overline{k(t_0,s)}}{|k(t_0,s)| + \varepsilon}, \quad s \in G\,.$$

Es folgt $\|x_\varepsilon\|_\infty \le 1$ und

$$\begin{aligned}
\|A\|_\infty &= \sup_{x\neq 0} \frac{\|Ax\|_\infty}{\|x\|_\infty} \ge \frac{\|Ax_\varepsilon\|_\infty}{\|x_\varepsilon\|_\infty} \\
&\ge |Ax_\varepsilon(t_0)| = \int_G \frac{|k(t_0,s)|^2}{|k(t_0,s)| + \varepsilon}\,\mathrm{d}s \\
&\ge \int_G \frac{|k(t_0,s)|^2 - \varepsilon^2}{|k(t_0,s)| + \varepsilon}\,\mathrm{d}s \\
&= \int_G |k(t_0,s)| - \varepsilon\,\mathrm{d}s \\
&= \max_{t\in G} \int_G |k(t,s)|\,\mathrm{d}s - \varepsilon \int_G \mathrm{d}s\,.
\end{aligned}$$

Die Abschätzung gilt für alle $\varepsilon > 0$. Im Grenzübergang $\varepsilon \to 0$ ergibt sich

$$\|A\|_\infty \ge \max_{t\in G} \int_G |k(t,s)|\,\mathrm{d}s\,.$$

Insgesamt folgt Gleichheit und wir haben die angegebene Norm des Operators bewiesen.

und weiterhin gilt

$$\|\lambda A x\|_Y \le |\lambda|\,\|A\|\,\|x\|_X\,,$$

d. h., mit $A, B \in \mathcal{L}(X,Y)$ sind auch $A+B, \lambda A \in \mathcal{L}(X,Y)$. Also ist $\mathcal{L}(X,Y)$ ein linearer Raum. Zusammen mit den Normeigenschaften der Operatornorm wird $\mathcal{L}(X,Y)$ zu einem normierten Raum.

Darüber hinaus haben diese Räume noch eine weitere Struktur. Die Komposition von Operatoren macht den Raum $\mathcal{L}(X,X)$ zu einer *Algebra*. Da die Verkettung zweier beschränkter Operatoren wieder beschränkt ist, wie das nächste Lemma zeigt, handelt es sich genauer um eine *normierte Algebra*.

Lemma
Sind $A \in \mathcal{L}(X,Y)$ und $B \in \mathcal{L}(Y,Z)$, dann ist die Komposition $BA\colon X \to Z$ ein beschränkter linearer Operator und es gilt

$$\|BA\| \le \|B\|\,\|A\|\,.$$

Beweis: Offensichtlich ist die Komposition linear. Die Beschränktheit ergibt sich aus der Abschätzung $\|BAx\|_Z \leq \|B\|\,\|Ax\|_Y \leq \|B\|\,\|A\|\,\|x\|_X$ unter Verwendung der Beschränktheit von B in der ersten Ungleichung und der von A in der zweiten. ∎

Beachten Sie, dass bei linearen Operatoren die Verkettung üblicherweise einfach $BA = B \circ A$ ohne Verknüpfungssymbol geschrieben wird. In diesem Sinne schreiben wir auch $A^2 = AA = A \circ A$ oder $A^n = \underbrace{A \circ \cdots \circ A}_{n\text{-mal}}$ für die mehrfache Anwendung eines linearen Operators, sowie A^{-1} für einen inversen Operator, wenn dieser existiert.

Gleichheit gilt bei der Abschätzung des Lemmas im allgemeinen nicht. Betrachten wir etwa den im Beispiel auf Seite 279 vorgestellten Multiplikationsoperator A gegeben durch $Ax(t) = a(t)x(t)$ mit $a(t) = t$ auf $t \in [0, 1]$ und den Operator B mit $Bx(t) = b(t)x(t)$ zu $b(t) = 1 - t$, so ist $\|AB\| = \max_{t\in[0,1]} |t - t^2| = \frac{1}{4}$ aber $\|A\|\,\|B\| = \|a\|_\infty \|b\|_\infty = 1$.

Beispiel Häufig ist es erforderlich, die Verkettung mit sogenannten *Einbettungsoperatoren* zu betrachten. Allgemein versteht man unter einer **Einbettung** eine stetige, injektive Abbildung auf einer Teilmenge $U \subseteq X$ eines Raums X in diesen. Ein häufig auftretender Spezialfall ergibt sich, wenn $U \subseteq X$ ein Unterraum eines normierten Raums $(X, \|\,.\,\|_X)$ ist und zusätzlich auf U eine weitere, stärkere Norm $\|\,.\,\|_U$ gegeben ist. Wir sprechen von einer **stärkeren Norm**, $\|\,.\,\|_U$, wenn es eine Konstante $c > 0$ gibt mit

$$\|x\|_X \leq c\|x\|_U \quad \text{für } x \in U\,.$$

Dabei bezieht sich „stärker" auf die Eigenschaft, dass Konvergenz bezüglich $\|\,.\,\|_U$ auch Konvergenz bezüglich $\|\,.\,\|_X$ impliziert. Die Situation hatten wir bereits in der Selbstfrage auf Seite 279, bei der $C^1(0, 1)$ zum einen als Unterraum der stetigen Funktionen mit der Supremumsnorm, $X = (C^1(0, 1), \|\,.\,\|_\infty$, betrachtet wurde und andererseits als normierter Raum $U = (C^1(0, 1), \|.\|_{1,\infty})$ mit der C^1-Norm.

Die Abbildung $J : (U, \|.\|_U) \to (X, \|.\|_X)$ mit $Jx = x \in X$ für $x \in U$ ist durch $\|Jx\|_X = \|x\|_X \leq c\|x\|_U$ beschränkt und somit eine Einbettung. Ist in dieser Konstellation ein linearer beschränkter Operator $A : (X, \|.\|_X) \to (U, \|.\|_U)$ gegeben, so ist mit dem Lemma die Einschränkung von A auf U, also $AJ : U \to U$, ein beschränkter Operator auf $(U, \|.\|_U)$. Analog ist $JA : X \to X$ ein beschränkter Operator auf $(X, \|.\|_X)$. ◀

$\mathcal{L}(X, Y)$ ist Banachraum, wenn Y ein Banachraum ist

Mit der Norm zu linearen beschränkten Operatoren lassen sich auch Folgen von Operatoren in $\mathcal{L}(X, Y)$ untersuchen. Dabei müssen wir die **Normkonvergenz**

$$\|A_n - A\| \to 0, \quad n \to \infty$$

einer Folge linearer beschränkter Operatoren $A_n : X \to Y$ gegen einen Operator $A \in \mathcal{L}(X, Y)$ unterscheiden von der **punktweisen Konvergenz**

$$\|A_n x - Ax\|_Y \to 0, \quad n \to \infty\,, \quad \text{für jedes } x \in X\,.$$

Die Normkonvergenz ist ein stärkerer Konvergenzbegriff, denn es gilt wegen der Linearität die Abschätzung

$$\|A_n x - Ax\|_Y \leq \|A - A_n\|\,\|x\|_X\,.$$

Grundlegend für viele weitergehende funktionalanalytische Aussagen ist Vollständigkeit des Raums $\mathcal{L}(X, Y)$, die, wie wir sehen werden, unter relativ allgemeinen Voraussetzungen garantiert werden kann. Wir erinnern uns: Ein normierter Raum X heißt **vollständig** oder **Banachraum**, wenn jede Cauchy-Folge in X konvergiert.

Aus Kapitel 19 in Band 1 sind bereits einige häufig auftretende Banachräume bekannt, wie $(C(G), \|.\|_\infty)$ und $(L^p(G), \|.\|_{L^p})$ zu einer kompakten Teilmenge $G \subseteq X$ eines normierten Raums. Mit $(C(G), \|.\|_2)$ ist darüber hinaus ein Standardbeispiel eines nicht vollständigen normierten Raums gegeben.

In Hinblick auf die Normkonvergenz von Operatoren ergibt sich nun in $\mathcal{L}(X, Y)$ der folgende Satz.

Satz
Ist X normierter Raum und Y ein Banachraum, dann ist $\mathcal{L}(X, Y)$ ein Banachraum.

Beweis: Wir betrachten eine Cauchy-Folge beschränkter Operatoren $(A_n) \subseteq \mathcal{L}(X, Y)$. Dann existiert zu $\varepsilon > 0$ ein $N \in \mathbb{N}$, sodass

$$\|A_n x - A_m x\| \leq \|A_n - A_m\|\,\|x\| \leq \varepsilon\|x\|, \quad n, m \geq N\,,$$

für $x \in X$ ist. Also ist $(A_n x)_{n\in\mathbb{N}} \subseteq Y$ eine Cauchy-Folge und konvergiert für jedes $x \in X$, da Y vollständig vorausgesetzt ist. Wir können einen Operator $A : X \to Y$ durch

$$Ax = \lim_{n\to\infty} A_n x$$

definieren. Da die Bildung des Grenzwerts eine lineare Operation ist, ist A ein linearer Operator.

Weiter zeigen wir, dass $A \in \mathcal{L}(X, Y)$ gilt. Denn wählen wir $N \in \mathbb{N}$ mit $\|A_n - A_m\| \leq 1$ für alle $n, m \geq N$, dann ist

$$\|A_n\| \leq \|A_n - A_N\| + \|A_N\| \leq 1 + \|A_N\|$$

für jedes $n \geq N$. Da die Norm stetig ist, folgt

$$\begin{aligned}\|Ax\| &= \|\lim_{n\to\infty} A_n x\| = \lim_{n\to\infty} \|A_n x\| \\ &\leq \limsup_{n\to\infty} \|A_n\|\,\|x\| \leq (1 + \|A_N\|)\,\|x\|\,.\end{aligned}$$

Wir haben gezeigt, dass A beschränkt ist mit $\|A\| \leq 1 + \|A_N\|$.

Übersicht: Banachräume und ihre Dualräume

Im Text werden Banachräume, ihre Dualräume und weitere Eigenschaften angesprochen. Eine vollständige Diskussion der wichtigsten normierten Räume mit ihren Eigenschaften würde den Rahmen einer Einführung sprengen, zumal wir uns in erster Linie allgemeine Eigenschaften linearer Abbildungen ansehen wollen. Wir stellen einige häufig auftretende Banachräume über $\mathbb{K} = \mathbb{R}$ oder $\mathbb{K} = \mathbb{C}$ zusammen. Nicht alle aufgelisteten Aussagen sind im Buch gezeigt und müssen gegebenenfalls in weiterführender Literatur nachgeschlagen werden.

Endlich dimensionale normierte Räume sind isomorph zu $\mathbb{K}^n$. Verschiedene Normen auf einem endlich dimensionalen Raum sind äquivalent zueinander. Die Räume sind separable und reflexive Banachräume. Ihre Dualräume sind normisomorph zu den Räumen selbst. Ausgestattet mit dem euklidischen Skalarprodukt ergeben sich Hilberträume.

Folgenräume:

- Zu $1 \leq p < \infty$ sind die Banachräume l^p definiert durch
$$l^p = \left\{ (x_n) \colon \sum_{n=1}^{\infty} |x_n|^p < \infty \right\}$$
mit der Norm
$$\|(x_n)\|_p = \left(\sum_{n=1}^{\infty} |x_n|^p \right)^{\frac{1}{p}} .$$
Den Banachraum der **beschränkten Folgen** bezeichnet man mit
$$l^\infty = \left\{ (x_n) \colon \sup_{n\in\mathbb{N}} |x_n| < \infty \right\}$$
mit der Norm
$$\|(x_n)\|_\infty = \sup_{n\in\mathbb{N}} |x_n| .$$
Für $1 \leq p < q \leq \infty$ gilt die Einbettung $l^p \subseteq l^q$.
- Zu $1 < p < \infty$ gilt für die Dualräume die Isomorphie $(l^p)' \cong l^q$ mit $q = \frac{p}{p-1}$. Diese Räume sind reflexiv und separabel. Im Fall $p = 2$ ergibt sich ein Hilbertraum mit Skalarprodukt $(x, y) = \sum_{n=1}^{\infty} x_n \overline{y_n}$.
- Der Raum l^1 ist separabel, aber nicht reflexiv. Sein Dualraum ist normisomorph zum Raum der beschränkten Folgen $(l^1)' \cong l^\infty$. Bezeichnen wir mit
$$c_0 = \{(x_n) \colon (x_n) \text{Nullfolge}\}$$
den **Raum der Nullfolgen** ausgestattet mit der Supremumsnorm, so ist $c_0' \cong l^1$.
- Der Raum l^∞ ist weder reflexiv noch separabel. Der Raum l^1 ist isomorph zu einer echten Teilmenge des Dualraums $(l^\infty)'$.

Funktionenräume ($G \subseteq \mathbb{R}^n$)

- Ist G kompakt, so ist $C(G)$ der **Raum der stetigen Funktionen** versehen mit der Norm $\|x\|_\infty = \sup_{t\in G} |x(t)| = \max_{t\in G} |x(t)|$ ein separabler Banachraum, der nicht reflexiv ist. Der zugehörige Dualraum ist isometrisch zum Raum der endlichen, regulären, signierten Borel-Maße. Im Fall reellwertiger stetiger Funktionen auf $[a, b]$ ist der Dualraum auch durch den Raum $BV([a, b])$, den *Funktionen mit beschränkter Variation*, charakterisierbar.
- Ist G offen und relativ kompakt und $k \in \mathbb{N}$, so ist $C^k(G)$ der **Raum der k-mal stetig differenzierbaren Funktionen**. Mit der Norm $\|x\|_{C^k} = \sum_{j=0}^{k} \|x^{(j)}\|_\infty$ ist es ein separabler Banachraum, der nicht reflexiv ist.
- Der Raum $L^p(G)$ mit $1 \leq p < \infty$ ist der Raum der Lebesgue-messbaren Funktionen über einer messbaren Menge G, für die das Integral $\int_G |x(t)|^p \, dx$ existiert. Mit der Norm
$$\|x\|_p = \left(\int_G |x(t)|^p \, dx \right)^{\frac{1}{p}}$$
handelt es sich im Fall $p > 1$ um reflexive, separable Banachräume mit den Dualräumen $(L^p(G))' \cong L^q(G)$ für $q = \frac{p}{p-1}$.
Im Spezialfall $p = 2$ ist es der Hilbertraum der **quadrat-integrierbaren Funktionen**.
Im Fall $p = 1$ handelt es sich um einen separablen Banachraum, der nicht reflexiv ist. Der Dualraum $(L^1(G))'$ ist isomorph zu $L^\infty(G)$.
- Mit $L^\infty(G)$ über einer messbaren Menge G bezeichnet man den Raum der *essenziell* beschränkten Funktionen, d. h., es gibt eine Konstante $c > 0$ mit $|x(t)| \leq c$ für fast alle $t \in G$. Mit der Norm
$$\|x\| = \operatorname{ess\,sup}_{t\in G} |x(t)|$$
ist es ein Banachraum. Dieser ist weder reflexiv noch separabel. Der Raum $L^1(G)$ ist isometrisch zu einem echten Unterraum des Dualraums $(L^\infty(G))'$.
- Weitere wichtige Banachräume bilden die k-mal Hölder-stetig differenzierbaren Funktionen $C^{k,\alpha}(G)$ (siehe Aufgabe 8.6) und die **Sobolevräume** $W^{l,p}$, zu denen sich eine kurze Einführung auf Seite 357 findet.

Als letzten Schritt beweisen wir die Konvergenz der Operatoren bezüglich der induzierten Operatornorm. Ist $\varepsilon > 0$ vorgegeben, so gibt es $N \in \mathbb{N}$ mit $\|A_n - A_m\| \leq \frac{\varepsilon}{2}$ für $n, m \geq N$. Betrachten wir weiter ein $x \in X$, so folgt mit $n \geq N$ die Abschätzung

$$\begin{aligned}\|(A_n - A)x\| &\leq \|(A_n - A_m)x\| + \|A_m x - Ax\| \\ &\leq \varepsilon\|x\| + \|A_m x - Ax\|\end{aligned}$$

für jedes $m \in \mathbb{N}$. Wählen wir m so groß, dass $\|A_m x - A_n x\| \leq \frac{\varepsilon}{2}\|x\|$ ist, ergibt sich $\|(A_n - A)x\| \leq \varepsilon\|x\|$ für jedes $n \geq N$. Da $\varepsilon > 0$ beliebig vorgegeben ist, haben wir insgesamt $\|A_n - A\| \to 0$ für $n \to \infty$ gezeigt. ∎

Kleine Störungen der Identität sind beschränkt invertierbar

Das Lemma lässt sich nutzen, um zu belegen, dass kleine Störungen im Sinne der Operatornorm, die Invertierbarkeit eines Operators nicht zerstören. Wir nennen einen Operator $L \in \mathcal{L}(X, Y)$ **beschränkt invertierbar**, wenn L bijektiv ist und die Inverse $L^{-1} \in \mathcal{L}(Y, X)$ beschränkt ist. Für beschränkt invertierbare lineare Operatoren zwischen Vektorräumen findet sich auch die Bezeichnung **topologischer Isomorphismus** in der Literatur.

Störungslemma

Ist X Banachraum und $A \in \mathcal{L}(X, X)$ mit

$$\limsup_{n\to\infty} \|A^n\|^{\frac{1}{n}} < 1,$$

dann ist $(I - A)\colon X \to X$ invertierbar. Der inverse Operator $(I-A)^{-1} \in \mathcal{L}(X, X)$ ist beschränkt und Grenzwert der **Neumann'schen Reihe**, d. h.

$$(I - A)^{-1} = \lim_{N\to\infty} \sum_{n=0}^{N} A^n = \sum_{n=0}^{\infty} A^n.$$

Beweis: Wir definieren $S_N = \sum_{n=0}^{N} A^n$. Dann gilt

$$\|S_M - S_N\| \leq \sum_{n=N+1}^{M} \|A^n\| \leq \sum_{n=N_0+1}^{\infty} \|A^n\|, \quad \text{für } M > N.$$

Mit der Voraussetzung an den Operator A konvergiert die Reihe $\left(\sum_{n=0}^{\infty} \|A^n\|\right)$ nach dem Wurzelkriterium. Also ist S_N wegen obiger Abschätzung eine Cauchy-Folge in $\mathcal{L}(X, X)$. Da mit dem Satz von Seite 281 der Raum $\mathcal{L}(X, X)$ vollständig ist, konvergiert $S_N \to S \in \mathcal{L}(X, X)$ für $N \to \infty$.

Weiter ist

$$\left.\begin{array}{r}(I - A)S_N \\ S_N(I - A)\end{array}\right\} = \sum_{n=0}^{N} A^n - \sum_{n=1}^{N+1} A^n = I - A^{N+1}.$$

Da aber wegen der Konvergenz der Neumann'schen Reihe auch $\|A^n\| \to 0$, $n \to \infty$, gilt, folgt

$$\begin{aligned}(I - A)S &= \lim_{N\to\infty} (I - A)S_N \\ &= \lim_{N\to\infty} (I - A^{N+1}) = I\end{aligned}$$

und analog $S(I-A) = I$. Also ist $(I-A)^{-1} = S \in \mathcal{L}(X, X)$. ∎

Man beachte, dass die Konvergenz der nach Carl Neumann (1832–1925) benannten Reihe $\left(\sum_{n=0}^{\infty} A^n\right)$ bezüglich der Operatornorm zu verstehen ist.

Die Aussage des Störungslemmas gilt analog für lineare Operatoren der Form $T - A \in \mathcal{L}(X, Y)$, wenn T ein beschränkt invertierbarer Operator ist und die im Störungslemma genannte Bedingung an die Operatornorm für den Operator $T^{-1}A\colon X \to X$ erfüllt ist; denn es gilt

$$T - A = T\,(I - T^{-1}A),$$

und wir haben $(T - A)^{-1} = (I - T^{-1}A)^{-1}\, T^{-1}$, wenn wir das Störungslemma auf $T^{-1}A$ anwenden.

Die Störungstheorie zu Operatoren ist ein weites Feld der Funktionalanalysis, wobei das hier vorgestellte Störungslemma ein Ausgangspunkt ist. Wir formulieren die Voraussetzung an die Operatornorm im Störungslemma noch ein wenig stärker, um eine etwas leichter zu überprüfende Bedingung zu erhalten.

Folgerung

Ist $A \in \mathcal{L}(X, X)$ mit einem Banachraum X und gibt es ein $N \in \mathbb{N}$ mit $\|A^N\| < 1$, so ist das Störungslemma anwendbar.

Beweis: Setzen wir $n = kN + r$ mit $r \in \{0, \ldots, N-1\}$, so folgt

$$\|A^n\|^{\frac{1}{n}} \leq \|A^N\|^{\frac{k}{Nk+r}} \|A^r\|^{\frac{1}{kN+r}} \to \|A^N\|^{\frac{1}{N}}, \quad k \to \infty.$$

Dies gilt für alle $r \in \{0, \ldots, N-1\}$. Damit ist $\limsup_{n\to\infty} \|A^n\|^{\frac{1}{n}} \leq \|A^N\|^{\frac{1}{N}} < 1$. ∎

?

Mit der Folgerung existiert $(I - A)^{-1} \in \mathcal{L}(X, X)$ für einen Operator $A \in \mathcal{L}(X, X)$ mit $\|A\| < 1$, wenn X einen Banachraum bezeichnet. Zeigen Sie in diesem Fall die Abschätzung

$$\|(I - A)^{-1}\| \leq \frac{1}{1 - \|A\|}.$$

Das Störungslemma liefert Lösbarkeit von Volterra-Integralgleichungen

Als Anwendungsbeispiel zum Störungslemma betrachten wir die nach Vito Volterra (1860–1940) benannten Integralgleichungen, auf die man im Zusammenhang mit linearen Anfangswertproblemen stößt (siehe Aufgabe 8.3). Unter einer **Volterra-Integralgleichungen** zweiter Art mit stetigem Kern versteht man eine Integralgleichung der Form

$$\lambda x(t) - \int_a^t k(t,s)x(s)\,\mathrm{d}s = y(t)$$

auf einem Intervall $t \in [a,b]$ mit einer stetigen Funktion $k \in C(\Delta)$ über $\Delta = \{(t,s)^\top \in \mathbb{R}^2 \colon a \le s \le t \le b\}$. Kennzeichnend für diese Art Integralgleichung ist das Integrationsintervall $[a,t]$. Wenn $\lambda = 0$ ist, spricht man von einer Operatorgleichungen **erster Art**. Hingegen im Fall $\lambda \neq 0$, heißt die Gleichung von **zweiter Art**.

Gehen wir im Folgenden von $\lambda = 1$ aus, also einer Gleichung zweiter Art. Dann können wir die Integralgleichung in der Form

$$(I - A)x = y$$

schreiben mit dem linearen Integraloperator, der durch

$$Ax(t) = \int_a^t k(t,s)x(s)\,\mathrm{d}s$$

gegeben ist. Unser Ziel ist es, das Störungslemma anzuwenden. Dazu ist ein passender normierter Raum auszuwählen, und wir müssen zeigen, dass der Operator in den Raum abbildet und bezüglich der Norm beschränkt ist. Lässt sich auch noch die Operatornorm hinreichend klein abschätzen, erhalten wir eine allgemeine Existenztheorie für die Volterra-Integralgleichungen.

Für unser Beispiel betrachten wir die Integralgleichung im normierten Raum $(C([a,b]), \|.\|_\infty)$. Im Folgenden notieren wir $C([a,b])$ für den normierten Raum mit der Supremumsnorm. Falls eine andere Norm betrachtet wird, geben wir diese explizit an. Beschreiben wir den Integraloperator durch

$$Ax(t) = \int_a^b \widetilde{k}(t,s)x(s)\,\mathrm{d}s$$

mit

$$\widetilde{k}(t,s) = \begin{cases} k(t,s) & \text{für } a \le s \le t \le b \\ 0 & \text{für } b \ge s > t \ge a\,, \end{cases}$$

so ist der Kern $\widetilde{k}$ zwar beschränkt auf $[a,b] \times [a,b]$, aber im Allgemeinen nicht stetig. Wir können leider das Beispiel auf Seite 280 nicht direkt anwenden und müssen zunächst belegen, dass $A \colon C([a,b]) \to C([a,b])$ gilt und A beschränkt ist.

Lemma
Der durch

$$Ax(t) = \int_a^t k(t,s)x(s)\,\mathrm{d}s$$

gegebene Integraloperator $A \colon C([a,b]) \to C([a,b])$ ist linear und beschränkt.

Beweis: Offensichtlich existiert das Integral und der Integraloperator ist linear. Um zu zeigen, dass $Ax \in C([a,b])$ ist, definieren wir $\psi \colon \mathbb{R}_{\ge 0} \to \mathbb{R}$ mit

$$\psi(t) = \begin{cases} 0, & t \in \left[0, \frac{1}{2}\right] \\ 2t - 1, & t \in \left[\frac{1}{2}, 1\right] \\ 1, & t > 1 \end{cases}$$

und Operatoren A_n durch

$$A_n x(t) = \int_a^b \widetilde{k}(t,s)\psi(n|t-s|)\,x(s)\,\mathrm{d}s, \quad t \in [a,b]\,,$$

mit dem oben angegebenen Kern $\widetilde{k}$. Die Operatoren A_n besitzen einen stetigen Kern und mit dem Beispiel auf Seite 280 folgt $A_n \colon C(G) \to C(G)$ sind linear und beschränkt mit

$$\|A_n\| = \max_{t\in[a,b]} \int_a^b |\widetilde{k}(t,s)|\,\psi(n|t-s|)\,\mathrm{d}s\,.$$

Für alle $t \in [a,b]$ folgt die Abschätzung

$$\begin{aligned} |A_n x(t) - Ax(t)| &\le \|x\|_\infty \|k\|_\infty \int_a^b (1 - \psi(n|t-s|))\mathrm{d}s \\ &\le \|x\|_\infty \|k\|_\infty \int_{|t-s|<\frac{1}{n}} \mathrm{d}s \\ &= \|x\|_\infty \|k\|_\infty \frac{2}{n} \to 0 \quad \text{für } n \to \infty\,. \end{aligned}$$

Also konvergiert $A_n x$ gleichmäßig gegen Ax, d. h. $Ax \in C(G)$. Außerdem ist wegen

$$\|A_n\| = \max_{t\in[a,b]} \int_a^b |\widetilde{k}(t,s)|\,|\psi(n|t-s|)|\,\mathrm{d}s \le \|k\|_\infty (b-a)$$

mit

$$\begin{aligned} \|Ax\| &\le \|(A - A_n)x\| + \|A_n x\| \\ &\le \|k\|_\infty \left(\frac{2}{n} + (b-a)\right) \|x\|_\infty \end{aligned}$$

der Operator A beschränkt. Übrigens erhalten wir Konvergenz bezüglich der Operatornorm aus

$$\begin{aligned} \|A_n - A\|_\infty &= \sup_{x\neq 0} \frac{\|(A_n - A)x\|_\infty}{\|x\|_\infty} \\ &\le \frac{2}{n}\|k\|_\infty \to 0\,, \quad n \to \infty\,. \end{aligned}$$

∎

Betrachten wir die Operatornorm genauer, so ergibt sich die Existenz von eindeutigen Lösungen zu Volterra-Gleichungen zweiter Art.

Existenzsatz zu Volterra-Integralgleichungen zweiter Art
Ist $\Delta = \{(t,s) \in [a,b] \times [a,b] : s \le t\}$ und $k \in C(\Delta)$, dann besitzt die Volterra-Integralgleichung zweiter Art

$$x(t) - \int_a^t k(t,s)x(s)\,\mathrm{d}s = y(t), \quad t \in [a,b],$$

für jedes $y \in C([a,b])$ eine eindeutig bestimmte Lösung $x \in C([a,b])$.

Beweis: Mit dem vorherigen Lemma ist durch

$$Ax(t) = \int_a^t k(t,s)x(s)\,\mathrm{d}s$$

ein linearer beschränkter Operator $A\colon C([a,b]) \to C([a,b])$ gegeben, d. h., wir suchen eine Lösung $x \in C([a,b])$ der Gleichung

$$(I - A)x = y.$$

Induktiv zeigen wir

$$|A^n x(t)| \le \frac{M^n}{n!}(t-a)^n \|x\|_\infty,$$

wenn

$$M = \|k\|_\infty = \max_{(s,t)^\top \in \Delta} |k(t,s)|$$

ist.

Den Induktionsanfang für $n = 1$ erhalten wir direkt aus

$$|Ax(t)| \le \int_a^t |k(t,s)|\,|x(s)|\,\mathrm{d}s \le M|t-a|\,\|x\|_\infty.$$

Für den Induktionsschritt, $n \rightsquigarrow n+1$, betrachten wir

$$\begin{aligned} |A^{n+1}x(t)| &\le \int_a^t |k(t,s)|\,|A^n x(s)|\,\mathrm{d}s \\ &\le M \int_a^t \frac{M^n}{n!}(s-a)^n \|x\|_\infty\,\mathrm{d}s \\ &= \|x\|_\infty \frac{M^{n+1}}{(n+1)!}(t-a)^{n+1}. \end{aligned}$$

Es folgt

$$\|A^n\| \le \frac{M^n}{n!}(b-a)^n \to 0, \quad n \to \infty.$$

Insbesondere existiert $N \in \mathbb{N}$ mit $\|A^N\| < 1$. Also können wir die Folgerung zum Störungslemma auf Seite 283 anwenden und erhalten zu jeder stetigen Funktion $y \in C([a,b])$ die eindeutige Lösung der Integralgleichung

$$x = (I - A)^{-1} y. \qquad \blacksquare$$

Kommentar: Die Neumann'sche Reihe liefert eine Möglichkeit die Lösung einer Volterra-Gleichung sukzessive zu approximieren. Dazu definieren wir $x_0(t) = y(t)$ und

$$x_{n+1}(t) = y(t) + \int_a^b k(t,s)x_n(s)\,\mathrm{d}s, \quad t \in [a,b],$$

für $n \in \mathbb{N}$. Die konstruierte Folge stetiger Funktionen konvergiert gegen die Lösung; denn es ist

$$\begin{aligned} x_{n+1} &= y + Ax_n = y + Ay + A^2 x_{n-1} = \ldots \\ &= \sum_{j=0}^{n+1} A^j y \to (I-A)^{-1} y \quad \text{für } n \to \infty. \end{aligned}$$

Invertierbare Operatoren werden durch invertierbare Operatoren approximiert

Eine weitere nützliche Anwendung des Störungslemmas ergibt sich bei Approximation linearer Operatoren durch eine Folge von Operatoren. So ist etwa in der numerischen Mathematik für Stabilitäts- und Konvergenzaussagen oft eine Folge von Diskretisierungen eines Operators zu betrachten. Wir können zum Beispiel zeigen, wenn ein beschränkt invertierbarer Operator $L \in \mathcal{L}(X,Y)$ durch eine Folge von Operatoren $L_n \in \mathcal{L}(X,Y)$ in der Operatornorm approximiert wird, d. h., es gilt $\|L_n - L\| \to 0$ für $n \to \infty$, so folgt Invertierbarkeit der approximierenden Operatoren. Genauer gilt die Folgerung:

Folgerung
Sei X Banachraum, Y normierter Raum und $L \in \mathcal{L}(X,Y)$ beschränkt invertierbar. Weiter sei $L_n \in \mathcal{L}(X,Y)$, $n \in \mathbb{N}$ eine Folge von Operatoren, die gegen L konvergiert, d. h. $\|L - L_n\| \to 0$, $n \to \infty$. Dann gibt es $N \in \mathbb{N}$ mit

$$\|L^{-1}(L - L_n)\| < 1$$

für alle $n \ge N$. Für $n \ge N$ sind die Operatoren L_n beschränkt invertierbar mit

$$\|L_n^{-1}\| \le \frac{\|L^{-1}\|}{1 - \|L^{-1}(L - L_n)\|}.$$

Beweis: Wegen $\|L^{-1}(L - L_N)\| \le \|L^{-1}\|\,\|L - L_N\|$ und der Konvergenz der Operatoren L_n gibt es $N \in \mathbb{N}$ mit $\|L^{-1}(L - L_n)\| < 1$ für $n \ge N$. Daher können wir das Störungslemma auf $L^{-1}(L - L_n)$ anwenden. Es existiert die Inverse $\big(I - L^{-1}(L - L_n)\big)^{-1} \in \mathcal{L}(X,X)$ zum Operator $I - L^{-1}(L - L_n) = L^{-1}L_n \in \mathcal{L}(X,X)$. Mit der Fehlerabschätzung aus der Selbstfrage auf Seite 283 ergibt sich

$$\|\big(I - L^{-1}(L - L_n)\big)^{-1}\| \le \frac{1}{1 - \|L^{-1}(L - L_n)\|}.$$

Also folgt, dass durch $L_n^{-1} = \big(I - L^{-1}(L - L_n)\big)^{-1} L^{-1} \in \mathcal{L}(X, Y)$ die Inverse zu L_n gegeben ist mit $\|L_n^{-1}\| \leq \frac{\|L^{-1}\|}{1-\|L^{-1}(L-L_n)\|}$. ■

?

Zeigen Sie für die Lösungen $x, x_n \in X$ der Gleichungen

$$Lx = y \quad \text{bzw.} \quad L_n x_n = y_n$$

unter den Voraussetzungen der Folgerung die Fehlerabschätzung

$$\|x_n - x\| \leq \frac{\|L^{-1}\|}{1 - \|L^{-1}(L - L_n)\|} \Big(\|(L - L_n)x\| + \|y_n - y\|\Big).$$

Auch eine weitere Variante dieser Aussage ist manchmal nützlich.

Folgerung

Es sei X Banachraum und Y normierter Raum. Bilden $L_n \in \mathcal{L}(X, Y)$, $n \in \mathbb{N}$, eine konvergente Folge beschränkt invertierbarer Operatoren mit Grenzwert $L \in \mathcal{L}(X, Y)$ und gleichmäßig beschränkten Inversen, d. h., es gibt eine Konstante $c > 0$ mit $\|L_n^{-1}\| < c$ für alle $n \in \mathbb{N}$, dann ist L beschränkt invertierbar mit

$$\|L^{-1}\| \leq \frac{\|L_n^{-1}\|}{1 - \|L_n^{-1}(L_n - L)\|}$$

für alle $n \in \mathbb{N}$ mit $\|L_n^{-1}(L_n - L)\| < 1$.

Beweis: Der Beweis verläuft analog zur vorherigen Folgerung, wenn wir die Rollen von L und L_n vertauschen. ■

Mit linearer Interpolation lässt sich Invertierbarkeit zeigen

Die in den Folgerungen genutzte Idee, den zu untersuchenden Operator umzuschreiben, führt auf eine wichtige Beweistechnik in Hinblick auf Invertierbarkeit linearer beschränkter Operatoren in Banachräumen, die in der Literatur auch **Kontinuitätsmethode** genannt wird.

Lineare Interpolation von Operatoren

Gibt es zur linearen Interpolation

$$L_t = tL_1 + (1 - t)L_0 \colon X \to Y$$

zweier linearer beschränkter Operatoren $L_0, L_1 \in \mathcal{L}(X,Y)$ von einem Banachraum X in einen linearen normierten Raum Y eine Konstante $C > 0$ mit

$$\|u\|_X \leq C\|L_t u\|_Y$$

für alle $t \in [0, 1]$, so ist L_0 genau dann beschränkt invertierbar, wenn L_1 beschränkt invertierbar ist.

Beweis: Angenommen $L_s \colon X \to Y$ mit $s \in [0, 1]$ ist invertierbar, so ist aufgrund der Abschätzung $\|L_s^{-1} L_s u\| = \|u\| \leq C\|L_s u\|$ der inverse Operator auch beschränkt mit $\|L_s^{-1}\| \leq C$. Außerdem erhalten wir mit dem invertierbaren Operator L_s die Darstellung

$$L_t = L_s \left(I + L_s^{-1}(L_t - L_s)\right)$$

für jedes $t \in [0, 1]$. Wir betrachten die Operatornorm

$$\begin{aligned}\|L_s^{-1}(L_t - L_s))\| &\leq C\|L_t - L_s\| \\ &= C\|(s - t)L_0 + (t - s)L_1\| \\ &\leq C\left(\|L_0\| + \|L_1\|\right)|t - s|,\end{aligned}$$

d. h., mit $|t - s| < \frac{1}{C(\|L_0\|+\|L_1\|)}$ ist $\|L_s^{-1}(L_t - L_s))\| < 1$. Nach dem Störungslemma ist somit L_t auch beschränkt invertierbar, wenn nur $|t-s|$ hinreichend klein ist. Damit haben wir gezeigt, dass die Menge

$$M = \{t \in [0, 1] \colon L_t \text{ ist beschränkt invertierbar}\} \subseteq [0, 1]$$

offen ist.

Mit der Darstellung und der Schranke C für die Normen der invertierbaren Operatoren zeigen wir weiterhin Abgeschlossenheit von M. Denn ist $t_n \to t$ eine konvergente Folge in $[0, 1]$ mit $t_n \in M$ für alle $n \in \mathbb{N}$, so folgt wie oben

$$L_t = L_{t_n} \left(I + L_{t_n}^{-1}(L_t - L_{t_n})\right).$$

Da wir bereits die Abschätzung $\|L_{t_n}^{-1}\| \leq C$ für alle $n \in \mathbb{N}$ gezeigt haben, können wir $n \in \mathbb{N}$ hinreichend groß wählen, sodass

$$\|L_{t_n}^{-1}(L_t - L_{t_n})\| \leq C|t - t_n|(\|L_0\| + \|L_1\|) < 1$$

gilt. Nach dem Störungslemma ist auch L_t beschränkt invertierbar, d. h. $t \in M$.

Insgesamt ist M sowohl abgeschlossen als auch relativ offen in $[0, 1]$. Da $[0, 1]$ zusammenhängend ist, ist M das gesamte Intervall oder die Menge ist leer (siehe Band 1, Abschnitt 19.4). Mit $0 \in M$ oder $1 \in M$ folgt deswegen $M = [0, 1]$ und insbesondere die beschränkte Invertierbarkeit von L_1 bzw. L_0. ■

Zum Abschluss dieses Abschnitts skizzieren wir die Anwendung der Kontinuitätsmethode bei elliptischen partiellen Differenzialgleichungen.

Beispiel Exemplarisch betrachten wir das Randwertproblem

$$Lu(\boldsymbol{x}) = \sum_{i,j=1}^{n} a_{ij}(\boldsymbol{x}) \frac{\partial^2 u}{\partial x_i \partial x_j}(\boldsymbol{x}) = f(\boldsymbol{x})$$

im Gebiet $D = \{\boldsymbol{x} \in \mathbb{R}^n \colon |\boldsymbol{x}| < 1\}$ mit $u = 0$ auf dem Rand ∂D (siehe Abbildung 8.3). Vorausgesetzt ist, dass

Hintergrund und Ausblick: Nichtlineare Funktionalanalysis

Die linearen Operatoren bieten ein reichhaltiges mathematisches Feld, wie sich bereits aus unseren einführenden Betrachtungen in diesem Kapitel erahnen lässt. Naheliegend ist es auf dieser Grundlage auch nach generellen Eigenschaften nichtlinearer Operatoren zu fragen. Ein kurzer Ausblick, der sicherlich keinen Anspruch auf eine umfassende Darstellung hat, mag die Neugierde wecken, die Funktionalanalysis im weiteren Studium nicht aus den Augen zu lassen.

Im weitesten Sinne beschäftigt sich die Funktionalanalysis mit der Theorie zur Lösbarkeit von Gleichungen der Form $F(x) = y$. Dabei ist $F\colon M \to Y$ ein Operator auf einer Teilmenge $M \subseteq X$ eines linearen Raums X. Wir gehen für diesen Ausblick stets davon aus, dass X und Y Banachräume sind. Die vielen interessanten Fragestellungen sowohl zu linearen als auch zu nichtlinearen Operatoren, welche Aussagen sich unter welchen Voraussetzungen eventuell in modifizierter Form auf normierte, metrische, topologische oder schlicht auf Vektorräume erweitern lassen, wollen wir hier nicht weiter vertiefen.

Denken wir an den endlich dimensionalen Fall, so ist offensichtlich, dass das Differenzieren, d. h. die Linearisierung bei nichtlinearen Abbildungen, ein wesentliches Konzept ist. Verschiedene Ableitungsbegriffe werden in der nichtlinearen Funktionalanalysis und speziell in der Optimierungstheorie diskutiert. Selbstverständlich kann man in Anlehnung an den endlich dimensionalen Fall von einer *Richtungsableitung* sprechen, wenn der Grenzwert

$$\lim_{t\to 0} \frac{F(x+th) - F(x)}{t} \in Y$$

existiert. Ist $M \subseteq X$ offen und lässt sich der Grenzwert für jede Richtung $h \in X$ durch einen linearen beschränkten Operator $F'(x)\colon X \to Y$ beschreiben, d. h., es gilt

$$\lim_{t\to 0} \frac{F(x+th) - F(x)}{t} = F'(x)h$$

für jedes $h \in X$, so nennt man F' die *Gâteaux-Ableitung* von F. Notwendige und hinreichende Optimalitätskriterien, wie $\nabla F(x) = F'(x) = 0$, wenn $X = \mathbb{R}^n$ und $Y = \mathbb{R}$ ist, lassen sich allgemein auf die Gâteaux-Ableitung übertragen.

Eine Verallgemeinerung der totalen Ableitung (siehe Band 1, Abschnitt 21.2) ist durch die Definition der *Fréchet-Ableitung* gegeben. Der Operator F ist Fréchet-differenzierbar in $x \in M$, wenn es einen linearen beschränkten Operator $F'(x)\colon X \to Y$ gibt derart, dass

$$\lim_{h\to 0} \frac{1}{\|h\|} \left\| F(x+h) - F(x) - F'(x)h \right\| = 0\,.$$

Für partiell Fréchet-differenzierbare Operatoren F lässt sich der Satz über implizite Funktionen formulieren und so erhält man eine Möglichkeit, Existenzaussagen zu nichtlinearen Gleichungen zu finden. Auch das uns in endlichen Dimensionen bereits begegnete Newton-Verfahren (siehe Abschnitt 17.3 und auch Band 1, Abschnitt 15.3) gilt analog für Fréchet-differenzierbare Funktionen.

Eine generelle Idee, um Existenz von Lösungen zu nichtlinearen Gleichungen zu klären sind Fixpunktsätze. Mit dem Banach'schen Fixpunktsatz (siehe Band 1, Abschnitt 19.5), kennen wir eine zentrale Aussage. Ein kontraktiver Operator $F\colon M \to M$ auf einer abgeschlossenen, nichtleeren Teilmenge $M \subseteq X$ des Banachraums X besitzt genau einen Fixpunkt $F(\hat{x}) = \hat{x}$. Auch andere Varianten des Banach'schen Fixpunktsatzes werden in der Funktionalanalysis betrachtet. Schwächt man etwa die Kontraktionseigenschaft ab und setzt nur einen *nicht expansiven* Operator voraus, d. h.

$$\|F(x) - F(y)\| \le \|x - y\| \quad \text{für } x, y \in M\,,$$

so lässt sich unter entsprechenden Voraussetzungen die Existenz eines Fixpunkts zeigen, aber man verliert die Eindeutigkeit, d. h., es kann mehrere Fixpunkte geben.

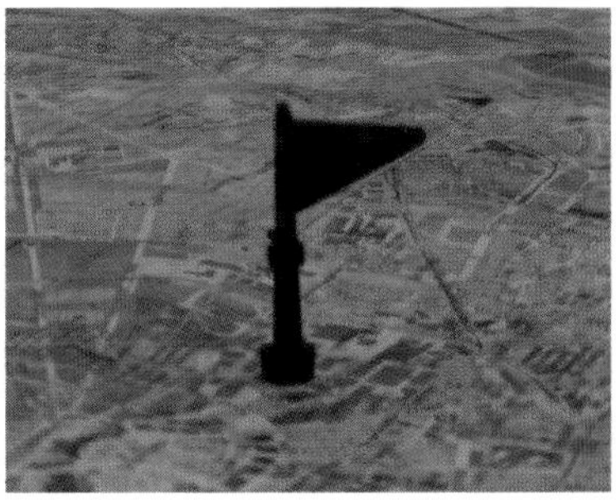

Ein Höhepunkt der nichtlinearen Funktionalanalysis ist der Schauder'sche Fixpunktsatz, der mit erheblich schwächeren Voraussetzungen auskommt. Die Aussage ist: Ist $M \subseteq X$ nichtleer, abgeschlossen und konvex und $F\colon M \to X$ stetig mit relativ kompaktem Bild $F(M) \subseteq M$, dann besitzt F mindestens einen Fixpunkt. Der aufwendige Beweis ist wesentlicher Bestandteil von Vorlesungen zur nichtlinearen Funktionalanalysis.

Viele weiterführende Resultate basieren auf diesem Fixpunktsatz. Ein Anwendungsbeispiel des Schauder'schen Fixpunktsatzes ist etwa der Satz von Peano zur Existenz von Lösungen zu Anfangswertproblemen. Ein weiteres Beispiel ist die Leray-Schauder-Theorie zur Invertierbarkeit bei nichtlinearen kompakten Störungen der Identität, die im Wesentlichen den Schauder'sche Fixpunktsatz zusammen mit einer verallgemeinerten Version der Kontinuitätsmethode (siehe Seite 286) nutzt. Mit linearen kompakten Operatoren werden wir uns in Kapitel 9 beschäftigen.

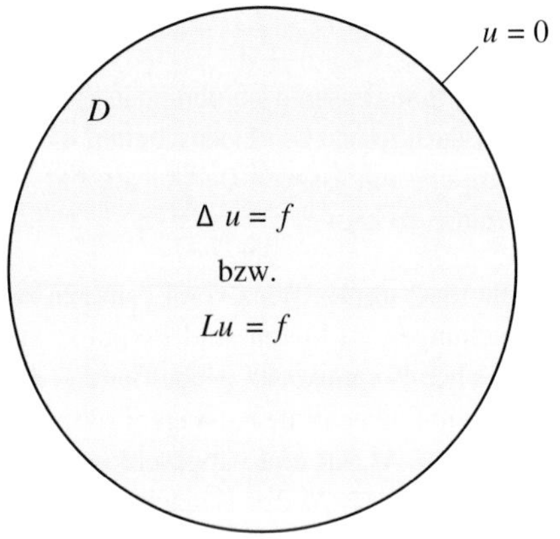

Abbildung 8.3 Die Lösbarkeit eines elliptischen Randwertproblems lässt sich auf die Lösbarkeit des Poisson-Problems zurückführen.

$a_{ij}, f \in C^{0,\alpha}(\overline{D})$ Hölder-stetige Funktionen sind (siehe Aufgabe 8.6) und der Differenzialoperator

$$L\colon X = \{u \in C^{2,\alpha}(\overline{D})\colon u = 0 \text{ auf } \partial D\} \to C^{0,\alpha}(D)$$

elliptisch ist, d. h.

$$\boldsymbol{v}^\top \boldsymbol{A}(\boldsymbol{x})\boldsymbol{v} \geq c|\boldsymbol{v}|^2$$

für alle $\boldsymbol{v} \in \mathbb{R}^n$ und alle $\boldsymbol{x} \in D$, wobei $\boldsymbol{A}(\boldsymbol{x}) = (a_{ij}(\boldsymbol{x}))_{i,j=1,\ldots,n}$ die Matrix bestehend aus den Koeffizienten des Operators L ist.

Wir wollen hier nicht auf Details zu partiellen Differenzialgleichungen eingehen, aber etwa in der Potenzialtheorie wird gezeigt, dass das **Poisson'sche Randwertproblem**

$$\Delta u = f \text{ in } D$$

mit $u = 0$ auf dem Rand ∂D genau eine Lösung $u \in C^{2,\alpha}(\overline{D})$ besitzt und eine Konstante $k > 0$ existiert mit $\|u\|_{2,\alpha} \leq k\|f\|_{0,\alpha}$. Dabei bezeichnet Δ den Laplace-Operator

$$\Delta u = \sum_{j=1}^{n} \frac{\partial^2 u}{\partial x_j^2}\,.$$

Wir definieren die Operatoren

$$L_t = (1-t)\Delta + tL\colon X \to C^{0,\alpha}(\overline{D})\,.$$

Mit der obigen Bemerkung wissen wir, dass L_0 beschränkt invertierbar ist. Wegen

$$\boldsymbol{v}^\top((1-t)I + t\boldsymbol{A})\boldsymbol{v} \geq \min\{1, c\}\,\|\boldsymbol{v}\|^2$$

für alle $\boldsymbol{v} \in \mathbb{R}^n$ sind die Operatoren für jedes $t \in [0,1]$ elliptisch. Durch aufwendige Abschätzungen lässt sich weiterhin zeigen, das für Lösungen $u_t \in C^{2,\alpha}(\overline{D})$ zu $L_t u_t = f$ eine Konstante $C > 0$ unabhängig von t existiert mit

$$\|u_t\|_{2,\alpha} \leq C\|f\|_{0,\alpha} = \|L_t u_t\|_{0,\alpha}\,.$$

Damit sind die Voraussetzungen der Kontinuitätsmethode gegeben (siehe Seite 286). Aus der Lösungstheorie zum Poissonproblem folgt somit auch die Existenz einer eindeutigen Lösung des gegebenen Randwertproblems mit $t = 1$.

Die hier beschriebene Idee ist ein klassischer Zugang zur Theorie elliptischer Randwertproblemen, die auf Juliusz Pawel Schauder (1899–1943) zurückgeht und auf elliptische Differenzialgleichungen in allgemeineren Gebieten erweitert werden kann. Für weitere Details verweisen wir auf die Literatur etwa Gilbarg, Trudinger: *Elliptic partial differenzial equations of second order.* ◀

8.2 Grundlegende Prinzipien der linearen Funktionalanalysis

Einige weitere allgemeine Resultate zu linearen beschränkten Operatoren in Banachräumen werden sich als grundlegend erweisen. Ausgangspunkt für diese Sätze ist eine mengentheoretische Aussage in Banachräumen, die auf Louis Baire (1874–1932) zurückgeht. Um diesen Satz zu formulieren, führen wir folgende Bezeichnungen ein. In einem normierten Raum X nennen wir eine Menge $M \subseteq X$ **nirgends dicht**, wenn der Abschluss der Menge keine inneren Punkte enthält, d. h., wenn $\mathring{\overline{M}} = \emptyset$. Weiter ist eine Menge $U \subseteq X$ von **erster Kategorie**, wenn sich U als abzählbare Vereinigung nirgends dichter Mengen schreiben lässt. Anstelle von erster Kategorie spricht man auch von einer **mageren** Menge. Ist eine Menge nicht von erster Kategorie, so heißt sie von **zweiter Kategorie**.

Beispiel Da mit $z \in \mathbb{R}$ die Menge $\{z\} \subseteq \mathbb{R}$ nirgends dicht ist, sind die rationalen Zahlen $\mathbb{Q} \in \mathbb{R}$ als abzählbare Vereinigung eine magere Teilmenge von $\mathbb{R}$. Oder fassen wir die reellen Zahlen als Teilmenge der komplexen Zahlen auf, so ist $\mathbb{R} \subseteq \mathbb{C}$ mager.

Eine überabzählbare nirgends dichte Menge in $\mathbb{R}$, erhalten wir mit der Cantormenge (siehe Band 1, Abschnitt 9.4 und 16.2). Denn bei der Konstruktion der Cantormenge C, wurden die Mengen $C_n \supset C$ verwendet, die aus 2^n disjunkten Intervallen der Länge $\frac{1}{3^n}$ besteht. Gäbe es einen inneren Punkt $\hat{x} \in C$, so existiert $\varepsilon > 0$ mit $(\hat{x} - \varepsilon, \hat{x} + \varepsilon) \subseteq C$. Dies steht im Widerspruch dazu, dass wir $n \in \mathbb{N}$ so groß wählen können, dass $\frac{1}{3^n} \leq \varepsilon$ gilt und somit $(\hat{x} - \varepsilon, \hat{x} + \varepsilon) \nsubseteq C_n$ ist. ◀

Banachräume sind von zweiter Kategorie

Mit diesen Begriffen lässt sich der *Kategoriensatz von Baire* angeben.

Baire'scher Kategoriensatz

Ein Banachraum X ist von zweiter Kategorie, d. h., ist $X = \bigcup_{n=1}^{\infty} M_n$ mit $M_n \subseteq X$, $n \in \mathbb{N}$, so gibt es $n_0 \in \mathbb{N}$, $x_0 \in X$ und $\varepsilon > 0$ mit

$$B(x_0, \varepsilon) = \{x \in X : \|x - x_0\| < \varepsilon\} \subseteq \overset{\circ}{\overline{M_{n_0}}}.$$

Beweis: Wir gehen von $X = \bigcup_{n=1}^{\infty} M_n$ mit abzählbar vielen Mengen $M_n \subseteq X$ aus. Ohne Einschränkung sind die Mengen $M_n \subseteq X$ abgeschlossen. Ansonsten betrachten wir $\overline{M_n}$ anstelle von M_n.

Wir führen die Annahme zum Widerspruch, dass alle Mengen M_n nirgends dicht sind, d. h., kein M_n enthält eine Kugel, wie im Satz beschrieben. Ausgehend von $x_0 \in X$ und $\varepsilon_0 = 1$ betrachten wir die abgeschlossene Kugel

$$B_0 = B[x_0, 1] = \left\{x \in X : \|x - x_0\| \leq \varepsilon_0\right\}.$$

Da M_1 nirgends dicht ist, folgt $(X \backslash M_1) \cap B_0 \neq \emptyset$, und, da es sich um den Schnitt offener Mengen handelt, gibt es $x_1 \in X$ und $\varepsilon_1 \in (0, \frac{1}{2})$ mit

$$B_1 \subseteq (X \backslash M_1) \cap \mathring{B}_0 .$$

Induktiv konstruieren wir eine Folge abgeschlossener Kugeln

$$B_n = B[x_n, \varepsilon_n] = \left\{x \in X : \|x - x_n\| \leq \varepsilon_n\right\}$$

mit $\varepsilon_n \in (0, \frac{1}{2^n})$ und

$$B_n \subseteq (X \backslash M_n) \cap \mathring{B}_{n-1} .$$

Die Schnittmengen rechts sind nichtleer, denn ansonsten wäre $B_{n-1} \subseteq M_n$ im Widerspruch dazu, dass M_n nirgends dicht ist. Außerdem handelt es sich wie im ersten Schritt um eine nichtleere Schnittmenge offener Mengen, sodass es eine Kugel B_n gibt.

Wir erhalten $B_{n+1} \subseteq B_n$ für $n \in \mathbb{N}$. Da wir die Radien ε_n durch $1/2^n$ beschränkt haben, gilt für die Mittelpunkte $\|x_{n+1} - x_n\| \leq \frac{1}{2^n}$. Mit der Dreiecksungleichung ergibt sich

$$\|x_n - x_m\| \leq \sum_{j=m+1}^{n} \frac{1}{2^{j-1}} \to 0 \quad \text{für } n \geq m \to \infty .$$

Die Folge der Mittelpunkte ist eine Cauchy-Folge und, da X Banachraum ist, ist die Folge (x_n) konvergent. Wir setzen

$$\lim_{n\to\infty} x_n = \hat{x} \in X .$$

Es ist $\hat{x} \in B_n$ für jedes $n \in \mathbb{N}$, denn B_n ist abgeschlossen. Insbesondere ist $\hat{x} \notin M_n$ für alle $n \in \mathbb{N}$ im Widerspruch zu $X = \bigcup_{n=1}^{\infty} M_n$. ∎

Ersetzen wir im Beweis die Norm durch eine Metrik, so wird deutlich, dass der Satz auch für vollständige metrische Räume gilt.

Bevor wir den Kategoriensatz im Zusammenhang mit linearen Operatoren nutzen, betrachten wir zunächst noch zwei Beispiele zur Anwendung des Satzes.

Beispiel

- Der Kategoriensatz liefert die Existenz von transzendenten Zahlen; denn $\mathbb{R}$ ist vollständig, die Menge der algebraischen Zahlen ist hingegen abzählbar und somit insbesondere von erster Kategorie.
- Ist mit $(f_n)_{n\in\mathbb{N}}$ eine Folge stetiger Funktionen in $C([a, b])$ gegeben, die punktweise konvergiert, d. h.

  $$\lim_{n\to\infty} f_n(t) = f(t) \quad \text{für } t \in [a, b],$$

  so ist zwar f nicht unbedingt stetig (siehe Band 1, Abschnitt 16.1), aber zumindest liegt die Menge der Stetigkeitsstellen

  $$M = \{t \in [a, b] : f \text{ ist stetig in } t\}$$

  dicht im Intervall $[a, b]$.

  Ein Beweis dieser Aussage, lässt sich mit dem Kategoriensatz führen: Es ist zu zeigen, dass es zu jedem $\hat{t} \in [a, b]$ und jedem $\delta > 0$ ein $t \in [\hat{t} - \delta, \hat{t} + \delta]$ gibt, in dem die Funktion f stetig ist.

  Zunächst zeigen wir mit dem Kategoriensatz, dass es zu einem abgeschlossenen Intervall $I \subseteq [a, b]$ und $\varepsilon > 0$ ein abgeschlossenes Teilintervall $J \subseteq I$ gibt mit $|f(t) - f(s)| \leq \varepsilon$ für $t, s \in J$. Dazu betrachten wir die Mengen

  $$M_n = \left\{t \in I : |f_n(t) - f_m(t)| \leq \frac{\varepsilon}{3}, \quad \text{für jedes } m \geq n\right\}.$$

  Da die Folgenglieder f_n stetig sind, sind die Mengen M_n jeweils abgeschlossen. Außerdem gilt mit der punktweisen Konvergenz

  $$\bigcup_{n=1}^{\infty} M_n = I .$$

  Nach dem Kategoriensatz gibt es deswegen einen Index $N \in \mathbb{N}$, sodass M_N ein nichtleeres Inneres besitzt. Insbesondere existiert ein nichtleeres abgeschlossenes Intervall $\tilde{J} \subseteq M_N$. Auf diesem Intervall ist $|f_N(t) - f_m(t)| \leq \frac{\varepsilon}{3}$ für $m \geq N$ und somit auch

  $$|f_N(t) - f(t)| \leq \frac{\varepsilon}{3}, \quad \text{für } t \in \tilde{J} .$$

  Die stetige Funktion f_N ist auf $\tilde{J}$ gleichmäßig stetig. Daher gibt es ein nichtleeres Intervall $J \subseteq \tilde{J}$ mit $|f_N(t) - f_N(s)| \leq \frac{\varepsilon}{3}$ für $t, s \in J$. Mit der Dreiecksungleichung gilt

  $$\begin{aligned} |f(t) - f(s)| &\leq |f(t) - f_N(t)| + |f_N(t) - f_N(s)| \\ &\quad + |f_N(s) - f(s)| \\ &\leq \frac{\varepsilon}{3} + \frac{\varepsilon}{3} + \frac{\varepsilon}{3} = \varepsilon . \end{aligned}$$

Nun können wir zeigen, dass die Stetigkeitsstellen dicht liegen. Denn ist $\hat{t} \in [a, b]$ und $\delta > 0$, so lässt sich nach dem gerade gezeigten Resultat rekursiv eine Folge I_n von abgeschlossenen nichtleeren Intervallen finden mit $I_n \subseteq I_{n-1}$ für $n \in \mathbb{N}$ und $|f(t) - f(s)| \leq \frac{1}{n}$, wobei wir $I_0 = [\hat{t} - \delta, \hat{t} + \delta]$ gesetzt haben. In einer Stelle $t \in \bigcap_{n=1}^{\infty} I_n \subseteq [\hat{x} - \delta, \hat{x} + \delta]$ ist die Funktion f nach Konstruktion stetig.

Es bleibt zu überlegen, dass $\bigcap_{n=1}^{\infty} I_n$ nichtleer ist. Wie beim Intervallschachtelungsprinzip lässt sich etwa die Folge (a_n) der linken Randpunkte der Intervalle $I_n = [a_n, b_n]$ betrachten. Die Folge ist monoton steigend und beschränkt, also konvergent. Da die Intervalle abgeschlossen sind, folgt $\lim_{n\to\infty} a_n \in I_N$ für jedes $N \in \mathbb{N}$, d. h., der Grenzwert ist im Durchschnitt aller Intervalle. ◀

Aus punktweise beschränkt folgt gleichmäßig beschränkt

Die schlichte Aussage des Kategoriensatzes hat weitreichende Anwendungen in Hinblick auf lineare beschränkte Operatoren. Im letzten Beispiel haben wir gesehen, dass mithilfe des Kategoriensatzes eine Aussage zur Stetigkeit bzw. zu den Stetigkeitsstellen der Grenzfunktion bei punktweiser Konvergenz einer Folge stetiger Funktionen möglich ist. Es ist naheliegend nun mit dem Kategoriensatz Folgen von stetigen Operatoren zu untersuchen, die zwar punktweise konvergieren, aber nicht notwendig bezüglich der Operatornorm.

Bei linearen Operatoren ist die Stetigkeit äquivalent zur Beschränktheit. Wir betrachten deswegen erheblich allgemeiner punktweise beschränkte Folgen von Operatoren bevor wir auf die Frage nach der Stetigkeit bzw. Beschränktheit bei punktweiser Konvergenz zurückkommen.

Prinzip der gleichmäßigen Beschränktheit

Ist (A_n) eine Folge linearer beschränkter Operatoren $A_n \in \mathcal{L}(X, Y)$, $n \in \mathbb{N}$, auf einem Banachraum X in einen normierten Raum Y, die punktweise beschränkt ist, d. h., zu $x \in X$ gibt es eine Konstante c_x mit $\|A_n x\| \leq c_x$ für alle $n \in \mathbb{N}$, so ist die Folge gleichmäßig beschränkt, d. h., es gibt eine Konstante $c \geq 0$ mit $\|A_n\| \leq c$ für alle $n \in \mathbb{N}$.

Beweis: Für den Beweis betrachten wir die Mengen

$$M_n = \left\{x \in X : \|A_j x\| \leq n \text{ für alle } j \in \mathbb{N}\right\}.$$

Da A_j und die Norm $\|.\|$ stetig sind, ist $M_n \subseteq X$ eine abgeschlossene Teilmenge. Es gilt $X = \bigcup_{n=1}^{\infty} M_n$; denn mit $x \in X$ gibt es wegen der punktweisen Beschränktheit eine von x abhängende Konstante $c_x > 0$ mit $\|A_j x\| \leq c_x$ für jedes $j \in J$, d. h., mit $n \geq c_x$ folgt $x \in M_n$.

Nach dem Kategoriensatz existiert ein Index $N \in \mathbb{N}$, ein $x_0 \in X$ und $\varepsilon > 0$ mit $B(x_0, \varepsilon) \subseteq M_N$. Damit gilt für $x \in X$ und $j \in \mathbb{N}$ mit der Dreiecksungleichung

$$\begin{aligned} \|A_j x\| &= \frac{\|x\|}{\varepsilon} \left\| A_j\Big(\underbrace{x_0 + \varepsilon \frac{x}{\|x\|}}_{\in B(x_0,\varepsilon)}\Big) - A_j(x_0) \right\| \\ &\leq \frac{\|x\|}{\varepsilon} \left(\left\| A_j\Big(x_0 + \varepsilon \frac{x}{\|x\|}\Big) \right\| + \|A_j(x_0)\| \right) \\ &\leq \frac{\|x\|}{\varepsilon} (N + N). \end{aligned}$$

Also ist

$$\|A_j\| \leq \frac{2N}{\varepsilon}$$

für alle $j \in \mathbb{N}$, d. h., die Operatoren A_j, $j \in \mathbb{N}$, sind gleichmäßig beschränkt. ∎

Oft wird dieser Satz in der Literatur etwas allgemeiner formuliert; denn ersetzt man im Beweis $\mathbb{N}$ durch eine beliebige Indexmenge J, so bleibt die Aussage gültig, d. h., anstelle eine Folge zu betrachten, können wir auch allgemeiner eine Familie $\{A_j \in \mathcal{L}(X, Y) : j \in J\}$ von Operatoren zulassen.

Punktweise Konvergenz generiert lineare beschränkte Operatoren

Wir kommen zurück zur Frage nach der Stetigkeit im Grenzfall einer Folge punktweise konvergenter, beschränkter Operatoren. Mit dem Prinzip der gleichmäßigen Beschränktheit ergibt sich eine erste Folgerung.

Folgerung

Ist $(A_n)_{n\in\mathbb{N}}$ eine Folge von linearen beschränkten Operatoren $A_n \in \mathcal{L}(X, Y)$, $n \in \mathbb{N}$, auf einem Banachraum X und einem normierten Raum Y, die punktweise konvergiert, d. h.,

$$\lim_{n\to\infty} A_n x = y_x \in Y$$

existiert zu jedem $x \in X$, so ist die Abbildung $A : X \to Y$ mit $A(x) = y_x$ linear und beschränkt.

Beweis: Aus der Linearität der Operatoren A_n und Linearität von Grenzwerten konvergenter Folgen folgt, dass die Abbildung A linear ist. Weiter impliziert die punktweise Konvergenz insbesondere, dass $\|A_n x\| < c_x$ punktweise beschränkt ist. Nach dem Prinzip der gleichmäßigen Beschränktheit gibt es deswegen eine gemeinsame Schranke $c > 0$ mit $\|A_n\| \leq c$ für alle $n \in \mathbb{N}$. Somit gilt

$$\|A_n x\| \leq c\|x\| \quad \text{für } x \in X.$$

Der Übergang zum Grenzwert liefert $\|Ax\| \leq c\|x\|$. Also ist der Operator A beschränkt mit $\|A\| \leq c$. ∎

Man beachte: Die gezeigte Folgerung impliziert nicht die Normkonvergenz der Folge von Operatoren. Dies ist im Allgemeinen auch nicht zu erwarten, wie das folgende Gegenbeispiel belegt.

Beispiel Im Raum $X = l^2$ der quadratsummierbaren Folgen betrachten wir die Operatoren $A_n : l^2 \to l^2$ mit

$$A_n x = (x_n, x_{n+1}, \dots).$$

Da $\sum_{j=1}^{\infty} |x_j|^2 < \infty$ konvergiert, folgt

$$\|A_n x\|^2 = \sum_{j=n}^{\infty} |x_j|^2 \to 0, \quad n \to \infty.$$

Also konvergiert die Folge $(A_n x)$ in l^2 für eine gegebene Folge $x = (x_j)_{j\in\mathbb{N}}$ gegen die Nullfolge, d. h., wir haben punktweise Konvergenz $A_n x \to Ax = 0$ gegen den Nulloperator $A = 0$.

Aber wählen wir zu $n \in \mathbb{N}$ die Folge $\tilde{x} = (\tilde{x}_j) \in l^2$ mit $\tilde{x}_n = 1$ und $\tilde{x}_j = 0$ für $j \neq n$, dann ist $\|\tilde{x}\| = 1$ und wir erhalten

$$\|A_n - A\| = \sup_{x\in l^2\setminus\{0\}} \|A_n x\|_{l^2} \geq \|A_n \tilde{x}\|_{l^2} = \|\tilde{x}\|_{l^2} = 1.$$

Somit ist die Folge (A_n) zwar punktweise konvergent, aber nicht konvergent im Sinne der Operatornorm. ◀

Oft wird unter der Voraussetzung, dass auch Y Banachraum ist, eine stärkere Aussage genutzt, um Stetigkeit eines Operators zu begründen, der als Grenzwert einer punktweise konvergenten Folge von linearen Operatoren definiert ist. Der Satz ist nach Stefan Banach (1892–1945) und Hugo Steinhaus (1887–1972) benannt.

Satz von Banach-Steinhaus

Es seien X, Y Banachräume, $A \in \mathcal{L}(X,Y)$ und $(A_n)_n \in \mathbb{N}$ eine Folge von linearen beschränkten Operatoren. Dann sind folgende Aussagen äquivalent:

- Die Folge (A_n) ist punktweise konvergent, d. h., es gibt $A \in \mathcal{L}(X,Y)$ mit $\lim_{n\to\infty} A_n x = Ax$ für jedes $x \in X$.
- Die Operatoren sind gleichmäßig beschränkt, d. h. $\sup_{n\in\mathbb{N}} \|A_n\| < \infty$, und die Grenzwerte $\lim_{n\to\infty} A_n x \in Y$ existieren für jedes $x \in M$ aus einer dichten Teilmenge $M \subseteq X$, d. h. $\overline{M} = X$.

Beweis: Im Beweis der Folgerung auf Seite 290 haben wir gezeigt, dass punktweise Konvergenz auf X die gleichmäßige Beschränktheit impliziert, sodass die eine Richtung der Äquivalenz bereits bewiesen wurde.

Es bleibt die Rückrichtung zu zeigen. Wir nehmen an, dass punktweise Konvergenz auf einer dichten Teilmenge $M \subseteq X$ gilt und die Operatoren A_n gleichmäßig beschränkt sind. Wir definieren $c = \sup_{n\in\mathbb{N}} \|A_n\|$. Ist $\hat{x} \in X$, so gibt es zu $\varepsilon > 0$ ein $x \in M$ mit $\|x - \hat{x}\| \leq \frac{\varepsilon}{3c}$. Weiter existiert aufgrund der punktweisen Konvergenz zu x ein $N \in \mathbb{N}$ mit

$$\|A_n x - A_m x\| \leq \frac{\varepsilon}{3} \quad \text{für } n, m \geq N.$$

Mit der Dreiecksungleichung erhalten wir

$$\begin{aligned}\|A_n\hat{x} - A_m\hat{x}\| &\leq \|A_n\hat{x} - A_n x\| + \|A_n x - A_m x\| \\ &\quad + \|A_m x - A_m \hat{x}\| \\ &\leq c\frac{\varepsilon}{3c} + \frac{\varepsilon}{3} + c\frac{\varepsilon}{3c} = \varepsilon.\end{aligned}$$

Damit ist $(A_n\hat{x})$ eine Cauchy-Folge und mit der Voraussetzung, dass Y Banachraum ist, folgt Konvergenz. Wir haben gezeigt, dass die Operatorfolge (A_n) auf dem gesamten Raum X punktweise konvergiert und mit der Folgerung von Seite 290 sind die Grenzwerte Bilder eines linearen beschränkten Operators. ■

Ein elegantes Beispiel zur Anwendung des Satzes von Banach-Steinhaus ist ein Grenzwertsatz zu Quadraturformeln, der oft nach Gabor Szegö (1895–1985) benannt wird. Im Beispiel auf Seite 292 ist die Aussage und der Beweis beschrieben.

Surjektive, lineare, beschränkte Operatoren sind offen

Eine weitere zentrale Aussage der linearen Funktionalanalysis greift den Satz über die Gebietstreue auf (siehe Band 1, Abschnitt 21.7). Wir hatten dort gezeigt, dass bei einer stetig differenzierbare Funktion $f: \mathbb{R}^n \to \mathbb{R}^n$ mit invertierbarer Funktionalmatrix die Bilder offener Mengen offen sind. Ist f eine lineare Abbildung, $f(\boldsymbol{x}) = \boldsymbol{A}\boldsymbol{x}$ mit $\boldsymbol{A} \in \mathbb{R}^{n\times n}$, so bedeutet die Voraussetzung, dass $\boldsymbol{A}$ invertierbar ist. Mit dem Kategoriensatz lässt sich in Banachräumen eine stärkere Aussage zeigen.

Prinzip der offenen Abbildung

Sind X, Y Banachräume und $A \in \mathcal{L}(X,Y)$ ist surjektiv, dann ist A **offen**, d. h., offene Mengen werden auf offene Mengen abgebildet.

Beweis: Wir wählen die Bezeichnung $B(x_0, r) = \{x \in X : \|x - x_0\| < r\}$ für Kugeln in X und analog in Y und teilen den Beweis in vier Schritte auf. Wir zeigen

(1) Es gibt $y_0 \in Y$ und $\varepsilon > 0$ mit $B(y_0, \varepsilon) \subseteq \overline{A(B(0, \frac{1}{4}))}$.
(2) Es gilt $B(0, \varepsilon) \subseteq \overline{A(B(0, \frac{1}{2}))}$.
(3) Es gilt $B(0, \varepsilon) \subseteq A(B(0, 1))$.
(4) Ist $M \subset X$ offen, so folgt, $A(M) \subseteq Y$ ist offen.

Zu (1): Wir beginnen mit der ersten Aussage. Mit der Notation $nM = \{nx \in X : x \in M\}$ für Teilmengen $M \subseteq X$ gilt $X = \bigcup_{n=1}^{\infty} nB(0, \frac{1}{4})$. Also folgt, da A linear und surjektiv ist,

$$\begin{aligned}Y = A(X) &= A\left(\bigcup_{n=1}^{\infty} n\, B(0, \frac{1}{4})\right) \\ &= \bigcup_{n=1}^{\infty} n\, A(B(0, \frac{1}{4})) \subseteq \overline{\bigcup_{n=1}^{\infty} n\, A(B(0, \frac{1}{4}))}.\end{aligned}$$

Beispiel: Grenzwertsatz von Szegö

Eine Folge von Quadraturformeln (siehe Kapitel 13) der Form

$$Q_n f = \sum_{j=0}^{n} \alpha_j^{(n)} f(t_j^{(n)})$$

mit Gewichten $\alpha_j^{(n)} \in \mathbb{C}$ und Stützstellen $t_j^{(n)} \in (a, b)$ konvergiert genau dann für jede stetige Funktion $f \in C([a, b])$ gegen das Integral $\int_a^b f(t)\,\mathrm{d}t$, wenn es eine Konstante $c > 0$ gibt mit $\sum_{j=1}^n |\alpha_j^{(n)}| < c$ für alle $n \in \mathbb{N}$ und wenn $Q_n(p) \to \int_a^b p(t)\,\mathrm{d}t$, $n \to \infty$, für jedes Polynom p gilt.

Problemanalyse und Strategie: Der Satz ergibt sich direkt aus dem Satz von Banach-Steinhaus, wenn wir uns an den Weierstraß'schen Approximationssatz erinnern. Weiter lassen sich Konvergenzresultate für konkrete Quadraturformeln, wie die zusammengesetzte Trapez- oder Simpsonregel, angeben.

Lösung:

Zunächst bemerken wir, dass es sich bei der Folge der Quadraturformeln um lineare Operatoren $Q_n : C([a, b]) \to \mathbb{C}$ handelt. Die Operatoren sind beschränkt, da

$$|Q_n f| \le \sum_{j=0}^{n} |\alpha_j^{(n)} f(t_j^{(n)})| \le \|f\|_\infty \sum_{j=0}^{n} |\alpha_j^{(n)}| \le c\|f\|_\infty$$

gilt. Insbesondere ist nach Voraussetzung die Folge der Operatoren gleichmäßig beschränkt mit $\|Q_n\| \le c$ für alle $n \in \mathbb{N}$.

Weiter wissen wir, dass nach dem Weierstraß'schen Approximationssatz (siehe Band 1, Abschnitt 19.6) der Unterraum der Polynome $M = \mathcal{P} \subseteq C([a, b])$ dicht liegt im Banachraum $X = (C([a, b]), \|.\|_\infty)$. Mit der Voraussetzung, dass punktweise Konvergenz auf diesem Unterraum gilt, folgt mit dem Satz von Banach-Steinhaus die punktweise Konvergenz der Quadraturformeln

$$Q_n f \to \int_a^b f(t)\,\mathrm{d}t\,, \quad n \to \infty\,.$$

Betrachten wir etwa die zusammengesetzte Trapezregel, d. h.

$$Q_n f = \frac{(b-a)}{n}\left(\frac{1}{2} f(a) + \sum_{j=1}^{n-1} f(t_j) + \frac{1}{2} f(b)\right)$$

mit $t_j = a + \frac{j}{n}(b-a))$, $j = 0, \ldots, n$.

Mit $\alpha_j^{(n)} = \frac{(b-a)}{n}$ für $j = 1, \ldots, n-1$ und $\alpha_0^{(n)} = \alpha_n^{(n)} = \frac{(b-a)}{2n}$ ergibt sich

$$\sum_{j=0}^{n} |\alpha_j^{(n)}| = \frac{n}{n}(b-a) = (b-a)$$

für alle $n \in \mathbb{N}$. Somit erhalten wir punktweise Konvergenz der Quadraturformel für alle stetigen Funktionen, wenn wir diese für Polynome zeigen.

Mithilfe der Taylorformel lässt sich bei der zusammengesetzten Trapezregel im Fall zweimal stetig differenzierbarer Funktionen eine quadratische Konvergenzordnung zeigen. Für den Beweis verweisen wir auf Seite 445. Insbesondere folgt daraus die punktweise Konvergenz für Polynome. Insgesamt erhalten wir mit dem Szegö'schen Grenzwertsatz, dass die Quadraturformel für alle stetigen Funktionen konvergiert.

Analog können wir auch etwa für die Simpsonregel argumentieren, da mit den Gewichten

$$\alpha_j = \frac{(b-a)}{6n}\begin{cases} 1 & \text{für } j \in \{0, 2n\} \\ 4 & \text{für } j = 1, \ldots, 2n-1, \quad \text{ungerade} \\ 2 & \text{für } j = 2, \ldots, 2n-2, \quad \text{gerade} \end{cases}$$

die gleichmäßige Abschätzung $\sum_{j=0}^{2n} |\alpha_j| \le 4(b-a)\frac{2n+1}{6n} \le 2(b-a)$ gilt und die punktweisen Konvergenz für viermal stetig differenzierbare Funktionen mithilfe der Taylorformel gezeigt werden kann (siehe Seite 450).

Mit dem Kategoriensatz gibt es $n \in \mathbb{N}$, $y \in Y$ und $\delta > 0$ mit

$$B(y, \delta) \in n\,\overline{A(B(0, \frac{1}{4}))}\,.$$

Wir erhalten die erste Aussage, indem wir $y_0 = \frac{1}{n} y$, $\varepsilon = \frac{\delta}{n}$ setzen.

Zu (2): Um die zweite Aussage zu zeigen, betrachte man $y \in B(0, \varepsilon)$. Es gilt $y + y_0 \in B(y_0, \varepsilon)$ und nach dem ersten Schritt des Beweises gibt es eine Folge $(x_n) \subseteq B(0, \frac{1}{4})$, sodass $Ax_n \to y + y_0$ für $n \to \infty$ konvergiert. Außerdem ist $y_0 \in B(y_0, \varepsilon)$, d. h., es gibt eine weitere Folge (z_n) in X mit $\|z_n\| < \frac{1}{4}$, für die $\lim_{n\to\infty} Az_n = y_0$ gilt. Insgesamt erhalten wir

$$y = y + y_0 - y_0 = \lim_{n\to\infty} A(x_n - z_n)$$

und, da $\|x_n - z_n\| \le \|x_n\| + \|z_n\| < \frac{1}{2}$ ist, haben wir $y \in \overline{A(B(0, \frac{1}{2}))}$ gezeigt.

Zu (3): Wir wollen weiter beweisen, dass zu $y \in B(0, \varepsilon)$ ein $x \in B(0,1)$ existiert mit $y = Ax$.

Zunächst beobachten wir, dass mit Teil (2) wegen der Linearität von L allgemein

$$B(0, \frac{\varepsilon}{2^{n-1}}) \subseteq \overline{A(B(0, \frac{1}{2^n}))}$$

für $n \in \mathbb{N}$ folgt.

Ist nun $y \in B(0, \varepsilon)$, so gibt es mit (2) ein $x_1 \in B(0, \frac{1}{2})$ mit

$$\|y - Ax_1\| \leq \frac{\varepsilon}{2}.$$

Mit obiger Beobachtung folgt weiter mit $n = 2$, dass es $x_2 \in B(0, \frac{1}{4})$ gibt mit

$$\|y - Ax_1 - Ax_2\| \leq \frac{\varepsilon}{2^2}.$$

Diese Konstruktion setzen wir fort und erhalten eine Folge (x_n) mit $x_n \in B(0, \frac{1}{2^n})$ und

$$\|y - \sum_{j=1}^{n} Ax_j\| \leq \frac{\varepsilon}{2^n}.$$

Setzen wir

$$z_n = \sum_{j=1}^{n} x_j \in X,$$

so ist (z_n) eine Cauchy-Folge, denn wir erhalten

$$\|z_n - z_m\| \leq \sum_{j=m}^{n} \|x_j\| = \sum_{j=m}^{n} \frac{1}{2^j} \to 0$$

für $n, m \to \infty$. Da ein Banachraum vorausgesetzt ist, ist die Folge konvergent. Wir definieren

$$z = \lim_{n\to\infty} z_n$$

und erhalten $\|z\| \leq \sum_{j=1}^{\infty} \|x_j\| \leq \sum_{j=1}^{\infty} \frac{1}{2^j} = 1$. Außerdem folgt mit

$$\lim_{n\to\infty} \|y - Az_n\| \leq \lim_{n\to\infty} \frac{\varepsilon}{2^n} = 0$$

die Identität $y = Az \in A(B(0,1))$ und der dritte Schritt ist gezeigt.

Zu (4): Ist $M \subseteq X$ nun eine beliebige offene Menge und $y_0 = Ax_0 \in A(M)$. Da M offen ist, gibt es $r > 0$ mit $B(x_0, r) \subseteq M$. Also ist

$$B(0, r) \subseteq M - x_0 = \{x = z - x_0 \in X : z \in M\}$$

bzw.

$$B(0,1) \subseteq \frac{1}{r}(M - x_0).$$

Nach dem dritten Schritt existiert $\varepsilon > 0$ mit $B(0, \varepsilon) \subseteq A(B(0,1)) \subseteq \frac{1}{r} A(M - x_0)$. Also ist

$$B(0, \varepsilon) \subseteq \{Az - y_0 : z \in M\}$$

bzw.

$$B(y_0, \varepsilon) \subseteq A(M).$$

Dies gilt für alle $x_0 \in M$, d. h., $A(M)$ ist offen. ∎

Wir erinnern uns an die allgemeine toplogische Charakterisierung von Stetigkeit: Urbilder offener Mengen sind offen (siehe Band 1, Abschnitt 19.2). Setzen wir Invertierbarkeit des linearen Operators A voraus, so liefert uns das Prinzip der offenen Abbildung, wenn $A^{-1}(U)$ offen ist, dass $U = A(A^{-1}(U))$ offen ist, d. h., der inverse Operator A^{-1} ist stetig bzw. beschränkt. Wir haben dadurch eine direkte Folgerung gezeigt, die in der Literatur als *Satz von der stetigen Inversen* bezeichnet wird.

Satz von der stetigen Inversen

Sind X, Y Banachräume und ist $A \in \mathcal{L}(X, Y)$ bijektiv, so ist $A^{-1} \in \mathcal{L}(Y, X)$.

Beschränkt invertierbare Operatoren führen auf gut gestellte Probleme

Vermutlich ist dem Leser bereits aufgefallen, dass bei den Aussagen über Inverse zu linearen beschränkten Operatoren, stets auch die Stetigkeit bzw. Beschränktheit des inversen Operators mit berücksichtigt wurde. Wir denken etwa an das Störungslemma, die Kontinuitätsmethode und jetzt den allgemeinen Satz zur stetigen Inversen.

Die zentrale Bedeutung einer stetigen Inversen ergibt sich, wenn man an Anwendungen der hier betrachteten abstrakten Aussagen denkt. In diesem Zusammenhang ist eine Bezeichnung zentral, die auf J. Hadamard (1865–1963) zurückgeht.

Gut oder schlecht gestellte Probleme

Sind X, Y normierte Räume und $A\colon X \to Y$ ein linearer Operator. Die Gleichung $Ax = y$ heißt **gut gestellt**, wenn A bijektiv ist und die Inverse $A^{-1}\colon Y \to X$ beschränkt ist. Ansonsten nennt man das Problem $Ax = y$ **schlecht gestellt**.

Die Motivation zur Bezeichnung „schlecht gestellt" liegt in der mathematischen Physik begründet. Hadamard stellte drei Forderungen auf für die Formulierung von Problemen:

- Existenz einer Lösung: Zu jedem $y \in Y$ gibt es ein $x \in X$ mit $Ax = y$.
- Eindeutigkeit der Lösung: Zu jedem $y \in Y$ gibt es höchstens ein $x \in X$ mit $Ax = y$.
- Stetige Abhängigkeit der Lösung von den Daten: Für jede Folge (y_n) mit $y_n \to y \in Y$, $n \to \infty$, gilt $x_n \to x$, wenn mit x_n und x die Lösungen der Gleichungen $Ax_n = y_n$ bzw. $Ax = y$ bezeichnet sind.

In Bezug auf ein Modell, dass durch die Gleichung

$$Ax = y$$

beschrieben ist und bei dem zu gegebenen $y \in Y$ die Lösung $x \in X$ in entsprechenden normierten Räumen gesucht ist, bedeutet dies:

- Zu jeder möglichen rechten Seite $y \in Y$ gibt es eine Lösung x, d. h., es wird Surjektivität des Operators A verlangt.
- Weiterhin soll A injektiv sein, damit es zu gegebenen $y \in Y$ höchstens eine, die physikalisch relevante Lösung $x \in X$ gibt.

Die ersten beiden Forderungen besagen somit, dass es einen inversen Operator $A^{-1}\colon Y \to X$ gibt. Die letzte Forderung Hadamards ergibt sich aus der Überlegung, dass ein physikalisches Modell nur dann sinnvoll ist, wenn Messfehler in y die Lösung x kontrollierbar beeinflussen.

- Mathematisch besagt die dritte Forderung, dass A^{-1} stetig ist. Da wir hier nur lineare Operatoren betrachten, ist dies äquivalent zu $A^{-1} \in \mathcal{L}(Y, X)$. Ist A^{-1} beschränkte Inverse, so erhalten wir *Stabilität* der Lösung gegenüber Störungen in den Daten, der rechten Seite. Sind $x, x_\delta \in X$ Lösungen der Gleichungen

  $$Ax = y \quad \text{und} \quad Ax_\delta = y_\delta\,,$$

  folgt

  $$\|x - x_\delta\| \le \|A^{-1}\|\,\|y - y_\delta\|\,,$$

  d. h., ein kleiner Datenfehler $\|y - y_\delta\|$ bewirkt einen kontrollierbaren Fehler im Ergebnis x_δ gegenüber der wahren Lösung x des betrachteten Problems.

Beispiel

- Betrachten wir ein Anfangswertproblem zu einer linearen Differenzialgleichung zweiter Ordnung,

  $$x''(t) + g(x)\,x(t) = h(t) \quad \text{und} \quad x(0) = a, x'(0) = b\,,$$

  mit stetigen Funktionen $g, h \in C[0, T]$. In der Aufgabe 8.3 wird gezeigt, dass das Anfangswertproblem äquivalent ist zu der Volterra-Integralgleichung

  $$x(t) + \int_0^t (t-s)g(s)x(s)\,\mathrm{d}s = \int_0^t (t-s)h(s)\,\mathrm{d}s + bt + a$$

  in den stetigen Funktionen $C([0, T])$.

  Setzen wir

  $$Ax(t) = -\int_0^t (t-s)g(s)x(s)\,\mathrm{d}s$$

  und

  $$y(t) = \int_0^t h(s)\,\mathrm{d}s + bt + a\,,$$

  so ist x Lösung der Integralgleichung $(I - A)x = y$.

  Auf Seite 285 wurde mit dem Störungslemma bewiesen, dass der Operator $I - A\colon C([0, T]) \to C([0, T])$ beschränkt invertierbar ist. Mit $\|y\|_\infty \le \frac{T^2}{2}\|h\|_\infty + T|b| + |a|$ folgt für Lösungen der Integralgleichung

  $$\|x\|_\infty \le \|(I - A)^{-1}\| \left(\frac{1}{2}T^2\|h\|_\infty + T|b| + |a|\right).$$

  Aufgrund der Linearität ist somit die Lösung des Anfangswertproblems stetig abhängig von der Funktion h und von den Anfangswerten a und b.

- Wir betrachten ein einfaches, bekanntes Beispiel eines schlecht gestellten Problems – das Differenzieren. Gesucht ist die Ableitung $x \in C([0, 1])$ zu einer gegebenen differenzierbaren Funktion $y \in C^1([0, 1])$. Wir schreiben dies als Operatorgleichung

  $$Ax(t) = \int_0^t x(\tau)\,\mathrm{d}\tau = y(t)$$

  und betrachten den Operator

  $$A\colon C([0, 1]) \to \left(\{y \in C^1([0, 1])\colon y(0) = 0\}, \|.\|_\infty\right).$$

  Bereits in der Selbstfrage auf Seite 279 wurde das Phänomen angedeutet. Der Operator besitzt bezüglich der Supremumsnorm keine stetige Inverse.

  Es ist etwa $x(t) = 1$, $t \in [0, 1]$ Lösung, wenn $y(t) = t$ gegeben ist. Man betrachte nun kleine Störung von y, z. B.

  $$\tilde{y}(t) = t + \varepsilon \sin(\omega t)$$

  mit $\varepsilon > 0$ und einer Frequenz $\omega \in \mathbb{R}$. Dann berechnet sich die Lösung der Gleichung $A\tilde{x} = \tilde{y}$ zu

  $$\tilde{x}(t) = 1 + \varepsilon\omega \cos(\omega t)\,.$$

  Also gilt

  $$\|x - \tilde{x}\|_\infty \le \varepsilon\omega \to \infty$$

  für $\omega \to \infty$, obwohl

  $$\|y - \tilde{y}\|_\infty \le \varepsilon$$

  ist. Wir sehen, dass ein beliebig kleiner Fehler in den Daten, der durch $\varepsilon > 0$ abschätzbar ist, zu einem unkontrollierbaren Fehler in der Lösung führen kann, wenn wir nur mit hinreichend großer Frequenz $\omega \in \mathbb{R}$ stören.

  Beachten Sie, dass der Bildraum des Operators kein Banachraum ist und deswegen der Satz über die stetige Inverse nicht angewendet werden kann. Würden wir den Fehler in den Daten in der stärkeren C^1-Norm messen, so würde das Phänomen nicht auftreten. Diese Art Abhilfe ist aber bei den meisten schlecht gestellten Problemen, wenn sie überhaupt möglich ist, nur vordergründig, da in Anwendungen die Norm im Bildbereich nicht frei wählbar ist, sondern durch die Problemstellung vorgegeben wird. ◀

?

Begründen Sie, warum die drei Forderungen von Hadamard in Banachräumen nicht unabhängig voneinander sind.

Vor ca. 100 Jahren erschienen Probleme nicht sinnvoll, die den Forderungen Hadamards nicht genügen – daher der Name *schlecht gestellt*. Aber nicht wenige Fragestellungen, wie etwa in der Computertomographie, stoßen auf eben diese Schwierigkeit. Der Bereich der Mathematik, der sich mit schlecht gestellten Problemen befasst, wird *Inverse Probleme* genannt. Wir kommen in den Kapiteln 9 und 10 nochmal darauf zurück.

8.3 Funktionale und Dualräume

Der Begriff, der diesem Kapitel und dem gesamten Gebiet den Namen gibt ist *Funktional*. Man versteht unter einem **Funktional** eine Abbildung von einem linearen Raum in den Grundkörper. Die Beschäftigung mit diesen Abbildungen ist historisch der Ausgangspunkt für die Funktionalanalysis. Wir konzentrieren uns auf lineare, stetige Funktionale auf einem normierten Raum X, also lineare Abbildungen $l\colon X \to \mathbb{K}$, die beschränkt sind. Weiterhin betrachten wir nur den Fall $\mathbb{K} = \mathbb{R}$ oder $\mathbb{K} = \mathbb{C}$.

Beispiel

- Im $\mathbb{R}^n$ bzw. im $\mathbb{C}^n$ ist zu einem Vektor $\boldsymbol{y} \in \mathbb{R}^n$ durch das euklidische Skalarprodukt
$$l(\boldsymbol{x}) = (\boldsymbol{x}, \boldsymbol{y})$$
ein lineares Funktional $l\colon \mathbb{C}^n \to \mathbb{C}$ mit der Operatornorm
$$\|l\| = \sup_{\boldsymbol{x}\in\mathbb{R}^n\setminus\{\boldsymbol{0}\}} \frac{|l(\boldsymbol{x})|}{\|\boldsymbol{x}\|} = \|\boldsymbol{y}\|$$
gegeben. Dabei erhalten wir die Norm mit der Cauchy-Schwarz'schen Ungleichung $|(\boldsymbol{x}, \boldsymbol{y})| \leq \|\boldsymbol{x}\|\,\|\boldsymbol{y}\|$ und im Fall $y \neq 0$ durch die Abschätzung
$$\sup_{\boldsymbol{x}\in\mathbb{R}^n\setminus\{\boldsymbol{0}\}} \frac{|l(\boldsymbol{x})|}{\|\boldsymbol{x}\|} \geq \frac{(\boldsymbol{y}, \boldsymbol{y})}{\|\boldsymbol{y}\|} = \|\boldsymbol{y}\|\,.$$
In der Dualitätstheorie der linearen Optimierung (siehe Band 1, Abschnitt 24.3) wurde bereits mit diesen Funktionalen das duale Problem formuliert.
- Über den stetigen Funktionen $X = C([0,1])$ ist durch die Punktauswertung $l(f) = f(t_0)$ an einer vorgegebenen Stelle $t_0 \in [0,1]$ ein lineares Funktional $l\colon C([0,1]) \to \mathbb{R}$ gegeben. Die Beschränktheit ergibt sich aus $|l(f)| \leq \|f\|_\infty$. Setzen wir die konstante Funktion mit $f(t) = 1$ für $t \in [0,1]$ ein, so folgt Gleichheit. Somit ist die Operatornorm $\|l\| = 1$.
- Ist $X = L^p([0,1])$ und $g \in L^q([0,1])$ mit $p, q > 1$ und $\frac{1}{p} + \frac{1}{q} = 1$, so ist zu g durch
$$l(f) = \int_0^1 f(t)\, g(t)\,\mathrm{d}t$$
ein lineares Funktional $l\colon X \to \mathbb{C}$ gegeben. Mit der Hölder'schen Ungleichung (siehe Seite 276) folgt
$$|l(f)| \leq \|f\|_{L^p} \|g\|_{L^q}\,,$$
d. h., das Funktional ist beschränkt mit $\|l\| \leq \|g\|_{L^q}$. ◀

Lineare beschränkte Funktionale sind die Elemente des Dualraums

Die Menge $\mathcal{L}(X, \mathbb{K})$ all dieser Funktionale zu einem normierten Raum X bildet einen normierten Raum und wird *Dualraum* zu X genannt.

Definition des Dualraums

Der Raum $\mathcal{L}(X, \mathbb{K})$ zu einem normierten Raum X mit Grundkörper $\mathbb{K} = \mathbb{R}$ oder $\mathbb{K} = \mathbb{C}$ heißt **Dualraum** zu X. Der Raum wird mit
$$X' = \mathcal{L}(X, \mathbb{K})$$
notiert.

Der Begriff Dualraum zu einem normierten Raum wird in zwei verschiedenen Varianten benutzt. Zum einen betrachtet man den algebraischen Dualraum X^* (siehe Abschnitt 12.9 im Band 1), dessen Elemente Linearformen sind. Genauso bezeichnet man den linearen Raum X' als Dualraum, wobei in X' nur die stetigen Linearformen, also die linearen beschränkten Funktionale betrachtet werden. Bei endlich dimensionalen Vektorräumen fallen die beiden Begriffe zusammen, aber im Allgemeinen müssen die beiden Varianten unterschieden werden. Die Notationen X^* oder X' werden in der Literatur für beide Varianten verwendet. Im Zweifelsfall muss man genau hinsehen, was gemeint ist.

Die Resultate des vorherigen Abschnitts gelten auch im Spezialfall des Dualraums $(X', \|.\|)$ ausgestattet mit der Operatornorm. So ist etwa mit dem Lemma auf Seite 281 der Dualraum eines normierten Raums stets vollständig, da $\mathbb{K}$ vollständig ist.

Betrachten wir nochmal den endlich dimensionalen Fall.

Beispiel Ist $X = \mathbb{R}^n$, so haben wir bereits gesehen, dass durch das euklidische Skalarprodukt $l(\boldsymbol{x}) = (\boldsymbol{x}, \boldsymbol{y})$ mit einem festen Vektor $\boldsymbol{y} \in \mathbb{R}^n$ ein lineares Funktional gegeben ist.

Andererseits, wenn $l\colon \mathbb{R}^n \to \mathbb{R}$ eine lineare Abbildung ist, so ist diese offensichtlich stetig, also beschränkt, und aus
$$l(\boldsymbol{x}) = \sum_{j=1}^n x_j\, l(\boldsymbol{e}_j)$$
mit den Einheitsvektoren $\boldsymbol{e}_j = (0, \ldots, 0, 1, 0 \ldots, 0)^\top \in \mathbb{R}^n$ folgt die Darstellung $l(\boldsymbol{x}) = (\boldsymbol{x}, \boldsymbol{y})$, wenn wir $y_j = l(\boldsymbol{e}_j)$ setzen.

Durch die Zuordnung $J\colon \mathbb{R}^n \to (\mathbb{R}^n)'$ mit $J(\boldsymbol{y}) = l$ und der gezeigten Umkehrung ist ein **Normisomorphismus** zwischen X' und $X = \mathbb{R}^n$ gegeben, d. h., J ist ein isometrischer Isomorphismus. Man bezeichnet einen linearen beschränkten Operator $J \in \mathcal{L}(X, Y)$ als **Isometrie**, wenn $\|Jx\| = \|x\|$ gilt. Bei endlicher Dimension lassen sich somit die beiden Räume $\mathbb{R}^n$ und $(\mathbb{R}^n)'$ in diesem Sinne identifizieren. Wir werden im übernächsten Kapitel mit dem *Darstellungssatz von Fischer-Riesz* zeigen, dass diese Normisomorphie in Hilberträumen gültig bleibt. ◀

Ein weiteres Beispiel zu Dualräumen findet sich auf Seite 296.

Beispiel: Der Dualraum zu l^p bzw. $L^p(a,b)$

Zu $p \in (1,\infty)$ ist der Dualraum des Folgenraums l^p bzw. des Funktionenraums $L^p(a,b)$ gesucht.

Problemanalyse und Strategie: Analog zum Beispiel auf Seite 295 im Raum $L^p(0,1)$ ist mit der Hölder'schen Ungleichung auch bei Folgen durch $(y_j)_{j\in\mathbb{N}} \in l^q$ mit $\frac{1}{p}+\frac{1}{q}=1$ und der Summe $l_y((x_j)) = \sum_{j=1}^\infty x_j\overline{y_j}$ ein lineares beschränktes Funktional gegeben. Es bleibt zu zeigen, dass die Abbildung $J\colon l^q \to (l^p)'$ mit $J(y)=l_y$ bzw. $J\colon L^q(a,b)\to (L^p(a,b))'$ mit $J(g)f = \int_a^b f(t)\overline{g(t)}\,\mathrm{d}t$ jeweils ein Normisomorphismus ist.

Lösung:

Ausführlich betrachten wir die Folgenräume: Wie oben bereits festgehalten, liefert uns die Hölder'sche Ungleichung die Abschätzung

$$\begin{aligned}|J(y)(x)| = \left|\sum_{n=1}^\infty x_n\overline{y}_n\right| &\le \left(\sum_{n=1}^\infty |x_n|^p\right)^{\frac{1}{p}}\left(\sum_{n=1}^\infty |y_n|^q\right)^{\frac{1}{q}}\\ &= \|x\|_p\,\|y\|_q\end{aligned}$$

für Folgen $x\in l^p$ und $y\in l^q$. Für die Operatornorm folgt $\|J(y)\|\le\|y\|_q$, d. h., $J\colon l^q\to(l^p)'$ ist linear und beschränkt.

Als erstes wollen wir Surjektivität der Abbildung zeigen. Dazu sei $l\in(l^p)'$. Zu $k\in\mathbb{N}$ definieren wir die Folgen $e^{(k)}\in l^p$ durch $e_n^{(k)}=0$ für $n\neq k$ und $e_k^{(k)}=1$ und setzen

$$y_k = \overline{l(e^{(k)})}\in\mathbb{C}\,.$$

Weiter definieren wir zu $m\in\mathbb{N}$ eine Folge $(z^{(m)})$ durch

$$z_j^{(m)} = \begin{cases}|y_j|^{q-1}e^{i\arg(y_j)} & \text{für } j=1,\dots,m\\ 0 & \text{sonst}\,.\end{cases}$$

Denn dann gilt

$$l(z^{(m)}) = \sum_{j=1}^\infty z_j^{(m)} l(e^{(j)}) = \sum_{j=1}^m |y_j|^q$$

und weiter folgt

$$l(z^{(m)}) = \sum_{j=1}^m |z_j^{(m)}|^p = \|z^m\|_p^p\,.$$

Also ist insbesondere

$$\|z^{(m)}\|_p^p \le |l(z^{(m)})| \le \|l\|\,\|z^{(m)}\|_p$$

bzw. $\|z^{(m)}\|_p^{p-1}\le\|l\|$. Mit $p=q(p-1)$ erhalten wir

$$\|z^{(m)}\|_p^p \le \|l\|^q$$

für jedes $m\in\mathbb{N}$. Da $|y_n|^q = |z_n^m|^p$ für $n<m$ gilt, folgt im Grenzfall $m\to\infty$, dass $(y_n)_{n\in\mathbb{N}}\in l^q$ ist. Aus

$$J(y)\,x = \sum_{j=1}^\infty x_j\overline{y_j} = \sum_{j=1}^\infty x_j\overline{\overline{l(e^{(j)})}} = l(x)$$

für $x\in l^p$ ergibt sich Surjektivität von J.

Die Konstruktion von $z_n^{(m)}$ zeigt uns auch eine Möglichkeit die Isometrieeigenschaft der Abbildung J zu beweisen. Dazu definiert man zu $y\in l^q$ die Folge durch $x_n = |y_n|^{q-1}e^{i\arg(y_n)}$, $n=1,2,\dots$ Es folgt aus

$$\|x\|_p^p = \sum_{n=1}^\infty |x_n|^p = \sum_{n=1}^\infty |y_n|^{p(q-1)} = \sum_{n=1}^\infty |y_n|^q = \|y\|_q^q\,,$$

dass $x\in l^p$ ist. Weiter erhalten wir mit dieser Folge (x_n) die Gleichung

$$\begin{aligned}|J(y)(x)| &= \sum_{n=1}^\infty x_n\overline{y_n} = \sum_{n=1}^\infty |y_n|^{q-1}e^{i\arg(y_n)}\overline{y_n}\\ &= \sum_{n=1}^\infty |y_n|^q = \|y\|_q\,.\end{aligned}$$

Damit gilt für die Operatornorm die Abschätzung

$$\|J(y)\|\ge\|y\|_q\,.$$

Zusammen mit $\|J(y)\|\le\|y\|_q$ folgt $\|J(y)\| = \|y\|_q$. Diese Identität liefert insbesondere auch Injektivität der Abbildung J und wir haben gezeigt, dass J ein Normisomorphismus zwischen l^q und dem Dualraum $(l^p)'$ ist.

Analog findet man die Normisomorphie zwischen dem Dualraum $(L^p(I))'$ auf einem Intervall $I\subseteq\mathbb{R}$ und dem Funktionenraum $L^q(I)$ mit $\frac{1}{p}+\frac{1}{q}=1$. Die dabei zu berücksichtigenden maßtheoretischen Details sind auf der Seite 252 beschrieben.

Funktionalgleichungen beschreiben Hyperebenen

Im Beispiel des Dualraums zum $\mathbb{R}^n$ haben wir insbesondere gesehen, dass der Dualraum reichhaltig an Elementen ist. Man kann etwa zu zwei verschiedenen Punkten $\boldsymbol{x}_1,\boldsymbol{x}_2\in\mathbb{R}^n$ stets ein Funktional $l\in(\mathbb{R}^n)'$ und ein $\gamma\in\mathbb{R}$ finden, sodass $l(\boldsymbol{x}_1)\le\gamma\le l(\boldsymbol{x}_2)$. Man wähle etwa $\boldsymbol{y}=\boldsymbol{x}_2-\boldsymbol{x}_1$ und setze $l(\boldsymbol{x}) = (\boldsymbol{x},\boldsymbol{y})$ und $\gamma = (\frac{1}{2}(\boldsymbol{x}_1+\boldsymbol{x}_2),\boldsymbol{y})$. Die Hyperebene $H=\{\boldsymbol{x}\in\mathbb{R}^n : l(\boldsymbol{x})=\gamma\}$ *trennt* die beiden Punkte (siehe Abbildung 8.4), d. h., $\boldsymbol{x}_1$ liegt im Halbraum $\{\boldsymbol{x}\in X : l(\boldsymbol{x})\le\gamma\}$ und $\boldsymbol{x}_2$ liegt im Halbraum $\{\boldsymbol{x}\in X : l(\boldsymbol{x})\ge\gamma\}$.

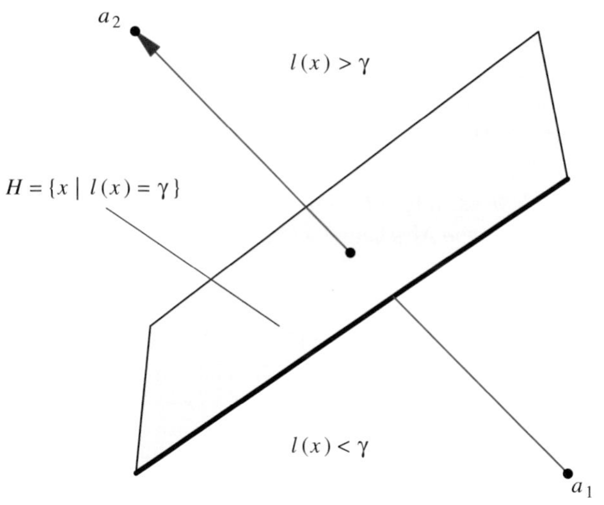

Abbildung 8.4 Zwei verschiedene Punkte im $\mathbb{R}^n$ lassen sich durch eine Hyperebene trennen.

?

Zeigen Sie die Trennungseigenschaft $l(\boldsymbol{x}_1) \leq \gamma \leq l(\boldsymbol{x}_2)$ des angegebenen Funktionals.

Diese Beobachtung wollen wir verallgemeinern. Zunächst definieren wir *Hyperebenen*: Ein affin verschobener Unterraum

$$H = p + U = \{x = p + u : u \in U\}$$

mit einem Aufpunkt $p \in X$ und einem Unterraum $U \subseteq X$ heißt **Hyperebene**, wenn es ein $y \in X \backslash U$ gibt mit $X = \text{span}\{y\} \oplus U = \{\lambda y + u : \lambda \in \mathbb{K} \text{ und } u \in U\}$, d. h., der Unterraum U hat die *Kodimension* eins.

Lemma

Eine nichtleere Teilmenge $H \subseteq X$ eines normierten Raums X ist genau dann Hyperebene, wenn es eine lineare Abbildung $l : X \to \mathbb{K}$ mit $l \neq 0$ und eine Zahl $\rho \in \mathbb{K}$ gibt mit

$$H = \{x \in X : l(x) = \rho\} .$$

Die Abbildung l ist genau dann ein stetiges Funktional, d. h. $l \in X' \backslash \{0\}$, wenn U abgeschlossen ist.

Beweis: Wir haben zwei Richtungen zu zeigen. Beginnen wir mit einer Hyperebene $H = \{x = p + u \in X : u \in U\}$, die durch einen Aufpunkt $p \in X$ und einen Unterraum $U \subseteq X$ gegeben ist. Bezeichnen wir weiterhin mit $y \in X \backslash U$ einen Vektor, sodass $\text{span}\{y\} \oplus U = X$ gilt.

Zu jedem $x \in X$ gibt es eine eindeutige Darstellung der Form

$$x = \lambda y + u$$

mit $u \in U$ und $\lambda \in \mathbb{K}$. Eindeutig ist die Darstellung, da aus $\lambda y + u = \tilde{\lambda} y + \tilde{u}$ die Identität $(\lambda - \tilde{\lambda}) y = u - \tilde{u} \in U$ folgt und dies nur im Fall $\lambda = \tilde{\lambda}$ und $u = \tilde{u}$ gilt.

Wir definieren die Abbildung $l : X \to \mathbb{K}$ durch

$$l(x) = \lambda .$$

Aufgrund der Konstruktion ist l eine lineare Abbildung.

Wir setzen $\gamma = l(p)$ und zeigen $H = \{x \in X : l(x) = \gamma\}$. Denn ist $x = p + u \in H$, so folgt $l(x) = l(p) + l(u) = l(p) = \gamma$, d. h. $H \subseteq \{x \in X : l(x) = \gamma\}$. Andererseits erhalten wir für $x \in \{x \in X : l(x) = \gamma\}$, dass $l(x - p) = 0$ gilt und somit $x - p \in \{x \in X : l(x) = 0\} = U$ bzw. $x \in p + U$. Daher ist $\{x \in X : l(x) = \gamma\} \subseteq H$ und wir haben Gleichheit der beiden Mengen bewiesen.

Für den Beweis des ersten Teils des Lemmas müssen wir noch die Rückrichtung zeigen. Ist $H = \{x \in X : l(x) = \gamma\} \neq \emptyset$ mit einer lineare Abbildung $l \in X \to \mathbb{K}$ und einer Konstante $\gamma \in \mathbb{K}$. Wir definieren den Unterraum

$$U = \{x \in X : l(x) = 0\} .$$

Es folgt mit $x, p \in H$, dass $l(x - p) = 0$, d. h. $x - p \in U$ bzw. $x \in p + U$, für jedes $x \in H$ gilt. Weiterhin gibt es $y \in X$ mit $l(y) \neq 0$, da l nicht das Nullfunktional ist. Somit können wir zu $x \in X$ mit $\lambda = \frac{l(x)}{l(y)}$ eine Zerlegung

$$x = \lambda y + (x - \lambda y)$$

angeben mit $x - \lambda y \in U$, d. h. $X = \text{span}\{y\} \oplus U$, und wir haben gezeigt, dass H Hyperebene ist.

Es bleibt der zweite Teil des Lemmas zu zeigen:

Die eine Richtung der Äquivalenz ist leicht zu sehen, da wir bereits

$$U = \{x \in X : l(x) = 0\}$$

gezeigt haben, wenn H Hyperebene ist. Ist l stetig vorausgesetzt, folgt mit dieser Darstellung, dass U ein abgeschlossener Unterraum ist.

Abschließend müssen wir uns noch die Rückrichtung überlegen. Gehen wir davon aus, dass H eine Hyperebene ist und U abgeschlossener Unterraum. Wir wollen zeigen, dass die oben konstruierte lineare Abbildung $l : X \to \mathbb{K}$ beschränkt ist. Dazu beweisen wir Stetigkeit der Abbildung in $x = 0$ (siehe Seite 278). Betrachten wir eine Folge (x_n) in X mit $x_n = \lambda_n y + u_n \to 0$ für $n \to \infty$.

Wir beweisen zunächst, dass die Folge der Zahlen $(\lambda_n)_{n \in \mathbb{N}}$ beschränkt ist. Denn nehmen wir an (λ_n) ist unbeschränkt, so folgt aus

$$\frac{1}{\lambda_n} x_n = y + \frac{1}{\lambda_n} u_n \to 0$$

für $n \to \infty$ der Widerspruch

$$y = -\lim_{n \to \infty} \frac{1}{\lambda_n} u_n \in U ,$$

da der Unterraum U abgeschlossen ist. Somit ist die Folge (λ_n) eine beschränkte Folge in $\mathbb{K}$ und besitzt eine konvergente Teilfolge.

Für eine solche Teilfolge mit $\lim_{k\to\infty}\lambda_{n_k} = \lambda \in \mathbb{K}$ ergibt sich

$$\lim_{k\to\infty} u_{n_k} = \lim_{k\to\infty} x_{n_k} - \lambda_{n_k} y = \lambda y\,.$$

Da der Unterraum U abgeschlossen ist und $y \notin U$ gilt, ist $\lambda = 0$ und $\lim_{k\to\infty} u_{n_k} = 0$, d. h., es gibt jeweils nur einen Häufungspunkt. Die Folgen (λ_n) und (u_n) sind konvergent und wir erhalten

$$\lim_{n\to\infty} l(x_n) = \lim_{n\to\infty} \big(\lambda_n l(y) + l(u_n)\big) = 0\,. \qquad \blacksquare$$

Funktionale lassen sich fortsetzen

Bevor wir uns weiter mit der Trennung von Mengen durch Hyperebenen beschäftigen, beachte man die Konstruktion der Linearform l im letzten Beweis. Wegen der eindeutigen Darstellung $x = \lambda y + u$ lässt sich die Linearform mit $l(\lambda y) = \lambda$ auf dem Unterraum $V = \operatorname{span}\{y\}$ zu einem Funktional auf dem gesamten Raum fortsetzen. Es schließt sich die Frage an, ob der Dualraum stets reichhaltig genug ist, um Fortsetzungen von einem Unterraum auf den gesamten Raum zu ermöglichen. Ein zentraler Satz der Funktionalanalysis, der unabhängig voneinander von Hans Hahn (1879–1934) und Stefan Banach (1892–1945) gezeigt wurde, beantwortet diese Frage.

Fortsetzungssatz von Hahn-Banach

Ist $U \subseteq X$ Unterraum eines normierten Raums X über $\mathbb{R}$ oder $\mathbb{C}$ und ist $l \in U'$, dann existiert ein Funktional $\tilde{l} \in X'$ mit der Fortsetzungseigenschaft $\tilde{l}(x) = l(x)$ für $x \in U$ und mit der Operatornorm $\|\tilde{l}\|_{X'} = \|l\|_{U'}$.

Beweis: Der Beweis ist aufwendig. Wir betrachten zunächst den Fall $\mathbb{K} = \mathbb{R}$ und konstruieren mithilfe des Zorn'schen Lemmas einen Kandidaten für $\tilde{l}$. Durch einen Widerspruchsbeweis wird gezeigt, dass dieser Kandidat eine Fortsetzung auf dem gesamten Raum liefert. Nachdem der reelle Fall geklärt ist, wenden wir uns der Situation in komplexen Räumen zu, indem wir das Funktional in Real- und Imaginärteil zerlegen.

Wir beginnen mit dem reellen Fall. Betrachten wir einen Unterraum V mit $U \subseteq V \subseteq X$, dann ist im Reellen die Bedingung $\|\tilde{l}\|_{V'} = \|l\|_{U'}$ zu einer Fortsetzung $l_V \in V'$ von $l \in U'$ äquivalent zu der Abschätzung

$$l_V(x) \le \|l\|_{U'}\,\|x\|$$

für alle $x \in V$. Die Äquivalenz sehen wir, da mit $l_V(x) \le \|l\|_{U'}\,\|x\|$ für jedes $x \in V$ auch $-l_V(x) = l_V(-x) \le \|l\|_{U'}\,\|-x\| = \|l\|_{U'}\,\|x\|$ gilt, also ist $|l_V(x)| \le \|l\|_{U'}\,\|x\|$ für $x \in V$. Da l_V eine Fortsetzung von l ist, folgt aus der Abschätzung die Identität $\|l_V\|_{V'} = \|l\|_{U'}$.

Mit dieser Beobachtung suchen wir nach einer Fortsetzung $\tilde{l}$ von $l \in U'$ mit der Abschätzung $|\tilde{l}(x)| \le \|l\|_{U'}\,\|x\|$ für $x \in X$. Dazu definieren wir die Menge

$$M = \Big\{ l_V \in V' \colon V \subseteq X \text{ Unterraum mit } U \subseteq V,\; l_V|_U = l \text{ und } l_V(x) \le \|l\|_{U'}\,\|x\| \text{ für } x \in V \Big\}\,.$$

Da $l \in M$ ist, folgt $M \neq \emptyset$. Weiter lässt sich auf M eine Ordnung (siehe Abschnitt 2.4 in Band 1) definieren durch

$$l_1 \prec l_2$$

genau dann, wenn $V_1 \subseteq V_2$ und $l_{V_1}(x) = l_{V_2}(x)$ für $x \in V_1$ gilt, wobei V_1 bzw. V_2 die zu $l_1, l_2 \in M$ gehörenden Unterräume bezeichnen.

Definieren wir zu einer total geordneten Teilmenge $N \subseteq M$ den Unterraum

$$V_N = \bigcup_{l_V \in N} V$$

und das Funktional $l_N \colon V_N \to \mathbb{R}$ mit

$$l_N(x) = l_V(x)$$

für $x \in V$. Man beachte, dass l_N wohldefiniert ist, da mit $l_W \prec l_V$ auch $l_V(x) = l_W(x)$ für $x \in W \subseteq V$ gilt. Außerdem bleibt die Abschätzung $l_N(x) \le \|l\|_{U'}\|x\|$ für alle $x \in V_N$ erhalten. Damit ist $l_N \in M$, und mit $l_V \prec l_N$ für alle $l_V \in N$ ist eine obere Schranke zu N gegeben. Nach dem Zorn'schen Lemma (siehe Abschnitt 2.4. in Band 1) gibt es ein maximales Element $\tilde{l} \in M$ mit zugehörigem Unterraum $V_{\max} \subseteq X$, d. h., aus $\tilde{l} \prec l_V$ folgt $l_V = \tilde{l}$ und insbesondere $V = V_{\max}$.

Um den Beweis abzuschließen, bleibt zu zeigen, dass $V_{\max} = X$ gilt. Wir beweisen dies durch einen Widerspruch zur Maximalität, indem wir aus der Annahme, es gibt $y \notin V_{\max}$, ähnlich zur Hyperebene ein Funktional $l_\alpha \in M$ konstruieren mit $\tilde{l} \prec l_\alpha$, was wegen der Maximalität auf den Widerspruch $y \in V_{\max}$ führt.

Wir nehmen an, es gibt $y \notin V_{\max}$. Zu y definieren wir den Unterraum

$$V = \{x = \lambda y + u \in X : \lambda \in \mathbb{R} \text{ und } u \in V_{\max}\}$$

und betrachten auf V Funktionale der Form

$$l_\alpha(\lambda y + u) = \alpha\lambda + \tilde{l}(u)\,, \qquad \lambda \in \mathbb{R}, u \in V_{\max}$$

mit einem Parameter $\alpha \in \mathbb{R}$. Es handelt sich offensichtlich um eine Fortsetzung; denn $l_\alpha|_{V_{\max}} = \tilde{l}$. Ziel ist es $\alpha \in \mathbb{R}$ so zu wählen, dass

$$l_\alpha(x) = \alpha\lambda + \tilde{l}(u) \le \|\tilde{l}\|_{V'_{\max}}\,\|x\|$$

für $x \in V$ gilt. Mit der anfänglichen Bemerkung gilt dann $\|l_\alpha\|_{V'} = \|\tilde{l}\|_{V'_{\max}} = \|l\|_{U'}$, d. h. $l_\alpha \in M$ und $\tilde{l} \prec l_\alpha$.

Um zu zeigen, dass es einen passenden Wert für α gibt, betrachten wir $\lambda = \pm 1$ in der Ungleichung. Dies führt auf die Abschätzungen

$$\tilde{l}(u) - \|\tilde{l}\|_{V'_{\max}}\|-y+u\| \le \alpha \le \|\tilde{l}\|_{V_{\max}}\|y+u\| - \tilde{l}(u)\,.$$

Hintergrund und Ausblick: Distributionen

Ein wichtiger Raum, der Raum der Distributionen, beinhaltet lineare Funktionale auf den unendlich oft differenzierbaren Funktionen mit kompaktem Träger, dem Vektorraum $C_0^\infty(\mathbb{R})$. Dabei werden nur die Funktionale betrachtet, die bezüglich eines passenden Konvergenzbegriffs stetig sind. Da diese Konvergenz nicht auf einer Norm basiert, also der zugrunde gelegte topologische Raum zu $C_0^\infty(\mathbb{R})$ kein normierter Raum ist, reicht der im Text definierte Begriff des Dualraums in diesem Fall nicht mehr aus.

Mit $C_0^\infty(\mathbb{R})$ bezeichnet man den Vektorraum der unendlich oft differenzierbaren Funktionen mit kompaktem Träger, d. h., zu einer Funktion $x \in C_0^\infty(\mathbb{R})$ gibt es ein kompaktes Intervall $I \subseteq \mathbb{R}$, sodass $x(t) = 0$ gilt für alle $t \notin I$. Es ist etwa $x : \mathbb{R} \to \mathbb{R}$ mit

$$x(t) = \begin{cases} \mathrm{e}^{-\frac{1}{1-t^2}} & \text{für } |t| < 1 \\ 0 & \text{sonst} \end{cases}$$

eine Funktion in $C_0^\infty(\mathbb{R})$.

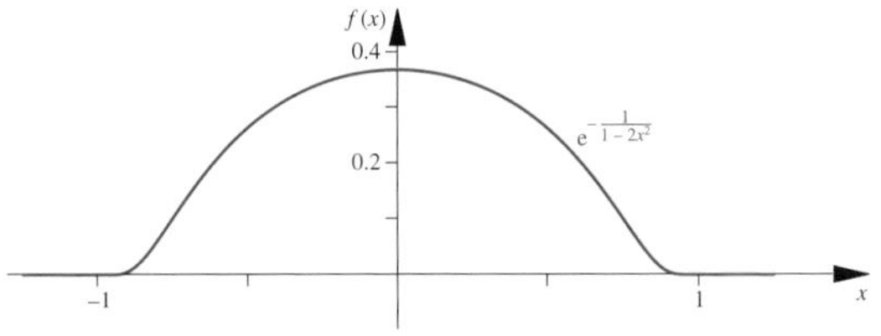

Um auf diesem Vektorraum stetige lineare Funktionale zu betrachten, ist zunächst ein Konvergenzbegriff, eine Topologie, erforderlich. Man definiert: Eine Folge (x_n) in $C_0^\infty(\mathbb{R})$ konvergiert gegen $x \in C_0^\infty(\mathbb{R})$, wenn die Träger aller Folgenglieder in einem kompakten Intervall $I \subseteq \mathbb{R}$ liegen, d. h.

$$\operatorname{supp}(x_n) \subseteq I, \quad n \in \mathbb{N},$$

und auf diesem Intervall gleichmäßige Konvergenz für jede Ableitung gilt, d. h.

$$\|x_n^{(k)} - x^{(k)}\|_{\infty,I} \to 0, \quad n \to \infty,$$

für jedes $k \in \mathbb{N}_0$.

Es lässt sich zeigen, dass diese Konvergenz eine Topologie auf $C_0^\infty(\mathbb{R})$ generiert. Der Raum $C_0^\infty(\mathbb{R})$ ausgestattet mit dieser Topologie wird mit $D(\mathbb{R})$ notiert. Es handelt sich um einen *lokalkonvexen* Raum, der nicht metrisierbar ist.

Als **Raum der Distributionen**, $D'(\mathbb{R})$, bezeichnet man nun alle linearen Funktionale auf $C_0^\infty(\mathbb{R})$, die bezüglich dieser Topologie stetig sind.

Beispiele von Distributionen lassen sich leicht konstruieren, denn wenn $f : \mathbb{R} \to \mathbb{R}$ eine messbare Funktion ist, so können wir ein lineares Funktional l durch

$$l(x) = \int_{-\infty}^{\infty} f(t)x(t)\,\mathrm{d}t$$

angeben, dass stetig bezüglich des obigen Konvergenzbegriffs ist. Distributionen, die sich mit einer Funktion f als Integral darstellen lassen, heißen *regulär*.

Ein weiteres Beispiel liefert die Punktauswertung, etwa an der Stelle $t = 0$, d. h., wir betrachten das lineare Funktional $l : D(\mathbb{R}) \to \mathbb{R}$ mit

$$l(x) = x(0)\,.$$

Auch in diesem Fall ist offensichtlich, dass es sich um eine Distribution handelt, die **Delta-Distribution**. Diese ist aber nicht regulär. Für die Delta-Distribution hat sich in den Anwendungen eine Notation eingebürgert, als wenn es sich um eine reguläre Distribution handeln würde. Man bezeichnet sie mit $\delta \in D'(\mathbb{R})$ und schreibt

$$x(0) = \int_{-\infty}^{\infty} \delta(t)\,x(t)\,\mathrm{d}t\,,$$

obwohl es keine messbare Funktion gibt, die diese Darstellung erlaubt. Mit dem Beispiel wird deutlich, warum man Distributionen auch *verallgemeinerte Funktionen* nennt. Es lassen sich Operationen analog zu den Funktionen betrachten. Etwa ist die Punktauswertung an einer Stelle $a \in \mathbb{R}$ durch eine Translation darstellbar,

$$x(a) = \int_{-\infty}^{\infty} \delta(t-a)\,x(t)\,\mathrm{d}t\,.$$

Auch eine *distributionelle Ableitung* ist durch die regulären Distributionen motiviert. Denn mit partieller Integration erhalten wir für eine differenzierbare Funktion f die Identität

$$\int_{-\infty}^{\infty} f'(t)x(t)\,\mathrm{d}t = -\int_{-\infty}^{\infty} f(t)x'(t)\,\mathrm{d}t\,.$$

Diese Beobachtung führt auf die Definition der *distributionellen Ableitung*

$$l'(x) = -l(x'), \quad x \in C_0^\infty(\mathbb{R})\,,$$

die zu jeder beliebigen Distribution $l \in D'(\mathbb{R})$ existiert. Iterativ ergibt sich, dass Distributionen stets beliebig oft in diesem Sinn differenzierbar sind. Die stets existierenden distributionellen Ableitungen sind Grundlage für die Bedeutung der Theorie der Distributionen in Hinblick auf Differenzialgleichungen.

Wir beweisen nun, dass diese Ungleichungskette erfüllbar ist, also $\alpha \in \mathbb{R}$ existiert. Danach zeigen wir noch, dass aus den beiden Ungleichungen die Bedingung $l_\alpha(x) = \alpha\lambda + \tilde{l}(u) \leq \|\tilde{l}\|_{V'_{\max}} \|x\|$ für alle $x \in V$ folgt.

Zur Abkürzung definieren wir die Norm

$$\|x\|_1 = \|\tilde{l}\|_{V'_{\max}} \|x\| \quad \text{für } x \in X .$$

Sind $u_1, u_2 \in V_{\max}$, so gilt mit der Dreiecksungleichung

$$\begin{aligned}\tilde{l}(u_1) + \tilde{l}(u_2) &= \tilde{l}(u_1 + u_2)\\ &\leq \|u_1 + u_2\|_1\\ &\leq \|u_1 - y\|_1 + \|y + u_2\|_1\end{aligned}$$

bzw.

$$\tilde{l}(u_1) - \| - y + u_1\|_1 \leq \|y + u_2\|_1 - \tilde{l}(u_2) .$$

Also folgt

$$\sup_{u_1 \in V_{\max}} \left(\tilde{l}(u_1) - \|-y+u_1\|_1\right) \leq \inf_{u_2 \in V_{\max}} \left(\|y+u_2\|_1 - \tilde{l}(u_2)\right) .$$

Insbesondere gibt es $\alpha \in \mathbb{R}$ mit $\tilde{l}(u) - \| - y + u\|_1 \leq \alpha \leq \|y + u\|_1 - \tilde{l}(u)$ für jedes $u \in V_{\max}$.

Wählen wir einen solchen Wert für α, und ersetzen wir in der rechten Ungleichung u durch $\frac{u}{\lambda} \in V_{\max}$ mit $\lambda > 0$, so ergibt sich die Abschätzung

$$\lambda\alpha + \tilde{l}(u) \leq \lambda \, \|y + \frac{u}{\lambda}\|_1 = \|\lambda y + u\|_1 ,$$

da $\tilde{l}$ linear ist. Analog erhalten wir mit $\frac{u}{-\lambda} \in V_{\max}$ und $\lambda < 0$ aus der linken Ungleichung

$$-\lambda\|y + \frac{u}{\lambda}\|_1 \geq \lambda\alpha + \tilde{l}(u)$$

bzw.

$$\lambda\alpha + \tilde{l}(u) \leq \|\lambda y + u\|_1 .$$

Somit ist die Bedingung $\|l_\alpha\|_{V'} \leq \|l\|_{U'}$ erfüllt. Aufgrund der Maximalität von $\tilde{l}$ folgt $V = V_{\max}$ und der Widerspruch $y \in V = V_{\max}$. Insgesamt ist $V_{\max} = X$ gezeigt, also der reelle Fall des Satzes von Hahn-Banach bewiesen.

Im Fall $\mathbb{K} = \mathbb{C}$ lässt sich das Funktional $l \in U'$ in Real- und Imaginärteil zerlegen zu $l(x) = f(x) + \mathrm{i}g(x)$ mit reellwertigen Funktionen f, g. Aus

$$f(\mathrm{i}x) + \mathrm{i}g(\mathrm{i}x) = l(\mathrm{i}x) = \mathrm{i}l(x) = -g(x) + \mathrm{i}f(x)$$

folgt $g(x) = -f(\mathrm{i}x)$, d. h. $l(x) = f(x) - \mathrm{i}f(\mathrm{i}x)$ für $x \in U$. Darüber hinaus ist f ein lineares Funktional auf dem Vektorraum $U_\mathbb{R}$, wenn wir in U nur reelle skalare Faktoren betrachten. Nach dem ersten Teil des Beweises ist f zu $\tilde{f} \in X'_\mathbb{R}$ fortsetzbar mit $\|\tilde{f}\|_{X'_\mathbb{R}} = \|f\|_{U'_\mathbb{R}} \leq \|l\|_{U'}$. Wir definieren

$$\tilde{l}(x) = \tilde{f}(x) - \mathrm{i}\tilde{f}(\mathrm{i}x), \qquad \text{für } x \in X$$

und rechnen nach, dass $\tilde{l}$ ein lineares Funktional auf X ist mit der Fortsetzungseigenschaft $\tilde{l}|_U = l$.

Setzt man $\alpha(x) = \arg(l(x))$, so folgt letztendlich aus der Polarkoordinatendarstellung $\tilde{l}(x) = |\tilde{l}(x)|\, \mathrm{e}^{\mathrm{i}\alpha(x)}$ bzw.

$$\mathbb{R} \ni |\tilde{l}(x)| = \mathrm{e}^{-\mathrm{i}\alpha(x)}\tilde{l}(x) = \tilde{l}(\mathrm{e}^{-\mathrm{i}\alpha(x)}x) = \tilde{f}(\mathrm{e}^{-\mathrm{i}\alpha(x)}x)$$

für jedes $x \in X$ die Abschätzung

$$|\tilde{l}(x)| = |\tilde{f}(\mathrm{e}^{-\mathrm{i}\alpha(x)}x)| \leq \|l\|_{U'}\|x\| .$$

Mit der Fortsetzungseigenschaft erhalten wir $\|\tilde{l}\|_{X'} = \|l\|_{U'}$ und wir haben den komplexen Fall gezeigt. ∎

Eine zweite Variante des Satzes von Hahn-Banach findet sich auf Seite 301. Einige Folgerungen ergeben sich relativ direkt aus dem Satz von Hahn-Banach.

Folgerung
Ist $x_0 \in X$ Element eines normierten Raums X, so gibt es $l \in X'$ mit $\|l\| = 1$ und $l(x_0) = \|x_0\|$.

Beweis: Wir definieren auf dem linearen Unterraum $U = \{\lambda x_0 \colon \lambda \in \mathbb{K}\}$ ein lineares Funktional $l \colon U \to \mathbb{K}$ durch $l(\lambda x_0) = \lambda\|x_0\|$. Dann ist $\|l\|_U = 1$ und mit dem Fortsetzungssatz ergibt sich die Behauptung. ∎

?

Zeigen Sie, dass für $x \in X$ in einem normierten Raum X die Identität

$$\|x\| = \sup_{l \in X' \setminus \{0\}} \frac{|l(x)|}{\|l\|}$$

gilt.

Man beachte, dass mit der Selbstfrage in einem normierten Raum aus $l(x) = 0$ für jedes $l \in X'$ die Identität $x = 0$ folgt. Auch die folgende Aussage ist oft nützlich und zeigt, wie umfangreich der Dualraum ist.

Folgerung
Ein Unterraum $U \subseteq X$ liegt genau dann dicht in einem normierten Raum X, wenn für Funktionale $l \in X'$ mit $l(x) = 0$ für jedes $x \in U$ folgt, dass $l = 0$ ist.

Beweis: Die eine Richtung des Beweises ist offensichtlich, denn ist U dicht und $x \in X$, so gibt es eine Folge (x_n) in U mit $\lim_{n\to\infty} x_n = x$ und es folgt $l(x) = \lim_{n\to\infty} l(x_n) = 0$, da l stetig ist.

Andererseits, wenn $\overline{U} \neq X$ ist, so gibt es $y \in X$ mit $d = \inf_{x \in U} \|x - y\| > 0$. Auf dem Unterraum $V = \{\lambda y + u \colon \lambda \in \mathbb{C} \text{ und } u \in \overline{U}\} \subseteq X$ definieren wir das lineare Funktional $l(x) = \lambda d$. Es gilt $l|_{\overline{U}} = 0$ und $l(y) = d > 0$, d. h., insbesondere ist $l \neq 0$ nicht das Nullfunktional. Außerdem ist durch $l(y) = d$ eine Hyperebene in V gegeben, sodass l mit dem Lemma auf Seite 297 stetig ist.

Nach dem Fortsetzungssatz gibt es $\tilde{l} \in X'$ mit $\tilde{l}|_V = l$ und $\|\tilde{l}\|_{X'} = \|l\|_V \neq 0$. Also haben wir indirekt die zweite Implikation gezeigt. ∎

Unter der Lupe: Der Satz von Hahn-Banach

Häufig wird des Satz von Hahn-Banach auch in einer anderen Variante formuliert und genutzt. Dabei geht man von einem Vektorraum X über $\mathbb{R}$, einem Unterraum $U \subseteq X$ und einem sublinearen Funktional $p\colon X \to \mathbb{R}$ aus. Ein Funktional heißt **sublinear**, wenn für $x, y \in X$ und $\lambda \geq 0$ die Eigenschaften $p(\lambda x) = \lambda p(x)$ und $p(x + y) \leq p(x) + p(y)$ gelten. Der Fortsetzungssatz lautet dann:

Ein lineares Funktional $l\colon U \to \mathbb{R}$ mit $l(x) \leq p(x)$ für $x \in U$ kann zu $\tilde{l} \in X \to \mathbb{R}$ mit $\tilde{l}(x) \leq p(x)$ für alle $x \in X$ fortgesetzt werden.

Wir sehen uns den Beweis des Satzes von Hahn-Banach unter diesem Blickwinkel nochmal an.

Wenn man den Beweis des Satzes von Hahn-Banach genauer analysiert, fällt auf, dass die Abschätzung $l(x) \leq \|l\|_{U'}\|x\|$ die entscheidende Rolle spielt. Wir können die Ungleichung als Beschränkung des linearen Funktionals l durch ein weiteres, nichtlineares Funktional $p\colon X \to \mathbb{R}$ auffassen, d. h.

$$l(x) \leq p(x) \quad \text{für } x \in U\,.$$

Dazu ist keine Norm auf X erforderlich. Es stellt sich die Frage, welche speziellen Eigenschaften von p sind erforderlich für die Fortsetzbarkeit von l. Dabei stoßen wir auf die Sublinearität und erhalten die oben beschriebene Variante des Satzes.

Wir gehen den Beweis vollständig noch einmal durch und versuchen die Norm $\|l\|_{U'}\|x\| = \|x\|_1$ durch ein Funktional $p\colon X \to \mathbb{R}$ zu ersetzen. Die Menge M ist dann gegeben durch

$$M = \Big\{l_V\colon V \to \mathbb{R}\colon V \subseteq X \text{ Unterraum mit } U \subseteq V,\\ l_V \text{ linear, } l_V|_U = l \text{ und } l_V(x) \leq p(x) \text{ für } x \in V\Big\}.$$

Nach Voraussetzung ist $l \in M$ und wir können analog zum ursprünglichen Beweis eine Ordnung auf M angeben.

Weiter erhalten wir für total geordnete Teilmengen mit $l_N \in M$ eine obere Schranke mit der Abschätzung $l_N(x) \leq p(x)$ für $x \in V_N$. Also ist das Lemma von Zorn anwendbar und liefert ein maximales Element $\tilde{l} \in M$.

Wir haben somit den ersten Teil des Beweises analog übertragen. Es bleibt zu zeigen, dass mit dem zu $\tilde{l}$ gehörenden Unterraum $V_{\max}$ der gesamte Vektorraum erreicht ist, d. h. $V_{\max} = X$. Auch hier können wir dem im Text vorgestellten Beweis des Satzes von Hahn-Banach fast wörtlich folgen und müssen für den Widerspruch zeigen, dass es zu $y \notin V_{\max}$ ein lineares Funktional l_α mit

$$l_\alpha(x) \leq p(x)$$

für $x \in V$ gibt. Wir ersetzen die Norm $\|.\|_1$ durch das Funktional p und betrachten die notwendigen Rechnungen. An zwei Stellen treten nun Änderungen im Beweis auf. Zum einen liefert p im Allgemeinen keine Norm und wir können die Dreiecksungleichung nicht verwenden. Aber die Voraussetzung, dass p sublinear ist, genügt für die Abschätzung

$$\begin{aligned}\tilde{l}(u_1) + \tilde{l}(u_2) &= \tilde{l}(u_1 + u_2)\\ &\leq p(u_1 + u_2) \leq p(u_1 - y) + p(y + u_2)\,.\end{aligned}$$

Außerdem erhalten wir mit der Sublinearität die Identitäten

$$\lambda\alpha + \tilde{l}(u) \leq \lambda\, p\left(y + \frac{u}{\lambda}\right) = p(\lambda y + u)$$

bei positivem $\lambda \geq 0$ und

$$\lambda\alpha + \tilde{l}(u) \leq -\lambda p\left(-y - \frac{u}{\lambda}\right) = p(\lambda y + u)$$

bei $\lambda < 0$. Insgesamt folgt aus $\lambda\alpha + \tilde{l}(u) \leq p(\lambda y + u)$ der Widerspruch zur Maximalität, wie im ursprünglichen Beweis und wir haben die zweite Variante des Satzes von Hahn-Banach in $\mathbb{R}$ gezeigt.

Kommentar: Man beachte, dass bei dieser Variante X als Vektorraum vorausgesetzt ist, nicht als normierter Raum, und allgemeine lineare Funktionale ohne die Stetigkeit betrachtet werden. Eine Anwendung dieser Variante des Satzes von Hahn-Banach diskutieren wir im Zusammenhang mit dem Trennungssatz auf Seite 302. Weitere Beispiele für sublineare Funktionale, bei denen diese Variante des Satzes nützlich werden kann, sind Vektorräume, die mit einer *Halbnorm* ausgestattet sind. Unter einer **Halbnorm** versteht man eine sublineare Abbildung $p\colon X \to \mathbb{R}$ mit der zusätzlichen Eigenschaft $p(\lambda x) = |\lambda| p(x)$ für alle $\lambda \in \mathbb{R}$, d. h., zur Generierung einer Norm fehlt die positive Definitheit.

Konvexe, disjunkte Mengen lassen sich trennen

Mit dem Satz von Hahn-Banach haben wir einen, vielleicht sogar den zentralen Satz der Funktionalanalysis erarbeitet. Der Leser darf gespannt sein, in welchen Zusammenhängen er diesem Satz wiederbegegnen wird. Von der Vielzahl an Anwendungen greifen wir hier nur unser ursprüngliches Problem in diesem Abschnitt wieder auf. Man definiert: Zwei Mengen $A, B \subseteq X$ eines normierten Raums X über $\mathbb{R}$ lassen sich durch eine Hyperebene **trennen**, wenn es ein Funktional $l \in X'$ und eine Zahl $\gamma \in \mathbb{R}$ gibt mit

$$l(a) \leq \gamma \leq l(b)$$

für alle $a \in A$ und $b \in B$.

In unserem anfänglichen Beispiel auf Seite 297 haben wir bereits gesehen, dass sich zwei disjunkte Punkte in endlich dimensionalen Vektorräumen durch eine Hyperebene, d. h. ein Funktional $l \in X'\backslash\{0\}$, trennen lassen. Allgemeiner scheint anschaulich auch offensichtlich, dass wir disjunkte, konvexe Mengen trennen können (siehe Abbildung 8.5). Wir erinnern uns (siehe Band 1, Abschnitt 15.4): Eine Menge $A \subseteq X$ heißt **konvex**, wenn mit $x, y \in A$ auch $\lambda x + (1-\lambda)y \in A$ gilt für jedes $\lambda \in [0, 1]$. Mit dem Satz von Hahn-Banach versuchen wir diese Vermutung zu beweisen.

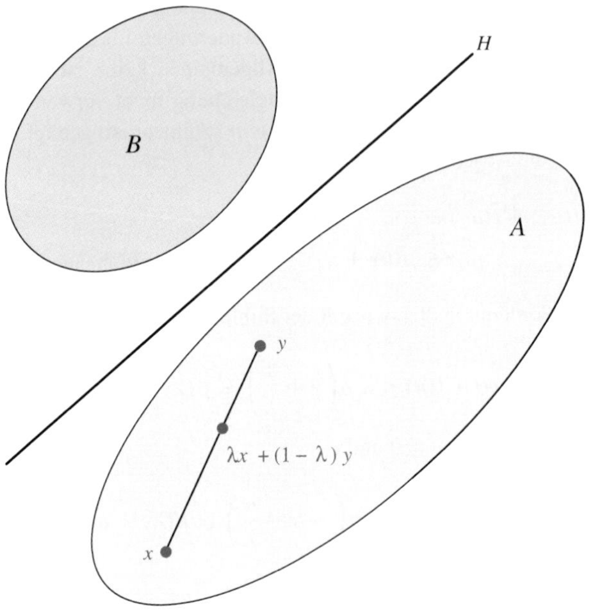

Abbildung 8.5 Nichtleere, disjunkte, konvexe, offene Mengen lassen sich trennen.

Trennungssatz zu konvexen Mengen

Sind $A, B \subseteq X$ nichtleere, konvexe und disjunkte Teilmengen eines normierten Raums X über $\mathbb{R}$, und ist mindestens eine der beiden Mengen offen, so lassen sich A und B durch eine Hyperebene trennen.

Beweis: Wir zeigen die Aussage durch Anwenden des Satzes von Hahn-Banach in der Variante, die wir in der Box auf Seite 301, bewiesen haben. Dazu muss ein entsprechendes sublineares Funktional konstruiert werden.

Ohne Einschränkung nehmen wir an, dass A offen ist. Zunächst halten wir fest: Da die Mengen nicht leer sind, gibt es ein $z \in A - B = \{x = a - b \in X : a \in A, b \in B\}$. Mit z definieren wir die Menge

$$M = A - B - z = \{x = a - b - z \in X : a \in A, b \in B\}$$

(siehe Abbildung 8.6).

Nach Konstruktion ist offensichtlich $0 \in M$ und $-z \notin M$, da A und B disjunkt sind. Außerdem ist M konvex, denn mit $x = a - b - z \in M$, $\tilde{x} = \tilde{a} - \tilde{b} - z \in M$ und Konvexkombinationen $\lambda a + (1-\lambda)\tilde{a} \in A$ sowie $\lambda b + (1-\lambda)\tilde{b} \in B$ folgt

$$\begin{aligned} &\lambda x + (1-\lambda)\tilde{x} \\ &\quad = \lambda a + (1-\lambda)\tilde{a} - (\lambda b + (1-\lambda)\tilde{b}) - z \in M \end{aligned}$$

für $\lambda \in [0, 1]$.

Des Weiteren ist M offen, da A offen ist, und es gibt $\delta > 0$ mit

$$B[0, \delta] = \{x \in X : \|x\| \leq \delta\} \subseteq M .$$

Man betrachte nun das **Minkowski-Funktional** $p : X \to \mathbb{R}$ mit

$$p(x) = \inf\left\{\lambda \in \mathbb{R}_{\geq 0} : \frac{x}{\lambda} \in M\right\}$$

zur Menge M, benannt nach Hermann Minkowski (1864–1909). Wir zeigen drei Eigenschaften dieses Funktionals:

- Für $x \in X$ gilt
$$p(x) \leq \frac{1}{\delta}\|x\| .$$
Dies sehen wir aus
$$\frac{\delta}{\|x\|}x \in B[0, \delta] \subseteq M ,$$
d. h., mit der Definition des Minkowski-Funktionals ist $p(x) \leq \frac{1}{\delta}\|x\|$.
- Ist $x \in X$ mit $p(x) < 1$, so gibt es $\lambda \in (0, 1)$ mit $\frac{1}{\lambda}x \in M$, und da M konvex ist, folgt
$$x = \lambda\frac{x}{\lambda} + (1-\lambda)0 \in M .$$
Andererseits folgt aus $p(x) \geq 1$, dass $\frac{x}{\lambda} \notin M$ für alle $\lambda \in (0, 1)$. Da $X\backslash M$ abgeschlossen ist, ergibt sich
$$x = \lim_{\lambda \to 1}\frac{x}{\lambda} \in X\backslash M .$$
Insbesondere erhalten wir $p(-z) \geq 1$.
- Wir zeigen noch, dass p sublinear ist. Es gilt zum einen
$$\begin{aligned} p(tx) &= \inf\{\lambda : \frac{tx}{\lambda} \in M\} = \inf\{t\mu : \frac{x}{\mu} \in M\} \\ &= t\,p(x) \end{aligned}$$
für $t > 0$.
Weiter wählen wir zu $x, y \in X$ und $\varepsilon > 0$ Zahlen $\lambda, \mu \in \mathbb{R}$ mit
$$p(x) \leq \lambda \leq p(x) + \varepsilon$$
und
$$p(y) \leq \mu \leq p(y) + \varepsilon .$$
Dann sind $\frac{x}{\lambda}, \frac{y}{\mu} \in M$ und somit auch die Konvexkombination
$$\frac{1}{\lambda+\mu}(x+y) = \frac{\lambda}{\lambda+\mu}\frac{x}{\lambda} + \frac{\mu}{\lambda+\mu}\frac{y}{\mu} \in M .$$

Es folgt aus $p\left(\frac{1}{\lambda+\mu}(x+y)\right) < 1$ die Abschätzung

$$p(x+y) \leq \lambda + \mu \leq p(x) + p(y) + 2\varepsilon\,.$$

Mit dem Grenzwert $\varepsilon \to 0$ erhalten wir $p(x+y) \leq p(x) + p(y)$. Das Funktional ist sublinear.

Nach diesen Vorbereitungen lässt sich der Satz von Hahn-Banach anwenden. Dazu benötigen wir noch einen Unterraum und ein passendes lineares Funktional (siehe Abbildung 8.6).

Wir erhalten diese, wenn wir den eindimensionalen Raum $U = \operatorname{span}\{-z\}$ betrachten und auf U das Funktional $l\colon U \to \mathbb{R}$ definieren durch

$$l(x) = l(-tz) = t\,p(-z)\,.$$

Für $t \geq 0$ gilt $l(x) = t\,p(-z) = p(x)$ und für $t < 0$ ergibt sich

$$l(x) = t\,p(-z) \leq 0 \leq p(x)\,.$$

Insgesamt gilt $l(x) \leq p(x)$ auf U. Nach dem Satz von Hahn-Banach von Seite 301 können wir l fortsetzen zu $\tilde{l}\colon X \to \mathbb{R}$ mit

$$\tilde{l}(x) \leq p(x)$$

für jedes $x \in X$ und mit

$$\tilde{l}(x) = l(x) \quad \text{für } x \in U\,.$$

Die Trennungseigenschaft des Funktionals $\tilde{l}$ erhalten wir aus $\tilde{l}(-z) = p(-z) \geq 1$ und der Abschätzung

$$1 > p(x) \geq \tilde{l}(x) = l(a) - l(b) + \tilde{l}(-z)\,,$$

für jedes $x \in M$ bzw. $l(a) < l(b)$ für alle $a \in A$ und $b \in B$.

Da wir die zweite Version des Hahn-Banach-Satzes angewendet haben, bleibt noch zu zeigen, dass $\tilde{l}$ beschränkt ist. Dies folgt aus der Abschätzung

$$\begin{aligned}|\tilde{l}(x)| &= \max\left\{\tilde{l}(x), \tilde{l}(-x)\right\}\\ &\leq \max\{p(x), p(-x)\} \leq \frac{1}{\delta}\|x\|\,.\end{aligned}$$ ■

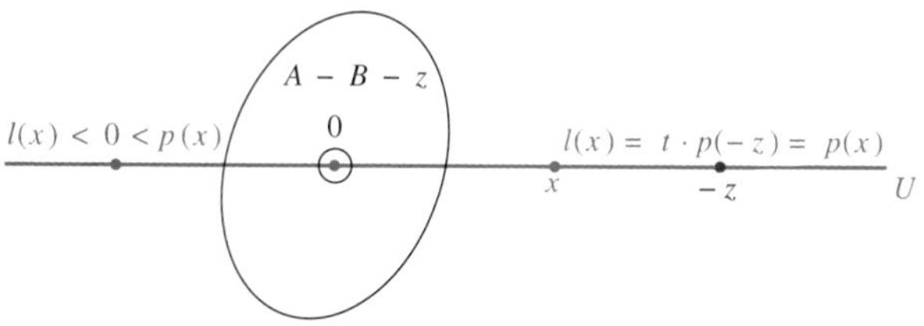

Abbildung 8.6 Konstruktion eines linearen Funktionals zum Trennen zweier konvexer Mengen.

Man beachte, dass wir die Voraussetzung, dass A oder B offen ist, im Beweis nicht umgehen können. Nur in endlich dimensionalen Räumen, lässt sich auf diese Voraussetzung verzichten. Dies wollen wir hier nicht weiter ausführen und verweisen auf die Literatur. Betrachten wir den Beweis nochmal genauer, so haben wir sogar $l(a) < l(b)$ gezeigt. Der Trennungssatz von Meier Eidelheit (1910–1943) formuliert diese Beobachtung.

Trennungssatz von Eidelheit

Sind $A, B \subseteq X$ nichtleere, konvexe Teilmengen eines normierten Raums X und gilt $A^\circ \neq \emptyset$ und $A^\circ \cap B = \emptyset$, so gibt es $l \in X'$ und $\gamma \in \mathbb{R}$ mit

$$l(a) \leq \gamma \leq l(b) \quad \text{für } a \in A,\ b \in B$$

und

$$l(a) < \gamma \quad \text{für } a \in A^\circ\,.$$

Beweis: Wir wenden den vorherigen Trennungssatz auf A° und B an. Nach dem Beweis existiert $l \in X'$ und $\gamma \in \mathbb{R}$ mit

$$l(a) < \gamma \leq l(b)$$

für $a \in A^\circ$ und $b \in B$. Da l stetig ist, folgt weiterhin $l(a) \leq \gamma$ für alle $a \in A$ und wir haben die Aussage des Satzes gezeigt. ■

Mit dem Satz von Hahn-Banach haben wir gezeigt, dass der Dualraum auch im Allgemeinen hinreichend umfassend ist, um etwa Trennungseigenschaften, die wir aus der Anschauung erwarten, zu bekommen.

Normkonvergenz impliziert schwache Konvergenz

Es stecken weitere grundlegende Möglichkeiten in den Dualräumen. Da wir lineare, beschränkte Funktionale betrachten, d. h. insbesondere stetige Abbildungen, ergibt sich für eine konvergente Folge (x_n) in dem normierten Raum X mit Grenzwert $\hat{x} \in X$ die Konvergenz

$$l(x_n) \to l(\hat{x})\,, \quad \text{für jedes } l \in X'\,.$$

Bei endlicher Dimension können wir diese Implikation auch umkehren; denn ist $(\boldsymbol{x}^{(n)})$ Folge im $\mathbb{R}^n$ und es gilt $l(\boldsymbol{x}^{(n)}) \to l(\hat{\boldsymbol{x}})$ für jedes $l \in (\mathbb{R}^n)'$, so konvergiert insbesondere jede Koordinate $x_j^{(n)} = (\boldsymbol{x}_n, \boldsymbol{e}_j) \to \hat{x}_j$. Mit dem entsprechenden Satz aus Abschnitt 19.2. aus Band 1 impliziert die Konvergenz in den Koordinaten, aber auch Normkonvergenz der Folge von Vektoren. Da alle Normen im $\mathbb{R}^n$ äquivalent sind, ist es nicht erforderlich, die gewählte Norm zu spezifizieren.

Im Allgemeinen gilt diese Umkehrung bei unendlich dimensionalen normierten Räumen nicht mehr, wie das folgende Beispiel illustriert.

Beispiel Wir betrachten den Raum der quadratsummierbaren Folgen

$$l^2 = \left\{ (x_k)_{k\in\mathbb{N}} \colon x_k \in \mathbb{C}, \sum_{k=1}^{\infty} |x_k|^2 < \infty \right\}$$

und definieren eine Folge von Folgen durch

$$x_k^{(n)} = \begin{cases} 1 & \text{für } k = n \\ 0 & \text{sonst} \end{cases}$$

Aus

$$\|(x^{(n)}) - (x^{(m)})\|_{l^2} = \sqrt{2}$$

für $m \neq n$ wird deutlich, dass die Folge in l^2 nicht konvergiert, da es sich nicht um eine Cauchy-Folge handelt.

Aber für jede Folge $(y_k) \in l^2$ gilt mit den auf Seite 296 definierten beschränkten linearen Funktionalen

$$l_y\left((x_k^{(n)})\right) = \sum_{k=1}^{\infty} x_k^{(n)} \overline{y_k} = \overline{y_n} \to 0, \quad n \to \infty .$$

Da wir gezeigt haben, dass jedes Funktional in l^2 von der Form l_y mit einer entsprechenden Folge $(y_k) \in l^2$ ist, konvergiert

$$l((x_k^{(n)})) \to 0, \quad n \to \infty ,$$

für jedes Funktional $l \in (l^2)'$. ◀

Mit dem Beispiel wird deutlich, dass wir eine andere Art von Konvergenz in normierten Räumen mithilfe der Funktionale definieren können.

Schwache Konvergenz

Ist X normierter Raum und (x_n) Folge in X. Die Folge (x_n) heißt **schwach konvergent** gegen $\hat{x} \in X$, wenn

$$\lim_{n\to\infty} l(x_n) = l(\hat{x}) \quad \text{für jedes } l \in X'$$

gilt.

Es ist üblich diese Konvergenz durch

$$x_n \rightharpoonup \hat{x}, \ n \to \infty$$

zu notieren und von einem **schwachen Grenzwert** zu sprechen. Diese Bezeichnung ist sinnvoll, da elementare Eigenschaften eines Grenzwerts gelten.

Folgerung

- Der schwache Grenzwert einer schwach konvergenten Folge (x_n) in einem normierten Raum X ist eindeutig bestimmt.
- Sind (x_n) und (y_n) schwach konvergente Folgen in einem normierten Raum X mit schwachen Grenzwerten $\hat{x}, \hat{y} \in X$, so gilt

$$x_n + y_n \rightharpoonup \hat{x} + \hat{y}$$

und

$$\lambda x_n \rightharpoonup \lambda \hat{x}$$

für $\lambda \in \mathbb{K}$ mit $\mathbb{K} = \mathbb{R}$ bzw. $\mathbb{C}$.

Beweis:

- Für die erste Aussage, nehmen wir an, wir haben zwei schwache Grenzwerte $x, \hat{x} \in X$ zu (x_n). Dann gilt

$$l(x) = \lim_{n\to\infty} l(x_n) = l(\hat{x})$$

bzw.

$$l(x - \hat{x}) = 0 \quad \text{für jedes } l \in X' .$$

Mit der Selbstfrage auf Seite 300 bzw. der dort folgenden Bemerkung ist deswegen $x = \hat{x}$ und wir haben die Eindeutigkeit gezeigt.

- Die Linearität des schwachen Grenzwerts ergibt sich direkt aus der Linearität der Funktionale in X' und der üblichen Grenzwerte in $\mathbb{R}$ bzw. $\mathbb{C}$ aus

$$\lim_{n\to\infty} l(x_n + y_n) = \lim_{n\to\infty} (l(x_n) + l(y_n)) = \hat{x} + \hat{y}$$

und

$$\lim_{n\to\infty} l(\lambda x_n) = \lambda \lim_{n\to\infty} l(x_n) = \lambda \hat{x} .$$ ■

Auch in Hinblick auf beschränkte lineare Operatoren verhält sich der schwache Grenzwert analog wie der Grenzwert bei Normkonvergenz.

Folgerung

Sind X, Y normierte Räume, $A \in \mathcal{L}(X, Y)$ und ist (x_n) eine schwach konvergente Folge mit $x_n \rightharpoonup \hat{x} \in X$, so gilt $Ax_n \rightharpoonup A\hat{x}$, $n \to \infty$.

Beweis: Ist $l \in Y'$ ein stetiges lineares Funktional, dann ist die Kombination $l \circ A \in X'$, und aufgrund der schwachen Konvergenz der Folge (x_n) gilt

$$\lim_{n\to\infty} l(Ax_n) = \lim_{n\to\infty} (l \circ A)(x_n) = (l \circ A)(\hat{x}) = l(A\hat{x}) .$$

Diese Konvergenz gilt für jedes $l \in Y'$, d. h., (Ax_n) ist schwach konvergent. ■

Mit dem Beispiel auf Seite 304 ist deutlich, dass es im Allgemeinen in normierten Räumen schwach konvergente Folgen gibt, die nicht normkonvergent sind. Andererseits sind normkonvergente Folgen, da die Funktionale $l \in X'$ stetig sind, schwach konvergent. Die Normkonvergenz ist somit ein stärkerer Konvergenzbegriff und wird in der Literatur deswegen oft auch *starke Konvergenz* genannt. Wir halten dieses Resultat als Satz fest.

Normkonvergenz impliziert die schwache Konvergenz

Eine normkonvergente Folge (x_n) in einem normierten Raum X mit $\lim_{n\to\infty} x_n = \hat{x}$ ist insbesondere schwach konvergent, und es gilt $x_n \rightharpoonup \hat{x}$ für $n \to \infty$.

Übrigens können wir analog auch in X' einen weiteren Konvergenzbegriff einführen. Ist (l_n) eine Folge in X', so nennt man (l_n) **schwach-stern konvergent**, wenn

$$\lim_{n\to\infty} l_n(x) = l(x) \quad \text{für jedes } x \in X$$

gilt. Dies entspricht offensichtlich der punktweisen Konvergenz der Folge (l_n) in X'. Man schreibt auch $l_n \overset{*}{\rightharpoonup} l$.

Wir wollen die Betrachtungen zu schwach und schwach-stern konvergenten Folgen in dieser Einführung nicht erheblich weiter ausdehnen. Aber eine Frage soll beleuchtet werden: Warum sind die schwachen Grenzwerte wichtig? Dazu erinnern wir uns an den grundlegenden Satz von Bolzano-Weierstraß (siehe Band 1, Abschnitt 9.4): Eine beschränkte Folge $(\boldsymbol{x}_n)$ im $\mathbb{R}^n$ besitzt mindestens eine konvergente Teilfolge. Die Normkonvergenz ist ein zu starker Begriff, um dieses im Endlichdimensionalen häufig genutzte Resultat in allgemeinen normierten Räumen aufrechtzuerhalten. So zeigt bereits unser anfängliches Beispiel auf Seite 304 eine beschränkte Folge in l^2, die keine konvergente Teilfolge besitzt. Bezüglich der schwachen Konvergenz lässt sich aber eine entsprechende Aussage zeigen. Dieses Resultat gilt zwar nicht für jeden normierten Raum, aber unter der Voraussetzung eines *reflexiven* Banachraums.

Separable Räume sind Abschluss von abzählbar vielen Elementen

Um den Beweis zu führen, diskutieren wir zwei spezifische Eigenschaften bei normierten Räume, die *Reflexivität* und die *Separabilität*.

Separable Räume

Ein normierter Raum X heißt **separabel**, wenn es eine abzählbare Menge $M \subseteq X$ gibt, die dicht in X liegt, d. h. $\overline{M} = X$.

Einige Beispiele separabler normierter Räume kennen wir bereits.

Beispiel

- Da die rationalen Zahlen abzählbar und dicht in $\mathbb{R}$ liegen, ist jeder endlich dimensionale Raum separabel, da wir die Koeffizienten bezüglich einer Basis durch rationale Zahlen approximieren können.
- Im Raum l^p mit $1 \leq p < \infty$ ist jede Folge $x \in l^p$ durch

$$x = \sum_{n=1}^{\infty} x_n e^{(n)}$$

darstellbar, wenn wir mit $e^{(n)} = (0, 0, \ldots, 0, 1, 0, \ldots)$ die Folge bezeichnen, mit $x_n^{(n)} = 1$ und alle weiteren Folgenglieder null. Wählen wir zu $\varepsilon > 0$ ein $N \in \mathbb{N}$ mit $\sum_{n=N+1}^{\infty} |x_n|^p \leq \frac{\varepsilon}{2}$ und rationale Zahlen r_j mit $|x_j - r_j| \leq (\frac{\varepsilon}{2N})^{\frac{1}{p}}$ für $j = 1, \ldots, N$, so folgt

$$\|x - \sum_{n=1}^{N} x_n e^{(n)}\|_{l^p}^p = \sum_{n=1}^{N} |x_n - r_n|^p + \sum_{n=N+1}^{\infty} |x_n|^p \leq \varepsilon\,.$$

Somit liegt die abzählbare Menge der Folgen mit endlich vielen von null verschiedenen rationalen Folgengliedern dicht in l^p und wir haben gezeigt, dass der Raum separabel ist.
- Ein ähnliches Argument zeigt, dass der Raum $C([0, 1])$ separabel ist, da mit dem Weierstraß'schen Approximationssatz die Polynome mit rationalen Koeffizienten dicht liegen und diese Menge abzählbar ist.
- Man bezeichnet den normierten Raum der beschränkten Folgen mit

$$l^\infty = \{(x_n)_{n\in\mathbb{N}} \colon x_n \in \mathbb{K}, \text{ und } \sup_{n\in\mathbb{N}}\{|x_n|\} < \infty\}\,,$$

wobei durch $\|(x_n)\| = \sup_{n\in\mathbb{N}}\{|x_n|\}$ die Norm gegeben ist. Der Banachraum l^∞ ist ein Beispiel für einen nicht separablen Raum. Denn sei $\{x^{(1)}, x^{(2)}, \ldots\} \subseteq l^\infty$ eine abzählbare Menge in l^∞, dann können wir $x \in l^\infty$ definieren durch

$$x_n = \begin{cases} x_n^{(n)} + 1, & \text{falls } |x_n^{(n)}| \leq 1\,, \\ 0 & \text{sonst.} \end{cases}$$

Es folgt $\|x - x^{(j)}\|_{l^\infty} \geq 1$. Also ist die Menge $\{x^{(1)}, x^{(2)}, \ldots\}$ nicht dicht in l^∞. ◀

In separablen Räumen können wir einen ersten Schritt in Richtung des angestrebten abgeschwächten Satzes von Bolzano-Weierstraß machen. Eine allgemeinere Variante der folgenden Aussage findet sich in der Literatur als *Satz von Alaouglu*.

Schwach-stern konvergente Teilfolgen

Ist X ein separabler normierter Raum und (l_n) eine beschränkte Folge in X', dann besitzt (l_n) eine schwach-stern konvergente Teilfolge, d. h., es gibt eine Teilfolge (l_{n_k}) und ein Funktional $l \in X'$ mit

$$\lim_{k\to\infty} l_{n_k}(x) = l(x) \quad \text{für jedes } x \in X\,.$$

Beweis: Bezeichnen wir mit $M = \{x_j \in X \colon j \in \mathbb{N}\}$ eine dichte Teilmenge, d. h. $\overline{M} = X$, und ist (l_n) eine beschränkte Folge in X', d. h., es gibt $c > 0$ mit $\|l_n\| \leq c$ für alle $n \in \mathbb{N}$. Die Folge $(l_n(x_1))_{n\in\mathbb{N}}$ ist beschränkt in $\mathbb{K}$ und besitzt somit eine konvergente Teilfolge $(l_{n(1,k)}(x_1))_{k\in\mathbb{N}}$. Weiter gibt es dann zur beschränkten Folge $(l_{n(1,k)}(x_2))_{k\in\mathbb{N}}$ eine konvergente Teilfolge, die wir mit $(l_{n(2,k)}(x_2))_{k\in\mathbb{N}}$ notieren. Wir erhalten Teilfolgen $(l_{n(j,k)})$ in X' mit der Eigenschaft, dass $(l_{n(j,k)}(x_i))_{k\in\mathbb{N}}$ für jedes $i = 1, \ldots, j$ konvergiert.

Wir definieren die Diagonalfolge $(l_{n(k,k)})_{k\in\mathbb{N}}$ in X'. Die Diagonalfolge konvergiert nach Konstruktion punktweise für jedes $x_j \in M$, d. h., $\lim_{k\to\infty} l_{n(k,k)}(x_j) \in \mathbb{K}$ existiert für alle $j \in \mathbb{N}$.

Zu $\varepsilon > 0$ und $x \in X$ gibt es $j \in \mathbb{N}$ mit $\|x - x_j\| \le \varepsilon$ und wir erhalten die Abschätzung

$$\begin{aligned}|l_{n(k,k)}(x) - l_{n(l,l)}(x)| &\le |l_{n(k,k)}(x - x_j)| \\ &\quad + |l_{n(k,k)}(x_j) - l_{n(l,l)}(x_j)| \\ &\quad + |l_{n(l,l)}(x - x_j)| \\ &\le 2c\varepsilon + |l_{n(k,k)}(x_j) - l_{n(l,l)}(x_j)|\,.\end{aligned}$$

Wegen der gezeigten punktweisen Konvergenz auf M konvergiert $|l_{n(k,k)}(x_j) - l_{n(l,l)}(x_j)|$ gegen null für $k, l \to \infty$. Somit ist $(l_{n(k,k)}(x))$ für jedes $x \in X$ eine Cauchy-Folge in $\mathbb{K}$ und deswegen konvergent. Wir definieren $l : X \to \mathbb{K}$ durch

$$l(x) = \lim_{k\to\infty} l_{n(k,k)}(x)\,.$$

Dann ist l nach Konstruktion linear und wegen

$$|l(x)| \le \sup_{k\in\mathbb{N}} |l_{n(k,k)}(x)| \le c\|x\|$$

beschränkt, d. h. $l_{n(k,k)} \overset{*}{\rightharpoonup} l \in X'$. ∎

In allgemeinen normierten Räumen ohne die zusätzliche Voraussetzung der Separabilität ist dieses Resultat nicht gültig, wie das folgende Beispiel zeigt.

Beispiel Im nicht separablen Banachraum l^∞ ist durch

$$l_k\big((x_n)\big) = x_k$$

ein lineares beschränktes Funktional $l_k \in (l^\infty)'$ definiert mit Operatornorm $\|l_k\| = 1$. Bezeichnen wir nun mit (k_l) eine streng wachsende Teilfolge von Indizes und setzen

$$x_n = \begin{cases} (-1)^l, & \text{für } n = k_l \\ 0 & \text{sonst,}\end{cases}$$

so ist $(x_n) \in l^\infty$ eine beschränkte Folge und es gilt $l_{k_l}((x_n)) = (-1)^l$ ist divergent. Die Folge (l_k) besitzt deswegen keine schwach-stern konvergente Teilfolge. ◀

In Bezug auf separable Räume benötigen wir noch ein weiteres Lemma.

Lemma
Ist zu einem normierten Raum X der Dualraum X' separabel, so ist auch X separabel.

Beweis: Betrachten wir eine dichte, abzählbare Menge $M = \{l_n : n \in \mathbb{N}\}$ von Funktionalen, d. h. $\overline{M} = X'$. Zu jedem Funktional können wir ein $x_n \in X$ wählen mit $\|x_n\| = 1$ und $\|l_n(x_n)\| \ge \frac{1}{2}\|l_n\|$.

Mit diesen Elementen definieren wir die Menge

$$D = \left\{\sum_{n=1}^N a_n x_n : N \in \mathbb{N},\ a_n \in \mathbb{Q}\right\} \subseteq X$$

aller Linearkombinationen mit rationalen Koeffizienten, bzw. mit rationalem Real- und Imaginärteil im komplexen Fall. Die Menge D ist abzählbar (siehe Band 1, Abschnitt 4.4).

Es bleibt zu zeigen, dass D dicht in X liegt: Sei $l \in X'\backslash\{0\}$ mit $l(x) = 0$ für $x \in D$ und $(l_{n_j})_j \in \mathbb{N}$ eine Folge aus M mit $\lim_{j\to\infty} l_{n_j} = l$. Es folgt

$$\begin{aligned}\frac{1}{2}\|l_{n_j}\| &\le |l_{n_j}(x_{n_j})| = |(l - l_{n_j})(x_{n_j})| \\ &\le \|l - l_{n_j}\|\,\|x_{n_j}\| = \|l - l_{n_j}\| \to 0, \quad j \to \infty\,.\end{aligned}$$

Damit ist $\|l\| = \lim_{j\to\infty} \|l_{n_j}\| = 0$ und mit der Folgerung von Seite 300 ist D dicht in X. ∎

Der Bidualraum ist der Dualraum des Dualraums

Für die zweite Eigenschaft, die *Reflexivität* normierter Räume, betrachten wir den Dualraum eines Dualraums, den **Bidualraum**

$$X'' = (X')'$$

(siehe auch Abschnitt 12.9. in Band 1). Mit den Abbildungen $J_{\hat{x}} : X' \to \mathbb{K}$ mit $J_{\hat{x}}(l) = l(\hat{x})$ ordnen wir jedem $\hat{x} \in X$ ein Element $J_{\hat{x}} \in X''$ im Bidualraum zu. Es handelt sich um eine isometrische Abbildung; denn es ist mit der Selbstfrage auf Seite 300

$$\|J_{\hat{x}}\| = \sup_{l\in X'} \frac{|l(\hat{x})|}{\|l\|} = \|\hat{x}\|\,.$$

Beispiel Betrachten wir eine Folge (x_n) als Folge im Bidualraum, also genauer die Folge (J_{x_n}), so lässt sich mithilfe des Satzes von Banach-Steinhaus in einem Banachraum X die schwache Konvergenz der Folge auch anders charakterisieren.

Es gilt $x_n \rightharpoonup \hat{x}$ genau dann, wenn $\sup_{n\to\infty} \|x_n\| < \infty$ und $\lim_{n\to\infty} l(x_n) = l(\hat{x})$ für $l \in M$ aus einer dichten Teilmenge $M \subseteq X'$ ist.

Die Behauptung folgt direkt aus dem Satz von Banach-Steinhaus, wenn wir die Folge der Operatoren $J_{x_n} \in \mathcal{L}(X', \mathbb{K}) = X''$ auf der dichten Teilmenge M betrachten; denn die Konvergenz

$$J_{x_n}(l) = l(x_n) \to l(\hat{x})$$

für alle $l \in X'$ ist nach dem Satz von Banach-Steinhaus äquivalent zur Konvergenz auf der dichten Teilmenge M und der Beschränktheit $\sup_{n\in\mathbb{N}} \|J_{x_n}\| = \sup_{n\in\mathbb{N}} \|x_n\| \le c$ mit einer Konstanten $c > 0$. ◀

Mit der Abbildung J_x lässt sich nun die zweite spezielle Eigenschaft bei normierten Räumen definieren.

Reflexive Räume

Man bezeichnet einen normierten Raum als **reflexiv**, wenn die Abbildung $x \mapsto J_x \in X''$ surjektiv, also ein Normisomorphismus ist.

Insbesondere können wir im Fall eines reflexiven Raums den Bidualraum X'' in diesem Sinne mit dem normierten Raum X identifizieren.

Achtung: Zwei Aspekte sollte man im Zusammenhang mit der Definition beachten.

- Da der Bidualraum als Dualraum von X' vollständig ist, können offensichtlich nur Banachräume reflexiv sein.
- Ein normierter Raum ist nur reflexiv, wenn die durch J_x gegebene Abbildung von X auf X'' normisomorph ist. Ein beliebiger Normisomorphismus zwischen den beiden Räumen genügt nicht. Es lassen sich Beispiele konstruieren, in denen X und X'' normisomorph sind, aber nicht reflexiv (siehe Literatur).

Beispiel

- Endlich dimensionale Vektorräume sind stets reflexiv. Denn bei endlicher Dimension sind bereits $\mathbb{R}^n$ und $(\mathbb{R}^n)'$ isometrisch (siehe Seite 295).
- Für $1 < p < \infty$ hatten wir gezeigt, dass $(\mathrm{l}^p)' \cong \mathrm{l}^q$ mit $q = \frac{p}{p-1}$ isometrisch sind (siehe Seite 296). Es folgt $p = \frac{q}{q-1}$ und somit ist $(\mathrm{l}^q)' \cong \mathrm{l}^p$. Also erhalten wir Reflexivität, $(\mathrm{l}^p)'' \cong \mathrm{l}^p$. ◀

?

Finden Sie eine Begründung, warum der Folgenraum l^1 nicht reflexiv ist

---

Zur Reflexivität benötigen wir später eine Aussage, die wir vorab beweisen.

Lemma

Ist X reflexiver Raum, so ist jeder abgeschlossene Unterraum $U \subseteq X$ reflexiv.

Beweis: Ist $U \subseteq X$ abgeschlossener Unterraum und $A \in U''$. Es ist zu zeigen, dass ein $\hat{x} \in U$ existiert mit $J_{\hat{x}} = A$, wobei $J_{\hat{x}} : U' \to \mathbb{K}$ das durch $J_{\hat{x}}(l) = l(\hat{x})$ zugeordnete Funktional bezeichnet.

Zu $A \in U''$ definieren wir zunächst die lineare Abbildung $\tilde{A} : X' \to \mathbb{K}$ durch

$$\tilde{A}(l) = A(l|_U).$$

Diese Definition ist sinnvoll, da mit $|l(u)| \leq \|l\|_{X'}\|u\|$ für jedes $u \in U$ die Einschränkung $l|_U \in U'$ ein lineares beschränktes Funktional auf U ist. Wegen

$$|\tilde{A}(l)| = |A(l|_U)| \leq \|A\|_{U''}\,\|l|_U\|_{U'} \leq \|A\|_{U''}\,\|l\|_{X'}$$

ist außerdem der Operator $\tilde{A}$ beschränkt, d. h. $\tilde{A} \in X''$.

Nach Voraussetzung ist X reflexiv, d. h., es gibt nach der Definition ein $\hat{x} \in X$ mit $\tilde{A} = \tilde{J}_{\hat{x}}$. Nach Konstruktion gilt

$$l(\hat{x}) = \tilde{J}_{\hat{x}}(l) = \tilde{A}(l) = A(l|_U)$$

für jedes $l \in X'$. Mit dieser Identität folgt $\hat{x} \in U$; denn wäre $\hat{x} \notin U$, so gibt es nach der Folgerung auf Seite 300 ein $l \in X'$ mit $l|_U = 0$ und $l(\hat{x}) \neq 0$ im Widerspruch zu der gerade gezeigten Identität.

Insgesamt erhalten wir für jedes $l \in U'$, wenn wir mit $\tilde{l} \in X'$ eine nach dem Satz von Hahn-Banach existierende Fortsetzung bezeichnen, die Identität

$$l(\hat{x}) = \tilde{l}(\hat{x}) = \tilde{J}_{\hat{x}}(\tilde{l}) = \tilde{A}(\tilde{l}) = A(l),$$

Somit gibt es $\hat{x} \in U$ mit $A = J_{\hat{x}}$ und wir haben gezeigt, dass U reflexiv ist. ■

Mit diesen Begriffen und Lemmata lässt sich abschließend die angesprochene abgeschwächte Version des Satzes von Bolzano-Weierstraß zeigen.

Schwach konvergente Teilfolgen

Ist X ein reflexiver Raum, so besitzt jede beschränkte Folge eine schwach konvergente Teilfolge.

Beweis: Ist (x_n) eine beschränkte Folge in X. Wir betrachten Linearkombinationen der Folgenglieder und definieren den abgeschlossenen Unterraum

$$U = \overline{\operatorname{span}\{x_n : n \in \mathbb{N}\}}.$$

Mit dem Lemma auf Seite 307 haben wir gezeigt, dass U reflexiv ist. Somit ist insbesondere die Folge der zugehörigen linearen Operatoren $J_{x_n} : U' \to \mathbb{K}$ mit $J_{x_n}(l) = l(x_n)$ eine beschränkte Folge im Bidualraum U''.

Weiterhin ist U analog zum zweiten Beispiel auf Seite 305 separabel. Wegen der Reflexivität von U ist somit der Bidualraum U'' separabel und mit dem Lemma von Seite 306 folgt, dass U' separabel ist.

Daher liefert uns das Lemma auf Seite 305, dass die beschränkte Folge $(J_{x_n})_{n\in\mathbb{N}}$ in U'' eine schwach-stern konvergente Teilfolge besitzt, d. h., es gibt $A \in U''$ mit

$$\lim_{k\to\infty} J_{x_{n_k}}(l) = Al\,, \quad \text{für } l \in U'.$$

Da U reflexiv ist, gibt es $\hat{x} \in U$ mit $J_{\hat{x}} = A$.

Insgesamt lässt sich nun zu jedem $l \in X'$ die Einschränkung $l|_U \in U'$ betrachten und wir erhalten

$$l(x_{n_k}) = l|_U(x_{n_k}) = J_{x_{n_k}}(l|_U) \to J_{\hat{x}}(l|_U) = l(\hat{x}), \quad k \to \infty .$$

Damit haben wir schwache Konvergenz der Teilfolge gegen $\hat{x} \in X$ gezeigt. ∎

Die Eigenschaft einer Menge, dass beschränkte Folgen eine schwach konvergente Teilfolge besitzen, wird auch *schwachfolgenkompakt* genannt analog zu *folgenkompakt* (siehe Band 1, Abschnitt 9.4). Die Aussage des Satzes kann erheblich verschärft werden. Nach einem Satz von W. F. Eberlein (1917–1986) und W. L. Smulian (1914–1944) zur schwachen Topologie gilt sogar Äquivalenz, d. h., ein Raum ist genau dann reflexiv, wenn beschränkte Folgen schwach konvergente Teilfolgen besitzen. Dazu verweisen wir auf die weiterführende Literatur. Wir werden die Begriffe reflexiv und separabel noch einmal aufgreifen im Zusammenhang mit den Hilberträumen in Kapitel 10.

Zusammenfassung

Die Theorie linearer, stetiger Operatoren in normierten Räumen ist Grundlage und Einstieg in die Funktionalanalysis. Die erste Beobachtung ist, dass die Stetigkeit bei linearen Operatoren $A\colon X \to Y$ äquivalent ist zur Beschränktheit, d. h., es gibt eine Konstante $c > 0$ mit

$$\|Ax\| \le c\|x\| \quad \text{für jedes } x \in X .$$

Die kleinste möglich Konstante mit dieser Eigenschaft liefert eine Norm, sodass die linearen beschränkten Operatoren einen normierten Raum $\mathcal{L}(X, Y)$ bilden.

Ist X vollständig, also ein Banachraum, so ergibt sich ein folgenreiches Resultat zur Invertierbarkeit von linearen Operatoren im Fall von kleinen Störungen der Identität, das sogenannte Störungslemma.

Störungslemma

Ist X Banachraum und $A \in \mathcal{L}(X, X)$ mit

$$\limsup_{n\to\infty} \|A^n\|^{\frac{1}{n}} < 1 ,$$

dann ist $(I - A)\colon X \to X$ invertierbar. Der inverse Operator $(I-A)^{-1} \in \mathcal{L}(X, X)$ ist beschränkt und Grenzwert der **Neumann'schen Reihe**, d. h.

$$(I - A)^{-1} = \lim_{N\to\infty} \sum_{n=0}^{N} A^n = \sum_{n=0}^{\infty} A^n .$$

Ausgangspunkt für allgemeine Betrachtung zu linearen beschränkten Operatoren, die sich nicht als kleine Störung eines invertierbaren Operators auffassen lassen, ist der **Baire'schen Kategoriensatz**: Banachräume sind stets von zweiter Kategorie. So folgt etwa das Prinzip der gleichmäßigen Beschränktheit, das eine zentrale Rolle bei Approximation von Operatoren einnimmt.

Prinzip der gleichmäßigen Beschränktheit

Ist (A_n) eine Folge linearer beschränkter Operatoren $A_n \in \mathcal{L}(X, Y)$, $n \in \mathbb{N}$, auf einem Banachraum X in einen normierten Raum Y, die punktweise beschränkt ist, d. h., zu $x \in X$ gibt es eine Konstante c_x mit $\|A_n x\| \le c_x$ für alle $n \in \mathbb{N}$, so ist die Folge gleichmäßig beschränkt, d. h., es gibt eine Konstante $c \ge 0$ mit $\|A_n\| \le c$ für alle $n \in \mathbb{N}$.

Eine weitere Folgerung des Kategoriensatzes in Hinblick auf die Invertierbarkeit eines linearen Operators ist der Satz über offene Abbildungen.

Prinzip der offenen Abbildung

Sind X, Y Banachräume und $A \in \mathcal{L}(X, Y)$ ist surjektiv, dann ist A offen, d. h., offene Mengen werden auf offene Mengen abgebildet.

Eine besondere Rolle in vielen Bereichen der Mathematik spielen die stetigen linearen Funktionale, d. h. der Raum $\mathcal{L}(X, \mathbb{K}) = X'$, der **Dualraum**. Mit dem Fortsetzungssatz von Hahn-Banach wird die Reichhaltigkeit dieser Räume belegt.

Fortsetzungssatz von Hahn-Banach

Ist $U \subseteq X$ Unterraum eines normierten Raums X über $\mathbb{R}$ oder $\mathbb{C}$ und ist $l \in U'$, dann existiert ein Funktional $\tilde{l} \in X'$ mit der Fortsetzungseigenschaft $\tilde{l}(x) = l(x)$ für $x \in U$ und mit der Operatornorm $\|\tilde{l}\|_{X'} = \|l\|_{U'}$.

In Zusammenhang zum Fortsetzungssatz stehen Trennungssätze, wie sie etwa in der Optimierungstheorie genutzt werden. Es lässt sich etwa zeigen, dass sich disjunkte, offene und konvexe nicht nichtleere Mengen stets durch eine Hyperebene trennen lassen.

Mithilfe der Dualräume wird weiterhin ein abgeschwächter Konvergenzbegriff eingeführt.

Schwache Konvergenz

Ist X normierter Raum und (x_n) Folge in X. Die Folge (x_n) heißt **schwach konvergent** gegen $\hat{x} \in X$, wenn

$$\lim_{n\to\infty} l(x_n) = l(\hat{x}) \quad \text{für jedes } l \in X'$$

gilt.

Der Begriff leitet sich daraus ab, dass jede normkonvergente Folge auch schwach konvergiert, aber nicht umgekehrt. In dieser schwachen Topologie gilt bei reflexiven Banachräumen, dass jede beschränkte Folge eine schwach konvergente Teilfolge besitzt. Dabei ist ein reflexiver Banachraum ein Raum, auf dem die Abbildung $J_x : X \to X''$ mit $J_x(l) = l(x)$ einen Normisomorphismus zwischen dem Raum und seinem Bidual liefert.

Aufgaben

Die Aufgaben gliedern sich in drei Kategorien: Anhand der *Verständnisfragen* können Sie prüfen, ob Sie die Begriffe und zentralen Aussagen verstanden haben, mit den *Rechenaufgaben* üben Sie Ihre technischen Fertigkeiten und die *Beweisaufgaben* geben Ihnen Gelegenheit, zu lernen, wie man Beweise findet und führt.

Ein Punktesystem unterscheidet leichte Aufgaben •, mittelschwere •• und anspruchsvolle ••• Aufgaben. Lösungshinweise am Ende des Buches helfen Ihnen, falls Sie bei einer Aufgabe partout nicht weiterkommen. Dort finden Sie auch die Lösungen – betrügen Sie sich aber nicht selbst und schlagen Sie erst nach, wenn Sie selber zu einer Lösung gekommen sind. Ausführliche Lösungswege, Beweise und Abbildungen finden Sie auf der Website zum Buch.

Viel Spaß und Erfolg bei den Aufgaben!

Verständnisfragen

8.1 •• Es seien $f, g \in C([0,1])$ und auch $\frac{1}{g} \in C([0,1])$ und $p, q > 1$ mit $\frac{1}{p} + \frac{1}{q} = 1$. Welche der folgenden Ungleichungen ist falsch?

1. $$\int_0^1 |f(t)|^{\frac{p+q}{2}}\, dt \le \left(\int_0^1 |f(t)|^p\, dt\right)^{\frac{1}{2}} \left(\int_0^1 |f(t)|^q\, dt\right)^{\frac{1}{2}}$$
2. $$\int_0^1 |f(t)g(t)|\, dt \le \left(\int_0^1 |f(t)|^{\frac{1}{p}}\, dt\right)^q \left(\int_0^1 |g(t)|^{\frac{1}{q}}\, dt\right)^p$$
3. $$\int_0^1 |f(t)g(t)|\, dt \ge \left(\int_0^1 |f(t)|^{\frac{1}{p}}\, dt\right)^p \left(\int_0^1 |g(t)|^{\frac{-1}{p-1}}\, dt\right)^{1-p}$$

8.2 • Zeigen Sie, dass der Folgenraum l^p mit $1 < p < \infty$ ein Banachraum ist.

8.3 •• Formulieren Sie das Anfangswertproblem

$$x''(t) + g(t)x(t) = h(t), \quad x(0) = a,\ x'(0) = b$$

mit $g, h \in C([0,\infty))$ und $a, b \in \mathbb{R}$ als Volterra-Integralgleichung und zeigen Sie, dass das Lösen der Volterra-Integralgleichung in den stetigen Funktionen äquivalent ist zum Lösen des Anfangswertproblems für zweimal stetig differenzierbare Funktionen.

8.4 • Gegeben sind die beiden Operatoren $R, L\colon \mathrm{l^p} \to \mathrm{l^p}$ mit

$$Rx = (0, x_1, x_2, \dots) \quad \text{und} \quad Lx = (x_2, x_3, x_4, \dots).$$

Zeigen Sie, dass R, L linear und beschränkt sind mit $\|R\| = \|L\| = 1$ und

- R injektiv, aber nicht surjektiv,
- L surjektiv, aber nicht injektiv.

8.5 • Es sei $L \in \mathcal{L}(X, Y)$ eine Isometrie in normierten Räumen X, Y, d. h., $\|Lx\| = \|x\|$ für jedes $x \in X$. Zeigen Sie:

(a) Die Abbildung $L\colon X \to Y$ ist injektiv und $L^{-1}\colon L(X) \to X$ ist auch isometrisch.
(b) Ist X Banachraum, so ist $L(X) \subseteq Y$ abgeschlossen.

Rechenaufgaben

8.6 ••

- Zeigen Sie, dass zu reell- oder komplexwertigen Funktionen über einer Menge $\Omega \subseteq \mathbb{R}^d$ und $\alpha \in (0,1]$ durch

$$C^{0,\alpha}(\Omega) = \Big\{ f \in C(\Omega)\colon f \text{ beschränkt und } \exists\, c > 0 \text{ mit } |f(\boldsymbol{x}) - f(\boldsymbol{y})| \le c|\boldsymbol{x} - \boldsymbol{y}|^\alpha \ \text{ für } \boldsymbol{x}, \boldsymbol{y} \in \Omega \Big\}$$

mit

$$\|f\|_{0,\alpha} = \sup_{\boldsymbol{x}\in\Omega} |f(\boldsymbol{x})| + \sup_{\boldsymbol{x}\neq\boldsymbol{y}} \frac{|(f(\boldsymbol{x})) - f(\boldsymbol{y})|}{|\boldsymbol{x} - \boldsymbol{y}|^\alpha}$$

ein normierter Raum gegeben ist. Der Raum wird Raum der **hölderstetigen Funktionen** genannt.
- Beweisen Sie, dass $C^{0,\alpha}(\Omega)$ im Fall einer kompakten Menge $\Omega \subseteq \mathbb{R}^d$ ein Banachraum ist.

8.7 • Berechnen Sie die Lösung der Integralgleichung

$$x(t) - \int_0^t (t-s)\,x(s)\,\mathrm{d}s = 1, \quad 0 \leq t \leq 1$$

(a) durch Differenzieren (siehe auch Aufgabe 8.3),
(b) mit der Neumann'schen Reihe in der Form

$$x(t) = y(t) + \sum_{m=1}^{\infty} \int_0^t k_m(t,s)\,y(s)\,\mathrm{d}s$$

und dem *iterierten Kernen*

$$k_{n+1}(t,s) = \int_s^t k(t,\tau)\,k_n(\tau,s)\,\mathrm{d}\tau = \frac{(t-s)^{2n+1}}{(2n+1)!},$$

$n \in \mathbb{N}$, wobei $k_1(t,s) = k(t,s)$ gesetzt ist.

8.8 • Beschreiben Sie das Randwertproblem

$$x''(t) = x^2(t) + 1, \quad x(0) = x(1) = 0$$

durch einen Integraloperator.

8.9 •• Zeigen Sie:

- Der Dualraum $(\mathrm{l}^1)'$ ist normisomorph zu l^∞.
- Der Dualraum zu

$$c_0 = \left\{(x_n)_{n\in\mathbb{N}} \colon (x_n) \text{ ist Nullfolge in } \mathbb{R}\right\}$$

mit der Supremumsnorm $\|(x_n)\| = \sup_{n\in\mathbb{N}} |x_n|$ ist normisomorph zu l^1.
- Der Raum l^1 ist nicht reflexiv.

Beweisaufgaben

8.10 • Sind $A, B\colon X \to X$ lineare Operatoren in einem Vektorraum X, die kommutieren, d. h. $AB = BA$. Sei weiter $AB\colon X \to X$ invertierbar. Dann sind auch A und B invertierbar und es gilt $A^{-1} = B(AB)^{-1}$ und $B^{-1} = A(AB)^{-1}$.

8.11 • Zeigen Sie, dass für lineare beschränkte Operatoren $A, B \in \mathcal{L}(X,X)$ auf einem normierten Raum X stets $AB - BA \neq I$ gilt.

8.12 •• Seien X, Y normierte Räume, $A \in \mathcal{L}(X,Y)$ und $\tilde{X}, \tilde{Y}$ zugehörige Vervollständigungen von X bzw. Y. Zeigen Sie, dass es genau einen linearen, beschränkten Operator $\tilde{A}\colon \tilde{X} \to \tilde{Y}$ gibt mit $\tilde{A}x \cong Ax$ für $x \in X$. Beweisen Sie weiterhin $\|\tilde{A}\| = \|A\|$.

8.13 •••

(a) Zeigen Sie, dass für ein lineares Funktional $\varphi\colon X \to \mathbb{R}$ mit $\varphi \neq 0$ auf einem normierten Raum X folgende Bedingungen äquivalent sind.
(i) φ ist stetig.
(ii) $\mathrm{Kern}(\varphi) = \{x \in X \colon \varphi(x) = 0\} \subseteq X$ ist abgeschlossen.
(iii) $\mathrm{Kern}(\varphi)$ ist nicht dicht in X.
(b) Sei $X = \{x \in C([-1,1])\colon \; x \text{ ist in 0 diff'bar}\}$ mit der Maximumsnorm ausgestattet. Zeigen Sie, dass $\{x \in X \colon x'(0) = 0\}$ dicht liegt in X.

8.14 •• Mit dem Satz über die stetige Inverse lässt sich die Stetigkeit eines linearen Operators auf Banachräumen auch anders beschreiben. Zeigen Sie den **Satz vom abgeschlossenen Graphen**:

> Ein linearer Operator $A\colon X \to Y$ auf Banachräumen X, Y ist genau dann beschränkt, wenn der Graph der Abbildung
>
> $$G = \{(x, Ax) \in X \times Y \colon x \in X\} \subseteq X \times Y$$
>
> eine abgeschlossene Teilmenge ist.

8.15 •• Ist X normierter Raum und $M \subseteq X$. Zeigen Sie, dass M genau dann beschränkt ist, wenn $l(M)$ beschränkt ist für jedes $l \in X'$.

8.16 • Beweisen Sie den folgenden **strikten Trennungssatz**: Ist X ein normierter Raum, $A \subseteq X$ eine konvexe, abgeschlossenen Teilmenge und $x \in X$ mit $x \notin A$, dann gibt es ein Funktional $l \in X'$ und $\gamma \in \mathbb{R}$ mit

$$l(y) \leq \gamma < l(x), \quad \text{für jedes } y \in A.$$

8.17 • Beweisen Sie: Ist $A \subseteq X$ eine abgeschlossene, konvexe Teilmenge eines normierten Raums X und (x_n) eine schwach konvergente Folge in A mit $x_n \rightharpoonup x \in X$, dann folgt $x \in A$.

8.18 ••• Zeigen Sie, dass ein Banachraum X genau dann reflexiv ist, wenn X' reflexiv ist.

Antworten der Selbstfragen

S. 274
Ist die Funktion g von der Form $g(x,t,s) = k(t,s)\,x$ mit einer stetigen Funktion $k\colon [a,b] \times [a,b] \to \mathbb{R}$, so existiert das Integral für jede stetige Funktion $x\colon [a,b] \to \mathbb{R}$ und liefert eine stetige Funktion bezüglich des Parameters t (siehe Band 1, Abschnitt 16.6). Außerdem ist der Operator linear, da

$$\begin{aligned}\int_a^b & k(t,s)(\lambda x(s) + \mu y(s))\,\mathrm{d}s \\ &= \lambda \int_a^b k(t,s)x(s)\,\mathrm{d}s + \mu \int_a^b k(t,s)y(s)\,\mathrm{d}s\end{aligned}$$

gilt.

S. 275
Die Linearität ergibt sich mit $y_1 = Ax_1$ und $y_2 = Ax_2$ und Faktoren $\lambda_1, \lambda_2 \in \mathbb{C}$ aus

$$\begin{aligned}A^{-1}(\lambda_1 y_1 + \lambda_2 y_2) &= A^{-1}(\lambda_1 A x_1 + \lambda_2 A x_2) \\ &= A^{-1}(A(\lambda_1 x_1 + \lambda_2 x_2)) \\ &= \lambda_1 x_1 + \lambda_2 x_2 \\ &= \lambda_1 A^{-1} y_1 + \lambda_2 A^{-1} y_2 \,.\end{aligned}$$

S. 278
Ist $B = \{\boldsymbol{b}_1, \boldsymbol{b}_2, \ldots, \boldsymbol{b}_d\} \subseteq \mathbb{R}^d$ eine Basis und $(\boldsymbol{x}^{(n)})$ eine Nullfolge, d. h. etwa in der Maximumsnorm $|\boldsymbol{x}^{(n)}|_\infty \to 0$, für $n \to \infty$, so ergibt sich aus

$$\begin{aligned}|A\boldsymbol{x}|_\infty &\le \sum_{j=1}^d |x_j^{(n)}|\,|A(\boldsymbol{b}_j)|_\infty \\ &\le \left(\sum_{j=1}^d |A(\boldsymbol{b}_j)|_\infty\right) |\boldsymbol{x}^{(n)}|_\infty \to 0\end{aligned}$$

für $n \to \infty$ Stetigkeit im Nullpunkt und somit Beschränktheit der linearen Abbildung.

S. 279
Betrachten wir etwa die Folge $x_n = \cos(nt)$ auf $(0, 2\pi)$, so gilt $\|x_n\|_\infty = 1$, aber

$$\|Dx\|_\infty = \max_{t\in[0,2\pi]} |n \sin(nt)| = n \to \infty \quad \text{für } n \to \infty \,.$$

Also gibt es keine Schranke $c > 0$ mit $\|Dx\|_\infty \le c\|x\|_\infty$ für jedes $x \in C^1(I)$, der Operator ist unbeschränkt.

Würde man als Definitionsmenge den Raum $(C^1(I), \|.\|_{1,\infty})$ betrachten, so ist der Operator beschränkt mit $\|D\| = 1$, denn

$$\|x'\|_\infty \le \max\{\|x\|_\infty, \|x'\|_\infty\} = \|x\|_{1,\infty} \,.$$

S. 283
Aus der Konvergenz der Neumann-Reihe und der Dreiecksungleichung folgt mit der geometrischen Reihe

$$\|(I-A)^{-1}\| = \left\|\sum_{n=0}^\infty A^n\right\| \le \sum_{n=0}^\infty \|A\|^n = \frac{1}{1-\|A\|} \,.$$

S. 286
Die Fehlerabschätzung ergibt sich aus

$$\begin{aligned}L_n(x_n - x) &= (L_n x_n - Lx) + (Lx - L_n x) \\ &= y_n - y + (L - L_n)x\end{aligned}$$

und der Abschätzung der Operatornorm $\|L_n^{-1}\|$ aus der Folgerung.

S. 294
Sind X und Y Banachräume und ist ein linearer beschränkter Operator $A \in \mathcal{L}(X,Y)$ bijektiv, d. h., die Gleichung $Ax = y$ erfüllt die ersten beiden Forderungen Hadamards, so ist A^{-1} nach dem Satz über die stetige Inverse beschränkt und die dritte Forderung ist automatisch mit erfüllt.

S. 297
Es gilt

$$\begin{aligned}l(\boldsymbol{x}_1) - \gamma &= \frac{1}{2}(\boldsymbol{x}_1, \boldsymbol{y}) - \frac{1}{2}(\boldsymbol{x}_2, \boldsymbol{y}) \\ &= \frac{1}{2}(\boldsymbol{x}_1, \boldsymbol{x}_2 - \boldsymbol{x}_1) - \frac{1}{2}(\boldsymbol{x}_2, \boldsymbol{x}_2 - \boldsymbol{x}_1) \\ &= -\frac{1}{2}(\boldsymbol{x}_1, \boldsymbol{x}_1) + (\boldsymbol{x}_1, \boldsymbol{x}_2) - \frac{1}{2}(\boldsymbol{x}_2, \boldsymbol{x}_2) \\ &= -\frac{1}{2}\|x_1 - x_2\|^2 \le 0\end{aligned}$$

und analog folgt

$$l(\boldsymbol{x}_2) - \gamma = \frac{1}{2}\|x_1 - x_2\|^2 \ge 0 \,.$$

S. 300
Mit der Folgerung gibt es $\tilde{l} \in X'$ mit $\tilde{l}(x) = \|x\|$ und $\|\tilde{l}\| = 1$. Also ist

$$\sup_{l\in X'} \frac{|l(x)|}{\|l\|} \ge \frac{\tilde{l}(x)}{\|\tilde{l}\|} = \|x\| \,.$$

Andererseits folgt wegen $|l(x)| \le \|l\|\|x\|$ auch

$$\sup_{l\in X'} \frac{|l(x)|}{\|l\|} \le \|x\| \,.$$

Somit gilt die Gleichheit.

S. 307
Wenn l^1 reflexiv wäre, so wäre l^1 der Dualraum zu l^∞. Da l^1 separabel ist, müsste wegen des Lemmas auf Seite 306 auch l^∞ separabel sein. Da dies aber nicht der Fall ist, kann l^1 nicht reflexiv sein.

9 Fredholm-Gleichungen – kompakte Störungen der Identität

Was bedeutet gleichgradig stetig?

Welche Eigenschaften hat ein kompakter Operator?

Was besagt die Fredholm'sche Alternative?

Wenn die Operatornorm eines linearen Operators hinreichend klein ist, haben wir in Kapitel 8.1 gesehen, dass das Störungslemma die eindeutige Lösbarkeit von Gleichungen zweiter Art garantiert. In diesem Kapitel wollen wir Gleichungen zweiter Art betrachten, ohne diese relativ starke Einschränkung. Dabei steht eine andere Eigenschaft des störenden Operators, nämlich *Kompaktheit*, im Vordergrund. Es wurde bereits im Ausblick im Abschnitt 19.6. des Band 1 angedeutet, dass solche Operatoren eine allgemeine Existenztheorie in normierten Räumen erlauben.

Die abstrakte Theorie der *kompakten* Operator, die in wesentlichen Teilen auf E. I. Fredholm (1866–1927) und F. Riesz (1880–1956) zurückgeht, liefert uns die entscheidenden Aussagen, die üblicherweise in der *Fredholm'schen Alternative* zusammengefasst werden. Letztendlich zeigt sich, dass wir gut bekannte Aussagen zur Lösbarkeit linearer Gleichungssysteme unter gewissen Voraussetzungen auch in unendlich dimensionalen Räumen wiederfinden, wenn Kompaktheitseigenschaften der linearen Abbildung vorausgesetzt sind.

Die hier vorgestellte Fredholm-Theorie ist neben der Schauder-Theorie (siehe Seite 286) und dem Satz von Lax-Milgram, den wir im nächsten Kapitel kennenlernen werden, zentrales Werkzeug, um die Existenz von Lösungen zu Randwertproblemen bei linearen gewöhnlichen oder partiellen Differenzialgleichungen zu klären. An diesen Fragestellungen hat sich die Betrachtung von kompakten Operatoren historisch entwickelt. Am Beispiel des Sturm'schen Randwertproblems wird im Kapitel ein erster Eindruck zur Mächtigkeit der Theorie gegeben.

9.1 Kompakte Mengen und Operatoren

Wir erinnern uns: Eine Menge heißt kompakt, wenn jede offene Überdeckung eine endliche Teilüberdeckung besitzt. In Band 1, Abschnitt 19.3. wurde gezeigt, dass Kompaktheit in metrischen Räumen äquivalent zur Folgenkompaktheit ist. Insbesondere halten wir fest, dass eine Teilmenge $M \subseteq X$ eines normierten Raums X genau dann kompakt ist, wenn jede Folge $(x_n) \subseteq M$ mindestens einen Häufungspunkt in M besitzt, d. h., jede Folge besitzt eine konvergente Teilfolge.

Lemma

Ist eine Teilmenge $M \subseteq X$ eines normierten Raums X kompakt, so ist M abgeschlossen und beschränkt.

Beweis: Wir wiederholen den Beweis dieser Aussage aus Band 1, aber unter Verwendung der Folgenkompaktheit. Betrachten wir eine Folge $(x_n) \subseteq M$ mit $x_n \to x \in X, n \to \infty$. Dann ist x der einzige Häufungspunkt und, da M kompakt ist, gilt $x \in M$. Also ist M abgeschlossen.

Nehmen wir an, M wäre unbeschränkt. Dann existiert eine Folge $(x_n) \subseteq M$ mit $\|x_n\| \geq n$, $n \in \mathbb{N}$. Sei weiter $x \in M$ ein Häufungspunkt zu (x_n), d. h., es gibt eine konvergente Teilfolge mit Grenzwert x. Ohne Einschränkung bezeichnen wir diese Teilfolge wieder mit (x_n). Zu $\varepsilon > 0$ gibt es somit ein $N \in \mathbb{N}$ mit $\|x_n - x\| \leq \varepsilon$ für $n \geq N$ und es folgt $\|x\| \geq \|x_n\| - \|x - x_n\| \geq n - \varepsilon$ für jedes $n \geq N$ im Widerspruch zur Existenz von x. ∎

Nur bei endlicher Dimension ist eine Kugel kompakt

Im $\mathbb{R}^n$ besagt der Satz von Heine-Borel (siehe Abschitt 19.3 im Band 1), dass auch die Umkehrung des Lemmas gilt, d. h., im $\mathbb{R}^n$ sind die beschränkten, abgeschlossenen Teilmengen gerade die kompakten Teilmengen. Dies ist in unendlich dimensionalen Räumen nicht mehr richtig. Um ein Gegenbeispiel zu sehen, zeigen wir zunächst das folgende wichtige Lemma.

Lemma von Riesz

Ist X normierter Raum, $U \subseteq X$ abgeschlossener Unterraum mit $U \neq X$, dann existiert zu $\rho \in (0, 1)$ ein $x \in X$ mit $\|x\| = 1$ und $\|x - u\| \geq \rho$ für jedes $u \in U$ (siehe Abb. 9.1).

Beweis: Da $U \neq X$ ist, gibt es ein $\tilde{x} \in X \setminus U$. Für $\tilde{x}$ ist $d = \inf_{u \in U} \|\tilde{x} - u\| > 0$; denn ansonsten gäbe es eine Folge $\tilde{x}_n \to \tilde{x}$, $n \to \infty$, mit $\tilde{x}_n \in U$ und, da U abgeschlossen ist, würde $\tilde{x} \in U$ folgen.

Zu $\tilde{x} \in X \setminus U$ wählen wir weiter ein $v \in U$ mit

$$d \leq \|\tilde{x} - v\| \leq \frac{d}{\rho}$$

und setzen

$$x = \frac{\tilde{x} - v}{\|\tilde{x} - v\|}.$$

Es ist $\|x\| = 1$ und für $u \in U$ gilt

$$\|x - u\| = \frac{1}{\|\tilde{x} - v\|} \Big\| \tilde{x} - \underbrace{v + \|\tilde{x} - v\| u}_{\in U} \Big\| \geq \frac{d}{\|\tilde{x} - v\|} \geq \rho.$$

∎

?

Zeigen Sie, dass im Lemma von Riesz, wenn X endlich dimensional ist, auch $\rho = 1$ gewählt werden kann.

Das endlich dimensionale Resultat mit $\rho = 1$ lässt sich auf reflexive Banachräume verallgemeinern (siehe Literatur). Aber für beliebige normierte Räumen ist die Abschätzung nur mit $0 < \rho < 1$ erreichbar.

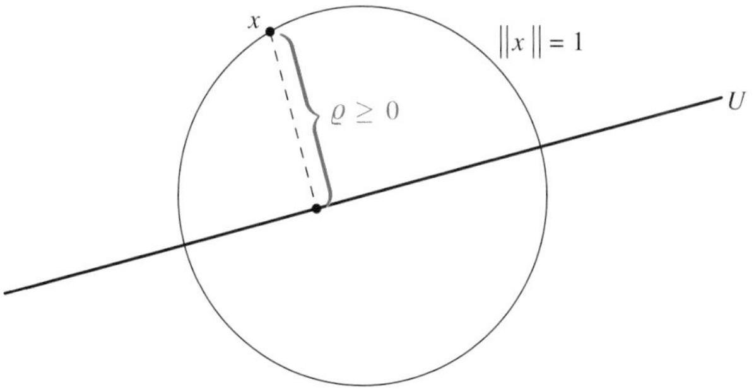

Abbildung 9.1 Nach dem Lemma von Riesz existiert x auf der Einheitskugel mit einem Abstand größer als $\rho \in (0, 1)$ zum abgeschlossenen Unterraum U.

Beispiel Wir betrachten den Banachraum $X = (\{x \in C([0, 1]) : x(0) = 0\}, \|.\|_\infty)$ und das lineare Funktional $l \in X'$ mit

$$l(x) = \int_0^1 x(t)\,\mathrm{d}t\,.$$

Die Hyperebene $U = \{x \in X : l(x) = 0\}$ bildet einen abgeschlossenen Unterraum, da l stetig ist.

Nehmen wir an, es existiert $z \in X$ mit $\|z\|_\infty = 1$ und $\|z - u\| \geq 1$ für alle $u \in U$. Da z stetig ist mit $z(0) = 0$, gibt es $\delta > 0$ mit $|z(t)| \leq \frac{1}{2}$ für jedes $t \in [0, \delta]$. Es folgt insbesondere mit der Dreiecksungleichung

$$\begin{aligned}
|l(z)| &= \left|\int_0^1 z(t)\,\mathrm{d}t\right| \\
&\leq \int_0^\delta |z(t)|\,\mathrm{d}t + \int_\delta^1 |z(t)|\,\mathrm{d}t \\
&\leq \frac{1}{2}\delta + (1-\delta) = 1 - \frac{1}{2}\delta < 1\,.
\end{aligned}$$

Andererseits, wenn wir die Folge stetiger Funktionen $y_n \in X$ mit

$$y_n(t) = t^{\frac{1}{n}}\,,$$

betrachten, so ist $\|y_n\|_\infty = 1$, $\lim_{n\to\infty} l(y_n) = \lim_{n\to\infty} \frac{1}{1+\frac{1}{n}} = 1$ und für

$$w_n = z - \frac{l(z)}{l(y_n)} y_n \in U$$

folgt nach Voraussetzung

$$\begin{aligned}
1 &\leq \|z - w_n\|_\infty \\
&= \frac{|l(z)|}{|l(y_n)|}\|y_n\|_\infty = \frac{|l(z)|}{|l(y_n)|}\,,
\end{aligned}$$

d. h., wir erhalten den Widerspruch $1 = \lim_{n\to\infty} l(y_n) \leq |l(z)| < 1$. ◀

Mit dem Lemma von Riesz lässt sich Kompaktheit der Einheitskugel charakterisieren und wir erhalten insbesondere das oben gesuchte Gegenbeispiel zum Satz von Heine-Borel in nicht endlich dimensionalen Räumen.

Satz

Die abgeschlossene Einheitskugel

$$\overline{B(0, 1)} = \{x \in X : \|x\| \leq 1\} \subseteq X$$

ist genau dann kompakt, wenn der normierte Raum X endlich dimensional ist.

Beweis: Es sind zwei Implikationen zu zeigen, wobei die Richtung „$\Leftarrow$" direkt mit dem Satz von Heine-Borel gegeben ist.

Für die Implikation „$\Rightarrow$" nehmen wir an, dass X unendlich dimensional ist. Dann gibt es eine Folge $(x_n)_n \in X$, sodass die Elemente $\{x_1, \ldots, x_n\}$ linear unabhängig für jedes $n \in \mathbb{N}$ sind. Wir definieren

$$\begin{aligned}
U_n &= \operatorname{span}\{x_1, \ldots, x_n\} \\
&= \left\{x \in X : x = \sum_{j=1}^n \alpha_j x_j, \alpha_j \in \mathbb{C}\right\}.
\end{aligned}$$

Es gilt $U_n \subseteq U_{n+1}$ und $U_n \neq U_{n+1}$. Nach dem Lemma von Riesz existiert $v_{n+1} \in U_{n+1}$ mit $\|v_{n+1}\| = 1$ und $\|v_{n+1} - u\| \geq \frac{1}{2}$ für jedes $u \in U_n$. Also ist $\|v_{n+1} - v_j\| \geq \frac{1}{2}$ für $j \leq n$ und die konstruierte Folge $(v_n)_{n\in\mathbb{N}} \subseteq \overline{B(0, 1)}$ enthält keine konvergente Teilfolge. ■

Gleichgradige Stetigkeit kennzeichnet kompakte Mengen stetiger Funktionen

Es ist sicher nicht immer einfach zu sehen, ob eine gegebene Teilmenge eines normierten Raums kompakt ist. Aus diesem Grund sind verschiedene Kriterien, die Kompaktheit implizieren, bedeutungsvoll. Die Eigenschaft wird auch bei Mengen betrachtet, die nicht abgeschlossen sind. In diesem Fall nennt man eine Menge $M \subseteq X$ **relativ kompakt**, wenn ihr Abschluss $\overline{M}$ kompakt ist. In der Menge der stetigen Funktionen liefert der *Satz von Arzela-Ascoli* ein zentrales Kompaktheitskriterium benannt nach Cesare Arzela (1847–1912) und Guido Ascoli (1887–1957).

Satz von Arzela-Ascoli

Eine Menge $M \subseteq C([a, b])$ stetiger, reellwertiger Funktionen ist relativ kompakt bzgl. der Maximumsnorm genau dann, wenn die Menge M folgende Eigenschaften besitzt:

(a) M ist **gleichgradig stetig**, d. h., zu jedem $\varepsilon > 0$ existiert $\delta > 0$ mit

$$\sup_{x\in M} |x(t) - x(s)| \leq \varepsilon$$

für alle $t, s \in [a, b]$ mit $|t - s| \leq \delta$,

(b) M ist punktweise beschränkt, d. h., zu $t \in [a, b]$ gibt es $c_t > 0$ mit

$$\sup_{x\in M} |x(t)| \leq c_t\,.$$

Man beachte, dass verschärfend gegenüber der gleichmäßigen Stetigkeit jeder einzelnen Funktion $x \in M$ bei gleichgradiger Stetigkeit hinzukommt, dass δ unabhängig von der Funktion x für alle Funktionen aus M gewählt werden kann.

Beweis: „$\Rightarrow$": Für die eine Richtung der Äquivalenz beginnen wir mit einer kompakten Teilmenge $\overline{M} \subseteq C([a, b])$. Da mit dem Lemma auf Seite 314 die Menge M beschränkt ist, gibt es eine Konstante $c > 0$ mit $\|x\|_\infty \leq c$ für alle $x \in \overline{M}$, insbesondere ist $\sup_{x\in M} |x(t)| < \infty$. Es bleibt die gleichgradige Stetigkeit zu zeigen.

Angenommen die Menge M ist nicht gleichgradig stetig. Dann gibt es $\varepsilon > 0$, Folgen (t_n) und (s_n) in $[a, b]$ und Funktionen $x_n \in M$ mit $|t_n - s_n| \to 0$ für $n \to \infty$ und $|x_n(t_n) - x_n(s_n)| \geq \varepsilon$. Zu den Folgen existieren konvergente Teilfolgen, da $\overline{M}$ kompakt ist. Ohne Einschränkung verwenden wir für die Teilfolgen dieselbe Indizierung, sodass $t_n \to t$, $s_n \to s$ und $x_n \to x \in \overline{M}$ für $n \to \infty$ gilt.

Die Funktion x ist auf dem kompakten Intervall $[a, b]$ gleichmäßig stetig, d. h., es gibt $n_0 \in \mathbb{N}$ mit $|x(t_n) - x(s_n)| \leq \frac{\varepsilon}{6}$ für $n > n_0$. Darüber hinaus gilt $\|x - x_n\|_\infty \leq \frac{\varepsilon}{6}$ für $n > n_0$, wenn wir n_0 hinreichend groß wählen. Insgesamt erhalten wir den Widerspruch

$$\begin{aligned}
&|x_n(t_n) - x_n(s_n)| \\
&\leq |x_n(t_n) - x(t_n)| + |x(t_n) - x(s_n)| + |x(s_n) - x_n(s_n)| \\
&\leq \frac{\varepsilon}{2}
\end{aligned}$$

und wir haben gezeigt, dass die Menge M gleichgradig stetig ist.

„$\Leftarrow$": Wir wenden uns der zweiten Implikation zu. Aus der gleichgradigen Stetigkeit und der punktweisen Beschränktheit von M wollen wir folgern, dass die Menge $\overline{M} \subseteq C([a, b])$ kompakt ist.

Nehmen wir an, $(x_n)_{n\in\mathbb{N}}$ ist eine Folge stetiger Funktionen in M. Wir müssen zeigen, dass eine konvergente Teilfolge zu (x_n) in $C([a, b])$ existiert. Wir unterteilen den Beweis in zwei Teile. Wir beweisen:

(i) Zu der abzählbaren, dichten Teilmenge $D = [a, b] \cap \mathbb{Q}$ gibt es eine Teilfolge (x_{n_k}), die punktweise für jedes $t \in D$ konvergiert.
(ii) Diese Teilfolge ist Cauchy-Folge in $C([a, b])$ aufgrund der gleichgradigen Stetigkeit. Da $C([a, b])$ Banachraum ist, konvergiert die Teilfolge.

Zu (i): Wir bezeichnen $D = [a, b] \cap \mathbb{Q} = \{t_j \in [a, b] \colon j \in \mathbb{N}\}$. Da $N(t_1) = \{x(t_1) \colon x \in M\}$ beschränkt ist in $\mathbb{R}$, gibt es eine konvergente Teilfolge $(x_n^{(1)}(t_1))$ zur Folge $(x_n(t_1))$. Weiter ist auch $(x_n^{(1)}(t_2))$ eine beschränkte Folge in $\mathbb{R}$, sodass wir wiederum eine Teilfolge $(x_n^{(2)}(t_2))$ von $(x_n^{(1)}(t_2))$ auswählen können. Sukzessive konstruieren wir auf diesem Weg Teilfolgen $(x_n^{(k)})$ von der ursprünglichen Folge (x_n), die für die Stellen $t_1, \ldots, t_k$ punktweise konvergieren. Wir bilden die Diagonalfolge

$$(x_n^{(n)})_{n\in\mathbb{N}}\,.$$

Für jedes $j \in \mathbb{N}$ ist $(x_n^{(k)}(t_j))$ konvergent, wenn $k \geq j$ gilt. Somit konvergiert auch die Diagonalfolge $(x_n^{(n)}(t_j))$. Dies gilt für jede Stelle $t_j \in D$, $j \in \mathbb{N}$, d. h., $(x_n^{(n)})$ konvergiert punktweise für alle $t \in D$.

Zu (ii): Im letzten Schritt des Beweises zeigen wir, dass aus dieser punktweisen Konvergenz zusammen mit der gleichgradigen Stetigkeit folgt, dass die Diagonalfolge $(x_n^{(n)})$ eine Cauchy-Folge in den stetigen Funktionen ist.

Geben wir $\varepsilon > 0$ vor, so gibt es aufgrund der gleichgradigen Stetigkeit $\delta > 0$ mit $|x_n(t) - x_n(s)| \leq \varepsilon/3$ für alle $n \in \mathbb{N}$, wenn $|t - s| < \delta$ ist. Weiter erhalten wir mit $I_j = (t_j - \delta, t_j + \delta)$ eine Überdeckung des kompakten Intervalls $[a, b]$. Es gibt eine endliche Teilüberdeckung, d. h. $[a, b] \subseteq \bigcup_{k=1}^N I_{j(k)}$, $k = 1, \ldots, K$. Weil $x_n^{(n)}$ auf D punktweise konvergiert, gibt es zu den endlich vielen Stellen $t_{j(k)}$ ein $N \in \mathbb{N}$, sodass

$$|x_n^{(n)}(t_j(k)) - x_m^{(m)}(t_j(k))| \leq \frac{\varepsilon}{3}$$

für alle $k = 1, \ldots, K$ und $n, m \geq N$ gilt.

Da zu jedem $t \in [a, b]$ ein $k \in \{1, \ldots, K\}$ existiert mit $t \in I_{j(k)}$, ergibt sich

$$\begin{aligned}
&|x_n^{(n)}(t) - x_m^{(m)}(t)| \\
&\leq |x_n^{(n)}(t) - x_n^{(n)}(t_j)| + |x_n^{(n)}(t_j) - x_m^{(m)}(t_j)| \\
&\quad + |x_m^{(m)}(t_j) - x_m^{(m)}(t)| \\
&\leq \frac{\varepsilon}{3} + \frac{\varepsilon}{3} + \frac{\varepsilon}{3} = \varepsilon
\end{aligned}$$

für $n, m \geq N$ und alle $t \in [a, b]$. Also ist $(x_n^{(n)})$ eine Cauchy-Folge und somit konvergent in $C([a, b])$. ∎

Wenn man den Beweis nochmal durchsieht, wird deutlich, dass wir den Satz von Arzela-Ascoli auch allgemeiner für komplexwertige stetige Funktionen in $C(G)$ über eine kompakte Teilmenge $G \subseteq X$ eines normierten Raums formulieren können (siehe Lupe-Box auf Seite 317).

Die kompakten Operatoren bilden einen abgeschlossenen Unterraum von $\mathcal{L}(X, Y)$

Nachdem wir uns an kompakte Mengen erinnert und einige Eigenschaft geprüft haben, kommen wir zurück auf Operatoren.

Linearer kompakter Operator

Ein linearer Operator $A \colon X \to Y$ auf normierten Räumen X, Y heißt **kompakt**, wenn jede beschränkte Menge $M \subseteq X$ in eine relativ kompakte Menge $A(M)$ abgebildet wird.

Unter der Lupe: Das Kompaktheitskriterium von Arzela-Ascoli

Der Leser kann vermutlich bereits einschätzen, dass der Beweis von Kompaktheit einer Teilmenge eines normierten Raums häufig ein zentraler Schlüssel für Existenzaussagen ist. Entsprechend werden unterschiedliche Kompaktheitskriterien in der Literatur diskutiert. Eines der wichtigen Kriterien liefert der Satz von Arzela-Ascoli, der sich auch auf topologische Räume verallgemeinern lässt. Wir betrachten den Beweis noch einmal und verallgemeinern den Satz auf Teilmengen $M \subseteq C(G)$ von komplexwertigen stetigen Funktionen über einer kompakten Teilmenge G eines normierten Raums.

Wir setzen eine Teilmenge $M \subseteq C(G)$ komplexwertiger stetiger Funktionen über einer kompakten Menge $G \subseteq X$ in einem normierten Raum X voraus. Unter diesen Annahmen gilt der Satz von Arzela-Ascoli: *Eine Menge $M \subseteq C(G)$ ist genau dann relativ kompakt, wenn M punktweise beschränkt und gleichgradig stetig ist.*

Da G kompakt ist, lassen sich die Argumente des im Text vorgestellten Beweises für reellwertige Funktionen über einem abgeschlossenen Intervall direkt übertragen. Insbesondere wurde in Kapitel 19 Band 1 gezeigt, dass $C(G)$ ausgestattet mit der Supremumsnorm ein Banachraum ist.

Gehen wir den Beweis Schritt für Schritt durch, so stellen wir fest, dass es an keiner Stelle einen Unterschied macht, ob die Funktionen reellwertig oder komplexwertig sind. Bezüglich der Definitionsmenge G ergibt sich eine Schwierigkeit. Es bleibt die Existenz einer abzählbaren, dichten Menge $D \subseteq G \subseteq X$ zu klären, die im ursprünglichen Beweis durch die rationalen Zahlen gegeben ist.

Sei $G \subseteq X$ kompakt. Zu $n \in \mathbb{N}$ bilden die Kugeln $B(t, \frac{1}{n}) = \{s \in X : \|t - s\| < \frac{1}{n}\}$ mit $t \in G$ eine offene Überdeckung von G. Da G kompakt ist, wird G bereits von endlich vielen dieser Umgebungen überdeckt (siehe Kapitel 19.3 in Band 1), d. h., es gibt eine Menge

$$D_n = \{t_1^n, \dots, t_{m(n)}^n\} \subseteq G$$

mit

$$G \subseteq \bigcup_{j=1}^{m(n)} B(t_j^n, \frac{1}{n}).$$

Die Vereinigung

$$D = \bigcup_{n=0}^{\infty} D_n \subseteq G$$

ist eine abzählbare Teilmenge.

Ist nun $s \in G$ und $\varepsilon > 0$, so gibt es $n \in \mathbb{N}$ mit $\frac{1}{n} < \varepsilon$ und einen Index $k \in \{1, \dots, m(n)\}$ mit $s \in B(t_k^n, \frac{1}{n})$. Es folgt

$$\|s - t_k^n\| \le \frac{1}{n} \le \varepsilon,$$

d. h., zu jedem $s \in G$ und $\varepsilon > 0$ lässt sich ein $t_k^n \in D$ in einer ε-Umgebung finden. Also ist D dicht in G.

Wir haben das allgemeine Lemma gezeigt: *Zu einer kompakten Menge $G \subseteq X$ gibt es eine abzählbare, dichte Teilmenge D.* Diese Eigenschaft haben wir bereits in Abschnitt 8.3 als separabel bezeichnet, d. h., kompakte Teilmengen eines normierten Raums sind stets separabel.

Insgesamt haben wir den Satz von Arzela-Ascoli in der obigen allgemeineren Form bewiesen. Insbesondere gilt der Satz auch für kompakte Teilmengen $G \subseteq \mathbb{R}^n$.

In Folgenräumen lässt sich ein verwandtes Kompaktheitskriterium angeben, dass auf M. Fréchet zurückgeht. Ein Beweis findet sich etwa bei J. Wloka, Funktionalanalysis. *Eine Menge $M \subseteq l^p$ für $1 \le p < \infty$ ist genau dann relativ kompakt, wenn*

- *die Reihen $\sum_{j=1}^{\infty} |x_j|^p$ gleichmäßig bezüglich M konvergieren, d. h., zu $\varepsilon > 0$ gibt es $N \in \mathbb{N}$ mit*

$$\sup_{(x_n) \in M} \sum_{j=N}^{\infty} |x_j|^p \le \varepsilon$$

und

- *die Menge von Folgen komponentenweise beschränkt ist, d. h., zu $n \in \mathbb{N}$ gibt es $c_n > 0$ mit*

$$\sup_{x \in M} |x_n| \le c_n .$$

Ein zum Satz von Arzela-Ascoli ähnliches Kompaktheitskriterium in den Funktionenräumen $L^p(G)$ mit $1 \le p < \infty$ über offenen, beschränkten Mengen G ist nach A. N. Kolmogorov (1903–1987) benannt:
Eine Menge $M \subseteq L^p(G)$, $1 \le p < \infty$ ist relativ kompakt genau dann, wenn M beschränkt ist und zu jedem $\epsilon > 0$ ein $\delta > 0$ existiert mit

$$\sup_{x \in M} \left(\int_G |x(t+h) - x(t)|^p \, dt \right) \le \epsilon$$

für alle $|h| \le \delta$. Unter zusätzlichen Voraussetzungen gibt es auch Varianten dieses Satzes bei unbeschränkten Definitionsmengen G.

Zwei Beispiele geben uns einen ersten Eindruck.

Beispiel

- Es sei $I \subseteq \mathbb{R}$ ein kompaktes Intervall. Wir wollen zeigen, dass der *Einbettungsoperator* $J\colon C^1(I) \to C(I)$, d. h. $Ju = u$, ein kompakter Operator ist. Dazu betrachten wir eine beschränkte Teilmenge $U \subseteq C^1(I)$, d. h., es existiert $C > 0$ mit $\|u\|_{C^1} \le C$ für jede Funktion $u \in U$. Insbesondere ist
$$|u'(t)| \le C$$
für alle $t \in G$ und für jedes $u \in U$. Weiter gilt mit dem Mittelwertsatz (siehe Abschnitt 15.3 in Band 1)
$$|u(t) - u(s)| \le C\,|t-s|$$
für $t, s \in G$ und $u \in U$. Also sind die stetigen Funktionen in U gleichmäßig beschränkt und gleichgradig stetig. Der Satz von Arzela-Ascoli besagt, dass U relativ kompakt in $C(G)$ ist. Wir haben gezeigt, dass der Operator J beschränkte Mengen auf relativ kompakte Mengen abbildet und somit kompakt ist.
- Wir bezeichnen mit $(BC(\mathbb{R}), \|.\|_\infty)$ den Raum aller auf $\mathbb{R}$ beschränkten und stetigen Funktionen, ausgestattet mit der Supremumsnorm. Unter einem **Faltungsoperator** versteht man einen linearen Operator von der Form
$$Tx(t) = \int_{-\infty}^{\infty} k(t-s)\,x(s)\,\mathrm{d}s, \qquad t \in \mathbb{R}$$
mit einer Kernfunktion k. Wählen wir als Kernfunktion
$$k(t) = \begin{cases} 1 & \text{für } |t| \le 1 \\ 0 & \text{sonst,} \end{cases}$$
so bezeichnet $T\colon BC(\mathbb{R}) \to BC(\mathbb{R})$ einen linearen beschränkten Operator, denn wir können abschätzen
$$\begin{aligned}\left|\int_{-\infty}^{\infty} k(t-s)\,x(s)\,\mathrm{d}s\right| &= \left|\int_{t-1}^{t+1} x(s)\,\mathrm{d}s\right| \\ &\le \int_{t-1}^{t+1} |x(s)|\,\mathrm{d}s \\ &\le \|x\|_\infty \int_{t-1}^{t+1} \mathrm{d}s \;=\; 2\|x\|_\infty\end{aligned}$$
für jedes $t \in \mathbb{R}$. Also folgt
$$\|Tx\|_\infty \le 2\|x\|_\infty$$
für Funktionen $x \in BC(\mathbb{R})$.

  Dieser Operator ist nicht kompakt. Betrachten wir dazu die Folge $(Tx_n)_{n\in\mathbb{N}} \subseteq BC(\mathbb{R})$ mit $x_n(t) = x(t-n^2)$ für die stückweise definierte Funktion $x(s) = s^2 - 1$ für $|s| \le 1$ und $x(s) = 0$ für $|s| > 1$, so folgt
$$\begin{aligned} Tx_n(t) &= \int_{-\infty}^{\infty} k(t-s)\,x_n(s)\,\mathrm{d}s \\ &= \int_{|t-s|\le 1} x_n(s)\,\mathrm{d}s \\ &= \int_{t-1}^{t+1} x(s-n^2)\,\mathrm{d}s \\ &= \int_{t-n^2-1}^{t-n^2+1} x(s)\,\mathrm{d}s \\ &= \begin{cases} \displaystyle\int_{-1}^{t-n^2+1} (s^2-1)\,\mathrm{d}s, & t \in [n^2-2, n^2] \\ \displaystyle\int_{t-n^2-1}^{1} (s^2-1)\,\mathrm{d}s, & t \in [n^2, n^2+2] \\ 0 & \text{sonst.} \end{cases}\end{aligned}$$
Anhand der Skizze 9.2 wird deutlich, dass die Funktion Tx_n ein Minimum im Punkt $t = n^2$ annimmt, was wir durch ableiten leicht prüfen können. Wir berechnen $Tx_n(n^2) = \int_{-1}^{1} x(s)\,\mathrm{d}s = -4/3$. Weiter ist $Tx_m(t) = 0$, wenn $t \le m^2 - 2$. Also gilt insbesondere $Tx_m(n^2) = 0$ für jedes $m > n$, da $n^2 \le (m-1)^2 \le m^2 - 2$. Damit ergibt sich für $n < m$
$$\|Tx_n - Tx_m\|_\infty \ge |Tx_n(n^2) - Tx_m(n^2)| = \frac{4}{3}.$$
Also gibt es zu (Tx_n) keine konvergente Teilfolge in den stetigen Funktionen (siehe Abbildung 9.2). ◀

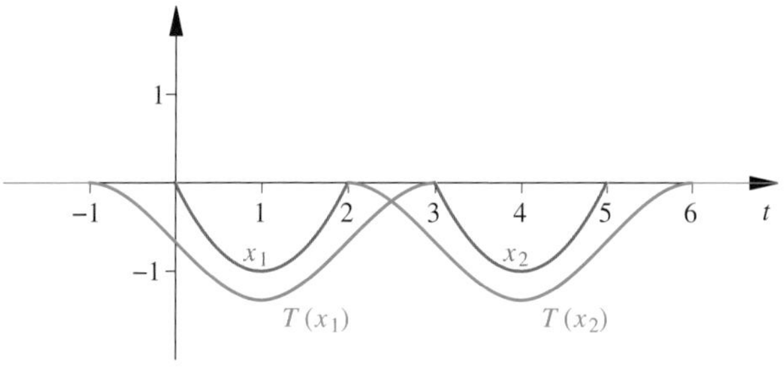

Abbildung 9.2 Eine Folge von Faltungen, die keine konvergente Teilfolge besitzt.

Einige grundlegende Eigenschaften kompakter Operatoren sind relativ leicht einzusehen.

Satz über Eigenschaften kompakter Operatoren

In normierten Räumen X, Y, Z gilt:

(a) Wenn ein linearer Operator $A\colon X \to Y$ kompakt ist, so ist A beschränkt.
(b) Ein Operator $A\colon X \to Y$ ist genau dann kompakt, wenn die Bildfolge $(Ax_n)_n \subseteq Y$ jeder beschränkten Folge $(x_n)_n \subseteq X$ eine konvergente Teilfolge besitzt.
(c) Sind $A \in \mathcal{L}(X,Y)$, $B \in \mathcal{L}(Y,Z)$ und ist mindestens einer der beiden Operatoren A oder B kompakt, dann ist $BA \in \mathcal{L}(X,Z)$ kompakt.

Beweis: Zu (a): Da der Operator A kompakt ist, ist die Menge $A\left(\overline{B(0,1)}\right) \subseteq Y$ beschränkt, d. h. $\|Ax\| \leq c$ für $x \in \overline{B(0,1)}$. Mit $x \in X\backslash\{0\}$ folgt

$$\|Ax\| = \|x\| \left\| A\frac{x}{\|x\|} \right\| \leq c\|x\|,$$

also ist A beschränkt.

Zu (b): „$\Rightarrow$" Wir setzen voraus, dass $A\colon X \to Y$ kompakt ist. Ist $(x_n)_{n\in\mathbb{N}}$ eine beschränkte Folge, d. h., die Menge $\{x_n : n \in \mathbb{N}\} \subseteq X$ ist beschränkt, so ist $\{Ax_n : n \in \mathbb{N}\} \subseteq Y$ relativ kompakt. Also besitzt (Ax_n) eine konvergente Teilfolge in Y.

„$\Leftarrow$" Für die Rückrichtung gehen wir aus von einer beschränkten Menge $M \subseteq X$ und einer Folge (y_n) in $A(M)$, d. h., es gibt $x_n \in M$ mit $Ax_n = y_n$. Da die Folge (x_n) in $M \subseteq X$ beschränkt ist, besitzt die Bildfolge $(y_n) = (Ax_n) \subseteq Y$ eine konvergente Teilfolge in Y. Somit ist $\overline{A(M)}$ kompakt.

Zu (c): Setzen wir voraus, dass A kompakt ist und $(x_n)_{n\in\mathbb{N}} \subseteq X$ eine beschränkte Folge ist. Dann existiert eine Teilfolge (x_{n_j}) mit $Ax_{n_j} \to y \in Y$ für $j \to \infty$. Wir erhalten $BAx_{n_j} \to By$, $j \to \infty$, da B beschränkt, also stetig ist. Somit besitzt $(BAx_n)_{n\in\mathbb{N}}$ eine konvergente Teilfolge. Der Fall, dass B kompakt ist, lässt sich analog zeigen. ∎

?

Zeigen Sie: Ein linearer beschränkter Operator $A \in \mathcal{L}(X,Y)$ auf einem normierten Raum X mit einem endlich dimensionalen Bild $A(X) \subseteq Y$ ist kompakt.

Ein linearer Operator mit endlich dimensionalem Bildraum wird in der Literatur auch **Operator von endlichem Rang** genannt. Die Selbstfrage liefert eine nützliche Charakterisierung endlich dimensionaler Räume.

Folgerung

Die Identität $I\colon X \to X$ auf einem normierten Raum X ist genau dann kompakt, wenn X endlich dimensional ist.

Beweis: Da die Implikation „$\Leftarrow$" die Aussage der Selbstfrage ist, bleibt noch die andere Richtung der Äquivalenz zu zeigen. Wir nehmen an, dass die Identität $I\colon X \to X$ kompakt ist. Es folgt: $I(B(0,1)) = B(0,1)$ ist relativ kompakt. Nach dem Satz auf Seite 315 ist X endlich dimensional. ∎

Für die Menge der kompakten Operatoren führen wir eine abkürzende Bezeichnung ein,

$$\mathcal{K}(X,Y) = \{A \in \mathcal{L}(X,Y)\colon\ A \text{ kompakt}\}\,.$$

Offensichtlich ist mit der ersten Eigenschaft im Satz auf Seite 318 die Menge $\mathcal{K}(X,Y)$ ein Unterraum von $\mathcal{L}(X,Y)$. Wir zeigen, dass dieser Unterraum abgeschlossen ist, wenn vorausgesetzt wird, dass Y ein Banachraum ist.

Satz über Folgen kompakter Operatoren

Ist X normierter Raum, Y Banachraum und $(A_n)_n \subseteq \mathcal{K}(X,Y)$ eine Folge kompakter Operatoren mit

$$A_n \to A \in \mathcal{L}(X,Y)\,, \qquad n \to \infty\,,$$

dann ist auch der Grenzwert A kompakt. Somit ist $\mathcal{K}(X,Y)$ abgeschlossener Unterraum von $\mathcal{L}(X,Y)$.

Beweis: Wie beim Beweis zum Satz von Arzela-Ascoli, konstruieren wir eine konvergierende Diagonalfolge. Wir beginnen mit einer beschränkten Folge $(x_n) \subseteq X$ mit $\|x_n\| \leq M$ für $n \in \mathbb{N}$. Da der Operator A_1 kompakt ist, gibt es eine Teilfolge $(x_n^{(1)}) \subseteq (x_n)$ mit $A_1 x_n^{(1)} \to y_1 \in Y$, $n \to \infty$. Da A_2 kompakt ist, existiert weiterhin eine Teilfolge

$$(x_n^{(2)}) \subseteq (x_n^{(1)})\,,$$

mit $A_2 x_n^{(2)} \longrightarrow y_2 \in Y$ für $n \to \infty$. Sukzessive erhalten wir Teilfolgen

$$(x_n^{(j)}) \subseteq (x_n^{(j-1)}) \subseteq \ldots \subseteq (x_n)$$

mit

$$A_i x_n^{(j)} \to y_i\,, \quad n \to \infty \quad \text{für jedes } j \geq i.$$

Wir definieren die Diagonalfolge $(\tilde{x}_n)_{n\in\mathbb{N}}$ durch $\tilde{x}_n = x_n^{(n)}$, $n \in \mathbb{N}$. Dann folgt

$$\begin{aligned}\|A\tilde{x}_k - A\tilde{x}_l\| &\leq \|(A - A_j)(\tilde{x}_k - \tilde{x}_l)\| + \|A_j(\tilde{x}_k - \tilde{x}_l)\| \\ &\leq \|A - A_j\|\,\|\tilde{x}_k - \tilde{x}_l\| + \|A_j(\tilde{x}_k - \tilde{x}_l)\|\,.\end{aligned}$$

Zu $\varepsilon > 0$ wählen wir $j \in \mathbb{N}$, sodass $\|A - A_j\| \leq \frac{\varepsilon}{4M}$ ist. Wegen der Konvergenz $A_j\tilde{x}_k \to y_j$, $k \to \infty$, ist $A_j\tilde{x}_k$ insbesondere eine Cauchy-Folge und wir können weiter zu j ein $N \in \mathbb{N}$ wählen, sodass

$$\|A_j(\tilde{x}_k - \tilde{x}_l)\| \leq \frac{\varepsilon}{2} \qquad \text{für } k,l \geq N,$$

gilt. Wir erhalten

$$\|A\tilde{x}_k - A\tilde{x}_l\| \leq \frac{\varepsilon}{4M} \cdot 2M + \frac{\varepsilon}{2} = \varepsilon \quad \text{für } k,l \geq N\,,$$

d. h., $(A\tilde{x}_n)$ ist eine Cauchy-Folge im Banachraum Y und somit konvergent. Insgesamt haben wir gezeigt, dass der Operator A kompakt ist. ∎

Beispiel

- Mit einem Gegenbeispiel belegen wir, dass punktweise Konvergenz einer Folge von Operatoren nicht ausreichend ist, um einen kompakten Grenzwert zu garantieren. Betrachten wir etwa auf dem Folgenraum l^1 die Projektionsoperatoren $P_k\colon l^1 \to l^1$, $k \in \mathbb{N}$ mit

  $$P_k(x_n) = (x_1, x_2, x_3, \ldots, x_k, 0, 0, \ldots)\,.$$

  Der Operator $P_k \in \mathcal{L}(l^1, l^1)$ besitzt ein endlich dimensionales Bild und ist deswegen kompakt. Weiter gilt

  $$\|P_k(x_n) - (x_n)\|_{l^1} = \|(0, 0, \ldots, 0, x_{k+1}, \ldots)\|_{l^1} \to 0\,,$$

für $n \to \infty$, d. h., die Operator-Folge P_k konvergiert punktweise gegen die Identität auf l^1. Die Identität ist aber aufgrund der Folgerung auf Seite 319 nicht kompakt.

- Betrachten wir den Operator $A\colon l^1 \to l^1$, gegeben durch

$$A(x_1, x_2, \dots) = (a_1 x_1, a_2 x_2, a_3 x_3, \dots)$$

mit einer Nullfolge $(a_j)_{j\in\mathbb{N}}$ in $\mathbb{R}$, so ist A wegen $\|A(x_n)\|_{l^1} \le \sup_{j\in\mathbb{N}}\{|a_j|\}\,\|x\|_{l^1}$ ein beschränkter linearer Operator. Die Kombination $P_N A\colon l^1 \to l^1$ mit dem oben zu $N \in \mathbb{N}$ definierten Projektionsoperator ist kompakt, da A beschränkt und P_n mit dem endlich dimensionalen Bild $P_N(l^1)$ kompakt ist. Weiterhin gilt

$$\|A(x_n) - P_N A(x_n)\|_{l^1} \le \sup_{j>N}\{|a_j|\}\,\|(x_n)\|_{l^1},$$

d. h.

$$\|A - P_N A\| \le \sup_{j>N} |a_j| \to 0, \quad N \to \infty.$$

Mit der Abgeschlossenheit des Raums der kompakten Operatoren (siehe Seite 319) folgt, dass A kompakt ist. ◀

Eine weitere Anwendung der Abgeschlossenheit von $\mathcal{K}(X,Y)$ zeigt die Kompaktheit von Integraloperatoren. Im Beispiel auf Seite 321 diskutieren wir den Beweis.

Die Vervollständigung eines kompakten Operators ist kompakt

Neben der Approximation durch kompakte Operatoren bietet manchmal auch eine Vervollständigung eine Möglichkeit, die Kompaktheit eines Operators zu klären.

Lemma
Sind X, Y normierte Räume, $A \in \mathcal{K}(X,Y)$ und $\tilde{X}, \tilde{Y}, \tilde{A}$ die zugehörigen Vervollständigungen, d. h., $X \subseteq \tilde{X}$ und $Y \subseteq \tilde{Y}$ sind jeweils dichte Unterräume, für $\tilde{A} \in \mathcal{L}(\tilde{X}, \tilde{Y})$ gilt $\tilde{A}|_X = A$ (siehe Aufgabe 8.12), dann ist $\tilde{A}\colon \tilde{X} \to \tilde{Y}$ kompakt.

Beweis: Ohne Einschränkung fassen wir X, Y als Teilmengen von $\tilde{X}$ bzw. $\tilde{Y}$ auf. Ist $(\tilde{x}_n) \subseteq \tilde{X}$ eine beschränkte Folge, so existiert zu jedem $n \in \mathbb{N}$ ein $x_n \in X$ mit $\|\tilde{x}_n - x_n\|_{\tilde{X}} \le \frac{1}{n}$. Insbesondere ist die Folge (x_n) beschränkt.

Also besitzt $(Ax_n) \subseteq Y$ eine konvergente Teilfolge, etwa $Ax_{n_j} \to z \in Y$, $j \to \infty$. Es ergibt sich

$$\begin{aligned}\|\tilde{A}\tilde{x}_{n_j} - z\| &\le \|\tilde{A}(\tilde{x}_{n_j} - x_{n_j})\| + \|\tilde{A}x_{n_j} - z\| \\ &\le \frac{1}{n_j}\|\tilde{A}\| + \|Ax_{n_j} - z\| \to 0, \quad j \to \infty\end{aligned}$$

und somit besitzt auch die Folge $(\tilde{A}\tilde{x}_n)$ eine konvergente Teilfolge, d. h., $\tilde{A}$ ist kompakt. ■

Beispiel Der Integraloperator $A\colon L^2(G) \to L^2(G)$ auf kompakter Teilmenge $G \subseteq \mathbb{R}^d$ mit

$$Ax(t) = \int_G k(t,s)x(s)\,\mathrm{d}s,$$

und einem stetigen Kern $k \in C(G \times G)$ ist kompakt, da es sich um die Vervollständigung von $A\colon (C(G), \|.\|_{L^2}) \to (C(G), \|.\|_{L^2})$ handelt und wir das vorherige Lemma anwenden können. Die Kompaktheit von $A\colon (C(G), \|.\|_{L^2}) \to (C(G), \|.\|_{L^2})$ auf dem dichten Unterraum $C(G) \subseteq L^2(G)$ wurde am Ende des Beispiels auf Seite 321 bewiesen. ◀

Kompakte Operatorgleichungen sind schlecht gestellt

Abschließend beleuchten wir noch die generelle Frage nach der Lösbarkeit von Gleichungen der Form $Ax = y$ mit kompaktem Operator $A\colon X \to Y$.

Kompakte Operatorgleichungen
Sind X, Y normierte Räume, wobei X nicht endlich dimensional ist, und ist $A \in \mathcal{K}(X,Y)$ kompakt, so ist die Operatorgleichung $Ax = y$ schlecht gestellt (siehe Seite 293).

Beweis: Wir nehmen an, es existiert zu A ein beschränkter inverser Operator $A^{-1} \in \mathcal{L}(Y,X)$. Dann ist die Verkettung $I = A^{-1}A\colon X \to X$ kompakt und mit dem Satz auf Seite 319 ist X endlich dimensional im Widerspruch zur Voraussetzung, dass X keine endliche Dimension hat. ■

Anders ist die Situation, wenn ein Operator L nur eine kompakte Störung eines invertierbaren Operators $T\colon X \to Y$ ist, d. h. $L = T - A$ mit einem kompakten Operator $A\colon X \to Y$. Dieser weitreichenden Theorie widmen wir die nächsten beiden Abschnitte.

9.2 Die Riesz-Theorie

Wir betrachten im Folgenden Gleichungen zweiter Art, d. h. lineare Gleichungen der Form

$$(I - A)x = y,$$

wobei $I\colon X \to X$ die Identität und $A\colon X \to X$ einen linearen kompakten Operator bezeichnen. Ist der Operator A zu einer Gleichung zweiter Art kompakt, sprechen wir auch von einer **Fredholm-Gleichung**.

Wir gehen weiterhin von einem normierten Raum X aus und verwenden $L = I - A$ als Abkürzung. Weiter bezeichnen wir wie bisher mit $L(X)$ den Bildraum und mit

$$\mathcal{N}(L) = \{x \in X\colon Lx = 0\}$$

Beispiel: Kompaktheit von Integraloperatoren

Ist $G \subseteq \mathbb{R}^d$ kompakt und $k \in C(G \times G)$ eine stetige Kernfunktion, dann ist der Integraloperator $A\colon C(G) \to C(G)$ mit

$$Ax(t) = \int_G k(t,s)x(s)\,\mathrm{d}s$$

kompakt.

Problemanalyse und Strategie: Eine Idee, Kompaktheit zu zeigen, ist, den Operator A durch Operatoren mit einem endlich dimensionalen Bild zu approximieren. Die Abgeschlossenheit des Unterraums der kompakten Operatoren liefert dann Kompaktheit von A. Als Alternative lässt sich der Satz von Arzela-Ascoli anwenden (siehe Aufgabe 9.2).

Lösung:

Für die Konstruktion von approximierenden Operatoren überdecken wir die kompakte Teilmenge G durch endlich viele Quader Q_j, $j = 1,\dots,N$ mit Durchmessern $d_j \leq \frac{1}{n}$, $n, N(n) \in \mathbb{N}$. Definiere $D_j = (G \cap Q_j)\setminus(\bigcup_{l=1}^{j-1} D_l)$, $j = 1,\dots,N$, wobei nur die Mengen $D_j \neq \emptyset$ gezählt werden. Wählen wir weiterhin je eine Stelle $s_j \in D_j$ für $j = 1,\dots,N$ und setzen

$$A_n x(t) = \sum_{j=1}^N k(t,s_j)\int_{D_j} x(s)\,\mathrm{d}s = \int_G k_n(t,s)x(s)\,\mathrm{d}s$$

für $t \in G$, $x \in C(G)$ mit stückweise konstantem Kern $k_n(t,s) = k(t,s_j)$ für $s \in D_j$. Es gilt $A_n x \in \operatorname{span}\{k(\cdot,s_j)\colon j = 1,\dots,N\}$, d. h., das Bild $A_n(C(G))$ ist endlich dimensional. Außerdem folgt aus

$$\begin{aligned}|A_n x(t)| &\leq \int_G |k_n(t,s)|\,|x(s)|\,\mathrm{d}s\\ &\leq \|x\|_\infty \sum_{j=1}^N |k_n(t,s_j)| \int_{D_j} \mathrm{d}s,\end{aligned}$$

die Abschätzung

$$\begin{aligned}\|A_n x\|_\infty &\leq \|x\|_\infty \max_{t\in G}\left(\sum_{j=1}^N |k_n(t,s_j)|\right)\int_{D_j}\mathrm{d}s\\ &\leq \|k\|_\infty \mu(G)\,\|x\|_\infty\,,\end{aligned}$$

wobei mit $\mu(G) = \int_G \mathrm{d}x$ das Volumen von G gemeint ist.

Somit ist A_n beschränkt. Zusammen mit dem endlich dimensionalen Bild erhalten wir, dass A_n kompakt ist. Weiter gilt

$$\begin{aligned}|A_n x(t) - Ax(t)| &\leq \int_G |k_n(t,s) - k(t,s)|\,\mathrm{d}s\,\|x\|_\infty\\ &= \|x\|_\infty \sum_{j=1}^N \int_{D_j} |k(t,s_j) - k(t,s)|\,\mathrm{d}s\,.\end{aligned}$$

Da k gleichmäßig stetig auf $G \times G$ ist, existiert zu $\varepsilon > 0$ ein $n_0 \in \mathbb{N}$, sodass

$$|k(t,\sigma) - k(t,s)| \leq \varepsilon$$

für alle $t, s, \sigma \in G$ mit $|\sigma - s| \leq \frac{1}{n_0}$ gilt. Es folgt mit obiger Abschätzung für $n \geq n_0$

$$|A_n x(t) - Ax(t)| \leq \varepsilon\,\mu(G)\,\|x\|_\infty\,.$$

Damit konvergiert $A_n \to A$, $n \to \infty$, in der Operatornorm und mit dem Satz auf Seite 319 ist A kompakt.

Ersetzen wir die erste Abschätzungen zu $|A_n x(t)|$ mithilfe der Cauchy-Schwarz'schen Ungleichung durch

$$\begin{aligned}|A_n x(t)|^2 &\overset{C.S.}{\leq} \int_G |k_n(t,s)|^2\,\mathrm{d}s\,\|x\|_{L^2}^2\\ &= \|x\|_{L^2}^2 \sum_{j=1}^N |k_n(t,s_j)|^2 \int_{D_j}\mathrm{d}s\,,\end{aligned}$$

sehen wir analog, dass auch

$$A\colon (C(G), \|\cdot\|_{L^2}) \to (C(G), \|\cdot\|_\infty)$$

ein kompakter Operator ist. Da die Supremumsnorm stärker ist, d. h.

$$\|x\|_{L^2} \leq \mu(G)\|x\|_\infty,$$

für $x \in C(G)$, folgt, dass auch

$$A\colon (C(G), \|\cdot\|_{L^2}) \to (C(G), \|\cdot\|_{L^2})$$

kompakt ist. Man beachte, dass $Y = (C(G), \|.\|_{L^2})$ kein Banachraum ist und daher der Satz auf Seite 319 in diesem Fall nicht direkt angewendet werden kann.

den **Nullraum** des Operators. Da L linear ist, sind beide Mengen offensichtlich Unterräume von X. Der Nullraum wird in der Literatur auch **Kern** des Operators genannt. Um Verwechselungen mit dem bereits verwendeten Begriff *Kern* eines Integraloperators zu vermeiden, nutzen wir im Folgenden den Begriff Nullraum.

Die Riesz'schen Sätze beinhalten eine allgemeine Existenztheorie

Wir beginnen die Betrachtungen zur Invertierbarkeit von Operatoren der Form $L = I - A$ mit dem ersten Riesz'schen Satz.

1. Riesz'scher Satz

Der Nullraum $\mathcal{N}(L) \subseteq X$ eines Operators

$$L = I - A\colon X \to X$$

auf einem normierten Raum X mit kompaktem, linearem Operator A ist endlich dimensional.

Beweis: Da L beschränkt, also stetig ist, folgt, dass $\mathcal{N}(L)$ ein abgeschlossener Unterraum von X ist. Weiter gilt $A|_{\mathcal{N}(L)} = I|_{\mathcal{N}(L)}$, da $(I - A)x = 0$ für jedes $x \in \mathcal{N}(L)$ ist. Also ist I kompakt auf dem Unterraum $\mathcal{N}(L)$. Somit ist nach dem Lemma auf Seite 319 der Nullraum $\mathcal{N}(L)$ endlich dimensional. ∎

Zum Beweis des zweiten Riesz'schen Satzes benötigen wir ein Approximationsresultat, das wir vorweg herausstellen.

Lemma

Ist $U \subseteq X$ ein endlich dimensionaler Unterraum eines normierten Raums X, dann existiert zu jedem $x \in X$ eine beste Approximation $\hat{u} \in U$ an x, d. h.

$$\|x - \hat{u}\| \leq \|x - u\| \quad \text{für alle } u \in U\,.$$

Beweis: Wir definieren $\rho = \inf_{u \in U} \|x - u\|$ und betrachten eine Minimalfolge $(u_n)_n \subseteq U$, d. h., es gilt $\|x - u_n\| \to \rho$ für $n \to \infty$. Da $\|u_n\| \leq \|x\| + \|x - u_n\|$ beschränkt ist und U endlich dimensional, existiert eine konvergente Teilfolge

$$u_{n_k} \to \hat{u} \in U\,, \quad k \to \infty\,.$$

Somit gilt $\rho \leq \|x - \hat{u}\| \leq \|x - u_{n_k}\| + \|u_{n_k} - \hat{u}\| \to \rho$ für $k \to \infty$. Also folgt $\|x - \hat{u}\| = \rho$. ∎

?

Wir werden im Projektionssatz (siehe Seite 346) sehen, dass eine durch das Lemma gegebene beste Approximation $\hat{u}$ in Hilberträumen eindeutig bestimmt ist. Dies gilt im Allgemeinen nicht. Finden Sie ein Gegenbeispiel.

Mit dieser Vorbereitung können wir den nächsten Schritt der Riesz-Theorie zeigen.

2. Riesz'scher Satz

Das Bild $L(X) = \{Lx \in X : x \in X\} \subseteq X$ eines Operators $L = I - A\colon X \to X$ mit $A \in \mathcal{K}(X, X)$ ist ein abgeschlossener Unterraum.

Beweis: Als Bild eines linearen Operators ist $L(X) \subseteq X$ offensichtlich ein Unterraum von X.

Es bleibt zu zeigen, dass dieser Raum abgeschlossen ist. Betrachten wir ein $y \in \overline{L(X)}$, d. h., es gibt eine Folge $(x_n)_n \in X$ mit $x_n - Ax_n = Lx_n \to y$ für $n \to \infty$. Mit dem vorherigen Lemma gibt es zu jedem x_n eine beste Approximation $u_n \in \mathcal{N}(L)$, d. h., es gilt

$$\|x_n - u_n\| \leq \|x_n - u\| \quad \text{für jedes } u \in \mathcal{N}(L)\,.$$

Wir zeigen, dass die Folge $(x_n - u_n)_n \subseteq X$ beschränkt ist. Denn dann existiert zu $(A(x_n - u_n))_n \subseteq X$ eine konvergente Teilfolge, da A kompakt ist, etwa

$$A(x_{n_j} - u_{n_j}) \to z \in X, \quad j \to \infty\,.$$

Und weiter gilt

$$(x_{n_j} - u_{n_j}) - A(x_{n_j} - u_{n_j}) = Lx_{n_j} \to y, \quad j \to \infty.$$

Also konvergiert mit diesen beiden Grenzwerten

$$(x_{n_j} - u_{n_j}) \to y + z =: x \in X$$

für $j \to \infty$. Wir erhalten

$$x - Ax = Lx = \lim_{j \to \infty} L(x_{n_j} - u_{n_j}) = y$$

bzw. $y \in L(X)$.

Es bleibt zu zeigen, dass $(x_n - u_n)$ beschränkt ist. Wir führen die Annahme, dass die Folge unbeschränkt ist, auf einen Widerspruch. Nehmen wir an, die Folge ist nicht beschränkt. Dann existiert eine Teilfolge mit $\|x_{n_j} - u_{n_j}\| \to \infty$, $j \to \infty$. Setzen wir

$$v_j = \frac{x_{n_j} - u_{n_j}}{\|x_{n_j} - u_{n_j}\|}\,.$$

Es folgt $\|v_j\| = 1$ und $Lv_j = \frac{1}{\|x_{n_j} - u_{n_j}\|} Lx_{n_j} \to 0$ für $j \to \infty$, da $Lx_{n_j} \to y$ für $j \to \infty$ konvergiert. Damit ist

$$v_j - Av_j = Lv_j \to 0, \quad j \to \infty.$$

Da A kompakt ist, existiert eine konvergente Teilfolge zur Folge (Av_j). Bezeichnen wir mit $(Av_{j_k})_k, k \in \mathbb{N}$, eine solche, konvergente Folge. Mit $v_{j_k} = Lv_{j_k} + Av_{l_k}$ und der gezeigten Konvergenz von (Lv_j) konvergiert somit auch $(v_{j_k})_{k \in \mathbb{N}}$. Setzen wir $v = \lim_{k \to \infty} v_{j_k}$, dann gilt $\|v\| = 1$ und $v - Av = 0$ bzw. $v \in \mathcal{N}(L)$.

Weiter ist aber für $j \in \mathbb{N}$

$$\begin{aligned} \|v_j - v\| &= \frac{1}{\|x_{n_j} - u_{n_j}\|} \left\| x_{n_j} - \left(u_{n_j} - \|x_{n_j} - u_{n_j}\| v\right) \right\| \\ &\geq \frac{\|x_{n_j} - u_{n_j}\|}{\|x_{n_j} - u_{n_j}\|} = 1 , \end{aligned}$$

da $(u_{n_j} - \|x_{n_j} - u_{n_j}\| v) \in \mathcal{N}(L)$ ist und u_{n_j} eine beste Approximierende ist. Dies steht im Widerspruch zur Konvergenz $v_{j_k} \to v$ für $k \to \infty$ und wir haben den Satz bewiesen. ∎

Die ersten beiden Riesz'schen Sätze dienen als Ausgangspunkt für den dritten und letzten Satz, aus dem wir die Existenztheorie zu Gleichungen zweiter Art folgern können. Erinnern wir uns an die Situation bei endlich dimensionalen Räumen. Die durch eine Matrix bzgl. einer Basis generierte lineare Abbildung ist wegen eines endlich dimensionalen Bildraums stets kompakt. Jede Matrix lässt sich somit in der Form zweiter Art $L = I - (I - L) \in \mathbb{C}^{d \times d}$ schreiben. Aus Abschnitt 12.3 in Band 1 wissen wir, dass L invertierbar ist genau dann, wenn L injektiv ist, d. h. $\mathcal{N}(L) = \{0\}$, bzw. wenn L surjektiv ist, d. h. $L(\mathbb{C}^d) = \mathbb{C}^d$. Zentrale Aussage der Riesz-Theorie ist, dass dieser Zusammenhang zwischen bijektiv, injektiv und surjektiv bei kompakten Störungen der Identität in normierten Räumen erhalten bleibt. Genauer gilt der folgende *dritte Riesz'sche Satz*.

3. Riesz'scher Satz

Ist in einem normierten Raum X ein Operator der Form $L = I - A\colon X \to X$ mit kompaktem Operator $A\colon X \to X$ gegeben, so existiert eine eindeutig bestimmte Zahl $r \in \mathbb{N}$, die **Riesz'sche Zahl** von A, für die die beiden folgenden Ketten von Inklusionen gelten

$$\begin{aligned} \{0\} = \mathcal{N}(L^0) \subsetneqq \mathcal{N}(L) \subsetneqq \mathcal{N}(L^2) \subsetneqq \\ \ldots \subsetneqq \mathcal{N}(L^r) = \mathcal{N}(L^{r+1}) = \ldots \end{aligned}$$

und

$$\begin{aligned} X = L^0(X) \supsetneqq L(X) \supsetneqq L^2(X) \supsetneqq \\ \ldots \supsetneqq L^r(X) = L^{r+1}(X) = \ldots \end{aligned}$$

Außerdem ist $L^r(X)$ abgeschlossen und

$$X = \mathcal{N}(L^r) \oplus L^r(X) .$$

Beweis: Wir teilen den Beweis in fünf Schritte auf:

(i) Die Potenzen von L sind von der Form $L^n = I - A_n$ mit jeweils einem kompakten Operator $A_n\colon X \to X$.
(ii) Die Kette echter Inklusionen der Nullräume bricht bei $r \in \mathbb{N}$ ab.
(iii) Die Kette der Bildräume bricht bei $s \in \mathbb{N}$ ab.
(iv) Es gilt $r = s$.
(v) Zu $x \in X$ existiert $u \in \mathcal{N}(L^r)$ und $v \in L^r(X)$ mit $x = u + v$ und es gilt $\mathcal{N}(L^r) \cap L^r(X) = \{0\}$.

zu (i): Wir zeigen die Aussage mittels Induktion nach n. Der Fall $n = 1$ ist offensichtlich und liefert den Induktionsanfang. Weiter gilt

$$L^{n+1} = (I - A)L^n = (I - A)(I - A_n) = I - (A + A_n - AA_n) .$$

Mit $A_{n+1} = A + A_n - AA_n$ ist induktiv ersichtlich, dass A_{n+1} kompakt ist.

Also sind der erste und der zweite Riesz'sche Satz anwendbar auf L^n, d. h., $\mathcal{N}(L^n)$ ist endlich dimensional und $L^n(X)$ ist abgeschlossen.

zu (ii): Offensichtlich ist $\mathcal{N}(L^n) \subseteq \mathcal{N}(L^{n+1})$, $n \in \mathbb{N}_0$. Da nach dem ersten Riesz'schen Satz $\mathcal{N}(L^n)$ ein abgeschlossener, endlich dimensionaler Unterraum des abgeschlossenen Raums $\mathcal{N}(L^{n+1})$ ist, können wir das Lemma von Riesz anwenden. Damit existiert unter der Annahme, dass $\mathcal{N}(L^n) \subsetneqq \mathcal{N}(L^{n+1})$ ist, ein $x_n \in \mathcal{N}(L^{n+1})$ mit $\|x_n\| = 1$ und

$$\|x_n - u\| \geq \frac{1}{2} \quad \forall u \in \mathcal{N}(L^n) .$$

Nehmen wir weiter an, die Kette bricht nicht ab, d. h., die strikten Inklusionen $\mathcal{N}(L^n) \subsetneqq \mathcal{N}(L^{n+1})$ gelten für alle $n \in \mathbb{N}$. Dann definieren die $x_n \in \mathcal{N}(L^{n+1})$ eine beschränkte Folge in X. Für $m < n$ gilt

$$Ax_n - Ax_m = x_n - (x_m + Lx_n - Lx_m) .$$

Definieren wir $z = x_m + Lx_n - Lx_m \in X$, so folgt

$$\begin{aligned} L^n z &= L^n x_m + L^{n+1} x_n - L^{n+1} x_m \\ &= L^{n-m-1} \underbrace{L^{m+1} x_m}_{=0} + \underbrace{L^{n+1} x_n}_{=0} - L^{n-m} \underbrace{L^{m+1} x_m}_{=0} \\ &= 0 \end{aligned}$$

und es folgt $z \in \mathcal{N}(L^n)$. Somit gilt $\|Ax_n - Ax_m\| = \|x_n - z\| \geq \frac{1}{2}$ für $m < n$ wegen der Definition von $x_n \in \mathcal{N}(L^{n+1})$.

Damit besitzt $(A(x_n - x_m))_n$ keine konvergente Teilfolge, obwohl $\|x_n - x_m\| \leq 2$ beschränkt ist, im Widerspruch zur Kompaktheit von A.

Wir setzen $r = \min\{n \in \mathbb{N}\colon \mathcal{N}(L^n) = \mathcal{N}(L^{n+1})\}$. Für $n > r$ erhalten wir aus $x \in \mathcal{N}(L^{n+2})$, d. h. $L^{n+2}x = 0$, dass $L^{n+1}(Lx) = 0$ ist bzw. $Lx \in \mathcal{N}(L^{n+1})$. Induktiv folgt $Lx \in \mathcal{N}(L^n)$ und somit $x \in \mathcal{N}(L^{n+1})$. Da aber $\mathcal{N}(L^n) \subseteq \mathcal{N}(L^{n+1})$ gilt, ergibt sich insgesamt $\mathcal{N}(L^{n+1}) = \mathcal{N}(L^n)$ für alle $n \geq r$.

zu (iii): Offensichtlich gilt stets $L^{n+1}(X) \subseteq L^n(X)$. Wir nehmen an, dass alle Inklusionen strikt sind und führen diese Annahme zum Widerspruch.

Nach dem 2. Riesz'schen Satz ist $L^{n+1}(X)$ ein echter abgeschlossener Unterraum von $L^n(X)$. Somit existiert $x_n \in L^n(X)$ mit $\|x_n\| = 1$ und

$$\|x_n - u\| \geq \frac{1}{2} \quad \forall u \in L^{n+1}(X) .$$

Für $n < m$ gilt

$$Ax_n - Ax_m = x_n - (x_m + Lx_n - Lx_m) \ .$$

Wir definieren $z = x_m + Lx_n - Lx_m \in L^{n+1}(X)$. So folgt

$$\|Ax_n - Ax_m\| = \|x_n - z\| \geq \frac{1}{2} \quad \text{für jedes } m > n$$

und die Folge $(A(x_n - x_m))_m$ besitzt keine konvergente Teilfolge. Mit $\|x_n - x_m\| \leq 2$ ergibt sich ein Widerspruch zur Kompaktheit von A.

Setzen wir $s = \min\{n \in \mathbb{N} \colon L^n(X) = L^{n+1}(X)\} < \infty$. Induktiv ergibt sich $L^n(X) = L^{n+1}(X)$ für jedes $n \geq s$. Denn ist $x \in L^{n+1}(X)$, dann gibt es ein $z \in X$ mit $x = L^{n+1}z = L\,\underbrace{(L^n z)}_{\in L^n(X)}$. Induktiv folgt, dass ein $z' \in X$ existiert mit $L^n z = L^{n+1}z'$. Also ist $x = L^{n+2}z'$, d. h. $x \in L^{n+2}(X)$ bzw. $L^{n+1}(X) \subseteq L^{n+2}(X)$. Es folgt $L^{n+2}(X) = L^{n+1}(X)$.

zu (iv): Wir konstruieren einen Widerspruch zur Annahmen $r > s$ oder $r < s$.

Angenommen es gelte $r > s$. Mit $x \in \mathcal{N}(L^r)$ ist $L^{r-1}x \in L^{r-1}(X) = L^r(X)$, da $s < r$, d. h., es existiert $z \in X$, sodass $L^r z = L^{r-1}x$ ist. Wir erhalten $L^{r+1}z = L^r x = 0$, d. h. $z \in \mathcal{N}(L^{r+1}) = \mathcal{N}(L^r)$. Also ist $L^{r-1}x = L^r z = 0$ bzw. $x \in \mathcal{N}(L^{r-1})$. Dies gilt für alle $x \in \mathcal{N}(L^r)$ und es folgt $\mathcal{N}(L^r) = \mathcal{N}(L^{r-1})$ im Widerspruch dazu, dass r minimal ist.

Nun nehmen wir an, dass $s > r$ ist. Sei $y \in L^{s-1}(X)$, d. h., es gibt ein $x \in X$ mit $L^{s-1}x = y$. Dann folgt $Ly = L^s x \in L^s(X) = L^{s+1}(X)$. Also existiert $x' \in X$ mit $Ly = L^{s+1}x'$. Wir erhalten $L^s(x - Lx') = 0$, d. h. $x - Lx' \in \mathcal{N}(L^s) = \mathcal{N}(L^{s-1})$. Also ist $L^{s-1}(x - Lx') = 0$ und $y = L^{s-1}x = L^s x' \in L^s(X)$. Damit ist $L^{s-1}(X) \subseteq L^s(X)$. Da aber $L^s(X) \subseteq L^{s-1}(X)$ stets gilt, folgt $L^s(X) = L^{s-1}(X)$ im Widerspruch zur Minimalität von s.

zu (v): Ist $y \in L^r(X) \cap \mathcal{N}(L^r)$, dann gibt es ein $x \in X$ mit $L^r x = y$ und $L^r y = L^{2r}x = 0$. Also ist $x \in \mathcal{N}(L^{2r}) = \mathcal{N}(L^r)$ und somit $y = L^r x = 0$, d. h. $\mathcal{N}(L^r) \cap L^r(X) = \{0\}$.

Weiter gilt für $x \in X$, die Identität $L^r x \in L^r(X) = L^{2r}(X)$, d. h., es gibt ein $\tilde{x} \in X$ mit $L^r x = L^{2r}\tilde{x}$. Setzen wir $z = L^r \tilde{x}$, so folgt

$$x = (x - z) + z$$

mit $z \in L^r(X)$ und $L^r(x - z) = L^r x - L^{2r}\tilde{x} = 0$, d. h. $x - z \in \mathcal{N}(L^r)$. ∎

?

Klären Sie mithilfe der Jordan-Normalform, was die Riesz'sche Zahl zu einer quadratischen Matrix $L \in \mathbb{C}^{d \times d}$ ist?

Injektive kompakte Störungen der Identität sind beschränkt invertierbar

Die Riesz-Theorie impliziert die gesuchte Aussage zur Lösbarkeit von Gleichungen zweiter Art. Denn sobald der Operator L injektiv ist, folgt aus den Riesz'schen Sätzen auch Surjektivität. Genauer lässt sich folgendes Fazit festhalten.

Folgerung der Riesz-Theorie

Ist $A \colon X \to X$ ein kompakter, linearer Operator auf einem normierten Raum X, und ist $I - A \colon X \to X$ injektiv, so ist der Operator $L = I - A$ bijektiv mit beschränktem inversen Operator $(I - A)^{-1} \in \mathcal{L}(X, X)$.

Beweis: Mit $L = I - A$ folgt aus der Injektivität von L, dass $\mathcal{N}(L) = \mathcal{N}(L^0) = \{0\}$ ist. Wir erhalten die Rieszzahl $r = 0$ und $X = L(X)$, d. h., L ist surjektiv.

Es bleibt zu zeigen, dass $(I - A)^{-1} \colon X \to X$ beschränkt ist. Da wir von einem normierten Raum ausgehen, können wir den Satz über die stetige Inverse (siehe Seite 293) nicht anwenden und müssen Beschränktheit explizit zeigen. Dazu nehmen wir an, dass $(I - A)^{-1}$ nicht beschränkt ist. Dann gibt es eine Folge $(y_n)_n \subseteq X$ mit $\|y_n\| = 1$ und für $x_n = L^{-1}y_n \in X$ gilt

$$\|x_n\| = \|L^{-1}y_n\| \to \infty, \quad n \to \infty \ .$$

Setzen wir $z_n = \frac{x_n}{\|x_n\|}$, so gilt

$$\|z_n\| = 1 \quad \text{und} \quad (I - A)z_n = \frac{y_n}{\|x_n\|} \to 0, \quad n \to \infty \ .$$

Da A kompakt ist, existiert eine konvergente Teilfolge zu (Az_n) und es folgt

$$z_{n_j} = \underbrace{(I - A)z_{n_j}}_{\to 0} + \underbrace{Az_{n_j}}_{\text{konv.}} \to z \in X \ .$$

Wir erhalten einen Widerspruch, da zum einen $\|z\| = 1$ gelten muss, aber andererseits $z - Az = 0$ ist, also wegen Injektivität $z = 0$ ist. ∎

Der Satz besagt, dass eine lineare Gleichung zweiter Art der Form $(I - A)x = y$ mit einem kompakten Operator für jedes $y \in Y$ eine eindeutig bestimmte Lösung x hat, die stetig von y abhängt, wenn gezeigt werden kann, dass die homogene Gleichung $(I - A)x = 0$ nur die Lösung $x = 0$ erlaubt. Insbesondere sind Gleichungen zweiter Art gut gestellt. Explizit ergibt sich die Stabilitätsabschätzung

$$\|x - \tilde{x}\| = \|(I - A)^{-1}(y - \tilde{y})\| \leq \|(I - A)^{-1}\| \, \|y - \tilde{y}\|$$

für Lösungen $x, \tilde{x}$ zu $(I - A)x = y$ bzw. $(I - A)\tilde{x} = \tilde{y}$.

?

Überlegen Sie sich, dass der Satz richtig bleibt für Operatoren der Form $T - A \colon X \to X$, wenn T beschränkt invertierbar und A kompakt ist.

Beispiel Wir betrachten in den stetigen Funktionen die Integralgleichung

$$x(t) - \int_0^1 ts\, x(s)\, \mathrm{d}s = y(t), \qquad t \in [0,1]$$

und fragen, ob es zu jeder Funktion $y \in C([0,1])$ eine Lösung $x \in C([0,1])$ gibt.

Da der Integraloperator $K\colon C([0,1]) \to C([0,1])$ mit

$$Kx(t) = \int_0^1 tsx(s)\, \mathrm{d}s, \qquad t \in [0,1]$$

einen stetigen Kern $k(t,s) = ts$ besitzt, ist K kompakt (siehe Seite 321). Somit erhalten wir eine eindeutige Lösung der Integralgleichung $(I-K)x = y$ für jede stetige Funktion y mit der Riesz-Theorie, wenn wir zeigen können, dass die homogene Gleichung nur die triviale Lösung $x = 0$ besitzt.

Nehmen wir an $x \in C([0,1])$ ist Lösung der homogenen Integralgleichung $(I-K)x = 0$, dann gilt

$$x(t) = \int_0^1 ts\, x(s)\, \mathrm{d}s = \left(\int_0^1 s\, x(s)\, \mathrm{d}s\right) t = ct$$

mit der Konstanten $c = \int_0^1 sx(s)\, \mathrm{d}s$. Einsetzen der Darstellung ergibt

$$c = \int_0^1 s\, x(s)\, \mathrm{d}s = \int_0^1 cs^2\, \mathrm{d}s = \frac{1}{3}c\,.$$

Es ergibt sich $c = 0$. Also ist $x = 0$ die einzige Lösung der homogenen Gleichung und die Integralgleichung ist eindeutig lösbar für alle $y \in C([0,1])$.

Bemerkung: Der hier betrachtete Integraloperator ist ein Beispiel für einen Operator mit *degeneriertem* Kern, $k(t,s) = g(t)h(s)$. Wie gesehen, sind Integralgleichungen zweiter Art mit einem degenerierten Kern wegen der Separation relativ leicht zu erfassen. ◀

Für die zahlreichen Anwendungen der Riesz-Theorie etwa bei Randwertproblemen zu gewöhnlichen oder partiellen Differenzialgleichungen verweisen wir auf weiterführende Vorlesungen und Literatur. Exemplarisch wird auf Seite 326 die Existenz von Lösungen zum klassischen Sturm'schen Randwertproblem aufgezeigt.

9.3 Die Fredholm'sche Alternative

Den Fall, dass eine homogene Operatorgleichung zweiter Art, $(I-A)x = 0$, nichttriviale Lösungen besitzt, wollen wir noch genauer untersuchen. Erinnern wir uns zunächst an die endlich dimensionale Situation.

Beispiel Ist $\boldsymbol{L} \in \mathbb{R}^{n\times n}$ und $\boldsymbol{y} \in \mathbb{R}^n$, so besitzt das lineare Gleichungssystem

$$\boldsymbol{Lx} = \boldsymbol{y}$$

genau dann eine Lösung, wenn $\boldsymbol{y} \in (\mathcal{N}(\boldsymbol{L}^\top))^\perp$ ist.

Eine Richtung ergibt sich direkt mit dem Skalarprodukt; denn für eine Lösung $\boldsymbol{x} \in \mathbb{R}^n$ und einen Vektor $\boldsymbol{z} \in \mathcal{N}(\boldsymbol{L}^\top)$, d. h. $\boldsymbol{L}^\top \boldsymbol{z} = 0$, ergibt sich

$$\boldsymbol{y}^\top \boldsymbol{z} = (\boldsymbol{Lx})^\top \boldsymbol{z} = \boldsymbol{x}^\top \boldsymbol{L}^\top \boldsymbol{z} = 0\,.$$

Also ist $\boldsymbol{y}$ senkrecht zum Nullraum $\mathcal{N}(\boldsymbol{L}^\top)$.

Die Rückrichtung ist aufwendiger zu sehen. Wir nehmen an, dass $\boldsymbol{y} \in (\mathcal{N}(\boldsymbol{L}^\top))^\perp$ gilt und müssen zeigen, dass es eine Lösung zum linearen Gleichungssystem gibt.

In Abschnitt 17.3. des Band 1 wird gezeigt, dass zu $\boldsymbol{y}$ und $\boldsymbol{L}$ das lineare Ausgleichsproblem

$$\underset{\boldsymbol{x}\in\mathbb{R}^n}{\operatorname{Min}}\ \|\boldsymbol{y} - \boldsymbol{Lx}\|$$

stets eine Lösung $\hat{\boldsymbol{x}} \in \mathbb{R}^n$ besitzt und die Lösung die Normalgleichung

$$\boldsymbol{L}^\top \boldsymbol{L}\hat{\boldsymbol{x}} = \boldsymbol{L}^\top \boldsymbol{y}$$

erfüllt. Deswegen ist $\boldsymbol{y} - \boldsymbol{L}\hat{\boldsymbol{x}} \in \mathcal{N}(\boldsymbol{L}^\top)$ und wir erhalten mit $\boldsymbol{y} \in (\mathcal{N}(\boldsymbol{L}^\top))^\perp$ die Gleichung

$$\begin{aligned}\|\boldsymbol{y} - \boldsymbol{L}\hat{\boldsymbol{x}}\|^2 &= (\boldsymbol{y} - \boldsymbol{L}\hat{\boldsymbol{x}})^\top(\boldsymbol{y} - \boldsymbol{L}\hat{\boldsymbol{x}})\\ &= \boldsymbol{y}^\top(\boldsymbol{y} - \boldsymbol{L}\hat{\boldsymbol{x}}) - (\boldsymbol{L}\hat{\boldsymbol{x}})^\top(\boldsymbol{y} - \boldsymbol{L}\hat{\boldsymbol{x}})\\ &= 0 - \hat{\boldsymbol{x}}^\top(\boldsymbol{L}^\top\boldsymbol{y} - \boldsymbol{L}^\top\boldsymbol{L}\hat{\boldsymbol{x}}) \;=\; 0\,.\end{aligned}$$

Damit ist $\boldsymbol{L}\hat{\boldsymbol{x}} = \boldsymbol{y}$ und das lineare Gleichungssystem hat eine Lösung. ◀

Um in allgemeinen normierten Räumen ähnliche Charakterisierung zu erzielen, ist mehr algebraische Struktur notwendig als bei der Riesz-Theorie. Es muss zumindest geklärt sein, was *Transponieren* bzw. *Adjungieren* und *orthogonal* bedeutet. Darüber hinaus haben wir im endlich dimensionalen Beispiel implizit für die Existenz von Lösungen zum Ausgleichsproblem den Projektionssatz genutzt. Wir können erwarten, dass zumindest eine Variante des Projektionssatzes auch im allgemeinen Fall erforderlich ist.

Dualraum und euklidischer Raum sind Beispiele für Dualsysteme

Mit dem Dualraum zu normierten Räumen in Abschnitt 8.3 haben wir im Wesentlichen bereits diese weitergehende Struktur kennengelernt. Allgemeiner definieren wir *Dualsysteme* zu zwei linearen Räumen, um etwa adjungierte Operatoren oder orthogonale Mengen betrachten zu können.

Beispiel: Das Sturm'sche Randwertproblem

Ein Randwertproblem der Form

$$x''(t) - q(t)x(t) = f(t), \quad x(0) = x(1) = 0$$

mit $q, f \in C([0,1])$ wird nach Jacques Charles François Sturm (1803–1855) **Sturm'sches Randwertproblem** genannt. Dabei können die auftretenden Funktionen komplexwertig angenommen werden. Wir wollen zeigen, dass das Randwertproblem für jede Funktion $f \in C([0,1])$ genau eine Lösung besitzt, wenn $\operatorname{Re} q(t) \geq 0$ für $t \in [0,1]$ vorausgesetzt wird.

Problemanalyse und Strategie: Die Idee besteht darin, das Randwertproblem äquivalent durch eine Fredholm-Integralgleichung zu beschreiben. Mit der Riesz-Theorie folgt dann die gesuchte Existenzaussage, wenn wir Injektivität des Operators zeigen können.

Lösung:

Analog zu Aufgabe 8.8 können wir das Randwertproblem

$$x''(t) - q(t)x(t) = f(t), \quad x(0) = x(1) = 0$$

mit $q, f \in C([0,1])$ äquivalent durch die Fredholm-Integralgleichung

$$x(t) - \int_0^1 q(s)k(t,s)x(s)\,\mathrm{d}s = \int_0^1 k(t,s)f(s)\,\mathrm{d}s$$

in $x \in C([0,1])$ beschreiben mit dem stetigen Kern

$$k(t,s) = \begin{cases} (t-1)s, & 0 \leq s \leq t \leq 1 \\ (s-1)t, & 0 \leq t < s \leq 1\,. \end{cases}$$

Da die Integralgleichung eine Fredholm-Gleichung ist, genügt es wegen der Riesz-Theorie Eindeutigkeit zu zeigen. Wir betrachten also eine Lösung $x \in C([0,1])$ der homogenen Integralgleichung

$$x(t) - \int_0^1 k(t,s)q(s)x(s)\,\mathrm{d}s = 0.$$

Dann ist $x \in C^2((0,1])$ (siehe Aufgabe 8.8) und löst das Randwertproblem

$$x''(t) - q(t)x(t) = 0, \quad x(0) = x(1) = 0.$$

Multiplikation der Differenzialgleichung mit $\overline{x}(t)$ und Integration liefert

$$\int_0^1 x''(t)\overline{x(t)} - q(t)|x(t)|^2\,\mathrm{d}t = 0\,.$$

Mit partieller Integration erhalten wir

$$-\int_0^1 |x'(t)|^2 + q(t)|x(t)|^2\,\mathrm{d}t = 0$$

wegen der Randbedingung $x(0) = x(1) = 0$.

Unter der Voraussetzung $\operatorname{Re} q \geq 0$, ergibt sich insbesondere

$$\int_0^1 |x'(t)|^2\,\mathrm{d}t = 0\,.$$

Dies bedeutet $x'(t) = 0$ für $t \in [0,1]$. Also ist die Funktion x konstant und aus $x(0) = x(1) = 0$ folgt $x(t) = 0$ für $t \in [0,1]$. Wir haben gezeigt, dass die homogene Integralgleichung nur die triviale Lösung besitzt. Damit ist $(I - A)$ injektiv, wenn wir mit A den Integraloperator bezeichnen. Mit der Riesz-Theorie ist $I - A$ beschränkt invertierbar. Wegen der Äquivalenz von Integralgleichung und Randwertproblem haben wir somit bewiesen, dass das Sturm'sche Randwertproblem im Fall $\operatorname{Re} q \geq 0$ eindeutig lösbar ist, und wir haben auch gezeigt, dass die Lösung stetig von der Funktion $f \in C([0,1])$ abhängt. Es handelt sich also um ein gut gestelltes Problem im Sinne der Definition auf Seite 293.

Für den Fall, dass $\operatorname{Im} q > 0$ oder $\operatorname{Im} q < 0$ auf $[0,1]$ gilt, folgt aus der oben gezeigten Identität,

$$-\int_0^1 |x'(t)|^2 + q(t)|x(t)|^2\,\mathrm{d}t = 0\,,$$

dass $\operatorname{Im}(q(t))|x(t)|^2 = 0$ und somit $x(t) = 0$ für $t \in [0,1]$ gilt. Wir erhalten auch in diesen Fällen eindeutige Lösbarkeit des Randwertproblems. Der Fall, dass $\operatorname{Re}(q) < 0$ ist und keine Vorzeichenbeschränkung für den Imaginärteil greift, ist komplizierter. Insbesondere eine reellwertige negative Funktion q ist interessant, da mit dem Randwertproblem Schwingungsphänomene in Anwendungen modelliert werden. Diesen Fall deckt die bisher entwickelte Riesz-Theorie nicht ab. Im nächsten Abschnitt werden wir deshalb die Theorie erweitern.

Definition eines Dualsystems

- Eine Abbildung $\langle\cdot,\cdot\rangle : X\times Y \to \mathbb{C}$ auf Vektorräumen X und Y heißt **Bilinearform**, wenn

$$\langle \alpha_1 x_1 + \alpha_2 x_2, y\rangle = \alpha_1\langle x_1, y\rangle + \alpha_2\langle x_2, y\rangle$$

und

$$\langle x, \alpha_1 y_1 + \alpha_2 y_2\rangle = \alpha_1\langle x, y_1\rangle + \alpha_2\langle x, y_2\rangle$$

für $\alpha_1, \alpha_2 \in \mathbb{C}$, $x, x_1, x_2 \in X$ und $y, y_1, y_2 \in Y$ gelten.

Wir sprechen von einer **Sesquilinearform**, wenn die zweite Gleichung durch

$$\langle x, \alpha_1 y_1 + \alpha_2 y_2\rangle = \overline{\alpha}_1\langle x, y_1\rangle + \overline{\alpha}_2\langle x, y_2\rangle$$

ersetzt wird.
- Eine Bilinearform oder eine Sesquilinearform heißt **nicht degeneriert**, wenn sowohl zu jedem $x \in X\setminus\{0\}$ ein $y \in Y$ existiert mit $\langle x, y\rangle \neq 0$ als auch zu jedem $y \in Y\setminus\{0\}$ ein $x \in X$ existiert mit $\langle x, y\rangle \neq 0$.
- Ein Tripel $(X, Y, \langle\cdot,\cdot\rangle)$ heißt **Dualsystem**, wenn $\langle\cdot,\cdot\rangle$ eine nicht degenerierte Bilinear- oder Sesquilinearform auf $X \times Y$ ist.

Eine Bilinearform ist in beiden Argumenten linear. Bei einer Sesquilinearform ist ein Argument linear und das andere semilinear. Wir haben uns in der Definition darauf festgelegt, das zweite Argument semilinear vorauszusetzen. Analog kann man dies in der Sesquilinearform aber auch vertauschen, sodass die Abbildung im ersten Argument semilinear und im zweiten linear ist. Beide Varianten tauchen in der Literatur auf.

Einige Beispiele zu Dualsystemen sind uns bereits geläufig. So ist etwa durch einen euklidischen Vektorraum ein Dualsystem gegeben, denn das Skalarprodukt, $(\boldsymbol{x}, \boldsymbol{y}) = \sum_{j=1}^d x_j y_j$, im $\mathbb{R}^d$ liefert uns eine Bilinearform auf $\mathbb{R}^d \times \mathbb{R}^d$ (siehe Kapitel 17 in Band 1).

Beispiel

- Die normierten Räume $X = Y = C(G)$ mit der Sesquilinearform

$$\langle x, y\rangle = \int_G x(s)\overline{y(s)}\,\mathrm{d}s$$

bilden ein Dualsystem; denn die Form ist nicht degeneriert, da aus

$$\langle x, y\rangle = 0 \quad \text{für alle } y \in C(a,b)$$

mit $y = x$ die Identität $\|x\|_{L^2} = 0$ und somit $x = 0$ folgt.

Dies ist ein Beispiel eines *Prä-Hilbertraums*. Durch das L^2-Skalarprodukt ist eine nicht degenerierte Sesquilinearform gegeben. Allgemein halten wir mit Blick auf das Kapitel 10 über Hilberträume fest, dass ein Skalarprodukt eine nicht degenerierte Bi- bzw. Sesquilinearform auf $X \times X$ ist, die darüber hinaus symmetrisch bzw. hermitesch und positiv definit ist.
- Zu einem normierten Raum X haben wir bereits den Dualraum $Y = X' = \mathcal{L}(X, \mathbb{K})$ definiert. Durch die kanonische Dualitätsabbildung

$$\langle x, l\rangle = l(x)$$

ist eine Bilinearform gegeben, d. h., $(X, X', \langle\cdot,\cdot\rangle)$ ist ein Dualsystem.

Es bleibt zu zeigen, dass $\langle\cdot,\cdot\rangle$ nicht degeneriert ist. Für den Beweis sind zwei Aspekte zu untersuchen: Zum einen folgt aus $l \in X'$ mit $l(x) = 0$ für jedes $x \in X$, dass $l = 0$ gilt. Außerdem folgt mit $x \in X$ und $l(x) = 0$ für jedes Funktional $l \in X'$, dass $x = 0$ ist nach dem Satz von Hahn-Banach bzw. der Bemerkung nach der Selbstfrage auf Seite 300. ◀

Das erste der beiden Beispiele ist ein Dualsystem, das etwa im Zusammenhang mit Integralgleichungen genutzt werden kann (siehe Beispiel auf Seite 326). Es illustriert, warum wir nicht nur die kanonische Situation eines Dualsystems bestehend aus X, dem Dualraum X' und der Dualitätsabbildung betrachten, sondern den allgemeineren Begriff eines Dualsystems einführen.

Man beachte auch, dass sowohl Bi- als auch Sesquilinearformen von Interesse sind, wenn $\mathbb{C}$ Grundkörper ist. So ist etwa durch die kanonische Dualitätsabbildung zum Dualraum eine Bilinearform auf $X \times X'$ gegeben. Hingegen ist das Skalarprodukt in komplexen Hilberträumen eine Sesquilinearform. Wir werden auch im Folgenden stets beide Varianten berücksichtigen.

Wir erinnern uns an unseren Ausgangspunkt, das endlich dimensionale Beispiel zu Beginn des Abschnitts. Es wird eine adäquate Verallgemeinerung der transponierten Matrix gesucht. Orientieren wir uns am Skalarprodukt, so lässt sich der Begriff bei zwei Dualsystemen auf lineare Operatoren erweitern. Im Diagramm 9.3 sind die betrachteten Abbildungen dargestellt.

Adjungierter Operator

Es seien (X_1, Y_1) und (X_2, Y_2) zwei Dualsysteme. Zwei Operatoren $A \in \mathcal{L}(X_1, X_2)$ und $B \in \mathcal{L}(Y_2, Y_1)$ heißen zueinander **adjungiert**, wenn für $x \in X_1$ und $y \in Y_2$ gilt

$$\langle Ax, y\rangle_2 = \langle x, By\rangle_1\,.$$

In den folgenden Beispielen sehen wir unter anderem, dass es zu einem linearen beschränkten Operator stets einen adjungierten Operator bezüglich des kanonischen Dualsystems auf den Dualräumen gibt. Wir werden dies später in Kapitel 10 in Hilberträumen nochmal aufgreifen. Im Allgemeinen ist aber nicht immer die Existenz eines adjungierten Operators gewährleistet, wie das dritte Beispiel belegt.

Beispiel

- Zu einem Operator $A \in \mathcal{L}(X, Y)$ in normierten Räumen X, Y und einem Funktional $l' \in Y'$ im Dualraum zu Y definieren wir die Abbildung $l\colon X \to \mathbb{K}$ durch
$$l(x) = l'(Ax), \qquad x \in X\,.$$
Die Abbildung ist linear und wegen $|l(x)| \leq \|l'\|\,\|Ax\| \leq \|l'\|\,\|A\|\|x\|$ beschränkt, d. h., $l \in X'$ ist Element des Dualraums. Wir definieren weiterhin den linearen Operator $B\colon Y' \to X'$ durch
$$Bl' = l\,.$$
Aus der Abschätzung $\|Bl'\| = \|l\| \leq \|A\|\|l'\|$ folgt, dass B beschränkt ist. Also ist B adjungierter Operator zu A bezüglich der beiden kanonischen Dualsysteme $(X, X', \langle\cdot,\cdot\rangle)$, $(Y, Y', \langle\cdot,\cdot\rangle)$ mit den entsprechenden Dualitätsabbildungen als Bilinearformen.
Übrigens gilt insbesondere $\|B\| = \|A\|$; denn wir haben bereits $\|B\| \leq \|A\|$ gezeigt. Mit dem Ergebnis der Selbstfrage von Seite 300 ergibt sich die andere Richtung aus
$$\begin{aligned}\|A\| = \sup_{x\in X\setminus\{0\}} \frac{\|Ax\|}{\|x\|} &= \sup_{x\in X\setminus\{0\}} \sup_{l'\in Y'\setminus\{0\}} \frac{|l'(Ax)|}{\|x\|\|l'\|}\\ &= \sup_{x\in X\setminus\{0\}} \sup_{l'\in Y'\setminus\{0\}} \frac{|Bl'(x)|}{\|x\|\|l'\|} \leq \|B\|\,.\end{aligned}$$
- Ist $G \subseteq \mathbb{R}^d$ kompakt, k stetig und $A\colon C(G) \to C(G)$ der Integraloperator mit
$$Ax(t) = \int_G k(t,s)x(s)\,\mathrm{d}s, \qquad t \in G\,.$$
In Bezug auf das Dualsystem $(C(G), C(G), (\cdot,\cdot)_{L^2})$ mit dem L^2-Skalarprodukt erhalten wir mit dem Satz von Fubini
$$\begin{aligned}(Ax, y)_{L^2} &= \int_G (Ax)(s)\overline{y(s)}\,\mathrm{d}s\\ &= \int_G \int_G k(s,\sigma)x(\sigma)\,\mathrm{d}\sigma\,\overline{y(s)}\,\mathrm{d}s\\ &= \int_G x(\sigma)\left(\int_G k(s,\sigma)\,\overline{y(s)}\,\mathrm{d}s\right)\mathrm{d}\sigma\,.\end{aligned}$$
Wir sehen, dass durch
$$By(t) = \int_G \overline{k(s,t)}\,y(s)\,\mathrm{d}s, \qquad t \in G$$
ein adjungierter Operator $B\colon C(G) \to C(G)$ zu A gegeben ist.
- Wir definieren den Operator $A\colon C([0,1]) \to C([0,1])$ durch
$$Ax(t) = x(1),$$
eine *Punktauswertung* der Funktion x an der Stelle $t = 1$. Der Operator A ist kompakt, denn das Bild ist eindimensional. Aber er besitzt keinen adjungierten Operator bzgl. des Skalarprodukts $\langle x, y\rangle = \int_0^1 x(s)\overline{y(s)}\,\mathrm{d}s$. Denn, wäre $B \in \mathcal{L}(C([0,1]), C([0,1]))$ adjungiert zu A und $y \in C([0,1])$ eine Funktion mit $\int_0^1 y(s)\,\mathrm{d}s = 1$, dann gilt mit der Cauchy-Schwarz'schen Ungleichung
$$|x(1)| = |\langle Ax, y\rangle| = |\langle x, By\rangle| \leq \|x\|_{L^2}\,\|By\|_{L^2}$$
für jedes $x \in C([0,1])$. Betrachten wir aber die Folge $(x_n) \subseteq C([0,1])$ mit $x_n(t) = t^n$, so folgt ein Widerspruch aus
$$1 \leq \|By\|_{L^2}\left(\int_0^1 t^{2n}\,\mathrm{d}t\right)^{\frac{1}{2}} = \frac{\|By\|_{L^2}}{\sqrt{2n+1}} \to 0, \qquad n\to\infty.$$
◀

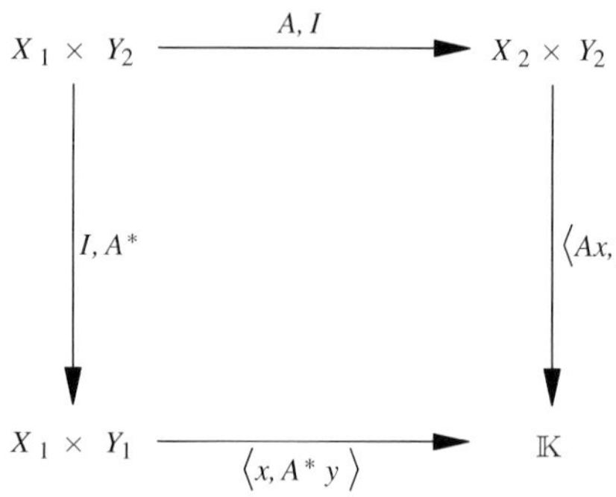

Abbildung 9.3 Das kommutative Diagramm zeigt die Abbildungseigenschaften bei zueinander adjungierten Operatoren in zwei Dualsystemen.

Es gibt höchstens einen adjungierten Operator

Im Fall der kanonischen Dualsysteme oder eines Integraloperators gibt es stets einen adjungierten Operator, wie die beiden ersten Beispiele zeigen. Mit dem letzten Beispiel wird deutlich, dass dies nicht immer richtig ist. Zumindest lässt sich aber zeigen, dass es zu einem linearen beschränkten Operator höchstens einen adjungierten Operator in Dualsystemen gibt.

Lemma
Bilden normierte Räume X_1, X_2 bzw. Y_1, Y_2 Dualsysteme, so existiert zu einem Operator $A \in \mathcal{L}(X_1, X_2)$ höchstens ein adjungierter Operator $B \in \mathcal{L}(Y_2, Y_1)$.

Beweis: Sind $B_1, B_2\colon Y_2 \to Y_1$ adjungiert zu einem Operator A, so ist
$$\langle x, (B_1 - B_2)y\rangle = \langle Ax - Ax, y\rangle = 0$$
für jedes $x \in X_1$ und $y \in Y_2$. Es ergibt sich $(B_1 - B_2)y = 0$ für alle $y \in Y_2$, da die Bi- bzw. Sesquilinearform nicht degeneriert ist. Also folgt $B_1 = B_2$. ■

Mit der Eindeutigkeit können wir für den adjungierten Operator die Notation A^* einführen, wenn er existiert, d. h., es gilt
$$\langle Ax, y\rangle_2 = \langle x, A^*y\rangle_1$$

für alle $x \in X_1$ und $y \in Y_2$. Für adjungierte Operatoren bezüglich der kanonischen Situation in den Dualräumen findet sich auch die Notation A' anstelle von A^* in der Literatur.

?

Bestimmen Sie eine Darstellung des adjungierten Operators $A^*\colon l^q \to l^q$ zum Shiftoperator $A\colon l^p \to l^p$ mit

$$A(x_n) = (0, x_1, x_2, x_3, x_4, \dots),$$

wenn wir als Dualsysteme die durch die Dualräume kanonisch gegebenen Systeme betrachten und den Dualraum $(l^p)'$ mit dem Folgenraum l^q mit $\frac{1}{p} + \frac{1}{q} = 1$ identifiziert.

Zwei einfache Rechenregeln erleichtern uns den Umgang mit adjungierten Operatoren und zeigen insbesondere, dass das Adjungieren mit der Vektorraumstruktur von $\mathcal{L}(X_1, Y_1)$ verträglich ist.

Folgerung
Sind Dualsysteme $X_j, Y_j, \langle \cdot, \cdot \rangle_j$, $j = 1, 2, 3$ gegeben, dann gilt:

- für Operatoren $A, B \in \mathcal{L}(X_1, X_2)$ im Fall von Bilinearformen die Identität
$$(\lambda A + \mu B)^* = \lambda A^* + \mu B^*$$
bzw. im Fall von Sesquilinearformen
$$(\lambda A + \mu B)^* = \overline{\lambda} A^* + \overline{\mu} B^*$$
für $\lambda, \mu \in \mathbb{K}$;
- für Operatoren $A \in \mathcal{L}(X_1, X_2)$ und $C \in \mathcal{L}(X_2, X_3)$ die Gleichung
$$(CA)^* = A^* C^* .$$

Beweis: Die Behauptungen ergeben sich direkt durch Einsetzen in die Bi- bzw. Sesquilinearformen, etwa im Fall von Sesquilinearformen aus

$$\begin{aligned}\langle(\lambda A + \mu B)x, y\rangle &= \lambda\langle Ax, y\rangle + \mu\langle Bx, y\rangle \\ &= \lambda\langle x, A^* y\rangle + \mu\langle x, B^* y\rangle \\ &= \langle x, (\overline{\lambda} A^* + \overline{\mu} B^*) y\rangle .\end{aligned}$$

Bei der Verkettung von Operatoren ergibt sich der adjungierte Operator aus

$$\langle CAx, y\rangle = \langle Ax, C^* y\rangle = \langle x, A^* C^* y\rangle .$$

für $x \in X_1$ und $y \in Y_1$. ■

In Dualsystemen lassen sich zueinander orthogonale Elemente definieren

Viele weitere Aspekte bei zueinander adjungierten Operatoren gilt es zu entdecken. Wir konzentrieren uns in dieser Einführung auf die Fredholm-Theorie. Erinnern wir uns an unseren Ausgangspunkt auf Seite 325, so benötigen wir neben dem Transponieren von Matrizen auch zueinander *senkrecht* stehende Elemente. In einem Dualsystem lässt sich analog zum Anschauungsraum das **orthogonale Komplement** einer Menge definieren. Zu einer Menge $M \subseteq X$ schreiben wir

$$M^\perp = \{y \in Y\colon \langle x, y\rangle = 0 \quad \text{für } x \in M\},$$

bzw. analog zu $\tilde{M} \subseteq Y$ ist

$$\tilde{M}^\perp = \{x \in X\colon \langle x, y\rangle = 0 \quad \text{für } y \in \tilde{M}\}.$$

?

Zeigen Sie, dass das orthogonale Komplement $M^\perp \subseteq Y$ zu einer Menge $M \subseteq X$ ein abgeschlossener Unterraum ist, wenn ein Dualsystem mit beschränkter Bi- bzw. Sesquilinearform vorausgesetzt ist, d. h., es gibt $C > 0$ mit

$$|\langle x, y\rangle| \le C\|x\|\,\|y\| \quad \text{für } x \in X, y \in Y .$$

Es besteht ein enger Zusammenhang zwischen der Lösbarkeit einer Operatorgleichung $Ax = b$ und dem zugehörigen adjungierten Operator. Folgende Beobachtung ist ein erster Hinweis.

Lemma
Sind Dualsysteme $(X_j, Y_j, \langle \cdot, \cdot \rangle_j)$ und zueinander adjungierte Operatoren $A \in \mathcal{L}(X_1, X_2)$ und $A^* \in \mathcal{L}(Y_2, Y_1)$ gegeben, so gilt für die Nullräume der Operatoren

$$\mathcal{N}(A) = (A^*(Y_2))^\perp$$

und

$$\mathcal{N}(A^*) = (A(X_1))^\perp .$$

Beweis: Da die Form $\langle \cdot, \cdot \rangle_2$ nicht degeneriert ist, ist $x \in \mathcal{N}(A)$ äquivalent zu

$$\langle Ax, y\rangle_2 = 0 \quad \text{für jedes } y \in Y_2 .$$

Mit dem adjungierten Operator bedeutet diese Identität

$$\langle x, A^* y\rangle_1 = 0 \quad \text{für jedes } y \in Y_2 ,$$

d. h. $x \in (A^*(Y_2))^\perp$. Also ist $\mathcal{N}(A) = (A^*(Y_2))^\perp$. Analog folgt $\mathcal{N}(A^*) = (A(X_1))^\perp$. ■

Für die Lösbarkeit einer Operatorgleichung $Ax = b$ wäre eine entsprechende Charakterisierung des Bildraums $A(X)$

von Interesse. Da aber das Bild im Allgemeinen nicht abgeschlossen ist, ist eine ähnlich einfache Beschreibung des Bildraums $A(X_1)$ durch das orthogonale Komplement $\big(\mathcal{N}(A^*)\big)^\perp$ nicht zu erwarten.

Wir konzentrieren uns auf den Fall von kompakten Störungen der Identität. Die Fredholm-Theorie, die durch die Riesz-Theorie des vorherigen Abschnitts vorbereitet ist, liefert in diesem Fall die gewünschte Charakterisierung des Bildraums und somit eine Aussage zur Lösbarkeit solcher Gleichungen.

Bei kompakten Störungen der Identität ist das Bild orthogonales Komplement zum Nullraum des adjungierten Operators

In Vorbereitung auf die Fredholm-Theorie erweitern wir die Idee des Gram-Schmidt'schen Orthogonalisierungsverfahrens (siehe Abschnitt 17.3 Band 1) auf Dualsysteme und beweisen zunächst das folgende Lemma.

Lemma
Ist $(X, Y, \langle\cdot,\cdot\rangle)$ ein Dualsystem und sind $\{x_1,\dots,x_n\} \subseteq X$ linear unabhängig, so existieren $\{y_1,\dots,y_n\} \subseteq Y$ mit der Eigenschaft

$$\langle x_i, y_j\rangle = \delta_{ij}, \quad i, j = 1,\dots,n.$$

Beweis: Wir beweisen die Aussage durch eine Induktion nach n für eine Sesquilinearform. Der Beweis im Fall einer Bilinearform ist analog.

Der Induktionsanfang für $n = 1$ ergibt sich, da $\langle\cdot,\cdot\rangle$ nicht degeneriert ist und deswegen zu $x_1 \in X \setminus \{0\}$ ein y_1 existiert mit $\langle x_1, y_1\rangle = 1$.

Für den Induktionsschritt, $n \rightsquigarrow n+1$, nehmen wir an, dass die Behauptung für n-elementige Teilmengen von X gilt. Ist nun $\{x_1,\dots,x_{n+1}\} \subseteq X$ eine Menge von $n+1$ linear unabhängigen Elementen, dann betrachten wir zu $m \in \{1,\dots,n+1\}$ die n-elementige Teilmenge

$$\{x_1,\dots,x_{n+1}\} \setminus \{x_m\}.$$

Es existiert $y_j^{(m)} \in Y$, $j = 1,\dots,n+1$, $j \neq m$ mit

$$\langle x_i, y_j^{(m)}\rangle = \delta_{ij} \quad \text{für} \quad i, j \in \{1,\dots,n+1\} \setminus \{m\}.$$

Da $x_1,\dots,x_{n+1}$ linear unabhängig sind, gilt

$$x_m - \sum_{\substack{k=1\\k\neq m}}^{n+1} \langle x_m, y_k^{(m)}\rangle x_k \neq 0.$$

Also gibt es ein $z_m \in Y$ mit

$$\alpha_m = \Big\langle x_m - \sum_{\substack{k=1\\k\neq m}}^{n+1} \langle x_m, y_k^{(m)}\rangle x_k, z_m\Big\rangle \neq 0.$$

Setzen wir

$$y_m = \frac{1}{\overline{\alpha_m}}\left(z_m - \sum_{\substack{k=1\\k\neq m}}^{n+1} \overline{\langle x_k, z_m\rangle}\, y_k^{(m)}\right) \in Y,$$

so folgt

$$\begin{aligned}\langle x_m, y_m\rangle &= \frac{1}{\alpha_m}\left(\langle x_m, z_m\rangle - \Big\langle x_m, \sum_{\substack{k=1\\k\neq m}}^{n+1} \overline{\langle x_k, z_m\rangle}\, y_k^{(m)}\Big\rangle\right)\\ &= \frac{1}{\alpha_m}\left(\Big\langle x_m - \Big(\sum_{\substack{k=1\\k\neq m}}^{n+1} \langle x_m, y_k^{(m)}\rangle x_k\Big), z_m\Big\rangle\right) = 1\end{aligned}$$

und für $j \neq m$

$$\langle x_j, y_m\rangle = \frac{1}{\alpha_m}\left(\langle x_j, z_m\rangle - \sum_{\substack{k=1\\k\neq m}}^{n+1} \langle x_j, z_m\rangle \underbrace{\langle x_k, y_k^{(m)}\rangle}_{=\delta_{jk}}\right) = 0.$$

Auf diesem Weg lässt sich zu jedem $m \in \{1,\dots,n+1\}$ ein y_m konstruieren und für die Menge $\{y_1,\dots,y_{n+1}\}$ folgt

$$\langle x_i, y_j\rangle = \delta_{ij}, \quad i, j = 1,\dots,n+1. \qquad \blacksquare$$

Man beachte, dass die Aussage im Lemma symmetrisch ist, d. h., zu linear unabhängigen $\{y_1,\dots,y_n\} \subseteq Y$ existiert eine entsprechende n-elementige Menge $\{x_1,\dots,x_n\} \subseteq X$.

Für den angestrebten Beweis des ersten Fredholm'schen Satzes benötigen wir noch ein weiteres Lemma, das in Bezug steht zum dritten Riesz'schen Satz.

Lemma
Ist X normierter Raum und $A \in \mathcal{K}(X, X)$, so ist nach dem dritten Riesz'schen Satz durch die Zerlegung

$$X = \mathcal{N}(L^r) \oplus L^r(X)$$

mit Rieszzahl $r \in \mathbb{N}_0$ ein kompakter Projektionsoperator $P\colon X \to \mathcal{N}(L^r)$ definiert.

Beweis: Durch den dritten Riesz'schen Satz ist der Projektionsoperator P eindeutig definiert und offensichtlich linear. Da der Nullraum $\mathcal{N}(L^r)$ nach dem ersten Riesz'schen Satz endlich dimensional ist, bleibt zu zeigen, dass der Operator beschränkt ist. Denn dann ist P ein beschränkter Operator mit endlich dimensionalem Bild und somit kompakt, wie in der Selbstfrage auf Seite 319 gezeigt.

Es bleibt die Beschränktheit zu zeigen. Dazu definieren wir auf dem Raum $\mathcal{N}(L^r)$ die Norm

$$\|x\|_r = \inf_{z \in L^r(X)} \|x + z\| \quad \text{für } x \in \mathcal{N}(L^r).$$

Man beachte, dass die Definitheit der Norm folgt, da $L^r(X)$ nach dem zweiten Riesz'schen Satz abgeschlossen ist; denn $\|x\|_r = 0$ impliziert, dass es eine Folge (z_n) in $L^r(X)$ gibt mit $z_n \to -x$ für $n \to \infty$. Mit der Abgeschlossenheit des Bildraums ergibt sich $-x \in L^r(X)$ und, da auch $-x \in \mathcal{N}(L^r)$ ist, erhalten wir $x = 0$.

Auf dem endlich dimensionalen Raum $\mathcal{N}(L^r)$ sind alle Normen äquivalent. Insbesondere gibt es eine Konstante $C > 0$ mit

$$\|x\| \leq C \inf_{z \in L^r(X)} \|x + z\| \quad \text{für } x \in \mathcal{N}(L^r).$$

Mit dieser Abschätzung ergibt sich für ein beliebiges $x \in X$, da $Px \in \mathcal{N}(L^r)$ ist:

$$\|Px\| \leq C \inf_{z \in L^r(X)} \|Px + z\|.$$

Setzen wir rechts $z = x - Px \in L^r(X)$ ein, so folgt

$$\|Px\| \leq C \inf_{z \in L^r(X)} \|Px + z\| \leq C\|x\|,$$

und wir haben gezeigt, dass der Operator P beschränkt ist. ∎

Die beiden letzten Lemmata dienen als Vorbereitung für den Beweis des ersten Fredholm'schen Satzes.

1. Fredholm'scher Satz

Sei $(X, Y, \langle \cdot, \cdot \rangle)$ ein Dualsystem, X, Y normierte Räume und $A: X \to X$, $A^*: Y \to Y$ lineare, kompakte, zueinander adjungierte Operatoren. Dann haben die Nullräume $\mathcal{N}(I - A)$ und $\mathcal{N}(I - A^*)$ dieselbe endliche Dimension.

Beweis: Nach dem ersten Riesz'schen Satz sind die Nullräume der Operatoren $I - A$ bzw. $I - A^*$ endlich dimensional. Setzen wir

$$m = \dim \mathcal{N}(I - A) \quad \text{und} \quad n = \dim \mathcal{N}(I - A^*).$$

Zunächst betrachten wir den Fall $m = 0$:
Sei $\{y_1^*, \ldots, y_n^*\} \subseteq \mathcal{N}(I - A^*)$ eine Basis. Mit dem Lemma auf Seite 330 gibt es eine zugehörige duale Menge $\{x_1^*, \ldots, x_n^*\}$ linear unabhängiger Elemente. Da $m = 0$ ist, ist nach der Riesz-Theorie $I - A$ invertierbar. Also existiert zu x_1^* ein $x \in X$ mit $(I - A)x = x_1^*$ und es gilt

$$1 = \langle x_1^*, y_1^* \rangle = \langle (I - A)x, y_1^* \rangle = \langle x, (I - A^*)y_1^* \rangle = 0.$$

Aus diesem Widerspruch folgt, dass auch $n = 0$ sein muss.

Als nächsten Fall nehmen wir an, dass $0 \neq m < n$ ist:
In diesem Fall ist $I - A$ nicht invertierbar. Wir wählen eine Basis $\{x_1, \ldots, x_m\} \subseteq \mathcal{N}(I - A)$ und eine Basis $\{y_1^*, \ldots, y_n^*\} \subseteq \mathcal{N}(I - A^*)$ zu den beiden Nullräumen aus. Nach dem Lemma auf Seite 330 existieren zugehörige duale Elemente $\{y_1, \ldots, y_m\}$ und $\{x_1^*, \ldots, x_n^*\}$ mit

$$\langle x_i, y_j \rangle = \delta_{ij}, \quad i, j = 1, \ldots, m$$

und

$$\langle x_i^*, y_j^* \rangle = \delta_{ij}, \quad i, j = 1, \ldots, n.$$

Wir bezeichnen mit $r \in \mathbb{N}$ die Rieszzahl von $L = I - A$ und definieren den linearen Projektionsoperator $P: X \to \mathcal{N}(L^r) \subseteq X$ zur Zerlegung $X = \mathcal{N}(L^r) \oplus L^r(X)$. Auf Seite 330 haben wir gesehen, dass P kompakt ist. Weiter setzen wir $T: X \to X$ mit

$$Tx = \sum_{i=1}^m \langle x, y_i \rangle \, x_i^*.$$

Es folgt $T|_{\mathcal{N}(L^r)} \to \operatorname{span}\{x_1^*, \ldots, x_m^*\}$ ist beschränkt, da es sich um einen linearen Operator auf endlich dimensionalen Räumen handelt. Also ist $TP: X \to \operatorname{span}\{x_1^*, \ldots, x_m^*\}$ kompakt.

Wir zeigen nun, dass $I - A + TP: X \to X$ bijektiv ist. Wegen der Riesz-Theorie genügt es Injektivität zu beweisen: Ist $x \in X$ Lösung zu $(I - A + TP)x = 0$. Dann ist

$$Lx = (I - A)x = -TPx.$$

Also gilt

$$0 = \langle x, (I - A^*)y_j^* \rangle = \langle (I - A)x, y_j^* \rangle = -\langle TPx, y_j^* \rangle$$

und für $j \in \{1, \ldots, m\}$ folgt

$$0 = -\Big\langle \sum_{i=1}^m \langle Px, y_i \rangle x_i^*, y_j^* \Big\rangle = -\langle Px, y_j \rangle.$$

Damit ist

$$TPx = \sum_{i=1}^m \underbrace{\langle Px, y_i \rangle}_{=0} x_i^* = 0.$$

Mit der oben gezeigten Identität $Lx = -TPx$ ergibt sich $x \in \mathcal{N}(I - A) \subseteq \mathcal{N}(L^r)$. Es folgt

$$Px = x = \sum_{i=1}^m \alpha_i x_i \quad \text{für} \quad \alpha_i \in \mathbb{C}$$

und

$$0 = \langle Px, y_j \rangle = \sum_{i=1}^m \alpha_i \langle x_i, y_j \rangle = \alpha_j \quad \text{für} \quad j = 1, \ldots, m.$$

Also ist $x = 0$ und somit $I - A + TP$ invertierbar. Insbesondere existiert zu x_{m+1}^* ein $x \in X$ mit $(I - A + TP)x = x_{m+1}^*$. Es folgt der Widerspruch

$$\begin{aligned} 1 &= \langle x_{m+1}^*, y_{m+1}^* \rangle = \langle (I - A + TP)x, y_{m+1}^* \rangle \\ &= \langle (I - A)x, y_{m+1}^* \rangle = \langle x, (I - A^*)y_{m+1}^* \rangle = 0, \end{aligned}$$

da $TPx \in \operatorname{span}\{x_1^*, \ldots, x_m^*\}$ ist, also $\langle TPx, y_{m+1}^* \rangle = 0$.

Analog folgt ein Widerspruch für $n < m$. Insgesamt erhalten wir $n = m$. ∎

Mit dem Lemma auf Seite 329 wissen wir bereits, dass $\overline{(I-A)(X)} = (\mathcal{N}(I-A^*))^\perp$ gilt. Wir beschließen die Theorie mit dem zweiten Fredholm'schen Satz, der zusätzlich die Abgeschlossenheit des Bildraums einer Störung der Identität durch einen kompakten Operator zeigt.

2. Fredholm'scher Satz

Sind ein Dualsystem $(X, Y, \langle\cdot,\cdot\rangle)$ mit normierten Räumen X, Y und zueinander adjungierte Operatoren $A \in \mathcal{K}(X,X)$, $A^* \in \mathcal{K}(Y,Y)$ gegeben, dann gilt

$$(I-A)(X) = (\mathcal{N}(I-A^*))^\perp$$

und

$$(I-A^*)(Y) = (\mathcal{N}(I-A))^\perp .$$

Beweis: Wegen der Symmetrie genügt es, die erste Identität zu zeigen. Es ist Gleichheit der beiden Mengen zu beweisen. Wir beginnen mit der Richtung „$\subseteq$":

Ist $z \in (I-A)X$, so gibt es ein $x \in X$ mit $(I-A)x = z$. Ist weiterhin $y \in \mathcal{N}(I-A^*)$, dann ist

$$\langle z, y\rangle = \langle (I-A)x, y\rangle = \langle x, (I-A^*)y\rangle = 0.$$

Also ist $z \in (\mathcal{N}(I-A^*))^\perp$.

Für die andere Richtung „$\supseteq$", nehmen wir an, für $z \in X$ gilt $z \in (\mathcal{N}(I-A^*))^\perp$. Nach dem ersten Fredholm'schen Satz gilt $m = \dim \mathcal{N}(I-A) = \dim \mathcal{N}(I-A^*)$. Wir unterscheiden wieder zwei Fälle.

1. **Fall** $m = 0$**:** Dann ist $I-A$ injektiv, also mit der Riesz-Theorie beschränkt invertierbar. Somit gibt es $x \in X$ mit $z = (I-A)x$, d. h., z liegt im Bild des Operators $I-A$.
2. **Fall** $m > 0$**:** Seien T, P die bereits im Beweis des ersten Fredholm'schen Satzes (siehe Seite 331) definierten Operatoren. Dann gilt wie oben gezeigt, dass $I-A+TP$ bijektiv ist. Also existiert $x \in X$ mit $(I-A+TP)x = z$. Es bleibt zu zeigen, dass $TPx = 0$ ist. Es gilt mit der Basis $\{y_1^*, \ldots, y_n^*\}$ von $\mathcal{N}(I-A^*)$ die Identität

$$\begin{aligned} 0 = \langle z, y_j^*\rangle &= \langle (I-A+TP)x, y_j^*\rangle \\ &= \sum_{i=1}^m \langle Px, y_i\rangle \underbrace{\langle x_i^*, y_j^*\rangle}_{=\delta_{ij}} + \langle (I-A)x, y_j^*\rangle \\ &= \langle Px, y_j\rangle + \langle x, \underbrace{(I-A^*)y_j^*}_{=0}\rangle \\ &= \langle Px, y_j\rangle \end{aligned}$$

für $j = 1, \ldots, m$. Also folgt $TPx = \sum_{i=1}^m \langle Px, y_i\rangle x_i^* = 0$. ■

Die hier vorgestellte Fredholm-Theorie ist Grundlage für die allgemeine Definition eines Fredholm-Operators und des Index eines Operators. Im Ausblick auf Seite 333 sind die Definitionen erläutert.

Die Fredholm'sche Alternative fasst die Fredholm-Theorie zusammen

Die Aussage der Fredholm-Theorie bezeichnet man in der Literatur als die **Fredholm'sche Alternative**: Sind in einem Dualsystem $(X, Y, \langle\cdot,\cdot\rangle)$ mit normierten Räumen X, Y zwei zueinander adjungierte kompakte Operatoren $A \in \mathcal{K}(X,X)$ und $A^* \in \mathcal{K}(Y,Y)$ gegeben, so erhalten wir die anfänglich im endlich dimensionalen Fall motivierten Charakterisierungen der Bildräume

$$(I-A)X = (\mathcal{N}(I-A^*))^\perp$$
$$(I-A^*)Y = (\mathcal{N}(I-A))^\perp .$$

In Hinblick auf eine Operatorgleichung der Form $(I-A)x = b$ ergibt sich Lösbarkeit, wenn $b \in (\mathcal{N}(I-A^*))^\perp$ ist. Und im Fall der Riesz'schen Sätze, d. h., $I-A$ ist injektiv, folgt beschränkte Invertierbarkeit von $I-A$, also insbesondere eindeutige Lösbarkeit der Operatorgleichung für jedes $b \in X$.

Beispiel Wir betrachten als einfaches Anwendungsbeispiel noch einmal einen Integraloperator mit degeneriertem Kern (siehe auch Seite 325). Gesucht ist zu einer reellwertigen Funktion $g \in C([0,1])$ eine Lösung der Integralgleichung

$$x(t) - 3\int_0^1 ts\,x(s)\,\mathrm{d}s = g(t) .$$

Zunächst sehen wir mit dem Satz von Fubini

$$\begin{aligned} (Ax, y)_{L^2} &= \int_0^1 \int_0^1 ts\,x(s)\,\mathrm{d}s\; y(t)\,\mathrm{d}t \\ &= \int_0^1 x(s) \int_0^1 ts\,y(t)\mathrm{d}t\,\mathrm{d}s . \end{aligned}$$

Somit ist der Operator *selbstadjungiert* bzgl. des L^2-Skalarprodukts, d. h., es gilt

$$A^*x(t) = \int_0^1 ts\,x(s)\,\mathrm{d}s = Ax(t) .$$

Betrachten wir als nächstes die zugehörige homogene Operatorgleichung

$$(I-A)x = 0 .$$

Für Lösungen dieser Gleichung folgt

$$x(t) = 3\int_0^1 ts\,x(s)\,\mathrm{d}s = ct$$

mit einer Konstanten $c \in \mathbb{R}$. Einsetzen zeigt, dass $x(t) = ct$ Lösung der homogenen Gleichung ist. Wir erhalten

$$\mathcal{N}(I-A) = \mathcal{N}(I-A^*) = \{x \in C([0,1]) : x(t) = ct,\ c \in \mathbb{R}\} .$$

Insgesamt folgt mit der Fredholm'schen Alternative, dass die inhomogene Integralgleichung lösbar ist für alle stetigen Funktionen g die senkrecht zum Nullraum stehen, d. h. für $g \in C([0,1])$ mit

$$\int_0^1 t\,g(t)\,\mathrm{d}t = 0 .$$

◀

Hintergrund und Ausblick: Fredholm-Operatoren und ihr Index

Die aufgezeigte Fredholm-Theorie behandelt Operatoren, die sich als kompakte Störung der Identität auffassen lassen. Diese Operatoren sind ein Spezialfall in der Klasse der *Fredholm-Operatoren*. In diesem kurzen Ausblick beleuchten wir die allgemeine Definition eines *Fredholm-Operators* und den *Index* solcher Operatoren.

Ein linearer beschränkter Operator $L \in \mathcal{L}(X_1, X_2)$ zwischen normierten Räumen X_1, X_2 heißt **defektendlich**, wenn sowohl der Nullraum $\mathcal{N}(L) \subseteq X_1$ als auch der Faktorraum $X_2/L(X_1)$ (siehe Abschnitt 6.5 in Band 1) endlich dimensional sind. Für die Dimension des Faktorraums wird der Begriff **Kodimension** genutzt, d. h., es ist

$$\operatorname{codim}(L(X_1)) = \dim(X_2/L(X_1)) .$$

Einem defektendlichen Operator wird eine charakteristische Zahl zugeordnet, der **Index**, der durch

$$\operatorname{ind}(L) = \dim(\mathcal{N}(L)) - \operatorname{codim}(L(X_1))$$

gegeben ist. Der Index gibt uns einen Hinweis auf die Lösbarkeit von Gleichungen der Form $Lx = y$. Denn ist $\operatorname{ind}(L) < 0$, so kann die Gleichung nicht für jede rechte Seite $y \in Y$ lösbar sein. Wenn $\operatorname{ind}(L) > 0$ ist, ist eine Lösung, falls sie existiert, nicht eindeutig. Aus der Information $\operatorname{ind}(L) = 0$ können wir im Allgemeinen keine weiteren Schlüsse ziehen.

Einen defektendlichen Operator nennt man **Fredholm-Operator**, wenn der Operator zusätzlich *relativ regulär* ist. Dabei lässt sich diese Regularitätsbedingung so formulieren, dass zum Operator L ein weiterer linearer beschränkter Operator $B\colon X_2 \to X_1$ existiert mit $LBL = L$. Diese beiden Bedingungen lassen sich übrigens auch für lineare, aber nicht notwendig stetige Operatoren betrachten, sodass in der Operatortheorie der Begriff des Fredholm-Operators losgelöst von topologischen Eigenschaften definiert wird.

Sind zu den normierten Räumen Dualsysteme $(X_j, Y_j, \langle\cdot,\cdot\rangle_j)$, $j = 1, 2$, gegeben und besitzt ein Fredholm-Operator L einen beschränkten adjungierten Operator $L^*\colon Y_2 \to Y_1$, so gilt

$$\operatorname{codim}(L(X_1)) = \dim(\mathcal{N}(L^*)) .$$

Ein Beweis der Aussage stützt sich auf das auch für die Fredholm-Theorie wichtige Lemma auf Seite 330. Definieren wir $X = X_2/L(X_1)$ und $Y = \mathcal{N}(L^*)$, so ist durch

$$([u], y) = \langle u + Lv, y\rangle_2 = \sum_{j=1}^{n} \alpha_j \langle u_j, y\rangle_2$$

eine Sesquilinearform gegeben, wenn wir eine Basis $\{[u_j]\colon j = 1, \dots, n\}$ zu $X_2/L(X_1)$ wählen. Können wir nun zeigen, dass diese Sesquilinearform auf den endlich dimensionalen Räumen X, Y nicht degeneriert ist, so folgt mit dem Lemma, dass die Dimensionen der beiden Räume gleich sind.

Betrachten wir also $y \neq 0$. Da $\langle\cdot,\cdot\rangle_2$ auf $X_2 \times Y_2$ nicht degeneriert ist, gibt es $u \in X_2$ mit $\langle u, y\rangle_2 \neq 0$ und somit ist auch $([u], y) \neq 0$. Es bleibt noch zu zeigen, dass zu $[u] \neq 0$ ein $y \in \mathcal{N}(L^*)$ existiert mit $([u], y) \neq 0$. Mit dem Lemma finden wir zugehörige linear unabhängige Elemente $y_j \in Y_2$ mit

$$\langle u_i, y_j\rangle_2 = \delta_{ij} .$$

Weiter definieren wir den Projektionsoperator $P\colon X_2 \to X_2$ durch

$$Pu = \sum_{i=1}^{n} \langle u, y_j\rangle_2 \, u_j .$$

Damit ist X_2 in die direkte Summe $X_2 = P(X_2) \oplus (I - P)(X_2)$ zerlegbar. Für $v \in X_1$ folgt $P(Lv) = 0$ und wir erhalten $Lv \in (I - P)(X_2) = \{z \in X_2\colon \langle z, y_j\rangle = 0,\ j = 1, \dots, n\}$ für jedes $v \in X_1$. Wir erhalten

$$\langle v, L^* y_j\rangle_1 = \langle Lv, y_j\rangle_2 = 0 ,$$

d. h. $y_j \in \mathcal{N}(L^*)$. Wählen wir also zu $[u] \neq 0$ ein $j \in \{1, \dots, n\}$ mit $\langle u, y_j\rangle_2 \neq 0$, so folgt $([u], y_j) \neq 0$ mit $y_j \in \mathcal{N}(L^*)$ und wir haben insgesamt gezeigt, dass die Sesquilinearform $(\cdot,\cdot)\colon X_2/L(X_1) \to \mathcal{N}(L^*)$ nicht degeneriert ist.

Wegen der Identität der beiden Dimensionen können wir mit dem ersten und zweiten Fredholm'schen Satz folgern, dass der Operator $L = I - A$ mit $A \in \mathcal{K}(X, X)$ ein Fredholm-Operator mit Index $\operatorname{ind}(I - A) = 0$ ist.

In der Selbstfrage auf Seite 329 haben wir einen Fredholm-Operator kennengelernt, der einen von null verschiedenen Index hat. Denn der Shift-Operator $A\colon \mathrm{l}^p \to \mathrm{l}^p$ mit

$$A(x_n) = (0, x_1, x_2, x_3, x_4, \dots) ,$$

besitzt den Nullraum $\mathcal{N}(A) = \{0\}$, aber der adjungierte Operator

$$A^*((l_n)) = (l_2, l_3, l_4, \dots) \in \mathrm{l}^q$$

weist den Nullraum $\mathcal{N}(A^*) = \{l \in \mathrm{l}^q : l_j = 0 \text{ für } j \geq 2\}$ auf mit $\dim(\mathcal{N}(A^*)) = 1$, d. h.

$$\operatorname{ind}(A) = -1 .$$

Der historische Ursprung, den Index eines Operators zu betrachten, steht im Zusammenhang mit singulären Integraloperatoren wie etwa dem Cauchy-Operator $A\colon C^{0,\alpha}(\Gamma) \to C^{0,\alpha}(\Gamma)$ auf einer geschlossenen hinreichend regulären Kurve $\Gamma \subset \mathbb{C}$, der sich als Hauptwert

$$A\varphi(z) = \lim_{r\to 0} \int_{\Gamma\setminus\{|\xi - z| < r} \frac{\varphi(\xi)}{\xi - z} \, d\xi$$

aus dem Cauchy'schen Integraloperator der Funktionentheorie (siehe Kapitel 5) ergibt.

Der im Dualraum adjungierte Operator eines kompakten Operators ist kompakt

Bei Integraloperatoren und dem L^2-Skalarprodukt können wir stets den adjungierten Operator durch einen Integraloperator angeben (siehe Beispiel auf Seite 328), sodass die Kompaktheit des adjungierten Operators mit dem allgemeinen Ergebnis zu Integraloperatoren auf Seite 321 gegeben ist. Für allgemeine Dualsysteme ist weder die Existenz noch die Kompaktheit eines adjungierten Operators gewährleistet. Abschließend zeigen wir, dass der Zusammenhang im Fall des kanonischen Dualsystems zwischen X und dem Dualraum X' gegeben ist. Die Aussage geht auf Juliusz Pawel Schauder (1899–1943) zurück.

Satz von Schauder

Sind X, Y normierte Räume und $A \in \mathcal{K}(X, Y)$ ein kompakter linearer Operator, dann ist in den Dualräumen X', Y' der adjungierte Operator $A^*: Y' \to X'$ kompakt.

Beweis: Die Existenz des adjungierten Operators $A^* \in \mathcal{L}(Y', X')$ wurde bereits im Beispiel auf Seite 328 bewiesen. Es bleibt somit zu zeigen, dass der Operator A^* kompakt ist, wenn A kompakt ist, d. h., wir müssen zeigen, dass zu einer beschränkten Folge (l_n) in Y' mit $\|l_n\| \leq c$ für alle $n \in \mathbb{N}$ die Bildfolge $(A^* l_n)$ in X' eine konvergente Teilfolge besitzt.

Da A kompakt ist, ist der Abschluss des Bilds der Einheitskugel

$$K = \overline{A(B(0,1))} \subseteq Y$$

kompakt. Zu $z \in K$ und $\varepsilon > 0$ gibt es $x \in X$ mit $|\|z\| - \|Ax\|| \leq \|z - Ax\| \leq \varepsilon$. Die Abschätzung ist für jedes $\varepsilon > 0$ erreichbar. Somit gilt für $z \in K$ die Abschätzung

$$\|z\| \leq \sup_{x \in B(0,1)} (\|Ax\|) \leq \|A\| .$$

Auf der Menge K betrachten wir die stetigen Funktionen $f_n: K \to \mathbb{K}$, die durch

$$f_n(z) = l_n(z), \quad z \in K ,$$

definiert sind. Mithilfe des Satzes von Arzela-Ascoli (siehe Seite 317) lässt sich zeigen, dass

$$M = \{f_n \in C(K) : n \in \mathbb{N}\} \subseteq C(K)$$

eine kompakte Teilmenge der stetigen Funktionen ist. Dazu müssen wir belegen, dass M punktweise beschränkt und gleichgradig stetig ist:

Die Beschränktheit folgt aus

$$f_n(z) = l_n(z) \leq \|l_n\| \|z\| \leq c\|A\|$$

für $n \in \mathbb{N}$ und $z \in K$. Und gleichgradige Stetigkeit erhalten wir aus der Abschätzung

$$\|f_n(z) - f_n(v)\| \leq \|l_n\| \|z - v\| \leq c\|z - v\|$$

für $z, v \in K$ und $n \in \mathbb{N}$.

Somit gibt es zur Folge (f_n) in M eine konvergente Teilfolge $f_{n_j} \to f \in C(K)$, $j \to \infty$. Insbesondere gibt es zu $\varepsilon > 0$ einen Index $j_0 \in \mathbb{N}$ mit

$$\begin{aligned}
\varepsilon &\geq \|f_{n_j} - f_{n_k}\|_\infty = \sup_{z \in K} |f_{n_j}(z) - f_{n_k}(z)| \\
&\geq \sup_{\|x\| \leq 1} |l_{n_j}(Ax) - l_{n_k}(Ax)| = \sup_{\|x\| \leq 1} |A^*(l_{n_j} - l_{n_k})(x)| \\
&\geq \sup_{\|x\| = 1} |A^*(l_{n_j} - l_{n_k})(x)| = \|A^*(l_{n_j} - l_{n_k})\|_{X'}
\end{aligned}$$

für alle $j, k \in \mathbb{N}$ mit $n_j, n_k \geq j_0$. Also ist $(A^* l_{n_j})_{j \in \mathbb{N}}$ eine Cauchy-Folge in X' und somit konvergent, da X' vollständig ist. ∎

Beispiel: Sturm'sches Randwertproblem, 2. Teil

Wir kommen zurück auf das Sturm'sche Randwertproblem $x''(t) - q(t)x(t) = f(t)$ mit $x(0) = x(1) = 0$ und $q, f \in C([0,1])$. Mit der Riesz-Theorie konnten wir für einige Fälle bereits Existenzaussagen zu Lösungen des Randwertproblems machen (siehe auch Seite 326). Mithilfe der Fredholm-Theorie zeigen wir ohne einschränkende Voraussetzungen an q, dass das Problem eine Lösung besitzt genau dann, wenn $f \in C([0,1])$ die Bedingung $\int_0^1 f(t)\overline{z(t)}\,dt = 0$ erfüllt für alle Lösungen $z \in C([0,1])$ des adjungierten homogenen Randwertproblems $z'' - \overline{q}z = 0, \quad z(0) = z(1) = 0$.

Problemanalyse und Strategie: Um die Existenzaussage zu belegen, wenden wir die Fredholm-Theorie im Dualsystem $(C([0,1]), C([0,1]), (\cdot,\cdot)_{L^2})$ an auf die äquivalente Integralgleichung, wie sie auf Seite 326 schon betrachtet wurde.

Lösung:
Es soll Äquivalenz gezeigt werden. Beginnen wir mit der Richtung „⇒". Wir gehen davon aus, dass das Randwertproblem $x'' - qx = f, x(0) = x(1) = 0$ zu $f \in C([0,1])$ lösbar ist und $z \in C^2([0,1])$ eine Lösung zu $z'' - \overline{q}z = 0$ mit $z(0) = z(1) = 0$ ist. Dann ergibt sich die Behauptung mit zweimaliger partieller Integration

$$\int_0^1 f(s)\overline{z(s)}\,ds = \int_0^1 (x''(s) - q(s)x(s))\overline{z(s)}\,ds$$
$$= \int_0^1 x(s)\left(\underbrace{\overline{z''}(s) - q(s)\overline{z(s)}}_{=0}\right)ds = 0\,.$$

Für den Beweis der anderen Richtung, „⇐", sei $f \in C([0,1])$ gegeben mit $\int_0^1 f(s)\overline{z(s)}\,ds = 0$ für alle $z \in C^2([0,1])$, die das homogene adjungierte Randwertproblem $z'' - \overline{q}z = 0$, $z(0) = z(1) = 0$ lösen. Setzen wir

$$g(t) = \int_0^1 k(t,s)f(s)\,ds$$

und

$$Ax(t) = \int_0^1 k(t,s)q(s)x(s)\,ds\,,$$

wobei der Kern $k\colon [0,1] \times [0,1] \to \mathbb{R}$ durch

$$k(t,s) = \begin{cases} (t-1)s, & 0 \le s \le t \le 1 \\ (s-1)t, & 0 \le t < s \le 1 \end{cases}$$

gegeben ist. Uns ist bereits bekannt, dass die Lösbarkeit des Randwertproblems äquivalent zur Lösbarkeit der Integralgleichung

$$(I - A)x = g$$

in $C([0,1])$ ist. Wegen der Fredholm'schen Alternative ist diese Integralgleichung genau dann lösbar, wenn $g \in (\mathcal{N}(I - A^*))^\perp$ erfüllt ist.
Den adjungierten Operator zu A erhalten wir durch Vertauschen der Argumente des Kerns, d. h., es gilt

$$A^*y(t) = \int_0^1 k(s,t)y(s)\,ds\,.$$

Somit ist $y \in \mathcal{N}(I - A^*)$, wenn

$$y(t) - \overline{q(t)}\int_0^1 k(s,t)y(s)\,ds = 0$$

ist. Wir erhalten mit dem Satz von Fubini

$$\int_0^1 g(t)\overline{y(t)}\,dt = \int_0^1\int_0^1 k(t,s)f(s)\overline{y(t)}\,ds\,dt$$
$$= \int_0^1 f(s)\int_0^1 k(t,s)\overline{y(t)}\,dt\,ds$$
$$= \int_0^1 f(s)\overline{z(s)}\,ds,$$

wenn wir $z(s) = \int_0^1 k(t,s)y(t)\,dt$ definieren.

Es bleibt zu zeigen, dass $z \in C^2([0,1])$ das Randwertproblem $z'' - \overline{q}z = 0$ mit $z(0) = z(1) = 0$ löst. Denn nach Voraussetzung folgt dann mit obiger Gleichung

$$\int_0^1 g(z)\overline{y(t)}\,dt = 0$$

und wegen der Fredholm'schen Alternative ist die Integralgleichung und damit auch das Sturm'sche Randwertproblem lösbar.

Für z gilt

$$z(t) = \int_0^1 k(s,t)y(s)\,ds = \int_0^1 k(t,s)y(s)\,ds\,.$$

Also ist $z''(t) = y(t)$ und $z(0) = z(1) = 0$, da diese Integralgleichung äquivalent zum Randwertproblem mit $q = 0$ ist. Weiter folgt

$$0 = (I - A^*)y(t) = y(t) - \overline{q(t)}\int_0^1 k(s,t)y(s)\,ds$$
$$= y(t) - \overline{q(t)}z(t)\,.$$

Also erfüllt z das Randwertproblem $z''(t) = \overline{q(t)}z(t)$ und $z(0) = z(1) = 0$.

Zusammenfassung

Die Theorie linearer kompakter Operatoren ist eine der zentralen Hilfsmittel zum Beweis von Existenzaussagen bei Operatorgleichungen, etwa bei Randwertproblemen.

Linearer kompakter Operator

Ein linearer Operator $A\colon X \to Y$ auf normierten Räumen X, Y heißt **kompakt**, wenn jede beschränkte Menge $M \subseteq X$ in eine relativ kompakte Menge $A(M)$ abgebildet wird.

Die Kompaktheit eines linearen Operators zu zeigen bedeutet, die Abbildungseigenschaften eines Operators zu analysieren. Der Satz von Arzela-Ascoli ist ein wichtiges Handwerkzeug, um Kompaktheit zu beweisen.

Satz von Arzela-Ascoli

Eine Menge $M \subseteq C([a, b])$ stetiger, reellwertiger Funktionen ist relativ kompakt bzgl. der Maximumsnorm genau dann, wenn die Menge M folgende Eigenschaften besitzt:

(a) M ist **gleichgradig stetig**, d. h., zu jedem $\varepsilon > 0$ existiert $\delta > 0$ mit

$$\sup_{x \in M} |x(t) - x(s)| \leq \varepsilon$$

für alle $t, s \in [a, b]$ mit $|t - s| \leq \delta$,

(b) M ist punktweise beschränkt, d. h., zu $t \in [a, b]$ gibt es $c_t > 0$ mit

$$\sup_{x \in M} |x(t)| \leq c_t \,.$$

Die Bedeutung kompakter Operatoren bei Existenzbeweisen zu gegebenen Problemen liegt in der **Riesz-Theorie** begründet. Dabei zeigt sich, dass der elementare Zusammenhang zwischen Injektivität und Surjektivität von linearen Abbildungen in endlich dimensionalen Räumen, wie er in der linearen Algebra gezeigt wird, auch allgemeiner bei kompakten Störungen invertierbarer Operatoren erhalten bleibt. Die Theorie lässt sich in drei Schritte aufteilen und startet mit dem ersten Riesz'schen Satz.

1. Riesz'scher Satz

Der Nullraum $\mathcal{N}(L) \subseteq X$ eines Operators

$$L = I - A\colon X \to X$$

auf einem normierten Raum X mit kompaktem, linearem Operator A ist endlich dimensional.

Im nächsten Schritt wird die wichtige Aussage gemacht, dass der Bildraum des Operators $L = I - A$ ein abgeschlossener Unterraum ist.

2. Riesz'scher Satz

Das Bild $L(X) = \{Lx \in X : x \in X\} \subseteq X$ eines Operators $L = I - A\colon X \to X$ mit $A \in \mathcal{K}(X, X)$ ist ein abgeschlossener Unterraum.

Letztendlich zeigt sich mit der Riesz'schen Zahl zu einem kompakten Operator die Eleganz der aufgestellten Theorie.

3. Riesz'scher Satz

Ist in einem normierten Raum X ein Operator der Form $L = I - A\colon X \to X$ mit kompaktem Operator $A\colon X \to X$ gegeben, so existiert eine eindeutig bestimmte Zahl $r \in \mathbb{N}$, die **Riesz'sche Zahl** von A, für die die beiden folgenden Ketten von Inklusionen gelten

$$\{0\} = \mathcal{N}(L^0) \subsetneqq \mathcal{N}(L) \subsetneqq \mathcal{N}(L^2) \subsetneqq \ldots \subsetneqq \mathcal{N}(L^r) = \mathcal{N}(L^{r+1}) = \ldots$$

und

$$X = L^0(X) \supsetneqq L(X) \supsetneqq L^2(X) \supsetneqq \ldots \supsetneqq L^r(X) = L^{r+1}(X) = \ldots$$

Außerdem ist $L^r(X)$ abgeschlossen und

$$X = \mathcal{N}(L^r) \oplus L^r(X)\,.$$

Als wesentliche Folgerung der Riesz-Theorie ist festzuhalten, dass ein Operator $L = I - A\colon X \to Y$ mit $A \in \mathcal{K}(X, Y)$ genau dann beschränkt invertierbar ist, wenn der Operator injektiv ist. Diese Folgerung ergibt sich aus dem 3. Riesz'schen Satz, wobei die Beschränktheit des inversen Operators separat zu zeigen ist.

Wenn mehr algebraische Struktur vorausgesetzt ist, lässt sich die Theorie erweitern auf den Fall, dass der Operator nicht injektiv ist. Denn lässt sich der Operator in einem **Dualsystem** betrachten und besitzt er in diesem Dualsystem einen adjungierten Operator, so liefert die Fredholm-Theorie weitere Aussagen.

1. Fredholm'scher Satz

Sei $(X, Y, \langle\cdot,\cdot\rangle)$ ein Dualsystem, X, Y normierte Räume und $A\colon X \to X$, $A^*\colon Y \to Y$ lineare, kompakte, zueinander adjungierte Operatoren. Dann haben die Nullräume $\mathcal{N}(I - A)$ und $\mathcal{N}(I - A^*)$ dieselbe endliche Dimension.

Die gesamte Theorie gipfelt im zweiten Fredholm'schen Satz.

2. Fredholm'scher Satz

Sind ein Dualsystem $(X, Y, \langle\cdot,\cdot\rangle)$ mit normierten Räumen X, Y und zueinander adjungierte Operatoren $A \in \mathcal{K}(X, X)$, $A^* \in \mathcal{K}(Y, Y)$ gegeben, dann gilt

$$(I - A)(X) = (\mathcal{N}(I - A^*))^{\perp}$$

und

$$(I - A^*)(Y) = (\mathcal{N}(I - A))^{\perp}.$$

Die Aussage des Satzes wird häufig als **Fredholm'sche Alternative** bezeichnet, wobei zwischen den beiden Fällen eines injektiven und eines nicht injektiven Operators unterschieden wird.

Aufgaben

Die Aufgaben gliedern sich in drei Kategorien: Anhand der *Verständnisfragen* können Sie prüfen, ob Sie die Begriffe und zentralen Aussagen verstanden haben, mit den *Rechenaufgaben* üben Sie Ihre technischen Fertigkeiten und die *Beweisaufgaben* geben Ihnen Gelegenheit, zu lernen, wie man Beweise findet und führt.

Ein Punktesystem unterscheidet leichte Aufgaben •, mittelschwere •• und anspruchsvolle ••• Aufgaben. Lösungshinweise am Ende des Buches helfen Ihnen, falls Sie bei einer Aufgabe partout nicht weiterkommen. Dort finden Sie auch die Lösungen – betrügen Sie sich aber nicht selbst und schlagen Sie erst nach, wenn Sie selber zu einer Lösung gekommen sind. Ausführliche Lösungswege, Beweise und Abbildungen finden Sie auf der Website zum Buch.

Viel Spaß und Erfolg bei den Aufgaben!

Verständnisfragen

9.1 • Ist der Operator $T\colon C([0,1]) \to C([0,1])$ mit

$$Tx(t) = tx(t), \quad t \in [0,1]$$

kompakt?

9.2 •• Zeigen Sie mithilfe des Satzes von Arzela-Ascoli, dass durch

$$Ax(t) = \int_a^b k(t,s)x(s)\,\mathrm{d}s$$

mit stetigem Kern $k \in C([a,b] \times [a,b])$ ein kompakter Operator $A\colon C([a,b]) \to C([a,b])$ gegeben ist.

9.3 • Durch

$$\langle f, g\rangle = g(0)\int_0^{2\pi} f(t)\,\mathrm{d}t$$

ist eine Bilinearform $\langle\cdot,\cdot\rangle\colon C([0,2\pi]) \times C([0,2\pi]) \to \mathbb{R}$ definiert.

(a) Bestimmen Sie ein $f \in C([0,2\pi])$ mit f(0)=1 und $\langle f, g\rangle = 0$ für alle $g \in C([0,2\pi])$.

(b) Zeigen Sie, dass die linearen Operatoren $A, B \in \mathcal{L}\big(C([0,2\pi]), C([0,2\pi])\big)$ mit

$$A\varphi(t) = \varphi(0)f(t) \quad \text{und} \quad B\varphi(t) = 0$$

kompakt und bzgl. $\langle\cdot,\cdot\rangle$ adjungiert sind.

(c) Warum gilt der 1. Fredholm'sche Satz nicht?

9.4 • Beweisen Sie, dass der adjungierte Operator $A^*\colon Y' \to X'$ eines invertierbaren Operators $A \in \mathcal{L}(X, Y)$ auf normierten Räumen X, Y auch invertierbar ist.

Rechenaufgaben

9.5 •• In Aufgabe 8.6 sind die normierten Räume $C^{0,\alpha}(G)$ der Hölder-stetigen Funktionen eingeführt. Man zeige, dass, wenn $0 < \alpha < \beta \le 1$ und eine kompakte Menge $G \subseteq \mathbb{R}^d$ gegeben sind, die Einbettungsoperatoren

$$I_\beta\colon C^{0,\beta}(G) \to C(G)$$

und

$$I_{\alpha,\beta}\colon C^{0,\beta}(G) \to C^{0,\alpha}(G)$$

kompakt sind.

9.6 • Es seien X, Y Banachräume und $T\colon X \to Y$ ein Operator, der sich darstellen lässt durch

$$Tx = \sum_{j=1}^{\infty} \lambda_j\, l_j(x)\, y_j \quad \text{für } x \in X$$

mit einer Folge $(\lambda_j) \in l^1$, Funktionalen $l_j \in X'$ mit $\|l_j\| = 1$ und Elementen $y_j \in Y$ mit $\|y_j\| = 1$. Zeigen Sie, dass T kompakt ist.

9.7 ••• Bestimmen Sie in Abhängigkeit von λ die Riesz'sche Zahl des Integraloperators $\frac{1}{\lambda}A$ in $L = (\lambda I - A)\colon C([-1,1]) \to C([-1,1])$ mit

$$Lx(t) = \lambda x(t) - \int_{-1}^{1} (1 - |t-s|)x(s)\,\mathrm{d}s\,.$$

9.8 •• Finden Sie zu dem homogenen Randwertproblem

$$(px')' - qx = f \quad \text{mit } x(0) = x(1) = 0$$

mit $p \in C^1([0,1])$, $p > 0$ und $q, f \in C([0,1])$ eine äquivalente Fredholm'sche Integralgleichung, wobei vorausgesetzt ist, dass $\int_0^t \frac{1}{p(s)}\,\mathrm{d}s$ existiert. Formulieren Sie die Fredholm'sche Alternative für das Randwertproblem.

Beweisaufgaben

9.9 • Zeigen Sie: Wenn X, Y Banachräume sind und $A \in \mathcal{K}(X,Y)$ ein kompakter Operator, der offen ist, so hat Y endliche Dimension.

9.10 • Sei X normierter Raum, $A\colon X \to X$ kompakt und r die Riesz'sche Zahl von $L = I - A$. Dann ist durch die direkte Summe

$$X = \mathcal{N}(L^r) \oplus L^r(X)$$

ein Projektionsoperator $P\colon X \to \mathcal{N}(L^r)$ definiert. Zeigen Sie, dass $L - P$ bijektiv ist.

9.11 •• Sind X, Y Banachräume, $T \in \mathcal{L}(Y,X)$, $A_{11} \in \mathcal{K}(X,X)$, $A_{12} \in \mathcal{K}(Y,X)$ und $A_{22} \in \mathcal{K}(Y,Y)$. Weiter besitze A_{11} die Riesz-Zahl $r = 1$ und A_{22} die Riesz-Zahl $r = 0$. Zeigen Sie, dass die Riesztheorie auf den Operator $E - A\colon X \times Y \to X \times Y$ mit

$$E = \begin{pmatrix} I & T \\ 0 & I \end{pmatrix} \quad \text{und} \quad A = \begin{pmatrix} A_{11} & A_{12} \\ 0 & A_{22} \end{pmatrix}$$

angewendet werden kann, und bestimmen Sie die Riesz-Zahl des Operators $A \in \mathcal{K}(X \times Y, X \times Y)$.

9.12 •• Sei $(X, X, \langle\cdot,\cdot\rangle)$ ein Dualsystem und $A \in \mathcal{K}(X,X)$ mit adjungiertem Operator $A^* \in \mathcal{K}(X,X)$. Sei weiter $\mathcal{N}(I - A) \neq \{0\}$. Zeigen Sie, dass die Operatoren $I - A$ und $I - A^*$ genau dann die Riesz'sche Zahl $r = 1$ haben, wenn für je zwei Basen $\{\varphi_1, \ldots \varphi_m\}$ bzw. $\{\psi_1, \ldots \psi_m\}$ von $\mathcal{N}(I-A)$ bzw. $\mathcal{N}(I-A^*)$ die Gram'sche Matrix $T \in \mathbb{C}^{m\times m}$ mit $T_{ij} = \langle\varphi_i, \psi_j\rangle$ für $i, j = 1, \ldots, m$ regulär ist.

9.13 • Sind X, Y reflexive normierte Räume und ist $A \in \mathcal{L}(X,Y)$, dann gilt $(A^*)^* = A$, wenn wir die Bidualräume mit den Räumen identifizieren.

9.14 ••• Man nennt einen Operator $R \in \mathcal{L}(Y,X)$ einen Regularisierer zum Operator $L \in \mathcal{L}(X,Y)$ auf normierten Räumen X, Y, wenn es kompakte Operatoren $A_1\colon X \to X$ bzw. $A_2\colon Y \to Y$ gibt, sodass

$$RL = I - A_1 \quad \text{und} \quad LR = I - A_2$$

gilt und somit die Fredholm-Theorie genutzt werden kann.

- Zeigen Sie mit $y \in Y$ die folgenden beiden Aussagen.
  - Ist R injektiv, so gilt: $x \in X$ ist genau dann Lösung zu $Lx = y$, wenn x Lösung zu $(I - A_1)x = Ry$ ist.
  - Ist R surjektiv, so gilt: $x \in X$ ist genau dann Lösung zu $Lx = y$, wenn z mit $x = Rz$ Lösung zu $(I - A_2)z = y$ ist.
- Finden Sie für den Volterra-Operator $L\colon C([0,1]) \to C^1_\diamond([0,1]) = \{y \in C^1([0,1])\colon y(0) = 0\}$ mit

$$Lx(t) = \int_0^t k(t,s)\,x(s)\,\mathrm{d}s$$

  und differenzierbarer Kernfunktion $k \in C^1([0,1]\times[0,1])$ mit $k(t,t) = 1$ für $t \in [0,1]$ einen Regularisierer.

Antworten der Selbstfragen

S. 314
Mit der Abbildung 9.1 wird deutlich, wie wir $\rho = 1$ erreichen können. Ist $U \subseteq \mathbb{R}^n$ echter Unterraum, so gibt es $v \in X\backslash U$. Da X endlich dimensional ist, existiert nach dem Projektionssatz aus Abschnitt 17.3. in Band 1 zu v das Lot $u' \in U$ mit $v - u' \in U^\perp$. Setzen wir

$$w = \frac{v - u'}{|v - u'|}\,,$$

so folgt mit Pythagoras

$$\begin{aligned} |w - u|^2 &= (w-u)\cdot(w-u) \\ &= |w|^2 + 2\mathrm{Re}(w\cdot u) + |u|^2 = 1 + |u|^2 \geq 1 \end{aligned}$$

für jedes $u \in U$.

S. 319
Ist $M \subseteq X$ beschränkt, so ist auch das Bild des beschränkten Operators $A(M) \subseteq A(X)$ beschränkt. Nach dem Satz von Heine-Borel (siehe Band 1, Abschnitt 19.3) ist die beschränkte, abgeschlossene Teilmenge $\overline{A(M)} \subseteq \overline{A(X)}$ des endlich dimensionalen Unterraums $\overline{A(X)}$ kompakt.

S. 322
Betrachten wir etwa $X = (\mathbb{R}^2, \|\cdot\|_\infty)$, $x = (0,1)^\top$ und $U = \mathbb{R} \times \{0\}$. Dann sind alle Punkte $\hat{u} = (t, 0)$ mit $t \in [-1,1]$ optimal.

S. 324
1. Fall: Wenn $\lambda = 0$ kein Eigenwert von $L = I - (I - L)$ ist, so ist der Kern von L trivial, $\mathcal{N}(L) = \{0\}$, und die Ma-

trix ist invertierbar. Damit ist $\{0\} = \mathcal{N}(L^0) = \mathcal{N}(L)$ und $L(\mathbb{C}^d) = L^0(\mathbb{C}^d) = \mathbb{C}^d$, d. h. die Rieszzahl von L ist $r = 0$.

2. Fall: Wenn $\lambda = 0$ Eigenwert ist, so hat die Jordan'sche Normalform von L folgende Gestalt,

$$\begin{pmatrix} \boxed{J_1}\,\}m_1 & & \\ & \ddots & \\ & & \boxed{J_g}\,\}m_g \\ & & & \boxed{\text{weitere EW}} \end{pmatrix}$$

mit Jordan-Blöcken $J_i \in \mathbb{C}^{m_i \times m_i}$,

$$J_i = \begin{pmatrix} 0 & & & \\ 1 & 0 & & \\ & \ddots & \ddots & \\ & & 1 & 0 \end{pmatrix},$$

zum Eigenwert $\lambda = 0$ mit geometrischer Vielfachheit g und algebraischer Vielfachheit $\alpha = \sum_{i=1}^{g} m_i$. Es existiert eine orthonormale Basis des Hauptraums zum Eigenwert $\lambda = 0$,

$$H = \operatorname{span}\{x_1^{(1)}, \dots, x_{m_1}^{(1)}, \dots, x_1^{(g)}, \dots, x_{m_g}^{(g)}\},$$

wobei $x_1^{(j)}$, $j = 1, \dots, g$ orthonormale Eigenvektoren zu $\lambda = 0$ bezeichnen. Es gilt für $i = 1, \dots, g$ und $j = 1, \dots, m_i$

$$L^j x_j^{(i)} = 0\,.$$

Damit folgt für $m = \max_{j=1,\dots,g} m_j$

$$L^{m+1}x = L^m x = 0, \quad \text{für } x \in H,$$

d. h. $\mathcal{N}(L^{m+1}) = \mathcal{N}(L^m) \supsetneq \mathcal{N}(L^{m-1})$. Somit ist die Rieszzahl $r = m$ der Minimalexponent des Eigenwerts $\lambda = 0$, d. h. die Dimension des größten Jordan-Blocks zum Eigenwert $\lambda = 0$.

S. 324
Es gilt die Identität

$$T - A = T\big(I - T^{-1}A\big)\,.$$

Da $T^{-1}A$ kompakt ist, können wir die obige Formulierung der Riesz-Theorie auf $I - T^{-1}A$ anwenden. Es folgt, dass $(I - T^{-1}A)^{-1}T^{-1}\colon X \to X$ die beschränkte Inverse zu $T - A$ ist, wenn $T - A$ injektiv ist.

S. 329
Identifizieren wir den Dualraum mit l^q, so lautet die zugehörige Dualitätsabbildung

$$l((x_n)) = \sum_{j=1}^{\infty} l_n x_n\,,$$

wenn wir ein Funktional $l\colon l^p \to \mathbb{R}$ durch die zugehörige Folge (l_n) in l^q ausdrücken. In dieser Darstellung folgt

$$l(A(x_n)) = \sum_{j=2}^{\infty} l_j x_{j-1} = \sum_{j=1}^{\infty} l_{j+1} x_j\,.$$

Also ist der adjungierte Operator auf l^q gegeben durch einen Shift nach Links,

$$A^*((l_n)) = (l_2, l_3, l_4, \dots) \in l^q\,.$$

S. 329
Wir notieren den Beweis nur für eine Bilinearform. Der Fall einer Sesquilinearform ergibt sich analog. Aufgrund der Linearität ist

$$\langle x, \lambda_1 y_1 + \lambda_2 y_2\rangle = \lambda_1\langle x, y_1\rangle + \lambda_2\langle x, y_2\rangle\,,$$

sodass mit $y_1, y_2 \in M^\perp$ auch $\lambda_1 y_1 + \lambda_2 y_2 \in M^\perp$ für $\lambda_1, \lambda_2 \in \mathbb{K}$ folgt. Es handelt sich also um einen Unterraum.

Da die Bilinearform beschränkt vorausgesetzt ist, ist die Abbildung $h\colon Y \to \mathbb{R}$ mit $h(y) = \langle x, y\rangle \in \mathbb{K}$ stetig. Es folgt für eine konvergente Folge (y_n) in Y mit $\lim_{n\to\infty} y_n = y$ wegen

$$\lim_{n\to\infty}\langle x, y\rangle = \lim_{n\to\infty}\langle x, y_n\rangle = 0$$

für $x \in M$, dass auch $y \in M^\perp$ gilt. Somit ist der Unterraum abgeschlossen.

Hilberträume – fast wie im Anschauungsraum

10

Was besagt der Riesz'sche Darstellungssatz?

Gibt es Koordinaten in unendlich dimensionalen Räumen?

Welche Zahlen liegen im Spektrum eines Operators?

Die doppelte Bedeutung des Namens *Hilbertraum* für das Foyer des Mathematischen Instituts in Göttingen, siehe Titelfoto, erschließt sich dem Studierenden erst nach drei bis vier Semestern. Denn zunächst müssen Begriffe wie Vektorraum, Skalarprodukt und Vollständigkeit nachvollziehbar sein, bevor man sich mit diesen Räumen sinnvoll beschäftigen kann.

Bereits in der linearen Algebra und bei der Betrachtung metrischer Räume fällt auf, dass Vektorräume, die mit einem Skalarprodukt ausgestattet sind, weitreichende Möglichkeiten aufweisen. Da mit dem Skalarprodukt stets auch eine Norm gegeben ist, handelt es sich um spezielle normierte Räume. Ist ein solcher euklidischer Vektorraum zusätzlich vollständig, so spricht man von einem Hilbertraum. Viele letztendlich geometrische Aspekte, die aus der linearen Algebra im $\mathbb{R}^n$ bekannt sind, lassen sich in Hilberträumen wiederfinden. Dies macht diese Räume zu reichhaltigen Strukturen in Hinblick auf die Funktionalanalysis.

Mit dem Raum der quadrat-integrierbaren Funktionen oder den Sobolevräumen gibt es mächtige Vertreter unter den Hilberträumen, die insbesondere in den Anwendungen eine zentrale Stellung einnehmen. Selbstverständlich können wir hier nur eine Einführung in die Theorie der Hilberträume geben. Es sind etwa die linearen Funktionale auf Hilberträumen greifbar, da mit dem Satz von Fischer und Riesz eine Isometrie zwischen Dualraum und Hilbertraum gegeben ist. Weiter ist eine wesentliche Eigenschaft dieser Räume in der *Fouriertheorie* begründet, die das Konzept eines Koordinatensystems bei unendlicher Dimension verallgemeinert. Auch die elegante Beschreibung des Abbildungsverhaltens von symmetrischen Matrizen durch Eigenwerte finden sich bei selbstadjungierten Operatoren in Hilberträumen wieder. Auf diese drei Aspekte gehen wir genauer ein und werden darüber hinaus einige konkrete Hilberträume kennenlernen.

10.1 Funktionale in Hilberträumen

Die nach David Hilbert (1862–1943) benannten linearen Räume zeichnen sich dadurch aus, dass eine positiv definite, symmetrische Bilinear- oder hermitesche Sesquilinearform (siehe Seite 327), ein *Skalarprodukt*, erklärt ist. Wir erinnern an die Definition (siehe Band 1, Abschnitt 19.6).

Skalarprodukt

Eine Funktion $(\cdot,\cdot)\colon X\times X\to\mathbb{C}$, die **homogen**, **linear** im ersten Argument, **hermitesch**, **positiv** und **definit** ist, d. h., für $x, y, z\in X$ und $\lambda\in\mathbb{C}$ gilt

- $(\lambda x, y) = \lambda(x, y)$,
- $(x + y, z) = (x, z) + (y, z)$,
- $(x, y) = \overline{(y, x)}$,
- $(x, x) \geq 0$,
- $(x, x) = 0 \iff x = 0$,

heißt **Skalarprodukt** oder **inneres Produkt**.

Explizit beschreiben wir hier und im Folgenden die Situation für eine Sesquilinearform. Entsprechend gelten die Resultate auch für reellwertige Skalarprodukte, d. h. $\langle\cdot,\cdot\rangle\colon X\times X\to\mathbb{R}$, wobei die dritte Bedingung durch Symmetrie, $(x, y) = (y, x)$, zu ersetzen ist, d. h., es handelt sich um eine Bilinearform anstelle einer Sesquilinearform. Diese Skalarprodukte sind uns bereits aus der linearen Algebra durch den euklidischen Vektorraum $\mathbb{R}^n$ mit $(\boldsymbol{x}, \boldsymbol{y}) = \sum_{j=1}^n x_j y_j$ gut bekannt (siehe Kapitel 7 in Band 1).

Ein Vektorraum auf dem ein Skalarprodukt erklärt ist, wird in der Literatur **Innenproduktraum** oder **Prä-Hilbertraum** genannt. Man beachte, dass mit unserer Notation von Seite 327 zu einem Prä-Hilbertraum durch $(X, X, (\cdot,\cdot))$ ein Dualsystem gegeben ist. Einige Beispiele solcher Räume kennen wir bereits etwa aus Abschnitt 19.6 in Band 1 oder aus Kapitel 9.3.

Beispiel

- Der $\mathbb{C}^n$ mit dem üblichen Skalarprodukt
$$(\boldsymbol{x}, \boldsymbol{y}) = \sum_{j=1}^n x_j\overline{y_j}$$
ist ein Prä-Hilbertraum (siehe Abschnitt 17.1 in Band 1)
- Im Raum
$$l^2 = \left\{(a_n)_{n\in\mathbb{N}}\colon a_n\in\mathbb{C} \text{ und } \sum_{n=1}^\infty |a_n|^2 < \infty\right\}$$
der quadrat-summierbaren Folgen ist durch
$$((a_n), (b_n)) = \sum_{n=1}^\infty a_n\overline{b_n}$$
ein Skalarprodukt gegeben. Dies sehen wir aus folgenden Überlegungen: Mit der binomischen Formel ist $|a_n||b_n| \leq \frac{1}{2}(|a_n|^2 + |b_n|^2)$ und es folgt
$$\begin{aligned}\sum_{n=1}^\infty |a_n + b_n|^2 &\leq \sum_{n=1}^\infty 2(|a_n|^2 + |b_n|^2)\\ &= 2\|(a_n)\|_{l^2}^2 + 2\|(b_n)\|_{l^2}^2 .\end{aligned}$$
Somit ist l^2 ein linearer Unterraum im Vektorraum der Folgen und aufgrund der Abschätzung
$$\left|\sum_{n=1}^\infty a_n\overline{b_n}\right| \leq \sum_{n=1}^\infty |a_n|\,|b_n| \leq \frac{1}{2}\sum_{n=1}^\infty(|a_n|^2 + |b_n|^2)$$
existiert das Produkt. Weiter ist die Form offensichtlich linear im ersten Argument, homogen, hermitesch, positiv und definit. Der Raum l^2 ausgestattet mit diesem inneren Produkt ist ein Prä-Hilbertraum.
- Das häufig genutzte Produkt
$$(x, y) = \int_D x(t)\overline{y(t)}\,\mathrm{d}t$$
zu Funktionen $x, y\colon D\to\mathbb{C}$ ist ein Skalarprodukt, wenn wir einen Funktionenraum über D betrachten, der Existenz

dieser Integrale garantiert. In Abschnitt 19.6 des Band 1 und allgemeiner in Kapitel 8 wurde bereits der passende Vektorraum $L^2(D)$ der quadrat-integrierbaren Funktionen eingeführt. Aber auch Einschränkungen, etwa die stetigen Funktionen über einem kompakten Intervall, d. h. $C([a, b])$, zusammen mit diesem inneren Produkt bilden einen Prä-Hilbertraum. ◀

Prä-Hilberträume sind normierte Räume

Einige generelle Aspekte, die in Prä-Hilberträumen gelten, stellen wir zusammen. Ein Skalarprodukt induziert durch die Definition

$$\|x\| = \sqrt{(x, x)} \quad \text{für } x \in X$$

stets eine Norm in einem Prä-Hilbertraum X, wobei die Dreiecksungleichung aus der Cauchy-Schwarz'schen Ungleichung folgt. Wir wiederholen den Beweis aus Band 1, Abschnitt 17.2, um zu sehen, dass keine weiteren Voraussetzungen erforderlich sind.

Cauchy-Schwarz'schen Ungleichung

Ist X Prä-Hilbertraum, so gilt

$$|(x, y)| \leq \|x\| \, \|y\| \, .$$

Beweis: Mit $x, y \in X$ und $t, s \in \mathbb{C}$ ist

$$\begin{aligned}\|tx + sy\|^2 &= (tx + sy, tx + sy)\\ &= |t|^2(x, x) + t\bar{s}(x, y) + \bar{t}s(y, x) + |s|^2(y, y)\, .\end{aligned}$$

Mit $t = \|y\|^2$ und $s = -(x, y)$ ergibt sich

$$0 \leq \|y\|^4\|x\|^2 - 2\|y\|^2|(x, y)|^2 + |(x, y)|^2\|y\|^2 \, .$$

Ist $\|y\| \neq 0$, so folgt die Cauchy-Schwarz'sche Ungleichung nach Division durch $\|y\|^2$. Im Fall $y = 0$ gilt die Gleichung offensichtlich, da aufgrund der Linearität $(x, 0) = 0$ ist. ■

Damit sind auch die Normeigenschaften (siehe Seite 275) von $\|x\| = \sqrt{(x, x)}$ in einem Prä-Hilbertraum offensichtlich, da insbesondere aus

$$\begin{aligned}\|x + y\|^2 &= (x, x) + 2\text{Re}(x, y) + (y, y)\\ &\leq \|x\|^2 + 2\|x\| \, \|y\| + \|y\|^2 \;=\; (\|x\| + \|y\|)^2\end{aligned}$$

mit der Cauchy-Schwarz'sche Ungleichung die Dreiecksungleichung folgt.

?

Zeigen Sie: Das innere Produkt

$$(\cdot, \cdot)\colon X \times X \to \mathbb{C}$$

in einem Prä-Hilbertraum X ist eine stetige Funktion.

Parallelogrammgleichung und Skalarprodukt bedingen einander

Die *Parallelogrammgleichung* ist oft eine Variante, das innere Produkt in einem Prä-Hilbertraum zu nutzen. Es gilt sogar Äquivalenz.

Die Parallelogrammgleichung

Ein normierter Raum X ist genau dann ein Prä-Hilbertraum, wenn die Parallelogrammgleichung

$$\|x + y\|^2 + \|x - y\|^2 = 2\left(\|x\|^2 + \|y\|^2\right)$$

für $x, y \in X$ gilt.

Beweis: Ist X Prä-Hilbertraum, so folgt mit dem inneren Produkt die Parallelogrammgleichung

$$\begin{aligned}\|x + y\|^2 + \|x - y\|^2 &= (x + y, x + y) + (x - y, x - y)\\ &= (x, x) + 2\text{Re}((x, y)) + (y, y)\\ &\quad + (x, x) - 2\text{Re}((x, y)) + (y, y)\\ &= 2\left(\|x\|^2 + \|y\|^2\right) .\end{aligned}$$

Gehen wir andererseits von einem normierten Raum aus und definieren

$$\begin{aligned}(x, y) = \frac{1}{4}\Big(&\|x + y\|^2 - \|x - y\|^2\\ &+ \mathrm{i}\|x + \mathrm{i}y\|^2 - \mathrm{i}\|x - \mathrm{i}y\|^2\Big) . \end{aligned} \tag{10.1}$$

Unter der Voraussetzung der Parallelogrammgleichung zeigen wir, dass es sich um ein Skalarprodukt handelt.

Zunächst sehen wir mit der Definition (10.1) die Identität

$$(x, y) = \overline{(y, x)} ,$$

d. h., die Konstruktion ist hermitesch. Außerdem ergibt sich durch Einsetzen von $y = x$, dass

$$(x, x) = \|x\|^2$$

gilt. Somit ist das Produkt $(\cdot, \cdot)$ auch positiv definit.

Als Nächstes zeigen wir Linearität der Definition (10.1) im ersten Argument. Dazu nutzen wir, dass für $\lambda \in \mathbb{C}$ und $x_1, x_2, y \in X$ mit der Parallelogrammgleichung

$$\|x_1 + x_2 + \lambda y\|^2 = 2\|x_1 + \lambda y\|^2 + 2\|x_2\|^2 - \|x_1 - x_2 + \lambda y\|^2$$

sowie

$$\|x_1 + x_2 + \lambda y\|^2 = 2\|x_2 + \lambda y\|^2 + 2\|x_1\|^2 - \|x_2 - x_1 + \lambda y\|^2$$

folgt. Addieren wir beide Darstellungen, so ergibt sich

$$\begin{aligned}&\|x_1 + x_2 + \lambda y\|^2\\ &\quad = \|x_1 + \lambda y\|^2 + \|x_2 + \lambda y\|^2 + \|x_1\|^2 + \|x_2\|^2\\ &\qquad - \frac{1}{2}\left(\|x_1 - x_2 + \lambda y\|^2 + \|x_2 - x_1 + \lambda y\|^2\right) .\end{aligned}$$

Setzen wir in die Identität jeweils $\lambda = \pm 1$ bzw. $\lambda = \pm \mathrm{i}$ ein, so folgt

$$(x_1 + x_2, y) = (x_1, y) + (x_2, y)\,.$$

Nun bleibt noch die Homogenität, $(\lambda x, y) = \lambda(x, y)$ für $\lambda \in \mathbb{C}$ und $x, y \in X$, zu zeigen. Dazu gehen wir in sechs Schritten vor.

Zunächst prüfen wir durch Einsetzen in (10.1)

$$(0x, y) = 0 = 0(x, y)\,.$$

Als Zweites ergibt sich induktiv aus $(nx, y) = ((n-1)x, y) + (x, y)$ die Homogenität für $\lambda \in \mathbb{N}$. Weiter erhalten wir aus der Definition $(-x, y) = -(x, y)$, d. h., wir haben den Fall $\lambda = -1$ geklärt. Zusammen mit dem Fall $\lambda \in \mathbb{N}$ folgt die Identität für $\lambda \in \mathbb{Z}$.

Setzen wir $\lambda = \frac{m}{n} \in \mathbb{Q}$, so ist mit dem vorher gezeigten Fall für Faktoren in $\mathbb{Z}$

$$n(\lambda x, y) = n\left(m\frac{x}{n}, y\right) = n\,m\left(\frac{x}{n}, y\right) = m(x, y)\,.$$

Somit gilt die Homogenität für jedes $\lambda \in \mathbb{Q}$.

Im fünften Schritt nutzen wir, dass mit der Definition $(\cdot,\cdot)\colon X \times X \to \mathbb{C}$ die Funktion als Summe von Beträgen stetig ist. Also folgt $(\lambda x, y) = \lambda(x, y)$ für jede Zahl $\lambda \in \mathbb{R}$.

Rechnet man noch nach, dass

$$\begin{aligned}(\mathrm{i}x, y) &= \|\mathrm{i}x+y\|^2 - \|\mathrm{i}x-y\|^2 + \mathrm{i}\left(\|\mathrm{i}x+\mathrm{i}y\|^2 - \|\mathrm{i}x-\mathrm{i}y\|^2\right)\\ &= \|x-\mathrm{i}y\|^2 - \|x+\mathrm{i}y\|^2 + \mathrm{i}\left(\|x+y\|^2 - \|x-y\|^2\right)\\ &= \mathrm{i}(x, y)\end{aligned}$$

gilt, so folgt die Homogenität durch Zerlegung in Real- und Imaginärteil für alle $\lambda \in \mathbb{C}$ und wir haben gezeigt, dass durch (x, y) ein Skalarprodukt gegeben ist.

Für den analogen reellen Fall können wir einfach den Imaginärteil in der Definition (10.1) des inneren Produkts streichen, um zu zeigen, dass durch die Konstruktion aus der Parallelogrammgleichung ein inneres Produkt folgt (siehe auch Band 1, Abschnitt 19.6). ∎

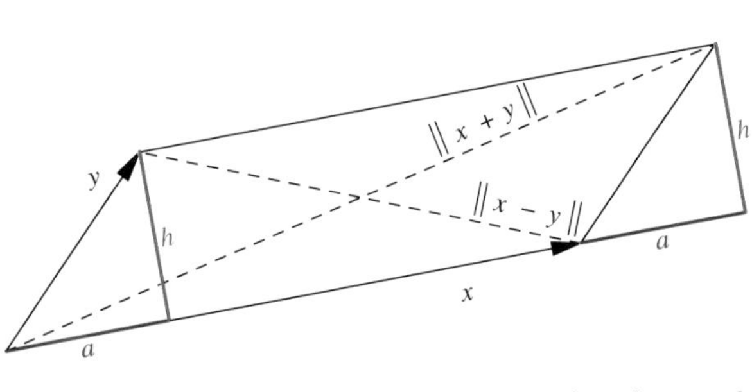

Abbildung 10.1 Dreimal der Satz des Pythagoras, $a^2 + h^2 = \|y\|^2$, $(\|x\| + a)^2 + h^2 = \|x + y\|^2$ und $(\|x\| - a)^2 + h^2 = \|x - y\|^2$, liefert die Parallelogrammgleichung.

Beispiel Mit der Parallelogrammgleichung wird deutlich, dass die Supremumsnorm nicht durch ein Skalarprodukt generiert wird, der normierte Raum $(C([0, 1]), \|.\|_\infty)$ also kein Prä-Hilbertraum ist. Man betrachte etwa das Beispiel

$$x(t) = \begin{cases} 1 - 2t, & t \in \left[0, \frac{1}{2}\right] \\ 0, & t \in \left(\frac{1}{2}, 1\right] \end{cases}$$

und

$$y(t) = \begin{cases} 0, & t \in \left[0, \frac{1}{2}\right] \\ 1 - 2t, & t \in \left(\frac{1}{2}, 1\right] \end{cases}.$$

Es gilt

$$\|x + y\|_\infty^2 + \|x - y\|_\infty^2 = 2\,,$$

aber $2(\|x\|_\infty^2 + \|y\|_\infty^2) = 4$. Also ist die Parallelogrammgleichung nicht erfüllt.

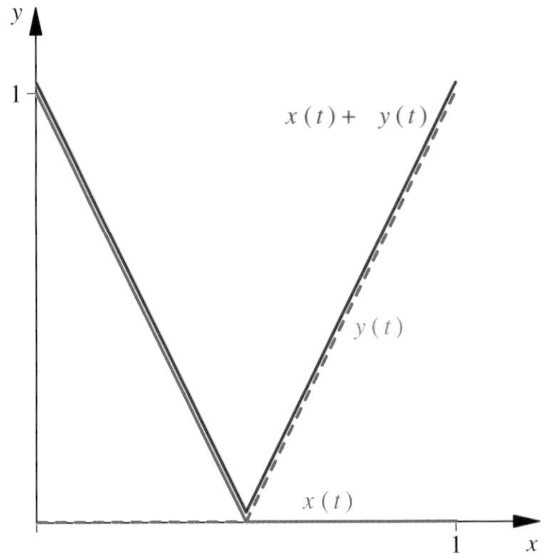

Abbildung 10.2 Am Beispiel wird deutlich, dass die Supremumsnorm nicht durch ein Skalarprodukt generiert wird. ◄

Ein Hilbertraum ist ein vollständiger Prä-Hilbertraum

Bereits bei den normierten Räumen haben wir gesehen, dass Vollständigkeit eine Eigenschaft ist, die erheblich weitreichendere Aussagen erlaubt (siehe Seite 281). Ein Prä-Hilbertraum, der vollständig ist bezüglich der durch das Skalarprodukt induzierten Norm, heißt **Hilbertraum**, benannt nach David Hilbert (1862–1943). Da $\mathbb{R}^n$ bzw. $\mathbb{C}^n$ vollständig sind bzgl. der euklidischen Norm, sind diese Räume Hilberträume mit dem Skalarprodukt

$$(\boldsymbol{x}, \boldsymbol{y}) = \sum_{i=1}^{n} x_i \overline{y_i}\,.$$

Beispiel Im Beispiel auf Seite 342 haben wir gesehen, dass der Folgenraum l^2 ein Prä-Hilbertraum ist. Wir zeigen die Vollständigkeit. Also ist l^2 ein Hilbertraum.

Betrachten wir eine Cauchy-Folge von Folgen $\big((a_n^{(k)})_{n\in\mathbb{N}}\big)_{k\in\mathbb{N}}$ in l^2, d. h.

$$\|\big((a_n^{(l)})\big)-\big((a_n^{(k)})\big)\|_{l^2}^2=\sum_{n=1}^{\infty}|a_n^{(l)}-a_n^{(k)}|^2 \to 0\,, \quad k,l\to\infty\,.$$

Insbesondere ist $(a_n^{(k)})_{k\in\mathbb{N}}\subseteq\mathbb{C}$ bei fest vorgegebenem $n\in\mathbb{N}$ eine Cauchy-Folge in $\mathbb{C}$ und somit konvergent. Zu jedem $n\in\mathbb{N}$ definieren wir

$$a_n=\lim_{k\to\infty}a_n^{(k)}\,.$$

Es ist zu zeigen, dass die Folge (a_n) in l^2 ist, also die Reihe

$$\left(\sum_{n=1}^{\infty}|a_n|^2\right)$$

konvergiert.

Da $\big((a_n^{(k)})_{n\in\mathbb{N}}\big)_{k\in\mathbb{N}}$ Cauchy-Folge ist, gibt es ein $K\in\mathbb{N}$ mit

$$\sum_{n=1}^{\infty}|a_n^{(l)}-a_n^{(k)}|^2\le 1$$

für alle $l,k\geq K$. Weiter wählen wir zu jedem $n\in\mathbb{N}$ bzw. jedem der Grenzwerte a_n einen Index $l_n\ge K$ mit

$$|a_n^{(l_n)}-a_n|^2\le\frac{1}{2^n}\,.$$

Aus $0\le(|x|-|y|)^2=|x|^2-2|x|\,|y|+|y|^2$ folgt $|x+y|^2\le 2(|x|^2+|y|^2)$ und wir erhalten für jedes $N\in\mathbb{N}$ die Beschränkung

$$\begin{aligned}\sum_{n=0}^{N}|a_n|^2 &\le 2\sum_{n=0}^{N}|a_n-a_n^{(K)}|^2+2\sum_{n=0}^{N}|a_n^{(K)}|^2\\ &\le 4\sum_{n=0}^{N}|a_n-a_n^{(l_n)}|^2+4\sum_{n=0}^{N}|a_n^{(l_n)}-a_n^{(K)}|^2\\ &\quad+2\sum_{n=0}^{N}|a_n^{(K)}|^2\\ &\le 4\sum_{n=0}^{N}\frac{1}{2^n}+4+2\|(a_n^{(K)})\|_{l^2}^2\,.\end{aligned}$$

Mithilfe der geometrischen Reihe, $\sum_{n=0}^{\infty}\frac{1}{2^n}=2$ ist die monoton steigende Folge der Partialsummen beschränkt und somit konvergent. Also gilt für die Grenzfolge $(a_n)\in l^2$. ◀

Einen grundlegenden Hilbertraum haben wir bereits in Kapitel 19 des Band 1 kennengelernt, den Funktionenraum der quadrat-integrierbaren Funktionen $L^2(G)$ mit dem Skalarprodukt

$$(x,y)_{L^2}=\int_G x(t)\overline{y(t)}\,\mathrm{d}t\,.$$

Betrachten wir nur stetige Funktionen über einer kompakten Menge G, so ist durch $(C(G),(\cdot,\cdot)_{L^2})$ ein Prä-Hilbertraum, aber kein Hilbertraum gegeben (siehe Kapitel 19.6 in Band 1). Der Raum $L^2(G)$ ist in diesem Fall die Vervollständigung des Prä-Hilbertraums $(C(G),\|.\|_{L^2})$. Allgemein gilt folgendes Lemma.

Lemma

Ist U ein Prä-Hilbertraum und bezeichnen wir mit $(X,\|.\|)$ die Vervollständigung dieses normierten Raums (siehe Band 1, Abschnitt 19.5), so gibt es auf X ein Skalarprodukt, welches die Norm $\|.\|$ erzeugt und das Skalarprodukt $(\cdot,\cdot)_U$ des Raums U fortsetzt.

Beweis: Sind $x,y\in X$, so gibt es Folgen (x_n) und (y_n) in U mit $x_n\to x$ und $y_n\to y$ für $n\to\infty$. Definieren wir

$$(x,y)=\lim_{n\to\infty}(x_n,y_n)_U\,,$$

so bleibt zu zeigen, dass der Grenzwert stets existiert und unabhängig von der speziellen Wahl der approximierenden Folgen ist.

Für die Existenz betrachten wir unter Ausnutzung der Cauchy-Schwarz'schen Ungleichung die Abschätzung

$$\begin{aligned}|(x_m,y_m)-(x_n,y_n)| &\le |(x_m,y_m-y_n)|+|(x_n-x_m,y_n)|\\ &\le \|x_m\|\|y_m-y_n\|+\|x_n-x_m\|\|y_n\|\,.\end{aligned}$$

Da Cauchy-Folgen insbesondere beschränkt sind, folgt

$$\Big|(x_m,y_m)-(x_n,y_n)\Big|\to 0,\quad n,m\to\infty\,,$$

d. h., $((x_n,y_n))_{n\in\mathbb{N}}$ ist Cauchy-Folge in $\mathbb{C}$ und somit konvergent.

Für den zweiten Teil des Beweises betrachten wir zwei Folgen (x_n) und $(\tilde{x}_n)$ mit $\lim_{n\to\infty}x_n=x=\lim_{n\to\infty}\tilde{x}_n$ sowie (y_n) und $(\tilde{y}_n)$ mit demselben Grenzwert $y\in X$. Aus der Ungleichung

$$\begin{aligned}|(x_n,y_n)-(\tilde{x}_n,\tilde{y}_n)| &\le |(x_n,y_n-\tilde{y}_n)|+|(x_n-\tilde{x}_n,\tilde{y}_n)|\\ &\le \|x_n\|\|y_n-\tilde{y}_n\|+\|x_n-\tilde{x}_n\|\|\tilde{y}_n\|\\ &\to 0,\quad n\to\infty\end{aligned}$$

folgt Gleichheit der beiden Grenzwerte und wir haben die Aussage des Lemmas gezeigt. ■

Weitere häufig betrachtete Hilberträume sind die *Sobolevräume*, auf die wir im Beispiel auf Seite 348 noch stoßen werden. Zunächst untersuchen wir den entscheidenden strukturellen Aspekt, der die Prä-Hilberträume bzw. Hilberträume gegenüber den allgemeinen normierten Räumen heraushebt.

In einem Prä-Hilbertraum gibt es zueinander orthogonale Elemente

Ein entscheidender Unterschied gegenüber allgemeinen normierten Räumen ist, dass analog zur euklidischen Geometrie des Anschauungsraums *orthogonale* also zueinander senkrecht stehende Vektoren erklärt sind bzw. es einen „Winkel" zwischen Elementen gibt.

In allgemeinen Dualsystemen haben wir die Begriffe bereits definiert. Zwei Elemente $x, y \in X$ in einem Prä-Hilbertraum X sind orthogonal zueinander, wenn $(x, y) = 0$ ist. Ist X Prä-Hilbertraum und $M \subseteq X$ eine Teilmenge, so wird der abgeschlossene Unterraum

$$M^\perp = \{x \in X : (x, v) = 0 \quad \text{für jedes } v \in M\} \subseteq X$$

das **orthogonale Komplement** zu M genannt. In der Selbstfrage auf Seite 329 hatten wir gezeigt, dass dieser Unterraum abgeschlossen ist. Dabei ist zu berücksichtigen, dass ein Skalarprodukt mit der Cauchy-Schwarz'sche Ungleichung insbesondere eine beschränkte Bi-/Sesquilinearform ist. Weiterhin gilt $M \subseteq (M^\perp)^\perp$ und darüber hinaus folgt:

$$M_1 \subseteq M_2 \quad \text{impliziert} \quad M_2^\perp \subseteq M_1^\perp .$$

Denn sind $M_1 \subseteq M_2 \subseteq X$ gegeben, so folgt für $x \in M_2^\perp$, d. h. $(x, v) = 0$ für alle $v \in M_2$ auch $(x, v) = 0$ für alle $v \in M_1$, d. h. $x \in M_1^\perp$.

Ist die Menge M ein abgeschlossener Unterraum eines Hilbertraums, so gilt $(M^\perp)^\perp = M$. Dies ist eine Konsequenz aus dem grundlegenden Projektionssatz, den wir als Nächstes betrachten. Zunächst überlegen wir aber, dass die Abgeschlossenheit des Unterraums M eine wesentliche Voraussetzung für die Identität $(M^\perp)^\perp = M$ ist.

?

Finden Sie ein Beispiel eines Unterraums M, für den $M \neq (M^\perp)^\perp$ gilt.

Nun kommen wir zum Projektionssatz, der es uns ermöglicht, viele Aspekte der euklidischen Geometrie in Hilberträumen wiederzuentdecken.

Projektionssatz

Ist $U \subseteq X$ ein abgeschlossener Unterraum eines Hilbertraums X, so gilt

$$X = U \oplus U^\perp ,$$

d. h., jedes Element $x \in X$ lässt sich eindeutig zerlegen zu

$$x = \hat{u} + \hat{v} \quad \text{mit} \quad \hat{u} \in U, \quad \hat{v} \in U^\perp .$$

$\hat{u}$ heißt **orthogonale Projektion** von x auf U und ist die eindeutig bestimmte beste Approximation an x in U, d. h.

$$\|x - \hat{u}\| \le \|x - u\| \quad \text{für jedes } u \in U.$$

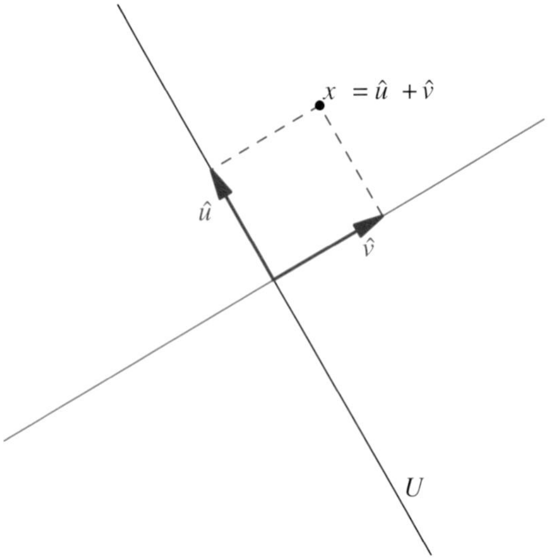

Abbildung 10.3 In Hilberträumen existiert zu abgeschlossenen Unterräumen die orthogonale Projektion.

Beweis: Da das innere Produkt definit ist, folgt

$$U \cap U^\perp = \{0\} .$$

Im nächsten Schritt zeigen wir, dass es zu $x \in X$ eine beste Approximation gibt, d. h., es existiert $\hat{u} \in U$ mit

$$\|x - \hat{u}\| = \beta := \inf_{u \in U} \|x - u\| .$$

Dazu betrachten wir eine Minimalfolge $(u_n) \subseteq U$ mit

$$\|x - u_n\| \to \beta, \quad n \to \infty .$$

Mit der Parallelogrammgleichung ist

$$\begin{aligned} &2\left(\|x - u_n\|^2 + \|x - u_m\|^2\right) \\ &= \|x - u_n + (x - u_m)\|^2 + \|x - u_n - (x - u_m)\|^2 \\ &= 4\left\|x - \frac{1}{2}(u_n + u_m)\right\|^2 + \|u_n - u_m\|^2, \end{aligned}$$

und es folgt

$$\begin{aligned} &\|u_n - u_m\|^2 \\ &= 2(\|x - u_n\|^2 + \|x - u_m\|^2) - 4\|x - \frac{1}{2}(u_n + u_m)\|^2 \\ &\le 2(\|x - u_n\|^2 + \|x - u_m\|^2) - 4\beta^2 \longrightarrow 0 \end{aligned}$$

für $n, m \to \infty$. Somit ist $(u_n) \subseteq U$ eine Cauchy-Folge. Da U abgeschlossener Unterraum eines Hilbertraums ist, konvergiert die Folge (u_n) gegen ein Element $\hat{u} \in U$ und wir erhalten $\|x - \hat{u}\| = \beta$.

Im dritten Schritt beweisen wir $(x - \hat{u}) \in U^\perp$. Da $\hat{u}$ beste Approximation ist, ergibt sich mit dem inneren Produkt für $u \in U$

$$\begin{aligned} 0 &\leq \|x-u\|^2 - \|x-\hat{u}\|^2 \\ &= (x,x) - (x,u) - (u,x) + (u,u) \\ &\quad - (x,x) + (x,\hat{u}) + (\hat{u},x) - (\hat{u},\hat{u}) \\ &= \|u-\hat{u}\|^2 + (x, \hat{u}-u) + (\hat{u}-u, x) \\ &\quad + (u,\hat{u}) + (\hat{u},u) - 2(\hat{u},\hat{u}) \\ &= \|u-\hat{u}\|^2 + 2\,\mathrm{Re}\big((x-\hat{u}, \hat{u}-u)\big)\,. \end{aligned} \tag{10.2}$$

Sei nun $v \in U$ und setzen wir $u = \hat{u} \pm \varepsilon v \in U$, $\varepsilon > 0$, so folgt aus der Abschätzung (10.2) nach Division durch ε

$$\varepsilon\|v\|^2 \mp 2\,\mathrm{Re}\big((x-\hat{u}, v)\big) \geq 0$$

für alle $\varepsilon > 0$. Also ist $\mathrm{Re}\big((x-\hat{u},v)\big) = 0$.

Analog ergibt sich mit $u = \hat{u} \pm \mathrm{i}\varepsilon v \in U$,

$$\varepsilon\|v\|^2 \pm 2\,\mathrm{Im}\big((x-\hat{u},v)\big) \geq 0 \quad \text{für alle} \quad \varepsilon > 0\,,$$

und somit ist $\mathrm{Im}\big((x-\hat{u},v)\big) = 0$. Insgesamt erhalten wir $x - \hat{u} \in U^\perp$.

Es bleibt zu zeigen, dass $\hat{u}$ eindeutig bestimmt ist. Dazu nehmen wir an, dass $\tilde{u} \in U$ eine weitere beste Approximation ist, also gilt $\|x-\tilde{u}\| = \beta$. Mit (10.2) erhalten wir

$$0 = \|x-\tilde{u}\|^2 - \|x-\hat{u}\|^2 = \|\tilde{u}-\hat{u}\|^2 + 2\mathrm{Re}\,\underbrace{\big((x-\hat{u}, \overbrace{\hat{u}-\tilde{u}}^{\in U})\big)}_{=0}$$

Also ist $\tilde{u} = \hat{u}$. ∎

Wenn man den Beweis noch einmal durchgeht, erkennt man, dass die beste Approximation $\hat{u}$ eindeutig durch die **Variationsgleichung**

$$(\hat{u}, v) = (x, v) \quad \text{für alle } v \in U$$

festgelegt ist. Ist U endlichdimensional und betrachten wir eine Basis zu U, so handelt es sich um die äquivalente Charakterisierung der Lösung des Ausgleichsproblems durch die Normalgleichungen (siehe Band 1, Abschnitt 17.3).

Der Projektionssatz definiert durch $P\colon X \to U \subseteq X$ mit $Px = \hat{u}$ eine lineare beschränkte Abbildung, die **Orthogonalprojektion** auf U. Unter einer Projektion versteht man eine Abbildung $P\colon X \to X$, die idempotent ist, d. h. $P^2 = P$. Man spricht von einer Orthogonalprojektion, wenn zusätzlich $x - Px \in U^\perp$ gilt.

?

Zeigen Sie, dass die Projektion P des Projektionssatzes ein linearer und beschränkter Operator ist mit $\|P\| = 1$, wenn $U \neq \{0\}$ ist.

Ein Hilbertraum ist zu sich selbst dual

Mithilfe des Projektionssatzes können wir zeigen, dass die Funktionale auf einem Hilbertraum X durch Elemente aus X dargestellt werden können. Es kann sogar der Dualraum X' (siehe Seite 295) des Hilbertraums mit dem Hilbertraum identifiziert werden.

Riesz'scher Darstellungssatz

Ist X ein Hilbertraum und $l \in X'$, so gibt es genau ein $\hat{x} \in X$ mit

$$l(x) = (x, \hat{x}) \quad \text{für jedes } x \in X$$

und es gilt $\|l\| = \|\hat{x}\|$.

Beweis: Zu $l \in X'$ definieren wir den abgeschlossenen Unterraum

$$N = \{x \in X : l(x) = 0\}\,.$$

Ist $N = X$, so gilt offensichtlich $l(x) = 0$ für jedes $x \in X$. Mit $\hat{x} = 0$ erhalten wir in diesem Fall die eindeutige Darstellung $l(x) = (x, \hat{x}) = 0$ für jedes $x \in X$.

Nehmen wir nun an, dass $N \neq X$ gilt. Nach dem Projektionssatz gibt es ein Element $y \in N^\perp \setminus \{0\}$. Wir definieren

$$\hat{x} = \frac{\overline{l(y)}}{\|y\|^2}\, y$$

und zeigen, dass dieses $\hat{x} \in X$ die gesuchten Eigenschaften hat.

Zunächst ist $(x, \hat{x}) = 0$ für $x \in N$. Außerdem sehen wir für $x = \alpha y$, $\alpha \in \mathbb{C}$, gilt

$$(x, \hat{x}) = \alpha\, l(y) = l(x)\,.$$

Weiter lässt sich jedes $x \in X$ zerlegen in

$$x = \underbrace{\left(x - \frac{l(x)}{l(y)}y\right)}_{\in N} + \underbrace{\frac{l(x)}{l(y)}y}_{\in \mathrm{span}\{y\}}\,,$$

denn $l(x - \frac{l(x)}{l(y)}y) = 0$. Also folgt aufgrund der Linearität von l die Darstellung $(x, \hat{x}) = l(x)$ für alle $x \in X$.

Als Nächstes zeigen wir, dass $\hat{x}$ eindeutig bestimmt ist: Nehmen wir an, es gibt $\hat{y} \in X$ mit $l(x) = (x, \hat{y}) = (x, \hat{x})$ für jedes $x \in X$, so folgt

$$\begin{aligned} \|\hat{y}-\hat{x}\|^2 &= (\hat{y}-\hat{x}, \hat{y}) - (\hat{y}-\hat{x}, \hat{x}) \\ &= l(\hat{y}-\hat{x}) - l(\hat{y}-\hat{x}) = 0\,, \end{aligned}$$

d. h. $\hat{y} = \hat{x}$.

Es bleibt $\|l\| = \|\hat{x}\|$ zu zeigen. Es gilt mit der Cauchy-Schwarz'schen Ungleichung

$$|l(x)| = |(x, \hat{x})| \leq \|x\|\,\|\hat{x}\|\,.$$

Beispiel: Die Moore-Penrose-Inverse

Mit der Abbildung unten wird deutlich, dass zu einem linearen beschränkten Operator $A \in \mathcal{L}(X, Y)$ in Hilberträumen X, Y mit abgeschlossenem Bildraum $A(X) \subseteq Y$ der Projektionssatz eine Verallgemeinerung des inversen Operators liefert, die *Moore-Penrose-Inverse* oder auch *Pseudo-Inverse*. Den Operator bezeichnen wir wie üblich mit $A^+ : Y \to X$. Mit dieser Definition des Operators sollen die vier charakterisierenden Eigenschaften $A^+A = (A^+A)^*$, $AA^+ = (AA^+)^*$, $AA^+A = A$ und $A^+AA^+ = A^+$ gezeigt werden.

Problemanalyse und Strategie: Mit dem Projektionssatz sind die orthogonalen Projektionsoperatoren $P : X \to \mathcal{N}(A) \subseteq X$ und $Q : Y \to A(X)$ gegeben und wir können zu $y \in Y$ und $x \in \{x \in X : Ax = Qy\}$ den Operator durch $A^+y = \hat{x} = (I - P)x$ definieren. Aus dieser Beschreibung von $\hat{x}$ lassen sich die gesuchten Eigenschaften folgern.

Lösung:
Anwenden des Projektionssatzes auf die abgeschlossenen Unterräume $\mathcal{N}(A) \subseteq X$ und $A(X) \subseteq Y$ der Hilberträume X und Y liefert die in der Abbildung dargestellte Situation.

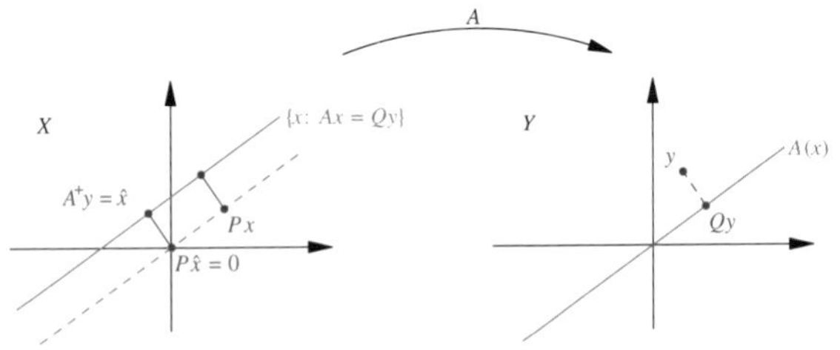

Definieren wir die orthogonalen Projektionen $P : X \to \mathcal{N}(A)$ und $Q : Y \to A(X)$, so gibt es zu $y \in Y$ ein $x \in X$ mit $Ax = Qy$. Weiter definieren wir $\hat{x} = (I - P)x \in (\mathcal{N}(A))^\perp$. Die Projektion $\hat{x}$ hängt nicht von der Auswahl von $x \in \{z \in X : Az = Qy\}$ ab; denn mit $x, \tilde{x} \in \{z \in X : Az = Qy\}$ folgt $x - \tilde{x} \in \mathcal{N}(A)$, d. h., der orthogonale Anteil $(I - P)(x - \tilde{x}) = 0$ verschwindet. Somit ist durch $A^+y = \hat{x}$ ein Operator $A^+ : Y \to X$ gegeben, der linear ist. Dieser Operator wird **Moore-Penrose-Inverse** nach E. H. Moore (1862–1932) und R. Penrose (*1931) genannt.

Aus der Konstruktion ergibt sich

$$A^+Ax = (I - P)x$$

und

$$AA^+y = Qy .$$

Aus

$$\begin{aligned}(x, P^*z) &= (Px, z) = (Px, Pz + (I - P)z)\\ &= (Px, Pz) = (Px + (I - P)x, Pz)\\ &= (x, Pz)\end{aligned}$$

für alle $x, z \in X$ sehen wir, dass orthogonale Projektionen selbstadjungiert sind. Somit folgen die ersten beiden Eigenschaften $A^+A = (A^+A)^*$, $AA^+ = (AA^+)^*$. Außerdem ergibt sich

$$AA^+Ax = A(I - P)x = Ax$$

und

$$A^+AA^+y = A^+Qy = A^+y ,$$

d. h., wir erhalten die Identitäten $AA^+A = A$ und $A^+AA^+ = A^+$.

Die Moore-Penrose-Inverse wird auch als **Pseudo-Inverse** oder verallgemeinerte Inverse bezeichnet, wobei diese beiden Begriffe in der Literatur nicht einheitlich genutzt werden. Häufig wird von einer Pseudo-Inversen A^+ gesprochen, wenn die letzten beiden gezeigten Eigenschaften, $AA^+A = A$ und $A^+AA^+ = A^+$, gelten.

Man beachte, dass durch die Moore-Penrose-Inverse eine Lösung $\hat{x} = A^+y$ des Ausgleichsproblems $\min_{x \in X} \|Ax - y\|$ gegeben ist. Es handelt sich um die Lösung des Ausgleichsproblems mit kleinster Norm. Im Fall, dass die Operatorgleichung lösbar ist, d. h. $\min_{x \in X} \|Ax - y\| = 0$, spricht man auch von der Minimumnormlösung.

Damit ist $\|l\| \leq \|\hat{x}\|$. Andererseits ergibt sich

$$\|l\| = \sup_{x \in X \setminus \{0\}} \frac{|l(x)|}{\|x\|} \geq \left| l\left(\frac{\hat{x}}{\|\hat{x}\|}\right)\right| = \|\hat{x}\| .$$

Mit den beiden Abschätzungen erhalten wir Gleichheit der Normen. ■

Der Darstellungssatz wird unter anderem angewendet, um die Existenz von eindeutigen Lösungen zu Randwertproblemen zu zeigen. Die generelle Idee illustrieren wir an einem elementaren Beispiel.

Beispiel Wir betrachten zu einer stetigen, reellwertigen Funktion $f \in C([0, 1])$ das Randwertproblem

$$-u''(t) + u(t) = f(t)$$

mit $u(0) = u(1) = 0$. Multiplizieren wir die Differenzialgleichung mit einer stetig differenzierbaren Funktion $v \in C^1([0, 1])$, die auch die Randbedingung $v(0) = v(1) = 0$ erfüllt, integrieren von 0 bis 1 und nutzen partielle Integration, so folgt

$$\int_0^1 u'(t)v'(t) + u(t)v(t)\,\mathrm{d}t = \int_0^1 f(t)v(t)\,\mathrm{d}t . \qquad (10.3)$$

Diese Gleichung gilt für jede Funktion $v \in C_0^1([0,1])$. Dabei bezeichnen wir mit $C_0^1([0,1])$ den Funktionenraum der stetig differenzierbaren Funktionen auf $(0,1)$, die sich stetig differenzierbar in die Randpunkte 0 und 1 fortsetzen lassen und die beiden Randbedingungen $u(0) = u(1) = 0$ erfüllen.

Andererseits sehen wir, dass eine Funktion $u \in C_0^2([0,1])$, die die Gleichung (10.3) für jede *Testfunktion* $v \in C_0^1([0,1])$ erfüllt, eine Lösung des Randwertproblems ist, da aus der Gleichung durch partielle Integration

$$\int_0^1 (-u''(t) + u(t) - f(t))v(t)\,\mathrm{d}t = 0$$

für alle $v \in C_0^1([0,1])$ folgt. In Abschnitt 19.6 des Band 1 wurde gezeigt, dass die trigonometrischen Polynome dicht in $L^2([0,1])$ liegen, also ist auch die Menge der Testfunktionen $C_0^1([0,1])$ dicht in $L^2(0,1)$. Es ergibt sich aus der Folgerung auf Seite 300, dass u Lösung der Differenzialgleichung $-u'' + u = f$ ist. In diesem Sinne ist (10.3) „äquivalent" zum Randwertproblem. Man nennt die Gleichung (10.3) die *schwache Formulierung* des Randwertproblems.

Der Funktionenraum $C_0^1([0,1])$ wird mit dem Skalarprodukt

$$(u,v) = \int_0^1 u'(t)\overline{v'(t)} + u(t)\overline{v(t)}\,\mathrm{d}t$$

zu einem Prä-Hilbertraum. Zur Übung sollte man an dieser Stelle die Eigenschaften des Skalarprodukts prüfen. Wir betrachten nun die Vervollständigung dieses Prä-Hilbertraums und bezeichnen diesen reellen Hilbertraum mit H.

Ist f eine stetige Funktion, so ist offensichtlich durch

$$l(v) = \int_0^1 f(t)v(t)\,\mathrm{d}t$$

ein Funktional $l \in H'$ gegeben und die schwache Formulierung des Randwertproblems besagt, dass ein $u \in H$ gesucht ist mit

$$(u,v) = l(v) \quad \text{für alle } v \in H\,.$$

Die Existenz einer eindeutigen Lösung $u \in H$ ist offensichtlich durch den Riesz'schen Darstellungssatz gesichert. Diese Funktion $u \in H$ wird **schwache Lösung** des Randwertproblems genannt, da wir an dieser Stelle nur $u \in H$ gezeigt haben.

Durch weitere Regularitätsbetrachtungen kann in dem Beispiel auch gezeigt werden, dass die Lösung u eine zweimal stetig differenzierbare Funktion ist. Dazu verweisen wir auf die allgemeine Theorie zu linearen Differenzialgleichungen.

Man kann die schwache Formulierung (10.3) für sich betrachten und bemerkt, dass zum Beispiel in dieser Formulierung auch unstetige Funktionen für f auf der rechten Seite zugelassen werden können und trotzdem eine schwache Lösung der Differenzialgleichung existiert – eine Lösung, die sicherlich nicht mehr zweimal stetig differenzierbar ist. Die im Allgemeinen bei der schwachen Formulierung auftretenden Funktionenräume, wie in unserem Beispiel der Hilbertraum H, gehören zur bereits erwähnten Klasse der Sobolevräume, zu denen eine kurze Einführung in der Vertiefung auf Seite 357 zu finden ist.

Auch partielle Differenzialgleichungen lassen sich schwach formulieren. Man kann an dieser Stelle erahnen, dass wir mit der Idee der schwachen Lösungen eine mächtige Theorie zur Behandlung von Randwertproblemen angerissen haben. ◀

Eine im Zusammenhang mit Randwertproblemen häufig verwendete Variante des Darstellungssatzes ist nach Peter David Lax (*1926) und Arthur Norton Milgram (1912–1961) benannt. Wir zeigen die Aussage im Beispiel auf Seite 350.

Definieren wir die Abbildung $J\colon X' \to X$ durch $J(l) = \hat{x}$, so ist J **antilinear**, d. h., es gilt $J(l_1 + l_2) = J(l_1) + J(l_2)$ und $J(\lambda l) = \overline{\lambda} J(l)$. Die Abbildung J ist wegen des Darstellungssatzes ein Normisomorphismus. In diesem Sinn sind Hilbertraum und der zugehörige Dualraum äquivalent. Insbesondere ist ein Hilbertraum reflexiv (siehe Seite 307). Die auf Seite 304 eingeführte schwache Konvergenz $x_n \rightharpoonup \hat{x}$ bedeutet in einem Hilbertraum X, dass

$$(x_n, y) \to (\hat{x}, y) \quad \text{für alle } y \in X$$

gilt. Entsprechend wird der Begriff *schwach* bei den Differenzialgleichungen verwendet, da dabei die Eigenschaft, Lösung zu sein, nur bezüglich aller Funktionale eines passenden Hilbertraums definiert wird.

10.2 Fouriertheorie

Wir erinnern uns, dass Koordinaten im $\mathbb{R}^n$ durch orthogonale Projektion auf Basisvektoren einer Orthonormalbasis gegeben sind, etwa $x_i = (\boldsymbol{x}, \boldsymbol{e}_i)$ mit dem i-ten Einheitsvektor $\boldsymbol{e}_i$. Es ist naheliegend, nach Analogien zu diesem Konzept in Hilberträumen zu fragen.

Zueinander senkrecht stehende Einheitsvektoren bilden ein ONS

Eine Menge von Elementen $M \subseteq X$ eines Prä-Hilbertraums X heißt **Orthonormalsystem**, wenn für $x, y \in M$ gilt

$$(x,y) = \begin{cases} 1, & \text{für } x = y \\ 0, & \text{für } x \neq y\,. \end{cases}$$

Im Folgenden kürzen wir Orthonormalsystem auch durch **ONS** ab. Offensichtlich bilden die Einheitsvektoren im $\mathbb{C}^n$ mit dem üblichen Skalarprodukt ein Orthonormalsystem.

Beispiel Analog zu den Einheitsvektoren, sehen wir, dass durch die Folgen

$$a_n^{(j)} = \begin{cases} 0, & n \neq j \\ 1, & n = j\,, \end{cases}$$

$j = 1, 2, \ldots$, ein Orthonormalsystem in l^2 gegeben ist. ◀

Beispiel: Satz von Lax-Milgram

Die Idee aus dem Beispiel auf Seite 348 ist bei vielen Differenzialgleichungen anwendbar. Dazu wird oft eine Verallgemeinerung des Darstellungssatzes genutzt. Eine Sesquilinearform $B\colon X \times X \to \mathbb{C}$ heißt **beschränkt**, wenn $C > 0$ existiert mit $|B(x, y)| \leq C\|x\| \, \|y\|$ für alle $x, y \in X$. Die Form heißt **koerziv** oder **koerzitiv**, wenn es eine Zahl $K > 0$ gibt mit $B(x, x) \geq K\|x\|^2$ für alle $x \in X$. Wir wollen den Satz von Lax-Milgram beweisen, der lautet: Ist B eine beschränkte, koerzive Sesquilinearform auf einem Hilbertraum X, so existiert zu jedem Funktional $l \in X'$ ein eindeutig bestimmtes $\hat{x} \in X$ mit

$$l(x) = B(x, \hat{x}) \quad \text{für alle } x \in X .$$

Problemanalyse und Strategie: Es soll der Darstellungssatz genutzt werden, um die Aussage zu beweisen. Dazu beachten wir, dass durch $B(x, \hat{x})$ bei festem $\hat{x} \in X$ eine lineare beschränkte Abbildung $B(\cdot, \hat{x})\colon X \to \mathbb{C}$ gegeben ist, da die Sesquilinearform beschränkt ist. Mit dem Darstellungssatz ordnen wir jedem $\hat{x} \in X$ ein Element $y \in X$ zu. Die Umkehrung dieser Abbildung liefert letztendlich den Satz von Lax-Milgram.

Lösung:
Ist $\hat{x} \in X$, so ist durch $B(x, \hat{x}) = l(x)$ eine beschränkte lineare Abbildung $l \in X'$ definiert mit $\|l\| \leq C\|\hat{x}\|$. Es gibt mit dem Riesz'schen Darstellungssatz ein Element $y \in X$, sodass $B(x, \hat{x}) = l(x) = (x, y)$ für alle $x \in X$ gilt. Also können wir eine lineare Abbildung $A\colon X \to X$ mit $A(\hat{x}) = y$ definieren. Wegen

$$\|A\hat{x}\| = \|y\| = \|l\| \leq C\|\hat{x}\|$$

ist die Abbildung A beschränkt. Außerdem ist die Abbildung injektiv, denn mit

$$K\|\hat{x}\|^2 \leq B(\hat{x}, \hat{x}) = (\hat{x}, A\hat{x}) \leq \|\hat{x}\| \, \|A\hat{x}\|$$

folgt

$$\|A\hat{x}\| \geq K\|\hat{x}\|$$

bzw. $A\hat{x} = 0$ impliziert $\hat{x} = 0$.

Um weiterhin Surjektivität der Abbildung A zu zeigen, beweisen wir zunächst, dass das Bild $A(X)$ abgeschlossen ist. Dies erhalten wir aus folgender Überlegung: Sei (y_n) eine Folge im Bild $A(X)$, die konvergiert, d. h., es gibt $x_n \in X$ mit $\lim_{n\to\infty} Ax_n = \lim_{n\to\infty} y_n = y \in X$. Es ist $y \in A(X)$ zu zeigen. Aus der Koerzitivität

$$K\|x_m - x_n\| \leq \|Ax_m - Ax_n\| \to 0, \quad \text{für } m, n \to \infty,$$

folgt, dass (x_n) eine Cauchy-Folge ist. Also ist x_n konvergent. Bezeichnen wir mit $x = \lim_{n\to\infty} x_n$ den Grenzwert, so ist

$$Ax = \lim_{n\to\infty} Ax_n = y$$

aufgrund der Stetigkeit von A, d. h. $y \in A(X)$.

Nehmen wir nun an, dass der Operator nicht surjektiv ist. Dann existiert mit dem Projektionssatz $v \in (A(X))^\perp \backslash \{0\}$, d. h., es gilt $B(v, \hat{x}) = (v, A\hat{x}) = 0$ für alle $\hat{x}$. Setzen wir $\hat{x} = v$ ein, so ergibt sich aus $B(v, v) = 0 \geq K\|v\|^2$ der Widerspruch $v = 0$.

Wir haben gezeigt, dass A invertierbar ist. Somit ergibt sich für ein Funktional $l \in X'$ mit dem Darstellungssatz

$$l(x) = (x, y) = B(x, A^{-1}(y)),$$

d. h., mit $\hat{x} = A^{-1}y \in X$ ist der Satz bewiesen.

Man beachte, dass die Beschränktheit der Sesquilinearform erforderlich ist, um einen beschränkten linearen Operator A im Beweis zu erhalten.

Die entscheidende Beobachtung im Zusammenhang mit Orthonormalsystemen ist, dass die Projektionen eines Elements auf die Elemente eines ONS summierbar sind. Es gilt die *Bessel'sche Ungleichung* (Friedrich Wilhelm Bessel, 1784–1846).

Die Bessel'sche Ungleichung

Ist X ein Hilbertraum und $M = \{x_n : n \in \mathbb{N}\}$ ein abzählbares Orthonormalsystem, dann ist M linear unabhängig. Außerdem konvergiert die Reihe $\left(\sum_{n=1}^\infty |(x, x_n)|^2\right)$ für jedes $x \in X$ und es gilt die **Bessel'sche Ungleichung**

$$\sum_{n=1}^\infty |(x, x_n)|^2 \leq \|x\|^2 .$$

Beweis: Angenommen $\sum_{j=1}^n \alpha_j x_{i_j} = 0$ und $\alpha_k \neq 0$. Dann ergibt sich für den Vektor x_{i_k} die Darstellung $x_{i_k} = -\frac{1}{\alpha_k} \sum_{\substack{j=1 \\ j\neq k}}^n \alpha_j x_{i_j}$, und wir erhalten mit der Orthogonalität

$$\|x_{i_k}\|^2 = (x_{i_k}, x_{i_k}) = -\frac{1}{\alpha_k} \sum_{j=1}^n \alpha_j (x_{i_j}, x_{i_k}) = 0$$

im Widerspruch zu $\|x_{i_k}\|^2 = 1$. Somit ist $\alpha_k = 0$ für jedes $k \in \{1, \ldots, n\}$, d. h., die Elemente sind linear unabhängig.

Um die Bessel'sche Ungleichung zusammen mit der Konvergenz der Reihe zu zeigen, betrachten wir zunächst Partialsummen mit beliebigen Koeffizienten $\alpha_j \in \mathbb{C}$. Aufgrund der Orthogonalität, also mit $(x_j, x_k) = 0$ für $j \neq k$ und $(x_j, x_j) = 1$ für $j, k \in \mathbb{N}$, gilt

$$\begin{aligned}
&\left\| x - \sum_{j=1}^{n} \alpha_j x_j \right\|^2 \\
&= \|x\|^2 + \sum_{j,k=1}^{n} \alpha_j \overline{\alpha_k}(x_j, x_k) - 2\mathrm{Re}\left(\sum_{j=1}^{n} \overline{\alpha_j}(x, x_j)\right) \\
&= \|x\|^2 + \sum_{j=1}^{n} \left(|\alpha_j|^2 - 2\mathrm{Re}\,(\overline{\alpha_j}(x, x_j)) + |(x, x_j)|^2\right) \\
&\quad - \sum_{j=1}^{n} |(x, x_j)|^2 \\
&= \|x\|^2 - \sum_{j=1}^{n} |(x, x_j)|^2 + \sum_{j=1}^{n} |\alpha_j - (x, x_j)|^2 .
\end{aligned}$$

Setzen wir für die Koeffizienten $\alpha_j = (x, x_j)$ ein, so ergibt sich

$$\|x\|^2 - \sum_{j=1}^{n} |(x, x_j)|^2 = \left\| x - \sum_{j=1}^{n} (x, x_j) x_j \right\|^2 \geq 0 .$$

Die Rechnung impliziert $\sum\limits_{j=1}^{n} |(x, x_j)|^2 \leq \|x\|^2$ für jedes $n \in \mathbb{N}$. Die Reihe nichtnegativer Zahlen ist somit monoton und beschränkt und deswegen konvergent. Weiter folgt im Grenzfall $n \to \infty$ die Bessel'sche Ungleichung. ∎

Wir haben uns bei der Formulierung der Bessel'schen Ungleichung auf abzählbar viele Elemente in einem ONS konzentriert. Aber eine direkte Folgerung zeigt, dass auch bei überabzählbar vielen Elementen in einem ONS zu jedem $x \in X$ die Bessel'sche Ungleichung gilt.

Folgerung

Ist X ein Prä-Hilbertraum, $M \subseteq X$ ein Orthonormalsystem und $x \in X$, so gilt

$$(x, y) \neq 0$$

für höchstens abzählbar viele $y \in M$.

Beweis: Wir bezeichnen mit $\hat{M} = \{y \in M : (x, y) \neq 0\}$ und mit

$$M_N = \{y \in M : (x, y) \geq \frac{1}{N}\}$$

für $N \in \mathbb{N}$. Es gilt

$$\hat{M} = \bigcup_{N=1}^{\infty} M_N .$$

Wir zeigen, dass die Menge M_N endlich ist und somit ist die abzählbare Vereinigung $\hat{M}$ dieser Mengen abzählbar. Dazu betrachten wir endlich viele Elemente $\{y_1, \ldots, y_k\} \subseteq M_N$ und erhalten mit der Bessel'schen Ungleichung

$$\frac{k}{N^2} \leq \sum_{j=1}^{k} |(x, y_j)|^2 \leq \|x\|^2 ,$$

d. h., $k \leq N^2 \|x\|^2$ ist beschränkt. Die Kardinalzahl $|M_N| \leq N^2 \|x\|^2$ ist deswegen endlich. ∎

Fourierkoeffizienten sind Koordinaten in Hilberträumen

Um die Analogie zwischen orthogonalen Koordinaten und den Fourierkoeffizienten zu erhalten, ist noch eine weitere Eigenschaft des Orthonormalsystems erforderlich. Wir nennen ein Orthonormalsystem M **vollständig** oder **maximal**, wenn für jedes weitere ONS $\tilde{M}$ aus $M \subseteq \tilde{M}$ die Gleichheit $M = \tilde{M}$ folgt. In Hilberträumen mit einem vollständigen Orthonormalsystem ergibt sich die abstrakte *Fourierentwicklung*. Wir formulieren die Aussage für ein abzählbares ONS, wobei mit der Folgerung offensichtlich auch der überabzählbare Fall analog behandelt werden kann.

Abstrakte Fourierentwicklung

Ist X Hilbertraum und $M = \{x_n \in X : n \in \mathbb{N}\} \subseteq X$ ein Orthonormalsystem, so sind die folgenden Aussagen äquivalent:

(i) Das ONS M ist vollständig.

(ii) Die Menge

$$\mathrm{span}(M) = \left\{ \sum_{j=1}^{m} \alpha_j x_j : m \in \mathbb{N}, \alpha_j \in \mathbb{C} \right\}$$

ist dicht in X.

(iii) Für jedes $x \in X$ gilt die **Fourierentwicklung**

$$x = \sum_{n=1}^{\infty} (x, x_n) x_n ,$$

wobei die Konvergenz der Reihe im Sinne der Konvergenz der Partialsummen im Hilbertraum X zu verstehen ist.

Die Zahlen (x, x_n) heißen **Fourierkoeffizienten** von x bezüglich des ONS.

(iv) Es gilt für $x \in X$ die **Parzeval'sche Gleichung**

$$\sum_{n=1}^{\infty} |(x, x_n)|^2 = \|x\|^2 .$$

Wir nutzen hier die Notation $\mathrm{span}(M)$ anstelle von (M) für den von M erzeugten bzw. aufgespannten Unterraum (siehe Band 1, Abschnitt 6.4), um eine Verwechselung mit dem inneren Produkt zu vermeiden.

Beweis: Definieren wir den abgeschlossenen Unterraum

$$U = \overline{\operatorname{span}(M)},$$

so gilt mit dem Projektionssatz

$$X = U \oplus U^{\perp}.$$

Wir zeigen die Äquivalenzen durch den Ringschluss (i) $\Longrightarrow$ (ii) $\Longrightarrow$ (iii) $\Longrightarrow$ (iv) $\Longrightarrow$ (i).

„(i) $\Rightarrow$ (ii)“ Angenommen $U \neq X$. Dann gibt es ein $x \in U^{\perp}$ mit $\|x\| = 1$ im Widerspruch dazu, dass $\{x_1, x_2, \ldots\}$ maximales ONS ist.

„(ii) $\Rightarrow$ (iii)“ Wenn $\overline{\operatorname{span}\{x_1, x_2, \ldots\}} = X$ ist, existiert zu $x \in X$ und $\varepsilon > 0$ ein $N \in \mathbb{N}$ und Koeffizienten $\alpha_j \in \mathbb{C}$, $j = 1, \ldots, N$ mit

$$\|x - \sum_{j=1}^{N} \alpha_j x_j\| \leq \varepsilon.$$

Setzen wir $\alpha_j = 0$ für $j > N$, so ergibt sich mit den beiden im Beweis zur Bessel'schen Ungleichung gezeigten Identitäten

$$\begin{aligned}\|x - \sum_{j=1}^{N} \alpha_j x_j\|^2 &= \|x - \sum_{j=1}^{n} \alpha_j x_j\|^2 \\ &= \|x\|^2 - \sum_{j=1}^{n} |(x, x_j)|^2 + \sum_{j=1}^{n} |\alpha_j - (x, x_j)|^2 \\ &\geq \|x - \sum_{j=1}^{n} (x, x_j)\, x_j\|^2\end{aligned}$$

für $n > N$. Also folgt die Konvergenz der Fourierreihe aus der Abschätzung

$$\|x - \sum_{j=1}^{n} (x, x_j) x_j\|^2 \leq \|x - \sum_{j=1}^{N} \alpha_j x_j\|^2 \leq \varepsilon^2$$

für $n \geq N$.

„(iii) $\Rightarrow$ (iv)“ Bereits beim Beweis zur Bessel'schen Ungleichung haben wir

$$\|x - \sum_{j=1}^{n} (x, x_j) x_j\|^2 = \|x\|^2 - \sum_{j=1}^{n} |(x, x_j)|^2$$

gezeigt. Mit der Fourierentwicklung folgt im Grenzfall $n \to \infty$ die Parzeval'sche Gleichung. „(iv) $\Rightarrow$ (i)“ Nehmen wir an, es sei $\tilde{M} \supset M$ ein weiteres ONS und $y \in \tilde{M} \backslash M$, so folgt aus der Parzeval'schen Gleichung

$$\|y\|^2 = \sum_{j=0}^{\infty} |(y, x_n)|^2 = 0$$

im Widerspruch zu $\|y\|^2 = 1$. Also ist M maximales ONS. ∎

Ein vollständiges Orthonormalsystem wird in der Literatur häufig auch Orthonormalbasis oder Hilbertbasis genannt. Man beachte den Unterschied zur algebraischen Definition einer Basis eines Vektorraums (vergleiche Band 1, Abschnitt 6.4). Im Fall einer Basis muss jedes Element X durch eine endliche Linearkombination von Elementen aus M darstellbar sein. Dieser Aspekt wird im Fall der Orthonormalbasis eines Hilbertraums modifiziert: Es werden Darstellungen als Grenzwert der Fourierreihen bzgl. der induzierten Norm, also als Kombination von abzählbar vielen Elementen zugelassen.

Offensichtlich bilden die Einheitsvektoren im $\mathbb{R}^n$ bzw. im $\mathbb{C}^n$ ein vollständiges Orthonormalsystem und die kartesischen Koordinaten sind die Fourierkoeffizienten zu diesem System.

?

Bilden die Folgen $a^{(j)}$ mit

$$a_n^{(j)} = \begin{cases} 0, & n \neq j \\ 1, & n = j \end{cases}$$

ein vollständiges ONS in l^2?

In vielen Anwendungen ist die klassische Fourierentwicklung das passende Orthonormalsystem.

Beispiel Die nach Jean Baptiste Joseph Fourier (1768–1830) benannte klassische Fourierentwicklung basiert auf den trigonometrischen Polynomen im $L^2(-\pi, \pi)$. Wir haben das Orthonormalsystem mit

$$x_n(t) = \frac{1}{\sqrt{2\pi}} \mathrm{e}^{\mathrm{i}nt} \quad \text{für } n \in \mathbb{Z}$$

bereits im Band 1, Abschnitt 19.6 kennengelernt. Es wurde im Fourier'schen Entwicklungssatz gezeigt, dass $\{\ldots, x_{-1}, x_0, x_1, x_2, \ldots\}$ ein vollständiges ONS im Hilbertraum $L^2(-\pi, \pi)$ bildet. Die klassische Fourierentwicklung einer Funktion $x \in L^2(-\pi, \pi)$ lautet somit

$$x(t) = \sum_{n=-\infty}^{\infty} a_n \mathrm{e}^{\mathrm{i}nt}$$

mit den Fourierkoeffizienten

$$a_n = \frac{1}{2\pi} \int_{-\pi}^{\pi} x(s)\, \mathrm{e}^{-\mathrm{i}ns}\, \mathrm{d}s,$$

wobei die Reihe im L^2-Sinn konvergiert, d. h.

$$\int_{-\pi}^{\pi} \left| x(t) - \sum_{n=-M}^{N} \alpha_n \mathrm{e}^{\mathrm{i}nt} \right|^2 \mathrm{d}t \to 0, \quad \text{für } M, N \to \infty.$$

In der Abbildung 10.4 ist die Näherung an die Funktion $f\colon (-\pi, \pi) \to \mathbb{R}$ mit $f(x) = \frac{1}{\pi}x + 1$ für $x \in (-\pi, 0]$ und $f(x) = \frac{1}{\pi}x - 1$ für $x \in (0, \pi)$ durch Fourierpolynome gezeigt. Die Konvergenz der Fourierreihe gilt in der durch das innere Produkt induzierten Norm. Insbesondere liegt, wie aus der Abbildung ersichtlich wird, im Allgemeinen keine punktweise Konvergenz vor. Für Konvergenz in strengeren Normen sind weitere Voraussetzungen erforderlich. Auf Seite 355 wird erläutert, unter welchen Voraussetzungen die klassische Fourierreihe punktweise konvergiert. ◀

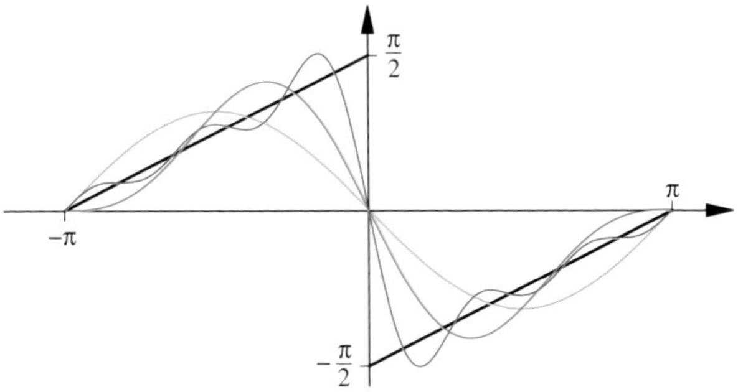

Abbildung 10.4 Eine Funktion mit drei ihrer Fourierpolynome. Die Fourierpolynome konvergieren zwar im quadratischen Mittel, aber offensichtlich nicht punktweise, da bei $x = 0$ der Funktionswert 1 ist, die Polynome aber stets den Wert 0 aufweisen.

Weitere Beispiele vollständiger Orthonormalsystems liefern sogenannte orthogonale Polynome wie etwa die *Legendre-Polynome* auf Seite 354.

Der Raum l^2 ist der Prototyp eines Hilbertraums mit vollständigem Orthonormalsystem

Ist ein vollständiges Orthonormalsystem endlich, so ist aufgrund der Parzeval'schen Gleichung der Hilbertraum offensichtlich isomorph zu $\mathbb{C}^n$. Im abzählbar unendlichen Fall ergibt sich aus der Parzeval'schen Gleichung ein entsprechender Zusammenhang zwischen Fourierkoeffizienten und dem Hilbertraum l^2.

Folgerung
Ist X ein Hilbertraum mit einem abzählbar unendlichen, vollständigen Orthonormalsystem M, dann ist X normisomorph zu l^2, d. h., es gibt einen Vektorraumisomorphismus $J: X \to l^2$ mit $\|Jx\|_{l^2} = \|x\|_X$.

Beweis: Zu $x \in X$ definieren wir die Folge $Jx = (a_n)$ durch $a_n = (x, x_n)$. Die Abbildung ist offensichtlich linear. Die Isometrie, $\|Jx\| = \|x\|$, folgt aus der Parzeval'schen Gleichung. Dies impliziert insbesondere auch Injektivität der Abbildung.

Die Surjektivität sehen wir aus folgender Überlegung. Ist $(a_n)_{n\in\mathbb{N}} \in l^2$, so können wir mit dem Orthonormalsystem durch

$$y_k = \sum_{j=0}^{k} a_n x_n \in X$$

eine Folge definieren. Aus

$$\|y_l - y_k\|^2 = \|\sum_{j=k+1}^{l} a_n x_n\|^2 = \sum_{j=k+1}^{l} |a_n|^2$$

folgt mit $(a_n) \in l^2$, dass (y_k) eine Cauchy-Folge in X ist und deswegen konvergiert. Setzen wir $y = \lim_{k\to\infty} y_k \in X$, so ergibt sich, indem wir $l \to \infty$ in obiger Gleichung betrachten, die Darstellung

$$y = \sum_{n=0}^{\infty} a_n x_n \in X\,,$$

und mit der Orthogonalität erhalten wir $a_n = (y, x_n)$ für jedes $n \in \mathbb{N}$, d. h. $Jy = (a_n)$. Die Abbildung J ist somit auch surjektiv. ■

Die Aussage der Folgerung im wichtigen Fall $X = L^2(a, b)$ wird oft nach Ernst Sigismund Fischer (1875–1954) und Frigyes Riesz (1880–1956) als Satz von Fischer-Riesz bezeichnet, die den Satz unabhängig voneinander bewiesen haben.

Jeder Hilbertraum besitzt ein vollständiges ONS

Da uns Koordinatensysteme aus den endlich dimensionalen Vektorräumen vertraut sind, lässt sich erahnen, wie nützlich abzählbare vollständige Orthonormalsysteme sind. Zum Abschluss der Beschreibung von Orthonormalsystemen bleibt die Frage, unter welchen Voraussetzungen in einem Hilbertraum ein vollständiges Orthonormalsystem existiert. Wie bei den algebraischen Basen eines Vektorraums (siehe Band 1, Abschnitt 6.4) lässt sich mit dem Zorn'schen Lemma zeigen, dass stets ein vollständiges ONS existiert.

Lemma
Ist $X \neq \{0\}$ ein Prä-Hilbertraum, so gibt es ein vollständiges Orthonormalsystem.

Beweis: Da $X \neq \{0\}$ ist, gibt es $x \in X$ mit $\|x\| = 1$ und $\{x\}$ ist ein ONS. Nun betrachte man die Menge

$$S = \{M \subseteq X : M \text{ ist ONS und } x \subseteq M\}\,.$$

Da $\{x\} \in S$ gilt, ist die Menge S nicht leer und sie ist halbgeordnet bezüglich der Relation „$\subseteq$". Jede totalgeordnete Teilmenge $\tilde{S} \subseteq S$ besitzt die obere Schranke $\widehat{M} = \bigcup_{M\in\tilde{S}} M$. Auch $\widehat{M}$ ist ONS. Somit existiert nach dem Zorn'schen Lemma ein maximales Element (siehe Abschnitt 2.4 in Band 1), d. h. ein vollständiges Orthonormalsystem. ■

Am folgenden Beispiel zeigen wir, dass es Hilberträume gibt, in denen es kein abzählbares, vollständiges ONS gibt.

Beispiel: Legendre-Polynome

Durch Anwenden des Gram-Schmidt'schen Orthonormalisierungsverfahrens (siehe Abschnitt 17.3 in Band 1) auf die Monome $\{1, x, x^2, x^3, \dots\}$ im Raum $L^2(-1,1)$ stößt man auf die Legendre-Polynome P_n. In der Darstellung von Benjamin Olinde Rodrigues (1795–1851) sind die Legendre-Polynome gegeben durch

$$P_n(x) = \gamma_n \frac{\mathrm{d}^n}{\mathrm{d}x^n}(x^2-1)^n$$

mit Konstanten $\gamma_n = \frac{\sqrt{2n+1}}{\sqrt{2}\,n!\,2^n}$. Wir prüfen, dass diese Polynome ein vollständiges Orthonormalsystem bilden.

Problemanalyse und Strategie: Da die Funktionen P_n Polynome sind, kann die Orthogonalität und die Normierungskonstante durch partielle Integration gezeigt werden. Mit dem Weierstraß'schen Approximationssatz ergibt sich die Vollständigkeit.

Lösung:
Da $q_n(x) = (x^2-1)^n$ ein Polynom vom Grad $2n$ ist, ist

$$P_n(x) = \gamma_n q_n^{(n)}(x) = \gamma_n \frac{\mathrm{d}^n}{\mathrm{d}x^n}(x^2-1)^n$$

ein Polynom vom Grad n. Mit der Produktregel sehen wir, dass die Randterme $q_n^{(j)}(1) = q_n^{(j)}(-1) = 0$, $j = 0, \dots, n-1$, verschwinden. Daher liefert partielle Integration

$$\begin{aligned}\int_{-1}^{1} P_n(x)P_m(x)\,\mathrm{d}x &= \gamma_m\gamma_n \int_{-1}^{1} q_m^{(m)}(x)\,q_n^{(n)}(x)\,\mathrm{d}x \\ &= -\gamma_m\gamma_n \int_{-1}^{1} q_m^{(m-1)}(x)\,q_n^{(n+1)}(x)\,\mathrm{d}x = \dots \\ &= (-1)^j\gamma_m\gamma_n \int_{-1}^{1} q_m^{(m-j)}(x)\,q_n^{(n+j)}(x)\,\mathrm{d}x\,.\end{aligned}$$

Ohne Einschränkung ist $m \geq n$. Wir unterscheiden zwei Fälle: Ist $m > n$, wählen wir $j = n+1$; denn $q_n^{2n+1}(x) = 0$, da $(x^2-1)^n$ ein Polynom vom Grad $2n$ ist. Im Fall $m = n$ wählen wir $j = n$ und nutzen

$$\frac{\mathrm{d}^{2n}}{\mathrm{d}x^{2n}}(x^2-1)^n = (2n)!\,.$$

Insgesamt folgt

$$\int_{-1}^{1} P_m(x)P_n(x)\,\mathrm{d}x = \begin{cases} 0, & n \neq m, \\ (-1)^n(2n)!\,\gamma_n^2 \int_{-1}^{1}(x^2-1)^n\,\mathrm{d}x, & n = m. \end{cases}$$

Um das Integral zu berechnen, leiten wir mit partieller Integration eine Rekursionsformel her. Es gilt

$$\begin{aligned} I_n &= \int_{-1}^{1}(x^2-1)^n\,\mathrm{d}x \\ &= \int_{-1}^{1} x^2(x^2-1)^{n-1}\,\mathrm{d}x - I_{n-1} \\ &= -\frac{1}{2n}\int_{-1}^{1}(x^2-1)^n\,\mathrm{d}x - I_{n-1}\,.\end{aligned}$$

Wir erhalten $I_n = -\frac{2n}{2n+1}I_{n-1}$ und mit $I_0 = 2$ folgt induktiv

$$I_n = 2(-1)^n \prod_{j=1}^{n} \frac{2j}{2j+1}.$$

Es ergibt sich mit den Konstanten γ_n

$$\int_{-1}^{1} P_n^2(x)\,\mathrm{d}x = (-1)^n(2n!)\gamma_n^2 \int_{-1}^{1}(x^2-1)^n\,\mathrm{d}x = 1\,.$$

Für die Vollständigkeit der Legendre-Polynome in $L^2(-1,1)$ können wir wie folgt argumentieren: In Abschnitt 19.6. aus Band 1 ergab sich als Folgerung der klassischen Fouriertheorie, dass die stetigen Funktionen in $L^2(-1,1)$ dicht liegen. Darüber hinaus besagt der Weierstraß'sche Approximationssatz, dass sich jede stetige Funktion durch Polynome in der Supremumsnorm approximieren lässt. Somit gibt es zu $f \in L^2(-1,1)$ und $\varepsilon > 0$ eine stetige Funktion $\hat{f} \in C([-1,1])$ und ein Polynom p mit

$$\begin{aligned}\|f-p\|_2 &\leq \|f-\hat{f}\|_2 + \left(\int_{-1}^{1}|\hat{f}-p|^2\,\mathrm{d}x\right)^{\frac{1}{2}} \\ &\leq \varepsilon + \|\hat{f}-p\|_\infty \left(\int_{-1}^{1}\mathrm{d}x\right)^{\frac{1}{2}} \leq (1+\sqrt{2})\varepsilon\,.\end{aligned}$$

Schreiben wir das Polynom p als Linearkombination der Legendre-Polynome, so sehen wir, dass der durch die Legendre-Polynome aufgespannte Unterraum dicht in $L^2(-1,1)$ liegt, d. h., nach dem allgemeinen Entwicklungssatz (siehe Seite 351) ist das ONS maximal.

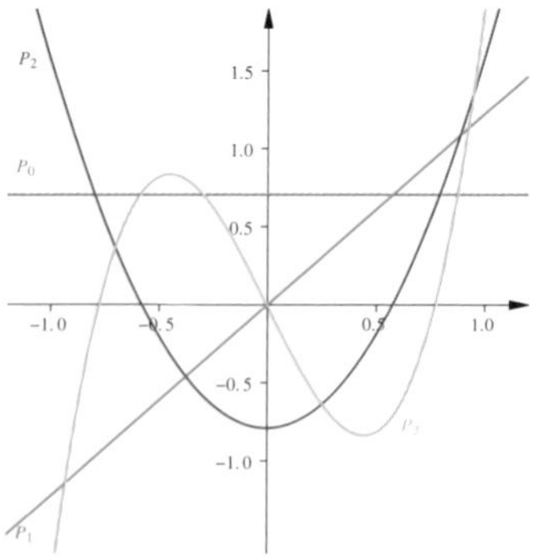

Orthogonale Polynomen und Approximationen durch Abbruch der zugehörigen Fourierentwicklung spielen in der numerischen Mathematik eine wichtige Rolle. Das Beispiel der Legendre-Polynome liefert ein System orthogonaler Polynome auf dem Intervall $(-1,1)$. In der Abbildung sind die Graphen der so normierten Legendre-Polynome $P_0(x) = \frac{1}{\sqrt{2}}$, $P_1(x) = \frac{\sqrt{3}}{\sqrt{2}}x$, $P_2(x) = \frac{\sqrt{5}}{2\sqrt{2}}(3x^2-1)$ und $P_3(x) = \frac{\sqrt{7}}{2\sqrt{2}}(5x^3-3x)$ gezeigt.

Unter der Lupe: Konvergenz der Fourierreihe

Die klassische Fourierreihe zu einer Funktion $x \in L^2(-\pi, \pi)$ konvergiert im Sinne der durch das L^2-Produkt gegebenen Norm. Man spricht auch von Konvergenz im Mittel. Es ist naheliegend zu fragen, ob eine stärkere Konvergenz der Reihe erreichbar ist. Es lässt sich etwa punktweise Konvergenz der Reihe gegen die generierende Funktion x zeigen, wenn von periodischen, stetig differenzierbaren Funktionen ausgegangen wird.

Betrachten wir die Näherung der periodischen Fortsetzung von $f(x) = x^2$ durch die ersten drei Fourierpolynome, so lässt sich punktweise Konvergenz erahnen.

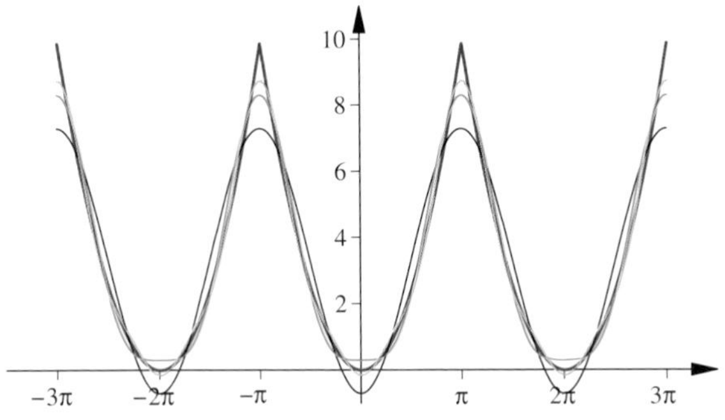

Zunächst führen wir eine Bezeichnung ein: Eine Funktion $x\colon (-\pi, \pi) \to \mathbb{C}$ heißt **stückweise stetig**, wenn es eine Zerlegung $-\pi = t_0 < t_1 < \ldots < t_n = \pi$ gibt, sodass die Einschränkungen $x|_{(t_{j-1}, t_j)}$ für $j = 1, \ldots, n$ stetig und stetig fortsetzbar auf $[t_{j-1}, t_j]$ sind. Wir bezeichnen den Raum der stückweise stetigen Funktionen mit $PC[-\pi, \pi]$ wegen der englischen Bezeichnung „piecewise continuous“. Außerdem definieren wir die Abkürzungen

$$x_-(t) = \lim_{\substack{s \to t \\ s<t}} x(s) \quad \text{und} \quad x_+(t) = \lim_{\substack{s \to t \\ s>t}} x(s)$$

für innere Punkte $x \in (-\pi, \pi)$ und in den Randpunkten $x_+(-\pi)$ und $x_-(\pi)$ entsprechend. Weiter setzen wir im Sinne einer periodischen Fortsetzung $x_-(-\pi) = x_-(\pi)$ und $x_+(\pi) := x_+(-\pi)$. Man beachte, dass $x_+(t) = x_-(t)$ gilt, wenn x bzw. die periodische Fortsetzung im Punkt t stetig ist.

Betrachtet man den Mittelwert $\frac{1}{2}\left[x_+(t) + x_-(t)\right]$, so folgt für $N \in \mathbb{N}_0$ induktiv die Darstellung

$$\frac{1}{2}\left[x_+(t) + x_-(t)\right] = \sum_{|n|\le N} a_n \, \mathrm{e}^{\mathrm{i}kt} + R_n(t),$$

mit den Fourierkoeffizienten $a_n = \frac{1}{2\pi}\int_{-\pi}^{\pi} x(s)\,\mathrm{e}^{-\mathrm{i}ns}\,\mathrm{d}s$, und dem Rest

$$R_n(x) = \frac{1}{2\pi}\left[\int_{t-\pi}^{t} \big(f_-(t) - f(s)\big) \frac{\sin\left((2n+1)\frac{t-s}{2}\right)}{\sin\frac{t-s}{2}}\,\mathrm{d}s \right.$$
$$\left. + \int_{t}^{t+\pi} \big(f_+(t) - f(s)\big) \frac{\sin\left((2n+1)\frac{t-s}{2}\right)}{\sin\frac{t-s}{2}}\,\mathrm{d}s\right].$$

Für diese Darstellung des Rests wird die Funktion x auf der reellen Achse 2π-periodisch fortgesetzt. Wir verzichten auf eine ausführlich Darstellung der Induktion, die sich ergibt unter Verwendung von

$$\operatorname{Re}\left(\int_{t-\pi}^{t} \mathrm{e}^{\mathrm{i}(n+1)(t-s)}\,\mathrm{d}s\right) = \operatorname{Re}\left(\int_{t}^{t+\pi} \mathrm{e}^{\mathrm{i}(n+1)(t-s)}\,\mathrm{d}s\right) = 0.$$

Mit der Darstellung der Differenz zwischen Fourierpolynom und dem Mittelwert der Funktionsgrenzwerte lässt sich punktweise Konvergenz zeigen, wenn auch die Ableitung stückweise stetig ist. Es lässt sich folgender Satz formulieren:

Ist x stückweise stetig differenzierbar, d. h., sowohl x als auch x' sind stückweise stetige Funktionen, dann konvergiert die Fourierreihe punktweise, und es gilt

$$\frac{1}{2}\left[x_+(t) + x_-(t)\right] = \sum_{n\in\mathbb{Z}} a_n \, \mathrm{e}^{\mathrm{i}nt}, \qquad t \in [-\pi, \pi].$$

Für einen Beweis dieser Aussage muss das Restglied $R_n(x)$ in obiger Darstellung abgeschätzt werden. Dazu definieren wir die Funktion $y\colon [t-\pi, t) \cup (t, t+\pi] \to \mathbb{C}$ durch

$$y(s) = \begin{cases} \dfrac{x_-(t) - x(s)}{\sin(\frac{t-s}{2})}, & s \in [x-\pi, x), \\[2ex] \dfrac{x_+(t) - x(s)}{\sin(\frac{t-s}{2})}, & s \in (x, x+\pi]. \end{cases}$$

Da x stückweise stetig differenzierbar vorausgesetzt ist, lässt sich y mit der Regel von L'Hospital zu einer stückweise stetigen Funktion auf $[t-\pi, t+\pi]$ fortsetzen. Für den Rest erhalten wir

$$\begin{aligned} R_n(t) &= \frac{1}{2\pi}\int_{t-\pi}^{t+\pi} y(s)\sin\left((n+\frac{1}{2})(t-s)\right)\mathrm{d}s \\ &= \frac{1}{2\pi}\int_{-\pi}^{\pi} y(t-s)\,\operatorname{Im}\left(\mathrm{e}^{\mathrm{i}(n+\frac{1}{2})s}\right)\mathrm{d}s \\ &= \frac{1}{2\pi}\int_{-\pi}^{\pi} y(t-s)\sin\left(\frac{s}{2}\right)\operatorname{Re}\left(\mathrm{e}^{\mathrm{i}ns}\right)\mathrm{d}s \\ &\quad + \frac{1}{2\pi}\int_{-\pi}^{\pi} y(t-s)\cos\left(\frac{s}{2}\right)\operatorname{Im}\left(\mathrm{e}^{\mathrm{i}ns}\right)\mathrm{d}s \\ &= \frac{1}{2}(\alpha_n + \alpha_{-n}) + \frac{\mathrm{i}}{2}(\beta_n - \beta_{-n}) \end{aligned}$$

mit den Fourierkoeffizienten α_n bzw. β_n, $n \in \mathbb{Z}$ zu den Funktionen $f(s) = y(t-s)\sin(\frac{s}{2})$ und $g(s) = y(t-s)\cos(\frac{s}{2})$. Mit der Bessel'schen Ungleichung folgt insbesondere, dass die Fourierkoeffizienten Nullfolgen sind. Wir erhalten $R_n(t) \to 0$ für $n \to \infty$ und haben punktweise Konvergenz gezeigt.

Ein weiterer Zusammenhang zwischen der Regularität einer Funktion und dem Verhalten der zugehörigen Fourierkoeffizienten wird deutlich in der Theorie der Sobolevräume (siehe Vertiefung auf Seite 357).

Beispiel Wir betrachten die Menge

$$M = \{e^{i\lambda t} : [0, \infty) \to \mathbb{C} : \lambda \in \mathbb{R}\}$$

und den durch die Elemente von M aufgespannten Raum $\operatorname{span}(M)$. Auf diesem Raum ist durch

$$(u, v) = \lim_{T\to\infty} \frac{1}{T} \int_0^T u(t)\overline{v(t)}\, dt$$

für $u, v \in \operatorname{span}(M)$ ein Skalarprodukt definiert. Denn mit

$$\lim_{T\to\infty} \frac{1}{T} \int_0^T e^{i\lambda t}\, e^{-i\mu t}\, dt = \begin{cases} 1, & \text{für } \lambda = \mu\,, \\ \lim\limits_{T\to\infty} \dfrac{-i}{(\lambda-\mu)\,T}(e^{i(\lambda-\mu)T} - 1) = 0, & \text{für } \lambda \neq \mu \end{cases}$$

existiert der Grenzwert für $u, v \in \operatorname{span}(M)$. Weiter folgt mit $u = \sum_{j=1}^n \alpha_n e^{i\lambda_j t}$ für paarweise verschiedene $\lambda_j \in \mathbb{R}$, $j = 1, \ldots, n$ aus

$$0 = \lim_{T\to\infty} \frac{1}{T} \int_0^T |u(t)|^2\, dt = \sum_{j=1}^n |\alpha_j|^2\,,$$

dass $\alpha_j = 0$, für $j = 1, \ldots, n$, also $u = 0$ ist. Damit ist das Produkt definit. Weiter ist das Produkt wegen der elementaren Eigenschaften des Integrals offensichtlich linear, homogen, hermitesch und positiv.

Mit der Rechnung haben wir gesehen, dass M aus zueinander orthonormalen Elementen besteht. Da M nicht abzählbar ist, ist die Vervollständigung von $\operatorname{span}(M)$ bezüglich der induzierten Norm, der Funktionenraum der **fast periodischen Funktionen**, zwar ein Hilbertraum, aber es gibt kein abzählbares maximales System orthonormaler Elemente. ◀

In separablen Hilberträumen gibt es ein abzählbares vollständiges Orthonormalsystem

Im Zusammenhang mit der Frage nach der Existenz eines abzählbaren vollständigen Orthonormalsystems kommen wir auf eine generelle Eigenschaft normierter Räume zurück, die separablen Räume, die auf Seite 305 in Kapitel 8 definiert wurden. Zur Erinnerung: Ein normierter Raum X heißt separabel, wenn es eine höchstens abzählbare Teilmenge $M \subseteq X$ gibt, die dicht in X liegt. Das folgende Lemma liefert uns bereits den ersten Hinweis auf den Zusammenhang zwischen Separabilität und der Existenz eines abzählbaren, vollständigen Orthonormalsystems.

Lemma
Ist X ein normierter Raum und $M \subseteq X$ eine abzählbare Teilmenge, sodass der durch M aufgespannte Unterraum dicht liegt, d. h. $\overline{\operatorname{span}\{M\}} = X$, dann ist X separabel.

Beweis: Erlauben wir ausschließlich rationale Koeffizienten bei Linearkombinationen von Elementen aus M, d. h., wir definieren die Menge

$$\tilde{M} = \left\{ z = \sum_{j=0}^n \alpha_j x_j : \alpha_j \in \mathbb{Q} + i\mathbb{Q}, x_j \in M, n \in \mathbb{N} \right\},$$

so ist $\tilde{M}$ abzählbar.

Betrachten wir nun $x \in X$, so gibt es zu $\varepsilon > 0$ ein $y \in \operatorname{span}(M)$ mit $\|x - y\| \leq \varepsilon/2$ und weiterhin zu y ein Element $z \in \tilde{M}$ mit $\|y - z\| \leq \varepsilon/2$. Also folgt $\|x - z\| \leq \|x - y\| + \|y - z\| \leq \varepsilon$, d. h., $\tilde{M}$ liegt dicht in X und wir haben gezeigt, dass X separabel ist. ■

Somit ist etwa $L^2(0, 2\pi)$ ein separabler Hilbertraum, denn aus der klassischen Fouriertheorie wissen wir bereits, dass mit dem vollständigen Orthonormalsystem

$$M = \{x_n \in L^2(0, 2\pi) : x_n(t) = e^{int}, n \in \mathbb{Z}\}$$

eine solche abzählbare Menge M gegeben ist.

Separable Hilberträume
Ein Hilbertraum $X \neq \{0\}$ ist genau dann separabel, wenn es ein abzählbares vollständiges Orthonormalsystem gibt.

Beweis: Mit dem vorherigen Lemma impliziert die Existenz eines abzählbaren vollständigen ONS, dass der Raum X separabel ist.

Für die Äquivalenz konstruieren wir ein abzählbares vollständiges ONS im Fall eines separablen Hilbertraums X mit dem bereits in der linearen Algebra vorgestellten Gram-Schmidt'schen Orthonormalisierungsverfahren (siehe Abschnitt 17.3 in Band 1). Dazu sei $M = \{x_n : n \in \mathbb{N}\} \subseteq X$ dichte Teilmenge von X. Ohne Einschränkung ist $x_1 \neq 0$ und wir setzen $e_1 = \frac{x_1}{\|x_1\|}$. Nun konstruieren wir induktiv für $n \geq 2$ zunächst

$$y_n = \begin{cases} 0, & \text{für } x_n \in \operatorname{span}\{e_1, \ldots e_{n-1}\} \\ x_n - \sum\limits_{j=1}^{n-1} (x_n, e_j) e_j & \text{für } x_n \notin \operatorname{span}\{e_1, \ldots e_{n-1}\} \end{cases}$$

und setzen

$$e_n = \begin{cases} 0, & \text{für } y_n = 0 \\ \dfrac{1}{\|y_n\|} y_n\,, & \text{für } y_n \neq 0\,. \end{cases}$$

Somit ist $x_n \in \operatorname{span}\{e_1, \ldots, e_n\}$. Wählen wir nur die Elemente e_n die von null verschieden sind, so erhalten wir ein ONS

$$\hat{M} = \{e_n \in X : n \in \mathbb{N}, e_n \neq 0\}\,,$$

und es gilt

$$X \supseteq \overline{\operatorname{span} \hat{M}} \supseteq \overline{M} = X\,,$$

d. h., $\hat{M}$ ist abzählbares und vollständiges Orthonormalsystem. ■

Hintergrund und Ausblick: Sobolevräume

Bereits an mehreren Stellen wurden die nach Sergei Lvovich Sobolev (1908–1989) benannten Funktionenräume erwähnt. Diese normierten Räume spielen in der Theorie der Differenzialgleichungen eine wesentliche Rolle. Es gibt verschiedene Zugänge zu diesen Funktionenräumen, von denen wir hier kurz einige ansprechen.

Im Beispiel auf Seite 348 sind wir auf einen *Sobolevraum* gestoßen durch die Idee, den Raum $C_0^1(0,1)$ der stetig differenzierbaren Funktionen mit kompaktem Träger zu vervollständigen bezüglich des Skalarprodukts

$$(u,v) = \int_0^1 u'(t)\overline{v'(t)} + u(t)\overline{v(t)}\,\mathrm{d}t\,.$$

Dabei bedeutet kompakter Träger, dass es zu einer Funktion $u \in C_0^1(0,1)$ ein Intervall $[a,b] \subseteq (0,1)$ gibt mit $u(x) = 0$ für $x \in (0,1)\setminus[a,b]$. Generell ergeben sich Sobolevräume durch Vervollständigung der Funktionenräume $C^k(M)$ oder $C_0^k(M)$ bezüglich entsprechender Normen, wobei im zweiten Fall auch unbeschränkte Teilmengen $M \subseteq \mathbb{R}^n$ betrachtet werden. Liegt der betrachteten Norm ein Skalarprodukt zugrunde, ergibt sich offensichtlich ein Hilbertraum, der die k-mal stetig differenzierbaren Funktionen als dichte Teilmenge enthält.

Wir können uns diesen Funktionenräumen auch anders nähern. Für eine Funktion $u \in C_0^1(0,1)$ erhalten wir mit partieller Integration

$$\begin{aligned}\int_0^1 u'(x)v(x)\,\mathrm{d}x &= u(x)v(x)|_0^1 - \int_0^1 u(x)v'(x)\,\mathrm{d}x\\ &= -\int_0^1 u(x)v'(x)\,\mathrm{d}x\end{aligned}$$

für jede Funktion $v \in C_0^\infty([0,1])$. Im mehrdimensionalen Fall erreicht man entsprechende Identitäten mit dem Gauß'schen Satz. Das rechte Integral existiert für jede Funktion $u \in L^2(0,1)$. Mit dieser Beobachtung lässt sich nun der Sobolevraum

$$\Big\{u \in L^2(0,1):\text{ es ex. } f \in L^2(0,1) \text{ mit } \int_0^1 u(x)v'(x)\,\mathrm{d}x = -\int_0^1 f(x)v(x)\,\mathrm{d}x \text{ für alle } v \in C_0^\infty([0,1])\Big\}$$

definieren. Die dabei auftretende Funktion $f \in L^2(0,1)$ wird schwache Ableitung von u genannt. Das Konzept lässt sich noch allgemeiner betrachten: Die rechte Seite der Integralidentität in der Beschreibung der obigen Menge kann als die Auswertung eines Funktionals angewandt auf $v \in C_0^\infty([0,1])$ angesehen werden. Dies führt auf die Theorie der *Distributionen*. Mit der Integralidentität werden distributionelle Ableitungen von u definiert. Betrachten wir nur Funktionen, deren distributionelle Ableitung gewissen Regularitätseigenschaften genügt, wie etwa hier $f \in L^2(0,1)$, so erhalten wir einen Sobolevraum.

Beide Zugänge lassen sich sehr allgemein mit einigem Aufwand rigoros ausarbeiten und vergleichen. Aber sie sind relativ abstrakt und es ist schwierig, eine Vorstellung von den Funktionen zu bekommen, die Elemente dieser Mengen sind. Daher betrachten wir noch einen dritten Zugang. Die klassische Fouriertheorie besagt (siehe Seite 352), dass jede Funktion $u \in L^2(-\pi,\pi)$ durch eine Entwicklung $u(x) = \sum_{n\in\mathbb{Z}} a_n \mathrm{e}^{\mathrm{i}nx}$ gegeben ist. Wir erhalten eine Klasse von Sobolevräumen, wenn wir nur Funktionen betrachten, deren Fourierkoeffizienten a_n ein hinreichend schnelles Abklingverhalten besitzen. Man definiert

$$H^s(-\pi,\pi) = \Big\{u \in L^2(-\pi,\pi):\ \sum_{n\in\mathbb{Z}}(1+n^2)^s|a_n|^2 < \infty\Big\}.$$

Mit dem gewichteten Skalarprodukt

$$(u,v)_s = \sum_{n\in\mathbb{Z}}(1+n^2)^s a_n\overline{b_n}$$

wird dieser Raum zu einem Hilbertraum. Der Zusammenhang zur Ableitung wird deutlich, wenn man sich klar macht, dass zu einer differenzierbaren Funktion die Fourierreihe der Ableitung

$$u'(x) = \sum_{n\in\mathbb{Z}} \mathrm{i}na_n\mathrm{e}^{\mathrm{i}nx}$$

ist und die Parzeval'sche Gleichung die Konvergenz von $\sum_{n\in\mathbb{Z}} n^2|a_n|^2$ liefert.

Es lassen sich interessante Einbettungen zu diesen Funktionenräumen zeigen. So sind etwa die k-mal differenzierbaren, periodischen Funktionen $C_{per}^k(-\pi,\pi)$ beschränkt eingebettet in $H^s(-\pi,\pi)$ für $0 \le s \le k$, d. h., es gibt Konstanten $c > 0$ mit $\|u\|_{H^s} \le c\|u\|_{C^k}$ für alle $u \in C_{per}^k(-\pi,\pi)$. Weiterhin lässt sich zeigen, dass Funktionen in $H^s(-\pi,\pi)$ für $s > \frac{1}{2}$ stetig sind.

Der Ausblick kann die Theorie dieser Funktionenräume nur andeuten. Für genaue Definitionen und ausführliche Behandlungen der Sobolevräume verweisen wir auf die weiterführende Literatur. Insbesondere ist interessant, unter welchen Voraussetzungen die Zugänge auf dieselben Funktionenräume führen.

10.3 Spektraltheorie kompakter, selbstadjungierter Operatoren

Die Abbildungseigenschaften linearer Abbildungen, die durch symmetrische bzw. hermitesche Matrizen im $\mathbb{R}^{n\times n}$ bzw. $\mathbb{C}^{n\times n}$ gegeben sind, lassen sich anhand der Eigenwerte und Eigenvektoren charakterisieren (siehe Kapitel 14 in Band 1). Mit der Riesz-Theorie und den Hilberträumen konnten wir bereits eine ganze Reihe von Aspekten der linearen Algebra in Banachräumen wiederentdecken. Es ist naheliegend nun auch das Konzept der Eigenwerte linearer Operatoren in diesen Räumen zu untersuchen.

Definition von Eigenwert und Spektrum

Ist X normierter Raum, $A \in \mathcal{L}(X, X)$ ein linearer, beschränkter Operator, so heißt die Menge

$$\rho(A) = \left\{\lambda \in \mathbb{C} \colon \lambda I - A \text{ ist beschränkt invertierbar}\right\}$$

Resolventenmenge. Das Komplement

$$\sigma(A) = \mathbb{C} \setminus \rho(A)$$

ist das **Spektrum** von A. Die Werte $\lambda \in \sigma(A)$, für die $\lambda I - A$ nicht injektiv ist, heißen **Eigenwerte**, die Nullräume $\mathcal{N}(\lambda I - A)$ **Eigenräume**, und Elemente $u \in \mathcal{N}(\lambda I - A)$ sind die zugehörigen **Eigenelemente** oder **Eigenvektoren** oder auch **Eigenfunktionen**.

Ist $\lambda \in \rho(A)$, so wird der Operator $(\lambda I - A)^{-1}$ als **Resolvente** zu A bezeichnet.

Das Punktspektrum eines Operators besteht aus seinen Eigenwerten

Man beachte, dass bei endlicher Dimension für lineare Abbildungen, d. h. für Matrizen $A \in \mathbb{C}^{n\times n}$, das Spektrum und die Menge der Eigenwerte identisch sind. Denn, wenn die der Matrix $(\lambda I - A)$ zugeordnete lineare Abbildung injektiv ist, so ist die Abbildung auch surjektiv und somit beschränkt invertierbar. Dies ist in beliebigen normierten Räumen im Allgemeinen nicht mehr richtig. Deswegen bezeichnet man mit **Punktspektrum** von A die Menge aller Eigenwerte.

Beispiel (a) Im Beispiel auf Seite 325 haben wir den Integraloperator $A\colon C([0,1] \to C([0,1])$ mit

$$Ax(t) = \int_0^1 ts\, x(s)\,\mathrm{d}s = y(t), \qquad t \in [0,1],$$

betrachtet, der wegen der Struktur des Kerns relativ leicht zu untersuchen ist.

Wir bestimmen das Spektrum dieses Operators. Mit der Riesz-Theorie folgt, dass $\lambda \in \rho(A)$ gilt, wenn $(\lambda I - A)\colon C([0,1]) \to C([0,1])$ injektiv ist. Also ist $x \in C([0,1])$ gesucht mit

$$\lambda x(t) - \int_0^1 ts\, x(s)\,\mathrm{d}s = 0$$

für $t \in [0,1]$. Mit der Konstanten $c = \int_0^1 s\, x(s)\,\mathrm{d}s$ ergibt sich aus der Gleichung

$$\lambda x(t) = ct, \qquad t \in [0,1].$$

Es lassen sich zwei Fälle unterscheiden:

1. Fall: $\lambda = c = 0$ ist Eigenwert mit dem zugehörigen Eigenraum

$$\mathcal{N}(A) = \left\{x \in C([0,1])\colon \int_0^1 s\, x(s)\,\mathrm{d}s = 0\right\}$$

bestehend aus allen stetigen Funktionen, die im L^2-Sinn orthogonal zur Funktion $h \in C([0,1])$ mit $h(s) = s$ sind, d. h. $c = \int_0^1 h(s)x(s)\,\mathrm{d}s = 0$.

2. Fall: Ist $\lambda \neq 0$, so ist $x(t) = \frac{c}{\lambda}t$. Einsetzen von x in die Integralgleichung liefert

$$ct - \frac{ct}{\lambda}\int_0^1 s^2\,\mathrm{d}s = 0, \qquad \text{für } t \in [0,1].$$

Also ist $\lambda I - A$ nur dann nicht injektiv, wenn

$$1 - \frac{1}{3\lambda} = 0.$$

Wir erhalten den Eigenwert $\lambda = \frac{1}{3}$ und als Eigenfunktion etwa $x(t) = t$, $t \in [0,1]$.

In diesem Beispiel sind Punktspektrum und Spektrum gleich, denn das Spektrum besteht nur aus den beiden Eigenwerte 0 und 1/3, d. h.

$$\sigma(A) = \left\{0, \frac{1}{3}\right\}.$$

(b) Der Operator $A\colon l^2 \to l^2$, der bei einer Folge die Folgenglieder um eine Position nach rechts verschiebt, d. h. $A(x_n) = (0, x_1, x_2, \dots)$, besitzt keine Eigenwerte; denn mit

$$(\lambda I - A)(x_n) = (\lambda x_1, \lambda x_2 - x_1, \lambda x_3 - x_2, \dots) = 0$$

folgt $(x_n) = 0 \in l^2$ sowohl im Fall $\lambda = 0$, direkt $x_k = 0$ für $k \in \mathbb{N}$, als auch im Fall $\lambda \neq 0$, induktiv aus $\lambda x_k = x_{k-1}$ und $x_1 = 0$.

Andererseits betrachten wir mit $\lambda \in (0,1)$ die Gleichung $(\lambda I - A)(x_n) = (y_n)$, so ist $x_1 = \frac{1}{\lambda}y_1$ und wir erhalten induktiv aus $\lambda x_k - x_{k-1} = y_k$ die Lösung

$$x_n = \sum_{k=1}^n \frac{1}{\lambda^k} y_{n-k+1}.$$

Wählen wir eine Folge $(y_n) \in l^2$ mit $y_1 = 1$ und $y_k > 0$ für $k \in \mathbb{N}$, so ergibt sich

$$|x_n| \geq \frac{1}{|\lambda|^n} \to \infty, \qquad n \to \infty.$$

Also ist der Operator $\lambda I - A$ auf l^2 nicht beschränkt invertierbar, d. h., $\lambda \in (0, 1)$ ist Element im Spektrum von A, aber kein Eigenwert. ◀

Das Spektrum eines linearen beschränkten Operators ist beschränkt. Genauer können wir folgende Aussage zeigen.

Folgerung
Das Spektrum zu einem linearen beschränkten Operator $A \in \mathcal{L}(X, X)$ in einem Banachraum X ist kompakt mit

$$\sigma(A) \subseteq \{z \in \mathbb{C} \colon |z| \leq \|A\|\}.$$

Beweis: Es ist zu zeigen, dass $\sigma(A)$ abgeschlossen und durch die Operatornorm $\|A\|$ beschränkt ist.

Dazu betrachte man $\lambda \in \mathbb{C}$ mit $|\lambda| > \|A\|$ und

$$L_\lambda = \lambda I - A = \lambda(I - \frac{1}{\lambda}A).$$

Wegen $\|\frac{1}{\lambda}A\|| \leq \frac{1}{|\lambda|}\|A\| < 1$ folgt mit dem Störungslemma (siehe Seite 283), dass $(I - \frac{1}{\lambda}A)$ beschränkt invertierbar ist und somit auch L_λ, d. h. $\lambda \in \rho(A)$. Für jedes $\lambda \in \sigma(A)$ ergibt sich somit die Abschätzung $|\lambda| \leq \|A\|$.

Die Abgeschlossenheit des Spektrums, ergibt sich, indem wir zeigen, dass $\rho(A)$ offen ist. Wir verwenden wiederum das Störungslemma. Denn ist $\lambda_0 \in \rho(A)$ und $\lambda \in \mathbb{C}$ mit $|\lambda - \lambda_0| < \frac{1}{\|L_{\lambda_0}^{-1}\|}$, so ergibt sich $L_{\lambda_0}^{-1} L_\lambda \in \mathcal{L}(X, X)$ und

$$\begin{aligned}\|I - L_{\lambda_0}^{-1} L_\lambda\| &\leq \|L_{\lambda_0}^{-1}(L_{\lambda_0} - L_\lambda\| \\ &\leq |\lambda_0 - \lambda| \, \|L_{\lambda_0}^{-1}\| < 1.\end{aligned}$$

Wegen des Störungslemmas ist

$$L_{\lambda_0}^{-1} L_\lambda = I - (I - L_{\lambda_0}^{-1} L_\lambda) : X \to X$$

beschränkt invertierbar und mit $(L_{\lambda_0}^{-1} L_\lambda)^{-1} L_{\lambda_0}^{-1} \in \mathcal{L}(X, X)$ erhalten wir die beschränkte Inverse zu $L_{\lambda_0}(L_{\lambda_0}^{-1} L_\lambda) = L_\lambda$. Somit ist $\lambda \in \rho(A)$ und wir haben gezeigt, dass $\rho(A)$ offen ist. ∎

Die sich insbesondere aus der Folgerung ergebende Zahl

$$r(A) = \sup\{|\lambda| \colon \lambda \in \sigma(A)\} \geq 0,$$

wenn $\sigma(A) \neq \emptyset$ ist, wird **Spektralradius** von A genannt (siehe auch Seite 548).

Wir stellen stärkere Bedingungen an den Operator A, indem wir nur kompakte Operatoren betrachten. In diesem Fall liefert die Riesz-Theorie (siehe Seite 320) konkretere Aussagen über das Spektrum.

Satz über Spektren kompakter Operatoren
Ist X ein normierter Raum, der nicht endlich dimensional ist, und $A \colon X \to X$ kompakter, linearer Operator, so gilt:

- Es ist $0 \in \sigma(A)$ und die Menge $\sigma(A) \setminus \{0\}$ besteht aus höchstens abzählbar vielen Eigenwerten.
- Die Eigenwerte können sich nur in $0 \in \mathbb{C}$ häufen.
- Die Dimension eines Eigenraums zu einem Eigenwert $\lambda \neq 0$ ist endlich und wird die **Vielfachheit** von λ genannt.

Beweis: Angenommen $0 \in \rho(A)$ ist Element der Resolventenmenge. Dann ist A beschränkt invertierbar und deswegen $I = AA^{-1} \colon X \to X$ kompakt im Widerspruch dazu, dass X nicht endlich dimensional ist. Also ist $0 \in \sigma(A)$ im Spektrum.

Betrachten wir $\lambda \neq 0$, so lassen sich zwei Fälle unterscheiden:
1. Der Operator $L = \lambda I - A$ ist injektiv. Mit der Riesz-Theorie ist L beschränkt invertierbar, also ist $\lambda \in \rho(A)$.
2. Wenn der Operator $L = \lambda I - A$ nicht injektiv ist, ist λ Eigenwert und nach dem 1. Riesz'schen Satz der Eigenraum, $\mathcal{N}(L)$, endlich dimensional.

Alle weiteren Aussagen des Satzes zeigen wir, indem wir beweisen, dass zu jedem Wert $R > 0$ höchstens endlich viele Eigenwerte $\lambda \in \mathbb{C}$ existieren mit $|\lambda| > R$. Dazu führen wir die Annahme zum Widerspruch, dass eine Folge von Eigenwerten (λ_n) existiert mit $\lambda_n \neq \lambda_m$ für $n \neq m$ und $|\lambda_n| \geq R$.

Mit $x_n \in X$ bezeichnen wir zugehörige Eigenvektoren zu diesen Eigenwerten λ_n. Induktiv erhalten wir, dass $\{x_1, \dots, x_N\}$ linear unabhängig sind für jedes $N \in \mathbb{N}$. Denn einen Induktionsanfang erhalten wir unter der Annahme $x_1 = \alpha x_2$ aus

$$\lambda_1 \alpha x_2 = \lambda_1 x_1 = A x_1 = \alpha A x_2 = \alpha \lambda_2 x_2,$$

d. h. $(\lambda_1 - \lambda_2)\alpha x_2 = 0$ bzw. $\alpha = 0$ im Widerspruch zu $x_1 \neq 0$. Somit sind x_1, x_2 linear unabhängig.

Für den Induktionsschritt nehmen wir an, es gibt α_j, $j = 1, \dots, n$ mit $x_{n+1} = \sum_{j=1}^n \alpha_j x_j$. Dann gilt

$$\begin{aligned}\lambda_{n+1} \sum_{j=1}^n \alpha_j x_j &= \lambda_{n+1} x_{n+1} \\ &= A x_{n+1} = \sum_{j=1}^n \alpha_j A x_j = \sum_{j=1}^n \alpha_j \lambda_j x_j\end{aligned}$$

bzw.

$$\sum_{j=1}^n (\lambda_{n+1} - \lambda_j)\alpha_j x_j = 0.$$

Es folgt $\alpha_j = 0$ im Widerspruch zu $x_{n+1} \neq 0$. Also sind $x_1, \dots, x_{n+1}$ linear unabhängig.

Definieren wir weiter $U_n = \operatorname{span}\{x_1, \dots, x_n\}$, so gilt $U_{n-1} \subsetneqq U_n$. Nach dem Lemma von Riesz existiert $z_n \in U_n$ mit $\|z_n\| = 1$ und

$$\|z_n - x\| \geq \frac{1}{2} \quad \text{für jedes } x \in U_{n-1}.$$

Mit der Darstellung $z_n = \sum_{j=1}^{n} \beta_j x_j \in U_n$ mit Koeffizienten $\beta_j \in \mathbb{C}$, $j = 1, \ldots, n$, folgt

$$(\lambda_n I - A) z_n = \sum_{j=1}^{n-1} (\lambda_n - \lambda_j) \beta_j x_j \in U_{n-1} .$$

Für $m < n$ ist $Az_m \in U_{n-1}$, d. h. $v = \lambda_n z_n + Az_n - Az_m \in U_{n-1}$. Wir erhalten

$$Az_n - Az_m = \lambda_n z_n - \lambda_n z_n + Az_n - Az_m = \lambda_n z_n - v$$

und es ergibt sich die Abschätzung

$$\|Az_n - Az_m\| = |\lambda_n| \left\| z_n - \frac{1}{\lambda_n} v \right\| \geq \frac{1}{2} |\lambda_n| \geq \frac{R}{2} .$$

Die Folge (Az_n) kann keine konvergente Teilfolge besitzen, was im Widerspruch zur Kompaktheit des Operators A steht. Also gibt es nur endlich viele linear unabhängige Eigenvektoren mit $|\lambda| > R$. ■

In Hilberträumen gibt es stets genau einen adjungierten Operator

Um weitere Aussagen über die Eigenwerte eines kompakten Operators zu bekommen, konzentrieren wir uns wieder auf Hilberträume. Wir erinnern uns, dass wir in einem Dualsystem den adjungierten Operator eingeführt haben (siehe Seite 327). Sind X, Y zwei Prä-Hilberträume, so sind zwei Operatoren $A \in \mathcal{L}(X, Y)$ und $B \in \mathcal{L}(Y, X)$ zueinander adjungiert, wenn

$$(Ax, y)_Y = (x, By)_X$$

für $x \in X$ und $y \in Y$ gilt. Legt man die Struktur von Prä-Hilberträumen, also insbesondere ein Dualsystem, zugrunde, so gibt es zu einem linearen beschränkten Operator höchstens einen adjungierten Operator (siehe Seite 328).

Setzen wir Hilberträume voraus, ist auch die Existenz des adjungierten Operators gesichert. Dies ergibt sich aus dem Darstellungssatz und dem Beispiel auf Seite 328 zu adjungierten Operatoren auf den Dualräumen. Wir führen den Beweis hier direkt mithilfe des Darstellungssatzes.

Existenz des adjungierten Operators

Zu einem linearen beschränkten Operator $A \in \mathcal{L}(X, Y)$ in Hilberträumen X, Y gibt es genau einen adjungierten Operator $A^* \in \mathcal{L}(Y, X)$ und es gilt $\|A^*\| = \|A\|$.

Beweis: Da wir die Eindeutigkeit bereits in Kapitel 9 auf Seite 328 geklärt haben, müssen wir noch die Existenz des adjungierten Operators zeigen. Ist $y \in Y$, so wird durch

$$l_y(x) = (Ax, y)_Y, \quad x \in X$$

ein lineares Funktional $l_y \colon X \to \mathbb{C}$ definiert. Wegen

$$|l_y| \leq \|Ax\| \|y\| \leq \|A\| \|x\| \|y\|$$

ist l_y beschränkt mit $\|l_y\| \leq \|A\| \|y\|$. Der Riesz'sche Darstellungssatz (siehe Seite 347) sichert zu $l_y \in X'$ die Existenz eines Elements $B(y) \in X$ mit

$$(Ax, y)_Y = l_y(x) = (x, B(y))_X$$

für alle $x \in X$. Diese Konstruktion gilt für jedes $y \in Y$, sodass wir eine Abbildung $B \colon Y \to X$ bekommen.

Es bleibt zu zeigen, dass $B \in \mathcal{L}(Y, X)$ ist. Aufgrund der Konstruktion mit $(Ax, y)_Y = (x, B(y))_X$ ist B linear. Mit dem Darstellungssatz gilt weiterhin

$$\|By\| = \|l_y\| \leq \|A\| \, \|y\| .$$

Somit ist B beschränkt. Wir erhalten den adjungierten Operator $B = A^* \colon Y \to X$ mit der Abschätzung $\|A^*\| \leq \|A\|$.

Darüber hinaus ist A Adjungierte zu B und wir erhalten analog die Abschätzung $\|A\| \leq \|B\|$, also folgt $\|A\| = \|B\|$. ■

Beispiel Ist A ein Integraloperator der Form

$$Ax(t) = \int_a^b k(t, s) \, x(s) \, \mathrm{d}s$$

über einem Intervall $[a, b]$ mit stetigem Kern $k \in C([a, b] \times [a, b])$, so ergibt sich durch Vertauschen der Integrationsreihenfolge mit dem Satz von Fubini

$$\begin{aligned}
(Ax, y)_{L^2} &= \int_a^b Ax(t) \, \overline{y}(t) \, \mathrm{d}t \\
&= \int_a^b \int_a^b k(t, s) \, x(s) \, \overline{y}(t) \, \mathrm{d}s \, \mathrm{d}t \\
&= \int_a^b x(s) \int_a^b k(t, s) \, \overline{y}(t) \, \mathrm{d}t \, \mathrm{d}s .
\end{aligned}$$

Also ist durch den Integraloperator

$$A^* y(t) = \int_a^b \overline{k(s, t)} y(s) \, \mathrm{d}s$$

der adjungierte Operator bzgl. des L^2-Skalarprodukts gegeben. ◀

?

Welcher Satz aus Kapitel 9 impliziert, dass der adjungierte Operator $A^* \colon X \to X$ zu einem kompakten Operator $A \in \mathcal{K}(X, X)$ auf einem Hilbertraum X ebenfalls kompakt ist?

In Hinblick auf die Eigenwerte und Eigenvektoren zu kompakten Operatoren erinnern wir uns an die Situation bei symmetrischen Matrizen (siehe Abschnitt 18.1. in Band 1). Das Analogon im Hilbertraum sind die *selbstadjungierten* Operatoren.

Selbstadjungierte Operatoren

Ein linearer Operator $A\colon X \to X$ in einem Prä-Hilbertraum X heißt **selbstadjungiert**, wenn der adjungierte Operator zu A existiert und $A^* = A$ ist, d. h., es gilt

$$(Ax, y) = (x, Ay) \quad \forall x, y \in X.$$

Beispiel

- Nachdem wir im Beispiel auf Seite 360 bereits den adjungierten Integraloperator zu einem Integraloperator A mit

$$Ax(t) = \int_a^b k(t,s)x(s)\,\mathrm{d}s$$

kennengelernt haben, ist offensichtlich, dass ein Integraloperator selbstadjungiert ist bzgl. des L^2-Skalarprodukts, wenn der Kern hermitesch ist, d. h., wenn, $k(t,s) = \overline{k(s,t)}$ für $t, s \in [a,b]$ gilt.
- Der Laplace-Operator Δ, den wir z. B. auf Seite 286 vorgestellt haben, ist ein selbstadjungierter Operator im Dualsystem $(C_0^2(D), C_0^2(D), (\cdot,\cdot)_{L^2})$; denn mit der zweiten Green'schen Formel (siehe Abschnitt 23.4, Band 1) folgt

$$(\Delta u, v)_{L^2} = \int_D \Delta u\, v\,\mathrm{d}x = \int_D u\,\Delta v\,\mathrm{d}x = (u, \Delta v)_{L^2},$$

wenn wir mit $D \subseteq \mathbb{R}^n$ ein hinreichend reguläres Gebiet bezeichnen und $C_0^2(D) = \{u \in C^2(D)\colon u = 0 \text{ auf } \partial D\}$ ist. ◀

Übrigens sind selbstadjungierte Operatoren in Hilberträumen stets beschränkt. Diese Aussage geht auf Ernst David Hellinger (1883–1950) und Otto Toeplitz (1881–1940) zurück.

Satz von Hellinger-Toeplitz

Ist X Hilbertraum und $A\colon X \to X$ ein linearer, selbstadjungierter Operator, so ist A stetig, d. h. $A \in \mathcal{L}(X,X)$.

Beweis: Nach dem Satz vom abgeschlossenen Graphen (siehe Aufgabe 8.14) ist A beschränkt, wenn der Graph

$$\{(x, Ax) \in X \times Y : x \in X\}$$

abgeschlossen ist. Da der Operator linear ist, genügt es zu zeigen, dass bei einer Nullfolge (x_n) mit konvergenter Bildfolge $Ax_n \to y \in Y$, $n \to \infty$, der Grenzwert $y = \lim_{n\to\infty} Ax_n = 0$ ist. Dies ergibt sich aus der Stetigkeit des Skalarprodukts und der Selbstadjungiertheit von A durch

$$\begin{aligned}\|y\|^2 = (y,y)_X &= \lim_{n\to\infty}(Ax_n, y)_X\\ &= \lim_{n\to\infty}(x_n, Ay)_X\\ &= \big(\lim_{n\to\infty} x_n\,,\ Ay\big)_X = (0, Ay)_X = 0\,.\end{aligned}$$

■

Betrachten wir in einem Prä-Hilbertraum einen kompakten Operator, der selbstadjungiert ist, so können weitere Aussagen über die Eigenwerte/Eigenräume des Operators gemacht werden.

Satz

Ist $A\colon X \to X$ kompakter, selbstadjungierter, linearer Operator in einem Prä-Hilbertraum X, so gilt

- Alle Eigenwerte sind reell.
- Eigenvektoren zu verschiedenen Eigenwerten sind orthogonal, d. h.

$$(x, y) = 0\,,$$

wenn x Eigenvektor zum Eigenwert λ und y Eigenvektor zum Eigenwert $\mu \neq \lambda$ ist.
- Entweder $\lambda = \|A\|$ oder $\lambda = -\|A\|$ ist ein Eigenwert des Operators.
- Für den Spektralradius gilt

$$\begin{aligned}r(A) &= \max\{|\lambda| : \lambda \text{ EW zu } A\}\\ &= \max_{x\neq 0}\frac{|(Ax,x)|}{\|x\|^2} = \|A\|\,.\end{aligned}$$

Beweis: Gehen wir von einem Eigenvektor $x \in X$ zum Eigenwert λ und $y \in X$ zum Eigenwert μ aus, so gilt

$$\lambda(x,y) = (Ax, y) = (x, Ay) = \overline{\mu}(x,y)\,.$$

Es folgt $(\lambda - \overline{\mu})(x,y) = 0$. Setzen wir $\mu = \lambda$ und $x = y$, folgt

$$\lambda = \overline{\lambda}, \quad \text{bzw.} \quad \lambda \in \mathbb{R}\,.$$

Betrachten wir die Gleichung für verschiedene reelle Eigenwerte, so ergibt sich $(x,y) = 0$. Wir haben somit bereits die ersten beiden Punkte des Satzes bewiesen.

Es bleiben die anderen beiden Aussagen zu zeigen. Dazu setzen wir

$$\rho = \sup_{x\neq 0}\frac{|(Ax,x)|}{\|x\|^2} = \sup_{\|x\|=1}|(Ax,x)|\,.$$

Es gilt mit der Cauchy-Schwarz'schen Ungleichung

$$\rho \le \sup_{x\neq 0}\frac{\|A\|\,\|x\|}{\|x\|^2} = \sup_{x\neq 0}\frac{\|Ax\|}{\|x\|} = \|A\|\,.$$

Weiter folgt für $\delta > 0$, $\tilde{x} = \delta x$ und $\tilde{y} = \frac{1}{\delta}Ax$, da A selbstadjungiert ist, die Abschätzung

$$\begin{aligned}4\|Ax\|^2 &= 2(A\tilde{x}, \tilde{y}) + 2(\tilde{y}, A\tilde{x})\\ &= 2(A\tilde{x}, \tilde{y}) + 2(A\tilde{y}, \tilde{x})\\ &= (A(\tilde{x}+\tilde{y}), \tilde{x}+\tilde{y}) - (A(\tilde{x}-\tilde{y}), \tilde{x}-\tilde{y})\\ &\le |(A(\tilde{x}+\tilde{y}), \tilde{x}+\tilde{y})| + |(A(\tilde{x}-\tilde{y}), \tilde{x}-\tilde{y})|\,.\end{aligned}$$

Mit der Cauchy-Schwarz'schen Ungleichung, der Definition von ρ und der Parallelogrammgleichung erhalten wir

$$\begin{aligned}4\|Ax\|^2 &\le \rho(\|\tilde{x}+\tilde{y}\|^2 + \|\tilde{x}-\tilde{y}\|^2)\\ &= 2\rho(\|\tilde{x}\|^2 + \|\tilde{y}\|^2)\,.\end{aligned}$$

Wählt man $\delta^2 = \frac{\|Ax\|}{\|x\|}$, so folgt

$$\|Ax\|^2 \le \rho\,\|x\|\,\|Ax\|$$

bzw. $\|Ax\| \le \rho\|x\|$. Somit ist $\|A\| \le \rho$ und insgesamt haben wir gezeigt, dass $\rho = \|A\|$ gilt.

Da der Operator kompakt ist, können sich Eigenwerte nur in null häufen. Insbesondere gibt es deswegen einen betragsmäßig größten Eigenwert. Bezeichnen wir mit $\lambda_{\max}$ den Eigenwert mit $|\lambda_{\max}| = r(A)$ und mit $x_{\max}$ einen zugehöriger Eigenvektor. Es folgt

$$r(A) = |\lambda_{\max}| = \frac{|(Ax_{\max}, x_{\max})|}{\|x_{\max}\|^2} \leq \rho\,.$$

Nun bleibt noch zu zeigen, dass das Supremum ρ angenommen wird und $\rho \leq r(A)$ ist. Dazu betrachten wir eine Folge $(x_n) \subseteq X$ mit $\|x_n\| = 1$ und $|(Ax_n, x_n)| \to \rho$, $n \to \infty$. Da A selbstadjungiert ist, ergibt sich

$$(Ax_n, x_n) = (x_n, Ax_n) = \overline{(Ax_n, x_n)}$$

und wir sehen $(Ax_n, x_n) \in \mathbb{R}$. Weiter ist $|(Ax_n, x_n)| \leq \|A\|\,\|x_n\|^2 = \|A\|$ beschränkt. Also existiert eine Teilfolge (x_{n_j}) mit

$$(Ax_{n_j}, x_{n_j}) \to \sigma\rho, \qquad j \to \infty\,,$$

wobei $\sigma \in \{-1, +1\}$ ist. Mit $\rho = \|A\|$ ergibt sich

$$\|Ax_{n_j} - \sigma\rho x_{n_j}\|^2 \leq \|A\|^2 + \rho^2 - 2\sigma\rho(Ax_{n_j}, x_{n_j}) \longrightarrow 0\,,$$

für $j \to \infty$. Da A kompakt ist, gibt es weiterhin zu (Ax_{n_j}) eine konvergente Teilfolge. Wir vermeiden eine dritte Indizierung, nutzen aber im Folgenden diese Teilfolge mit $Ax_{n_j} \to \tilde{x} \in X$, $j \to \infty$. Zusammen erhalten wir

$$\sigma\rho x_{n_j} \to \tilde{x} \in X, \qquad j \to \infty$$

und $\|\tilde{x}\| = \rho \neq 0$. Also gilt

$$x_{n_j} \to \frac{1}{\sigma\rho}\tilde{x} =: x \neq 0\,,$$

und wir erhalten $Ax - \sigma\rho x = 0$. Also ist $x \in X$ Eigenvektor zum Eigenwert $\sigma\rho$ mit $\|x\| = 1$ und, da der Spektralradius durch den betragsgrößten Eigenwert gegeben ist, gilt

$$|(Ax, x)| = \rho \leq r(A)\,.$$

Insgesamt haben wir somit auch die letzten beiden Punkte des Satzes gezeigt. ∎

Das für Eigenwerte offensichtlich relevante Verhältnis

$$\frac{(Ax, x)}{\|x\|^2} \qquad \text{für } x \neq 0$$

wird in der Literatur **Rayleigh-Quotient** genannt. Etwa bei der numerischen Behandlung von Eigenwertproblemen spielt der Quotient eine gewichtige Rolle (siehe Seite 552).

Kompakt und selbstadjungiert sind die entscheidenden Eigenschaften im Spektralsatz

Schränken wir unsere Betrachtungen auf Hilberträume ein, so bekommen wir eine umfangreiche Vorstellung vom Spektrum kompakter selbstadjungierter Operatoren, vergleichbar mit der endlich dimensionalen Situation bei symmetrischen Matrizen (man vergleiche Abschnitt 17.7 in Band 1).

Spektralsatz kompakter selbstadjungierter Operatoren

- Zu einem kompakten, selbstadjungierten Operator $A \in \mathcal{K}(X, X)$ in einem Hilbertraum X mit $A \neq 0$ gibt es mindestens einen und höchstens abzählbar unendlich viele Eigenwerte.
- Alle Eigenwerte sind reell und zugehörige Eigenräume zu Eigenwerten $\lambda \neq 0$ sind endlich dimensional und zueinander orthogonal.
- Der Nullraum $\mathcal{N}(A) = \{x \in X : Ax = 0\}$ steht senkrecht auf allen Eigenräumen zu Eigenwerten $\lambda \neq 0$. Außerdem ist $\lambda = 0$ der einzig mögliche Häufungspunkt der Eigenwerte von A.
- Ordnet man die Eigenwerte $\lambda_j \neq 0$ gemäß $|\lambda_1| \geq |\lambda_2| \geq \ldots > 0$, wobei die Eigenwerte entsprechend ihrer Vielfachheit aufgelistet sind, und bezeichnet mit x_n zugehörige orthonormierte Eigenvektoren, so gibt es zu jedem $x \in X$ genau ein $x_0 \in \mathcal{N}(A)$ mit

$$x = x_0 + \sum_{n=1}^{\infty}(x, x_n)x_n\,,$$

und es gilt

$$Ax = \sum_{n=1}^{\infty}\lambda_n(x, x_n)x_n\,,$$

wobei x_0 die orthogonale Projektion von x auf $\mathcal{N}(A)$ ist.

Beweis: Wir müssen noch den letzten Punkt des Spektralsatzes zeigen, da alle anderen Aussagen bereits vorher in Prä-Hilberträumen bewiesen wurden.

Wir betrachte die Folge, die durch

$$y_N = x - \sum_{n=1}^{N}(x, x_n)x_n$$

gegeben ist. Die Folge (y_N) in X ist Cauchy-Folge; denn die Eigenvektoren x_n bilden ein ONS System, sodass die Bessel'sche Ungleichung

$$\|y_N - y_M\|^2 \leq \sum_{n=M+1}^{N}|(x, x_n)|^2 \to 0, \qquad N, M \to \infty$$

liefert. Also konvergiert $y_N \to x_0 \in X$ und es gilt

$$x = x_0 + \sum_{n=1}^{\infty}(x, x_n)x_n\,.$$

Es bleibt zu zeigen, dass $Ax_0 = 0$ gilt und x_0 orthogonale Projektion von x auf $\mathcal{N}(A)$ ist.

Wir definieren den abgeschlossenen Unterraum $U_n = \{x_1, \dots, x_n\}^\perp$ und betrachten die Operatoren $A_n = A|_{U_n}$. Nach Definition ist $y_N \in U_N$, denn es gilt

$$(y_N, x_j) = (x, x_j) - \sum_{n=1}^{N} (x, x_n) \underbrace{(x_n, x_j)}_{\delta_{nj}} = 0\,,$$

für $j = 1, \dots, N$. Weiter folgt aus

$$(Ax, x_j) = (x, Ax_j) = \lambda_j (x, x_j) = 0, \quad j = 1, \dots, n$$

für $x \in U_n$ die Abbildungseigenschaft $A_n \colon U_n \to U_n$. Die Eigenwerte des Operators A_n sind λ_j, $j \geq n+1$, und nach dem Satz auf Seite 361 gilt

$$\|A_n\| = r(A_n) = |\lambda_{n+1}| \to 0, \quad n \to \infty\,,$$

falls es unendlich viele Eigenwerte gibt. Ansonsten ist $A_n = 0$ für $n \in \mathbb{N}$ hinreichend groß. Es ergibt sich

$$\|Ay_n\| = \|A_n y_n\| \leq \|A_n\| \, \|y_n\| \leq |\lambda_{n+1}| \, \|x\| \to 0\,,$$

für $n \to \infty$. Da A stetig ist, ist insbesondere $Ax_0 = \lim_{n\to\infty} Ay_n = 0$.

Schließlich erhalten wir für $y \in \mathcal{N}(A)$ die Identität

$$\begin{aligned}(x - x_0, y) &= \lim_{n\to\infty} \Big(\sum_{n=1}^{N} (x, x_n) x_n, y \Big) \\ &= \lim_{n\to\infty} \sum_{n=1}^{N} (x, x_n)(x_n, y) = 0\end{aligned}$$

wegen $(x_n, y) = 0$ und der Beweis ist komplett. ■

Man beachte, dass der Spektralsatz richtig ist, auch wenn der Operator nur endlich viele linear unabhängige Eigenvektoren besitzt. Die auftretenden Reihen sind dann entsprechend endliche Summen. Wie bereits in der Fouriertheorie ist die Konvergenz der Reihen im zweiten Teil im Sinne der Hilbertraumnorm des Raums X zu verstehen.

?

Was folgt, wenn der Operator A im Spektralsatz zusätzlich injektiv ist?

Kommentar: Bezeichnen wir mit $P_\lambda x = \sum_{j=1}^{m} (x, x_j) x_j$ die orthogonalen Projektionen, auf die jeweiligen Eigenräume, d. h., x_j sind Eigenvektoren zum Eigenwert λ, dann lässt sich Teil (b) auch wie folgt formulieren,

$$x = x_0 + \sum_j P_{\lambda_j} x$$

und

$$Ax = \sum_j \lambda_j P_{\lambda_j} x\,.$$

Ein klassisches Beispiel für die Anwendung des Spektralsatzes liefern **Sturm-Liouville'sche-Eigenwertprobleme** (Jacques Charles François Sturm, 1803–1855 und Joseph Liouville, 1809–1882). Auch wenn es mit einigem Aufwand verbunden ist, illustrieren wir dies am Beispiel der eindimensionalen, zeitunabhängigen *Schrödingergleichung*.

Beispiel Beim Sturm-Liouville'schen-Eigenwertproblem zur eindimensionalen, zeitunabhängigen *Schrödingergleichung* sind zu einer stetigen Funktion $q \in C([0,1])$ mit $q(t) \geq 0$ für alle $t \in [0,1]$ Werte $\lambda \in \mathbb{C}$ gesucht, die nichttriviale Lösungen $x \in C^2([0,1])$ des homogenen Randwertproblems

$$x''(t) - q(t)x(t) = -\lambda x(t) \quad \text{in} \quad [0,1]$$

mit $x(0) = x(1) = 0$ erlauben.

Im Fall $q = 0$ erhalten wir das klassische Modell der harmonisch schwingenden Saite mit den bekannten Eigenwerten $\lambda_n = n^2\pi^2$, $n \in \mathbb{N}$ und den Eigenfunktionen $x_n(t) = \sin(n\pi t)$ (siehe Seite 57).

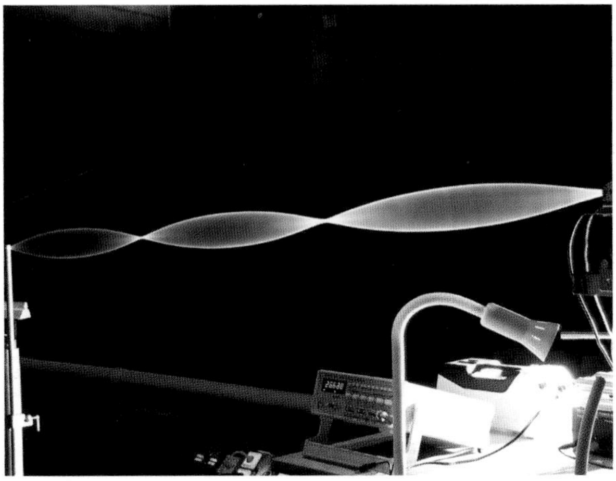

Abbildung 10.5 Grund- und Obertöne bei harmonischer Schwingung einer Saite sind durch die Eigenwerte des beschreibenden Randwertproblems gegeben.

Mit dem Beispiel von Seite 326 wissen wir, dass das Randwertproblem äquivalent ist zur Integralgleichung

$$x(t) - \int_0^1 k(t,s) q(s) x(s)\,\mathrm{d}s = -\lambda \int_0^1 k(t,s) x(s)\,\mathrm{d}s$$

mit der Kernfunktion

$$k(t,s) = \begin{cases} (t-1)s, & 0 \leq s \leq t \leq 1 \\ (s-1)t, & 0 \leq t < s \leq 1\,. \end{cases}$$

Wir definieren den Integraloperator

$$Ax(t) = \int_0^1 k(t,s) x(s)\,\mathrm{d}s$$

und setzen $A_q x = A(qx)$. Mit der Riesz-Fredholm-Theorie hatten wir gezeigt, dass $I - A_q \colon (C([0,1]), \|\cdot\|_\infty) \to (C([0,1]), \|\cdot\|_\infty)$ unter den gegebenen Voraussetzungen an

Übersicht: Hilberträume

Hilberträume bieten eine reichhaltige Struktur – in vielen Aspekten analog zum Anschauungsraum $\mathbb{R}^n$. Wir stellen die grundlegenden und wesentlichen Aussagen zum Arbeiten in Hilberträumen zusammen.

Skalarprodukt:
Eine Bi-/Sesquilinearform $\langle\cdot,\cdot\rangle : X \times X \to \mathbb{R}$ bzw. $\mathbb{C}$ auf einem Vektorraum X heißt Skalarprodukt oder inneres Produkt, wenn gilt:

- $(\lambda x, y) = \lambda(x, y)$
- $(x + y, z) = (x, z) + (y, z)$
- $(x, y) = \overline{(y, x)}$
- $(x, x) \geq 0$
- $(x, x) = 0 \iff x = 0$

Ein Vektorraum X mit einem Skalarprodukt $(\cdot,\cdot)$ heißt **Prä-Hilbertraum**. Ein bzgl. der induzierten Norm

$$\|x\| = \sqrt{(x, x)}$$

vollständiger Prä-Hilbertraum heißt **Hilbertraum**.

Parallelogrammgleichung:
Ein normierter Raum X ist genau dann ein Prä-Hilbertraum, wenn die Parallelogrammgleichung gilt:

$$\|x + y\|^2 + \|x - y\|^2 = 2\left(\|x\|^2 + \|y\|^2\right) \quad \text{für } x, y \in X .$$

Projektionssatz:
Ist $U \subseteq X$ ein abgeschlossener Unterraum eines Hilbertraums X, so lässt sich jedes Element $x \in X$ eindeutig zerlegen in

$$x = \hat{u} + \hat{v} \quad \text{mit} \quad \hat{u} \in U, \quad \hat{v} \in U^\perp ,$$

mit der orthogonale Projektion $\hat{u}$. Dabei ist $\hat{u}$ die beste Approximation an x in U, d. h.

$$\|x - \hat{u}\| \leq \|x - u\| \quad \text{für jedes } u \in U.$$

Riesz'scher Darstellungssatz:
Ist X Hilbertraum und $l \in X'$ ein lineares, beschränktes Funktional, so gibt es genau ein $\hat{x} \in X$ mit

$$l(x) = (x, \hat{x}) \quad \text{für jedes } x \in X$$

und es gilt $\|l\| = \|\hat{x}\|$.

Bessel'sche Ungleichung:
Ist $\{x_n \in X : n \in \mathbb{N}\}$ abzählbares Orthonormalsystem in einem Hilbertraum X, dann konvergiert $\left(\sum_{n=1}^\infty |(x, x_n)|^2\right)$ für jedes $x \in X$ und es gilt

$$\sum_{n=1}^\infty |(x, x_n)|^2 \leq \|x\|^2 .$$

Parzeval'sche Gleichung
Ein Orthonormalsystem $\{x_n \in X : n \in \mathbb{N}\}$ in einem Hilbertraum X ist genau dann vollständig, wenn

$$\sum_{n=1}^\infty |(x, x_n)|^2 = \|x\|^2 .$$

für jedes $x \in X$ gilt.

Fourierentwicklung
Ein Orthonormalsystem $\{x_n \in X : n \in \mathbb{N}\}$ in einem Hilbertraum X ist genau dann vollständig, wenn jedes $x \in X$ durch seine Fourierentwicklung

$$x = \sum_{n=1}^\infty (x, x_n)\, x_n$$

darstellbar ist (Konvergenz im Sinne der Konvergenz der Partialsummen in X).

q beschränkt invertierbar ist (siehe Seite 326). Also ist

$$x(t) = (I - A_q)^{-1}(-\lambda A x) .$$

Definieren wir den Operator $T = (I - A_q)^{-1}A : X \to X$ auf dem Prä-Hilbertraum $X = (C([0, 1]), \|\cdot\|_{L^2})$, so erhalten wir die äquivalente Eigenwertgleichung

$$Tx = \frac{-1}{\lambda}x$$

zum linearen Operator T, d. h., $\lambda \neq 0$ ist ein gesuchter Eigenwert genau dann, wenn $\mu = -\frac{1}{\lambda}$ Eigenwert des Operators $T : X \to X$ ist.

Zunächst beweisen wir, dass $T = (I - A_q)^{-1}A : X \to X$ kompakt und selbstadjungiert ist. Kompaktheit von T folgt, da $A : X \to X$ kompakt ist und $(I - A_q)^{-1} \in \mathcal{L}(X, X)$ beschränkt (siehe Seite 326).

Um die Adjungierte von T zu bestimmen, beginnen wir mit der Beobachtung, dass der Kern des Integraloperators A reell und symmetrisch ist, d. h. $k(t, s) = k(s, t)$. Mit dem Satz von Fubini folgt

$$(Ax, y)_{L^2} = (x, Ay)_{L^2} ,$$

d. h., A ist bzgl. des L^2 Skalarprodukts selbstadjungiert. Für A_q ergibt sich entsprechend der adjungierte Operator $A_q^* x = q\, Ax$.

Wegen der Fredholm'schen Alternative wissen wir, dass neben $(I - A_q)^{-1}$ auch $(I - A_q^*)^{-1} \in \mathcal{L}(X, X)$ existiert und beschränkt ist. Aus

$$(I - A_q)A = A(I - qA) = A(I - A_q^*)$$

folgt durch Multiplikation von rechts bzw. von links mit den entsprechenden inversen Operatoren

$$A(I - A_q^*)^{-1} = (I - A_q)^{-1}A .$$

Da A selbstadjungiert ist, ergibt sich

$$((I - A_q)^{-1}A)^* = (I - A_q)^{-1}A\,.$$

Dabei haben wir verwendet, dass für beschränkte invertierbare Operatoren $(B^{-1})^* = (B^*)^{-1}$ gilt (siehe Aufgabe 9.4). Insgesamt haben wir gezeigt, dass $T = (I - A_q)^{-1}A\colon X \to X$ ein kompakter, selbstadjungierter Operator ist.

Nun wenden wir den Spektralsatz an auf $T: L^2(0,1) \to L^2(0,1)$ und bekommen Eigenwerte $\mu_n = -\frac{1}{\lambda_n}$ mit $\mu_n \to 0$, $n \to \infty$, und ein ONS von Eigenfunktionen $x_n \in L^2([0,1])$.

Da der Kern $k(t,s)$ bezüglich t stetig differenzierbar ist, ergibt sich aus der Integralgleichung $Ax_n = \lambda_n(I - A_q)x_n$ analog zur Überlegung in Aufgabe 8.3, dass $x_n \in C^2([0,1])$ zweimal stetig differenzierbar ist.

Es bleiben noch einige Aussagen zu beweisen:

- Es ist $-\frac{1}{\mu_n} = \lambda_n > 0$ für alle Eigenwerte. Dies folgt aus der Gleichung $Tx = \mu x$, $x \neq 0$, $\mu \neq 0$. Denn ist $x \in C^2([0,1])$ Eigenfunktion mit

  $$x'' - qx = -\lambda x, \quad x(0) = x(1) = 0\,,$$

  so folgt

  $$-\int_0^1 x''\overline{x}\,\mathrm{d}t + \int_0^1 q|x|^2\,\mathrm{d}t = \lambda\int_0^1 |x|^2\,\mathrm{d}t$$

  und mit partieller Integration ist

  $$\underbrace{\int_0^1 |x'|^2\,\mathrm{d}t}_{>0} + \underbrace{\int_0^1 q|x|^2\,\mathrm{d}t}_{\geq 0} = \lambda\underbrace{\int_0^1 |x|^2\,\mathrm{d}t}_{>0}\,,$$

  d. h. $-\frac{1}{\mu} = \lambda > 0$.
- Weiter zeigen wir, dass alle Eigenwerte die Vielfachheit 1 besitzen, d. h., $\mathcal{N}(\mu_n I - T)$ ist 1-dimensional. Sei $\lambda \neq 0$ Eigenwert und $x, y \in C^2([0,1])$ zugehörige Eigenfunktion. Dann ist $x'(0) \neq 0 \neq y'(0)$, da das Anfangswertproblem mit dem Satz von Picard-Lindelöf (siehe Seite 22) eindeutig lösbar ist. Also existieren $\alpha, \beta \in \mathbb{C}\backslash\{0\}$ mit $\alpha x'(0) + \beta y'(0) = 0$. Setzen wir $z = \alpha x + \beta y \in C^2([0,1])$, dann löst z das Anfangswertproblem

  $$z'' - qz + \lambda z = 0 \quad \text{mit} \quad z(0) = z'(0) = 0\,.$$

  Da das Anfangswertproblem eindeutig lösbar ist, ergibt sich $0 = z(t) = \alpha x(t) + \beta y(t)$ für $t \in (0,1)$, d. h., die beiden Eigenfunktionen x, y sind linear abhängig.
- Als Letztes zeigen wir noch, dass $T: L^2(0,1) \to L^2(0,1)$ injektiv ist; denn dies impliziert, dass das Orthonormalsystem aus Eigenfunktionen vollständig ist (siehe Seite 363). Sei $x \in L^2(0,1)$ Lösung von $Tx = 0$, dann folgt $Ax = 0$. Formal führt nun zweimaliges Differenzieren zum Ziel. Da aber $x \in L^2(0,1)$ dies im Allgemeinen nicht erlaubt, müssen wir diese Schwierigkeit umgehen.
  Dazu nutzen wir, dass $C^\infty([0,1])$ dicht in $L^2(0,1)$ liegt. Dies ergibt sich etwa aus der Fouriertheorie, da bereits die Menge der trigonometrischen Polynome dicht ist in $L^2(0,1)$. Ist $y \in C^\infty([0,1])$, dann ist

  $$\begin{aligned}
  &\frac{\mathrm{d}^2}{\mathrm{d}t^2}(Ay(t))\\
  &= \frac{\mathrm{d}^2}{\mathrm{d}t^2}\left((t-1)\int_0^t s\,y(s)\,\mathrm{d}s + t\int_t^1 (s-1)y(s)\,\mathrm{d}s\right)\\
  &= \frac{\mathrm{d}}{\mathrm{d}t}\left(\int_0^t s\,y(s)\,\mathrm{d}s + (t-1)t\,y(t) - t(t-1)y(t)\right.\\
  &\qquad\left. + \int_t^1 (s-1)y(s)\,\mathrm{d}s\right)\\
  &= t\,y(t) - (t-1)\,y(t) = y(t)\,.
  \end{aligned}$$

  Somit ist $f'' \in C^\infty([0,1])$ Lösung zu $Ay = f$ für jedes $f \in C^\infty([0,1])$. Wir erhalten

  $$\begin{aligned}
  (f,x)_{L^2} &= (Ay,x)_{L^2}\\
  &= (y,Ax)_{L^2} = 0
  \end{aligned}$$

  für jedes $f \in C^\infty([0,1])$. Da $C^\infty([0,1])$ dicht liegt in $L^2(0,1)$, folgt $x = 0$. ◀

In der *Spektraltheorie* werden vergleichbare Aussagen gezeigt zu Eigenwerten und Eigenvektoren auch bei selbstadjungierten, aber nicht kompakten Operatoren, wie sie etwa in der Quantenmechanik auftreten. Der oben angegebene Spektralsatz bleibt in der angegebenen Form gültig, wenn der Operator kompakt und *normal* ist, d. h., wenn die Selbstadjungiertheit durch die Voraussetzung $A^*A = AA^*$ abgeschwächt wird.

Mit der Singulärwertzerlegung lässt sich das Bild eines Operators beschreiben

Ohne weitere Voraussetzungen sind Operatoren der Form $A^*A\colon X \to X$ bzw. $AA^*\colon Y \to Y$ zu einem linearen Operator $A\colon X \to Y$ mit adjungiertem Operator $A^*\colon Y \to X$ in Prä-Hilberträumen X, Y offensichtlich selbstadjungiert, denn es gilt

$$(A^*Ax, y)_X = (Ax, Ay)_Y = (x, A^*Ay)_X$$

für $x, y \in X$, analog auch für AA^*. Damit lässt sich insbesondere der Spektralsatz stets auf den Operator $A^*A\colon X \to X$ bezüglich eines kompakten Operators $A \in \mathcal{K}(X,Y)$ anwenden, wenn wir von einem Hilbertraum X ausgehen. Die Eigenwerte und Eigenvektoren dieses Operators bilden das *singuläre System* des Operators A und wir erhalten in Hilberträumen wie im $\mathbb{C}^n$ (siehe Band 1, Abschnitt 18.5) die Singulärwertzerlegung.

Sind X, Y Hilberträume und $A \in \mathcal{K}(X,Y)$ ein kompakter Operator, so ist $A^*A\colon X \to X$ selbstadjungiert. Die nach dem Spektralsatz existierenden Eigenwerte $\lambda_n \in \mathbb{R}\backslash\{0\}$ sind positiv, denn $\lambda_n \|x_n\| = (A^*Ax_n, x_n) = \|Ax_n\|^2$ für Eigenvektoren x_n zu λ_n. Die Zahlen

$$\mu_n = \sqrt{\lambda_n}\,, \qquad n \in \mathbb{N}\,,$$

heißen **singuläre Werte** von A.

Singulärwertentwicklung kompakter Operatoren

Es seien $\mu_1, \mu_2, \ldots$ die singulären Werte eines Operators $A \in \mathcal{K}(X,Y)$ der Größe nach sortiert. Dann gibt es Orthonormalsysteme $\{x_n \in X : n \in \mathbb{N}\}$ und $\{y_n \in Y : n \in \mathbb{N}\}$ mit

$$Ax_n = \mu_n y_n$$

und

$$A^* y_n = \mu_n x_n\,.$$

Das Tripel (λ_n, x_n, y_n), $n \in \mathbb{N}$, heißt **singuläres System** zu A. Jedes $x \in X$ lässt sich durch die **Singulärwertentwicklung**

$$x = x_0 + \sum_{n=1}^{\infty} (x, x_n) x_n$$

mit $x_0 \in \mathcal{N}(A^*A)$ darstellen und für das Bild ergibt sich

$$Ax = \sum_{n=1}^{\infty} \mu_n (x, x_n) y_n\,.$$

Beweis: Nach dem Spektralsatz gibt es ein ONS von Eigenvektoren zum selbstadjungierten, kompakten Operator A^*A. Wir bezeichnen die positiven Eigenwerte, nach Größe und Vielfachheit geordnet, mit μ_n^2, $n \in \mathbb{N}$ und ein zugehöriges Orthonormalsystem von Eigenvektoren mit $\{x_n \in X : A^*Ax_n = \mu_n x_n, n \in \mathbb{N}\}$. Setzen wir weiterhin

$$y_n = \frac{1}{\mu_n} Ax_n\,,$$

so gilt offensichtlich $Ax_n = \mu_n y_n$ und

$$A^* y_n = \frac{1}{\mu_n} A^*Ax_n = \mu_n x_n\,.$$

Die Elemente y_n bilden ein Orthonormalsystem; denn es gilt

$$\begin{aligned}(y_n, y_m) &= \frac{1}{\mu_n \mu_m}(Ax_n, Ax_m)\\ &= \frac{1}{\mu_n \mu_m}(x_n, A^*Ax_m)\\ &= \frac{\mu_m}{\mu_n}(x_n, x_m) \qquad = \begin{cases} 1\,, & \text{falls } n = m\\ 0 & \text{sonst.}\end{cases}\end{aligned}$$

Mit dem Spektralsatz gilt weiterhin für jedes $x \in X$ die Fourierentwicklung

$$x = x_0 + \sum_{n=1}^{\infty} (x, x_n) x_n$$

mit der orthogonalen Projektion $x_0 \in \mathcal{N}(A^*A)$ von x auf den Nullraum $\mathcal{N}(A^*A)$. Aus

$$\|Ax_0\|^2 = (Ax_0, Ax_0) = (x_0, A^*Ax_0) = 0$$

folgt weiterhin, dass $x_0 \in \mathcal{N}(A^*A)$ äquivalent ist zu $x_0 \in \mathcal{N}(A)$ und mit der Stetigkeit von A ergibt sich

$$Ax = Ax_0 + \sum_{n=1}^{\infty}(x, x_n)Ax_n = \sum_{n=1}^{\infty} \mu_n (x, x_n) y_n\,. \qquad \blacksquare$$

Als Beispiel bestimmen wir ein singuläres System zu einem Integraloperator in L^2.

Beispiel Wir definieren den Integraloperator $A\colon L^2(0,1) \to L^2(0,1)$ durch

$$Ax(t) = \int_0^t x(s)\,\mathrm{d}s = \int_0^1 k(t,s)x(s)\,\mathrm{d}s$$

mit dem Kern

$$k(t,s) = \begin{cases} 1\,, & \text{für } 0 \le s \le t \le 1\\ 0\,, & \text{für } 0 \le t < s \le 1\,.\end{cases}$$

Analog zum Lemma auf Seite 284 lässt sich zeigen, dass es sich um einen kompakten Operator handelt. Eine Lösung der Gleichung $Ax = y$ ist durch die Ableitung $x = y'$ gegeben, wenn y differenzierbar ist.

Mit dem Satz von Fubini erhalten wir den adjungierten Operator durch

$$A^*y(t) = \int_0^1 k(s,t)y(s)\,\mathrm{d}s = \int_t^1 y(s)\,\mathrm{d}s\,.$$

Ist nun $\lambda \neq 0$ ein Eigenwert zu A^*A, so folgt

$$\lambda x(t) = A^*Ax(t) = \int_t^1 \int_0^s x(\sigma)\,\mathrm{d}\sigma\,\mathrm{d}s\,.$$

Mit dem Hauptsatz der Differenzial- und Integralrechnung ist x zweimal differenzierbar. Um dies zu sehen, müssen wir die Integraldarstellung genau analysieren: Zunächst ist mit $x \in L^2(0,1)$ das Integral $\int_0^s x(\sigma)\,\mathrm{d}\sigma$ eine stetige Funktion in s (siehe Abschnitt 16.3 in Band 1). Deswegen liefert der 1. Hauptsatz, dass $x(t) = \frac{1}{\lambda}\int_t^1 \int_0^s x(\sigma)\,\mathrm{d}\sigma\,\mathrm{d}s$ differenzierbar ist mit $x'(t) = -\int_0^s x(\sigma)\,\mathrm{d}\sigma$. Wenn aber x differenzierbar ist, ist insbesondere mit dieser Darstellung auch x' differenzierbar und wir erhalten für die zweite Ableitung

$$\lambda x''(t) = -x(t)\,, \qquad t \in (0,1)\,,$$

und $x'(0) = 0$ und $x(1) = 0$. Die allgemeine Lösung dieser Differenzialgleichung ist

$$x(t) = C_1 \cos\frac{1}{\sqrt{\lambda}}t + C_2 \sin\frac{1}{\sqrt{\lambda}}t\,.$$

Mit den Randbedingungen folgt $C_2 = 0$ und $\frac{1}{\sqrt{\lambda_n}} = \frac{2n+1}{2}\pi$ mit $n \in \mathbb{N}$. Also ergibt sich nach entsprechender Normierung das singuläre System

$$\mu_n = \sqrt{\lambda_n} = \frac{2}{\pi(2n+1)},$$

$$x_n(t) = \sqrt{2}\cos\left(\frac{2n+1}{2}\pi t\right)$$

und

$$y_n(t) = \sqrt{2}\sin\left(\frac{2n+1}{2}\pi t\right).$$

Insbesondere erhalten wir für den Integraloperator die explizite Darstellung als Fourierreihe in der Form

$$Ax = \sum_{n=1}^{\infty} \frac{2\sqrt{2}}{\pi(2n+1)} b_n \sin\left(\frac{2n+1}{2}\pi t\right)$$

mit den Koeffizienten

$$b_n = \sqrt{2}\int_0^1 x(t)\cos\left(\frac{2n+1}{2}\pi t\right)\,\mathrm{d}t.$$ ◀

Mit der Singulärwertentwicklung können wir zum Abschluss dieses Kapitels auch die Lösbarkeit von Gleichungen erster Art, d. h. von

$$Ax = y,$$

bei kompaktem Operator A in Hilberträumen untersuchen. Eine entsprechende Lösbarkeitsbedingung liefert ein Satz der nach Charles Emile Picard (1856–1941) benannt ist.

Satz von Picard

Sind X, Y Hilberträume und $A \in \mathcal{K}(X, Y)$ mit singulärem System (μ_n, x_n, y_n), so ist die Gleichung

$$Ax = y$$

genau dann lösbar, wenn $y \in (\mathcal{N}(A^*))^\perp$ ist und die Reihe

$$\left(\sum_{n=1}^{\infty} \frac{|(y, y_n)|^2}{\mu_n^2}\right)$$

konvergiert. Eine Lösung der Gleichung ist gegeben durch

$$x = \sum_{n=1}^{\infty} \frac{1}{\mu_n}(y, y_n)x_n.$$

Beweis: Ist $x \in X$ eine Lösung der Gleichung $Ax = y$, so folgt für $z \in \mathcal{N}(A^*) \subseteq Y$, dass

$$(y, z) = (Ax, z) = (x, A^*z) = 0,$$

d. h. $y \in (\mathcal{N}(A^*))^\perp$. Weiter ist

$$(y, y_n) = (Ax, y_n) = (x, A^*y_n) = \mu_n(x, x_n)$$

für $n \in \mathbb{N}$. Mit der Bessel'schen Ungleichung ergibt sich

$$\sum_{n=1}^{\infty} \frac{|(y, y_n)|^2}{\mu_n^2} = \sum_{n=1}^{\infty} |(x, x_n)|^2 \leq \|x\|^2 < \infty,$$

was insbesondere Konvergenz der Reihe impliziert.

Es bleibt die andere Richtung der Äquivalenzaussage zu zeigen. Dazu definieren wir die Folge der Partialsummen

$$z_N = \sum_{n=1}^{N} \frac{1}{\mu_n}(y, y_n)x_n, \qquad N \in \mathbb{N}.$$

Da $\{x_n \in X : n \in \mathbb{N}\}$ ein Orthonormalsystem ist, ergibt sich

$$\|z_N - z_M\|^2 = \sum_{n=M+1}^{N} \frac{1}{\mu_n^2}|(y, y_n)|^2 \to 0, \quad N, M \to \infty,$$

da die entsprechende Reihe nach Voraussetzung konvergiert. Somit ist (z_n) eine Cauchy-Folge in X und konvergent. Wir setzen

$$x = \lim_{N\to\infty} z_N = \sum_{n=1}^{\infty} \frac{1}{\mu_n}(y, y_n)x_n.$$

Mit der Stetigkeit von A folgt

$$Ax = \lim_{n\to\infty} Az_n = \sum_{k=1}^{\infty}(y, y_k)y_k.$$

Da (μ_n, y_n, x_n) ein singuläres System A^* ist, ergibt sich weiterhin die Singulärwertentwicklung

$$y = y_0 + \sum_{n=1}^{\infty}(y, y_n)y_n.$$

Die Voraussetzung $y \in (\mathcal{N}(A^*))^\perp$ impliziert

$$0 = (y, y_0) = (y_0 + \sum_{n=1}^{\infty}(y, y_n)y_n, y_0) = \|y_0\|^2.$$

Insgesamt haben wir gezeigt

$$y = \sum_{n=1}^{\infty}(y, y_n)y_n$$

und es gilt $Ax = y$. ■

Nach dem Spektralsatz gilt $\mu_n \to 0$, $n \to \infty$. Die Bedingung zur Existenz von Lösungen aus dem Satz von Picard besagt somit, dass die Fourierkoeffizienten (y, y_n) hinreichend schnell gegen null konvergieren müssen, damit eine Lösung der Gleichung existiert.

Am Satz von Picard erkennen wir insbesondere, dass die Gleichung $Ax = y$ mit einem kompakten Operator $A : X \to Y$ auf ein schlecht gestelltes Problem führt (siehe Seite 293),

Hintergrund und Ausblick: Die Tikhonov-Regularisierung

Bei schlecht gestellten Gleichungen $Ax = y$ mit kompaktem Operator $A: X \to Y$ in Hilberträumen X, Y ergibt sich die Schwierigkeit, dass es keine stetige Inverse gibt (siehe Seite 293ff). Verfahren, die zu $y \in A(X)$ unter entsprechenden Voraussetzungen eine Näherung an die Lösung $x \in X$ berechnen, sodass die Näherung stetig von y abhängt, heißen Regularisierungsverfahren. Ein sehr häufig angewendetes Verfahren ist die nach Andrei Nikolaevich Tikhonov (1906–1993) benannte Regularisierung, die wir in Hilberträumen mithilfe des Satzes von Picard beschreiben können.

Eine Klasse von Regularisierungsverfahren in Hilberträumen ergibt sich aus dem Satz von Picard. Die Idee besteht darin, die Picard-Reihe durch Gewichte q_n so zu filtern, dass durch

$$Ry = \sum_{n=1}^{\infty} \frac{q_n}{\mu_n}(y, y_n)x_n$$

ein beschränkter Operator $R: Y \to X$ definiert wird. Ein Beispiel ist etwa $q_n = 0$ für $n \geq N$ zu setzen, also die Reihe abzuschneiden. Dies führt auf das Verfahren des *Singular-Value-Cut-Off*.

Auch die **Tikhonov-Regularisierung** ist ein Verfahren in dieser Klasse. Man setzt als Filter $q_n = \frac{\mu_n^2}{\alpha+\mu_n^2}$ und erhält Regularisierungsoperatoren R_α in Abhängigkeit eines Regularisierungsparameters $\alpha > 0$. Am liebsten würde man $\alpha = 0$ wählen, um die Lösung der Gleichung $Ax = y$ zu bekommen. Andererseits besitzt keine Folge von Regularisierungsoperatoren R_α für $\alpha \to 0$ einen beschränkten Operator als Grenzwert aufgrund der Schlechtgestelltheit des Problems. Es muss das Ziel sein, einen Kompromiss für die Wahl von $\alpha > 0$ zu finden, der zum einen bei exakt vorgegebenen y eine gute Approximation an x ermöglicht, die aber nicht durch eine zu große Operatornorm $\|R_\alpha\|$ erkauft wird. Denn ansonsten wäre die Methode nicht stabil gegenüber Fehlern, etwa Messfehlern, in y. Die Theorie der inversen Probleme beschäftigt sich daher auch mit Kriterien, um Regularisierungsverfahren zu vergleichen, und mit Strategien, die im besten Fall auf optimale Verfahren zum Lösen von Gleichungen erster Art, $Ax = y$, mit kompaktem Operator A führen.

In Hilberträumen lässt sich die Tikhonov-Regularisierung auch unabhängig von der Kenntnis der singulären Werte beschreiben. Der Operator $R_\alpha : Y \to X$ ist gegeben durch

$$R_\alpha = (\alpha I + A^*A)^{-1}A^* .$$

Mit der Riesz-Theorie können wir zeigen, dass der Operator $\alpha I + A^*A: X \to X$ für jeden Regularisierungsparameter $\alpha > 0$ ein invertierbarer Operator ist. Denn, da A kompakt vorausgesetzt ist, ist auch $A^*A: X \to X$ kompakt, und es genügt zu zeigen, dass $\alpha I + A^*A$ injektiv ist. Dazu nehmen wir an, es gilt $(\alpha I + A^*A)x = 0$. Dann ergibt sich mit dem Skalarprodukt im Hilbertraum X

$$\begin{aligned} 0 &= ((\alpha I + A^*A)x, x) \\ &= \alpha(x, x) + (Ax, Ax) = \alpha\|x\|^2 + \|Ax\|^2 \end{aligned}$$

und es folgt $x = 0$.

Die durch die Tikhonov-Regularisierung ermittelte Lösung x_α erfüllt somit die Gleichung

$$\alpha x_\alpha + A^*Ax_\alpha = A^*y .$$

Dies ist die *Normalgleichung* des quadratischen Optimierungsproblems, das **Tikhonov-Funktional**

$$J_\alpha(x) = \|Ax - y\|^2 + \alpha\|x\|^2$$

über $x \in X$ zu minimieren. Berechnen wir im Hilbertraum

$$\begin{aligned} J_\alpha(x) &= \|A(x - x_\alpha) + Ax_\alpha - y\|^2 + \alpha\|(x - x_\alpha) + x_\alpha\|^2 \\ &= J_\alpha(x_\alpha) + \|A(x - x_\alpha)\|^2 + \alpha\|x - x_\alpha\|^2 \\ &\quad + 2\,\mathrm{Re}((x - x_\alpha), (A^*Ax_\alpha - A^*y + \alpha x_\alpha)), \end{aligned}$$

so wird deutlich, dass $J_\alpha(x) \geq J_\alpha(x_\alpha)$ für alle $x \in X$ ist, wenn x_α Lösung der Tikhonov-Gleichung $\alpha x_\alpha + A^*Ax_\alpha = A^*y$ ist. Am Tikhonov-Funktional $J_\alpha(x)$ erkennen wir den bereits oben angesprochenen Kompromiss beim Lösen schlecht gestellter Probleme. Zum einen versuchen wir eine gute Näherung an die Gleichung, $Ax = y$, durch Minimieren von $\|Ax - y\|^2$ zu bekommen. Andererseits versuchen wir die Lösung x stabil zu halten, hier in dem Sinn, dass gleichzeitig beim Minimieren durch den Strafterm $\alpha\|x\|$ die Norm von x nicht groß wird.

---

denn mit einer kleinen Störung $y + \tilde{y}$ von $y \in A(X)$ mit $\|\tilde{y}\| \leq \varepsilon$ gilt wegen der Bessel'schen Ungleichung zwar

$$\sum_{n=1}^{\infty} |(\tilde{y}, y_n)|^2 \leq \|\tilde{y}\|^2 \leq \varepsilon^2 ,$$

aber Konvergenz von $\left(\sum_{n=1}^{\infty} \frac{|(\tilde{y}, y_n)|^2}{\mu_n^2}\right)$ gilt im Allgemeinen nicht.

Anders ausgedrückt bedeutet dies, dass kleine Änderungen in den Fourierkoeffizienten (y, y_n) wegen des wachsenden Faktors $\frac{1}{\mu_n}$ zu unkontrollierbar starken Störungen in der Lösung führen können. Das Verhalten der singulären Werte für $n \to \infty$ ist ein Indiz, wie schlecht gestellt die Gleichung $Ax = y$ ist. Diese und weitere Untersuchungen zu kompakten Operatorgleichungen sind Gegenstand der Theorie zu *inversen Problemen*. Eine inzwischen schon klassisch zu nennende Methode, solche Probleme numerisch anzugehen, ist die *Tikhonov-Regularisierung*, die wir im Ausblick auf Seite 368 vorstellen.

Zusammenfassung

Unter einem Hilbertraum X verstehen wir einen Banachraum, also einen vollständigen normierten Raum, dessen Norm durch ein Skalarprodukt, d. h.

$$\|x\| = \sqrt{(x,x)} \text{ für } x \in X\,,$$

generiert wird.

Skalarprodukt

Eine Funktion $\langle\cdot,\cdot\rangle\colon X \times X \to \mathbb{C}$ die **homogen**, **linear** im ersten Argument, **hermitesch**, **positiv** und **definit** ist, d. h. für $x, y, z \in X$ und $\lambda \in \mathbb{C}$ gilt

- $(\lambda x, y) = \lambda(x, y)$,
- $(x + y, z) = (x, z) + (y, z)$,
- $(x, y) = \overline{(y, x)}$,
- $(x, x) \geq 0$,
- $(x, x) = 0 \iff x = 0$,

heißt **Skalarprodukt** oder **inneres Produkt**.

Da in einem Hilbertraum ein Skalarprodukt gegeben ist, lässt sich in diesen Räumen analog zur euklidischen Geometrie des $\mathbb{R}^n$ arbeiten. Zentral dabei ist der Projektionssatz.

Projektionssatz

Ist $U \subseteq X$ ein abgeschlossener Unterraum eines Hilbertraums X, so gilt

$$X = U \oplus U^\perp\,,$$

d. h., jedes Element $x \in X$ lässt sich eindeutig zerlegen zu

$$x = \hat{u} + \hat{v} \quad \text{mit} \quad \hat{u} \in U, \quad \hat{v} \in U^\perp.$$

$\hat{u}$ heißt **orthogonale Projektion** von x auf U und ist die eindeutig bestimmte beste Approximation an x in U, d. h.

$$\|x - \hat{u}\| \leq \|x - u\| \quad \text{für jedes } u \in U.$$

Als Konsequenz aus dem Projektionssatz ergibt sich unter anderem der Riesz'sche Darstellungssatz, der zeigt, dass der Dualraum eines Hilbertraums isomorph ist zum Raum selbst.

Riesz'scher Darstellungssatz

Ist X ein Hilbertraum und $l \in X'$, so gibt es genau ein $\hat{x} \in X$ mit

$$l(x) = (x, \hat{x}) \quad \text{für jedes } x \in X$$

und es gilt $\|l\| = \|\hat{x}\|$.

Auch Koordinatensysteme, wie wir sie aus dem $\mathbb{R}^n$ kennen, finden sich in Hilberträumen wieder, und zwar in Form der abstrakten Fourierentwicklung. Wir sprechen von einem **Orthonormalsystem**, wenn für $x, y \in M$ gilt

$$(x, y) = \begin{cases} 1\,, & \text{für } x = y \\ 0\,, & \text{für } x \neq y\,. \end{cases}$$

Grundlage der abstrakten Fouriertheorie ist die Bessel'sche Ungleichung.

Die Bessel'sche Ungleichung

Ist X ein Hilbertraum und $M = \{x_n : n \in \mathbb{N}\}$ ein abzählbares Orthonormalsystem, dann ist M linear unabhängig. Außerdem konvergiert die Reihe $\left(\sum_{n=1}^{\infty} |(x, x_\alpha)|^2\right)$ für jedes $x \in X$ und es gilt die **Bessel'sche Ungleichung**

$$\sum_{n=1}^{\infty} |(x, x_n)|^2 \leq \|x\|^2\,.$$

Mit dieser Ungleichung lässt sich Konvergenz der Fourierentwicklung für beliebige Elemente eines Hilbertraums zeigen.

Abstrakte Fourierentwicklung

Ist X Hilbertraum und $M = \{x_n \in X : n \in \mathbb{N}\} \subseteq X$ ein Orthonormalsystem, so sind die folgenden Aussagen äquivalent:

(i) Das ONS M ist vollständig.

(ii) Die Menge

$$\operatorname{span}(M) = \left\{ \sum_{j=1}^{m} \alpha_j x_j : m \in \mathbb{N}, \alpha_j \in \mathbb{C} \right\}$$

ist dicht in X.

(iii) Für jedes $x \in X$ gilt die **Fourierentwicklung**

$$x = \sum_{n=1}^{\infty} (x, x_n) x_n\,,$$

wobei die Konvergenz der Reihe im Sinne der Konvergenz der Partialsummen im Hilbertraum X zu verstehen ist.
Die Zahlen (x, x_n) heißen **Fourierkoeffizienten** von x bezüglich des ONS.

(iv) Es gilt für $x \in X$ die **Parzeval'sche Gleichung**

$$\sum_{n=1}^{\infty} |(x, x_n)|^2 = \|x\|^2\,.$$

Betrachtet man lineare Abbildungen im $\mathbb{R}^n$ so sind Eigenwerte und Eigenvektoren ähnlich grundlegend wie Koordinatensysteme. Das Gebiet der Spektraltheorie untersucht diese unter möglichst allgemeinen Voraussetzungen.

Definition von Eigenwert und Spektrum

Ist X normierter Raum, $A \in \mathcal{L}(X, X)$ ein linearer, beschränkter Operator, so heißt die Menge

$$\rho(A) = \left\{\lambda \in \mathbb{C} \colon \lambda I - A \text{ ist beschränkt invertierbar}\right\}$$

Resolventenmenge. Das Komplement

$$\sigma(A) = \mathbb{C} \setminus \rho(A)$$

ist das **Spektrum** von A. Die Werte $\lambda \in \sigma(A)$, für die $\lambda I - A$ nicht injektiv ist, heißen **Eigenwerte**, die Nullräume $\mathcal{N}(\lambda I - A)$ **Eigenräume**, und Elemente $u \in \mathcal{N}(\lambda I - A)$ sind die zugehörigen **Eigenelemente** oder **Eigenvektoren** oder auch **Eigenfunktionen**.

Mithilfe der Riesz-Theorie lässt sich das Spektrum eines kompakten Operators genauer charakterisieren. Legt man noch mehr Struktur zugrunde und betrachtet selbstadjungierte lineare kompakte Operatoren in Hilberträumen, so gipfelt die Spektraltheorie in einem sehr umfassenden Spektralsatz, mit einer Vielzahl von mathematischen, physikalischen und chemischen Anwendungen.

Spektralsatz kompakter selbstadjungierter Operatoren

- Zu einem kompakten, selbstadjungierten Operator $A \in \mathcal{K}(X, X)$ in einem Hilbertraum X mit $A \neq 0$ gibt es mindestens einen und höchstens abzählbar unendlich viele Eigenwerte.
- Alle Eigenwerte sind reell und zugehörige Eigenräume zu Eigenwerten $\lambda \neq 0$ sind endlich dimensional und zueinander orthogonal.
- Der Nullraum $\mathcal{N}(A) = \{x \in X \colon Ax = 0\}$ steht senkrecht auf allen Eigenräumen zu Eigenwerten $\lambda \neq 0$. Außerdem ist $\lambda = 0$ der einzig mögliche Häufungspunkt der Eigenwerte von A.
- Ordnet man die Eigenwerte $\lambda_j \neq 0$ gemäß $|\lambda_1| \geq |\lambda_2| \geq \ldots > 0$, wobei die Eigenwerte entsprechend ihrer Vielfachheit aufgelistet sind, und bezeichnet mit x_n zugehörige orthonormierte Eigenvektoren, so gibt es zu jedem $x \in X$ genau ein $x_0 \in \mathcal{N}(A)$ mit

$$x = x_0 + \sum_{n=1}^{\infty} (x, x_n) x_n ,$$

und es gilt

$$Ax = \sum_{n=1}^{\infty} \lambda_n (x, x_n) x_n ,$$

wobei x_0 die orthogonale Projektion von x auf $\mathcal{N}(A)$ ist.

Aufgaben

Die Aufgaben gliedern sich in drei Kategorien: Anhand der *Verständnisfragen* können Sie prüfen, ob Sie die Begriffe und zentralen Aussagen verstanden haben, mit den *Rechenaufgaben* üben Sie Ihre technischen Fertigkeiten und die *Beweisaufgaben* geben Ihnen Gelegenheit, zu lernen, wie man Beweise findet und führt.

Ein Punktesystem unterscheidet leichte Aufgaben •, mittelschwere •• und anspruchsvolle ••• Aufgaben. Lösungshinweise am Ende des Buches helfen Ihnen, falls Sie bei einer Aufgabe partout nicht weiterkommen. Dort finden Sie auch die Lösungen – betrügen Sie sich aber nicht selbst und schlagen Sie erst nach, wenn Sie selber zu einer Lösung gekommen sind. Ausführliche Lösungswege, Beweise und Abbildungen finden Sie auf der Website zum Buch.

Viel Spaß und Erfolg bei den Aufgaben!

Verständnisfragen

10.1 • Sei X Prä-Hilbertraum über $\mathbb{C}$ und sind $x, y \in X$ mit $x \neq 0$. Zeigen Sie, dass genau dann Gleichheit in der Cauchy-Schwarz'schen Ungleichung gilt, wenn ein $\mu \in \mathbb{C}$ existiert mit $y = \mu x$.

10.2 •• Es seien X, Y Hilberträume und $\{x_n \colon n \in \mathbb{N}\} \subseteq X$ und $\{y_n \colon n \in \mathbb{N}\} \subseteq Y$ Orthonormalsysteme. Weiter ist eine monotone Nullfolge (a_n) in $\mathbb{C}$ gegeben. Zeigen Sie, dass durch

$$Kx = \sum_{n=0}^{\infty} (x, x_n) a_n y_n$$

ein kompakter Operator $K \colon X \to Y$ definiert ist.

10.3 • Wir betrachten eine beschränkte, koerzive Sesquilinearform $a \colon X \times X \to \mathbb{C}$ in einem Hilbertraum X, d. h., es gilt $|a(u, v)| \leq C\|u\| \, \|v\|$ und $|a(u, u)| \geq K\|u\|^2$ für $u, v \in X$ mit Konstanten $C, K > 0$. Ist $l \in X'$ und bezeichnen wir mit $U_h \subseteq X$ einen abgeschlossenen Unterraum, so gibt es nach dem Satz von Lax-Milgram Lösungen $u \in X$ und $u_h \in U_h$ zu

$$a(v, u) = l(v) , \quad \text{für alle } v \in X$$

und

$$a(v, u_h) = l(v) , \quad \text{für alle } v \in U_h .$$

Man zeige das **Cea-Lemma**:

$$\|u - u_h\| \leq \frac{C}{K} \inf_{v \in U_h} \|u - v\| .$$

10.4 •• Zeigen Sie, dass es zu einem kompakten, selbstadjungierten, positiv definiten Operator $A \in \mathcal{K}(X, X)$ in einem Hilbertraum X genau eine k-te Wurzel gibt, d. h., zu $k \in \mathbb{N}$ gibt es genau einen kompakten, selbstadjungierten, positiv definiten Operator $B\colon X \to X$ mit $A = B^k$.

Rechenaufgaben

10.5 • Zeigen Sie, dass zu quadratischen Matrizen $\boldsymbol{A}, \boldsymbol{B} \in \mathbb{C}^{n\times n}$ durch $(\boldsymbol{A}, \boldsymbol{B}) = \operatorname{Spur}(\boldsymbol{A}\boldsymbol{B}^*)$ ein Skalarprodukt definiert ist.

10.6 •• Seien $h\colon [0,1] \to \mathbb{R}$ mit $h(t) = \sqrt{t}$ und

$$X = \{x \in (0,1)\colon hx \in L^2(0,1)\}$$

gegeben.
(a) Zeigen Sie, dass X mit

$$(x, y) = \int_0^1 t\, x(t)\, \overline{y(t)}\, \mathrm{d}t$$

ein Hilbertraum ist.
(b) Beweisen Sie, dass der Integraloperator $A\colon X \to X$ mit dem Kern

$$k(t,s) = \begin{cases} (t-1)s, & 0 \le s \le t \le 1 \\ (s-1)t, & 0 \le t \le s \le 1 \end{cases}$$

bzgl. der vom Skalarprodukt induzierten Norm kompakt ist.

10.7 •• Wir bezeichnen mit $(e_n^{(j)})$ die Folgen mit $e_j^{(j)} = 1$ und $e_n^{(j)} = 0$ für $n \neq j$ und betrachten den Prä-Hilbertraum

$$l_{\text{end}} = \{(x_n)_{n\in\mathbb{N}} \in \mathbb{R}\colon x_n \neq 0 \text{ für endlich viele } n \in \mathbb{N}\}$$

mit dem Skalarprodukt $\big((x_n), (y_n)\big) = \sum_{n=1}^\infty x_n y_n$. Weiterhin definieren wir zu einer reellen Folge (λ_j) mit $\lambda_j < 1$ und $\lim_{j\to\infty} \lambda_j = 1$ den Operator $A\colon l_{\text{end}} \to l_{\text{end}}$ durch

$$A(x_n) = \sum_{j=1}^\infty \lambda_j ((x_n), (e_n^{(j)}))e_n^{(j)}.$$

Zeigen Sie:

- Die Menge $\{(e_n^{(j)})\colon j \in \mathbb{N}\}$ ist ein vollständiges Orthonormalsystem in l_{end}.
- $A\colon l_{\text{end}} \to l_{\text{end}}$ ist beschränkt mit $\|A\| = 1$
- Der Operator $I - A$ ist bijektiv, aber $\lambda = 1 \notin \rho(A)$ liegt im Spektrum des Operators.

10.8 •• Bestimmen Sie die Eigenwerte und Eigenfunktionen der Operatoren $A_1, A_2, A_1 + A_2\colon L^2(0,1) \to L^2(0,1)$ mit

$$A_1 x(t) = \int_0^1 \min\{t,s\}\, x(s)\, \mathrm{d}s,$$
$$A_2 x(t) = \int_0^1 \max\{t,s\}\, x(s)\, \mathrm{d}s.$$

10.9 •• Sei T ein kompakter, selbstadjungierter Operator im Hilbertraum X mit den Eigenwerten $\lambda_n \neq 0$, $n \in \mathbb{N}$, und zugehörigen orthonormierten Eigenvektoren $x_n \in X$.

(a) Zeigen Sie, dass für $\lambda \neq 0$ und $\lambda \neq \lambda_n$, $n \in \mathbb{N}$, die eindeutige Lösung von

$$(\lambda I - T)x = y, \quad y \in X$$

gegeben ist durch

$$(\lambda I - T)^{-1} y = \frac{1}{\lambda}\left(y + \sum_{n=1}^\infty \frac{\lambda_n}{\lambda - \lambda_n}(y, x_n)\, x_n\right).$$

Warum konvergiert diese Reihe?
(b) Wenden Sie Teil (a) an auf die Sturm'sche Randwertaufgabe

$$x'' - \lambda x = f \quad \text{in } [0,1], \quad x(0) = x(1) = 0$$

mit $f \in C([0,1])$.

Beweisaufgaben

10.10 • Zeigen Sie in Hilberträume X, Y, dass ein Operator $A \in \mathcal{L}(X, Y)$ genau dann eine Isometrie ist, wenn

$$(Ax, Az)_Y = (x, z)_X$$

für alle $x, z \in X$ gilt.

10.11 •• Es sei X Hilbertraum und $A \in \mathcal{L}(X, X)$. Zeigen Sie:

$$(A(X))^\perp = \mathcal{N}(A^*) \quad \text{und} \quad \big(\mathcal{N}(A^*)\big)^\perp = \overline{A(X)}.$$

10.12 •• Zeigen Sie, dass die Dimension des Nullraums $\mathcal{N}(I - A)$ zu einem Integraloperator $A\colon C([0,1]) \to C([0,1])$ mit

$$Ax(t) = \int_0^1 k(t,s) x(s)\, \mathrm{d}s$$

mit stetigem Kern $k \in C([0,1] \times [0,1])$ durch

$$\dim(\mathcal{N}(I - A)) \le \|k\|_\infty^2$$

abgeschätzt werden kann.

10.13 • Es sei $A \in \mathcal{L}(X, X)$ ein linearer beschränkter Operator in einem Hilbertraum X. Zeigen Sie, dass A genau dann kompakt ist, wenn A^*A kompakt ist.

10.14 •• Ist X Hilbertraum über dem Grundkörper $\mathbb{C}$, dann ist $A \in \mathcal{L}(X, X)$ genau dann selbstadjungiert, wenn $(Ax, x) \in \mathbb{R}$ für alle $x \in X$ gilt.

10.15 •• Die **Hermite-Polynome** sind definiert durch

$$H_n(x) = (-1)^n e^{t^2} \frac{d^n}{dt^n} e^{-t^2}, \quad t \in \mathbb{R}, \; n \in \mathbb{N}_0 .$$

- Zeigen Sie die Rekursionen

$$H_{n+1}(t) = 2t H_n(t) - 2n H_{n-1}(t)$$

und

$$H_n'(t) = 2n H_{n-1}(t),$$

für $n \in \mathbb{N}$, und folgern Sie daraus, dass H_n Lösung der Differenzialgleichung

$$u''(t) - 2tu'(t) + 2nu(t) = 0, \quad t \in \mathbb{R},$$

ist.

- Beweisen Sie, dass mit den Funktionen

$$h_n(t) = \frac{1}{\sqrt{\sqrt{\pi}\, 2^n\, n!}} e^{\frac{-t^2}{2}} H_n(t),$$

$n \in \mathbb{N}_0$, ein Orthonormalsystem in $L^2(-\infty, \infty)$ gegeben ist.

10.16 ••• Sei $a \in C([0,1])$. Zeigen Sie zum Multiplikationsoperator $M_a : L^2(0,1) \to L^2(0,1)$ mit $M_a x = ax$ die Identität

$$\sigma(M_a) = \{z \in \mathbb{C} : \exists t \in [0,1] \text{ mit } z = a(t)\}$$

für das Spektrum des Operators.

Antworten der Selbstfragen

S. 343
Mithilfe der Cauchy-Schwarz'schen Ungleichung folgt

$$\begin{aligned}|(x_n, y_n) - (x, y)| &= \left|(x_n - x, y_n) - (x, y_n - y)\right| \\ &\le \|x_n - x\| \|y_n\| + \|x\| \|y_n - y\| \quad \to 0\end{aligned}$$

für konvergente Folgen (x_n), (y_n) in X mit $x_n \to x \in X$ und $y_n \to y \in X$ für $n \to \infty$, da die Folgen insbesondere beschränkt sind. Somit ist das innere Produkt stetig.

S. 346
Betrachten wir

$$M = \{p \in L^2(0,1) : p \text{ ist Polynom}\}.$$

Dann ist $f \notin M$ für $f(x) = e^x$, aber $f \in (M^\perp)^\perp$. Wir können etwa mit dem Weierstraß'schen Approximationssatz (siehe Abschnitt 19.6 in Band 1) argumentieren, denn es gibt zu jedem $\varepsilon > 0$ ein Polynom $p \in M$ mit $\|f - p\|_\infty \le \varepsilon$. Also gilt mit der Cauchy-Schwarz'sche Ungleichung für $q \in M^\perp$ die Abschätzung

$$\begin{aligned}|(f, q)| &= |(f, q) - (p, q)| \\ &\le \|f - p\|_\infty \|q\|_2 \le \varepsilon \|q\|_2\end{aligned}$$

für jedes $\varepsilon > 0$ und es folgt $f \in (M^\perp)^\perp$. In diesem Beispiel gilt sogar $M^\perp = \{0\}$ bzw. $(M^\perp)^\perp = L^2(0,1)$, da die Polynome dicht liegen, was sich auch aus dem Approximationssatz ergibt.

S. 347
Aus

$$x + y = \underbrace{Px + Py}_{\in U} + \underbrace{x - Px + y - Py}_{\in U^\perp}$$

ergibt sich $P(x+y) = Px + Py$. Die Operatornorm erhalten wir mit der Zerlegung $x = \hat{u} + \hat{v} \in X$ aus dem Projektionssatz durch die Abschätzung

$$\begin{aligned}\|Px\|^2 = (\hat{u}, \hat{u}) &\le (\hat{u}, \hat{u}) + 2\text{Re}\underbrace{(\hat{u}, \hat{v})}_{=0} + (\hat{v}, \hat{v}) \\ &= \|\hat{u} + \hat{v}\|^2 = \|x\|^2\end{aligned}$$

und der Identität $\|Px\| = \|x\|$, wenn $x \in U$ ist.

S. 352
Die Folgen bilden offensichtlich ein Orthonormalsystem. Außerdem gilt mit

$$\sum_{j=1}^\infty |((x_n), (a_n^{(j)}))| = \sum_{j=1}^\infty |x_j|^2 = \|(x_n)\|_2^2$$

die Parzeval'sche Gleichung. Mit dem Entwicklungssatz folgt die Vollständigkeit des Systems.

S. 360
Die Kompaktheit folgt direkt aus dem Satz von Schauder (siehe Seite 334), wenn man die Isometrie zwischen dem Hilbertraum X und seinem Dualraum X' berücksichtigt.

S. 363
Ist A injektiv, so gilt

$$X = \overline{\text{span}\{x_1, x_2, \ldots\}},$$

d. h., die Eigenvektoren bilden ein vollständiges Orthonormalsystem im Hilbertraum X. Insbesondere gibt es unendlich viele verschiedene Eigenwerte, wenn X nicht endlich dimensional ist; denn die Eigenräume zu von null verschiedenen Eigenwerten sind endlich dimensional.

Warum Numerische Mathematik? – Modellierung, Simulation und Optimierung

11

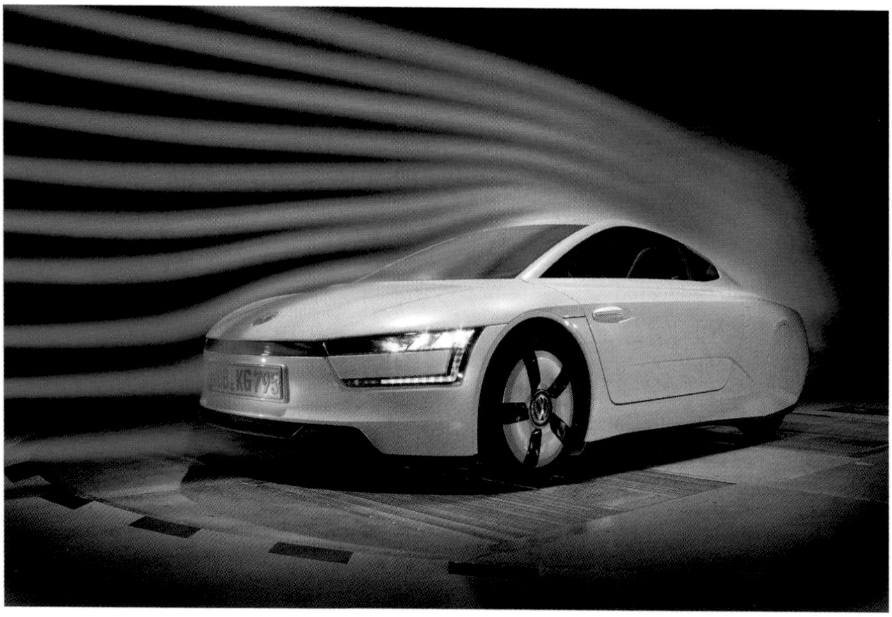

Was ist Numerische Mathematik?

Welche Fehler werden gemacht?

Was können wir erreichen?

„Numerische Mathematik" beginnt eigentlich schon im Altertum, als erste Algorithmen zur Berechnung der Quadratwurzel ersonnen wurden. Seit es Mathematik gibt, gibt es auch die Notwendigkeit des numerischen Rechnens, d. h. des Rechnens mit Zahlen. Numerische Mathematik heute ist die Mathematik der Näherungsverfahren, entweder weil eine exakte Berechnung (z. B. eines Integrals) unmöglich ist oder weil die exakte Berechnung so viel Zeit und Mühe beanspruchen würde, dass ein Näherungsalgorithmus notwendig wird. Etwa mit den ersten Logarithmentabellen im 17. Jahrhundert ergibt sich das Problem, in einer Tabelle zu interpolieren, und die Interpolation von Daten ist noch heute eine der Hauptaufgaben der Numerischen Mathematik. Das Wort *interpolare* kommt aus dem Lateinischen und bedeutet dort „auffrischen", „umgestalten", aber auch „verfälschen". Im mathematischen Kontext bedeutet Interpolation, dass man eine Menge von Daten, z. B. Paare $(x_i, f(x_i))$, $i = 1, \ldots, n$, so durch eine Funktion p verbindet, dass die Daten an den gegebenen Punkten erhalten werden, also in unserem Beispiel muss stets $p(x_i) = f(x_i)$ für alle $i = 1, \ldots, n$ gelten. Die Differenzial- und Integralrechnung von Newton und Leibniz und der Ausbau dieser Theorie durch Leonhard Euler im 18. Jahrhundert verschaffen auch numerischen Methoden ganz neue Möglichkeiten. Analytisch unzugängliche Integrale können nun numerisch bestimmt werden. Carl Friedrich Gauß arbeitete zu Beginn des 19. Jahrhunderts an numerischen Methoden zur Berechnung von Lösungen linearer Gleichungssysteme – bis heute ebenfalls eine der Hauptaufgaben der Numerischen Mathematik. Die Untersuchung der seit dem 17. Jahrhundert verstärkt betrachteten gewöhnlichen und seit dem 18. Jahrhundert verstärkt in den Fokus rückenden partiellen Differenzialgleichungen macht im 19. Jahrhundert schnell klar, dass neue numerische Ansätze benötigt werden. Mit der Erfindung des elektronischen Computers im 20. Jahrhundert entfaltet die Numerik schließlich ihre ganze Wirksamkeit. Heute ist es für die Ausbildung jeder Mathematikerin und jedes Mathematikers unerlässlich, wenigstens die Grundzüge der Numerischen Mathematik zu verstehen. Dabei ist es gerade heute wichtig, klare Trennlinien zwischen „Numerischer Mathematik" und Gebieten wie etwa dem „Wissenschaftlichen Rechnen" zu ziehen. Es geht in der Numerik nicht darum, möglichst komplexe Probleme durch die Konstruktion von Algorithmen auf einen Rechner zu bringen und die so erzeugten Ergebnisse auszuwerten, sondern um die Mathematik, die benötigt wird, um die Algorithmen beurteilen zu können. Dabei spielen Begriffe wie „Konvergenz", „Stabilität", „Effizienz" und „Genauigkeit" eine große Rolle.

11.1 Chancen und Gefahren

Die Numerische Mathematik bietet heute mithilfe des Computers früher ungeahnte Möglichkeiten. Muss eine Physikerin oder ein Physiker eine partielle Differenzialgleichung, die aus einer Modellierung entstanden ist, überhaupt noch mit mathematischen Methoden untersuchen? Man kann doch gleich die Differenzialgleichung „diskretisieren" und sich die Lösungen aus dem Computer ansehen! Sehen wir uns konkret ein Beispiel an, nämlich die Temperaturverteilung $u(x, t)$ in einem eindimensionalen Stab.

Probleme mit der Wärmeleitung zeigen die Bedeutung der Stabilität

Die Modellgleichung für das zeitliche und räumliche Verhalten der Temperatur in einem Stab der Länge L ist die Wärmeleitungsgleichung (oder Diffusionsgleichung)

$$\frac{\partial u}{\partial t} = K \frac{\partial^2 u}{\partial x^2}.$$

Dabei bezeichnet K die Wärmekapazität des Stabes, die wir einfach auf $K = 1$ setzen. Weiterhin wollen wir annehmen, dass die Länge $L = 1$ ist. Die Wärmeleitungsgleichung erlaubt es, Anfangs- und Randwerte vorgeben zu können, um eine eindeutige Lösung zu erhalten. Die Anfangswertfunktion sei $u(x, 0) = u_0(x)$, $0 \le x \le 1$, wobei u_0 so glatt sein darf wie gewünscht. Wir setzen

$$u_0(x) = \begin{cases} 2x & ; 0 \le x \le 1/2 \\ 2 - 2x; & 1/2 < x \le 1 \end{cases}$$

und schreiben an den Rändern $x = 0$ und $x = 1$ einfach $u = 0$ vor. Damit ist das zu lösende Anfangs-Randwertproblem gegeben durch

$$\begin{aligned} \frac{\partial u}{\partial t} &= \frac{\partial^2 u}{\partial x^2}, \\ u(x, 0) &= u_0(x), \quad 0 \le x \le 1, \\ u(0, t) &= u(1, t) = 0, \quad t > 0. \end{aligned}$$

Aus der Theorie der partiellen Differenzialgleichungen, die uns hier aber nicht zu kümmern braucht, ist die exakte Lösung dieses Problems bekannt, es handelt sich um die Sinusreihe

$$u(x, t) = \sum_{k=1}^{\infty} a_k e^{-(k\pi)^2 t} \sin(k\pi x).$$

Zur Zeit $t = 0$ folgt $u_0(x) = \sum_{k=0}^{\infty} a_k \sin(k\pi x)$ und damit sind die Koeffizienten a_k gerade die Fourier-Koeffizienten einer Sinusreihe:

$$a_k = 2 \int_0^1 u_0(x) \sin(k\pi x).$$

Zu den Fourier-Koeffizienten verweisen wir auch auf Band 1, Kapitel 19.

?

Rechnen Sie nach, dass im Fall unserer Anfangswerte für die Koeffizienten

$$a_k = \frac{8}{k^2\pi^2} \sin(k\pi/2)$$

gilt.

Nun wollen wir das Anfangs-Randwertproblem numerisch auf einem Rechner behandeln. Dazu ersetzen wir die partiellen Ableitungen durch finite Differenzenausdrücke auf einem Gitter mit den Maschenweiten Δt in Zeit- und Δx in Raumrichtung. Ein Punkt des Gitters ist dann gegeben als $(j\Delta x, n\Delta t)$. Wählen wir eine natürliche Zahl J und das Gitter in x als

$$\mathbb{G}_x := \{0, \Delta x, 2\Delta x, \ldots, J\Delta x\},$$

also $\Delta x = 1/J$, und das Gitter in t mit einer natürlichen Zahl N als

$$\mathbb{G}_t := \{0, \Delta t, 2\Delta t, \ldots, N\Delta t\},$$

dann bezeichnet $T := N\Delta t$ die Zeit, bis zu der wir numerisch rechnen wollen. Einigen wir uns auf $T = 1$, dann ist $\Delta t = 1/N$. Für die Werte der Temperatur an den Gitterpunkten $\mathbb{G}_x \times \mathbb{G}_t$ schreiben wir u_j^n als Näherungen für die exakten Werte $u(j\Delta x, n\Delta t)$ der Lösung auf dem Gitter.

Einfache Möglichkeiten, um die partiellen Ableitungen durch Differenzenausdrücke zu ersetzen, sind

$$\begin{aligned}\frac{\partial u}{\partial t}(j\Delta x, n\Delta t) &\approx \frac{u_j^{n+1} - u_j^n}{\Delta t},\\ \frac{\partial^2 u}{\partial x^2}(j\Delta x, n\Delta t) &\approx \frac{u_{j+1}^n - 2u_j^n + u_{j-1}^n}{(\Delta x)^2}.\end{aligned}$$

Damit haben wir auf $\mathbb{G}_x \times \mathbb{G}_t$ das folgende diskrete Problem zu lösen:

$$\begin{aligned}u_j^{n+1} &= u_j^n + \Delta t \frac{u_{j+1}^n - 2u_j^n + u_{j-1}^n}{(\Delta x)^2},\\ u_j^0 &= \begin{cases} 2j\Delta x & ;\ 0 \le j\Delta x < 1/2 \\ 2 - 2j\Delta x; & 1/2 \le j\Delta x \le 1 \end{cases}, \quad j = 1, 2, \ldots, J-1,\\ u_0^n &= u_J^n = 0, \quad n = 0, 1, 2, \ldots, N,\end{aligned}$$

sodass wir die Werte u_j^n nun sukzessive berechnen können. Wir wählen $J = 20$ und damit $\Delta x = 0.05$. Wir machen zwei Rechnungen, eine mit $\Delta t = 0.0014$ und eine zweite mit $\Delta t = 0.00142$. Dabei rechnen wir so lange, bis $T = 1$ erreicht ist. Wird $T = 1$ überschritten, dann wird der letzte Zeitschritt mit einem entsprechend verkleinerten Δt ausgeführt.

Zum Vergleich berechnen wir näherungsweise die exakte Lösung durch

$$U(x, 1) := \sum_{k=1}^{300} \frac{8}{k^2\pi^2} \sin(k\pi/2) e^{-(k\pi)^2} \sin(k\pi x)$$

und stellen sie ebenfalls in einer Graphik dar.

In Abb. 11.1 ist die durch die Partialsumme $U(x, 1)$ angenäherte exakte Lösung mit der durch unseren diskreten Algorithmus berechneten Näherung zur Zeit $T = 1$ dargestellt. Der verwendete Zeitschritt ist $\Delta t = 0.00140$ und bis auf eine

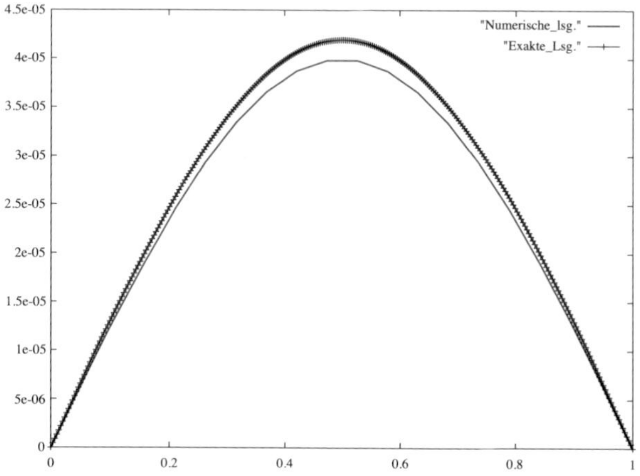

Abbildung 11.1 Die numerische Lösung zur Zeit $T = 1$ für $\Delta t = 0.00140$.

kleine Abweichung beider Kurven sieht das Bild zufriedenstellend aus. Erhöhen wir aber den Zeitschritt um 0.00002, dann ergibt sich das in Abb. 11.2 gezeigte Bild (Die Rechnung wurde auf einem Macintosh PowerBook durchgeführt. Auf anderen Rechnern kann der beobachtete Effekt bei anderen Zeitschrittweiten eintreten!). Unsere numerische Lösung oszilliert stark und kann nicht mehr als Näherung der exakten Lösung angesehen werden!

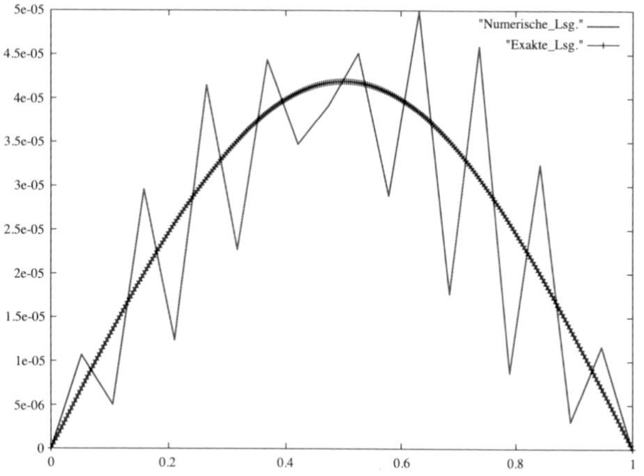

Abbildung 11.2 Die numerische Lösung zur Zeit $T = 1$ für $\Delta t = 0.00142$.

Mit welchem Phänomen werden wir hier konfrontiert? Es handelt sich um das Phänomen der **Instabilität** numerischer Algorithmen. Bei jeder numerischen Berechnung treten Fehler durch Rundung oder andere Prozesse auf, die wir uns genauer im folgenden Abschnitt ansehen werden. Ein stabiler Algorithmus dämpft den Einfluss solcher Fehler, ein instabiler facht diese Fehler an und führt schließlich zum Scheitern eines Algorithmus.

Sehen wir uns also im Folgenden erst einmal die Fehlerarten an, die auftreten können oder gar notwendig auftreten müssen!

Fehler, Fehler, nichts als Fehler!

Nehmen wir an, ein Phänomen in der Natur wie etwa die Strömung einer Flüssigkeit wird beobachtet. Um diese Beobachtung der Mathematik zugängig zu machen, muss daraus ein **mathematisches Modell** gemacht werden. Ein solches Modell ist immer nur ein Abbild der Wirklichkeit, in jedem Fall besteht das mathematische Modell aus Gleichungen. Hat das mathematische Modell einen Fehler, z. B. durch Vernachlässigung wichtiger Effekte, dann spricht man von einem **Modellfehler**. Modellfehler liegen außerhalb der Numerischen Mathematik und daher werden wir uns hier nicht mit solchen Fehlern beschäftigen.

Eine der Aufgaben der Numerischen Mathematik ist es, mathematische Modelle zu diskretisieren und ihre Lösung so der Behandlung auf einem Computer zugänglich zu machen. Unter „Diskretisierung" verstehen wir dabei die Erzeugung eines diskreten Problems aus einem kontinuierlichen oder allgemeiner die Gewinnung einer diskreten Menge von Informationen oder Daten aus einem Kontinuum von Informationen oder Daten. Die Gleichungen im mathematischen Modell enthalten Koeffizienten und andere Daten in Form von Zahlen und diese Zahlen dürfen natürliche, reelle oder komplexe Zahlen sein. Eine Zahl wie π existiert aber auf dem Computer nicht! Die durch einen Computer darstellbaren Zahlen, die **Maschinenzahlen**, bilden eine nur endliche Menge und je nach der Kapazität der verwendeten Prozessoren besitzen alle Maschinenzahlen nur endlich viele Nachkommastellen. Ist also eine Zahl x keine Maschinenzahl (wie etwa $x = \pi$), dann muss eine Maschinenzahl $\widetilde{x}$ gefunden werden, sodass

$$\forall \text{ Maschinenzahlen } \widetilde{y}: \quad |x - \widetilde{x}| \leq |x - \widetilde{y}|$$

gilt. Gewöhnlich gewinnt man $\widetilde{x}$ durch **Rundung** und macht dabei einen Fehler, den **Rundungsfehler**.

Definition der Rundungsfehler

Ist x eine reelle Zahl und $\widetilde{x}$ ihre Maschinenzahl, dann heißt

$$|x - \widetilde{x}|$$

der **absolute Rundungsfehler**. Die Größe

$$\left|\frac{x - \widetilde{x}}{x}\right|$$

nennt man den **relativen Rundungsfehler**.

Ein anderes Konzept als das Runden ist das **Abschneiden**, bei dem man einfach die Ziffern nach einer festen Anzahl von Nachkommastellen weglässt.

Beispiel Gewöhnlich rundet man auf n Nachkommastellen so, dass man alle n Stellen behält, wenn die $(n+1)$-te Stelle kleiner oder gleich 4 ist. Ist die $(n+1)$-te Stelle größer 5, dann addiert man zur n-ten Stelle eine 1.

Soll also 3.1415926535 auf $n = 4$ Nachkommastellen gerundet werden, dann ergibt sich 3.1416. Ein Abschneiden nach $n = 4$ Nachkommastellen ergäbe hingegen 3.1415. ◀

Moderne Computer stellen Maschinenzahlen in Gleitkommaform im binären Zahlensystem dar. Wir verlieren aber keine Information wenn wir für die folgenden Ausführungen annehmen, dass im Dezimalsystem gerechnet wird. Eine Zahl $x \in \mathbb{R}$ sei dargestellt in **normalisierter Form**

$$x = a \cdot 10^b ,$$

wobei $a = \pm 0.a_1a_2a_3 \dots a_na_{n+1} \dots$ mit $0 \leq a_i \leq 9$ und $a_1 \neq 0$ die **Mantisse** bezeichnet. Wir wollen annehmen, dass der **Exponent** b nicht zu groß oder zu klein ist, um auf der Maschine dargestellt zu werden. Lässt die Maschine Gleitkommazahlen mit n Nachkommastellen zu, dann kann die zu x gehörende Maschinenzahl wie folgt berechnet werden:

$$a' := \begin{cases} 0.a_1a_2 \dots a_n & ; \quad 0 \leq a_{n+1} \leq 4 \\ 0.a_1a_2 \dots a_n + 10^{-n}; & a_{n+1} \geq 5 \end{cases}$$

Es handelt sich also um die gewöhnliche Rundung auf n Nachkommastellen. Dann wird die Maschinenzahl $\widetilde{x}$ definiert als

$$\widetilde{x} := \operatorname{sgn}(x) \cdot a' \cdot 10^b .$$

?

Zeigen Sie, dass für den relativen Rundungsfehler bei obiger Konstruktion der Maschinenzahlen die Abschätzung

$$\left|\frac{x - \widetilde{x}}{x}\right| \leq 5 \cdot 10^{-n}$$

gilt.

Die Zahl $\widetilde{\varepsilon} := 5 \cdot 10^{-n}$ heißt **Maschinengenauigkeit**. Wir können unser Ergebnis auch in der Form

$$\widetilde{x} = x(1 + \varepsilon), \qquad \varepsilon \leq \widetilde{\varepsilon}$$

schreiben.

Mit der Fortpflanzung von Rundungsfehlern in Algorithmen werden wir uns später noch weiter befassen.

Eine weitere Fehlerart, die es zu beachten gilt, ist der **Verfahrensfehler** oder **Diskretisierungsfehler** oder auch **Abschneidefehler**. Dieser Fehler tritt immer dann auf, wenn eine Funktion oder ein Operator durch eine Näherungsfunktion oder einen Näherungsoperator ersetzt wird. Diese Fehlerart erfordert unsere besondere Aufmerksamkeit, weshalb wir sie im nächsten Abschnitt untersuchen wollen.

Unter der Lupe: Das Rechnen mit Maschinenzahlen

Das Rechnen mit Maschinenzahlen erfüllt nicht die Vorstellungen, die wir gemeinhin vom Rechnen mit reellen Zahlen haben!

Beispiel: Eine Maschine rechne im Dezimalsystem mit $n = 4$ Stellen und mit maximal 2 Stellen im Exponenten b. Wird die Zahl

$$x = 0.99997 \cdot 10^{99},$$

deren Exponent gerade noch in der Maschine darstellbar ist, in eine Maschinenzahl verwandelt, dann ergibt sich

$$\widetilde{x} = 0.1000 \cdot 10^{100}$$

und diese Zahl ist keine Maschinenzahl mehr, da der Exponent mehr als 2 Stellen bekommen hat.

Elementare Rechenoperationen: Jede elementare Rechenoperation $\circ \in \{+, -, \cdot, /\}$ ist auf der Maschine mit einem Rundungsfehler verbunden, ja, das Ergebnis der Operation mit zwei Maschinenzahlen muss nicht einmal mehr eine Maschinenzahl sein. Ist $\widetilde{\circ}$ die auf der Maschine realisierte Operation, dann gilt

$$\widetilde{x \widetilde{\circ} y} = (\widetilde{x} \circ \widetilde{y})(1 + \varepsilon)$$

mit $|\varepsilon| \le \widetilde{\varepsilon}$. Die Gleitkommaoperationen gehorchen auch nicht den üblichen Gesetzen, so sind sie i.Allg. nicht assoziativ und auch nicht distributiv. Dazu betrachte man $\circ = +$ auf einer Maschine mit $n = 8$ Nachkommastellen und die Zahlen $\widetilde{x} := 0.23371258 \cdot 10^{-4}, \widetilde{y} := 0.33678429 \cdot 10^2, \widetilde{z} := -0.33677811 \cdot 10^2$ und berechne nacheinander $\widetilde{x}\widetilde{\circ}(\widetilde{y}\widetilde{\circ}\widetilde{z})$, $(\widetilde{x}\widetilde{\circ}\widetilde{y})\widetilde{\circ}\widetilde{z}$ und das exakte Ergebnis $\widetilde{x} + \widetilde{y} + \widetilde{z}$.

Weiterhin sollte man die Subtraktion von betragsmäßig etwa gleich großen Zahlen vermeiden, weil sonst **Auslöschung** und damit der Verlust signifikanter Nachkommastellen droht. Das Phänomen der Auslöschung lässt sich sehr schön an der Archimedischen Berechnung von π studieren.

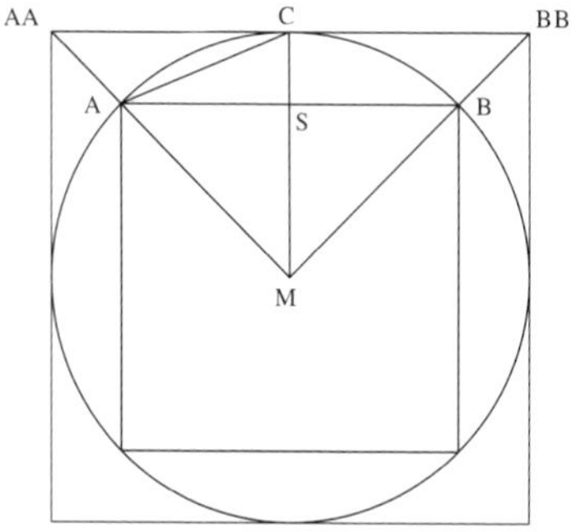

Dazu füllte Archimedes einen Kreis von innen mit regulären Polygonen aus, und schloss ihn von außen durch reguläre Polygone ein. Verdoppelt man nun die Eckenanzahl der regulären Polygone, dann sollten die Flächen der einbeschriebenen und der umschriebenen Polygone gegen die Fläche des Kreises konvergieren. In der Abbildung haben wir ein einbeschriebenes und umschriebenes Quadrat gezeigt.

Dazu betrachten wir einen Einheitskreis, d. h. $MA = MB = MC = 1$, und nennen die Seite (Kante) AB eines n-Ecks s_n. Schreiben wir ein Zweieck ein (d. h. einfach einen Durchmesser), dann ist dessen Seite offenbar $s_2 = 2$. Ein einbeschriebenes Dreieck hätte die Kantenlänge $s_3 = 2\sin 60° = \sqrt{3}$ und unser Quadrat besitzt die Kantenlänge $s_4 = 2\sin 45° = \sqrt{2}$. Verdoppeln wir jetzt die Seitenzahl, dann ist $s_{2n} = AC$ die Kantenlänge. Ist $r_n := MS$ dann folgt mit dem Satz von Pythagoras $1 = AM^2 = MS^2 + AS^2 = r_n^2 + s_n^2/4$, also $r_n = \sqrt{1 - s_n^2/4}$. Weiterhin folgt mit Pythagoras $s_{2n}^2 = AC^2 = AS^2 + SC^2 = s_n^2/4 + (1 - r_n)^2 = s_n^2/4 + 1 - 2r_n + r_n^2$. Setzen wir hier unsere gefundene Beziehung für r_n ein, dann folgt

$$s_{2n} = \sqrt{2 - 2\sqrt{1 - \frac{s_n^2}{4}}}.$$

Jetzt sind wir in der Lage, beginnend mit der Kantenlänge des Zweiecks, die Kantenlänge des $2n$-Ecks zu berechnen. Die Fläche eines regulären n-Ecks kann durch $F_n = \frac{1}{2} n s_n r_n$ berechnet werden. Dazu setzen wir für n die Folge 2^i, $i = 1, 2, 3, \ldots$, ein, also $n = 2, 4, 8, 16, \ldots$ Das erlaubt uns, s_4 aus s_2 zu berechnen, dann s_8 aus s_4, usw. Das Ergebnis ist ernüchternd.

n	F_n
2	2
4	2.82842712475
8	3.06146745892
16	3.12144515226
32	3.13654849055
⋮	⋮
524288	3.14159655369
⋮	⋮
16777216	3.14245127249
33554432	3.16227766017
67108864	3.16227766017
134217728	3.46410161514
268435456	4
536870912	0

Zu Anfang ist schön die Konvergenz gegen π zu sehen, allerdings werden die Abweichungen dann wieder größer und das Ergebnis schließlich ganz falsch. Der Grund dafür ist einfach: Die Zahlen 2 und $2\sqrt{1 - s_n^2/4}$ nähern sich immer weiter an und schließlich löschen sich signifikante Dezimalen bei der Subtraktion einfach aus.

11.2 Ordnungssymbole und Genauigkeit

Große und kleine „Ohs"

Um mit Rundungs- und Diskretisierungsfehlern und ihrer Fortpflanzung in Algorithmen besser umzugehen und ihren Einfluss abzuschätzen, ist die O-Notation nützlich, die wir wegen ihrer Bedeutung in der Numerik hier einführen. Man vergleiche auch Band 1, Kapitel 11.

Definition der Landau-Symbole für Funktionen

Es seien $f, g : D \subset \mathbb{R}^n \to \mathbb{R}$, $x \mapsto f(x), g(x)$ zwei Funktionen und $x, x_0 \in D$.

(a) **Die Funktion f wächst für $x \to x_0$ langsamer als** g, oder f ist für $x \to x_0$ ein $o(g)$ (in Worten: *ein klein o von g*), symbolisch geschrieben als $f = o(g), x \to x_0$ oder $f(x) = o(g(x)), x \to x_0$, wenn

$$\lim_{x \to x_0} \frac{|f(x)|}{|g(x)|} = 0$$

gilt.

(b) **Die Funktion f wächst für $x \to x_0$ nicht wesentlich schneller als** g, oder f ist für $x \to x_0$ ein $\mathcal{O}(g)$ (in Worten: *ein groß O von g*), symbolisch geschrieben als $f = \mathcal{O}(g), x \to x_0$ oder $f(x) = \mathcal{O}(g(x)), x \to x_0$, wenn

$$\exists c > 0 \; \exists \varepsilon > 0 : \quad |f(x)| \le c|g(x)|$$

für alle x mit $|x - x_0| < \varepsilon$ gilt.

(c) $f = o(g), x \to \infty$ und $f = \mathcal{O}(g), x \to \infty$ werden analog definiert.

Beispiel Die Exponentialfunktion ist bekanntlich definiert als die unendliche Reihe

$$e^x = \sum_{k=0}^{\infty} \frac{x^k}{k!} = 1 + x + \frac{x^2}{2!} + \frac{x^3}{3!} + \ldots$$

Offenbar gilt:

$$e^x = 1 + x + \frac{x^2}{2!} + \mathcal{O}(x^3), \quad x \to 0,$$

denn der Betrag des Reihenrestes $e^x - (1 + x + \frac{x^2}{2!}) = \frac{x^3}{3!} + \frac{x^4}{4!} + \ldots$ ist für $x \to 0$ sicher durch $c|x^3|$ beschränkt.

Andererseits ist aber auch

$$e^x = 1 + x + \frac{x^2}{2!} + o(x^2), \quad x \to 0,$$

denn der Reihenrest $\frac{x^3}{3!} + \frac{x^4}{4!} + \ldots$ konvergiert auch nach Division durch $|x^2|$ für $x \to 0$ gegen 0. ◀

Aus der Definition lassen sich sofort Rechenregeln für die Landau-Symbole ableiten.

Rechenregeln für die Landau-Symbole I

Für Funktionen $f, f_1, f_2, g, g_1, g_2 : D \subset \mathbb{R}^n \to \mathbb{R}$ und $x, x_0 \in D$ gelten die folgenden Regeln:

$$\begin{aligned}
f = o(g) &\Rightarrow f = \mathcal{O}(g),\\
f = \mathcal{O}(1) &\Leftrightarrow f \text{ beschränkt},\\
f = o(1) &\Leftrightarrow \lim_{x \to x_0} f(x) = 0,\\
f_1 = \mathcal{O}(g), f_2 = \mathcal{O}(g) &\Rightarrow f_1 + f_2 = \mathcal{O}(g),\\
f_1 = o(g), f_2 = o(g) &\Rightarrow f_1 + f_2 = o(g),\\
f_1 = \mathcal{O}(g_1), f_2 = \mathcal{O}(g_2) &\Rightarrow f_1 \cdot f_2 = \mathcal{O}(g_1 \cdot g_2),\\
f_1 = \mathcal{O}(g_1), f_2 = o(g_2) &\Rightarrow f_1 \cdot f_2 = o(g_1 \cdot g_2),\\
f_1 = \mathcal{O}(g_1), f_2 = \mathcal{O}(g_2) &\Rightarrow f_1 + f_2 = \\
&\qquad \mathcal{O}(\max\{|g_1|, |g_2|\}),\\
f_1 = \mathcal{O}(g_1), f_2 = \mathcal{O}(g_2) &\Rightarrow f_1 + f_2 = \mathcal{O}(|g_1| + |g_2|),\\
f = \mathcal{O}(g), c \in \mathbb{R} &\Rightarrow cf = \mathcal{O}(g),\\
f = o(g), c \in \mathbb{R} &\Rightarrow cf = o(g),\\
f = \mathcal{O}(\mathcal{O}(g)) &\Rightarrow f = \mathcal{O}(g),\\
f = \mathcal{O}(o(g)) &\Rightarrow f = o(g).
\end{aligned}$$

Beweis: Wir beweisen zur Illustration die vierte Rechenregel $f_1 = \mathcal{O}(g), f_2 = \mathcal{O}(g) \Rightarrow f_1 + f_2 = \mathcal{O}(g)$, die weiteren Rechenregeln werden ganz analog bewiesen.

$f_1 = \mathcal{O}(g)$ bedeutet: $\exists c_1 > 0$, $\exists \varepsilon_1 > 0$, $|f_1(x)| \le c_1|g(x)|$ für alle x mit $|x - x_0| < \varepsilon_1$. Analog gilt für $f_2 = \mathcal{O}(g)$: Es existieren $c_2 > 0$ und $\varepsilon_2 > 0$, sodass $|f_2(x)| \le c_2|g(x)|$ für alle x mit $|x - x_0| < \varepsilon_2$. Wählen wir nun $c := \max\{c_1, c_2\}$ und $\varepsilon := \min\{\varepsilon_1, \varepsilon_2\}$, dann folgt $|f_1(x) + f_2(x)| \le |f_1(x)| + |f_2(x)| \le c|g(x)|$ für alle x mit $|x - x_0| < \varepsilon$.

Machen Sie sich klar, dass die Landau-Symbole nur **asymptotische** Aussagen machen! Gilt $f = \mathcal{O}(g), x \to x_0$, dann wissen wir über die in $|f(x)| \le c|g(x)|$ auftretende Konstante c in der Regel nichts! Es kann $c = 10^{-14}$ sein, aber auch $c = 10^{14}$. Wir wissen nur, dass die Abschätzung in der Nähe von x_0 gilt.

Zur späteren Referenz wollen wir noch drei wichtige Aussagen über die Landau-Symbole aufzeichnen.

Rechenregeln für die Landau-Symbole II

1. Es gilt
$$1 + \mathcal{O}(\varepsilon) = \frac{1}{1 + \mathcal{O}(\varepsilon)}, \quad \varepsilon \to 0,$$
2. Ist $\boldsymbol{A} \in \mathbb{C}^{n \times n}$ und $\boldsymbol{x} \in \mathbb{C}^n$ mit $\|\boldsymbol{x}\| = \mathcal{O}(g)$, wobei $\|\cdot\|$ eine beliebige Vektornorm und $g : \mathbb{R} \to \mathbb{R}$ eine Funktion ist, dann folgt
$$\|\boldsymbol{A}\boldsymbol{x}\| = \mathcal{O}(g).$$
3. Ist $\boldsymbol{x} \in \mathbb{C}^n$ mit Komponenten $x_i, i = 1, \ldots, n$, und $g : \mathbb{R} \to \mathbb{R}$ eine Funktion, dann gilt
$$\forall i = 1, \ldots, n \quad x_i = \mathcal{O}(g) \Leftrightarrow \|\boldsymbol{x}\| = \mathcal{O}(g).$$

Beweis:

1. Sei $f = 1 + \mathcal{O}(\varepsilon)$, $\varepsilon \to 0$. Dann gibt es ein $h = \mathcal{O}(\varepsilon)$ mit $f = 1 + h$. Nun definiere
$$g := -\frac{h}{h+1}$$
und bilde
$$\lim_{\varepsilon\to 0}\frac{g}{\varepsilon} = \lim_{\varepsilon\to 0}\frac{\frac{-h}{\varepsilon}}{h+1}.$$
Der Zähler ist beschränkt, sagen wir durch $-c$, während der Nenner nach Voraussetzung gegen 1 konvergiert. Also ist
$$\lim_{\varepsilon\to 0}\frac{g}{\varepsilon} = -c$$
und damit ist auch $g = \mathcal{O}(\varepsilon)$, $\varepsilon \to 0$. Damit gilt
$$\frac{1}{1+g} = \frac{1}{1-\frac{h}{h+1}} = 1 + h$$
und folglich
$$f = h + 1 = \frac{1}{1+g} = \frac{1}{1+\mathcal{O}(\varepsilon)}, \quad \varepsilon \to 0.$$
Sei nun $f = 1/(1+\mathcal{O}(\varepsilon))$, $\varepsilon \to 0$. Dann existiert ein $g = \mathcal{O}(\varepsilon)$ mit $f = 1/(1+g)$, $\varepsilon \to 0$. Definiere
$$h := -\frac{g}{1+g},$$
dann gilt wie oben $h = \mathcal{O}(\varepsilon)$, $\varepsilon \to 0$ und
$$h + 1 = -\frac{g}{1+g} + 1 = \frac{1}{1+g}.$$
Damit gilt nun
$$f = \frac{1}{1+g} = h + 1$$
mit $h = \mathcal{O}(\varepsilon)$, $\varepsilon \to 0$, also $f = 1 + \mathcal{O}(\varepsilon)$, $\varepsilon \to 0$.
2. Bezeichnet $\|\cdot\|_{\mathbb{C}^{n\times n}}$ die zur Vektornorm $\|\cdot\|$ gehörige Matrixnorm, dann ist
$$\|\boldsymbol{Ax}\| \le \|\boldsymbol{A}\|_{\mathbb{C}^{n\times n}}\|\boldsymbol{x}\| \le K\|\boldsymbol{x}\|$$
und damit ist schon alles gezeigt.
3. Auf $\mathbb{C}^n$ sind alle Normen äquivalent, vergleiche Band 1, Kapitel 19. Für den Teil „$\Leftarrow$" folgt
$$\|\boldsymbol{x}\| = \mathcal{O}(g) \Rightarrow \|\boldsymbol{x}\|_\infty \le c_1\|\boldsymbol{x}\| = \mathcal{O}(g)$$
und daher $\|\boldsymbol{x}\|_\infty = \mathcal{O}(g) \Rightarrow \max_{i=1,\ldots,n}|x_i| = \mathcal{O}(g)$, also $x_i = \mathcal{O}(g)$ für $i = 1,\ldots,n$.
Für die Richtung „$\Rightarrow$" ist
$$\forall i = 1,\ldots,n : x_i = \mathcal{O}(g) \Rightarrow |x_i| = \mathcal{O}(g), i = 1,\ldots,n.$$
Da nur endlich viele Komponenten vorhanden sind, ist damit auch
$$\max_{i=1,\ldots,n}|x_i| = \|\boldsymbol{x}\|_\infty = \mathcal{O}(g)$$
und aus der Äquivalenz aller Normen auf $\mathbb{C}^n$ schließen wir $\|\boldsymbol{x}\| \le c_2\|\boldsymbol{x}\|_\infty = \mathcal{O}(g)$. ■

Ohne Mühe lassen sich die Landau-Symbole auch für Operatoren zwischen normierten Vektorräumen definieren.

Der Diskretisierungsfehler beschreibt den Fehler zwischen kontinuierlichem und diskretem Modell

Definition der Landau-Symbole für Operatoren

Es seien $(E, \|\cdot\|_E)$, $(F, \|\cdot\|_F)$ normierte Vektorräume, $f\colon D \subset E \to F$, eine Abbildung, $n \in \mathbb{N}$ und $x, x_0 \in D$.

(a) f **verschwindet in** x_0 **von höherer als** n**-ter Ordnung**, falls
$$f(x) = o(\|x - x_0\|_E^n), \quad x \to 0,$$
d. h.
$$\lim_{x\to x_0}\frac{\|f(x)\|_F}{\|x - x_0\|_E^n} = 0$$
gilt.

(b) f **wächst in** x_0 **von höchstens** n**-ter Ordnung**, falls
$$f(x) = \mathcal{O}(\|x - x_0\|_E^n), \quad x \to x_0,$$
d. h.
$$\exists c > 0\ \exists \varepsilon > 0 : \quad \|f(x)\|_F \le c\|x - x_0\|_E^n$$
für alle $x \in D$ mit $\|x - x_0\|_E < \varepsilon$ gilt.

Beispiel In Band 1, Kapitel 15, haben wir das Restglied der Taylor-Entwicklung einer Funktion f
$$f(x) = p_n(x; x_0) + r_n(x; x_0)$$
in der Darstellung von Lagrange kennengelernt,
$$r_n(x; x_0) = \frac{1}{(n+1)!}(x - x_0)^{n+1} f^{(n+1)}(z),$$
mit z zwischen x und x_0. Zur Erinnerung: p_n bezeichnet das Taylor-Polynom vom Grad n zu f um den Entwicklungspunkt x_0.

Betrachten wir nun das Restglied. Offenbar handelt es sich um eine Abbildung zwischen den normierten Räumen $(E, \|\cdot\|_E) = (\mathbb{R}, |\cdot|)$ und $(F, \|\cdot\|_F) = (\mathbb{R}, |\cdot|)$. Es gilt
$$r_n(x; x_0) = \mathcal{O}(|x - x_0|^{n+1}),$$
denn bei beschränkter Ableitung $f^{(n+1)}$ ist $c := f^{(n+1)}(z)/(n+1)!$ eine Konstante und damit haben wir die Abschätzung
$$|r_n(x; x_0)| \le c|x - x_0|^{n+1}$$
für $x \to x_0$. Allerdings gilt auch
$$r_n(x; x_0) = o(|x - x_0|^n),$$
denn
$$\frac{|r_n(x; x_0)|}{|x - x_0|^n} = \frac{|f^{(n+1)}(z)||x - x_0|^{n+1}}{(n+1)!|x - x_0|^n} = \frac{|f^{(n+1)}(z)|}{(n+1)!}|x - x_0|,$$

und bei beschränkter $(n+1)$-ter Ableitung von f folgt

$$\lim_{x \to x_0} \frac{|r_n(x; x_0)|}{|x - x_0|^n} = 0 . \qquad \blacktriangleleft$$

Wir wollen nun den Prozess der Diskretisierung abstrakt beschreiben. Dazu betrachten wir einen Operator $T\colon E \to F$ zwischen Banach-Räumen (vergleiche Band 1, Kapitel 8) E und F mit $0 \in \mathrm{Bild}(T)$ und wollen die Gleichung

$$Tu = 0$$

lösen. Wir nehmen dabei an, es gebe eine eindeutig bestimmte Lösung $z \in E$. Zu den Räumen E und F benötigen wir diskrete Analoga auf einem Gitter $\mathbb{G}$ mit (positiver) Maschenweite h. (Das können auch mehrdimensionale Gitter sein, bei denen dann h eine typische Maschenweite ist). Dazu dienen zwei lineare Abbildungen $L_1\colon E \to E_h$ und $L_2\colon F \to F_h$. Für diese Abbildungen gibt es in Praxis und Theorie verschiedene Möglichkeiten. Eine besonders einfache ist die lineare Abbildung L, die einer Funktion $u \in E$ (oder $u \in F$) ihre Werte auf dem Gitter zuordnet, also

$$Lu(x) := u_h(x) := u(x)|_{\mathbb{G}}, \quad x \in \mathbb{G} .$$

Funktionen u_h heißen **Gitterfunktionen**. Zu dem kontinuierlichen Operator T muss noch ein diskreter Operator T_h definiert werden. Dazu soll eine Funktion $\phi_h\colon (E \to F) \to (E_h \to F_h)$ dienen, sodass

$$T_h := \phi_h(T)$$

definiert sein soll. Insgesamt erhalten wir also das in Abbildung 11.3 skizzierte Bild.

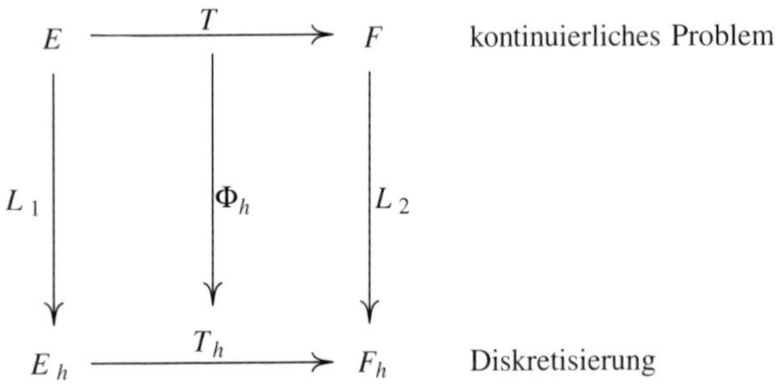

Abbildung 11.3 Diskretisierung eines kontinuierlichen Problems.

Nehmen wir an, auch das diskretisierte Problem

$$T_h u_h = \phi_h(T) L_1(u) = 0$$

besäße eine eindeutig bestimmte Lösung $\zeta_h \in E_h$, dann ist der **lokale Diskretisierungsfehler** definiert durch

$$l_h := T_h L_1(z) = \phi_h(T) L_1(z) \in F_h$$

und der **globale Diskretisierungsfehler** ist gegeben durch

$$e_h := \zeta_h - L_1(z) \in E_h .$$

Ist $D \subset \mathbb{R}^n$ kompakt, $\mathbb{G}$ ein Gitter in D und $E = C(D)$ mit Norm $\|u\|_E = \max_{x \in D} |u(x)|$, dann bietet sich als Norm in E_h

$$\|u_h\|_{E_h} := \max_{x \in \mathbb{G}} |u(x)|$$

an. Diskrete Normen dürfen nicht beliebig gewählt werden, sondern müssen **konkordant** mit den Normen in den zugehörigen Räumen sein.

Konkordanz von Normen

Es sei L_1 der Diskretisierungsoperator $L_1\colon E \to E_h$. Die Normen der Räume E, E_h und F, F_h heißen **konkordant**, wenn

$$\forall u \in E\colon \quad \lim_{h \to 0} \|L_1(u)\|_{E_h} = \|u\|_E$$

und eine analoge Beziehung für $\|\cdot\|_{F_h}$ und $\|\cdot\|_F$ gelten.

?

Zeigen Sie, dass im Fall von $E = C([a,b])$ und $L_1(u)(x) := u_h(x) := u(x)|_{\mathbb{G}}$ die Normen $\|u\|_E := \max_{x \in [a,b]} |u(x)|$ und

$$\|u_h\|_{E_h} := \max_{x \in \mathbb{G}} |u(x)|$$

konkordant sind.

Wir können nun schon mithilfe der Landau-Symbole die wichtigsten Begriffe bei der Approximation von Operatoren erklären. Wir lösen uns dabei von dem Problem $Tu = 0$ und wollen lediglich die Güte der Approximation des diskreten Operators T_h beschreiben.

Diskretisierungsfehler und Approximationsordnung

Die Gitterfunktion

$$\psi_h := T_h u_h - (Tu)_h$$

mit $u_h = L_1 u$ und $(Tu)_h = L_2(Tu)$ heißt **Diskretisierungsfehler** oder **Approximationsfehler** (oder **Abschneidefehler**) bei Approximation von T durch T_h. Gilt

$$\|\psi_h\|_{F_h} \to 0, \quad h \to 0 ,$$

dann **approximiert T_h den Operator T**. Der Operator T_h approximiert T mit der Ordnung $n > 0$, wenn

$$\|\psi_h\|_{F_h} = \|T_h u_h - (Tu)_h\|_{F_h} = \mathcal{O}(h^n)$$

gilt.

Im Fall unseres abstrakten Problems $Tu = 0$ ist wegen der vorausgesetzten Linearität des Operators L_2 gerade $(Tu)_h = L_2(Tu) = L_2(0) = 0$, sodass der Diskretisierungsfehler gerade dem lokalen Diskretisierungsfehler l_h entspricht.

Beispiel: Der Diskretisierungsfehler des Ableitungsoperators

Für Funktionen $u\colon \mathbb{R} \to \mathbb{R}, x \mapsto u(x)$, betrachten wir den Ableitungsoperator $\mathrm{d}/\mathrm{d}x$, der eine Funktion $u \in C^r(\mathbb{R})$ in eine Funktion $u' = \mathrm{d}u/\mathrm{d}x \in C^{r-1}(\mathbb{R})$ abbildet. Wie groß wird der Diskretisierungsfehler, wenn man d/d auf einem Gitter $\mathbb{G} := \{\ldots, x-2h, x-h, x, x+h, x+2h, \ldots\}$ mit Schrittweite h durch den durch

$$D_+u := \frac{u(x+h)-u(x)}{h}$$

definierten Operator D_+ ersetzt? Den Operator D_+ nennt man auch **Vorwärtsdifferenz**.

Problemanalyse und Strategie: Der Operator D_+ bildet sicher nicht $E := C^r(\mathbb{R})$ nach $F := C^{r-1}(\mathbb{R})$ ab. Wir verwenden wieder $Lu(x) := u_h(x) := u(x)|_{\mathbb{G}}$ für den Transfer auf das Gitter. Dadurch wird der Raum E auf einen diskreten Raum E_h und F auf den diskreten Raum F_h abgebildet.

Lösung:
Mithilfe der Taylor'schen Formel (vergleiche Band 1, Abschnitt 15.5) um den Entwicklungspunkt x (Achtung! x muss ein Gitterpunkt sein!) ergibt sich

$$u(x+h) = u(x) + h\frac{\mathrm{d}u}{\mathrm{d}x}(x) + \mathcal{O}(h^2)\,.$$

Setzen wir dies in die Definition des diskreten Operators ein, dann folgt

$$\begin{aligned} D_+u(x) &= \frac{u(x+h)-u(x)}{h} = \frac{h\frac{\mathrm{d}u}{\mathrm{d}x}(x) + \mathcal{O}(h^2)}{h} \\ &= \underbrace{\frac{\mathrm{d}u}{\mathrm{d}x}(x)}_{\substack{\text{Dies ist die Ableitung auf dem Gitter,}\\ \text{also eigentlich } L(\frac{\mathrm{d}u}{\mathrm{d}})(x) =: (\mathrm{d}u/\mathrm{d}x)_h}} + \mathcal{O}(h)\,. \end{aligned}$$

Für den Approximationsfehler

$$\psi_h = D_+u_h - \left(\frac{\mathrm{d}u}{\mathrm{d}x}\right)_h$$

gilt

$$\|\psi_h\|_{F_h} = \|D_+u_h - (\mathrm{d}u/\mathrm{d}x)_h\|_{F_h} = \mathcal{O}(h^1)\,,$$

also ist D_+ eine Approximation erster Ordnung an $\mathrm{d}/\mathrm{d}x$.

Ganz analog kann man auch andere Differenzenoperatoren untersuchen, zum Beispiel die **Rückwärtsdifferenz**

$$D_-u_h := \frac{u(x)-u(x-h)}{h}\,.$$

Hier liefert die Taylor-Reihe $u(x-h) = u(x) - h\frac{\mathrm{d}u}{\mathrm{d}x}(x) + \mathcal{O}(h^2)$ und damit folgt

$$\begin{aligned} D_-u(x) &= \frac{u(x)-u(x-h)}{h} = \frac{h\frac{\mathrm{d}u}{\mathrm{d}x}(x) + \mathcal{O}(h^2)}{h} \\ &= \frac{\mathrm{d}u}{\mathrm{d}x}(x) + \mathcal{O}(h)\,. \end{aligned}$$

Damit ist die Rückwärtsdifferenz ebenfalls eine Approximation erster Ordnung an $\mathrm{d}/\mathrm{d}x$. Die **zentrale Differenz**, die durch den Operator D_0,

$$D_0u_h := \frac{u(x+h)-u(x-h)}{2h}$$

definiert ist, ist allerdings eine Approximation zweiter Ordnung an $\mathrm{d}/\mathrm{d}x$, d. h., es gilt

$$\|D_0u_h - (\mathrm{d}u/\mathrm{d}x)_h\|_{F_h} = \mathcal{O}(h^2)\,.$$

Subtrahiert man nämlich die beiden Taylor-Reihen $u(x+h) = u(x) + h\frac{\mathrm{d}u}{\mathrm{d}x}(x) + \frac{h}{2}\frac{\mathrm{d}^2u}{\mathrm{d}x^2}(x) + \mathcal{O}(h^3)$ und $u(x+h) = u(x) - h\frac{\mathrm{d}u}{\mathrm{d}x}(x) + \frac{h}{2}\frac{\mathrm{d}^2u}{\mathrm{d}x^2}(x) + \mathcal{O}(h^3)$, dann folgt

$$\begin{aligned} D_0u_h &= \frac{u(x+h)-u(x-h)}{2h} = \frac{2h\frac{\mathrm{d}u}{\mathrm{d}x} + \mathcal{O}(h^3)}{2h} \\ &= \frac{\mathrm{d}u}{\mathrm{d}x}(x) + \mathcal{O}(h^3)\,. \end{aligned}$$

Fehlerfortpflanzung sorgt für einen Transport der Fehler bis zum Endergebnis

Rundungs- und Diskretisierungsfehler sind unvermeidlich. Daher ist es unumgänglich, die Folgen dieser Fehler in numerischen Algorithmen abschätzen zu können. Dazu gehört auch die Untersuchung der Stabilität von Algorithmen, die wir im nächsten Abschnitt studieren wollen. Hier wollen wir für die Fortpflanzung der Fehler sensibilisieren.

Dazu gehen wir von der Ausgangssituation aus, dass eine Größe y aus k Größen $x_1, x_2, \ldots, x_k$ berechnet werden soll:

$$y = f(x_1, x_2, \ldots, x_k)\,.$$

Die Größen $x_1, \ldots, x_k$ seien nicht genau bekannt, sondern wir haben nur fehlerbehaftete $\widetilde{x}_1, \ldots, \widetilde{x}_k$, entweder aus unsicheren Messungen oder durch Rundungs- und Diskretisierungsfehler. Der absolute Fehler sei

$$\phi_i := \widetilde{x}_i - x_i, \quad i = 1, \ldots, k\,.$$

Die Frage ist nun, wie sich die Fehler in den x_i auf das Ergebnis y auswirken, denn auch unter der Annahme, die Funktion f werde exakt ausgeführt, erhalten wir eine fehlerbehaftete Größe $\widetilde{y}$ durch

$$\widetilde{y} = f(\widetilde{x}_1, \ldots, \widetilde{x}_k) = f(x_1 + \phi_1, \ldots, x_k + \phi_k) .$$

Wir sind interessiert an der Differenz $\Delta y := \widetilde{y} - y$ und dazu sehen wir uns die Taylor-Entwicklung von $y(\boldsymbol{x}+\boldsymbol{\phi})$ an, wobei wir $\boldsymbol{x} := (x_1, \ldots, x_k)^\top$ und $\boldsymbol{\phi} := (\phi_1, \ldots, \phi_k)^\top$ geschrieben haben. Wir erhalten die Taylor-Reihe (vergleiche Band 1, Kapitel 21)

$$y(\boldsymbol{x} + \boldsymbol{\phi}) = y(\boldsymbol{x}) + \mathbf{grad}\, f(\boldsymbol{x}) \cdot \boldsymbol{\phi} + \mathcal{O}(\|\boldsymbol{\phi}\|^2) ,$$

also

$$\Delta y = y(\boldsymbol{x}+\boldsymbol{\phi}) - y(\boldsymbol{x}) = \frac{\partial f}{\partial x_1}\phi_1 + \ldots + \frac{\partial f}{\partial x_k}\phi_k + \mathcal{O}(\|\boldsymbol{\phi}\|^2) .$$

Vernachlässigen wir nun die Terme höherer Ordnung, dann erhalten wir das **Fehlerfortpflanzungsgesetz für absolute Fehler**

$$\Delta y \stackrel{\bullet}{=} \frac{\partial f}{\partial x_1}\phi_1 + \ldots + \frac{\partial f}{\partial x_k}\phi_k ,$$

wobei wir das Symbol $\stackrel{\bullet}{=}$ für **Gleichheit erster Ordnung** verwendet haben.

Ist die Funktion f selbst vektorwertig, also

$$\boldsymbol{y} := \begin{pmatrix} y_1 \\ \vdots \\ y_\ell \end{pmatrix} = \begin{pmatrix} f_1(x_1, \ldots, x_k) \\ \vdots \\ f_\ell(x_1, \ldots, x_k) \end{pmatrix} = \boldsymbol{f}(\boldsymbol{x}) ,$$

dann lautet das Fehlerfortpflanzungsgesetz für absolute Fehler

$$\Delta \boldsymbol{y} \stackrel{\bullet}{=} \boldsymbol{f}'(\boldsymbol{x}) \cdot \boldsymbol{\phi}$$

mit der Jacobi-Matrix $\boldsymbol{f}'(\boldsymbol{x})$, vergleiche Band 1, Abschnitt 21.2, denn in den Zeilen der Jacobi-Matrix stehen die Gradienten der Komponentenfunktionen von $\boldsymbol{f}$.

Die Fehlerkomponenten ϕ_i können von verschiedenen Vorzeichen sein. Um auf der sicheren Seite zu sein, ist man daher am **absoluten Maximalfehler** interessiert:

$$\Delta y_{\max} := \pm \left(\left| \frac{\partial f}{\partial x_1}\phi_1 \right| + \ldots + \left| \frac{\partial f}{\partial x_k}\phi_k \right| \right) .$$

Aussagen über absolute Fehler sind manchmal sinnvoll, oft aber stört es, dass absolute Fehler von den Skalierungen der Größen abhängen. Abhilfe schafft die Betrachtung der Fortpflanzung der relativen Fehler. Es seien

$$\varepsilon_y := \frac{y - \widetilde{y}}{y}, \quad \varepsilon_i := \frac{x_i - \widetilde{x}_i}{x_i}, i = 1, \ldots, k$$

die relativen Fehler von y bzw. von den x_i. Sind $y \neq 0$ und die $x_i \neq 0$, dann gilt

$$\begin{aligned} \varepsilon_y &= \frac{y - \widetilde{y}}{y} = \frac{f(x_1, \ldots, x_k) - f(\widetilde{x}_1, \ldots, \widetilde{x}_k)}{f(x_1, \ldots, x_k)} \\ &= \frac{f(x_1, \ldots, x_k) - f(x_1 + \varepsilon_1 x_1, \ldots, x_k + \varepsilon_k x_k)}{f(x_1, \ldots, x_k)} \\ &\stackrel{\bullet}{=} \frac{\varepsilon_1 x_1 \frac{\partial f}{\partial x_1} + \ldots + \varepsilon_k x_k \frac{\partial f}{\partial x_k}}{f(x_1, \ldots, x_k)} , \end{aligned}$$

wobei das Zeichen „$\stackrel{\bullet}{=}$" wieder Gleichheit von erster Ordnung bedeutet, weil wir die Taylor-Reihe für $f(x_1 + \varepsilon_1 x_1, \ldots, x_k + \varepsilon_k x_k)$ nach der ersten Ableitung abgebrochen haben.

Damit haben wir das **Fehlerfortpflanzungsgesetz für relative Fehler**

$$\varepsilon_y \stackrel{\bullet}{=} \frac{x_1}{f(x_1, \ldots, x_1)} \frac{\partial f}{\partial x_1}\varepsilon_1 + \ldots + \frac{x_k}{f(x_1, \ldots, x_1)} \frac{\partial f}{\partial x_k}\varepsilon_k$$

hergeleitet und damit den Fehler von der Abhängigkeit irgendeiner Skalierung befreit. Die Faktoren

$$\frac{x_i}{f(x_1, \ldots, x_k)} \frac{\partial f}{\partial x_i}$$

geben an, wie stark sich ein relativer Fehler in x_i auf den relativen Fehler ε_y von y auswirkt. Man nennt diese Faktoren **Verstärkungsfaktoren**, aber auch **Konditionszahlen**. Sind die Konditionszahlen betragsmäßig groß, spricht man von einem **schlecht konditionierten Problem**, anderenfalls ist das Problem **gut konditioniert**, denn große Konditionszahlen verstärken offenbar den relativen Fehler in den Daten.

Beispiel

- Beschreibt f die Multiplikation zweier von null verschiedener Zahlen x_1 und x_2, also

  $$y = f(x_1, x_2) = x_1 \cdot x_2 ,$$

  dann ergibt sich für den relativen Fehler des Ergebnisses

  $$\begin{aligned} \varepsilon_y &= \frac{x_1}{x_1 \cdot x_2} \frac{\partial f}{\partial x_1}\varepsilon_1 + \frac{x_2}{x_1 \cdot x_2} \frac{\partial f}{\partial x_2}\varepsilon_2 \\ &= \frac{x_1 \cdot x_2}{x_1 \cdot x_2}\varepsilon_1 + \frac{x_2 \cdot x_1}{x_1 \cdot x_2}\varepsilon_2 = \varepsilon_1 + \varepsilon_2 . \end{aligned}$$

- Ist $y = f(x) = \sqrt{x}, x \neq 0$, dann folgt

  $$\varepsilon_y = \frac{x}{\sqrt{x}} \frac{1}{2} \frac{1}{\sqrt{x}} \varepsilon_x = \frac{1}{2}\varepsilon_x .$$ ◀

Allerdings ist unsere hier definierte Kondition unhandlich, weil sie zum einen k verschiedene Zahlen umfasst, zum anderen aber nur für $y \neq 0$ oder $x_i \neq 0, i = 1, \ldots, k$, Sinn macht. Daher verwendet man in der Numerik andere Konditionsbegriffe, die wir nun beschreiben wollen.

Beispiel: Fehlerfortpflanzung bei der Vermessung eines Waldweges

Ein Waldstück sei so groß, dass man seine Abmessungen nicht mehr direkt messen kann, man ist aber an der Länge c eines Weges zwischen zwei Punkten A und B interessiert. Vom Punkt C kann man sowohl A als auch B sehen und misst: $a = 430.56$ m, $b = 492.83$ m, $\gamma = 92.14°$. Die Messgenauigkeiten sind $\phi_a := \Delta a = \pm 5$ cm, $\phi_b := \Delta b = \pm 5$ cm $\phi_\gamma := \Delta\gamma = \pm 0.01°$. Wie lang ist der Weg c und wie groß ist der absolute Maximalfehler?

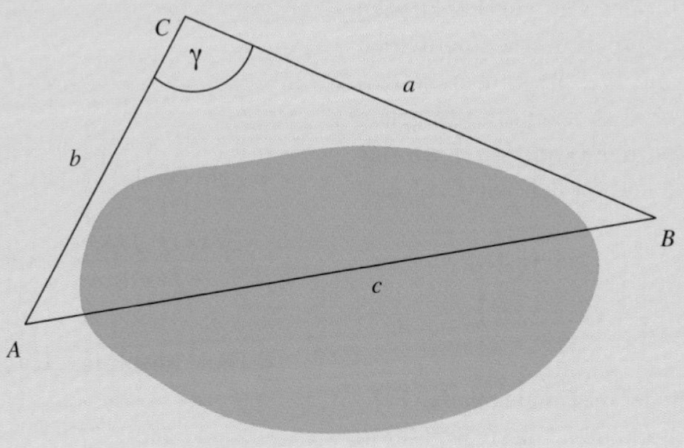

Problemanalyse und Strategie: Wir suchen die Länge c als Funktion von a, b und γ, also können wir $c = f(a, b, \gamma)$ schreiben. Nach dem Kosinussatz ist

$$c = f(a, b, \gamma) = \sqrt{a^2 + b^2 - 2ab\cos\gamma}$$

und wir müssen diese Funktion nun partiell ableiten und dann den gesuchten Fehler mit den Messgenauigkeiten ϕ_a, ϕ_b und ϕ_γ berechnen.

Lösung:
Wegen $c = (a^2 + b^2 + 2ab\cos\gamma)^{1/2}$ folgt mit der Kettenregel

$$\begin{aligned}
\frac{\partial f}{\partial a} &= \frac{1}{2}(a^2 + b^2 + 2ab\cos\gamma)^{-1/2} \cdot (2a + 2b\cos\gamma) \\
&= \frac{a + b\cos\gamma}{\sqrt{a^2 + b^2 + 2ab\cos\gamma}} = \frac{a + b\cos\gamma}{c} \\
\frac{\partial f}{\partial b} &= \frac{1}{2}(a^2 + b^2 + 2ab\cos\gamma)^{-1/2} \cdot (2b + 2a\cos\gamma) \\
&= \frac{b + a\cos\gamma}{\sqrt{a^2 + b^2 + 2ab\cos\gamma}} = \frac{b + a\cos\gamma}{c} \\
\frac{\partial f}{\partial \gamma} &= \frac{1}{2}(a^2 + b^2 + 2ab\cos\gamma)^{-1/2} \cdot (-2ab\sin\gamma) \\
&= -\frac{ab\sin\gamma}{\sqrt{a^2 + b^2 + 2ab\cos\gamma}} = -\frac{ab\sin\gamma}{c}.
\end{aligned}$$

Wegen

$$\begin{aligned}
a^2 &= (430.56)^2\,\mathrm{m}^2 = 185381.9136\,\mathrm{m}^2 \\
b^2 &= (492.83)^2\,\mathrm{m}^2 = 242881.4089\,\mathrm{m}^2 \\
a \cdot b &= 430.56 \cdot 492.83\,\mathrm{m}^2 = 212192.8848\,\mathrm{m}^2 \\
\cos\gamma &= \cos 92.14° = -0.03734
\end{aligned}$$

ergibt sich für c

$$c = \sqrt{a^2 + b^2 - 2ab\cos\gamma} = 660.444\,\mathrm{m}$$

und im Bogenmaß ist $\phi_\gamma = \frac{\pi}{180°} \cdot 0.01° = 0.000175$. Damit ergibt sich für den absoluten Maximalfehler

$$\begin{aligned}
\Delta c_{\max} &= \pm\left(\left|\frac{a + b\cos\gamma}{c}\phi_a\right| + \left|\frac{b + a\cos\gamma}{c}\phi_b\right| \right.\\
&\quad \left. + \left|\frac{ab\sin\gamma}{c}\phi_\gamma\right|\right)\,\mathrm{m} \\
&= \pm\left(\left|\frac{430.56 + 492.83\cos 92.14°}{660.444}0.05\right| \right.\\
&\quad + \left|\frac{492.83 + 430.56\cos 92.14°}{660.444}0.05\right| \\
&\quad \left. + \left|\frac{430.56 \cdot 492.83\sin 92.14°}{660.444}0.000175\right|\right)\,\mathrm{m} \\
&= \pm\,(0.0312 + 0.0361 + 0.05619)\,\mathrm{m} \\
&= \pm\,0.0923\,\mathrm{m} = \pm 9.23\,\mathrm{cm}.
\end{aligned}$$

Damit erhalten wir für c die Abschätzung

$$660.444\,\mathrm{m} - 9.23\,\mathrm{cm} \le c \le 660.444\,\mathrm{m} + 9.23\,\mathrm{cm}.$$

11.3 Kondition und Stabilität

Konditionszahlen beschreiben die Robustheit von Rechenoperationen gegenüber Fehlern

Grob gesprochen und hier nur für den Fall von Funktionen $f: \mathbb{R} \to \mathbb{R}$ soll die **Kondition** ausdrücken, wie empfindlich eine Funktion f auf Änderungen ihres Arguments x reagiert. Diesem Wunsch entspricht etwa schon der folgende Ausdruck, den wir als **Kondition der Funktion** f **an der Stelle** $x \neq 0$ bezeichnen können und für den wir $f(x) \neq 0$ fordern müssen:

$$\operatorname{cond}_\varepsilon(f)(x) := \max_{|x-\widetilde{x}|<\varepsilon} \left\{ \frac{\left|\frac{f(x)-f(\widetilde{x})}{f(x)}\right|}{\left|\frac{x-\widetilde{x}}{x}\right|} \right\}.$$

Diese Kondition gibt an, wie sich der maximale relative Fehler der Funktion ändert, wenn sich x ändert. Unsere Kondition hängt noch von ε ab und es wäre schön, den Fall $\varepsilon \to 0$ betrachten zu können. Ist f differenzierbar, dann gilt in erster Näherung nach dem Mittelwertsatz

$$f(x) - f(\widetilde{x}) \doteq f'(x)(x - \widetilde{x})$$

und es folgt

$$\operatorname{cond}(f)(x) := \lim_{\varepsilon \to 0} \operatorname{cond}_\varepsilon(f)(x) = \left| \frac{f'(x) \cdot x}{f(x)} \right|.$$

Beispiel

- Ist $f(x) = \sqrt{x}$, dann folgt

$$\operatorname{cond}(f)(x) = \left| \frac{\frac{1}{2\sqrt{x}} \cdot x}{\sqrt{x}} \right| = \frac{1}{2}$$

  und wir erhalten dieselbe Konditionszahl wie in unserem letzten Beispiel im vorhergehenden Abschnitt. Die Operation „Wurzelziehen" ist also gut konditioniert, denn der relative Fehler in x wird durch das Wurzelziehen halbiert.
- Ist $f(x) = \frac{20}{1-x^4}$, dann ist $f'(x) = \frac{80x^3}{(1-x^4)^2}$ und damit

$$\operatorname{cond}(f)(x) = \left| \frac{\frac{80x^4}{(1-x^4)^2}}{\frac{20}{1-x^4}} \right| = \frac{4x^4}{|1 - x^4|}.$$

  Ist $|x|$ nahe 1, dann ist die Kondition von f groß, die Funktion also in der Nähe von $x = 1$ und $x = -1$ schlecht konditioniert, weil Fehler in x verstärkt werden.
- Die Auswertung der Funktion $f(x) = \ln x$ in der Nähe von $x = 0$ ist schlecht konditioniert, denn wegen $f'(x) = 1/x$ folgt

$$\operatorname{cond}(f)(x) = \left| \frac{\frac{1}{x} x}{\ln x} \right| = \frac{1}{|\ln x|} \to \infty, \quad x \to 0. \blacktriangleleft$$

Unsere oben für reellwertige Funktionen eingeführte Kondition können wir natürlich auch auf Funktionen $f: \mathbb{R}^n \to \mathbb{R}^m$ ausweiten. Dazu müssen wir nur bemerken, dass unsere Definition auch in der folgenden Form geschrieben werden kann.

Relative und absolute Konditionszahl

- Die **relative Konditionszahl** einer Funktion $f: \mathbb{R} \to \mathbb{R}$ an der Stelle x ist die kleinste Zahl $\operatorname{cond}_{\text{rel}}(f)(x) > 0$, für die gilt:

$$\frac{|f(x) - f(\widetilde{x})|}{|f(x)|} \leq \operatorname{cond}_{\text{rel}}(f)(x) \cdot \frac{|x - \widetilde{x}|}{|x|}, \quad x \to \widetilde{x}.$$

- Die **relative Konditionszahl** einer Funktion $\boldsymbol{f}: \mathbb{R}^n \to \mathbb{R}^m$ an der Stelle $\boldsymbol{x} \in \mathbb{R}^n$ ist die kleinste Zahl $\operatorname{cond}_{\text{rel}}(\boldsymbol{f})(\boldsymbol{x}) > 0$, für die gilt:

$$\frac{\|\boldsymbol{f}(\boldsymbol{x}) - \boldsymbol{f}(\widetilde{\boldsymbol{x}})\|}{\|\boldsymbol{f}(\boldsymbol{x})\|} \leq \operatorname{cond}_{\text{rel}}(\boldsymbol{f})(\boldsymbol{x}) \cdot \frac{\|\boldsymbol{x} - \widetilde{\boldsymbol{x}}\|}{\|\boldsymbol{x}\|}, \quad \boldsymbol{x} \to \widetilde{\boldsymbol{x}}.$$

- Die **absolute Konditionszahl** einer Funktion $\boldsymbol{f}: \mathbb{R}^n \to \mathbb{R}^m$ an der Stelle $\boldsymbol{x} \in \mathbb{R}^n$ ist die kleinste Zahl $\operatorname{cond}_{\text{abs}}(\boldsymbol{f})(\boldsymbol{x}) > 0$, für die gilt:

$$\|\boldsymbol{f}(\boldsymbol{x}) - \boldsymbol{f}(\widetilde{\boldsymbol{x}})\| \leq \operatorname{cond}_{\text{abs}}(\boldsymbol{f})(\boldsymbol{x}) \cdot \|\boldsymbol{x} - \widetilde{\boldsymbol{x}}\|, \quad \boldsymbol{x} \to \widetilde{\boldsymbol{x}}.$$

Mithilfe des Mittelwertsatzes sieht man sofort:

Lemma

Ist die Funktion $\boldsymbol{f}: \mathbb{R}^n \to \mathbb{R}^m$ stetig differenzierbar, dann gelten

$$\operatorname{cond}_{\text{abs}}(\boldsymbol{f})(\boldsymbol{x}) \doteq \|\boldsymbol{f}'(\boldsymbol{x})\|$$

und

$$\operatorname{cond}_{\text{rel}}(\boldsymbol{f})(\boldsymbol{x}) \doteq \frac{\|\boldsymbol{x}\|}{\|\boldsymbol{f}(\boldsymbol{x})\|} \|\boldsymbol{f}'(\boldsymbol{x})\|.$$

Dabei ist $\boldsymbol{f}'(\boldsymbol{x})$ die Jacobi-Matrix von $\boldsymbol{f}$ und

$$\|\boldsymbol{f}'(\boldsymbol{x})\| := \sup_{\|\boldsymbol{y}\|=1} \|\boldsymbol{f}'(\boldsymbol{x})\boldsymbol{y}\|$$

die zur Vektornorm gehörige **Matrixnorm**.

Besonders interessant ist die Kondition bei der numerischen Lösung von linearen Gleichungssystemen, wie wir später sehen werden. Sei $\boldsymbol{A} \in \mathbb{R}^{n \times n}$ regulär und $\boldsymbol{b} \in \mathbb{R}^n$, dann können wir die Abhängigkeit der Lösung von $\boldsymbol{A}\boldsymbol{x} = \boldsymbol{b}$ von der rechten Seite $\boldsymbol{b}$ untersuchen durch die Funktion

$$\boldsymbol{f}(\boldsymbol{b}) := \boldsymbol{A}^{-1}\boldsymbol{b}.$$

Die Jacobi-Matrix ist gerade $\boldsymbol{f}'(\boldsymbol{b}) = \boldsymbol{A}^{-1}$ und daher folgt das nachstehende Lemma.

Lemma

Die absolute Konditionszahl des linearen Gleichungssystems bei Störungen in $\boldsymbol{b}$ ist

$$\operatorname{cond}_{\text{abs}}(\boldsymbol{f})(\boldsymbol{x}) \doteq \|\boldsymbol{A}^{-1}\|$$

und die relative Konditionszahl ist

$$\operatorname{cond}_{\text{rel}}(\boldsymbol{f})(\boldsymbol{x}) \doteq \frac{\|\boldsymbol{A}\boldsymbol{x}\|}{\|\boldsymbol{x}\|} \|\boldsymbol{A}^{-1}\|.$$

Hintergrund und Ausblick: Vektornormen und Matrixnormen

Wir haben Normen schon in Band 1 für Vektoren (Band 1, Abschnitt 17.2), Funktionen (Band 1, Kapitel 19) oder ganz einfach Skalare (da ist es der Betrag) kennengelernt. Hier führen wir nun Normen auch für Matrizen ein.

In Band 1, Abschnitt 17.2 hatten wir für Vektoren $\boldsymbol{x} \in \mathbb{R}^n$ die Normen

$$\|\boldsymbol{x}\|_1 := |x_1| + |x_2| + \ldots + |x_n| = \sum_{i=1}^{n} |x_i|$$

$$\|\boldsymbol{x}\|_2 := (|x_1|^2 + \ldots + |x_n|^2)^{1/2} = \sqrt{\sum_{i=1}^{n} |x_i|^2}$$

$$\|\boldsymbol{x}\|_\infty := \max_{1\le i\le n} |x_i|$$

kennengelernt, die man 1-Norm, Euklidische Norm bzw. Maximumsnorm nennt. Für Matrizen $\boldsymbol{A} \in \mathbb{K}^{m\times n}$ ($\mathbb{K} \in \{\mathbb{R}, \mathbb{C}\}$) heißt eine Abbildung $\|\cdot\|_{\mathbb{K}^n\to\mathbb{K}^m} : \mathbb{K}^{m\times n} \to \mathbb{R}$ **Matrixnorm**, wenn die drei Normaxiome

$$\|\boldsymbol{A}\|_{\mathbb{K}^n\to\mathbb{K}^m} > 0 \quad \text{für } \boldsymbol{A} \neq 0;\ \|\boldsymbol{0}\|_{\mathbb{K}^n\to\mathbb{K}^m} = 0,$$

$$\|\alpha\boldsymbol{A}\|_{\mathbb{K}^n\to\mathbb{K}^m} = |\alpha| \cdot \|\boldsymbol{A}\|_{\mathbb{K}^n\to\mathbb{K}^m},$$

$$\|\boldsymbol{A} + \boldsymbol{B}\|_{\mathbb{K}^n\to\mathbb{K}^m} \le \|\boldsymbol{A}\|_{\mathbb{K}^n\to\mathbb{K}^m} + \|\boldsymbol{B}\|_{\mathbb{K}^n\to\mathbb{K}^m},$$

erfüllt sind. Unsere temporäre Notation $\|\cdot\|_{\mathbb{K}^n\to\mathbb{K}^m}$ trägt dabei der Tatsache Rechnung, dass Matrizen $\boldsymbol{A} \in \mathbb{K}^{m\times n}$ die Darstellungsmatrizen linearer Abbildungen von $\mathbb{K}^n$ nach $\mathbb{K}^m$ sind, Band 1, Abschnitt 12.4. Eine Matrixnorm heißt **von der Vektornorm** $\|\cdot\|_{\mathbb{K}^n}$ **induziert**, wenn

$$\|\boldsymbol{A}\|_{\mathbb{K}^n\to\mathbb{K}^m} = \max_{\boldsymbol{x}\neq\boldsymbol{0}} \frac{\|\boldsymbol{A}\boldsymbol{x}\|_{\mathbb{K}^m}}{\|\boldsymbol{x}\|_{\mathbb{K}^n}} = \max_{\|\boldsymbol{x}\|_{\mathbb{K}^n}=1} \|\boldsymbol{A}\boldsymbol{x}\|_{\mathbb{K}^m}$$

gilt; das ist gerade die Operatornorm (vergleiche Abschnitt 8.1) für Matrizen. Anschaulich gibt die induzierte Matrixnorm also den maximalen Streckungsfaktor an, der durch Anwendung der Matrix $\boldsymbol{A}$ auf einen Einheitsvektor möglich ist. Äquivalent kann man $\|\boldsymbol{A}\|_{\mathbb{K}^n\to\mathbb{K}^m} = \min_{r\ge 0}\{\|\boldsymbol{A}\boldsymbol{x}\|_{\mathbb{K}^m} \le r\|\boldsymbol{x}\|_{\mathbb{K}^n}$ für alle $\boldsymbol{x} \neq 0\}$ bzw.

$$\|\boldsymbol{A}\|_{\mathbb{K}^n\to\mathbb{K}^m} = \min_{r\ge 0}\{\|\boldsymbol{A}\boldsymbol{x}\|_{\mathbb{K}^m} \le r \text{ für alle } \|\boldsymbol{x}\|_{\mathbb{K}^n} = 1\}$$

definieren. Eine Matrixnorm heißt **verträglich mit einer Vektornorm**, wenn

$$\|\boldsymbol{A}\boldsymbol{x}\|_{\mathbb{K}^m} \le \|\boldsymbol{A}\|_{\mathbb{K}^n\to\mathbb{K}^m} \|\boldsymbol{x}\|_{\mathbb{K}^n}$$

gilt. Es folgt unmittelbar aus der Definition der induzierten Matrixnorm, dass alle induzierten Matrixnormen mit ihren zugehörigen Vektornormen verträglich sind. Die zu unseren Vektornormen $\|\cdot\|_1$ und $\|\cdot\|_\infty$ gehörigen induzierten Matrixnormen sind

$$\|\boldsymbol{A}\|_1 := \max_{k=1,\ldots,m} \sum_{i=1}^{n} |a_{ik}|,$$

$$\|\boldsymbol{A}\|_\infty := \max_{i=1,\ldots,n} \sum_{k=1}^{m} |a_{ik}|, \qquad (11.1)$$

die man **Spaltensummennorm** bzw. **Zeilensummennorm** nennt. Zur Bestimmung von $\|\boldsymbol{A}\|_2$ müssen wir erst noch weitere Begriffe in der Vertiefungsbox auf Seite 388 kennenlernen, wir können Sie aber schon veranschaulichen. Wir betrachten die Matrix $\boldsymbol{A} = \begin{pmatrix} 1 & 3 \\ -1 & 3 \end{pmatrix}$ und berechnen $\boldsymbol{A}\boldsymbol{x}$ für alle $\boldsymbol{x}$ auf dem Einheitskreis.

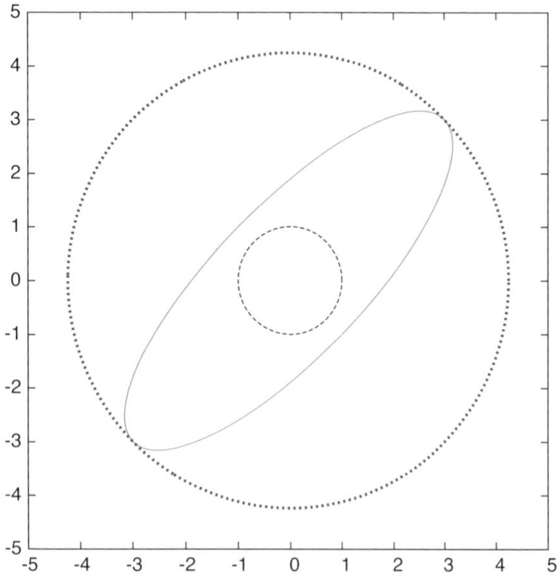

Der blaue Kreis ist die Menge $\|\boldsymbol{x}\|_2 = 1$, die grüne Ellipse die Menge $\|\boldsymbol{A}\boldsymbol{x}\|_2$. Nach Definition ist $\|\boldsymbol{A}\|_2$ der Radius r des kleinsten Kreises, für den $\|\boldsymbol{A}\boldsymbol{x}\|_2 \le r$ ist, also im Bild der große rote Kreis. Maximal lange Vektoren in der grünen Ellipse sind $(-3, -3)^\top$ und $(3, 3)^\top$. Es ist daher $\|\boldsymbol{A}\|_2 = \max_{\|\boldsymbol{x}\|_2=1} \|\boldsymbol{A}\boldsymbol{x}\|_2 = \sqrt{3^2 + 3^2} = \sqrt{18}$.

Die Norm

$$\|\boldsymbol{A}\|_F := \sqrt{\sum_{i=1}^{n}\sum_{k=1}^{m} |a_{ik}|^2}$$

heißt **Frobenius-Norm**. Sie ist **keine** induzierte Matrixnorm, denn für die Einheitsmatrix $\boldsymbol{I} \in \mathbb{R}^n$ gilt $\|\boldsymbol{I}\|_F = \sqrt{n}$, während für alle induzierten Matrixnormen nach Definition

$$\|\boldsymbol{I}\| = \max_{\|\boldsymbol{x}\|=1} \|\boldsymbol{I}\boldsymbol{x}\| = \max_{\|\boldsymbol{x}\|=1} \|\boldsymbol{x}\| = 1$$

gelten muss. Obwohl also zu der Frobenius-Norm keine Vektornorm gefunden werden kann, spielt sie in der numerischen Linearen Algebra eine wichtige Rolle. Das liegt auch daran, dass sich die Hoffnung, eine einfache Form für die durch die Euklidische Vektornorm induzierte Matrixnorm zu finden, nicht erfüllt.

Unter der Lupe: Die Frobenius-Norm

Wir müssen noch zeigen, dass die Frobenius-Norm tatsächlich die Normaxiome für Matrixnormen erfüllt. Darüber hinaus zeigen wir noch, dass die Frobenius-Norm verträglich mit der Euklidischen Vektornorm ist und dass alle induzierten Matrixnormen submultiplikativ sind.

Wir wollen zeigen, dass die Frobenius-Norm

$$\|A\|_F = \sqrt{\sum_{i=1}^{n}\sum_{k=1}^{m} |a_{ik}|^2}$$

einer $m \times n$ Matrix A tatsächlich eine Norm ist. Dazu definieren wir auf der Menge $\mathbb{C}^{m\times n}$ ein unitäres Skalarprodukt und machen die komplexen $m \times n$-Matrizen damit zu einem unitären Vektorraum, vergleiche Band 1, Abschnitt 17.4.

Lemma Die Abbildung $\langle \cdot, \cdot \rangle_F : \mathbb{C}^{m\times n} \times \mathbb{C}^{m\times n} \to \mathbb{C}$, definiert durch

$$\langle A, B \rangle_F := \operatorname{Sp}(B^* A),$$

ist ein unitäres Skalarprodukt (vergleiche Band 1, Kapitel 17) auf dem Raum der Matrizen aus $\mathbb{C}^{m\times n}$, wobei Sp die Spur der Matrix bezeichnet, vergleiche Band 1, Kapitel 14. Es wird als **Frobenius-** oder **Hilbert-Schmidt-Skalarprodukt** bezeichnet.

Beweis Wir haben für $A, B, C \in \mathbb{C}^{m\times n}$ und $\lambda \in \mathbb{C}$ zu zeigen (vergleiche Band 1, Abschnitt 17.4)

(i) $\langle A + B, C \rangle_F = \langle A, C \rangle_F + \langle B, C \rangle_F$ und $\langle \lambda A, B \rangle_F = \lambda \langle A, B \rangle_F$,

(ii) $\langle A, B \rangle_F = \overline{\langle B, A \rangle_F}$,

(iii) $\langle A, A \rangle_F \geq 0$ und $\langle A, A \rangle_F = 0 \Leftrightarrow A = \mathbf{0}$.

Zu Beginn bemerken wir, dass für zwei Matrizen $A, B \in \mathbb{C}^{m\times n}$ die Spur des Produkts B^*A durch $\operatorname{Sp}(B^*A) = \sum_{i=1}^{n}\sum_{k=1}^{m} \overline{b_{ki}} a_{ki}$ gegeben ist.

Um (i) zu zeigen, rechnen wir $\langle A + B, C \rangle_F = \operatorname{Sp}(C^*(A + B)) = \operatorname{Sp}(C^*A) + \operatorname{Sp}(C^*B) = \langle A, C \rangle_F + \langle B, C \rangle_F$ und $\langle \lambda A, B \rangle_F = \operatorname{Sp}(B^*(\lambda A)) = \lambda \operatorname{Sp}(B^*A) = \lambda \langle A, B \rangle_F$.

Um (ii) einzusehen, notieren wir $\langle B, A \rangle_F = \operatorname{Sp}(A^*B) = \sum_{i=1}^{n}\sum_{k=1}^{m} \overline{a_{ki}} b_{ki}$, also folgt $\overline{\langle B, A \rangle_F} = \overline{\sum_{i=1}^{n}\sum_{k=1}^{m} \overline{a_{ki}} b_{ki}} = \sum_{i=1}^{n}\sum_{k=1}^{m} a_{ki}\overline{b_{ki}} = \operatorname{Sp}(B^*A) = \langle A, B \rangle_F$. Die Bedingung (iii) folgt einfach aus $\langle A, A \rangle_F = \operatorname{Sp}(A^*A) = \sum_{i=1}^{n}\sum_{k=1}^{m} \overline{a_{ki}} a_{ki} = \sum_{i=1}^{n}\sum_{k=1}^{m} |a_{ki}|^2$. ■

Der Beweis zeigt, dass die Frobenius-Norm diejenige Norm ist, die **durch das Skalarprodukt $\langle A, B \rangle_F$ erzeugt wird**, d. h., es gilt

$$\|A\|_F = \sqrt{\langle A, A \rangle_F} = \operatorname{Sp}(A^*A).$$

Damit ist die Frobenius-Norm eine Norm im unitären Vektorraum der $m \times n$-Matrizen mit Einträgen aus $\mathbb{C}$, vergleiche Band 1, Abschnitt 17.4.

Obwohl die Frobenius-Norm *nicht* von irgendeiner Vektornorm induziert ist, ist sie dennoch **verträglich mit der Euklidischen Vektornorm** $\|\cdot\|_2$, d. h., es gilt für $A \in \mathbb{C}^{m\times n}$ und $x \in \mathbb{C}^n$

$$\|Ax\|_2 \leq \|A\|_F \|x\|_2 .$$

Der Nachweis geschieht durch einfaches Ausrechnen wie folgt:

$$\|Ax\|_2^2 = \left\| \left(\sum_{j=1}^{n} a_{1j}x_j, \ldots, \sum_{j=1}^{n} a_{mj}x_j \right)^{\mathsf{T}} \right\|_2^2 = \sum_{i=1}^{m} \left| \sum_{j=1}^{n} a_{ij}x_j \right|^2 .$$

Wir stellen nun das Betragsquadrat

$$\left| \sum_{j=1}^{n} a_{ij}x_j \right|^2 = \overline{(a_{i1}x_1 + \ldots + a_{in}x_n)}(a_{i1}x_1 + \ldots + a_{in}x_n)$$

als Betragsquadrat eines unitären Skalarproduktes dar und bemühen dann die Cauchy-Schwarz'sche Ungleichung, vergleiche Band 1, Abschnitt 17.2. Dazu sei a_i der i-te Zeilenvektor in A:

$$\|Ax\|_2^2 = \sum_{i=1}^{m} \left| \sum_{j=1}^{n} a_{ij}x_j \right|^2 = \sum_{i=1}^{m} |\overline{a}_i \cdot x|^2 \leq \sum_{i=1}^{m} \|\overline{a}_i\|_2^2 \|x\|_2^2 = \|A\|_F \|x\|_2 .$$

Häufig findet man bei den Normaxiomen noch ein viertes Axiom, die **Submultiplikativität**

$$\|AB\| \leq \|A\|\|B\| .$$

Für induzierte Normen braucht man dieses Axiom nicht zu fordern, denn aus der Verträglichkeitsbedingung folgt direkt

$$\|AB\| = \max_{\|x\|=1} \|ABx\| \leq \max_{\|x\|=1} \|A\|\|Bx\| = \|A\| \max_{\|x\|=1} \|Bx\| = \|A\|\|B\|.$$

Da auch die Frobenius-Norm die Verträglichkeitsbedingung mit der Euklidischen Vektornorm erfüllt, gilt für sie ebenfalls die Submultiplikativität:

$$\|AB\|_F \leq \|A\|_F \|B\|_F .$$

Wegen $\|Ax\| \leq \|A\|\|x\|$ verwendet man die folgende Definition.

Kondition linearer Gleichungssysteme

Die **relative Konditionszahl eines linearen Gleichungssystems** ist definiert als die **Kondition der Matrix** A,

$$\kappa(A) := \|A\|\|A^{-1}\|.$$

Eigentlich haben wir diese Definition nur für Störungen der rechten Seite b herausgearbeitet, aber wir werden später sehen, dass man auch bei der Betrachtung von Störungen in der Matrix A auf denselben Ausdruck kommt. In der Praxis sind in der Regel *beide* Größen, Matrix A und rechte Seite b, durch Messfehler etc. gestört.

Auch andere Konditionszahlen sind durchaus sinnvoll, so z. B. die **relative komponentenweise Kondition** für Abbildungen $f : \mathbb{R}^n \to \mathbb{R}^m$, definiert als die kleinste positive Zahl κ_r, für die

$$\max_{i=1,2,\ldots,m} \frac{|f_i(x) - f_i(\widetilde{x})|}{|f_i(x)|} \leq \kappa_r \max_{i=1,2,\ldots,n} \frac{|x_i - \widetilde{x}_i|}{|x_i|}, \quad x \to \widetilde{x}.$$

Der Spektralradius einer Matrix

Es sei $A \in \mathbb{C}^{n\times n}$ eine quadratische Matrix und $\lambda \in \mathbb{C}$ ein Eigenwert von A, vergleiche Band 1, Abschnitt 14.1. Man nennt

$$\sigma(A) := \{\lambda \mid \lambda \text{ ist Eigenwert von } A\}$$

das **Spektrum** von A. Die Zahl

$$\rho(A) := \max_{\lambda\in\sigma(A)} \{|\lambda|\}$$

heißt **Spektralradius** von A. Der Spektralradius ist also der betragsmäßig größte Eigenwert der Matrix.

Beispiel Die Matrix $A =$

$$\begin{pmatrix} 1 & -3 & 0 & -3 & -1 & 0 & -2 & 1 & 1 \\ 2 & -3 & 1 & 1 & 0 & 0 & -2 & 1 & 2 \\ 1 & 2 & -2 & 1 & -2 & 3 & 3 & -1 & 1 \\ 1 & -1 & -1 & 1 & 0 & 1 & -2 & 1 & -1 \\ 0 & -2 & 2 & -1 & 1 & 0 & 3 & 0 & 2 \\ -2 & 0 & -1 & -2 & 3 & -3 & -1 & -1 & -2 \\ -1 & -2 & 1 & 1 & 2 & -2 & 2 & 0 & 3 \\ 3 & 3 & 0 & 2 & -2 & 3 & -2 & 2 & 2 \\ -1 & -3 & 1 & 2 & 0 & -3 & 2 & 2 & 1 \end{pmatrix}$$

hat das Spektrum

$$\begin{aligned} \lambda_1 &= -1.252, & |\lambda_1| &= 1.252, \\ \lambda_{2,3} &= -3.839 \pm 1.978\mathrm{i}, & |\lambda_{2,3}| &= 4.319, \\ \lambda_{4,5} &= -1.754 \pm 2.468\mathrm{i}, & |\lambda_{4,5}| &= 3.028, \\ \lambda_{6,7} &= 1.409 \pm 1.678\mathrm{i}, & |\lambda_{6,7}| &= 2.191, \\ \lambda_{8,9} &= 4.810 \pm 1.975\mathrm{i}, & |\lambda_{8,9}| &= 5.2, \end{aligned}$$

die mit einer numerischen Methode aus Kapitel 15 bestimmt und auf drei Nachkommastellen gerundet wurden. Damit ist der Spektralradius $\rho(A) = 5.2$. Die Bezeichnung „Spektral*radius*" erklärt sich, wenn wir einen Blick auf die Lage der Eigenwerte in der komplexen Ebene werfen. Der Spektralradius ist der Radius des kleinsten Kreises, der alle Eigenwerte enthält.

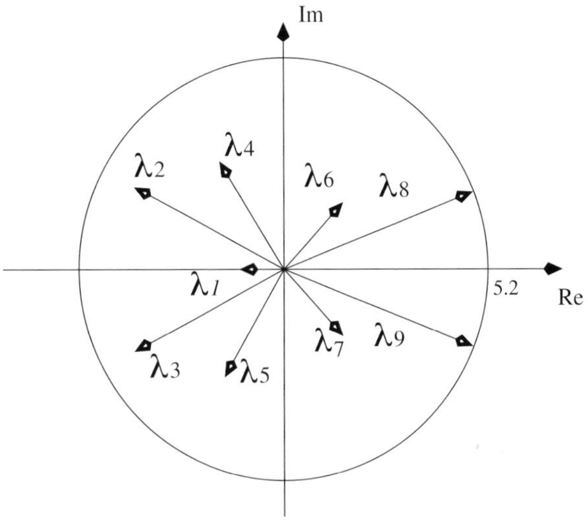

◀

Stabilität ist die Robustheit von Algorithmen gegen Fehler

Ist der Begriff der Kondition schon stark vom betrachteten Einzelfall abhängig, so gilt das erst recht für den Begriff der Stabilität. Ganz generell sprechen wir von Stabilität, wenn eine Funktionsauswertung, ein Algorithmus etc. nicht anfällig für die Fehler (seien es Rundungs- oder Diskretisierungsfehler) in den Eingabedaten ist. Ein schon recht komplexes Beispiel haben wir bereits in der Einleitung zu diesem Kapitel bei der numerischen Lösung der Wärmeleitungsgleichung kennengelernt. Ein deutlich einfacheres Beispiel, das die Breite des Stabilitätsbegriffs beleuchten soll, ist die Berechnung der Funktion

$$f(x) = \sqrt{x+1} - \sqrt{x}$$

für $x = 10^5$. An diesem Beispiel wird klar, dass die so ähnlich formulierten Begriffe „Kondition" und „Stabilität" doch verschiedene Sachverhalte beschreiben. Die Funktion f hat eine kleine Kondition; ein Algorithmus zur aktuellen Berechnung von f an einer Stelle x kann jedoch durchaus instabil sein.

?

Zeigen Sie, dass die relative Konditionszahl von f für große x näherungsweise $1/2$ ist.

Die Funktion selbst ist also ganz und gar harmlos. Wir wollen nun f an der Stelle $x = 10^5$ mit folgenden Algorithmus

Hintergrund und Ausblick: Wie hängen Spektrum und induzierte Matrixnorm zusammen?

Wir haben induzierte Matrixnormen für die Vektornormen $\|\cdot\|_1$ und $\|\cdot\|_\infty$ eingeführt, aber die Bestimmung der von $\|\cdot\|_2$ induzierten Matrixnorm hatten wir verschoben. Nun können wir nicht nur diese Norm einführen, sondern auch die Beziehungen zwischen Matrixnormen und Spektrum erklären.

Wir bezeichnen mit $A^* := \overline{A}^{\mathrm{T}}$ die komplex konjugierte Matrix einer Matrix $A \in \mathbb{C}^{n\times n}$.

Satz Es gilt
$$\|A\|_2 = \sqrt{\rho(A^*A)}.$$
Diese Norm heißt daher auch **Spektralnorm**.

Beweis Die Matrix A^*A ist hermitesch, also existiert eine unitäre Transformationsmatrix $S \in \mathbb{C}^{n\times n}$ mit $S^*(A^*A)S = \operatorname{diag}(\lambda_1, \dots, \lambda_n)$, vergleiche Band 1, Kapitel 17. Sind $s_1, \dots, s_n$ die Spalten der Matrix S, dann lässt sich jeder Vektor $x \in \mathbb{C}^n$ in der Form $x = \sum_{i=1}^n \alpha_i s_i$ mit $\alpha \in \mathbb{C}$ darstellen und es gilt $A^*Ax = \sum_{i=1}^n \lambda_i \alpha_i s_i$. Damit folgt mit dem Euklidischen Skalarprodukt $\langle\cdot,\cdot\rangle$
$$\begin{aligned}\|Ax\|_2^2 &= \langle Ax, Ax\rangle = \langle x, A^*Ax\rangle \\ &= \left\langle \sum_{i=1}^n \alpha_i s_i, \sum_{i=1}^n \lambda_i\alpha_i s_i\right\rangle = \sum_{i=1}^n \langle \alpha_i s_i, \lambda_i \alpha_i s_i\rangle \\ &= \sum_{i=1}^n \lambda_i |\alpha_i|^2 \le \rho(A^*A)\sum_{i=1}^n |\alpha_i|^2 = \rho(A^*A)\|x\|_2^2,\end{aligned}$$
also
$$\frac{\|Ax\|_2^2}{\|x\|_2^2} \le \rho(A^*A).$$
Die Gleichheit ergibt sich durch Betrachtung des Eigenvektors s_j zum betragsgrößten Eigenwert λ_j. Aus der obigen Rechnung folgt $0 \le \|As_i\|_2^2 = \lambda_i, \quad i = 1, \dots, n$, und damit folgt
$$\frac{\|As_j\|_2^2}{\|s_j\|_2^2} = \frac{\lambda_j\|s_j\|_2^2}{\|s_j\|_2^2} = \lambda_j = \rho(A^*A). \qquad \blacksquare$$

Satz Ist $A \in \mathbb{C}^{n\times n}$, dann gelten

(a) $\rho(A) \le \|A\|$ für jede induzierte Matrixnorm,
(b) $\|A\|_2 = \rho(A)$ falls A hermitesch.

Beweis (a) Sei $\lambda \in \mathbb{C}$ der betragsgrößte Eigenwert von A zum Eigenvektor $s \in \mathbb{C}^n\backslash\{0\}$, von dem wir $\|s\| = 1$ annehmen dürfen. Dann folgt $\|A\| = \max_{\|x\|=1}\|Ax\| \ge \|As\| = |\lambda|\|s\| = |\lambda|$.

(b) Ist A hermitesch, dann ist $\|A\|_2 = \sqrt{\rho(A^*A)} = \sqrt{\rho(A^2)}$. Weil es zu jeder hermiteschen Matrix eine unitäre Transformationsmatrix S gibt mit $S^*AS = \operatorname{diag}(\lambda_1, \dots, \lambda_n)$, vergleiche Band 1, Kapitel 17, folgt $S^*A^2S = \operatorname{diag}(\lambda_1^2, \dots, \lambda_n^2)$, also $\rho(A^2) = \rho(A)^2$ und damit $\|A\|_2 = \sqrt{\rho(A^2)} = \sqrt{\rho(A)^2} = \rho(A)$. $\blacksquare$

Satz Zu jeder Matrix $A \in \mathbb{C}^{n\times n}$ und zu jedem $\varepsilon > 0$ gibt es eine induzierte Matrixnorm auf $\mathbb{C}^{n\times n}$, sodass
$$\|A\| \le \rho(A) + \varepsilon.$$

Beweis Für $n = 1$ ist die Aussage trivial, ebenso für $A = 0$. Für $n \ge 2$ und $A \ne 0$ benötigen wir den Satz von Schur aus der Literatur (vergl. A. Meister: Numerik linearer Gleichungssysteme). Er garantiert die Existenz einer unitären Matrix $U \in \mathbb{C}^{n\times n}$, sodass
$$R = U^*AU = \begin{pmatrix} r_{11} & \cdots & r_{1n} \\ & \ddots & \vdots \\ & & r_{nn}\end{pmatrix}$$
gilt, wobei $\lambda_i = r_{ii}, i = 1, \dots, n$ die Eigenwerte von A sind. Setze $\alpha := \max_{1\le i,k\le n}|r_{ik}| > 0$ und definiere für vorgegebenes $\varepsilon > 0$
$$\delta := \min\left\{1, \frac{\varepsilon}{(n-1)\alpha}\right\} > 0.$$
Mit der Diagonalmatrix $D := \operatorname{diag}(1, \delta, \delta^2, \dots, \delta^{n-1})$ erhalten wir
$$C := D^{-1}RD = \begin{pmatrix} r_{11} & \delta r_{12} & \cdots & \cdots & \delta^{n-1}r_{1n} \\ & \ddots & \ddots & & \vdots \\ & & \ddots & \ddots & \vdots \\ & & & \ddots & \delta r_{n-1,n} \\ & & & & r_{nn}\end{pmatrix}$$
Unter Verwendung der Definition von δ folgt
$$\begin{aligned}\|C\|_\infty &\le \max_{1\le i\le n}|r_{ii}| + (n-1)\delta\alpha = \rho(A) + (n-1)\delta\alpha \\ &\le \rho(A) + \varepsilon.\end{aligned}$$
Sowohl U als auch D sind reguläre Matrizen, daher ist $\|x\| := \|D^{-1}U^{-1}x\|_\infty$ eine Norm auf $\mathbb{C}^n$. Mit $y := D^{-1}U^{-1}x$ folgt für die induzierte Matrixnorm
$$\begin{aligned}\|A\| &= \sup_{\|x\|=1}\|Ax\| = \max_{\|D^{-1}U^{-1}x\|=1}\|D^{-1}U^{-1}Ax\|_\infty \\ &= \max_{\|y\|=1}\|D^{-1}U^{-1}AUDy\|_\infty \\ &= \max_{\|y\|_\infty=1}\|Cy\|_\infty = \|C\|_\infty \le \rho(A) + \varepsilon.\end{aligned}$$
$\blacksquare$

Beispiel: Direkt versus iterativ

Wir wollen uns ein ganz einfaches Problem stellen, nämlich die Berechnung der Wurzel aus 3249, aber **ohne Taschenrechner**! Wir wollen diese Wurzel einmal direkt, und dann iterativ berechnen.

Problemanalyse und Strategie: Für die direkte Methode wählen wir das schriftliche Wurzelziehen, wie es vor Einführung von Taschenrechnern üblich war. Als iterative Methode soll das Heron-Verfahren aus Band 1, Kapitel 8, dienen.

Lösung:
Das schriftliche Wurzelziehen basiert auf der Binomischen Formel

$$(a+b)^2 = a^2 + 2ab + b^2\,,$$

die man von rechts nach links lesen muss und bei der wir die Stellen interpretieren müssen. Eine gegebene Zahl, z. B. 3249, muss also dargestellt werden als die Summe eines Quadrats a^2 einer Ziffer a mit einem Term $2ab$ und schließlich mit einem weiteren Quadrat b^2, und dabei ist auf die Wertigkeit der Stellen zu achten. Es gilt nämlich bei einer vierstelligen Zahl eigentlich $(a \cdot 10 + b \cdot 1)^2 = a^2 \cdot 100 + 2ab \cdot 10 + b^2$. Wir müssen ein a suchen, sodass a^2 in die Nähe der beiden Ziffern 32 unserer gegebenen Zahl fällt, aber sodass $a^2 \leq 32$ ist. In diesem Fall ist $a = 5$. Wir haben also in der Binomischen Formel schon

$$(5+b)^2 = 5^2 \cdot 100 + 2 \cdot 5 \cdot b \cdot 10 + b^2\,,$$

also

$$\underbrace{(5+b)^2}_{=3249} - 5^2 \cdot 100 = 2 \cdot 5 \cdot b \cdot 10 + b^2$$

und so

$$749 = 2 \cdot 5 \cdot b \cdot 10 + b^2\,.$$

Division durch $2 \cdot 5 \cdot 10 = 100$ liefert

$$7.49 = b + \frac{b^2}{100}$$

und damit ist $b = 7$. Unser Ergebnis lautet also

$$\sqrt{3249} = 57\,.$$

Kommen wir nun zum iterativen Wurzelziehen. Nach dem Heron-Verfahren suchen wir die Seitenlänge eines Quadrats, dessen Flächeninhalt 3249 ist. Zu Beginn setzen wir aus Mangel an Information die eine Seite auf $x_0 = 3249$ und die andere auf $y_0 = 1$. In der ersten Iteration setzen wir

$$x_1 = \frac{x_0 + y_0}{2} = 1625$$

und berechnen y_1 aus der Forderung nach dem Erhalt des Flächeninhalts, $x_1 y_1 = 3249$, also $y_1 = 1.9994$. In der zweiten Iteration rechnen wir

$$x_2 = \frac{x_1 + y_1}{2} = 814.4994$$

und erhalten y_2 wieder aus $x_2 y_2 = 3249$, d. h. $y_2 = 3.9890$. Und so geht es weiter. Wir sehen hier, dass die iterative Variante sehr viele Schritte erfordert. Erst in der zehnten Iteration ist das Ergebnis $x = y = 57$ bis auf zwölf Nachkommastellen richtig.

Anders sieht es aus, wenn wir schon vorher wissen, dass $50^2 < 3249$ ist. Dann beginnen wir mit $x_0 = y_0 = 50$. In diesem Fall ergibt die vierte Iteration $x_4 = 57.0000000382$, $y_4 = 56.9999999618$ und in der fünften Iteration ist dann $x_5 = y_5 = 57$ bis auf zwölf Nachkommastellen. Wüssten wir sogar $55^2 < 3249$, dann wäre die Iteration nach dem vierten Durchgang bis auf zwölf Nachkommastellen fertig. Ein wichtiger Faktor bei Iterationsverfahren ist also auch der Startwert.

---

berechnen:

$$\begin{aligned} y_0 &:= x; \\ y_1 &:= y_0 + 1; \\ y_2 &:= \sqrt{y_1}; \\ y_3 &:= \sqrt{y_0}; \\ y &:= y_2 - y_3; \end{aligned}$$

Die Kondition der letzten Operation als Funktion von y_3, also $g(y_3) := y_2 - y_3$, berechnet sich zu

$$\left|\frac{g'(y_3)y_3}{y_3}\right| = \left|\frac{y_3}{y_2 - y_3}\right| = 200\,000.$$

Die Kondition dieses Schrittes im Algorithmus ist also 400 000-mal größer als die Kondition von f selbst, was an dem Phänomen der Auslöschung liegt!

Der vorgeschlagene Algorithmus ist daher instabil. Ein weitaus besserer Weg zur Berechnung von $f = \sqrt{x+1} - \sqrt{x}$ bei großen Argumenten ist die Berechnung von

$$h(x) = \frac{1}{\sqrt{x+1} - \sqrt{x}} = \sqrt{x+1} + \sqrt{x}$$

und die anschließende Invertierung.

Übersicht: Fehlertypen

Wir wollen verschiedene Fehlerarten, die wir in diesem Kapitel besprochen haben, zusammenfassend darstellen.

In der Regel beginnt jedes Problem in der Angewandten Mathematik mit einer **Modellierung**. Dabei wird aus einem naturwissenschaftlichen oder technischen Problem ein mathematisches Modell in Form von Gleichungen gemacht. Ob das mathematische Modell aber wirklich der Realität nahe kommt, ist oft nicht klar, man denke zum Beispiel an die Modellierung einer Leberentzündung, bei der so viele physiologische Vorgänge noch gar nicht sauber verstanden sind, dass man schon über recht einfache Modelle froh ist. Der Fehler, der an dieser Stelle auftritt, ist der **Modellierungsfehler**. Er ist kein Fehler, um den man sich innerhalb der Numerik kümmert!

Ganz anders sieht es mit dem **Rundungsfehler** aus. Computer rechnen nicht mit den reellen Zahlen, sondern mit endlich vielen **Maschinenzahlen**. Ist x eine reelle Zahl und $\widetilde{x}$ die zugehörige Maschinenzahl, dann heißt

$$|x - \widetilde{x}|$$

der **absolut Rundungsfehler** und

$$\left|\frac{x - \widetilde{x}}{x}\right|$$

der **relative Rundungsfehler**. Jeder Computer erlaubt eine kleinste positive Zahl, die noch darstellbar ist. Sie heißt **Maschinengenauigkeit**. Weitere wichtige Begriffe in der Numerik sind **Rundung** und **Abschneiden**.

Wesentlich komplexer ist der **Diskretisierungsfehler** (auch Verfahrensfehler, Abschneidefehler oder Approximationsfehler). Immer, wenn eine Funktion durch eine andere angenähert wird oder wenn ein kontinuierliches Problem durch ein diskretes Problem ersetzt wird, entsteht dieser Fehler. Wir haben eine sehr abstrakte Theorie dieses Fehlertyps geliefert, die Sie vielleicht abgestoßen hat, aber diese Abstraktion an dieser Stelle ist wegen der Breite der konkreten Realisierungen einfach notwendig. Ein Schlüssel zum Prozess der Diskretisierung ist das Diagramm aus Abbildung 11.3:

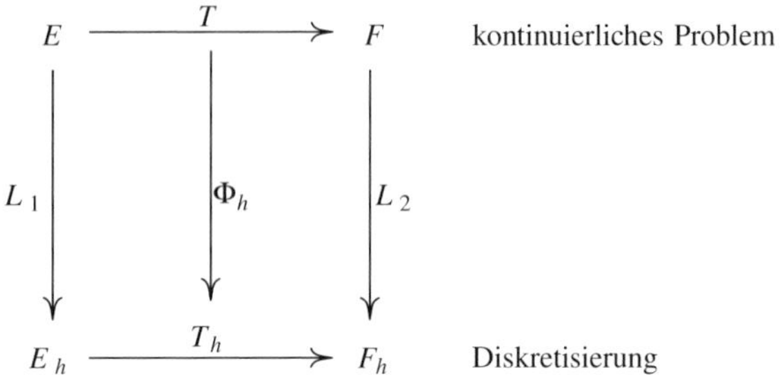

Ein abstraktes Problem $Tu = 0$ mit einem Operator $T\colon E \to F$ wird mithilfe der Abbildungen L_1, L_2, ϕ_h diskretisiert. Das abstrakte Problem $Tu = 0$ besitze genau eine Lösung $z \in E$. Dann ist

$$l_h := T_h L_1(z) = \phi_h(T) L_1(z) \in F_h$$

der **lokale Diskretisierungsfehler** und

$$e_h := \zeta_h - L_1(z) \in E_h$$

der **globale Diskretisierungsfehler**, wobei ζ_h die eindeutig bestimmte Lösung des diskretisierten Problems $T_h u_h = \phi_h(T) L_1(u) = 0$, $u \in E$, $u_h \in E_h$, bezeichnet, deren Existenz wir voraussetzen. Der eigentliche **Diskretisierungs-** oder **Approximations-** oder **Abschneidefehler** ist die Gitterfunktion

$$\psi_h := T_h u_h - (Tu)_h$$

mit $u_h = L_1 u$, $(Tu)_h = L_2(Tu)$. Ist L_2 ein linearer Operator, dann ist wegen $L_2(Tu) = L(0) = 0$ der Diskretisierungsfehler gerade der lokale Diskretisierungsfehler.

Direkte und iterative Verfahren sind zwei grundsätzlich verschiedene numerische Ansätze

Am Beispiel unseres abstrakten Problems

$$Tu = 0$$

mit $T : E \to F$, E und F Banach-Räume, können wir uns eine wichtige Unterscheidung von Algorithmen klar machen. Nach Diskretisierung erhalten wir das diskrete Problem

$$T_h u_h = 0$$

mit $T_h : E_h \to F_h$. Gelingt nun die Auflösung dieser Gleichung durch direkte Invertierung von F_h, d. h., können wir u_h durch

$$u_h = T_h^{-1}(0)$$

direkt berechnen, dann sprechen wir von einem **direkten Verfahren**. Ist z. B. $E_h = F_h = \mathbb{R}^n$ und T eine lineare Abbildung, die durch eine reguläre Matrix $\boldsymbol{A} \in \mathbb{R}^{n\times n}$ in der Form $T(\cdot) = \boldsymbol{A}(\cdot) - \boldsymbol{b}$ mit einem Vektor $\boldsymbol{b} \in \mathbb{R}^n$ dargestellt wird, dann wäre der Gauß'sche Algorithmus ein direktes Verfahren, weil sich die Lösung des linearen Gleichungssystems $\boldsymbol{A}u_h = \boldsymbol{b}$ durch direkte elementare Zeilen- oder Spaltenumformungen in $\boldsymbol{A}$ ergibt.

Erreichen wir die Lösung von $T_h u_h = 0$ jedoch über eine Folge $u_h^{(\nu)}$, $\nu = 1, 2, \ldots$ mit $\lim_{\nu\to\infty} u_h^{(\nu)} = u_h$, dann spricht man von einem **iterativen Verfahren**. Im Fall eines quadratischen Gleichungssystems $\boldsymbol{A}u_h = \boldsymbol{b}$ wären das alle Methoden, die ausgehend von einer Startlösung $u_h^{(0)}$ eine Folge von Näherungslösungen erzeugen, z. B. das Gauß-Seidel oder das Jacobi-Verfahren.

Unter der Lupe: Laufzeit und Komplexität von Algorithmen – die $\mathcal{O}$s der Informatiker

Bei der Umsetzung von numerischen Algorithmen ist deren Komplexität ein entscheidendes Kriterium für ihre Brauchbarkeit.

Die Anzahl der Operationen, die in einem Algorithmus ausgeführt werden, nennt man die **Komplexität**. Spezialisten unterscheiden noch zwischen **Laufzeit-** und **Speicherkomplexität**. Die Komplexität K lässt sich in vielen Fällen als Funktion einer natürlichen Zahl darstellen: $\mathbb{N} \ni n \mapsto K(n) \in \mathbb{R}$, m.a.W. sind Komplexitäten also Folgen. Die natürliche Zahl n kann die Anzahl von Eingabeparametern sein oder die Anzahl der Elemente einer zu bearbeitenden Matrix etc. Interessant sind nun nicht genaue Formeln für K, sondern asymptotische Aussagen mithilfe der Landau-Symbole. So ist bei der Lösung eines linearen Gleichungssystems mit einer $(n \times n)$-Koeffizientenmatrix die Komplexität der LR–Zerlegung $\mathcal{O}(n^3)$, die Komplexität der eigentlichen Lösung durch Vorwärts- und Rückwärtseinsetzen $\mathcal{O}(n^2)$.

Die Informatik hat sogar noch mehr Landau-Symbole in Gebrauch, als wir sie für die Numerik definiert haben.

Definition der Landau-Symbole Es sei $g\colon \mathbb{N}_0 \to \mathbb{R}$ gegeben.

- $\Omega(g)$ ist die Menge aller $f : \mathbb{N}_0 \to \mathbb{R}$, für die es eine reelle Konstante $c > 0$ und eine natürliche Zahl $n_0 \geq 0$ gibt, sodass für alle natürlichen Zahlen $n \geq n_0$ gilt: $0 \leq cg(n) \leq f(n)$.
- $\mathcal{O}(g)$ ist die Menge aller $f : \mathbb{N}_0 \to \mathbb{R}$, für die es eine reelle Konstante $c > 0$ und eine natürliche Zahl $n_0 \geq 0$ gibt, sodass für alle natürlichen Zahlen $n \geq n_0$ gilt: $0 \leq f(n) \leq cg(n)$.
- $\Theta(g)$ ist die Menge aller $f : \mathbb{N}_0 \to \mathbb{R}$, für die es zwei reelle Konstanten $c_1 > 0$, $c_2 > 0$ und eine natürliche Zahl $n_0 \geq 0$ gibt, sodass für alle natürlichen Zahlen $n \geq n_0$ gilt: $0 \leq c_1 g(n) \leq f(n) \leq c_2 g(n)$.
- $\omega(g)$ ist die Menge aller $f : \mathbb{N}_0 \to \mathbb{R}$, sodass für alle $c > 0$ eine natürliche Zahl $n_0 \geq 0$ existiert mit: $0 \leq cg(n) < f(n)$ für alle $n \geq n_0$.
- $o(g)$ ist die Menge aller $f : \mathbb{N}_0 \to \mathbb{R}$, sodass für alle $c > 0$ eine natürliche Zahl $n_0 \geq 0$ existiert mit: $0 \leq f(n) < cg(n)$ für alle $n \geq n_0$.

Man erkennt unschwer, dass die Definition der Landau-Symbole $\mathcal{O}$ und o ganz analog zu unserer früheren Definition ist. Eigentlich müsste man jetzt $f \in \mathcal{O}(g)$ schreiben, denn wir haben die in der Informatik üblichen Mengendefinitionen gegeben. Aber auch hier hat sich die Schreibweise $f = \mathcal{O}(g)$ durchgesetzt.

Man kann die Definitionen für zwei Funktionen $f, g\colon \mathbb{N}_0 \to \mathbb{R}$ nun wie folgt interpretieren:

1. $f = \Omega(g) \iff f$ wächst mindestens wie g
2. $f = \mathcal{O}(g) \iff f$ wächst höchstens wie g
3. $f = \Theta(g) \iff f$ und g wachsen gleich stark
4. $f = \omega(g) \iff f$ wächst stärker als g
5. $f = o(g) \iff f$ wächst schwächer als g

Abschließend fassen wir noch in einer Tabelle zusammen, warum man polynomiales oder gar exponentielles Wachstum in der Komplexität von Algorithmen nicht gebrauchen kann.

$n =$	1	10^2	10^3	10^4
1	1	1	1	1
n	1	10^2	10^3	10^4
$\ln n$	0	4.61	6.91	9.21
$n \ln n$	0	460.52	$6.91 \cdot 10^3$	$9.21 \cdot 10^4$
n^2	1	10^4	10^6	10^8
n^3	1	10^6	10^9	10^{12}
2^n	2	$1.27 \cdot 10^{30}$	$1.07 \cdot 10^{301}$	$2 \cdot 10^{3010}$

In der Praxis treten bei der numerischen Berechnung von partiellen Differenzialgleichungen schnell $n = 10^7$ bis 10^9 Variable auf, bei Partikelsimulationen sind es noch mehr. Laufzeiten mit Komplexitäten jenseits von $\mathcal{O}(n \log n)$ verbieten sich daher. Für „kleine" Probleme stellen natürlich auch polynomiale Laufzeiten noch kein Problem dar.

Zusammenfassung

Wir haben in diesem Kapitel eigentlich nur vorbereitendes, aber trotzdem wichtiges Material geliefert. Am Beispiel der Wärmeleitungsgleichung haben wir gezeigt, welche Überraschungen man erleben kann, wenn man „naiv" an eine Aufgabe aus der Numerik herangeht. Selbst wenn Sie dieses einführende Beispiel nicht ganz verstanden haben, weil Sie noch keine Erfahrungen mit partiellen Differenzialgleichungen oder deren Reihenlösungen besitzen, ist das nicht schlimm. Wir wollten hier mit einem wirklich praxisrelevanten Beispiel zeigen, wie wichtig die Ideen sind, die man in der Numerik entwickelt.

In der gesamten Numerik ist die Kontrolle der Fehler die wichtigste Aufgabe, denn was nutzt der schnellste Algorithmus, wenn das Ergebnis nur noch wenig mit der Lösung des Originalproblems zu tun hat. Fehlerabschätzungen stehen in der Numerischen Mathematik daher im Mittelpunkt. Dabei haben wir verschiedene Fehlerarten kennengelernt, die wir noch einmal zusammenfassen wollen.

Übersicht: Konsistenz, Stabilität und Konvergenz

Wir nehmen noch einmal die Diskussion der Theorie der Diskretisierungsverfahren auf.

Das Diagramm aus Abbildung 11.3:

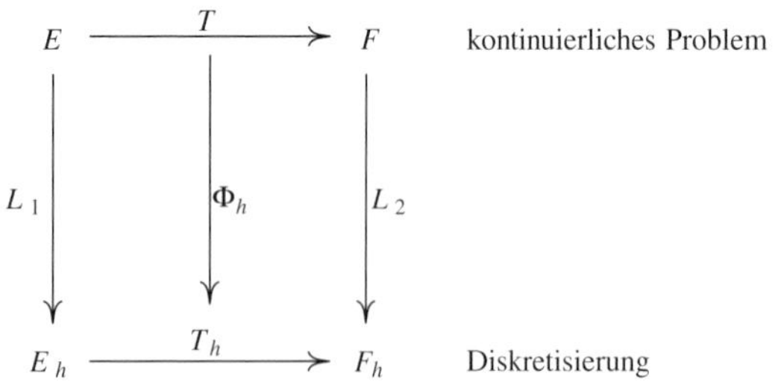

zeigt den formalen Prozess der Diskretisierung einer abstrakten Gleichung $Tu = 0$ mit einem Operator T. Wir haben in diesem Zusammenhang die Begriffe **lokaler Diskretisierungsfehler** und **globaler Diskretisierungsfehler** definiert, aber nun soll es um die Begriffe Konsistenz, Stabilität und Konvergenz gehen.

Das diskretisierte Problem $T_h u_h = \phi_h(T)L_1(u) = 0$ heißt **konsistent** mit dem Originalproblem $Tu = 0$ an der Stelle $y \in E$, wenn y im Definitionsbereich von T und $T_h L_1 = \phi_n(T)L_1$ liegt und wenn

$$\lim_{h\to 0} \|\phi_h(T)L_1 y - L_2 T y\|_{F_h} = 0$$

gilt. Das diskretisierte Problem heißt **konsistent mit Konsistenzordnung** p, wenn

$$\|\phi_h(T)L_1 y - L_2 T y\|_{F_h} = \mathcal{O}(h^p).$$

Diese kompliziert erscheinende Bedingung der Konsistenz bedeutet lediglich, dass der Unterschied zwischen dem diskreten Operator und dem kontinuierlichen klein wird, wenn die Diskretisierung feiner wird, in anderen Worten, wenn das folgende Diagramm asymptotisch (d. h. für $n \to \infty$) kommutativ ist.

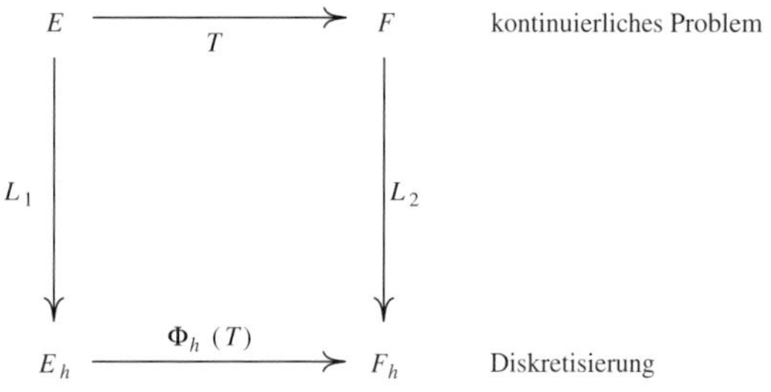

Ist $e_h = \zeta_h - L_1(z)$ der globale Diskretisierungsfehler, wobei ζ_h die eindeutige Lösung des diskretisierten Problems und z die eindeutig bestimmte Lösung des Originalproblems ist, dann heißt das diskretisierte Problem **konvergent**, wenn

$$\lim_{h\to 0} \|e_h\|_{E_h} = 0,$$

bzw. **konvergent mit Konvergenzordnung** p, wenn

$$\|e_h\|_{E_h} = \mathcal{O}(h^p)$$

gilt. Konvergenz bedeutet die asymptotische Kommutativität des folgenden Diagramms.

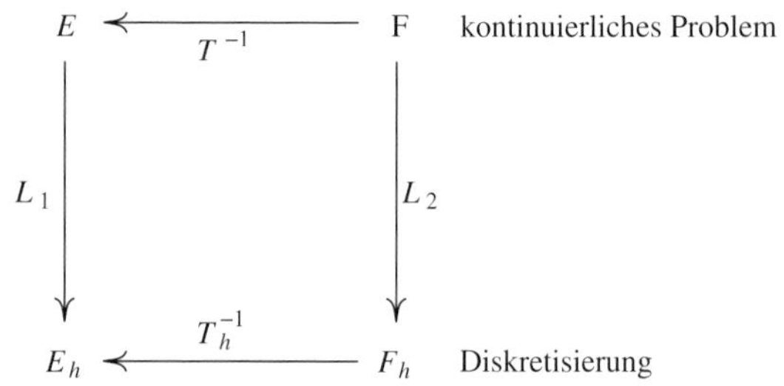

Konsistenz einer Diskretisierung reicht allein nicht aus, um Konvergenz zu gewährleisten. Eine wichtige Bedeutung hat die Stabilität. Dabei heißt eine Diskretisierung **stabil** bei $u_h \in E_h$, wenn es Konstanten $S > 0$ und $r > 0$ gibt, sodass

$$\|u_h^{(1)} - u_h^{(2)}\|_{E_h} \le S\|T_h u_h^{(1)} - T_h u_h^{(2)}\|_{F_h}$$

gleichmäßig für alle $h > 0$ gilt und für alle $u_h^{(1)}, u_h^{(2)}$ mit

$$\|T_h u_h^{(i)} - T_h u_h\|_{F_h} < r, \quad i = 1, 2.$$

Eines der berühmtesten Resultate der Numerischen Mathematik lautet: „Aus Konsistenz und Stabilität folgt Konvergenz". Es ist erstaunlich, wie oft man solche Aussagen in der Numerik trifft, wenn man nur die hier ganz abstrakt definierten Begriffe Konsistenz, Stabilität und Konvergenz im konkreten Einzelfall betrachtet.

Um Fehler**ordnungen** bestimmen zu können, haben wir die **Landau'schen Symbole** o und $\mathcal{O}$ eingeführt, die schon in Band 1, Kapitel 11, vorkamen. In der Analysis sind die Symbole eine sinnvolle *Abkürzung*; in der Numerik sind sie hingegen ein *Arbeitswerkzeug*! Daher haben wir die Landau-Symbole nicht nur für Funktionen definiert, sondern auch für Operatoren. In manchen Teilbereichen der Numerik verfügt man über sehr scharfe Fehlerabschätzungen, aber sehr häufig ist man froh, wenn man einfache Ordnungsaussagen zeigen kann. Interessant und wichtig sind die Landau-Symbole auch bei Fragen der **Komplexität** von Algorithmen. Werden in einem Algorithmus n Daten verarbeitet, dann ist eine Laufzeit von $\mathcal{O}(n^2)$ für großes n schon prohibitiv. Gesucht sind Algorithmen mit konstanter Laufzeit $\mathcal{O}(1)$, linearer Laufzeit, $\mathcal{O}(n)$, logarithmischer Laufzeit $\mathcal{O}(\log n)$ oder mit der Laufzeit $\mathcal{O}(n \log n)$.

Wenn nun schon einige Fehler unvermeidlich sind, sollte man wenigstens über die **Fehlerfortpflanzung** Kontrolle der Auswirkungen haben. Beim relativen Fehler konnten wir **Ver-**

Übersicht: Eine kleine Literaturübersicht

Die Numerische Mathematik stellt ein sehr großes Gebiet dar, dass keine komplette Abdeckung im Rahmen eines Lehrbuches erfolgen kann. Um konkrete Hilfestellungen für ein weiteres Studium dieses Bereiches zu geben und zudem dem interessierten Leser andere Darstellungsformen und Themenstellungen nahezubringen, finden sich in dieser Übersicht einige Literaturstellen, die wir für lesenswert halten. Mehrfachnennungen sind dabei durchaus beabsichtigt und es besteht in keiner Weise ein Anspruch auf Vollständigkeit.

Allgemeine Literatur zur Numerischen Mathematik:

- Deuflhard, P.; Hohmann, A.: Numerische Mathematik. Eine algorithmische Einführung, Band 1, 4. Auflage, de Gruyter 2008
- Isaacson, E.; Keller, H.B.: Analysis of Numerical Methods, Wiley & Sons 1966
- Freund, R.W.; Hoppe, R.H.W.: Stoer/Bulirsch: Numerische Mathematik 1, 10. Auflage, Springer 2007
- Hämmerlin, G.; Hoffmann, K.-H.: Numerische Mathematik, 2. Auflage, Springer 1990
- Hanke-Bourgeois, M.: Grundlagen der Numerischen Mathematik und des Wissenschaftlichen Rechnens, 3. Auflage, Vieweg+Teubner 2009
- Hildebrand, F.B.: Introduction to Numerical Analysis, 2. edt., McGraw-Hill 1974
- Plato, R.: Numerische Mathematik kompakt. Grundlagenwissen für Studium und Praxis, 4. Auflage, Vieweg+Teubner 2010
- Schaback, R.; Wendland; H.: Numerische Mathematik, 5. Auflage, Springer 2005

Interpolation:

1. Cheney, E.W.: Introduction to Approximation Theory, 2. edt., AMS Chelsea 1999
2. Davis, Ph.J.: Interpolation & Approximation, Blaisdell 1963
3. de Boor, C.: A Practical Guide to Splines, Springer 1978
4. Rivlin, Th.J.: An Introduction to the Approximation of Functions , Blaisdell 1969
5. Schönhage, A.: Approximationstheorie, De Gruyter 1971

Quadratur:

1. Brass, H.: Quadraturverfahren, Vandenhoeck & Ruprecht 1977
2. Brass, H.; Petras, K.: Quadrature Theory. The Theory of Numerical Integration on a Compact Intervall, American Mathematical Society 2011
3. Davis, P.J.; Rabinowitz, P.: Methods of Numerical Integration, 2nd edition, Dover Publications 2007

Numerik linearer Gleichungssysteme:

1. Barrett, R. et. al.: Templates for the Solution of Linear Systems, SIAM, 1994
2. Meister, A.: Numerik linearer Gleichungssysteme, 5. Auflage, Springer Spektrum 2015
3. Saad, Y.: Iterative Methods for Sparse Linear Systems, Second Edition, SIAM 2003
4. Steinbach, O.: Lösungsverfahren für lineare Gleichungssysteme, Teubner, 2005
5. van der Vorst, H.A.: Iterative Krylov Methods for Large Linear Systems, Cambridge University Press, 2009

Eigenwertprobleme:

1. Bai, Z. et. al.: Templates for the Solution of Algebraic Eigenvalue Problems, SIAM 2000
2. Hanke-Bourgeois, M.: Grundlagen der Numerischen Mathematik und des Wissenschaftlichen Rechnens, 3. Auflage, Vieweg+Teubner 2009
3. Saad, Y.: Numerical Methods for Large Eigenvalue Problems, SIAM 2011
4. Schwarz, H.R.; Köckler, N.: Numerische Mathematik, 8. Auflage, Vieweg+Teubner 2011

Lineare Ausgleichsprobleme:

1. Björck, Å.: Numerical Methods for Least Squares Problems, SIAM 1996
2. Demmel, J.W.: Applied Numerical Linear Algebra, SIAM 1997
3. Hanke-Bourgeois, M.: Grundlagen der Numerischen Mathematik und des Wissenschaftlichen Rechnens, 3. Auflage, Vieweg+Teubner 2009
4. Lawson, C.L.; Hanson, R.J.: Solving Least Squares Problems, SIAM 1995
5. Schwarz, H.R.; Köckler, N.: Numerische Mathematik, 8. Auflage, Vieweg+Teubner 2011

Nichtlineare Gleichungen und Systeme:

1. Deuflhard, P.: Newton Methods for Nonlinear Problems, Springer 2011
2. Kantorowitsch, L.W., Akilow, G.P.: Funktionalanalysis in normierten Räumen, Harri Deutsch 1978
3. Ortega, J.M., Rheinboldt, W.C.: Iterative Solution of Nonlinear Equations in Several Variables, Academic Press 1970

Numerik gewöhnlicher Differentialgleichungen:

1. Hairer, E., Nørsett, S.P., Wanner, G.: Solving Ordinary Differential Equations I: Nonstiff Problems, 2. edt., Springer 2008
2. Hairer, E., Wanner, G.: Solving Ordinary Differential Equations II: Stiff and Differential-Algebraic Problems, 2. edt., Springer 2002
3. Hermann, M.: Numerik gewöhnlicher Differentialgleichungen, Oldenbourg 2004
4. Reinhardt, H.-J.: Numerik gewöhnlicher Differentialgleichungen, 2. Auflage, De Gruyter 2012
5. Strehmel, K., Weiner, R., Podhaisky, H.: Numerik gewöhnlicher Differentialgleichungen, 2. Auflage, Springer Spektrum 2012

stärkungsfaktoren identifizieren, die den Einfluss relativer Fehler der Eingabedaten auf Funktionsauswertungen beschreiben. Diese Verstärkungsfaktoren nennt man auch **Konditionszahlen**, dabei ist die **Kondition** ein ebenfalls wichtiger Begriff der Numerik, die wir als Robustheit von Rechenoperationen gegenüber Fehlern charakterisiert haben. Schlecht konditionierte Probleme sind solche mit großer Kondition. Es gibt verschiedene Definitionen von Kondition, die jeweils problemangepasst sind. Insbesondere wichtig ist der Begriff für lineare Gleichungssysteme, wo man

$$\kappa(\boldsymbol{A}) := \|\boldsymbol{A}\| \|\boldsymbol{A}^{-1}\|$$

als Kondition definiert. Dabei ist $\|\boldsymbol{A}\| = \sup_{\|\boldsymbol{x}\|=1} \|\boldsymbol{A}\boldsymbol{x}\|$.

Ein weiterer zentraler Begriff der Numerik ist **Stabilität** und wir hatten das Kapitel bereits mit einem Stabilitätsproblem bei der numerischen Lösung der Wärmeleitungsgleichung begonnen. Wir haben Stabilität nicht abstrakt definiert, sondern nur als Robustheit von Algorithmen gegen Fehler. In der Übersicht auf Seite 392 geben wir u. a. eine abstrakte Definition von Stabilität.

Aufgaben

Die Aufgaben gliedern sich in drei Kategorien: Anhand der *Verständnisfragen* können Sie prüfen, ob Sie die Begriffe und zentralen Aussagen verstanden haben, mit den *Rechenaufgaben* üben Sie Ihre technischen Fertigkeiten und die *Beweisaufgaben* geben Ihnen Gelegenheit, zu lernen, wie man Beweise findet und führt.

Ein Punktesystem unterscheidet leichte Aufgaben •, mittelschwere •• und anspruchsvolle ••• Aufgaben. Lösungshinweise am Ende des Buches helfen Ihnen, falls Sie bei einer Aufgabe partout nicht weiterkommen. Dort finden Sie auch die Lösungen – betrügen Sie sich aber nicht selbst und schlagen Sie erst nach, wenn Sie selber zu einer Lösung gekommen sind. Ausführliche Lösungswege, Beweise und Abbildungen finden Sie auf der Website zum Buch.

Viel Spaß und Erfolg bei den Aufgaben!

Verständnisfragen

11.1 • Auf einer Maschine, die im Dezimalsystem mit 4 Stellen und maximal 2 Stellen im Exponenten rechnet, soll die Zahl $0.012345 \cdot 10^{-99}$ in normalisierter Form dargestellt werden. Ist das auf dieser Maschine möglich?

11.2 •• Gegeben sei die für alle $x \in \mathbb{R}$ definierte Funktion

$$S_x := \frac{1}{3}x^3 + \frac{1}{2}x^2 + \frac{1}{6}x.$$

Gilt $S_x = \mathcal{O}(x^3)$ oder $S_x = \mathcal{O}(x)$? Ist eine solche Frage ohne die Angabe $x \to x_0$ überhaupt sinnvoll?

11.3 •• Warum eignet sich die Potenzreihe

$$\cos x = 1 - \frac{x^2}{2!} + \frac{x^4}{4!} - \frac{x^6}{6!} \pm \ldots$$

ganz hervorragend zur numerischen Berechnung von $\cos 0.5$, aber überhaupt nicht zur Berechnung von $\cos 2$?

11.4 ••• Wir wollen eine Differenzialgleichung

$$y'(x) = f(x, y)$$

auf dem Intervall $[0, 1]$ numerisch lösen, wobei eine Anfangsbedingung $y(0) = y_0$ gegeben sei und die Lösung bei $x = 1$ gesucht ist. Die Schrittweite des Gitters $\mathbb{G}$ sei $h = 1/n$, wobei $n \in \mathbb{N}$ frei wählbar ist. Das Gitter ist damit gegeben als

$$\mathbb{G} := \{kh \mid k = 0, 1, \ldots, n\}.$$

Die numerische Methode soll das einfache Euler'sche Polygonzugverfahren sein, das durch

$$\frac{Y(kh) - Y((k-1)h)}{h} = f\left(Y((k-1)h)\right)$$

gegeben ist. Der Anfangswert für das Verfahren ist Y_0, die Projektion von y_0 auf das Gitter (Ein Anfangswert $y_0 = \pi$ ist numerisch auf einer Maschine nicht realisierbar, daher ist Y_0 eine Approximation an π im Rahmen der Darstellbarkeit der Maschinenzahlen).

Im Hinblick auf Abbildung 11.3 seien die Räume E und F mit den jeweiligen Normen als

$$E = C^1([0, 1]), \quad \|y\|_E := \max_{x \in [0,1]} |y(x)|,$$

$$F = \mathbb{R} \times C([0, 1]), \quad \left\| \begin{pmatrix} d_0 \\ d \end{pmatrix} \right\|_F := |d_0| + \max_{x \in [0,1]} |d(x)|$$

definiert. Geben Sie die Operatoren L_1, L_2, ϕ_h, T und T_h an, sodass das Diagramm in Abbildung **11.3** die Diskretisierung der Euler'schen Polygonzugmethode zeigt.

Beweisaufgaben

11.5 •• Seien $\widetilde{x}_1, \widetilde{x}_2, \ldots, \widetilde{x}_n$ Approximationen an die reellen Zahlen $x_1, x_2, \ldots, x_n$ und der maximale Fehler sei in jedem Fall e. Zeigen Sie, dass die Summe

$$\sum_{i=1}^{n} \widetilde{x}_i$$

einen maximalen Fehler von ne aufweist.

11.6 •• Für die Summe der ersten n Quadratzahlen, $n \in \mathbb{N}$, gilt

$$S_n := \sum_{i=1}^{n} i^2 = \frac{1}{3} n \left(n + \frac{1}{2}\right)(n+1).$$

Zeigen Sie

(a) $S_n = \mathcal{O}(n^3)$,
(b) $S_n = \frac{1}{3}n^3 + \mathcal{O}(n^2)$,
(c) $S_n = \mathcal{O}(n^{42})$,

und diskutieren Sie, welche „Güte“ diese drei Abschätzungen relativ zueinander haben.

11.7 • Zeigen Sie, dass der Diskretisierungsfehler der zentralen Differenz

$$Du := \frac{u(x+h) - 2u(x) + u(x-h)}{h^2}$$

von zweiter Ordnung ist, wenn man mit Du die zweite Ableitung $u'' = \mathrm{d}^2u/\mathrm{d}x^2$ einer glatten Funktion u approximiert.

Rechenaufgaben

11.8 •• Die Zahl π wird durch die rationalen Zahlen

$$x_1 = \frac{22}{7} \quad \text{und} \quad x_2 = \frac{355}{113}$$

angenähert.

(a) Wie groß sind die absoluten Fehler?
(b) Welcher Fehler hat der mit x_1 bzw. x_2 berechnete Kreis vom Durchmesser 10 m?

Runden Sie jeweils auf 6 Nachkommastellen.

11.9 •• Berechnen Sie auf einem Taschenrechner oder mithilfe eines Computers die Summe

$$\sum_{k=1}^{100} \sqrt{k},$$

in dem Sie jede Wurzel mit nur zwei Nachkommastellen berechnen. Welchen Gesamtfehler erwarten Sie im Hinblick auf Aufgabe **11.5**?

11.10 •• Gegeben sei das Gleichungssystem $\boldsymbol{A}\boldsymbol{x} = \boldsymbol{b}$,

$$\begin{pmatrix} 1 & 1 \\ \frac{2}{21} & \frac{1}{9} \end{pmatrix} \begin{pmatrix} x \\ y \end{pmatrix} = \begin{pmatrix} 22 \\ \frac{43}{20} \end{pmatrix}.$$

(a) Berechnen Sie die Kondition der Koeffizientenmatrix mit der Frobenius-Norm.
(b) Betrachten Sie die zwei Zeilen des Gleichungssystems als Geradengleichungen. Was bedeutet die Kondition geometrisch für die beiden Geraden?

11.11 •• Sei $\boldsymbol{A} \in \mathbb{R}^{2\times 2}$ die Matrix

$$\boldsymbol{A} = \begin{pmatrix} 1 & 1 \\ 1 & 0 \end{pmatrix}.$$

Berechnen Sie den Spektralradius und die Spektralnorm von $\boldsymbol{A}$.

Antworten der Selbstfragen

S. 374
Partielle Integration und dabei beachten, dass $\sin(k\pi) = 0$ für alle $k \in \mathbb{N}$ gilt.

S. 376
Es ist

$$\left|\frac{x - \widetilde{x}}{x}\right| \le \frac{5 \cdot 10^{-(n+1)}}{|a|}$$

und wegen $|a| \ge 10^{-1}$ folgt die behauptete Abschätzung.

S. 380
$\lim_{h\to 0} \|L_1(u)\|_{E_h} = \lim_{h\to 0} \max_{x\in\mathbb{G}} |u(x)|$
$= \max_{x\in[a,b]} |u(x)|$.

S. 387
Zu berechnen ist

$$\left|\frac{f'(x)x}{f(x)}\right| = \frac{1}{2}\frac{x\left|\frac{1}{\sqrt{x+1}} - \frac{1}{\sqrt{x}}\right|}{\sqrt{x+1} - \sqrt{x}} = \frac{1}{2}\underbrace{\frac{x}{\sqrt{x+1}\sqrt{x}}}_{\approx 1} \approx \frac{1}{2}.$$

Interpolation – Splines und mehr

12

Was ist Interpolation?

Welche Approximationsgüte hat ein Interpolationspolynom?

Was hat das alles mit der Bestapproximation zu tun?

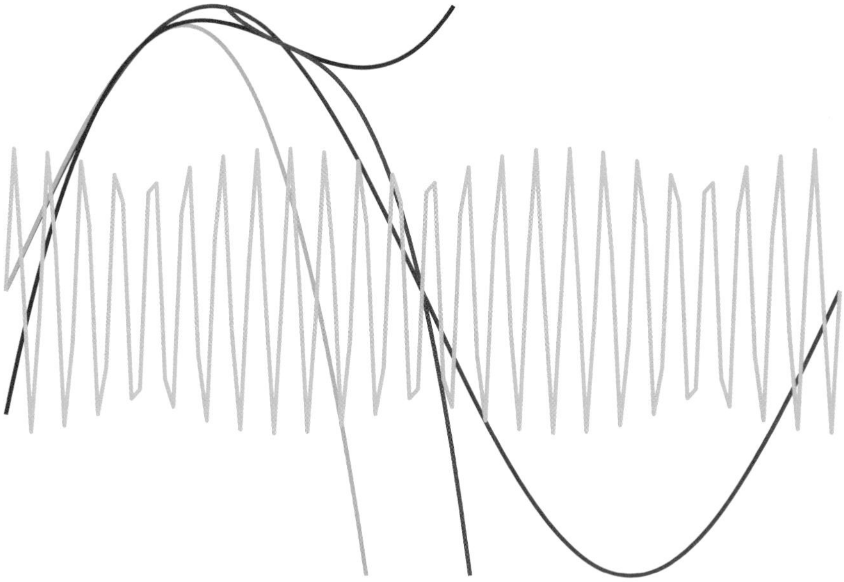

Die Bezeichnung „Interpolation" stammt von dem lateinischen Wort *interpolo*, was so viel wie „neu herrichten" oder „auffrischen" bedeutet. In der Numerik versteht man unter Interpolation die Angabe einer Funktion, die durch vorgeschriebene diskrete Daten verläuft. Die Bezeichnung „Approximation" stammt ebenfalls aus dem Lateinischen und kommt aus dem Wort *proximus*, was so viel wie „der Nächste" bedeutet. Im Gegensatz zur Interpolation sucht man Funktionen, die nicht notwendig durch gegebene Datenpunkte verlaufen, sondern die Daten nur in einem zu spezifizierenden Sinn annähern.

Die Interpolation von gegebenen Daten gehört zu den wichtigsten Grundaufgaben der Numerik und ist mit Abstand deren älteste Disziplin. Bereits am Übergang vom 16. zum 17. Jahrhundert erfand der Engländer Thomas Harriot (ca. 1560–1621) erste Interpolationsalgorithmen, um in Tabellen Zwischenwerte bestimmen zu können. Wir behandeln hier die Interpolation mit Polynomen und trigonometrischen Polynomen und beschränken uns auf den eindimensionalen Fall. Die Interpolationstheorie in mehreren Dimensionen ist nach wie vor ein sehr aktives Feld der Mathematik und verlangt nach anderen Mitteln als der eindimensionale Fall. Bei der Interpolation werden gegebene Daten $(x_i, f_i), i = 0, \ldots, n$, durch eine Funktion p so verbunden, dass für alle i gilt: $p(x_i) = f_i$. Interpolation erlaubt also die Auswertung einer im Allgemeinen unbekannten Funktion f auch zwischen den bekannten Werten $(x_i, f(x_i))$. Approximation bedeutet die Konstruktion einer Funktion p, die f „möglichst gut" wiedergibt. Dabei wird keine Rücksicht auf die exakte Wiedergabe von f an gewissen Stellen x_i genommen.

Heute sind die Techniken der Interpolation und Approximation aus der Mathematik und den Anwendungen nicht mehr wegzudenken. Die Formen von Autokarosserien werden mit mehrdimensionalen Splines beschrieben, Geologinnen und Geologen interpolieren seismische Daten zum Auffinden von Öl- und Gasfeldern und komplizierte Integrale werden numerisch gelöst, indem man die Integranden interpoliert.

Das Gebiet der Interpolation mit Polynomen ist nicht losgelöst von der Approximationstheorie zu sehen und hängt stark am Weierstraß'schen Approximationssatz, den wir zu Beginn beweisen werden. Will man dann Daten $(x_i, y_i), i = 0, \ldots n$ mit einem Polynom interpolieren, treten neben Existenz- und Eindeutigkeitsfragen auch Fragen nach der „Güte" des Interpolationspolynoms *zwischen* den Daten auf. Wir werden eine sehr unbefriedigende Fehlerabschätzung herleiten, die man durch eine gewisse Wahl von Stützstellen x_i dramatisch verbessern kann. Hier kommen die nach Pafnuti Lwowitsch Tschebyschow (in englischer Transkription oft: Pafnuti Lvovich Chebyshev) benannten Tschebyschow-Polynome ins Spiel. Allerdings hat bereits 1914 Georg Faber gezeigt, dass es *zu jeder* Stützstellenverteilung eine stetige Funktion gibt, die vom Interpolationspolynom nicht gleichmäßig approximiert wird. Abhilfe schaffen hier die nach Dunham Jackson benannten Jackson-Sätze, die aber höhere Glattheit der zu interpolierenden Funktion voraussetzen.

Diese Erfahrungen mit den Problemen bei der Interpolation wird uns letztlich zu den Splines führen, bei denen man nur stückweise Polynome kleinen Grades berechnet.

12.1 Der Weierstraß'sche Approximationssatz und die Bernstein-Polynome

Interpolation und Approximation

Es ist zu Beginn unerlässlich, dass wir die beiden Begriffe **Interpolation** und **Approximation** gegenüberstellen. Dabei wollen wir stets von einer gegebenen stetigen Funktion f ausgehen, die auf einem Intervall $[a, b]$ definiert sein soll. Diese – unter Umständen sehr komplizierte – Funktion wollen wir durch Polynome „annähern". Natürlich können wir auch Messwerte interpolieren, sodass die Funktion f gar nicht auftaucht, aber letztlich sollen auch die Messwerte Werte einer (dann unbekannten) Funktion f sein.

Definition (Polynome)

- Unter einem **Polynom** vom Grad n verstehen wir eine Funktion der Form
$$p(x) = a_n x^n + a_{n-1} x^{n-1} + \ldots + a_1 x + a_0, \quad a_n \neq 0$$
mit reellen Koeffizienten $a_i, i = 0, 1, \ldots, n$.
- Der Koeffizient $a_n \neq 0$ heißt **Hauptkoeffizient** des Polynoms.
- Mit $\Pi^n([a, b])$ bezeichnen wir den Vektorraum der Polynome vom Grad nicht größer als n, den wir mit der Supremumsnorm $\|\cdot\|_\infty$ ausstatten, vergleiche Band 1, Abschnitt 16.1.
- Der Raum aller Polynome sei mit $\Pi([a, b])$ bezeichnet.
- Ein **Monom** ist ein Polynom, das nur aus einem einzigen Summanden besteht.

Die Menge $\Pi^n([a, b])$ ist mit der üblichen Addition
$$p(x) + q(x) = \sum_{i=0}^{n} a_i x^i + \sum_{i=0}^{n} b_i x^i = \sum_{i=0}^{n} (a_i + b_i) x^i$$
und der Skalarmultiplikation
$$\alpha p(x) = \alpha \sum_{i=0}^{n} a_i x^i = \sum_{i=0}^{n} (\alpha a_i) x^i$$
für alle $p, q \in \Pi^n([a, b])$ und alle $\alpha \in \mathbb{R}$ ein Vektorraum. Basis dieses Vektorraumes sind die Monome $\{1, x, x^2, \ldots, x^n\}$.

Polynome bieten sich an, weil sie so einfach zu handhaben sind. Ganz allgemein kann man aber auch an Linearkombinationen der Form
$$\Phi(x) := \sum_{k=0}^{n} \alpha_k \Phi_k(x) \tag{12.1}$$
denken, wobei die α_k reelle Koeffizienten und die Φ_k zu spezifizierende Funktionen sind.

Man sagt, eine Funktion Φ^* **approximiert** die Funktion f auf $[a, b]$ bzgl. der Norm $\|\cdot\|$, wenn

$$\|f - \Phi^*\|$$

kleiner ist als $\|f - \Phi\|$ für alle Φ in der betreffenden Klasse. Die Aufgabe, eine solche Approximation zu finden, ist das **Approximationsproblem**. Verschiedene Normen und verschiedene Klassen von Funktionen Φ führen auf verschiedene Approximationsprobleme. Eine nicht nur für die Numerik bedeutende Norm ist die Supremumsnorm (oder Maximumsnorm)

$$\|f\|_\infty := \max_{x\in[a,b]} |f(x)| = \sup_{x\in[a,b]} |f(x)|,$$

die man aus historischen Gründen in der Approximationstheorie auch gerne **Tschebyschow-Norm** nennt.

Definition (Bestapproximation/Proximum)

Ein Polynom $p^* \in \Pi^n([a, b])$ heißt **Proximum** oder **Bestapproximierende** oder **Bestapproximation im Raum der Polynome vom Grad nicht höher als *n*** an die stetige Funktion f auf $[a, b]$, wenn

$$\|f - p^*\|_\infty = \min_{p\in\Pi^n([a,b])} \|f - p\|_\infty$$

gilt.

?

Muss ein Proximum an gewissen Stellen in $[a, b]$ Werte der Funktion f annehmen?

Wir wollen nun die Existenz eines Proximums ganz allgemein beweisen.

Satz

Sei $(X, \|\cdot\|_X)$ ein normierter Raum und V ein endlichdimensionaler Unterraum von X, der von den Elementen $e_1, e_2, \ldots, e_n$ aufgespannt werde. Dann existiert zu jedem $\xi \in X$ ein $v^* \in V$ mit der Eigenschaft

$$\forall v \in V: \quad \|\xi - v^*\|_X \le \|\xi - v\|_X.$$

Beweis: Sei $\xi \in X$ und betrachte $\overline{V} := \{v \in V : \|v\|_X \le 2\|\xi\|_X\}$. Die Menge $\overline{V}$ ist abgeschlossen und beschränkt und wegen $\dim V < \infty$ kompakt. Die Abbildung $\varphi\colon V \to \mathbb{R}_0^+$, $\varphi(v) := \|\xi - v\|_X$, $v \in V$, ist stetig und nimmt wegen der Kompaktheit von $\overline{V}$ dort ihr Minimum an, d. h., es existiert ein $v^* \in \overline{V}$ mit

$$\varphi(v^*) = \min_{v\in\overline{V}} \varphi(v),$$

d. h.

$$\|\xi - v^*\|_X = \min_{v\in\overline{V}} \|\xi - v\|.$$

Ist $v \in V$, aber $v \notin \overline{V}$, dann gilt $\|v\|_X > 2\|\xi\|_X$ und somit

$$\begin{aligned}\|\xi - v\|_X &\ge |\|v\|_X - \|\xi\|_X| = \|v\|_X - \|\xi\|_X\\ &> 2\|\xi\|_X - \|\xi\|_X = \|\xi - 0\|_X \ge \min_{v\in\overline{V}} \|\xi - v\|_X\\ &= \|\xi - v^*\|_X.\end{aligned}$$

■

Im Unterschied zum allgemeinen Approximationsproblem verlangt das Interpolationsproblem nicht nach einer besten Approximation, sondern die Übereinstimmung der approximierenden Funktion mit der zu approximierenden Funktion an einigen Stellen ist das Ziel. Das kann durchaus zu Interpolierenden führen, die sehr weit von einer Bestapproximation entfernt sind.

Das Interpolationsproblem

Das Problem:
Zu gegebenen Daten (x_k, y_k), $k = 0, 1, \ldots, n$, einer stetigen Funktion f, $y_k = f(x_k)$, mit $x_i \neq x_j$ für $i \neq j$, finde ein Polynom $p \in \Pi^n([a, b])$ mit der Eigenschaft

$$p(x_k) = f(x_k) = y_k, \quad k = 0, \ldots, n,$$

heißt **Interpolationsproblem** für Polynome. Existiert das Polynom p, dann heißt es **Interpolationspolynom**.

Verschiedene weitere Interpolationsprobleme sind vorstellbar. So können neben den Funktionswerten $f(x_k) = y_k$, $k = 0, \ldots, n$, auch noch Werte der ersten Ableitung $f'(x_k) = z_k$, $k = 0, \ldots, n$, gegeben sein. Diese Interpolation nennt man **Hermite-Interpolation**. Allgemeiner können $n+1$ Werte von linearen Funktionalen gegeben sein (Mittelwerte, innere Produkte etc.), und gesucht ist ein Polynom vom Grad nicht höher als n, das diese Werte interpoliert.

Die Existenz eines Interpolationspolynoms werden wir später konstruktiv zeigen. Die Eindeutigkeit ist sofort zu sehen.

Satz

Das Interpolationspolynom ist eindeutig bestimmt.

Beweis: Es seien p_1 und p_2 zwei Polynome aus $\Pi^n([a,b])$, die dasselbe Interpolationsproblem lösen. Dann besäße das Differenzpolynom $p := p_2 - p_1 \in \Pi^n([a, b])$ mindestens die $n + 1$ Nullstellen $x_0, x_1, \ldots, x_n$. Damit kann aber p nur das Nullpolynom sein, d. h., es gilt $p_1 \equiv p_2$. ■

Wir sind natürlich an dem **Interpolationsfehler**

$$\|f - p\|_\infty$$

interessiert. Dazu erweist es sich als unumgänglich, die Lösung des Approximationsproblems in Form des Weierstraß'schen Approximationssatzes zu verstehen.

Hintergrund und Ausblick: Die Haar'sche Bedingung und Tschebyschow-Systeme

Unter welchen allgemeinen Bedingungen ist die eindeutige Lösung des Approximationsproblems möglich?

Eine Menge von Funktionen $\Phi_1, \dots, \Phi_n \colon [a, b] \mapsto \mathbb{R}$ erfüllt die **Haar'sche Bedingung**, wenn

- alle Φ_k stetig auf $[a, b]$ sind, und
- wenn für n Punkte $x_1, \dots, x_n \in [a, b]$ mit $x_i \neq x_k$, $k \neq i$ die n Vektoren

$$\begin{pmatrix} \Phi_1(x_1) \\ \vdots \\ \Phi_n(x_1) \end{pmatrix}, \begin{pmatrix} \Phi_1(x_2) \\ \vdots \\ \Phi_n(x_2) \end{pmatrix}, \dots, \begin{pmatrix} \Phi_1(x_n) \\ \vdots \\ \Phi_n(x_n) \end{pmatrix}$$

  linear unabhängig sind.

Mit anderen Worten, es muss stets

$$\begin{vmatrix} \Phi_1(x_1) & \Phi_1(x_2) & \cdots & \Phi_1(x_n) \\ \Phi_2(x_1) & \Phi_2(x_2) & \cdots & \Phi_2(x_n) \\ \vdots & \vdots & \ddots & \vdots \\ \Phi_n(x_1) & \Phi_n(x_2) & \cdots & \Phi_n(x_n) \end{vmatrix} \neq 0$$

gelten. Man zeigt nun leicht:

Lemma

Die Funktionen $\Phi_1, \Phi_2, \dots, \Phi_n$ erfüllen die Haar'sche Bedingung genau dann, wenn keine nichttriviale Linearkombination der Form $\sum_{i=1}^n a_i \Phi_i(x)$ mehr als $n - 1$ Nullstellen besitzt.

Ein Funktionensystem $\Phi_1, \Phi_2, \dots, \Phi_n$, das die Haar'sche Bedingung erfüllt, heißt **Tschebyschow-System**.

In Tschebyschow-Systemen existiert nicht nur immer ein Proximum, sondern es ist sogar eindeutig bestimmt. Leider sind nicht allzu viele Tschebyschow-Systeme bekannt. Für uns wichtig sind zwei:

1. Die $n + 1$ Monome $\Phi_k(x) := x^k$, $k = 0, \dots, n$, bilden ein Tschebyschow-System auf jedem Intervall $[a, b]$. Jede Linearkombination ist ein Polynom vom Grad höchstens n und besitzt damit höchstens n Nullstellen in $[a, b]$.
2. Die $2n + 1$ Funktionen $\Phi_0(x) := 1, \Phi_k(x) := \cos kx$, $k = 1, \dots n$, $\Phi_{n+k}(x) := \sin kx$, $k = 1, \dots, n$ bilden ein Tschebyschow-System auf dem Intervall $[0, 2\pi)$. Dieses Tschebyschow-System bietet sich an für die Approximation von periodischen Funktionen $f \in C_{2\pi} := C([0, 2\pi))$.

Die Bernstein-Polynome bilden die Grundlage des Approximationssatzes

Der Weierstraß'sche Approximationssatz ist innerhalb und außerhalb der Mathematik so wichtig, dass man gut daran tut, mehrere verschiedene Beweise kennenzulernen. In Band 1, Abschnitt 19.6 findet man z. B. einen anderen Beweis als den, den wir hier zeigen wollen. Wir geben einen konstruktiven Beweis, der auf den Bernstein-Polynomen beruht.

Definition (Bernstein-Polynome)

Ist $h \colon [0, 1] \to \mathbb{R}$ eine beschränkte Funktion, dann heißt

$$B_m(h; t) := \sum_{k=0}^{m} h\left(\frac{k}{m}\right) \binom{m}{k} t^k (1 - t)^{m-k} \qquad (12.2)$$

das zu h gehörige **Bernstein-Polynom** vom Grad m.

Bernstein-Polynome besitzen ein paar erstaunliche Eigenschaften, von denen wir einige beweisen wollen.

Lemma (Eigenschaften der Bernstein-Polynome)

Ist $a \in \mathbb{R}$ und sind h, h_1 und h_2 stetige Funktionen auf $[0, 1]$, dann gelten:

- $B_m(ah; t) = a B_m(h; t)$,
- $B_m(h_1 + h_2; t) = B_m(h_1; t) + B_m(h_2; t)$.

Mit anderen Worten, der Operator $B_m \colon C([0, 1]) \to \Pi^m([0, 1])$, $h(\cdot) \mapsto B_m(h; \cdot)$, ist linear.

- Gilt $h_1(t) < h_2(t)$ für alle $t \in [0, 1]$, dann gilt auch die Monotonie $B_m(h_1; t) < B_m(h_2; t)$ auf $[0, 1]$.

Beweis: Die Linearität des Operators B_m folgt direkt aus der Definition der Bernstein-Polynome und ist offensichtlich.

Zum Beweis der Monotonie zeigen wir zuerst, dass für $h(t) > 0$ auf $[0, 1]$ stets auch $B_m(h; t) > 0$ folgt. Das ist aber klar, denn dann ist auch $h(k/m) > 0$ und das Bernstein-Polynom ist auf $[0, 1]$ eine Summe positiver Größen. Nun setzen wir $h(t) := h_2(t) - h_1(t)$ und erhalten die Monotonieaussage. ■

Beispiel Wir berechnen nun zur späteren Referenz die Bernstein-Polynome für die Monome $1, t, t^2$.

1. Sei $h(t) \equiv 1$. Dann folgt

$$B_m(1; t) = \sum_{k=0}^{m} \binom{m}{k} t^k (1 - t)^{m-k}$$

   und rechts steht der binomische Satz für $(t + (1 - t))^m$, d. h.

$$B_m(1; t) = (t + (1 - t))^m = 1. \qquad (12.3)$$

2. Jetzt versuchen wir es mit $h(t) = t$. Dann gilt

$$B_m(t;t) = \sum_{k=0}^{m} \frac{k}{m}\binom{m}{k} t^k (1-t)^{m-k}.$$

Mithilfe der Definition der Binomialkoeffizienten

$$\binom{m}{k} = \frac{m \cdot (m-1) \cdot \ldots \cdot (m-k)}{k!}$$

sieht man sofort, dass

$$\frac{k}{m}\binom{m}{k} = \binom{m-1}{k-1}$$

gilt. Setzen wir noch $j := k-1$, dann folgt

$$B_m(t;t) = t \underbrace{\sum_{j=0}^{m-1} \binom{m-1}{j} t^j (1-t)^{(m-1)-j}}_{\text{binomischer Satz für}(t-(1-t))^{m-1}} = t. \tag{12.4}$$

3. Nun gehen wir noch einen Grad höher und betrachten $h(t) = t^2$. Aus Gründen, die am Ende der Rechnung offenbar werden, betrachten wir zuerst

$$\begin{aligned} B_m\left(t\left(t-\frac{1}{m}\right);t\right) &= \sum_{k=0}^{m} \frac{k}{m}\frac{k-1}{m}\binom{m}{k} t^k (1-t)^{m-k} \\ &= \sum_{k=2}^{m} \frac{k}{m}\frac{k-1}{m}\binom{m}{k} t^k (1-t)^{m-k}. \end{aligned}$$

Aus der Definition der Binomialkoeffizienten folgt

$$\frac{k}{m}\frac{k-1}{m}\binom{m}{k} = \left(1-\frac{1}{m}\right)\binom{m-2}{k-2}$$

und mit $j := k-2$ erhalten wir

$$\begin{aligned} B_m\left(t\left(t-\frac{1}{m}\right);t\right) &= \left(1-\frac{1}{m}\right)t^2 \cdot \underbrace{\sum_{j=0}^{m-2} \binom{m-2}{j} t^j (1-t)^{(m-2)-j}}_{\text{binomischer Satz für}(t-(1-t))^{m-2}} \\ &= \left(1-\frac{1}{m}\right)t^2. \end{aligned}$$

Andererseits erhalten wir aber aus dem Lemma über die Eigenschaften der Bernstein-Polynome auf Seite 400:

$$\begin{aligned} B_m\left(t\left(t-\frac{1}{m}\right);t\right) &= B_m(t^2;t) - \frac{1}{m}B_m(t;t) \\ &= B_m(t^2;t) - \frac{t}{m}. \end{aligned}$$

Aus den beiden letzten Formeln erhalten wir nun mühelos

$$B_m(t^2;t) = \frac{1}{m}t + \left(1-\frac{1}{m}\right)t^2 = t^2 + \frac{1}{m}t(1-t). \tag{12.5}$$

◀

Der Weierstraß'sche Approximationssatz

Mit dem Beweis des Weierstraß'schen Approximationssatzes ist nun auch klar, *welche* Lösung das Approximationsproblem, zu gegebenem $f \in C([a,b])$ ein Polynom $p^* \in \Pi^n([a,b])$ mit der Eigenschaft

$$\forall p \in \Pi^n([a,b]): \quad \|f - p^*\|_\infty \le \|f - p\|_\infty,$$

zu finden, besitzt. Entscheidend wird sich für die Güte einer Interpolation der Fehler dieses Approximationsproblems erweisen.

Approximationsfehler

Ist $p^* \in \Pi^n([a,b])$ ein Polynom mit der Eigenschaft

$$\forall p \in \Pi^n([a,b]): \quad \|f - p^*\|_\infty \le \|f - p\|_\infty,$$

dann heißt

$$E_n(f;[a,b]) := E_n(f) := \|f - p^*\|_\infty \tag{12.10}$$

der **Approximationsfehler der Bestapproximation in** $\Pi^n([a,b])$.

12.2 Die Lagrange'sche Interpolationsformel

Als einfachster Weg zur Lösung eines Interpolationsproblems für die Daten $(x_k, y_k), k = 0, \ldots, n$, erscheint die Methode des „Einsetzens". Verwendet man den Ansatz

$$p(x) = a_n x^n + a_{n-1}x^{n-1} + \ldots + a_1 x + a_0$$

und setzt nun alle $n+1$ x_k nacheinander ein, so ergibt sich

$$\begin{aligned} y_0 &= p(x_0) = a_n x_0^n + a_{n-1}x_0^{n-1} + \ldots + a_1 x_0 + a_0 \\ y_1 &= p(x_1) = a_n x_1^n + a_{n-1}x_1^{n-1} + \ldots + a_1 x_1 + a_0 \\ &\vdots \qquad\qquad \vdots \\ y_n &= p(x_n) = a_n x_n^n + a_{n-1}x_n^{n-1} + \ldots + a_1 x_n + a_0, \end{aligned}$$

also ein lineares Gleichungssystem der Größe $(n+1) \times (n+1)$ für die $n+1$ Koeffizienten $a_0, a_1, \ldots, a_n$,

$$\underbrace{\begin{pmatrix} 1 & x_0 & x_0^2 & \cdots & x_0^n \\ 1 & x_1 & x_1^2 & \cdots & x_1^n \\ \vdots & \vdots & \vdots & \ddots & \vdots \\ 1 & x_n & x_n^2 & \cdots & x_n^n \end{pmatrix}}_{=:\boldsymbol{V}(x_0,\ldots,x_n)} \begin{pmatrix} a_0 \\ a_1 \\ \vdots \\ a_n \end{pmatrix} = \begin{pmatrix} y_0 \\ y_1 \\ \vdots \\ y_n \end{pmatrix}.$$

Die Matrix $\boldsymbol{V}$ ist die bekannte **Vandermonde'sche Matrix**, vergleiche Band 1, Abschnitt 13.4, deren Determinante

$$\det \boldsymbol{V}(x_0, \ldots, x_n) = \prod_{n \ge k > j \ge 0} (x_k - x_j)$$

Hintergrund und Ausblick: Bézier-Kurven und Bernstein-Polynome

Bernstein-Polynome bilden auch die Grundlage von Bézier-Kurven, die man im geometrischen Design von Karosserien und anderen Formstücken verwendet.

Alles folgende funktioniert mit Punkten im $\mathbb{R}^n$ für beliebiges n; wir bleiben aus Gründen der Anschauung im $\mathbb{R}^2$.

Gegeben seien drei Punkte $\boldsymbol{p}_0, \boldsymbol{p}_1, \boldsymbol{p}_2 \in \mathbb{R}^2$. Man konstruiere mit dem Parameter $t \in \mathbb{R}$ die beiden Geraden

$$\boldsymbol{p}_0^1(t) = (1-t)\boldsymbol{p}_0 + t\boldsymbol{p}_1,$$
$$\boldsymbol{p}_1^1(t) = (1-t)\boldsymbol{p}_1 + t\boldsymbol{p}_2,$$

und daraus mit der derselben Konstruktion

$$\boldsymbol{p}_0^2(t) = (1-t)\boldsymbol{p}_0^1(t) + t\boldsymbol{p}_1^1(t).$$

Einsetzen der Ausdrücke für $\boldsymbol{p}_0^1(t)$ und $\boldsymbol{p}_1^1(t)$ und Ausmultiplizieren liefert

$$\boldsymbol{p}_0^2(t) = (1-t)^2\boldsymbol{p}_0 + 2t(1-t)\boldsymbol{p}_1 + t^2\boldsymbol{p}_2.$$

Die Funktion $\boldsymbol{p}_0^2$ ist eine Parabel in Parameterdarstellung und man überzeugt sich davon, dass $\boldsymbol{p}_0^2(0) = \boldsymbol{p}_0$ und $\boldsymbol{p}_0^2(1) = \boldsymbol{p}_2$, also verläuft die Parabel für $t \in [0, 1]$ von $\boldsymbol{p}_0$ nach $\boldsymbol{p}_2$. Mehr noch, da unsere Konstruktion nur aus Konvexkombinationen besteht, können wir schließen, dass die Parabel in der konvexen Hülle der **Kontrollpunkte** $\boldsymbol{p}_0, \boldsymbol{p}_1, \boldsymbol{p}_2$ verläuft.

Verallgemeinern wir diese Vorgehensweise auf $n+1$ Punkte $\boldsymbol{p}_0, \boldsymbol{p}_1, \ldots, \boldsymbol{p}_n \in \mathbb{R}^2$, dann erzeugt der **De-Casteljau-Algorithmus**

für $r = 1, 2, \ldots, n$
  für $i = 0, 1, \ldots, n-r$
    $\boldsymbol{p}_i^r(t) = (1-t)\boldsymbol{p}_i^{r-1}(t) + t\boldsymbol{p}_{i+1}^{r-1}$

im letzten Schritt ein parametrisiertes Polynom $\boldsymbol{p}_0^n$ vom Grad nicht höher als n. Dieses Polynom nennt man **Bézier-Polynom**. Der Polygonzug von $\boldsymbol{p}_0$ über $\boldsymbol{p}_1, \ldots \boldsymbol{p}_{n-1}$ bis $\boldsymbol{p}_n$ heißt **Kontrollpolygon.**

Beispiel: Gesucht ist das Bézier-Polynom zu den Punkten $\boldsymbol{p}_0 = (0,0)^T$, $\boldsymbol{p}_1 = (2,4)^T$, $\boldsymbol{p}_2 = (5,3)^T$, $\boldsymbol{p}_3 = (7,-1)^T$. Anwendung des De-Casteljau-Algorithmus liefert

$$\boldsymbol{p}_0^3(t) = t^3\begin{pmatrix}-2\\2\end{pmatrix} + t^2\begin{pmatrix}3\\-15\end{pmatrix} + t\begin{pmatrix}6\\12\end{pmatrix}$$

und ist in folgender Abbildung mit dem Kontrollpolygon gezeigt.

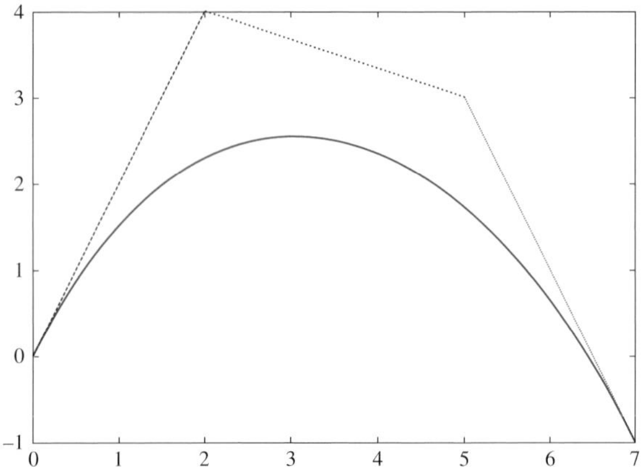

ändern wir nun den dritten Kontrollpunkt in $\boldsymbol{p}_2 = (3.0)^T$, dann erhalten wir die Bézier-Kurve

$$\boldsymbol{p}_0^3(t) = t^3\begin{pmatrix}4\\11\end{pmatrix} + t^2\begin{pmatrix}-3\\-24\end{pmatrix} + t\begin{pmatrix}6\\12\end{pmatrix}.$$

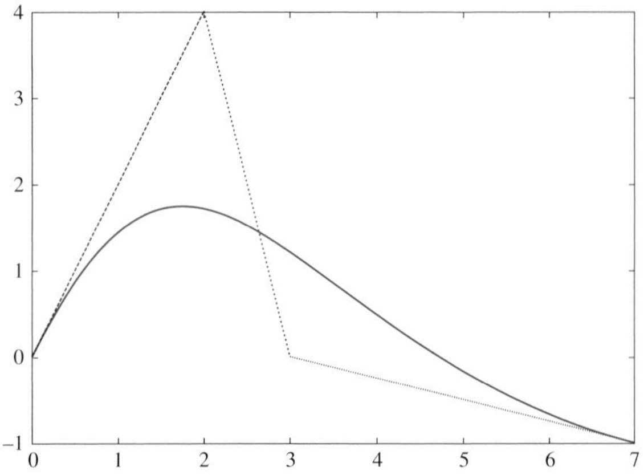

Schreiben wir das Bernstein-Polynom $B_m(1;t) = \sum_{k=0}^m \binom{m}{k} t^k (1-t)^{m-k}$ in der Form $B_m(1;t) = \sum_{k=0}^m B_{m,k}(1;t)$ mit $B_{m,k}(1;t) := \binom{m}{k} t^k (1-t)^{m-k}$, dann gilt für alle Teilpolynome im De-Casteljau-Algorithmus für $r = 1, \ldots, n$ und $i = 0, \ldots, n-r$

$$\boldsymbol{p}_i^r(t) = \sum_{j=0}^r \boldsymbol{p}_{i+j} B_{r,j}(t),$$

insbesondere also

$$\boldsymbol{p}_0^n(t) = \sum_{j=0}^n \boldsymbol{p}_j B_{n,j}(t).$$

Unter der Lupe: Der Weierstraß'sche Approximationssatz I

Zu einer stetigen Funktion $f \in C([a,b])$ und einem $\varepsilon > 0$ existiert ein Polynom $p \in \Pi([a,b])$ mit $\|f - p\|_\infty \le \varepsilon$.

Mit anderen Worten bedeutet der Satz, dass der Raum aller Polynome dicht liegt in $C[a,b]$ bezüglich der Supremumsnorm $\|\cdot\|_\infty$. Für die Funktionalanalysis folgt daraus, dass der Raum $(C[a,b], \|\cdot\|_\infty)$ separabel ist, denn die Polynome liegen dicht und jedes Polynom mit reellen Koeffizienten kann beliebig genau durch ein Polynom mit rationalen Koeffizienten approximiert werden.

Für uns hier in der Numerik liegt die Bedeutung des Satzes jedoch auf anderer Ebene: Im Raum der stetigen Funktionen auf einem abgeschlossenen Intervall existiert stets eine **Bestapproximation** (**Proximum**) durch ein Polynom. Wir führen den Beweis des Weierstraß'schen Approximationssatzes konstruktiv mithilfe der Bernstein-Polynome.

Beweis: Der Weierstraß'sche Approximationssatz ist für $h \in C([0,1])$ bewiesen, wenn wir zu jedem $\varepsilon > 0$ einen Grad (Index) m_0 finden können, sodass $\|h - B_{m_0}(h;\cdot)\|_\infty < \varepsilon$ gilt. Die Übertragung auf den Fall $h \in C([a,b])$ ist dann einfach durch die Transformation $x = (b-a)t + a$ gegeben.

Die Funktion h ist stetig auf $[0,1]$, also insbesondere beschränkt und das Maximum wird angenommen, d. h., es existiert eine Zahl $M \ge 0$ mit $\|h\|_\infty = M$. Für $s,t \in [0,1]$ gilt dann

$$|h(t) - h(s)| \le 2M. \tag{12.6}$$

Stetigkeit auf einem kompakten Intervall zieht die gleichmäßige Stetigkeit nach sich, daher gibt es zu jedem $\varepsilon_1 > 0$ ein $\delta > 0$, sodass

$$|t - s| < \delta \quad \Rightarrow \quad |h(t) - h(s)| < \varepsilon_1. \tag{12.7}$$

Wir sehen nun, dass aus (12.6) und (12.7) die Abschätzung

$$|h(t) - h(s)| \le \varepsilon_1 + \frac{2M}{\delta^2}(t-s)^2 \tag{12.8}$$

für alle $s,t \in [0,1]$ folgt, denn im Fall $|t-s| < \delta$ folgt (12.8) sofort aus (12.7) und für $|t-s| \ge \delta$ ist $(t-s)^2/\delta^2 \ge 1$ und (12.8) folgt schon aus (12.6).

Unter Beachtung der Eigenschaften für Bernstein-Polynome, die wir im Lemma auf Seite 400 bewiesen haben, schreiben wir für (12.8)

$$-\varepsilon_1 - \frac{2M}{\delta^2}(t-s)^2 \le h(t) - h(s) \le \varepsilon_1 + \frac{2M}{\delta^2}(t-s)^2$$

und wenden den m-ten Bernstein-Operator $B_m(\cdot;s)$ an. So ergibt sich

$$\begin{aligned} -\varepsilon_1 - \frac{2M}{\delta^2} B_m((t-s)^2;s) &\le B_m(h;s) - h(s) \\ &\le \varepsilon_1 + \frac{2M}{\delta^2} B_m((t-s)^2;s). \end{aligned} \tag{12.9}$$

Beachten der Rechenregeln und $(t-s)^2 = t^2 - 2st + s^2$ führt auf

$$B_m((t-s)^2;s) = B_m(t^2;s) - 2sB_m(t;s) + s^2 B_m(1;s).$$

Die Bernsteinpolynome der rechten Seite haben wir aber bereits berechnet, und zwar in (12.3), (12.4) und (12.5), sodass

$$B_m((t-s)^2;s) = \frac{s(1-s)}{m}$$

folgt. Ist aber $s \in [0,1]$, dann gilt die Abschätzung $0 \le s(1-s) \le 1/4$ und wir erhalten schließlich aus (12.9)

$$|h(s) - B_m(h;s)| \le \varepsilon_1 + \frac{M}{2\delta^2 m}.$$

Wählen wir nun noch $\varepsilon_1 = \varepsilon/2$, dann folgt für

$$m_0 > \frac{M}{\delta^2 \varepsilon}$$

die gesuchte Ungleichung

$$\begin{aligned} |h(s) - B_{m_0}(h;s)| &\le \frac{\varepsilon}{2} + \frac{M}{2\delta^2 m_0} \\ &< \frac{\varepsilon}{2} + \frac{M\delta^2\varepsilon}{2\delta^2 M} = \varepsilon. \end{aligned}$$

Nun müssen wir nur noch vom Intervall $[0,1]$ zurück auf das Intervall $[a,b]$, was durch

$$p(x) := B_{m_0}\left(f; \frac{x-a}{b-a}\right)$$

bewerkstelligt wird, wobei nun f irgendeine stetige Funktion auf $[a,b]$ bezeichnet. ■

stets von null verschieden ist. Das Interpolationsproblem besitzt also stets eine Lösung.

Für die numerische Lösung des Interpolationsproblems ist die Methode des Einsetzens jedoch völlig ungeeignet, wie unser folgendes Beispiel zeigt.

Beispiel Für die Stützstellen $x_k := k/10$, $k = 0, \ldots, 10$ ergibt sich die Vandermonde-Determinante zu

$$\begin{aligned}\det \boldsymbol{V}(x_0, \ldots, x_{10}) =& (x_1 - x_0)(x_2 - x_0) \cdots (x_{10} - x_0) \cdot \\ & (x_2 - x_1)(x_3 - x_1) \cdots (x_{10} - x_1) \cdot \\ & (x_3 - x_2)(x_4 - x_2) \cdots (x_{10} - x_2) \cdot \\ & \ldots \\ & (x_8 - x_7)(x_9 - x_7)(x_{10} - x_7) \cdot \\ & (x_9 - x_8)(x_{10} - x_8) \cdot \\ & (x_{10} - x_9) \\ =& \left(\frac{1}{10}\right)^{54} \cdot 2^9 \cdot 3^8 \cdot 4^7 \cdot \ldots 9^2 \\ =& 6.6581 \cdot 10^{-28}.\end{aligned}$$

Die Monome sind also für unsere Stützstellenwahl „fast" linear abhängig. Daraus allein kann man aber die Probleme bei Verwendung der Einsetzmethode nicht ableiten, denn für die Stützstellen $x_k := k$, $k = 0, \ldots, 10$ ergibt sich der Wert der Vandermonde'schen Determinante zu

$$\boldsymbol{V}(x_0, \ldots, x_{10}) = 6\,658\,606\,584\,104\,736\,522\,240\,000\,000.$$

Eine Überprüfung der Konditionszahl bzgl. der Supremumsnorm ergibt jedoch den abschreckend hohen Wert

$$\kappa(\boldsymbol{V}) = 7.298\,608\,664\,444\,293 \cdot 10^{12}.$$

Die Kondition ist offenbar so schlecht, weil die Stützstellen so eng beieinanderliegen. ◀

Ein sehr viel geeigneterer Zugang zur Berechnung des Interpolationspolynoms stellen die Lagrange'schen Basispolynome dar.

Lagrange'sches Interpolationspolynom

Zu $n + 1$ paarweise verschiedenen Stützstellen $a := x_0, \ldots, x_n := b$ heißen die Funktionen

$$L_i(x) := \prod_{\substack{j=0 \\ j \neq i}}^{n} \frac{x - x_j}{x_i - x_j} \qquad (12.11)$$

für $i = 0, \ldots, n$ die **Lagrange'schen Basispolynome**. Das Polynom

$$p(x) := \sum_{i=0}^{n} f(x_i) L_i(x) \qquad (12.12)$$

heißt das **Lagrange'sche Interpolationspolynom** zu den Daten $(x_i, f(x_i))$, $i = 0, \ldots, n$.

Um unsere Bezeichnungen zu rechtfertigen, müssen wir zeigen:

Lemma

Gegeben seien $n + 1$ Datenpaare $(x_i, f(x_i))$, $i = 0, \ldots, n$ mit $a = x_0 < x_1 < \ldots < x_n = b$. Die Lagrange'schen Basispolynome L_i, $i = 0, \ldots, n$ bilden eine Basis des Polynomraums $\Pi^n([a, b])$ und es gilt

$$L_i(x_k) = \delta_{ik} = \begin{cases} 1 & i = k \\ 0 & i \neq k \end{cases}.$$

Weiterhin ist $p \in \Pi^n([a, b])$ die eindeutig bestimmte Lösung des Interpolationsproblems.

Beweis: Es ist

$$L_i(x_i) = \prod_{\substack{j=0 \\ j \neq i}}^{n} \underbrace{\frac{x_i - x_j}{x_i - x_j}}_{=1} = 1$$

und für $i \neq k$ folgt

$$L_i(x_k) = \prod_{\substack{j=0 \\ j \neq i}}^{n} \frac{x_k - x_j}{x_i - x_j} = \underbrace{\frac{x_k - x_k}{x_i - x_j}}_{=0} \prod_{\substack{j=0 \\ j \neq i,k}}^{n} \frac{x_k - x_j}{x_i - x_j} = 0.$$

Damit sind die Lagrange'schen Basispolynome aber auch linear unabhängig, denn aus

$$0 = \sum_{i=0}^{n} a_i L_i(x)$$

folgt durch sukzessives Einsetzen von $x_0, x_1, \ldots, x_n$, dass $a_0 = a_1 = \ldots, a_n = 0$ gilt. Also ist $\operatorname{span}\{L_0, \ldots, L_n\} \subset \Pi^n([a, b])$, aber es gilt auch $\dim \operatorname{span}\{L_0, \ldots, L_n\} = n + 1 = \dim \Pi^n([a, b])$ und damit sind die Lagrange'schen Basispolynome eine Basis des Raumes der Polynome vom Grad nicht höher als n.

Für das Lagrange'sche Interpolationspolynom p gilt sicher $p \in \operatorname{span}\{L_0, \ldots, L_n\}$ und wegen

$$p(x_k) = \sum_{i=0}^{n} f(x_i) L_i(x_k) = \sum_{i=0}^{n} f(x_i) \delta_{ik} = f(x_k)$$

für $k = 0, \ldots, n$, ist p die eindeutig bestimmte Lösung des Interpolationsproblems. ■

Die Auswertung von Polynomen kann rekursiv geschehen

Oftmals stellt sich das Problem, ein Polynom $p \in \Pi^n([a, b])$ an verschiedenen Stellen x auswerten zu müssen. Dazu ist besonders der **Neville-Aitken-Algorithmus** geeignet. Ins-

Beispiel: Die Lagrange'schen Basispolynome

Es sind die ersten drei Lagrange'schen Basispolynome zu den Knoten $x_i = i, i = 0, 1, 2$ zu berechnen. Mit ihrer Hilfe soll das Interpolationspolynom zu den Daten

i	0	1	2
x_i	0	1	2
$f(x_i)$	−2	−1	4

berechnet werden.

Problemanalyse und Strategie: Wir berechnen die Basispolynome direkt nach (12.11).

Lösung:
Die Lagrange'schen Basispolynome sind nach Definition gegeben durch

$$L_0(x) = \frac{x - x_1}{x_0 - x_1} \cdot \frac{x - x_2}{x_0 - x_2} = \frac{x-1}{-1} \cdot \frac{x-2}{-2} = \frac{1}{2}(x-1)(x-2),$$

$$L_1(x) = \frac{x - x_0}{x_1 - x_0} \cdot \frac{x - x_2}{x_1 - x_2} = \frac{x}{1} \cdot \frac{x-2}{1-2} = x(2-x),$$

$$L_2(x) = \frac{x - x_0}{x_2 - x_0} \cdot \frac{x - x_1}{x_2 - x_1} = \frac{x}{2} \cdot \frac{x-1}{2-1} = \frac{1}{2}x(x-1).$$

Sie sind in der folgenden Abbildung dargestellt.

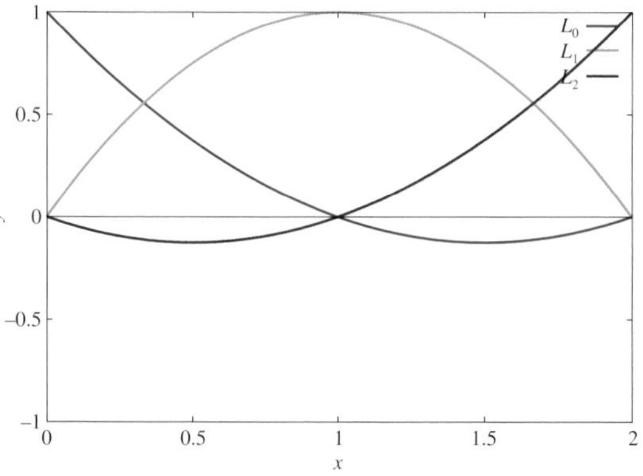

Die Lösung des Interpolationsproblems für die gegebenen Daten ist demnach

$$p(x) = \sum_{i=0}^{2} f(x_i)L_i(x) = -2L_0(x) - L_1(x) + 4L_2(x)$$
$$= 2x^2 - x - 2.$$

und ist in der folgenden Abbildung zu sehen.

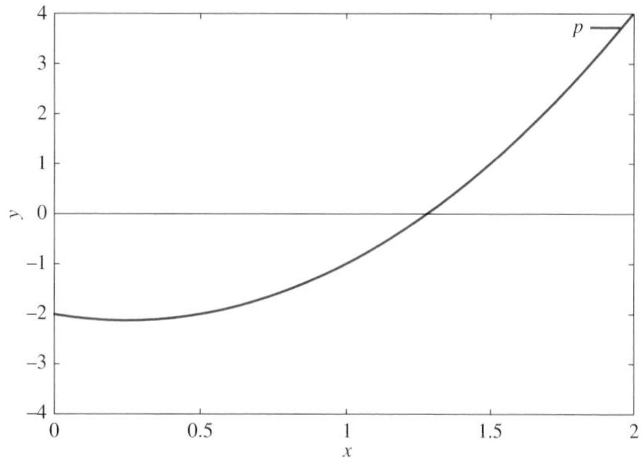

besondere verwendet man diesen Algorithmus, wenn es um die Auswertung des Polynoms nur an einzelnen Stellen geht. Dieser Algorithmus konstruiert Schritt für Schritt Polynome immer höherer Ordnung aus Polynomen niedrigerer Ordnung, so lange, bis der Grad des zuletzt berechneten Polynoms die gegebenen Daten interpoliert. Auf dem Weg zu diesem Polynom fallen gesuchte Funktionswerte quasi „nebenbei" ab.

Zur Motivation betrachten wir den Fall zweier Interpolationspolynome $g, h \in \Pi^1([a, b])$, für die

$$g(x_i) = f(x_i) =: f_i, \ i = 0, 1 \quad ; \quad h(x_i) = f_i, \ i = 1, 2$$

und $x_i \in [a, b], i = 0, 1, 2$, gelten soll.

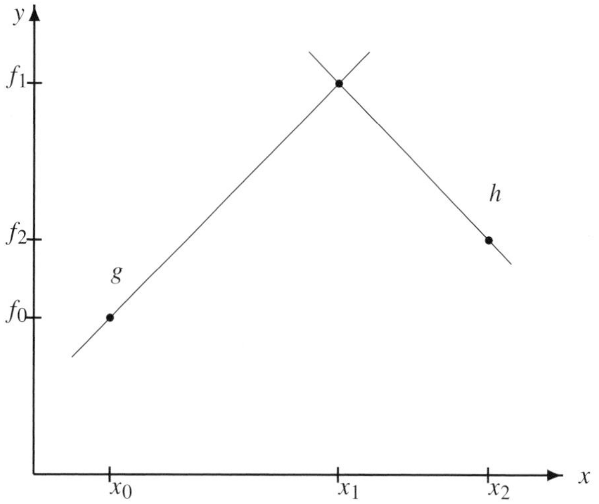

Suchen wir nun das Interpolationspolynom $p \in \Pi^2([a, b])$ zu den Daten (x_i, f_i), $i = 0, 1, 2$, dann leistet

$$p(x) = \frac{h(x)(x - x_0) - g(x)(x - x_2)}{x_2 - x_0}$$

offenbar das Gewünschte, denn $p(x_0) = g(x_0) = f_0$, $p(x_2) = h(x_2) = f_2$,

$$\begin{aligned} p(x_1) &= \frac{h(x_1)(x_1 - x_0) - g(x_1)(x_1 - x_2)}{x_2 - x_0} \\ &= \frac{f_1 x_1 - f_1 x_0 - f_1 x_1 + f_1 x_2}{x_2 - x_0} \\ &= \frac{f_1(x_2 - x_0)}{x_2 - x_0} = f_1 \end{aligned}$$

und $p \in \Pi^2([a,b])$. Damit ist die Idee des Algorithmus von Neville und Aitken bereits vollständig beschrieben. Wir müssen diese Idee nur noch verallgemeinern.

Satz (Rekursive Berechnung von Polynomen; „Neville-Aitken-Algorithmus")

Gegeben seien $n+1$ Datenpaare (x_i, f_i), $i = 0, \ldots, n$ mit paarweise verschiedenen Stützstellen $x_0, \ldots, x_n \in [a,b]$. Sei

$$p_{j,j+1,\ldots,j+m} \in \Pi^m([a,b])$$

das eindeutig bestimmte Interpolationspolynom zu den Stützstellen $x_j, \ldots, x_{j+m}$ mit $j + m \leq n$ und $m \geq 1$, d. h.,

$$p_{j,j+1,\ldots,j+m}(x_i) = f_i, \quad i = j, j+1, \ldots, j+m.$$

Dann gilt

$$\begin{aligned} &p_{j,j+1,\ldots,j+m}(x) \\ &= \frac{(x - x_j) p_{j+1,\ldots,j+m}(x) - (x - x_{j+m}) p_{j,\ldots,j+m-1}(x)}{x_{j+m} - x_j}. \end{aligned} \tag{12.13}$$

Beweis: Wir bezeichnen die gesamte rechte Seite der Behauptung mit q. Weil $p_{j+1,\ldots,j+m} \in \Pi^{m-1}([a,b])$ gilt, folgt offenbar schon $q \in \Pi^m([a,b])$. Wir überprüfen nun, ob das Polynom q an den Stützstellen $x_j, \ldots, x_{j+m}$ die Werte $f_j, \ldots, f_{j+m}$ annimmt.

Wir erhalten sofort

$$q(x_j) = p_{j,j+1,\ldots,j+m-1}(x_j) = f_j$$

und

$$q(x_{j+m}) = p_{j+1,\ldots,j+m}(x_{j+m}) = f_{j+m}.$$

Für die verbleibenden Stützstellen $x_i \in \{x_{j+1}, \ldots, x_{j+m-1}\}$ erhalten wir

$$\begin{aligned} &q(x_i) \\ &= \frac{(x_i - x_j) p_{j+1,\ldots,j+m}(x_i) - (x_i - x_{j+m}) p_{j,\ldots,j+m-1}(x_i)}{x_{j+m} - x_j} \\ &= \frac{(x_i - x_j) f_i - (x_i - x_{j+m}) f_i}{x_{j+m} - x_j} = f_i. \end{aligned}$$

Das Polynom q ist also vom Grad nicht größer als m und interpoliert an den Stützstellen $x_j, \ldots, x_{j+m}$. Wegen der Eindeutigkeit des Interpolationspolynoms ist daher $q = p_{j,j+1,\ldots,j+m}$. ■

Häufig verwendet man die Abkürzung

$$F_{j,m} := p_{j,j+1,\ldots,j+m}.$$

Dann schreibt sich (12.13) in der etwas übersichtlicheren Form

$$\begin{aligned} F_{j,0} &:= f_j, \\ F_{j,m} &:= \frac{(x - x_{j-m}) F_{j,m-1} - (x - x_j) F_{j-1,m-1}}{x_j - x_{j-m}}. \end{aligned} \tag{12.14}$$

Noch übersichtlicher und für spätere Verwendung bei der numerischen Integration erhält man die Rekursionsformel (12.14) durch Einschub von $x_j - x_j = 0$ und ein wenig Rechnen,

$$\begin{aligned} F_{j,m} &= \frac{(x - x_{j-m} + x_j - x_j) F_{j,m-1} - (x - x_j) F_{j-1,m-1}}{x_j - x_{j-m}} \\ &= \frac{(x_j - x_{j-m}) F_{j,m-1} + (x - x_j) F_{j,m-1}}{x_j - x_{j-m}} \\ &\quad - \frac{(x - x_j) F_{j-1,m-1}}{x_j - x_{j-m}} \\ &= \frac{x_j - x_{j-m}}{x_j - x_{j-m}} F_{j,m-1} \\ &\quad + \frac{(x - x_j) F_{j,m-1} - (x - x_j) F_{j-1,m-1}}{x_j - x_{j-m}} \\ &= F_{j,m-1} + \frac{F_{j,m-1} - F_{j-1,m-1}}{\frac{x_j - x_{j-m}}{x - x_j}} \\ &= F_{j,m-1} + \frac{F_{j,m-1} - F_{j-1,m-1}}{\frac{x_j - x_{j-m}}{x - x_j} + \frac{x - x_j}{x - x_j} - \frac{x - x_j}{x - x_j}} \\ &= F_{j,m-1} + \frac{F_{j,m-1} - F_{j-1,m-1}}{\frac{x - x_{j-m}}{x - x_j} - 1}. \end{aligned} \tag{12.15}$$

Die rekursive Berechnung erlaubt nun, ein Polynom $p = p_{0,\ldots,n} \in \Pi^n([a,b])$ an einer beliebigen Stelle $x \in [a,b]$ zu berechnen. Dazu starten wir mit $p_i(x) = f_i$, $i = 0, \ldots, n$ als „Initialisierung" und nutzen den Satz von der rekursiven Berechnung der Polynome, um sukzessive Polynome höherer Ordnung bei x auszuwerten, was schließlich auf $p_{0,\ldots,n}(x)$ führt. Diese Berechnung geschieht vorteilhaft in Tableaus.

Nevilles Tableau

		$m=1$	$m=2$	$m=3$
x_0	$f_0 = p_0(x)$			
		$p_{0,1}(x)$		
x_1	$f_1 = p_1(x)$		$p_{0,1,2}(x)$	
		$p_{1,2}(x)$		$p_{0,1,2,3}(x)$
x_2	$f_2 = p_2(x)$		$p_{1,2,3}(x)$	
		$p_{2,3}(x)$		
x_3	$f_3 = p_3(x)$			

Dabei werden die Werte $p_{0,1}(x)$ mit (12.13) aus den Werten $p_0(x)$ und $p_1(x)$ links davon, $p_{1,2,3}(x)$ aus den Werten $p_{1,2}(x)$ und $p_{2,3}(x)$ links davon usw. berechnet.

In der einfacheren Notation (12.15) schreibt sich das Neville-Tableau in der folgenden, äquivalenten Form.

Nevilles Tableau (vereinfachte Notation)

		$m=1$	$m=2$	$m=3$
x_0	$F_{0,0}$			
		$F_{1,1}$		
x_1	$F_{1,0}$		$F_{2,2}$	
		$F_{2,1}$		$F_{3,3}$
x_2	$F_{2,0}$		$F_{3,2}$	
		$F_{3,1}$		
x_3	$F_{3,0}$			

Dabei werden die Werte $F_{1,1}(x)$ mit (12.15) aus den Werten $F_{0,0}(x)$ und $F_{1,0}(x)$ links davon, $F_{3,2}(x)$ aus den Werten $F_{2,1}(x)$ und $F_{3,1}(x)$ links davon usw. berechnet.

Die rekursive Berechnung des Wertes eines Polynoms p an der Stelle x nach (12.13) benötigt jeweils 7 arithmetische Operationen, nämlich 4 Additionen/Subtraktionen, 2 Multiplikationen und 1 Division. Wie oft müssen diese Operationen ausgeführt werden? Das erste Mal in der Spalte $m = 1$ des Neville-Tableaus, und zwar n-mal ($n = 3$ in unserem Tableau). In der Spalte $m = 2$ muss $(n-1)$-mal ausgewertet werden usw. In der letzten Spalte $m = n$ gibt es dann nur noch eine Auswertung. Also ergibt sich insgesamt eine Anzahl von

$$\sum_{k=0}^{n-1}(n-k) = \sum_{\ell=1}^{n}\ell = \frac{n(n+1)}{2}$$

Auswertungen mit je 7 arithmetischen Operationen. Damit haben wir gezeigt, dass bei $n+1$ Datenpaaren (x_i, f_i), $i = 0, \ldots, n$, die Anzahl an Operationen $\mathcal{O}(n^2)$ beträgt.

Anmerkung: Beachten Sie bitte, dass das Auswerten von Polynomen nur ein „Nebeneffekt" des Neville-Aitken-Algorithmus ist und dass eigentlich Polynome konstruiert werden!

Der Neville-Aitken-Algorithmus ist zwar mit einer Komplexität von $\mathcal{O}(n^2)$ zu aufwendig, die Berechnung von Größen in einem Tableau ist allerdings nach wie vor sehr wichtig, wie wir bei der Newton'schen Interpolationsformel sehen können.

12.3 Die Newton'sche Interpolationsformel

Die Idee hinter dem Newton-Polynom ist nur eine andere Schreibweise

Wir haben bisher zwei verschiedene Darstellungen von Polynomen $p \in \Pi^n([a,b])$ kennengelernt, nämlich die **Entwicklung in Monome**

$$p(x) = a_0 + a_1 x + a_2 x^2 + \ldots + a_n x^n$$

und die **Lagrange-Darstellung**

$$p(x) = f_0 L_0(x) + f_1 L_1(x) + \ldots + f_n L_n(x)$$

mit den Lagrange'schen Basispolynomen L_k, $k = 0, \ldots, n$, wobei $p(x_i) = f_i$, $i = 0, \ldots, n$, gilt.

Die Darstellung als **Newton-Polynom** hingegen ist

$$\begin{aligned} p(x) =& a_0 + a_1(x-x_0) + a_2(x-x_0)(x-x_1) + \ldots \\ &+ a_n(x-x_0)(x-x_1)\cdot\ldots\cdot(x-x_{n-1}). \end{aligned}$$

Wir können nun die Koeffizienten a_i, $i = 0, \ldots, n$, aus den Bedingungen $p(x_i) = f_i$, $i = 0, \ldots, n$, sukzessive berechnen:

$$\begin{aligned} f_0 &= p(x_0) = a_0, \\ f_1 &= p(x_1) = a_0 + a_1(x_1 - x_0), \\ f_2 &= p(x_2) = a_0 + a_1(x_2 - x_0) + a_2(x_2 - x_0)(x_2 - x_1), \\ &\vdots \end{aligned}$$

Sind $a_0, \ldots, a_{j-1}$ bereits aus den oberen Gleichungen berechnet, dann folgt aus

$$f_j = p(x_j) = a_0 + \sum_{i=1}^{j}\left(a_i \prod_{k=0}^{i-1}(x_j - x_k)\right)$$

die Bestimmungsgleichung

$$a_j = \frac{f_j - a_0 - \sum_{i=1}^{j-1}\left(a_i \prod_{k=0}^{i-1}(x_j - x_k)\right)}{\prod_{k=0}^{j-1}(x_j - x_k)}.$$

Im Nenner benötigt diese Berechnung j Subtraktionen und $j-1$ Multiplikationen. Im Zähler müssen $1+2+\ldots+(j-1)$ Subtraktionen und ebenso viele Multiplikationen durchgeführt werden, zusätzlich noch j Subtraktionen. Zur Berechnung von a_j muss dann noch eine Division durchgeführt werden. Der Aufwand zur Berechnung eines a_j ist damit $j^2 + 2j$ und für alle Koeffizienten ergibt sich

$$\begin{aligned} \sum_{j=0}^{n}(j^2 + 2j) &= \frac{(n+1)n(2n+1)}{6} + 2\frac{n(n+1)}{2} \\ &= \frac{n^3}{3} + \mathcal{O}(n^2). \end{aligned}$$

Die Komplexität ist also $\mathcal{O}(n^3)$ und kommt damit für praktische Rechnungen nicht in Frage. Der Neville-Aitken-Algorithmus zeigt jedoch, wie man es besser machen kann, nämlich in einem Tableau.

Das Newton-Polynom

Gehen wir noch einmal zurück zu unserem System zur Bestimmung der a_i, $i = 0, \ldots, n$:

$$\begin{aligned} f_0 &= p(x_0) = a_0, \\ f_1 &= p(x_1) = a_0 + a_1(x_1 - x_0), \\ f_2 &= p(x_2) = a_0 + a_1(x_2 - x_0) + a_2(x_2 - x_0)(x_2 - x_1), \\ &\vdots \end{aligned}$$

Die erste Zeile liefert $a_0 = f_0$ und macht keine Probleme. Aus der zweiten Zeile berechnen wir

$$a_1 = \frac{f_1 - f_0}{x_1 - x_0}$$

und aus der dritten Zeile folgt

$$\frac{f_2 - f_0}{x_2 - x_0} = a_1 + a_2(x_2 - x_1) = \frac{f_1 - f_0}{x_1 - x_0} + a_2(x_2 - x_1),$$

also

$$a_2 = \frac{\frac{f_2-f_0}{x_2-x_0} - \frac{f_1-f_0}{x_1-x_0}}{x_2 - x_1}.$$

Man kann a_1 als Differenz von f_1 und f_0 ansehen, die durch den Stützstellenabstand dividiert wird. Analog ist a_2 offenbar die Differenz zweier schon durch die entsprechenden Stützstellenabstände dividierten Differenzen, die dann noch einmal durch eine Stützstellendifferenz dividiert wird. Diese Konstruktion nennt man daher **dividierte Differenzen**.

Dividierte Differenzen

Gegeben seien die Datenpaare $(x_i, f_i), i = 0, \ldots, n$, mit paarweise verschiedenen Stützstellen $x_i \in [a, b]$. Die **dividierten Differenzen** sind rekursiv definiert durch

$$f[x_j] := f_j, \quad j = 0, \ldots, n,$$

und

$$f[x_j, \ldots, x_{j+m}] := \frac{f[x_{j+1}, \ldots, x_{j+m}] - f[x_j, \ldots, x_{j+m-1}]}{x_{j+m} - x_j} \qquad (12.16)$$

für $j = 0, \ldots, n-1$ und $j + m \le n, m \in \mathbb{N}$.

Nun können wir die dividierten Differenzen ganz analog zu den Berechnungen im Neville-Tableau bestimmen.

Tableau der dividierten Differenzen

$$\begin{array}{llll}
f_0 = f[x_0] & & & \\
 & f[x_0, x_1] & & \\
f_1 = f[x_1] & & f[x_0, x_1, x_2] & \\
 & f[x_1, x_2] & & f[x_0, x_1, x_2, x_3] \\
f_2 = f[x_2] & & f[x_1, x_2, x_3] & \\
 & f[x_2, x_3] & & \\
f_3 = f[x_3] & & &
\end{array}$$

Dabei werden die dividierten Differenzen $f[x_0, x_1]$ mit (12.16) aus den Werten $f[x_0]$ und $f[x_1]$ links davon, $f[x_1, x_2, x_3]$ aus den Werten $f[x_1, x_2]$ und $f[x_2, x_3]$ links davon, usw. berechnet.

?

Zeigen Sie, dass die Komplexität der Berechnung der dividierten Differenzen nach (12.16) im Tableau $\mathcal{O}(n^2)$ beträgt.

Jetzt bleibt nur noch, den Zusammenhang zwischen den dividierten Differenzen und dem Interpolationspolynom in Newton-Form zu klären.

Das Newton'sche Interpolationspolynom

Es seien $n + 1$ Datenpaare $(x_i, f_i), i = 0, \ldots, n$, mit paarweise verschiedenen Stützstellen $x_i \in [a, b], i = 0, \ldots, n$, gegeben. Dann erfüllt das **Newton'sche Interpolationspolynom**, gegeben durch

$$p(x) = f[x_0] + f[x_0, x_1](x - x_0) + \ldots + f[x_0, \ldots, x_n](x - x_0) \cdot \ldots \cdot (x - x_{n-1})$$

die Interpolationsbedingungen $p(x_i) = f_i$ für $i = 0, \ldots, n$.

Beweis: Wir führen den Beweis durch vollständige Induktion über $n \in \mathbb{N}_0$.

Für $n = 0$ ist die Behauptung richtig, denn es gilt $f[x_0] = f_0$.

Sei die Behauptung nun richtig für $n + 1$ Datenpaare mit paarweise verschiedenen Stützstellen, d. h., es gelten

$$p_{0,\ldots,n}(x) = f[x_0] + f[x_0, x_1](x - x_0) + \ldots + f[x_0, \ldots, x_n](x - x_0) \cdot \ldots \cdot (x - x_{n-1}) \qquad (12.17)$$

und

$$p_{1,\ldots,n+1}(x) = f[x_1] + f[x_1, x_2](x - x_1) + \ldots + f[x_1, \ldots, x_{n+1}](x - x_1) \cdot \ldots \cdot (x - x_n). \qquad (12.18)$$

Für $n + 2$ Datenpaare $(x_i, f_i), i = 0, \ldots, n + 1$, mit paarweise verschiedenen x_i schreiben wir für $p_{0,\ldots,n+1} \in \Pi^n([a, b])$

$$p_{0,\ldots,n+1}(x) = a_0 + a_1(x - x_0) + \ldots + a_{n+1}(x - x_0) \cdot \ldots \cdot (x - x_n).$$

Wegen der Interpolationseigenschaften gilt sicher

$$p_{0,\ldots,n+1}(x_i) - p_{0,\ldots,n}(x_i) = 0, \quad i = 0, \ldots, n,$$

woraus man $a_i = f[x_0, \ldots, x_i]$ für $i = 0, \ldots, n$ gewinnt. Es bleibt nur noch, diese Identität auch für den Leitkoeffizienten a_{n+1} zu beweisen. Dazu bemerken wir, dass einerseits

$$p_{0,\ldots,n+1}(x) = a_{n+1}x^{n+1} + q(x) \qquad (12.19)$$

mit $q \in \Pi^n([a, b])$ gilt, andererseits aber wegen (12.13) auch

$$p_{0,\ldots,n+1}(x) = \frac{(x - x_0)p_{1,\ldots,n+1}(x) - (x - x_{n+1})p_{0,\ldots,n}(x)}{x_{n+1} - x_0}$$

und wegen (12.17) und (12.18) folgt

$$p_{0,\ldots,n+1}(x) = \frac{f[x_1, \ldots, x_{n+1}] - f[x_0, \ldots, x_n]}{x_{n+1} - x_0} x^{n+1} + \widetilde{q}(x) \qquad (12.20)$$

Beispiel: Ein Newton'sches Interpolationspolynom

Gesucht ist das Newton'sche Interpolationspolynom zu den Daten

i	0	1	2
x_i	0	1	2
$f(x_i)$	−2	−1	4

. Dieses Polynom kennen wir schon aus einem Beispiel zu den Lagrange-Polynomen, hier wollen wir es als Newton-Polynom berechnen. Ist das Polynom berechnet, dann füge man ein weiteres Datenpaar $(x_3, f_3) = (3, -4)$ an und berechne das Newton-Polynom.

Problemanalyse und Strategie: Wir berechnen die dividierten Differenzen nach (12.16) und bilden das Newton-Polynom. Für das Polynom mit dem zusätzlichen Datenpunkt müssen wir nur noch eine weitere dividierte Differenz berechnen.

Lösung:

- Die dividierten Differenzen lauten

$$\begin{aligned} f[x_0] &= f_0 = -2, \quad f[x_1] = f_1 = -1, \\ f[x_2] &= f_2 = 4, \\ f[x_0, x_1] &= \frac{f[x_1] - f[x_0]}{x_1 - x_0} = \frac{-1-(-2)}{1-0} = 1, \\ f[x_1, x_2] &= \frac{f[x_2] - f[x_1]}{x_2 - x_1} = \frac{4-(-1)}{2-1} = 5, \\ f[x_0, x_1, x_2] &= \frac{f[x_1, x_2] - f[x_0, x_1]}{x_2 - x_0} = \frac{5-1}{2-0} = 2. \end{aligned}$$

Das gesuchte Interpolationspolynom ist damit

$$\begin{aligned} p(x) =& f[x_0] + f[x_0, x_1](x - x_0) + \\ & f[x_0, x_1, x_2](x - x_0)(x - x_1) \\ =& -2 + (x - 0) + 2(x - 0)(x - 1) \\ =& 2x^2 - x - 2 \end{aligned}$$

und ist natürlich dasselbe wie im Lagrange'schen Fall.

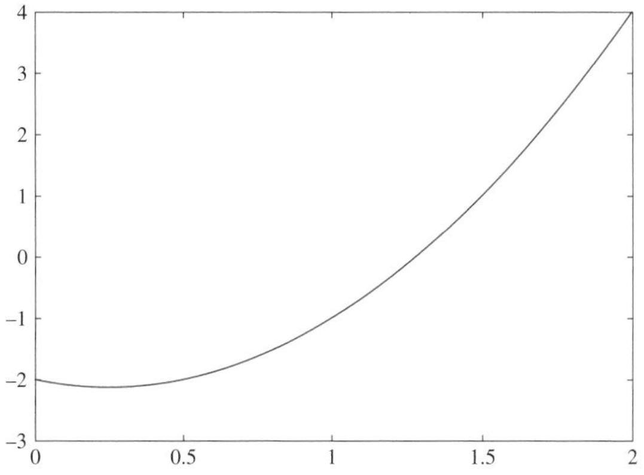

- Für den neuen Datenpunkt $(x_3, f_3) = (3, -4)$ müssen wir nicht mehr das gesamte Polynom neu berechnen. Vielmehr reicht es,

$$f[x_0, x_1, x_2, x_3] = \frac{f[x_1, x_2, x_3] - f[x_0, x_1, x_2]}{x_3 - x_0}$$

zu berechnen. Dazu brauchen wir noch

$$f[x_1, x_2, x_3] = \frac{f[x_2, x_3] - f[x_1, x_2]}{x_3 - x_1}$$

und außerdem

$$f[x_2, x_3] = \frac{f[x_3] - f[x_2]}{x_3 - x_2}.$$

Warum ist das so aufwendig? Ist es nicht! Es handelt sich lediglich darum, dem Differenzentableau eine untere Reihe anzufügen. Wir erhalten schnell

$$f[x_2, x_3] = -8, \quad f[x_1, x_2, x_3] = -13/2,$$

und damit $f[x_0, x_1, x_2, x_3] = -17/6$. Unser Polynom lautet also

$$\begin{aligned} P(x) &= p(x) \\ &\quad + f[x_0, x_1, x_2, x_3](x - x_0)(x - x_1)(x - x_2) \\ &= 2x^2 - x - 2 - \frac{17}{6}(x - 0)(x - 1)(x - 2) \\ &= -\frac{17}{6}x^3 + \frac{21}{2}x^2 - \frac{20}{3}x - 2. \end{aligned}$$

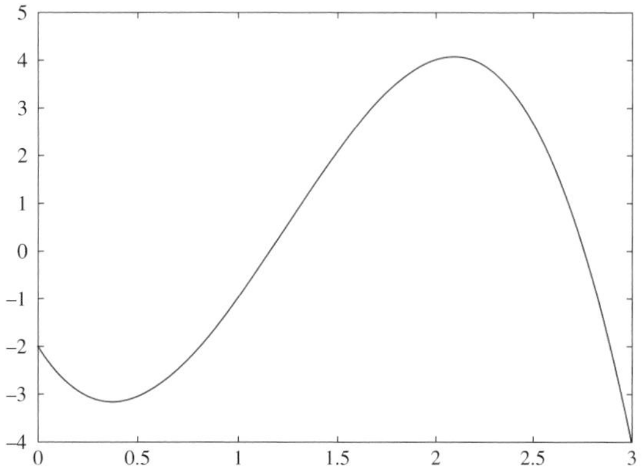

Beachten Sie bitte, dass wir im Fall der Lagrange-Darstellung *sämtliche* Lagrange'schen Basispolynome neu hätten berechnen müssen.

mit $\widetilde{q} \in \Pi^n([a,b])$. Ein Koeffizientenvergleich zwischen (12.19) und (12.20) liefert schließlich die Behauptung, da die Monome $x^k, k = 0, \ldots, n+1$ eine Basis des Raumes $\Pi^{n+1}([a,b])$) bilden. ∎

Wir notieren noch eine wichtige Eigenschaft der dividierten Differenzen, nämlich ihre Symmetrie.

Satz (Symmetrie der dividierten Differenzen)
Die dividierte Differenz $f[x_0, \ldots, x_k]$ ist eine symmetrische Funktion der x_i, d. h.: Ist $x_{i_0}, \ldots, x_{i_k}$ irgendeine Permutation von $x_0, \ldots, x_k$, dann gilt

$$f[x_{i_0}, \ldots, x_{i_k}] = f[x_0, \ldots, x_k].$$

Beweis: Die dividierte Differenz $f[x_0, \ldots, x_k]$ ist der Leitkoeffizient des Interpolationspolynoms $p_{0,\ldots,k}$ zu den Daten $(x_i, f_i), i = 0, \ldots, k$, also der Koeffizient vor der höchsten Potenz von x. Wegen der Eindeutigkeit des Interpolationspolynoms muss $p_{i_0,\ldots,i_k} \equiv p_{0,\ldots,k}$ gelten, also auch $f[x_{i_0}, \ldots, x_{i_k}] = f[x_0, \ldots, x_k]$. ∎

Aus der Symmetrie der dividierten Differenzen folgt insbesondere, dass man jede dividierte Differenz $f[x_0, \ldots, x_n]$ als dividierte Differenz von irgend zwei dividierten Differenzen mit n Argumenten darstellen kann, in deren Argumentlisten genau zwei der x_k nicht sowohl in der einen, als auch in der anderen dividierten Differenz auftauchen, z. B.

$$\begin{aligned} f[x_0, \ldots, x_n] &= \frac{f[x_1, x_2, x_3] - f[x_0, x_1, x_2]}{x_3 - x_0} \\ &= \frac{f[x_0, x_2, x_3] - f[x_1, x_2, x_3]}{x_0 - x_1} \\ &= \ldots. \end{aligned}$$

Dividiert werden muss immer durch die Differenz der beiden x_k, die nicht in beiden Argumentlisten auftauchen.

Aus der Symmetrieeigenschaft ergibt sich auch eine Darstellung von dividierten Differenzen, wenn zwei der Argumente übereinstimmen.

Lemma
Betrachtet man $x_0, \ldots, x_{n-1}$ fest und $f[x_0, \ldots, x_n]$ als Funktion von x_n, dann gilt für differenzierbares f

$$f[x_0, \ldots, x_n, x_n] = \frac{\mathrm{d}}{\mathrm{d}x_n} f[x_0, \ldots, x_n] \qquad (12.21)$$

und speziell

$$f[x, x] = f'(x).$$

Beweis: Ist $h \in \mathbb{R}$, dann folgt nach Definition der dividierten Differenz

$$f[x+h, x] = \frac{f(x+h) - f(x)}{h}$$

und der Grenzwert $h \to 0$ zeigt $f[x, x] = f'(x)$. Im allgemeinen Fall nutzen wir die Symmetrie aus und schreiben

$$\begin{aligned} & f[x_0, \ldots, x_n, x_n + h] \\ &= \frac{f[x_0, \ldots, x_n] - f[x_0, \ldots, x_{n-1}, x_n + h]}{h}, \end{aligned}$$

woraus (12.21) nach dem Grenzübergang $h \to 0$ folgt. ∎

Eine Theorie für den Interpolationsfehler

Wir haben bereits ganz zu Anfang unserer Ausführungen den Approximationsfehler der Bestapproximation in Gleichung (12.10) eingeführt. Nun fragen wir uns nach dem Fehler, den wir bei einer Interpolation einer Funktion f machen.

Interpolationsfehler auf beliebigen Stützstellen
Sei $f \in C^n([a,b])$ und die $(n+1)$-te Ableitung $f^{(n+1)}(x)$ existiere an jedem Punkt $x \in [a,b]$. Ist $a \leq x_0 \leq x_1 \leq \ldots \leq x_n \leq b$ und ist $p \in \Pi^n([a,b])$ das Interpolationspolynom zu den Daten $(x_i, f(x_i)), i = 0, \ldots, n$, dann existiert ein von $x, x_0, x_1, \ldots, x_n$ und f abhängiger Punkt ξ mit

$$\min\{x, x_0, x_1, \ldots, x_n\} < \xi < \max\{x, x_0, x_1, \ldots, x_n\},$$

sodass gilt

$$\begin{aligned} R_n(f; x) &:= f(x) - p(x) \\ &= (x - x_0)(x - x_1) \cdot \ldots \cdot (x - x_n) \frac{f^{(n+1)}(\xi)}{(n+1)!} \\ &=: \omega_{n+1}(x) \cdot \frac{f^{(n+1)}(\xi)}{(n+1)!}. \end{aligned} \qquad (12.22)$$

Beweis: Wegen der Interpolationseigenschaft gilt $p(x_i) = f(x_i)$ für $i = 0, \ldots, n$ und die Fehlerfunktion R_n verschwindet dort. Sei nun x von den Stützstellen $x_i, i = 0, \ldots, n$, paarweise verschieden. Definiere die Funktionen

$$K(x) := \frac{f(x) - p(x)}{\omega_{n+1}(x)}$$

und

$$W(t) := f(t) - p(t) - \omega_{n+1}(t) \cdot K(x).$$

Die Funktion W besitzt mindestens $n+2$ Nullstellen, denn sie verschwindet bei $t \in \{x_0, x_1, \ldots, x_n\}$ und wegen der Definition von K auch noch bei $t = x$. Nach dem Satz von Rolle besitzt damit $W'(t)$ mindestens $n+1$ Nullstellen, $W''(t)$ mindestens n Nullstellen, usw. Die Funktion $W^{(n+1)}$ muss schließlich mindestens eine Nullstelle $\min\{x, x_0, x_1, \ldots, x_n\} < \xi < \max\{x, x_0, x_1, \ldots, x_n\}$ aufweisen. Diese Ableitung können wir aber berechnen,

$$W^{(n+1)}(t) = f^{(n+1)}(t) - (n+1)!K(x),$$

Hintergrund und Ausblick: Verschiedene Darstellungen dividierter Differenzen

Dividierte Differenzen sind ein flexibles Werkzeug bei der Bildung von Interpolationspolynomen in Newton-Form. Interessanterweise ergeben sich verschiedenste Darstellungsformen, die wir hier – sozusagen als Ausblick – angeben wollen, weil sie auch in anderen Bereichen der Mathematik nützlich sind.

Satz (Darstellungen für dividierte Differenzen)
Es gelten die folgenden Darstellungen:

1. **Darstellung I.**

$$f[x_i,\dots,x_{i+k}] = \sum_{\ell=i}^{i+k} \frac{f(x_\ell)}{\prod\limits_{\substack{m=i\\ m\neq\ell}}^{i+k} (x_\ell - x_m)}, \qquad k \geq 1.$$

2. **Folgerung** Ist $\omega_{i+k}(x) := \prod_{m=i}^{i+k}(x - x_m)$, dann gilt

$$f[x_i,\dots,x_{i+k}] = \sum_{\ell=i}^{i+k} \frac{f(x_\ell)}{\frac{\mathrm{d}}{\mathrm{d}x}\omega_{i+k}(x_\ell)}.$$

3. **Darstellung II.** Ist $\boldsymbol{V}(x_0,\dots,x_n)$ die Vandermonde'sche Matrix, dann gilt

$$f[x_0,\dots,x_n] = \frac{\begin{vmatrix} 1 & 1 & \dots & 1 \\ x_0 & x_1 & \dots & x_n \\ \vdots & \vdots & \ddots & \vdots \\ x_0^{n-1} & x_1^{n-1} & \dots & x_n^{n-1} \\ f(x_0) & f(x_1) & \dots & f(x_n) \end{vmatrix}}{\det \boldsymbol{V}(x_0,\dots,x_n)}$$

4. **Darstellung III. (nach Charles Hermite)** Ist die Abbildung $u\colon \mathbb{R}^n \to \mathbb{R}$ definiert durch

$$u_n := u(t_1,\dots,t_n) := (1-t_1)x_0 + (t_1 - t_2)x_1 + \dots + (t_{n-1} - t_n)x_{n-1} + t_n x_n,$$

dann gilt

$$f[x_0,\dots,x_n] = \int_0^1 \int_0^{t_1} \cdots \int_0^{t_{n-1}} \frac{\mathrm{d}^n f}{\mathrm{d}u^n}(u_n)\,\mathrm{d}t_n \mathrm{d}t_{n-1}\dots\mathrm{d}t_1.$$

5. **Darstellung IV.** Ist γ eine geschlossene Kurve in $\mathbb{C}$, die eine einfach zusammenhängende Menge umschließt, f dort eine holomorphe Funktion und $z_0,\dots,z_n \in \mathbb{C}$ mit $z_k \neq z_j$ für $j \neq k$, dann gilt

$$f[z_0,\dots,z_n] = \frac{1}{2\pi \mathrm{i}} \oint_\gamma \frac{f(t)}{(t-z_0)(t-z_1)\cdot\ldots\cdot(t-z_n)}\,\mathrm{d}t.$$

Beweis: Wir verschieben die Beweise für die Darstellungen I–III in die Aufgaben zu diesem Kapitel. Hier wollen wir nur die Darstellung IV beweisen.

Nach dem Integralsatz von Cauchy ist

$$f(z) = \frac{1}{2\pi \mathrm{i}} \oint_\gamma \frac{f(t)}{t-z}\,\mathrm{d}t.$$

Das Residuum der Funktion $f(t)/((t-z_0)(t-z_1)\cdot\ldots\cdot(t-z_n))$ bei $t = z_k$ ist

$$\frac{f(z_k)}{\prod\limits_{\substack{m=0\\ m\neq k}}^{n}(z_k - z_m)}.$$

Nach dem Residuensatz gilt dann

$$\frac{1}{2\pi \mathrm{i}} \oint_\gamma \frac{f(t)}{(t-z_0)\cdot\ldots\cdot(t-z_n)}\,\mathrm{d}t = \sum_{\ell=0}^{n} \frac{f(z_\ell)}{\prod\limits_{\substack{m=0\\ m\neq\ell}}^{n}(z_\ell - z_m)} = f[z_0,\dots,z_n]. \qquad \blacksquare$$

also ist

$$0 = W^{(n+1)}(\xi) = f^{(n+1)}(\xi) - (n+1)!K(x)$$

und so ist $K(x) = \frac{1}{(n+1)!} f^{(n+1)}(\xi)$ und die Fehlerfunktion damit bewiesen. ■

Eine weitere Darstellung des Fehlers unter Verwendung der dividierten Differenzen

Nach Konstruktion ist das Newton'sche Interpolationspolynom additiv aufgebaut: Ist p_{n-1} das Newton'sche Polynom vom Grad nicht höher als $n-1$, dann erhalten wir p_n additiv durch Hinzufügung eines Polynoms q_n vom Grad höchstens n:

$$p_n(x) = p_{n-1}(x) + q_n(x). \tag{12.23}$$

Damit das neue Polynom auch an den alten Stützstellen $x_0,\dots,x_{n-1}$ interpoliert, fordern wir

$$p_n(x_i) = f(x_i) = p_{n-1}(x_i), \qquad i = 0,\dots,n-1,$$

woraus $q_n(x_i) = 0$ für $i = 0,\dots,n-1$ folgt. Damit wissen wir schon, wie unser Polynom q_n aufgebaut sein muss, nämlich

$$q_n(x) = a_n \prod_{i=0}^{n-1}(x - x_i) \tag{12.24}$$

mit einem noch zu bestimmenden Koeffizienten a_n. Soll nun auch noch $p_n(x_n) = f(x_n)$ gelten, dann folgt wegen (12.23) und (12.24)

$$a_n = \frac{f(x_n) - p_{n-1}(x_n)}{\prod_{i=0}^{n-1}(x_n - x_i)}.$$

Diesen Leitkoeffizienten des Polynoms p_n haben wir auch mit einer dividierten Differenz charakterisiert, sodass wir schreiben können:

$$f[x_0, \ldots, x_n] = a_n = \frac{f(x_n) - p_{n-1}(x_n)}{\prod_{i=0}^{n-1}(x_n - x_i)}.$$

Nun können wir auf dem gleichen Wege ein Newton'sches Polynom p_{n+1} erzeugen, dass noch an einem weiteren Punkt x_{n+1} interpoliert. Dann bekämen wir

$$f[x_0, \ldots, x_n, x_{n+1}] = \frac{f(x_{n+1}) - p_n(x_{n+1})}{\prod_{i=0}^{n}(x_{n+1} - x_i)}.$$

Nun schreiben wir statt x_{n+1} einfach x und nehmen an, dieses x sei paarweise verschieden von den $x_0, \ldots, x_n$. Stellen wir die eben gewonnene Beziehung noch ein wenig um, so folgt eine

Fehlerdarstellung mit dividierten Differenzen

$$\begin{aligned} f(x) - p_n(x) &= \left[\prod_{i=0}^{n}(x - x_i)\right] f[x_0, \ldots, x_n, x] \\ &= \omega_{n+1}(x) f[x_0, \ldots, x_n, x], \quad x \notin \{x_0, \ldots, x_n\}. \end{aligned} \tag{12.25}$$

Wir haben in der Darstellung (12.25) die dividierte Differenz als Funktion einer Variablen x verwendet. Diese Form ist so wichtig, dass wir hier noch einen Darstellungssatz beweisen wollen.

Satz (Darstellung der dividierten Differenzen als Funktion eines Parameters)

Sind $x, x_0, \ldots, x_n$ $n+2$ paarweise verschiedene Punkte, dann gilt die Darstellung

$$f[x_0, \ldots, x_n, x] = \sum_{j=0}^{n} \frac{f[x, x_j]}{\prod\limits_{\substack{k=0 \\ k \neq j}}^{n}(x_j - x_k)}. \tag{12.26}$$

Beweis: Zu Beginn des Beweises „spielen" wir ein wenig mit Interpolationspolynomen in Lagrange'scher Darstellung. Das Interpolationspolynom zu $n+1$ paarweise verschiedenen Datenpunkten $x_0, \ldots, x_n$ einer Funktion g in der Darstellung nach Lagrange ist (man vergleiche mit (12.11) und (12.12))

$$p(x) = \sum_{j=0}^{n} g(x_j) \prod_{\substack{k=0 \\ k \neq j}}^{n} \frac{x - x_k}{x_j - x_k}.$$

Ist $g \equiv 1$ die konstante Einsfunktion, dann haben wir eine Darstellung der 1 gewonnen:

$$1 = \sum_{j=0}^{n} \prod_{\substack{k=0 \\ k \neq j}}^{n} \frac{x - x_k}{x_j - x_k}.$$

Nun ist $f(x) = f(x) \cdot 1$, also

$$f(x) = f(x) \cdot \sum_{j=0}^{n} \prod_{\substack{k=0 \\ k \neq j}}^{n} \frac{x - x_k}{x_j - x_k},$$

und nach Division durch $\prod_{j=0}^{n}(x - x_j)$ erhalten wir

$$\frac{f(x)}{\prod_{j=0}^{n}(x - x_j)} = \sum_{j=0}^{n} \frac{f(x)}{(x - x_j) \cdot \prod\limits_{\substack{k=0 \\ k \neq j}}^{n}(x_j - x_k)}. \tag{12.27}$$

Nun betrachten wir (12.25) und drücken das Polynom p_n in Lagrange'scher Darstellung als $p_n(x) = \sum_{j=0}^{n} f(x_j) \prod_{\substack{k=0 \\ k \neq j}}^{n} \frac{x - x_k}{x_j - x_k}$ aus:

$$\begin{aligned} &f[x_0, \ldots, x_n, x] \\ &= \frac{f(x) - \left[f(x_0) \prod\limits_{\substack{k=0 \\ k \neq 0}}^{n} \frac{x - x_k}{x_0 - x_k} + \ldots + f(x_n) \prod\limits_{\substack{k=0 \\ k \neq n}}^{n} \frac{x - x_k}{x_n - x_k} \right]}{\prod_{j=0}^{n}(x - x_j)} \\ &= \frac{f(x)}{\prod_{j=0}^{n}(x - x_j)} \\ &\quad - \frac{f(x_0) \prod\limits_{\substack{k=0 \\ k \neq 0}}^{n} \frac{x - x_k}{x_0 - x_k} + \ldots + f(x_n) \prod\limits_{\substack{k=0 \\ k \neq n}}^{n} \frac{x - x_k}{x_n - x_k}}{\prod_{j=0}^{n}(x - x_j)}. \end{aligned}$$

Nun können wir den ersten Term durch (12.27) ersetzen und erhalten

$$\begin{aligned} &f[x_0, \ldots, x_n, x] \\ &= \frac{f(x)}{(x - x_0) \cdot \prod\limits_{\substack{k=0 \\ k \neq 0}}^{n}(x_0 - x_k)} - \frac{f(x_0) \prod\limits_{\substack{k=0 \\ k \neq 0}}^{n} \frac{x - x_k}{x_0 - x_k}}{\prod\limits_{j=0}^{n}(x - x_j)} \\ &+ \frac{f(x)}{(x - x_1) \cdot \prod\limits_{\substack{k=0 \\ k \neq 1}}^{n}(x_1 - x_k)} - \frac{f(x_1) \prod\limits_{\substack{k=0 \\ k \neq 1}}^{n} \frac{x - x_k}{x_1 - x_k}}{\prod\limits_{j=0}^{n}(x - x_j)} \\ &+ \ldots \\ &+ \frac{f(x)}{(x - x_n) \cdot \prod\limits_{\substack{k=0 \\ k \neq n}}^{n}(x_n - x_k)} - \frac{f(x_n) \prod\limits_{\substack{k=0 \\ k \neq n}}^{n} \frac{x - x_k}{x_n - x_k}}{\prod\limits_{j=0}^{n}(x - x_j)}. \end{aligned} \tag{12.28}$$

Schauen wir uns in der ersten Differenz den zweiten Term genauer an und formen um, dann erhalten wir

$$\frac{f(x_0)\prod\limits_{\substack{k=0\\k\neq 0}}^{n}\frac{x-x_k}{x_0-x_k}}{\prod\limits_{j=0}^{n}(x-x_j)} = \frac{f(x_0)\prod\limits_{\substack{k=0\\k\neq 0}}^{n}(x-x_k)}{\prod\limits_{\substack{k=0\\k\neq 0}}^{n}(x_0-x_k)\prod\limits_{j=0}^{n}(x-x_j)}$$
$$= \frac{f(x_0)}{(x-x_0)\cdot\prod\limits_{\substack{k=0\\k\neq 0}}^{n}(x_0-x_k)},$$

und analog können wir alle weiteren Subtrahenden umformen. Damit folgt aus (12.28)

$$f[x_0,\ldots,x_n,x] = \frac{f(x)-f(x_0)}{(x-x_0)\cdot\prod\limits_{\substack{k=0\\k\neq 0}}^{n}(x_0-x_k)} + \frac{f(x)-f(x_1)}{(x-x_1)\cdot\prod\limits_{\substack{k=0\\k\neq 1}}^{n}(x_1-x_k)} + \ldots + \frac{f(x)-f(x_n)}{(x-x_n)\cdot\prod\limits_{\substack{k=0\\k\neq n}}^{n}(x_n-x_k)}.$$

Andererseits soll nach (12.26)

$$f[x_0,\ldots,x_n,x] = \frac{f[x,x_0]}{\prod\limits_{\substack{k=0\\k\neq 0}}^{n}(x_0-x_k)} + \frac{f[x,x_1]}{\prod\limits_{\substack{k=0\\k\neq 1}}^{n}(x_1-x_k)} + \ldots + \frac{f[x,x_n]}{\prod\limits_{\substack{k=0\\k\neq n}}^{n}(x_n-x_k)}$$
$$= \frac{f(x)-f(x_0)}{(x-x_0)\cdot\prod\limits_{\substack{k=0\\k\neq 0}}^{n}(x_0-x_k)} + \frac{f(x)-f(x_1)}{(x-x_1)\cdot\prod\limits_{\substack{k=0\\k\neq 1}}^{n}(x_1-x_k)} + \ldots + \frac{f(x)-f(x_n)}{(x-x_n)\cdot\prod\limits_{\substack{k=0\\k\neq n}}^{n}(x_0-x_k)}$$

gelten, was mit dem oben Berechneten übereinstimmt. ■

So schön unsere Resultate über den Interpolationsfehler auch aussehen mögen, so unbrauchbar sind sie leider auch in der Praxis! Zwei Probleme sind direkt zu sehen: Zum einen ist da das **Stützstellenpolynom** ω_{n+1}, das sehr große Werte annehmen kann, zum anderen aber müssen wir Kenntnis über die $(n+1)$-te Ableitung von f an einer Zwischenstelle haben. Allein das $(n+1)$-malige Ableiten einer Funktion f kann schnell zur Tortur werden. Wir wollen das erste Problem hier vollständig lösen und die Lösung des zweiten Problems nur skizzieren.

Zur Kontrolle über ω_{n+1} benötigen wir zuerst einiges Wissen über **Tschebyschow-Polynome**.

Die Tschebyschow-Polynome erlauben uns eine überraschende Fehlertheorie der Interpolationspolynome

Wenn wir in de Moivres Formel $(\cos\theta + \mathrm{i}\sin\theta)^n = \cos n\theta + \mathrm{i}\sin n\theta$ den Winkel auf $0 \leq \theta \leq \pi$ begrenzen und $x = \cos n\theta$ schreiben, dann folgt $\sin n\theta = \sqrt{1-x^2} \geq 0$, also

$$(\cos\theta + \mathrm{i}\sin\theta)^n = (x + \mathrm{i}\sqrt{1-x^2})^n.$$

Entwickeln wir nun die rechte Seite mit dem Binomialtheorem und nehmen den Realteil, dann folgt

$$\cos(n\arccos x) = \cos nx = x^n + \binom{n}{2}x^{n-2}(x^2-1) + \binom{n}{4}x^{n-4}(x^2-1)^2 + \ldots,$$

woraus wir schließen, dass $\cos n\theta$ ein Polynom vom Grad n in $\cos\theta$ ist.

Tschebyschow-Polynom

Das **Tschebyschow-Polynom** (erster Art) vom Grad n ist definiert als

$$T_n(x) := \cos(n\arccos x)$$

für $x \in [-1, 1]$.

Satz (Dreitermrekursion)

Für $n = 1, 2, \ldots$ gilt

$$T_{n+1}(x) = 2xT_n(x) - T_{n-1}(x)$$

Beweis: Aus den beiden Additionstheoremen

$$\cos((n\pm 1)\theta) = \cos n\theta\cos\theta \mp \sin n\theta\sin\theta$$

erhält man durch Addition $\cos((n+1)\theta) = 2\cos n\theta\cos\theta - \cos((n-1)\theta)$. Setzt man noch $x = \cos\theta$ und $T_n(x) = \cos n\theta$, dann ist alles gezeigt. ■

Korollar 1

Es gilt $T_n(x) = 2^{n-1}x^n + \ldots$, d. h., der führende Koeffizient von T_n ist 2^{n-1}.

Satz (Nullstellen und Extrema)

T_n besitzt auf $[-1, 1]$ einfache Nullstellen in den n Punkten

$$x_k = \cos\left(\frac{2k-1}{2n}\pi\right), \quad k = 1, 2, \ldots, n. \tag{12.29}$$

T_n hat auf $[-1, 1]$ genau $n+1$ Extremwerte in den Punkten

$$\widetilde{x}_k = \cos\frac{k\pi}{n}, \quad k = 0, 1, \ldots, n,$$

wobei alternierend die Werte $(-1)^k$ angenommen werden, d. h., es gilt $T_n(\widetilde{x}_k) = (-1)^k$.

Beweis: Es gilt $T_n(x_k) = \cos(n \arccos\cos((2k-1)\pi/n)) = \cos((2k-1)\pi/2) = 0$ für alle $k = 1, 2, \ldots, n$. Weiterhin ist $T_n'(x) = \frac{n}{\sqrt{1-x^2}}\sin(n\arccos x)$, also $T_n'(x_k) = \frac{n}{\sqrt{1-x_k^2}}\sin\left(\frac{2k-1}{2}\pi\right)$ und damit $T_n'(x_k) \neq 0$, und die Nullstellen von T_n sind somit einfach. Weiterhin gilt $T_n'(\widetilde{x}_k) = 0$ für $k = 1, 2, \ldots, n$. An den Stellen $\widetilde{x}_k$ ist $T_n(\widetilde{x}_k) = (-1)^k$ für $k = 0, 1, \ldots, n$, aber wegen $T_n(x) = \cos(n \arccos x)$ auf $[-1, 1]$ gilt dort auch $|T_n(x)| \leq 1$. Damit sind die $\widetilde{x}_k$ Extremwerte und man sieht leicht, dass es auch die einzigen sind. ∎

Definition der Normierung

$\widetilde{T}_n(x) := \frac{1}{2^{n-1}} T_n(x)$.

Satz von Tschebyschow

Sei $\widetilde{\Pi}^n([-1, 1])$ die Menge der Polynome vom Grad nicht höher als n auf $[-1, 1]$, die als Leitkoeffizienten $a_n = 1$ aufweisen. Dann gilt für alle $p \in \widetilde{\Pi}^n([-1, 1])$,

$$\max_{x\in[-1,1]} |\widetilde{T}_n(x)| \leq \max_{x\in[-1,1]} |p(x)|.$$

Beweis: Auf $[-1, 1]$ nimmt $|\widetilde{T}_n|$ den Maximalwert $1/2^{n-1}$ in den Punkten $\widetilde{x}_k = \cos(k\pi/n)$, $k = 0, 1, \ldots, n$, an. Gäbe es ein $p \in \widetilde{\Pi}^n([-1, 1])$ mit $\max_{x\in[-1,1]} |p(x)| < 1/2^{n-1}$, dann wäre die Differenz $q(x) := \widetilde{T}_n(x) - p(x)$ ein Polynom aus $\Pi^{n-1}([-1, 1])$. Wegen $q(\widetilde{x}_k) = (-1)^k/2^{n-1} - p(\widetilde{x}_k)$ für $k = 0, \ldots, n$, und wegen $|p(\widetilde{x}_k)| < 1/2^{n-1}$ alternieren die Vorzeichen der Werte $q(\widetilde{x}_k)$ genau $(n+1)$-mal, d. h., q hätte n Nullstellen. Als Polynom vom Grad nicht höher als $n-1$ muss q damit das Nullpolynom sein, d. h. $p \equiv \widetilde{T}_n$. Dies ergibt

$$\frac{1}{2^{n-1}} = \max_{x\in[-1,1]} |\widetilde{T}_n(x)| = \max_{x\in[-1,1]} |p(x)| < \frac{1}{2^{n-1}},$$

was einen Widerspruch darstellt. ∎

Folgerung

Es gelten die Abschätzungen

$$\max_{x\in[-1,1]} |a_0 + a_1 x + \ldots + a_{n-1}x^{n-1} + x^n| \geq \frac{1}{2^{n-1}}$$

und

$$\max_{x\in[a,b]} |a_0 + a_1 x + \ldots + a_{n-1}x^{n-1} + a_n x^n| \geq |a_n| \frac{(b-a)^n}{2^{2n-1}}.$$

Beweis: Nur die zweite Ungleichung ist zu zeigen und sie folgt sofort durch Transformation von $[a, b]$ auf $[-1, 1]$ mithilfe von $x = (b+a)/2 + (b-a)t/2$. ∎

In Abbildung 12.1 sind die ersten sechs Tschebyschow-Polynome gezeigt.

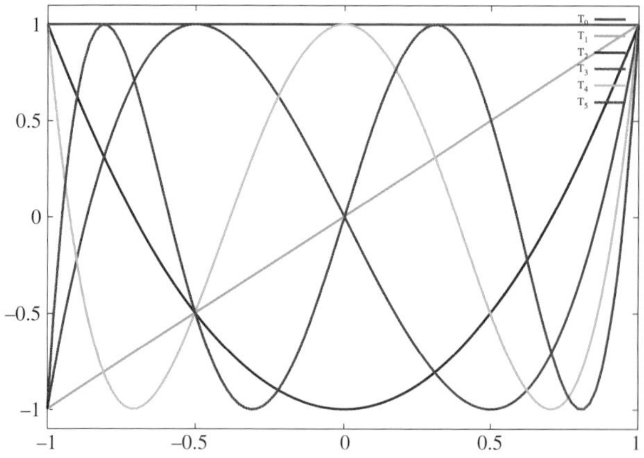

Abbildung 12.1 Die Tschebyschow-Polynome T_n für $n = 0, \ldots, 5$.

Besonders interessant für uns sind die Nullstellen der Tschebyschow-Polynome T_n, die wir in Gleichung (12.29) ausgerechnet haben:

$$x_k = \cos\left(\frac{2k-1}{2n}\pi\right), \quad k = 1, \ldots, n.$$

Können wir unsere $n+1$ Stützstellen x_i, $i = 0, \ldots, n$, frei wählen, dann sind die Nullstellen des Tschebyschow-Polynoms T_{n+1} die richtige Wahl, wie der folgende Satz zeigt.

Satz (Interpolationsfehler auf den Tschebyschow-Nullstellen)

Sind $x_0, \ldots, x_n$ die Nullstellen des Tschebyschow-Polynoms T_{n+1}, dann ist der Interpolationsfehler bei Interpolation

$$R_n(f; x) = \widetilde{T}_{n+1}(x)\frac{f^{n+1}(\xi)}{(n+1)!}, \quad -1 < \xi < 1.$$

Beweis: Sind $x_0, \ldots, x_n$ die Nullstellen des Tschebyschow-Polynoms, dann gilt die Darstellung

$$T_n(x) = a_n(x - x_0)(x - x_1) \cdot \ldots \cdot (x - x_n)$$

in Linearfaktoren, bzw. in normierter Form

$$\widetilde{T}_n(x) = (x - x_0)(x - x_1) \cdot \ldots \cdot (x - x_n).$$

Damit folgt der Satz aus der Fehlerdarstellung (12.22). ■

Da $|\widetilde{T}_{n+1}(x)|$ durch $1/2^n$ beschränkt ist, folgt auch das wichtige Korollar:

Interpolationsfehler auf den Tschebyschow-Nullstellen

Sind $x_0, \ldots, x_n$ die Nullstellen des Tschebyschow-Polynoms T_{n+1}, dann ist der Interpolationsfehler bei Interpolation für $-1 \le x \le 1$

$$|R_n(f; x)| \le \frac{1}{2^n(n+1)!} \max_{x \in [-1,1]} |f^{(n+1)}(x)|.$$

Beweis: Im Beweis des vorhergehenden Satzes ist $|\widetilde{T}_{n+1}(x)|$ durch $1/2^n$ beschränkt. ■

Die Transformation $t = (2x - (a+b))/(b-a)$ bildet von $[a, b]$ nach $[-1, 1]$ ab und die inverse Transformation ist $x = (b-a)/2 + (b+a)t/2$, womit wir die Nullstellen von T_{n+1} von $[-1, 1]$ auf ein beliebiges Intervall $[a, b]$ abbilden können. Wir haben nicht gezeigt, dass die Nullstellen der Tschebyschow-Polynome die beste Wahl zur Interpolation sind, aber auch das kann bewiesen werden.

Wir betrachten dazu die Lösung $p \in \Pi^n([a, b])$,

$$p(x) = \sum_{i=0}^{n} f(x_i) L_i(x),$$

unseres Interpolationsproblems, und werten nicht p aus, sondern ein $\widetilde{p}$:

$$\widetilde{p}(x) = \sum_{i=0}^{n} \widetilde{f}(x_i) L_i(x)$$

wobei $\widetilde{f}$ eine stetige Funktion sei, für die für $\varepsilon > 0$

$$|f(x_i) - \widetilde{f}(x_i)| < \varepsilon, \quad i = 0, \ldots, n$$

gelten möge. Mit anderen Worten lassen wir also punktweise Fehler an den Stützstellen zu, die allerdings stets kleiner als ein ε seien sollen. Damit ergibt sich

$$p(x) - \widetilde{p}(x) = \sum_{i=0}^{n} (f(x_i) - \widetilde{f}(x_i)) L_i(x)$$

und

$$|p(x) - \widetilde{p}(x)| \le \varepsilon \lambda(x), \quad \lambda(x) := \sum_{i=0}^{n} |L_i(x)|.$$

Lebesgue-Funktion und -Konstante

Die Funktion

$$\lambda(x) := \sum_{i=0}^{n} |L_i(x)|$$

heißt **Lebesgue-Funktion** zur Zerlegung $x_0, \ldots, x_n$. Die Größe

$$\Lambda := \max_{x \in [a,b]} \lambda(x)$$

heißt **Lebesgue-Konstante**.

Damit erhalten wir sofort den folgenden Satz.

Satz

Offenbar gilt

$$\max_{x \in [a,b]} |p(x) - \widetilde{p}(x)| \le \varepsilon \Lambda.$$

Kleine Änderungen der Größe ε in den Knotenwerten von f führen im Interpolationspolynom also auf einen Fehler der Größe $\varepsilon \Lambda$.

Nun betrachten wir unsere polynomiale Bestapproximation $p^* \in \Pi^n([a, b])$ an die Funktion $f \in C([a, b])$ mit dem aus (12.10) bekannten Approximationsfehler

$$E_n(f) = \|f - p^*\|_\infty$$

und beweisen den folgenden Satz.

Interpolationsfehler

Es sei $p \in \Pi^n([a, b])$ das Interpolationspolynom zu den Daten $(x_i, f(x_i))$, $i = 0, \ldots, n$, bei paarweise verschiedenen Stützstellen x_i und $f \in C([a, b])$. Dann gilt für den Interpolationsfehler

$$\|f - p\|_\infty \le (1 + \Lambda) E_n(f).$$

Bemerkenswert an dieser Darstellung ist die Tatsache, dass wir keine Differenzierbarkeitsanforderungen an f mehr benötigen! Lediglich der Fehler der Bestapproximation und die Lebesgue-Konstante spielen eine Rolle!

Beweis: Wir starten mit der Lagrange-Darstellung

$$p(x) = \sum_{i=0}^{n} f(x_i) L_i(x).$$

Da das Interpolationspolynom eindeutig bestimmt ist, gilt auch

$$p^*(x) = \sum_{i=0}^{n} p^*(x_i) L_i(x),$$

was auf $p(x) - p^*(x) = \sum_{i=0}^{n} (f(x_i) - p^*(x_i)) L_i(x)$, also

$$|p(x) - p^*(x)| \le \lambda(x) \max_{i=0,\ldots,n} |f(x_i) - p^*(x_i)|$$

mit der Lebesgue-Funktion λ führt. Damit haben wir

$$\|p^* - p\|_\infty \leq \Lambda E_n(f)$$

gezeigt. Wegen $f(x) - p(x) = (f(x) - p^*(x)) + (p^*(x) - p(x))$ folgt

$$\|f - p\|_\infty \leq \underbrace{\|f - p^*\|_\infty}_{=E_n(f)} + \|p^* - p\|_\infty$$

und damit

$$\|f - p\|_\infty \leq (1 + \Lambda) E_n(f). \qquad \blacksquare$$

Eine ableitungsfreie Fehlerabschätzung für die Interpolation steht und fällt also mit der Lebesgue-Konstanten Λ. Paul Erdös konnte 1961 zeigen, dass es zu jeder Stützpunktverteilung mit $n + 1$ Knoten eine Konstante c gibt, sodass

$$\Lambda > \frac{2}{\pi} \log n - c \tag{12.30}$$

gilt. Zu einer gegebenen Stützpunktverteilung gibt es also immer eine stetige Funktion f, sodass das Interpolationspolynom nicht gleichmäßig gegen f konvergiert. Um dieses negative Ergebnis ein wenig abzumildern, zitieren wir noch den folgenden Satz.

Satz
Zu jeder stetigen Funktion f auf $[a, b]$ existiert eine Stützstellenverteilung, sodass das Interpolationspolynom gleichmäßig gegen f konvergiert.

Nun sagt uns (12.30), dass die Lebesgue-Konstante mit wachsender Stützstellenzahl mindestens logarithmisch wächst. Fragen wir danach, bei welcher Stützstellenverteilung das Wachstum *höchstens* logarithmisch ist, dann folgt:

Satz
Interpoliert man auf den Nullstellen der Tschebyschow-Polynome, dann gilt

$$\Lambda < \frac{2}{\pi} \log n + 4.$$

Damit haben wir nicht gezeigt, dass die Nullstellen der Tschebyschow-Polynome optimal sind, und theoretisch gibt es noch bessere Stützstellenverteilungen, aber in der Praxis sind die Nullstellen der T_n kaum zu schlagen. Wir können ja bestenfalls erwarten, Interpolanten mit einer kleineren additiven Konstante als 4 zu finden, und das lohnt den Aufwand der Suche sicher nicht.

Das negative Ergebnis, dass man zu jeder Stützstellenverteilung eine stetige Funktion findet, sodass die Konvergenz des Interpolationspolynoms nicht gleichmäßig ist, stammt von Faber aus dem Jahr 1914. Wir können diese negative Aussage aber aus der Welt schaffen, wenn wir etwas mehr Differenzierbarkeit von f verlangen. Dies sagen uns die sogenannten Jackson-Sätze, für die wir aber auf die Literatur verweisen müssen.

12.4 Splines

In der Praxis hat man oft nicht die Wahl, die Stützstellen für eine Interpolation selbst zu wählen. So werden Messwerte in der Regel nicht in den Abständen der Nullstellen von Tschebyschow-Polynomen aufgenommen und auch der Ingenieur oder Mathematiker, der die Punkte einer von einem Designer festgelegten Kontur interpolieren muss, wird selten in den Genuss der freien Knotenwahl kommen.

Da man in der Praxis bei einer Nummerierung ungern bei 0 beginnt, verwenden wir im Folgenden stets die Knotennummerierung $x_i, i = 1, \ldots, n$. Auch in der Literatur über Splines hat sich diese Nummerierung durchgesetzt.

Die Beispiele von Runge und Bernstein zeigen das Versagen der Polynominterpolation

Schon Carl Runge hatte 1901 ein Beispiel dafür gegeben, dass die Interpolation auf äquidistanten Knoten problematisch sein kann. Er betrachtete die Funktion

$$f(x) := \frac{1}{1 + x^2}, \quad x \in [a, b] := [-5, 5] \tag{12.31}$$

und wählte die Stützstellen äquidistant zu

$$x_i := -5 + \frac{10(i-1)}{n-1}, \quad i = 1, \ldots, n.$$

Bezeichnen wir mit $p \in \Pi^{n-1}([-5, 5])$ das Interpolationspolynom zu den Daten $(x_i, f(x_i)), i = 1, \ldots, n$, dann konnte Runge zeigen, dass

$$\|f - p\|_\infty \to \infty \quad \text{für } n \to \infty$$

gilt. Für $n = 11$ sieht man schon das Problem in Abbildung 12.2. Das Interpolationspolynom $p \in \Pi^{10}([-5, 5])$ interpoliert zwar an den Stützstellen, weicht aber in Randnähe bereits weit ab. Dieses Verhalten bezeichnet man auch als **Runge-Phänomen**.

Bernstein untersuchte die stetige Funktion $f(x) := |x|$ auf $[a, b] := [-1, 1]$ und interpolierte auf den Stützstellen

$$x_i := -1 + \frac{2(i-1)}{n-1}, \quad i = 1, \ldots, n.$$

Auch hier greift das Runge-Phänomen, wie man aus Abbildung 12.3 für $p \in \Pi^{10}([-1, 1])$ schon erkennen kann.

Bei den sogenannten **Splines** verabschiedet man sich von dem Wunsch, ein global definiertes Polynom hoher Ordnung zur Interpolation zu verwenden. Stattdessen verwendet man lokal Polynome von kleinem Grad und verlangt, dass diese an ihren Definitionsgrenzen stetig (oder stetig differenzierbar oder C^2 etc.) zusammenhängen mögen.

Hintergrund und Ausblick: Die Gregory-Newton-Interpolationsformel

Wir haben in der Lagrange- und der Newton-Form der Interpolationspolynome zwei wichtige Formen kennengelernt, die natürlich auf dasselbe Polynom führen. In beiden Darstellungen spielen Differenzen eine große Rolle. In früheren Zeiten gab es eine eigene Interpolationstheorie, die auf dem Kalkül der finiten Differenzen basierte und heute etwas aus der Mode gekommen ist. Wir wollen hier wenigstens einen kleinen Ausblick in diese faszinierende Theorie geben.

Etwas allgemeiner, als wir es bisher getan haben, definieren wir den **Differenzenoperator** Δ als

$$\Delta x := (x+h) - x = h,$$

wobei $h > 0$ eine Schrittweite bezeichnet. Entsprechend ist $\Delta f(x) = f(x+h) - f(x)$ definiert. Iterieren wir diese Definition durch

$$\Delta^n f(x) = \Delta\left(\Delta^{n-1} f(x)\right)$$

mit $\Delta^0 := id$ und $\Delta^1 := \Delta$, dann haben wir **höhere Differenzen** zur Verfügung. Der Operator Δ verhält sich etwa so wie der Differenzialoperator $D := \mathrm{d}/\mathrm{d}x$, allerdings geht die Eigenschaft

$$Dx^m = mx^{m-1}$$

verloren, denn nach dem Binomialtheorem gilt $\Delta x^m = (x+h)^m - x^m = \sum_{k=1}^{m} \binom{m}{k} x^{m-k} h^k$. Definiert man aber die **Faktoriellenfunktion**

$$x^{[m]} := x(x-h)(x-2h)\cdots(x-(m-1)h),$$

dann gilt $\Delta x^{[m]} = mx^{[m-1]}h$ in vollständiger Übereinstimmung mit $\mathrm{d}(x^m) = mx^{m-1}\mathrm{d}x$. In der Welt der Differenzen übernehmen also die Faktoriellenfunktionen die Rolle der Monome.

Schauen wir nun auf die Taylor-Reihe

$$f(x) = f(a) + f'(a)(x-a) + \frac{f''(a)(x-a)^2}{2!} + \ldots + \frac{f^{(n)}(a)(x-a)^n}{n!} + R_n(x)$$

einer Funktion f mit Entwicklungspunkt a und Restglied $R_n(x) = \frac{f^{(n+1)}(a)(x-a)^{n+1}}{(n+1)!}$, dann gilt im Diskreten die **Gregory-Newton-Formel**

$$f(x) = f(a) + \frac{\Delta f(a)}{\Delta x}\frac{(x-a)^{[1]}}{1!} + \frac{\Delta^2 f(a)}{\Delta x^2}\frac{(x-a)^{[2]}}{2!} + \ldots + \frac{\Delta^n f(a)}{\Delta x^n}\frac{(x-a)^{[n]}}{n!} + R_n(x)$$

mit dem Restglied $R_n(x) = \frac{f^{(n+1)}(\eta)(x-a)^{[n+1]}}{(n+1)!}$, wobei η zwischen a und x liegt. Setzen wir nun in die Gregory-Newton-Formel $x = a + kh$ ein, dann erhalten wir

$$f(a+kh) = f(a) + \frac{\Delta f(a) k^{(1)}}{1!} + \frac{\Delta^2 f(a) k^{(2)}}{2!} + \ldots + \frac{\Delta^n f(a) k^{(n)}}{n!} + R_n(x)$$

mit $k^{(1)} = k$, $k^{(2)} = k(k-1)$, $k^{(3)} = k(k-1)(k-2)$ usw. Interpretieren wir nun $x_0 := a, x_1 := a+h, \ldots, x_k := a + kh$ als Punkte eines Gitters und $f_k := f(x_k)$ die Daten einer Funktion auf dem Gitter, und verzichten wir auf das Restglied, dann erhalten wir die **Interpolationsformel von Gregory-Newton mit Vorwärtsdifferenzen**

$$f_k = f_0 + \Delta f_0 \frac{k^{(1)}}{1!} + \Delta^2 f_0 \frac{k^{(2)}}{2!} + \ldots + \Delta^n f_0 \frac{k^{(n)}}{n!}.$$

Beispiel: Man gebe das Interpolationspolynom zu den Daten

k	0	1	2	3	4
x_k	3	5	7	9	11
f_k	6	24	58	108	174

an. Als Differenzen ergeben sich $f_0 = 6$, $\Delta f_0 = 18$, $\Delta^2 f_0 = 16$, $\Delta^m f_0 = 0$ für $m \geq 3$ und damit folgt

$$f_k = 6 + 18k^{(1)} + \frac{16k^{(2)}}{2!} = 8k^2 + 10k + 6,$$

die restlichen Summanden verschwinden. Möchten wir das als Polynom in x umschreiben, dann schreiben wir

$$p(x) = f(a+kh) = f(3+2k),$$

weil $a = 3$ und $h = 2$. Wenn also $x = 3 + 2k$ ist, dann ist $k = (x-3)/2$. Wir ersetzen also in $8k^2 + 10k + 6$ das k durch $(x-3)/2$ und erhalten schließlich

$$p(x) = 2x^2 - 7x + 9.$$

Man kann auch Rückwärtsdifferenzen betrachten und erhält analog die **Interpolationsformel von Gregory-Newton mit Rückwärtsdifferenzen**

$$f_k = f_0 + \Delta f_{-1}\frac{k^{(1)}}{1!} + \Delta^2 f_{-2}\frac{(k+1)^{(2)}}{2!} + \ldots + \Delta^n f_{-n}\frac{(k+n-1)^{(n)}}{n!}.$$

Weitere klassische Interpolationsformeln, die auf finiten Differenzen basieren, sind unter den Namen Gauß, Stirling und Bessel bekannt. Dazu müssen wir jedoch auf die Literatur verweisen.

Die Idee der Splines abstrahiert die Straklatten im Schiffbau

Im Schiffbau verwendete man schon sehr früh lange Holzlatten mit konstantem, rechteckigen Querschnitt, um die Form der Schiffsbeplankung, die sogenannten *Stringer*, zu ermitteln. Im Deutschen nennt man solche Latten **Straklatten**, im Englischen heißen sie **Splines**. An den Spanten eines Schiffes wurde die Straklatte nicht etwa festgenagelt, sondern nur mit einem Nagel gestützt, sodass sie sich frei in Längsrichtung bewegen konnte. Durch die freie Beweglichkeit in Längsrichtung treten also keine Kräfte in dieser Richtung auf. Betreiben wir nun ein wenig Mechanik und schneiden ein kleines Stück aus der Straklatte aus. Die Forderung nach einem Kräfte- und Momentengleichgewicht an unserem Stückchen, vergleiche Abbildung 12.5, führt auf die Gleichungen

$$F - (F + dF) = 0 \iff dF = 0 \Rightarrow F' = 0$$

und

$$M - (M + dM) + (F + dF) \cdot dx = 0 \iff dM - F \cdot dx = 0,$$

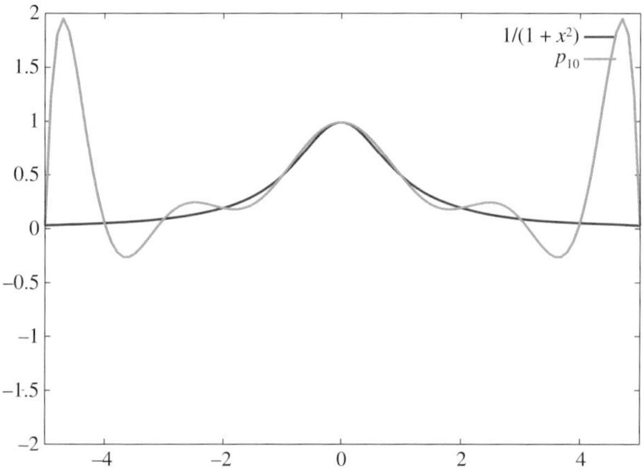

Abbildung 12.2 Das Runge-Phänomen für $p \in \Pi^{10}([-5, 5])$ bei äquidistanter Interpolation von $1/(1 + x^2)$.

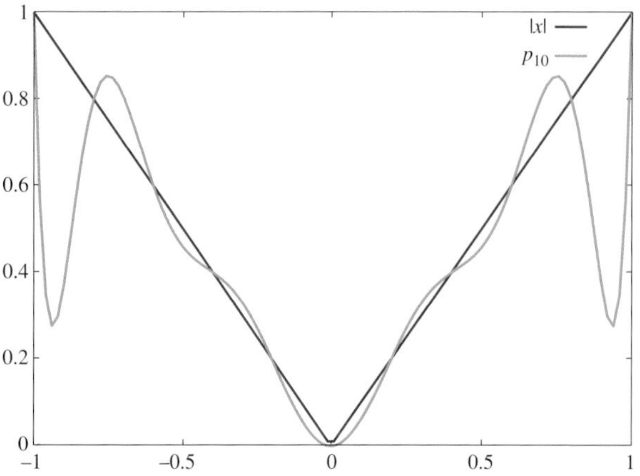

Abbildung 12.3 Das Runge-Phänomen für $p \in \Pi^{10}([-1, 1])$ bei äquidistanter Interpolation von $|x|$.

also

$$\frac{dM}{dx} = F.$$

In der Mechanik wird gezeigt, dass die Biegelinie $x \mapsto f(x)$ eines Balkens der Gleichung

$$M(x) = c \frac{f''(x)}{\sqrt{(1 + (f'(x))^2)^3}}$$

mit einer geeigneten Konstanten c genügt. Für kleine Auslenkungen der Straklatte ist f' sehr klein und der Nenner nahe bei 1, sodass man häufig den **linearisierten Fall**

$$M(x) = cf''(x)$$

betrachtet. Oben hatten wir bereits $M' = F$ herausgefunden, d. h., die dritte Ableitung der Biegelinie ist den Kräften proportional. Wegen $F' = 0$ folgt $M'' = F' = 0$ und damit ist die vierte Ableitung von f gerade null: $f^{(iv)} = 0$. Da die Latte an den Enden, die wir wie in Abbildung 12.4 a und b nennen wollen, gerade auslaufen wird, gilt dort

$$f''(a) = f''(b) = 0.$$

Man kann daher eine Straklatte durch Funktionen modellieren, die auf jedem Intervall $[x_i, x_{i+1}] \subset [a, b]$ zwischen zwei Knoten x_i und x_{i+1} definiert sind, deren erste und zweite Ableitungen an den Knoten paarweise übereinstimmen, deren dritte Ableitung konstant ist (Proportionalität zur Kraft), und deren vierte Ableitung verschwindet. **Diese Eigenschaften werden von Polynomen dritten Grades erfüllt**.

In der Mechanik lernt man, dass die Biegeenergie, die man zur Verformung der Straklatte in ihre Endlage aufbringen muss, durch das Integral

$$E = k \int_a^b (f''(x))^2 \, dx$$

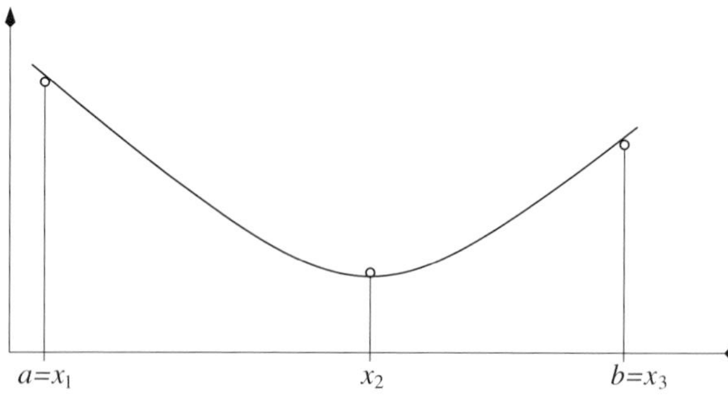

Abbildung 12.4 Eine Straklatte liegt zwischen drei Stützstellen $a = x_1, x_2, x_3 = b$.

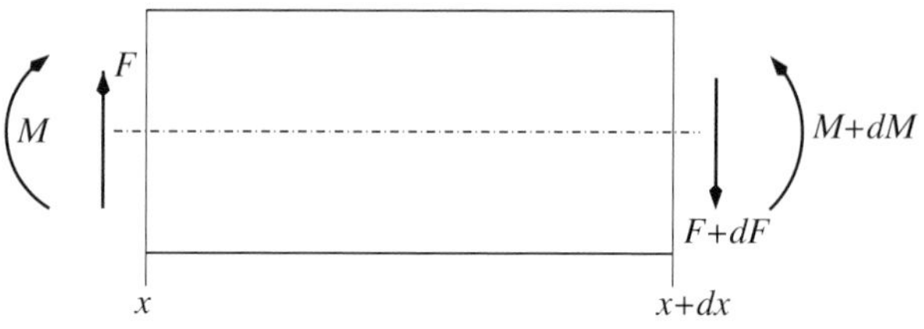

Abbildung 12.5 Kräfte- und Momentengleichgewicht an einem Stück Straklatte.

mit einer positiven Proportionalitätskonstante k gegeben ist. Unter allen zweimal stetig differenzierbaren Funktionen f auf $[a,b]$ mit $f(x_i) = y_i, i = 1,\ldots,n$ und $f''(a) = f''(b) = 0$ ist die Endlage der Biegelinie optimal in dem Sinne, dass die Biegeenergie minimal ist. Aus diesem Grund hat man in der Approximationstheorie den Begriff „Spline" stark verallgemeinert und bezeichnet damit Funktionen, die in einem gegebenen Funktionenraum eine gewisse Minimalbedingung im Sinne der Norm des Raumes erfüllt, was wir in der Hintergrundbox auf Seite 424 genauer ausführen. Wir wollen hier dieser Verallgemeinerung nicht nachgehen, sondern bei stückweise definierten Polynomen mit gewissen Übergangsbedingungen bleiben.

Lineare Splines verbinden Daten mit Polygonzügen

Die einfachste Art der Interpolation von n Daten (x_i, f_i), $i = 1,\ldots,n$, ist die lineare Verbindung zwischen je zwei Datenpunkten. Die so entstehende stückweise lineare Funktion $P_{f,1}$ nennt man **linearen Spline**.

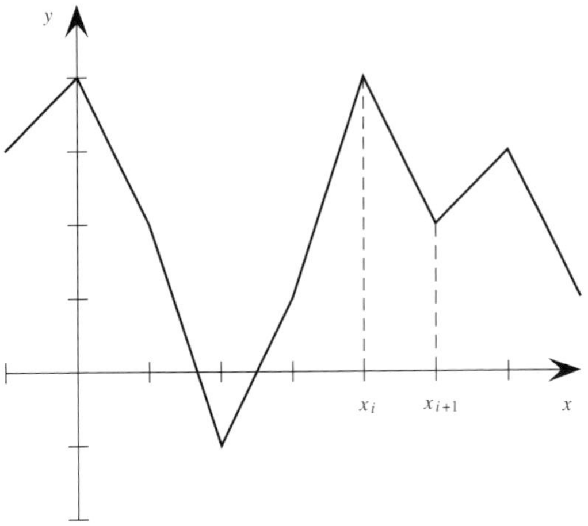

Abbildung 12.6 Ein linearer Spline.

Ein linearer Spline hat offenbar zwei wichtige Eigenschaften:

1. Die Einschränkung von $P_{f,1}$ auf jedes Intervall $[x_i, x_{i+1}]$, $s_i := P_{f,1}\big|_{[x_i,x_{i+1}]}$ ist ein lineares Polynom.
2. $P_{f,1}$ ist stetig an den inneren Knoten x_i, $i = 2,\ldots,n-1$.

Zur mathematischen Beschreibung verwenden wir die Lagrange'schen Basispolynome vom Grad 1, d. h.

$$L_i(x) = \begin{cases} \dfrac{x - x_{i-1}}{x_i - x_{i-1}} & ; \; x \in [x_{i-1}, x_i) \\ \dfrac{x_{i+1} - x}{x_{i+1} - x_i} & ; \; x \in [x_i, x_{i+1}] \end{cases}, i = 2,\ldots,n-1$$

für die inneren Knoten und

$$L_1(x) = \begin{cases} \dfrac{x_2 - x}{x_2 - x_1} & \text{, falls } x \in [x_1, x_2] \\ 0 & \text{sonst} \end{cases}$$

bzw.

$$L_n(x) = \begin{cases} \dfrac{x - x_{n-1}}{x_n - x_{n-1}} & \text{, falls } x \in [x_{n-1}, x_n] \\ 0 & \text{sonst} \end{cases}$$

an den beiden Rändern. Damit schreibt sich ein linearer Spline in der Form

$$P_{f,1}(x) = \sum_{i=1}^{n} f_i L_i(x)$$

und auf jedem Intervall $[x_i, x_{i+1}]$ gilt

$$s_i(x) := P_{f,1}\big|_{[x_i,x_{i+1}]}(x) = f_i \frac{x_{i+1} - x}{x_{i+1} - x_i} + f_{i+1} \frac{x - x_i}{x_{i+1} - x_i}.$$

Lineare Splines werden durchaus in den Anwendungen verwendet, zum Beispiel in der Methode der Finiten Elemente (FEM). Für Zwecke der Approximation von Daten stehen wir allerdings vor einem ernsten Problem: Der lineare Spline ist an den Knoten nicht differenzierbar.

Quadratische Splines sind praktisch unbrauchbar

Wir definieren den interpolierenden quadratischen Spline $P_{f,2}$ durch die Eigenschaften

1. $P_{f,2}\big|_{[x_i,x_{i+1}]}$ ist ein quadratisches Polynom.
2. $P_{f,2}$ und $P'_{f,2}$ sind stetig an den Datenpunkten.

Auf jedem Intervall macht man den Ansatz

$$s_i(x) := P_{f,2}\big|_{[x_i,x_{i+1}]}(x) := a_0 + a_1(x - x_i) + a_2(x - x_i)^2.$$

Es werden also drei Bedingungen benötigt, um die unbekannten Koeffizienten a_0, a_1, a_2 zu ermitteln. Wir finden diese drei Bedingungen in den Gleichungen

$$s_i(x_i) = f_i, \quad s_i(x_{i+1}) = f_{i+1}, \quad s_i'(x_i) = \mathcal{S}_i,$$

wobei $\mathcal{S}_i$ eine noch unbekannte Steigung bezeichnet. Aus der ersten der drei Gleichungen folgt sofort $a_0 = f_i$ und aus der dritten $a_1 = \mathcal{S}_i$. Aus der zweiten Gleichung ergibt sich dann

$$f_i + \mathcal{S}_i(x_{i+1} - x_i) + a_2(x_{i+1} - x_i)^2 = f_{i+1},$$

woraus wir sofort a_2 zu

$$a_2 = \frac{f_{i+1} - f_i}{(x_{i+1} - x_i)^2} - \frac{\mathcal{S}_i}{x_{i+1} - x_i}$$

bestimmen können. Damit erhalten wir für das i-te Teilstück des quadratischen Splines

$$s_i(x) = f_i + \mathcal{S}_i(x - x_i) + \left(\frac{f_{i+1} - f_i}{(x_{i+1} - x_i)^2} - \frac{\mathcal{S}_i}{x_{i+1} - x_i}\right)(x - x_i)^2. \tag{12.32}$$

Nun müssen wir nur noch die bisher unbestimmten Steigungen $\mathcal{S}_i$ ermitteln. Dazu betrachten wir die erste Ableitung von (12.32) an der Stelle $x = x_{i+1}$,

$$s_i'(x_{i+1}) = \mathcal{S}_i + 2\frac{f_{i+1} - f_i}{x_{i+1} - x_i} - 2\mathcal{S}_i \stackrel{!}{=} \mathcal{S}_{i+1},$$

die ja die Steigung $\mathcal{S}_{i+1}$ an der Stelle x_{i+1} ergeben muss. Damit ergibt sich eine Rekursionsformel für die Steigungen in der Form

$$\mathcal{S}_i + \mathcal{S}_{i+1} = 2\frac{f_{i+1} - f_i}{x_{i+1} - x_i}, \quad i = 1, \ldots, n-1.$$

Man muss genau eine Steigung vorgeben (im Allgemeinen ist das die Steigung $\mathcal{S}_1 = s_1'(a)$ am linken Intervallrand) und die Rekursionsgleichung erlaubt die Berechnung aller weiteren Steigungen.

Quadratische Splines haben für die Praxis einen erheblichen Nachteil. Die zweiten Ableitungen sind unstetig an den Stützstellen und zeigen häufig Nulldurchgänge, wodurch die Knoten zu Wendepunkten werden. Daher oszillieren quadratische Spline-Interpolanten in der Regel stark und sie finden keine Anwendung.

Kubische Splines führen auf brauchbare Interpolanten

Nach unseren „Fingerübungen" mit den linearen und den quadratischen Splines können wir nun auf unser eigentliches Ziel zusteuern, den kubischen Splines, die die mathematischen Analoga der Straklatten im Schiffbau sind. Wir definieren den kubischen Spline als kubische Polynome auf den Intervallen $[x_i, x_{i+1}]$.

Ansatz für den kubischen Spline auf $[x_i, x_{i+1}]$

$$s_i(x) := P_{f,3}\big|_{[x_i, x_{i+1}]}(x) := c_{1,i} + c_{2,i}(x - x_i) + c_{3,i}(x - x_i)^2 + c_{4,i}(x - x_i)^3, \tag{12.33}$$

$$i = 1, \ldots, n-1.$$

In jedem Intervall benötigen wir nun vier Bedingungen, die wir aus den sechs Gleichungen

$$\begin{aligned} s_i(x_i) &= f_i \;, & s_i(x_{i+1}) &= f_{i+1} \\ s_i'(x_i) &= s_{i-1}'(x_i) \;, & s_i'(x_{i+1}) &= s_{i+1}'(x_{i+1}) \\ s_i''(x_i) &= s_{i-1}''(x_i) \;, & s_i''(x_{i+1}) &= s_{i+1}''(x_{i+1}) \end{aligned}$$

erhalten. Dabei ist zu bedenken, dass an den inneren Punkten die Bedingungen für die ersten und zweiten Ableitungen von jeweils *zwei* kubischen Teilpolynomen verwendet werden. Wie schon bei den quadratischen Splines wollen wir das Symbol $\mathcal{S}_i$ für die Steigung am Knoten x_i einführen.

Dann können wir zwei der gesuchten Koeffizienten, $c_{1,i}$ und $c_{2,i}$, sofort dingfest machen, denn aus den Bedingungen

$$s_i(x_i) = f_i, \quad s_i'(x_i) = \mathcal{S}_i$$

folgt aus unserem Ansatz sofort

$$c_{1,i} = f_i, \quad c_{2,i} = \mathcal{S}_i. \tag{12.34}$$

Aus den Bedingungen

$$s_i(x_{i+1}) = f_{i+1}, \quad s_i'(x_{i+1}) = \mathcal{S}_{i+1}$$

und der nützlichen Abkürzung

$$\Delta x_i := x_{i+1} - x_i$$

erhalten wir die beiden Gleichungen

$$\begin{aligned} f_i + \mathcal{S}_i \Delta x_i + c_{3,i}(\Delta x_i)^2 + c_{4,i}(\Delta x_i)^3 &= f_{i+1} \\ \mathcal{S}_i + 2c_{3,i}\Delta x_i + 3c_{4,i}(\Delta x_i)^2 &= \mathcal{S}_{i+1}, \end{aligned}$$

und damit ein lineares Gleichungssystem

$$\begin{pmatrix} (\Delta x_i)^2 & (\Delta x_i)^3 \\ 2\Delta x_i & 3(\Delta x_i)^2 \end{pmatrix} \begin{pmatrix} c_{3,i} \\ c_{4,i} \end{pmatrix} = \begin{pmatrix} f_{i+1} - f_i - \mathcal{S}_i \Delta x_i \\ \mathcal{S}_{i+1} - \mathcal{S}_i \end{pmatrix}$$

für die noch unbekannten Koeffizienten $c_{3,i}$ und $c_{4,i}$. Als Lösung dieses Gleichungssystems folgt

$$c_{3,i} = \frac{3f_{i+1} - 3f_i - 2\mathcal{S}_i \Delta x_i - \mathcal{S}_{i+1}\Delta x_i}{(\Delta x_i)^2} \tag{12.35}$$

$$c_{4,i} = \frac{2f_i - 2f_{i+1} + \mathcal{S}_i \Delta x_i + \mathcal{S}_{i+1}\Delta x_i}{(\Delta x_i)^3}. \tag{12.36}$$

Nun sind alle vier Koeffizienten in jedem Teilintervall berechnet und wie bei den quadratischen Splines müssen wir uns jetzt um die Steigungen $\mathcal{S}_i$ kümmern. An den inneren Knoten wollen wir, dass noch die zweiten Ableitungen übereinstimmen, dass also

$$s_{i-1}''(x_i) = s_i''(x_i)$$

gilt. Leiten wir unseren Ansatz (12.33) zweimal ab und setzen die Argumente entsprechend ein, so folgt

$$2c_{3,i-1} + 6c_{4,i-1}\Delta x_{i-1} = 2c_{3,i}$$

und Ausdrücke für die Koeffizienten $c_{3,i}$ und $c_{4,i}$ haben wir doch gerade in (12.35) und (12.36) gefunden, die wir nun einsetzen können. Wir erhalten damit

$$\begin{aligned} &2\frac{3f_i - 3f_{i-1} - 2\mathcal{S}_{i-1}\Delta x_{i-1} - \mathcal{S}_i \Delta x_{i-1}}{(\Delta x_{i-1})^2} \\ &\quad + 6\frac{2f_{i-1} - 2f_i + \mathcal{S}_{i-1}\Delta x_{i-1} + \mathcal{S}_i \Delta x_{i-1}}{(\Delta x_{i-1})^2} \\ &\quad = 2\frac{3f_{i+1} - 3f_i - 2\mathcal{S}_i \Delta x_i - \mathcal{S}_{i+1}\Delta x_i}{(\Delta x_i)^2}, \end{aligned} \tag{12.37}$$

$$i = 2, \ldots, n-1.$$

Das sieht nun noch furchtbar aus, aber wenn wir ein wenig aufräumen, dann erkennen wir darin sofort ein tridiagonales, diagonaldominantes, lineares Gleichungssystem für die Steigungen $\mathcal{S}_i$, nämlich

$$\begin{aligned}&\Delta x_i \mathcal{S}_{i-1} + 2(\Delta x_i + \Delta x_{i-1})\mathcal{S}_i + \Delta x_{i-1}\mathcal{S}_{i+1}\\&\quad = 3\left(\frac{f_i - f_{i-1}}{\Delta x_{i-1}}\Delta x_i + \frac{f_{i+1} - f_i}{\Delta x_i}\Delta x_{i-1}\right),\\&\quad i = 2, \ldots, n-1.\end{aligned}$$

?

Leiten Sie diese Form des Gleichungssystem aus der Darstellung (12.37) her.

Damit haben wir das folgende System erhalten:

$$\operatorname{tridiag}(\boldsymbol{l}, \boldsymbol{d}, \boldsymbol{r}) \cdot \boldsymbol{\mathcal{S}} = \boldsymbol{R}. \tag{12.38}$$

Dabei ist $\operatorname{tridiag}(\boldsymbol{l}, \boldsymbol{d}, \boldsymbol{r})$ die tridiagonale Matrix

$$\operatorname{tridiag}(\boldsymbol{l}, \boldsymbol{d}, \boldsymbol{r}) = \begin{pmatrix} l_1 & d_1 & r_1 & & & \\ & l_2 & d_2 & r_2 & & \\ & & \ddots & \ddots & \ddots & \\ & & & l_{n-2} & d_{n-2} & r_{n-2} \end{pmatrix}$$

und $\boldsymbol{l}, \boldsymbol{d}, \boldsymbol{r}$ die Vektoren

$$\boldsymbol{l} = \begin{pmatrix} l_1 \\ l_2 \\ \vdots \\ l_{n-2} \end{pmatrix} = \begin{pmatrix} \Delta x_2 \\ \Delta x_3 \\ \vdots \\ \Delta x_{n-1} \end{pmatrix}, \tag{12.39}$$

$$\boldsymbol{d} = \begin{pmatrix} d_1 \\ d_2 \\ \vdots \\ d_{n-2} \end{pmatrix} = \begin{pmatrix} 2(\Delta x_2 + \Delta x_1) \\ 2(\Delta x_3 + \Delta x_2) \\ \vdots \\ 2(\Delta x_{n-1} + \Delta x_{n-2}) \end{pmatrix}, \tag{12.40}$$

$$\boldsymbol{r} = \begin{pmatrix} r_1 \\ r_2 \\ \vdots \\ r_{n-2} \end{pmatrix} = \begin{pmatrix} \Delta x_1 \\ \Delta x_2 \\ \vdots \\ \Delta x_{n-2} \end{pmatrix}. \tag{12.41}$$

Der Vektor der Unbekannten ist

$$\boldsymbol{\mathcal{S}} = \begin{pmatrix} \mathcal{S}_1 \\ \mathcal{S}_2 \\ \vdots \\ \mathcal{S}_n \end{pmatrix} \tag{12.42}$$

und die rechte Seite $\boldsymbol{R}$ ist gegeben durch

$$\boldsymbol{R} = \begin{pmatrix} 3\left(\frac{(f_3-f_2)\Delta x_1}{\Delta x_2} + \frac{(f_2-f_1)\Delta x_2}{\Delta x_1}\right) \\ 3\left(\frac{(f_4-f_3)\Delta x_2}{\Delta x_3} + \frac{(f_3-f_2)\Delta x_3}{\Delta x_2}\right) \\ \vdots \\ 3\left(\frac{(f_n-f_{n-1})\Delta x_{n-2}}{\Delta x_{n-1}} + \frac{(f_{n-1}-f_{n-2})\Delta x_{n-1}}{\Delta x_{n-2}}\right) \end{pmatrix}. \tag{12.43}$$

Wir sehen sofort, dass unsere Koeffizientenmatrix eine reelle $(n-2) \times n$-Matrix ist, mit anderen Worten: es fehlen zwei Bedingungen. Dies sind nun genau zwei freie Bedingungen an den Rändern $x = a$ und $x = b$, die man auf verschiedene Art und Weise vorgeben kann.

Der „natürliche Spline"

Ein kubischer Spline heißt **natürlicher Spline**, wenn an seinen Endpunkten die zweite Ableitungen verschwinden, also wenn

$$s_1''(a) = s_n''(b) = 0$$

gilt. Dieser Fall entspricht ganz der Straklatte im Schiffbau. Wir wollen hier etwas allgemeiner annehmen, dass wir irgendwelche Werte für die zweite Ableitungen an den Endpunkten wüssten,

$$\begin{aligned} s_1''(a) &= \mathcal{K}_1, \\ s_n''(b) &= \mathcal{K}_n. \end{aligned}$$

Ausgehend von unserem Ansatz (12.33) berechnen wir $s_1''(x) = 2c_{3,1} + 6c_{4,1}(x - x_1)^2$ und erhalten $s_1''(x_1) = 2c_{3,1} = \mathcal{K}_1$, was wir in die Formel (12.35) einsetzen, um nach ein wenig Umstellung die Beziehung

$$2\mathcal{S}_1 + \mathcal{S}_2 = 3\frac{f_2 - f_1}{x_2 - x_1} - \mathcal{K}_1(x_2 - x_1)$$

zu erhalten. Dies ist bereits die erste Gleichung, die wir unserem System (12.38) hinzufügen müssen. Ebenso verfahren wir an der Stelle $x = b$, an der $s_{n-1}''(b) = 2c_{3,n-1} = \mathcal{K}_n$ gelten muss. Aus (12.35) folgt dann

$$2\mathcal{S}_{n-1} + \mathcal{S}_n = 3\frac{f_n - f_{n-1}}{x_n - x_{n-1}} - \mathcal{K}_n(x_n - x_{n-1})$$

und diese Gleichung fügen wir an das untere Ende unseres Systems (12.38). Damit erhalten wir das

System zur Bestimmung der Steigungen des natürlichen kubischen Splines

$$\boldsymbol{M} \cdot \boldsymbol{\mathcal{S}} = \boldsymbol{R}^+ \tag{12.44}$$

mit der Matrix

$$\boldsymbol{M} = \begin{pmatrix} 2 & 1 & & & & \\ l_1 & d_1 & r_1 & & & \\ & l_2 & d_2 & r_2 & & \\ & & \ddots & \ddots & \ddots & \\ & & & l_{n-2} & d_{n-2} & r_{n-2} \\ & & & & 2 & 1 \end{pmatrix}$$

und $\boldsymbol{l}, \boldsymbol{d}, \boldsymbol{r}$ wie in (12.39), (12.40), (12.41), $\boldsymbol{\mathcal{S}}$ wie in (12.42) und der rechten Seite

$$\boldsymbol{R}^+ = \begin{pmatrix} 3\frac{f_2-f_1}{x_2-x_1} - \mathcal{K}_1(x_2 - x_1) \\ \boldsymbol{R} \\ 3\frac{f_n-f_{n-1}}{x_n-x_{n-1}} - \mathcal{K}_n(x_n - x_{n-1}) \end{pmatrix} = \begin{pmatrix} 3\frac{f_2-f_1}{x_2-x_1} - \mathcal{K}_1(x_2 - x_1) \\ 3\left(\frac{(f_3-f_2)\Delta x_1}{\Delta x_2} + \frac{(f_2-f_1)\Delta x_2}{\Delta x_1}\right) \\ 3\left(\frac{(f_4-f_3)\Delta x_2}{\Delta x_3} + \frac{(f_3-f_2)\Delta x_3}{\Delta x_2}\right) \\ \vdots \\ 3\left(\frac{(f_n-f_{n-1})\Delta x_{n-2}}{\Delta x_{n-1}} + \frac{(f_{n-1}-f_{n-2})\Delta x_{n-1}}{\Delta x_{n-2}}\right) \\ 3\frac{f_n-f_{n-1}}{x_n-x_{n-1}} - \mathcal{K}_n(x_n - x_{n-1}) \end{pmatrix}.$$

Dies ist nun ein quadratisches $(n \times n)$-System für die Steigungen $\mathcal{S}_i, i = 1, \ldots, n$. Sind diese Steigungen berechnet, dann ergeben die Formeln (12.34) sowie (12.35) und (12.36) die Koeffizienten $c_{k,i}, k = 1, 2, 3, 4$, und die explizite Darstellung des Splines (12.33) ist damit bekannt. Der Fall der natürlichen Randbedingungen ergibt sich einfach daraus, $\mathcal{K}_1 = \mathcal{K}_n = 0$ zu setzen.

Der „vollständige" Spline

Anstelle der Vorgabe von zweiten Ableitungen an den Endpunkten gibt es natürlich weitere Möglichkeiten. Manchmal möchte man gerne direkt eine Steigung an den Rändern vorgeben, also die Vorgabe

$$\mathcal{S}_1 = \sigma_1, \quad \mathcal{S}_n = \sigma_n$$

machen. Den daraus resultierenden interpolierenden kubischen Spline nennt man **vollständigen Spline**.

System zur Bestimmung der Steigungen des vollständigen kubischen Splines

$$\boldsymbol{N} \cdot \boldsymbol{\mathcal{S}} = \boldsymbol{R}^\sigma \tag{12.45}$$

mit der Matrix

$$\boldsymbol{N} = \begin{pmatrix} 1 & & & & & \\ l_1 & d_1 & r_1 & & & \\ & l_2 & d_2 & r_2 & & \\ & & \ddots & \ddots & \ddots & \\ & & & l_{n-2} & d_{n-2} & r_{n-2} \\ & & & & & 1 \end{pmatrix}$$

und $\boldsymbol{l}, \boldsymbol{d}, \boldsymbol{r}$ wie in (12.39), (12.40), (12.41), $\boldsymbol{\mathcal{S}}$ wie in (12.42) und der rechten Seite

$$\boldsymbol{R}^\sigma = \begin{pmatrix} \sigma_1 \\ \boldsymbol{R} \\ \sigma_n \end{pmatrix} = \begin{pmatrix} \sigma_1 \\ 3\left(\frac{(f_3-f_2)\Delta x_1}{\Delta x_2} + \frac{(f_2-f_1)\Delta x_2}{\Delta x_1}\right) \\ 3\left(\frac{(f_4-f_3)\Delta x_2}{\Delta x_3} + \frac{(f_3-f_2)\Delta x_3}{\Delta x_2}\right) \\ \vdots \\ 3\left(\frac{(f_n-f_{n-1})\Delta x_{n-2}}{\Delta x_{n-1}} + \frac{(f_{n-1}-f_{n-2})\Delta x_{n-1}}{\Delta x_{n-2}}\right) \\ \sigma_n \end{pmatrix}.$$

12.5 Trigonometrische Polynome

Carl Friedrich Gauß findet die Ceres

Am Neujahrstag des Jahres 1801 muss der italienische Astronom Guiseppe Piazzi (1746–1820) sehr glücklich gewesen sein: Er hatte einen neuen Planeten in unserem Sonnensystem entdeckt! Bis zum 11. Februar 1801 konnte Piazzi seinen neuen Planeten mit dem Teleskop von Palermo aus verfolgen, dann zogen Wolken über Sizilien auf und die Sicht wurde so schlecht, dass er die Beobachtungen einstellte. Durch hohe Arbeitsbelastung behindert, nahm er erst wieder im Spätherbst die Beobachtungen auf, konnte seinen neuen Planeten aber nicht mehr wiederfinden. Den neuen Planeten hatte er Ceres genannt nach der römischen Göttin des Ackerbaus. Die Entdeckung eines neuen Planeten war eine Sensation, die sich in Windeseile in Europa verbreitete. Überall setzten sich Astronomen hinter ihre Teleskope und versuchten, die Ceres wiederzufinden – ohne Erfolg.

In Braunschweig versuchte Carl Friedrich Gauß erst gar nicht, die Ceres durch Beobachtung zu finden. Er begann zu überlegen. Wie alle anderen Planeten bewegt sich auch Ceres auf einer fast kreisförmigen, elliptischen Umlaufbahn, also ist die Bewegung periodisch. Die Daten von Piazzi konnte man nutzen, indem man ein periodisches Interpolationspolynom durch sie legen würden. Gauß erfand also damals die trigonometrische Interpolation, mit der wir uns im Folgenden befassen wollen. Gleichzeitig erfand er die Methode der kleinsten Quadrate, über die wir im Kapitel über lineare Ausgleichsprobleme bereits berichtet haben. Gauß veröffentlichte seine Bahnberechnungen und konnte dadurch voraussagen, wo sich die Ceres zu welchem Datum etwa aufhalten würde. Am 7. Dezember 1802 konnte aufgrund der Berechnungen von Gauß die Ceres durch den Astronomen Franz

Beispiel: Ein Vergleich von natürlichem und vollständigem Spline

Wir wollen 5 Daten der Runge-Funktion (12.31) $f(x) = 1/(1+x^2)$ mit einem Spline interpolieren, und zwar sowohl mit einem natürlichen, als auch mit einem vollständigen Spline. Die Daten seien

i	1	2	3	4	5
x_i	−1	0	1	2	3
f_i	0.5	1	0.5	0.2	0.1

.

Problemanalyse und Strategie: Wir berechnen die Steigungen $\mathcal{S}_1, \ldots, \mathcal{S}_5$ des natürlichen Splines aus dem linearen Gleichungssystem (12.44), berechnen die Koeffizienten $c_{1,i}, c_{2,i}, c_{3,i}, c_{4,i}$, $i = 1, \ldots, 4$, nach (12.34), (12.35) und (12.36) und werten dann die Splinefunktion $s_i(x) = c_{1,i} + c_{2,i}(x - x_i) + c_{3,i}(x - x_i)^2 + c_{4,i}(x - x_i)^3$, $i = 1, \ldots, 4$ auf den Intervallen $[x_i, x_{i+1}]$ auf einem feinem Gitter aus, sodass wir sie plotten können.

Analog verfahren wir im Fall des vollständigen Splines (12.45), wobei wir die Steigungen $\mathcal{S}_1$ und $\mathcal{S}_5$ an den beiden Rändern direkt aus der Runge-Funktion ermitteln: $\mathcal{S}_1 = \sigma_1 = f'(-1) = 0.5$ und $\mathcal{S}_5 = \sigma_5 = f'(3) = -0.06$.

Lösung:

- Der natürliche Spline. Als Lösung des Gleichungssystems (12.44) erhält man

$$\boldsymbol{\mathcal{S}} = (\mathcal{S}_1, \mathcal{S}_2, \mathcal{S}_3, \mathcal{S}_4, \mathcal{S}_5)^T = \frac{1}{50}(39, -3, -27, -9, 3)^T$$

und aus (12.34) folgen $c_{1,1} = 0.5$, $c_{1,2} = 1$, $c_{1,3} = 0.5$, $c_{1,4} = 0.2$ und $c_{2,1} = \frac{39}{50}$, $c_{2,2} = -\frac{3}{50}$, $c_{2,3} = -\frac{27}{50}$, $c_{2,4} = -\frac{9}{50}$. Aus (12.35) und (12.36) folgen dann $c_{3,1} = 0$, $c_{3,2} = -\frac{21}{25}$, $c_{3,3} = \frac{9}{25}$, $c_{3,4} = 0$ und $c_{4,1} = -\frac{7}{25}$, $c_{4,2} = \frac{2}{5}$, $c_{4,3} = -\frac{3}{25}$, $c_{4,4} = \frac{2}{25}$. Damit sind die Abschnittspolynome definiert und der Spline lautet

$$s(x) = \begin{cases} 0.5 + \frac{39}{50}(x+1) - \frac{7}{25}(x+1)^3 \\ \quad \text{für } -1 \le x < 0, \\ 1 - \frac{3}{50}x - \frac{21}{25}x^2 + \frac{2}{5}x^3 \\ \quad \text{für } 0 \le x < 1, \\ 0.5 - \frac{27}{50}(x-1) + \frac{9}{25}(x-1)^2 - \frac{3}{25}(x-1)^3 \\ \quad \text{für } 1 \le x < 2, \\ 0.2 - \frac{9}{50}(x-2) + \frac{2}{25}(x-2)^3 \\ \quad \text{für } 2 \le x \le 3. \end{cases}$$

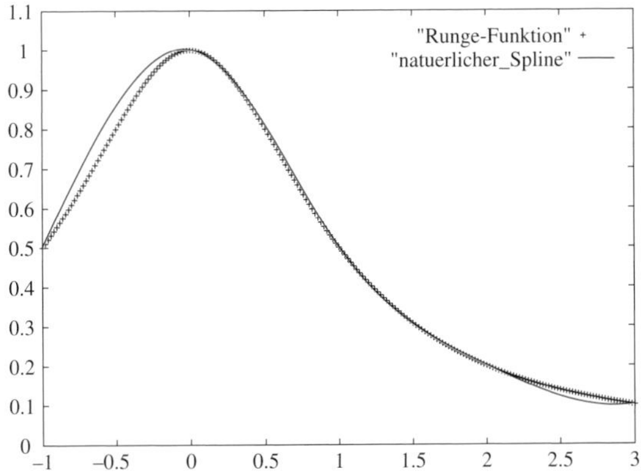

- Der vollständige Spline. Lösung des Systems (12.45) liefert

$$\boldsymbol{\mathcal{S}} = \frac{1}{350}(175, 6, -199, -50, -21)^T$$

und die zum natürlichen Spline analogen Rechnungen ergeben den Spline

$$s(x) = \begin{cases} 0.5 + \frac{175}{350}(x+1) + \frac{169}{350}(x+1)^2 \\ \quad -\frac{169}{350}(x+1)^3 \quad \text{für } -1 \le x < 0, \\ 1 + \frac{6}{350}x - \frac{169}{175}x^2 + \frac{157}{350}x^3 \\ \quad \text{für } 0 \le x < 1, \\ 0.5 - \frac{199}{350}(x-1) + \frac{19}{50}(x-1)^2 - \frac{39}{350}(x-1)^3 \\ \quad \text{für } 1 \le x < 2, \\ 0.2 - \frac{50}{350}(x-2) + \frac{8}{175}(x-2)^2 \\ \quad -\frac{1}{350}(x-2)^3 \quad \text{für } 2 \le x \le 3. \end{cases}$$

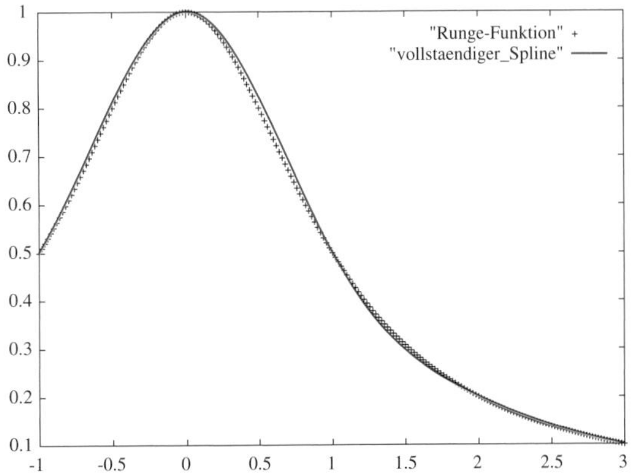

- Der vollständige Spline entspricht in seinem Verlauf an den Rändern natürlich besser der Runge-Funktion als der natürliche Spline. Die Bezeichnung „natürlich" sollte nicht dazu verführen, immer den natürlichen Spline zu wählen.

Hintergrund und Ausblick: Die Optimalität der kubischen Splines. Der Satz von Holladay

Wir haben zu Beginn ein Resultat aus der Mechanik zitiert, nach dem die Straklatte die Biegeenergie $k \int_a^b (f''(x))^2\,\mathrm{d}x$ minimiert, also tut das auch unser natürlicher Spline. Setzen wir die Konstante k zu 1 und führen wir die Halbnorm

$$\|f\| := \sqrt{\int_a^b |f''(x)|^2\,\mathrm{d}x}$$

ein, dann ergibt sich ein Satz, der die Optimalität des kubischen Splines zeigt.

Satz von Holladay

Ist $f \in C^2(a,b)$, $\Delta := \{a = x_1 < x_2 < \ldots < x_n = b\}$ eine Zerlegung von $[a,b]$ und $P_{f,3}$ eine Splinefunktion zu Δ, dann gilt

$$\|f - P_{f,3}\|^2 = \|f\|^2 - 2\left[(f'(x) - P'_{f,3}(x))P''_{f,3}(x)\right]\Big|_a^b - \|P_{f,3}\|^2.$$

Beweis: Nach Definition unserer Halbnorm gilt

$$\begin{aligned}\|f - P_{f,3}\|^2 &= \int_a^b (f''(x) - P''_{f,3}(x))^2\,\mathrm{d}x\\ &= \int_a^b \Big[(f''(x))^2 - 2f''(x)P''_{f,3}(x)\\ &\quad +(P''_{f,3}(x))^2\Big]\,\mathrm{d}x\\ &= \underbrace{\int_a^b (f''(x))^2\,\mathrm{d}x}_{=\|f\|^2} - 2\int_a^b f''(x)P''_{f,3}(x)\,\mathrm{d}x\\ &\quad + \underbrace{\int_a^b (P''_{f,3}(x))^2\,\mathrm{d}x}_{=\|P_{f,3}\|^2}.\end{aligned}$$

Nun addieren wir eine Null und erhalten

$$\begin{aligned}&\|f - P_{f,3}\|^2 =\\ &= \|f\|^2 - 2\int_a^b f''(x)P''_{f,3}(x)\,\mathrm{d}x + 2\int_a^b (P''_{f,3}(x))^2\,\mathrm{d}x\\ &\quad \underbrace{-2\int_a^b (P''_{f,3}(x))^2\,\mathrm{d}x + \|P_{f,3}\|^2}_{=\|P_{f,3}\|^2}\\ &= \|f\|^2 - 2\int_a^b (f''(x) - P''_{f,3}(x))P''_{f,3}(x)\,\mathrm{d}x - \|P_{f,3}\|^2.\end{aligned}$$

Das Integral $\int_a^b (f''(x) - P''_{f,3}(x))P''_{f,3}(x)\,\mathrm{d}x = \sum_{i=2}^n \int_{x_{i-1}}^{x_i} (f''(x) - P''_{f,3}(x))P''_{f,3}(x)\,\mathrm{d}x$ bearbeiten wir nun mithilfe der partiellen Integration,

$$\begin{aligned}&\int_{x_{i-1}}^{x_i} (f''(x) - P''_{f,3}(x))P''_{f,3}(x)\,\mathrm{d}x\\ &= (f'(x) - P'_{f,3}(x))P''_{f,3}(x)\Big|_{x_{i-1}}^{x_i}\\ &\quad - \int_{x_{i-1}}^{x_i} (f'(x) - P'_{f,3}(x))P'''_{f,3}(x)\,\mathrm{d}x.\end{aligned}$$

Nochmalige partielle Integration des verbleibenden Integrals führt auf

$$\begin{aligned}&\int_{x_{i-1}}^{x_i} (f''(x) - P''_{f,3}(x))P''_{f,3}(x)\,\mathrm{d}x\\ &= (f'(x) - P'_{f,3}(x))P''_{f,3}(x)\Big|_{x_{i-1}}^{x_i}\\ &\quad \underbrace{-(f(x) - P_{f,3}(x))P'''_{f,3}(x)\Big|_{x_{i-1}^+}^{x_i^-}}_{=0,\text{ da } f \text{ und } P_{f,3} \text{ gleich sind an den Knoten}}\\ &\quad + \underbrace{\int_{x_{i-1}}^{x_i} (f(x) - P_{f,3}(x))P^{(iv)}_{f,3}(x)\,\mathrm{d}x}_{=0,\text{ da } P^{(iv)}_{f,3} \equiv 0}.\end{aligned}$$

Die dritten Ableitungen eines Splines sind im Allgemeinen unstetig, weshalb wir im zweiten Randterm die einseitigen Grenzwerte $(\cdots)|_{x_{i-1}^+}^{x_i^-}$ verwenden mussten. Nun folgt nach Summation

$$\begin{aligned}&\int_a^b (f''(x) - P''_{f,3}(x))P''_{f,3}(x)\,\mathrm{d}x\\ &= (f'(x) - P'_{f,3}(x))P''_{f,3}(x)\Big|_a^b.\end{aligned}$$

■

Da bei natürlichen und bei vollständigen Splines der Term $(f'(x) - P'_{f,3}(x))P''_{f,3}(x)|_a^b$ im Satz von Holladay verschwindet, können wir sofort auf folgende Eigenschaft schließen.

Satz (Minimum-Halbnorm-Eigenschaft)

Unter den Voraussetzungen des Satzes von Holladay gilt für natürliche und vollständige Splines

$$\|f - P_{f,3}\|^2 = \|f\|^2 - \|P_{f,3}\|^2 \geq 0,$$

mit anderen Worten: Der Spline ist diejenige zweimal stetig differenzierbare Funktion mit kleinster Halbnorm: $\|P_{f,3}\|^2 \leq \|f\|^2$.

Mithilfe des Satzes von Holladay kann man auch Fehlerabschätzungen gewinnen und zeigen, dass im Gegensatz zu interpolierenden Polynomen die Splines immer gegen die Funktion, die sie interpolieren, konvergieren, sofern man die Zerlegungen Δ immer feiner wählt.

Xaver von Zach (1754–1832) wieder gefunden werden. Für einen Planeten war sie dann doch ein wenig zu klein, Ceres ist heute ein Kleinplanet oder *Planetoid* und das größte Objekt im Asteroiden-Hauptgürtel zwischen Mars und Jupiter.

Seit dieser Gauß'schen Meisterleistung ist die trigonometrische Interpolation nicht mehr wegzudenken. Sie kommt heute überall zum Einsatz, wo man periodische Prozesse interpolieren muss, zum Beispiel bei der numerischen Lösung partieller Differenzialgleichungen, die Wellenphänomene beschreiben.

Komplexe Polynome bilden die Grundlage

Trigonometrische Polynome und ihre Beziehungen zu den Fourier-Reihen haben wir bereits am Ende von Abschnitt 19.6 in Band 1 kennengelernt.

Wir wollen uns auf das Intervall $I = [0, 2\pi]$ beziehen und haben dort Daten (x_k, f_k), $k = 0, 1, \ldots, n-1$ gegeben mit $x_k := k\frac{2\pi}{n}$ und $f_k \in \mathbb{C}$. Die natürliche Zahl n sei vorgegeben. Zu den Daten wollen wir nun ein **trigonometrisches Polynom**

$$p(x) := \alpha_0 + \alpha_1 \mathrm{e}^{\mathrm{i}x} + \alpha_2 \mathrm{e}^{\mathrm{i}2x} + \ldots + \alpha_{n-1} \mathrm{e}^{\mathrm{i}(n-1)x} \quad (12.46)$$

mit komplexen Koeffizienten α_k finden, sodass die Interpolationsbedingungen

$$p(x_k) = f_k, \quad k = 0, 1, \ldots, n-1$$

erfüllt sind. Nun wird auch klar, warum die Funktion p trigonometrisches *Polynom* heißt: Nennen wir die komplexe Variable z, dann ist ein komplexes Polynom q vom Grad nicht höher als $n-1$ gegeben durch

$$q(z) = \alpha_0 + \alpha_1 z + \alpha_2 z^2 + \ldots + \alpha_{n-1} z^{n-1}.$$

Wählen wir z auf dem Einheitskreis $z = \mathrm{e}^{\mathrm{i}x}$, wobei wir x als Winkelwert interpretieren können, dann ergibt sich gerade (12.46).

Mithilfe der Lagrange'schen Basispolynome hatten wir im Reellen gezeigt, dass ein (reelles) Interpolationspolynom existiert. Genau so erhält man den folgenden Satz.

Satz

Zu n Daten (x_k, f_k), $k = 0, 1, \ldots, n-1$ mit $x_k = k\frac{2\pi}{n}$ und $f_k \in \mathbb{C}$ gibt es genau ein trigonometrisches Polynom

$$p(x) = \alpha_0 + \alpha_1 \mathrm{e}^{\mathrm{i}x} + \alpha_2 \mathrm{e}^{\mathrm{i}2x} + \ldots + \alpha_{n-1} \mathrm{e}^{\mathrm{i}(n-1)x}$$

mit $p(x_k) = f_k$ für $k = 0, 1, \ldots, n-1$.

Wie bei den algebraischen Polynomen gilt auch bei den trigonometrischen Polynomen der Weierstraß'sche Approximationssatz, für dessen Beweis wir auf Band 1, Abschnitt 19.6 verweisen.

Weierstraß'scher Approximationssatz II

Zu einer stetigen Funktion $f \in C([0, 2\pi])$ und einem $\varepsilon > 0$ existiert ein trigonometrisches Polynom p mit $\|f - p\|_\infty \leq \varepsilon$.

Besonders wichtig ist die Periodizität der Funktion $\mathrm{e}^{\mathrm{i}x}$, denn es gilt

$$\mathrm{e}^{\mathrm{i}x} = \cos x + \mathrm{i} \sin x.$$

Es gilt daher auch

$$p(x_k) = f_k, \quad k \in \mathbb{Z},$$

wenn man $x_k = \frac{2\pi k}{n}$ für $k \in \mathbb{Z}$ setzt und die f_k vermöge $f_{k+jn} := f_k$ für $j \in \mathbb{Z}$ periodisch über I hinaus fortsetzt.

Besonders wichtig ist das folgende Lemma.

Lemma

Die Funktionen $\mathrm{e}^{\mathrm{i}x_k} = \mathrm{e}^{\mathrm{i}2k\pi/n}$ haben die folgenden Eigenschaften:

1.

$$\left(\mathrm{e}^{\mathrm{i}2k\pi/n}\right)^j = \left(\mathrm{e}^{\mathrm{i}2j\pi/n}\right)^k$$

2.

$$\sum_{k=0}^{n-1} \left(\mathrm{e}^{\mathrm{i}2k\pi/n}\right)^j \left(\mathrm{e}^{\mathrm{i}2k\pi/n}\right)^{-\ell} = \begin{cases} n & ; \; j = \ell \\ 0 & ; \; j \neq \ell, 0 \leq j, \ell \leq n-1 \end{cases} \quad (12.47)$$

Beweis: Die erste Aussage ist klar. Für die zweite Behauptung setzen wir $z_k := \mathrm{e}^{\mathrm{i}2k\pi/n}$ und betrachten die Gleichung

$$z^n - 1 = 0,$$

dann ist z_k offenbar eine Wurzel dieser Gleichung, denn $z^n = \mathrm{e}^{\mathrm{i}2k\pi} = \cos 2k\pi + \mathrm{i}\sin 2k\pi = 1$ für alle $k \in \mathbb{Z}$. Nun ist aber

$$z^n - 1 = (z-1)\left(z^{n-1} + z^{n-2} + \ldots + 1\right) = 0. \quad (12.48)$$

Wegen

$$z_k = \mathrm{e}^{\mathrm{i}2k\pi/n} = \cos 2\pi\frac{k}{n} + \mathrm{i}\sin 2\pi\frac{k}{n}$$

ist $z_k = 1$ für $k = 0, \pm n, \pm 2n, \ldots$, aber $z_k \neq 1$ für $k \neq 0$, $\pm n, \pm 2n, \ldots$ Mit Blick auf (12.47) berechnen wir

$$\sum_{k=0}^{n-1} z_k^j z_k^{-\ell} = \sum_{k=0}^{n-1} z_k^{j-\ell} \overset{\text{wegen}\,\mathbf{1.}}{=} \sum_{j-\ell=0}^{n-1} z_k^{j-\ell}$$

$$= \begin{cases} 1 + 1 + 1 + \ldots + 1 = n & ; \; k = 0, \pm n, \pm 2n, \ldots \\ 1 + z + z^2 + \ldots + z^{n-1} & ; \; k \neq 0, \pm n, \pm 2n, \ldots \end{cases},$$

aber da die z_k Wurzeln von $z^n - 1$ sind, muss im Fall $z_k \neq 1$ nach (12.48) die Summe $1 + z + z^2 + \ldots + z^{n-1}$ verschwinden. Wir erhalten also (12.47). ∎

Die Eigenschaft (12.47) können wir als **diskrete Orthogonalitätsbedingung** interpretieren. Definiert man ein Skalarprodukt auf dem n-dimensionalen Vektorraum $\mathbb{C}^n$ durch

$$\langle f, g\rangle := \frac{1}{n}\sum_{k=0}^{n-1} f_k \overline{g}_k, \tag{12.49}$$

wobei $f := (f_0, f_1, \ldots, f_{n-1})$ und $g := (g_0, g_1, \ldots, g_{n-1})$ Vektoren mit Einträgen aus $\mathbb{C}$ sind und $\overline{g}$ die komplexe Konjugation bezeichnet, dann sagt (12.47) gerade aus, dass die n-Tupel

$$\zeta_j := (z_0^j, z_1^j, z_2^j, \ldots, z_{n-1}^j), \quad j = 0, 1, \ldots, n-1$$

(Erinnerung: $z_k^j = (\mathrm{e}^{\mathrm{i}2k\pi/n})^j$!) eine Orthonormalbasis des $\mathbb{C}^n$ bilden, d. h., es gilt

$$\langle \zeta_j, \zeta_k\rangle = \begin{cases} 1 \;;\; j = \ell \\ 0 \;;\; j \neq \ell, 0 \leq j, \ell \leq n-1 \end{cases}.$$

Diese Orthogonalitätsbedingung ist der Schlüssel zur Bestimmung der Koeffizienten β_k bei der Interpolation mit trigonometrischen Polynomen.

Satz

Gelten für das trigonometrische Polynom $p(x) = \sum_{k=0}^{n-1}\alpha_k \,\mathrm{e}^{\mathrm{i}kx}$ die Interpolationsbedingungen $p(x_k) = f_k$, $k = 0, 1, \ldots, n-1$, dann sind die Koeffizienten gegeben durch

$$\alpha_j = \frac{1}{n}\sum_{k=0}^{n-1} f_k z_k^{-j} = \frac{1}{n}\sum_{k=0}^{n-1} f_k\, \mathrm{e}^{-\mathrm{i}j2k\pi/n},$$
$$j = 0, 1, \ldots, n-1. \tag{12.50}$$

Beweis: Mit Blick auf das Skalarprodukt (12.49) ist

$$\frac{1}{n}\sum_{k=0}^{n-1} f_k z_k^{-j} = \langle f, \zeta_j\rangle.$$

Nun soll $f_k = p(x_k)$ gelten, also

$$\langle f, \zeta_j\rangle = \langle \alpha_0\zeta_0 + \alpha_1\zeta_1 + \ldots + \alpha_{n-1}\zeta_{n-1}, \zeta_j\rangle = \alpha_j. \quad \blacksquare$$

Wenn wir versuchen, mit einem trigonometrischen Polynom

$$p_m(x) := \alpha_0 + \alpha_1\,\mathrm{e}^{\mathrm{i}x} + \alpha_2\,\mathrm{e}^{\mathrm{i}2x} + \ldots + \alpha_m\,\mathrm{e}^{\mathrm{i}mx} \tag{12.51}$$

mit $m \leq n-1$ alle Daten $(x_k, f_k), k = 0, 1, \ldots, n-1$ zu interpolieren, werden wir natürlich scheitern, wenn nicht gerade $m = n-1$ ist. Interessanterweise haben die **Abschnittspolynome** p_m aber eine hervorragende Approximationseigenschaft, die wir im folgenden Satz zum Ausdruck bringen.

Satz

Unter allen möglichen trigonometrischen Polynomen

$$q_m(x) = \beta_0 + \beta_1\,\mathrm{e}^{\mathrm{i}x} + \beta_2\,\mathrm{e}^{\mathrm{i}2x} + \ldots + \beta_m\,\mathrm{e}^{\mathrm{i}mx}$$

mit $m \leq n-1$ minimiert das Abschnittspolynom p_m aus (12.51) für $m = 0, 1, \ldots, n-1$ die Summe der Fehlerquadrate

$$\sigma(q_m) := \sum_{k=0}^{n-1} |f_k - q_m(x_k)|^2.$$

Insbesondere ist $\sigma(p) = \sigma(p_{n-1}) = 0$.

Beweis: Wir ordnen den trigonometrischen Polynomen p_m und q_m die zwei n-Tupel

$$P_m := (p_m(x_0), \ldots, p_m(x_{n-1})),$$
$$Q_m := (q_m(x_0), \ldots, q_m(x_{n-1}))$$

zu. Mithilfe des Skalarprodukts (12.49) folgt dann

$$\frac{1}{n}\sigma(q_m) = \langle f - Q_m, f - Q_m\rangle.$$

Aus (12.50) wissen wir, dass für die Koeffizienten α_ℓ gerade $\alpha_\ell = \langle f, \zeta_\ell\rangle$ für $\ell = 0, 1, \ldots, n-1$ gilt. Daher folgt

$$\langle f - P_m, \zeta_j\rangle = \left\langle f - \sum_{\ell=0}^{m}\alpha_\ell\zeta_\ell, \zeta_j\right\rangle = \alpha_j - \alpha_j = 0$$

für $j = 0, 1, \ldots, n-1$ sowie dann auch

$$\langle f - P_m, P_m - Q_m\rangle = \sum_{j=0}^{m}\langle f - P_m, (\alpha_j - \beta_j)\zeta_j\rangle = 0.$$

Damit ergibt sich

$$\begin{aligned}\frac{1}{n}\sigma(q_m) &= \langle f - Q_m, f - Q_m\rangle \\ &= \langle (f - P_m) + (P_m - Q_m), (f - P_m) + (P_m - Q_m)\rangle \\ &= \langle f - P_m, f - P_m\rangle + \langle P_m - Q_m, P_m - Q_m\rangle \\ &\geq \langle f - P_m, f - P_m\rangle = \frac{1}{n}\sigma(p_m).\end{aligned}$$

Die Gleichheit tritt nur im Fall $q_m = p_m$ ein. $\blacksquare$

Reelle trigonometrische Polynome interpolieren periodische Funktionen

Bis jetzt haben wir nur „Grundlagenarbeit" geleistet und uns die Eigenschaften komplexer trigonometrischer Polynome angesehen. Nun wollen wir auf der Basis dieser Vorarbeit den für uns interessanten reellen Fall betrachten.

Dazu führen wir die folgenden Bezeichnungen ein:

$$a_j := \frac{2}{n}\sum_{k=0}^{n-1} f_k \cos\frac{2\pi jk}{n}, \tag{12.52}$$

$$b_j := \frac{2}{n}\sum_{k=0}^{n-1} f_k \sin\frac{2\pi jk}{n}. \tag{12.53}$$

Blicken wir auf (12.50),

$$\alpha_j = \frac{1}{n}\sum_{k=0}^{n-1} f_k \,\mathrm{e}^{-\mathrm{i}2k\pi j/n} = \frac{1}{n}\sum_{k=0}^{n-1} f_k \left(\cos\frac{2\pi jk}{n} - \mathrm{i}\sin\frac{2\pi jk}{n}\right),$$

dann erkennen wir den Zusammenhang

$$\alpha_j = \frac{1}{2}(a_j - \mathrm{i}b_j).$$

Wir sehen auch, dass

$$\alpha_{n-j} = \frac{1}{n}\sum_{k=0}^{n-1} f_k z_k^{-(n-j)} = \frac{1}{n}\sum_{k=0}^{n-1} f_k z_k^{j-n} = \frac{1}{n}\sum_{k=0}^{n-1} f_k \,\mathrm{e}^{\mathrm{i}2k\pi(j-n)/n} = \frac{1}{n}\sum_{k=0}^{n-1} f_k \,\mathrm{e}^{\mathrm{i}2k\pi j/n}\underbrace{\mathrm{e}^{-\mathrm{i}2k\pi}}_{=1} = \frac{1}{n}\sum_{k=0}^{n-1} f_k z_k^{j},$$

und daher folgt

$$\alpha_{n-j} = \frac{1}{2}(a_j + \mathrm{i}b_j).$$

Sehen wir uns nun noch die Summe

$$\alpha_j z_k^j + \alpha_{n-j} z_k^{n-j}$$

an, dann folgt aus unseren bisherigen Ergebnissen

$$\begin{aligned}\alpha_j z_k^j + \alpha_{n-j} z_k^{n-j} &= \frac{1}{2}(a_j - \mathrm{i}b_j)z_k^j + \frac{1}{2}(a_j + \mathrm{i}b_j)z_k^{n-j}\\ &= \frac{1}{2}(a_j - \mathrm{i}b_j)(\cos jx_k + \mathrm{i}\sin jx_k)\\ &\quad + \frac{1}{2}(a_j + \mathrm{i}b_j)(\cos jx_k - \mathrm{i}\sin jx_k)\\ &= a_j\cos jx_k + b_j \sin jx_k.\end{aligned}$$

Fassen wir zusammen.

Lemma

Mit den Definitionen (12.52) und (12.53) gelten für $j = 0, 1, \ldots, n$ die Beziehungen

$$\alpha_{n-j} = \frac{1}{n}\sum_{k=0}^{n-1} f_k z_k^j, \tag{12.54}$$

$$\alpha_j = \frac{1}{2}(a_j - \mathrm{i}b_j), \quad \alpha_{n-j} = \frac{1}{2}(a_j + \mathrm{i}b_j), \tag{12.55}$$

$$\alpha_j z_k^j + \alpha_{n-j} z_k^{n-j} = a_j \cos jx_k + b_j \sin jx_k, \tag{12.56}$$

$$\alpha_n = \alpha_0.$$

Jetzt können wir endlich den wichtigen Satz beweisen, der hinter der reellen trigonometrischen Interpolation steht.

Satz

Zu n äquidistant verteilten Daten $(x_k, f_k), k = 0, 1, \ldots, n-1$ mit $x_k = 2k\pi/n$ seien

$$a_j := \frac{2}{n}\sum_{k=0}^{n-1} f_k \cos kx_j, \quad b_j := \frac{2}{n}\sum_{k=0}^{n-1} f_k \sin kx_j \tag{12.57}$$

für $j = 0, 1, \ldots, n-1$. Ist $n = 2N+1$ ungerade, dann ist

$$p(x) := \frac{a_0}{2} + \sum_{k=1}^{N}(a_k \cos kx + b_k \sin kx) \tag{12.58}$$

das interpolierende trigonometrische Polynom. Ist hingegen $n = 2N$ gerade, dann ist

$$p(x) := \frac{a_0}{2} + \sum_{k=1}^{N-1}(a_k \cos kx + b_k \sin kn) + \frac{a_N}{2}\cos Nx \tag{12.59}$$

das interpolierende trigonometrische Polynom, d. h., es gilt

$$p(x_k) = f_k, \quad k = 0, 1, \ldots, n-1.$$

Beweis: Wir betrachten nur den Fall n gerade, d. h. $n = 2N$. Der Beweis für ungerades n erfolgt vollständig analog.

Für gerades $n = 2N$ folgt

$$f_k = \sum_{j=0}^{n-1} \alpha_j z_k^j = \alpha_0 + \sum_{j=1}^{N-1}(\alpha_j z_k^j + \alpha_{n-1} z_k^{n-j}) + \alpha_N z_k^N.$$

Nun ersetzen wir die auftretenden Ausdrücke durch (12.55) und (12.56) und erhalten

$$f_k = \frac{1}{2}(a_0 - \mathrm{i}b_0) + \sum_{j=1}^{N-1}(a_j \cos jx_k + b_j \sin jx_k) + \frac{1}{2}(a_N + \mathrm{i}b_N)z_k^N.$$

Nach unserer Definition ist

$$b_0 = \frac{2}{N}\sum_{k=0}^{n-1} f_k \sin kx_0 = 0,$$

$$b_N = \frac{2}{N}\sum_{k=0}^{n-1} f_k \sin kx_N = \frac{2}{N}\sum_{k=0}^{n-1} f_k \sin k2\pi\frac{n}{2n} = 0,$$

$$z_k^N = \left(\mathrm{e}^{\mathrm{i}2k\pi/n}\right)^N = \left(\mathrm{e}^{\mathrm{i}x_k}\right)^N = \cos Nx_k + \mathrm{i}\underbrace{\sin Nx_k}_{=\sin\frac{n}{2}\frac{2k\pi}{n}} = \cos Nx_k,$$

und setzen wir dies noch ein, dann folgt

$$f_k = \frac{a_0}{2} + \sum_{j=0}^{N-1}(a_j \cos jx_k + b_j \sin jx_k) + \frac{a_N}{2}\cos Nx_k,$$

wie behauptet. ∎

Wie berechnet man die Koeffizienten eines reellen trigonometrischen Polynoms in der Praxis?

Für sehr kleine n lassen sich die Summen, mit denen die a_k, b_k berechnet werden müssen, noch vertretbar durch tatsächliche Summation berechnen.

Es gibt für größere n allerdings einen **Algorithmus von Goertzel**, den wir der Vollständigkeit halber vorstellen wollen.

Der Algorithmus von Goertzel

Bei der Berechnung der Koeffizienten (12.57) sind offenbar Summen der Form

$$\sigma(x) := \sum_{k=0}^{n-1} f_k \cos kx, \quad \mu(x) := \sum_{k=0}^{n-1} f_k \sin kx \tag{12.60}$$

zu berechnen, wobei wir etwas allgemeiner ein beliebiges x zulassen und nicht nur x_j. Der aus dem Jahr 1958 stammende **Algorithmus von Goertzel** erlaubt die Berechnung von $\sigma(x)$ und $\mu(x)$ *ohne* die Sinus- und Cosinus-Ausdrücke direkt auszuwerten.

Dazu definieren wir

$$c_k := \cos kx, \quad s_k := \sin kx$$

und verwenden die Rekursionsgleichungen

$$c_{k+1} = 2c_1 c_k - c_{k-1}, \quad k = 1, 2, \ldots, n-2 \tag{12.61}$$

$$s_{k+1} = 2c_1 s_k - s_{k-1}, \quad k = 1, 2, \ldots, n-2, \tag{12.62}$$

die beide aus den Additionstheoremen der Winkelfunktionen folgen. Als Startwerte notieren wir noch

$$c_0 = 1, c_1 = \cos x, \quad s_0 = 0, s_1 = \sin x.$$

Schreiben wir nun die beiden Rekursionsgleichungen (12.61) und (12.62) etwas um und bringen sie in Matrixform, dann erhalten wir die beiden linearen Gleichungssysteme

$$\begin{pmatrix} 1 & & & & \\ -2c_1 & 1 & & & \\ 1 & -2c_1 & 1 & & \\ & \ddots & \ddots & \ddots & \\ & & 1 & -2c_1 & 1 \end{pmatrix} \begin{pmatrix} c_0 \\ c_1 \\ c_2 \\ \vdots \\ c_{n-1} \end{pmatrix} = \begin{pmatrix} 1 \\ -c_1 \\ 0 \\ \vdots \\ 0 \end{pmatrix} \tag{12.63}$$

und

$$\begin{pmatrix} 1 & & & & \\ -2c_1 & 1 & & & \\ 1 & -2c_1 & 1 & & \\ & \ddots & \ddots & \ddots & \\ & & 1 & -2c_1 & 1 \end{pmatrix} \begin{pmatrix} s_0 \\ s_1 \\ s_2 \\ \vdots \\ s_{n-1} \end{pmatrix} = \begin{pmatrix} 0 \\ s_1 \\ 0 \\ \vdots \\ 0 \end{pmatrix}. \tag{12.64}$$

Bezeichnen wir die Koeffizientenmatrix mit $\boldsymbol{A}$, den Vektor $(c_0, \ldots, c_{n-1})^T$ mit $\boldsymbol{c}$, den Vektor $(s_0, \ldots, s_{n-1})$ mit $\boldsymbol{s}$ und die rechten Seiten von (12.63) und (12.64) mit $\boldsymbol{r}_1$ bzw. $\boldsymbol{r}_2$, dann schreiben sich die beiden Systeme als

$$\boldsymbol{A}\boldsymbol{c} = \boldsymbol{r}_1, \quad \boldsymbol{A}\boldsymbol{s} = \boldsymbol{r}_2.$$

Wir sind doch aber eigentlich gar nicht an den c_k und s_k interessiert, sondern an den Skalarprodukten (12.60),

$$\sigma = \langle \boldsymbol{c}, \boldsymbol{f} \rangle = \boldsymbol{c}^T \boldsymbol{f}, \quad \mu = \langle \boldsymbol{s}, \boldsymbol{f} \rangle = \boldsymbol{s}^T \boldsymbol{f},$$

wobei wir $\boldsymbol{f} := (f_0, \ldots, f_{n-1})^T$ gesetzt haben. Die Matrix $\boldsymbol{A}$ ist regulär, also können wir die Systeme (12.63) und (12.64) formal nach $\boldsymbol{c}$ bzw. $\boldsymbol{s}$ auflösen und in unsere Skalarprodukte einsetzen, was auf die beiden Gleichungen

$$\sigma = \boldsymbol{c}^T \boldsymbol{f} = (\boldsymbol{A}^{-1}\boldsymbol{r}_1)\boldsymbol{f} = \boldsymbol{r}_1^T(\boldsymbol{A}^{-T}\boldsymbol{f}),$$
$$\mu = \boldsymbol{s}^T \boldsymbol{f} = (\boldsymbol{A}^{-1}\boldsymbol{r}_2)\boldsymbol{f} = \boldsymbol{r}_2^T(\boldsymbol{A}^{-T}\boldsymbol{f})$$

führt.

Berechnung von σ und μ nach Goertzel

Setze $\boldsymbol{u} = (u_0, \ldots, u_{n-1})^T := \boldsymbol{A}^{-T}\boldsymbol{f}$ und löse das lineare Gleichungssystem

$$\boldsymbol{A}^T \boldsymbol{u} = \boldsymbol{f}. \tag{12.65}$$

Berechne anschließend

$$\sigma = \boldsymbol{r}_1^T \boldsymbol{u} = (1, -c_1, 0, \ldots, 0) \begin{pmatrix} u_0 \\ u_1 \\ u_2 \\ \vdots \\ u_{n-1} \end{pmatrix} = u_0 - c_1 u_1,$$

$$\mu = \boldsymbol{r}_2^T \boldsymbol{u} = (0, s_1, 0, \ldots, 0) \begin{pmatrix} u_0 \\ u_1 \\ u_2 \\ \vdots \\ u_{n-1} \end{pmatrix} = s_1 u_1.$$

Das Gleichungssystem (12.65) hat eine besonders einfache Struktur, weil

$$\boldsymbol{A}^T = \begin{pmatrix} 1 & -2c_1 & 1 & & & \\ & 1 & -2c_1 & 1 & & \\ & & \ddots & \ddots & \ddots & \\ & & & 1 & -2c_1 & 1 \\ & & & & 1 & -2c_1 \\ & & & & & 1 \end{pmatrix}$$

die direkte Auflösung durch Rücksubstitution erlaubt. Aus der letzten Zeile folgt sofort

$$u_{n-1} = f_{n-1},$$

aus der vorletzten

$$u_{n-1} = f_{n-2} + 2c_1 u_{n-1}$$

und dann geht es weiter mit

$$u_k = f_k + 2c_1 u_{k+1} - u_{k+2}, \quad k = n-3, n-2, \ldots, 0.$$

Das macht den **Algorithmus von Goertzel** sehr übersichtlich:

$$\begin{aligned} &u_n = 0; \quad u_{n-1} = f_{n-1}; \quad c_1 = \cos x; \\ &\text{für } k = n-2, n-3, \ldots 1 \\ &\qquad u_k = f_k + 2c_1 u_{k+1} - u_{k+2}; \\ &\sigma = f_0 + c_1 u_1 - u_2; \\ &\mu = u_1 \sin x. \end{aligned}$$

Kommentar: Der Algorithmus von Goertzel benötigt $\mathcal{O}(n)$ elementare Operationen für jede Auswertung von $\sigma(x)$ und $\mu(x)$, also werden für die Berechnung aller Koeffizienten (12.57) $\mathcal{O}(n^2)$ elementare Operationen benötigt. Damit ist dieser Algorithmus für sehr große n nicht zu empfehlen!

Ein weiteres Problem ist die numerische Instabilität des Algorithmus für $x \approx j\pi$, $j \in \mathbb{Z}$, die man zeigen kann. Abhilfe schafft eine Variante, der **Algorithmus von Goertzel und Reinsch**, der aber sogar noch etwas teurer ist als der ursprüngliche Algorithmus.

Ist man nicht an einer Auswertung der Koeffizienten (12.57) an beliebigen Stellen $x \in \mathbb{R}$ interessiert, sondern nur an der Auswertung an den Gitterpunkten $x_k = 2k\pi/n$, dann empfiehlt sich der Algorithmus der schnellen Fouriertransformation.

Die schnelle Fouriertransformation

Bei der schnellen Fouriertransformation (engl.: FFT – Fast Fourier Transform) handelt es sich eigentlich um eine ganze Klasse von Algorithmen, von der wir hier nur eine Variante vorstellen wollen. Die FFT ist erstmals von Carl Friedrich Gauß entdeckt worden, als er trigonometrische Polynome zum Auffinden der Ceres verwendete. Dann wurde sie aber wieder vergessen und mehrmals wiederentdeckt. Erst im Computerzeitalter wurde die überragende Bedeutung der FFT erkannt und die heutigen Algorithmen gehen sämtlich auf eine Arbeit von James W. Cooley und John W. Tukey zurück, die sie im Jahr 1965 publiziert haben.

Wir wollen hier nur den Fall betrachten, dass n eine Zweierpotenz ist, d. h., wir setzen

$$n = 2^r, \quad r \in \mathbb{N}$$

voraus. In der Spezialliteratur findet man natürlich auch Algorithmen für allgemeinere Fälle, aber für viele Anwendungen in der Praxis ist unsere Voraussetzung keine wirkliche Einschränkung.

Wir gehen zur Beschreibung der FFT wieder zur komplexen Darstellung der Koeffizienten (12.50) zurück:

$$\alpha_j = \frac{1}{n} \sum_{k=0}^{n-1} f_k \, \mathrm{e}^{-\mathrm{i}j2k\pi/n}$$

Die einfache **Grundidee der FFT** besteht darin, diese Summe so aufzuspalten, dass sie sich als Summe von zwei Teilsummen auf einem jeweils gröberen Gitter auffassen lässt. Dazu setzen wir $m := n/2$ und trennen in gerade und ungerade Indizes:

$$\begin{aligned} \alpha_j &= \frac{1}{n}\left(\sum_{k=0}^{m-1} f_{2k}\,\mathrm{e}^{-\mathrm{i}j(2k)2\pi/n} + \sum_{k=0}^{m-1} f_{2k+1}\,\mathrm{e}^{-\mathrm{i}j(2k+1)2\pi/n}\right) \\ &= \frac{1}{n}\left(\sum_{k=0}^{m-1} f_{2k}\,\mathrm{e}^{-\mathrm{i}j(2k)2\pi/n}\right) \\ &\quad + \mathrm{e}^{-\mathrm{i}j\pi/m}\cdot\left(\frac{1}{n}\sum_{k=0}^{m-1} f_{2k+1}\,\mathrm{e}^{-\mathrm{i}jk2\pi/m}\right) \\ &=: G_j + \mathrm{e}^{-\mathrm{i}j\pi/m} U_j \end{aligned}$$

mit

$$\begin{aligned} G_j &= \frac{1}{n}\sum_{k=0}^{m-1} f_{2k}\,\mathrm{e}^{-\mathrm{i}j(2k)2\pi/n}, \\ U_j &= \frac{1}{n}\sum_{k=0}^{m-1} f_{2k+1}\,\mathrm{e}^{-\mathrm{i}jk2\pi/m}. \end{aligned}$$

Wegen der Periodizität der komplexen Exponentialfunktion brauchen die G_j, U_j nur jeweils für $j = 0, 1, \ldots, m-1$ berechnet zu werden, denn es gilt

$$G_{j+m} = G_j, \quad U_{j+m} = U_j, \quad j = 0, 1, \ldots, m-1.$$

Reduktionsschritt der FFT

Berechne mit $m = n/2$ für $j = 0, 1, \ldots, m-1$:

$$\begin{aligned} G_j &= \frac{1}{n}\sum_{k=0}^{m-1} f_{2k}\,\mathrm{e}^{-\mathrm{i}j(2k)2\pi/n}, \\ U_j &= \frac{1}{n}\sum_{k=0}^{m-1} f_{2k+1}\,\mathrm{e}^{-\mathrm{i}jk2\pi/m}, \\ \alpha_j &= G_j + \mathrm{e}^{-\mathrm{i}j\pi/m} U_j, \quad \alpha_{j+m} = G_j - \mathrm{e}^{-\mathrm{i}j\pi/m} U_j. \end{aligned}$$

Diese Grundidee der Reduktion wird nun iteriert, bis nur noch triviale Fouriertransformationen mit $m = 1$ auszuführen sind. Der gesamte Algorithmus arbeitet mit einem eindimensionalen Feld (man sagt auch Liste oder Folge), in dem zu Beginn die Werte $f_0, f_1, \ldots, f_{n-1}$ gespeichert werden. Dann wird das Feld umsortiert, was wir in folgendem Beispiel verdeutlichen.

Beispiel Für $n = 8$ ist das eindimensionale Feld besetzt durch

$$f_0 \quad f_1 \quad f_2 \quad f_3 \quad f_4 \quad f_5 \quad f_6 \quad f_7$$

Im ersten Schritt trennen wir nach geraden und ungeraden Indizes:

$$f_0 \quad f_2 \quad f_4 \quad f_6 \;\|\; f_1 \quad f_3 \quad f_5 \quad f_7$$

Es ist $m = n/2 = 4$, also brauchen wir nur die Transformationen für $j = 0, 1, 2, 3$ zu berechnen. Die korrespondierenden Indizes sind 4, 5, 6, 7. Wir sortieren unser Feld jetzt so um, dass korrespondierende Indizes nebeneinander stehen:

$$f_0 \quad f_4 \;\|\; f_2 \quad f_6 \;\|\; f_1 \quad f_5 \;\|\; f_3 \quad f_7$$

Der dritte und letzte Schritt ist die Trennung der Zweierpaare und damit sind wir bei den einfachsten Transformationen angekommen.

$$f_0 \;\|\; f_4 \;\|\; f_2 \;\|\; f_6 \;\|\; f_1 \;\|\; f_5 \;\|\; f_3 \;\|\; f_7$$

◀

Können wir das am Beispiel gezeigte Umsortieren irgendwie formal beschreiben? Ja, und es ist erstaunlich und elegant, denn das gesamte Umsortieren kann in einem einzigen Schritt erfolgen!

Dazu sehen wir uns die Indizes der unsortierten und die der sortierten Folge an:

unsortiert	0	1	2	3	4	5	6	7
sortiert	0	4	2	6	1	5	3	7

Nun schreiben wir die Indizes in dualer Darstellung, d. h. zur Basis 2, und erhalten

us.	000	001	010	011	100	101	110	111
s.	000	100	010	110	001	101	011	111

.

Von der Ausgangsliste kommen wir also direkt zu der sortierten Liste durch eine **Bitumkehr**, d. h., wir lesen die Dualdarstellung der Indizes von rechts nach links und erhalten an dieser Stelle den Index in der sortierten Liste.

Sehen wir uns noch einmal die einzelnen Sortierschritte in unserem Beispiel an und studieren die Wirkung des Sortierens auf die Indizes $k = 0, 1, \ldots, 2^r - 1$ in Dualdarstellung:

$$k = (k_r, \ldots, k_1)_2 = \sum_{\nu=1}^{r} k_\nu 2^{\nu-1}, \quad k_\nu \in \{0, 1\}.$$

Der erste Sortierschritt bedeutet die folgende Transformation der Indizes. Für gerade Indizes erhält man

$$\begin{array}{cc} 2k & \boxed{* * \ldots * * | 0} \\ \downarrow & \searrow\searrow \quad \searrow \\ k & \boxed{0 | * * \ldots * *} \end{array}$$

und für ungerade

$$\begin{array}{cc} 2k+1 & \boxed{* * \ldots * * | 1} \\ \downarrow & \searrow\searrow \quad \searrow \\ k+m & \boxed{1 | * * \ldots * *} \end{array}.$$

Also erhalten wir

$$k = (k_r, k_{r-1}, \ldots, k_1)_2 \to \overline{k} = (k_1, k_r, \ldots, k_2)_2$$

für den ersten Sortierschritt. Insgesamt ergibt sich damit tatsächlich die Bitumkehr

$$k = (k_r, k_{r-1}, \ldots, k_1)_2 \to \overline{k} = (k_1, k_2, \ldots, k_r)_2.$$

Dieses Sortieren durch Bitumkehr können wir wie folgt beschreiben.

Sortieren durch Bitumkehr: FFT 1

$d_0 := f_0/n; \quad \overline{k} := 0;$
für $k = 1, 2, \ldots, n-1$
  für $m := n/2$ so lange wie $m + \overline{k} \geq n$
    $m := m/2;$
  $\overline{k} := \overline{k} + 3m - n;$
  $d_{\overline{k}} := f_k/n;$
Sortierung abgeschlossen

?

Analysieren Sie den Algorithmus genau. Was geht vor? Warum realisiert er tatsächlich die Bitumkehr?

Nach der Sortierung bleiben nur noch die Zusammenfassungen der einzelnen Reduktionsschritte übrig.

Berechnung der Koeffizienten: FFT 2

für $\ell = 1, 2, \ldots, r$
  $m := 2^{\ell-1}; \quad m_2 := 2m;$
  für $j = 0, 1, \ldots, m-1$
    $c := \mathrm{e}^{-\mathrm{i}j\pi/m};$
    für $k = 0, m_2, 2m_2, \ldots, n - m_2$
      $g := d_{k+j};$
      $u := c \cdot d_{k+j+m};$
      $d_{k+j} := g + u;$
      $d_{k+j+m} := g - u;$
Alle Koeffizienten berechnet

Damit sind die Größen G_j und U_j, in die wir die komplexen Koeffizienten α_j zerlegt hatten, vollständig bestimmt.

Man kann zeigen, dass der Aufwand der FFT bei $\mathcal{O}(n \cdot \log_2 n)$ liegt. Damit ist er dem Goertzel- und dem Goertzel-Reinsch-Algorithmus weit überlegen.

Zusammenfassung

In diesem Kapitel haben wir wichtige Ergebnisse zur **Bestapproximation** kennengelernt und die für die Praxis noch wichtigeren **Interpolationstechniken**. Polynome sind die einfachsten Funktionen zur Interpolation, aber sie zeigen durch ihr Oszillationsverhalten im Runge-Beispiel auch, dass die Polynominterpolation Grenzen hat. Es macht in der Regel einfach keinen Sinn, durch viele Datenpunkte an äquidistanten Stellen mit Polynomen zu interpolieren. Diese Aussage ist allerdings mit großer Vorsicht zu genießen, denn sie ist nur gültig, wenn die zu interpolierende Funktion lediglich stetig ist! Kann man sich die Datenpunkte zur Interpolation aussuchen, dann ist die Polynominterpolation auf den Nullstellen der **Tschebyschow-Polynome** die bevorzugte Variante. Kommt nur ein ganz wenig „Glätte" hinzu, z. B. bei Lipschitz-stetigen Funktionen, dann ist die Konvergenz der Interpolation auf den Tschebyschow-Knoten garantiert. Je glatter f ist, desto schneller konvergiert die Tschebyschow-Interpolante.

Ein eindrucksvolles Beispiel hat Lloyd Trefethen in einem Vortrag vor der Royal Society am 29. Juni 2011 gegeben, dessen schriftliche Fassung *Six Myths of Polynomial Interpolation and Quadrature* im Internet unter der Adresse http://people.maths.ox.ac.uk/trefethen/mythspaper.pdf frei verfügbar ist. Er interpolierte die Lipschitz-stetige Sägezahnfunktion

$$f(x) = \int_{-1}^{x} \operatorname{sgn}(\sin(100t/(2-t)))\,\mathrm{d}t$$

mit einer Tschebyschow-Interpolante vom Grad 10000 und erhielt eine Interpolante, deren Graph mit bloßem Auge nicht mehr vom Graph von f unterscheidbar war.

Sind die Datenpunkte fest gegeben und z. B. äquidistant verteilt, dann sind **Splines** die Funktionen der Wahl, mit denen man interpolieren sollte. Wir betrachten hier nur stückweise polynomiale Splines, aber man sollte wissen, dass es in zahlreichen Funktionenräumen (es handelt sich um Hilbert-Räume mit reproduzierendem Kern) Splines gibt, die nicht notwendigerweise polynomial sind. Als „Spline" bezeichnet man jede Funktion, die eine Norm oder Halbnorm in einem solchen Raum minimiert. Hervorragende Beispiele findet man in der Theorie der **radialen Basisfunktionen**, zum Beispiel den **Plattenspline**

$$\varphi(r) := r^2 \log r, \quad r := \|\boldsymbol{x}\|_2, \quad \boldsymbol{x} \in \mathbb{R}^n,$$

der in zwei Raumdimensionen das **Energiefunktional**

$$\int\int \left(\left(\frac{\partial^2 f}{\partial x^2}\right)^2 + 2\left(\frac{\partial^2 f}{\partial x \partial y}\right)^2 + \left(\frac{\partial^2 f}{\partial y^2}\right)^2 \right) \mathrm{d}x\,\mathrm{d}y$$

minimiert.

Für **periodische Interpolationsprobleme** haben wir die **trigonometrischen Polynome** kennengelernt und analysiert. Der **Algorithmus von Goertzel** erlaubt die Berechnung der Koeffizienten

$$a_j = \frac{2}{n} \sum_{k=0}^{n-1} f_k \cos kx_j, \quad b_j = \frac{2}{n} \sum_{k=0}^{n-1} f_k \sin kx_j$$

der trigonometrischen Polynome

$$p(x) = \frac{a_0}{2} + \sum_{k=1}^{N} (a_k \cos kx + b_k \sin kx)$$

ohne Auswertung der Winkelfunktionen mit einer Komplexität von $\mathcal{O}(n^2)$. Stabilitätsprobleme treten in der Nähe von $x = j\pi$, $j \in \mathbb{Z}$, auf, die im **Algorithmus von Goertzel und Reinsch** vermieden werden – allerdings für den Preis einer noch höheren Komplexität.

Trigonometrische Polynome sind Partialsummen von **Fourier-Reihen**, vergleiche Band 1, Abschnitt 19.6. Zur Interpolation periodischer Funktionen sind sie *das* Mittel der Wahl und spielen in vielen Bereichen der Mathematik, Physik, Astronomie etc. eine herausragende Rolle. In der Numerik partieller Differenzialgleichungen sind sie Grundlage einer wichtigen Klasse von numerischen Verfahren, die man **Spektralverfahren** nennt.

Die **schnelle Fouriertransformation** FFT (Fast Fourier Transform) zur Berechnung der Koeffizienten ist dabei ein echter Höhepunkt in der numerischen Mathematik, denn Algorithmen mit einer Komplexität von $\mathcal{O}(n \cdot \log_2 n)$ sind numerisch optimal und erlauben die schnelle Berechnung der Koeffizienten auch für tausende von Daten.

Heute ist die FFT aus vielen Bereichen der Mathematik wie auch der Anwendungen nicht mehr wegzudenken. Sie ist Grundlage zahlreicher Algorithmen der modernen **Signalverarbeitung**. Ihrer Bedeutung gemäß gibt es zahlreiche spezialisierte Versionen der FFT, auch im Mehrdimensionalen. So lassen sich etwa geodätische Daten auf der Erdkugel mithilfe einer Version der schnellen FFT für **Kugelflächenfunktionen** analysieren. Mit der FFT lassen sich auch **Filter** konstruieren, die aus einem verrauschten Signal die eigentliche Information gewinnen.

In den letzten Jahrzehnten hat sich neben der FFT eine andere Form der Transformation etabliert, die wir hier gar nicht diskutiert haben, da man erst die Grundlagen der numerischen Mathematik verstanden haben muss, bevor man sich mit ihr beschäftigen kann: Die **schnelle Wavelet-Transformation**. Im Gegensatz zu Fourier-Polynomen, die immer global auf dem ganzen betrachteten Gebiet definiert sind, besitzen Wavelets einen beschränkten Träger (vergleiche Band 1, Abschnitt 23.4) und sind skalierbar. Man analysiert Funktionen dann dadurch, dass man sie in unterschiedlich skalierte und verschobene Wavelets entwickelt. Dadurch wird es möglich, unterschiedliche Frequenzen einer Funktion zu lokalisieren, was mit einer globalen Methode wie der FFT prinzipiell unmöglich ist.

Übersicht: Approximation und Interpolation

Ein Grundproblem der Numerik ist die Approximation von komplizierten Funktionen durch einfachere, wofür der Weierstraß'sche Approximationssatz die Grundlage bildet. Im Gegensatz zur Approximation verlangt man bei der Interpolation, dass die approximierende Funktion an gewissen Stellen durch die Daten verläuft.

Funktionen, die sich besonders für Approximation und Interpolation auf Intervallen $[a, b]$ eignen, sind **Polynome**

$$p(x) = a_n x^n + a_{n-1} x^{n-1} + \ldots + a_1 x + a_0$$

aus dem Vektorraum $\Pi^n([a, b])$ mit reellen Koeffizienten $a_k, k = 0, 1, \ldots, n$. Ist eine stetige Funktion f auf einem Intervall $[a, b]$ gegeben, dann heißt $p^* \in \Pi^n([a, b])$ mit der Eigenschaft

$$\|f - p^*\|_\infty = \min_{p \in \Pi^n([a,b])} \|f - p\|_\infty$$

das **Proximum** (Bestapproximierende) von f im Raum der Polynome vom Grad höchstens n. Ein solches Proximum existiert immer.

Das **Interpolationsproblem**: Zu Daten $(x_k, y_k), k = 0, 1, \ldots n$ einer stetigen Funktion f auf $[a, b]$ finde ein Polynom $p \in \Pi^n([a, b])$ mit

$$p(x_k) = f(x_k) = y_k, \quad k = 0, 1, \ldots, n,$$

ist stets lösbar und das so definierte **Interpolationspolynom** ist eindeutig bestimmt.

Mithilfe der **Bernstein-Polynome** lässt sich nicht nur ein konstruktiver Beweis des **Weierstraß'schen Approximationssatzes** geben, sondern Bernstein-Polynome sind auch die Grundlage der **Bézier-Kurven**, die im *Computer Aided Design* CAD eingesetzt werden.

Bei der Interpolation sind zwei verschiedene Formen von Polynomen wichtig, die **Lagrange'sche** und die **Newton'sche** Interpolationsformel. Die Lagrange'sche Formel hat große theoretische Bedeutung, für die Praxis ist die Newton-Form des Interpolationspolynoms jedoch vorzuziehen. Einerseits ist die Berechnung von Newton-Polynomen durch die Verwendung **dividierter Differenzen** stabiler, andererseits lässt sich ein neuer Datenpunkt ohne Neuberechnung des gesamten Polynoms hinzufügen.

Den **Interpolationsfehler** konnten wir als

$$R_n(f; x) := f(x) - p(x) = \omega_{n+1} \frac{f^{(n+1)}(\xi)}{(n+1)!}$$

angeben, wobei ξ eine Stelle zwischen dem Minimum und Maximum der Menge $\{x, x_0, x_1, \ldots, x_n\}$ bezeichnet und ω_{n+1} das Polynom $(x - x_0)(x - x_1) \cdot \ldots \cdot (x - x_n)$. Diese Fehlerdarstellung ist sehr unbefriedigend, da einerseits eine hohe Ableitungsordnung benötigt wird, und andererseits die Abschätzung sehr grob ist. Abhilfe leistet die Interpolation auf den Nullstellen der Tschebyschow-Polynome. Schließlich können wir mithilfe des **Fehlers der Bestapproximation** $E_n(f) := \|f - p^*\|_\infty$ und der **Lebesgue-Konstante** $\Lambda := \max_{x \in [a,b]} \sum_{i=0}^n |L_i(x)|$ den Approximationsfehler rigoros durch

$$\|f - p\|_\infty \le (1 + \Lambda) E_n(f)$$

abschätzen. In dieser Abschätzung wird *keine* Ableitungsordnung von f gefordert.

Das **Runge-Beispiel** bezeichnet die Interpolation der Funktion $f(x) = 1/(1 + x^2)$ auf dem Intervall $[-5, 5]$ an den äquidistanten Knoten $x_i = -5 + 10(i - 1)/(n - 1)$, $i = 1, \ldots, n$. Carl Runge hatte 1901 gezeigt, dass bei wachsendem Polynomgrad das Interpolationspolynom zwischen den Knoten unbeschränkt wird, und dass die größten Probleme am Rand des Intervalls auftreten. Dieses Phänomen, das die Unbrauchbarkeit des Interpolationspolynoms für hohe Grade auf äquidistanten Knoten zeigt, wird seitdem als **Runge-Phänomen** bezeichnet. Abhilfe schafft die Interpolation auf den Nullstellen der Tschebyschow-Polynome, aber in der Praxis kann man sich die Lage der Interpolationsknoten (meistens) nicht aussuchen. Dann helfen nur noch die **Splines**. Ganz allgemein sind Splines normminimierende Funktionen in bestimmten Hilbert-Räumen (Hilbert-Räume mit *reproduzierendem Kern*), aber für die Belange der Interpolation reicht es aus, stückweise polynomiale Funktionen auf Intervallen $[a, b]$ zu betrachten. So ist der **lineare Spline** einfach die Funktion, die durch lineare Verbindung zwischen den Datenpunkten entsteht. Da der lineare Spline nicht differenzierbar ist, sucht man nach Splines, die aus Polynomen höheren Grades zusammengesetzt sind und bei denen der Übergang von einem Teilintervall zum anderen noch Glattheitsanforderungen genügt. Wir haben gezeigt, dass der **quadratische Spline** wegen seiner Oszillationseigenschaften praktisch unbrauchbar ist, aber der **kubische Spline** sich hervorragend zur Interpolation eignet. Die Übergangsbedingungen zwischen den Teilintervallen lassen sich so formulieren, dass der Spline überall zweimal differenzierbar ist. Die Freiheit an den Rändern kann man je nach Anwendung ausnutzen. Wir haben den **natürlichen Spline** behandelt, in dem die zweiten Ableitungen bei a und b zu null gesetzt werden, und den **vollständigen Spline**, bei dem man diese beiden Ableitungen vorgibt.

Der **Satz von Holladay** zeigt dann, dass der kubische Spline optimal ist in einem Funktionenraum mit Halbnorm

$$\|f\| := \sqrt{\int_a^b |f''(x)|^2 \, \mathrm{d}x}.$$

Hintergrund und Ausblick: Die Hermite-Interpolation

Wenn an den Datenpunkten nicht nur Werte einer Funktion vorgegeben werden sollen, sondern auch Werte von Ableitungen, dann liefert die Hermite-Interpolation das eindeutig bestimmte Interpolationspolynom.

Gegeben seien $m+1$ Datenpunkte

$$a = x_0 < x_1 < x_2 < \ldots < x_m = b$$

und an jedem Datenpunkt x_i seien Werte der n_i Ableitungen

$$f_i^{(k)} := \frac{\mathrm{d}^k f}{\mathrm{d}x^k}(x_i), \quad k = 0, 1, \ldots, n_i - 1$$

gegeben. Dabei bezeichnen wir auch die Funktion selbst $f^{(0)} = f$ als (nullte) Ableitung.

Das Hermite'sche Interpolationsproblem

Finde ein Polynom $p \in \Pi^n([a,b])$ mit $n := \left(\sum_{i=0}^m n_i\right) - 1$, das die Interpolationsbedingungen

$$p^{(k)}(x_i) = f_i^{(k)}, \quad i = 0, 1, \ldots, m, \quad k = 0, 1, \ldots, n_i - 1$$

erfüllt, heißt **Hermite'sches Problem**. Existiert eine eindeutige Lösung des Problems, dann heißt diese Lösung **Hermite'sches Interpolationspolynom**.

Die Interpolationsbedingungen stellen $n+1$ Bedingungen dar, aus denen die $n+1$ Koeffizienten von p berechnet werden können. Tatsächlich gilt

Satz

Zu Knoten $x_0 < x_1 < \ldots < x_m$ und Ableitungswerten $f_i^{(k)}, i = 0, 1, \ldots, m, k = 0, 1, \ldots, n_i - 1$, existiert genau ein Hermite'sches Interpolationspolynom $p \in \Pi^n([a,b])$ mit $n = \left(\sum_{i=0}^m n_i\right) - 1$.

Beweis:

(a). **Eindeutigkeit:** Seien p_1 und p_2 zwei Hermite'sche Interpolationspolynome zum selben Interpolationsproblem, so gilt für $q(x) := p_1(x) - p_2(x)$

$$q^{(k)}(x_i) = 0, \quad k = 0, 1, \ldots, n_i - 1, i = 0, 1, \ldots, m.$$

Damit ist x_i eine n_i-fache Nullstelle von q und somit besitzt q mindestens $\sum_{i=0}^m n_i = n+1$ Nullstellen. Da $p_1, p_2 \in \Pi^n([a,b])$, muss auch der Grad von q kleiner oder gleich n sein, und damit kann q nur das Nullpolynom sein.

(b). **Existenz:** Die Interpolationsbedingungen stellen ein lineares Gleichungssystem von $n+1$ Gleichungen für die $n+1$ unbekannten Koeffizienten des Interpolationspolynoms dar. Wegen der eben bewiesenen Eindeutigkeit ist die Koeffizientenmatrix dieses Systems regulär und besitzt daher eine eindeutig bestimmte Lösung. ∎

Führt man für $0 \le i \le m$ und $0 \le k \le n_i$ die Hilfspolynome

$$\ell_{ik}(x) := \frac{(x-x_i)^k}{k!} \prod_{\substack{j=0\\ j\neq i}}^m \left(\frac{x-x_j}{x_i-x_j}\right)^{n_j}$$

ein, dann lassen sich **verallgemeinerte Lagrange-Polynome** L_{ik} rekursiv wie folgt definieren: Für $k = n_i - 1$ setze $L_{i,n_i-1}(x) := \ell_{i,n_i-1}(x), \quad i = 0, 1, \ldots, m$ und für $k = n_i - 2, n_i - 3, \ldots, 1, 0$

$$L_{ik}(x) := \ell_{ik}(x) - \sum_{\mu=k+1}^{n_i-1} \ell_{ik}^{(\mu)}(x_i) L_{i\mu}(x).$$

Mit vollständiger Induktion lässt sich zeigen, dass für die verallgemeinerten Lagrange-Polynome

$$L_{ik}^{(s)}(x_j) = \begin{cases} 1 & \text{, falls } i = j \text{ und } s = k \\ 0 & \text{sonst} \end{cases}$$

gilt. Damit lässt sich das Hermite'sche Interpolationspolynom explizit aufschreiben:

$$p(x) = \sum_{i=0}^m \sum_{k=0}^{n_i-1} f_i^{(k)} L_{ik}(x).$$

Beispiel: Gegeben seien die Daten $0 = x_0 < x_1 = 1$, $f(x_0) = f_0^{(0)} = -1$, $f_0^{(1)} = -2$, $f(x_1) = f_1^{(0)} = 0$, $f_1^{(1)} = 10$, $f_1^{(2)} = 20$. In diesem Fall ist also $m = 1$, $n_0 = 2$ und $n_1 = 3$. Gesucht ist das Hermite'sche Interpolationspolynom p vom Grad nicht höher als $n_0 + n_1 - 1 = 4$. Für die Hilfspolynome erhalten wir

$$\ell_{00}(x) = (1-x)^3, \quad \ell_{01}(x) = x(1-x)^3,$$
$$\ell_{02}(x) = \frac{1}{2}x^2(1-x)^3,$$
$$\ell_{10}(x) = x^2, \quad \ell_{11}(x) = x^2(x-1),$$
$$\ell_{12}(x) = \frac{1}{2}x^2(x-1)^2, \quad \ell_{13}(x) = \frac{1}{6}x^2(x-1)^3$$

und damit für die verallgemeinerten Lagrange-Polynome

$$L_{01}(x) = x(1-x)^3, \quad L_{12}(x) = \frac{1}{2}x^1(x-1)^2,$$
$$L_{00}(x) = -3x^4 + 8x^3 - 6x^2 + 1,$$
$$L_{11}(x) = -2x^4 + 5x^3 - 3x^2,$$
$$L_{10}(x) = 4x^4 - 10x^3 + 7x^2.$$

Für das Hermite'sche Interpolationspolynom folgt damit

$$p(x) = -5x^4 + 16x^3 - 8x^2 - 2x - 1.$$

Unter der Lupe: Die unglaubliche Geschichte der trigonometrischen Interpolation

Fourier-Reihen und ihre Partialsummen – die trigonometrischen Polynome – wendet man bei periodischen Problemen an. Auch die Entdeckung der schnellen Fourier-Transformation erinnert stark an eine periodische Funktion, denn der Algorithmus wurde mehrmals „wieder-"erfunden.

Die **schnelle Fourier-Transformation** (FFT – Fast Fourier Transform) zur Berechnung der Koeffizienten trigonometrischer Polynome beginnt ihre *moderne* Geschichte mit einer berühmten Veröffentlichung von James William Cooley und John Wilder Tukey im Jahr 1965. Beide Autoren waren sicher davon überzeugt, dass ihre Entdeckung des Algorithmus wirklich neu war, obwohl sie sich in ihrem Artikel auf Vorarbeiten von Irving John Good aus dem Jahr 1958 beriefen. Allerdings haben die Algorithmen von Good einerseits und Cooley und Tukey andererseits nicht viel miteinander zu tun. Ein ähnlicher Algorithmus kommt aber schon bei Danielson und Lanczos im Jahr 1948 vor und diese wiederum beziehen sich auf Arbeiten von Carl Runge (1856–1927) zu Beginn des 20. Jahrhunderts! Bereits im ersten Lehrbuch der Numerischen Mathematik, dem Buch „Vorlesungen über numerisches Rechnen" von Runge und seinem Schüler Hermann König, das im Jahr 1924 erschien, ist eine FFT für eine gerade Anzahl von Daten beschrieben. In England kann man schnelle Algorithmen zur Berechnung der Fourier-Transformation auf Archibald Smith (1813–1872) und das Jahr 1846 zurückführen. Die früheste Verwendung eines FFT-ähnlichen Algorithmus in einer publizierten Arbeit geht zurück auf den Astronomen Peter Andreas Hansen (1795–1874) und eine seiner Arbeiten aus dem Jahr 1835. Seit 1835 wurde die FFT also immer wieder er(oder ge-)funden, dann vergessen und schließlich wieder neu erfunden, bis die Computer so weit waren, dass Cooleys und Tukeys Wiederentdeckung im Gedächtnis blieb.

Damit aber nicht genug, denn wir wissen heute, dass der erste FFT-Algorithmus von Carl Friedrich Gauß stammt. Er erscheint in einer nicht zu Gaußens Lebzeiten publizierten Schrift mit dem Titel „Theoria Interpolationis Methodo Nova Tractata", die Gauß wohl um 1805 geschrieben hat. Die Arbeit ist für uns heute extrem schwer lesbar, zumal Gauß sich einer Notation bedient, die die Zeiten (zum Glück!) nicht überdauert hat.

Die Verwendung **trigonometrischer Polynome** geht auf Leonhard Euler (1707–1783) zurück, der mit reinen Cosinus-Reihen arbeitete. Durch Eulers Arbeiten inspiriert, griffen französische Mathematiker wie Alexis Clairaut (1713–1765), Jean le Rond d'Alembert (1717–1783) und Joseph-Louis Lagrange (1736–1813) seine Ideen auf. Aus der Feder von Clairaut stammt 1754 eine erste Formel für die diskrete Fourier-Transformation für endliche Cosinus-Reihen, die für Sinus-Reihen folgte durch Lagrange 1762. Clairaut und Lagrange arbeiteten an Problemen der Himmelsmechanik; sie wollten den Orbit von Planeten aus endlich vielen Beobachtungen bestimmen und arbeiteten mit geraden trigonometrischen Polynomen der Periode 1 der Form

$$p(x) = \sum_{k=0}^{n-1} a_k \cos 2\pi kx, \quad 0 \le x < 1.$$

Wir wissen, dass Gauß diese Arbeiten kannte, denn er lieh sich die Werke von Euler und Lagrange zwischen 1795 und 1798 aus, als er Student in Göttingen war. Gauß löste sich davon, interpolierende Funktionen in gerade und ungerade zu unterscheiden, und arbeitete mit trigonometrischen Polynomen

$$p(x) = \sum_{k=0}^{N} a_k \cos 2\pi kx + \sum_{k=1}^{N} b_k \sin 2\pi kx$$

mit $N := (n-1)/2$ für ungerades n und $N := n/2$ im geraden Fall. Gauß erkannte auch die Darstellung (12.57) der Koeffizienten, die wir heute DFT (Diskrete Fourier-Transformation) nennen. Dann gibt er einen Algorithmus zur effektiven Berechnung der Koeffizienten an: Er ist so allgemein und mächtig wie der moderne Algorithmus von Cooley und Tukey! Über die Komplexität hat sich Gauß natürlich keine Gedanken gemacht – er hatte keinen Computer außer sich selbst zur Verfügung.

Gauß fand mit seiner trigonometrischen Interpolation (und der verwendeten Methode der kleinsten Fehlerquadrate) nicht nur die Umlaufbahn der *Ceres*, sondern berechnete auch die Umlaufbahnen der Planetoiden *Pallas*, *Juno* und *Vesta*. Diese Arbeiten waren für Gauß so wichtig, dass er seine Kinder nach den Entdeckern der Planetoiden nannte: Ceres wurde von Giuseppe Piazzi entdeckt – der erste Gauß'sche Sohn (und das erste seiner Kinder) wurde Joseph genannt. Die Pallas wurde 1802 von Wilhelm Olbers gefunden, woraufhin Gauß sein zweites Kind – eine Tochter – Wilhelmine taufen ließ, 1804 entdeckte Ludwig Hardy den Planetoiden Juno und das dritte Kind hieß Ludwig. Die Vesta wurde 1807 wieder von Wilhelm Olbers entdeckt, sodass für die 1816 geborene Tochter kein Entdeckername übrig blieb – sie wurde auf den Namen Therese getauft. Man spricht heute bei Joseph, Wilhelmine und Ludwig von den Gauß'schen *Planetoidenkindern*. Die jeweiligen Entdecker der Planetoiden wurden auch kurzerhand die Paten der Kinder.

Aufgaben

Die Aufgaben gliedern sich in drei Kategorien: Anhand der *Verständnisfragen* können Sie prüfen, ob Sie die Begriffe und zentralen Aussagen verstanden haben, mit den *Rechenaufgaben* üben Sie Ihre technischen Fertigkeiten und die *Beweisaufgaben* geben Ihnen Gelegenheit, zu lernen, wie man Beweise findet und führt.

Ein Punktesystem unterscheidet leichte Aufgaben •, mittelschwere •• und anspruchsvolle ••• Aufgaben. Lösungshinweise am Ende des Buches helfen Ihnen, falls Sie bei einer Aufgabe partout nicht weiterkommen. Dort finden Sie auch die Lösungen – betrügen Sie sich aber nicht selbst und schlagen Sie erst nach, wenn Sie selber zu einer Lösung gekommen sind. Ausführliche Lösungswege, Beweise und Abbildungen finden Sie auf der Website zum Buch.

Viel Spaß und Erfolg bei den Aufgaben!

Verständnisfragen

12.1 • Welche der folgenden Polynome sind Monome?

(a) $x^3 - 2x + 1$
(b) $-42x^7$
(c) x^{12}
(d) $4x - 1$

12.2 • Wie heißt das Interpolationspolynom zu den Daten $(0,3)$, $(1,3)$, $(1.25,3)$, $(4.2,3)$?

12.3 • Die auf $[0,1]$ definierte Funktion $f(x) = 4x^4 - 3x$ ist stetig. Wie lautet die Bestapproximation $p^* \in \Pi^4([0,1])$?

12.4 •• In der Definition der Bestapproximation tauchen Polynome aus dem Raum $\Pi^n([a,b])$ auf, also solche mit Grad nicht kleiner als n. Im Weierstraß'schen Approximationssatz wird jedoch die Existenz eines Polynoms aus $\Pi([a,b])$, dem Raum aller Polynome, postuliert. Erklären Sie diesen Unterschied.

Beweisaufgaben

12.5 ••• Zeigen Sie die Darstellung I. der dividierten Differenzen und die Folgerung daraus aus der Hintergrund-und-Ausblick-Box auf Seite 411:

Darstellung I.

$$f[x_i, \ldots, x_{i+k}] = \sum_{\ell=i}^{i+k} \frac{f(x_\ell)}{\prod\limits_{\substack{m=i \\ m\neq\ell}}^{i+k} (x_\ell - x_m)}, \qquad k \geq 1.$$

Folgerung: Ist $\omega_{i+k}(x) := \prod_{m=1}^{i+k}(x - x_m)$, dann gilt

$$f[x_i, \ldots, x_{i+k}] = \sum_{\ell=i}^{i+k} \frac{f(x_\ell)}{\frac{\mathrm{d}}{\mathrm{d}x}\omega_{i+k}(x_\ell)}.$$

12.6 ••• Beweisen Sie die Darstellung II. der dividierten Differenzen aus der Hintergrund-und-Ausblick-Box auf Seite 411: Ist $\boldsymbol{V}(x_0, \ldots, x_n)$ die Vandermonde'sche Matrix, dann gilt

$$f[x_0, \ldots, x_n] = \frac{\begin{vmatrix} 1 & 1 & \ldots & 1 \\ x_0 & x_1 & \ldots & x_n \\ \vdots & \vdots & \ddots & \vdots \\ x_0^{n-1} & x_1^{n-1} & \ldots & x_n^{n-1} \\ f(x_0) & f(x_1) & \ldots & f(x_n) \end{vmatrix}}{\det \boldsymbol{V}(x_0, \ldots, x_n)}.$$

12.7 ••• Beweisen Sie die Hermite'sche Darstellung III. der dividierten Differenzen aus der Hintergrund-und-Ausblick-Box auf Seite 411: Ist die Abbildung $u\colon \mathbb{R}^n \to \mathbb{R}$ definiert durch

$$u_n := u(t_1, \ldots, t_n) := (1 - t_1)x_0 + (t_1 - t_2)x_1 + \ldots + (t_{n-1} - t_n)x_{n-1} + t_n x_n,$$

dann gilt

$$f[x_0, \ldots, x_n] = \int_0^1 \int_0^{t_1} \cdots \int_0^{t_{n-1}} \frac{\mathrm{d}^n f}{\mathrm{d}u^n}(u_n)\,\mathrm{d}t_n \ldots \mathrm{d}t_1.$$

12.8 • Gegeben sind die $n+1$ Daten

$$(x_0, f(x_0)), (x_0, f'(x_0)), (x_0, f''(x_0)), \ldots, (x_0, f^{(n)}(x_0)).$$

Zeigen Sie, dass die Lösung des Interpolationsproblems zu diesen Daten das Taylor-Polynom vom Grad nicht größer als n ist.

Rechenaufgaben

12.9 •• Sie wollen äquidistante Funktionswerte von $f(x) = \sqrt{x}$ ab $x_0 = 1$ tabellieren. Welche Schrittweite h dürfen Sie maximal wählen, damit ein kubisches Polynom noch auf fünf Nachkommastellen genau interpoliert?

12.10 • Berechnen Sie das Langrange'sche Interpolationspolynom zu den Daten

k	0	1	2
x_k	0	1	3
f_k	1	3	2

(a) über die Vandermonde'sche Matrix,
(b) mithilfe der Lagrange'schen Basispolynome.

12.11 • Werten Sie das Langrange'sche Interpolationspolynom aus Aufgabe **12.10** an der Stelle $x = 2$ mithilfe des Neville-Tableaus aus.

12.12 • Berechnen Sie das Newton'sche Interpolationspolynom zu der Wertetabelle

k	0	1	2	3	4
x_k	2	4	6	8	10
f_k	0	0	1	0	0

12.13 ••• Berechnen Sie den kubischen Spline, der $f(x) = \sin x$ im Intervall $[0, \pi]$ interpoliert. Benutzen Sie dazu nur die beiden inneren Punkte $x_2 = \pi/3$ und $x_3 = 2\pi/3$. Die Randpunkte sind demnach $x_1 = 0$ und $x_4 = \pi$. Damit ergibt sich die folgende Datentabelle.

k	1	2	3	4
x_k	0	$\pi/3$	$2\pi/3$	π
f_k	0	$\sqrt{3}/2$	$\sqrt{3}/2$	0

Überlegen Sie sich zuerst, welchen Spline Sie auf Anhieb verwenden würden, den natürlichen oder den vollständigen? Berechnen Sie auf jeden Fall beide Arten von Splines und vergleichen Sie die Ergebnisse.

12.14 •• Gegeben seien die äquidistanten Daten

i	0	1	2	3	4
x_i	0	$2\pi/5$	$4\pi/5$	$6\pi/5$	$8\pi/5$
f_i	0	2	1	2	1

einer auf $[0, 2\pi]$ definierten periodischen Funktion f. Berechnen Sie das trigonometrische Interpolationspolynom. Stellen Sie die gegebenen Daten und das trigonometrische Polynom dar, indem Sie das berechnete Polynom an 2000 Stellen zwischen 0 und 2π auswerten.

Antworten der Selbstfragen

S. 399
Nein. Ein Proximum muss nach Definition lediglich den Abstand zwischen sich und einer stetigen Funktion im Sinn der Supremumsnorm minimieren.

S. 408
In (12.16) treten 3 arithmetische Operation auf, 2 Subtraktionen und eine Division. Wie beim Neville-Tableau gibt es $\sum_{k=0}^{n-1}(n-k) = (n+1)n/2$ Werte zu bestimmen, also ist die Komplexität

$$3\frac{n(n+1)}{2} = \mathcal{O}(n^2).$$

S. 421
Wir haben (12.37) auszumultiplizieren und erhalten

$$\begin{aligned}&\frac{6f_i - 6f_{i-1} - 4\mathcal{S}_{i-1}\Delta x_{i-1} - 2\mathcal{S}_i\Delta x_{i-1}}{(\Delta x_{i-1})^2}\\ &+\frac{12f_{i-1} - 12f_i + 6\mathcal{S}_{i-1}\Delta x_{i-1} + 6\mathcal{S}_i\Delta x_{i-1}}{(\Delta x_{i-1})^2}\\ &=\frac{6f_{i+1} - 6f_i - 4\mathcal{S}_i\Delta x_i - 2\mathcal{S}_{i+1}\Delta x_i}{(\Delta x_i)^2}.\end{aligned}$$

Fassen wir die linke Seite (gleiche Nenner) zusammen, dann folgt

$$\begin{aligned}&\frac{6f_{i-1} - 6f_i + 2\mathcal{S}_{i-1}\Delta x_{i-1} + 4\mathcal{S}_i\Delta x_{i-1}}{(\Delta x_{i-1})^2}\\ &=\frac{6f_{i+1} - 6f_i - 4\mathcal{S}_i\Delta x_i - 2\mathcal{S}_{i+1}\Delta x_i}{(\Delta x_i)^2},\end{aligned}$$

und wenn wir nun die großen Brüche auflösen, erhalten wir

$$\begin{aligned}&6\frac{f_{i-1} - f_i}{(\Delta x_{i-1})^2} + 2\frac{\mathcal{S}_{i-1}}{\Delta x_{i-1}} + 4\frac{\mathcal{S}_i}{\Delta x_{i-1}}\\ &= 6\frac{f_{i+1} - f_i}{(\Delta x_i)^2} - 4\frac{\mathcal{S}_i}{\Delta x_i} - 2\frac{\mathcal{S}_{i+1}}{\Delta x_i}.\end{aligned}$$

Umsortieren liefert

$$\begin{aligned}&\frac{2}{\Delta x_{i-1}}\mathcal{S}_{i-1} + \left(\frac{4}{\Delta x_{i-1}} + \frac{4}{\Delta x_i}\right)\mathcal{S}_i + \frac{2}{\Delta x_i}\mathcal{S}_{i+1}\\ &= 6\frac{f_{i+1} - f_i}{(\Delta x_i)^2} + 6\frac{f_i - f_{i-1}}{(\Delta x_{i-1})^2}.\end{aligned}$$

Division durch 2 und Multiplikation mit $\Delta x_i \Delta x_{i-1}$ liefert das gewünschte Ergebnis.

S. 430
In Schritt Nr. k wird zum Index k der neue Index $\overline{k}$ berechnet. Wir simulieren den Algorithmus für den Fall $n = 4$. Zu Beginn ist

$$d_0 := f_0/4; \quad \overline{k} := 0.$$

Wir beginnen die k-Schleife mit $k = 1$. Wir setzen $m = n/2 = 2$, aber da $m + \overline{k} = 2 + 0 = 2 < n = 4$ gilt, wird die innere Schleife (While-Schleife) nicht ausgeführt. Wir setzen

$$\overline{k} := \overline{k} + 3m - n = 0 + 3 \cdot 2 - 4 = 2;$$
$$d_{\overline{k}} = d_2 = f_1/4.$$

Nun setzen wir in der äußeren Schleife $k = 2$ und berechnen $m = n/2 = 2$. In diesem Fall ist $m + \overline{k} = 2 + 2 = 4 = n$, also wird die innere Schleife durchlaufen, in der wir $m := m/2 = 1$ setzen. Der Test $m + \overline{k} \geq n$ fällt nun aber wegen $m + \overline{k} = 1 + 2 = 3 < 4$ negativ aus und die innere Schleife wird verlassen. Nun werden

$$\overline{k} := \overline{k} + 3m - n = 2 + 3 \cdot 1 - 4 = 1;$$
$$d_{\overline{k}} = d_1 = f_2/4.$$

Im letzten äußeren Schleifendurchgang ist $k = 3$. Wieder setzen wir $m = n/2 = 2$, aber $m + \overline{k} = 2 + 1 = 3$ ist kleiner als $n = 4$ und die innere Schleife wird nicht durchlaufen. Abschließend werden

$$\overline{k} := \overline{k} + 3m - n = 1 + 3 \cdot 2 - 4 = 3;$$
$$d_{\overline{k}} = d_3 = f_3/4.$$

Damit haben wir folgende Tabelle berechnet:

k	$(k)_2$	$(\overline{k})_2$	$\overline{k}$
0	00	00	0
1	01	10	2
2	10	01	1
3	11	11	3

und die Bitumkehr ist erreicht.

Quadratur – numerische Integrationsmethoden

13

Wie integriert man numerisch?

Wie beherrscht man den Fehler?

Gibt es optimale Quadraturen?

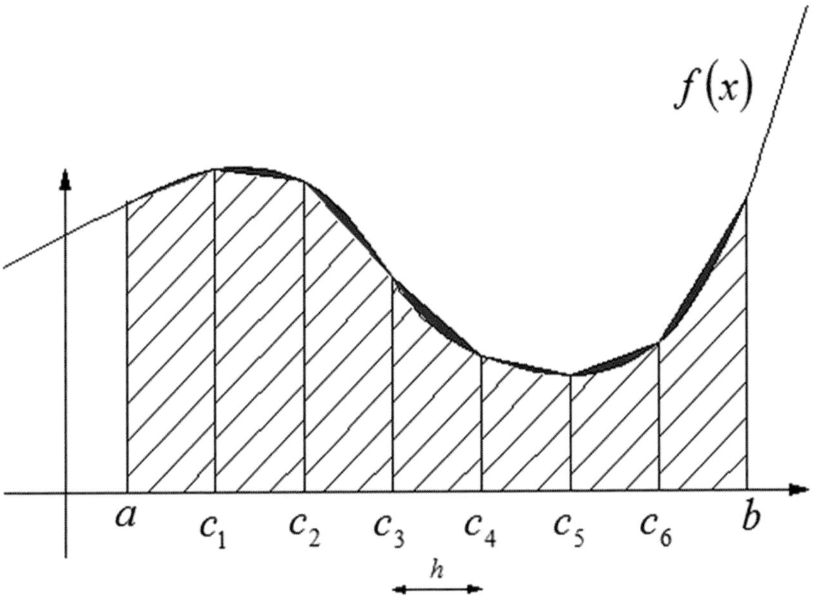

Neben der Interpolation ist die numerische Berechnung von Integralen, die „Quadratur", eine weitere wichtige Grundaufgabe der Numerischen Mathematik und sogar älter als das Integral selbst. Schon Archimedes hat die Fläche unter Kurven berechnet, indem er die Fläche durch einfach zu berechnende Teilflächen dargestellt hat. In der modernen Mathematik gilt es, nicht nur elementar nicht berechenbare Integrale numerisch zugänglich zu machen, sondern auch Integrale mit schwierig zu berechnenden Stammfunktionen einfach und schnell anzunähern. Ein Beispiel für die erste Klasse von Integralen finden wir z. B. im Integral

$$\int e^{-x^2}\,dx,$$

das bei der Normalverteilung (vergl. Band 1, Abschnitt 23.1) eine wichtige Rolle spielt. In der Nachrichtentechnik benötigt man die Integration der sogenannten Sinc-Funktion

$$\int \frac{\sin x}{x}\,dx,$$

und auch dieses Integral ist nicht elementar integrierbar. Häufig benötigt man Fourierkoeffizienten, vergl. Band 1, Abschnitt 19.6, die als Integrale definiert sind, oder Fourier-Transformationen. Auch wenn man diese Integrale elementar integrieren könnte, ist in vielen Fällen der Aufwand so groß, dass man eine Quadraturmethode verwendet. Auch für gebrochen-rationale Funktionen mag der Aufwand bei der Integration durch Partialbruchzerlegung (siehe Band 1, Abschnitt 16.4) so groß sein, dass man mit einem numerischen Verfahren weitaus besser bedient ist.

Wie schon bei der Interpolation gibt es einen großen Unterschied zwischen eindimensionalen und mehrdimensionalen Integralen. Auf Rechtecken im Zweidimensionalen kann man sich noch mit Produktansätzen von eindimensionalen Quadraturformeln behelfen, aber schon die Integration auf Dreiecken ist nach wie vor ein weit offenes Forschungsfeld, von allgemeineren Integrationsgebieten ganz zu schweigen. Wir werden uns daher auf den eindimensionalen Fall beschränken.

13.1 Grundlegende Definitionen

Wir wollen numerische Verfahren, sogenannte **Quadraturregeln**, für Integrale der Form

$$\int_a^b f(x)\,dx$$

für mindestens stetige Funktionen $f\colon [a,b] \to \mathbb{R}$ konstruieren und mathematisch untersuchen. Eine naheliegende Idee besteht darin, auf die Definition des Riemann'schen Integrals zurückzublicken und obiges Integral als Folge von Riemann'schen Summen wie in Band 1, Abschnitt 16.1 darzustellen. Dazu können wir das Intervall $[a,b]$ äquidistant zerlegen, d. h. in m gleich lange Teilintervalle der Länge $h := \frac{b-a}{m}$ mit $a = x_0 < x_1 < x_2 < \ldots < x_m = b$. Im Bild 13.1 ist $m = 8$ gewählt worden.

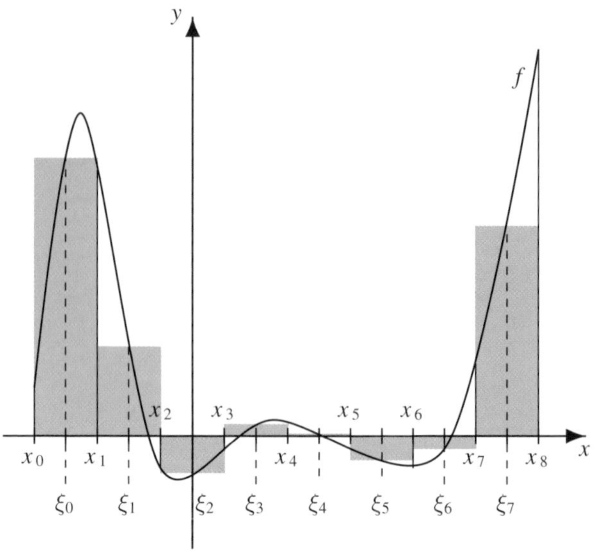

Abbildung 13.1 Zerlegung eines Intervalls in Teilintervalle und Auswahl der jeweiligen Mittelpunkte als Auswertepunkte für eine Riemann'sche Summe.

In der Riemann-Summe $\sum_{j=0}^{m-1} f(\xi_j)(x_{j+1} - x_j)$ kann man die $\xi_j \in [x_j, x_{j+1}]$ im Prinzip frei wählen. Wenn wir an der numerischen Näherung für das Integral interessiert sind, ist sicher die Mitte der Intervalle

$$\xi_j := \frac{x_j + x_{j+1}}{2}$$

eine brauchbare, weil einfache Wahl. Unbrauchbar wäre die Wahl der Riemann-Darboux'schen Unter- oder Obersumme, vergl. Band 1, Abschnitt 16.7, denn dann müssten wir erst noch diejenigen Punkte ξ_j finden, in denen das Infimum und Supremum (bzw. bei stetigen Funktionen: Minimum und Maximum) der zu integrierenden Funktion f auf $[x_j, x_{j+1}]$ liegen. Das heißt, wir müssten der numerischen Integration erst eine Kurvendiskussion auf den m Teilintervallen vorausschicken.

Werten wir nun den Integranden f in der Mitte jedes Teilintervalls aus, dann können wir

$$\int_a^b f(x)\,dx \approx \sum_{j=0}^{m-1} f\left(\frac{x_j + x_{j+1}}{2}\right)\underbrace{(x_{j+1} - x_j)}_{=h}$$

schreiben. Damit haben wir schon unsere erste Quadraturregel kennengelernt, die **Mittelpunktsregel**

$$Q_{1,m}^{\text{Mi}}[f] := h \sum_{j=0}^{m-1} f(\xi_j). \tag{13.1}$$

Dabei wollen wir jetzt $\xi_j = a + (j+1/2)h$, $j = 0, \ldots, m-1$ schreiben, was dasselbe ist wie $(x_j + x_{j+1})/2$. Die Mittelpunktsregel ist bereits eine **zusammengesetzte Quadraturregel**, wie wir sie unten diskutieren werden. Die zugrunde liegende Mittelpunktsregel auf einem Teilintervall $[a,b]$ mit $b = a + h$ ist

$$Q_1^{\text{Mi}}[f] := Q_{1,1}^{\text{Mi}}[f] = hf\left(a + \frac{h}{2}\right) = (b-a)f\left(\frac{a+b}{2}\right).$$

Ist f ein lineares Polynom, also $f(x) = sx + d$, dann ist die der Quadratur zugrunde liegenden Mittelpunktsregel sogar exakt.

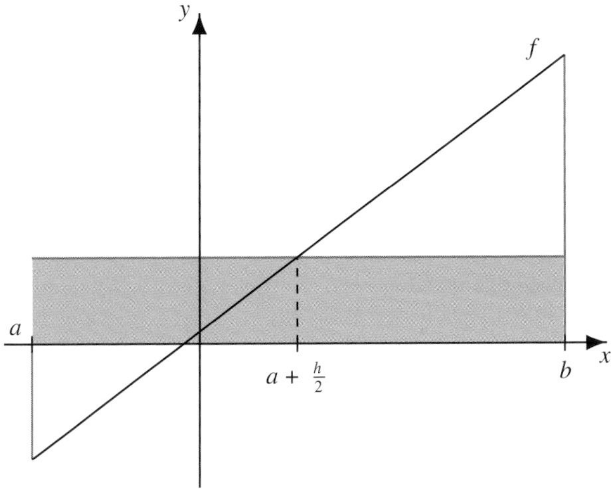

Abbildung 13.2 Die Mittelpunktsregel ist exakt für lineare Polynome, was man sich geometrisch klarmachen kann.

?

Zeigen Sie durch Integration, dass die Mittelpunktsregel Q_1^{Mi} lineare Polynome auf einem Intervall $[a, b] = [a, a + h]$ exakt integriert.

Die Tatsache, dass lineare Polynome exakt integriert werden, ist von besonderem Interesse, denn sie gibt uns Auskunft über den Fehler der Mittelpunktsregel. Die Mittelpunktsregel $Q_{1,m}^{\text{Mi}}$ ist übrigens lediglich die m-fache Anwendung dieser einfachen Quadraturregel auf m Teilintervallen einer Zerlegung von $[a, b]$. Bei stetigem f wird $Q_{1,m}^{\text{Mi}}[f]$ ganz sicher für wachsendes m gegen das gesuchte Integral konvergieren, aber eine Frage stellt sich: Was ist und wie schnell ist die Konvergenz, bzw. mit welcher Genauigkeit haben wir für endliches m zu rechnen?

Was ist eine Quadraturregel, welcher Fehler tritt auf und was soll Konvergenz bedeuten?

Zur Beantwortung dieser Fragen ist es sinnvoll, ein wenig zu abstrahieren und die Integration als lineares Funktional aufzufassen, d. h. als eine Abbildung

$$f \mapsto I[f] := \int_a^b f(x)\,\mathrm{d}x$$

aus einem Funktionenraum in die reellen Zahlen $\mathbb{R}$. Natürlich ist auch die Mittelpunktsregel ein lineares Funktional und erst recht der **Quadraturfehler**, den wir für das Mittelpunktsverfahren in der Form

$$R_1^{\text{Mi}}[f] := I[f] - Q_1^{\text{Mi}}[f]$$

schreiben können. Für unsere Quadraturregeln wird viel vom Funktionenraum abhängen, aus dem f stammt. Hat f weitere Eigenschaften, ist es z. B. differenzierbar oder monoton oder von beschränkter Variation, so werden sich ganz unterschiedliche Fehlerordnungen ergeben, wie wir noch sehen werden.

Quadraturregeln

Ein auf $C[a, b]$ definiertes lineares Funktional

$$Q_{n+1}[f] := \sum_{i=0}^{n} a_i f(x_i)$$

heißt **Quadraturregel** zu $(n + 1)$ Knoten, denn die $x_i \in [a, b]$ nennt man **Stützstellen** oder **Knoten** der Quadraturregel, die a_i heißen **Gewichte**.

Der **Quadraturfehler** oder **Rest** einer Quadraturregel ist das lineare Funktional

$$R_{n+1}[f] := I[f] - Q_{n+1}[f] \tag{13.2}$$

und wir sprechen von **Konvergenz**, wenn

$$\lim_{n\to\infty} Q_{n+1}[f] = I[f]$$

gilt.

Die Idee der Interpolation liefert eine wichtige Klasse von Quadraturregeln

Unter den zahlreichen möglichen Konstruktionsprinzipien für Quadraturregeln ist das der Interpolationsquadratur besonders wichtig. Dazu stelle man sich vor, man würde f nur an den $n + 1$ Stellen $x_0, \ldots, x_n$ kennen und diese Stellen mit einem Polynom interpolieren. Das resultierende Polynom vom Grad n kann dann einfach integriert werden.

Interpolationsquadratur

Sei p_n ein Polynom vom Grad n auf dem Intervall $[a, b]$. Eine Quadraturregel Q_{n+1} heißt **Interpolationsquadratur**, wenn

$$R_{n+1}[p_n] = 0$$

gilt, d. h., wenn Polynome vom Grad n exakt integriert werden.

Schreiben wir ein Interpolationspolynom in Lagrange'scher Darstellung (vergl. (12.12))

$$p(x) = \sum_{i=0}^{n} f(x_i) L_i(x),$$

Dann folgt nach Integration

$$\int_a^b p(x)\,\mathrm{d}x = \sum_{i=0}^{n} f(x_i) \int_a^b L_i(x)\,\mathrm{d}x$$

und wir sehen ein, dass für Interpolationsquadraturen die Gewichte gerade durch

$$a_i = \int_a^b L_i(x)\,\mathrm{d}x$$

gegeben sind.

Der einfachste Fall einer Interpolationsquadratur ergibt sich bei der Wahl irgendeines Punktes $x_1 \in [a, b]$. Dann erhalten wir

$$Q_1[f] = (b-a) f(x_1)$$

und diese Quadraturformel kann Polynome des Grades 0 (also konstante Funktionen) exakt integrieren. Wählen wir jedoch x_1 nicht irgendwie, sondern genau in der Mitte,

$$x_1 := \frac{a+b}{2},$$

dann integriert diese Formel auch Polynome vom Grad 1 exakt, denn das ist die Mittelpunktsregel.

Eine weitere einfache Quadraturregel ist die **Rechteckregel**, bei der $x_1 := a$ zu wählen ist, also

$$Q_1^{\mathrm{R}} := (b-a) f(a).$$

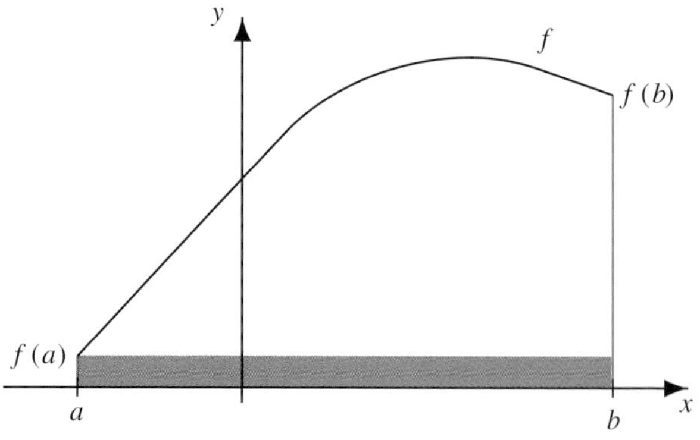

Abbildung 13.3 Die Rechteckregel mit Funktionsauswertung am linken Intervallrand.

Ganz analog kann man natürlich auch $x_1 := b$ wählen und erhält so die Rechteckregel $Q_1 = (b-a) f(b)$.

Beispiel Sehr interessant ist auch die folgende Interpolationsquadratur auf $[a, b] = [-1, 1]$. Sei $0 < c < 1$ und drei Daten $(-c, f(-c))$, $(0, f(0))$, $(c, f(c))$ seien gegeben. Durch drei Punkte legen wir ein Polynom

$$p_2(x) = a_0 + a_1 x + a_2 x^2$$

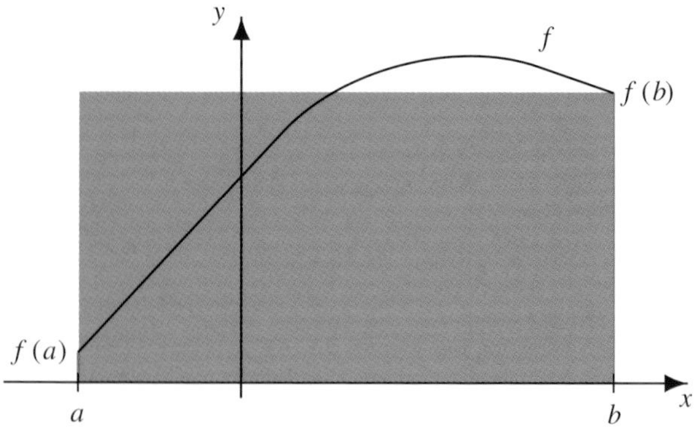

Abbildung 13.4 Die Rechteckregel mit Funktionsauswertung am rechten Intervallrand.

vom Grad 2. Aus den drei Interpolationsbedingungen $p_2(-c) = f(-c)$, $p_2(0) = f(0)$ und $p_2(c) = f(c)$ ergibt sich für das Polynom

$$p_2(x) = f(0) + \frac{f(c) - f(-c)}{2c} x + \frac{f(c) - 2f(0) + f(-c)}{2c^2} x^2.$$

Integrieren wir nun über $[-1, 1]$, so ergibt sich

$$\begin{aligned}\int_{-1}^{1} p_2(x)\,\mathrm{d}x &= \frac{1}{3c^2} f(-c) + \left(2 - \frac{2}{3c^2}\right) f(0) + \frac{1}{3c^2} f(c) \\ &=: Q_3[f].\end{aligned}$$

Nach Konstruktion kann diese Q_3 Polynome vom Grad 2 exakt integrieren, aber wenn wir speziell $c = 1/\sqrt{3}$ wählen, dann ergibt sich die Quadraturregel

$$\begin{aligned}Q_2[f] &= \frac{1}{3(\frac{1}{\sqrt{3}})^2} f(-1/\sqrt{3}) + \frac{1}{3(\frac{1}{\sqrt{3}})^2} f(1/\sqrt{3}) \\ &= f\left(-\frac{1}{\sqrt{3}}\right) + f\left(\frac{1}{\sqrt{3}}\right),\end{aligned}$$

die aber immer noch alle Polynome vom Grad 2 exakt integriert. ◀

Nach unseren Ausführungen über das Verhalten von Interpolationspolynomen macht es wegen der wachsenden Oszillationen zwischen den Knoten offenbar keinen Sinn, für große Anzahlen n von Daten $(x_i, f(x_i))$, $i = 0, \ldots, n$, ein Interpolationspolynom vom Grad n zu verwenden, um es dann zu integrieren. In solchen Fällen bieten sich **zusammengesetzte Quadraturregeln** an. Dabei macht man sich zunutze, dass man interpolatorische Quadraturverfahren affin auf beliebige Intervalle transformieren kann.

Affine Transformation

Es sei Q_{n+1} eine Quadraturregel auf dem Intervall $[a, b]$

$$Q_{n+1}[f] = \sum_{i=0}^{n} a_i f(x_i).$$

Die Quadraturregel

$$\widetilde{Q}_{n+1}[f] = \sum_{i=0}^{n} \widetilde{a}_i f(\widetilde{x}_i)$$

auf dem Intervall $[\widetilde{a}, \widetilde{b}]$ heißt **affin Transformierte von** Q_{n+1}, wenn

$$\widetilde{x}_i = \widetilde{a} + (x_i - a)\frac{\widetilde{b} - \widetilde{a}}{b - a},$$
$$\widetilde{a}_i = a_i \frac{\widetilde{b} - \widetilde{a}}{b - a}$$

gilt.

Diese Definition ist einfach zu verstehen. Eine affine Abbildung des Intervalls $[a, b]$ mit Variable x auf ein Intervall $[\widetilde{a}, \widetilde{b}]$ mit Variable $\widetilde{x}$ ist gegeben durch

$$\widetilde{x} = mx + n$$

mit $m, n \in \mathbb{R}$. Da $\widetilde{a} = ma + n$ und $\widetilde{b} = mb + n$ gelten müssen, folgt

$$\widetilde{x} = \widetilde{a} + (x - a)\frac{\widetilde{b} - \widetilde{a}}{b - a}.$$

Also ist $\mathrm{d}\widetilde{x} = \frac{\widetilde{b}-\widetilde{a}}{b-a}\mathrm{d}x$ und die Transformation des Integrals ist damit durch

$$\begin{aligned}\int_{\widetilde{a}}^{\widetilde{b}} f(\widetilde{x})\,\mathrm{d}\widetilde{x} &= \int_a^b f\left(\widetilde{a} + (x - a)\frac{\widetilde{b} - \widetilde{a}}{b - a}\right)\frac{\widetilde{b} - \widetilde{a}}{b - a}\mathrm{d}x \\ &= \frac{\widetilde{b} - \widetilde{a}}{b - a}\int_a^b f\left(\widetilde{a} + (x - a)\frac{\widetilde{b} - \widetilde{a}}{b - a}\right)\mathrm{d}x \end{aligned} \tag{13.3}$$

gegeben. Die Gewichte a_i der Quadraturregel auf $[a, b]$ müssen also auf $[\widetilde{a}, \widetilde{b}]$ mit dem Faktor $\frac{\widetilde{b}-\widetilde{a}}{b-a}$ versehen werden.

?

Man transformiere die Quadraturformel $Q_3[f] = \frac{1}{3c^2} f(-c) + \left(2 - \frac{2}{3c^2}\right) f(0) + \frac{1}{3c^2} f(c)$, $0 < c < 1$, vom Intervall $[-1, 1]$ affin auf ein beliebiges Intervall $[\widetilde{a}, \widetilde{b}]$. Wie sieht die Quadraturformel im konkreten Fall $[\widetilde{a}, \widetilde{b}] = [0, 2]$ aus?

Mithilfe der affinen Transformation können wir nun ganz allgemein zusammengesetzte Quadraturen definieren.

Zusammengesetzte Quadraturverfahren

Es sei Q_{n+1} eine Quadraturformel auf dem Intervall $[0, 1]$. Die affin Transformierten auf den Teilintervallen

$$[a + ih, a + (i + 1)h], \quad i = 0, 1, \ldots, m - 1$$

von $[a, b]$ mit $h = \frac{b-a}{m}$ seien mit $Q^{(i)}_{n+1}$ bezeichnet. Dann heißt

$$Q_{n+1,m} := \sum_{i=0}^{m-1} Q^{(i)}_{n+1}$$

die durch m-fache Anwendung der Quadraturformel Q_{n+1} entstandene Quadratur. Ein **zusammengesetztes Quadraturverfahren** entsteht durch m-fache Anwendung derselben Quadraturformel Q_{n+1}.

Beispiel Nach (13.1) ist die Mittelpunktsformel auf $[a, b]$ gegeben durch

$$Q^{\mathrm{Mi}}_{1,m}[f] = h \sum_{i=0}^{m-1} f(x_i),$$

wobei $h := \frac{b-a}{m}$ und $x_i := a + (i + 1/2)h$, $i = 0, \ldots, m-1$, gilt. Die Mittelpunktsformel ist, wie wir bereits wissen, eine zusammengesetzte Quadraturformel $Q_{1,m}$. Die m-fach verwendete Quadraturformel auf $[0, 1]$ ist offenbar

$$Q_1[f] := f(1/2).$$ ◄

13.2 Interpolatorische Quadraturen

Wegen ihrer großen Bedeutung wollen wir uns intensiver mit interpolatorischen Quadraturen befassen, die auf die Klasse der Newton-Cotes-Formeln führen.

Interpolatorische Formeln entstehen durch Integration von Interpolationspolynomen

Gegeben seien $n + 1$ Daten $(x_i, f(x_i))$, $i = 0, \ldots, n$ mit

$$a = x_0 < x_1 < \ldots < x_n = b,$$

sodass $x_i = a + ih$ mit der Schrittweite $h := (b - a)/n$ gilt. Das eindeutig bestimmte Interpolationspolynom p_n vom Grad nicht höher als n zu diesen Daten ist in Lagrange'scher Form gegeben durch

$$p_n(x) = \sum_{i=0}^{n} f(x_i) L_i(x)$$

mit den Lagrange'schen Interpolationspolynomen

$$L_i(x) = \prod_{\substack{j=0\\ j\neq i}}^{n} \frac{x - x_j}{x_i - x_j}.$$

Durch Integration erhalten wir

$$\int_a^b p_n(x)\,\mathrm{d}x = \sum_{i=0}^{n} f(x_i) \int_a^b L_i(x)\,\mathrm{d}x = \sum_{i=0}^{n} a_i f(x_i)$$

mit den Gewichten

$$a_i = \int_a^b L_i(x)\,\mathrm{d}x, \quad i = 0, \ldots, n.$$

Für $n = 1$ erhalten wir mit $x_0 = a$ und $x_1 = b$

$$\begin{aligned} a_0 &= \int_a^b \frac{x-b}{a-b}\,\mathrm{d}x = \frac{1}{a-b}\left(\frac{1}{2}x^2 - bx\right)\Big|_a^b \\ &= \frac{1}{a-b}\left(-\frac{1}{2}b^2 + ab - \frac{1}{2}a^2\right) \\ &= \frac{1}{2(b-a)}(b-a)^2 = \frac{b-a}{2} = \frac{h}{2}, \\ a_1 &= \int_a^b \frac{x-a}{b-a}\,\mathrm{d}x = \frac{1}{b-a}\left(\frac{1}{2}x^2 - ax\right)\Big|_a^b \\ &= \frac{b-a}{2} = \frac{h}{2} \end{aligned}$$

und damit die Formel

$$Q_2^{\mathrm{Tr}}[f] := \frac{b-a}{2}\left(f(a) + f(b)\right).$$

Diese Formel heißt **Trapezregel**. Der Name leitet sich davon ab, dass $Q_2^{\mathrm{Tr}}[f]$ den Flächeninhalt des Sehnentrapezes angibt, das in der Abbildung 13.5 zu sehen ist.

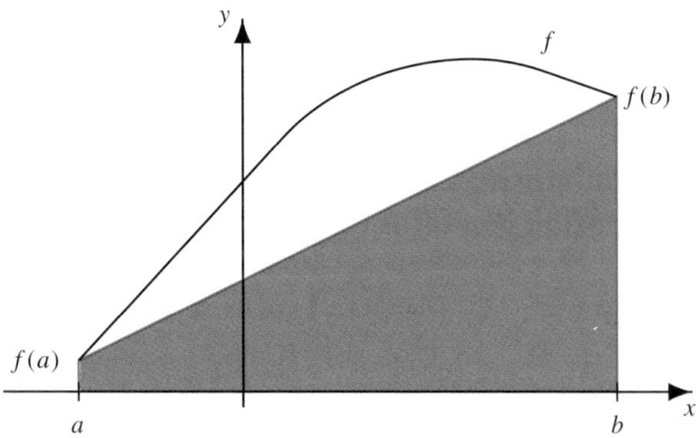

Abbildung 13.5 Die Trapezregel nähert den wahren Flächeninhalt durch die Fläche des roten Trapezes an.

Schon für $n = 2$ werden die Integrationen zur Bestimmung der Gewichte sehr unübersichtlich, weshalb man zu einem Trick greift. Da ja

$$x = a + hs$$

mit $s \in [0, n]$ geschrieben werden kann und $x_i = a + hi$, verwendet man die neue Variable

$$s = \frac{x-a}{h}$$

und erhält so

$$L_i(x) = L_i(a + hs) = \psi_i(s) := \prod_{\substack{j=0\\ j\neq i}}^{n} \frac{s-j}{i-j}.$$

Dann gilt für die Gewichte

$$a_i = \int_a^b L_i(x)\,\mathrm{d}x = h \int_0^n \psi_i(s)\,\mathrm{d}s,$$

denn $\mathrm{d}x = h\,\mathrm{d}s$ und für $x = a$ ist $s = 0$ und für $x = b$ erhalten wir $s = n$.

Diese einfacheren Integrationen können wir im Fall $n = 2$ einsetzen und erhalten für die Gewichte

$$\begin{aligned} a_0 &= h \int_0^2 \frac{s-1}{0-1} \cdot \frac{s-2}{0-2}\,\mathrm{d}s = \frac{h}{2}\int_0^2 (s^2 - 3s + 2)\,\mathrm{d}s \\ &= \frac{h}{2}\left(\frac{1}{3}s^3 - \frac{3}{2}s^2 + 2s\right)\Big|_0^2 = \frac{h}{2}\left(\frac{8}{3} - 6 + 4\right) = \frac{h}{3}, \\ a_1 &= h \int_0^2 \frac{s-0}{1-0} \cdot \frac{s-2}{1-2}\,\mathrm{d}s = \frac{4}{3}h, \\ a_2 &= h \int_0^2 \frac{s-0}{2-0} \cdot \frac{s-1}{2-1}\,\mathrm{d}s = \frac{h}{3}. \end{aligned}$$

Die damit gewonnene Quadraturformel

$$\begin{aligned} Q_3[f] &= \frac{h}{3}\left(f(x_1) + 4f(x_2) + f(x_3)\right) \\ &= \frac{h}{3}\left(f(a) + 4f\left(\frac{a+b}{2}\right) + f(b)\right) \end{aligned}$$

heißt im deutschen Sprachraum **Kepler'sche Fassregel** und im angelsächsischen **Simpson'sche Regel**. Weil im Fall dieser Regel $h = (b-a)/2$ gilt, ist

$$Q_3[f] = \frac{b-a}{6}\left(f(a) + 4f\left(\frac{a+b}{2}\right) + f(b)\right).$$

Wir können nun unsere eben entwickelte Technik einsetzen, um weitere interpolatorische Quadraturformeln zu gewinnen, die wir im nächsten Abschnitt zusammenstellen wollen.

Die geschlossenen Newton-Cotes-Formeln sind die bekanntesten interpolatorischen Quadraturen

Wir haben im vorhergehenden Abschnitt gelernt, wie ein Interpolationspolynom vom Grad nicht größer als n zu einer Quadraturregel Q_{n+1} führt. Wir fassen unser Vorgehen zusammen.

Beispiel: Die zusammengesetzte Trapezregel

Wirklich sinnvoll wird die Trapezregel in der Praxis, wenn man sie als **zusammengesetzte Trapezregel** verwendet. Wir wollen aus der Trapezregel diese zusammengesetzte Trapezregel herleiten und ihre Genauigkeit in einem numerischen Test untersuchen. In der Praxis sagt man oft einfach „Trapezregel", wenn man die zusammengesetzte Trapezregel meint.

Für eine später benötigte graphische Darstellung des Quadraturfehlers bemerken wir, dass ein exponentieller Zusammenhang $y = ax^b$, $a > 0$, nach Logarithmierung in $\log y = \log a + b \log x$ übergeht. Verwenden wir also die neuen Variablen $X := \log x$, $Y := \log y$, dann wird aus einem exponentiellen Zusammenhang ein linearer: $Y = \log a + bX$.

Problemanalyse und Strategie: Dazu zerlegt man $[a, b]$ durch $a = x_0 < x_1 < \ldots < x_m = b$ und transformiert die Trapezregel affin auf jedes der Teilintervalle $[x_i, x_{i+1}]$, $i = 0, 1, \ldots, m-1$. Die Zerlegung sei äquidistant, d. h. $h := x_{i+1} - x_i$ für $i = 0, \ldots m-1$.

Lösung:
Die zusammengesetzte Trapezregel ergibt sich aus

$$
\begin{aligned}
Q_{2,m}^{\mathrm{zTr}}[f] &:= \sum_{i=0}^{m-1} Q_2^{\mathrm{Tr}(i)}[f] \\
&= \sum_{i=0}^{m-1} \frac{x_{i+1} - x_i}{2} (f(x_i) + f(x_{i+1})) \\
&= \sum_{i=0}^{m-1} \frac{h}{2} (f(x_i) + f(x_{i+1})) \\
&= \frac{h}{2} [f(x_0) + f(x_1) + f(x_1) + f(x_2) + \ldots \\
&\quad \ldots + f(x_{m-1}) + f(x_m)] \\
&= \frac{h}{2} \left[f(a) + 2f(x_1) + \ldots + 2f(x_{m-1}) + f(b) \right] \\
&= h \left[\frac{1}{2} f(a) + f(x_1) + \ldots + f(x_{m-1}) + \frac{1}{2} f(b) \right].
\end{aligned}
$$

Achtung: Beachten Sie, dass wir *zwei verschiedene Zerlegungen* betrachten, deren Knoten wir in beiden Fällen mit x_i bezeichnen, denn:

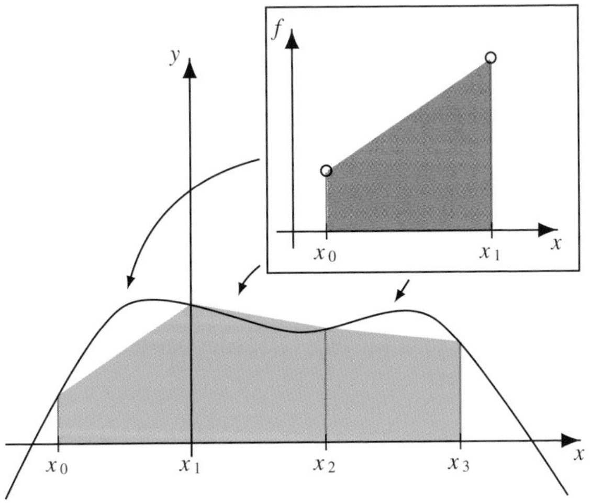

Bei der Herleitung einer interpolatorischen Quadraturregel bezeichnen die Knoten $a = x_0 < x_1 < \ldots < x_n = b$ die Interpolationspunkte. Bei den zusammengesetzten Regeln wird ein Intervall $[a, b]$ zerlegt in $a = x_0 < x_1 < \ldots < x_m = b$, wobei die vorher hergeleitete Quadraturregel nun affin auf jedes der Teilintervalle der zweiten Zerlegung abgebildet wird. Würden wir diesen Missbrauch der Notation nicht begehen, müssten wir immer mit den Tildegrößen $\widetilde{a}, \widetilde{b}, \widetilde{x}_i$ usw. aus der Definition der affinen Transformierbarkeit arbeiten, was in der Praxis sehr lästig ist und daher vermieden wird.

Nach Konstruktion muss $Q_{2,m}^{\mathrm{zTr}}[f]$ lineare Polynome exakt integrieren, und zwar für alle m. Betrachten wir die Funktion $f(x) := 2x + 1$ auf $[a, b] = [0, 2]$, für die $\int_0^2 (2x + 1)\,\mathrm{d}x = x^2 + x\big|_0^2 = 6$ gilt. Schon für $m = 1$ erhalten wir $Q_{2,1}^{\mathrm{zTr}}[2x + 1] = 6$ und in der Tat gilt für alle m: $Q_{2,m}^{\mathrm{zTr}}[2x + 1] = 6$.

Betrachten wir nun $f(x) := \mathrm{e}^x$ auf $[a, b] = [0, 2]$. Es gilt $\int_0^2 \mathrm{e}^x\,\mathrm{d}x = \mathrm{e}^x\big|_0^2 = \mathrm{e}^2 - 1 \approx 6.38905609893065$.

Wir berechnen für verschiedene m den Wert der zusammengesetzten Trapezregel für die Fläche und den jeweiligen Fehler $|Q_{2,m}^{\mathrm{zTr}}[\mathrm{e}^x] - (\mathrm{e}^2 - 1)|$. Im folgenden Bild ist der Fehler über der Gitterweite $h = 2/m$ in einem doppelt logarithmischen Diagramm zu sehen.

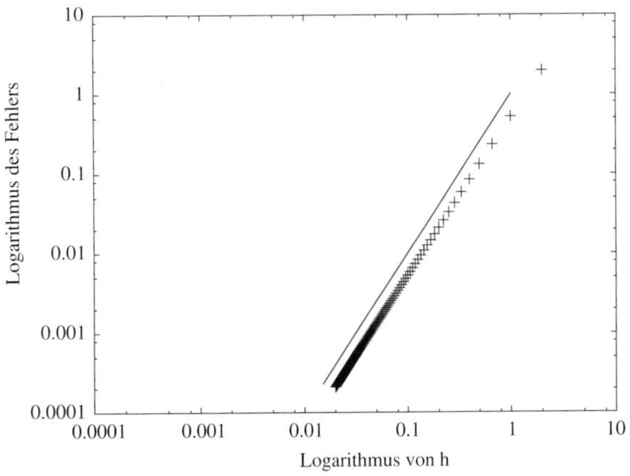

Die Fehlerkurve, hier bestehend aus Kreuzen, ist eine Gerade, d. h., der Fehler verhält sich wie $|Q_{2,m}^{\mathrm{zTr}}[\mathrm{e}^x] - (\mathrm{e}^2 - 1)| = \mathcal{O}(h^k)$, wobei die Potenz k die Steigung der Geraden im doppelt logarithmischen Diagramm ist. In unserem Fall zeigt die durchgezogene Vergleichsgerade $k = 2$ und damit können wir die **numerische Konvergenzgeschwindigkeit** als quadratisch bezeichnen.

Geschlossene Newton-Cotes-Formeln

Eine Quadraturregel Q_{n+1} heißt **geschlossene Newton-Cotes-Quadraturregel** (oder Newton-Cotes-Formel), wenn sie von der Form

$$Q_{n+1}[f] := h \sum_{i=0}^{n} \alpha_i f(x_i)$$

ist mit Gewichten

$$\alpha_i := \int_0^n \prod_{\substack{j=0\\ j\neq i}}^{n} \frac{s-j}{i-j}\, \mathrm{d}s.$$

Ist s so gewählt, dass $\sigma_i := s\alpha_i, i = 0, \ldots, n$, ganze Zahlen sind (d. h., s ist der Hauptnenner der rationalen Zahlen α_i), dann schreibt man Newton-Cotes-Formeln auch in der Form

$$Q_{n+1}[f] = \frac{b-a}{ns} \sum_{i=0}^{n} \sigma_i f(x_i).$$

Der Grund, diese Formeln als „geschlossen" zu bezeichnen, liegt einzig und allein in der Tatsache, dass die beiden Endpunkte a und b stets Interpolationsknoten sind. Die Mittelpunktsregel ist *keine* geschlossene Newton-Cotes-Formel, denn der einzige Interpolationspunkt ist der Mittelpunkt des Intervalls $[a, b]$. Die Mittelpunktsregel ist eine **offene Newton-Cotes-Formel**. Wir werden die offenen Formeln noch genauer untersuchen.

Lemma

Für die Gewichte von geschlossenen Newton-Cotes-Formeln gilt stets

$$\sum_{i=0}^{n} \alpha_i = n.$$

Beweis: Ist die zu interpolierende Funktion $f(x) \equiv 1$, bzw. sind alle $n+1$ Daten $(x_i, 1), i = 0, \ldots, n$, dann folgt wegen der Eindeutigkeit des Interpolationspolynoms $p_n(x) = 1$ und damit

$$\int_a^b p_n(x)\,\mathrm{d}x = b - a.$$

Andererseits ist aber nach Konstruktion der geschlossenen Newton-Cotes-Formeln

$$\int_a^b p_n(x)\,\mathrm{d}x = h \sum_{i=0}^{n} \alpha_i f(x_i) = \frac{b-a}{n} \sum_{i=0}^{n} \alpha_i,$$

woraus die Aussage des Lemmas folgt. ∎

Wir haben bereits die Trapezregel und die Simpson'sche Regel als geschlossene Newton-Cotes-Formeln kennengelernt.

Diese und weitere geschlossene Newton-Cotes-Formeln sind in der folgenden Tabelle aufgeführt.

n	σ_i							ns	Name
1	1	1						2	Trapezregel
2	1	4	1					6	Simpson-Regel
3	1	3	3	1				8	3/8-Regel
4	7	32	12	32	7			90	Milne-Regel
5	19	75	50	50	75	19		288	(kein Name vergeben)
6	41	216	27	272	27	216	41	840	Weddle-Regel

?

Wie groß ist der Fehler, wenn die Funktion $f(x) = 4x^3 - 2x^2 + 16x - 5$ mit der Weddle-Regel numerisch integriert wird?

Eine einfache Theorie gibt uns eine Darstellung des Quadraturfehlers

Wir hatten als Quadraturfehler oder Rest einer Quadraturformel in (13.2) die Größe

$$R_{n+1}[f] = I[f] - Q_{n+1}[f]$$

definiert, die man auch als **Quadraturfehler** bezeichnet. Für alle geschlossenen Newton-Cotes-Formeln stehen einfache Fehlerformeln zur Verfügung, die sämtlich aus der Darstellung des Interpolationsfehlers (12.22) kommen.

Für $n = 1$ haben wir die Trapezregel

$$Q_2[f] = \int_a^b p_1(x)\,\mathrm{d}x = \frac{b-a}{2}(f(a) + f(b))$$

erhalten, die auf einem linearen Interpolationspolynom p_1 basiert. Der Fehler ist in diesem Fall

$$\begin{aligned} R_2[f] &= \int_a^b f(x)\,\mathrm{d}x - \frac{b-a}{2}(f(a) + f(b)) \\ &= \int_a^b (f(x) - p_1(x))\,\mathrm{d}x. \end{aligned}$$

Für $n = 1$ erhalten wir aus (12.22) die Darstellung des Interpolationsfehlers

$$f(x) - p_1(x) = (x-a)(x-b)\frac{f''(\xi)}{2!},$$

wobei $\xi \in [a, b]$ und wir die Existenz der zweiten Ableitung von f voraussetzen müssen. Damit ergibt sich für den Quadraturfehler

$$R_2[f] = \frac{1}{2} \int_a^b (x-a)(x-b) f''(\xi)\,\mathrm{d}x.$$

Zur Integration ist es wieder hilfreich, die Variable mithilfe von $x = a + hs$ zu wechseln. Dann ist $dx = h\,ds$ und $s = (x - a)/h$ und wir erhalten

$$\begin{aligned} R_2[f] &= \frac{1}{2}\int_a^b (x-a)(x-b)f''(\xi)\,dx \\ &= \frac{h}{2}f''(\xi)\int_0^1 hs(a+hs-(a+h))\,ds \\ &= \frac{h}{2}f''(\xi)\left(\frac{h^2s^3}{3}-\frac{h^2s^2}{2}\right)\Bigg|_0^1 \\ &= -\frac{h^3}{12}f''(\xi). \end{aligned}$$

Auf die gleiche Art und Weise können wir alle weiteren Fehlerdarstellungen der geschlossenen Newton-Cotes-Formeln berechnen und damit unsere obige Tabelle vervollständigen.

n	σ_i	ns	$\lvert R_{n+1}[f]\rvert$	Name
1	1 1	2	$\frac{h^3}{12}f''(\xi)$	Trapezregel
2	1 4 1	6	$\frac{h^5}{90}f^{(4)}(\xi)$	Simpson-Regel
3	1 3 3 1	8	$\frac{3h^5}{80}f^{(4)}(\xi)$	3/8-Regel
4	7 32 12 32 7	90	$\frac{8h^7}{945}f^{(6)}(\xi)$	Milne-Regel
5	19 75 50 50 75 19	288	$\frac{275h^7}{12096}f^{(6)}(\xi)$	(kein Name vergeben)
6	41 216 27 272 27 216 41	840	$\frac{9h^9}{1400}f^{(8)}(\xi)$	Weddle-Regel

Diese Fehlerdarstellungen haben natürlich einen offensichtlichen Mangel, nämlich die Bedingungen an die Differenzierbarkeit von f. Wir werden noch eine weitaus subtilere Methode zur Bestimmung von Resten mithilfe von Peano-Kernen kennenlernen, aber zunächst sind noch ein paar Worte zu unseren geschlossenen Newton-Cotes-Formeln nötig.

Newton-Cotes-Formeln mit geradem n sind stets zu bevorzugen

Ein Blick auf unsere letzte Tabelle mit den Fehlertermen unserer Newton-Cotes-Formeln zeigt uns, dass für $n = 2$ bereits die gleiche Fehlerordnung $\mathcal{O}(h^5)$ erreicht wird wie im Fall $n = 3$. Ebenso erreicht die Quadraturformel mit $n = 4$ schon die gleiche Fehlerordnung $\mathcal{O}(h^7)$ wie die Formel für $n = 5$. Das gibt zu der Vermutung Anlass, dass bei geradem n ein gewisser Ordnungsgewinn zu erwarten steht, den wir nun allgemein beweisen wollen.

Zu Beginn wollen wir aber eine heuristische Betrachtung anstellen. Jede Newton-Cotes-Formel mit $n+1$ Punkten ersetzt den Integranden durch ein Polynom vom Grad höchstens n, d. h., es lässt sich noch das Monom x^n exakt integrieren. Für gerades n ist x^n symmetrisch und die $n+1$-Punkte liegen ebenfalls symmetrisch. Daher dürfen wir erwarten, dass Fehler sich wegen ihrer unterschiedlichen Vorzeichen aufheben. Diese Heuristik machen wir nun rigoros.

Dazu bezeichnen wir wie in Kapitel 12, Gleichung (12.22) das Stützstellenpolynom mit

$$\omega_{n+1}(x) = (x - x_0)\cdot(x-x_1)\cdot\ldots\cdot(x-x_n),$$

führen aber die Variablensubstitution $x = x_0 + th$ durch. Damit ergibt sich

$$\begin{aligned} \omega_{n+1}(x) &= (th)\cdot(\underbrace{(x_0-x_1)}_{=-h}+th)\cdot(\underbrace{(x_0-x_2)}_{=-2h}+th)\cdot\ldots \\ &\quad\ldots\cdot(\underbrace{(x_0-x_n)}_{=-nh}+th) \\ &= h^{n+1}\cdot t\cdot(t-1)\cdot(t-2)\cdot\ldots\cdot(t-n) \\ &=: h^{n+1}\pi_{n+1}(t). \end{aligned} \tag{13.4}$$

Damit können wir nun einen wichtigen Hilfssatz beweisen.

Lemma

Ist $x_{\frac{n}{2}} := \frac{a+b}{2} = x_0 + \frac{n}{2}h$, $x_0 = a$, $x_n = b$, dann gilt für alle $\xi \in \mathbb{R}$

$$\omega_{n+1}(x_{\frac{n}{2}} + \xi) = (-1)^{n+1}\omega_{n+1}(x_{\frac{n}{2}} - \xi). \tag{13.5}$$

Beweis: Mit der Transformation (13.4) geht (13.5) über in

$$\pi_{n+1}\left(\frac{n}{2}+\tau\right) = (-1)^{n+1}\pi_{n+1}\left(\frac{n}{2}-\tau\right),$$

wobei der Parameter τ den Abstand von $n/2$ angibt. Die Funktionen $\pi_{n+1}(n/2-\tau)$ und $\pi_{n+1}(n/2+\tau)$ sind beide Polynome vom Grad $n+1$ in τ. Nach Konstruktion haben sie die gleichen $n+1$ Nullstellen

$$\tau = \frac{n}{2}, \frac{n}{2}-1, \frac{n}{2}-2, \ldots, -\frac{n}{2}.$$

Damit können sich die beiden Polynome aber nur um einen konstanten Faktor unterscheiden. Wegen

$$\begin{aligned} \pi_{n+1}\left(\frac{n}{2}+\tau\right) &= \left(\frac{n}{2}+\tau\right)\cdot\left(\left(\frac{n}{2}-1\right)+\tau\right)\cdot \\ &\quad\cdot\left(\left(\frac{n}{2}-2\right)+\tau\right)\cdot\ldots\cdot\left(\left(\frac{n}{2}-n\right)+\tau\right) \\ \pi_{n+1}\left(\frac{n}{2}-\tau\right) &= \left(\frac{n}{2}-\tau\right)\cdot\left(\left(\frac{n}{2}-1\right)-\tau\right)\cdot \\ &\quad\cdot\left(\left(\frac{n}{2}-2\right)-\tau\right)\cdot\ldots\cdot\left(\left(\frac{n}{2}-n\right)-\tau\right) \end{aligned}$$

genügt ein Blick auf den Leitkoeffizienten, der den konstanten Faktor $(-1)^{n+1}$ ergibt. ■

Ein weiteres wichtiges Hilfsresultat ist das folgende.

Lemma
Es sei $x_{\frac{n}{2}}$ definiert wie im vorhergehenden Lemma.

(a) Für $a < \xi + h \leq x_{\frac{n}{2}}$ und $\xi \neq x_j$, $j = 0, 1, \ldots, n$ gilt

$$|\omega_{n+1}(\xi + h)| < |\omega_{n+1}(\xi)|. \tag{13.6}$$

(b) Für $x_{\frac{n}{2}} \leq \xi < b$ und $\xi \neq x_j$, $j = 0, 1, \ldots, n$ gilt

$$|\omega_{n+1}(\xi)| < |\omega_{n+1}(\xi + h)|.$$

Beweis:

(a) Mit der Transformation $x = x_0 + th$ (vergl. (13.4)) geht Teil (a) über in: Sei $t + 1 \notin \mathbb{N}$ mit $0 < t + 1 \leq \frac{n}{2}$. Dann gilt

$$|\pi_{n+1}(t + 1)| < |\pi_{n+1}(t)|.$$

Wenn $t + 1 \notin \mathbb{N}$ gilt, dann ist auch $t < n$ nicht aus $\mathbb{N}$ und wir können wie folgt abschätzen:

$$\begin{aligned}\left|\frac{\pi_{n+1}(t+1)}{\pi_{n+1}(t)}\right| &= \left|\frac{(t+1)(t)(t-1)\cdot\ldots\cdot(t-n+1)}{(t)(t-1)\cdot\ldots\cdot(t-n+1)(t-n)}\right| \\ &= \left|\frac{t+1}{t-n}\right| = \left|\frac{t+1}{n-t}\right| \\ &= \frac{t+1}{(n+1)-(t+1)} \leq \frac{\frac{n}{2}}{(n+1)-(\frac{n}{2})} \\ &= \frac{1}{1+\frac{2}{n}} < 1.\end{aligned}$$

(b) analog (a). ■

Wir benötigen nur noch einen weiteren Hilfssatz, um die Genauigkeit der Newton-Cotes-Formeln mit geradem n untersuchen zu können.

Lemma
Es sei

$$\Omega_{n+1}(x) := \int_a^x \omega_{n+1}(\xi)\,\mathrm{d}\xi.$$

Dann gilt für gerades n:

(a) $\Omega_{n+1}(a) = \Omega_{n+1}(b) = 0$,
(b) $\Omega_{n+1}(x) > 0, \quad a < x < b$.

Beweis:

(a) Aus der Definition von Ω_{n+1} folgt sofort $\Omega_{n+1}(a) = 0$. Nach (13.5) ist der Integrand in $\Omega_{n+1}(b)$ für gerades n antisymmetrisch um den Mittelpunkt des Integrationsintervalls, daher gilt $\Omega_{n+1}(b) = 0$.

(b) Wir bemerken, dass $a = x_0, x_1, x_2, \ldots, x_{n-1}, x_n = b$ die einzigen Nullstellen von $\omega_{n+1}(x)$ sind und das $\omega_{n+1}(x)$ für gerades n ein ungerades Polynom ist. Nehmen wir nun ein $x < a$, z. B. $x = a - \varepsilon$ mit $\varepsilon > 0$, dann erhalten wir mit der Transformation (13.4)

$$\omega_{n+1}(x) = h^{n+1}\pi_{n+1}(t)$$

und aus $x = a - \varepsilon$ folgt $t = -\varepsilon/h$, also

$$\pi_{n+1}(t) = -\frac{\varepsilon}{h}\cdot\left(-\frac{\varepsilon}{h} - 1\right)\cdot\ldots\cdot\left(-\frac{\varepsilon}{h} - n\right)$$

und als Produkt einer ungeraden Anzahl negativer Zahlen ist das Ergebnis negativ. Wir schließen also

$$\omega_{n+1}(x) < 0, \quad x < a.$$

Daher muss $\omega_{n+1}(x) > 0$ im Intervall $a < x \leq x_1$ sein und $\omega_{n+1}(x) < 0$ im Intervall $x_1 < x \leq x_2$, usw. Nach (13.6) des vorstehenden Lemmas ist aber der negative Beitrag von $\omega_{n+1}(x)$ im Intervall $[x_1, x_2]$ dem Betrag nach kleiner als der positive im Intervall $[a, x_1]$. Daher ist

$$\Omega_{n+1}(x) > 0, \quad a < x < x_2.$$

Auf diese Weise deckt man das gesamte Intervall $a < x < x_{\frac{n}{2}}$ ab. Für den Bereich $x_{\frac{n}{2}} < x < b$ verwendet man einfach (13.5). ■

Nun können wir uns dem Quadraturfehler bei Newton-Cotes-Formeln mit geradem n zuwenden.

Aus (12.22) wissen wir, dass der Interpolationsfehler eines Interpolationspolynoms p_n durch

$$f(x) - p_n(x) = \omega_{n+1}(x)\cdot\frac{f^{(n+1)}(\xi)}{(n+1)!}$$

gegeben ist, wobei für die Zwischenstelle ξ gilt:

$$\min\{x, x_0, \ldots, x_n\} < \xi < \max\{x, x_0, \ldots, x_n\}.$$

Weiterhin entnehmen wir (12.25) die Fehlerdarstellung

$$f(x) - p_n(x) = \omega_{n+1}(x)\cdot f[x_0, \ldots, x_n, x]$$

mit der dividierten Differenz $f[x_0, \ldots, x_n, x]$. Da beide Ausdrücke den Fehler angeben, muss also gelten

$$f[x_0, \ldots, x_n, x] = \frac{f^{(n+1)}(\xi(x))}{(n+1)!}, \tag{13.7}$$

wobei die Zwischenstelle natürlich von der Lage von x abhängt. Schreiben wir nun noch etwas kompliziert

$$\omega_{n+1}(x) = \frac{\mathrm{d}\Omega_{n+1}(x)}{\mathrm{d}x},$$

dann können wir mit (12.25) den Quadraturfehler in der Form

$$\begin{aligned}R_{n+1}[f] = I[f] - Q_{n+1}[f] &= \int_a^b [f(x) - p_n(x)]\,\mathrm{d}x \\ &= \int_a^b \omega_{n+1}(x)\cdot f[x_0, \ldots, x_n, x]\,\mathrm{d}x \\ &= \int_a^b \frac{\mathrm{d}\Omega_{n+1}(x)}{\mathrm{d}x}\cdot f[x_0, \ldots, x_n, x]\,\mathrm{d}x\end{aligned}$$

schreiben. Wir nehmen an, dass f mindestens $n+2$ stetige Ableitungen zulässt, d. h., $f[x_0,\ldots,x_n,x]$ ist nach (13.7) noch einmal stetig differenzierbar. Mit partieller Integration folgt dann

$$\begin{aligned}R_{n+1}[f] &= \int_a^b \frac{\mathrm{d}\Omega_{n+1}(x)}{\mathrm{d}x}\cdot f[x_0,\ldots,x_n,x]\,\mathrm{d}x\\ &= \Omega_{n+1}(x)\cdot f[x_0,\ldots,x_n,x]\Big|_a^b\\ &\quad -\int_a^b \Omega_{n+1}(x)\cdot\frac{\mathrm{d}}{\mathrm{d}x}f[x_0,\ldots,x_n,x]\,\mathrm{d}x.\end{aligned}$$

Weil $\Omega_{n+1}(a)=\Omega_{n+1}(b)=0$ (Lemma auf Seite 448) verschwindet der erste Term. Es bleibt also

$$R_{n+1}[f] = -\int_a^b \Omega_{n+1}(x)\cdot\frac{\mathrm{d}}{\mathrm{d}x}f[x_0,\ldots,x_n,x]\,\mathrm{d}x.$$

In Kapitel 12 hatten wir in (12.21) über die Ableitung der dividierten Differenzen die Beziehung

$$\frac{\mathrm{d}}{\mathrm{d}x}f[x_0,\ldots,x_n,x] = f[x_0,\ldots,x_n,x,x]$$

bewiesen. Wie in (13.7) sieht man, dass

$$f[x_0,\ldots,x_n,x,x] = \frac{f^{(n+2)}(\xi(x))}{(n+2)!}$$

gilt, d. h., wir haben schließlich eine Fehlerdarstellung der Form

$$R_{n+1}[f] = -\int_a^b \Omega_{n+1}(x)\cdot\frac{f^{(n+2)}(\xi(x))}{(n+2)!}\,\mathrm{d}x$$

erreicht. Nach Voraussetzung ist $f^{(n+2)}$ noch stetig, d. h., mit dem Mittelwertsatz der Integralrechnung folgt

$$R_{n+1}[f] = -\frac{f^{(n+2)}(\eta)}{(n+2)!}\int_a^b \Omega_{n+1}(x)\,\mathrm{d}x$$

für ein $\eta\in(a,b)$. Wenden wir auf das verbliebene Integral noch einmal partielle Integration an,

$$\int_a^b 1\cdot\Omega_{n+1}(x)\,\mathrm{d}x = x\Omega_{n+1}(x)\Big|_a^b - \int_a^b x\frac{\mathrm{d}\Omega_{n+1}(x)}{\mathrm{d}x}\,\mathrm{d}x,$$

und beachten, dass $\Omega_{n+1}(a)=\Omega_{n+1}(b)=0$ (Lemma auf Seite 448) gilt und dass $\frac{\mathrm{d}\Omega_{n+1}(x)}{\mathrm{d}x}=\omega_{n+1}(x)$ ist, dann folgt schließlich

$$\begin{aligned}\int_a^b \Omega_{n+1}(x)\,\mathrm{d}x &= -\int_a^b x\frac{\mathrm{d}\Omega_{n+1}(x)}{\mathrm{d}x}\,\mathrm{d}x\\ &= -\int_a^b x\cdot\omega_{n+1}(x)\,\mathrm{d}x\end{aligned}$$

und dieser Ausdruck ist positiv, da $\Omega_{n+1}(x)>0$ in $a<x<b$. Damit haben wir gezeigt:

Satz über den Quadraturfehler geschlossener Newton-Cotes-Formeln mit geradem *n* (erste Fassung)

Sei n gerade und f besitze noch eine stetige $(n+2)$-te Ableitung. Dann gilt

$$R_{n+1}[f] = -\frac{K_{n+1}\cdot f^{(n+2)}(\eta)}{(n+2)!},\qquad a<\eta<b$$

mit

$$K_{n+1} := \int_a^b x\cdot\omega_{n+1}(x)\,\mathrm{d}x < 0.$$

Mit anderen Worten: Die Newton-Cotes-Formeln integrieren für gerades n nicht nur Polynome vom Grad höchstens n exakt, sondern Polynome vom Grad höchstens $n+1$.

Man sieht die Genauigkeit dieser Quadraturregeln noch besser, wenn man wieder auf die Variable $x=x_0+th$ transformiert und so den Quadraturfehler explizit von der Schrittweite h abhängig macht. Diese Transformation macht sich nur in K_{n+1} bemerkbar. Da wir diese Transformation bereits mehrmals verwendet haben, benutzen wir (13.4):

$$\omega_{n+1}(x) = h^{n+1}\pi_{n+1}(t)$$

mit $\pi_{n+1}(t)=t(t-1)(t-2)\ldots(t-n)$. Damit bewirkt die Transformation in K_{n+1} wegen $\mathrm{d}x=h\mathrm{d}t$

$$\begin{aligned}K_{n+1} &= \int_0^n (x_0+th)h^{n+1}\pi_{n+1}(t)\,h\mathrm{d}t\\ &= x_0h^{n+2}\int_0^n \pi_{n+1}(t)\,\mathrm{d}t + h^{n+3}\int_0^n t\pi_{n+1}(t)\,\mathrm{d}t.\end{aligned}$$

Nun ist aber $\pi_{n+1}(t)=h^{-1-n}\omega_{n+1}(x)$ und daher

$$\begin{aligned}\int_0^n \pi_{n+1}(t)\,\mathrm{d}t &= h^{-1-n}\int_a^b \omega_{n+1}(x)\,\mathrm{d}x\\ &= h^{-1-n}\,\Omega_{n+1}(x)\Big|_a^b\\ &= h^{-1-n}(\Omega_{n+1}(b)-\Omega_{n+1}(a)).\end{aligned}$$

Da wir in einem Lemma auf Seite 448 gezeigt haben, dass im Falle von geradem n die Funktion Ω_{n+1} an den Rändern a und b verschwindet, bleibt von K_{n+1} nur noch

$$K_{n+1} = h^{n+3}\int_0^n t\pi_{n+1}(t)\,\mathrm{d}t =: h^{n+3}M_{n+1}$$

übrig. Damit lässt sich der Satz über den Abschneidefehler geschlossener Newton-Cotes-Formeln mit geradem n in einer anderen Fassung wie folgt angeben.

Satz über den Quadraturfehler geschlossener Newton-Cotes-Formeln mit geradem n (zweite Fassung)

Sei n gerade und f besitze noch eine stetige $(n+2)$-te Ableitung. Dann gilt

$$R_{n+1}[f] = -\frac{M_{n+1} \cdot f^{(n+2)}(\eta)}{(n+2)!} \cdot h^{n+3}, \quad a < \eta < b$$

mit

$$M_{n+1} := \int_0^n t\pi_{n+1}(t)\,\mathrm{d}t < 0.$$

Den Vorteil geschlossener Newton-Cotes-Formeln mit geradem n (also mit einer ungeraden Anzahl $n+1$ von Quadraturpunkten) sollte man nutzen, insbesondere soll man beachten, dass bei einer solchen Formel mit geradem n die Hinzufügung eines weiteren Knotens nichts bringt, d. h., man sollte zur Verbesserung der Genauigkeit stets *zwei* neue Knoten addieren.

Mit den gleichen Mitteln, wie wir sie zum Beweis genutzt haben, kann man zeigen, dass geschlossene Newton-Cotes-Formeln mit ungeradem n nur Polynome vom Grad höchstens n exakt integrieren. Wir wollen uns den Beweis etwas genauer ansehen, formulieren aber erst das Ergebnis.

Satz über den Quadraturfehler geschlossener Newton-Cotes-Formeln mit ungeradem n

Sei n ungerade und f besitze noch eine stetige $(n+1)$-te Ableitung. Dann gilt

$$\begin{aligned} R_{n+1}[f] &= \frac{K_{n+1} \cdot f^{(n+1)}(\eta)}{(n+1)!}, \quad a < \eta < b \\ &= \frac{M_{n+1} \cdot f^{(n+1)}(\eta)}{(n+1)!} \cdot h^{n+2} \end{aligned}$$

mit

$$\begin{aligned} K_{n+1} &:= \int_a^b x \cdot \omega_{n+1}(x)\,\mathrm{d}x < 0, \\ M_{n+1} &:= \int_0^n \pi_n(t)\,\mathrm{d}t < 0. \end{aligned}$$

Den Beweis dieses Satzes wollen wir uns unter der Lupe anschauen und damit alle Beweisschritte kompakt zusammenfassen, mit denen man die vorausgegangenen Resultate erhält.

Warum haben zusammengesetzte Newton-Cotes-Formeln nicht dieselbe Ordnung des Quadraturfehlers wie die zugrunde liegenden Formeln?

Wir haben bereits zusammengesetzte Quadraturformeln über affin Transformierte einer Quadraturformel auf Teilintervalle definiert und insbesondere die zusammengesetzte Trapezregel an Beispielen getestet.

Bei der Trapezregel ist $n = 1$, wir erwarten also nach der entwickelten Theorie einen Fehler der Ordnung $\mathcal{O}(h^3)$, wobei $h = (b-a)$ gilt. Bei der Anwendung der zusammengesetzten Trapezregel im Beispiel auf Seite 445 auf die e-Funktion haben wir numerisch aber nur eine quadratische Ordnung erzielt. Woran liegt das?

Gehen wir die Frage zuerst heuristisch an: Der Fehler einer aus m Quadraturformeln zusammengesetzten Formel sollte das m-fache des Fehlers der zugrunde liegenden Quadraturformel sein, also bei der Trapezregel $m \cdot \mathcal{O}(h^3)$. Da aber m mit h^{-1} skaliert, ist $m \cdot \mathcal{O}(h^3) = h^{-1} \cdot \mathcal{O}(h^3) = \mathcal{O}(h^2)$. Diese Überlegung wird durch die folgende Analysis bestätigt.

In jedem Teilintervall $[x_i, x_{i+1}]$ ist der Fehler der Trapezregel $h^3/12 f''(\xi_i)$, $\xi_i \in (x_i, x_{i+1})$, also gilt in der Summe

$$\begin{aligned} Q_{2,m}^{\mathrm{zTr}}[f] - \int_a^b f(x)\,\mathrm{d}x &= \sum_{i=0}^{m-1} \frac{h^3}{12} f''(\xi_i) \\ &= \frac{h^3}{12} \frac{b-a}{h} \sum_{i=0}^{m-1} \frac{1}{m} f''(\xi_i), \end{aligned}$$

wobei in der letzten Gleichung $mh = b-a$ verwendet wurde. Ist f'' stetig auf $[a,b]$, dann folgt aus

$$\min_i f''(\xi_i) \le \frac{1}{m} \sum_{i=0}^{m-1} f''(\xi_i) \le \max_i f''(\xi)$$

die Existenz eines $\xi \in (\min_i \xi_i, \max_i \xi_i)$, sodass $f''(\xi) = \frac{1}{m}\sum_{i=0}^{m-1} f''(\xi_i)$ gilt. Damit erhalten wir für den Quadraturfehler

$$Q_{2,m}^{\mathrm{zTr}}[f] - \int_a^b f(x)\,\mathrm{d}x = \frac{h^2(b-a)}{12} f''(\xi) = \mathcal{O}(h^2) \tag{13.8}$$

und wir erkennen, dass die zusammengesetzte Trapezregel tatsächlich von zweiter Ordnung ist.

Die Simpson'sche Regel oder Kepler'sche Fassregel ist $Q_3^{Si}[f] = \frac{h}{6}\left(f(a) + 4f\left(\frac{a+b}{2}\right) + f(b)\right)$, d. h., in jedem Teilintervall $[x_i, x_{i+1}]$ einer Zerlegung $a = x_0 < x_1 < \ldots < x_m = b$ gibt es drei Quadraturknoten und daher ist $h = (x_{i+1} - x_i)/2$. Der Quadraturfehler ist $\mathcal{O}(h^5)$. Die zusammengesetzte Simpson-Formel ist dann

$$\begin{aligned} Q_{3,m}^{zSi}[f] &= \sum_{i=0}^{m-1} Q_3^{Si}[f] \\ &= \sum_{i=0}^{m-1} \frac{x_{i+1}-x_i}{6}\left(f(x_i) + 4f\left(\frac{x_i + x_{i+1}}{2}\right) + f(x_{i+1})\right) \\ &= \frac{h}{3}\left(f(a) + 2\sum_{i=1}^{m-1} f(x_i) + 4\sum_{i=1}^{m-1} f\left(\frac{x_i + x_{i+1}}{2}\right)\right), \end{aligned}$$

und wie oben erkennt man

$$Q_{3,m}^{zSi}[f] - \int_a^b f(x)\,\mathrm{d}x = \frac{h^4(b-a)}{180} f^{(4)}(\xi) = \mathcal{O}(h^4). \tag{13.9}$$

Unter der Lupe: Geschlossene Newton-Cotes-Formeln mit ungeradem n

Wir beweisen den Satz über den Quadraturfehler geschlossener Newton-Cotes-Formeln mit ungeradem n völlig analog zum Satz über den Quadraturfehler geschlossener Newton-Cotes-Formeln mit geradem n.

Wir wissen schon, dass ω_{n+1} im Intervall $[b-h, b]$ von einerlei Vorzeichen ist, denn die einzigen Nullstellen von ω_{n+1} sind $a = x_0 < x_1 < \ldots < x_{n-1} < x_n = b$. Den Quadraturfehler schreiben wir daher in der Form

$$\begin{aligned}R_{n+1}[f] = &\int_a^{b-h} \omega_{n+1}(x) f[x_0, \ldots, x_n, x]\,\mathrm{d}x \\ &+ \int_{b-h}^{b} \omega_{n+1}(x) f[x_0, \ldots, x_n, x]\,\mathrm{d}x\end{aligned}$$

und wenden auf das zweite Integral den Mittelwertsatz der Integralrechnung an:

$$\begin{aligned}R_{n+1}[f] = &\int_a^{b-h} \omega_{n+1}(x) f[x_0, \ldots, x_n, x]\,\mathrm{d}x \\ &+ \frac{f^{(n+1)}(\eta_1)}{(n+1)!} \int_{b-h}^{b} \omega_{n+1}(x)\,\mathrm{d}x, \\ &b-h < \eta_1 < b.\end{aligned}$$

Um das erste Integral zu bearbeiten schreiben wir

$$\omega_{n+1}(x) = \omega_n(x)(x - x_n), \quad \Omega_n(x) = \int_a^x \omega_n(x)\,\mathrm{d}x$$

und erhalten so

$$\begin{aligned}&\int_a^{b-h} \omega_{n+1}(x) f[x_0, \ldots, x_n, x]\,\mathrm{d}x \\ &= \int_a^{b-h} \frac{\mathrm{d}\Omega_n(x)}{\mathrm{d}x} (f[x_0, \ldots, x_{n-1}, x] - f[x_0, \ldots, x_n]),\end{aligned}$$

wobei wir die Definition (12.16) der dividierten Differenzen verwendet haben. Da n ungerade ist, gilt das Lemma auf Seite 448 für Ω_n, d. h., es gilt $\Omega_n(a) = \Omega_n(b-h) = 0$, oder $\int_a^{b-h} \frac{\mathrm{d}\Omega_n(x)}{\mathrm{d}x}\,\mathrm{d}x = 0$, womit der zweite Teil des eben behandelten Integrals verschwindet, denn $f[x_0, \ldots, x_n]$ ist eine Konstante. Das bedeutet

$$\begin{aligned}&\int_a^{b-h} \omega_{n+1}(x) f[x_o, \ldots, x_n, x]\,\mathrm{d}x \\ &= \int_a^{b-h} \frac{\mathrm{d}\Omega_n(x)}{\mathrm{d}x} f[x_0, \ldots .x_{n-1}, x]\,\mathrm{d}x.\end{aligned}$$

Wie schon zuvor wenden wir partielle Integration an und erhalten wegen $\Omega_n(a) = \Omega_n(b-h) = 0$

$$\begin{aligned}&\int_a^{b-h} \frac{\mathrm{d}\Omega_n(x)}{\mathrm{d}x} f[x_0, \ldots .x_{n-1}, x]\,\mathrm{d}x \\ &= -\int_a^{b-h} \Omega_n(x) \cdot \frac{\mathrm{d}}{\mathrm{d}x} f[x_0, \ldots, x_{n-1}, x]\,\mathrm{d}x.\end{aligned}$$

Wieder verwenden wir (13.7), $\frac{\mathrm{d}}{\mathrm{d}x} f[x_0, \ldots, x_{n-1}, x] = f[x_0, \ldots, x_{n-1}, x, x]$ und schließen mit (13.7) auf

$$f[x_0, \ldots, x_{n-1}, x, x] = \frac{f^{(n+1)}(\xi(x))}{(n+1)!}.$$

Anwendung des Mittelwertsatzes der Integralrechnung liefert schließlich

$$\begin{aligned}&-\int_a^{b-h} \Omega_n(x) \cdot \frac{\mathrm{d}}{\mathrm{d}x} f[x_0, \ldots, x_{n-1}, x]\,\mathrm{d}x \\ &= -\frac{f^{(n+1)}(\eta_2)}{(n+1)!} \int_a^{b-h} \Omega_n(x)\,\mathrm{d}x, \quad a < \eta_2 < b-h.\end{aligned}$$

Fassen wir unsere Rechnungen zusammen, dann haben wir für den Quadraturfehler die Darstellung

$$\begin{aligned}R_{n+1}[f] = &-\frac{f^{(n+1)}(\eta_2)}{(n+1)!} \int_a^{b-h} \Omega_n(x)\,\mathrm{d}x \\ &+ \frac{f^{(n+1)}(\eta_1)}{(n+1)!} \int_{b-h}^{b} \omega_{n+1}(x)\,\mathrm{d}x \\ &=: -\left(A f^{(n+1)}(\eta_1) + B f^{(n+1)}(\eta_2)\right)\end{aligned}$$

mit

$$\begin{aligned}A &= -\frac{1}{(n+1)!} \int_{b-h}^{b} \omega_{n+1}(x)\,\mathrm{d}x, \\ B &= \frac{1}{(n+1)!} \int_a^{b-h} \Omega_n(x)\,\mathrm{d}x\end{aligned}$$

erreicht. Da $x = b$ größte Nullstelle von ω_{n+1} ist und weil $\omega_{n+1}(x) > 0$ für $x > b$, muss $\omega_{n+1}(x) \leq 0$ im Intervall $[b-h, b]$ sein. Damit ist aber A positiv. Die Positivität von B folgt aus Lemma auf Seite 448, denn n ist ungerade (wie $n+1$ im Fall n gerade). Ist $f^{(n+1)}$ stetig auf $[a, b]$, dann gibt es einen Punkt $\eta \in [\eta_1, \eta_2]$ mit

$$R_{n+1}[f] = -(A + B) f^{(n+1)}(\eta).$$

Mit partieller Integration können wir noch etwas Ordnung schaffen,

$$\begin{aligned}\int_a^{b-h} \omega_{n+1}(x)\,\mathrm{d}x = &\underbrace{\Omega_n(x)(x-b)|_a^{b-h}}_{=0} \\ &- \int_a^{b-h} \Omega_n(x)\,\mathrm{d}x,\end{aligned}$$

und erhalten schließlich

$$A + B = -\frac{1}{(n+1)!} \int_a^b \omega_{n+1}(x)\,\mathrm{d}x.$$

Hintergrund und Ausblick: Der Quadraturfehler offener Newton-Cotes-Formeln

Die Klasse der offenen Newton-Cotes-Formeln verhält sich bezüglich ihrer Quadraturfehler völlig analog zu den geschlossenen Formeln.

Die Newton-Cotes-Formeln, die wir bisher diskutiert haben, nennt man **geschlossene** Newton-Cotes-Formeln, weil die Intervallenden a und b auch Stützstellen sind. Lässt man diese Forderung in $[a, b]$ fallen, erhält man die **offenen** Newton-Cotes-Formeln. Wie bei den abgeschlossenen Newton-Cotes-Formeln definiert man

$$x_i = x_0 + ih, \quad i = 0, \ldots, n,$$

jetzt allerdings verwendet man als Schrittweite

$$h := \frac{b-a}{n+2}$$

und als Endpunkte für die Integration

$$x_0 = a + h, \quad x_n = b - h.$$

Man bezeichnet die Endpunkte mit $x_{-1} := a$ bzw. $x_{n+1} = b$. Alle Quadraturpunkte $x_0, \ldots, x_n$ stammen damit aus dem Inneren des Intervalls (a, b), was die Bezeichnung als „offene" Newton-Cotes-Regeln rechtfertigt.

Die Größe Ω_{n+1} aus dem Lemma auf Seite 448 wird ersetzt durch

$$J_{n+1}(x) := \int_a^x \omega_{n+1}(x)\,\mathrm{d}x.$$

Man beachte, dass J_{n+1} von Ω_{n+1} verschieden ist, denn bei offenen Newton-Cotes-Formeln ist ja $a < x_0$ und $b > x_n$. Allerdings beweist man wie im Lemma auf Seite 448 $J_{n+1}(a) = J_{n+1}(b) = 0$ und $J_{n+1}(x) < 0$ für $a < x < b$. Ganz analog zu den Beweisen für die geschlossenen Newton-Cotes-Formeln beweist man die Sätze über den Quadraturfehler.

Satz über den Quadraturfehler offener Newton-Cotes-Formeln mit geradem n

Sei n gerade und f besitze noch stetige $(n+2)$-te Ableitung. Dann gilt

$$\begin{aligned} R_{n+1}[f] &= \frac{K_{n+1}}{(n+2)!} f^{(n+2)}(\eta), \quad a < \xi < b \\ &= \frac{M_{n+1} \cdot f^{(n+2)}(\eta)}{(n+2)!} h^{n+3} \end{aligned}$$

mit

$$\begin{aligned} K_{n+1} &:= \int_a^b x \cdot \omega_{n+1}(x)\,\mathrm{d}x > 0, \\ M_{n+1} &:= \int_{-1}^{n+1} t \cdot \pi_{n+1}(t)\,\mathrm{d}t > 0. \end{aligned}$$

Satz über den Quadraturfehler offener Newton-Cotes-Formeln mit ungeradem n

Sei n ungerade und f besitze noch stetige $(n+1)$-te Ableitung. Dann gilt

$$\begin{aligned} R_{n+1}[f] &= \frac{K_{n+1}}{(n+1)!} f^{(n+1)}(\eta), \quad a < \xi < b \\ &= \frac{M_{n+1} \cdot f^{(n+1)}(\eta)}{(n+1)!} h^{n+2} \end{aligned}$$

mit

$$\begin{aligned} K_{n+1} &:= \int_a^b \omega_{n+1}(x)\,\mathrm{d}x > 0, \\ M_{n+1} &:= \int_{-1}^{n+1} \pi_{n+1}(t)\,\mathrm{d}t > 0. \end{aligned}$$

Herleitung der offenen Newton-Cotes-Formeln

Man kann zeigen, dass sich die Quadraturfehler der offenen Newton-Cotes-Formeln genau so verhalten wie diejenigen der geschlossenen Formeln. Für Details verweisen wir auf die Hintergrund- und Ausblicksbox auf Seite 452. Dann überrascht es nun wohl auch nicht, wenn man die Koeffizienten offener Formeln ganz analog zu denjenigen der geschlossenen Formeln ausrechnet. Wir parametrisieren die Knoten durch

$$x = a + sh, \quad s \in [-1, n+1], \quad h = \frac{b-a}{n+2}$$

und führen den Parameter s als neue Variable ein,

$$s = \frac{x-a}{h}.$$

Das i-te Lagrange'sche Basispolynom ist dann

$$L_i(x) = L_i(a + sh) = \psi_i(s) := \prod_{\substack{j=0 \\ j \neq i}}^{n} \frac{s-j}{i-j}$$

und die Koeffizienten der offenen Formel berechnen sich aus

$$a_i = \int_a^b L_i(x)\,\mathrm{d}x = h \int_{-1}^{n+1} \psi_i(s)\,\mathrm{d}s.$$

Man vergleiche mit der Berechnung der Koeffizienten für geschlossene Newton-Cotes-Formeln!

Im Fall $n = 0$ kennen wir schon eine offene Newton-Cotes-Formel, die Mittelpunktsregel. Das Lagrangepolynom L_0 hat den konstanten Wert 1 und wir erhalten mit $h = (b-a)/2$

$$a_0 = h\int_{-1}^{1} \mathrm{d}s = 2h = (b-a),$$

was auf die Mittelpunktsformel

$$Q[f] = (b-a)f(x_0)$$

führt.

Für $n = 1$ folgt mit $h = (b-a)/3$

$$\begin{aligned} a_0 &= h\int_{-1}^{2} \frac{s-1}{0-1}\,\mathrm{d}s = -h\left(\frac{1}{2}s^2 - s\right)\Big|_{-1}^{2} \\ &= \frac{3h}{2}, \\ a_1 &= h\int_{-1}^{2} \frac{s-0}{1-0}\,\mathrm{d}s = h\,\frac{1}{2}s^2\Big|_{-1}^{2} \\ &= \frac{3h}{2}, \end{aligned}$$

was auf die Quadraturformel

$$Q[f] = \frac{3h}{2}(f(x_0) + f(x_1))$$

führt. Für $n = 2$ erhalten wir mit $h = (b-a)/4$

$$\begin{aligned} a_0 &= h\int_{-1}^{3} \frac{s-1}{0-1}\frac{s-2}{0-2}\,\mathrm{d}s = \frac{8h}{3}, \\ a_1 &= h\int_{-1}^{3} \frac{s-0}{1-0}\frac{s-2}{1-2}\,\mathrm{d}s = -\frac{4h}{3}, \\ a_2 &= h\int_{-1}^{3} \frac{s-0}{2-0}\frac{s-1}{2-1}\,\mathrm{d}s = \frac{8h}{3}, \end{aligned}$$

und wir erhalten

$$Q[f] = \frac{4h}{3}(2f(x_0) - f(x_1) + 2f(x_2)).$$

?

Die Summe der Koeffizienten der obigen Quadraturformel ist

$$\frac{8h}{3} - \frac{4h}{3} + \frac{8h}{3} = 4h.$$

Warum ist das so und was sagt das über die exakte Integrierbarkeit gewisser Funktionen aus?

Die Fehlertheorie, die wir für die geschlossenen Newton-Cotes-Formeln entwickelt haben, geht bei den offenen Formeln genau so durch. Wir stellen daher die ersten offenen Formeln mit den entsprechenden Fehlertermen zusammen.

Offene Newton-Cotes-Formeln

Für $h = (b-a)/(n+2)$, $x_0 < \xi < x_{n+1}$ erhält man die folgenden offenen Newton-Cotes-Formeln mit ihren zugehörigen Fehlertermen.

n	Q	$\lvert R\rvert$
0	$2hf(x_0)$	$\frac{h^3}{3}f''(\xi)$
1	$\frac{3h}{2}(f(x_0) + f(x_1))$	$\frac{h^3}{4}f''(\xi)$
2	$\frac{4h}{3}(2f(x_0) - f(x_1) + 2f(x_2))$	$\frac{28h^5}{90}f^{(4)}(\xi)$
3	$\frac{5h}{24}(11f(x_0) + f(x_1) + f(x_2) +$ $11f(x_3))$	$\frac{95h^5}{144}f^{(4)}(\xi)$
4	$\frac{6h}{20}(11f(x_0) - 14f(x_1) +$ $26f(x_2) - 14f(x_3) + 11f(x_4))$	$\frac{41h^7}{140}f^{(6)}(\xi)$
5	$\frac{7h}{1440}(611f(x_0) - 453f(x_1) +$ $562f(x_2) + 562f(x_3) -$ $453f(x_4) + 611f(x_5))$	$\frac{5257h^7}{8640}f^{(6)}(\xi)$

Wir sehen, dass die Mittelpunktsregel und die Regel für $n = 1$ die gleiche Fehlerordnung aufweisen, was unsere Theorie bestätigt. Schon die Formel für $n = 2$ hat ein negatives Gewicht; wir werden diese Tatsache gleich besprechen. Offene Newton-Cotes-Formeln spielen in der Praxis der numerischen Quadratur keine große Rolle wegen der negativen Gewichte. Man verwendet sie nur, wenn es an den Rändern a und b Singularitäten in f gibt, die man gerne vermeiden möchte.

Positivität der Gewichte ist eine wichtige Eigenschaft

Ein Blick auf die Gewichte $\alpha_i = \frac{b-a}{ns}\sigma_i$ in der Tabelle der geschlossenen Newton-Cotes-Formeln auf Seite 446 zeigt, dass sie sämtlich positiv sind. Jenseits der Weddle-Regel für $n > 6$ treten jedoch negative Gewichte auf. Bei den offenen Newton-Cotes-Formeln treten negative Gewichte schon bei viel kleineren Ordnungen auf. Quadraturformeln mit negativen Gewichten werden in der Praxis nicht oder nur mit großer Vorsicht verwendet, da man Auslöschungseffekte befürchten muss.

13.3 Eine Fehlertheorie mit Peano-Kernen

Wir haben bereits die Fehler $|R_{n+1}[f]|$ einiger Newton-Cotes-Formeln mithilfe der Darstellung des Interpolationsfehlers gewonnen. Hier werden wir nun eine außerordentlich elegante Fehlertheorie kennenlernen, die nicht auf Quadraturen allein anwendbar ist, sondern allgemein auf die Approximation linearer Funktionale. Diese Theorie geht auf Peano zurück.

Peano-Kerne bieten eine Möglichkeit zur Analyse ganz unterschiedlicher Verfahren und Problemstellungen aus der Numerik, indem Fehlerdarstellungen einheitlich formuliert werden können. Das ist nicht nur in der Theorie der Quadraturverfahren so, sondern immer dort, wo lineare Operatoren auftreten, also auch in Interpolation und numerischer Differenziation.

Peano-Kerne erlauben die Darstellung des Quadraturfehlers

Wir verfolgen nun eine einfache Idee, die weitreichende Auswirkungen hat. Die Taylor-Reihe einer Funktion f haben wir bereits in Band 1, Abschnitt 15.5 kennengelernt. Dort finden wir die Darstellung

$$f(x) = p_n(x; x_0) + r_n(x; x_0),$$

mit dem Taylorpolynom p_n vom Grad n zum Entwicklungspunkt x_0 und dem Restglied r_n. Wir haben dort bereits die Restglieddarstellungen von Lagrange und Cauchy kennengelernt, hier benötigen wir jetzt jedoch eine andere Darstellung.

Satz (Taylor-Formel mit Integralrest)
Sei $f\colon [a, b] \to \mathbb{R}$ eine $(s + 1)$-mal stetig differenzierbare Funktion, $s \in \mathbb{N}_0$ und $x_0 \in [a, b]$. Dann gilt für alle $x \in [a, b]$ die Taylor-Formel mit **Integralrest**

$$f(x) = p_s(x; x_0) + r_s(x; x_0)$$

mit dem Taylor-Polynom vom Grad s

$$p_s(x; x_0) = \sum_{k=0}^{s} \frac{f^{(k)}(x_0)}{k!}(x - x_0)^k$$

und dem Rest

$$r_s(x; x_0) = \int_{x_0}^{x} \frac{(x - t)^s}{s!} f^{(s+1)}(t)\, \mathrm{d}t.$$

Beweis: Wir beweisen das Restglied durch Induktion über s. Für $s = 0$ erhält man

$$f(x) = p_0(x; x_0) + r_0(x; x_0) = f(x_0) + \int_{x_0}^{x} f'(t)\, \mathrm{d}t,$$

also den Hauptsatz der Differenzial- und Integralrechnung, vergl. Band 1, Abschnitt 16.3. Der Induktionsschritt $s \to s+1$ geschieht mithilfe partieller Integration, wobei wir f als $(s + 2)$-mal stetig differenzierbar voraussetzen. Wir erhalten

$$\begin{aligned}
&p_{s+1}(x; x_0) + r_{s+1}(x; x_0)\\
&= \sum_{k=0}^{s+1} \frac{f^{(k)}(x_0)}{k!}(x - x_0)^k + \int_{x_0}^{x} \frac{(x - t)^{s+1}}{(s + 1)!} f^{(s+2)}(t)\, \mathrm{d}t\\
&= p_s(x; x_0) + \frac{f^{(s+1)}(x_0)}{(s + 1)!}(x - x_0)^{s+1}\\
&\quad + \left.\frac{(x-t)^{s+1}}{(s+1)!} f^{(s+1)}(t)\right|_{t=x_0}^{x} - \int_{x_0}^{x} \frac{-(x-t)^s}{s!} f^{(s+1)}(t)\, \mathrm{d}t\\
&= p_s(x; x_0) + \frac{(x - x_0)^{s+1}}{(s + 1)!} f^{(s+1)}(x_0)\\
&\quad + r_s(x; x_0) - \frac{(x - x_0)^{s+1}}{(s + 1)!} f^{(s+1)}(x_0)\\
&= p_s(x; x_0) + r_s(x; x_0) = f(x),
\end{aligned}$$

was zu beweisen war. ■

Die folgende Theorie basiert auf Abschätzungen des Integralrestes, wie im folgenden Hauptsatz für Peano-Kerne deutlich wird. Da die Taylor-Formel mit Integralrest unabhängig von irgendwelchen Quadraturformeln gilt, findet man die Theorie der Peano-Kerne auch außerhalb der Quadraturtheorie, und zwar immer dann, wenn lineare Funktionale zu untersuchen sind. Hier konzentrieren wir uns jedoch auf die Anwendungen bei Quadraturformeln.

Wir benötigen die folgenden Abkürzungen für positiv abgeschnittene Potenzen:

$$u_+^0 := \begin{cases} 1 & \text{für } u > 0 \\ \frac{1}{2} & \text{für } u = 0 \\ 0 & \text{für } u < 0 \end{cases}$$

und für $r \geq 1$

$$u_+^r := \begin{cases} u^r & \text{für } u \geq 0 \\ 0 & \text{für } u < 0 \end{cases}.$$

Damit können wir die Peano-Kerne definieren.

Peano-Kern
Es sei Q_{n+1} eine Quadraturformel mit der Eigenschaft $R_{n+1}[p] = 0$ für alle $p \in \Pi^{s-1}([a, b])$, d. h., Polynome vom Höchstgrad $s - 1$ sollen durch Q_{n+1} exakt integriert werden. Wir schreiben dafür auch $R_{n+1}[\Pi^{s-1}] = 0$. Dann heißt die Funktion

$$x \mapsto K_s(x) := R_{n+1}\left[\frac{(\cdot - x)_+^{s-1}}{(s - 1)!}\right] \qquad (13.10)$$

der s-te **Peano-Kern**.

Die Punktschreibweise bedeutet, dass das Funktional R_{n+1} auf die Variable wirkt, die mit dem Punkt gekennzeichnet ist.

Quadraturformeln, die nicht einmal für konstante Polynome exakt sind, besitzen keinen Peano-Kern. Ist eine Quadraturformel exakt für $p \in \Pi^{s-1}$, aber nicht für alle $q \in \Pi^s$, dann besitzt die Quadraturformel genau s Peano-Kerne $K_1, K_2, \ldots, K_s$.

Das wichtigste Resultat über Peano-Kerne ist folgender Satz.

Hauptsatz über Peano-Kerne

Es gelte $R_{n+1}[\Pi^{s-1}] = 0$. Besitzt f eine absolut stetige $(s-1)$-te Ableitung, dann gilt

$$R_{n+1}[f] = \int_a^b f^{(s)}(x) K_s(x)\, \mathrm{d}x.$$

Kommentar: Eine Funktion $f\colon [a,b] \to \mathbb{R}$ heißt **absolut stetig**, wenn für jedes $\varepsilon > 0$ ein $\delta > 0$ gibt, sodass für jede paarweise disjunkte Familie $(a_i, b_i) \subset [a,b]$ von offenen Teilintervallen gilt:

$$\sum_{i=0}^{n} (a_i - b_i) < \delta \quad \Longrightarrow \quad \sum_{i=0}^{n} |f(b_i) - f(a_i)| < \varepsilon.$$

Absolut stetige Funktionen sind stetig und **von beschränkter Variation**, daher fast überall differenzierbar. Eine Funktion ist von beschränkter Variation auf $[a,b]$, wenn die **totale Variation**

$$\mathrm{TV}(f) := \sup_Z \sum_{i=1}^{n} |f(x_{i+1}) - f(x_i)|$$

für alle Zerlegungen $Z := \{x_1, \ldots, x_n\}$ mit $a = x_0 < x_1 < \ldots < x_n = b$ endlich ist.

Beweis: Wir verwenden Taylors Formel mit Integralrestglied bei der Entwicklung von f um den linken Intervallrand a,

$$f(t) = \sum_{k=0}^{s-1} f^{(k)}(a) \frac{(t-a)^k}{k!} + \int_a^b f^{(s)}(x) \frac{(t-x)_+^{s-1}}{(s-1)!}\, \mathrm{d}x.$$

Wenden wir darauf R_{n+1} an, dann bleibt

$$R_{n+1}[f] = R_{n+1}\left[\int_a^b f^{(s)}(x) \frac{(\cdot - x)_+^{s-1}}{(s-1)!}\, \mathrm{d}x\right],$$

denn der Rest für das Taylor-Polynom vom Grad nicht höher als $s-1$ verschwindet nach Voraussetzung. Wir müssen nur noch zeigen, dass wir die Restbildung mit dem Integral vertauschen dürfen. Nun ist $R_{n+1} = I - Q_{n+1}$. Für I verwendet man den Satz von Fubini zur Vertauschung der Integrale und für Q_{n+1} ist die Vertauschung offensichtlich:

$$\begin{aligned}
R_{n+1}[f] &= R_{n+1}\left[\int_a^b f^{(s)}(x) \frac{(\cdot - x)_+^{s-1}}{(s-1)!}\, \mathrm{d}x\right] \\
&= I\left[\int_a^b f^{(s)}(x) \frac{(\cdot - x)_+^{s-1}}{(s-1)!}\, \mathrm{d}x\right] \\
&\quad - Q_{n+1}\left[\int_a^b f^{(s)}(x) \frac{(\cdot - x)_+^{s-1}}{(s-1)!}\, \mathrm{d}x\right] \\
&= \int_a^b \left(\int_a^b f^{(s)}(x) \frac{(z - x)_+^{s-1}}{(s-1)!}\, \mathrm{d}x\right) \mathrm{d}z \\
&\quad - \sum_{k=0}^{n} a_k \int_a^b f^{(s)}(x) \frac{(z_k - x)_+^{s-1}}{(s-1)!}\, \mathrm{d}x \\
&= \int_a^b \left(f^{(s)}(x) \int_a^b \frac{(z - x)_+^{s-1}}{(s-1)!}\, \mathrm{d}z\right) \mathrm{d}x \\
&\quad - \int_a^b f^{(s)}(x) \sum_{k=0}^{n} a_k \frac{(z_k - x)_+^{s-1}}{(s-1)!}\, \mathrm{d}x \\
&= \int_a^b f^{(s)}(x) \left(\int_a^b \frac{(z-x)_+^{s-1}}{(s-1)!}\, \mathrm{d}z - \sum_{k=0}^{n} a_k \frac{(z_k - x)_+^{s-1}}{(s-1)!}\right) \mathrm{d}x.
\end{aligned}$$

Also gilt

$$R_{n+1}[f] = \int_a^b f^{(s)}(x) R_{n+1}\left[\frac{(\cdot - x)_+^{s-1}}{(s-1)!}\right] \mathrm{d}x. \qquad \blacksquare$$

Einige wenige wichtige Eigenschaften der Peano-Kerne fassen wir im folgenden Satz zusammen.

Satz

Für die Peano-Kerne K_s einer Quadraturformel Q_{n+1} lassen sich folgende Aussagen treffen:

1. Es gilt
$$s \geq 2 \quad \Longrightarrow \quad K_s(a) = K_s(b) = 0. \tag{13.11}$$
Ist $x_0 > a$, dann $K_1(a) = 0$. Ist $x_n < b$, dann folgt $K_1(b) = 0$.
2. Es gilt die Darstellung
$$K_s(x) = \frac{(b-x)^s}{s!} - \frac{1}{(s-1)!} \sum_{k=0}^{n} a_k (x_k - x)_+^{s-1}. \tag{13.12}$$
3. Weiterhin gilt die Darstellung
$$K_s(x) = \frac{(a-x)^s}{s!} - \frac{(-1)^s}{(s-1)!} \sum_{k=0}^{n} a_k (x - x_k)_+^{s-1}. \tag{13.13}$$
4. $K_s \in C^{s-2}$.
5. Es gilt
$$K_{s+1}(x) = -\int_a^x K_s(\xi)\, \mathrm{d}\xi. \tag{13.14}$$

Beweis:

1. Die Behauptung folgt sofort aus der Definition (13.10).
2. Dies ist nichts anderes als eine ausgeschriebene Version von (13.10), denn $R_{n+1} = I - Q_{n+1}$.
3. Wegen

$$\frac{(b-x)^s}{s!} - \frac{(a-x)^s}{s!} = \int_a^b \frac{(u-x)^{s-1}}{(s-1)!}\,\mathrm{d}u$$
$$= \frac{1}{(s-1)!}\sum_{k=0}^n a_k(x_k - x)^{s-1}$$

ist diese Behauptung äquivalent zu **2.**
4. Das sieht man aus **2.**
5. Dies folgt sofort aus **2.** ∎

?

Beweisen Sie den Satz über die Berechnung der Riemann-Stieltjes-Integrale in der Lupe-Box auf Seite 457

Mit diesen Eigenschaften der Peano-Kerne können wir nun eine Variante des Hauptsatzes beweisen, die für Fehlerabschätzungen sehr nützlich ist.

Satz
Es sei $R_{n+1}[\Pi^s] = 0$. Ist f im Fall $s = 0$ stetig und sonst $f^{(s)}$ von beschränkter Variation, dann gilt

$$R_{n+1}[f] = \int_a^b K_{s+1}(x)\,\mathrm{d}f^{(s)}(x).$$

Das auftretende Integral ist ein Riemann-Stieltjes-Integral, das wir in der Lupe-Box auf Seite 457 vorstellen.

Beweis: Wir unterscheiden für den Beweis zwei Fälle.

1. $s = 0$. Das Stieltjes-Integral existiert, da f als stetig vorausgesetzt wurde und K_1 von beschränkter Variation ist. Eine partielle Integration liefert

$$\int_a^b K_1(x)\,\mathrm{d}f(x) = K_1(x)f(x)|_{x=a}^b - \int_a^b f(x)\,\mathrm{d}K_1(x).$$

Aus (13.13) ergibt sich für $s = 1$

$$K_1(x) = a - x + \sum_{k=0}^n a_k(x_k - x)_+^0 = -(x-a) + S(x)$$

mit $S(x)|_{(x_i,x_{i+1})} = \sum_{k=0}^i a_k$ (man beachte die Definition von u_+^0). Die Funktion S hat an den Stellen x_i also Sprünge der Höhe a_i. Ist $x_0 = a$, dann $S(a+0) - S(a) = a_0 - K_1(a)$. Für $x_n = b$ ganz analog. Damit haben wir nun

$$K_1(b)f(b) - K_1(a)f(a) - \int_a^b f(x)\,\mathrm{d}K_1(x) =$$
$$K_1(b)f(b) - K_1(a)f(a) - \int_a^b f(x)\,\mathrm{d}(x-a) -$$
$$\int_a^b f(x)\,\mathrm{d}S(x) = \int_a^b f(x)\,\mathrm{d}x - \sum_{k=0}^n a_k f(x_k)$$
$$= I[f] - Q_{n+1}[f] = R_{n+1}[f].$$

2. $s \geq 1$. In diesem Fall besitzt f eine $(s-1)$-te absolut stetige Ableitung und nach dem Hauptsatz gilt

$$R_{n+1}[f] = \int_a^b f^{(s)}(x) K_s(x)\,\mathrm{d}x.$$

Nach (13.14) gilt $\mathrm{d}K_{s+1}(x) = -K_s(x)\,\mathrm{d}x$, also ist

$$R_{n+1}[f] = -\int_a^b f^{(s)}(x)\,\mathrm{d}K_{s+1}(x).$$

Nun führen wir eine partielle Integration durch und beachten (13.11), was auf

$$R_{n+1}[f] = \int_a^b K_{s+1}(x)\,\mathrm{d}f^{(s)}(x)$$

führt. ∎

Dass man auch mit Standardabschätzungen wichtige Fehlerschranken mithilfe der Peano-Kerne beweisen kann, zeigt das folgende Lemma.

Lemma
Die auftretenden Peano-Kerne mögen existieren. Genügt $f^{(s-1)}$ einer Lipschitzbedingung, dann gilt

$$|R_{n+1}[f]| \leq \sup_{x\in[a,b]} |f^{(s)}| \int_a^b |K_s(x)|\,\mathrm{d}x. \tag{13.15}$$

Ist $f^{(s)}$ von beschränkter Variation, dann gilt

$$|R_{n+1}[f]| \leq \mathrm{Var}_a^b(f^{(s)}) \max_{x\in[a,b]} |K_{s+1}(x)|. \tag{13.16}$$

Beweis: Die erste Ungleichung folgt einfach aus $\left|\int_a^b f(x)g(x)\,\mathrm{d}x\right| \leq \sup_{x\in[a,b]}|f(x)| \int_a^b |g(x)|\,\mathrm{d}x$. Die zweite Ungleichung folgt aus einer Ungleichung für Stieltjes-Integrale, die man in der Literatur findet,

$$\left|\int_a^b f(x)\,\mathrm{d}g(x)\right| \leq \max_{x\in[a,b]} |f(x)|\mathrm{Var}_a^b(g(x)).$$ ∎

Wir werden gleich an einem Beispiel sehen, wie unterschiedliche Voraussetzungen an f zu durchaus unterschiedlichen Fehlerabschätzungen führen können.

Unter der Lupe: Das Riemann-Stieltjes-Integral

In Band 1, Kapitel 16 haben wir das Riemann- und das Lebesgue-Integral kennengelernt. Wir benötigen hier eine Erweiterung, die man Riemann-Stieltjes-Integral nennt.

Im 19. Jahrhundert studierte der niederländische Mathematiker Thomas Jean Stieltjes (1856–1894) die Verteilung von Massen M_i auf der reellen Achse und ihrer Verteilungsfunktion v, wie in der folgenden Abbildung gezeigt.

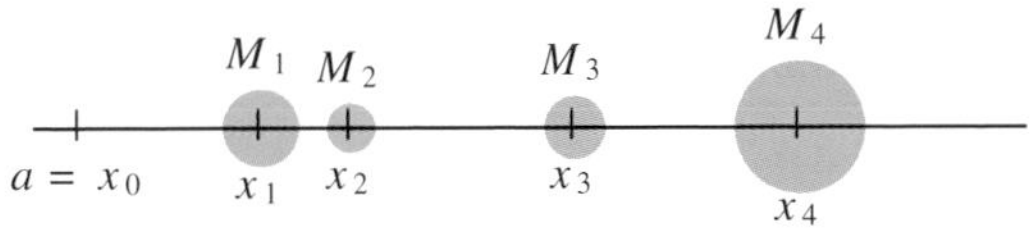

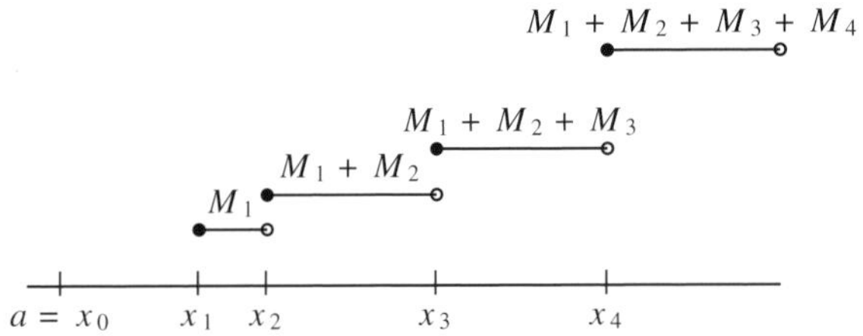

Die Masseverteilung ist eine unstetige, stückweise konstante Funktion, wobei wir vereinbaren wollen, dass die Funktionswerte der Verteilungsfunktion an den Sprungstellen die rechtsseitigen Grenzwerte sein sollen.

Betrachten wir die reelle Achse ab a als Hebel mit Drehpunkt $a = x_0$, dann können wir nach dem Drehmoment fragen, das eine bestimmte Massenverteilung ausübt. Die Masse im Teilintervall $[x_{k-1}, x_k]$ ist gegeben durch die Differenz $v(x_k) - v(x_{k-1})$ der Verteilungsfunktion. Den Angriffspunkt der Masse wollen wir uns in einem Punkt ξ_k mit $x_{k-1} \leq \xi_k \leq x_k$ vorstellen, sodass das Teilmoment gerade

$$(v(x_k) - v(x_{k-1})) \cdot \xi_k$$

beträgt (Masse × Hebelarm). Bei n Massen erhält man für das Drehmoment also eine Summe der Form

$$\sum_{k=1}^{n} (v(x_k) - v(x_{k-1})) \cdot \xi_k.$$

Stieltjes ging einen Schritt weiter: Er wollte Funktionen der Punkte ξ_k betrachten, also sogenannte **Riemann-Stieltjes-Summen** der Form

$$\sum_{k=1}^{n} (v(x_k) - v(x_{k-1})) \cdot f(\xi_k),$$

wobei wir die Massenverteilung als „Gewichte" der Funktionswerte $f(\xi_k)$ deuten können. Betrachten wir diese Summe als Riemann'sche Summe, dann würde die Verfeinerung $\|\Delta x\| \to \infty$ der Zerlegung die Definition des Integrals

$$\int_a^b f(x)\, \mathrm{d}v(x)$$

rechtfertigen.

Ist v differenzierbar, dann folgt mit dem Mittelwertsatz der Differenzialrechnung für eine Stelle $x_{k-1} < \eta_k < x_k$

$$\sum_{k=1}^{n} f(\xi_k)(v(x_k) - v(x_{k-1})) = \sum_{k=1}^{n} f(\xi_k) v'(\eta_k)(x_k - x_{k-1}),$$

also können wir doch

$$\int_a^b f(x)\, \mathrm{d}v(x) = \lim_{\|\Delta x\| \to 0} \sum_{k=1}^{n} f(\xi_k) v'(\eta_k)(x_k - x_{k-1}) = \int_a^b f(x) v'(x)\, \mathrm{d}x$$

folgern. Damit ist schon (heuristisch) alles gezeigt, was wir im Folgenden benötigen.

Definition des Riemann-Stieltjes-Integrals

Seien f und v zwei beschränkte Funktionen auf dem Intervall $[a, b]$, $a = x_0 < x_1 < \ldots < x_n = b$ eine Zerlegung des Intervalls und I eine Zahl, sodass für alle $\varepsilon > 0$ und $x_{k-1} \leq \xi_k \leq x_k$ ein $\delta > 0$ existiert mit

$$\left| \sum_{k=1}^{n} f(\xi_k)(v(x_k) - v(x_{k-1})) - I \right| < \varepsilon$$

für alle Zerlegungen von $[a, b]$ mit $|x_k - x_{k-1}| < \delta$, dann heißt f **Riemann-Stieltjes-integrierbar** und man nennt

$$I := \int_a^b f(x)\, \mathrm{d}v(x)$$

das **Riemann-Stieltjes-Integral** von f bezüglich v.

Wir fassen nun zusammen, wie man Riemann-Stieltjes-Integral berechnen kann, wenn v differenzierbar ist.

Berechnung von Riemann-Stieltjes-Integralen

Ist f stetig und v differenzierbar, sodass v' auf $[a, b]$ Riemann-integrierbar ist, dann gilt für das Riemann-Stieltjes-Integral

$$\int_a^b f(x)\, \mathrm{d}v(x) = \int_a^b f(x) v'(x)\, \mathrm{d}x.$$

Ein rigoroser Beweis dieses Satzes ist nicht schwierig und findet sich in der Selbstfrage auf Seite 456.

Beispiel: Die Peano-Kerne der Mittelpunktsformel

Wir wollen für eine einfache Quadraturregel die Peano-Kerne explizit berechnen.

Problemanalyse und Strategie: Wir nutzen dazu die oben entwickelte Theorie und insbesondere (13.13).

Lösung:

Wir betrachten die zusammengesetzte Mittelpunktsformel

$$Q_{1,n}^{\mathrm{Mi}}[f] = h\sum_{k=0}^{n-1} f(x_k)$$

mit $h = (b-a)/n$ und $x_k = a + (k + 1/2)h$, $k = 0, \dots, n-1$. Schreiben wir die Mittelpunktsformel in der Form $Q_{1,m}^{\mathrm{Mi}}[f] = \sum_{k=0}^{n-1} a_k f(x_k)$, dann ist $a_k := h$ für alle $k = 0, 1, \dots, n-1$.

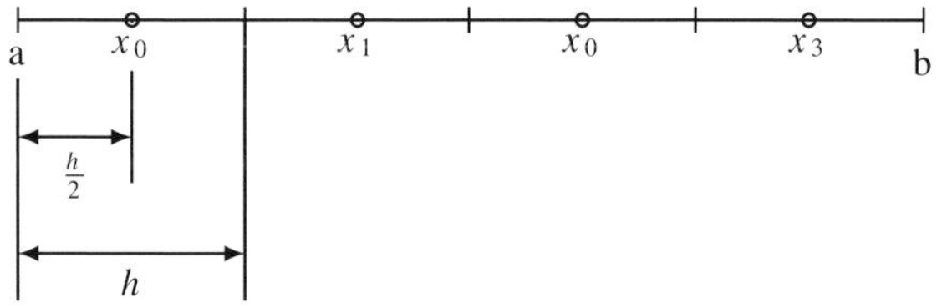

Zur Berechnung der K_s verwenden wir (13.13):

$$K_s(x) = \frac{(a-x)^s}{s!} - \frac{(-1)^s}{(s-1)!}\sum_{k=0}^{n-1} a_k (x-x_k)_+^{s-1},$$

also $K_1(x) = a - x + \sum_{k=0}^{n-1} h(x-x_k)_+^0$. Für $x \in [a, x_0)$ sind alle $(x-x_k)_+^0 = 0$, daher folgt $K_1(x) = a - x$, $x \in [a, x_0)$. Für $x \in (x_0, x_1)$ ist $(x-x_0)_+^0 = 1$, aber alle anderen $(x-x_k)_+^0 = 0$ für $k = 1, \dots, n-1$, also

$$K_1(x) = a - x + h = -x + (a+h) = -x + \frac{1}{2}(x_0 + x_1),$$

vergl. die Abbildung. Nun betrachten wir den Fall $x \in (x_1, x_2)$. Offenbar ist in diesem Fall $(x-x_0)_+^0 = (x - x_1)_+^0 = 1$, während $(x-x_k)_+^0 = 0$ für $k = 2, \dots, n-1$ gilt. Damit erhalten wir

$$K_1(x) = a - x + 2h = -x + (a + 2h) = -x + \frac{1}{2}(x_1 + x_2).$$

So geht es offenbar weiter bis $x \in (x_{n-2}, x_{n-1})$. Für den letzten Abschnitt $x \in (x_{n-1}, b]$ sind alle $(x-x_k)_+^0 = 1$ und damit folgt

$$K_1(x) = a - x + nh = a - x + n\frac{b-a}{n} = b - x.$$

Insgesamt erhalten wir also für $k = 0, \dots, n-2$

$$K_1(x) = \begin{cases} a - x & ;\ x \in [a, x_0) \\ -x + \frac{1}{2}(x_k + x_{k+1}) & ;\ x \in (x_k, x_{k+1}) \\ b - x & ;\ x \in (x_{n-1}, b] \end{cases}$$

für den ersten Peano-Kern. Was aber geschieht an den Knoten $x \in \{x_0, x_1, \dots, x_{n-1}\}$? Ist $x = x_0$, dann liefert $(x_0 - x_0)_+^0 = 0_+^0 = \frac{1}{2}$ und alle anderen $(x_0 - x_k)_+^0 = 0$. Es folgt $K_1(x_0) = a - x_0 + \frac{1}{2}h = 0$, siehe wieder die Abbildung. Für $x = x_1$ ist $(x_1 - x_0)_+^0 = 1$, $(x_1 - x_1)_+^0 = 0_+^0 = \frac{1}{2}$ und alle weiteren $(x_1 - x_k)_+^0$ sind null, also

$$K_1(x_1) = a - x_1 + 2\frac{h}{2} = 0,$$

und so weiter. Damit wird unsere Darstellung des ersten Peano-Kernes vollständig. Für $k = 0, \dots, n-2$ gilt:

$$K_1(x) = \begin{cases} a - x & ;\ x \in [a, x_0) \\ -x + \frac{1}{2}(x_k + x_{k+1}) & ;\ x \in (x_k, x_{k+1}) \\ b - x & ;\ x \in (x_{n-1}, b] \\ 0 & ;\ x \in \{x_0, \dots, x_{n-1}\} \end{cases}$$

Für den zweiten Peano-Kern ergibt sich nach (13.13):

$$K_2(x) = \frac{1}{2}(a-x)^2 - \sum_{k=0}^{n-1} h(x-x_k)_+^1$$

und wieder müssen wir Fallunterscheidungen vornehmen. Für $x \in [a, x_0)$ sind sämtliche $(x-x_k)_+^1 = 0$, also $K_2(x) = \frac{1}{2}(a-x)^2$. Wir sehen sofort, dass man auch $x = x_0$ einsetzen darf. Für $x \in [x_k, x_{k+1}]$, $k = 0, \dots, n-2$ erhält man nach kurzer Rechnung wie oben

$$K_2(x) = \frac{1}{2}\left(-x + \frac{1}{2}(x_k + x_{k+1})\right)^2$$

und für $x \in [x_{n-1}, b]$ ergibt sich $K_2(x) = \frac{1}{2}(b-x)^2$. Insgesamt ergibt sich damit der zweite Peano-Kern für alle $k = 0, \dots, n-2$ zu:

$$K_2(x) = \begin{cases} \frac{1}{2}(a-x)^2 & ;\ x \in [a, x_0] \\ \frac{1}{2}\left(-x + \frac{1}{2}(x_k + x_{k+1})\right)^2 & ;\ x \in [x_k, x_{k+1}]. \\ \frac{1}{2}(b-x) & ;\ x \in [x_{n-1}, b] \end{cases}$$

Nun wird unsere Mühe belohnt! Es ist leicht zu sehen, dass die Schranken $|K_1(x)| \le h/2$, $|K_2(x)| \le h^2/8$ gelten. Damit erhalten wir aus (13.16)

$$\left|R_{1,n}^{\mathrm{Mi}}[f]\right| \le \frac{h}{2}\mathrm{Var}_a^b f, \quad \left|R_{1,n}^{\mathrm{Mi}}[f]\right| \le \frac{h^2}{8}\mathrm{Var}_a^b f'$$

und aus (13.15)

$$\left|R_{1,n}^{\mathrm{Mi}}[f]\right| \le (b-a)\frac{h}{4}\sup_{x\in[a,b]}|f'|,$$

$$\left|R_{1,n}^{\mathrm{Mi}}[f]\right| \le (b-a)\frac{h^2}{24}\sup_{x\in[a,b]}|f''|.$$

Je nach Voraussetzung an f ist die zusammengesetzte Mittelpunktsregel also eine Methode erster oder zweiter Ordnung.

13.4 Von der Trapezregel durch Extrapolation zu neuen Ufern

Die Trapezregel ist vielleicht die am besten und längsten untersuchte Quadraturregel unter allen bekannten Quadraturverfahren. Daher finden wir zu dieser Regel detaillierte Untersuchungen zu ihrer Verbesserung, die in der rechnerischen Praxis angewendet werden. Unser Ziel ist das **Romberg-Verfahren**, das aus der Trapezregel durch **Extrapolation** entsteht, aber bevor wir diese Begriffe klären können, haben wir noch etwas Vorarbeit zu leisten.

Die zentrale Idee: Wie man die Trapezregel besser macht

Wir wollen den Fehler der Trapezregel nun sehr viel genauer ansehen als zuvor. Zentrales Hilfsmittel dazu ist ein wichtiges Resultat, das von Leonhard Euler (1707–1783) und Colin Maclaurin (1698–1746) unabhängig voneinander gefunden wurde.

Die Euler-Maclaurin'sche Summenformel

Es sei $\ell \in \mathbb{N}$ und $g \in C^{2\ell+2}([0,1])$ eine reellwertige Funktion. Dann lautet die **Euler-Maclaurin'sche Summenformel**

$$\begin{aligned}\int_0^1 g(t)\,\mathrm{d}t &= \frac{g(0)}{2} + \frac{g(1)}{2} \\ &+ \sum_{k=1}^{\ell} \frac{B_{2k}}{(2k)!}\left(g^{(2k-1)}(0) - g^{(2k-1)}(1)\right) \\ &- \frac{B_{2\ell+2}}{(2\ell+2)!} g^{(2\ell+2)}(\xi), \quad 0 < \xi < 1.\end{aligned} \tag{13.17}$$

Die B_k sind dabei die sogenannten **Bernoulli-Zahlen**. Die ersten vier Bernoulli-Zahlen mit geradem Index sind

$$B_2 = \frac{1}{6}, \quad B_4 = -\frac{1}{30}, \quad B_6 = \frac{1}{42}, \quad B_8 = -\frac{1}{30}$$

und alle Bernoulli-Zahlen mit ungeradem Index $k \geq 3$ sind null.

Diese merkwürdige Formel hat nicht nur verschiedenste Anwendungen in der Mathematik, sondern man findet sie auch unter demselben Namen in ganz verschiedenen Formen. Ihren Beweis wollen wir später unter der Lupe ansehen.

Für unsere Anwendungen wollen wir auch eine etwas andere Form dieser Summenformel herleiten. Dazu wenden wir sie nicht auf das Integral $\int_0^1 g(t)\,\mathrm{d}t$ an, sondern sukzessive auf $\int_i^{i+1} g(t)\,\mathrm{d}t$ für $i = 0, 1, \ldots, m$ und summieren anschließend über i. Dafür müssen wir natürlich $g \in C^{2\ell+2}([0,m])$ voraussetzen. Schreiben wir das mal hin:

$$\begin{aligned}\int_0^1 g(t)\,\mathrm{d}t &= \frac{g(0)}{2} + \frac{g(1)}{2} \\ &+ \sum_{k=1}^{\ell} \frac{B_{2k}}{(2k)!}\left(g^{(2k-1)}(0) - g^{(2k-1)}(1)\right) \\ &- \frac{B_{2\ell+2}}{(2\ell+2)!} g^{(2\ell+2)}(\xi_1), \quad 0 < \xi_1 < 1,\end{aligned}$$

$$\begin{aligned}\int_1^2 g(t)\,\mathrm{d}t &= \frac{g(1)}{2} + \frac{g(2)}{2} \\ &+ \sum_{k=1}^{\ell} \frac{B_{2k}}{(2k)!}\left(g^{(2k-1)}(1) - g^{(2k-1)}(2)\right) \\ &- \frac{B_{2\ell+2}}{(2\ell+2)!} g^{(2\ell+2)}(\xi_2), \quad 1 < \xi_2 < 2,\end{aligned}$$

$$\vdots$$

$$\begin{aligned}\int_{m-1}^m g(t)\,\mathrm{d}t &= \frac{g(m-1)}{2} + \frac{g(m)}{2} \\ &+ \sum_{k=1}^{\ell} \frac{B_{2k}}{(2k)!}\left(g^{(2k-1)}(m-1) - g^{(2k-1)}(m)\right) \\ &- \frac{B_{2\ell+2}}{(2\ell+2)!} g^{(2\ell+2)}(\xi_m), \quad m-1 < \xi_m < m.\end{aligned}$$

Bei der Summation dieser Gleichungen fällt auf, dass die Terme $g(1)/2, g(2)/2, \ldots, g(m-1)/2$ doppelt auftauchen. Die Summation der Summen ergibt eine Teleskopsumme, in der nur noch $\sum_{k=1}^{\ell} \frac{B_{2k}}{(2k)!}\left(g^{(2k-1)}(0) - g^{(2k-1)}(m)\right)$ übrig bleibt. Bei der Summe der Reste $-\sum_{i=0}^{m} \frac{B_{2\ell+2}}{(2\ell+2)!} g^{(2\ell+2)}(\xi_i)$ finden wir wegen der Stetigkeit von $g^{(2\ell+2)}$ ein $0 < \xi < m$, sodass $-\sum_{i=0}^{m-1} \frac{B_{2\ell+2}}{(2\ell+2)!} g^{(2\ell+2)}(\xi_i) = -\frac{B_{2\ell+2}}{(2\ell+2)!} m g^{(2\ell+2)}(\xi)$ für dieses ξ gilt (Mittelwertsatz). Insgesamt ergibt sich

$$\begin{aligned}\sum_{i=0}^{m-1} \int_i^{i+1} g(t)\,\mathrm{d}t &= \int_0^m g(t)\,\mathrm{d}t \\ &= \frac{g(0)}{2} + g(1) + \ldots + g(m-1) + \frac{g(m)}{2} \\ &+ \sum_{k=1}^{\ell} \frac{B_{2k}}{(2k)!}\left(g^{(2k-1)}(0) - g^{(2k-1)}(m)\right) \\ &- \frac{B_{2\ell+2}}{(2\ell+2)!} m g^{(2\ell+2)}(\xi), \quad 0 < \xi < m.\end{aligned}$$

Stellen wir noch etwas um, dann erhalten wir

$$\begin{aligned}&\frac{g(0)}{2} + g(1) + \ldots + g(m-1) + \frac{g(m)}{2} \\ &= \int_0^m g(t)\,\mathrm{d}t + \sum_{k=1}^{\ell} \frac{B_{2k}}{(2k)!}\left(g^{(2k-1)}(m) - g^{(2k-1)}(0)\right) \\ &+ \frac{B_{2\ell+2}}{(2\ell+2)!} m g^{(2\ell+2)}(\xi), \quad 0 < \xi < m.\end{aligned}$$

Auch diese Formel wird in der Literatur oft als **Euler-Maclaurin'sche Summenformel** bezeichnet. Die linke Seite dieser Form sieht nun schon fast so aus wie die zusammengesetzte Trapezformel für g. Uns fehlt nur noch eine Variablentransformation vom Intervall $[0, m]$ auf ein allgemeines Intervall $[a, b]$, die wir durch $x(t) = a + th$ mit $h = (b-a)/m$, $t \in [0, m]$, erreichen. Dann wird aus der linken Seite für $f(x) := g(t(x)) = g\left(\frac{x-a}{h}\right)$

$$\frac{1}{h} \cdot Q_{2,m}^{\text{zTr}}[f] = \frac{f(a)}{2} + f(x(1)) + \ldots + f(x(m-1)) + \frac{f(b)}{2}.$$

Das Integral auf der rechten Seite transformiert sich wegen $\mathrm{d}x = h\,\mathrm{d}t$ zu

$$\frac{1}{h} \int_a^b f(x)\,\mathrm{d}x,$$

denn für $t = 0$ ist $x = a$ und für $t = m$ erhalten wir $x = b$. Für die erste Summe auf der rechten Seite rechnen wir die Ableitungen um:

$$\begin{aligned} f(x) &= g\left(\frac{x-a}{h}\right), \\ f'(x) &= h^{-1} g'\left(\frac{x-a}{h}\right), \\ &\vdots \\ f^{(2k-1)} &= h^{-2k+1} g^{(2k-1)}\left(\frac{x-a}{h}\right), \end{aligned}$$

also

$$g^{(2k-1)} = h^{2k-1} f^{(2k-1)}.$$

Der Restterm $\frac{B_{2\ell+2}}{(2\ell+2)!} m g^{(2\ell+2)}(\xi)$ transformiert sich daher wegen $m = (b-a)/h$ zu $\frac{B_{2\ell+2}}{(2\ell+2)!} \frac{b-a}{h} h^{2\ell+2} f^{(2\ell+2)}(\eta)$, $a < \eta < b$. Multiplizieren wir nun noch alles mit h, dann sind wir angekommen:

Darstellung der zusammengesetzten Trapezregel

Ist $f \in C^{2\ell+2}([a, b])$, $h = (b-a)/m$ und $x_i = a + ih$, $i = 0, \ldots, m$, dann gilt die Darstellung

$$\begin{aligned} Q_{2,m}^{\text{zTr}}[f] &= \int_a^b f(x)\,\mathrm{d}x \qquad (13.18) \\ &+ \sum_{k=1}^{\ell} h^{2k} \frac{B_{2k}}{(2k)!} \left(f^{(2k-1)}(b) - f^{(2k-1)}(a)\right) \\ &+ h^{2\ell+2} \frac{B_{2\ell+2}}{(2\ell+2)!} (b-a) f^{(2\ell+2)}(\eta), \\ & a < \eta < b. \end{aligned}$$

Die Bedeutung dieser Darstellung liegt darin, dass wir nun eine sehr detaillierte Darstellung des Quadraturfehlers der zusammengesetzten Trapezregel erhalten haben. Ganz offenbar erhalten wir sofort unser altes Resultat

$$Q_{2,m}^{\text{zTr}}[f] = \int_a^b f(x)\,\mathrm{d}x + \mathcal{O}(h^2)$$

aus dieser Formel, aber wir erkennen noch viel mehr! Wenn wir den ersten Summanden der Summe auf der rechten Seite auf die linke Seite schaffen, dann ist

$$Q_{2,m}^{\text{zTr}}[f] - h^2 \frac{B_2}{2!} \left(f'(b) - f'(a)\right) = \int_a^b f(x)\,\mathrm{d}x + \mathcal{O}(h^4),$$

wir können also die Trapezregel „korrigieren". Auch wenn wir die Funktion f nicht explizit kennen, sondern nur Werte an den Punkten des Gitters, können wir $f'(a)$ und $f'(b)$ durch einseitige Differenzen der Ordnung $\mathcal{O}(h^3)$ approximieren und erhalten so eine korrigierte Trapezregel der Ordnung $\mathcal{O}(h^3)$. Zum Beispiel können wir die einseitigen Differenzenquotienten

$$\begin{aligned} f'(a) &= \frac{f(a+h) - f(a)}{h} + \mathcal{O}(h) \\ f'(b) &= \frac{f(b) - f(b-h)}{h} + \mathcal{O}(h) \end{aligned}$$

an den Rändern verwenden. Eine Randformel der Ordnung h reicht, denn der Korrekturterm enthält noch ein h^2. Die Quadraturregel, die wir so erhalten haben, heißt **Quadraturregel von Durand**,

$$\begin{aligned} & Q_{2,m}^{\text{zTr}}[f] - h\frac{B_2}{2!}[f(b) - f(b-h) - f(a+h) + f(a)] \\ &= Q_{2,m}^{\text{zTr}}[f] - \frac{h}{12}[f(b) - f(b-h) - f(a+h) + f(a)] \\ &= \int_a^b f(x)\,\mathrm{d}x + \mathcal{O}(h^3). \end{aligned}$$

Setzen wir die Formel für die zusammengesetzte Trapezregel ein, dann ergibt sich die Durand-Formel zu

$$\begin{aligned} Q^{\text{Du}}[f] := h \Bigg(& \frac{5}{12} f(x_0) + \frac{13}{12} f(x_2) + \sum_{i=3}^{m-2} f(x_i) \\ & + \frac{13}{12} f(x_{m-1}) + \frac{5}{12} f(x_m) \Bigg). \end{aligned}$$

Natürlich hindert uns niemand, noch weitere Terme der rechten Seite zur Korrektur nach links zu schaffen, um so korrigierte Trapezregeln noch höherer Ordnung zu erzeugen. Methoden dieser Art heißen **Gregory-Methoden**. Gregory-Methoden sind gut untersucht und stehen einem Verfahren wie der Romberg-Integration, die wir gleich untersuchen wollen, in nichts nach. Wir verweisen jedoch auf die Fachliteratur und werden uns mit Gregory-Methoden nicht weiter beschäftigen.

?

Es gibt in der Literatur viele Berichte, dass die zusammengesetzte Trapezregel bei glatten, auf $[a, b]$ periodischen Funktionen mit Periodenlänge $b - a$, erstaunlich genaue Ergebnisse liefert. Können Sie das erklären?

Wir haben im Haupttext auf den Beweis der Euler-Maclaurin'schen Summenformel verzichtet, verweisen aber auf die Lupe-Box auf Seite 463 und die vorangehende Hintergrund- und Vertiefungsbox.

Aber es gibt noch eine weitere Anwendung unserer Darstellung, die man **Extrapolation** nennt und die auf das **Romberg-Verfahren** führen wird.

?

Zeigen Sie mit vollständiger Induktion und mithilfe von (13.19), dass für $n \geq 2$

$$\Delta B_n(x) = B_n(x+1) - B_n(x) = nx^{n-1}$$

gilt.

Die Romberg-Quadratur ist ein Extrapolationsverfahren auf Basis der Euler-Maclaurin'schen Summenformel

Wir haben bereits gesehen, wie man mithilfe unserer Darstellung (13.18) die zusammengesetzte Trapezformel durch Addition von Korrekturtermen verbessern kann. Nun wollen wir aber noch einen anderen Weg beschreiten! Ein Blick auf (13.18) zeigt uns, dass hier eine Entwicklung der Form

$$\begin{aligned} Q_{2,m}^{\text{zTR}}[f] &= t_0 + t_1 h^2 + t_2 h^4 + \ldots + t_\ell h^{2\ell} + \alpha_{\ell+1}(h) h^{2\ell+2} \\ &=: F(h), \quad h = \frac{b-a}{m} \end{aligned} \tag{13.28}$$

nach geraden Potenzen von h vorliegt. Dabei haben wir $f \in C^{2\ell+2}([a,b])$ vorausgesetzt und die Abkürzungen

$$\begin{aligned} t_0 &:= \int_a^b f(x)\,\mathrm{d}x, \\ t_k &:= \frac{B_{2k}}{(2k)!}\left(f^{(2k-1)}(b) - f^{(2k-1)}(a)\right), \quad k = 1,\ldots,\ell, \\ \alpha_{\ell+1}(h) &:= \frac{B_{2\ell+2}}{(2\ell+s)!}(b-a) f^{(2\ell+2)}(\xi(h)), \quad a < \xi(h) < b \end{aligned}$$

verwendet. Man beachte, dass die t_k unabhängig von h sind und dass der Koeffizient vor dem Restglied unabhängig von h beschränkt ist, denn es gilt

$$|\alpha_{\ell+1}(h)| \leq M_{\ell+1} \tag{13.29}$$

für alle h, wobei die von h unabhängige Konstante $M_{\ell+1}$ durch

$$M_{\ell+1} := \left|\frac{B_{2\ell+2}}{(2\ell+2)!}(b-a)\right| \max_{x\in[a,b]} \left|f^{(2\ell+2)}(x)\right|$$

gegeben ist. Solche Entwicklungen nennt man **asymptotische Entwicklungen in** h. Asymptotische Entwicklungen können es in sich haben, denn für beliebig oft stetig differenzierbare Funktionen erhielte man formal eine Potenzreihe

$$\sum_{k=0}^{\infty} t_k h^{2k},$$

die jedoch für kein $h \neq 0$ konvergieren muss! Trotzdem gibt es keinen Grund, solche Entwicklungen nun von vornherein zu verwerfen, im Gegenteil, asymptotische Entwicklungen sind selbst dann nützlich, wenn die formale Potenzreihe divergiert. Denn wegen (13.29) kann man für kleines h das Restglied vernachlässigen und folgern, dass sich $F(h)$ für kleines h wie ein Polynom in h^2 verhält. Der Wert dieses Polynoms an der Stelle $h = 0$ ist gerade das Integral $\int_a^b f(x)\,\mathrm{d}x$, dessen Wert – besser: Näherungswert – wir suchen. Auf diesen Beobachtungen konstruierte Werner Romberg (1909–2003) die heute sogenannte **Romberg-Quadratur**.

Man wählt dazu eine Folge natürlicher Zahlen

$$0 < n_0 < n_1 < \ldots < n_\ell \tag{13.30}$$

und bildet damit die Folge der Schrittweiten

$$h_0 := \frac{b-a}{n_0}, \quad h_1 := \frac{h_0}{n_1}, \quad \ldots, \quad h_\ell := \frac{h_0}{n_\ell}.$$

Für jede dieser Schrittweiten berechnen wir die Trapezsummen nach (13.28):

$$F_{i,0} := F(h_i), \quad i = 0,1,\ldots,\ell,$$

und dann das Interpolationspolynom

$$P_{\ell,\ell}(h) := a_0 + a_1 h^2 + \ldots + a_\ell h^{2\ell},$$

dass die Interpolationsbedingungen

$$P_{\ell,\ell}(h_i) = F(h_i), \quad i = 0,1,\ldots,\ell$$

erfüllt. Das Polynom hat Höchstgrad ℓ und ist ein Polynom in h^2. Wir interpolieren also die Ergebnisse der zusammengesetzten Trapezregel von der Schrittweite h_0 bis zur Schrittweite h_ℓ. Nun kommen die Extrapolationsidee ins Spiel und der Grund, warum dieses Vorgehen in der englischsprachigen Literatur auch als *Extrapolation to the limit* bekannt ist. Gibt das Polynom P den Verlauf des Wertes der zusammengesetzten Trapezregel auf den unterschiedlich feinen Gittern wieder, dann sollte der extrapolierte Wert

$$P_{\ell,\ell}(0)$$

eine gute Näherung für das gesuchte Integral sein. In der Tat lässt sich zeigen, dass man mit jeder Hinzunahme einer Schrittweite die Ordnung quadratisch verbessert, d. h., ist der Fehler der Ausgangsquadraturformel h_0^2, dann ergibt sich bei Hinzunahme von h_1 ein Fehler der Ordnung $h_0^2 h_1^2$, usw.

Wie aber berechnen wir diesen extrapolierten Wert? Es handelt sich um die Auswertung eines Polynoms, also tun wir gut daran, den Algorithmus von Neville-Aitken im Tableau von Seite 406 aus Kapitel 12 zu verwenden, der uns die Polynome auch gleich noch konstruiert. An Stelle von x setzen wir h^2, denn wir haben es mit einem Polynom in h^2 zu tun; analog haben wir für die x_j im Neville-Aitken-Algorithmus h_i^2 zu setzen.

Hintergrund und Ausblick: Bernoulli-Polynome und Bernoulli-Zahlen

In der Euler-Maclaurin'schen Summenformel (13.17) spielten die Bernoulli-Zahlen B_{2k} eine entscheidende Rolle. Wir führen Bernoulli-Polynome ein und zeigen den Zusammenhang mit den Bernoulli-Zahlen.

Man kann die **Bernoulli-Polynome** $B_k\colon [0,1] \to \mathbb{R}$ auf verschiedene Arten darstellen. Rekursiv kann man $B_0(x) := 1$ setzen und für $n \geq 1$

$$B_n(x) = n \int B_{n-1}(x)\,\mathrm{d}x, \tag{13.19}$$

$$\int_0^1 B_n(x)\,\mathrm{d}x = 0 \tag{13.20}$$

fordern. Es ist also $B_1(x) = \int \mathrm{d}x = x + c$ und wegen $\int_0^1 (x+c)\,\mathrm{d}x = \frac{1}{2}x^2 + cx\big|_0^1 = \frac{1}{2} + c$ folgt aus der zweiten Bedingung $c = -\frac{1}{2}$. Damit ist $B_1(x) = x - \frac{1}{2}$. Auf diese Art folgen die weiteren Bernoulli-Polynome

$$\begin{aligned}
B_0(x) &= 1\\
B_1(x) &= x - \frac{1}{2}\\
B_2(x) &= x^2 - x + \frac{1}{6}\\
B_3(x) &= x^3 - \frac{3}{2}x^2 + \frac{1}{2}x\\
B_4(x) &= x^4 - 2x^3 + x^2 - \frac{1}{30}\\
B_5(x) &= x^5 - \frac{5}{2}x^4 + \frac{5}{3}x^3 - \frac{1}{6}x\\
B_6(x) &= x^6 - 3x^5 + \frac{5}{2}x^4 - \frac{1}{2}x^2 + \frac{1}{42}
\end{aligned}$$

usw. Die Konstanten $B_n(0) := B_n$ heißen **Bernoulli-Zahlen**. Wir erhalten aus den Polynomen sofort die Bernoulli-Zahlen

$$B_0 = 1, \quad B_1 = -\frac{1}{2}, \quad B_2 = \frac{1}{6}$$

$$B_3 = 0, \quad B_4 = -\frac{1}{30}, \quad B_5 = 0, \quad B_6 = \frac{1}{42}$$

Aus der definierenden Bedingung (13.19) folgt sofort

$$B_n'(x) = nB_{n-1}(x), \tag{13.21}$$

das heißt, dass alle $B_n(x)$ Polynome vom Grad n der Form

$$B_n(x) = x^n + c_{n-1}x^{n-1} + \ldots + c_1 x + c_0$$

sind. Bedingung (13.20) bestimmt dann die Konstante c_0 eindeutig. Aus (13.19) folgt $\int B_n(x)\,\mathrm{d}x = \frac{1}{n+1} B_{n+1}(x)$ und wegen (13.20) gilt

$$\int_0^1 B_n(x)\mathrm{d}x = \frac{1}{n+1}\big(B_{n+1}(1) - B_{n+1}(0)\big) = 0, \quad n \geq 1. \tag{13.22}$$

Auch die Funktionen

$$\beta_n(x) := (-1)^n B_n(1-x)$$

erfüllen (13.19) und (13.20), daher gilt die Symmetrie

$$(-1)^n B_n(1-x) = B_n(x). \tag{13.23}$$

Insbesondere folgt für gerades $n = 2k$: $B_{2k}(1) = B_{2k}(0) = B_{2k}$. Nun gilt aber auch nach (13.22) $B_n(1) = B_n(0)$ für alle $n \geq 2$, auch für ungerades $n = 2k+1$, $k \geq 1$. Allerdings kann dann (13.23) nur gelten, wenn

$$B_{2k+1}(0) = B_{2k+1}(1) = 0, \quad k \geq 1, \tag{13.24}$$

ist. Ab B_3 sind also alle Bernoulli-Zahlen mit ungeradem Index null. Daher gilt allgemein

$$B_k(0) = B_k(1) = B_k, \quad k \geq 1. \tag{13.25}$$

Da $B_n(x)$ ein Polynom vom Grad n ist, gilt dies auch für $B_n(x+h)$, $h \in \mathbb{R}$. Die Taylor-Entwicklung ist $B_n(x+h) = \sum_{k=0}^n \frac{h^k}{k!} B_n^{(k)}(x)$. Wegen (13.21) ist das identisch zu $B_n(x+h) = \sum_{k=0}^n \binom{n}{k} h^k B_{n-k}(x)$ und wenn wir an Stelle von k noch $n-k$ schreiben, ergibt sich

$$B_n(x+h) = \sum_{k=0}^n \binom{n}{k} h^{n-k} B_k(x). \tag{13.26}$$

Man kann mit vollständiger Induktion über n zeigen, dass aus (13.19) die Beziehung $\Delta B_n(x) := B_n(x+1) - B_n(x) = nx^{n-1}$ folgt. Setzen wir daher in (13.26) $h = 1$, dann folgt

$$\sum_{k=0}^{n-1} \binom{n}{k} B_k(x) = nx^{n-1}.$$

Auch über diese Beziehung sind die Bernoulli-Polynome eindeutig festgelegt.

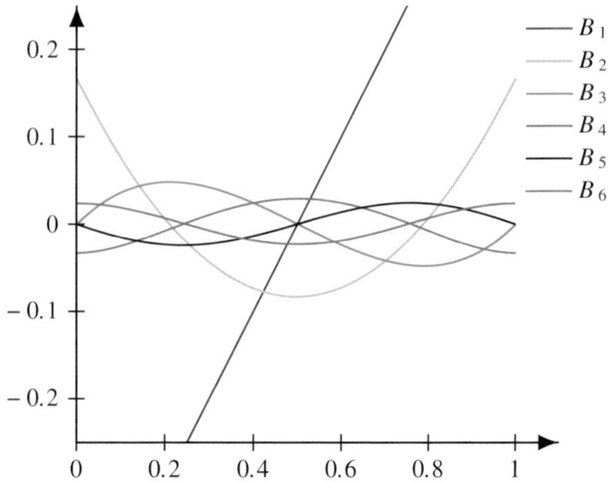

Unter der Lupe: Der Beweis der Euler-Maclaurin'schen Summenformel

Nun kommen wir endlich dazu, die Euler-Maclaurin'sche Summenformel (13.17) zu beweisen.

Wir starten mit dem Integral $\int_0^1 g(t)\,\mathrm{d}t = \int_0^1 1 \cdot g(t)\,\mathrm{d}t$ und wenden wiederholt partielle Integration an.

$$\begin{aligned}
\int_0^1 g(t)\,\mathrm{d}t &= B_1(t)g(t)|_0^1 - \int_0^1 B_1(t)g'(t)\,\mathrm{d}t \\
\int_0^1 B_1(t)g'(t)\,\mathrm{d}t &= \frac{1}{2}B_2(t)g'(t)\Big|_0^1 - \frac{1}{2}\int_0^1 B_2(t)g''(t)\,\mathrm{d}t \\
&\vdots \\
\int_0^1 B_{k-1}(t)g^{(k-1)}(t)\,\mathrm{d}t &= \frac{1}{k}B_k(t)g^{(k-1)}(t)\Big|_0^1 \\
&\quad - \frac{1}{k}\int_0^1 B_k(t)g^{(k)}(t)\,\mathrm{d}t
\end{aligned} \tag{13.27}$$

Die bei Integration entstehenden Polynome haben wir als Bernoulli-Polynome gewählt, denn das ist ja nur eine Frage der Wahl der Integrationskonstanten. Wir wissen aus (13.22), dass

$$\int_0^1 B_k(t)\,\mathrm{d}t = \frac{1}{k+1}(B_{k+1}(1) - B_{k+1}(0)) = 0$$

für $k \geq 1$ gilt. Mit (13.25) kann man also im Fall $k \geq 1$ für die in der partiellen Integration (13.27) auftretenden Randterme in der Form

$$\frac{1}{k}B_k(t)g^{(k-1)}(t)\Big|_0^1 = -\frac{B_k}{k}\left(g^{(k-1)}(0) - g^{(k-1)}(1)\right)$$

schreiben. Nun sind wegen (13.24) alle Bernoulli-Zahlen mit ungeradem Index null, sodass aus (13.27) bis zu einem Index $2\ell + 1$ durch sukzessives Einsetzen

$$\begin{aligned}
\int_0^1 g(t)\,\mathrm{d}t &= \frac{1}{2}(g(0) - g(1)) \\
&\quad + \sum_{k=1}^{\ell} \frac{B_{2k}}{(2k)!}\left(g^{(2k-1)}(0) - g^{(2k-1)}(1)\right) \\
&\quad \underbrace{-\frac{1}{(2\ell+1)!}\int_0^1 B_{2\ell+1}(t)g^{(2\ell+1)}(t)\,\mathrm{d}t}_{=:\rho_{\ell+1}}
\end{aligned}$$

folgt. Nochmalige partielle Integration im letzten Integral führt auf (Achtung: $B_k(t)$ ist ein Bernoulli-Polynom, B_k jedoch eine Bernoulli-Zahl)

$$\begin{aligned}
&\int_0^1 B_{2\ell+1}(t)g^{(2\ell+1)}(t)\,\mathrm{d}t \\
&= \frac{1}{2\ell+2}\underbrace{(B_{2\ell+2}(t) - B_{2\ell+2})g^{(2\ell+1)}(t)\Big|_0^1}_{=0 \text{ wegen (13.25)}} \\
&\quad - \frac{1}{2\ell+2}\int_0^1 \left(B_{2\ell+2}(t) - B_{2\ell+2}\right) g^{(2\ell+2)}(t)\,\mathrm{d}t,
\end{aligned}$$

also

$$\rho_{\ell+1} = \frac{1}{(2\ell+2)!}\int_0^1 \left(B_{2\ell+2}(t) - B_{2\ell+2}\right) g^{(2\ell+2)}(t)\,\mathrm{d}t.$$

Wir gehen jetzt wie folgt vor: Wir zeigen, dass die Funktion $B_{2\ell+2}(t) - B_{2\ell+2}$ auf $[0, 1]$ von einerlei Vorzeichen ist. Dann dürfen wir den Mittelwertsatz anwenden, berücksichtigen noch $\int_0^1 B_{2\ell+2}(t)\,\mathrm{d}t = 0$, und haben damit die Euler-Maclaurin'sche Summenformel (13.27) bewiesen. Wir zeigen sogar etwas allgemeiner

$$\begin{aligned}
&\text{a)}(-1)^\ell B_{2\ell-1}(t) > 0, \quad 0 < t < \frac{1}{2} \\
&\text{b)}(-1)^\ell (B_{2\ell}(t) - B_{2\ell}) > 0, \quad 0 < t < 1 \\
&\text{c)}(-1)^{\ell+1} B_{2\ell} > 0
\end{aligned}$$

mit vollständiger Induktion. Für $\ell = 1$ ist a) sicher richtig. Es sei nun richtig für ein $\ell \geq 1$. Wegen (13.21) bzw. (13.19) gilt für $0 < t < 1/2$

$$\frac{(-1)^\ell}{2\ell}(B_{2\ell}(t) - B_{2\ell}) = (-1)^\ell \int_0^t B_{2\ell-1}(\tau)\,\mathrm{d}\tau > 0.$$

Wegen der Symmetrie (13.23) muss dasselbe auch für $1/2 \leq t < 1$ gelten und damit ist b) gezeigt. Auch c) folgt nun wegen (13.22) und

$$(-1)^{\ell+1}B_{2\ell} = (-1)^\ell \int_0^1 (B_{2\ell}(t) - B_{2\ell})\,\mathrm{d}t > 0.$$

Uns fehlt noch der Induktionsschritt von ℓ nach $\ell + 1$. Wegen (13.23) und (13.24) gilt

$$B_{2\ell+1}(0) = B_{2\ell+1}(1/2) = 0.$$

Gäbe es eine Nullstelle von $B_{2\ell+1}(t)$ im Intervall $(0, 1/2)$, dann hätte auch $B''_{2\ell+1}(t)$ eine Nullstelle x^* in $(0, 1/2)$, weil in diesem Intervall ein Wendepunkt sein müsste. Wegen (13.21) ist $B''_{2\ell+1}(x^*) = 0$ gleichbedeutend mit $B_{2\ell-1}(x^*) = 0$ und das ist ein Widerspruch zur Induktionsvoraussetzung a). Daher ist $B_{2\ell+1}(x)$ auf $(0, 1/2)$ von einerlei Vorzeichen. Dieses Vorzeichen wird bestimmt durch das Vorzeichen von

$$B'_{2\ell+1}(0) = (2\ell+1)B_{2\ell}(0) = (2\ell+1)B_{2\ell}$$

und ist $(-1)^{\ell+1}$ wegen c). Damit ist alles gezeigt.

Wir starten mit den berechneten Werten

$$\begin{aligned}F_{0,0} &:= F(h_0),\\ F_{1,0} &:= F(h_1),\\ &\vdots\\ F_{\ell,0} &:= F(h_\ell)\end{aligned}$$

und berechnen für i,k mit $1 \le k \le i \le \ell$ die Polynome $P_{i,k}(h)$ vom Höchstgrad k in h^2, die die Interpolationsbedingung

$$P_{i,k}(h_j) = F(h_j), \quad j = i-k, i-k+1, \ldots, i$$

erfüllen. Nach (12.15) gilt

$$P_{i,k}(h) = P_{i,k-1}(h) + \frac{P_{i,k-1}(h) - P_{i-1,k-1}(h)}{\frac{h^2 - h_{i-k}^2}{h^2 - h_i^2} - 1}.$$

Dann werten wir die Polynome bei $h = 0$ aus und erhalten

$$F_{i,k} = F_{i,k-1} + \frac{F_{i,k-1} - F_{i-1,k-1}}{\left(\frac{h_{i-k}}{h_i}\right)^2 - 1} \tag{13.31}$$

mit $F_{ik} := P_{ik}(0)$. Vorzugsweise berechnet man die $F_{i,k}$ wieder im Neville-Tableau wie folgt.

		$k=1$	$k=2$	$k=3$
h_0^2	$F_{0,0}$			
		$F_{1,1}$		
h_1^2	$F_{1,0}$		$F_{2,2}$	
		$F_{2,1}$		$F_{3,3}$
h_2^2	$F_{2,0}$		$F_{3,2}$	
		$F_{3,1}$		
h_3^2	$F_{3,0}$			

Dabei werden die Einträge jeweils mithilfe von (13.31) berechnet.

Wir haben jetzt das Romberg-Verfahren vollständig beschrieben, es fehlt aber noch die Wahl der Folge (13.30). Romberg selbst schlug die **Romberg-Folge**

$$n_i := 2^{i-1}, \quad i = 1, 2, 3, \ldots, \ell$$

vor, die zu Schrittweiten

$$h_0 = b - a, \quad h_1 = \frac{h_0}{2}, \quad h_2 = \frac{h_0}{4}, \quad h_3 = \frac{h_0}{8}, \quad \ldots$$
$$\ldots, \quad h_\ell = \frac{h_0}{2^{\ell-1}}$$

führt. Die Anzahl der Funktionsauswertungen im Romberg-Verfahren wächst bei dieser Folge sehr schnell mit ℓ, da die Schrittweiten schnell sehr klein werden. Eine bessere Alternative ist die **Bulirsch-Folge**

$$1, \frac{1}{2}, \frac{1}{3}, \frac{1}{4}, \frac{1}{6}, \frac{1}{8}, \ldots,$$

die die Schrittweiten

$$h_0 = b-a, \; h_1 = \frac{h_0}{2}, \; h_2 = \frac{h_0}{3}, \; h_i = \frac{h_{i-2}}{2}, \quad i = 3, 4, \ldots, \ell$$

liefert.

Man könnte vermuten, dass sich unter den Romberg-Verfahren auch solche befinden, die schon bekannt sind. Naheliegend ist die Vermutung, dass man auf Newton-Cotes-Formeln treffen könnte, weil alle $F_{i,k}$ Linearkombinationen von Funktionswerten zu einer bestimmten Schrittweite sind. In der Tat ergeben sich für einige Romberg-Regeln bekannte Newton-Cotes-Formeln. Für die Schrittweiten $h_0 = b - a$, $h_1 = h_0/2$ ergibt sich z. B.

$$\begin{aligned}F_{0,0} &= (b-a)\left(\frac{1}{2}f(a) + \frac{1}{2}f(b)\right)\\ F_{1,0} &= \frac{b-a}{2}\left(\frac{1}{2}f(a) + f\left(\frac{a+b}{2}\right) + \frac{1}{2}f(b)\right)\end{aligned}$$

und damit folgt aus (13.31)

$$\begin{aligned}F_{1,1} &= F_{1,0} + \frac{F_{1,0} - F_{0,0}}{3}\\ &= \frac{b-a}{2}\left(\frac{1}{3}f(a) + \frac{4}{3}f\left(\frac{a+b}{2}\right) + \frac{1}{3}\right),\end{aligned}$$

und das ist gerade die **Simpson-Regel**. Für $h_3 = h_2/2$ ist $F_{3,3}$ allerdings keine Newton-Cotes-Formel mehr, vergl. die Aufgaben.

13.5 Gauß-Quadratur

Bisher sind wir von äquidistanten Knoten oder wenigstens irgendwie gegebenen Knoten ausgegangen. Nun werden wir uns fragen, ob es spezielle Knotenwahlen gibt, die zu besonders bemerkenswerten Quadraturformeln führen.

Genauigkeit einer Quadraturformel und Lage der Knoten hängen zusammen

Wir beschränken uns aus Gründen, die bald klar werden, hier auf Quadraturformeln auf dem Intervall $[-1, 1]$ und erinnern uns, dass man durch affine Transformation dann Quadraturformeln auf beliebigen Intervallen $[a, b]$ erhält. Ebenso rufen wir uns ins Gedächtnis, dass Newton-Cotes-Formeln bei $n+1$ Knoten Polynome vom Höchstgrad n exakt integrieren, wobei bei geradem n sogar noch Polynome vom Höchstgrad $n+1$ exakt integriert werden. Bei $n+1$ Quadraturpunkten können also mit Newton-Cotes-Formeln bestenfalls Polynome vom Höchstgrad $n+1$ exakt integriert werden.

Für $n = 1$, d. h. für zwei Knoten, kann eine Newton-Cotes-Formel also nur Polynome vom Grad 2 exakt integrieren.

Beispiel: Ein Test für das Romberg-Verfahren

Wir wollen das Integral

$$\int_0^1 f(x)\,\mathrm{d}x = \int_0^1 \mathrm{e}^x\,\mathrm{d}x = \mathrm{e}^x\big|_0^1 = \mathrm{e} - 1 \approx 1.71828182845905$$

numerisch mithilfe des Romberg-Verfahrens für $\ell = 3$ berechnen. Alle Rechnungen werden auf vierzehn Nachkommastellen genau gerundet.

Problemanalyse und Strategie: Wir wählen die Romberg-Folge und erhalten unsere Schrittweiten $h_0 = b - a = 1$, $h_1 = h_0/2 = 0.5$, $h_2 = h_0/4 = 0.25$, $h_3 = h_0/8 = 0.125$. Zu jedem h_i berechnen wir die Trapezsumme und extrapolieren dann nach (13.31). Um die Zahldarstellungen übersichtlich zu halten, teilen wir die 14 Nachkommastellen von links in Dreierblöcke auf.

Lösung:

Die Trapezregel liefert im Fall von h_0 gerade

$$F_{0,0} = (b-a)\left(\frac{1}{2}f(a) + \frac{1}{2}f(b)\right) = \frac{1}{2}\left(\mathrm{e}^0 + \mathrm{e}^1\right)$$
$$= 1.859\,140\,914\,229\,53,$$

für h_1 erhalten wir

$$F_{1,0} = \frac{b-a}{2}\left(\frac{1}{2}f(a) + f\left(\frac{a+b}{2}\right) + \frac{1}{2}f(b)\right)$$
$$= \frac{1}{4}\left(\mathrm{e}^0 + \mathrm{e}^1\right) + \frac{1}{2}\mathrm{e}^{0.5}$$
$$= 1.753\,931\,092\,464\,82,$$

für h_2

$$F_{2,0} = \frac{1}{4}\left(\frac{1}{2}f(0) + f(0.25) + f(0.5) + f(0.75) + \frac{1}{2}f(1)\right)$$
$$= \frac{1}{8}\left(\mathrm{e}^0 + \mathrm{e}^1\right) + \frac{1}{4}\left(\mathrm{e}^{0.25} + \mathrm{e}^{0.5} + \mathrm{e}^{0.75}\right)$$
$$= 1.727\,221\,904\,557\,52,$$

und schließlich für h_3

$$F_{3,0} = \frac{1}{8}\left(\frac{1}{2}f(0) + f(0.125) + f(0.25) + f(0.375) + f(0.5) + f(0.625) + f(0.75) + f(0.875) + \frac{1}{2}f(1)\right)$$
$$= \frac{1}{16}\left(\mathrm{e}^0 + \mathrm{e}^1\right) + \frac{1}{8}\left(\mathrm{e}^{0.125} + \mathrm{e}^{0.25} + \mathrm{e}^{0.375} + \mathrm{e}^{0.5} + \mathrm{e}^{0.625} + \mathrm{e}^{0.75} + \mathrm{e}^{0.875}\right)$$
$$= 1.720\,518\,592\,164\,30.$$

Jetzt füllen wir das Neville-Tableau mithilfe von (13.31).

		$k=1$	$k=2$	$k=3$
h_0^2	$F_{0,0}$			
		$F_{1,1}$		
h_1^2	$F_{1,0}$		$F_{2,2}$	
		$F_{2,1}$		$F_{3,3}$
h_2^2	$F_{2,0}$		$F_{3,2}$	
		$F_{3,1}$		
h_3^2	$F_{3,0}$			

$$F_{1,1} = F_{1,0} + \frac{F_{1,0} - F_{0,0}}{\left(\frac{h_0}{h_1}\right)^2 - 1}$$
$$= 1.753\,931\,092\,464\,82 + \frac{1.753\,931\,092\,464\,82 - 1.859\,140\,914\,229\,53}{4-1}$$
$$= 1.718\,861\,151\,876\,58,$$

$$F_{2,1} = F_{2,0} + \frac{F_{2,0} - F_{1,0}}{\left(\frac{h_1}{h_2}\right)^2 - 1}$$
$$= 1.727\,221\,904\,557\,52 + \frac{1.727\,221\,904\,557\,52 - 1.753\,931\,092\,464\,82}{4-1}$$
$$= 1.718\,318\,841\,921\,75,$$

$$F_{3,1} = F_{3,0} + \frac{F_{3,0} - F_{2,0}}{\left(\frac{h_2}{h_3}\right)^2 - 1}$$
$$= 1.720\,518\,592\,164\,30 + \frac{1.720\,518\,592\,164\,30 - 1.727\,221\,904\,557\,52}{4-1}$$
$$= 1.718\,284\,154\,699\,89.$$

Die Einträge für die Spalte $k = 2$ folgen analog zu

$$F_{2,2} = F_{2,1} + \frac{F_{2,1} - F_{1,1}}{\left(\frac{h_0}{h_2}\right)^2 - 1} = 1.718\,282\,687\,924\,76$$

$$F_{3,2} = F_{3,1} + \frac{F_{3,1} - F_{2,1}}{\left(\frac{h_1}{h_3}\right)^2 - 1} = 1.718\,281\,842\,218\,43$$

und schließlich ergibt sich die gesuchte Näherung zu

$$F_{3,3} = F_{3,2} + \frac{F_{3,2} - F_{2,2}}{\left(\frac{h_0}{h_3}\right)^2 - 1} = 1.718\,281\,828\,794\,52.$$

Ein Vergleich mit der „exakten" Lösung, die wir mit 1.718 281 828 459 05 auf 14 Nachkommastellen genau gerundet haben, zeigt, dass die Romberg-Lösung in den ersten 9 Nachkommaziffern korrekt ist.

Beispiel Wenn man die Freiheit der Wahl der Knoten x_1, x_2 hat, wie müssen die Gewichte α_1, α_2 und die Knoten gewählt werden, damit im Fall $n = 1$, also bei $n + 1 = 2$ Knoten, ein Polynom vom Grad 3 noch exakt integriert wird?

Wir wollen – falls überhaupt möglich –

$$\int_{-1}^{1} p(x)\,\mathrm{d}x = \sum_{i=0}^{1} \alpha_i p(x_i) = \alpha_0 p(x_0) + \alpha_1 p(x_1)$$

für gegebenes $p(x) = a_3x^3 + a_2x^2 + a_1x + a_0$ erreichen. Integration des Polynoms liefert

$$\begin{aligned}\int_{-1}^{1} p(x)\,\mathrm{d}x &= \left.\frac{a_3}{4}x^4 + \frac{a_2}{3}x^3 + \frac{a_1}{2}x^2 + a_0x\right|_{-1}^{1}\\ &= \frac{2a_2}{3} + 2a_0\end{aligned}$$

und das ist zu vergleichen mit $\alpha_0 p(x_0) + \alpha_1 p(x_1) = (\alpha_0x_0^3 + \alpha_1x_1^3)a_3 + (\alpha_0x_0^2 + \alpha_1x_1^2)a_2 + (\alpha_0x_0 + \alpha_1x_1)a_1 + (\alpha_0 + \alpha_1)a_0$, also

$$\begin{aligned}\frac{2a_2}{3} + 2a_0 =& (\alpha_0x_0^3 + \alpha_1x_1^3)a_3 + (\alpha_0x_0^2 + \alpha_1x_1^2)a_2\\ &+ (\alpha_0x_0 + \alpha_1x_1)a_1 + (\alpha_0 + \alpha_1)a_0.\end{aligned}$$

Der Koeffizientenvergleich liefert das System

$$\begin{aligned}\alpha_0x_0^3 + \alpha_1x_1^3 &= 0,\\ \alpha_0x_0^2 + \alpha_1x_1^2 &= \frac{2}{3},\\ \alpha_0x_0 + \alpha_1x_1 &= 0,\\ \alpha_0 + \alpha_1 &= 2,\end{aligned}$$

von vier Gleichungen für vier Unbekannte $\alpha_0, \alpha_1, x_0, x_1$. Machen wir den Ansatz $\alpha_0 = \alpha_1 = 1$, dann folgt $x_0 = -x_1$ und damit $x_0^2 + x_1^2 = 2x_1^2 = 2/3$, also

$$x_0 = -\frac{1}{\sqrt{3}}, \quad x_1 = \frac{1}{\sqrt{3}}.$$

Die Quadraturregel

$$Q_2[f] = \sum_{i=0}^{1} \alpha_i f(x_i) = f\left(-\frac{1}{\sqrt{3}}\right) + f\left(\frac{1}{\sqrt{3}}\right)$$

kann also tatsächlich Polynome vom Grad 3 exakt integrieren. ◀

?

Wie lautet die Quadraturregel $Q_2[f]$ aus unserem Beispiel, wenn sie auf ein beliebiges Intervall $[a, b]$ transformiert wird? Hinweis: Beachten Sie (13.3).

Das Beispiel zeigt eine Quadraturregel auf $[-1, 1]$ (und damit auf jedem Intervall $[a, b]$), die bei $n + 1 = 2$ Knoten Polynome vom Höchstgrad $2n + 1 = 3$ exakt integriert. Bezeichnen wir die Knotenzahl mit m, dann können wir vermuten, dass wir bei freier Wahl der Knoten Polynome vom Höchstgrad $2m - 1$ exakt integrieren können. Der folgende Satz sagt, dass man die exakte Integration nur für Polynome vom Höchstgrad $\leq (2m - 1)$ erwarten kann.

Satz (Maximale Ordnung einer Quadraturregel)
Kann man die $m := n + 1$ Knoten x_i einer Quadraturregel

$$Q_{n+1}[f] = \sum_{i=0}^{n} \alpha_i f(x_i)$$

paarweise verschieden frei wählen, dann integriert diese Regel bestenfalls Polynome vom Höchstgrad $2m - 1$ exakt.

Beweis: Sind $x_i, i = 0, 1, \ldots, n = m - 1$ die paarweise verschiedenen Knoten, dann betrachten wir das Polynom.

$$p(x) := \prod_{k=1}^{m} (x - x_k)^2.$$

Dieses Polynom ist sicher vom Grad $2m$ und es gilt $p(x) \geq 0$ überall auf $[-1, 1]$, da nur Produkte von Quadraten auftauchen. Damit gilt aber

$$\int_{-1}^{1} p(x)\,\mathrm{d}x > 0,$$

während die Quadraturregel

$$Q_{n+1}[p] = \sum_{i=0}^{n} \alpha_i p(x_i) = 0$$

ergibt. Es werden also bestenfalls Polynome vom Grad $\leq (2m - 1)$ exakt integriert. ■

Es bleibt die Frage, ob die Quadraturregel mit $n = 1$ in unserem vorangegangenen Beispiel eine Ausnahme bleibt, oder ob es für jede Anzahl $m = n + 1$ von Knoten eine Quadraturregel gibt, die Polynome vom Höchstgrad $2m - 1$ exakt integriert. Wir werden eine ganze Klasse solcher Quadraturregeln charakterisieren.

Die Gauß'schen Quadraturregeln liefern bei gegebener Knotenanzahl die genauesten Formeln

Wie wir im Beispiel auf Seite 442 gesehen haben, integriert die Formel

$$Q_2[f] = f\left(\frac{-1}{\sqrt{3}}\right) + f\left(\frac{1}{\sqrt{3}}\right)$$

auf dem Intervall $[-1, 1]$ Polynome vom Grad 3 exakt. Man fragt sich, was die Knoten $-1/\sqrt{3}$ und $1/\sqrt{3}$ auszeichnet.

Wie wir zeigen werden, sind diese beiden Knoten die Nullstellen des **Legendre-Polynoms** P_2. Wir werden daher die Eigenschaften solcher Polynome – insbesondere die Frage nach den Nullstellen – untersuchen müssen. Quadraturformeln auf den Nullstellen der Legendre-Polynome nennt man **Gauß'sche Quadraturregeln**.

Wir können nun die Existenz von Quadraturregeln beweisen, die mit nur m Knoten Polynome vom Höchstgrad $2m-1$ integrieren können.

Satz über die Existenz Gauß'scher Quadraturregeln

Gegeben seien m Quadraturknoten $x_0, x_1, \ldots, x_n$, $m = n+1$, als Nullstellen des m-ten Legendre-Polynoms P_m wie in (13.32) definiert. Dann gibt es genau eine Quadraturregel

$$Q^{\mathrm{G}}_{n+1}[f] = \sum_{i=0}^{n} \alpha_i f(x_i), \quad x_k \in [-1, 1],$$

die Polynome vom Höchstgrad $2m-1$ exakt integriert. Die Gewichte sind gegeben durch

$$\alpha_i = \int_{-1}^{1} \prod_{\substack{j=0\\ j\neq i}}^{n} \left(\frac{x - x_j}{x_i - x_j}\right)^2 \mathrm{d}x, \quad i = 0, 1, 2, \ldots, n.$$

Diese Quadraturregel heißt **Gauß'sche Quadraturregel**.

Beweis: Wir zerlegen den Beweis in mehrere Schritte.

- **Existenz einer solchen Quadraturregel.**
Nach unseren Ausführungen über Legendre-Polynome besitzt das Polynom P_m im Inneren des Intervalls genau $m = n+1$ einfache Nullstellen $x_0, x_1, \ldots, x_n$. Zu diesen Stützstellen finden wir eine offene Newton-Cotes-Formel, die Polynome vom Grad mindestens $m-1 = n$ exakt integriert. Es sei p ein Polynom vom Höchstgrad $2m-1$ auf $[-1, 1]$, das wir mithilfe der Polynomdivision durch das Legendre-Polynom P_m dividieren und so die Darstellung

$$p(x) = q(x)P_m(x) + r(x)$$

mit $\mathrm{Grad}(q) \leq m-1$ und $\mathrm{Grad}(r) \leq m-1$ erhalten. Integration liefert

$$\int_{-1}^{1} p(x)\,\mathrm{d}x = \int_{-1}^{1} q(x)P_m(x)\,\mathrm{d}x + \int_{-1}^{1} r(x)\,\mathrm{d}x$$

Das Polynom q kann als Linearkombination $q(x) = \sum_{k=0}^{m-1} \beta_k P_k(x)$ von Legendre-Polynomen vom Grad kleiner oder höchstens gleich $m-1$ geschrieben werden. Damit greift aber die Orthogonalität der Legendre-Polynome und es folgt

$$\int_{-1}^{1} q(x)P_m(x)\,\mathrm{d}x = \sum_{k=0}^{m-1} \beta_k \int_{-1}^{1} P_k(x)P_m(x)\,\mathrm{d}x = 0,$$

womit nur noch

$$\int_{-1}^{1} p(x)\,\mathrm{d}x = \int_{-1}^{1} r(x)\,\mathrm{d}x$$

bleibt. Die Newton-Cotes-Formel zu den Knoten $x_0, x_1, \ldots, x_n$ ist gegeben durch

$$\begin{aligned}\sum_{i=0}^{n} \alpha_i p(x_i) &= \sum_{i=0}^{n} \alpha_i q(x_i)P_m(x_i) + \sum_{i=0}^{n} \alpha_i r(x_i)\\ &= \sum_{i=0}^{n} \alpha_i r(x_i),\end{aligned}$$

denn die x_k sind die Nullstellen von P_m. Nun ist der Rest r aber eine Funktion vom Grad $\leq m-1 = n$ und die Newton-Cotes-Formel integriert solche Polynome exakt, d. h.

$$\sum_{i=0}^{n} \alpha_i r(x_i) = \int_{-1}^{1} r(x)\,\mathrm{d}x = \int_{-1}^{1} p(x)\,\mathrm{d}x.$$

Damit haben wir gezeigt, dass die Quadraturregel $Q^{\mathrm{G}}_{n+1}[f]$ exakt ist für jedes Polynom vom Grad echt kleiner als $2m$. Wir wissen bereits, dass der maximal erreichbare Polynomgrad der exakt integrierbaren Polynome $2m-1$ ist, also integriert $Q^{\mathrm{G}}_{n+1}[f]$ tatsächlich Polynome von maximal möglichem Grad exakt.

- **Die Gewichte.**
Die Gewichte der Newton-Cotes-Formeln sind für $i = 0, 1, \ldots, n$ gegeben durch

$$\alpha_i = \int_{-1}^{1} L_i(x)\,\mathrm{d}x = \int_{-1}^{1} \prod_{\substack{j=0\\ j\neq i}}^{n} \frac{x - x_j}{x_i - x_j}\,\mathrm{d}x,$$

$L_i(x_k) = \delta_i^k$, vergl. Band 1, Abschnitt 7.2. Das Polynom L_i ist das i-te Lagrange-Polynom vom Grad $m-1 = n$. Wir haben aber im ersten Teil des Beweises gezeigt, dass die Newton-Cotes-Formel auf den Nullstellen der Legendre-Polynome Polynome vom Grad $2m-1$ exakt integrieren, daher wird das Polynom L_i^2 vom Grad $2m-2$ exakt integriert. Damit gilt für $i = 0, 1, \ldots, n$

$$\begin{aligned}\int_{-1}^{1} L_i^2(x)\,\mathrm{d}x &= \int_{-1}^{1} \prod_{\substack{j=0\\ j\neq i}}^{n} \left(\frac{x - x_j}{x_i - x_j}\right)^2 \mathrm{d}x\\ &= \sum_{k=0}^{n} \alpha_k L_i(x_k) = \alpha_i,\end{aligned}$$

womit die Form der Gewichte bewiesen ist. Nebenbei zeigt die letzte Zeile noch, dass die Gewichte sämtlich positiv sind, denn $\int_{-1}^{1} L_i^2(x)\,\mathrm{d}x > 0$.

- **Eindeutigkeit der Quadraturregel**
Wir nehmen an, es gäbe eine weitere Quadraturregel

$$\sum_{i=0}^{n} \gamma_i f(y_i)$$

Hintergrund und Ausblick: Die Legendre-Polynome

Wir definieren eine Klasse von Polynomen auf dem Intervall $[-1, 1]$ und zeigen, dass diese Polynome Orthogonalpolynome sind und nur einfache Nullstellen besitzen. Diese Nullstellen in $[-1, 1]$ werden sich als die geeigneten Quadraturknoten erweisen.

Legendre-Polynome werden traditionell mit P_k bezeichnet. Sie sind Lösungen einer gewöhnlichen Differenzialgleichung, die man Legendre'sche Differenzialgleichung nennt. Das k-te Legendre-Polynom ist definiert als

$$P_k(x) := \frac{1}{2^k k!}\frac{\mathrm{d}^k}{\mathrm{d}x^k}\left((x^2-1)^k\right), \quad k \in \mathbb{N}. \qquad (13.32)$$

Die k-te Ableitung von $(x^2-1)^k$ ist ein Polynom vom Grad k, da $(x^2-1)^k$ ein Polynom vom Grad $2k$ ist. Die ersten vier Legendre-Polynome sind

$$P_0(x) = 1, \quad P_1(x) = x,$$
$$P_2(x) = \frac{1}{2}(3x^2-1), \quad P_3(x) = \frac{1}{2}(5x^3-3x).$$

Legendre-Polynome sind **Orthogonalpolynome**, d. h., es gilt der folgende Satz.

Satz (Orthogonalität der Legendre-Polynome)

Für $l, k \in \mathbb{N}$ gilt

$$\langle P_l, P_k\rangle_{L^2([-1,1])} := \int_{-1}^{1} P_l(x)P_k(x)\,\mathrm{d}x$$
$$= \begin{cases} 0 & ; \; l \neq k \\ \frac{2}{2k+1} & ; \; l = k \end{cases}.$$

Beweis: Sei vorerst $l < k$. Partielle Integration liefert

$$\begin{aligned} I_{l,k} &:= 2^l l! 2^k k! \int_{-1}^{1} P_l(x)P_k(x)\,\mathrm{d}x \\ &= \int_{-1}^{1} \frac{\mathrm{d}^l}{\mathrm{d}x^l}[(x^2-1)^l]\cdot\frac{\mathrm{d}^k}{\mathrm{d}x^k}[(x^2-1)^k]\,\mathrm{d}x \\ &= \frac{\mathrm{d}^l}{\mathrm{d}x^l}[(x^2-1)^l]\cdot\frac{\mathrm{d}^{k-1}}{\mathrm{d}x^{k-1}}[(x^2-1)^k]\Big|_{-1}^{1} \\ &\quad - \int_{-1}^{1} \frac{\mathrm{d}^{l+1}}{\mathrm{d}x^{l+1}}[(x^2-1)^l]\cdot\frac{\mathrm{d}^{k-1}}{\mathrm{d}x^{k-1}}[(x^2-1)^k]\,\mathrm{d}x. \end{aligned}$$

Das Polynom $(x^2-1)^k$ hat in $x=-1$ und $x=1$ je eine k-fache Nullstelle, sodass der Randterm wegfällt. Nach weiteren $k-1$ partiellen Integrationen, bei denen jeweils der Randterm aus gleichem Grunde wegfällt, bleibt

$$I_{l,k} = (-1)^k \int_{-1}^{1} \frac{\mathrm{d}^{l+k}}{\mathrm{d}x^{l+k}}[(x^2-1)^l]\cdot(x^2-1)^k\,\mathrm{d}x. \qquad (13.33)$$

Wir hatten $l < k$ vorausgesetzt, also ist $2l = l + l < k + l$ und daher verschwindet der Integrand in (13.33), d. h., wir haben $I_{l,k} = 0$ erhalten.

Nun gilt (13.33) auch noch für den Fall $l = k$. Dann ist

$$\frac{\mathrm{d}^{2k}}{\mathrm{d}x^{2k}}[(x^2-1)^k] = (2k)!.$$

Schreiben wir noch $(x^2-1) = (x-1)(x+1)$, dann ergibt sich durch nochmalige k-fache partielle Integration

$$\begin{aligned} I_{k,k} &= (-1)^k(2k)! \int_{-1}^{1} (x-1)^k(x+1)^k\,\mathrm{d}x \\ &= (-1)^k(2k)! \left((x-1)^k \frac{1}{k+1}(x+1)^{k+1}\Big|_{-1}^{1} \right. \\ &\quad \left. - \frac{k}{k+1}\int_{-1}^{1}(x-1)^{k-1}(x+1)^{k+1}\,\mathrm{d}x \right) \\ &= \cdots \\ &= (-1)^{2k}(2k)! \\ &\quad \cdot \frac{k(k-1)\cdot\ldots\cdot 1}{(k+1)(k+2)\cdot\ldots\cdot(2k)}\int_{-1}^{1}(x+1)^{2k}\,\mathrm{d}x \\ &= (k!)^2\frac{2^{2k+1}}{2k+1}. \end{aligned}$$

Wegen der Definition $I_{l,k} = 2^l l! 2^k k! \int_{-1}^{1} P_l(x)P_k(x)\,\mathrm{d}x$ folgt für $l = k$ also

$$\int_{-1}^{1} P_l(x)P_k(x)\,\mathrm{d}x = \frac{1}{2^k 2^k (k!)^2}(k!)^2\frac{2^{2k+1}}{2k+1} = \frac{2}{2k+1}.$$

■

Für die Quadraturformeln besonders wichtig sind die Nullstellen der Legendre-Polynome. Wir beweisen den folgenden Satz.

Satz (Nullstellen der Legendre-Polynom)

Jedes Legendre-Polynom P_k mit $k \geq 1$ besitzt in $[-1, 1]$ genau k einfache Nullstellen.

Beweis: Es ist $P_k(x) = \frac{1}{2^k k!}\frac{\mathrm{d}^k}{\mathrm{d}x^k}[(x^2-1)^k]$ nach Definition. Die Funktion $(x^2-1)^k$ besitzt bei $x = \pm 1$ je eine n-fache Nullstelle. Nach dem Satz von Rolle (Band 1, Kapitel 15) gibt es daher einen Punkt $\xi \in (-1, 1)$ mit $\frac{\mathrm{d}}{\mathrm{d}x}[(\xi^2-1)^k] = 0$. Die Funktionen $\frac{\mathrm{d}^l}{\mathrm{d}x^l}[(\xi^2-1)^k]$ besitzen bei $x = \pm 1$ jeweils eine $(k-l)$-fache Nullstelle für $l = 1, 2, \ldots, k-1$ und so lässt sich der Satz von Rolle wiederholt anwenden. Für P_k ergibt sich damit die Existenz von k Nullstellen im Inneren des Intervalls $[-1, 1]$ und da ein Polynom vom Grad k höchstens k Nullstellen haben kann, sind alle Nullstellen einfach. ■

Die Nullstellen der Legendre-Polynome lassen sich nicht über eine geschlossene Formel berechnen. Man findet sie daher in Tafelwerken. Wir werden weiter unten die Nullstellen der ersten Legendre-Polynome tabellarisch aufführen.

auf paarweise verschiedenen Knoten und mit positiven Gewichten γ_k, die ebenfalls Polynome vom Höchstgrad $2m-1=2n+1$ exakt integriert. Wir definieren ein Polynom durch

$$g(y) := M_i(y)P_m(y), \qquad M_i(y) := \prod_{\substack{j=0\\ j\neq i}}^{n} \left(\frac{y-y_j}{y_i-y_j}\right)$$

und halten fest, dass der Grad von g gerade $2m-1=2n+1$ ist, denn P_m ist vom Grad $m=n+1$ und M_i hat den Grad n. Weiterhin gilt $M_i(y_k)=\delta_i^k$. Nach unserer Annahme liefert die Quadraturregel mit den Gewichten γ_k auf den y_k das exakte Integral für g, d. h.

$$\begin{aligned}\int_{-1}^{1} g(y)\,\mathrm{d}y &= \int_{-1}^{1} M_i(y)P_m(y)\,\mathrm{d}y\\ &= \sum_{k=0}^{n} \gamma_k M_i(y_k)P_m(y_k) = \gamma_i P_m(y_i).\end{aligned}$$

Nun können wir das Polynom M_i vom Grad $\leq n = m-1$ aber wieder als Linearkombination $\sum_{k=0}^{n}\beta_k P_k$ von Legendre-Polynomen kleineren als m-ten Grades darstellen und wegen der Orthogonalität dieser Polynome verschwindet daher das Integral $\int_{-1}^{1} M_i(y)P_m(y)\,\mathrm{d}y$. Damit gilt aber

$$\gamma_i P_m(y_i) = 0\,,$$

und weil $\gamma_i > 0$, muss $P_m(y_i)=0$ gelten. Mit anderen Worten: Die y_i sind die Nullstellen des Legendre-Polynoms und damit gilt $y_i = x_i$, $i=0,1,\ldots,n$. Im zweiten Teil des Beweises haben wir gezeigt, dass die Gewichte von Quadraturformeln auf den Nullstellen von Legendre-Polynomen eindeutig bestimmt sind. Damit ist die Eindeutigkeit der Quadraturregel gezeigt. ∎

Tricks und Kniffe zur Berechnung der Quadraturknoten und der Gewichte

Natürlich kann man die Gewichte α_i und die Nullstellen x_i der Legendre-Polynome auf $[-1,1]$ in Tabellen im Internet nachschlagen oder aus Softwarepaketen ausgeben lassen und erhält dann z. B. folgende gerundete Ergebnisse. Man beachte: $n=m-1$.

n	α_n	x_n
0	$\alpha_0 = 2$	$x_0 = 0$
1	$\alpha_0 = \alpha_1 = 1$	$x_1 = -x_0 = 0.5773502692$
2	$\alpha_0 = \alpha_2 = \frac{5}{9}$	$x_2 = -x_0 = 0.7745966692$
	$\alpha_1 = \frac{8}{9}$	$x_1 = 0$
3	$\alpha_0 = \alpha_3 = 0.3478548451$	$x_3 = -x_0 = 0.8611363116$
	$\alpha_1 = \alpha_2 = 0.6521451549$	$x_2 = -x_1 = 0.3399810436$
4	$\alpha_0 = \alpha_4 = 0.2369268851$	$x_4 = -x_0 = 0.9061798459$
	$\alpha_1 = \alpha_3 = 0.4786286705$	$x_3 = -x_1 = 0.5384693101$
	$\alpha_2 = \frac{128}{225}$	$x_2 = 0$

Diese Vorgehensweise ist aber für Mathematikerinnen und Mathematiker außerordentlich unbefriedigend. Wir wollen daher eine Methode angeben, mit der sich die Gewichte und die Nullstellen numerisch stabil bestimmen lassen.

Satz

Das Legendre-Polynom P_m, $m \geq 1$, lässt sich als die folgende Determinante berechnen.

$$P_m(x) = \begin{vmatrix} a_1x & b_1 & & & \\ b_1 & a_2x & b_2 & & \\ & b_2 & a_3x & b_3 & \\ & & \ddots & \ddots & \ddots \\ & & b_{m-2} & a_{m-1}x & b_{m-1} \\ & & & b_{m-1} & a_mx \end{vmatrix}. \tag{13.35}$$

Dabei bedeuten

$$a_k := \frac{2k-1}{k}, \qquad k=1,2,\ldots,m$$

$$b_k := \sqrt{\frac{k}{k+1}}, \qquad k=1,2,\ldots,m-1.$$

Beweis: Wir entwickeln die angegebene Determinante nach der letzten Zeile und erhalten

$$P_m(x) = a_m x P_{m-1}(x) - b_{m-1}^2 P_{m-2}(x), \qquad m \geq 3.$$

Nehmen wir nun die Indexverschiebung $m \to m+1$ vor, dann ergibt sich genau die Dreitermrekursion (13.34) der Legendre-Polynome. Mit $P_0(x)=1$ gilt der Satz auch noch für $m=1$. ∎

Wir werden diese Darstellung der Legendre-Polynome über die Determinante ausnutzen, um zu einem Algorithmus für die Gewichte und Quadraturknoten einer Gaußquadratur zu gelangen. Dazu benötigen wir einige Umformungen hin zu einem Eigenwertproblem, das wir dann mithilfe des QR-Algorithmus nach Kapitel 14 stabil lösen können. Wir werden alle Berechnungen der Übersichtlichkeit halber für die Indizierung $1,2,\ldots,m$ durchführen.

Dazu dividieren wir für $k=1,2,\ldots,m$ die k-te Zeile und Spalte der Determinante (13.35) durch $\sqrt{a_k} = \sqrt{(2k-1)/k}$. Sehen wir uns den ersten Schritt ($k=1$) an. Wenn wir zum einen die erste Zeile durch $\sqrt{a_1}$ dividieren und dann die erste Spalte, dann erhalten wir in den ersten drei Zeilen der Determinante

$$P_m(x) = a_1 \cdot \begin{vmatrix} \frac{a_1}{\sqrt{a_1}\sqrt{a_1}}x & \frac{b_1}{\sqrt{a_1}} & & \\ \frac{b_1}{\sqrt{a_1}} & a_2x & b_2 & \\ & b_2 & a_3x & b_3 \\ & \ddots & \ddots & \ddots \end{vmatrix}.$$

Unter der Lupe: Die Dreitermrekursion der Legendre-Polynome

Eine wichtige Eigenschaft der Legendre-Polynome ist die Gültigkeit einer Dreitermrekursion. Wir zeigen allgemeiner, dass zu jedem gewichteten Skalarprodukt eindeutig bestimmte Orthogonalpolynome existieren, die einer Dreitermrekursion genügen.

Für die Legendre-Polynome gilt eine sogenannte **Dreitermrekursion**

$$P_{m+1}(x) = \frac{2m+1}{m+1} x P_m(x) - \frac{m}{m+1} P_{m-1}(x) \quad (13.34)$$

für $m = 1, 2, \ldots$ mit $P_0(x) = 1$, $P_1(x) = x$, die wir beweisen wollen. Eine solche Dreitermrekursion ist nicht nur typisch für Legendre-Polynome, sondern für alle Orthogonalpolynome.

Dazu verallgemeinern wir das gewöhnliche L^2-Skalarprodukt um eine positive Gewichtsfunktion $\omega\colon (a, b) \to \mathbb{R}^+$ zu dem Skalarprodukt

$$\langle f, g\rangle := \int_a^b \omega(x) f(x) g(x)\,\mathrm{d}x.$$

Wir verlangen, dass die durch dieses Sklalarprodukt induzierte Norm (vergl. Band 1, Abschnitt 17.2)

$$\|p\| = \sqrt{\langle p, p\rangle} = \left(\int_a^b \omega(x) p(x) p(x)\,\mathrm{d}x\right)^{\frac{1}{2}} < \infty$$

für alle Polynome p vom Grad $m \in \mathbb{N}$ wohldefiniert und endlich ist. Unter dieser Voraussetzung folgt aus der Cauchy-Schwarz'schen-Ungleichung (vergleiche Band 1, Abschnitt 7.2) mit $f = 1, g = x^m \in \Pi^m([a, b])$: $|\int_a^b x^m \omega(x)\,\mathrm{d}x| = |\langle 1, x^m\rangle| \le \|1\|\|x^m\| < \infty$, sodass also alle Integrale der Form $\int_a^b x^m \omega(x)\,\mathrm{d}x$ existieren.

Ist δ_i^j das Kronecker-Delta (vergl. Band 1, Abschnitt 7.2), dann wollen wir alle Polynome $p_k \in \Pi^k([a, b])$, $k \in \mathbb{N}_0$ mit der Eigenschaft

$$\langle p_l, p_m\rangle = \delta_l^m \|p_l\|^2$$

Orthogonalpolynome über $[a, b]$ bezüglich des Gewichts ω nennen. Diese Polynome werden eindeutig bestimmt durch die Forderung, dass der Hauptkoeffizient, also der Koeffizient vor der höchsten Potenz, immer auf 1 normiert wird.

Satz

Zu jedem gewichteten Skalarprodukt existieren eindeutig bestimmte Orthogonalpolynome $p_m \in \Pi^m([a, b])$ mit Hauptkoeffizient 1. Sie erfüllen für $m \in \mathbb{N}$ eine Dreitermrekursion der Form

$$p_m(x) = (x + a_m) p_{m-1}(x) + b_m p_{m-2}(x).$$

Dabei sind die Anfangswerte $p_{-1} := 0$, $p_0 := 1$ und die Koeffizienten a_m, b_m sind gegeben durch

$$a_m = -\frac{\langle x p_{m-1}, p_{m-1}\rangle}{\langle p_{m-1}, p_{m-1}\rangle}, \quad b_m = -\frac{\langle p_{m-1}, p_{m-1}\rangle}{\langle p_{m-2}, p_{m-2}\rangle}.$$

Beweis: Wir beweisen den Satz über Induktion. Es gibt nur genau ein Polynom vom Grad $m = 0$ mit Hauptkoeffizient 1, nämlich $p_0 = 1$. Nun seien $p_0, p_1, \ldots, p_{m-1}$ bereits berechnete Orthogonalpolynome $p_k \in \Pi^k([a, b])$ mit Hauptkoeffizienten 1. Besitzt $p_m \in \Pi^m([a, b])$ bereits einen normierten Hauptkoeffizienten, dann ist $p_m - x p_{m-1}$ ein Polynom vom Grad $\le m-1$, denn x^m hebt sich gerade weg. Die $p_0, \ldots, p_{m-1}$ bilden eine Orthogonalbasis des Raumes $\Pi^{m-1}([a, b])$ bezüglich des gewichteten Skalarprodukts, daher gilt (Fourier-Darstellung)

$$p_m - x p_{m-1} = \sum_{i=0}^{m-1} \gamma_i p_i, \quad \gamma_i = \frac{\langle p_m - x p_{m-1}, p_i\rangle}{\langle p_i, p_i\rangle}.$$

Soll p_m orthogonal zu allen $p_0, \ldots, p_{m-1}$ sein, dann muss wegen $\langle p_m, p_i\rangle = 0$

$$\gamma_i = \frac{\langle p_m - x p_{m-1}, p_i\rangle}{\langle p_i, p_i\rangle} = -\frac{\langle x p_{m-1}, p_i\rangle}{\langle p_i, p_i\rangle} = -\frac{\langle p_{m-1}, x p_i\rangle}{\langle p_i, p_i\rangle}$$

gelten. Für $i = m - 1$ erhalten wir

$$\gamma_{m-1} = -\frac{\langle x p_{m-1}, p_{m-1}\rangle}{\langle p_{m-1}, p_{m-1}\rangle}$$

und $i = m - 2$ ergibt

$$\gamma_{m-2} = -\frac{\langle p_{m-1}, x p_{m-2}\rangle}{\langle p_{m-2}, p_{m-2}\rangle} = -\frac{\langle p_{m-1}, p_{m-1}\rangle}{\langle p_{m-2}, p_{m-2}\rangle}.$$

Alle anderen γ_i, $i = 0, 1, \ldots, m-3$ verschwinden wegen der Orthogonalität der Polynome. Daher erhalten wir

$$p_m = (x + \gamma_{m-1}) p_{m-1} + \gamma_{m-2} p_{m-2}$$

und das ist die behauptete Rekursion mit $a_m := \gamma_{m-1}$ und $b_m := \gamma_{m-2}$. ■

Die Dreitermrekursion (13.34) der Legendre-Polynome kann auch mit der Indexverschiebung $m \to m-1$ nicht in Übereinstimmung mit der Rekursionsformel im Satz gebracht werden. Das liegt aber nur daran, dass wir uns bei den Legendre-Polynomen dazu entschieden haben, sie in *nicht*normierter Form anzugeben, d. h., unsere Hauptkoeffizienten sind noch von 1 verschieden. Diese Form der Legendre-Polynome ist in der Literatur die gebräuchliche. Die Gewichtsfunktion ist im Fall der Legendre-Polynome $\omega = 1$.

Der Faktor a_1 ist nötig, um die Division durch $\frac{1}{\sqrt{a_1}} \cdot \frac{1}{\sqrt{a_1}}$ zu kompensieren. Für $k = 2$ dividieren wir die zweite Zeile und die zweite Spalte durch $\sqrt{a_2}$ und erhalten in den ersten drei Zeilen

$$P_m(x) = a_1 \cdot a_2 \cdot \begin{vmatrix} \frac{a_1}{\sqrt{a_1}\sqrt{a_1}}x & \frac{b_1}{\sqrt{a_1 a_2}} & & \\ \frac{b_1}{\sqrt{a_1 a_2}} & \frac{a_2}{\sqrt{a_2}\sqrt{a_2}}x & \frac{b_2}{\sqrt{a_2}} & \\ & \frac{b_2}{\sqrt{a_2}} & a_3 x & b_3 \\ & \ddots & \ddots & \ddots \end{vmatrix}.$$

Am Ende dieses Prozesses haben wir die Darstellung

$$P_m(x) = \prod_{k=1}^{m} a_k \cdot \begin{vmatrix} x & c_1 & & & & \\ c_1 & x & c_2 & & & \\ & c_2 & x & c_3 & & \\ & & \ddots & \ddots & \ddots & \\ & & & c_{m-2} & x & c_{m-1} \\ & & & & c_{m-1} & x \end{vmatrix}$$

mit

$$c_k = \frac{b_k}{\sqrt{a_k a_{k+1}}} = \sqrt{\frac{k \cdot k \cdot (k+1)}{(k+1)(2k-1)(2k+1)}}$$
$$= \frac{k}{\sqrt{4k^2 - 1}}.$$

Die Nullstellen des m-ten Legendre-Polynoms müssen dann die Eigenwerte der quadratischen Tridiagonalmatrix

$$\boldsymbol{P}_m := \begin{pmatrix} 0 & c_1 & & & & \\ c_1 & 0 & c_2 & & & \\ & c_2 & 0 & c_3 & & \\ & & \ddots & \ddots & \ddots & \\ & & & c_{m-2} & 0 & c_{m-1} \\ & & & & c_{m-1} & 0 \end{pmatrix}$$

sein. Diese Eigenwerte lassen sich stabil mithilfe des QR-Algorithmus berechnen.

Um auch die Gewichte berechnen zu können, geben wir ohne Beweis die Eigenvektoren von $\boldsymbol{P}_m$ an. Der Vektor

$$z^{(k)} := \begin{pmatrix} d_0 \sqrt{a_1} P_0(x_k) \\ d_1 \sqrt{a_2} P_1(x_k) \\ \vdots \\ d_{m-1} \sqrt{a_m} P_{m-1}(x_k) \end{pmatrix} \tag{13.36}$$

mit

$$d_0 := 1,$$
$$d_j := \frac{1}{\prod_{l=1}^{j} b_l}, \quad j = 1, 2, \ldots, m-1$$

ist Eigenvektor von $\boldsymbol{P}_m$ zum Eigenwert x_k. Nun werden die Legendre-Polynome $P_0, P_1, \ldots, P_{m-1}$ durch die Gauß'sche Quadraturformel exakt integriert und wegen der Orthogonalitätseigenschaft erhalten wir

$$\int_{-1}^{1} P_0(x) P_i(x)\,\mathrm{d}x = \int_{-1}^{1} P_i(x)\,\mathrm{d}x = \sum_{k=1}^{m} \alpha_k P_i(x_k)$$
$$= \begin{cases} 2 & \text{für } i = 0 \\ 0 & \text{für } i = 1, 2, \ldots, m-1 \end{cases}.$$

Die Gewichte α_i der Gauß-Formeln sind also Lösungen des Systems

$$\sum_{k=1}^{m} \alpha_k P_i(x_k) = \begin{cases} 2 & \text{für } i = 0 \\ 0 & \text{für } i = 1, \ldots, m-1 \end{cases}.$$

Multiplizieren wir nun die erste Zeile dieses Systems mit $d_0 \sqrt{a_1}$, die zweite mit $d_1 \sqrt{a_2}$ und allgemein die j-te Zeile mit $d_{j-1} \sqrt{a_j}$, dann enthält die Matrix des so gebildeten linearen Systems

$$\boldsymbol{G\alpha} = 2\boldsymbol{e}_1, \quad \boldsymbol{\alpha} = (\alpha_1, \ldots, \alpha_m)^\top$$

wegen (13.36) in den Spalten die Eigenvektoren $z^{(k)}$, d. h.

$$\boldsymbol{G} = \left(z^{(1)}, z^{(2)}, \ldots, z^{(m)}\right).$$

Da es sich um die Eigenvektoren einer symmetrischen reellen Matrix handelt, sind sie paarweise verschieden und orthogonal. Multiplizieren wir daher $\boldsymbol{G\alpha} = 2\boldsymbol{e}_1$ mit $(z^{(k)})^\top$ von links, dann folgt

$$\left\langle z^{(k)}, z^{(k)} \right\rangle \alpha_k = \left\langle z^{(k)}, \boldsymbol{e}_1 \right\rangle = 2 z_1^{(k)} = 2,$$

denn die erste Komponente von $z^{(k)}$ ist nach (13.36) gerade 1. Bezeichnen wir die normierten Eigenvektoren mit $\widetilde{z}^{(k)}$ und verwenden wir diese, dann gilt $\langle \widetilde{z}^{(k)}, \widetilde{z}^{(k)} \rangle = 1$ und es folgt

$$\alpha_k = 2\left(\widetilde{z}_1^{(k)}\right)^2, \quad k = 1, 2, \ldots, m.$$

Zum Schluss müssen wir noch bemerken, dass wir – wie in der Literatur an dieser Stelle üblich – in der Indizierung $1, 2, \ldots, m$ gerechnet haben, unsere Quadraturformeln aber immer mit der Indizierung $0, 1, \ldots, n$ mit $n = m+1$ arbeiten. Wir halten daher fest:

Hintergrund und Ausblick: Von den Fejér-Formeln zur Clenshaw-Curtis-Quadratur

Die Gauß'schen Quadraturformeln sind nicht die einzigen Formeln, die sich auf den Nullstellen von Orthogonalpolynomen definieren lassen. Sehr frühe Formeln stammen von Fejér (ca. 1933). Clenshaw und Curtis haben 1960 ebenfalls eine solche Quadraturformel entwickelt, die sich gewisser Beliebtheit in der Praxis erfreut.

Die **Tschebyschow-Polynome** (erster Art) T_n, vergl. Seite 413, sind Orthogonalpolynome auf $[-1,1]$ bezüglich des Skalarproduktes $\langle f,g\rangle := \int_{-1}^1 \omega(x)f(x)g(x)\,\mathrm{d}x$ mit dem Gewicht $\omega(x) = \frac{1}{\sqrt{1-x^2}}$. Die Polynome sind definiert durch $T_n(x) := \cos(n \arccos x)$ bzw. $T_n(\cos\Theta) = \cos(n\Theta)$ und die Nullstellen sind nach (12.29) $x_j = \cos\Theta_j, \quad \Theta_j := \frac{2j-1}{2n}\pi, \quad j = 1,2,\ldots,n$.

Das Lagrange'sche Interpolationspolynom p einer Funktion f auf den $n+1$ paarweise verschiedenen Knoten $x_0, x_1, \ldots, x_n$ ist in der Form

$$p(x) = \sum_{j=0}^n f(x_j) \prod_{\substack{k=0\\k\neq j}}^n \frac{x-x_k}{x_j-x_k}$$

gegeben, vergl. (12.12). Im Kapitel über Interpolation haben wir für das Polynom $(x-x_0)(x-x_1)\cdots(x-x_n)$ den Buchstaben ω_{n+1} verwendet, der sich nun verbietet, da wir mit ω das Gewicht des Skalarprodukts bezeichnen. Wir ändern daher hier die Bezeichnung zu $W(x) := (x-x_1)\cdots(x-x_n)$, da wir Quadraturformeln auf den n Knoten $x_1,\ldots,x_n$ betrachten wollen, und können damit

$$p(x) = \sum_{j=1}^n f(x_j) \frac{W(x)}{W'(x_j)(x-x_j)}$$

schreiben. Aus

$$\int_{-1}^1 f(x)\,\mathrm{d}x \approx \int_{-1}^1 p(x)\,\mathrm{d}x =: \sum_{j=1}^n \alpha_j f(x_j)$$

erkennen wir nach Einsetzen von $p(x)$, dass unsere Gewichte sich gerade zu

$$\alpha_j = \frac{1}{W'(x_j)} \int_{-1}^1 \frac{W(x)}{(x-x_j)}\,\mathrm{d}x$$

ergeben. Da auch eine Quadraturregel mit Tschebyschow-Polynomen interpolatorisch sein muss, folgt daraus für die Gewichte einer solchen Formel

$$\alpha_j = \frac{1}{T_n'(x_j)} \int_{-1}^1 \frac{T_n(x)}{(x-x_j)}\,\mathrm{d}x.$$

Nun benötigen wir noch ein spezielles Resultat aus der Theorie orthogonaler Polynome, die **Christoffel-Darboux-Formel**

$$\sum_{k=0}^n T_k(x)T_k(y) = \frac{T_{n+1}(x)T_n(y) - T_n(x)T_{n+1}(y)}{x-y},$$

die man leicht aus der Dreitermrekursion $T_n(x) = (x+a_n)T_{n-1}(x) + b_nT_{n-2}(x) = 2xT_{n-1}(x) - T_{n-2}(x)$ der Tschebyschow-Polynome erhält, siehe auch die Lupe-Box auf Seite 470. Setzen wir in der Christoffel-Darboux-Formel $y = x_j$, dann ergibt sich $1 + 2\sum_{k=1}^{n-1} T_k(x)T_k(x_j) = -\frac{T_n(x)T_{n+1}(x_j)}{x-x_j}$, wobei man mit der Dreitermrekursion sukzessive die rechte Seite umformt und $T_0 \equiv 1$ beachtet. Damit schreiben sich die Gewichte in der Form

$$\alpha_j = \frac{-2}{T_n'(x_j)T_{n+1}(x_j)} \left(1 + \sum_{m=1}^{n-1} T_m(x_j) \int_{-1}^1 T_m(x)\,\mathrm{d}x\right).$$

Nun ist wegen $T_n'(\cos\Theta) = n(\sin n\Theta)/\sin\Theta$ auch $T_n'(x_j) = T_n'(\cos\Theta_j) = (-1)^{j-1}\frac{n}{\sin\Theta_j}$. Mithilfe der Substitution $x = \cos\Theta$ folgt

$$\int_{-1}^1 T_m(x)\,\mathrm{d}x = \int_0^\pi \cos m\Theta \,\sin\Theta\,\mathrm{d}\Theta = \begin{cases} \frac{2}{1-m^2} & ;\ m \text{ gerade},\\ 0 & ;\ m \text{ ungerade} \end{cases},$$

und damit erhalten wir für die Gewichte schließlich

$$\alpha_j = \frac{2}{n}\left(1 - 2\sum_{m=1}^{\lfloor \frac{n}{2}\rfloor} \frac{\cos(2m\Theta_k)}{4m^2-1}\right),$$

wobei $\lfloor n/2 \rfloor$ die größte ganze Zahl bezeichnet, die kleiner oder gleich $n/2$ ist. Die Quadraturformel $Q_{n+1}[f] = \sum_{j=1}^n \alpha_j f(x_j)$ auf $[-1,1]$ mit diesen Gewichten nennt man die **erste Fejér'sche Quadraturformel**.

Die **Clenshaw-Curtis-Formeln** erhält man, wenn man die Endpunkte -1 und 1 des Integrationsintervalls mit zulässt, also die Knoten

$$x_j = \cos\left(\frac{j-1}{n-1}\pi\right), \quad j = 1,\ldots,n$$

betrachtet. Wie im Fall der ersten Fejér'schen Formel kann man auch hier die Gewichte bestimmen,

$$\alpha_1 = \alpha_n = \begin{cases} \frac{1}{(n-1)^2} & ;\ n \text{ gerade},\\ \frac{1}{n(n-2)} & ;\ n \text{ ungerade} \end{cases},$$

$$\alpha_j = 1 - \sum_{k=1}^{\lfloor (n-1)/2 \rfloor} \frac{2}{4k^2-1} \cos\frac{2k(j-1)}{n-1}\pi,$$

für $j = 2,\ldots,n-1$, wobei der letzte Summand in der Summe zu halbieren ist, wenn n ungerade ist.

Quadraturknoten und Gewichte der Gauß-Formeln

Die Quadraturknoten $x_0, x_1, \dots, x_n$ einer Gauß'schen Quadraturformel berechnen sich als Eigenwerte der $(n+1) \times (n+1)$-Matrix

$$\boldsymbol{P}_{n+1} = \begin{pmatrix} 0 & c_1 & & & & \\ c_1 & 0 & c_2 & & & \\ & c_2 & 0 & c_3 & & \\ & & \ddots & \ddots & \ddots & \\ & & & c_{n-1} & 0 & c_n \\ & & & & c_n & 0 \end{pmatrix}$$

mit

$$c_k = \frac{k+1}{\sqrt{4(k+1)^2 - 1}}, \quad k = 0, 1, \dots, n.$$

Die Gewichte $\alpha_0, \alpha_1, \dots \alpha_n$ der Gauß-Formeln ergeben sich aus den $n+1$ Gleichungen

$$\alpha_k = 2\left(\widetilde{z}_1^{(k+1)}\right)^2, \quad k = 0, 1, \dots, n,$$

wobei $\widetilde{z}_1^{(k+1)}$ die erste Komponente des normierten Eigenvektors von $\boldsymbol{P}_{n+1}$ zum Eigenwert x_k, $k = 0, 1, \dots, n$, bezeichnet.

Alle Gauß'schen Quadraturformeln sind auf das Intervall $[-1, 1]$ bezogen, weshalb eine affine Transformation auf ein beliebiges Intervall nötig wird. Wir haben diese Transformationen schon in (13.3) allgemein vorgenommen, daher wollen wir an dieser Stelle nur eine Zusammenfassung geben.

Affine Transformationen bei Gauß'schen Quadraturregeln

Sind $x_0, x_1, \dots, x_n$ die Nullstellen des Legendre-Polynoms P_m, $m = n+1$, in $[-1, 1]$ und α_i, $i = 0, 1, \dots, n$ die zugehörigen Gewichte, dann transformieren sich die Knoten auf Knoten $y_0, y_1, \dots, y_n$ und die Gewichte auf Gewichte $\widetilde{\alpha}_i$, $i = 0, 1, \dots, n$ für eine Integration über ein beliebiges Intervall $[a, b]$ wie folgt:

$$y_i = x_i \frac{b-a}{2} + \frac{a+b}{2} \tag{13.37}$$

$$\widetilde{\alpha}_i = \alpha_i \frac{b-a}{2}. \tag{13.38}$$

Weitere Gaußformeln

Wir haben für Orthogonalpolynome eine Dreitermrekursion bewiesen, wobei das gewichtete Skalarprodukt

$$\langle f, g \rangle := \int_a^b \omega(x) f(x) g(x) \, \mathrm{d}x$$

dem Orthogonalitätsbegriff zugrunde lag. Für die Legendre-Polynome galt $\omega(x) = 1$ und die auf den Nullstellen dieser Polynome basierenden Gauß'schen Quadraturverfahren nennt man auch **Gauß-Legendre-Verfahren**. Die Wahl anderer Gewichte und damit anderer Orthogonalpolynome führt auf sehr interessante Quadraturregeln, die wir im Rahmen dieser Einführung nicht näher untersuchen können, die wir aber wenigstens darstellen wollen.

Gauß-Legendre-Quadratur

$$[a, b] = [-1, 1], \quad \omega(x) = 1$$

Gauß-Tschebyschow-Quadratur

$$[a, b] = [-1, 1], \quad \omega(x) = (1 - x^2)^{-1/2}$$

Gauß-Jacobi-Quadratur

$$[a, b] = [-1, 1], \quad \omega(x) = (1-x)^\alpha (1+x)^\beta, \quad \alpha, \beta > -1$$

Gauß-Laguerre-Quadratur

$$[a, b] = [0, \infty), \quad \omega(x) = x^\alpha \mathrm{e}^{-x}, \quad \alpha > -1$$

Gauß-Hermite-Quadratur

$$[a, b] = (-\infty, \infty), \quad \omega(x) = \mathrm{e}^{-x^2}$$

Einige dieser Formeln können erstaunlich gut Funktionen mit Singularitäten integrieren, aber für weitere Untersuchungen verweisen wir auf die Literatur.

13.6 Was es noch gibt: adaptive Quadratur, uneigentliche Integrale, optimale Quadraturverfahren und mehrdimensionale Quadratur

Adaptive Quadratur

In der Praxis tauchen natürlich in der Regel keine Funktionen oder Datensätze auf, die so schöne Eigenschaften wie z. B. die Exponentialfunktion e^x haben. So können schnell oszillierende Daten neben Bereichen von sehr variationsarmen Daten vorliegen, was die Verwendung von festen Schrittweiten h verbietet, denn ein sehr kleines h zur Auflösung schneller Oszillationen ist für variationsarme Funktionen viel zu klein und führt zu übermäßigen Funktionsaufrufen. Jedes gute professionelle Programm zur numerischen Quadratur verfügt daher über eine automatische Anpassung der Schrittweite. Eine solche **Adaptivität** ist bereits durch die Verwen-

Beispiel: Gauß versus Newton-Cotes

Wir wollen das Integral

$$\int_0^1 f(x)\,\mathrm{d}x = \int_0^1 \mathrm{e}^x\,\mathrm{d}x = \mathrm{e}^x\big|_0^1 = \mathrm{e}-1 \approx 1.71828182845905$$

numerisch mithilfe von Gauß'schen Quadraturregeln bestimmen und die Ergebnisse den vergleichbaren Newton-Cotes-Formeln gegenüberstellen. Alle Rechnungen werden auf vierzehn Nachkommastellen genau gerundet.

Problemanalyse und Strategie: Wir werden nacheinander die Werte der Gauß'schen Quadraturformeln auf 2, 3 und 4 Knoten berechnen und sie mit den Ergebnissen der geschlossenen Newton-Cotes-Formeln mit derselben Anzahl von Knoten vergleichen.

Lösung:

- Zu Beginn berechnen wir das Integral mit der Gaußformel für $m = 2$ Punkte im Intervall $[-1, 1]$,

$$Q_2^{\mathrm{G}}[\mathrm{e}^x] = \mathrm{e}^{-\frac{1}{\sqrt{3}}} + \mathrm{e}^{\frac{1}{\sqrt{3}}},$$

mit $x_0 = -x_1 = -1/\sqrt{3}$ und $\alpha_0 = \alpha_1 = 1$. Die affine Transformation auf das Intervall $[0, 1]$ liefert nach (13.37) und (13.38)

$$y_i = \frac{x_i+1}{2}, \quad \widetilde{\alpha}_i = \frac{\alpha_i}{2}, \quad i = 0, 1, \qquad (13.39)$$

und damit

$$\widetilde{Q}_2^{\mathrm{G}}[\mathrm{e}^x] = \frac{1}{2}\left(\mathrm{e}^{\frac{1-\frac{1}{\sqrt{3}}}{2}} + \mathrm{e}^{\frac{1+\frac{1}{\sqrt{3}}}{2}}\right) = 1.011\,994\,367\,565\,34$$

Die vergleichbare geschlossene Newton-Cotes-Formel mit 2 Quadraturpunkten ist die Trapezregel

$$Q_2^{\mathrm{Tr}}[\mathrm{e}^x] = \frac{1}{2}\left(\mathrm{e}^1 - \mathrm{e}^0\right) = 0.859\,140\,914\,229\,3.$$

Damit lauten die relativen Fehler

$$\frac{|\int_0^2 \mathrm{e}^x\,\mathrm{d}x - \widetilde{Q}_2^{\mathrm{G}}[\mathrm{e}^x]|}{|\int_0^2 \mathrm{e}^x\,\mathrm{d}x|} \approx 41\%,$$

$$\frac{|\int_0^2 \mathrm{e}^x\,\mathrm{d}x - Q_2^{\mathrm{Tr}}[\mathrm{e}^x]|}{|\int_0^2 \mathrm{e}^x\,\mathrm{d}x|} \approx 50\%.$$

- Die Gaußformel zu den drei Punkten $x_0 = -x_2 = -0.774\,596\,669\,241\,483$, $x_1 = 0$ und den Gewichten $\alpha_0 = \alpha_2 = \frac{5}{9}$, $\alpha_1 = \frac{8}{9}$ auf $[-1, 1]$ transformiert sich gemäß (13.39) mit

$$y_0 = 0.112\,701\,665\,379\,26,$$
$$y_1 = 0.5,$$
$$y_2 = 0.887\,298\,334\,620\,74,$$
$$\widetilde{\alpha}_0 = \widetilde{\alpha}_2 = \frac{5}{18}, \quad \widetilde{\alpha}_1 = \frac{8}{18} = \frac{4}{9},$$

zu

$$\widetilde{Q}_3^{\mathrm{G}}[\mathrm{e}^x] = \frac{1}{18}\left(5\mathrm{e}^{y_0} + 8\mathrm{e}^{y_1} + 5\mathrm{e}^{y_2}\right) = 1.718\,281\,004\,372\,52.$$

Die geschlossene Newton-Cotes-Formel mit drei Knoten ist die Simpson-Regel

$$Q_3^{\mathrm{Si}}[\mathrm{e}^x] = \frac{1}{6}\left(\mathrm{e}^0 + 4\mathrm{e}^{0.5} + \mathrm{e}^1\right) = 1.718\,861\,151\,876\,59.$$

Damit erhalten wir für die relativen Fehler

$$\frac{|\int_0^2 \mathrm{e}^x\,\mathrm{d}x - \widetilde{Q}_3^{\mathrm{G}}[\mathrm{e}^x]|}{|\int_0^2 \mathrm{e}^x\,\mathrm{d}x|} \approx 0.00005\%,$$

$$\frac{|\int_0^2 \mathrm{e}^x\,\mathrm{d}x - Q_3^{\mathrm{Si}}[\mathrm{e}^x]|}{|\int_0^2 \mathrm{e}^x\,\mathrm{d}x|} \approx 0.034\%.$$

- Die Gaußformel zu den vier Knoten $x_0 = -x_3 = -0.861\,136\,311\,594\,053$, $x_1 = -x_2 = -0.339\,981\,043\,584\,856$ und den Gewichten $\alpha_0 = \alpha_3 = 0.347\,854\,845\,137\,454$, $\alpha_1 = \alpha_2 = 0.652\,145\,154\,862\,546$ führt auf $\widetilde{Q}^{\mathrm{G}}[\mathrm{e}^x] = \sum_{i=0}^3 \widetilde{\alpha}_i f(y_i)$ mit $y_0 = 0.069\,431\,844\,202\,98$, $y_1 = 0.330\,009\,478\,207\,57$, $y_2 = 0.669\,990\,521\,792\,43$, $y_3 = 0.930\,568\,155\,797\,03$ und $\widetilde{\alpha}_0 = \widetilde{\alpha}_3 = 0.173\,927\,422\,568\,73$, $\widetilde{\alpha}_1 = \widetilde{\alpha}_2 = 0.326\,072\,577\,431\,27$, und liefert

$$\widetilde{Q}^{\mathrm{G}}[\mathrm{e}^x] = 1.718\,281\,827\,526\,07.$$

Die geschlossene Newton-Cotes-Formel mit vier Knoten ist die $\frac{3}{8}$-Regel

$$Q_4^{3/8}[\mathrm{e}^x] = \frac{1}{8}\left(\mathrm{e}^0 + 3\mathrm{e}^{1/3} + 3\mathrm{e}^{2/3} + \mathrm{e}^1\right) = 1.718\,540\,153\,360\,17$$

Damit sind die relativen Fehler

$$\frac{|\int_0^2 \mathrm{e}^x\,\mathrm{d}x - \widetilde{Q}_4^{\mathrm{G}}[\mathrm{e}^x]|}{|\int_0^2 \mathrm{e}^x\,\mathrm{d}x|} \approx 0.00000005\%,$$

$$\frac{|\int_0^2 \mathrm{e}^x\,\mathrm{d}x - Q_4^{3/8}[\mathrm{e}^x]|}{|\int_0^2 \mathrm{e}^x\,\mathrm{d}x|} \approx 0.015\%.$$

dung der Romberg-Integration gegeben, es existieren aber noch zahlreiche andere Möglichkeiten.

Diese Adaptivität kann z. B. dadurch erreicht werden, dass auf einem Teilintervall der Schrittweite h_i zwei Quadraturformeln unterschiedlicher Ordnung verwendet werden, z. B. die Trapezregel Q_2^{Tr} und die Simpson-Regel Q_3^{Si}. Wegen

$$Q_2^{\mathrm{Tr}}[f] = \frac{h_i}{2}\big(f(x_i) + f(x_{i+1})\big)$$

und

$$\begin{aligned} Q_3^{\mathrm{Si}}[f] &= \frac{h_i}{6}\left(f(x_i) + 4f\left(\frac{x_i + x_{i+1}}{2}\right) + f(x_{i+1})\right) \\ &= \frac{h_i}{6}(f(x_i) + f(x_{i+1})) + \frac{2h_i}{3}\left(\frac{x_i + x_{i+1}}{2}\right) \\ &= \frac{1}{3}\left(Q_2^{\mathrm{Tr}}[f] + 2h_i\left(\frac{x_i + x_{i+1}}{2}\right)\right) \end{aligned}$$

lässt sich das Ergebnis der Trapezregel sogar noch für die Simpson-Regel verwenden. Schätzt man nun grob den Betrag I_i des zu berechnenden Integral auf dem betrachteten Intervall $[x_i, x_{i+1}]$ und legt eine Schranke ε_1 für die absolute Genauigkeit und eine Schranke ε_2 für die relative Genauigkeit fest, dann halbiert man h_i, wenn

$$|Q_3^{\mathrm{Si}}[f] - Q_2^{\mathrm{Tr}}[f]| > \max\{\varepsilon_1, \varepsilon_2 I_i\}$$

festgestellt wird. Bei

$$|Q_3^{\mathrm{Si}}[f] - Q_2^{\mathrm{Tr}}[f]| \le \max\{\varepsilon_1, \varepsilon_2 I_i\}$$

bricht man mit der Intervallhalbierung ab. Zahllose andere Möglichkeiten zur adaptiven Berechnung der Schrittweiten findet man in der Literatur.

Besonders beliebt sind auch die sogenannten **Gauß-Kronrod-Verfahren**, die Gauß'sche Quadraturregeln verwenden. Da die m Quadraturknoten einer Gaußquadratur nie Teilmenge einer Gauß'schen Regel mit $m + 1$ Knoten sind, werden zu einer m-punktigen Gaußregel $m + 1$ Punkte hinzugefügt, die die Nullstellen eines sogenannten **Stieltjes-Polynoms** sind. Die resultierende Gauß-Kronrod-Regel ist dann von der Ordnung $2m + 1$ und die Differenz zwischen dem numerischen Ergebnis der Gauß-Regel und der Kronrod-Erweiterung wird gerne zur Adaption der Schrittweite genutzt. Gauß-Kronrod-Formeln sind in vielen Programmen implementiert, z. B. in QUADPACK, der Gnu Scientific Library und den NAG Numerical Libraries.

Uneigentliche Integrale

Ein erster Typ uneigentlicher Integrale tritt auf, wenn das Integrationsintervall $[a, b]$ endlich ist, aber der Integrand f eine Singularität aufweist. In der Literatur kursieren zahlreiche Methoden bzw. Empfehlungen für diesen Fall und es hängt immer vom Integranden bzw. von der Art der Singularität des Integranden ab. Wir wollen für unsere Diskussion den Standardfall betrachten, dass

$$\int_0^1 f(x)\,\mathrm{d}x$$

zu berechnen ist, wobei f bei $x = 0$ eine Singularität aufweist. Das uneigentliche Integral sei existent.

Eine erste Methode ist die direkte **Verwendung der Definition**

$$\int_0^1 f(x)\,\mathrm{d}x := \lim_{a\to 0}\int_a^1 f(x)\,\mathrm{d}x.$$

Man kann eine Folge $1 > a_1 > a_2 > \ldots$ mit $\lim_{i\to\infty} a_i = 0$ wählen, sodass eine Darstellung

$$\int_0^1 f(x)\,\mathrm{d}x = \int_{a_1}^1 f(x)\,\mathrm{d}x + \int_{a_2}^{a_1} f(x)\,\mathrm{d}x + \int_{a_3}^{a_2} f(x)\,\mathrm{d}x + \ldots$$

gilt. Jedes der auf der rechten Seite auftretenden Integrale ist ein gewöhnliches Integral und kann mit einer der von uns behandelten Methoden behandelt werden. Die auftretenden Integrationsintervalle $[a_k, a_{k+1}]$ werden jedoch unter Umständen schnell sehr klein.

Eine zweite Methode – die **Methode des eingeschränkten Intervalls** – bietet sich an, wenn für „kleines" $a > 0$ eine Abschätzung der Form

$$\left|\int_0^a f(x)\,\mathrm{d}x\right| < \varepsilon$$

mit $\varepsilon > 0$ zur Hand ist. In diesem Fall berechnet man numerisch das Integral

$$\int_a^1 f(x)\,\mathrm{d}x.$$

In manchen Fällen gelingt auch die **Methode der Variablentransformation**, die wir an einem Beispiel beleuchten. Ist $g \in C([0, 1])$ und soll

$$\int_0^1 \frac{g(x)}{\sqrt[n]{x}}\,\mathrm{d}x$$

berechnet werden, dann gelingt es mithilfe der Transformation $t^n = x$, $\mathrm{d}x = nt^{n-1}\mathrm{d}t$, das singuläre Integral auf das reguläre Integral

$$\int_0^1 g(t^n)t^{n-2}\,\mathrm{d}t$$

zu transformieren.

Weiterhin gibt es noch die Möglichkeit der **Subtraktion der Singularität**, die wir ebenfalls an einem Beispiel verdeutlichen. Schreibt man das singuläre Integral

$$\int_0^1 \frac{\cos x}{\sqrt{x}}\,\mathrm{d}x$$

etwas umständlich in der Form

$$\begin{aligned} \int_0^1 \frac{\cos x}{\sqrt{x}}\,\mathrm{d}x &= \int_0^1 \frac{\mathrm{d}x}{\sqrt{x}} + \int_0^1 \frac{\cos x - 1}{\sqrt{x}}\,\mathrm{d}x \\ &= 2 + \int_0^1 \frac{\cos x - 1}{\sqrt{x}}\,\mathrm{d}x, \end{aligned}$$

dann ist das so entstandene Integral nicht mehr singulär, was aus der Taylor-Entwicklung von $\cos x$ folgt.

Weitere Fälle von uneigentlichen Integralen ergeben sich, wenn der Integrand f zwar stetig ist, das Integrationsintervall jedoch unbeschränkt, also

$$\int_{-\infty}^{\infty} f(x)\,\mathrm{d}x, \quad \int_{-\infty}^{a} f(x)\,dx, \quad \int_{a}^{\infty} f(x)\,dx.$$

Auch hier kann man **Methode der Variablentransformation** verwenden. So wird zum Beispiel das Intervall $[0, \infty)$ durch die Transformation $x = \mathrm{e}^{-t}$ auf das Intervall $[0, 1]$ abgebildet. Dies führt auf Integrale

$$\int_0^{\infty} f(t)\,\mathrm{d}t = \int_0^1 \frac{f(-\log x)}{x}\,\mathrm{d}x =: \int_0^1 \frac{g(x)}{x}\,\mathrm{d}x,$$

und die Transformation führt nur dann auf ein gewöhnliches Integral, wenn $g(x)/x$ in der Nähe von null beschränkt ist.

Es gibt auch hier wieder die direkte **Verwendung der Definition**, in diesem Fall etwa

$$\int_a^{\infty} f(x)\,\mathrm{d}x := \lim_{b\to\infty} \int_a^b f(x)\,\mathrm{d}x$$

und mit einer entsprechenden Folge $(b_i)_{i\in\mathbb{N}}$ mit $a < b_1 < b_2 < \ldots$ und $\lim_{i\to\infty} b_i = \infty$ lassen sich Näherungen für das Integral ermitteln.

Optimale Quadraturformeln

Optimale Quadraturformeln sind der „heilige Gral" in der Theorie der Numerischen Quadratur. Wir haben schon gesehen, dass unterschiedliche Klassen von Funktionen zu ganz unterschiedlichen Fehlertermen führen. So hat sich die zusammengesetzte Mittelpunktsregel für Funktionen f mit beschränkter Variation als ein Verfahren erster Ordnung erwiesen, ist aber sogar noch f' von beschränkter Variation, dann ist die zusammengesetzte Mittelpunktsregel ein Verfahren zweiter Ordnung. Die Frage bleibt: Wie weit kann man das treiben? Mit anderen Worten:

Ist $V \subset C([a, b])$ ein Unterraum der stetigen Funktionen, $n \in \mathbb{N}$ fest gewählt und

$$\inf_{Q_{n+1}[f]} \sup_{f\in V} \left| R_{n+1}[f] \right|,$$

dann heißt diejenige Quadraturregel, die dieses Infimum annimmt, **optimal in** V.

Optimale Quadraturregeln sind von größtem Interesse, allerdings sind bis heute nur wenige solcher Regeln bekannt, d. h., es gibt optimale Formeln nur für wenige V. In den bekannten Fällen spielen häufig Splines eine wichtige Rolle, aber dafür verweisen wir auf die Literatur. Ein einfaches Beispiel hat Zubrzycki schon 1963 angegeben. Im Unterraum

$$V := \{f \mid \mathrm{Var}_a^b(f) \le M\} \cap C([a, b]), \qquad M > 0,$$

ist die Mittelpunktsregel optimal.

Mehrdimensionale Quadratur

Numerische Integration in mehreren Dimensionen ist ein weitestgehend offenes Forschungsgebiet ohne die starken Resultate, die man aus dem Eindimensionalen kennt. Die numerische Integration in zwei Dimensionen nennt man auch **Kubatur**. Je nach Anwendungsfall interessiert man sich für die Kubatur auf bestimmten Gebieten, zum Beispiel auf Rechtecken, oder auf Dreiecken, oder auf Kreisen. Besonders einfach sind Kubaturregeln auf Rechtecken $[a, b] \times [c, d]$ zu erhalten, denn sie können aus cartesischen Produkten aus zwei eindimensionalen Quadraturformeln zusammengesetzt gedacht werden. Sind

$$Q_{n+1}^x[f] := \sum_{i=0}^{n} a_i f(x_i, y), \quad Q_{m+1}^y[f] := \sum_{i=0}^{m} b_i f(x, y_i)$$

Quadraturregeln in x- und y-Richtung, dann ergibt sich eine Kubaturregel durch das cartesische Produkt

$$Q_{n+1}^x \times Q_{m+1}^y[f] := \sum_{i=0}^{n} \sum_{j=0}^{m} a_i b_j f(x_i, y_j).$$

Beispiel Im Rechteck $[a, b] \times [c, d]$ mit $h := b - a$ und $k := d - c$ wähle für x- und y-Richtung die Simpson-Formel

$$Q_{n+1}^x[f] := \frac{h}{6}\left(f(a, y) + 4f\left(\frac{a+b}{2}, y\right) + f(b, y)\right),$$
$$Q_{n+1}^y[f] := \frac{k}{6}\left(f(x, c) + 4f\left(x, \frac{c+d}{2}\right) + f(x, d)\right).$$

Als cartesisches Produkt ergibt sich mit $n = m = 2$ und

$$x_0 = a, \quad x_1 = \frac{a+b}{2}, \quad x_2 = b,$$
$$y_0 = c, \quad y_1 = \frac{c+d}{2}, \quad y_2 = d,$$

die Kubaturformel

$$\begin{aligned} &Q_{n+1}^x \times Q_{m+1}^y[f] \\ &= \frac{hk}{36} \sum_{i=0}^{2} (f(x_i, y_0) + 4f(x_i, y_1) + f(x_i, y_2)) \\ &= f(x_0, y_0) + 4f(x_1, y_0) + f(x_2, y_0) + 4f(x_0, y_1) \\ &\quad + 16f(x_1, y_1) + 4f(x_2, y_1) + f(x_0, y_2) + 4f(x_1, y_2) \\ &\quad + f(x_2, y_2). \end{aligned}$$

Sortieren wir und setzen wieder unsere ursprünglichen Bezeichnungen ein, dann lautet die Quadraturformel

$$\begin{aligned} &Q_{n+1}^x \times Q_{m+1}^y[f] \\ &= \frac{hk}{36}\Big[f(a, c) + f(b, c) + f(a, d) + f(b, d) \\ &\quad +4\left(f\left(\frac{a+b}{2}, c\right) + f\left(a, \frac{c+d}{2}\right)\right. \\ &\quad \left. + f\left(b, \frac{c+d}{2}\right) + f\left(\frac{a+b}{2}, d\right)\right) \\ &\quad +16f\left(\frac{a+b}{2}, \frac{c+d}{2}\right)\Big]. \end{aligned}$$

◂

Wie erwartet, übertragen sich die Genauigkeiten der beiden eindimensionalen Quadraturformeln auf die Kubaturformel.

Satz

Sind $I^x := [a, b]$ und $I^y := [c, d]$ Intervalle in x- bzw. in y-Richtung, Q^x und Q^y irgend zwei eindimensionale Kubaturformeln auf I^x bzw. auf I^y und ist $f(x, y) = g(x)h(y)$, dann gilt:

Integriert Q^x die Funktion g exakt auf I^x und integriert Q^y die Funktion h exakt auf I^y, dann integriert $Q^x \times Q^y$ die Funktion f exakt auf $I^x \times I^y$.

Beweis: Ist $Q^x[g] := \sum_{i=0}^n a_i g(x_i, y)$ und $Q^y[f] := \sum_{j=0}^m b_j f(x, y_j)$, dann gilt

$$\iint\limits_{I^x \times I^y} f(x, y)\,\mathrm{d}x\mathrm{d}y = \iint\limits_{I^x \times I^y} g(x)h(y)\,\mathrm{d}x\mathrm{d}y$$
$$= \int\limits_{I^x} g(x)\,\mathrm{d}x \int\limits_{I^y} h(y)\,\mathrm{d}y = \left(\sum_{i=0}^n a_i g(x_i)\right)\left(\sum_{j=0}^m b_j h(y_j)\right)$$
$$= \sum_{i=0}^n \sum_{j=0}^m a_i b_j g(x_i) h(y_j) = Q^x \times Q^y[f]. \qquad \blacksquare$$

Neben den Rechtecken besteht insbesondere bei der Numerik partieller Differenzialgleichungen großes Interesse an numerischen Integrationsformeln für Simplexe. Dafür verweisen wir jedoch auf die reichhaltige Literatur zu den Methoden der Finiten Elemente (FEM).

Übersicht über Programmpakete

Numerische Integrationsroutinen finden sich in allen gängigen Computeralgebrasystemen, aber es gibt auch eine mannigfache Auswahl von weiteren Programmpaketen, die in der *public domain* verfügbar sind. Wir geben daher nur eine Auswahl.

- **GNU scientific Library GSL**. Die GSL ist in *C* geschrieben und bietet eine Vielzahl von Methoden zur numerischen Integration.
- **QUADPACK**. Geschrieben in FORTRAN enthält dieses Paket einige sehr interessante Verfahren zur numerischen Quadratur.
- **ALGLIB**. Hierbei handelt es sich um eine Sammlung von Algorithmen in verschiedenen Sprachen, wie *C#*, *C++* und *VisualBasic*.
- **Cuba** stellt Kubaturmethoden zur Verfügung, ebenso wie
- **Cubature**.
- **Scilab** ist ein mächtiges Werkzeug zur Modellierung und Simulation und enthält auch Routinen zur numerischen Integration.

Zusammenfassung

Die numerische Quadratur ist innerhalb der Numerik eine mathematisch besonders weit entwickelte Technik. Während man sich in anderen Bereichen mit Aussagen über Größenordnungen wie $\mathcal{O}$ zufrieden geben muss, sind einige Quadraturverfahren so weit untersucht, dass man den exakten Fehlerterm in Abhängigkeit von der zur integrierenden Funktionenklasse angeben kann. Nicht zuletzt liegt das auch daran, dass ein Integral ein lineares Funktional auf einem Funktionenraum darstellt und man mithilfe von funktionalanalytischen Methoden wie dem **Peano-Kern** sehr tiefgehende Methoden der Analysis zur Verfügung hat.

Löst man sich von der Forderung nach äquidistanten Knoten, dann bietet sich die **Gauß-Quadratur** an, bei der als Knoten die Nullstellen der Legendre-Polynome in $[-1, 1]$ Verwendung finden. Gauß-Quadraturformeln liefern eine **optimale Ordnung** in dem Sinne, dass bei $n + 1$ Knoten Polynome vom Grad $2n + 1$ noch exakt integriert werden.

Die Gauß'schen Quadraturformeln sind übrigens nicht die einzigen Formeln auf nichtäquidistanten Gittern. Hervorzuheben ist das **Verfahren von Clenshaw und Curtis**, das in der Praxis vielfältigen Einsatz findet.

Mit unserer Einführung ist das Gebiet der numerischen Quadratur natürlich noch längst nicht erschöpfend behandelt. Sowohl in der Theorie (Suche nach „optimalen Formeln") als auch in der Praxis (Adaptive Quadratur) ist die numerische Quadratur ein aktives Forschungsfeld. Gerade in mehreren Raumdimensionen steht man mit all diesen Fragen noch ganz am Anfang.

Übersicht: Interpolatorische Quadraturformeln auf äquidistanten Gittern

Wir haben Quadraturregeln und ihre Fehler als lineare Funktionale definiert und die Idee der Konvergenz vorgestellt. Konzentriert haben wir uns auf **interpolatorische Quadraturen**, bei denen man die gegebenen Daten (oder die vorgelegte Funktion f an ausgezeichneten Stellen) mit einem Polynom interpoliert und dann dieses Polynom integriert.

Mit Rückgriff auf die schlechten Eigenschaften der Interpolationspolynome bei äquidistanten Gittern haben wir solche Quadraturformeln mit hoher Ordnung, d. h. mit Polynomen vom Grad größer als 6, verworfen. Dann treten auch schon negative Gewichte auf, die zu Instabilitäten führen können. Als wichtige Vertreter der interpolatorischen Quadraturformeln auf äquidistanten Gittern haben wir die **geschlossenen Newton-Cotes-Formeln** vorgestellt und analysiert. Eine geschlossene Newton-Cotes-Formel für die numerische Berechnung von $\int_a^b f(x)\,\mathrm{d}x$ auf $n+1$ äquidistant verteilten Punkten $a = x_0 < x_1 < \ldots < x_n = b$ und $h := x_{i+1} - x_i$ ist von der Form

$$Q_{n+1}[f] := h \sum_{i=0}^{n} \alpha_i f(x_i)$$

mit den **Gewichten**

$$\alpha_i := \int_0^n \prod_{\substack{j=0\\ j\neq i}} \frac{s-j}{i-j}\,\mathrm{d}s.$$

Wählt man s so, dass $\sigma_i := s\alpha_i$ für $i = 0, 1, \ldots, n$, ganze Zahlen sind, dann schreibt man Newton-Cotes-Formeln auch in der Form

$$Q_{n+1}[f] := \frac{b-a}{ns} \sum_{i=0}^{n} \sigma_i f(x_i)$$

und charakterisiert sie durch Angabe von ns und den σ_i.

Es sind auch **offene Newton-Cotes-Formeln** im Gebrauch, bei denen die Daten an den Endpunkten a und b nicht einbezogen werden. Aus Newton-Cotes-Formeln, die *per se* nur für ein Intervall $[a, b]$ konstruiert sind, macht man in der Praxis **zusammengesetzte Quadraturformeln**, indem man ein Intervall $[A, B]$ in m Teilintervalle zerlegt, auf denen man dann jeweils die Newton-Cotes-Formel verwendet. In einer einfachen **Fehlertheorie** haben wir die Vermutung bestätigt, dass Newton-Cotes-Formeln für gerades n vorzuziehen sind, da sich bei ihnen ein Ordnungsgewinn einstellt. Diese Fehlertheorie haben wir wesentlich durch die Verwendung von **Peano-Kernen** ausbauen können, mit denen sich das Restglied von Taylor-Reihen sehr subtil abschätzen lässt. Mithilfe der Peano-Kerne konnten wir zeigen, dass eine Quadraturformel durchaus unterschiedliche Ordnungen haben kann, wenn der Integrand des zu approximierenden Integrals aus unterschiedlichen Funktionenräumen stammt.

Ein wichtiges Hilfsmittel zur Konstruktion von Quadraturformeln ist die **Euler-Maclaurin'sche Summenformel**

$$\begin{aligned}\int_0^1 g(t)\,\mathrm{d}t &= \frac{g(0)}{2} + \frac{g(1)}{2}\\ &\quad + \sum_{k=1}^{\ell} \frac{B_{2k}}{(2k)!}\left(g^{(2k-1)}(0) - g^{(2k-1)}(1)\right)\\ &\quad - \frac{B_{2\ell+2}}{(2\ell+2)!} g^{(2\ell+2)}(\xi), \quad 0 < \xi < 1,\end{aligned}$$

in der die **Bernoulli-Zahlen** B_{2k} auftreten. Mit ihrer Hilfe konnten wir die zusammengesetzte Trapezregel genauer untersuchen und die **Gregory-Methoden** begründen. Auch die **Romberg-Quadratur**, eine asymptotische Methode zur Genauigkeitssteigerung, beruht auf der Euler-Maclaurin'schen Summenformel.

	Abgeschlossene Newton-Cotes-Formeln									
n	σ_i							ns	$\lvert R_{n+1}[f]\rvert$	Name
1	1	1						2	$\frac{h^3}{12} f''(\xi)$	Trapezregel
2	1	4	1					6	$\frac{h^5}{90} f^{(4)}(\xi)$	Simpson-Regel
3	1	3	3	1				8	$\frac{3h^5}{80} f^{(4)}(\xi)$	3/8-Regel
4	7	32	12	32	7			90	$\frac{8h^7}{945} f^{(6)}(\xi)$	Milne-Regel
5	19	75	50	50	75	19		288	$\frac{275h^7}{12096} f^{(6)}(\xi)$	–
6	41	216	27	272	27	216	41	840	$\frac{9h^9}{1400} f^{(8)}(\xi)$	Weddle-Regel

Übersicht: Interpolatorische Quadraturformeln auf nichtäquidistanten Gittern

Die **Gauß-Quadratur** verwendet als Knoten die Nullstellen der **Legendre-Polynome** im Intervall $[-1, 1]$ und liefert damit optimale Genauigkeit.

Will man mit zwei Punkten im Intervall $[-1, 1]$ noch Polynome vom Grad 3 exakt integrieren, dann stößt man auf die einfache Quadraturregel

$$Q_2[f] = \sum_{i=0}^{1} \alpha_i f(x_i) = f\left(-\frac{1}{\sqrt{3}}\right) + f\left(\frac{1}{\sqrt{3}}\right).$$

Diese Formel erlaubt tatsächlich, mit $m := n + 1 = 2$ Knoten Polynome vom Höchstgrad $2m - 1 = 3$ exakt zu integrieren. Die Knoten $-1/\sqrt{3}$, $1/\sqrt{3}$ sind dabei die Nullstellen des Legendre-Polynoms P_2.

Tatsächlich konnten wir beweisen, dass die Quadraturregel

$$Q_{n+1}[f] = \sum_{i=0}^{n} \alpha_i f(x_i)$$

mit $n + 1$ Knoten Polynome vom Höchstgrad $2n + 1$ integrieren kann, *wenn* man die Knoten x_i frei wählen darf.

Wählt man die x_i als Nullstellen von Legendre-Polynomen, dann ergibt sich der folgende wichtige Satz.

Satz über die Existenz Gauß'scher Quadraturregeln

Gegeben seien m Quadraturknoten $x_0, x_1, \dots, x_n$, $m = n + 1$, als Nullstellen des m-ten Legendre-Polynoms P_m wie in (13.32) definiert. Dann gibt es genau eine Quadraturregel

$$Q^{\mathrm{G}}_{n+1}[f] = \sum_{i=0}^{n} \alpha_i f(x_i), \qquad x_k \in [-1, 1],$$

die Polynome vom Höchstgrad $2m - 1$ exakt integriert. Die Gewichte sind gegeben durch

$$\alpha_i = \int_{-1}^{1} \prod_{\substack{j=0\\ j\neq i}}^{n} \left(\frac{x - x_j}{x_i - x_j}\right)^2 \mathrm{d}x, \qquad i = 0, 1, 2, \dots, n.$$

Diese Quadraturregel heißt **Gauß'sche Quadraturregel**.

Solche Quadraturregeln existieren nur, weil die **Legendre-Polynome** im Intervall $[-1, 1]$ nur einfache Nullstellen besitzen. Legendre-Polynome gehorchen als Orthogonalpolynome einer **Dreitermrekursion**, sodass man die Polynome einfach bestimmen kann. Die Nullstellen sind in Softwarepaketen natürlich vorhanden, aber es ist trotzdem nützlich, wenn man über ein paar **Tricks und Kniffe** Bescheid weiß, mit denen sich diese Nullstellen einfach berechnen lassen.

Da nicht jedes Quadraturproblem auf dem Intervall $[-1, 1]$ gestellt ist, muss man die Gauß-Quadraturregeln im Allgemeinen affin auf das gegebene Intervall $[a, b]$ abbilden.

Affine Transformationen bei Gauß'schen Quadraturregeln

Sind $x_0, x_1, \dots, x_n$ die Nullstellen des Legendre-Polynoms P_m, $m = n + 1$, in $[-1, 1]$ und α_i, $i = 0, 1, \dots, n$ die zugehörigen Gewichte, dann transformieren sich die Knoten auf Knoten $y_0, y_1, \dots, y_n$ und die Gewichte auf Gewichte $\widetilde{\alpha}_i$, $i = 0, 1, \dots, n$ für eine Integration über ein beliebiges Intervall $[a, b]$ wie folgt:

$$y_i = x_i \frac{b-a}{2} + \frac{a+b}{2} \tag{13.40}$$

$$\widetilde{\alpha}_i = \alpha_i \frac{b-a}{2}. \tag{13.41}$$

Wir haben nur die Gauß-Quadratur auf den Nullstellen der Legendre-Polynome genauer behandelt, aber natürlich kann man die Nullstellen jeder anderen Familie von orthogonalen Polynomen verwenden. So gibt es zum Beispiel die **Gauß-Tschebyschow-**, **Gauß-Jacobi-**, **Gauß-Laguerre-** und **Gauß-Hermite-Quadratur**. Die **Gauß-Legendre-Quadratur** zeichnet sich gegenüber allen anderen Gauß-Quadraturen jedoch dadurch aus, dass die Legendre-Polynome orthogonal mit der Gewichtsfunktion 1 sind, während in allen anderen Fällen sich die Orthogonalität auf ein gewichtetes Skalarprodukt

$$\langle f, g\rangle := \int_a^b \omega(x) f(x) g(x)\, \mathrm{d}x$$

mit $\omega(x) \neq 1$ bezieht.

Aufgaben

Die Aufgaben gliedern sich in drei Kategorien: Anhand der *Verständnisfragen* können Sie prüfen, ob Sie die Begriffe und zentralen Aussagen verstanden haben, mit den *Rechenaufgaben* üben Sie Ihre technischen Fertigkeiten und die *Beweisaufgaben* geben Ihnen Gelegenheit, zu lernen, wie man Beweise findet und führt.

Ein Punktesystem unterscheidet leichte Aufgaben •, mittelschwere •• und anspruchsvolle ••• Aufgaben. Lösungshinweise am Ende des Buches helfen Ihnen, falls Sie bei einer Aufgabe partout nicht weiterkommen. Dort finden Sie auch die Lösungen – betrügen Sie sich aber nicht selbst und schlagen Sie erst nach, wenn Sie selber zu einer Lösung gekommen sind. Ausführliche Lösungswege, Beweise und Abbildungen finden Sie auf der Website zum Buch.

Viel Spaß und Erfolg bei den Aufgaben!

Verständnisfragen

13.1 •• Die Gewichte α_i der geschlossenen Newton-Cotes-Formeln bzw. die $\sigma_i := s\alpha_i$ mit dem Hauptnenner s der α_i werden in der Tabelle auf Seite 446 für wachsendes n immer größer. Gilt $\lim_{i\to\infty} \sigma_i = \infty$?

13.2 • Warum ist es keine gute Idee, Polynome möglichst hohen Grades zu verwenden, um auf äquidistanten Stützstellen interpolatorische Quadraturregeln zu konstruieren?

13.3 • Gegeben seien äquidistante Daten auf einer sehr großen Anzahl von Datenpunkten. Sie wollen keine zusammengesetzten Newton-Cotes-Formeln verwenden. Welche Möglichkeit zur Konstruktion einer interpolatorischen Quadraturregel auf äquidistanten Gittern sehen Sie noch?

13.4 •• Wie lautet der Höchstgrad der Polynome, die von einer Quadraturregel mit $n+1$ frei wählbaren Knoten noch exakt integriert werden? Welche Quadraturregeln erreichen diese Ordnung und wie ist die Knotenverteilung?

13.5 •• Welche Nachteile haben Gauß-Quadraturen bei Handrechnung?

Beweisaufgaben

13.6 ••• Ist die Funktion $f\colon [a,b] \to \mathbb{R}$ stetig, dann ist der **Stetigkeitsmodul** von f definiert als

$$w(\delta) := \max_{|x-y|\le\delta} |f(x) - f(y)|, \quad a \le x, y \le b.$$

Zeigen Sie für eine in $[a,b]$ stetige Funktion f die Abschätzung

$$\left| \int_a^b f(x)\,\mathrm{d}x - h \sum_{k=0}^{n-1} f(a+(k+1)h) \right| \le (b-a)\, w\!\left(\frac{b-a}{n}\right).$$

Dabei ist $h = (b-a)/n$. Interpretieren Sie diese Ungleichung und den Term $h \sum_{k=0}^{n-1} f(a+(k+1)h)$.

13.7 •• Betrachten Sie die Riemann'sche Summe

$$\frac{1}{n} \sum_{k=0}^{n-1} \sqrt{\frac{k}{n}}$$

als Quadraturregel für das Integral $\int_0^1 \sqrt{x}\,\mathrm{d}x$. Berechnen Sie den Stetigkeitsmodul aus Aufgabe 13.6 und geben Sie eine Schätzung des maximal auftretenden Fehlers in Abhängigkeit von n an.

13.8 •• Ermitteln Sie den Fehlerterm für die Quadraturregel

$$Q[f] = \frac{b-a}{2}(f(a) + f(b))$$

für $\int_a^b f(x)\,\mathrm{d}x$ durch Integration des Interpolationsfehlers $f(x) - p(x)$ bei Interpolation von f durch ein lineares Polynom $p(x) = f(a) + \frac{f(b)-f(a)}{b-a}(x-a)$.

13.9 •• Die zusammengesetzte Trapezregel lautet

$$Q_{2,m}^{\text{zTr}} = h\left[\frac{1}{2} f(a) + f(x_1) + \ldots + f(x_{m-1}) + \frac{1}{2} f(b)\right].$$

Die Daten $f(x_k)$ seien nicht exakt bekannt, sondern es stehen nur Näherungen y_k zur Verfügung, deren Fehler $e_k := f(x_k) - y_k$ jeweils im Betrag durch eine obere Schranke E beschränkt sind. Welchen Effekt haben diese Fehler auf die zusammengesetzte Trapezformel

$$\widetilde{Q}_{2,m}^{\text{zTr}} = h\left[\frac{1}{2} y_0 + y_1 + \ldots + y_{m-1} + \frac{1}{2} y_m\right]?$$

13.10 •• Zeigen Sie mithilfe des Hauptsatzes über Peano-Kerne, dass für eine s-mal stetig differenzierbare Funktion $f : [a,b] \to \mathbb{R}$ das Fehlerfunktional durch

$$R_{n+1}[f] = \frac{R_{n+1}(x^s)}{s!} f^{(s)}(\xi), \quad \xi \in (a,b)$$

abgeschätzt werden kann, wenn der s-te Peano-Kern auf $[a,b]$ sein Vorzeichen nicht ändert.

13.11 ••• Die Simpson-Regel

$$Q_3[f] = \frac{b-a}{6}\left(f(a) + 4f\left(\frac{a+b}{2}\right) + f(b)\right)$$

integriert kubische Polynome $p \in \Pi_3$ exakt. Berechnen Sie den Peano-Kern K_4 und bestimmen Sie damit das Fehlerfunktional $R_3[f]$ nach dem Hauptsatz über Peano-Kerne für Funktionen $f : [-1,1] \to \mathbb{R}$, d. h. für $a = -1, b = 1$.

Rechenaufgaben

13.12 •• Berechnen Sie mithilfe eines Computerprogramms die Werte der Riemann'schen Summe

$$R = \frac{1}{n}\sum_{k=0}^{n-1} f\left(\frac{k}{n}\right)$$

für die Funktion $f(x) = \sqrt{x}$ auf $[a, b] = [0, 1]$ und die Stützstellenanzahl $n = 2$ und $n = 2^{12} = 4096$. Rechnen Sie auf 8 Nachkommastellen. Geben Sie die absoluten Fehler an.

13.13 ••• Bestimmen Sie m in der zusammengesetzten Trapezregel

$$\begin{aligned} Q_{2,m}^{\text{zTr}} &= h\left[\frac{1}{2}f(a) + f(x_1) + \ldots + f(x_{m-1}) + \frac{1}{2}f(b)\right] \\ &= h\left[\sum_{k=1}^{m-1} f(x_k) + \frac{1}{2}(f(a) + f(b))\right] \end{aligned}$$

für das Integral

$$I[\exp(-x^2)] = \int_0^1 \mathrm{e}^{-x^2}\,\mathrm{d}x$$

so, dass das Resultat sicher auf 6 Nachkommastellen genau ist.

13.14 •• Die Funktion

$$f(x) = \frac{1}{\pi}\sum_{k=1}^{\infty} \frac{1}{2^k}\cos(7^k \pi x)$$

ist stetig, aber nirgends differenzierbar. Berechnen Sie das Integral $\int_a^b f(x)\,\mathrm{d}x$ für das Intervall $[a, b] = [0, 0.1]$ bzw. für $[a, b] = [0.4, 0.5]$ jeweils mit der Trapezformel und der Simpson-Regel. Die exakten Vergleichswerte sind:

- für $[a, b] = [0, 0.1]$: 0.0189929,
- für $[a, b] = [0.4, 0.5]$: −0.0329802.

Verwenden Sie eine Schrittweite von $h = 0.001$ und brechen Sie die Reihe an einer Stelle ab, an der die weiteren Summanden keinen Einfluss mehr haben (für $k = 200$ ist bereits $2^k = 1.6 \cdot 10^{60}$!). Berechnen Sie die Quadraturfehler und vergleichen Sie diese. Rechnen Sie unbedingt mit doppelter Genauigkeit.

13.15 ••• Schreiben Sie ein Programm zur Gauß-Quadratur von Funktionen $f\colon [0, 1] \to \mathbb{R}$, wobei Sie 2 und 4 Integrationspunkte zulassen. Berechnen Sie $\int_0^1 \frac{\mathrm{d}x}{1+x^4}$ bis auf acht Nachkommastellen. Der Vergleichswert ist 0.86697299.

Antworten der Selbstfragen

S. 441
Für $f(x) = sx + d$ erhält man durch Integration $\int_a^b f(x)\,\mathrm{d}x = s\frac{x^2}{2} + \mathrm{d}x\Big|_a^b = \frac{s}{2}(b^2 - a^2) + d(b - a)$. Andererseits liefert die Mittelpunktsregel $Q_1^{\text{Mi}}[f] := hf\left(a + \frac{h}{2}\right) = (b - a)f\left(\frac{a+b}{2}\right) = (b - a)\left(s\frac{a+b}{2} + d\right) = \frac{s}{2}(b^2 - a^2) + d(b - a)$.

S. 443
In unserem Fall ist $a = -1, b = 1, x_0 = -c, x_1 = 0, x_2 = c$ und $a_0 = a_2 = \frac{1}{3c^2}, a_1 = 2 - \frac{2}{3c^2}$. Die transformierten Größen ergeben sich zu

$$\begin{aligned} \widetilde{x}_0 &= \widetilde{a} + (x_0 - a)\frac{\widetilde{b} - \widetilde{a}}{b - a} = \widetilde{a} + (1 - c)\frac{\widetilde{b} - \widetilde{a}}{2}, \\ \widetilde{x}_1 &= \widetilde{a} + (x_1 - a)\frac{\widetilde{b} - \widetilde{a}}{b - a} = \widetilde{a} - \frac{\widetilde{b} - \widetilde{a}}{2}, \\ \widetilde{x}_2 &= \widetilde{a} + (x_2 - a)\frac{\widetilde{b} - \widetilde{a}}{b - a} = \widetilde{a} + (1 + c)\frac{\widetilde{b} - \widetilde{a}}{2}, \\ \widetilde{a}_0 &= a_0\frac{\widetilde{b} - \widetilde{a}}{b - a} = \frac{1}{3c^2}\frac{\widetilde{b} - \widetilde{a}}{2}, \\ \widetilde{a}_1 &= a_1\frac{\widetilde{b} - \widetilde{a}}{b - a} = \left(2 - \frac{2}{3c^2}\right)\frac{\widetilde{b} - \widetilde{a}}{2}, \\ \widetilde{a}_2 &= a_2\frac{\widetilde{b} - \widetilde{a}}{b - a} = \frac{1}{3c^2}\frac{\widetilde{b} - \widetilde{a}}{2}. \end{aligned}$$

Mit diesen transformierten Größen ergibt sich die transformierte Quadraturformel zu

$$\widetilde{Q}_3[f] = \sum_{i=0}^{2} \widetilde{a}_i f(\widetilde{x}_i).$$

Im speziellen Fall des Intervalls $[\widetilde{a}, \widetilde{b}] = [0, 2]$ erhalten wir

$$\widetilde{Q}_3[f] = \frac{1}{3c^2}f(1 - c) + \left(2 - \frac{2}{3c^2}\right)f(1) + \frac{1}{3c^2}f(1 + c).$$

S. 446
Der Fehler ist null, denn die Weddle-Regel quadriert noch Polynome bis zum Grad 6 exakt.

S. 453
Jede brauchbare Quadraturregel muss konstante Funktionen exakt integrieren. Setzen wir in $Q[f] = \frac{4h}{3}(2f(x_0) - f(x_1) + 2f(x_2))$ die Funktion $f(x) = 1$ ein, dann muss sich $Q[f] = b - a$ ergeben, und das ist der Fall, wenn die Summe der Koeffizienten a_k gerade $4h$ beträgt.

S. 456
Da f stetig und v' Riemann-integrierbar ist, ist auch das Produkt fv' Riemann-integrierbar. Wir müssen zeigen, dass die Größe I in der Definition des Riemann-Stieltjes-Integrals gerade $\int_a^b f(x)v'(x)\,\mathrm{d}x$ ist, d. h., mit der Abkürzung $\Delta v_k := v(x_k) - v(x_{k-1})$ benötigen wir eine Abschätzung von

$$D := \sum_k f(\xi_k)\Delta v_k - \int_a^b f(x)v'(x)\,\mathrm{d}x.$$

Nun können wir doch einerseits $\Delta v_k = \int_{x_{k-1}}^{x_k} v'(x)\,\mathrm{d}x$ schreiben und andererseits $\int_a^b f(x)v'(x)\mathrm{d}x = \sum_{k=1}^n \int_{x_{k-1}}^{x_k} f(x)v'(x)\mathrm{d}x$. Damit schreibt sich

$$D = \sum_{k=1}^n \int_{x_{k-1}}^{x_k} (f(\xi_k) - f(x))v'(x)\,\mathrm{d}x.$$

Die Funktion f ist als stetige Funktion auf der kompakten Menge $[a, b]$ gleichmäßig stetig und v' ist beschränkt. Daher verschwindet D bei unbeschränkter Verfeinerung der Zerlegung. ■

S. 460
Nach der Darstellung (13.18) wird die Trapezformel immer genauer, je mehr von den Ableitungen $f^{(2k-1)}(a)$ und $f^{(2k-1)}(b)$ die Bedingung

$$f^{(2k-1)}(a) = f^{(2k-1)}(b)$$

erfüllen, denn dann heben sich die Fehlerterme in der Entwicklung (13.18) weg. Diese Bedingung ist aber für periodische Funktionen auf $[a, b]$ gerade erfüllt.

S. 461
Aus (13.19) folgt

$$B_n(x+1) - B_n(x) = n \int \big(B_{n-1}(x+1) - B_{n-1}(x)\big)\,\mathrm{d}x.$$

Für $n = 2$ erhalten wir $B_2(x+1) - B_2(x) = 2\int(x+1-\frac{1}{2} - x + \frac{1}{2})\,\mathrm{d}x = 2x$. Die Integrationskonstante kann entfallen, da in einer Differenz zweier Bernoulli-Polynome vom gleichen Grad die (identischen) Konstanten sich auslöschen. Nehmen wir nun an, die Behauptung gelte für beliebiges n. Dann ist zu zeigen, dass die Behauptung auch für $n+1$ gilt. Wir rechnen

$$\begin{aligned}
&B_{n+1}(x+1) - B_{n+1}(x) \\
&= (n+1)\int (B_n(x+1) - B_n(x))\,\mathrm{d}x \\
&= (n+1)\int nx^{n-1}\,\mathrm{d}x = (n+1)x^n.
\end{aligned}$$

S. 466
Das Intervall $[-1, 1]$ muss affin auf $[a, b]$ transformiert werden. Dabei geht der Randpunkt $x_a := -1$ in den Punkt $y_a := cx_a + d = a$ über und der Randpunkt $x_b := 1$ in den Punkt $y_b := cx_b + d = b$. Aus diesen beiden affinen Gleichungen lassen sich c und d eindeutig bestimmen, nämlich zu $c = (b-a)/2$ und $d = (a+b)/2$. Die affine Transformation ist also

$$y = \frac{b-a}{2}x + \frac{a+b}{2}.$$

Damit transformieren sich die Quadraturknoten $x_0 = -1/\sqrt{3}$ und $x_1 = 1/\sqrt{3}$ zu den Knoten

$$\begin{aligned}
y_0 &:= -\frac{b-a}{2\sqrt{3}} + \frac{a+b}{2}, \\
y_1 &:= \frac{b-a}{2\sqrt{3}} + \frac{a+b}{2}.
\end{aligned}$$

Die Gewichte $\alpha_i = 1$, $i = 0, 1$, transformieren sich nach (13.3) gemäß

$$\widetilde{\alpha}_i := \alpha_i \frac{b-a}{1-(-1)} = \frac{b-a}{2}, \qquad i = 0, 1,$$

sodass die Quadraturregel auf $[a, b]$

$$Q_2[f] = \frac{b-a}{2}\,(f(y_0) + f(y_1))$$

lautet.

Numerik linearer Gleichungssysteme – Millionen von Variablen im Griff

14

Wodurch unterscheiden sich direkte und iterative Verfahren?

Wie funktionieren Iterationsverfahren?

Was ist ein Krylov-Unterraum?

Eine große Vielfalt unterschiedlicher praxisrelevanter Problemstellungen führt in ihrer numerischen Umsetzung und Lösung auf die Betrachtung linearer Gleichungssysteme. Die schnelle Lösung dieser Systeme stellt dabei häufig den wesentlichen Schlüssel zur Entwicklung eines effizienten und robusten Gesamtverfahrens dar. Bei der Lösung linearer Gleichungssysteme unterscheiden wir direkte und iterative Verfahren. Direkte Algorithmen, die auf im Folgenden vorgestellten LR-, Cholesky- und QR-Zerlegungen beruhen, ermitteln bei Vernachlässigung von Rundungsfehlern und unter der Voraussetzung, hinreichend Speicherplatz zur Verfügung zu haben, die exakte Lösung des linearen Gleichungssystems in endlich vielen Schritten. Da die linearen Gleichungssysteme, wie bereits erwähnt, oftmals als Subprobleme innerhalb der numerischen Approximation umfassender Aufgabenstellung auftreten, ist der Nutzer allerdings häufig nicht an der exakten Lösung derartiger Systeme interessiert, da eine Fehlertoleranz in der Größenordnung der bereits zuvor vorgenommen Näherung ausreichend ist. Des Weiteren ist der Aufwand zur exakten Lösung in zahlreichen Fällen viel zu hoch und die auftretenden Rundungsfehler führen zudem gerade bei schlecht konditionierten Problemen oftmals zu unbrauchbaren Ergebnissen. Praxisrelevante Problemstellungen führen zudem in der Regel auf schwach besetzte Matrizen. Die Speicherung derartiger Matrizen wird erst durch die Vernachlässigung der Nullelemente möglich, die häufig über 99 Prozent der Matrixkoeffizienten darstellen. Bei direkten Verfahren können auch bei derartigen Matrizen vollbesetzte Zwischenmatrizen generiert werden, die den verfügbaren Speicherplatz überschreiten. Dagegen können Matrix-Vektor-Produkte, die innerhalb iterativer Verfahren die wesentlichen Operationen repräsentieren, bei schwach besetzten Matrizen sehr effizient berechnet werden, wenn die Struktur der Matrix geeignet berücksichtigt wird. Daher werden in der Praxis zumeist iterative Verfahren eingesetzt. Diese Algorithmen ermitteln sukzessive Näherungen an die gesuchte Lösung auf der Grundlage einer Iterationsvorschrift.

14.1 Gauß-Elimination und QR-Zerlegung

Die Grundidee der direkten Verfahren liegt in einer multiplikativen Zerlegung der regulären Matrix $\boldsymbol{A}$. Auf der Basis einer Produktdarstellung der Matrix $\boldsymbol{A}$ in der Form

$$\boldsymbol{A} = \boldsymbol{B}\boldsymbol{C}$$

ergibt sich die Lösung des Gleichungssystems

$$\boldsymbol{A}\boldsymbol{x} = \boldsymbol{b}$$

gemäß

$$\boldsymbol{x} = \boldsymbol{C}^{-1}\boldsymbol{B}^{-1}\boldsymbol{b}.$$

Folglich müssen die Matrizen $\boldsymbol{B}$ und $\boldsymbol{C}$ derart gewählt werden, dass sich entweder die jeweilige Inverse stabil, schnell und ohne zu großen Speicheraufwand berechnen lässt oder zumindest das Matrix-Vektor-Produkt $\boldsymbol{z} = \boldsymbol{B}^{-1}\boldsymbol{y}$ beziehungsweise $\boldsymbol{z} = \boldsymbol{C}^{-1}\boldsymbol{y}$ implizit durch elementares Lösen des zugehörigen Gleichungssystems

$$\boldsymbol{B}\boldsymbol{z} = \boldsymbol{y} \quad \text{respektive} \quad \boldsymbol{C}\boldsymbol{z} = \boldsymbol{y}$$

effizient ermittelt werden kann.

Das Gauß'sche Eliminationsverfahren entspricht einer LR-Zerlegung

Im Band 1, Abschnitt 5.2 wird ausgeführt, dass der Gauß-Algorithmus, auch Gauß'sches Eliminationsverfahren genannt, in seiner elementaren Form eine sukzessive Umwandlung des linearen Gleichungssystems in ein äquivalentes System mit einer rechten oberen Dreiecksmatrix liefert. Dieses System wird anschließend durch eine sukzessive Rückwärtselimination gelöst. Dieser direkte Einsatz des Verfahrens birgt die Problematik in sich, dass eine nachträgliche Nutzung bei veränderter rechter Seite des Gleichungssystems nicht mehr direkt möglich ist und eine weitere komplette Durchführung des gesamten Verfahrens erfordert. Eine vorteilhaftere Formulierung des Verfahrens liegt in der Überführung der Matrix in eine der folgenden Definition entsprechenden LR-Zerlegung.

Definition der LR-Zerlegung

Die Zerlegung einer Matrix $\boldsymbol{A} \in \mathbb{C}^{n\times n}$ in ein Produkt

$$\boldsymbol{A} = \boldsymbol{L}\boldsymbol{R}$$

aus einer linken unteren Dreiecksmatrix $\boldsymbol{L} \in \mathbb{C}^{n\times n}$ und einer rechten oberen Dreiecksmatrix $\boldsymbol{R} \in \mathbb{C}^{n\times n}$ heißt **LR-Zerlegung**.

Anhand des folgenden Beispiels wollen wir nun den Zusammenhang zwischen dem Gauß-Algorithmus und einer LR-Zerlegung verdeutlichen.

Beispiel Wir betrachten das lineare Gleichungssystem

$$\underbrace{\begin{pmatrix} 1 & 1 & 1 \\ 1 & 2 & 4 \\ 1 & 3 & 5 \end{pmatrix}}_{=\boldsymbol{A}} \underbrace{\begin{pmatrix} x_1 \\ x_2 \\ x_3 \end{pmatrix}}_{=\boldsymbol{x}} = \underbrace{\begin{pmatrix} 6 \\ 17 \\ 22 \end{pmatrix}}_{=\boldsymbol{b}}. \tag{14.1}$$

Der erste Schritt des Gauß'sches Eliminationsverfahren angewandt auf die erweiterte Koeffizientenmatrix lautet

$$\left(\begin{array}{ccc|c} 1 & 1 & 1 & 6 \\ 1 & 2 & 4 & 17 \\ 1 & 3 & 5 & 22 \end{array}\right) \rightsquigarrow \left(\begin{array}{ccc|c} 1 & 1 & 1 & 6 \\ 0 & 1 & 3 & 11 \\ 0 & 2 & 4 & 16 \end{array}\right)$$

und ist äquivalent zur Multiplikation der Gleichung (14.1) von links mit der linken unteren Dreiecksmatrix

Übersicht: Zusammenhang iterativer und direkter Verfahren

Zur effizienten und robusten Nutzung iterativer Verfahren ist oftmals eine Vorkonditionierung des Gleichungssystems zur Verringerung der Konditionszahl der im System betrachteten Matrix wichtig. Sowohl an dieser Stelle als auch bei der Lösung intern auftretender kleiner Problemstellungen sind wiederum direkte Methoden hilfreich. Obwohl direkte Verfahren häufig nicht unmittelbar zur Lösung eines vorliegenden Gleichungssystems genutzt werden, sollte der versierte Anwender schon aufgrund dieses Sachverhaltes Kenntnisse bei beiden Verfahrenstypen besitzen und Aussagen über ihre Eigenschaften und Gültigkeitsbereiche kennen.

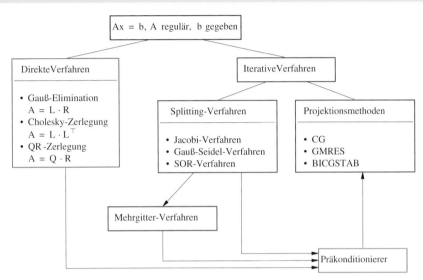

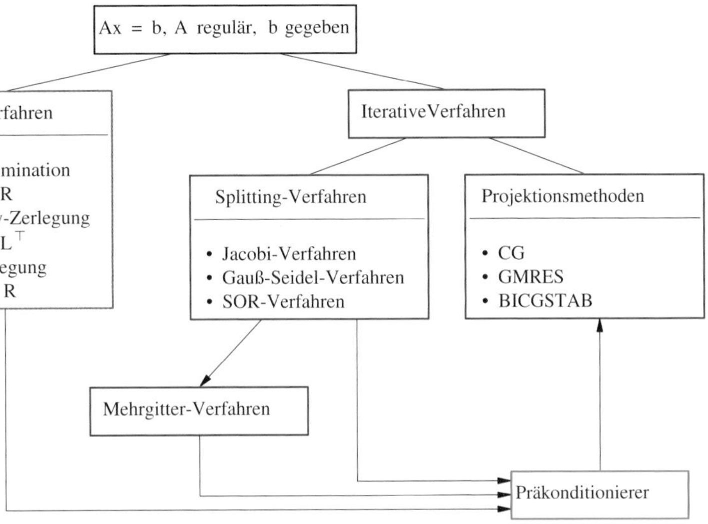

Die Grafik verdeutlicht einige Zusammenhänge zwischen den unterschiedlichen Verfahren. Die innerhalb dieses Kapitels vorgestellten direkten Verfahren werden häufig sehr gewinnbringend in einer unvollständigen Formulierung zur Vorkonditionierung eines linearen Gleichungssystems eingesetzt, wodurch die Konvergenzgeschwindigkeit der heute sehr verbreiteten Krylov-Unterraum-Verfahren in vielen Fällen wesentlich verbessert werden kann. Neben dieser wichtigen Rolle spielen die direkten Methoden aber auch in zahlreichen weiteren Bereichen der numerischen Mathematik eine bedeutende Rolle. Erwähnt sei an dieser Stelle beispielsweise die QR-Zerlegung, der wir auch bei der Lösung von Eigenwertproblemen und linearen Ausgleichsproblemen an sehr renommierter Stelle wieder begegnen werden. Bei den iterativen Verfahren finden wir in der vorliegenden Grafik drei Blöcke. Neben den angesprochenen Krylov-Unterraum-Verfahren, die eine spezielle Gruppe der sog. Projektionsmethoden darstellen, werden Mehrgitterverfahren oftmals sehr erfolgreich angewendet. Dagegen spielen die bereits sehr lange bekannten Splitting-Methoden in der unmittelbaren Anwendung auf Gleichungssysteme der Praxis eine eher untergeordnete Rolle. Für diese Verfahren gilt aber Ähnliches wie für die bereits angesprochenen direkten Algorithmen. Einerseits können Erkenntnisse dieser Methoden sehr effizient im Rahmen der Vorkonditionierung genutzt werden und andererseits benötigen Mehrgitterverfahren sog. Glätter, die auf der Grundlage relaxierter Splitting-Methoden hergeleitet werden können.

Bemerkungen: Eine umfassende Darstellung und Analyse moderner Krylov-Unterraum-Verfahren übersteigt die Zielsetzung dieses Buches und es sei an dieser Stelle auf folgende Literatur verwiesen:

Literatur

Andreas Meister: *Numerik linearer Gleichungssysteme.* 5. Aufl., Springer Spektrum, 2015.

$$\boldsymbol{L}_1 = \begin{pmatrix} 1 & 0 & 0 \\ -\dfrac{a_{21}}{a_{11}} & 1 & 0 \\ -\dfrac{a_{31}}{a_{11}} & 0 & 1 \end{pmatrix} = \begin{pmatrix} 1 & 0 & 0 \\ -1 & 1 & 0 \\ -1 & 0 & 1 \end{pmatrix},$$

denn es gilt

$$\boldsymbol{L}_1\boldsymbol{A} = \underbrace{\begin{pmatrix} 1 & 1 & 1 \\ 0 & 1 & 3 \\ 0 & 2 & 4 \end{pmatrix}}_{=:\,\widetilde{\boldsymbol{A}}} \quad \text{und} \quad \boldsymbol{L}_1\boldsymbol{b} = \underbrace{\begin{pmatrix} 6 \\ 11 \\ 16 \end{pmatrix}}_{=:\,\widetilde{\boldsymbol{b}}}. \tag{14.2}$$

Mit dem anschließenden zweiten Schritt des Gauß-Algorithmus erhalten wir

$$\left(\begin{array}{ccc|c} 1 & 1 & 1 & 6 \\ 0 & 1 & 3 & 11 \\ 0 & 2 & 4 & 16 \end{array}\right) \rightsquigarrow \left(\begin{array}{ccc|c} 1 & 1 & 1 & 6 \\ 0 & 1 & 3 & 11 \\ 0 & 0 & -2 & -6 \end{array}\right).$$

Diese Umformung ist gleichbedeutend mit einer Multiplikation beider Terme in (14.2) von links mit der linken unteren Dreiecksmatrix

$$L_2 = \begin{pmatrix} 1 & 0 & 0 \\ 0 & 1 & 0 \\ 0 & -\frac{\widetilde{a}_{32}}{\widetilde{a}_{22}} & 1 \end{pmatrix} = \begin{pmatrix} 1 & 0 & 0 \\ 0 & 1 & 0 \\ 0 & -2 & 1 \end{pmatrix},$$

denn es gilt

$$L_2 \begin{pmatrix} 1 & 1 & 1 \\ 0 & 1 & 3 \\ 0 & 2 & 4 \end{pmatrix} = \underbrace{\begin{pmatrix} 1 & 1 & 1 \\ 0 & 1 & 3 \\ 0 & 0 & -2 \end{pmatrix}}_{=R} = L_2 L_1 A$$

und

$$L_2 \begin{pmatrix} 6 \\ 11 \\ 16 \end{pmatrix} = \begin{pmatrix} 6 \\ 11 \\ -6 \end{pmatrix} = L_2 L_1 b\,.$$

Das entstandene Dreieckssystem kann nun wie bereits erwähnt durch eine einfache Rückwärtselimination gelöst werden. Aus der obigen Herleitung erkennen wir zudem, dass der Zusammenhang

$$L_2 L_1 A = R$$

mit der rechten oberen Dreiecksmatrix R vorliegt. Falls $L := L_1^{-1} L_2^{-1}$ eine linke untere Dreiecksmatrix repräsentiert, so haben wir mit

$$LR = L_1^{-1} L_2^{-1} R = L_1^{-1} L_2^{-1} L_2 L_1 A = A \qquad (14.3)$$

eine LR-Zerlegung der Matrix A gefunden. ◀

Definition Frobenius-Matrix

Eine Matrix, deren Diagonale ausschließlich Einsen aufweist und die zusätzlich nur in einer Spalte Werte ungleich null besitzt, wird als **Frobenius-Matrix** bezeichnet.

Mit der obigen Festlegung können wir folgenden Merkregel formulieren:

Jeder Eliminationsschritt des Gauß-Algorithmus entspricht einer linksseitigen Multiplikation des Systems mit einer Frobenius-Matrix.

Von dem Gauß'schen Eliminationsverfahren ist bekannt, dass eine direkte Durchführung des k-ten Schrittes nur dann möglich ist, wenn das entsprechende Diagonalelement an der Position (k, k) ungleich null ist. Diese Erkenntnis deckt sich auch mit der Definition der linken unteren Dreiecksmatrizen im obigen Beispiel, da die Berechnung dieser Matrizen stets eine Division durch das Diagonalelement erfordert. Folglich liegt der Verdacht nahe, dass eine LR-Zerlegung nicht für alle regulären Matrizen existiert. Diese Vermutung lässt sich sehr einfach bestätigen. Betrachten wir eine reguläre Matrix $A \in \mathbb{C}^{n \times n}$ mit zugehöriger LR-Zerlegung. Aufgrund des Determinantenmultiplikationssatzes erhalten wir

$$0 \neq \det(A) = \det(LR) = \det(L) \cdot \det(R)\,,$$

womit sich direkt die Regularität der Dreiecksmatrizen L und R ergibt. Somit weisen beide Matrizen nichtverschwindende Diagonaleinträge $\ell_{11}, \ldots, \ell_{nn}$ respektive $r_{11}, \ldots, r_{nn}$ auf, woraus wir für die Matrix A direkt

$$a_{11} = \ell_{11} r_{11} \neq 0$$

folgern. Für die reguläre Matrix

$$A = \begin{pmatrix} 0 & 1 \\ 1 & 1 \end{pmatrix}$$

existiert aufgrund der obigen Überlegung somit keine LR-Zerlegung. Aber mit der Matrix

$$P = \begin{pmatrix} 0 & 1 \\ 1 & 0 \end{pmatrix}$$

folgt

$$PA = \begin{pmatrix} 1 & 1 \\ 0 & 1 \end{pmatrix} = \underbrace{\begin{pmatrix} 1 & 0 \\ 0 & 1 \end{pmatrix}}_{=L} \underbrace{\begin{pmatrix} 1 & 1 \\ 0 & 1 \end{pmatrix}}_{=R}.$$

Definition einer Permutationsmatrix

Eine Matrix $P \in \mathbb{R}^{n \times n}$, die durch Spaltenvertauschung aus der Einheitsmatrix $I \in \mathbb{R}^{n \times n}$ erzeugt werden kann, wird als **Permutationsmatrix** bezeichnet.

Spezielle Permutationsmatrizen, die sich aus der Einheitsmatrix durch Vertauschung genau der k-ten und j-ten Spalte ergeben, schreiben wir in der Form P_{kj}.

?

Sind Produkte von Permutationsmatrizen wiederum Permutationsmatrizen?

Für die konkrete Umsetzung eines Verfahrens zur Berechnung einer LR-Zerlegung benötigen wir vorab einige Eigenschaften von Dreiecksmatrizen, die wir an dieser Stelle zusammenstellen werden.

Lemma
Seien $\boldsymbol{L}, \widetilde{\boldsymbol{L}} \in \mathbb{C}^{n\times n}$ linke untere und $\boldsymbol{R}, \widetilde{\boldsymbol{R}} \in \mathbb{C}^{n\times n}$ rechte obere Dreiecksmatrizen, dann sind $\boldsymbol{L}\widetilde{\boldsymbol{L}}$ und $\boldsymbol{R}\widetilde{\boldsymbol{R}}$ ebenfalls linke untere beziehungsweise rechte obere Dreiecksmatrizen.

Beweis: Sei $\overline{\boldsymbol{L}} = \left(\overline{l}_{ij}\right)_{i,j=1,\ldots,n}$ mit $\overline{\boldsymbol{L}} := \boldsymbol{L}\widetilde{\boldsymbol{L}}$, dann folgt für $j > i$

$$\overline{l}_{ij} = \sum_{m=1}^{n} l_{im}\widetilde{l}_{mj} = \sum_{m=1}^{j-1} l_{im} \underbrace{\widetilde{l}_{mj}}_{=0} + \sum_{m=j}^{n} \underbrace{l_{im}}_{=0} \widetilde{l}_{mj} = 0\,.$$

Analog ergibt sich die Behauptung für die rechten oberen Dreiecksmatrizen. ∎

Zur Herleitung der gewünschten LR-Zerlegung aus der im obigen Beispiel präsentierten Umformung mussten in (14.3) die Inversen der linken unteren Dreiecksmatrizen verwendet werden. Eine genauere Untersuchung dieser Matrizen ist folglich inhärent wichtig für den Nachweis der Existenz einer LR-Zerlegung.

Lemma
Seien $\boldsymbol{\ell}_i = (0,\ldots,0,\ell_{i+1,i},\ldots,\ell_{n,i})^T \in \mathbb{C}^n$ und $\boldsymbol{e}_i \in \mathbb{R}^n$ der i-te Einheitsvektor, dann gilt für $\boldsymbol{L}_i = \boldsymbol{I} - \boldsymbol{\ell}_i\boldsymbol{e}_i^T \in \mathbb{C}^{n\times n}$

(a) $\boldsymbol{L}_i^{-1} = \boldsymbol{I} + \boldsymbol{\ell}_i\boldsymbol{e}_i^T$.

(b) $\boldsymbol{L}_1^{-1}\boldsymbol{L}_2^{-1}\ldots\boldsymbol{L}_k^{-1} = \boldsymbol{I} + \sum\limits_{i=1}^{k} \boldsymbol{\ell}_i\boldsymbol{e}_i^T$ für $k = 1,\ldots,n-1$.

Beweis: Zu (a):
Da $\boldsymbol{L}_i$ eine untere Dreiecksmatrix mit Einheitsdiagonale darstellt, existiert genau eine Matrix $\boldsymbol{L}_i^{-1}$ mit $\boldsymbol{L}_i^{-1}\boldsymbol{L}_i = \boldsymbol{L}_i\boldsymbol{L}_i^{-1} = \boldsymbol{I}$. Hieraus folgt die Behauptung (a) durch

$$(\boldsymbol{I} - \boldsymbol{\ell}_i\boldsymbol{e}_i^T)(\boldsymbol{I} + \boldsymbol{\ell}_i\boldsymbol{e}_i^T) = \boldsymbol{I} - \boldsymbol{\ell}_i\boldsymbol{e}_i^T + \boldsymbol{\ell}_i\boldsymbol{e}_i^T - \underbrace{\boldsymbol{\ell}_i \underbrace{\boldsymbol{e}_i^T\boldsymbol{\ell}_i}_{=0} \boldsymbol{e}_i^T}_{=\boldsymbol{0}} = \boldsymbol{I}\,.$$

Zu (b):
Wir führen den Beweis durch eine Induktion über k. Für $k = 1$ liefert (a) die Behauptung. Gelte die Aussage für ein $k \in \{1,\ldots,n-1\}$, dann folgt

$$\begin{aligned}\boldsymbol{L}_1^{-1}\ldots\boldsymbol{L}_k^{-1}\boldsymbol{L}_{k+1}^{-1} &= \left(\boldsymbol{I} + \sum_{i=1}^{k}\boldsymbol{\ell}_i\boldsymbol{e}_i^T\right)\left(\boldsymbol{I} + \boldsymbol{\ell}_{k+1}\boldsymbol{e}_{k+1}^T\right)\\ &= \boldsymbol{I} + \boldsymbol{\ell}_{k+1}\boldsymbol{e}_{k+1}^T + \sum_{i=1}^{k}\boldsymbol{\ell}_i\boldsymbol{e}_i^T + \sum_{i=1}^{k}\boldsymbol{\ell}_i\underbrace{\boldsymbol{e}_i^T\boldsymbol{\ell}_{k+1}}_{=0}\boldsymbol{e}_{k+1}^T\\ &= \boldsymbol{I} + \sum_{i=1}^{k+1}\boldsymbol{\ell}_i\boldsymbol{e}_i^T\,.\end{aligned}$$

∎

Lemma
Sei $\boldsymbol{L} \in \mathbb{C}^{n\times n}$ eine reguläre linke untere Dreiecksmatrix, dann stellt auch $\boldsymbol{L}^{-1} \in \mathbb{C}^{n\times n}$ eine linke untere Dreiecksmatrix dar. Für reguläre rechte obere Dreiecksmatrizen $\boldsymbol{R} \in \mathbb{C}^{n\times n}$ gilt die analoge Aussage.

Beweis: Definieren wir $\boldsymbol{D} = \operatorname{diag}\{\ell_{11},\ldots,\ell_{nn}\}$ mittels der Diagonaleinträge der Matrix $\boldsymbol{L}$, dann gilt $\det \boldsymbol{D} \neq 0$ und

$$\widetilde{\boldsymbol{L}} := \boldsymbol{D}^{-1}\boldsymbol{L}$$

stellt mit dem auf Seite 487 aufgeführten Lemma ebenfalls eine untere Dreiecksmatrix dar, die zudem eine Einheitsdiagonale besitzt. Somit hat $\widetilde{\boldsymbol{L}}$ die Form $\widetilde{\boldsymbol{L}} = \boldsymbol{I} + \sum_{i=1}^{n-1}\widetilde{\boldsymbol{\ell}}_i\boldsymbol{e}_i^T$ mit

$$\widetilde{\boldsymbol{\ell}}_i = (0,\ldots,0,\widetilde{\ell}_{i+1,i},\ldots,\widetilde{\ell}_{n,i})^T$$

und kann unter Verwendung der Matrizen $\widetilde{\boldsymbol{L}}_i = \boldsymbol{I} + \widetilde{\boldsymbol{\ell}}_i\boldsymbol{e}_i^T$ $(i = 1,\ldots,n-1)$ als ein Produkt

$$\widetilde{\boldsymbol{L}} = \widetilde{\boldsymbol{L}}_1 \cdot \ldots \cdot \widetilde{\boldsymbol{L}}_{n-1}$$

dargestellt werden. Für die Inverse ergibt sich $\widetilde{\boldsymbol{L}}^{-1} = \widetilde{\boldsymbol{L}}_{n-1}^{-1} \cdot \ldots \cdot \widetilde{\boldsymbol{L}}_1^{-1}$ mit $\widetilde{\boldsymbol{L}}_i^{-1} = \boldsymbol{I} - \widetilde{\boldsymbol{\ell}}_i\boldsymbol{e}_i^T$ $(i = 1,\ldots,n-1)$ laut obigem Lemma. Die Matrix $\boldsymbol{L}^{-1}$ lässt sich folglich als Produkt unterer Dreiecksmatrizen in der Form $\boldsymbol{L}^{-1} = \widetilde{\boldsymbol{L}}_{n-1}^{-1}\cdot\ldots\cdot\widetilde{\boldsymbol{L}}_1^{-1}\boldsymbol{D}^{-1}$ schreiben und stellt somit nach dem Lemma gemäß Seite 487 ebenfalls eine linke untere Dreiecksmatrix dar.

Mit $\boldsymbol{R}^T(\boldsymbol{R}^{-1})^T = (\boldsymbol{R}^{-1}\boldsymbol{R})^T = \boldsymbol{I} = \boldsymbol{R}^T(\boldsymbol{R}^T)^{-1}$ folgt $(\boldsymbol{R}^T)^{-1} = (\boldsymbol{R}^{-1})^T$. Unter Verwendung des obigen Beweisteils stellt mit $\boldsymbol{L} = \boldsymbol{R}^T$ auch $\boldsymbol{L}^{-1} = (\boldsymbol{R}^T)^{-1}$ eine linke untere Dreiecksmatrix dar, wodurch $\boldsymbol{R}^{-1} = \left((\boldsymbol{R}^T)^{-1}\right)^T$ eine rechte obere Dreiecksmatrix repräsentiert. ∎

Zusammenfassend sind wir nun in der Lage das Gauß'sche Eliminationsverfahren kompakt zu formulieren.

Algorithmus zur Gauß-Elimination

Setze $\boldsymbol{A}^{(1)} := \boldsymbol{A}$ und $\boldsymbol{b}^{(1)} := \boldsymbol{b}$
Für $k = 1,\ldots,n-1$
  Wähle $j \geq k$ mit $a_{jk}^{(k)} \neq 0$.
  Setze $\widetilde{\boldsymbol{A}}^{(k)} := \boldsymbol{P}_{kj}\boldsymbol{A}^{(k)}$ und $\widetilde{\boldsymbol{b}}^{(k)} := \boldsymbol{P}_{kj}\boldsymbol{b}^{(k)}$.
  Definiere die Frobenius-Matrix $\boldsymbol{L}_k$ mit $l_{ik} = \widetilde{a}_{ik}^{(k)}/\widetilde{a}_{kk}^{(k)}$, $i = k+1,\ldots,n$.
  Setze $\boldsymbol{A}^{(k+1)} := \boldsymbol{L}_k\widetilde{\boldsymbol{A}}^{(k)}$ und $\boldsymbol{b}^{(k+1)} := \boldsymbol{L}_k\widetilde{\boldsymbol{b}}^{(k)}$.
Löse $\boldsymbol{A}^{(n)}\boldsymbol{x} = \boldsymbol{b}^{(n)}$ durch Rückwärtselimination.

Nicht jede Matrix besitzt eine LR-Zerlegung

Wir wollen uns an dieser Stelle mit der Frage befassen, für welche Klasse regulärer Matrizen $\boldsymbol{A}$ LR-Zerlegungen bestimmt werden können.

1. Satz zur Existenz einer LR-Zerlegung

Sei $\boldsymbol{A} \in \mathbb{C}^{n\times n}$ eine reguläre Matrix, dann existiert eine Permutationsmatrix $\boldsymbol{P} \in \mathbb{R}^{n\times n}$ derart, dass $\boldsymbol{PA}$ eine LR-Zerlegung besitzt.

Beweis: Für alle im obigen Algorithmus berechneten Matrizen $\boldsymbol{A}^{(k)}$ gilt

$$a_{i\ell}^{(k)} = 0 \quad \text{für} \quad \ell = 1, \ldots, k-1, \quad i > \ell\,. \tag{14.4}$$

Da $\det \boldsymbol{L}_\ell \neq 0 \neq \det \boldsymbol{P}_{\ell, j_\ell}$ für alle $\ell = 1, \ldots, k-1$, $j_\ell \geq \ell$ gilt, folgt

$$\det \boldsymbol{A}^{(k)} = \det\left(\boldsymbol{L}_{k-1}\boldsymbol{P}_{k-1,j_{k-1}}\ldots\boldsymbol{L}_1\boldsymbol{P}_{1,j_1}\boldsymbol{A}\right) \neq 0\,.$$

Somit existiert ein $i \in \{k, \ldots, n\}$ mit $a_{ik}^{(k)} \neq 0$ und der vorgestellte Algorithmus bricht nicht vor der Berechnung von $\boldsymbol{A}^{(n)}$ ab. Zudem stellt

$$\boldsymbol{R} := \boldsymbol{A}^{(n)} = \boldsymbol{L}_{n-1}\boldsymbol{P}_{n-1,j_{n-1}}\ldots\boldsymbol{L}_1\boldsymbol{P}_{1,j_1}\boldsymbol{A} \tag{14.5}$$

mit (14.4) eine obere Dreiecksmatrix dar. Alle $\boldsymbol{L}_i$ lassen sich hierbei in der Form

$$\boldsymbol{L}_i = \boldsymbol{I} - \boldsymbol{\ell}_i\boldsymbol{e}_i^T, \quad \boldsymbol{\ell}_i = (0, \ldots, 0, \ell_{i+1,i}, \ldots, \ell_{n,i})^T$$

schreiben, und es gilt $\boldsymbol{P}_{k,j_k}\boldsymbol{e}_i = \boldsymbol{e}_i$ sowie

$$\boldsymbol{P}_{k,j_k}\boldsymbol{\ell}_i =: \hat{\boldsymbol{\ell}}_i = (0, \ldots, 0, \hat{\ell}_{i+1,i}, \ldots, \hat{\ell}_{n,i})^T$$

für alle $i < k \leq j_k$. Für $i < k \leq j_k$ folgt hiermit unter Berücksichtigung von $\boldsymbol{P}_{k,j_k} = \boldsymbol{P}_{k,j_k}^T$ die Gleichung

$$\begin{aligned}\boldsymbol{P}_{k,j_k}\boldsymbol{L}_i &= \boldsymbol{P}_{k,j_k}(\boldsymbol{I} - \boldsymbol{\ell}_i\boldsymbol{e}_i^T) = \boldsymbol{P}_{k,j_k} - \hat{\boldsymbol{\ell}}_i\boldsymbol{e}_i^T \\ &= \boldsymbol{P}_{k,j_k} - \hat{\boldsymbol{\ell}}_i(\boldsymbol{P}_{k,j_k}\boldsymbol{e}_i)^T = \boldsymbol{P}_{k,j_k} - \hat{\boldsymbol{\ell}}_i\boldsymbol{e}_i^T\boldsymbol{P}_{k,j_k} = \widehat{\boldsymbol{L}}_i\boldsymbol{P}_{k,j_k}\end{aligned}$$

mit einer unteren Dreiecksmatrix $\widehat{\boldsymbol{L}}_i = \boldsymbol{I} - \hat{\boldsymbol{\ell}}_i\boldsymbol{e}_i^T$. Die Verwendung der Gleichung (14.5) liefert

$$\boldsymbol{R} = \underbrace{\boldsymbol{L}_{n-1}\widehat{\boldsymbol{L}}_{n-2}\ldots\widehat{\boldsymbol{L}}_1}_{=:\widetilde{\boldsymbol{L}}}\underbrace{\boldsymbol{P}_{n-1,j_{n-1}}\ldots\boldsymbol{P}_{1,j_1}}_{=:\boldsymbol{P}}\boldsymbol{A}$$

mit einer Permutationsmatrix $\boldsymbol{P}$. Da $\widetilde{\boldsymbol{L}}$ eine untere Dreiecksmatrix darstellt, folgt mit dem auf Seite 487 aufgeführten Lemma, dass $\boldsymbol{L} := \widetilde{\boldsymbol{L}}^{-1}$ eine untere Dreiecksmatrix repräsentiert und es ergibt sich die behauptete Darstellung $\boldsymbol{LR} = \boldsymbol{PA}$. ■

Es verbleibt noch die Frage, für welche Matrizen eine unmittelbare LR-Zerlegung existiert. Anders formuliert suchen wir nach Matrizen, bei denen der Algorithmus zur Gauß-Elimination ohne Verwendung von Permutationsmatrizen durchgeführt werden kann. Bei der ersten Untersuchung notwendiger Voraussetzungen für die Existenz einer LR-Zerlegung bei einer regulären Matrix $\boldsymbol{A}$ hatten wir bereits erkannt, dass das Element a_{11} ungleich null sein muss. Wir formulieren mit der folgenden Definition eine Klasse von Matrizen, deren Elemente dieser Forderung gerecht werden und, wie wir im Weiteren sehen werden, auch genau die Gruppe regulärer Matrizen beschreibt, die eine LR-Zerlegung besitzen.

Definition Hauptabschnittsmatrix

Sei $\boldsymbol{A} \in \mathbb{C}^{n\times n}$ gegeben, dann heißt

$$\boldsymbol{A}[k] := \begin{pmatrix} a_{11} & \ldots & a_{1k} \\ \vdots & \ddots & \vdots \\ a_{k1} & \ldots & a_{kk} \end{pmatrix} \in \mathbb{C}^{k\times k} \text{ für } k \in \{1, \ldots, n\}$$

die führende $k \times k$-**Hauptabschnittsmatrix** von $\boldsymbol{A}$ und $\det \boldsymbol{A}[k]$ die führende $k \times k$-**Hauptabschnittsdeterminante** von $\boldsymbol{A}$.

Lemma

Sei $\boldsymbol{A} = \left(a_{ij}\right)_{i,j=1,\ldots,n} \in \mathbb{C}^{n\times n}$ und sei $\boldsymbol{L} = \left(\ell_{ij}\right)_{i,j=1,\ldots,n} \in \mathbb{C}^{n\times n}$ eine untere Dreiecksmatrix, dann gilt

$$(\boldsymbol{LA})\,[k] = \boldsymbol{L}[k]\boldsymbol{A}[k] \quad \text{für } k = 1, \ldots, n\,.$$

Beweis: Sei $k \in \{1, \ldots, n\}$. Für $i, j \in \{1, \ldots, k\}$ folgt mit $\ell_{im} = 0$ für $m > k \geq i$

$$\begin{aligned}((\boldsymbol{LA})[k])_{ij} &= \sum_{m=1}^{n}\ell_{im}a_{mj} = \sum_{m=1}^{k}\ell_{im}a_{mj} + \sum_{m=k+1}^{n}\underbrace{\ell_{im}}_{=0}a_{mj} \\ &= \sum_{m=1}^{k}\ell_{im}a_{mj} = (\boldsymbol{L}[k]\boldsymbol{A}[k])_{ij}\,.\end{aligned}$$

■

Auf der Grundlage der Hauptabschnittsmatrizen sind wir mit dem folgenden Satz in der Lage, die Existenz einer LR-Zerlegung an einer gegebenen Matrix $\boldsymbol{A}$ direkt abzulesen.

2. Satz zur Existenz einer LR-Zerlegung

Sei $\boldsymbol{A} \in \mathbb{C}^{n\times n}$ regulär, dann besitzt $\boldsymbol{A}$ genau dann eine LR-Zerlegung, wenn

$$\det \boldsymbol{A}[k] \neq 0 \quad \forall k = 1, \ldots, n$$

gilt.

Beweis: „⇒": Gelte $\boldsymbol{A} = \boldsymbol{LR}$.
Aufgrund der Regularität der Matrix $\boldsymbol{A}$ liefert der Determinantenmultiplikationssatz

$$\det \boldsymbol{L}[n] \cdot \det \boldsymbol{R}[n] = \det \boldsymbol{A}[n] \neq 0$$

und folglich

$$\det \boldsymbol{L}[n] \neq 0 \neq \det \boldsymbol{R}[n]\,.$$

Da $\boldsymbol{L}$ und $\boldsymbol{R}$ Dreiecksmatrizen repräsentieren, folgt hierdurch

$$\det \boldsymbol{L}[k] \neq 0 \neq \det \boldsymbol{R}[k]$$

für $k = 1, \dots, n$ und mit dem Lemma laut Seite 488 ergibt sich

$$\det \boldsymbol{A}[k] = \det(\boldsymbol{L}\boldsymbol{R})[k] = \det \boldsymbol{L}[k] \cdot \det \boldsymbol{R}[k] \neq 0\,.$$

„$\Leftarrow$": Gelte $\det \boldsymbol{A}[k] \neq 0$ für alle $k = 1, \dots, n$.
$\boldsymbol{A}$ besitzt eine LR-Zerlegung, falls der Algorithmus zur Gauß'schen Elimination mit $\boldsymbol{P}_{kk} = \boldsymbol{I}$, $k = 1, \dots, n-1$ durchgeführt werden kann, d. h., wenn $a_{kk}^{(k)} \neq 0$ für $k = 1, \dots, n-1$ gilt.

Für $k = 1$ gilt $a_{11}^{(1)} = \det \boldsymbol{A}[k] \neq 0$, wodurch $\boldsymbol{P}_{11} = \boldsymbol{I}$ wählbar ist.

Sei $a_{jj}^{(j)} \neq 0$ für alle $j \leq k < n-1$, dann folgt

$$\boldsymbol{A}^{(k+1)} = \boldsymbol{L}_k \dots \boldsymbol{L}_1 \boldsymbol{A}\,,$$

und wir erhalten wiederum mit bereits oben erwähnten Lemma gemäß Seite 488

$$\begin{aligned}&\det \boldsymbol{A}^{(k+1)}[k+1] \\ &\quad = \det \boldsymbol{L}_k[k+1] \cdot \ldots \cdot \det \boldsymbol{L}_1[k+1] \cdot \det \boldsymbol{A}[k+1] \neq 0\,.\end{aligned}$$

Da $\boldsymbol{A}^{(k+1)}[k+1]$ eine obere Dreiecksmatrix darstellt, folgt

$$a_{k+1,k+1}^{(k+1)} \neq 0\,.$$

■

Pivotisierung bewirkt numerische Stabilität

Die Vertauschung von Zeilen oder, wie wir noch sehen werden, auch die Vertauschung von Spalten respektive die Kombination beider Vorgänge ist nicht nur aus der Sicht einer prinzipiellen Ermittlung einer LR-Zerlegung von Bedeutung. Die Operationen werden als **Pivotisierung** oder **Pivotierung** bezeichnet und können auch zur numerischen Stabilisierung des Verfahrens genutzt werden. Der Grund hierfür liegt in der Rechengenauigkeit. Die Auswirkungen eines solchen Vorgehens wollen wir durch das folgende Beispiel verdeutlichen.

Beispiel Sei $\varepsilon \ll 1$ derart, dass für Konstanten $c \neq 0$ und d bei Maschinengenauigkeit

$$c \pm \varepsilon = c \quad \text{respektive} \quad d \pm \frac{c}{\varepsilon} = \frac{c}{\varepsilon}$$

gilt. Wir betrachten das Gleichungssystem $\boldsymbol{A}\boldsymbol{x} = \boldsymbol{b}$ in der Form

$$\begin{aligned}\varepsilon x_1 + 2x_2 &= 1\\ x_1 + x_2 &= 1\,,\end{aligned}$$

das die exakten Lösung

$$x_1 = \frac{1}{2-\varepsilon} \approx 0.5\,, \quad x_2 = \frac{1-\varepsilon}{2-\varepsilon} \approx 0.5$$

besitzt. Mit dem Gauß'schen Eliminationsverfahren erhalten wir

$$\begin{aligned}\varepsilon x_1 + 2x_2 &= 1\\ \left(1 - \frac{2}{\varepsilon}\right) x_2 &= 1 - \frac{1}{\varepsilon}\end{aligned}$$

und damit aufgrund der vorliegenden Rechengenauigkeit

$$x_2 = \frac{1}{\varepsilon} \cdot \frac{\varepsilon}{2} = 0.5\,.$$

Einsetzen in die erste Gleichung liefert $\varepsilon x_1 + 1 = 1$, wodurch $x_1 = 0$ folgt. Die konkrete Wirkung dieser Rundungsfehler bei variierendem Parameter ε wird in der folgenden Tabelle deutlich, aus der wir auch gleich die Maschinengenauigkeit des genutzten Verfahrens entnehmen können.

Eliminationsverfahren ohne Zeilentausch					
ε	x_1	x_2	ε	x_1	x_2
10^{-1}	0.5263	0.4737	10^{-14}	0.4996	0.5000
10^{-3}	0.5003	0.4997	10^{-15}	0.5551	0.5000
10^{-5}	0.5000	0.5000	10^{-16}	0.0000	0.5000
10^{-10}	0.5000	0.5000	10^{-20}	0.0000	0.5000

Eine vorherige Zeilenvertauschung führt dagegen zum Gleichungssystem

$$\begin{aligned}x_1 + x_2 &= 1\\ \varepsilon x_1 + 2x_2 &= 1\,.\end{aligned}$$

Hieraus folgt mit dem Gauß'schen Eliminationsverfahren:

$$\begin{aligned}x_1 + x_2 &= 1\\ (2-\varepsilon)x_2 &= 1 - \varepsilon\,,\end{aligned}$$

sodass wir $x_2 = 0.5$ und $x_1 = 1 - x_2 = 0.5$ als Lösung erhalten. Die deutliche Stabilisierung des Verfahrens hinsichtlich der auftretenden Rundungsfehler können wir auch der folgenden Tabelle klar entnehmen.

Eliminationsverfahren mit Zeilentausch					
ε	x_1	x_2	ε	x_1	x_2
10^{-1}	0.5263	0.4737	10^{-14}	0.5000	0.5000
10^{-3}	0.5003	0.4997	10^{-15}	0.5000	0.5000
10^{-5}	0.5000	0.5000	10^{-16}	0.5000	0.5000
10^{-10}	0.5000	0.5000	10^{-20}	0.5000	0.5000

◀

Wir unterscheiden drei Pivotisierungsarten, wobei die einzelnen Suchbereiche entsprechend der Abbildung 14.1 farblich gekennzeichnet sind:

1. Spaltenpivotisierung ▪ · □ :

   Sei j_1 derjenige Index für den $|a_{jk}^{(k)}|$ über j maximal wird, d. h., $j_1 = \arg\max_{j=k,\dots,n} |a_{jk}^{(k)}|$. Definiere die Permutationsmatrix $\boldsymbol{P}_{kj_1}$ nach der auf Seite 486 und dem

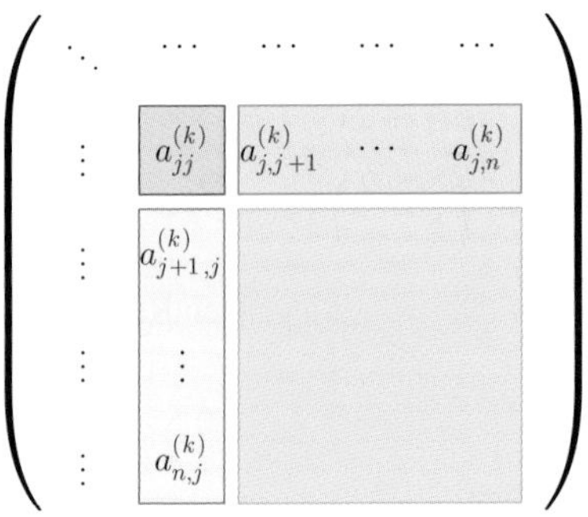

Abbildung 14.1 Farblich hervorgehobene Suchbereiche zur Pivotisierung.

anschließenden Kommentar formulierten Festlegung und betrachte das zu $\boldsymbol{A}^{(k)}\boldsymbol{x} = \boldsymbol{b}$ äquivalente System

$$\boldsymbol{P}_{kj_1}\boldsymbol{A}^{(k)}\boldsymbol{x} = \boldsymbol{P}_{kj_1}\boldsymbol{b}\,.$$

2. Zeilenpivotisierung :
Definiere $\boldsymbol{P}_{kj_2}$ mit $j_2 = \arg\max_{j=k,\ldots,n} |a_{kj}^{(k)}|$ und betrachte das System

$$\begin{aligned} \boldsymbol{A}^{(k)}\boldsymbol{P}_{kj_2}\boldsymbol{y} &= \boldsymbol{b} \\ \boldsymbol{x} &= \boldsymbol{P}_{kj_2}\boldsymbol{y}\,. \end{aligned}$$

3. Vollständige Pivotisierung :
Definiere $\boldsymbol{P}_{k,j_1}$ und $\boldsymbol{P}_{k,j_2}$ mit

$$j_1 = \arg\max_{j=k,\ldots,n}\left(\max_{i=k,\ldots,n}|a_{ji}^{(k)}|\right)$$

$$j_2 = \arg\max_{j=k,\ldots,n}\left(\max_{i=k,\ldots,n}|a_{ij}^{(k)}|\right)$$

und betrachte das System

$$\begin{aligned} \boldsymbol{P}_{k,j_1}\boldsymbol{A}^{(k)}\boldsymbol{P}_{k,j_2}\boldsymbol{y} &= \boldsymbol{P}_{k,j_1}\boldsymbol{b} \\ \boldsymbol{x} &= \boldsymbol{P}_{k,j_2}\boldsymbol{y}\,. \end{aligned}$$

Wie wir bereits aus dem obigen Beispiel erkannt haben, ist Pivotisierung oft unerlässlich zur Stabilisierung des Gauß'schen Eliminationsverfahrens hinsichtlich der Rechengenauigkeit.

Abschließend wollen wir noch einen Blick auf die Eindeutigkeit der LR-Zerlegung werfen.

Satz zur Eindeutigkeit der LR-Zerlegung

Sei $\boldsymbol{A} \in \mathbb{C}^{n\times n}$ regulär mit $\det \boldsymbol{A}[k] \neq 0$ für $k = 1, \ldots, n$, dann existiert genau eine LR-Zerlegung von $\boldsymbol{A}$ derart, dass $\boldsymbol{L}$ eine Einheitsdiagonale, d. h. $l_{ii} = 1$ für $i = 1, \ldots, n$, besitzt.

Beweis: Mit dem zweiten Satz zur Existenz einer LR-Zerlegung laut Seite 488 existiert mindestens eine LR-Zerlegung der Matrix $\boldsymbol{A}$. Seien zwei LR-Zerlegungen der Matrix $\boldsymbol{A}$ durch $\boldsymbol{L}_1\boldsymbol{R}_1 = \boldsymbol{A} = \boldsymbol{L}_2\boldsymbol{R}_2$ gegeben, wobei $\boldsymbol{L}_1$ und $\boldsymbol{L}_2$ Einheitsdiagonalen besitzen, dann folgt

$$\boldsymbol{R}_2\boldsymbol{R}_1^{-1} = \boldsymbol{L}_2^{-1}\boldsymbol{L}_1\,.$$

Mit den Hilfssätzen laut Seite 487 ist somit $\boldsymbol{L}_2^{-1}\boldsymbol{L}_1$ zugleich eine linke untere und rechte obere Dreiecksmatrix, die eine Einheitsdiagonale besitzt. Folglich gilt $\boldsymbol{L}_2^{-1}\boldsymbol{L}_1 = \boldsymbol{I}$ und wir erhalten $\boldsymbol{L}_1 = \boldsymbol{L}_2$ und $\boldsymbol{R}_1 = \boldsymbol{R}_2$. ■

Bei dem folgenden Algorithmus wird die Matrix $\boldsymbol{L}$ in der unteren und die Matrix $\boldsymbol{R}$ in dem oberen Dreiecksanteil von $\boldsymbol{A}$ abgespeichert.

Algorithmus zur LR-Zerlegung ohne Pivotisierung

Für $k = 1, \ldots, n-1$
  Für $i = k+1, \ldots, n$
    $a_{ik} := a_{ik}/a_{kk}$
    Für $j = k+1, \ldots, n$
      $a_{ij} := a_{ij} - a_{ik}a_{kj}$

Betrachtet man den Rechenaufwand des obigen Verfahrens, so sind im Wesentlichen die innerhalb der inneren Schleife auftretende Multiplikation und Subtraktion relevant, da die Häufigkeit dieser arithmetischen Operationen eine Größenordnung höher ist als diejenigen innerhalb der darüberliegenden Schleifen. Bereits für die Multiplikation ergibt sich für steigende Dimension n des Problems ein Aufwand von

$$\sum_{k=1}^{n-1}(n-k)^2 = \sum_{k=1}^{n-1}k^2 = \frac{(n-1)n(2n-1)}{6} = \frac{n^3}{3} + \mathcal{O}(n^2)$$

Operationen. Damit erweist sich diese Art der Berechnung einer LR-Zerlegung für in der Praxis häufig auftretende Matrizen mit $n = 10^5$ oder mehr Unbekannten bereits aus Gründen der Rechenzeit als unpraktikabel. Liegen jedoch kleine Subprobleme vor, so kann der Algorithmus bei eventuell zusätzlich genutzter Pivotisierung effizient genutzt werden. Es gibt zudem spezielle Formulierungen, die bei schwach besetzten Matrizen eine deutliche Effizienzsteigerung dieses Verfahrens ermöglichen.

?

Setzen wir für eine Multiplikation eine Rechenzeit von etwa $0.1\,\mu\text{sec} = 10^{-7}\text{sec}$ an. Wie viel Zeit benötigen dann die innerhalb der LR-Zerlegung ohne Pivotisierung auftretenden Multiplikationen bei einer Problemgröße von $n = 10^5$ respektive $n = 10^6$ ungefähr?

Die Cholesky-Zerlegung spezialisiert die LR-Zerlegung für symmetrische, positiv definite Matrizen

Durch Ausnutzung der speziellen Struktur einer symmetrischen, positiv definiten Matrix kann der Aufwand zur Berechnung einer LR-Zerlegung verringert werden.

Definition der Cholesky-Zerlegung

Die Zerlegung einer Matrix $\boldsymbol{A} \in \mathbb{R}^{n\times n}$ in ein Produkt

$$\boldsymbol{A} = \boldsymbol{L}\boldsymbol{L}^T$$

mit einer linken unteren Dreiecksmatrix $\boldsymbol{L} \in \mathbb{R}^{n\times n}$ heißt **Cholesky-Zerlegung**.

Für den Spezialfall einer positiv definiten Matrix sind laut Aufgabe 14.3 auch alle Hauptabschnittsmatrizen positiv definit und somit regulär. Wie wir bereits nachgewiesen haben, existiert für derartige Matrizen stets eine LR-Zerlegung, sodass wir im Fall der Symmetrie auch Hoffnungen auf die Existenz einer Cholesky-Zerlegung haben dürfen. Diesen Sachverhalt bestätigt uns der folgende Satz.

Satz zur Existenz und Eindeutigkeit der Cholesky-Zerlegung

Zu jeder symmetrischen, positiv definiten Matrix $\boldsymbol{A} \in \mathbb{R}^{n\times n}$ existiert genau eine linke untere Dreiecksmatrix $\boldsymbol{L} \in \mathbb{R}^{n\times n}$ mit $\ell_{ii} > 0$, $i = 1,\dots,n$ derart, dass

$$\boldsymbol{A} = \boldsymbol{L}\boldsymbol{L}^T$$

gilt.

Beweis: Wie wir der Aufgabe 14.3 entnehmen können, sind mit $\boldsymbol{A}$ auch alle Hauptabschnittsmatrizen $\boldsymbol{A}[k]$ für $k = 1,\dots,n$ positiv definit und dementsprechend auch invertierbar. Wir werden mittels einer Induktion beginnend von $\boldsymbol{A}[1]$ die Existenz und Eindeutigkeit einer Cholesky-Zerlegung für alle Hauptabschnittsmatrizen nachweisen, sodass sich mit $\boldsymbol{A} = \boldsymbol{A}[n]$ die Behauptung ergibt.

Induktionsanfang:

Für $k = 1$ gilt $\boldsymbol{A}[k] = (a_{11}) > 0$, wodurch $\ell_{11} := \sqrt{a_{11}} > 0$ die Darstellung $\boldsymbol{A}[1] = \boldsymbol{L}_1\boldsymbol{L}_1^T$ mit $\boldsymbol{L}_1 = (\ell_{11})$ liefert.

Induktionsannahme:

Es existiert eine im Sinne der Behauptung eindeutige Zerlegung $\boldsymbol{A}[k] = \boldsymbol{L}_k\boldsymbol{L}_k^T$ für ein $k \in \{1,\dots,n-1\}$.

Induktionsschritt:

Nutzen wir den Ansatz

$$\boldsymbol{L}_{k+1} := \begin{pmatrix} \boldsymbol{L}_k & \boldsymbol{0} \\ \boldsymbol{d}^T & \alpha \end{pmatrix} \qquad (14.6)$$

mit $\boldsymbol{d} \in \mathbb{R}^k$ und $\alpha \in \mathbb{R}$, so erhalten wir

$$\boldsymbol{L}_{k+1}\boldsymbol{L}_{k+1}^T = \begin{pmatrix} \boldsymbol{A}[k] & \boldsymbol{L}_k\boldsymbol{d} \\ \boldsymbol{d}^T\boldsymbol{L}_k^T & \boldsymbol{d}^T\boldsymbol{d} + \alpha^2 \end{pmatrix}.$$

Motiviert durch die obige Darstellung und die Schreibweise

$$\boldsymbol{A}[k+1] = \begin{pmatrix} \boldsymbol{A}[k] & \boldsymbol{c} \\ \boldsymbol{c}^T & a_{k+1,k+1} \end{pmatrix}$$

muss $\boldsymbol{d}$ als Lösung des Gleichungssystems $\boldsymbol{L}_k\boldsymbol{d} = \boldsymbol{c}$ festgelegt werden. Da $\boldsymbol{L}_k$ regulär ist, ist der gesuchte Vektor eindeutig durch $\boldsymbol{d} = \boldsymbol{L}_k^{-1}\boldsymbol{c}$ gegeben. Verbleibt noch die Bestimmung der skalaren Größe α. Aus der Forderung $\boldsymbol{d}^T\boldsymbol{d} + \alpha^2 = a_{k+1,k+1}$ ergibt sich zunächst eine Darstellung für das Quadrat der gesuchten Größe in der Form $\alpha^2 = a_{k+1,k+1} - \boldsymbol{d}^T\boldsymbol{d}$. An dieser Stelle haben wir nachgewiesen, dass mindestens ein α aus den komplexen Zahlen existiert, sodass $\boldsymbol{A}[k+1] = \boldsymbol{L}_{k+1}\boldsymbol{L}_{k+1}^T$ gilt. Es bleibt folglich nur noch zu zeigen, dass α^2 positiv ist, damit wir durch die Wurzel den gewünschten reellen und positiven Wert erhalten. Da die Determinante als Produkt der Eigenwerte bei einer positiv definiten Matrix stets positiv ist, ergibt sich aus

$$\begin{aligned} 0 < \det \boldsymbol{A}[k+1] &= \det \boldsymbol{L}_{k+1} \cdot \det \boldsymbol{L}_{k+1}^T \\ &= (\det \boldsymbol{L}_{k+1})^2 = (\det \boldsymbol{L}_k)^2\alpha^2 \end{aligned}$$

wegen $\det \boldsymbol{L}_k = \ell_{11} \cdot \ldots \cdot \ell_{kk} \in \mathbb{R}$ mit

$$0 < \frac{\det \boldsymbol{A}[k+1]}{(\det \boldsymbol{L}_k)^2} = \alpha^2$$

die benötigte Eigenschaft. Hiermit liegt durch (14.6) die gesuchte Matrix vor, wenn wir die skalare Größe gemäß

$$\alpha = \sqrt{a_{k+1,k+1} - \boldsymbol{d}^T\boldsymbol{d}}$$

festlegen. ∎

Algorithmus zur Cholesky-Zerlegung

Für $k = 1,\dots,n$

$a_{kk} := \sqrt{a_{kk} - \sum_{j=1}^{k-1} a_{kj}^2}$

Für $i = k+1,\dots,n$

$a_{ik} := \left(a_{ik} - \sum_{j=1}^{k-1} a_{ij}/a_{kj}\right)/a_{kk}$

In der genutzten Darstellung ergibt sich bei der Cholesky-Zerlegung der Hauptaufwand in der Summation der inneren Schleife. Die Anzahl der dort auftretenden Multiplikationen ergibt sich in der Form

$$\sum_{k=1}^{n}(n-k)(k-1) = \frac{n^3}{6} - \frac{n^2}{2} + \frac{n}{3} = \frac{n^3}{6} + \mathcal{O}(n^2). \quad (14.7)$$

Die geschickte Nutzung der Symmetrieeigenschaft der zugrunde liegenden Matrix ergibt im Vergleich zur Gauß-Elimination für große n somit einen Rechenzeitgewinn von etwa 50%.

?

Überprüfen Sie die Gleichung (14.7).

Die QR-Zerlegung ist immer berechenbar

Im Band 1, Abschnitt 17.5 haben wir bereits gesehen, dass sich bei unitären Matrizen $\boldsymbol{Q}$ die Inverse direkt durch Adjungieren der Matrix ergibt, d. h., $\boldsymbol{Q}^{-1} = \boldsymbol{Q}^*$ gilt. Zudem können Gleichungssysteme $\boldsymbol{R}\boldsymbol{z} = \boldsymbol{y}$ mit einer regulären rechten oberen Dreiecksmatrix $\boldsymbol{R}$ sehr effizient durch sukzessive Rückwärtselimination gelöst werden. Bezogen auf die eingangs erläuterte Lösungsstrategie liegt daher folgende Definition nahe.

Definition der QR-Zerlegung

Die Zerlegung einer Matrix $\boldsymbol{A} \in \mathbb{C}^{n\times n}$ in ein Produkt

$$\boldsymbol{A} = \boldsymbol{Q}\boldsymbol{R}$$

aus einer unitären Matrix $\boldsymbol{Q} \in \mathbb{C}^{n\times n}$ und einer rechten oberen Dreiecksmatrix $\boldsymbol{R} \in \mathbb{C}^{n\times n}$ heißt **QR-Zerlegung**.

Im Hinblick auf die Nutzung einer QR-Zerlegung stellt sich zunächst die Frage, für welche Matrizen eine solche Faktorisierung existiert. Mit dem folgenden Satz werden wir einerseits die Existenz einer solchen Zerlegung für alle regulären Matrizen $\boldsymbol{A}$ nachweisen und andererseits aufgrund der konstruktiven Beweisführung gleichzeitig einen Algorithmus zur Berechnung der Zerlegung präsentieren.

Satz zur Existenz der QR-Zerlegung

Sei $\boldsymbol{A} \in \mathbb{C}^{n\times n}$ eine reguläre Matrix, dann existieren eine unitäre Matrix $\boldsymbol{Q} \in \mathbb{C}^{n\times n}$ und eine rechte obere Dreiecksmatrix $\boldsymbol{R} \in \mathbb{C}^{n\times n}$ derart, dass

$$\boldsymbol{A} = \boldsymbol{Q}\boldsymbol{R}$$

gilt.

Der folgende Beweis ist konstruktiv, d. h., er liefert direkt auch eine Berechnungsvorschrift. Wir erhalten mit ihm das bereits im Band 1, Abschnitt 17.3 vorgestellte Gram-Schmidt-Verfahren.

Beweis: Wir führen den Beweis, indem wir sukzessive für $k = 1, \ldots, n$ die Existenz von Vektoren $\boldsymbol{q}_1, \ldots, \boldsymbol{q}_k \in \mathbb{C}^n$ mit

$$\langle \boldsymbol{q}_i, \boldsymbol{q}_j \rangle = \delta_{ij} \quad \text{für } i, j = 1, \ldots, k \tag{14.8}$$

und

$$\operatorname{span}\{\boldsymbol{q}_1, \ldots, \boldsymbol{q}_k\} = \operatorname{span}\{\boldsymbol{a}_1, \ldots, \boldsymbol{a}_k\} \tag{14.9}$$

nachweisen, wobei $\boldsymbol{a}_j$ $(1 \le j \le k)$ den j-ten Spaltenvektor der Matrix $\boldsymbol{A}$ darstellt.

Für $k = 1$ sind die beiden Bedingungen wegen $\boldsymbol{a}_1 \in \mathbb{C}^n \setminus \{\boldsymbol{0}\}$ mit

$$\boldsymbol{q}_1 = \frac{\boldsymbol{a}_1}{\|\boldsymbol{a}_1\|_2} \tag{14.10}$$

erfüllt.

Seien nun $\boldsymbol{q}_1, \ldots, \boldsymbol{q}_k$ mit $k \in \{1, \ldots, n-1\}$ gegeben, die die Bedingungen (14.8) und (14.9) erfüllen, dann lässt sich jeder Vektor

$$\boldsymbol{q}_{k+1} \in \operatorname{span}\{\boldsymbol{a}_1, \ldots, \boldsymbol{a}_{k+1}\} \setminus \operatorname{span}\{\boldsymbol{q}_1, \ldots, \boldsymbol{q}_k\}$$

in der Form

$$\boldsymbol{q}_{k+1} = c_{k+1}\left(\boldsymbol{a}_{k+1} - \sum_{i=1}^{k} c_i \boldsymbol{q}_i\right) \tag{14.11}$$

mit $c_{k+1} \neq 0$ schreiben. Motiviert durch

$$\langle \boldsymbol{q}_{k+1}, \boldsymbol{q}_j \rangle = c_{k+1}\left[\langle \boldsymbol{a}_{k+1}, \boldsymbol{q}_j \rangle - c_j\right] \quad \text{für } j = 1, \ldots, k$$

und der Zielsetzung der Orthogonalität setzen wir in (14.11) $c_i := \langle \boldsymbol{a}_{k+1}, \boldsymbol{q}_i \rangle$ für $i = 1, \ldots, k$ und erhalten hierdurch die Gleichung

$$\begin{aligned}\langle \boldsymbol{q}_{k+1}, \boldsymbol{q}_j \rangle &= c_{k+1}\left[\langle \boldsymbol{a}_{k+1}, \boldsymbol{q}_j \rangle - \sum_{i=1}^{k} \langle \boldsymbol{a}_{k+1}, \boldsymbol{q}_i \rangle \underbrace{\langle \boldsymbol{q}_i, \boldsymbol{q}_j \rangle}_{=\delta_{ij}}\right] \\ &= c_{k+1}[\langle \boldsymbol{a}_{k+1}, \boldsymbol{q}_j \rangle - \langle \boldsymbol{a}_{k+1}, \boldsymbol{q}_j \rangle] = 0 \end{aligned} \tag{14.12}$$

für $j = 1, \ldots, k$. Da $\boldsymbol{A}$ regulär ist, gilt $\boldsymbol{a}_{k+1} \notin \operatorname{span}\{\boldsymbol{q}_1, \ldots, \boldsymbol{q}_k\}$, sodass

$$\widetilde{\boldsymbol{q}}_{k+1} := \boldsymbol{a}_{k+1} - \sum_{i=1}^{k} \langle \boldsymbol{a}_{k+1}, \boldsymbol{q}_i \rangle \boldsymbol{q}_i \neq \boldsymbol{0}$$

folgt. Mit

$$c_{k+1} := \frac{1}{\|\widetilde{\boldsymbol{q}}_{k+1}\|_2}$$

ergibt sich $\|\boldsymbol{q}_{k+1}\|_2 = 1$, sodass durch

$$\boldsymbol{q}_{k+1} = \frac{\widetilde{\boldsymbol{q}}_{k+1}}{\|\widetilde{\boldsymbol{q}}_{k+1}\|_2} = \frac{1}{\|\widetilde{\boldsymbol{q}}_{k+1}\|_2}\left(\boldsymbol{a}_{k+1} - \sum_{i=1}^{k} \langle \boldsymbol{a}_{k+1}, \boldsymbol{q}_i \rangle \boldsymbol{q}_i\right) \tag{14.13}$$

wegen (14.12) der gesuchte Vektor vorliegt. Die Definition

$$\boldsymbol{Q} = (\boldsymbol{q}_1 \ldots \boldsymbol{q}_n)$$

mit $\boldsymbol{q}_1, \ldots, \boldsymbol{q}_n$ gemäß (14.10) respektive (14.13) und einer rechten oberen Dreiecksmatrix $\boldsymbol{R}$ mit Komponenten

$$r_{ik} = \begin{cases} \|\widetilde{\boldsymbol{q}}_i\|_2 & \text{für } k = i, \\ \langle \boldsymbol{a}_k, \boldsymbol{q}_i \rangle & \text{für } k > i \end{cases}$$

liefert somit $\boldsymbol{A} = \boldsymbol{Q}\boldsymbol{R}$. ■

Beispiel Für die Matrix

$$A = \begin{pmatrix} 1 & 8 \\ 2 & 1 \end{pmatrix}$$

erhalten wir im Rahmen des Gram-Schmidt-Verfahrens zunächst $\widetilde{q}_1 = (1,2)^T$ und hiermit $r_{11} = \|\widetilde{q}_1\|_2 = \sqrt{5}$. Folglich ergibt sich

$$q_1 = \widetilde{q}_1 / r_{11} = \begin{pmatrix} 1/\sqrt{5} \\ 2/\sqrt{5} \end{pmatrix}.$$

Entsprechend berechnet man im zweiten Schleifendurchlauf $r_{12} = \langle a_2, q_1 \rangle = 2\sqrt{5}$ und somit $\widetilde{q}_2 = a_2 - r_{12} q_1 = (6, -3)^T$. Abschließend ergibt sich hieraus $r_{22} = \|\widetilde{q}_2\|_2 = 3\sqrt{5}$ und

$$q_2 = \widetilde{q}_2 / r_{22} = \begin{pmatrix} 2/\sqrt{5} \\ -1/\sqrt{5} \end{pmatrix}.$$

Zusammenfassend erhalten wir die QR-Zerlegung in der Form

$$A = \underbrace{\begin{pmatrix} 1/\sqrt{5} & 2/\sqrt{5} \\ 2/\sqrt{5} & -1/\sqrt{5} \end{pmatrix}}_{=Q} \underbrace{\begin{pmatrix} \sqrt{5} & 2\sqrt{5} \\ 0 & 3\sqrt{5} \end{pmatrix}}_{=R}.$$

Die Lösung des Gleichungssystems $Ax = (-15, 0)^T$ erfolgt nun in zwei Schritten. Zunächst berechnet man

$$y = Q^T \begin{pmatrix} -15 \\ 0 \end{pmatrix} = \begin{pmatrix} -3\sqrt{5} \\ -6\sqrt{5} \end{pmatrix}$$

und erhält hiermit aus der Gleichung $Rx = y$ durch Rückwärtselimination $x = (1, -2)^T$. ◀

Die folgende algorithmische Darstellung des Gram-Schmidt-Verfahrens verwendet eine leichte Modifikationen im Vergleich zum obigen Beweis, um die Speicherung der unitären Matrix Q direkt innerhalb der Ausgangsmatrix A vornehmen zu können.

Algorithmus zum Gram-Schmidt-Verfahren

Für $k = 1, \ldots, n$

  Für $i = 1, \ldots, k-1$

    $r_{ik} := \sum_{j=1}^{n} a_{ji} a_{jk}$

    $a_{jk} := a_{jk} - r_{ik} a_{ji}$

  $r_{kk} := \sqrt{\sum_{j=1}^{n} a_{jk}^2}$

  Für $j = 1, \ldots, k$

    $a_{jk} := a_{jk} / r_{kk}$

?

Zeigen Sie, dass die Anzahl der Multiplikationen des Gram-Schmidt-Verfahrens bei $n^3 + \mathcal{O}(n^2)$ liegt.

Dem aufmerksamen Leser ist sicherlich nicht entgangen, dass innerhalb des Beweises zur Existenz der QR-Zerlegung an keiner Stelle die speziellen Eigenschaften der komplexen Zahlen ausgenutzt wurden. Demzufolge lässt sich eine analoge Aussage auch für reelle Matrizen formulieren.

Korollar zur Existenz der QR-Zerlegung

Sei $A \in \mathbb{R}^{n \times n}$ eine reguläre Matrix, dann existieren eine orthogonale Matrix $Q \in \mathbb{R}^{n \times n}$ und eine rechte obere Dreiecksmatrix $R \in \mathbb{R}^{n \times n}$ derart, dass

$$A = QR$$

gilt.

Die durch das Gram-Schmidt-Verfahren ermittelte QR-Zerlegung einer regulären Matrix stellt eine Variante einer multiplikativen Aufteilung dar. Weitere Repräsentanten unterscheiden sich nur in einer durch den folgenden Satz beschriebenen geringfügigen Variation der Ausgangszerlegung.

Satz zur Eindeutigkeit der QR-Zerlegung

Sei $A \in \mathbb{C}^{n \times n}$ regulär, dann existiert zu je zwei QR-Zerlegungen

$$Q_1 R_1 = A = Q_2 R_2 \tag{14.14}$$

eine unitäre Diagonalmatrix $D \in \mathbb{C}^{n \times n}$ mit

$$Q_1 = Q_2 D \quad \text{und} \quad R_2 = D R_1 .$$

Beweis: Mit $D = Q_2^* Q_1$ liegt eine unitäre Matrix vor, und es gilt $Q_1 = Q_2 D$. Da A regulär ist, sind auch R_1 und R_2 regulär, und wir erhalten mit (14.14) $D = Q_2^* Q_1 = R_2 R_1^{-1}$ eine rechte obere Dreiecksmatrix. Da D zudem unitär ist, stellt D sogar eine Diagonalmatrix dar. ■

?

Wie lassen sich unitäre Diagonalmatrizen schreiben?

Mittels der Diagonalmatrix können beispielsweise gezielt die Elemente der Matrix R innerhalb der QR-Zerlegung beeinflusst werden und wir erhalten eine Eindeutigkeit in folgendem Sinn.

Korollar zur Eindeutigkeit der QR-Zerlegung

Sei $A \in \mathbb{C}^{n \times n}$ regulär, dann existiert genau eine QR-Zerlegung der Matrix A derart, dass die Diagonalelemente der Matrix R reell und positiv sind.

Zum Nachweis der obigen Behauptung siehe Aufgabe 14.4.

Die Givens-Methode basiert auf Drehungen

Die Idee der *Givens-Methode* liegt in einer sukzessiven Elimination der Unterdiagonalelemente. Beginnend mit der ersten Spalte werden hierzu die Subdiagonalelemente jeder

Spalte in aufsteigender Reihenfolge mittels unitärer Matrizen annulliert.

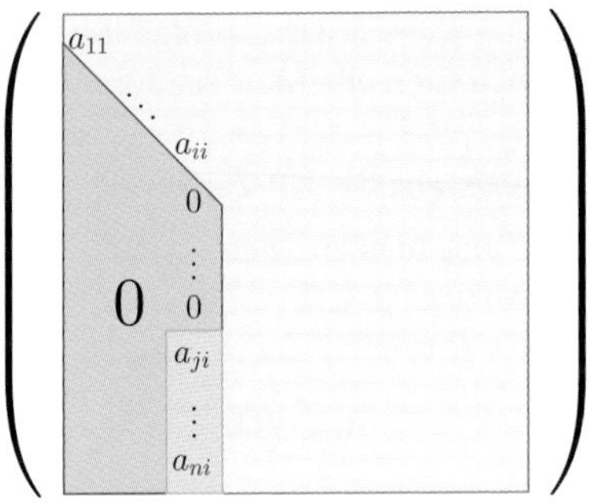

Abbildung 14.2 Besetzungsstruktur der Matrix: Rot – annullierter Bereich, Gelb – aktive Spalte, Blau – Restmatrix.

Betrachten wir die komplexwertige Matrix $\boldsymbol{A} \in \mathbb{C}^{n \times n}$ mit der in Abbildung 14.2 visualisierten Besetzungsstruktur. Das heißt, es gilt

$$a_{k\ell} = 0 \,\forall \ell \in \{1, \ldots, i-1\} \quad \text{mit} \quad \ell < k \in \{1, \ldots, n\}, \tag{14.15}$$

sowie

$$a_{i+1,i} = \ldots = a_{j-1,i} = 0 \tag{14.16}$$

und $a_{ji} \neq 0$. Dann suchen wir eine unitäre Matrix

$$\boldsymbol{G}_{ji} = \begin{pmatrix} 1 & & & & & & & & \\ & \ddots & & & & & & & \\ & & 1 & & & & & & \\ & & & g_{ii} & & & g_{ij} & & \\ & & & & 1 & & & & \\ & & & & & \ddots & & & \\ & & & & & & 1 & & \\ & & & g_{ji} & & & g_{jj} & & \\ & & & & & & & 1 & \\ & & & & & & & & \ddots \\ & & & & & & & & & 1 \end{pmatrix} \in \mathbb{C}^{n \times n}$$

derart, dass für $\widetilde{\boldsymbol{A}} = \boldsymbol{G}_{ji}\boldsymbol{A}$ neben

$$\widetilde{a}_{k\ell} = 0 \,\forall \ell \in \{1, \ldots, i-1\} \quad \text{mit} \quad \ell < k \in \{1, \ldots, n\} \tag{14.17}$$

und

$$\widetilde{a}_{i+1,i} = \ldots = \widetilde{a}_{j-1,i} = 0 \tag{14.18}$$

auch $\widetilde{a}_{ji} = 0$ gilt. Zunächst unterscheidet sich $\widetilde{\boldsymbol{A}}$ von $\boldsymbol{A}$ lediglich in der i-ten und j-ten Zeile, und es gilt für $\ell = 1, \ldots, n$

$$\widetilde{a}_{i\ell} = g_{ii}a_{i\ell} + g_{ij}a_{j\ell}$$
$$\widetilde{a}_{j\ell} = g_{ji}a_{i\ell} + g_{jj}a_{j\ell}\,.$$

Mit (14.15) folgt $a_{i\ell} = a_{j\ell} = 0$ für $\ell < i < j$, sodass

$$\widetilde{a}_{i\ell} = \widetilde{a}_{j\ell} = 0 \quad \text{für} \quad \ell = 1, \ldots, i-1$$

gilt und folglich die Forderungen (14.17) und (14.18) erfüllt sind. Wohldefiniert durch $a_{ji} \neq 0$ setzen wir

$$\overline{g_{jj}} = g_{ii} = \frac{a_{ii}}{\sqrt{|a_{ii}|^2 + |a_{ji}|^2}}$$

und

$$\overline{g_{ji}} = -g_{ij} = -\frac{a_{ji}}{\sqrt{|a_{ii}|^2 + |a_{ji}|^2}}\,.$$

Rechnen Sie an dieser Stelle mit Bleistift und Papier nach, dass es sich bei $\boldsymbol{G}_{ji}$ in der Tat um eine unitäre Matrix handelt. Zudem ergibt sich

$$\widetilde{a}_{ji} = -\frac{\overline{a_{ji}}}{\sqrt{|a_{ii}|^2 + |a_{ji}|^2}}a_{ii} + \frac{\overline{a_{ii}}}{\sqrt{|a_{ii}|^2 + |a_{ji}|^2}}a_{ji} = 0\,.$$

?

Sind Produkte unitärer respektive orthogonaler Matrizen wiederum unitär respektive orthogonal?

Definieren wir $\boldsymbol{G}_{ji} = \boldsymbol{I}$ im Fall einer Matrix $\boldsymbol{A}$, die (14.15) und (14.16) genügt und zudem $a_{ji} = 0$ beinhaltet, dann erhalten wir entsprechend der obigen Selbstfrage mit

$$\begin{aligned} \widetilde{\boldsymbol{Q}} &:= \prod_{i=n-1}^{1} \prod_{j=n}^{i+1} \boldsymbol{G}_{ji} \\ &:= \boldsymbol{G}_{n,n-1} \cdot \ldots \cdot \boldsymbol{G}_{3,2} \cdot \boldsymbol{G}_{n,1} \cdot \ldots \cdot \boldsymbol{G}_{3,1} \cdot \boldsymbol{G}_{2,1} \end{aligned}$$

eine unitäre Matrix, für die

$$\boldsymbol{R} = \widetilde{\boldsymbol{Q}}\boldsymbol{A}$$

eine obere Dreiecksmatrix ist. Mit $\boldsymbol{Q} = \widetilde{\boldsymbol{Q}}^T$ folgt

$$\boldsymbol{A} = \boldsymbol{Q}\boldsymbol{R}.$$

Im Kontext der Givens-Methode haben wir die Möglichkeit, das Gleichungssystem $\boldsymbol{Ax} = \boldsymbol{b}$ mittels eines QR-Verfahrens ohne explizite Abspeicherung der unitären Matrix zu lösen. Hierzu müssen die unitären Matrizen $\boldsymbol{G}_{ji}$ lediglich nicht nur auf die Matrix $\boldsymbol{A}$, sondern auch auf die rechte Seite $\boldsymbol{b}$ angewendet werden.

Reduzieren wir die Aufgabenstellung auf reellwertige Matrizen $\boldsymbol{A} \in \mathbb{R}^{n \times n}$, dann erhalten wir

$$\boldsymbol{G}_{ji} = \begin{pmatrix} 1 & & & & & & & & \\ & \ddots & & & & & & & \\ & & 1 & & & & & & \\ & & & \cos\varphi & & & \sin\varphi & & \\ & & & & 1 & & & & \\ & & & & & \ddots & & & \\ & & & & & & 1 & & \\ & & & -\sin\varphi & & & \cos\varphi & & \\ & & & & & & & 1 & \\ & & & & & & & & \ddots \\ & & & & & & & & & 1 \end{pmatrix} \in \mathbb{R}^{n \times n}$$

mit $\varphi = \arccos g_{ii}$. Hiermit wird deutlich, dass $\boldsymbol{G}_{ji}$ die Eigenschaften $\boldsymbol{G}_{ji}^T\boldsymbol{G}_{ji} = \boldsymbol{I}$ und $\det(\boldsymbol{G}_{ji}) = 1$ erfüllt und folglich eine orthogonale Drehmatrix um den Winkel φ repräsentiert.

Die linksseitige Matrixmultiplikation mit $\boldsymbol{G}_{ji}$ erfordert $4(n-i)$ Multiplikationen komplexer respektive reeller Zahlen. Da diese Matrixmultiplikation bis zu $\frac{n(n-1)}{2}$-mal vollzogen werden muss, ergibt sich insgesamt ein Rechenaufwand der Größenordnung $\mathcal{O}(n^3)$.

Achtung: Im allgemeinen Fall liegt bei der Givens-Methode sogar ein höherer Rechenaufwand im Vergleich zum Gram-Schmidt-Verfahren vor. Durch die im Algorithmus vorgenommene Abfrage reduziert sich jedoch der Aufwand des Givens-Verfahrens durchaus sehr stark, wenn eine Matrix mit besonderer Struktur vorliegt. Betrachtet man beispielsweise eine obere Hessenbergmatrix, so müssen lediglich $n-1$ Givens-Rotationen zur Überführung in obere Dreiecksgestalt vorgenommen werden. In diesem Spezialfall reduziert sich der Rechenaufwand von der Größenordnung $\mathcal{O}(n^3)$ auf die Größenordnung $\mathcal{O}(n^2)$. Wir werden diese Eigenschaft später im Kapitel 15 bei der numerischen Berechnung von Eigenwerten ausnutzen.

Beispiel Analog zu dem auf Seite 493 vorgestellten Beispiel betrachten wir die Matrix

$$\boldsymbol{A} = \begin{pmatrix} 1 & 8 \\ 2 & 1 \end{pmatrix}.$$

Nach den hergeleiteten Vorschriften zur Berechnung der Matrix $\boldsymbol{G}_{2,1}$ ergibt sich

$$g_{11} = g_{22} = \frac{a_{11}}{\sqrt{|a_{11}|^2 + |a_{21}|^2}} = \frac{1}{\sqrt{5}}$$

sowie

$$g_{21} = -g_{12} = -\frac{a_{21}}{\sqrt{|a_{11}|^2 + |a_{21}|^2}} = -\frac{2}{\sqrt{5}}.$$

Somit erhalten wir die orthogonale Givens-Rotationsmatrix

$$\boldsymbol{G}_{2,1} = \frac{1}{\sqrt{5}}\begin{pmatrix} 1 & 2 \\ -2 & 1 \end{pmatrix} \quad \text{und} \quad \boldsymbol{R} = \boldsymbol{G}_{2,1}\boldsymbol{A} = \frac{1}{\sqrt{5}}\begin{pmatrix} 5 & 10 \\ 0 & -15 \end{pmatrix},$$

sodass die QR-Zerlegung in der Form $\boldsymbol{A} = \boldsymbol{G}_{2,1}^T\boldsymbol{R}$ vorliegt. ◀

?

Können Sie erklären, warum durch die obige Givens-Rotation eine zum Beispiel auf Seite 493 abweichende QR-Zerlegung ermittelt werden musste und in welchem Zusammenhang die Abweichung zum Satz zur Eindeutigkeit der QR-Zerlegung steht?

Die Householder-Methode basiert auf Spiegelungen

Mit der Householder-Transformation lernen wir nun einen weiteren Weg zur Berechnung einer QR-Zerlegung einer gegebenen Matrix $\boldsymbol{A} \in \mathbb{C}^{n\times n}$ kennen. Wir werden dabei eine sukzessive Überführung der Matrix in eine rechte obere Dreiecksgestalt vornehmen, wobei wir im reellen Fall verdeutlichen werden, dass im Gegensatz zur Givens-Methode stets Spiegelungs- anstelle von Drehmatrizen genutzt werden. Während die Zielsetzung bei der Givens-Rotation in jedem Schritt in der Annullierung genau eines Matrixelementes liegt, werden im Rahmen der Householder-Transformation stets Spiegelung derart durchgeführt, dass alle Unterdiagonalelemente einer Spalte zu null werden.

Aufgrund der eingängigeren Anschauung betrachten wir bei der Herleitung zunächst reellwertige Matrizen und nehmen anschließend eine Verallgemeinerung in den komplexen Kontext vor.

Betrachten wir einen beliebigen Vektor $\boldsymbol{v} \in \mathbb{R}^s \setminus \{\boldsymbol{0}\}$, so suchen wir eine orthogonale, symmetrische Matrix $\boldsymbol{H} \in \mathbb{R}^{s\times s}$ mit $\det \boldsymbol{H} = -1$, für die

$$\boldsymbol{H}\boldsymbol{v} = c \cdot \boldsymbol{e}_1, \quad c \in \mathbb{R}\setminus\{0\}$$

gilt, wobei $\boldsymbol{e}_1$ den ersten Einheitsvektor repräsentiert. Aufgrund der gewünschten Orthogonalität der Matrix ist die Abbildung laut Aufgabe 14.6 längenerhaltend bezüglich der euklidischen Norm, womit für die Konstante c aus

$$\|\boldsymbol{v}\|_2 = \|\boldsymbol{H}\boldsymbol{v}\|_2 = \|c\cdot\boldsymbol{e}_1\|_2 = |c|\cdot\|\boldsymbol{e}_1\|_2 = |c|$$

die Darstellung

$$c = \pm\|\boldsymbol{v}\|_2$$

folgt. Sei $\boldsymbol{u} \in \mathbb{R}^s$ der Normaleneinheitsvektor zur Spiegelungsebene S der Matrix $\boldsymbol{H}$ mit dem durch $\varphi = \angle(\boldsymbol{u}, \boldsymbol{v})$ gegebenen Winkel zwischen den Vektoren $\boldsymbol{u}$ und $\boldsymbol{v}$. Dann berechnet sich die Länge ℓ der orthogonalen Projektion von $\boldsymbol{v}$ auf $\boldsymbol{u}$ gemäß Abbildung 14.3 wegen

$$\frac{\ell}{\|\boldsymbol{v}\|_2} = \cos\varphi = \frac{(\boldsymbol{u},\boldsymbol{v})}{\underbrace{\|\boldsymbol{u}\|_2}_{=1}\|\boldsymbol{v}\|_2} = \frac{\boldsymbol{u}^T\boldsymbol{v}}{\|\boldsymbol{v}\|_2}$$

zu $\ell = \boldsymbol{u}^T\boldsymbol{v}$.

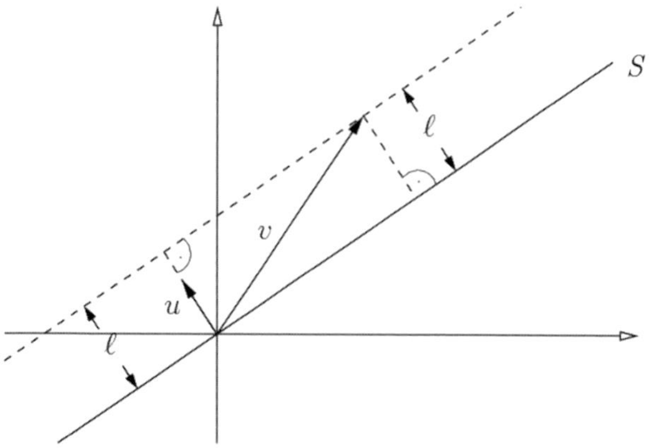

Abbildung 14.3 Länge der orthogonalen Projektion.

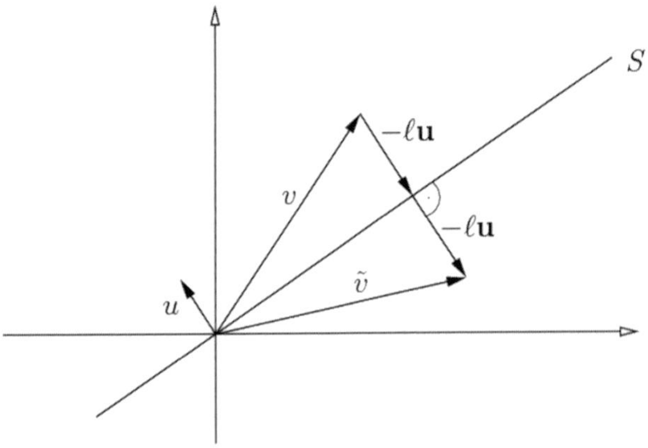

Abbildung 14.4 Wirkung der Matrix $\boldsymbol{H}$ auf den Vektor $\boldsymbol{v}$.

Für gegebene Vektoren $\boldsymbol{u}$ und $\boldsymbol{v}$ erhalten wir den zu $\boldsymbol{v}$ an S gespiegelten Vektor $\widetilde{\boldsymbol{v}}$ in der Form

$$\widetilde{\boldsymbol{v}} = \boldsymbol{v} - 2\boldsymbol{u}\ell = \boldsymbol{v} - 2\boldsymbol{u}\boldsymbol{u}^T\boldsymbol{v} = \boldsymbol{H}\boldsymbol{v}$$

mit $\boldsymbol{H} = \boldsymbol{I} - 2\boldsymbol{u}\boldsymbol{u}^T$. Die Wirkung der Matrix $\boldsymbol{H}$ auf den Vektor $\boldsymbol{v}$ ist in Abbildung 14.4 dargestellt. Man überprüfe, dass die Spiegelungseigenschaft auch gilt, wenn die Vektoren $\boldsymbol{u}$ und $\boldsymbol{v}$ entgegen der Abbildung 14.4 in verschiedene Halbebenen bezüglich der Spiegelungsebene S zeigen.

Bevor wir uns der Festlegung des Vektors $\boldsymbol{u}$ zuwenden, werden wir zunächst die Eigenschaften der resultierenden Matrix $\boldsymbol{H}$ analysieren.

Satz und Definition der reellen Householder-Matrix

Sei $\boldsymbol{u} \in \mathbb{R}^s$ mit $\|\boldsymbol{u}\|_2 = 1$, dann stellt

$$\boldsymbol{H} = \boldsymbol{I} - 2\boldsymbol{u}\boldsymbol{u}^T \in \mathbb{R}^{s\times s}$$

eine orthogonale und symmetrische Matrix mit $\det \boldsymbol{H} = -1$ dar und wird als reelle Householder-Matrix bezeichnet.

Beweis: Aus

$$\boldsymbol{H}^T = (\boldsymbol{I} - 2\boldsymbol{u}\boldsymbol{u}^T)^T = \boldsymbol{I} - 2\boldsymbol{u}^{T^T}\boldsymbol{u}^T = \boldsymbol{I} - 2\boldsymbol{u}\boldsymbol{u}^T = \boldsymbol{H}$$

folgt die behauptete Symmetrie und wir erhalten unter Berücksichtigung der euklidischen Längenvoraussetzung $\|\boldsymbol{u}\|_2 = 1$ die Orthogonalität gemäß

$$\begin{aligned}\boldsymbol{H}^T\boldsymbol{H} = \boldsymbol{H}^2 &= (\boldsymbol{I} - 2\boldsymbol{u}\boldsymbol{u}^T)(\boldsymbol{I} - 2\boldsymbol{u}\boldsymbol{u}^T)\\ &= \boldsymbol{I} - 4\boldsymbol{u}\boldsymbol{u}^T + 4\boldsymbol{u}\underbrace{\boldsymbol{u}^T\boldsymbol{u}}_{=1}\boldsymbol{u}^T = \boldsymbol{I}\,.\end{aligned}$$

Erweitern wir den Vektor $\boldsymbol{u}$ mittels der Vektoren $\boldsymbol{y}_1, \ldots, \boldsymbol{y}_{s-1} \in \mathbb{R}^s$ zu einer Orthonormalbasis des $\mathbb{R}^s$ und definieren hiermit die orthogonale Matrix

$$\boldsymbol{Q} = (\boldsymbol{u}, \boldsymbol{y}_1, \ldots, \boldsymbol{y}_{s-1}) \in \mathbb{R}^{s\times s},$$

so gilt $\boldsymbol{u}^T\boldsymbol{Q} = (1, 0, \ldots, 0) = \boldsymbol{e}_1^T$ und folglich erhalten wir aus

$$\begin{aligned}\boldsymbol{Q}^{-1}\boldsymbol{H}\boldsymbol{Q} = \boldsymbol{Q}^T\boldsymbol{H}\boldsymbol{Q} &= \boldsymbol{Q}^T(\boldsymbol{I} - 2\boldsymbol{u}\boldsymbol{u}^T)\boldsymbol{Q}\\ &= \boldsymbol{Q}^T\boldsymbol{Q} - 2\boldsymbol{Q}^T\boldsymbol{u}\boldsymbol{u}^T\boldsymbol{Q} = \boldsymbol{I} - 2\boldsymbol{e}_1\boldsymbol{e}_1^T\\ &= \begin{pmatrix} -1 & & & \\ & 1 & & \\ & & \ddots & \\ & & & 1\end{pmatrix}\end{aligned}$$

direkt

$$-1 = \det(\boldsymbol{Q}^{-1}\boldsymbol{H}\boldsymbol{Q}) = \underbrace{\det \boldsymbol{Q}^{-1}}_{=1/\det \boldsymbol{Q}} \det \boldsymbol{H} \det \boldsymbol{Q} = \det \boldsymbol{H}\,.$$

■

Da die gewünschte Eigenschaft $\boldsymbol{H}\boldsymbol{v} = c\ \boldsymbol{e}_1$ wegen $c = \pm\|\boldsymbol{v}\|_2$ nur bis auf das Vorzeichen eindeutig ist, ergeben sich zwei mögliche, jeweils durch einen Einheitsnormalenvektor $\boldsymbol{u}_\pm$ festgelegte Spiegelungsebenen $S_\pm$. Geometrisch wird aus der Abbildung 14.5 deutlich, dass die Spiegelung von $\boldsymbol{v}$ auf $\|\boldsymbol{v}\|_2\boldsymbol{e}_1$ eine Spiegelungsebene S_+ erfordert, die die Winkelhalbierende zu $\boldsymbol{v}$ und $\boldsymbol{e}_1$ enthält. Wir nutzen demzufolge

$$\boldsymbol{u}_+ = \frac{\boldsymbol{v} - \|\boldsymbol{v}\|_2\boldsymbol{e}_1}{\|\boldsymbol{v} - \|\boldsymbol{v}\|_2\boldsymbol{e}_1\|_2}$$

als Vektor in Richtung einer Diagonalen des aus $\boldsymbol{v}$ und $\|\boldsymbol{v}\|_2\boldsymbol{e}_1$ gebildeten Parallelogramms.

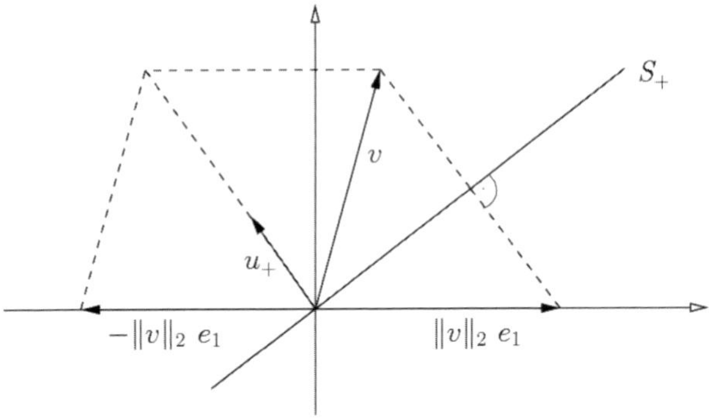

Abbildung 14.5 Festlegung des Einheitsnormalenvektors $\boldsymbol{u}_+$ zur Spiegelung auf $\|\boldsymbol{v}\|_2\boldsymbol{e}_1$.

Abbildung 14.6 kann zudem entnommen werden, dass die Spiegelung von $\boldsymbol{v}$ auf $-\|\boldsymbol{v}\|_2\boldsymbol{e}_1$ entsprechend durch die Wahl

$$\boldsymbol{u}_- = \frac{\boldsymbol{v} + \|\boldsymbol{v}\|_2\boldsymbol{e}_1}{\|\boldsymbol{v} + \|\boldsymbol{v}\|_2\boldsymbol{e}_1\|_2}$$

erwartet werden kann. Die Korrektheit dieser heuristischen Vorgehensweise zur Bestimmung der Vektoren $\boldsymbol{u}_+$ und $\boldsymbol{u}_-$ können wir durch einfaches Nachrechnen der entsprechenden Abbildungseigenschaften belegen. Unter Berücksichtigung von

$$\begin{aligned}\|\boldsymbol{v} \mp \|\boldsymbol{v}\|_2\boldsymbol{e}_1\|_2^2 &= \boldsymbol{v}^T\boldsymbol{v} \mp 2\|\boldsymbol{v}\|_2\boldsymbol{e}_1^T\boldsymbol{v} + \underbrace{\|\boldsymbol{v}\|_2^2}_{=\boldsymbol{v}^T\boldsymbol{v}}\\ &= 2(\boldsymbol{v}^T \mp \|\boldsymbol{v}\|_2\boldsymbol{e}_1^T)\boldsymbol{v} \qquad (14.19)\end{aligned}$$

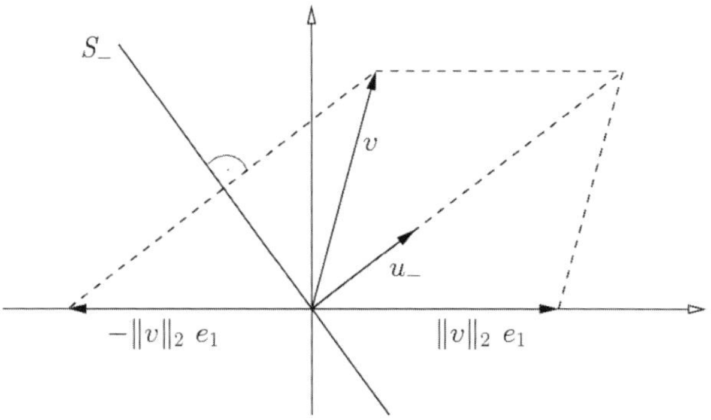

Abbildung 14.6 Festlegung des Einheitsnormalenvektors u_- zur Spiegelung auf $-\|v\|_2 e_1$.

erhalten wir für die zugehörigen Matrizen $H_\pm = I - 2u_\pm u_\pm^T$ aus

$$\begin{aligned} H_\pm v &= v - 2u_\pm u_\pm^T v \\ &= v - 2\frac{v \mp \|v\|_2 e_1}{\|v \mp \|v\|_2 e_1\|_2^2} \underbrace{(v \mp \|v\|_2 e_1)^T v}_{\overset{(14.19)}{=} \frac{1}{2}\|v \mp \|v\|_2 e_1\|_2^2} \\ &= v - (v \mp \|v\|_2 e_1) = \pm\|v\|_2 e_1 \end{aligned} \tag{14.20}$$

den gewünschten Nachweis. Um einen bei der Berechnung von $v \mp \|v\|_2 e_1$ vorliegenden Rundungsfehler nicht durch eine Division mit einer kleinen Zahl unnötig zu vergrößern, wird die Vorzeichenwahl derart vorgenommen, dass

$$\|v \mp \|v\|_2 e_1\|_2^2 = (v_1 \mp \|v\|_2)^2 + v_2^2 + \dots v_s^2 \tag{14.21}$$

maximal wird. Aus (14.21) wird sofort ersichtlich, dass sich somit

$$u = \frac{v + \alpha e_1}{\|v + \alpha e_1\|_2} \text{ mit } \alpha = \begin{cases} \frac{v_1}{|v_1|}\|v\|_2\,, & \text{falls } v_1 \neq 0\,, \\ \|v\|_2 & \text{sonst} \end{cases}$$

ergibt.

Achtung: Beim Übergang auf komplexe Matrizen scheint es nun naheliegend zu sein, die Definition der Matrix $H = I - 2uu^T$ einfach durch $H = I - 2uu^*$ zu ersetzen. Diese erste offensichtliche Annahme trügt jedoch. Der Grund hierfür liegt in der fehlenden Symmetrieeigenschaft des Skalarproduktes auf $\mathbb{C}^n$. Hier gilt lediglich $\langle x, y\rangle = \overline{\langle y, x\rangle}$, wodurch sich anstelle (14.19) die Darstellung

$$\|v \mp \|v\|_2 e_1\|_2 = 2\left(\|v\|_2^2 \mp \|v\|_2 \mathrm{Re}\,(e_1^* v)\right) \tag{14.22}$$

ergibt und somit nicht die Schlussfolgerung entsprechend (14.20) gezogen werden kann. Wir ersetzen daher den in der bisherigen Festlegung der Matrix H auftretenden Faktor 2 bei gegebenem Vektor $v \in \mathbb{C}^n \setminus \{0\}$ durch den Term $1 + v^*u/u^*v$.

?

Überprüfen Sie, dass im Fall $u, v \in \mathbb{R}^n \setminus \{0\}$ die Identität $1 + v^*u/u^*v = 2$ gilt.

Satz

Sei $u \in \mathbb{C}^s$ mit $\|u\|_2 = 1$ und $v \in \mathbb{C}^s \setminus \{0\}$ gegeben, dann stellt

$$H = I - \left(1 + \frac{v^*u}{u^*v}\right) uu^* \in \mathbb{C}^{s\times s}$$

eine unitäre Matrix dar. Im Fall

$$u = \frac{v + \alpha e_1}{\|v + \alpha e_1\|_2} \text{ mit } \alpha = \begin{cases} \frac{v_1}{|v_1|}\|v\|_2, & \text{falls } v_1 \neq 0\,, \\ \|v\|_2 & \text{sonst}\,. \end{cases}$$

gilt zudem

$$Hv = \alpha e_1 \quad \text{mit} \quad e_1 = (1, 0, \dots, 0)^T \in \mathbb{R}^s$$

Beweis: Für $z = v^*u/u^*v$ gilt $|z| = 1$ und wir erhalten

$$\begin{aligned} H^*H &= (I - (1+\bar z)uu^*)(I - (1+z)uu^*) \\ &= I - (1 + \bar z + 1 + z)uu^* + (1+\bar z)(1+z)u\underbrace{u^*u}_{=1}u^* \\ &= I - (2 + \bar z + z - 1 - \bar z - z - \bar z z)uu^* \\ &= I\,. \end{aligned}$$

Des Weiteren ergibt sich mit der angegebenen Wahl des Vektors u unter Berücksichtigung von

$$\begin{aligned} \|v + \alpha e_1\|_2^2 &= (v + \alpha e_1)^*(v + \alpha e_1) \\ &= v^*v + \underbrace{(\alpha e_1)^*v + v^*\alpha e_1}_{=2\mathrm{Re}\,((\alpha e_1)^* v)} + \underbrace{|\alpha|^2}_{=v^*v} \\ &= 2\mathrm{Re}\,((v + \alpha e_1)^* v) \end{aligned}$$

der Zusammenhang

$$\begin{aligned} Hv &= v - \left(1 + \frac{v^*u}{u^*v}\right) uu^*v \\ &= v - uu^*v - v^*uu \\ &= v - \frac{(v + \alpha e_1)(v + \alpha e_1)^*v - v^*(v + \alpha e_1)(v + \alpha e_1)}{\|v + \alpha e_1\|_2^2} \\ &= v - (v + \alpha e_1)\frac{2\mathrm{Re}\,((v + \alpha e_1)^* v)}{\|v + \alpha e_1\|_2^2} \\ &= v - (v + \alpha e_1) = -\alpha e_1\,. \end{aligned}$$

■

Zur endgültigen Konstruktion der für den Householder-Algorithmus notwendigen Matrizen betrachten wir zunächst noch folgendes Hilfsresultat, wobei mit der Abkürzung I_k stets die Einheitsmatrix im $\mathbb{R}^{k\times k}$ bezeichnet wird.

Lemma

Sei $\boldsymbol{u}_s \in \mathbb{C}^s$ mit $\|\boldsymbol{u}_s\|_2 = 1$ und $\boldsymbol{v}_s \in \mathbb{C}^s \setminus \{\boldsymbol{0}\}$ gegeben, dann stellt

$$\boldsymbol{H}_s = \begin{pmatrix} \boldsymbol{I}_{n-s} & \boldsymbol{0} \\ \boldsymbol{0} & \widetilde{\boldsymbol{H}}_s \end{pmatrix} \in \mathbb{C}^{n\times n}$$

unter Verwendung von $\widetilde{\boldsymbol{H}}_s = \boldsymbol{I} - \left(1 + \frac{\boldsymbol{v}_s^*\boldsymbol{u}_s}{\boldsymbol{u}_s^*\boldsymbol{v}_s}\right)\boldsymbol{u}_s\boldsymbol{u}_s^* \in \mathbb{C}^{s\times s}$ eine unitäre Matrix dar.

Beweis: Der Nachweis ergibt sich unmittelbar aus

$$\boldsymbol{H}_s^*\boldsymbol{H}_s = \begin{pmatrix} \boldsymbol{I}_{n-s} & \boldsymbol{0} \\ \boldsymbol{0} & \widetilde{\boldsymbol{H}}_s^*\widetilde{\boldsymbol{H}}_s \end{pmatrix} = \begin{pmatrix} \boldsymbol{I}_{n-s} & \boldsymbol{0} \\ \boldsymbol{0} & \boldsymbol{I}_s \end{pmatrix} = \boldsymbol{I}_n\,.$$

■

Unter Verwendung der erzielten Resultate können wir eine sukzessive Überführung einer gegebenen Matrix $\boldsymbol{A} \in \mathbb{C}^{n\times n}$ in obere Dreiecksgestalt vornehmen. Wir setzen hierzu $\boldsymbol{A}^{(0)} = \boldsymbol{A}$ und schreiben

$$\boldsymbol{A}^{(0)} = \begin{pmatrix} a_{11}^{(0)} & \dots & a_{1n}^{(0)} \\ \vdots & & \vdots \\ a_{n1}^{(0)} & \dots & a_{nn}^{(0)} \end{pmatrix}.$$

Mit $\boldsymbol{a}^{(0)} = (a_{11}^{(0)}, \dots, a_{n1}^{(0)})^T$ definieren wir unter Verwendung von

$$\boldsymbol{u}_n = \frac{\boldsymbol{a}^{(0)} + \alpha\boldsymbol{e}_1}{\|\boldsymbol{a}^{(0)} + \alpha\boldsymbol{e}_1\|_2}$$

mit

$$\alpha = \begin{cases} \dfrac{a_{11}^{(0)}}{|a_{11}^{(0)}|}\|\boldsymbol{a}^{(0)}\|_2, & \text{falls } a_{11}^{(0)} \neq 0, \\ \|\boldsymbol{a}^{(0)}\|_2 & \text{sonst} \end{cases}$$

die komplexe Householder-Matrix

$$\boldsymbol{H}_n = \boldsymbol{I}_n - \left(1 + \frac{(\boldsymbol{a}^{(0)})^*\boldsymbol{u}_n}{\boldsymbol{u}_n^*\boldsymbol{a}^{(0)}}\right)\boldsymbol{u}_n\boldsymbol{u}_n^* \in \mathbb{C}^{n\times n}$$

Folglich besitzt $\boldsymbol{A}^{(1)} = \boldsymbol{H}_n\boldsymbol{A}^{(0)}$ laut (14.20) die Gestalt

$$\boldsymbol{A}^{(1)} = \begin{pmatrix} a_{11}^{(1)} & a_{12}^{(1)} & \dots & a_{1n}^{(1)} \\ 0 & a_{22}^{(1)} & \dots & a_{2n}^{(1)} \\ \vdots & \vdots & & \vdots \\ 0 & a_{n2}^{(1)} & \dots & a_{nn}^{(1)} \end{pmatrix}.$$

Diese Vorgehensweise werden wir auf weitere Spalten übertragen, wobei stets kleiner werdende rechte untere Anteile der Matrix betrachtet werden. Die Zielsetzung liegt dabei in der Annullierung der Unterdiagonalelemente. Liegt nach k Transformationsschritten die Matrix

$$\boldsymbol{A}^{(k)} = \left(\begin{array}{c|ccc} \boldsymbol{R}^{(k)} & & \boldsymbol{B}^{(k)} & \\ \hline & a_{k+1,k+1}^{(k)} & \dots & a_{k+1,n}^{(k)} \\ \boldsymbol{0} & \vdots & & \vdots \\ & a_{n,k+1}^{(k)} & \dots & a_{nn}^{(k)} \end{array}\right) \in \mathbb{C}^{n\times n}$$

vor, wobei $\boldsymbol{R}^{(k)} \in \mathbb{C}^{k\times k}$ eine rechte obere Dreiecksmatrix darstellt und $\boldsymbol{B}^{(k)} \in \mathbb{C}^{k\times(n-k)}$ gilt, so setzen wir $\boldsymbol{a}^{(k)} = (a_{k+1,k+1}^{(k)}, \dots, a_{k+1,n}^{(k)})^T \in \mathbb{C}^{n-k}$. Analog zum Übergang von $\boldsymbol{A}^{(0)}$ auf $\boldsymbol{A}^{(1)}$ konstruieren wir mit

$$\boldsymbol{u}_{n-k} = \frac{\boldsymbol{a}^{(k)} + \alpha\boldsymbol{e}_1}{\|\boldsymbol{a}^{(k)} + \alpha\boldsymbol{e}_1\|_2}$$

und

$$\alpha = \begin{cases} \dfrac{a_{k+1,k+1}^{(k)}}{|a_{k+1,k+1}^{(k)}|}\|\boldsymbol{a}^{(k)}\|_2\,, & \text{falls } a_{k+1,k+1}^{(k)} \neq 0\,, \\ \|\boldsymbol{a}^{(k)}\|_2 & \text{sonst} \end{cases}$$

die komplexe Householder-Matrix $\widetilde{\boldsymbol{H}}_{n-k} \in \mathbb{C}^{(n-k)\times(n-k)}$ gemäß

$$\widetilde{\boldsymbol{H}}_{n-k} = \boldsymbol{I}_{n-k} - \left(1 + \frac{(\boldsymbol{a}^{(k)})^*\boldsymbol{u}_{n-k}}{\boldsymbol{u}_{n-k}^*\boldsymbol{a}^{(k)}}\right)\boldsymbol{u}_{n-k}\boldsymbol{u}_{n-k}^*\,.$$

Laut obigem Lemma stellt

$$\boldsymbol{H}_{n-k} = \begin{pmatrix} \boldsymbol{I}_k & \boldsymbol{0} \\ \boldsymbol{0} & \widetilde{\boldsymbol{H}}_{n-k} \end{pmatrix} \in \mathbb{R}^{n\times n}$$

eine unitäre Matrix dar und wir erhalten für $\boldsymbol{A}^{(k+1)} = \boldsymbol{H}_{n-k}\boldsymbol{A}^{(k)}$ die Darstellung

$$\boldsymbol{A}^{(k+1)} = \left(\begin{array}{c|cccc} \boldsymbol{R}^{(k)} & & & \boldsymbol{B}^{(k)} & \\ \hline & a_{k+1,k+1}^{(k+1)} & a_{k+1,k+2}^{(k+1)} & \dots & a_{k+1,n}^{(k+1)} \\ & 0 & a_{k+2,k+2}^{(k+1)} & \dots & a_{k+2,n}^{(k+1)} \\ \boldsymbol{0} & \vdots & \vdots & & \vdots \\ & 0 & a_{n,k+2}^{(k+1)} & \dots & a_{nn}^{(k+1)} \end{array}\right)$$

$$= \left(\begin{array}{c|ccc} \boldsymbol{R}^{(k+1)} & & \boldsymbol{B}^{(k+1)} & \\ \hline & a_{k+2,k+2}^{(k+1)} & \dots & a_{k+2,n}^{(k+1)} \\ \boldsymbol{0} & \vdots & & \vdots \\ & a_{n,k+2}^{(k+1)} & \dots & a_{nn}^{(k+1)} \end{array}\right) \in \mathbb{C}^{n\times n}$$

mit einer rechten oberen Dreiecksmatrix $\boldsymbol{R}^{(k+1)} \in \mathbb{C}^{(k+1)\times(k+1)}$. Nach $n-1$ Schritten ergibt sich demzufolge die rechte obere Dreiecksmatrix

$$\boldsymbol{R} = \boldsymbol{R}^{(n)} = \boldsymbol{H}_2\boldsymbol{H}_3\cdots\boldsymbol{H}_n\boldsymbol{A}\,.$$

Durch das obige Lemma wissen wir, dass alle verwendeten Matrizen $\boldsymbol{H}_2, \ldots, \boldsymbol{H}_n$ unitär sind und folglich mit $\boldsymbol{Q} = \boldsymbol{H}_n^* \boldsymbol{H}_{n-1}^* \ldots \boldsymbol{H}_2^*$ ebenfalls eine unitäre Matrix vorliegt, die wegen

$$\boldsymbol{A} = (\boldsymbol{H}_2 \boldsymbol{H}_3 \cdots \boldsymbol{H}_n)^* \boldsymbol{R} = \boldsymbol{H}_n^* \boldsymbol{H}_{n-1}^* \ldots \boldsymbol{H}_2^* \boldsymbol{R} = \boldsymbol{Q}\boldsymbol{R}$$

die gewünschte QR-Zerlegung liefert.

Bei einer großen Dimension n des Gleichungssystems liegt im Fall einer vollbesetzten Matrix mit dem Householder-Verfahren eine Methode vor, die etwa die Hälfte der zugrunde gelegten arithmetischen Operationen der Givens-Methode und etwa 2/3 der Operationen des Gram-Schmidt-Verfahrens benötigt. Es sei jedoch bei diesem Vergleich nochmals darauf hingewiesen, dass der Givens-Algorithmus bei Matrizen mit besonderer Struktur häufig den geringsten Rechenaufwand aller drei Verfahren aufweist.

14.2 Splitting-Methoden

Ausgangspunkt für die weiteren Betrachtungen stellt stets ein lineares Gleichungssystem der Form

$$\boldsymbol{A}\boldsymbol{x} = \boldsymbol{b}$$

mit gegebener rechter Seite $\boldsymbol{b} \in \mathbb{C}^n$ und regulärer Matrix $\boldsymbol{A} \in \mathbb{C}^{n \times n}$ dar. Die im Folgenden vorgestellten iterativen Verfahren ermitteln sukzessive Näherungen $\boldsymbol{x}_m$ an die exakte Lösung $\boldsymbol{A}^{-1}\boldsymbol{b}$ durch wiederholtes Ausführen einer festgelegten Rechenvorschrift

$$\boldsymbol{x}_{m+1} = \phi(\boldsymbol{x}_m, \boldsymbol{b}) \quad \text{für } m = 0, 1, \ldots$$

bei gewähltem Startvektor $\boldsymbol{x}_0 \in \mathbb{C}^n$. Wir werden dementsprechend zunächst festlegen, was wir unter dem Begriff eines Iterationsverfahrens in diesem Abschnitt verstehen wollen.

Definition eines Iterationsverfahrens

Ein Iterationsverfahren zur Lösung eines linearen Gleichungssystems ist gegeben durch eine Abbildung

$$\phi \colon \mathbb{C}^n \times \mathbb{C}^n \to \mathbb{C}^n$$

und heißt linear, falls Matrizen $\boldsymbol{M}, \boldsymbol{N} \in \mathbb{C}^{n \times n}$ derart existieren, dass

$$\phi(\boldsymbol{x}, \boldsymbol{b}) = \boldsymbol{M}\boldsymbol{x} + \boldsymbol{N}\boldsymbol{b}$$

gilt. Die Matrix $\boldsymbol{M}$ wird als Iterationsmatrix der Iteration ϕ bezeichnet.

Im Gegensatz zu den bisher betrachteten direkten Verfahren basieren Splitting-Verfahren auf einer additiven anstelle einer multiplikativen Zerlegung der Matrix $\boldsymbol{A} \in \mathbb{C}^{n \times n}$ gemäß

$$\boldsymbol{A} = \boldsymbol{B} + (\boldsymbol{A} - \boldsymbol{B}) \tag{14.23}$$

unter Verwendung einer frei wählbaren regulären Matrix $\boldsymbol{B} \in \mathbb{C}^{n \times n}$. Elementare Umformungen liefern somit die Äquivalenz der Gleichungen

$$\boldsymbol{A}\boldsymbol{x} = \boldsymbol{b}$$

und

$$\boldsymbol{x} = \boldsymbol{B}^{-1}(\boldsymbol{B} - \boldsymbol{A})\boldsymbol{x} + \boldsymbol{B}^{-1}\boldsymbol{b}. \tag{14.24}$$

?

Ist die behauptete Überführung von $\boldsymbol{A}\boldsymbol{x} = \boldsymbol{b}$ in (14.24) wirklich gültig?

Splitting-Methoden lassen sich folglich stets in der Form eines Iterationsverfahrens

$$\boldsymbol{x}_{m+1} = \phi(\boldsymbol{x}_m, \boldsymbol{b}) \quad \text{für } m = 0, 1, \ldots$$

mit

$$\phi(\boldsymbol{x}_m, \boldsymbol{b}) = \underbrace{\boldsymbol{B}^{-1}(\boldsymbol{B} - \boldsymbol{A})}_{=:\boldsymbol{M}} \boldsymbol{x}_m + \underbrace{\boldsymbol{B}^{-1}}_{=:\boldsymbol{N}} \boldsymbol{b}$$

schreiben.

Jede Splitting-Methode stellt ein lineares Iterationsverfahren dar

Ein Grund zur Nutzung iterativer anstelle direkter Verfahren liegt oftmals auch darin begründet, dass bei unstrukturierten und schwach besetzten Matrizen die inverse Matrix eine stark besetzte Struktur aufweisen kann, die die vorhandenen Speicherplatzressourcen übersteigt. Entsprechend muss die Matrix $\boldsymbol{B}$ so gewählt werden, dass entweder ihre Inverse leicht berechenbar ist und einen geringen Speicherplatzbedarf aufweist oder zumindest die Wirkung der Matrix $\boldsymbol{B}^{-1}$ auf einen Vektor ohne großen Rechenaufwand ermittelt werden kann. Der zweite Hinweis begründet sich durch den Sachverhalt, dass innerhalb jeder Iteration nur Matrix-Vektor-Produkte der Form

$$\boldsymbol{B}^{-1}\boldsymbol{y} \quad \text{mit} \quad \boldsymbol{y} = (\boldsymbol{B} - \boldsymbol{A})\boldsymbol{x}_m + \boldsymbol{b}$$

notwendig sind. Hierzu ist es nicht erforderlich, dass die Matrix $\boldsymbol{B}^{-1}$ explizit vorliegt. Wird beispielsweise eine linke untere Dreiecksmatrix $\boldsymbol{B}$ genutzt, so kann das Matrix-Vektor-Produkt $\boldsymbol{z} = \boldsymbol{B}^{-1}\boldsymbol{y}$ einfach durch Lösen der Gleichung

$$\boldsymbol{B}\boldsymbol{z} = \boldsymbol{y}$$

mittels sukzessiver Vorwärtselimination ermittelt werden. Des Weiteren sollte die Matrix $\boldsymbol{B}$ jedoch eine möglichst gute Approximation an die Matrix $\boldsymbol{A}$ darstellen, um eine schnelle Konvergenz gegen die gesuchte Lösung zu erzielen. Heuristisch betrachtet können wir aus $\boldsymbol{B} \approx \boldsymbol{A}$ zunächst $\boldsymbol{B}^{-1} \approx \boldsymbol{A}^{-1}$ erhoffen und folglich mit

$$\boldsymbol{x}_1 = \underbrace{\boldsymbol{B}^{-1}(\boldsymbol{B} - \boldsymbol{A})}_{\approx \boldsymbol{0}} \boldsymbol{x}_0 + \underbrace{\boldsymbol{B}^{-1}}_{\approx \boldsymbol{A}^{-1}} \boldsymbol{b} \approx \boldsymbol{A}^{-1}\boldsymbol{b}$$

relativ unabhängig von der Wahl des Startvektors bereits durch die erste Iterierte eine hoffentlich gute Näherung an die gesuchte Lösung $\widetilde{\boldsymbol{x}} = \boldsymbol{A}^{-1}\boldsymbol{b}$ berechnen. Um mathematisch abgesicherte Aussagen über die Konvergenzvoraussetzungen von Splitting-Methoden formulieren zu können, werden wir im Folgenden die Begriffe *Konsistenz* und *Konvergenz* iterativer Verfahren einführen und ihre Auswirkungen diskutieren.

Vorab betrachten wir ein einfaches Beispiel, dass wir als Modellproblem für alle folgenden Arten von Splitting-Methoden einsetzen werden.

Beispiel Triviales Verfahren

Wir betrachten das Modellproblem

$$\underbrace{\begin{pmatrix} 0.6 & -0.2 \\ -0.1 & 0.5 \end{pmatrix}}_{=:\,A} \underbrace{\begin{pmatrix} x_1 \\ x_2 \end{pmatrix}}_{=:\,x} = \underbrace{\begin{pmatrix} 0.8 \\ -0.6 \end{pmatrix}}_{=:\,b} . \tag{14.25}$$

Die exakte Lösung lautet $A^{-1}b = (1, -1)^T$. Natürlich besteht für dieses Gleichungssystem keine Notwendigkeit zur Nutzung eines iterativen Verfahrens. Das Beispiel eignet sich jedoch sehr gut zur Verdeutlichung der Effizienz der einzelnen Splitting-Methoden. Die einfachste Wahl der Matrix B, die wir uns vorstellen können, ist sicherlich die Identitätsmatrix. Mit $A = I - (I - A)$ folgt die Äquivalenz zwischen $Ax = b$ und

$$x = (I - A)x + b .$$

Hierdurch ergibt sich das einfache lineare Iterationsverfahren

$$x_{m+1} = \phi(x_m, b) = \underbrace{(I - A)}_{=:M} x_m + \underbrace{I}_{=:N} b .$$

Es gilt $\det(M - \lambda I) = \left(\lambda - \frac{9}{20}\right)^2 - \frac{9}{400}$, sodass die Eigenwerte der Iterationsmatrix $\lambda_1 = 0.3$ und $\lambda_2 = 0.6$ lauten und sich damit der auf Seite 387 eingeführte Spektralradius zu $\rho(M) = 0.6 < 1$ ergibt. Sei $x_0 = (21, -19)^T$, dann erhalten wir den in der folgenden Tabelle aufgeführten Konvergenzverlauf, der zudem gemeinsam mit den Ergebnissen weiterer Verfahren in einer Grafik auf der Seite 512 dargestellt wird. Die Werte sind stets auf drei Nachkommastellen gerundet und der Spektralradius findet sich in der rechts aufgeführten Fehlerreduktion wieder, sodass ein erster Hinweis darauf vorliegt, dass ein Zusammenhang zwischen dem Spektralradius der Iterationsmatrix M und der Konvergenzgeschwindigkeit des Iterationsverfahrens bestehen könnte.

Triviales Verfahren

m	$x_{m,1}$	$x_{m,2}$	$\varepsilon_m := \|x_m - A^{-1}b\|_\infty$	$\varepsilon_m/\varepsilon_{m-1}$
0	21.000	−19.000	$2.00 \cdot 10^{1}$	
10	0.968	−1.032	$3.232 \cdot 10^{-2}$	0.599
30	1.000	−1.000	$1.179 \cdot 10^{-6}$	0.600
50	1.000	−1.000	$4.311 \cdot 10^{-11}$	0.600
71	1.000	−1.000	$9.992 \cdot 10^{-16}$	0.600

◀

Der Konvergenzverlauf zeigt, dass eine derartig primitive Wahl der Iterationsmatrix in der Regel zu keinem zufriedenstellenden Algorithmus führen wird, zumal in diesem Fall keine Abhängigkeit der Matrix B von der Matrix A besteht und daher die erwünschte Eigenschaft $B \approx A$ üblicherweise nicht vorliegt. Bevor wir uns mit geeigneteren Festlegungen befassen, wollen wir einige generelle Aussagen untersuchen, die uns eine konkretere Forderung zur Güte der Matrix B im Hinblick auf die Konvergenzgeschwindigkeit des Verfahrens liefern.

Definition Fixpunkt und Konsistenz eines Iterationsverfahrens

Einen Vektor $\tilde{x} \in \mathbb{C}^n$ bezeichnen wir als **Fixpunkt** des Iterationsverfahrens $\phi : \mathbb{C}^n \times \mathbb{C}^n \to \mathbb{C}^n$ zu $b \in \mathbb{C}^n$, falls

$$\tilde{x} = \phi(\tilde{x}, b)$$

gilt. Ein Iterationsverfahren ϕ heißt **konsistent** zur Matrix A, wenn für alle $b \in \mathbb{C}^n$ mit $A^{-1}b$ ein Fixpunkt von ϕ zu b vorliegt, d. h.,

$$A^{-1}b = \phi(A^{-1}b, b)$$

gilt.

Der Begriff der Konsistenz wird in unterschiedlichen mathematischen Zusammenhängen verwendet. Grundlegend wird hierdurch immer eine geeignete Bedingung an das Verfahren gestellt, die einen sinnvollen Zusammenhang zwischen der numerischen Methode und der vorliegenden Problemstellung sicherstellt.

Konsistenz besagt: Liefert das Iterationsverfahren $x_m = A^{-1}b$, dann gilt unter Vernachlässigung von Rundungsfehlern $x_k = A^{-1}b$ für alle $k \geq m$.

Bei linearen Iterationsverfahren gibt es eine leicht prüfbare und dabei notwendige und hinreichende Bedingung für die Konsistenz des Verfahrens.

Satz zur Konsistenz

Ein lineares Iterationsverfahren ist genau dann konsistent zur Matrix A, wenn

$$M = I - NA$$

gilt.

Beweis: Sei $\widetilde{x} = A^{-1}b$.

„⇒" ϕ sei konsistent zur Matrix A.

Damit erhalten wir

$$\widetilde{x} = \phi(\widetilde{x}, b) = M\widetilde{x} + Nb = M\widetilde{x} + NA\widetilde{x} .$$

Da die Konsistenz für alle $b \in \mathbb{C}^n$ gilt, ergibt sich unter Berücksichtigung der Regularität der Matrix A die Gültigkeit der obigen Gleichung für alle $\widetilde{x} \in \mathbb{C}^n$, wodurch

$$M = I - NA$$

folgt.

„⇐" Es gelte $M = I - NA$.

Dann ergibt sich

$$\widetilde{x} = M\widetilde{x} + NA\widetilde{x} = M\widetilde{x} + Nb = \phi(\widetilde{x}, b),$$

wodurch die Konsistenz des Iterationsverfahrens ϕ zur Matrix A folgt. ∎

Auf der Grundlage der Aussage des obigen Satzes lassen sich Splitting-Methoden nun sehr leicht auf Konsistenz untersuchen.

Satz zur Konsistenz von Splitting-Verfahren

Sei $B \in \mathbb{C}^{n\times n}$ regulär, dann ist das lineare Iterationsverfahren

$$x_{m+1} = \phi(x_m, b) = B^{-1}(B - A)x_m + B^{-1}b$$

zur Matrix A konsistent.

Beweis: Mit $M = B^{-1}(B - A) = I - B^{-1}A = I - NA$ folgt die Behauptung durch Anwendung des allgemeinen Satzes zur Konsistenz. ∎

Jede Splitting-Methode ist konsistent

Bei der Analyse eines Iterationsverfahrens liegt das wesentliche Interesse im Nachweis der Konvergenz der durch das Verfahren generierten Vektorfolge gegen die Lösung des Gleichungssystems. Hierzu benötigen wir zunächst den Begriff der Konvergenz eines Verfahrens.

Definition der Konvergenz eines Iterationsverfahrens

Ein Iterationsverfahren ϕ heißt konvergent, wenn für jeden Vektor $b \in \mathbb{C}^n$ und jeden Startwert $x_0 \in \mathbb{C}^n$ ein vom Startwert unabhängiger Grenzwert

$$\widetilde{x} = \lim_{m\to\infty} x_m = \lim_{m\to\infty} \phi(x_{m-1}, b)$$

existiert.

Konvergenz besagt, dass das Iterationsverfahren ein eindeutiges und vom Startvektor unabhängiges Ziel besitzt.

Beispiel Um die Notwendigkeit der Eigenschaften Konsistenz und Konvergenz zu verdeutlichen, betrachten wir zwei einfache Beispiele.

1. Gesucht sei die Lösung x des Gleichungssystems $Ax = b$ mit regulärer Matrix A und gegebener rechten Seite $b = 0$. Mit der Festlegung

$$N := -A^{-1}, \quad M := 2I$$

erhalten wir $M = I - NA$, sodass mit

$$\phi(x, b) = Mx + Nb = 2Ix + Nb = 2x + Nb$$

ein zur Matrix des Gleichungssystems konsistentes Iterationsverfahren vorliegt. Jedoch ergibt sich offensichtlich bereits für den Startvektor $x_0 = (1, 1)^T$ eine divergente Iterationsfolge, sodass kein konvergentes Iterationsverfahren vorliegt und sich mit Ausnahme des Startvektors $x_0 = 0$ auch keine Konvergenz gegen die gesuchte Lösung des Gleichungssystems einstellt.

2. Gesucht sei die Lösung x des Gleichungssystems $Ax = b$ mit regulärer Matrix $A \neq I$ und gegebener rechten Seite $b \neq 0$. Mit der Festlegung

$$N := I, \quad M := 0$$

erhalten wir $I - NA = I - A \neq 0 = M$, sodass laut des auf Seite 500 aufgeführten allgemeinen Satzes mit

$$\phi(x, b) = Mx + Nb$$

kein konsistentes Iterationsverfahren vorliegt. Betrachten wir einen beliebigen Startvektor x_0, so erhalten wir

$$x_1 = Mx_0 + Nb = b$$

und entsprechend $x_m = b$ für alle $m \in \mathbb{N}$. Folglich ist das Verfahren konvergent, wobei jedoch bis auf Matrizen, für die b ein Eigenvektor zum Eigenwert 1 darstellt, d. h., $Ab = b$ gilt, das Grenzelement der Iterationsfolge nicht die Lösung des Gleichungssystems darstellt. ◀

Das obige Beispiel zeigt nachdrücklich, dass die sinnvollen Eigenschaften Konsistenz und Konvergenz für sich genommen noch nicht gewährleisten, dass die Iterationsfolge für einen beliebigen Startvektor stets gegen die Lösung des Gleichungssystems konvergiert. Wie wir dem folgenden Satz entnehmen können, ergibt sich diese gewünschte Wirkung jedoch bei linearen Iterationsverfahren aus dem Zusammenspiel der beiden Eigenschaften.

Satz zum Grenzelement

Sei ϕ ein konvergentes und zur Matrix A konsistentes lineares Iterationsverfahren, dann erfüllt das Grenzelement $\widetilde{x}$ der Folge

$$x_m = \phi(x_{m-1}, b) \quad \text{für } m = 1, 2, \ldots$$

für jedes $x_0 \in \mathbb{C}^n$ das Gleichungssystem $Ax = b$.

Beweis: Betrachten wir beispielsweise eine induzierte Matrixnorm, so folgt aus der in der Hintergrundbox auf Seite 385 vorgestellten Verträglichkeit mit der zugrunde liegenden Vektornorm wegen

$$0 \leq \lim_{x\to y} \|Mx - My\| \leq \lim_{x\to y} \|M\| \, \|x - y\| = 0$$

die Stetigkeit der durch die Matrix vorliegenden Abbildung. Folglich ist der Grenzwert der Iterierten

$$\widetilde{x} = \lim_{m\to\infty} x_m = \lim_{m\to\infty} \phi(x_{m-1}, b) = \lim_{m\to\infty} Mx_{m-1} + Nb$$
$$= M\Big(\lim_{m\to\infty} x_{m-1}\Big) + Nb = M\widetilde{x} + Nb = \phi(\widetilde{x}, b)$$

auch Fixpunkt der Iteration. Da der Grenzwert eindeutig und vom Startvektor unabhängig ist, existiert mit $\widetilde{x}$ genau ein Fixpunkt. Durch die vorliegende Konsistenz des Iterationsverfahrens liegt bereits mit $A^{-1}b$ ein Fixpunkt der Iteration vor, womit $\widetilde{x} = A^{-1}b$ folgt. ■

Abschließend benötigen wir noch ein Kriterium zum Nachweis der Konvergenz. Nach Möglichkeit sollten sich dabei die Konvergenzkriterien anhand einer Untersuchung der Matrix A überprüfen lassen. Wir hatten bereits an dem auf Seite 500 vorgestellten Modellbeispiel die Vermutung geäußert, dass ein Zusammenhang zwischen der Konvergenz des Iterationsverfahrens und dem Spektralradius der Iterationsmatrix bestehen könnte. Eine entsprechende Aussage werden wir im folgenden Satz formulieren.

Satz zur Konvergenz linearer Iterationsverfahren

Ein lineares Iterationsverfahren ϕ ist genau dann konvergent, wenn der Spektralradius der Iterationsmatrix M die Bedingung

$$\rho(M) < 1$$

erfüllt.

Beweis: „$\Rightarrow$" ϕ sei konvergent.

Sei λ Eigenwert von M mit $|\lambda| = \rho(M)$ und $x \in \mathbb{C}^n \setminus \{0\}$ der zugehörige Eigenvektor. Wählen wir $b = 0 \in \mathbb{C}^n$, dann folgt für $x_0 = c\,x$ mit beliebigem $c \in \mathbb{R} \setminus \{0\}$ die Iterationsfolge

$$x_m = \phi(x_{m-1}, b) = Mx_{m-1} = \ldots = M^m x_0 = \lambda^m x_0 .$$

Im Fall $|\lambda| > 1$ folgt aus $\|x_m\| = |\lambda|^m \|x_0\|$ die Divergenz der Folge $\{x_m\}_{m\in\mathbb{N}}$.

Für $|\lambda| = 1$ stellt M für den Eigenvektor eine Drehung dar. Die Konvergenz der Folge $\{x_m\}_{m\in\mathbb{N}}$ liegt daher nur im Fall $\lambda = 1$ vor. Hierbei erhalten wir $x_m = x_0$ für alle $m \in \mathbb{N}$ unabhängig vom gewählten Skalierungsparameter c, sodass sich mit

$$\hat{x} = \lim_{m\to\infty} x_m = x_0$$

ein vom Startvektor abhängiger Grenzwert ergibt und daher das Iterationsverfahren nicht konvergent ist.

Die Bedingung $|\lambda| < 1$ und damit $\rho(M) < 1$ stellt demzufolge ein notwendiges Kriterium für die Konvergenz des Iterationsverfahrens dar.

„$\Leftarrow$" Gelte $\rho(M) < 1$.

Da mit dem im Band 1, Abschnitt 19.3 bewiesenen Äquivalenzsatz alle Normen auf dem $\mathbb{C}^n$ äquivalent sind, kann die Konvergenz in einer beliebigen Norm nachgewiesen werden.

Sei $\varepsilon := \frac{1}{2}(1 - \rho(M)) > 0$, dann existiert gemäß der Box auf Seite 388 eine induzierte Matrixnorm auf $\mathbb{C}^{n\times n}$ derart, dass

$$q := \|M\| \le \rho(M) + \varepsilon < 1$$

gilt. Bei gegebenem $b \in \mathbb{C}^n$ definieren wir

$$F : \mathbb{C}^n \to \mathbb{C}^n \text{ mit } F(x) = Mx + Nb .$$

Hiermit erhalten wir

$$\|F(x) - F(y)\| = \|Mx - My\| \le \|M\|\|x - y\| = q\|x - y\| ,$$

sodass aufgrund des Banach'schen Fixpunktsatzes die durch

$$x_{m+1} = F(x_m)$$

definierte Folge $\{x_m\}_{m\in\mathbb{N}}$ für ein beliebiges Startelement $x_0 \in \mathbb{C}^n$ gegen den eindeutig bestimmten Fixpunkt

$$\hat{x} = \lim_{m\to\infty} x_{m+1} = \lim_{m\to\infty} F(x_m) = \lim_{m\to\infty} \phi(x_m, b)$$

konvergiert und folglich mit ϕ ein konvergentes Iterationsverfahren vorliegt. ■

Betrachten wir ein lineares Iterationsverfahren

$$x_m = Mx_{m-1} + Nb \text{ für } m = 1, 2, \ldots$$

mit $\rho(M) < 1$, so existiert wie bereits oben erwähnt und auf Seite 388 nachgewiesen zu jedem ε mit $0 < \varepsilon < 1 - \rho(M)$ eine induzierte Matrixnorm derart, dass

$$\rho(M) \le \|M\| \le \rho(M) + \varepsilon < 1$$

gilt. Bezüglich der zugrunde liegenden Vektornorm folgt mit $q := \|M\|$ aus dem Banach'schen Fixpunktsatz die A-priori-Fehlerabschätzung

$$\|x_m - A^{-1}b\| \le \frac{q^m}{1-q}\|x_1 - x_0\| \text{ für } m = 1, 2, \ldots .$$

Für jede weitere Norm $\|\cdot\|_a$ gilt

$$\|x_m - A^{-1}b\|_a \le \frac{q^m}{1-q} C_a \|x_1 - x_0\|_a$$

mit einer Konstanten $C_a > 0$, die nur von den Normen abhängt. Somit stellt der Spektralradius in jeder Norm ein Maß für die Konvergenzgeschwindigkeit dar.

Satz zur Fehlerabschätzung

Sei ϕ ein zur Matrix A konsistentes lineares Iterationsverfahren, für dessen zugehörige Iterationsmatrix M eine Norm derart existiert, dass $q := \|M\| < 1$ gilt, dann folgt für gegebenes $\varepsilon > 0$

$$\|x_m - A^{-1}b\| \le \varepsilon$$

für alle $m \in \mathbb{N}$ mit

$$m \ge \frac{\ln \dfrac{\varepsilon(1-q)}{\|x_1 - x_0\|}}{\ln q}$$

und $x_1 = \phi(x_0, b) \ne x_0$.

Beweis: Mit $\|\phi(x, b) - \phi(y, b)\| \le q\|x - y\|$ folgt mit der A-priori-Fehlerabschätzung des Banach'schen Fixpunktsatzes die Ungleichung

$$\|x_m - A^{-1}b\| \le \frac{q^m}{1-q}\|x_1 - x_0\|.$$

Zu gegebenem $\varepsilon > 0$ erhalten wir unter Ausnutzung von $\boldsymbol{x}_1 \neq \boldsymbol{x}_0$ für

$$m \geq \frac{\ln \dfrac{\varepsilon(1-q)}{\|\boldsymbol{x}_1 - \boldsymbol{x}_0\|}}{\ln q}$$

somit die Abschätzung

$$\begin{aligned}\|\boldsymbol{x}_m - \boldsymbol{A}^{-1}\boldsymbol{b}\| &\leq \frac{q^m}{1-q}\|\boldsymbol{x}_1 - \boldsymbol{x}_0\| \\ &\leq \frac{\dfrac{\varepsilon(1-q)}{\|\boldsymbol{x}_1 - \boldsymbol{x}_0\|}}{1-q}\|\boldsymbol{x}_1 - \boldsymbol{x}_0\| = \varepsilon .\end{aligned}$$

■

Betrachtet man folglich zwei konvergente lineare Iterationsverfahren ϕ_1 und ϕ_2, deren zugeordnete Iterationsmatrizen $\boldsymbol{M}_1$ und $\boldsymbol{M}_2$ die Eigenschaft

$$\rho(\boldsymbol{M}_1) = \rho(\boldsymbol{M}_2)^2$$

erfüllen, dann liefert der Satz zur Fehlerabschätzung eine gesicherte Genauigkeitsaussage für die Methode ϕ_1 in der Regel nach der Hälfte der für das Verfahren ϕ_2 benötigten Iterationszahl. Innerhalb eines iterativen Verfahrens dieser Klasse darf daher mit einer Halbierung der benötigten Iterationen gerechnet werden, wenn der Spektralradius beispielsweise von 0.9 auf 0.81 gesenkt wird.

Folgende Eigenschaft von Splitting-Verfahren sollten wir uns merken.

Daumenregel: Quadrierung des Spektralradius führt bei konvergenten Verfahren in der Regel zur Halbierung der Iterationszahl.

Das Jacobi-Verfahren nutzt den Diagonalanteil der Ausgangsmatrix

Wir wollen mit dem Jacobi-Verfahren eine weitere Splitting-Methode einführen. Die Grundidee liegt bei diesem Algorithmus in der Nutzung der Matrix $\boldsymbol{B} = \boldsymbol{D} = \operatorname{diag}\{a_{11}, \ldots, a_{nn}\}$. Bereits durch die Definition der Matrix $\boldsymbol{B}$ setzt das Verfahren somit nichtverschwindende Diagonalelemente der regulären Matrix $\boldsymbol{A} \in \mathbb{R}^{n \times n}$ voraus. Entsprechend der allgemeinen Formulierung dieser Iterationsverfahren gemäß (14.24) ergibt sich das Jacobi-Verfahren in der Form

$$\boldsymbol{x}_{m+1} = \underbrace{\boldsymbol{D}^{-1}(\boldsymbol{D} - \boldsymbol{A})}_{=:\boldsymbol{M}_J}\boldsymbol{x}_m + \underbrace{\boldsymbol{D}^{-1}}_{=:\boldsymbol{N}_J}\boldsymbol{b}$$

für $m = 0, 1, 2, \ldots$. Betrachten wir das Verfahren komponentenweise, so erhalten wir die Darstellung

$$x_{m+1,i} = \frac{1}{a_{ii}}\left(b_i - \sum_{\substack{j=1\\j\neq i}}^{n} a_{ij}x_{m,j}\right) \qquad (14.26)$$

für $i = 1, \ldots, n$ und $m = 0, 1, 2, \ldots$. Beim Jacobi-Verfahren wird die neue Iterierte $\boldsymbol{x}_{m+1}$ somit ausschließlich mittels der alten Iterierten $\boldsymbol{x}_m$ ermittelt. Die Methode wird aus diesem Grund auch als Gesamtschrittverfahren bezeichnet und ist folglich unabhängig von der gewählten Nummerierung der Unbekannten $\boldsymbol{x} = (x_1, \ldots, x_n)^T$. Da es sich um eine Splitting-Methode handelt, ist die Konvergenz des Jacobi-Verfahrens einzig vom Spektralradius der Iterationsmatrix $\boldsymbol{M}_J = \boldsymbol{D}^{-1}(\boldsymbol{D} - \boldsymbol{A})$ abhängig.

1. Satz zur Konvergenz des Jacobi-Verfahrens

Erfüllt die reguläre Matrix $\boldsymbol{A} \in \mathbb{C}^{n \times n}$ mit $a_{ii} \neq 0$, $i = 1, \ldots, n$ das starke Zeilensummenkriterium

$$q_\infty := \max_{i=1,\ldots,n} \sum_{\substack{k=1\\k\neq i}}^{n} \frac{|a_{ik}|}{|a_{ii}|} < 1$$

oder das starke Spaltensummenkriterium

$$q_1 := \max_{k=1,\ldots,n} \sum_{\substack{i=1\\i\neq k}}^{n} \frac{|a_{ik}|}{|a_{ii}|} < 1$$

oder das Quadratsummenkriterium

$$q_2 := \sum_{\substack{i,k=1\\i\neq k}}^{n} \left(\frac{|a_{ik}|}{|a_{ii}|}\right)^2 < 1 ,$$

dann konvergiert das Jacobi-Verfahren bei beliebigem Startvektor $\boldsymbol{x}_0 \in \mathbb{C}^n$ und für rechte Seite $\boldsymbol{b} \in \mathbb{C}^n$ gegen $\boldsymbol{A}^{-1}\boldsymbol{b}$.

Beweis: Wegen

$$\boldsymbol{M}_J = \boldsymbol{D}^{-1}(\boldsymbol{D} - \boldsymbol{A})$$

folgt

$$1 > q_\infty = \|\boldsymbol{M}_J\|_\infty, \quad 1 > q_1 = \|\boldsymbol{M}_J\|_1$$

und

$$1 > \sqrt{q_2} = \|\boldsymbol{M}_J\|_F \geq \|\boldsymbol{M}_J\|_2 ,$$

wodurch sich die Behauptung durch Anwendung des Satzes zur Konvergenz linearer Iterationsverfahren auf der Grundlage von

$$\rho(\boldsymbol{M}_J) \leq \min\{\|\boldsymbol{M}_J\|_\infty, \|\boldsymbol{M}_J\|_1, \|\boldsymbol{M}_J\|_2\} < 1$$

ergibt, da gemäß der Box auf Seite 388 der Spektralradius einer Matrix durch jede induzierte Matrixnorm beschränkt ist. ■

Eine Matrix, die das starke Zeilensummenkriterium erfüllt, wird als **strikt diagonaldominant** bezeichnet.

Beispiel Für das Modellproblem (14.25)

$$A = \begin{pmatrix} 0.6 & -0.2 \\ -0.1 & 0.5 \end{pmatrix}, \quad b = \begin{pmatrix} 0.8 \\ -0.6 \end{pmatrix}$$

liegt mit

$$q_\infty := \max_{i=1,2} \sum_{\substack{j=1\\ j\neq i}}^{2} \frac{|a_{ij}|}{|a_{ii}|} = \max\left\{\frac{1}{3}, \frac{1}{5}\right\} < 1$$

der Nachweis der Konvergenz des Jacobi-Verfahrens vor. Die Eigenwerte der Iterationsmatrix

$$M_J = D^{-1}(D - A) = \begin{pmatrix} 0 & \frac{1}{3} \\ \frac{1}{5} & 0 \end{pmatrix}$$

lauten

$$\lambda_{1,2} = \pm\sqrt{\frac{1}{15}},$$

sodass

$$\rho(M_J) = \sqrt{\frac{1}{15}} \approx 0.258$$

folgt. Unter Verwendung des Startvektors $x_0 = (21, -19)^T$ erhalten wir den folgenden Iterationsverlauf, der eine deutliche Verbesserung im Vergleich zum trivialen Verfahren aufweist. Ein Vergleich verschiedener Methoden kann zudem der Grafik auf Seite 512 entnommen werden.

Jacobi-Verfahren

m	$x_{m,1}$	$x_{m,2}$	$\varepsilon_m := \|x_m - A^{-1}b\|_\infty$	$\varepsilon_m/\varepsilon_{m-1}$
0	21.000	−19.000	$2.00 \cdot 10^{1}$	
5	0.973	−0.982	$2.667 \cdot 10^{-2}$	0.300
10	1.000	−1.000	$2.634 \cdot 10^{-5}$	0.222
20	1.000	−1.000	$3.468 \cdot 10^{-11}$	0.222
28	1.000	−1.000	$6.661 \cdot 10^{-16}$	0.215

◀

?

Darf wie beim obigen Beispiel immer eine deutlich schnellere Konvergenz des Jacobi-Verfahrens im Vergleich zum trivialen Verfahren erwartet werden?

Beispiel Betrachten wir die gewöhnliche Differenzialgleichung zweiter Ordnung

$$-u''(x) = f(x) \quad \text{für } x \in]0, 1[$$

mit den Randbedingungen $u(0) = 0 = u(1)$. Unterteilen wir das Intervall $[0, 1]$ in $n + 1$ äquidistante Teilintervalle gemäß

$$x_j = h \cdot j, \quad j = 0, \ldots, n+1, \quad h = \frac{1}{n+1}$$

und approximieren den Differenzialquotienten an den hiermit gewonnenen Stützstellen durch einen Differenzenquotienten

$$u''(x_j) \approx \frac{u(x_{j+1}) - 2u(x_j) + u(x_{j-1})}{h^2} \qquad j = 1, \ldots, n,$$

dann erhalten wir mit $u_j = u(x_j)$, $f_j = f(x_j)$ das lineare Gleichungssystem

$$\underbrace{\frac{1}{h^2}\begin{pmatrix} 2 & -1 & & \\ -1 & \ddots & \ddots & \\ & \ddots & \ddots & -1 \\ & & -1 & 2 \end{pmatrix}}_{=A} \underbrace{\begin{pmatrix} u_1 \\ \vdots \\ \vdots \\ u_n \end{pmatrix}}_{=u} = \underbrace{\begin{pmatrix} f_1 \\ \vdots \\ \vdots \\ f_n \end{pmatrix}}_{=f}. \tag{14.27}$$

Wie wir leicht nachrechnen können, ergibt sich hierbei für die Matrix A im Fall $n \geq 3$ stets

$$q_1 = q_\infty = 1 \quad \text{und} \quad q_2 \geq 1,$$

wodurch mit dem ersten Satz zur Konvergenz des Jacobi-Verfahrens nicht auf die Konvergenz des Jacobi-Verfahrens geschlossen werden kann.

Die hier geschilderte Problematik weist eine Bedeutung auch für komplexere Anwendungsbeispiele auf, da die betrachtete Differenzialgleichung als eindimensionale Poisson-Gleichung angesehen werden kann und derartige elliptische Differenzialgleichungen häufig als Subprobleme innerhalb strömungsmechanischer Anwendungen auftreten. ◀

Definition der Irreduzibilität

Eine Matrix $A \in \mathbb{C}^{n\times n}$ heißt reduzibel oder zerlegbar, falls eine Permutationsmatrix $P \in \mathbb{R}^{n\times n}$ derart existiert, dass

$$PAP^T = \begin{pmatrix} \tilde{A}_{11} & \tilde{A}_{12} \\ 0 & \tilde{A}_{22} \end{pmatrix}$$

mit $\tilde{A}_{ii} \in \mathbb{C}^{n_i\times n_i}$, $n_i > 0$, $i \in \{1, 2\}$, $n_1 + n_2 = n$ gilt. Andernfalls heißt A **irreduzibel** oder unzerlegbar.

Bemerkung: Die Irreduzibilität einer Matrix kann auch aus graphentheoretischer Sicht betrachtet werden. Hierzu bezeichnen wir mit $G^A := \{V^A, E^A\}$ den gerichteten Graphen der Matrix A, der aus den Knoten $V^A := \{1, \ldots, n\}$ und der Kantenmenge geordneter Paare $E^A := \{(i, j) \in V^A \times V^A | \; a_{ij} \neq 0\}$ besteht. In diesem Kontext lässt sich zeigen, dass eine Matrix A genau dann irreduzibel ist, wenn der zugehörige gerichtete Graph G^A zusammenhängend ist, d. h., wenn es zu je zwei Indizes $i_0 = i, i_\ell = j \in V^A$ einen gerichteten Weg der Länge $\ell \in \mathbb{N}$

$$(i_0, i_1)(i_1, i_2)\ldots(i_{\ell-1}, i_\ell)$$

mit $(i_k, i_{k+1}) \in E^A$ für $k = 0, \ldots, \ell - 1$ gibt. Eine Einführung in die Graphentheorie findet man in Band 1, Abschnitt 26.1.

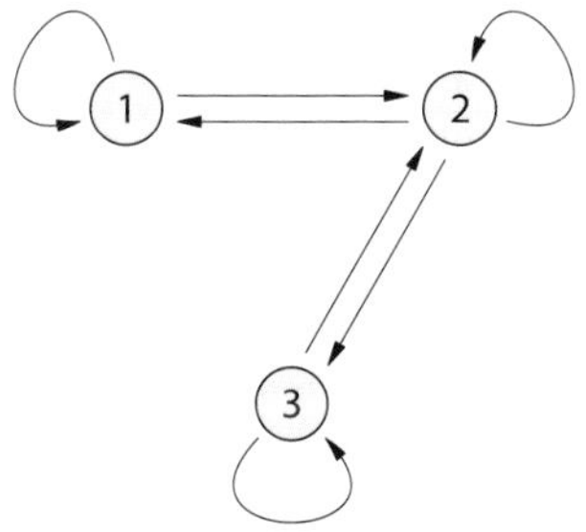

Abbildung 14.7 Gerichteter Graph zur Matrix A laut Gleichung (14.27) für $n = 3$.

Aus diesem Blickwinkel lässt sich entsprechend der Abbildung 14.7 sehr leicht erkennen, dass die im obigen Beispiel auftretende Matrix $\boldsymbol{A}$ irreduzibel ist.

Unter Zuhilfenahme der Irreduzibilität der Matrix $\boldsymbol{A}$ kann eine weitere hinreichende Bedingung zur Konvergenz formuliert werden.

2. Satz zur Konvergenz des Jacobi-Verfahrens

Genügt die reguläre und irreduzible Matrix $\boldsymbol{A} \in \mathbb{C}^{n\times n}$ der Bedingung

$$\max_{i=1,\dots,n} \sum_{\substack{j=1\\ j\neq i}}^{n} \frac{|a_{ij}|}{|a_{ii}|} \leq 1 \tag{14.28}$$

und existiere zudem ein $k \in \{1,\dots,n\}$ mit

$$\sum_{\substack{j=1\\ j\neq k}}^{n} \frac{|a_{kj}|}{|a_{kk}|} < 1\,, \tag{14.29}$$

dann konvergiert das Jacobi-Verfahren bei beliebigem Startvektor $\boldsymbol{x_0} \in \mathbb{C}^n$ und für jede beliebige rechte Seite $\boldsymbol{b} \in \mathbb{C}^n$ gegen $\boldsymbol{A^{-1}b}$.

Beweis: Betrachten wir die Iterationsmatrix $\boldsymbol{M}_J = (m_{ij})_{i,j=1,\dots,n}$ des Jacobi-Verfahrens und definieren $|\boldsymbol{M}_J| := (|m_{ij}|)_{i,j=1,\dots,n}$ sowie $\boldsymbol{y} := (1,\dots,1)^T \in \mathbb{R}^n$, so gilt mit (14.28)

$$0 \leq (|\boldsymbol{M}_J|\boldsymbol{y})_i \leq y_i \quad \text{für } i = 1,\dots,n \tag{14.30}$$

und mit (14.29) existiert ein $k \in \{1,\dots,n\}$ mit

$$0 \leq (|\boldsymbol{M}_J|\boldsymbol{y})_k < y_k\,. \tag{14.31}$$

Aus (14.30) folgt $(|\boldsymbol{M}_J|^m\boldsymbol{y})_i \leq y_i$ für $i = 1,\dots,n$ und alle $m \in \mathbb{N}$. Existiert ein $\tilde{m} \in \mathbb{N}$ mit $(|\boldsymbol{M}_J|^{\tilde{m}}\boldsymbol{y})_j < y_j$, so erhalten wir für alle $m \geq \tilde{m}$ mit (14.28) die Ungleichung

$$(|\boldsymbol{M}_J|^m\boldsymbol{y})_j < y_j\,. \tag{14.32}$$

Mit

$$\boldsymbol{t}^m := \boldsymbol{y} - |\boldsymbol{M}_J|^m\boldsymbol{y}$$

und

$$\tau^m := |\{t_i^m \mid t_i^m \neq 0,\ i = 1,\dots,n\}|$$

ergibt sich unter Verwendung von (14.31) und (14.32)

$$0 < \tau^1 \leq \tau^2 \leq \ldots \leq \tau^m \leq \tau^{m+1} \leq \ldots.$$

Nun nehmen wir an, es gäbe ein $m \in \{1,\dots,n-1\}$ mit $\tau^m = \tau^{m+1} < n$ und führen dies zum Widerspruch.

O.B.d.A. weise der Vektor $\boldsymbol{t}^m$ die Form

$$\boldsymbol{t}^m = \begin{pmatrix}\boldsymbol{u}\\ \boldsymbol{0}\end{pmatrix}, \quad \boldsymbol{u} \in \mathbb{R}^p \quad \text{für } 1 \leq p < n$$

und

$$u_i > 0 \quad \text{für } i = 1,\dots,p$$

auf, dann folgt mit (14.32) und $\tau^m = \tau^{m+1}$

$$\boldsymbol{t}^{m+1} = \begin{pmatrix}\boldsymbol{v}\\ \boldsymbol{0}\end{pmatrix}, \ \boldsymbol{v} \in \mathbb{R}^p, \ \text{ und } v_i > 0 \text{ für } i = 1,\dots,p\,.$$

Sei

$$|\boldsymbol{M}_J| = \begin{pmatrix}|\boldsymbol{M}_{11}| & |\boldsymbol{M}_{12}|\\ |\boldsymbol{M}_{21}| & |\boldsymbol{M}_{22}|\end{pmatrix}$$

mit $|\boldsymbol{M}_{11}| \in \mathbb{R}^{p\times p}$, dann ergibt sich unter Verwendung der Ungleichung (14.30)

$$\begin{aligned}\begin{pmatrix}\boldsymbol{v}\\ \boldsymbol{0}\end{pmatrix} &= \boldsymbol{t}^{m+1} = \boldsymbol{y} - |\boldsymbol{M}_J|^{m+1}\boldsymbol{y}\\ &\geq |\boldsymbol{M}_J|\boldsymbol{y} - |\boldsymbol{M}_J|^{m+1}\boldsymbol{y} = |\boldsymbol{M}_J|\boldsymbol{t}^m = \begin{pmatrix}|\boldsymbol{M}_{11}|\boldsymbol{u}\\ |\boldsymbol{M}_{21}|\boldsymbol{u}\end{pmatrix}.\end{aligned}$$

Mit $u_i > 0$, $i = 1,\dots,p$ erhalten wir aufgrund der Nichtnegativität der Elemente der Matrix $|\boldsymbol{M}_{21}|$ die Gleichung

$$|\boldsymbol{M}_{21}| = \boldsymbol{0},$$

wodurch $\boldsymbol{M}_j$ reduzibel ist. Da sich die Besetzungsstrukturen von $\boldsymbol{M}_j$ und $\boldsymbol{A}$ bis auf die Diagonalelemente gleichen und diese keinen Einfluss auf die Reduzibilität haben, liegt demzufolge ein Widerspruch zur Irreduzibilität der Matrix $\boldsymbol{A}$ vor. Somit folgt im Fall $\tau^m < n$ direkt

$$0 < \tau^1 < \tau^2 < \ldots < \tau^m < \tau^{m+1}$$

für $m \in \{1,\dots,n-1\}$, wodurch sich die Existenz eines $m \in \{1,\dots,n\}$ mit

$$0 \leq (|\boldsymbol{M}_J|^m\boldsymbol{y})_i < y_i$$

für $i = 1,\dots,n$ ergibt. Hiermit erhalten wir

$$\rho(\boldsymbol{M}_J)^m \leq \rho(\boldsymbol{M}_J^m) \leq \|\boldsymbol{M}_J^m\|_\infty \leq \||\boldsymbol{M}_J|^m\|_\infty < 1$$

und folglich $\rho(\boldsymbol{M}_J) < 1$. ■

Eine Matrix, die das schwache Zeilensummenkriterium (14.28) erfüllt wird, als **schwach diagonaldominant** bezeichnet. Genügt eine irreduzible Matrix dem schwachen Zeilensummenkriterium sowie der Bedingung (14.29), so sprechen wir auch von einer **irreduzibel diagonaldominanten** Matrix.

Wie bereits erwähnt, ist die im Beispiel auf Seite 504 auftretende Matrix $\boldsymbol{A}$ irreduzibel. Zudem erfüllt sie das schwache Zeilensummenkriterium (14.28), (14.29). Folglich liefert der 2. Konvergenzsatz den Nachweis der Konvergenz des Jacobi-Verfahrens.

Es bleibt nachdrücklich zu erwähnen, dass mit den beiden Sätzen zur Konvergenz des Jacobi-Verfahren nicht dessen Divergenz nachgewiesen werden kann, denn es gilt folgende Eigenschaft:

Mit dem 1. und 2. Satz zur Konvergenz des Jacobi-Verfahrens liegen hinreichende und nicht notwendige Kriterien für die Konvergenz des Jacobi-Verfahrens vor.

?

Überprüfen Sie die Matrix

$$\boldsymbol{A} = \begin{pmatrix} 2 & 0 & 1 \\ 2 & 2 & 0 \\ 0 & 3 & 3 \end{pmatrix}$$

auf starke und schwache Diagonaldominanz sowie Irreduzibilität. Konvergiert das Jacobi-Verfahren für diese Matrix?

Das Gauß-Seidel-Verfahren nutzt den linken unteren Dreiecksanteil der Ausgangsmatrix

Um eine im Vergleich zum Jacobi-Verfahren verbesserte Approximation der Matrix $\boldsymbol{A}$ durch die Matrix $\boldsymbol{B}$ zu erzielen, zerlegen wir zunächst die Matrix $\boldsymbol{A}$ additiv gemäß $\boldsymbol{A} = \boldsymbol{D} + \boldsymbol{L} + \boldsymbol{R}$ in die Diagonalmatrix $\boldsymbol{D} = \operatorname{diag}\{a_{11}, \ldots, a_{nn}\}$, die strikte linke untere Dreiecksmatrix

$$\boldsymbol{L} = (\ell_{ij})_{i,j=1,\ldots,n} \quad \text{mit} \quad \ell_{ij} = \begin{cases} a_{ij}, & i > j \\ 0 & \text{sonst} \end{cases}$$

und die strikte rechte obere Dreiecksmatrix

$$\boldsymbol{R} = (r_{ij})_{i,j=1,\ldots,n} \quad \text{mit} \quad r_{ij} = \begin{cases} a_{ij}, & i < j \\ 0 & \text{sonst.} \end{cases}$$

Unter Verwendung der Matrix $\boldsymbol{B} = \boldsymbol{D} + \boldsymbol{L}$ erhalten wir das **Gauß-Seidel-Verfahren** in der Form

$$\begin{aligned} \boldsymbol{x}_{m+1} &= \boldsymbol{B}^{-1}(\boldsymbol{B} - \boldsymbol{A})\boldsymbol{x}_m + \boldsymbol{B}^{-1}\boldsymbol{b} \\ &= \underbrace{-(\boldsymbol{D} + \boldsymbol{L})^{-1}\boldsymbol{R}}_{=:\boldsymbol{M}_{GS}}\boldsymbol{x}_m + \underbrace{(\boldsymbol{D} + \boldsymbol{L})^{-1}}_{=:\boldsymbol{N}_{GS}}\boldsymbol{b} \end{aligned} \tag{14.33}$$

für $m = 0, 1, \ldots$ Eine direkte Verwendung des Gauß-Seidel-Verfahrens in der obigen Darstellung würde evtl. eine sehr aufwendige Invertierung der Matrix $\boldsymbol{D} + \boldsymbol{L}$ erfordern. Neben dem vorliegenden Rechenaufwand ergibt sich bei großen, schwach besetzten Matrizen die Problematik, dass die Inverse einen oftmals deutlich höheren Speicherplatzbedarf besitzt, der im Extremfall sogar die vorhandenen Ressourcen des jeweiligen Rechners übersteigt und somit zu einem internen Verfahrensabbruch führt.

Die Lösung dieser Problematik liegt in der komponentenweisen Herleitung. Betrachten wir die i-te Zeile des zu (14.33) äquivalenten Gleichungssystems

$$(\boldsymbol{D} + \boldsymbol{L})\boldsymbol{x}_{m+1} = -\boldsymbol{R}\boldsymbol{x}_m + \boldsymbol{b},$$

so erhalten wir

$$\sum_{j=1}^{i} a_{ij} x_{m+1,j} = -\sum_{j=i+1}^{n} a_{ij} x_{m,j} + b_i .$$

Seien $x_{m+1,j}$ für $j = 1, \ldots, i-1$ bekannt, dann kann $x_{m+1,i}$ durch

$$x_{m+1,i} = \frac{1}{a_{ii}} \left(b_i - \sum_{j=1}^{i-1} a_{ij} x_{m+1,j} - \sum_{j=i+1}^{n} a_{ij} x_{m,j} \right) \tag{14.34}$$

für $i = 1, \ldots, n$ ermittelt werden. Aus dieser Darstellung wird deutlich, dass beim Gauß-Seidel-Verfahren zur Berechnung der i-ten Komponente der $(m+1)$-ten Iterierten neben den Komponenten der alten m-ten Iterierten $\boldsymbol{x}_m$ die bereits bekannten ersten $i-1$ Komponenten der $(m+1)$-ten Iterierten $\boldsymbol{x}_{m+1}$ verwendet werden. Das Verfahren wird daher auch als **Einzelschrittverfahren** bezeichnet.

Im Vergleich zum Jacobi-Verfahren lassen sich folgende wichtige Aussagen festhalten:

Der Rechenaufwand der Gauß-Seidel-Methode (14.34) ist identisch mit dem Rechenaufwand des Jacobi-Verfahrens (14.26). Durch die Verbesserung bei der Approximation der Matrix $\boldsymbol{A}$ durch die Matrix $\boldsymbol{B}$ kann beim Gauß-Seidel-Verfahren mit einer schnelleren Konvergenz im Vergleich zur Jacobi-Methode gerechnet werden. Jedoch ist bei modernen Rechnerarchitekturen zu bedenken, dass sich das Jacobi-Verfahren im kompletten Gegensatz zur Gauß-Seidel-Methode sehr gut parallelisieren lässt, da kein Zugriff auf Komponenten von $\boldsymbol{x}_{m+1}$ notwendig ist.

Wir wenden uns nun der Konvergenz des Gauß-Seidel-Verfahrens zu.

Satz zur Konvergenz des Gauß-Seidel-Verfahrens

Sei die reguläre Matrix $\boldsymbol{A} \in \mathbb{C}^{n \times n}$ mit $a_{ii} \neq 0$ für $i = 1, \ldots, n$ gegeben. Erfüllen die durch

$$p_i = \sum_{j=1}^{i-1} \frac{|a_{ij}|}{|a_{ii}|} p_j + \sum_{j=i+1}^{n} \frac{|a_{ij}|}{|a_{ii}|} \tag{14.35}$$

für $i = 1, 2, \ldots, n$ rekursiv definierten Zahlen $p_1, \ldots, p_n$ die Bedingung

$$p := \max_{i=1,\ldots,n} p_i < 1,$$

dann konvergiert das Gauß-Seidel-Verfahren bei beliebigem Startvektor $\boldsymbol{x}_0$ und für jede beliebige rechte Seite $\boldsymbol{b}$ gegen $\boldsymbol{A}^{-1}\boldsymbol{b}$.

Erinnern wir uns zurück an das starke Zeilensummenkriterium als Konvergenznachweis beim Jacobi-Verfahren, so zeigt sich eine enge Verwandtschaft zur obigen Bedingung, da sich Ersteres genau durch Vernachlässigung des innerhalb der Summation (14.35) auftretenden Faktors p_j ergibt. Diese Größe spiegelt aber genau den Unterschied zwischen den beiden Algorithmen wider, da beim Gauß-Seidel-Verfahren genau bei diesen Termen die Komponenten der neuen Iterierten $\boldsymbol{x}_{m+1}$ anstelle der vorherigen Näherung $\boldsymbol{x}_m$ genutzt wird. Es darf also erwartet werden, dass auch dieses Konvergenzkriterium letztendlich auf der Maximumsnorm der Iterationsmatrix beruht.

Beweis: Unser Ziel ist der Nachweis $\|\boldsymbol{M}_{GS}\|_\infty < 1$. Sei $\boldsymbol{x} \in \mathbb{C}^n$ mit $\|\boldsymbol{x}\|_\infty = 1$. Für

$$\boldsymbol{z} := \boldsymbol{M}_{GS}\boldsymbol{x} = -(\boldsymbol{D} + \boldsymbol{L})^{-1}\boldsymbol{R}\boldsymbol{x}$$

gilt

$$z_i = -\sum_{j=1}^{i-1} \frac{a_{ij}}{a_{ii}} z_j - \sum_{j=i+1}^{n} \frac{a_{ij}}{a_{ii}} x_j \,. \tag{14.36}$$

Somit folgt unter Verwendung von $\|\boldsymbol{x}\|_\infty = 1$ die Abschätzung

$$|z_1| \le \sum_{j=2}^{n} \frac{|a_{1j}|}{|a_{11}|} = p_1 < 1 \,.$$

Seien $z_1, \ldots, z_{i-1}$ mit $|z_j| \le p_j$, $j = 1, \ldots, i-1 < n$ gegeben, dann folgt für die i-te Komponente des Vektors $\boldsymbol{z}$ mit (14.36)

$$|z_i| \le \sum_{j=1}^{i-1} \frac{|a_{ij}|}{|a_{ii}|} p_j + \sum_{j=i+1}^{n} \frac{|a_{ij}|}{|a_{ii}|} = p_i < 1 \,.$$

Hieraus ergibt sich $\|\boldsymbol{z}\|_\infty < 1$ und damit aufgrund der Kompaktheit des Einheitskreises die Abschätzung

$$\|\boldsymbol{M}_{GS}\|_\infty = \sup_{\substack{\boldsymbol{x}\in\mathbb{C}^n \\ \|\boldsymbol{x}\|_\infty=1}} \|\boldsymbol{M}_{GS}\boldsymbol{x}\|_\infty < 1 \,,$$

wodurch $\rho(\boldsymbol{M}_{GS}) < 1$ gilt und die Konvergenz des Gauß-Seidel-Verfahrens vorliegt. ■

Beispiel Betrachten wir wiederum unser Modellproblem. Die Matrix

$$\boldsymbol{A} = \begin{pmatrix} 0.6 & -0.2 \\ -0.1 & 0.5 \end{pmatrix}$$

liefert

$$p_1 = \frac{|a_{1,2}|}{|a_{1,1}|} = \frac{1}{3} \quad \text{und} \quad p_2 = \frac{|a_{2,1}|}{|a_{2,2}|} p_1 = \frac{1}{15} \,,$$

wodurch die Konvergenz des Gauß-Seidel-Verfahrens entsprechend dem auf Seite 506 aufgeführten Satz sichergestellt ist. Die zugehörige Iterationsmatrix

$$\boldsymbol{M}_{GS} = -(\boldsymbol{D} + \boldsymbol{L})^{-1}\boldsymbol{R} = \begin{pmatrix} 0 & 1/3 \\ 0 & 1/15 \end{pmatrix}$$

weist die Eigenwerte $\lambda_1 = 0$ und $\lambda_2 = 1/15$ auf, sodass

$$\rho(\boldsymbol{M}_{GS}) = \rho(\boldsymbol{M}_J)^2 = \frac{1}{15} \approx 0.0667$$

gilt und mit etwa doppelt so schneller Konvergenz wie beim Jacobi-Verfahren gerechnet werden darf. Für den Startvektor $\boldsymbol{x}_0 = (21, -19)^T$ und die rechte Seite $\boldsymbol{b} = (0.8, -0.6)^T$ erhalten wir diese Erwartung mit dem in der folgenden Tabelle aufgelisteten Konvergenzverlauf bestätigt. Ein Vergleich verschiedener Verfahren hinsichtlich ihres jeweiligen Konvergenzverlaufs findet sich auf Seite 512.

Gauß-Seidel-Verfahren

m	$x_{m,1}$	$x_{m,2}$	$\varepsilon_m := \|\boldsymbol{x}_m - \boldsymbol{A}^{-1}\boldsymbol{b}\|_\infty$	$\varepsilon_m/\varepsilon_{m-1}$
0	21.000	−19.000	$2.00 \cdot 10^{1}$	
3	0.973	1.005	$2.667 \cdot 10^{-2}$	0.067
5	1.000	−1.000	$1.185 \cdot 10^{-4}$	0.067
10	1.000	−1.000	$1.561 \cdot 10^{-10}$	0.067
15	1.000	−1.000	$2.220 \cdot 10^{-16}$	0.069

◀

Relaxation eignet sich zur Erweiterung aller Grundverfahren

Wir schreiben das lineare Iterationsverfahren

$$\boldsymbol{x}_{m+1} = \boldsymbol{B}^{-1}(\boldsymbol{B} - \boldsymbol{A})\boldsymbol{x}_m + \boldsymbol{B}^{-1}\boldsymbol{b}$$

in der Form

$$\boldsymbol{x}_{m+1} = \boldsymbol{x}_m + \underbrace{\boldsymbol{B}^{-1}(\boldsymbol{b} - \boldsymbol{A}\boldsymbol{x}_m)}_{=:\boldsymbol{r}_m} \,. \tag{14.37}$$

Somit kann $\boldsymbol{x}_{m+1}$ als Korrektur von $\boldsymbol{x}_m$ unter Verwendung des Vektors $\boldsymbol{r}_m$ interpretiert werden.

Die Zielsetzung der **Relaxationsverfahren** besteht in der Beschleunigung der bereits hergeleiteten Splitting-Methoden durch eine Gewichtung des Korrekturvektors. Wir modifizieren hierzu (14.37) zu

$$\boldsymbol{x}_{m+1} = \boldsymbol{x}_m + \omega\boldsymbol{B}^{-1}(\boldsymbol{b} - \boldsymbol{A}\boldsymbol{x}_m)$$

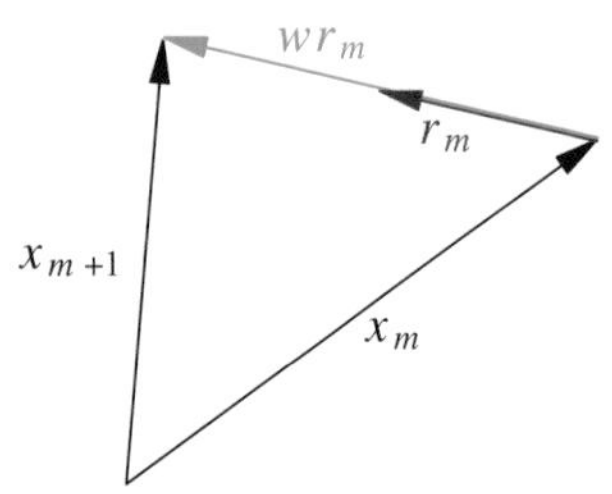

Abbildung 14.8 Berechnung der Iterierten beim Relaxationsverfahren.

mit $\omega \in \mathbb{R}^+$. Generell wäre auch die Nutzung eines negativen Gewichtungsfaktors denkbar. Wie wir im Folgenden jedoch sehen werden, erweist sich in den betrachteten Fällen stets ausschließlich ein positiver Faktor als sinnvoll.

Ausgehend von $\boldsymbol{x}_m$ suchen wir das optimale $\boldsymbol{x}_{m+1}$ in Richtung $\boldsymbol{r}_m$. Offensichtlich führt die Gewichtung des Korrekturvektors zu einer Modifikation des Gesamtverfahrens derart, dass die auftretenden Matrizen geändert werden. Da der Spektralradius der Iterationsmatrix die Konvergenzgeschwindigkeit der zugrunde liegenden Splitting-Methode bestimmt, entspricht Optimalität bei der Wahl des Gewichtungsfaktors also einer Minimierung des Spektralradius der Iterationsmatrix. Mit

$$\begin{aligned} \boldsymbol{x}_{m+1} &= \boldsymbol{x}_m + \omega \boldsymbol{B}^{-1}(\boldsymbol{b} - \boldsymbol{A}\boldsymbol{x}_m) \\ &= \underbrace{(\boldsymbol{I} - \omega \boldsymbol{B}^{-1}\boldsymbol{A})}_{=:\boldsymbol{M}(\omega)} \boldsymbol{x}_m + \underbrace{\omega \boldsymbol{B}^{-1}}_{=:\boldsymbol{N}(\omega)} \boldsymbol{b} \end{aligned} \quad (14.38)$$

erhalten wir somit den optimalen Relaxationsparameter formal durch

$$\omega = \arg \min_{\alpha \in \mathbb{R}^+} \rho(\boldsymbol{M}(\alpha)).$$

Beim SOR-Verfahren gewichtet man den Korrekturvektor des Gauß-Seidel-Verfahrens

Prinzipiell kann eine Relaxation auf beliebige Splitting-Methoden angewendet werden. Die Nutzung im Kontext des Jacobi-Verfahrens führt oftmals zwar zu keiner Beschleunigung der Ausgangsmethode, liefert jedoch Eigenschaften bei der Fehlerdämpfung, die im Rahmen von Mehrgitterverfahren sehr hilfreich sind. Wir wenden die beschriebene Idee nun auf das Gauß-Seidel-Verfahren an. Entsprechend der Herleitung des Grundverfahrens betrachten wir die Komponentenschreibweise des Gauß-Seidel-Verfahrens (14.34) mit gewichteter Korrekturvektorkomponente

$$r_{m,i} = \frac{1}{a_{ii}} \left(b_i - \sum_{j=1}^{i-1} a_{ij} x_{m+1,j} - \sum_{j=i}^{n} a_{ij} x_{m,j} \right)$$

in der Form

$$\begin{aligned} x_{m+1,i} &= x_{m,i} + \omega r_{m,i} \\ &= (1-\omega) x_{m,i} + \frac{\omega}{a_{ii}} \left(b_i - \sum_{j=1}^{i-1} a_{ij} x_{m+1,j} - \sum_{j=i+1}^{n} a_{ij} x_{m,j} \right) \end{aligned}$$

für $i = 1, \ldots, n$ und $m = 0, 1, \ldots$ Hieraus erhalten wir

$$(\boldsymbol{I} + \omega \boldsymbol{D}^{-1}\boldsymbol{L})\boldsymbol{x}_{m+1} = \Big[(1-\omega)\boldsymbol{I} - \omega \boldsymbol{D}^{-1}\boldsymbol{R}\Big]\boldsymbol{x}_m + \omega \boldsymbol{D}^{-1}\boldsymbol{b},$$

wodurch

$$\boldsymbol{D}^{-1}(\boldsymbol{D} + \omega \boldsymbol{L})\boldsymbol{x}_{m+1} = \boldsymbol{D}^{-1}[(1-\omega)\boldsymbol{D} - \omega \boldsymbol{R}]\boldsymbol{x}_m + \omega \boldsymbol{D}^{-1}\boldsymbol{b}$$

und somit das Gauß-Seidel-Relaxationsverfahren in der Darstellung

$$\begin{aligned} \boldsymbol{x}_{m+1} &= \underbrace{(\boldsymbol{D} + \omega \boldsymbol{L})^{-1}[(1-\omega)\boldsymbol{D} - \omega \boldsymbol{R}]}_{=:\boldsymbol{M}_{GS}(\omega)} \boldsymbol{x}_m \\ &\quad + \underbrace{\omega (\boldsymbol{D} + \omega \boldsymbol{L})^{-1}}_{=:\boldsymbol{N}_{GS}(\omega)} \boldsymbol{b} \end{aligned}$$

folgt.

Für $\omega > 1$ sprechen wir von einer sukzessiven Überrelaxation oder englisch successive overrelaxation, woher die Bezeichnung **SOR** stammt.

Mit dem folgenden Satz werden wir zunächst die Menge der sinnvollen Relaxationsparameter stark einschränken.

Satz zur Beschränkung des Relaxationsparameters

Sei $\boldsymbol{A} \in \mathbb{C}^{n \times n}$ mit $a_{ii} \neq 0$ für $i = 1, \ldots, n$, dann gilt für $\omega \in \mathbb{R}$

$$\rho(\boldsymbol{M}_{GS}(\omega)) \geq |\omega - 1|.$$

Beweis: Seien $\lambda_1, \ldots, \lambda_n$ die Eigenwerte von $\boldsymbol{M}_{GS}(\omega)$, dann folgt

$$\begin{aligned} \prod_{i=1}^{n} \lambda_i &= \det \boldsymbol{M}_{GS}(\omega) \\ &= \det((\boldsymbol{D} + \omega \boldsymbol{L})^{-1}) \det((1-\omega)\boldsymbol{D} - \omega \boldsymbol{R}) \\ &= \det(\boldsymbol{D}^{-1}) \det((1-\omega)\boldsymbol{D}) \\ &= \det(\boldsymbol{D})^{-1} (1-\omega)^n \det \boldsymbol{D} = (1-\omega)^n . \end{aligned}$$

Hiermit ergibt sich

$$\rho(\boldsymbol{M}_{GS}(\omega)) = \max_{i=1,\ldots,n} |\lambda_i| \geq |1 - \omega| . \qquad \blacksquare$$

Somit ergibt sich der folgende Merksatz:

Das Gauß-Seidel-Relaxationsverfahren konvergiert höchstens für einen Relaxationsparameter $\omega \in (0, 2)$.

Die Wahl des Relaxationsparameters muss demzufolge sehr sensibel vorgenommen werden, da auch bei einem konvergenten Gauß-Seidel-Verfahren die zulässige Umgebung um $\omega = 1$ sehr klein sein kann. Für den Fall einer hermiteschen und zugleich positiv definiten Matrix ergibt sich, wie wir sehen werden, der maximale Auswahlbereich für den Relaxationsparameter.

Satz

Sei $\boldsymbol{A}$ hermitesch und positiv definit, dann konvergiert das Gauß-Seidel-Relaxationsverfahren genau dann, wenn $\omega \in (0, 2)$ ist.

Beweis: Aus der positiven Definitheit der Matrix $\boldsymbol{A}$ folgt $a_{ii} \in \mathbb{R}^+$ für $i = 1, \ldots, n$, wodurch sich die Wohldefiniertheit des Gauß-Seidel-Relaxationsverfahrens ergibt.

„$\Rightarrow$" Das Gauß-Seidel-Relaxationsverfahren sei konvergent.

In diesem Fall ergibt sich $\omega \in (0, 2)$ unmittelbar aus dem auf Seite 508 aufgeführten Satz zur Beschränkung des Relaxationsparameters respektive des obigen Merksatzes.

„$\Leftarrow$" Gelte $\omega \in (0, 2)$.
Sei λ Eigenwert von $\boldsymbol{M}_{GS}(\omega)$ zum Eigenvektor $\boldsymbol{x} \in \mathbb{C}^n$. Da $\boldsymbol{A}$ hermitesch ist, folgt $\boldsymbol{L}^* = \boldsymbol{R}$ und somit

$$((1-\omega)\boldsymbol{D} - \omega\boldsymbol{L}^*)\boldsymbol{x} = \lambda(\boldsymbol{D} + \omega\boldsymbol{L})\boldsymbol{x}.$$

Mit

$$\begin{aligned} 2\left[(1-\omega)\boldsymbol{D} - \omega\boldsymbol{L}^*\right] &= (2-\omega)\boldsymbol{D} + \omega(-\boldsymbol{D} - 2\boldsymbol{L}^*) \\ &= (2-\omega)\boldsymbol{D} - \omega\boldsymbol{A} + \omega(\boldsymbol{L} - \boldsymbol{L}^*) \end{aligned}$$

und

$$\begin{aligned} 2(\boldsymbol{D} + \omega\boldsymbol{L}) &= (2-\omega)\boldsymbol{D} + \omega(\boldsymbol{D} + 2\boldsymbol{L}) \\ &= (2-\omega)\boldsymbol{D} + \omega\boldsymbol{A} + \omega(\boldsymbol{L} - \boldsymbol{L}^*) \end{aligned}$$

ergibt sich für den Eigenvektor $\boldsymbol{x} \in \mathbb{C}^n$

$$\begin{aligned} &\lambda((2-\omega)\boldsymbol{x}^*\boldsymbol{D}\boldsymbol{x} + \omega\boldsymbol{x}^*\boldsymbol{A}\boldsymbol{x} + \omega\boldsymbol{x}^*(\boldsymbol{L} - \boldsymbol{L}^*)\boldsymbol{x}) \\ &= 2\lambda\boldsymbol{x}^*(\boldsymbol{D} + \omega\boldsymbol{L})\boldsymbol{x} \\ &= 2\boldsymbol{x}^*[(1-\omega)\boldsymbol{D} - \omega\boldsymbol{L}^*]\boldsymbol{x} \\ &= (2-\omega)\boldsymbol{x}^*\boldsymbol{D}\boldsymbol{x} - \omega\boldsymbol{x}^*\boldsymbol{A}\boldsymbol{x} + \omega\boldsymbol{x}^*(\boldsymbol{L} - \boldsymbol{L}^*)\boldsymbol{x}\,. \end{aligned}$$

Unter Verwendung der imaginären Einheit i schreiben wir

$$\boldsymbol{x}^*(\boldsymbol{L} - \boldsymbol{L}^*)\boldsymbol{x} = \boldsymbol{x}^*\boldsymbol{L}\boldsymbol{x} - \boldsymbol{x}^*\boldsymbol{L}^*\boldsymbol{x} = \boldsymbol{x}^*\boldsymbol{L}\boldsymbol{x} - \overline{\boldsymbol{x}^*\boldsymbol{L}\boldsymbol{x}} = \mathrm{i}\cdot s$$

mit $s = 2\,\mathrm{Im}(\boldsymbol{x}^*\boldsymbol{L}\boldsymbol{x}) \in \mathbb{R}$. Zudem gilt

$$\begin{aligned} d &:= \boldsymbol{x}^*\boldsymbol{D}\boldsymbol{x} \in \mathbb{R}^+\,, \\ a &:= \boldsymbol{x}^*\boldsymbol{A}\boldsymbol{x} \in \mathbb{R}^+\,, \end{aligned}$$

sodass

$$\lambda((2-\omega)d + \omega a + \mathrm{i}\omega s) = (2-\omega)d - \omega a + \mathrm{i}\omega s$$

folgt. Division durch ω und Einsetzen von $\mu = \frac{2-\omega}{\omega}$ liefert

$$\lambda(\mu d + a + \mathrm{i}s) = \mu d - a + \mathrm{i}s\,.$$

Aus der Voraussetzung $\omega \in (0, 2)$ erhalten wir $\mu \in \mathbb{R}^+$, sodass mit $a, d \in \mathbb{R}^+$ die Ungleichung $|\mu d + \mathrm{i}s - a| < |\mu d + \mathrm{i}s - (-a)|$ und daher die Abschätzung

$$|\lambda| = \frac{|\mu d + \mathrm{i}s - a|}{|\mu d + \mathrm{i}s + a|} < 1$$

folgt. Da der Eigenwert beliebig aus dem Spektrum der Iterationsmatrix gewählt wurde, erhalten wir die für die Konvergenz des Verfahrens notwendige und hinreichende Bedingung

$$\rho(\boldsymbol{M}_{GS}(\omega)) < 1\,.$$ ■

Die explizite Berechnung eines optimalen Relaxationsparameters ist in der Regel sehr schwierig. Selbst in dem von uns im Folgenden betrachteten Spezialfall müssen zahlreiche Voraussetzungen überprüft werden, deren Nachweis für sich oftmals bereits sehr aufwendig ist. Eine technische Bedingung liegt in der sog. konsistenten Ordnung der Ausgangsmatrix. In die Klasse konsistent geordneter Matrizen gehören beispielsweise Tridiagonalmatrizen, d. h. Matrizen, die Nichtnullelemente nur auf der Diagonalen und den beiden Nebendiagonalen aufweisen.

Definition konsistent geordneter Matrizen

Seien $\boldsymbol{L} \in \mathbb{C}^{n\times n}$ eine strikte linke untere und $\boldsymbol{R} \in \mathbb{C}^{n\times n}$ eine strikte rechte obere Dreiecksmatrix, dann heißt die Matrix $\boldsymbol{A} = \boldsymbol{D} + \boldsymbol{L} + \boldsymbol{R} \in \mathbb{C}^{n\times n}$ mit regulärem Diagonalanteil $\boldsymbol{D}$ **konsistent geordnet**, falls die Eigenwerte von

$$\boldsymbol{C}(\alpha) = -(\alpha\boldsymbol{D}^{-1}\boldsymbol{L} + \alpha^{-1}\boldsymbol{D}^{-1}\boldsymbol{R}) \quad \text{mit } \alpha \in \mathbb{C}\setminus\{0\}$$

unabhängig von α sind.

Der folgende Zusammenhang zwischen den Eigenwerten der Iterationsmatrizen des Gauß-Seidel- und Jacobi-Verfahrens ist wichtig für den Konvergenznachweis der SOR-Methode.

Satz

Seien $\boldsymbol{A} \in \mathbb{C}^{n\times n}$ konsistent geordnet und $\omega \in (0, 2)$, dann ist $\mu \in \mathbb{C}\setminus\{0\}$ genau dann Eigenwert von $\boldsymbol{M}_{GS}(\omega)$, wenn

$$\lambda = \frac{\mu + \omega - 1}{\omega\mu^{1/2}}$$

Eigenwert von $\boldsymbol{M}_J$ ist.

Beweis: Sei $\mu \in \mathbb{C}\setminus\{0\}$, dann gilt

$$\begin{aligned} &(\boldsymbol{I} + \omega\boldsymbol{D}^{-1}\boldsymbol{L})(\mu\boldsymbol{I} - \boldsymbol{M}_{GS}(\omega)) \\ &= \mu(\boldsymbol{I} + \omega\boldsymbol{D}^{-1}\boldsymbol{L}) \\ &\quad -\boldsymbol{D}^{-1}(\boldsymbol{D} + \omega\boldsymbol{L})\underbrace{(\boldsymbol{D} + \omega\boldsymbol{L})^{-1}((1-\omega)\boldsymbol{D} - \omega\boldsymbol{R})}_{=\boldsymbol{M}_{GS}(\omega)} \\ &= (\mu - (1-\omega))\boldsymbol{I} + \omega\boldsymbol{D}^{-1}(\mu\boldsymbol{L} + \boldsymbol{R}) \\ &= (\mu - (1-\omega))\boldsymbol{I} + \omega\mu^{1/2}\boldsymbol{D}^{-1}\left(\mu^{1/2}\boldsymbol{L} + \mu^{-1/2}\boldsymbol{R}\right). \end{aligned}$$

Mit $\det(\boldsymbol{I}+\omega\boldsymbol{D}^{-1}\boldsymbol{L}) = 1$ ist aufgrund der obigen Gleichung $\mu \in \mathbb{C}\backslash\{0\}$ genau dann Eigenwert von $\boldsymbol{M}_{GS}(\omega)$, wenn

$$\det\Big((\mu - (1-\omega))\boldsymbol{I} + \omega\mu^{1/2}\boldsymbol{D}^{-1}\big(\mu^{1/2}\boldsymbol{L} + \mu^{-1/2}\boldsymbol{R}\big)\Big) = 0$$

gilt, d. h.,

$$\frac{\mu - (1-\omega)}{\omega\mu^{1/2}}$$

Eigenwert von $-\boldsymbol{D}^{-1}\left(\mu^{1/2}\boldsymbol{L} + \mu^{-1/2}\boldsymbol{R}\right)$ ist. Mit der Voraussetzung, dass die Matrix $\boldsymbol{A}$ konsistent geordnet ist, stimmen die Eigenwerte der beiden Matrizen $-\boldsymbol{D}^{-1}\left(\mu^{1/2}\boldsymbol{L} + \mu^{-1/2}\boldsymbol{R}\right)$ und $-\boldsymbol{D}^{-1}(\boldsymbol{L}+\boldsymbol{R}) = \boldsymbol{M}_J$ überein, wodurch die Behauptung des Satzes vorliegt. ■

Für konsistent geordnete Matrizen $\boldsymbol{A} \in \mathbb{C}^{n\times n}$ gilt somit

$$\rho(\boldsymbol{M}_{GS}) = \rho(\boldsymbol{M}_J)^2,$$

wodurch das Gauß-Seidel-Verfahren verglichen mit der Jacobi-Methode in der Regel die Hälfte an Iterationen benötigt, um eine vorgegebene Genauigkeitsschranke zu erreichen. Da 2×2 Matrizen stets konsistent geordnet sind, war die am Modellproblem festgestellte Beobachtung somit nicht zufällig.

Satz zur Konvergenz des SOR-Verfahrens

Sei $\boldsymbol{A} \in \mathbb{C}^{n\times n}$ konsistent geordnet. Die Eigenwerte von $\boldsymbol{M}_J$ seien reell und es gelte

$$\rho := \rho(\boldsymbol{M}_J) < 1.$$

Dann gilt:

(a) Das Gauß-Seidel-Relaxationsverfahren konvergiert für alle $\omega \in (0, 2)$.

(b) Der Spektralradius der Iterationsmatrix $\boldsymbol{M}_{GS}(\omega)$ wird minimal für

$$\omega_{\text{opt}} = \frac{2}{1+\sqrt{1-\rho^2}},$$

womit

$$\rho(\boldsymbol{M}_{GS}(\omega_{\text{opt}})) = \omega_{\text{opt}} - 1 = \frac{1-\sqrt{1-\rho^2}}{1+\sqrt{1-\rho^2}}$$

vorliegt.

Der folgende Nachweis der obigen Behauptung wirkt auf den ersten Blick sehr aufwendig und kompliziert. Letztendlich stellt er in seinem zentralen Teil jedoch lediglich eine vereinfachte Kurvendiskussion einer stetigen Funktion zweier Veränderlicher der Form

$$f\colon [0,2]\times[0,1] \to \mathbb{R} \quad \text{mit} \quad f(\omega,\lambda) = |\mu^+(\omega,\lambda)|$$

dar, die den Spektralradius des SOR-Verfahrens in Abhängigkeit von den möglichen Eigenwerten der Iterationsmatrix des Jacobi-Verfahrens λ und dem Relaxationsparameter ω beschreibt. Die Abbildung 14.9 zeigt den Verlauf des Funktionsgraphen, aus dem die im Beweis notwendige Fallunterscheidung deutlich wird. Für unser Modellproblem mit

$$\boldsymbol{A} = \begin{pmatrix} 0.6 & -0.2 \\ -0.1 & 0.5 \end{pmatrix}$$

haben wir bereits im Beispiel auf Seite 504 die zugehörigen Eigenwerte $\lambda_{1,2} = \pm\sqrt{\frac{1}{15}} \approx \pm 0.258$ der Iterationsmatrix des Jacobi-Verfahrens berechnet. Den Spektralradius des SOR-Verfahrens in Abhängigkeit vom Relaxationsparameter ω können wir damit laut obigem Satz der roten Kurve innerhalb der Abbildung 14.9 entnehmen.

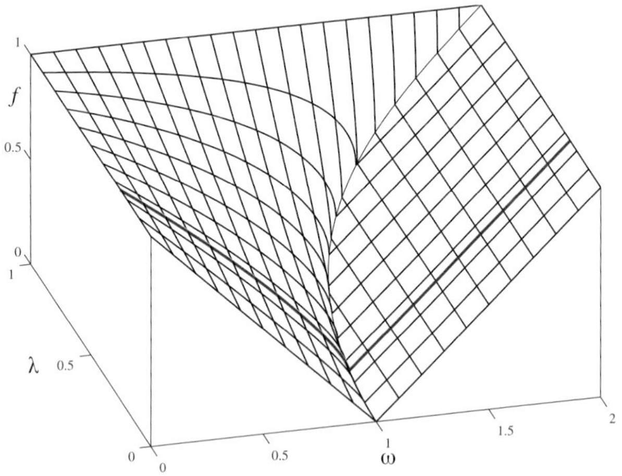

Abbildung 14.9 Eigenwerte des SOR-Verfahrens.

Beweis: Seien $\lambda_1, \ldots, \lambda_n \in \mathbb{R}$ Eigenwerte von $\boldsymbol{M}_J$, dann ist mit dem auf Seite 509 formulierten Satz μ genau dann Eigenwert von $\boldsymbol{M}_{GS}(\omega)$, wenn

$$\lambda = \frac{\mu+\omega-1}{\omega\mu^{1/2}} \in \{\lambda_1, \ldots, \lambda_n\} \tag{14.39}$$

gilt. Da die Matrix $\boldsymbol{A}$ konsistent geordnet ist, ist mit $\lambda \in \mathbb{R}$ auch $-\lambda$ Eigenwert von $\boldsymbol{M}_J$, wodurch das Vorzeichen in (14.39) keine Bedeutung besitzt. Wir können daher die Gleichung

$$\lambda^2\omega^2\mu = (\mu+\omega-1)^2 \tag{14.40}$$

betrachten und o.B.d.A. $\lambda \geq 0$ voraussetzen.

Aus $\rho(\boldsymbol{M}_J) < 1$ folgt somit $\lambda \in [0, 1)$. Des Weiteren betrachten wir aufgrund des auf Seite 508 aufgeführten Merksatzes stets nur $\omega \in (0, 2)$. Aus (14.40) erhalten wir die zwei Eigenwerte in der Form

$$\begin{aligned}\mu^{\pm} &= \mu^{\pm}(\omega,\lambda)\\ &= \frac{1}{2}\lambda^2\omega^2 - (\omega-1) \pm \lambda\omega\sqrt{\frac{1}{4}\lambda^2\omega^2 - (\omega-1)}\,. \end{aligned} \tag{14.41}$$

Wir definieren

$$g(\omega,\lambda) := \frac{1}{4}\lambda^2\omega^2 - (\omega-1)\,.$$

Für gegebenes $\lambda \in [0, 1)$ lauten die Nullstellen dieser Funktion

$$\omega^{\pm} = \omega^{\pm}(\lambda) = \frac{2}{1 \pm \sqrt{1 - \lambda^2}} . \tag{14.42}$$

Mit $\omega \in (0, 2)$ können wir ω^- vernachlässigen und es ergibt sich $\omega^+(\lambda) > 1$ für alle $\lambda \in [0, 1)$. Zudem gilt für alle $\lambda \in [0, 1)$ und $\omega \in (0, 2)$

$$\frac{\partial g}{\partial \omega}(\omega, \lambda) = \frac{1}{2}\lambda^2\omega - 1 < 0 .$$

Wir erhalten die folgenden drei Fälle:

(1) $2 > \omega > \omega^+(\lambda)$:
Die beiden Eigenwerte $\mu^+(\omega, \lambda)$ und $\mu^-(\omega, \lambda)$ sind komplex und es gilt

$$|\mu^+(\omega, \lambda)| = |\mu^-(\omega, \lambda)| = |\omega - 1| = \omega - 1 .$$

(2) $\omega = \omega^+(\lambda)$:
Aus (14.42) folgt $\lambda^2 = \frac{4}{\omega} - \frac{4}{\omega^2}$, wodurch sich

$$\begin{aligned} |\mu^+(\omega, \lambda)| = |\mu^-(\omega, \lambda)| &= \frac{1}{2}\lambda^2\omega^2 - (\omega - 1) \\ &= 2\omega - 2 - (\omega - 1) = \omega - 1 \end{aligned}$$

ergibt.

(3) $0 < \omega < \omega^+(\lambda)$:
Die Gleichung (14.41) liefert zwei reelle Eigenwerte

$$\mu^{\pm}(\omega, \lambda) = \underbrace{\frac{1}{2}\lambda^2\omega^2 - (\omega - 1)}_{>0} \pm \underbrace{\lambda\omega\sqrt{\frac{1}{4}\lambda^2\omega^2 - (\omega - 1)}}_{\geq 0}$$

mit

$$\max\{|\mu^+(\omega, \lambda)|, |\mu^-(\omega, \lambda)|\} = \mu^+(\omega, \lambda) .$$

Zur Bestimmung von $\rho(\boldsymbol{M}_{GS}(\omega))$ sind wir in allen drei Fällen nur an $\mu^+(\omega, \lambda)$ interessiert. Damit betrachten wir für $\lambda \in [0, 1)$

$$\mu(\omega, \lambda) = \begin{cases} \mu^+(\omega, \lambda) & \text{für } 0 < \omega < \omega^+(\lambda) \\ \omega - 1 & \text{für } \omega^+(\lambda) \leq \omega < 2 . \end{cases} \tag{14.43}$$

Hiermit gilt für $0 < \omega < \omega^+(\lambda)$ und $\lambda \in [0, 1)$

$$\begin{aligned} \frac{\partial \mu}{\partial \lambda}(\omega, \lambda) = &\underbrace{\lambda\omega^2}_{\geq 0} + \underbrace{\omega\sqrt{\frac{1}{4}\lambda^2\omega^2 - (\omega - 1)}}_{>0} \\ &+ \lambda\omega\underbrace{\frac{1}{2}\frac{\frac{1}{2}\lambda\omega^2}{\sqrt{\frac{1}{4}\lambda^2\omega^2 - (\omega - 1)}}}_{\geq 0} > 0 , \end{aligned}$$

und wegen

$$\mu(\omega, \lambda) = \left(\frac{\omega\lambda}{2} + \sqrt{\frac{1}{4}\lambda^2\omega^2 - (\omega - 1)}\right)^2$$

folgt

$$\begin{aligned} \frac{\partial \mu}{\partial \omega}(\omega, \lambda) = &\underbrace{2\left(\frac{\omega\lambda}{2} + \sqrt{\frac{1}{4}\lambda^2\omega^2 - (\omega - 1)}\right)}_{>0} \\ &\cdot \underbrace{\left[\frac{\lambda}{2} + \frac{1}{2}\frac{\frac{1}{2}\lambda^2\omega - 1}{\sqrt{\frac{1}{4}\lambda^2\omega^2 - (\omega - 1)}}\right]}_{=:q(\omega,\lambda)} . \end{aligned}$$

Wir schreiben

$$\begin{aligned} q(\omega, \lambda) = &\underbrace{\frac{1}{2\sqrt{\frac{1}{4}\lambda^2\omega^2 - (\omega - 1)}}}_{>0} \\ &\cdot \left(\underbrace{\lambda\sqrt{\frac{1}{4}\lambda^2\omega^2 - (\omega - 1)}}_{=:q_1(\omega,\lambda)} + \underbrace{\frac{1}{2}\lambda^2\omega - 1}_{=:q_2(\omega,\lambda)}\right) . \end{aligned}$$

Für die Funktionen q_1 und q_2 gilt hierbei für alle $\lambda \in [0, 1)$ und $\omega \in (0, \omega^+(\lambda))$

$$q_1(\omega, \lambda) \geq 0 \quad \text{und} \quad q_2(\omega, \lambda) < 0 .$$

Des Weiteren liefert

$$\begin{aligned} [q_1(\omega, \lambda)]^2 &= \frac{\omega^2\lambda^4}{4} + \lambda^2 - \omega\lambda^2 < \frac{\omega^2\lambda^4}{4} + 1 - \omega\lambda^2 \\ &= [q_2(\omega, \lambda)]^2 \end{aligned}$$

die Ungleichung

$$\frac{\partial \mu}{\partial \omega}(\omega, \lambda) < 0 \quad \text{für alle} \quad \lambda \in [0, 1) \quad \text{und} \quad \omega \in (0, \omega^+(\lambda)) .$$

Aus (14.43) erhalten wir zudem $\mu(0, \lambda) = 1 = \mu(2, \lambda)$, sodass $|\mu(\omega, \lambda)| < 1$ für alle $\lambda \in [0, 1)$ und $\omega \in (0, 2)$ folgt, wodurch sich direkt $\rho(\boldsymbol{M}_{GS}(\omega)) < 1$ ergibt. Für jeden Eigenwert λ wird $|\mu(\omega, \lambda)|$ minimal für $\omega_{\text{opt}} = \omega^+(\lambda)$.

Gleichung (14.43) liefert somit

$$\begin{aligned} \rho(\boldsymbol{M}_{GS}(\omega_{\text{opt}})) &= |\mu(\omega_{\text{opt}}, \rho(\boldsymbol{M}_J))| = \omega_{\text{opt}}(\rho(\boldsymbol{M}_J)) - 1 \\ &\overset{(14.42)}{=} \frac{2}{1 + \sqrt{1 - \rho^2}} - 1 = \frac{1 - \sqrt{1 - \rho^2}}{1 + \sqrt{1 - \rho^2}} . \end{aligned}$$

■

Beispiel Wir betrachten wiederum das Modellproblem $\boldsymbol{Ax} = \boldsymbol{b}$ mit

$$\boldsymbol{A} = \begin{pmatrix} 0.6 & -0.2 \\ -0.1 & 0.5 \end{pmatrix}, \quad \boldsymbol{b} = \begin{pmatrix} 0.8 \\ -0.6 \end{pmatrix} .$$

Die Matrix $\boldsymbol{A}$ ist als Tridiagonalmatrix konsistent geordnet, und die Eigenwerte von

$$\boldsymbol{M}_J = -\boldsymbol{D}^{-1}(\boldsymbol{L} + \boldsymbol{R})$$

sind laut dem auf Seite 504 betrachteten Beispiel zum Jacobi-Verfahren $\lambda_{1,2} = \pm\sqrt{\frac{1}{15}}$, sodass $\rho(\boldsymbol{M}_J) < 1$ gilt. Unter Verwendung dieser Eigenschaften liefert der auf Seite 510 aufgeführte Satz die Konvergenz des Gauß-Seidel-Relaxationsverfahrens

$$\boldsymbol{x}_{m+1} = \boldsymbol{M}_{GS}(\omega)\boldsymbol{x}_m + \boldsymbol{N}_{GS}(\omega)\boldsymbol{b}$$

für alle $\omega \in (0, 2)$. Der optimale Relaxationsparameter lautet

$$\omega_{\text{opt}} = \frac{2}{1+\sqrt{1-\frac{1}{15}}} \approx 0.0172$$

und liefert

$$\rho(\boldsymbol{M}_{GS}(\omega^*)) = \frac{1-\sqrt{1-\frac{1}{15}}}{1+\sqrt{1-\frac{1}{15}}} \approx 0.0172\,.$$

Die Tabelle präsentiert den Konvergenzverlauf des Gauß-Seidel-Relaxationsverfahrens mit optimalem Relaxationsparameter beim Modellproblem unter Verwendung des Startvektors $\boldsymbol{x}_0 = (21, -19)^T$. Ein Vergleich des SOR-Verfahrens zu den bereits betrachteten Algorithmen wird zudem in der Abbildung 14.10 verdeutlicht.

SOR-Gauß-Seidel-Verfahren

m	$x_{m,1}$	$x_{m,2}$	$\varepsilon_m := \|\boldsymbol{x}_m - \boldsymbol{A}^{-1}\boldsymbol{b}\|_\infty$	$\varepsilon_m/\varepsilon_{m-1}$
0	21.000	−19.000	$2.00 \cdot 10^{1}$	
3	0.994	−1.001	$6.007 \cdot 10^{-3}$	0.026
6	1.000	−1.000	$6.454 \cdot 10^{-8}$	0.021
9	1.000	−1.000	$5.325 \cdot 10^{-13}$	0.020
11	1.000	−1.000	$2.220 \cdot 10^{-16}$	0.021

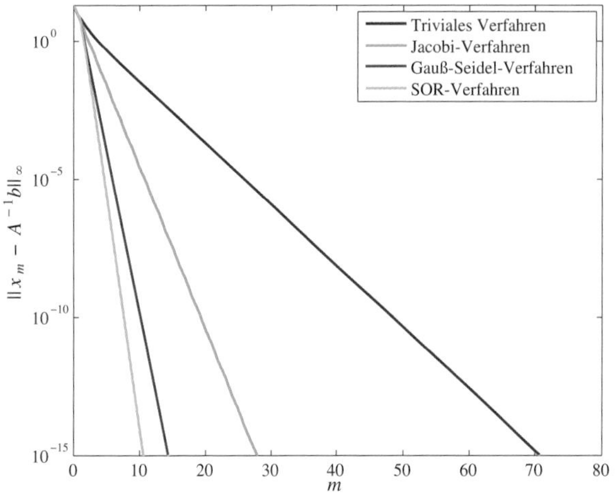

Abbildung 14.10 Konvergenzverlauf verschiedener Splitting-Verfahren zum Modellproblem. ◀

14.3 Mehrgitterverfahren

Mehrgitterverfahren werden häufig getrennt von den Splitting-Verfahren betrachtet, da sie auch in unterschiedlicher Art und Weise eingesetzt werden und in ihrer generellen Formulierung nicht auf lineare Gleichungssysteme beschränkt sind. Wir werden den Mehrgitteransatz im Kontext von Gleichungssystemen betrachten, die aus der Diskretisierung einer Differenzialgleichung entstehen, wodurch alle grundlegenden Elemente der Methode gut verdeutlicht werden können und sich dieses Verfahren letztendlich als eine spezielle Splitting-Methode formulieren lässt. Dabei ist erkennbar, dass die hohe Effizienz der Mehrgittermethode auf der Zerlegbarkeit des Fehlers in lang- und kurzwellige Komponenten und deren Zusammenhang zu den Eigenwerten der intern genutzten Iterationsmatrix basiert. Eine Eigenschaft, die wir nicht bei allen Gleichungssystemen erwarten dürfen. Bei einer Nutzung des Mehrgitterverfahrens als Black-Box-Methode ist demzufolge Vorsicht geboten.

Als Modellproblem nutzen wir das bereits im Beispiel auf Seite 504 vorgestellte eindimensionale Randwertproblem

$$-u''(x) = f(x) \text{ für } x \in]0,1[\text{ mit } u(0) = u(1) = 0\,. \tag{14.44}$$

Wie uns die Bezeichnung Mehrgitterverfahren bereits suggeriert, basiert dieser Verfahrenstyp auf der gezielten Nutzung unterschiedlicher Gitter bei der Diskretisierung der Differenzialgleichung. Wir nutzen im Folgenden die Gitterfolge

$$\Omega^{(\ell)} := \left\{x_j^{(\ell)} \,\middle|\, x_j^{(\ell)} = jh^{(\ell)},\ j = 1,\ldots,N^{(\ell)}\right\}, \tag{14.45}$$

wobei $h^{(\ell)} = \frac{1}{2^{\ell+1}}$ die Schrittweite, $N^{(\ell)} = 2^{\ell+1} - 1$ die Stützpunktzahl und ℓ den Stufenindex angibt. Eine graphische Veranschaulichung kann der Abbildung 14.11 entnommen werden.

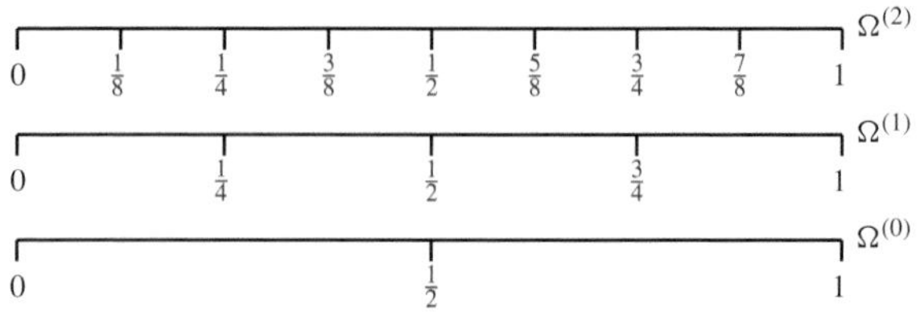

Abbildung 14.11 Gitterhierarchie laut Definition (14.45).

Verwenden wir wiederum eine zentrale Approximation für die zweite Ableitung innerhalb der Differenzialgleichung, so liegt mit

$$u''(x_j^{(\ell)}) = \frac{u(x_{j+1}^{(\ell)}) - 2u(x_j^{(\ell)}) + u(x_{j-1}^{(\ell)})}{(h^{(\ell)})^2} + \mathcal{O}\left((h^{(\ell)})^2\right)$$

der Wunsch nahe, eine möglichst kleine Schrittweite $h^{(\ell)}$ zu verwenden. Hiermit steigt jedoch auch die Dimension des resultierenden Gleichungssystems

$$\underbrace{\frac{1}{(h^{(\ell)})^2}\begin{pmatrix} 2 & -1 & & \\ -1 & \ddots & \ddots & \\ & \ddots & \ddots & -1 \\ & & -1 & 2 \end{pmatrix}}_{=A^{(\ell)}} \underbrace{\begin{pmatrix} u_1^{(\ell)} \\ \vdots \\ \vdots \\ u_{N^{(\ell)}}^{(\ell)} \end{pmatrix}}_{=u^{(\ell)}} = \underbrace{\begin{pmatrix} f_1^{(\ell)} \\ \vdots \\ \vdots \\ f_{N^{(\ell)}}^{(\ell)} \end{pmatrix}}_{=f^{(\ell)}} \tag{14.46}$$

mit $u_j^{(\ell)} \approx u(x_j^{(\ell)})$ und $f_j^{(\ell)} = f(x_j^{(\ell)})$, $j = 1, \ldots, N^{(\ell)}$.

Beispiel Wir wollen uns die Wirkungsweise des Jacobi- und Gauß-Seidel-Verfahrens in Bezug auf das Gleichungssystem (14.46) verdeutlichen. Hierzu setzen wir $f(x) = \pi^2 \sin(\pi x)$ und nutzen zur Initialisierung

$$u_0^{(\ell)} = \begin{pmatrix} u_{0,1}^{(\ell)} \\ \vdots \\ \vdots \\ u_{0,N^{(\ell)}}^{(\ell)} \end{pmatrix} = \begin{pmatrix} \sin\left(16\pi x_1^{(\ell)}\right) \\ \vdots \\ \vdots \\ \sin\left(16\pi x_{N^{(\ell)}}^{(\ell)}\right) \end{pmatrix}. \tag{14.47}$$

Um den Fehler $\varepsilon_m := \|u_m^{(\ell)} - (A^{(\ell)})^{-1} f^{(\ell)}\|_\infty$ unter eine Genauigkeitsschranke von 10^{-10} zu bringen, benötigen die beiden Splitting-Verfahren in Abhängigkeit von der vorgegebenen Stufenzahl ℓ die in der Tabelle aufgeführten Iterationen.

ℓ	$N^{(\ell)}$	Jacobi-Verfahren	Gauß-Seidel-Verfahren
3	15	1187	594
5	63	19105	9555
7	255	305779	152904

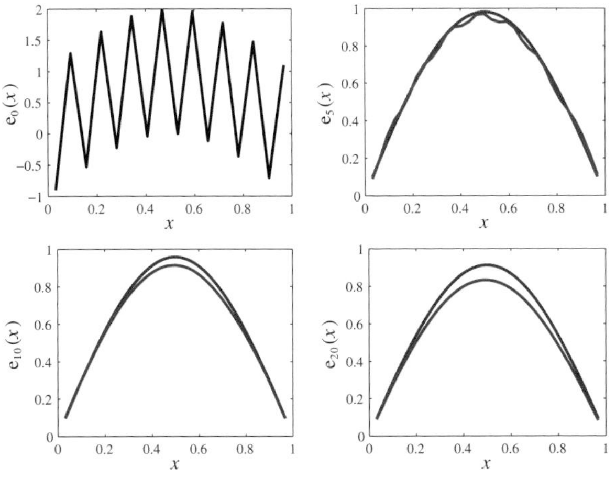

Abbildung 14.12 Initialisierungsfehler (schwarz) sowie Fehlerverläufe für das Jacobi-Verfahren (blau) und das Gauß-Seidel-Verfahren (rot) nach 5, 10 und 20 Iterationen mit $u_0^{(4)}$ laut (14.47).

Beide Algorithmen konvergieren bekannterweise gegen die Lösung des Gleichungssystems. Die Konvergenzgeschwindigkeit ist jedoch stets sehr gering und nimmt zudem bei steigender Stützstellenzahl weiter deutlich ab. Für größere Stufenindizes ℓ sind beide Verfahren demzufolge nicht praktikabel. Von zentraler Bedeutung für die Wirkungsweise des Mehrgitterverfahrens ist der in der Abbildung 14.12 dargestellte Fehlerverlauf. Für den Stufenindex $\ell = 4$ ist dabei in Abhängigkeit von der Iterationszahl m eine lineare Interpolante für den punktweisen Fehler

$$e_m(x_j^{(\ell)}) = ((A^{(\ell)})^{-1} f^{(\ell)})_j - u_{m,j}^{(\ell)} \quad j = 1, \ldots, N^{(\ell)}$$

abgebildet. Entsprechend der Box auf Seite 516 wird bei beiden Verfahren deutlich, dass der Fehler schon nach wenigen Iterationen einen langwelligen Charakter aufweist, ohne dabei mit ansteigender Iterationszahl signifikant an maximaler Höhe zu verlieren. ◀

Reduktion hochfrequenter Fehleranteile durch klassische Splitting-Verfahren

Die Grundidee des Mehrgitterverfahrens liegt in der Kombination zweier Basisverfahren, die komplementäre Eigenschaften aufweisen. Zunächst wird ein sog. Glätter auf dem feinsten Gitter genutzt, der nach wenigen Iterationen einen langwelligen Fehlerverlauf liefert. Wie wir aus dem obigen Beispiel bereits erahnen dürfen, scheinen Splitting-Methoden hierzu geeignet zu sein, wobei die abschließende Reduktion des Gesamtfehlers nur sehr langsam und mit hohem Rechenaufwand realisiert werden kann. Zur Approximation langwelliger Funktionsverläufe bedarf es aber auch keiner feinen Auflösung. Somit werden wir versuchen, den Fehler mittels einer als Grobgitterkorrektur bezeichneten Methode auf gröberen Gittern sinnvoll anzunähern.

Beispiel Beim Einsatz einer Splitting-Methode als Glätter ist allerdings auch Vorsicht geboten. Betrachten wir die Aufgabenstellung analog zum obigen Beispiel und verändern lediglich die Initialisierung zu

$$u_0^{(\ell)} = \begin{pmatrix} u_{0,1}^{(\ell)} \\ \vdots \\ \vdots \\ u_{0,N^{(\ell)}}^{(\ell)} \end{pmatrix} = \begin{pmatrix} \sin\left(31\pi x_1^{(\ell)}\right) \\ \vdots \\ \vdots \\ \sin\left(31\pi x_{N^{(\ell)}}^{(\ell)}\right) \end{pmatrix}, \tag{14.48}$$

so ergibt sich bei Nutzung des Jacobi-Verfahrens der in Abbildung 14.13 präsentierte Fehlerverlauf. Dabei zeigt sich entgegen dem obigen Beispiel keine Glättung, sodass die Voraussetzung für den Grobgitterkorrekturschritt nicht gegeben ist. ◀

Um eine gezielte Methodenauswahl treffen zu können, liegt an dieser Stelle offensichtlich der Bedarf einer analytischen Untersuchung der Splitting-Verfahren hinsichtlich ihres Dämpfungsverhaltens vor.

In den vorherigen Abschnitten zu Splitting-Methoden haben wir bereits nachgewiesen, dass das Konvergenzverhalten des

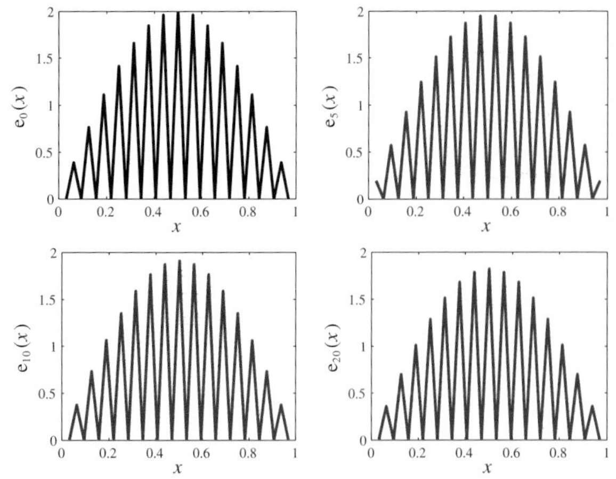

Abbildung 14.13 Initialisierungsfehler (schwarz) sowie Fehlerverläufe für das Jacobi-Verfahren nach 5, 10 und 20 Iterationen mit $\boldsymbol{u}_0^{(4)}$ laut (14.48).

jeweiligen Verfahrens vom Spektralradius der entsprechenden Iterationsmatrix abhängt. An dieser Stelle werden wir eine etwas detailliertere Untersuchung des Spektrums inklusive einer Betrachtung der Eigenvektoren vornehmen.

Da die Eigenfunktionen des homogenen Randwertproblems (14.44) durch

$$\varphi_j(x) = c\ \sin(j\pi x) \quad \text{mit} \quad j \in \mathbb{N} \quad \text{und} \quad c \in \mathbb{R}\setminus\{0\}$$

gegeben sind, erweist es sich als nicht besonders überraschend, dass die Eigenvektoren $\boldsymbol{v}_j^{(\ell)}$ der Matrix $\boldsymbol{A}^{(\ell)}$ durch

$$\boldsymbol{v}_j^{(\ell)} = c \begin{pmatrix} \sin j\pi h^{(\ell)} \\ \vdots \\ \sin j\pi N^{(\ell)} h^{(\ell)} \end{pmatrix} \quad \text{für } j = 1, \ldots, N^{(\ell)} \tag{14.49}$$

deren diskrete Formulierung repräsentieren. Die zugehörigen Eigenwerte $\lambda_j^{(\ell)}$ haben die Darstellung

$$\boldsymbol{A}^{(\ell)}\boldsymbol{v}_j^{(\ell)} = \underbrace{4(h^{(\ell)})^{-2}\sin^2\left(\frac{j\pi h^{(\ell)}}{2}\right)}_{=\lambda_j^{(\ell)}}\boldsymbol{v}_j^{(\ell)} \tag{14.50}$$

für $j = 1, \ldots, N^{(\ell)}$. Zur Analyse des Fehlerverlaufes wird sich eine Darstellung des Fehlervektors als Linearkombination der obigen Eigenvektoren als zentrales Hilfsmittel erweisen. Demzufolge ist die durch das anschließende Lemma nachgewiesene Basiseigenschaft für die weitere Vorgehensweise wesentlich.

Lemma

Die durch (14.49) gegebenen Vektoren

$$\boldsymbol{v}_1^{(\ell)}, \ldots, \boldsymbol{v}_{N^{(\ell)}}^{(\ell)}$$

stellen für jedes $c \neq 0$ eine Orthogonalbasis des $\mathbb{R}^{N^{(\ell)}}$ dar.

Beweis: Sei i die komplexe Einheit und $z = e^{i\frac{2\pi j}{N^{(\ell)}+1}} \in \mathbb{C}$ mit $j \in \mathbb{Z}$. Für $\frac{j}{N^{(\ell)}+1} \in \mathbb{Z}$ folgt direkt $z = 1$ und somit

$$\sum_{k=1}^{N^{(\ell)}+1} z^k = N^{(\ell)} + 1\,. \tag{14.51}$$

Gilt $\frac{j}{N^{(\ell)}+1} \notin \mathbb{Z}$, so ergibt sich $z \neq 1 = z^{N^{(\ell)}+1}$ und folglich

$$\sum_{k=1}^{N^{(\ell)}+1} z^k = z\frac{z^{N^{(\ell)}+1} - 1}{z - 1} = 0\,. \tag{14.52}$$

Zusammenfassend erhalten wir aus den Gleichungen (14.51) und (14.52) für den Realteil der betrachteten Summen die Darstellung

$$\sum_{k=1}^{N^{(\ell)}+1} \cos\left(k\frac{2\pi j}{N^{(\ell)}+1}\right) = \begin{cases} 0 & \text{, falls } \frac{j}{N^{(\ell)}+1} \notin \mathbb{Z} \\ N^{(\ell)}+1 & \text{sonst.} \end{cases}$$

Die Orthogonalität der Vektoren erhalten wir mit $j, m \in \{1, \ldots, N^{(\ell)}\}$ unter Verwendung von $\cos((j-m)\pi) - \cos((j+m)\pi) = 0$ mittels

$$\begin{aligned}
\langle \boldsymbol{v}_j^{(\ell)}, \boldsymbol{v}_m^{(\ell)} \rangle &= c^2 \sum_{k=1}^{N^{(\ell)}} \sin\left(j\frac{\pi k}{N^{(\ell)}+1}\right)\sin\left(m\frac{\pi k}{N^{(\ell)}+1}\right) \\
&= \frac{c^2}{2}\sum_{k=1}^{N^{(\ell)}}\left\{\cos\left(\frac{(j-m)\pi k}{N^{(\ell)}+1}\right) - \cos\left(\frac{(j+m)\pi k}{N^{(\ell)}+1}\right)\right\} \\
&= \begin{cases} 0 & \text{für } j \neq m\,, \\ \frac{c^2(N^{(\ell)}+1)}{2} & \text{für } j = m\,. \end{cases}
\end{aligned}$$

Die Basiseigenschaft folgt abschließend direkt aus der Orthogonalität der Vektoren. ∎

Dem Beweis des obigen Hilfssatzes kann leicht entnommen werden, dass die Basisvektoren orthonormal sind, wenn die freie Konstante c durch

$$c := \sqrt{2h^{(\ell)}} = \sqrt{\frac{2}{N^{(\ell)}+1}}$$

festgelegt wird.

Als Basismethode zur Glättung betrachten wir exemplarisch das relaxierte Jacobi-Verfahren, das nach der generellen Form (14.38) die Gestalt

$$\boldsymbol{x}_{m+1} = \boldsymbol{M}_J(\omega)\boldsymbol{x}_m + \boldsymbol{N}_J(\omega)\boldsymbol{b}$$

mit $\boldsymbol{M}_J(\omega) = \boldsymbol{I} - \omega\boldsymbol{D}^{-1}\boldsymbol{A}$ und $\boldsymbol{N}_J(\omega) = \omega\boldsymbol{D}^{-1}$ aufweist. Durch den Relaxationsparameter ω liegt eine Einflussgröße zur Steuerung der Eigenwertverteilung vor, die wir gezielt zur

Einstellung der gewünschten Dämpfungseigenschaft einsetzen werden. Nutzen wir die spezielle Gestalt der Matrix $\boldsymbol{A}^{(\ell)}$ innerhalb unseres Modellproblems, so ergibt sich

$$\boldsymbol{D}^{(\ell)} = \operatorname{diag}\left(\boldsymbol{A}^{(\ell)}\right) = \frac{2}{(h^{(\ell)})^2}\boldsymbol{I}$$

und wir erhalten

$$\begin{aligned}\boldsymbol{M}_J^{(\ell)}(\omega) &= \boldsymbol{I} - \omega(\boldsymbol{D}^{(\ell)})^{-1}\boldsymbol{A}^{(\ell)} \\ &= \boldsymbol{I} - \frac{\omega(h^{(\ell)})^2}{2}\boldsymbol{A}^{(\ell)}. \qquad (14.53)\end{aligned}$$

Unter Verwendung von (14.50) ergeben sich die Eigenwerte der Iterationsmatrix $\boldsymbol{M}_J^{(\ell)}(\omega)$ zu

$$\lambda_j^{(\ell)}(\omega) = 1 - 2\omega\sin^2\left(\frac{j\pi h^{(\ell)}}{2}\right) \quad \text{für } j = 1,\ldots,N^{(\ell)} \qquad (14.54)$$

und die Eigenvektoren von $\boldsymbol{A}^{(\ell)}$ und $\boldsymbol{M}_J^{(\ell)}(\omega)$ stimmen aufgrund des Zusammenhangs (14.53) offensichtlich überein.

So weit die Vorbetrachtungen. Jetzt sind wir in der Lage, das Mehrgitterverfahren im Kontext des Modellproblems (14.46) eingehend zu analysieren und die Gründe für die in den Abbildungen 14.12 und 14.13 erkennbaren Fehlerverläufe zu verstehen.

Mit dem vorhergehenden Lemma lässt sich der Fehler zwischen dem Startvektor $\boldsymbol{u}_0^{(\ell)}$ und der exakten Lösung $\boldsymbol{u}^{(\ell)} = (\boldsymbol{A}^{(\ell)})^{-1}\boldsymbol{f}^{(\ell)}$ in der Form

$$\boldsymbol{u}_0^{(\ell)} - \boldsymbol{u}^{(\ell)} = \sum_{k=1}^{N^{(\ell)}} \alpha_k \boldsymbol{v}_k^{(\ell)}, \quad \alpha_k \in \mathbb{R}$$

schreiben, und wir erhalten

$$\begin{aligned}\boldsymbol{u}_1^{(\ell)} - \boldsymbol{u}^{(\ell)} &= \boldsymbol{M}_J^{(\ell)}(\omega)\boldsymbol{u}_0^{(\ell)} + \boldsymbol{N}_J^{(\ell)}(\omega)\boldsymbol{f}^{(\ell)} \\ &\quad - \left(\boldsymbol{M}_J^{(\ell)}(\omega)\boldsymbol{u}^{(\ell)} + \boldsymbol{N}_J^{(\ell)}(\omega)\boldsymbol{f}^{(\ell)}\right) \\ &= \boldsymbol{M}_J^{(\ell)}(\omega)\left(\boldsymbol{u}_0^{(\ell)} - \boldsymbol{u}^{(\ell)}\right) = \sum_{k=1}^{N^{(\ell)}} \alpha_k \lambda_k^{(\ell)}(\omega)\boldsymbol{v}_k^{(\ell)}\end{aligned}$$

und entsprechend

$$\boldsymbol{u}_m^{(\ell)} - \boldsymbol{u}^{(\ell)} = \sum_{k=1}^{N^{(\ell)}} \alpha_k \left[\lambda_k^{(\ell)}(\omega)\right]^m \boldsymbol{v}_k^{(\ell)} \qquad (14.55)$$

für $m = 0, 1, \ldots$

Auf der Grundlage der gitterabhängigen Frequenzzuordnung sind wir in der Lage, die in den Beispielen auf den Seiten 513 und 513 auftretenden Resultate analytisch zu bestätigen und zudem einen im Sinne des Mehrgitterverfahrens geeigneten Relaxationsparameter ω zu bestimmen. Mit der obigen Fehlerdarstellung (14.55) erkennen wir, dass die Reduktion der einzelnen Frequenzen unmittelbar an deren zugehörigen Eigenwerten $\lambda_k^{(\ell)}(\omega)$ gekoppelt ist.

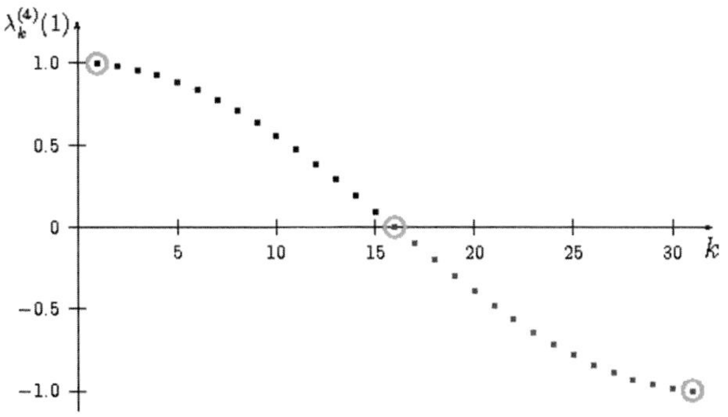

Abbildung 14.14 Eigenwertverteilung der Iterationsmatrix des Jacobi-Verfahrens zum Gitter $\Omega^{(4)}$.

Die Abbildung 14.14 zeigt für die Stufenzahl $\ell = 4$ die Eigenwerte $\lambda_k^{(\ell)}(1)$ für $k = 1,\ldots,N^{(4)} = 31$ der Iterationsmatrix des Jacobi-Verfahrens. Entsprechend unserer Analyse sind mit den blauen Punkten die Eigenwerte der langwelligen und mit den verbleibenden roten Punkten die Eigenwerte der hochfrequenten Fehleranteile gekennzeichnet. Aufgrund der in den erwähnten Beispielen gewählten Initialisierung (14.47) respektive (14.48) lässt sich (14.55) in der Form

$$\boldsymbol{u}_m^{(4)} - \boldsymbol{u}^{(4)} = \left[\lambda_1^{(4)}(1)\right]^m \boldsymbol{v}_1^{(4)} - \left[\lambda_k^{(4)}(1)\right]^m \boldsymbol{v}_k^{(4)}$$

$$\text{mit } k = \begin{cases} 16 & \text{für (14.47)} \\ 31 & \text{für (14.48)} \end{cases}$$

schreiben. Betrachten wir das erste Beispiel laut Seite 513 mit der Initialisierung (14.47), so gehen die in Abbildung 14.14 zusätzlich grün umrandeten Eigenwerte $\lambda_1^{(4)}(1)$ und $\lambda_{16}^{(4)}(1)$ ein. Da $\lambda_{16}^{(4)}(1)$ identisch verschwindet und $\lambda_1^{(4)}(1) \approx 1$ gilt, ergibt sich bereits nach wenigen Iterationen für den Fehler die Eigenschaft

$$\boldsymbol{u}_m^{(4)} - \boldsymbol{u}^{(4)} \approx \boldsymbol{v}_1^{(4)},$$

wodurch sich die für das Mehrgitterverfahren notwendige Langwelligkeit einstellt, die auch durch die numerischen Resultate gemäß Abbildung 14.12 bestätigt wird. Völlig anders stellt sich die Situation im zweiten Beispiel dar. Die eingehenden und in Abbildung 14.14 ebenfalls grün gekennzeichneten Eigenwerte $\lambda_1^{(4)}(1)$ und $\lambda_{31}^{(4)}(1)$ weisen den gleichen Betrag auf, der zudem nur geringfügig kleiner als eins ist, sodass keine geeignete Dämpfung der hochfrequenten Fehleranteile erzielt werden kann. Mit dieser Erkenntnis lässt sich auch das in Abbildung 14.13 präsentierte Fehlerverhalten erklären.

Die aus der vollzogenen Untersuchung gewonnenen Erkenntnisse können wir in die Wahl des Relaxationsparameters ω einfließen lassen, um eine sinnvolle Verschiebung der Eigenwertverteilung zu erzielen. Für eine gegebene Stufenzahl ℓ könnte man ω derart festlegen, dass $\lambda_{N^{(\ell)}}^{(\ell)}(\omega) = 0$ gilt und folglich der Eigenvektor mit der höchsten Frequenz bereits nach einer Iteration aus dem Fehler annulliert wird. Damit würde sich jedoch eine Abhängigkeit des Parameters von der

Unter der Lupe: Gitterabhängige Frequenzzuordnung

Im Rahmen der Mehrgitterverfahren spielt die Dämpfung hochfrequenter Fehleranteile auf dem feinsten Gitter mittels sog. Glätter eine zentrale Rolle. Um hierzu ein geeignetes Verfahren auszuwählen, ist es folglich zunächst grundlegend, eine Frequenzeinteilung bezüglich des vorliegenden Gitters vorzunehmen.

Die Zielsetzung der Grobgitterkorrektur liegt in der effizienten Approximation langwelliger Fehleranteile auf gröberen Gittern. Es ist daher notwendig festzulegen, wann ein Fehler bezüglich des vorliegenden Gitters $\Omega^{(\ell)}$ langwellig ist. Der Fehler zwischen der Näherungslösung $\boldsymbol{u}_m^{(\ell)}$ und der exakten Lösung $\boldsymbol{u}^{(\ell)}$ des Gleichungssystems unseres Modellproblems lässt sich unter Verwendung der Eigenvektoren $\boldsymbol{v}_k^{(\ell)}, k = 1, \ldots, N^{(\ell)}$ in der Form

$$\boldsymbol{u}_m^{(\ell)} - \boldsymbol{u}^{(\ell)} = \sum_{k=1}^{N^{(\ell)}} \beta_k \boldsymbol{v}_k^{(\ell)}$$

schreiben. Für den punktweisen Fehler erhalten wir

$$e_m(x_j^{(\ell)}) = u_{m,j}^{(\ell)} - u_j^{(\ell)} = \sum_{k=1}^{N^{(\ell)}} \beta_k v_{k,j}^{(\ell)} = \sum_{k=1}^{N^{(\ell)}} \beta_k \varphi_k(x_j^{(\ell)}),$$

wodurch deutlich wird, dass die enthaltenen Fehleroszillationen direkt mit den Frequenzen der Eigenfunktionen $\varphi_k = c \sin(k\pi x)$ gekoppelt sind.

Da stets nur punktweise Auswertungen der Eigenfunktionen in die Analyse eingehen, werden wir eine Eigenfunktion φ_k als langwellig auf dem Gitter $\Omega^{(\ell)}$ bezeichnen, wenn durch Übergang auf das nächstgröbere Gitter $\Omega^{(\ell-1)}$ die Zahl der Vorzeichenwechsel unverändert bleibt. Dieser Sachverhalt liegt genau dann vor, wenn auf jedem offenen Teilintervall $]x_j^{(\ell)}, x_{j+2}^{(\ell)}[$, $j = 0, \ldots, N^{(\ell)} - 1$ die Anzahl der Nullstellen der Eigenfunktion φ_k maximal eins ist. Demzufolge erhalten wir aus der obigen Darstellung der Eigenfunktionen die Forderung

$$\frac{1}{k} \geq 2h^{(\ell)} = \frac{2}{N^{(\ell)}+1} \quad \text{respektive} \quad k \leq \frac{N^{(\ell)}+1}{2}.$$

Umgesetzt auf die Eigenvektoren ergibt sich somit

$$\boldsymbol{v}_k^{(\ell)} \text{ ist langwellig bzgl. } \Omega^{(\ell)}, \text{ falls } k \leq \frac{N^{(\ell)}+1}{2} \text{ gilt}$$

und

$$\boldsymbol{v}_k^{(\ell)} \text{ ist hochfrequent bzgl. } \Omega^{(\ell)}, \text{ falls } k > \frac{N^{(\ell)}+1}{2} \text{ gilt.}$$

Beispielhaft erhalten wir für $\ell = 2$ die Bedingung hinsichtlich der Langwelligkeit zu

$$k \leq \frac{N^{(2)}+1}{2} = \frac{7+1}{2} = 4.$$

Langwellige Eigenfunktionen:
Bezogen auf $\Omega^{(2)}$ liegen mit

$$\varphi_1(x) = c\sin(\pi x),\ \varphi_2(x) = c\sin(2\pi x),$$
$$\varphi_3(x) = c\sin(3\pi x),\ \varphi_4(x) = c\sin(4\pi x)$$

die im Folgenden graphisch inklusive der Gitterwerte dargestellten langwelligen Eigenfunktionen vor.

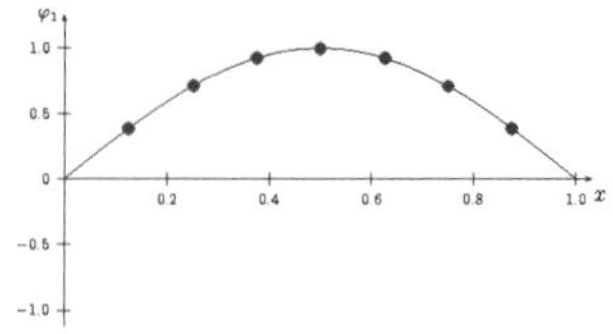

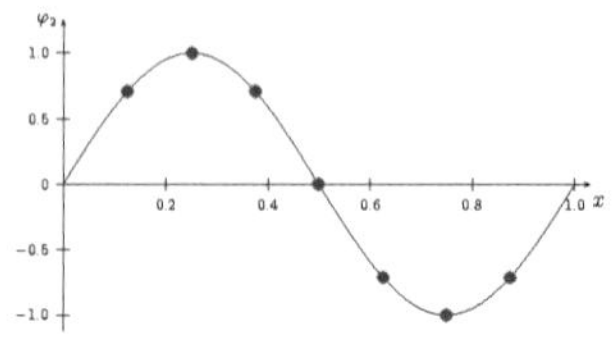

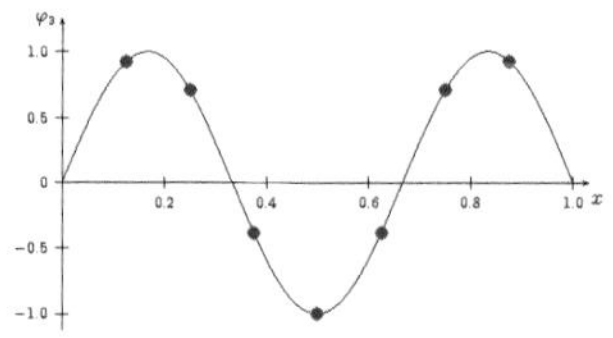

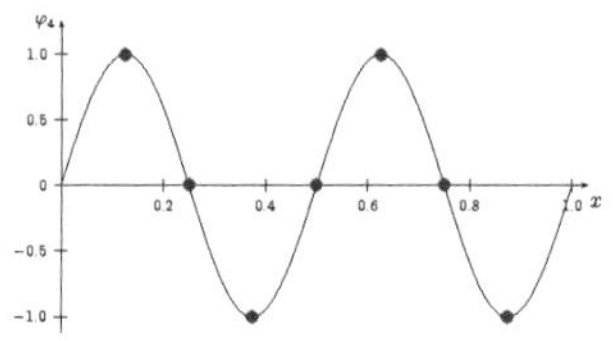

Hochfrequente Eigenfunktionen:
Dagegen sind mit

$$\varphi_5(x) = c\sin(5\pi x),\ \varphi_6(x) = c\sin(6\pi x),$$
$$\varphi_7(x) = c\sin(7\pi x)$$

die hochfrequenten Eigenfunktionen bezüglich $\Omega^{(2)}$ gegeben, die im Weiteren inklusive der Gitterwerte dargestellt sind.

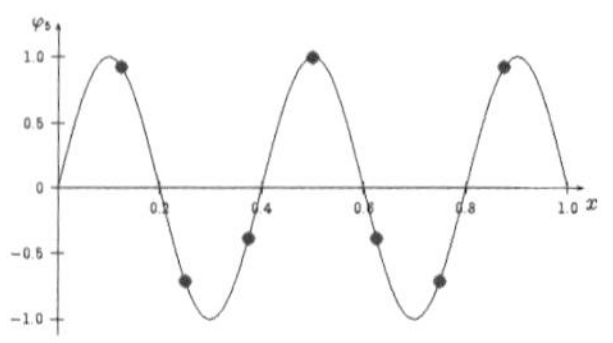

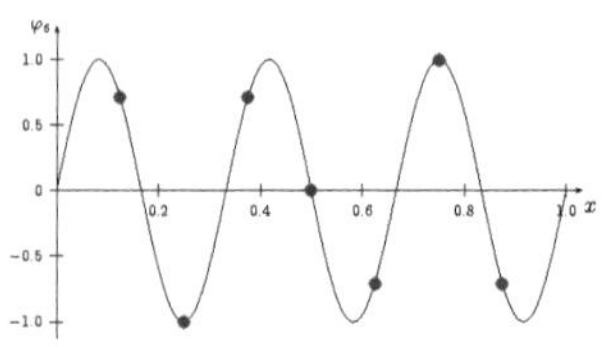

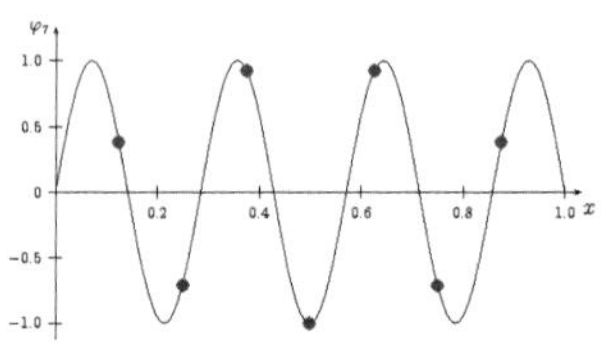

Stufenzahl ergeben, die wir an dieser Stelle gerne vermeiden wollen. Formal gesehen fordern wir stattdessen, dass

$$\lambda_k^{(\ell)}(\omega) = 1 - 2\omega \sin^2\left(\frac{k\pi h^{(\ell)}}{2}\right)$$

für $k = N^{(\ell)} + 1$ eine Nullstelle aufweist, wodurch sich

$$0 = 1 - 2\omega \underbrace{\sin^2 \frac{\pi}{2}}_{=1} = 1 - 2\omega$$

und somit $\omega = \frac{1}{2}$ ergibt. Folglich erhalten wir die in Abbildung 14.15 dargestellte Eigenwertverteilung, aus der wir sehen können, dass die in Rot gehaltenen Eigenwerte der hochfrequenten Eigenvektoren im Intervall $[0, 1/2]$ liegen, und wir daher unabhängig von der Stufenzahl ℓ ein geeignetes Dämpfungsverhalten des relaxierten Jacobi-Verfahrens erwarten dürfen. Diese Eigenschaft wird auch durch die Resultate in Abbildung 14.16 belegt. Bei Verwendung der Initialisierung (14.47) und (14.48) ergibt sich für das mit $\omega = \frac{1}{2}$ relaxierte Jacobi-Verfahren stets bereits nach wenigen Iterationen der gewünschte langwellige Fehlerverlauf.

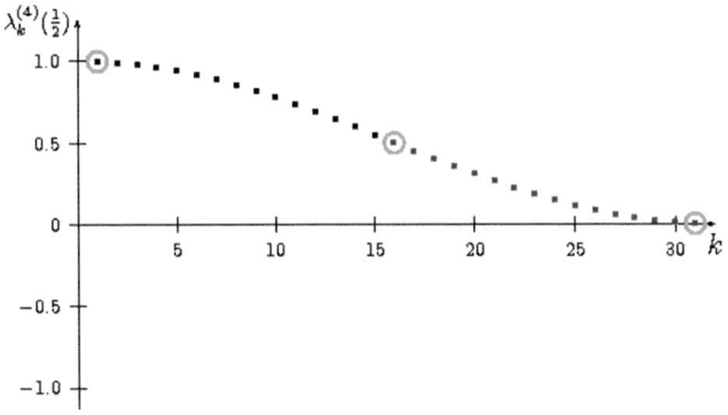

Abbildung 14.15 Eigenwertverteilung der Iterationsmatrix des relaxierten Jacobi-Verfahrens zum Gitter $\Omega^{(4)}$.

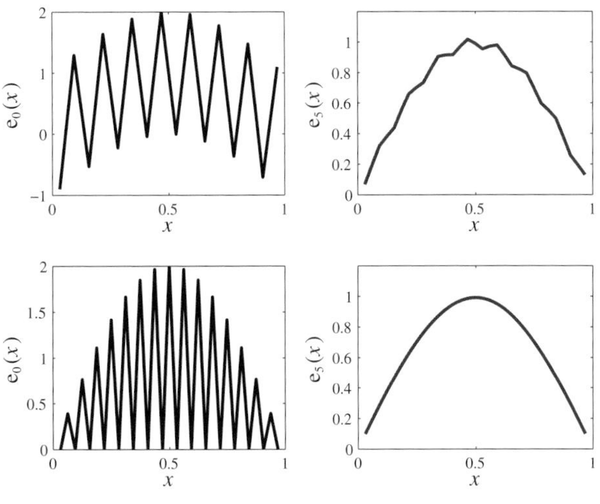

Abbildung 14.16 Dämpfungsverhalten des relaxierten Jacobi-Verfahrens beim Modellproblem nach 5 Iterationen mit der Initialisierung (14.47) oben und (14.48) unten.

?

Können Sie erklären, warum innerhalb der Abbildung 14.16 bei der Initialisierung (14.47) nach 5 Iterationen im Vergleich zur Initialisierung (14.48) stärkere Restoszillationen vorhanden sind?

Reduktion langwelliger Fehleranteile durch eine Grobgitterkorrektur

Beim Mehrgitterverfahren nutzen wir die Kenntnis der Glattheit des Fehlers, indem wir diesen auf einem gröberen Gitter approximieren und anschließend, mittels zum Beispiel einer linearen Interpolation, auf das feine Gitter abbilden. Zunächst benötigen wir hierzu eine Abbildung vom feinen Gitter $\Omega^{(\ell)}$ auf das gröbere Gitter $\Omega^{(\ell-1)}$, die wir **Restriktion** nennen und eine Abbildung von $\Omega^{(\ell-1)}$ auf $\Omega^{(\ell)}$, die wir als **Prolongation** bezeichnen.

Als Restriktion von $\Omega^{(\ell)}$ auf $\Omega^{(\ell-1)}$ bezeichnen wir eine lineare, surjektive Abbildung

$$\boldsymbol{R}_\ell^{\ell-1} : \mathbb{R}^{N^{(\ell)}} \to \mathbb{R}^{N^{(\ell-1)}} .$$

Bei der speziellen Schachtelung der Gitterfolge kann zum Beispiel die triviale Restriktion gemäß Abbildung 14.17 verwendet werden, die durch

$$\boldsymbol{u}^{(\ell-1)} = \begin{pmatrix} u_1^{(\ell-1)} \\ \vdots \\ u_{N^{(\ell-1)}}^{(\ell-1)} \end{pmatrix} = \boldsymbol{R}_\ell^{\ell-1}\boldsymbol{u}^{(\ell)} = \begin{pmatrix} u_2^{(\ell)} \\ u_4^{(\ell)} \\ \vdots \\ u_{N^{(\ell)}-1}^{(\ell)} \end{pmatrix}$$

gegeben ist und durch die Matrix

$$\boldsymbol{R}_\ell^{\ell-1} = \begin{pmatrix} 0\;1\;0 & & & & \\ & 0\;1\;0 & & & \\ & & 0\;\;1\;\;0 & & \\ & & \ddots\;\ddots\;\ddots & & \\ & & & \ddots\;\ddots\;\ddots & \\ & & & & \ddots\;\ddots\;\ddots \\ & & & & 0\;\;1\;\;0 \end{pmatrix} \in \mathbb{R}^{N^{(\ell-1)} \times N^{(\ell)}} \tag{14.56}$$

repräsentiert wird.

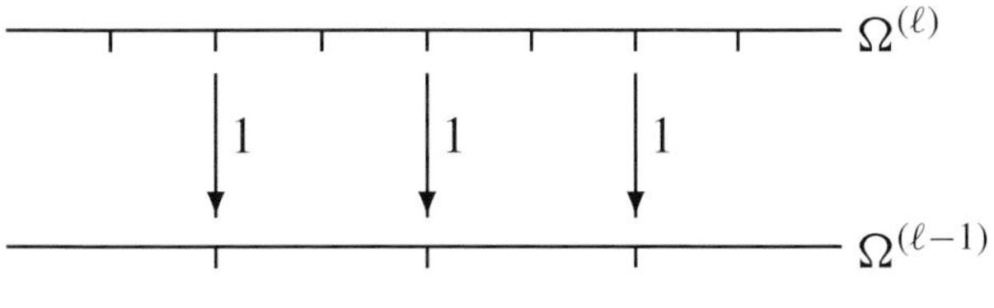

Abbildung 14.17 Triviale Restriktion: Die Werte an den gemeinsamen Gitterpunkten werden übernommen.

Um die Werte an den Gitterpunkten $\Omega^{(\ell)} \setminus \Omega^{(\ell-1)}$ mit einzubeziehen, kann man auch eine Restriktion gemäß Abbildung 14.18 wählen, deren zugehörige Matrix die Darstellung

$$\boldsymbol{R}_\ell^{\ell-1} = \frac{1}{4} \begin{pmatrix} 1\ 2\ 1 & & & & \\ & 1\ 2\ 1 & & & \\ & & 1\ \ 2\ \ 1 & & \\ & & \ddots\ \ddots\ \ddots & & \\ & & & \ddots\ \ddots\ \ddots & \\ & & & & \ddots\ \ddots\ \ddots \\ & & & & 1\ \ 2\ \ 1 \end{pmatrix}$$

aufweist.

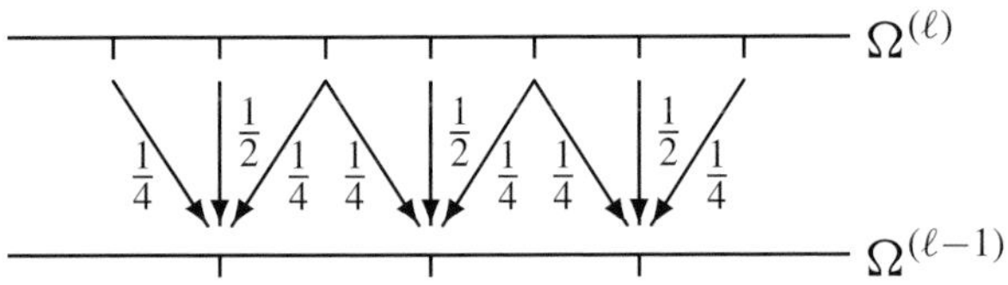

Abbildung 14.18 Lineare Restriktion: Die Werte an den Zwischenstellen werden durch eine lineare Interpolation bestimmt.

Als Prolongation von $\Omega^{(\ell-1)}$ auf $\Omega^{(\ell)}$ bezeichnen wir eine lineare, injektive Abbildung

$$\boldsymbol{P}_{\ell-1}^{\ell} : \mathbb{R}^{N^{(\ell-1)}} \to \mathbb{R}^{N^{(\ell)}} .$$

Hierzu kann zum Beispiel eine lineare Interpolation zur Definition der Werte an den Zwischenstellen genutzt werden. In unserem Modellfall ergibt sich die graphische Darstellung gemäß Abbildung 14.19 und damit die Matrix

$$\boldsymbol{P}_{\ell-1}^{\ell} = \frac{1}{2} \begin{pmatrix} 1 & & & \\ 2 & & & \\ 1 & 1 & & \\ & 2 & & \\ & 1 & 1 & \\ & & 2 & \\ & & 1 & \\ & & & \ddots \\ & & & & 1 \\ & & & & 2 \\ & & & & 1 \end{pmatrix} \in \mathbb{R}^{N^{(\ell)} \times N^{(\ell-1)}} . \tag{14.57}$$

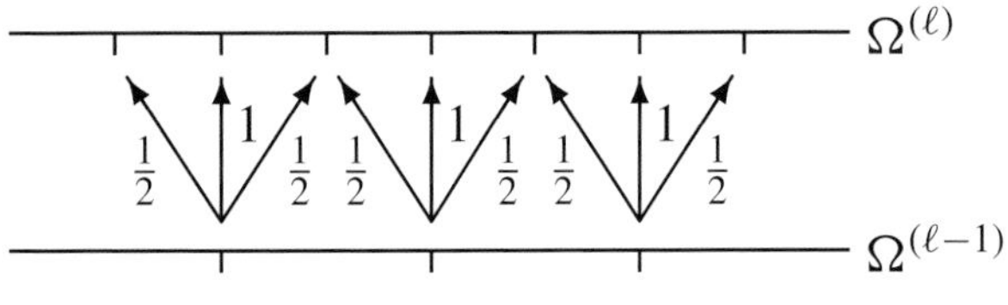

Abbildung 14.19 Lineare Prolongation.

Das Zweigitterverfahren als Vorstufe zur Mehrgittermethode

Liegt ein problemspezifisch geeigneter Glätter vor, so dürfen wir nach ν Schritten von einem weitgehend glatten Fehler

$$\boldsymbol{e}_\nu^{(\ell)} = \boldsymbol{u}_\nu^{(\ell)} - \boldsymbol{u}^{(\ell)}$$

ausgehen. Dieser Vektor lässt sich somit gut auf dem nächstgröberen Gitter $\Omega^{(\ell-1)}$ mit weniger Rechenaufwand approximieren. Zur Herleitung einer Bestimmungsgleichung für $\boldsymbol{e}_\nu^{(\ell)}$ nutzen wir den Defekt

$$\boldsymbol{d}_\nu^{(\ell)} := \boldsymbol{A}^{(\ell)} \boldsymbol{u}_\nu^{(\ell)} - \boldsymbol{f}^{(\ell)} ,$$

der zum obigen Fehler im Zusammenhang

$$\boldsymbol{A}^{(\ell)} \boldsymbol{e}_\nu^{(\ell)} = \boldsymbol{A}^{(\ell)} \boldsymbol{u}_\nu^{(\ell)} - \underbrace{\boldsymbol{A}^{(\ell)} \boldsymbol{u}^{(\ell)}}_{=\boldsymbol{f}^{(\ell)}} = \boldsymbol{d}_\nu^{(\ell)} \tag{14.58}$$

steht. Wir ermitteln nun eine Näherung an $\boldsymbol{e}_\nu^{(\ell)}$, indem wir die Gleichung (14.58) auf dem Gitter $\Omega^{(\ell-1)}$ betrachten und den hierbei berechneten Vektor auf das ursprüngliche Gitter $\Omega^{(\ell)}$ prolongieren. Wir nutzen daher die Gleichung

$$\boldsymbol{A}^{(\ell-1)} \boldsymbol{e}^{(\ell-1)} = \boldsymbol{d}^{(\ell-1)} \tag{14.59}$$

mit dem restringierten Defekt

$$\boldsymbol{d}^{(\ell-1)} = \boldsymbol{R}_\ell^{\ell-1} \boldsymbol{d}_\nu^{(\ell)} .$$

Die Gleichung (14.59) kann iterativ oder eventuell sogar exakt gelöst werden. Gehen wir zunächst von der einfachen Berechenbarkeit von $\left(\boldsymbol{A}^{(\ell-1)}\right)^{-1} \boldsymbol{d}^{(\ell-1)}$ aus, so ergibt sich die anvisierte Näherung gemäß

$$\boldsymbol{e}_\nu^{(\ell)} \approx \boldsymbol{P}_{\ell-1}^{\ell} \boldsymbol{e}^{(\ell-1)} = \boldsymbol{P}_{\ell-1}^{\ell} \left(\boldsymbol{A}^{(\ell-1)}\right)^{-1} \boldsymbol{d}^{(\ell-1)} .$$

Die unter Verwendung des groben Gitters ermittelte Korrektur der vorliegenden Näherungslösung $\boldsymbol{u}_j^{(\ell)}$ lässt sich somit in der Form

$$\boldsymbol{u}_\nu^{(\ell),neu} = \boldsymbol{u}_\nu^{(\ell)} - \boldsymbol{P}_{\ell-1}^{\ell} \left(\boldsymbol{A}^{(\ell-1)}\right)^{-1} \boldsymbol{R}_\ell^{\ell-1} \left(\boldsymbol{A}^{(\ell)} \boldsymbol{u}_\nu^{(\ell)} - \boldsymbol{f}^{(\ell)}\right)$$

zusammenfassen. Dieser Vorschrift geben wir aufgrund ihrer zentralen Bedeutung zunächst eine Bezeichnung.

Definition des Grobgitterkorrekturverfahrens

Sei $\boldsymbol{u}_\nu^{(\ell)}$ eine Näherungslösung der Gleichung $\boldsymbol{A}^{(\ell)} \boldsymbol{u}^{(\ell)} = \boldsymbol{f}^{(\ell)}$, dann heißt die Methode

$$\boldsymbol{u}_\nu^{(\ell),neu} = \phi_{GGK}^{(\ell)} \left(\boldsymbol{u}_\nu^{(\ell)}, \boldsymbol{f}^{(\ell)}\right)$$

mit

$$\begin{aligned} &\phi_{GGK}^{(\ell)} \left(\boldsymbol{u}_\nu^{(\ell)}, \boldsymbol{f}^{(\ell)}\right) \\ &\quad = \boldsymbol{u}_\nu^{(\ell)} - \boldsymbol{P}_{\ell-1}^{\ell} \left(\boldsymbol{A}^{(\ell-1)}\right)^{-1} \boldsymbol{R}_\ell^{\ell-1} \left(\boldsymbol{A}^{(\ell)} \boldsymbol{u}_\nu^{(\ell)} - \boldsymbol{f}^{(\ell)}\right) \end{aligned} \tag{14.60}$$

Grobgitterkorrekturverfahren.

An dieser Stelle könnte die Idee aufkommen, nach einer ersten Glättung ausschließlich eine Anzahl von Grobgitterkorrekturschritten folgen zu lassen, da diese im Vergleich zur Iteration auf dem feinen Gitter weniger rechenaufwendig erscheinen. Daher ist es sinnvoll, die Grobgitterkorrektur als eigenständiges Iterationsverfahren auf Konsistenz und Konvergenz zu untersuchen.

Lemma
Die Grobgitterkorrekturmethode

$$\phi_{GGK}^{(\ell)}(\boldsymbol{u}, \boldsymbol{f}) = \boldsymbol{M}_{GGK}^{(\ell)}\boldsymbol{u} + \boldsymbol{N}_{GGK}^{(\ell)}\boldsymbol{f} \tag{14.61}$$

mit

$$\boldsymbol{M}_{GGK}^{(\ell)} = \boldsymbol{I} - \boldsymbol{P}_{\ell-1}^{\ell}\left(\boldsymbol{A}^{(\ell-1)}\right)^{-1}\boldsymbol{R}_{\ell}^{\ell-1}\boldsymbol{A}^{(\ell)}$$

und

$$\boldsymbol{N}_{GGK}^{(\ell)} = \boldsymbol{P}_{\ell-1}^{\ell}\left(\boldsymbol{A}^{(\ell-1)}\right)^{-1}\boldsymbol{R}_{\ell}^{\ell-1}$$

stellt ein lineares, konsistentes und nicht konvergentes Iterationsverfahren dar.

Beweis: Die Darstellung (14.61) ergibt sich durch eine einfache Umformulierung von (14.60), sodass ein lineares und wegen $\boldsymbol{M}_{GGK}^{(\ell)} = \boldsymbol{I} - \boldsymbol{N}_{GGK}^{(\ell)}\boldsymbol{A}^{(\ell)}$ laut dem auf Seite 500 aufgeführten Satz auch konsistentes Iterationsverfahren vorliegt. Wegen $N^{(\ell)} > N^{(\ell-1)}$ ist der Kern von $\boldsymbol{R}_{\ell}^{\ell-1}$, kurz $\ker(\boldsymbol{R}_{\ell}^{\ell-1})$, nicht trivial. Sei $\boldsymbol{0} \neq \boldsymbol{v} \in \ker(\boldsymbol{R}_{\ell}^{\ell-1})$, dann folgt wegen der Regularität von $\boldsymbol{A}^{(\ell)}$ zudem $\boldsymbol{w} := (\boldsymbol{A}^{(\ell)})^{-1}\boldsymbol{v} \neq \boldsymbol{0}$. Hiermit gilt

$$\boldsymbol{M}_{GGK}^{(\ell)}\boldsymbol{w} = \boldsymbol{w} - \boldsymbol{P}_{\ell-1}^{\ell}(\boldsymbol{A}^{(\ell)})^{-1}\underbrace{\boldsymbol{R}_{\ell}^{\ell-1}\underbrace{\boldsymbol{A}^{(\ell)}\boldsymbol{w}}_{=\boldsymbol{v}}}_{=\boldsymbol{0}} = \boldsymbol{w},$$

wodurch $\rho\left(\boldsymbol{M}_{GGK}^{(\ell)}\right) \geq 1$ folgt und somit die Grobgitterkorrektur ein divergentes Verfahren darstellt. ■

Der obige Satz zeigt, dass es in der Regel nicht sinnvoll ist, die Grobgitterkorrektur mehrfach hintereinander ohne zwischenzeitige Glättung anzuwenden.

Mit der Kombination der Splitting-Methode zur Fehlerglättung und der anschließenden Grobgitterkorrektur kann ein auf zwei Gittern operierendes Verfahren definiert werden.

Zweigittermethode

- Wähle einen Startvektor $\boldsymbol{u}_0^{(\ell)} \in \mathbb{R}^{N^{(\ell)}}$.
- Für $j = 1, \ldots, \nu$ berechne

$$\boldsymbol{u}_j^{(\ell)} = \phi^{(\ell)}\left(\boldsymbol{u}_{j-1}^{(\ell)}, \boldsymbol{f}^{(\ell)}\right)$$

  mit einem Glätter $\phi^{(\ell)}$.
- Verbesserung der Näherung $\boldsymbol{u}_\nu^{(\ell)}$ mittels Grobgitterkorrektur gemäß

$$\boldsymbol{u}_\nu^{(\ell),neu} = \phi_{GGK}^{(\ell)}\left(\boldsymbol{u}_\nu^{(\ell)}, \boldsymbol{f}^{(\ell)}\right).$$

Die Zweigittermethode stellt eine Komposition iterativer Verfahren vor. Bevor wir eine weitere Untersuchung dieses Gesamtverfahrens vornehmen, wollen wir zunächst die Verknüpfung iterativer Verfahren formal festlegen.

Definition Produktiteration
Sind $\phi, \psi : \mathbb{C}^n \times \mathbb{C}^n \to \mathbb{C}^n$ zwei Iterationsverfahren, dann heißt

$$\phi \circ \psi : \mathbb{C}^n \times \mathbb{C}^n \to \mathbb{C}^n$$

mit

$$\boldsymbol{u}_{m+1} = (\phi \circ \psi)(\boldsymbol{u}_m, \boldsymbol{f}) := \phi(\psi(\boldsymbol{u}_m, \boldsymbol{f}), \boldsymbol{f})$$

Produktiteration.

?

Betrachten wir zwei konsistente lineare Iterationsverfahren ϕ, ψ mit den Iterationsmatrizen $\boldsymbol{M}_\phi$ und $\boldsymbol{M}_\psi$. Ist die Produktiteration $\phi \circ \psi$ ebenfalls konsistent und wie sieht die zugehörige Iterationsmatrix aus?

Sei $\nu \in \mathbb{N}$ die Anzahl der Glättungsschritte auf dem feinen Gitter $\Omega^{(\ell)}$ und $\phi^{(\ell)}$ das zugehörige Iterationsverfahren, dann erhalten wir das Zweigitterverfahren als Produktiteration in der Form

$$\phi_{ZGV(\nu)}^{(\ell)} = \phi_{GGK}^{(\ell)} \circ \phi^{(\ell)^{\nu}}. \tag{14.62}$$

Bezeichnet R die Restriktion, P die Prolongation und E das exakte Lösen des Gleichungssystems, dann lässt sich die obige Zweigittermethode (14.62) mit dem Glätter G gemäß Abbildung 14.20 visualisieren.

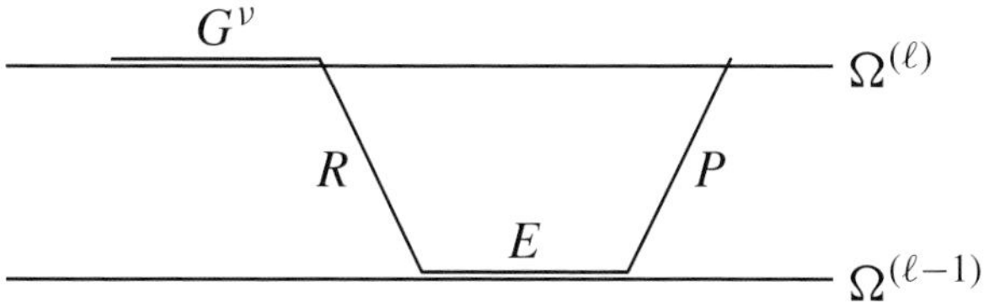

Abbildung 14.20 Zweigitterverfahren ohne Nachglättung.

Gemäß Aufgabe 14.5 kann der Glättungsschritt auch aufgeteilt werden und wir erhalten für alle $\nu_1, \nu_2 \in \mathbb{N}$ mit $\nu = \nu_1 + \nu_2$ durch

$$\phi_{ZGV(\nu_1,\nu_2)}^{(\ell)} = \phi^{(\ell)^{\nu_2}} \circ \phi_{GGK}^{(\ell)} \circ \phi^{(\ell)^{\nu_1}}$$

ein Verfahren, dass die gleichen Konvergenzeigenschaften wie (14.62) aufweist. Man spricht hierbei von ν_1 Vor- und ν_2 Nachglättungen, und wir erhalten die in Abbildung 14.21 präsentierte graphische Darstellung.

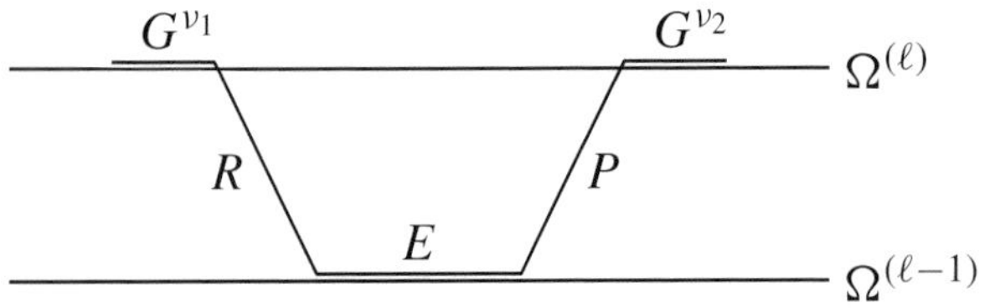

Abbildung 14.21 Zweigitterverfahren mit Nachglättung.

Das Zweigitterverfahren kann und sollte natürlich auch in einer äußeren Schleife wiederholt werden, womit sich

$$\prod_{i=1}^{k} \phi^{(\ell)}_{ZGV(\nu)} = \prod_{i=1}^{k} \left(\phi^{(\ell)}_{GGK} \circ \phi^{(\ell)^{\nu}}\right)$$

respektive

$$\prod_{i=1}^{k} \phi^{(\ell)}_{ZGV(\nu_1,\nu_2)}$$
$$= \phi^{(\ell)^{\nu_2}} \circ \prod_{i=1}^{k-1} \left(\phi^{(\ell)}_{GGK} \circ \phi^{(\ell)^{\nu}}\right) \circ \phi^{(\ell)}_{GGK} \circ \phi^{(\ell)^{\nu_1}}$$

ergibt.

Beispiel Um die Wirkungsweise der Grobgitterkorrektur anhand eines konkreten Problems aufzeigen zu können, betrachten wir die bereits innerhalb der Beispiele auf den Seiten 513 und 513 vorgestellte Aufgabenstellung mit der Initialisierung laut (14.48).

Die Grobgitterkorrektur wurde unter Verwendung der trivialen Restriktion (14.56) und der linearen Prolongation (14.57) durchgeführt, wobei die vorliegende Gleichung $A^{(3)}e^{(3)} = d^{(3)}$ auf dem groben Gitter $\Omega^{(3)}$ exakt gelöst wurde. Die Abbildung 14.22 zeigt den bereits aus Abbildung 14.16 teilweise bekannten langwelligen Fehlerverlauf nach 5 und 10 Iterationen des gedämpften Jacobi-Verfahrens im oberen rechten respektive unteren linken Bild.

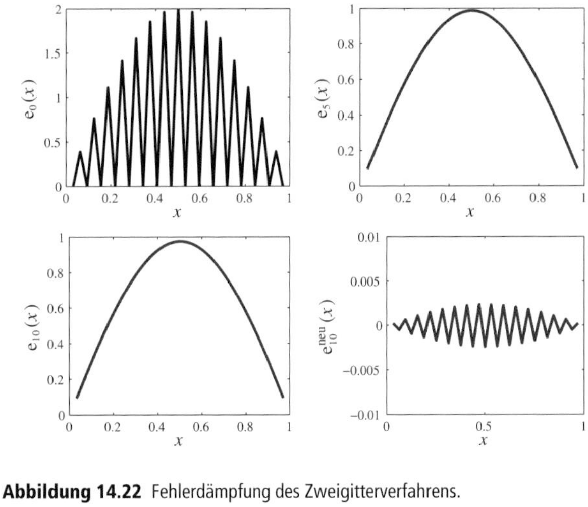

Abbildung 14.22 Fehlerdämpfung des Zweigitterverfahrens.

Die durch einen anschließenden Iterationsschritt der Grobgitterkorrektur erzielte immense Fehlerreduktion ist im rechten unteren Bild deutlich zu erkennen, wobei zudem berücksichtigt werden muss, dass die Fehlerhöhe nicht nur optisch geringer ist, sondern sich vor allem die vertikalen Skalen um einen Faktor 100 unterscheiden. Die Grobgitterkorrektur hat den maximalen Fehler um mehr als zwei Größenordnungen von $9.8 \cdot 10^{-1}$ auf $2.36 \cdot 10^{-3}$ verkleinert. Um den maximalen Fehler durch ausschließliche Nutzung der Grundverfahren unter die hier vorliegende Schranke von $2.36 \cdot 10^{-3}$ zu bringen, bedarf es jeweils die in der folgenden Tabelle aufgeführte Anzahl an Iterationen auf dem Gitter $\Omega^{(4)}$.

Verfahren	Iterationszahl
Gedämpftes Jacobi-Verfahren	2510
Jacobi-Verfahren	1397
Gauß-Seidel-Verfahren	627

◀

Von der Zweigittermethode zum Mehrgitterverfahren

Das Zweigitterverfahren hat sich als effizient herausgestellt. Es ist jedoch in der jetzigen Form für große Systeme unpraktikabel, da es eine exakte oder approximative Lösung der Korrekturgleichung

$$A^{(\ell-1)}e^{(\ell-1)} = d^{(\ell-1)} \tag{14.63}$$

auf $\Omega^{(\ell-1)}$ benötigt, bei der generell die gleichen Probleme hinsichtlich des Rechenaufwandes wie bei der Ausgangsgleichung auf $\Omega^{(\ell)}$ auftreten können. Da die Gleichung (14.63) die gleiche Form wie die Ausgangsgleichung $A^{(\ell)}u^{(\ell)} = f^{(\ell)}$ aufweist, liegt die Idee nahe, ein Zweigitterverfahren auf $\Omega^{(\ell-1)}$ und $\Omega^{(\ell-2)}$ zur Approximation von $e^{(\ell-1)}$ zu nutzen. Insgesamt ergibt sich somit eine Dreigittermethode, bei der $A^{(\ell-2)}e^{(\ell-2)} = d^{(\ell-2)}$ auf $\Omega^{(\ell-2)}$ gelöst werden muss. Sukzessives Fortsetzen dieser Idee liefert ein Verfahren auf $\ell+1$ Gittern $\Omega^{(\ell)}, \ldots, \Omega^{(0)}$, bei dem lediglich das Lösen der Gleichung $A^{(0)}e^{(0)} = d^{(0)}$ verbleibt. Bei der von uns gewählten Gitterverfeinerung mit $h^{(\ell-1)} = 2h^{(\ell)}$ gilt $A^{(0)} \in \mathbb{R}^{1\times 1}$. In der Praxis wird in der Regel mit $\Omega^{(0)}$ ein Gitter genutzt, das eine approximative Lösung des Gleichungssystems mit der Matrix $A^{(0)}$ auf effiziente und einfache Weise ermöglicht.

Der Mehrgitteralgorithmus lässt sich folglich als rekursives Verfahren in der anschließenden Form darstellen, wobei zu bemerken ist, dass die Initialisierung von $u_0^{(\ell)} \in \mathbb{R}^{N^{(\ell)}}$ vor dem Aufruf stattfinden muss:

Mehrgitterverfahren $\phi^{(\ell)}_{MGV(\nu_1,\nu_2)}(u^{(\ell)}, f^{(\ell)})$

- Für $\ell = 0$ berechne $u^{(0)} = (A^{(0)})^{-1}e^{(0)}$ und Rückgabe von $u^{(0)}$.
- Sonst
  - $u^{(\ell)} = \phi^{(\ell)^{\nu_1}}(u^{(\ell)}, f^{(\ell)})$
  - $d^{(\ell-1)} = R_{\ell}^{\ell-1}\left(A^{(\ell)}u^{(\ell)} - f^{(\ell)}\right)$
  - $e_0^{(\ell-1)} = 0$
  - Für $i = 1, \ldots, \gamma$
    berechne $e_i^{(\ell-1)} = \phi^{(\ell-1)}_{MGV(\nu_1,\nu_2)}(e_{i-1}^{(\ell-1)}, d^{(\ell-1)})$
  - $u^{(\ell)} = u^{(\ell)} - P_{\ell-1}^{\ell}e_{\gamma}^{(\ell-1)}$
  - $u^{(\ell)} = \phi^{(\ell)^{\nu_2}}(u^{(\ell)}, f^{(\ell)})$ und Rückgabe von $u^{(\ell)}$.

In der hier gewählten Darstellung werden zur iterativen Lösung der Grobgittergleichung γ Schritte verwendet. In der Praxis werden oftmals $\gamma = 1$ respektive $\gamma = 2$ gewählt.

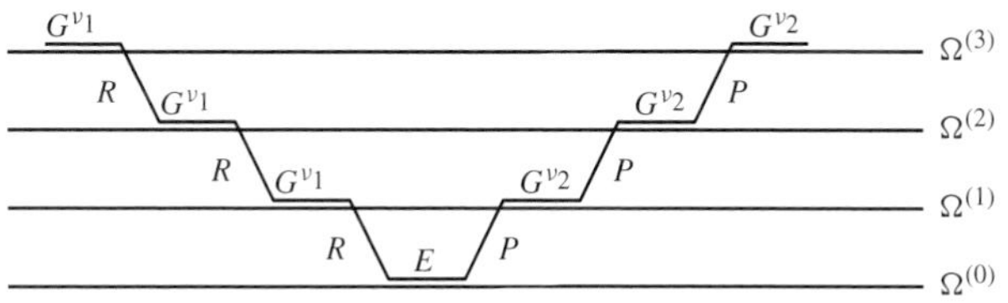

Abbildung 14.23 Mehrgitterverfahren mit V-Zyklus sowie Vor- und Nachglättung.

Der Fall $\gamma = 1$ liefert den sog. V-Zyklus, der sich für $\ell = 3$ graphisch gemäß Abbildung 14.23 darstellen lässt, während für $\gamma = 2$ die als W-Zyklus bezeichnete Iterationsfolge vorliegt. Der für diese Vorgehensweise entstehende algorithmische Ablauf des Verfahrens wird für den Fall von vier genutzten Gittern in Abbildung 14.24 verdeutlicht.

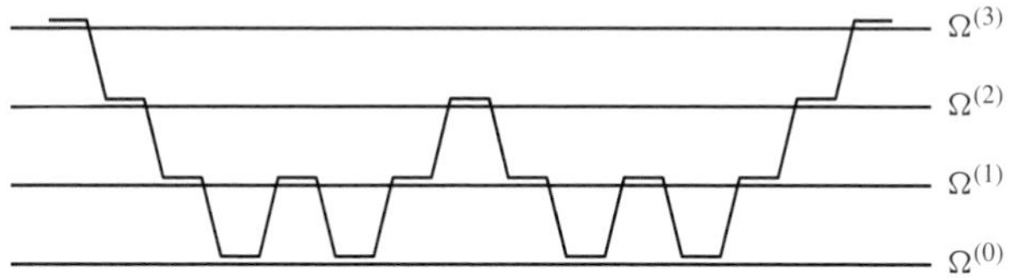

Abbildung 14.24 Mehrgitterverfahren mit W-Zyklus sowie Vor- und Nachglättung.

Beispiel Abschließend betrachten wir nochmals das auf der Seite 513 präsentierte Gleichungssystem (14.46) mit der Initialisierung laut (14.48) für die Gitterstufe $\ell = 4$. Für $f(x) = \pi^2 \sin(\pi x)$ ergibt sich somit das Gleichungssystem

$$\frac{1}{(h^{(4)})^2} \begin{pmatrix} 2 & -1 & & \\ -1 & \ddots & \ddots & \\ & \ddots & \ddots & -1 \\ & & -1 & 2 \end{pmatrix} \begin{pmatrix} u_1^{(4)} \\ \vdots \\ \vdots \\ u_{31}^{(4)} \end{pmatrix} = \pi^2 \begin{pmatrix} \sin(\pi x_1^{(4)}) \\ \vdots \\ \vdots \\ \sin(\pi x_{31}^{(4)}) \end{pmatrix}$$

mit

$$\boldsymbol{u}_0^{(4)} = \begin{pmatrix} \sin\left(31\pi x_1^{(4)}\right) \\ \vdots \\ \vdots \\ \sin\left(31\pi x_{31}^{(4)}\right) \end{pmatrix},$$

sowie $h^{(4)} = 1/32$ und $x_j^{(4)} = j \cdot h^{(4)}, j = 1, \ldots, 31$.

Da ein Zyklusdurchlauf eines Mehrgitterverfahrens im Vergleich zu einer Iteration einer klassischen Splitting-Methode vom Jacobi- respektive Gauß-Seidel-Typ deutlich mehr arithmetische Operationen benötigt, vergleichen wir im Folgenden die benötigte prozentuale Rechenzeit. Dabei wird eine Skalierung derart vorgenommen, dass das schnellste Verfahren bei 100% liegt. Als Abbruchkriterium wurde stets $\|\boldsymbol{u}_m^{(4)} - (\boldsymbol{A}^{(4)})^{-1}\boldsymbol{f}^{(4)}\|_\infty \leq 10^{-10}$ genutzt.

Verfahren	Rechenzeit
Mehrgitterverf. V-Zyklus, $\nu_1 = \nu_2 = 5$	100%
Mehrgitterverf. W-Zyklus, $\nu_1 = \nu_2 = 5$	211%
Gauß-Seidel-Verfahren	5507%
Jacobi-Verfahren	8734%
Gedämpftes Jacobi-Verfahren	17093%

◀

Das obige Beispiel verdeutlicht eindrucksvoll den hohen Rechenzeitgewinn, der durch die Nutzung der Mehrgittermethode anstelle eines klassischen Splitting-Verfahrens erzielt werden kann. Es sei allerdings nochmals erwähnt, dass dieser Effekt auch durch die Eigenschaft des Gleichungssystems bedingt ist und bei beliebigen Problemstellungen nicht erwartet werden darf.

14.4 Krylov-Unterraum-Methoden

Innerhalb numerischer Software werden bei der Lösung linearer Gleichungssysteme im Kontext praxisrelevanter Problemstellungen sehr häufig sog. Krylov-Unterraum-Methoden eingesetzt, die in die Klasse der Projektionsmethoden gehören und auf die wir in diesem Abschnitt näher eingehen werden. Dabei werden wir uns in der Herleitung auf das *Verfahren der konjugierten Gradienten* für symmetrische, positiv definite Matrizen und die *GMRES-Methode* (Generalized Minimal RESidual) für beliebige reguläre Matrizen auf zwei Standardalgorithmen beschränken und weitere Verfahren in einem Ausblick kurz beschreiben. Wir betrachten in diesem Abschnitt dabei stets lineare Gleichungssysteme der Form

$$\boldsymbol{A}\boldsymbol{x} = \boldsymbol{b} \tag{14.64}$$

mit einer gegebenen regulären Matrix $\boldsymbol{A} \in \mathbb{R}^{n \times n}$ und einer gegebenen rechten Seite $\boldsymbol{b} \in \mathbb{R}^n$.

Achtung: Sei M eine beliebige Teilmenge des $\mathbb{R}^n$, dann verstehen wir unter der additiven Verknüpfung eines Vektors $\boldsymbol{y} \in \mathbb{R}^n$ mit dieser Menge die elementweise Addition gemäß

$$\boldsymbol{y} + M = \{\boldsymbol{x} \in \mathbb{R}^n | \boldsymbol{x} = \boldsymbol{y} + \boldsymbol{z} \text{ mit } \boldsymbol{z} \in M\}.$$

Definition einer Projektionsmethode

Eine **Projektionsmethode** zur Lösung der Gleichung (14.64) ist ein Verfahren zur Berechnung von Näherungslösungen $\boldsymbol{x}_m \in \boldsymbol{x}_0 + K_m$ unter Berücksichtigung der Bedingung

$$(\boldsymbol{b} - \boldsymbol{A}\boldsymbol{x}_m) \perp L_m, \tag{14.65}$$

wobei $\boldsymbol{x}_0 \in \mathbb{R}^n$ beliebig ist und K_m sowie L_m m-dimensionale Unterräume des $\mathbb{R}^n$ repräsentieren.

Übersicht: Unterschiede zwischen Splitting-Methoden und Projektionsverfahren

Für das lineare Gleichungssystem $\boldsymbol{Ax} = \boldsymbol{b}$ lassen sich grundlegende Unterschiede zwischen den Splitting-Methoden und den Projektionsverfahren sowohl im Hinblick auf die Iterationsfolge als auch auf deren Konvergenz erkennen, auf die wir an dieser Stelle etwas tiefer eingehen möchten.

Ausgehend von einem Startvektor $\boldsymbol{x}_0$ ist bei Splitting-Methoden die Folge von Näherungslösungen durch die zugrunde liegende Verfahrensfunktion ϕ in der Form

$$\boldsymbol{x}_m = \phi(\boldsymbol{x}_{m-1}, \boldsymbol{b})$$

eindeutig festgelegt. Dabei bewegen sich die Folgeglieder $\boldsymbol{x}_m$ für alle $m \in \mathbb{N}$ stets im gesamten Urbildraum $\mathbb{R}^n$ der Matrix $\boldsymbol{A}$. Aufgrund der Linearität der Splitting-Methoden konnten wir erkennen, dass die Konvergenz des jeweils betrachteten Verfahren $\phi(\boldsymbol{x}, \boldsymbol{b}) = \boldsymbol{Mx} + \boldsymbol{Nb}$ gegen die gesuchte Lösung $\boldsymbol{A}^{-1}\boldsymbol{b}$ des linearen Gleichungssystems genau dann vorliegt, wenn der Spektralradius der Iterationsmatrix $\boldsymbol{M}$ kleiner als eins ist.

Im Gegensatz zu den Splitting-Methoden wird bei den Projektionsmethoden die Näherungslösung $\boldsymbol{x}_m$ stets nur im m-dimensionalen affin-linearen Unterraum $\boldsymbol{x}_0 + K_m$ zugelassen. Sei mit $\boldsymbol{u}_1, \ldots, \boldsymbol{u}_m \in \mathbb{R}^n$ eine Basis des Unterraums $K_m \subset \mathbb{R}^n$ gegeben, dann wird aus der Darstellung der gesuchten Approximation in der Form $\boldsymbol{x}_m = \boldsymbol{x}_0 + \alpha_1\boldsymbol{u}_1 + \ldots + \alpha_m\boldsymbol{u}_m$ deutlich, dass mit $\alpha_i \in \mathbb{R}$, $i = 1, \ldots, m$ genau m Freiheitsgrade vorliegen, die durch die Bedingung $(\boldsymbol{b} - \boldsymbol{Ax}_m) \perp L_m$ festgelegt werden. Demzufolge ist die Iterationsvorschrift hier zunächst nur implizit durch die Orthogonalitätsbedingung gegeben und kann formal sowohl linear als auch nicht linear sein.

Einzelne Projektionsmethoden unterscheiden sich ausschließlich in der Wahl der Unterräume K_m und L_m, deren Festlegung somit die Effizienz und Konvergenz des jeweiligen Verfahrens steuern. Erfüllen die Folgen der beiden Unterräume die angegebene Dimensionsbedingung $\dim K_m = \dim L_m = m$, so ergibt sich für $m = n$ offensichtlich $K_n = L_n = \mathbb{R}^n$, wodurch spätestens nach n Iterationen die exakte Lösung des Problems berechnet wird und formal eine direkte Methode vorliegt. Da die Berechnung der Näherungslösungen $\boldsymbol{x}_m$ bereits aus Gründen der algorithmischen Umsetzbarkeit auf der Grundlage einer möglichst kurzen Rekursionsvorschrift gegeben sein sollte, ist es sinnvoll, die Unterräume unter Verwendung der Matrix $\boldsymbol{A}$, der rechten Seite $\boldsymbol{b}$ und gegebenenfalls auch des Startvektors $\boldsymbol{x}_0$ festzulegen. Dabei werden wir im Folgenden sehen, dass die Folge der Unterräume durchaus abbrechen kann, sodass $K_m = K_{m-1}$ für ein $m < n$ gilt. In diesem Fall liegt mit $\boldsymbol{A}^{-1}\boldsymbol{b} \in \boldsymbol{x}_0 + K_{m-1}$ eine notwendige Bedingung für die Konvergenz des Verfahrens vor.

Eine kurze Gegenüberstellung der beiden Verfahrenstypen liefert die angefügte Tabelle.

Splitting-Methoden	Projektionsmethoden
Berechnung von Näherungslösungen $\boldsymbol{x}_m \in \mathbb{R}^n$	Berechnung von Näherungslösungen $\boldsymbol{x}_m \in \boldsymbol{x}_0 + K_m \subset \mathbb{R}^n$ $\dim K_m = m \leq n$
Berechnungsvorschrift $\boldsymbol{x}_m = \boldsymbol{M}\boldsymbol{x}_{m-1} + \boldsymbol{N}\boldsymbol{b}$	Berechnungsvorschrift (Orthogonalitätsbed.) $\boldsymbol{b} - \boldsymbol{A}\boldsymbol{x}_m \perp L_m \subset \mathbb{R}^n$ $\dim L_m = m \leq n$

Gilt $K_m = L_m$, so besagt (14.65), dass der Residuenvektor $\boldsymbol{r}_m = \boldsymbol{b} - \boldsymbol{Ax}_m$ senkrecht auf K_m steht. In diesem Fall liegt daher eine orthogonale Projektionsmethode vor, und (14.65) heißt **Galerkin-Bedingung**.

Für $K_m \neq L_m$ liegt eine schiefe Projektionsmethode vor, und (14.65) wird als **Petrov-Galerkin-Bedingung** bezeichnet.

Um die Begriffsbildung bei der orthogonalen und schiefen Projektionsmethode zu veranschaulichen, betrachten wir beispielhaft das einfache Gleichungssystem

$$\boldsymbol{Ix} = \begin{pmatrix} 2.2 \\ 1.9 \end{pmatrix}. \tag{14.66}$$

Liegt mit $L_1 = K_1$ eine orthogonale Projektionsmethode vor, so ergibt sich die Näherungslösung $\boldsymbol{x}_1 \in \boldsymbol{x}_0 + K_1$ gemäß der in Abbildung 14.25 dargestellten Projektion.

Entsprechend ergibt sich im Fall $L_1 \neq K_1$ die in der folgenden Abbildung 14.26 angegebene schiefe Projektion bezüglich des Unterraums K_1.

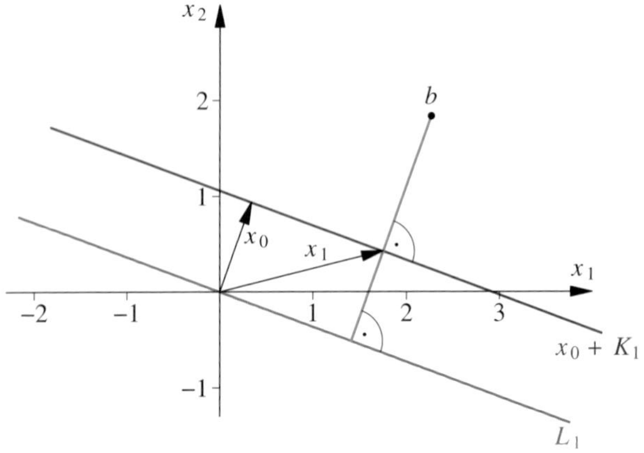

Abbildung 14.25 Orthogonale Projektionsmethode am Beispiel (14.66).

Mit der folgenden Definition wird deutlich, dass es sich bei den Krylov-Unterraum-Verfahren um eine spezielle Klasse von Projektionsmethoden handelt.

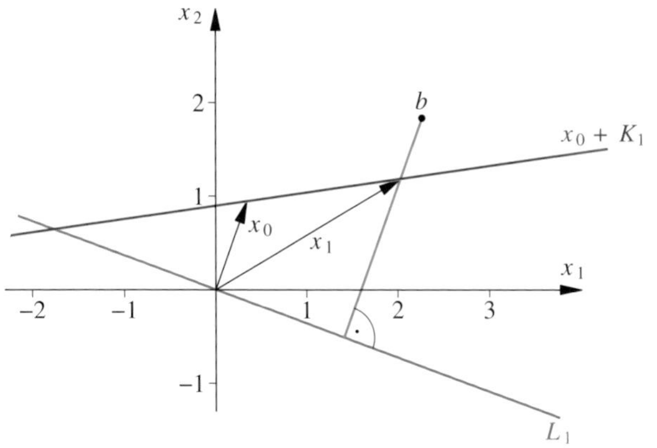

Abbildung 14.26 Schiefe Projektionsmethode am Beispiel (14.66).

Definition eines Krylov-Unterraum-Verfahrens

Eine Krylov-Unterraum-Methode ist eine Projektionsmethode zur Lösung der Gleichung (14.64), bei der K_m den *Krylov-Unterraum*

$$K_m = K_m(\boldsymbol{A}, \boldsymbol{r}_0) = \text{span}\left\{\boldsymbol{r}_0, \boldsymbol{A}\boldsymbol{r}_0, \ldots, \boldsymbol{A}^{m-1}\boldsymbol{r}_0\right\}$$

mit $\boldsymbol{r}_0 = \boldsymbol{b} - \boldsymbol{A}\boldsymbol{x}_0$ darstellt.

?

Machen Sie sich klar, dass für das Beispiel $\boldsymbol{I}\boldsymbol{x} = \boldsymbol{b}$ unabhängig vom Startvektor $\boldsymbol{x}_0$ bereits $K_1 = K_2$ gilt und die Lösung des Gleichungssystems stets in $\boldsymbol{x}_0 + K_1$ liegt.

Das Verfahren der konjugierten Gradienten eignet sich für symmetrische, positiv definite Matrizen

Obwohl wir im Weiteren erkennen werden, dass es sich bei dem Verfahren der konjugierten Gradienten, kurz CG-Verfahren, um eine orthogonale Krylov-Unterraum-Methode handelt, lösen wir uns zunächst von der Grundstruktur einer Projektionsmethode und betrachten das Verfahren als Minimierungsmethode für das Funktional

$$F : \mathbb{R}^n \to \mathbb{R} \text{ mit } F(\boldsymbol{x}) := \frac{1}{2}\langle \boldsymbol{A}\boldsymbol{x}, \boldsymbol{x}\rangle - \langle \boldsymbol{b}, \boldsymbol{x}\rangle . \quad (14.67)$$

Zunächst stellt sich die Frage nach dem Zusammenhang zwischen der Minimierung des angegebenen Funktionals F und der Lösung des zugrunde liegenden Gleichungssystems $\boldsymbol{A}\boldsymbol{x} = \boldsymbol{b}$, die wir mit dem folgenden Hilfssatz beantworten werden.

Lemma

Für jede symmetrische, positiv definite Matrix $\boldsymbol{A} \in \mathbb{R}^{n\times n}$ ist die durch (14.67) gegebene Funktion konvex und ihr eindeutig bestimmtes globales Minimum lautet $\boldsymbol{A}^{-1}\boldsymbol{b}$.

Beweis: Für den Gradienten des Funktionals erhalten wir unter Verwendung der Symmetrieeigenschaft

$$\nabla F(\boldsymbol{x}) = \frac{1}{2}(\boldsymbol{A} + \boldsymbol{A}^T)\boldsymbol{x} - \boldsymbol{b} = \boldsymbol{A}\boldsymbol{x} - \boldsymbol{b}\,, \quad (14.68)$$

womit der einzige stationäre Punkt durch die Lösung $\boldsymbol{A}^{-1}\boldsymbol{b}$ des linearen Gleichungssystems gegeben ist. Für die Hesse-Matrix $\boldsymbol{H}(F)$ ergibt sich

$$\boldsymbol{H}(F) = \boldsymbol{A}\,.$$

Da die Matrix $\boldsymbol{A}$ positiv definit ist, liegt mit F ein konvexes Funktional vor und die Behauptung ist bewiesen. ■

Ausführliche Beschreibungen konvexer Funktionen findet man zum Nachlesen in Band 1, Abschnitt 15.4.

Eine globale Minimierung des Funktionals geht mit der direkten Lösung des Gleichungssystems einher und bringt uns an dieser Stelle keinen Vorteil zu den bisher innerhalb dieses Abschnitts diskutierten Algorithmen. Um die Existenz des vorliegenden Funktionals zu nutzen, werden wir im Folgenden die Idee der Minimierung in spezielle Richtungen verfolgen. Hiermit liegt stets ein eindimensionales Minimierungsproblem vor, das aufgrund der Konvexität des Funktionals sehr einfach mit den Mittel der Analysis gelöst werden kann. Wir betrachten hierzu bei gegebenem Vektor $\boldsymbol{x}$ und gegebener Suchrichtung $\boldsymbol{p}$ die Funktion

$$f_{\boldsymbol{x},\boldsymbol{p}} : \mathbb{R} \to \mathbb{R}\,, \quad f_{\boldsymbol{x},\boldsymbol{p}}(\lambda) := F(\boldsymbol{x} + \lambda\boldsymbol{p})\,.$$

Liegt mit $\boldsymbol{x}_m$ eine Näherungslösung an $\boldsymbol{A}^{-1}\boldsymbol{b}$ vor und stellt $\boldsymbol{p}_m \in \mathbb{R}^n \setminus \{\boldsymbol{0}\}$ die nächste Suchrichtung dar, so ergibt sich die folgende Iterierte $\boldsymbol{x}_{m+1}$ aus der Bedingung

$$\boldsymbol{x}_{m+1} = \arg \min_{\boldsymbol{x}\in\boldsymbol{x}_m+\text{span}\{\boldsymbol{p}_m\}} F(\boldsymbol{x})\,.$$

Unter Nutzung der Funktion f lässt sich die Berechnung in zwei Schritten gemäß

$$\lambda_m = \arg\min_{\lambda\in\mathbb{R}} f_{\boldsymbol{x}_m,\boldsymbol{p}_m}(\lambda) \quad \text{und} \quad \boldsymbol{x}_{m+1} = \boldsymbol{x}_m + \lambda_m\boldsymbol{p}_m$$

schreiben.

?

Stellt $f_{\boldsymbol{x},\boldsymbol{p}}$ für beliebige Vektoren $\boldsymbol{x} \in \mathbb{R}^n$ und $\boldsymbol{p} \in \mathbb{R}^n \setminus \{\boldsymbol{0}\}$ eine konvexe Funktion dar?

Um den Algorithmus vollständig formulieren zu können, müssen wir abschließend jeweils eine Vorschrift zur Festlegung der Suchrichtungen und zur Berechnung der skalaren Größe λ angeben. Aus der Analysis wissen wir, dass der Gradient senkrecht auf den Höhenlinien einer Funktion mehrerer Veränderlicher steht und in die Richtung des steilsten Anstiegs zeigt. Mit dem negativen Gradienten liegt somit die Richtung des steilsten Abstiegs vor, die aus lokaler Sicht betrachtet eine optimale Suchrichtung für unseren Algorithmus darstellt. Bei gegebener Näherung $\boldsymbol{x}_m$ ergibt sich nach (14.68) die Darstellung

$$\boldsymbol{p}_m = -\nabla F(\boldsymbol{x}_m) = \boldsymbol{b} - \boldsymbol{A}\boldsymbol{x}_m = \boldsymbol{r}_m .$$

Mit der Beantwortung der obigen Selbstfrage haben wir gesehen, dass die Funktion f konvex ist und sich leicht in der Form

$$f_{\boldsymbol{x}_m,\boldsymbol{p}_m} = F(\boldsymbol{x}_m) + \lambda\langle \boldsymbol{A}\boldsymbol{x}_m - \boldsymbol{b}, \boldsymbol{p}_m\rangle + \frac{1}{2}\lambda^2\langle \boldsymbol{A}\boldsymbol{p}_m, \boldsymbol{p}_m\rangle$$

als Polynom zweiten Grades schreiben lässt. Die Bestimmung der Schrittlänge λ ergibt sich mit

$$0 = f'_{\boldsymbol{x}_m,\boldsymbol{p}_m}(\lambda_m) = \langle \boldsymbol{A}\boldsymbol{x}_m - \boldsymbol{b}, \boldsymbol{p}_m\rangle + \lambda_m\langle \boldsymbol{A}\boldsymbol{p}_m, \boldsymbol{p}_m\rangle$$

unter Verwendung von $\boldsymbol{p}_m = \boldsymbol{r}_m = \boldsymbol{b} - \boldsymbol{A}\boldsymbol{x}_m$ zu

$$\lambda_m = -\frac{\langle \boldsymbol{A}\boldsymbol{x}_m - \boldsymbol{b}, \boldsymbol{p}_m\rangle}{\langle \boldsymbol{A}\boldsymbol{p}_m, \boldsymbol{p}_m\rangle} = \frac{\|\boldsymbol{r}_m\|_2^2}{\langle \boldsymbol{A}\boldsymbol{r}_m, \boldsymbol{r}_m\rangle} .$$

Zusammenfassend erhalten wir das Verfahren des steilsten Abstiegs in der folgenden Form:

Verfahren des steilsten Abstiegs

Wähle $\boldsymbol{x}_0 \in \mathbb{R}^n$

Für $m = 0, 1, \ldots$

$\quad\boldsymbol{r}_m = \boldsymbol{b} - \boldsymbol{A}\boldsymbol{x}_m$

$\quad$Falls $\boldsymbol{r}_m \neq \boldsymbol{0}$, dann

$$\lambda_m = \frac{\|\boldsymbol{r}_m\|_2^2}{\langle \boldsymbol{A}\boldsymbol{r}_m, \boldsymbol{r}_m\rangle}$$

$$\boldsymbol{x}_{m+1} = \boldsymbol{x}_m + \lambda_m \boldsymbol{p}_m$$

$\quad$sonst

$\qquad$Stopp

Zur Untersuchung der Konvergenz verwenden wir bei einer symmetrischen, positiv definiten Matrix $\boldsymbol{A} \in \mathbb{R}^{n\times n}$ die durch

$$\|\boldsymbol{x}\|_A := \sqrt{\langle \boldsymbol{A}\boldsymbol{x}, \boldsymbol{x}\rangle} \qquad (14.69)$$

festgelegte Energienorm zur Matrix $\boldsymbol{A}$.

?

Weisen Sie nach, dass es sich bei $\|.\|_A$ tatsächlich um eine Norm handelt.

Beispiel Wir betrachten

$$\boldsymbol{A}\boldsymbol{x} = \boldsymbol{b}$$

mit

$$\boldsymbol{A} = \begin{pmatrix} 2 & 0 \\ 0 & 10 \end{pmatrix}, \quad \boldsymbol{b} = \begin{pmatrix} 0 \\ 0 \end{pmatrix}, \quad \boldsymbol{x}_0 = \begin{pmatrix} 4 \\ \sqrt{1.8} \end{pmatrix} .$$

Hiermit erhalten wir den folgenden Konvergenzverlauf:

Verfahren des steilsten Abstiegs (Gradientenverfahren)

m	$x_{m,1}$	$x_{m,2}$	$\varepsilon_m := \|\boldsymbol{x}_m - \boldsymbol{A}^{-1}\boldsymbol{b}\|_\infty$	$\varepsilon_m/\varepsilon_{m-1}$
0	4.00	1.34	7.07	
10	$3.27 \cdot 10^{-2}$	$1.10 \cdot 10^{-2}$	$5.78 \cdot 10^{-2}$	$6.18 \cdot 10^{-1}$
40	$1.79 \cdot 10^{-8}$	$6.00 \cdot 10^{-9}$	$3.16 \cdot 10^{-8}$	$6.18 \cdot 10^{-1}$
70	$9.78 \cdot 10^{-15}$	$3.28 \cdot 10^{-15}$	$1.73 \cdot 10^{-14}$	$6.18 \cdot 10^{-1}$
72	$3.74 \cdot 10^{-15}$	$1.26 \cdot 10^{-15}$	$6.61 \cdot 10^{-15}$	$6.18 \cdot 10^{-1}$

Wir nutzen die in Abbildung 14.27 qualitativ dargestellten Höhenlinien der Funktion F zur Verdeutlichung des Konvergenzverlaufs. Liegen bei der betrachteten Diagonalmatrix gleiche Diagonaleinträge vor, dann beschreiben die Höhenlinien Kreise und das Verfahren konvergiert bei beliebigem Startvektor bereits bei der ersten Iteration, da der Residuenvektor stets in die Richtung des Koordinatenursprungs zeigt. Weist die Diagonalmatrix positive, jedoch sehr unterschiedlich große Diagonaleinträge auf, dann stellen die Höhenlinien der Funktion F zunehmend gestreckte Ellipsen dar, wodurch die Näherungslösung bei jeder Iteration das Vorzeichen wechseln kann und nur sehr langsam gegen das Minimum der Funktion F konvergiert. Die zunehmende Verringerung der Konvergenzgeschwindigkeit lässt sich hierbei auch deutlich durch Betrachten der im Abschnitt 12.3 ausführlich diskutierten Konditionszahl der Matrix $\boldsymbol{A}$ erklären, die bei der zugrunde liegenden Diagonalmatrix mit dem Streckungsverhältnis der Ellipse übereinstimmt.

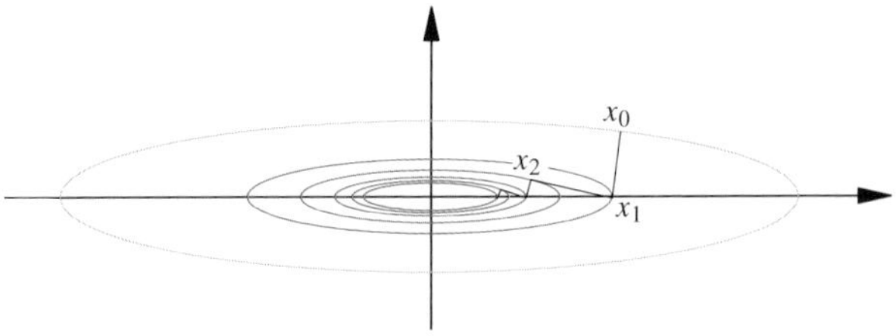

Abbildung 14.27 Höhenlinien der Funktion F mit qualitativem Konvergenzverlauf. ◄

Konjugierte Suchrichtungen sind der Schlüssel zum Erfolg

Aus dem obigen Beispiel können wir zudem erkennen, dass die Näherungslösung $\boldsymbol{x}_2$ wegen

$$\boldsymbol{x}_2 = \boldsymbol{x}_1 + \lambda_1\boldsymbol{p}_1 = \boldsymbol{x}_0 + \lambda_0\boldsymbol{p}_0 + \lambda_1\boldsymbol{p}_1$$

im affin-linearen Unterraum $\boldsymbol{x}_0 + K_2$ mit $K_2 = \operatorname{span}\{\boldsymbol{p}_0, \boldsymbol{p}_1\}$ liegt, wobei wegen der Orthogonalität der beiden Suchrichtungen $\dim K_2 = 2$ gilt. Leider existiert jedoch kein zweidimensionaler Raum L_2 derart, dass $\boldsymbol{b} - \boldsymbol{A}\boldsymbol{x}_2 \perp L_2$ gilt, da wegen $\boldsymbol{A}^{-1}\boldsymbol{b} \in \mathbb{R}^2$ dann mit $\boldsymbol{x}_2$ die exakte Lösung vorliegen müsste. Mit $\boldsymbol{x}_2 = \boldsymbol{x}_1 + \lambda_1\boldsymbol{p}_1$ und

Übersicht: Fehlerabschätzung und Vorkonditionierung

Unter Nutzung der bereits auf Seite 524 eingeführten Energienorm zur symmetrischen, positiv definiten Matrix A lässt sich für das Verfahren der konjugierten Gradienten eine Abschätzung der Norm des Fehlers $e_m = x_m - A^{-1}b$ zwischen der Iterierten x_m und der exakten Lösung des Gleichungssystems $Ax = b$ in der Form

$$\|e_m\|_A \leq 2q^m \|e_0\|_A \text{ mit } q = \frac{\sqrt{\kappa_2(A)} - 1}{\sqrt{\kappa_2(A)} + 1}$$

herleiten. Die auftretende Konditionszahl zur euklidischen Matrixnorm ist durch $\kappa_2(A) = \|A\|_2\|A^{-1}\|_2$ gegeben und erfüllt somit für alle regulären Matrizen $A \in \mathbb{R}^{n\times n}$ die Eigenschaft $\kappa_2(A) \geq \|AA^{-1}\|_2 = \|I\|_2 = 1 = \|II^{-1}\|_2 = \kappa_2(I)$. Aus derartigen Abschätzungen, die analog auch für die GMRES-Methode existieren, können wir erkennen, dass für Matrizen mit kleiner Konditionszahl die Kontraktionszahl q ebenfalls klein ist und folglich bei solchen gut konditionierten Gleichungssystemen stets eine schnelle Konvergenz vorliegt, während im Fall einer großen Konditionszahl die Norm des Fehlers durchaus nur sehr langsam gegen null streben kann. Viele Anwendungsprobleme führen auf Gleichungssysteme, deren Matrizen eine Konditionszahl im Bereich von mindestens $\kappa_2(A) \approx 10^6$ aufweisen, wodurch zur Konvergenzbeschleunigung oftmals eine Vorkonditionierung der Schlüssel zum Erfolg ist.

Arten der Vorkonditionierung

Unter einer Vorkonditionierung verstehen wir die Überführung des Gleichungssystems $Ax = b$ mittels invertierbarer Matrizen $P_L, P_R \in \mathbb{R}^{n\times n}$ in ein äquivalentes System der Form

$$P_L A P_R y = P_L b, \tag{14.70}$$
$$x = P_R y. \tag{14.71}$$

Für die Vorkonditionierung gilt folgende Terminologie:

- linksseitig, für $P_L \neq I = P_R$,
- rechtsseitig, für $P_L = I \neq P_R$,
- beidseitig, für $P_L \neq I \neq P_R$.

Die Zielsetzung liegt aufgrund der obigen Betrachtungen darin, die Matrizen P_L, P_R derart auszuwählen, dass Matrix-Vektor-Multiplikation mit diesen Matrizen effizient umsetzbar sind und mit $P_L A P_R$ eine möglichst gute Approximation an die Identität I vorliegt, sodass eine deutliche Verringerung der Konditionszahl im Sinne von $\kappa_2(I) \approx \kappa_2(P_L A P_R) \ll \kappa_2(A)$ erhofft werden darf. Im Fall einer rechts- oder beidseitigen Vorkonditionierung sei angemerkt, dass der Gleichungssystemlöser stets auf das System (14.70) angewendet wird und lediglich abschließend die Transformation (14.71) vollzogen wird. Es sollte des Weiteren bedacht werden, dass bei schwach besetzten Matrizen die Vorkonditionierungsmatrizen ebenfalls schwach besetzt sein sollten und keine explizite Berechnung der Matrix $P_L A P_R$ vorgenommen wird, da diese zu einer vollbesetzten Matrix führen könnte. Die Matrix-Vektor-Multiplikation wird unter Nutzung der drei Einzelmatrizen realisiert. Darüber hinaus gilt, dass sowohl bei einer links- als auch bei einer beidseitigen Vorkonditionierung unter Berücksichtigung von $x_m = P_R y_m$ innerhalb des Verfahrens der Residuenvektor $\widetilde{r}_m = P_L b - P_L A x_m$ anstelle $r_m = b - A x_m$ vorliegt und somit wegen $\|\widetilde{r}_m\|_2 = \|P_L r_m\|_2 \leq \|P_L\|_2 \|r_m\|_2$ im Vergleich zur Ausgangsgleichung $Ax = b$ die Terminierung der Iteration üblicherweise auf der Basis unterschiedlicher Residuen vorgenommen wird. Damit können bei Verwendung gleicher Genauigkeitsforderungen an das vorliegende Residuum signifikante Abweichungen im Ergebnisvektor vorliegen. Es bleibt daher bei derartigen Vorkonditionierungen dem Anwender überlassen, eine abschließende Überprüfung des Originalresiduums $\|b - Ax_m\|_2$ vorzunehmen oder das Verfahren auf eine Betrachtung des ursprünglichen Residuums umzuschreiben. Eine solche Formulierung kann beispielsweise der unten angegebenen Literaturstelle entnommen werden.

Vorkonditionierungsmatrizen

Bereits bei den Splitting-Methoden hatten wir eine reguläre Matrix B ermittelt, die eine möglichst gute Approximation an A darstellt und gleichzeitig eine einfache Matrix-Vektor-Multiplikation mit ihrer Inversen ermöglicht. Hiermit ergeben sich formal die splitting-assoziierten Vorkonditionierungsmatrizen zu:

- $P = D^{-1}$ (Jacobi-Verfahren)
- $P = (D + L)^{-1}$ (Gauß-Seidel-Verfahren)
- $P = \omega(D + \omega L)^{-1}$ (SOR-Verfahren)

Analog lässt sich die Idee der LR- bzw. Cholesky-Zerlegung zur Präkonditionierung nutzen. Hierzu verwendet man sog. unvollständige Zerlegungen der Form $A = LR + F$ resp. $A = LL^T + F$, bei denen die linke untere Dreiecksmatrix L wie auch die rechte obere Dreiecksmatrix R nur wenige Nichtnullelemente aufweisen darf und damit keine exakte Darstellung der Matrix A vorliegt, sondern sich eine Fehlermatrix F ergibt. Die Vorkonditionierung erfolgt dann durch

- $P = R^{-1}L^{-1}$ respektive $P = L^{-T}L^{-1}$.

Symmetrische, positiv definite Matrizen

Im Kontext symmetrischer, positiv definiter Matrizen A hat sich das CG-Verfahren als adäquate Methode erwiesen. Um nach der Vorkonditionierung weiterhin im Gültigkeitsbereich des Verfahrens zu liegen, muss sichergestellt werden, dass die Matrix $P_L A P_R$ des vorkonditionierten Systems die Eigenschaften der Matrix A erbt. Wie wir der Aufgabe 14.12 entnehmen können, muss hierzu lediglich $P_L = P_R^T$ gewählt werden.

Literatur

Andreas Meister: *Numerik linearer Gleichungssysteme.* 5. Aufl., Springer Spektrum, 2015.

$\lambda_1 = \langle \boldsymbol{b} - \boldsymbol{A}\boldsymbol{x}_1, \boldsymbol{p}_1\rangle / \langle \boldsymbol{A}\boldsymbol{p}_1, \boldsymbol{p}_1\rangle$ wird deutlich, dass $\boldsymbol{x}_2$ wegen

$$\langle \boldsymbol{b} - \boldsymbol{A}\boldsymbol{x}_2, \boldsymbol{p}_1\rangle = \langle \boldsymbol{b} - \boldsymbol{A}\boldsymbol{x}_1, \boldsymbol{p}_1\rangle - \lambda_1 \langle \boldsymbol{A}\boldsymbol{p}_1, \boldsymbol{p}_1\rangle = 0$$

lediglich $\boldsymbol{b} - \boldsymbol{A}\boldsymbol{x}_2 \perp \operatorname{span}\{\boldsymbol{p}_1\}$ erfüllt. Da die Suchrichtungen $\boldsymbol{p}_0, \boldsymbol{p}_1$ linear unabhängig sind, würden wir uns an dieser Stelle die Orthogonalität des Residuums $\boldsymbol{b} - \boldsymbol{A}\boldsymbol{x}_2$ bezüglich des von $\boldsymbol{p}_0$ und $\boldsymbol{p}_1$ aufgespannten Raumes wünschen. Aus dieser Grundüberlegung entspringt für die generelle Problemstellung $\boldsymbol{A}\boldsymbol{x} = \boldsymbol{b} \in \mathbb{R}^n$ die Zielsetzung zur Verwendung spezieller, linear unabhängiger Suchrichtungen $\boldsymbol{p}_0, \ldots, \boldsymbol{p}_m \in \mathbb{R}^n$ derart, dass ausgehend von einer Näherungslösung $\boldsymbol{x}_m \in \boldsymbol{x}_0 + \operatorname{span}\{\boldsymbol{p}_0, \ldots, \boldsymbol{p}_{m-1}\}$ mit

$$\boldsymbol{x}_{m+1} = \boldsymbol{x}_m + \lambda \boldsymbol{p}_m$$

bei geeignet gewähltem λ eine Iterierte vorliegt, die der Bedingung

$$\boldsymbol{b} - \boldsymbol{A}\boldsymbol{x}_{m+1} \perp \operatorname{span}\{\boldsymbol{p}_0, \ldots, \boldsymbol{p}_m\}$$

genügt. Eine derartige Situation würde mit $\boldsymbol{x}_n$ in der Tat die exakte Lösung des Gleichungssystems liefern.

Durch das auf Seite 524 vorgestellte Beispiel haben wir erkannt, dass die Nutzung des jeweils steilsten Abstiegs als Suchrichtung für die eben beschriebene Zielsetzung nicht adäquat ist. Um eine Herleitung geeigneter Suchrichtungen vornehmen zu können, wenden wir uns zunächst dem Begriff der Optimalität zu.

Definition der Optimalität
Sei $F: \mathbb{R}^n \to \mathbb{R}$ gegeben, dann heißt $\boldsymbol{x} \in \mathbb{R}^n$

(a) optimal bezüglich der Richtung $\boldsymbol{p} \in \mathbb{R}^n$, falls

$$F(\boldsymbol{x}) \le F(\boldsymbol{x} + \lambda \boldsymbol{p}) \quad \forall\, \lambda \in \mathbb{R}$$

gilt.

(b) optimal bezüglich eines Unterraums $U \subset \mathbb{R}^n$, falls

$$F(\boldsymbol{x}) \le F(\boldsymbol{x} + \boldsymbol{\xi}) \quad \forall\, \boldsymbol{\xi} \in U$$

gilt.

Mit dem folgenden Hilfssatz liefern wir eine im Weiteren sehr nützliche geometrische Beschreibung der Optimalität im Kontext des von uns betrachteten Funktionals F.

Geometrisches Optimalitätskriterium
Gelte $F(\boldsymbol{x}) = \frac{1}{2}\langle \boldsymbol{A}\boldsymbol{x}, \boldsymbol{x}\rangle - \langle \boldsymbol{b}, \boldsymbol{x}\rangle$, dann ist $\boldsymbol{x} \in \mathbb{R}^n$ genau dann bezüglich $U \subset \mathbb{R}^n$ optimal, wenn

$$\boldsymbol{r} = \boldsymbol{b} - \boldsymbol{A}\boldsymbol{x} \perp U$$

gilt.

Beweis: Für beliebiges $\boldsymbol{\xi} \in U \backslash \{\boldsymbol{0}\}$ betrachten wir für $\lambda \in \mathbb{R}$

$$f_{\boldsymbol{x},\boldsymbol{\xi}}(\lambda) = F(\boldsymbol{x} + \lambda \boldsymbol{\xi}).$$

Damit ist $\boldsymbol{x} \in \mathbb{R}^n$ genau dann optimal bezüglich $U \subset \mathbb{R}^n$, wenn $f_{\boldsymbol{x},\boldsymbol{\xi}}$ ein Minimum bei $\lambda = 0$ besitzt. Wie wir der Beantwortung der Selbstfrage auf Seite 523 entnehmen können, ist die Funktion $f_{\boldsymbol{x},\boldsymbol{\xi}}$ strikt konvex und aus

$$f'_{\boldsymbol{x},\boldsymbol{\xi}}(\lambda) = \langle \boldsymbol{A}\boldsymbol{x} - \boldsymbol{b}, \boldsymbol{\xi}\rangle + \lambda \langle \boldsymbol{A}\boldsymbol{\xi}, \boldsymbol{\xi}\rangle$$

folgt somit

$$f'_{\boldsymbol{x},\boldsymbol{\xi}}(0) = 0 \quad \Leftrightarrow \quad \boldsymbol{A}\boldsymbol{x} - \boldsymbol{b} \perp \boldsymbol{\xi}\,. \qquad \blacksquare$$

?

Machen Sie sich klar, dass jede Iterierte $\boldsymbol{x}_m$ des Gradientenverfahrens stets optimal bezüglich der Richtung $\boldsymbol{r}_{m-1} = \boldsymbol{b} - \boldsymbol{A}\boldsymbol{x}_{m-1}$ ist.

Die Idee liegt nun in der Festlegung bestimmter Suchrichtungen zum Erhalt der Optimalität bezüglich $U_m = \operatorname{span}\{\boldsymbol{p}_0, \ldots, \boldsymbol{p}_{m-1}\} \subset \mathbb{R}^n$ bei Suche in der Richtung $\boldsymbol{p}_m \in \mathbb{R}^n$. Wir werden mit dem folgenden Satz zunächst eine geeignete Bedingung an die zu nutzenden Suchrichtungen formulieren.

Satz zum Optimalitätserhalt
Sei $F(\boldsymbol{x}) = \frac{1}{2}\langle \boldsymbol{A}\boldsymbol{x}, \boldsymbol{x}\rangle - \langle \boldsymbol{b}, \boldsymbol{x}\rangle$ und $\boldsymbol{x} \in \mathbb{R}^n$ optimal bezüglich des Unterraums $U = \operatorname{span}\left\{\boldsymbol{p}_0, \ldots, \boldsymbol{p}_{m-1}\right\} \subset \mathbb{R}^n$, dann ist $\tilde{\boldsymbol{x}} = \boldsymbol{x} + \boldsymbol{\xi}$ genau dann optimal bezüglich U, wenn

$$\boldsymbol{A}\boldsymbol{\xi} \perp U$$

gilt.

Beweis: Sei $\boldsymbol{\eta} \in U$ beliebig, dann folgt die Behauptung unmittelbar aus

$$\langle \boldsymbol{b} - \boldsymbol{A}\tilde{\boldsymbol{x}}, \boldsymbol{\eta}\rangle = \underbrace{\langle \boldsymbol{b} - \boldsymbol{A}\boldsymbol{x}, \boldsymbol{\eta}\rangle}_{=0} - \langle \boldsymbol{A}\boldsymbol{\xi}, \boldsymbol{\eta}\rangle. \qquad \blacksquare$$

Wird mit $\boldsymbol{p}_m$ eine Suchrichtung gewählt, für die

$$\boldsymbol{A}\boldsymbol{p}_m \perp U_m = \operatorname{span}\left\{\boldsymbol{p}_0, \ldots, \boldsymbol{p}_{m-1}\right\}$$

oder äquivalent

$$\boldsymbol{A}\boldsymbol{p}_m \perp \boldsymbol{p}_j, \; j = 0, \ldots, m-1$$

gilt, so erbt die Näherungslösung

$$\boldsymbol{x}_{m+1} = \boldsymbol{x}_m + \lambda_m \boldsymbol{p}_m$$

laut obigem Satz die Optimalität von $\boldsymbol{x}_m$ bezüglich U_m unabhängig von der Wahl des skalaren Gewichtungsparameters λ_m. Dieser Freiheitsgrad wird im Weiteren zur Erweiterung der Optimalität auf

$$U_{m+1} = \operatorname{span}\{\boldsymbol{p}_0, \ldots, \boldsymbol{p}_m\}$$

genutzt. Es ist daher sinnvoll, derartigen Vektoren einen Namen zu geben.

Definition der Konjugiertheit

Sei $\boldsymbol{A} \in \mathbb{R}^{n \times n}$, dann heißen die Vektoren $\boldsymbol{p}_0, \ldots, \boldsymbol{p}_m \in \mathbb{R}^n$ paarweise konjugiert oder $\boldsymbol{A}$-orthogonal, falls

$$\langle \boldsymbol{p}_i, \boldsymbol{p}_j \rangle_A := \langle \boldsymbol{A}\boldsymbol{p}_i, \boldsymbol{p}_j \rangle = 0$$

für alle $i, j \in \{0, \ldots, m\}$ mit $i \neq j$ gilt.

Unsere Zielsetzung lag ursprünglich nicht in der Herleitung konjugierter Suchrichtungen, sondern in der Bestimmung linear unabhängiger Vektoren. Im Fall einer symmetrischen, positiv definiten Matrix $\boldsymbol{A}$ kann man glücklicherweise von der Konjugiertheit auf die lineare Unabhängigkeit schließen, wie wir mit dem folgenden Hilfssatz nachweisen werden.

Lemma

Seien $\boldsymbol{A} \in \mathbb{R}^{n \times n}$ symmetrisch, positiv definit und $\boldsymbol{p}_0, \ldots, \boldsymbol{p}_{m-1} \in \mathbb{R}^n \setminus \{\boldsymbol{0}\}$ paarweise $\boldsymbol{A}$-orthogonal, dann gilt

$$\dim \operatorname{span}\left\{\boldsymbol{p}_0, \ldots, \boldsymbol{p}_{m-1}\right\} = m$$

für $m = 1, \ldots, n$.

Beweis: Gelte $\sum_{j=0}^{m-1} \alpha_j \boldsymbol{p}_j = \boldsymbol{0}$ mit $\alpha_j \in \mathbb{R}$, dann erhalten wir für $i = 0, \ldots, m-1$

$$\begin{aligned} 0 = \langle \boldsymbol{0}, \boldsymbol{A}\boldsymbol{p}_i \rangle &= \left\langle \sum_{j=0}^{m-1} \alpha_j \boldsymbol{p}_j, \boldsymbol{A}\boldsymbol{p}_i \right\rangle \\ &= \sum_{j=0}^{m-1} \alpha_j \langle \boldsymbol{p}_j, \boldsymbol{A}\boldsymbol{p}_i \rangle = \alpha_i \underbrace{\langle \boldsymbol{p}_i, \boldsymbol{A}\boldsymbol{p}_i \rangle}_{>0,\ \text{da } \boldsymbol{A} \text{ pos.def.}} . \end{aligned}$$

Folglich ergibt sich $\alpha_i = 0$ für $i = 0, \ldots, m-1$, wodurch die lineare Unabhängigkeit der Vektoren nachgewiesen ist. ■

Seien mit $\boldsymbol{p}_0, \ldots, \boldsymbol{p}_m \in \mathbb{R}^n \setminus \{\boldsymbol{0}\}$ paarweise konjugierte Suchrichtungen gegeben und $\boldsymbol{x}_m$ optimal bezüglich $U_m = \operatorname{span}\left\{\boldsymbol{p}_0, \ldots, \boldsymbol{p}_{m-1}\right\}$, dann erhalten wir die Optimalität von

$$\boldsymbol{x}_{m+1} = \boldsymbol{x}_m + \lambda \boldsymbol{p}_m$$

bezüglich U_{m+1}, wenn

$$0 = \langle \boldsymbol{b} - \boldsymbol{A}\boldsymbol{x}_{m+1}, \boldsymbol{p}_j \rangle = \underbrace{\langle \boldsymbol{b} - \boldsymbol{A}\boldsymbol{x}_m, \boldsymbol{p}_j \rangle}_{=0 \text{ für } j \neq m} - \lambda \underbrace{\langle \boldsymbol{A}\boldsymbol{p}_m, \boldsymbol{p}_j \rangle}_{=0 \text{ für } j \neq m}$$

für $j = 0, \ldots, m$ gilt. Hieraus ergibt sich mit $\boldsymbol{r}_m = \boldsymbol{b} - \boldsymbol{A}\boldsymbol{x}_m$ für λ die Darstellung

$$\lambda = \frac{\langle \boldsymbol{r}_m, \boldsymbol{p}_m \rangle}{\langle \boldsymbol{A}\boldsymbol{p}_m, \boldsymbol{p}_m \rangle} .$$

Die von Hesterness und Stiefel vorgestellte Methode der konjugierten Gradienten nutzt die lokal optimale Richtung des steilsten Abstiegs zur Berechnung global optimaler konjugierter Suchrichtungen. Hierzu ermittelt man unter Verwendung der Residuenvektoren $\boldsymbol{r}_0, \ldots, \boldsymbol{r}_m$ die $\boldsymbol{A}$-orthogonalen Vektoren für $m = 0, \ldots, n-1$ sukzessive gemäß

$$\begin{aligned} \boldsymbol{p}_0 &= \boldsymbol{r}_0 , \\ \boldsymbol{p}_m &= \boldsymbol{r}_m + \sum_{j=0}^{m-1} \alpha_j \boldsymbol{p}_j . \end{aligned} \tag{14.72}$$

Für $\alpha_j = 0$ $(j = 0, \ldots, m-1)$ erhalten wir damit eine zum Verfahren des steilsten Abstiegs analoge Auswahl der Suchrichtungen. Mit der Berücksichtigung der bereits genutzten Suchrichtungen $\boldsymbol{p}_0, \ldots, \boldsymbol{p}_{m-1} \in \mathbb{R}^n \setminus \{\boldsymbol{0}\}$ in der obigen Form liegen m Freiheitsgrade in der Wahl der Koeffizienten α_j vor, die zur Gewährleistung der Konjugiertheit der Suchrichtungen verwendet werden. Aus der geforderten $\boldsymbol{A}$-Orthogonalitätsbedingung folgt

$$0 = \langle \boldsymbol{A}\boldsymbol{p}_m, \boldsymbol{p}_i \rangle = \langle \boldsymbol{A}\boldsymbol{r}_m, \boldsymbol{p}_i \rangle + \sum_{j=0}^{m-1} \alpha_j \left\langle \boldsymbol{A}\boldsymbol{p}_j, \boldsymbol{p}_i \right\rangle$$

für $i = 0, \ldots, m-1$. Mit

$$\left\langle \boldsymbol{A}\boldsymbol{p}_j, \boldsymbol{p}_i \right\rangle = 0 \quad \text{für } i, j \in \{0, \ldots, m-1\} \text{ und } i \neq j$$

erhalten wir die benötigte Vorschrift zur Berechnung der Koeffizienten in der Form

$$\alpha_i = -\frac{\langle \boldsymbol{A}\boldsymbol{r}_m, \boldsymbol{p}_i \rangle}{\langle \boldsymbol{A}\boldsymbol{p}_i, \boldsymbol{p}_i \rangle} . \tag{14.73}$$

Die bisherigen Überlegungen resultieren in einer vorläufigen Form des Verfahrens der konjugierten Gradienten, bei dem wir ausgehend von der durch den Startvektor $\boldsymbol{x}_0$ gegebenen Suchrichtung $\boldsymbol{p}_0 = \boldsymbol{r}_0 = \boldsymbol{b} - \boldsymbol{A}\boldsymbol{x}_0$ stets Iterationen in der Form

$$\begin{aligned} \lambda_m &= \frac{\langle \boldsymbol{r}_m, \boldsymbol{p}_m \rangle}{\langle \boldsymbol{A}\boldsymbol{p}_m, \boldsymbol{p}_m \rangle} \\ \boldsymbol{x}_{m+1} &= \boldsymbol{x}_m + \lambda_m \boldsymbol{p}_m \\ \boldsymbol{r}_{m+1} &= \boldsymbol{r}_m - \lambda_m \boldsymbol{A}\boldsymbol{p}_m \\ \boldsymbol{p}_{m+1} &= \boldsymbol{r}_{m+1} - \sum_{j=0}^{m} \frac{\left\langle \boldsymbol{A}\boldsymbol{r}_{m+1}, \boldsymbol{p}_j \right\rangle}{\left\langle \boldsymbol{A}\boldsymbol{p}_j, \boldsymbol{p}_j \right\rangle} \boldsymbol{p}_j \end{aligned} \tag{14.74}$$

für $m = 0, \ldots, n-1$ durchführen. Diese Vorgehensweise offenbart jedoch den entscheidenden Nachteil, dass zur Berechnung von $\boldsymbol{p}_{m+1}$ scheinbar alle $\boldsymbol{p}_j$ $(j = 0, \ldots, m)$ benötigt werden. Im ungünstigsten Fall benötigen wir daher den Speicherplatz einer vollbesetzten $n \times n$-Matrix für die Suchrichtungen. Bei großen schwach besetzten Matrizen ist das Verfahren somit ineffizient und eventuell unpraktikabel. Durch die folgende Analyse zeigt sich jedoch, dass das Verfahren im Hinblick auf den Speicherplatzbedarf und die Rechenzeit entscheidend verbessert werden kann.

Satz

Vorausgesetzt, das oben angegebene vorläufige Verfahren der konjugierten Gradienten bricht nicht vor der Berechnung von $\boldsymbol{p}_k$ für $k > 0$ ab, dann gilt

(a) $\boldsymbol{p}_m$ ist konjugiert zu allen $\boldsymbol{p}_j$ mit $0 \leq j < m \leq k$,
(b) $U_{m+1} := \operatorname{span}\{\boldsymbol{p}_0, \ldots, \boldsymbol{p}_m\} = \operatorname{span}\{\boldsymbol{r}_0, \ldots, \boldsymbol{r}_m\}$ mit $\dim U_{m+1} = m+1$ für $m = 0, \ldots, k-1$,
(c) $\boldsymbol{r}_m \perp U_m$ für $m = 1, \ldots, k$,
(d) $\boldsymbol{x}_k = \boldsymbol{A}^{-1}\boldsymbol{b} \iff \boldsymbol{r}_k = \boldsymbol{0} \iff \boldsymbol{p}_k = \boldsymbol{0}$,
(e) $U_{m+1} = \operatorname{span}\{\boldsymbol{r}_0, \ldots, \boldsymbol{A}^m\boldsymbol{r}_0\}$ für $m = 0, \ldots, k-1$,
(f) $\boldsymbol{r}_m$ ist konjugiert zu allen $\boldsymbol{p}_j$ mit $0 \leq j < m-1 < k-1$.

Beweis:

zu (a): Da $\boldsymbol{p}_k$ berechnet wurde, gilt $\boldsymbol{p}_0, \ldots, \boldsymbol{p}_{k-1} \in \mathbb{R}^n \setminus \{\boldsymbol{0}\}$. Die Behauptung folgt aus den Berechnungsvorschriften (14.72) und (14.73).

zu (b): Induktion über m.
Für $m = 0$ folgt $\boldsymbol{p}_0 = \boldsymbol{r}_0 \in \mathbb{R}^n \setminus \{\boldsymbol{0}\}$ und damit die Behauptung. Sei (b) für $m < k-1$ erfüllt. Wegen $\boldsymbol{p}_{m+1} \in \mathbb{R}^n \setminus \{\boldsymbol{0}\}$ folgt mit (a) die Konjugiertheit von $\boldsymbol{p}_{m+1}$ zu allen $\boldsymbol{p}_0, \ldots, \boldsymbol{p}_m$. Aus dem auf Seite 527 nachgewiesenen Lemma erhalten wir somit $\dim U_{m+2} = m+2$, und

$$\boldsymbol{p}_{m+1} - \boldsymbol{r}_{m+1} \overset{(14.72)}{=} \sum_{j=0}^{m} \alpha_j \boldsymbol{p}_j \in U_{m+1}$$

liefert

$$\begin{aligned} U_{m+2} &= \operatorname{span}\left\{U_{m+1}, \boldsymbol{p}_{m+1}\right\} \\ &= \operatorname{span}\left\{U_{m+1}, \boldsymbol{r}_{m+1}\right\}. \end{aligned}$$

zu (c): Induktion über m:
Für $m = 1$ erhalten wir mit $\boldsymbol{p}_0 \neq \boldsymbol{0}$ die Gleichung

$$\begin{aligned} \langle \boldsymbol{r}_1, \boldsymbol{r}_0 \rangle &= \langle \boldsymbol{r}_0, \boldsymbol{r}_0 \rangle - \frac{\langle \boldsymbol{r}_0, \boldsymbol{p}_0 \rangle}{\langle \boldsymbol{A}\boldsymbol{p}_0, \boldsymbol{p}_0 \rangle} \langle \boldsymbol{A}\boldsymbol{p}_0, \boldsymbol{r}_0 \rangle \\ &\overset{\boldsymbol{r}_0 = \boldsymbol{p}_0}{=} 0. \end{aligned}$$

Sei (c) für $m < k$ erfüllt und $\boldsymbol{\eta} \in U_m$, dann folgt mit Teil (a)

$$\langle \boldsymbol{r}_{m+1}, \boldsymbol{\eta} \rangle = \underbrace{\langle \boldsymbol{r}_m, \boldsymbol{\eta} \rangle}_{=0} - \lambda_m \underbrace{\langle \boldsymbol{A}\boldsymbol{p}_m, \boldsymbol{\eta} \rangle}_{=0} = 0.$$

Unter Berücksichtigung von $\boldsymbol{p}_m \neq \boldsymbol{0}$ erhalten wir die Behauptung durch

$$\begin{aligned} \langle \boldsymbol{r}_{m+1}, \boldsymbol{p}_m \rangle &= \langle \boldsymbol{r}_m, \boldsymbol{p}_m \rangle - \frac{\langle \boldsymbol{r}_m, \boldsymbol{p}_m \rangle}{\langle \boldsymbol{A}\boldsymbol{p}_m, \boldsymbol{p}_m \rangle} \langle \boldsymbol{A}\boldsymbol{p}_m, \boldsymbol{p}_m \rangle \\ &= 0. \end{aligned}$$

zu (d): Aus $\boldsymbol{r}_k = \boldsymbol{b} - \boldsymbol{A}\boldsymbol{x}_k$ folgt direkt die Äquivalenz zwischen $\boldsymbol{x}_k = \boldsymbol{A}^{-1}\boldsymbol{b}$ und $\boldsymbol{r}_k = \boldsymbol{0}$. Sei $\boldsymbol{r}_k = \boldsymbol{0}$, dann liefert (14.74) die Gleichung $\boldsymbol{p}_k = \boldsymbol{0}$. Gelte $\boldsymbol{p}_k = \boldsymbol{0}$, dann gilt wiederum mit (14.74) $\boldsymbol{r}_k \in U_k$. Laut Teil (c) gilt aber $\boldsymbol{r}_k \perp U_k$, womit $\boldsymbol{r}_k = \boldsymbol{0}$ folgt.

zu (e): Induktion über m:
Für $m = 0$ ist die Aussage trivial.
Sei (e) für $m < k-1$ erfüllt, dann folgt mit (b)

$$\begin{aligned} \boldsymbol{r}_m \in U_{m+1} &= \operatorname{span}\{\boldsymbol{r}_0, \ldots, \boldsymbol{r}_m\} \\ &= \operatorname{span}\left\{\boldsymbol{r}_0, \ldots, \boldsymbol{A}^m\boldsymbol{r}_0\right\} \end{aligned}$$

sowie

$$\boldsymbol{A}\boldsymbol{p}_m \in \boldsymbol{A}U_{m+1} = \operatorname{span}\left\{\boldsymbol{A}\boldsymbol{r}_0, \ldots, \boldsymbol{A}^{m+1}\boldsymbol{r}_0\right\}.$$

Folglich erhalten wir

$$\boldsymbol{r}_{m+1} = \boldsymbol{r}_m - \lambda_m \boldsymbol{A}\boldsymbol{p}_m \in \operatorname{span}\left\{\boldsymbol{r}_0, \ldots, \boldsymbol{A}^{m+1}\boldsymbol{r}_0\right\},$$

sodass

$$\begin{aligned} U_{m+2} &= \operatorname{span}\left\{\boldsymbol{r}_0, \ldots, \boldsymbol{r}_{m+1}\right\} \\ &\subset \operatorname{span}\left\{\boldsymbol{r}_0, \ldots, \boldsymbol{A}^{m+1}\boldsymbol{r}_0\right\} \end{aligned}$$

gilt. Teil (b) liefert $\dim U_{m+2} = m+2$, wodurch $U_{m+2} = \operatorname{span}\left\{\boldsymbol{r}_0, \ldots, \boldsymbol{A}^{m+1}\boldsymbol{r}_0\right\}$ folgt.

zu (f): Für $0 \leq j < m-1 \leq k-1$ gilt $\boldsymbol{p}_j \in U_{m-1}$. Somit ergibt sich $\boldsymbol{A}\boldsymbol{p}_j \in U_m$, und wir erhalten

$$\left\langle \boldsymbol{A}\boldsymbol{r}_m, \boldsymbol{p}_j \right\rangle \overset{\boldsymbol{A}\text{ symm.}}{=} \left\langle \boldsymbol{r}_m, \boldsymbol{A}\boldsymbol{p}_j \right\rangle \overset{(c)}{=} 0. \qquad \blacksquare$$

?

Liegt mit dem obigen Satz eine Aussage zur Konvergenz der im CG-Verfahren berechneten Vektorfolge $\boldsymbol{x}_m$ gegen die gesuchte Lösung $\boldsymbol{A}^{-1}\boldsymbol{b}$ vor?

Dem obigen Satz können wir drei wesentliche Aussagen zur Verbesserung des Verfahrens entnehmen:

- Mit Aussage (f) folgt

$$\begin{aligned} \boldsymbol{p}_m &= \boldsymbol{r}_m - \sum_{j=0}^{m-1} \frac{\left\langle \boldsymbol{A}\boldsymbol{r}_m, \boldsymbol{p}_j \right\rangle}{\left\langle \boldsymbol{A}\boldsymbol{p}_j, \boldsymbol{p}_j \right\rangle} \boldsymbol{p}_j \\ &= \boldsymbol{r}_m - \frac{\left\langle \boldsymbol{A}\boldsymbol{r}_m, \boldsymbol{p}_{m-1} \right\rangle}{\left\langle \boldsymbol{A}\boldsymbol{p}_{m-1}, \boldsymbol{p}_{m-1} \right\rangle} \boldsymbol{p}_{m-1}. \end{aligned} \tag{14.75}$$

  Damit ist der Speicheraufwand unabhängig von der Anzahl der Iterationen.
- Das Verfahren bricht in der $(k+1)$-ten Iteration genau dann ab, wenn $\boldsymbol{p}_k = \boldsymbol{0}$ gilt. Mit (d) liefert $\boldsymbol{x}_k$ in diesem Fall bereits die exakte Lösung, sodass $\boldsymbol{p}_k = \boldsymbol{0}$ als Abbruchkriterium genutzt werden kann. Im folgenden Algorithmus stellen wir zudem eine Variante dar, die ohne zusätzlichen Rechenaufwand als Abbruchkriterium das Residuum verwendet.
- Aus $\boldsymbol{r}_{m+1} = \boldsymbol{r}_m - \lambda_m \boldsymbol{A}\boldsymbol{p}_m$ erhalten wir aufgrund der Eigenschaft (c) die Gleichung $\langle \boldsymbol{r}_m - \lambda_m \boldsymbol{A}\boldsymbol{p}_m, \boldsymbol{r}_m \rangle = 0$, wodurch sich die skalare Größe in der Form

$$\lambda_m = \frac{\langle \boldsymbol{r}_m, \boldsymbol{p}_m \rangle}{\langle \boldsymbol{A}\boldsymbol{p}_m, \boldsymbol{p}_m \rangle} = \frac{\langle \boldsymbol{r}_m, \boldsymbol{r}_m \rangle}{\langle \boldsymbol{A}\boldsymbol{p}_m, \boldsymbol{r}_m \rangle} \tag{14.76}$$

  schreiben lässt. Verwendung der Gleichung (14.75) offenbart

$$\begin{aligned} \langle \boldsymbol{A}\boldsymbol{p}_m, \boldsymbol{r}_m \rangle &= \left\langle \boldsymbol{A}\boldsymbol{p}_m, \boldsymbol{p}_m + \frac{\langle \boldsymbol{A}\boldsymbol{r}_m, \boldsymbol{p}_{m-1} \rangle}{\langle \boldsymbol{A}\boldsymbol{p}_{m-1}, \boldsymbol{p}_{m-1} \rangle} \boldsymbol{p}_{m-1} \right\rangle \\ &= \langle \boldsymbol{A}\boldsymbol{p}_m, \boldsymbol{p}_m \rangle, \end{aligned}$$

sodass (14.76) die Eigenschaft

$$\langle \boldsymbol{r}_m, \boldsymbol{r}_m \rangle = \langle \boldsymbol{r}_m, \boldsymbol{p}_m \rangle \qquad (14.77)$$

liefert. Des Weiteren ergibt sich im Fall $\lambda_m \neq 0$ aus dem vorläufigen CG-Verfahren stets

$$\boldsymbol{A}\boldsymbol{p}_m = -\frac{1}{\lambda_m}(\boldsymbol{r}_{m+1} - \boldsymbol{r}_m) align*, \qquad (14.78)$$

sodass aufgrund der Symmetrie der Matrix $\boldsymbol{A}$ der Zusammenhang

$$\frac{\langle \boldsymbol{A}\boldsymbol{r}_{m+1}, \boldsymbol{p}_m \rangle}{\langle \boldsymbol{A}\boldsymbol{p}_m, \boldsymbol{p}_m \rangle} = \frac{\langle \boldsymbol{A}\boldsymbol{p}_m, \boldsymbol{r}_{m+1} \rangle}{\langle \boldsymbol{A}\boldsymbol{p}_m, \boldsymbol{p}_m \rangle} \overset{(14.78)}{=} \frac{\langle \boldsymbol{r}_{m+1} - \boldsymbol{r}_m, \boldsymbol{r}_{m+1} \rangle}{\langle \boldsymbol{r}_{m+1} - \boldsymbol{r}_m, \boldsymbol{p}_m \rangle}$$
$$\overset{(b),(c)}{=} -\frac{\langle \boldsymbol{r}_{m+1}, \boldsymbol{r}_{m+1} \rangle}{\langle \boldsymbol{r}_m, \boldsymbol{p}_m \rangle} \overset{(14.77)}{=} -\frac{\langle \boldsymbol{r}_{m+1}, \boldsymbol{r}_{m+1} \rangle}{\langle \boldsymbol{r}_m, \boldsymbol{r}_m \rangle}$$

folgt und hierdurch innerhalb jeder Iteration eine Matrix-Vektor-Multiplikation entfällt.

Hiermit ergibt sich das CG-Verfahren in der folgenden Form.

Verfahren der konjugierten Gradienten

- Wähle $\boldsymbol{x}_0 \in \mathbb{R}^n$.
- Setze $\boldsymbol{p}_0 = \boldsymbol{r}_0 = \boldsymbol{b} - \boldsymbol{A}\boldsymbol{x}_0$, $\alpha_0 = \|\boldsymbol{r}_0\|_2^2$
- Berechne für $m = 0, 1, \ldots, n-1$

$$\begin{aligned}
\boldsymbol{v}_m &:= \boldsymbol{A}\boldsymbol{p}_m,\ \lambda_m := \frac{\alpha_m}{\langle \boldsymbol{v}_m, \boldsymbol{p}_m \rangle},\\
\boldsymbol{x}_{m+1} &:= \boldsymbol{x}_m + \lambda_m \boldsymbol{p}_m,\\
\boldsymbol{r}_{m+1} &:= \boldsymbol{r}_m - \lambda_m \boldsymbol{v}_m,\\
\alpha_{m+1} &:= \|\boldsymbol{r}_{m+1}\|_2^2,\\
\boldsymbol{p}_{m+1} &:= \boldsymbol{r}_{m+1} + \frac{\alpha_{m+1}}{\alpha_m}\boldsymbol{p}_m.
\end{aligned}$$

Das CG-Verfahren stellt eine orthogonale Krylov-Unterraum-Methode

Bemerkungen: Es gilt beim CG-Verfahren stets

$$\boldsymbol{x}_m \in \boldsymbol{x}_0 + \underbrace{\operatorname{span}\left\{\boldsymbol{p}_0, \ldots, \boldsymbol{p}_{m-1}\right\}}_{=\operatorname{span}\{\boldsymbol{r}_0, \ldots, \boldsymbol{A}^{m-1}\boldsymbol{r}_0\} = K_m},$$

und $\boldsymbol{x}_m$ ist optimal bezüglich K_m, da

$$\boldsymbol{r}_m \perp K_m$$

gilt. Das CG-Verfahren stellt somit eine orthogonale Krylov-Unterraum-Methode dar. Zudem gilt

$$\boldsymbol{x}_m = \arg \min_{\boldsymbol{x} \in \boldsymbol{x}_0 + K_m} F(\boldsymbol{x}).$$

Beispiel Wir werden verschiedene Methoden im Kontext dreier Problemstellungen analysieren. Dabei unterscheiden sich die Matrizen in zwei wesentlichen Eigenschaften, die wir durch die Fallunterscheidung gesondert betrachten.

1. Fall: A ist positiv definit und symmetrisch

Zur Untersuchung der Effizienz der beiden hergeleiteten Verfahren des steilsten Abstiegs und der konjugierten Gradienten untereinander und auch bezogen auf die zuvor diskutierten Splitting-Methoden betrachten wir zunächst die Laplace-Gleichung. Diese partielle Differenzialgleichung ergibt sich aus der im Beispiel auf Seite 530 vorgestellten Konvektions-Diffusions-Gleichung durch die Wahl $\alpha = 0$ und $\varepsilon = 1$, wobei wir die Randbedingungen gemäß (14.79) übernehmen. Wir nutzen $N = 100$ und erhalten somit ein Gleichungssystem

$$\boldsymbol{A}\boldsymbol{u} = \boldsymbol{g}$$

mit einer symmetrisch, positiv definiten Matrix $\boldsymbol{A} \in \mathbb{R}^{10^4 \times 10^4}$.

Die folgende Tabelle zeigt, dass das Verfahrens der konjugierten Gradienten einen immensen Vorteil im Bereich der Iterationszahlen wie auch der vorrangig interessanten relativen Rechenzeiten gegenüber allen aufgeführten Algorithmen besitzen. Um eine mögliche große Unabhängigkeit vom speziellen Computer zu erhalten, haben wir dabei die relative CPU-Zeit $\mathrm{CPU}_{\mathrm{rel}}$ als Quotienten der Rechenzeit des jeweiligen Verfahrens mit dem des CG-Verfahrens ermittelt. Als Abbruchkriterium wurde stets

$$\|\boldsymbol{A}\boldsymbol{u}_j - \boldsymbol{g}\|_2 < 10^{-12}\|\boldsymbol{g}\|_2$$

verwendet.

Vergleich verschiedener Iterationsverfahren

Algorithmus	Iterationen	$\mathrm{CPU}_{\mathrm{rel}}$
CG-Verfahren	344	1.00
Verf. des steilsten Abstiegs	47300	125.06
Jacobi-Verfahren	38476	58.01
Gauß-Seidel-Verfahren	19258	29.66

2. Fall: A ist regulär und unsymmetrisch

Ausschließlich bezogen auf das CG-Verfahren wollen wir uns mit der Auswirkung einer Störung der vorliegenden Matrix im Hinblick auf dessen Symmetrieeigenschaft befassen. Wir variieren hierzu die in der Konvektions-Diffusions-Gleichung auftretenden Parameter α und ε. Dabei werden wir die Ergebnisse für den Spezialfall der Laplace-Gleichung mit $\alpha = 0$ und $\varepsilon = 1$ sowohl mit denen einer leichten Störung $\alpha = 0.1$ und $\varepsilon = 1$ als auch bezüglich der Resultate einer größeren Variation der Form $\alpha = 1$ und $\varepsilon = 0.1$ vergleichen.

Formal können wir aufgrund der geringen Eigenschaften der Matrix keine Konvexität des Funktionals

$$F(\boldsymbol{x}) = \frac{1}{2}\langle \boldsymbol{A}\boldsymbol{x}, \boldsymbol{x} \rangle - \langle \boldsymbol{b}, \boldsymbol{x} \rangle$$

erwarten, wodurch alle bisherigen Konvergenzaussagen des CG-Verfahrens ihre Gültigkeit verlieren.

Wir erkennen aus der Abbildung 14.28, dass eine kleine Störung der Matrixeigenschaften zwar zur Erhöhung der Iterationszahl führt, jedoch noch keine Divergenz nach sich zieht. Liegt allerdings eine größere Variation der Parameter vor, so konnte keine Konvergenz erzielt werden.

Beispiel: Die stationäre Konvektions-Diffusions-Gleichung

Um die verschiedenen numerischen Algorithmen hinsichtlich ihrer Wirkungsweise bei einer anwendungsorientierten Aufgabenstellung analysieren zu können, werden wir die stationäre Konvektions-Diffusions-Gleichung betrachten. Diese partielle Differenzialgleichung wird häufig im Rahmen der Strömungsmechanik bei der Entwicklung numerischer Verfahren herangezogen, da sie strukturelle Ähnlichkeiten zu den Euler- und Navier-Stokes-Gleichungen der Gasdynamik aufweist.

Problemanalyse und Strategie: Die von uns betrachtete stationäre Konvektions-Diffusions-Gleichung lässt sich auf dem Gebiet $\Omega \subset \mathbb{R}^2$ unter Verwendung des Gradienten- und Laplace-Operators

$$\nabla = \left(\frac{\partial}{\partial x}, \frac{\partial}{\partial y}\right)^T \quad \text{respektive} \quad \Delta = \nabla \cdot \nabla = \frac{\partial^2}{\partial x^2} + \frac{\partial^2}{\partial y^2}$$

als Randwertproblem in der Form

$$\boldsymbol{\beta} \cdot \nabla u(x, y) - \varepsilon \Delta u(x, y) = 0 \text{ für } (x, y) \in \Omega \subset \mathbb{R}^2, \quad u(x, y) = \varphi(x, y) \text{ für } (x, y) \in \partial\Omega \tag{14.79}$$

mit $\boldsymbol{\beta} = \alpha(\cos\frac{\pi}{4}, \sin\frac{\pi}{4})^T$ sowie $\alpha, \varepsilon \in \mathbb{R}_0^+$ schreiben, wobei $\partial\Omega$ den Rand von Ω darstellt. Bei gegebenen Randwerten $\varphi \in C(\partial\Omega; \mathbb{R})$ wird folglich eine Funktion $u \in C^2(\Omega; \mathbb{R}) \cap C\left(\overline{\Omega}; \mathbb{R}\right)$ gesucht, die dem Randwertproblem (14.79) genügt. Die Bezeichnung der Differenzialgleichung basiert auf den folgenden drei Sachverhalten. Zunächst beschreibt der Termin $\boldsymbol{\beta} \cdot \nabla u$ den konvektiven Transport der durch u vorliegenden Größe in Richtung des Vektors $\boldsymbol{\beta}$. Da in unserem Fall $\boldsymbol{\beta}$ nicht von der Lösung abhängt, liegt formal sogar eine Advektion vor, die einen Spezialfall der Konvektion darstellt. Des Weiteren wird mit $\varepsilon\Delta u$ die Diffusion modelliert, die dem auch in der Wärmeleitungsgleichung auftretenden Ausgleichsprozess entspricht. Dabei nimmt ε die Rolle des Wärmeleitkoeffizienten ein. Da die Lösung u wie auch die Differenzialgleichung keine Abhängigkeit von der Zeit aufweisen, spricht man von einer stationären, d. h. zeitunabhängigen Gleichung.

Lösung:
Zur Diskretisierung der Konvektions-Diffusions-Gleichung auf dem Einheitsquadrat $\Omega = (0, 1) \times (0, 1)$ mittels einer Finite-Differenzen-Methode wird $\overline{\Omega} = \Omega \cup \partial\Omega$ mit einem Gitter Ω_h der Schrittweite $h = 1/(N + 1)$ mit $N \in \mathbb{N}$ versehen.

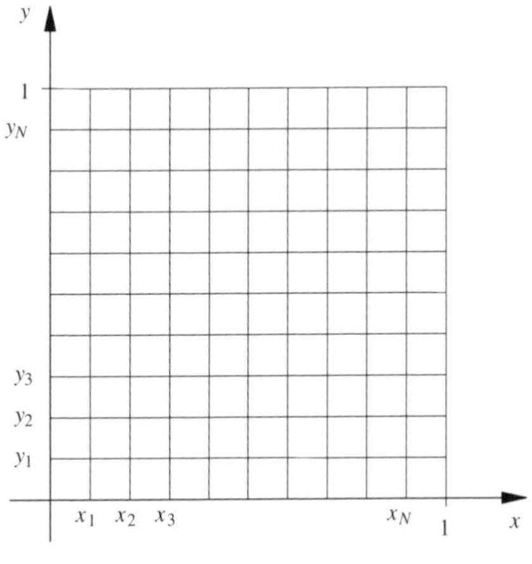

Wir schreiben

$$(x_i, y_j) = (ih, jh) \quad \text{für } i, j = 0, \ldots, N + 1$$

sowie $u_{ij} = u(x_i, y_j)$ und $\varphi_{ij} = \varphi(x_i, y_j)$ für $i, j = 0, \ldots, N + 1$. Des Weiteren approximieren wir den Gradienten ∇u innerhalb des konvektiven Anteils mittels einer innerhalb der Strömungsmechanik als Upwind-Methode bezeichneten einseitigen Differenz gemäß

$$\frac{\partial u}{\partial x}(x_i, y_j) \approx \frac{u_{i,j} - u_{i-1,j}}{h}, \quad \frac{\partial u}{\partial y}(x_i, y_j) \approx \frac{u_{i,j} - u_{i,j-1}}{h}.$$

Zudem nutzen wir

$$\begin{aligned}\frac{\partial^2 u}{\partial x^2}(x_i, y_j) &\approx \frac{1}{h}\Bigg(\underbrace{\frac{u_{i+1,j} - u_{i,j}}{h}}_{\approx \frac{\partial u}{\partial x}(x_{i+1/2}, y_j)} - \frac{u_{i,j} - u_{i-1,j}}{h}\Bigg) \\ &= \frac{1}{h^2}(u_{i+1,j} - 2u_{ij} + u_{i-1,j}),\end{aligned}$$

wodurch sich der Laplace-Operator mit einer analogen Vorgehensweise für $\frac{\partial^2 u}{\partial y^2}$ in der Form

$$-\Delta u(x_i, y_j) \approx \frac{1}{h^2}(4u_{ij} - u_{i-1,j} - u_{i+1,j} - u_{i,j-1} - u_{i,j+1})$$

approximieren lässt. Hiermit ergibt sich die diskrete Form der Konvektions-Diffusions-Gleichung (14.79) nach Multiplikation mit h^2 gemäß

$$\begin{aligned}&(4\varepsilon + h\alpha\left(\cos\frac{\pi}{4} + \sin\frac{\pi}{4}\right) u_{i,j} - \left(h\alpha\cos\frac{\pi}{4} + \varepsilon\right) u_{i-1,j} \\ &- \varepsilon u_{i+1,j} - \left(h\alpha\sin\frac{\pi}{4} + \varepsilon\right) u_{i,j-1} - \varepsilon u_{i,j+1} = 0\end{aligned} \tag{14.80}$$

für $1 \le i, j \le N$. Die Randbedingung liefert zudem

$$u_{0,j} = \varphi_{0,j}, \quad u_{N+1,j} = \varphi_{N+1,j} \tag{14.81}$$

$$u_{i,0} = \varphi_{i,0}, \quad u_{i,N+1} = \varphi_{i,N+1} \tag{14.82}$$

für $i, j = 0, \ldots, N + 1$.

Beispiel: Die stationäre Konvektions-Diffusions-Gleichung (Fortsetzung)

Problemanalyse und Strategie: Siehe vorherige Box.

Lösung:
Eine zeilenweise Neunummerierung, die einer lexikographischen Anordnung der inneren Gitterpunkte entspricht, ergibt

$$u_1 = u_{1,1}, u_2 = u_{2,1}, \ldots, u_N = u_{N,1},$$
$$u_{N+1} = u_{1,2}, \ldots, u_{N^2} = u_{N,N},$$

womit (14.80) unter Verwendung des Vektors $\boldsymbol{u} = (u_1, \ldots, u_{N^2})^T \in \mathbb{R}^{N^2}$ die Darstellung

$$\boldsymbol{A}\boldsymbol{u} = \boldsymbol{g}$$

mit

$$\boldsymbol{A} = \begin{pmatrix} \boldsymbol{B} & -\varepsilon \boldsymbol{I} & & \\ \boldsymbol{D} & \ddots & \ddots & \\ & \ddots & \ddots & -\varepsilon \boldsymbol{I} \\ & & \boldsymbol{D} & \boldsymbol{B} \end{pmatrix} \in \mathbb{R}^{N^2 \times N^2},$$

$$\boldsymbol{B} = \begin{pmatrix} 4\varepsilon + h\alpha(\cos\frac{\pi}{4} + \sin\frac{\pi}{4}) & -\varepsilon & & \\ -\varepsilon - h\alpha\cos\frac{\pi}{4} & \ddots & \ddots & \\ & \ddots & \ddots & -\varepsilon \\ & & -\varepsilon - h\alpha\cos\frac{\pi}{4} & 4\varepsilon + h\alpha(\cos\frac{\pi}{4} + \sin\frac{\pi}{4}) \end{pmatrix} \in \mathbb{R}^{N \times N}$$

und

$$\boldsymbol{D} = \begin{pmatrix} -\varepsilon - h\alpha\sin\frac{\pi}{4} & & \\ & \ddots & \\ & & -\varepsilon - h\alpha\sin\frac{\pi}{4} \end{pmatrix} \in \mathbb{R}^{N \times N},$$

aufweist. Die rechte Seite des Gleichungssystems enthält dabei ausschließlich Einträge, die in (14.80) durch die Randbedingungen erzeugt werden.
Die Matrix $\boldsymbol{A}$ ist für $\alpha = 0$, $\varepsilon > 0$ symmetrisch und positiv definit, während sie für $\alpha \neq 0$ stets eine unsymmetrische Struktur aufweist.

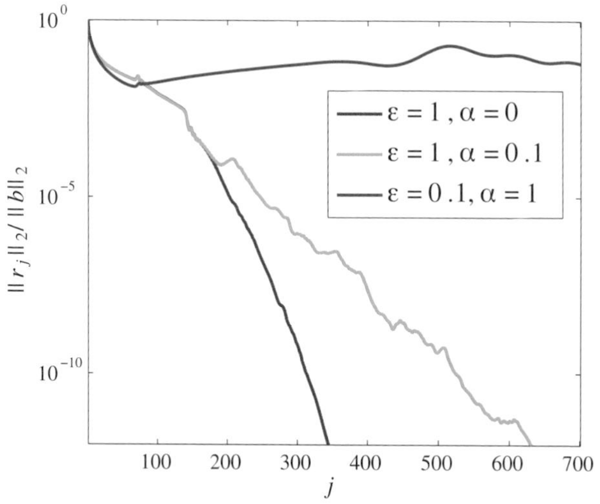

Abbildung 14.28 Konvergenzverläufe des CG-Verfahrens bei der Konvektions-Diffusions- und Laplace-Gleichung. ◀

GMRES kann bei beliebigen regulären Matrizen verwendet werden

Im Kontext komplexer Anwendungsfälle können häufig nur schwer Aussagen über die Eigenschaften der auftretenden Gleichungssysteme getroffen werden. Bereits die Diskretisierung der Konvektions-Diffusions-Gleichung zeigt, dass selbst bei einfachen Grundgleichungen die Symmetrie der Matrix nicht gewährleistet werden kann. Wir werden uns in diesem Abschnitt daher mit dem GMRES-Verfahren beschäftigen, das neben der Regularität der Matrix keine weiteren Forderungen an das betrachtete Gleichungssystem hinsichtlich der Konvergenz stellt. Analog zum CG-Algorithmus kann das Verfahren formal als direktes und iteratives Verfahren aufgefasst werden. Die Verwendung des GMRES-Verfahrens in einer direkten Form ist jedoch in der Regel aufgrund des benötigten Speicherplatzes nicht praktikabel. Der Algorithmus wird daher bei praxisrelevanten Problemstellungen zumeist in einer Restarted-Version genutzt.

Einen Zugang erhalten wir, indem wir **GMRES** als Krylov-Unterraum-Methode betrachten, bei der die Projektion bezüglich des Raumes $L_m = AK_m$ gegeben ist und das Verfahren somit eine schiefe Projektionsmethode darstellt. Die zweite Möglichkeit zur Herleitung des Verfahrens besteht in der Umformulierung des linearen Gleichungssystems in ein Minimierungsproblem. Wir definieren hierzu im Gegensatz zum Verfahren der konjugierten Gradienten die Funktion F anstelle der auf Seite 523 festgelegten Darstellung durch

$$F : \mathbb{R}^n \to \mathbb{R} \text{ mit } F(\boldsymbol{x}) := \|\boldsymbol{b} - \boldsymbol{A}\boldsymbol{x}\|_2^2. \tag{14.83}$$

Lemma
Seien $\boldsymbol{A} \in \mathbb{R}^{n\times n}$ regulär und $\boldsymbol{b} \in \mathbb{R}^n$, dann gilt mit der durch (14.83) gegebenen Funktion F

$$\hat{\boldsymbol{x}} = \arg\min_{\boldsymbol{x}\in\mathbb{R}^n} F(\boldsymbol{x})$$

genau dann, wenn $\hat{\boldsymbol{x}} = \boldsymbol{A}^{-1}\boldsymbol{b}$ gilt.

Beweis: Es gilt $F(\boldsymbol{x}) = \|\boldsymbol{b} - \boldsymbol{A}\boldsymbol{x}\|_2^2 \geq 0$ für alle $\boldsymbol{x} \in \mathbb{R}^n$. Somit erhalten wir durch

$$F(\hat{\boldsymbol{x}}) = 0 \quad \Leftrightarrow \quad \boldsymbol{A}\hat{\boldsymbol{x}} = \boldsymbol{b}$$

die Aussage

$$\hat{\boldsymbol{x}} = \arg\min_{\boldsymbol{x}\in\mathbb{R}^n} F(\boldsymbol{x}) = \boldsymbol{A}^{-1}\boldsymbol{b}. \qquad \blacksquare$$

?

Ist die durch (14.83) gegebenen Funktion F strikt konvex?

Zum Abschluss dieser kurzen Einordnung der GMRES-Methode müssen wir noch nachweisen, dass beide Herleitungen zum gleichen Verfahren führen, d. h., dass die bei den unterschiedlichen Bedingungen erzielten Näherungslösungen übereinstimmen. Diese Aussage liefert uns das folgende Lemma.

Lemma
Seien $F : \mathbb{R}^n \to \mathbb{R}$ durch (14.83) gegeben und $\boldsymbol{x}_0 \in \mathbb{R}^n$ beliebig. Dann folgt

$$\widetilde{\boldsymbol{x}} = \arg\min_{\boldsymbol{x}\in\boldsymbol{x}_0+K_m} F(\boldsymbol{x}) \tag{14.84}$$

genau dann, wenn

$$\boldsymbol{b} - \boldsymbol{A}\widetilde{\boldsymbol{x}} \perp L_m = \boldsymbol{A}K_m \tag{14.85}$$

gilt.

Beweis: Seien $\boldsymbol{x}_m, \widetilde{\boldsymbol{x}} \in \boldsymbol{x}_0 + K_m$ mit $\widetilde{\boldsymbol{x}} = \boldsymbol{x}_0 + \boldsymbol{z}$ und $\boldsymbol{x}_m = \boldsymbol{x}_0 + \boldsymbol{z}_m$, dann erhalten wir

$$\begin{aligned}
&F(\boldsymbol{x}_m) - F(\widetilde{\boldsymbol{x}})\\
&= \langle \boldsymbol{A}\boldsymbol{x}_m - \boldsymbol{b}, \boldsymbol{A}\boldsymbol{x}_m - \boldsymbol{b}\rangle - \langle \boldsymbol{A}\widetilde{\boldsymbol{x}} - \boldsymbol{b}, \boldsymbol{A}\widetilde{\boldsymbol{x}} - \boldsymbol{b}\rangle\\
&= \langle \boldsymbol{A}(\boldsymbol{x}_0 + \boldsymbol{z}_m) - \boldsymbol{b}, \boldsymbol{A}(\boldsymbol{x}_0 + \boldsymbol{z}_m) - \boldsymbol{b}\rangle\\
&\quad - \langle \boldsymbol{A}(\boldsymbol{x}_0 + \boldsymbol{z}) - \boldsymbol{b}, \boldsymbol{A}(\boldsymbol{x}_0 + \boldsymbol{z}) - \boldsymbol{b}\rangle\\
&= \langle \boldsymbol{A}\boldsymbol{z}_m, \boldsymbol{A}\boldsymbol{z}_m\rangle + 2\langle \boldsymbol{A}\boldsymbol{x}_0 - \boldsymbol{b}, \boldsymbol{A}\boldsymbol{z}_m\rangle + \langle \boldsymbol{A}\boldsymbol{x}_0 - \boldsymbol{b}, \boldsymbol{A}\boldsymbol{x}_0 - \boldsymbol{b}\rangle\\
&\quad - \langle \boldsymbol{A}\boldsymbol{z}, \boldsymbol{A}\boldsymbol{z}\rangle - 2\langle \boldsymbol{A}\boldsymbol{x}_0 - \boldsymbol{b}, \boldsymbol{A}\boldsymbol{z}\rangle - \langle \boldsymbol{A}\boldsymbol{x}_0 - \boldsymbol{b}, \boldsymbol{A}\boldsymbol{x}_0 - \boldsymbol{b}\rangle\\
&= \underbrace{\langle \boldsymbol{A}\boldsymbol{z}_m, \boldsymbol{A}\boldsymbol{z}_m\rangle - 2\langle \boldsymbol{A}\boldsymbol{z}, \boldsymbol{A}\boldsymbol{z}_m\rangle + \langle \boldsymbol{A}\boldsymbol{z}, \boldsymbol{A}\boldsymbol{z}\rangle}_{= \langle \boldsymbol{A}(\boldsymbol{z}_m - \boldsymbol{z}), \boldsymbol{A}(\boldsymbol{z}_m - \boldsymbol{z})\rangle}\\
&\quad + 2\Big\{\langle \boldsymbol{A}\boldsymbol{x}_0 - \boldsymbol{b}, \boldsymbol{A}\boldsymbol{z}_m\rangle + \langle \boldsymbol{A}\boldsymbol{z}, \boldsymbol{A}\boldsymbol{z}_m\rangle\\
&\qquad - \langle \boldsymbol{A}\boldsymbol{x}_0 - \boldsymbol{b}, \boldsymbol{A}\boldsymbol{z}\rangle - \langle \boldsymbol{A}\boldsymbol{z}, \boldsymbol{A}\boldsymbol{z}\rangle\Big\}\\
&= \langle \boldsymbol{A}(\boldsymbol{z}_m - \boldsymbol{z}), \boldsymbol{A}(\boldsymbol{z}_m - \boldsymbol{z})\rangle + 2\langle \boldsymbol{A}\widetilde{\boldsymbol{x}} - \boldsymbol{b}, \boldsymbol{A}(\boldsymbol{z}_m - \boldsymbol{z})\rangle\,.
\end{aligned} \tag{14.86}$$

„(14.85) ⇒ (14.84)"

Gelte $\boldsymbol{b} - \boldsymbol{A}\widetilde{\boldsymbol{x}} \perp \boldsymbol{A}K_m$.

Dann ergibt sich $\langle \boldsymbol{b} - \boldsymbol{A}\widetilde{\boldsymbol{x}}, \boldsymbol{A}\boldsymbol{z}\rangle = 0$ für alle $\boldsymbol{z} \in K_m$ und wir erhalten

$$F(\boldsymbol{x}_m) - F(\widetilde{\boldsymbol{x}}) \overset{(14.86)}{=} \|\boldsymbol{A}(\boldsymbol{z}_m - \boldsymbol{z})\|_2^2\,.$$

Unter Berücksichtigung der Regularität der Matrix $\boldsymbol{A}$ folgt somit

$$F(\boldsymbol{x}_m) > F(\widetilde{\boldsymbol{x}}) \quad \text{für alle } \boldsymbol{x}_m \in \{\boldsymbol{x}_0 + K_m\}\backslash\{\widetilde{\boldsymbol{x}}\}\,.$$

„(14.84) ⇒ (14.85)"

Gelte $\widetilde{\boldsymbol{x}} = \arg\min_{\boldsymbol{x}\in\boldsymbol{x}_0+K_m} F(\boldsymbol{x})$.

Wir führen einen Widerspruchsbeweis durch und nehmen hierzu an, dass ein $\boldsymbol{z}_m \in K_m$ derart existiert, dass

$$\langle \boldsymbol{b} - \boldsymbol{A}\widetilde{\boldsymbol{x}}, \boldsymbol{A}\boldsymbol{z}_m\rangle = \varepsilon \neq 0$$

gilt. O.B.d.A. können wir $\varepsilon > 0$ voraussetzen. Mit der Regularität der Matrix $\boldsymbol{A}$ gilt $\boldsymbol{z}_m \neq \boldsymbol{0}$ und wir definieren

$$\eta := \langle \boldsymbol{A}\boldsymbol{z}_m, \boldsymbol{A}\boldsymbol{z}_m\rangle > 0\,.$$

Des Weiteren betrachten wir für gegebenes $\xi \in \mathbb{R}$ mit $0 < \xi < \frac{2\varepsilon}{\eta}$ die Vektoren

$$\boldsymbol{z}_m^{\xi} := \xi\boldsymbol{z}_m + \boldsymbol{z} \in K_m \tag{14.87}$$

und

$$\boldsymbol{x}_m^{\xi} := \boldsymbol{x}_0 + \boldsymbol{z}_m^{\xi}\,.$$

Somit folgt

$$\begin{aligned}
&F(\boldsymbol{x}_m^{\xi}) - F(\widetilde{\boldsymbol{x}})\\
&\overset{(14.86)}{=} \langle \boldsymbol{A}(\boldsymbol{z}_m^{\xi} - \boldsymbol{z}), \boldsymbol{A}(\boldsymbol{z}_m^{\xi} - \boldsymbol{z})\rangle + 2\langle \boldsymbol{A}\widetilde{\boldsymbol{x}} - \boldsymbol{b}, \boldsymbol{A}(\boldsymbol{z}_m^{\xi} - \boldsymbol{z})\rangle\\
&\overset{(14.87)}{=} \langle \boldsymbol{A}(\xi\boldsymbol{z}_m), \boldsymbol{A}(\xi\boldsymbol{z}_m)\rangle + 2\langle \boldsymbol{A}\widetilde{\boldsymbol{x}} - \boldsymbol{b}, \boldsymbol{A}(\xi\boldsymbol{z}_m)\rangle\\
&\quad = \xi^2\eta - 2\xi\varepsilon\\
&\quad = \xi(\xi\eta - 2\varepsilon)\\
&\quad < 0\,.
\end{aligned}$$

Hiermit liegt ein Widerspruch zur Minimalitätseigenschaft von $\widetilde{\boldsymbol{x}}$ vor. $\blacksquare$

Der Lösungsansatz beruht auf einer Orthonormalbasis

Das GMRES-Verfahren basiert auf einer Orthonormalbasis $\{\boldsymbol{v}_1, \ldots, \boldsymbol{v}_m\}$ des Krylov-Unterraums K_m. Diese werden wir mit dem sog. *Arnoldi-Algorithmus* berechnen und anschließend einige hilfreiche Eigenschaften der im Verfahren ermittelten Größen vorstellen.

Zur Herleitung des Arnoldi-Algorithmus setzen wir voraus, dass mit $\{\boldsymbol{v}_1, \ldots, \boldsymbol{v}_j\}$ eine Orthogonalbasis des $K_j = \operatorname{span}\{\boldsymbol{r}_0, \ldots, \boldsymbol{A}^{j-1}\boldsymbol{r}_0\}$ für $j = 1, \ldots, m$ vorliegt. Wegen

$$\boldsymbol{A}K_m = \operatorname{span}\{\boldsymbol{A}\boldsymbol{r}_0, \ldots, \boldsymbol{A}^m\boldsymbol{r}_0\} \subset K_{m+1}$$

liegt die Idee nahe, $\boldsymbol{v}_{m+1}$ in der Form

$$\boldsymbol{v}_{m+1} = \boldsymbol{A}\boldsymbol{v}_m + \boldsymbol{\xi} \text{ mit } \boldsymbol{\xi} \in \operatorname{span}\{\boldsymbol{v}_1, \ldots, \boldsymbol{v}_m\} = K_m$$

zu definieren. Mit $\boldsymbol{\xi} = -\sum_{j=1}^{m} \alpha_j \boldsymbol{v}_j$ folgt

$$\langle \boldsymbol{v}_{m+1}, \boldsymbol{v}_j \rangle = \langle \boldsymbol{A}\boldsymbol{v}_m, \boldsymbol{v}_j \rangle - \alpha_j \langle \boldsymbol{v}_j, \boldsymbol{v}_j \rangle ,$$

wodurch aufgrund der Orthogonalitätsbedingung

$$\alpha_j = \frac{\langle \boldsymbol{A}\boldsymbol{v}_m, \boldsymbol{v}_j \rangle}{\langle \boldsymbol{v}_j, \boldsymbol{v}_j \rangle}$$

für $j = 1, \ldots, m$ gilt. Betrachten wir zudem ausschließlich normierte Basisvektoren, dann vereinfacht sich die Berechnung der Koeffizienten zu

$$\alpha_j = \langle \boldsymbol{v}_j, \boldsymbol{A}\boldsymbol{v}_m \rangle$$

und wir erhalten unter der Voraussetzung $\boldsymbol{r}_0 \neq 0$ das folgende Verfahren:

Arnoldi-Algorithmus

$\boldsymbol{v}_1 := \dfrac{\boldsymbol{r}_0}{\|\boldsymbol{r}_0\|_2}$.

Führe für $j = 1, \ldots, m$ aus:

Berechne $h_{ij} = \langle \boldsymbol{v}_i, \boldsymbol{A}\boldsymbol{v}_j \rangle$ für $i = 1, \ldots, j$,

$\boldsymbol{w}_j = \boldsymbol{A}\boldsymbol{v}_j - \sum_{i=1}^{j} h_{ij}\boldsymbol{v}_i$,

$h_{j+1,j} := \|\boldsymbol{w}_j\|_2$,

Gilt $h_{j+1,j} = 0$, dann setze $\boldsymbol{v}_{j+1} = 0$ und stoppe,

sonst $\boldsymbol{v}_{j+1} = \dfrac{\boldsymbol{w}_j}{h_{j+1,j}}$

Im Hinblick auf die Festlegung des GMRES-Verfahrens benötigen wir den Nachweis einiger hilfreicher Eigenschaften in Bezug auf den Arnoldi-Algorithmus.

Satz

Vorausgesetzt, der Arnoldi-Algorithmus bricht nicht vor der Berechnung von $\boldsymbol{v}_m \neq \boldsymbol{0}$ ab, dann stellt $\mathcal{V}_j = \{\boldsymbol{v}_1, \ldots, \boldsymbol{v}_j\}$ eine Orthonormalbasis des j-ten Krylov-Unterraums K_j für $j = 1, \ldots, m$ dar.

Beweis: Wir weisen zunächst nach, dass die Vektoren $\boldsymbol{v}_1, \ldots, \boldsymbol{v}_j$ für alle $j = 1, \ldots, m$ ein Orthonormalsystem (ONS) repräsentieren. Hierzu führen wir eine Induktion über j durch.

Für $j = 1$ ist die Aussage wegen $\boldsymbol{r}_0 \neq \boldsymbol{0}$ trivial. Sei $\mathcal{V}_k$ für $k = 1, \ldots, j < m$ ein ONS, dann folgt unter Ausnutzung der Voraussetzung $\boldsymbol{v}_{j+1} \neq \boldsymbol{0}$ auf Grundlage der im Arnoldi-Algorithmus vorliegenden Berechnungsvorschriften die Gleichung

$$\begin{aligned}
\langle \boldsymbol{v}_{j+1}, \boldsymbol{v}_k \rangle &= \frac{1}{h_{j+1,j}} \left\langle \boldsymbol{A}\boldsymbol{v}_j - \sum_{i=1}^{j} h_{ij}\boldsymbol{v}_i, \boldsymbol{v}_k \right\rangle \\
&= \frac{1}{h_{j+1,j}} \left(\langle \boldsymbol{A}\boldsymbol{v}_j, \boldsymbol{v}_k \rangle - h_{kj} \right) \\
&= \frac{1}{h_{j+1,j}} \left(\langle \boldsymbol{A}\boldsymbol{v}_j, \boldsymbol{v}_k \rangle - \langle \boldsymbol{v}_k, \boldsymbol{A}\boldsymbol{v}_j \rangle \right) \\
&= 0 .
\end{aligned}$$

Die im Verfahren genutzte Normierung liefert die Behauptung.

Wir kommen nun zum Nachweis der Basiseigenschaft und führen wiederum eine Induktion über j durch.

Für $j = 1$ ist die Aussage trivial. Sei $\mathcal{V}_k$ für $k = 1, \ldots, j < m$ eine Basis von K_k, dann folgt

$$\boldsymbol{w}_j = \boldsymbol{A} \underbrace{\boldsymbol{v}_j}_{\in K_j} - \underbrace{\sum_{i=1}^{j} h_{ij}\boldsymbol{v}_i}_{\in K_j} \in K_{j+1} .$$

Somit gilt $\operatorname{span}\{\boldsymbol{v}_1, \ldots, \boldsymbol{v}_{j+1}\} \subset K_{j+1}$. Aufgrund der nachgewiesenen Orthonormalität der Vektoren $\boldsymbol{v}_1, \ldots, \boldsymbol{v}_{j+1} \in \mathbb{R}^n \setminus \{\boldsymbol{0}\}$ gilt $\dim \operatorname{span}\{\boldsymbol{v}_1, \ldots, \boldsymbol{v}_{j+1}\} = j + 1$, wodurch $\operatorname{span}\{\boldsymbol{v}_1, \ldots, \boldsymbol{v}_{j+1}\} = K_{j+1}$ folgt. ∎

Neben der Orthogonalität der im Arnoldi-Algorithmus erzeugten Vektoren ergeben sich zwei weitere wichtige Eigenschaften der Basisvektoren $\boldsymbol{v}_1, \ldots, \boldsymbol{v}_m$ im Zusammenhang zur Matrix $\boldsymbol{A}$, die wir im Folgenden aufzeigen werden.

Satz

Vorausgesetzt, der Arnoldi-Algorithmus bricht nicht vor der Berechnung von $\boldsymbol{v}_m \neq \boldsymbol{0}$ ab, dann erhalten wir unter Verwendung von $\boldsymbol{V}_m = (\boldsymbol{v}_1 \ldots \boldsymbol{v}_m) \in \mathbb{R}^{n \times m}$ mit

$$\boldsymbol{H}_m := \boldsymbol{V}_m^T \boldsymbol{A} \boldsymbol{V}_m \in \mathbb{R}^{m \times m} \tag{14.88}$$

eine obere Hessenbergmatrix, für die

$$(\boldsymbol{H}_m)_{ij} = \begin{cases} h_{ij} & \text{für } i \leq j + 1, \\ 0 & \text{für } i > j + 1 \end{cases}$$

gilt, wobei die Matrixelemente h_{ij} aus dem Arnoldi-Algorithmus stammen.

Beweis: Bezeichnen wir die Elemente der Matrix $\boldsymbol{H}_m$ mit $\tilde{h}_{ij}$, dann folgt mit (14.88) und der Berechnung der Größen h_{ij} innerhalb des Arnoldi-Algorithmus

$$\tilde{h}_{ij} = \langle \boldsymbol{v}_i, \boldsymbol{A}\boldsymbol{v}_j \rangle = h_{ij} \quad \text{für} \quad i \leq j.$$

Seien $j \in \{1, \dots, m-1\}$ beliebig, aber fest, dann erhalten wir für $k \in \{1, \dots, m-j\}$ die Darstellung

$$\begin{aligned}
\tilde{h}_{j+k,j} &= \langle \boldsymbol{v}_{j+k}, \boldsymbol{A}\boldsymbol{v}_j \rangle \\
&= \langle \boldsymbol{v}_{j+k}, \boldsymbol{w}_j \rangle + \sum_{i=1}^{j} h_{ij} \underbrace{\langle \boldsymbol{v}_{j+k}, \boldsymbol{v}_i \rangle}_{=0} \\
&= h_{j+1,j} \langle \boldsymbol{v}_{j+k}, \boldsymbol{v}_{j+1} \rangle \\
&= \begin{cases} h_{j+1,j} & \text{für} \quad k = 1 \\ 0 & \text{für} \quad k = 2, \dots, m-j. \end{cases}
\end{aligned}$$

■

Satz

Vorausgesetzt, der Arnoldi-Algorithmus bricht nicht vor der Berechnung von $\boldsymbol{v}_{m+1}$ ab, dann gilt

$$\boldsymbol{A}\boldsymbol{V}_m = \boldsymbol{V}_{m+1}\overline{\boldsymbol{H}}_m\,, \tag{14.89}$$

wobei $\overline{\boldsymbol{H}}_m \in \mathbb{R}^{(m+1)\times m}$ durch

$$\overline{\boldsymbol{H}}_m = \begin{pmatrix} \boldsymbol{H}_m \\ 0 \dots 0 \; h_{m+1,m} \end{pmatrix}$$

gegeben ist.

Beweis: Aus dem Arnoldi-Algorithmus ergibt sich

$$\boldsymbol{A}\boldsymbol{v}_j = h_{j+1,j}\boldsymbol{v}_{j+1} + \sum_{i=1}^{j} h_{ij}\boldsymbol{v}_i \text{ für } j = 1, \dots, m$$

und somit (14.89). ■

Bei der Herleitung der GMRES-Methode gehen wir von der Darstellung des Verfahrens als Minimierungsproblem aus. Sei $\boldsymbol{V}_m = (\boldsymbol{v}_1 \dots \boldsymbol{v}_m) \in \mathbb{R}^{n \times m}$, dann lässt sich jedes $\boldsymbol{x}_m \in \boldsymbol{x}_0 + K_m$ in der Form

$$\boldsymbol{x}_m = \boldsymbol{x}_0 + \boldsymbol{V}_m\boldsymbol{\alpha}_m \text{ mit } \boldsymbol{\alpha}_m \in \mathbb{R}^m$$

darstellen. Mit

$$\begin{aligned}
J_m : \mathbb{R}^m &\to \mathbb{R} \\
\boldsymbol{\alpha} &\mapsto \|\boldsymbol{b} - \boldsymbol{A}(\boldsymbol{x}_0 + \boldsymbol{V}_m\boldsymbol{\alpha})\|_2
\end{aligned}$$

ist die Minimierung gemäß (14.84) äquivalent zu

$$\boldsymbol{\alpha}_m := \arg\min_{\boldsymbol{\alpha}\in\mathbb{R}^m} J_m(\boldsymbol{\alpha})\,, \tag{14.90}$$

$$\boldsymbol{x}_m := \boldsymbol{x}_0 + \boldsymbol{V}_m\boldsymbol{\alpha}_m\,. \tag{14.91}$$

Zwei zentrale Ziele der weiteren Untersuchung sind nun eine möglichst einfache Berechnung von $\boldsymbol{\alpha}_m$ zu finden und $\boldsymbol{\alpha}_m$ erst dann berechnen zu müssen, wenn

$$\|\boldsymbol{b} - \boldsymbol{A}\boldsymbol{x}_m\|_2 \leq \varepsilon$$

für eine vorgegebene Genauigkeitsschranke $\varepsilon > 0$ gilt.

Mit dem Residuenvektor $\boldsymbol{r}_0 = \boldsymbol{b} - \boldsymbol{A}\boldsymbol{x}_0$ schreiben wir unter Verwendung des ersten Einheitsvektors $\boldsymbol{e}_1 = (1, 0, \dots, 0)^T \in \mathbb{R}^{m+1}$

$$\begin{aligned}
J_m(\boldsymbol{\alpha}) &= \|\boldsymbol{b} - \boldsymbol{A}(\boldsymbol{x}_0 + \boldsymbol{V}_m\boldsymbol{\alpha})\|_2 \\
&= \|\boldsymbol{r}_0 - \boldsymbol{A}\boldsymbol{V}_m\boldsymbol{\alpha}\|_2 \\
&= \|\, \|\boldsymbol{r}_0\|_2\, \boldsymbol{v}_1 - \boldsymbol{A}\boldsymbol{V}_m\boldsymbol{\alpha}\, \|_2\,,
\end{aligned}$$

womit sich mit der auf Seite 534 nachgewiesenen Eigenschaft $\boldsymbol{A}\boldsymbol{V}_m = \boldsymbol{V}_{m+1}\overline{\boldsymbol{H}}_m$ die Darstellung

$$\begin{aligned}
J_m(\boldsymbol{\alpha}) &= \left\| \, \|\boldsymbol{r}_0\|_2\, \boldsymbol{v}_1 - \boldsymbol{V}_{m+1}\overline{\boldsymbol{H}}_m\boldsymbol{\alpha} \, \right\|_2 \\
&= \left\| \boldsymbol{V}_{m+1} \left(\|\boldsymbol{r}_0\|_2\, \boldsymbol{e}_1 - \overline{\boldsymbol{H}}_m\boldsymbol{\alpha} \right) \right\|_2
\end{aligned} \tag{14.92}$$

ergibt. Es sei an dieser Stelle daran erinnert, dass die Matrix $\overline{\boldsymbol{H}}_m$ die Gestalt

$$\overline{\boldsymbol{H}}_m = \begin{pmatrix} \boldsymbol{H}_m \\ 0 \;\dots 0 \; h_{m+1,m} \end{pmatrix} \in \mathbb{R}^{(m+1)\times m}$$

mit einer rechten oberen Hessenbergmatrix $\boldsymbol{H}_m$ aufweist.

Der Sinn der vorgenommenen äquivalenten Umformung der Minimierungsaufgabe liegt in der speziellen Gestalt der $(m+1) \times m$ Matrix $\overline{\boldsymbol{H}}_m$. Die erste Formulierung des Minimierungsproblems beinhaltet den Nachteil, dass wir bei einer vorgegebenen Genauigkeit eine sukzessive Berechnung der Folge

$$\boldsymbol{x}_m = \arg \min_{\boldsymbol{x}\in\boldsymbol{x}_0+K_m} F(\boldsymbol{x}), \quad m = 1, \dots$$

explizit bis zum Erreichen der Genauigkeitsschranke durchführen müssen. Wie wir im Folgenden nachweisen werden, ermöglicht uns die durch (14.90) und (14.91) gegebene Formulierung des Problems, die Berechnung des minimalen Fehlers

$$\min_{\boldsymbol{x}\in\boldsymbol{x}_0+K_m} F(\boldsymbol{x})$$

vorzunehmen, ohne $\boldsymbol{x}_m$ explizit ermitteln zu müssen. Damit haben wir die Möglichkeit, erst dann $\boldsymbol{x}_m$ zu bestimmen, wenn der zu erwartende Fehler die geforderte Genauigkeit erfüllt.

Da die Matrix $\overline{\boldsymbol{H}}_m$ eine Hessenberggestalt aufweist, kann eine QR-Zerlegung sehr effizient mittels der bereits im Abschnitt 14.1 beschriebenen Givens-Methode gewonnen werden.

Lemma

Es sei vorausgesetzt, dass der Arnoldi-Algorithmus nicht vor der Berechnung von $\boldsymbol{v}_{m+1}$ abbricht und die Givens-Rotationsmatrizen $\boldsymbol{G}_{i+1,i} \in \mathbb{R}^{(m+1)\times(m+1)}$ für $i = 1, \ldots, m$ durch

$$\boldsymbol{G}_{i+1,i} := \begin{pmatrix} 1 &&&&&& \\ & \ddots &&&&& \\ && 1 &&&& \\ &&& c_i & s_i && \\ &&& -s_i & c_i && \\ &&&&& 1 && \\ &&&&&& \ddots & \\ &&&&&&& 1 \end{pmatrix}$$

gegeben sind, wobei c_i und s_i gemäß

$$c_i := \frac{a}{\sqrt{a^2+b^2}} \quad \text{und} \quad s_i := \frac{b}{\sqrt{a^2+b^2}} \tag{14.93}$$

mit

$$a := \left(\boldsymbol{G}_{i,i-1} \cdot \ldots \cdot \boldsymbol{G}_{3,2} \cdot \boldsymbol{G}_{2,1} \overline{\boldsymbol{H}}_m\right)_{i,i}$$

und

$$b := \left(\boldsymbol{G}_{i,i-1} \cdot \ldots \cdot \boldsymbol{G}_{3,2} \cdot \boldsymbol{G}_{2,1} \overline{\boldsymbol{H}}_m\right)_{i+1,i}$$

definiert sind. Dann stellt

$$\boldsymbol{Q}_m := \boldsymbol{G}_{m+1,m} \cdot \ldots \cdot \boldsymbol{G}_{2,1}$$

eine orthogonale Matrix dar, für die

$$\boldsymbol{Q}_m \overline{\boldsymbol{H}}_m = \overline{\boldsymbol{R}}_m$$

mit

$$\overline{\boldsymbol{R}}_m = \begin{pmatrix} \overline{r}_{11} & \ldots & \ldots & \overline{r}_{1m} \\ 0 & \ddots & & \vdots \\ \vdots & \ddots & \ddots & \vdots \\ \vdots & & \ddots & \overline{r}_{mm} \\ 0 & \ldots & \ldots & 0 \end{pmatrix} =: \begin{pmatrix} \boldsymbol{R}_m \\ 0 \ldots 0 \end{pmatrix}$$

gilt und $\boldsymbol{R}_m \in \mathbb{R}^{m\times m}$ regulär ist.

Beweis: Gilt $\boldsymbol{v}_{m+1} \neq \boldsymbol{0}$, dann folgt $h_{j+1,j} \neq 0$ für $j = 1, \ldots, m$, wodurch alle Spaltenvektoren der Matrix $\overline{\boldsymbol{H}}_m$ linear unabhängig sind und somit Rang$\overline{\boldsymbol{H}}_m = m$ gilt. Im Fall $\boldsymbol{v}_{m+1} = \boldsymbol{0}$ gilt $h_{m+1,m} = 0$, sodass mit (14.89) $\boldsymbol{A}\boldsymbol{V}_m = \boldsymbol{V}_m\boldsymbol{H}_m$ und wegen Rang$(\boldsymbol{A}\boldsymbol{V}_m) =$ Rang$(\boldsymbol{V}_m\boldsymbol{H}_m) = m$ die Eigenschaft Rang$\overline{\boldsymbol{H}}_m =$ Rang$\boldsymbol{H}_m = m$ folgt.

Wir führen den Beweis mittels einer vollständigen Induktion über i durch.

Für $i = 1$ erhalten wir mit Rang$\overline{\boldsymbol{H}}_m = m$ direkt

$$h_{11}^2 + h_{21}^2 \neq 0$$

und somit die Wohldefiniertheit der Rotationsmatrix $\boldsymbol{G}_{2,1}$. Durch elementares Nachrechnen wird leicht ersichtlich, dass eine orthogonale Transformation der Matrix $\overline{\boldsymbol{H}}_m$ durch $\boldsymbol{G}_{2,1}$

$$\boldsymbol{G}_{2,1}\overline{\boldsymbol{H}}_m = \begin{pmatrix} h_{11}^{(1)} & h_{12}^{(1)} & \ldots & \ldots & h_{1m}^{(1)} \\ 0 & h_{22}^{(1)} & \ldots & \ldots & h_{2m}^{(1)} \\ 0 & h_{32} & & & \vdots \\ 0 & 0 & \ddots & & \vdots \\ \vdots & \vdots & & \ddots & \vdots \\ 0 & 0 & \ldots & 0 & h_{m+1,m} \end{pmatrix}$$

liefert. Gelte nun für $i < m$

$$\boldsymbol{G}_{i+1,i} \cdot \ldots \cdot \boldsymbol{G}_{2,1}\overline{\boldsymbol{H}}_m$$
$$= \begin{pmatrix} h_{11}^{(i)} & \ldots & \ldots & \ldots & \ldots & \ldots & h_{1m}^{(i)} \\ 0 & \ddots & & & & & \vdots \\ \vdots & \ddots & \ddots & & & & \vdots \\ \vdots & & 0 & h_{i+1,i+1}^{(i)} & \ldots & \ldots & h_{i+1,m}^{(i)} \\ \vdots & & \vdots & h_{i+2,i+1} & \ldots & \ldots & h_{i+2,m} \\ \vdots & & \vdots & 0 & \ddots & & \vdots \\ \vdots & & \vdots & \vdots & \ddots & \ddots & \vdots \\ 0 & \ldots & 0 & 0 & \ldots & 0 & h_{m+1,m} \end{pmatrix}.$$

Da alle Givens-Rotationen $\boldsymbol{G}_{j+1,j}, j = 1, \ldots, i$ orthogonale Drehmatrizen darstellen, folgt

$$\text{Rang}\left(\boldsymbol{G}_{i+1,i} \cdot \ldots \cdot \boldsymbol{G}_{2,1}\overline{\boldsymbol{H}}_m\right) = m\,,$$

wodurch sich

$$\left(h_{i+1,i+1}^{(i)}\right)^2 + \left(h_{i+2,i+1}\right)^2 \neq 0$$

ergibt. Somit ist auch die Matrix $\boldsymbol{G}_{i+2,i+1}$ wohldefiniert und es folgt

$$\boldsymbol{G}_{i+2,i+1} \cdot \ldots \cdot \boldsymbol{G}_{2,1}\overline{\boldsymbol{H}}_m$$
$$= \begin{pmatrix} h_{11}^{(i+1)} & \ldots & \ldots & \ldots & \ldots & \ldots & h_{1m}^{(i+1)} \\ 0 & \ddots & & & & & \vdots \\ \vdots & \ddots & \ddots & & & & \vdots \\ \vdots & & 0 & h_{i+2,i+2}^{(i+1)} & \ldots & \ldots & h_{i+2,m}^{(i+1)} \\ \vdots & & \vdots & h_{i+3,i+2} & \ldots & \ldots & h_{i+3,m} \\ \vdots & & \vdots & 0 & \ddots & & \vdots \\ \vdots & & \vdots & \vdots & \ddots & \ddots & \vdots \\ 0 & \ldots & 0 & 0 & \ldots & 0 & h_{m+1,m} \end{pmatrix}.$$

Die Matrix $\boldsymbol{Q}_m = \boldsymbol{G}_{m+1,m} \cdot \ldots \cdot \boldsymbol{G}_{21} \in \mathbb{R}^{(m+1)\times(m+1)}$ ist gemäß der Selbstfrage von Seite 494 orthogonal und es gilt

$$\boldsymbol{Q}_m\overline{\boldsymbol{H}}_m = \overline{\boldsymbol{R}}_m \quad \text{mit} \quad \overline{r}_{ij} = h_{ij}^{(m)}$$

für $i = 1, \ldots, m$, $j = 1, \ldots, m$. Aus Rang$\overline{\boldsymbol{R}}_m =$ Rang$(\boldsymbol{Q}_m\overline{\boldsymbol{H}}_m) =$ Rang$\overline{\boldsymbol{H}}_m = m$ folgt abschließend die Regularität der Matrix $\boldsymbol{R}_m$. ∎

Definieren wir mit der durch das obige Lemma gegebenen Matrix $\boldsymbol{Q}_m \in \mathbb{R}^{(m+1)\times(m+1)}$ unter Verwendung von $\boldsymbol{e}_1 = (1,0,\ldots,0)^T \in \mathbb{R}^{m+1}$ den Vektor

$$\begin{aligned}\overline{\boldsymbol{g}}_m &:= \|\boldsymbol{r}_0\|_2\, \boldsymbol{Q}_m \boldsymbol{e}_1 = \left(\gamma_1^{(m)}, \ldots, \gamma_m^{(m)}, \gamma_{m+1}\right)^T \\ &= \left(\boldsymbol{g}_m^T, \gamma_{m+1}\right)^T \in \mathbb{R}^{m+1}, \end{aligned} \tag{14.94}$$

dann folgt mit (14.92) im Fall $\boldsymbol{v}_{m+1} \neq \boldsymbol{0}$ die Darstellung

$$\begin{aligned} J_m(\boldsymbol{\alpha}) &= \left\| \boldsymbol{V}_{m+1}\left(\|\boldsymbol{r}_0\|_2\, \boldsymbol{e}_1 - \overline{\boldsymbol{H}}_m \boldsymbol{\alpha}\right)\right\|_2 \\ &= \left\| \, \|\boldsymbol{r}_0\|_2\, \boldsymbol{e}_1 - \overline{\boldsymbol{H}}_m \boldsymbol{\alpha} \,\right\|_2 \\ &= \left\| \boldsymbol{Q}_m \left(\|\boldsymbol{r}_0\|_2\, \boldsymbol{e}_1 - \overline{\boldsymbol{H}}_m \boldsymbol{\alpha}\right)\right\|_2 . \end{aligned}$$

Das auf Seite 535 vorliegende Lemma liefert demzufolge

$$\begin{aligned} \min_{\boldsymbol{\alpha}\in\mathbb{R}^m} J_m(\boldsymbol{\alpha}) &= \min_{\boldsymbol{\alpha}\in\mathbb{R}^m} \left\|\overline{\boldsymbol{g}}_m - \overline{\boldsymbol{R}}_m \boldsymbol{\alpha}\right\|_2 \\ &= \min_{\boldsymbol{\alpha}\in\mathbb{R}^m} \sqrt{|\gamma_{m+1}|^2 + \|\boldsymbol{g}_m - \boldsymbol{R}_m\boldsymbol{\alpha}\|_2^2}\,. \end{aligned} \tag{14.95}$$

Durch die Regularität der Matrix $\boldsymbol{R}_m$ ergibt sich somit

$$\min_{\boldsymbol{\alpha}\in\mathbb{R}^m} J_m(\boldsymbol{\alpha}) = |\gamma_{m+1}| \,. \tag{14.96}$$

Liegt $\boldsymbol{v}_{m+1} = \boldsymbol{0}$ vor, so erhalten wir

$$\begin{aligned} \min_{\boldsymbol{\alpha}\in\mathbb{R}^m} J_m(\boldsymbol{\alpha}) &= \min_{\boldsymbol{\alpha}\in\mathbb{R}^m} \|\boldsymbol{V}_m\left(\|\boldsymbol{r}_0\|_2\,\boldsymbol{e}_1 - \boldsymbol{H}_m\boldsymbol{\alpha}\right)\|_2 \\ &= \min_{\boldsymbol{\alpha}\in\mathbb{R}^m} \|\boldsymbol{g}_m - \boldsymbol{R}_m\boldsymbol{\alpha}\|_2 = 0 \,. \end{aligned}$$

Kommentar: Für die durch (14.94) gegebenen Fehlergrößen $\gamma_1, \ldots, \gamma_{m+1}$ gilt

$$\|\boldsymbol{r}_j\|_2 = |\gamma_{j+1}| \le |\gamma_j| = \|\boldsymbol{r}_{j-1}\|_2$$

für $j = 1, \ldots, m$.

Eine bereits zuvor angesprochene Grundproblematik aller Krylov-Unterraum-Verfahren liegt in der möglichen Stagnation der Folge der Krylov-Unterräume, sprich der Existenz eines Indizes $m < n$ derart, dass $K_m = K_{m-1}$ gilt. Ein wesentliches Merkmal des Verfahrens besteht darin, dass GMRES an dieser Stelle nicht zusammenbricht, sondern die exakte Lösung liefert. Eine mathematische Beschreibung dieser Eigenschaft liefert uns der folgende Satz.

Satz zur Konvergenz des GMRES-Verfahrens

Seien $\boldsymbol{A} \in \mathbb{R}^{n\times n}$ eine reguläre Matrix sowie $h_{j+1,j}$ und $\boldsymbol{w}_j$ durch den Arnoldi-Algorithmus gegeben und gelte $j < n$. Dann sind die folgenden Aussagen äquivalent:

(1) Für die Folge der Krylov-Unterräume gilt

$$K_1 \subset K_2 \subset \ldots \subset K_j = K_{j+1} = \ldots$$

(2) Das GMRES-Verfahren liefert im j-ten Schritt die exakte Lösung.

(3) $\boldsymbol{w}_j = \boldsymbol{0} \in \mathbb{R}^n$.

(4) $h_{j+1,j} = 0$.

Beweis: „(1) $\Leftrightarrow$ (3)"
Wir erhalten die Aussage direkt durch die folgenden äquivalenten Umformulierungen:

$$\begin{aligned} & K_{j+1} = K_j \\ &\Leftrightarrow \operatorname{span}\left\{\boldsymbol{r}_0, \ldots, \boldsymbol{A}^j\boldsymbol{r}_0\right\} = \operatorname{span}\left\{\boldsymbol{r}_0, \ldots, \boldsymbol{A}^{j-1}\boldsymbol{r}_0\right\} \\ &\Leftrightarrow \operatorname{span}\left\{\boldsymbol{v}_1, \ldots, \boldsymbol{v}_j, \boldsymbol{w}_j\right\} = \operatorname{span}\left\{\boldsymbol{v}_1, \ldots, \boldsymbol{v}_j\right\} \\ &\Leftrightarrow \boldsymbol{w}_j \in \operatorname{span}\left\{\boldsymbol{v}_1, \ldots, \boldsymbol{v}_j\right\} \\ &\Leftrightarrow \boldsymbol{w}_j = \boldsymbol{0} \in \mathbb{R}^n, \text{ da } \langle \boldsymbol{v}_i, \boldsymbol{w}_j\rangle = 0 \text{ für } i = 1, \ldots, j \text{ gilt.} \end{aligned}$$

„(3) $\Leftrightarrow$ (4)"
Der Nachweis folgt unmittelbar aus $h_{j+1,j} = \|\boldsymbol{w}_j\|_2$.

„(2) $\Rightarrow$ (4)"
Sei $\boldsymbol{x}_j$ die exakte Lösung von $\boldsymbol{Ax} = \boldsymbol{b}$, dann folgt mit (14.96) $\gamma_{j+1} = 0$. O.B.d.A. setzen wir voraus, dass $\boldsymbol{x}_{j-1} \neq \boldsymbol{x}_j$ und somit $\gamma_j \neq 0$ gilt. Wir nutzen die Gleichung

$$\begin{aligned} 0 = \gamma_{j+1} &= \boldsymbol{e}_{j+1}^T \boldsymbol{G}_{j+1,j} \begin{pmatrix} \boldsymbol{Q}_{j-1} & \boldsymbol{0} \\ \boldsymbol{0}^T & 1 \end{pmatrix} \|\boldsymbol{r}_0\|_2\, \boldsymbol{e}_1 \\ &= \boldsymbol{e}_{j+1}^T \begin{pmatrix} 1 & & & & \\ & \ddots & & & \\ & & 1 & & \\ & & & c_j & s_j \\ & & & -s_j & c_j \end{pmatrix} \begin{pmatrix} \gamma_1^{(j-1)} \\ \vdots \\ \gamma_{j-1}^{(j-1)} \\ \gamma_j \\ 0 \end{pmatrix} \\ &= -s_j \gamma_j \end{aligned}$$

und erhalten mit $\gamma_j \neq 0$ die Aussage $s_j = 0$. Unter Verwendung der Gleichung (14.93) ergibt sich hiermit $h_{j+1,j} = 0$.

„(4) $\Rightarrow$ (2)"
Da $h_{j+1,j} = 0$ berechnet wurde, hat kein Abbruch des Arnoldi-Algorithmus vor der Berechnung von $\boldsymbol{v}_j \neq \boldsymbol{0}$ stattgefunden. Mit dem auf Seite 535 aufgeführten Lemma erhalten wir folglich die Existenz einer orthogonalen Matrix

$$\boldsymbol{Q}_j := \boldsymbol{G}_{j+1,j} \cdot \ldots \cdot \boldsymbol{G}_{2,1} \in \mathbb{R}^{(j+1)\times(j+1)}$$

mit

$$\overline{\boldsymbol{R}}_j = \begin{pmatrix} \boldsymbol{R}_j \\ 0 \ldots 0 \end{pmatrix} = \boldsymbol{Q}_j \overline{\boldsymbol{H}}_j\,, \tag{14.97}$$

wobei $\boldsymbol{R}_j$ eine reguläre obere Dreiecksmatrix darstellt. Die Voraussetzung $h_{j+1,j} = 0$ liefert mit (14.93) $s_j = 0$, sodass

$$\boldsymbol{G}_{j+1,j} = \begin{pmatrix} 1 & & & & \\ & \ddots & & & \\ & & 1 & & \\ & & & c_j & \\ & & & & c_j \end{pmatrix} \tag{14.98}$$

folgt. Des Weiteren stellen die im Arnoldi-Algorithmus ermittelten Vektoren $\boldsymbol{v}_1, \ldots, \boldsymbol{v}_j$ eine Orthonormalbasis des K_j dar.

Sei $\boldsymbol{V}_{j+1} = \left(\boldsymbol{V}_j, \tilde{\boldsymbol{v}}_{j+1}\right) \in \mathbb{R}^{n\times(j+1)}$ mit einem normierten und zu $\boldsymbol{v}_1, \ldots, \boldsymbol{v}_j$ orthogonalen Vektor $\tilde{\boldsymbol{v}}_{j+1} \in \mathbb{R}^n$, dann folgt mit $h_{j+1,j} = 0$ durch Satz gemäß Seite 533 die Gleichung

$$\boldsymbol{A}\boldsymbol{V}_j = \boldsymbol{V}_j\boldsymbol{H}_j = \boldsymbol{V}_{j+1}\overline{\boldsymbol{H}}_j\,.$$

Sei $\overline{\boldsymbol{g}}_j$ gemäß (14.94) in der Form

$$\overline{\boldsymbol{g}}_j = \|\boldsymbol{r}_0\|_2\,\boldsymbol{Q}_j\boldsymbol{e}_1 = \left(\boldsymbol{g}_j^T, \gamma_{j+1}\right)^T \in \mathbb{R}^{j+1}$$

gegeben, dann definieren wir

$$\boldsymbol{\alpha}_j := \boldsymbol{R}_j^{-1}\boldsymbol{g}_j \in \mathbb{R}^j$$

und

$$\boldsymbol{x}_j := \boldsymbol{x}_0 + \boldsymbol{V}_j\boldsymbol{\alpha}_j \in \mathbb{R}^n\,. \tag{14.99}$$

Hiermit folgt unter Verwendung von

$$\begin{aligned}\overline{\boldsymbol{g}}_j &= \|\boldsymbol{r}_0\|_2\,\boldsymbol{G}_{j+1,j}\begin{pmatrix}\boldsymbol{Q}_{j-1} & \boldsymbol{0}\\ \boldsymbol{0}^T & 1\end{pmatrix}\boldsymbol{e}_1\\ &= \boldsymbol{G}_{j+1,j}\begin{pmatrix}\boldsymbol{g}_{j-1}\\ \gamma_j\\ 0\end{pmatrix} \overset{(14.98)}{=} \begin{pmatrix}\boldsymbol{g}_j\\ 0\end{pmatrix}\end{aligned}$$

die Gleichung

$$\begin{aligned}\left\|\boldsymbol{b} - \boldsymbol{A}\boldsymbol{x}_j\right\|_2 &= \left\|\boldsymbol{r}_0 - \boldsymbol{A}\boldsymbol{V}_j\boldsymbol{\alpha}_j\right\|_2\\ &= \left\|\boldsymbol{V}_{j+1}\left(\|\boldsymbol{r}_0\|_2\,\boldsymbol{e}_1 - \overline{\boldsymbol{H}}_j\boldsymbol{\alpha}_j\right)\right\|_2\\ &= \left\|\boldsymbol{Q}_j\left(\|\boldsymbol{r}_0\|_2\,\boldsymbol{e}_1 - \overline{\boldsymbol{H}}_j\boldsymbol{\alpha}_j\right)\right\|_2\\ &= \left\|\begin{pmatrix}\boldsymbol{g}_j\\ 0\end{pmatrix} - \begin{pmatrix}\boldsymbol{R}_j\\ 0\ldots 0\end{pmatrix}\boldsymbol{\alpha}_j\right\|_2\\ &= 0\,.\end{aligned}$$

Somit stellt $\boldsymbol{x}_j$ die exakte Lösung der Gleichung $\boldsymbol{A}\boldsymbol{x} = \boldsymbol{b}$ dar. ■

Aus den bisherigen Überlegungen ergibt sich diese grundlegende Form der GMRES-Methode.

GMRES-Verfahren

Wähle $\boldsymbol{x}_0 \in \mathbb{R}^n$ und berechne $\boldsymbol{r}_0 = \boldsymbol{b} - \boldsymbol{A}\boldsymbol{x}_0$.
Wähle die Fehlerschranke $\varepsilon > 0$.
  Durchlaufe für $j = 1, \ldots, n$
    Erweitere $\boldsymbol{V}_{j-1}$ zu $\boldsymbol{V}_j$,
    Erweitere $\overline{\boldsymbol{H}}_{j-1}$ zu $\overline{\boldsymbol{H}}_j$,
    Berechne $\overline{\boldsymbol{R}}_j = \boldsymbol{Q}_j\overline{\boldsymbol{H}}_j$,
    Berechne $(g_1, \ldots, g_j, \gamma_{j+1})^T = \|\boldsymbol{r}_0\|_2\,\boldsymbol{Q}_j\boldsymbol{e}_1$,
    Falls $|\gamma_{j+1}| \le \varepsilon$ gilt:
      Berechne $\boldsymbol{\alpha}^j = \boldsymbol{R}_j^{-1}(g_1, \ldots, g_j)^T$,
      Berechne $\boldsymbol{x} = \boldsymbol{x}_0 + \boldsymbol{V}_j\boldsymbol{\alpha}^j$ und STOP.

Das GMRES-Verfahren weist zwei grundlegende Nachteile auf. Die erste Problematik liegt im Rechenaufwand zur Bestimmung der Orthonormalbasis, der mit der Dimension des Krylov-Unterraums anwächst. Des Weiteren ergibt sich ein hoher Speicherplatzbedarf für die Basisvektoren. Im Extremfall muss auch bei einer schwach besetzten Matrix $\boldsymbol{A} \in \mathbb{R}^{n\times n}$ eine vollbesetzte Matrix $\boldsymbol{V}_n \in \mathbb{R}^{n\times n}$ abgespeichert werden. Bei praxisrelevanten Problemen übersteigt der Speicherplatzbedarf daher oftmals die vorhandenen Ressourcen. Aus diesem Grund wird oft ein GMRES-Verfahren mit Restart verwendet, bei dem die maximale Krylov-Unterraumdimension beschränkt wird. Weist das Residuum $\|\boldsymbol{r}_m\|_2$ bei Erreichen dieser Obergrenze nicht eine vorgegebene Genauigkeit $\|\boldsymbol{r}_m\|_2 \le \varepsilon > 0$ auf, so wird dennoch die zurzeit optimale Näherungslösung $\boldsymbol{x}_m$ bestimmt und als Startvektor innerhalb eines Restarts verwendet. Das folgende Diagramm beschreibt eine GMRES-Version mit Restart und einer maximalen Krylov-Unterraumdimension von m. Das Verfahren wird oftmals als Restarted GMRES(m) bezeichnet. Die theoretisch mögliche Interpretation des GMRES-Verfahrens als direkte Methode geht in dieser Formulierung zwar verloren, aber das Residuum ist dennoch monoton fallend.

GMRES(m)-Verfahren mit Restart

Wähle $\boldsymbol{x}_0 \in \mathbb{R}^n$ und berechne $\boldsymbol{r}_0 = \boldsymbol{b} - \boldsymbol{A}\boldsymbol{x}_0$.
Wähle die Fehlerschranke $\varepsilon > 0$.
Wähle die maximale Restartzahl $r_{\max} \in \mathbb{N}$ und setze $r = 0$.
Solange $r \le r_{\max}$ gilt:
  Durchlaufe für $j = 1, \ldots, m$
    Erweitere $\boldsymbol{V}_{j-1}$ zu $\boldsymbol{V}_j$,
    Erweitere $\overline{\boldsymbol{H}}_{j-1}$ zu $\overline{\boldsymbol{H}}_j$,
    Berechne $\overline{\boldsymbol{R}}_j = \boldsymbol{Q}_j\overline{\boldsymbol{H}}_j$,
    Berechne $(g_1, \ldots, g_j, \gamma_{j+1})^T = \|\boldsymbol{r}_0\|_2\,\boldsymbol{Q}_j\boldsymbol{e}_1$,
    Falls $|\gamma_{j+1}| \le \varepsilon$ gilt:
      Berechne $\boldsymbol{\alpha}^j = \boldsymbol{R}_j^{-1}(g_1, \ldots, g_j)^T$,
      Berechne $\boldsymbol{x} = \boldsymbol{x}_0 + \boldsymbol{V}_j\boldsymbol{\alpha}^j$ und STOP.
  Berechne $\boldsymbol{\alpha}^m = \boldsymbol{R}_m^{-1}(g_1, \ldots, g_m)^T$,
  Berechne $\boldsymbol{x} = \boldsymbol{x}_0 + \boldsymbol{V}_m\boldsymbol{\alpha}^m$,
  Setze $\boldsymbol{x}_0 = \boldsymbol{x}$ und erhöhe r um eins.

Beispiel Zur Untersuchung des GMRES-Verfahrens und seiner Restarted-Versionen nutzen wir analog zu den zuvor hergeleiteten Algorithmen die unterschiedlichen Fälle der Konvektions-Diffusions-Gleichung.

1. Fall: Strömung reiner Diffusion ($\varepsilon = 1, \alpha = 0$)

Der Abbildung 14.29 können wir entnehmen, dass das GMRES-Verfahren ohne Restart eine dem CG-Verfahren entsprechende Iterationszahl aufweist. Dennoch zeigt sich in der anschließenden Abbildung 14.30 der vergleichsweise deutlich höhere Rechenzeitbedarf des GMRES-Verfahrens. Diese Diskrepanz ist im Kontext einer symmetrisch positiv definiten Matrix auch zu erwarten, da im Verfahren der konjugierten Gradienten eine Dreitermrekursion vorliegt, die einen von der Iterationszahl unabhängigen Rechenaufwand je Schleifendurchlauf bewirkt, während bei der GMRES-Methode mit zunehmender Iterationszahl eine stets steigende Anzahl arithmetischer Operationen zur Erweiterung der Orthonormalbasis innerhalb des Arnoldi-Algorithmus benötigt wird.

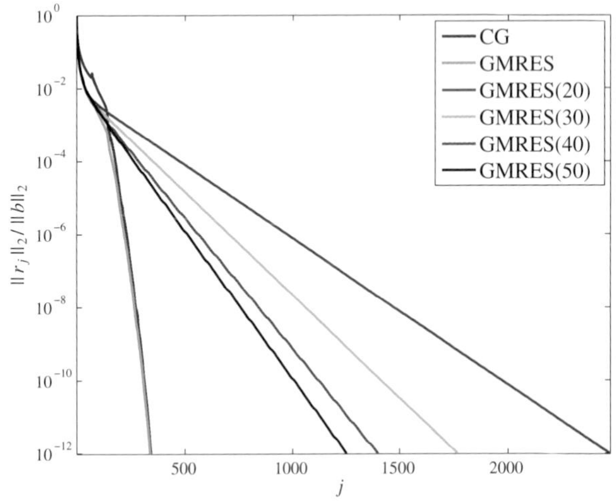

Abbildung 14.29 Konvergenzverläufe bezüglich der Laplace-Gleichung.

Limitiert man die maximale Dimension des eingehenden Krylov-Unterraums im GMRES-Verfahren, so zeigt Abbildung 14.29 in ganz natürlicher Weise einen Anstieg der benötigten Iterationszahl bei Verringerung der Dimension m. Dennoch ergibt sich hiermit nicht notwendigerweise auch eine Erhöhung der Rechenzeit. Genauer betrachtet zeigt das Balkendiagramm gemäß Abbildung 14.30, dass sich bei den genutzten maximalen Krylov-Unterraumdimensionen ein bezüglich des Rechenaufwandes optimaler Wert bei $m = 40$ ergibt.

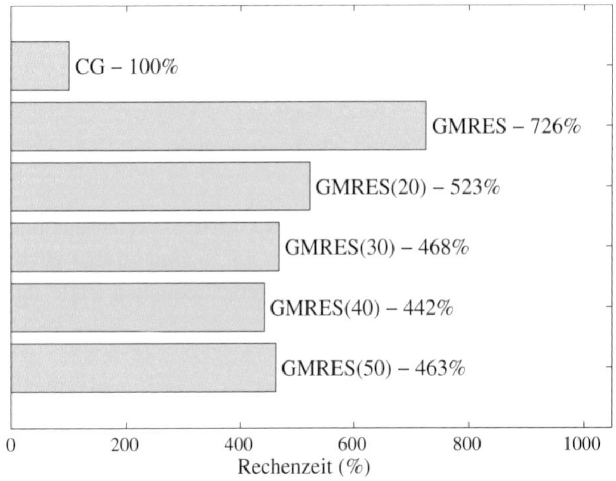

Abbildung 14.30 Prozentualer Rechenzeitvergleich bezüglich der Laplace-Gleichung.

2. Fall: Diffusionsdominierte Strömung ($\varepsilon = 1, \alpha = 0.1$)

Die Ergebnisse sind für diesen Fall vergleichbar mit den Resultaten zur Laplace-Gleichung, die wir im ersten Fall betrachtet haben. Da hierbei keine Symmetrie der Matrix vorliegt, zeigt sich beim CG-Verfahren eine Verschlechterung des Konvergenzverhaltens, während die GMRES-Methode die zu erwartende Stabilität bei der Anwendung auf beliebig reguläre Matrizen belegt. Hinsichtlich der Restarted-Varianten können wir den Abbildungen 14.31 und 14.32 wiederum eine Zunahme der Iterationszahl bei Verringerung der maximalen Krylov-Unterraumdimension entnehmen, während sich ein Optimum hinsichtlich der Rechenzeit bezogen auf die betrachtete Auswahl bei $m = 40$ ergibt.

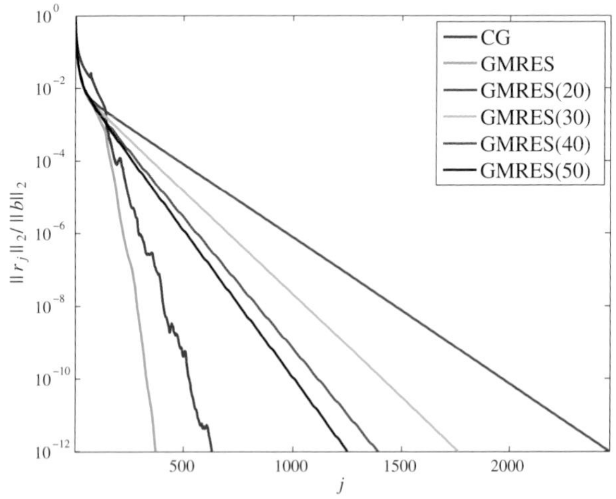

Abbildung 14.31 Konvergenzverläufe bezüglich der Konvektions-Diffusions-Gleichung ($\varepsilon = 1$, $\alpha = 0.1$).

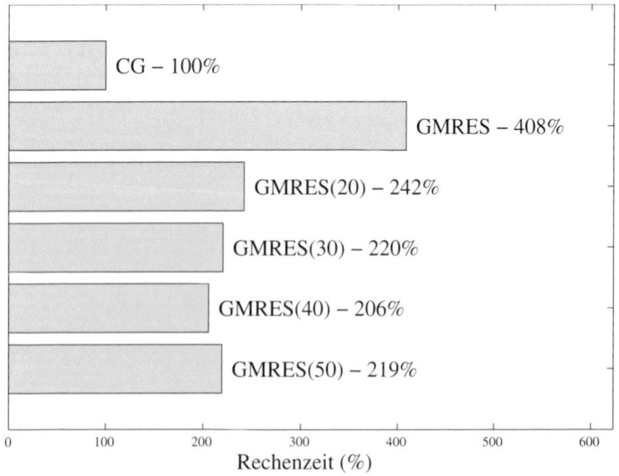

Abbildung 14.32 Prozentualer Rechenzeitvergleich bezüglich der Konvektions-Diffusions-Gleichung ($\varepsilon = 1$, $\alpha = 0.1$).

3. Fall: Konvektionsdominierte Strömung ($\varepsilon = 0.1, \alpha = 1$)

Da das CG-Verfahren für diese Parameterwahl keine konvergente Folge von Näherungslösungen ermittelt, haben wir uns auf die Darstellung der GMRES-Methode inklusive

Hintergrund und Ausblick: Weitere Krylov-Unterraum-Verfahren

Bisher haben wir mit dem Verfahren der konjugierten Gradienten eine orthogonale und mit dem GMRES-Algorithmus eine schiefe Krylov-Unterraum-Methode kennengelernt. Beide basieren auf einer Funktionalminimierung und sind folglich optimal im Kontext des Fehlers in der Energienorm zur Matrix A respektive des Residuums in der euklidischen Norm. Für symmetrische, positiv definite Matrizen liefert das CG-Verfahren sowohl eine Optimalität als auch kurze Rekursionen. Setzen wir außer der Invertierbarkeit keine weiteren Eigenschaften der zugrunde liegenden Matrix voraus, so liegt bei der GMRES-Methode zwar eine Optimalität, jedoch keine kurze Rekursion vor. Will man aus Gründen des Speicherplatzbedarfs wie auch des Rechenaufwandes unbedingt an kurzen Rekursionen festhalten, so geht die Optimalität verloren. Dennoch ergeben sich durch diese Grundentscheidung eine ganze Reihe weiterer Verfahren, die oftmals in praxisrelevanten Problemstellungen eingesetzt werden. Ohne Anspruch auf Vollständigkeit wollen wir abschließend kurz einige Methoden vorstellen und in den Gesamtkontext einordnen.

Betrachtet man das GMRES-Verfahren näher, so erkennt man, dass letztendlich ein hoher Speicher- und Rechenzeitbedarf vorliegt, weil mit $\boldsymbol{H}_m := \boldsymbol{V}_m^T \boldsymbol{A} \boldsymbol{V}_m$ eine eventuell maximal besetzte Hessenbergmatrix vorliegt. Im Fall einer symmetrischen Matrix ergibt sich dagegen eine Tridiagonalmatrix, die eine kurze Rekursion ermöglichen würde. Für den Fall unsymmetrischer Matrizen präsentierte Fletcher mit dem BiCG-Verfahren eine bereits auf eine frühere Arbeit von Lanczos zurückgehende Methode, die neben dem Krylov-Unterraum $K_m = K_m(\boldsymbol{A}, \boldsymbol{r}_0)$ auch den transponierten Raum $K_m^T = K_m(\boldsymbol{A}^T, \boldsymbol{r}_0)$ nutzt. Basierend auf den Basen $\boldsymbol{v}_1, \ldots, \boldsymbol{v}_m$ des K_m und $\boldsymbol{w}_1, \ldots, \boldsymbol{w}_m$ des K_m^T, die der Biorthonormalitätsbedingung

$$\langle \boldsymbol{v}_i, \boldsymbol{w}_j \rangle = \delta_{ij} \text{ für } i, j = 1, \ldots, m$$

genügen, wird die schiefe Krylov-Unterraum-Methode

$$\boldsymbol{x}_m \in \boldsymbol{x}_0 + K_m \text{ mit } (\boldsymbol{b} - \boldsymbol{A}\boldsymbol{x}_m) \perp K_m^T$$

betrachtet. Für die aus den Basisvektoren gebildeten Matrizen $\boldsymbol{V}_m = (\boldsymbol{v}_1 \ldots \boldsymbol{v}_m) \in \mathbb{R}^{n \times m}$ und $\boldsymbol{W}_m = (\boldsymbol{w}_1 \ldots \boldsymbol{w}_m) \in \mathbb{R}^{n \times m}$ ergibt sich mit

$$\boldsymbol{T}_m := \boldsymbol{W}_m^T \boldsymbol{A} \boldsymbol{V}_m$$

eine Tridiagonalmatrix. Der in der Darstellung $\boldsymbol{x}_m = \boldsymbol{x}_0 + \sum_{i=1}^m \alpha_i \boldsymbol{v}_i$ enthaltene Koeffizientenvektor $\boldsymbol{\alpha} = (\alpha_1, \ldots, \alpha_m)^T \in \mathbb{R}^m$ lässt sich mit $\boldsymbol{e}_1 = (1, 0, \ldots, 0)^T \in \mathbb{R}^m$ wegen der Äquivalenz von $(\boldsymbol{b} - \boldsymbol{A}\boldsymbol{x}_m) \perp K_m^T$ und

$$\begin{aligned}\boldsymbol{0} = \boldsymbol{W}_m^T(\boldsymbol{b} - \boldsymbol{A}\boldsymbol{x}_m) &= \boldsymbol{W}_m^T(\boldsymbol{r}_0 - \boldsymbol{A}\boldsymbol{V}_m\boldsymbol{\alpha}) \\ &= \|\boldsymbol{r}_0\|_2 \boldsymbol{e}_1 - \boldsymbol{W}_m^T \boldsymbol{A} \boldsymbol{V}_m \boldsymbol{\alpha}\end{aligned}$$

über das Gleichungssystem $\boldsymbol{T}_m \boldsymbol{\alpha} = \|\boldsymbol{r}_0\|_2 \boldsymbol{e}_1$ berechnen, sodass sich aufgrund der Gestalt der Matrix $\boldsymbol{T}_m$ eine kurze Rekursion ergibt. Der Nachteil dieses Verfahrens liegt sowohl im Auftreten von Matrix-Vektor-Multiplikationen mit $\boldsymbol{A}^T$ als auch in der fehlenden Minimierungseigenschaft. Letzteres kann zu starken Oszillationen im Konvergenzverlauf führen und es ergibt sich die Möglichkeit eines frühzeitigen Verfahrensabbruchs ohne vorherige Ermittlung einer hinreichend genauen Näherungslösung. Sonneveld schlug mit dem CGS-Verfahren eine Modifikation der BiCG-Methode vor, die ohne Multiplikationen mit $\boldsymbol{A}^T$ auskommt und zudem ein schnelleres Konvergenzverhalten zeigt. Jedoch beinhaltet auch dieser Algorithmus die angesprochene Problematik eines vorzeitigen Abbruchs und es kann ebenfalls ein stark oszillierender Konvergenzverlauf auftreten. Mit dem BiCGStab-Verfahren hat van der Vorst eine Variante der CGS-Methode vorgestellt, das eine zusätzliche eindimensionale Residuenminimierung enthält und dadurch ein wesentlich glatteres Konvergenzverhalten und größere Stabilität aufweist. Als Kombination zwischen der GMRES-Methode und dem BiCG-Verfahren kann der von Freund und Nachtigal präsentierte QMR-Algorithmus angesehen werden. Das Verfahren verknüpft die Vorteile eines geringen Speicher- und Rechenaufwandes der BiCG-Methode, die auf die Verwendung der Biorthonormalbasis zurückgeht mit der Eigenschaft eines glatten Residuenverlaufs des GMRES-Verfahrens, das auf der Minimierung des Residuums beruht. Da die hiermit genutzte Basis $\boldsymbol{v}_1 \ldots \boldsymbol{v}_m$ des K_m nicht notwendigerweise orthonormal ist, wird beim QMR-Verfahren im Gegensatz zur GMRES-Methode lediglich eine Quasiminimierung der Funktion $F(\boldsymbol{x}) = \|\boldsymbol{b} - \boldsymbol{A}\boldsymbol{x}\|_2$ über den Raum $\boldsymbol{x}_0 + K_m$ vorgenommen. In natürlicher Weise impliziert der BiCG-Algorithmus einen Zugriff auf $\boldsymbol{A}^T$ im QMR-Verfahren. Auf der Basis der CGS-Methode entwickelte Freund das TFQMR-Verfahren, welches diesen Nachteil bereinigt. Die Zusammenhänge innerhalb dieser kleinen Auswahl an Krylov-Unterraum-Verfahren gibt die folgende Grafik:

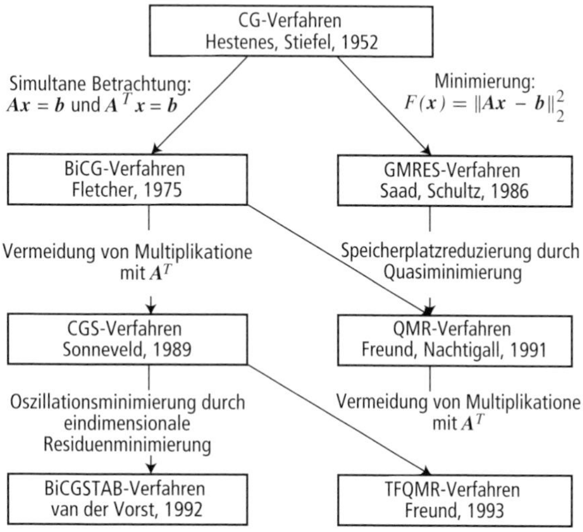

Übersicht: Numerische Verfahren für lineare Gleichungssysteme

Im Kontext linearer Gleichungssysteme der Form $\boldsymbol{A}\boldsymbol{x} = \boldsymbol{b}$ mit regulärer Matrix $\boldsymbol{A}$ haben wir unterschiedliche numerische Verfahren kennengelernt, deren Eigenschaften und Anwendungsbereiche wir an dieser Stelle zusammenstellen.

Direkte Verfahren
Die betrachteten direkten Verfahren nehmen stets eine multiplikative Zerlegung der Matrix $\boldsymbol{A}$ vor.

LR-Zerlegung
Definition: Die Zerlegung einer Matrix $\boldsymbol{A}$ in ein Produkt $\boldsymbol{A} = \boldsymbol{L}\boldsymbol{R}$ aus einer linken unteren Dreiecksmatrix $\boldsymbol{L}$ und einer rechten oberen Dreiecksmatrix $\boldsymbol{R}$ heißt LR-Zerlegung.
Existenz: Zu einer regulären Matrix $\boldsymbol{A}$ existiert genau dann eine LR-Zerlegung, wenn $\det \boldsymbol{A}[k] \neq 0 \quad \forall k = 1, \dots, n$ gilt. Des Weiteren existiert zu jeder regulären Matrix $\boldsymbol{A}$ eine Permutationsmatrix $\boldsymbol{P}$ derart, dass $\boldsymbol{P}\boldsymbol{A}$ eine LR-Zerlegung besitzt.
Lösung eines Gleichungssystems: Mit $\boldsymbol{L}\boldsymbol{R}\boldsymbol{x} = \boldsymbol{b}$ ergibt sich die Lösung $\boldsymbol{x}$ in 2 Schritten:

- Löse $\boldsymbol{L}\boldsymbol{y} = \boldsymbol{b}$ durch Vorwärtselimination
- Löse $\boldsymbol{R}\boldsymbol{x} = \boldsymbol{y}$ durch Rückwärtselimination

Cholesky-Zerlegung
Definition: Die Zerlegung einer Matrix $\boldsymbol{A}$ in ein Produkt $\boldsymbol{A} = \boldsymbol{L}\boldsymbol{L}^T$ mit einer linken unteren Dreiecksmatrix $\boldsymbol{L}$ heißt Cholesky-Zerlegung.
Existenz: Zu jeder symmetrischen, positiv definiten Matrix existiert eine Cholesky-Zerlegung.
Lösung eines Gleichungssystems:
Analog zur LR-Zerlegung mit $\boldsymbol{R} = \boldsymbol{L}^T$.

QR-Zerlegung
Definition: Die Zerlegung einer Matrix $\boldsymbol{A}$ in ein Produkt $\boldsymbol{A} = \boldsymbol{Q}\boldsymbol{R}$ aus einer unitären Matrix $\boldsymbol{Q}$ und einer rechten oberen Dreiecksmatrix $\boldsymbol{R}$ heißt QR-Zerlegung.
Existenz: Zu jeder regulären Matrix existiert eine QR-Zerlegung.
Lösung eines Gleichungssystems: Mit $\boldsymbol{Q}\boldsymbol{R}\boldsymbol{x} = \boldsymbol{b}$ ergibt sich die Lösung $\boldsymbol{x}$ aus:

- Löse $\boldsymbol{L}\boldsymbol{y} = \boldsymbol{Q}^T\boldsymbol{b}$ durch Vorwärtselimination

Iterative Verfahren Bei den iterativen Verfahren haben wir die folgenden drei Typen vorgestellt.

Splitting-Methoden
Die Splitting-Methoden basieren grundlegend auf einer additiven Zerlegung der Matrix $\boldsymbol{A}$ in der Form $\boldsymbol{A} = \boldsymbol{B} + (\boldsymbol{A} - \boldsymbol{B})$, wodurch die Iterationsvorschrift wie folgt lautet: $\boldsymbol{x}_{m+1} = \boldsymbol{B}^{-1}(\boldsymbol{B} - \boldsymbol{A})\boldsymbol{x}_m + \boldsymbol{B}^{-1}\boldsymbol{b}$.

Eine Splitting-Methode ist genau dann konvergent, wenn $\rho(\boldsymbol{B}^{-1}(\boldsymbol{B} - \boldsymbol{A})) < 1$ gilt.

(a) Jacobi-Verfahren
Für Matrizen $\boldsymbol{A}$ mit nichtverschwindenden Diagonaleinträgen setze $\boldsymbol{B} = \operatorname{diag}\{a_{11}, \dots, a_{nn}\}$, womit

$$x_{m+1,i} = \frac{1}{a_{ii}}\left(b_i - \sum_{j=1, j\neq i}^{n} a_{ij}x_{m,j}\right)$$

für $i = 1, \dots, n$ und $m = 0, 1, 2, \dots$ gilt.

(b) Gauß-Seidel-Verfahren
Für Matrizen $\boldsymbol{A}$ mit nichtverschwindenden Diagonaleinträgen setze $\boldsymbol{B}$ als den linken unteren Dreiecksanteil der Matrix $\boldsymbol{A}$, womit

$$x_{m+1,i} = \frac{1}{a_{ii}}\left(b_i - \sum_{j=1}^{i-1} a_{ij}x_{m+1,j} - \sum_{j=i+1}^{n} a_{ij}x_{m,j}\right)$$

für $i = 1, \dots, n$ und $m = 0, 1, 2, \dots$ gilt.

(c) SOR-Verfahren
Basierend auf dem Gauß-Seidel-Verfahren wird eine Gewichtung des Korrekturterms mittels eines Relaxationsparameters ω vorgenommen, womit

$$x_{m+1,i} = x_{m,i} + \frac{\omega}{a_{ii}}\left(b_i - \sum_{j=1}^{i-1} a_{ij}x_{m+1,j} - \sum_{j=i}^{n} a_{ij}x_{m,j}\right)$$

für $i = 1, \dots, n$ und $m = 0, 1, 2, \dots$ gilt.

Mehrgitterverfahren
Die Kombination einer Splitting-Methode zur Fehlerglättung mit einer Grobgitterkorrektur zur Reduktion langwelliger Fehlerterme liefert bei speziellen Gleichungssystemen, wie sie beispielsweise bei der Diskretisierung elliptischer partieller Differenzialgleichungen entstehen, einen sehr effizienten Gesamtalgorithmus.

Krylov-Unterraum-Verfahren
Die Projektionsmethoden suchen die Näherungslösung $\boldsymbol{x}_m \in \boldsymbol{x}_0 + K_m$ bezüglich eines m-dimensionalen Unterraums K_m und legen die Bedingungen zur Berechnung durch eine Orthogonalitätsforderung an den Residuenvektor $\boldsymbol{r}_m = \boldsymbol{b} - \boldsymbol{A}\boldsymbol{x}_m$ gemäß $\boldsymbol{r}_m \perp L_m$ mit einem weiteren m-dimensionalen Unterraum L_m fest.
Im Spezialfall $K_m = \operatorname{span}\left\{\boldsymbol{r}_0, \boldsymbol{A}\boldsymbol{r}_0, \dots, \boldsymbol{A}^{m-1}\boldsymbol{r}_0\right\}$ spricht man von einem Krylov-Unterraum-Verfahren.

(a) Verfahren der konjugierten Gradienten
Definition:
Das CG-Verfahren stellt eine orthogonale Krylov-Unterraum-Methode mit $L_m = K_m$ dar. Äquivalent gilt

$$\boldsymbol{x}_m = \arg\min_{\boldsymbol{x}\in\boldsymbol{x}_0+K_m} F(\boldsymbol{x}) \text{ mit } F(\boldsymbol{x}) = \frac{1}{2}\langle \boldsymbol{A}\boldsymbol{x}, \boldsymbol{x}\rangle - \langle \boldsymbol{b}, \boldsymbol{x}\rangle.$$

Konvergenz:
Für alle symmetrischen, positiv definiten Matrizen $\boldsymbol{A}$.

(b) GMRES-Verfahren
Definition:
Das GMRES-Verfahren stellt eine schiefe Krylov-Unterraum-Methode mit $L_m = \boldsymbol{A}K_m$ dar. Äquivalent gilt

$$\boldsymbol{x}_m = \arg\min_{\boldsymbol{x}\in\boldsymbol{x}_0+K_m} F(\boldsymbol{x}) \text{ mit } F(\boldsymbol{x}) = \|\boldsymbol{A}\boldsymbol{x} - \boldsymbol{b}\|_2.$$

Konvergenz:
Für alle regulären Matrizen $\boldsymbol{A} \in \mathbb{R}^{n\times n}$.

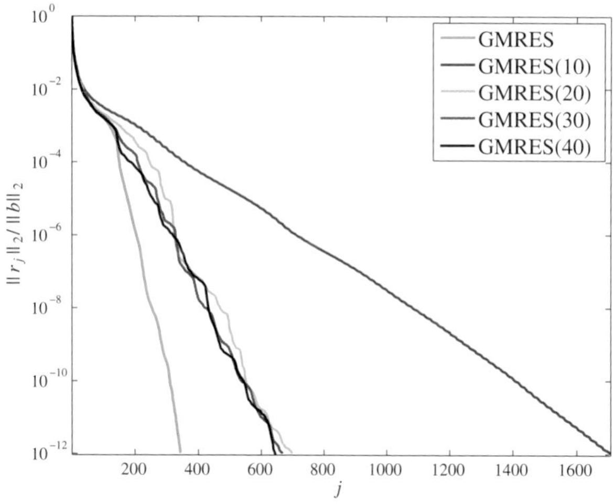

Abbildung 14.33 Konvergenzverläufe bezüglich der Konvektions-Diffusions-Gleichung ($\varepsilon = 0.1$, $\alpha = 1$).

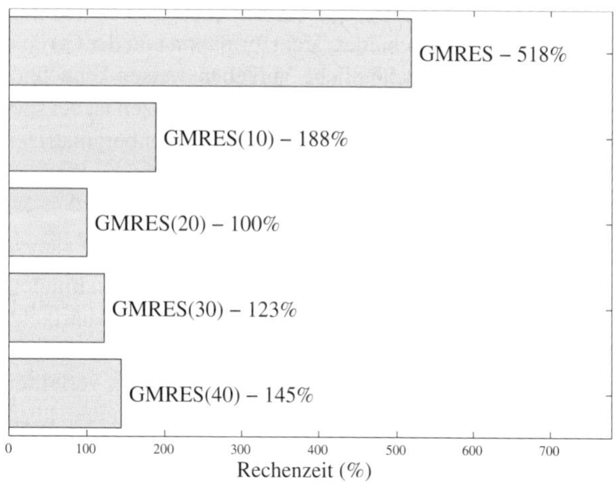

Abbildung 14.34 Prozentualer Rechenzeitvergleich bezüglich der Konvektions-Diffusions-Gleichung ($\varepsilon = 0.1$, $\alpha = 1$).

der verschiedenen Restart-Versionen beschränkt. Unabhängig von der Krylov-Unterraumdimension m zeigt sich in Abbildung 14.33 der auch durch die Theorie belegte monotone Konvergenzverlauf bezüglich der euklidischen Norm. Wie bereits in den ersten beiden Testfällen beobachtet werden konnte, erweist sich die Nutzung einer Restarted-Version aus Sicht der Rechenzeit als vorteilhaft. Die Abbildung 14.34 weist auf einen guten Wert für die maximale Krylov-Unterraumdimension im Bereich von $m = 20$ hin, wodurch im Vergleich zu den vorhergehenden Szenarien deutlich wird, dass die optimale Wahl dieses Parameters problemabhängig ist und folglich oftmals nicht im Vorfeld spezifiziert werden kann. ◀

Zusammenfassung

Zur Lösung linearer Gleichungssysteme der Form $\boldsymbol{A}\boldsymbol{x} = \boldsymbol{b}$ mit gegebener rechter Seite $\boldsymbol{b} \in K^n$ ($K = \mathbb{C}$ oder $\mathbb{R}$) und invertierbarer Matrix $\boldsymbol{A} \in K^{n\times n}$ haben wir

- direkte Methoden und
- iterative Verfahren

kennengelernt.

Die vorgestellten direkten Methoden basieren auf einer multiplikativen Zerlegung der Matrix gemäß

$$\boldsymbol{A} = \boldsymbol{B}\boldsymbol{C}$$

derart, dass die Matrizen $\boldsymbol{B}$ und $\boldsymbol{C}$ leicht invertierbar sind oder zumindest Matrix-Vektor-Produkte mit deren Inversen einfach berechenbar sind. Hiermit ergibt sich die Lösung des Gleichungssystems aus

$$\boldsymbol{x} = \boldsymbol{A}^{-1}\boldsymbol{b} = (\boldsymbol{B}\boldsymbol{C})^{-1}\boldsymbol{b} = \boldsymbol{C}^{-1}\boldsymbol{B}^{-1}\boldsymbol{b}.$$

Bereits das bekannte Gauß'sche Eliminationsverfahren liefert formal gesehen eine sog. **LR-Zerlegung**, bei der $\boldsymbol{A}$ in ein Produkt bestehend aus einer linken unteren Dreiecksmatrix $\boldsymbol{L}$ und einer rechten oberen Dreiecksmatrix $\boldsymbol{R}$ gemäß

$$\boldsymbol{A} = \boldsymbol{L}\boldsymbol{R}$$

zerlegt wird. Die Berechnung der Produkte $\boldsymbol{L}^{-1}\boldsymbol{b}$ und $\boldsymbol{R}^{-1}\widetilde{\boldsymbol{b}}$ wird durch eine Vorwärts- beziehungsweise Rückwärtselimination aus den Gleichungen

$$\boldsymbol{L}\boldsymbol{x} = \boldsymbol{b} \quad \text{respektive} \quad \boldsymbol{R}\boldsymbol{y} = \widetilde{\boldsymbol{b}}$$

ermittelt, ohne die entsprechende inverse Matrix bestimmt zu haben. Eine LR-Zerlegung existiert dabei genau dann, wenn alle Hauptabschnittsmatrizen $\boldsymbol{A}[k]$, $k = 1, \ldots, n$ der Matrix $\boldsymbol{A}$ regulär sind.

Liegt mit $\boldsymbol{A}$ eine symmetrische Matrix vor, so kann der Rechen- und Speicheraufwand der LR-Zerlegung durch Übergang zur **Cholesky-Zerlegung** verringert werden. Hierbei wird eine linke untere Dreiecksmatrix $\boldsymbol{L}$ ermittelt, sodass

$$\boldsymbol{A} = \boldsymbol{L}\boldsymbol{L}^T$$

gilt. Ist $\boldsymbol{A}$ symmetrisch und positiv definit, so ist die Existenz der Cholesky-Zerlegung gesichert.

Im Gegensatz zu den bisher erwähnten Ansätzen existiert zu jeder Matrix eine **QR-Zerlegung** mit einer unitären respektive orthogonalen Matrix $\boldsymbol{Q}$ und einer rechten oberen Dreiecksmatrix $\boldsymbol{R}$, sodass

$$\boldsymbol{A} = \boldsymbol{Q}\boldsymbol{R}$$

gilt. Für die Berechnung haben wir mit dem Gram-Schmidt-Verfahren, der Householder-Transformation und der Givens-Methode drei unterschiedliche Vorgehensweisen kennengelernt. Die Nutzung der Givens-Rotationsmatrizen ist bei speziellen Matrizen wie beispielsweise den Hessenbergmatrizen im Vergleich zu den übrigen Ansätzen aus Sicht der Rechenzeit vorteilhaft.

In zahlreichen realen Anwendungen treten große, schwach besetzte Matrizen auf, deren Dimension oftmals bei mindestens $n = 10^6$ liegt, wobei häufig mehr als 99% der Matrixelemente den Wert null besitzen. Im Kontext derartiger Problemstellungen erweisen sich die vorgestellten direkten Verfahren in der Regel als rechentechnisch ineffizient und zudem übermäßig speicheraufwendig, da die auftretenden Hilfsmatrizen $\boldsymbol{B}$ und $\boldsymbol{C}$ innerhalb der oben angegebenen Produktzerlegung dennoch voll besetzt sein können. Vermeidet man Multiplikation mit Matrixeinträgen, die den Wert null besitzen, so können Matrix-Vektor-Produkte bei einer schwach besetzten Matrix sehr effizient ermittelt werden. Auf diesem Vorteil basieren iterative Verfahren, die sukzessive Näherungen an die gesuchte Lösung ermitteln.

Die einfachste Herleitung iterativer Algorithmen basiert auf einer additiven Zerlegung der Matrix $\boldsymbol{A}$ mittels einer regulären Matrix $\boldsymbol{B}$ in der Form

$$\boldsymbol{A} = \boldsymbol{B} - (\boldsymbol{A} - \boldsymbol{B}),$$

wodurch das lineare Gleichungssystem $\boldsymbol{A}\boldsymbol{x} = \boldsymbol{b}$ in die äquivalent Fixpunktform

$$\boldsymbol{x} = \boldsymbol{B}^{-1}(\boldsymbol{B} - \boldsymbol{A})\boldsymbol{x} + \boldsymbol{B}^{-1}\boldsymbol{b}$$

gebracht werden kann. Derartige Ansätze führen auf die sog. **Splitting-Methoden**, bei denen ausgehend von einem frei wählbaren Startvektor $\boldsymbol{x}_0$ durch

$$\boldsymbol{x}_{m+1} = \boldsymbol{B}^{-1}(\boldsymbol{B} - \boldsymbol{A})\boldsymbol{x}_m + \boldsymbol{B}^{-1}\boldsymbol{b} \qquad (14.100)$$

mit $m = 0, 1, 2, \ldots$ eine Folge von Näherungslösungen $\{\boldsymbol{x}_m\}_{m\in\mathbb{N}_0}$ vorliegt. Die Konvergenz dieser Folge gegen die Lösung des Gleichungssystems $\boldsymbol{A}^{-1}\boldsymbol{b}$ liegt genau dann vor, wenn der Spektralradius der Iterationsmatrix $\boldsymbol{B}^{-1}(\boldsymbol{B} - \boldsymbol{A})$ kleiner als eins ist. Die einzelnen Verfahren unterscheiden sich in der Wahl der Matrix $\boldsymbol{B}$ und wir erhalten

- das triviale Verfahren, wenn $\boldsymbol{B}$ als Identität gewählt wird,
- das **Jacobi-Verfahren**, wenn $\boldsymbol{B}$ eine Diagonalmatrix mit $b_{ii} = a_{ii}, i = 1, \ldots, n$ darstellt,
- das **Gauß-Seidel-Verfahren**, wenn $\boldsymbol{B}$ eine linke untere Dreiecksmatrix mit $b_{ij} = a_{ij}, i, j = 1, \ldots, n, i \geq j$ repräsentiert.

Formuliert man (14.100) in der Form

$$\boldsymbol{x}_{m+1} = \boldsymbol{x}_m + \boldsymbol{r}_m \text{ mit } \boldsymbol{r}_m = \boldsymbol{B}^{-1}(\boldsymbol{b} - \boldsymbol{A}\boldsymbol{x}_m),$$

so ergeben sich die zu den obigen Basisverfahren gehörenden Relaxationsverfahren in der Grundidee durch eine Gewichtung des Korrekturvektors $\boldsymbol{r}_m$ gemäß

$$\boldsymbol{x}_{m+1} = \boldsymbol{x}_m + \omega\boldsymbol{r}_m \text{ mit } \omega \in \mathbb{R}.$$

Das bekannteste Verfahren dieser Gruppe stellt die SOR-Methode dar, die aus dem Gauß-Seidel-Verfahren hervorgeht, wobei eine Gewichtung in leichter Abwandlung der obigen Darstellung innerhalb jeder Komponente $i = 1, \ldots, n$ mittels

$$x_{m+1,i} = x_{m,i} + \omega r_{m,i}$$

mit

$$r_{m,i} = \frac{1}{a_{ii}}\left(b_i - \sum_{j=1}^{i-1} a_{ij}x_{m+1,j} - \sum_{j=i}^{n} a_{ij}x_{m,j}\right)$$

durchgeführt wird.

Für spezielle Matrizen, wie man sie oftmals aus der Diskretisierung elliptischer partieller Differenzialgleichungen erhält, kann eine deutliche Konvergenzbeschleunigung im Vergleich zu den Splitting-Methoden durch das **Mehrgitterverfahren** erzielt werden. Dieser Verfahrenstyp setzt sich aus zwei Anteilen zusammen, die komplementäre Eigenschaften aufweisen und auf einer Hierarchie von Gittern wirken. Auf dem feinsten Gitter werden zunächst die hochfrequenten Fehleranteile mittels eines Glätters verringert, der beispielsweise durch eine relaxierte Splitting-Methode realisiert wird. Anschließend werden die verbleibenden langwelligen Fehlerkomponenten mittels einer Grobgitterkorrektur gezielt verkleinert. Eine sukzessive Hintereinanderschaltung dieser Verfahrensteile resultiert abhängig vom Problemfall in einem der derzeitig effektivsten Methoden zur Lösung linearer Gleichungssysteme.

Abschließend haben wir mit dem Verfahren der konjugierten Gradienten, kurz **CG-Verfahren**, und der **GMRES-Methode** zwei prominente Vertreter der Gruppe moderner **Krylov-Unterraum-Verfahren** vorgestellt, die eine spezielle Klasse der Projektionsmethoden repräsentieren. Hierbei werden im Gegensatz zu den Splitting-Verfahren die Näherungslösungen stets in affin-linearen Unterräumen $\boldsymbol{x}_0 + K_m$ des $\mathbb{R}^n$ gesucht, wobei die Dimension m des Krylov-Unterraums K_m mit der Iterationszahl steigt und die Festlegung der Näherungslösung auf der Grundlage einer Orthogonalitätsbedingung erfolgt. Die von uns untersuchten Algorithmen können auch durch eine äquivalente Minimierungsformulierung angegeben werden. Das CG-Verfahren basiert dabei auf der Minimierung des Funktionals

$$F(\boldsymbol{x}) = \frac{1}{2}\langle \boldsymbol{A}\boldsymbol{x}, \boldsymbol{x}\rangle - \langle \boldsymbol{b}, \boldsymbol{x}\rangle.$$

Eine garantierte Konvergenz gegen die Lösung des Gleichungssystems liegt bei diesem Verfahren lediglich für symmetrische, positiv definite Matrizen vor. Dagegen konvergiert die GMRES-Methode aufgrund des betrachteten Funktionals

$$F(\boldsymbol{x}) = \|\boldsymbol{b} - \boldsymbol{A}\boldsymbol{x}\|_2^2$$

für beliebige reguläre Matrizen. Diesem Vorteil steht jedoch leider auch der Nachteil entgegen, dass der Rechen- und Speicheraufwand linear mit der Iterationszahl steigt, während das Verfahren der konjugierten Gradienten einen stets gleichbleibenden Aufwand aufweist. Demzufolge sollte die Auswahl der Methode von den zugrunde liegenden Eigenschaften der Matrix $\boldsymbol{A}$ abhängig gemacht werden.

Aufgaben

Die Aufgaben gliedern sich in drei Kategorien: Anhand der *Verständnisfragen* können Sie prüfen, ob Sie die Begriffe und zentralen Aussagen verstanden haben, mit den *Rechenaufgaben* üben Sie Ihre technischen Fertigkeiten und die *Beweisaufgaben* geben Ihnen Gelegenheit, zu lernen, wie man Beweise findet und führt.

Ein Punktesystem unterscheidet leichte Aufgaben •, mittelschwere •• und anspruchsvolle ••• Aufgaben. Lösungshinweise am Ende des Buches helfen Ihnen, falls Sie bei einer Aufgabe partout nicht weiterkommen. Dort finden Sie auch die Lösungen – betrügen Sie sich aber nicht selbst und schlagen Sie erst nach, wenn Sie selber zu einer Lösung gekommen sind. Ausführliche Lösungswege, Beweise und Abbildungen finden Sie auf der Website zum Buch.

Viel Spaß und Erfolg bei den Aufgaben!

Verständnisfragen

14.1 •• Geben Sie ein Beispiel an, bei dem die linearen Iterationsverfahren ψ und ϕ nicht konvergieren und die Produktiteration $\psi \circ \phi$ konvergiert.

14.2 •• Wir betrachten Matrizen $\boldsymbol{A} = (a_{ij})_{i,j=1,\ldots,n} \in \mathbb{R}^{n\times n}$ $(n \geq 2)$ mit $a_{ii} = 1$, $i = 1,\ldots,n$ und $a_{ij} = a$ für $i \neq j$.

(a) Wie sieht die Iterationsmatrix des Jacobi-Verfahrens zu $\boldsymbol{A}$ aus? Berechnen Sie ihre Eigenwerte und die Eigenwerte von $\boldsymbol{A}$.
(b) Für welche a konvergiert das Jacobi-Verfahren? Für welche a ist $\boldsymbol{A}$ positiv definit?
(c) Gibt es positiv definite Matrizen $\boldsymbol{A} \in \mathbb{R}^{n\times n}$, für die das Jacobi-Verfahren nicht konvergiert?

Beweisaufgaben

14.3 • Zeigen Sie: Bei einer positiv definiten Matrix $\boldsymbol{A} \in \mathbb{R}^{n\times n}$ sind alle Hauptabschnittsmatrizen ebenfalls positiv definit.

14.4 • Beweisen Sie das auf Seite 493 aufgeführte Korollar.

14.5 •• Zeigen Sie, dass für zwei lineare Iterationsverfahren ϕ, ψ mit den Iterationsmatrizen $\boldsymbol{M}_\phi$ und $\boldsymbol{M}_\psi$ die beiden Produktiterationen $\phi \circ \psi$ und $\psi \circ \phi$ die gleichen Konvergenzeigenschaften im Sinne von

$$\rho(\boldsymbol{M}_{\phi\circ\psi}) = \rho(\boldsymbol{M}_{\psi\circ\phi})$$

besitzen.

14.6 • Zeigen Sie, dass jede unitäre Matrix $\boldsymbol{Q} \in \mathbb{C}^{n\times n}$ längenerhaltend bezüglich der euklidischen Norm ist und $\|\boldsymbol{Q}\|_2 = 1$ gilt.

14.7 •• Gegeben sei die Matrix

$$\boldsymbol{A} = \begin{pmatrix} 1 & 3 & 4 & 1 \\ 2 & 7 & a & 4 \\ 1 & 4 & 6 & 1 \\ 3 & 4 & 9 & 0 \end{pmatrix}.$$

(a) Für welchen Wert von a besitzt $\boldsymbol{A}$ keine LR-Zerlegung?
(b) Berechnen Sie eine LR-Zerlegung von $\boldsymbol{A}$ im Existenzfall.
(c) Für den Fall, dass $\boldsymbol{A}$ keine LR-Zerlegung besitzt, geben Sie eine Permutationsmatrix $\boldsymbol{P}$ derart an, dass $\boldsymbol{PA}$ eine LR-Zerlegung besitzt.

14.8 •• Gegeben sei die Matrix

$$\boldsymbol{A} = \begin{pmatrix} 1 & 4 & 7 \\ 2 & \alpha & \beta \\ 0 & 1 & 1 \end{pmatrix}.$$

Unter welchen Voraussetzungen an die Werte $\alpha, \beta \in \mathbb{R}$ ist die Matrix regulär und besitzt zudem eine LR-Zerlegung? Geben Sie zudem ein Parameterpaar (α, β) derart an, dass die Matrix $\boldsymbol{A}$ regulär ist und keine LR-Zerlegung besitzt.

14.9 •• Gegeben sei die Matrix

$$\boldsymbol{A} = \begin{pmatrix} 1 - \frac{7}{8}\cos\frac{\pi}{4} & \frac{7}{8}\sin\frac{\pi}{4} \\ -\frac{7}{8}\sin\frac{\pi}{4} & 1 - \frac{7}{8}\cos\frac{\pi}{4} \end{pmatrix}$$

und der Vektor

$$\boldsymbol{b} = \begin{pmatrix} 0 \\ 0 \end{pmatrix}.$$

Zeigen Sie, dass das lineare Iterationsverfahren

$$\boldsymbol{x}_{n+1} = (\boldsymbol{I} - \boldsymbol{A})\boldsymbol{x}_n + \boldsymbol{b}, \quad n = 0, 1, 2, \ldots$$

für jeden Startvektor $\boldsymbol{x}_0 \in \mathbb{R}^2$ gegen die eindeutig bestimmte Lösung $\boldsymbol{x} = (0,0)^T$ konvergiert, obwohl eine induzierte Matrixnorm mit

$$\|\boldsymbol{I} - \boldsymbol{A}\| > 1$$

existiert. Veranschaulichen Sie beide Sachverhalte zudem grafisch.

Rechenaufgaben

14.10 • Bestimmen Sie für das System

$$\begin{pmatrix} 4 & 0 & 2 \\ 0 & 5 & 2 \\ 5 & 4 & 10 \end{pmatrix} \begin{pmatrix} x_1 \\ x_2 \\ x_3 \end{pmatrix} = \begin{pmatrix} 4 \\ -3 \\ 2 \end{pmatrix}$$

die Spektralradien der Iterationsmatrizen für das Gesamt- und Einzelschrittverfahren und schreiben Sie beide Verfahren in Komponenten. Zeigen Sie, dass die Matrix konsistent geordnet ist und bestimmen Sie den optimalen Relaxationsparameter für das Einzelschrittverfahren.

14.11 •• Das Gleichungssystem

$$\begin{pmatrix} 3 & -1 \\ -1 & 3 \end{pmatrix} \begin{pmatrix} x_1 \\ x_2 \end{pmatrix} = \begin{pmatrix} 1 \\ -1 \end{pmatrix}$$

soll mit dem Jacobi- und Gauß-Seidel-Verfahren gelöst werden. Wie viele Iterationen sind jeweils ungefähr erforderlich, um den Fehler $\|\boldsymbol{x}_n - \boldsymbol{x}\|_2$ um den Faktor 10^{-6} zu reduzieren?

14.12 •• Zeigen Sie: Sei $\boldsymbol{A} \in \mathbb{R}^{n\times n}$ eine symmetrische, positiv definite Matrix. Dann ist $\boldsymbol{B} = \boldsymbol{P}\boldsymbol{A}\boldsymbol{P}^T$ für jede invertierbare Matrix $\boldsymbol{P} \in \mathbb{R}^{n\times n}$ ebenfalls symmetrisch und positiv definit.

14.13 • Berechnen Sie die LR-Zerlegung der Matrix

$$\boldsymbol{A} = \begin{pmatrix} 1 & 4 & 5 \\ 1 & 6 & 11 \\ 2 & 14 & 31 \end{pmatrix}$$

und lösen Sie hiermit das lineare Gleichungssystem $\boldsymbol{A}\boldsymbol{x} = (17,\ 31,\ 82)^T$.

14.14 • Berechnen Sie die QR-Zerlegung der Matrix

$$\boldsymbol{A} = \begin{pmatrix} 1 & 3 \\ -1 & 1 \end{pmatrix}$$

und lösen Sie hiermit das lineare Gleichungssystem $\boldsymbol{A}\boldsymbol{x} = (16,\ 0)^T$.

14.15 • Berechnen Sie eine Cholesky-Zerlegung der Matrix

$$\boldsymbol{A} = \begin{pmatrix} 9 & 3 & 9 \\ 3 & 9 & 11 \\ 9 & 11 & 17 \end{pmatrix}$$

und lösen Sie hiermit das lineare Gleichungssystem

$$\boldsymbol{A}\boldsymbol{x} = \begin{pmatrix} 24 \\ 16 \\ 32 \end{pmatrix}.$$

14.16 •• Sei

$$\boldsymbol{A} = \begin{pmatrix} 2 & -1 & -1 & 0 \\ -1 & 2.5 & 0 & -1 \\ -1 & 0 & 2.5 & -1 \\ 0 & -1 & -1 & 2 \end{pmatrix}$$

die Matrix eines linearen Gleichungssystems.

Zeigen Sie, dass $\mathbf{A}$ irreduzibel ist und dass das Jacobi-Verfahren sowie das Gauß-Seidel-Verfahren konvergent sind.

Antworten der Selbstfragen

S. 486
Für die Menge $M = \{\boldsymbol{e}_1, \ldots, \boldsymbol{e}_n\} \subset \mathbb{R}^n$ repräsentiert eine Permutationsmatrix eine bijektive Abbildung von M auf sich, also eine Permutation. Die Permutationen bilden laut Band 1, Abschnitt 3.1 bezüglich der Hintereinanderausführung eine Gruppe, womit Produkte von Permutationsmatrizen wiederum Permutationsmatrizen ergeben.

S. 490
Für $n = 10^5$ ergeben sich bereits ungefähr $3{,}3 \cdot 10^7$sec beziehungsweise 13 Monate. Im Fall $n = 10^6$ erhöht sich der Zeitaufwand um einen Faktor von 1000 auf weit über 1000 Jahre.

S. 492
Wir erhalten

$$\begin{aligned}\sum_{k=1}^{n}(n-k)(k-1) &= n\sum_{k=1}^{n}k - \sum_{k=1}^{n}k^2 - \sum_{k=1}^{n}(n-k) \\ &= n\frac{n(n+1)}{2} - \frac{n(n+1)(2n+1)}{6} - \frac{n(n-1)}{2} \\ &= \frac{n^3}{6} - \frac{n^2}{2} + \frac{n}{3}.\end{aligned}$$

S. 493
Die Gesamtzahl an Multiplikationen beträgt

$$\begin{aligned}2n\sum_{k=1}^{n}(k-1) + n\sum_{k=1}^{n}1 &= 2n\sum_{k=1}^{n}k - n\sum_{k=1}^{n}1 \\ &= 2n\frac{n(n+1)}{2} - n^2 = n^3 + \mathcal{O}(n^2).\end{aligned}$$

S. 493
Derartige Matrizen haben stets die Form $\boldsymbol{D} = \operatorname{diag}\{e^{i\Theta_1}, \ldots, e^{i\Theta_n}\}$ mit beliebigen Winkeln $\Theta_j \in [0, 2\pi[$ für $j = 1, \ldots, n$.

S. 494
Ja, denn ausgehend von zwei unitären Matrizen $\boldsymbol{U}, \boldsymbol{V} \in \mathbb{C}^{n\times n}$ erhalten wir für $\boldsymbol{W} = \boldsymbol{U}\boldsymbol{V}$ die Eigenschaft

$$\boldsymbol{W}^*\boldsymbol{W} = (\boldsymbol{U}\boldsymbol{V})^*\boldsymbol{U}\boldsymbol{V} = \boldsymbol{V}^*\boldsymbol{U}^*\boldsymbol{U}\boldsymbol{V} = \boldsymbol{V}^*\boldsymbol{V} = \boldsymbol{I}\,.$$

Der Nachweis für orthogonale Matrizen ergibt sich entsprechend.

S. 495
Die im Beispiel auf Seite 493 berechnete orthogonale Matrix besitzt die Determinante -1 und stellt folglich eine Spiegelung dar. Da bei der Givens-Rotation stets mit Drehmatrizen gearbeitet wird, die die Determinante 1 aufweisen, musste sich eine abweichende QR-Zerlegung ergeben. Die beiden QR-Zerlegungen können laut dem Satz zur Eindeutigkeit der QR-Zerlegung ineinander überführt werden. In dem hier vorliegenden Fall kann hierzu die Diagonalmatrix $\boldsymbol{D} = \mathrm{diag}\{1, -1\} \in \mathbb{R}^{2\times 2}$ genutzt werden.

S. 497
Für reelle Vektoren gilt $\boldsymbol{v}^* = \boldsymbol{v}^T$. Damit folgt $\boldsymbol{v}^*\boldsymbol{u} = \boldsymbol{v}^T\boldsymbol{u} = \boldsymbol{u}^T\boldsymbol{v} = \boldsymbol{u}^*\boldsymbol{v}$, wodurch sich unmittelbar die formulierte Identität ergibt.

S. 499
Einsetzen der Aufsplittung (14.23) in $\boldsymbol{A}\boldsymbol{x} = \boldsymbol{b}$ liefert $\boldsymbol{B}\boldsymbol{x} + (\boldsymbol{A} - \boldsymbol{B})\boldsymbol{x} = \boldsymbol{b}$, womit sich die Äquivalenz zu $\boldsymbol{B}\boldsymbol{x} = (\boldsymbol{B} - \boldsymbol{A})\boldsymbol{x} + \boldsymbol{b}$ und folglich durch Multiplikation mit $\boldsymbol{B}^{-1}$ die behauptete Eigenschaft ergibt.

S. 504
Wenn sich die Diagonaleinträge der Matrix $\boldsymbol{A}$ nur geringfügig von eins unterscheiden, kann aufgrund von $\boldsymbol{D} \approx \boldsymbol{I}$ nicht mit einem deutlichen verbesserten Konvergenzverhalten gerechnet werden.

S. 506
Aus

$$\max_{i=1,2,3} \sum_{\substack{j=1\\ j\neq i}}^{3} \frac{|a_{ij}|}{|a_{ii}|} = \max\left\{\frac{1}{2}, 1, 1\right\} = 1 \text{ und } \sum_{j=2}^{3} \frac{|a_{1j}|}{|a_{1,1}|} = \frac{1}{2}$$

folgt ausschließlich die schwache Diagonaldominanz. Mit $a_{1,3} \neq 0$, $a_{3,2} \neq 0$ und $a_{2,1} \neq 0$ ergibt sich der gerichtete und gleichzeitig geschlossene Weg

$$(1,3)(3,2)(2,1)\,,$$

wodurch die Irreduzibilität aus dem vorliegenden Ring deutlich wird und das Jacobi-Verfahren folglich für die Matrix konvergent ist.

S. 517
Die hochfrequenten Fehleranteile werden bei der Initialisierung zum unteren Bild mit dem Eigenwert $\lambda_{31}^{(4)}\left(\frac{1}{2}\right) \approx 0.002$ gedämpft. Wegen $\lambda_{31}^{(4)}\left(\frac{1}{2}\right) \ll \lambda_{16}^{(4)}\left(\frac{1}{2}\right) = 0.5$ erklärt sich die beobachtete Eigenschaft.

S. 519
Sei $\boldsymbol{u} = \boldsymbol{A}^{-1}\boldsymbol{f}$, dann folgt die Konsistenz aus

$$(\phi \circ \psi)(\boldsymbol{u}, \boldsymbol{f}) = \phi(\psi(\boldsymbol{u}, \boldsymbol{f}), \boldsymbol{f}) = \phi(\boldsymbol{u}, \boldsymbol{f}) = \boldsymbol{u}\,.$$

Mit $\phi(\boldsymbol{u}, \boldsymbol{f}) = \boldsymbol{M}_\phi\boldsymbol{u} + \boldsymbol{N}_\phi\boldsymbol{f}$ und $\psi(\boldsymbol{u}, \boldsymbol{f}) = \boldsymbol{M}_\psi\boldsymbol{u} + \boldsymbol{N}_\psi\boldsymbol{f}$ ergibt sich

$$\begin{aligned}(\phi \circ \psi)(\boldsymbol{u}, \boldsymbol{f}) &= \boldsymbol{M}_\phi\left(\boldsymbol{M}_\psi\boldsymbol{u} + \boldsymbol{N}_\psi\boldsymbol{f}\right) + \boldsymbol{N}_\phi\boldsymbol{f}\\ &= \underbrace{\boldsymbol{M}_\phi\boldsymbol{M}_\psi}_{=\boldsymbol{M}_{\phi\circ\psi}}\boldsymbol{u} + \underbrace{(\boldsymbol{M}_\phi\boldsymbol{N}_\psi + \boldsymbol{N}_\phi)}_{=\boldsymbol{N}_{\phi\circ\psi}}\boldsymbol{f}\,,\end{aligned}$$

sodass die Iterationsmatrix der Produktiteration die Darstellung $\boldsymbol{M}_\phi\boldsymbol{M}_\psi$ besitzt.

S. 523
Aufgrund der Einheitsmatrix erhalten wir unmittelbar die Eigenschaft

$$\begin{aligned}K_1 &= K_1(\boldsymbol{I}, \boldsymbol{r}_0) = \mathrm{span}\,\{\boldsymbol{r}_0\} = \mathrm{span}\,\{\boldsymbol{r}_0, \boldsymbol{I}\boldsymbol{r}_0\}\\ &= K_2(\boldsymbol{I}, \boldsymbol{r}_0) = K_2\,.\end{aligned}$$

Mit $\boldsymbol{r}_0 = \boldsymbol{b} - \boldsymbol{I}\boldsymbol{x}_0 = \boldsymbol{b} - \boldsymbol{x}_0$ liegt die Lösung $\boldsymbol{x} = \boldsymbol{b}$ wegen $\boldsymbol{x} = \boldsymbol{x}_0 + (\boldsymbol{b} - \boldsymbol{x}_0)$ somit in

$$\boldsymbol{x}_0 + K_1 = \boldsymbol{x}_0 + \mathrm{span}\,\{\boldsymbol{r}_0\} = \boldsymbol{x}_0 + \mathrm{span}\,\{\boldsymbol{b} - \boldsymbol{x}_0\}\,.$$

S. 523
Ja, denn es gilt

$$\begin{aligned}f_{\boldsymbol{x},\boldsymbol{p}}(\lambda) &= F(\boldsymbol{x} + \lambda\boldsymbol{p}) = \frac{1}{2}\langle \boldsymbol{A}(\boldsymbol{x} + \lambda\boldsymbol{p}), \boldsymbol{x} + \lambda\boldsymbol{p}\rangle - \langle \boldsymbol{b}, \boldsymbol{x} + \lambda\boldsymbol{p}\rangle\\ &= F(\boldsymbol{x}) + \lambda\langle \boldsymbol{A}\boldsymbol{x} - \boldsymbol{b}, \boldsymbol{p}\rangle + \frac{1}{2}\lambda^2\langle \boldsymbol{A}\boldsymbol{p}, \boldsymbol{p}\rangle\,,\end{aligned}$$

womit $f_{\boldsymbol{x},\boldsymbol{p}}$ eine Parabel beschreibt, die wegen $\langle \boldsymbol{A}\boldsymbol{p}, \boldsymbol{p}\rangle > 0$ nach oben geöffnet ist.

S. 524
Eine Möglichkeit des Nachweises liegt im direkten Nachrechnen der geforderten Normeigenschaften unter Verwendung der positiven Definitheit der Matrix $\boldsymbol{A}$. Ein etwas eleganterer Weg liegt in folgender Überlegung begründet. Da $\boldsymbol{A}$ symmetrisch ist, existiert eine orthogonale Matrix $\boldsymbol{Q}$ derart, dass

$$\boldsymbol{A} = \boldsymbol{Q}^{-1}\boldsymbol{D}\boldsymbol{Q}$$

mit einer Diagonalmatrix $\boldsymbol{D} \in \mathbb{R}^{n\times n}$ gilt, wobei $\boldsymbol{D}$ aufgrund der positiven Definitheit ausschließlich positive Diagonaleinträge $d_{11}, \ldots, d_{nn}$ aufweist. Damit lässt sich durch die Diagonalmatrix

$$\boldsymbol{D}^{1/2} := \mathrm{diag}\{\sqrt{d_{11}}, \ldots, \sqrt{d_{nn}}\} \in \mathbb{R}^{n\times n}$$

die reguläre, symmetrische Matrix

$$\boldsymbol{A}^{1/2} = \boldsymbol{Q}^{-1}\boldsymbol{D}^{1/2}\boldsymbol{Q}$$

festlegen, die $A = A^{1/2}A^{1/2}$ erfüllt, sodass wir den Nachweis aller Normeigenschaften wegen

$$\begin{aligned}\|x\|_A &= \sqrt{\langle Ax, x\rangle} = \sqrt{\langle A^{1/2}x, A^{1/2}x\rangle} \\ &= \sqrt{\|A^{1/2}x\|_2^2} = \|A^{1/2}x\|_2\end{aligned}$$

direkt aus der euklidischen Norm erhalten.

S. 526
Im Fall $r_{m-1} = 0$ folgt direkt $r_m \perp r_{m-1}$. Sei $r_{m-1} \neq 0$, so erhalten wir mit

$$\lambda_{m-1} = \frac{\|r_{m-1}\|_2^2}{\langle Ar_{m-1}, r_{m-1}\rangle}$$

die Orthogonalität der Residuenvektoren durch

$$\begin{aligned}\langle r_m, r_{m-1}\rangle &= \langle r_{m-1} - \lambda_{m-1}Ar_{m-1}, r_{m-1}\rangle \\ &= \langle r_{m-1}, r_{m-1}\rangle - \frac{\|r_{m-1}\|_2^2\langle Ar_{m-1}, r_{m-1}\rangle}{\langle Ar_{m-1}, r_{m-1}\rangle} \\ &= 0.\end{aligned}$$

Das geometrische Optimalitätskriterium belegt damit die Aussage.

S. 528
Ja, denn das durch (14.74) vorliegende Verfahren bricht genau dann ab, wenn $p_m = 0$ gilt. In diesem Fall liegt laut (d) mit x_m die Lösung des Gleichungssystems vor. Solange $p_m \neq 0$ gilt, wächst gemäß (b) die Dimension des Unterraums U_m. Spätestens für $m = n$ gilt dann $U_m = U_n = \mathbb{R}^n$, sodass wegen (c) $r_n = b - Ax_n = 0$ und somit $x_n = A^{-1}b$ geschlussfolgert werden kann.

S. 532
Da A regulär ist, stellt $A^T A$ eine symmetrische, positiv definite Matrix dar. Folglich ergibt sich die Eigenschaft der strikten Konvexität unter Berücksichtigung von

$$\begin{aligned}F(x) &= \|b - Ax\|_2^2 \\ &= \langle b, b\rangle - 2\langle x, A^T Ab\rangle + \langle x, A^T Ax\rangle\end{aligned}$$

aus

$$H(F) = 2A^T A\,.$$

Numerische Eigenwertberechnung – Einschließen und Approximieren

15

Wie schätzt man das Spektrum ab?

Wie berechnet man Eigenwerte und Eigenvektoren?

Wie arbeiten Suchmaschinen?

Die in der Mechanik im Rahmen der linearen Elastizitätstheorie vorgenommene Modellierung von Brückenkonstruktionen führt auf ein Eigenwertproblem, bei dem die Brückenschwingung unter Kenntnis aller Eigenwerte und Eigenvektoren vollständig beschrieben werden kann. Generell charakterisieren die Eigenwerte sowohl die Eigenschaften der Lösung eines mathematischen Modells als auch das Konvergenzverhalten numerischer Methoden auf ganz zentrale Weise. So haben wir bereits bei der Analyse linearer Iterationsverfahren zur Lösung von Gleichungssystemen nachgewiesen, dass der Spektralradius als Maß für die Konvergenzgeschwindigkeit und Entscheidungskriterium zwischen Konvergenz und Divergenz fungiert. Bei derartigen Methoden sind wir folglich am Betrag des betragsmäßig größten Eigenwertes der Iterationsmatrix interessiert. Alle Eigenwerte und Eigenvektoren sind dagegen z. B. notwendig, um die Lösungsschar linearer Systeme gewöhnlicher Differenzialgleichungen angeben zu können. Gleiches gilt für die Lösung linearer hyperbolischer Systeme partieller Differenzialgleichungen. Hier kann der räumliche und zeitliche Lösungsverlauf mithilfe einer Eigenwertanalyse der Matrix des zugehörigen quasilineareren Systems beschrieben werden. Die Betrachtung verschiedenster gewöhnlicher und partieller Differenzialgleichungssysteme zeigt, dass viele Phänomene wie die Populationsdynamik von Lebewesen, die Ausbildung von Verdichtungsstößen, der Transport von Masse, Impuls und Energie und letztendlich sogar die Ausbreitungsgeschwindigkeit eines Tsunamis durch die Eigenwerte des zugrunde liegenden Modells respektive ihrem Verhältnis zueinander festgelegt sind.

Die Berechnung von Eigenwerten über die Nullstellenbestimmung des charakteristischen Polynoms ist bereits bei sehr kleinen Matrizen in der Regel nicht praktikabel. Nach der Vorstellung von Ansätzen zur ersten Lokalisierung von Eigenwerten werden wir uns im Folgenden mit zwei Verfahrensklassen zur näherungsweisen Bestimmung von Eigenwerten und Eigenvektoren befassen. Die erste Gruppe umfasst Methoden zur Vektoriteration, während die zweite Klasse stets auf einer Hauptachsentransformation der Matrix zur Überführung in Diagonal- oder obere Dreiecksgestalt beruht.

15.1 Eigenwerteinschließungen

Neben der Verwendung des Spektralradius werden wir innerhalb dieses Abschnittes zwei Methoden vorstellen, mittels derer Mengen berechnet werden können, die alle Eigenwerte einer Matrix $\boldsymbol{A}$ beinhalten, d. h. das gesamte Spektrum

$$\sigma(\boldsymbol{A}) := \{\lambda \in \mathbb{C} \mid \lambda \text{ ist Eigenwert der Matrix } \boldsymbol{A}\}$$

umfassen. Dabei beginnen wir mit den Gerschgorin-Kreisen und widmen uns anschließend dem Wertebereich einer Matrix. Bereits aus der Definition

$$\rho(\boldsymbol{A}) := \max_{\lambda \in \sigma(\boldsymbol{A})} |\lambda|$$

des Spektralradius einer gegebenen Matrix $\boldsymbol{A} \in \mathbb{C}^{n\times n}$ ist der Zusammenhang

$$\sigma(\boldsymbol{A}) \subseteq K(0, \rho(\boldsymbol{A})) := \{z \in \mathbb{C} \mid |z| \le \rho(\boldsymbol{A})\} \qquad (15.1)$$

offensichtlich. Wie hier bereits angedeutet, verwenden wir im Folgenden die Schreibweise $K(m, r)$ für einen abgeschlossenen Kreis mit Mittelpunkt m und Radius r. Wie wir im Kapitel 11 auf Seite 388 nachgewiesen haben, stellt jede Matrixnorm eine obere Schranke für den Spektralradius dar. Folglich ergibt sich unter Nutzung der leicht berechenbaren Normen

$$\|\boldsymbol{A}\|_\infty = \max_{i=1,\ldots,n} \sum_{j=1}^{n} |a_{ij}| \quad \text{sowie} \quad \|\boldsymbol{A}\|_1 = \max_{i=1,\ldots,n} \sum_{j=1}^{n} |a_{ji}|$$

entsprechend (15.1) die Darstellung

$$\sigma(\boldsymbol{A}) \subseteq K(0, \|\boldsymbol{A}\|_\infty) \quad \text{respektive} \quad \sigma(\boldsymbol{A}) \subseteq K(0, \|\boldsymbol{A}\|_1)$$

und somit

$$\sigma(\boldsymbol{A}) \subseteq K(0, \|\boldsymbol{A}\|_\infty) \cap K(0, \|\boldsymbol{A}\|_1)\,.$$

Wir betrachten als begleitendes Modellbeispiel für diesen Abschnitt die Matrix

$$\boldsymbol{A} = \begin{pmatrix} 0 & 2 & 3 \\ 1 & -2 & 1 \\ 2 & 1 & 3 \end{pmatrix} \in \mathbb{R}^{3\times 3}\,. \qquad (15.2)$$

Natürlich kann in diesem einfachen Rahmen das Spektrum auch durch die Nullstellenbestimmung des zugehörigen charakteristischen Polynoms $p_{\boldsymbol{A}}(\lambda) = \det(\boldsymbol{A} - \lambda \boldsymbol{I})$ berechnet werden. In unserem Fall ergeben sich die Eigenwerte

$$\lambda_1 = 1+\sqrt{14} \approx 4.741,\ \lambda_2 = -1,\ \lambda_3 = 1-\sqrt{14} \approx -2.741\,.$$

Komplexere Problemstellungen lassen jedoch in der Regel keine explizite Berechnung der Eigenwerte zu, sodass erste Aussagen über deren Lage innerhalb der Gauß'schen Zahlenebene mit den folgenden Überlegungen erzielt werden können. Für unsere Modellmatrix erhalten wir

$$\|\boldsymbol{A}\|_\infty = 6 \quad \text{sowie} \quad \|\boldsymbol{A}\|_1 = 7\,.$$

Damit gilt wie in Abbildung 15.1 dargestellt

$$\sigma(\boldsymbol{A}) \subseteq K(0, \|\boldsymbol{A}\|_\infty) \cap K(0, \|\boldsymbol{A}\|_1) = K(0, 6)\,,$$

wobei die Lage der Eigenwerte jeweils mit $*$ markiert ist.

Die Vereinigung der Gerschgorin-Kreise enthält das Spektrum einer Matrix

Mit dem folgenden Satz nach Semjon Aronowitsch Gerschgorin (1901–1933) kann eine Verbesserung der durch die Normen $\|.\|_\infty$ und $\|.\|_1$ vorliegenden Mengenbeschränkung erzielt werden.

Beispiel: Ein Eigenwertproblem bei der Suche im World Wide Web

Nach den einführenden allgemeinen Aussagen zur Relevanz von Eigenwerten wollen wir beispielhaft eine Fragestellung betrachten, die mittlerweile bewusst oder unbewusst unser tägliches Arbeiten beeinflusst. Wie können Suchmaschinen die Signifikanz von Internetseiten beurteilen, sodass dem Nutzer eine sinnvolle Auflistung der relevanten Webseiten bereitgestellt werden kann?

Problemanalyse und Strategie: In einem ersten Schritt werden alle Seiten ermittelt, die den angegebenen Suchbegriff beinhalten. Anschließend wird eine Auflistung dieser Seiten in der Reihenfolge ihrer Wertigkeiten vorgenommen, wobei wir uns im Folgenden nur mit dem letzteren Schritt befassen wollen.

Lösung:

Zunächst können wir etwas naiv ansetzen und die Wertigkeit w_i einer Internetseite s_i durch die Anzahl der Webseiten festlegen, die auf diese Seite verweisen, also einen sog. Hyperlink auf s_i beinhalten. Bei dieser Festlegung steigt jedoch der Einfluss einer Internetseite direkt mit der von ihr ausgehenden Anzahl an Links. Dieser Problematik kann einfach entgegengewirkt werden. Ist n_j die Anzahl der von der Internetseite s_j ausgehenden Links, so gewichten wir jeden Verweis mit dem hierzu reziproken Wert. Stellt $M = \{1, \ldots, N\}$ die Indexmenge aller im Netz befindlichen Webseiten dar und ist $N_i := \{j \in M \mid s_j \text{ verweist auf } s_i\}$, so gilt folglich

$$w_i = \sum_{j \in N_i} \frac{1}{n_j}, \quad i = 1, \ldots, N .$$

Eine solche Definition der Wertigkeit einer Webseite scheint schon sehr vernünftig zu sein. Sie beinhaltet allerdings noch nicht, dass ein Link einer renommierten Institution wie beispielsweise von der Hauptseite des Spektrumverlages einen höheren Stellenwert im Vergleich zu einem Verweis einer weitgehend unbekannten Homepage von Manni Mustermann aufweist. Um diese Eigenschaft zu berücksichtigen, gewichten wir jeden Link mit der Wertigkeit der jeweiligen Seite und erhalten

$$w_i = \sum_{j \in N_i} \frac{w_j}{n_j}, \quad i = 1, \ldots, N .$$

Damit liegt ein Gleichungssystem der Form

$$\boldsymbol{w} = \widetilde{\boldsymbol{H}} \boldsymbol{w}$$

mit $\boldsymbol{w} = (w_1, \ldots, w_N)^T \in \mathbb{R}^N$ und $\widetilde{\boldsymbol{H}} \in \mathbb{R}^{N \times N}$ vor. Der Vektor aller Wertigkeiten stellt offensichtlich einen Eigenvektor der Matrix $\widetilde{\boldsymbol{H}}$ zum Eigenwert $\lambda = 1$ dar.

Die in der Internetseite enthaltenen Links werden in $\widetilde{\boldsymbol{H}}$ jeweils durch eine Spalte repräsentiert, deren Elemente nichtnegativ sind und in der Summe 1 ergeben.

Spaltenstochastische Matrizen: Eine Matrix $\boldsymbol{S} \in \mathbb{R}^{N \times N}$, deren Elemente die Bedingungen $s_{ij} \geq 0$ und $\sum_{i=1}^{n} s_{ij} = 1$ erfüllen, wird spaltenstochastisch genannt. Mit $\boldsymbol{e} = (1, \ldots, 1)^T \in \mathbb{R}^N$ gilt folglich für eine spaltenstochastische Matrix $\boldsymbol{S}^T \boldsymbol{e} = \boldsymbol{e}$ und somit $1 \in \sigma(\boldsymbol{S}^T) = \sigma(\boldsymbol{S})$. Daher ergibt sich unter Berücksichtigung von $\rho(\boldsymbol{S}) \leq \|\boldsymbol{S}\|_1 = 1$ sogar $\rho(\boldsymbol{S}) = 1$.

Modifiziertes Eigenwertproblem: Eine spaltenstochastische Matrix $\widetilde{\boldsymbol{H}}$ würde gute Eigenschaften zur Lösung unserer Aufgabenstellung mit sich bringen. Leider liefert eine Seite s_j, die keine Verweise beinhaltet, jedoch in $\widetilde{\boldsymbol{H}}$ eine Nullspalte. Zur Lösung dieser Problematik wird in solchen Fällen $\widetilde{h}_{ij} = \frac{1}{N}$ für $i = 1, \ldots, N$ gesetzt. Unter dieser Modifikation ist $\widetilde{\boldsymbol{H}}$ spaltenstochastisch und wir sind fast am Ziel unserer Modellbildung. Ein abschließendes Problem müssen wir noch betrachten. Innerhalb des WWW sind natürlich nicht alle Seiten derart vernetzt, dass wir von jeder Seite zu einer beliebigen anderen Seite durch eine Folge von Links kommen können. Es gibt sozusagen Inseln im WWW und diese führen unweigerlich auf eine reduzible Matrix $\widetilde{\boldsymbol{H}}$, bei der die von uns gewünschte Eindeutigkeit eines Eigenvektors $\boldsymbol{w}$ zum Eigenwert $\lambda = 1$ mit $w_i \geq 0$ und $\|\boldsymbol{w}\|_1 = 1$ nicht gesichert werden kann. Sie können sich durch Lösen der Aufgabe 15.14 mit dieser Situation schnell vertraut machen.

Um diesem Nachteil entgegenzuwirken, nehmen wir eine letzte Anpassung der Matrix $\widetilde{\boldsymbol{H}}$ vor. Unter Verwendung der Matrix $\boldsymbol{E} = (1)_{i,j=1,\ldots,N} \mathbb{R}^{N \times N}$ betrachten wir das modifizierte Eigenwertproblem

$$\boldsymbol{H} \boldsymbol{w} = \boldsymbol{w} ,$$

wobei $\boldsymbol{H} = \alpha \widetilde{\boldsymbol{H}} + (1 - \alpha) \frac{1}{N} \boldsymbol{E}$ mit $\alpha \in [0, 1[$ gilt.

Eigenschaften des finalen Systems: Die Matrix $\boldsymbol{H}$ ist offensichtlich spaltenstochastisch und erfüllt zudem die folgenden wichtigen Eigenschaften, die im Aufgabenteil bewiesen werden:

- Der Eigenraum zum Eigenwert $\lambda = 1$ ist eindimensional.
- Es gibt genau einen Eigenvektor $\boldsymbol{w}$ mit $w_i \geq 0$ und $\|\boldsymbol{w}\|_1 = 1$.

Abhängig vom gewählten Parameter α ergibt sich auf der Grundlage des hergeleiteten Eigenwertproblems hiermit eine eindeutige Bestimmung der Wertigkeit jeder Webseite, die zum Ranking im Rahmen von Suchabfragen genutzt werden kann.

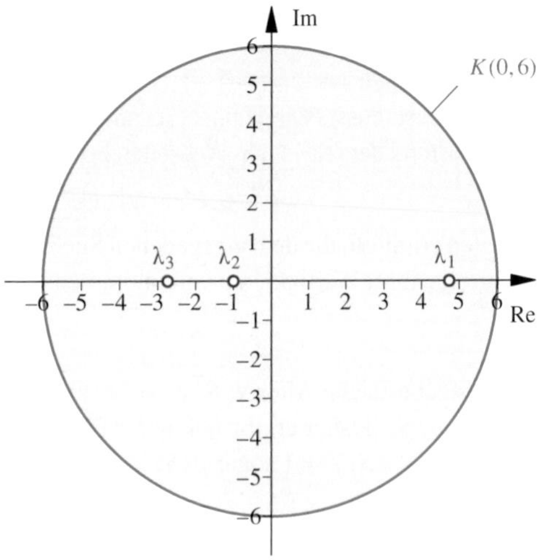

Abbildung 15.1 Eigenwerteinschränkungen zur Beispielmatrix A laut (15.2).

Definition der Gerschgorin-Kreise

Für eine Matrix $\boldsymbol{A} \in \mathbb{C}^{n\times n}$ heißen die durch

$$K_i := \left\{ z \in \mathbb{C} \,\middle|\, |z - a_{ii}| \leq r_i \right\}, \quad i = 1, \ldots, n$$

mit $r_i = \sum_{j=1, j\neq i}^{n} |a_{ij}|$ festgelegten abgeschlossenen Mengen **Gerschgorin-Kreise**.

Wir werden nun zeigen, dass das Spektrum einer Matrix in der Vereinigung der zugehörigen Gerschgorin-Kreise liegt.

Satz von Gerschgorin

Jeder Eigenwert $\lambda \in \sigma(\boldsymbol{A})$ einer Matrix $\boldsymbol{A} \in \mathbb{C}^{n\times n}$ liegt in der Vereinigungsmenge der Gerschgorin-Kreise, d. h., es gilt

$$\sigma(\boldsymbol{A}) \subseteq \bigcup_{i=1}^{n} K_i \,.$$

Beweis: Betrachten wir einen beliebigen Eigenwert $\lambda \in \sigma(\boldsymbol{A})$ mit zugehörigem Eigenvektor $\boldsymbol{x} \in \mathbb{C}^n \setminus \{\boldsymbol{0}\}$, so ergibt sich aus $\boldsymbol{A}\boldsymbol{x} = \lambda\boldsymbol{x}$ für alle $i = 1, \ldots, n$ die Darstellung

$$\lambda x_i = \sum_{j=1}^{n} a_{ij} x_j \quad \text{respektive} \quad (\lambda - a_{ii}) x_i = \sum_{j=1, j\neq i}^{n} a_{ij} x_j \,.$$

Um eine Abschätzung für $|\lambda - a_{ii}|$ zu erhalten, schreiben wir

$$\begin{aligned} |\lambda - a_{ii}||x_i| = |(\lambda - a_{ii}) x_i| &= \left| \sum_{j=1, j\neq i}^{n} a_{ij} x_j \right| \\ &\leq \underbrace{\sum_{j=1, j\neq i}^{n} |a_{ij}|}_{=r_i} \max_{j\in\{1,\ldots,n\}\setminus\{i\}} |x_j| \\ &\leq r_i \|\boldsymbol{x}\|_\infty \,. \end{aligned} \tag{15.3}$$

Wir wählen $i \in \{1, \ldots, n\}$ mit

$$|x_i| = \max_{j\in\{1,\ldots,n\}} |x_j| = \|\boldsymbol{x}\|_\infty > 0 \,.$$

Unter Verwendung von (15.3) folgt hiermit $|\lambda - a_{ii}| \leq r_i$, womit wir die behauptete Schlussfolgerung gemäß

$$\lambda \in K_i \subseteq \bigcup_{j=1}^{n} K_j$$

ziehen können. ■

?

Liegt in jedem Gerschgorin-Kreis K_i mindestens ein Eigenwert?

Für die Gerschgorin-Kreise ergibt sich für alle $z \in K_i$ aus

$$\sum_{j=1, j\neq i}^{n} |a_{ij}| \geq |z - a_{ii}| \geq |z| - |a_{ii}|$$

unmittelbar

$$|z| \leq \sum_{j=1}^{n} |a_{ij}| \leq \|\boldsymbol{A}\|_\infty \,,$$

womit

$$\bigcup_{i=1}^{n} K_i \subseteq K(0, \|\boldsymbol{A}\|_\infty)$$

folgt. Somit liefert der Satz von Gerschgorin in der Tat die eingangs angekündigte Verbesserung zur Mengeneingrenzung mittels der Matrixnorm $\|.\|_\infty$.

Bezogen auf die Matrix (15.2) erhalten wir die Kreise

$$\begin{aligned} K_1 &= \{z \in \mathbb{C} \,|\, |z - a_{11}| \leq |a_{12}| + |a_{13}|\} \qquad (15.4) \\ &= \{z \in \mathbb{C} \,|\, |z| \leq 5\} = K(0, 5) \\ K_2 &= \{z \in \mathbb{C} \,|\, |z + 2| \leq 2\} = K(-2, 2) \\ K_3 &= \{z \in \mathbb{C} \,|\, |z - 3| \leq 3\} = K(3, 3). \qquad (15.5) \end{aligned}$$

Diese können zusammen mit $K(0, \|\boldsymbol{A}\|_\infty)$ und den Eigenwerten der Abbildung 15.2 entnommen werden.

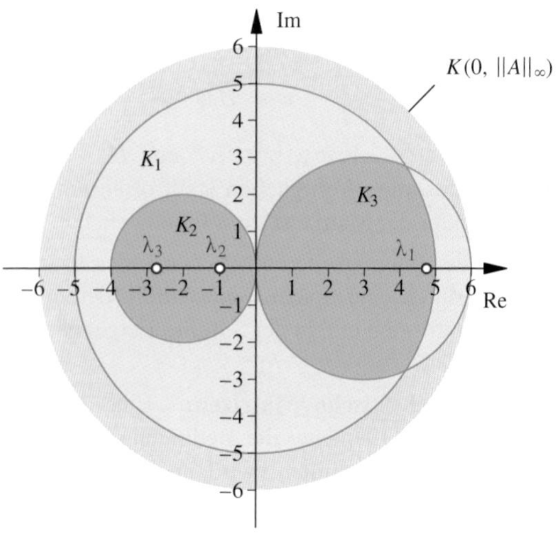

Abbildung 15.2 Eigenwerte, Gerschgorin-Kreise K_i und $K(0, \|\boldsymbol{A}\|_\infty)$ zur Beispielmatrix $\boldsymbol{A}$ laut (15.2).

Der Entwicklungssatz von Laplace für die Berechnung der Determinante einer Matrix, den wir im Band 1, Abschnitt 13.3 kennengelernt haben, ermöglicht sowohl ein zeilen- als auch ein spaltenweises Vorgehen. Damit ergibt sich $\det(\boldsymbol{A}) = \det(\boldsymbol{A}^T)$, und wir können unter Verwendung des charakteristischen Polynoms $p_{\boldsymbol{A}}$ wegen

$$\begin{aligned} p_{\boldsymbol{A}}(\lambda) &= \det(\boldsymbol{A} - \lambda \boldsymbol{I}) = \det\left((\boldsymbol{A} - \lambda \boldsymbol{I})^T\right) \\ &= \det\left(\boldsymbol{A}^T - \lambda \boldsymbol{I}\right) = p_{\boldsymbol{A}^T}(\lambda) \end{aligned}$$

die Beziehung $\sigma(\boldsymbol{A}) = \sigma(\boldsymbol{A}^T)$ schlussfolgern. Demzufolge kann der Satz von Gerschgorin zur Eigenwerteinschränkung von $\boldsymbol{A}$ auch auf $\boldsymbol{A}^T$ anwendet werden. Anders ausgedrückt dürfen wir auch die Spalten anstelle der Zeilen in der Summation betrachten und die Kreise gemäß

$$\widetilde{K}_i := \{z \in \mathbb{C} \mid |z - a_{ii}| \leq \widetilde{r}_i\}, \quad i = 1, \ldots, n$$

mit $\widetilde{r}_i = \sum_{j=1, j \neq i}^{n} |a_{ji}|$ berechnen. Die Modellmatrix (15.2) liefert

$$\widetilde{K}_1 = K(0, 3), \; \widetilde{K}_2 = K(-2, 3), \; \widetilde{K}_3 = K(3, 4) \quad (15.6)$$

und daher die in Abbildung 15.3 verdeutlichte Eingrenzung des Spektrum entsprechend $\sigma(\boldsymbol{A}) \subseteq \bigcup_{i=1}^{3} \widetilde{K}_i$. Offensichtlich können wir beide Eigenwerteinschließungen auch kombinieren, womit sich allgemein

$$\sigma(\boldsymbol{A}) \subseteq \left(\bigcup_{i=1}^{n} K_i\right) \cap \left(\bigcup_{i=1}^{n} \widetilde{K}_i\right)$$

ergibt.

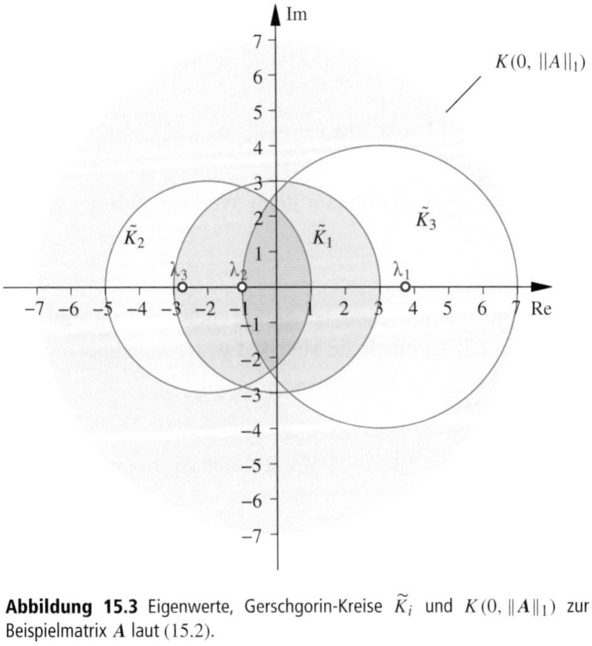

Abbildung 15.3 Eigenwerte, Gerschgorin-Kreise $\widetilde{K}_i$ und $K(0, \|\boldsymbol{A}\|_1)$ zur Beispielmatrix $\boldsymbol{A}$ laut (15.2).

?

Haben Sie bemerkt, dass die Gerschgorin-Kreise für $\boldsymbol{A}^T$ eine Verbesserung der Aussage $\sigma(\boldsymbol{A}) \subseteq K(0, \|\boldsymbol{A}\|_1)$ liefern?

Wie wir bereits durch die Selbstfrage auf Seite 388 wissen, ist die Zuordnung von Eigenwerten zu einzelnen Gerschgorin-Kreisen nicht möglich. Dennoch können wir eine etwas abgeschwächte Eigenschaft nachweisen. Vorab benötigen wir hierzu jedoch noch den Begriff des Wegzusammenhangs.

Definition des Wegzusammenhangs

Eine Menge $M \subseteq \mathbb{C}$ heißt wegzusammenhängend, wenn zu je zwei Punkten $x, y \in M$ eine stetige Kurvenparametrisierung $\gamma\colon [0, 1] \to M$ mit $x = \gamma(0)$ und $y = \gamma(1)$ existiert.

Satz

Für eine Matrix $\boldsymbol{A} \in \mathbb{C}^{n \times n}$ mit Gerschgorin-Kreisen $K_1, \ldots, K_n$ existiere eine Indexmenge $J \subset \{1, \ldots, n\}$ derart, dass

$$\left(\bigcup_{j \in J} K_j\right) \cap \left(\bigcup_{j \notin J} K_j\right) = \emptyset \quad (15.7)$$

gilt. Dann enthält $M := \bigcup_{j \in J} K_j$ genau $m := \#J < n$ Eigenwerte, wenn diese entsprechend ihrer algebraischen Vielfachheit gezählt werden.

Umgangssprachlich ausgedrückt beschreibt der obige Satz den folgenden Sachverhalt: Kann die Vereinigung aller Gerschgorin-Kreise in paarweise disjunkte Teilmengen zerlegt werden, so können wir die Anzahl der Eigenwerte je Teilmenge anhand der beteiligten Zahl an Kreisen ablesen.

Beweis: Die Nullstellen eines Polynoms hängen stetig von den Polynomkoeffizienten und die Determinante einer Matrix wiederum stetig von den Matrixeinträgen ab, sodass die Eigenwerte einer Matrix stetig von deren Koeffizienten abhängig sind. Sei $\boldsymbol{D} = ag\{a_{11}, \ldots, a_{nn}\} \in \mathbb{C}^{n \times n}$ die aus den entsprechenden Einträgen der Matrix $\boldsymbol{A}$ gebildete Diagonalmatrix, so liegt mit

$$\begin{aligned} \widehat{\boldsymbol{A}}\colon [0, 1] &\to \mathbb{C}^{n \times n} \\ t &\mapsto \widehat{\boldsymbol{A}}(t) := \boldsymbol{D} + t(\boldsymbol{A} - \boldsymbol{D}) \end{aligned}$$

eine stetige Abbildung vor, für die $\boldsymbol{A} = \widehat{\boldsymbol{A}}(1)$ gilt. Die zugehörigen Eigenwerte $\widehat{\lambda}_i(t)$ hängen dementsprechend stetig von t ab und erfüllen $\lambda_i = \widehat{\lambda}_i(1)$ für $i = 1, \ldots, n$. O.E. gelte $\widehat{\lambda}_i(0) = a_{ii}$. Da für alle $t \in [0, 1]$ stets die Eigenschaften

$$|\widehat{a}_{jk}(t)| = |ta_{jk}| \leq |a_{jk}| \text{ für } j \neq k$$

und $\widehat{a}_{jj}(t) = a_{jj}$ gelten, ergibt sich unter Verwendung von $\widehat{K}_j(t) := \{z \in \mathbb{C} \mid |z - a_{jj}| \leq \sum_{k=1, k \neq j}^{n} |a_{jk}(t)|\}$ aus dem

Satz von Gerschgorin die Folgerung

$$\widehat{\lambda}_i(t) \in \bigcup_{j=1}^{n} \widehat{K}_j(t) \subseteq \bigcup_{j=1}^{n} K_j \quad \text{für alle} \quad t \in [0,1]\,. \tag{15.8}$$

Somit stellt für jedes $i = 1, \ldots, n$ die Bildmenge der stetigen Abbildung $\widehat{\lambda}_i : [0,1] \to \mathbb{C}$ eine Kurve in der Vereinigung der zur Matrix $\boldsymbol{A}$ gehörenden Gerschgorin-Kreise mit Anfangspunkt a_{ii} und Endpunkt λ_i dar. Betrachten wir ein $i \in J$, so gilt

$$\widehat{\lambda}_i(0) = a_{ii} \in \widehat{K}_i(0) \subseteq K_i \subseteq \bigcup_{j \in J} K_j = M\,.$$

Da die Vereinigung der Gerschgorin-Kreise von $\boldsymbol{A}$ aufgrund der Voraussetzung (15.7) nicht wegzusammenhängend ist, erhalten wir mit (15.8) die Folgerung $\lambda_i = \widehat{\lambda}_i(1) \in M$ für alle $i \in J$. Entsprechend gilt für alle $i \notin J$ wegen $K_i \cap M = \emptyset$ auch $a_{ii} = \widehat{\lambda}_i(0) \notin M$ und somit auch $\lambda_i = \widehat{\lambda}_i(1) \notin M$, womit der Nachweis des Satzes erbracht ist. ■

Beispiel Für die Matrix

$$\boldsymbol{A} = \begin{pmatrix} 2 & 0 & 2 \\ 1 & 3 & 0 \\ 1 & 0 & -2 \end{pmatrix} \in \mathbb{R}^{3\times 3} \tag{15.9}$$

lauten die Gerschgorin-Kreise

$$K_1 = K(2,2),\ K_2 = K(3,1) \text{ und } K_3 = K(-2,1)\,.$$

Aus Abbildung 15.4 ergeben sich mit $K_1 \cup K_2$ und K_3 offensichtlich zwei disjunkte Mengen, sodass sich nach dem obigen Satz in $K_1 \cup K_2$ zwei Eigenwerte und in K_3 ein Eigenwert befinden. Zur Überprüfung dieser Aussage ermitteln wir das charakteristische Polynom durch einfache Entwicklung nach der zweiten Spalte in der Form

$$\begin{aligned} p_{\boldsymbol{A}}(\lambda) &= \det(\boldsymbol{A} - \lambda \boldsymbol{I}) = (3-\lambda)((2-\lambda)(-2-\lambda) - 2) \\ &= (3-\lambda)(\sqrt{6} - \lambda)(-\sqrt{6} - \lambda)\,. \end{aligned}$$

Die somit erkennbaren Eigenwerte erfüllen die erwartete Mengenzuordnung. ◀

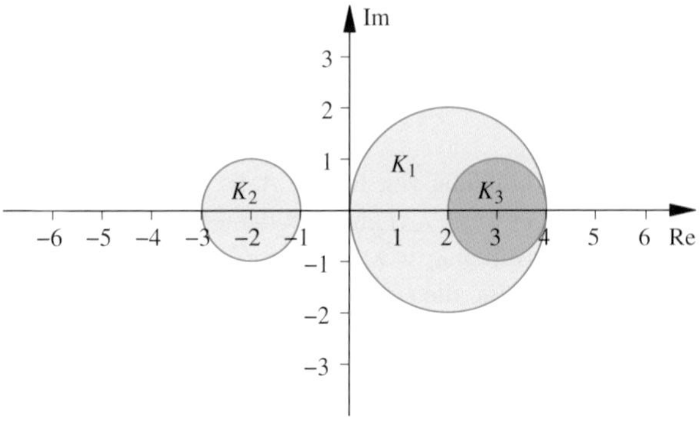

Abbildung 15.4 Gerschgorin-Kreise K_i zur Beispielmatrix $\boldsymbol{A}$ laut (15.9).

Der Wertebereich einer Matrix schließt die Eigenwerte in ein Rechteck ein

Lassen Sie uns kurz zurückblicken und uns erinnern, dass hermitesche Matrizen $\boldsymbol{A} \in \mathbb{C}^{n\times n}$, die durch die Eigenschaft $\boldsymbol{A}^* = \boldsymbol{A}$ charakterisiert sind, stets nur reelle Eigenwerte und schiefhermitesche Matrizen, für die definitionsgemäß $\boldsymbol{A}^* = -\boldsymbol{A}$ gilt, ausschließlich rein imaginäre Eigenwerte aufweisen. Auf der Basis dieser Vorüberlegung werden wir im Folgenden den Wertebereich einer Matrix durch ein Rechteck begrenzen und hiermit eine weitere Möglichkeit zur Eigenwerteinschließung erzielen, die zudem in Kombination mit den Gerschgorin-Kreisen genutzt werden kann.

Zunächst werden wir den Wertebereich einer Matrix festlegen, dessen wichtigsten Eigenschaften untersuchen und Bezüge zum Spektrum aufzeigen. Stellt $\boldsymbol{x}$ einen Eigenvektor der Matrix $\boldsymbol{A}$ mit Eigenwert λ dar, so gilt $\boldsymbol{x}^*\boldsymbol{A}\boldsymbol{x} = \lambda \boldsymbol{x}^*\boldsymbol{x}$ oder entsprechend

$$\lambda = \frac{\boldsymbol{x}^*\boldsymbol{A}\boldsymbol{x}}{\boldsymbol{x}^*\boldsymbol{x}}\,. \tag{15.10}$$

Die rechte Seite der Gleichung (15.10) geht auf John Wilhelm Strutt, 3. Baron Rayleigh (1842–1919) zurück. Sie ist generell für alle $\boldsymbol{x} \in \mathbb{C}^n \setminus \{\boldsymbol{0}\}$ definiert und liefert neben den Eigenwerten dann auch weitere komplexe Zahlen. Nach dieser Überlegung erscheint es sinnvoll, diesen Ausdruck und die Menge aller dieser komplexen Zahlen namentlich zu benennen.

Definition des Rayleigh-Quotienten und des Wertebereiches

Für jedes $\boldsymbol{x} \in \mathbb{C}^n \setminus \{\boldsymbol{0}\}$ heißt

$$\frac{\boldsymbol{x}^*\boldsymbol{A}\boldsymbol{x}}{\boldsymbol{x}^*\boldsymbol{x}}$$

Rayleigh-Quotient zur Matrix $\boldsymbol{A} \in \mathbb{C}^{n\times n}$. Die Menge

$$\begin{aligned} W(\boldsymbol{A}) &= \left\{ \xi = \frac{\boldsymbol{x}^*\boldsymbol{A}\boldsymbol{x}}{\boldsymbol{x}^*\boldsymbol{x}} \;\middle|\; \boldsymbol{x} \in \mathbb{C}^n \setminus \{\boldsymbol{0}\} \right\} \\ &= \left\{ \xi = \boldsymbol{x}^*\boldsymbol{A}\boldsymbol{x} \;\middle|\; \boldsymbol{x} \in \mathbb{C}^n \text{ mit } \|\boldsymbol{x}\|_2 = 1 \right\} \subseteq \mathbb{C} \end{aligned}$$

aller Rayleigh-Quotienten heißt Wertebereich der Matrix.

Achtung: Die Menge $W(\boldsymbol{A})$ hat nichts zu tun mit dem Wertebereich der durch die Matrix $\boldsymbol{A}$ gegebenen linearen Abbildung.

Lemma

Für jede Matrix $\boldsymbol{A} \in \mathbb{C}^{n\times n}$ ist der Wertebereich wegzusammenhängend, und es gilt

$$\sigma(\boldsymbol{A}) \subseteq W(\boldsymbol{A})\,. \tag{15.11}$$

Beweis: Im Rahmen der obigen Überlegungen hatten wir bereits aus der Gleichung (15.10) erkannt, dass $\lambda \in W(\boldsymbol{A})$

für alle $\lambda \in \sigma(A)$ gilt, womit sich direkt der Zusammenhang zwischen dem Wertebereich und dem Spektrum einer Matrix in der Form (15.11) ergibt.

Wegen $\sigma(A) \subseteq W(A)$ folgt $W(A) \neq \emptyset$. Für $W(A) = \{\lambda\}$ mit $\lambda \in \mathbb{C}$ ist die Aussage trivial. Seien $\lambda_0, \lambda_1 \in W(A)$ mit $\lambda_0 \neq \lambda_1$, dann existieren Vektoren $x_0, x_1 \in \mathbb{C}^n \setminus \{0\}$ mit

$$\lambda_0 = \frac{x_0^* A x_0}{x_0^* x_0}, \quad \lambda_1 = \frac{x_1^* A x_1}{x_1^* x_1}.$$

Wegen $\lambda_0 \neq \lambda_1$ sind x_0 und x_1 linear unabhängig, sodass

$$0 \notin \{x(t) \in \mathbb{C}^n \mid x(t) = x_0 + t(x_1 - x_0) \text{ für } t \in [0,1]\}$$

gilt. Folglich beschreibt die Abbildung

$$\lambda(t) := \frac{x(t)^* A x(t)}{x(t)^* x(t)}, \quad t \in [0,1]$$

eine stetige Kurve in $W(A)$, die λ_0 und λ_1 verbindet. ■

Um den Wertebereich näher beschreiben zu können, wenden wir uns zunächst speziellen Matrizen zu.

Lemma

Für jede hermitesche Matrix $A \in \mathbb{C}^{n\times n}$ stellt der Wertebereich ein abgeschlossenes reelles Intervall der Form

$$W(A) = [\lambda_1, \lambda_n] \subset \mathbb{R}$$

mit $\lambda_1 = \min_{\lambda\in\sigma(A)} \lambda$ und $\lambda_n = \max_{\lambda\in\sigma(A)} \lambda$ dar.

Beweis: Schreiben wir den Wertebereich in der Form

$$W(A) = \{x^* A x \mid x \in \mathbb{C}^n, \ \|x\|_2 = 1\},$$

so ist $W(A)$ das Bild der kompakten Einheitssphäre unter einer stetigen Abbildung und somit kompakt. Da A hermitesch ist, gilt

$$\overline{x^* A x} = (x^* A x)^* = x^* A^* x = x^* A x$$

und folglich

$$W(A) \subset \mathbb{R}.$$

Zudem ist $W(A)$ nach obigem Lemma wegzusammenhängend, sodass die Eigenschaft $W(A) = [a,b]$ mit $a, b \in \mathbb{R}$, $a \leq b$, folgt. Es bleibt zu zeigen, dass a und b durch den kleinsten beziehungsweise größten Eigenwert von A festgelegt sind. Zum Nachweis fokussieren wir uns zunächst auf den rechten Rand des Intervalls und wählen den Shiftparameter $\alpha > 0$ derart, dass

$$A + \alpha I$$

positiv definit ist. Zudem ist $A + \alpha I$ hermitesch, sodass analog zum Satz zur Existenz und Eindeutigkeit der Cholesky-Zerlegung für derartige α nachgewiesen werden kann, dass eine Cholesky-Zerlegung

$$A + \alpha I = LL^*$$

mit einer linken unteren Dreiecksmatrix $L \in \mathbb{C}^{n\times n}$ existiert. Für $x \in \mathbb{C}^n$ mit $\|x\|_2 = 1$ folgt hiermit

$$x^* A x = x^*(A + \alpha I)x - \alpha = x^* L L^* x - \alpha = \|L^* x\|_2^2 - \alpha.$$

Damit gilt unter Verwendung des auf Seite 388 für alle Matrizen $A \in \mathbb{C}^{n\times n}$ nachgewiesenen Zusammenhangs $\|A\|_2 = \sqrt{\rho(AA^*)}$ die Beziehung

$$\begin{aligned} b &= \max_{\lambda\in W(A)} \lambda = \|L^*\|_2^2 - \alpha = \rho(LL^*) - \alpha \\ &= \rho(A + \alpha I) - \alpha = \lambda_n + \alpha - \alpha = \lambda_n. \end{aligned}$$

Betrachten wir $W(-A) = [-b, -a]$, so ergibt sich analog

$$a = -\max_{\lambda\in W(-A)} \lambda = \min_{\lambda\in W(A)} \lambda = \lambda_1.$$ ■

Für eine schiefhermitesche Matrix A stellt $B = iA$ wegen $B^* = \bar{i}A^* = -iA^* = iA = B$ eine hermitesche Matrix dar. Zudem ergeben sich die Eigenwerte von A aus einer einfachen Multiplikation der Eigenwerte von B mit $-ß$. Demzufolge ergibt sich der Wertebereich von A durch Drehung des Wertebereichs von B um einen Winkel von $\frac{3\pi}{2}$ in der Gauß'schen Zahlenebene. Verstehen wir für $a, b \in \mathbb{R}$ unter $[ia, ib]$ die Menge aller komplexen Zahlen $z = i(a + t(b-a))$ mit $t \in [0,1]$, so können wir aus dem obigen Lemma unmittelbar die nachstehende Schlussfolgerung ziehen.

Folgerung

Für jede schiefhermitesche Matrix A ist der Wertebereich ein abgeschlossenes rein imaginäres Intervall der Form

$$W(A) = [-i\lambda_n, -i\lambda_1]$$

mit $\lambda_1 = \min_{\lambda\in\sigma(A)} \operatorname{Im}(\lambda)$ und $\lambda_n = \max_{\lambda\in\sigma(A)} \operatorname{Im}(\lambda)$.

Das obige Lemma und die daraus resultierende Folgerung liefern nur Aussagen zum Wertebereich hermitescher oder schiefhermitescher Matrizen, und nicht jede Matrix erfüllt eine dieser Eigenschaften. Wir können jedoch zu jeder Matrix A mit

$$A = \frac{A + A^*}{2} + \frac{A - A^*}{2}$$

eine additive Zerlegung in einen hermiteschen Anteil $\frac{A+A^*}{2}$ und einen schiefhermiteschen Anteil $\frac{A-A^*}{2}$ vornehmen.

?

Sind Sie sich sicher, dass es sich bei $\frac{A+A^*}{2}$ und $\frac{A-A^*}{2}$ tatsächlich um Matrizen mit den behaupteten Eigenschaften handelt?

Auf der Grundlage der obigen Zerlegung können wir die angestrebte Eigenwerteinschränkung durch den folgenden Satz erzielen, wobei wir die Addition zweier Mengen $M_1, M_2 \subseteq \mathbb{C}$ elementweise gemäß

$$M_1 + M_2 := \{a + b \mid a \in M_1, \ b \in M_2\}$$

verstehen wollen.

Satz von Bendixson

Für jede Matrix $\boldsymbol{A} \in \mathbb{C}^{n \times n}$ gilt

$$\sigma(\boldsymbol{A}) \subset R = W\left(\frac{\boldsymbol{A}+\boldsymbol{A}^*}{2}\right) + W\left(\frac{\boldsymbol{A}-\boldsymbol{A}^*}{2}\right),$$

wobei $R \subset \mathbb{C}$ ein Rechteck darstellt.

Beweis: Mit dem obigen Lemma und der anschließenden Folgerung ist R ein Rechteck, da $\frac{\boldsymbol{A}+\boldsymbol{A}^*}{2}$ hermitesch und $\frac{\boldsymbol{A}-\boldsymbol{A}^*}{2}$ schiefhermitesch ist. Sei $\lambda \in \sigma(\boldsymbol{A})$, dann gilt mit dem bereits mehrfach angesprochenen Lemma die Eigenschaft $\lambda \in W(\boldsymbol{A})$. Somit existiert ein $\boldsymbol{x} \in \mathbb{C}^n$ mit $\|\boldsymbol{x}\|_2 = 1$ und

$$\begin{aligned}\lambda = \boldsymbol{x}^*\boldsymbol{A}\boldsymbol{x} &= \boldsymbol{x}^*\left(\frac{\boldsymbol{A}+\boldsymbol{A}^*}{2} + \frac{\boldsymbol{A}-\boldsymbol{A}^*}{2}\right)\boldsymbol{x} \\ &= \underbrace{\boldsymbol{x}^*\frac{\boldsymbol{A}+\boldsymbol{A}^*}{2}\boldsymbol{x}}_{\in W\left(\frac{\boldsymbol{A}+\boldsymbol{A}^*}{2}\right)} + \underbrace{\boldsymbol{x}^*\frac{\boldsymbol{A}-\boldsymbol{A}^*}{2}\boldsymbol{x}}_{\in W\left(\frac{\boldsymbol{A}-\boldsymbol{A}^*}{2}\right)} \in R,\end{aligned}$$

womit $\sigma(\boldsymbol{A}) \subset W(\boldsymbol{A}) \subset R$ nachgewiesen ist. ■

In Kombination mit dem Resultat nach Gerschgorin lässt sich eine Einschließung des Spektrums einer Matrix $\boldsymbol{A}$ in der Form

$$\begin{aligned}\sigma(\boldsymbol{A}) &\subseteq \left(\bigcup_{i=1}^n K_i\right) \cap \left(\bigcup_{i=1}^n \widetilde{K}_i\right) \cap W(\boldsymbol{A}) \\ &\subseteq \left(\bigcup_{i=1}^n K_i\right) \cap \left(\bigcup_{i=1}^n \widetilde{K}_i\right) \cap R \end{aligned} \qquad (15.12)$$

vornehmen. Natürlich ist die Berechnung des Rechtecks R wiederum an die Ermittlung von Eigenwerten der hermiteschen und schiefhermiteschen Anteile $\boldsymbol{H} = \frac{\boldsymbol{A}+\boldsymbol{A}^*}{2}$ respektive $\boldsymbol{S} = \frac{\boldsymbol{A}-\boldsymbol{A}^*}{2}$ geknüpft. Sie kann folglich sehr aufwendig sein. Da wir aber wissen, dass die Wertebereiche der beiden Matrizen $\boldsymbol{H}$ und $\boldsymbol{S}$ innerhalb der gewählten additven Zerlegung stets reelle beziehungsweise rein imaginäre Intervalle darstellen und durch die entsprechenden Eigenwerte begrenzt sind, können wir den Satz von Gerschgorin auf die Matrizen $\boldsymbol{H}$ und $\boldsymbol{S}$ anwenden und hiermit eine Abschätzung des Rechtecks R und folglich auch des Wertebereichs der Matrix $\boldsymbol{A}$ erhalten.

Beispiel Wir betrachten unsere Modellmatrix

$$\boldsymbol{A} = \begin{pmatrix} 0 & 2 & 3 \\ 1 & -2 & 1 \\ 2 & 1 & 3 \end{pmatrix} \in \mathbb{R}^{3\times 3}$$

aus den vorhergehenden Abschnitt und erhalten

$$\boldsymbol{H} = \frac{\boldsymbol{A}+\boldsymbol{A}^*}{2} = \begin{pmatrix} 0 & 1.5 & 2.5 \\ 1.5 & -2 & 1 \\ 2.5 & 1 & 3 \end{pmatrix}$$

sowie

$$\boldsymbol{S} = \frac{\boldsymbol{A}-\boldsymbol{A}^*}{2} = \begin{pmatrix} 0 & 0.5 & 0.5 \\ -0.5 & 0 & 0 \\ -0.5 & 0 & 0 \end{pmatrix}.$$

Es gilt $\sigma(\boldsymbol{H}) \subset \mathbb{R}$ und $\mathrm{i}\sigma(\boldsymbol{S}) \subset \mathbb{R}$. Mit den Gerschgorin-Kreisen erhalten wir somit für das Spektrum die Eingrenzung

$$\begin{aligned}\sigma(\boldsymbol{H}) &\subset (K(0,4) \cup K(-2,2.5) \cup K(3,3.5)) \cap \mathbb{R} \\ &= [-4.5, 6.5].\end{aligned}$$

Das auf Seite 553 präsentierte Lemma liefert hiermit entsprechend $W(\boldsymbol{H}) \subseteq [-4.5, 6.5]$. Analog ergibt sich $W(\boldsymbol{S}) \subseteq [-\mathrm{i}, \mathrm{i}]$, wodurch

$$R = W(\boldsymbol{H}) + W(\boldsymbol{S}) \subseteq [-4.5, 6.5] + [-\mathrm{i}, \mathrm{i}]$$

folgt. Zusammenfassend erhalten wir nach (15.12) mit den bereits für die Matrix $\boldsymbol{A}$ in (15.4) und (15.6) aufgeführten Gerschgorin-Kreisen die in Abbildung 15.5 dargestellte Eigenwerteinschließung gemäß

$$\sigma(\boldsymbol{H}) \subset \left\{\bigcup_{i=1}^3 K_i\right\} \cap \left\{\bigcup_{i=1}^3 \widetilde{K}_i\right\} \cap \left\{[-4.5, 6.5] + [-\mathrm{i}, \mathrm{i}]\right\}.$$

Die Menge auf der rechten Seite der letzten Mengenrelation entspricht dem in Abbildung 15.5 schwarz umrandet dargestellten Bereich. Wir erkennen dabei die große Wirkung des rot visualisierten Wertebereichs bei der Eigenwerteinschließung für dieses Beispiel. ◀

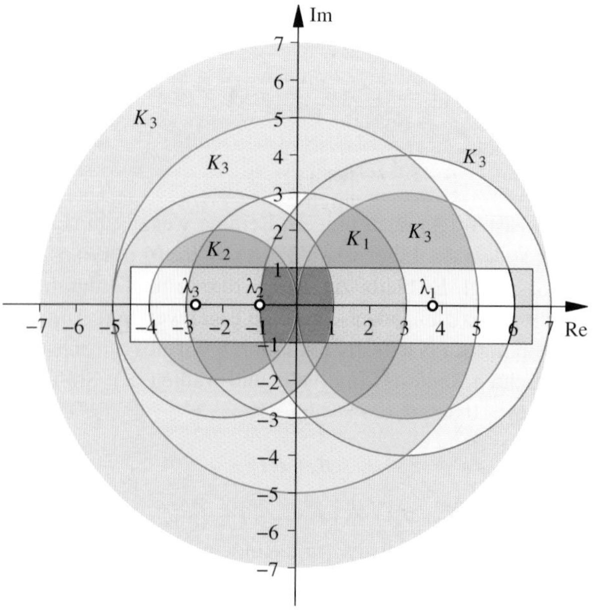

Abbildung 15.5 Eigenwerte, Gerschgorin-Kreise und Wertebereich zur Beispielmatrix $\boldsymbol{A}$ laut (15.2).

15.2 Potenzmethode und Varianten

Wir wenden uns in diesem Abschnitt einer Reihe von Iterationsverfahren zu, mittels derer jeweils einzelne Eigenwerte einer Matrix berechnet werden können. Dabei beginnen wir mit der Vektoriteration nach von Mises und widmen uns anschließend mit der Deflation einer Technik, die zu einer Dimensionsreduktion bei Kenntnis einiger Eigenwerte genutzt werden kann. Zudem wird die inverse Iteration nach Wielandt präsentiert, die eine Variante der Vektoriteration darstellt. Ausgehend von einer guten Näherung an den gesuchten Eigenwert liefert diese Methode eine schnellere Konvergenz im Vergleich zum Grundverfahren. Abschließend werden wir ein Verfahren zur Spektralverschiebung auf der Grundlage des Rayleigh-Quotienten vorstellen, womit die Berechnung weiterer Eigenwerte ermöglicht wird.

Die Vektoriteration nach von Mises liefert den betragsgrößten Eigenwert nebst zugehörigem Eigenvektor

Bereits Ende der dreißiger Jahre des zwanzigsten Jahrhunderts stellte Richard von Mises (1883–1953) eine Vektoriterationsmethode vor, mit der unter gewissen Voraussetzungen der betragsmäßig größte Eigenwert samt zugehörigem Eigenvektor berechnet werden kann. Schon innerhalb der Einleitung und aufgrund des Beispiels zum Ranking von Webseiten haben wir erkannt, dass bei einigen Anwendungsproblemen nicht das gesamte Spektrum einer Matrix gesucht ist, sondern lediglich der betragsgrößte Eigenwert oder der zugehörige Eigenvektor. Gerade bei derartigen Aufgabenstellungen erweist sich die folgende Potenzmethode nach von Mises als vorteilhaft.

Das Grundprinzip wie auch die algorithmische Umsetzung ist denkbar einfach. Ausgehend von einem nahezu beliebigen Startvektor $z^{(0)} \in \mathbb{C}^n$ liegt die grundlegende Idee der Vektoriteration in einer sukzessiven Multiplikation mit der Matrix $A \in \mathbb{C}^{n\times n}$, womit sich durch

$$z^{(m)} = Az^{(m-1)}, \quad m = 1, 2, \ldots \qquad (15.13)$$

eine Vektorfolge $\left(z^{(m)}\right)_{m\in\mathbb{N}_0}$ ergibt. Setzen wir die Matrix als diagonalisierbar voraus und schreiben den Startvektor als Linearkombination der Eigenvektoren $v_1, \ldots, v_n$ gemäß

$$z^{(0)} = \alpha_1 v_1 + \ldots + \alpha_n v_n\,, \qquad (15.14)$$

so ergeben sich unter Berücksichtigung der entsprechend $|\lambda_1| \geq |\lambda_2| \geq \ldots \geq |\lambda_n|$ geordneten, zugehörigen Eigenwerte $\lambda_1, \ldots, \lambda_n$ die Folgeglieder in der Form

$$\begin{aligned} z^{(m)} &= Az^{(m-1)} = A^2 z^{(m-2)} = \ldots = A^m z^{(0)} \\ &= \alpha_1\lambda_1^m v_1 + \ldots + \alpha_n\lambda_n^m v_n\,. \end{aligned}$$

?

Warum ist eine Darstellung des Startvektors als Linearkombination der Eigenvektoren im obigen Fall immer möglich?

Setzen wir voraus, dass der Koeffizient α_1 nicht identisch verschwindet, so erhalten wir

$$z^{(m)} = \lambda_1^m \alpha_1 \left(v_1 + \sum_{j=2}^{n} \left(\frac{\lambda_j}{\lambda_1}\right)^m \frac{\alpha_j}{\alpha_1} v_j \right). \qquad (15.15)$$

Unter gewissen, noch näher zu untersuchenden Bedingungen an die Eigenwerte dürfen wir hoffen, dass sich die Iterierte $z^{(m)}$ mit wachsendem m in Richtung des Eigenvektors zum betragsgrößten Eigenwert dreht. Für $|\lambda_1| = \rho(A) < 1$ erhalten wir mit $z^{(m)}$ offensichtlich eine Nullfolge, während wir im Fall $|\lambda_1| = \rho(A) > 1$ bereits aus der Untersuchung der Splitting-Methoden gemäß Abschnitt 14 wissen, dass mit (15.13) ein divergentes Iterationsverfahren vorliegt. Hiermit verbunden sind evtl. Rundungsfehler zu befürchten. Um derartige Einflüsse zu vermeiden, erscheint es sinnvoll, die Iterierten auf die Einheitskugel einer beliebigen Norm $\|.\|$ zu binden. Demzufolge integrieren wir eine Normierung und erhalten die auch als *Potenzmethode* bezeichnete Vektoriteration nach von Mises in folgender Form:

Potenzmethode

- Wähle $z^{(0)} \in \mathbb{C}^n$ mit $\|z^{(0)}\| = 1$.
- Berechne für $m = 1, 2, \ldots$

$$\begin{aligned} \tilde{z}^{(m)} &= Az^{(m-1)}, \\ \lambda^{(m)} &= \|\tilde{z}^{(m)}\|, \\ z^{(m)} &= \frac{\tilde{z}^{(m)}}{\lambda^{(m)}}. \end{aligned}$$

Achtung: Um in dem oben dargestellten Verfahren eine Division durch null auszuschließen, muss sichergestellt werden, dass die Iterierten $z^{(m)}$ niemals im Kern der Matrix A liegen. Im Fall einer invertierbaren Matrix ist dieser Sachverhalt bereits durch die Wahl $z^{(0)} \neq \mathbf{0}$ gewährleistet, während im Fall einer singulären Matrix eine Fallunterscheidung im Algorithmus integriert werden sollte. Ist bekannt, dass mit λ_1 ein einfacher Eigenwert vorliegt, der betragsmäßig größer als alle weiteren Eigenwerte ist, so kann eine Division formal bereits dadurch ausgeschlossen werden, dass der Startvektor $z^{(0)}$ in der Darstellung (15.14) einen nichtverschwindenden Koeffizienten α_1 beinhaltet.

?

Erkennen Sie den Zusammenhang

$$z^{(m)} = \frac{A^m z^{(0)}}{\|A^m z^{(0)}\|}\;? \qquad (15.16)$$

Für den Spezialfall $|\lambda_1| > |\lambda_2| \geq \ldots \geq |\lambda_n|$ können wir bereits aus der Darstellung der Iterierten laut (15.15) erkennen, dass die Vektorfolge $\boldsymbol{A}^m z^{(0)}$ wegen $\lim_{m\to\infty}\left(\frac{\lambda_j}{\lambda_1}\right)^m = 0$ für $j = 2, \ldots, n$ sich nur dann in Richtung des Eigenvektors ausrichten kann, wenn $\alpha_1 \neq 0$ gilt. Der Startvektor $z^{(0)}$ sollte folglich derart gewählt werden, dass in der Darstellung (15.14) der Koeffizient α_1 nicht identisch verschwindet.

?

Überlegen Sie sich, dass bei einer symmetrischen Matrix $\boldsymbol{A} \in \mathbb{R}^{n\times n}$ und orthonormalen Eigenvektoren $\boldsymbol{v}_1, \ldots, \boldsymbol{v}_n$ die Bedingung $\alpha_1 \neq 0$ in der Darstellung (15.14) äquivalent mit $\langle z^{(0)}, \boldsymbol{v}_1\rangle \neq 0$ ist.

Mit diesen Vorüberlegungen sind wir nun in der Lage, eine genauere Konvergenzaussage zu formulieren.

Satz zur Konvergenz der Potenzmethode

Die diagonalisierbare Matrix $\boldsymbol{A} \in \mathbb{C}^{n\times n}$ besitze die Eigenwertpaare $(\lambda_1, \boldsymbol{v}_1), \ldots, (\lambda_n, \boldsymbol{v}_n) \in \mathbb{C}\times\mathbb{C}^n$, wobei die Eigenwerte der Ordnungsbedingung

$$|\lambda_1| > |\lambda_2| \geq \ldots \geq |\lambda_n|$$

genügen und die Eigenvektoren $\|\boldsymbol{v}_i\| = 1, i = 1, \ldots, n$ erfüllen, also normiert sind. Dann gelten unter Verwendung des Startvektors

$$z^{(0)} = \alpha_1 \boldsymbol{v}_1 + \ldots + \alpha_n \boldsymbol{v}_n, \quad \alpha_i \in \mathbb{C},\ \alpha_1 \neq 0$$

für die innerhalb der Potenzmethode berechneten Größen mit $\mu_m = \operatorname{sgn}(\alpha_1 \lambda_1^m)$ die Aussagen

$$z^{(m)} - \mu_m \boldsymbol{v}_1 = \mathcal{O}\left(\left|\frac{\lambda_2}{\lambda_1}\right|^m\right) \quad \text{für} \quad m \to \infty$$

sowie

$$\lambda^{(m)} - |\lambda_1| = \mathcal{O}\left(\left|\frac{\lambda_2}{\lambda_1}\right|^{m-1}\right) \quad \text{für} \quad m \to \infty .$$

Beweis: Da $|\lambda_1| > |\lambda_j|$ für $j = 2, \ldots, n$ gilt, stellt λ_1 einen einfachen reellen Eigenwert dar. Aus

$$\boldsymbol{A}^m z^{(0)} = \alpha_1 \lambda_1^m (\boldsymbol{v}_1 + \boldsymbol{r}^{(m)}) \text{ mit } \boldsymbol{r}^{(m)} = \sum_{i=2}^{n} \frac{\alpha_i}{\alpha_1}\left(\frac{\lambda_i}{\lambda_1}\right)^m \boldsymbol{v}_i$$

folgt

$$z^{(m)} = \frac{\boldsymbol{A}^m z^{(0)}}{\|\boldsymbol{A}^m z^{(0)}\|} = \underbrace{\frac{\alpha_1\lambda_1^m}{|\alpha_1\lambda_1^m|}}_{=\mu_m} \frac{\boldsymbol{v}_1 + \boldsymbol{r}^{(m)}}{\|\boldsymbol{v}_1 + \boldsymbol{r}^{(m)}\|} .$$

Mit $\boldsymbol{r}^{(m)} = \mathcal{O}\left(\left|\frac{\lambda_2}{\lambda_1}\right|^m\right)$ und $\|\boldsymbol{v}_1\| = 1$ erhalten wir aus

$$\|\boldsymbol{v}_1 + \boldsymbol{r}^{(m)}\| = 1 + \mathcal{O}\left(\left|\frac{\lambda_2}{\lambda_1}\right|^m\right) \text{ für } m \to \infty$$

und damit wie im Satz auf Seite 378 gezeigt, ebenfalls

$$\|\boldsymbol{v}_1 + \boldsymbol{r}^{(m)}\|^{-1} = 1 + \mathcal{O}\left(\left|\frac{\lambda_2}{\lambda_1}\right|^m\right) \text{ für } m \to \infty .$$

Somit ergibt sich unter Berücksichtigung von $|\mu_m| = 1$ die Darstellung

$$\begin{aligned} z^{(m)} - \mu_m \boldsymbol{v}_1 &= \mu_m(\boldsymbol{v}_1 + \boldsymbol{r}^{(m)})\left(1 + \mathcal{O}\left(\left|\frac{\lambda_2}{\lambda_1}\right|^m\right)\right) - \mu_m \boldsymbol{v}_1 \\ &= \mu_m \boldsymbol{r}^{(m)} + \mu_m(\boldsymbol{v}_1 + \boldsymbol{r}^{(m)})\,\mathcal{O}\left(\left|\frac{\lambda_2}{\lambda_1}\right|^m\right) \\ &= \mathcal{O}\left(\left|\frac{\lambda_2}{\lambda_1}\right|^m\right) \text{ für } m \to \infty . \end{aligned}$$

Folglich lässt sich die Iterierte in der Form

$$z^{(m)} = \mu_m \boldsymbol{v}_1 + \boldsymbol{q}^{(m)} \text{ mit } \boldsymbol{q}^{(m)} = \mathcal{O}\left(\left|\frac{\lambda_2}{\lambda_1}\right|^m\right) \text{ für } m \to \infty$$

schreiben. Mit

$$\|\boldsymbol{A}\mu_{m-1}\boldsymbol{v}_1\| = |\mu_{m-1}|\|\boldsymbol{A}\boldsymbol{v}_1\| = |\lambda_1|\|\boldsymbol{v}_1\| = |\lambda_1|$$

und

$$\begin{aligned} &\|\boldsymbol{A}\mu_{m-1}\boldsymbol{v}_1\| - \|\boldsymbol{A}\boldsymbol{q}^{(m-1)}\| \\ &\leq \|\boldsymbol{A}(\mu_{m-1}\boldsymbol{v}_1 + \boldsymbol{q}^{(m-1)})\| \leq \|\boldsymbol{A}\mu_{m-1}\boldsymbol{v}_1\| + \|\boldsymbol{A}\boldsymbol{q}^{(m-1)}\| \end{aligned}$$

folgt aus

$$\begin{aligned} &|\lambda_1| - \|\boldsymbol{A}(\mu_{m-1}\boldsymbol{v}_1 + \boldsymbol{q}^{(m-1)})\| \\ &\leq |\lambda_1| - \left(\|\boldsymbol{A}\mu_{m-1}\boldsymbol{v}_1\| - \|\boldsymbol{A}\boldsymbol{q}^{(m-1)}\|\right) = \|\boldsymbol{A}\boldsymbol{q}^{(m-1)}\| \end{aligned}$$

und

$$\begin{aligned} &\|\boldsymbol{A}(\mu_{m-1}\boldsymbol{v}_1 + \boldsymbol{q}^{(m-1)})\| - |\lambda_1| \\ &\leq \|\boldsymbol{A}\mu_{m-1}\boldsymbol{v}_1\| + \|\boldsymbol{A}\boldsymbol{q}^{(m-1)}\| - |\lambda_1| = \|\boldsymbol{A}\boldsymbol{q}^{(m-1)}\| \end{aligned}$$

unter Berücksichtigung der Beschränktheit jeder Matrix die gesuchte Darstellung aus

$$\begin{aligned} \left|\lambda^{(m)} - |\lambda_1|\right| &= \left|\|\widetilde{z}^{(m)}\| - |\lambda_1|\right| = \left|\|\boldsymbol{A}z^{(m-1)}\| - |\lambda_1|\right| \\ &= \left|\|\boldsymbol{A}(\mu_{m-1}\boldsymbol{v}_1 + \boldsymbol{q}^{(m-1)})\| - |\lambda_1|\right| \leq \|\boldsymbol{A}\boldsymbol{q}^{(m-1)}\| \\ &\leq \|\boldsymbol{A}\|\|\boldsymbol{q}^{(m-1)}\| = \mathcal{O}\left(\left|\frac{\lambda_2}{\lambda_1}\right|^{m-1}\right) . \end{aligned}$$

■

Es sei an dieser Stelle angemerkt, dass unter Beibehaltung der Forderung $|\lambda_1| > |\lambda_2| \geq \ldots \geq |\lambda_n|$ die Konvergenz der Potenzmethode bei geeignetem Startvektor auch für nicht notwendigerweise diagonalisierbare Matrizen nachgewiesen werden kann.

Beispiel Ein kleines World Wide Web
Wir betrachten ein aus vier Seiten bestehendes Netz mit dem in Abbildung 15.6 schematisch durch Pfeile dargestellten Verweisen.

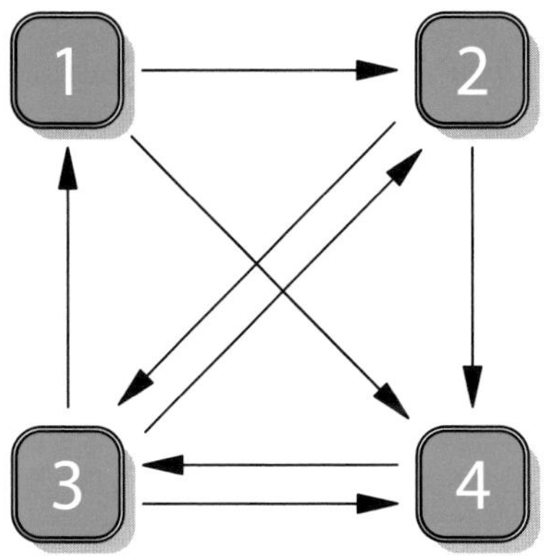

Abbildung 15.6 Ein kleines Beispielnetz.

Da ein zusammenhängendes Netz vorliegt, bei dem jede Seite mindestens einen Link enthält, benötigen wir keine Anpassung der resultierenden Matrix und untersuchen direkt die spaltenstochastische Matrix

$$\boldsymbol{H} = \begin{pmatrix} 0 & 0 & 1/3 & 0 \\ 1/2 & 0 & 1/3 & 0 \\ 0 & 1/2 & 0 & 1 \\ 1/2 & 1/2 & 1/3 & 0 \end{pmatrix} \in \mathbb{R}^{4\times 4}.$$

Unter Verwendung der Potenzmethode mit Startvektor $z^{(0)} = \frac{1}{2}(1, 1, 1, 1)^T$ erhalten wir den innerhalb der folgenden Tabelle dargestellten Konvergenzverlauf, wobei mit

$$e^{(m)} = \frac{|\lambda^{(m)} - \lambda^{(m-1)}|}{|\lambda^{(m)}|}$$

die relative Änderung der Approximation des Eigenwertes gemessen wird.

Konvergenz der Potenzmethode						
m	$z_1^{(m)}$	$z_2^{(m)}$	$z_3^{(m)}$	$z_4^{(m)}$	$\lambda^{(m)}$	$e^{(m)}$
0	0.50	0.50	0.50	0.50		
5	0.243	0.366	0.713	0.545	0.9963	$6 \cdot 10^{-3}$
10	0.241	0.361	0.721	0.541	0.9995	$1 \cdot 10^{-3}$
15	0.240	0.361	0.721	0.541	1.0000	$6 \cdot 10^{-5}$
20	0.240	0.361	0.721	0.541	1.0000	$5 \cdot 10^{-8}$

Wie wir sehen, konvergiert die Potenzmethode erwartungsgemäß gegen den bis auf einen skalaren Faktor eindeutig bestimmten Eigenvektor $(0.240, 0.361, 0.721, 0.541)^T$ zum betragsmäßig größten Eigenwert $\lambda = 1$. Dem Eigenvektor entsprechend weist die dritte Seite die höchste Wertigkeit auf. ◀

?

Können Sie sich erklären, warum die dritte Seite eine höhere Wertigkeit als die vierte Seite aufweist, obwohl ausschließlich Seite 4 Verweise von allen anderen Seiten erhält?

Bislang haben wir die Potenzmethode lediglich für den Fall einer diagonalisierbaren Matrix mit einfachem betragsmäßig größten Eigenwert untersucht. Bevor wir uns Gedanken über die Eigenschaften der Vektoriteration in allgemeineren Situationen machen, wollen wir zunächst einige wissenswerte Fakten zu dieser Methode zusammenstellen.

Konvergenzgeschwindigkeit: Die Konvergenz des Verfahrens ist linear und stark abhängig von dem üblicherweise unbekannten Quotienten $|\lambda_2|/|\lambda_1|$, der die asymptotische Konvergenzgeschwindigkeit beschreibt. Für $|\lambda_1| = |\lambda_2| + \varepsilon$ mit sehr kleinem $\varepsilon > 0$ wird die Methode sehr ineffizient, falls der Startvektor einen großen Anteil des Eigenvektors $\boldsymbol{v}_2$ aufweist, d. h. α_2 sehr groß ist. An dieser Stelle bleibt bei der Nutzung des Verfahrens nur das Prinzip Hoffnung und eventuell viel Geduld. Sollte die Konvergenz sehr langsam sein, so kann man dabei auch verschiedene Startvektoren verwenden, um der oben genannten Problematik eines großen Koeffizienten α_2 nach Möglichkeit aus dem Weg zu gehen.

Wahl des Startvektors: Da die Eigenvektoren zu Beginn der Berechnung in der Regel unbekannt sind, ist die zur Konvergenz notwendige Forderung an den Startvektor rein formaler Natur. Abhängig von der betrachteten Norm beginnt man häufig einfach mit $z^{(0)} = \frac{1}{n}(1, \ldots, 1)^T \in \mathbb{R}^n$ oder $z^{(0)} = \frac{1}{\sqrt{n}}(1, \ldots, 1)^T \in \mathbb{R}^n$. Im Fall $z^{(0)} \in \operatorname{span}\{\boldsymbol{v}_2, \ldots, \boldsymbol{v}_n\}$ darf man dann darauf hoffen, dass eintretende Rundungsfehler im Laufe der Iteration dazu führen, dass $z^{(k)}$ für hinreichend großes k in der Darstellung über die Eigenvektoren einen nicht verschwindenden Anteil des Eigenvektors $\boldsymbol{v}_1$ aufweist und somit die bewiesene lineare Konvergenz einsetzt.

Vorzeichen des Eigenwertes: Ist $\lambda^{(m)}$ nahe genug am Betrag des gesuchten einfachen Eigenwertes λ_1, so kann das Vorzeichen des Eigenwertes durch eine Betrachtung der Eigenvektorapproximationen $z^{(m)}$ erfolgen. Weist die betragsgrößte Komponente in $z^{(m)}$ einen Vorzeichenwechsel je Iteration auf, so liegt ein negativer, sonst ein positiver Eigenwert vor.

Verbesserung der Eigenwertapproximation: Im Fall einer symmetrischen Matrix $\boldsymbol{A}$ können wir den dem Wertebereich der Matrix zugrunde liegenden Rayleigh-Quotienten $\nu^{(m)} = (z^{(m)})^* \boldsymbol{A} z^{(m)}$ zur Iterierten $z^{(m)}$ berücksichtigen. Offensichtlich ergibt sich $\nu^{(m)} \to \lambda_1$, falls die Vektorfolge $(z^{(m)})_{m\in\mathbb{N}_0}$ gegen den zugehörigen Eigenvektor $\boldsymbol{v}_1$ konvergiert. Ergänzen wir innerhalb der Schleife der Potenzmethode im Anschluss an die Berechnung von $z^{(m)}$ die Bestimmung des Rayleigh-Quotienten $\nu^{(m)}$, so entfällt die oben angesprochene Vorzeichenuntersuchung, da $\nu^{(m)}$ das gleiche Vorzeichen wie der gesuchte Eigenwert λ_1 aufweist. Diese Variante setzt keine zusätzliche Matrix-Vektor-Multiplikation innerhalb jeder Iteration voraus, wenn der Vektor $\boldsymbol{A}z^{(m)}$ gespeichert wird.

Schwachbesetzte Matrizen: Der Rechenaufwand der Potenzmethode wird im Wesentlichen durch die Matrix-Vektor-Multiplikation bestimmt. Für schwachbesetzte Matrizen, die in praktischen Anwendungen glücklicherweise sehr häufig auftreten, eignet sich das Verfahren aus der Sicht der notwendigen arithmetischen Operationen pro Schleifendurchlauf sehr gut, wenn bei der Multiplikation der Struktur der Matrix Rechnung getragen wird. Hierdurch kann bei vielen Problemstellungen eine Rechenzeitersparnis von deutlich über 90% erzielt werden.

Abbruchkriterium: Natürlich setzt eine effiziente Umsetzung der Potenzmethode die Vorgabe eines Abbruchkriteriums voraus. Eine mögliche Variante liegt dabei in der Betrachtung der Veränderung der Eigenwertapproximation. Die Iteration kann beispielsweise abgebrochen werden, wenn die relative Veränderung $|(\nu^{(m)} - \nu^{(m-1)})/\nu^{(m-1)}|$ kleiner als ein benutzerdefinierter Wert $\varepsilon_{rel} > 0$ ist. Eine weitere Möglichkeit zur Festlegung beruht auf einer genaueren Fehleranalyse. Hierzu approximiert man den Fehler unter Nutzung der Norm des Residuenvektors $\boldsymbol{r}^{(m)} = \boldsymbol{A}\boldsymbol{z}^{(m)} - \nu^{(m)}\boldsymbol{z}^{(m)}$. Diese Vorgehensweise erfordert jedoch eine simultane Iteration zur Berechnung eines Linkseigenvektors der Matrix $\boldsymbol{A}$, die eine zusätzliche Matrix-Vektor-Multiplikation nach sich zieht und somit zu einer ungefähren Verdoppelung des Rechenaufwandes führt. Wir beschränken uns daher auf die eher rudimentäre erste Variante.

Verbesserte Potenzmethode mit Abbruchkriterium

- Wähle $\boldsymbol{z}^{(0)} \in \mathbb{C}^n$ mit $\|\boldsymbol{z}^{(0)}\| = 1$ und $\varepsilon_{rel} > 0$.
- Setze $\widetilde{\boldsymbol{z}}^{(1)} = \boldsymbol{A}\boldsymbol{z}^{(0)}$, $\nu^{(0)} = \langle \boldsymbol{z}^{(0)}, \widetilde{\boldsymbol{z}}^{(1)} \rangle$.
- Berechne für $m = 1, 2, \ldots$

$$\lambda^{(m)} = \|\widetilde{\boldsymbol{z}}^{(m)}\|,$$
$$\boldsymbol{z}^{(m)} = \frac{\widetilde{\boldsymbol{z}}^{(m)}}{\lambda^{(m)}},$$
$$\widetilde{\boldsymbol{z}}^{(m+1)} = \boldsymbol{A}\boldsymbol{z}^{(m)},$$
$$\nu^{(m)} = \langle \boldsymbol{z}^{(m)}, \widetilde{\boldsymbol{z}}^{(m+1)} \rangle.$$

Falls $\frac{|\nu^{(m)} - \nu^{(m-1)}|}{|\nu^{(m)}|} < \varepsilon_{rel}$, dann STOP.

Für die Potenzmethode beruht die Konvergenzaussage auf der Eigenschaft, dass λ_1 einen einfachen Eigenwert mit $|\lambda_1| > |\lambda_j|$, $j = 2, \ldots, n$ repräsentiert. In vielen Anwendungsfällen liegt allerdings keine Kenntnis über die Gültigkeit dieser Konvergenzgrundlage vor. Im Fall einer symmetrischen Matrix mit reellen Eigenwerten

$$\lambda_1 = \ldots = \lambda_r, \lambda_{r+1}, \ldots, \lambda_n,$$

die der Bedingung $|\lambda_1| > |\lambda_{r+1}| \geq \ldots \geq |\lambda_n|$ genügen, ergibt sich unter Verwendung des Startvektors

$$\boldsymbol{z}^{(0)} = \alpha_1 \boldsymbol{v}_1 + \ldots + \alpha_n \boldsymbol{v}_n$$

mit $|\alpha_1| + \ldots + |\alpha_r| > 0$ analog zu den bisherigen Überlegungen die Konvergenz der Iterierten $\boldsymbol{z}^{(m)}$ gegen einen Eigenvektor $\boldsymbol{v} \in \operatorname{span}\{\boldsymbol{v}_1, \ldots, \boldsymbol{v}_r\}$.

?

Sind Sie in der Lage, die obige Konvergenzeigenschaft mathematisch zu formulieren?

Weist der Eigenwert $\lambda_1 = a + ib$ einen nichtverschwindenden Imaginärteil b auf, so existiert im Fall einer reellen Matrix ein weiterer Eigenwert $\lambda_2 = a - ib$, für den offensichtlich $|\lambda_1| = \sqrt{a^2 + b^2} = |\lambda_2|$ gilt. In derartigen Fällen bricht die bisherige Konvergenzanalysis zusammen, und wir sehen anhand des folgenden einfachen Beispiels, dass wir keine Konvergenz erwarten dürfen.

Beispiel Betrachten wir die Matrix

$$\boldsymbol{A} = \begin{pmatrix} 0 & -1 \\ 1 & 0 \end{pmatrix} \in \mathbb{R}^{2\times 2}$$

mit den Eigenwerten $\lambda_1 = \mathrm{i}$ und $\lambda_2 = -\mathrm{i}$ und Eigenvektoren $\boldsymbol{v}_1, \boldsymbol{v}_2 \in \mathbb{C}^2$. Für $\boldsymbol{x} \in \mathbb{R}^2$ ergibt sich der Vektor $\boldsymbol{y} = \boldsymbol{A}\boldsymbol{x}$ durch eine Drehung von $\boldsymbol{x}$ um 90° im mathematisch positiven Sinn. Es gilt $\boldsymbol{A}^4 = \boldsymbol{I}$, und wir erhalten für alle Startvektoren $\boldsymbol{z}^{(0)}$, die den Bedingungen $\boldsymbol{z}^{(0)} \neq c\boldsymbol{v}_1$, $\boldsymbol{z}^{(0)} \neq c\boldsymbol{v}_2$ mit $c \in \mathbb{C}$ genügen, eine divergente Folge von Iterierten $\boldsymbol{z}^{(m)}$. ◀

Mit der Deflation können wir die Dimension des Eigenwertproblems reduzieren

Mit der *Deflation* werden wir eine Technik kennenlernen, die es ermöglicht, die Dimension eines Eigenwertproblems sukzessive zu verkleinern. Sind die Eigenwerte $\lambda_1, \ldots, \lambda_k$, $k < n$ einer Matrix $\boldsymbol{A} \in \mathbb{C}^{n\times n}$ bekannt, so kann $\boldsymbol{A}$ in eine Matrix $\widetilde{\boldsymbol{A}} \in \mathbb{C}^{(n-k)\times(n-k)}$ überführt werden, deren Eigenwerte identisch zu den verbleibenden $n-k$ Eigenwerten von $\boldsymbol{A}$ sind. In diesem Sinn ergibt sich durch die Deflation eine Erweiterung der bereits durch den Laplace'schen Entwicklungssatz beschriebenen Vorgehensweise, die in Band 1, Abschnitt 13.3 detailliert vorgestellt wird. Liegt beispielsweise mit $\boldsymbol{A} \in \mathbb{C}^{n\times n}$ eine Matrix vor, deren erste Spalte ein λ_1-Faches des ersten Einheitsvektors darstellt, so lässt sich das charakteristische Polynom in der Form

$$p_A(\lambda) = (\lambda_1 - \lambda)\, p_{\widetilde{A}}(\lambda)$$

schreiben, wobei sich $\widetilde{\boldsymbol{A}} \in \mathbb{C}^{(n-1)\times(n-1)}$ aus $\boldsymbol{A}$ durch Streichen der ersten Zeile und Spalte ergibt. Eine Verallgemeinerung dieses Spezialfalls wollen wir mit dem folgenden Satz betrachten.

Satz

Die Matrix $\boldsymbol{A} \in \mathbb{C}^{n\times n}$ habe die Eigenwerte $\lambda_1, \ldots, \lambda_n$, wobei der zu λ_1 gehörige Eigenvektor $\boldsymbol{v} = (v_1, \ldots, v_n)^T \in \mathbb{C}^n$ die Bedingung $1 = v_1 = \|\boldsymbol{v}\|_\infty$ erfülle. Dann besitzt die Matrix

$$\widetilde{\boldsymbol{A}} = \begin{pmatrix} a_{22} - v_2 a_{12} & \cdots & a_{2n} - v_2 a_{1n} \\ \vdots & & \vdots \\ a_{n2} - v_n a_{12} & \cdots & a_{nn} - v_n a_{1n} \end{pmatrix} \in \mathbb{C}^{(n-1)\times(n-1)}$$

die Eigenwerte $\lambda_2, \ldots, \lambda_n$.

Beweis: Bezeichnen wir die Spalten der Matrix $\boldsymbol{A}$ mit $\boldsymbol{a}_i$, $i = 1, \ldots, n$, und die Spalten der Einheitsmatrix $\boldsymbol{I} \in \mathbb{R}^{n \times n}$ mit $\boldsymbol{e}_i$, $i = 1, \ldots, n$, so gilt

$$\begin{aligned} p_{\boldsymbol{A}}(\lambda) &= \det(\boldsymbol{A} - \lambda \boldsymbol{I}) = \det(\boldsymbol{a}_1 - \lambda \boldsymbol{e}_1, \ldots, \boldsymbol{a}_n - \lambda \boldsymbol{e}_n) \\ &\overset{(*)}{=} \det\left(\sum_{i=1}^{n} (\boldsymbol{a}_i - \lambda \boldsymbol{e}_i) v_i, \boldsymbol{a}_2 - \lambda \boldsymbol{e}_2, \ldots, \boldsymbol{a}_n - \lambda \boldsymbol{e}_n \right) \\ &= \det(\underbrace{(\boldsymbol{A} - \lambda \boldsymbol{I})\boldsymbol{v}}_{=(\lambda_1 - \lambda)\boldsymbol{v}}, \boldsymbol{a}_2 - \lambda \boldsymbol{e}_2, \ldots, \boldsymbol{a}_n - \lambda \boldsymbol{e}_n) \\ &= (\lambda_1 - \lambda) \det(\boldsymbol{v}, \boldsymbol{a}_2 - \lambda \boldsymbol{e}_2, \ldots, \boldsymbol{a}_n - \lambda \boldsymbol{e}_n)\,. \end{aligned}$$

Die mit $(*)$ gekennzeichnete Gleichheit ergibt sich durch Addition des v_i-Fachen der i-ten Spalten zur ersten Spalte unter zusätzlicher Berücksichtigung von $v_1 = 1$. Wenden wir die Gauß'sche Eliminationstechnik auf die erste Spalte der Matrix $(\boldsymbol{v}, \boldsymbol{a}_2 - \lambda \boldsymbol{e}_2, \ldots, \boldsymbol{a}_n - \lambda \boldsymbol{e}_n)$ an, so erhalten wir

$$\begin{pmatrix} 1 & a_{12} \cdots a_{1n} \\ 0 & \\ \vdots & \widetilde{\boldsymbol{A}} - \lambda \widetilde{\boldsymbol{I}} \\ 0 & \end{pmatrix} \in \mathbb{C}^{n \times n}$$

mit der Einheitsmatrix $\widetilde{\boldsymbol{I}} \in \mathbb{R}^{(n-1)\times(n-1)}$ und der im Satz angegebenen Matrix $\widetilde{\boldsymbol{A}} \in \mathbb{C}^{(n-1)\times(n-1)}$. Folglich ergibt sich der Nachweis der Behauptung direkt aus

$$\begin{aligned} p_{\boldsymbol{A}}(\lambda) &= (\lambda_1 - \lambda) \det \begin{pmatrix} 1 & a_{12} \cdots a_{1n} \\ 0 & \\ \vdots & \widetilde{\boldsymbol{A}} - \lambda \widetilde{\boldsymbol{I}} \\ 0 & \end{pmatrix} \\ &= (\lambda_1 - \lambda) \det(\widetilde{\boldsymbol{A}} - \lambda \widetilde{\boldsymbol{I}}) = (\lambda_1 - \lambda) p_{\widetilde{\boldsymbol{A}}}(\lambda)\,. \end{aligned}$$ ■

Es stellt sich dem aufmerksamen Leser natürlich sofort die Frage, ob die im obigen Satz geforderten Voraussetzungen an die Komponenten des Eigenvektors $\boldsymbol{v}$ eine Verringerung des Gültigkeitsbereiches dieser Reduktionstechnik bewirken. Ist $\boldsymbol{v}$ ein beliebiger Eigenvektor zum Eigenwert λ_1, so können wir mittels einer einfachen Division durch dessen betragsgrößte Komponente einen Eigenvektor $\widetilde{\boldsymbol{v}}$ von $\boldsymbol{A}$ zum Eigenwert λ_1 mit $\|\widetilde{\boldsymbol{v}}\|_\infty = 1$ erzeugen, der mindestens ein $i \in \{1, \ldots, n\}$ mit $v_i = 1$ aufweist. Bezeichnen wir mit $\boldsymbol{P} \in \mathbb{R}^{n \times n}$ die Permutationsmatrix, die aus der Einheitsmatrix $\boldsymbol{I}$ durch Vertauschung der ersten und der i-ten Spalte entstanden ist, so erfüllt der Vektor $\widehat{\boldsymbol{v}} = \boldsymbol{P}\widetilde{\boldsymbol{v}}$ die im Satz geforderten Eigenschaften $\|\widehat{\boldsymbol{v}}\|_\infty = \widehat{v}_1 = 1$. Er stellt zudem wegen

$$\boldsymbol{PAP}^{-1}\widehat{\boldsymbol{v}} = \boldsymbol{PAP}^{-1}\boldsymbol{P}\widetilde{\boldsymbol{v}} = \boldsymbol{PA}\widetilde{\boldsymbol{v}} = \boldsymbol{P}\lambda_1\widetilde{\boldsymbol{v}} = \lambda_1\boldsymbol{P}\widetilde{\boldsymbol{v}} = \lambda_1\widehat{\boldsymbol{v}}$$

einen Eigenvektor zum Eigenwert λ_1 der Matrix $\boldsymbol{PAP}^{-1}$ dar. Da $\boldsymbol{PAP}^{-1}$ aus $\boldsymbol{A}$ durch eine Hauptachsentransformation hervorgegangen ist, sind die Eigenwerte beider Matrizen gleich, und die Eigenvektoren können durch die Permutationsmatrix ineinander überführt werden. Somit lassen sich die Voraussetzungen des Satzes für jede Ausgangsmatrix $\boldsymbol{A}$ mithilfe einer Transformation auf eine ähnliche Matrix $\boldsymbol{PAP}^{-1}$ erfüllen.

Zusammenspiel von Deflation und Potenzmethode

Bei günstigen Problemstellungen kann man durch die sukzessive Kombination der auf Helmut Wielandt (1910–2001) zurückgehenden Deflation mit der beschriebenen Potenzmethode weitere Eigenwerte der Ausgangsmatrix $\boldsymbol{A}$ berechnen. Dabei müssen die zugehörigen Eigenvektoren in einem gesonderten Schritt bestimmt werden.

Beispiel Wir betrachten die Matrix

$$\boldsymbol{A} = \begin{pmatrix} 6 & 2 & 4 \\ 1 & 4 & 4 \\ 1 & 2 & 0 \end{pmatrix} \in \mathbb{R}^{3\times 3}\,.$$

Für eine solch kleine Dimension können wir die Eigenwerte natürlich auch auf der Grundlage des charakteristischen Polynoms ermitteln und zur Kontrolle der Deflation nutzen. Wir erhalten nach kurzer Rechnung

$$\begin{aligned} p_{\boldsymbol{A}}(\lambda) &= \det(\boldsymbol{A} - \lambda \boldsymbol{I}) = (\lambda - 8)(\lambda^2 - 2\lambda - 6) \\ &= (\lambda - 8)(\lambda - (1 + \sqrt{7})(\lambda - (1 - \sqrt{7}))\,. \end{aligned}$$

Wenden wir auf die obige Matrix $\boldsymbol{A}$ die Potenzmethode mit Startvektor $\boldsymbol{z}^{(0)} = (1/\sqrt{3}, 1/\sqrt{3}, 1/\sqrt{3})^T \approx (0.577, 0.577, 0.577)^T$ an, so ergibt sich der in der folgenden Tabelle dargestellte Konvergenzverlauf.

Konvergenz der Potenzmethode					
m	$z_1^{(m)}$	$z_2^{(m)}$	$z_3^{(m)}$	$\lambda^{(m)}$	$\frac{\lvert\lambda^{(m)} - \lambda^{(m-1)}\rvert}{\lvert\lambda^{(m)}\rvert}$
0	0.577	0.577	0.577		
5	0.871	0.439	0.219	8.0109	$1.86 \cdot 10^{-3}$
10	0.873	0.437	0.218	8.0002	$3.31 \cdot 10^{-5}$
15	0.873	0.436	0.218	8.0000	$6.52 \cdot 10^{-7}$

Entsprechend der erzielten Ergebnisse verwenden wir den Eigenwert $\lambda_1 = \lim_{m\to\infty} \lambda^{(m)} = 8$ und den zugehörigen Eigenvektor $\boldsymbol{v} = \lim_{m\to\infty} \boldsymbol{z}^{(m)}/\|\boldsymbol{z}^{(m)}\|_\infty = (1, 1/2, 1/4)^T$ und erhalten

$$\widetilde{\boldsymbol{A}} = \begin{pmatrix} 3 & 2 \\ 1.5 & -1 \end{pmatrix} \in \mathbb{R}^{2\times 2}\,.$$

Nochmalige Anwendung der Potenzmethode auf die jetzige Matrix $\widetilde{\boldsymbol{A}}$ mit dem Startvektor $\widetilde{\boldsymbol{z}}^{(0)} = (1/\sqrt{2}, 1/\sqrt{2})^T \approx (0.707, 0.707)^T$ ergibt im Grenzwert $\lambda_2 = 1 + \sqrt{7}$ und $\widetilde{\boldsymbol{v}} = (1, 0.3228\ldots)^T$, womit nach wiederholter Reduktion der Matrixdimension

$$\widetilde{\widetilde{\boldsymbol{A}}} = \left(1 - \sqrt{7}\right) \in \mathbb{R}^{1\times 1}$$

folgt. Somit haben wir mit $\lambda_1 = 8$, $\lambda_2 = 1 + \sqrt{7}$ und $\lambda_3 = 1 - \sqrt{7}$ – belegt durch Kontrolle mit dem Ergebnis des zugehörigen charakteristischen Polynoms – in der Tat alle Eigenwerte der Matrix $\boldsymbol{A}$ berechnet. ◀

Die inverse Iteration nach Wielandt dient zur Ermittlung des betragskleinsten Eigenwertes

Mit der Potenzmethode konnten wir bislang nur den betragsgrößten Eigenwert und den entsprechenden Eigenvektor näherungsweise ermitteln. Liegt mit $\boldsymbol{A}$ eine reguläre Matrix mit den Eigenwerten $\lambda_1, \ldots, \lambda_n$ vor, so weist $\boldsymbol{A}^{-1}$ wegen

$$\boldsymbol{A}\boldsymbol{v}_i = \lambda_i \boldsymbol{v}_i \Leftrightarrow \boldsymbol{A}^{-1}\boldsymbol{v}_i = \lambda_i^{-1}\boldsymbol{v}_i$$

gleiche Eigenvektoren wie $\boldsymbol{A}$ auf, die jedoch stets mit dem zu λ_i reziproken Eigenwert $\nu_i = \lambda_i^{-1}$ gekoppelt sind. Gilt $0 < |\lambda_n| < |\lambda_{n-1}| \leq \ldots \leq |\lambda_1|$, so erhalten wir offensichtlich $|\nu_n| > |\nu_{n-1}| \geq \ldots \geq |\nu_1| > 0$, wodurch die Potenzmethode angewandt auf $\boldsymbol{A}^{-1}$ zur Berechnung des Eigenwertes ν_n und folglich auch $\lambda_n = \nu_n^{-1}$ genutzt werden kann. Hierzu muss jedoch die Matrix-Vektor-Multiplikation $\widetilde{\boldsymbol{z}}^{(m+1)} = \boldsymbol{A}\boldsymbol{z}^{(m)}$ innerhalb der Potenzmethode durch $\widetilde{\boldsymbol{z}}^{(m+1)} = \boldsymbol{A}^{-1}\boldsymbol{z}^{(m)}$ ersetzt werden. Ist die Matrix $\boldsymbol{A}^{-1}$ nicht explizit verfügbar, so können zwei Strategien genutzt werden. Lässt sich eine LR- oder QR-Zerlegung von $\boldsymbol{A}$ mit vertretbarem Aufwand berechnen, so kann die Matrix-Vektor-Multiplikation $\boldsymbol{A}\boldsymbol{z}^{(m)}$ ohne explizite Kenntnis der Matrix $\boldsymbol{A}^{-1}$ entsprechend den in Abschnitt 14.1 vorgestellten Vorgehensweisen effizient durchgeführt werden. Ansonsten betrachtet man innerhalb jedes Iterationsschrittes das lineare Gleichungssystem $\boldsymbol{A}\widetilde{\boldsymbol{z}}^{(m+1)} = \boldsymbol{z}^{(m)}$ und verwendet zur näherungsweisen Lösung beispielsweise eine Splitting-Methode oder ein Krylov-Unterraum-Verfahren.

Die Idee zur Nutzung der inversen Matrix kann auch allgemeiner formuliert werden. Stellt μ eine gute Näherung an den Eigenwert λ_i dar, sodass

$$|\lambda_i - \mu| < |\lambda_j - \mu| \text{ für jedes } j \in \{1, \ldots, n\} \setminus \{i\}$$

gilt, so liegt mit $|\lambda_i - \mu|$ der betragskleinste Eigenwert der Matrix

$$\widetilde{\boldsymbol{A}} = \boldsymbol{A} - \mu \boldsymbol{I}$$

vor, und $\widetilde{\boldsymbol{A}}^{-1}$ besitzt demzufolge den betragsgrößten Eigenwert $\widetilde{\lambda}_i = \frac{1}{\lambda_i - \mu}$. Anwendung der Potenzmethode auf $\widetilde{\boldsymbol{A}}^{-1}$ liefert die nach H. Wielandt benannte inverse Iteration.

Inverse Iteration

- Wähle $\boldsymbol{z}^{(0)} \in \mathbb{C}^n$ mit $\|\boldsymbol{z}^{(0)}\| = 1$ und $\mu \in \mathbb{C}$.
- Führe für $m = 1, 2, \ldots$ aus:

  Löse $(\boldsymbol{A} - \mu\boldsymbol{I})\widetilde{\boldsymbol{z}}^{(m)} = \boldsymbol{z}^{(m-1)}$,

  $\lambda^{(m)} = \|\widetilde{\boldsymbol{z}}^{(m)}\|$,

  $\boldsymbol{z}^{(m)} = \frac{\widetilde{\boldsymbol{z}}^{(m)}}{\lambda^{(m)}}$,

  $\nu^{(m)} = \langle \boldsymbol{z}^{(m)}, \boldsymbol{A}\boldsymbol{z}^{(m)} \rangle$.

?

Machen Sie sich folgende Eigenschaft der inversen Iteration klar: Während mit $\lambda^{(m)}$ eine Folge vorliegt, die gegen den Eigenwert $\frac{1}{\lambda_i - \mu}$ konvergiert, strebt die Folge $\nu^{(m)}$ gegen den gesuchten Eigenwert λ_i.

Mit dieser Vorgehensweise können theoretisch alle Eigenwerte einer Matrix bestimmt werden, wenn geeignete Startwerte μ vorliegen. Zur Initialisierung dieser Größe können die bereits untersuchten Methoden zur Eigenwerteinschließung genutzt werden.

Beispiel Betrachten wir die bereits aus dem Beispiel gemäß Seite 552 bekannte Matrix

$$\boldsymbol{A} = \begin{pmatrix} 2 & 0 & 2 \\ 1 & 3 & 0 \\ 1 & 0 & -2 \end{pmatrix} \in \mathbb{R}^{3\times 3}, \tag{15.17}$$

so erkennt man durch die Gerschgorin-Kreise laut Abbildung 15.4 zwei Wegzusammenhangskomponenten $K_1 \cup K_2$ und K_3. Unter Berücksichtigung der Kreisabstände wird deutlich, dass sich mit $\mu = -2 \in K_3$ der Eigenwert λ_3 und mit $\mu = 4 \in K_1 \cup K_2$ einer der Eigenwerte λ_1 respektive λ_2 näherungsweise bestimmen. Da wir wissen, dass sich in $K_1 \cup K_2$ zwei Eigenwerte befinden, kann durch Variation des Startwertes zudem versucht werden, den verbleibenden dritten Eigenwert mit der inversen Iteration zu ermitteln. Aus der folgenden Tabelle erkennen wir bei Wahl des entsprechenden Parameters $\mu \in \{4, 1, -2\}$ die erhoffte Konvergenz gegen die drei Eigenwerte $\lambda_1 = 3$, $\lambda_2 = \sqrt{6} \approx 2.4495$ und $\lambda_3 = -\sqrt{6} \approx -2.4495$, wobei in allen drei Fällen der Startvektor $\boldsymbol{z}^{(0)} = (1/3, 1/3, 1/3)^T$ genutzt wurde. ◀

Konvergenz der inversen Iteration

	Startparameter		
	$\mu = 4$	$\mu = 1$	$\mu = -2$
m	$\nu_1^{(m)}$	$\nu_2^{(m)}$	$\nu_3^{(m)}$
1	3.2695	2.1132	−0.4340
10	3.0049	2.4493	−2.4499
20	3.0001	2.4495	−2.4495

Der Preis, den wir für diese Flexibilität zahlen müssen, liegt im erhöhten Rechenbedarf der Methode, da im Vergleich zur verbesserten Potenzmethode bei der inversen Iteration zwei Matrix-Vektor-Multiplikationen anstelle einer dieser rechenzeitintensiven Operationen pro Iteration durchgeführt werden müssen.

Die Rayleigh-Quotienten-Iteration stellt eine Verbesserung der inversen Iteration dar

Die Konvergenzgeschwindigkeit der inversen Iteration ist durch die Kontraktionszahl

$$q = \max_{j\in\{1,\ldots,n\}\setminus i} \frac{|\lambda_i - \mu|}{|\lambda_j - \mu|} < 1$$

gegeben. Je näher der Startwert μ an λ_1 liegt, desto schnellere Konvergenz darf erwartet werden.

Schon bei der verbesserten Potenzmethode hatten wir den Rayleigh-Quotienten genutzt, der uns eine Beschleunigung der Konvergenz gegen den gesuchten Eigenwert unabhängig von dessen Vorzeichen liefert. Folglich liegt die Idee nahe, anstelle eines konstanten Näherungswertes μ eine Anpassung im Laufe der Iteration vorzunehmen und dabei den ohnehin berechneten Rayleigh-Quotienten $\nu^{(m)}$ zu verwenden.

Rayleigh-Quotienten-Iteration

- Wähle $z^{(0)} \in \mathbb{C}^n$ mit $\|z^{(0)}\| = 1$ und $\nu^{(0)} \in \mathbb{C}$.
- Führe für $m = 1, 2, \ldots$ aus:

  Löse $(\boldsymbol{A} - \nu^{(m-1)}\boldsymbol{I})\widetilde{z}^{(m)} = z^{(m-1)}$,

  $\lambda^{(m)} = \|\widetilde{z}^{(m)}\|$,

  $z^{(m)} = \frac{\widetilde{z}^{(m)}}{\lambda^{(m)}}$,

  $\nu^{(m)} = \langle z^{(m)}, \boldsymbol{A} z^{(m)} \rangle$.

Beispiel Wir nutzen die bereits aus vergangenen Untersuchungen bekannte Matrix $\boldsymbol{A} \in \mathbb{R}^{3\times 3}$ gemäß (15.17) mit $\sigma(\boldsymbol{A}) = \{-\sqrt{6}, \sqrt{6}, 3\}$. Die zugehörigen Gerschgorin-Kreise können der auf Seite 552 gegebenen Abbildung 15.4 entnommen werden. Wir erwarten aus der Kenntnis der Eigenwerte, dass die inverse Iteration für alle $\mu \in \mathbb{R}$ mit $\mu > 3$ gegen den Eigenwert $\lambda = 3$ konvergiert. Um die durch die Rayleigh-Quotienten-Iteration im Vergleich zur inversen Iteration erzielte Verbesserung der Konvergenzgeschwindigkeit zu verdeutlichen, verwenden wir die Spektralverschiebung auf der Grundlage der Startparameter μ respektive $\nu^{(0)} \in \{4, 6\}$, obwohl wir aufgrund der Gerschgorin-Kreise wissen, dass mit $\mu = 6$ beziehungsweise $\nu^{(0)} = 6$ kein optimaler Wert vorliegt. Nichtsdestotrotz können wir mit den genannten Werten das Konvergenzverhalten der beiden Methoden vergleichend studieren.

Genauigkeit	Inverse Iteration		Rayleigh-Quotienten-Iteration	
ε	$\mu = 4$	$\mu = 6$	$\nu^{(0)} = 4$	$\nu^{(0)} = 6$
10^{-2}	9	22	4	4
10^{-6}	30	81	5	5
10^{-10}	51	132	6	6
10^{-14}	72	186	7	7

In der obigen Tabelle sind die von der gewählten Methode und dem betrachteten Startparameter abhängige Anzahl an Iterationen m angegeben, die benötigt werden, um unterhalb einer vorgegebenen Genauigkeit ε zu liegen, d. h.

$$|\nu^{(m)} - 3| \leq \varepsilon$$

zu erfüllen. Aus der Konvergenzstudie wird direkt die höhere Effizienz der Rayleigh-Quotienten-Iteration ersichtlich. Unabhängig vom speziellen Wert des Startparameters liegt wie erwartet eine deutlich schnellere Konvergenz bedingt durch die Anpassung des Shiftparameters $\nu^{(m)}$ vor. Dabei zeigt sich zudem, dass die Rayleigh-Quotienten-Iteration auf eine kleine Variation des Shifts von $\nu^{(0)} = 4$ auf $\nu^{(0)} = 6$ ohne Änderung der Iterationszahl reagiert. Diese Eigenschaft kann natürlich auf größere Variationen nicht übertragen werden. ◀

Achtung: Konvergiert die Folge der Näherungswerte $\{\nu^{(m)}\}_{m\in\mathbb{N}}$ innerhalb der Rayleigh-Quotienten-Iteration gegen einen Eigenwert λ der Matrix $\boldsymbol{A}$, so liegt mit $\{\boldsymbol{A} - \nu^{(m)}\boldsymbol{I}\}_{m\in\mathbb{N}}$ eine Matrixfolge vor, die gegen die singuläre Matrix $(\boldsymbol{A} - \lambda\boldsymbol{I})$ konvergiert und somit ein Verfahrensabbruch bei der Lösung des Gleichungssystems zu befürchten ist. Diese Problematik muss bei der praktischen Umsetzung der Methode geeignet berücksichtigt werden.

15.3 Jacobi-Verfahren

Durch die Betrachtung von Potenzen der Matrix $\boldsymbol{A}$ respektive einer durch eine einfache Spektralverschiebung gemäß $\boldsymbol{B} = (\boldsymbol{A} - \mu\boldsymbol{I})^{-1}$ hervorgegangenen Matrix haben wir einzelne Eigenwerte und die entsprechenden Eigenvektoren näherungsweise berechnen können. Wir werden mit dem Jacobi-Verfahren und der anschließenden QR-Methode zwei Algorithmen vorstellen, die simultan alle Eigenwerte einer Matrix berechnen.

Da bei Matrizen in Diagonal- und Dreiecksform die Eigenwerte von der Diagonalen abgelesen werden können, wäre es wünschenswert, die gegebene Matrix $\boldsymbol{A}$ durch eine geeignete Transformation in Diagonal- und Dreiecksgestalt zu überführen. Dabei sind natürlich nur Operationen erlaubt, die die Eigenwerte unverändert lassen.

Liegt mit $\boldsymbol{M} \in \mathbb{C}^{n\times n}$ eine reguläre Matrix vor, so weisen die Matrizen

$$\boldsymbol{A} \in \mathbb{C}^{n\times n} \quad \text{und} \quad \boldsymbol{B} := \boldsymbol{M}^{-1}\boldsymbol{A}\boldsymbol{M} \in \mathbb{C}^{n\times n} \qquad (15.18)$$

das gleiche Spektrum auf.

?

Machen Sie sich die mit (15.18) verbundene Aussage noch einmal schriftlich klar. In welchem Bezug stehen die Eigenvektoren der Matrizen $\boldsymbol{A}$ und $\boldsymbol{B}$ zueinander?

Nun müssen wir uns nur noch der Frage zuwenden, ob bei beliebiger Matrix $\boldsymbol{A} \in \mathbb{C}^{n\times n}$ eine Transformation auf Dreiecksgestalt gemäß (15.18) möglich ist. Hierzu gibt der folgende Satz Auskunft.

Satz

Zu jeder Matrix $\boldsymbol{A} \in \mathbb{C}^{n\times n}$ existiert eine unitäre Matrix $\boldsymbol{Q} \in \mathbb{C}^{n\times n}$ derart, dass

$$\boldsymbol{Q}^*\boldsymbol{A}\boldsymbol{Q}$$

eine rechte obere Dreiecksmatrix darstellt.

Beweis: Der Beweis wird mittels einer vollständigen Induktion geführt.

Für $n = 1$ erfüllt $\boldsymbol{Q} = \boldsymbol{I}$ die Behauptung.

Sei die Behauptung für $j = 1, \ldots, n$ erfüllt, dann wähle ein $\lambda \in \sigma(\boldsymbol{A})$ mit zugehörigem Eigenvektor $\widetilde{\boldsymbol{v}}_1 \in \mathbb{C}^{n+1} \setminus \{\boldsymbol{0}\}$. Durch Erweiterung von $\boldsymbol{v}_1 = \widetilde{\boldsymbol{v}}_1 / \|\widetilde{\boldsymbol{v}}_1\|_2$ durch $\boldsymbol{v}_2, \ldots, \boldsymbol{v}_{n+1}$ zu einer Orthonormalbasis des $\mathbb{C}^{n+1}$ ergibt sich mit

$$\mathbb{C}^{(n+1)\times(n+1)} \ni \boldsymbol{V} = \left(\boldsymbol{v}_1 \ldots \boldsymbol{v}_{n+1}\right)$$

die Gleichung

$$\boldsymbol{V}^*\boldsymbol{A}\boldsymbol{V}\boldsymbol{e}_1 = \boldsymbol{V}^*\boldsymbol{A}\boldsymbol{v}_1 = \boldsymbol{V}^*\lambda\boldsymbol{v}_1 = \lambda\boldsymbol{e}_1\,,$$

wobei $\boldsymbol{e}_1 = (1, 0, \ldots, 0)^T \in \mathbb{C}^{n+1}$ gilt. Hiermit folgt

$$\boldsymbol{V}^*\boldsymbol{A}\boldsymbol{V} = \begin{pmatrix} \lambda & \widetilde{\boldsymbol{a}}^T \\ 0 & \\ \vdots & \widetilde{\boldsymbol{A}} \\ 0 & \end{pmatrix} \quad \text{mit } \widetilde{\boldsymbol{A}} \in \mathbb{C}^{n\times n} \text{ und } \widetilde{\boldsymbol{a}} \in \mathbb{C}^n.$$

Zu $\widetilde{\boldsymbol{A}}$ existiert laut Induktionsvoraussetzung eine unitäre Matrix $\widetilde{\boldsymbol{W}} \in \mathbb{C}^{n\times n}$ derart, dass $\widetilde{\boldsymbol{W}}^*\widetilde{\boldsymbol{A}}\widetilde{\boldsymbol{W}}$ eine rechte obere Dreiecksmatrix ist. Mit $\widetilde{\boldsymbol{W}}$ ist auch

$$\boldsymbol{W} = \begin{pmatrix} 1 & 0 \cdots 0 \\ 0 & \\ \vdots & \widetilde{\boldsymbol{W}} \\ 0 & \end{pmatrix}$$

unitär und wir erhalten mit $\boldsymbol{Q} := \boldsymbol{V}\boldsymbol{W} \in \mathbb{C}^{(n+1)\times(n+1)}$ laut Aufgabe 15.7 eine unitäre Matrix, für die einfaches Nachrechnen zeigt, dass $\boldsymbol{Q}^*\boldsymbol{A}\boldsymbol{Q}$ eine rechte obere Dreiecksmatrix darstellt. ■

Offensichtlich ergibt sich aus der obigen Aussage direkt eine Konsequenz für den Fall hermitescher Matrizen.

Folgerung

Ist $\boldsymbol{A} \in \mathbb{C}^{n\times n}$ eine hermitesche Matrix, so existiert eine unitäre Matrix $\boldsymbol{Q} \in \mathbb{C}^{n\times n}$ derart, dass

$$\boldsymbol{Q}^*\boldsymbol{A}\boldsymbol{Q} \in \mathbb{R}^{n\times n}$$

eine Diagonalmatrix ist.

?

Warum liegt bei einer hermiteschen Matrix $\boldsymbol{A} \in \mathbb{C}^{n\times n}$ innerhalb der obigen Folgerung mit $\boldsymbol{Q}^*\boldsymbol{A}\boldsymbol{Q}$ eine reelle Matrix vor?

Bezogen auf reelle Matrizen müssen wir eine zusätzliche Einschränkung an das Spektrum vornehmen, wenn wir mit einer Transformation mittels orthogonaler Matrizen anstelle unitärer Matrizen auskommen wollen.

Satz

Zu jeder Matrix $\boldsymbol{A} \in \mathbb{R}^{n\times n}$ mit $\sigma(\boldsymbol{A}) \subset \mathbb{R}$ existiert eine orthogonale Matrix $\boldsymbol{Q} \in \mathbb{R}^{n\times n}$ derart, dass

$$\boldsymbol{Q}^T\boldsymbol{A}\boldsymbol{Q}$$

eine rechte obere Dreiecksmatrix darstellt.

Beweis: Unter Verwendung der Forderung $\sigma(\boldsymbol{A}) \subset \mathbb{R}$ erhalten wir zu jedem Eigenvektor $\boldsymbol{v} \in \mathbb{C}^n \setminus \{\boldsymbol{0}\}$ mit zugehörigem Eigenwert $\lambda \in \mathbb{R}$ wegen $\boldsymbol{v} = \boldsymbol{x} + \mathrm{i}\boldsymbol{y}$, $\boldsymbol{x}, \boldsymbol{y} \in \mathbb{R}^n$ aus

$$\boldsymbol{A}\boldsymbol{x} + \mathrm{i}\boldsymbol{A}\boldsymbol{y} = \boldsymbol{A}\boldsymbol{v} = \lambda\boldsymbol{v} = \lambda\boldsymbol{x} + \mathrm{i}\lambda\boldsymbol{y}$$

die Eigenschaft

$$\boldsymbol{A}\boldsymbol{x} = \lambda\boldsymbol{x} \quad \text{sowie} \quad \boldsymbol{A}\boldsymbol{y} = \lambda\boldsymbol{y}\,.$$

Mit $\boldsymbol{x}$ oder $\boldsymbol{y}$ muss also mindestens ein Eigenvektor aus $\mathbb{R}^n \setminus \{\boldsymbol{0}\}$ vorliegen. Unter Berücksichtigung dieser Eigenschaft ergibt sich der Nachweis im Fall einer reellen Matrix analog zum Vorgehen im komplexen Fall. ■

Betrachten wir eine symmetrische Matrix $\boldsymbol{A} \in \mathbb{R}^{n\times n}$, so ergibt sich für jeden Eigenwert $\lambda \in \sigma(\boldsymbol{A})$ mit zugehörigem Eigenvektor $\boldsymbol{x}$ mit $\|\boldsymbol{x}\|_2 = 1$ aus

$$\begin{aligned} \lambda &= \lambda(\boldsymbol{x}, \boldsymbol{x}) = (\boldsymbol{A}\boldsymbol{x}, \boldsymbol{x}) = (\boldsymbol{x}, \boldsymbol{A}^T\boldsymbol{x}) \\ &= \overline{(\boldsymbol{A}^T\boldsymbol{x}, \boldsymbol{x})} = \overline{(\boldsymbol{A}\boldsymbol{x}, \boldsymbol{x})} = \overline{\lambda} \end{aligned}$$

die Schlussfolgerung $\lambda \in \mathbb{R}$ und demzufolge $\sigma(\boldsymbol{A}) \subset \mathbb{R}$. Analog zum komplexen Fall erhalten wir hiermit das bereits aus Band 1, Abschnitt 17.6 bekannte Resultat.

Folgerung

Ist $\boldsymbol{A} \in \mathbb{R}^{n\times n}$ eine symmetrische Matrix, so existiert eine orthogonale Matrix $\boldsymbol{Q} \in \mathbb{R}^{n\times n}$ derart, dass

$$\boldsymbol{Q}^T\boldsymbol{A}\boldsymbol{Q} \in \mathbb{R}^{n\times n}$$

eine Diagonalmatrix ist.

Für den Spezialfall einer symmetrischen Matrix $\boldsymbol{A} \in \mathbb{R}^{n\times n}$ liegt mit dem im Weiteren beschriebenen Jacobi-Verfahren eine Methode zur Berechnung aller Eigenwerte und Eigenvektoren vor. Inspiriert durch die obige Folgerung versuchen wir ausgehend von $\boldsymbol{A}^{(0)} = \boldsymbol{A}$ sukzessive Ähnlichkeitstransformationen

$$\boldsymbol{A}^{(k)} = \boldsymbol{Q}_k^T\boldsymbol{A}^{(k-1)}\boldsymbol{Q}_k\,, \quad k = 1, 2, \ldots$$

mit orthogonalen Matrizen $\boldsymbol{Q}_k \in \mathbb{R}^{n\times n}$ derart durchzuführen, dass

$$\lim_{k\to\infty} \boldsymbol{A}^{(k)} = \boldsymbol{D} \in \mathbb{R}^{n\times n}$$

mit einer Diagonalmatrix $\boldsymbol{D} = ag\{d_{11}, \ldots, d_{nn}\}$ gilt.

Wir nutzen hierzu die orthogonalen Givens-Rotationsmatrizen $\boldsymbol{G}_{pq}(\varphi) \in \mathbb{R}^{n \times n}$ der Form

$$\boldsymbol{G}_{pq}(\varphi) = \begin{pmatrix} 1 & & & & & & & \\ & \ddots & & & & & & \\ & & 1 & & & & & \\ & & & \cos\varphi & & \sin\varphi & & \\ & & & & 1 & & & \\ & & & & & \ddots & & \\ & & & & & 1 & & \\ & & & -\sin\varphi & & \cos\varphi & & \\ & & & & & & 1 & \\ & & & & & & & \ddots \\ & & & & & & & & 1 \end{pmatrix} \begin{matrix} \\ \\ \\ \leftarrow p \\ \\ \\ \\ \leftarrow q \\ \\ \\ \\ \end{matrix} .$$

$$\qquad\qquad \uparrow \qquad\qquad \uparrow$$
$$\qquad\qquad p \qquad\qquad q$$

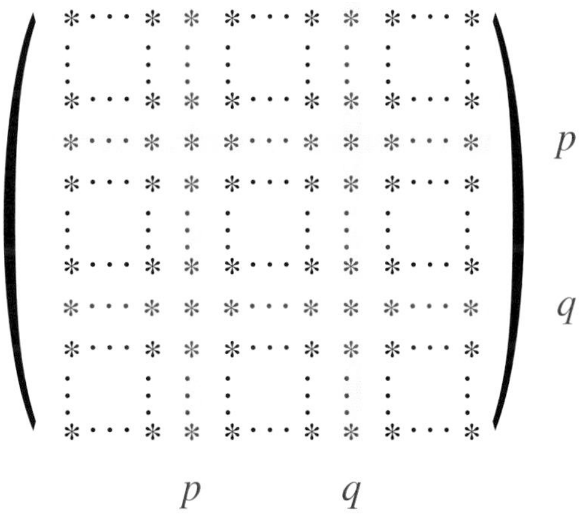

Abbildung 15.7 Änderungsbereiche aufgrund der Ähnlichkeitstransformation.

Mit der auch als Jacobi-Rotation bezeichneten Givens-Transformation

$$\boldsymbol{A}^{(k)} = \underbrace{\boldsymbol{G}_{pq}(\varphi)^T \boldsymbol{A}^{(k-1)}}_{=: \boldsymbol{A}'} \boldsymbol{G}_{pq}(\varphi)$$

erhalten wir die folgenden Zusammenhänge:

(a) Die Matrizen $\boldsymbol{A}' = (a'_{ij})_{i,j=1,\ldots,n}$ und $\boldsymbol{A}^{(k-1)} = (a_{ij}^{(k-1)})_{i,j=1,\ldots,n}$ können sich aufgrund der Multiplikation mit $\boldsymbol{G}_{pq}(\varphi)$ von rechts ausschließlich in der p-ten und q-ten Zeile unterscheiden. Es ergibt sich für $j = 1, \ldots, n$ somit

$$\begin{aligned} a'_{pj} &= a_{pj}^{(k-1)} \cos\varphi - a_{qj}^{(k-1)} \sin\varphi\,, \\ a'_{qj} &= a_{pj}^{(k-1)} \sin\varphi + a_{qj}^{(k-1)} \cos\varphi\,. \end{aligned} \tag{15.19}$$

Die restlichen Matrixeinträge bleiben von der Operation unberührt, womit $a'_{ij} = a_{ij}^{(k-1)}$ für $j = 1, \ldots, n$ und $i \neq p, q$ gilt.

(b) Die Matrizen $\boldsymbol{A}^{(k)} = (a_{ij}^{(k)})_{i,j=1,\ldots,n}$ und $\boldsymbol{A}'$ unterscheiden sich aufgrund der Multiplikation mit $\boldsymbol{G}_{pq}^T(\varphi)$ von links höchstens in der p-ten und q-ten Spalte. Entsprechend zur obigen Überlegung erhalten wir für $i = 1, \ldots, n$

$$\begin{aligned} a_{ip}^{(k)} &= a'_{ip} \cos\varphi - a'_{iq} \sin\varphi\,, \\ a_{iq}^{(k)} &= a'_{ip} \sin\varphi + a'_{iq} \cos\varphi\,, \end{aligned} \tag{15.20}$$

sowie die unveränderten Koeffizienten $a_{ij}^{(k)} = a'_{ij}$ für $i = 1, \ldots, n$ und $j \neq p, q$.

Wegen der Symmetrie der Matrix $\boldsymbol{A}$ erhalten wir durch Einsetzen der Gleichung (15.19) in (15.20) für die in Abbildung 15.7 dargestellten Kreuzungspunkte

$$\begin{aligned} a_{pp}^{(k)} &= (a_{pp}^{(k-1)} \cos\varphi - a_{qp}^{(k-1)} \sin\varphi) \cos\varphi \\ &\quad -(a_{pq}^{(k-1)} \cos\varphi - a_{qq}^{(k-1)} \sin\varphi) \sin\varphi \\ &= a_{pp}^{(k-1)} \cos^2\varphi - 2a_{pq}^{(k-1)} \cos\varphi \sin\varphi \\ &\quad +a_{qq}^{(k-1)} \sin^2\varphi \\ a_{qq}^{(k)} &= a_{pp}^{(k-1)} \sin^2\varphi + 2a_{pq}^{(k-1)} \cos\varphi \sin\varphi \\ &\quad +a_{qq}^{(k-1)} \cos^2\varphi \\ a_{pq}^{(k)} &= (a_{pp}^{(k-1)} - a_{qq}^{(k-1)}) \cos\varphi \sin\varphi \\ &\quad +a_{pq}^{(k-1)} (\cos^2\varphi - \sin^2\varphi) \\ &= a_{qp}^{(k)}\,. \end{aligned} \tag{15.21}$$

Zunächst können wir o. E. von der Existenz eines Elementes $a_{pq}^{(k-1)} \neq 0$ ausgehen, da sonst mit $\boldsymbol{A}^{(k-1)}$ eine Diagonalmatrix vorliegt und keine weitere Iteration nötig ist. Beim Jacobi-Verfahren berechnen wir den Winkel φ formal so, dass für

$$\boldsymbol{A}^{(k)} = \boldsymbol{Q}_k^T \boldsymbol{A}^{(k-1)} \boldsymbol{Q}_k \text{ mit } \boldsymbol{Q}_k = \boldsymbol{G}_{pq}(\varphi)$$

die Eigenschaft

$$a_{pq}^{(k)} = 0 \tag{15.22}$$

erfüllt ist. Aus (15.21) und (15.22) erhalten wir somit die Forderung

$$(a_{pp}^{(k-1)} - a_{qq}^{(k-1)}) \cos\varphi \sin\varphi + a_{pq}^{(k-1)} (\cos^2\varphi - \sin^2\varphi) = 0\,. \tag{15.23}$$

Achtung: Im Jacobi-Verfahren benötigen wir nur die Werte für $\sin\varphi$ und $\cos\varphi$. Eine Berechnung der eingehenden Winkel ist daher nur formal und in der konkreten Umsetzung nicht notwendig.

Zur Herleitung einer Verfahrensvorschrift definieren wir unter Berücksichtigung von $a_{pq}^{(k-1)} \neq 0$ die Hilfsgröße

$$\Theta := \frac{a_{qq}^{(k-1)} - a_{pp}^{(k-1)}}{2a_{pq}^{(k-1)}}$$

und erhalten aus (15.23) aufgrund der Additionstheoreme

$$\sin(2\varphi) = 2\cos\varphi\sin\varphi \quad \text{und} \quad \cos(2\varphi) = \cos^2\varphi - \sin^2\varphi$$

die Darstellung

$$\Theta = \frac{\cos^2\varphi - \sin^2\varphi}{2\cos\varphi\sin\varphi} = \frac{\cos(2\varphi)}{\sin(2\varphi)} = \cot(2\varphi)\,.$$

?

Machen Sie sich klar, warum der Ausdruck $\cos\varphi\sin\varphi$ im obigen Nenner stets ungleich null ist.

Mit $t := \tan\varphi$ folgt

$$\begin{aligned}\Theta &= \frac{\cos^2\varphi - \sin^2\varphi}{2\cos\varphi\sin\varphi} = \frac{1}{2}\left(\frac{\cos\varphi}{\sin\varphi} - \frac{\sin\varphi}{\cos\varphi}\right)\\ &= \frac{1}{2}\left(\frac{1}{t} - t\right) = \frac{1-t^2}{2t}\end{aligned}$$

und somit $0 = t^2 + 2\Theta t - 1$ respektive

$$t_{1,2} = -\Theta \pm \sqrt{\Theta^2+1} = \frac{1}{\Theta \pm \sqrt{\Theta^2+1}}\,.$$

Wir wählen die betragskleinere Lösung, wodurch sich

$$t = \tan\varphi = \begin{cases} \dfrac{1}{\Theta + \operatorname{sgn}(\Theta)\sqrt{\Theta^2+1}}, & \text{falls} \quad \Theta \neq 0 \\ 1, & \text{falls} \quad \Theta = 0\,. \end{cases}$$

ergibt. Diese Festlegung besitzt den Vorteil, dass keine numerische Auslöschung im Nenner auftreten kann. Des Weiteren gilt $-1 < \tan\varphi \leq 1$, womit sich $-\frac{\pi}{4} < \varphi \leq \frac{\pi}{4}$ ergibt. Aus $t = \tan\varphi$ erhalten wir folglich

$$\cos\varphi = \frac{1}{\sqrt{1+t^2}} \quad \text{und} \quad \sin\varphi = t\cos\varphi\,.$$

Zur Festlegung des Verfahrens muss abschließend die Wahl der Indizes p, q angegeben werden. An dieser Stelle unterscheiden sich die einzelnen Varianten des Jacobi-Verfahrens.

Das klassische Jacobi-Verfahren basiert auf dem betragsgrößten Nichtdiagonalelement

Beim klassischen Jacobi-Verfahren wählen wir $p, q \in \{1, \ldots, n\}$ mit $p > q$ derart, dass

$$|a_{pq}^{(k-1)}| = \max_{i>j} |a_{ij}^{(k-1)}|$$

gilt.

Achtung: Obwohl die Festlegung der Indizes in der obigen Form nicht eindeutig ist, werden wir im Folgenden sehen, dass sich hierdurch keine Auswirkung auf die Konvergenz der Methode ergibt.

Klassisches Jacobi-Verfahren

- Setze $A^{(0)} = A$
- Für $k = 1, 2, \ldots$

  Ermittle ein Indexpaar (p, q) mit

  $$|a_{pq}^{(k-1)}| = \max_{i>j} |a_{ij}^{(k-1)}|\,.$$

  Berechne

  $$\Theta := \frac{a_{qq}^{(k-1)} - a_{pp}^{(k-1)}}{2a_{pq}^{(k-1)}}$$

  und setze

  $$t = \frac{1}{\Theta + \operatorname{sgn}(\Theta)\sqrt{\Theta^2+1}}\,.$$

  Berechne $\cos\varphi = \frac{1}{\sqrt{1+t^2}}$ und $\sin\varphi = t\cos\varphi$.
  Setze $A^{(k)} = G_{pq}^T(\varphi) A^{(k-1)} G_{pq}(\varphi)$.

Die Auswirkung jedes einzelnen Transformationsschrittes ist ausschließlich auf zwei Zeilen und zwei Spalten begrenzt. Zudem ist es möglich, dass Matrixelemente, die bereits den Wert null angenommen haben, ihren Betrag in einem späteren Iterationsschritt wieder vergrößern. Dennoch werden wir im Folgenden sehen, dass die im klassischen Jacobi-Verfahren ermittelten Diagonalelemente gegen die Eigenwerte der Ausgangsmatrix streben.

Satz zur Konvergenz des Jacobi-Verfahrens

Für jede symmetrische Matrix $A \in \mathbb{R}^{n\times n}$ mit $n \geq 2$ konvergiert die Folge der durch das klassische Jacobi-Verfahren erzeugten, zueinander ähnlichen Matrizen

$$A^{(k)} = Q_k^T A^{(k-1)} Q_k$$

gegen eine Diagonalmatrix D.

Bei Gültigkeit der obigen Behauptung können die Eigenwerte der Matrix A der Diagonalen der Matrix

$$D = \lim_{k\to\infty} A^{(k)}$$

entnommen werden. Die zugehörigen Eigenvektoren sind durch die Spalten der orthogonalen Matrix

$$Q = \lim_{k\to\infty} \prod_{i=1}^{k} Q_i^T$$

Hintergrund und Ausblick: Aufwandsreduktion und Stabilisierung beim Jacobi-Verfahren

Bei der praktischen Umsetzung des Jacobi-Verfahrens sollte einerseits die Symmetrie der Matrizen $\boldsymbol{A}^{(k)}$ berücksichtigt und folglich nur der linke oder rechte Dreiecksanteil der jeweiligen Matrizen berechnet und gespeichert werden. Andererseits können weitere Umformungen genutzt werden, die eine Reduktion der arithmetischen Operationen bei der Bestimmung der veränderten Diagonalelemente bewirken und zudem in der praktischen Anwendung eine Stabilisierung bezüglich der Auswirkungen von Rundungsfehlern mit sich bringen.

Mit (15.21) startend schreiben wir unter Verwendung von $\cos^2\varphi = 1 - \sin^2\varphi$ das Diagonalelement $a_{pp}^{(k)}$ in der Form

$$a_{pp}^{(k)} = a_{pp}^{(k-1)} - 2a_{pq}^{(k-1)} \cos\varphi \sin\varphi + \left(a_{qq}^{(k-1)} - a_{pp}^{(k-1)}\right) \sin^2\varphi\,.$$

Aufgrund der Forderung (15.23) ergibt sich

$$(a_{qq}^{(k-1)} - a_{pp}^{(k-1)}) = -a_{pq}^{(k-1)} \frac{\cos^2\varphi - \sin^2\varphi}{\cos\varphi \sin\varphi}\,,$$

womit direkt

$$a_{pp}^{(k)} = a_{pp}^{(k-1)} - a_{pq}^{(k-1)} \left(\left(2\cos\varphi - \frac{\cos^2\varphi - \sin^2\varphi}{\cos\varphi} \right) \sin\varphi \right)$$

folgt. Unter Berücksichtigung von

$$\left(2\cos\varphi - \frac{\cos^2\varphi - \sin^2\varphi}{\cos\varphi} \right) \sin\varphi = \frac{\cos^2\varphi \sin\varphi + \sin^2\varphi \sin\varphi}{\cos\varphi} = \frac{\sin\varphi}{\cos\varphi} = \tan\varphi = t$$

erhalten wir die effiziente Berechnungsvorschrift

$$a_{pp}^{(k)} = a_{pp}^{(k-1)} + t a_{pq}^{(k-1)}\,.$$

Analog ergibt sich

$$a_{qq}^{(k)} = a_{qq}^{(k-1)} - t a_{pq}^{(k-1)}\,.$$

Für die Nichtdiagonalelemente liefert die Festlegung $\omega = \frac{\sin\varphi}{1+\cos\varphi}$ wegen $1 - \omega \sin\varphi = \cos\varphi$ aus (15.19) die Darstellung

$$\begin{aligned} a'_{pj} &= a_{pj}^{(k-1)} - \sin\varphi\left(a_{qj}^{(k-1)} + \omega a_{pj}^{(k-1)}\right), \\ a'_{qj} &= a_{qj}^{(k-1)} + \sin\varphi\left(a_{qj}^{(k-1)} - \omega a_{pj}^{(k-1)}\right) \end{aligned} \tag{15.24}$$

mit $j = 1, \ldots, n$, wobei $j \neq p$ respektive $j \neq q$ berücksichtigt werden muss. Entsprechend erhalten wir aus (15.20) die Berechnungsvorschrift

$$\begin{aligned} a_{ip}^{(k)} &= a'_{ip} - \sin\varphi\left(a'_{iq} + \omega a'_{ip}\right), \\ a_{iq}^{(k)} &= a'_{iq} + \sin\varphi\left(a'_{iq} - \omega a'_{ip}\right) \end{aligned} \tag{15.25}$$

für $i = 1, \ldots, n$ mit $i \neq p$ respektive $i \neq q$.

gegeben.

Beweis: Wir nutzen ein Maß für die Abweichung der Matrix $\boldsymbol{A}^{(k)}$ von einer Diagonalmatrix. Hierzu sei $\boldsymbol{D}^{(k)} = ag\{a_{11}^{(k)}, \ldots, a_{nn}^{(k)}\} \in \mathbb{R}^{n\times n}$, und wir definieren unter Verwendung der Frobeniusnorm

$$S(\boldsymbol{A}^{(k)}) = \|\boldsymbol{A}^{(k)} - \boldsymbol{D}^{(k)}\|_F = \sum_{i=1}^{n} \sum_{\substack{j=1 \\ j\neq i}}^{n} \left(a_{ij}^{(k)}\right)^2$$

für $k = 1, 2, 3, \ldots$ Die Grundidee des Beweises liegt nun im Nachweis, dass $S(\boldsymbol{A}^{(k)})$ bezüglich k eine monoton fallende Nullfolge bildet.

Die Matrizen $\boldsymbol{A}^{(k)}$ und $\boldsymbol{A}^{(k-1)}$ unterscheiden sich maximal in den q-ten sowie p-ten Spalten und Zeilen. Zudem erhalten wir für $i \neq p, q$ unter Verwendung von (15.20) und (15.19)

$$\begin{aligned} & a_{ip}^{(k)^2} + a_{iq}^{(k)^2} \\ &= a_{ip}'^2 \cos^2\varphi - 2a'_{ip}a'_{iq} \sin\varphi\cos\varphi + a_{iq}'^2 \sin^2\varphi \\ &\quad + a_{iq}'^2 \cos^2\varphi + 2a'_{ip}a'_{iq} \sin\varphi\cos\varphi + a_{ip}'^2 \sin^2\varphi \\ &= a_{ip}'^2 + a_{iq}'^2 = a_{ip}^{(k-1)^2} + a_{iq}^{(k-1)^2}\,. \end{aligned}$$

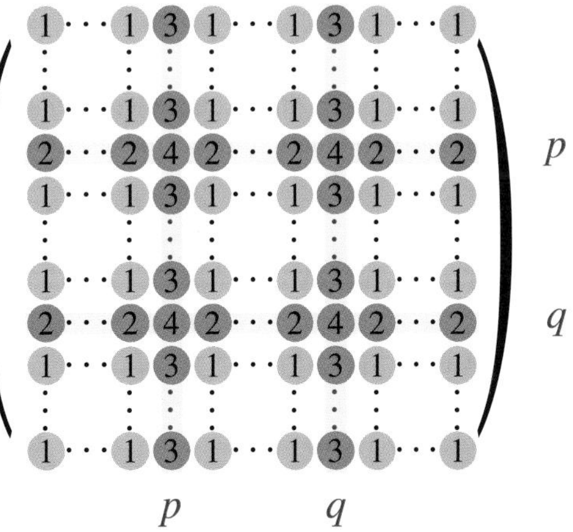

Abbildung 15.8 Variationsgruppen innerhalb der Ähnlichkeitstransformation.

Analog ergibt sich für $j \neq p, q$

$$a_{pj}^{(k)^2} + a_{qj}^{(k)^2} = a_{pj}^{(k-1)^2} + a_{qj}^{(k-1)^2}\,.$$

Für $k = 1, 2, \ldots$ erhalten wir in Bezug auf die in Abbildung 15.8 dargestellten Variationsgruppen den Zusammenhang

$$\begin{aligned} S(\boldsymbol{A}^{(k)}) &= \underbrace{\sum_{\substack{i=1\\ i\neq p,q}}^{n} \sum_{\substack{j=1\\ j\neq i,p,q}}^{n} a_{ij}^{(k)^2}}_{①} + \underbrace{\sum_{\substack{j=1\\ j\neq p,q}}^{n} \left(a_{pj}^{(k)^2} + a_{qj}^{(k)^2}\right)}_{②} \\ &\quad + \underbrace{\sum_{\substack{i=1\\ i\neq p,q}}^{n} \left(a_{ip}^{(k)^2} + a_{iq}^{(k)^2}\right)}_{③} + \underbrace{2a_{pq}^{(k)^2}}_{④} \\ &= S(\boldsymbol{A}^{(k-1)}) - 2\underbrace{a_{pq}^{(k-1)^2}}_{>0} + 2\underbrace{a_{pq}^{(k)^2}}_{=0} \\ &= S(\boldsymbol{A}^{(k-1)}) - 2a_{pq}^{(k-1)^2} . \end{aligned}$$

Wegen

$$|a_{pq}^{(k-1)}| = \max_{i>j} |a_{ij}^{(k-1)}|$$

folgt

$$S(\boldsymbol{A}^{(k-1)}) \leq (n^2 - n)a_{pq}^{(k-1)^2} .$$

Somit erhalten wir

$$\begin{aligned} S(\boldsymbol{A}^{(k)}) &= S(\boldsymbol{A}^{(k-1)}) - 2a_{pq}^{(k-1)^2} \\ &\leq \left(1 - \frac{2}{n^2 - n}\right) S(\boldsymbol{A}^{(k-1)}) \\ &\leq \left(1 - \frac{2}{n^2 - n}\right)^k S(\boldsymbol{A}^{(0)}) , \end{aligned} \tag{15.26}$$

was für festes $n \geq 2$ wegen $\lim_{k\to\infty} \left(1 - \frac{2}{n^2-n}\right)^k = 0$ direkt

$$\lim_{k\to\infty} S(\boldsymbol{A}^{(k)}) = 0$$

nach sich zieht. ■

Das klassische Jacobi-Verfahren konvergiert nach der obigen Abschätzung (15.26) mindestens linear mit der Kontraktionszahl q gemäß

$$0 \leq q(n) = \left(1 - \frac{2}{n^2 - n}\right) < 1 .$$

Leider ist q als Funktion der Zeilen- respektive Spaltenzahl n der Matrix $\boldsymbol{A}$ streng monoton steigend mit $\lim_{n\to\infty} q(n) = 1$, sodass eine sich mit wachsender Dimension des Problems verschlechternde Konvergenz zu befürchten ist. Für eine symmetrische Matrix $\boldsymbol{A} \in \mathbb{R}^{2\times 2}$ existiert mit $a_{2,1}$ lediglich ein Element in der unteren Dreieckshälfte, womit bereits mit $\boldsymbol{A}^{(1)}$ eine Diagonalmatrix vorliegen muss. Dieser Sachverhalt wird auch durch die Ungleichung (15.26) mit

$$S\left(\boldsymbol{A}^{(1)}\right) \leq \underbrace{\left(1 - \frac{2}{2^2 - 2}\right)}_{=0} S(\boldsymbol{A}^{(0)}) = 0$$

bestätigt. Hierbei stellt sich die Frage, wie viele Iterationen k bei einer gegebenen Matrix $\boldsymbol{A}$ ausreichend sind, damit das Maß $S(\boldsymbol{A}^{(k)})$ gesichert unter einer gegebene Genauigkeitsschranke $\varepsilon > 0$ liegt. Unter Ausnutzung von (15.26) erhalten wir mit

$$\left(1 - \frac{2}{n^2 - n}\right)^k S(\boldsymbol{A}) < \varepsilon$$

eine hinreichende Bedingung. Falls $\boldsymbol{A}$ keine Diagonalmatrix darstellt, folgt durch Auflösung nach der Iterationszahl k die Ungleichung

$$k > \frac{\ln\left(\frac{\varepsilon}{S(\boldsymbol{A})}\right)}{\ln\left(1 - \frac{2}{n^2 - n}\right)} .$$

Verwenden wir die Potenzreihenentwicklung

$$\ln(1 + x) = \sum_{k=0}^{\infty} (-1)^k \frac{x^{k+1}}{k+1} \quad \text{für} \quad -1 < x \leq 1 ,$$

so folgt

$$\frac{1}{\ln\left(1 - \frac{2}{n^2 - n}\right)} = -\frac{n^2 - n}{2} + \mathcal{O}(1) \quad \text{für} \quad n \to \infty$$

und somit bezogen auf die Matrixdimension eine hinreichende Iterationszahl k in der Größenordnung $\mathcal{O}\left(n^2\right)$, um die vorgegebene Genauigkeit zu erreichen. Bezüglich der Genauigkeitsschranke liegt der Aufwand bei fester Dimension bei $\mathcal{O}(\ln \varepsilon)$. Mit $S(\boldsymbol{A}^{(k)})$ kann zudem eine A-priori-Abschätzung der Abweichung der Diagonalelemente der Matrix $\boldsymbol{A}^{(k)}$ von den Eigenwerten der Matrix $\boldsymbol{A}$ gegeben werden.

?

Ist Ihnen wirklich klar, warum

$$\frac{1}{\ln\left(1 - \frac{2}{n^2 - n}\right)} = \mathcal{O}\left(n^2\right) \text{ für } n \to \infty$$

gilt? Bleiben Sie kritisch und überprüfen Sie diesen Sachverhalt lieber noch einmal mit Bleistift und Papier.

Satz

Für eine gegebene symmetrische Matrix $\boldsymbol{A} \in \mathbb{R}^{n\times n}$ sei $\boldsymbol{A}^{(k)}$ die nach k Iterationen des Jacobi-Verfahrens erzeugte Matrix. Dann lässt sich die mittlere Abweichung der Diagonalelemente $a_{ii}^{(k)}$ von den Eigenwerten $\lambda_i \in \sigma(\boldsymbol{A})$, $i = 1, \ldots, n$ in der Form

$$\frac{1}{n} \sum_{i=1}^{n} |\lambda_i - a_{ii}^{(k)}| \leq \sqrt{\left(1 - \frac{1}{n}\right) S\left(\boldsymbol{A}^{(k)}\right)}$$

abschätzen.

Beweis: Berücksichtigen wir die im Kontext der Normäquivalenz vorliegende Ungleichung $\|\boldsymbol{x}\|_1 \leq \sqrt{n^2-n}\|\boldsymbol{x}\|_2$ für alle $\boldsymbol{x} \in \mathbb{R}^{n^2-n}$, so ergibt sich aus dem Satz von Gerschgorin die Schlussfolgerung

$$\begin{aligned}\sum_{i=1}^{n} |\lambda_i - a_{ii}^{(k)}| \\ &\leq \sum_{i=1}^{n} \sum_{j=1, j\neq i}^{n} |a_{ij}^{(k)}| \leq \sqrt{n^2-n} \sqrt{\sum_{i,j=1,j\neq i}^{n} \left(a_{ij}^{(k)}\right)^2} \\ &= \sqrt{n^2-n}\sqrt{S\left(\boldsymbol{A}^{(k)}\right)}, \end{aligned} \tag{15.27}$$

womit die Behauptung nachgewiesen ist. ■

Mit der Abschätzung (15.26) kann die im obigen Satz aufgeführte Fehlerschranke auch auf die Ausgangsmatrix bezogen werden. In diesem Fall ergibt sich die Darstellung

$$\frac{1}{n}\sum_{i=1}^{n} |\lambda_i - a_{ii}^{(k)}| \leq \sqrt{\left(1-\frac{1}{n}\right)\left(1-\frac{2}{n^2-n}\right)^k S(\boldsymbol{A})}\,.$$

?

Können Sie entsprechend der für die mittlere Abweichung vollzogenen Argumentation die Aussage

$$\max_{i=1,\ldots,n} |\lambda_i - a_{ii}^{(k)}| \leq \sqrt{(n-1)S\left(\boldsymbol{A}^{(k)}\right)} \tag{15.28}$$

herleiten?

Beispiel Wir werden an dieser Stelle das Konvergenzverhalten des klassischen Jacobi-Verfahrens beispielhaft an der symmetrischen Matrix

$$\boldsymbol{A} = \begin{pmatrix} 16 & 9 & 15 & 7 & 2 \\ 9 & 19 & 19 & 5 & 6 \\ 15 & 19 & 45 & 13 & 10 \\ 7 & 5 & 13 & 5 & 2 \\ 2 & 6 & 10 & 2 & 4 \end{pmatrix} \in \mathbb{R}^{5\times 5}\,. \tag{15.29}$$

untersuchen. In Abhängigkeit von der Iterationszahl k sind sowohl die auf vier Nachkommastellen gerundeten Diagonalelemente der Matrix $\boldsymbol{A}^{(k)}$ als auch das Maß $S(\boldsymbol{A}^{(k)})$ für die Abweichung der Matrix von einer Diagonalmatrix angegeben. Die letzte Spalte repräsentiert zudem die in (15.28) dargestellte Schranke für die maximale Differenz der Diagonalelemente von den exakten Eigenwerten.

Die aufgeführten Werte zeigen bei dieser Matrix einen sehr schnellen Übergang zu einer Diagonalmatrix. Es liegt bereits nach 20 Iterationen eine sehr hohe Genauigkeit bei der Approximation der Eigenwerte vor und spätestens nach 30 Iterationen ist die Maschinengenauigkeit erreicht. ◄

Neben der Abschätzung der hinreichenden Iterationszahl stellt sich im Hinblick auf den Gesamtaufwand auch die Frage nach den arithmetischen Operationen pro Iteration. Unabhängig von den benutzten Berechnungsvorschriften (15.19) und (15.20) respektive (15.24) und (15.25) ergibt sich stets ein Aufwand an arithmetischen Operationen in der Größenordnung $\mathcal{O}(n)$, sodass sich für die vorgegebene Genauigkeit bezogen auf $S\left(\boldsymbol{A}^{(k)}\right)$ der Aufwand in der Größenordnung $\mathcal{O}\left(n^3\right)$ bewegt. Bei dieser Überlegung gehen wir jedoch davon aus, dass die Kenntnis über das zu nutzende Indexpaar (p, q) ohne Rechenaufwand vorliegt. Bei dem klassischen Jacobi-Verfahren müssen bei naiver Umsetzung leider stets $\frac{n^2-n}{2} - 1$ Vergleiche zur Bestimmung des Indexpaares vorgenommen werden. Die Anzahl kann zwar ab $\boldsymbol{A}^{(1)}$ um eins verringert werden, wenn man das in der zuvor vorgenommenen Rotation annullierte Element vernachlässigt, sie liegt aber natürlich dennoch immer bei $\mathcal{O}\left(n^2\right)$ Operationen pro Iteration. Damit ergibt sich wegen der Indexsuche ein mit insgesamt $\mathcal{O}\left(n^4\right)$ Operationen für großes n sehr hoher Rechenaufwand.

Das zyklische Jacobi-Verfahren bringt Rechenzeitersparnis pro Iteration

Aufgrund des hohen Rechenaufwandes zur Ermittlung des Indexpaares (p, q) innerhalb des klassischen Jacobi-Verfahrens scheint es lohnend zu sein, sich über andere Strategien zur Festlegung dieser Werte Gedanken zu machen. Eine sehr einfache Möglichkeit wird im Rahmen des zyklischen Jacobi-Verfahrens vorgeschlagen. Unabhängig von der Größe der Matrixeinträge werden diese der Reihenfolge nach verwendet, wobei man die Spalten von links nach rechts und innerhalb der Spalten die Unterdiagonalelemente der Matrix von oben nach unten durchläuft. Dabei überspringt man lediglich die Matrixelemente, die ohnehin bereits den Wert null aufweisen.

Es sei an dieser Stelle nur erwähnt, dass auch das zyklische Jacobi-Verfahren eine Matrixfolge $\{\boldsymbol{A}^{(k)}\}_{k\in\mathbb{N}_0}$ liefert, deren Grenzelement für $k \to \infty$ eine Diagonalmatrix ist.

Konvergenz des klassischen Jacobi-Verfahrens

k	$a_{1,1}^{(k)}$	$a_{2,2}^{(k)}$	$a_{3,3}^{(k)}$	$a_{4,4}^{(k)}$	$a_{5,5}^{(k)}$	$S(\boldsymbol{A}^{(k)})$	$2\sqrt{S(\boldsymbol{A}^{(k)})}$
0	16.0000	19.0000	45.0000	5.0000	4.0000	2108	91.8
10	10.4362	9.3289	67.7756	0.3029	1.1564	$1.0 \cdot 10^{-1}$	$6.4 \cdot 10^{-1}$
20	10.4380	9.3293	67.7760	0.3024	1.1543	$8.8 \cdot 10^{-8}$	$5.9 \cdot 10^{-4}$
30	10.4380	9.3293	67.7760	0.3024	1.1543	$5.0 \cdot 10^{-25}$	$1.4 \cdot 10^{-12}$

Zyklisches Jacobi-Verfahren

- Setze $A^{(0)} = A$ und $k = 1$

  Für $q = 1, \ldots, n-1$

  Für $p = q+1, \ldots, n$

  Falls $a_{pq}^{(k-1)} \neq 0$ berechne

$$\Theta := \frac{a_{qq}^{(k-1)} - a_{pp}^{(k-1)}}{2a_{pq}^{(k-1)}}$$

  und setze

$$t = \frac{1}{\Theta + \operatorname{sgn}(\Theta)\sqrt{\Theta^2+1}}\,.$$

  Berechne $\cos\varphi = \frac{1}{\sqrt{1+t^2}}$ und $\sin\varphi = t\cos\varphi$.

  Setze $A^{(k)} = G_{pq}^T(\varphi)A^{(k-1)}G_{pq}(\varphi)$.

  Erhöhe k um eins .

Beispiel Wir gehen analog z. B. gemäß Seite 567 vor und nutzen wiederum die bereits bei der Analyse des klassischen Jacobi-Verfahrens eingesetzte Matrix laut (15.29). Der folgenden Tabelle können wir das prognostizierte Verhalten des zyklischen Jacobi-Verfahrens sehr gut entnehmen. Auch bei der zyklischen Variante des Grundverfahrens stellen wir eine Konvergenz gegen eine Diagonalmatrix anhand des Konvergenzmaßes $S(A^{(k)})$ fest, wobei jedoch wie erwartet eine im Vergleich zum klassischen Jacobi-Verfahren höhere Anzahl an Iterationen benötigt wird. Auf einen Rechenzeitvergleich wird hierbei aufgrund der kleinen Dimension der betrachteten Matrix verzichtet. ◀

15.4 QR-Verfahren

Die im Jacobi-Verfahren vorgenommene iterative Folge von Ähnlichkeitstransformationen einer symmetrischen Matrix $A \in \mathbb{R}^{n\times n}$ wollen wir in diesem Abschnitt auf den allgemeinen Fall einer beliebigen quadratischen Matrix $A \in \mathbb{C}^{n\times n}$ übertragen.

Aus dem auf Seite 561 aufgeführten Satz wissen wir, dass eine Ähnlichkeitstransformation jeder Matrix $A \in \mathbb{C}^{n\times n}$ mittels einer unitären Matrix $Q \in \mathbb{C}^{n\times n}$ auf obere Dreiecksgestalt möglich ist. Offensichtlich existiert bei einer unsymmetrischen Matrix $A \in \mathbb{R}^{n\times n}$ keine Kombination aus einer orthogonalen Matrix $Q \in \mathbb{R}^{n\times n}$ und einer Diagonalmatrix $D \in \mathbb{R}^{n\times n}$ mit $Q^TAQ = D$, da wegen $A = QDQ^T$ sonst mit $A = A^T$ ein Widerspruch zur vorausgesetzten Unsymmetrie der Matrix A vorliegen würde.

Für die Berechnung der Eigenwerte $\lambda_1, \ldots, \lambda_n$ ist ohnehin eine Überführung in Dreiecksgestalt ausreichend. Lediglich die zugehörigen Eigenvektoren $v_1, \ldots, v_n$ sind in diesem Fall nicht mehr als Spalten der Matrix Q ablesbar und müssen gesondert, beispielsweise durch Lösung der Gleichungssysteme $(A - \lambda_i I)v_i = 0$, ermittelt werden.

Wir werden mit dem QR-Verfahren eine in der Praxis sehr häufig genutzte Methode vorstellen und deren Eigenschaften diskutieren.

In der Grundform lässt sich der QR-Algorithmus wie folgt schreiben. Warten Sie die algorithmische Umsetzung aber noch ab, denn wir werden im Weiteren eine in der Regel deutlich effizientere Modifikation dieser Methode kennenlernen.

QR-Verfahren

- Setze $A^{(0)} = A$
- Für $k = 0, 1, \ldots$

  Ermittle eine QR-Zerlegung von $A^{(k)}$, d. h.

$$A^{(k)} = Q_k R_k\,, \tag{15.30}$$

  und setze

$$A^{(k+1)} = R_k Q_k\,. \tag{15.31}$$

Auf den ersten Blick ist es sicherlich nicht so leicht erkennbar, dass es sich bei jeder Iteration dieser Methode tatsächlich um eine Ähnlichkeitstransformation mit der unitären Matrix Q_k handelt und unter welchen Voraussetzungen an die Ausgangsmatrix A wir überhaupt eine Konvergenz von $A^{(k)}$ gegen eine Dreiecksmatrix erwarten dürfen.

Beispiel Um an dieser Stelle zumindest eine Hoffnung zu erhalten, dass mit dem oben angegebenen QR-Verfahren überhaupt eine sinnvolle Vorgehensweise vorliegt, betrachten

Konvergenz des zyklischen Jacobi-Verfahrens

k	$a_{1,1}^{(k)}$	$a_{2,2}^{(k)}$	$a_{3,3}^{(k)}$	$a_{4,4}^{(k)}$	$a_{5,5}^{(k)}$	$S(A^{(k)})$	$2\sqrt{S(A^{(k)})}$
0	16.0000	19.0000	45.0000	5.0000	4.0000	2108	91.8
10	9.7703	10.2022	67.1231	0.6951	1.2093	84.40	18.33
20	9.3421	10.4252	67.7760	0.3025	1.1543	$3.3\cdot10^{-2}$	$3.6\cdot10^{-1}$
30	9.3293	10.4380	67.7760	0.3024	1.1543	$3.2\cdot10^{-10}$	$3.6\cdot10^{-5}$
40	9.3293	10.4380	67.7760	0.3024	1.1543	$9.3\cdot10^{-32}$	$6.1\cdot10^{-16}$

wir unsere bereits aus dem Abschnitt zum Jacobi-Verfahren bekannte Beispielmatrix

$$A = \begin{pmatrix} 16 & 9 & 15 & 7 & 2 \\ 9 & 19 & 19 & 5 & 6 \\ 15 & 19 & 45 & 13 & 10 \\ 7 & 5 & 13 & 5 & 2 \\ 2 & 6 & 10 & 2 & 4 \end{pmatrix} \in \mathbb{R}^{5\times 5}.$$

Gerundet auf drei Nachkommastellen erhalten wir nach zwei Iterationen die Matrix

$$A^{(2)} = \begin{pmatrix} 67.565 & 2.909 & 1.905 & 0.001 & 0.000 \\ 2.909 & 10.029 & 0.652 & -0.047 & 0.007 \\ 1.905 & 0.652 & 9.950 & 0.003 & 0.001 \\ 0.001 & -0.047 & 0.003 & 1.128 & -0.147 \\ 0.000 & 0.007 & 0.001 & -0.147 & 0.329 \end{pmatrix},$$

und es lässt sich jetzt bereits aufgrund der symmetrischen Ausgangsmatrix ein Übergang zu einer Diagonalmatrix erahnen. Schauen Sie noch einmal z. B. auf Seite 567 respektive Seite 568 und vergleichen Sie die in den dortigen Tabellen aufgeführten Eigenwerte mit den Diagonalelementen der Matrix $A^{(2)}$. Die Näherungen stimmen uns hoffnungsvoll, und spätestens nach 5 Iterationen ist unser Vertrauen in den vorliegenden Algorithmus durch Betrachtung der Matrix

$$A^{(5)} = \begin{pmatrix} 67.776 & 0.011 & 0.006 & 0.000 & 0.000 \\ 0.011 & 10.062 & 0.525 & 0.000 & 0.000 \\ 0.006 & 0.525 & 9.705 & 0.000 & 0.000 \\ 0.000 & 0.000 & 0.000 & 1.154 & -0.003 \\ 0.000 & 0.000 & 0.000 & -0.003 & 0.302 \end{pmatrix}$$

gewachsen. Es scheint also sinnvoll zu sein, dieses Verfahren einer näheren Analyse zu unterziehen. ◄

?

Der zentrale Punkt des Verfahrens liegt in der QR-Zerlegung der Matrizen $A^{(k)}$. Ist das Verfahren wohldefiniert, d. h., existiert eine solche Zerlegung wirklich immer?

Ein Rückblick auf die in Abschnitt 14.1 zur Berechnung einer QR-Zerlegung vorgestellten Methoden nach Householder, Givens oder Gram-Schmidt lässt schnell ein Effizienzproblem erahnen. Unabhängig von dem gewählten Verfahren liegt üblicherweise ein Rechenaufwand in der Größenordnung von $\mathcal{O}(n^3)$ Operationen pro Schleifendurchlauf vor, sodass wir bei der noch unbekannten und evtl. auch sehr hohen Iterationszahl m einen mit $\mathcal{O}(m \cdot n^3)$ sehr hohen Gesamtaufwand zu befürchten haben. Wir müssen uns daher neben den bereits erwähnten Fragestellungen auch der Steigerung der Effizienz zuwenden.

Sehr einfach lässt sich mit dem folgenden Satz die Eigenschaft nachweisen, dass alle im QR-Verfahren ermittelten Matrizen $A^{(k)}$ aus einer Ähnlichkeitstransformation der Matrix A hervorgehen.

Satz

Für die Ausgangsmatrix $A \in \mathbb{C}^{n\times n}$ seien $A^{(k+1)}$ und Q_k, $k = 0, 1, \ldots$ die im QR-Verfahren erzeugten Matrizen. Dann gilt

$$A^{(k+1)} = Q^* A Q, \quad k = 0, 1, \ldots$$

mit der unitären Matrix $Q = Q_0 \cdot \ldots \cdot Q_k$.

Beweis: Zunächst ergeben sich mit (15.30) und (15.31) die Darstellungen

$$A^{(k+1)} = R_k Q_k \quad \text{und} \quad R_k = Q_k^* A^{(k)},$$

womit

$$A^{(k+1)} = Q_k^* A^{(k)} Q_k$$

folgt. Sukzessives Anwenden dieses Zusammenhangs liefert unter Berücksichtigung von $A = A^{(0)}$ die behauptete Identität gemäß

$$\begin{aligned} A^{(k+1)} &= Q_k^* \ldots Q_0^* A^{(0)} Q_0 \ldots Q_k \\ &= (Q_0 \ldots Q_k)^* A^{(0)} Q_0 \ldots Q_k \\ &= Q^* A Q. \end{aligned}$$

Wie wir der Aufgabe 15.7 entnehmen können, sind Produkte unitärer Matrizen wiederum unitär, womit die Eigenschaft der Matrix Q nachgewiesen ist. ■

Wir werden uns nun mit der Frage befassen, wann $A^{(k)}$ für $k \to \infty$ gegen eine rechte obere Dreiecksmatrix konvergiert und somit die Eigenwerte von A der Diagonalen von $A^{(k)}$ für großes k näherungsweise entnommen werden können. Um zunächst zumindest eine Vorahnung für diesen Sachverhalt zu erhalten, nutzen wir die auf dem folgenden Lemma beruhende Beziehung des QR-Verfahrens zur Potenzmethode.

Achtung: Unterscheiden Sie stets die Iterierten $A^{(k)}$ des QR-Verfahrens von der k-ten Potenz der Matrix A, die wir wie üblich mit A^k bezeichnen.

Lemma

Für die Ausgangsmatrix $A \in \mathbb{C}^{n\times n}$ seien Q_k und R_k, $k = 0, 1, \ldots$ die im QR-Verfahren erzeugten Matrizen. Dann gilt für $k = 0, 1, \ldots$ die Darstellung

$$\prod_{j=0}^{k} A = A^{k+1} = Q_0 Q_1 \cdot \ldots \cdot Q_k R_k R_{k-1} \cdot \ldots \cdot R_0. \tag{15.32}$$

Beweis: Wir führen den Nachweis mittels Induktion.

Induktionsanfang:

Für $k = 0$ gilt

$$A = \prod_{j=0}^{0} A = A^{(0)} = Q_0 R_0.$$

Induktionsannahme und Induktionsschritt:

Sei die Aussage für ein $k \in \mathbb{N}_0$ erfüllt, dann folgt mit (15.30), (15.31) unter Verwendung des auf Seite 569 nachgewiesenen Satzes die Darstellung

$$Q_{k+1}R_{k+1} = A^{(k+1)} = (Q_0 \cdot \ldots \cdot Q_k)^* A (Q_0 \cdot \ldots \cdot Q_k).$$

Hierdurch ergibt sich

$$Q_0 \cdot \ldots \cdot Q_k Q_{k+1} R_{k+1} = A(Q_0 \cdot \ldots \cdot Q_k),$$

und wir erhalten mit der Induktionsannahme die gesuchte Aussage

$$Q_0 \cdot \ldots \cdot Q_{k+1} R_{k+1} R_k \cdot \ldots \cdot R_0$$
$$= A(Q_0 \cdot \ldots \cdot Q_k)(R_k \cdot \ldots \cdot R_0) = A \prod_{j=0}^{k} A = A^{k+2}. \quad \blacksquare$$

Auf der Grundlage des obigen Lemmas wollen wir vor dem konkreten Nachweis der Konvergenz des QR-Verfahrens eine leicht verständliche Heuristik dieser Eigenschaft liefern, die uns gleichzeitig einen Zusammenhang zur Potenzmethode verdeutlicht. Mit (15.32) gilt

$$A^{k+1} = \underbrace{(Q_0 \cdot \ldots \cdot Q_k)}_{=:\, \widetilde{Q}_k} \underbrace{(R_k \cdot \ldots \cdot R_0)}_{=:\, \widetilde{R}_k} = \widetilde{Q}_k \widetilde{R}_k$$

und wir erhalten

$$A^{k+1} e_1 = \widetilde{Q}_k \widetilde{R}_k e_1 = \widetilde{Q}_k \widetilde{r}_{11}^{(k)} e_1 = \widetilde{r}_{11}^{(k)} \widetilde{q}_1^{(k)},$$

wobei $\widetilde{r}_{11}^{(k)} = (\widetilde{R}_k)_{11}$ gilt und $\widetilde{q}_1^{(k)}$ die erste Spalte von $\widetilde{Q}_k$ ist. Die erste Spalte der Matrix A^{k+1} stellt folglich für alle $k \in \mathbb{N}_0$ ein Vielfaches des ersten Spaltenvektors der unitären Matrix $\widetilde{Q}_k$ dar. Somit darf unter den, bei der Potenzmethode vorgenommenen Annahmen an den Vektor x_1 erwartet werden, dass $\lim_{k\to\infty} \widetilde{q}_1^{(k)} = v_1$ gilt, wobei v_1 den Eigenvektor zum betragsmäßig größten Eigenwert λ_1 der Matrix A repräsentiert. Mit dem obigen Lemma können wir daher eine Beziehung zur Matrixfolge $\{A^{(k)}\}_{k\in\mathbb{N}_0}$ herstellen, denn es gilt für hinreichend große k der Zusammenhang

$$A^{(k+1)} e_1 = \widetilde{Q}_k^* A \widetilde{Q}_k e_1 = \widetilde{Q}_k^* A \widetilde{q}_1^{(k)} \approx \lambda_1 \widetilde{Q}_k^* \widetilde{q}_1^{(k)} = \lambda_1 e_1$$

und folglich

$$A^{(k+1)} \approx \begin{pmatrix} \lambda_1 & \cdots \\ 0 & \cdots \\ \vdots & \cdots \\ 0 & \cdots \end{pmatrix}.$$

Im Fall der Konvergenz weist das Grenzelement der Folge $\{A^{(k)}\}_{k\in\mathbb{N}_0}$ somit in der ersten Spalte die Struktur einer rechten oberen Dreiecksmatrix auf, und der Diagonaleintrag stimmt mit dem Eigenwert von A überein.

Satz zur Konvergenz des QR-Verfahrens

Für die Eigenwerte $\lambda_1, \ldots, \lambda_n$ der diagonalisierbaren Matrix $A \in \mathbb{C}^{n\times n}$ gelte

$$|\lambda_1| > |\lambda_2| > \ldots > |\lambda_n| > 0.$$

Für die aus den zugehörigen Eigenvektoren gebildete Matrix $V = (v_1, \ldots, v_n)$ existiere eine LR-Zerlegung von V^{-1}. Dann konvergiert die Folge der Matrizen $A^{(k)}$ des QR-Verfahrens gegen eine rechte obere Dreiecksmatrix R, für deren Diagonalelemente $r_{ii} = \lambda_i$, $i = 1, \ldots, n$ gilt.

Erinnern Sie sich daran, dass Eigenvektoren zu paarweise verschiedenen Eigenwerten linear unabhängig sind? Damit ist die Existenz der Matrix V^{-1} gesichert. Zudem besitzen die Eigenwerte laut Voraussetzung stets unterschiedliche Beträge, womit sie laut Aufgabe 15.6 reellwertig sind.

Beweis: Die Grundidee zum Nachweis der Behauptung beruht auf einer additiven Zerlegung $A^{(k)} = \widetilde{R}_k + \widetilde{F}_k$ mit einer rechten oberen Dreiecksmatrix $\widetilde{R}_k$ derart, dass für die Differenzmatrix $\widetilde{F}_k \in \mathbb{C}^{n\times n}$ die Eigenschaft $\widetilde{F}_k \to \mathbf{0}$, für $k \to \infty$ gilt.

Wegen $A^{(k)} = Q_k R_k$ wollen wir nun eine neue Darstellung des Produktes $Q_k R_k$ gewinnen. Seien

$$\widetilde{R}_{k-1} = R_{k-1} \cdot \ldots \cdot R_0, \quad \widetilde{Q}_{k-1} = Q_0 \cdot \ldots \cdot Q_{k-1}$$

und $D = ag\{\lambda_1, \ldots, \lambda_n\}$ die aus den Eigenwerten der Matrix A gebildete Diagonalmatrix. Dann erhalten wir aus dem obigen Lemma unter Verwendung einer LR-Zerlegung

$$V^{-1} = LU$$

mit einer rechten oberen Dreiecksmatrix U und einer linken unteren Dreiecksmatrix L, die o. E. $l_{ii} = 1$ erfüllt, die Darstellung

$$\begin{aligned} \widetilde{Q}_{k-1}\widetilde{R}_{k-1} &= A^k = (VDV^{-1})^k \\ &= VD^kV^{-1} = VD^kLU \\ &= VD^kLD^{-k}D^kU = V_kD^kU \end{aligned}$$

mit der regulären Matrix

$$V_k = VD^kLD^{-k}. \tag{15.33}$$

Sei

$$V_k = P_k W_k \tag{15.34}$$

eine QR-Zerlegung mit einer regulären oberen Dreiecksmatrix W_k, dann ist $W_k D^k U$ ebenfalls eine rechte obere Dreiecksmatrix und folglich

$$A^k = P_k W_k D^k U$$

eine weitere QR-Zerlegung von A^k. Laut Abschnitt 14.1, Seite 491 unterscheiden sich die beiden QR-Zerlegungen nur durch eine unitäre Diagonalmatrix S_k, d. h., es gilt

$$\widetilde{Q}_{k-1} = P_k S_k^* \text{ und } \widetilde{R}_{k-1} = S_k W_k D^k U.$$

Schreiben wir

$$\begin{aligned} Q_k &= (Q_0 \cdot \ldots \cdot Q_{k-1})^*(Q_0 \cdot \ldots \cdot Q_{k-1} Q_k) \\ &= \widetilde{Q}_{k-1}^* \cdot \widetilde{Q}_k = S_k P_k^* P_{k+1} S_{k+1}^* \end{aligned}$$

und berücksichtigen zudem die Darstellung

$$\begin{aligned} R_k &= (R_k R_{k-1} \cdot \ldots \cdot R_0)(R_{k-1} \cdot \ldots \cdot R_0)^{-1} \\ &= \widetilde{R}_k \widetilde{R}_{k-1}^{-1} = S_{k+1} W_{k+1} D^{k+1} U U^{-1} D^{-k} W_k^{-1} S_k^* \\ &= S_{k+1} W_{k+1} D W_k^{-1} S_k^* \end{aligned}$$

so erhalten wir mit (15.34) die Gleichung

$$\begin{aligned} A^{(k)} &= Q_k R_k = S_k P_k^* P_{k+1} \underbrace{S_{k+1}^* S_{k+1}}_{=I} W_{k+1} D W_k^{-1} S_k^* \\ &= S_k W_k W_k^{-1} P_k^* P_{k+1} W_{k+1} D W_k^{-1} S_k^* \\ &= S_k W_k V_k^{-1} V_{k+1} D W_k^{-1} S_k^* . \end{aligned}$$

Wegen $|\lambda_i/\lambda_j| < 1$ für $i > j$ folgt für die Komponenten der Matrix $D^k L D^{-k}$ die Darstellung

$$(D^k L D^{-k})_{ij} = \begin{cases} 0 & , \text{ für } i < j \\ 1 & , \text{ für } i = j \\ \mathcal{O}(q^k),\, k \to \infty & , \text{ für } i > j \end{cases} \tag{15.35}$$

für ein q mit $0 < q < 1$. Aufgrund dieser Betrachtungen sehen wir

$$V_k = V D^k L D^{-k} = V + E_k$$

mit der auch in Aufgabe 15.5 belegten Eigenschaft

$$\|E_k\|_2 = \mathcal{O}(q^k), \quad k \to \infty . \tag{15.36}$$

Damit folgt

$$V_k^{-1} V_{k+1} = (V + E_k)^{-1}(V + E_{k+1}) = I + F_k$$

mit $\|F_k\|_2 = \mathcal{O}(q^k)$, $k \to \infty$, und es ergibt sich die eingangs erwähnte additive Zerlegung durch

$$A^{(k)} = \underbrace{S_k W_k D W_k^{-1} S_k^*}_{=:\widetilde{R}_k} + \underbrace{S_k W_k F_k D W_k^{-1} S_k^*}_{=:\widetilde{F}_k} . \tag{15.37}$$

Da P_k und S_k unitär sind, gilt laut Aufgabe 14.6

$$\|W_k\|_2 = \|P_k W_k\|_2 = \|V_k\|_2$$

und

$$\|W_k^{-1}\|_2 = \|W_k^{-1} P_k^*\|_2 = \|(P_k W_k)^{-1}\|_2 = \|V_k^{-1}\|_2 .$$

Damit ergibt sich für den zweiten Term in (15.37) die Abschätzung

$$\begin{aligned} &\|S_k W_k F_k D W_k^{-1} S_k^*\|_2 \\ &= \|W_k F_k D W_k^{-1}\|_2 \le \underbrace{\|W_k\|_2 \cdot \|W_k^{-1}\|_2}_{=\|V_k\|_2 \cdot \|V_k^{-1}\|_2} \|D\|_2 \|F_k\|_2 \\ &= \operatorname{cond}_2(V_k) |\lambda_1| \|F_k\|_2 = \operatorname{cond}_2(V_k) \mathcal{O}(q^k), \quad k \to \infty . \end{aligned}$$

Wegen (15.35) in Kombination mit (15.33) folgt

$$V_k \to V \text{ für } k \to \infty ,$$

sodass

$$\operatorname{cond}_2(V_k) = \mathcal{O}(1) \text{ für } k \to \infty ,$$

gilt. Hiermit erhalten wir

$$\|\widetilde{F}_k\|_2 = \|S_k W_k F_k D W_k^{-1} S_k^*\|_2 = \mathcal{O}(q^k) , \quad k \to \infty$$

und es gilt daher

$$\lim_{k\to\infty} \left(A^{(k)} - \widetilde{R}_k \right) = \lim_{k\to\infty} \widetilde{F}_k = \mathbf{0} .$$

Die Elemente der Matrixfolge $\widetilde{R}_k$ stellen als Produkte oberer Dreiecksmatrizen stets eine obere Dreiecksmatrix dar. Da D und $\widetilde{R}_k$ zudem mittels einer Ähnlichkeitstransformation ineinander überführbar sind, weisen beide Matrizen gleiche Eigenwerte auf. Diese liegen sowohl bei D als auch bei $\widetilde{R}_k$ auf der Diagonalen, weshalb keine Abhängigkeit vom Iterationsindex k vorliegen kann und die Behauptung nachgewiesen ist. ■

?

Ist Ihnen die Schlussfolgerung $\|E_k\|_2 = \mathcal{O}(q^k)$, $k \to \infty$ in der Gleichung (15.36) wirklich klar? Falls nein, nehmen Sie Bleistift und Papier und lösen Sie die Aufgabe 15.5

Beispiel Nachdem wir das QR-Verfahren in einem ersten Beispiel auf die aus dem Abschnitt zum Jacobi-Verfahren bekannte Matrix angewandt haben, wollen wir uns an dieser Stelle einer unsymmetrischen Matrix zuwenden und betrachten hierzu

$$A = \begin{pmatrix} 1 & 3 & 4 & 3 & 2 \\ 6 & 26 & 40 & 22 & 20 \\ 2 & 10 & 34 & 14 & 14 \\ 6 & 22 & 56 & 30 & 32 \\ 1 & 5 & 14 & 8 & 32 \end{pmatrix} \in \mathbb{R}^{5\times 5} . \tag{15.38}$$

Aufgrund der Unsymmetrie können wir keine Transformation auf eine Diagonalmatrix erwarten, sondern entsprechend dem obigen Satz erhoffen wir uns eine Überführung in eine obere Dreiecksmatrix. Nach fünf Iterationen liefert das QR-Verfahren bis auf drei Nachkommastellen die Matrix

$$A^{(5)} = \begin{pmatrix} 87.604 & 25.750 & 22.058 & -44.897 & 17.354 \\ 0.039 & 22.279 & -4.150 & -0.751 & -0.354 \\ 0.000 & -0.774 & 10.001 & -3.4054 & 0.584 \\ 0.000 & 0.043 & -0.082 & 3.026 & -0.007 \\ 0.000 & 0.000 & 0.000 & 0.000 & 0.090 \end{pmatrix} ,$$

aus der wir schon eine Tendenz in Richtung einer oberen Dreiecksmatrix erkennen können. Mit weiteren 15 Iterationen sind wir im Rahmen unserer Darstellungsgenauigkeit am Ziel angelangt und können der Diagonalen der Matrix

$$A^{(20)} = \begin{pmatrix} 87.620 & 24.174 & 24.087 & -44.707 & 17.353 \\ 0.000 & 22.522 & -3.374 & -0.593 & -0.400 \\ 0.000 & 0.000 & 9.777 & -3.373 & 0.560 \\ 0.000 & 0.000 & 0.000 & 2.991 & 0.000 \\ 0.000 & 0.000 & 0.000 & 0.000 & 0.090 \end{pmatrix}$$

die gesuchten Eigenwerte der Ausgangsmatrix A entnehmen. ◀

Wie bereits kurz angesprochen, liegt das Problem der bisherigen Formulierung des QR-Verfahrens in der üblicherweise sehr aufwendigen Berechnung einer QR-Zerlegung innerhalb jeder Iteration. Daher ist es vorteilhaft, die Matrix $\boldsymbol{A}$ zunächst durch eine unitäre Transformation auf eine hierfür praktische Gestalt zu bringen. Mit der Givens-Methode kann eine QR-Zerlegung einer oberen Hessenbergmatrix $\boldsymbol{H} \in \mathbb{C}^{n\times n}$ mit nur $n-1$ Givens-Rotationen erzielt werden. Es erscheint daher sinnvoll, die Matrix $\boldsymbol{A}$ zunächst durch eine Ähnlichkeitstransformation in eine derartige Form zu überführen. Es wird sich im Folgenden zeigen, dass hierzu besonders die sog. Householder-Matrizen geeignet sind, die wir bereits in Abschnitt 14.1 kennengelernt haben.

Satz

Jede Matrix $\boldsymbol{A} \in \mathbb{C}^{n\times n}$ kann unter Verwendung von $n-2$ Householder-Transformationen auf obere Hessenbergform überführt werden. Das heißt, mit $n-2$ Householder-Matrizen $\boldsymbol{P}_1, \ldots, \boldsymbol{P}_{n-2}$ kann eine unitäre Matrix $\boldsymbol{Q}$ derart definiert werden, dass

$$\boldsymbol{H} = \boldsymbol{Q}^*\boldsymbol{A}\boldsymbol{Q}$$

eine Hessenbergmatrix darstellt.

?

Welche Grundidee liegt bei der Householder-Transformation vor? Dieses Wissen wird Ihnen im folgenden Beweis sehr hilfreich sein.

Beweis: Wir erbringen den Nachweis durch vollständige Induktion.

Induktionsanfang:

Für $j = 1$ schreiben wir

$$\boldsymbol{A}_1 = \boldsymbol{A} = \left(\begin{array}{c|c} a_{11}^{(1)} & \boldsymbol{b}_1^* \\ \hline \boldsymbol{z}_1 & \widetilde{\boldsymbol{A}}_1 \end{array}\right)$$

mit $\boldsymbol{z}_1, \boldsymbol{b}_1 \in \mathbb{C}^{n-1}$ und $\widetilde{\boldsymbol{A}}_1 \in \mathbb{C}^{(n-1)\times(n-1)}$. Im Fall, dass $\boldsymbol{z}_1$ ein komplexes oder reelles Vielfaches des ersten Koordinateneinheitsvektors $\boldsymbol{e}_1 = (1, 0, \ldots, 0)^T \in \mathbb{C}^{n-1}$ darstellt, ist keine Transformation notwendig, und wir setzen formal $\boldsymbol{Q}_1 = \boldsymbol{I} \in \mathbb{C}^{n\times n}$. Ansonsten definieren wir unter Verwendung von

$$\alpha_1 = \begin{cases} \frac{(z_1)_1}{|(z_1)_1|}\|\boldsymbol{z}_1\|_2\,, & \text{falls } (z_1)_1 \neq 0\,, \\ \|\boldsymbol{z}_1\|_2 & \text{sonst}\,, \end{cases}$$

den Vektor

$$\boldsymbol{v}_1 = \frac{\boldsymbol{z}_1 + \alpha_1\boldsymbol{e}_1}{\|\boldsymbol{z}_1 + \alpha_1\boldsymbol{e}_1\|_2} \in \mathbb{C}^{n-1}$$

und betrachten die unitäre Matrix

$$\boldsymbol{Q}_1 = \left(\begin{array}{c|ccc} 1 & 0 & \cdots & 0 \\ \hline 0 & & & \\ \vdots & & \boldsymbol{P}_1^* & \\ 0 & & & \end{array}\right) \in \mathbb{C}^{n\times n}$$

mit

$$\boldsymbol{P}_1 = \boldsymbol{I} - \left(1 + \frac{\boldsymbol{z}_1^*\boldsymbol{v}_1}{\boldsymbol{v}_1^*\boldsymbol{z}_1}\right)\boldsymbol{v}_1\boldsymbol{v}_1^* \in \mathbb{C}^{(n-1)\times(n-1)}\,.$$

Hiermit folgt unter Berücksichtigung von $\boldsymbol{P}_1\boldsymbol{z}_1 = -\alpha_1\boldsymbol{e}_1$ die Darstellung

$$\boldsymbol{A}_2 := \underbrace{\left(\begin{array}{c|c} 1 & 0\cdots 0 \\ \hline 0 & \\ \vdots & \boldsymbol{P}_1 \\ 0 & \end{array}\right)}_{=\boldsymbol{Q}_1^*}\underbrace{\left(\begin{array}{c|c} a_{11}^{(1)} & \boldsymbol{b}_1^* \\ \hline \boldsymbol{z}_1 & \widetilde{\boldsymbol{A}}_1 \end{array}\right)}_{=\boldsymbol{A}}\underbrace{\left(\begin{array}{c|c} 1 & 0\cdots 0 \\ \hline 0 & \\ \vdots & \boldsymbol{P}_1^* \\ 0 & \end{array}\right)}_{=\boldsymbol{Q}_1}$$

$$= \left(\begin{array}{c|c} a_{11}^{(1)} & \boldsymbol{b}_1^*\boldsymbol{P}_1^* \\ \hline \boldsymbol{P}_1\boldsymbol{z}_1 & \boldsymbol{P}_1\widetilde{\boldsymbol{A}}_1\boldsymbol{P}_1^* \end{array}\right) = \left(\begin{array}{c|c} a_{11}^{(1)} & (\boldsymbol{P}_1\boldsymbol{b}_1)^* \\ \hline -\alpha_1 & \\ 0 & \\ \vdots & \widetilde{\boldsymbol{A}}_2 \\ 0 & \end{array}\right),$$

womit der Induktionsanfang nachgewiesen ist.

Induktionsannahme:

Es existiert eine unitäre Matrix $\boldsymbol{Q} \in \mathbb{C}^{n\times n}$ derart, dass sich für ein $j \in \{2, \ldots, n-2\}$ die Matrix $\boldsymbol{A}_j$ in der Form

$$\boldsymbol{A}_j = \left(\begin{array}{cccc|c|ccc} a_{11}^{(j)} & \cdots & \cdots & & \cdots & \cdots & \cdots & a_{1n}^{(j)} \\ a_{21}^{(j)} & \ddots & & & & & & \vdots \\ & & \ddots & a_{j-1,j-1}^{(j)} & \cdots & \cdots & \cdots & a_{j-1,n}^{(j)} \\ \hline & & & a_{j,j-1}^{(j)} & a_{jj}^{(j)} & & \boldsymbol{b}_j^* & \\ \hline & & & & \boldsymbol{z}_j & & \widetilde{\boldsymbol{A}}_j & \end{array}\right)$$

mit $\boldsymbol{z}_j, \boldsymbol{b}_j \in \mathbb{C}^{n-j}$ und $\widetilde{\boldsymbol{A}}_j \in \mathbb{C}^{(n-j)\times(n-j)}$ schreiben lässt.

Induktionsschritt:

Analog zum Induktionsanfang setzen wir $\boldsymbol{Q}_j = \boldsymbol{I} \in \mathbb{C}^{n\times n}$, falls $\boldsymbol{z}_j = \alpha\boldsymbol{e}_j$ mit $\boldsymbol{e}_j = (1, 0, \ldots, 0)^T \in \mathbb{C}^{n-j}$ gilt. Andernfalls definieren wir

$$\boldsymbol{v}_j = \frac{\boldsymbol{z}_j + \alpha_j\boldsymbol{e}_j}{\|\boldsymbol{z}_j + \alpha_j\boldsymbol{e}_j\|_2} \in \mathbb{C}^{n-j}$$

mit

$$\alpha_j = \begin{cases} \frac{(z_j)_1}{|(z_j)_1|}\|\boldsymbol{z}_j\|_2, & \text{falls } (z_j)_1 \neq 0, \\ \|\boldsymbol{z}_j\|_2 & \text{sonst.} \end{cases}$$

Hiermit legen wir analog zur obigen Vorgehensweise die unitäre Matrix

$$Q_j = \left(\begin{array}{c|c} I & 0 \\ \hline 0 & P_j^* \end{array}\right) \in C^{n\times n}$$

mit

$$P_j = I - \left(1 + \frac{z_j^* v_j}{v_j^* z_j}\right) v_j v_j^* \in C^{(n-j)\times(n-j)}$$

fest, und der Induktionsschritt folgt wegen $P_j z_j = -\alpha_j e_j$ aus

$$A_{j+1} = Q_j^* A_j Q_j = \left(\begin{array}{c|c} I & 0 \\ \hline 0 & P_j \end{array}\right) A_j \left(\begin{array}{c|c} I & 0 \\ \hline 0 & P_j^* \end{array}\right)$$

$$= \left(\begin{array}{ccc|c|cc} a_{11}^{(j+1)} & \cdots & \cdots & \cdots & \cdots & a_{1n}^{(j+1)} \\ a_{21}^{(j+1)} & \ddots & & & & \vdots \\ & \ddots & a_{jj}^{(j+1)} & \cdots & \cdots & a_{jn}^{(j+1)} \\ \hline & & a_{j+1,j}^{(j+1)} & a_{j+1,j+1}^{(j+1)} & \cdots & a_{j+1,n}^{(j+1)} \\ \hline & & & z_{j+1} & & \widetilde{A}_{j+1} \end{array}\right).$$

■

Ausgehend von einer Hessenbergmatrix

$$H = Q^* A Q = \begin{pmatrix} h_{11} & \cdots & \cdots & h_{1n} \\ h_{21} & \ddots & & \vdots \\ & \ddots & \ddots & \vdots \\ 0 & & h_{n,n-1} & h_{nn} \end{pmatrix} \in \mathbb{C}^{n\times n}$$

kann eine QR-Zerlegung von H leicht mittels $n-1$ Givens-Rotationen gemäß

$$R = G_{n,n-1} \cdot \ldots \cdot G_{32} G_{21} H$$

erzielt werden. Wir erhalten hiermit

$$H = QR \text{ mit } Q = (G_{n,n-1} \cdot \ldots \cdot G_{21})^* .$$

Beispiel Anhand der bereits im Beispiel auf Seite 571 genutzten Matrix wollen wir die Überführung auf obere Hessenbergform schrittweise betrachten. Startend mit

$$A = \begin{pmatrix} 1 & 3 & 4 & 3 & 2 \\ 6 & 26 & 40 & 22 & 20 \\ 2 & 10 & 34 & 14 & 14 \\ 6 & 22 & 56 & 30 & 32 \\ 1 & 5 & 14 & 8 & 32 \end{pmatrix} \in \mathbb{R}^{5\times 5}$$

ergibt sich die Matrixfolge

$$A^{(1)} = \begin{pmatrix} 1.000 & -5.242 & 2.884 & -0.347 & 1.442 \\ -8.775 & 73.429 & -60.218 & 4.646 & -35.009 \\ 0 & -9.830 & 16.881 & 0.991 & 4.777 \\ 0 & -4.191 & 9.150 & 4.495 & 6.585 \\ 0 & -7.764 & 5.055 & 0.338 & 27.196 \end{pmatrix},$$

$$A^{(2)} = \begin{pmatrix} 1.000 & -5.242 & -2.884 & -1.396 & -0.502 \\ -8.775 & 73.429 & 63.918 & 27.228 & 6.824 \\ 0 & 13.209 & 27.184 & 5.937 & -6.256 \\ 0 & 0 & -4.308 & 2.606 & -0.589 \\ 0 & 0 & -5.408 & -0.530 & 18.782 \end{pmatrix}$$

und

$$A^{(3)} = \begin{pmatrix} 1.000 & -5.242 & -2.884 & 1.263 & 0.780 \\ -8.775 & 73.429 & 63.918 & -22.302 & -17.046 \\ 0 & 13.209 & 27.184 & 1.194 & -8.541 \\ 0 & 0 & 6.914 & 11.958 & -7.979 \\ 0 & 0 & 0 & -8.038 & 9.430 \end{pmatrix}.$$

Wie nachgewiesen liegt nach drei Iterationen mit $H = A^{(3)}$ die gewünschte Hessenbergmatrix vor. ◀

Für den QR-Algorithmus laut (15.30), (15.31) ist es von grundlegender Bedeutung, dass ausgehend von einer Hessenbergmatrix $H^{(k)}$ und einer QR-Zerlegung durch Givens-Matrizen

$$H^{(k)} = Q_k R_k$$

mit

$$H^{(k+1)} = R_k Q_k$$

wiederum eine Hessenbergmatrix vorliegt, da ansonsten innerhalb jedes Iterationsschrittes eine erneute unitäre Transformation durchgeführt werden müsste, um die vorteilhafte Struktur der Matrix wieder zu erlangen.

Mit

$$H^{(k+1)} = \begin{pmatrix} r_{11} & \cdots & r_{1n} \\ & \ddots & \vdots \\ & & r_{nn} \end{pmatrix} \underbrace{\begin{pmatrix} \overline{g}_{11} & \overline{g}_{21} & \\ \overline{g}_{12} & \overline{g}_{22} & \\ & & I \end{pmatrix}}_{=\,G_{21}^*} G_{32}^* \cdot \ldots \cdot G_{n,n-1}^*$$

$$= \begin{pmatrix} r_{11}^{(1)} & \cdots & \cdots & \cdots & r_{1n}^{(1)} \\ r_{21}^{(1)} & r_{22}^{(1)} & \cdots & \cdots & r_{2n}^{(1)} \\ & & r_{33}^{(1)} & \cdots & r_{3n}^{(1)} \\ & 0 & & \ddots & \vdots \\ & & & & r_{nn}^{(1)} \end{pmatrix} G_{32}^* \cdot \ldots \cdot G_{n,n-1}^*$$

$$= \begin{pmatrix} r_{11}^{(2)} & \cdots & \cdots & \cdots & \cdots & r_{1n}^{(2)} \\ r_{21}^{(2)} & r_{22}^{(2)} & \cdots & \cdots & \cdots & r_{2n}^{(2)} \\ & r_{32}^{(2)} & r_{33}^{(2)} & \cdots & \cdots & r_{3n}^{(2)} \\ & & & r_{44}^{(2)} & \cdots & r_{4n}^{(2)} \\ & 0 & & & \ddots & \vdots \\ & & & & & r_{nn}^{(2)} \end{pmatrix} G_{43}^* \cdot \ldots \cdot G_{n,n-1}^*$$

$$= \ldots = \begin{pmatrix} r_{11}^{(n-1)} & \cdots & \cdots & r_{1n}^{(n-1)} \\ r_{21}^{(n-1)} & \ddots & & \vdots \\ & \ddots & \ddots & \vdots \\ 0 & & r_{n,n-1}^{(n-1)} & r_{n,n}^{(n-1)} \end{pmatrix}$$

erkennen wir, dass die genutzte Givens-Rotation die Matrixstruktur invariant lässt. Somit ergibt sich eine immense Rechenzeitersparnis durch die folgende Formulierung des QR-Verfahrens.

Optimiertes QR-Verfahren

Preprocessing:

- Transformiere $\boldsymbol{A} \in \mathbb{C}^{n\times n}$ durch Verwendung von $n-2$ Householder-Transformationen auf obere Hessenbergform
$$\boldsymbol{H} = \boldsymbol{Q}^*\boldsymbol{A}\boldsymbol{Q}.$$

Iteration:

- Setze $\boldsymbol{H}^{(0)} = \boldsymbol{H}$
- Für $k = 0, 1, \ldots$
  Ermittle eine QR-Zerlegung von $\boldsymbol{H}^{(k)}$ mittels $n-1$ Givens-Rotationen, d. h.
$$\boldsymbol{H}^{(k)} = \boldsymbol{Q}_k\boldsymbol{R}_k,$$
  und setze
$$\boldsymbol{H}^{(k+1)} = \boldsymbol{R}_k\boldsymbol{Q}_k.$$

Achtung: Die Aussage zur Konvergenz des QR-Verfahrens laut Seite 570 lässt sich leider nicht direkt auf die optimierte Variante übertragen. Zwar weisen die Matrizen $\boldsymbol{A}$ und $\boldsymbol{H} = \boldsymbol{Q}^*\boldsymbol{A}\boldsymbol{Q}$ identische Eigenwerte auf, sodass die Eigenvektoren $\boldsymbol{v}_1, \ldots, \boldsymbol{v}_n$ respektive $\widehat{\boldsymbol{v}}_1, \ldots, \widehat{\boldsymbol{v}}_n$ beider Matrizen linear unabhängig sind und somit sowohl $\boldsymbol{V} = (\boldsymbol{v}_1, \ldots, \boldsymbol{v}_n)$ als auch $\widehat{\boldsymbol{V}} = (\widehat{\boldsymbol{v}}_1, \ldots, \widehat{\boldsymbol{v}}_n)$ invertierbar ist. Allerdings kann aus der Existenz einer LR-Zerlegung der Matrix $\boldsymbol{V}^{-1}$ nicht auf die Existenz einer solchen Zerlegung der Matrix $\widehat{\boldsymbol{V}}^{-1}$ geschlossen werden. Diese Tatsache ist aber nicht wirklich von zentraler Bedeutung, da die geforderte Voraussetzung der Darstellbarkeit von $\boldsymbol{V}^{-1}$ in Form einer LR-Zerlegung ohnehin bei gegebener Matrix $\boldsymbol{A}$ üblicherweise nicht überprüfbar ist. Diese Bedingung stellt den Schwachpunkt des Satzes dar, und uns bleibt letztendlich nur einfaches Ausprobieren übrig. Dennoch zeigt die Aussage, dass wir zumindest Hoffnung auf Konvergenz haben dürfen.

Beispiel Im Rahmen des auf Seite 573 betrachteten Beispiels haben wir das Postprocessing, d. h. die Überführung der Ausgangsmatrix (15.38) auf Hessenbergform vollzogen. Ausgehend von dieser Matrix $\boldsymbol{H}$ führen wir 20 QR-Iteration mittels Givens-Rotationen durch und erhalten

$$\boldsymbol{H}^{(20)} = \begin{pmatrix} 87.620 & 24.174 & 24.087 & -44.707 & 17.353 \\ 0.000 & 22.522 & -3.374 & -0.593 & -0.400 \\ 0.000 & 0.000 & 9.777 & -3.373 & 0.560 \\ 0.000 & 0.000 & 0.000 & 2.991 & 0.000 \\ 0.000 & 0.000 & 0.000 & 0.000 & 0.090 \end{pmatrix}$$

in vollständiger Übereinstimmung mit dem Resultat des ursprünglichen QR-Verfahrens auf Seite 571. ◀

Durch eine Verschiebung des Spektrums haben wir im Kontext der inversen Iteration eine Konvergenzbeschleunigung erzielen können. Eine analoge Technik wollen wir auch beim QR-Verfahren anwenden. Wir setzen hierzu bei der QR-Zerlegung (15.30) innerhalb der QR-Methode die Matrix $\boldsymbol{A}^{(k)}$ durch $\boldsymbol{A}^{(k)} - \mu\boldsymbol{I}$ und schreiben die entsprechende Schleife in der Form

$$\boldsymbol{A}^{(k)} - \mu\boldsymbol{I} = \boldsymbol{Q}_k\boldsymbol{R}_k \quad (15.39)$$
$$\boldsymbol{A}^{(k+1)} = \boldsymbol{R}_k\boldsymbol{Q}_k + \mu\boldsymbol{I}. \quad (15.40)$$

Mit $\boldsymbol{R}_k = \boldsymbol{Q}_k^*\left(\boldsymbol{A}^{(k)} - \mu\boldsymbol{I}\right)$ liegt wegen

$$\boldsymbol{A}^{(k+1)} = \boldsymbol{Q}_k^*\left(\boldsymbol{A}^{(k)} - \mu\boldsymbol{I}\right)\boldsymbol{Q}_k + \mu\boldsymbol{I} = \boldsymbol{Q}_k^*\boldsymbol{A}^{(k)}\boldsymbol{Q}_k \quad (15.41)$$

wiederum eine Ähnlichkeitstransformation vor. Im Rahmen der inversen Iteration sollte μ als möglichst gute Näherung an einen Eigenwert λ_i gewählt werden. Wir wollen an dieser Stelle untersuchen, welcher sinnvollen Forderung der Shift μ innerhalb des QR-Verfahrens unterliegt.

?

Erinnern Sie sich noch an den Zusammenhang zwischen der Potenzmethode und dem QR-Verfahren in der Form

$$\boldsymbol{A}^{k+1} = \boldsymbol{Q}_0\boldsymbol{Q}_1 \cdot \ldots \cdot \boldsymbol{Q}_k\boldsymbol{R}_k\boldsymbol{R}_{k-1} \cdot \ldots \cdot \boldsymbol{R}_0\,?$$

Dann zeigen Sie entsprechend, dass mit $\boldsymbol{A}^{(0)} = \boldsymbol{A}$ bei Nutzung der inneren Schleifen gemäß (15.39) und (15.40) die Gleichung

$$(\boldsymbol{A} - \mu\boldsymbol{I})^{k+1} = \underbrace{\boldsymbol{Q}_0\boldsymbol{Q}_1 \cdot \ldots \cdot \boldsymbol{Q}_k}_{=:\widetilde{\boldsymbol{Q}}_k}\underbrace{\boldsymbol{R}_k\boldsymbol{R}_{k-1} \cdot \ldots \cdot \boldsymbol{R}_0}_{=:\widetilde{\boldsymbol{R}}_k} \quad (15.42)$$

gilt. Dabei sind die Matrizen $\boldsymbol{Q}_j$ und $\boldsymbol{R}_j$, $j = 0, \ldots, k$ natürlich stets dem jeweiligen Verfahren zu entnehmen.

Ist $\widetilde{\boldsymbol{q}}_n^{(k)}$ die letzte Spalte der Matrix $\widetilde{\boldsymbol{Q}}_k$, so folgt wegen

$$(\boldsymbol{A} - \mu\boldsymbol{I})^{-k-1} = \widetilde{\boldsymbol{R}}_k^{-1}\widetilde{\boldsymbol{Q}}_k^*$$

mit dem n-ten Einheitsvektor $\boldsymbol{e}_n \in \mathbb{R}^n$ die Gleichung

$$\begin{aligned}\widetilde{\boldsymbol{q}}_n^{(k)^*} &= \boldsymbol{e}_n^*\widetilde{\boldsymbol{Q}}_k^* = \boldsymbol{e}_n^*\widetilde{\boldsymbol{R}}_k(\boldsymbol{A} - \mu\boldsymbol{I})^{-k-1} \\ &= \widetilde{r}_{nn}^{(k)}\boldsymbol{e}_n^*(\boldsymbol{A} - \mu\boldsymbol{I})^{-k-1}.\end{aligned}$$

Demzufolge gilt

$$\widetilde{\boldsymbol{q}}_n^{(k)} = \widetilde{\boldsymbol{Q}}_k\boldsymbol{e}_n = \overline{\widetilde{r}_{nn}^{(k)}}\left((\boldsymbol{A} - \mu\boldsymbol{I})^{-*}\right)^{k+1}\boldsymbol{e}_n$$

und laut Potenzmethode stellt die letzte Spalte von $\widetilde{\boldsymbol{Q}}_k$ somit für große k üblicherweise eine Näherung an einen Eigenvektor der Matrix $(\boldsymbol{A} - \mu\boldsymbol{I})^{-*}$ zum betragsgrößten Eigenwert $\xi \in \sigma((\boldsymbol{A} - \mu\boldsymbol{I})^{-*})$ dar. Hierbei sei erwähnt, dass wir $((\boldsymbol{A} - \mu\boldsymbol{I})^*)^{-1}$ vereinfachend als $(\boldsymbol{A} - \mu\boldsymbol{I})^{-*}$ schreiben. Wegen

$$(\boldsymbol{A} - \mu\boldsymbol{I})^{-*}\widetilde{\boldsymbol{q}}_n^{(k)} \approx \xi\widetilde{\boldsymbol{q}}_n^{(k)} \Leftrightarrow (\boldsymbol{A} - \mu\boldsymbol{I})^*\widetilde{\boldsymbol{q}}_n^{(k)} \approx \frac{1}{\xi}\widetilde{\boldsymbol{q}}_n^{(k)}$$
$$\Leftrightarrow \widetilde{\boldsymbol{q}}_n^{(k)^*}(\boldsymbol{A} - \mu\boldsymbol{I}) \approx \lambda\widetilde{\boldsymbol{q}}_n^{(k)^*}$$

mit $\lambda = \frac{1}{\xi}$ und $\sigma((\boldsymbol{A} - \mu\boldsymbol{I})^*) = \overline{\sigma((\boldsymbol{A} - \mu\boldsymbol{I}))}$ repräsentiert $\widetilde{\boldsymbol{q}}_n^{(k)^*}$ eine Näherung an den linken Eigenvektor zum betragsmäßig kleinsten Eigenwert von $\boldsymbol{A} - \mu\boldsymbol{I}$. Damit folgt

$$\begin{aligned}\boldsymbol{e}_n^*\boldsymbol{A}^{(k+1)} &= \boldsymbol{e}_n^*\widetilde{\boldsymbol{Q}}_k^*\boldsymbol{A}\widetilde{\boldsymbol{Q}}_k = \widetilde{\boldsymbol{q}}_n^{(k)^*}\boldsymbol{A}\widetilde{\boldsymbol{Q}}_k\\ &\approx (\lambda + \mu)\widetilde{\boldsymbol{q}}_n^{(k)^*}\widetilde{\boldsymbol{Q}}_k = (\lambda + \mu)\boldsymbol{e}_n^* .\end{aligned}$$

Die letzte Zeile von $\boldsymbol{A}^{(k+1)}$ ist daher näherungsweise ein Vielfaches von $\boldsymbol{e}_n^*$, d. h., es gilt

$$\boldsymbol{A}^{(k+1)} \approx \begin{pmatrix} \widetilde{\boldsymbol{A}}^{(k+1)} \\ \hline 0 \cdots 0\ \widetilde{\lambda} \end{pmatrix} \text{ mit } \widetilde{\boldsymbol{A}}^{(k+1)} \in \mathbb{C}^{(n-1)\times n},$$

wobei $\widetilde{\lambda} = \lambda + \mu \in \sigma(\boldsymbol{A})$ der Eigenwert mit geringster Distanz zu μ ist. Die Konvergenzgeschwindigkeit ist entsprechend der Potenzmethode durch

$$q = \max_{\lambda\in\sigma(\boldsymbol{A})\setminus\{\widetilde{\lambda}\}} \frac{|\widetilde{\lambda} - \mu|}{|\lambda - \mu|}$$

gegeben. Demzufolge sollte μ als Näherung an einen Eigenwert, beispielsweise λ_n, gewählt werden.

Bei der Rayleigh-Quotienten-Iteration haben wir bereits eine sukzessive Spektralverschiebung zur Beschleunigung der zugrunde liegenden Potenzmethode vorgenommen. Eine vergleichbare Strategie kann auch im vorgestellten QR-Verfahren genutzt werden. Konvergiert die Matrixfolge $\boldsymbol{A}^{(k)}$ gegen eine rechte obere Dreiecksmatrix, so stellt $a_{nn}^{(k)}$ einen Näherungswert zum Eigenwert λ_n dar, wodurch sich der Shift

$$\mu^{(k)} = a_{nn}^{(k)}$$

anbietet. Unter Berücksichtigung der vorgeschalteten Transformation auf Hessenbergform lässt sich der Algorithmus abschließend wie folgt darstellen.

Optimiertes QR-Verfahren mit Shift

Preprocessing:

- Transformiere $\boldsymbol{A} \in \mathbb{C}^{n\times n}$ durch Verwendung von $n-2$ Householder-Transformationen auf obere Hessenbergform
$$\boldsymbol{H} = \boldsymbol{Q}^*\boldsymbol{A}\boldsymbol{Q} .$$

Iteration:

- Setze $\boldsymbol{H}^{(0)} = \boldsymbol{H}$ und $\mu^{(0)} = h_{nn}^{(0)}$.
- Für $k = 0, 1, \ldots$

  Ermittle eine QR-Zerlegung von $\boldsymbol{H}^{(k)} - \mu^{(k)}\boldsymbol{I}$, d. h.
$$\boldsymbol{H}^{(k)} - \mu^{(k)}\boldsymbol{I} = \boldsymbol{Q}_k\boldsymbol{R}_k ,$$
  und setze
$$\boldsymbol{H}^{(k+1)} = \boldsymbol{R}_k\boldsymbol{Q}_k + \mu^{(k)}\boldsymbol{I} \text{ sowie } \mu^{(k+1)} = h_{nn}^{(k+1)} .$$

Hintergrund und Ausblick: QR-Verfahren mit Shifts bei reellen Matrizen mit komplexen Eigenwerten

Die Konvergenzaussage zum QR-Verfahren basiert auf der Voraussetzung, dass ausschließlich reelle Eigenwerte vorliegen. Betrachtet man eine reelle Matrix $\boldsymbol{A}$, so sind auch die Iterierten $\boldsymbol{A}^{(k)}$ reellwertig und es wird sofort klar, dass die Folge $\{\boldsymbol{A}^{(k)}\}_{k\in\mathbb{N}_0}$ nicht gegen eine obere Dreiecksmatrix konvergieren kann, wenn $\boldsymbol{A}$ komplexe Eigenwerte aufweist.

Festlegung der Spektralverschiebungen: In der oben angesprochenen Situation liegt offensichtlich mit $\mu^{(k)} = a_{nn}^{(k)}$ in der Regel keine sinnvolle Näherung an den Eigenwert λ_n vor. Anstelle des Diagonalelementes betrachten wir daher die Matrix

$$\boldsymbol{B}^{(k)} = \begin{pmatrix} a_{n-1,n-1}^{(k)} & a_{n-1,n}^{(k)} \\ a_{n,n-1}^{(k)} & a_{nn}^{(k)} \end{pmatrix}.$$

Weist $\boldsymbol{B}^{(k)}$ zwei reelle Eigenwerte $\nu_1^{(k)}, \nu_2^{(k)}$ auf, so wählen wir

$$\mu^{(k)} = \begin{cases} \nu_1^{(k)} & \text{, falls } |\nu_1^{(k)} - a_{nn}^{(k)}| \le |\nu_2^{(k)} - a_{nn}^{(k)}| \text{ gilt,} \\ \nu_2^{(k)} & \text{sonst.} \end{cases}$$

Anschließend wird das übliche QR-Verfahren mit Shift $\mu^{(k)}$ durchgeführt. Liegen mit $\nu_1^{(k)}, \nu_2^{(k)} \in \mathbb{C} \setminus \mathbb{R}$ zwei komplexe Eigenwerte vor, dann sind diese zueinander komplex konjugiert und wir nehmen mit $\mu_1^{(k)} = \nu_1^{(k)}$ und $\mu_2^{(k)} = \nu_2^{(k)} = \overline{\nu_1^{(k)}}$ im Folgenden zwei komplexe Spektralverschiebungen vor, sodass für $\boldsymbol{A}^{(k)} \in \mathbb{R}^{n\times n}$ mit $\boldsymbol{A}^{(k)} - \mu_1^{(k)}\boldsymbol{I}$ eine Matrix vorliegt, die ausschließlich komplexwertige Diagonalelemente besitzt.

Herleitung des QR-Doppelschrittverfahrens: Analog zur üblichen Vorgehensweise bestimmen wir zunächst formal eine QR-Zerlegung

$$\boldsymbol{A}^{(k)} - \mu_1^{(k)}\boldsymbol{I} = \boldsymbol{Q}_k\boldsymbol{R}_k$$

mit einer unitären Matrix $\boldsymbol{Q}_k \in \mathbb{C}^{n\times n}$ und einer rechten oberen Dreiecksmatrix $\boldsymbol{R}_k \in \mathbb{C}^{n\times n}$. Mit der Hilfsmatrix

$$\boldsymbol{A}^{(k+1/2)} = \boldsymbol{R}_k\boldsymbol{Q}_k + \mu_1^{(k)}\boldsymbol{I}$$

verfahren wir nun formal entsprechend, d. h., wir ermitteln eine QR-Zerlegung für die spektralverschobene Matrix $\boldsymbol{A}^{(k+1/2)} - \mu_2^{(k)}\boldsymbol{I} = \boldsymbol{Q}_{k+1/2}\boldsymbol{R}_{k+1/2}$ und setzen $\boldsymbol{A}^{(k+1)} = \boldsymbol{R}_{k+1/2}\boldsymbol{Q}_{k+1/2} + \mu_2^{(k)}\boldsymbol{I}$. Wegen

$$\begin{aligned}\boldsymbol{A}^{(k+1)} &= \boldsymbol{Q}_{k+1/2}^*\big(\boldsymbol{A}^{(k+1/2)} - \mu_2^{(k)}\boldsymbol{I}\big)\boldsymbol{Q}_{k+1/2} + \mu_2^{(k)}\boldsymbol{I} \\ &= \boldsymbol{Q}_{k+1/2}^*\boldsymbol{A}^{(k+1/2)}\boldsymbol{Q}_{k+1/2} \\ &= \boldsymbol{Q}_{k+1/2}^*\boldsymbol{Q}_k^*\boldsymbol{A}^{(k)}\boldsymbol{Q}_k\boldsymbol{Q}_{k+1/2}\end{aligned}$$

ist $\boldsymbol{A}^{(k+1)}$ wie zu erwarten unitär ähnlich zu $\boldsymbol{A}^{(k)}$. Formal ist durch die obigen Überlegungen die algorithmische Umsetzung gegeben.

Effiziente algorithmische Umsetzung: Wir werden nun sehen, dass wir das QR-Doppelschrittverfahren auch ohne Berechnung der Eigenwerte $\nu_1^{(k)}$ und $\nu_2^{(k)}$ durchführen können und zudem stets nur reelle QR-Zerlegungen benötigen. Hierzu schreiben wir

$$\begin{aligned}\boldsymbol{Q}_k\boldsymbol{Q}_{k+1/2}\boldsymbol{R}_{k+1/2}\boldsymbol{R}_k &= \boldsymbol{Q}_k\big(\boldsymbol{A}^{(k+1/2)} - \mu_2^{(k)}\boldsymbol{I}\big)\boldsymbol{R}_k \\ &= \boldsymbol{Q}_k\big(\boldsymbol{A}^{(k+1/2)} - \mu_2^{(k)}\boldsymbol{I}\big)\boldsymbol{Q}_k^*\big(\boldsymbol{A}^{(k)} - \mu_1^{(k)}\boldsymbol{I}\big) \\ &= \boldsymbol{Q}_k\big(\boldsymbol{R}_k\boldsymbol{Q}_k + \mu_1^{(k)}\boldsymbol{I} - \mu_2^{(k)}\boldsymbol{I}\big)\boldsymbol{Q}_k^*\big(\boldsymbol{A}^{(k)} - \mu_1^{(k)}\boldsymbol{I}\big) \\ &= \big(\boldsymbol{Q}_k\boldsymbol{R}_k + \mu_1^{(k)}\boldsymbol{I} - \mu_2^{(k)}\boldsymbol{I}\big)\big(\boldsymbol{A}^{(k)} - \mu_1^{(k)}\boldsymbol{I}\big) \\ &= \big(\boldsymbol{A}^{(k)} - \mu_2^{(k)}\boldsymbol{I}\big)\big(\boldsymbol{A}^{(k)} - \mu_1^{(k)}\boldsymbol{I}\big) \\ &= \boldsymbol{A}^{(k)^2} - (\mu_2^{(k)} + \mu_1^{(k)})\boldsymbol{A}^{(k)} + \mu_2^{(k)}\mu_1^{(k)}\boldsymbol{I}.\end{aligned}$$

Elementares Nachrechnen liefert

$$\begin{aligned}s &:= \operatorname{Spur}(\boldsymbol{B}^{(k)}) = a_{n-1,n-1}^{(k)} + a_{nn}^{(k)} = \nu_1^{(k)} + \overline{\nu_1^{(k)}} \\ &= \mu_2^{(k)} + \mu_1^{(k)} \in \mathbb{R}\end{aligned}$$

und

$$\begin{aligned}d &:= \det(\boldsymbol{B}^{(k)}) = a_{n-1,n-1}^{(k)}a_{nn}^{(k)} - a_{n,n-1}^{(k)}a_{n-1,n}^{(k)} \\ &= \nu_1^{(k)}\overline{\nu_1^{(k)}} = \mu_2^{(k)}\mu_1^{(k)} \in \mathbb{R},\end{aligned}$$

womit sich

$$\boldsymbol{C}^{(k)} := \boldsymbol{A}^{(k)^2} - s\boldsymbol{A}^{(k)} + d\boldsymbol{I} \in \mathbb{R}^{n\times n}$$

ergibt. Da für $\boldsymbol{C}^{(k)}$ eine QR-Zerlegung mit einer orthogonalen Matrix $\boldsymbol{Q}$ und einer reellen oberen Dreiecksmatrix $\boldsymbol{R}$ existiert, können die Matrizen $\boldsymbol{Q}_k$, $\boldsymbol{Q}_{k+1/2}$, $\boldsymbol{R}_k$ und $\boldsymbol{R}_{k+1/2}$ so gewählt werden, dass $\boldsymbol{Q} = \boldsymbol{Q}_k\boldsymbol{Q}_{k+1/2}$ und $\boldsymbol{R} = \boldsymbol{R}_{k+1/2}\boldsymbol{R}_k$ gilt. Zusammenfassend erhalten wir das:

QR-Verfahren mit Doppelshift

- Setze $\boldsymbol{A}^{(0)} = \boldsymbol{A}$.
- Für $k = 0, 1, \ldots$ berechne
  $s = a_{n-1,n-1}^{(k)} + a_{nn}^{(k)}$,
  $d = a_{n-1,n-1}^{(k)}a_{nn}^{(k)} - a_{n,n-1}^{(k)}a_{n-1,n}^{(k)}$,
  $\boldsymbol{C}^{(k)} = \boldsymbol{A}^{(k)^2} - s\boldsymbol{A}^{(k)} + d\boldsymbol{I}$.
  Ermittle eine QR-Zerlegung
  $$\boldsymbol{C}^{(k)} = \boldsymbol{Q}_k\boldsymbol{R}_k$$
  und setze
  $$\boldsymbol{A}^{(k+1)} = \boldsymbol{Q}_k^T\boldsymbol{A}^{(k)}\boldsymbol{Q}_k.$$

Achtung: Nutzt man im Vorfeld eine orthogonale Transformation von $\boldsymbol{A}$ auf obere Hessenbergform, so liegt mit $\boldsymbol{C}^{(0)}$ bereits eine Matrix vor, die zwei nicht verschwindende untere Nebendiagonalen aufweisen kann. Folglich wird die QR-Zerlegung innerhalb der Schleife aufwendiger im Vergleich zum optimierten QR-Verfahren laut Seite 575.

Übersicht: Eigenwerteinschließungen und numerische Verfahren für Eigenwertprobleme

Im Kontext des Eigenwertproblems haben wir neben Eigenwerteinschließungen auch unterschiedliche numerische Verfahren kennengelernt, deren Eigenschaften und Anwendungsbereiche wir an dieser Stelle zusammenstellen werden.

Algebra zur Eigenwerteinschließung

Gerschgorin

Die Gerschgorin-Kreise einer Matrix $\boldsymbol{A} \in \mathbb{C}^{n \times n}$

$$K_i := \left\{ z \in \mathbb{C} \,\middle|\, |z - a_{ii}| \le r_i \right\}, \ i = 1, \ldots, n$$

liefern eine Einschließung des Spektrums in der Form einer Vereinigungsmenge von Kreisen

$$\sigma(\boldsymbol{A}) \subseteq \bigcup_{i=1}^{n} K_i \, .$$

Bendixson

Der Wertebereich einer Matrix $\boldsymbol{A} \in \mathbb{C}^{n \times n}$

$$W(\boldsymbol{A}) = \left\{ \xi = \boldsymbol{x}^* \boldsymbol{A} \boldsymbol{x} \,\middle|\, \boldsymbol{x} \in \mathbb{C}^n \text{ mit } \|\boldsymbol{x}\|_2 = 1 \right\}$$

liefert gemäß des Satzes von Bendixson eine Einschließung des Spektrums in der Form eines Rechtecks

$$\sigma(\boldsymbol{A}) \subset R = W\left(\frac{\boldsymbol{A} + \boldsymbol{A}^*}{2} \right) + W\left(\frac{\boldsymbol{A} - \boldsymbol{A}^*}{2} \right).$$

Numerik zur Eigenwertberechnung

Potenzmethode

Für eine Matrix $\boldsymbol{A} \in \mathbb{C}^{n \times n}$ mit den Eigenwertpaaren $(\lambda_1, \boldsymbol{v}_1), \ldots, (\lambda_n, \boldsymbol{v}_n) \in \mathbb{C} \times \mathbb{C}^n$, die der Bedingung

$$|\lambda_1| > |\lambda_2| \ge \ldots \ge |\lambda_n|$$

genügen, liefert die Potenzmethode bei Nutzung eines Startvektors

$$\boldsymbol{z}^{(0)} = \alpha_1 \boldsymbol{v}_1 + \ldots + \alpha_n \boldsymbol{v}_n, \ \alpha_i \in \mathbb{C}, \ \alpha_1 \neq 0$$

die Berechnung des Eigenwertpaares $(\lambda_1, \boldsymbol{v}_1)$.

Deflation

Bei Kenntnis der Eigenwerte $\lambda_1, \ldots, \lambda_k$ kann mit der Deflation die Dimension des Eigenwertproblems von n auf $n - k$ reduziert werden. In Kombination mit der Potenzmethode kann teilweise das gesamte Spektrum ermittelt werden.

Inverse Iteration

Für eine Matrix $\boldsymbol{A} \in \mathbb{C}^{n \times n}$ mit den Eigenwertpaaren $(\lambda_1, \boldsymbol{v}_1), \ldots, (\lambda_n, \boldsymbol{v}_n) \in \mathbb{C} \times \mathbb{C}^n$, die der Bedingung

$$|\lambda_1| \ge |\lambda_2| \ge \ldots > |\lambda_n|$$

genügen, liefert die inverse Iteration bei Nutzung eines Startvektors

$$\boldsymbol{z}^{(0)} = \alpha_1 \boldsymbol{v}_1 + \ldots + \alpha_n \boldsymbol{v}_n, \ \alpha_i \in \mathbb{C}, \ \alpha_n \neq 0$$

die Berechnung des Eigenwertpaares $(\lambda_n, \boldsymbol{v}_n)$.

Rayleigh-Quotienten-Iteration

Dieses Verfahren entspricht der inversen Iteration, wobei zur Konvergenzbeschleunigung ein adaptiver Shift

$$\boldsymbol{A} \longrightarrow \boldsymbol{A} - \nu^{(m)} \boldsymbol{I}$$

unter Verwendung des Rayleigh-Quotienten

$$\nu^{(m)} = \frac{\langle \boldsymbol{z}^{(m)}, \boldsymbol{A} \boldsymbol{z}^{(m)} \rangle}{\langle \boldsymbol{z}^{(m)}, \boldsymbol{z}^{(m)} \rangle}$$

genutzt wird.

Jacobi-Verfahren

Für eine symmetrische Matrix $\boldsymbol{A} \in \mathbb{R}^{n \times n}$ liefert das Jacobi-Verfahren die Berechnung aller Eigenwerte nebst zugehöriger Eigenvektoren durch sukzessive Ähnlichkeitstransformationen

$$\boldsymbol{A}^{(k)} = \boldsymbol{Q}_k^T \boldsymbol{A}^{(k-1)} \boldsymbol{Q}_k \, , \ k = 1, 2, \ldots \ \text{mit}\, \boldsymbol{A}^{(0)} = \boldsymbol{A}$$

unter Verwendung orthogonaler Givens-Rotationsmatrizen $\boldsymbol{Q}_k \in \mathbb{R}^{n \times n}$. Es gilt

$$\lim_{k \to \infty} \boldsymbol{A}^{(k)} = \boldsymbol{D} \in \mathbb{R}^{n \times n}$$

mit einer Diagonalmatrix $\boldsymbol{D} = ag\{\lambda_1, \ldots, \lambda_n\}$. Die Diagonalelemente der Matrix $\boldsymbol{D}$ repräsentieren die Eigenwerte der Matrix $\boldsymbol{A}$, sodass die Eigenschaft $\rho(\boldsymbol{A}) = \{\lambda_1, \ldots, \lambda_n\}$ vorliegt.

QR-Verfahren

Für eine beliebige Matrix $\boldsymbol{A} \in \mathbb{C}^{n \times n}$ basiert das QR-Verfahren auf sukzessiven Ähnlichkeitstransformationen

$$\boldsymbol{A}^{(k)} = \boldsymbol{Q}_k^* \boldsymbol{A}^{(k-1)} \boldsymbol{Q}_k \, , \ k = 1, 2, \ldots \ \text{mit}\, \boldsymbol{A}^{(0)} = \boldsymbol{A}$$

unter Verwendung unitärer Matrizen $\boldsymbol{Q}_k \in \mathbb{C}^{n \times n}$. Die Vorgehensweise beruht auf einer QR-Zerlegung, die mittels der auf Seite 493 beschriebenen Givens-Methode berechnet wird. Hinsichtlich der Effizienz des Gesamtverfahrens ist eine vorherige Ähnlichkeitstransformation auf obere Hessenbergform mittels einer Householder-Transformation erforderlich. Unter den auf Seite 570 im Satz zur Konvergenz des QR-Verfahrens aufgeführten Voraussetzungen gilt

$$\lim_{k \to \infty} \boldsymbol{A}^{(k)} = \boldsymbol{R} \in \mathbb{C}^{n \times n}$$

mit einer rechten oberen Dreiecksmatrix $\boldsymbol{R}$. Die Diagonalelemente $r_{11}, \ldots, r_{nn}$ der Matrix $\boldsymbol{R}$ repräsentieren die Eigenwerte der Matrix $\boldsymbol{A}$, sodass die Eigenschaft $\rho(\boldsymbol{A}) = \{r_{11}, \ldots, r_{nn}\}$ vorliegt.

Zusammenfassung

In diesem Kapitel haben wir uns mit der näherungsweisen Bestimmung einzelner Eigenwerte oder des gesamten Spektrums einer Matrix befasst. Dabei wurden mit

- den Techniken zur Mengeneinschließung des Spektrums,
- den Algorithmen zur näherungsweisen Berechnung einzelner Eigenwerte und
- den Methoden zur simultanen Approximation des gesamten Spektrums

drei unterschiedliche Verfahrensklassen detailliert beschrieben.

Die Vereinigung der **Gerschgorin-Kreise**

$$K_i := \left\{ z \in \mathbb{C} \,\middle|\, |z - a_{ii}| \leq \sum_{j=1, j\neq i}^{n} |a_{ij}| \right\}, \quad i = 1, \ldots, n$$

einer Matrix $A \in \mathbb{C}^{n\times n}$ stellt innerhalb der ersten Gruppe die bekannteste Eigenwerteinschließung gemäß

$$\sigma(A) \subseteq \bigcup_{i=1}^{n} K_i$$

dar. Lässt sich $\bigcup_{i=1}^{n} K_i$ in disjunkte Teilmengen zerlegen, die ihrerseits aus Vereinigungen der Grundkreise K_i bestehen, so haben wir nachgewiesen, dass die Anzahl der Eigenwerte je Teilmenge mit der Zahl der involvierten Kreise übereinstimmt. Darüber hinaus repräsentiert das Spektrum der Matrix A auch eine Teilmenge der zu A^T gebildeten Vereinigungsmenge $\bigcup_{i=1}^{n} \widetilde{K}_i$ mit

$$\widetilde{K}_i := \left\{ z \in \mathbb{C} \,\middle|\, |z - a_{ii}| \leq \sum_{j=1, j\neq i}^{n} |a_{ji}| \right\}, \quad i = 1, \ldots, n.$$

Basierend auf dem für $x \in \mathbb{C}^n \setminus \{0\}$ festgelegten **Rayleigh-Quotienten** $\frac{x^* A x}{x^* x}$ haben wir den **Wertebereich** der Matrix $A \in \mathbb{C}^{n\times n}$ durch

$$W(A) = \left\{ \xi = \frac{x^* A x}{x^* x} \,\middle|\, x \in \mathbb{C}^n \setminus \{0\} \right\}$$

definiert. Der **Satz von Bendixson** liefert hiermit durch die elementweise Mengenaddition mit dem Rechteck

$$R = W\left(\frac{A + A^*}{2}\right) + W\left(\frac{A - A^*}{2}\right)$$

eine weitere Eigenwerteinschließung. Da alle drei Kriterien unabhängig voneinander sind, können sie beliebig kombiniert werden und wir erhalten

$$\begin{aligned}\sigma(A) &\subseteq \left(\bigcup_{i=1}^{n} K_i\right) \cap \left(\bigcup_{i=1}^{n} \widetilde{K}_i\right) \cap W(A) \\ &\subseteq \left(\bigcup_{i=1}^{n} K_i\right) \cap \left(\bigcup_{i=1}^{n} \widetilde{K}_i\right) \cap R.\end{aligned}$$

In der zweiten Gruppe liegt ein sehr einfacher Zugang zur näherungsweisen Berechnung des betragsgrößten Eigenwertes einer Matrix A nebst zugehörigem Eigenvektor durch die auf von Mises zurückgehende **Potenzmethode** vor. Im Wesentlichen wird dabei eine Folge

$$z^{(m)} = A z^{(m-1)}, \quad m = 1, 2, \ldots$$

bei gegebenem Startvektor $z^{(0)} \in \mathbb{C}^n$ bestimmt, wobei zur Vermeidung unnötiger Rundungsfehler eine Normierung vorgenommen wird, die die Folgeglieder auf den Einheitskreis bezüglich einer frei wählbaren Vektornorm zwingt. Ist ein Eigenwert inklusive des entsprechenden Eigenvektors einer Matrix bekannt, so kann mit der vorgestellten **Deflation** eine Reduktion des Eigenwertproblems um eine Dimension vorgenommen werden. Theoretisch betrachtet kann damit durch eine sukzessive Anwendung der Potenzmethode in Kombination mit der Deflation bei einer Matrix mit paarweise betragsmäßig verschiedenen Eigenwerten das gesamte Spektrum bestimmt werden. In der Praxis findet diese Vorgehensweise jedoch aufgrund von Fehlerfortpflanzungen, hohem Rechenaufwand und einer komplexen programmiertechnischen Umsetzung üblicherweise keine Anwendung.

Bei einer regulären Matrix A kann die Potenzmethode auch auf A^{-1} angewendet werden, wodurch gegebenenfalls der betragsmäßig kleinste Eigenwert ermittelt werden kann. Will man die Inverse nicht vorab berechnen, so wird dabei innerhalb jedes Iterationsschrittes ein lineares Gleichungssystem gelöst. Diese Umsetzung vermeidet einen eventuell sehr hohen Speicher- und Berechnungsaufwand für die inverse Matrix, die gerade bei großen schwachbesetzten Matrizen die zur Verfügung stehenden Ressourcen überschreiten kann. Diese Vorgehensweise birgt aber auch den Nachteil eines hohen Rechenaufwandes je Iteration in sich. Liegen Kenntnisse über die Lage der Eigenwerte vor, wie wir sie beispielsweise aus den Gerschgorin-Kreisen oder dem Wertebereich erhalten können, so kann auch ein Shift $\widetilde{A} = A - \mu I$ vorgenommen werden, der zur Berechnung des Eigenwertes mit dem kleinsten Abstand zum Shiftparameter μ führt. Dieses Verfahren wird nach seinem Entwickler **inverse Iteration nach Wielandt** genannt.

Die Methoden der dritten Verfahrensgruppe basieren stets auf einer Folge unitärer Transformationen der Matrix A. Beim **Jacobi-Verfahren** nutzt man dabei stets Givens-Rotationsmatrizen $G_{pq}(\varphi)$ und legt die Folge ausgehend von $A^{(0)} = A$ durch

$$A^{(k)} = G_{pq}(\varphi)^T A^{(k-1)} G_{pq}(\varphi), \quad k = 1, 2, \ldots$$

fest. Die Drehmatrizen $G_{pq}(\varphi)$ sind dabei so definiert, dass das Element $a_{pq}^{(k)}$ innerhalb der Matrix $A^{(k)}$ identisch verschwindet. Die beiden vorgestellten Varianten der Jacobi-Methode unterscheiden sich in der Wahl der Indizes p und q.

Während im klassischen Ansatz die Indizes des betragsmäßig größten Nichtdiagonalelementes aus $A^{(k-1)}$ genutzt wird, läuft man im zyklischen Jacobi-Verfahren spaltenweise die Unterdiagonalelemente von oben nach unten ab. Die zweite Variante benötigt aufgrund der vermiedenen Bestimmung des betragsgrößten Elementes deutlich weniger Rechenzeit pro Schleifendurchlauf. Für symmetrische Matrizen $A \in \mathbb{R}^{n\times n}$ konnten wir die Konvergenz der innerhalb des klassischen Jacobi-Verfahrens erzeugten Folge gegen eine Diagonalmatrix nachweisen. Bei dieser Matrix können dann die Eigenwerte der Ausgangsmatrix A auf der Diagonalen abgelesen werden.

Als Verallgemeinerung des Jacobi-Verfahrens auf beliebige Matrizen $A \in \mathbb{C}^{n\times n}$ kann das **QR-Verfahren** angesehen werden. Das Herzstück dieser Methode liegt in einer QR-Zerlegung der Iterationsmatrizen

$$A^{(k)} = Q_k R_k ,$$

die zusammen mit der Festlegung

$$A^{(k+1)} = R_k Q_k$$

eine Hauptachsentransformation bewirkt. Hierdurch sind die Spektren der Matrizen $A^{(k)}$ und $A^{(k+1)}$ identisch und wir konnten unter geeigneten Voraussetzungen die Konvergenz der durch $A^{(0)} = A$ initiierten Folge $A^{(k)}$ gegen eine rechte obere Dreiecksmatrix R nachweisen. Analog zum Jacobi-Verfahren können dann die Eigenwerte von A der Diagonalen der Grenzmatrix R entnommen werden.

Die Ermittlung einer QR-Zerlegung pro Iteration bewirkt bei der Grundform des Verfahrens in der Regel einen hohen Rechenaufwand. Daher ist bei der praktischen Umsetzung eine Überführung der Ausgangsmatrix A mittels einer Householder-Transformation auf obere Hessenbergform im Rahmen eines Preprocessings dringend anzuraten. Anschließend lässt sich die QR-Zerlegung sehr effizient mittels $n-1$ Givens-Transformationen realisieren. Analog zur inversen Iteration kann die Konvergenzgeschwindigkeit des Verfahrens durch Shifts verbessert werden.

Aufgaben

Die Aufgaben gliedern sich in drei Kategorien: Anhand der *Verständnisfragen* können Sie prüfen, ob Sie die Begriffe und zentralen Aussagen verstanden haben, mit den *Rechenaufgaben* üben Sie Ihre technischen Fertigkeiten und die *Beweisaufgaben* geben Ihnen Gelegenheit, zu lernen, wie man Beweise findet und führt.

Ein Punktesystem unterscheidet leichte Aufgaben •, mittelschwere •• und anspruchsvolle ••• Aufgaben. Lösungshinweise am Ende des Buches helfen Ihnen, falls Sie bei einer Aufgabe partout nicht weiterkommen. Dort finden Sie auch die Lösungen – betrügen Sie sich aber nicht selbst und schlagen Sie erst nach, wenn Sie selber zu einer Lösung gekommen sind. Ausführliche Lösungswege, Beweise und Abbildungen finden Sie auf der Website zum Buch.

Viel Spaß und Erfolg bei den Aufgaben!

Verständnisfragen

15.1 •• Gegeben sei die zirkulante Shiftmatrix

$$S = \begin{pmatrix} 0 & 1 & 0 & 0 \\ & 0 & \ddots & \\ & & \ddots & 1 \\ 1 & & & 0 \end{pmatrix} \in \mathbb{R}^{n\times n} .$$

(a) Zeigen Sie mittels der Gerschgorin-Kreise, dass alle Eigenwerte von S im abgeschlossenen Einheitskreis liegen.

(b) Wie lautet die k-te Iterierte $z^{(k)}$ der Potenzmethode bei Nutzung des Startvektors $z^{(0)} = (1, 0, \ldots, 0)^T$?

(c) Konvergiert die Potenzmethode bei obigem Startvektor und steht diese Aussage im Widerspruch zum Konvergenzsatz laut Seite 556?

Beweisaufgaben

15.2 • Zeigen Sie: Jede strikt diagonaldominante Matrix $A \in \mathbb{C}^{n\times n}$ ist regulär.

15.3 ••• Sei $H \in \mathbb{R}^{n\times n}$ spaltenstochastisch und $M := \alpha H + (1-\alpha)\frac{1}{n}E$ mit $E = (1)_{i,j=1,\ldots,n}$ und $\alpha \in [0, 1[$.

Zeigen Sie:

(a) M ist spaltenstochastisch und positiv, d. h., $m_{ij} > 0$ für alle $i, j = 1, \ldots, n$.

(b) Der Eigenvektor x zum Eigenwert $\lambda = 1$ der Matrix M besitzt entweder ausschließlich positive oder ausschließlich negative Einträge.

(c) Der Eigenraum von M zum Eigenwert $\lambda = 1$ ist eindimensional.

15.4 ••• Zeigen Sie: Zu gegebener Matrix $A \in \mathbb{C}^{n\times n}$ sei $\lambda \in \sigma(A)$ ein Punkt auf dem Rand des Wertebereichs $W(A)$. Zudem sei M die Menge aller Eigenvektoren w zu Eigenwerten $\mu \in \sigma(A) \setminus \{\lambda\}$, dann gilt $v \perp M$ für alle Eigenvektoren v zum Eigenwert λ.

15.5 •• Weisen Sie nach: Erfüllen die Komponenten der gegebenen Matrix $L \in \mathbb{C}^{n\times n}$ die Bedingung

$$\ell_{ij} = \begin{cases} 0 & , \text{ für } i < j, \\ 1 & , \text{ für } i = j, \\ \mathcal{O}(q^k), k \to \infty , & \text{ für } i > j \end{cases}$$

mit $0 < q < 1$, dann gilt für die Matrix $\boldsymbol{W} = \boldsymbol{V}\boldsymbol{L}$ bei beliebig gewähltem $\boldsymbol{V} \in \mathbb{C}^{n\times n}$ die Darstellung

$$\boldsymbol{W} = \boldsymbol{V} + \boldsymbol{E}_k \text{ mit } \|\boldsymbol{E}_k\|_2 = \mathcal{O}(q^k),\ k \to \infty\,.$$

15.6 • Zeigen Sie: Gilt für die Eigenwerte $\lambda_1, \ldots, \lambda_n \in \mathbb{C}$ der Matrix $\boldsymbol{A} \in \mathbb{R}^{n\times n}$ die Bedingung $|\lambda_i| \neq |\lambda_j|$ für alle Indizes $i \neq j$, so sind alle Eigenwerte reell.

15.7 • Zeigen Sie die Gültigkeit folgender Aussage: Das Produkt unitärer respektive orthogonaler Matrizen ist wiederum unitär beziehungsweise orthogonal.

15.8 • Zeigen Sie, dass jede Matrix $\boldsymbol{A} \in \mathbb{R}^{n\times n}$ mit paarweise disjunkten Gerschgorin-Kreisen ausschließlich reelle Eigenwerte besitzt.

15.9 •• Zeigen Sie: Gegeben sei eine Matrix $\boldsymbol{A} \in \mathbb{R}^{n\times n}$, die sich mit $\alpha \in \mathbb{R}$ und einer schiefsymmetrischen Matrix $\boldsymbol{S}$ in der Form $\boldsymbol{A} = \alpha\boldsymbol{I} + \boldsymbol{S}$ schreiben lässt. Dann besteht der reelle Wertebereich

$$W_{\mathbb{R}}(\boldsymbol{A}) := \left\{ \xi = \frac{\boldsymbol{x}^T\boldsymbol{A}\boldsymbol{x}}{\boldsymbol{x}^T\boldsymbol{x}} \,\middle|\, \boldsymbol{x} \in \mathbb{R}^n \setminus \{\boldsymbol{0}\} \right\}$$

aus genau einem Punkt.

Rechenaufgaben

15.10 • Berechnen Sie die Gerschgorin-Kreise für die gegebene Matrix

$$\boldsymbol{A} = \begin{pmatrix} 3 & 3 & 2 \\ 2 & 4 & 1 \\ 1 & 0 & -4 \end{pmatrix} \in \mathbb{R}^{3\times 3}$$

und nehmen Sie hiermit eine Eigenwerteinschließung vor. Können Sie unter Verwendung der Gerschgorin-Kreise genauere Aussagen über die Lage einzelner Eigenwerte machen?

15.11 • Nehmen Sie eine Eigenwerteinschließung auf der Grundlage geeigneter Wertebereiche bezogen auf die Matrix

$$\boldsymbol{A} = \begin{pmatrix} 1 & 2 & 1 \\ 1 & 1 & 1 \\ 0 & 2 & 2 \end{pmatrix} \in \mathbb{R}^{3\times 3}$$

vor.

15.12 •• Gegeben sei die Matrix

$$\boldsymbol{A} = \begin{pmatrix} 1 & 2 & 1 \\ 1 & 1 & 1 \\ 0 & 2 & 2 \end{pmatrix} \in \mathbb{R}^{3\times 3}.$$

Berechnen Sie mit der Potenzmethode den betragsgrößten Eigenwert der obigen Matrix nebst zugehörigem Eigenvektor. Reduzieren Sie anschließend mit der Deflation die Dimension des Problems und verfahren Sie in dieser Kombination weiter, bis alle Eigenwerte der Matrix $\boldsymbol{A}$ ermittelt wurden. Überprüfen Sie hiermit auch das Ergebnis der Aufgabe 15.11.

15.13 •• Geben Sie die Gerschgorin-Kreise für die Matrix

$$\boldsymbol{A} = \begin{pmatrix} 1 & 0.3 & 0 & 2.1 \\ 0.3 & 2.7 & -0.3 & 0.9 \\ 0 & -0.3 & 5 & 0.1 \\ 2.1 & 0.9 & 0.1 & -1 \end{pmatrix}$$

an und leiten Sie aus diesen eine Konvergenzaussage für die Potenzmethode sowie eine bestmögliche Abschätzung für dessen Konvergenzgeschwindigkeit ab.

15.14 • Stellen Sie sich ein Netz bestehend aus vier Seiten vor, bei dem zwei Paare vorliegen, deren Seiten auf den jeweiligen Partner verweisen und sonst keine weiteren Links beinhalten. Ist die resultierende Matrix $\widetilde{\boldsymbol{H}}$ spaltenstochastisch und gibt es in diesem Fall linear unabhängige Eigenvektoren zum Eigenwert $\lambda = 1$?

Antworten der Selbstfragen

S. 550
Wir werden anhand eines einfachen Beispiels erkennen, dass diese stärkere Aussage nicht aus dem Satz von Gerschgorin folgt. Für die Matrix

$$\boldsymbol{A} = \begin{pmatrix} 0 & 1 \\ 2 & 0 \end{pmatrix}$$

erhalten wir aus $p(\lambda) = \det(\boldsymbol{A} - \lambda\boldsymbol{I}) = \lambda^2 - 2$ die Eigenwerte $\lambda_1 = \sqrt{2}$ und $\lambda_2 = -\sqrt{2}$, die offensichtlich beide nicht im Gerschgorin-Kreis $K_1 = K(0, 1)$ liegen.

Diese Tatsache können wir auch anhand einer Stelle im Beweis des Satzes von Gerschgorin erahnen. Für jeden Eigenwert λ hängt die mögliche Wahl des Indexes $i \in \{1, \ldots, n\}$ von den Komponenten der Vektoren des zugehörigen Eigenraums ab. Dabei ist natürlich nicht sichergestellt, dass jeder Index aus der Grundmenge $\{1, \ldots, n\}$ mindestens einmal gewählt werden kann. Bei unserer kleinen Beispielmatrix sind die Eigenräume jeweils eindimensional und werden durch die Eigenvektoren

$$\boldsymbol{x}_1 = \begin{pmatrix} 0.577\ldots \\ 0.816\ldots \end{pmatrix} \quad \text{und} \quad \boldsymbol{x}_2 = \begin{pmatrix} -0.577\ldots \\ 0.816\ldots \end{pmatrix}$$

aufgespannt, sodass sich stets die einzige Wahlmöglichkeit $i = 2$ ergibt. Und tatsächlich, beide Eigenwerte liegen im Gerschgorin-Kreis $K_2 = K(0, 2)$.

S. 551
Natürlich ist uns dieser Zusammenhang aufgefallen, denn er folgt direkt aus

$$\bigcup_{i=1}^{n} \widetilde{K}_i \subseteq K(0, \|A^T\|_\infty) = K(0, \|A\|_1)\,.$$

S. 553
Die Eigenschaften ergeben sich durch einfaches Nachrechnen gemäß

$$\left(\frac{A + A^*}{2}\right)^* = \frac{A^* + A}{2} = \frac{A + A^*}{2}$$

und

$$\left(\frac{A - A^*}{2}\right)^* = \frac{A^* - A}{2} = -\frac{A - A^*}{2}\,.$$

S. 555
Da A diagonalisierbar ist, stellen die Eigenvektoren eine Basis des zugrunde liegenden Vektorraums dar.

S. 555
Aufgrund der Linearität der Matrix-Vektor-Multiplikation gilt

$$z^{(m)} = cA^m z^{(0)} \text{ mit } c = (\lambda^{(1)} \cdot \ldots \cdot \lambda^{(m)})^{-1} > 0\,,$$

womit wegen der Normierung die Gleichung

$$1 = \|z^{(m)}\| = |c|\|A^m z^{(0)}\| = c\,\|A^m z^{(0)}\|$$

folgt und die Eigenschaft nachgewiesen ist.

S. 556
Unter Ausnutzung der Orthonormalität der Eigenvektoren, d.h. $\langle v_i, v_j\rangle = \delta_{ij}$, folgt

$$\langle z^{(0)}, v_1\rangle = \langle \alpha_1 v_1 + \ldots + \alpha_n v_n, v_1\rangle = \alpha_1 \langle v_1, v_1\rangle = \alpha_1\,.$$

S. 557
Enthält eine Seite k nur einen Verweis, so ergibt sich für die Wertigkeit ω_i der Seite i mit $k \in N_i$ die Gleichung

$$\omega_i = \sum_{j\in N_i} \frac{\omega_j}{n_j} = \omega_k + \sum_{j\in N_i\setminus k} \frac{\omega_j}{n_j}\,.$$

Genau eine solche Situation liegt für $i = 3$ und $k = 4$ in unserem Beispiel vor.

S. 558
Es gilt

$$z^{(m)} = \frac{A^m z^{(0)}}{\|A^m z^{(0)}\|} = \frac{\lambda_1^m}{\|A^m z^{(0)}\|}\left(\alpha_1 v_1 + \ldots + \alpha_r v_r + r^{(m)}\right)$$

mit $r^{(m)} = \mathcal{O}\left(\left|\frac{\lambda_{r+1}}{\lambda_1}\right|^m\right)$, $m \to \infty$, wodurch die Konvergenz von $z^{(m)}$ gegen einen Vektor $v \in \operatorname{span}\{v_1, \ldots, v_r\}$ wegen $\left|\frac{\lambda_{r+1}}{\lambda_1}\right| < 1$ offensichtlich wird.

S. 560
Die erste Eigenschaft ist aus der Potenzmethode bekannt. Hiermit wissen wir auch, dass die Vektorfolge $z^{(m)}$ gegen den Eigenvektor v_i der Matrix $(A - \mu I)^{-1}$ konvergiert. Der Vektor v_i ist wie eingangs bemerkt ein Eigenvektor zum Eigenwert $\lambda_i - \mu$ der Matrix $(A - \mu I)$ und folglich auch ein Eigenvektor zum Eigenwert λ_i von A. Damit liefert der Rayleigh-Quotient $r^{(m)} = \langle z^{(m)}, Az^{(m)}\rangle$ im Fall der Konvergenz als Grenzwert den Eigenwert λ_i.

S. 561
Sei $\lambda \in \sigma(A)$ mit zugehörigem Eigenvektor $v \in \mathbb{C}^n \setminus \{0\}$, dann erhalten wir mit $w := M^{-1}v$ unter Berücksichtigung der Regularität von M die Eigenschaften $w \in \mathbb{C}^n \setminus \{0\}$ und

$$Bw = M^{-1}AMM^{-1}v = M^{-1}Av = M^{-1}\lambda v = \lambda w\,.$$

Folglich gilt $\lambda \in \sigma(B)$ mit Eigenvektor $w := M^{-1}v$. Wegen

$$A = MM^{-1}AMM^{-1} = MBM^{-1}$$

ergibt sich wie oben argumentiert aus $\lambda \in \sigma(B)$ auch $\lambda \in \sigma(A)$, womit zusammenfassend $\sigma(A) = \sigma(B)$ folgt. Der Zusammenhang der Eigenvektoren ist durch $w = M^{-1}v$ beziehungsweise $v = Mw$ gegeben.

S. 562
Ist $v \in \mathbb{C}^n$ mit $\|v\|_2 = 1$ ein Eigenvektor zum Eigenwert λ von A, so ergibt sich

$$\begin{aligned}\lambda &= \lambda\langle v, v\rangle = \langle \lambda v, v\rangle = \langle Av, v\rangle \\ &= \langle v, Av\rangle = \langle v, \lambda v\rangle = \overline{\lambda}\langle v, v\rangle = \overline{\lambda}\,.\end{aligned}$$

Damit gilt $\sigma(A) \subset \mathbb{R}$, und die Diagonalmatrix Q^*AQ weist mit den Eigenwerten ausschließlich reelle Diagonalelemente auf.

S. 564
Sollte $\cos\varphi \sin\varphi = 0$ gelten, so ergäbe sich direkt $\cos\varphi = 0$ oder $\sin\varphi = 0$. Da cos und sin keine gemeinsamen Nullstellen besitzen folgt hiermit $\cos^2\varphi - \sin^2\varphi \neq 0$, sodass wir aus (15.23) direkt $a_{pq}^{(k-1)} = 0$ im Widerspruch zur Voraussetzung erhalten.

S. 566
Aus der Potenzreihendarstellung von $\ln(1 + x)$ erhalten wir mit

$$\begin{aligned}\lim_{x\to 0}\left(\frac{1}{\ln(1+x)} - \frac{1}{x}\right) &= \lim_{x\to 0}\left(\frac{1}{\sum_{k=0}^{\infty}(-1)^k \frac{x^{k+1}}{k+1}} - \frac{1}{x}\right) \\ &= \lim_{x\to 0}\left(\frac{\frac{x^2}{2} - \frac{x^3}{3} \pm \ldots}{x\left(x - \frac{x^2}{2} + \frac{x^3}{3} \mp \ldots\right)}\right) = \frac{1}{2}\end{aligned}$$

den Zusammenhang

$$\frac{1}{\ln(1+x)} = \frac{1}{x} + \mathcal{O}(1) \text{ für } x \to 0\,.$$

Einfaches Einsetzen von $x = -\frac{2}{n^2-n}$ ergibt dann

$$\frac{1}{\ln\left(1 - \dfrac{2}{n^2-n}\right)} = -\frac{n^2-n}{2} + \mathcal{O}(1) \text{ für } n \to \infty\,.$$

S. 567

Die Abschätzung ergibt sich aus der folgenden Überlegung:

$$\begin{aligned}
&\max_{i=1,\dots,n} |\lambda_i - a_{ii}^{(k)}| \\
&\leq \max_{i=1,\dots,n} \sum_{j=1, j\neq i}^{n} |a_{ij}^{(k)}| \leq \sqrt{n-1} \max_{i=1,\dots,n} \sqrt{\sum_{j=1, j\neq i}^{n} \left(a_{ij}^{(k)}\right)^2} \\
&\leq \sqrt{n-1}\sqrt{S\left(A^{(k)}\right)}\,.
\end{aligned}$$

S. 569

Eine solche Zerlegung existiert immer. Eine entsprechende Aussage befindet sich auf Seite 492. Der Algorithmus ist demzufolge wohldefiniert.

S. 571

Der Nachweis kann der angegebenen Aufgabe entnommen werden.

S. 572

Bei der Householder-Transformation wird eine Spiegelung mittels einer unitären Matrix derart vorgenommen, dass das Bild des betrachteten Vektors auf ein Vielfaches des ersten Einheitsvektors abgebildet wird. Details hierzu können im entsprechenden Abschnitt auf Seite 495 nachgelesen werden.

S. 574

Auch hier bringt uns eine vollständige Induktion über k leicht ans Ziel.

Induktionsanfang: Für $k = 0$ gilt

$$\boldsymbol{A} - \mu \boldsymbol{I} = \boldsymbol{A}^{(0)} - \mu \boldsymbol{I} = \boldsymbol{Q}_0 \boldsymbol{R}_0\,.$$

Induktionsannahme und Induktionsschritt:

Ist die Gleichung (15.42) für ein $k \in \mathbb{N}_0$ erfüllt, so folgt bei sukzessiver Anwendung von (15.41) die Darstellung

$$\boldsymbol{A}^{(k+1)} = (\boldsymbol{Q}_0 \boldsymbol{Q}_1 \cdot \ldots \cdot \boldsymbol{Q}_k)^* \boldsymbol{A} \boldsymbol{Q}_0 \boldsymbol{Q}_1 \cdot \ldots \cdot \boldsymbol{Q}_k\,.$$

Mit (15.39) gilt

$$\begin{aligned}
\boldsymbol{Q}_{k+1} \boldsymbol{R}_{k+1} &= \boldsymbol{A}^{(k+1)} - \mu \boldsymbol{I} \\
&= (\boldsymbol{Q}_0 \cdot \ldots \cdot \boldsymbol{Q}_k)^* (\boldsymbol{A} - \mu \boldsymbol{I})\, \boldsymbol{Q}_0 \cdot \ldots \cdot \boldsymbol{Q}_k
\end{aligned}$$

und wir erhalten somit unter Ausnutzung der Induktionsvoraussetzung die gesuchte Darstellung

$$\begin{aligned}
&\boldsymbol{Q}_0 \cdot \ldots \cdot \boldsymbol{Q}_k \boldsymbol{Q}_{k+1} \boldsymbol{R}_{k+1} \boldsymbol{R}_k \cdot \ldots \cdot \boldsymbol{R}_0 \\
&= (\boldsymbol{A} - \mu \boldsymbol{I})\, \underbrace{\boldsymbol{Q}_0 \cdot \ldots \cdot \boldsymbol{Q}_k \boldsymbol{R}_k \cdot \ldots \cdot \boldsymbol{R}_0}_{= (\boldsymbol{A} - \mu \boldsymbol{I})^k} = (\boldsymbol{A} - \mu \boldsymbol{I})^{k+1}\,.
\end{aligned}$$

Lineare Ausgleichsprobleme – im Mittel das Beste

16

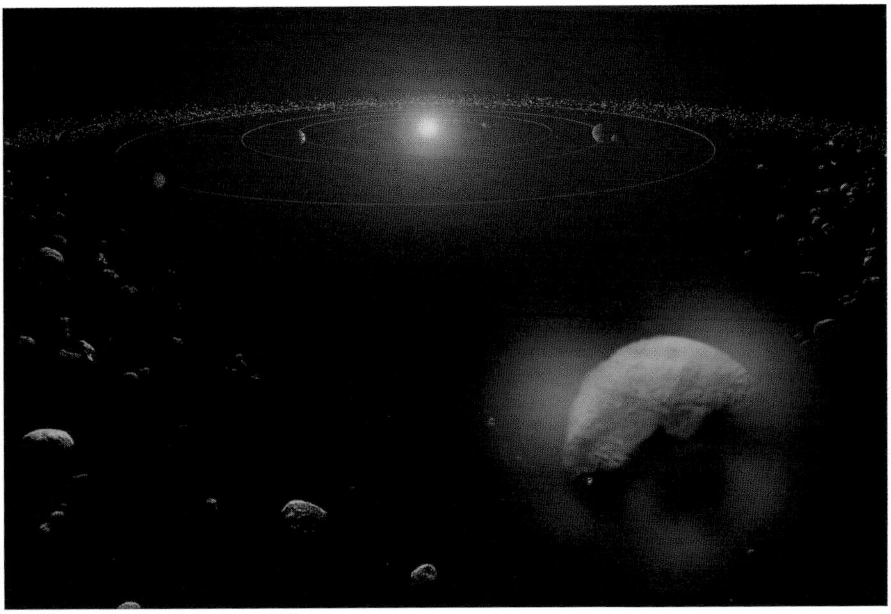

Wo treten lineare Ausgleichsprobleme auf?

Sind lineare Ausgleichsprobleme immer lösbar?

Sind Lösungen linearer Ausgleichsprobleme stets linear?

Im Kapitel 14 haben wir uns der Lösung linearer Gleichungssysteme $Ax = b$ mit quadratischer Matrix A zugewandt. In diesem Kapitel werden wir Systeme betrachten, bei denen die Zeilenzahl m größer als die Spaltenzahl n ist. Demzufolge liegen mehr Bedingungen als Freiheitsgrade vor, sodass auch im Fall linear unabhängiger Spaltenvektoren keine Lösung des Problems existieren muss. Dennoch weisen derartige Aufgabenstellungen, die sich in der Literatur unter dem Begriff *lineare Ausgleichsprobleme* einordnen, einen großen Anwendungsbezug auf. Der Lösungsansatz im Kontext dieser Fragestellung liegt in der Betrachtung eines korrespondierenden Minimierungsproblems. Hierbei wird anstelle der Lösung des linearen Gleichungssystems die Suche nach dem Vektor x vorgenommen, der den Abstand zwischen dem Vektor Ax und der rechten Seite b über den gesamten Raum $\mathbb{R}^n$ im Sinne der euklidischen Norm, das heißt

$$\|Ax - b\|_2$$

minimiert. Für diese Problemstellung werden wir zunächst eine Analyse der generellen Lösbarkeit durchführen und anschließend unterschiedliche numerische Verfahren zur Berechnung der sogenannten Ausgleichslösung vorstellen. Glücklicherweise tritt bei den linearen Ausgleichsproblemen im Gegensatz zu den linearen Gleichungssystemen niemals der Fall ein, dass keine Lösung existiert. Lediglich die Eindeutigkeit der Lösung geht wie zu erwarten im Kontext linear abhängiger Spaltenvektoren innerhalb der vorliegenden Matrix verloren.

16.1 Existenz und Eindeutigkeit

Um die auf C. F. Gauß zurückgehende Grundidee zur Lösung linearer Ausgleichsprobleme zu verdeutlichen, betrachten wir den beispielhaften Fall von m Messwerten z_k, $k = 1, \ldots, m$, die zu den Zeitpunkten t_k, $k = 1, \ldots, m$ mit $0 \leq t_1 \leq \ldots \leq t_m$ ermittelt wurden. Dabei nehmen wir an, dass sich die zugrunde liegende Größe, wie beispielsweise die Population einer Bakterienkultur oder der Temperaturverlauf eines Werkstücks, im betrachteten Beobachtungszeitraum zumindest näherungsweise in der Zeit t entsprechend eines Polynoms $p \in \Pi_{n-1}$ mit $n < m$ verhält. Im Gegensatz zu der im Kapitel 13 analysierten Polynominterpolation kann an dieser Stelle zunächst weder Eindeutigkeit noch Existenz einer Lösung mit $p(t_k) = z_k$, $k = 1, \ldots, m$ erwartet werden. Es ist zu bemerken, dass die Verwendung einer prinzipiell zu hohen Anzahl von Messwerten die stets vorliegenden Messfehler weitestgehend ausgleichen sollen und somit die Berechnung einer praxisrelevanteren Lösung ermöglicht wird. Man bedenke dabei, dass die Nutzung höherer Polynomgrade im Rahmen der Interpolation, wie beispielsweise bei der Runge-Funktion beobachtet, zu starken Oszillationen mit hoher Amplitude führen kann, die hierdurch vermieden werden können.

Mit dem Polynomansatz

$$p(t) = \sum_{i=0}^{n-1} \alpha_i t^i$$

ergibt sich aus der Interpolationsbedingung

$$z_k = p(t_k) = \sum_{i=0}^{n-1} \alpha_i t_k^i, \quad k = 1, \ldots, m \tag{16.1}$$

das in der Regel nicht lösbare lineare Gleichungssystem

$$\underbrace{\begin{pmatrix} 1 & t_1 & t_1^2 & \ldots & t_1^{n-1} \\ \vdots & \vdots & & & \vdots \\ 1 & t_m & t_m^2 & \ldots & t_m^{n-1} \end{pmatrix}}_{=: A \in \mathbb{R}^{m \times n}} \underbrace{\begin{pmatrix} \alpha_0 \\ \vdots \\ \alpha_{n-1} \end{pmatrix}}_{=: \boldsymbol{\alpha} \in \mathbb{R}^n} = \underbrace{\begin{pmatrix} z_1 \\ \vdots \\ z_m \end{pmatrix}}_{=: z \in \mathbb{R}^m}. \tag{16.2}$$

Wegen der Ausgangsvoraussetzung $m > n$ liegt mit (16.2) ein überbestimmtes Gleichungssystem vor.

Beispiel Der Fall $n = 1$, $m = 2$ mit $z_1 = 1$ und $z_2 = 2$ liefert in (16.2) das Gleichungssystem

$$\begin{pmatrix} 1 \\ 1 \end{pmatrix} \alpha_0 = \begin{pmatrix} 1 \\ 2 \end{pmatrix}. \tag{16.3}$$

Offensichtlich ist das vorliegende Problem nicht lösbar, da eine konstante Funktion nicht zwei unterschiedliche Funktionswerte besitzen kann. Wir können uns an dieser Stelle allerdings die Frage stellen, welche konstante Funktion die Messwerte am besten approximiert. Allerdings müssen wir hierfür zunächst ein Maß für die Approximationsgüte festlegen. ◀

C. F. Gauß schlug in diesem Kontext vor, ein im Sinne minimaler Fehlerquadrate optimales Polynom p zu bestimmen. Wir fordern somit nicht die exakte Übereinstimmung des Polynoms mit den gegebenen Messwerten, sondern suchen ein Polynom $p \in \Pi_{n-1}$, für das der Ausdruck

$$\sum_{k=1}^{m} \Bigg(\underbrace{\sum_{i=0}^{n-1} \alpha_i t_k^i}_{= p(t_k)} - z_k \Bigg)^2 \tag{16.4}$$

minimal wird. Der zu minimierende Fehlerausdruck (16.4) verleiht dem Ansatz auch den Namen *Methode der kleinsten Fehlerquadrate*.

?

Wie lautet die Aufgabenstellung bei der Methode der kleinsten Fehlerquadrate für den oben formulierten Fall mit $n = 1$, $m = 2$ sowie $z_1 = 1$ und $z_2 = 2$? Bestimmen Sie auch die zugehörige Lösung.

Definition des linearen Ausgleichsproblems

Sei $A \in \mathbb{R}^{m \times n}$ mit $n, m \in \mathbb{N}$, $m > n$. Dann bezeichnen wir für einen gegebenen Vektor $b \in \mathbb{R}^m$ die Aufgabenstellung

$$\|Ax - b\|_2 \stackrel{!}{=} \min$$

als **lineares Ausgleichsproblem**.

Hintergrund und Ausblick: Zur Geschichte der Ausgleichsprobleme

Die Methode der kleinsten Quadrate entstand mit der rasanten Entwicklung der Astronomie im 19. Jahrhundert. Verfügt man über Beobachtungsdaten eines Himmelskörpers, so lässt sich dessen Bahn durch einen Ansatz mit der Methode der kleinsten Quadrate näherungsweise vorhersagen.

Die erste Veröffentlichung der Methode der kleinsten Quadrate gelang Adrien-Marie Legendre (1752–1833) im Jahr 1805 in Paris. Legendre hatte Kometen beobachtet und wollte deren Bahnen mathematisch erfassen. Die Beschreibung seiner Methode befindet sich daher in einem Anhang zu der Arbeit *Nouvelles méthodes pour la détermination des orbites des comètes*. Heute ist unbestritten, dass Carl Friedrich Gauß (1777–1855) jedoch deutlich früher über diese Methode verfügte, nämlich bereits 1794 oder 1795. Die eigentliche Geschichte der Methode der kleinsten Quadrate beginnt allerdings um 1800 und ist spannender als eine Detektivgeschichte mit Sherlock Holmes!

Im Jahr 1781 hatte der Astronom William Herschel zweifelsfrei einen neuen Planeten im Sonnensystem entdeckt – den Uranus. Da die Teleskope immer besser wurden, machten sich nun alle europäischen Astronomen auf die Suche nach neuen Trabanten, auch Giuseppe Piazzi (1746–1826) aus Palermo, der in der Silvesternacht von 1800 auf 1801 auch tatsächlich einen neuen Planeten gefunden zu haben glaubte. Er verfolgte den neuen Planeten durch den gesamten Januar und bis in die zweite Woche des Februars hinein, danach hatte er die Position dieses Himmelskörpers wegen dessen Nähe zur Sonne verloren. In der astronomischen Zeitschrift *Monatliche Correspondenz zur Beförderung der Erd- und Himmelskunde* vom September 1801 veröffentliche Piazzi seine Beobachtungsdaten und rief alle Astronomen auf, seinen Planeten wieder zu finden.

Beobachtungen des zu Palermo d. 1. Jan. 1801 von Prof. Piazzi neu entdeckten Gestirns.

1801		Mittlere Sonnen-Zeit	Gerade Aufstaig in Zeit	Gerade Aufsteigung in Graden	Nördl. Abweich.	Geocentrische Länge	Geocentr. Breite	Ort der Sonne + 20" Aberration	Logar. d. Distanz ⊙ ♁
		St ' "	St ' "	° ' "	° ' "	Z ° ' "	° ' "	Z ° ' "	
Jan.	1	8 43 27,8	3 27 11,25	51 47 48,8	15 37 43,5	1 23 22 58,3	3 6 42,1	9 11 1 30,9	9,9926156
	2	8 39 4,6	3 26 53,85	51 43 27,8	15 41 5,5	1 23 19 44,3	3 2 24,9	9 12 2 28,6	9,9926317
	3	8 34 53,3	3 26 38,4	51 39 36,0	15 44 31,6	1 23 16 58,6	2 58 9,9	9 13 3 26,6	9,9926324
	4	8 30 42,1	3 26 23,15	51 35 47,3	15 47 57,6	1 23 14 15,5	2 53 55,6	9 14 4 24,9	9,9926418
	10	8 6 15,8	3 25 32,1	51 23 1,5	16 10 32,0	1 23 7 59,1	2 29 0,6	9 20 10 17,5	9,9927641
	11	8 2 17,5	3 25 29,73	51 22 26,6	....	....	.....	....	.....
	13	7 54 26,2	3 25 30,30	51 22 34,5	16 22 49,5	1 23 10 27,6	2 16 59,7	9 23 12 13,8	9,9928490
	14	7 50 31,7	3 25 31,72	51 22 55,8	16 27 5,7	1 23 12 1,2	2 12 56,7	9 24 14 13,5	9,9928809
	17	......	......	......	16 40 13,0	....	.....	....	.....
	18	7 35 11,3	3 25 55,[illegible]	51 28 45,0	....	....	.....	....	.....
	19	7 31 28,5	3 26 8,15	51 32 2,3	16 49 16,1	1 23 25 59,2	1 53 38,2	9 29 19 53,8	9,9930607
	21	7 24 2,7	3 26 34,27	51 38 34,1	16 58 35,9	1 23 34 21,3	1 46 6,0	10 1 20 40,3	9,9931434
	22	7 20 21,7	3 26 49,42	51 42 21,3	17 3 18,5	1 23 39 1,8	1 42 28,1	10 2 21 32,0	9,9931886
	23	7 16 43,5	3 27 6,90	51 46 43,5	17 8 5,5	1 23 44 15,7	1 38 52,1	10 3 22 22,7	9,9932348
	28	6 58 51,3	3 28 54,33	52 13 38,3	17 32 54,1	1 24 15 15,7	1 21 6,9	10 8 26 20,1	9,9935062
	30	6 51 52,9	3 29 48,14	52 27 2,1	17 43 11,0	1 24 30 9,0	1 14 16,0	10 10 27 46,2	9,9936332
	31	6 48 26,4	3 30 17,25	52 34 18,8	17 48 21,5	1 24 38 7,3	1 10 54,6	10 11 28 28,5	9,9937007
Febr.	1	6 44 59,9	3 30 47,2[illegible]	52 41 48,0	17 53 36,3	1 24 46 19,3	1 7 30,9	10 12 29 9,6	9,9937703
	2	6 41 35,8	3 31 19,06	52 49 45,9	17 58 57,5	1 24 54 57,9	1 4 1[illegible],5	10 13 29 49,9	9,9938423
	5	6 31 31,5	3 33 2,70	53 15 40,5	18 15 1,0	1 25 22 43,4	0 54 23,9	10 16 31 45,5	9,9940751
	8	6 21 39,2	3 34 58,50	53 44 37,5	18 31 23,2	1 25 53 29,5	0 45 5,0	10 19 33 33,3	9,9943276
	11	6 11 58,2	3 37 6,54	54 16 38,1	18 47 58,8	1 26 26 40,0	0 36 2,9	10 22 35 11,4	9,9945823

In ganz Europa setzten sich nun die beobachteten Astronomen hinter ihre Fernrohre, während Carl Friedrich Gauß in Braunschweig zu rechnen begann. Erst einmal verwarf er einige der Daten Piazzis, die offenbar auf Messfehlern beruhten, dann legte er mithilfe der Methode der kleinsten Quadrate eine elliptische Bahn in die verbleibenden Daten. Diese Aufgabe war vorher noch nie bearbeitet worden, Gauß betrat also Neuland. Wilhelm Olbers (1758–1840) versuchte, eine Kreisbahn an die Piazzi'schen Daten anzupassen, was jedoch misslang. Mit einer voraussetzungsfreien Ellipse und der Methode der kleinsten Quadrate gelang es Gauß, die Position des neuen Planeten zur Jahreswende 1801/02 vorherzusagen. Als die Astronomen ihre Teleskope zu dieser Zeit auf den vorhergesagten Ort richteten, fanden sie dort tatsächlich den Piazzi'schen Planeten, den dieser auf den Namen *Ceres*, den Namen der römischen Göttin der Landwirtschaft, getauft hatte.

Bald war klar, dass die Ceres kein Planet sein konnte, denn ihre Bahn ist außerordentlich exzentrisch. Am 23.3.1802 wurde dann klar, dass die Ceres nicht der einzige Himmelskörper zwischen Mars und Jupiter sein konnte, denn Wilhelm Olbers entdeckte den Planeten *Pallas*. Wieder berechnete Gauß mit der Methode der kleinsten Quadrate die Bahn. Heute wissen wir, dass es in dem Asteroidengürtel zwischen Mars und Jupiter neben Ceres und Pallas etwa 2000 weitere Objekte gibt. Ceres und Pallas sind also keine Planeten, sondern Planetoide, d. h. Kleinstplaneten.

Gauß war durch seine Methode der kleinsten Fehlerquadrate mit einem Schlag eine Autorität unter den Astronomen geworden. Seine Methode der kleinsten Quadrate beschrieb er in dem Werk *Theoria motus corporum coelestium in sectionibus conicis solem ambientum* (Theorie der Bewegung der Himmelskörper, die sich auf Kegelschnitten um die Sonne bewegen) im Jahr 1809. Dort findet man die Normalgleichungen, über die Gauß die Bahnparameter berechnet hat, und sogar erstmals eine iterative Methode zur Lösung linearer Gleichungssysteme, die wir heute *Gauß-Seidel-Verfahren* nennen.

Bemerkung: Der Begriff lineares Ausgleichsproblem begründet sich durch den Sachverhalt, dass mit $\boldsymbol{F}(\boldsymbol{x}) := \boldsymbol{A}\boldsymbol{x} - \boldsymbol{b}$ eine affin lineare Abbildung im Rahmen der Minimierung betrachtet wird, da die Modellparameter linear eingehen. Bereits bei der zur Motivation von uns betrachteten Modellproblemstellung ist das resultierende Polynom natürlich in der Regel nichtlinear. Die Schreibweise $\|\boldsymbol{A}\boldsymbol{x} - \boldsymbol{b}\|_2 \overset{!}{=} \min$ ist als Minimierung des eingehenden Ausdrucks über den gesamten $\mathbb{R}^n$ zu verstehen.

Die bisherige Vorgehensweise gründet im Polynomansatz, der jedoch nicht notwendigerweise gewählt werden muss. Allgemein lässt sich eine Näherungslösung in einem beliebigen Funktionenraum suchen. Betrachten wir beispielsweise die Funktionen $\Phi_j : \mathbb{R} \to \mathbb{R}$, $j = 0, \ldots, n-1$, so kann die

Approximation in der Form

$$p(t) = \sum_{j=0}^{n-1} \alpha_j \Phi_j(t)$$

geschrieben werden. Aus der auf Seite 584 vorgestellten Interpolationsbedingung ergibt sich ein analoges lineares Gleichungssystem, das im Gegensatz zum System (16.2) die Matrix

$$A = \begin{pmatrix} \Phi_0(t_1) & \Phi_1(t_1) & \dots & \Phi_{n-1}(t_1) \\ \vdots & \vdots & & \vdots \\ \Phi_0(t_m) & \Phi_1(t_m) & \dots & \Phi_{n-1}(t_m) \end{pmatrix} \in \mathbb{R}^{m\times n}$$

aufweist. Neben dem bereits betrachteten Spezialfall $\Phi_j(t) = t^j$ wird häufig auch ein exponentieller Ansatz der Form $\Phi_j(t) = \mathrm{e}^{j\cdot t}$ gewählt.

Neben linearen Ausgleichsproblemen treten in der Praxis auch nichtlineare Ausgleichsprobleme auf, die demzufolge innerhalb des zu minimierenden Ausdrucks eine nichtlineare Abbildung $\boldsymbol{F}$ aufweisen.

Definition der Ausgleichslösung

Es seien $\boldsymbol{A} \in \mathbb{R}^{m\times n}$, $m > n$, und $\boldsymbol{b} \in \mathbb{R}^m$. Dann nennt man $\widehat{\boldsymbol{x}} \in \mathbb{R}^n$ eine **Ausgleichslösung** von $\boldsymbol{Ax} = \boldsymbol{b}$, wenn

$$\|\boldsymbol{A}\widehat{\boldsymbol{x}} - \boldsymbol{b}\|_2 \le \|\boldsymbol{Ax} - \boldsymbol{b}\|_2 \quad \text{für alle } \boldsymbol{x} \in \mathbb{R}^n$$

gilt. Wir sagen $\widetilde{\boldsymbol{x}} \in \mathbb{R}^n$ ist **Optimallösung** von $\boldsymbol{Ax} = \boldsymbol{b}$, wenn $\widetilde{\boldsymbol{x}}$ eine **Ausgleichslösung** ist, deren euklidische Norm minimal im Raum aller Ausgleichslösungen ist.

Der Minimierungsvorschrift können wir direkt eine geometrische Interpretation entnehmen, die in Abbildung 16.1 verdeutlicht wird. Aufgrund der betrachteten euklidischen Norm ergeben sich Punkte gleichen Abstands von der rechten Seite $\boldsymbol{b}$ stets auf Kugeln mit Zentrum $\boldsymbol{b}$, wodurch der gesuchte Punkt $\boldsymbol{Ax}$ die orthogonale Projektion von $\boldsymbol{b}$ auf Bild $\boldsymbol{A}$ darstellt und eindeutig ist. Damit erwarten wir bereits durch diese geometrische Vorstellung immer eine Lösung des linearen Ausgleichsproblems, die zudem vermutlich genau dann eindeutig ist, wenn die Spalten der Matrix $\boldsymbol{A}$ linear unabhängig sind. Diese visuelle und zunächst sicherlich aufgrund unserer Vorstellungskraft auf dreidimensionale Szenarien beschränkte Erwartung werden wir im Folgenden mathematisch belegen.

?

Was verändert sich, wenn bei linearen Ausgleichsproblemen anstelle der euklidischen Norm beispielsweise bezüglich der Maximumnorm minimiert wird? Argumentieren Sie geometrisch.

Lösungsverfahren für lineare Ausgleichsprobleme beruhen entweder auf der direkten Betrachtung des Minimierungsproblems laut obiger Definition oder auf der Grundlage der

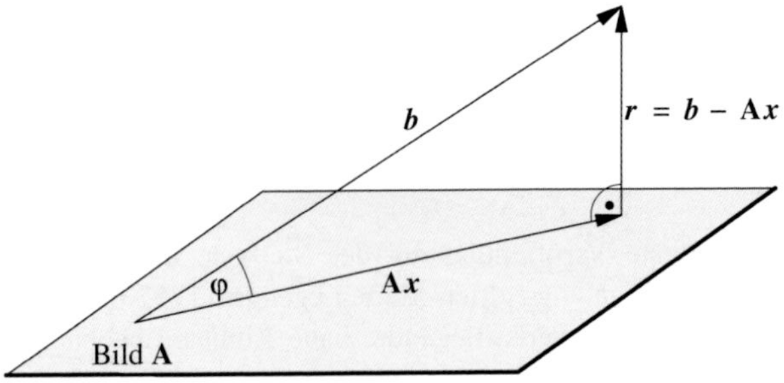

Abbildung 16.1 Geometrische Interpretation des linearen Ausgleichsproblems.

zugehörigen Gauß'schen Normalgleichungen, deren Definition und Zusammenhang mit dem Minimierungsproblem wie folgt gegeben ist.

Satz zu den Normalgleichungen

Ein Vektor $\widehat{\boldsymbol{x}} \in \mathbb{R}^n$ ist genau dann Ausgleichslösung des linearen Ausgleichsproblems

$$\| \boldsymbol{Ax} - \boldsymbol{b} \|_2 \stackrel{!}{=} \min, \tag{16.5}$$

wenn $\widehat{\boldsymbol{x}}$ den sogenannten **Normalgleichungen**

$$\boldsymbol{A}^\top \boldsymbol{Ax} = \boldsymbol{A}^\top \boldsymbol{b} \tag{16.6}$$

genügt.

Unter Berücksichtigung des Projektionssatzes findet sich bereits im Band 1, Abschnitt 17.3 der durch den obigen Satz formulierte Zusammenhang. Wir wollen daher im Folgenden einen alternativen Nachweis der Eigenschaft geben, der ohne den Projektionssatz auskommt.

Beweis: „⇐" Sei $\widehat{\boldsymbol{x}}$ Lösung der Gleichung (16.6).

Dann gilt

$$\boldsymbol{A}^\top(\boldsymbol{A}\widehat{\boldsymbol{x}} - \boldsymbol{b}) = \boldsymbol{0}$$

und für beliebiges $\boldsymbol{x} \in \mathbb{R}^n$ folgt

$$\begin{aligned} \| \boldsymbol{Ax} - \boldsymbol{b} \|_2^2 &= \| \boldsymbol{A}(\boldsymbol{x} - \widehat{\boldsymbol{x}}) + \boldsymbol{A}\widehat{\boldsymbol{x}} - \boldsymbol{b} \|_2^2 \\ &= \underbrace{\| \boldsymbol{A}(\boldsymbol{x} - \widehat{\boldsymbol{x}}) \|_2^2}_{\ge 0} + 2(\boldsymbol{x} - \widehat{\boldsymbol{x}})^\top \underbrace{\boldsymbol{A}^\top(\boldsymbol{A}\widehat{\boldsymbol{x}} - \boldsymbol{b})}_{=\boldsymbol{0}} \\ &\quad + \| \boldsymbol{A}\widehat{\boldsymbol{x}} - \boldsymbol{b} \|_2^2 \\ &\ge \| \boldsymbol{A}\widehat{\boldsymbol{x}} - \boldsymbol{b} \|_2^2 . \end{aligned}$$

Somit stellt $\widehat{\boldsymbol{x}}$ eine Ausgleichslösung des linearen Ausgleichsproblems (16.5) dar.

„⇒" Sei $\widehat{\boldsymbol{x}}$ Ausgleichslösung von (16.5).

Der Nachweis, dass $\widehat{\boldsymbol{x}}$ die Normalgleichungen löst, erfolgt mittels eines Widerspruchsbeweises. Wir nehmen daher an, dass $\widehat{\boldsymbol{x}}$ die Gleichung (16.6) nicht löst. Folglich gilt

$$\boldsymbol{d} := -\boldsymbol{A}^\top(\boldsymbol{A}\widehat{\boldsymbol{x}} - \boldsymbol{b}) \ne \boldsymbol{0} .$$

Hiermit definieren wir den Vektor

$$\boldsymbol{x} := \widehat{\boldsymbol{x}} + t\boldsymbol{d}$$

mit dem Skalar

$$t := \begin{cases} 1 & , \text{ falls } \quad \boldsymbol{A}\boldsymbol{d} = \boldsymbol{0}, \\ \dfrac{\| \boldsymbol{d} \|_2^2}{\| \boldsymbol{A}\boldsymbol{d} \|_2^2} > 0 & , \text{ falls } \quad \boldsymbol{A}\boldsymbol{d} \neq \boldsymbol{0}. \end{cases}$$

Dadurch erhalten wir

$$\begin{aligned} &\| \boldsymbol{A}\boldsymbol{x} - \boldsymbol{b} \|_2^2 \\ &= \| \boldsymbol{A}\widehat{\boldsymbol{x}} - \boldsymbol{b} + \boldsymbol{A}(\boldsymbol{x} - \widehat{\boldsymbol{x}}) \|_2^2 \\ &= \| \boldsymbol{A}\widehat{\boldsymbol{x}} - \boldsymbol{b} \|_2^2 + 2 \underbrace{(\boldsymbol{x} - \widehat{\boldsymbol{x}})^\top}_{= t\boldsymbol{d}^\top} \underbrace{\boldsymbol{A}^\top(\boldsymbol{A}\widehat{\boldsymbol{x}} - \boldsymbol{b})}_{= -\boldsymbol{d}} + \| \underbrace{\boldsymbol{A}(\boldsymbol{x} - \widehat{\boldsymbol{x}})}_{= t\boldsymbol{A}\boldsymbol{d}} \|_2^2 \\ &= \| \boldsymbol{A}\widehat{\boldsymbol{x}} - \boldsymbol{b} \|_2^2 - 2t \| \boldsymbol{d} \|_2^2 + t^2 \| \boldsymbol{A}\boldsymbol{d} \|_2^2 . \qquad (16.7) \end{aligned}$$

Für den Fall $\boldsymbol{A}\boldsymbol{d} = \boldsymbol{0}$ gilt demzufolge mit (16.7)

$$\| \boldsymbol{A}\boldsymbol{x} - \boldsymbol{b} \|_2^2 = \| \boldsymbol{A}\widehat{\boldsymbol{x}} - \boldsymbol{b} \|_2^2 - 2 \underbrace{\| \boldsymbol{d} \|_2^2}_{>0} < \| \boldsymbol{A}\widehat{\boldsymbol{x}} - \boldsymbol{b} \|_2^2 .$$

Analog ergibt sich ebenfalls mit (16.7) für $\boldsymbol{A}\boldsymbol{d} \neq \boldsymbol{0}$ die Ungleichung

$$\| \boldsymbol{A}\boldsymbol{x} - \boldsymbol{b} \|_2^2 = \| \boldsymbol{A}\widehat{\boldsymbol{x}} - \boldsymbol{b} \|_2^2 - \underbrace{t}_{>0} \underbrace{\| \boldsymbol{d} \|_2^2}_{>0} < \| \boldsymbol{A}\widehat{\boldsymbol{x}} - \boldsymbol{b} \|_2^2 .$$

Somit stellt $\widehat{\boldsymbol{x}}$ im Widerspruch zur Voraussetzung keine Ausgleichslösung dar und die Behauptung ist bewiesen. ■

Beispiel Wir betrachten nochmals das bereits innerhalb der Selbstfrage auf Seite 584 gelöste lineare Ausgleichsproblem

$$\left\| \begin{pmatrix} 1 \\ 1 \end{pmatrix} \alpha_0 - \begin{pmatrix} 1 \\ 2 \end{pmatrix} \right\|_2 \stackrel{!}{=} \min .$$

Unter Verwendung des obigen Satzes zur Lösung der vorliegenden Problemstellung erhalten wir die Normalengleichung

$$\underbrace{(1 \ \ 1) \begin{pmatrix} 1 \\ 1 \end{pmatrix}}_{=2} \alpha_0 = \underbrace{(1 \ \ 1) \begin{pmatrix} 1 \\ 2 \end{pmatrix}}_{=3},$$

womit sich analog zu der in der Selbstfrage betrachteten Minimierung des Polynoms zweiten Grades die Lösung $\alpha_0 = \frac{3}{2}$ ergibt. ◀

Die Existenz und gegebenenfalls auch die Eindeutigkeit einer Ausgleichslösung lässt sich sehr angenehm durch die Untersuchung der Normalgleichungen analysieren, wobei aufgrund der vorliegenden quadratischen Matrix $\boldsymbol{A}^\top \boldsymbol{A} \in \mathbb{R}^{n \times n}$ klassisch vorgegangen werden kann.

Bei der Berechnung der Ausgleichslösung unter Verwendung der Normalgleichungen ist aus numerischer Sicht aber durchaus auch Vorsicht geboten, wie das folgende Beispiel zeigen wird.

Beispiel Sei

$$\boldsymbol{A} = \begin{pmatrix} 1 & 1 \\ \mu & 0 \\ 0 & \mu \end{pmatrix},$$

wobei $0 < \mu < \sqrt{\epsilon}$ gelten soll und ϵ die Maschinengenauigkeit darstellt. Der Rang von $\boldsymbol{A}$ ist offensichtlich 2, und wir erhalten mit

$$\boldsymbol{A}^\top \boldsymbol{A} = \begin{pmatrix} 1+\mu^2 & 1 \\ 1 & 1+\mu^2 \end{pmatrix}$$

eine reguläre Matrix im Rahmen der Normalgleichungen. In der Gleitkommadarstellung eines Rechners ergibt sich allerdings

$$\boldsymbol{A}^\top \boldsymbol{A} \approx \begin{pmatrix} 1 & 1 \\ 1 & 1 \end{pmatrix} =: \boldsymbol{B}, \qquad (16.8)$$

wobei $\boldsymbol{B}$ als Approximation der Matrix $\boldsymbol{A}^\top \boldsymbol{A}$ im Rechner folglich singulär ist. ◀

Achtung:

Im Abschnitt 12.2 zur Lagrange'schen Interpolationsformel haben wir gesehen, dass die auftretende Vandermond'sche Matrix für paarweise verschiedene Stützstellen immer linear unabhängige Spaltenvektoren besitzt. Für den Fall der Polynombestimmung, den wir als Motivation auf Seite 584 betrachtet haben, weist $\boldsymbol{A}$ somit stets maximalen Rang auf, sodass mit Aufgabe 16.6 folglich $\boldsymbol{A}^\top \boldsymbol{A}$ invertierbar ist.

Für den Ansatz

$$p(t) = \sum_{j=0}^{n-1} \alpha_j \Phi_j(t)$$

ergibt sich mit

$$\Phi_0(t) = t, \ \Phi_1(t) = (t-1)^2 - 1, \ \Phi_2(t) = t^2$$

und den Stützstellen

$$t_0 = -2, t_1 = -1, t_2 = 1, t_3 = 2$$

die Matrix

$$\boldsymbol{A} = \begin{pmatrix} -2 & 8 & 4 \\ -1 & 3 & 1 \\ 1 & -1 & 1 \\ 2 & 0 & 4 \end{pmatrix}.$$

Hiermit erhalten wir

$$\boldsymbol{A}^\top \boldsymbol{A} = \begin{pmatrix} 10 & -20 & 0 \\ -20 & 74 & 34 \\ 0 & 34 & 34 \end{pmatrix}$$

und erkennen leicht, dass die Matrix $A^\top A$ im Allgemeinen nicht invertierbar ist. Wir müssen uns folglich die Frage nach der generellen Lösbarkeit des zugrunde liegenden Ausgleichsproblems stellen.

?

Sehen Sie im obigen Beispiel einen Zusammenhang zwischen den Grundfunktionen Φ_0, Φ_1, Φ_2 und der Singularität der Matrix $A^\top A$?

Beispiel Der Bremsweg s eines Autos ist bekanntermaßen bei konstanten Randbedingungen wie Straßenbelag, Zustand der Bremsanlage und Reifenbeschaffenheit eine Funktion der Geschwindigkeit v. Basierend auf den Messdaten

k	0	1	2	3	4
v_k [km/h]	10	20	30	40	50
s_k [m]	1.2	3.8	9.2	17	24.9

wollen wir eine Prognose für den Bremsweg bei $80\frac{\text{km}}{\text{h}}$, $100\frac{\text{km}}{\text{h}}$ und $150\frac{\text{km}}{\text{h}}$ vornehmen. Als Ansatz suchen wir eine quadratische Abhängigkeit der Form $s(v) = \alpha + \beta\, v + \gamma\, v^2$. Zunächst lässt sich das Problem vereinfachen, da offensichtlich $s(0) = 0$ gilt und somit $\alpha = 0$ geschlussfolgert werden kann. Wir beschränken uns daher auf die Berechnung der Koeffizienten β und γ derart, dass

$$s(v) = \beta\, v + \gamma\, v^2$$

die Summe der Fehlerquadrate $\sum_{k=0}^{4}(s_k - s(v_k))^2$ über alle reellen Koeffizienten minimiert. Wir erhalten das überbestimmte Gleichungssystem

$$\underbrace{\begin{pmatrix} 10 & 100 \\ 20 & 400 \\ 30 & 900 \\ 40 & 1600 \\ 50 & 2500 \end{pmatrix}}_{=A} \begin{pmatrix} \beta \\ \gamma \end{pmatrix} = \underbrace{\begin{pmatrix} 1.2 \\ 3.8 \\ 9.2 \\ 17 \\ 24.9 \end{pmatrix}}_{=b}$$

und damit die Normalgleichungen

$$\underbrace{100 \begin{pmatrix} 55 & 2250 \\ 2250 & 97900 \end{pmatrix}}_{=A^\top A} \begin{pmatrix} \beta \\ \gamma \end{pmatrix} = \underbrace{\begin{pmatrix} 2289 \\ 99370 \end{pmatrix}}_{=A^\top b}.$$

Somit ergibt sich gerundet

$$\begin{pmatrix} \beta \\ \gamma \end{pmatrix} = (A^\top A)^{-1} A^\top b = \frac{1}{100} \begin{pmatrix} 1.59 \\ 0.98 \end{pmatrix}$$

und folglich

$$s(v) = \frac{1}{100}(1.59\, v + 0.98\, v^2).$$

Als Prognosewerte erhalten wir

v [km/h]	80	100	150
$s(v)$ [m]	63.90	99.44	222.56

◀

?

Welche Veränderungen in der Lösungsdarstellung treten auf, wenn die Geschwindigkeit in [m/s] anstelle [km/h] gemessen wird? Macht sich die eventuelle Änderung auch bei den Prognosewerten bemerkbar?

Lineare Ausgleichsprobleme sind stets lösbar

Zur weiteren Untersuchung betrachten wir zunächst zwei Hilfsaussagen. Neben den bekannten Begriffen *Kern* und *Bild* einer Matrix nutzen wir das für einen beliebigen Vektorraum $V \subset \mathbb{R}^s$, $s \in \mathbb{N}$ durch

$$V^\perp := \{w \in \mathbb{R}^s \mid w^\top v = 0 \ \text{ für alle } \ v \in V\}$$

festgelegte *orthogonale Komplement* von V in $\mathbb{R}^s$.

?

Gilt für einen beliebigen Vektorraum $V \subset \mathbb{R}^s$, $s \in \mathbb{N}$, die Eigenschaft $V = (V^\perp)^\perp$? Ihre Argumentation können Sie sehr elegant unter Verwendung des Satzes zum orthogonalen Komplement führen, den Sie im Band 1, Abschnitt 17.3 finden.

Lemma
Für $A \in \mathbb{R}^{m\times n}$ mit $m, n \in \mathbb{N}$ gilt

$$(\text{Bild}\, A)^\perp = \text{Kern}\, A^\top.$$

Beweis: Die Identität der Mengen werden wir dadurch nachweisen, dass wir zeigen, dass jede Menge eine Teilmenge der jeweils anderen darstellt.

Jeder Vektor $w \in \text{Kern}\, A^\top$ liefert

$$\langle Ax, w\rangle = x^\top \underbrace{A^\top w}_{=0} = 0$$

für alle $x \in \mathbb{R}^n$. Damit erhalten wir $w \in (\text{Bild}\, A)^\perp$ und somit die Eigenschaft

$$\text{Kern}\, A^\top \subset (\text{Bild}\, A)^\perp.$$

Des Weiteren betrachten wir mit v einen Vektor aus der Menge $(\text{Bild} A)^\perp$. Wenden wir $A^\top$ auf v an, so ergibt sich wegen $A(A^\top v) \in \text{Bild} A$ mit

$$\|A^\top v\|_2^2 = (A^\top v)^\top A^\top v = \langle A(A^\top v), v\rangle = 0$$

direkt $A^\top v = 0$. Damit gilt $v \in$ Kern $A^\top$ und folglich

$$(\text{Bild } A)^\perp \subset \text{Kern } A^\top .$$

Die Kombination der beiden Teilmengeneigenschaften ergibt, wie eingangs erwähnt, die Behauptung. ■

Lemma

Für $A \in \mathbb{R}^{m\times n}$ mit $m, n \in \mathbb{N}$ gilt

$$\text{Bild}(A^\top A) = \text{Bild } A^\top .$$

Beweis: Für jeden Untervektorraum $V \subset \mathbb{R}^k$ gilt laut obiger Selbstfrage $(V^\perp)^\perp = V$. Dadurch erhalten wir aus dem letzten Lemma sowohl

$$\text{Bild}(A^\top A) = \text{Bild}(A^\top A)^\top = (\text{Kern } (A^\top A))^\perp \quad (16.9)$$

als auch

$$\text{Bild } A^\top = ((\text{Bild } A^\top)^\perp)^\perp = (\text{Kern } A)^\perp . \quad (16.10)$$

Zu zeigen bleibt somit Kern $(A^\top A) =$ Kern A.

Sei $v \in$ Kern A, dann gilt

$$A^\top A v = A^\top 0 = 0,$$

womit sich $v \in$ Kern $(A^\top A)$ und daher Kern $A \subset$ Kern $(A^\top A)$ ergibt. Für $v \in$ Kern $(A^\top A)$ folgt

$$\|Av\|_2^2 = \langle Av, Av\rangle = v^\top \underbrace{A^\top A v}_{=0} = 0.$$

Demzufolge gilt $Av = 0$, sodass $v \in$ Kern A die Eigenschaft Kern $(A^\top A) \subset$ Kern A liefert. Zusammenfassend erhalten wir

$$\text{Kern } (A^\top A) = \text{Kern } A \quad (16.11)$$

und folglich aus den Gleichungen (16.9) und (16.10) die Behauptung. ■

Wir kommen nun zur ersten zentralen Lösungsaussage für beliebige lineare Ausgleichsprobleme.

Allgemeiner Satz zur Lösbarkeit des linearen Ausgleichsproblems

Das lineare Ausgleichsproblem besitzt stets eine Lösung.

Beweis: Mit dem letzten Lemma ergibt sich die Eigenschaft

$$A^\top b \in \text{Bild } A^\top = \text{Bild}(A^\top A),$$

sodass unabhängig von der rechten Seite b ein Vektor x mit

$$A^\top A x = A^\top b,$$

existiert. Folglich ist die Behauptung als direkte Konsequenz des Satzes zu den Normalgleichungen bewiesen. ■

Die Ausgleichslösung muss nicht eindeutig sein

Die obige positive Lösbarkeitsaussage des linearen Ausgleichsproblems kann in Abhängigkeit vom Rang der Matrix A noch präzisiert werden.

Satz zur Lösbarkeit im Maximalrangfall

Sei $A \in \mathbb{R}^{m\times n}$ mit Rang$A = n < m$, dann besitzt das lineare Ausgleichsproblem für jedes $b \in \mathbb{R}^m$ genau eine Lösung.

Beweis: Mit Rang$A = n$ folgt aus $Ax = 0$ stets $x = 0$. Für $y \in$ Kern $(A^\top A)$ gilt $A^\top A y = 0$ und wir erhalten damit

$$0 = \langle A^\top A y, y\rangle = \langle Ay, Ay\rangle = \|Ay\|_2^2,$$

wodurch sich $y = 0$ ergibt. Demzufolge ist die Matrix $A^\top A$ regulär und es existiert zu jedem $b \in \mathbb{R}^m$ genau ein Vektor $x \in \mathbb{R}^n$ mit $A^\top A x = A^\top b$. Mit dem Satz zu den Normalgleichungen ergibt sich, dass dieser zu b gehörige Vektor x eine Ausgleichslösung des linearen Ausgleichsproblems darstellt. ■

Die Eindeutigkeit der Lösung ist mit der Betrachtung der euklidischen Norm verbunden. Lösen Sie Aufgabe 16.1, um sich mit den Auswirkungen vertraut zu machen, die durch die Nutzung der Betragssummennorm $\|\cdot\|_1$ respektive der Maximumnorm $\|\cdot\|_\infty$ entstehen können.

Beispiel (A) Zu den Messwerten

k	0	1	2	3	4
t_k	−2	−1	0	1	2
b_k	4.2	1.5	0.3	0.9	3.8

suchen wir sowohl ein Polynom $p(t) = \alpha_0 + \alpha_1 t + \alpha_2 t^2$ als auch eine exponentielle Funktion $q(t) = \gamma_0 + \gamma_1 \exp(t) + \gamma_2 \exp(2t)$, die über dem jeweiligen Raum

$$K_p = \text{span}\{1, t, t^2\}$$

respektive

$$K_q = \text{span}\{1, \exp(t), \exp(2t)\}$$

die Summe der Fehlerquadrate minimieren. Ein erster Blick auf die Daten $b_0, \ldots, b_4$ lässt bereits den Verdacht aufkommen, dass eine polynomiale Approximation vorteilhaft gegenüber einer exponentiellen sein könnte, da die Werte eher an die Abtastung eines quadratischen Polynoms als an den Verlauf einer Exponentialfunktion erinnern.

Für den polynomialen Fall erhalten wir das lineare Ausgleichsproblem

$$\|A_p \alpha - b\|_2 \overset{!}{=} \min$$

mit

$$A_p = \begin{pmatrix} 1 & t_0 & t_0^2 \\ 1 & t_1 & t_1^2 \\ 1 & t_2 & t_2^2 \\ 1 & t_3 & t_3^2 \\ 1 & t_4 & t_4^2 \end{pmatrix} = \begin{pmatrix} 1 & -2 & 4 \\ 1 & -1 & 1 \\ 1 & 0 & 0 \\ 1 & 1 & 1 \\ 1 & 2 & 4 \end{pmatrix} \in \mathbb{R}^{5\times 3}$$

und $\boldsymbol{b} = (b_0, b_1, b_2, b_3, b_4)^\top = (4.2, 1.5, 0.3, 0.9, 3.8)^\top \in \mathbb{R}^5$ sowie $\boldsymbol{\alpha} = (\alpha_0, \alpha_1, \alpha_2)^\top \in \mathbb{R}^3$. Mit dem auf Seite 586 aufgeführten Satz zu den Normalgleichungen erhalten wir die Lösung gemäß

$$\boldsymbol{\alpha} = (A_p^\top A_p)^{-1} A_p^\top \boldsymbol{b} = \begin{pmatrix} 0.2829 \\ -0.1400 \\ 0.9286 \end{pmatrix},$$

womit das gesuchte Polynom

$$p(t) = 0.2829 - 0.14\,t + 0.9286\,t^2$$

lautet. Im Hinblick auf die exponentielle Funktion ergibt sich lediglich mit

$$A_q = \begin{pmatrix} 1 & \exp(t_0) & \exp(2t_0) \\ 1 & \exp(t_1) & \exp(2t_1) \\ 1 & \exp(t_2) & \exp(2t_2) \\ 1 & \exp(t_3) & \exp(2t_3) \\ 1 & \exp(t_4) & \exp(2t_4) \end{pmatrix} = \begin{pmatrix} 1 & 0.1353 & 0.0183 \\ 1 & 0.3679 & 0.1353 \\ 1 & 1.0000 & 1.0000 \\ 1 & 2.7183 & 7.3891 \\ 1 & 7.3891 & 54.5982 \end{pmatrix}$$

eine Änderung im Bereich der eingehenden Matrix. Analog zur obigen Vorgehensweise erhalten wir für die gesuchten Koeffizienten

$$\boldsymbol{\alpha} = (A_q^\top A_q)^{-1} A_q^\top \boldsymbol{b} = \begin{pmatrix} 2.9402 \\ -1.6552 \\ 0.2410 \end{pmatrix}$$

und folglich die Ausgleichsfunktion

$$q(t) = 2.9402 - 1.6552\exp(t) + 0.2410\exp(2t).$$

Die Abbildung 16.2 verdeutlicht den erwarteten Vorteil der polynomialen Approximation gegenüber der exponentiellen.

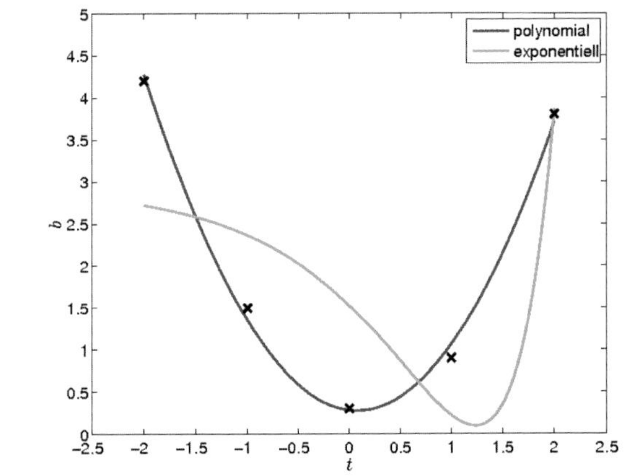

Abbildung 16.2 Daten und Ausgleichsfunktionen zum Problem (A).

Dieser Sachverhalt schlägt sich auch im Vergleich der zu minimierenden euklidischen Normen nieder, denn es gilt

$$\|A_p\boldsymbol{\alpha} - \boldsymbol{b}\|_2 = 0.2541 < 2.2142 = \|A_q\boldsymbol{\gamma} - \boldsymbol{b}\|_2.$$

(B) Ändern wir die Daten im Bereich der Funktionswerte gemäß der folgenden Tabelle, so erwarten wir eine bessere Approximation auf der Grundlage des exponentiellen Funktionsraums K_q.

k	0	1	2	3	4
t_k	−2	−1	0	1	2
b_k	0.1	0.2	0.8	2.3	9.5

Die Berechnung der Koeffizienten für die polynomiale wie auch die exponentielle Approximation verläuft analog zur obigen Darstellung, wobei einzig die Veränderung im Vektor $\boldsymbol{b}$ berücksichtigt werden muss. Wir erhalten

$$p(t) = 0.4229 - 2.09\,t + 1.0786\,t^2$$

sowie

$$q(t) = 0.0210 - 0.599\exp(t) + 0.0925\exp(2t)$$

und damit die in Abbildung 16.3 aufgeführten Funktionsverläufe.

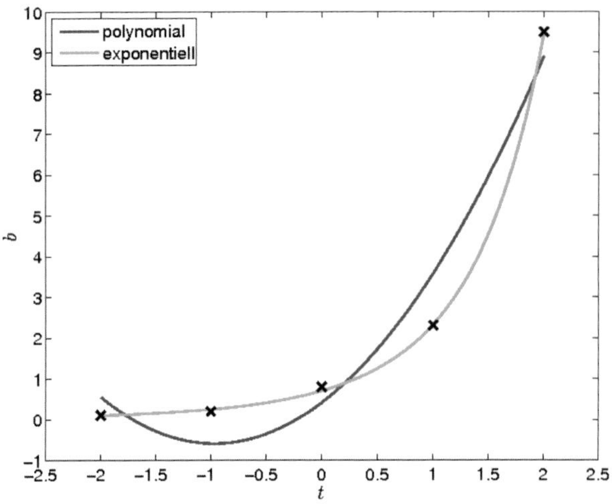

Abbildung 16.3 Daten und Ausgleichsfunktionen zum Problem (B).

Schon durch die Funktionsverläufe zeigt sich das vorteilhafte Verhalten der exponentiellen Basisfunktionen, das sich auch in der euklidischen Gesamtabweichung

$$\|A_p\boldsymbol{\alpha} - \boldsymbol{b}\|_2 = 1.7264 > 0.1079 = \|A_q\boldsymbol{\gamma} - \boldsymbol{b}\|_2$$

quantifiziert. ◀

Im Gegensatz zum Maximalrangfall $\operatorname{Rang} A = n$ ergeben sich für den rangdefizitären Fall $\operatorname{Rang} A < n$ stets unendlich viele Ausgleichslösungen.

Satz zur Lösbarkeit im rangdefizitären Fall

Für $A \in \mathbb{R}^{m\times n}$ mit $\operatorname{Rang} A < n \le m$ bildet die Lösungsmenge des linearen Ausgleichsproblems für jedes $\boldsymbol{b} \in \mathbb{R}^m$ einen $(n - \operatorname{Rang} A)$-dimensionalen affin-linearen Unterraum des $\mathbb{R}^n$.

Beweis: Wir nutzen an dieser Stelle die sehr hilfreiche Aussage des Satzes zu den Normalgleichungen, da wir uns hiermit auf die Untersuchung der Lösungsmenge des linearen Gleichungssystems

$$A^\top A x = A^\top b \tag{16.12}$$

beschränken können. Mit dem Satz zur Lösbarkeit des linearen Ausgleichsproblems besitzt (16.12) stets mindestens eine Lösung. Sei $x' \in \mathbb{R}^n$ eine spezielle Lösung, so ergibt sich die gesamte Lösungsmenge L gemäß der Theorie linearer Gleichungssysteme in der Form

$$L = \{y \in \mathbb{R}^n \mid y = x' + x'' \text{ mit } x'' \in \text{Kern}\,(A^\top A)\}.$$

Rufen wir uns den auf Seite 589 nachgewiesenen Zusammenhang $\text{Kern}\,(A^\top A) = \text{Kern}\,A$ ins Gedächtnis, so wird wegen

$$\begin{aligned}\dim \text{Kern}\,(A^\top A) &= \dim \text{Kern}\,A = n - \dim \text{Bild}\,A\\ &= n - \text{Rang}\,A\end{aligned}$$

deutlich, dass L einen $(n - \text{Rang}\,A)$-dimensionalen affinen Untervektorraum des $\mathbb{R}^n$ darstellt. ■

Die theoretischen Vorüberlegungen können wir in folgender Merkregel zusammenfassen:

Das lineare Ausgleichsproblem ist äquivalent zu den zugehörigen Normalgleichungen und stets lösbar. Dabei ist die Lösung genau dann eindeutig, wenn die Spaltenvektoren der Matrix A linear unabhängig sind.

Die Optimallösung ist stets eindeutig

Während im Maximalrangfall die Lösung des linearen Ausgleichsproblems eindeutig ist, existieren im rangdefizitären Fall unendlich viele Lösungen, sodass sich die Frage nach der Berechnung der Optimallösung stellt. Für $p = n - \text{Rang}A$ sei $\xi_1, \ldots, \xi_p \in \mathbb{R}^n$ eine Basis von $\text{Kern}\,(A^\top A)$. Dann lässt sich nach obigem Satz jede Lösung des Ausgleichsproblems in der Form

$$x = x' - \sum_{i=1}^{p} \alpha_i \xi_i \tag{16.13}$$

mit einer speziellen Lösung x' und reellen Koeffizienten $\alpha_1, \ldots, \alpha_p$ schreiben. Da der Lösungsraum einen affin linearen Unterraum des $\mathbb{R}^n$ repräsentiert, erfüllt die Optimallösung x die Eigenschaft

$$x \perp \text{Kern}\,(A^\top A).$$

Folglich lassen sich die Koeffizienten innerhalb der Darstellung (16.13) gemäß

$$0 = \langle x, \xi_j\rangle = \langle x', \xi_j\rangle - \sum_{i=1}^{p} \alpha_i \langle \xi_i, \xi_j\rangle$$

bestimmen. Liegt mit $\xi_1, \ldots, \xi_p$ eine Orthonormalbasis des Kerns vor, so folgt unmittelbar

$$\alpha_j = \langle x', \xi_j\rangle$$

und somit

$$x = x' - \sum_{i=1}^{p} \langle x', \xi_i\rangle \xi_i\,.$$

Ansonsten ergibt sich ein lineares Gleichungssystem der Form $B\alpha = z$ mit $B \in \mathbb{R}^{p\times p}$ und $z \in \mathbb{R}^p$, bei dem die Koeffizienten der Matrix durch $b_{i,j} = \langle \xi_j, \xi_i\rangle$ gegeben sind und die Komponenten der rechten Seite $z_j = \langle x', \xi_j\rangle$ lauten. Da die Vektoren $\xi_1, \ldots, \xi_p$ eine Basis des Kerns darstellen, ist die Matrix B stets invertierbar, womit die Optimallösung immer eindeutig ist.

16.2 Lösung der Normalgleichung

Aufgrund der theoretisch gewonnenen Erkenntnisse werden wir bei der Lösung des Problems den Maximalrangfall ($\text{Rang}\,A = n$) und den rangdefizitären Fall ($\text{Rang}\,A < n$) gesondert betrachten.

Den Maximalrangfall behandeln wir beispielsweise mit einer Cholesky-Zerlegung

Mit $\text{Rang}\,A = n$ liegt durch $A^\top A$ eine reguläre Matrix vor, sodass die Normalgleichungen

$$\underbrace{A^\top A}_{=:\,B} x = A^\top b$$

die eindeutig bestimmte Lösung $x = (A^\top A)^{-1} A^\top b$ besitzt, die mit bekannten Verfahren für lineare Gleichungssysteme gemäß Kapitel 14 berechnet werden kann. Neben der Nutzung einer QR- beziehungsweise LR-Zerlegung können in diesem speziellen Fall auch effizientere Algorithmen eingesetzt werden, die die Eigenschaften der Matrix B gezielt ausnutzen. Zunächst erweist sich B wegen

$$B^\top = (A^\top A)^\top = A^\top (A^\top)^\top = A^\top A = B$$

als symmetrisch. Des Weiteren ergibt sich für $x \in \mathbb{R}^n \setminus \{0\}$ aufgrund der linearen Unabhängigkeit der Spaltenvektoren von A stets $Ax \neq 0$, wodurch wegen

$$\langle x, Bx\rangle = \langle x, A^\top A x\rangle = \langle Ax, Ax\rangle = \|Ax\|_2^2 > 0$$

mit B eine positiv definite Matrix vorliegt. Damit ist die Existenz einer Cholesky-Zerlegung der Form

$$B = LL^\top$$

mit einer linken unteren Dreiecksmatrix $L \in \mathbb{R}^{n\times n}$ durch den auf Seite 491 formulierten Satz zur Existenz und Eindeutigkeit der Cholesky-Zerlegung garantiert. Ist die Anzahl der beinhalteten Freiheitsgrade n sehr groß, so kann auch zur Lösung auf das Verfahren der konjugierten Gradienten zurückgegriffen werden.

Beispiel Bezogen auf Teil (A) des Beispiels auf Seite 589 erhalten wir bezüglich der polynomialen Approximation mit

$$\boldsymbol{A}_p^\top \boldsymbol{A}_p = \begin{pmatrix} 5 & 0 & 10 \\ 0 & 10 & 0 \\ 10 & 0 & 34 \end{pmatrix}$$

die erwartete symmetrische Matrix. Aus dem Abschnitt 13 zur Interpolation wissen wir, dass die aus dem Polynomansatz resultierenden Spalten der Matrix $\boldsymbol{A}_p$ bei paarweise verschiedenen Stützstellen t_i, $i = 1, \ldots, m$ stets linear unabhängig sind. Folglich darf auf der Basis der obigen Überlegungen geschlussfolgert werden, dass die innerhalb der Normalgleichungen auftretende Matrix $\boldsymbol{A}_p^\top \boldsymbol{A}_p$ positiv definit ist. Mit der Cholesky-Zerlegung

$$\boldsymbol{A}_p^\top \boldsymbol{A}_p = \underbrace{\begin{pmatrix} 2.2361 & 0 & 0 \\ 0 & 3.1623 & 0 \\ 4.4721 & 0 & 3.7417 \end{pmatrix}}_{=\boldsymbol{L}} \underbrace{\begin{pmatrix} 2.2361 & 0 & 4.4721 \\ 0 & 3.1623 & 0 \\ 0 & 0 & 3.7417 \end{pmatrix}}_{=\boldsymbol{L}^\top}$$

erhalten wir somit die Normalgleichungen unter Berücksichtigung der rechten Seite $\boldsymbol{b} = (4.2,\ 1.5,\ 0.3,\ 0.9,\ 3.8)^\top$ in der Form

$$\boldsymbol{L}\boldsymbol{L}^\top \boldsymbol{\alpha} = \boldsymbol{A}_p^\top \boldsymbol{b} = \underbrace{\begin{pmatrix} 10.7000 \\ -1.4000 \\ 34.4000 \end{pmatrix}}_{=:\boldsymbol{y}}.$$

Entsprechend der üblichen Lösungsstrategie ermitteln wir zunächst den Hilfsvektor $\boldsymbol{\beta} = \boldsymbol{L}^\top \boldsymbol{\alpha}$ über eine einfache Vorwärtselimination zu

$$\boldsymbol{\beta} = \boldsymbol{L}^\top \boldsymbol{\alpha} = \boldsymbol{L}^{-1}\boldsymbol{y} = \begin{pmatrix} 4.7852 \\ -0.4427 \\ 3.4744 \end{pmatrix}.$$

Anschließend ergibt sich der Lösungsvektor $\boldsymbol{\alpha}$ aus $\boldsymbol{L}^\top \boldsymbol{\alpha} = \boldsymbol{\beta}$ unter Verwendung einer Rückwärtselimination zu

$$\boldsymbol{\alpha} = (\boldsymbol{L}^\top)^{-1}\boldsymbol{\beta} = \begin{pmatrix} 0.2829 \\ -0.1400 \\ 0.9286 \end{pmatrix}.$$

Diese Darstellung stimmt mit dem im Beispielteil (A) auf Seite 589 gefundenen Ergebnis überein. ◀

Den rangdefizitären Fall lösen wir beispielsweise mit einer QR-Zerlegung

Die lineare Abhängigkeit der Spaltenvektoren der Matrix $\boldsymbol{A} \in \mathbb{R}^{m\times n}$ zieht die Singularität der Matrix $\boldsymbol{B} = \boldsymbol{A}^\top \boldsymbol{A} \in \mathbb{R}^{n\times n}$ nach sich. Wie wir im folgenden Beispiel sehen werden, kann zur Lösung der zugehörigen Normalgleichungen natürlich prinzipiell das Gauß'sche Eliminationsverfahren herangezogen werden.

Aufgrund der häufig bei größeren Dimensionen n inhärent schlechten Kondition der Normalgleichungen erweist sich die Berechnung der Lösung auf der Basis des Gauß'sche Eliminationsverfahrens jedoch häufig als fehleranfällig. Eine stabilere Lösung ist hier durch die Nutzung einer QR-Zerlegung möglich.

Satz zur QR-Zerlegung singulärer Matrizen

Sei $\boldsymbol{B} \in \mathbb{R}^{n\times n}$ mit Rang $\boldsymbol{B} = j < n$. Dann existieren eine orthogonale Matrix $\boldsymbol{Q} \in \mathbb{R}^{n\times n}$, eine rechte obere Dreiecksmatrix $\boldsymbol{R} \in \mathbb{R}^{n\times n}$ und eine Permutationsmatrix $\boldsymbol{P} \in \mathbb{R}^{n\times n}$ mit

$$\boldsymbol{B}\boldsymbol{P} = \boldsymbol{Q}\boldsymbol{R}.$$

Dabei besitzt $\boldsymbol{R}$ die Gestalt

$$\boldsymbol{R} = \begin{pmatrix} \widehat{\boldsymbol{R}} & \boldsymbol{S} \\ \boldsymbol{0} & \boldsymbol{0} \end{pmatrix} \tag{16.14}$$

mit einer regulären rechten oberen Dreiecksmatrix $\widehat{\boldsymbol{R}} \in \mathbb{R}^{j\times j}$ und einer Matrix $\boldsymbol{S} \in \mathbb{R}^{j\times(n-j)}$.

Beweis: Sei $\boldsymbol{P} \in \mathbb{R}^{n\times n}$ eine Permutationsmatrix derart, dass die ersten j Spalten der Matrix

$$\widehat{\boldsymbol{B}} = (\widehat{\boldsymbol{b}}_1, \ldots, \widehat{\boldsymbol{b}}_n) := \boldsymbol{B}\boldsymbol{P}$$

linear unabhängig sind. Beispielsweise unter Nutzung des Gram-Schmidt-Verfahrens können dann orthogonale Vektoren $\boldsymbol{q}_1, \ldots, \boldsymbol{q}_j \in \mathbb{R}^n$ derart bestimmt werden, dass

$$(\widehat{\boldsymbol{b}}_1, \ldots, \widehat{\boldsymbol{b}}_j) = (\boldsymbol{q}_1, \ldots, \boldsymbol{q}_j)\widehat{\boldsymbol{R}}$$

mit

$$\widehat{\boldsymbol{R}} = \begin{pmatrix} r_{11} & \cdots & r_{1j} \\ & \ddots & \vdots \\ & & r_{jj} \end{pmatrix}$$

gilt. Wegen $\operatorname{span}\{\widehat{\boldsymbol{b}}_1, \ldots, \widehat{\boldsymbol{b}}_j\} = \operatorname{span}\{\boldsymbol{q}_1, \ldots, \boldsymbol{q}_j\}$ existiert zu jedem $\widehat{\boldsymbol{b}}_i$, $i = j+1, \ldots, n$ eine Darstellung

$$\widehat{\boldsymbol{b}}_{j+k} = \boldsymbol{q}_1 s_{1k} + \boldsymbol{q}_2 s_{2k} + \ldots + \boldsymbol{q}_j s_{jk}, \quad k = 1, \ldots, n-j.$$

Folglich erhalten wir

$$\widehat{\boldsymbol{B}} = (\boldsymbol{q}_1, \ldots, \boldsymbol{q}_j)(\widehat{\boldsymbol{R}}\boldsymbol{S})$$

mit

$$\boldsymbol{S} = \begin{pmatrix} s_{11} & \cdots & s_{1,n-j} \\ \vdots & & \vdots \\ s_{n-j,1} & \cdots & s_{n-j,n-j} \end{pmatrix} \in \mathbb{R}^{(n-j)\times(n-j)}.$$

Erweitern wir $\boldsymbol{q}_1, \ldots, \boldsymbol{q}_j$ durch $\boldsymbol{q}_{j+1}, \ldots, \boldsymbol{q}_n$ zu einer Orthogonalbasis des $\mathbb{R}^n$, so stellt $\boldsymbol{Q} = (\boldsymbol{q}_1, \ldots, \boldsymbol{q}_n) \in \mathbb{R}^{n \times n}$ eine orthogonale Matrix dar, und es gilt

$$\boldsymbol{B}\boldsymbol{P} = \widehat{\boldsymbol{B}} = \boldsymbol{Q}\begin{pmatrix} \widehat{\boldsymbol{R}} & \boldsymbol{S} \\ \boldsymbol{0} & \boldsymbol{0} \end{pmatrix}. \qquad \blacksquare$$

Auf der Grundlage des letzten Satzes können die Normalgleichungen

$$\underbrace{\boldsymbol{A}^\top \boldsymbol{A}}_{=:\boldsymbol{B}} \boldsymbol{x} = \underbrace{\boldsymbol{A}^\top \boldsymbol{b}}_{=:\boldsymbol{c}}$$

im rangdefizitären Fall in folgenden Schritten gelöst werden.

- Bestimme eine multiplikative Zerlegung
$$\boldsymbol{B}\boldsymbol{P} = \boldsymbol{Q}\boldsymbol{R}$$
mit $\boldsymbol{R}$ in der durch (16.14) gegebenen Form.
- Ermittle
$$\widehat{\boldsymbol{c}} = \boldsymbol{Q}^\top \boldsymbol{c} \in \mathbb{R}^n.$$
- Berechne durch Rückwärtselimination
$$\widehat{\boldsymbol{y}} = \widehat{\boldsymbol{R}}^{-1}\begin{pmatrix} \widehat{c}_1 \\ \vdots \\ \widehat{c}_j \end{pmatrix} \in \mathbb{R}^j$$
und setze
$$\boldsymbol{y} = \begin{pmatrix} \widehat{\boldsymbol{y}} \\ \boldsymbol{0} \end{pmatrix} \in \mathbb{R}^n.$$
- Dann ergibt sich die Ausgleichslösung in der Form
$$\boldsymbol{x} = \boldsymbol{P}\boldsymbol{y} \in \mathbb{R}^n.$$

Beispiel Wir betrachten das lineare Ausgleichsproblem $\|\boldsymbol{A}\boldsymbol{x} - \boldsymbol{b}\|_2 \overset{!}{=} \min$ bezüglich

$$\boldsymbol{A} = \begin{pmatrix} 2 & 4 \\ 1 & 2 \\ 3 & 6 \end{pmatrix} \text{ und } \boldsymbol{b} = \begin{pmatrix} 1 \\ -1 \\ 0 \end{pmatrix}.$$

Die Spaltenvektoren der obigen Matrix sind offensichtlich linear abhängig, sodass die Matrix $\boldsymbol{B} = \boldsymbol{A}^\top \boldsymbol{A}$ innerhalb der zugehörigen Normalgleichungen den Rang eins besitzt. Wie im vorhergehenden Satz erläutert, erhalten wir die QR-Zerlegung von $\boldsymbol{B}$ in der Form

$$\boldsymbol{B} = \begin{pmatrix} 14 & 28 \\ 28 & 56 \end{pmatrix} = \boldsymbol{Q}\begin{pmatrix} \widehat{\boldsymbol{R}} & \boldsymbol{S} \\ \boldsymbol{0} & \boldsymbol{0} \end{pmatrix} = \frac{1}{\sqrt{980}}\begin{pmatrix} 14 & 28 \\ 28 & -14 \end{pmatrix}\begin{pmatrix} \sqrt{980} & 2\sqrt{980} \\ 0 & 0 \end{pmatrix}.$$

Nach dem oben vorgestellten Berechnungsschema folgt

$$\widehat{\boldsymbol{c}} = \boldsymbol{Q}^\top \boldsymbol{c} = \boldsymbol{Q}^\top \boldsymbol{A}^\top \boldsymbol{b} = \frac{1}{\sqrt{980}}\begin{pmatrix} 70 \\ 0 \end{pmatrix}$$

und somit

$$\widehat{\boldsymbol{y}} = \widehat{\boldsymbol{R}}^{-1}\widehat{c}_1 = \frac{70}{980} = \frac{1}{14}.$$

Da keine Vertauschung der Spaltenvektoren im Rahmen der Berechnung der QR-Zerlegung notwendig war, ergibt sich die Lösung unmittelbar in der Form

$$\boldsymbol{x} = \boldsymbol{P}\boldsymbol{y} = \boldsymbol{y} = \begin{pmatrix} \widehat{\boldsymbol{y}} \\ 0 \end{pmatrix} = \begin{pmatrix} \frac{1}{14} \\ 0 \end{pmatrix}.$$

Mit

$$\text{Kern}\,(\boldsymbol{A}^\top \boldsymbol{A}) = \left\{ z \in \mathbb{R}^2 \,\middle|\, z = \lambda \begin{pmatrix} -2 \\ 1 \end{pmatrix}, \lambda \in \mathbb{R} \right\}$$

stellt sich die Lösungsmenge gemäß

$$\widehat{\boldsymbol{x}} = \underbrace{\begin{pmatrix} \frac{1}{14} \\ 0 \end{pmatrix}}_{=\boldsymbol{x}'} + \lambda \underbrace{\begin{pmatrix} -2 \\ 1 \end{pmatrix}}_{=\boldsymbol{x}''}$$

dar. Die Optimallösung erhalten wir dann mittels der Orthogonalitätsbedingung

$$0 = \langle \widehat{\boldsymbol{x}}, \boldsymbol{x}'' \rangle = \langle \boldsymbol{x}', \boldsymbol{x}'' \rangle + \lambda \langle \boldsymbol{x}'', \boldsymbol{x}'' \rangle \Leftrightarrow \lambda = \frac{1}{35}$$

zu

$$\widehat{\boldsymbol{x}} = \begin{pmatrix} \frac{1}{14} \\ 0 \end{pmatrix} + \frac{1}{35}\begin{pmatrix} -2 \\ 1 \end{pmatrix} = \frac{1}{70}\begin{pmatrix} 1 \\ 2 \end{pmatrix}. \qquad \blacktriangleleft$$

16.3 Lösung des Minimierungsproblems

Bei der Lösung des Minimierungsproblems

$$\|\boldsymbol{A}\boldsymbol{x} - \boldsymbol{b}\|_2 \overset{!}{=} \min$$

nutzen wir die Eigenschaft, dass orthogonale Transformationen – repräsentiert durch eine orthogonale Matrix $\boldsymbol{Q} \in \mathbb{R}^{n \times n}$ – wegen

$$\|\boldsymbol{Q}\boldsymbol{x}\|_2^2 = \langle \boldsymbol{Q}\boldsymbol{x}, \boldsymbol{Q}\boldsymbol{x} \rangle = \langle \boldsymbol{x}, \underbrace{\boldsymbol{Q}^\top \boldsymbol{Q}}_{=\boldsymbol{I}} \boldsymbol{x} \rangle = \langle \boldsymbol{x}, \boldsymbol{x} \rangle = \|\boldsymbol{x}\|_2^2$$

die euklidische Länge von Vektoren $\boldsymbol{x} \in \mathbb{R}^n$ nicht verändern.

Um die grundlegende Vorgehensweise zu erläutern, nehmen wir zunächst an, dass wir für eine gegebene Matrix $\boldsymbol{A} \in \mathbb{R}^{m \times n}$ stets eine multiplikative Zerlegung der Form

$$\boldsymbol{A} = \boldsymbol{U}\boldsymbol{R}\boldsymbol{V}^\top \tag{16.15}$$

mit orthogonalen Matrizen $\boldsymbol{U} \in \mathbb{R}^{m \times m}$ und $\boldsymbol{V} \in \mathbb{R}^{n \times n}$ sowie einer Matrix

$$\boldsymbol{R} = \begin{pmatrix} \widehat{\boldsymbol{R}} \\ \boldsymbol{0} \end{pmatrix} \in \mathbb{R}^{m \times n}$$

bestimmen können, bei der $\widehat{\boldsymbol{R}} \in \mathbb{R}^{n \times n}$ eine rechte obere Dreiecksmatrix darstellt.

Beispiel: Lösung eines rangdefizitären Problems mittels QR-Zerlegung

Anhand dieses Beispiels wollen wir uns die Vorgehensweise zur Berechnung der oben angegebenen QR-Zerlegung im Fall einer rangdefizitären Matrix deutlich machen. Dabei spielt die Bestimmung der Permutationsmatrix $\boldsymbol{P}$ eine wesentlichen Rolle.

Problemanalyse und Strategie: Es wird sich zeigen, dass das Aussortieren von Vektoren, die sich bei der Orthogonalisierung unter Verwendung des Gram-Schmidt-Verfahrens als linear abhängig erweisen, direkt zur Festlegung der Matrix $\boldsymbol{P}$ genutzt werden kann. Der Indikator zur programmtechnischen Überprüfung der linearen Abhängigkeit liegt dabei in einer Division durch null respektive der Berechnung eines Nullvektors innerhalb des Orthogonalisierungsverfahrens.

Lösung:
Wir gehen aus von der Matrix

$$\boldsymbol{A} = \begin{pmatrix} 1 & 2 & 1 \\ 2 & 4 & 1 \\ 1 & 2 & 1 \\ 1 & 2 & 1 \end{pmatrix},$$

die offensichtlich den Rang 2 besitzt. Damit erhalten wir die singuläre Matrix

$$\boldsymbol{B} = \boldsymbol{A}^\top \boldsymbol{A} = \begin{pmatrix} 7 & 14 & 5 \\ 14 & 28 & 10 \\ 5 & 10 & 4 \end{pmatrix}.$$

Wir nutzen nun den Gram-Schmidt-Algorithmus, der nach Bedarf auf Seite 493 nachgelesen werden kann. Bezeichnen $\boldsymbol{b}_1, \boldsymbol{b}_2, \boldsymbol{b}_3$ die Spaltenvektoren von $\boldsymbol{B}$, so ergibt sich

$$r_{11} = \|\boldsymbol{b}_1\|_2 = \sqrt{270} \text{ und } \boldsymbol{q}_1 = \frac{1}{\sqrt{270}} \begin{pmatrix} 7 \\ 14 \\ 5 \end{pmatrix}.$$

Wie aus der Gestalt der Matrix $\boldsymbol{B}$ leicht erkennbar ist, liegt mit $\boldsymbol{b}_2$ bereits ein zu $\boldsymbol{b}_1$ linear abhängiger Vektor vor. Damit erwarten wir die eingangs erwähnte Berechnung eines Nullvektors. Die Berechnung des zweiten Koeffizienten innerhalb der rechten oberen Dreiecksmatrix ergibt zunächst

$$r_{12} = \langle \boldsymbol{b}_2, \boldsymbol{q}_1 \rangle = 2\sqrt{270},$$

wodurch wir

$$\widetilde{\boldsymbol{q}}_2 = \boldsymbol{b}_2 - r_{12}\boldsymbol{q}_1 = \boldsymbol{b}_2 - 2\boldsymbol{b}_1 = \boldsymbol{0}$$

erhalten. Damit wird der Vektor $\boldsymbol{b}_2$ mittels der Permutationsmatrix

$$\boldsymbol{P} = \begin{pmatrix} 1 & 0 & 0 \\ 0 & 0 & 1 \\ 0 & 1 & 0 \end{pmatrix}$$

mit dem Vektor $\boldsymbol{b}_3$ getauscht und der Koeffizient r_{12} verworfen. Wir bestimmen jetzt

$$r_{12} = \langle \boldsymbol{b}_3, \boldsymbol{q}_1 \rangle = \frac{195}{\sqrt{270}}$$

und

$$\widetilde{\boldsymbol{q}}_2 = \boldsymbol{b}_3 - r_{12}\boldsymbol{q}_1 = \frac{1}{18} \begin{pmatrix} -1 \\ -2 \\ 7 \end{pmatrix}.$$

Damit folgt

$$r_{22} = \|\widetilde{\boldsymbol{q}}_2\|_2 = \frac{1}{\sqrt{6}} \text{ und } \boldsymbol{q}_2 = \frac{\widetilde{\boldsymbol{q}}_2}{r_{22}} = \frac{1}{\sqrt{54}} \begin{pmatrix} -1 \\ -2 \\ 7 \end{pmatrix}.$$

Zur Vervollständigung der orthogonalen Matrix muss nun ein zu $\boldsymbol{q}_1$ und $\boldsymbol{q}_2$ orthogonaler Vektor $\boldsymbol{q}_3 = (q_{13}, q_{23}, q_{33})^\top$ der euklidischen Länge eins bestimmt werden. Um die unnötigen Wurzelterme zu vermeiden, betrachten wir anstelle der Vektoren $\boldsymbol{q}_1, \boldsymbol{q}_2$ deren Vertreter $\boldsymbol{b}_1, 18\widetilde{\boldsymbol{q}}_2$, womit aus

$$0 = \langle \boldsymbol{b}_1, \boldsymbol{q}_3 \rangle \text{ und } 0 = \langle 18\widetilde{\boldsymbol{q}}_2, \boldsymbol{q}_3 \rangle$$

das Gleichungssystem

$$\begin{pmatrix} 7 & 14 & 5 \\ -1 & -2 & 7 \end{pmatrix} \boldsymbol{q}_3 = \boldsymbol{0}$$

folgt. Es ist nun leicht zu sehen, dass mit

$$\boldsymbol{q}_3 = \frac{1}{\sqrt{5}} \begin{pmatrix} -2 \\ 1 \\ 0 \end{pmatrix}$$

eine Lösung mit euklidischer Länge eins vorliegt. Abschließend müssen noch die Koeffizienten der Matrix $\boldsymbol{S} \in \mathbb{R}^{3\times 1}$ berechnet werden. Im vorliegenden Fall ist die Forderung

$$\boldsymbol{b}_2 = s_{11}\boldsymbol{q}_1 + s_{21}\boldsymbol{q}_2 + s_{31}\boldsymbol{q}_3$$

wegen der linearen Abhängigkeit von $\boldsymbol{b}_2$ und $\boldsymbol{q}_1$ sehr einfach durch $s_{11} = 2\|\boldsymbol{b}_1\|_2 = 2\sqrt{270}$ sowie $s_{21} = s_{31} = 0$ erfüllbar. Die QR-Zerlegung schreibt sich folglich gemäß

$$\boldsymbol{BP} = \begin{pmatrix} 7 & 5 & 14 \\ 14 & 10 & 28 \\ 5 & 4 & 10 \end{pmatrix} = \underbrace{\begin{pmatrix} \frac{7}{\sqrt{270}} & \frac{-1}{\sqrt{54}} & \frac{-2}{\sqrt{5}} \\ \frac{14}{\sqrt{270}} & \frac{-2}{\sqrt{54}} & \frac{1}{\sqrt{5}} \\ \frac{5}{\sqrt{270}} & \frac{7}{\sqrt{54}} & 0 \end{pmatrix}}_{=\boldsymbol{Q}} \underbrace{\begin{pmatrix} \sqrt{270} & \frac{195}{\sqrt{270}} & 2\sqrt{270} \\ 0 & \frac{1}{\sqrt{6}} & 0 \\ 0 & 0 & 0 \end{pmatrix}}_{=\boldsymbol{R}}.$$

Mittels dieser Zerlegung ergibt sich unter Verwendung der Hilfsvektoren

$$\widehat{\boldsymbol{x}} = \boldsymbol{V}^\top \boldsymbol{x} \quad \text{und} \quad \widehat{\boldsymbol{b}} = \boldsymbol{U}^\top \boldsymbol{b}$$

aufgrund der Längeninvarianzeigenschaft orthogonaler Transformationen die Gleichung

$$\|\boldsymbol{A}\boldsymbol{x} - \boldsymbol{b}\|_2 = \|\boldsymbol{U}\boldsymbol{R}\underbrace{\boldsymbol{V}^\top\boldsymbol{x}}_{=\widehat{\boldsymbol{x}}} - \boldsymbol{b}\|_2 = \|\underbrace{\boldsymbol{U}^\top\boldsymbol{U}}_{=\boldsymbol{I}}\boldsymbol{R}\widehat{\boldsymbol{x}} - \underbrace{\boldsymbol{U}^\top\boldsymbol{b}}_{=\widehat{\boldsymbol{b}}}\|_2$$
$$= \left\| \begin{pmatrix} \widehat{\boldsymbol{R}} \\ \boldsymbol{0} \end{pmatrix} \widehat{\boldsymbol{x}} - \widehat{\boldsymbol{b}} \right\|_2 .$$

Liegt der Maximalrangfall vor, so gilt $\operatorname{Rang}\boldsymbol{A} = n$ und $\widehat{\boldsymbol{R}}$ stellt eine reguläre Matrix dar. Folglich ergibt sich die Lösung der Minimierungsaufgabe durch

$$\boldsymbol{x} = \boldsymbol{V}\widehat{\boldsymbol{x}} = \boldsymbol{V}\widehat{\boldsymbol{R}}^{-1} \begin{pmatrix} \widehat{b}_1 \\ \vdots \\ \widehat{b}_n \end{pmatrix},$$

und es gilt

$$\min_{\boldsymbol{x}\in\mathbb{R}^n} \|\boldsymbol{A}\boldsymbol{x} - \boldsymbol{b}\|_2 = \left\| \begin{pmatrix} \widehat{b}_{n+1} \\ \vdots \\ \widehat{b}_m \end{pmatrix} \right\|_2 .$$

Im Fall $\operatorname{Rang}\boldsymbol{A} < n$ liegt mit $\widehat{\boldsymbol{R}}$ eine singuläre Matrix vor. Um die Lösungsmenge analog zu erhalten, werden wir in diesem Fall die sogenannte Pseudoinverse einführen. Bedingt durch die unterschiedlichen Herangehensweisen ist es vorteilhaft, bereits bei der Lösung der Normalgleichungen auch hier zunächst den Maximalrangfall zu betrachten und anschließend die Situation im Kontext einer rangdefizitären Matrix zu untersuchen.

Den Maximalrangfall behandeln wir beispielsweise mit Givens-Rotationen

Wir betrachten an dieser Stelle den Fall $\operatorname{Rang}\boldsymbol{A} = n$ und werden die oben angesprochene Zerlegung (16.15) auf der Basis sogenannter Givens-Rotationen bestimmen.

Die Festlegung der Givensmatrizen $\boldsymbol{G}_{ji} \in \mathbb{R}^{m\times m}$ wurde ausführlich in Kapitel 14 ab Seite 493 vorgestellt. Es sei an dieser Stelle nur erwähnt, dass $\boldsymbol{G}_{ji} \in \mathbb{R}^{m\times m}$ eine Drehmatrix in der durch die Einheitsvektoren $\boldsymbol{e}_i, \boldsymbol{e}_j \in \mathbb{R}^m$ aufgespannten Ebene repräsentiert. Diese ist derart definiert, dass sie bei Anwendung auf die Matrix $\boldsymbol{A}$ das Element a_{ji} annulliert, also auf den Wert null bringt.

Setzen wir $\boldsymbol{G}_{ji} = \boldsymbol{I}$ für den Fall, dass die Matrix $\boldsymbol{B}$, auf die $\boldsymbol{G}_{ji}$ angewendet wird, bereits $b_{ji} = 0$ erfüllt, so ist

$$\widetilde{\boldsymbol{U}} := \prod_{i=n}^{1} \prod_{j=m}^{i+1} \boldsymbol{G}_{ji} := \boldsymbol{G}_{m,n} \cdot \ldots \cdot \boldsymbol{G}_{3,2} \cdot \boldsymbol{G}_{n,1} \cdot \ldots \cdot \boldsymbol{G}_{3,1} \cdot \boldsymbol{G}_{2,1}$$

eine orthogonale Matrix, für die

$$\boldsymbol{R} = \widetilde{\boldsymbol{U}}\boldsymbol{A} = \begin{pmatrix} \widehat{\boldsymbol{R}} \\ \boldsymbol{0} \end{pmatrix} \in \mathbb{R}^{m\times n}$$

gilt und $\widehat{\boldsymbol{R}} \in \mathbb{R}^{n\times n}$ eine obere Dreiecksmatrix darstellt. Mit $\boldsymbol{U} = \widetilde{\boldsymbol{U}}^\top$ folgt

$$\boldsymbol{A} = \boldsymbol{U} \begin{pmatrix} \widehat{\boldsymbol{R}} \\ \boldsymbol{0} \end{pmatrix}.$$

Hiermit haben wir die folgende Aussage bewiesen.

Lemma

Zu jeder Matrix $\boldsymbol{A} \in \mathbb{R}^{m\times n}$ mit $\operatorname{Rang}\boldsymbol{A} = n < m$ existiert eine orthogonale Matrix $\boldsymbol{U} \in \mathbb{R}^{m\times m}$ derart, dass

$$\boldsymbol{A} = \boldsymbol{U}\boldsymbol{R} \text{ mit } \boldsymbol{R} = \begin{pmatrix} \widehat{\boldsymbol{R}} \\ \boldsymbol{0} \end{pmatrix}$$

gilt, wobei $\widehat{\boldsymbol{R}} \in \mathbb{R}^{n\times n}$ eine reguläre rechte obere Dreiecksmatrix darstellt.

?

Vergleichen Sie die Aussage des obigen Lemmas mit der im Satz zur QR-Zerlegung singulärer Matrizen formulierten Behauptung. Was fällt Ihnen auf?

Wie wir aus dem obigen Lemma entnehmen können, ist die eingangs erwähnte Zerlegung (16.15) im Maximalrangfall sogar unter Verwendung der Matrix $\boldsymbol{V} = \boldsymbol{I} \in \mathbb{R}^{n\times n}$ gelungen und wir erhalten die Lösung des Minimierungsproblems $\boldsymbol{x}$ somit in der Form

$$\boldsymbol{x} = \widehat{\boldsymbol{R}}^{-1} \begin{pmatrix} \widehat{b}_1 \\ \vdots \\ \widehat{b}_n \end{pmatrix} \in \mathbb{R}^n$$

mit $\widehat{\boldsymbol{b}} = \boldsymbol{U}^\top \boldsymbol{b} \in \mathbb{R}^m$.

Beispiel 1. Blicken wir nochmals auf die Aufgabenstellung

$$\underbrace{\begin{pmatrix} 1 \\ 1 \end{pmatrix}}_{=\boldsymbol{A}} \alpha_0 = \underbrace{\begin{pmatrix} 1 \\ 2 \end{pmatrix}}_{=\boldsymbol{b}}$$

gemäß Seite 584 zurück, die wir innerhalb der dort anschließenden Selbstfrage wie auch innerhalb des Beispiels auf Seite 587 gelöst haben. Der oben entwickelte Lösungsansatz verwendet eine orthogonale Transformation zur Überführung der Matrix $\boldsymbol{A}$ in die Form gemäß des obigen Satzes, die im Kontext dieses einfachen Beispiels einem Vektor der Form $(\beta, 0)^\top$ entspricht. Hierzu nutzen wir

$$\boldsymbol{Q} = \frac{1}{\sqrt{2}} \begin{pmatrix} 1 & 1 \\ 1 & -1 \end{pmatrix}$$

und erhalten

$$\|A\alpha_0 - b\|_2 = \|QA\alpha_0 - Qb\|_2 = \left\| \begin{pmatrix} \sqrt{2} \\ 0 \end{pmatrix} \alpha_0 - \begin{pmatrix} \frac{3}{\sqrt{2}} \\ -\frac{1}{\sqrt{2}} \end{pmatrix} \right\|_2,$$

womit sich direkt die bereits bekannte Lösung

$$\alpha_0 = \frac{3}{2}$$

ergibt.

2. Gesucht sei eine Ausgleichsgerade $p(t) = \alpha_0 + \alpha_1 t$ zu den Daten

k	0	1	2
t_k	−1	0	1
b_k	1.5	0.3	0.9

Es ergibt sich das zugehörige lineare Ausgleichsproblem $\|Ax - b\|_2 \stackrel{!}{=} \min$ mit

$$A = \begin{pmatrix} 1 & -1 \\ 1 & 0 \\ 1 & 1 \end{pmatrix}, \; x = \begin{pmatrix} \alpha_0 \\ \alpha_1 \end{pmatrix}, \; b = \begin{pmatrix} 1.5 \\ 0.3 \\ 0.9 \end{pmatrix}.$$

Unter Verwendung der QR-Zerlegung

$$A = \underbrace{\begin{pmatrix} -\frac{1}{\sqrt{3}} & \frac{1}{\sqrt{2}} & 0.4082 \\ -\frac{1}{\sqrt{3}} & 0 & -0.8165 \\ -\frac{1}{\sqrt{3}} & -\frac{1}{\sqrt{2}} & 0.4082 \end{pmatrix}}_{=Q} \underbrace{\begin{pmatrix} -\sqrt{3} & 0 \\ 0 & -\sqrt{2} \\ 0 & 0 \end{pmatrix}}_{=R}$$

erhalten wir gemäß der auf den vorhergehenden Seiten diskutierten Vorgehensweise

$$\widehat{b} = Q^\top b = \begin{pmatrix} -1.5588 \\ 0.4243 \\ 0.7348 \end{pmatrix}$$

und somit

$$\begin{pmatrix} \alpha_0 \\ \alpha_1 \end{pmatrix} = \begin{pmatrix} -\frac{1}{\sqrt{3}} & \frac{1}{\sqrt{2}} \\ -\frac{1}{\sqrt{3}} & 0 \end{pmatrix}^{-1} \begin{pmatrix} -1.5588 \\ 0.4243 \end{pmatrix} = \begin{pmatrix} 0.9 \\ -0.3 \end{pmatrix}. \tag{16.16}$$

Das gesuchte Polynom schreibt sich demzufolge in der Form

$$p(t) = 0.9 - 0.3\,t.$$

Anhand der Normalgleichungen

$$\underbrace{\begin{pmatrix} 3 & 0 \\ 0 & 2 \end{pmatrix}}_{=A^\top A} x = \underbrace{\begin{pmatrix} 2.7 \\ -0.6 \end{pmatrix}}_{=A^\top b},$$

sehen wir leicht, dass mit (16.16) wiederum das gleiche Ergebnis vorliegt. ◀

Für den rangdefizitärer Fall nutzen wir beispielsweise eine Singulärwertzerlegung

Mit einer Singulärwertzerlegung werden wir das Minimierungsproblem auch im Fall einer rangdefizitären Matrix A lösen.

Die Lösungsstruktur linearer Gleichungssysteme $Cx = d$ stimmt mit der linearer Ausgleichsprobleme überein, wenn der Rang der Matrix $C \in \mathbb{R}^{n\times n}$ mit dem Rang der erweiterten Koeffizientenmatrix $(C, d) \in \mathbb{R}^{n\times(n+1)}$ übereinstimmt. Jedoch kann im Gegensatz zur der quadratischen Matrix C bei Matrizen $A \in \mathbb{R}^{m\times n}$, $m > n$, auch dann keine klassische Inverse angegeben werden, wenn die Spaltenvektoren linear unabhängig sind. Es bedarf daher unabhängig von der Betrachtung des Maximalrangfalls respektive des rangdefizitären Falls einer Erweiterung des Inversenbegriffs, der uns im Folgenden auf die Definition der Pseudoinversen führen wird. Schauen wir auf die Aufgabe 16.2, so wird offensichtlich, dass die übliche Forderung an die Inverse $B \in \mathbb{R}^{n\times n}$ einer Matrix $C \in \mathbb{R}^{n\times n}$ in der Form $BC = CB = I$ schon aus Gründen der Matrixdimensionen für $A \in \mathbb{R}^{m\times n}$, $m > n$ nicht gestellt werden darf. Dagegen lassen sich die Zusammenhänge

$$BCB = C \quad \text{und} \quad CBC = C$$

auch auf den nichtquadratischen Fall übertragen. Auf dieser Idee beruht die folgende Festlegung der Pseudoinversen.

Die Pseudoinverse erweitert den üblichen Inversenbegriff

Definition der Pseudoinversen

Es sei $A \in \mathbb{R}^{m\times n}$, $m \geq n$. Eine Matrix $B \in \mathbb{R}^{n\times m}$ heißt **generalisierte Inverse** oder **Pseudoinverse** von A, wenn

$$ABA = A \quad \text{und} \quad BAB = B$$

gelten.

Um die Pseudoinverse zu berechnen, benötigen wir zunächst folgende Hilfsaussage.

Lemma

Zu jeder Matrix $A \in \mathbb{R}^{m\times n}$ mit Rang $A = r < n \leq m$ existieren orthogonale Matrizen $Q \in \mathbb{R}^{m\times m}$ und $W \in \mathbb{R}^{n\times n}$ mit

$$Q^\top AW = R \quad \text{und} \quad R = \begin{pmatrix} \widehat{R} & 0 \\ 0 & 0 \end{pmatrix} \in \mathbb{R}^{m\times n}.$$

Dabei ist $\widehat{R} \in \mathbb{R}^{r\times r}$ eine reguläre obere Dreiecksmatrix.

Blicken wir zurück auf die eingangs dieses Abschnittes auf Seite 593 vorgenommene Annahme der multiplikativen Zerlegbarkeit von $\boldsymbol{A}$, so wird diese Voraussetzung mit dem obigen Lemma nun auch für den Fall einer rangdefizitären Matrix $\boldsymbol{A}$ nachgewiesen. Im jetzigen Kontext liegt lediglich mit $\widehat{\boldsymbol{R}}$ eine rechte obere Dreiecksmatrix aus dem $\mathbb{R}^{r\times r}$ vor. Selbstverständlich kann diese Matrix durch Hinzunahme der in $\boldsymbol{R}$ vorhandenen Nullen auf $\widehat{\boldsymbol{R}} \in \mathbb{R}^{n\times n}$ erweitert werden, ohne ihre Dreiecksgestalt zu verlieren.

Beweis: Zunächst ist es vorteilhaft, eine Veränderung der Reihenfolge der Zeilenvektoren innerhalb der Matrix $\boldsymbol{A}$ vorzunehmen, um linear unabhängigen Vektoren zusammenzuführen. Eine Multiplikation der Matrix $\boldsymbol{A}$ von links mittels einer Permutationsmatrix führt zur Vertauschung der Zeilen einer Matrix. Damit kann eine solche Permutationsmatrix $\boldsymbol{P} \in \mathbb{R}^{m\times m}$ gefunden werden, die mit

$$\boldsymbol{A}' = \boldsymbol{P}\boldsymbol{A} = (a'_{ij})_{i=1,\ldots,m,\, j=1,\ldots n}$$

eine Matrix generiert, deren erste r Zeilenvektoren linear unabhängig sind. Dabei ist diese Transformationsmatrix zwar nicht eindeutig, ihre implizite Festlegung kann jedoch entsprechend der im Beispiel auf Seite 594 vorgestellten Technik stets in der algorithmischen Umsetzung erfolgen. Durch Multiplikation der Matrix $\boldsymbol{A}'$ von rechts mit geeigneten Givens-Rotationsmatrizen $\boldsymbol{G}_{ji} \in \mathbb{R}^{n\times n}$ in der Anordnung

$$(1,2),(1,3),\ldots,(1,n),(2,3),\ldots,(2,n),\ldots,(r,r{+}1),\ldots,(r,n)$$

können die vorliegenden Matrixelemente in der entsprechenden Reihenfolge

$$a'_{12}, a'_{13}, \ldots, a'_{1n}, a'_{23}, \ldots, a'_{2n}, \ldots, a'_{r,r+1} \ldots, a'_{r,n}$$

eliminiert werden.

Fassen wir das Produkt der Matrizen $\boldsymbol{G}_{ji}$ zur orthogonalen Matrix

$$\boldsymbol{W} := \prod_{j=1}^{r}\prod_{i=j+1}^{n} \boldsymbol{G}_{ji} = \boldsymbol{G}_{12}\cdot\boldsymbol{G}_{13}\cdot\ldots\cdot\boldsymbol{G}_{rn}$$

zusammen, so gilt

$$\boldsymbol{A}'\boldsymbol{W} = \boldsymbol{P}\boldsymbol{A}\boldsymbol{W} = \underbrace{\begin{pmatrix} \boldsymbol{L} & \boldsymbol{0} \\ \boldsymbol{X} & \boldsymbol{Y} \end{pmatrix}}_{=\boldsymbol{A}''}$$

mit einer linken unteren Dreiecksmatrix $\boldsymbol{L} \in \mathbb{R}^{r\times r}$ und einer Matrix $\boldsymbol{X} \in \mathbb{R}^{(m-r)\times r}$.

Die Multiplikation von rechts mit der Matrix $\boldsymbol{W}$ beeinflusst die lineare Unabhängigkeit der Zeilenvektoren nicht, wodurch mit $\boldsymbol{L}$ eine reguläre Matrix vorliegt. Hiermit folgt wegen Rang $(\boldsymbol{A}'\boldsymbol{W}) = \text{Rang}\,(\boldsymbol{A}) = r$ die Eigenschaft $\boldsymbol{Y} = \boldsymbol{0} \in \mathbb{R}^{(m-r)\times(n-r)}$.

Nach dem auf Seite 595 formulierten Lemma existiert zu

$$\begin{pmatrix} \boldsymbol{L} \\ \boldsymbol{X} \end{pmatrix} \in \mathbb{R}^{m\times r}$$

eine orthogonale Matrix $\widetilde{\boldsymbol{Q}}^T \in \mathbb{R}^{m\times m}$ mit

$$\widetilde{\boldsymbol{Q}}^\top \begin{pmatrix} \boldsymbol{L} \\ \boldsymbol{X} \end{pmatrix} = \begin{pmatrix} \widehat{\boldsymbol{R}} \\ \boldsymbol{0} \end{pmatrix},$$

wobei $\widehat{\boldsymbol{R}} \in \mathbb{R}^{r\times r}$ eine reguläre rechte obere Dreiecksmatrix darstellt. Wie in Aufgabe 16.5 gezeigt, ist jede Permutationsmatrix $\boldsymbol{P}$ orthogonal, sodass mit

$$\boldsymbol{Q} := \boldsymbol{P}^\top \widetilde{\boldsymbol{Q}} \in \mathbb{R}^{m\times m}$$

laut Kapitel 14, Seite 494 wiederum eine orthogonale Matrix vorliegt, mittels derer

$$\boldsymbol{Q}^\top\boldsymbol{A}\boldsymbol{W} = \widetilde{\boldsymbol{Q}}^\top\boldsymbol{P}\boldsymbol{A}\boldsymbol{W} = \widetilde{\boldsymbol{Q}}^\top \begin{pmatrix} \boldsymbol{L} & \boldsymbol{0} \\ \boldsymbol{X} & \boldsymbol{0} \end{pmatrix} = \begin{pmatrix} \widehat{\boldsymbol{R}} & \boldsymbol{0} \\ \boldsymbol{0} & \boldsymbol{0} \end{pmatrix}$$

gilt. ■

Unter Ausnutzung der durch das obige Lemma erworbenen Kenntnisse lässt sich die Singulärwertzerlegung der Matrix $\boldsymbol{A}$ wie folgt formulieren.

Satz und Definition zur Singulärwertzerlegung

Zu jeder Matrix $\boldsymbol{A} \in \mathbb{R}^{m\times n}$ mit Rang $\boldsymbol{A} = r \le n \le m$ existieren orthogonale Matrizen $\boldsymbol{U} \in \mathbb{R}^{m\times m}$ und $\boldsymbol{V} \in \mathbb{R}^{n\times n}$ mit

$$\boldsymbol{A} = \boldsymbol{U}\boldsymbol{S}\boldsymbol{V}^\top \quad \text{und} \quad \boldsymbol{S} = \begin{pmatrix} \widehat{\boldsymbol{S}} & \boldsymbol{0} \\ \boldsymbol{0} & \boldsymbol{0} \end{pmatrix} \in \mathbb{R}^{m\times n}. \qquad (16.17)$$

Dabei ist $\widehat{\boldsymbol{S}} \in \mathbb{R}^{r\times r}$ eine Diagonalmatrix, die reelle, nichtnegative Diagonalelemente

$$s_1 \ge s_2 \ge \ldots \ge s_r > 0 \qquad (16.18)$$

aufweist. Die Darstellung (16.17) wird als **Singulärwertzerlegung** und die in (16.18) aufgeführten Diagonalelemente als **Singulärwerte** bezeichnet.

Beweis: Innerhalb des Nachweises betrachten wir die Fälle $r < n$ und $r = n$ getrennt und widmen uns zunächst dem Maximalrangfall. Mit Rang $\boldsymbol{A} = r = n$ liegt mit $\boldsymbol{A}^T\boldsymbol{A} \in \mathbb{R}^{n\times n}$ eine symmetrische, positiv definite Matrix vor. Die reellen, positiven Eigenwerte λ_i von $\boldsymbol{A}^T\boldsymbol{A}$ seien in der Form

$$\lambda_1 \ge \lambda_2 \ge \ldots \ge \lambda_n > 0$$

geordnet. Mit der im Kapitel 15 auf Seite 562 formulierten Folgerung existiert eine orthogonale Matrix $\boldsymbol{V} \in \mathbb{R}^{n\times n}$ derart, dass

$$\boldsymbol{V}^T\boldsymbol{A}^T\boldsymbol{A}\boldsymbol{V} = \boldsymbol{D} = \text{diag}\{\lambda_1, \ldots, \lambda_n\} \in \mathbb{R}^{n\times n}$$

gilt. Sei

$$\widehat{\boldsymbol{S}} := \text{diag}\{s_1, \ldots, s_n\}$$

mit $s_i = \sqrt{\lambda_i} \in \mathbb{R}^+, i = 1, \ldots, n$ und

$$\widehat{\boldsymbol{U}} := \boldsymbol{A}\boldsymbol{V}\widehat{\boldsymbol{S}}^{-1} \in \mathbb{R}^{m\times n}.$$

Wegen

$$\widehat{U}^T\widehat{U} = \widehat{S}^{-T}\underbrace{V^T A^T A V}_{=D}\widehat{S}^{-1} = \widehat{S}^{-1} D \widehat{S}^{-1} = I \in \mathbb{R}^{n\times n}$$

sind die Spalten von $\widehat{U}$ orthonormal.

Setzen wir $\widehat{U}$ durch $Z \in \mathbb{R}^{m\times(m-n)}$ zu einer orthogonalen Matrix

$$U = (\widehat{U}, Z) \in \mathbb{R}^{m\times m}$$

fort, so gilt

$$Z^T A V \widehat{S}^{-1} = Z^T \widehat{U} = \mathbf{0} \in \mathbb{R}^{(m-n)\times n}.$$

Hiermit erhalten wir aufgrund der Regularität von $\widehat{S}$ die Aussage

$$Z^T A V = \mathbf{0} \in \mathbb{R}^{(m-n)\times n}.$$

Es ergibt sich somit die Darstellung

$$\begin{aligned} U^T A V &= \begin{pmatrix} \widehat{U}^T \\ Z^T \end{pmatrix} A V = \begin{pmatrix} \widehat{S}^{-T} V^T A^T \\ Z^T \end{pmatrix} A V \\ &= \begin{pmatrix} \widehat{S}^{-T} V^T A^T A V \\ Z^T A V \end{pmatrix} = \begin{pmatrix} \widehat{S}^{-T} D \\ \mathbf{0} \end{pmatrix} \\ &= \begin{pmatrix} \widehat{S} \\ \mathbf{0} \end{pmatrix}, \end{aligned}$$

wodurch der Nachweis für den Maximalrangfall erbracht ist.

Betrachten wir nun den rangdefizitären Fall. Laut obigem Lemma existieren zu A mit Rang $A = r < n$ orthogonale Matrizen Q, W mit

$$Q^T A W = R = \begin{pmatrix} \widehat{R} & \mathbf{0} \\ \mathbf{0} & \mathbf{0} \end{pmatrix},$$

wobei $\widehat{R} \in \mathbb{R}^{r\times r}$ regulär ist. Schlussfolgernd aus dem Maximalrangfall existieren zu

$$\begin{pmatrix} \widehat{R} \\ \mathbf{0} \end{pmatrix} \in \mathbb{R}^{m\times r}$$

orthogonale Matrizen $\widetilde{U} \in \mathbb{R}^{m\times m}$ und $\widetilde{V} \in \mathbb{R}^{r\times r}$ mit

$$\widetilde{U}^T \begin{pmatrix} \widehat{R} \\ \mathbf{0} \end{pmatrix} \widetilde{V} = \begin{pmatrix} \widehat{S} \\ \mathbf{0} \end{pmatrix} \in \mathbb{R}^{m\times r},$$

wobei $\widehat{S} = \operatorname{diag}\{s_1, \ldots, s_r\} \in \mathbb{R}^{r\times r}$ mit $s_1 \geq \ldots, s_r > 0$ regulär ist. Erweiterungen in der Form

$$S = \begin{pmatrix} \widehat{S} & \mathbf{0} \\ \mathbf{0} & \mathbf{0} \end{pmatrix} \in \mathbb{R}^{m\times n}$$

und

$$\overline{V} = \begin{pmatrix} \widetilde{V} & \mathbf{0} \\ \mathbf{0} & I \end{pmatrix} \in \mathbb{R}^{n\times n}$$

mit anschließender Kombination zu

$$U := Q\widetilde{U} \in \mathbb{R}^{m\times m}$$

respektive

$$V := W\overline{V} \in \mathbb{R}^{n\times n}$$

liefern zwei orthogonale Matrizen, die wegen

$$\begin{aligned} U^T A V &= \widetilde{U}^T Q^T A W \overline{V} \\ &= \widetilde{U}^T \begin{pmatrix} \widehat{R} & \mathbf{0} \\ \mathbf{0} & \mathbf{0} \end{pmatrix} \begin{pmatrix} \widetilde{V} & \mathbf{0} \\ \mathbf{0} & I \end{pmatrix} \\ &= \widetilde{U}^T \begin{pmatrix} \widehat{R}\widetilde{V} & \mathbf{0} \\ \mathbf{0} & \mathbf{0} \end{pmatrix} \\ &= \begin{pmatrix} \widetilde{U}^T \widehat{R}\widetilde{V} & 0 \\ \mathbf{0} & 0 \end{pmatrix} = \begin{pmatrix} \widehat{S} & \mathbf{0} \\ \mathbf{0} & \mathbf{0} \end{pmatrix} = S \end{aligned}$$

die Behauptung belegen. ∎

Die Pseudoinverse ist nicht eindeutig

Beispiel Anhand dieses kleinen Beispiels wollen wir uns der Frage der Eindeutigkeit der Pseudoinversen widmen. Betrachten wir die Matrix

$$A = \begin{pmatrix} 1 & 0 \\ 0 & 0 \end{pmatrix},$$

so wird schnell klar, dass mit $B = A$ bereits eine Pseudoinverse vorliegt. Ebenso erfüllt aber auch die Matrix

$$C = \begin{pmatrix} 1 & 0 \\ 1 & 0 \end{pmatrix}$$

wegen

$$\begin{aligned} CAC &= \begin{pmatrix} 1 & 0 \\ 1 & 0 \end{pmatrix} \begin{pmatrix} 1 & 0 \\ 0 & 0 \end{pmatrix} \begin{pmatrix} 1 & 0 \\ 1 & 0 \end{pmatrix} \\ &= \begin{pmatrix} 1 & 0 \\ 1 & 0 \end{pmatrix} \begin{pmatrix} 1 & 0 \\ 0 & 0 \end{pmatrix} = \begin{pmatrix} 1 & 0 \\ 1 & 0 \end{pmatrix} = C \end{aligned}$$

und entsprechend

$$ACA = A$$

die Bedingungen einer Pseudoinversen von A. Folglich darf keine Eindeutigkeit der Pseudoinversen erwartet werden. ◀

Lassen Sie uns aufgrund des obigen Beispiels weitere Forderungen stellen, die auf eine Teilmenge innerhalb der Menge der Pseudoinversen führen und neben der Existenz auch die Eindeutigkeit sicherstellen. Auch hierbei ist ein Blick auf die Eigenschaften der üblichen Inversen sinnvoll, da wir stets eine echte Erweiterung vornehmen wollen. Die Symmetrie von $AA^{-1} = I = A^{-1}A$ führt uns auf die folgende Festlegung.

Definition der Moore-Penrose-Inversen

Es sei $A \in \mathbb{R}^{m \times n}$, $m \geq n$. Eine Pseudoinverse $B \in \mathbb{R}^{n \times m}$ heißt **Moore-Penrose-Inverse** und wird mit $A^{\clubsuit}$ bezeichnet, wenn

$$AB \quad \text{und} \quad BA$$

symmetrisch sind.

Mit Aufgabe 16.3 wird uns schnell klar, dass die Definition der Pseudoinversen eine echte Erweiterung des Inversenbegriffs darstellt, der für quadratische Matrizen im Band 1, Abschnitt 12.6 ausführlich diskutiert wird.

?

Stellt eine der im Beispiel auf Seite 598 betrachteten Matrizen eine Moore-Penrose-Inverse dar?

Die Moore-Penrose-Inverse stellt eine eindeutige Pseudoinverse dar

Mit den bisher bereitgestellten Aussagen sind wir bereits in der Lage, die Moore-Penrose-Inverse zu ermitteln.

Satz zur Darstellung der Moore-Penrose-Inversen

Zu jeder Matrix $A \in \mathbb{R}^{m \times n}$ existiert genau eine Moore-Penrose-Inverse. Unter Verwendung der im vorhergehenden Satz vorgestellten Singulärwertzerlegung hat diese die Darstellung

$$A^{\clubsuit} = V \begin{pmatrix} \widehat{S}^{-1} & 0 \\ 0 & 0 \end{pmatrix} U^{\top} \in \mathbb{R}^{n \times m}. \qquad (16.19)$$

Bevor wir uns dem Beweis zuwenden, ist es vorteilhaft, sich zunächst einen Überblick hinsichtlich der im Zusammenhang mit der Definition der Pseudoinversen eingehenden Matrizen zu verschaffen. Die multiplikative Zerlegung der Matrix $A \in \mathbb{R}^{m \times n}$ im Satz zur Singulärwertzerlegung erfolgt durch Matrizen der Form

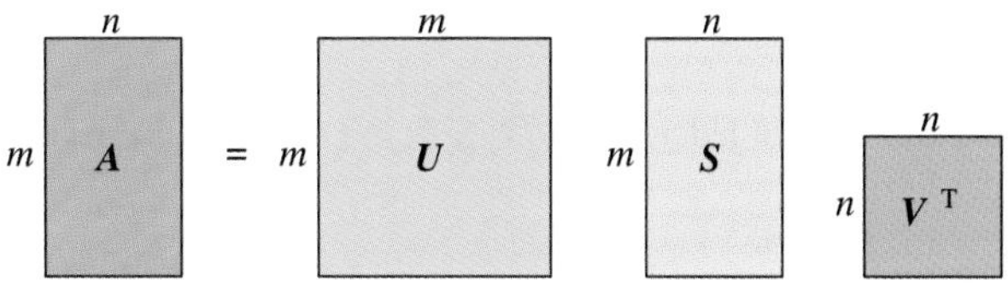

Dabei stellt sich die innere Matrix $S \in \mathbb{R}^{m \times n}$ gemäß

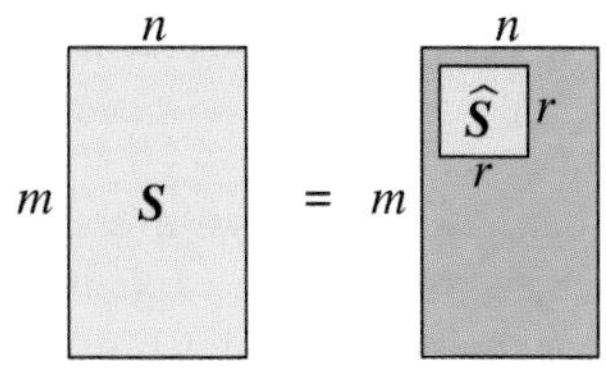

dar. Bereits aufgrund der Definition der Moore-Penrose-Inversen $A^{\clubsuit}$, die eine Kombination in der Form $AA^{\clubsuit}A$ fordert, haben wir eine Matrix aus dem $\mathbb{R}^{n \times m}$ vorliegen. Es sollte bei der Berechnung folglich darauf geachtet werden, dass sie die Darstellung

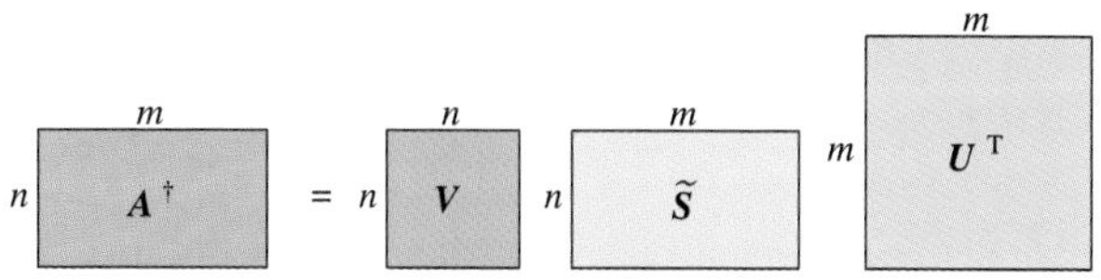

mit

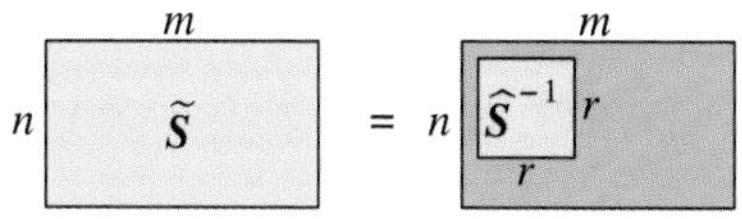

aufweist.

Beweis: Wir unterteilen den Beweis in zwei Hauptbereiche. Im ersten Abschnitt überprüfen wir, dass die angegebene Matrix die Eigenschaften einer Moore-Penrose-Inversen erfüllt. Anschließend widmen wir uns im zweiten Teil dem Nachweis der Eindeutigkeit. Schreiben wir

$$\begin{aligned}
AA^{\clubsuit}A &= U \begin{pmatrix} \widehat{S} & 0 \\ 0 & 0 \end{pmatrix} \underbrace{V^{\top}V}_{=I} \begin{pmatrix} \widehat{S}^{-1} & 0 \\ 0 & 0 \end{pmatrix} \underbrace{U^{\top}U}_{=I} \begin{pmatrix} \widehat{S} & 0 \\ 0 & 0 \end{pmatrix} V^{\top} \\
&= U \underbrace{\begin{pmatrix} \widehat{S} & 0 \\ 0 & 0 \end{pmatrix} \begin{pmatrix} \widehat{S}^{-1} & 0 \\ 0 & 0 \end{pmatrix}}_{=\begin{pmatrix} I & 0 \\ 0 & 0 \end{pmatrix}} \begin{pmatrix} \widehat{S} & 0 \\ 0 & 0 \end{pmatrix} V^{\top} \\
&= U \begin{pmatrix} \widehat{S} & 0 \\ 0 & 0 \end{pmatrix} V^{\top} = A
\end{aligned}$$

und machen uns analog die Gleichung $A^{\clubsuit}AA^{\clubsuit} = A^{\clubsuit}$klar, so ist bereits der Nachweis erbracht, dass mit (16.19) eine Pseudoinverse vorliegt. Wegen der Symmetrieeigenschaften

$$\begin{aligned}
(AA^{\clubsuit})^{\top} &= \left(U \begin{pmatrix} \widehat{S} & 0 \\ 0 & 0 \end{pmatrix} V^{\top}V \begin{pmatrix} \widehat{S}^{-1} & 0 \\ 0 & 0 \end{pmatrix} U^{\top} \right)^{\top} \\
&= \left(U \begin{pmatrix} \widehat{S} & 0 \\ 0 & 0 \end{pmatrix} \begin{pmatrix} \widehat{S}^{-1} & 0 \\ 0 & 0 \end{pmatrix} U^{\top} \right)^{\top} \\
&= \left(U \begin{pmatrix} I & 0 \\ 0 & 0 \end{pmatrix} U^{\top} \right)^{\top} = U^{\top\top} \begin{pmatrix} I & 0 \\ 0 & 0 \end{pmatrix} U^{\top} \\
&= AA^{\clubsuit}
\end{aligned}$$

und entsprechend für $A^{\clubsuit}A$ liegt durch (16.19) folglich eine Moore-Penrose-Inverse vor.

Zum Nachweis der Eindeutigkeit ziehen wir uns zunächst auf den einfachen Fall der Matrix

$$\widehat{A} := U^\top A V = \begin{pmatrix} \widehat{S} & \mathbf{0} \\ \mathbf{0} & \mathbf{0} \end{pmatrix}$$

zurück. Es ist offensichtlich, dass gemäß der obigen Argumentation die zugehörige Moore-Penrose-Inverse die Darstellung

$$\widehat{A}^{\clubsuit} = V^\top A^{\clubsuit} U$$

besitzt. Zur Herleitung einer expliziten Form der Matrix $\widehat{A}^{\clubsuit}$ schreiben wir

$$\widehat{A}^{\clubsuit} = \begin{pmatrix} A_{11} & A_{12} \\ A_{21} & A_{22} \end{pmatrix}$$

mit $A_{11} \in \mathbb{R}^{r\times r}$, $A_{12} \in \mathbb{R}^{r\times(m-r)}$, $A_{21} \in \mathbb{R}^{(n-r)\times r}$ und $A_{22} \in \mathbb{R}^{(n-r)\times(m-r)}$. Nutzen wir $\widehat{A} = \widehat{A}\widehat{A}^{\clubsuit}\widehat{A}$, so ergibt sich

$$\begin{pmatrix} \widehat{S} & \mathbf{0} \\ \mathbf{0} & \mathbf{0} \end{pmatrix} = \begin{pmatrix} \widehat{S} & \mathbf{0} \\ \mathbf{0} & \mathbf{0} \end{pmatrix} \begin{pmatrix} A_{11} & A_{12} \\ A_{21} & A_{22} \end{pmatrix} \begin{pmatrix} \widehat{S} & \mathbf{0} \\ \mathbf{0} & \mathbf{0} \end{pmatrix}$$
$$= \begin{pmatrix} \widehat{S}A_{11}\widehat{S} & \mathbf{0} \\ \mathbf{0} & \mathbf{0} \end{pmatrix}.$$

Bedenken wir, dass $\widehat{S}$ invertierbar ist, so können wir direkt

$$A_{11} = \widehat{S}^{-1}\widehat{S}A_{11}\widehat{S}\widehat{S}^{-1} = \widehat{S}^{-1}\widehat{S}\widehat{S}^{-1} = \widehat{S}^{-1},$$

schlussfolgern. Rufen wir uns die Symmetriebedingungen der Matrizen $\widehat{A}^{\clubsuit}\widehat{A}$ und $\widehat{A}\widehat{A}^{\clubsuit}$ laut Definition der Moore-Penrose-Inversen ins Gedächtnis, so erkennen wir aus

$$\widehat{A}^{\clubsuit}\widehat{A} = \begin{pmatrix} \widehat{S}^{-1} & A_{12} \\ A_{21} & A_{22} \end{pmatrix} \begin{pmatrix} \widehat{S} & \mathbf{0} \\ \mathbf{0} & \mathbf{0} \end{pmatrix} = \begin{pmatrix} I & \mathbf{0} \\ A_{21}\widehat{S} & \mathbf{0} \end{pmatrix}$$

und

$$\widehat{A}\widehat{A}^{\clubsuit} = \begin{pmatrix} \widehat{S} & \mathbf{0} \\ \mathbf{0} & \mathbf{0} \end{pmatrix} \begin{pmatrix} \widehat{S}^{-1} & A_{12} \\ A_{21} & A_{22} \end{pmatrix} = \begin{pmatrix} I & \widehat{S}A_{12} \\ \mathbf{0} & \mathbf{0} \end{pmatrix}$$

wiederum unter Berücksichtigung der Regularität von $\widehat{S}$ die Eigenschaften $A_{21} = \mathbf{0}$ und $A_{12} = \mathbf{0}$. Verwenden wir abschließend $\widehat{A} = \widehat{A}\widehat{A}^{\clubsuit}\widehat{A}$, so ergibt sich zudem

$$\begin{pmatrix} \widehat{S}^{-1} & \mathbf{0} \\ \mathbf{0} & A_{22} \end{pmatrix} = \begin{pmatrix} \widehat{S}^{-1} & \mathbf{0} \\ \mathbf{0} & A_{22} \end{pmatrix} \begin{pmatrix} \widehat{S} & \mathbf{0} \\ \mathbf{0} & \mathbf{0} \end{pmatrix} \begin{pmatrix} \widehat{S^{-1}} & \mathbf{0} \\ \mathbf{0} & A_{22} \end{pmatrix}$$
$$= \begin{pmatrix} \widehat{S}^{-1} & \mathbf{0} \\ \mathbf{0} & \mathbf{0} \end{pmatrix},$$

womit $A_{22} = \mathbf{0}$ und damit die eindeutig bestimmte Darstellung

$$\widehat{A}^{\clubsuit} = \begin{pmatrix} \widehat{S}^{-1} & \mathbf{0} \\ \mathbf{0} & \mathbf{0} \end{pmatrix}.$$

folgt.

Wir wenden uns nun der allgemeinen Problemstellung zu und werden die Eindeutigkeitsfrage durch Übergang auf den obigen Spezialfall beantworten. Liegen mit $A^{\clubsuit}$ und $B^{\clubsuit}$ zwei Moore-Penrose-Inverse von A vor, dann ergibt sich aufgrund der nachgewiesenen Eindeutigkeit von $\widehat{A}^{\clubsuit}$ die Gleichung

$$V^\top A^{\clubsuit} U = \widehat{A}^{\clubsuit} = V^\top B^{\clubsuit} U$$

und wir erhalten

$$A^{\clubsuit} = VV^\top A^{\clubsuit} UU^\top = V\widehat{A}^{\clubsuit}U^\top = VV^\top B^{\clubsuit}UU^\top = B^{\clubsuit},$$

womit die Eindeutigkeit in der Allgemeinheit nachgewiesen ist. ■

Blicken wir zurück auf die Normalgleichungen, so wird schnell deutlich, dass für die Untersuchung der gesamten Lösungsmenge des linearen Ausgleichsproblems eine explizite Darstellung des Kerns der Matrix $A^\top A$ nützlich ist. Diese werden wir durch den folgenden Hilfssatz bereitstellen.

Lemma

Unter Verwendung der zur Matrix $A \in \mathbb{R}^{m\times n}$, $m \geq n$ gehörenden Moore-Penrose-Inversen $A^{\clubsuit} \in \mathbb{R}^{n\times m}$ gilt

$$\text{Kern}\,(A^\top A) = \{x \in \mathbb{R}^n \,|\, x = y - A^{\clubsuit}Ay \text{ mit } y \in \mathbb{R}^n\}.$$

Beweis: Für $y \in \mathbb{R}^n$ definieren wir $x = y - A^{\clubsuit}Ay$ und erhalten aufgrund der Eigenschaft $AA^{\clubsuit}A = A$ der Pseudoinversen die Folgerung

$$Ax = A(y - A^{\clubsuit}Ay) = Ay - \underbrace{AA^{\clubsuit}A}_{=A}y = \mathbf{0}.$$

Nutzen wir den mit (16.11) dargestellten Zusammenhang $\text{Kern}\,(A^\top A) = \text{Kern}\,A$, so gilt demzufolge

$$x \in \text{Kern}\,(A^\top A).$$

Da sich zudem jeder Vektor $y \in \text{Kern}\,(A^\top A) = \text{Kern}\,A$ in der Form

$$y = y - A^{\clubsuit}\underbrace{Ay}_{=0}$$

schreiben lässt, ist der Nachweis erbracht. ■

Unter Nutzung der Moore-Penrose-Inversen werden wir mit dem folgenden Satz sowohl eine explizite Darstellung der Optimallösung als auch der gesamten Lösungsmenge liefern.

Satz zur Lösung im rangdefizitären Fall

Mit der Moore-Penrose-Inversen $A^{\clubsuit} \in \mathbb{R}^{n\times m}$ der Matrix $A \in \mathbb{R}^{m\times n}$ schreibt sich die Lösungsmenge L des linearen Ausgleichsproblems

$$\|Ax - b\|_2 \stackrel{!}{=} \min$$

für jedes $b \in \mathbb{R}^m$ gemäß

$$L = \{x \in \mathbb{R}^n | x = A^{\clubsuit}b + y - A^{\clubsuit}Ay \quad \text{mit} \quad y \in \mathbb{R}^n\}$$

und die Optimallösung besitzt die Gestalt

$$\widehat{x} = A^{\clubsuit}b.$$

Beweis: Schreiben wir die Singulärwertzerlegung $A = USV^\top$ gemäß (16.17) und berücksichtigen die Eigenschaft, dass orthogonale Matrizen längenerhaltend bezüglich der euklidischen Norm sind, dann erhalten wir

$$\|Ax - b\|_2 = \left\|USV^\top x - b\right\|_2 = \left\|SV^\top x - U^\top b\right\|_2.$$

Mit $z := V^\top x$ und

$$S = \begin{pmatrix} \widehat{S} & 0 \\ 0 & 0 \end{pmatrix}$$

ergibt sich das Minimum der obigen Norm für

$$z = \begin{pmatrix} \widehat{S}^{-1} & 0 \\ 0 & 0 \end{pmatrix} U^\top b.$$

Die Moore-Penrose-Inverse $A^{\clubsuit}$ gemäß (16.19) ermöglicht damit die Darstellung einer Lösung des linearen Ausgleichsproblems in der Form

$$\widehat{x} = V \begin{pmatrix} \widehat{S}^{-1} & 0 \\ 0 & 0 \end{pmatrix} U^\top b = A^{\clubsuit}b$$

und wir erhalten die gesamte Lösungsmenge unter Verwendung des obigen Hilfssatzes in der Form

$$\begin{aligned} L &= \{x \in \mathbb{R}^n | x = A^{\clubsuit}b + z \quad \text{mit} \quad z \in \operatorname{Kern}(A^\top A)\} \\ &= \{x \in \mathbb{R}^n | x = A^{\clubsuit}b + y - A^{\clubsuit}Ay \quad \text{mit} \quad y \in \mathbb{R}^n\}. \end{aligned}$$

Bleibt zu zeigen, dass es sich bei $A^{\clubsuit}b$ um die Optimallösung handelt.

Stehen zwei Vektoren y, z senkrecht aufeinander, so wissen wir mit dem Satz von Pythagoras, dass

$$\|y + z\|_2 = \|y\|_2 + \|z\|_2$$

gilt. Blicken wir auf die obige Darstellung des Lösungsraums, dann kommt schnell die Vermutung auf, dass $\widehat{x} = A^{\clubsuit}b$ die Optimallösung repräsentiert, falls $\widehat{x} \perp \operatorname{Kern}(A^\top A) = \operatorname{Kern} A$ erfüllt. Betrachten wir $y \in \mathbb{R}^n$, so ergibt sich diese Orthogonalität mit

$$\begin{aligned} \langle y - A^{\clubsuit}Ay, A^{\clubsuit}b\rangle &= \langle y, A^{\clubsuit}b\rangle - \langle A^{\clubsuit}Ay, A^{\clubsuit}b\rangle \\ &= \langle y, A^{\clubsuit}b\rangle - \langle y, (A^{\clubsuit}A)^\top A^{\clubsuit}b\rangle \\ &= \langle y, A^{\clubsuit}b\rangle - \langle y, A^{\clubsuit}AA^{\clubsuit}b\rangle \\ &= \langle y, A^{\clubsuit}b\rangle - \langle y, A^{\clubsuit}b\rangle = 0. \end{aligned}$$

Für $x \in L$ erhalten wir somit die Ungleichung

$$\begin{aligned} \|x\|_2 &= \|y - A^{\clubsuit}Ay + A^{\clubsuit}b\|_2 \\ &= \|y - A^{\clubsuit}Ay\|_2 + \|A^{\clubsuit}b\|_2 \geq \|A^{\clubsuit}b\|_2, \end{aligned}$$

wodurch $\widehat{x} = A^{\clubsuit}b$ in der Tat die Optimallösung des linearen Ausgleichsproblems darstellt. ■

Für den Maximalrangfall hatten wir bereits auf Seite 591 mit $\widehat{x} = (A^\top A)A^\top b$ eine Darstellung der eindeutig bestimmten Lösung hergeleitet, die sich durch den Zusammenhang

$$\begin{aligned} A^{\clubsuit} &= V\begin{pmatrix}\widehat{S}^{-1} & 0\end{pmatrix}U^\top \\ &= V\begin{pmatrix}\widehat{S}^{-1} & 0\end{pmatrix}\begin{pmatrix}\widehat{S}^{-1} \\ 0\end{pmatrix}V^\top V\begin{pmatrix}\widehat{S} & 0\end{pmatrix}U^\top \\ &= V\widehat{S}^{-1}\widehat{S}^{-1}V^\top V\begin{pmatrix}\widehat{S} & 0\end{pmatrix}U^\top \\ &= (V\widehat{S}\widehat{S}V^\top)^{-1}\left(U\begin{pmatrix}\widehat{S} \\ 0\end{pmatrix}V^\top\right)^\top \\ &= \Bigg(\underbrace{V\begin{pmatrix}\widehat{S} & 0\end{pmatrix}U^\top}_{=A^\top}\underbrace{U\begin{pmatrix}\widehat{S} \\ 0\end{pmatrix}V^\top}_{=A}\Bigg)^{-1}\underbrace{\left(U\begin{pmatrix}\widehat{S} \\ 0\end{pmatrix}V^\top\right)^\top}_{=A^\top} \\ &= (A^\top A)^{-1}A^\top \end{aligned}$$

auch über die Nutzung der Pseudoinversen ergibt. Zudem ist die Lösung im Maximalrangfall stets eindeutig. Auch diese Eigenschaft können wir hier unter Nutzung der Moore-Penrose-Inversen durch die Betrachtung des Kerns der Matrix $A^\top A$ bestätigen, denn mit

$$y - A^{\clubsuit}Ay = y - \underbrace{(A^\top A)^{-1}A^\top A}_{=I}\,y = y - y = 0$$

gilt

$$\operatorname{Kern}(A^\top A) = \{x \in \mathbb{R}^n | x = y - A^{\clubsuit}Ay \text{ mit } y \in \mathbb{R}^n\} = \{0\}.$$

?

Stimmt die Moore-Penrose-Inverse $A^{\clubsuit}$ für eine reguläre Matrix $A \in \mathbb{R}^{n\times n}$ mit der üblichen Inversen A^{-1} überein?

Beispiel 1. Um die Vorgehensweise zur Berechnung der Pseudoinversen beispielhaft deutlich zu machen, nutzen wir den einfachen Fall der Matrix

$$A = \begin{pmatrix} 1 & 1 \\ 2 & 2 \end{pmatrix}.$$

Dem Beweis zum Lemma auf Seite 595 folgend, stellen wir zunächst fest, dass eine Permutation der Spalten im vorliegenden Beispiel nicht nötig ist. Wir suchen daher vorerst eine orthogonale Matrix $\boldsymbol{W} \in \mathbb{R}^{2\times 2}$ mit

$$\boldsymbol{A}\boldsymbol{W} = \begin{pmatrix} a & 0 \\ b & c \end{pmatrix}.$$

Hierzu betrachten wir die transponierte Matrix $\boldsymbol{A}^\top$ und bestimmen die orthogonale Matrix derart, dass der Vektor $(1, 1)^\top$ auf ein Vielfaches des ersten Einheitsvektors abgebildet wird. Somit definieren wir

$$\widehat{\boldsymbol{W}} = \frac{1}{\sqrt{2}} \begin{pmatrix} 1 & 1 \\ 1 & -1 \end{pmatrix},$$

womit

$$\widehat{\boldsymbol{W}}\boldsymbol{A}^\top = \frac{1}{\sqrt{2}} \begin{pmatrix} 1 & 1 \\ 1 & -1 \end{pmatrix} \begin{pmatrix} 1 & 2 \\ 1 & 2 \end{pmatrix} = \begin{pmatrix} \sqrt{2} & 2\sqrt{2} \\ 0 & 0 \end{pmatrix}$$

folgt und wir mittels $\boldsymbol{W} = \widehat{\boldsymbol{W}}^\top = \widehat{\boldsymbol{W}}$ direkt

$$\boldsymbol{A}\boldsymbol{W} = (\widehat{\boldsymbol{W}}^\top \boldsymbol{A}^\top)^\top = (\widehat{\boldsymbol{W}}\boldsymbol{A}^\top)^\top = \begin{pmatrix} \sqrt{2} & 0 \\ 2\sqrt{2} & 0 \end{pmatrix}$$

erhalten. Als zweiten Schritt muss wiederum eine orthogonale Matrix $\boldsymbol{Q} \in \mathbb{R}^{2\times 2}$ bestimmt werden, sodass $\boldsymbol{Q}^\top$ den Vektor $(\sqrt{2}, 2\sqrt{2})^\top$ auf ein Vielfaches des ersten Einheitsvektors abbildet. Wir nutzen demzufolge

$$\boldsymbol{Q} = \frac{1}{\sqrt{5}} \begin{pmatrix} 1 & 2 \\ 2 & -1 \end{pmatrix}$$

und erhalten $\boldsymbol{Q}^\top = \boldsymbol{Q}$ sowie

$$\boldsymbol{Q}^\top \boldsymbol{A}\boldsymbol{W} = \frac{1}{\sqrt{5}} \begin{pmatrix} 1 & 2 \\ 2 & -1 \end{pmatrix} \begin{pmatrix} \sqrt{2} & 0 \\ 2\sqrt{2} & 0 \end{pmatrix} = \begin{pmatrix} \sqrt{10} & 0 \\ 0 & 0 \end{pmatrix}.$$

Laut Definition der Pseudoinversen ergibt sich diese folglich zu

$$\boldsymbol{A}^{\clubsuit} = \boldsymbol{W} \begin{pmatrix} \frac{1}{\sqrt{10}} & 0 \\ 0 & 0 \end{pmatrix} \boldsymbol{Q}^\top = \frac{1}{10} \begin{pmatrix} 1 & 2 \\ 1 & 2 \end{pmatrix}.$$

2. Bereits auf Seite 587 haben wir linear abhängige Basispolynome betrachtet und damit eine rangdefizitäre Ausgleichsmatrix erhalten. Die Lösung des zugehörigen Ausgleichsproblems wird auf der Grundlage der Normalgleichungen innerhalb der Aufgaben 16.8 ermittelt. An dieser Stelle wollen wir der Problemstellung mittels einer Singulärwertzerlegung begegnen. Mit den Basisfunktionen

$$\Phi_0(t) = t,\ \Phi_1(t) = (t-1)^2 - 1,\ \Phi_2(t) = t^2$$

und den Daten

k	0	1	2	3
t_k	−2	−1	1	2
b_k	1	3	2	3

ergibt sich das lineare Ausgleichsproblem $\|\boldsymbol{A}\boldsymbol{x} - \boldsymbol{b}\|_2 \stackrel{!}{=} \min$ mit

$$\boldsymbol{A} = \begin{pmatrix} -2 & 8 & 4 \\ -1 & 3 & 1 \\ 1 & -1 & 1 \\ 2 & 0 & 4 \end{pmatrix} \quad \text{und} \quad \boldsymbol{b} = \begin{pmatrix} 1 \\ 3 \\ 2 \\ 3 \end{pmatrix}.$$

Unter Verwendung der Singulärwertzerlegung

$$\boldsymbol{A} = \boldsymbol{U} \underbrace{\begin{pmatrix} 9.85 & 0 & 0 \\ 0 & 4.59 & 0 \\ 0 & 0 & 0 \\ 0 & 0 & 0 \end{pmatrix}}_{=\boldsymbol{S}} \boldsymbol{V}^\top$$

mit

$$\boldsymbol{U} = \begin{pmatrix} 0.93 & 0.07 & -0.31 & -0.19 \\ -0.33 & 0.14 & 0.91 & 0.20 \\ 0.06 & -0.35 & 0.28 & -0.89 \\ -0.15 & -0.92 & 0.01 & 0.36 \end{pmatrix}$$

und

$$\boldsymbol{V}^\top = \begin{pmatrix} 0.20 & -0.86 & -0.47 \\ -0.54 & 0.30 & -0.79 \\ -0.82 & -0.41 & 0.41 \end{pmatrix}$$

erhalten wir die Moore-Penrose-Inverse in der Form

$$\begin{aligned} \boldsymbol{A}^{\clubsuit} &= \boldsymbol{V} \begin{pmatrix} 0.102 & 0 & 0 & 0 \\ 0 & 0.22 & 0 & 0 \\ 0 & 0 & 0 & 0 \end{pmatrix} \boldsymbol{U}^\top \\ &= \begin{pmatrix} -0.03 & -0.02 & 0.04 & 0.11 \\ 0.09 & 0.04 & -0.03 & -0.05 \\ 0.03 & -0.01 & 0.06 & 0.16 \end{pmatrix}. \end{aligned}$$

Dem Satz zur Lösung im rangdefizitären Fall auf Seite 601 folgend, schreibt sich die gesuchte Optimallösung gemäß

$$\widehat{\boldsymbol{x}} = \boldsymbol{A}^{\clubsuit}\boldsymbol{b} = \frac{1}{340} \begin{pmatrix} 104 \\ 1 \\ 209 \end{pmatrix}.$$

Vergleichen Sie den erzielten Vektor mit der Lösung laut Aufgabe 16.8. ◀

Die Optimallösung kann unter Verwendung der Singulärwerte $s_1, \dots, s_r$ und der Vektoren der orthogonalen Matrizen

$$\boldsymbol{U} = (\boldsymbol{u}_1, \dots, \boldsymbol{u}_m), \quad \boldsymbol{V} = (\boldsymbol{v}_1, \dots, \boldsymbol{v}_n)$$

auch in einer Summendarstellung gemäß

$$\widehat{x} = A^{\clubsuit} b = V \begin{pmatrix} \widehat{S}^{-1} & 0 \\ 0 & 0 \end{pmatrix} U^\top b$$

$$= (v_1, \dots, v_n) \begin{pmatrix} \widehat{S}^{-1} & 0 \\ 0 & 0 \end{pmatrix} \begin{pmatrix} u_1^\top b \\ \vdots \\ u_m^\top b \end{pmatrix}$$

$$= (v_1, \dots, v_n) \begin{pmatrix} (u_1^\top b)/s_1 \\ \vdots \\ (u_r^\top b)/s_r \\ 0 \\ \vdots \\ 0 \end{pmatrix} = \sum_{i=1}^{r} \frac{u_i^\top b}{s_i} v_i .$$

geschrieben werden.

Die hauptsächliche Problematik bei der Nutzung der Moore-Penrose-Inversen liegt in der Bestimmung der Singulärwertzerlegung, die in vielen Fällen sehr aufwendig ist und weitere Verfahren, ähnlich zur Berechnung der Eigenwerte einer Matrix, benötigt. Hierbei sei auf den GKR-Algorithmus nach Golub, Kahan und Reinsch sowie die Singulärwertzerlegung nach Chan und die Divide-and-Conquer-Methode verwiesen. Es kann aber aus Effizienzgründen vorteilhaft sein, eine QR-Zerlegung anstelle einer Singulärwertzerlegung zu nutzen.

16.4 Störungstheorie

Die im linearen Ausgleichsproblem eingehenden Daten sind in der Anwendung häufig durch Messwerte respektive numerische Berechnungen gegeben, wodurch Abweichungen aufgrund von Messungenauigkeiten oder Rundungsfehlern sowohl bei Funktionsgrößen als auch bei den Argumenten vorliegen können. Damit ergibt sich im linearen Ausgleichsproblem $\| Ax - b \|_2 \stackrel{!}{=} \min$ neben einer möglichen Störung der Matrix A auch eine eventuelle Störung der rechten Seite b.

In diesem Abschnitt werden wir untersuchen, wie empfindlich die Lösung des linearen Ausgleichsproblems auf Störungen in diesen Eingangsdaten reagiert. Hierbei werden wir uns auf den Maximalrangfall beschränken und mit der Herleitung einer sinnvollen Konditionszahl des linearen Ausgleichsproblems beginnen.

Die Kondition linearer Gleichungssysteme hängt nur von der Matrix ab

Blicken wir zunächst auf den Fall eines linearen Gleichungssystems

$$Ax = b$$

mit einer regulären Matrix $A \in \mathbb{R}^{m\times m}$ und rechter Seite $b \in \mathbb{R}^m \setminus \{0\}$ zurück. Mit der Konditionszahl können wir nicht nur wie auf Seite 525 dargestellt die Konvergenzgeschwindigkeit numerischer Verfahren abschätzen, sondern auch den Einfluss von Störungen auf die Lösung beschreiben. Seien beispielsweise x und $x + \Delta x$ Lösungen des Gleichungssystems zur rechten Seite b beziehungsweise $b + \Delta b$, so ergibt sich aufgrund der Linearität $A\Delta x = \Delta b$, womit

$$\|\Delta x\| = \|A^{-1}\Delta b\| \le \|A^{-1}\|\|\Delta b\|$$

und

$$\|b\| = \|Ax\| \le \|A\|\|x\|$$

folgen. Schließlich erhalten wir durch die obigen Ungleichungen die Abschätzung zur Auswirkung einer relativen Störung in b auf die relative Lösungsvariation in der Darstellung

$$\frac{\|\Delta x\|}{\|x\|} \le \frac{\|A^{-1}\|\|\Delta b\|}{\|A\|^{-1}\|b\|} = \underbrace{\|A\|\|A\|^{-1}}_{=\kappa(A)} \frac{\|\Delta b\|}{\|b\|}. \quad (16.20)$$

Demzufolge lässt sich die Kondition des linearen Gleichungssystems direkt mit der Kondition der Matrix gleichsetzen. Im Fall eines linearen Ausgleichsproblems werden wir sehen, dass neben der Matrix auch die rechte Seite b in die Festlegung der Kondition des Problems eingehen muss.

Die Kondition linearer Ausgleichsprobleme hängt von der Matrix und der rechten Seite ab

Eine wichtige Rolle wird in diesem Zusammenhang dem Winkelmaß zwischen den Vektoren b und Ax zuteil. Wie in Abbildung 16.1 verdeutlich, stellt Ax die orthogonale Projektion von b auf den Raum Bild A dar. Somit gelten für den zwischen b und Ax eingeschlossenen Winkel mit Maß $\phi \in [0, \pi/2]$ unter Festlegung des Residuenvektors $r = b - Ax$ die Beziehungen

$$\cos(\phi) = \frac{\|Ax\|}{\|b\|} \quad \text{und} \quad \sin(\phi) = \frac{\|b - Ax\|}{\|b\|} = \frac{\|r\|}{\|b\|}.$$

Im Fall $\cos(\phi) \neq 0$ ergibt sich zudem

$$\tan(\phi) = \frac{\sin(\phi)}{\cos(\phi)} = \frac{\|r\|}{\|Ax\|}.$$

Im Folgenden werden wir die Fälle einer Störung der rechten Seite b und der Matrix A gesondert betrachten.

Störung der rechten Seite:
Um eine Abschätzung der Form (16.20) aufstellen zu können, muss sichergestellt werden, dass keine Division durch null stattfindet. Neben der beim linearen Gleichungssystem hierzu aufgestellten Forderung $b \neq 0$ ergibt sich im Kontext des linearen Ausgleichsproblems zusätzlich die Bedingung $\phi \neq \pi/2$, da im Fall $\phi = \pi/2$ direkt $\cos(\phi) = 0$ und somit

$r = b$, das heißt $Ax = \mathbf{0}$ folgt. Hiermit würde die Maximalrangeigenschaft der Matrix unmittelbar $x = \mathbf{0}$ nach sich ziehen.

Erweiterte Definition der Konditionszahl

Für eine Matrix $A \in \mathbb{R}^{m\times n}$, $m \geq n$ mit Rang $A = n$ bezeichnet

$$\kappa(A) = \|A\|\|A^{\clubsuit}\|$$

die **Konditionszahl** von A

Da im Fall einer regulären Matrix $A^{\clubsuit} = A^{-1}$ gilt, ist leicht erkennbar, dass die obige Festlegung in der Tat eine Erweiterung des bisherigen Begriffs der Konditionszahl darstellt.

Auf der Grundlage dieser Definition ergibt sich folgende Aussage.

Satz zur Störung der rechten Seite

Sei $A \in \mathbb{R}^{m\times n}$, $m \geq n$ eine Matrix mit Rang $A = n$. Des Weiteren seinen $x \neq \mathbf{0}$ und $x + \Delta x$ die eindeutig bestimmten Lösungen des linearen Ausgleichsproblems mit rechter Seite b beziehungsweise $b + \Delta b$. Dann gilt

$$\frac{\|\Delta x\|}{\|x\|} \leq \frac{\kappa(A)}{\cos(\phi)} \frac{\|\Delta b\|}{\|b\|},$$

wobei $\phi \in [0, \pi/2[$ das Winkelmaß zwischen Ax und b beschreibt.

Beweis: Da A maximalen Rang besitzt, liegt mit $A^\top A$ eine invertierbare Matrix vor, und die zum linearen Ausgleichsproblem äquivalenten Normalgleichungen

$$A^\top Ax = A^\top b \quad \text{sowie} \quad A^\top A(x + \Delta x) = A^\top(b + \Delta b)$$

besitzen stets genau eine Lösung. Aufgrund der Linearität gilt

$$\begin{aligned} A^\top A\Delta x &= A^\top A(x + \Delta x) - A^\top Ax \\ &= A^\top(b + \Delta b) - A^\top b = A^\top \Delta b, \end{aligned}$$

womit

$$\Delta x = (A^\top A)^{-1} A^\top \Delta b$$

folgt. Somit erhalten wir mit $A^{\clubsuit} = (A^\top A)^{-1}A^\top$ die Darstellung

$$\|\Delta x\| = \|A^{\clubsuit}\Delta b\| \leq \|A^{\clubsuit}\|\|\Delta b\|.$$

Mit $x \neq \mathbf{0}$ ergibt sich direkt $b \neq \mathbf{0}$, wodurch eine Division der obigen Gleichung durch $\|b\|$ möglich ist und sich die Behauptung folglich aus

$$\begin{aligned} \frac{\|\Delta x\|}{\|x\|} &\leq \|A^{\clubsuit}\| \frac{\|\Delta b\|}{\|x\|} = \|A\|\|A^{\clubsuit}\| \frac{\|\Delta b\|}{\|A\|\|x\|} \\ &= \kappa(A) \frac{\|b\|}{\|A\|\|x\|} \frac{\|\Delta b\|}{\|b\|} \leq \kappa(A) \frac{\|b\|}{\|Ax\|} \frac{\|\Delta b\|}{\|b\|} \\ &= \frac{\kappa(A)}{\cos(\phi)} \frac{\|\Delta b\|}{\|b\|} \end{aligned}$$

ergibt. ∎

Durch den obigen Satz wird deutlich, dass beim linearen Ausgleichsproblem neben der Matrix auch die rechte Seite, repräsentiert durch das Winkelmaß ϕ zwischen b und Ax, einen Einfluss auf die Fehlerabschätzung hat und die Konditionszahl des linearen Ausgleichsproblems durch

$$\frac{\kappa(A)}{\cos(\phi)}$$

gegeben ist.

Störung der Ausgleichsmatrix:
Liegt eine Störung der Matrix innerhalb des linearen Ausgleichsproblems vor, so ergibt sich ein im Vergleich zum obigen Sachverhalt komplexeres Verhalten. Im Hinblick auf den folgenden Satz wollen wir daher unter dem Begriff der *quadratischen Störungsterme* diejenigen Größen verstehen, die sich als Summe von Produkten aus Störungsgrößen zusammensetzen.

Satz zur Störung der Ausgleichsmatrix

Sei $A \in \mathbb{R}^{m\times n}$, $m \geq n$ eine Matrix mit Rang $A = n$. Des Weiteren sei $\Delta A \in \mathbb{R}^{m\times n}$ eine Störungsmatrix derart, dass

- $A + \Delta A$ vollen Rang besitzt und
- $\|(A^\top A)^{-1}\|\|\Delta A\| \leq \|A^{\clubsuit}\|$ gilt.

Dann ergibt sich für den relativen Fehler zwischen den Lösungen x, $x + \Delta x$ der Ausgleichsprobleme

$$\|Ax - b\|_2 \stackrel{!}{=} \min$$

und

$$\|(A + \Delta A)(x + \Delta x) - b\|_2 \stackrel{!}{=} \min$$

die Abschätzung

$$\frac{\|\Delta x\|}{\|x\|} \leq \kappa(A) \left(\tan(\phi) + \frac{\|\Delta A\|}{\|A\|} \right) + \|R\|.$$

Dabei beschreibt R die quadratischen Störungsterme.

Beweis: Die Normalgleichungen zum gestörten Ausgleichsproblem lauten

$$(A + \Delta A)^\top (A + \Delta A)(x + \Delta x) = (A + \Delta A)^\top b,$$

sodass sich nach Ausmultiplikation die Darstellung

$$\begin{aligned} A^\top Ax + A^\top A\Delta x = A^\top b &+ \Delta A^\top b \\ &- (\Delta A)^\top Ax - A^\top \Delta Ax - \widetilde{R} \end{aligned}$$

mit dem quadratischen Störterm

$$\begin{aligned} \widetilde{R} &= (\Delta A)^\top \Delta Ax + (\Delta A)^\top A\Delta x \\ &\quad + A^\top \Delta A\Delta x + (\Delta A)^\top \Delta A\Delta x \end{aligned}$$

ergibt. Subtrahieren wir hiervon die Normalgleichungen $A^\top Ax = A^\top b$ des Ausgangsproblems, so folgt nach Multiplikation mit $(A^\top A)^{-1}$ die Darstellung

$$\Delta x = (A^\top A)^{-1}(\Delta A)^\top \underbrace{(b - Ax)}_{= r} - A^{\clubsuit}\Delta Ax - \widehat{R}$$

mit der quadratischen Größe $\widehat{R} = (A^\top A)^{-1}\widetilde{R}$. Betrachten wir die Norm und dividieren zudem durch $\|x\|$, so erhalten wir die Behauptung aus der Ungleichungskette

$$\begin{aligned}\frac{\|\Delta x\|}{\|x\|} &\leq \underbrace{\|(A^\top A)^{-1}\|\|(\Delta A)^\top\|}_{\leq \|A^{\clubsuit}\|}\frac{\|r\|}{\|x\|} + \|A^{\clubsuit}\|\|\Delta A\| + \frac{\|\widehat{R}\|}{\|x\|}\\ &\leq \underbrace{\|A^{\clubsuit}\|\|A\|}_{=\kappa(A)}\left(\frac{\|r\|}{\|A\|\|x\|} + \frac{\|\Delta A\|}{\|A\|}\right) + \underbrace{\frac{\|\widehat{R}\|}{\|A\|\|x\|}}_{=\|R\|}\\ &\leq \kappa(A)\left(\frac{\|r\|}{\|Ax\|} + \frac{\|\Delta A\|}{\|A\|}\right) + \|R\|\\ &= \kappa(A)\left(\tan(\phi) + \frac{\|\Delta A\|}{\|A\|}\right) + \|R\|.\end{aligned}$$

■

Die beiden vorgenommenen Forderungen

$$A + \Delta A \quad \text{besitzt vollen Rang}$$

und

$$\|(A^\top A)^{-1}\|\|\Delta A\| \leq \|A^{\clubsuit}\|$$

stellen selbstverständlich eine Einschränkung an die Allgemeingültigkeit der Abschätzung bezüglich der Störungsintensität ΔA dar. Jedoch sei angemerkt, dass im Rahmen der Störungstheorie generell von relativ kleinen Störungen ausgegangen wird, da ansonsten üblicherweise auch keine brauchbare Abschätzung erzielt werden kann. In diesem Sinne liegten mit den obigen Anforderungen keine signifikanten Zusatzbedingungen vor.

Zusammenfassung

Lineare Ausgleichsprobleme treten unter anderem bei der Fragestellung zur funktionalen Beschreibung physikalischer Probleme auf der Basis einer üblicherweise größeren Anzahl an Messdaten auf. Dabei wird ein Ansatzraum gewählt, der beispielsweise aus Polynomen, trigonometrischen Funktionen oder Exponentialfunktionen besteht. Generell ist die Dimension des Ansatzraumes deutlich kleiner als die Anzahl der eingehenden Messwerte. Die Problemstellung führt auf ein lineares Gleichungssystem $Ax = b$, bei dem die Matrix $A \in \mathbb{R}^{m\times n}$ durch den Ansatzraum und die Zeitpunkte der Messungen und die rechte Seite $b \in \mathbb{R}^m$ durch die vorliegenden Messwerte festgelegt sind. Da die Anzahl der Bedingungen m größer als die Anzahl der Freiheitsgrade n ist, kann keine Existenz einer exakten Lösung des Gleichungssystems erwartet werden, sodass in der Regel keine Funktion ermittelt werden kann, die allen Messwerten genügt. Aufgrund dessen wird basierend auf der euklidischen Norm ein Maß zur Festlegung eines Optimalitätskriteriums verwendet, das auf der Minimierung der Fehlerquadrate beruht und im Kontext der linearen Algebra gemäß

$$\| Ax - b \|_2 \stackrel{!}{=} \min$$

formuliert werden kann. Diese Aufgabenstellung bezeichnen wir als lineares Ausgleichproblem. Wir haben hierzu die Äquivalenz zu den **Normalgleichungen**

$$A^\top Ax = A^\top b$$

bewiesen. Eine Lösung des linearen Ausgleichsproblems wird **Ausgleichslösung** genannt. Sie heißt **Optimallösung**, falls sie die euklidische Norm über die Menge aller Ausgleichslösungen minimiert.

Die Normalgleichungen beinhalten eine Matrix aus dem $\mathbb{R}^{n\times n}$ und sind daher verglichen zum Minimierungsproblem in der Regel mit wesentlich geringerem Rechenaufwand lösbar. Diesem Vorteil steht jedoch auch die Problematik entgegen, dass mit der Multiplikation des Gleichungssystems durch $A^\top$ die Kondition des Problems üblicherweise drastisch erhöht wird und folglich ein numerisch instabileres System gelöst werden muss.

Entgegen der Lösung linearer Gleichungssysteme gibt es bei den linearen Ausgleichsproblemen glücklicherweise auch im Fall linear abhängiger Spaltenvektoren stets eine nichtleere Lösungsmenge. Dabei haben wir nachgewiesen, dass die Optimallösung stets existiert und eindeutig ist, während genau dann eine Eindeutigkeit bei der Ausgleichslösung vorliegt, wenn die eingehende Matrix A vollen Rang besitzt.

Bei der numerischen Lösung des linearen Ausgleichsproblems unterscheiden wir Techniken zur Lösung des Minimierungsproblems von denen zur Lösung der Normalgleichungen. Zudem ist bei der Wahl des Lösungsansatzes zu berücksichtigen, ob es sich bei der betrachteten Problemstellung um den Maximalrangfall Rang $A = n$ oder den rangdefizitären Fall Rang $A = r < n$ handelt.

Wir haben gezeigt, dass sich für die Normalgleichungen im Maximalrangfall eine symmetrische, positiv definite Matrix $A^\top A$ ergibt, sodass die Existenz einer Cholesky-Zerlegung gesichert ist. Demzufolge kann das Gleichungssystem mittels einer solchen Zerlegung $A^\top A = LL^\top$ auf der Grundlage einer linken unteren Dreiecksmatrix L gemäß $LL^\top x = A^\top b$ durch eine einfache Kombination einer Vorwärts- und anschließend einer Rückwärtselimination gelöst werden. Im unüblichen Fall einer sehr hohen Dimension des Ansatzraumes kann auch auf das bekannte Verfahren der konjugierten Gradienten zurückgegriffen werden.

Übersicht: Lösungstheorie und Numerik linearer Ausgleichsprobleme

Neben der generellen Fragestellung zur Lösbarkeit linearer Ausgleichsprobleme werden wir an dieser Stelle auch die wesentlichen Vorgehensweisen bei der numerischen Berechnung der Ausgleichs- respektive Optimallösung sowohl im Maximalrangfall als auch im Kontext einer rangdefizitären Matrix vorstellen und dabei auch die zuvor gewonnenen Stabilitätseigenschaften bezüglich der Variation der rechten Seite als auch der Matrix beleuchten.

Theorie der Ausgleichsprobleme

Definition:
Für eine gegebene Matrix $\boldsymbol{A} \in \mathbb{R}^{m\times n}$, $m > n$, und einen Vektor $\boldsymbol{b} \in \mathbb{R}^m$ heißt

$$\| \boldsymbol{A}\boldsymbol{x} - \boldsymbol{b} \|_2 \overset{!}{=} \min$$

lineares Ausgleichsproblem. Eine Lösung dieses Problems wird als **Ausgleichslösung** bezeichnet und heißt **Optimallösung**, falls sie die euklidische Norm über die Menge aller Ausgleichslösungen minimiert.

Äquivalente Formulierung:
Mit dem Satz zu den Normalgleichungen ist das lineare Ausgleichsproblem äquivalent zu den Normalgleichungen

$$\boldsymbol{A}^\top \boldsymbol{A}\boldsymbol{x} = \boldsymbol{A}^\top \boldsymbol{b}.$$

Lösbarkeitsaussagen:

- Das lineare Ausgleichsproblem besitzt stets eine Lösung.
- Die Lösung ist genau dann eindeutig, wenn die Matrix maximalen Rang besitzt, das heißt, alle Spaltenvektoren der Matrix linear unabhängig sind.
- Im rangdefizitären Fall ist die Lösungsmenge ein affin linearer Unterraum des $\mathbb{R}^n$ mit der Dimension $(n - \text{Rang}\, \boldsymbol{A})$.
- Die Optimallösung ist stets eindeutig.

Numerik der Ausgleichsprobleme

Bei der numerischen Lösung linearer Ausgleichsprobleme unterscheiden wir den Maximalrangfall und den rangdefizitären Fall.

Maximalrangfall Rang $\boldsymbol{A} = n$:
In diesem Fall stellt $\boldsymbol{A}^\top \boldsymbol{A}$ eine symmetrische, positiv definite Matrix dar.
Basierend auf den Normalgleichungen besitzt die eindeutig bestimmte Ausgleichslösung die Darstellung

$$\boldsymbol{x} = (\boldsymbol{A}^\top \boldsymbol{A})^{-1} \boldsymbol{A}^\top \boldsymbol{b}$$

und kann beispielsweise direkt durch eine Cholesky-Zerlegung oder iterativ durch das Verfahren der konjugierten Gradienten berechnet werden.
Ausgehend vom Minimierungsproblem nutzt man eine QR-Zerlegung

$$\boldsymbol{A} = \boldsymbol{U} \begin{pmatrix} \widehat{\boldsymbol{R}} \\ \boldsymbol{0} \end{pmatrix} \text{ gemäß } \|\boldsymbol{A}\boldsymbol{x} - \boldsymbol{b}\|_2 = \left\| \begin{pmatrix} \widehat{\boldsymbol{R}} \\ \boldsymbol{0} \end{pmatrix} \widehat{\boldsymbol{x}} - \boldsymbol{U}^\top \boldsymbol{b} \right\|_2,$$

wodurch sich mit $\widehat{\boldsymbol{b}} = \boldsymbol{U}^\top \boldsymbol{b} \in \mathbb{R}^m$ die gesuchte Lösung in der Form $\boldsymbol{x} = \widehat{\boldsymbol{R}}^{-1} \left(\widehat{b}_1, \ldots, \widehat{b}_n\right)^\top \in \mathbb{R}^n$ schreibt.

Rangdefizitärer Fall Rang $\boldsymbol{A} = r < n$:
Die Normalgleichungen enthalten mit $\boldsymbol{A}^\top \boldsymbol{A}$ eine singuläre Matrix. Das System kann dabei direkt gelöst werden, und wir erhalten mit einer speziellen Lösung $\boldsymbol{x}'$ die Lösungsmenge in der Form

$$\boldsymbol{x} = \boldsymbol{x}' + \boldsymbol{y} \text{ mit } \boldsymbol{y} \in \text{Kern}\,(\boldsymbol{A}^\top \boldsymbol{A}).$$

Liegt mit $\boldsymbol{\xi}_1, \ldots, \boldsymbol{\xi}_p$ eine Orthonormalbasis des Kerns vor, so schreibt sich die Optimallösung gemäß

$$\boldsymbol{x} = \boldsymbol{x}' - \sum_{i=1}^{p} \langle \boldsymbol{x}', \boldsymbol{\xi}_i \rangle \boldsymbol{\xi}_i \, .$$

Unter Verwendung einer Singulärwertzerlegung kann die sogenannte Moore-Penrose-Inverse $\boldsymbol{A}^{\clubsuit}$ der Matrix $\boldsymbol{A}$ berechnet werden. Die Menge der Pseudoinversen stellt dabei eine echte Erweiterung des üblichen Inversenbegriffs dar, und die Optimallösung schreibt sich als

$$\boldsymbol{x} = \boldsymbol{A}^{\clubsuit} \boldsymbol{b},$$

während die gesamte Lösungsmenge in der Form

$$\boldsymbol{x} = \boldsymbol{A}^{\clubsuit}\boldsymbol{b} + \boldsymbol{y} - \boldsymbol{A}^{\clubsuit}\boldsymbol{A}\boldsymbol{y} \quad \text{mit} \quad \boldsymbol{y} \in \mathbb{R}^n$$

angegeben werden kann.

Störungsaussagen im Maximalrangfall

Bei der Störungsanalyse besitzt neben der Kondition auch das Winkelmaß ϕ zwischen $\boldsymbol{b}$ und $\boldsymbol{A}\boldsymbol{x}$ einen Einfluss auf die mögliche Lösungsvariation.

Störung der rechten Seite:
Seien $\Delta \boldsymbol{b}$ die Störung der rechten Seite und $\Delta \boldsymbol{x}$ die damit einhergehende Variation der Lösung. Dann gilt

$$\frac{\|\Delta \boldsymbol{x}\|}{\|\boldsymbol{x}\|} \leq \frac{\kappa(\boldsymbol{A})}{\cos(\phi)} \frac{\|\Delta \boldsymbol{b}\|}{\|\boldsymbol{b}\|}$$

mit der Konditionszahl $\kappa(\boldsymbol{A}) = \|\boldsymbol{A}\| \|\boldsymbol{A}^{\clubsuit}\|$.

Störung der Matrix:
Erfüllt die Störung $\Delta \boldsymbol{A}$ der Matrix $\boldsymbol{A}$ die Bedingungen

- $\boldsymbol{A} + \Delta \boldsymbol{A}$ besitzt vollen Rang und
- $\|(\boldsymbol{A}^\top \boldsymbol{A})^{-1}\| \|\Delta \boldsymbol{A}\| \leq \|\boldsymbol{A}^{\clubsuit}\|$,

dann gilt

$$\frac{\|\Delta \boldsymbol{x}\|}{\|\boldsymbol{x}\|} \leq \kappa(\boldsymbol{A}) \left(\tan(\phi) + \frac{\|\Delta \boldsymbol{A}\|}{\|\boldsymbol{A}\|} \right) + \|\boldsymbol{R}\|,$$

wobei $\boldsymbol{R}$ die quadratischen Störungsterme beschreibt.

Da zu jeder Matrix $A \in \mathbb{R}^{m\times n}$, $m > n$ mit Rang $A = n$ eine QR-Zerlegung $A = UR$ mit einer orthogonalen Matrix U und einer Matrix

$$R = \begin{pmatrix} \widehat{R} \\ 0 \end{pmatrix}$$

mit einer regulären rechten oberen Dreiecksmatrix $\widehat{R} \in \mathbb{R}^{n\times n}$ existiert, ergibt sich im Kontext des Minimierungsproblems wegen

$$\begin{aligned} \|Ax - b\|_2 &= \|URx - b\|_2 = \|\underbrace{U^\top U}_{=I} Rx - \underbrace{U^\top b}_{=\widehat{b}}\|_2 \\ &= \left\| \begin{pmatrix} \widehat{R} \\ 0 \end{pmatrix} x - \widehat{b} \right\|_2 \end{aligned}$$

die Lösung in der Form

$$x = \widehat{R}^{-1} \begin{pmatrix} \widehat{b}_1 \\ \vdots \\ \widehat{b}_n \end{pmatrix}.$$

Da die Lösung in diesem Rahmen eindeutig ist, erübrigt sich natürlich die weitere Suche nach der Optimallösung.

Mathematisch deutlich anspruchsvoller wird die Situation im Fall einer rangdefizitären Matrix A. Im Rahmen der Normalgleichungen erhalten wir mit $A^\top A$ eine singuläre Matrix, und die Existenz einer Cholesky-Zerlegung ist nicht mehr gegeben. Dennoch kann analog zur Vorgehensweise bei der Nutzung des Gauß'schen Eliminationsverfahrens das System durch elementare Äquivalenzumformungen gelöst werden. An dieser Stelle kommt uns ein zentrales Resultat der Theorie linearer Ausgleichsprobleme zu Hilfe, das besagt, dass stets eine Lösung des Problems existiert. Die Lösungsmenge schreibt sich dann mit einer speziellen Lösung x' der Normalgleichungen ganz im Sinne linearer Gleichungssysteme in der Form

$$x = x' + y \text{ mit } y \in \text{Kern}\,(A^\top A),$$

und der Lösungsraum stellt einen $n -$ Rang A dimensionalen affin linearen Unterraum des $\mathbb{R}^n$ dar. Die Optimallösung ist durch die Bedingung $x \perp \text{Kern}\,(A^\top A)$ festgelegt, und die Darstellung ergibt sich unter Verwendung einer Orthonormalbasis $\xi_1, \ldots, \xi_p$ des Kerns zu

$$x = x' - \sum_{i=1}^{p} \langle x', \xi_i \rangle \xi_i \,.$$

Die Lösung der vorliegenden Aufgabenstellung auf der Grundlage des Minimierungsproblems ist durch die Nutzung einer Pseudoinversen möglich. Hiermit wird eine echte Erweiterung des Inversenbegriffs erzielt, wobei die Ermittlung der von uns genutzten Moore-Penrose-Inversen $A^{\clubsuit}$ unter Verwendung der Singulärwertzerlegung vorgenommen wird. Die Bestimmung der Singulärwerte ist analog zu der Berechnung der Eigenwerte einer Matrix jedoch leider extrem aufwendig, wodurch sich die Umsetzung als rechenintensiv erweist. Insgesamt beruht die Vorgehensweise auf dem Satz zur Singulärwertzerlegung, der für jede Matrix $A \in \mathbb{R}^{m\times n}$ mit Rang $A = r \le n \le m$ die Existenz zweier orthogonaler Matrizen $U \in \mathbb{R}^{m\times m}$ und $V \in \mathbb{R}^{n\times n}$ sichert, sodass eine Darstellung

$$A = USV^\top \quad \text{mit} \quad S = \begin{pmatrix} \widehat{S} & 0 \\ 0 & 0 \end{pmatrix} \in \mathbb{R}^{m\times n}$$

mit einer Diagonalmatrix $\widehat{S} \in \mathbb{R}^{r\times r}$ vorliegt, die reelle, nichtnegative Diagonalelemente besitzt. Hiermit lässt sich die Moore-Penrose-Inverse gemäß

$$A^{\clubsuit} = V \begin{pmatrix} \widehat{S}^{-1} & 0 \\ 0 & 0 \end{pmatrix} U^\top \in \mathbb{R}^{n\times m}$$

definieren und für die Lösungsmenge gilt die Darstellung

$$x = A^{\clubsuit} b + y - A^{\clubsuit} A y \quad \text{mit} \quad y \in \mathbb{R}^n,$$

während die Optimallösung durch

$$x = A^{\clubsuit} b$$

gegeben ist.

Abschließend haben wir die Sensibilität des linearen Ausgleichsproblems auf Störungen der eingehenden Messwerte, das heißt der rechten Seite, und auf Variationen der Messzeitpunkte, das heißt der Matrix, untersucht. Dabei ergab sich, dass im Gegensatz zu den linearen Gleichungssystemen neben der Konditionszahl auch das Winkelmaß ϕ zwischen den Vektoren b und Ax eine Rolle spielt. Die Untersuchung beschränkte sich dabei auf den Maximalrangfall und lieferte eine Abschätzung für den maximalen relativen Fehler in der Lösung aufgrund einer gegebenen Messwertabweichung Δb in der Form

$$\frac{\|\Delta x\|}{\|x\|} \le \frac{\kappa(A)}{\cos(\phi)} \frac{\|\Delta b\|}{\|b\|}.$$

Im Kontext einer Störung der Matrix ergab sich analog die obere Schranke in der Form

$$\frac{\|\Delta x\|}{\|x\|} \le \kappa(A) \left(\tan(\phi) + \frac{\|\Delta A\|}{\|A\|} \right) + \|R\|,$$

wobei R die im Fall kleiner Störungen nicht relevanten quadratischen Störungsterme beschreibt.

Mit diesem Kapitel liegt ein Einblick in das Gebiet der linearen Ausgleichsprobleme vor. Für ein vertiefendes Studium existieren selbstverständlich noch viele lesenswerte Beiträge innerhalb dieser Themenstellung.

Aufgaben

Die Aufgaben gliedern sich in drei Kategorien: Anhand der *Verständnisfragen* können Sie prüfen, ob Sie die Begriffe und zentralen Aussagen verstanden haben, mit den *Rechenaufgaben* üben Sie Ihre technischen Fertigkeiten und die *Beweisaufgaben* geben Ihnen Gelegenheit, zu lernen, wie man Beweise findet und führt.

Ein Punktesystem unterscheidet leichte Aufgaben •, mittelschwere •• und anspruchsvolle ••• Aufgaben. Lösungshinweise am Ende des Buches helfen Ihnen, falls Sie bei einer Aufgabe partout nicht weiterkommen. Dort finden Sie auch die Lösungen – betrügen Sie sich aber nicht selbst und schlagen Sie erst nach, wenn Sie selber zu einer Lösung gekommen sind. Ausführliche Lösungswege, Beweise und Abbildungen finden Sie auf der Website zum Buch.

Viel Spaß und Erfolg bei den Aufgaben!

Verständnisfragen

16.1 •• Untersuchen Sie die Existenz und Eindeutigkeit der Lösung des bereits auf Seite 584 vorgestellten Problems

$$\underbrace{\begin{pmatrix}1\\1\end{pmatrix}}_{=A}\alpha_0 = \underbrace{\begin{pmatrix}1\\2\end{pmatrix}}_{=b},$$

wobei anstelle von $\|A\alpha_0 - b\|_2$ die Minimierung von $\|A\alpha_0 - b\|_1$ respektive $\|A\alpha_0 - b\|_\infty$ betrachtet wird. Veranschaulichen Sie Ihr Ergebnis in beiden Fällen auch geometrisch.

16.2 • Warum kann zu einer Matrix $A \in \mathbb{R}^{m\times n}$ mit $m > n$ keine Matrix B existieren, die der Gleichung $BA = AB$ genügt?

16.3 • Überprüfen Sie folgende Aussage: Die Inverse $B \in \mathbb{R}^{n\times n}$ einer regulären Matrix $A \in \mathbb{R}^{n\times n}$ erfüllt die Eigenschaften einer Moore-Penrose-Inversen.

16.4 • Gilt für die Moore-Penrose-Inversen die Rechenregel

$$(AB)^{\clubsuit} = B^{\clubsuit}A^{\clubsuit}\,?$$

Beweisaufgaben

16.5 • Beweisen Sie die Behauptung: Jede Permutationsmatrix ist orthogonal.

16.6 • Zeigen Sie: Die Matrix $A \in \mathbb{R}^{m\times n}$ mit $m \geq n$ besitzt genau dann maximalen Rang, wenn die Matrix $A^\top A \in \mathbb{R}^{n\times n}$ invertierbar ist.

16.7 • Sei eine Matrix A mit Moore-Penrose-Inverse $A^{\clubsuit}$ gegeben. Zeigen Sie, dass für $B = cA$ mit $c \in \mathbb{R}\setminus\{0\}$ die Eigenschaft

$$B^{\clubsuit} = \frac{1}{c}A^{\clubsuit}$$

gilt.

Rechenaufgaben

16.8 •• Wir betrachten die bereits auf Seite 587 vorgestellten linear abhängigen Funktionen

$$\Phi_0(t) = t,\ \Phi_1(t) = (t-1)^2 - 1,\ \Phi_2(t) = t^2.$$

Berechnen Sie die auf der Grundlage dieser Funktionen erzielte Optimallösung zu den folgenden Daten:

k	0	1	2	3
t_k	−2	−1	1	2
b_k	1	3	2	3

Ist das resultierende Polynom von der Variation der Koeffizienten innerhalb des Lösungsraums der Normalgleichungen abhängig?

16.9 • Bestimmen Sie eine Ausgleichskurve der Form $y(t) = a_1 \sin t + a_2 \cos t$ derart, dass für die durch

k	0	1	2	3	4
t_k	$-\pi$	$-\pi/2$	0	$\pi/2$	π
y_k	2	4	1	2	0

gegebenen Messdaten der Ausdruck $\sum_{k=0}^{4}(y_k - y(t_k))^2$ minimal wird.

16.10 • Für gegebene Daten

k	0	1	2	3	4
t_k	−1	0	1	2	3
y_k	2.2	1.1	1.9	4.5	10.2
z_k	−4.8	−3.2	−0.8	1.5	2.8

bestimme man

- jeweils eine Ausgleichsgerade $g(t) = a_1 + a_2 t$ derart, dass $\sum_{k=0}^{4}(y_k - g(t_k))^2$ respektive $\sum_{k=0}^{4}(z_k - g(t_k))^2$ minimal wird.
- jeweils eine Ausgleichsparabel $p(t) = b_1 + b_2 t^2$ derart, dass $\sum_{k=0}^{4}(y_k - p(t_k))^2$ respektive $\sum_{k=0}^{4}(z_k - p(t_k))^2$ minimal wird.

Berechnen Sie für alle vier obigen Fälle den minimalen Wert und begründen Sie ausschließlich durch Betrachtung der Werte $y_k, z_k, k = 0, \dots, 4$ die erzielten Ergebnisse

$$\sum_{k=0}^{4}(y_k - g(t_k))^2 \gg \sum_{k=0}^{4}(y_k - p(t_k))^2$$

und

$$\sum_{k=0}^{4}(z_k - g(t_k))^2 \ll \sum_{k=0}^{4}(z_k - p(t_k))^2.$$

16.11 •• Bestimmen Sie die Moore-Penrose-Inverse $A^{\clubsuit}$ der Matrix

$$A = \begin{pmatrix} 3 & 4 \\ 6 & 8 \end{pmatrix}.$$

16.12 •• Berechnen Sie mittels einer QR-Zerlegung oder unter Verwendung der Normalgleichungen eine Ausgleichsgerade der Form $p(t) = \alpha_0 + \alpha_1 t$, die bei den gegebenen Daten

k	0	1	2	3
t_k	1	2	3	4
b_k	3	2	5	4

den Ausdruck $\sum_{k=0}^{3}(b_k - p(t_k))^2$ über die Menge aller affin linearen Funktionen minimiert. Tragen Sie zunächst die Punkte in ein Koordinatensystem ein und stellen Sie eine grafische Vorabvermutung für die Lösung auf.

16.13 •• Wir wenden uns durch diese Aufgaben nochmals der bereits im Beispiel auf Seite 588 betrachteten Problemstellung zur Ermittlung von Prognosewerten für den Bremsweg eines Autos zu. Entgegen den im angegebenen Beispiel vorliegenden Daten sind diese in dieser Aufgabe durch

k	0	1	2	3	4
v_k [m/s]	2.78	5.56	8.33	11.11	13.89
s_k [m]	1.2	3.8	9.2	17	24.9

bezüglich der Geschwindigkeit in einer anderen Einheit gegeben. Berechnen Sie bezogen auf die obigen Daten ein Polynom $s(v) = \widetilde{\beta}\, v + \widetilde{\gamma}\, v^2$, das die Summe der Fehlerquadrate $\sum_{k=0}^{4}(s_k - s(v_k))^2$ über alle reellen Koeffizienten minimiert und bestimmen Sie damit Prognosewerte für die Geschwindigkeiten $22.22\,\frac{\text{m}}{\text{s}} = 80\,\frac{\text{km}}{\text{h}}$, $27.78\,\frac{\text{m}}{\text{s}} = 100\,\frac{\text{km}}{\text{h}}$ und $41.67\,\frac{\text{m}}{\text{s}} = 150\,\frac{\text{km}}{\text{h}}$ und vergleichen Sie diese mit den Resultaten laut Beispiel auf Seite 588. In welcher Beziehung stehen die Koeffizienten der jeweiligen Lösungsdarstellung?

16.14 • Bestimmen Sie die Menge der Ausgleichslösungen und die Optimallösung zum linearen Ausgleichsproblem $\| Ax - b \|_2 \overset{!}{=} \min$ mit

$$A = \begin{pmatrix} 1 & 0 & 1 \\ 0 & 1 & 1 \\ 0 & 1 & 1 \\ 1 & 0 & 1 \end{pmatrix} \quad \text{und} \quad b = \begin{pmatrix} 1 \\ 1 \\ 2 \\ 4 \end{pmatrix}.$$

Antworten der Selbstfragen

S. 584
Da mit $n = 1$ ein Polynom $p \in \Pi_0$, also eine konstante Funktion $p(t) = c$, $c \in \mathbb{R}$ gesucht ist, ergibt sich die Aufgabenstellung wie folgt:
Gesucht wird die Minimalstelle $\widetilde{c} \in \mathbb{R}$ der Funktion $g\colon \mathbb{R} \to \mathbb{R}$ mit

$$g(c) = (c-1)^2 + (c-2)^2.$$

Die Funktion g repräsentiert als Polynom zweiten Grades eine nach oben offene Parabel, sodass sich mit

$$g'(c) = 4c - 6$$

die Minimalstelle aus der Forderung $g'(\widetilde{c}) = 0$ zu $\widetilde{c} = \frac{3}{2}$ ergibt.

S. 586
Die Eindeutigkeit der Projektion von b auf Bild A liegt in der Tatsache begründet, dass sich bezüglich der euklidischen Norm Punkte gleichen Abstandes zu b auf einer Kugel mit Zentrum b befinden. Betrachtet man die Maximumnorm, so werden Kugeln durch Würfel ersetzt, wodurch nicht notwendigerweise eine orthogonale Projektion vorliegt und die Eindeutigkeit der Projektion in Abhängigkeit von der Lage des Bildraums Bild A verloren gehen kann.

S. 588
Wegen

$$\Phi_1(t) = t^2 - 2t = \Phi_2(t) - 2\Phi_0(t)$$

ist der durch die zugrunde gelegten Polynome erzeugte Raum nicht dreidimensional. Da Φ_0 und Φ_2 linear unabhängig sind, liegt ein zweidimensionaler Raum vor, wodurch sich $\text{Rang}(A^\top A) = 2$ ergibt.

S. 588
Betrachten wir die Einheiten innerhalb der Lösungsdarstellung, so wird schnell klar, dass die eingehenden Koeffizienten dimensionsbehaftet sind, also physikalische Einheiten besitzen. Wenn wir demzufolge die Geschwindigkeit in [m/s] messen, so ändern sich die Einheiten entsprechend und wir erhalten Koeffizienten, die geänderte Werte haben, genauer $\widetilde{\beta} = 3.6\,\beta$ und $\widetilde{\gamma} = 3.6^2\,\gamma$. Die Prognosewerte bleiben davon unberührt, da es sich nur um eine Skalierung handelt. Werfen Sie zur Überprüfung einen Blick auf die Aufgabe 16.13.

S. 588
Mit dem Satz zum orthogonalen Komplement wissen wir, dass sich der $\mathbb{R}^s$ als direkte Summe der Unterräume V und $V^\perp$ darstellen lässt. Somit existiert zu jedem $\boldsymbol{x} \in \mathbb{R}^s$ eine Darstellung

$$\boldsymbol{x} = \boldsymbol{x}' + \boldsymbol{x}''$$

mit $\boldsymbol{x}' \in V$ und $\boldsymbol{x}'' \in V^\perp$. Für $\boldsymbol{x} \in \mathbb{R}^s$ und $\boldsymbol{v} \in V^\perp$ gilt folglich

$$\langle \boldsymbol{x}, \boldsymbol{v} \rangle = \underbrace{\langle \boldsymbol{x}', \boldsymbol{v} \rangle}_{=0} + \langle \boldsymbol{x}'', \boldsymbol{v} \rangle = \langle \boldsymbol{x}'', \boldsymbol{v} \rangle.$$

Damit erhalten wir $\boldsymbol{x} \perp V^\perp$ genau dann, wenn $\langle \boldsymbol{x}'', \boldsymbol{v} \rangle = 0$ für alle $\boldsymbol{v} \in V^\perp$ gilt. Wählen wir $\boldsymbol{v} = \boldsymbol{x}''$, so ergibt sich direkt $\boldsymbol{x}'' = 0$ und demzufolge $\boldsymbol{x} = \boldsymbol{x}' \in V$. Somit ist $V = (V^\perp)^\perp$ nachgewiesen.

S. 595
Das obige Lemma stellt das Analogon zum Satz zur QR-Zerlegung singulärer Matrizen im Kontext einer Matrix $\boldsymbol{A} \in \mathbb{R}^{m \times n}$, $n < m$, mit maximalem Rang dar.

S. 599
Ja, die Matrix $\boldsymbol{B}$ erfüllt offensichtlich die Symmetriebedingungen, während

$$\boldsymbol{C}\boldsymbol{A} = \begin{pmatrix} 1 & 0 \\ 1 & 0 \end{pmatrix} \begin{pmatrix} 1 & 0 \\ 0 & 0 \end{pmatrix} = \begin{pmatrix} 1 & 0 \\ 1 & 0 \end{pmatrix}$$

gilt und folglich mit $\boldsymbol{C}$ keine Moore-Penrose-Inverse vorliegt.

S. 601
Ja, denn es gilt

$$\boldsymbol{A}^{\clubsuit} = (\boldsymbol{A}^\top \boldsymbol{A})^{-1} \boldsymbol{A}^\top = \boldsymbol{A}^{-1} \boldsymbol{A}^{-\top} \boldsymbol{A}^\top = \boldsymbol{A}^{-1}.$$

Nichtlineare Gleichungen und Systeme – numerisch gelöst

17

In welchen Fällen löst man Gleichungen numerisch?

Welche Verfahren gibt es?

Unter welchen Umständen konvergieren Verfahren?

In der Schule lernt man eine explizite Formel zur Lösung quadratischer Gleichungen, die schon den alten Mesopotamiern etwa 1500 v. Chr. bekannt war. Der nächste Fortschritt kam allerdings erst im 16. Jahrhundert in Italien, als Nicolo Tartaglia und Gerolamo Cardano explizite Lösungsformeln für die Wurzeln einer kubischen Gleichung fanden. Kurz darauf wurden auch solche Lösungsformeln für Gleichungen vom Grad 4 gefunden, aber Polynomgleichungen vom Grad 5 widersetzten sich hartnäckig. Erst 1824 gelang dem jungen Niels Henrik Abel der Beweis, dass es eine Lösungsformel mit endlich vielen Wurzelausdrücken für die allgemeine Gleichung fünften Grades nicht geben kann. Die Galois-Theorie hat dann gezeigt, dass alle Polynomgleichungen ab Grad 5 im Allgemeinen nicht explizit aufgelöst werden können. Mit anderen Worten: Schon bei der Nullstellensuche bei einem Polynom von Grad 5 sind wir auf numerische Methoden angewiesen. Allerdings wollen wir gleich hier bemerken, dass die Nullstellenberechnung von Polynomen in der Praxis im Allgemeinen *keine* Aufgabe für Methoden dieses Kapitels ist, obwohl wir sie häufig als Beispiele verwenden! Die meisten Probleme zur Nullstellenbestimmung von Polynomen treten nämlich bei Eigenwertproblemen auf, bei denen man charakteristische Polynome behandeln muss. Daher wendet man besser gleich numerische Methoden zur Berechnung der Eigenwerte von Matrizen an.

Nichtlineare Gleichungen und Systeme treten in den Anwendungen sehr häufig auf, und zwar in allen Anwendungsfeldern: Beschreibung mechanischer Systeme, chemische Reaktionen, Optimierung von Produktionsprozessen usw. Besondere Aufregung hat in den letzten Jahrzehnten die Chaostheorie verursacht. Hierbei zeigt es sich, dass in einigen Fällen bei Iterationen erratisches Verhalten festzustellen ist. Wir wollen auch dieses Verhalten bei der Nullstellensuche untersuchen.

Ohne Zweifel kommt den Newton-Methoden heute eine besondere Bedeutung zu. Aus diesem Grund legen wir einen Schwerpunkt auf die Konvergenztheorie des klassischen Newton-Verfahrens, beschreiben aber auch Zugänge zu modernen Varianten. Allerdings ist es für das Verständnis gut, eine einfache Methode zur Hand zu haben, an der man auch komplizierte Zusammenhänge leicht einsehen kann. Dazu dienen uns das Bisektions- und das Sekantenverfahren, die wir im Detail untersuchen werden.

17.1 Bisektion, Regula Falsi, Sekantenmethode und Newton-Verfahren

Wir beginnen unsere Überlegungen mit einigen sehr alten Methoden zur numerischen Berechnungen von Nullstellen. Wir wollen noch nicht allgemein auf Fragen der Konvergenz und der Konvergenzordnung eingehen, sondern uns erst einmal einen Überblick verschaffen.

Mit dem Bisektionsverfahren fängt man Löwen in der Wüste

Häufig wird das Bisektionsverfahren zum Auffinden von Nullstellen einer Gleichung $f(x) = 0$ scherzhaft mit dem Fangen eines Löwen in der Wüste verglichen. Der Löwe ist die Nullstelle und die Wüste ist ein abgeschlossenes Intervall $[a, b] \subset \mathbb{R}$. Wir müssen nur wissen, dass es tatsächlich genau einen Löwen irgendwo in der Wüste gibt. Im ersten Schritt teilen wir die Wüste in zwei gleich große Teile und stellen fest, in welcher Teilwüste der Löwe jetzt ist. Mit dieser Teilwüste fahren wir nun fort, d. h., wir halbieren die Teilwüste und schauen wieder nach, in welchem Teil (der Teilwüste) sich der Löwe aufhält. Fahren wir nun *ad infinitum* so fort, dann muss am Ende der Löwe gefangen sein!

Das **Bisektionsverfahren** ist wohl das einfachste Verfahren zur Bestimmung einer Lösung der Gleichung

$$f(x) = 0$$

mit einer stetigen Funktion $f\colon [a, b] \to \mathbb{R}$. Wir wollen voraussetzen, dass $f(a) \cdot f(b) < 0$ ist, d. h., die Funktionswerte wechseln in $[a, b]$ mindestens einmal das Vorzeichen. Nach dem Zwischenwertsatz folgt dann, dass es mindestens eine Stelle ξ im Intervall $[a, b]$ gibt, an der $f(\xi) = 0$ gelten muss. Wir setzen weiter voraus, dass es nur genau eine Nullstelle ξ in diesem Intervall gibt, und gehen wie folgt vor.

Wir berechnen die Mitte des Intervalls

$$x_1 := \frac{a+b}{2}.$$

Gilt $f(a) \cdot f(x_1) = 0$, dann haben wir die Nullstelle $x_1 = \xi$ schon zufällig gefunden. Ist $f(a) \cdot f(x_1) < 0$, dann liegt die Nullstelle im Intervall $[a, x_1]$ und wir fahren fort, dieses kleinere Intervall zu halbieren. Anderenfalls ist $f(b) \cdot f(x_1) < 0$ und wir suchen im Intervall $[x_1, b]$ weiter.

Das lässt sich übersichtlich als Algorithmus formulieren.

Das Bisektionsverfahren

Die Funktion $f\colon [a, b] \to \mathbb{R}$ sei stetig, besitze genau eine Nullstelle $\xi \in (a, b)$ und es gelte $f(a) \cdot f(b) < 0$.

Setze $a_0 := a, \quad b_0 := b$;

Für $n = 0, 1, 2, \ldots$

$$x := \frac{a_n + b_n}{2};$$

Ist $f(a_n) \cdot f(x) \le 0$, setze $a_{n+1} := a_n, b_{n+1} := x$;

sonst setze $a_{n+1} := x, b_{n+1} := b_n$;

Unser kleiner Algorithmus hat noch einen Schönheitsfehler: Er ist nämlich gar kein Algorithmus, weil ein Stoppkriterium fehlt. Es ist natürlich leicht, eine Abfrage wie $|b_{n+1} - a_{n+1}| < \varepsilon$ mit einer Toleranz ε als Stoppkriterium einzubauen: Wenn die Teilwüste winzig klein ist, kann der Löwe schließlich nicht weit sein.

Das Bisektionsverfahren erlaubt uns eine einfache Fehler- und Konvergenzbetrachtung. Im ersten Schritt ist $x = (a+b)/2$ die beste Schätzung der Nullstelle ξ, es ist also

$$\xi \approx \frac{a+b}{2}$$

mit einem absoluten Fehler von

$$|\xi - x| \le \frac{b-a}{2}.$$

Im nächsten folgenden Schritt halbiert sich wieder die Länge des Intervalls, in dem die Nullstelle liegt, usw. Damit liefert jeder Schritt des Bisektionsverfahrens genau eine korrekte Stelle mehr in der Binärdarstellung der gesuchten Nullstelle.

Wir sehen durch diese einfache Überlegung auch, dass das beste Stoppkriterium für das Bisektionsverfahren durch

$$\frac{|b_n - a_n|}{2} \le \varepsilon$$

gegeben ist, denn $|b_n - a_n|/2$ ist die beste Schätzung des globalen Fehlers, die wir haben.

Beispiel Gesucht sei die Nullstelle der Funktion $f(x) = x^3 - x - 1$ im Intervall $[a, b] = [1, 2]$. Da $f(1) < 0$ und $f(2) > 0$, gilt $f(a)f(b) < 0$ und nach dem Zwischenwertsatz existiert eine Nullstelle. Gäbe es in $[1, 2]$ eine zweite Nullstelle, dann müsste nach dem Satz von Rolle an einer Stelle $\xi \in (1, 2)$ die Ableitung f' verschwinden. Wegen $f'(x) = 3x^2 - 1 > 0$ für alle $x \in [1, 2]$ gibt es daher nur eine einzige Nullstelle dort.

Im ersten Schritt des Bisektionsverfahrens erhalten wir $x = (a_0 + b_0)/2 = (1+2)/2 = 1.5$. Wir wissen jetzt schon, dass $\xi \approx 1.5$ mit einem absoluten Fehler, der kleiner oder gleich $(b_0 - a_0)/2 = 0.5$ ist. Weil

$$f(1.5) = 0.875, \quad f(1) = -1,$$

muss die gesuchte Nullstelle im Intervall $[a_0, x] =: [a_1, b_1]$ liegen. Wir berechnen $x = (a_1 + b_1)/2 = (1+1.5)/2 = 1.25$ und wissen schon, dass $\xi \approx 1.25$ mit einem absoluten Fehler nicht größer als $(b_1 - a_1)/2 = (1.5 - 1)/2 = 0.25$ gilt.

In Schritt $n = 20$ ist $|b_{21} - a_{21}| = 4.76837... \cdot 10^{-7}$, erst in Schritt $n = 51$ ist bei einfach genauer Rechnung die Maschinengenauigkeit von $2 \cdot 10^{-16}$ erreicht. ◀

Die Konvergenzgeschwindigkeit des Bisketionsverfahren ist mit einer binären Stelle je Schritt sehr klein, und man kann versuchen, etwas mehr Information zu verwenden, um schnellere Verfahren zu gewinnen.

Die Regula Falsi kommt auch mit falschen Daten zum Ziel

Die **Regula Falsi** (Regel des Falschen (Wertes)) ist eine der **Interpolationsmethoden**, die auf der Polynominterpolation von Daten basiert.

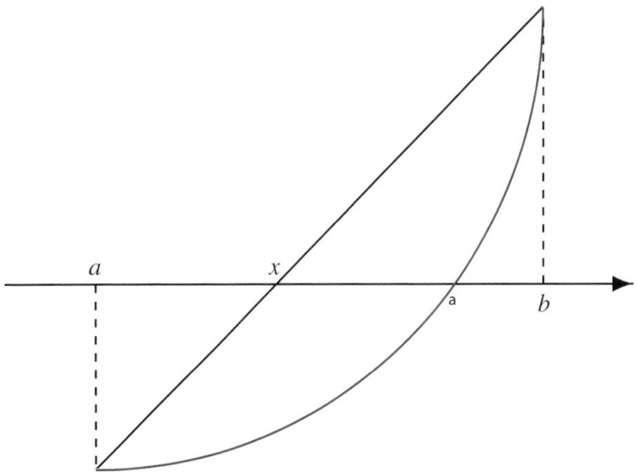

Abbildung 17.1 Der erste Schritt der Regula Falsi.

Wie auch im Fall des Bisektionsverfahrens nehmen wir die Funktion $f\colon [a, b] \to \mathbb{R}$ stetig an und sie besitze in $[a, b]$ genau eine Nullstelle ξ. Weiterhin sei $f(a) \cdot f(b) < 0$.

Grundidee ist die Annäherung der Funktion f durch eine lineare Interpolante (es ist die Sekante) der beiden Wertepaare $(a, f(a))$ und $(b, f(b))$. Deren Schnittpunkt x mit der Abszisse wird dann als Näherung an die Nullstelle ξ betrachtet.

Das Lagrange'sche Interpolationspolynom für die Daten $(a, f(a))$ und $(b, f(b))$ ist gegeben durch

$$p(x) = \frac{x-a}{b-a} f(b) + \frac{x-b}{a-b} f(a).$$

Setzen wir $p(x) = 0$ und lösen wir nach x auf, dann folgt

$$x = a - \frac{(b-a)f(a)}{f(b) - f(a)} = \frac{af(b) - bf(a)}{f(b) - f(a)}.$$

Wie beim Bisektionsverfahren entscheidet jetzt das Vorzeichen von $f(a) \cdot f(x)$ darüber, in welchem der Teilintervalle $[a, x]$ oder $[x, b]$ sich die Nullstelle ξ befindet. In diesem Teilintervall wird wieder interpoliert und ein neuer Wert x ermittelt, der ξ annähert, usw. Das führt auf den folgenden Algorithmus.

Die Regula Falsi

Die Funktion $f\colon [a, b] \to \mathbb{R}$ sei stetig, besitze genau eine Nullstelle $\xi \in (a, b)$ und es gelte $f(a) \cdot f(b) < 0$.

Setze $a_0 := a, \quad b_0 := b$;

Für $n = 0, 1, 2, \ldots$

$$x := \frac{a_n f(b_n) - b_n f(a_n)}{f(b_n) - f(a_n)};$$

Ist $f(a_n) \cdot f(x) \le 0$ setze $a_{n+1} := a_n, b_{n+1} := x$;

sonst setze $a_{n+1} := x, b_{n+1} = b_n$;

Wir können nicht erwarten, dass die Teilintervalle $[a_n, b_n]$ wie beim Bisektionsverfahren beliebig klein werden, was

Beispiel: Das Heron-Verfahren

Die älteste Anwendung der Bisektion ist wohl das Heron-Verfahren, mit dem man näherungsweise $\sqrt{2}$ (oder andere Wurzeln) berechnen kann. Interessanterweise stammt das Verfahren nicht von Heron von Alexandrien, der im ersten Jahrhundert unserer Zeitrechnung lebte, sondern war bereits in Mesopotamien viele Jahrhunderte vor unserer Zeitrechnung bekannt. Heron hat es nur in seinem Buch „Metrica" beschrieben. Die Mesopotamier wollten die Kantenlänge eines Quadrates mit Flächeninhalt 2 berechnen. Dazu erfanden sie ein iteratives Verfahren.

Problemanalyse und Strategie: Wir starten mit einem Rechteck der Kantenlängen $a_0 = 1$ und $b_0 = 2$, sodass der Flächeninhalt $A = 2$ ist. Wir brauchen jetzt eine Methode, die die Kantenlängen schrittweise so verändert, dass sich das Rechteck bei Erhalt der Fläche dem Quadrat annähert.

Lösung:
Im ersten Schritt setzen wir die neue Kantenlänge auf

$$a_1 = \frac{a_0 + b_0}{2} = 1.5\,,$$

wir wenden also eine Bisektion an. Die zweite Kantenlänge muss sich nun so verändern, dass sich der Flächeninhalt $A = 2$ nicht ändert, d. h.

$$b_1 = \frac{A}{a_1} = 2/1.5 = \frac{4}{3}\,.$$

Nun fahren wir fort und berechnen

$$a_2 = \frac{a_1 + b_2}{2} = \frac{17}{12}, \quad b_2 = \frac{A}{a_2} = \frac{24}{17}$$

usw. Die Folge $(a_n)_{n\in\mathbb{N}}$ konvergiert monoton von unten gegen $\sqrt{2}$, die Folge $(b_n)_{n\in\mathbb{N}}$ von oben.

Die Abbildung zeigt die Keilschrifttafel YBC 7289 aus der Zeit etwa 1800 v. Chr., die ein Quadrat mit Diagonalen zeigt. Die Zahlen sind im Sexagesimalsystem gegeben und die Zahl auf der Diagonalen ist

$$1\cdot 60^0 + 24\cdot 60^{-1} + 51\cdot 60^{-2} + 10\cdot 60^{-3} = 1.41421\overline{296}\,,$$

d. h. eine gute Näherung an $\sqrt{2}$.

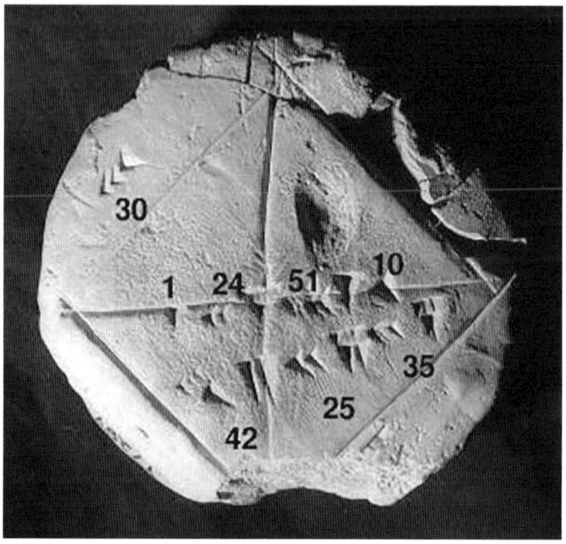

Mit großer Wahrscheinlichkeit wurde diese Näherung mithilfe des Heron-Verfahrens ermittelt. Die Tafel zeigt dann, dass ein Quadrat der Seitenlänge $(30)_{60} = 30$ eine Diagonale der Länge $42\cdot 60^0 + 25\cdot 60^{-1} + 35\cdot 60^{-2} = 42.4263\overline{8}$ besitzt, und $42.4263\overline{8} \approx \sqrt{2}\cdot 30$.

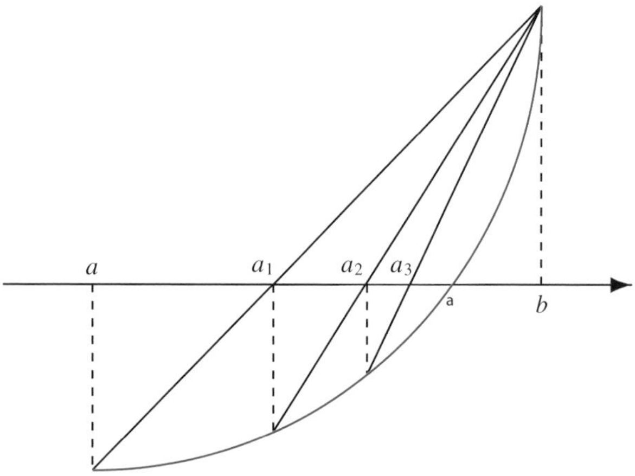

Abbildung 17.2 Prinzip der Regula Falsi.

schon an Abbildung 17.2 zu erkennen ist. Als Stoppregel bietet sich daher

$$|f(x)| \le \varepsilon$$

an.

Beispiel Wir greifen unser Beispiel zur Nullstellensuche von $f(x) = x^3 - x - 1$ im Intervall $[a, b] = [1, 2]$ wieder auf.

Für $n = 20$ ergibt sich $a_n = 1.32472 = x$, $b_n = 2$ und $|f(x)| = 2.68... \cdot 10^{-6}$. Für $n = 40$ ist die Maschinengenauigkeit erreicht, aber x in den ersten 5 Nachkommastellen noch so wie bei $n = 20$. Die Intervallbreite ist $b_{40} - a_{40} = 0.675282$. ◀

Es bieten sich noch Verbesserungen der Regula Falsi an, die wir im Folgenden diskutieren wollen. In unserem Beispiel haben wir eine konvexe Funktion betrachtet, da $f'(x) = 3x^2 - 1 > 0$ und $f''(x) > 0$ für alle $x \in [1, 2]$ gilt. In diesem Fall blieb die rechte Intervallgrenze b_n immer gleich der ursprünglichen b, d. h., die Näherungen x_n konvergieren monoton von links gegen ξ. Es ist zu erwarten, dass die Konvergenz besser wird, wenn wir auch etwas Dynamik in die b_n bringen würden. Dies leistet die **modifizierte Regula Falsi**.

Die modifizierte Regula Falsi halbiert die Randwerte

Wir beginnen wie in der Regula Falsi mit einer linearen Interpolation der Randknoten $(a, f(a))$ und $(b, f(b))$, was eine Näherung x_1 in Form der Nullstelle der linearen Interpolante liefert. Vor dem nächsten Schritt halbieren wir jedoch denjenigen Funktionswert an den Rändern, der im vorhergehenden Schritt beibehalten worden wäre.

Die modifizierte Regula Falsi

Die Funktion $f: [a, b] \to \mathbb{R}$ sei stetig, besitze genau eine Nullstelle $\xi \in (a, b)$ und es gelte $f(a) \cdot f(b) < 0$.

Setze $a_0 := a, \quad b_0 := b$;

Setze $F := f(a_0), \quad G := f(b_0), \quad x_0 := a_0$;

Für $n = 0, 1, 2, \ldots$

$$x_{n+1} := \frac{a_n G - b_n F}{G - F};$$

Ist $f(a_n) \cdot f(x_{n+1}) \leq 0$

{

setze $a_{n+1} := a_n, b_{n+1} := x_{n+1}, G = f(x_{n+1})$;

Ist $f(x_n) \cdot f(x_{n+1}) > 0$ setze $F := F/2$;

}

sonst

{

setze $a_{n+1} := x_{n+1}, b_{n+1} := b_n, F = f(x_{n+1})$;

Ist $f(x_n) \cdot f(x_{n+1}) > 0$ setze $G := G/2$;

}

Durch diese Modifikation erzeugt die Methode nun wieder immer kleiner werdende Intervalle, die die Nullstelle einschließen. Daher ist hier wieder

$$|b_n - a_n| < \varepsilon$$

ein brauchbares Stoppkriterium.

Beispiel Wir greifen unser Beispiel zur Nullstellensuche von $f(x) = x^3 - x - 1$ im Intervall $[a, b] = [1, 2]$ noch einmal auf.

Bereits für $n = 6$ ergibt sich $a_n = 1.32472 = x$, $b_n = 1.32472$ und $f(a_6) = -1.736... \cdot 10^{-8} < 0 < 1.730... \cdot 10^{-8} = f(a_6)$. ◀

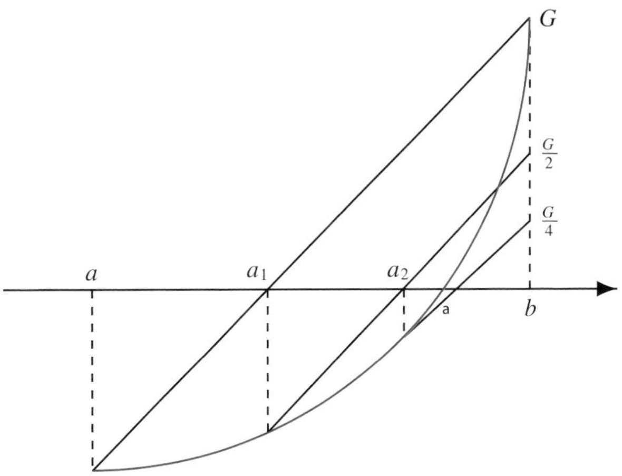

Abbildung 17.3 Das Prinzip der modifizierten Regula Falsi.

Das Sekantenverfahren ist eine weitere Modifikation der Regula Falsi

Anstatt immer kompliziertere Algorithmen für Geraden zu entwickeln, deren Nullstellen als Approximationen an die Nullstelle der Funktion f dienen, kann man auch einfacher streng am Konzept der Sekante bleiben. Das führt direkt zu dem einfachen **Sekantenverfahren**.

Das Sekantenverfahren

Die Funktion $f: [a, b] \to \mathbb{R}$ sei stetig, besitze genau eine Nullstelle $\xi \in (a, b)$ und es gelte $f(a) \cdot f(b) < 0$.

Setze $x_{-1} := a, \quad x_0 := b$;

Für $n = 0, 1, 2, \ldots$

$$x_{n+1} := \frac{x_{n-1} f(x_n) - x_n f(x_{n-1})}{f(x_n) - f(x_{n-1})};$$

Beispiel Wir betrachten unser Beispiel zur Nullstellensuche von $f(x) = x^3 - x - 1$ im Intervall $[a, b] = [1, 2]$.

Bereits für $n = 6$ ergibt sich $x_n = 1.32472$, $|f(x_6)| = 3.458...... \cdot 10^{-8}$. ◀

Ein großes Problem mit dem Sekantenverfahren tritt auf, wenn $f(x_n)$ und $f(x_{n-1})$ sich nicht im Vorzeichen unterscheiden und sich im Betrag so wenig unterscheiden, dass große Rundungsfehler auftreten oder die Berechnung von

$$x_{n+1} := \frac{x_{n-1} f(x_n) - x_n f(x_{n-1})}{f(x_n) - f(x_{n-1})}$$

sogar unmöglich wird. Diesem Problem ist nicht abzuhelfen.

Schreiben wir etwas um, so folgt

$$\begin{aligned} x_{n+1} &= x_n - f(x_n) \frac{x_n - x_{n-1}}{f(x_n) - f(x_{n-1})} \\ &= x_n - \frac{f(x_n)}{\frac{f(x_n) - f(x_{n-1})}{x_n - x_{n-1}}}. \end{aligned}$$

Hintergrund und Ausblick: Eine quadratische Interpolationsmethode

Die Regula falsi und auch die modifizierte Version verwenden lineare Interpolanten. Es liegt nahe, auch Polynome höheren Grades zu verwenden.

Wird die Nullstelle $\xi \in [a, b]$ einer Funktion $f(x)$ gesucht, dann kann man die quadratische Interpolante q der drei Punkte $(a, f(a))$, $((a+b)/2, f((a+b)/2)$ und $(b, f(b))$ berechnen und erhält in Newton-Form (vergleiche Abschnitt 12.3)

$$\begin{aligned}q(x) =& f(a) + \frac{2\left(f\left(\frac{a+b}{2}\right) - f(a)\right)}{b-a}(x-a)\\&+ \frac{2f(b) - 4f\left(\frac{a+b}{2}\right) - f(a)}{(b-a)^2}(x-a)\left(x - \frac{a+b}{2}\right).\end{aligned}$$

Die Nullstelle x_1 von q im Intervall $[a, b]$ ist nun die neue Approximation an die Nullstelle ξ der Funktion f. Wie bei der Regula Falsi wird nun überprüft, ob ξ in $[a, x_1]$ oder in $[x_1, b]$ liegt und in dem entsprechenden Teilintervall wird wieder der Mittelpunkt berechnet und erneut quadratisch interpoliert, usw.

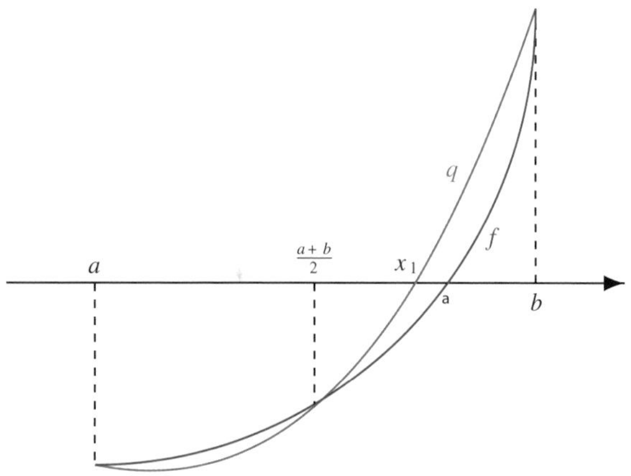

Dieses Vorgehen ist umständlich, zumal jedesmal die Nullstelle eines quadratischen Polynoms zu ermitteln ist. Sehr viel eleganter geht man vor, wenn man $x_0 := (a+b)/2$, $h := (b-a)/2$ und $x_{-1} := x_0 - h$, $x_1 := x_0 + h$ setzt, um eine neue Variable $t \in [-1, 1]$ einzuführen, sodass man „um x_0 herum" interpolieren kann. Die zugehörigen Funktionswerte bezeichnet man mit $f_{-1} := f(x_{-1})$, $f_0 := f(x_0)$ und $f_1 := f(x_1)$.

Wir wollen jetzt an den Stellen x_0, x_1, x_{-1} (in dieser Reihenfolge) interpolieren. Das Interpolationspolynom vom Grad nicht größer als 2 in Newton-Form ist

$$\begin{aligned}p(x) =& f[x_0] + f[x_0, x_1](x - x_0)\\&+ f[x_0, x_1, x_{-1}](x-x_0)(x-x_1).\end{aligned}$$

Wegen der Symmetrie der dividierten Differenzen (vergleiche (12.3)) gilt $f[x_0, x_1, x_{-1}] = f[x_{-1}, x_0, x_1]$. Ist $\Delta f_{-1} := f_0 - f_{-1}$ die **Vorwärtsdifferenz** und definieren wir $\Delta^2 f_{-1} := \Delta(\Delta f_{-1}) = f_1 - 2f_0 + f_{-1}$ und $\Delta^0 f_{-1} = f_{-1}$, dann gilt nach der Definition der dividierten Differenzen (12.16):

$$f[x_0] = f_0 = \Delta^0 f_0,$$

$$f[x_0, x_1] = \frac{f_1 - f_0}{h} = \frac{\Delta f_0}{h},$$

$$f[x_{-1}, x_0] = \frac{f_0 - f_{-1}}{h} = \frac{\Delta f_{-1}}{h},$$

und

$$f[x_{-1}, x_0, x_1] = \frac{f[x_0, x_1] - f[x_{-1}, x_0]}{2h} = \frac{\Delta^2 f_{-1}}{2h^2}.$$

Setzen wir nun dies in unser Newton-Polynom ein, folgt

$$p(x) = f_0 + \frac{\Delta f_0}{h}(x - x_0) + \frac{\Delta^2 f_{-1}}{2h^2}(x-x_0)(x-x_1).$$

Setzen wir nun noch $x = x_0 + th$ für $t \in [-1, 1]$, dann ergibt sich unter Berücksichtigung von $x_1 = x_0 + h$:

$$\begin{aligned}q(t) :=& p(x_0 + th) = f_0 + \frac{\Delta f_0}{h}th + \frac{\Delta^2 f_{-1}}{2h^2}th(h(t-1))\\=& f_0 + \left(\Delta f_0 - \frac{1}{2}\Delta^2 f_{-1}\right)t + \frac{1}{2}t^2\Delta^2 f_{-1}.\end{aligned}$$

Durch Einsetzen überzeugen wir uns von $q(-1) = f_{-1}$, $q(0) = f_0$ und $q(1) = f_1$.

Anstatt nun die Nullstelle dieses quadratischen Polynoms explizit auszurechnen, löst man für $q(t) = 0$ nach dem linearen Term auf:

$$2\left(\Delta f_0 - \frac{1}{2}\Delta^2 f_{-1}\right)t = -2f_0 - t^2\Delta^2 f_{-1}$$

und erhält

$$t = \alpha + \beta t^2$$

mit

$$\alpha := \frac{-f_0}{\Delta f_0 - \frac{1}{2}\Delta^2 f_{-1}}, \quad \beta := \frac{-\Delta^2 f_{-1}}{2\left(\Delta f_0 - \frac{1}{2}\Delta^2 f_{-1}\right)}.$$

Bei nicht zu stark gekrümmter Kurve wird β schon klein sein und der Term βt^2 wird nun als Korrektur für $t = \alpha$ angesehen. Dann kann man mit der Iteration

$$\begin{aligned}t_0 &= \alpha,\\t_1 &= \alpha + \beta t_0^2,\\t_2 &= \alpha + \beta t_1^2,\\&\vdots\end{aligned}$$

in der Regel schnell den gesuchten Wert t und damit die gesuchte Näherung $x = x_0 + th$ berechnen.

Nun ist zu erkennen, dass $f[x_{n-1}, x_n] = \frac{f(x_n)-f(x_{n-1})}{x_n - x_{n-1}}$ eine dividierte Differenz von f ist, vergleiche (12.16), d. h.

$$x_{n+1} = x_n - \frac{f(x_n)}{f[x_{n-1}, x_n]}.$$

Ist f differenzierbar, dann liegt es nahe, die dividierte Differenz $f[x_n, x_{n-1}]$ durch die Ableitung $f'(x_n)$ zu ersetzen, womit wir das *Newton-Verfahren* entwickelt haben.

Das Newton-Verfahren arbeitet mit der Tangente

Wählen wir einen Punkt $x_0 \in (a, b)$, dann kann die durch

$$y = f(x_0) + f'(x_0)(x - x_0)$$

definierte Tangente an f im Punkt x_0 die Rolle der Sekante im Sekantenverfahren übernehmen. Nullstelle x_1 der Tangente ist

$$0 = f(x_0) + f'(x_0)(x_1 - x_0) \quad \Longrightarrow \quad x_1 = x_0 - \frac{f(x_0)}{f'(x_0)}.$$

Iterieren wir nun weiter, dann erhalten wir das **Newton-Verfahren**.

Das Newton-Verfahren

Die Funktion $f\colon [a, b] \to \mathbb{R}$ sei stetig, besitze genau eine Nullstelle $\xi \in (a, b)$ und es gelte $f(a) \cdot f(b) < 0$.

Wähle $x_0 \in (a, b)$;
Für $n = 0, 1, 2, \ldots$

$$x_{n+1} := x_n - \frac{f(x_n)}{f'(x_n)};$$

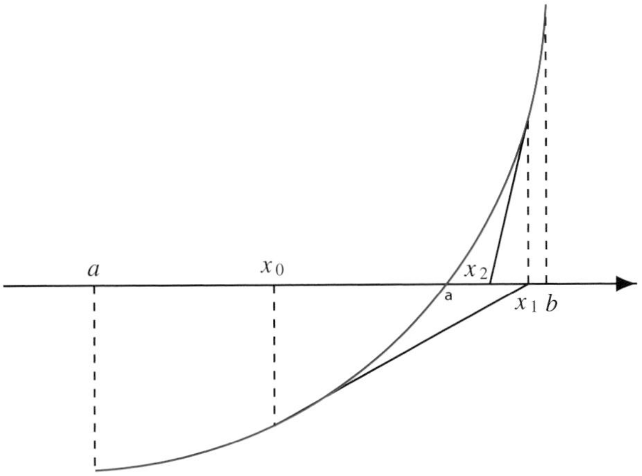

Abbildung 17.4 Das Prinzip des Newton-Verfahrens.

Da im Nenner beim Newton-Verfahren die Ableitung f' auftritt, läuft das Verfahren bei mehrfachen Nullstellen unter Umständen in Schwierigkeiten und teilt sich damit die Probleme mit dem Sekantenverfahren. Welche Abhilfen es hier gibt, werden wir jetzt beleuchten.

Das Newton-Verfahren hat nicht *per se* Probleme mit mehrfachen Nullstellen, wovon man sich sofort am Beispiel eines Monoms $f(x) = x^m$ überzeugen kann. Dann ist $f'(x) = mx^{m-1}$ und $f(x)/f'(x) = x/m$, was keinerlei Probleme bereitet, sondern nur die Konvergenzordnung senkt, wie wir noch zeigen werden. Für Fälle, in denen es wirkliche Probleme gibt, lässt sich die einfache **Modifikation nach Schröder** anwenden. Hierbei wird davon Gebrauch gemacht, dass eine Funktion f mit einer p-fachen Nullstelle ξ von der Bauart $f(x) = (x - \xi)^p g(x)$ ist, wobei g stetig differenzierbar sein soll und keine Nullstelle bei $x = \xi$ aufweist. Die Funktion $\sqrt[p]{f}$ besitzt dann nur eine einfache Nullstelle ξ. Wegen $h(x) := \sqrt[p]{f(x)}$ und

$$\begin{aligned} h'(x) &= \frac{1}{p}(f(x))^{\frac{1}{p}-1} f'(x) = \frac{1}{p}(f(x))^{\frac{1-p}{p}} f'(x) \\ &= \frac{1}{p}\sqrt[p]{\frac{f(x)}{(f(x))^p}}\, f'(x) = \frac{1}{pf(x)}\sqrt[p]{f(x)}\, f'(x) \end{aligned}$$

folgt

$$\frac{h(x)}{h'(x)} = p\frac{f(x)}{f'(x)}$$

und damit lautet **das Newton-Verfahren mit der Schröder'schen Modifikation**

$$x_{n+1} = x_n - p\frac{f(x_n)}{f'(x_n)}. \tag{17.1}$$

Bei der Verwendung der Schröder'schen Modifikation für Funktionen mit p-fachen Nullstellen ist stets Vorsicht angebracht, denn für $x \to \xi$ werden sowohl f als auch f' klein und das Verfahren ist daher empfindlich für Rundungsfehler.

Interessant für die Praxis ist die Frage, was zu tun ist, wenn man keine Information über die Vielfachheit einer Nullstelle besitzt. In der Regel ist es nicht ratsam, sofort die Schröder'sche Modifikation mit einem geratenen, großen p zu verwenden, da man unter Umständen das Newton-Verfahren zu starken Oszillationen anregt.

?

Das Polynom $f(x) = (x+2)^2(x-1)(x-7)^2$ besitzt eine zweifache Nullstelle bei $x = 7$. Stellen Sie sich vor, Sie hätten nur die ausmultiplizierte Version

$$f(x) = x^5 - 11x^4 + 7x^3 + 143x^2 + 56x - 196$$

zur Verfügung und vermuten um $x = 7$ eine Nullstelle, kennen aber nicht deren Vielfachheit. Wählen Sie in der Schröder'schen Modifikation des Newton-Verfahrens $p = 5$ und berechnen Sie 200 Iterierte, ausgehend von $x_0 = 8$. Plotten Sie die x_n über n. Was beobachten Sie?

Beispiel: Verfahren im Vergleich

Wir wollen alle unsere bisher behandelten Verfahren am Beispiel der Nullstellensuche bei der Funktion $f(x) = x^2 - \ln x - 2$ testen.

Problemanalyse und Strategie: Wir berechnen jeweils die Näherungen an die Nullstelle $\xi \in [1, 2]$ und stellen sie über der Anzahl der Iterationen dar.

Lösung:
Wir suchen die Nullstelle $\xi = 1.56446...$ im Intervall $[a, b] = [1, 2]$. Im Fall des Bisektionsverfahrens plotten wir zu jeder Iteration x, also das arithmetische Mittel der neu berechneten a_n und b_n. Im Fall des Newton-Verfahrens haben wir den Startwert $x_0 = 1.2$ gewählt. Das Sekantenverfahren produziert etwa ab der achten Iteration eine Fehlermeldung, da $|f(x_n) - f(x_{n+1})|$ die Maschinennull erreicht. Wir fangen das ab, indem wir nur dann eine neue Näherung für die Nullstelle berechnen, wenn $|f(x_n) - f(x_{n+1})| > 10^{-7}$, ansonsten wird immer der vorher berechnete Wert x_{n+1} verwendet.

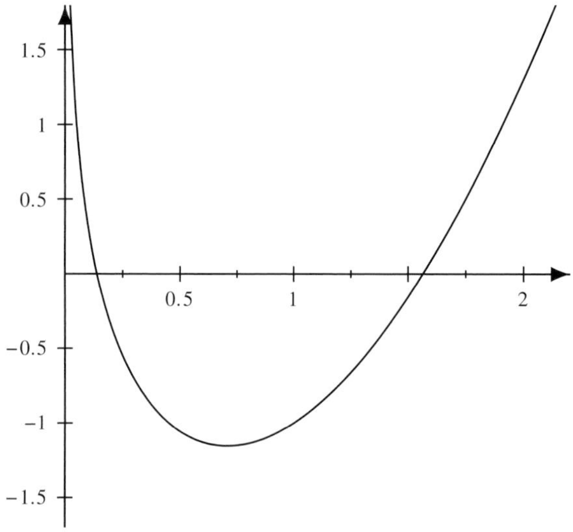

Unser Bild zeigt die Funktion $f(x) = x^2 - \ln x - 2$ auf dem Intervall $[0.1, 2]$ und die zwei Nullstellen dort. Wir wollen die Nullstelle $\xi = 1.56446...$ finden.

Alle Methoden finden die Nullstelle, wie unsere Konvergenzverläufe zeigen. Dabei erweisen sich das Newton- und das Sekantenverfahren als schnelle Iterationen, während das Bisektionsverfahren deutlich langsamer ist.

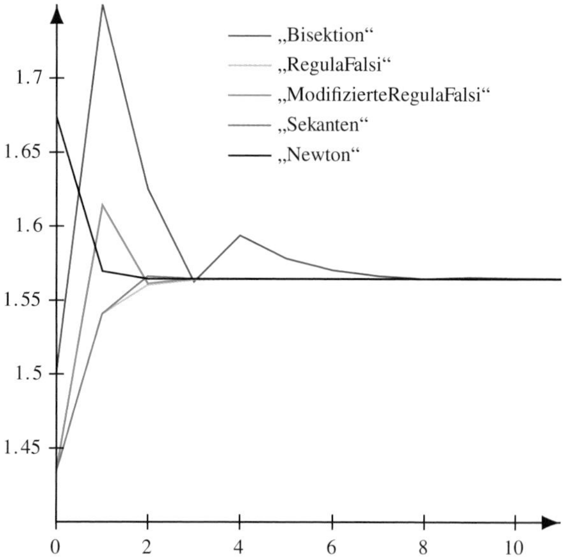

Wie kommt man denn eigentlich auf allgemeinere Verfahren?

Wir haben das Sekantenverfahren im vorangegangen Abschnitt in die Form

$$x_{n+1} = x_n - \frac{f(x_n)}{f[x_{n-1}, x_n]}$$

gebracht und auch das Newton-Verfahren besitzt mit

$$x_{n+1} = x_n - \frac{f(x_n)}{f'(x_n)}$$

eine ähnliche Form. Diese Form ist typisch für **Iterationsverfahren**

$$x_{n+1} = \Phi(x_n)$$

oder

$$x_{n+1} = \Phi(x_n, x_{n-1}).$$

Wir wollen solche Iterationsverfahren und ihre Eigenschaften nun im Detail studieren.

Wie kommt man eigentlich auf eine Iterationsfunktion Φ, wenn ein Problem wie

$$e^x = 2 - x^2,$$

also $f(x) := e^x + x^2 - 2 = 0$ gegeben ist? Man versucht, die Gleichung in eine **Fixpunktform**

$$x = \Phi(x)$$

zu bringen. Im obigen Beispiel bieten sich drei Möglichkeiten an, eine solche Fixpunktform herzustellen, nämlich

$$x = \ln(2 - x^2), \quad x = \sqrt{2 - e^x}, \quad x = \frac{2 - e^x}{x}.$$

Ein einziges Problem führt also auf drei Iterationsfunktionen

$$\begin{aligned}\Phi_1(x) &:= \ln(2 - x^2),\\ \Phi_2(x) &:= \sqrt{2 - e^x},\\ \Phi_3(x) &:= \frac{2 - e^x}{x}.\end{aligned}$$

Es gibt *kein* rein heuristisches Kriterium, um die Brauchbarkeit der jeweiligen Iterationsfunktion zu beurteilen. Hier wird mehr Theorie benötigt, die wir im weiteren Verlauf bereitstellen wollen.

Allgemein kann man versuchen, die Gleichung $f(x) = 0$ durch die Fixpunktform

$$x = x - cf(x) \qquad (17.2)$$

mit einer geeigneten Konstante c zu lösen. Von dieser Bauart ist die Regula Falsi, schreiben wir nämlich $x_0 = a$, $x_1 = b$ für die ersten Näherungen an die Wurzel ξ von $f(x) = 0$, dann ist die verbesserte Näherung x_1 die Nullstelle der Sekante mit Steigung $\frac{x_1 - x_0}{f(x_1) - f(x_0)}$, also

$$x_2 = x_0 - \frac{x_1 - x_0}{f(x_1) - f(x_0)} f(x_0)$$

und damit $c = (x_1 - x_0)/(f(x_1) - f(x_0))$. Alternativ kann man versuchen, die Fixpunktform

$$x = x - g(x)f(x) \qquad (17.3)$$

mit einer geeigneten Funktion g zu erreichen. Der wichtigste Vertreter ist hier das Newton-Verfahren mit

$$g(x) = \frac{1}{f'(x)}.$$

Ein wenig systematischer kann man vorgehen, wenn f in einer Umgebung $U(\xi)$ einer Nullstelle ξ hinreichend oft differenzierbar ist. Dann liefert nämlich die Taylor-Entwicklung bei Entwicklung um $x_0 \in U(\xi)$

$$\begin{aligned}0 = f(\xi) = f(x_0) + (\xi - x_0)f'(x_0) + \frac{(\xi - x_0)^2}{2!} f''(x_0) + \ldots\\ + \frac{(\xi - x_0)^k}{k!} f^{(k)}(x_0 + \theta(\xi - x_0)), \quad \theta \in (0, 1).\end{aligned}$$

Je nachdem wie viele Terme man vernachlässigt, erhält man eine Klasse von Iterationsfunktionen. So gilt in erster Näherung für die Nullstelle

$$0 = f(x_0) + (\overline{\xi} - x_0)f'(x_0)$$

und in zweiter Näherung

$$0 = f(x_0) + (\overline{\overline{\xi}} - x_0)f'(x_0) + \frac{(\overline{\overline{\xi}} - x_0)^2}{2!} f''(x_0),$$

und so weiter. Dabei haben wir die Näherungen an ξ mit $\overline{\xi}$ bzw. mit $\overline{\overline{\xi}}$ bezeichnet. Löst man die Näherungsgleichungen nach diesen Größen auf, dann folgt

$$\begin{aligned}\overline{\xi} &= x_0 - \frac{f(x_0)}{f'(x_0)},\\ \overline{\overline{\xi}} &= x_0 - \frac{f(x_0) \pm \sqrt{(f'(x_0))^2 - 2f(x_0)f''(x_0)}}{f''(x_0)},\end{aligned}$$

die die folgenden Iterationserfahren begründen,

$$\begin{aligned}x_{n+1} &= \Phi_1(x_n), \quad \Phi_1(x) := x - \frac{f(x)}{f'(x)},\\ x_{n+1} &= \Phi_2(x_n), \quad \Phi_2(x) := x - \frac{f'(x) \pm \sqrt{(f(x))^2 - 2f(x)f''(x)}}{f''(x)}.\end{aligned}$$

Ganz offenbar gehört die erste Iterationsfunktion zum Newton-Verfahren, das zweite ist eine Modifikation höherer Ordnung.

Wie erweitert man Iterationsfunktionen auf nichtlineare Systeme?

Wir betrachten nun nicht mehr nur skalare Gleichungen $f(x) = 0$ wie bisher, sondern gleich **nichtlineare Gleichungssysteme** der Form

$$\boldsymbol{f}(\boldsymbol{x}) = \begin{pmatrix} f_1(x_1, \ldots x_m)\\ \vdots\\ f_m(x_1, \ldots, x_m)\end{pmatrix} = \boldsymbol{0} \qquad (17.4)$$

mit einer hinreichend oft differenzierbaren Funktion $\boldsymbol{f}\colon \mathbb{R}^m \to \mathbb{R}^m$. Um nicht die Iterierten mit den Koordinaten der Vektoren $\boldsymbol{x}$ zu verwechseln, schreiben wir für die j-te Iterierte $\boldsymbol{x}^j$. Es ist für den Anfänger verwirrend, dass die Iterierten im skalaren Fall *unten* indiziert werden und im Fall von Systemen *oben*, aber das ist eine Konvention, die sich durchgesetzt hat.

Wie wir in (17.2) gesehen haben, lassen sich manche skalaren Iterationsverfahren in der Form

$$x_{n+1} = x_n - cf(x_n)$$

mit einer geeigneten Konstante c schreiben. Zum besseren Verständnis nennen wir unsere Konstante in $a^{-1} := c$ um und schreiben

$$x_{n+1} = x_n - a^{-1}f(x_n). \qquad (17.5)$$

Was können wir im Fall nichtlinearer Systeme machen? Wir ersetzen die Konstante ganz einfach durch eine konstante, reguläre Matrix $\boldsymbol{A} \in \mathbb{R}^{m \times m}$,

$$\boldsymbol{x}^{n+1} = \boldsymbol{x}^n - \boldsymbol{A}^{-1}\boldsymbol{f}(\boldsymbol{x}^n). \qquad (17.6)$$

Die Iterationsvorschrift (17.5) entspricht einer linearen Approximation von f am Punkt x^n in der Form

$$\ell_n(x) := a(x - x_n) + f(x_n),$$

in derselben Weise entspricht die Vorschrift (17.6) der Approximation von $\boldsymbol{f}$ am Punkt $\boldsymbol{x}^n$ durch die affine Funktion

$$L_n\boldsymbol{x} = L_n(\boldsymbol{x}) = \boldsymbol{A}(\boldsymbol{x} - \boldsymbol{x}^n) + \boldsymbol{f}(\boldsymbol{x}^n).$$

Die nächste Iterierte $\boldsymbol{x}^{n+1}$ ist nichts anderes als die Lösung der Gleichung $L_n\boldsymbol{x} = \boldsymbol{0}$, geometrisch ist $\boldsymbol{x}^{n+1}$ also der Schnitt der m Hyperebenen

$$\sum_{j=1}^{m} a_{ij}(x_j - (\boldsymbol{x}^n)_j) + f_k(\boldsymbol{x}^n) = 0, \quad k = 1, \ldots, m$$

mit der Hyperebene $\boldsymbol{x} = \boldsymbol{0}$ in $\mathbb{R}^{m+1}$.

Ausgehend von (17.6) können wir nun auch das Newton-Verfahren definieren.

Das Newton-Verfahren für Systeme

Es sei $\boldsymbol{f}: \mathbb{R}^m \to \mathbb{R}^m$ eine stetig differenzierbare Funktion mit Funktionalmatrix $\boldsymbol{f}'$ in einer Umgebung $U(\boldsymbol{\xi})$ einer Nullstelle $\boldsymbol{\xi}$, d. h. $\boldsymbol{f}(\boldsymbol{\xi}) = \boldsymbol{0}$. Wähle eine erste Näherung $\boldsymbol{x}^0$ an $\boldsymbol{\xi}$. Die Iteration

$$\boldsymbol{x}^{n+1} = \boldsymbol{\Phi}(\boldsymbol{x}^n) = \boldsymbol{x}^n - \boldsymbol{f}'(\boldsymbol{x}^n)^{-1}\boldsymbol{f}(\boldsymbol{x}^n), \quad n = 0, 1, \ldots$$

heißt **Newton-Verfahren**. Häufig findet man in der Literatur auch die Bezeichnung **Newton-Raphson-Verfahren**. Das Verfahren

$$\boldsymbol{x}^{n+1} = \boldsymbol{\Phi}(\boldsymbol{x}^n) = \boldsymbol{x}^n - \boldsymbol{f}'(\boldsymbol{x}^0)^{-1}\boldsymbol{f}(\boldsymbol{x}^n), \quad n = 0, 1, \ldots$$

heißt **vereinfachtes Newton-Verfahren**.

Geometrisch läuft das Newton-Verfahren darauf hinaus, jede Komponente f_i von $\boldsymbol{f}$ durch eine affine Funktion

$$L\boldsymbol{x} = (\nabla f_i(\boldsymbol{x}))^\top(\boldsymbol{x} - \boldsymbol{x}^n) + f_i(\boldsymbol{x}^n) \tag{17.7}$$

zu approximieren, die Tangentialhyperfläche von f_i bei $\boldsymbol{x}^n$, und dann $\boldsymbol{x}^{n+1}$ als den Schnitt der m Hyperebenen (17.7) in $\mathbb{R}^{m+1}$ mit der Hyperebene $\boldsymbol{x} = \boldsymbol{0}$ zu berechnen.

In der Praxis treten in der Regel sehr große nichtlineare Gleichungssysteme auf und es macht keinen Sinn, die m^2 Elemente der Funktionalmatrix exakt zu berechnen oder gar die Funktionalmatrix bei jeder Iteration exakt zu invertieren. Häufig verwendet man eine approximative Funktionalmatrix, bei der die partiellen Ableitungen durch finite Differenzenausdrücke wie

$$\frac{\partial f_i}{\partial x_j} \doteq \frac{1}{h_{ij}}\left[f_i\left(\boldsymbol{x} + \sum_{k=1}^{j} h_{ik}\boldsymbol{e}_k\right) - f_i\left(\boldsymbol{x} + \sum_{k=1}^{j-1} h_{ik}\boldsymbol{e}_k\right)\right]$$

oder

$$\frac{\partial f_i}{\partial x_j} \doteq \frac{1}{h_{ij}}\left[f_i(\boldsymbol{x} + h_{ij}\boldsymbol{e}_j) - f_i(\boldsymbol{x})\right]$$

angenähert werden. Dabei bezeichnen h_{ij} gegebene Diskretisierungsparameter und $\boldsymbol{e}_j$ ist der j-te kanonische Einheitsvektor in $\mathbb{R}^m$. Fasst man diese Differenzenapproximationen wieder in einer Matrix $\boldsymbol{J}(\boldsymbol{x}, \boldsymbol{h})$ mit $\lim_{\boldsymbol{h}\to\boldsymbol{0}} \boldsymbol{J}(\boldsymbol{x}, \boldsymbol{h}) = \boldsymbol{f}'(\boldsymbol{x})$ zusammen, wobei wir mit $\boldsymbol{h}$ die Diskretisierungsparameter in einen Vektor geschrieben haben, dann erhält man ein **diskretisiertes Newton-Verfahren**

$$\boldsymbol{x}^{n+1} = \boldsymbol{\Phi}_{dN}(\boldsymbol{x}^n) = \boldsymbol{x}^n - \boldsymbol{J}(\boldsymbol{x}^n, \boldsymbol{h}^n)^{-1}\boldsymbol{f}(\boldsymbol{x}^n), \tag{17.8}$$

wobei wir erlauben wollen, dass sich die Diskretisierungsparameter $\boldsymbol{h}$ in jedem Iterationsschritt ändern können.

Das Sekantenverfahren funktioniert auch im $\mathbb{R}^m$

Beim Newton-Verfahren war die Verallgemeinerung auf Systeme kanonisch, beim Sekantenverfahren ist das jedoch keineswegs so. Wir beschreiben hier einen Weg zu einer ganzen Klasse von Sekantenverfahren in $\mathbb{R}^m$.

Das Sekantenverfahren für $f: \mathbb{R} \to \mathbb{R}$ kann als diskretisiertes Newton-Verfahren

$$x_{n+1} = x_n - \left[\frac{f(x_n + h_n) - f(x_n)}{h_n}\right]^{-1} f(x_n)$$

mit $h_n := x_{n-1} - x_n$ geschrieben werden. Damit ist x_{n+1} die Lösung x der linearen Gleichung

$$\ell(x) = [(f(x_n + h_n) - f(x_n))/h_n](x - x_n) + f(x_n) = 0,$$

die wir als lineare Interpolation von f zwischen x^n und x^{n+1} interpretieren. Diese Interpretation führt auf eine ganze Klasse von **Sekantenverfahren in** $\mathbb{R}^m$ für $\boldsymbol{f}(\boldsymbol{x}) = \boldsymbol{0}$.

Wir ersetzen dabei die „Fläche" $f_i = 0, i = 1, \ldots, m$, in $\mathbb{R}^{m+1}$ durch die Hyperfläche, die f_i an $m + 1$ gegebenen Punkten $\boldsymbol{x}_j^n$, $j = 0, \ldots, m$, in einer Umgebung von $\boldsymbol{x}^n$ interpoliert. Wir wollen also das folgende **Interpolationsproblem** lösen: Finde $\boldsymbol{a}_i \in \mathbb{R}^m$ und $\alpha_i \in \mathbb{R}$, sodass die lineare Abbildung

$$L_i\boldsymbol{x} = \alpha_i + \boldsymbol{x}^\top\boldsymbol{a}_i$$

die Gleichungen

$$L_i\boldsymbol{x}_j^n = f_i(\boldsymbol{x}_j^n), \quad j = 0, 1, \ldots, m$$

löst. Die neue Iterierte $\boldsymbol{x}^{n+1}$ ist dann der Schnitt dieser m Hyperebenen in $\mathbb{R}^{m+1}$ mit der Hyperebene $\boldsymbol{x} = \boldsymbol{0}$, d. h., $\boldsymbol{x}^{n+1}$ ist Lösung des linearen Systems $L_i\boldsymbol{x} = \boldsymbol{0}, i = 1, \ldots, m$. Das ist die **elementare Idee der Sekantenmethoden für Systeme**. Nun kommt es nur noch auf die Lage der Interpolationspunkte $\boldsymbol{x}_j^n$ an.

Wir sagen, $m + 1$ Punkte $\boldsymbol{x}_0, \ldots, \boldsymbol{x}_m \in \mathbb{R}^m$ **sind in allgemeiner Lage**, wenn die Differenzvektoren $\boldsymbol{x}_0 - \boldsymbol{x}_j$ für $j = 1, \ldots, m$ linear unabhängig sind.

Die folgenden beiden Sätze begründen die Sekantenverfahren in $\mathbb{R}^m$.

Satz über Punkte in allgemeiner Lage
Es seien $\boldsymbol{x}_0, \ldots, \boldsymbol{x}_m \in \mathbb{R}^m$ irgend $m+1$ Punkte. Dann sind die folgenden Aussagen äquivalent:

1. $\boldsymbol{x}_0, \ldots, \boldsymbol{x}_m$ sind in allgemeiner Lage.
2. Für alle $0 \le j \le m$ sind die Differenzvektoren $\boldsymbol{x}_j - \boldsymbol{x}_i$, $i = 0, \ldots, m$, $i \neq j$, linear unabhängig.
3. Die $(m+1)\times(m+1)$-Matrix $(\boldsymbol{e}, \boldsymbol{X}^\top)$ mit $\boldsymbol{e} = (1, \ldots, 1)^\top$ und $\boldsymbol{X} = (\boldsymbol{x}_0, \ldots, \boldsymbol{x}_m)$ ist nicht singulär.
4. Für $\boldsymbol{y} \in \mathbb{R}^m$ existieren Skalare $\alpha_0, \ldots, \alpha_m$ mit $\sum_{i=0}^m \alpha_i = 1$, sodass $\boldsymbol{y} = \sum_{i=0}^m \alpha_i \boldsymbol{x}_i$.

Beweis: Aus der Identität

$$\begin{pmatrix} 1 & 0 & \cdots & 0 & 0 & \cdots & 0 \\ \boldsymbol{x}_j & \boldsymbol{d}_0 & \cdots & \boldsymbol{d}_{j-1} & \boldsymbol{d}_{j+1} & \cdots & \boldsymbol{d}_m \end{pmatrix} = \begin{pmatrix} 1 & 0 & \cdots & 0 & 0 & \cdots & 0 \\ \boldsymbol{x}_j & \boldsymbol{x}_0 & \cdots & \boldsymbol{x}_{j-1} & \boldsymbol{x}_{j+1} & \cdots & \boldsymbol{x}_m \end{pmatrix} \cdot \boldsymbol{C}$$

mit $\boldsymbol{d}_k := \boldsymbol{x}_k - \boldsymbol{x}_j$ und

$$\boldsymbol{C} = \begin{pmatrix} 1 & -1 & \cdots & \cdots & -1 \\ 0 & 1 & 0 & \cdots & 0 \\ 0 & 0 & \ddots & \ddots & \vdots \\ \vdots & \vdots & \ddots & \ddots & 0 \\ 0 & 0 & \cdots & 0 & 1 \end{pmatrix}$$

folgt

$$\begin{aligned} &\det(\boldsymbol{d}_0, \ldots, \boldsymbol{d}_{j-1}, \boldsymbol{d}_{j+1}, \ldots, \boldsymbol{d}_m) \\ &= \det \begin{pmatrix} 1 & 0 & \cdots & 0 & 0 & \cdots & 0 \\ \boldsymbol{x}_j & \boldsymbol{x}_0 & \cdots & \boldsymbol{x}_{j-1} & \boldsymbol{x}_{j+1} & \cdots & \boldsymbol{x}_m \end{pmatrix} \\ &= (-1)^j \det \begin{pmatrix} \boldsymbol{e}^\top \\ \boldsymbol{X} \end{pmatrix} \end{aligned}$$

für $j = 0, 1, \ldots, m$. Damit haben wir schon die Äquivalenz von **1.**, **2.** und **3.** gezeigt. Nun ist **4.** äquivalent zur Lösbarkeit des linearen Systems

$$\begin{pmatrix} \boldsymbol{e}^\top \\ \boldsymbol{X} \end{pmatrix} \begin{pmatrix} \alpha_0 \\ \vdots \\ \alpha_m \end{pmatrix} = \begin{pmatrix} 1 \\ \boldsymbol{y} \end{pmatrix} \qquad (17.9)$$

für jedes $\boldsymbol{y}$, also **3.** $\Rightarrow$ **4.** Wird umgekehrt (17.9) sukzessive für $\boldsymbol{y} = \boldsymbol{0}, \boldsymbol{e}_1, \ldots, \boldsymbol{e}_m$ gelöst, dann folgt die Regularität von $(\boldsymbol{e}, \boldsymbol{X}^\top)$. ■

Geometrisch bedeutet „in allgemeiner Lage", dass $\boldsymbol{x}_0, \ldots, \boldsymbol{x}_m$ nicht in einem affinen Teilraum der Dimension $< m$ liegen. Zum Beispiel sind $\boldsymbol{x}_0, \boldsymbol{x}_1, \boldsymbol{x}_2 \in \mathbb{R}^2$ in allgemeiner Lage, wenn nicht alle drei Punkte auf einer Geraden im $\mathbb{R}^2$ liegen. Wir müssen jetzt noch klären, ob das zu Beginn beschriebene Interpolationsproblem überhaupt lösbar ist und ob dann die Lösung eindeutig ist.

Satz über die Lösung des Interpolationsproblems
Es seien $\boldsymbol{x}_0, \ldots, \boldsymbol{x}_m$ und $\boldsymbol{y}_0, \ldots, \boldsymbol{y}_m$ Punkte in $\mathbb{R}^m$. Dann existiert eine eindeutig bestimmte affine Funktion $L(\boldsymbol{x}) = \boldsymbol{a} + \boldsymbol{A}\boldsymbol{x}$ mit $\boldsymbol{a} \in \mathbb{R}^m$ und $\boldsymbol{A} \in \mathbb{R}^{m\times m}$, sodass $L\boldsymbol{x}_j = \boldsymbol{y}_j$, $j = 0, 1, \ldots, m$ genau dann gilt, wenn $\boldsymbol{x}_0, \ldots, \boldsymbol{x}_m$ in allgemeiner Lage sind. Darüber hinaus ist $\boldsymbol{A}$ genau dann nicht singulär, wenn auch $\boldsymbol{y}_0, \ldots, \boldsymbol{y}_m$ in allgemeiner Lage sind.

Beweis: (Satz über die Lösung des Interpolationsproblems) In Matrixform lauten die Interpolationsbedingungen $L\boldsymbol{x}_j = \boldsymbol{y}_j$, $j = 0, 1, \ldots, m$

$$(\boldsymbol{e}, \boldsymbol{X}^\top) \begin{pmatrix} \boldsymbol{a}^\top \\ \boldsymbol{A}^\top \end{pmatrix} = \begin{pmatrix} \boldsymbol{y}_0 \\ \vdots \\ \boldsymbol{y}_m \end{pmatrix}.$$

Der erste Teil des Satzes folgt daher aus dem Satz über Punkte in allgemeiner Lage.

Aus $L\boldsymbol{x}_j = \boldsymbol{y}_j$, $j = 0, 1, \ldots, m$ folgt $L\boldsymbol{x}_j - L\boldsymbol{x}_0 = \boldsymbol{y}_j - \boldsymbol{y}_0$, $j = 1, \ldots, m$, oder

$$\boldsymbol{A}(\boldsymbol{x}_j - \boldsymbol{x}_0) = \boldsymbol{y}_j - \boldsymbol{y}_0, \quad j = 1, \ldots, m.$$

Da $\boldsymbol{x}_0, \ldots, \boldsymbol{x}_m$ in allgemeiner Lage sind, sind alle $\boldsymbol{x}_j - \boldsymbol{x}_0$ linear unabhängig. Also ist $\boldsymbol{A}$ nicht singulär genau dann, wenn auch alle $\boldsymbol{y}_j - \boldsymbol{x}_0$ linear unabhängig sind, und das sind sie, wenn $\boldsymbol{y}_0, \ldots, \boldsymbol{y}_m$ in allgemeiner Lage sind. ■

Damit sind wir nun in der Lage, die Klasse der Sekantenverfahren zu beschreiben.

Sei $\boldsymbol{f}\colon \mathbb{R}^m \to \mathbb{R}^m$ und die beiden Punktmengen $\boldsymbol{x}_0, \ldots, \boldsymbol{x}_m \in \mathbb{R}^m$ und $\boldsymbol{f}(\boldsymbol{x}_0), \ldots, \boldsymbol{f}(\boldsymbol{x}_m) \in \mathbb{R}^m$ seien in allgemeiner Lage. Dann ist der Punkt

$$\boldsymbol{x}^S = -\boldsymbol{A}^{-1}\boldsymbol{a}$$

eine **elementare Sekantenapproximation bezüglich** $\boldsymbol{x}_0, \ldots, \boldsymbol{x}_m$, wenn $\boldsymbol{a}$ und $\boldsymbol{A}$ das Interpolationsproblem

$$\boldsymbol{a} + \boldsymbol{A}\boldsymbol{x}_j = \boldsymbol{f}(\boldsymbol{x}_j), \quad j = 0, 1, \ldots, m$$

lösen.

In der Literatur gibt es verschiedene Wahlen für die Interpolationspunkte, die zu verschiedenen Sekantenverfahren führen. Man findet dort auch Hinweise zur Interpolation, sodass man die Interpolante $\boldsymbol{a} + \boldsymbol{A}\boldsymbol{x}$ nicht explizit berechnen muss.

17.2 Die Theorie der Iterationsverfahren

Wir haben jetzt einige Verfahren zur Lösung der nichtlinearen Gleichungen $\boldsymbol{f}(\boldsymbol{x}) = \boldsymbol{0}$ vorgestellt und wenden uns der Theorie dieser Verfahren zu.

Die Konvergenzgeschwindigkeit gibt die Ordnung des Iterationsverfahrens an

Iterationsfunktion

Wir untersuchen zur Lösung von $\boldsymbol{f}(\boldsymbol{x}) = \boldsymbol{0}$ **Iterationsverfahren**, die durch

$$\boldsymbol{x}^{n+1} = \boldsymbol{\Phi}(\boldsymbol{x}^n)$$

mit einer **Iterationsfunktion** $\boldsymbol{\Phi}\colon \mathbb{R}^m \to \mathbb{R}^m$ definiert sind. Mit anderen Worten wollen wir die **Fixpunktgleichung**

$$\boldsymbol{x} = \boldsymbol{\Phi}(\boldsymbol{x})$$

mithilfe einer Folge von Iterierten $\boldsymbol{x}^n$, $n = 1, 2, \ldots$ approximieren.

?

Berechnen Sie alle Fixpunkte der Iterationsfunktion

$$\Phi(x) := \frac{1}{x} + \frac{x}{2}.$$

Wir führen eine Norm $\|\cdot\|$ auf $\mathbb{R}^m$ ein und betrachten eine Folge $(\boldsymbol{x}^n)_{n\in\mathbb{N}}$, $\boldsymbol{x}^n \in \mathbb{R}^m$, die gegen $\xi \in \mathbb{R}^m$ konvergiert. Die **Konvergenzgeschwindigkeit** der Folge ist wie folgt definiert:

Konvergenzgeschwindigkeit

Die Folge $(\boldsymbol{x}^n)$ konvergiert **mindestens mit der Ordnung** $p \geq 1$ gegen ξ, falls es eine Konstante $K \geq 0$ – für $p = 1$ muss $K < 1$ gelten – und einen Index n_0 gibt, sodass für alle $n \geq n_0$ die Abschätzung

$$\|\boldsymbol{x}^{n+1} - \xi\| \leq K\|\boldsymbol{x}^n - \xi\|^p$$

gilt. Im Fall $p = 1$ spricht man von **linearer Konvergenz**, bei $p = 2$ von **quadratischer Konvergenz**.

Man kann die Konvergenzgeschwindigkeit äquivalent auch etwas anders definieren, und so findet man es auch manchmal in der Literatur: Die Folge $(\boldsymbol{x}^n)_{n\in\mathbb{N}}$ konvergiert **mindestens mit der Ordnung** $p \geq 1$ gegen ξ, falls es eine Folge $(\varepsilon_n)_{n\in\mathbb{N}}$ positiver Zahlen und eine Konstante $K > 0$ – für $p = 1$ muss $K < 1$ gelten – gibt, sodass

$$\|\boldsymbol{x}^n - \xi\| \leq \varepsilon_n$$

und

$$\lim_{n\to\infty} \frac{\varepsilon_{n+1}}{\varepsilon_n^p} = K$$

gelten. Im Fall $p = 1$ spricht man wieder von **linearer Konvergenz**, bei $p = 2$ von **quadratischer Konvergenz**.

Weil $\boldsymbol{\phi}(\boldsymbol{x}^n) = \boldsymbol{x}^{n+1}$ ist, folgt sofort der folgende Satz.

Satz

Sei $\boldsymbol{\Phi}\colon \mathbb{R}^m \to \mathbb{R}^m$ eine Iterationsfunktion mit Fixpunkt $\boldsymbol{\xi}$ und es gebe eine Umgebung $U(\boldsymbol{\xi}) \subset \mathbb{R}^m$, eine Zahl $p \geq 1$ und eine Konstante $K \geq 0$ (mit $K < 1$ für $p = 1$), sodass für alle $\boldsymbol{x} \in U(\boldsymbol{\xi})$

$$\|\boldsymbol{\Phi}(\boldsymbol{x}) - \boldsymbol{\xi}\| \leq K\|\boldsymbol{x} - \boldsymbol{\xi}\|^p$$

gilt. Dann existiert eine Umgebung $V(\boldsymbol{\xi}) \subset U(\boldsymbol{\xi})$, sodass die Iterierten des Iterationsverfahrens $\boldsymbol{x}^{n+1} = \boldsymbol{\Phi}(\boldsymbol{x}^n)$ für jeden Startwert $\boldsymbol{x}^0 \in V(\boldsymbol{\xi})$ mit der Konvergenzgeschwindigkeit p gegen $\boldsymbol{\xi}$ konvergieren.

Beweis: Wir brauchen als Umgebung $V(\boldsymbol{\xi})$ nur die Kugel $\{\boldsymbol{x} \in \mathbb{R}^m : \|\boldsymbol{x} - \boldsymbol{\xi}\|\}$ nehmen, die ganz in $U(\boldsymbol{\xi})$ liegt. ∎

Wir nennen eine solche Iteration dann **lokal konvergent** mit **Konvergenzbereich** $V(\boldsymbol{\xi})$. Ist $V(\boldsymbol{\xi}) = \mathbb{R}^m$, dann heißt die Iteration **global konvergent**.

Im eindimensionalen Fall ist die Konvergenzgeschwindigkeit leicht zu bestimmen, wenn Φ in einer Umgebung von ξ hinreichend glatt ist. Ist $x \in U(\xi)$ und gilt $\Phi^{(k)}(\xi) = 0$ für $k = 1, 2, \ldots, p-1$, dann folgt aus der Taylor-Entwicklung

$$\Phi(x) - \xi = \Phi(x) - \Phi(\xi) = \frac{(x-\xi)^p}{p!}\Phi^{(p)}(\xi) + o(|x-\xi|^p) \tag{17.10}$$

die Gleichung

$$\lim_{x\to\xi} \frac{\Phi(x) - \xi}{(x-\xi)^p} = \frac{\Phi^{(p)}(\xi)}{p!}.$$

Man hat also für $p = 2, 3, \ldots$ ein Verfahren mindestens der Ordnung p. Für ein Verfahren erster Ordnung ist $p = 1$ und $|\Phi'(\xi)| < 1$. Für Systeme ist das Verfahren mindestens linear konvergent, wenn die Funktionalmatrix $\boldsymbol{\Phi}'(\boldsymbol{x})$ in irgendeiner Matrixnorm $\|\cdot\|_{\mathbb{R}^{m\times m}}$ die Bedingung $\|\boldsymbol{\Phi}'(\boldsymbol{\xi})\|_{\mathbb{R}^{m\times m}} < 1$ erfüllt.

?

Berechnen Sie die Nullstelle der Funktion $f(x) = \mathrm{e}^x - 1$. Machen Sie vier Schritte mit dem Newton-Verfahren und verwenden Sie $x_0 = 1$. Zeigen Sie, dass mindestens quadratische Konvergenz vorliegt und es keine Konvergenzordnung $p = 3$ geben kann.

Die Schröder'sche Modifikation des skalaren Newton-Verfahrens konvergiert stets mindestens quadratisch

Sei f eine Funktion mit p-facher Nullstelle ξ und $f^{(p+1)}$ existiere und sei stetig in einer Umgebung von ξ. Dann gilt für die Schröder'sche Modifikation (17.1) des Newton-Verfahrens

$$|x_{n+1} - \xi| = K|x_n - \xi|^2$$

mit $K := \frac{f^{(p+1)}(\zeta_2)}{p(p+1)f^{(p-1)}(\zeta_1)}$ und $\zeta_1, \zeta_2 \in (x_n, \xi)$.

Beispiel: Die Ordnung des Newton-Verfahrens

Wir wollen mithilfe der Taylor-Entwicklung (17.10) zeigen, dass das skalare Newton-Verfahren bei einfachen Nullstellen mindestens quadratisch konvergiert und bei mehrfachen Nullstellen nur noch linear. Wir nehmen an, f sei hinreichend oft differenzierbar.

Problemanalyse und Strategie: Sei $\Phi(x) = x - f(x)/f'(x)$ und die Funktion f besitze eine einfache Nullstelle ξ, d. h. $f(\xi) = 0$, aber $f'(\xi) \neq 0$, und wir müssen überprüfen, wie viele Ableitungen von Φ bei ξ verschwinden. Genauso gehen wir im Fall einer mehrfachen Nullstelle vor.

Lösung:
Aus

$$\Phi(\xi) = \xi - \frac{f(\xi)}{f'(\xi)} = \xi$$

folgt durch Ableiten von Φ nach der Quotientenregel

$$\Phi'(x) = 1 - \frac{(f'(x))^2 - f(x)f''(x)}{(f'(x))^2} = \frac{f(x)f''(x)}{(f'(x))^2},$$

also

$$\Phi'(\xi) = \frac{f(\xi)f''(\xi)}{(f'(\xi))^2} = 0.$$

Nun berechnen wir die zweite Ableitung wieder mit der Quotientenregel,

$$\Phi''(x) = \frac{(f'(x)f''(x) + f(x)f'''(x))(f'(x))^2 - 2f(x)f''(x)f''(x)}{(f'(x))^4},$$

was auf

$$\Phi''(\xi) = \frac{(f'(\xi))^3 f''(\xi)}{(f'(\xi))^4} = \frac{f''(\xi)}{f'(\xi)}$$

führt. Die Ableitung, die i. Allg. nicht verschwindet (es sei denn, $f''(\xi)$ wäre null) ist die zweite, also $p = 2$ in (17.10), und damit ist das Newton-Verfahren von zweiter Ordnung.

Ist nun ξ eine mehrfache Nullstelle, sagen wir k-fach, dann gilt

$$f^{(i)}(\xi) = 0, \quad i = 0, 1, \ldots, k-1$$

und $f^k(\xi) \neq 0$. In diesem Fall muss die Funktion f eine Darstellung der Form

$$f(x) = (x - \xi)^k g(x)$$

besitzen, wobei g eine stetig differenzierbare Funktion mit $g(\xi) \neq 0$ bezeichnet. Also hat die Ableitung die Gestalt

$$f'(x) = k(x - \xi)^{k-1} g(x) + (x - \xi)^k g'(x)$$

und für das Newton-Verfahren folgt

$$\Phi(x) = x - \frac{f(x)}{f'(x)} = x - \frac{(x - \xi)g(x)}{kg(x) + (x - \xi)g'(x)}.$$

Leiten wir wieder ab, dann ist

$$\Phi'(\xi) = 1 - \frac{1}{k},$$

verschwindet also für $k > 1$ nicht. Damit ist das Newton-Verfahren in einem solchen Fall nur von erster Ordnung.

Beweis: Mit (17.1) folgt $x_{n+1} - \xi = x_n - \xi - p\frac{f(x_n)}{f'(x_n)}$, also

$$(x_{n+1} - \xi)f'(x_n) = (x_n - \xi)f'(x_n) - pf(x_n) =: -F(x_n).$$

Es gilt also die Darstellung $F(x) = pf(x) - xf'(x) + \xi f'(x)$. Nun folgt für die ν-te Ableitung von F

$$F^{(\nu)}(x) = (p - \nu)f^{(\nu)}(x) - (x - \xi)f^{(\nu+1)}(x) \quad (17.11)$$

und damit $F^{(\nu)}(\xi) = 0$ für $\nu = 0, 1, \ldots, p$. Entwickeln wir f' um ξ in eine Taylor-Reihe, dann folgt

$$f'(x) = \sum_{\nu=0}^{p-2} \frac{(x - \xi)^\nu}{\nu!} f^{(\nu+1)}(\xi) + R_{p-1} = R_{p-1}$$

mit dem Restglied

$$R_{p-1} = \frac{(x - \xi)^{p-1}}{(p-1)!} f^{(p-1)}(\zeta), \quad \zeta \in (x, \xi),$$

und damit

$$f'(x_n) = \frac{(x_n - \xi)^{p-1}}{(p-1)!} f^{(p-1)}(\zeta_1), \quad \zeta_1 \in (x_n, \xi). \quad (17.12)$$

Ebenso gilt

$$F(x) = \sum_{\nu=0}^{p-1} \frac{(x - \xi)^\nu}{\nu!} F^{(\nu)}(\xi) + R_p = R_p.$$

Wir verwenden dabei die äquivalente Restgliedformel

$$R_p = \int_\xi^x \frac{(x - t)^{p-1}}{(p-1)!} F^{(p)}(t)\,\mathrm{d}t$$

und erhalten

$$F(x) = \frac{1}{(p-1)!} \int_\xi^x (x - t)^{p-1} F^{(p)}(t)\,\mathrm{d}t.$$

Mit (17.11) folgt daraus

$$(p-1)!F(x) = -\int_\xi^x \left[(x - t)^{p-1}(t - \xi)\right] f^{(p+1)}(t)\,\mathrm{d}t.$$

Der Term in eckigen Klammern hat auf dem Integrationsintervall keinen Vorzeichenwechsel. Mit dem Mittelwertsatz der Integralrechnung gilt dann mit einer Zwischenstelle $\zeta_2 \in (x, \xi)$

$$(p-1)!F(x) = -f^{(p+1)}(\zeta_2)\int_\xi^x \Big[(x-t)^{p-1}(t-\xi)\Big]\,\mathrm{d}t\,.$$

Partielle Integration liefert nun

$$\begin{aligned}\int_\xi^x \Big[(x-t)^{p-1}(t-\xi)\Big]\,\mathrm{d}t &= \frac{(x-t)^p(t-\xi)}{p}\Bigg|_\xi^x \\ &\quad - \int_\xi^x \frac{(x-t)^p}{p}\,\mathrm{d}t \\ &= -\frac{(x-\xi)^{p+1}}{p(p+1)}\end{aligned}$$

und damit haben wir folgende Darstellung erreicht,

$$F(x) = \frac{f^{(p+1)}(\zeta_2)(x-\xi)^{p+1}}{p(p+1)(p-1)!}\,.$$

Zum Schluss setzen wir für x die Iterierte x_n ein und erinnern uns an die Definition von $F(x_n)$ zu Beginn dieses Beweises. So entsteht

$$(x_{n+1}-\xi)f'(x_n) = \frac{f^{(p+1)}(\zeta_2)(x_n-\xi)^{p+1}}{p(p+1)(p-1)!}$$

und wenn wir jetzt noch $f'(x_n)$ durch (17.12) ersetzen, dann erhalten wir

$$x_{n+1}-\xi = \frac{(x_n-\xi)^2 f^{(p+1)}(\zeta_2)}{p(p+1)f^{(p-1)}(\zeta_1)}\,. \qquad \blacksquare$$

Für Fehlerabschätzungen ist unser Resultat zur Schröder'schen Modifikation des Newton-Verfahrens in der Regel nicht geeignet, da man über die Ableitungen von f verfügen müsste.

?

Das Polynom

$$f(x) = x^5 - 11x^4 + 7x^3 + 143x^2 + 56x - 196$$

ist die ausmultiplizierte Version von $f(x) = (x+2)^2(x-1)(x-7)^2$ und besitzt daher eine doppelte Nullstelle bei $x = 7$. Starten Sie mit $x_0 = 8$ und berechnen Sie mit dem Newton-Verfahren die ersten drei Iterierten. Dann verwenden Sie die Schröder'sche Modifikation mit $p = 2$ und verfahren ebenso. Erklären Sie die unterschiedlichen Konvergenzgeschwindigkeiten.

Der Banach'sche Fixpunktsatz ist das Herz der Konvergenzaussagen für Iterationsverfahren

Der folgende Satz zeigt die Bedeutung **kontrahierender Abbildungen**.

Satz über die Konvergenz von Iterationsfolgen

Die Iterationsfunktion $\boldsymbol{\Phi}\colon \mathbb{R}^m \to \mathbb{R}^m$ besitze einen Fixpunkt $\boldsymbol{\xi}$, also $\boldsymbol{\Phi}(\boldsymbol{\xi}) = \boldsymbol{\xi}$, und es sei $U_r(\boldsymbol{\xi}) := \{\boldsymbol{x}\colon \|\boldsymbol{x}-\boldsymbol{\xi}\| < r\}$ eine Umgebung des Fixpunktes, in der $\boldsymbol{\Phi}$ eine **kontrahierende Abbildung** oder **Kontraktion** ist, d. h., es gilt

$$\|\boldsymbol{\Phi}(\boldsymbol{x}) - \boldsymbol{\Phi}(\boldsymbol{y})\| \le C\|\boldsymbol{x}-\boldsymbol{y}\|$$

mit einer Konstanten $C < 1$ und für alle $\boldsymbol{x}, \boldsymbol{y} \in U_r(\boldsymbol{\xi})$. Dann hat die durch die Iteration

$$\boldsymbol{x}^{n+1} = \boldsymbol{\Phi}(\boldsymbol{x}^n), \qquad n = 0, 1, \ldots$$

definierte Folge *für alle* Startwerte $\boldsymbol{x}^0 \in U_r(\boldsymbol{\xi})$ die Eigenschaften:

- Für alle $n = 0, 1, \ldots$ ist $\boldsymbol{x}^n \in U_r(\boldsymbol{\xi})$,
- $\|\boldsymbol{x}^{n+1}-\boldsymbol{\xi}\| \le C\|\boldsymbol{x}^n-\boldsymbol{\xi}\| \le C^{n+1}\|\boldsymbol{x}^0-\boldsymbol{\xi}\|$,

die Folge $(\boldsymbol{x}_n)$ konvergiert also mindestens linear gegen den Fixpunkt.

Die Existenz einer Konstanten $L > 0$, sodass $\|\boldsymbol{\Phi}(\boldsymbol{x}) - \Phi(\boldsymbol{y})\| \le L\|\boldsymbol{x}-\boldsymbol{y}\|$ für alle $\boldsymbol{x}, \boldsymbol{y} \in U_r(\boldsymbol{\xi})$, bedeutet die **Lipschitz-Stetigkeit** von $\boldsymbol{\Phi}$, vergleiche Band 1, Abschnitt 9.3, und L heißt **Lipschitz-Konstante**. Da wir hier mit der speziellen Bedingung $L < 1$ konfrontiert sind, haben wir die speziellere Lipschitz-Konstante nicht mehr L, sondern C genannt.

Beweis: Die Kontraktionseigenschaft ist hier der entscheidende Punkt. Die beiden Aussagen sind richtig für $n = 0$. Nehmen wir an, sie seien auch richtig für $k \le n$, dann folgt

$$\begin{aligned}\|\boldsymbol{x}^{n+1}-\boldsymbol{\xi}\| = \|\boldsymbol{\Phi}(\boldsymbol{x}^n) - \boldsymbol{\Phi}(\boldsymbol{\xi})\| &\le C\|\boldsymbol{x}^n-\boldsymbol{\xi}\| \\ &\le C^2\|\boldsymbol{x}^{n-1}-\boldsymbol{\xi}\| \\ &\le \ldots \\ &\le C^{n+1}\|\boldsymbol{x}^0-\boldsymbol{\xi}\| < r.\end{aligned}$$

$\blacksquare$

Der Satz über die Konvergenz von Iterationsfolgen setzt die Existenz eines Fixpunktes voraus. Dafür bekommen wir dann aber eine **a posteriori Fehlerabschätzung** (vergleiche Band 1, Abschnitt 19.6) durch

$$\|\boldsymbol{x}^{n+1}-\boldsymbol{\xi}\| \le C\|\boldsymbol{x}^n-\boldsymbol{\xi}\|$$

und eine **a priori Fehlerabschätzung** (vergleiche Band 1, Abschnitt 19.6) durch

$$\|\boldsymbol{x}^{n+1}-\boldsymbol{\xi}\| \le C^{n+1}\|\boldsymbol{x}^0-\boldsymbol{\xi}\|.$$

?

Ermitteln Sie für die Iterationsfunktion $\Phi(x) := x + \mathrm{e}^{-x}$ im Fall $x > 0$ mithilfe des Mittelwertsatzes der Differenzialrechnung die Abschätzung $|\Phi(x) - \Phi(y)| < |x-y|$, $x, y > 0$. Ist Φ eine Kontraktion? Existiert ein Fixpunkt?

Der folgende Satz hat eine enorme Bedeutung für Anwendungen innerhalb vieler Gebiete der Mathematik und es ist daher nicht übertrieben zu sagen, dass es gut ist, wenn man im Laufe eines Mathematikstudiums mehrmals mit ihm zu tun bekommt. Es handelt sich um den **Banach'schen Fixpunktsatz**, der auch die Frage nach der Existenz eines Fixpunktes beantwortet.

Der Banach'sche Fixpunktsatz

Es sei $\boldsymbol{\Phi}\colon \mathbb{R}^m \to \mathbb{R}^m$ eine Iterationsfunktion und $\boldsymbol{x}^0 \in \mathbb{R}^m$ ein Startwert. Die Iteration ist dann definiert durch $\boldsymbol{x}^{n+1} = \boldsymbol{\Phi}(\boldsymbol{x}^n)$. Es gebe eine Umgebung $U_r(\boldsymbol{x}^0) := \{\boldsymbol{x}\colon \|\boldsymbol{x} - \boldsymbol{x}^0\| < r\}$ und eine Konstante C mit $0 < C < 1$, sodass

- für alle $\boldsymbol{x}, \boldsymbol{y} \in \overline{U_r(\boldsymbol{x}^0)} = \{\boldsymbol{x}\colon \|\boldsymbol{x} - \boldsymbol{x}^0\| \le r\}$

$$\|\boldsymbol{\Phi}(\boldsymbol{x}) - \boldsymbol{\Phi}(\boldsymbol{y})\| \le C\|\boldsymbol{x} - \boldsymbol{y}\|, \tag{17.13}$$

- und

$$\|\boldsymbol{x}^1 - \boldsymbol{x}^0\| = \|\boldsymbol{\Phi}(\boldsymbol{x}^0) - \boldsymbol{x}^0\| \le (1-C)r < r \tag{17.14}$$

gilt. Dann gilt

1. Für alle $n = 0, 1, \ldots$ sind die $\boldsymbol{x}^n \in \underline{U_r(\boldsymbol{x}^0)}$,
2. Die Iterationsabbildung $\boldsymbol{\Phi}$ besitzt in $\overline{U_r(\boldsymbol{x}^0)}$ genau einen Fixpunkt $\boldsymbol{\xi}$, $\boldsymbol{\Phi}(\boldsymbol{\xi}) = \boldsymbol{\xi}$, und es gelten

$$\lim_{n\to\infty} \boldsymbol{x}^n = \boldsymbol{\xi},$$

$$\|\boldsymbol{x}^{n+1} - \boldsymbol{\xi}\| \le C\|\boldsymbol{x}^n - \boldsymbol{\xi}\|,$$

und die Fehlerabschätzung

$$\|\boldsymbol{x}^n - \boldsymbol{\xi}\| \le \frac{C^n}{1-C}\|\boldsymbol{x}^1 - \boldsymbol{x}^0\|.$$

Beweis: **1.** Aus (17.14) folgt $\boldsymbol{x}^1 \in U_r(\boldsymbol{x}^0)$. Wir führen einen Induktionsbeweis und nehmen an, dass $\boldsymbol{x}^k \in U_r(\boldsymbol{x}^0)$ für $k = 0, 1, \ldots, n$ und $n \ge 1$. Dann folgt aus (17.13)

$$\begin{aligned}\|\boldsymbol{x}^{n+1} - \boldsymbol{x}^n\| &= \|\boldsymbol{\Phi}(\boldsymbol{x}^n) - \boldsymbol{\Phi}(\boldsymbol{x}^{n-1})\| \\ &\le C\|\boldsymbol{x}^n - \boldsymbol{x}^{n-1}\| = C\|\boldsymbol{\Phi}(\boldsymbol{x}^{n-1}) - \boldsymbol{\Phi}(\boldsymbol{x}^{n-2})\| \\ &\le C^2\|\boldsymbol{x}^{n-1} - \boldsymbol{x}^{n-2}\| \le \ldots \\ &\le C^n\|\boldsymbol{x}^1 - \boldsymbol{x}^0\|.\end{aligned} \tag{17.15}$$

Mit der Dreiecksungleichung und (17.14) folgt daraus

$$\begin{aligned}\|\boldsymbol{x}^{n+1} - \boldsymbol{x}^0\| &\le \|\boldsymbol{x}^{n+1} - \boldsymbol{x}^n\| + \|\boldsymbol{x}^n - \boldsymbol{x}^{n-1}\| + \ldots \\ &\quad + \|\boldsymbol{x}^1 - \boldsymbol{x}^0\| \\ &\le (C^n + C^{n-1} + \ldots + C + 1)\|\boldsymbol{x}^1 - \boldsymbol{x}^0\| \\ &\le (1 + C + \ldots + C^n)(1-C)r \\ &= (1 - C^{n+1})r < r.\end{aligned}$$

2. Wir zeigen zuerst, dass die Folge $(\boldsymbol{x}^n)_{n\in\mathbb{N}}$ der Iterierten eine Cauchy-Folge ist. Dazu ziehen wir (17.15) und die Voraussetzung (17.14) heran und berechnen für $m > k$

$$\begin{aligned}\|\boldsymbol{x}^m - \boldsymbol{x}^k\| &\le \|\boldsymbol{x}^m - \boldsymbol{x}^{m-1}\| + \|\boldsymbol{x}^{m-1} - \boldsymbol{x}^{m-2}\| + \ldots \\ &\quad + \|\boldsymbol{x}^{k+1} - \boldsymbol{x}^k\| \\ &\le C^k(1 + C + \ldots + C^{m-k-1})\|\boldsymbol{x}^1 - \boldsymbol{x}^0\| \\ &< \frac{C^k}{1-C}\|\boldsymbol{x}^1 - \boldsymbol{x}^0\| < C^k r.\end{aligned} \tag{17.16}$$

Nun ist $0 < C < 1$ und so wird $C^k r$ kleiner als ein positives ε sein, wenn der Index k nur größer als ein Index $n_0(\varepsilon)$ ist. Also ist $(\boldsymbol{x}^n)_{n\in\mathbb{N}}$ eine Cauchy-Folge.

Da $\mathbb{R}^n$ ein vollständiger normierter Raum ist, ist jede Cauchy-Folge konvergent, d. h., $\boldsymbol{\xi} = \lim_{n\to\infty} \boldsymbol{x}^n$ existiert. Weil alle $\boldsymbol{x}^n$ in $U_r(\boldsymbol{x}^0)$ liegen, muss $\boldsymbol{\xi}$ im Abschluss $\overline{U_r(\boldsymbol{x}^0)}$ liegen. Wir zeigen jetzt, dass $\boldsymbol{\xi}$ ein Fixpunkt von $\boldsymbol{\Phi}$ ist. Für alle $n \ge 0$ gilt

$$\begin{aligned}\|\boldsymbol{\Phi}(\boldsymbol{\xi}) - \boldsymbol{\xi}\| &\le \|\boldsymbol{\Phi}(\boldsymbol{\xi}) - \boldsymbol{\Phi}(\boldsymbol{x}^n)\| + \|\boldsymbol{\Phi}(\boldsymbol{x}^n) - \boldsymbol{\xi}\| \\ &\le C\|\boldsymbol{\xi} - \boldsymbol{x}^n\| + \|\boldsymbol{x}^{n+1} - \boldsymbol{\xi}\|.\end{aligned}$$

Weil $\lim_{n\to\infty} \|\boldsymbol{x}^n - \boldsymbol{\xi}\| = 0$ wegen der gezeigten Konvergenz gilt, folgt $\|\boldsymbol{\Phi}(\boldsymbol{\xi}) - \boldsymbol{\xi}\| = 0$, also $\boldsymbol{\xi} = \boldsymbol{\Phi}(\boldsymbol{\xi})$ und damit ist $\boldsymbol{\xi}$ ein Fixpunkt von $\boldsymbol{\Phi}$.

Jetzt ist noch die Eindeutigkeit des Fixpunktes zu zeigen. Dazu nehmen wir an, $\boldsymbol{\eta} \in \overline{U_r(\boldsymbol{x}^0)}$ sei ein weiterer Fixpunkt der Iterationsabbildung. Dann folgt

$$\|\boldsymbol{\xi} - \boldsymbol{\eta}\| = \|\boldsymbol{\Phi}(\boldsymbol{\xi}) - \boldsymbol{\Phi}(\boldsymbol{\eta})\| \le C\|\boldsymbol{\xi} - \boldsymbol{\eta}\|.$$

Weil $0 < C < 1$ vorausgesetzt wird, muss daher $\|\boldsymbol{\xi} - \boldsymbol{\eta}\| = 0$ gelten, also $\boldsymbol{\xi} = \boldsymbol{\eta}$.

Der Fixpunktsatz von Banach ist vollständig bewiesen, wenn wir noch mithilfe von (17.16)

$$\|\boldsymbol{\xi} - \boldsymbol{x}^k\| = \lim_{m\to\infty} \|\boldsymbol{x}^m - \boldsymbol{x}^k\| \le \frac{C^k}{1-C}\|\boldsymbol{x}^1 - \boldsymbol{x}^0\|$$

und

$$\|\boldsymbol{x}^{n+1} - \boldsymbol{\xi}\| = \|\boldsymbol{\Phi}(\boldsymbol{x}^n) - \boldsymbol{\Phi}(\boldsymbol{\xi})\| \le C\|\boldsymbol{x}^n - \boldsymbol{\xi}\|$$

nachrechnen. ■

Wir haben bereits erwähnt, dass die Bedingung (17.13) die **Lipschitz-Stetigkeit** von $\boldsymbol{\Phi}$ bedeutet. Ist im skalaren Fall $\Phi\colon [a, b] \to \mathbb{R}$ sogar stetig differenzierbar, erhält man die Lipschitzkonstante C aus dem folgenden Satz.

Satz

Sei $\Phi\colon [a, b] \to [a, b]$ stetig differenzierbar. Dann ist Φ Lipschitz-stetig mit Lipschitz-Konstante

$$C = \sup_{a\le x\le b} |\Phi'(x)|. \tag{17.17}$$

Ist $C < 1$, dann ist Φ offenbar kontrahierend.

Beweis: Der Satz folgt aus dem Mittelwertsatz $|\Phi(x) - \Phi(y)| = |\Phi'(\eta)||x - y| \leq C|x - y|$. ∎

?

Beweisen Sie den folgenden Satz, den man auch als **Kugelbedingung** bezeichnet: Wenn eine abgeschlossene Kugel $\overline{U}_r(\boldsymbol{x}_0) = \{\boldsymbol{x} \in \mathbb{R}^m \mid \|\boldsymbol{x} - \boldsymbol{x}_0\| \leq r\}$ um den Punkt $\boldsymbol{x}_0$ mit Radius $r > 0$ existiert, sodass

a) $\boldsymbol{\Phi}\colon \overline{U}_r(\boldsymbol{x}_0) \to \mathbb{R}^m$ kontrahierend ist mit Kontraktionskonstante $0 < C < 1$, und
b) $\|\boldsymbol{\Phi}(\boldsymbol{x}_0) - \boldsymbol{x}_0\| \leq (1 - C)r$ gilt,

dann folgt $\boldsymbol{\Phi}(\overline{U}_r(\boldsymbol{x}_0)) \subset \overline{U}_r(\boldsymbol{x}_0)$ und der Fixpunktsatz ist in der Umgebung $\overline{U}_r(\boldsymbol{x}_0)$ anwendbar.

Der Mittelwertsatz für vektorwertige Funktionen mehrerer Variablen wie $\boldsymbol{\Phi}\colon D \subset \mathbb{R}^m \to \mathbb{R}^m$ ist etwas sperrig, vergleiche Band 1, Abschnitt 21.5. Er garantiert aber die Existenz einer linearen Abbildung $\boldsymbol{A}$ aus der konvexen Hülle der Verbindungsstrecke zwischen zwei Punkten $\boldsymbol{x}, \boldsymbol{y} \in D$ in den $\mathbb{R}^m$, sodass

$$\boldsymbol{\Phi}(\boldsymbol{x}) - \boldsymbol{\Phi}(\boldsymbol{y}) = \boldsymbol{A}(\boldsymbol{x} - \boldsymbol{y})$$

gilt. Dabei ist $\boldsymbol{A} := \int_0^1 \boldsymbol{f}'(\boldsymbol{x} + t(\boldsymbol{y} - \boldsymbol{x}))\,\mathrm{d}t$. Schätzt man diese Matrix in der Operatornorm ab, erhält man wieder ein Resultat wie oben.

?

Eine Halbkugel mit Radius r soll so mit Flüssigkeit gefüllt werden, dass die Flüssigkeit genau die Hälfte des Volumens $V_K = 2\pi r^3/3$ der Halbkugel ausmacht.

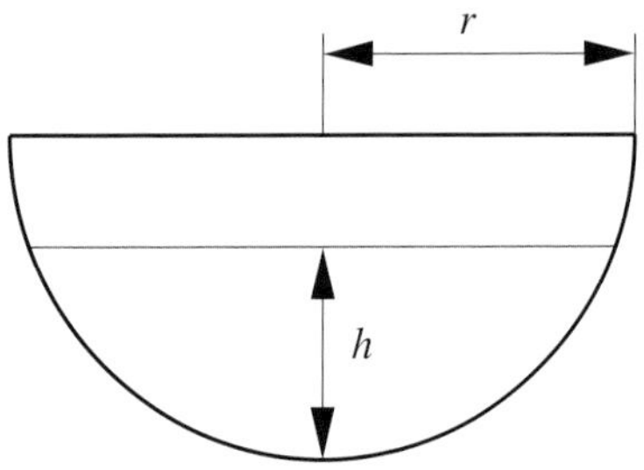

Das von der Flüssigkeit eingenommene Kugelsegment hat dabei das Volumen $V = \pi h^2(3r - h)/3$. Stellen Sie eine Gleichung auf, deren Nullstelle das gesuchte h ist. Formen Sie so um, dass Sie eine Variable $x := h/r$ erhalten und begründen Sie, warum Sie x^0 für eine Iteration im Intervall $[0, 1]$ suchen würden.

Das Newton-Verfahren lässt sich ebenfalls mit dem Banach'schen Fixpunktsatz analysieren

Obwohl wir für das Newton-Verfahren mit den Sätzen von Newton-Kantorowitsch ganz eigene Werkzeuge zur Untersuchung der Konvergenz kennenlernen werden, wollen wir hier kurz auf das Newton-Verfahren unter dem Blickwinkel des Banach'schen Fixpunktsatzes schauen. Im skalaren Fall ist

$$x_{n+1} = x_n - \frac{f(x_n)}{f'(x_n)},$$

also

$$\Phi(x) = x - \frac{f(x)}{f'(x)}.$$

Für zweimal stetig differenzierbare f erhalten wir

$$\Phi'(x) = 1 - \frac{f'(x)}{f'(x)} + \frac{f(x)f''(x)}{(f'(x))^2} = \frac{f(x)f''(x)}{(f'(x))^2}.$$

Ist also

$$C := \sup_{x \in U_r(x^0)} \left| \frac{f(x)f''(x)}{(f'(x))^2} \right| < 1,$$

dann liefert der Banach'sche Fixpunktsatz Konvergenz von mindestens erster Ordnung,

$$|x_{n+1} - \xi| \leq C|x_n - \xi|.$$

Interpolationsverfahren lassen sich mit einfachen Mitteln analysieren

Die Regula Falsi und das Sekantenverfahren nennt man – genau wie die quadratische Interpolationsmethode im Kasten **Hintergrund und Ausblick** auf Seite 616 – nach J. F. Traub **Interpolationsiterationen**. Zu solchen Verfahren zählen die bisher beschriebenen Verfahren. Da wir für das Newton-Verfahren eine eigene Theorie kennenlernen werden, wollen wir hier die Regula Falsi und das Sekantenverfahren bezüglich ihrer Konvergenz untersuchen.

Die Regula Falsi

Die Regula Falsi ist eine Interpolationsmethode, denn der neue Näherungswert für den Fixpunkt ξ wird aus der linearen Interpolation zweier Werte gewonnen,

$$x = \frac{a_n f(b_n) - b_n f(a_n)}{f(b_n) - f(a_n)}.$$

Ist $f(a_n)f(x) < 0$ (bei $f(x) = 0$ würde man die Iteration abbrechen), dann $a_{n+1} = a_n$ und $b_{n+1} = x$, ansonsten $a_{n+1} = x$ und $b_{n+1} = b_n$. Wir führen eine etwas andere Notation ein, damit wir alte und neue Iterierte besser unterscheiden können, und damit der Buchstabe x für andere Dinge frei wird,

$$\begin{aligned}\eta &= x_n - f(x_n)\frac{x_n - a_n}{f(x_n) - f(a_n)}\\ &= \frac{a_n f(x_n) - x_n f(a_n)}{f(x_n) - f(a_n)}\end{aligned} \qquad (17.18)$$

Beispiel: Anwendung des Banach'schen Fixpunktsatzes

Wir wollen den kleinsten Fixpunkt der Iterationsfunktion $\Phi(x) = \frac{1}{10}e^x$ mit einem Fixpunktverfahren der Form $x_{n+1} = \Phi(x_n) := \frac{1}{10}e^{x_n}$ berechnen und Kontrolle über den Fehler haben.

Problemanalyse und Strategie: Für $x = 0$ folgt aus der Iterationsvorschrift zwar $\Phi(0) \neq 0.1$, aber 0.1 ist schon recht klein und wir vermuten den Fixpunkt in der Nähe von 0. Daher wählen wir $x_0 := 0$ und betrachten die Kugel (in unserem Fall ist die Kugel ein Intervall) $\overline{U_1(0)} = [-1, 1]$. Jetzt sind die Voraussetzungen des Banach'schen Fixpunktsatzes zu prüfen und die Rechnungen durchzuführen.

Lösung:
Auf der folgenden Abbildung erkennt man die Funktion $\Phi(x) = 0.1e^x$ (grün) und die Funktion $y = x$ auf $-4 \leq x \leq 4$.

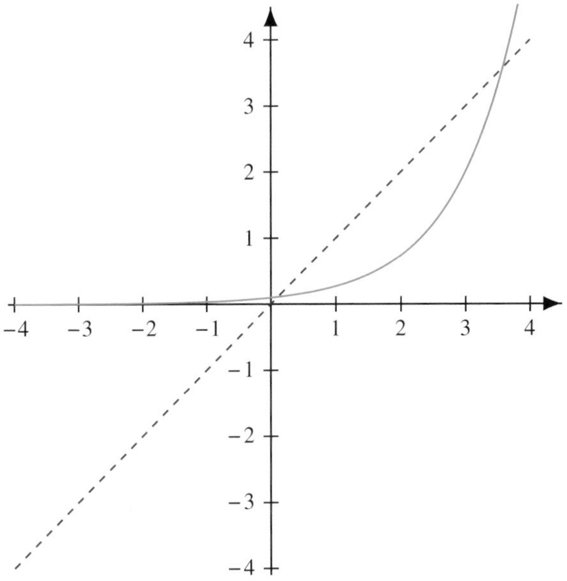

Die Funktion Φ ist auf $[-1, 1]$ monoton wachsend und es gilt

$$0 < \Phi(x) < \frac{e}{10} < 1\,.$$

Daher folgt für alle $x, y \in [-1, 1]$

$$|\Phi(x) - \Phi(y)| < \frac{e}{10} < 1 < |x - y| \leq 2\,.$$

Weiterhin ist $\Phi'(x) = \Phi(x)$ und damit folgt aus (17.17)

$$C = \sup_{-1 \leq x \leq 1} |\Phi'(x)| = \sup_{-1 \leq x \leq 1} |\Phi(x)| = \frac{e}{10}\,.$$

Es liegt also eine Kontraktion vor und Φ bildet $[-1, 1]$ in sich selbst ab. Weiterhin ist $x_1 = \Phi(x^0) = \Phi(0) = 0.1 < r = 1$ und damit sind alle Voraussetzungen des Banach'schen Fixpunktsatzes erfüllt. Es existiert also ein eindeutig bestimmter Fixpunkt ξ.

Wollen wir ξ mit einem absoluten Fehler von weniger oder gleich 10^{-6} berechnen, dann machen wir uns die letzte Ungleichung im Banach'schen Fixpunktsatz zu Nutze,

$$|x_n - \xi| \leq \frac{C^n}{1 - C}|x_1 - x_0|\,,$$

die als a priori-Fehlerschätzung dient. Mit $x_0 = 0$ und $x_1 = 0.1$ folgt

$$|x_n - \xi| \leq \frac{\left(\frac{e}{10}\right)^n}{1 - \frac{e}{10}} \overset{!}{\leq} 10^{-6}\,,$$

was wir nach n auflösen müssen. Es folgt

$$\left(\frac{e}{10}\right)^n \leq \left(1 - \frac{e}{10}\right) 10^{-6}$$

und nach Logarithmieren

$$n \log \frac{e}{10} \leq \log\left(1 - \frac{e}{10}\right) - 6$$

und damit (Achtung! Der Logarithmus einer Zahl kleiner als 1 ist negativ.)

$$n \geq \frac{\log\left(1 - \frac{e}{10}\right) - 6}{\log \frac{e}{10}} \approx 10.85\,.$$

Wir erreichen die geforderte Genauigkeit auf sechs Stellen also mindestens nach 11 Schritten.
Auf dem Rechner ergeben sich die folgenden Werte:

n	Iterierte x_n
0	0
1	0.1
2	0.110517091808
3	0.111685543797
6	0.111832353555
11	0.111832559155
12	0.111832559159

Bereits für $n = 6$ ist die gewünschte Genauigkeit erreicht. Bei $n \geq 13$ ändert sich auch die 12. Nachkommastelle nicht mehr.

und

$$\left.\begin{aligned} x_{n+1} &:= \eta \\ a_{n+1} &:= a_n \end{aligned}\right\} \text{ falls } f(\eta)f(x_n) > 0\,, \tag{17.19}$$

$$\left.\begin{aligned} x_{n+1} &:= \eta \\ a_{n+1} &:= x_n \end{aligned}\right\} \text{ falls } f(\eta)f(x_n) < 0\,. \tag{17.20}$$

Zur Analyse der Konvergenz setzen wir zur Vereinfachung voraus, dass f'' existiert und es eine Iterationsstufe n gibt mit

$$\left.\begin{array}{l} x_n < a_n, \\ f(x_n) < 0 < f(a_n), \\ f''(x) \geq 0 \text{ für } x \in [x_n, a_n]\,. \end{array}\right\} \tag{17.21}$$

Wir werden die folgenden Untersuchungen nur unter den Bedingungen (17.21) durchführen und zeigen, dass dann immer der Fall (17.19) eintritt. Völlig analog würde die Untersuchung verlaufen, wenn wir immer mit dem Fall (17.20) arbeiten würden. In einer Umgebung der Nullstelle ξ wird schließlich immer einer dieser beiden Fälle eintreten.

Lemma

Unter der Voraussetzung (17.21) gilt entweder $f(\eta) = 0$ (dann ist die gesuchte Nullstelle gefunden), oder

$$f(\eta)f(x_n) > 0$$

und

$$x_n < x_{n+1} = \eta < a_{n+1} = a_n\,.$$

Beweis: Wegen der Voraussetzung $x_n < a_n$ und weil die neue Näherung stets zwischen x_n und a_n liegt, folgt

$$x_n < \eta < a_n\,.$$

Die neue Näherung η ist die Nullstelle des linearen Polynoms p, das $(a_n, f(a_n))$ und $(x_n, f(x_n))$ interpoliert. Im Kapitel zur Interpolation haben wir den Interpolationsfehler (12.22) berechnet. In unserem Fall ist der Fehler für alle $x \in [x_n, a_n]$

$$f(x) - p(x) = (x - x_n)(x - a_n)\frac{f''(y)}{2}, \quad y \in [x_n, a_n]\,.$$

Damit folgt aus der letzten Voraussetzung in (17.21) $f(x) - p(x) \leq 0$ für alle $x \in [x_n, a_n]$. Da die neue Näherung η Nullstelle des Polynoms p ist, ist $p(\eta) = 0$ und damit $f(\eta) \leq 0$. Weil nach der zweiten Voraussetzung in (17.21) auch $f(x_n) < 0$ gilt, folgt $f(x_n)f(\eta) > 0$. ∎

Konvergenzsatz für die Regula Falsi

Die Iterierten x_n der Regula Falsi konvergieren gegen eine Nullstelle ξ von f, d. h.

$$\lim_{n\to\infty} x_n =: \xi$$

und

$$f(\xi) = 0\,.$$

Beweis: Wir zeigen den Konvergenzsatz wieder unter den Bedingungen (17.21).

Aus dem vorhergehenden Lemma kann man erkennen: Gelten (17.21) für ein n_0, dann gelten sie auch für alle $n > n_0$, denn immer wird $a_{n+1} = a_n = a$ sein. Damit bilden die Iterierten x_n eine monoton wachsende, nach oben beschränkte Folge, die daher auch konvergiert, d. h.,

$$\xi = \lim_{n\to\infty} x_n$$

existiert. Wegen der Stetigkeit von f und wegen (17.18) sowie (17.21) folgen

$$f(\xi) \leq 0, \qquad f(a) > 0$$

und

$$\xi = \frac{af(\xi) - \xi f(a)}{f(\xi) - f(a)}\,.$$

Subtrahieren wir auf beiden Seiten a, so ergibt sich

$$\xi - a = \frac{af(\xi) - \xi f(a)}{f(\xi) - f(a)} - \frac{af(\xi) - af(a)}{f(\xi) - f(a)}$$

oder

$$(\xi - a)(f(\xi) - f(a)) = af(a) - \xi f(a)\,.$$

Das zeigt

$$(\xi - a)f(\xi) = 0$$

und da $f(a) > 0 \geq f(\xi)$ gilt, ist $\xi \neq a$ und damit $f(\xi) = 0$. ∎

Wir sind nun in der Lage, Aussagen über die Konvergenzgeschwindigkeit der Regula Falsi zu machen.

Konvergenzgeschwindigkeit der Regula Falsi

Die Iterierten der Regula Falsi konvergieren mindestens linear.

Beweis: Wir zeigen den Satz wieder unter den Bedingungen (17.21). Dann können wir die Regula Falsi schreiben als

$$x_{n+1} = \Phi(x_n)$$

mit der Iterationsfunktion

$$\Phi(x) = \frac{af(x) - xf(a)}{f(x) - f(a)}\,.$$

Leiten wir die Iterationsfunktion ab, setzen $x = \xi$ und beachten $f(\xi) = 0$, dann folgt

$$\begin{aligned} \Phi'(\xi) &= \frac{-(af'(\xi) - f(a))f(a) + \xi f(a)f'(\xi)}{(f(a))^2} \\ &= 1 - f'(\xi)\frac{\xi - a}{-f(a)} \\ &= 1 - f'(\xi)\frac{\xi - a}{f(\xi) - f(a)}\,. \end{aligned} \tag{17.22}$$

Nach dem Mittelwertsatz der Differenzialrechnung existieren Zahlen μ_1 und μ_2, sodass

$$f'(\mu_1) = \frac{f(\xi) - f(a)}{\xi - a}, \quad \xi < \mu_1 < a,$$
$$f'(\mu_2) = \frac{f(x_n) - f(\xi)}{x_n - \xi}, \quad x_n < \mu_2 < \xi$$

gilt. Die Ableitung f' ist auf $[x_n, a]$ monoton wachsend, denn nach der dritten Voraussetzung in (17.21) ist dort $f''(x) \geq 0$. Damit folgen aus den Mittelwertsatzgleichungen mit $x_n < \xi$ und $f(x_n) < 0$, dass

$$0 < f'(\mu_2) \leq f'(\xi) \leq f'(\mu_1)$$

gilt. Damit können wir (17.22) abschätzen, denn

$$\frac{\xi - a}{f(\xi) - f(a)} = \frac{1}{f'(\mu_1)} > 0$$

und es folgt

$$0 < \Phi'(\xi) < 1 .$$

Damit ist die Regula Falsi mindestens linear konvergent. ■

Das Sekantenverfahren

Im Unterschied zur Regula Falsi lässt sich das Sekantenverfahren nicht in der Form

$$x_{n+1} = \Phi(x_n),$$

sondern stattdessen als

$$x_{n+1} = \Phi(x_n, x_{n-1}) = \frac{x_{n-1} f(x_n) - x_n f(x_{n-1})}{f(x_n) - f(x_{n-1})}$$
$$= x_n - \frac{f(x_n)}{f[x_{n-1}, x_n]} \qquad (17.23)$$

mit der dividierten Differenz $f[x_{n-1}, x_n]$ schreiben. Allgemein nennt man Iterationsverfahren der Form

$$x_{n+1} = \Phi(x_n, x_{n-1}, x_{n-2}, \ldots, x_{n-r})$$

mit $0 < r \leq n$ **mehrstellige Iterationsverfahren** (engl.: „Iterations with memory").

Im Gegensatz zur Regula Falsi ist das Sekantenverfahren nicht ohne Vorsicht zu benutzen, denn wenn $f(x_n) \approx f(x_{n-1})$ gilt, kann es Probleme mit Auslöschung geben. Weiterhin muss die neue Iterierte x_{n+1} nicht mehr im Intervall $[x_n, x_{n-1}]$ liegen, d. h., das Sekantenverfahren konvergiert nur dann, wenn x_0 hinreichend nahe bei der Nullstelle ξ von f liegt.

Wir subtrahieren ξ von (17.23) und erhalten

$$x_{n+1} - \xi = (x_n - \xi) - \frac{f(x_n)}{f[x_{n-1}, x_n]} .$$

Nach Definition der dividierten Differenzen (vergleiche (12.16)) können wir weiter umformen,

$$x_{n+1} - \xi = (x_n - \xi)\left(1 - \frac{f[x_n, \xi]}{f[x_{n-1}, x_n]}\right)$$
$$= (x_n - \xi)(x_{n-1} - \xi)\frac{f[x_{n-1}, x_n, \xi]}{f[x_{n-1}, x_n]} . \qquad (17.24)$$

Nun haben wir im Kapitel über die Interpolation die Fehlerdarstellungen (12.22) und (12.25) kennengelernt. Ein Vergleich der beiden Darstellungen zeigt

$$f[x_{n-1}, x_n] = f'(\mu_1), \quad \mu_1 \in [x_{n-1}, x_n],$$
$$f[x_{n-1}, x_n, \xi] = \frac{1}{2} f''(\mu_2), \quad \mu_1 \in [x_{n-1}, x_n, \xi],$$

wobei $[x_{n-1}, x_n, \xi]$ das kleinste Intervall bezeichnet, dass alle drei Punkte enthält. Damit ergibt sich für eine einfache Nullstelle ξ mit $f'(\xi) \neq 0$ die Existenz eines Intervalls $I = \{x : |x - \xi| \leq \varepsilon\}$ und einer Zahl M mit

$$\left|\frac{f''(\mu_2)}{2f'(\mu_1)}\right| = \frac{f[x_{n-1}, x_n, \xi]}{f[x_{n-1}, x_n]} \leq M, \quad \mu_1, \mu_2 \in I .$$

Damit lässt sich (17.24) wie folgt abschätzen.

$$|x_{n+1} - \xi| \leq |x_n - \xi||x_{n-1} - \xi|M .$$

Bezeichnen wir mit $e_n := M|x_n - \xi|$ den mit M gewichteten Fehler, dann haben wir also

$$M|x_{n+1} - \xi| \leq M|x_n - \xi|M|x_{n-1} - \xi|$$

erhalten, also

$$e_{n+1} \leq e_n e_{n-1}. \qquad (17.25)$$

Sind $x_0, x_1 \in I$, sodass $e_0, e_1 < \min\{1, \varepsilon M\}$ gilt, dann folgt mit vollständiger Induktion, dass auch

$$e_n \leq \min\{1, \varepsilon M\}$$

gilt und damit liegen alle x_n in I.

Konvergenzgeschwindigkeit des Sekantenverfahrens

Für den Fehler der Sekantenmethode gilt

$$e_n \leq K^{q^n}, \quad n = 0, 1, 2, \ldots,$$

mit $K := \max\{e_0, \sqrt[q]{e_1}\} < 1$ und $q := (1 + \sqrt{5})/2$. Das Sekantenverfahren konvergiert also mindestens so schnell wie ein Verfahren der Ordnung $q \approx 1.618$.

Beweis: Für $n = 0$ gilt $e_0 \leq K = \max\{e_0, \sqrt[q]{e_1}\}$ trivialerweise; ebenso für $n = 1$. Sei nun die Behauptung richtig für $n - 1$. Wir bemerken, dass q Lösung der Gleichung

$$y^2 - y - 1 = 0$$

ist, d. h. $q^2 = q + 1$. Daher und wegen (17.25) folgt

$$e_n \leq e_{n-1}e_{n-2} \leq K^{q^{n-1}} K^{q^{n-2}} = K^{(1+q)q^{n-2}} = K^{q^2 q^{n-2}} = K^{q^n}.$$

■

Das Sekantenverfahren benötigt nur eine Funktionsauswertung pro Iteration. Im Vergleich zum Newton-Verfahren ist es daher nur halb so teuer. Wegen $K^{q^{n+2}} = (K^{q^n})^{q^2} = (K^{q^n})^{q+1}$ entsprechen daher 2 Schritte des Sekantenverfahrens einem Verfahren der Ordnung

$$q + 1 = 2.618...$$

Daher kann man mit dem Sekantenverfahren bei gleichem Aufwand wie beim Newton-Verfahren eine bessere Ordnung erreichen.

Allgemeine Interpolationsverfahren

Man kann nun wie folgt vorgehen. Zu Beginn startet man mit zwei Punkten $(x_0, f(x_0))$ und $(x_1, f(x_1))$, z. B. $(a, f(a))$ und $(b, f(b))$. Die neue Näherung x_2 wird gewonnen durch lineare Interpolation von $(x_0, f(x_0))$ und $(x_1, f(x_1))$. Da man nun über drei Näherungen x_0, x_1, x_2 verfügt erscheint es natürlich, die neue Näherung x_3 durch ein quadratisches Polynom durch die Punkte $(x_k, f(x_k))$, $k = 0, 1, 2$, zu gewinnen. Nun geht es weiter mit einem kubischen Polynom durch $(x_k, f(x_k))$, $k = 0, 1, 2, 3$, usw.

Ein **allgemeines Interpolationsverfahren** ist eine Iteration

$$x_{n+1} = \Phi(x_n, x_{n-1}, x_{n-2}, \ldots, x_{n-r}),$$

bei der die Iterationsfunktion eine Nullstelle des Interpolationspolynoms p vom Grad nicht höher als r durch die Punkte $(x_k, f(x_k))$, $k = n - r, \ldots, n$ liefert.

Eine wichtige Bemerkung ist hier angebracht. Die Zahl r sollte nicht zu groß sein, denn schon bei Polynomen vom Grad drei ist man gut beraten, die Nullstellen wiederum iterativ zu bestimmen. Für Polynome ab Grad fünf gibt es gar keine geschlossenen Formeln mehr für die Nullstellen. Man hätte also ein Iterationsverfahren im Iterationsverfahren. Dieses Problem umschifft man durch die Idee der **inversen Interpolation**. Dabei interpoliert man nicht die Daten $(x_k, f(x_k))$, $k = n - r, \ldots, n$, sondern die Daten $(f(x_k), x_k)$, $k = n-r, \ldots, n$, also die Umkehrfunktion p^{-1} des eigentlichen Interpolationspolynoms p. Im Gegensatz zu p ist p^{-1} eine Funktion von $y = f(x)$ und die gesuchte Nullstelle x_{n+1} von p ist gerade p^{-1} an der Stelle 0, denn es gilt

$$p(x_{n+1}) = 0 \quad \Longleftrightarrow \quad p^{-1}(0) = x_{n+1}.$$

Mithilfe der inversen Interpolation lassen sich nicht nur neue Iterationsverfahren gewinnen – die allerdings heute neben dem Newton-Verfahren nur noch eine marginale Rolle spielen – sondern man erhält auch jeweils Fehlerabschätzungen durch Betrachtung des Interpolationsfehlers, so wie wir es bei der Fehlerbetrachtung des Sekantenverfahrens kennengelernt haben. Für die Details verweisen wir auf die ältere Literatur.

17.3 Das Newton-Verfahren und seine Varianten

Wir wollen uns nun auf die Spuren eines der berühmtesten Konvergenzsätze begeben, um zwei der Newton-Verfahren zu analysieren. Die Beweise sind nicht schwierig, aber umfangreich, und sie dokumentieren die geniale Idee von Leonid Kantorowitsch (1912–1986), eine zu untersuchende Iteration durch eine andere, einfacher zu handhabende, majorisieren zu lassen.

Der klassische Konvergenzsatz von Newton-Kantorowitsch

Wir starten mit einem wichtigen Hilfssatz, in dem eine konvexe Menge eine wichtige Rolle spielt. Hier noch einmal zur Erinnerung (vergleiche Band 1, Abschnitt 15.4): Eine Menge $D \subset \mathbb{R}^m$ heißt **konvex**, wenn mit zwei Punkten $\boldsymbol{x}, \boldsymbol{y} \in D$ auch die Verbindungsstrecke $[\boldsymbol{x}, \boldsymbol{y}] := \{t\boldsymbol{x} + (1-t)\boldsymbol{y} : 0 \leq t \leq 1\}$ ganz in D verläuft.

Lemma

Es sei $D \subset \mathbb{R}^m$ eine konvexe Menge und $\boldsymbol{f} \colon D \to \mathbb{R}^m$ stetig differenzierbar mit Funktionalmatrix $\boldsymbol{f}'(\boldsymbol{x})$ für $\boldsymbol{x} \in D$. Dann gilt für $\boldsymbol{x}, \boldsymbol{y} \in D$

$$\boldsymbol{f}(\boldsymbol{y}) - \boldsymbol{f}(\boldsymbol{x}) = \int_0^1 \boldsymbol{f}'(\boldsymbol{x} + t(\boldsymbol{y} - \boldsymbol{x}))(\boldsymbol{y} - \boldsymbol{x})\,\mathrm{d}t\,. \tag{17.29}$$

In der Literatur findet man auch häufig die Schreibweise

$$\int_{\boldsymbol{x}}^{\boldsymbol{y}} \boldsymbol{f}'(\boldsymbol{x})\,\mathrm{d}\boldsymbol{x} := \int_0^1 \boldsymbol{f}'(\boldsymbol{x} + t(\boldsymbol{y} - \boldsymbol{x}))(\boldsymbol{y} - \boldsymbol{x})\,\mathrm{d}t\,. \tag{17.30}$$

Beweis: Für alle $\boldsymbol{x}, \boldsymbol{y} \in D$ ist die durch

$$\boldsymbol{\theta}(t) := \boldsymbol{f}(\boldsymbol{x} + t(\boldsymbol{y} - \boldsymbol{x}))$$

definierte Funktion $\theta \colon [0, 1] \to \mathbb{R}^m$ für alle $t \in [0, 1]$ stetig differenzierbar und es gilt

$$\boldsymbol{f}(\boldsymbol{y}) - \boldsymbol{f}(\boldsymbol{x}) = \boldsymbol{\theta}(1) - \boldsymbol{\theta}(0) = \int_0^1 \boldsymbol{\theta}'(t)\,\mathrm{d}t\,.$$

Die Kettenregel liefert

$$\boldsymbol{\theta}'(t) = \boldsymbol{f}'(\boldsymbol{x} + t(\boldsymbol{y} - \boldsymbol{x}))(\boldsymbol{y} - \boldsymbol{x})$$

und damit ist der Beweis geführt. ■

Wir haben in (17.6) die Idee kennengelernt, dass man iterative Verfahren in der Form

$$\boldsymbol{x}^{n+1} = \boldsymbol{x}^n - \boldsymbol{A}^{-1}\boldsymbol{f}(\boldsymbol{x}^n)$$

Unter der Lupe: Konvergenzbeschleunigungen

Mit nur linear konvergenten Verfahren können wir aus rechnerischer Sicht nicht zufrieden sein. Es gibt allerdings Möglichkeiten, die Konvergenzgeschwindigkeit unter Umständen dramatisch zu steigern.

Wir betrachten eine Iterationsfunktion Φ und die Fixpunktgleichung $\Phi(x) = x$ zur Bestimmung einer Nullstelle ξ einer nichtlinearen Funktion $f(x)$. Wir wollen annehmen, dass die Folge der Iterierten $x_1, x_2, \ldots$ des Verfahrens $x_{n+1} = \Phi(x_n)$ bei Vorgabe eines Startwertes x_0 gegen eine Nullstelle ξ konvergiert und dass die Iterationsfunktion stetig differenzierbar ist. Damit ist ξ Fixpunkt der Gleichung $\Phi(x) = x$. Wir bezeichnen den **Fehler im n-ten Iterationsschritt** mit $e_n := \xi - x_n$ und erhalten mit dem Mittelwertsatz der Differenzialrechnung (vergleiche Band 1, Abschnitt 15.3) sofort

$$\begin{aligned} e_{n+1} &= \Phi(\xi) - \Phi(x_n) = \Phi'(\eta_n)(\xi - x_n) \\ &= \Phi'(\eta_n)e_n \end{aligned} \tag{17.26}$$

mit einem η_n zwischen ξ und x_n. Da $\lim_{n\to\infty} x_n = \xi$ folgt $\lim_{n\to\infty} \eta_n = \xi$ und damit $\lim_{n\to\infty} \Phi'(\eta_n) = \Phi'(\xi)$, da wir Φ' noch als stetig vorausgesetzt haben. Wir können dazu äquivalent schreiben

$$e_{n+1} = \Phi'(\xi)e_n + \varepsilon_n e_n, \quad \lim_{n\to\infty} \varepsilon_n = 0\,.$$

Das wiederum bedeutet $\xi - x_{n+1} = C(\xi - x_n) + o(\xi - x_n)$ mit einer Konstanten C ($=\Phi'(\xi)$) unter Verwendung des Landau-Symbols o. Ist $\Phi'(\xi) \neq 0$, dann dürfen wir für große n sicher $e_{n+1} \approx \Phi'(\xi)e_n$ annehmen, mit anderen Worten: Der Fehler in der $(n+1)$-ten Iteration ist eine lineare Funktion des Fehlers e_n. Das korrespondiert mit der Tatsache, dass die Folge $(x_n)_{n\in\mathbb{N}}$ linear konvergiert.

Wir bemerken, dass wir (17.26) nach ξ auflösen können, nämlich folgt aus $\xi - x_{n+1} = \Phi'(\eta_n)(\xi - x_n)$, dass

$$\begin{aligned} \xi(1 - \Phi'(\eta_n)) &= x_{n+1} - \Phi'(\eta_n)x_n \\ &= (1 - \Phi'(\eta_n))x_{n+1} + \Phi'(\eta_n)(x_{n+1} - x_n)\,, \end{aligned}$$

und damit ergibt sich

$$\begin{aligned} \xi &= x_{n+1} + \frac{\Phi'(\eta_n)(x_{n+1} - x_n)}{1 - \Phi'(\eta_n)} \\ &= x_{n+1} + \frac{x_{n+1} - x_n}{(\Phi'(\eta_n))^{-1} - 1}\,. \end{aligned} \tag{17.27}$$

Nun kennen wir $\Phi'(\eta_n)$ nicht, aber wir wissen, dass mithilfe des Mittelwertsatzes

$$\begin{aligned} \rho_n &:= \frac{x_n - x_{n-1}}{x_{n+1} - x_n} = \frac{x_n - x_{n-1}}{\Phi(x_n) - \Phi(x_{n-1})} = \frac{1}{\Phi'(\zeta_n)} \\ &= (\Phi'(\zeta_n))^{-1} \end{aligned}$$

für ein ζ_n zwischen x_{n-1} und x_n gilt. Ist n groß genug, dann gilt

$$\rho_n = \frac{1}{\Phi'(\zeta_n)} \approx \frac{1}{\Phi'(\xi)} \approx \frac{1}{\Phi'(\eta_n)}$$

und dann sollte (vergleiche (17.27))

$$\widehat{x}_n := x_{n+1} + \frac{x_{n+1} - x_n}{\rho_n - 1}, \quad \rho_n = \frac{x_n - x_{n-1}}{x_{n+1} - x_n}, \tag{17.28}$$

eine bessere Näherung an ξ sein als x_n oder x_{n+1}. Um sicher zu gehen, dass x_n bereits nahe genug an ξ liegt, berechnet man in der Praxis jeweils die Quotienten ρ_{n-1} und ρ_n. Sind diese Quotienten nahezu gleich, dann beginnt das Verfahren der Konvergenzbeschleunigung durch Berechnung von $\widehat{x}_n$.

Schreiben wir

$$\Delta x_n = x_{n+1} - x_n, \quad \Delta^2 x_n = \Delta(\Delta x_n) = \Delta x_{n+1} - \Delta x_n\,,$$

dann folgt aus (17.28)

$$\begin{aligned} \widehat{x}_n &= x_{n+1} + \frac{\Delta x_n}{\frac{\Delta x_{n-1}}{\Delta x_n} - \frac{\Delta x_n}{\Delta x_n}} = x_{n+1} - \frac{(\Delta x_n)^2}{\Delta x_n - \Delta x_{n-1}} \\ &= x_{n+1} - \frac{(\Delta x_n)^2}{\Delta^2 x_{n-1}}\,. \end{aligned}$$

Aufgrund der verwendeten Bezeichnungen und des Urhebers der Methode (Alexander Aitken, 1895–1967) heißt diese Methode der Konvergenzbeschleunigung **Aitkens Δ^2-Methode**.

Aitkens Δ^2-Methode

Für eine gegen ξ konvergente gegebene Folge $x_0, x_1, x_2, \ldots$ berechne die Folge

$$\widehat{x}_n = x_{n+1} - \frac{(\Delta x_n)^2}{\Delta^2 x_{n-1}}\,.$$

Ist die Folge $(x_n)_{n\in\mathbb{N}}$ linear konvergent gegen ξ, d. h.

$$\xi - x_{n+1} = C(\xi - x_n) + o(\xi - x_n), \quad C \neq 0\,,$$

dann gilt

$$\xi - \widehat{x}_n = o(\xi - x_n)\,.$$

Sind ab einem gewissen Index k die Quotienten $\Delta x_{k-1}/\Delta x_k, \Delta x_k/\Delta x_{k+1}, \ldots$ nahezu konstant, dann ist $\widehat{x}_k$ eine bessere Näherung an ξ als x_k und $|\widehat{x}_k - x_k|$ ist ein guter Schätzer für $|\xi - x_k|$.

Man kann zeigen, dass im Fall einfacher Nullstellen Aitkens Δ^2-Methode mindestens quadratisch konvergiert.

Unter der Lupe: Die Ableitungen einer Funktion $f\colon \mathbb{R}^m \to \mathbb{R}^m$

Da in den folgenden Sätzen von Newton-Kantorowitsch die zweite Ableitung der vektorwertigen Funktion f benötigt wird, wollen wir uns vor Augen führen, was das eigentlich ist, und einige Schreibweisen einführen (vergleiche auch Band 1, Abschnitt 21.2).

Die **erste (Fréchet-)Ableitung** von f an der Stelle $\boldsymbol{x} \in \mathbb{R}^m$ ist eine lineare Abbildung

$$f'(\boldsymbol{x})\colon \mathbb{R}^m \to \mathbb{R}^m .$$

Man schreibt auch $f'(\boldsymbol{x}) \in \mathcal{L}(\mathbb{R}^m, \mathbb{R}^m)$. Die Realisierung dieser linearen Abbildung ist die Jacobi-Matrix

$$f'(\boldsymbol{x}) = \begin{pmatrix} \frac{\partial f_1}{\partial x_1}(\boldsymbol{x}) & \dots & \frac{\partial f_1}{\partial x_m}(\boldsymbol{x}) \\ \vdots & \ddots & \vdots \\ \frac{\partial f_m}{\partial x_1}(\boldsymbol{x}) & \dots & \frac{\partial f_m}{\partial x_m}(\boldsymbol{x}) \end{pmatrix} .$$

Die Anwendung der ersten Ableitung auf einen Vektor $\boldsymbol{u} \in \mathbb{R}^m$ schreibt man gewöhnlich als $f'(\boldsymbol{x})(\boldsymbol{u})$ oder $f'(\boldsymbol{x})\boldsymbol{u}$, weil sich in der Linearen Algebra im Matrizenkalkül die Schreibweise $f'(\boldsymbol{x}) \cdot \boldsymbol{u}$ eingebürgert hat, denn es handelt sich auf der Ebene der Jacobi-Matrix um ein Matrix-Vektor-Produkt.

Die **zweite (Fréchet-)Ableitung** an der Stelle $\boldsymbol{x}$ ist eine lineare Abbildung $f''(\boldsymbol{x})\colon \mathbb{R}^m \to \mathcal{L}(\mathbb{R}^m, \mathbb{R}^m)$, also

$$f''(\boldsymbol{x}) \in \mathcal{L}(\mathbb{R}^m, \mathcal{L}(\mathbb{R}^m, \mathbb{R}^m)) .$$

Bei Anwendung auf die kanonischen Basisvektoren $\boldsymbol{e}_i$ gilt

$$f''(\boldsymbol{x})(\boldsymbol{e}_i) = \left(\frac{\partial}{\partial x_i} f'\right)(\boldsymbol{x}), \quad i = 1, 2, \dots, m .$$

Man schreibt auch hier wieder $f''(\boldsymbol{x})\boldsymbol{e}_i$. Nach nochmaliger Anwendung auf $\boldsymbol{e}_j$ folgt dann

$$\begin{aligned} (f''(\boldsymbol{x})\boldsymbol{e}_i)\,\boldsymbol{e}_j &= \left(\left(\frac{\partial}{\partial x_i} f'\right)(\boldsymbol{x})\right)\boldsymbol{e}_j \\ &= \left(\frac{\partial}{\partial x_i}(f'\boldsymbol{e}_j)\right)(\boldsymbol{x}) = \left(\frac{\partial^2}{\partial x_i \partial x_j} f\right)(\boldsymbol{x}) \\ &= \begin{pmatrix} \frac{\partial^2 f_k}{\partial x_1^2}(\boldsymbol{x}) & \frac{\partial^2 f_k}{\partial x_1 \partial x_2}(\boldsymbol{x}) & \dots & \frac{\partial^2 f_k}{\partial x_1 \partial x_m}(\boldsymbol{x}) \\ \vdots & \vdots & \ddots & \vdots \\ \frac{\partial^2 f_k}{\partial x_1 \partial x_m}(\boldsymbol{x}) & \frac{\partial^2 f_k}{\partial x_2 \partial x_m}(\boldsymbol{x}) & \dots & \frac{\partial^2 f_k}{\partial x_m^2}(\boldsymbol{x}) \end{pmatrix} , \end{aligned}$$

für $k = 1, \dots, m$. Man kann sich die zweite Fréchet-Ableitung also als dreifach indizierte Matrix $\boldsymbol{A}_k := (a_{ij}^k)$, $i, j, k = 1, \dots, m$, $a_{ij}^k := \partial^2 f_k / (\partial x_i \partial x_j)$vorstellen. Es ist üblich, den Raum $\mathcal{L}(\mathbb{R}^m, \mathcal{L}(\mathbb{R}^m, \mathbb{R}^m))$ mit dem Raum $\mathcal{L}(\mathbb{R}^m \times \mathbb{R}^m, \mathbb{R}^m)$ zu identifizieren. Formal identifiziert man dabei die Abbildung $f''(\boldsymbol{x}) \in \mathcal{L}(\mathbb{R}^m, \mathcal{L}(\mathbb{R}^m, \mathbb{R}^m))$ mit der **bilinearen Abbildung** (vergleiche Band 1, Abschnitt 17.1) $(\boldsymbol{u}, \boldsymbol{v}) \mapsto (f''(\boldsymbol{x})\boldsymbol{u})\boldsymbol{v}$ und schreibt dieses Element als

$$\mathbb{R}^m \times \mathbb{R}^m \ni (\boldsymbol{u}, \boldsymbol{v}) \mapsto f''(\boldsymbol{x})(\boldsymbol{u}, \boldsymbol{v}) \in \mathbb{R}^m .$$

In Anlehnung an den Matrizenkalkül schreibt man auch $f''(\boldsymbol{x})\boldsymbol{u}\boldsymbol{v}$. Heuristisch ist diese Identifikation dadurch zu erklären, dass eine lineare Funktion von $\mathbb{R}^m$ in den Raum der linearen Funktionen von $\mathbb{R}^m$ nach $\mathbb{R}^m$ eben auch gleich als bilineare Funktion von $\mathbb{R}^m \times \mathbb{R}^m$ in den $\mathbb{R}^m$ geschrieben werden kann.

Damit existiert auch die **Taylor-Reihe**

$$f(\boldsymbol{x}^0 + \boldsymbol{u}) = f(\boldsymbol{x}^0) + \frac{1}{1!} f'(\boldsymbol{x}^0)(\boldsymbol{u}) + \boldsymbol{R} \qquad (17.31)$$

mit Restglied

$$\boldsymbol{R} := \left(\int_0^1 (1-t) f''(\boldsymbol{x}^0 + t\boldsymbol{u})\,\mathrm{d}t\right)(\boldsymbol{u}, \boldsymbol{u}) .$$

Dabei nehmen wir stets an, dass die Strecke $\boldsymbol{x}^0 + t\boldsymbol{u}$, $t \in [0, 1]$ ganz im betrachteten Gebiet liegt. Sei nun $\overline{x} := \boldsymbol{x}^0 + \boldsymbol{u}$, dann ist dieses Restglied in der Schreibweise von (17.30) gerade

$$\boldsymbol{R} = \int_{\boldsymbol{x}^0}^{\overline{x}} f''(\boldsymbol{x})(\overline{x} - \boldsymbol{x}, \cdot)\,\mathrm{d}\boldsymbol{x} ,$$

denn es gilt

$$\begin{aligned} &\int_{\boldsymbol{x}^0}^{\overline{x}} f''(\boldsymbol{x})(\overline{x} - \boldsymbol{x}, \cdot)\,\mathrm{d}\boldsymbol{x} \\ &\overset{(17.30)}{=} \int_0^1 f''(\boldsymbol{x}^0 + t\boldsymbol{u})\left(\overline{x} - (\boldsymbol{x}^0 + t(\overline{x} - \boldsymbol{x}^0)), \overline{x} - \boldsymbol{x}^0\right)\mathrm{d}t \\ &= \int_0^1 f''(\boldsymbol{x}^0 + t\boldsymbol{u})((1-t)(\overline{x} - \boldsymbol{x}^0), \overline{x} - \boldsymbol{x}^0)\,\mathrm{d}t \\ &= \int_0^1 (1-t) f''(\boldsymbol{x}^0 + t\boldsymbol{u})(\overline{x} - \boldsymbol{x}^0, \overline{x} - \boldsymbol{x}^0)\,\mathrm{d}t \\ &\overset{\overline{x} - \boldsymbol{x}^0 = \boldsymbol{u}}{=} \left(\int_0^1 (1-t) f''(\boldsymbol{x}^0 + t\boldsymbol{u})\,\mathrm{d}t\right)(\boldsymbol{u}, \boldsymbol{u}) . \end{aligned}$$

Man kann daher die Taylor-Reihe (17.31) mit $\overline{x} = \boldsymbol{x}^0 + \boldsymbol{u}$ auch in der Form

$$\begin{aligned} f(\overline{x}) &= f(\boldsymbol{x}^0) + f'(\boldsymbol{x}^0)(\overline{x} - \boldsymbol{x}^0) \\ &\quad + \int_{\boldsymbol{x}^0}^{\overline{x}} f''(\boldsymbol{x})(\overline{x} - \boldsymbol{x}, \cdot)\,\mathrm{d}\boldsymbol{x} \qquad (17.32) \end{aligned}$$

schreiben.

mit einer konstanten, regulären Matrix $\boldsymbol{A}$ konstruieren kann, und das vereinfachte Newton-Verfahren ist gerade ein solches mit $\boldsymbol{A} = \boldsymbol{f}'(\boldsymbol{x}^0)$. Im eigentlichen Newton-Verfahren ist $\boldsymbol{A}$ nicht mehr konstant, sondern wird ersetzt durch die Inverse der Funktionalmatrix $\boldsymbol{f}'(\boldsymbol{x}^n)$. Wir wollen etwas allgemeiner Fixpunktgleichungen der Form

$$\boldsymbol{x} = \boldsymbol{x} - \boldsymbol{G}(\boldsymbol{x})\boldsymbol{f}(\boldsymbol{x})$$

mit einer regulären Matrix $\boldsymbol{G}(\boldsymbol{x}) \in \mathbb{R}^{m\times m}$ betrachten.

Methode der sukzessiven Approximation

Iterationsverfahren, die auf Fixpunktgleichungen der Form

$$\boldsymbol{x} = \boldsymbol{x} - \boldsymbol{G}(\boldsymbol{x})\boldsymbol{f}(\boldsymbol{x}) \tag{17.33}$$

mit einer Matrix $\boldsymbol{G}(\boldsymbol{x}) \in \mathbb{R}^{m\times m}$ basieren, heißen **Methoden der sukzessiven Approximation**. Das vereinfachte Newton-Verfahren gehört mit $\boldsymbol{G}(\boldsymbol{x}) = \boldsymbol{G}(\boldsymbol{x}^0) = (\boldsymbol{f}'(\boldsymbol{x}^0))^{-1}$ zu dieser Klasse und auch das eigentliche Newton-Verfahren mit $\boldsymbol{G}(\boldsymbol{x}) = (\boldsymbol{f}'(\boldsymbol{x}))^{-1}$.

Wir wollen uns nun zu einem der wichtigsten klassischen Resultate für das Newton-Verfahren vorarbeiten, dem **Satz von Newton-Kantorowitsch**.

Eine Iterationsfunktion $\boldsymbol{\Phi}$ sei in $U_r(\boldsymbol{x}^0)$ definiert und $\varphi\colon [t^0, t^*] \subset \mathbb{R} \to \mathbb{R}$ sei eine reellwertige Funktion, wobei $t^* := t^0 + R < t^0 + r$ gelten soll.

Wir betrachten die beiden Fixpunktgleichungen

$$\begin{aligned} \boldsymbol{x} &= \boldsymbol{\Phi}(\boldsymbol{x}) \\ t &= \varphi(t)\,. \end{aligned} \tag{17.34}$$

Wenn die beiden Bedingungen

$$\|\boldsymbol{\Phi}(\boldsymbol{x}^0) - \boldsymbol{x}^0\| \le \varphi(t^0) - t^0\,, \tag{17.35}$$

$$\|\boldsymbol{\Phi}'(\boldsymbol{x})\| \le \varphi'(t) \quad \text{für } \|\boldsymbol{x} - \boldsymbol{x}^0\| \le t - t^0 \tag{17.36}$$

erfüllt sind, dann wollen wir sagen, dass φ **die Iterationsfunktion $\boldsymbol{\Phi}$ majorisiert**. In der Literatur findet man auch manchmal den Ausdruck, dass **die Gleichung** (17.34) **die Gleichung $\boldsymbol{x} = \boldsymbol{\Phi}(\boldsymbol{x})$ majorisiert**.

Die Bedeutung einer solchen Majorante liegt darin, dass ihre Existenz bereits die Existenz eines Fixpunktes der Iteration nach sich zieht.

Vorbereitungssatz

Die Iterationsfunktion $\boldsymbol{\Phi}$ sei stetig differenzierbar in $\overline{U_r(\boldsymbol{x}^0)}$ und die Funktion φ sei differenzierbar in $[t^0, t^*]$. Majorisiert φ die Iterationsfunktion und ist die Gleichung (17.34) im Intervall $[t^0, t^*]$ lösbar, dann existiert auch ein Fixpunkt $\boldsymbol{\xi}$ von $\boldsymbol{x} = \boldsymbol{\Phi}(\boldsymbol{x})$ und die Folge $(\boldsymbol{x}^n)_{n\in\mathbb{N}}$, definiert durch den Anfangswert $\boldsymbol{x}^0$ und

$$\boldsymbol{x}^{n+1} = \boldsymbol{\Phi}(\boldsymbol{x}^n), \quad n = 0, 1, \ldots$$

konvergiert gegen $\boldsymbol{\xi}$. Dabei gilt

$$\|\boldsymbol{\xi} - \boldsymbol{x}^0\| \le \tau - t^0\,, \tag{17.37}$$

wobei τ die kleinste Lösung der Gleichung (17.34) ist.

Wir müssen uns klar machen, dass die Iteration neben $\boldsymbol{\xi}$ noch andere Fixpunkte haben kann, selbst wenn die Lösung τ der majorisierenden Gleichung (17.34) in $[t^0, t^*]$ eindeutig ist. Wir können aber folgenden Satz beweisen.

Satz über die Eindeutigkeit des Fixpunktes

Die Voraussetzungen seien wie im vorhergehenden Satz und es gelte zusätzlich

$$\varphi(t^*) \le t^*\,.$$

Ist dann die Gleichung (17.34) in $[t^0, t^*]$ eindeutig lösbar, dann hat die Gleichung $\boldsymbol{x} = \boldsymbol{\Phi}(\boldsymbol{x})$ in $U_r(\boldsymbol{x}^0)$ eine eindeutige Lösung $\boldsymbol{\xi}$ und die Methode der sukzessiven Approximation konvergiert gegen $\boldsymbol{\xi}$ für alle $\widetilde{\boldsymbol{x}}^0 \in \overline{U_r(\boldsymbol{x}^0)}$.

Nun können wir uns ganz dem Newton-Verfahren zuwenden und eine erste Version des **Satzes von Newton-Kantorowitsch** für das vereinfachte Newton-Verfahren beweisen. Dazu betrachten wir eine nicht näher bestimmte Funktion $\psi\colon \mathbb{R} \to \mathbb{R}$ und die Gleichung

$$\psi(t) = 0\,.$$

Ebenso wird nun die zweite Ableitung $\boldsymbol{f}''$ der Funktion $\boldsymbol{f}\colon \mathbb{R}^m \to \mathbb{R}^m$ benötigt.

Satz von Newton-Kantorowitsch I

Die Funktion $\boldsymbol{f}$ sei in $U_r(\boldsymbol{x}^0)$ definiert und habe in $\overline{U_r(\boldsymbol{x}^0)}$ eine stetige zweite Ableitung. Die reellwertige Funktion ψ sei zweimal stetig differenzierbar. Folgende Bedingungen seien erfüllt:

1. Die Matrix $\boldsymbol{G} := (\boldsymbol{f}'(\boldsymbol{x}^0))^{-1}$ möge existieren.
2. $c_0 := -1/\psi'(t^0) > 0$.
3. $\|\boldsymbol{G}\boldsymbol{f}(\boldsymbol{x}^0)\| \le c_0\psi(t^0)$.
4. $\|\boldsymbol{G}\boldsymbol{f}''(\boldsymbol{x})\| \le c_0\psi''(t)$ für $\|\boldsymbol{x} - \boldsymbol{x}^0\| \le t - t^0 \le R$.
5. Die Gleichung $\psi(t) = 0$ hat in $[t^0, t^*]$ eine Nullstelle $\bar{t}$.

Dann konvergiert das *vereinfachte* Newton-Verfahren für die beiden Gleichungen

$$\begin{aligned} \boldsymbol{f}(\boldsymbol{x}) &= \boldsymbol{0}\,, \\ \psi(t) &= 0\,, \end{aligned}$$

mit den Anfangswerten $\boldsymbol{x}^0$ bzw. t^0 und liefert Lösungen $\boldsymbol{\xi}$ bzw. τ und es gilt

$$\|\boldsymbol{\xi} - \boldsymbol{x}^0\| \le \tau - t^0\,.$$

Unter der Lupe: Beweis des Vorbereitungssatzes

Wegen seiner Bedeutung für den Konvergenzsatz von Newton-Kantorowitsch wollen wir den Vorbereitungssatz detailliert beweisen.

Wir zeigen zuerst, dass die Folge $(t^n)_{n\in\mathbb{N}}$, definiert durch

$$t^{n+1} = \varphi(t^n)\,,$$

konvergiert. Wegen der Bedingung (17.36) gilt sicher $\varphi'(t) \geq 0$ für alle $t \in [t^0, t^*]$, also ist φ im Intervall $[t^0, t^*]$ monoton wachsend. Für $n = 0$ gilt die Ungleichung $t^n \leq \tau$, wobei wir mit τ die nach Voraussetzung existierende Lösung von $\varphi(t) = t$ bezeichnen. Der linke Intervallrand ist t^0. Gilt die Ungleichung $t^n \leq \tau$ für $n = k$, dann folgt aus $t^k \leq \tau$ und der Monotonie von φ: $t^{k+1} = \varphi(t^k) \leq \varphi(\tau) = \tau$.

Ebenfalls mit Induktion unter Zuhilfenahme der Monotonie von φ zeigen wir, dass die Folge $(t^n)_{n\in\mathbb{N}}$ monoton wachsend ist. Wegen der Bedingung (17.35) gilt $t^0 \leq t^1$. Sei $t^n \leq t^{n+1}$ für $n = k$, dann folgt $t^{k+1} = \varphi(t^k) \leq \varphi(t^{k+1}) = t^{k+2}$. Da die Folge der t^n monoton wachsend und nach oben beschränkt ist, existiert also der Grenzwert

$$\widetilde{t} := \lim_{n\to\infty} t^n .$$

Wegen $t^{n+1} = \varphi(t^n)$ und der Stetigkeit von φ ist $\widetilde{t}$ eine Lösung der Gleichung (17.34). Wegen $t^n \leq \tau$ ist diese Lösung im Intervall $[t^0, t^*]$ die kleinste.

Wir zeigen jetzt, dass die Iteration $\boldsymbol{x}^{n+1} = \boldsymbol{\Phi}(\boldsymbol{x}^n)$ konvergiert. Aus Bedingung (17.35) folgt: $\|\boldsymbol{x}^1 - \boldsymbol{x}^0\| \leq t^1 - t^0$. Die erste Iterierte $\boldsymbol{x}^1$ liegt in $\overline{U_r(\boldsymbol{x}^0)}$, denn $t^1 - t^0 < r$. Wir nehmen wieder an, wir wüssten schon, dass $\boldsymbol{x}^1, \boldsymbol{x}^2, \ldots, \boldsymbol{x}^n \in \overline{U_r(\boldsymbol{x}^0)}$ und dass

$$\|\boldsymbol{x}^{k+1} - \boldsymbol{x}^k\| \leq t^{k+1} - t^k, \quad k = 0, 1, \ldots, n-1. \tag{17.38}$$

Nun kommt (17.29) ins Spiel. Damit schreiben wir

$$\boldsymbol{x}^{n+1} - \boldsymbol{x}^n = \boldsymbol{\Phi}(\boldsymbol{x}^n) - \boldsymbol{\Phi}(\boldsymbol{x}^{n-1}) = \int_{\boldsymbol{x}^{n-1}}^{\boldsymbol{x}^n} \boldsymbol{\Phi}'(\boldsymbol{x})\,\mathrm{d}\boldsymbol{x}.$$

Wir definieren nun für $0 \leq \eta \leq 1$

$$\boldsymbol{x} = \boldsymbol{x}^{n-1} + \eta(\boldsymbol{x}^n - \boldsymbol{x}^{n-1}), \quad t = t^{n+1} + \eta(t^n - t^{n-1}),$$

und folgern aus (17.38)

$$\begin{aligned}\|\boldsymbol{x} - \boldsymbol{x}^0\| &= \|\boldsymbol{x}^{n-1} + \tau(\boldsymbol{x}^n - \boldsymbol{x}^{n-1}) - \boldsymbol{x}^0\| \\ &= \|\boldsymbol{x}^{n-1} + \tau(\boldsymbol{x}^n - \boldsymbol{x}^{n-1}) - \boldsymbol{x}^0 \\ &\quad + \boldsymbol{x}^{n-1} - \boldsymbol{x}^{n-1} + \boldsymbol{x}^{n-2} - \boldsymbol{x}^{n-2} + \ldots \\ &\quad \ldots + \boldsymbol{x}^2 - \boldsymbol{x}^2 + \boldsymbol{x}^1 - \boldsymbol{x}^1\|\,,\end{aligned}$$

also

$$\begin{aligned}\|\boldsymbol{x} - \boldsymbol{x}^0\| &\leq \eta\|\boldsymbol{x}^n - \boldsymbol{x}^{n-1}\| + \|\boldsymbol{x}^{n-1} - \boldsymbol{x}^{n-2}\| + \ldots \\ &\quad + \|\boldsymbol{x}^1 - \boldsymbol{x}^0\| \\ &\leq \eta(t^n - t^{n-1}) + (t^{n-1} - t^{n-2}) + \ldots + (t^1 - t^0) \\ &= t - t^0.\end{aligned}$$

Wegen der Bedingung (17.36) folgern wir daraus

$$\|\boldsymbol{\Phi}'(\boldsymbol{x}\| \leq \varphi'(t)\,.$$

Damit können wir nun wie folgt abschätzen.

$$\begin{aligned}\|\boldsymbol{x}^{n+1} - \boldsymbol{x}^n\| &= \left\| \int_{\boldsymbol{x}^{n-1}}^{\boldsymbol{x}^n} \boldsymbol{\Phi}'(\boldsymbol{x})\,\mathrm{d}\boldsymbol{x} \right\| \leq \int_{t^{n-1}}^{t^n} \varphi'(t)\,\mathrm{d}t \\ &= \varphi(t^n) - \varphi(t^{n-1}) = t^{n+1} - t^n\,,\end{aligned}$$

d. h., (17.38) gilt auch für $k = n$. Wegen

$$\begin{aligned}\|\boldsymbol{x}^{n+1} - \boldsymbol{x}^0\| &\leq \|\boldsymbol{x}^{n+1} - \boldsymbol{x}^n\| + \|\boldsymbol{x}^n - \boldsymbol{x}^{n-1}\| + \ldots \\ &\quad + \|\boldsymbol{x}^1 - \boldsymbol{x}^0\| \\ &\leq (t^{n+1} - t^n) + (t^n - t^{n-1}) + \ldots + (t^1 - t^0) \\ &= t^{n+1} - t^0 \leq t^* - t^0 = r\end{aligned}$$

liegt auch $\boldsymbol{x}^{n+1}$ in $\overline{U_r(\boldsymbol{x}^0)}$.

Aus (17.38) folgern wir jetzt, dass $(\boldsymbol{x}^n)_{n\in\mathbb{N}}$ eine Cauchy-Folge ist, denn für $p \geq 1$ gilt

$$\begin{aligned}\|\boldsymbol{x}^{n+p} - \boldsymbol{x}^n\| &\leq \|\boldsymbol{x}^{n+p} - \boldsymbol{x}^{n+p-1}\| + \ldots + \|\boldsymbol{x}^{n+1} - \boldsymbol{x}^n\| \\ &\leq (t^{n+p} - t^{n+p-1}) + \ldots + (t^{n+1} - t^n) \\ &= t^{n+p} - t^n\,.\end{aligned} \tag{17.39}$$

Cauchy-Folgen in $\mathbb{R}^m$ sind konvergent, also existiert $\boldsymbol{\xi} := \lim_{n\to\infty} \boldsymbol{x}^n$. Wegen der Stetigkeit von $\boldsymbol{\Phi}$ folgt dann durch Grenzübergang

$$\boldsymbol{\xi} = \boldsymbol{\Phi}(\boldsymbol{\xi})\,,$$

d. h., $\boldsymbol{\xi}$ ist ein Fixpunkt der Iteration.

Die noch ausstehende Abschätzung (17.37) folgt aus (17.39), wenn wir dort $n = 0$ setzen und zum Grenzübergang $p \to \infty$ übergehen. ∎

Unter der Lupe: Beweis des Satzes über die Eindeutigkeit des Fixpunktes

Wie der Vorbereitungssatz ist auch der Satz über die Eindeutigkeit des Fixpunktes ein Hilfsmittel zum Beweis des Konvergenzsatzes von Newton-Kantorowitsch.

Wie im vorausgehenden Satz zeigt man, dass

$$\widetilde{t}^{n+1} = \varphi(\widetilde{t}^n), \quad n = 0, 1, \ldots$$

mit dem Startwert $\widetilde{t}^0 = t^*$ monoton fallend und nach unten beschränkt ist, denn $\widetilde{t}^n \geq \tau$. Daher existiert der Grenzwert, der wegen der Eindeutigkeit mit τ übereinstimmen muss. Wir zeigen jetzt, dass die Iteration

$$\widetilde{\boldsymbol{x}}^{n+1} = \boldsymbol{\Phi}(\widetilde{\boldsymbol{x}}^n), \quad n = 0, 1, \ldots$$

für beliebigen Startwert $\widetilde{\boldsymbol{x}}^0 \in \overline{U_r(\boldsymbol{x}^0)}$ konvergiert. Dazu benutzen wir wieder (17.29) und schreiben

$$\widetilde{\boldsymbol{x}}^1 - \boldsymbol{x}^1 = \boldsymbol{\Phi}(\widetilde{\boldsymbol{x}}^0) - \boldsymbol{\Phi}(\boldsymbol{x}^0) = \int_{\boldsymbol{x}^0}^{\widetilde{\boldsymbol{x}}^0} \boldsymbol{\Phi}'(\boldsymbol{x})\,\mathrm{d}\boldsymbol{x}\,.$$

Nun schätzen wir ab (beachte: $\|\boldsymbol{\Phi}'(\boldsymbol{x})\| \leq \varphi'(t)$)

$$\|\widetilde{\boldsymbol{x}}^1 - \boldsymbol{x}^1\| \leq \int_{t^0}^{\widetilde{t}^0} \varphi'(t)\,\mathrm{d}t = \varphi(\widetilde{t}^0) - \varphi(t^0) = \widetilde{t}^1 - t^1$$

und haben damit

$$\begin{aligned}\|\widetilde{\boldsymbol{x}}^1 - \boldsymbol{x}^0\| &\leq \|\widetilde{\boldsymbol{x}}^1 - \boldsymbol{x}^1\| + \|\boldsymbol{x}^1 - \boldsymbol{x}^0\| \\ &\leq (\widetilde{t}^1 - t^1) + (t^1 - t^0) \\ &= \widetilde{t}^1 - t^0 \leq R\,,\end{aligned}$$

d. h. $\widetilde{\boldsymbol{x}}^1 \in \overline{U_r(\boldsymbol{x}^0)}$.

Genau wie im Beweis des vorhergehenden Satzes zeigt man mit vollständiger Induktion, dass alle $\widetilde{\boldsymbol{x}}^n$ in $\overline{U_r(\boldsymbol{x}^0)}$ liegen.

Weil die Folgen $(\widetilde{t}^n)_{n\in\mathbb{N}}$ und $(t^n)_{n\in\mathbb{N}}$ den gemeinsamen Grenzwert τ haben, folgt aus der Konvergenz der Folge $(\boldsymbol{x}^n)_{n\in\mathbb{N}}$ die Konvergenz der Folge $(\widetilde{\boldsymbol{x}}^n)_{n\in\mathbb{N}}$ und die Gleichung

$$\boldsymbol{\xi} = \lim_{n\to\infty} \boldsymbol{x}^n = \lim_{n\to\infty} \widetilde{\boldsymbol{x}}^n\,. \tag{17.40}$$

Damit ist gezeigt, dass das Verfahren der sukzessiven Approximation für jede Anfangsnäherung $\widetilde{\boldsymbol{x}}^0$ konvergiert.

Die Eindeutigkeit sieht man wie folgt ein. Ist $\widetilde{\boldsymbol{x}} \in \overline{U_r(\boldsymbol{x}^0)}$ ein anderer Fixpunkt der Iteration, dann setze $\widetilde{\boldsymbol{x}}^0 := \widetilde{\boldsymbol{x}}$ und man erhält $\widetilde{\boldsymbol{x}}^n = \widetilde{\boldsymbol{x}}$ für alle $n = 1, 2, \ldots$. Wegen (17.40) folgt $\widetilde{\boldsymbol{x}} = \boldsymbol{\xi}$. ■

Beweis: Wir zeigen, dass die beiden sich aus

$$\boldsymbol{\Phi}(\boldsymbol{x}) = \boldsymbol{x} - \boldsymbol{G}\boldsymbol{f}(\boldsymbol{x})$$

und

$$\varphi(t) = t + c_0\psi(t)$$

ergebenden Iterationen die Voraussetzungen für den Vorbereitungssatz auf Seite 633 erfüllen.

Es gilt $\boldsymbol{\Phi}(\boldsymbol{x}^0) - \boldsymbol{x}^0 = -\boldsymbol{G}\boldsymbol{f}(\boldsymbol{x}^0)$ und $\varphi(t^0) - t^0 = c_0\psi(t^0)$. Damit schreibt sich Bedingung **3.** in der Form

$$\|\boldsymbol{\Phi}(\boldsymbol{x}^0) - \boldsymbol{x}^0\| \leq \varphi(t^0) - t^0.$$

Ableiten der Iterationen liefert

$$\boldsymbol{\Phi}'(\boldsymbol{x}) = \boldsymbol{E} - \boldsymbol{G}\boldsymbol{f}'(\boldsymbol{x}), \quad \boldsymbol{\Phi}''(\boldsymbol{x}) = -\boldsymbol{G}\boldsymbol{f}''(\boldsymbol{x})$$

und damit erhalten wir wegen $\boldsymbol{\Phi}'(\boldsymbol{x}^0) = \boldsymbol{E} - \boldsymbol{G}\boldsymbol{f}'(\boldsymbol{x}^0) = \boldsymbol{E} - (\boldsymbol{f}'(\boldsymbol{x}^0))^{-1}\boldsymbol{f}'(\boldsymbol{x}^0) = \boldsymbol{0}$

$$\begin{aligned}\boldsymbol{\Phi}'(\boldsymbol{x}) = \boldsymbol{\Phi}'(\boldsymbol{x}) - \boldsymbol{\Phi}'(\boldsymbol{x}^0) &= \int_{\boldsymbol{x}^0}^{\boldsymbol{x}} \boldsymbol{\Phi}''(\boldsymbol{x})\,\mathrm{d}\boldsymbol{x} \\ &= -\int_{\boldsymbol{x}^0}^{\boldsymbol{x}} \boldsymbol{G}\boldsymbol{f}''(\boldsymbol{x})\,\mathrm{d}\boldsymbol{x},\end{aligned}$$

wobei wir wieder von (17.29) Gebrauch gemacht haben. Nun folgt mit der Bedingung **4.** die Ungleichung

$$\begin{aligned}\|\boldsymbol{\Phi}'(\boldsymbol{x})\| &\leq \int_{t^0}^{t} c_0\psi''(\eta)\,\mathrm{d}\eta = c_0\psi'(t) - c_0\psi'(t^0) \\ &\overset{c_0=-1/\psi'(t^0)}{=} 1 + c_0\psi'(t) = \varphi'(t).\end{aligned}$$

Damit ist bewiesen, dass die Iterationsfunktion $\boldsymbol{\Phi}$ von φ majorisiert wird und alles Weitere folgt aus dem Vorbereitungssatz von Seite 633. ■

Die Eindeutigkeit des Fixpunktes folgt aus dem folgenden Satz.

Eindeutigkeitssatz

Alle Voraussetzungen des Satzes von Newton-Kantorowitsch I seien erfüllt und zusätzlich gelte

$$\psi(t^*) \leq 0.$$

Besitzt dann die Gleichung $\psi(t) = 0$ im Intervall $[t^0, t^*]$ genau eine Wurzel, dann ist auch der Fixpunkt $\boldsymbol{\xi}$ von $\boldsymbol{\Phi}(\boldsymbol{x}) = \boldsymbol{x}$ eindeutig bestimmt.

Beweis: Aus $\psi(t^*) \le 0$ folgt $\varphi(t^*) = t^* + c_0\psi(t^*) \le t^*$. Damit sind die Voraussetzungen des Eindeutigkeitssatzes auf Seite 633 erfüllt. ∎

Wir bemerken, dass die Voraussetzungen des Eindeutigkeitssatzes erfüllt sind, wenn wir $t^* = \tau$ setzen, weil τ die kleinste Lösung von $\psi(t) = 0$ ist. Die Eindeutigkeit der Lösung von $\boldsymbol{f}(\boldsymbol{x}) = \boldsymbol{0}$ ist daher stets in der Kugel

$$\|\boldsymbol{x} - \boldsymbol{x}^0\| \le \tau - t^0$$

garantiert.

Im Satz von Newton-Kantorowitsch I ist $\boldsymbol{G}$ eine $m \times m$-Matrix, also ist das Produkt $\boldsymbol{G}\boldsymbol{f}(\boldsymbol{x}^0)$ ein Vektor und $\|\boldsymbol{G}\boldsymbol{f}(\boldsymbol{x}^0)\|$ eine Vektornorm. Was aber sollen wir unter dem Produkt $\boldsymbol{G}\boldsymbol{f}''(\boldsymbol{x})$ und unter der Norm $\|\boldsymbol{G}\boldsymbol{f}''(\boldsymbol{x})\|$ verstehen? Die zweite Ableitung $\boldsymbol{f}''(\boldsymbol{x})$ ist eine symmetrische bilineare Abbildung, die Hintereinanderausführung einer bilinearen Abbildung und einer linearen Abbildung (dargestellt durch die Matrix $\boldsymbol{G}$) ist sicher wieder eine bilineare Abbildung. Die Norm $\|\boldsymbol{f}''(\boldsymbol{x})\|$ der Bilinearform $\boldsymbol{f}''(\boldsymbol{x})$ hängt natürlich von der verwendeten Norm im $\mathbb{R}^m$ ab, denn die Operatornorm von $\boldsymbol{f}''(\boldsymbol{x})$ ist

$$\|\boldsymbol{f}''(\boldsymbol{x})\| = \sup_{\|\boldsymbol{u}\|,\|\boldsymbol{v}\|\le 1} \|\boldsymbol{f}''(\boldsymbol{x})(\boldsymbol{u},\boldsymbol{v})\| .$$

Mit der Cauchy-Schwarz'schen-Ungleichung folgt

$$\begin{aligned}|\boldsymbol{f}''(\boldsymbol{x})(\boldsymbol{u},\boldsymbol{v})| &= \left|\sum_{i=1}^m\sum_{j=1}^m a_{ij}^k u_i v_j\right| \\ &\le \sqrt{\sum_{i=1}^m |u_i|^2} \cdot \sqrt{\sum_{i=1}^m \left|\sum_{j=1}^m a_{ij}^k v_j\right|^2} \\ &\le \rho(\boldsymbol{A}_k)\|\boldsymbol{u}\|_2\|\boldsymbol{v}\|_2 ,\end{aligned}$$

also $\|\boldsymbol{f}''(\boldsymbol{x})(\boldsymbol{u},\boldsymbol{v})\|_2 \le \sqrt{\sum_{i=1}^m(\rho(\boldsymbol{A}_k))^2}\|\boldsymbol{u}\|_2\|\boldsymbol{v}\|_2$, d. h.

$$\|\boldsymbol{f}''(\boldsymbol{x})\|_2 \le \sqrt{\sum_{i=1}^m (\rho(\boldsymbol{A}_k))^2} , \qquad (17.41)$$

wobei $\rho(\boldsymbol{A}_k)$ den Spektralradius der Matrix $\boldsymbol{A}_k\boldsymbol{A}_k^\top$ bezeichnet. Bei Verwendung der Maximumsnorm folgt ganz analog

$$\|\boldsymbol{f}''(\boldsymbol{x})\|_\infty \le \max_{k=1,\dots,m} \sum_{i=1}^m\sum_{j=1}^m |a_{ij}^k| . \qquad (17.42)$$

Nun können wir unsere Untersuchungen auch auf das eigentliche Newton-Verfahren ausweiten. Wir benötigen dazu nur noch das Lemma von Banach, vergleiche das Störungslemma und seine Folgerungen im Kapitel 8.1.

Lemma (Banach'sches Störungslemma)
Es sei $\boldsymbol{A} \in \mathbb{R}^{m\times m}$ mit $\|\boldsymbol{A}\| \le q < 1$. Dann ist die Matrix $\boldsymbol{E} - \boldsymbol{A}$ invertierbar mit Neumanscher Reihe $(\boldsymbol{E} - \boldsymbol{A})^{-1} = \sum_{k=0}^\infty \boldsymbol{A}^k$ und

$$\|(\boldsymbol{E} - \boldsymbol{A})^{-1}\| \le \frac{1}{1-q} .$$

Beweis: Wegen $\lim_{n\to\infty} \boldsymbol{A}^n = \boldsymbol{0}$ folgt

$$\lim_{n\to\infty} (\boldsymbol{E} - \boldsymbol{A})\sum_{k=0}^n \boldsymbol{A}^k = \lim_{n\to\infty} (\boldsymbol{E} - \boldsymbol{A}^{n+1}) = \boldsymbol{E} .$$

Für die Norm erhalten wir eine Abschätzung mit der geometrischen Reihe als Majorante wie folgt:

$$\begin{aligned}\|(\boldsymbol{E} - \boldsymbol{A})^{-1}\| &= \left\|\sum_{k=0}^\infty \boldsymbol{A}^k\right\| \le \sum_{k=0}^\infty \|\boldsymbol{A}\|^k \\ &\le \sum_{k=0}^\infty q^k \overset{q<1}{=} \frac{1}{1-q} .\end{aligned}$$

∎

Satz von Newton-Kantorowitsch II

Die Voraussetzungen und Bedingungen des Satzes von Newton-Kantorowitsch I seien erfüllt. Dann ist das eigentliche Newton-Verfahren mit dem Startwert $\boldsymbol{x}^0$ konvergent und liefert eine Folge $(\boldsymbol{x}^n)_{n\in\mathbb{N}}$, die gegen die Nullstelle $\boldsymbol{\xi}$ von $\boldsymbol{f}(\boldsymbol{x}) = \boldsymbol{0}$ konvergiert.

Beweis: Der erste Iterationsschritt ist im eigentlichen Newton-Verfahren identisch zu dem im vereinfachten Newton-Verfahren. Daher ist die Iterierte $\boldsymbol{x}^1$ definiert und liegt in $U_r(\boldsymbol{x}^0)$. Die Beweisidee ist nun, zu zeigen, dass der Satz von Newton-Kantorowitsch I auch dann noch gilt, wenn wir in ihm $\boldsymbol{x}^0$ und t^0 durch $\boldsymbol{x}^1$ und $t^1 = \varphi(t^0)$ ersetzen. Da nun $\boldsymbol{G}$ nicht nur an der Stelle $\boldsymbol{x}^0$ ausgewertet werden muss, setzen wir

$$\boldsymbol{G}_0 := \boldsymbol{G} = (\boldsymbol{f}'(\boldsymbol{x}^0))^{-1}, \quad \boldsymbol{G}_k := (\boldsymbol{f}'(\boldsymbol{x}^k))^{-1}, \quad k = 1, 2, \dots$$

Wir betrachten die Matrix

$$\begin{aligned}\boldsymbol{E} - \boldsymbol{G}_0\boldsymbol{f}'(\boldsymbol{x}^1) &= -\boldsymbol{G}_0(\boldsymbol{f}'(\boldsymbol{x}^1) - \boldsymbol{f}'(\boldsymbol{x}^0)) \\ &= -\int_{\boldsymbol{x}^0}^{\boldsymbol{x}^1} \boldsymbol{G}_0\boldsymbol{f}''(\boldsymbol{x})\,\mathrm{d}\boldsymbol{x}\end{aligned}$$

und schätzen wie schon bekannt ab:

$$\begin{aligned}\|\boldsymbol{E} - \boldsymbol{G}_0\boldsymbol{f}'(\boldsymbol{x}^1)\| &\le \int_{t^0}^{t^1} c_0\psi''(t)\,\mathrm{d}t \\ &= 1 + c_0\psi'(t^1) =: q . \qquad (17.43)\end{aligned}$$

Nun ist $\psi''(t)$ in $[t^0, t^*]$ nicht negativ und es gilt $\psi(t^0) \ge 0$. Daher kann das Minimum von ψ nicht links von τ liegen. Wegen $t^1 \le \tau$ und $\psi'(t^0) < 0$ gilt deshalb $\psi'(t^1) < 0$ und damit ist $q < 1$.

Nun benötigen wir das Banach'sche Störungslemma. Wir setzen darin

$$\boldsymbol{A} := \boldsymbol{E} - \boldsymbol{G}_0\boldsymbol{f}'(\boldsymbol{x}^1) .$$

Dann wissen wir: $\|\boldsymbol{A}\| \leq q < 1$, d. h., die Voraussetzungen des Störungslemmas sind erfüllt. Also existiert die Matrix

$$(\boldsymbol{E} - \boldsymbol{A})^{-1} = (\boldsymbol{E} - \boldsymbol{E} + \boldsymbol{G}_0 \boldsymbol{f}'(\boldsymbol{x}^1))^{-1} = (\boldsymbol{G}_0 \boldsymbol{f}'(\boldsymbol{x}^1))^{-1}$$

und es gilt

$$\|(\boldsymbol{G}_0 \boldsymbol{f}'(\boldsymbol{x}^1))^{-1}\| \leq \frac{1}{1-q}.$$

Damit existiert aber auch die Matrix

$$\boldsymbol{G}_1 = (\boldsymbol{G}_0 \boldsymbol{f}'(\boldsymbol{x}^1))^{-1} \boldsymbol{G}_0 = \boldsymbol{f}'(\boldsymbol{x}^1)^{-1}.$$

Aus (17.43) und aus der Definition von c_0 im Satz von Newton-Kantorowitsch I erhalten wir $\frac{1}{1-q} = -\frac{1}{c_0 \psi'(t^1)} = \frac{\psi'(t^0)}{\psi'(t^1)}$, also

$$\|(\boldsymbol{G}_0 \boldsymbol{f}'(\boldsymbol{x}^1))^{-1}\| \leq \frac{1}{1-q} = \frac{\psi'(t^0)}{\psi'(t^1)} = \frac{c_1}{c_0} \tag{17.44}$$

mit $c_1 := -1/\psi'(t^1)$. Damit haben wir bereits die Bedingungen **1.**, **2.** und **3.** des Satzes von Newton-Kantorowitsch I nachgewiesen.

Wir zeigen jetzt, dass die Abschätzung

$$\|\boldsymbol{G}_0 \boldsymbol{f}(\boldsymbol{x}^1)\| \leq c_0 \psi(t^1) \tag{17.45}$$

besteht. Dazu verwenden wir die Taylor-Reihe in der Form (17.32),

$$\begin{aligned}
\boldsymbol{G}_0 \boldsymbol{f}(\boldsymbol{x}^1) &= \underbrace{\boldsymbol{G}_0 \boldsymbol{f}(\boldsymbol{x}^0)}_{=\boldsymbol{x}^0 - \boldsymbol{x}^1} + \underbrace{\boldsymbol{G}_0 \boldsymbol{f}'(\boldsymbol{x}^0)}_{=\boldsymbol{E}}(\boldsymbol{x}^1 - \boldsymbol{x}^0) \\
&\quad + \int_{\boldsymbol{x}^0}^{\boldsymbol{x}^1} \boldsymbol{G}_0 \boldsymbol{f}''(\boldsymbol{x})(\boldsymbol{x}^1 - \boldsymbol{x}, \cdot)\, \mathrm{d}\boldsymbol{x} \\
&= (\boldsymbol{x}^0 - \boldsymbol{x}^1) + (\boldsymbol{x}^1 - \boldsymbol{x}^0) \\
&\quad + \int_{\boldsymbol{x}^0}^{\boldsymbol{x}^1} \boldsymbol{G}_0 \boldsymbol{f}''(\boldsymbol{x})(\boldsymbol{x}^1 - \boldsymbol{x}, \cdot)\, \mathrm{d}\boldsymbol{x} \\
&= \int_{\boldsymbol{x}^0}^{\boldsymbol{x}^1} \boldsymbol{G}_0 \boldsymbol{f}''(\boldsymbol{x})(\boldsymbol{x}^1 - \boldsymbol{x}, \cdot)\, \mathrm{d}\boldsymbol{x}.
\end{aligned}$$

Analog gilt

$$c_0 \psi(t^1) = c_0 \int_{t^0}^{t^1} \psi''(t)(t^1 - t)\, \mathrm{d}t.$$

In einander entsprechenden Punkten $\boldsymbol{x}$ und t in den Intervallen $[\boldsymbol{x}^0, \boldsymbol{x}^1]$ und $[t^0, t^1]$, d. h., in Punkten

$$\boldsymbol{x} = \boldsymbol{x}^0 + \eta(\boldsymbol{x}^1 - \boldsymbol{x}^0), \quad t = t^0 + \eta(t^1 - t^0)$$

für $0 \leq \eta \leq 1$ (vergleiche im Beweis des Vorbereitungssatzes) gilt

$$\begin{aligned}
\|\boldsymbol{G}_0 \boldsymbol{f}''(\boldsymbol{x})(\boldsymbol{x}^1 - \boldsymbol{x}, \cdot)\| &\leq \|\boldsymbol{G}_0 \boldsymbol{f}''(\boldsymbol{x})\| \|\boldsymbol{x}^1 - \boldsymbol{x}\| \\
&\leq c_0 \psi''(t)(t^1 - t)
\end{aligned}$$

und daraus folgt

$$\left\| \int_{\boldsymbol{x}^0}^{\boldsymbol{x}^1} \boldsymbol{G}_0 \boldsymbol{f}''(\boldsymbol{x})(\boldsymbol{x}^1 - \boldsymbol{x}, \cdot)\, \mathrm{d}\boldsymbol{x} \right\| \leq \int_{t^0}^{t^1} c_0 \psi''(t)(t^1 - t)\, \mathrm{d}t,$$

sodass wir direkt auf (17.45) schließen können.

Aus (17.44) und (17.45) sehen wir

$$\begin{aligned}
\|\boldsymbol{G}_1 \boldsymbol{f}(\boldsymbol{x}^1)\| &= \|\underbrace{(\boldsymbol{G}_0 \boldsymbol{f}'(\boldsymbol{x}^1))^{-1} \boldsymbol{G}_0}_{=\boldsymbol{G}_1} \boldsymbol{f}(\boldsymbol{x}^1)\| \\
&\leq \|(\boldsymbol{G}_0 \boldsymbol{f}'(\boldsymbol{x}^1))^{-1}\| \|\boldsymbol{G}_0 \boldsymbol{f}(\boldsymbol{x}^1)\| \\
&\leq \frac{c_1}{c_0} \cdot c_0 \psi(t^1) = c_1 \psi(t^1).
\end{aligned}$$

Damit ist nun auch Bedingung **3.** des Satzes von Newton-Kantorowitsch I nachgewiesen.

Bedingung **4.** wird analog bewiesen, denn für $\|\boldsymbol{x} - \boldsymbol{x}^1\| \leq t - t^1$ gilt erst recht $\|\boldsymbol{x} - \boldsymbol{x}^0\| \leq t - t^0$, daher folgt

$$\begin{aligned}
\|\boldsymbol{G}_1 \boldsymbol{f}''(\boldsymbol{x})\| &= \|\underbrace{(\boldsymbol{G}_0 \boldsymbol{f}'(\boldsymbol{x}^1))^{-1} \boldsymbol{G}_0}_{=\boldsymbol{G}_1} \boldsymbol{f}''(\boldsymbol{x})\| \\
&\leq \|(\boldsymbol{G}_0 \boldsymbol{f}'(\boldsymbol{x}^1))^{-1}\| \|\boldsymbol{G}_0 \boldsymbol{f}''(\boldsymbol{x})\| \\
&\leq \frac{c_1}{c_0} \cdot c_0 \psi''(t^1) = c_1 \psi''(t^1).
\end{aligned}$$

Auch Bedingung **5.** ist erfüllt, da die Wurzel $\bar{t}$ im Intervall $[\tau, t^*]$ liegt, also auch im größeren Intervall $[t^1, t^*]$.

Ganz entsprechend geht es nun weiter und wir können zeigen, dass der Satz von Newton-Kantorowitsch I noch gilt, wenn wir von $\boldsymbol{x}^1, t^1$ nach $\boldsymbol{x}^2, t^2$ gehen. Mit anderen Worten, alle $\boldsymbol{x}^n$ sind definiert und das eigentliche Newton-Verfahren damit durchführbar.

Um den Beweis vollständig abzuschließen, müssen wir noch zeigen, dass die $\boldsymbol{x}^n$ tatsächlich gegen den Fixpunkt $\boldsymbol{\xi}$ konvergieren. Dazu bemerken wir, dass die Folge $(t^n)_{n \in \mathbb{N}}$ monoton wachsend und beschränkt ist, d. h. konvergent gegen einen Grenzwert, den wir $\widetilde{t}$ nennen wollen. Aus den Ungleichungen

$$\|\boldsymbol{x}^{n+1} - \boldsymbol{x}^n\| \leq t^{n+1} - t^n, \quad n = 0, 1, \ldots$$

folgt dann die Existenz eines Grenzwertes $\widetilde{\boldsymbol{x}} := \lim_{n \to \infty} \boldsymbol{x}^n$. Schreiben wir das Newton-Verfahren jetzt in der Form

$$\boldsymbol{f}(\boldsymbol{x}^n) + \boldsymbol{f}'(\boldsymbol{x}^n)(\boldsymbol{x}^{n+1} - \boldsymbol{x}^n) = \boldsymbol{0}, \quad n = 0, 1, \ldots,$$

dann folgt für $\boldsymbol{x} \in U_r(\boldsymbol{x}^0)$

$$\begin{aligned}
&\|\boldsymbol{G}_0(\boldsymbol{f}'(\boldsymbol{x}) - \boldsymbol{f}'(\boldsymbol{x}^0))\| \\
&\leq \|\boldsymbol{x} - \boldsymbol{x}^0\| \sup_{0<\theta<1} \|\boldsymbol{G}_0 \boldsymbol{f}''(\boldsymbol{x}^0 + \theta(\boldsymbol{x} - \boldsymbol{x}^0))\| \\
&\leq r \max_{t \in [t^0, t^*]} c_0 \psi''(t).
\end{aligned}$$

Damit sind die Ableitungen $\boldsymbol{f}'(\boldsymbol{x}^n)$ gleichmäßig beschränkt und der Grenzübergang $n \to \infty$ in $\boldsymbol{f}(\boldsymbol{x}^n) + \boldsymbol{f}'(\boldsymbol{x}^n)(\boldsymbol{x}^{n+1} - \boldsymbol{x}^n) = \boldsymbol{0}$ liefert

$$\boldsymbol{f}(\widetilde{\boldsymbol{x}}) = \boldsymbol{0},$$

also ist $\widetilde{\boldsymbol{x}}$ Lösung des nichtlinearen Gleichungssystems.

Ebenso ist $\widetilde{t}$ Lösung der Gleichung $\psi(t) = 0$. Wegen $\widetilde{t} \le \tau$ und weil τ die kleinste Wurzel von $\psi(t) = 0$ ist, muss $\widetilde{t} = \tau$ sein.

Weiterhin gilt

$$\|\widetilde{\boldsymbol{x}} - \boldsymbol{x}^0\| \le \widetilde{t} - t^0 = \tau - t^0 .$$

Nach dem Eindeutigkeitssatz muss dann $\widetilde{\boldsymbol{x}} = \boldsymbol{\xi}$ gelten. ∎

Damit haben wir den klassischen Konvergenzbeweis von Kantorowitsch bis ins Detail kennengelernt.

Zwei Dinge sind ärgerlich:

1. Im Satz von Newton-Kantorowitsch I taucht eine Funktion ψ auf, die man sich je nach Anwendungsfall überlegen muss. In der Regel findet man diese Funktion nicht!
2. Der Satz von Newton-Kantorowitsch I erfordert die Kontrolle über die zweite Fréchet-Ableitung von $\boldsymbol{f}$. Es wäre sehr viel angenehmer, wenn man es nur mit der Jacobi-Matrix zu tun hätte.

Kantorowitsch hat seinen Konvergenzbeweis 1948 publiziert. Seine geniale Idee war die Majorisierung der Iteration durch einen reellwertigen Prozess mit einer Funktion $t \mapsto \psi(t)$. Auf die nicht näher bezeichnete Funktion ψ konnte er selbst noch verzichten und eine Variante des Newton-Kantorowitsch'schen Satzes liefern, die man als **den** Satz von Newton-Kantorowitsch bezeichnet.

?

Benutzen Sie den Satz von Newton-Kantorowitsch zu Aussagen über die Existenz und Lage einer Nullstelle der Funktion $f(x) = x^2 - \ln x - 2$ im Intervall $[x_0 - 0.5, x_0 + 0.5] = [1, 2]$, also um $x_0 = 1.5$ mit $r = 0.5$.

In der zweiten Hälfte des 20. Jahrhunderts wurden Varianten des Satzes bewiesen, die dann auch ohne die zweite Ableitung auskamen. Einen solchen Satz wollen wir noch kennenlernen.

Das Newton-Verfahren konvergiert quadratisch – aber nur lokal

Wir beginnen wieder mit einem Hilfssatz.

Lemma

Es sei $D \subset \mathbb{R}^m$ konvex und $\boldsymbol{f}: D \to \mathbb{R}^m$ stetig differenzierbar. Existiert eine Konstante γ, sodass für alle $\boldsymbol{x}, \boldsymbol{y} \in D$ gilt

$$\|\boldsymbol{f}'(\boldsymbol{x}) - \boldsymbol{f}'(\boldsymbol{y})\| \le \gamma \|\boldsymbol{x} - \boldsymbol{y}\| ,$$

dann folgt die Abschätzung

$$\|\boldsymbol{f}(\boldsymbol{x}) - \boldsymbol{f}(\boldsymbol{y}) - \boldsymbol{f}'(\boldsymbol{y})(\boldsymbol{x} - \boldsymbol{y})\| \le \frac{\gamma}{2} \|\boldsymbol{x} - \boldsymbol{y}\|^2 .$$

Beweis: Der Beweis basiert auf dem Beweis der Beziehung (17.29). Die Ableitung der Funktion

$$\boldsymbol{\theta}(t) = \boldsymbol{f}(\boldsymbol{y} + t(\boldsymbol{x} - \boldsymbol{y})), \quad t \in [0, 1]$$

ist

$$\boldsymbol{\theta}'(t) = \boldsymbol{f}'(\boldsymbol{y} + t(\boldsymbol{x} - \boldsymbol{y}))(\boldsymbol{x} - \boldsymbol{y}).$$

Für $0 \le t \le 1$ gilt daher

$$\begin{aligned} \|\boldsymbol{\theta}'(t) - \boldsymbol{\theta}'(0)\| &= \|[\boldsymbol{f}'(\boldsymbol{y} + t(\boldsymbol{x} - \boldsymbol{y})) - \boldsymbol{f}'(\boldsymbol{y})](\boldsymbol{x} - \boldsymbol{y})\| \\ &\le \|\boldsymbol{f}'(\boldsymbol{y} + t(\boldsymbol{x} - \boldsymbol{y})) - \boldsymbol{f}'(\boldsymbol{y})\| \|\boldsymbol{x} - \boldsymbol{y}\| \\ &\le \gamma\, t\, \|\boldsymbol{x} - \boldsymbol{y}\|^2 . \end{aligned}$$

Nun ist

$$\begin{aligned} \boldsymbol{f}(\boldsymbol{x}) - \boldsymbol{f}(\boldsymbol{y}) - \boldsymbol{f}'(\boldsymbol{y})(\boldsymbol{x} - \boldsymbol{y}) &= \boldsymbol{\theta}(1) - \boldsymbol{\theta}(0) - \boldsymbol{\theta}'(0) \\ &= \int_0^1 (\boldsymbol{\theta}'(t) - \boldsymbol{\theta}'(0))\, \mathrm{d}t \end{aligned}$$

und damit und mit der obigen Abschätzung

$$\begin{aligned} &\|\boldsymbol{f}(\boldsymbol{x}) - \boldsymbol{f}(\boldsymbol{y}) - \boldsymbol{f}'(\boldsymbol{y})(\boldsymbol{x} - \boldsymbol{y})\| \\ &\le \int_0^1 \|\boldsymbol{\theta}'(t) - \boldsymbol{\theta}'(0)\|\, \mathrm{d}t \\ &\le \gamma \|\boldsymbol{x} - \boldsymbol{y}\|^2 \int_0^1 t\, \mathrm{d}t . \end{aligned}$$ ∎

Wir können nun eine praktisch brauchbarere Version des Satzes von Newton-Kantorowitsch beweisen.

Satz von Newton-Kantorowitsch III

Sei $D \subset \mathbb{R}^m$ offen, D_0 mit $\overline{D_0} \subset D$ konvex und $\boldsymbol{f}: D \to \mathbb{R}^m$ stetig differenzierbar. Für $\boldsymbol{x}^0 \in D_0$ mögen positive Konstanten $r, \alpha, \beta, \gamma, h$ mit den folgenden Eigenschaften existieren:

$$\begin{aligned} &U_r(\boldsymbol{x}^0) \subset D_0, \\ &h := \frac{\alpha\beta\gamma}{2} < 1, \\ &r := \frac{\alpha}{1 - h} . \end{aligned}$$

Für $\boldsymbol{f}$ gelte

1. $\|\boldsymbol{f}'(\boldsymbol{x}) - \boldsymbol{f}'(\boldsymbol{y})\| \le \gamma \|\boldsymbol{x} - \boldsymbol{y}\|$ für alle $\boldsymbol{x}, \boldsymbol{y} \in D_0$, d. h., $\boldsymbol{f}'$ ist Lipschitz-stetig mit Lipschitzkonstante γ,
2. $(\boldsymbol{f}'(\boldsymbol{x}))^{-1}$ existiert und es gilt $\|(\boldsymbol{f}'(\boldsymbol{x}))^{-1}\| \le \beta$ für alle $\boldsymbol{x} \in D_0$,
3. $\|(\boldsymbol{f}'(\boldsymbol{x}^0))^{-1} \boldsymbol{f}(\boldsymbol{x}^0)\| \le \alpha$.

Dann gelten

a) Jedes $\boldsymbol{x}^{n+1} = \boldsymbol{x}^n - (\boldsymbol{f}'(\boldsymbol{x}^n))^{-1} \boldsymbol{f}(\boldsymbol{x}^n), n = 0, 1, \ldots,$ ist wohldefiniert und es gilt $\boldsymbol{x}^n \in U_r(\boldsymbol{x}^0)$,
b) der Grenzwert $\boldsymbol{\xi} := \lim_{n\to\infty} \boldsymbol{x}^n$ existiert und es gilt $\boldsymbol{\xi} \in \overline{U_r(\boldsymbol{x}^0)}$ und $\boldsymbol{f}(\boldsymbol{\xi}) = \boldsymbol{0}$,
c) für alle $n \ge 0$ gilt

$$\|\boldsymbol{x}^n - \boldsymbol{\xi}\| \le \alpha \frac{h^{2n-1}}{1 - h^{2n}} .$$

Wegen $0 < h < 1$ ist das Newton-Verfahren damit mindestens quadratisch konvergent.

Unter der Lupe: Der Satz von Newton-Kantorowitsch

Die folgende Version des Satzes von Newton-Kantorowitsch ist die wohl bekannteste und der Höhepunkt der Entwicklung durch Kantorowitsch selbst. Auf die in den beiden Versionen I und II benötigte Funktion ψ, für deren Konstruktion wir keinerlei Hinweise hatten und haben, kann nun verzichtet werden.

Satz von Newton-Kantorowitsch

Die Funktion $\boldsymbol{f}$ sei auf $U_r(\boldsymbol{x}^0)$ definiert und besitze in $\overline{U_r(\boldsymbol{x}^0)}$ eine stetige zweite Ableitung. Folgende Bedingungen mögen gelten:

1. Die Matrix $\boldsymbol{G} = (\boldsymbol{f}'(\boldsymbol{x}^0))^{-1}$ existiert.
2. $\|\boldsymbol{G}\boldsymbol{f}(\boldsymbol{x}^0)\| \leq \eta$.
3. $\|\boldsymbol{G}\boldsymbol{f}''(\boldsymbol{x})\| \leq \delta$ für alle $\boldsymbol{x} \in \overline{U}_r(\boldsymbol{x}^0)$.

Dann hat die Gleichung $\boldsymbol{f}(\boldsymbol{x}) = \boldsymbol{0}$ im Fall

$$h := \eta\delta \leq \frac{1}{2} \quad \text{und} \quad r \geq r_0 := \frac{1-\sqrt{1-2h}}{h}\eta$$

eine Lösung $\boldsymbol{\xi}$ mit $\|\boldsymbol{\xi} - \boldsymbol{x}^0\| \leq r_0$ gegen die das Newton- und das vereinfachte Newton-Verfahren konvergieren.

Ist für

$$h < \frac{1}{2}$$

außerdem

$$r < r_1 := \frac{1+\sqrt{1-2h}}{h}\eta$$

und für $h = 1/2$ gerade $r = r_1$, dann liegt in der Kugel $\overline{U}_r(\boldsymbol{x}^0)$ nur eine einzige Lösung $\boldsymbol{\xi}$.

Beweis: Betrachten Sie die Funktion

$$\begin{aligned}\psi(t) :=& \delta t^2 - 2t + 2\eta = \delta t^2 - 2t + \frac{2h}{\delta} \\ =& \frac{h}{\eta}t^2 - 2t + 2\eta\end{aligned}$$

im Intervall $[0, r]$. Wir zeigen, dass $\boldsymbol{f}$ und ψ die Voraussetzungen des Satzes von Newton-Kantorowitsch I (und damit auch Newton-Kantorowitsch II) erfüllen. Wegen $t_0 = 0$ sind die Voraussetzungen **1.** bis **4.** erfüllt. Die Gleichung $\psi(t) = 0$ hat die beiden Nullstellen

$$r_0 = \frac{1-\sqrt{1-2h}}{h}\eta, \quad r_1 = \frac{1+\sqrt{1-2h}}{h}\eta,$$

die wegen $h = \delta\eta \leq 1/2$ beide reell sind. Wegen der Voraussetzung $r \geq r_0$ liegt die kleinste Nullstelle r_0 in $[0, r]$. Wegen $t = r_0$ stimmt die Ungleichung $\|\boldsymbol{\xi} - \boldsymbol{x}^0\| \leq r_0$ mit der Ungleichung $\|\boldsymbol{\xi} - \boldsymbol{x}^0\| \leq \tau - t^0$ überein.

Die Eindeutigkeitsaussage folgt aus dem Eindeutigkeitssatz auf Seite 635 und der direkt auf ihn folgenden Bemerkung, da unter der Voraussetzung $h \leq 1/2$ stets $\psi(r) \leq 0$ ist und die Nullstelle von $\psi(t) = 0$ in $[0, r]$ eindeutig ist. ∎

Historische Bemerkung

Die Leistung Kantorowitschs besteht nicht nur darin, den Konvergenzsatz für Systeme $\boldsymbol{f}(\boldsymbol{x}) = \boldsymbol{0}$ mit $\boldsymbol{f}: \mathbb{R}^m \to \mathbb{R}^m$ bewiesen zu haben. Es gelang ihm sogar, den Satz für nichtlineare Abbildungen $\boldsymbol{f}: X \to Y$ zwischen zwei beliebigen Banach-Räumen X und Y zu beweisen.

Beispiel Für eine einzelne reelle Gleichung $f(x) = 0$ können die im Satz auftretenden Größen η und δ nach **2.** und **3.** zu

$$\eta \geq \left|\frac{f(x_0)}{f'(x_0)}\right|, \quad \delta \geq \max_{x \in U_r(x_0)} \left|\frac{f''(x)}{f'(x_0)}\right|$$

gewählt werden. Wir haben nach dem Satz von Newton-Kantorowitsch also die Existenz einer Lösung ξ, wenn nur $h = \eta\delta \leq \frac{1}{2}$ ist, also

$$\frac{|f(x_0)||f''(x_0)|}{|f'(x_0)|^2} \leq \frac{1}{2}.$$

Die Lösung ξ liegt dann im Intervall

$$|x - x_0| \leq r_0 = \frac{1-\sqrt{1-2h}}{h}\eta$$

wenn $r \geq r_0$, und ist für $r \geq r_1$ im Intervall

$$|x - x_0| \leq r_1 = \frac{1+\sqrt{1-2h}}{h}\eta$$

eindeutig. Im Fall $f(x) = \sin x$ auf $[2.5, 3.5] = U_{1/2}(x_0)$ mit $x_0 = 3$ ist demnach $\eta \geq |\sin(3)/\cos(3)| = 0.14255$ und $\delta \geq \max_{x \in [2.5, 3.5]} |-\sin(x)/\cos(3)| = |-\sin(2.5)/\cos(3)| = 0.60452$ zu wählen. Wählen wir konkret $\eta = 0.15$ und $\delta = 0.61$. Es gilt $h = |\sin(3)||-\sin(3)|/|\cos(3)|^2 = 0.02032 < 1/2$, also existiert eine Lösung ξ von $\sin x = 0$ in $[2.5, 3.5]$ und sie liegt im Intervall

$$|x - 3| \leq r_0 = \frac{1-\sqrt{1-2\cdot 0.02032}}{0.02032}0.15 = 0.15156,$$

also $2.84844 \leq \xi \leq 3.15156$, weil $r = 0.5 \geq r_0$. Im Intervall

$$|x - 3| \leq r_1 = \frac{1+\sqrt{1-2\cdot 0.02032}}{0.02032}0.15 = 14.61222$$

ist diese Nullstelle aber sicher nicht eindeutig. Eine Eindeutigkeitsaussage ist auch wegen $r = 0.5 < r_1$ gar nicht möglich.

Beweis: Wir kennen die Beweistechniken schon aus dem vorhergehenden Abschnitt. Hier müssen wir nun ohne die zweite Ableitung auskommen.

Wir zeigen **a)**.
Da nach Voraussetzung die inverse Jacobi-Matrix von f für alle $x \in D_0$ existiert, sind alle x^k dann wohldefiniert, wenn sie sämtlich in $U_r(x^0)$ liegen. Das ist sicher richtig für $n = 0$, aber auch für $n = 1$ wegen **3.** Nun seien schon $x^j \in U_r(x^0)$ für $j = 0, 1, \ldots, n, n \geq 1$. Wegen **2.** gilt

$$\begin{aligned}\|x^{n+1} - x^n\| &= \| - (f'(x^n))^{-1} f(x^n)\| \leq \beta \|f(x^n)\| \\ &= \beta \|f(x^n) - f(x^{n-1}) - f(x^{n-1})(x^n - x^{n-1})\|,\end{aligned}$$

weil nach Definition von x^n gilt

$$f(x^{n-1}) + f(x^{n-1})(x^n - x^{n-1}) = \mathbf{0}.$$

Mithilfe des vorhergehenden Lemmas folgt also

$$\|x^{n+1} - x^n\| \leq \frac{\beta\gamma}{2} \|x^n - x^{n-1}\|^2$$

und daraus wollen wir die Ungleichung

$$\|x^{n+1} - x^n\| \leq \alpha h^{2n-1}$$

beweisen. Für $n = 0$ stimmt diese Ungleichung, denn wegen **3.** folgt aus $x^1 = x^0 - (f'(x^0))^{-1} f(x^0)$ sicher $\|x^1 - x^0\| = \|(f'(x^0))^{-1} f(x^0)\| \leq \alpha \leq \alpha/h$, weil $0 < h < 1$ ist. Nun sei die Ungleichung richtig für $n \geq 0$, dann gilt sie auch für $n + 1$, denn

$$\begin{aligned}\|x^{n+1} - x^n\| &\leq \frac{\beta\gamma}{2} \|x^n - x^{n-1}\|^2 \leq \frac{\beta\gamma}{2} \left(\alpha h^{2^{(n-1)}-1}\right)^2 \\ &= \frac{\beta\gamma}{2} \alpha^2 h^{2^n-2} \\ &\overset{\beta\gamma = 2h/\alpha}{=} \alpha h^{2^n-1}.\end{aligned}$$

Weiter folgt aus der nun bewiesenen Ungleichung

$$\begin{aligned}\|x^{n+1} - x^0\| &\leq \|x^{n+1} - x^n\| + \|x^n - x^{n-1}\| + \ldots \\ &\quad + \|x^1 - x^0\| \\ &\leq \alpha(1 + h + h^3 + h^7 + \ldots + h^{2^n-1}) \\ &< \frac{\alpha}{1-h} = r,\end{aligned}$$

also bleiben alle x^n in $U_r(x^0)$.

Wir zeigen nun **b)**. Aus dem gerade Gezeigten folgt, dass die x^n eine Cauchy-Folge bilden, denn für $m \geq n$ und jedes $\varepsilon > 0$ folgt

$$\begin{aligned}\|x^{m+1} - x^n\| &\leq \|x^{m+1} - x^m\| + \|x^m - x^{m-1}\| + \ldots \\ &\quad + \|x^{n+1} - x^n\| \\ &\leq \alpha h^{2^n-1}(1 + h^{2^n} + (h^{2^n})^2 + \ldots) \\ &\leq \frac{\alpha h^{2^n-1}}{1 - h^{2^n}} \leq \varepsilon,\end{aligned}$$

wenn nur $n > n_0(\varepsilon)$ ist, da $0 < h < 1$. Damit existiert der Grenzwert $\xi := \lim_{n\to\infty} x^n$ und liegt in $\overline{U_r(x^0)}$.

Gehen wir in der letzten großen Ungleichung zum Grenzwert $m \to \infty$ über, dann erhalten wir die Abschätzung **c)**, denn

$$\lim_{m\to\infty} \|x^m - x^n\| = \|\xi - x^n\| \leq \frac{\alpha h^{2^n-1}}{1 - h^{2^n}}.$$

Es bleibt nur noch in **b)** zu zeigen, dass ξ auch wirklich $f(x)$ in $\overline{U_r(x^0)}$ löst. Wegen **a)** und $x^n \in U_r(x^0)$ für alle $n \geq 0$ gilt

$$\|f'(x^n) - f'(x^0)\| \leq \gamma \|x^n - x^0\| < \gamma r$$

und damit

$$\|f'(x^n)\| \leq \gamma r + \|f'(x^0)\| =: K.$$

Aus der Gleichung

$$f(x^n) = -f'(x^k)(x^{n+1} - x^n)$$

folgt dann die Abschätzung

$$\|f(x^n) \leq K \|x^{n+1} - x^n\|.$$

Also gilt $\lim_{n\to\infty} \|f(x^n)\| = 0$ und wegen der Stetigkeit von f in ξ folgt $\lim_{n\to\infty} \|f(x^n)\| = \|f(\xi)\| = 0$ und damit ist ξ eine Nullstelle von f. ∎

Damit ist die Konvergenz der Newton-Iteration gegen eine Nullstelle von f gezeigt, aber wir konnten nicht zeigen, dass ξ die einzige Nullstelle von f in $U_r(x^0)$ ist. Unter etwas verschärften Voraussetzungen (siehe im folgenden Satz) kann man auch diese Information gewinnen. Für den Beweis des folgenden Satzes wollen wir aber auf die Literatur verweisen.

Satz von Newton-Kantorowitsch IV

Sei $D_0 \subset D \subset \mathbb{R}^m$ konvex, $f\colon D \to \mathbb{R}^m$ auf D_0 stetig differenzierbar und erfülle für ein $x^0 \in D_0$ die folgenden Bedingungen.

1. $\|f'(x) - f'(y)\| \leq \gamma \|x - y\|$ für alle $x, y \in D_0$, d. h., f' ist Lipschitz-stetig mit Lipschitzkonstante γ,
2. $\|(f'(x^0))^{-1}\| \leq \beta$,
3. $\|(f'(x^0))^{-1} f(x^0)\| \leq \alpha$.

Es gebe Konstanten $h, \alpha, \beta, \gamma, r_1, r_2$, die wie folgt zusammenhängen sollen,

$$h = \alpha\beta\gamma,$$
$$r_{1,2} = \frac{1 \mp \sqrt{1-2h}}{h}\alpha.$$

Falls

$$h \leq \frac{1}{2} \quad \text{und} \quad \overline{U_{r_1}(x^0)} \subset D_0,$$

dann bleiben alle Glieder der durch

$$x^{n+1} = x^n - (f'(x^n))^{-1} f(x^n), \quad n = 0, 1, \ldots$$

in $U_{r_1}(x^0)$ und konvergieren gegen die einzige Nullstelle von f in $D_0 \cap U_{r_2}(x^0)$.

Beispiel: Vier Verfahren für eine Gleichung

Wir haben uns zu Beginn des Kapitels gefragt, wie man auf Iterationsfunktionen kommt. Wir greifen hier unsere Beispiele von Seite 618 wieder auf und wollen untersuchen, ob die Fixpunktiteration jeweils konvergieren kann. Wir hatten zu dem Problem $f(x) := e^x + x^2 - 2 = 0$ die drei Iterationsverfahren $x = \Phi_1(x) = \ln(2 - x^2)$, $x = \Phi_2(x) = \sqrt{2 - e^x}$ und $x = \Phi_3(x) = (2 - e^x)/x$ gefunden, die wir nun untersuchen wollen. Dagegen vergleichen wir das Newton-Verfahren.

Problemanalyse und Strategie: Mithilfe einer graphischen Darstellung finden wir die ungefähre Lage des Fixpunktes. Wir überprüfen die Durchführbarkeit der einfachen Fixpunktiteration, dann versuchen wir, die Voraussetzungen des Satzes von Newton-Kantorowitsch II nachzuweisen.

Lösung:

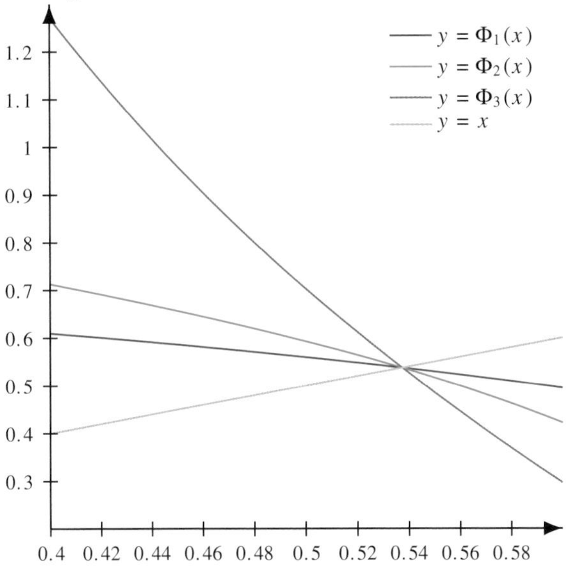

Wir erkennen in der Abbildung einen Fixpunkt bei ungefähr $x = 0.54$ und wählen daher $\overline{D_0} := [0.4, 0.6]$ und $x^0 := 0.5$.

Die Iterationsfunktion Φ_1 liefert

$$\Phi_1'(x) = -\frac{2x}{2-x^2}, \quad \max_{x\in D_0} |\Phi_1'(x)| = |\Phi_1'(0.4)| = \frac{10}{23} < 1,$$

also ist die Fixpunktiteration ausführbar. Die Iteration beginnt oszillierend und liefert erst für $n = 44$ das Ergebnis auf 10 Dezimalen genau: 0.5372744492.

Im Fall von Φ_2 erhalten wir

$$\Phi_2'(x) = -\frac{e^x}{2\sqrt{2-e^x}}, \quad \max_{x\in D_0} |\Phi_2'(x)| = |\Phi_2'(0.4)| \approx 1.0464 > 1$$

und die Iterationsfunktion ist keine Kontraktion mehr. In der Tat divergiert die Iteration bereits im sechsten Schritt.

Abschließend betrachten wir Φ_3 und erhalten

$$\Phi_3'(x) = -\frac{(1+x)e^x + 2}{x^2}, \quad \max_{x\in D_0} |\Phi_3'(x)| = |\Phi_3'(0.4)| \approx 25.554 > 1$$

und auch diese Fixpunktiteration führt nicht zum Ziel. Die Iterierten oszillieren zu Beginn sehr stark und konvergieren dann aber zu einem anderen Fixpunkt bei $x = -1.31597367449$.

Nun untersuchen wir zum Vergleich das Newton-Verfahren.

Für die Ableitung von f erhalten wir

$$f'(x) = e^x + 2x\,,$$

die Inverse $(f'(x))^{-1}$ existiert also für alle $x \in D_0$ und wir erhalten für alle $x \in D_0$

$$|(f'(x))^{-1}| = \left|\frac{1}{e^x + 2x}\right| \leq \frac{1}{e^{0.4} + 0.8} \approx 0.4363 =: \beta\,.$$

Damit ist Voraussetzung **3.** im Satz von Newton-Kantorowitsch II gezeigt. Aus

$$\begin{aligned}|(f'(x^0))^{-1} f(x^0)| &= |(e^{0.5}+1)^{-1}(e^{0.5} + 0.5^2 - 2)| \\ &\approx 0.0382 =: \alpha,\end{aligned}$$

womit Voraussetzung **3.** gezeigt ist. Voraussetzung **1.** verlangt die Existenz einer Konstanten γ, sodass für alle $x, y \in D_0$ gilt

$$|f'(x) - f'(y)| \leq \gamma |x - y|\,.$$

Abschätzen liefert

$$\begin{aligned}\max_{x,y\in D_0} \{|e^x + 2x - e^y - 2y|\} &= |e^{0.6} - e^{0.4} + 2(0.6 - 0.4)| \\ &\approx 0.7303\end{aligned}$$

und $\max_{x,y\in D_0}\{|x-y|\} = |0.6 - 0.4| = 0.2$. Damit ergibt sich für γ ein Wert von etwa 3.652.

Damit berechnen wir die noch fehlenden Größen, $h = \alpha\beta\gamma/2 \approx 0.0304 < 1$ und $r = \alpha/(1-h) \approx 0.0394$. Damit ist die Kantorowitsch-Umgebung das Intervall $U_{0.0394}(x^0) = (0.5 - 0.0394, 0.5 + 0.0394)$. Das Newton-Verfahren ist also durchführbar und liefert schon für $n = 3$ den stationären Wert $x^3 = 0.5372744492$.

17.4 Die Dynamik von Iterationsverfahren – Ordnung und Chaos

In den letzten Jahrzehnten hat sich ein neuer Blick auf Iterationsverfahren geöffnet, der mit Untersuchungen zum Verhalten dynamischer Systeme zu tun hat. Wir verweisen dazu auf Kapitel 4 dieses Bandes. Wir wollen hier nur die Sprache der diskreten Dynamik kennenlernen und das Newton-Verfahren noch einmal im Licht dieser Sprache analysieren.

Gleichgewichtspunkt ist nur ein anderer Name für Fixpunkt

In der Sprache der dynamischen Systeme nennt man einen Fixpunkt ξ einer Funktion $\Phi\colon \mathbb{R} \to \mathbb{R}$, also $\Phi(\xi) = \xi$, einen **Gleichgewichtspunkt**.

In der Dynamik geht es nicht ausschließlich um Iterationen zur numerischen Lösung von nichtlinearen Gleichungen $f(x) = 0$, sondern allgemeiner um die Lösung von Iterationen

$$x^{n+1} = \Phi(x^n)\,.$$

Wegen

$$\begin{aligned} x^{n+1} &= \Phi(x^n) = \Phi(\Phi(x^{n-1})) = \Phi(\Phi(\Phi(x^{n-2}))) = \dots \\ &= \underbrace{\Phi(\Phi(\dots\Phi}_{(n+1)\text{-mal}}(x^0))\dots) \end{aligned}$$

schreibt man auch gerne

$$x^{n+1} = \Phi^{n+1}(x^0)\,,$$

um die Anzahl der Iterationen als Anwendungen von Φ auf x^0 hervorzuheben. Solche Gleichungen heißen in der Dynamik **diskrete dynamische Systeme** oder auch (spezieller) **Differenzengleichungen**.

Solche Iterationen können etwas mit der Lösung einer Gleichung $f(x) = 0$ zu tun haben, müssen es aber nicht.

Attraktoren und Stabilität

Ein Gleichgewichtspunkt ξ von $x = \Phi(x)$ heißt **stabil**, wenn für jedes $n > 0$ gilt

$$\forall \varepsilon > 0 \quad \exists \delta > 0\colon \quad |\xi - x^0| < \delta \Longrightarrow |\Phi^n(x^0) - \xi| < \varepsilon\,.$$

Ist ein Gleichgewichtspunkt nicht stabil, dann heißt er **instabil**.

Der Gleichgewichtspunkt ξ heißt **Attraktor** oder **attraktiv**, wenn es ein $\eta > 0$ gibt, sodass

$$|x^0 - \xi| < \eta \Longrightarrow \lim_{n\to\infty} x^n = \xi.$$

Ist $\eta = \infty$, dann heißt ξ ein **globaler Attraktor** oder **global attraktiv**.

Der Gleichgewichtspunkt ξ heißt **asymptotisch stabil**, wenn er stabil und attraktiv ist. Ist $\eta = \infty$, dann heißt ξ **global asymptotisch stabil**.

Bezüglich der Stabilitätsdefinitionen vergleiche auch Kapitel 4!

Das Verhalten von Iterationsfolgen kann man sich an der Abbildung 17.5 klar machen. Im instabilen Fall gibt es ein $\varepsilon > 0$, sodass unabhängig vom Abstand $\xi - x^0$ immer ein Index $n_0(\varepsilon)$ existiert, sodass x^{n_0} mindestens um ε von ξ entfernt liegt. Im asymptotisch stabilen Fall muss x^0 nur nahe genug am Gleichgewichtspunkt liegen und im global asymptotischen Fall garantiert jedes x^0 die Konvergenz zum Gleichgewichtspunkt.

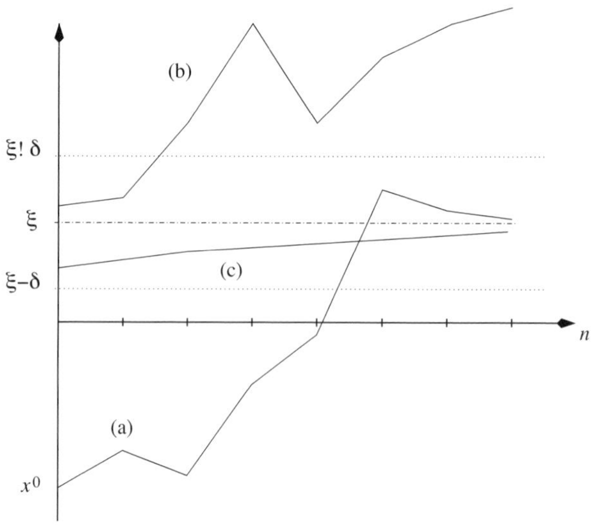

Abbildung 17.5 Mögliches Verhalten von Iterationsfolgen. (a): Global asymptotisch stabiler Gleichgewichtspunkt, (b): instabiler Gleichgewichtspunkt, (c): stabiler Gleichgewichtspunkt.

Schon im Konvergenzsatz für Iterationsfolgen auf Seite 624 spielte die Kontraktionseigenschaft

$$|\Phi(x) - \Phi(y)| \le C|x - y|$$

für alle x, y in einer Umgebung um den Fixpunkt ξ mit einer Lipschitz-Konstanten $C < 1$ eine Rolle. Ist die Iterationsfunktion differenzierbar, dann kann man in

$$\frac{|\Phi(\xi) - \Phi(y)|}{|\xi - y|} \le C < 1$$

zum Grenzwert $y \to \xi$ übergehen und erhält

$$|\Phi'(\xi)| < 1$$

als notwendige Bedingung für die Konvergenz. Es ist also nicht verwunderlich, dass man solche Sätze auch in der Dynamik findet.

Hintergrund und Ausblick: Moderne Varianten des Newton-Verfahrens

Die Lösung nichtlinearer Systeme ist eine in der Praxis so wichtige Aufgabe, dass man bis heute versucht, das Newton-Verfahren zu perfektionieren bzw. Varianten mit hervorragenden Eigenschaften zu konstruieren. Eine moderne Entwicklung ist die Ausnutzung gewisser Invarianzen.

Wir haben bisher das Newton-Verfahren als lokal konvergentes Verfahren kennengelernt, d. h., der Startwert $\boldsymbol{x}^0$ musste stets in einer gewissen Umgebung – der Kantorowitsch-Umgebung – der Nullstelle $\boldsymbol{\xi}$ liegen. In der modernen Literatur findet man Newton-Verfahren, die für gewisse Klassen von Funktionen f **global konvergent** sind. Zudem haben neuere Entwicklungen versucht, eine zulässige Schranke für die Lipschitz-Konstante γ im Satz von Newton-Kantorowitsch IV algorithmisch zu finden. Diese Entwicklungen sind ganz wesentlich von Peter Deuflhard vorangetrieben worden und wurden erst kürzlich in einer Monographie veröffentlicht.

Diese Entwicklungen bauen auf wichtigen Eigenschaften des Newton-Verfahrens auf, die wir an dieser Stelle nur erwähnen können. Sind $\boldsymbol{A}, \boldsymbol{B} \in \mathbb{R}^{m\times m}$ beliebige, nichtsinguläre Matrizen, dann gilt:

Der Vektor $\boldsymbol{\xi} \in D \subset \mathbb{R}^m$ ist Nullstelle der Funktion $\boldsymbol{f}$ genau dann, wenn $\boldsymbol{B}^{-1}\boldsymbol{\xi}$ Nullstelle einer nichtlinearen Funktion $\boldsymbol{g}\colon D \to \mathbb{R}^m$ ist, die durch

$$\boldsymbol{g}(\boldsymbol{y}) := \boldsymbol{A}\boldsymbol{f}(\boldsymbol{B}\boldsymbol{y}), \quad \boldsymbol{x} = \boldsymbol{B}\boldsymbol{y}$$

definiert ist.

Diese Aussage ist offensichtlich, wenn man für $\boldsymbol{y}$ den Vektor $\boldsymbol{B}^{-1}\boldsymbol{\xi}$ einsetzt. Wegen

$$\boldsymbol{g}'(\boldsymbol{y}^n) = \boldsymbol{A}\boldsymbol{f}'(\boldsymbol{x}^n)\boldsymbol{B}$$

gilt für das Newton-Verfahren für $\boldsymbol{g}$

$$\boldsymbol{y}^{n+1} = \boldsymbol{y}^n - (\boldsymbol{g}'(\boldsymbol{y}^n))^{-1}\boldsymbol{g}(\boldsymbol{y}^n) = \boldsymbol{B}^{-1}\boldsymbol{x}^{n+1}.$$

Diese Beziehung zeigt, dass die Iterierten $\boldsymbol{x}^n$ bezüglich einer affinen Transformation mit $\boldsymbol{A}$ im Bildraum invariant sind. Diese Invarianz heißt **volle Affin-Kovarianz**. Andererseits transformieren sie sich durch $\boldsymbol{B}$, was man als **volle Affin-Kontravarianz** bezeichnet.

Mithilfe der vollen Affin-Kovarianz und der vollen Affin-Kontravarianz lassen sich die Konvergenz der Iterierten untersuchen und die algorithmische Bestimmung der Lipschitz-Konstanten bewerkstelligen. Man kann nun zeigen, dass die vollen Invarianzeigenschaften nicht zu erreichen sind. Daher betrachtet man die Fälle:

- **Affin-Kovarianz:** Setze $\boldsymbol{B} = \boldsymbol{E}$ und betrachte die Klasse von Problemen

  $$\boldsymbol{G}(\boldsymbol{x}) := \boldsymbol{A}\boldsymbol{f}(\boldsymbol{x}) = \boldsymbol{0}$$

  mit nichtsingulären Matrizen $\boldsymbol{A}$.

- **Affin-Kontravarianz:** Setze $\boldsymbol{A} = \boldsymbol{E}$ und betrachte die Klasse von Problemen

  $$\boldsymbol{G}(\boldsymbol{y}) := \boldsymbol{f}(\boldsymbol{B}\boldsymbol{y})$$

  mit nichtsingulären Matrizen $\boldsymbol{B}$.

Es zeigt sich, dass Affin-Kovarianz das geeignete Konzept ist, um Konvergenz der Iterierten $\boldsymbol{x}_k$ zu zeigen, während man Affin-Kontravarianz verwenden kann, um die Konvergenz der Residuen $\|\boldsymbol{f}(\boldsymbol{x}_{k+1})-\boldsymbol{f}(\boldsymbol{x}_k)\|$ zu untersuchen.

Eine affin-kovariante Version des Satzes von Newton-Kantorowitsch findet sich bei Freund und Hoppe:

Satz

Es sei $D \subset \mathbb{R}^m$ konvex und $\boldsymbol{f}\colon D \to \mathbb{R}^m$ sei auf D stetig differenzierbar. Die Funktionalmatrix $\boldsymbol{f}'(\boldsymbol{x}_0)$ sei in $\boldsymbol{x}_0 \in D$ invertierbar und es gebe Konstanten $\alpha_0, \gamma_0 > 0$ mit

1. $\|(\boldsymbol{f}'(\boldsymbol{x_0}))^{-1}(\boldsymbol{f}(\boldsymbol{y}) - \boldsymbol{f}(\boldsymbol{x}))\| \leq \gamma_0\|\boldsymbol{y} - \boldsymbol{x}\|$ für alle $\boldsymbol{x}, \boldsymbol{y} \in D$,
2. $\|(\boldsymbol{f}'(\boldsymbol{x}_0))^{-1}\boldsymbol{f}(\boldsymbol{x}_0)\| \leq \alpha_0$,
3. $h_0 := \alpha_0\gamma_0 < \frac{1}{2}$,
4. $\overline{U}_r(\boldsymbol{x}_0) \subset D$ mit $r := \frac{1}{\gamma_0}(1 - \sqrt{1-2h_0})$.

Dann gilt

a) Die Folge $(\boldsymbol{x}_k)_{k\in\mathbb{N}}$ der Iterierten ist wohldefiniert, die Funktionalmatrix $\boldsymbol{f}'(\boldsymbol{x}_k)$ ist für alle Iterierten invertierbar und es gilt $\boldsymbol{x}_k \in U_r(\boldsymbol{x}_0)$ für alle $k \in \mathbb{N}_0$.
b) Es existiert ein $\boldsymbol{x}^* \in \overline{U}_r(\boldsymbol{x}_0)$ mit $\lim_{k\to\infty}\boldsymbol{x}_k = \boldsymbol{x}^*$ und $\boldsymbol{f}(\boldsymbol{x}^*) = \boldsymbol{0}$. Die Konvergenz ist quadratisch.
c) Der Vektor $\boldsymbol{x}^*$ ist die einzige Nullstelle von $\boldsymbol{f}$ in der Menge $D \cap U_{r_1}(\boldsymbol{x}_0)$ mit $r_1 := \frac{1}{\gamma_0}(1 + \sqrt{1-2h_0})$.

Diese Bemerkungen mögen genügen, um die interessierte Leserin und den interessierten Leser an das Werk *Newton Methods for Nonlinear Problems – Affine Invariance and Adaptive Algorithms* von Peter Deuflhard zu verweisen. Auch in dem Werk *Stoer/Bulirsch: Numerische Mathematik 1* von Roland W. Freund und Ronald H. W. Hoppe finden sich einige weitere Resultate, die mithilfe dieser Invarianzeigenschaften gewonnen werden können.

Satz
Ist ξ ein Gleichgewichtspunkt einer Differenzengleichung

$$x^{n+1} = \Phi(x^n),$$

und ist Φ stetig differenzierbar in ξ, dann gelten

1. Ist $|\Phi'(\xi)| < 1$, dann ist ξ asymptotisch stabil.
2. Ist $|\Phi'(\xi)| > 1$, dann ist ξ instabil.

Beweis:

1. Für $M > 0$ sei $|\Phi'(\xi)| < M < 1$. Dann existiert wegen der Stetigkeit von Φ' ein offenes Intervall $I := (\xi - \varepsilon, \xi + \varepsilon)$ mit $|\Phi'(x)| \leq M < 1$ für alle $x \in I$. Nach dem Mittelwertsatz gibt es für jeden Punkt $x^0 \in I$ eine Zahl η zwischen x^0 und ξ, sodass

$$\begin{aligned} |\Phi(x^0) - \xi| &= |\Phi(x^0) - \Phi(\xi)| \\ &= |\Phi'(\eta)||x^0 - \xi| \leq M|x^0 - \xi| \end{aligned}$$

gilt. Weil $M < 1$, zeigt diese Ungleichung, dass $f(x^0)$ näher an ξ liegt als x^0, also folgt $f(x^0) \in I$. Wiederholung dieses Arguments und vollständige Induktion zeigen

$$|\Phi^n(x^0) - \xi| \leq M^n|x^0 - \xi|.$$

Zum Beweis der Stabilität von ξ setzen wir $\delta = \varepsilon$ für alle $\varepsilon > 0$. Dann folgt aus $|x^0 - \xi| < \delta$ die Ungleichung $|\Phi^n(x^0) - \xi| \leq M^n|x^0 - \xi| < \varepsilon$ und damit ist die Stabilität schon gezeigt.
2. (fast wörtlich wie in **1.**) Für $M > 0$ sei $|\Phi'(\xi)| > M > 1$. Dann existiert wegen der Stetigkeit von Φ' ein offenes Intervall $I := (\xi - \varepsilon, \xi + \varepsilon)$ mit $|\Phi'(x)| \geq M > 1$ für alle $x \in I$. Nach dem Mittelwertsatz gibt es für jeden Punkt $x^0 \in I$ eine Zahl η zwischen x^0 und ξ, sodass

$$\begin{aligned} |\Phi(x^0) - \xi| &= |\Phi(x^0) - \Phi(\xi)| \\ &= |\Phi'(\eta)||x^0 - \xi| \geq M|x^0 - \xi| \end{aligned}$$

gilt. Damit ist die Iterierte $\Phi(x^0)$ wegen $M > 1$ weiter von ξ entfernt als x^0. Mit vollständiger Induktion folgt

$$|\Phi^n(x^0) - \xi| \geq M^n|x^0 - \xi|$$

und damit ist die Instabilität gezeigt. ■

Beispiel Die Iterationsfunktion des Newton-Verfahrens ist gegeben durch

$$\Phi(x) = x - \frac{f(x)}{f'(x)}$$

und ein Gleichgewichtspunkt ist ein ξ mit $\xi = \Phi(\xi) = \xi - \frac{f(\xi)}{f'(\xi)}$, also eine Nullstelle von f. Die Ableitung von Φ ist

$$\Phi'(x) = 1 - \frac{(f'(x))^2 - f(x)f'(x)}{(f'(x))^2},$$

also gilt im Gleichgewichtspunkt wegen $f(\xi) = 0$

$$\Phi'(\xi) = 1 - \frac{(f'(\xi))^2}{(f'(\xi))^2} = 0 < 1.$$

Nach dem eben bewiesenen Satz ist ξ asymptotisch stabil, d. h., für die Iterierten des Newton-Verfahrens gilt $\lim_{n\to\infty} x_n = \xi$, wenn nur x_0 hinreichend nahe an ξ gewählt wird. ◀

Spinnwebdiagramme und genaue Untersuchung des Falles $|\Phi'(\xi)| = 1$

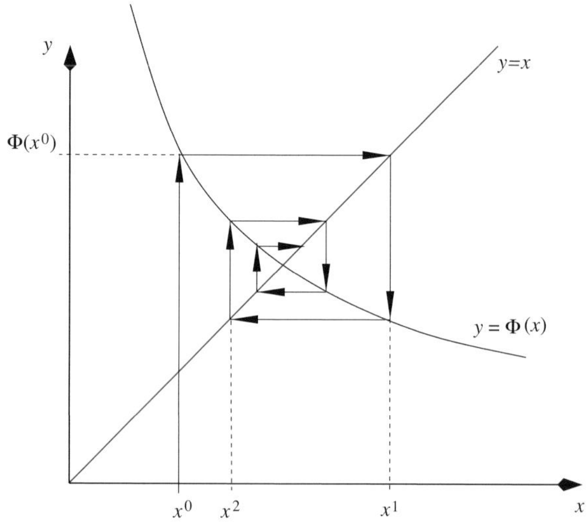

Abbildung 17.6 Prinzip des Spinnwebdiagramms.

In der Dynamik ist es üblich, die Konvergenzeigenschaften einer Iterationsfunktion geometrisch in Form von **Spinnwebdiagrammen** (auch **Treppendiagramme** genannt) darzustellen, vergleiche Abbildung 17.6. Dazu interpretiert man

$$x = \Phi(x)$$

als Schnittproblem zwischen der Geraden $y = x$ und der Funktion $y = \Phi(x)$. Die Iteration

$$x^{n+1} = \Phi(x^n)$$

wird geometrisch dann wie folgt gedeutet: Nach Wahl von x^0 zieht man von dort eine senkrechte Linie nach $\Phi(x^0)$, dann eine waagerechte Linie zur Geraden $y = x$ und erhält so x^1. Diesen Prozess wiederholt man, wie in Abbildung 17.6 dargestellt.

Damit wird nun auch geometrisch deutlich, warum die Steigung der Iterationsfunktion vom Betrag kleiner als eins sein muss. Im Fall $|\Phi'(\xi)| > 1$ erhält man nämlich eine geometrische Situation wie in Abbildung 17.7 gezeigt.

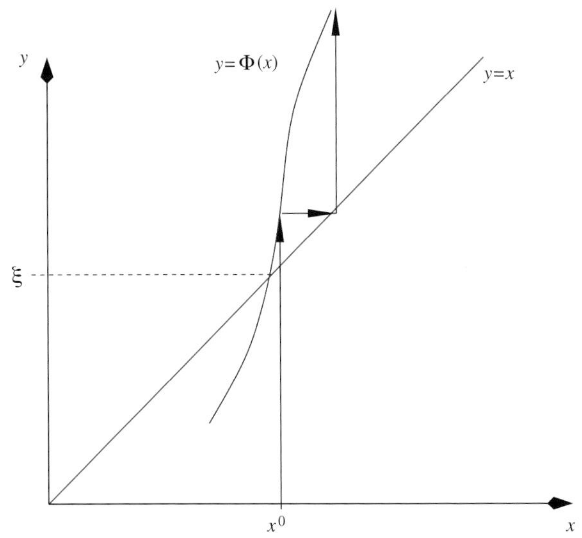

Abbildung 17.7 Im Fall $|\Phi'(\xi)| > 1$ ist keine Konvergenz möglich.

?

Das Polynom

$$f(x) = x^8 - 32x^7 + 385x^6 - 1964x^5 + 1855x^4 + 17248x^3 - 36701x^2 - 48020x + 67228$$

ist die ausmultiplizierte Version von $f(x) = (x+2)^2 (x-1)(x-7)^5$, besitzt also bei $x = 7$ eine fünffache Nullstelle. Zeigen Sie, dass die Schröder'sche Modifikation des Newton-Verfahrens

$$x_{n+1} = x_n - 5\frac{f(x_n)}{f'(x_n)}$$

für jeden Startwert aus $[6, 8]$ eine instabile Iterationsfunktion liefert.

Was ist aber im Fall $|\Phi'(\xi)| = 1$? Wenn die Iterationsfunktion hinreichend oft differenzierbar ist, dann können wir auch in diesem Fall eine Aussage machen. Ein Gleichgewichtspunkt ξ mit $|\Phi'(\xi)| = 1$ heißt in der Dynamik auch **nichthyperbolischer Punkt**. Wir beginnen mit dem Fall $\Phi'(\xi) = 1$ und verschieben $\Phi'(\xi) = -1$ auf später.

Konvergenz im Fall $\Phi'(\xi) = 1$

Die Iterationsabbildung sei dreimal stetig differenzierbar. Für einen Gleichgewichtspunkt ξ von $x = \Phi(x)$ sei $\Phi'(\xi) = 1$. Dann gelten die folgenden Aussagen.

1. Ist $\Phi''(\xi) \neq 0$, dann ist ξ instabil.
2. Ist $\Phi''(\xi) = 0$ und $\Phi'''(\xi) > 0$, dann ist ξ instabil.
3. Ist $\Phi''(\xi) = 0$ und $\Phi'''(\xi) < 0$, dann ist ξ asymptotisch stabil.

Beweis:

1. Im Fall $\Phi''(\xi) \neq 0$ ist der Graph der Funktion Φ entweder konkav ($\Phi''(\xi) < 0$) oder konvex ($\Phi''(\xi) > 0$). Ist $\Phi''(\xi) > 0$, dann existiert ein Intervall $I := (\xi, \xi + \varepsilon)$ mit $\Phi'(x) > 1$ für alle $x \in I$, denn $\Phi'(\xi)$ ist nach Voraussetzung gleich eins und bei konvexer Funktion muss dann die Steigung in I größer werden. Aus dem vorhergehenden Beweis folgt dann die Instabilität von ξ. Im Fall $\Phi''(\xi) < 0$ muss $\Phi'(x) > 1$ in einem Intervall $(\xi - \varepsilon, \xi)$ gelten.
2. Ist $\Phi''(\xi) = 0$ und $\Phi'''(\xi) > 0$, dann muss $\Phi''(x)$ für alle $x \in (\xi, \xi + \varepsilon)$ wachsen. Damit wächst aber auch $\Phi'(x)$ in diesem Intervall und die Instabilität ist gezeigt.
3. Ist $\Phi''(\xi) = 0$ und $\Phi'''(\xi) < 0$, dann muss $\Phi''(x)$ für $x \in (\xi - \varepsilon, \xi + \varepsilon)$ fallen. Damit wird auch Φ' in $(\xi, \xi + \varepsilon)$ kleiner als eins und damit ist asymptotische Stabilität gezeigt. ∎

Wir können nun darangehen, den Fall $\Phi'(\xi) = -1$ zu untersuchen. Dazu definieren wir eine Ableitung, die in der Dynamik eine wichtige Rolle spielt.

Die Schwarz'sche Ableitung

Die Iterationsfunktion Φ sei dreimal stetig differenzierbar. Dann heißt

$$S\Phi(x) := \frac{\Phi'''(x)}{\Phi'(x)} - \frac{3}{2}\left(\frac{\Phi''(x)}{\Phi'(x)}\right)^2$$

die **Schwarz'sche Ableitung** von Φ.

Im Fall $\Phi'(\xi) = -1$ nimmt die Schwarz'sche Ableitung in ξ die Form

$$S\Phi(\xi) = -\Phi'''(\xi) - \frac{3}{2}(\Phi''(\xi))^2$$

an.

Konvergenz im Fall $\Phi'(\xi) = -1$

Für den Gleichgewichtspunkt ξ sei $\Phi'(\xi) = -1$. Dann gelten die folgenden Aussagen.

1. Ist $S\Phi(\xi) < 0$, dann ist ξ asymptotisch stabil.
2. Ist $S\Phi(\xi) > 0$, dann ist ξ instabil.

Beweis: Wir betrachten die Gleichung

$$y^{n+1} = g(y^n), \quad g(y) := \Phi^2(y), \tag{17.46}$$

und stellen zuerst einmal fest, dass ein Gleichgewichtspunkt ξ der Gleichung $x^{n+1} = \Phi(x^n)$ auch ein Gleichgewichtspunkt von (17.46) ist. Wenn ξ asymptotisch stabil (instabil) für (17.46) ist, dann auch so für $x^{n+1} = \Phi(x^n)$.

Nun folgt

$$g'(y) = \frac{\mathrm{d}}{\mathrm{d}y}\Phi(\Phi(y)) = \Phi'(\Phi(y))\Phi'(y)$$

und damit $g'(\xi) = (\Phi'(\xi))^2 = 1$. Wir wissen, dass in diesem Fall das Vorzeichen der zweiten Ableitung über die Stabilität entscheidet, also rechnen wir

$$\begin{aligned} g''(y) &= \frac{d^2}{dy^2}\Phi(\Phi(y)) = \frac{d}{dy}[\Phi'(\Phi(y))\Phi'(y)] \\ &= (\Phi'(y))^2\Phi''(\Phi(y)) + \Phi'(\Phi(y))\Phi''(y) \end{aligned}$$

und erhalten $g''(\xi) = 0$. Nun muss die dritte Ableitung entscheiden und wir erhalten

$$g'''(\xi) = -2\Phi'''(\xi) - 3(\Phi''(\xi))^2 .$$

Wie wir sehen, ist $g'''(\xi) = 2S\Phi(\xi)$ und daraus folgen sofort die Behauptungen des Satzes aus dem Vorzeichenverhalten von g. ■

Wenn das Chaos die Iteration regiert

Zum Schluss wollen wir uns noch einen kurzen Abstecher in ein Gebiet der modernen Forschung erlauben. Dieser Abstecher soll uns zeigen, dass wir bei Iterationsverfahren überraschende Effekte erwarten können, die weit über die Fragen nach der Konvergenz gegen eine Nullstelle einer Funktion f hinausgehen.

Dazu betrachten wir nun die berühmte Iterationsfunktion

$$\Phi_r(x) := rx(1-x), \quad x \in [0,1], r > 0,$$

die dem Iterationsverfahren

$$x^{n+1} = \Phi(x^n) = rx^n(1-x^n),$$

der **logistischen Gleichung**, zugrunde liegt, vergleiche Kapitel 2. Die Theorie dieser Gleichung im Rahmen der diskreten Dynamik ist nicht Bestandteil der Numerik, daher wollen wir uns auf ein numerisches Experiment beschränken.

Wir setzen $r = 1$ und starten mit $x^0 = 0.5$. Für dieses r iterieren wir

$$x^{n+1} = rx^n(1-x^n), \quad n = 0, 1, \ldots 200,$$

ohne dass wir irgendeine Größe speichern. Diese ersten 200 Iterationen sollen dafür sorgen, dass sich die Iteration einschwingen kann. Die nächsten 300 Iterationen speichern wir in einer Datei in der Form (r, x^{n+1}), $n = 201, \ldots, 500$. Dann erhöhen wir r um $\Delta r := 1/500$ und beginnen erneut mit dem beschriebenen Algorithmus. Auf diese Weise lassen wir r von $r = 1$ bis $r = 4$ laufen. Dann zeichnen wir punktweise ein (r, x)-Diagramm, das in Abbildung 17.8 gezeigt ist.

Wie ist diese Abbildung nun zu interpretieren? Bis $r = 3$ existiert genau ein Gleichgewichtspunkt, der von der Iteration problemlos gefunden wird. Bei Werten größer als $r = 3$ verzweigt sich jedoch die Iteration in zwei Gleichgewichtspunkte. Den Wert von r, bei dem diese erste Verzweigung beginnt, bezeichnen wir mit $r_0 = 3$. Kurz bevor $r = 3.5$ erreicht wird, gibt es erneut eine Verzweigung und es treten

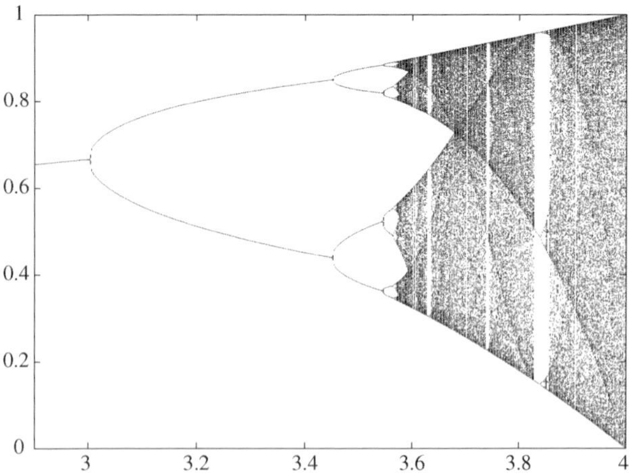

Abbildung 17.8 Die logistische Iteration zeigt chaotisches Verhalten.

vier Gleichgewichtspunkte auf, wir bezeichnen den Wert von r bei dieser erneuten Verzweigung mit r_1. Kurz vor Erreichen von $r = 3.6$ verzweigt die Iteration wieder bei r_2 und es gibt 8 Gleichgewichtspunkte. Dann wird aber alles chaotisch. Dabei sieht man sogar Inseln der Ruhe im Chaos. Notieren wir immer die Werte von r, wenn eine neue Verzweigung eintritt (das ist nur noch numerisch möglich), dann ergibt sich die folgende Tabelle.

μ	r_μ
0	3.000000
1	3.449499
2	3.544090
3	3.564407
4	3.568759
5	3.569692

Es sieht so aus, als konvergiere die Folge (r_μ), und das lässt sich tatsächlich zeigen.

Die Abbildung 17.8 nennt man zu Ehren des Physikers Mitchell Feigenbaum (geb. 1944) auch **Feigenbaum-Diagramm**. Ihm fiel auf, dass der Quotient

$$\frac{r_{\mu+1} - r_\mu}{r_{\mu+2} - r_{\mu+1}}$$

für große μ gegen den Wert 4.6692... strebte. Im Jahr 1974 ging Feigenbaum an das *Los Alamos National Laboratory* und sollte dort eigentlich Turbulenzen in Flüssigkeiten untersuchen, aber er nutzte seine Arbeitszeit dazu, seinen Quotienten auch bei anderen Iterationen als nur der logistischen Gleichung auszurechnen. Er studierte dazu allgemeine Iterationen der Form

$$x_{n+1} = f(x_n, r),$$

in denen ein Parameter r auftauchte, den er variierte. Im Jahr 1978 veröffentlichte er eine Arbeit mit dem interessanten Titel „Quantitative Universality for a Class of Nonlinear Transformation“ im Journal of Statistical Physics, die zu einem der Grundlagenarbeiten der Chaosforschung wurde. Er konnte nämlich nachweisen, dass *für alle* solchen Iteration der Wert seines Quotienten

$$\delta := \lim_{\mu\to\infty} \frac{r_{\mu+1} - r_\mu}{r_{\mu+2} - r_{\mu+1}} = 4.669201609102990...$$

beträgt. Diese universelle Konstante bezeichnet man als **Feigenbaum-Zahl**. Ein mathematisch wasserdichter Beweis für die Universalität konnte allerdings erst 1999 von Mikhail Lyubich gegeben werden. Der Grenzwert der Folge (r_μ) ist übrigens keine universelle Konstante sondern hängt vom jeweils betrachteten Problem ab.

Die Analysis dieses Beispiels findet man in nahezu jedem besseren Buch zum Thema Differenzenverfahren oder diskretem Chaos. Dort finden sich auch weitere Beispiele für Iterationsverfahren wie das Newton-Verfahren für Funktionen $f: \mathbb{C} \to \mathbb{R}$.

Zusammenfassung

Iterationsverfahren zur Lösung nichtlinearer Gleichungen und nichtlinearer Gleichungssysteme gehören seit vielen Jahrzehnten zum Kern der Numerischen Analysis. Eine ganz zentrale Rolle spielt dabei das Newton-Verfahren. Wir haben den klassischen Konvergenzsatz von Newton-Kantorowitsch in allen Details bewiesen und auf moderne Entwicklungen wie die Affin-Kovarianz und die Affin-Kontravarianz hingewiesen. Nach wie vor ist die Forschung an Newton-Verfahren sehr aktiv und in der Praxis kommt man ohne Newton-Verfahren nicht aus. Trotzdem ist es wichtig, sich ein Wissen über einige klassische Methoden wie das Bisektions- oder das Sekantenverfahren anzueignen, weil solche Methoden nach wie vor in Gebrauch sind. Im Zentrum der Iterationsverfahren steht der Banach'sche Fixpunktsatz, der Fehlerabschätzungen ermöglicht. Ein aktives Forschungsgebiet ist die diskrete Dynamik, die wir nur kurz ansprechen konnten.

Zur Analysis der verschiedenen Verfahren haben wir die **Iterationsfunktion $\boldsymbol{\Phi}$**: $\mathbb{R}^m \to \mathbb{R}^m$ eingeführt und alle Verfahren auf die **Fixpunktform**

$$\boldsymbol{\Phi}(\boldsymbol{x}) = \boldsymbol{x}$$

gebracht. Als Schlüssel zur Analysis von Iterationsverfahren hat sich der **Banach'sche Fixpunktsatz** erwiesen, den wir in der folgenden Form formuliert haben.

Banach'scher Fixpunktsatz

Es sei $\boldsymbol{\Phi}: \mathbb{R}^m \to \mathbb{R}^m$ eine Iterationsfunktion und $\boldsymbol{x}^0 \in \mathbb{R}^m$ ein Startwert. Die Iteration ist dann definiert durch $\boldsymbol{x}^{n+1} = \boldsymbol{\Phi}(\boldsymbol{x}^n)$. Es gebe eine Umgebung $U_r(\boldsymbol{x}^0) := \{\boldsymbol{x}: \|\boldsymbol{x} - \boldsymbol{x}^0\| < r\}$ und eine Konstante C mit $0 < C < 1$, sodass

- für alle $\boldsymbol{x}, \boldsymbol{y} \in \overline{U_r(\boldsymbol{x}^0)} = \{\boldsymbol{x}: \|\boldsymbol{x} - \boldsymbol{x}^0\| \le r\}$

$$\|\boldsymbol{\Phi}(\boldsymbol{x}) - \boldsymbol{\Phi}(\boldsymbol{y})\| \le C\|\boldsymbol{x} - \boldsymbol{y}$$

- und

$$\|\boldsymbol{x}^1 - \boldsymbol{x}^0\| = \|\boldsymbol{\Phi}(\boldsymbol{x}^0) - \boldsymbol{x}^0\| \le (1 - C)r < r$$

gilt. Dann gilt

1. für alle $n = 0, 1, \ldots$ sind die $\boldsymbol{x}^n \in \overline{U_r(\boldsymbol{x}^0)}$,
2. die Iterationsabbildung $\boldsymbol{\Phi}$ besitzt in $\overline{U_r(\boldsymbol{x}^0)}$ genau einen Fixpunkt $\boldsymbol{\xi}$, $\boldsymbol{\Phi}(\boldsymbol{\xi}) = \boldsymbol{\xi}$, und es gelten

$$\lim_{n\to\infty} \boldsymbol{x}^n = \boldsymbol{\xi}\,,$$

$$\|\boldsymbol{x}^{n+1} - \boldsymbol{\xi}\| \le C\|\boldsymbol{x}^n - \boldsymbol{\xi}\|\,,$$

und die Fehlerabschätzung

$$\|\boldsymbol{x}^n - \boldsymbol{\xi}\| \le \frac{C^n}{1-C}\|\boldsymbol{x}^1 - \boldsymbol{x}^0\|\,.$$

In dieser Form liefert der Satz sogar die Existenz eines eindeutigen Fixpunktes der Iterationsgleichung. Zentrale Voraussetzung ist dabei die **Kontraktionseigenschaft** der Iterationsfunktion, d. h. die Existenz einer Konstanten $C < 1$, sodass

$$\|\boldsymbol{\Phi}(\boldsymbol{x}) - \boldsymbol{\Phi}(\boldsymbol{y})\| \le C\|\boldsymbol{x} - \boldsymbol{y}\|$$

für alle $\boldsymbol{x}, \boldsymbol{y}$ aus einer gewissen Umgebung gilt, wobei $\boldsymbol{\Phi}$ eine Selbstabbildung dieser Umgebung sein muss. Diese Bedingung zieht die **Lipschitz-Stetigkeit der Iterationsfunktion** nach sich, aber Lipschitz-Stetigkeit allein reicht nicht für eine Kontraktion, sondern die **Lipschitz-Konstante** muss auch noch echt kleiner als 1 sein (weshalb wir sie nicht mit dem üblichen L, sondern mit C bezeichnet haben).

Mit dem Banach'schen Fixpunktsatz lassen sich nicht nur die einfachen Iterationsverfahren analysieren, sondern auch die Newton-Verfahren.

Iterationsverfahren kann man auch unter einem ganz anderen Blickwinkel betrachten, nämlich dem der **diskreten Dynamik**. Wir haben nur einen kurzen Blick auf die zugrundeliegende Theorie geworfen, weil diese in Kapitel 4 ausführlich dargestellt wird. Faszinierende Aspekte der Theorie der diskreten Dynamik sind klare Aussagen zur **Stabilität** von Iterationsverfahren und – im Fall der Instabilität – das Phänomen des **Chaos**. Jeder Nutzer von iterativen numerischen Methoden zur Lösung nichtlinearer Gleichungen und Systeme sollte immer im Hinterkopf behalten, dass chaotisches Verhalten von Iterationen kein exotisches Phänomen ist, sondern in der Praxis durchaus auftaucht.

Übersicht: Einfache Verfahren für skalare Gleichungen $f(x) = 0$

Wir fassen die Methoden zusammen, die keine Kenntnis über die Ableitungen von f benötigen.

Alle Verfahren zur numerischen Lösung von $f(x) = 0$ gehen davon aus, dass f in einem gegebenen Intervall $[a, b]$ *stetig* ist. Anderenfalls hätte man keine Kontrolle über die Existenz von Nullstellen ξ von f, denn wichtige Sätze wie der Zwischenwertsatz oder der Satz von Rolle, gelten nur für stetige Funktionen.

Die einfachste Methode zur numerischen Bestimmung einer Nullstelle ξ von $f(x)$ ist das:

Bisektionsverfahren

Die Funktion $f : [a, b] \to \mathbb{R}$ sei stetig, besitze genau eine Nullstelle $\xi \in (a, b)$ und es gelte $f(a) \cdot f(b) < 0$.

Setze $a_0 := a, \quad b_0 := b$;
Für $n = 0, 1, 2, \ldots$

$$x := \frac{a_n + b_n}{2};$$

Ist $f(a_n) \cdot f(x) \leq 0$, setze $a_{n+1} := a_n$, $b_{n+1} := x$;
sonst setze $a_{n+1} := x$, $b_{n+1} := b_n$;

Man teilt hier also das Intervall $[a, b]$ in der Mitte und überzeugt sich davon, in welchem Teilintervall die Nullstelle liegt, um dann mit diesem Teilintervall fortzufahren. Schon etwas anspruchsvoller ist die:

Regula Falsi

Die Funktion $f : [a, b] \to \mathbb{R}$ sei stetig, besitze genau eine Nullstelle $\xi \in (a, b)$ und es gelte $f(a) \cdot f(b) < 0$.

Setze $a_0 := a, \quad b_0 := b$;
Für $n = 0, 1, 2, \ldots$

$$x := \frac{a_n f(b_n) - b_n f(a_n)}{f(b_n) - f(a_n)};$$

Ist $f(a_n) \cdot f(x) \leq 0$ setze $a_{n+1} := a_n$, $b_{n+1} := x$;
sonst setze $a_{n+1} := x$, $b_{n+1} = b_n$;

Hierbei verwendet man eine Sekante als Näherung an f und berechnet jeweils den Schnittpunkt der Sekante mit der Abszisse (x-Achse) als neuen Näherungswert an ξ. Wir haben auch eine **modifizierte Regula Falsi** kennengelernt, bei der die gesuchte Nullstelle von den Näherungen eingeschlossen wird. Ebenfalls als Modifikation auffassen kann man das:

Sekantenverfahren

Die Funktion $f : [a, b] \to \mathbb{R}$ sei stetig, besitze genau eine Nullstelle $\xi \in (a, b)$ und es gelte $f(a) \cdot f(b) < 0$.

Setze $x_{-1} := a, \quad x_0 := b$;
Für $n = 0, 1, 2, \ldots$

$$x_{n+1} := \frac{x_{n-1} f(x_n) - x_n f(x_{n-1})}{f(x_n) - f(x_{n-1})};$$

In der Nähe der Nullstelle wird $f(x_n) - f(x_{n-1})$ klein, was ein Schwachpunkt dieser Methode ist, den man algorithmisch abfangen muss. Allerdings erlaubt das Sekantenverfahren eine **geometrisch anschauliche Version für Systeme $\boldsymbol{f}(\boldsymbol{x}) = \boldsymbol{0}$**.

Betrachtet man die **Konvergenzgeschwindigkeit**, d. h. den Exponenten p in der Abschätzung

$$\|x_{n+1} - \xi\| \leq K \|x_n - \xi\|^p,$$

dann ist die Konvergenz des Bisektionsverfahrens und der Regula Falsi mindestens linear, die des Sekantenverfahrens jedoch besser als linear, aber noch nicht quadratisch.

Mit der **Aitken'schen Δ^2-Methode** haben wir eine allgemeine Strategie kennengelernt, mit der man linear konvergente Folgen beschleunigen kann. Je nach Konvergenzordnung des zugrundeliegenden Iterationsverfahrens lassen sich sogar sehr hohe Beschleunigungen erreichen.

Übersicht: Die Newton-Verfahren zur Lösung von Systemen $f(x) = 0$

Newton-Verfahren benötigen die Funktionalmatrix f' von f. In der Praxis sind Newton-Verfahren die bedeutendsten Methoden zur numerischen Lösung nichtlinearer Systeme und die Forschung an ihnen ist heute aktiv.

Schon das Sekantenverfahren für skalare Gleichungen verwendet die Steigung einer Sekante. Denkt man diese Idee konsequent zu Ende und nimmt die stetige Differenzierbarkeit der Funktion f an, dann lässt sich die Sekante ersetzen durch die Tangente. So gelangt man zum:

Newton-Verfahren

Die Funktion $f\colon [a, b] \to \mathbb{R}$ sei stetig, besitze genau eine Nullstelle $\xi \in (a, b)$ und es gelte $f(a) \cdot f(b) < 0$.

Wähle $x_0 \in (a, b)$;

Für $n = 0, 1, 2, \ldots$

$$x_{n+1} := x_n - \frac{f(x_n)}{f'(x_n)};$$

Offenbar gerät das Newton-Verfahren in Schwierigkeiten, wenn $f'(\xi) = 0$ ist, also wenn ξ eine mehrfache Nullstelle der Funktion f ist. Für diesen Fall haben wir eine einfache **Modifikation vom Schröder** kennengelernt. Einer der Vorteile des Newton-Verfahrens ist die sofortige Übertragbarkeit auf Systeme. Dann erhält man das:

Newton-Verfahren für Systeme

Es sei $\boldsymbol{f}\colon \mathbb{R}^m \to \mathbb{R}^m$ eine stetig differenzierbare Funktion mit Funktionalmatrix $\boldsymbol{f}'$ in einer Umgebung $U(\boldsymbol{\xi})$ einer Nullstelle $\boldsymbol{\xi}$, d. h. $\boldsymbol{f}(\boldsymbol{\xi}) = \boldsymbol{0}$. Wähle eine erste Näherung $\boldsymbol{x}^0$ an $\boldsymbol{\xi}$. Die Iteration

$$\boldsymbol{x}^{n+1} = \boldsymbol{\Phi}(\boldsymbol{x}^n) = \boldsymbol{x}^n - \boldsymbol{f}'(\boldsymbol{x}^n)^{-1}\boldsymbol{f}(\boldsymbol{x}^n), \quad n = 0, 1, \ldots$$

heißt **Newton-Verfahren**. Häufig findet man in der Literatur auch die Bezeichnung **Newton-Raphson-Verfahren**.

Um die Invertierung der Funktionalmatrix in jedem Iterationsschritt zu vermeiden, kann man auch auf ein **vereinfachtes Newton-Verfahren** zurückgreifen, in dem man die Funktionalmatrix nur an der Stelle $\boldsymbol{x}_0$ invertiert,

$$\boldsymbol{x}^{n+1} = \boldsymbol{x}^n - \boldsymbol{f}'(\boldsymbol{x}^0)^{-1}\boldsymbol{f}(\boldsymbol{x}^n), \quad n = 0, 1, \ldots,$$

oder nach einer bestimmten Anzahl von Iterationen die Invertierung an einer Stelle $\boldsymbol{x}_k$ vornimmt und dann diesen Wert für die nächsten Iterationen verwendet. In der Praxis sind auch **diskretisierte Newton-Verfahren** in Gebrauch, die wir ebenfalls kennengelernt haben.

Wir haben gezeigt, dass das Newton-Verfahren bei einfachen Nullstellen mindestens quadratisch konvergiert. In mehreren Schritten und Versionen haben wir den **Konvergenzsatz von Newton-Kantorowitsch** kennengelernt und den Beweis detailliert ausgeführt. Die Newton-Kantorowitsch-Sätze sind starke (aber lokale) Konvergenzaussagen, wie man an der folgenden Version sieht.

Satz von Newton-Kantorowitsch IV

Sei $D_0 \subset D \subset \mathbb{R}^m$ konvex, $\boldsymbol{f}\colon D \to \mathbb{R}^m$ auf D_0 stetig differenzierbar und erfülle für ein $\boldsymbol{x}^0 \in D_0$ die folgenden Bedingungen.

1. $\|\boldsymbol{f}'(\boldsymbol{x}) - \boldsymbol{f}'(\boldsymbol{y})\| \le \gamma \|\boldsymbol{x} - \boldsymbol{y}\|$ für alle $\boldsymbol{x}, \boldsymbol{y} \in D_0$, d. h., $\boldsymbol{f}'$ ist Lipschitz-stetig mit Lipschitzkonstante γ,
2. $\|(\boldsymbol{f}'(\boldsymbol{x}^0))^{-1}\| \le \beta$,
3. $\|(\boldsymbol{f}'(\boldsymbol{x}^0))^{-1}\boldsymbol{f}(\boldsymbol{x}^0)\| \le \alpha$.

Es gebe Konstanten $h, \alpha, \beta, \gamma, r_1, r_2$, die wie folgt zusammenhängen sollen,

$$h = \alpha\beta\gamma,$$

$$r_{1,2} = \frac{1 \mp \sqrt{1 - 2h}}{h}\alpha.$$

Falls

$$h \le \frac{1}{2} \quad \text{und} \quad \overline{U_{r_1}(\boldsymbol{x}^0)} \subset D_0,$$

dann bleiben alle Glieder der durch

$$\boldsymbol{x}^{n+1} = \boldsymbol{x}^n - (\boldsymbol{f}'(\boldsymbol{x}^n))^{-1}\boldsymbol{f}(\boldsymbol{x}^n), \quad n = 0, 1, \ldots$$

in $U_{r_1}(\boldsymbol{x}^0)$ und konvergieren gegen die einzige Nullstelle von $\boldsymbol{f}$ in $D_0 \cap U_{r_2}(\boldsymbol{x}^0)$.

Moderne Entwicklungen versuchen, Invarianzeigenschaften der Iterierten von Newton-Verfahren auszunutzen und somit zu **global konvergenten** Verfahren zu kommen. Hervorzuheben sind hier die **Affin-Kontravarianz** und die **Affin-Kovarianz**, die zu noch kraftvolleren Konvergenzsätzen und zu neuen Algorithmen führen.

Aufgaben

Die Aufgaben gliedern sich in drei Kategorien: Anhand der *Verständnisfragen* können Sie prüfen, ob Sie die Begriffe und zentralen Aussagen verstanden haben, mit den *Rechenaufgaben* üben Sie Ihre technischen Fertigkeiten und die *Beweisaufgaben* geben Ihnen Gelegenheit, zu lernen, wie man Beweise findet und führt.

Ein Punktesystem unterscheidet leichte Aufgaben •, mittelschwere •• und anspruchsvolle ••• Aufgaben. Lösungshinweise am Ende des Buches helfen Ihnen, falls Sie bei einer Aufgabe partout nicht weiterkommen. Dort finden Sie auch die Lösungen – betrügen Sie sich aber nicht selbst und schlagen Sie erst nach, wenn Sie selber zu einer Lösung gekommen sind. Ausführliche Lösungswege, Beweise und Abbildungen finden Sie auf der Website zum Buch.

Viel Spaß und Erfolg bei den Aufgaben!

Verständnisfragen

17.1 • Warum ergibt jeder Schritt des Bisektionsverfahrens eine weitere Ziffer in der **Dualdarstellung** der Näherungslösung?

17.2 • Wie lautet der absolute Fehler im n-ten Schritt des Bisektionsverfahrens?

17.3 • Geben Sie ein Beispiel einer Funktion f auf $[a, b]$, bei der $f(a) \cdot f(b) < 0$ gilt, die aber *keine* Nullstelle in $[a, b]$ besitzt.

17.4 •• Die Funktion $f(x) = x^{42}$ besitzt im Punkt $x = 0$ eine 42-fache Nullstelle. Bleibt das Newton-Verfahren ohne Modifikationen anwendbar? Falls ja: Wie groß ist die Konvergenzgeschwindigkeit?

Beweisaufgaben

17.5 • Zeigen Sie, dass das Iterationsverfahren

$$x_{n+1} = x_n - \frac{(x_n)^p - q}{p(x_n)^{p-1}}, \qquad p \in \mathbb{N}, q \in \mathbb{R},$$

die p-te Wurzel aus q liefert.

17.6 •• Leonardo von Pisa (ca. 1180–1241), genannt *Fibonacci*, berechnete auf heute unbekannte Weise die Nullstelle $\xi = 1.368808107$ der Gleichung

$$f(x) = x^3 + 2x^2 + 10x - 20\,.$$

Betrachten Sie die Iteration $x_{n+1} = \Phi(x_n)$ mit der Iterationsfunktion

$$\Phi(x) = \frac{20}{x^2 + 2x + 10}\,.$$

a) Zeigen Sie die Konvergenz der Iteration auf $[1, 2]$.
b) Erklären Sie die Konvergenzgeschwindigkeit.

17.7 • Wählt man in Aufgabe 17.6 die Iterationsfunktion

$$\Phi(x) = \frac{20 - 2x^2 - x^3}{10},$$

dann konvergiert die Iteration $x_n = \Phi(x_{n-1})$ auf $[1, 2]$ nicht. Zeigen Sie, warum keine Konvergenz zu erwarten ist.

17.8 • Zeigen Sie, dass man das Heron-Verfahren zur Berechnung von $\sqrt{2}$ allgemein zur Berechnung von $\sqrt{r}$ für $r > 0$ verwenden kann und dass es in der Form

$$x_n = \frac{1}{2}\left(x_{n-1} + \frac{r}{x_{n-1}}\right)$$

geschrieben werden kann. Zeigen Sie weiter, dass es sich um eine Variante des Newton-Verfahrens handelt.

17.9 ••• Beweisen Sie mithilfe des Satzes von Newton-Kantorowitsch auf Seite 639 die folgende Verallgemeinerung:

Gibt es eine Matrix $\boldsymbol{C} \in \mathbb{R}^{m\times m}$, sodass

1. $\|\boldsymbol{C}\boldsymbol{f}(\boldsymbol{x}^0)\| \le \eta$,
2. $\|\boldsymbol{C}\boldsymbol{f}'(\boldsymbol{x}^0) - \boldsymbol{I}\| \le \tau$,
3. $\|\boldsymbol{C}\boldsymbol{f}''(\boldsymbol{x})\| \le \delta$ für $\boldsymbol{x} \in U_r(\boldsymbol{x}^0)$,

und gelten

$$h := \frac{\delta\eta}{(1-\tau)^2} \le \frac{1}{2}, \qquad \tau < 1$$

und

$$r \ge r_0 := \frac{1 - \sqrt{1-2h}}{h}\,\frac{\eta}{1-\tau},$$

dann hat die Gleichung $\boldsymbol{f}(\boldsymbol{x}) = \boldsymbol{0}$ eine Lösung $\boldsymbol{\xi}$ in der Kugel $\|\boldsymbol{x} - \boldsymbol{x}^0\| \le r_0$. Ist

$$r_1 := \frac{1 - \sqrt{1-2h}}{h}\,\frac{\eta}{1-\tau},$$

dann ist für $h < 1/2$ diese Lösung eindeutig, wenn $r < r_1$. Für $h = 1/2$ folgt die Eindeutigkeit im Fall $r = r_1$.

17.10 ••• Im Satz von Newton-Kantorowitsch auf Seite 639 ist die Größe $\boldsymbol{G}\boldsymbol{f}''(\boldsymbol{x})$ abzuschätzen. Natürlich kann man immer

$$\|\boldsymbol{G}\boldsymbol{f}''(\boldsymbol{x})\| \le \|\boldsymbol{G}\|\,\|\boldsymbol{f}''(\boldsymbol{x})\|$$

abschätzen, wobei die erste Norm auf der rechten Seite der Ungleichung eine Matrixnorm und die zweite die Norm einer Bilinearform ist, vergleiche (17.41) und (17.42). Zeigen Sie stattdessen, wie das Produkt $\boldsymbol{G}\boldsymbol{f}''(\boldsymbol{x})$ tatsächlich aussieht, und beweisen Sie die Normabschätzung (17.42)

$$\|(\boldsymbol{G}\boldsymbol{f}(\boldsymbol{x}))''\|_\infty \leq \max_{k=1,\dots,m} \sum_{i=1}^{m}\sum_{j=1}^{m}\left|\sum_{\mu=1}^{m} g_{k\mu}\frac{\partial^2 f_\mu}{\partial x_i \partial x_j}(\boldsymbol{x})\right|$$

für diese Bilinearform.

Rechenaufgaben

17.11 •• Die Iteration aus Aufgabe 17.6 liefert erst im 24. Schritt die Ziffernfolge des Fibonacci, $x_{24} = 1.368808107$. Berechnen Sie mit der Aitken'schen Δ^2-Methode eine Verbesserung der Näherung aus den drei Werten:

$$x_{10} = 1.368696397$$
$$x_{11} = 1.368857688$$
$$x_{12} = 1.368786102$$

17.12 •• Wir gehen noch einmal zurück zur Funktion

$$f(x) = x^3 + 2x^2 + 10x - 20$$

aus Aufgabe 17.6. Wenden Sie das Newton-Verfahren an mit $x_0 = 1$ und iterieren Sie so lange, bis sich Fibonaccis Ziffernfolge 1.368808107 ergibt. Rechnen Sie dazu mit 10 Nachkommastellen.

17.13 •• Zu berechnen sind die Schnittpunkte des Kreises $x^2 + y^2 = 2$ mit der Hyperbel $x^2 - y^2 = 1$

a) direkt durch Einsetzen,
b) mithilfe des Newton-Verfahrens für Systeme.

Wählen Sie $\boldsymbol{x}^0 = (1, 1)^\top$ und rechnen Sie mit sechs Nachkommastellen. Brechen Sie nach der Berechnung von $\boldsymbol{x}^3$ ab.

17.14 ••• Stellen Sie das Newton-Verfahren für das System

$$f_1(x, y) = 3x^2y + y^2 - 1 = 0$$
$$f_2(x, y) = x^4 + xy^2 - 1 = 0$$

auf. Dazu bestimmen Sie bitte graphisch eine Näherung für die Nullstelle $\boldsymbol{x}^0 = (x_0, y_0)$ im Rechteck $(0, 2) \times (0, 1)$ und verwenden Sie diese Näherung als Startwert. Berechnen Sie die Matrix $\boldsymbol{G} = \boldsymbol{f}'(\boldsymbol{x}^0))^{-1}$ und finden Sie Abschätzungen für $\|\boldsymbol{G}\boldsymbol{f}(\boldsymbol{x}^0)\|$ und $\|\boldsymbol{G}\boldsymbol{f}''(\boldsymbol{x})\|$ im Rechteck $[0.93, 1] \times [0.27, 0.34]$. Verwenden Sie im $\mathbb{R}^2$ die Vektornorm $\|\boldsymbol{x}\|_\infty = \max\{|x|, |y|\}$, die verträgliche Matrixnorm $\|\boldsymbol{A}\|_\infty = \max\{\sum_{k=1}^2 |a_{1k}|, \sum_{k=1}^2 |a_{2,k}|\}$ und dementsprechend Norm (17.42) für die symmetrische Bilinearform $\boldsymbol{G}\boldsymbol{f}''(\boldsymbol{x})$. Berechnen Sie in der Abschätzung für $\|\boldsymbol{G}\boldsymbol{f}''(\boldsymbol{x})\|$ nur den ersten Summanden.

17.15 ••• Wir wissen aus Aufgabe 17.5, dass das Iterationsverfahren

$$x_{n+1} = x_n - \frac{(x_n)^p - q}{p(x_n)^{p-1}}, \quad p \in \mathbb{N}, q \in \mathbb{R},$$

die p-te Wurzel aus q liefert. Setzt man $q = 1$, $p = 3$, und wendet das Verfahren auf *komplexe Zahlen* $z = x + \mathrm{i}y$ an, dann lautet es

$$z_{n+1} = z_n - \frac{z_n^3 - 1}{3z_n^2} = z_n - \frac{1}{3}\left(z_n - \frac{1}{z_n^2}\right).$$

Leiten Sie aus dieser komplexen Form zwei Iterationsverfahren für Real- bzw. Imaginärteil von $z_n = x_n + \mathrm{i}y_n$ her. Schreiben Sie ein Computerprogramm in der Sprache Ihrer Wahl, das das Quadrat $[-2, 2] \times [-2, 2] \in \mathbb{C}$ in 800^2 Punkte zerlegt und jeden dieser Punkte als Startwert für die Iteration verwendet. Iterieren Sie 2000 Mal. Sie werden je nach Startwert Konvergenz gegen die drei möglichen dritten Einheitswurzeln

$$z_{(1)} = 1 + \mathrm{i}0 = 1,$$
$$z_{(2)} = \cos 60° - \mathrm{i}\sin 60° = 0.5 - \frac{\mathrm{i}}{2}\sqrt{3},$$
$$z_{(3)} = -\sin 30° - \mathrm{i}\cos 30° = -0.5 - \frac{\mathrm{i}}{2}\sqrt{3}$$

beobachten. Erstellen Sie drei Dateien: In die k-te Datei ($k = 1, 2, 3$) schreiben Sie alle diejenigen Punkte, bei denen die Iteration gegen $z_{(k)}$ konvergiert. Plotten Sie die Inhalte der drei Dateien mit jeweils anderer Farbe übereinander. Was beobachten Sie?

Antworten der Selbstfragen

S. 617
Wir berechnen

$$x_{n+1} = x_n - 5\frac{f(x_n)}{f'(x_n)} = x_n - 5\frac{x_n^5 - 11x_n^4 + 7x_n^3 + 143x_n^2 + 56x_n - 196}{5x_n^4 - 44x_n^3 + 21x_n^2 + 286x_n + 56}$$

für $n = 0, 1, \ldots, 200$. Das Ergebnis ist in Abbildung 17.9 zu sehen. Offenbar oszillieren die Iterierten der Schröder'schen Modifikation unregelmäßig. Es ist keine Periode erkennbar, die Ausschläge der Oszillationen variieren zwischen kleinen Abweichungen und extremen Spitzen, die um Größenordnungen von $x = 7$ entfernt sind (beachten Sie die Skala!).

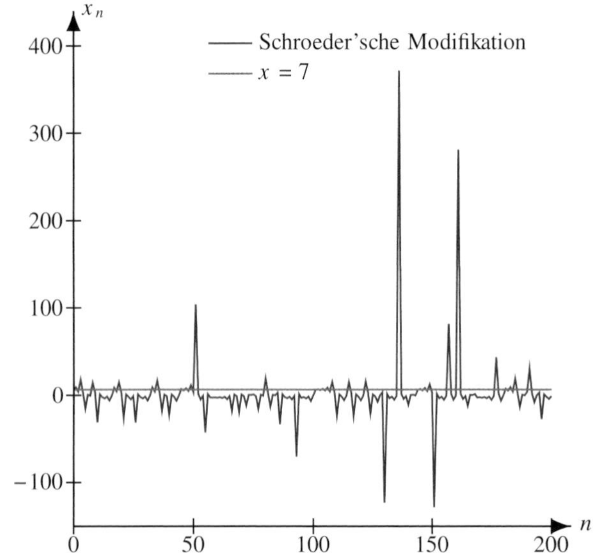

Abbildung 17.9 Die ersten 200 Iterierten der Schröder'schen Modifikation mit $p = 5$.

S. 622
Aus $\Phi(x) = x$ folgt nach Multiplikation mit x ($x = 0$ kann als Fixpunkt nicht auftreten!)

$$x^2 = 1 + \frac{x^2}{2},$$

also die quadratische Gleichung $x^2 = 2$. Damit besitzt die Iterationsfunktion genau zwei Fixpunkte, $\xi_{1,2} = \pm\sqrt{2}$.

S. 622
(Vorüberlegung: Die Nullstelle $e^{\xi} - 1 = 0$ ist offenbar $\xi = \ln 1 = 0$.) Es gilt $f'(x) = e^x$ und damit ist die Iterationsfunktion $\Phi(x) = x - f(x)/f'(x) = x - 1 + e^{-x}$. Für die Iteration $x_{n+1} = x_n - 1 + e^{-x_n}$ folgt mit $x_0 = 1$:

n	x^n
1	0.3679
2	0.0601
3	0.0018
4	0.0000016

Aus $|\Phi'(\xi)| = |1 - e^0| = 0 < 1$ folgt sofort mindestens quadratische Konvergenz. Es gibt eine Chance auf kubische Konvergenz, wenn jetzt auch noch die zweite Ableitung der Iterationsfunktion verschwindet. Weil jedoch $\Phi''(\xi) = e^{-\xi} = 1 \neq 0$ gilt, liegt der Fall $p = 3$ nicht vor.

S. 624
Die Ableitung von f ist $f'(x) = 5x^4 - 44x^3 + 21x^2 + 286x + 56$. Das Newton-Verfahren

$$x_{n+1} = x_n - \frac{f(x_n)}{f'(x_n)} = x_n - \frac{x_n^5 - 11x_n^4 + 7x_n^3 + 143x_n^2 + 56x_n - 196}{5x_n^4 - 44x_n^3 + 21x_n^2 + 286x_n + 56}$$

liefert für die ersten drei Iterierten

x_1	x_2	x_3
7.5731707317	7.313458297	7.1653884367

,

während die Modifikation nach Schröder

$$x_{n+1} = x_n - 2\frac{f(x_n)}{f'(x_n)} = x_n - 2\frac{x_n^5 - 11x_n^4 + 7x_n^3 + 143x_n^2 + 56x_n - 196}{5x_n^4 - 44x_n^3 + 21x_n^2 + 286x_n + 56}$$

die ersten Iterierten

x_1	x_2	x_3
7.1463414634	7.0039727646	7.0000030649

liefert. Die Schröder'sche Modifikation konvergiert offenbar schneller. Die „Korrektur" von x_n, der Term $-f(x_n)/f'(x_n)$, wird bei der Modifikation zum einen doppelt gewichtet, des Weiteren konvergiert das Newton-Verfahren bei mehrfachen Nullstellen aber nur noch linear, die Schröder'sche Modifikation immer noch quadratisch.

S. 624
Sei $x < y$. Der Fall $x > y$ verläuft vollständig analog. Nach dem Mittelwertsatz aus Band 1, Abschnitt 15.3 existiert eine Stelle $\eta \in (x, y)$, sodass $|\Phi(x) - \Phi(y)| \leq \Phi'(\eta)|x - y|$ gilt. Wegen $\Phi'(x) = 1 - e^{-x}$ ist $\Phi'(\eta) < 1$ für alle $\eta \in \mathbb{R}$. Damit folgt

$$|\Phi(x) - \Phi(y)| < |x - y|.$$

Machen Sie sich klar, dass dies eine *schwächere* Abschätzung ist als die geforderte $|\Phi(x) - \Phi(y)| \le C|x - y|$ mit einer Kontraktionskonstanten $C < 1$. Die gegebene Abbildung ist **keine** Kontraktion, da die Exponentialterme eine Abschätzung der geforderten Form mit einem $C < 1$ verhindern.

Tatsächlich existiert auch kein Fixpunkt, denn aus der Fixpunktgleichung $\Phi(x) = x$ folgt

$$x + e^{-x} = x \iff e^{-x} = 0,$$

und diese Gleichung hat keine Lösung.

S. 626
Für $\boldsymbol{x} \in \overline{U}_r(\boldsymbol{x}_0)$ schätzen wir ab:

$$\begin{aligned}\|\boldsymbol{\Phi}(\boldsymbol{x}) - \boldsymbol{x}_0\| &= \|\boldsymbol{\Phi}(\boldsymbol{x}) - \boldsymbol{\Phi}(\boldsymbol{x}_0) + \boldsymbol{\Phi}(\boldsymbol{x}_0) - \boldsymbol{x}_0\| \\ &\le \|\boldsymbol{\Phi}(\boldsymbol{x}) - \boldsymbol{\Phi}(\boldsymbol{x}_0)\| + \|\boldsymbol{\Phi}(\boldsymbol{x}_0) - \boldsymbol{x}_0\| \\ &\le C\|\boldsymbol{x} - \boldsymbol{x}_0\| + (1 - C)r \le r\,.\end{aligned}$$

Damit sind alle Voraussetzungen des Banach'schen Fixpunktsatzes mit der abgeschlossenen Umgebung $\overline{U}_r(\boldsymbol{x}_0)$ erfüllt und der Satz ist anwendbar. ■

S. 626
Offenbar ist die gesuchte Gleichung durch $V = V_K/2$ beschrieben, also $\pi h^2(3r - h)/3 = \pi r^3/3$ oder $h^2(3r - h) = r^3$. Bei gegebenem Radius r suchen wir also die Nullstelle der Funktion $f(h) := h^2(3r - h) - r^3$. Division durch r^3 liefert $3h^2/r^2 - h^3/r^3 - 1 =: 3x^2 - x^3 - 1 = 0$ oder

$$f(x) := x^3 - 3x^2 + 1 = 0\,.$$

Unsere Größe $x = h/r$ liegt sinnvollerweise zwischen 0 (keine Flüssigkeit) und 1 (Halbkugel vollständig gefüllt). Ein sinnvoller Startwert für irgendeine Iteration kann also nur im Intervall $[0, 1]$ liegen.

S. 638
Aus **2.** und **3.** im Satz von Newton-Kantorowitsch bestimmen wir η und δ aus

$$\begin{aligned}\eta &\ge \left|\frac{f(x_0)}{f'(x_0)}\right| = \left|\frac{1.5^2 - \ln 1.5 - 2}{2 \cdot 1.5 - \frac{1}{1.5}}\right| = 0.06663,\\ \delta &\ge \max_{x\in[1,2]}\left|\frac{f''(x)}{f'(x_0)}\right| = \max_{x\in[1,2]}\left|\frac{2 + \frac{1}{x^2}}{2 \cdot 1.5 - \frac{1}{1.5}}\right| \\ &= \frac{3}{2.33333} = 1.285714\,,\end{aligned}$$

also z. B. $\eta = 0.067$ und $\delta = 1.29$. Wegen

$$\begin{aligned}\frac{|f(x_0)||f''(x_0)|}{|f'(x_0)|^2} &= \frac{|(1.5^2 - \ln 1.5 - 2)(2 + \frac{1}{1.5^2})|}{|2 \cdot 1.5 - \frac{1}{1.5}|^2} \\ &= 0.069800 < \frac{1}{2}\,,\end{aligned}$$

$h = \eta\delta = 0.08643$ und

$$\begin{aligned}r_0 &= \frac{1 - \sqrt{1 - 2h}}{h}\eta = \frac{1 - \sqrt{1 - 2 \cdot 0.08643}}{0.08643}0.067 \\ &= 0.070177 < r = 0.5\end{aligned}$$

haben wir die Existenz einer Nullstelle ξ von f im Intervall

$$\begin{aligned}1.5 - 0.070177 &= 1.429824 \le \xi \le 1.570177 \\ &= 1.5 + 0.070177\end{aligned}$$

gesichert. Wegen

$$\begin{aligned}r_1 &= \frac{1 + \sqrt{1 - 2h}}{h}\eta = \frac{1 + \sqrt{1 - 2 \cdot 0.08643}}{0.08643}0.067 \\ &= 1.480211\end{aligned}$$

und $r = 0.5 < r_1$ können wir keine Eindeutigkeitsaussage im Intervall

$$|x - 1.5| \le 1.480211\,,$$

also in $0.019789 \le x \le 2.980211$, treffen! In der Tat besitzt f in diesem Intervall eine zweite Nullstelle.

S. 645
Die Iterationsfunktion ist

$$\begin{aligned}\Phi(x) &= x - 5\frac{(x + 2)^2(x - 1)(x - 7)^5}{2(x - 7)^4(x + 2)(4x^2 - 8x - 5)} \\ &= x - 5\frac{(x + 2)(x - 1)(x - 7)}{8x^2 - 16x - 34}\end{aligned}$$

und damit folgt

$$\begin{aligned}\Phi'(x) &= \frac{3}{8} + \frac{25(164x^2 + 416x + 281)}{8(4x^2 - 8x - 17)^2}\,,\\ \Phi''(x) &= -25\frac{164x^3 + 624x^2 + 843x + 322}{(4x^2 - 8x - 17)^3}\,.\end{aligned}$$

Für $x \in [6, 8]$ ist $\Phi''(x) < 0$, also ist Φ' streng monoton fallend auf $[6, 8]$. Daher ist

$$\min_{x\in[6,8]} \Phi'(x) = \Phi'(8) = 1.81429 > 1\,.$$

und die Schröder'sche Modifikation des Newton-Verfahrens kann für keinen Startwert aus dem Intervall $[6, 8]$ konvergieren.

Numerik gewöhnlicher Differenzialgleichungen – Schritt für Schritt zur Trajektorie

18

Wie groß dürfen Zeitschritte gewählt werden?

Wann sind Verfahren stabil?

Wie garantiert man physikalische Eigenschaften numerisch?

Wieso haben Einschrittverfahren mehrere Stufen?

Bereits innerhalb der Kapitel 2 und 3 haben wir uns mit der Lösung gewöhnlicher Differenzialgleichungen befasst und deren Relevanz für die mathematische Beschreibung realer Phänomene angesprochen. Es zeigte sich dabei auch, dass die analytische Lösung einer Differenzialgleichung respektive eines Systems von Differenzialgleichungen an spezielle Typen gebunden ist. Viele Anwendungsprobleme führen jedoch auf Gleichungen, die einer expliziten Lösung nicht mehr zugänglich sind. Diese Tatsache gilt dabei sowohl für den Fall, dass das mathematische Modell eine gewöhnliche Differenzialgleichung darstellt, als auch für die Betrachtung partieller Differenzialgleichungen. Letztere finden ihre Anwendungen in zahlreichen Bereichen wie der Ozeanographie, der Aerodynamik, der Wetterprognose, der Dynamik von Bauwerken und vielem mehr und sind aus unserer heutigen Welt nicht mehr wegzudenken. Die Lösung solcher aufwendigen Problemstellungen wird durch numerische Methoden vorgenommen. Innerhalb partieller Differenzialgleichungssysteme werden häufig sogenannte Linienmethoden eingesetzt, bei denen im ersten Schritt die räumlichen Ableitungen geeignet approximiert werden und anschließend ein System gewöhnlicher Differenzialgleichungen vorliegt, das durchaus eine Million unbekannte Größen aufweisen kann. Folglich sind die in diesem Abschnitt vorgestellten und analysierten Verfahren unabhängig von der Betrachtung gewöhnlicher oder partieller Differenzialgleichungen von zentraler Bedeutung.

18.1 Grundlagen

Wir werden uns bei den folgenden Anfangswertproblemen auf die Herleitung numerischer Verfahren für Differenzialgleichungen erster Ordnung konzentrieren. Dieser Sachverhalt stellt allerdings keine Einschränkung an die Anwendbarkeit derartiger Methoden dar, denn bereits im Abschnitt 2.3 auf Seite 27 wurde gezeigt, dass eine Differenzialgleichung höherer Ordnung stets in ein System von Differenzialgleichungen erster Ordnung überführt werden kann. Des Weiteren werden wir uns im Rahmen der Herleitung in der Schreibweise aus Gründen der Übersichtlichkeit auf skalare Gleichungen beschränken. Wie sich anhand von Beispielen zeigen wird, bleibt die Anwendbarkeit der Algorithmen auf Systeme davon unbeeinflusst.

Zu Beginn dieses Kapitels wollen wir zunächst die uns begleitende Problemstellung mit der folgenden Festlegung formulieren.

Unser Anfangswertproblem:
Für ein abgeschlossenes Intervall $[a, b] \subset \mathbb{R}$ und eine gegebene Funktion $f\colon [a, b] \times \mathbb{R} \to \mathbb{R}$ wird eine Funktion $y\colon [a, b] \to \mathbb{R}$ mit

$$y'(t) = f(t, y(t)) \quad \text{für alle } t \in [a, b] \tag{18.1}$$

gesucht, die der Anfangsbedingung

$$y(a) = \widehat{y}_0 \tag{18.2}$$

genügt.

Achtung: Die auf der rechten Seite der Differenzialgleichung stehende Funktion f wird im Weiteren stets ohne zusätzlichen Hinweis als hinreichend glatt angenommen, um alle notwendigen Taylorpolynome bilden zu können und zudem die Existenz und Eindeutigkeit der Lösung des Anfangswertproblems voraussetzen zu dürfen.

Eine Möglichkeit zur sukzessiven Approximation der Lösung einer Differenzialgleichung haben wir bereits durch den konstruktiven Beweis des Satzes nach Picard und Lindelöf auf Seite 22 kennengelernt. Dieser Ansatz erfordert jedoch innerhalb jeder Iteration die exakte Berechnung eines Integrals und lässt sich daher nur auf elementare Problemstellungen anwenden.

Stellen wir die Funktion f wie in Abbildung 18.1 für den Fall $y'(t) = e^{y(t)}(1+t)$ vorgestellt als Richtungsfeld über den Variablen t und y dar, so wird klar, dass die Differenzialgleichung in jedem Punkt (t, y) eine Steigung vorschreibt, die der Lösung genügen muss. Eine Differenzialgleichung lösen heißt also eine Funktion y finden, die auf das zugehörige Richtungsfeld passt. Ebenso folgt die Lösung des Anfangswertproblems ausgehend vom gegebenen Startwert dem Richtungsfeld.

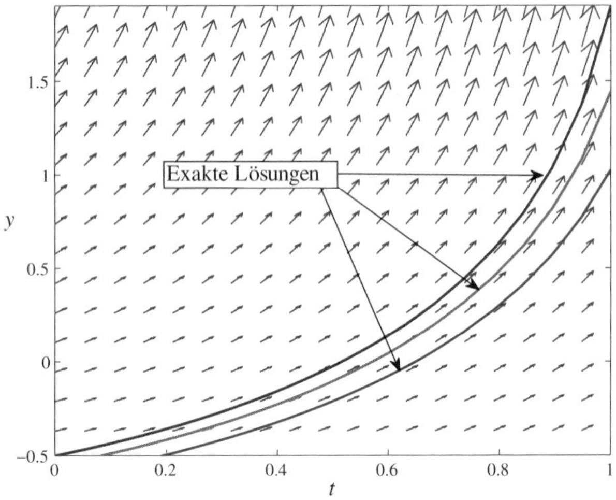

Abbildung 18.1 Richtungsfeld und Lösungen zur Differenzialgleichung $y'(t) = e^{y(t)}(1+t)$.

Die im Weiteren betrachteten numerischen Verfahren basieren stets auf einer Unterteilung des Zeitintervalls in der Form

$$a = t_0 < t_1 < \ldots < t_n = b\,.$$

In vielen Anwendungen ist es sinnvoll, die jeweiligen Zeitabstände $\Delta t_i = t_{i+1} - t_i$ dem Verlauf der gesuchten Lösung anzupassen. Im Rahmen der Herleitung werden wir uns jedoch auf den Fall einer äquidistanten Zerlegung zurückziehen, um zusätzliche Indizierungen zu vermeiden. Die Erweiterung auf variable Zeitschritte ist bei Einschrittverfahren sehr einfach. Wie auf Seite 688 im Kontext des BDF(2)-Verfahrens vorgestellt, kann dagegen bei Mehrschrittverfahren eine Anpassung der eingehenden Koeffizienten notwendig sein. Eine mögliche Variante zur Steuerung der Zeitschrittweite wird zudem in der Box auf Seite 674 vorgestellt.

Wir schreiben

$$\Delta t = \frac{b-a}{n} \quad \text{und} \quad t_i = t_0 + i\,\Delta t$$

für $i = 1, \ldots, n$ und berechnen ausgehend von einem Startwert y_0 stets Näherungen y_i an den Funktionswert der exakten Lösung y zum Zeitpunkt t_i.

Mit den Integrationsmethoden und den Differenzenmethoden unterscheiden wir zwei verschiedene Klassen numerischer Verfahren für gewöhnliche Differenzialgleichungen.

Differenzenverfahren approximieren den Differenzialquotienten durch Differenzenquotienten

Betrachten wir die Differenzialgleichung zum Zeitpunkt t_i und ersetzen die Tangentensteigung an die Lösung y zum Zeitpunkt t_i durch die Sekantensteigung bezüglich t_i und t_{i+1}, so erhalten wir beispielsweise

$$y'(t_i) \approx \frac{y(t_{i+1}) - y(t_i)}{t_{i+1} - t_i} = \frac{y(t_{i+1}) - y(t_i)}{\Delta t}\,.$$

Einsetzen in die Differenzialgleichung ergibt

$$\frac{y(t_{i+1}) - y(t_i)}{\Delta t} \approx f(t_i, y(t_i))$$

respektive

$$y(t_{i+1}) \approx y(t_i) + \Delta t f(t_i, y(t_i))\,.$$

Wir haben somit eine Formulierung zur näherungsweisen Berechnung des Lösungsverlaufes in der Form

$$y_{i+1} = y_i + \Delta t f(t_i, y_i), \quad i = 0, \ldots, n-1$$

gefunden, die als **explizites Euler-Verfahren** bezeichnet wird. Die Abbildung 18.2 liefert eine geometrische Deutung des expliziten Euler-Verfahrens. Durch die Auswertung der Funktion f nutzen wir den Vektor innerhalb des Richtungsfeldes und bewegen uns ausgehend von y_i für die Dauer eines Zeitschrittes Δt mit der durch $f(t_i, y_i)$ gegebenen Steigung. Visuell entsteht hierdurch ein Geradenzug, weswegen das Verfahren auch Euler'sche Polygonzugmethode genannt wird.

Integrationsmethoden integrieren die Differenzialgleichung und nutzen numerische Quadraturverfahren

Ein zweiter Ansatz liegt in der Integration der Differenzialgleichung über das Intervall $[t_i, t_{i+1}]$. Hiermit folgt

$$y(t_{i+1}) - y(t_i) = \int_{t_i}^{t_{i+1}} y'(t)\,\mathrm{d}t = \int_{t_i}^{t_{i+1}} f(t, y(t))\,\mathrm{d}t \tag{18.3}$$

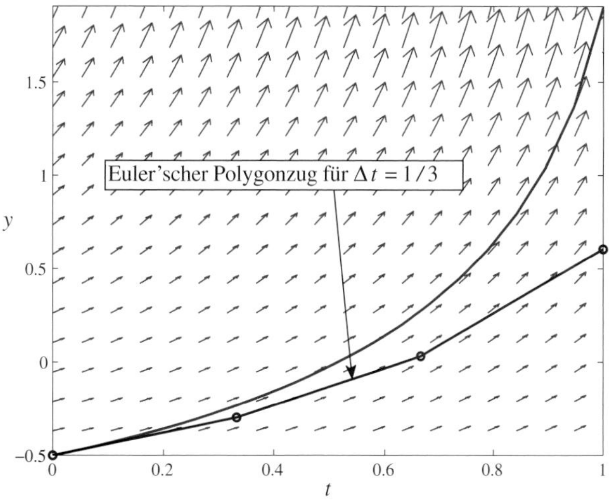

Abbildung 18.2 Euler'sche Polygonzugmethode respektive explizites Euler-Verfahren zum Anfangswertproblem $y'(t) = \mathrm{e}^{y(t)}(1+t)$, $y(0) = -1/2$.

und es ergibt sich das numerische Verfahren durch Verwendung einer numerischen Quadraturregel für das auftretende Integral, wie sie zahlreich im Kapitel 13 vorgestellt werden. Die Rechteckregel in der Form

$$\int_{t_i}^{t_{i+1}} f(t, y(t))\,\mathrm{d}t \approx \underbrace{(t_{i+1} - t_i)}_{=\Delta t} f(t_{i+1}, y(t_{i+1}))$$

führt direkt auf das sogenannte **implizite Euler-Verfahren**

$$y_{i+1} = y_i + \Delta t f(t_{i+1}, y_{i+1}), \quad i = 0, \ldots, n-1\,.$$

?

Können Sie das explizite Euler-Verfahren als Integrationsmethode und das implizite Euler-Verfahren als Differenzenmethode herleiten?

Aus den obigen Beispielen wird deutlich, dass es Verfahren gibt, die sich in beide Klassen eingruppieren lassen, und folglich eine Schnittmenge beider Verfahrensgruppen existiert. Im Folgenden werden wir mit den Runge-Kutta-Methoden und den BDF-Verfahren aber auch grundlegende Vertreter einer Klasse kennenlernen, die sich im Allgemeinen nicht in die jeweils andere Gruppe einordnen lassen, siehe hierzu auch die Darstellung in Abbildung 18.3.

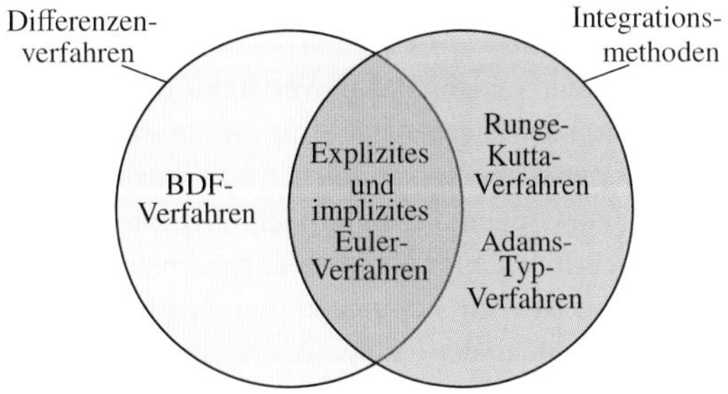

Abbildung 18.3 Integrationsmethoden und Differenzenverfahren.

18.2 Einschrittverfahren

Die innerhalb dieser Verfahrensklasse enthaltenen Methoden zeichnen sich durch den Vorteil aus, dass für die Berechnung einer Näherung y_{i+1} an die Lösung y zum Zeitpunkt t_{i+1} stets nur der Näherungswert y_i eingeht. Allerdings können zudem abhängig vom konkreten Algorithmus weitere Hilfsgrößen im Rahmen der Iteration berechnet werden, sodass durchaus zusätzlicher Speicherplatz benötigt werden kann.

Definition der Einschrittverfahren

Ein Verfahren zur approximativen Berechnung einer Lösung des Anfangswertproblems (18.1), (18.2) der Form

$$y_{i+1} = y_i + \Delta t \, \Phi(t_i, y_i, y_{i+1}, \Delta t)$$

mit gegebenem Startwert y_0 zum Zeitpunkt t_0 und einer Verfahrensfunktion

$$\Phi\colon [a, b] \times \mathbb{R} \times \mathbb{R} \times \mathbb{R}^+ \to \mathbb{R}$$

wird als **Einschrittverfahren** bezeichnet. Dabei sprechen wir von einer **expliziten** Methode, falls Φ nicht von der zu bestimmenden Größe y_{i+1} abhängt. Ansonsten wird das Verfahren **implizit** genannt.

Mit den obigen Euler-Verfahren haben wir somit bereits schon zwei unterschiedliche Einschrittverfahren kennengelernt. Es erklärt sich hierbei auch die genutzte Begriffsbildung, denn wir können in beiden Fällen das Verfahren in der Form

$$y_{i+1} = y_i + \Delta t \, \Phi(t_i, y_i, y_{i+1}, \Delta t)$$

schreiben, wobei im expliziten Algorithmus

$$\Phi(t_i, y_i, y_{i+1}, \Delta t) = f(t_i, y_i)$$

und für die implizite Methode

$$\Phi(t_i, y_i, y_{i+1}, \Delta t) = f(t_i + \Delta t, y_{i+1})$$

gelten.

Achtung: Liegt ein explizites Verfahren vor, so werden wir im Folgenden in der Regel die Verfahrensfunktion in der Form $\Phi(t_i, y_i, \Delta t)$ schreiben und auf die explizite Angabe der Variablen y_{i+1} innerhalb des Funktionsaufrufes verzichten.

Um die Güte der verschiedenen Verfahren hinsichtlich der Approximation der Näherungslösung an die exakte Lösung des Anfangswertproblems vergleichen zu können, wollen wir die Differenz zwischen diesen Größen in Bezug auf die genutzte Zeitschrittweitengröße in einer geeigneten Weise beschreiben. Hierzu wird sich neben diesem globalen Fehler auch die Betrachtung der lokalen Abweichung als sehr hilfreich erweisen. Daher nehmen wir zunächst die folgende Festlegung vor.

Definition der Konsistenz bei Einschrittverfahren

Ein Einschrittverfahren heißt **konsistent** von der Ordnung $p \in \mathbb{N}$ zur Differenzialgleichung (18.1), wenn unter Verwendung einer Lösung y der **lokale Diskretisierungsfehler**

$$\eta(t, \Delta t) = y(t) + \Delta t \, \Phi(t, y(t), y(t+\Delta t), \Delta t) - y(t+\Delta t)$$

für $t \in [a, b]$ und $0 < \Delta t \leq b - t$ der Bedingung

$$\eta(t, \Delta t) = \mathcal{O}(\Delta t^{p+1}), \quad \Delta t \to 0$$

genügt. Im Fall $p = 1$ sprechen wir auch einfach von Konsistenz.

Wie in Abbildung 18.4 deutlich wird, beschreibt der lokale Diskretisierungsfehler die Abweichung der numerischen Approximation, wenn ausgehend von einer beliebigen Lösungskurve ein Zeitschritt vorgenommen wird. Wie schon bei der Betrachtung linearer Gleichungssysteme im Kapitel 14 festgestellt, repräsentiert der Begriff der Konsistenz stets ein Kriterium dafür, ob das numerische Verfahren in einem sinnvollen Zusammenhang zur zugrunde liegenden Aufgabenstellung steht. Diese Eigenschaft wird auch im vorliegenden Kontext widergespiegelt, denn für ein konsistentes Verfahren erhalten wir

$$\begin{aligned}
&\lim_{\Delta t \to 0} \Phi(t, y(t), y(t+\Delta t); \Delta t) \\
&= \lim_{\Delta t \to 0} \frac{\eta(t, \Delta t)}{\Delta t} + \lim_{\Delta t \to 0} \frac{y(t+\Delta t) - y(t)}{\Delta t} \\
&= y'(t) = f(t, y(t)),
\end{aligned} \tag{18.4}$$

wodurch die Verfahrensfunktion im Grenzfall einer verschwindenden Zeitschrittweite die rechte Seite der Differenzialgleichung beschreibt. Hiermit liegt sicherlich eine Mindestforderung an ein vernünftiges Verfahren vor.

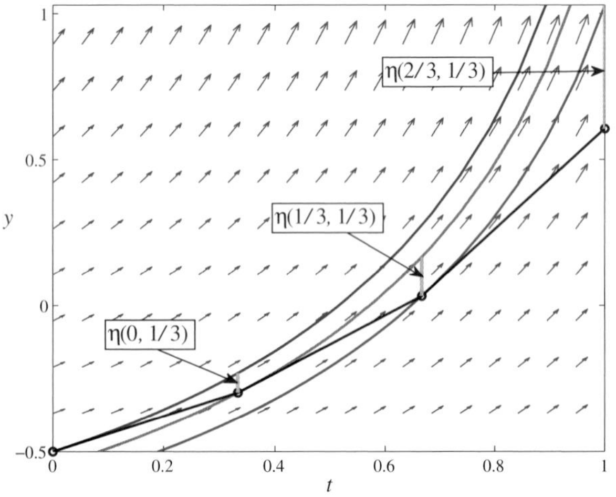

Abbildung 18.4 Lokaler Diskretisierungsfehler des expliziten Euler-Verfahrens zur Differenzialgleichung $y'(t) = e^{y(t)}(1+t)$.

Satz zur Konsistenz des Euler-Verfahrens

Das explizite Euler-Verfahren ist konsistent von erster Ordnung zur Differenzialgleichung $y'(t) = f(t, y(t))$.

Beweis: Schreiben wir die Taylorformel für die Funktion y um den Entwicklungspunkt t mit dem Restglied nach Lagrange laut Band 1, Abschnitt 15.5 und berücksichtigen, dass y die Lösung der Differenzialgleichung darstellt, so erhalten wir

$$\begin{aligned} y(t+\Delta t) &= y(t) + \Delta t y'(t) + \frac{\Delta t^2}{2} y''(\Theta) \\ &= y(t) + \Delta t f(t, y(t)) + \frac{\Delta t^2}{2} y''(\Theta) \end{aligned}$$

für ein $\Theta \in [t, t+\Delta t]$. Für den lokalen Diskretisierungsfehler folgt damit

$$\begin{aligned} \eta(t, \Delta t) &= y(t) + \Delta t f(t, y(t)) - y(t+\Delta t) \\ &= -\frac{\Delta t^2}{2} y''(\Theta) = \mathcal{O}(\Delta t^2), \quad \Delta t \to 0 \end{aligned}$$

und der Nachweis ist aufgrund der Beschränktheit der zweiten Ableitung y'' im Intervall $[t, t+\Delta t]$ erbracht. ∎

?

Gilt die obige Konsistenzordnung auch für das implizite Euler-Verfahren?

Letztendlich sind wir bei den Verfahren allerdings nicht daran interessiert, wie weit wir uns innerhalb eines Zeitschrittes von der exakten Lösung entfernen, sondern wie sich der Fehler in der Akkumulation über viele Zeitschritte hinweg verhält, da wir uns bei einem Anfangswertproblem üblicherweise bereits nach einem Zeitschritt nicht mehr auf der Lösungskurve befinden. Daher werden wir uns jetzt mit dem globalen Fehler befassen.

Definition der Konvergenz bei Einschrittverfahren

Ein Einschrittverfahren mit Startwert

$$y_0 = y(0) + \mathcal{O}(\Delta t^p), \quad \Delta t \to 0$$

heißt konvergent von der Ordnung $p \in \mathbb{N}$ zum Anfangswertproblem (18.1), (18.2), wenn für den zur Schrittweite Δt erzeugten Näherungswert y_i an die Lösung $y(t_i)$, $t_i = a + i \cdot \Delta t \in [a, b]$, der globale Diskretisierungsfehler

$$e(t_i, \Delta t) = y(t_i) - y_i$$

für alle t_i, $i = 1, \ldots, n$, der Bedingung

$$e(t_i, \Delta t) = \mathcal{O}(\Delta t^p), \quad \Delta t \to 0$$

genügt. Gelten die obigen Gleichungen mit $o(1)$ anstelle von $\mathcal{O}(\Delta t^p)$, so sprechen wir auch einfach von Konvergenz.

Wie wir im obigen Beweis gesehen haben, lässt sich die Konsistenz eines Verfahrens durchaus einfach mittels der Taylorformel nachweisen. Den Nachweis der Konvergenz werden wir im Folgenden auf die Konsistenz zurückführen. Daher ist es wichtig, einen Zusammenhang zwischen den beiden Begriffen herzustellen. Hierzu benötigen wir zunächst den folgenden Hilfssatz.

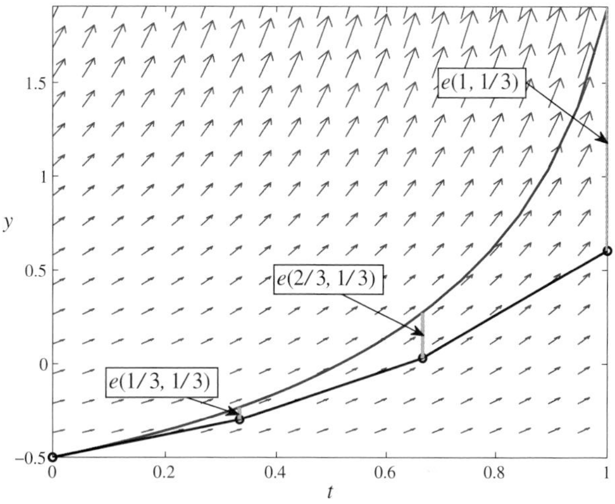

Abbildung 18.5 Globaler Diskretisierungsfehler des expliziten Euler-Verfahrens zum Anfangswertproblem $y'(t) = e^{y(t)}(1+t)$, $y(0) = -1/2$.

Bei Einschrittverfahren impliziert Konsistenz auch Konvergenz

Lemma

Seien η_i, ρ_i, z_i für $i = 0, \ldots, m-1$ nichtnegative reelle Zahlen sowie $z_m \in \mathbb{R}$, und es gelte

$$z_{i+1} \leq (1+\rho_i) z_i + \eta_i \quad \text{für} \quad i = 0, \ldots, m-1.$$

Dann folgt die Ungleichung

$$z_i \leq \left(z_0 + \sum_{k=0}^{i-1} \eta_k \right) e^{\sum_{k=0}^{i-1} \rho_k} \quad \text{für} \quad i = 0, \ldots, m. \tag{18.5}$$

Beweis: Wir führen den Nachweis mittels vollständiger Induktion. Für $i = 0$ ist die Ungleichung (18.5) wegen $z_0 \leq (z_0 + 0)e^0$ offensichtlich stets erfüllt. Gehen wir von der Gültigkeit der Abschätzung (18.5) für ein $i \in \{0, \ldots, m-1\}$ aus und berücksichtigen die Eigenschaft der Exponentialfunktion

$$e^x \geq 1 + x \quad \text{für alle} \quad x \geq 0,$$

so folgt abschließend

$$\begin{aligned}
z_{i+1} &\le (1+\rho_i) z_i + \eta_i \\
&\le (1+\rho_i)\left(z_0 + \sum_{k=0}^{i-1} \eta_k\right) \mathrm{e}^{\sum_{k=0}^{i-1} \rho_k} + \eta_i \\
&\le \mathrm{e}^{\rho_i}\left(z_0 + \sum_{k=0}^{i-1} \eta_k\right) \mathrm{e}^{\sum_{k=0}^{i-1} \rho_k} + \eta_i \\
&= \left(z_0 + \sum_{k=0}^{i-1} \eta_k\right) \underbrace{\mathrm{e}^{\sum_{k=0}^{i} \rho_k}}_{\ge 1} + \eta_i \\
&\le \left(z_0 + \sum_{k=0}^{i} \eta_k\right) \mathrm{e}^{\sum_{k=0}^{i} \rho_k}.
\end{aligned}$$

■

Mit dem folgenden zentralen Satz werden wir den Zusammenhang zwischen der Konsistenz und der Konvergenz bei Einschrittverfahren herstellen.

Satz zur Konvergenz bei Einschrittverfahren

Die Verfahrensfunktion Φ eines Einschrittverfahrens zur Lösung des Anfangswertproblems (18.1), (18.2) genüge den Lipschitz-Bedingungen

$$|\Phi(t, u, w, \Delta t) - \Phi(t, v, w, \Delta t)| \le L|u - v| \quad (18.6)$$

$$|\Phi(t, w, u, \Delta t) - \Phi(t, w, v, \Delta t)| \le L|u - v| \quad (18.7)$$

mit $L \in \mathbb{R}$. Dann gilt für den globalen Diskretisierungsfehler mit

$$\eta(\Delta t) = \max_{j=0,\ldots,n-1} |\eta(t_j, \Delta t)|$$

unter der Zeitschrittweitenbeschränkung $\Delta t < \frac{1}{L}$ die Abschätzung

$$\begin{aligned}
&|e(t_{i+1}, \Delta t)| \\
&\le \left(|e(t_0, \Delta t)| + \frac{(t_{i+1} - t_0)}{1 - \Delta t\, L} \frac{\eta(\Delta t)}{\Delta t}\right) \mathrm{e}^{2 \frac{t_{i+1} - t_0}{1 - \Delta t\, L} L} \quad (18.8)
\end{aligned}$$

für $i = 0, \ldots, n-1$.

Beweis: Betrachten wir die Definition des lokalen Diskretisierungsfehlers zum Zeitpunkt t_i, so erhalten wir

$$y(t_{i+1}) = y(t_i) + \Delta t\, \Phi(t_i, y(t_i), y(t_{i+1}), \Delta t) - \eta(t_i, \Delta t).$$

Wir setzen diesen Ausdruck in die Festlegung des globalen Diskretisierungsfehlers ein und berücksichtigen das numerische Verfahren zur Berechnung der Näherungslösung y_{i+1}. Ein kleiner Trick in Form einer Nulladdition gibt uns die Möglichkeit, die Lipschitz-Abschätzungen auszunutzen, wodurch wir

$$\begin{aligned}
e(t_{i+1}, \Delta t) &= y(t_{i+1}) - y_{i+1} \\
&= y(t_i) + \Delta t\, \Phi(t_i, y(t_i), y(t_{i+1}), \Delta t) - \eta(t_i, \Delta t) \\
&\quad - \left[y_i + \Delta t\, \Phi(t_i, y_i, y_{i+1}, \Delta t)\right] \\
&= e(t_i, \Delta t) - \eta(t_i, \Delta t) \\
&\quad + \Delta t \Big[\Phi(t_i, y(t_i), y(t_{i+1}), \Delta t) - \Phi(t_i, y_i, y(t_{i+1}), \Delta t) \\
&\qquad + \Phi(t_i, y_i, y(t_{i+1}), \Delta t) - \Phi(t_i, y_i, y_{i+1}, \Delta t)\Big]
\end{aligned}$$

erhalten. Für den Betrag des Fehlers liefern die Lipschitz-Bedingungen die Ungleichung

$$\begin{aligned}
|e(t_{i+1}, \Delta t)| &\le |e(t_i, \Delta t)| + |\eta(t_i, \Delta t)| \\
&\quad + \Delta t\, L \Big[\underbrace{|y(t_i) - y_i|}_{=|e(t_i, \Delta t)|} + \underbrace{|y(t_{i+1}) - y_{i+1}|}_{=|e(t_{i+1}, \Delta t)|}\Big].
\end{aligned}$$

Lösen wir die Gleichung nach $|e(t_{i+1}, \Delta t)|$ auf und nutzen dabei die Festlegung des lokalen Fehlers $\eta(\Delta t)$, so liefert die Zeitschrittweitenbeschränkung in der Darstellung $1 - \Delta t \quad L > 0$ die Abschätzung

$$|e(t_{i+1}, \Delta t)| \le \frac{1 + \Delta t\, L}{1 - \Delta t\, L} |e(t_i, \Delta t)| + \frac{1}{1 - \Delta t\, L} \eta(\Delta t).$$

Diese Darstellung gilt für alle $i = 0, \ldots, n-1$, wodurch mit den Hilfsgrößen

$$\begin{aligned}
\rho_i &:= \frac{1 + \Delta t\, L}{1 - \Delta t\, L} - 1 = \frac{2 \Delta t\, L}{1 - \Delta t\, L} \ge 0 \\
z_i &:= |e(t_i, \Delta t)| \ge 0 \quad \text{und} \\
\eta_i &:= \frac{1}{1 - \Delta t\, L} \eta(\Delta t) \ge 0
\end{aligned}$$

exakt die Voraussetzung des obigen Lemmas erfüllt ist und wir daher

$$\begin{aligned}
|e(t_{i+1}, \Delta t)| = z_{i+1} &\le \left[z_0 + \sum_{k=0}^{i} \eta_k\right] \mathrm{e}^{\sum_{k=0}^{i} \rho_k} \\
&= \left[|e(t_0, \Delta t)| + \sum_{k=0}^{i} \frac{1}{1 - \Delta t\, L} \eta(\Delta t)\right] \mathrm{e}^{\sum_{k=0}^{i} \frac{2 \Delta t\, L}{1 - \Delta t\, L}}
\end{aligned}$$

schlussfolgern können. Hiermit haben wir schon fast unser Ziel erreicht. Lediglich die auftretenden Summen müssen unter Berücksichtigung von $t_{i+1} - t_0 = (i+1)\Delta t$ durch

$$\sum_{k=0}^{i} \frac{1}{1 - \Delta t\, L} \eta(\Delta t) = \frac{i+1}{1 - \Delta t\, L} \eta(\Delta t) = \frac{t_{i+1} - t_0}{1 - \Delta t\, L} \frac{\eta(\Delta t)}{\Delta t}$$

und

$$\sum_{k=0}^{i} \frac{2 \Delta t\, L}{1 - \Delta t\, L} = (t_{i+1} - t_0) \frac{2L}{1 - \Delta t\, L}$$

ersetzt werden und wir erhalten wie behauptet

$$|e(t_{i+1}, \Delta t)| \le \left(|e(t_0, \Delta t)| + \frac{(t_{i+1} - t_0)}{1 - \Delta t\, L} \frac{\eta(\Delta t)}{\Delta t}\right) \mathrm{e}^{2 \frac{t_{i+1} - t_0}{1 - \Delta t\, L} L}$$

für $i = 0, \ldots, n-1$. ■

Wir können somit aus der Konsistenz die Konvergenz schlussfolgern, wenn die Initialisierung y_0 des numerischen Verfahrens in geeigneter Ordnung gegen den Startwert des Anfangswertproblems $\widehat{y}_0$ konvergiert. Anhand des Quotienten $\frac{\eta(\Delta t)}{\Delta t}$ wird an dieser Stelle auch deutlich, warum bei der Definition der Konsistenz im Vergleich zur Konvergenz ein um eins höherer Exponent im Landau-Symbol verlangt wird. Wir erhalten somit die zentrale Aussage:

Satz zur Konvergenz von Einschrittverfahren

Ist ein Einschrittverfahren mit einer gemäß (18.6) sowie (18.7) lipschitzstetigen Verfahrensfunktion konsistent von der Ordnung p zur Differenzialgleichung (18.1), und erfüllt der Anfangswert des Verfahrens die Bedingung $y_0 = \widehat{y}_0 + \mathcal{O}(\Delta t^p)$, so ist die Methode konvergent von der Ordnung p zum Anfangswertproblem (18.1), (18.2).

Die im obigen Satz formulierte Bedingung an den Startwert y_0 des numerischen Verfahrens in Bezug auf den Anfangswert $\widehat{y}_0$ ist natürlich insbesondere dann erfüllt, wenn an dieser Stelle keine Störung vorliegt und somit $y_0 = \widehat{y}_0$ gilt. Zudem können wir der Abschätzung (18.8) entnehmen, dass der Fehler exponentiell mit zunehmender Zeit anwachsen kann. Zudem wird durch den Zusammenhang zwischen der Verfahrensfunktion Φ und der rechten Seite der Differenzialgleichung f gemäß (18.4) klar, dass sich eine große Lipschitz-Konstante $\widehat{L}$ mit

$$|f(t, y_2(t)) - f(t, y_1(t))| \leq \widehat{L}|y_2(t) - y_1(t)|$$

in einer großen Lipschitz-Konstanten der Verfahrensfunktion widerspiegelt, wodurch nur noch kleine Zeitschrittweiten zulässig sind. Solche Differenzialgleichungen werden als *steif* bezeichnet und in der Box auf Seite 75 näher beschrieben.

?

Können Sie sich anhand des Richtungsfeldes die Notwendigkeit kleiner Zeitschritte beim expliziten Euler-Verfahren für steife Differenzialgleichungen verdeutlichen?

Mit dem Satz zur Konsistenz des Euler-Verfahrens erhalten wir aufgrund des obigen Satzes direkt die folgende Eigenschaft.

Satz zur Konvergenz des Euler-Verfahrens

Erfüllt der Startwert y_0 des numerischen Verfahrens die Bedingung $y_0 = \widehat{y}_0 + \mathcal{O}(\Delta t)$, dann ist das explizite Euler-Verfahren konvergent von erster Ordnung zum Anfangswertproblem $y'(t) = f(t, y(t))$, $y(0) = \widehat{y}_0$.

Achtung: Die im Rahmen der Konvergenz des Euler-Verfahrens geforderte Voraussetzung an die Anfangsbedingung erscheint zunächst etwas willkürlich, da dieser Wert formal durch das Anfangswertproblem gegeben ist. Wie wir im Beispiel auf Seite 677 sehen werden, ist bereits bei scheinbar einfachen Anfangswerten wie $\widehat{y}_0 = 0.1$ eine exakte Darstellung im Rechner nicht mehr möglich, sodass bereits ein Fehler innerhalb der Anfangsdaten der numerischen Simulation vorliegt, der sich im zeitlichen Verlauf durchaus akkumulieren kann. In der Praxis kann zudem ein Problem bei der experimentellen Bestimmung der Anfangsbedingungen auftreten. Betrachten wir beispielsweise ein Anfangswertproblem für die Population von Mikroorganismen. Hier ist man an einer realitätsgetreuen Simulation der zeitlichen Entwicklung der Populationsgröße interessiert, obwohl es häufig schwierig bis unmöglich ist, die Anfangspopulation exakt zu bestimmen. Wir vergleichen demzufolge zu späteren Zeitpunkten die numerischen Simulationsergebnisse mit realen Daten, obwohl die den beiden Prozessen zugrunde liegenden Anfangsdaten nicht notwendigerweise identisch sind. Diese beiden Beispiele zeigen, dass eine Berücksichtigung von Rundungsfehlern oder Messungenauigkeiten innerhalb der Anfangsdaten bei der Untersuchung der Konvergenz vorgenommen werden muss.

Beispiel Um die theoretisch ermittelte Konvergenzordnung des expliziten Euler-Verfahrens auch in der Anwendung zu belegen, greifen wir auf das bereits im Kapitel 3 analytisch gelöste Anfangswertproblem gemäß Seite 43 zurück. Für das Anfangswertproblem

$$\begin{aligned} y'(t) &= e^{y(t)}(1+t) \\ y(0) &= -\tfrac{1}{2} \end{aligned} \tag{18.9}$$

schreibt sich demzufolge die Lösung in der Form

$$y(t) = -\ln\left(e^{\frac{1}{2}} - t - \frac{t^2}{2}\right).$$

Dieses Modellproblem werden wir auch für die Untersuchung der weiteren Algorithmen verwenden, sodass ein unmittelbarer Vergleich der Verfahren vorliegt. Nun kann man sich an dieser Stelle natürlich fragen, warum ein numerisches Verfahren auf ein Problem angewendet wird, zu dem eine analytische Lösung vorliegt. In diesem Fall können wir für verschiedene Zeitschrittweiten den Fehler zwischen der exakten und der numerischen Lösung zu dem von uns gewählten Zeitpunkt $t = 1$ angeben und damit die angegebene Konvergenzordnung heuristisch überprüfen. Würden wir ein analytisch nicht mehr lösbares Problem zugrunde legen, so könnten wir die Konvergenz des Verfahrens nur gegen eine numerisch berechnete Approximation der Lösung untersuchen. Diese müsste dann mit einer sehr kleinen Zeitschrittweite bestimmt und als Referenzlösung genutzt werden, wobei dennoch stets nicht der exakte Wert des Fehlers angegeben werden könnte.

Zur Herleitung einer Berechnungsformel für die Ordnung beliebiger Zeitschrittverfahren betrachten wir

$$e(1, \Delta t) = \mathcal{O}(\Delta t^p), \quad \Delta t \to 0$$

und nehmen daher an, dass sich der Fehler für gegebene Zeitschrittweiten Δt_1 und Δt_2 in der Form

$$e_j := e(1, \Delta t_j) = C \quad \Delta t_j^p \tag{18.10}$$

für $j = 1, 2$ mit einer Konstanten C schreiben lässt. In dieser Annahme ist auch die Heuristik versteckt, denn wir wissen, dass die Ordnungsaussage lediglich eine asymptotische Eigenschaft für den Grenzfall $\Delta t \to 0$ darstellt und wir daher auch nur für sehr kleine Zeitschrittweiten näherungsweise eine solche Darstellung erwarten dürfen. Gehen wir dennoch von der Formulierung (18.10) aus und schreiben hiermit

$$\frac{e_1}{e_2} = \frac{\Delta t_1^p}{\Delta t_2^p},$$

so erhalten wir

$$p = \frac{\ln \frac{e_1}{e_2}}{\ln \frac{\Delta t_1}{\Delta t_2}}. \tag{18.11}$$

Wir betrachten die in der folgenden Tabelle angegebenen Ergebnisse und erkennen, dass die Ordnung für kleiner werdende Zeitschrittweiten gegen den erwarteten Wert $p = 1$ konvergiert.

Explizites Euler-Verfahren angewandt auf das Modellproblem (18.9)		
Zeitschrittweite	Fehler	Ordnung
10^{-1}	$7.69 \cdot 10^{-1}$	
10^{-2}	$1.50 \cdot 10^{-1}$	0.711
10^{-3}	$1.70 \cdot 10^{-2}$	0.943
10^{-4}	$1.73 \cdot 10^{-3}$	0.994
10^{-5}	$1.73 \cdot 10^{-4}$	1.000

◀

Runge-Kutta-Verfahren gehören zur Klasse der Integrationsmethoden

Führen wir uns den Integrationsansatz für die Herleitung des expliziten Euler-Verfahrens vor Augen, so wird aus der genutzten Rechteckregel

$$y(t_{i+1}) - y(t_i) = \int_{t_i}^{t_{i+1}} f(t, y(t))\,\mathrm{d}t \approx \Delta t f(t_i, y(t_i))$$

schnell klar, dass wir eine Verbesserung der Methode durch eine genauere numerische Quadratur erzielen könnten. Verwenden wir die Mittelpunktsregel zweiter Ordnung

$$\int_{t_i}^{t_{i+1}} f(t, y(t))\,\mathrm{d}t \approx \Delta t f\left(t_i + \frac{\Delta t}{2}, y\left(t_i + \frac{\Delta t}{2}\right)\right),$$

so liegt jedoch das Problem vor, dass der Funktionswert zum Zeitpunkt $t_i + \frac{\Delta t}{2}$ nicht bekannt ist. Warum sollten wir hierzu nicht einen Näherungswert einbringen, der wiederum mit dem expliziten Euler-Verfahren bei halber Zeitschrittweite berechnet wurde? Durch diese Idee ergibt sich mit

$$\begin{aligned} y_{i+1/2} &= y_i + \tfrac{\Delta t}{2} f(t_i, y(t_i)) \\ y_{i+1} &= y_i + \Delta t f\left(t_i + \tfrac{\Delta t}{2}, y_{i+1/2}\right) \end{aligned} \tag{18.12}$$

die sogenannte **explizite Mittelpunktsregel**.

?

Ist die explizite Mittelpunktsregel eine Einschrittmethode?

Wir können für die explizite Mittelpunktsregel, wie in Aufgabe 18.6 gezeigt, sogar nachweisen, dass die Approximation des Funktionswertes zum Zwischenzeitpunkt $t_i + \frac{\Delta t}{2}$ keinen Einfluss auf die erwartete Konvergenzordnung $p = 2$ hat. Allerdings wird durch den Nachweis auch klar, dass wir für die sinnvolle Einbindung numerischer Quadraturformeln höherer Ordnung eine geeignete Theorie brauchen, die uns sowohl die Definition der Verfahren als auch deren Konsistenz- und damit auch Konvergenzanalyse allgemein ermöglicht.

Diese Forderung führt uns auf die nach Carl Runge (1856–1927) und Martin Wilhelm Kutta (1867–1944) benannten Runge-Kutta-Verfahren, die sämtlich in die Klasse der Einschrittverfahren gehören.

Wir folgen der bereits im Abschnitt 13.2 ausführlich diskutierten Idee der interpolatorischen Quadraturformel und definieren zunächst für das aktuelle Zeitintervall $[t_i, t_{i+1}]$ die Stützstellen

$$\xi_j = t_i + c_j \Delta t \quad \text{mit} \quad c_j \in [0, 1] \quad \text{für} \quad j = 1, \ldots, s$$

Wenden wir eine interpolatorische Quadraturformel auf die integrale Formulierung der Differenzialgleichung (18.3) an, so erhalten wir unter Berücksichtigung der obigen Stützstellen die Approximation

$$\begin{aligned} y(t_{i+1}) - y(t_i) &= \int_{t_i}^{t_{i+1}} y'(t)\,\mathrm{d}t = \int_{t_i}^{t_{i+1}} f(t, y(t))\,\mathrm{d}t \\ &\approx \Delta t \sum_{j=1}^{s} b_j f(\xi_j, y(\xi_j)). \end{aligned}$$

Aus der Theorie der interpolatorischen Quadraturen wissen wir bereits, dass mit $\sum_{j=1}^{s} b_j = 1$ eine Bedingung an die Gewichte b_j zu erwarten ist. Im Gegensatz zur numerischen Integration liegt in unserem Fall jedoch leider keine Kenntnis über die eingehenden Funktionswerte $y(\xi_j)$ vor, wodurch wiederum geeignete Näherungen auch für diese Größen bestimmt werden müssen. Aber die Idee liegt auf der Hand, denn schreiben wir

$$y(\xi_j) - y(t_i) = \int_{t_i}^{t_i + c_j \Delta t} y'(t)\,\mathrm{d}t = \int_{t_i}^{t_i + c_j \Delta t} f(t, y(t))\,\mathrm{d}t,$$

so wird schnell klar, dass wir die obige Technik auch zur Berechnung der Zwischenwerte nutzen können. Etwas Vorsicht ist hier jedoch geboten. Verwenden wir immer wieder neue Stützstellen, dann tritt das Schließungsproblem auf jeder Ebene auf und wir können in einen unendlich langen Iterationsprozess laufen. Daher nutzen wir stets die oben angegebenen Stützstellen und erhalten wegen

$$y(\xi_j) - y(t_i) \approx c_j \Delta t \sum_{\nu=1}^{s} \widetilde{a}_{j\nu} f(\xi_\nu, y(\xi_\nu))$$

unter Verwendung von $a_{j\nu} = c_j \widetilde{a}_{j\nu}$ mit

$$k_j = y_i + \Delta t \sum_{\nu=1}^{s} a_{j\nu} f(\xi_\nu, k_\nu), \quad j = 1, \ldots, s$$

Näherungen für die Funktionswerte an den Zwischenstellen $\xi_j, j = 1, \ldots, s$.

?

Welchen Wert erwarten wir für $\sum_{\nu=1}^{s} a_{j\nu}$?

Die bisherigen Überlegungen münden in die Definition der Runge-Kutta-Verfahren.

Definition Runge-Kutta-Verfahren

Für $b_j, c_j, a_{j\nu} \in \mathbb{R}$, $j, \nu = 1, \ldots, s$ bezeichnet man die Berechnungsvorschrift

$$k_j = y_i + \Delta t \sum_{\nu=1}^{s} a_{j\nu} f(\xi_\nu, k_\nu), \quad j = 1, \ldots, s$$

$$y_{i+1} = y_i + \Delta t \sum_{j=1}^{s} b_j f(\xi_j, k_j).$$

mit $\xi_j = t_i + c_j \Delta t$ als s-stufiges **Runge-Kutta-Verfahren** zur Differenzialgleichung $y'(t) = f(t, y(t))$. Dabei benennen wir die Parameter c_j als Knoten und die Werte b_j als Gewichte.

Runge-Kutta-Verfahren sind nach der obigen Festlegung vollständig durch die eingehenden Parameter $b_j, c_j, a_{j\nu} \in \mathbb{R}$ charakterisiert. Diese Tatsache bewegte John Butcher (*1933) zu einer kompakten Darstellung der Runge-Kutta-Verfahren in der Form eines sogenannten **Butcher-Arrays**

$$\begin{array}{c|ccc} c_1 & a_{11} & \cdots & a_{1s} \\ \vdots & \vdots & & \vdots \\ c_s & a_{s1} & \cdots & a_{ss} \\ \hline & b_1 & \cdots & b_s \end{array} \quad \widehat{=} \quad \begin{array}{c|c} \boldsymbol{c} & \boldsymbol{A} \\ \hline & \boldsymbol{b}^\top \end{array}$$

mit $\boldsymbol{A} \in \mathbb{R}^{s \times s}$, $\boldsymbol{b}, \boldsymbol{c} \in \mathbb{R}^s$.

Beispiel Die bekannten Einschrittverfahren lassen sich wie folgt in die Form der Runge-Kutta-Verfahren einbetten:

(1) Explizites Euler-Verfahren

$$\begin{array}{c|c} 0 & 0 \\ \hline & 1 \end{array} \quad \widehat{=} \quad \begin{aligned} k_1 &= y_i \\ y_{i+1} &= y_i + \Delta t f(t_i, k_1) \end{aligned}$$

(2) Implizites Euler-Verfahren

$$\begin{array}{c|c} 1 & 1 \\ \hline & 1 \end{array} \quad \widehat{=} \quad \begin{aligned} k_1 &= y_i + \Delta t f(t_i, k_1) \\ y_{i+1} &= y_i + \Delta t f(t_i, k_1) \end{aligned}$$

Die obige Form verdeutlicht nur, dass es sich beim impliziten Euler-Verfahren um ein einstufiges Runge-Kutta-Verfahren handelt. Da die Berechnungsvorschriften für k_1 und y_{i+1} identisch sind, würden wir bei einer Umsetzung der Verfahrensvorschrift natürlich auf die zweite Zeile verzichten, da $y_{i+1} = k_1$ gilt.

(3) Explizite Mittelpunktsregel

$$\begin{array}{c|cc} 0 & 0 & 0 \\ \frac{1}{2} & \frac{1}{2} & 0 \\ \hline & 0 & 1 \end{array} \quad \widehat{=} \quad \begin{aligned} k_1 &= y_i \\ k_2 &= y_i + \tfrac{1}{2}\Delta t f(t_i, k_1) \\ y_{i+1} &= y_i + \Delta t f\left(t_i + \tfrac{1}{2}\Delta t, k_2\right) \end{aligned}$$

Mit diesem auch als Runge-Methode oder verbessertes Euler-Verfahren bekannten Algorithmus liegt folglich unser erstes zweistufiges Runge-Kutta-Verfahren vor. Anhand des Richtungsfeldes lässt es sich entsprechend der Abbildung 18.6 wie folgt beschreiben. Wir starten für einen halben Zeitschritt mit der am Punkt (t_i, y_i) vorliegenden Steigung $f(t_i, y_i)$, bestimmen hiermit die Steigung an der Zwischenstelle (verdeutlicht durch den roten Pfeil) und nutzen diese wiederum ausgehend von (t_i, y_i) für einen Schritt der Länge Δt.

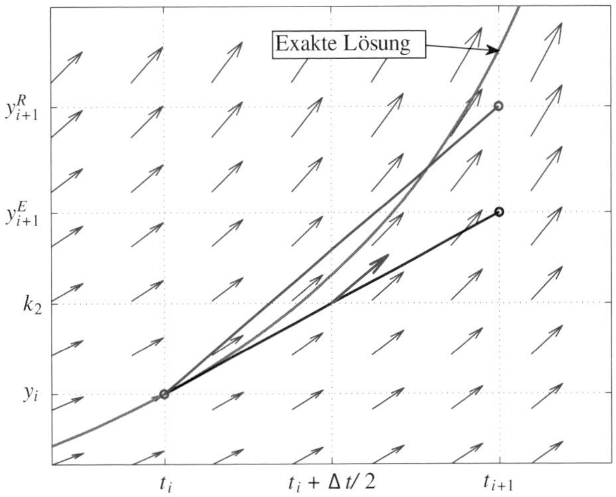

Abbildung 18.6 Berechnung der Näherungslösungen y^R_{i+1} des Runge-Verfahrens und y^E_{i+1} des expliziten Euler-Verfahrens zur Differenzialgleichung $y'(t) = e^{y(t)}(1 + t)$. ◀

Die Steigungsform liefert eine effizientere Implementierung

Betrachten wir die bisherige Formulierung des Runge-Kutta-Verfahrens gemäß der auf Seite 663 formulierten Definition, so fällt auf, dass die Auswertung der rechten Seite f mehrfach mit den gleichen Daten erfolgen kann. Im Kontext einer skalaren Differenzialgleichung scheint dieser Sachverhalt zunächst nicht besonders rechenzeitintensiv. Jedoch muss bedacht werden, dass gewöhnliche Differenzialgleichungssysteme häufig bei der Lösung partieller Differenzialgleichungen als Subprobleme auftreten. In diesem Rahmen liegt durchaus ein System gewöhnlicher Differenzialgleichungen mit mehreren hunderttausend Gleichungen vor und die Auswertung der rechten Seite beinhaltet ihrerseits eine durchaus extrem komplexe Approximation mit dem für das Gesamtverfahren aus Sicht der Rechenzeit aufwendigsten Anteil. Damit ist es sehr wichtig, die Anzahl der Auswertungen der rechten Seite so gering wie möglich zu halten. Wir werden daher anhand des folgenden Beispiels die sogenannte Steigungsformulierung eines Runge-Kutta-Verfahrens einführen.

Beispiel Analog zur Herleitung der expliziten Mittelpunktsregel erhalten wir auf der Grundlage der Trapezregel das folgende **Prädiktor-Korrektor-Verfahren**. Mit der Trapezregel zur numerischen Integration folgt

$$\begin{aligned} y(t_{i+1}) - y(t_i) &= \int_{t_i}^{t_{i+1}} y'(t)\,\mathrm{d}t = \int_{t_i}^{t_{i+1}} f(t, y(t))\,\mathrm{d}t \\ &\approx \frac{\Delta t}{2}(f(t_i, y(t_i)) + f(t_{i+1}, y(t_{i+1}))), \end{aligned}$$

und wir erhalten die *implizite Trapezregel*

$$y_{i+1} = y_i + \frac{\Delta t}{2}(f(t_i, y_i) + f(t_{i+1}, y_{i+1})).$$

Um den impliziten Charakter der obigen Verfahrensvorschrift zu umgehen, approximieren wir die implizite Auswertung $f(t_{i+1}, y_{i+1})$ durch $f(t_{i+1}, k_2)$ mit der durch das explizite Euler-Verfahren berechneten Näherung

$$k_2 = y_i + \Delta t f(t_i, y_i).$$

Das so festgelegte Verfahren schreibt sich daher in der Form einer Runge-Kutta-Methode gemäß

$$\begin{aligned} k_1 &= y_i \\ k_2 &= y_i + \Delta t f(t_i, y_i) \\ y_{i+1} &= y_i + \frac{\Delta t}{2}(f(t_i, k_1) + f(t_{i+1}, k_2)). \end{aligned}$$

Wir haben dabei den aus dem Euler-Verfahren stammenden Prädiktor k_2, der durch

$$y_{i+1} = k_2 + \frac{\Delta t}{2}(f(t_{i+1}, k_2) - f(t_i, k_1))$$

korrigiert wird, womit sich der Name *Prädiktor-Korrektor-Verfahren* begründet. Dabei wird deutlich, dass es sich um ein explizites Verfahren handelt, wobei jedoch formal eine doppelte Auswertung der Funktion f für (t_i, k_1) vorgenommen wird. Anstelle die Näherungen k_j an die Funktionswerte $y(\xi_j)$ zu berechnen, können wir das Verfahren auch unter direkter Verwendung der Steigungen $r_j = f(t_i + c_j\Delta t, k_j)$ formulieren. Für das Prädiktor-Verfahren erhalten wir die Darstellung

$$\begin{aligned} r_1 &= f(t_i, y_i) \\ r_2 &= f(t_i + \Delta t, y_i + \Delta t r_1) \\ y_{i+1} &= y_i + \frac{\Delta t}{2}(r_1 + r_2), \end{aligned}$$

die keine unnötige Funktionsauswertung beinhaltet. ◀

Ausgehend von der Definition eines Runge-Kutta-Verfahrens laut Seite 663 ergibt sich durch $r_j = f(t_i + c_j\Delta t, k_j)$ die allgemeine Steigungsform mittels

$$\begin{aligned} r_j &= f(t_i + c_j\Delta t, k_j) \\ &= f\left(t_i + c_j\Delta t, y_i + \Delta t \sum_{\nu=1}^{s} a_{j\nu} f(\xi_\nu, k_\nu)\right) \\ &= f\left(t_i + c_j\Delta t, y_i + \Delta t \sum_{\nu=1}^{s} a_{j\nu} r_\nu\right) \end{aligned}$$

bei anschließender Ermittlung der Näherungslösung y_{i+1} gemäß

$$y_{i+1} = y_i + \Delta t \sum_{j=1}^{s} b_j r_j.$$

?

Können Sie zur impliziten Trapezregel und zum Prädiktor-Korrektor-Verfahren das jeweils zugehörige Butcher-Array aufstellen?

Butcher-Arrays mit strikten unteren Dreiecksmatrizen repräsentieren explizite Verfahren

Anhand des Butcher-Arrays eines Runge-Kutta-Verfahrens kann auch sofort erkannt werden, ob es sich um ein explizites oder implizites Verfahren handelt. Liegt eine strikte untere Dreiecksmatrix $\boldsymbol{A} \in \mathbb{R}^{s\times s}$ vor, so gilt $a_{j\nu} = 0$ für $\nu \geq j$, und die Berechnungsvorschrift schreibt sich für die Steigungen r_j in der allgemeinen Form

$$r_j = f\left(t_i + c_\nu\Delta t, y_i + \Delta t \sum_{\nu=1}^{j-1} a_{j\nu} r_\nu\right), \quad j = 1, \ldots, s.$$

Aufgrund der Summationsgrenze $j - 1$ anstelle der üblichen Grenze s ist daher eine sukzessive Berechnung der Größen r_j durch einfaches Einsetzen bekannter Werte möglich. Hiermit liegt folglich ein explizites Verfahren vor. Dagegen bezeichnen wir das zugehörige Runge-Kutta-Verfahren als implizit, falls durch $\boldsymbol{A}$ keine strikte untere Dreiecksmatrix vorliegt. Betrachten wir beispielsweise eine vollbesetzte Matrix und legen zudem den allgemeinen Fall einer Abbildung $\boldsymbol{f}\colon [a,b] \times \mathbb{R}^m \to \mathbb{R}^m$ zugrunde, so stellt

$$\begin{aligned} \boldsymbol{r}_1 &= \boldsymbol{f}\left(t_i + c_1 \Delta t, \boldsymbol{y}_i + \sum_{\nu=1}^{s} a_{1\nu} \boldsymbol{r}_\nu\right) \\ &\vdots \\ \boldsymbol{r}_s &= \boldsymbol{f}\left(t_i + c_s \Delta t, \boldsymbol{y}_i + \sum_{\nu=1}^{s} a_{s\nu} \boldsymbol{r}_\nu\right) \end{aligned}$$

ein Gleichungssystem der Dimension $s \cdot m$ zur Ermittlung der Gradienten $\boldsymbol{r}_j \in \mathbb{R}^m$, $j = 1, \ldots, s$ dar, das entsprechend der Abbildung $\boldsymbol{f}$ linear oder nichtlinear ist und folglich mit Methoden der Kapitel 14 beziehungsweise 17 gelöst werden muss. Im Spezialfall einer linken unteren Dreiecksmatrix $\boldsymbol{A}$ mit mindestens einem nichtverschwindenden Diagonalelement sprechen wir von einem diagonal impliziten Runge-Kutta-Verfahren, kurz DIRK-Methode genannt. Der Vorteil dieser Methoden in Bezug auf die Lösung des obigen Gleichungssystems besteht darin, dass das Gesamtsystem in s Einzelgleichungen der Dimension m zerfällt und somit in der Regel leichter numerisch gelöst werden kann. Eine sehr häufig genutzte Gruppe innerhalb der Klasse der DIRK-Methoden stellen die SDIRK-Verfahren dar. Hierbei gilt $a_{11} = \ldots = a_{ss} \neq 0$ und der Buchstabe S hat seine Herkunft im englischen Wort singly.

Implizite Verfahren ziehen die Lösung linearer respektive nichtlinearer Gleichungssysteme nach sich, sodass sich einerseits die Frage nach der generellen Lösbarkeit und andererseits nach der Konvergenz numerischer Verfahren zur Ermittlung der Lösung stellt. Spätestens durch die Betrachtung des Newton-Verfahrens laut Kapitel 17 wird deutlich, dass hierbei in Abhängigkeit von der vorliegenden Differenzialgleichung eine Schranke für die zulässige Zeitschrittweite zu erwarten ist, da es sich nur um eine lokal konvergente Methode handelt. Mit dem folgenden Satz werden wir uns dieser Fragestellung annehmen.

Satz

Die Abbildung $\boldsymbol{f}\colon [a,b] \times \mathbb{R}^m \to \mathbb{R}^m$ sei stetig und genüge der Abschätzung

$$\|\boldsymbol{f}(t, \widetilde{\boldsymbol{y}}) - \boldsymbol{f}(t, \boldsymbol{y})\|_\infty \le L \|\widetilde{\boldsymbol{y}} - \boldsymbol{y}\|_\infty$$

mit einer Lipschitz-Konstanten $L > 0$ für alle $t \in [a,b]$. Betrachten wir das durch $(\boldsymbol{A}, \boldsymbol{b}, \boldsymbol{c})$ gegebene Runge-Kutta-Verfahren unter der Zeitschrittweitenbeschränkung $\Delta t < \frac{1}{L\|\boldsymbol{A}\|_\infty}$. Dann konvergiert die für $j = 1, \ldots, s$ durch

$$\boldsymbol{r}_j^{(\ell+1)} = \boldsymbol{f}\left(t_i + c_j \Delta t, \boldsymbol{y}_i + \Delta t \sum_{\nu=1}^{s} a_{j\nu} \boldsymbol{r}_\nu^{(\ell)}\right)$$

festgelegte Iterationsfolge für $\ell \to \infty$ bei beliebiger Initialisierung $\boldsymbol{r}_1^{(0)}, \ldots, \boldsymbol{r}_s^{(0)}$ gegen die eindeutig bestimmte Lösung des Gleichungssystems

$$\boldsymbol{r}_j = \boldsymbol{f}\left(t_i + c_j \Delta t, \boldsymbol{y}_i + \Delta t \sum_{\nu=1}^{s} a_{j\nu} \boldsymbol{r}_\nu\right), \quad j = 1, \ldots, s.$$

Beweis: Schreiben wir

$$\boldsymbol{R} = \begin{pmatrix} \boldsymbol{r}_1 \\ \vdots \\ \boldsymbol{r}_s \end{pmatrix} \in \mathbb{R}^{s \cdot m} \quad \text{und} \quad \boldsymbol{F} = \begin{pmatrix} \boldsymbol{F}_1 \\ \vdots \\ \boldsymbol{F}_s \end{pmatrix} : \mathbb{R}^{s \cdot m} \to \mathbb{R}^{s \cdot m}$$

mit

$$\boldsymbol{F}_j(\boldsymbol{R}) = \boldsymbol{f}\left(t_i + c_j \Delta t, \boldsymbol{y}_i + \Delta t \sum_{\nu=1}^{s} a_{j\nu} \boldsymbol{r}_\nu\right), \quad j = 1, \ldots, s,$$

so erhalten wir aufgrund der Lipschitz-Bedingung die Abschätzung

$$\|\boldsymbol{F}(\boldsymbol{R}) - \boldsymbol{F}(\widetilde{\boldsymbol{R}})\|_\infty \le L \left\| \begin{pmatrix} \Delta t \sum_{\nu=1}^{s} a_{1\nu}(\boldsymbol{r}_\nu - \widetilde{\boldsymbol{r}}_\nu) \\ \vdots \\ \Delta t \sum_{\nu=1}^{s} a_{s\nu}(\boldsymbol{r}_\nu - \widetilde{\boldsymbol{r}}_\nu) \end{pmatrix} \right\|_\infty .$$

Wir berücksichtigen

$$\left\| \begin{pmatrix} \sum_{\nu=1}^{s} a_{1\nu}(\boldsymbol{r}_\nu - \widetilde{\boldsymbol{r}}_\nu) \\ \vdots \\ \sum_{\nu=1}^{s} a_{s\nu}(\boldsymbol{r}_\nu - \widetilde{\boldsymbol{r}}_\nu) \end{pmatrix} \right\|_\infty \le \left\| \begin{pmatrix} \sum_{\nu=1}^{s} a_{1\nu} \\ \vdots \\ \sum_{\nu=1}^{s} a_{s\nu} \end{pmatrix} \right\|_\infty \|\boldsymbol{R} - \widetilde{\boldsymbol{R}}\|_\infty$$

und erhalten folglich

$$\|\boldsymbol{F}(\boldsymbol{R}) - \boldsymbol{F}(\widetilde{\boldsymbol{R}})\|_\infty \le L \Delta t \underbrace{\max_{1,\ldots,s} \sum_{\nu=1}^{s} |a_{s\nu}|}_{=\|\boldsymbol{A}\|_\infty} \|\boldsymbol{R} - \widetilde{\boldsymbol{R}}\|_\infty ,$$

womit wegen $L \Delta t \|\boldsymbol{A}\|_\infty < 1$ nachgewiesen ist, dass $\boldsymbol{F}$ eine kontrahierende Abbildung auf dem Banachraum $(\mathbb{R}^{s \cdot m}, \|\cdot\|_\infty)$ darstellt. Folglich besitzt $\boldsymbol{F}$ nach dem in Band 1, Kapitel 19 vorgestellten Banach'schen Fixpunktsatz genau einen Fixpunkt $\boldsymbol{R} \in \mathbb{R}^{s \cdot m}$, und die durch $\boldsymbol{R}^{(\ell+1)} = \boldsymbol{F}(\boldsymbol{R}^{(\ell)})$, $\ell = 0, 1, 2, \ldots$ definierte Iterationsfolge $(\boldsymbol{R}^{(\ell)})_{\ell \in \mathbb{N}_0}$ konvergiert für jeden beliebigen Startvektor $\boldsymbol{R}^{(0)} \in \mathbb{R}^{s \cdot m}$ gegen $\boldsymbol{R}$. ∎

Das Butcher-Array hilft beim schnellen Konsistenznachweis

Da die Einzelmethoden innerhalb der Gruppe der Runge-Kutta-Verfahren durch Angabe des Tripels $(\boldsymbol{A}, \boldsymbol{b}, \boldsymbol{c})$ festgelegt sind, lässt sich nun auch eine umfassende Ordnungsanalyse auf dieser Grundlage durchführen. Wir werden dabei die klassische Vorgehensweise unter Verwendung einer Taylorentwicklung wählen. Prinzipiell ist dieser Ansatz für beliebig hohe Ordnungen nutzbar, allerdings werden wir schon bei dem folgenden Beweis feststellen, dass dieser Weg sehr steinig ist. Eine elegantere Möglichkeit liegt im Einsatz sogenannter Butcher-Bäume, die wiederum jedoch einer längeren theoretischen Einführung bedürfen. Einen kurzen Einblick in diese Technik findet man auf Seite 668.

Satz zur Konsistenz von Runge-Kutta-Verfahren

Für ein Runge-Kutta-Verfahren $(\boldsymbol{A}, \boldsymbol{b}, \boldsymbol{c})$ gelten:

- Das Verfahren hat mindestens Konsistenzordnung $p = 1$, wenn
$$\sum_{j=1}^{s} b_j = 1 \quad \text{und} \quad \sum_{\nu=1}^{s} a_{j\nu} = c_j \qquad (18.13)$$
für alle $j = 1, \ldots, s$ gelten.
- Das Verfahren hat mindestens Konsistenzordnung $p = 2$, wenn neben (18.13)
$$\sum_{j=1}^{s} b_j c_j = \frac{1}{2} \qquad (18.14)$$
gilt.
- Das Verfahren hat mindestens Konsistenzordnung $p = 3$, wenn neben (18.13) und (18.14)
$$\sum_{j=1}^{s} b_j c_j^2 = \frac{1}{3} \quad \text{und} \quad \sum_{j=1}^{s} b_j \sum_{\nu=1}^{s} a_{j\nu} c_\nu = \frac{1}{6} \qquad (18.15)$$
gelten.

Beweis: Da wir stets von einer hinreichend oft differenzierbaren rechten Seite f der Differenzialgleichung $y'(t) = f(t, y(t))$ und folglich auch deren Lösung y ausgehen, können wir den Nachweis der Behauptung durch eine aufwendige, aber von der Grundidee sehr einfache Betrachtung der folgenden Taylorentwicklung herleiten. Für die Lösung y erhalten wir unter Berücksichtigung des Satzes von Schwarz, das heißt der Eigenschaft $f_{ty} = f_{yt}$, mit

$$y'(t) = f(t, y(t))$$

$$\begin{aligned} y''(t) &= \frac{\mathrm{d}}{\mathrm{d}t} f(t, y(t)) = f_t(t, y(t)) + f_y(t, y(t))y'(t) \\ &= f_t(t, y(t)) + f_y(t, y(t)) f(t, y(t)) \\ &= (f_t + f_y f)(t, y(t)) \end{aligned}$$

$$\begin{aligned} y'''(t) &= \frac{\mathrm{d}}{\mathrm{d}t} (f_t + f_y f)(t, y(t)) \\ &= (f_{tt} + 2 f_{ty} f + f_{yy} f^2 + f_y f_t + f_y^2 f)(t, y(t)) \end{aligned}$$

die Darstellung

$$\begin{aligned} &y(t_i + \Delta t) \\ &= y(t_i) + \Delta t y'(t_i) + \frac{\Delta t^2}{2} y''(t_i) + \frac{\Delta t^3}{6} y'''(t_i) + \mathcal{O}(\Delta t^4) \\ &= y(t_i) + \Delta t f(t_i, y(t_i)) + \frac{\Delta t^2}{2} (f_t + f_y f)(t_i, y(t_i)) \\ &\quad + \frac{\Delta t^3}{6} (f_{tt} + 2 f_{ty} f + f_{yy} f^2 + f_y f_t + f_y^2 f)(t_i, y(t_i)) \\ &\quad + \mathcal{O}(\Delta t^4). \end{aligned} \qquad (18.16)$$

Wir müssen nun die Größenordnung des lokalen Diskretisierungsfehlers bestimmen. Zur leichteren Lesbarkeit verstehen wir Funktionsaufrufe ohne Argument stets an der Stelle $(t_i, y(t_i))$. Gehen wir von der Lösungskurve aus, indem wir $y_i = y(t_i)$ voraussetzen und bezeichnen die auf dieser Grundlage durch das Runge-Kutta-Verfahren laut Seite 663 bestimmte Approximation an $y(t_i + \Delta t)$ mit $\widehat{y}_{i+1}$, so ergibt sich aus der Taylorentwicklung die Darstellung

$$\begin{aligned} &\widehat{y}_{i+1} \\ &= y_i + \Delta t \sum_{j=1}^{s} b_j f(\xi_j, k_j) \\ &= y_i + \Delta t \sum_{j=1}^{s} b_j \Big[f + c_j \Delta t f_t + (k_j - y_i) f_y \\ &\quad + \frac{1}{2} \Big(c_j^2 \Delta t^2 f_{tt} + 2 c_j \Delta t (k_j - y_i) f_{ty} + (k_j - y_i)^2 f_{yy} \Big) \Big] \\ &\quad + \mathcal{O}(\Delta t^4). \end{aligned} \qquad (18.17)$$

Abschließend bleibt nachzuweisen, dass die Darstellungen (18.16) und (18.17) unter den im Satz genannten Voraussetzungen (18.13), (18.14) und (18.15) bis auf die entsprechenden Ordnungsterme übereinstimmen. Hierzu ist es erforderlich, zunächst die Differenzen $k_j - y_i$ über die eingehenden Koeffizienten $(\boldsymbol{A}, \boldsymbol{b}, \boldsymbol{c})$ auszudrücken. Dabei ist formal für die in grün gekennzeichneten Terme eine Darstellung bis auf einen Restterm der Ordnung $\mathcal{O}(\Delta t^3)$ notwendig, während für die in blau herausgehobenen Differenzen lediglich eine Formulierung bis auf ein Restglied der Ordnung $\mathcal{O}(\Delta t^2)$ gefordert ist, da diese Terme entweder eine zusätzliche Multiplikation mit Δt erhalten oder eine Quadrierung vorgenommen wird.

Ausgehend von der Definition der Runge-Kutta-Verfahren laut Seite 663 erhalten wir für $j = 1, \ldots, s$ mit einer Taylorentwicklung von f um den Punkt (t_i, y_i) die Darstellung

$$\begin{aligned} k_j - y_i = \Delta t \sum_{\nu=1}^{s} a_{j\nu} \big(&f + f_t(\widetilde{\xi}_\nu, \widetilde{k}_\nu) c_\nu \Delta t \\ &+ f_y(\widetilde{\xi}_\nu, \widetilde{k}_\nu)(k_\nu - y_i) \big) \end{aligned} \qquad (18.18)$$

mit $\widetilde{\xi}_\nu \in [t_i, t_i + c_\nu \Delta t]$ und einem $\widetilde{k}_\nu$ zwischen y_i und k_ν. Zusammenfassend schreiben wir

$$\sum_{\nu=1}^{s} \widetilde{a}_{j\nu}(k_\nu - y_i) = \mathcal{O}(\Delta t)$$

mit $\widetilde{a}_{j\nu} = \delta_{j\nu} - \Delta t a_{j\nu} f_y(\widetilde{\xi}_\nu, \widetilde{k}_\nu)$, womit wir direkt $(k_\nu - y_i) = \mathcal{O}(\Delta t)$, $\nu = 1, \ldots, s$ und folglich unter Berücksichtigung von (18.18)

$$k_j - y_i = \Delta t \sum_{\nu=1}^{s} a_{j\nu} f + \mathcal{O}(\Delta t^2)$$

schlussfolgern können. Durch die zweite Forderung in (18.13) ergibt sich demzufolge

$$k_j - y_i = \Delta t c_j f + \mathcal{O}(\Delta t^2),$$

sodass analog

$$\begin{aligned} k_j - y_i &= \Delta t \sum_{\nu=1}^{s} a_{j\nu} \left(f + f_t c_\nu \Delta t + f_y (k_\nu - y_i) + \mathcal{O}(\Delta t^2) \right) \\ &= \Delta t \sum_{\nu=1}^{s} a_{j\nu} \left[f + f_t c_\nu \Delta t + f_y (\Delta t c_\nu f) + \mathcal{O}(\Delta t^2) \right] \\ &= \Delta t c_j f + \Delta t^2 \sum_{\nu=1}^{s} a_{j\nu} c_\nu (f_t + f_y f) + \mathcal{O}(\Delta t^3) \end{aligned}$$

folgt. Setzen wir diese Ordnungsdarstellung in die Gleichung (18.17) ein und sortieren nach Potenzen der Zeitschrittweite, so erhalten wir unter Berücksichtigung der ersten Bedingung gemäß (18.13) die Folgerung

$$\begin{aligned} \widehat{y}_{i+1} = y_i + \Delta t f &+ \frac{\Delta t^2}{2} \left[(f_t + f_y f) \cdot 2 \cdot \sum_{j=1}^{s} b_j c_j \right] \\ &+ \frac{\Delta t^3}{6} \left[(f_y f_t + f_y^2 f) \cdot 6 \cdot \sum_{j=1}^{s} b_j \sum_{\nu=1}^{s} a_{j\nu} c_\nu \right. \\ &\left. + (f_{tt} + 2 f_{ty} f + f_{yy} f^2) \cdot 3 \cdot \sum_{j=1}^{s} b_j c_j^2 \right] \\ &+ \mathcal{O}(\Delta t^4). \end{aligned} \tag{18.19}$$

Ein Vergleich der Darstellungen (18.16) und (18.19) zeigt, dass unter den bereits integrierten Bedingungen (18.13) wegen

$$y(t_i + \Delta t) - \widehat{y}_{i+1} = \mathcal{O}(\Delta t^2)$$

bereits ein Verfahren erster Ordnung vorliegt. Zudem heben sich mit (18.14) die quadratischen Zeitschrittweitenterme auf, womit

$$y(t_i + \Delta t) - \widehat{y}_{i+1} = \mathcal{O}(\Delta t^3)$$

folgt. Gilt weiterhin (18.15), so liefert

$$y(t_i + \Delta t) - \widehat{y}_{i+1} = \mathcal{O}(\Delta t^4)$$

den Abschluss des Beweises. ■

Beispiel Blicken wir zurück auf die explizite Mittelpunktsregel, wie sie auf Seite 663 vorgestellt wurde. Einfaches Nachrechnen zeigt

$$c_1 = 0 = a_{11} + a_{12} \quad \text{sowie} \quad c_2 = \frac{1}{2} = a_{21} + a_{22},$$

sodass wegen

$$\sum_{j=1}^{s} b_j c_j = \frac{1}{2} \quad \text{sowie} \quad \sum_{j=1}^{s} b_j c_j^2 = \frac{1}{4} \neq \frac{1}{3}$$

laut dem obigen Satz ein Verfahren genau zweiter Ordnung vorliegt. Wie die aufgeführte Tabelle verdeutlicht, wird diese Konsistenzordnung bei Anwendung des Verfahrens auf unser Modellproblem (18.9) auch bestätigt.

Explizite Mittelpunktsregel (Runge-Verfahren) angewandt auf das Modellproblem (18.9)		
Zeitschrittweite	Fehler	Ordnung
10^{-1}	$1.62 \cdot 10^{-1}$	
10^{-2}	$3.18 \cdot 10^{-3}$	1.701
10^{-3}	$3.39 \cdot 10^{-5}$	1.972
10^{-4}	$3.41 \cdot 10^{-7}$	1.997
10^{-5}	$3.41 \cdot 10^{-9}$	2.000

Eine der bekanntesten und auch sehr häufig angewendeten Methoden stellt das klassische Runge-Kutta-Verfahren dar. Es handelt sich hierbei um ein explizites vierstufiges Verfahren mit dem Butcher-Array

$$\begin{array}{c|cccc} 0 & 0 & 0 & 0 & 0 \\ \frac{1}{2} & \frac{1}{2} & 0 & 0 & 0 \\ \frac{1}{2} & 0 & \frac{1}{2} & 0 & 0 \\ 1 & 0 & 0 & 1 & 0 \\ \hline & \frac{1}{6} & \frac{1}{3} & \frac{1}{3} & \frac{1}{6} \end{array}$$

das laut Aufgabe 18.15 die Konsistenzordnung $p = 4$ aufweist, die auch durch das in der folgenden Tabelle ersichtliche Konvergenzverhalten belegt wird. Hierbei wurde im Vergleich zur obigen Tabelle eine nicht so stark abfallende Folge von Zeitschritten gewählt, da aufgrund der hohen Ordnung der Methode die Maschinengenauigkeit schnell erreicht wird und daher bei kleineren Schrittweiten keine Aussage über die numerische Konvergenzordnung erzielt werden kann.

Klassisches Runge-Kutta-Verfahren angewandt auf das Modellproblem (18.9)		
Zeitschrittweite	Fehler	Ordnung
$10^{-1} \cdot 4^{0}$	$1.45 \cdot 10^{-4}$	
$10^{-1} \cdot 4^{-1}$	$7.89 \cdot 10^{-6}$	2.101
$10^{-1} \cdot 4^{-2}$	$5.23 \cdot 10^{-8}$	3.618
$10^{-1} \cdot 4^{-3}$	$2.30 \cdot 10^{-10}$	3.916
$10^{-1} \cdot 4^{-4}$	$9.25 \cdot 10^{-13}$	3.977

Ein Vorteil dieser Methode liegt in den wenigen Funktionsauswertungen bei gleichzeitig hoher Genauigkeit. ◀

Neben der Überprüfung der Konsistenzordnung expliziter wie auch impliziter Runge-Kutta-Verfahren lassen sich mit den Bedingungen des obigen Satzes auch Verfahren einer gewünschten Ordnung herleiten. Dabei kann eine Bestimmung

Hintergrund und Ausblick: Butcher-Bäume

Zur Berechnung der Koeffizienten von expliziten Runge-Kutta-Verfahren kann man sich einer formalen Wurzelbaumtechnik bedienen, die von John Butcher stammt.

Zur Ermittlung der Bestimmungsgleichungen für die Koeffizienten b_i, a_{ij} und c_k von expliziten Runge-Kutta-Verfahren betrachtet man **Wurzelbäume**. Sie bestehen aus Knoten, darunter genau eine Wurzel, Zwischenknoten und Blätter. Blätter sind die äuß eren Knoten. Die **Ordnung** eines Wurzelbaumes ist die Anzahl aller Knoten. Es gibt genau einen Wurzelbaum der Ordnung 1, nämlich die Wurzel selbst, genau einen Wurzelbaum der Ordnung 2, genau zwei Wurzelbäume der Ordnung 3 und genau vier der Ordnung 4. Die Anzahl der Wurzelbäume wächst exponentiell mit der Ordnung.

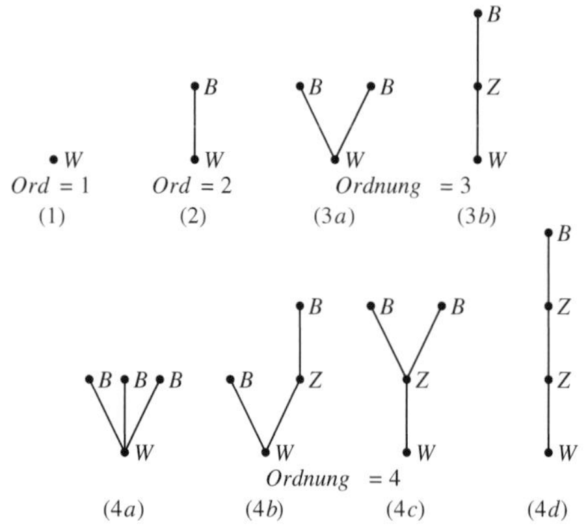

Mit jedem Wurzelbaum t assoziiert man ein Polynom $\Phi(t)$ und eine natürliche Zahl $\gamma(t)$ wie folgt: Die Wurzel bekommt den Index i zugewiesen, die weiteren Zwischenknoten erhalten dann fortlaufend $j, k, \ell, \ldots$, die Blätter bleiben unmarkiert. Wir schreiben nun eine Folge von Faktoren nieder, beginnend mit b_i. Für jede Kante zwischen Zwischenknoten schreibe einen Faktor a_{jk}, wenn die Kante von Zwischenknoten j nach Zwischenknoten k verläuft (in Richtung weg vom Knoten). Für jede Kante, die in einem Blatt endet, schreibe einen Faktor c_j, wobei j der Index des Zwischenknotens ist, an dem das Blatt mit einer Kante befestigt ist. Schließlich summiere die Folge der Faktoren über alle möglichen Indices aus $\{1, 2, \ldots, s\}$. Das ergibt das Polynom $\Phi(t)$.

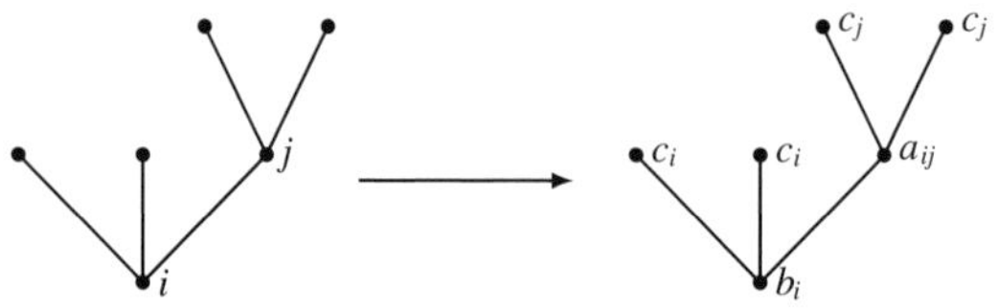

Für den obigen Baum ergibt sich so das Polynom

$$\Phi(t) = \sum_{i,j} b_i c_i^2 a_{ij} c_j^2.$$

Zur Berechnung von $\gamma(t)$ ordnet man jedem Blatt den Faktor 1 zu. Alle anderen Knoten erhalten als Faktor die Summe aller Faktoren der am nächstliegenden, nach außen wachsenden Knoten um eins vermehrt. Für den Beispielbaum

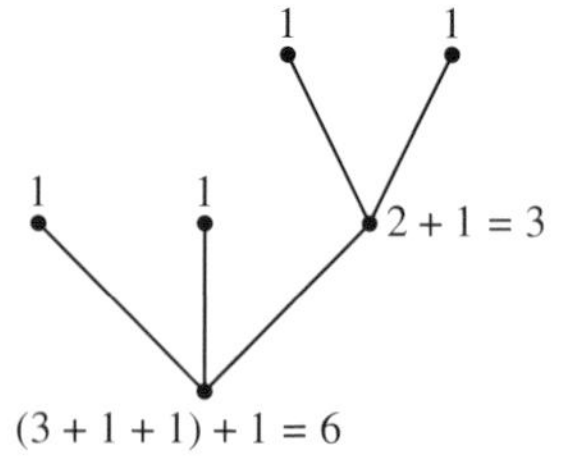

folgt $\gamma(t) = 1 \cdot 1 \cdot 3 \cdot 1 \cdot 1 \cdot 6 = 18$. Sind $\Phi(t)$ und $\gamma(t)$ für alle Wurzelbäume einer bestimmten Ordnung berechnet, folgen die Ordnungsbedingungen aus der Gleichung

$$\Phi(t) = \frac{1}{\gamma(t)}.$$

Die nachfolgende Tabelle enthält $\Phi(t)$ und $\gamma(t)$ für alle Bäume bis zur Ordnung 4.

Baum t	(1)	(2)	(3a)	(3b)
Ordnung	1	2	3	3
$\Phi(t)$	$\sum_i b_i$	$\sum_i b_i c_i$	$\sum_i b_i c_i^2$	$\sum_{i,j} b_i a_{ij} c_j$
γ	1	2	3	6

Baum t	(4a)	(4b)
Ordnung	4	4
$\Phi(t)$	$\sum_i b_i c_i^3$	$\sum_{i,j} b_i c_i a_{ij} c_j$
γ	4	8

Baum t	(4c)	(4d)
Ordnung	4	4
$\Phi(t)$	$\sum_{i,j} b_i a_{ij} c_j^2$	$\sum_{i,j,k} b_i a_{ij} a_{jk} c_j$
γ	12	24

Aus $\Phi(t) = 1/\gamma(t)$ folgen dann die Gleichungen

$$\begin{aligned}
&b_1 + b_2 + b_3 + b_4 = 1,\\
&b_2 c_2 + b_3 c_3 + b_4 c_4 = 1/2,\\
&b_2 c_2^2 + b_3 c_3^2 + b_4 c_4^2 = 1/3,\\
&b_3 a_{32} c_2 + b_4 a_{42} c_2 + b_4 a_{43} c_3 = 1/6,\\
&b_2 c_2^3 + b_3 c_3^3 + b_4 c_4^3 = 1/4,\\
&b_3 c_3 a_{32} c_2 + b_4 c_4 a_{42} c_2 + b_4 c_4 a_{43} c_3 = 1/8,\\
&b_3 a_{32} c_2^2 + b_4 a_{42} c_2^2 + b_4 c_4 a_{43} c_3^2 = 1/12,\\
&b_4 a_{43} a_{32} c_2 = 1/24,
\end{aligned}$$

wobei wir die für ein explizites Runge-Kutta-Verfahren bekannte Eigenschaft $a_{ij} = 0, i \leq j$ berücksichtigt haben.

der Koeffizienten der Methode auf der Grundlage der angegebenen Gleichungen (18.13) bis (18.15) erfolgen. Wie wir in diesem Kontext vorgehen können, wird beispielhaft innerhalb der Box auf Seite 670 vorgestellt.

Stabilität beschränkt die Zeitschrittweite

Die bisherigen Aussagen zur Konsistenz und Konvergenz beruhen stets auf der Grenzwertbetrachtung einer verschwindenden Schrittweite Δt. In der praktischen Anwendung ist man jedoch üblicherweise an der Nutzung großer Zeitschritte interessiert, um den vorgegeben Berechnungszeitraum $[a, b]$ mit möglichst wenigen Iterationen zu durchschreiten. Diese Sichtweise führt uns auf die Untersuchung der *Stabilität* numerischer Verfahren.

Betrachten wir das vektorwertige Anfangswertproblem

$$\boldsymbol{y}'(t) = \boldsymbol{f}(t, \boldsymbol{y}(t)) \quad \text{mit} \quad \boldsymbol{y}(0) = \widehat{\boldsymbol{y}}_0 \tag{18.26}$$

für $t > 0$. Da innerhalb numerischer Verfahren üblicherweise nur Näherungen an die exakte Lösung des Ausgangsproblems berechnet werden, sind wir an der zeitlichen Auswirkung einer kleinen Störung $\boldsymbol{u}_i$ auf die analytische Lösung zum Zeitpunkt t_i interessiert. Folglich gilt unsere Aufmerksamkeit dem Verhalten der Lösung $\boldsymbol{y}+\boldsymbol{u}$ der Problemstellung

$$(\boldsymbol{y}+\boldsymbol{u})'(t) = \boldsymbol{f}(t, (\boldsymbol{y}+\boldsymbol{u})(t)) \quad \text{mit} \quad (\boldsymbol{y}+\boldsymbol{u})(t_i) = \boldsymbol{y}(t_i)+\boldsymbol{u}_i$$

für $t \geq t_i$. Eine Linearisierung entsprechend einer Taylorentwicklung nach der zweiten Variablen ergibt

$$\begin{aligned}
\boldsymbol{u}'(t) &= (\boldsymbol{y}+\boldsymbol{u})'(t) - \boldsymbol{y}'(t) = \boldsymbol{f}(t, (\boldsymbol{y}+\boldsymbol{u})(t)) - \boldsymbol{f}(t, \boldsymbol{y}(t)) \\
&\approx \boldsymbol{f}(t, \boldsymbol{y}(t)) + \frac{\partial \boldsymbol{f}}{\partial \boldsymbol{y}}(t, \boldsymbol{y}(t))\boldsymbol{u}(t) - \boldsymbol{f}(t, \boldsymbol{y}(t)) \\
&= \frac{\partial \boldsymbol{f}}{\partial \boldsymbol{y}}(t, \boldsymbol{y}(t))\boldsymbol{u}(t).
\end{aligned}$$

Frieren wir die auftretende Funktionalmatrix zum Zeitpunkt t_i ein, so ergibt sich ein lineares System gewöhnlicher Differenzialgleichungen mit konstanten Koeffizienten $\boldsymbol{u}'(t) = \frac{\partial \boldsymbol{f}}{\partial \boldsymbol{y}}(t_i, \boldsymbol{y}(t_i)) \cdot \boldsymbol{u}(t)$. Hierzu wissen wir aus Abschnitt 2.2, dass sich die Lösung für paarweise verschiedene Eigenwerte $\lambda_1, \ldots, \lambda_n \in \mathbb{C}$ der Matrix $\frac{\partial \boldsymbol{f}}{\partial \boldsymbol{y}}(t_i, \boldsymbol{y}(t_i))$ als Linearkombination in der Form

$$\boldsymbol{u}(t) = c_1 \boldsymbol{v}_1 \mathrm{e}^{\lambda_1 t} + \ldots + c_n \boldsymbol{v}_n \mathrm{e}^{\lambda_n t}$$

darstellen lässt, wobei $\boldsymbol{v}_1, \ldots, \boldsymbol{v}_n$ die zugehörigen Eigenvektoren repräsentieren.

Weist dieses Differenzialgleichungssystem ausschließlich Eigenwerte mit negativem Realteil auf, so gilt $\lim_{t\to\infty} \boldsymbol{u}(t) = \boldsymbol{0}$, und wir bezeichnen das ursprüngliche Anfangswertproblem (18.26) als moderat, da ein Abfallen kleiner lokaler Störungen in der Zeit vorliegt. Dieses Verhalten sollte auch durch ein sinnvolles numerisches Verfahren reproduziert werden. Diese heuristischen Überlegungen leiten uns daher auf das skalare Testproblem

$$y'(t) = \lambda y(t) \quad \text{mit} \quad y(0) = 1 \tag{18.27}$$

mit $\lambda \neq 0$, und wir führen folgende Definition der Stabilität ein. Es sei dabei darauf hingewiesen, dass die Annahme paarweise verschiedener Eigenwerte an dieser Stelle nur der einfacheren Darstellung wegen getroffen wurde. Auch im Fall mehrfacher Eigenwerte folgt aus der Theorie laut Kapitel 2, Abschnitt 2.2 das Verschwinden der Störung $\boldsymbol{u}$ in der Zeit.

A-Stabilität

Wir bezeichnen ein numerisches Verfahren als **A-stabil** (absolut stabil), wenn die hiermit zum Testproblem (18.27) berechneten Näherungslösungen y_i für jedes $\lambda \in \mathbb{C}^- := \{\lambda \in \mathbb{C} | \mathrm{Re}(\lambda) < 0\}$ bei beliebiger, aber fester Zeitschrittweite $\Delta t > 0$ kontraktiv sind, das heißt

$$|y_{i+1}| < |y_i| \quad \text{für alle} \quad i = 0, 1, 2, \ldots \tag{18.28}$$

erfüllen.

Beispiel Anwendung des expliziten Euler-Verfahrens auf die Testgleichung (18.27) liefert

$$y_{i+1} = y_i + \Delta t f(t_i, y_i) = y_i + \Delta t \lambda y_i = (1 + \Delta t \lambda) y_i,$$

und ein Blick auf die Kontraktivitätsbedingung (18.28) zeigt, dass wir $|1 + \Delta t \lambda| < 1$ oder äquivalent

$$\lambda \Delta t \in \{z \in \mathbb{C} | \quad |z + 1| < 1\}$$

fordern müssen. Die Zeitschrittweite ist folglich beschränkt und die Methode erfüllt nicht die Eigenschaft der A-Stabilität. Nutzen wir hingegen das implizite Euler-Verfahren, so erhalten wir wegen $y_{i+1} = y_i + \Delta t f(t_{i+1}, y_{i+1}) = y_i + \Delta t \lambda y_{i+1}$ direkt

$$y_{i+1} = \frac{1}{1 - \Delta t \lambda} y_i,$$

und die Methode genügt wegen $|1 - \Delta t \lambda|^{-1} \leq |1 - \Delta t \mathrm{Re}(\lambda)|^{-1}$ für alle $\Delta t > 0$ und $\lambda \in \mathbb{C}^-$ der Eigenschaft $|y_{i+1}| < |y_i|$ und ist daher A-stabil. ◀

Um allgemeinere Aussagen zur A-Stabilität von Runge-Kutta-Verfahren treffen zu können, werden wir eine spezielle Darstellung der Methodenklasse im Kontext der Testgleichung $y'(t) = \lambda y(t)$ herleiten. Ausgehend von dem Butcher-Array $(\boldsymbol{A}, \boldsymbol{b}, \boldsymbol{c})$ gelten

$$y_{i+1} = y_i + \Delta t \sum_{j=1}^{s} b_j \underbrace{f(t_i + c_j \Delta t, k_j)}_{=\lambda k_j} = y_i + \Delta t \lambda \sum_{j=1}^{s} b_j k_j$$

und

$$k_j = y_i + \Delta t \sum_{\nu=1}^{s} a_{j\nu} f(t_i + c_\nu \Delta t, k_\nu) = y_i + \Delta t \lambda \sum_{\nu=1}^{s} a_{j\nu} k_\nu.$$

Beispiel: Eine Klasse dreistufiger expliziter Runge-Kutta-Verfahren dritter Ordnung

Basierend auf der auf Seite 666 vorgestellten Theorie wollen wir an dieser Stelle unterschiedliche Verfahren dritter Ordnung herleiten.

Als explizites dreistufiges Verfahren weist der Algorithmus das Butcher-Array

$$\begin{array}{c|ccc} c_1 & 0 & 0 & 0 \\ c_2 & a_{21} & 0 & 0 \\ c_3 & a_{31} & a_{32} & 0 \\ \hline & b_1 & b_2 & b_3 \end{array}$$

auf. Somit liegen 9 Freiheitsgrade für die im Satz zur Konsistenz von Runge-Kutta-Verfahren gegebenen 7 Bedingungen vor, wodurch wir im Folgenden die Knoten c_2 und c_3 als weitestgehend freie Parameter wählen werden. Zunächst ergibt sich wegen (18.13) direkt

$$c_1 = a_{11} + a_{12} + a_{13} = 0, \tag{18.20}$$

sodass sich die Gleichungen zu den linksstehenden Bedingungen in (18.13), (18.14) und (18.15) in der Form

$$\underbrace{\begin{pmatrix} 1 & 1 & 1 \\ 0 & c_2 & c_3 \\ 0 & c_2^2 & c_3^2 \end{pmatrix}}_{=\boldsymbol{B}} \begin{pmatrix} b_1 \\ b_2 \\ b_3 \end{pmatrix} = \begin{pmatrix} 1 \\ 1/2 \\ 1/3 \end{pmatrix}$$

schreiben lassen. Um eine invertierbare Matrix $\boldsymbol{B}$ zu erhalten, ergeben sich wegen $0 \neq \det \boldsymbol{B} = c_2 c_3 (c_3 - c_2)$ die Forderungen $c_2 \neq 0 = c_1$, $c_3 \neq 0 = c_1$ und $c_2 \neq c_3$. Diese Bedingungen besagen, dass die Stützstellen zur numerischen Integration paarweise verschieden gewählt werden sollten und die explizite Darstellung der Gewichte lautet somit

$$b_1 = \frac{6c_2c_3 - 3(c_2 + c_3) + 2}{6c_2c_3}, \tag{18.21}$$

$$b_2 = \frac{3c_3 - 2}{6c_2(c_3 - c_2)}, \tag{18.22}$$

$$b_3 = \frac{2 - 3c_2}{6c_3(c_3 - c_2)}. \tag{18.23}$$

Nutzen wir die zweite Forderung in (18.15), so gilt

$$\frac{1}{6} = b_2 a_{21} c_1 + b_3 (a_{31} c_1 + a_{32} c_2) = b_3 a_{32} c_2.$$

Um die obige Gleichung nach a_{32} auflösen zu können, muss $b_3 \neq 0$ gelten, wodurch sich aus (18.23) mit $c_2 \neq \frac{2}{3}$ eine zusätzliche Einschränkung an den freien Knoten ergibt. Hiermit folgt

$$a_{32} = \frac{1}{6 b_3 c_2} \tag{18.24}$$

und aus (18.13) zudem

$$a_{21} = c_2 \quad \text{sowie} \quad a_{31} = c_3 - a_{32}. \tag{18.25}$$

Mit $c_2 \in [0, 1] \setminus \{0, 2/3\}$ und $c_3 \in [0, 1] \setminus \{0, c_2\}$ können somit durch (18.20) bis (18.25) alle weiteren Koeffizienten für ein explizites dreistufiges Runge-Kutta-Verfahren der Konsistenzordnung $p = 3$ bestimmt werden.

1. Die Wahl $c_1 = \frac{1}{3}$, $c_2 = \frac{2}{3}$ führt auf

$$\begin{array}{c|ccc} 0 & & & \\ \frac{1}{3} & \frac{1}{3} & & \\ \frac{2}{3} & 0 & \frac{2}{3} & \\ \hline & \frac{1}{4} & 0 & \frac{3}{4} \end{array} \qquad \begin{aligned} r_1 &= f(t_i, y_i), \\ r_2 &= f(t_i + \tfrac{\Delta t}{3}, y_i + \tfrac{\Delta t}{3} r_1), \\ r_3 &= f(t_i + \tfrac{\Delta t}{3}, y_i + \tfrac{2\Delta t}{3} r_2), \\ y_{i+1} &= y_i + \tfrac{\Delta t}{4}(r_1 + 3r_3). \end{aligned}$$

2. Die Wahl $c_1 = \frac{1}{2}$, $c_2 = 1$ ergibt

$$\begin{array}{c|ccc} 0 & & & \\ \frac{1}{2} & \frac{1}{2} & & \\ 1 & -1 & 2 & \\ \hline & \frac{1}{6} & \frac{2}{3} & \frac{1}{6} \end{array} \qquad \begin{aligned} r_1 &= f(t_i, y_i), \\ r_2 &= f(t_i + \tfrac{\Delta t}{2}, y_i + \tfrac{\Delta t}{2} r_1), \\ r_3 &= f(t_i + \Delta t, y_i + \Delta t(2r_2 - r_1)), \\ y_{i+1} &= y_i + \tfrac{\Delta t}{6}(r_1 + 4r_2 + r_3). \end{aligned}$$

Beide Verfahren liefern für unser Modellproblem laut Seite 661 entsprechend der aufgeführten Tabelle auch numerisch die zu erwartende Konvergenzordnung. Es ist dabei aber auch ersichtlich, dass eine Konvergenzordnung noch keine Aussage über den resultierenden Fehler erlaubt. Bezogen auf eine feste Zeitschrittweite können wir aus der Tabelle ablesen, dass das Verfahren (1) einen um mehr als das Zehnfache größeren Fehler verglichen zur Methode (2) aufweist.

Explizite dreistufige Runge-Kutta-Verfahren angewandt auf das Modellproblem (18.9)

	Verfahren (1) mit $c_1 = \frac{1}{3}, c_2 = \frac{2}{3}$		Verfahren (2) mit $c_1 = \frac{1}{2}, c_2 = 1$	
Δt	Fehler	Ordnung	Fehler	Ordnung
10^{-1}	$3.51 \cdot 10^{-2}$		$3.72 \cdot 10^{-3}$	
10^{-2}	$8.26 \cdot 10^{-5}$	2.628	$5.52 \cdot 10^{-6}$	2.830
10^{-3}	$8.94 \cdot 10^{-8}$	2.966	$3.84 \cdot 10^{-9}$	3.157
10^{-4}	$9.00 \cdot 10^{-11}$	2.997	$3.62 \cdot 10^{-12}$	3.026

Schreiben wir $\boldsymbol{k} = (k_1, \ldots, k_s)^T$ und $\boldsymbol{e} = (1, \ldots, 1)^T \in \mathbb{R}^s$, so ergibt sich die Formulierung

$$\boldsymbol{k} = y_i \boldsymbol{e} + \Delta t \lambda \boldsymbol{A} \boldsymbol{k} \quad \text{respektive} \quad (\boldsymbol{I} - \Delta t \lambda \boldsymbol{A})\boldsymbol{k} = y_i \boldsymbol{e}.$$

Vorausgesetzt, dass $1/(\Delta t \lambda)$ nicht im Spektrum $\sigma(\boldsymbol{A})$ der Matrix $\boldsymbol{A}$ liegt, gilt

$$\boldsymbol{k} = (\boldsymbol{I} - \Delta t \lambda \boldsymbol{A})^{-1} y_i \boldsymbol{e},$$

und somit kann das Verfahren in der Form

$$\begin{aligned} y_{i+1} &= y_i + \Delta t \lambda \boldsymbol{b}^T \boldsymbol{k} = y_i + \Delta t \lambda \boldsymbol{b}^T (\boldsymbol{I} - \Delta t \lambda \boldsymbol{A})^{-1} y_i \boldsymbol{e} \\ &= \underbrace{(1 + \Delta t \lambda \boldsymbol{b}^T (\boldsymbol{I} - \Delta t \lambda \boldsymbol{A})^{-1} \boldsymbol{e})}_{=:R(\Delta t \lambda)} y_i \end{aligned} \tag{18.29}$$

geschrieben werden.

Stabilitätsfunktion

Für $\widehat{\sigma}(\boldsymbol{A}) = \{\lambda \in \mathbb{C} \setminus \{0\} | \lambda^{-1} \in \sigma(\boldsymbol{A})\}$ heißt die Abbildung

$$R \colon \mathbb{C} \setminus \widehat{\sigma}(\boldsymbol{A}) \to \mathbb{C}, \quad R(\xi) = 1 + \xi \boldsymbol{b}^T (\boldsymbol{I} - \xi \boldsymbol{A})^{-1} \boldsymbol{e}$$

Stabilitätsfunktion zum Runge-Kutta-Verfahren $(\boldsymbol{A}, \boldsymbol{b}, \boldsymbol{c})$.

Wir können mit der oben hergeleiteten Verfahrensform (18.29) einen direkten Zusammenhang zwischen der Stabilitätsfunktion und der A-Stabilität herstellen.

Satz

Ein Runge-Kutta-Verfahren ist genau dann A-stabil, wenn die zugehörige Stabilitätsfunktion der Bedingung

$$|R(\xi)| < 1 \quad \text{für alle} \quad \xi \in \mathbb{C}^-$$

genügt.

Beweis: Mit (18.29) ergibt sich die Behauptung direkt aus

$$|y_{i+1}| = |R(\Delta t \lambda)| \, |y_i|. \qquad \blacksquare$$

Um weitere Aussagen zur Stabilität für Runge-Kutta-Verfahren zu erhalten, ist zunächst eine genauere Klassifikation der Stabilitätsfunktion in Abhängigkeit vom zugrunde liegenden Verfahrenstyp vorzunehmen.

Charakterisierung der Stabilitätsfunktion

Die Stabilitätsfunktion eines s-stufigen Runge-Kutta-Verfahrens $(\boldsymbol{A}, \boldsymbol{b}, \boldsymbol{c})$ stellt

a) ein Polynom vom Grad kleiner oder gleich s dar, falls eine explizite Methode vorliegt.
b) eine gebrochen rationale Funktion dar, die höchstens in den Kehrwerten der Eigenwerte von $\boldsymbol{A}$ Polstellen aufweist, falls eine implizite Methode vorliegt.

Wir bemerken, dass im Fall eines impliziten Verfahrens die gebrochen rationale Funktion sowohl beim Nenner- als auch beim Zählerpolynom den Maximalgrad s besitzt.

Beweis: Betrachten wir zunächst den Fall einer expliziten Methode. Damit stellt $\boldsymbol{A} \in \mathbb{R}^{s \times s}$ eine strikte linke untere Dreiecksmatrix dar, womit $\boldsymbol{A}^s = \boldsymbol{0}$ folgt. Nutzen wir diese Eigenschaften und berücksichtigen auf der Grundlage von $\rho(\xi \boldsymbol{A}) = 0$ die Neumann'sche Reihe, so ergibt sich

$$(\boldsymbol{I} - \xi \boldsymbol{A})^{-1} = \boldsymbol{I} + \xi \boldsymbol{A} + \ldots + \xi^{s-1} \boldsymbol{A}^{s-1},$$

wodurch sich die Stabilitätsfunktion in der Form

$$R(\xi) = 1 + \xi \boldsymbol{b}^T (\boldsymbol{I} - \xi \boldsymbol{A})^{-1} \boldsymbol{e} = 1 + \boldsymbol{b}^T (\xi \boldsymbol{I} + \ldots + \xi^s \boldsymbol{A}^{s-1}) \boldsymbol{e}$$

schreiben lässt und somit ein Polynom vom Grad kleiner oder gleich s darstellt. Im impliziten Fall können wir die obige Darstellung der Matrix $(\boldsymbol{I} - \xi \boldsymbol{A})^{-1}$ als Matrixpolynom nicht verwenden. Daher betrachten wir die Lösung des linearen Gleichungssystems

$$(\boldsymbol{I} - \xi \boldsymbol{A}) \boldsymbol{v} = \boldsymbol{e},$$

die sich unter Verwendung der Cramer'schen Regel zu

$$\begin{aligned} v_j &= \frac{\det((\boldsymbol{I} - \xi \boldsymbol{A})_1, \ldots, \boldsymbol{e}, \ldots (\boldsymbol{I} - \xi \boldsymbol{A})_s)}{\det(\boldsymbol{I} - \xi \boldsymbol{A})} \\ &= \frac{p_j(\xi)}{\det(\boldsymbol{I} - \xi \boldsymbol{A})}, \quad j = 1, \ldots, s \end{aligned}$$

mit $p_j \in \Pi_{s-1}$ schreiben lässt, wobei Π_{s-1} für den Raum der Polynome mit maximalem Grad $s - 1$ steht. Eingesetzt in die grundlegende Darstellung der Stabilitätsfunktion ergibt sich

$$R(\xi) = 1 + \frac{\sum_{j=1}^{s} b_j p_j(\xi)}{\det(\boldsymbol{I} - \xi \boldsymbol{A})} \xi,$$

wodurch eine gebrochen rationale Funktion vorliegt, deren Pole lediglich in den Kehrwerten der Eigenwerte von $\boldsymbol{A}$ liegen können. $\blacksquare$

Aufgrund der obigen Aussagen zur Stabilitätsfunktion sind wir in der Lage, eine zentrale Aussage zu expliziten Runge-Kutta-Verfahren zu treffen.

Satz

Es gibt kein A-stabiles explizites Runge-Kutta-Verfahren.

Beweis: Da die Stabilitätsfunktion ein Polynom mit $R(0) = 1$ darstellt, ergibt sich im Fall $R \in \Pi_0$ direkt $R(\xi) = 1$ für alle ξ. Für $R \in \Pi_s \setminus \Pi_0$ folgt zudem

$$\lim_{|\xi| \to \infty} |R(\xi)| = \infty,$$

wodurch die Beschränktheitsforderung an R bei einem expliziten Runge-Kutta-Verfahren nicht erfüllt werden kann. $\blacksquare$

Wie wir aus der obigen Analyse wissen, können bei expliziten Runge-Kutta-Verfahren die Zeitschritte nicht beliebig groß gewählt werden, da ansonsten auch bei moderaten Differenzialgleichungssystemen ein exponentielles Anwachsen der Fehlerterme befürchtet werden muss. Aus dieser Kenntnis erwächst natürlich unmittelbar die Frage nach einer oberen Schranke für die zu wählende Zeitschrittgröße, das heißt einer Beschränkung an Δt, sodass $|R(\lambda \Delta t)| < 1$ gilt. Diese Überlegung führt uns zu folgender Definition.

Stabilitätsgebiet

Die Menge

$$S := \{\xi \in \mathbb{C} \mid |R(\xi)| < 1\}$$

wird als **Stabilitätsgebiet** des zu R gehörigen Runge-Kutta-Verfahrens bezeichnet.

Beispiel Zur Visualisierung der Stabilitätsgebiete betrachten wir exemplarisch die explizite Mittelpunktsregel und das klassische Runge-Kutta-Verfahren. Wegen der Festlegung $\xi = \lambda \Delta t$ muss folglich bei gegebenem λ die Schrittweite Δt derartig gewählt werden, dass $\lambda \Delta t$ in dem blau gefärbten Gebiet liegt (siehe Abb. 18.7 rechts).

(1) Die explizite Mittelpunktsregel haben wir bereits im Beispiel auf Seite 663 kennengelernt. Mit dem Butcher-Array

$$\begin{array}{c|cc} 0 & 0 & 0 \\ \frac{1}{2} & \frac{1}{2} & 0 \\ \hline & 0 & 1 \end{array}$$

ergibt sich die Stabilitätsfunktion gemäß

$$R(\xi) = 1 + \xi(0,1)\begin{pmatrix} 1 & 0 \\ -\frac{\xi}{2} & 1 \end{pmatrix}^{-1}\begin{pmatrix} 1 \\ 1 \end{pmatrix} = 1 + \xi + \frac{\xi^2}{2}. \tag{18.30}$$

Schreiben wir die komplexe Zahl ξ in der Form $\xi = x + \mathrm{i}y$ mit $x, y \in \mathbb{R}$, so folgt

$$\begin{aligned} R(\xi) = R(x + \mathrm{i}y) &= 1 + x + \mathrm{i}y + \frac{(x + \mathrm{i}y)^2}{2} \\ &= 1 + x + \frac{x^2 - y^2}{2} + \mathrm{i}(1 + x)y. \end{aligned}$$

Das Stabilitätsgebiet hat auf der Basis von

$$1 > |R(\xi)|^2 = \left(1 + x + \frac{x^2 - y^2}{2}\right)^2 + (1 + x)^2 y^2$$

damit die in der Abbildung 18.7 verdeutlichte Form.

(2) Das klassische Runge-Kutta-Verfahren ergibt mit dem Butcher-Array

$$\begin{array}{c|cccc} 0 & 0 & 0 & 0 & 0 \\ \frac{1}{2} & \frac{1}{2} & 0 & 0 & 0 \\ \frac{1}{2} & 0 & \frac{1}{2} & 0 & 0 \\ 1 & 0 & 0 & 1 & 0 \\ \hline & \frac{1}{6} & \frac{1}{3} & \frac{1}{3} & \frac{1}{6} \end{array}$$

unter Verwendung von

$$(\boldsymbol{I} + \xi \boldsymbol{A})^{-1} = \boldsymbol{I} + \xi \boldsymbol{A} + \xi^2 \boldsymbol{A}^2 + \xi^3 \boldsymbol{A}^3 = \begin{pmatrix} 1 & 0 & 0 & 0 \\ \frac{\xi}{2} & 1 & 0 & 0 \\ \frac{\xi^2}{4} & \frac{\xi}{2} & 1 & 0 \\ \frac{\xi^3}{4} & \frac{\xi^2}{2} & \xi & 1 \end{pmatrix}$$

das Polynom vierten Grades in der Form

$$\begin{aligned} R(\xi) &= 1 + \xi\left(\frac{1}{6}, \frac{1}{3}, \frac{1}{3}, \frac{1}{6}\right)(\boldsymbol{I} + \xi \boldsymbol{A})^{-1}\boldsymbol{e} \\ &= 1 + \xi + \frac{1}{2}\xi^2 + \frac{1}{6}\xi^3 + \frac{1}{24}\xi^4. \end{aligned} \tag{18.31}$$

Hiermit folgt das in Abbildung 18.7 eingefärbte Stabilitätsgebiet (rechter Teil). ◀

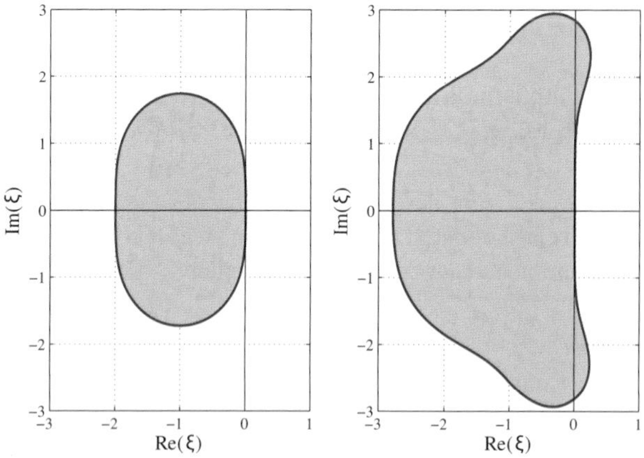

Abbildung 18.7 Stabilitätsgebiet der expliziten Mittelpunktsregel (links) und des klassischen Runge-Kutta-Verfahrens (rechts).

Neben den oben gewonnenen Aussagen zur Wahl einer aus Stabilitätssicht maximalen Zeitschrittweite können wir durch die Stabilitätsfunktion sogar Informationen zur maximalen Ordnung expliziter Runge-Kutta-Verfahren erhalten.

Maximale Ordnung expliziter Runge-Kutta-Verfahren

Ein s-stufiges Runge-Kutta-Verfahren besitzt höchstens die Konsistenzordnung $p = s$.

Beweis: Bezeichnet p die Konsistenzordnung, so ergibt sich bei Anwendung der Methode auf das Anfangswertproblem $y'(t) = y(t)$, $y(0) = 1$ und Verwendung der exakten Lösung $y(t) = \mathrm{e}^t$ die Gleichung

$$R(\Delta t) - \mathrm{e}^{\Delta t} = R(\Delta t)y(0) - \mathrm{e}^{\Delta t} = y_1 - y(\Delta t) = \mathcal{O}(\Delta t^{p+1})$$

für $\Delta t \to 0$. Für explizite Runge-Kutta-Verfahren stellt die Stabilitätsfunktion ein Polynom mit maximalem Grad

s dar, das heißt, wir können $R(\Delta t) = \sum_{j=0}^{s} \alpha_j \Delta t^j$ schreiben. Verwenden wir die Taylorreihe der Exponentialfunktion $e^x = \sum_{j=0}^{\infty} \frac{x^j}{j!}$ und schreiben

$$R(\Delta t) - e^{\Delta t} = \sum_{j=0}^{s} \left(\alpha_j - \frac{1}{j!}\right) \Delta t^j + \sum_{j=s+1}^{\infty} \frac{\Delta t^j}{j!},$$

so wird deutlich, dass maximal

$$R(\Delta t) - e^{\Delta t} = \mathcal{O}(\Delta t^{s+1})$$

vorliegen kann. ■

Blicken wir mit dem Wissen des obigen Satzes auf die Stabilitätsfunktionen der expliziten Mittelpunktsregel und des klassischen Runge-Kutta-Verfahrens zurück, so hätten wir dessen Darstellung (18.30) und (18.31) auch ohne die vorgenommenen aufwendigen Berechnungen direkt angeben können.

?

Existieren s-stufige explizite Runge-Kutta-Verfahren der Ordnung $p = s$ mit unterschiedlichen Stabilitätsgebieten?

18.3 Mehrschrittverfahren

Während bei den Einschrittverfahren zur Berechnung des Wertes y_{i+1} nur die Näherung y_i innerhalb des Verfahrens genutzt wird, können bei Mehrschrittverfahren weitere Approximationen in die Verfahrensfunktion eingehen. In diesem Sinne stellen Mehrschrittverfahren eine Verallgemeinerung der Einschrittverfahren dar.

Beispiel Bei gegebenen Werten y_i und y_{i+1} betrachten wir eine Integration der Differenzialgleichung über das Intervall $[t_i, t_{i+2}]$. Die Mittelpunktsregel liefert

$$\begin{aligned} y(t_{i+2}) - y(t_i) &= \int_{t_i}^{t_{i+2}} y'(t)\mathrm{d}t = \int_{t_i}^{t_{i+2}} f(t, y(t))\mathrm{d}t \\ &= 2\Delta t f(t_{i+1}, y(t_{i+1})) + \mathcal{O}(\Delta t^3). \end{aligned}$$

Wir erhalten hiermit die **Zweischrittmethode**

$$y_{i+2} = y_i + 2\Delta t f(t_{i+1}, y_{i+1}).$$ ◀

Auch bei den Mehrschrittverfahren fokussieren wir uns auf eine äquidistante Unterteilung des Intervalls $[a, b]$ in der Form

$$\Delta t = \frac{b-a}{n}, \quad t_i = t_0 + i\Delta t \quad \text{für} \quad i = 0, \ldots, n.$$

Definition der Mehrschrittverfahren

Ein Verfahren zur approximativen Berechnung einer Lösung des Anfangswertproblems (18.1), (18.2) der Form

$$\sum_{j=0}^{m} \alpha_j y_{i+j} = \Delta t \, \Phi(t_i, y_i, \ldots, y_{i+m}, \Delta t)$$

mit Koeffizienten $\alpha_j \in \mathbb{R}$, $j = 1, \ldots, m$ und $\alpha_m \neq 0$ sowie gegebenen Startwerten $y_0, \ldots, y_{m-1}$ zum Zeitpunkt $t_0, \ldots, t_{m-1}$ und einer Verfahrensfunktion

$$\Phi\colon [a, b] \times \mathbb{R}^m \times \mathbb{R}^+ \to \mathbb{R}$$

wird als m-Schrittverfahren respektive **Mehrschrittverfahren** bezeichnet. Dabei sprechen wir von einer expliziten Methode, falls Φ nicht von der zu bestimmenden Größe y_{i+m} abhängt. Ansonsten wird das Verfahren implizit genannt.

Einschrittverfahren sind spezielle Mehrschrittverfahren

Wir werden uns im Folgenden auf eine spezielle Klasse, die **linearen Mehrschrittverfahren** konzentrieren. Diese zeichnen sich dadurch aus, dass die Verfahrensfunktion in der Form

$$\Phi(t_i, y_i, \ldots, y_{i+m}, \Delta t) = \sum_{j=0}^{m} \beta_j f(t_{i+j}, y_{i+j}) \qquad (18.34)$$

geschrieben werden kann. Es sei darauf hingewiesen, dass wir stets die Eigenschaft $|\alpha_0| + |\beta_0| > 0$ voraussetzen, um in der Tat Daten von der Zeitebene t_i zur Bestimmung der Näherung y_{i+m} zu verwenden. Der Speicheraufwand eines Mehrschrittverfahrens wächst dann linear mit dem Parameter m. Mehrschrittverfahren benötigen im Gegensatz zu Einschrittmethoden eine größere Anzahl an Startwerten. Da durch die Anfangsbedingung in der Regel nur y_0 festgelegt werden kann, müssen die verbleibenden Werte vorab in der sogenannten **Initialisierungs-** beziehungsweise **Startphase** durch ein anderes Zeitschrittverfahren bestimmt werden.

Die bereits durch die Einschrittverfahren bekannten Begriffe der Konsistenz und Konvergenz müssen vor einer generellen Untersuchung linearer Mehrschrittverfahren zunächst auf diese Verfahrensklasse übertragen werden.

Definition der Konsistenz bei Mehrschrittverfahren

Ein Mehrschrittverfahren heißt **konsistent** von der Ordnung $p \in \mathbb{N}$ zur Differenzialgleichung (18.1), wenn unter Verwendung einer Lösung y der lokale Diskretisierungsfehler

$$\begin{aligned} &\eta(t, \Delta t) \\ &= \sum_{j=0}^{m} \alpha_j y(t + j\Delta t) \\ &\quad - \Delta t \, \Phi(t, y(t), y(t+\Delta t), \ldots, y(t + m\Delta t), \Delta t) \end{aligned}$$

für $t \in [a, b]$ und $0 < \Delta t \leq \frac{b-t}{m}$ der Bedingung

$$\eta(t, \Delta t) = \mathcal{O}(\Delta t^{p+1}), \quad \Delta t \to 0$$

genügt. Im Fall $p = 1$ sprechen wir auch einfach von Konsistenz.

Hintergrund und Ausblick: Zeitschrittweitensteuerung

Die Größe der Zeitschrittweite ist generell durch das Stabilitätsgebiet der einzelnen Verfahren gegeben. Eine Verwendung möglichst großer Zeitschritte ist hinsichtlich der Effizienz der Methode zwar wünschenswert, steht jedoch in der Regel im Konflikt zu der Genauigkeit der numerischen Resultate und ist dabei vom Lösungsverlauf abhängig. Es besteht demzufolge ein Interesse an der fehlerbasierten Steuerung der Zeitschrittweite, sodass eine gewünschte Genauigkeit bei möglichst maximaler Schrittweite erzielt werden kann und folglich ein effizientes und gleichzeitig hinreichend genaues Verfahren vorliegt.

Da wir ein numerisches Verfahren in der Praxis nur dann anwenden, wenn eine exakte Lösung nicht ermittelt werden kann, bedarf es einer Fehlerschätzung, wenn die Zeitschrittweite in Bezug zur Genauigkeit gesetzt werden soll. Wegen fehlender Grundinformationen hinsichtlich des exakten Fehlers ist hierzu eine angemessene heuristische Vorgehensweise gefragt.

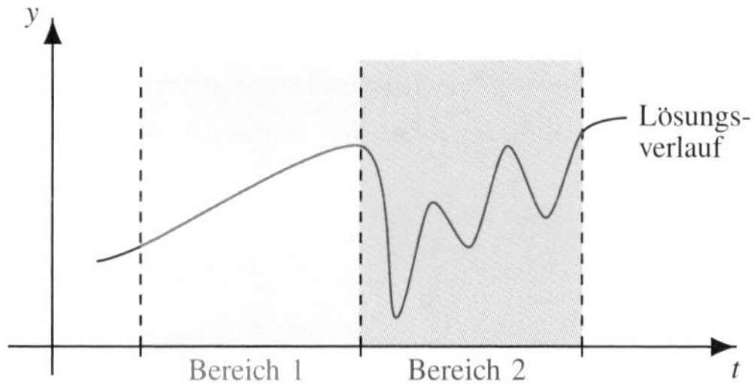

Betrachten wir einen möglichen Lösungsverlauf gemäß der vorliegenden Abbildung, so kommt schnell die Vermutung auf, dass beispielsweise die Nutzung unterschiedlicher Zeitschritte beim expliziten Euler-Verfahren im Bereich 1 keine großen Unterschiede liefert, während die numerischen Lösungen im Bereich 2 deutliche Differenzen zeigen sollten. Folglich könnten die numerischen Resultate eines Verfahrens mit zwei unterschiedlichen Schrittweiten zur Fehlerabschätzung genutzt werden. Allerdings bedarf diese Technik offensichtlich eines erhöhten Rechenaufwands.

Analog könnten wir auch mit zwei Verfahren unterschiedlicher Genauigkeitsordnung arbeiten und deren Abweichung in der numerischen Lösung betrachten. Dieser Ansatz kann mittels der auf Seite 675 vorgestellten eingebetteten Verfahren effizient realisiert werden.

Wir gehen von zwei Einschrittverfahren $\Phi_j = \Phi_j(t, y(t), y(t+\Delta t), \Delta t)$, $j = p, p+1$ aus, die jeweils die Konsistenzordnung j aufweisen. Schreiben wir den lokalen Diskretisierungsfehler

$$\begin{aligned}\underbrace{\eta_p(t,\Delta t)}_{=\mathcal{O}(\Delta t^{p+1})} &= y(t+\Delta t) - \big(y(t) + \Delta t\,\Phi_p\big)\\ &= y(t+\Delta t) - y(t) - \Delta t\,\Phi_{p+1} + \Delta t\,\big(\Phi_{p+1} - \Phi_p\big)\\ &= \underbrace{\eta_{p+1}(t,\Delta t)}_{=\mathcal{O}(\Delta t^{p+2})} + \Delta t\,\big(\Phi_{p+1} - \Phi_p\big)\end{aligned}$$

und nehmen zudem an, dass der lokale Fehler η_{p+1} vernachlässigbar gegenüber η_p ist, dann gilt neben

$$|\Phi_{p+1} - \Phi_p| = \mathcal{O}(\Delta t^p)$$

auch

$$\eta_p(t,\Delta t) \approx \Delta t(\Phi_{p+1} - \Phi_p). \tag{18.32}$$

Mit der berechenbaren Differenz $\varepsilon(\Delta t) = |\Phi_{p+1} - \Phi_p|$ kann somit der lokale Diskretisierungsfehler in den Zusammenhang

$$\varepsilon(\Delta t) \approx \frac{\eta_p(t,\Delta t)}{\Delta t}$$

gebracht werden. Die Zielsetzung liegt nun in der Bestimmung einer Zeitschrittweite Δt_{neu}, sodass eine vorgegebene Genauigkeit $\varepsilon_{\text{Ziel}} \approx \frac{\eta_p(t,\Delta t_{\text{neu}})}{\Delta t_{\text{neu}}}$ approximativ erzielt werden kann. Mit der Hypothese, dass sich der lokale Diskretisierungsfehler in der Form

$$\eta_p(t,\Delta t) = C\,\Delta t^{p+1} \tag{18.33}$$

mit einer unbekannten, aber von Δt unabhängigen Konstante C schreiben lässt, ergibt sich

$$\frac{\varepsilon_{\text{Ziel}}}{\Delta t_{\text{neu}}^p} \approx \frac{\eta_p(t,\Delta t_{\text{neu}})}{\Delta t_{\text{neu}}^{p+1}} \approx C \approx \frac{\eta_p(t,\Delta t)}{\Delta t^{p+1}} \approx \frac{\varepsilon(\Delta t)}{\Delta t^p}.$$

Achtung: Mit (18.33) liegt in der Tat eine Annahme vor, denn $\eta_p(t,\Delta t) = \mathcal{O}(\Delta t^{p+1})$ besagt $|\eta_p(t,\Delta t)| \le C\,\Delta t^{p+1}$ nur für hinreichend kleines Δt. Diese Voraussetzung ist an dieser Stelle jedoch nicht notwendigerweise erfüllt.

Die Festlegung

$$\Delta t_{\text{neu}} = \Delta t \sqrt[p]{\frac{\varepsilon_{\text{Ziel}}}{\varepsilon(\Delta t)}}$$

ermöglicht somit eine heuristisch basierte Anpassung der Größe des Zeitschrittes in Abhängigkeit vom geschätzten Fehler. Für $\varepsilon_{\text{Ziel}} > \varepsilon(\Delta t)$ wird dabei eine Vergrößerung und analog im Fall $\varepsilon_{\text{Ziel}} < \varepsilon(\Delta t)$ eine Verkleinerung der Zeitschrittweite vorgenommen. Natürlich muss lediglich bei einer Schrittweitenverringerung der aktuell durchgeführte Zeitschritt wiederholt werden.

Bedingt durch die Vernachlässigung des Konsistenzfehlers η_{p+1} innerhalb der Approximation (18.32) ist die Fehlerabschätzung formal nur für das Verfahren geringerer Ordnung entwickelt worden. Es steht dem Nutzer natürlich frei, dennoch die Resultate des Verfahrens höherer Ordnung zu verwenden, da in der Herleitung ohnehin davon ausgegangen wird, dass hierdurch kleinere Fehlerterme auftreten.

Es sei zudem erwähnt, dass im Fall eines Systems gewöhnlicher Differenzialgleichungen die Beträge durch Normen zu ersetzen sind.

Beispiel: Eingebettete Runge-Kutta-Verfahren

Ein Ansatz zur Fehlerschätzung für eine heuristisch basierte Zeitschrittweitensteuerung basiert auf dem Vergleich der numerischen Resultate zweier Runge-Kutta-Verfahren unterschiedlicher Ordnung. Um hierbei einen möglichst geringen zusätzlichen Rechenaufwand zu erhalten, ist es sinnvoll, verwandte Verfahren zu nutzen, bei denen möglichst viele Zwischenergebnisse in den Stufen identisch sind.

Für das Verfahren

$$\begin{array}{c|ccc} 0 & & & \\ 1 & 1 & & \\ \frac{1}{2} & \frac{1}{4} & \frac{1}{4} & \\ \hline & \frac{1}{6} & \frac{1}{6} & \frac{2}{3} \end{array} \qquad \begin{aligned} r_1 &= f(t_i, y_i) \\ r_2 &= f(t_i + \tfrac{\Delta t}{2}, y_i + \tfrac{\Delta t}{2} r_1) \\ r_3 &= f(t_i + \tfrac{\Delta t}{2}, y_i + \tfrac{\Delta t}{4}(r_1 + r_2)) \\ y_{i+1} &= y_i + \tfrac{\Delta t}{6}(r_1 + r_2 + 4r_3) \end{aligned}$$

lässt sich mit dem Satz zur Konsistenzordnung bei Runge-Kutta-Verfahren laut Seite 666 leicht die Ordnung $p = 3$ nachweisen. Analog besitzt

$$\begin{array}{c|cc} 0 & & \\ 1 & 1 & \\ \hline & \frac{1}{2} & \frac{1}{2} \end{array} \qquad \begin{aligned} r_1 &= f(t_i, y_i) \\ r_2 &= f(t_i + \tfrac{\Delta t}{2}, y_i + \tfrac{\Delta t}{2} r_1) \\ y_{i+1} &= y_i + \tfrac{\Delta t}{2}(r_1 + r_2) \end{aligned}$$

die Konsistenzordnung $p = 2$. Dabei fällt auf, dass die Steigungen r_1 und r_2 in beiden Verfahren identisch sind. Daher bezeichnet man das zweite Verfahren als in das erste eingebettet. Diese Beziehung zwischen den beiden Methoden lässt sich sehr gewinnbringend im Rahmen der Zeitschrittweitensteuerung nutzen, da die Werte des Verfahrens dritter Ordnung direkt in der Methode zweiter Ordnung verwendet werden können und folglich im Gegensatz zu nicht eingebetteten Verfahren kein zusätzlicher Rechenaufwand entsteht.

Wie der entsprechenden Box auf Seite 674 entnommen werden kann, liegt der zentrale Punkt bei der Anpassung der Schrittweite in der Berechnung der Differenz der Verfahrensfunktionen $\Phi_{p+1} - \Phi_p$. In diesem Fall gelten

$$\Phi_3 = \frac{1}{6}(r_1 + r_2 + 4r_3) \text{ und}$$
$$\Phi_2 = \frac{1}{2}(r_1 + r_2),$$

womit sich

$$\Phi_3 - \Phi_2 = \frac{1}{3}(2r_3 - r_1 - r_2)$$

schreibt.

Wir wollen nun eine Charakterisierung der Konsistenzordnung linearer Mehrschrittverfahren in Termen der freien Parameter $\alpha_j, \beta_j, j = 0, \ldots, m$. vornehmen.

Satz zur Konsistenz linearer Mehrschrittverfahren

Ein lineares Mehrschrittverfahren besitzt genau dann Konsistenzordnung p, wenn

$$\sum_{j=0}^{m} \alpha_j = 0 \quad \text{und} \quad \sum_{j=0}^{m} \alpha_j j^q = q \sum_{j=0}^{m} \beta_j j^{q-1} \tag{18.35}$$

für $q = 1, \ldots, p$ gelten.

Beweis: Die Grundidee des Nachweises liegt in einer Taylorentwicklung der Lösung und ihrer ersten Ableitung innerhalb des lokalen Diskretisierungsfehlers. Berücksichtigen wir die spezielle Gestalt der Verfahrensfunktion Φ im Fall linearer Mehrschrittverfahren, so erhalten wir

$$\begin{aligned} &\eta(t, \Delta t) \\ &= \sum_{j=0}^{m} \Big\{ \alpha_j y(t + j\Delta t) - \Delta t \beta_j f(t + j\Delta t, y(t + j\Delta t)) \Big\} \\ &= \sum_{j=0}^{m} \Big\{ \alpha_j y(t + j\Delta t) - \Delta t \beta_j y'(t + j\Delta t) \Big\}. \end{aligned}$$

Dabei ergibt sich das zweite Gleichheitszeichen durch Einsetzen der Differenzialgleichung. Die bereits angekündigten Taylorentwicklungen schreiben wir in der Form

$$y(t + j\Delta t) = \sum_{q=0}^{p} \frac{(j\Delta t)^q}{q!} y^{(q)}(t) + \mathcal{O}(\Delta t^{p+1}),$$
$$y'(t + j\Delta t) = \sum_{q=1}^{p} \frac{(j\Delta t)^{q-1}}{(q-1)!} y^{(q)}(t) + \mathcal{O}(\Delta t^{p}).$$

Folglich ergibt sich die Behauptung unmittelbar aus

$$\begin{aligned} \eta(t, \Delta t) &= \sum_{j=0}^{m} \Bigg\{ \alpha_j \sum_{q=0}^{p} \frac{(j\Delta t)^q}{q!} y^{(q)}(t) \\ &\qquad - \Delta t \beta_j \sum_{q=1}^{p} \frac{(j\Delta t)^{q-1}}{(q-1)!} y^{(q)}(t) \Bigg\} + \mathcal{O}(\Delta t^{p+1}) \\ &= \sum_{q=1}^{p} \Bigg\{ \frac{\Delta t^q}{q!} y^{(q)}(t) \Bigg[\sum_{j=0}^{m} \alpha_j j^q - q \sum_{j=0}^{m} \beta_j j^{q-1} \Bigg] \Bigg\} \\ &\quad + y(t) \sum_{j=0}^{m} \alpha_j + \mathcal{O}(\Delta t^{p+1}). \end{aligned}$$

■

Als Hilfsmittel für die weitere Analyse linearer Mehrschrittverfahren definieren wir das erste und zweite charakteristische Polynom

$$\varrho(\xi) = \sum_{j=1}^{m} \alpha_j \xi^j, \quad \sigma(\xi) = \sum_{j=1}^{m} \beta_j \xi^j,$$

die auch als erzeugende Polynome bezeichnet werden.

Mit dem obigen Satz können wir die Konsistenz der Ordnung $p = 1$ auch durch eine einfach zu überprüfende Beziehung zwischen den charakteristischen Polynomen darstellen. Schreiben wir

$$\varrho(1) = \sum_{j=1}^{m} \alpha_j \quad \text{und} \quad \sigma(1) = \sum_{j=1}^{m} \beta_j$$

sowie

$$\varrho'(\xi) = \sum_{j=1}^{m} j\alpha_j \xi^{j-1},$$

so kann die Bedingung (18.35) für $p = q = 1$ in der Form

$$\varrho(1) = 0 \quad \text{und} \quad \varrho'(1) = \sigma(1). \tag{18.36}$$

ausgedrückt werden.

Definition der Konvergenz bei Mehrschrittverfahren

Ein Mehrschrittverfahren mit Startwert

$$y_j = y(t_j) + \mathcal{O}(\Delta t^p), \ \Delta t \to 0$$

für $j = 0, \ldots, m-1$ heißt **konvergent** von der Ordnung $p \in \mathbb{N}$ zum Anfangswertproblem (18.1), (18.2), wenn für den zur Schrittweite Δt erzeugten Näherungswert y_i an die Lösung $y(t_i)$, $t_i = a + i\Delta t \in [a, b]$, der globale Diskretisierungsfehler

$$e(t_i, \Delta t) = y(t_i) - y_i$$

für alle t_i, $i = m, ..., n$, der Bedingung

$$e(t_i, \Delta t) = \mathcal{O}(\Delta t^p), \ \Delta t \to 0$$

genügt. Gelten die obigen Gleichungen mit $o(1)$ anstelle von $\mathcal{O}(\Delta t^p)$, so sprechen wir auch einfach von Konvergenz.

Um einen tieferen Einblick in das Verhalten von Mehrschrittverfahren zu erhalten, werden wir uns zunächst mit der Lösung homogener Differenzengleichungen befassen, da genau solche bei diesen Verfahren auftreten, wenn sie auf eine Differenzialgleichung mit verschwindender rechter Seite angewendet werden.

Satz zur Lösung homogener Differenzengleichungen

Besitzt das erste charakteristische Polynom

$$\varrho(\xi) = \sum_{j=0}^{m} \alpha_j \xi^j$$

ausschließlich paarweise verschiedene Nullstellen $\xi_1, \ldots, \xi_m \in \mathbb{C}$, dann schreibt sich die Lösungsfolge $(y_n)_{n\in\mathbb{N}_0}$ der zugehörigen homogenen Differenzengleichung

$$\sum_{j=0}^{m} \alpha_j y_{i+j} = 0, \quad i = 0, 1, 2, \ldots \tag{18.37}$$

in der Form

$$y_n = \sum_{k=1}^{m} \gamma_k \xi_k^n, \quad n = 0, 1, 2, \ldots \tag{18.38}$$

mit $\gamma_k \in \mathbb{C}$, $k = 0, \ldots, m$.

Beweis: Der Nachweis gliedert sich in zwei Teile. Wir werden zunächst zeigen, dass die durch (18.38) gegebene Folge eine Lösung der homogenen Differenzengleichung (18.37) darstellt. Anschließend liefern wir den Beweis, dass der Lösungsraum die Dimension m hat und mit den Folgen $(\xi_k^n)_{n\in\mathbb{N}_0}$, $k = 1, \ldots, m$ eine Basis hiervon vorliegt. Den ersten Teil erledigen wir durch einfaches Einsetzen gemäß

$$\begin{aligned}\sum_{j=0}^{m} \alpha_j y_{i+j} &= \sum_{j=0}^{m} \alpha_j \sum_{k=1}^{m} \gamma_k \xi_k^{i+j} = \sum_{k=1}^{m} \gamma_k \xi_k^i \sum_{j=0}^{m} \alpha_j \xi_k^j \\ &= \sum_{k=1}^{m} \gamma_k \underbrace{\varrho(\xi_k)}_{=0} = 0.\end{aligned}$$

Kommen wir somit zum aufwendigeren zweiten Teil. Bei der Differenzengleichung müssen für jede Lösungsfolge $(y_n)_{n\in\mathbb{N}_0}$ die ersten m Startwerte $y_0, \ldots, y_{m-1} \in \mathbb{C}$ vorgegeben werden. Da $\mathbb{C}^m$ ein m-dimensionaler komplexer Vektorraum ist, existiert eine Basis $\{\boldsymbol{s}^{(1)}, \ldots, \boldsymbol{s}^{(m)}\}$ von $\mathbb{C}^m$, und jeder Startvektor $\boldsymbol{s} = (y_0, \ldots, y_{m-1})^T$ lässt sich in der Form

$$\boldsymbol{s} = \sum_{k=1}^{m} \gamma_k \boldsymbol{s}^{(k)}, \quad \gamma_k \in \mathbb{C} \tag{18.39}$$

schreiben. Betrachten wir die Lösungsfolgen $(y_n^{(k)})_{n\in\mathbb{N}_0}$ zu den Startvektoren $\boldsymbol{s}^{(k)}$, $k = 1, \ldots, m$, so sind die Folgen linear unabhängig, da deren Startvektoren es sind. Folglich besitzt der Lösungsraum mindestens die Dimension m. Wir wollen nun nachweisen, dass sich alle Lösungsfolgen als Linearkombination der Folgen $(y_n^{(k)})_{n\in\mathbb{N}_0}$, $k = 1, \ldots, m$ darstellen lassen. Für eine gegebene Lösungsfolge $(y_n)_{n\in\mathbb{N}_0}$ ergibt sich für den Startvektor die Darstellung (18.39).

Mit einer vollständigen Induktion liefern wir den Nachweis, dass sich jedes Folgenglied y_r in der Form

$$y_r = \sum_{k=1}^{m} \gamma_k y_r^{(k)} \tag{18.40}$$

schreiben lässt. Dabei betrachten wir stets Sequenzen der Länge m und setzen die Induktionsbehauptung

$$y_r = \sum_{k=1}^{m} \gamma_k y_r^{(k)} \quad \text{für} \quad r = i, i+1, \ldots, i+m-1 \tag{18.41}$$

für jedes $i = 0, 1, \dots$ an. Der Induktionsanfang für $i = 0$ ist durch die Darstellung des Startvektors

$$y_r = s_r = \sum_{k=1}^{m} \gamma_k s_r^{(k)} = \sum_{k=1}^{m} \gamma_k y_r^{(k)} \quad \text{für} \quad r = 0, 1, \dots, m-1$$

gegeben. Gilt die Behauptung (18.41) mit $r = i, \dots, i + m - 1$ für ein beliebiges, aber festes $i \in \mathbb{N}_0$, so muss die Eigenschaft nun für $r = i + 1, \dots, i + m$ nachgewiesen werden. Aufgrund der Induktionsannahme können wir uns dabei auf die letzte Komponente der aktuellen Sequenz, das heißt y_{i+m} beschränken. Mit der Differenzengleichung sowie $\alpha_m \neq 0$ ergibt sich

$$\begin{aligned} y_{i+m} &= -\frac{1}{\alpha_m} \sum_{j=0}^{m-1} \alpha_j y_{i+j} = -\frac{1}{\alpha_m} \sum_{j=0}^{m-1} \alpha_j \sum_{k=1}^{m} \gamma_k y_{i+j}^{(k)} \\ &= \sum_{k=1}^{m} \gamma_k \underbrace{\sum_{j=0}^{m-1} \left(-\frac{1}{\alpha_m}\right) \alpha_j y_{i+j}^{(k)}}_{= y_{i+m}^{(k)}} = \sum_{k=1}^{m} \gamma_k y_{i+m}^{(k)}, \end{aligned}$$

womit die m Lösungsfolgen $(y_n^{(k)})_{n \in \mathbb{N}_0}$, $k = 1, \dots, m$ ein Erzeugendensystem und wegen der maximalen Dimension m auch eine Basis des Lösungsraums darstellen. Hiermit ist die Induktion abgeschlossen und wir können uns einer speziellen Basis zuwenden, um die endgültige Lösungsdarstellung (18.38) zu erhalten.

Die Startvektoren

$$s^{(k)} = (1, \xi_k, \xi_k^2, \dots, \xi_k^{m-1})^T \in \mathbb{C}^m, \quad \text{für} \quad k = 1, \dots, m$$

repräsentieren eine Basis des $\mathbb{C}^m$, da die Nullstellen $\xi_1, \dots, \xi_m \in \mathbb{C}$ paarweise verschieden sind, siehe Aufgabe 18.21. Zudem folgt mit Aufgabe 18.22 die Darstellung der Lösungsfolge $(y_n^{(k)})_{n \in \mathbb{N}_0}$ zu $s^{(k)}$ in der Form $y_n^{(k)} = \xi_k^n$ und wir erhalten die Lösungsfolge $(y_n)_{n \in \mathbb{N}_0}$ zu $s = \sum_{k=1}^{m} \gamma_k s_r^{(k)}$ mit (18.40) in der Form

$$y_n = \sum_{k=1}^{m} \gamma_k y_n^{(k)} = \sum_{k=1}^{m} \gamma_k \xi_k^n, \quad n \in \mathbb{N}_0 . \quad \blacksquare$$

Beispiel Wir betrachten das Anfangswertproblem

$$y'(t) = 0 \quad \text{mit} \quad y(0) = 0.1 \tag{18.42}$$

und wenden hierauf das explizite lineare Mehrschrittverfahren

$$y_{i+2} + 4y_{i+1} - 5y_i = \Delta t \Big(4f(t_{i+1}, y_{i+1}) + 2f(t_i, y_i) \Big)$$

an. Wie in Aufgabe 18.20 gezeigt, ist die obige Methode konsistent von genau dritter Ordnung zur Differenzialgleichung $y'(t) = f(t, y(t))$. Bezogen auf (18.42) ergibt sich die Differenzengleichung

$$y_{i+2} + 4y_{i+1} - 5y_i = 0.$$

Dem Satz zur Lösung von Differenzengleichungen entsprechend gilt

$$y_n = \gamma_1 \xi_1^n + \gamma_2 \xi_2^n, \tag{18.43}$$

wobei die Koeffizienten γ_1, γ_2 aus den Anfangsbedingungen y_0, y_1 bestimmt werden müssen und ξ_1, ξ_2 die Nullstellen des ersten charakteristischen Polynoms ϱ repräsentieren. Im Kontext unseres Verfahrens folgt

$$\varrho(\xi) = \xi^2 + 4\xi - 5 = (\xi - 1)(\xi + 5)$$

und somit $\xi_1 = 1$, $\xi_2 = -5$. Gehen wir von den Initialisierungswerten

$$y_0 = 0.1 \quad \text{und} \quad y_1 = 0.1 + \varepsilon$$

mit einer kleinen Störung $\varepsilon > 0$ aus, die sich beispielsweise durch Rundungsfehler oder bei komplexeren Differenzialgleichungen durch die Approximation innerhalb der Startphase ergeben können, so folgt aus (18.43) für $i = 0, 1$

$$0.1 = \gamma_1 + \gamma_2 \quad \text{sowie} \quad 0.1 + \varepsilon = \gamma_1 - 5\gamma_2 .$$

Damit erhalten wir $\gamma_1 = 0.1 + \frac{\varepsilon}{6}$ und $\gamma_2 = -\frac{\varepsilon}{6}$, wodurch die Lösungsfolge $(y_n)_{n \in \mathbb{N}_0}$ der Differenzengleichung und damit des betrachteten linearen Mehrschrittverfahrens die Form

$$y_n = 0.1 + \frac{\varepsilon}{6} - \frac{\varepsilon}{6}(-5)^n \tag{18.44}$$

besitzt. Betrachten wir die Differenz zwischen der exakten Lösung $y(t) = 0.1$ des Anfangswertproblems und der berechneten Näherungslösung zu einem beliebigen, aber festen Zeitpunkt $T > 0$, so gilt mit $\Delta t = T/n$, $n \in \mathbb{N}$

$$\lim_{n \to \infty} |y(T) - y_n| = \lim_{n \to \infty} \left| \frac{\varepsilon}{6} - \frac{\varepsilon}{6}(-5)^n \right| = \infty,$$

wodurch keine Konvergenz vorliegt.

Nun könnte man natürlich argumentieren, dass die Störung ε in den Initialisierungswerten einen doch eher akademischen Charakter aufweist. Wir haben daher das Verfahren auf ungestörte Anfangsdaten $y_0 = y_1 = 0.1$ angewendet und erhalten den in Abbildung 18.8 verdeutlichten Iterationsverlauf.

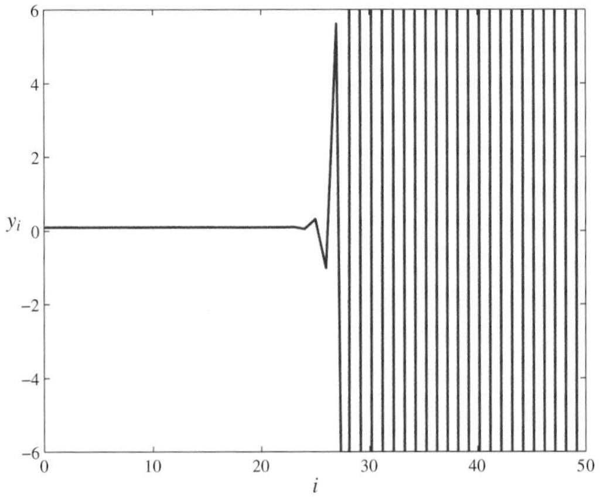

Abbildung 18.8 Iterationsfolge des konsistenten linearen Mehrschrittverfahrens (18.42).

Bei der Betrachtung der numerischen Resultate sollte bedacht werden, dass die Beschränkung des Bildausschnittes in vertikaler Richtung wegen des exponentiellen Anwachsens der Oszillationen gewählt wurde. Es gilt bereits $|y_{50}| \approx 6.5 \cdot 10^{16}$. Die Ursache für dieses Verhaltens kann aufgrund der exakten Anfangswerte keinen akademischen Grund besitzen. Vielmehr liegt hier eine Darstellungsproblematik vor, denn 0.1 hat mit $(0.0\overline{0011})_2$ eine nicht abbrechende Darstellung im Dualsystem und kann folglich vom Rechner nicht exakt dargestellt werden. ◀

?

Wie reagiert das obige Mehrschrittverfahren, wenn anstelle der Startwerte $y_0 = y_1 = 0.1$ die Werte $y_0 = y_1 = 1$ genutzt werden?

Bei Mehrschrittverfahren impliziert Konvergenz sowohl Nullstabilität als auch Konsistenz

Das obige Beispiel verdeutlicht die Notwendigkeit einer weiteren Bedingung bezüglich der Nullstellen des ersten charakteristischen Polynoms, um aus einer vorliegenden Konsistenz auch die Konvergenz bei Mehrschrittverfahren schlussfolgern zu können.

Nullstabilität

Ein Mehrschrittverfahren

$$\sum_{j=0} \alpha_j y_{i+j} = \Delta t \, \Phi(t_i, y_i, \ldots, y_{i+m}, \Delta t)$$

heißt **nullstabil**, wenn das zugehörige erste charakteristische Polynom $\varrho(\xi) = \sum_{j=0}^{m} \alpha_j \xi^j$ der *Dahlquist'schen Wurzelbedingung* genügt. Diese besagt, dass alle Nullstellen des Polynoms im abgeschlossenen komplexen Einheitskreis liegen und auf dem Rand ausschließlich einfache Nullstellen auftreten.

Die Definition gründet auf der im obigen Beispiel gewonnenen Erkenntnis, dass Nullstellen außerhalb des Einheitskreises zu einem unbeschränkten Anwachsen der Näherung y_n führen können. Es sei an dieser Stelle angemerkt, dass die Nullstellen eines konsistenten Mehrschrittverfahrens nicht ausschließlich im Inneren des komplexen Einheitskreises liegen, da mit (18.35) $\xi = 1$ stets eine Nullstelle des ersten charakteristischen Polynoms gegeben ist. Diese Eigenschaft ist auch sinnvoll hinsichtlich der Konvergenz, denn ein Mehrschrittverfahren mit

$$\varrho(\xi) = 0 \quad \Leftrightarrow \quad |\xi| < 1$$

würde bei Differenzialgleichungen mit verschwindender rechter Seite wegen (18.38) stets eine Nullfolge als Lösungsfolge berechnen und könnte folglich Anfangswertprobleme, deren Lösung wie im obigen Beispielfall konstant ungleich null sind, nicht sinnvoll diskretisieren.

Satz

Ein konvergentes lineares Mehrschrittverfahren ist notwendigerweise konsistent und nullstabil.

Beweis: Wir widmen uns zunächst dem Nachweis der Nullstabilität und führen einen Widerspruchsbeweis indem wir annehmen, dass das Verfahren konvergent, aber nicht nullstabil ist. Wenden wir das lineare Mehrschrittverfahren auf das Anfangswertproblem

$$y'(t) = 0, \quad y(0) = 0, \quad t \in [0, 1]$$

mit Lösung $y(t) = 0$ an, so ergibt sich für $i = 0, 1, \ldots$ die Differenzengleichung

$$\alpha_m y_{i+m} + \ldots + \alpha_0 y_i = 0. \tag{18.45}$$

Da das Verfahren nicht nullstabil ist, besitzt das erste charakteristische Polynom $\varrho(\xi) = \sum_{j=0}^{m} \alpha_j \xi^j$ entweder eine Nullstelle ξ_1 mit $|\xi_1| > 1$ oder eine mehrfache Nullstelle ξ_2 mit $|\xi_2| = 1$.

Die Idee ist es, Anfangswerte zu generieren, die der Bedingung innerhalb der Definition der Konvergenz von Mehrschrittverfahren genügen, und zu zeigen, dass die durch das allgemeine Mehrschrittverfahren (18.45) unter Verwendung dieser Werte erzeugte Folge dennoch divergiert.

Betrachten wir zunächst den Fall einer Nullstelle ξ_1 außerhalb des komplexen Einheitskreises. Nach dem Satz zur Lösung homogener Differenzengleichungen liegt beispielsweise mit

$$y_n = \sqrt{\Delta t}\xi_1^n$$

eine Lösung von (18.45) vor. Nutzen wir die ersten m Glieder dieser Folge als Startwerte, so erfüllen diese wegen

$$\lim_{\Delta t \to 0} |y_j - y(t_j)| = \lim_{\Delta t \to 0} \sqrt{\Delta t}\xi_1^j = 0, \quad \text{für } j = 0, \ldots, m-1$$

die innerhalb der Definition zur Konvergenz geforderte Ordnungsbedingung $o(1)$. Für festes $T = n\Delta t \in]0, 1]$, mit $n \geq m$ erhalten wir jedoch wegen $|\xi_1| > 1$

$$\lim_{\Delta t \to 0} |y_n - y(T)| = \lim_{\Delta t \to 0} |\sqrt{\Delta t}\xi_1^{T/\Delta t}| = \infty,$$

womit ein Widerspruch zur vorausgesetzten Konvergenz vorliegt.

Wenden wir uns jetzt dem Fall einer mehrfachen Nullstelle ξ_2 auf dem Rand des komplexen Einheitskreises zu. Für ξ_2 liegt somit auch eine Nullstelle der ersten Ableitung von ϱ vor und wir können somit

$$0 = \varrho'(\xi_2) = \alpha_1 + 2\,\alpha_2\,\xi_2 + \ldots + m\,\alpha_m\,\xi_2^{m-1}$$

schreiben. Mit $y_n = n\sqrt{\Delta t}\xi_2^{n-1}$ ergibt sich wegen

$$\sum_{j=0}^{m} \alpha_j y_{i+j} = \sum_{j=0}^{m} \alpha_j (i+j)\sqrt{\Delta t}\xi_2^{i+j-1}$$
$$= \sqrt{\Delta t}\; i\; \xi_2^i \underbrace{\sum_{j=0}^{m} j\; \alpha_j\; \xi_2^{j-1}}_{=\varrho'(\xi_2)=0} = 0$$

eine Lösung der Differenzengleichung, bei der die Startwerte $j = 0, \ldots, m-1$ mit

$$\lim_{\Delta t \to 0} |y_j - y(t_j)| = \lim_{\Delta t \to 0} j\sqrt{\Delta t} = 0$$

die geforderten Bedingungen der Konvergenzdefinition erfüllen und sich dennoch für festes $T = n\Delta t \in]0,1]$, mit $n \geq m$ durch

$$\lim_{\Delta t \to 0} |y_n - y(T)| = \lim_{\Delta t \to 0} |n\sqrt{\Delta t}| = \lim_{\Delta t \to 0} \left|\frac{T}{\sqrt{\Delta t}}\right| = \infty$$

ein Widerspruch zur vorausgesetzten Konvergenz ergibt. Zusammenfassend ist die Notwendigkeit der Nullstabilität für die Konvergenz bewiesen, und wir können uns unter Verwendung dieses Wissens der Konsistenz widmen. Hierbei werden wir im Gegensatz zum obigen Vorgehen einen direkten Beweis wählen und dabei die für die Konsistenz laut (18.36) äquivalenten Zusammenhänge der charakteristischen Polynome

$$\varrho(1) = 0 \quad \text{und} \quad \varrho'(1) = \sigma(1)$$

nachweisen. Wiederum werden wir hierzu einfache Anfangswertprobleme betrachten. Wir beginnen mit

$$y'(t) = 0, \quad y(0) = 1, \quad t \in [0,1]$$

und der exakten Lösung $y(t) = 1$. Die zugehörige Differenzengleichung ist identisch zu (18.45), sodass unter Verwendung der Startwerte $y_0 = \ldots = y_{m-1} = 1$ und Berücksichtigung der Konvergenz für $t = m\Delta t$ bei festem m durch

$$0 = \lim_{\Delta t \to 0} \alpha_m (y(m\Delta t) - y_m) = \lim_{\Delta t \to 0} \alpha_m (1 - y_m)$$
$$= \sum_{j=0}^{m} \alpha_j (1 - y_j) = \sum_{j=0}^{m} \alpha_j - \underbrace{\sum_{j=0}^{m} \alpha_j y_j}_{=0} = \varrho(1) \quad (18.46)$$

die erste Eigenschaft nachgewiesen ist. Für die Bestätigung der Gleichung $\varrho'(1) = \sigma(1)$ betrachten wir das Anfangswertproblem

$$y'(t) = 1, \quad y(0) = 0, \quad t \in [0,1]$$

mit der exakten Lösung $y(t) = t$. Da ein Bezug zwischen dem ersten und zweiten charakteristischen Polynom hergestellt werden soll, ist es notwendig eine Differenzialgleichung mit nichtverschwindender rechter Seite zu betrachten, damit sich eine inhomogene Differenzengleichung der Form

$$\sum_{j=0}^{m} \alpha_j y_{i+j} = \Delta t \sum_{j=0}^{m} \beta_j \quad \text{für} \quad i = 0, 1, \ldots$$

ergibt, die einen Einfluss der Parameter β_j, $j = 0, \ldots, m$ aufweist. Mit dem oben erlangten Wissen $\varrho(1) = 0$ stellt $\xi = 1$ eine Nullstelle des ersten charakteristischen Polynoms dar, sodass diese Nullstelle wegen der notwendigen Nullstabilität nicht doppelt sein darf und folglich $\varrho'(1) \neq 0$ gilt. Wir sind daher in der Lage, den Quotienten $M = \frac{\sigma(1)}{\varrho'(1)}$ zu bilden und hiermit die Folge

$$y_n = n\; \Delta t\; M \quad \text{für} \quad n = 0, 1, \ldots$$

zu definieren. Die ersten m Glieder der Folge erfüllen mit

$$\lim_{\Delta t \to 0} |y_j - y(j\Delta t)| = \lim_{\Delta t \to 0} |j\; \Delta t(M-1)| = 0$$

für $j = 0, \ldots, m-1$ die Voraussetzung an die Startwerte eines konvergenten Mehrschrittverfahrens. Zudem stellt die Folge wegen

$$\sum_{j=0}^{m} \alpha_j y_{i+j} - \Delta t \sum_{j=0}^{m} \beta_j$$
$$= \sum_{j=0}^{m} \alpha_j (i+j)\Delta t \underbrace{M}_{=\frac{\sigma(1)}{\varrho'(1)}} - \Delta t \underbrace{\sum_{j=0}^{m} \beta_j}_{\sigma(1)}$$
$$= \Delta t \left\{ \frac{\sigma(1)}{\varrho'(1)} \Big(i \underbrace{\sum_{j=0}^{m} \alpha_j}_{=\varrho(1)=0} + \underbrace{\sum_{j=0}^{m} j\alpha_j}_{=\sigma(1)} \Big) - \sigma(1) \right\} = 0$$

eine Lösung der Differenzengleichung dar, sodass sich aufgrund der vorliegenden Konvergenz für $T = n\Delta t \in]0,1]$

$$0 = \lim_{\Delta t \to 0} |y_n - y(T)| = \lim_{\Delta t \to 0} |n\; \Delta t\; M - T|$$
$$= \lim_{\Delta t \to 0} |T\; M - T| = T(M-1)$$

ergibt. Folglich gilt $M = 1$, und wir erhalten

$$\frac{\sigma(1)}{\varrho'(1)} = M = 1 \quad \text{und somit} \quad \sigma(1) = \varrho'(1).$$

In Kombination mit (18.46) ist somit die Konsistenz nachgewiesen. ■

?

Warum benötigen wir den Begriff der Nullstabilität bei Einschrittverfahren nicht?

Mit den bisherigen Untersuchungen haben wir den Zusammenhang nachgewiesen, dass die Konvergenz bei Mehrschrittverfahren notwendigerweise die Konsistenz und Nullstabilität nach sich zieht. Mit dieser Beziehung kann jedoch zunächst nur die Divergenz bei Mehrschrittverfahren gezeigt werden, beispielsweise durch einen Nachweis, dass das Verfahren nicht der Nullstabilität genügt. Offensichtlich liegt hiermit zwar eine sinnvolle Aussage vor, die aber für den praktischen Gebrauch nicht vorrangig von Interesse ist, da es uns in diesem Kontext üblicherweise um den Konvergenznachweis geht. Wir befassen uns daher von nun ab mit der wichtigen Rückrichtung, die uns den Nachweis geben wird, dass aus der Nullstabilität in Kombination mit der Konsistenz die Konvergenz gefolgert werden kann. Die hierfür notwendige Abschätzung werden wir an dieser Stelle unter Verwendung des im Kapitel 4 auf Seite 76 vorgestellten Gronwall-Lemmas herleiten.

Bei Mehrschrittverfahren impliziert Konsistenz mit Nullstabilität die Konvergenz

Die Mehrschrittverfahren liefern allerdings keine kontinuierlichen Funktionen, sondern diskrete Daten. Wir wollen daher zunächst eine diskrete Formulierung des Gronwall-Lemmas vorstellen.

Diskretes Gronwall-Lemma

Seien $\Delta t_0, ..., \Delta t_{r-1} \in \mathbb{R}_{>0}$ und $\delta, \gamma \in \mathbb{R}_{\geq 0}$ gegeben. Genügen die Zahlen $e_0, ..., e_r \in \mathbb{R}$ den Ungleichungen

$$|e_0| \leq \delta \quad \text{und} \quad |e_l| \leq \delta + \gamma \sum_{j=0}^{l-1} \Delta t_j |e_j|$$

für $l = 1, ..., r$, dann gilt

$$|e_l| \leq \delta \exp\left(\gamma \sum_{j=0}^{l-1} \Delta t_j\right) \quad \text{für} \quad l = 0, ..., r.$$

Beweis: Unser Ziel liegt in der Nutzung des kontinuierlichen Gronwall-Lemmas. Daher müssen wir zunächst eine Funktion konstruieren, die unsere diskreten Daten in geeigneter Weise widerspiegelt. Wir legen hierzu eine entsprechende Treppenfunktion fest, die eine stückweise konstante Funktion darstellt und leicht mithilfe der durch

$$\chi_M : \mathbb{R} \to \{0, 1\}, \quad \chi_M(x) = \begin{cases} 1, & \text{für } x \in M, \\ 0 & \text{sonst} \end{cases}$$

für jede Teilmenge $M \subset \mathbb{R}$ definierten charakteristischen Funktion χ_M angegeben werden kann. Mit

$$t_0 := 0, \; t_{l+1} := t_l + \Delta t_l \quad \text{für} \quad l = 0, ..., r-1$$

liegt durch

$$[t_0, t_1), \; [t_1, t_2), \ldots, [t_{r-1}, t_r), \; \{t_r\}$$

eine Zerlegung des Intervalls $[0, T]$ mit $T = t_r$ vor. Mithilfe dieser Aufteilung konstruieren wir die beschränkte und integrierbare Treppenfunktion gemäß

$$g := \sum_{l=0}^{r-1} |e_l| \chi_{[t_l, t_{l+1})} + |e_r| \chi_{\{t_r\}} : [0, T] \to \mathbb{R}.$$

Schreiben wir für $l \in \{0, \ldots, r-1\}$ und $t \in [t_l, t_{l+1}[$ sowie $l = r$ und $t = t_r$ die Ungleichung

$$\begin{aligned} g(t) = |e_l| &\leq \delta + \gamma \sum_{j=0}^{l-1} \Delta t_j |e_j| = \delta + \gamma \sum_{j=0}^{l-1} \int_{t_j}^{t_{j+1}} g(x)\mathrm{d}x \\ &= \delta + \gamma \int_0^{t_l} g(x)\mathrm{d}x \leq \delta + \gamma \int_0^t g(x)\mathrm{d}x, \end{aligned}$$

so können wir auf der Grundlage dieser Funktion das kontinuierliche Gronwall-Lemma anwenden und erhalten damit für $l = 0, \ldots, r$ die Abschätzung

$$|e_l| = g(t_l) \leq \delta \mathrm{e}^{\gamma t_l} = \delta \exp\left(\gamma \sum_{j=0}^{l-1} \Delta t_j\right). \quad \blacksquare$$

Um die Konvergenz als Schlussfolgerung aus der Konsistenz und der Nullstabilität erhalten zu können, benötigen wir vorab eine weitere Eigenschaft des numerischen Verfahrens. Analog zur Voraussetzung im Satz zur Konvergenz bei Einschrittverfahren (siehe Seite 660) formulieren wir eine Lipschitz-Bedingung für das Mehrschrittverfahren durch die folgende Definition.

Lipschitz-Stetigkeit bei Mehrschrittverfahren

Ein Mehrschrittverfahren mit Verfahrensfunktion Φ heißt Lipschitz-stetig in $(t, y(t))$ mit Lipschitz-Konstante $L \geq 0$, wenn eine Umgebung $\mathcal{U}(t, y(t))$ und eine Konstante $H > 0$ existieren, sodass

$$\begin{aligned} &|\Phi(t_i, u_0, \ldots, u_m, \Delta t) - \Phi(t_i, v_0, \ldots, v_m, \Delta t)| \\ &\leq L \sum_{k=0}^{m} |u_k - v_k| \end{aligned}$$

für alle Zeitschrittweiten $0 < \Delta t \leq H$ und alle $(t, u_k), (t, v_k) \in \mathcal{U}(t, y(t)), k = 0, \ldots, m$ gilt.

Satz zur Konvergenz bei Mehrschrittverfahren

Das Mehrschrittverfahren

$$\sum_{j=0}^{m} \alpha_j y_{i+j} = \Delta t \, \Phi(t_i, y_i, \ldots, y_{i+m}, \Delta t)$$

sei Lipschitz-stetig und nullstabil. Dann existiert eine Zeitschrittweitenbeschränkung $0 < \Delta t = \frac{b-a}{n} \leq H$ mit $H > 0$ derart, dass

$$\begin{aligned} &\max_{j=0,\ldots,n} |e(t_j, \Delta t)| \\ &\leq K \left\{ \max_{k=0,\ldots,m-1} |e(t_k, \Delta t)| + \max_{a \leq t \leq b-m\Delta t} \frac{|\eta(t, \Delta t)|}{\Delta t} \right\} \end{aligned}$$

mit einer von der Lipschitz-Konstanten abhängigen Zahl $K \geq 0$ gilt.

Mit $e(t_j, \Delta t)$ wird stets die durch $e(t_j, \Delta t) = y(t_j) - y_j$ festgelegte Differenz zwischen der exakten Lösung y des Anfangswertproblems (18.1), (18.2) und der ermittelten Näherungslösung beschrieben. Demzufolge besagt der Satz, dass bei nullstabilen, Lipschitz-stetigen Mehrschrittverfahren die Konvergenz aus der Konsistenz gefolgert werden kann. Es zeigt sich zudem, dass die Startvektoren in ihrer Genauigkeit mindestens der Konsistenzordnung des Verfahrens entsprechen müssen, um keine negativen Auswirkungen auf die Konvergenzordnung der Methode aufzuweisen. Die auftretende Division des lokalen Diskretisierungsfehlers $\eta(t, \Delta t)$ durch die Zeitschrittweite Δt verdeutlich zudem die Notwendigkeit der Definition der Konsistenz unter Nutzung des Exponenten $p + 1$ anstelle p.

Beweis: Auf der linken Seite der im Satz formulierten Abschätzung steht die Maximumsnorm des Fehlervektors

$$\boldsymbol{e} = (e_0, \ldots, e_n)^T \in \mathbb{R}^{n+1},$$

wobei wir die Abkürzung $e_i = e(t_i, \Delta t)$, $i = 0, \ldots, n$ nutzen. Wir werden, wie im Beweis zum Satz zur Lösung homogener Differenzengleichungen kennengelernt, stets Vektoren

$$\boldsymbol{e}_j = (e_j, \ldots, e_{j+m-1})^T \in \mathbb{R}^m, \quad j = 0, \ldots, n - (m-1)$$

der Länge m verwenden und den Gesamtfehler durch

$$\|\boldsymbol{e}\|_\infty = \max_{j=0,\ldots,n-(m-1)} \|\boldsymbol{e}_j\|_\infty$$

ausdrücken. Schreiben wir zudem $\eta_i = \eta(t_i, \Delta t)$, $i = 0, \ldots, n - m$, so ergibt sich für $i = 0, \ldots, n - m$ die Darstellung

$$\sum_{j=0}^{m} \alpha_j e_{i+j} = \sum_{j=0}^{m} \alpha_j (y(t_{i+j}) - y_{i+j}) = \underbrace{\Delta t \Big\{ \Phi(t_i, y(t_i), \ldots, y(t_{i+m}), \Delta t) - \Phi(t_i, y_i, \ldots, y_{i+m}, \Delta t) \Big\}}_{= \mu_i} + \eta_i . \tag{18.47}$$

Da die Differenzengleichung zur Berechnung der Näherungslösungen auch bei Multiplikation mit einer beliebigen Konstanten ungleich null die gleiche Iterationsfolge liefert und stets $\alpha_m \neq 0$ gilt, können wir ohne Einschränkung $\alpha_m = 1$ voraussetzen. Die Komponente e_{i+m} des Fehlervektors ergibt sich gemäß (18.47) als Linearkombination der m vorhergehenden Terme $e_i, \ldots, e_{i+m-1}$ zuzüglich eines lokalen Fehlerterms der Form $\mu_i + \eta_i$. Wir können den Übergang zwischen den m-dimensionalen Fehlervektor $\boldsymbol{e}_i$ und $\boldsymbol{e}_{i+1}$ somit in der Form

$$\underbrace{\begin{pmatrix} e_{i+1} \\ \vdots \\ \vdots \\ e_{i+m} \end{pmatrix}}_{= \boldsymbol{e}_{i+1}} = \underbrace{\begin{pmatrix} 0 & 1 & & \\ & \ddots & \ddots & \\ & & 0 & 1 \\ -\alpha_0 & \ldots & \ldots & -\alpha_{m-1} \end{pmatrix}}_{= \boldsymbol{A}} \underbrace{\begin{pmatrix} e_i \\ \vdots \\ \vdots \\ e_{i+m-1} \end{pmatrix}}_{= \boldsymbol{e}_i} + \underbrace{\begin{pmatrix} 0 \\ \vdots \\ 0 \\ \mu_i + \eta_i \end{pmatrix}}_{= \boldsymbol{f}_i}$$

beschreiben. Damit gelingt es, den Fehlervektor $\boldsymbol{e}_i$ ausschließlich durch den Initialisierungsfehler $\boldsymbol{e}_0$ und die lokalen Fehlereinflüsse für $i = 0, \ldots, n - (m-1)$ gemäß

$$\begin{aligned} \boldsymbol{e}_i &= \boldsymbol{A}\boldsymbol{e}_{i-1} + \boldsymbol{f}_{i-1} = \boldsymbol{A}(\boldsymbol{A}\boldsymbol{e}_{i-2} + \boldsymbol{f}_{i-2}) + \boldsymbol{f}_{i-1} \\ &= \boldsymbol{A}^2\boldsymbol{e}_{i-2} + \boldsymbol{A}\boldsymbol{f}_{i-2} + \boldsymbol{f}_{i-1} \\ &= \ldots = \boldsymbol{A}^i\boldsymbol{e}_0 + \sum_{k=0}^{i-1} \boldsymbol{A}^{i-1-k}\boldsymbol{f}_k \end{aligned} \tag{18.48}$$

darzustellen. Mit zunehmender Iterationszahl treten folglich bei der Fehlerdarstellung immer größere Potenzen der Matrix $\boldsymbol{A}$ auf und eine Normbeschränktheit dieser Matrizen scheint für eine Fehlerabschätzung unabdingbar. Zunächst erhalten wir durch die Aufgabe 18.23 den Ausdruck für das zu $\boldsymbol{A}$ gehörige charakteristische Polynom

$$p(\lambda) = \det(\boldsymbol{A} - \lambda \boldsymbol{I}) = -\sum_{j=0}^{m-1} \alpha_j \lambda^j = -\varrho(\lambda).$$

Aufgrund der Nullstabilität ist der Spektralradius von $\boldsymbol{A}$ kleiner gleich eins und alle Eigenwerte λ mit $|\lambda| = 1$ sind einfach, sodass ihre geometrische und arithmetische Vielfachheit übereinstimmen. Damit können wir Hilfe aus der Linearen Algebra anfordern, denn alle Voraussetzung der Aussage laut der Box auf Seite 683 sind erfüllt, und es ergibt sich die Potenzbeschränktheit der Matrixfolge $(\boldsymbol{A}^\nu)_{\nu\in\mathbb{N}_0}$, das heißt

$$\|\boldsymbol{A}^\nu\|_\infty \le C \quad \text{für alle} \quad \nu = 0, 1, \ldots$$

mit einer Konstanten $C \ge 1$. Folglich lässt sich die Gleichung (18.48) für $i = 0, \ldots, n - (m-1)$ in die Abschätzung

$$\|\boldsymbol{e}_i\|_\infty \le C \left\{ \|\boldsymbol{e}_0\|_\infty + \sum_{k=0}^{i-1} \|\boldsymbol{f}_k\|_\infty \right\} \tag{18.49}$$

überführen. Es verbleibt noch die Notwendigkeit, die Summation der lokalen Fehlereinflüsse $\|\boldsymbol{f}_k\|_\infty$ geeignet auszudrücken. Da $\boldsymbol{f}_k$ lediglich in der letzten Komponente von null verschieden sein kann, ergibt sich bei Ausnutzung der Lipschitz-Bedingung

$$|\mu_k| \le \Delta t\, L \sum_{j=0}^{m} |y(t_{k+j}) - y_{k+j}| = \Delta t\, L \sum_{j=0}^{m} |e_{k+j}|$$

für $k = 0, \ldots, n - m$ die Ungleichung

$$\begin{aligned} \|\boldsymbol{f}_k\|_\infty &= |\mu_k + \eta_k| \le |\mu_k| + |\eta_k| \le |\eta_k| + \Delta t\, L \sum_{j=0}^{m} |e_{k+j}| \\ &\le \max_{j=0,\ldots,n-m} |\eta_j| + \Delta t\, L\, m \|\boldsymbol{e}_k\|_\infty + \Delta t\, L \|\boldsymbol{e}_{k+1}\|_\infty . \end{aligned}$$

Aufsummiert liefert diese Darstellung wegen $i - 1 \le n - m \le n - 1$ durch geschicktes Zusammenfassen der Fehlerterme

$\|\boldsymbol{e}_k\|_\infty$ und $\|\boldsymbol{e}_{k+1}\|_\infty$ innerhalb der Summation die Abschätzung

$$\sum_{k=0}^{i-1} \|\boldsymbol{f}_k\|_\infty \le n \max_{j=0,\dots,n-m} |\eta_j|$$
$$+ \Delta t\, L\, (m+1) \sum_{k=0}^{i-1} \|\boldsymbol{e}_k\|_\infty + \Delta t\, L\, \|\boldsymbol{e}_i\|_\infty .$$

Diese Ungleichung in (18.49) eingesetzt ergibt

$$(1 - \Delta t\, C\, L)\|\boldsymbol{e}_i\|_\infty$$
$$\le C \left\{ \|\boldsymbol{e}_0\|_\infty + n \max_{j=0,\dots,n-m} |\eta_j| + \Delta t\, L\, (m+1) \sum_{k=0}^{i-1} \|\boldsymbol{e}_k\|_\infty \right\}.$$

Die Zeitschrittweitenbeschränkung sichert uns an dieser Stelle mit der Konstanten $H < \frac{1}{LC}$ wegen

$$1 - \Delta t\, C\, L \ge 1 - H\, C\, L > 0$$

die Aussage

$$\|\boldsymbol{e}_i\|_\infty \le \delta + \gamma \sum_{k=0}^{i-1} \Delta t \|\boldsymbol{e}_k\|_\infty \tag{18.50}$$

für $i = 0, \dots, n - (m-1)$ mit

$$\delta = \frac{C}{1 - H\, C\, L} \left\{ \|\boldsymbol{e}_0\|_\infty + n \max_{j=0,\dots,n-m} |\eta_j| \right\} \ge 0$$

sowie

$$\gamma = \frac{(m+1)\, L\, C}{1 - H\, C\, L} \ge 0.$$

Die Abschätzung (18.50) erfüllt somit die Voraussetzungen des diskreten Gronwall-Lemmas, und wir erhalten für $i = 0, \dots, n - (m-1)$

$$\|\boldsymbol{e}_i\|_\infty \le \delta \exp\left(\gamma \sum_{k=0}^{i-1} \Delta t \right) \le \delta \exp(\gamma(b-a)) .$$

Verwenden wir

$$\|\boldsymbol{e}_0\|_\infty = \max_{j=0,\dots,m-1} |e_j| = \max_{j=0,\dots,m-1} |y(t_j) - y_j|,$$

dann liefern

$$\widetilde{K} := \frac{C}{1 - H\, C\, L} \exp(\gamma(b-a)) \quad \text{und} \quad n = \frac{(b-a)}{\Delta t}$$

die Abschätzung

$$|e_i| \le \|\boldsymbol{e}_i\|_\infty \le \delta \exp(\gamma(b-a))$$
$$= \widetilde{K} \Big\{ \|\boldsymbol{e}_0\|_\infty + \underbrace{n \max_{j=0,\dots,n-m} |\eta_j|}_{\le \max_{a \le t \le b - m\Delta t} |\eta(t,\Delta t)|} \Big\}$$
$$\le K \left\{ \max_{j=0,\dots,m-1} |y(t_j) - y_j| + \max_{a \le t \le b - m\Delta t} \frac{|\eta(t, \Delta t)|}{\Delta t} \right\} \tag{18.51}$$

für $i = 0, \dots, n - (m-1)$ mit

$$K := \max\{\widetilde{K}, \widetilde{K}(b-a)\} > 0.$$

Wegen

$$\max_{j=n-(m-1),\dots,n} |y(t_j) - y_j| = \max_{j=n-(m-1),\dots,n} |e_j| = \|\boldsymbol{e}_{n-(m-1)}\|_\infty$$

ergibt sich abschließend aus (18.51) die gesuchte Aussage

$$\max_{i=0,\dots,n} |y(t_i) - y_i|$$
$$\le K \left\{ \max_{k=0,\dots,m-1} |e(t_k, \Delta t)| + \max_{a \le t \le b - m\Delta t} \frac{|\eta(t, \Delta t)|}{\Delta t} \right\}.$$

■

Nach den bisher vollzogenen theoretischen Untersuchungen wollen wir uns nun der Herleitung linearer Mehrschrittverfahren zuwenden.

BDF-Verfahren sind implizite Differenzenmethoden

Eine sehr bekannte Klasse stellen dabei die Backward Differentiation Formula, die sogenannten BDF-Verfahren dar. Hierbei gibt es zwei Sichtweisen für diese Verfahrensgruppe. Eine Idee gründet auf der Betrachtung der Differenzialgleichung zum Zeitpunkt t_{n+1} und Ersetzen des Differenzialquotienten durch einen geeigneten Differenzenquotienten. Dieses Vorgehen wird in der Box auf Seite 688 im Kontext variabler Zeitschrittweiten vorgestellt. Generell lässt sich diese Strategie auch zur Bestimmung von Verfahren höherer Ordnung nutzen. Wir gehen an dieser Stelle einen anderen, auf der impliziten Verwendung eines Interpolationspolynoms beruhenden Weg, der formal durch die folgende Definition begründet wird.

BDF-Verfahren

Für die Zeiten $t_{i+j} = t_i + j\Delta t$, $j = 0, \dots, m$ und Stützpunkte $(t_i, y_i), \dots, (t_{i+m-1}, y_{i+m-1}) \in \mathbb{R}^2$ sei $p \in \Pi_m$ mit

$$p(t_{i+j}) = y_{i+j}, \ \ j = 0, \dots, m-1$$

und

$$p'(t_{i+m}) = f(t_{i+m}, p(t_{i+m})) \tag{18.53}$$

gegeben. Dann berechnet das **BDF(m)-Verfahren** den gesuchten Näherungswert y_{i+m} an die Lösung y der Differenzialgleichung $y(t) = f(t, y(t))$ zum Zeitpunkt t_{i+m} durch

$$y_{i+m} = p(t_{i+m}). \tag{18.54}$$

Da die Festlegung der BDF-Verfahren in der obigen Form zunächst etwas willkürlich erscheint, sind an dieser Stelle ein paar Anmerkungen hilfreich. Der Zusammenhang des

Hintergrund und Ausblick: Hilfe aus der Linearen Algebra

Gerade im Bereich der Numerik von Differenzialgleichungen gibt es neben der Analysis auch viele Aussagen der Linearen Algebra, die für das Verständnis und den Nachweis der Eigenschaften der Verfahren von Bedeutung sind. In dieser Box wollen wir eine Aussage herausheben, die uns im Weiteren sehr hilfreich sein wird.

Für $\boldsymbol{A} \in \mathbb{C}^{n\times n}$ ist die Folge der Matrizen $(\boldsymbol{A}^k)_{k\in\mathbb{N}}$ genau dann beschränkt, wenn der Spektralradius der Bedingung $\rho(\boldsymbol{A}) \leq 1$ genügt und für jeden Eigenwert $\lambda \in \mathbb{C}$ von $\boldsymbol{A}$ mit $|\lambda| = 1$ algebraische und geometrische Vielfachheit übereinstimmen.

Beweis: Die Grundidee des Nachweises liegt zunächst in einer Überführung der Matrix in Jordan-Normalform (siehe Band 1, Abschnitt 14.7) und einer anschließenden Betrachtung der einzelnen Jordan-Kästchen. Mit einer Transformationsmatrix $\boldsymbol{T} \in \mathbb{C}^{n\times n}$ schreiben wir $\boldsymbol{J} = \boldsymbol{T}^{-1}\boldsymbol{A}\boldsymbol{T}$, wobei $\boldsymbol{J}$ eine zu $\boldsymbol{A}$ gehörende Jordan-Matrix repräsentiert. Kästchen der Größe $n \geq 2$ können dabei aufgrund der obigen Bedingung an die Eigenwerte der Matrix ausschließlich für Eigenwerte $\lambda_j \in \mathbb{C}$ mit $|\lambda_j| < 1$ auftreten. Wählen wir $\varepsilon > 0$ derart, dass für alle diese Eigenwerte $|\lambda_j| + \varepsilon < 1$ gilt, und nehmen wir die Hauptachsentransformation

$$\widetilde{\boldsymbol{J}} = \boldsymbol{D}^{-1}\boldsymbol{J}\boldsymbol{D} \quad \text{mit} \quad \boldsymbol{D} = \operatorname{diag}\{1, \varepsilon, \varepsilon^2, \dots, \varepsilon^{n-1}\}$$

vor, so weisen alle Jordan-Kästchen der Größe $n_j \geq 2$ die Gestalt

$$\begin{pmatrix} \lambda_j & \varepsilon & & \\ & \ddots & \ddots & \\ & & \ddots & \varepsilon \\ & & & \lambda_j \end{pmatrix}$$

auf. Für $k = 1, 2, \dots$ ergibt sich daher

$$\|\widetilde{\boldsymbol{J}}^k\|_\infty \leq \|\widetilde{\boldsymbol{J}}\|_\infty^k \leq \rho(\boldsymbol{A})^k \leq 1. \qquad (18.52)$$

Mit $\boldsymbol{S} = \boldsymbol{D}^{-1}\boldsymbol{T}$ folgt

$$\boldsymbol{A}^k = (\boldsymbol{S}\widetilde{\boldsymbol{J}}\boldsymbol{S}^{-1})^k = \boldsymbol{S}\widetilde{\boldsymbol{J}}^k\boldsymbol{S}^{-1},$$

und wir können daher unter Verwendung von (18.52)

$$\|\boldsymbol{A}^k\|_\infty \leq \|\boldsymbol{S}\|_\infty \|\boldsymbol{S}^{-1}\|_\infty \|\widetilde{\boldsymbol{J}}\|_\infty \leq \operatorname{cond}_\infty(\boldsymbol{S}) < \infty$$

für alle $k = 1, 2, \dots$ schlussfolgern. Da $\operatorname{cond}_\infty(\boldsymbol{S})$ von der Potenz k unabhängig ist, liegt der Nachweis der ersten Behauptung vor. Die Rückrichtung ergibt sich mit dem Resultat der Aufgabe 18.13. ■

Verfahrens zur Differenzialgleichung wird durch die Bedingung (18.54) hergestellt, indem die Lösung lediglich durch das Polynom ersetzt wird. Hierdurch wird auch verständlich, warum wir zusätzlich die Interpolationseigenschaft

$$p(t_{i+j}) = y_{i+j} \approx y(t_{i+j}), \; j = 0, \dots, m-1$$

fordern. Den Bezug zur Approximation des Differenzialquotienten mittels eines Differenzenquotienten, wie er in der Box auf Seite 688 auf der Grundlage einer Taylorentwicklung vorgestellt wird, wollen wir durch die Herleitung des BDF(2)-Verfahrens verdeutlichen. Für gegebene Werte y_i und y_{i+1} betrachten wir das Polynom $p \in \Pi_2$ mit

$$p(t_i) = y_i, \; p(t_{i+1}) = y_{i+1} \text{ und } p'(t_{i+2}) = f(t_{i+2}, p(t_{i+2})). \qquad (18.55)$$

Mit den exakten Taylorentwicklungen folgen

$$p(t_{i+1}) = p(t_{i+2}) - \Delta t p'(t_{i+2}) + \frac{\Delta t^2}{2} p''(t_{i+2}),$$
$$p(t_i) = p(t_{i+2}) - 2\Delta t p'(t_{i+2}) + 2\Delta t^2 p''(t_{i+2}).$$

Multiplizieren wir die erste Gleichung mit dem Faktor 4 und subtrahieren diese anschließend von der zweiten Gleichung, so ergibt sich

$$-4p(t_{i+1}) + p(t_i) = -3p(t_{i+2}) + 2\Delta t p'(t_{i+2}). \quad (18.56)$$

Wir erhalten nun durch die Bedingung (18.55) an die Ableitung des Polynoms und die Festlegung $y_{i+2} = p(t_{i+2})$ die Darstellung des BDF(2)-Verfahrens in der Form

$$\frac{3y_{i+2} - 4y_{i+1} + y_i}{2\Delta t} = f(t_{i+2}, y_{i+2}). \qquad (18.57)$$

Wegen (18.53) und (18.54) stellen alle BDF-Verfahren implizite Methoden dar, und wir sehen mit (18.56)

$$\begin{aligned}\frac{3y_{i+2} - 4y_{i+1} + y_i}{2\Delta t} &= \frac{3p(t_{i+2}) - 4p(t_{i+1}) + p(t_i)}{2\Delta t} \\ &= p'(t_{i+2}) = f(t_{i+2}, p(t_{i+2})) \\ &\approx f(t_{i+2}, y(t_{i+2})) = y'(t_{i+2}),\end{aligned}$$

sodass in der Tat indirekt eine Approximation der Ableitung durch einen Differenzenquotienten vorgenommen wird. Es gilt laut der Box zur Zeitschrittweitensteuerung beim BDF(m)-Verfahren auf Seite 688 sogar

$$y'(t_{i+2}) = \frac{3y(t_{i+2}) - 4y(t_{i+1}) + y(t_i)}{2\Delta t} + \mathcal{O}(\Delta t^2).$$

?

Gibt es einen Zusammenhang zwischen dem BDF(1)-Verfahren und der impliziten Euler-Methode?

Satz zur Konsistenz des BDF(2)-Verfahrens

Das BDF(2)-Verfahren ist nullstabil und konsistent genau von der Ordnung $p = 2$.

Beweis: Wir schreiben das BDF(2)-Verfahren ausgehend von (18.57) in der Form eines linearen Mehrschrittverfahrens

$$\frac{3}{2}y_{i+2} - 2y_{i+1} + \frac{1}{2}y_i = \Delta t f(t_{i+2}, y_{i+2}).$$

Entsprechend der Definition dieser Verfahrensklasse (siehe Seite 673 und Gleichung (18.34)) ergeben sich die Koeffizienten

$$\alpha_0 = \frac{1}{2}, \alpha_1 = -2, \alpha_2 = \frac{3}{2}, \beta_0 = \beta_1 = 0, \beta_2 = 1.$$

Wir blicken auf den Satz zur Konsistenz linearer Mehrschrittverfahren und erkennen mit

$$\sum_{j=0}^{2} \alpha_j = 0 \quad \text{sowie} \quad \sum_{j=0}^{2} \alpha_j j = 1 = 1 \sum_{j=0}^{2} \beta_j j^0$$

und

$$\sum_{j=0}^{2} \alpha_j j^2 = 4 = 2 \sum_{j=0}^{2} \beta_j j$$

die Konsistenzordnung $p = 2$. Wegen

$$\sum_{j=0}^{2} \alpha_j j^3 = 10 \neq 12 = 3 \sum_{j=0}^{2} \beta_j j^2$$

ist die Ordnung zudem nach oben durch $p = 2$ beschränkt. Für den Nachweis der Nullstabilität betrachten wir das erste charakteristische Polynom

$$\varrho(\xi) = \sum_{j=0}^{2} \alpha_j \xi^j = \frac{1}{2} - 2\xi + \frac{3}{2}\xi^2 = \frac{3}{2}(\xi - 1)(\xi - \frac{1}{3}).$$

Die Nullstellen lauten folglich $\xi = 1$ und $\xi = \frac{1}{3}$ und das Verfahren ist somit nullstabil. ■

?

Wenden Sie das BDF(2)-Verfahren auf das Anfangswertproblem $y'(t) = 0$, $y(0) = 0.1$ mit den Startwerten $y_0 = y_1 = 0.1$ an. Sehen Sie einen Unterschied bei der erzeugten Iterationsfolge im Vergleich zum linearen Mehrschrittverfahren im Beispiel auf Seite 677?

Aufgrund der Äquivalenz zwischen Konvergenz auf der einen und Konsistenz sowie Nullstabilität auf der anderen Seite ergibt sich direkt der folgende Satz.

Satz zur Konvergenz des BDF(2)-Verfahrens

Das BDF(2)-Verfahren ist konvergent genau von der Ordnung $p = 2$.

Beispiel Auch für das BDF(2)-Verfahren wollen wir die oben analytisch nachgewiesene Konvergenzeigenschaft numerisch anhand unseres auf Seite 661 vorgestellten Anfangswertproblems überprüfen. Die folgende Tabelle bestätigt dabei exakt die theoretisch vorliegenden Ergebnisse. ◀

BDF(2)-Verfahren angewandt auf das Modellproblem (18.9)		
Zeitschrittweite	Fehler	Ordnung
10^{-1}	$1.62 \cdot 10^{-1}$	
10^{-2}	$3.18 \cdot 10^{-3}$	1.701
10^{-3}	$3.39 \cdot 10^{-5}$	1.972
10^{-4}	$3.41 \cdot 10^{-7}$	1.997
10^{-5}	$3.41 \cdot 10^{-9}$	2.000

Erwartungsgemäß erweist sich die Analyse der Stabilität linearer Mehrschrittverfahren als komplexer im Vergleich zu den Einschrittverfahren. Zudem müssen wir Eigenschaften an die innerhalb der Initialisierungsphase berechneten Startwerte voraussetzen, um unabhängig von den hierdurch eingehenden Daten Aussagen über das entsprechende Mehrschrittverfahren treffen zu können. Ausgehend von der bekannten Testgleichung $y'(t) = \lambda y(t)$ ergibt sich für ein lineares Mehrschrittverfahren die Berechnungsvorschrift

$$\sum_{j=0}^{m} (\alpha_j - \Delta t \lambda \beta_j) y_{i+j} = 0 \tag{18.58}$$

bei gegebenen Werten $y_i, \ldots, y_{i+m-1}$. Um das Verhalten der durch das Verfahren ermittelten Näherungslösung zu untersuchen, nutzen wir für vorliegendes $\mu = \Delta t \lambda$ die Funktion

$$\phi(\mu, \xi) = \sum_{j=0}^{m} (\alpha_j - \mu \beta_j) \xi^j,$$

die sich unter Einbezug der beiden charakteristischen Polynome auch in der Form

$$\phi(\mu, \xi) = \varrho(\xi) - \mu \sigma(\xi)$$

schreiben lässt. Für festes μ erhalten wir unter der im Satz zur Lösung homogener Differenzengleichungen auf Seite 676 genannten Voraussetzung bei Kenntnis der Nullstellen $\xi_1, \ldots, \xi_m \in \mathbb{C}$ der Funktion $f = \phi(\mu, \cdot)$ die Lösung der Differenzialgleichung (18.58) zu

$$y_{i+j} = a_1 \xi_1^j + \ldots + a_m \xi_m^j$$

mit beliebigen, von j unabhängigen Konstanten $a_1, \ldots, a_m \in \mathbb{C}$. An dieser Stelle offenbart sich der Zusammenhang zur Untersuchung der Stabilitätsgebiete bei Ein- und Mehrschrittverfahren. Auch im Fall linearer Mehrschrittverfahren ergibt sich bei geeigneten Startwerten $y_i, \ldots, y_{i+m-1}$ die Eigenschaft

$$|y_{i+m}| < |y_{i+m-1}| < \ldots < |y_i|,$$

wenn die Nullstellen eines zugehörigen Polynoms im Inneren des komplexen Einheitskreises liegen. Da die Nullstellen eine Abhängigkeit von dem vorgegebenem Wert $\mu = \Delta t \lambda$ aufweisen, wird sich hiermit eine eventuelle Zeitschrittweitenbeschränkung für das jeweilige lineare Mehrschrittverfahren ergeben. Diese Vorüberlegungen führen uns auf folgende Begriffsbildung.

Stabilitätsgebiet und absolute Stabilität

Die Menge S aller komplexen Zahlen μ, für die die multivariate Funktion

$$\phi\colon \mathbb{C} \times \mathbb{C} \to \mathbb{C}, \quad \phi(\mu, \xi) = \varrho(\xi) - \mu\sigma(\xi)$$

bezüglich ξ ausschließlich Nullstellen im Inneren des komplexen Einheitskreises besitzt, heißt **Stabilitätsgebiet** des zu den charakteristischen Polynomen ϱ und σ gehörenden linearen Mehrschrittverfahrens. Im Fall $\mathbb{C}^- \subset S$ sprechen wir von einer absolut stabilen bzw. A-stabilen Methode.

Das BDF(2)-Verfahren ist absolut stabil

Zur Bestimmung des Stabilitätsgebietes eines Verfahrens kann wie folgt vorgegangen werden. Gilt $\sigma(e^{i\Theta}) \neq 0$ für alle $\Theta \in [0, 2\pi[$, so kann die Gleichung $0 = \varrho(e^{i\Theta}) - \mu\sigma(e^{i\Theta})$ nach μ aufgelöst werden. Damit liegt mit

$$s\colon [0, 2\pi[\to \mathbb{C}, \quad s(\Theta) = \frac{\varrho(e^{i\Theta})}{\sigma(e^{i\Theta})}$$

eine stetige Funktion vor und das Bild dieser Funktion stellt den geschlossenen Rand ∂S des Stabilitätsgebietes S dar. Um anschließend das Stabilitätsgebiet zu detektieren, muss lediglich für einen festen Wert $\widetilde{\mu} \notin \partial S$ die Lage der Nullstellen der Funktion

$$f(\xi) = \phi(\widetilde{\mu}, \xi) = \varrho(\xi) - \widetilde{\mu}\sigma(\xi)$$

untersucht werden.

Beispiel Für das BDF(2)-Verfahren gelten

$$\varrho(\xi) = \frac{1}{2} - 2\xi + \frac{3}{2}\xi^2 \quad \text{und} \quad \sigma(\xi) = \xi^2.$$

Wir erhalten $\sigma(e^{i\Theta}) = e^{2i\Theta} \neq 0$ für alle $\Theta \in [0, 2\pi[$, und der Rand des Stabilitätsgebietes ergibt sich durch

$$\begin{aligned} s(\Theta) &= \frac{\frac{1}{2} - 2e^{i\Theta} + \frac{3}{2}e^{2i\Theta}}{e^{2i\Theta}} \\ &= \frac{3}{2} + \frac{1}{2}\cos(2\Theta) - 2\cos(\Theta) + i\,(2\sin(\Theta) - \sin(2\Theta)). \end{aligned}$$

Wir betrachten $\widetilde{\mu} = \frac{1}{2}$ und erhalten

$$f(\xi) = \phi(1/2, \xi) = \frac{1}{2} - 2\xi + \xi^2 = (\xi - 1)^2 - \frac{1}{2}.$$

Die Nullstellen von f sind $\xi_{1,2} = 1 \pm \sqrt{\frac{1}{2}}$, womit $\frac{1}{2} \notin S$ gilt. Bereits der in Abbildung 18.9 dargestellte Stabilitätsbereich lässt erahnen, dass die BDF(2)-Methode A-stabil ist.

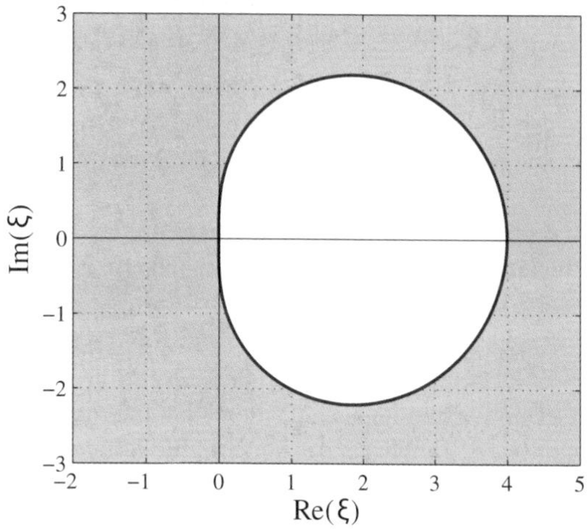

Abbildung 18.9 Stabilitätsgebiet des BDF(2)-Verfahrens.

Ein Blick auf den Realteil des Randes ∂S ergibt eine verlässliche Aussage, denn mit

$$\begin{aligned} \operatorname{Re}(s(\Theta)) &= \frac{3}{2} + \frac{1}{2}\underbrace{\cos(2\Theta)}_{=2\cos^2(\Theta)-1} - 2\cos(\Theta) \\ &= \cos^2(\Theta) - 2\cos(\Theta) + 1 = (1 - \cos(\Theta))^2 \geq 0 \end{aligned}$$

gilt $\partial S \cap \mathbb{C}^- = \emptyset$ und folglich $\mathbb{C}^- \subset S$. ◀

?

Ist das implizite Euler-Verfahren auch im Sinne eines Mehrschrittverfahrens absolut stabil?

Da sowohl das BDF(1)- als auch das BDF(2)-Verfahren absolut stabil sind, könnte nun an dieser Stelle die Hoffnung aufkommen, dass sich diese Eigenschaft auch auf die weiteren Methoden dieser Klasse überträgt. Obwohl die üblicherweise genutzten BDF-Verfahren stets durch einen großen Stabilitätsbereich gekennzeichnet sind und aus diesem Grund sich gut für die Anwendung bei steifen Differenzialgleichungen eignen, beschränkt sich die A-Stabilität auf die ersten beiden Typen dieser Verfahrensgruppe. Bereits die BDF(3)-Methode

$$\frac{1}{6}\left(11y_{i+3} - 18y_{i+2} + 9y_{i+1} - 2y_i\right) = \Delta t f(t_{i+3}, y_{i+3})$$

und das BDF(4)-Verfahren

$$\begin{aligned} \frac{1}{12}\left(25y_{i+4} - 48y_{i+3} + 36y_{i+2} - 16y_{i+1} + 12y_i\right) \\ = \Delta t f(t_{i+4}, y_{i+4}) \end{aligned}$$

besitzen den in der Abbildung 18.10 verdeutlichten Stabilitätsbereich, der kleine Teile aus $\mathbb{C}^-$ leider nicht beinhaltet. Liegen die Eigenwerte $\lambda \in \mathbb{C}^-$ innerhalb des durch die roten Linien begrenzten Sektors, so kann die Zeitschrittweite Δt aus Sicht der Stabilität beliebig groß gewählt werden. Diesen Sektor beschreibt man durch das Winkelmaß α, und wir sprechen in solchen Fällen von A(α)-Stabilität.

Übersicht: Mehrschrittverfahren aus der Klasse der Integrationsmethoden

Neben dem Differenzenansatz können Mehrschrittverfahren auch auf der Basis einer numerischen Quadratur hergeleitet werden. Die folgenden expliziten und impliziten Algorithmen weisen dabei jedoch in der Regel sehr kleine Stabilitätsgebiete auf und werden daher üblicherweise nur bei nicht steifen Differenzialgleichungen angewandt.

Grundidee der Integrationsmethoden:
Integration der Differenzialgleichung über $[t_{i+m-r}, t_{i+m}]$ liefert

$$y(t_{i+m}) - y(t_{i+m-r}) = \int_{t_{i+m-r}}^{t_{i+m}} f(t, y(t))\, \mathrm{d}t.$$

Ersetzen wir den Integranden durch ein Interpolationspolynom q, so ergibt sich das numerische Verfahren mittels

$$y_{i+m} = y_{i+m-r} + \int_{t_{i+m-r}}^{t_{i+m}} q(t)\, \mathrm{d}t. \qquad (18.59)$$

Achtung: Bei den folgenden Abbildungen werden jeweils die Integrationsbereiche farblich gekennzeichnet und die Interpolationsstellen durch $f_{i+j} = f(t_{i+j}, y_{i+j})$ verdeutlicht.

Adams-Bashforth-Verfahren:
Wähle in (18.59) $r = 1$ und $q \in \Pi_{m-1}$ mit

$$q(t_{i+j}) = f(t_{i+j}, y_{i+j}) \text{ für } j = 0, \ldots, m-1.$$

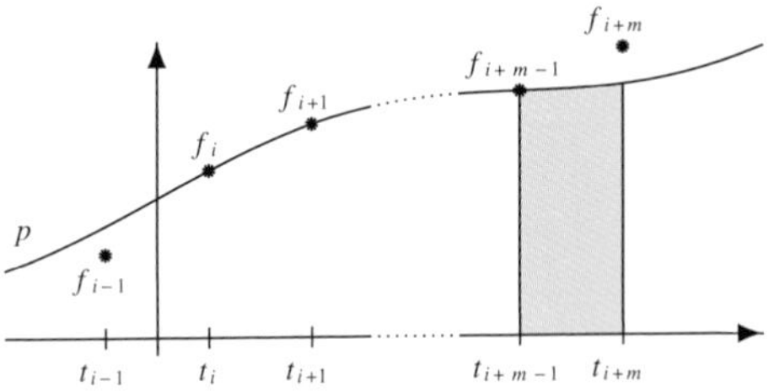

Alle Adams-Bashforth-Verfahren sind explizit, nullstabil und besitzen die Konsistenzordnung $p = m$. Wir erhalten für

$$m = 1:\ y_{i+1} = y_i + \Delta t f_i,$$

$$m = 2:\ y_{i+2} = y_{i+1} + \frac{\Delta t}{2}(3f_{i+1} + f_i),$$

$$m = 3:\ y_{i+3} = y_{i+2} + \frac{\Delta t}{12}(23f_{i+2} - 16f_{i+1} + 5f_i).$$

Adams-Moulton-Verfahren:
Wähle in (18.59) $r = 1$ und $q \in \Pi_m$ mit

$$q(t_{i+j}) = f(t_{i+j}, y_{i+j}) \text{ für } j = 0, \ldots, m.$$

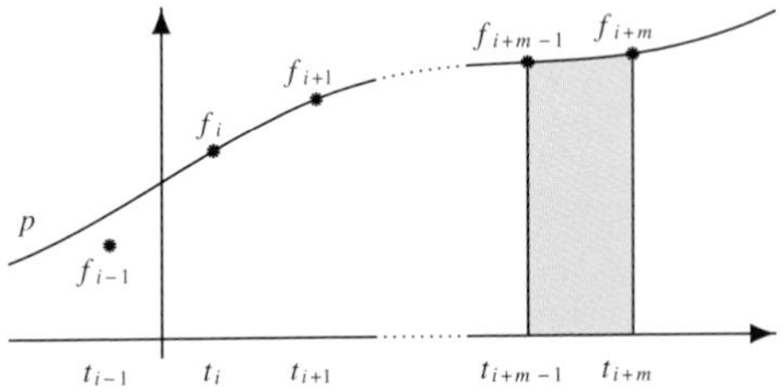

Alle Adams-Moulton-Verfahren sind implizit, nullstabil und besitzen die Konsistenzordnung $p = m + 1$. Wir erhalten für

$$m=1:\ y_{i+1}=y_i + \frac{\Delta t}{2}(f_{i+1} + f_i),$$

$$m=2:\ y_{i+2}=y_{i+1}+\frac{\Delta t}{12}(5f_{i+2} + 8f_{i+1} - f_i),$$

$$m=3:\ y_{i+3}=y_{i+2}+\frac{\Delta t}{24}(9f_{i+3}+19f_{i+2}-5f_{i+1} + f_i).$$

Nyström-Verfahren:
Wähle in (18.59) $r = 2$ sowie $m \geq 2$ und $q \in \Pi_{m-1}$ mit $q(t_{i+j}) = f(t_{i+j}, y_{i+j})$ für $j = 0, \ldots, m-1$.

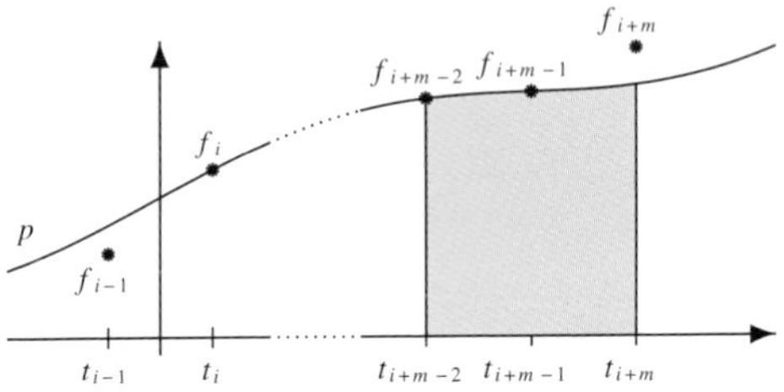

Alle Nyström-Verfahren sind explizit, nullstabil und besitzen die Konsistenzordnung $p = m$. Wir erhalten für

$$m=2:\ y_{i+2}=y_i + 2\Delta t f_{i+1},$$

$$m=3:\ y_{i+3}=y_{i+1} + \frac{\Delta t}{3}(7f_{i+2} - 2f_{i+1} + f_i),$$

$$m=4:\ y_{i+4}=y_{i+2} + \frac{\Delta t}{3}(8f_{i+3} - 5f_{i+2} + 4f_{i+1} - f_i).$$

Milne-Simpson-Verfahren:
Wähle in (18.59) $r = 2$ sowie $m \geq 2$ und $q \in \Pi_m$ mit

$$q(t_{i+j}) = f(t_{i+j}, y_{i+j}) \text{ für } j = 0, \ldots, m.$$

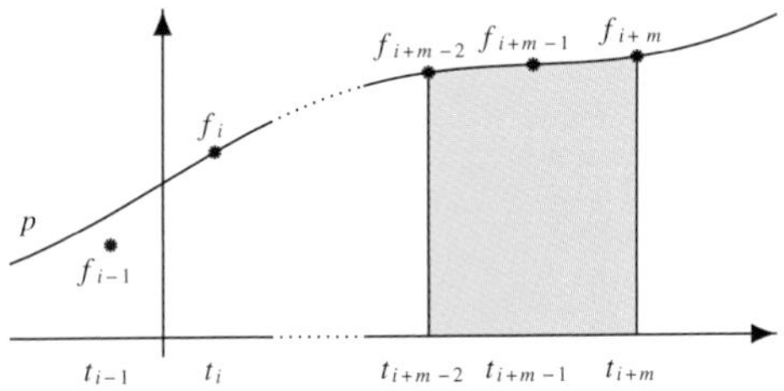

Alle Milne-Simpson-Verfahren sind implizit, nullstabil und besitzen die Konsistenzordnung

$$p = \begin{cases} 4, & \text{für } m = 2, \\ m+1, & \text{für } m > 2. \end{cases}$$

Wir erhalten für

$$m = 2:\ y_{i+2} = y_i + \frac{\Delta t}{3}(f_{i+2} + 4f_{i+1} + f_i),$$

$$m = 4:\ y_{i+4} = y_{i+2} + \frac{\Delta t}{90}(29f_{i+4} + 124f_{i+3} + 24f_{i+2} + 4f_{i+1} - f_i).$$

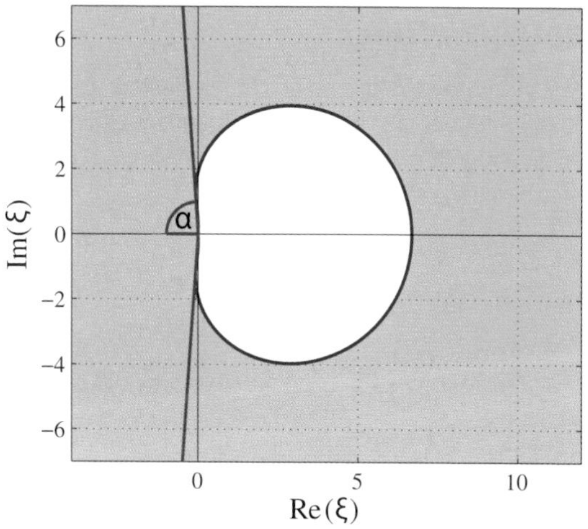

Abbildung 18.10 Stabilitätsgebiete der BDF-Verfahren für m=3 (links), m=4 (rechts) und A(α)-Stabilität.

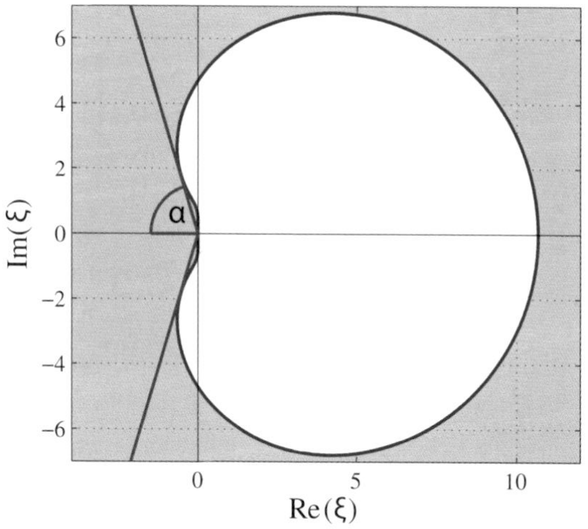

Abbildung 18.11 Stabilitätsgebiete der BDF-Verfahren für m=3 (links), m=4 (rechts) und A(α)-Stabilität.

Für die ersten sechs BDF-Verfahren erhalten wir die in der folgenden Tabelle aufgeführten Winkelmaße. Ab $m = 7$ erweisen sich BDF-Verfahren ohnehin nicht mehr als stabil, sodass die Nutzbarkeit dieser Methodenklasse auf $m = 1, \ldots, 6$ beschränkt ist.

m	1	2	3	4	5	6
α	90°	90°	86°	73°	51°	17°

Neben den BDF-Verfahren, die auf der Approximation des Differenzialquotienten durch einen Differenzenquotienten beruhen, lassen sich lineare Mehrschrittverfahren analog zu den Runge-Kutta-Methoden auch durch einen Integrationsansatz herleiten. Mehrschrittverfahren aus der Gruppe der Integrationsmethoden sind innerhalb der Box auf Seite 686 angegeben.

18.4 Unbedingt positivitätserhaltende Verfahren

Wie wir schon im Kapitel 2 gelernt haben, führen zahlreiche Phänomene in der Biologie, der Chemie wie auch den Umweltwissenschaften im Rahmen der mathematischen Modellbildung auf Systeme gewöhnlicher Differenzialgleichungen. Neben der Schwierigkeit, dass die betrachteten Prozesse häufig auf stark unterschiedlichen zeitlichen Skalen verlaufen und hiermit ein steifes Differenzialgleichungssystem vorliegt, unterliegen viele Evolutionsgrößen wie beispielsweise Nährstoffe, Phytoplankton, Detritus, gelöste oder in Biomasse gebundene Stoffe wie Phosphor und Stickstoff einer natürlichen Nichtnegativätsbedingung (siehe Box auf Seite 89). Liegt nun zu einem Zeitpunkt ein starkes Abfallen derartiger Größen vor, so ergibt sich hieraus eine oftmals extrem restriktive Zeitschrittweitenbeschränkung innerhalb numerischer Standardverfahren. Zudem weisen Transitionsprozesse in der Regel eine *Konservativität* bezogen auf die Gesamtheit der Evolutionsgrößen auf oder unterliegen zumindest einer über die korrelierenden Molekülstrukturen vorgegebenen atomaren Erhaltungseigenschaft. Abhängig vom betrachteten Anwendungsproblem erfordert eine numerisch sinnvolle Diskretisierung derartiger Problemstellungen folglich die Einhaltung der relevanten Konservativitäts- wie auch der Positivitätsbedingung im diskreten Sinne.

Achtung: Die Verwendung der Vergleichszeichen $\geq$ und $>$ ist bei Matrizen und Vektoren stets komponentenweise zu verstehen.

Analog zur Box auf Seite 89 betrachten wir Anfangswertprobleme der Form

$$\boldsymbol{y}'(t) = \boldsymbol{P}(\boldsymbol{y}(t)) - \boldsymbol{D}(\boldsymbol{y}(t)), \quad \boldsymbol{y}(0) = \boldsymbol{y}_0 \geq \boldsymbol{0}, \qquad (18.61)$$

wobei $\boldsymbol{P}(\boldsymbol{y}(t)), \boldsymbol{D}(\boldsymbol{y}(t)) \geq \boldsymbol{0}$ für $\boldsymbol{y}(t) = (y_1(t), \ldots, y_N(t))^T \geq \boldsymbol{0}$ gilt. Da wir geschlossene, sogenannte konservative Systeme untersuchen wollen, zerlegen wir die Produktions- sowie Destruktionsterme $\boldsymbol{P}(\boldsymbol{y}) = (P_1(\boldsymbol{y}), \ldots, P_N(\boldsymbol{y}))^T$ respektive $\boldsymbol{D}(\boldsymbol{y}) = (D_1(\boldsymbol{y}), \ldots, D_N(\boldsymbol{y}))^T$ für $i = 1, \ldots, N$ gemäß

$$\left.\begin{array}{l} P_i(\boldsymbol{y}) = \sum_{j=1}^N p_{ij}(\boldsymbol{y}) \text{ mit } p_{ij}(\boldsymbol{y}) \geq 0, i = 1, \ldots, N \\ \text{und} \\ D_i(\boldsymbol{y}) = \sum_{j=1}^N d_{ij}(\boldsymbol{y}) \text{ mit } d_{ij}(\boldsymbol{y}) \geq 0, i = 1, \ldots, N \end{array}\right\}$$

für alle $\boldsymbol{y} \geq \boldsymbol{0}$. (18.62)

Konservative und absolut konservative Systeme

Das Anfangswertproblem (18.61) heißt unter Berücksichtigung von (18.62) **konservativ**, wenn für alle $i, j = 1, \ldots, N$ und $\boldsymbol{y} \geq \boldsymbol{0}$

$$p_{ij}(\boldsymbol{y}) = d_{ji}(\boldsymbol{y}) \qquad (18.63)$$

gilt. Es heißt **absolut konservativ**, wenn zusätzlich

$$p_{ii}(\boldsymbol{y}) = d_{ii}(\boldsymbol{y}) = 0$$

für alle $i = 1, \ldots, N$ erfüllt ist.

Unter der Lupe: Zeitschrittweitenanpassung beim BDF(2)-Verfahren

Im Vergleich zu Einschrittverfahren entpuppt sich die Änderung der Zeitschrittweite bei Mehrschrittverfahren als deutlich komplizierter, da die Genauigkeit innerhalb der bisherigen Herleitung inhärent auf gleichen Abständen zwischen den eingehenden Zeitebenen beruht. Für das BDF(2)-Verfahren wollen wir an dieser Stelle exemplarisch eine Modifikation vorstellen, die eine Variabilität der Zeitschrittweite ohne Veränderung der Konsistenzordnung ermöglicht.

Mit der folgenden Darstellung einer möglichen Schrittweitensteuerung werden wir zudem eine weitere Variante zur Herleitung des BDF(2)-Verfahrens kennenlernen. Wir betrachten die zugrunde liegende Differenzialgleichung zum Zeitpunkt t_{i+2}, das heißt

$$y'(t_{i+2}) = f(t_{i+2}, y(t_{i+2})) \qquad (18.60)$$

und ersetzen den auftretenden Differenzialquotienten approximativ durch einen Differenzenquotienten zweiter Ordnung. Für $i = 0, 1, \ldots$ schreiben wir die von den Zeitebenen abhängige Schrittweite $\Delta t_i = t_{i+1} - t_i$. Beginnen wir mit $\Delta t_0 = \Delta t$ und variieren gemäß $\Delta t_{i+1} = \xi_i \Delta t_i$ mit einer von i jedoch nicht von der Zeitschrittweite abhängigen Konstanten ξ_i, so gilt

$$\lim_{\Delta t \to 0} \frac{\Delta t_i}{\Delta t} = \lim_{\Delta t \to 0} \frac{\xi_i \cdot \ldots \cdot \xi_1 \Delta t}{\Delta t} = \xi_i \cdot \ldots \cdot \xi_1 \in \mathbb{R}.$$

Es wird deutlich, dass stets der Zusammenhang $\mathcal{O}(\Delta t_i) = \mathcal{O}(\Delta t)$ gilt. Mit dieser Eigenschaft lassen sich die Taylorentwicklungen um t_{i+2} für die Zeitpunkte t_{i+1} und t_i in der Form

$$y(t_{i+1}) = y(t_{i+2}) - \Delta t_{i+1} y'(t_{i+2}) + \frac{\Delta t_{i+1}^2}{2} y''(t_{i+2}) + \mathcal{O}(\Delta t^3)$$

und

$$y(t_i) = y(t_{i+2}) - (\Delta t_{i+1} + \Delta t_i) y'(t_{i+2}) + \frac{(\Delta t_{i+1} + \Delta t_i)^2}{2} y''(t_{i+2}) + \mathcal{O}(\Delta t^3)$$

schreiben. Um die zweite Ableitung zu annullieren, multiplizieren wir die zweite Gleichung mit $\frac{\Delta t_{i+1}^2}{(\Delta t_{i+1} + \Delta t_i)^2} = \mathcal{O}(1)$, $\Delta t \to 0$ und subtrahieren sie anschließend von der ersten Gleichung. Hiermit ergibt sich unter Verwendung von $\eta_i = \frac{\Delta t_i}{\Delta t_{i+1}}$ die Darstellung

$$\begin{aligned} y(t_{i+1}) - \frac{1}{(1+\eta_i)^2} y(t_i) &= \left(1 - \frac{1}{(1+\eta_i)^2}\right) y(t_{i+2}) \\ &\quad - \Delta t_{i+1} \left(1 - \frac{1}{1+\eta_i}\right) y'(t_{i+2}) + \mathcal{O}(\Delta t^3). \end{aligned}$$

Division durch $\Delta t_{i+1} \left(1 - \frac{1}{1+\eta_i}\right)$ liefert

$$\begin{aligned} y'(t_{i+2}) &= \frac{1}{\Delta t_{i+1}} \Bigg[\underbrace{\left(\frac{1+\eta_i}{\eta_i} - \frac{1}{\eta_i(1+\eta_i)} \right)}_{=(2+\eta_i)/(1+\eta_i)} y(t_{i+2}) \\ &\quad - \frac{1+\eta_i}{\eta_i} y(t_{i+1}) + \frac{1}{\eta_i(1+\eta_i)} y(t_i) \Bigg] + \mathcal{O}(\Delta t^2) \\ &= \frac{1}{\Delta t_{i+1}} \Big[g_1(\eta_i)(y(t_{i+2}) - y(t_{i+1})) \\ &\quad - g_2(\eta_i)(y(t_{i+1}) - y(t_i)) \Big] + \mathcal{O}(\Delta t^2) \end{aligned}$$

mit

$$g_1(\eta_i) = \frac{2+\eta_i}{1+\eta_i} \quad \text{und} \quad g_2(\eta_i) = \frac{1}{\eta_i + \eta_i^2}.$$

Einsetzen in die Differenzialgleichung (18.60) und Vernachlässigung des in $\mathcal{O}(\Delta t^2)$ befindlichen Restterms führt auf das implizite Verfahren

$$\frac{g_1(\eta_i)(y_{i+2} - y_{i+1}) - g_2(\eta_i)(y_{i+1} - y_i)}{\Delta t_{i+1}} = f(t_{i+2}, y_{i+2}).$$

Für den Fall $\eta_i = 1$ ergeben sich

$$g_1(\eta_i) = g_1(1) = \frac{3}{2} \quad \text{und} \quad g_2(\eta_i) = g_2(1) = \frac{1}{2},$$

und wir erhalten wie zu erwarten die bereits auf Seite 683 vorgestellte Form des BDF(2)-Verfahrens.

Die Größen $p_{ij}(\mathbf{y})$ respektive $d_{ji}(\mathbf{y})$ stehen für das Maß, in dem pro Zeiteinheit die j-te Komponente von $\mathbf{y}$ in die i-te überführt wird.

?

Lässt sich jedes konservative System äquivalent in ein absolut konservatives System überführen?

Lemma

Für jedes konservative Anfangswertproblem (18.61) gilt

$$\sum_{i=1}^{N} y_i'(t) = 0 \quad \text{für alle} \quad t \geq 0.$$

Beweis: Unter Verwendung der Bedingung (18.63) gilt

$$\begin{aligned}\sum_{i=1}^{N} y_i'(t) &= \sum_{i=1}^{N}\sum_{j=1}^{N}(p_{ij}(\boldsymbol{y}(t)) - d_{ij}(\boldsymbol{y}(t)))\\ &= \sum_{i,j=1}^{N} p_{ij}(\boldsymbol{y}(t)) - \sum_{i,j=1}^{N} \underbrace{d_{ij}(\boldsymbol{y}(t))}_{=p_{ji}(\boldsymbol{y}(t))} = 0\,.\end{aligned}$$

■

Beispiel Lineares Modellproblem Das Anfangswertproblem

$$\begin{aligned}y_1'(t) &= y_2(t) - ay_1(t)\\ y_2'(t) &= ay_1(t) - y_2(t)\end{aligned} \tag{18.64}$$

mit $a \geq 0$ erfüllt für die Anfangsbedingungen $y_1(0), y_2(0) > 0$ die auf Seite 89 aufgeführten Bedingungen, sodass eine nichtnegative Lösung vorliegt. Zudem gelten gemäß der obigen Schreibweise

$$\begin{aligned}&p_{12}(\boldsymbol{y}(t)) = y_2(t),\ d_{12}(\boldsymbol{y}(t)) = ay_1(t),\\ &p_{21}(\boldsymbol{y}(t)) = ay_1(t),\ d_{21}(\boldsymbol{y}(t)) = y_2(t)\end{aligned}$$

sowie

$$p_{11}(\boldsymbol{y}(t)) = p_{22}(\boldsymbol{y}(t)) = d_{11}(\boldsymbol{y}(t)) = d_{22}(\boldsymbol{y}(t)) = 0,$$

womit das System absolut konservativ ist. Im Abschnitt 2.2 haben wir die Lösung linearer Systeme mit konstanten Koeffizienten kennengelernt. Entsprechend der dort vorgestellten Technik können wir die Lösung in der Form

$$\begin{pmatrix} y_1(t)\\ y_2(t)\end{pmatrix} = c_1\begin{pmatrix}1\\ a\end{pmatrix} + c_2\begin{pmatrix}1\\ -1\end{pmatrix}\mathrm{e}^{-(1+a)t}$$

mit $c_1 = (y_1(0) + y_2(0))/(1+a)$ und $c_2 = (ay_1(0) - y_2(0))/(1+a)$ angeben, der wir sowohl die Positivität als auch mit

$$y_1(t) + y_2(t) = (1+a)c_1 = y_1(0) + y_2(0)$$

die durch das obige Lemma bereits belegte Erhaltungseigenschaft entnehmen können. ◀

Unsere Zielsetzung liegt nun in der Herleitung numerischer Verfahren für absolut konservative Systeme, die unabhängig von der gewählten Zeitschrittweite die Konservativität und Nichtnegativität der Näherungslösung garantieren. Dabei verwenden wir auch hier aus Gründen der Übersichtlichkeit eine konstante Zeitschrittweite $\Delta t > 0$ und bezeichnen mit $y_{i,n}$ jeweils die Näherung an die i-te Komponente der Lösung $\boldsymbol{y}$ zum Zeitpunkt $t_n = n\Delta t$, d.h. $y_{i,n} \approx y_i(t_n)$.

Das Einschrittverfahren

$$\boldsymbol{y}_{n+1} = \boldsymbol{y}_n + \Delta t\, \Phi(t_n, \boldsymbol{y}_n, \boldsymbol{y}_{n+1}, \Delta t)$$

heißt

- **unbedingt positivitätserhaltend**, wenn es angewandt auf das Anfangswertproblem (18.61) für alle $n \in \mathbb{N}_0$ und $\Delta t \geq 0$ für $\boldsymbol{y}_n > \boldsymbol{0}$ stets $\boldsymbol{y}_{n+1} > \boldsymbol{0}$ liefert.
- **konservativ**, wenn es angewandt auf ein absolut konservatives System für alle $n \in \mathbb{N}_0$ und $\Delta t \geq 0$ der Bedingung

$$\sum_{i=1}^{N}\left(y_{i,n+1} - y_{i,n}\right) = 0$$

genügt.

Fokussieren wir uns zunächst auf das explizite Euler-Verfahren, so erhalten wir für ein absolut konservatives System die Darstellung

$$y_{i,n+1} = y_{i,n} + \Delta t\,(P_i(\boldsymbol{y}_n) - D_i(\boldsymbol{y}_n)) \ \text{für}\ i = 1, \ldots, N. \tag{18.65}$$

Eigenschaften des Euler-Verfahrens

Das explizite Euler-Verfahren ist konservativ und nicht unbedingt positivitätserhaltend.

Beweis: Für jedes $\boldsymbol{y} \geq \boldsymbol{0}$ ergibt sich bei einem absolut konservativen System stets

$$\sum_{i=1}^{N}(P_i(\boldsymbol{y}) - D_i(\boldsymbol{y})) = 0.$$

Damit können wir die Konservativität des expliziten Euler-Verfahrens unmittelbar der Gleichung

$$\sum_{i=1}^{N}\left(y_{i,n+1} - y_{i,n}\right) = \Delta t\sum_{i=1}^{N}(P_i(\boldsymbol{y}_n) - D_i(\boldsymbol{y}_n)) = 0$$

entnehmen.

Wenden wir uns nun dem Nachweis der zweiten Behauptung hinsichtlich der fehlenden Positivitätseigenschaft zu. Wir gehen einen theoretischen Weg. Wer lieber einen Beweis durch Angabe eines Gegenbeispiels bevorzugt, kann an dieser Stelle auch direkt zum folgenden Beispiel übergehen.

Wir betrachten ein konservatives, positives System und setzen voraus, dass die rechte Seite nicht identisch verschwindet. Dann existiert ein $\boldsymbol{y}_n \geq \boldsymbol{0}$ derart, dass $\boldsymbol{P}(\boldsymbol{y}_n) - \boldsymbol{D}(\boldsymbol{y}_n) \neq \boldsymbol{0}$ gilt. Aufgrund der Konservativität können wir mindestens ein $i \in \{1, \ldots, N\}$ finden, das $D_i(\boldsymbol{y}_n) > P_i(\boldsymbol{y}_n) \geq 0$ liefert. Nutzen wir

$$\Delta t > \frac{y_{i,n}}{D_i(\boldsymbol{y}_n) - P_i(\boldsymbol{y}_n)} > 0, \tag{18.66}$$

so folgt

$$\begin{aligned} y_{i,n+1} &= y_{i,n} + \Delta t\,(P_i(\boldsymbol{y}_n) - D_i(\boldsymbol{y}_n)) \\ &< y_{i,n} + \frac{y_{i,n}}{D_i(\boldsymbol{y}_n) - P_i(\boldsymbol{y}_n)}\,(P_i(\boldsymbol{y}_n) - D_i(\boldsymbol{y}_n)) \\ &= y_{i,n} - y_{i,n} = 0, \end{aligned}$$

womit die Behauptung erbracht ist. ■

Beispiel Zur Visualisierung der beim expliziten Euler-Verfahren möglicherweise auftretenden negativen Werte bei Anfangswertproblemen mit nachgewiesenem positiven Lösungsverlauf wenden wir die Methode auf das oben beschriebene lineare Modellproblem mit $a = 5$ an. Legen wir die Anfangswerte durch $y_1(0) = 0.9$ und $y_2(0) = 0.1$ fest und nutzen die konstante Zeitschrittweite $\Delta t = 0.25$, so erhalten wir die in der folgenden Abbildung 18.12 dargestellte Näherungslösung im Vergleich zum unterlegten Lösungsverlauf. Betrachten wir

$$\frac{y_{1,0}}{D_1(\boldsymbol{y}_0) - P_1(\boldsymbol{y}_0)} = \frac{0.9}{5 \cdot 0.9 - 0.1} = \frac{9}{44} < 0.25 = \Delta t,$$

so ist der negative Wert entsprechend der Ungleichung (18.66) zu erwarten. Zudem zeigt der konstante Verlauf innerhalb der Abbildung die Summe der berechneten Größen, wodurch die nachgewiesene Konservativität sich auch in der Anwendung zeigt. ◄

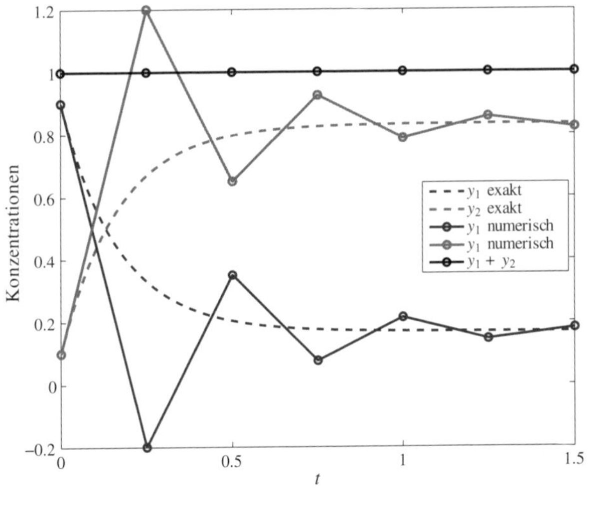

Abbildung 18.12 Explizites Euler-Verfahren angewandt auf das Modellproblem (18.64).

Um die Positivität unabhängig von der gewählten Schrittweite zu sichern, wurde durch Suhas V. Patankar (*1941) eine spezielle Gewichtung der Destruktionsterme vorgeschlagen. Wenden wir diese Technik auf das Euler-Verfahren, so schreibt sich die so erhaltene *Patankar-Euler-Methode* in der Form

$$y_{i,n+1} = y_{i,n} + \Delta t \left(P_i(\boldsymbol{y}_n) - D_i(\boldsymbol{y}_n) \frac{y_{i,n+1}}{y_{i,n}} \right). \tag{18.67}$$

Eigenschaften des Patankar-Euler-Verfahrens

Das Patankar-Euler-Verfahren ist unbedingt positivitätserhaltend und nicht konservativ.

Beweis: Eine einfache Umformung von (18.67) liefert für alle $\Delta t \geq 0$ die Darstellung

$$\underbrace{\left(1 + \Delta t \frac{D_i(\boldsymbol{y}_n)}{y_{i,n}}\right)}_{\geq 1} y_{i,n+1} = \underbrace{y_{i,n} + \Delta t\, P_i(\boldsymbol{y}_n)}_{\geq y_{i,n} > 0},$$

womit die Methode wegen

$$y_{i,n+1} = \frac{y_{i,n} + \Delta t\, P_i(\boldsymbol{y}_n)}{\left(1 + \Delta t \frac{D_i(\boldsymbol{y}_n)}{y_{i,n}}\right)} > 0$$

unbedingt positivitätserhaltend ist. Eine Anwendung dieser Vorgehensweise auf das obige Modellproblem liefert für die angegebenen Parameter $a = 5$ und $\Delta t = 0.25$ nach einer Iteration die Werte

$$\begin{aligned} y_{1,1} &= \tfrac{y_{1,0} + \Delta t\, y_{2,0}}{1 + a\Delta t} &&= \tfrac{4}{9}\left(y_{1,0} + \tfrac{1}{4} y_{2,0}\right), \\ y_{2,1} &= \tfrac{y_{2,0} + a\Delta t\, y_{1,0}}{1 + \Delta t} &&= \tfrac{4}{5}\left(y_{2,0} + \tfrac{5}{4} y_{1,0}\right). \end{aligned}$$

Für die Anfangsdaten $y_{1,0} = 0.9$, $y_{2,0} = 0.1$ ergibt folglich eine einfache Addition

$$y_{1,1} + y_{2,1} = \frac{13}{10} + \frac{41}{450} > 1 = y_{1,0} + y_{2,0},$$

sodass keine Konservativität vorliegt. ■

Beispiel Die mit dem obigen Beweis nachgewiesenen Eigenschaften wollen wir analog zum letzten Beispiel anhand unseres Modellproblems in der realen Anwendung untersuchen. Bei identischen Anfangsbedingungen und gleichem Parameterwert ergeben sich die in der Abbildung 18.13 veranschaulichten Resultate, welche die oben gewonnenen analytischen Aussagen bestätigen. Die Näherungswerte sind für beide Komponenten stets positiv, wobei jedoch der Anstieg der Summen die fehlende Konservativität belegt. ◄

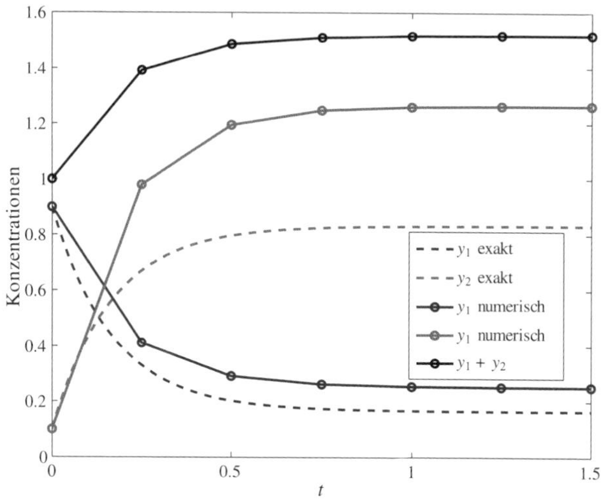

Abbildung 18.13 Patankar-Euler-Verfahren angewandt auf das Modellproblem (18.64).

Modifizierte Patankar-Typ-Verfahren führen auf lineare Gleichungssysteme

Der Verlust der Konservativität liegt in der ausschließlichen Gewichtung der Destruktionsterme begründet. Um die Positivität des so erzielten Verfahrens nicht zu verlieren und gleichzeitig die Konservativität der zugrunde liegenden Euler-Methode zurückzuerhalten, werden wir auch die Produktionsterme einer Modifikation unterziehen. Hierbei ist es jedoch von wesentlicher Bedeutung, die Transitionsterme p_{ij} und d_{ji} mit einer gleichen Gewichtung zu versehen. Wir schreiben das *modifizierte Patankar-Euler-Verfahren (MPE)* folglich in der Form

$$y_{i,n+1} = y_{i,n} + \Delta t \sum_{j=1}^{N} \left(p_{ij}(\boldsymbol{y}_n) \frac{y_{j,n+1}}{y_{j,n}} - d_{ij}(\boldsymbol{y}_n) \frac{y_{i,n+1}}{y_{i,n}} \right). \tag{18.68}$$

Eine Anpassung des auf Seite 664 vorgestellten Prädiktor-Korrektor-Verfahrens wird innerhalb der Box auf Seite 693 präsentiert.

Eigenschaften des MPE-Verfahrens

Das modifizierte Patankar-Euler-Verfahren ist unbedingt positivitätserhaltend und konservativ.

Beweis: Schreiben wir mit (18.68) die Summe der zeitlichen Änderungen gemäß

$$\sum_{i=1}^{N} (y_{i,n+1} - y_{i,n})$$
$$= \Delta t \sum_{i,j=1}^{N} p_{ij}(\boldsymbol{y}_n) \frac{y_{j,n+1}}{y_{j,n}} - \Delta t \sum_{i,j=1}^{N} \underbrace{d_{ij}(\boldsymbol{y}_n)}_{=p_{ji}(\boldsymbol{y}_n)} \frac{y_{i,n+1}}{y_{i,n}} = 0,$$

so ergibt sich hiermit bereits die behauptete Konservativität. Zum Nachweis der unbedingten Positivität reformulieren wir die Methode als lineares Gleichungssystem

$$\boldsymbol{A} \boldsymbol{y}_{n+1} = \boldsymbol{y}_n \tag{18.69}$$

mit $\boldsymbol{A} = (a_{ij})_{i,j=1,\ldots,N} \in \mathbb{R}^{N \times N}$, $\boldsymbol{y} = (y_1, \ldots, y_N)^T \in \mathbb{R}^N$ sowie

$$a_{ii} = 1 + \Delta t \sum_{j=1}^{N} \frac{d_{ij}(\boldsymbol{y}_n)}{y_{i,n}} \geq 1, \; i = 1, \ldots, N, \tag{18.70}$$

$$a_{ij} = -\Delta t \frac{p_{ij}(\boldsymbol{y}_n)}{y_{j,n}} \leq 0, \; i, j = 1, \ldots, N, \; i \neq j. \tag{18.71}$$

Ein Blick zur Box auf Seite 694 zeigt, dass wir auf die gewünschte Eigenschaft direkt schließen können, wenn $\boldsymbol{A}$ eine M-Matrix darstellt. Fokussieren wir uns dabei zunächst auf $\boldsymbol{A}^T$ und schreiben

$$\boldsymbol{B} = \boldsymbol{D}^{-1}(\boldsymbol{D} - \boldsymbol{A}^T)$$

mit $\boldsymbol{D} = \operatorname{diag}\{a_{11}, \ldots, a_{NN}\} \in \mathbb{R}^{N \times N}$, so ergibt sich für die Komponenten b_{ij} der Matrix $\boldsymbol{B}$ offensichtlich $b_{ii} = 0$ für $i = 1, \ldots, N$. Unter Berücksichtigung von $\boldsymbol{DB} = \boldsymbol{D} - \boldsymbol{A}^T$ erhalten wir des Weiteren

$$a_{ii} b_{ij} = -a_{ji} = \Delta t \frac{p_{ji}(\boldsymbol{y}_n)}{y_{i,n}} \geq 0, \; i, j = 1, \ldots, N, \; i \neq j,$$

wodurch aufgrund von $a_{ii} > 0$ direkt $b_{ij} \geq 0$, $i \neq j$ folgt. Die Matrix $\boldsymbol{B}$ erfüllt zudem

$$\begin{aligned} \rho(\boldsymbol{B}) \leq \|\boldsymbol{B}\|_\infty &= \max_{i=1,\ldots,N} \sum_{j=1}^{N} |b_{ij}| \\ &= \max_{i=1,\ldots,N} \sum_{j=1, j \neq i}^{N} \frac{|a_{ji}|}{|a_{ii}|} = \max_{i=1,\ldots,N} \frac{\sum_{j=1, j \neq i}^{N} |a_{ji}|}{|a_{ii}|} \\ &= \max_{i=1,\ldots,N} \frac{\Delta t \sum_{j=1, j \neq i}^{N} \frac{p_{ji}(\boldsymbol{y}_n)}{y_{i,n}}}{1 + \Delta t \sum_{j=1}^{N} \frac{d_{ij}(\boldsymbol{y}_n)}{y_{i,n}}}. \end{aligned}$$

Nutzen wir $p_{ji}(\boldsymbol{y}_n) = d_{ij}(\boldsymbol{y}_n)$, so erhalten wir $\rho(\boldsymbol{B}) < 1$ und dem Satz auf Seite 694 zufolge stellt damit $\boldsymbol{A}^T$ eine M-Matrix dar. Hiermit ist $\boldsymbol{A}^T$ regulär mit $\boldsymbol{A}^{-T} \geq \boldsymbol{0}$. Diese Eigenschaften übertragen sich auf die Ausgangsmatrix $\boldsymbol{A}$ und aufgrund der somit vorliegenden Invertierbarkeit von $\boldsymbol{A}$ besitzt jede Zeile von $\boldsymbol{A}^{-1} \geq \boldsymbol{0}$ mindestens ein positives Element, womit das Verfahren gemäß

$$\boldsymbol{y}_{n+1} = \underbrace{\boldsymbol{A}^{-1}}_{\geq \boldsymbol{0}} \underbrace{\boldsymbol{y}_n}_{> \boldsymbol{0}} > \boldsymbol{0}$$

unbedingt positivitätserhaltend ist. ■

?

Welche Aussage können wir zur iterativen Lösung der Gleichung (18.69) mittels des Jacobi-Verfahrens treffen?

Beispiel Beziehen wir uns erneut auf das Modellproblem laut Seite 689 und nutzen die bereits in den beiden vorhergehenden Beispielen festgelegten Parameter und Zeitschrittweiten, so erhalten wir die in der folgenden Abbildung gezeigten Näherungswerte.

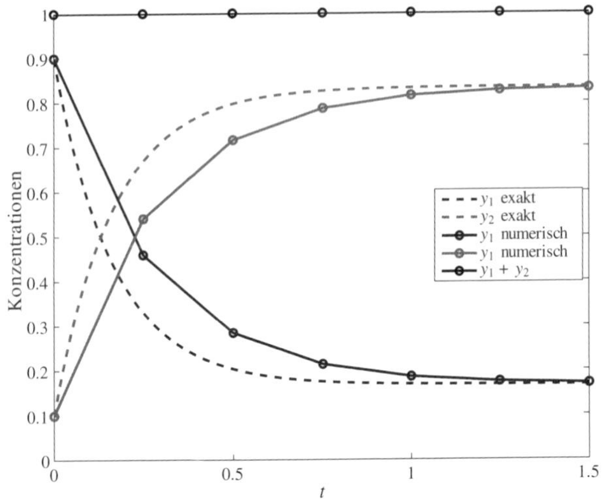

Abbildung 18.14 Modifiziertes Patankar-Euler-Verfahren angewandt auf das Modellproblem (18.64).

In der unten aufgeführten Tabelle vergleichen wir den absoluten Fehler zwischen der exakten Lösung und dem entsprechenden Näherungswert für die erste Komponente des Lösungsvektors zum Zeitpunkt $t = 0.5$ entsprechend der bereits auf Seite 662 vorgenommenen Weise. Den Resultaten können wir entnehmen, dass die eingebrachte Modifikation des Euler-Verfahrens scheinbar keine Auswirkungen auf die Konvergenzordnung hat, die weiterhin bei $p = 1$ liegt.

Modifiziertes Patankar-Euler-Verfahren		
Zeitschrittweite	Fehler	Ordnung
10^{-1}	$3.34 \cdot 10^{-2}$	
10^{-2}	$3.30 \cdot 10^{-3}$	1.005
10^{-3}	$3.29 \cdot 10^{-4}$	1.001
10^{-4}	$3.29 \cdot 10^{-5}$	1.000
10^{-5}	$3.29 \cdot 10^{-6}$	1.000

◀

Das obige Beispiel gibt uns die Hoffnung, dass die Gewichtung der Produktions- und Destruktionsterme keine negativen Auswirkungen auf die Konsistenzordnung des Grundverfahrens haben könnte. Einem konkreten Nachweis dieser Eigenschaft wollen wir uns nun abschließend zuwenden und dabei zunächst eine Hilfsaussage für die Koeffizienten der Matrix $\boldsymbol{A}^{-1}$ formulieren.

Lemma

Sei $\boldsymbol{A} \in \mathbb{R}^{N\times N}$ durch (18.70) und (18.71) im Kontext eines absolut konservativen Differenzialgleichungssystems festgelegt, dann gilt für die Koeffizienten der Matrix $\boldsymbol{A}^{-1} = (\widetilde{a}_{ij})_{i,j=1,\ldots,N}$ die Abschätzung

$$0 \le \widetilde{a}_{ij} \le 1$$

für alle $i, j = 1, \ldots, N$ und $\Delta t > 0$.

Beweis: Mit $\boldsymbol{e} = (1, \ldots, 1)^T \in \mathbb{R}^N$ gilt unter Berücksichtigung von $d_{ii}(\boldsymbol{y}) = p_{ii}(\boldsymbol{y}) = 0$

$$\begin{aligned}(\boldsymbol{e}^T\boldsymbol{A})_i &= a_{ii} + \sum_{j=1, j\neq i}^{N} a_{ji} \\ &= 1 + \Delta t \sum_{j=1,j\neq i}^{N} \frac{d_{ij}(\boldsymbol{y}_n)}{y_{i,n}} - \Delta t \sum_{j=1,j\neq i}^{N} \frac{p_{ij}(\boldsymbol{y}_n)}{y_{j,n}} \\ &= 1.\end{aligned}$$

Hiermit erhalten wir $\boldsymbol{e}^T\boldsymbol{A} = \boldsymbol{e}^T$ und entsprechend $\boldsymbol{e}^T = \boldsymbol{e}^T\boldsymbol{A}\boldsymbol{A}^{-1} = \boldsymbol{e}^T\boldsymbol{A}^{-1}$. Für $\Delta t > 0$ erfüllen die Koeffizienten der Inversen neben $\boldsymbol{A}^{-1} \geq \boldsymbol{0}$ somit für $j = 1, \ldots, N$ auch

$$1 = \sum_{i=1}^{N} \widetilde{a}_{ij},$$

woraus $0 \le \widetilde{a}_{ij} \le 1$ für alle $i, j = 1, \ldots, N$ folgt. ∎

Auf der Grundlage der erzielten Hilfsaussage sind wir in der Lage, die Konsistenzordnung des modifizierten Patankar-Euler-Verfahrens zu analysieren.

Konsistenzordnung der MPE-Methode

Das modifizierte Patankar-Euler-Verfahren ist konsistent von der Ordnung $p = 1$.

Beweis: Mit $\boldsymbol{y}_n := \boldsymbol{y}(t_n) > \boldsymbol{0}$ scheiben wir das Verfahren unter Verwendung der durch (18.70) und (18.71) festgelegten Matrix $\boldsymbol{A}$ in der Form

$$\boldsymbol{y}_{n+1} = \boldsymbol{A}^{-1}\boldsymbol{y}_n.$$

Nutzen wir die Hilfsaussage bezüglich der Koeffizienten $\widetilde{a}_{ij}$ der Matrix $\boldsymbol{A}^{-1}$, so ergibt sich

$$\frac{y_{i,n+1}}{y_{i,n}} = \sum_{j=1}^{N} \underbrace{\widetilde{a}_{ij}}_{\in[0,1]} \underbrace{\frac{y_{j,n}}{y_{i,n}}}_{=\mathcal{O}(1),\Delta t\to 0} = \mathcal{O}(1),\ \Delta t \to 0.$$

Hintergrund und Ausblick: Modifizierte Patankar-Runge-Kutta-Verfahren

Die vorgestellte Idee zur Herleitung unbedingt positivitätserhaltender, konservativer Methoden kann auch auf Runge-Kutta-Verfahren angewandt werden, um eine verbesserte Genauigkeit im Vergleich zum modifizierten Patankar-Euler-Verfahren zu erzielen.

Gehen wir von dem bereits auf Seite 664 vorgestellten Prädiktor-Korrektor-Verfahren aus und nehmen innerhalb jeder Stufe eine Gewichtung der Produktions- und Destruktionsterme vor, so ergibt sich

$$y_i^{(1)} = y_{i,n} + \Delta t \sum_{j=1, j\neq i}^{N} \left(p_{ij}(\boldsymbol{y}_n) \frac{y_j^{(1)}}{y_{j,n}} - d_{ij}(\boldsymbol{y}_n) \frac{y_i^{(1)}}{y_{i,n}} \right)$$

$$y_{i,n+1} = y_{i,n} + \frac{\Delta t}{2} \sum_{j=1}^{N} \left((p_{ij}(\boldsymbol{y}_n) + p_{ij}(\boldsymbol{y}^{(1)})) \frac{y_{j,n+1}}{y_j^{(1)}} \right.$$

$$\left. - (d_{ij}(\boldsymbol{y}_n) + d_{ij}(\boldsymbol{y}^{(1)})) \frac{y_{i,n+1}}{y_i^{(1)}} \right).$$

Wenn auch möglich, so wollen wir uns an dieser Stelle den Nachweis der Konservativität, Positivität und auch der Konsistenz zweiter Ordnung ersparen und uns stattdessen auf die Betrachtung zweier bekannter Testfälle beschränken. Hinsichtlich eines einfachen experimentellen Nachweises der Konvergenzordnung nutzen wir wie bereits auch zur Untersuchung des MPE-Verfahrens das lineare Modellproblem gemäß Seite 689. Vergleichen wir den unten aufgeführten Verlauf der Näherungslösung mit dem durch die MPE-Methode erzielten Ergebnis laut Seite 692, so zeigt sich bereits eine deutliche Verbesserung. Diese wird auch durch die in der Tabelle dargestellte experimentelle Ordnung des modifizierten Patankar-Runge-Kutta-Verfahren bestätigt.

Modifiziertes Patankar-Runge-Kutta-Verfahren		
Zeitschrittweite	Fehler	Ordnung
10^{-1}	$2.85 \cdot 10^{-3}$	
10^{-2}	$5.92 \cdot 10^{-5}$	1.6827
10^{-3}	$6.50 \cdot 10^{-7}$	1.9594
10^{-4}	$6.56 \cdot 10^{-9}$	1.9958
10^{-5}	$6.57 \cdot 10^{-11}$	1.9998

Mit dem auf Seite 89 präsentierten Robertson-Problem wenden wir uns einem extrem steifen System zu. Die Zeitskalen, auf denen die Reaktionen ablaufen sind dabei so extrem unterschiedlich, dass die Zeitachse logarithmisch aufgetragen wurde, um die Lösungsverläufe besser erkennen zu können. Hinsichtlich einer angemessenen visuellen Darstellung wurde die Größe y_2 zudem mit dem Wert 10^4 multipliziert. Verwenden wir das modifizierte Patankar-Runge-Kutta-Verfahren und nutzen die Zeitschrittweitenanpassung $\Delta t_i = 1.8^i \cdot 10^{-6}$, so benötigen wir lediglich 63 Iterationen zur Berechnung der in der folgenden Abbildung dargestellten numerischen Lösung. Entgegen dessen sind sowohl das Prädiktor-Korrektor-Verfahren als auch dessen Patankar-Variante nicht in der Lage, eine numerische Lösung mit der angegebenen Schrittweitensteuerung zu erzeugen. Testen Sie selber, wie klein der Zeitschritt bei diesen beiden Verfahren gesetzt werden muss, um eine Lösung erzeugen zu können. Sie werden feststellen, dass damit kein effizienter Algorithmus im Sinne der notwendigen Rechenzeit vorliegt.

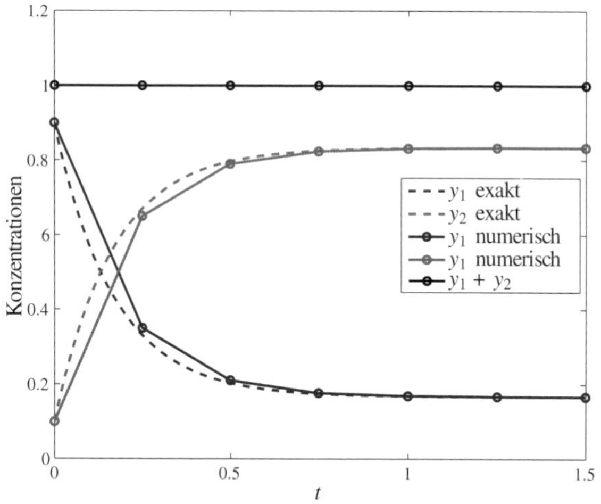

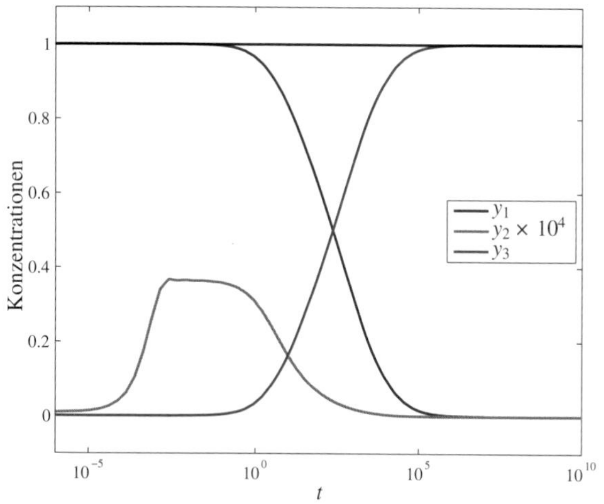

Hintergrund und Ausblick: M-Matrizen

Im Kontext numerischer Verfahren erweisen sich M-Matrizen hinsichtlich der Positivität häufig als Schlüssel zum Erfolg. Der Grund liegt neben ihrer Invertierbarkeit ganz zentral in der Nichtnegativität ihrer Inversen. Wir wollen eine kurze Einführung in diese Matrizenklasse geben und einen Satz zum Nachweis der M-Matrixeigenschaft vorstellen.

Innerhalb zahlreicher Anwendungsgebiete wie beispielsweise der Diskretisierung elliptischer partieller Differenzialgleichungen, aber auch der Entwicklung positivitätserhaltender Verfahren treten spezielle Matrizen mit vorteilhaften Eigenschaften auf. Eine Klasse solcher Matrizen wollen wir mit der folgenden Festlegung einführen.

Definition M-Matrix

Eine Matrix $\boldsymbol{A} \in \mathbb{R}^{n\times n}$, deren Koeffizienten die Eigenschaft $a_{i,j} \le 0$ für alle $i, j \in \{1, \ldots, n\}$, $i \ne j$ besitzen, heißt **M-Matrix**, falls $\boldsymbol{A}$ invertierbar ist und die Inverse der Bedingung $\boldsymbol{A}^{-1} \ge \boldsymbol{0}$ genügt.

Zum Nachweis der obigen Eigenschaft kann gerade bei großen Matrizen in der Regel keine Invertierung der Matrix herangezogen werden. Wir werden hierzu ein deutlich leichter überprüfbares Kriterium herleiten, für das wir zunächst eine Hilfsaussage festhalten.

Lemma: Für $\boldsymbol{A} \in \mathbb{R}^{n\times n}$ mit $\boldsymbol{A} \ge \boldsymbol{0}$ sind die folgenden Aussagen äquivalent:

- $\rho(\boldsymbol{A}) < 1$.
- $\boldsymbol{I} - \boldsymbol{A}$ ist invertierbar mit $(\boldsymbol{I} - \boldsymbol{A})^{-1} \ge \boldsymbol{0}$.

Beweis: Gelte $\rho(\boldsymbol{A}) < 1$, so liegt mit $\boldsymbol{I} - \boldsymbol{A}$ eine invertierbare Matrix vor, da alle Eigenwerte λ der Bedingung $|\lambda| \ge 1 - \rho(\boldsymbol{A}) > 0$ genügen. Aus der Identität

$$\boldsymbol{I} - (\boldsymbol{I} - \boldsymbol{A})(\boldsymbol{I} + \boldsymbol{A} + \ldots + \boldsymbol{A}^m) = \boldsymbol{A}^{m+1}$$

erhalten wir

$$(\boldsymbol{I} - \boldsymbol{A})^{-1} - (\boldsymbol{I} + \boldsymbol{A} + \ldots + \boldsymbol{A}^m) = (\boldsymbol{I} - \boldsymbol{A})^{-1}\boldsymbol{A}^{m+1}.$$

Wir wählen $\varepsilon > 0$ derart klein, dass $\rho(\boldsymbol{A}) + \varepsilon < 1$ gilt und nutzen die Existenz einer induzierten Matrixnorm mit $\|\boldsymbol{A}\| \le \rho(\boldsymbol{A}) + \varepsilon$. Folglich ergibt sich

$$\begin{aligned} &\|(\boldsymbol{I} - \boldsymbol{A})^{-1} - (\boldsymbol{I} + \boldsymbol{A} + \ldots + \boldsymbol{A}^m)\| \\ &\le \|(\boldsymbol{I} - \boldsymbol{A})^{-1}\|\|\boldsymbol{A}^{m+1}\| \\ &\le \|(\boldsymbol{I} - \boldsymbol{A})^{-1}\|(\rho(\boldsymbol{A}) + \varepsilon)^{m+1} \overset{m\to\infty}{\to} 0. \end{aligned}$$

Demzufolge gilt mit der bereits aus dem Störungslemma auf Seite 283 bekannten Neumann'schen Reihe $(\boldsymbol{I} - \boldsymbol{A})^{-1} = \sum_{m=0}^{\infty} \boldsymbol{A}^m \ge \boldsymbol{0}$. Sei andererseits die zweite Eigenschaft vorausgesetzt, so existiert nach dem Satz von Perron-Frobenius (siehe Aufgabe 18.11) wegen $\boldsymbol{A} \ge \boldsymbol{0}$ ein Eigenvektor $\boldsymbol{x} \ge \boldsymbol{0}$ mit $\boldsymbol{A}\boldsymbol{x} = \rho(\boldsymbol{A})\boldsymbol{x}$. Hiermit folgt aufgrund der Invertierbarkeit der Matrix $\boldsymbol{I} - \boldsymbol{A}$ direkt $(1 - \rho(\boldsymbol{A}))\boldsymbol{x} = (\boldsymbol{I} - \boldsymbol{A})\boldsymbol{x} \ne \boldsymbol{0}$, womit sich $1 - \rho(\boldsymbol{A}) \ne 0$ ergibt und in Kombination mit

$$\frac{1}{1 - \rho(\boldsymbol{A})}\boldsymbol{x} = (\boldsymbol{I} - \boldsymbol{A})^{-1}\boldsymbol{x} \ge \boldsymbol{0}$$

die behauptete Eigenschaft aus $1 - \rho(\boldsymbol{A}) > 0$ folgt. ∎

Jetzt sind wir in der Lage, die zentrale Aussage zum Nachweis der M-Matrixeigenschaft zu formulieren.

Satz: Sei $\boldsymbol{A} \in \mathbb{R}^{n\times n}$ mit Koeffizienten $a_{i,j} \le 0$ für alle $i, j \in \{1, \ldots, n\}$, $i \ne j$ gegeben, dann sind die folgenden Aussagen äquivalent:

- $\boldsymbol{A}$ ist eine M-Matrix .
- $a_{ii} > 0$ für $i = 1, \ldots, n$ und mit $\boldsymbol{D} = \operatorname{diag}\{a_{11}, \ldots, a_{nn}\} \in \mathbb{R}^{n\times n}$ gilt

$$\boldsymbol{B} := \boldsymbol{D}^{-1}(\boldsymbol{D} - \boldsymbol{A}) \ge \boldsymbol{0} \quad \text{sowie} \quad \rho(\boldsymbol{B}) < 1\,.$$

Beweis: Ausgehend von einer M-Matrix $\boldsymbol{A}$ gilt für die Inverse $\boldsymbol{A}^{-1}$ mit Koeffizienten $\widetilde{a}_{i,j}$ nach Definition $\widetilde{a}_{i,j} \ge 0$ für alle $i, j = 1, \ldots, n$. Mit $\boldsymbol{I} = \boldsymbol{A}^{-1}\boldsymbol{A}$ lässt sich wegen $a_{i,j} \le 0$, $i \ne j$ für alle $i = 1, \ldots, n$ die Gleichung $1 = \widetilde{a}_{ii}a_{ii} - \sum_{j=1, j\ne i}^{n} \widetilde{a}_{i,j}|a_{i,j}|$, schreiben, womit aus

$$\underbrace{\widetilde{a}_{ii}}_{\ge 0}\ a_{ii} = 1 + \sum_{j=1, j\ne i}^{n} \underbrace{\widetilde{a}_{i,j}}_{\ge 0}\ \underbrace{|a_{i,j}|}_{\ge 0} \ge 1$$

die Positivität der Diagonalelemente a_{ii} folgt. Die Matrix $\boldsymbol{D} = \operatorname{diag}\{a_{11}, \ldots, a_{nn}\}$ ist somit invertierbar mit

$$\boldsymbol{B} = \underbrace{\boldsymbol{D}^{-1}}_{\ge \boldsymbol{0}}\underbrace{(\boldsymbol{D} - \boldsymbol{A})}_{\ge \boldsymbol{0}} \ge \boldsymbol{0}$$

und $\boldsymbol{I} - \boldsymbol{B} = \boldsymbol{I} - \boldsymbol{D}^{-1}(\boldsymbol{D} - \boldsymbol{A}) = \boldsymbol{D}^{-1}\boldsymbol{A}$ ist als Produkt regulärer Matrizen ebenfalls invertierbar mit

$$(\boldsymbol{I} - \boldsymbol{B})^{-1} = \underbrace{\boldsymbol{A}^{-1}}_{\ge \boldsymbol{0}}\ \underbrace{\boldsymbol{D}}_{\ge \boldsymbol{0}} \ge \boldsymbol{0}.$$

Aus dem obigen Hilfssatz ergibt sich folglich abschließend $\rho(\boldsymbol{B}) < 1$.

Hinsichtlich der Rückrichtung halten wir fest, dass $\boldsymbol{B}$ die Voraussetzungen des obigen Lemmas erfüllt und somit $\boldsymbol{I} - \boldsymbol{B}$ regulär ist und wir $\boldsymbol{0} \le (\boldsymbol{I} - \boldsymbol{B})^{-1} = \boldsymbol{A}^{-1}\boldsymbol{D}$ schlussfolgern können. Hiermit ergibt sich einerseits die Invertierbarkeit der Matrix $\boldsymbol{A}$ und zudem mit $\boldsymbol{D} \ge \boldsymbol{0}$ auch die Nichtnegativität der Inversen $\boldsymbol{A}^{-1}$. ∎

Für die im Kapitel 14 bei der Diskretisierung eines Randwertproblems auf Seite 513 auftretende Matrix

$$\boldsymbol{A} = \begin{pmatrix} 2 & -1 & & \\ -1 & \ddots & \ddots & \\ & \ddots & \ddots & -1 \\ & & -1 & 2 \end{pmatrix}$$

erkennen wir mithilfe des obigen Satzes nun sehr einfach, dass mit $\boldsymbol{A}$ eine M-Matrix vorliegt.

Hiermit erhalten wir

$$y_{i,n+1}-y_{i,n}=\Delta t\sum_{j=1,j\neq i}^{N}\underbrace{\left(p_{ij}(\mathbf{y}_n)\frac{y_{j,n+1}}{y_{j,n}}-d_{ij}(\mathbf{y}_n)\frac{y_{i,n+1}}{y_{i,n}}\right)}_{=\mathcal{O}(1),\,\Delta t\to 0}$$
$$=\mathcal{O}(\Delta t),\ \Delta t\to 0,$$

sodass
$$\frac{y_{i,n+1}-y_{i,n}}{y_{i,n}}=\mathcal{O}(\Delta t),\ \Delta t\to 0$$
folgt. Aus einer Taylorreihe der exakten Lösung der Differenzialgleichung erkennen wir für die i-te Komponente

$$\begin{aligned}
y_i(t_{n+1}) &= y_i(t_n)+\Delta t\, y_i'(t_n)+\mathcal{O}(\Delta t^2)\\
&= y_i(t_n)+\Delta t\sum_{j=1,j\neq i}^{N}\left(p_{ij}(\mathbf{y}(t_n))-d_{ij}(\mathbf{y}(t_n))\right)+\mathcal{O}(\Delta t^2)\\
&= y_{i,n}+\Delta t\sum_{j=1,j\neq i}^{N}\left(p_{ij}(\mathbf{y}_n)\frac{y_{j,n+1}}{y_{j,n}}-d_{ij}(\mathbf{y}_n)\frac{y_{i,n+1}}{y_{i,n}}\right)\\
&\quad-\Delta t\sum_{j=1,j\neq i}^{N}\underbrace{\left(p_{ij}(\mathbf{y}_n)\frac{y_{j,n+1}-y_{j,n}}{y_{j,n}}-d_{ij}(\mathbf{y}_n)\frac{y_{i,n+1}-y_{i,n}}{y_{i,n}}\right)}_{=\mathcal{O}(\Delta t)}\\
&\quad+\mathcal{O}(\Delta t^2)\\
&= y_{i,n+1}+\mathcal{O}(\Delta t^2)
\end{aligned}$$

und der Nachweis ist erbracht. ∎

Zusammenfassung

Die mathematische Modellbildung erfolgt bei realen Anwendungen oftmals durch Systeme partieller oder gewöhnlicher Differenzialgleichungen. Neben einigen speziellen Typen von Differenzialgleichungen, die eine analytische Lösung zulassen, ist man bei zahlreichen Problemstellungen auf numerische Algorithmen angewiesen.

In diesem Kapitel fokussieren wir uns auf gewöhnliche Differenzialgleichungen. Als Ausgangspunkt aller Verfahrensentwicklungen dient aus Gründen der Übersichtlichkeit stets ein Anfangswertproblem der Form

$$y'(t)=f(t,y(t))\quad\text{für}\quad t\in[a,b]\quad\text{für}\quad y(a)=\widehat{y}_0,$$

wobei f als hinreichend glatt vorausgesetzt wird, um die Existenz einer Lösung garantieren zu können.

Die Verfahren basieren dabei zunächst auf einer Zerlegung des Intervalls $[a,b]$ mittels

$$a=t_0<t_1<\ldots<t_n=b$$

in n Teilintervalle $[t_i,t_{i+1}]$, $i=0,\ldots,n-1$, wobei wir uns bei der Herleitung in den meisten Fällen auf eine äquidistante Unterteilung fokussiert haben, sodass $\Delta t=(b-a)/n$ und $t_i=a+i\,\Delta t$ genutzt wurde.

Generell lassen sich die Algorithmen in zwei Klassen, die Integrations- und die Differenzenmethoden unterteilen.

Die Idee der **Integrationsmethoden** liegt, wie der Name schon vermuten lässt, in einer Integration der Differenzialgleichung über Teilintervalle $[t_i,t_{i+m}]$, wobei $m\in\mathbb{N}$ gewählt werden kann. Innerhalb der so erhaltenen Gleichung

$$y(t_{i+m})-y(t_i)=\int_{t_i}^{t_{i+m}} f(t,y(t))\,\mathrm{d}t$$

ersetzt man den Integranden f durch ein geeignetes Interpolationspolynom q und approximiert die rechte Seite dieser Gleichung durch das exakt bestimmbare Integral $\int_{t_i}^{t_{i+m}} q(t)\,\mathrm{d}t$.

Bei den **Differenzenverfahren** nähert man dagegen den Differenzialquotienten durch einen Differenzenquotienten an. Die einfachste Idee ist hierbei die Tangentensteigung durch eine Sekantensteigung gemäß

$$y'(t_i)\approx\frac{y(t_{i+1})-y(t_i)}{\Delta t}$$

zu approximieren. Aber auch genauere, über Taylorentwicklungen respektive Interpolationsansätze herleitbare Ansätze wie beispielsweise

$$y'(t_i)\approx\frac{3y(t_i)-4y(t_{i-1})+y(t_{i-2})}{2\Delta t}$$

gehören in diese Verfahrensklasse.

Neben der Untergliederung in Integrations- und Differenzenansätze ist auch eine quer hierzu angesetzte Zerlegung in Ein- und Mehrschrittverfahren gängig. **Einschrittmethoden** lassen sich unter Verwendung einer Verfahrensfunktion Φ in der Form

$$y_{i+1}=y_i+\Delta t\,\Phi(t_i,y_i,y_{i+1},\Delta t)$$

schreiben, sodass die Näherungslösung y_{i+1} ausschließlich auf der Grundlage der Daten y_i ermittelt werden kann und weiter zurückliegende Informationen für Zeitpunkte, die vor t_i liegen, nicht im Speicher des Rechners gehalten werden müssen. Die Methoden werden dabei als **explizit** bezeichnet, falls die Verfahrensfunktion nicht von der zu ermittelnden Größe y_{i+1} abhängt. Ansonsten sprechen wir von einer **impliziten** Methode. Einschrittverfahren beinhalten den Vorteil, dass aus der Konsistenz direkt die Konvergenz der Methode geschlussfolgert werden kann.

Die prominentesten Vertreter dieser Gruppe stellen die **Runge-Kutta-Verfahren** dar, die stets auf einer Integration der Differenzialgleichung über Intervalle der Länge Δt, das heißt $[t_i,t_{i+1}]$ basieren. Um eine höhere Ordnung zu erzielen, werden bei diesen Verfahren zusätzlich Hilfswerte an Stützpunkten

$$\xi_j = t_i + c_j \Delta t \quad \text{mit} \quad c_j \in [0, 1] \quad \text{für} \quad j = 1, \ldots, s$$

innerhalb des Integrationsintervalls $[t_i, t_{i+1}]$ bestimmt. Die Anzahl s wird dabei als Stufenzahl des Runge-Kutta-Verfahrens bezeichnet. Die Verfahren lassen sich gemäß

$$k_j = y_i + \Delta t \sum_{\nu=1}^{s} a_{j\nu} f(\xi_\nu, k_\nu), \; j = 1, \ldots, s$$

$$y_{i+1} = y_i + \Delta t \sum_{j=1}^{s} b_j f(\xi_j, k_j).$$

schreiben und unterscheiden sich demzufolge lediglich in der Wahl der eingehenden Koeffizienten. Diese werden daher üblicherweise in der Form eines sogenannten **Butcher-Arrays**

$$\begin{array}{c|ccc} c_1 & a_{11} & \cdots & a_{1s} \\ \vdots & \vdots & & \vdots \\ c_s & a_{s1} & \cdots & a_{ss} \\ \hline & b_1 & \cdots & b_s \end{array} \;\widehat{=}\; \begin{array}{c|c} \boldsymbol{c} & \boldsymbol{A} \\ \hline & \boldsymbol{b}^\top \end{array}$$

mit $\boldsymbol{A} \in \mathbb{R}^{s \times s}, \boldsymbol{b}, \boldsymbol{c} \in \mathbb{R}^s$ angegeben. Explizite Runge-Kutta-Verfahren werden durch eine strikte linke untere Dreiecksmatrix $\boldsymbol{A}$ repräsentiert. Sie können einerseits leicht implementiert werden, sind andererseits jedoch in der Ordnung durch die Stufenzahl nach oben beschränkt und weisen stets ein beschränktes Stabilitätsgebiet auf, sodass sie bei steifen Differenzialgleichungen zumeist nicht effizient nutzbar sind. Zur Diskretisierung steifer Differenzialgleichungen werden daher in der Regel implizite Verfahren eingesetzt. Im Kontext der Runge-Kutta-Verfahren unterscheidet man dabei

- DIRK-Verfahren (diagonal implizite Runge-Kutta-Verfahren) mit $a_{ij} = 0$ für $j > i$ und $|a_{11}| + \ldots + |a_{nn}| > 0$,
- SDIRK-Verfahren (singly DIRK-Verfahren) mit $a_{ij} = 0$ für $j > i$ und $a_{11} = \ldots = a_{nn} \neq 0$ sowie
- vollimplizite Verfahren, bei denen $\boldsymbol{A}$ keine strikte linke untere Dreiecksmatrix darstellt und die nicht in einer der beiden obigen Gruppen gehören.

Mehrschrittverfahren sind durch eine Verfahrensfunktion Φ charakterisiert, die Daten aus mehr als den Zeitpunkten t_i und t_{i+1} verwendet, sodass sich die Verfahrensklasse in der allgemeinen Darstellung

$$\sum_{j=0}^{m} \alpha_j y_{i+j} = \Delta t \, \Phi(t_i, y_i, \ldots, y_{i+m}, \Delta t)$$

formulieren lässt. Wählt man $m = 1$, so wird schnell klar, dass Einschrittverfahren spezielle Mehrschrittverfahren darstellen. Im Fall $m > 1$ benötigen die Mehrschrittverfahren neben y_0 mit $y_1, \ldots, y_{m-1}$ weitere Startwerte, die zunächst innerhalb einer sogenannten Initialisierungsphase auf der Grundlage einer vorgeschalteten Methode berechnet werden müssen. Mehrschrittverfahren weisen dabei ein komplexeres Verhalten bezüglich der Konvergenz in dem Sinne auf, dass die Konsistenz nicht mehr ausreichend für den Nachweis der Konvergenz ist. Mehrschrittverfahren müssen zusätzlich noch der Nullstabilität genügen, die letztendlich dafür sorgt, dass parasitäre Lösungsanteile innerhalb des numerischen Verfahrens nicht zur Divergenz der Folge von Näherungslösungen führen.

Die bekannteste Gruppe innerhalb der Mehrschrittverfahren stellen die **BDF-Verfahren** (backward differential furmulas) dar. Sie lassen sich als Differenzenmethode herleiten und sind stets implizit, da die Verfahrensfunktion bei allen BDF-Verfahren durch

$$\Phi(t_i, y_i, \ldots, y_{i+m}, \Delta t) = f(t_i + m\Delta t, y_{i+m})$$

gegeben ist. In der Anwendung sind dabei meist nur BDF-Verfahren mit kleinem m, da bereits ab $m = 7$ die Methoden instabil sind. Für $m = 1, \ldots, 6$ weisen die BDF(m)-Verfahren jedoch immer unbeschränkte Stabilitätsgebiete auf, weshalb diese Methoden oftmals bei steifen Differenzialgleichungen ihre Einsatzbereiche finden. Speziell das BDF(2)-Verfahren stellt ein absolut stabiles Verfahren mit der Konvergenzordnung $p = 2$ dar.

Weitere Mehrschrittverfahren kommen aus der Klasse der Integrationsmethoden. Bekannte Verfahren sind hier die Adams-Typ-Methoden, das Milne-Simpson-Verfahren und die Nyström-Methode. Die Verfahren sind dabei stets nullstabil bei üblicherweise kleinen Stabilitätsbereichen, wodurch diese Methoden in der Praxis nicht häufig und wenn, dann bei nicht steifen Differenzialgleichungen genutzt werden.

Zahlreiche Anwendungen in den Bereichen Biologie, Chemie, Umweltwissenschaften und vielen weiteren Gebieten führen auf Systeme gewöhnlicher respektive partieller Differenzialgleichungen, die neben der Konservativität des Gesamtsystems auch die Positivität der Einzelkomponenten beinhalten. Bezogen auf die ermittelten Näherungslösungen sollten derartige Eigenschaften auch von der eingesetzten numerischen Methode garantiert werden. An dieser Stelle sind unbedingt positivitätserhaltende, konservative Verfahren von großer Bedeutung.

Ausgehend von einem Runge-Kutta-Verfahren lassen sich diese sogenannten modifizierten Patankar-Typ-Verfahren durch eine geschickte Gewichtung innerhalb der Verfahrensfunktion herleiten, die im Gegensatz zu den zugrunde liegenden expliziten Runge-Kutta-Verfahren die Positivität der Einzelkomponenten unabhängig von der gewählten Zeitschrittweite garantieren, ohne dabei die Konservativität der jeweiligen Ausgangsmethode zu zerstören. Der Mehraufwand liegt bei diesen Ansätzen in der Notwendigkeit der Lösung mindestens eines Gleichungssystems pro Zeitschritt. Im Gegensatz zu impliziten Methoden sind die Gleichungssysteme bei diesen Verfahren jedoch glücklicherweise auch bei nichtlinearen Differenzialgleichungen immer linear, und es treten zudem ausschließlich M-Matrizen auf, die vorteilhafte Eigenschaften beinhalten, die die Konvergenz iterativer Gleichungssystemlöser sicherstellen.

Aufgaben

Die Aufgaben gliedern sich in drei Kategorien: Anhand der *Verständnisfragen* können Sie prüfen, ob Sie die Begriffe und zentralen Aussagen verstanden haben, mit den *Rechenaufgaben* üben Sie Ihre technischen Fertigkeiten und die *Beweisaufgaben* geben Ihnen Gelegenheit, zu lernen, wie man Beweise findet und führt.

Ein Punktesystem unterscheidet leichte Aufgaben •, mittelschwere •• und anspruchsvolle ••• Aufgaben. Lösungshinweise am Ende des Buches helfen Ihnen, falls Sie bei einer Aufgabe partout nicht weiterkommen. Dort finden Sie auch die Lösungen – betrügen Sie sich aber nicht selbst und schlagen Sie erst nach, wenn Sie selber zu einer Lösung gekommen sind. Ausführliche Lösungswege, Beweise und Abbildungen finden Sie auf der Website zum Buch.

Viel Spaß und Erfolg bei den Aufgaben!

Verständnisfragen

18.1 • Gegeben sei das Butcher-Array eines Runge-Kutta-Verfahrens in der Form

$$\begin{array}{c|cc} \gamma & \gamma & 0 \\ 1-\gamma & 1 & -\gamma \\ \hline & 1/4 & 3/4 \end{array}$$

Begründen Sie, für welche Parameter $\gamma \in \mathbb{R}$ es sich um ein explizites, respektive implizites Verfahren handelt. Für welche Parameter $\gamma \in \mathbb{R}$ besitzt das Verfahren die Konsistenzordnung $p = 1$ respektive $p = 2$?

18.2 •• Zeigen Sie, dass das Einschrittverfahren

$$y_{i+1} = \frac{2 - \Delta t}{2 + \Delta t} y_i$$

konsistent genau von der Ordnung $p = 2$ zur Differenzialgleichung $y'(t) = -y(t)$ ist.

18.3 • Zeigen Sie, dass außer der impliziten Mittelpunktsregel kein einstufiges Runge-Kutta-Verfahren der Ordnung $p = 2$ existiert.

Beweisaufgaben

18.4 • Weisen Sie ohne Verwendung des Satzes zur maximalen Ordnung expliziter Runge-Kutta-Verfahren folgende Aussage nach: Jedes explizite dreistufige Runge-Kutta-Verfahren dritter Ordnung besitzt eine Stabilitätsfunktion der Form

$$R(\xi) = 1 + \xi + \frac{\xi^2}{2} + \frac{\xi^3}{6}.$$

18.5 •• Weisen Sie nach, dass das implizite Einschrittverfahren

$$y_{i+1} = y_i + \Delta t \; f\left(t_i + \frac{1}{2}\Delta t, \frac{1}{2}(y_{i+1} + y_i)\right)$$

mit dem Startwert $y_0 = \widehat{y}_0$ die exakte Lösung des Anfangswertproblems $y'(t) = -2at$, $y(t_0) = \widehat{y}_0$ für $t_i = t_0 + i\Delta t$ liefert.

18.6 •• Weisen Sie ohne Verwendung des Satzes zur Konsistenz von Runge-Kutta-Verfahren nach, dass die explizite Mittelpunktsregel

$$y_{i+1/2} = y_i + \frac{\Delta t}{2} f(t_i, y(t_i))$$

$$y_{i+1} = y_i + \Delta t f\left(t_i + \frac{\Delta t}{2}, y_{i+1/2}\right)$$

die Konvergenzordnung $p = 2$ besitzt, falls f hinreichend glatt ist.

18.7 ••• Zeigen Sie, dass für eine nicht-negative und irreduzible Matrix $\boldsymbol{A} \in \mathbb{R}^{n \times n}$ die Eigenschaft

$$(\boldsymbol{I} + \boldsymbol{A})^{n-1} > \boldsymbol{0}.$$

gilt, wobei $\boldsymbol{I}$ die Einheitsmatrix ist.

18.8 •• Sei $\boldsymbol{A} \in \mathbb{R}^{n\times n}$ nicht-negativ und $\boldsymbol{0} \le \boldsymbol{x} \in \mathbb{R}^n$ nicht der Nullvektor. Zeigen Sie, $r_{\boldsymbol{x}} := \min_{\substack{k\in\{1,\dots,n\} \\ \text{mit } x_k>0}} \left\{ \frac{\sum_{j=1}^n a_{kj}x_j}{x_k} \right\}$ ist nicht-negativ und das Supremum aller $\xi \ge 0$ für die $\boldsymbol{A}\boldsymbol{x} \ge \xi\boldsymbol{x}$ gilt.

18.9 ••• Sei $\boldsymbol{A} \in \mathbb{R}^{n\times n}$ nicht-negativ und irreduzibel sowie $r := \sup_{\substack{\boldsymbol{x}\ge\boldsymbol{0} \\ \boldsymbol{x}\neq\boldsymbol{0}}} \{r_{\boldsymbol{x}}\}$ mit $r_{\boldsymbol{x}}$ aus Aufgabe 18.8 und $\mathcal{Q}^n := \left\{(\boldsymbol{I} + \boldsymbol{A})^{n-1}\boldsymbol{x} \in \mathbb{R}^n \;\middle|\; \boldsymbol{x} \ge \boldsymbol{0} \text{ und } \|\boldsymbol{x}\| = 1\right\}$. Zeigen Sie, dass

$$r = \sup_{\boldsymbol{y}\in\mathcal{Q}^n} \{r_{\boldsymbol{y}}\}$$

gilt.

18.10 ••• Sei $\boldsymbol{A} \in \mathbb{R}^{n\times n}$ nicht-negativ und irreduzibel sowie r (aus Aufgabe 18.8) und die Menge der Extremalvektoren der Matrix $\boldsymbol{A}$ durch $\{\boldsymbol{z} \in \mathbb{R}^n_{\ge 0} \setminus \{\boldsymbol{0}\} \mid \boldsymbol{A}\boldsymbol{z} \ge r\boldsymbol{z} \wedge \nexists \boldsymbol{w} \in \mathbb{R}^n_{\ge 0} : \boldsymbol{A}\boldsymbol{w} > r\boldsymbol{w}\}$ gegeben. Zeigen Sie: $\boldsymbol{z}$ ist ein positiver Eigenvektor der Matrix $\boldsymbol{A}$ zum Eigenwert $r > 0$. D. h. $\boldsymbol{A}\boldsymbol{z} = r\boldsymbol{z}$ und $\boldsymbol{z} > \boldsymbol{0}$.

18.11 ••• **(Satz von Perron-Frobenius)**
Zeigen Sie, dass zu jeder nicht-negativen Matrix $\boldsymbol{A} \in \mathbb{R}^{n\times n}$ ein nicht-negativer Eigenwert $\lambda = \rho(\boldsymbol{A})$ mit zugehörigem nicht-negativen Eigenvektor $\boldsymbol{x} \geq \boldsymbol{0}$ existiert.

18.12 • Weisen Sie die Konservativität des auf Seite 693 vorgestellten modifizierten Patankar-Runge-Kutta-Verfahrens nach.

18.13 •• Für eine gegebene Matrix $\boldsymbol{A} \in \mathbb{C}^{n\times n}$ sei die Folge der Matrizen $\left(\boldsymbol{A}^k\right)_{k\in\mathbb{N}}$ beschränkt. Zeigen Sie, dass dann der Spektralradius der Bedingung $\rho(\boldsymbol{A}) \leq 1$ genügt und für jeden Eigenwert $\lambda \in \mathbb{C}$ von $\boldsymbol{A}$ mit $|\lambda| = 1$ algebraische und geometrische Vielfachheit übereinstimmen.

Rechenaufgaben

18.14 •• Berechnen Sie das Stabilitätsgebiet des expliziten Euler-Verfahrens und stellen Sie es graphisch dar.

18.15 •• Bestimmen Sie die Konsistenzordnung des auf Seite 667 vorgestellten klassischen Runge-Kutta-Verfahrens.

18.16 •• Bestimmen Sie die Konsistenzordnung des zweistufiges SDIRK-Verfahrens mit dem Butcher-Array

$$\begin{array}{c|cc} \gamma & \gamma & 0 \\ 1-\gamma & 1-2\gamma & \gamma \\ \hline & \frac{1}{2} & \frac{1}{2} \end{array} \quad \text{für} \quad \gamma = \frac{3 \pm \sqrt{3}}{6}.$$

18.17 •• Bestimmen Sie den Stabilitätsbereich des Verfahrens

$$y_{i+1} = y_i + \Delta t(\mu f(t_i, y_i) + (1-\mu) f(t_{i+1}, y_{i+1}))$$

für $\mu \in [0, 1]$. Für welche Werte von μ ist das Verfahren A-stabil?

18.18 • Wie müssen die freien Koeffizienten des Runge-Kutta-Verfahrens

$$\begin{array}{c|ccc} 0 & 0 & 0 & 0 \\ c_2 & c_2 & 0 & 0 \\ c_3 & 0 & c_3 & 0 \\ \hline & 0 & 0 & 1 \end{array}$$

gewählt werden, damit das Verfahren die Ordnung $p = 2$ besitzt. Kann das Verfahren die Konsistenzordnung $p = 3$ erreichen?

18.19 • Bestimmen Sie die Konsistenzordnung des expliziten Runge-Kutta-Verfahrens

$$y_{i+1} = y_i + \Delta t f\left(t_i + \frac{\Delta t}{k}, y_i + \frac{\Delta t}{k} f(t_i, y_i)\right)$$

in Abhängigkeit von $k \in \mathbb{N}$.

18.20 • Bestimmen Sie die Konsistenzordnung des linearen Mehrschrittverfahrens

$$y_{i+2} + 4y_{i+1} - 5y_i = \Delta t\Big(4f(t_{i+1}, y_{i+1}) + 2f(t_i, y_i)\Big).$$

18.21 •• Zeigen Sie, dass die Vektoren $(1, \xi_k, \xi_k^2, \ldots, \xi_k^{m-})^T \in \mathbb{C}^m$, $k = 1, \ldots, m$ linear unabhängig sind, wenn die Größen $\xi_1, \ldots, \xi_m \in \mathbb{C}$ paarweise verschieden sind.

18.22 •• Sei ξ eine Nullstelle des Polynoms $p(\xi) = \sum_{j=0}^{m} \alpha_j \xi^j$ mit $\alpha_m \neq 0$. Dann gilt für die Lösungsfolge $(y_n)_{n\in\mathbb{N}_0}$ der homogenen Differenzengleichung $\sum_{j=0}^{m} \alpha_j y_{i+m} = 0$ bei den Anfangswerten $y_i = \xi^i$, $i = 0, \ldots, m-1$ die Darstellung $y_n = \xi^n$ für alle $n \in \mathbb{N}_0$.

18.23 • Berechnen Sie das charakteristische Polynom zur Matrix

$$\boldsymbol{A} = \begin{pmatrix} 0 & 1 & & & \\ & \ddots & \ddots & & \\ & & \ddots & \ddots & \\ & & & 0 & 1 \\ -a_0 & & \cdots & & -a_{m-1} \end{pmatrix} \in \mathbb{R}^{m\times m}.$$

Antworten der Selbstfragen

S. 657
Innerhalb der Integrationsmethode werten wir im Rahmen der Rechteckregel die Funktion f zum Zeitpunkt t_i anstelle t_{i+1} aus. Bei der Differenzenmethode betrachten wir die Differenzialgleichung zum Zeitpunkt t_{i+1} und verwenden $y'(t_{i+1}) \approx (y(t_{i+1}) - y(t_i))/(t_{i+1} - t_i)$.

S. 659
Die Aussage gilt analog auch für die implizite Variante des Verfahrens. Zum Nachweis nimmt man lediglich eine Taylorentwicklung der Lösung für den Zeitpunkt t mit Entwicklungspunkt $t + \Delta t$ vor.

S. 661
Eine große Lipschitz-Konstante ermöglicht starke lokale Änderungen im Richtungsfeld. Da das Euler-Verfahren innerhalb eines Zeitschrittes keine Steigungsvariation berücksichtigt, müssen kleine Zeitschritte verwendet werden, um die Krümmung der Lösung geeignet abzubilden.

S. 662
Das Verfahren lässt sich in der Form $y_{i+1} = y_i + \Delta t\, \Phi(t_i, y_i, \Delta t)$ mit

$$\Phi(t_i, y_i, \Delta t) = f\left(t_i + \frac{\Delta t}{2}, y_i + \frac{\Delta t}{2} f(t_i, y(t_i))\right)$$

schreiben und ist somit eine explizite Einschrittmethode.

S. 663
Von der numerischen Quadratur kennen wir die Bedingung $\sum_{\nu=1}^{s} \widetilde{a}_{j\nu} = 1$, sodass die Forderung $\sum_{\nu=1}^{s} a_{j\nu} = c_j$ für alle $j = 1, \ldots, s$ erwartet werden darf.

S. 664
Die Butcher-Arrays lauten:

$$\begin{array}{c|cc} 0 & 0 & 0 \\ 1 & \frac{1}{2} & \frac{1}{2} \\ \hline & \frac{1}{2} & \frac{1}{2} \end{array} \qquad \begin{array}{c|cc} 0 & 0 & 0 \\ 1 & 1 & 0 \\ \hline & \frac{1}{2} & \frac{1}{2} \end{array}$$

Implizite Trapezregel   Prädiktor-Korrektor-Verfahren

S. 673
Nein, da die Stabilitätsfunktion für alle diese Methoden die Form $R(\xi) = \sum_{j=0}^{s} \frac{\xi^j}{j!}$ aufweist.

S. 678
Da die Zahl 1 und alle Koeffizienten des Differenzenverfahrens im Dualsystem auf dem Rechner exakt darstellbar sind, ergibt sich kein instabiles Verhalten.

S. 679
Bei Einschrittverfahren schreibt sich das erste charakteristische Polynom stets in der Form $\varrho(\xi) = \xi - 1$. Somit existiert nur die Nullstelle $\xi = 1$ und Einschrittverfahren sind folglich immer nullstabil.

S. 683

Beide Verfahren sind identisch. Ausgehend von der Definition des BDF(1)-Verfahrens gilt

$$p(t_i) = y_i,\ p'(t_{i+1}) = f(t_{i+1}, p(t_{i+1})) \text{ und } y_{i+1} = p(t_{i+1}).$$

Schreiben wir

$$p(t_i) = p(t_{i+1}) - \Delta t p'(t_{i+1}),$$

so folgt daher

$$y_i = y_{i+1} - \Delta t f(t_{i+1}, y_{i+1})$$

respektive

$$y_{i+1} = y_i + \Delta t f(t_{i+1}, y_{i+1}).$$

S. 684
Während das Verfahren im Beispiel auf Seite 677 ein instabiles Verhalten zeigt und die Näherungswerte betragsmäßig unbegrenzt ansteigen, ergibt sich beim BDF(2)-Verfahren die Iterationsfolge $y_n = 0.1, n = 0, 1, \ldots$.

S. 685
Zunächst ist das implizite Euler-Verfahren mit dem BDF(1)-Verfahren identisch, und wir erhalten $\varrho(\xi) = \xi - 1$ und $\sigma(\xi) = \xi$. Mit $\sigma(e^{i\Theta}) = e^{i\Theta} \neq 0$ für alle $\Theta \in [0, 2\pi[$ ermitteln wir den Rand des Stabilitätsgebietes durch

$$\mu = s(\Theta) = \frac{\varrho(e^{i\Theta})}{\sigma(e^{i\Theta})} = \frac{e^{i\Theta} - 1}{e^{i\Theta}} = 1 - e^{-i\Theta}.$$

Einsetzen von $\widetilde{\mu} = -1$ ergibt

$$f(\xi) = \phi(\widetilde{\mu}, \xi) = \phi(-1, \xi) = (\xi - 1) + \xi = 2\xi - 1,$$

sodass $-1 \in S$ gilt Die Methode ist folglich A-stabil, und die Stabilitätsbereiche sind unabhängig von der Betrachtung der Methode als Ein- oder Mehrschrittverfahren.

S. 688
Ja, denn wegen $p_{ii}(\boldsymbol{y}) = d_{ii}(\boldsymbol{y})$ können die Terme ohne Veränderung der Lösung aus dem System gestrichen werden.

S. 692
Der Satz auf Seite 694 liefert $\rho(\boldsymbol{D}^{-1}(\boldsymbol{D} - \boldsymbol{A})) < 1$ und somit die Konvergenz des Jacobi-Verfahrens.

Wahrscheinlichkeitsräume – Modelle für stochastische Vorgänge

19

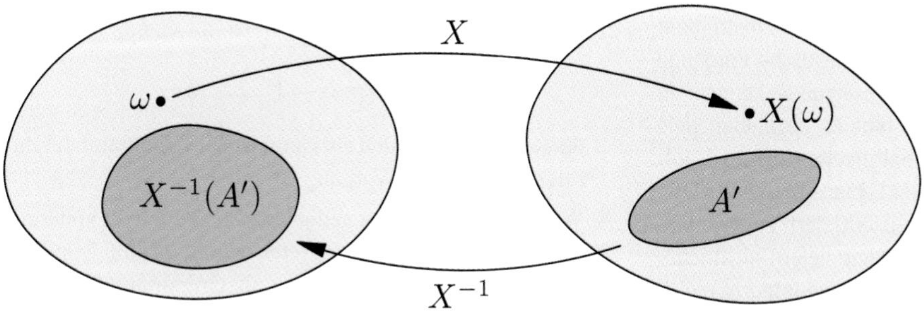

Was ist ein Wahrscheinlichkeitsraum?

Was besagt die Formel des Ein- und Ausschließens?

Was ist die Verteilung einer Zufallsvariablen?

In welchem Zusammenhang tritt die hypergeometrische Verteilung auf?

Wie viele Kartenverteilungen gibt es beim Skat?

Mit diesem Kapitel steigen wir in die Stochastik, die Mathematik des Zufalls, ein. Dabei wollen wir nicht über Grundsatzfragen wie *Existiert Zufall überhaupt?* philosophieren, sondern den pragmatischen Standpunkt einnehmen, dass sich so verschiedene Vorgänge wie die Entwicklung von Aktienkursen, die Ziehung der Lottozahlen, das Schadensaufkommen von Versicherungen oder die Häufigkeit von Erdbeben einer bestimmten Mindeststärke einer deterministischen Beschreibung entziehen und somit stochastische Phänomene darstellen, weil unsere Kenntnisse für eine sichere Vorhersage nicht ausreichen. Mathematische Herzstücke dieses Kapitels sind das Kolmogorov'sche Axiomensystem sowie grundlegende Folgerungen aus diesen Axiomen. Außerdem lernen wir Zufallsvariablen als Instrument zur Bündelung von Informationen über stochastische Vorgänge und suggestives Darstellungsmittel für Ereignisse kennen. In diskreten Wahrscheinlichkeitsräumen gibt es abzählbar viele Elementarereignisse, deren Wahrscheinlichkeiten sich zu 1 aufaddieren. Als Spezialfall entstehen hier Laplace-Modelle, deren Behandlung Techniken der Kombinatorik erfordert. Eine weitere Beispielklasse für Wahrscheinlichkeitsräume liefern nichtnegative Funktionen $f\colon \mathbb{R}^k \to \mathbb{R}$, deren Lebesgue-Integral gleich 1 ist. In diesem Fall kann man jeder Borel'schen Teilmenge B des $\mathbb{R}^k$ die Wahrscheinlichkeit $\int_B f(x)\,\mathrm{d}x$ zuordnen. An einigen Stellen zitieren und verwenden wir grundlegende Resultate aus der Maß- und Integrationstheorie. Diese können bei Bedarf ausführlich in Kapitel 7 nachgelesen werden.

19.1 Grundräume und Ereignisse

Um einen stochastischen Vorgang zu modellieren, muss man zunächst dessen mögliche Ergebnisse mathematisch präzise beschreiben. Diese Beschreibung geschieht in Form einer Menge Ω, die **Grundraum** oder **Ergebnisraum** genannt wird. Die Elemente ω von Ω heißen **Ergebnisse**.

Der Grundraum Ω beschreibt die möglichen Ergebnisse eines stochastischen Vorgangs

Beispiel

- Beobachtet man beim Würfelwurf die oben liegende Augenzahl, so ist die Menge

$$\Omega = \{1, 2, 3, 4, 5, 6\}$$

ein natürlicher Grundraum.

- Wird ein Würfel n-mal hintereinander geworfen, und sind die in zeitlicher Reihenfolge aufgetretenen Augenzahlen von Interesse, so ist das kartesische Produkt

$$\begin{aligned}\Omega &:= \{1, 2, 3, 4, 5, 6\}^n\\ &= \{(a_1, \ldots, a_n)\colon a_j \in \{1, \ldots, 6\}\ \forall\, j = 1, \ldots, n\}\end{aligned}$$

ein angemessener Ergebnisraum. Hierbei steht a_j für das Ergebnis des j-ten Wurfs.

- Wirft man zwei *nicht unterscheidbare* Würfel *gleichzeitig*, so bietet sich der Grundraum

$$\begin{aligned}\Omega := \{&(1,1), (1,2), (1,3), (1,4), (1,5), (1,6), (2,2),\\ &(2,3), (2,4), (2,5), (2,6), (3,3), (3,4), (3,5),\\ &(3,6), (4,4), (4,5), (4,6), (5,5), (5,6), (6,6)\}\end{aligned}$$

an. Dabei steht (j, k) für das Ergebnis *einer der Würfel zeigt j und der andere k*.

- Eine Münze wird so lange geworfen, bis zum ersten Mal Zahl auftritt. Es interessiere die Anzahl der dafür benötigten Würfe. Da beliebig lange Wurfsequenzen logisch nicht ausgeschlossen werden können, ist die Menge

$$\Omega := \mathbb{N} = \{1, 2, \ldots\}$$

der natürlichen Zahlen ein kanonischer Grundraum für diesen stochastischen Vorgang.

- Wirft man eine Münze gedanklich unendlich oft hintereinander und notiert das Auftreten von Kopf mit 1 und das von Zahl mit 0, so drängt sich als Grundraum für diesen stochastischen Vorgang die Menge

$$\Omega := \{0, 1\}^{\mathbb{N}} = \{(a_j)_{j\ge 1}\colon a_j \in \{0, 1\} \text{ für jedes } j \ge 1\}$$

auf. Dabei steht a_j für das Ergebnis des j-ten Wurfs.

- Die zufallsbehaftete Lebensdauer einer Glühbirne werde mit sehr hoher Messgenauigkeit festgestellt. Kann man keine sichere Obergrenze für die Lebensdauer angeben, so bietet sich als Grundraum die Menge

$$\Omega := \{t \in \mathbb{R}\colon t > 0\}$$

aller positiver reellen Zahlen an. ◀

Die obigen Beispiele zeigen insbesondere, dass Tupel und Folgen ein geeignetes Darstellungsmittel sind, wenn ein stochastischer Vorgang zu diskreten Zeitpunkten beobachtet wird und in seinem zeitlichen Verlauf beschrieben werden soll. Man beachte, dass die Ergebnismenge in den ersten drei Fällen endlich, im vierten abzählbar unendlich und in den letzten beiden Fällen überabzählbar ist.

Ereignisse sind (gewisse) Teilmengen von Ω

Oft interessiert nur, ob das Ergebnis eines stochastischen Vorgangs zu einer gewissen Menge von Ergebnissen gehört. So kann es etwa beim zweifachen Würfelwurf nur darauf ankommen, ob die Summe der geworfenen Augenzahlen gleich 7 ist oder nicht. Diese Überlegung führt dazu, *Teilmengen* des Grundraums Ω zu betrachten.

Wir nehmen zunächst an, dass Ω *abzählbar*, also endlich oder abzählbar unendlich ist. In diesem Fall heißt *jede* Teilmenge A von Ω ein **Ereignis**. Ereignisse werden üblicherweise mit großen lateinischen Buchstaben aus dem vorderen Teil des Alphabetes, also mit A, A_1, A_2, …, B, B_1, B_2, …, C, C_1, C_2, … bezeichnet.

Da wir den Grundraum Ω als Ergebnismenge eines stochastischen Vorgangs deuten, kann jedes Element von Ω als potenzielles Ergebnis eines solchen Vorgangs angesehen werden. Ist $A \subseteq \Omega$ ein Ereignis, so sagen wir *das Ereignis A tritt ein*, wenn das Ergebnis des stochastischen Vorgangs zu A gehört. Durch diese Sprechweise identifizieren wir eine Teilmenge A von Ω als mathematisches Objekt mit dem anschaulichen Ereignis, dass sich ein Element aus A als Resultat des durch den Grundraum Ω beschriebenen stochastischen Vorgangs einstellt.

Die leere Menge $\emptyset$ heißt das **unmögliche**, der Grundraum Ω das **sichere Ereignis**. Jede einelementige Teilmenge $\{\omega\}$ von Ω heißt **Elementarereignis**.

?

Können Sie im Beispiel des n-fachen Würfelwurfs das Ereignis „keiner der Würfe ergibt eine Sechs" als Teilmenge A von $\Omega = \{1, 2, 3, 4, 5, 6\}^n$ formulieren?

Viele stochastische Vorgänge bestehen aus Teilexperimenten (Stufen), die der Reihe nach durchgeführt werden. Besteht das Experiment aus insgesamt n Stufen, so stellen sich seine Ergebnisse als n-Tupel $\omega = (a_1, \ldots, a_n)$ dar, wobei a_j den Ausgang des j-ten Teilexperiments angibt. Wird das j-te Teilexperiment durch den Grundraum Ω_j modelliert, so ist das kartesische Produkt

$$\begin{aligned}\Omega &:= \Omega_1 \times \Omega_2 \times \ldots \times \Omega_n \\ &= \{\omega := (a_1, \ldots, a_n) \colon a_j \in \Omega_j \text{ für } j = 1, \ldots, n\}\end{aligned}$$

ein kanonischer Grundraum für das aus diesen n Einzelexperimenten bestehende Gesamtexperiment.

Ist $A_j^* \subseteq \Omega_j$, so beschreibt

$$\begin{aligned}A_j &:= \Omega_1 \times \ldots \times \Omega_{j-1} \times A_j^* \times \Omega_{j+1} \times \ldots \times \Omega_n \\ &= \{\omega = (a_1, \ldots, a_n) \in \Omega \colon a_j \in A_j^*\}\end{aligned}$$

das Ereignis, dass beim j-ten Einzelexperiment das Ereignis A_j^* eintritt. Man beachte, dass A_j eine Teilmenge von Ω ist, also ein sich auf das n-stufige Gesamtexperiment beziehendes Ereignis beschreibt.

Offenbar kann dieser kanonische Grundraum sehr unterschiedliche Situationen modellieren, wobei der n-fache Würfel- oder Münzwurf als Spezialfälle enthalten sind. Lassen Sie sich jedoch in Ihrer Phantasie nicht durch den Begriff *Experiment* einengen! Gemeinhin verbindet man nämlich damit die Vorstellung von einem stochastischen Vorgang, dessen Rahmenbedingungen geplant werden können. Solche *geplanten Experimente* oder *Versuche* findet man insbesondere in der Biologie, in den Ingenieurwissenschaften oder in der Medizin. Es gibt aber auch stochastische Vorgänge, die sich auf die Entwicklung von Aktienkursen, das Auftreten von Orkanen oder Erdbeben oder die Schadenshäufigkeiten bei Sachversicherungen beziehen. So könnte a_j den Tagesschlusskurs einer bestimmten Aktie am j-ten Handelstag des nächsten Jahres beschreiben, aber auch für die Stärke des von jetzt an gerechneten j-ten registrierten Erdbebens, das eine vorgegebene Stärke auf der Richter-Skala übersteigt, stehen.

Mengentheoretische Verknüpfungen von Ereignissen ergeben neue Ereignisse

Als logische Konsequenz der Identifizierung von anschaulichen Ereignissen und Teilmengen von Ω entstehen aus Ereignissen durch mengentheoretische Operationen wie folgt neue Ereignisse.

Mengentheoretische und logische Verknüpfungen

Sind $A, B, A_1, A_2, \ldots, A_n, \ldots \subseteq \Omega$ Ereignisse, so ist

- $A \cap B$ das Ereignis, dass A *und* B beide eintreten,
- $A \cup B$ das Ereignis, dass *mindestens eines* der Ereignisse A oder B eintritt,
- $\bigcap_{n=1}^{\infty} A_n$ das Ereignis, dass *jedes* der Ereignisse $A_1, A_2, \ldots$ eintritt,
- $\bigcup_{n=1}^{\infty} A_n$ das Ereignis, dass *mindestens eines* der Ereignisse $A_1, A_2, \ldots$ eintritt.

Das **Komplement**

$$A^c := \Omega \setminus A$$

von A oder *das zu A komplementäre Ereignis* bezeichnet das Ereignis, dass A *nicht* eintritt.

Ereignisse A und B heißen **disjunkt** oder **unvereinbar**, falls $A \cap B = \emptyset$ gilt. Mehr als zwei Ereignisse heißen **paarweise disjunkt**, falls je zwei von ihnen disjunkt sind.

Die Teilmengenbeziehung $A \subseteq B$ bedeutet, dass das Eintreten des Ereignisses A das Eintreten von B nach sich zieht. Die Sprechweise hierfür ist *aus A folgt B*.

Man rufe sich in Erinnerung, dass Vereinigungs- und Durchschnittsbildung kommutativ und assoziativ sind und das Distributivgesetz

$$A \cap (B \cup C) = A \cap B \cup A \cap C$$

sowie die nach dem Mathematiker Augustus de Morgan (1806–1871) benannten Regeln

$$(A \cup B)^c = A^c \cap B^c, \ (A \cap B)^c = A^c \cup B^c,$$

$$\left(\bigcup_{j=1}^{\infty} A_j\right)^c = \bigcap_{j=1}^{\infty} A_j^c, \qquad \left(\bigcap_{j=1}^{\infty} A_j\right)^c = \bigcup_{j=1}^{\infty} A_j^c$$

gelten (siehe z. B. Abschnitt 2.2 von Band 1).

Achtung:

- Der Kürze halber lassen wir oft das Durchschnittszeichen zwischen Mengen weg, schreiben also etwa $AB(C \cup D)$ anstelle von $A \cap B \cap (C \cup D)$.

- Disjunkte Ereignisse stellen eine spezielle und – wie wir später sehen werden – besonders angenehme Situation für den Umgang mit Wahrscheinlichkeiten dar. Um diesen Fall auch in der Notation zu betonen, schreiben wir die Vereinigung (paarweise) disjunkter Ereignisse mit dem *Summenzeichen*, d. h., wir setzen

$$A + B := A \cup B$$

für disjunkte Ereignisse A und B bzw.

$$\sum_{j=1}^{n} A_j := A_1 + \ldots + A_n := A_1 \cup \ldots \cup A_n\,,$$

$$\sum_{j=1}^{\infty} A_j := \bigcup_{j=1}^{\infty} A_j$$

für paarweise disjunkte Ereignisse $A_1, A_2, \ldots$ Dabei vereinbaren wir, dass diese Summenschreibweise ausschließlich für diesen speziellen Fall gelten soll.

?

Es seien $A, B, C \subseteq \Omega$ Ereignisse. Können Sie die anschaulich beschriebenen Ereignisse D_1: „es tritt nur A ein" und D_2: „es treten genau zwei der drei Ereignisse ein" in mengentheoretischer Form ausdrücken?

Beispiel Im kanonischen Modell $\Omega = \Omega_1 \times \ldots \times \Omega_n$ für ein n-stufiges Experiment auf Seite 703 seien $A_j^* \subseteq \Omega_j$, $1 \le j \le n$, und

$$A_j := \Omega_1 \times \ldots \times \Omega_{j-1} \times A_j^* \times \Omega_{j+1} \times \ldots \times \Omega_n$$

das Ereignis, dass im j-ten Teilexperiment das Ereignis A_j^* eintritt ($j = 1, \ldots, n$). Dann ist

$$A_1 \cap A_2 \cap \ldots \cap A_n = A_1^* \times A_2^* \times \ldots \times A_n^*$$

das Ereignis, dass für jedes $j = 1, \ldots, n$ im j-ten Teilexperiment das Ereignis A_j^* eintritt. ◄

Das System der Ereignisse ist eine σ-Algebra

Ist der Grundraum Ω überabzählbar, so muss man aus prinzipiellen Gründen Vorsicht walten lassen! Es ist dann im Allgemeinen nicht mehr möglich, *jede* Teilmenge von Ω in dem Sinne als *Ereignis* zu bezeichnen, dass man ihr in konsistenter Weise eine Wahrscheinlichkeit zuordnen kann (siehe Seite 710). Wenn wir also unter Umständen nicht mehr jede Teilmenge von Ω als Ereignis ansehen können, sollten wir wenigstens fordern, dass alle „praktisch wichtigen Teilmengen" von Ω Ereignisse sind und man mit Ereignissen mengentheoretisch operieren kann und damit wiederum Ereignisse erhält. Schließen wir uns der allgemeinen Sprechweise an, eine Teilmenge $\mathcal{M}$ der Potenzmenge von Ω als *System* von Teilmengen von Ω oder *Mengensystem* zu bezeichnen, so gelangen wir zu folgender Begriffsbildung.

Definition einer σ-Algebra

Eine σ-Algebra über Ω ist ein System $\mathcal{A} \subseteq \mathcal{P}(\Omega)$ von Teilmengen von Ω mit folgenden Eigenschaften:

- $\emptyset \in \mathcal{A}$,
- aus $A \in \mathcal{A}$ folgt $A^c = \Omega \setminus A \in \mathcal{A}$,
- aus $A_1, A_2, \ldots \in \mathcal{A}$ folgt $\bigcup_{n=1}^{\infty} A_n \in \mathcal{A}$.

Wie ausführlich auf Seite 212 dargelegt, enthält jede σ-Algebra den Grundraum Ω sowie mit endlich oder abzählbar vielen Mengen auch deren Durchschnitte. Zudem ist eine σ-Algebra *vereinigungsstabil*, sie enthält also mit je zwei und damit auch je endlich vielen Mengen auch deren Vereinigung. Das Präfix „σ-" im Wort σ-Algebra steht für die Möglichkeit, *abzählbar unendlich viele* Mengen bei Mengenoperationen wie Vereinigungs- und Durchschnittsbildung zuzulassen. Würde man die dritte eine σ-Algebra definierende Eigenschaft dahingehend abschwächen, dass Vereinigungen von je zwei (und damit von je *endlich vielen*) Mengen aus $\mathcal{A}$ wieder zu $\mathcal{A}$ gehören, so nennt man ein solches Mengensystem eine *Algebra* (siehe Seite 212). Ist $\mathcal{A} \subseteq \mathcal{P}(\Omega)$ eine σ-Algebra über Ω, so nennt man das Paar $(\Omega, \mathcal{A})$ einen **Messraum**.

Beispiel

- Auf einem Grundraum Ω gibt es stets zwei triviale σ-Algebren, nämlich die kleinstmögliche (gröbste) σ-Algebra $\mathcal{A} = \{\emptyset, \Omega\}$ und die größtmögliche (feinste) σ-Algebra $\mathcal{A} = \mathcal{P}(\Omega)$. Die erste ist uninteressant, die zweite im Fall eines überabzählbaren Grundraums im Allgemeinen zu groß.
- Für jede Teilmenge A von Ω ist das Mengensystem

$$\mathcal{A} := \{\emptyset, A, A^c, \Omega\}$$

eine σ-Algebra.

- In Verallgemeinerung des letzten Beispiels sei

$$\Omega = \sum_{n=1}^{\infty} A_n$$

eine Zerlegung des Grundraums Ω in paarweise disjunkte Mengen $A_1, A_2, \ldots$ Dann ist das System

$$\mathcal{A} = \left\{ B \subseteq \Omega \colon \exists\, T \subseteq \mathbb{N} \text{ mit } B = \sum_{n \in T} A_n \right\} \qquad (19.1)$$

aller Teilmengen von Ω, die sich als Vereinigung irgendwelcher der Mengen $A_1, A_2, \ldots$ schreiben lassen, eine σ-Algebra über Ω (Aufgabe 19.29). ◄

Um im Fall eines überabzählbaren Grundraums σ-Algebren zu konstruieren, die hinreichend reichhaltig sind, um alle für eine vorliegende Fragestellung wichtigen Teilmengen von Ω

zu enthalten, geht man analog wie etwa in der Linearen Algebra vor, wenn zu einer gegebenen Menge M von Vektoren in einem Vektorraum V der kleinste Unterraum U von V mit der Eigenschaft $M \subseteq U$ gesucht wird. Dieser Vektorraum ist der Durchschnitt aller Unterräume, die M enthalten. Hierzu muss man sich nur überlegen, dass der Durchschnitt beliebig vieler Unterräume von V wieder ein Unterraum ist.

Da der Durchschnitt

$$\bigcap_{j\in J} \mathcal{A}_j := \{A \subseteq \Omega\colon A \in \mathcal{A}_j \text{ für jedes } j \in J\}$$

beliebig vieler σ-Algebren über Ω wieder eine σ-Algebra ist (siehe Seite 213), kann man für ein beliebiges nichtleeres System $\mathcal{M} \subseteq \mathcal{P}(\Omega)$ von Teilmengen von Ω den mit

$$\sigma(\mathcal{M}) := \bigcap\{\mathcal{A}\colon \mathcal{A} \subseteq \mathcal{P}(\Omega)\ \sigma\text{-Algebra und } \mathcal{M} \subseteq \mathcal{A}\}$$

bezeichneten Durchschnitt aller σ-Algebren über Ω betrachten, die – wie z. B. die Potenzmenge von Ω – das Mengensystem $\mathcal{M}$ enthalten. Man nennt $\sigma(\mathcal{M})$ die *von $\mathcal{M}$ erzeugte σ-Algebra*. Nach Konstruktion ist $\sigma(\mathcal{M})$ die kleinste σ-Algebra über Ω, die $\mathcal{M}$ enthält (vgl. hierzu die Diskussion auf Seite 214). Das Mengensystem $\mathcal{M}$ heißt (ein) *Erzeugendensystem* oder kurz (ein) *Erzeuger* von $\sigma(\mathcal{M})$.

Beispiel Von einer Zerlegung erzeugte σ-Algebra
Ist $\mathcal{M} := \{A_n : n \in \mathbb{N}\}$, wobei die Mengen $A_1, A_2, \ldots$ eine Zerlegung von Ω bilden, also $\Omega = \sum_{n=1}^{\infty} A_n$ gilt, so ist die von $\mathcal{M}$ erzeugte σ-Algebra $\sigma(\mathcal{M})$ gerade das in (19.1) stehende Mengensystem $\mathcal{A}$. Zum einen ist nämlich $\mathcal{A}$ nach Aufgabe 19.29 eine σ-Algebra, die $\mathcal{M}$ enthält, woraus die Inklusion $\sigma(\mathcal{M}) \subseteq \mathcal{A}$ folgt. Zum anderen muss jede σ-Algebra über Ω, die $\mathcal{M}$ enthält, jede abzählbare Vereinigung von Mengen aus $\mathcal{M}$ und somit $\mathcal{A}$ enthalten. Es gilt somit auch $\mathcal{A} \subseteq \sigma(\mathcal{M})$. ◀

Setzt man im obigen Beispiel speziell $A_n := \emptyset$ für $n \geq 3$ und $\mathcal{M} := \{A_1\}, \mathcal{N} := \{A_2\}$, so gilt wegen $A_2 = A_1^c$ die Beziehung $\sigma(\mathcal{M}) = \sigma(\mathcal{N}) = \{\emptyset, A_1, A_2, \Omega\}$. Eine σ-Algebra kann also verschiedene Erzeuger haben. Will man allgemein zeigen, dass zwei Mengensysteme $\mathcal{M} \subseteq \mathcal{P}(\Omega)$ und $\mathcal{N} \subseteq \mathcal{P}(\Omega)$ die gleiche σ-Algebra erzeugen, also $\sigma(\mathcal{M}) = \sigma(\mathcal{N})$ gilt, so reicht es aus, die Teilmengenbeziehungen

$$\mathcal{M} \subseteq \sigma(\mathcal{N}), \qquad \mathcal{N} \subseteq \sigma(\mathcal{M})$$

nachzuweisen (vgl. Teil c) des Lemmas auf Seite 214).

Auf dem Grundraum $\Omega = \mathbb{R}^k$ legen wir – falls nichts anderes gesagt ist – stets die ausführlich in Abschnitt 7.2 behandelte und vom System $\mathcal{O}^k$ aller offenen Mengen im $\mathbb{R}^k$ erzeugte σ-Algebra

$$\mathcal{B}^k := \sigma(\mathcal{O}^k)$$

der *Borelmengen* zugrunde. Diese umfasst zwar nicht jede Teilmenge des $\mathbb{R}^k$ (siehe Seite 236), sie ist aber reichhaltig genug, um alle für konkrete Fragestellungen wichtige Mengen zu beinhalten. Wie auf Seite 215 gezeigt, enthält sie unter anderem alle abgeschlossenen Teilmengen des $\mathbb{R}^k$ und alle nach links unten halboffenen Quader $(x, y] = \times_{j=1}^{k}(x_j, y_j]$, wobei $x = (x_1, \ldots, x_k)$, $y = (y_1, \ldots, y_k)$. Im Fall $k = 1$ setzen wir kurz $\mathcal{B} := \mathcal{B}^1$.

19.2 Zufallsvariablen

Bislang haben wir die Menge der möglichen Ergebnisse eines stochastischen Vorgangs mit einer als *Grundraum* bezeichneten Menge modelliert und gewisse Teilmengen von Ω als Ereignisse bezeichnet. Dabei soll das System aller Ereignisse eine σ-Algebra über Ω bilden. In diesem Abschnitt lernen wir *Zufallsvariablen* als ein natürliches und suggestives Darstellungsmittel für Ereignisse kennen. Zur Einstimmung betrachten wir eine einfache Situation, die aber schon wesentliche Überlegungen beinhaltet. Im Kern geht es darum, dass man häufig nur an einem *gewissen Aspekt* oder *Merkmal* der Ergebnisse eines stochastischen Vorgangs interessiert ist.

Beispiel Der n-fach hintereinander ausgeführte Würfelwurf wurde auf Seite 702 durch den Grundraum

$$\Omega = \{1, 2, 3, 4, 5, 6\}^n$$

modelliert. Interessiert an einem Ergebnis $\omega = (a_1, \ldots, a_n) \in \Omega$ nur die Anzahl der geworfenen Sechsen, so kann dieser Aspekt durch die Abbildung

$$X\colon \begin{cases} \Omega \to \mathbb{R}, \\ \omega = (a_1, \ldots, a_n) \mapsto X(\omega) := \sum_{j=1}^{n} \mathbf{1}\{a_j = 6\} \end{cases}$$

beschrieben werden. Dabei sei $\mathbf{1}\{a_j = 6\} := 1$ gesetzt, falls $a_j = 6$ gilt; andernfalls sei $\mathbf{1}\{a_j = 6\} := 0$.

Ist man an der größten Augenzahl interessiert, so wird dieses Merkmal des Ergebnisses ω durch die Abbildung

$$Y\colon \begin{cases} \Omega \to \mathbb{R}, \\ \omega = (a_1, \ldots, a_n) \mapsto Y(\omega) := \max(a_1, \ldots, a_n) \end{cases}$$

beschrieben.

Man beachte, dass die auf Ω definierten reellwertigen Funktionen X und Y jeweils eine Datenkompression bewirken, die zu einer geringeren Beobachtungstiefe führt. Wird etwa im Fall des zweifachen Würfelwurfs nur das Ergebnis „$X(\omega) = 1$“ mitgeteilt, ohne dass man eine Information über ω preisgibt, so kann einer der zehn Fälle $\omega = (6, 1)$, $\omega = (6, 2)$, $\omega = (6, 3)$, $\omega = (6, 4)$, $\omega = (6, 5)$, $\omega = (1, 6)$, $\omega = (2, 6)$, $\omega = (3, 6)$, $\omega = (4, 6)$ oder $\omega = (5, 6)$ vorgelegen haben. In gleicher Weise steht

$$\{Y \leq 3\} := \{\omega \in \Omega\colon Y(\omega) \leq 3\}$$

kurz und prägnant für das Ereignis, dass das Maximum der geworfenen Augenzahlen höchstens drei ist. ◀

Die Urbildabbildung zu einer Zufallsvariablen ordnet Ereignissen Ereignisse zu

Das obige Beispiel verdeutlicht, dass eine auf Ω definierte Funktion einen interessierenden Aspekt eines stochastischen Vorgangs beschreiben kann, und dass sich mithilfe dieser Funktion Ereignisse formulieren lassen.

Im Hinblick auf eine tragfähige Theorie, die z. B. auch Abbildungen zulässt, deren Wertebereiche Funktionenräume sind (man denke hier etwa an kontinuierliche Aufzeichnungen seismischer Aktivität), betrachten wir in der Folge Abbildungen mit allgemeinen Wertebereichen. Ausgangspunkt sind zwei Messräume $(\Omega, \mathcal{A})$ und $(\Omega', \mathcal{A}')$, also zwei nichtleere Mengen Ω und Ω' als Grundräume sowie Ereignissysteme in Form von σ-Algebren $\mathcal{A} \subseteq \mathcal{P}(\Omega)$ bzw. $\mathcal{A}' \subseteq \mathcal{P}(\Omega')$ über Ω bzw. Ω'. Weiter sei $X\colon \Omega \to \Omega'$ eine Abbildung, deren Urbildabbildung wie üblich mit

$$X^{-1}: \begin{cases} \mathcal{P}(\Omega') \to \mathcal{P}(\Omega), \\ A' \mapsto X^{-1}(A') := \{\omega \in \Omega\colon X(\omega) \in A'\} \end{cases}$$

bezeichnet werde (siehe z. B. Seite 227).

Definition einer Zufallsvariablen

In der obigen Situation heißt jede Abbildung $X\colon \Omega \to \Omega'$ mit der Eigenschaft

$$X^{-1}(A') \in \mathcal{A} \quad \text{für jedes } A' \in \mathcal{A}' \tag{19.2}$$

eine **Ω'-wertige Zufallsvariable**.

Der Wert $X(\omega)$ heißt **Realisierung** der Zufallsvariablen X zum Ausgang ω.

Eine Zufallsvariable X ist also nichts anderes als eine Funktion, die einen Grundraum in einen anderen Grundraum abbildet. Dabei wird nur vorausgesetzt, dass die Urbilder der Ereignisse im Bildraum Ereignisse im Ausgangsraum sind; man fordert aber weder die Injektivität noch die Surjektivität von X. Im Spezialfall $(\Omega', \mathcal{A}') = (\mathbb{R}, \mathcal{B})$ nennt man X auch eine *reelle Zufallsvariable*, im Fall $(\Omega', \mathcal{A}') = (\mathbb{R}^k, \mathcal{B}^k)$ einen *k-dimensionalen Zufallsvektor*.

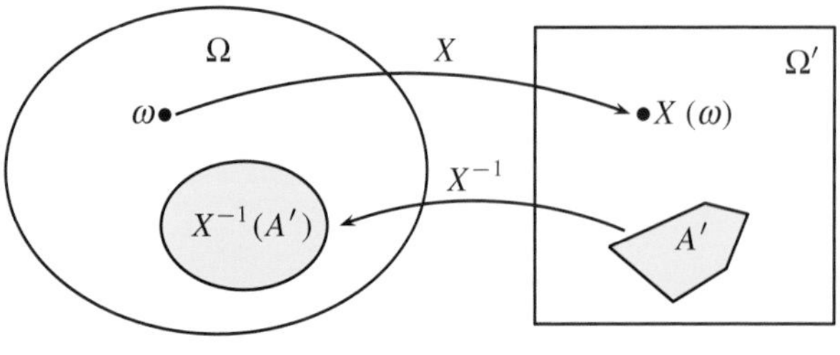

Abbildung 19.1 Zufallsvariable und zugehörige Urbildabbildung.

Kommentar:

- Es ist allgemeiner Brauch, für Zufallsvariablen nicht vertraute Funktionssymbole wie f oder g, sondern große lateinische Buchstaben aus dem hinteren Teil des Alphabets, also $Z, Y, X, W, V, U, \ldots$, zu verwenden. Nimmt X nur nichtnegative ganze Zahlen als Werte an, so sind auch die Bezeichnungen N, M oder L üblich.
- Die rein technische und im Fall $\mathcal{A} = \mathcal{P}(\Omega)$ entbehrliche Bedingung (19.2) wird *$(\mathcal{A}, \mathcal{A}')$-Messbarkeit* von X genannt (siehe Seite 229). Sie garantiert, dass Urbilder von Ereignissen in Ω' Ereignisse in Ω sind und besagt somit, dass die zwischen Messräumen vermittelnde Abbildung X *strukturverträglich* ist. Wären $\mathcal{A}$ und $\mathcal{A}'$ Systeme offener Mengen und damit Topologien auf Ω bzw. Ω', so wäre (19.2) gerade die Eigenschaft der Stetigkeit von X, also die Strukturverträglichkeit von X als Abbildung zwischen topologischen Räumen.
- In der Maßtheorie wird gezeigt, dass (19.2) schon gilt, wenn nur die Urbilder $X^{-1}(A')$ aller Mengen A' eines Erzeugers der σ-Algebra $\mathcal{A}'$ in $\mathcal{A}$ liegen (siehe den Satz über Erzeuger und Messbarkeit auf Seite 229), und dass die Verkettung messbarer Abbildungen messbar ist (siehe Seite 229). Hiermit ergeben sich u. a. Rechenregeln über reelle Zufallsvariablen, die den Regeln im Umgang mit stetigen Funktionen entsprechen. So sind mit X und Y auch $aX + bY$ $(a, b \in \mathbb{R})$ sowie das Produkt XY, der Quotient X/Y (falls $Y(\omega) \neq 0$, $\omega \in \Omega$) und $\max(X, Y)$ sowie $\min(X, Y)$ wieder Zufallsvariablen (siehe Seite 230).
- Manchmal kommt es vor, dass Zufallsvariablen Werte in der Menge $\bar{\mathbb{R}} := \mathbb{R} \cup \{+\infty, -\infty\}$, also der um die uneigentlichen Punkte $+\infty$ und $-\infty$ erweiterten reellen Zahlen, annehmen. Dies geschieht z. B. dann, wenn auf das Eintreten eines Ereignisses wie der ersten Sechs beim Würfelwurf gewartet wird und dieses Ereignis unter Umständen nie eintritt, also die Anzahl der dafür benötigten Würfe den (uneigentlichen) Wert ∞ annimmt. Im Fall $\Omega' = \bar{\mathbb{R}}$ wählt man als σ-Algebra das System

$$\bar{\mathcal{B}} := \{B \cup E\colon B \in \mathcal{B}, E \subseteq \{-\infty, \infty\}\}$$

der in $\bar{\mathbb{R}}$ **Borel'schen Mengen** (siehe Seite 231) und nennt X eine **numerische Zufallsvariable**. Mit geeigneten Festsetzungen für Rechenoperationen und Ordnungsbeziehungen (siehe Seite 230) sind dann mit $X, X_1, X_2, \ldots$ auch $|X|$, $aX_1 + bX_2$ $(a, b \in \mathbb{R})$ sowie

$$\sup_{n\geq 1} X_n\,, \quad \inf_{n\geq 1} X_n\,, \quad \limsup_{n\to\infty} X_n\,, \quad \liminf_{n\to\infty} X_n$$

numerische Zufallsvariablen (siehe Seite 231 ff.). Insbesondere ist auch $\lim_{n\to\infty} X_n$ eine numerische Zufallsvariable, falls die Folge X_n punktweise in $\bar{\mathbb{R}}$ konvergiert. Mit Zufallsvariablen kann man also fast bedenkenlos rechnen. Wir werden auf Messbarkeitsfragen nicht eingehen, weil sie den Blick auf die wesentlichen stochastischen Fragen und Konzepte verstellen. Details können bei Bedarf in Kapitel 7 nachgelesen werden.

Sind $X\colon \Omega \to \Omega'$ eine Zufallsvariable und $A' \in \mathcal{A}'$, so schreiben wir – in völliger Übereinstimmung mit der schon auf Seite 231 verwendeten Notation – kurz und suggestiv

$$\{X \in A'\} := \{\omega \in \Omega\colon X(\omega) \in A'\} = X^{-1}(A')$$

für das Ereignis, dass X einen Wert in der Menge A' annimmt. Im Spezialfall $\Omega' = \bar{\mathbb{R}}$ und für spezielle Mengen wie $A' = [-\infty, c]$, $A' = (c, \infty]$ oder $A' = (a, b]$ mit $a, b, c \in \bar{\mathbb{R}}$ setzen wir

$$\begin{aligned}\{X \le c\} &:= \{\omega \in \Omega \colon X(\omega) \le c\} = X^{-1}([-\infty, c]),\\ \{X > c\} &:= \{\omega \in \Omega \colon X(\omega) > c\} = X^{-1}((c, \infty]),\\ \{a < X \le b\} &:= \{\omega \in \Omega \colon a < X(\omega) \le b\} = X^{-1}((a, b])\end{aligned}$$

usw. Diese Nomenklatur deutet schon an, dass wir beim Studium von Zufallsvariablen deren zugrunde liegenden Definitionsbereich Ω im Allgemeinen wenig Aufmerksamkeit schenken werden.

Indikatorsummen zählen, wie viele Ereignisse eintreten

Besondere Bedeutung besitzen Zufallsvariablen, die das Eintreten oder Nichteintreten von Ereignissen beschreiben.

Definition einer Indikatorfunktion

Ist $A \subseteq \Omega$ ein Ereignis, so heißt die durch

$$\mathbf{1}_A(\omega) := \begin{cases} 1, & \text{falls } \omega \in A \\ 0 & \text{sonst} \end{cases}, \qquad \omega \in \Omega,$$

definierte und schon auf Seite 229 betrachtete Zufallsvariable $\mathbf{1}_A$ die **Indikatorfunktion** von A bzw. der **Indikator** von A (von lat. *indicare: anzeigen*). Anstelle von $\mathbf{1}_A$ schreiben wir häufig auch $\mathbf{1}\{A\}$.

Tatsächlich zeigt die Realisierung von $\mathbf{1}_A$ an, ob das Ereignis A eingetreten ist ($\mathbf{1}_A(\omega) = 1$) oder nicht ($\mathbf{1}_A(\omega) = 0$). Für die Ereignisse Ω und $\emptyset$ gilt offenbar $\mathbf{1}_\Omega(\omega) = 1$ bzw. $\mathbf{1}_\emptyset(\omega) = 0$ für jedes ω aus Ω. Weiter gelten die durch Fallunterscheidung einzusehenden Regeln

$$\begin{aligned}\mathbf{1}_{A\cap B} &= \mathbf{1}_A \cdot \mathbf{1}_B, & (19.3)\\ \mathbf{1}_{A\cup B} &= \mathbf{1}_A + \mathbf{1}_B - \mathbf{1}_{A\cap B},\\ \mathbf{1}_{A+B} &= \mathbf{1}_A + \mathbf{1}_B,\\ \mathbf{1}_{A^c} &= 1 - \mathbf{1}_A. & (19.4)\end{aligned}$$

Dabei sind $A, B \in \mathcal{A}$ Ereignisse (Aufgabe 19.30).

Sind $A_1, A_2, \ldots, A_n \subseteq \Omega$ Ereignisse, so ist es oft von Bedeutung, *wie viele* dieser Ereignisse eintreten. Diese Information liefert die **Indikatorsumme**

$$X := \mathbf{1}\{A_1\} + \mathbf{1}\{A_2\} + \ldots + \mathbf{1}\{A_n\}. \qquad (19.5)$$

Werten wir nämlich die rechte Seite von (19.5) als Abbildung auf Ω an der Stelle ω aus, so ist der j-te Summand gleich 1, wenn ω zu A_j gehört, also das Ereignis A_j eintritt (bzw. gleich 0, wenn ω nicht zu A_j gehört). Die in (19.5) definierte Zufallsvariable X beschreibt somit die Anzahl derjenigen Ereignisse unter $A_1, A_2, \ldots, A_n$, die eintreten.

Das Ereignis $\{X = k\}$ besagt, dass genau k der n Ereignisse $A_1, A_2, \ldots, A_n$ eintreten. In diesem Fall gibt es genau eine k-elementige Teilmenge T von $\{1, 2, \ldots, n\}$, sodass die Ereignisse A_j mit $j \in T$ eintreten und die übrigen nicht. Diese Überlegung liefert für jedes $k = 0, 1, \ldots, n$ die Darstellung

$$\{X = k\} = \sum_{T\colon |T|=k} \left(\bigcap_{j\in T} A_j \cap \bigcap_{l\notin T} A_l^c \right). \qquad (19.6)$$

Dabei durchläuft T alle k-elementigen Teilmengen von $\{1, \ldots, n\}$. Die Verwendung der Summenschreibweise für die rechts stehende Vereinigung ist gerechtfertigt, da die zu vereinigenden Mengen für verschiedene T paarweise disjunkt sind. Darstellung (19.6) unterstreicht die Nützlichkeit der Verwendung von Indikatorsummen. Da Indikatorsummen die eintretenden Ereignisse unter A_j ($j = 1, 2, \ldots, n$) *zählen*, nennen wir Indikatorsummen im Folgenden manchmal auch **Zählvariablen**.

?

Welche Gestalt besitzen die Spezialfälle $k = 0$ und $k = n$ in (19.6)?

19.3 Das Axiomensystem von Kolmogorov

Um einen stochastischen Vorgang zu modellieren, haben wir bislang nur dessen mögliche Ergebnisse in Form einer nichtleeren Menge Ω zusammengefasst. Des Weiteren wurden gewisse Teilmengen von Ω als Ereignisse bezeichnet, wobei das System aller Ereignisse eine σ-Algebra bilden soll. Zudem haben wir gesehen, dass sich Ereignisse bequem mithilfe von Zufallsvariablen beschreiben lassen. Nun fehlt uns noch der wichtigste Bestandteil eines mathematischen Modells für stochastische Vorgänge, nämlich der Begriff der Wahrscheinlichkeit.

Relative Häufigkeiten: der intuitive frequentistische Hintergrund

Um diesen Begriff einzuführen, lassen wir uns von Erfahrungen leiten, die vermutlich jeder schon einmal gemacht hat. Wir stellen uns einen Zufallsversuch wie etwa einen Würfelwurf oder das Drehen eines Roulette-Rades vor, dessen Ergebnisse durch einen Grundraum Ω mit einer σ-Algebra $\mathcal{A}$ als Ereignissystem beschrieben werden. Dieser Versuch werde n-mal unter möglichst gleichen, sich gegenseitig nicht beeinflussenden Bedingungen durchgeführt und seine jeweiligen Ausgänge als Elemente von Ω protokolliert. Ist $A \subseteq \Omega$

ein Ereignis, so bezeichnen $h_n(A)$ die Anzahl der Versuche, bei denen das Ereignis A eingetreten ist, sowie

$$r_n(A) := \frac{h_n(A)}{n}$$

die **relative Häufigkeit** von A in dieser Versuchsserie.

Offenbar gilt $0 \leq r_n(A) \leq 1$, wobei sich die extremen Werte 0 bzw. 1 genau dann einstellen, wenn das Ereignis A in der Versuchsserie der Länge n nie bzw. immer auftritt. Die Kenntnis der relativen Häufigkeit $r_n(A)$ liefert also eine Einschätzung der Chance des Eintretens von A in einem weiteren, zukünftigen Versuch: Je näher der Wert $r_n(A)$ bei 1 bzw. bei 0 liegt, desto eher würde man auf das Eintreten bzw. Nichteintreten von A in einem späteren Versuch wetten. Darüber hinaus würde man der relativen Häufigkeit einen umso größeren Prognosewert für das Eintreten oder Nichteintreten von A in einem zukünftigen Versuch zubilligen, je größer die Anzahl n der Versuche und somit je verlässlicher die Datenbasis ist. Auf letzteren Punkt werden wir gleich noch zurückkommen.

Offenbar besitzt $r_n(\cdot)$ als Funktion der Ereignisse $A \in \mathcal{A}$ folgende Eigenschaften:

Eigenschaften der relativen Häufigkeit

Für die relative Häufigkeitsfunktion $r_n : \mathcal{A} \to \mathbb{R}$ gilt:

- $r_n(A) \geq 0$ für jedes $A \in \mathcal{A}$,
- $r_n(\Omega) = 1$,
- Sind $A_1, A_2, \ldots$ paarweise disjunkte Mengen aus $\mathcal{A}$, so gilt

$$r_n\left(\sum_{j=1}^{\infty} A_j\right) = \sum_{j=1}^{\infty} r_n(A_j) .$$

Die Eigenschaften $r_n(A) \geq 0$ und $r_n(\Omega) = 1$ sind unmittelbar klar. Für die letzte beachte man, dass höchstens n der Ereignisse $A_1, A_2, \ldots$ eintreten können.

Offenbar hängt die Funktion r_n von den konkreten Ergebnissen $\omega_1, \ldots, \omega_n$ der n Versuche ab, denn es gilt

$$r_n(A) = \frac{1}{n} \sum_{k=1}^{n} \mathbf{1}_A(\omega_k) .$$

Die Prognosekraft der relativen Häufigkeit $r_n(A)$ für das Eintreten von A in einem zukünftigen Experiment ist prinzipiell umso stärker, je größer n ist. Dies liegt daran, dass relative Häufigkeiten bei einer wachsenden Anzahl von Versuchen, die wiederholt unter möglichst gleichen Bedingungen und unbeeinflusst voneinander durchgeführt werden, erfahrungsgemäß immer weniger fluktuieren und somit immer stabiler werden.

Abb. 19.2 illustriert dieses *empirische Gesetz über die Stabilisierung relativer Häufigkeiten* anhand eines 200-mal durchgeführten Versuchs, bei dem eine Reißzwecke auf einen Steinboden geworfen wurde. Dabei wurde eine 1 notiert, falls die Reißzwecke mit der Spitze nach oben zu liegen kam, andernfalls eine 0. Abb. 19.2 zeigt die in Abhängigkeit von n, $1 \leq n \leq 200$, aufgetragenen relativen Häufigkeiten für das Ergebnis 1, wobei eine Stabilisierung deutlich zu erkennen ist.

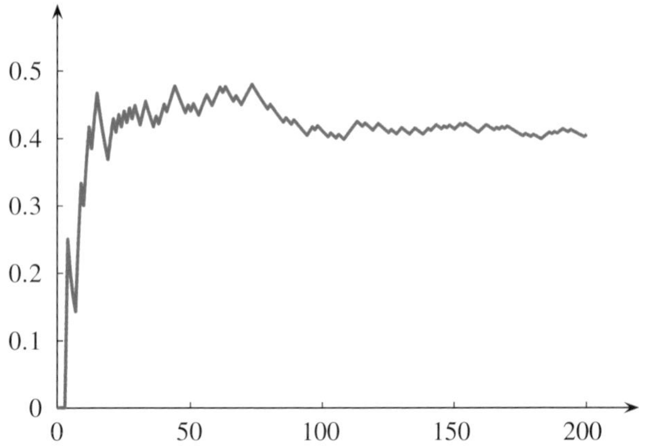

Abbildung 19.2 Fortlaufend notierte relative Häufigkeiten für 1 beim Reißzweckenversuch.

Man könnte versucht sein, die Wahrscheinlichkeit eines Ereignisses A durch denjenigen „Grenzwert" definieren zu wollen, gegen den sich die relative Häufigkeit von A bei wachsender Versuchsanzahl n erfahrungsgemäß zu stabilisieren scheint. Dieser naive Ansatz scheitert jedoch schon an der mangelnden Präzisierung des Adverbs *erfahrungsgemäß* sowie an der fehlenden Kenntnis dieses Grenzwertes. Man mache sich klar, dass das empirische Gesetz über die Stabilisierung relativer Häufigkeiten ausschließlich eine Erfahrungstatsache und *kein mathematischer Sachverhalt* ist. So kann z. B. logisch nicht ausgeschlossen werden, dass beim fortgesetzten Reißzweckenwurf die Folge der relativen Häufigkeiten $r_n(\{1\})$ nicht konvergiert oder dass eine Person immer nur das Ergebnis „Spitze nach oben" und eine andere immer nur das Resultat „Spitze schräg nach unten" beobachtet!

Ungeachtet dieser Schwierigkeiten versuchte der Mathematiker Richard von Mises (1883–1953) im Jahre 1919, Wahrscheinlichkeiten mithilfe von Grenzwerten relativer Häufigkeiten unter gewissen einschränkenden Bedingungen zu definieren. Dieser Versuch einer Axiomatisierung der Wahrscheinlichkeitsrechnung führte zwar nicht zum vollen Erfolg, hatte jedoch starken Einfluss auf die weitere Grundlagenforschung.

Die Mathematik des Zufalls ruht auf drei Grundpostulaten

In der Tat war es lange Zeit ein offenes Problem, auf welche Fundamente sich eine „Mathematik des Zufalls" gründen sollte, und so dauerte es bis zum Jahr 1933, als Andrej Nikolajewitsch Kolmogorov (1903–1987) das bis heute fast ausschließlich als Basis für wahrscheinlichkeitstheoretische Untersuchungen dienende nachfolgende Axiomensystem aufstellte.

Das Axiomensystem von Kolmogorov (1933)

Ein **Wahrscheinlichkeitsraum** ist ein Tripel $(\Omega, \mathcal{A}, \mathbb{P})$. Dabei sind

a) Ω eine beliebige nichtleere Menge,

b) $\mathcal{A}$ eine σ-Algebra über Ω,

c) $\mathbb{P}\colon \mathcal{A} \to \mathbb{R}$ eine Funktion mit den folgenden drei Eigenschaften:

- $\mathbb{P}(A) \geq 0$ für jedes $A \in \mathcal{A}$, **(Nichtnegativität)**
- $\mathbb{P}(\Omega) = 1$, **(Normierung)**
- Sind $A_1, A_2, \ldots$ paarweise disjunkte Mengen aus $\mathcal{A}$, so gilt

$$\mathbb{P}\left(\sum_{j=1}^{\infty} A_j\right) = \sum_{j=1}^{\infty} \mathbb{P}(A_j). \qquad \textbf{(}\boldsymbol{\sigma}\textbf{-Additivität)}$$

Die Funktion $\mathbb{P}$ heißt **Wahrscheinlichkeitsmaß** oder auch **Wahrscheinlichkeitsverteilung** auf $\mathcal{A}$. Jede Menge A aus $\mathcal{A}$ heißt **Ereignis**. Für ein Ereignis A heißt die Zahl $\mathbb{P}(A)$ die **Wahrscheinlichkeit von** $\boldsymbol{A}$.

Das Kolmogorov'sche Axiomensystem macht offenbar keinerlei *inhaltliche Aussagen* darüber, was Wahrscheinlichkeiten sind oder sein sollten. Motiviert durch die *Eigenschaften* relativer Häufigkeiten auf Seite 708 und das empirische Gesetz über deren Stabilisierung in langen Versuchsserien legt es vielmehr ausschließlich fest, welche *formalen Eigenschaften Wahrscheinlichkeiten als mathematische Objekte unbedingt besitzen sollten*. Diese eher anspruchslos und bescheiden anmutende Vorgehensweise bildete gerade den Schlüssel zum Erfolg einer mathematischen Grundlegung der Wahrscheinlichkeitsrechnung. Sie ist uns auch aus anderen mathematischen Gebieten geläufig. So wird etwa in der axiomatischen Geometrie nicht inhaltlich definiert, was ein Punkt p und was eine Gerade g ist. Es gilt jedoch stets entweder $p \in g$ oder $p \notin g$.

Das Axiomensystem von Kolmogorov liefert einen abstrakten mathematischen Rahmen mit drei Grundpostulaten, der völlig losgelöst von irgendwelchen stochastischen Vorgängen angesehen werden kann und bei logischen Schlussfolgerungen aus diesen Axiomen auch so gesehen werden muss. Es bildet gleichsam nur einen Satz elementarer, über relative Häufigkeiten *motivierte* Spielregeln im Umgang mit Wahrscheinlichkeiten als mathematischen Objekten. Gerade dadurch, dass es jegliche konkrete Deutung des Wahrscheinlichkeitsbegriffs vermeidet, eröffnete das Kolmogorov'sche Axiomensystem der Stochastik als interdisziplinärer Wissenschaft vielfältige Anwendungsfelder auch außerhalb des eng umrissenen Bereichs wiederholbarer Versuche unter gleichen, sich gegenseitig nicht beeinflussenden Bedingungen.

Wichtig ist hierbei, dass auch subjektive Bewertungen von Unsicherheit möglich sind.

Bemerkenswerterweise geht es schon im ersten systematischen Lehrbuch zur Stochastik, der *Ars conjectandi* von Jakob Bernoulli (1655–1705) im vierten Teil um eine allgemeine „Kunst des Vermutens", die sich sowohl subjektiver als auch objektiver Gesichtspunkte bedient:

> „Irgendein Ding vermuten heißt seine Wahrscheinlichkeit zu messen. Deshalb bezeichnen wir soviel als *Vermutungs- oder Mutmaßungskunst* (Ars conjectandi sive stochastice) die Kunst, so genau wie möglich die Wahrscheinlichkeit der Dinge zu messen und zwar zu dem Zwecke, dass wir bei unseren Urteilen und Handlungen stets das auswählen und befolgen können, was uns besser, trefflicher, sicherer oder ratsamer erscheint. Darin allein beruht die ganze Weisheit der Philosophen und die ganze Klugheit des Staatsmannes."

Um ein passendes Modell für einen stochastischen Vorgang zu liefern, sollte der Wahrscheinlichkeitsraum $(\Omega, \mathcal{A}, \mathbb{P})$ eine vorliegende Situation möglichst gut beschreiben. Für den Fall eines wiederholt durchführbaren Versuchs bedeutet dieser Wunsch, dass die Wahrscheinlichkeit $\mathbb{P}(A)$ eines Ereignisses A als erwünschtes Maß für die Chance des Eintretens von A in *einem* Experiment nach Möglichkeit der „Grenzwert" aus dem empirischen Gesetz über die Stabilisierung relativer Häufigkeiten sein sollte. Insofern wäre es etwa angesichts von Abb. 19.2 wenig sinnvoll, für den Wurf einer Reißzwecke als (Modell-)Wahrscheinlichkeiten $\mathbb{P}(\{1\}) = 0.25$ und $\mathbb{P}(\{0\}) = 0.75$ zu wählen. Die beobachteten Daten wären unter diesen mathematischen Annahmen so unwahrscheinlich, dass man dieses Modell als untauglich ablehnen würde.

Diese Überlegungen zeigen, dass das wahrscheinlichkeitstheoretische Modellieren und das Überprüfen von Modellen anhand von Daten als Aufgabe der *Statistik* Hand in Hand gehen. Was Anwendungen betrifft, sind also Wahrscheinlichkeitstheorie und Statistik eng miteinander verbunden!

19.4 Verteilungen von Zufallsvariablen, Beispiel-Klassen

In diesem Abschnitt wollen wir andeuten, dass es ein großes Arsenal an Wahrscheinlichkeitsräumen gibt, um eine Vielfalt an stochastischen Vorgänge modellieren zu können. Zunächst erinnern wir an die Ausführungen in Abschnitt 19.2. Dort haben wir gesehen, dass Zufallsvariablen ein probates Mittel sind, um Ereignisse zu beschreiben, die sich auf einen gewissen Aspekt der Ergebnisse eines stochastischen Vorgangs beziehen. So gibt etwa eine Indikatorsumme $\sum_{j=1}^{n} \mathbf{1}\{A_j\}$ an, wie viele der Ereignisse $A_1, \ldots, A_n$ eintreten.

Hintergrund und Ausblick: Der Unmöglichkeitssatz von Vitali

Eine unendliche Folge von Münzwürfen wird zweckmäßigerweise durch den überabzählbaren Grundraum

$$\Omega := \{0, 1\}^{\mathbb{N}} = \{(a_j)_{j\ge 1} : a_j \in \{0, 1\} \text{ für jedes } j \ge 1\}$$

modelliert. Dabei steht a_j für das Ergebnis des j-ten Wurfs, und 1 und 0 bedeuten *Kopf* bzw. *Zahl*. Die Münze sei homogen, jeder Wurf ergebe also mit gleicher Wahrscheinlichkeit $1/2$ Kopf oder Zahl.

Der nachfolgende, auf den italienischen Mathematiker Giuseppe Vitali (1875–1932) zurückgehende Satz besagt, dass wir kein Wahrscheinlichkeitsmaß $\mathbb{P}$ auf der vollen Potenzmenge von Ω finden können, welches neben den Kolmogorov'schen Axiomen einer natürlichen Zusatzbedingung genügt. Diese besagt, dass sich die Wahrscheinlichkeit eines Ereignisses nicht ändert, wenn das Ergebnis des n-ten Münzwurfs vertauscht, also Kopf durch Zahl bzw. Zahl durch Kopf ersetzt wird.

Unmöglichkeitssatz von Vitali

Es sei $\Omega := \{0, 1\}^{\mathbb{N}}$. Dann gibt es kein Wahrscheinlichkeitsmaß $\mathbb{P}\colon \mathcal{P}(\Omega) \to [0, 1]$ mit folgender Invarianz-Eigenschaft:

Für jedes $A \subseteq \Omega$ und jedes $n \ge 1$ gilt $\mathbb{P}(D_n(A)) = \mathbb{P}(A)$. Dabei sind $D_n\colon \Omega \to \Omega$ die durch

$$D_n(\omega) := (a_1, \dots, a_{n-1}, 1 - a_n, a_{n+1}, \dots),$$

$\omega = (a_1, a_2, \dots)$, definierte Abbildung und $D_n(A) := \{D_n(\omega) : \omega \in A\}$ das Bild von A unter D_n.

Beweis: Für $\omega = (a_j)_{j\ge 1} \in \Omega$ und $\omega' = (a'_j)_{j\ge 1} \in \Omega$ setzen wir $\omega \sim \omega'$, falls $a_j = a'_j$ bis auf höchstens endlich viele j gilt. Offenbar definiert „$\sim$" eine Äquivalenzrelation auf Ω, und Ω zerfällt damit in paarweise disjunkte Äquivalenzklassen. Nach dem Auswahlaxiom (siehe z. B. Abschnitt 2.3 von Band 1) gibt es eine Menge $K \subseteq \Omega$, die aus jeder Äquivalenzklasse genau ein Element enthält. Es sei $\mathcal{E} := \{E \subseteq \mathbb{N} : 1 \le |E| < \infty\}$ die Menge aller nichtleeren endlichen Teilmengen von $\mathbb{N}$. Für eine Menge $E := \{n_1, \dots, n_k\} \in \mathcal{E}$ ist die Komposition

$$D_E := D_{n_1} \circ \dots \circ D_{n_k}$$

von $D_{n_1}, \dots, D_{n_k}$ diejenige Abbildung, die für jedes $j = 1, \dots, k$ das Ergebnis des n_j-ten Münzwurfs vertauscht.

Die Mengen $D_E(K)$ sind für verschiedene $E \in \mathcal{E}$ disjunkt, denn wäre $D_E(K) \cap D_{E'}(K) \ne \emptyset$ für $E, E' \in \mathcal{E}$, so gäbe es $\omega, \omega' \in K$ mit $D_E(\omega) = D_{E'}(\omega')$, woraus $\omega \sim D_E(\omega) = D_{E'}(\omega') \sim \omega'$ folgen würde. Da K aus jeder Äquivalenzklasse genau ein Element enthält, wäre dann $\omega = \omega'$ und somit $E = E'$. Da ferner zu jedem $\omega \in \Omega$ ein $\omega' \in K$ mit $\omega \sim \omega'$ und somit ein $E \in \mathcal{E}$ mit $\omega = D_E(\omega') \in D_E(K)$ existiert, gilt somit

$$\Omega = \sum_{E \in \mathcal{E}} D_E(K).$$

Weil es zu jedem $l \in \mathbb{N}$ nur endlich viele Mengen aus $\mathcal{E}$ mit größtem Element l gibt, steht hier eine Vereinigung von abzählbar vielen Mengen, und es folgt aufgrund der Normierungseigenschaft, der σ-Additivität und der im Satz formulierten Invarianzeigenschaft von $\mathbb{P}$

$$1 = \mathbb{P}(\Omega) = \sum_{E \in \mathcal{E}} \mathbb{P}(D_E(K)) = \sum_{E \in \mathcal{E}} \mathbb{P}(K).$$

Da unendliches Aufsummieren der gleichen Zahl nur 0 oder ∞ ergeben kann, haben wir eine Menge K erhalten, für die $\mathbb{P}(K)$ nicht definiert ist.

Die Konsequenz dieses negativen Resultats ist, dass wir das Wahrscheinlichkeitsmaß $\mathbb{P}$ nur auf einer geeigneten σ-Algebra $\mathcal{A} \subseteq \mathcal{P}(\Omega)$ definieren können. Wir kommen hierauf in Abschnitt 20.4 zurück. ■

Aus $(\Omega, \mathcal{A}, \mathbb{P})$ und einer Zufallsvariablen $X\colon \Omega \to \Omega'$ entsteht ein neuer Wahrscheinlichkeitsraum $(\Omega', \mathcal{A}', \mathbb{P}^X)$

Im Hinblick auf eine tragfähige Theorie wurde eine Zufallsvariable als Abbildung $X\colon \Omega \to \Omega'$ definiert, wobei $(\Omega', \mathcal{A}')$ ein allgemeiner Messraum, also eine *beliebige* Menge mit einer darauf definierten σ-Algebra sein kann. Gefordert wurde nur, dass die Urbilder $X^{-1}(A') = \{X \in A'\}$ der Ereignisse $A' \in \mathcal{A}'$ zu $\mathcal{A}$ gehören, also Ereignisse in Ω sind. Diese Eigenschaft bewirkt, dass $\mathbb{P}(\{X \in A'\})$ eine wohldefinierte Wahrscheinlichkeit ist, wenn mit $\mathbb{P}$ ein Wahrscheinlichkeitsmaß auf $\mathcal{A}$ vorliegt. Wir gelangen somit fast zwangsläufig zu folgender zentralen Begriffsbildung.

Verteilung einer (allgemeinen) Zufallsvariablen

Es seien $(\Omega, \mathcal{A}, \mathbb{P})$ ein Wahrscheinlichkeitsraum, $(\Omega', \mathcal{A}')$ ein Messraum und $X\colon \Omega \to \Omega'$ eine Zufallsvariable. Dann wird durch die Festsetzung

$$\mathbb{P}^X : \begin{cases} \mathcal{A}' \to \mathbb{R}, \\ A' \mapsto \mathbb{P}^X(A') := \mathbb{P}(X^{-1}(A')) \end{cases}$$

ein Wahrscheinlichkeitsmaß auf der σ-Algebra $\mathcal{A}'$ definiert. Dieses heißt **Verteilung** von X.

In der Sprache der Maßtheorie ist die Verteilung $\mathbb{P}^X$ einer Zufallsvariablen X das auf Seite 234 eingeführte Bildmaß von $\mathbb{P}$ unter der Abbildung X. Dass mit $\mathbb{P}^X$ in der Tat ein

Wahrscheinlichkeitsmaß vorliegt, sieht man auch ohne Rückgriff auf Kapitel 7 direkt ein, denn offenbar ist $\mathbb{P}^X$ eine nichtnegative reelle Funktion, die die Normierungsbedingung $\mathbb{P}^X(\Omega') = \mathbb{P}(\Omega) = 1$ erfüllt. Die σ-Additivität von $\mathbb{P}^X$ folgt aus der σ-Additivität von $\mathbb{P}$, da mit paarweise disjunkten Mengen $A'_1, A'_2, \ldots$ in $\mathcal{A}'$ auch deren Urbilder $X^{-1}(A'_1), X^{-1}(A'_2), \ldots$ paarweise disjunkt sind.

Von einem Wahrscheinlichkeitsraum $(\Omega, \mathcal{A}, \mathbb{P})$ ausgehend erhalten wir also mit einer Zufallsvariablen $X : \Omega \to \Omega'$ einen neuen Wahrscheinlichkeitsraum $(\Omega', \mathcal{A}', \mathbb{P}^X)$. Dieser kann als ein *vergröbertes Abbild von* $(\Omega, \mathcal{A}, \mathbb{P})$ angesehen werden, denn mit $\mathbb{P}^X(A') = \mathbb{P}(X^{-1}(A'))$ verfügen wir ja nur noch über die Wahrscheinlichkeiten von *gewissen* Mengen aus $\mathcal{A}$, nämlich denjenigen, die in dem Sinne durch die Zufallsvariable X beschreibbar sind, dass sie sich als Urbilder der Mengen $A' \in \mathcal{A}'$ ausdrücken lassen. Im Rahmen dieser einführenden Darstellung in die Stochastik wird X fast immer eine reelle Zufallsvariable oder ein $\mathbb{R}^k$-wertiger Zufallsvektor sein. In vielen Anwendungen beobachtet man jedoch zufällige geometrische Objekte oder Realisierungen zufallsbehafteter Funktionen, weshalb der Wertebereich von X bewusst allgemein gehalten wurde.

Kommentar: Wir haben das Ereignis $X^{-1}(A')$, dass X einen Wert in der Menge A' annimmt, auch suggestiv als $\{X \in A'\}$ geschrieben. Es ist üblich, hier bei Bildung der Wahrscheinlichkeit $\mathbb{P}(\{X \in A'\})$ die Mengenklammern wegzulassen, also für $A' \in \mathcal{A}'$

$$\mathbb{P}(X \in A') := \mathbb{P}(\{X \in A'\}) = \mathbb{P}^X(A') = \mathbb{P}(X^{-1}(A'))$$

zu setzen. Ist X eine reelle Zufallsvariable, gilt also $(\Omega', \mathcal{A}') = (\mathbb{R}, \mathcal{B})$, so schreibt man für $a, b \in \mathbb{R}$ mit $a \le b$

$$\begin{aligned} \mathbb{P}(a \le X \le b) &:= \mathbb{P}(X \in [a, b]), \\ \mathbb{P}(a < X \le b) &:= \mathbb{P}(X \in (a, b]), \\ \mathbb{P}(X \le a) &:= \mathbb{P}(X \in (-\infty, a]) \text{ usw.} \end{aligned}$$

Bei vorgegebener Verteilung lassen sich Zufallsvariablen kanonisch konstruieren

Die obigen Schreibweisen deuten an, dass in den Anwendungen der Stochastik an einer Zufallsvariablen meist nur deren Verteilung interessiert und dem Grundraum Ω als Definitionsbereich der Abbildung X wenig Aufmerksamkeit geschenkt wird. Zur Verdeutlichung dieses Punktes gehen wir von einem Wahrscheinlichkeitsraum $(\Omega', \mathcal{A}', Q)$ aus und fragen uns, ob es eine über *irgendeinem* Wahrscheinlichkeitsraum $(\Omega, \mathcal{A}, \mathbb{P})$ definierte Ω'-wertige Zufallsvariable X gibt, deren Verteilung gleich Q ist. Die Antwort ist „ja", denn wir brauchen nur

$$\Omega := \Omega', \quad \mathcal{A} := \mathcal{A}', \quad \mathbb{P} := Q, \quad X := \mathrm{id}_\Omega, \qquad (19.7)$$

also $X(\omega) := \omega$, $\omega \in \Omega$, zu setzen. Dann ist $X : \Omega \to \Omega'$ eine Zufallsvariable, und es gilt für jedes $A' \in \mathcal{A}'$

$$\mathbb{P}^X(A') = \mathbb{P}(X^{-1}(A')) = \mathbb{P}(A') = Q(A').$$

Folglich besitzt X die Verteilung Q. Diese Eigenschaft wird in der Folge häufig in der Form

$$X \sim Q : \iff \mathbb{P}^X = Q \qquad (19.8)$$

geschrieben.

Man nennt (19.7) die *kanonische Konstruktion*. Entscheidend für die Existenz einer Ω'-wertigen Zufallsvariablen mit einer vorgegebenen Verteilung Q auf der σ-Algebra $\mathcal{A}'$ über Ω' ist also nur, ob diese Verteilung Q als Wahrscheinlichkeitsmaß auf $\mathcal{A}'$ überhaupt existiert. Auf letztere Frage gibt die Maßtheorie mit dem in Kapitel 7 auf Seite 223 vorgestellten Maßfortsetzungssatz Antwort. Wir werden hierauf noch an geeigneter Stelle zurückkommen.

Zunächst betrachten wir eine wichtige Klasse von Wahrscheinlichkeitsräumen und damit zusammenhängende Verteilungen von Zufallsvariablen und Zufallsvektoren, die einer einfachen mathematischen Behandlung zugänglich ist.

Diskrete Wahrscheinlichkeitsräume: Summation von Punktmassen

Diskreter Wahrscheinlichkeitsraum

Ein Wahrscheinlichkeitsraum $(\Omega, \mathcal{A}, \mathbb{P})$ heißt **diskret**, falls $\mathcal{A}$ alle abzählbaren Teilmengen von Ω enthält und es eine abzählbare Menge $\Omega_0 \subseteq \Omega$ mit der Eigenschaft $\mathbb{P}(\Omega_0) = 1$ gibt.

Diese Definition umfasst den Fall, dass Ω eine abzählbare, also endliche oder abzählbar unendliche Menge ist. Dann gilt $\mathcal{A} = \mathcal{P}(\Omega)$, denn $\mathcal{A}$ enthält ja jede abzählbare – und damit *jede* – Teilmenge von Ω. Ist Ω endlich, so nennt man $(\Omega, \mathcal{P}(\Omega), \mathbb{P})$ auch einen *endlichen Wahrscheinlichkeitsraum*.

Sind $(\Omega, \mathcal{A}, \mathbb{P})$ ein diskreter Wahrscheinlichkeitsraum und $\Omega_0 \subseteq \Omega$ eine abzählbare Teilmenge von Ω mit $\mathbb{P}(\Omega_0) = 1$, so gilt für jedes $A \in \mathcal{A}$

$$\mathbb{P}(A) = \mathbb{P}(A \cap \Omega_0) + \mathbb{P}(A \cap \Omega_0^c) = \mathbb{P}(A \cap \Omega_0),$$

denn A ist die disjunkte Vereinigung der Mengen $A \cap \Omega_0$ und $A \cap \Omega_0^c$, und es gilt $A \cap \Omega_0^c \subseteq \Omega_0^c$ und somit $\mathbb{P}(A \cap \Omega_0^c) \le \mathbb{P}(\Omega_0^c) = 1 - \mathbb{P}(\Omega_0) = 0$. Hierbei haben wir den einfachen Folgerungen b), d) und e) aus den Kolmogorov'schen Axiomen auf Seite 714 vorgegriffen.

Wegen der σ-Additivität von $\mathbb{P}$ folgt hieraus die Gleichung

$$\mathbb{P}(A) = \sum_{\omega \in A \cap \Omega_0} \mathbb{P}(\{\omega\}). \qquad (19.9)$$

Hier steht auf der rechten Seite entweder eine endliche Summe oder der Grenzwert einer konvergenten Reihe, wobei es auf die konkrete Summationsreihenfolge nicht ankommt.

?

Warum kommt es nicht auf die konkrete Summationsreihenfolge an?

Insbesondere erkennt man, dass die auf dem System $\mathcal{A}$ von Teilmengen von Ω definierte Funktion $\mathbb{P}$ durch ihre Werte auf den Elementarereignissen $\{\omega\}$, $\omega \in \Omega$, festgelegt ist. Wir können folglich mit einem diskreten Wahrscheinlichkeitsraum die Vorstellung verbinden, dass in jedem Punkt ω aus Ω eine *Wahrscheinlichkeitsmasse* $\mathbb{P}(\{\omega\})$ angebracht ist. Dabei muss nicht unbedingt $\mathbb{P}(\{\omega\}) > 0$ für jedes $\omega \in \Omega$ gelten. Die Wahrscheinlichkeit eines Ereignisses A ergibt sich dann nach (19.9) durch Aufsummieren der Punktmassen $\mathbb{P}(\{\omega\})$ aller zu $A \cap \Omega_0$ gehörenden $\omega \in \Omega$ (siehe Abb. 19.3). Man beachte, dass $\mathbb{P}(\Omega_0^c) = 0$ gilt und somit das (diskrete) Wahrscheinlichkeitsmaß $\mathbb{P}$ ganz auf der abzählbaren Menge Ω_0 konzentriert ist. Dieser Umstand motiviert die gängige Sprechweise, dass $\mathbb{P}$ eine *Wahrscheinlichkeitsverteilung auf* Ω_0 ist.

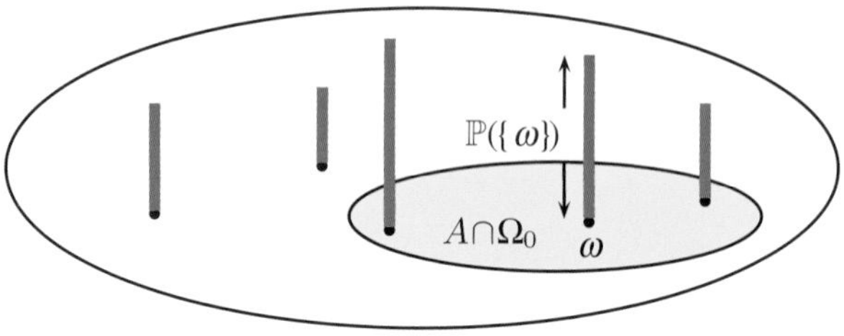

Abbildung 19.3 Wahrscheinlichkeiten als Summen von Punktmassen

Ist umgekehrt Ω_0 eine beliebige nichtleere abzählbare Teilmenge einer beliebigen Menge Ω, so können wir wie folgt einen diskreten Wahrscheinlichkeitsraum konstruieren: Wir ordnen jedem $\omega \in \Omega_0$ eine nichtnegative reelle Zahl $p(\omega)$ als Punktmasse zu, wobei

$$\sum_{\omega \in \Omega_0} p(\omega) = 1 \qquad (19.10)$$

gelte. Auch hier steht auf der linken Seite entweder eine endliche Summe oder der Grenzwert einer unendlichen Reihe. *Definieren* wir dann *für jede* Teilmenge A von Ω

$$\mathbb{P}(A) := \sum_{\omega \in A \cap \Omega_0} p(\omega),$$

so ist die Funktion $\mathbb{P}\colon \mathcal{P}(\Omega) \to \mathbb{R}$ aufgrund des Umordnungssatzes für Reihen wohldefiniert, und es gilt $\mathbb{P}(A) \geq 0$, $A \subseteq \Omega$, sowie wegen (19.10) $\mathbb{P}(\Omega) = 1$. Sind $A_1, A_2, \ldots$ paarweise disjunkte Teilmengen von Ω, so gilt nach Definition von $\mathbb{P}$ und dem großen Umordnungssatz für Reihen (siehe z. B. Band 1, Abschnitt 10.4)

$$\begin{aligned} \mathbb{P}\left(\sum_{j=1}^{\infty} A_j\right) &= \sum_{\omega \in \sum_{j=1}^{\infty} A_j \cap \Omega_0} p(\omega) \\ &= \sum_{j=1}^{\infty} \sum_{\omega \in A_j \cap \Omega_0} p(\omega) \\ &= \sum_{j=1}^{\infty} \mathbb{P}(A_j). \end{aligned}$$

Die Funktion $\mathbb{P}$ ist somit σ-additiv und folglich ein auf der Potenzmenge von Ω definiertes Wahrscheinlichkeitsmaß. Selbstverständlich können wir $\mathbb{P}$ auf jede σ-Algebra $\mathcal{A} \subseteq \mathcal{P}(\Omega)$ einschränken, die Ω_0 und alle abzählbaren Teilmengen von Ω enthält. Auf diese Weise erhalten wir einen allgemeinen diskreten Wahrscheinlichkeitsraum. Wir können auch die bislang nur auf Ω_0 definierte Funktion p durch $p(\omega) := 0$ für $\omega \in \Omega \setminus \Omega_0$ formal auf ganz Ω erweitern, ohne das Wahrscheinlichkeitsmaß $\mathbb{P}$ zu ändern.

Ein wichtiger Spezialfall eines endlichen Wahrscheinlichkeitsraumes ergibt sich, wenn alle Elementarereignisse als gleich möglich erachtet werden. Da der französische Physiker und Mathematiker Pierre-Simon Laplace (1749–1827) bei seinen Untersuchungen zur Wahrscheinlichkeitsrechnung vor allem mit dieser Vorstellung gearbeitet hat, tragen die nachfolgenden Begriffsbildungen seinen Namen.

Im Laplace-Modell sind die Elementarereignisse gleich wahrscheinlich

Laplace'scher Wahrscheinlichkeitsraum

Ist Ω eine m-elementige Menge, und gilt speziell

$$\mathbb{P}(A) = \frac{|A|}{|\Omega|} = \frac{|A|}{m}, \quad A \subseteq \Omega, \qquad (19.11)$$

so heißt $(\Omega, \mathcal{P}(\Omega), \mathbb{P})$ **Laplace'scher Wahrscheinlichkeitsraum (der Ordnung m)**. In diesem Fall heißt $\mathbb{P}$ die **(diskrete) Gleichverteilung** oder **Laplace-Verteilung** auf Ω.

Wird die Gleichverteilung auf Ω zugrunde gelegt, so nennen wir den zugehörigen stochastischen Vorgang auch *Laplace-Versuch* oder *Laplace-Experiment*. Die Annahme eines solchen Laplace-Modells drückt sich dann in Formulierungen wie *homogene (echte) Münze*, *regelmäßiger (echter) Würfel*, *rein zufälliges Ziehen* o. Ä. aus.

Nach (19.11) ergibt sich unter einem Laplace-Modell die Wahrscheinlichkeit eines Ereignisses A als Quotient aus der Anzahl $|A|$ der für das Eintreten von A *günstigen* Fälle und der Anzahl $|\Omega|$ aller *möglichen* Fälle. Es sollte also nicht schaden, das in Abschnitt 19.6 vermittelte kleine Einmaleins der Kombinatorik zu beherrschen.

Eine auf einem diskreten Wahrscheinlichkeitsraum definierte Zufallsvariable kann höchstens abzählbar unendlich viele verschiedene Werte mit jeweils positiver Wahrscheinlichkeit annehmen. Eine derartige Zufallsvariable heißt *diskret verteilt*. In Kapitel 21 werden wir uns ausführlicher mit diskreten Verteilungsmodellen beschäftigen.

Liegt eine reelle Zufallsvariable X vor, so ist es üblich, die von X angenommenen Werte mit den zugehörigen Wahrscheinlichkeiten in Form von *Stab- oder Balkendiagrammen* darzustellen. Dabei wird über jedem $x \in \mathbb{R}$ mit $\mathbb{P}(X=x) > 0$ ein Stäbchen oder Balken der Länge $\mathbb{P}(X = x)$ aufgetragen. Das folgende Beispiel zeigt, wie man im Fall eines zugrunde gelegten Laplace-Modells durch Abzählen von günstigen Fällen die Verteilung von X ermittelt.

Beispiel Mehrfacher Würfelwurf, Augensumme
Wir betrachten den zweimal hintereinander ausgeführten Würfelwurf und modellieren diesen durch den Grundraum $\Omega := \{\omega = (a_1, a_2) \colon a_1, a_2 \in \{1, \ldots, 6\}\}$. Als Wahrscheinlichkeitsmaß $\mathbb{P}$ legen wir die Gleichverteilung zugrunde, nehmen also ein Laplace-Modell an. Die Zufallsvariable $X \colon \Omega \to \mathbb{R}$ beschreibe die Augensumme aus beiden Würfen, es gilt somit $X(\omega) := a_1 + a_2$, $\omega = (a_1, a_2) \in \Omega$.

Ordnet man die 36 Elemente von Ω in der Form

$$\begin{matrix} (1,1) & (1,2) & (1,3) & (1,4) & (1,5) & (1,6) \\ (2,1) & (2,2) & (2,3) & (2,4) & (2,5) & (2,6) \\ (3,1) & (3,2) & (3,3) & (3,4) & (3,5) & (3,6) \\ (4,1) & (4,2) & (4,3) & (4,4) & (4,5) & (4,6) \\ (5,1) & (5,2) & (5,3) & (5,4) & (5,5) & (5,6) \\ (6,1) & (6,2) & (6,3) & (6,4) & (6,5) & (6,6) \end{matrix}$$

an, so ist die Augensumme X auf den aufsteigenden Diagonalen wie etwa $(4, 1), (3, 2), (2, 3), (1, 4)$ konstant. Folglich ergibt sich für jedes $k = 2, 3, \ldots, 12$ die Wahrscheinlichkeit $\mathbb{P}(X = k)$ durch Betrachten der für das Ereignis $\{X = k\}$ günstigen unter allen 36 möglichen Fällen zu

$$\mathbb{P}(X = k) = \frac{6 - |7 - k|}{36}. \qquad (19.12)$$

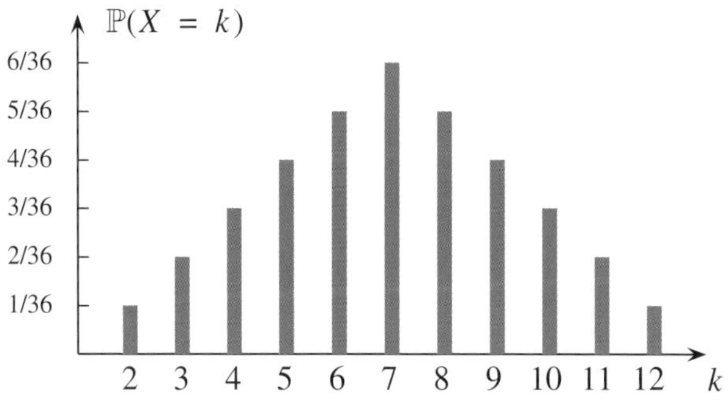

Abbildung 19.4 Stabdiagramm der Verteilung der Augensumme beim zweifachen Würfelwurf.

Abb. 19.4 zeigt die Wahrscheinlichkeiten $\mathbb{P}(X = k)$ in Form eines Stabdiagramms.

Hiermit erhält man z. B.

$$\mathbb{P}(3 \le X \le 5) = \sum_{k=3}^{5} \mathbb{P}(X = k) = \frac{9}{36} = \frac{1}{4},$$

$$\mathbb{P}(X > 7) = \sum_{k=8}^{12} \mathbb{P}(X = k) = \frac{15}{36} = \frac{5}{12}.$$

In gleicher Weise zeigt Abb. 19.5 ein Stabdiagramm der Wahrscheinlichkeiten $\mathbb{P}(X = k)$, $k = 3, 4, \ldots, 18$ der Augensumme X beim dreifachen Würfelwurf.

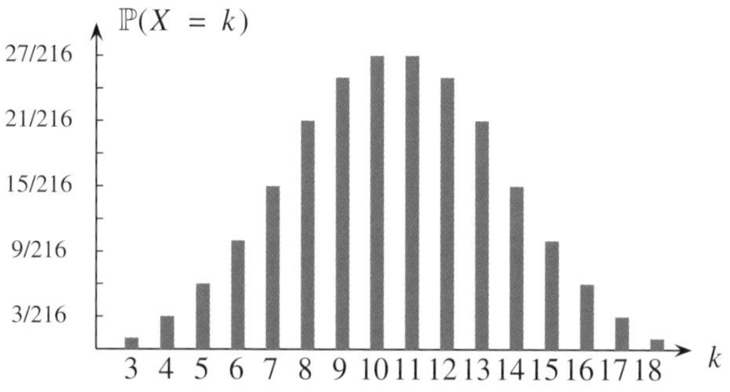

Abbildung 19.5 Stabdiagramm der Verteilung der Augensumme beim dreifachen Würfelwurf. ◀

Während diskrete Zufallsvariablen stochastische Vorgänge modellieren, bei denen nur abzählbar viele Ergebnisse auftreten können, zeigen die folgenden Überlegungen zusammen mit der kanonischen Konstruktion, dass es auch reelle Zufallsvariablen und allgemeiner k-dimensionale Zufallsvektoren gibt, die jeden festen Wert mit Wahrscheinlichkeit null annehmen. Solche Zufallsvariablen beschreiben stochastische Vorgänge, bei denen ein ganzes Kontinuum von Ausgängen möglich ist. Diese weitere große Beispielklasse von Wahrscheinlichkeitsräumen ergibt sich mithilfe des Lebesgue-Integrals. Ausgangspunkt ist eine beliebige nichtnegative Funktion $f \colon \mathbb{R}^k \to \mathbb{R}$ mit den Eigenschaften

$$\{x \in \mathbb{R}^k \colon f(x) \le c\} \in \mathcal{B}^k \quad \text{für jedes } c \in \mathbb{R} \qquad (19.13)$$

und

$$\int_{\mathbb{R}^k} f(x)\,\mathrm{d}x = 1. \qquad (19.14)$$

Dabei ist das Integral als Lebesgue-Integral zu verstehen. Eine derartige Funktion heißt *Wahrscheinlichkeitsdichte* oder kurz *Dichte(-Funktion)*. Forderung (19.13) heißt *Borel-Messbarkeit* von f. Durch die Festsetzung

$$Q(B) := \int_B f(x)\,\mathrm{d}x, \quad B \in \mathcal{B}^k, \qquad (19.15)$$

wird dann nach Sätzen der Maß- und Integrationstheorie (siehe Seite 251) ein Wahrscheinlichkeitsmaß auf der Borel'schen σ-Algebra $\mathcal{B}^k$ definiert. Dabei sind die Nichtnegativität von Q und die Normierungsbedingung $Q(\mathbb{R}^k) = 1$

wegen der Nichtnegativität von f und (19.14) unmittelbar einzusehen. Die σ-Additivität von Q folgt aus dem Satz von der monotonen Konvergenz auf Seite 245.

Mit $\Omega' := \mathbb{R}^k$, $\mathcal{A}' := \mathcal{B}^k$ liefert dann die Konstruktion (19.7), dass es einen k-dimensionalen Zufallsvektor X gibt, der die Verteilung Q besitzt, für den also $\mathbb{P}(X \in B)$ gleich der rechten Seite von (19.15) ist. Ein solcher Zufallsvektor heißt *(absolut) stetig verteilt*, siehe Kapitel 22.

Im Fall $k = 1$ bedeutet Bedingung (19.14) anschaulich, dass die Fläche zwischen dem Graphen von f und der x-Achse gleich 1 ist. Die Wahrscheinlichkeit $\mathbb{P}(B)$ kann dann als Fläche zwischen diesem Graphen und der x-Achse über der Menge B angesehen werden. Abb. 19.6 illustriert diese Situation für den Fall, dass $B = [a, b]$ ein Intervall ist.

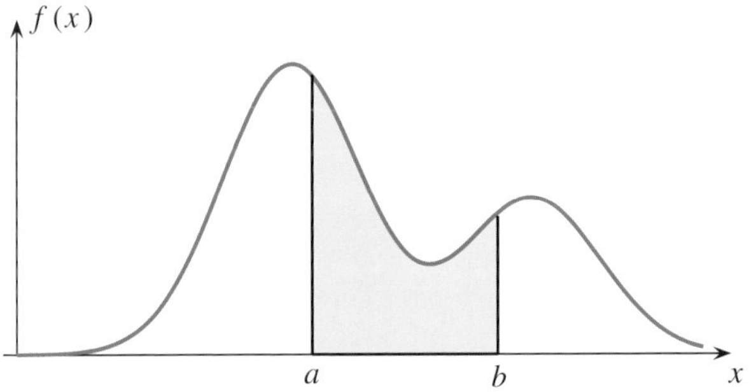

Abbildung 19.6 Deutung der farbigen Fläche als Wahrscheinlichkeit.

Für den Fall $k = 2$ kann man sich den Graphen von f als Gebirge über der (x, y)-Ebene veranschaulichen (Abb. 19.7) und dann die Wahrscheinlichkeit in (19.15) als Volumen zwischen dem Graphen von f und der (x, y)-Ebene über dem Grundbereich B deuten.

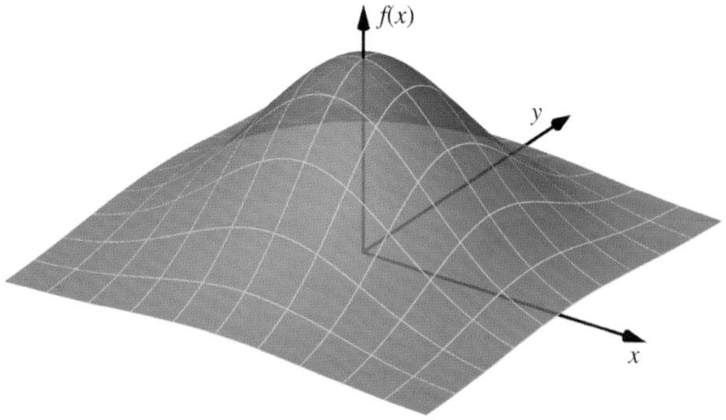

Abbildung 19.7 Graph einer Wahrscheinlichkeitsdichte auf $\mathbb{R}^2$ als Gebirge.

19.5 Folgerungen aus den Axiomen

Wir werden jetzt einige Folgerungen aus den Kolmogorov'schen Axiomen ziehen. Diese bilden das kleine Einmaleins im Umgang mit Wahrscheinlichkeiten und finden im Weiteren immer wieder Verwendung.

Elementare Eigenschaften von Wahrscheinlichkeiten

Es seien $(\Omega, \mathcal{A}, \mathbb{P})$ ein Wahrscheinlichkeitsraum und $A, B, A_1, A_2, \ldots$ Ereignisse. Dann gelten:

a) $\mathbb{P}(\emptyset) = 0$,

b) $\mathbb{P}\left(\sum_{j=1}^n A_j\right) = \sum_{j=1}^n \mathbb{P}(A_j)$ für jedes $n \geq 2$ und jede Wahl paarweise disjunkter Ereignisse $A_1, \ldots, A_n$ (**endliche Additivität**),

c) $0 \leq \mathbb{P}(A) \leq 1$,

d) $\mathbb{P}(A^c) = 1 - \mathbb{P}(A)$ (**komplementäre Wahrscheinlichkeit**),

e) aus $A \subseteq B$ folgt $\mathbb{P}(A) \leq \mathbb{P}(B)$ (**Monotonie**),

f) $\mathbb{P}(A \cup B) = \mathbb{P}(A) + \mathbb{P}(B) - \mathbb{P}(A \cap B)$ (**Additionsgesetz**),

g) $\mathbb{P}\left(\bigcup_{j=1}^\infty A_j\right) \leq \sum_{j=1}^\infty \mathbb{P}(A_j)$ (**σ-Subadditivität**).

Beweis: Setzt man im σ-Additivitäts-Postulat von $\mathbb{P}$ speziell $A_j := \emptyset$ für jedes $j \geq 1$ ein, so folgt a) wegen der Reellwertigkeit von $\mathbb{P}$. Die Wahl $A_j := \emptyset$ für jedes $j > n$ liefert Eigenschaft b). Zum Nachweis von c) und d) verwenden wir die Zerlegung $\Omega = A + A^c$ von Ω in die disjunkten Mengen A und A^c. Aus der Normierung $\mathbb{P}(\Omega) = 1$ sowie der bereits gezeigten endlichen Additivität folgt dann

$$1 = \mathbb{P}(A + A^c) = \mathbb{P}(A) + \mathbb{P}(A^c)\,.$$

Hieraus ergibt sich d) und wegen der Nichtnegativität von $\mathbb{P}$ auch c). Die Monotonieeigenschaft e) folgt aus der Zerlegung $B = A + B \setminus A$ von B in die disjunkten Mengen A und $B \setminus A$ sowie der endlichen Additivität von $\mathbb{P}$ und der Ungleichung $\mathbb{P}(B \setminus A) \geq 0$.

Das Additionsgesetz f) ist anschaulich klar: Addiert man die Wahrscheinlichkeiten von A und B, so hat man die Wahrscheinlichkeit der Schnittmenge AB doppelt erfasst und muss diese somit subtrahieren, um $\mathbb{P}(A \cup B)$ zu erhalten. Ein formaler Beweis verwendet die Darstellungen

$$A = AB + AB^c, \qquad B = AB + A^cB$$

von A und B als Vereinigungen disjunkter Mengen. Eigenschaft b) liefert

$$\mathbb{P}(A) = \mathbb{P}(AB) + \mathbb{P}(AB^c),\ \mathbb{P}(B) = \mathbb{P}(AB) + \mathbb{P}(A^cB)\,.$$

Addition dieser Gleichungen und erneute Anwendung von b) ergibt dann

$$\mathbb{P}(A) + \mathbb{P}(B) = \mathbb{P}(AB) + \mathbb{P}(AB + AB^c + A^cB)$$

und somit f), da $AB + AB^c + A^cB = A \cup B$.

Um g) nachzuweisen, machen wir uns zu Nutze, dass für jedes $n \geq 2$ die Vereinigung $A_1 \cup \ldots \cup A_n$ als Vereinigung paarweise disjunkter Mengen $B_1, \ldots, B_n$ geschrieben werden kann. Hierzu setzen wir $B_1 := A_1$ sowie für $j \geq 2$

$$B_j := A_j \setminus (A_1 \cup \ldots \cup A_{j-1}) = A_j A_{j-1}^c \ldots A_2^c A_1^c.$$

Die Menge B_j erfasst also denjenigen Teil der Menge A_j, der nicht in der Vereinigung $A_1 \cup \ldots \cup A_{j-1}$ enthalten ist (Abb. 19.8).

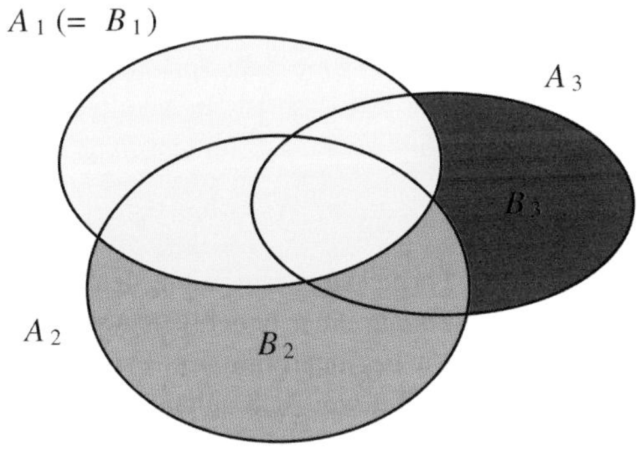

Abbildung 19.8 Zur Konstruktion der Mengen B_j.

Die Mengen $B_1, B_2, \ldots$ sind paarweise disjunkt, denn sind $n, k \in \mathbb{N}$ mit $n < k$, so gilt $B_n \cap B_k \subseteq A_n \cap A_n^c = \emptyset$.

Nach Konstruktion gilt $B_j \subseteq A_j$ für jedes $j \geq 1$ und somit $\sum_{j=1}^{\infty} B_j \subseteq \bigcup_{j=1}^{\infty} A_j$. In dieser letzten Teilmengenbeziehung gilt aber auch die umgekehrte Inklusion „$\supseteq$", da es zu jedem $\omega \in \bigcup_{j=1}^{\infty} A_j$ einen *kleinsten* Index j mit $\omega \in A_j$ und somit $\omega \in A_j A_{j-1}^c \ldots A_1^c = B_j$ gibt. Wir haben somit die Darstellung

$$\sum_{j=1}^{\infty} B_j = \bigcup_{j=1}^{\infty} A_j$$

erhalten. Zusammen mit der σ-Additivität von $\mathbb{P}$ und den Ungleichungen $\mathbb{P}(B_j) \leq \mathbb{P}(A_j)$, $j \geq 1$, folgt wie behauptet

$$\mathbb{P}\left(\bigcup_{j=1}^{\infty} A_j\right) = \mathbb{P}\left(\sum_{j=1}^{\infty} B_j\right) = \sum_{j=1}^{\infty} \mathbb{P}(B_j) \leq \sum_{j=1}^{\infty} \mathbb{P}(A_j).$$

■

Beispiel Wir betrachten die Situation des n-fach wiederholten Wurfs mit einem echten Würfel und legen hierfür den auf Seite 702 eingeführten Grundraum

$$\Omega = \{\omega = (a_1, \ldots, a_n) \colon a_j \in \{1, \ldots, 6\} \text{ für } j = 1, \ldots, n\}$$

zugrunde. Als Wahrscheinlichkeitsmaß $\mathbb{P}$ wählen wir die Gleichverteilung auf Ω, nehmen also ein Laplace-Modell an. Welche Wahrscheinlichkeit besitzt das anschaulich beschriebene und formal als

$$A := \{(a_1, \ldots, a_n) \in \Omega \colon \exists j \in \{1, \ldots, n\} \text{ mit } a_j = 6\}$$

notierte Ereignis, mindestens eine Sechs zu würfeln?

Um diese Frage zu beantworten, bietet es sich an, zum komplementären Ereignis A^c überzugehen. Die zu A^c gehörenden n-Tupel $(a_1, \ldots, a_n)$ sind dadurch beschrieben, dass jede Komponente a_j höchstens gleich 5 ist, also einen der Werte 1, 2, 3, 4, 5 annimmt. Da es 5^n solche Tupel gibt, liefert die Laplace-Annahme

$$\mathbb{P}(A^c) = \frac{|A^c|}{|\Omega|} = \frac{5^n}{6^n}$$

und somit nach der Regel d) von der komplementären Wahrscheinlichkeit

$$\mathbb{P}(A) = 1 - \mathbb{P}(A^c) = 1 - \left(\frac{5}{6}\right)^n.$$

Speziell für $n = 4$ folgt $\mathbb{P}(A) = 671/1296 \approx 0.518$. Beim vierfachen Würfelwurf ist es also vorteilhaft, auf das Auftreten von mindestens einer Sechs zu wetten. ◀

Bevor wir weitere Folgerungen aus den Kolmogorov-Axiomen formulieren, seien noch eine übliche Sprechweise und eine Notation eingeführt.

Ist $(A_n)_{n \in \mathbb{N}}$ eine Folge von Teilmengen von Ω, so heißt $(A_n)_{n \in \mathbb{N}}$ **aufsteigend mit Limes** $\boldsymbol{A}$, falls

$$A_n \subseteq A_{n+1}, \quad n \in \mathbb{N}, \quad \text{und } A = \bigcup_{n=1}^{\infty} A_n$$

gilt, und wir schreiben hierfür kurz $A_n \uparrow A$. In gleicher Weise verwenden wir die Notation $A_n \downarrow A$, falls

$$A_n \supseteq A_{n+1}, \quad n \in \mathbb{N}, \quad \text{und } A = \bigcap_{n=1}^{\infty} A_n$$

gilt, und nennen die Mengenfolge $(A_n)_{n \in \mathbb{N}}$ **absteigend mit Limes** $\boldsymbol{A}$.

Im Fall $\Omega = \mathbb{R}$ gelten also $[0, 1 - 1/n] \uparrow [0, 1)$ und $[0, 1 + 1/n) \downarrow [0, 1]$.

Satz über Stetigkeitseigenschaften von $\mathbb{P}$

Es seien $(\Omega, \mathcal{A}, \mathbb{P})$ ein Wahrscheinlichkeitsraum und $A_1, A_2, \ldots$ Ereignisse. Dann gelten:

a) aus $A_n \uparrow A$ folgt $\mathbb{P}(A) = \lim_{n \to \infty} \mathbb{P}(A_n)$ (**Stetigkeit von unten**),
b) aus $A_n \downarrow A$ folgt $\mathbb{P}(A) = \lim_{n \to \infty} \mathbb{P}(A_n)$ (**Stetigkeit von oben**).

Beweis: a): Im Fall $A_n \uparrow A$ gilt $A_n = \cup_{j=1}^{n} A_j$, $n \geq 1$. Mit den im Beweis der σ-Subadditivitätseigenschaft g) auf Seite 715 eingeführten paarweise disjunkten Mengen $B_1, B_2, \ldots$ folgt dann unter Beachtung von $\sum_{j=1}^{n} B_j =$

$\bigcup_{j=1}^{n} A_j$ und der σ-Additivität von $\mathbb{P}$

$$\begin{aligned}\mathbb{P}\left(\bigcup_{j=1}^{\infty} A_j\right) &= \mathbb{P}\left(\sum_{j=1}^{\infty} B_j\right) = \sum_{j=1}^{\infty} \mathbb{P}(B_j) \\ &= \lim_{n\to\infty} \sum_{j=1}^{n} \mathbb{P}(B_j) \\ &= \lim_{n\to\infty} \mathbb{P}\left(\sum_{j=1}^{n} B_j\right) \\ &= \lim_{n\to\infty} \mathbb{P}\left(\bigcup_{j=1}^{n} A_j\right) \\ &= \lim_{n\to\infty} \mathbb{P}(A_n)\,.\end{aligned}$$

Dabei wurde beim drittletzten Gleichheitszeichen die endliche Additivität von $\mathbb{P}$ ausgenutzt. Der Nachweis von b) ist Gegenstand von Aufgabe 19.31. ■

Beispiel Wegen $\sum_{k=1}^{\infty} 1/(k(k+1)) = 1$ (Aufgabe 19.19) wird durch

$$\mathbb{P}(A) := \sum_{k\in A} \frac{1}{k(k+1)}, \quad A \subseteq \mathbb{N},$$

eine Wahrscheinlichkeitsverteilung auf der Menge $\mathbb{N}$ aller natürlichen Zahlen definiert. Nach Aufgabe 20.15 ist $\mathbb{P}(\{k\})$ die Wahrscheinlichkeit, zum *ersten* Mal im k-ten Zug eine rote Kugel aus einer Urne zu ziehen, die anfänglich je eine rote und schwarze Kugel enthält und bei jedem Zug einer schwarzen Kugel mit einer weiteren schwarzen Kugel gefüllt wird. Wie wahrscheinlich ist es, die rote Kugel beim k-ten Mal zu ziehen, wobei k *irgendeine* ungerade Zahl ist? Gesucht ist also $\mathbb{P}(B)$, wobei $B := \{1, 3, 5, \ldots\}$ die Menge der ungeraden Zahlen bezeichnet.

Mit $B_n := \sum_{j=1}^{n}\{2j-1\}$ gilt $B_n \uparrow B$, und die Stetigkeit von unten liefert

$$\begin{aligned}\mathbb{P}(B) &= \lim_{n\to\infty} \mathbb{P}(B_n) = \lim_{n\to\infty} \sum_{j=1}^{n} \mathbb{P}(\{2j-1\}) \\ &= \lim_{n\to\infty} \sum_{j=1}^{n} \frac{1}{(2j-1)(2j)}\,.\end{aligned}$$

Wegen

$$\frac{1}{(2j-1)(2j)} = \frac{1}{2j-1} - \frac{1}{2j}$$

folgt

$$\sum_{j=1}^{n} \frac{1}{(2j-1)(2j)} = \sum_{j=1}^{2n-1} \frac{(-1)^{j-1}}{j}$$

und somit $\mathbb{P}(B) = \sum_{k=1}^{\infty}(-1)^{k-1}/k = \log 2 \approx 0.693$. ◀

Kommentar: Nach den Ausführungen auf Seite 717 ist die endliche Additivität eines Wahrscheinlichkeitsmaßes, also Eigenschaft b) auf Seite 714, im Fall eines unendlichen Grundraums echt schwächer als die σ-Additivität. Fordert man nur die endliche Additivität von $\mathbb{P}$ sowie die Stetigkeit von unten, so folgt die σ-Additivität (Aufgabe 19.32). Bei einer nur als endlich-additiv angenommenen Funktion $\mathbb{P}\colon \mathcal{A} \to \mathbb{R}_{\geq 0}$ mit $\mathbb{P}(\Omega) = 1$ sind also σ-Additivität und Stetigkeit von unten äquivalente Eigenschaften.

Wie im Beispiel auf Seite 715 kommt es häufig vor, dass die Wahrscheinlichkeit des Eintretens von *mindestens einem* von n Ereignissen von Interesse ist. In Verallgemeinerung des Additionsgesetzes

$$\mathbb{P}(A \cup B) = \mathbb{P}(A) + \mathbb{P}(B) - \mathbb{P}(A \cap B) \tag{19.17}$$

lernen wir jetzt eine Formel zur Bestimmung der Wahrscheinlichkeit einer Vereinigung einer beliebigen Anzahl von Ereignissen kennen. Wir beginnen mit dem Fall von drei Ereignissen A_1, A_2 und A_3, weil sich anhand dieses Falls der Name der Formel unmittelbar erschließt. Setzen wir kurz $A := A_1 \cup A_2$ und $B := A_3$, so liefert das obige Additionsgesetz

$$\mathbb{P}(A_1 \cup A_2 \cup A_3) = \mathbb{P}(A_1 \cup A_2) + \mathbb{P}(A_3) - \mathbb{P}((A_1 \cup A_2) \cap A_3)\,.$$

Wenden wir hier (19.17) auf $\mathbb{P}(A_1 \cup A_2)$ sowie unter Beachtung des Distributivgesetzes $(A_1 \cup A_2)A_3 = A_1A_3 \cup A_2A_3$ auf den Minusterm an und sortieren die Summanden nach der Anzahl der zu schneidenden Ereignisse, so folgt

$$\begin{aligned}\mathbb{P}(A_1 \cup A_2 \cup A_3) = {} & \mathbb{P}(A_1) + \mathbb{P}(A_2) + \mathbb{P}(A_3) \\ & - \mathbb{P}(A_1A_2) - \mathbb{P}(A_1A_3) - \mathbb{P}(A_2A_3) \\ & + \mathbb{P}(A_1A_2A_3)\,.\end{aligned} \tag{19.18}$$

Abb. 19.9 zeigt die Struktur dieser Gleichung. Die jeweilige Zahl links gibt an, wie oft die betreffende Teilmenge von $A_1 \cup A_2 \cup A_3$ nach Bildung der Summe $\mathbb{P}(A_1) + \mathbb{P}(A_2) + \mathbb{P}(A_3)$ erfasst und somit „eingeschlossen" ist. Da gewisse Teilmengen von $A_1 \cup A_2 \cup A_3$ wie z. B. A_1A_2 mehrfach erfasst sind, ist ein durch Subtraktion der Schnitt-Wahrscheinlichkeiten von je zweien der Ereignisse vollzogener „Ausschluss" erforderlich, dessen Ergebnis die rechte Abb. 19.9 zeigt. Addiert man $\mathbb{P}(A_1A_2A_3)$, so ist jede der 7 paarweise disjunkten Teilmengen $A_1A_2A_3$, $A_1A_2A_3^c$, $A_1A_2^cA_3$, $A_1A_2^cA_3^c$, $A_1^cA_2A_3$, $A_1^cA_2A_3^c$ und $A_1^cA_2^cA_3$ von $A_1 \cup A_2 \cup A_3$ genau einmal erfasst.

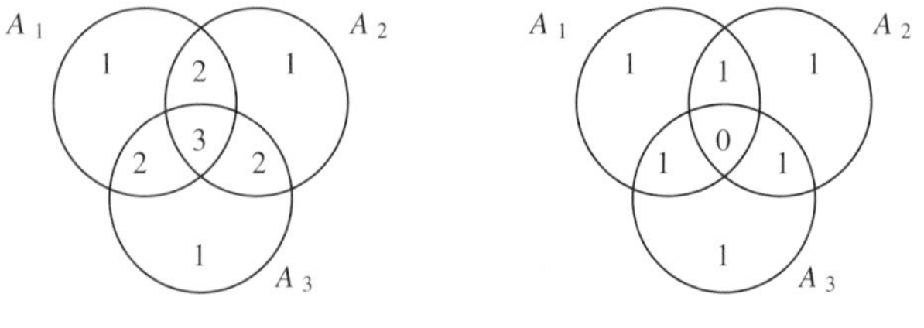

Abbildung 19.9 Zum Additionsgesetz für drei Ereignisse.

In Verallgemeinerung dieses in (19.17) und (19.18) angewandten Ein-Ausschluss-Prinzips gilt:

Hintergrund und Ausblick: Endlich-, aber nicht σ-additive Wahrscheinlichkeiten auf $\mathcal{P}(\mathbb{N})$

Wie im Folgenden gezeigt werden soll, gibt es seltsame, nicht σ-additive Wahrscheinlichkeiten.

Wir behaupten, dass es eine Funktion $Q\colon \mathcal{P}(\mathbb{N}) \to [0, 1]$ mit den Eigenschaften

$$Q(\mathbb{N}) = 1,$$

$$Q\left(\sum_{j=1}^{n} A_j\right) = \sum_{j=1}^{n} Q(A_j)$$

für jedes $n \geq 2$ und jede Wahl paarweise disjunkter Teilmengen $A_1, \ldots, A_n$ von $\mathbb{N}$ sowie

$$Q(A) = 0$$

für jede endliche Teilmenge A von $\mathbb{N}$ gibt. Die Funktion Q ist also wie ein Wahrscheinlichkeitsmaß normiert und endlich-additiv. Die letzte Eigenschaft impliziert insbesondere $Q(\{n\}) = 0$ für jedes $n \in \mathbb{N}$ und somit

$$1 = Q(\mathbb{N}) \neq 0 = \sum_{n=1}^{\infty} Q(\{n\}),$$

was zeigt, dass Q nicht σ-additiv ist.

Zur Konstruktion von Q betrachten wir das System

$$\mathcal{F} := \{A \subseteq \mathbb{N}\colon \exists n \in \mathbb{N} \text{ mit } \{n, n+1, \ldots\} \subseteq A\}$$

aller Teilmengen von $\mathbb{N}$, die bis auf endlich viele Ausnahmen alle natürlichen Zahlen enthalten. Für das Mengensystem $\mathcal{F}$ gelten offenbar

- $\mathcal{F} \neq \emptyset$ und $\emptyset \notin \mathcal{F}$,
- aus $A, B \in \mathcal{F}$ folgt $A \cap B \in \mathcal{F}$,
- aus $A \in \mathcal{F}$ und $A \subseteq B \subseteq \mathbb{N}$ folgt $B \in \mathcal{F}$.

Ist allgemein $\mathcal{F} \subseteq \mathcal{P}(\mathbb{N})$ ein Mengensystem mit diesen Eigenschaften, so heißt $\mathcal{F}$ ein **Filter** auf $\mathbb{N}$.

Mithilfe des Zorn'schen Lemmas (siehe z. B. Band 1, Abschnitt 2.4) kann gezeigt werden, dass es einen Filter $\mathcal{U}$ auf $\mathbb{N}$ gibt, der $\mathcal{F}$ enthält und die weitere Eigenschaft

$$\forall A \subseteq \mathbb{N}\colon A \in \mathcal{U} \text{ oder } A^c = \mathbb{N} \setminus A \in \mathcal{U} \qquad (19.16)$$

besitzt, wobei das „oder" ausschließend ist. Ein Filter mit dieser Zusatzeigenschaft heißt **Ultrafilter**.

Mithilfe von $\mathcal{U}$ definieren wir jetzt wie folgt eine Funktion Q auf $\mathcal{P}(\mathbb{N})$:

$$Q(A) := \begin{cases} 1, & \text{falls } A \in \mathcal{U}, \\ 0, & \text{falls } A \in \mathcal{P}(\mathbb{N}) \setminus \mathcal{U}. \end{cases}$$

Wegen $\mathbb{N} \in \mathcal{U}$ gilt $Q(\mathbb{N}) = 1$, und jede endliche Teilmenge A von $\mathbb{N}$ gehört nicht zu $\mathcal{U}$, was nach Definition von Q die Beziehung $Q(A) = 0$ zur Folge hat. Die Mengenfunktion Q ist somit nicht σ-additiv. Um die endliche Additivität von Q zu zeigen, betrachten wir zwei Mengen $A, B \subseteq \mathbb{N}$ mit $A \cap B = \emptyset$ sowie die möglichen Fälle

a) $A \in \mathcal{U}, B \in \mathcal{U}$,
b) $A \in \mathcal{U}, B \notin \mathcal{U}$,
c) $A \notin \mathcal{U}, B \in \mathcal{U}$,
b) $A \notin \mathcal{U}, B \notin \mathcal{U}$.

Fall a) kann nicht auftreten, da hieraus $A \cap B = \emptyset \in \mathcal{U}$ folgen würde. Ein Filter enthält jedoch nicht die leere Menge. In Fall b) gilt $Q(A) = 1$ und $Q(B) = 0$. Wegen $A \subseteq A \cup B$ gilt $A \cup B \in \mathcal{U}$ und somit $Q(A \cup B) = 1 = Q(A) + Q(B)$. Fall c) folgt aus Symmetriegründen aus b). Im letzten Fall gilt $Q(A) = Q(B) = 0$. Nach der Ultrafiltereigenschaft (19.16) gilt $A^c \in \mathcal{U}$, $B^c \in \mathcal{U}$ und somit $A^c \cap B^c \in \mathcal{U}$ (zweite Filtereigenschaft!). Wegen $A^c \cap B^c = (A \cup B)^c$ folgt wiederum nach (19.16) $A \cup B \notin \mathcal{U}$. Nach Definition von Q gilt folglich $Q(A + B) = 0$, was die endliche Additivität von Q zeigt.

Stellen Sie sich vor, Anja und Peter wählen verdeckt jeder für sich zufällig eine natürlich Zahl, wobei die Wahrscheinlichkeit, dass diese in einer Menge $A \subseteq \mathbb{N}$ liegt, gleich $Q(A)$ sei. Der Spieler mit der größeren Zahl möge gewinnen. Es wird eine echte Münze geworfen. Zeigt sie Kopf, so muss Anja ihre Zahl aufdecken, andernfalls Peter. Zeigt Anja ihre Zahl, so gewinnt Peter mit Wahrscheinlichkeit 1, da $Q(\{n, n+1, \ldots\}) = 1$. Muss Peter seine Wahl offenlegen, ist es umgekehrt. Mit nicht σ-additiven Wahrscheinlichkeiten können seltsame Phänomene auftreten!

Literatur

R. M. Dudley: *Real Analysis and Probability*. Cambridge University Press 2002.

Formel des Ein- und Ausschließens (Siebformel)

Es seien $(\Omega, \mathcal{A}, \mathbb{P})$ ein Wahrscheinlichkeitsraum und $A_1, \ldots, A_n$ Ereignisse. Für jede natürliche Zahl r mit $1 \leq r \leq n$ sei

$$S_r := \sum_{1 \leq i_1 < \ldots < i_r \leq n} \mathbb{P}(A_{i_1} \cap \ldots \cap A_{i_r}) \qquad (19.19)$$

die Summe aller Wahrscheinlichkeiten der Durchschnitte von r der Ereignisse $A_1, \ldots, A_n$. Dann gilt:

$$\mathbb{P}\left(\bigcup_{j=1}^{n} A_j\right) = \sum_{r=1}^{n} (-1)^{r-1} S_r. \qquad (19.20)$$

Beweis: Der Beweis kann durch vollständige Induktion über n erfolgen. Da wir auf Seite 777 mit der Jordan'schen Formel ein allgemeineres Resultat zeigen, werden wir diesen Induktionsbeweis hier nicht führen, sondern verweisen auf Aufgabe 19.33. ■

Ein wichtiger Spezialfall der Formel des Ein- und Ausschließens entsteht, wenn für jedes r mit $1 \le r \le n$ und jede Wahl von $i_1, \ldots, i_r$ mit $1 \le i_1 < \ldots < i_r \le n$ die Wahrscheinlichkeit des Durchschnittes $A_{i_1} \ldots A_{i_r}$ nur von der Anzahl r, nicht aber von der speziellen Wahl dieser r Ereignisse abhängt. Liegt diese Eigenschaft vor, so heißen die Ereignisse $A_1, \ldots, A_n$ *austauschbar.*

Für austauschbare Ereignisse sind die Summanden in (19.19) identisch, nämlich gleich $\mathbb{P}(A_1 \cap \ldots \cap A_r)$. Da $\binom{n}{r}$ Summanden vorliegen (siehe Abschnitt 19.6), wird die Ein-Ausschluss-Formel in diesem Fall zu

$$\mathbb{P}\left(\bigcup_{j=1}^{n} A_j\right) = \sum_{r=1}^{n} (-1)^{r-1} \binom{n}{r} \mathbb{P}(A_1 \cap \ldots \cap A_r). \quad (19.21)$$

Natürlich ist die Siebformel nur dann ein schlagkräftiges Instrument, um $\mathbb{P}(A_1 \cup \ldots \cup A_n)$ zu bestimmen, wenn die Wahrscheinlichkeiten aller möglichen Durchschnitte der A_j bekannt sind. Dass Wahrscheinlichkeiten für Durchschnitte von Ereignissen prinzipiell leichter zu bestimmen sind als Wahrscheinlichkeiten für Vereinigungen von Ereignissen liegt daran, dass die Durchschnittsbildung dem logischen UND entspricht und somit mehrere Forderungen erfüllt sein müssen.

Beispiel Rencontre-Problem

Beim klassischen, von Pierre Rémond de Montmort (1678–1719) untersuchten *Treize-Spiel* werden 13 Karten mit den Werten $1, 2, \ldots, 13$ gut gemischt und eine Karte nach der anderen gezogen. Man spricht von einem *Rencontre*, wenn ein Kartenwert mit der Ziehungsnummer übereinstimmt, wenn also etwa die Karte mit dem Wert 4 als vierte gezogen wird. Stimmt kein Kartenwert mit der Ziehungsnummer überein, tritt also kein *Rencontre* auf, so gewinnt der Spieler, andernfalls die Bank. Mit welcher Wahrscheinlichkeit ist die Bank im Vorteil?

Gleichwertig hiermit ist die von Johann Heinrich Lambert (1728–1777) gestellte Frage, mit welcher Wahrscheinlichkeit mindestens ein Brief in den richtigen Umschlag gelangt, wenn n Briefe blind in n adressierte Umschläge gesteckt werden (*Problem der vertauschten Briefe*).

Im Kern geht es hier darum, mit welcher Wahrscheinlichkeit eine rein zufällige Permutation der Zahlen $1, 2, \ldots, n$ mindestens ein Element fest lässt, also mindestens einen Fixpunkt besitzt. Zur stochastischen Modellierung wählen wir als Grundraum Ω die $n!$-elementige Menge

$$\Omega := \{(a_1, \ldots, a_n) \colon \{a_1, \ldots, a_n\} = \{1, \ldots, n\}\}$$

aller Permutationen von $1, 2, \ldots, n$ und als Wahrscheinlichkeitsverteilung $\mathbb{P}$ die Gleichverteilung auf Ω. Bezeichnet

$$A_j := \{(a_1, a_2, \ldots, a_n) \in \Omega \colon a_j = j\}$$

die Menge aller Permutationen, die (mindestens) den *Fixpunkt* j besitzen, so ist das Ereignis *mindestens ein Fixpunkt tritt auf* gerade die Vereinigung aller A_j.

Zur Berechnung von $\mathbb{P}(\cup_{j=1}^{n} A_j)$ mit der Ein-Ausschluss-Formel ist für jedes $r \in \{1, \ldots, n\}$ und jede Wahl von $i_1, \ldots, i_r$ mit $1 \le i_1 < \ldots < i_r \le n$ die Wahrscheinlichkeit

$$\mathbb{P}(A_{i_1} \cap \ldots \cap A_{i_r}) = \frac{|A_{i_1} \cap \ldots \cap A_{i_r}|}{|\Omega|} = \frac{|A_{i_1} \cap \ldots \cap A_{i_r}|}{n!}$$

und somit die Anzahl $|A_{i_1} \cap \ldots \cap A_{i_r}|$ aller Permutationen $(a_1, a_2, \ldots, a_n)$ zu bestimmen, die r gegebene Elemente $i_1, i_2, \ldots, i_r$ auf sich selbst abbilden. Da die Elemente $a_{i_1} (= i_1), \ldots, a_{i_r} (= i_r)$ eines solchen Tupels festgelegt sind und die übrigen Elemente durch eine beliebige Permutation der restlichen $n - r$ Zahlen gewählt werden können, gilt $|A_{i_1} \cap \ldots \cap A_{i_r}| = (n - r)!$ und folglich

$$\mathbb{P}(A_{i_1} \cap \ldots \cap A_{i_r}) = \frac{(n-r)!}{n!}. \quad (19.22)$$

Weil diese Wahrscheinlichkeit nur von r abhängt, sind $A_1, \ldots, A_n$ austauschbare Ereignisse. Mit (19.21) und $\binom{n}{r}(n-r)!/n! = 1/r!$ erhalten wir folglich das Resultat

$$\mathbb{P}\left(\bigcup_{j=1}^{n} A_j\right) = \sum_{r=1}^{n} (-1)^{r-1} \frac{1}{r!} \quad (19.23)$$

und somit insbesondere die Werte 0.5, 0.6667, 0.6250, 0.6333 und 0.6319 für die Fälle $n = 2, 3, 4, 5, 6$. Zusammen mit der Beziehung $\sum_{r=1}^{\infty} (-1)^{r-1}/r! = 1 - 1/e \approx 0.632$ ergibt sich, dass eine rein zufällige Permutation von n Zahlen mit der praktisch von n unabhängigen Wahrscheinlichkeit 0.632 mindestens einen Fixpunkt besitzt. Damit wird klar, dass die Bank beim *Treize-Spiel* im Vorteil ist.

Das Rencontre-Problem wird auch als *Koinzidenz-Paradoxon* bezeichnet, weil die große Wahrscheinlichkeit von 0.632 für mindestens eine Koinzidenz auf den ersten Blick der Intuition zuwider läuft. Hier zeigt sich nur einer der häufigsten Trugschlüsse über Wahrscheinlichkeiten: Es wird oft übersehen, dass ein vermeintlich unwahrscheinliches Ereignis in Wirklichkeit die *Vereinigung vieler* unwahrscheinlicher Ereignisse darstellt. Wie wir gesehen haben, kann jedoch die Wahrscheinlichkeit dieser Vereinigung recht groß sein! ◀

Bricht man in der Formel des Ein- und Ausschließens die alternierende Summe auf der rechten Seite von (19.19) nach einer ungeraden bzw. geraden Anzahl von Summanden ab, so entstehen obere bzw. untere Schranken für die Wahrscheinlichkeit $\mathbb{P}(\bigcup_{j=1}^{n} A_j)$, die nach dem italienischen Mathematiker Carlo Emilio Bonferroni (1892–1960) benannt sind. Sie spielen unter anderem bei der Herleitung von Grenzwertsätzen eine wichtige Rolle.

Die Bonferroni-Ungleichungen

In der Situation der Formel des Ein- und Ausschließens gelten die Bonferroni-Ungleichungen

$$\mathbb{P}\left(\bigcup_{j=1}^{n} A_j\right) \le \sum_{r=1}^{2k+1} (-1)^{r-1} S_r\,, \quad k = 0, \ldots, \left\lfloor \frac{n-1}{2} \right\rfloor,$$

$$\mathbb{P}\left(\bigcup_{j=1}^{n} A_j\right) \ge \sum_{r=1}^{2k} (-1)^{r-1} S_r\,, \quad k = 1, \ldots, \left\lfloor \frac{n}{2} \right\rfloor.$$

Hierbei bezeichne $\lfloor x \rfloor$ die größte ganze Zahl kleiner oder gleich einer reellen Zahl x.

Beweis: Der Beweis kann analog zum Beweis der Formel des Ein- und Ausschließens mittels vollständiger Induktion erfolgen. Eine andere Möglichkeit besteht darin, nur die aus der σ-Subadditivitätseigenschaft auf Seite 714 folgende erste Bonferroni-Ungleichung

$$\mathbb{P}\left(\bigcup_{j=1}^{n} A_j\right) \le \sum_{j=1}^{n} \mathbb{P}(A_j) = S_1 \qquad (19.24)$$

auszunutzen. Setzen wir hierzu kurz $A := A_1 \cup \ldots \cup A_n$ sowie $B_1 := A_1$, $B_j := A_j A_{j-1}^c \ldots A_1^c$ $(j = 2, \ldots, n)$, so gilt (vgl. den Beweis der Ungleichung g) auf Seite 714)

$$\mathbb{P}(A) = \sum_{j=1}^{n} \mathbb{P}(B_j)\,. \qquad (19.25)$$

Wegen $A_j = B_j + A_j \cap (A_1 \cup \ldots \cup A_{j-1})$ folgt

$$\mathbb{P}(B_j) = \mathbb{P}(A_j) - \mathbb{P}\left(\bigcup_{m=1}^{j-1} A_m \cap A_j\right). \qquad (19.26)$$

Wendet man die Ungleichung (19.24) auf die Ereignisse $A_m \cap A_j$, $m = 1, \ldots, j-1$, an, so ergibt sich

$$\mathbb{P}(B_j) \ \ge\ \mathbb{P}(A_j) - \sum_{m=1}^{j-1} \mathbb{P}(A_m \cap A_j)\,,$$

und Einsetzen dieser Abschätzung in (19.25) liefert die zweite Bonferroni-Ungleichung

$$\begin{aligned} \mathbb{P}(A) \ &\ge\ \sum_{j=1}^{n} \mathbb{P}(A_j) - \sum_{j=1}^{n} \sum_{m=1}^{j-1} \mathbb{P}(A_m \cap A_j) \\ &=\ S_1 - S_2. \end{aligned}$$

Indem man diese auf $\mathbb{P}\left(\bigcup_{m=1}^{j-1} A_m A_j\right)$ in (19.26) anwendet erhält man

$$\begin{aligned} \mathbb{P}(B_j) \ &\le\ \mathbb{P}(A_j) - \sum_{m=1}^{j-1} \mathbb{P}(A_m \cap A_j) \\ &\quad + \sum_{1 \le i < m < j} \mathbb{P}(A_i \cap A_m \cap A_j)\,. \end{aligned}$$

Einsetzen dieser Ungleichung in (19.25) ergibt $\mathbb{P}(A) \le S_1 - S_2 + S_3$ usw. ■

Beispiel Regel von den kleinen Ausnahmewahrscheinlichkeiten

Sind $A_1, \ldots, A_n$ Ereignisse mit

$$\mathbb{P}(A_j) \ge 1 - \varepsilon_j\,, \qquad j = 1, \ldots, n\,,$$

wobei $\varepsilon_1, \ldots, \varepsilon_n > 0$, so folgt

$$\mathbb{P}\left(\bigcap_{j=1}^{n} A_j\right) \ \ge\ 1 - \sum_{j=1}^{n} \varepsilon_j\,. \qquad (19.27)$$

Die Voraussetzung liefert nämlich $\mathbb{P}(A_j^c) \le \varepsilon_j$, und aus der ersten Bonferroni-Ungleichung folgt dann $\mathbb{P}(\cup_{j=1}^{n} A_j^c) \le \sum_{j=1}^{n} \varepsilon_j$. Die auch *Regel von den kleinen Ausnahmewahrscheinlichkeiten* genannte Ungleichung (19.27) ergibt sich jetzt durch Komplementbildung.

Für Anwendungen etwa in der Zuverlässigkeitstheorie ist der Fall bedeutsam, dass $\mathbb{P}(A_1), \ldots, \mathbb{P}(A_n)$ Intakt-Wahrscheinlichkeiten für Bauteile darstellen und somit nahe bei 1 sind. Ist z. B. $\mathbb{P}(A_1) \ge 0.99$ und $\mathbb{P}(A_2) \ge 0.95$, so folgt $\mathbb{P}(A_1 A_2) \ge 0.94$. ◀

19.6 Elemente der Kombinatorik

In diesem Abschnitt stellen wir einige Abzählmethoden zusammen, die für einen sicheren Umgang mit Laplace-Modellen wichtig sind. Bei Bedarf kann hier auch Abschnitt 26.2 aus Band 1 zu Rate gezogen werden.

Erstes Fundamentalprinzip des Zählens

Zwei endliche Mengen M und N sind genau dann gleichmächtig, wenn eine Bijektion $f\colon M \to N$ existiert.

Dieses Abzählprinzip bedeutet insbesondere, dass die Menge $M := \{1, 2, \ldots, k\}$ in dem Sinne *Prototyp* einer k-elementigen Menge ist, als jede k-elementige Menge bijektiv auf M abgebildet werden kann.

Zweites Fundamentalprinzip des Zählens

Es seien $M_1, \ldots, M_k$ endliche Mengen und $j_1, \ldots, j_k$ natürliche Zahlen mit $j_s \leq |M_s|$ für $s = 1, \ldots, k$. Durch sukzessive Festlegung der Komponenten von links nach rechts sollen k-Tupel

$$(a_1, a_2, \ldots, a_k) \quad \text{mit } a_s \in M_s \text{ für } s = 1, \ldots, k$$

gebildet werden. Stehen für die s-te Komponente a_s des Tupels j_s verschiedene Elemente aus M_s zur Verfügung, so ist die Anzahl aller nach dieser Vorschrift konstruierbaren k-Tupel das Produkt

$$j_1 \cdot j_2 \cdot \ldots \cdot j_k \,.$$

Nach diesem oft auch **Multiplikationsregel** genannten zweiten Zählprinzip gibt es

$$49 \cdot 48 \cdot 47 \cdot 46 \cdot 45 \cdot 44 = 10\,068\,347\,520$$

Möglichkeiten für die Notierung der Ergebnisse beim Lotto 6 aus 49 *in zeitlicher Reihenfolge*, denn zur Ziehung der s-ten Gewinnzahl stehen unabhängig von den schon gezogenen Zahlen noch $49 - (s - 1)$ Zahlen in der Ziehungstrommel zur Verfügung.

Achtung: Wie die Ziehungen der Lottozahlen zeigen, darf allgemein für jedes $s \geq 2$ die Teilmenge $M_s^* \subseteq M_s$ der zur Besetzung der s-ten Komponente erlaubten Elemente von den bereits gewählten Komponenten $a_1, \ldots, a_{s-1}$ abhängen, nicht jedoch deren Mächtigkeit $|M_s^*| = j_s$ $(s = 1, \ldots, k)$. Gibt es also j_1 Möglichkeiten für die Wahl von a_1, danach (unabhängig von a_1) j_2 Möglichkeiten für die Wahl von a_2, danach (unabhängig von der Wahl von a_2) j_3 Möglichkeiten für die Wahl von a_3 usw. so gibt es insgesamt $j_1 \cdot j_2 \cdot \ldots \cdot j_k$ verschiedene Tupel. Insbesondere folgt, dass die Mächtigkeit des kartesischen Produkts $\times_{j=1}^{k} M_j$ durch das Produkt $|M_1| \cdot \ldots \cdot |M_k|$ gegeben ist.

Man beachte, dass die Besetzung der k Plätze des Tupels unter Umständen in einer *beliebigen anderen Reihenfolge*, also z. B. zuerst Wahl von a_4, dann Wahl von a_2, dann Wahl von a_5 usw., vorgenommen werden kann. Gibt es z. B. j_4 Möglichkeiten für die Wahl von a_4, dann j_2 Möglichkeiten für die Wahl von a_2, dann j_5 Möglichkeiten für die Wahl von a_5 usw., so lassen sich ebenfalls insgesamt $j_1 \cdot j_2 \cdot \ldots \cdot j_k$ Tupel bilden.

Da Tupel ein schlagkräftiges Darstellungsmittel vieler stochastischer Vorgänge sind, verwundert es nicht, dass es hierfür eine eigene Terminologie gibt.

k-Permutationen

Ist M eine n-elementige Menge, so nennt man die Elemente (Tupel) $(a_1, \ldots, a_k)$ des kartesischen Produkts

$$M^k = \{(a_1, \ldots, a_k) \colon a_j \in M \text{ für } j = 1, \ldots, k\}$$

k-Permutationen aus M mit Wiederholung.

Gilt im Fall $k \leq n$ speziell $a_i \neq a_j$ für jede Wahl von i, j mit $1 \leq i \neq j \leq k$, so heißt $(a_1, \ldots, a_k)$ eine **k-Permutation aus M ohne Wiederholung**. Die n-Permutationen aus M ohne Wiederholung heißen kurz **Permutationen von M**. Wir schreiben

$$P_k^n(mW) := M^k,$$
$$P_k^n(oW) := \{(a_1, \ldots, a_k) \in M^k \colon a_i \neq a_j \; \forall i \neq j\}$$

für die Menge der k-Permutationen aus M mit bzw. ohne Wiederholung.

Kommentar: Wir haben die Menge M in der Notation für k-Permutationen unterdrückt, da es nach dem ersten Fundamentalprinzip des Zählens für Anzahlbestimmungen nicht auf deren genaue Gestalt, sondern nur auf die Anzahl der Elemente von M ankommt. Zudem werden wir im Weiteren meist $M = \{1, 2, \ldots, n\}$ wählen und dann auch von *k-Permutationen (mit* bzw. *ohne Wiederholung) der Zahlen* $1, 2, \ldots, n$ sprechen. Man beachte, dass die Menge $P_n^n(oW)$ aller Permutationen von $1, 2, \ldots, n$ aus der Linearen Algebra als *symmetrische Gruppe* bekannt ist (siehe z. B. Band 1, Abschnitt 3.1).

Im Sinne dieser Terminologie stellen also die Ziehungen der Lottozahlen in zeitlicher Reihenfolge 6-Permutationen aus $\{1, 2, \ldots, 49\}$ ohne Wiederholung dar, und Zahlenschloss-Kombinationen oder die Ergebnisse der Elferwette beim deutschen Fußballtoto sind offenbar Permutationen mit Wiederholung.

Aus dem zweiten Fundamentalprinzip des Zählens ergibt sich unmittelbar folgendes Resultat.

Anzahlformeln für Permutationen

Es gelten:

a) $|P_k^n(mW)| = n^k$,

b) $|P_k^n(oW)| = n \cdot (n-1) \cdot (n-2) \cdot \ldots \cdot (n-k+1)$

Kommentar: Da Produkte vom obigen Typ mit absteigenden Faktoren (sog. **fallende Faktorielle**) häufiger auftreten, hat sich hierfür die Schreibweise

$$(x)_k := x \cdot (x-1) \cdot \ldots \cdot (x-k+1), \quad x \in \mathbb{R}, k \in \mathbb{N} \quad (19.28)$$

(lies: „x tief k") eingebürgert. Diese ergänzt man noch um die Festsetzung $(x)_0 := 1$.

Beispiel Sind M_1 eine k-elementige und M_2 eine n-elementige Menge, so gibt es n^k verschiedene Abbildungen $f \colon M_1 \to M_2$. Im Fall $k \leq n$ gibt es

$$(n)_k = n(n-1)(n-2) \cdot \ldots \cdot (n-k+1)$$

injektive Abbildungen von M_1 nach M_2. ◄

Kombinationen sind der Größe nach sortierte Permutationen

Auch die im Folgenden zu besprechenden *k-Kombinationen* sind spezielle k-Permutationen.

k-Kombinationen

Es sei M eine n-elementige, durch eine Relation „$\le$" vollständig geordnete Menge.

Jede k-Permutation $(a_1, \ldots, a_k)$ aus M mit $a_1 \le \ldots \le a_k$ heißt **k-Kombination aus M mit Wiederholung**. Jede k-Permutation $(a_1, \ldots, a_k)$ aus M mit $a_1 < \ldots < a_k$ heißt **k-Kombination aus M ohne Wiederholung**. Hierbei ist wie üblich $\boldsymbol{a < b :\Leftrightarrow a \le b}$ und $\boldsymbol{a \ne b}$. Wir schreiben

$$\begin{aligned} K_k^n(mW) &:= \{(a_1, \ldots, a_k) \in M^k : a_1 \le \ldots \le a_k\} \\ K_k^n(oW) &:= \{(a_1, \ldots, a_k) \in M^k : a_1 < \ldots < a_k\} \end{aligned}$$

für die Menge der k-Kombinationen aus M mit bzw. ohne Wiederholung.

Dass M vollständig geordnet sein soll, bedeutet keinerlei Einschränkung, da M bijektiv auf die Menge $\{1, 2, \ldots, n\}$ abgebildet werden kann und letztere Menge durch die natürliche Kleiner-gleich-Relation vollständig geordnet ist. Man beachte, dass k-Kombinationen ohne Wiederholung nur im Fall $k \le n$ möglich sind.

Beispiel Werden die 6 Gewinnzahlen beim Lotto 6 aus 49 in den Nachrichten mitgeteilt, so fehlt die Information über den Ziehungsverlauf in zeitlicher Reihenfolge. Das Ziehungsergebnis ist dann eine 6-Kombination der Zahlen $1, 2, \ldots, 49$ ohne Wiederholung. ◀

Wie bei Permutationen kann auch für die Bestimmung der Anzahl von Kombinationen o.B.d.A. der Fall $M = \{1, 2, \ldots, n\}$ angenommen werden. Offenbar werden beim Übergang von $P_k^n(oW)$ zu $K_k^n(oW)$ alle Tupel miteinander identifiziert, deren Komponenten durch eine Permutation auseinander hervorgehen. Formal bedeutet diese Identifizierung, dass $K_k^n(oW)$ mit der *Quotienten-Struktur* $P_k^n(oW)/\sim$ gleichgesetzt werden kann. Dabei ist die Äquivalenzrelation $\sim$ auf $P_k^n(oW)$ durch

$$\begin{aligned} &(a_1, \ldots, a_k) \sim (b_1, \ldots, b_k) : \\ &\quad\Longleftrightarrow \{a_1, \ldots, a_k\} = \{b_1, \ldots, b_k\} \end{aligned}$$

gegeben.

Anzahlformeln für Kombinationen

Es gelten:

a) $|K_k^n(mW)| = \binom{n+k-1}{k}$,

b) $|K_k^n(oW)| = \binom{n}{k} \qquad (k \le n)$.

Beweis: Wir überlegen uns zunächst die Gültigkeit der zweiten Aussage. Aufgrund der oben angesprochenen Identifizierung $K_k^n(oW) \cong P_k^n(oW)/\sim$ und der Tatsache, dass jede Äquivalenzklasse $k!$ Elemente enthält, folgt mit der Anzahlformel b) für Permutationen

$$\begin{aligned} \left|K_k^n(oW)\right| &= \frac{1}{k!} \cdot \left|P_k^n(oW)\right| \\ &= \frac{n(n-1)\cdot \ldots \cdot (n-k+1)}{k!} = \binom{n}{k}, \end{aligned}$$

was zu zeigen war. Ein anderer Beweis verwendet eine Anfangsbedingung sowie eine Rekursionsformel. Zunächst erhält man offenbar für jedes $n \in \mathbb{N}$

$$|K_1^n(oW)| = n\,, \qquad |K_n^n(oW)| = 1\,. \qquad (19.29)$$

Weiter gilt für jedes $n \ge 2$ und jedes k mit $2 \le k \le n$ die Rekursionsformel

$$|K_k^{n+1}(oW)| = |K_k^n(oW)| + |K_{k-1}^n(oW)|\,.$$

Diese ergibt sich, wenn man die k-Kombinationen $(a_1, \ldots, a_k)$ aus $K_k^{n+1}(oW)$ danach klassifiziert, ob $a_k \le n$ oder $a_k = n + 1$ gilt.

Da die *Binomialkoeffizienten*

$$\binom{n}{k} = \frac{n!}{k! \cdot (n-k)!}\,, \qquad 0! := 1\,, \quad \binom{n}{k} := 0 \text{ für } n < k\,,$$

wegen $n = \binom{n}{1}$ und $1 = \binom{n}{n}$ die gleichen Anfangsbedingungen (19.29) und die gleiche Rekursionsformel, nämlich

$$\binom{n+1}{k} = \binom{n}{k} + \binom{n}{k-1}, \qquad 1 \le k \le n\,, \quad (19.30)$$

erfüllen, ist b) auf anderem Wege bewiesen.

Für den Nachweis von a) verwenden wir die soeben bewiesene Aussage und ordnen jeder Kombination $a := (a_1, a_2, \ldots, a_k)$ aus $K_k^n(mW)$, also $1 \le a_1 \le a_2 \le \ldots \le a_k \le n$, mithilfe der die Komponenten von a „auseinanderziehenden" Abbildung

$$b_j := a_j + j - 1\,, \qquad j = 1, \ldots, k\,,$$

ein $b := (b_1, b_2, \ldots, b_k) \in K_k^{n+k-1}(oW)$ zu, denn es gilt

$$1 \le b_1 < b_2 < \ldots < b_k \le n + k - 1\,.$$

Da diese Zuordnung zwischen $K_k^n(mW)$ und $K_k^{n+k-1}(oW)$ bijektiv ist (die Umkehrabbildung ist $a_j := b_j - j + 1,\ j = 1, \ldots, k$), folgt wie behauptet

$$|K_k^n(mW)| = |K_k^{n+k-1}(oW)| = \binom{n+k-1}{k}.$$

Kommentar: Der Binomialkoeffizient $\binom{n}{k}$ gibt die Anzahl der Möglichkeiten an, aus n Objekten k auszuwählen, also k-elementige Teilmengen einer n-elementigen Menge zu bilden. Dabei ist der Fall $k = 0$ der leeren Menge mit eingeschlossen. Die Bedingungen $n = \binom{n}{1}$ und $1 = \binom{n}{n}$ sind zusammen mit $\binom{n}{0} := 1$ $(n \in \mathbb{N}_0)$ und der Rekursionsformel (19.30) das Bildungsgesetz des Pascal'schen Dreiecks

Unter der Lupe: Stimmzettelproblem und Spiegelungsprinzip

Zahlreiche stochastische Fragestellungen führen auf das Problem, die Anzahl gewisser Wege im ebenen ganzzahligen Gitter zu bestimmen. Ein solcher Weg ist ein Polygonzug, der nur Auf- oder Abwärtsschritte der Länge 1 aufweist, also einen Punkt (m, n) mit einem der Punkte $(m+1, n+1)$ oder $(m+1, n-1)$ verbindet. In diesem Zusammenhang wird die Abszisse als Achse gedeutet, auf der die in Einheitsschritten fortschreitende Zeit gemessen wird.

Als Beispiel betrachten wir das folgende klassische *Stimmzettel-Problem*: Zwischen zwei Kandidaten A und B habe eine Wahl stattgefunden. Da bei der Stimmauszählung ein Stimmzettel nach dem anderen registriert wird, ist stets bekannt, welcher Kandidat gerade in Führung liegt. Am Ende zeigt sich, dass A gewonnen hat, und zwar mit a Stimmen gegenüber b Stimmen für B. Wie groß ist die Wahrscheinlichkeit des mit C bezeichneten Ereignisses, dass Kandidat A während der gesamten Stimmauszählung führte?

Wir ordnen den Auszählungsverläufen Wege zu, indem wir die Stimmen für A bzw. B als Aufwärts- bzw. Abwärtsschritt notieren. Jeder Auszählungsverlauf ist dann ein von $(0, 0)$ nach $(a+b, a-b)$ führender Weg wie in der nachstehenden Abbildung.

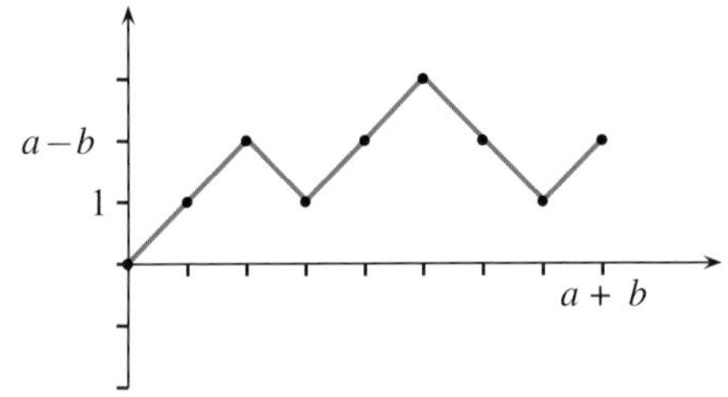

Da jeder Weg von $(0, 0)$ nach $(a+b, a-b)$ dadurch bestimmt ist, dass man von insgesamt $a+b$ Zeitschritten a für die Aufwärtsschritte festlegt, gibt es nach der Anzahlformel b) für Kombinationen $\binom{a+b}{a}$ solche Wege, die wir als gleich wahrscheinlich annehmen.

Die für das Eintreten des Ereignisses C günstigen Wege verlaufen wie derjenige in obiger Abbildung strikt oberhalb der x-Achse. Die für C *ungünstigen* Wege gehen entweder im ersten Schritt nach unten, führen also von $(1, -1)$ nach $(a+b, a-b)$, oder sie starten mit einem Aufwärtsschritt und treffen danach irgendwann die x-Achse. Von der ersten Sorte gibt es wiederum nach der Anzahlformel für Kombinationen $\binom{a+b-1}{b-1}$ Stück, und letztere Menge von Wegen zählen wir mit einem gemeinhin Désiré André (1840–1918) zugeschriebenen und in der nachfolgenden Abbildung illustrierten *Spiegelungsprinzip* ab.

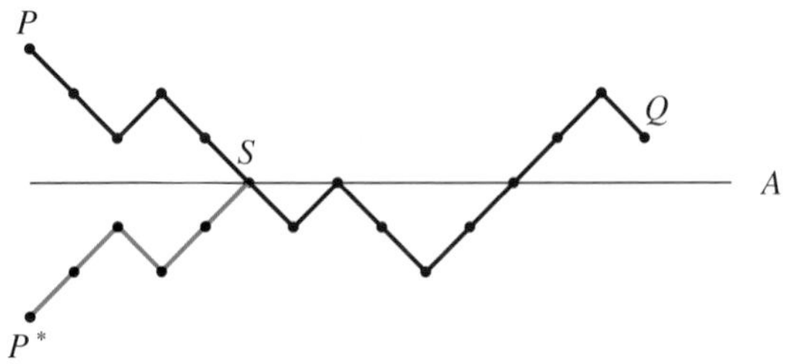

Dieses Prinzip besagt, dass es genauso viele Wege vom Punkt P zum Punkt Q gibt, die die Achse A treffen, wie es Wege von P^* nach Q gibt. Liegt nämlich ein Weg von P nach Q vor, der die Achse A trifft, so entsteht durch Spiegelung des Teilweges bis zum *erstmaligen* – im Bild mit S bezeichneten – Treffpunkt an A ein Weg, der von P^* nach Q verläuft. Umgekehrt besitzt jeder von P^* nach Q verlaufende Weg einen *ersten Treffpunkt mit* A. Spiegelt man diesen von P^* nach S führenden Teilweg an A und belässt den zweiten Teilweg unverändert, so entsteht der von P nach Q verlaufende Ausgangsweg. Diese Zuordnung von Wegen, die von P nach Q verlaufen und die Achse A mindestens einmal treffen, zu Wegen von P^* nach Q ist offenbar bijektiv.

Nach diesem Spiegelungsprinzip ist die gesuchte Anzahl von Wegen, die von $(1, 1)$ nach $(a+b, a-b)$ führen und die x-Achse treffen, gleich der Anzahl der Wege von $(-1, 1)$ nach $(a+b, a-b)$. Letztere Anzahl wurde schon als $\binom{a+b-1}{b-1}$ erkannt. Insgesamt ergibt sich, dass Kandidat A mit der Wahrscheinlichkeit

$$\mathbb{P}(C) = 1 - 2 \cdot \frac{\binom{a+b-1}{b-1}}{\binom{a+b}{a}} = \frac{a-b}{a+b}$$

während der gesamten Stimmauszählung führt.

$$\begin{array}{ccccccccccccccc}
&&&&&&&1&&&&&&& \\
&&&&&&1&&1&&&&&& \\
&&&&&1&&2&&1&&&&& \\
&&&&1&&3&&3&&1&&&& \\
&&&1&&4&&6&&4&&1&&& \\
&&1&&5&&10&&10&&5&&1&& \\
&1&&6&&15&&20&&15&&6&&1& \\
1&&7&&21&&35&&35&&21&&7&&1 \\
\vdots&&\vdots&&\vdots&&\vdots&&\vdots&&\vdots&&\vdots&&\vdots
\end{array}$$

Hier steht $\binom{n}{k}$ an der $(k+1)$-ten Stelle der $(n+1)$-ten Zeile.

?

Können Sie die binomische Formel

$$(x+y)^n = \sum_{k=0}^{n} \binom{n}{k} \cdot x^k \cdot y^{n-k} \qquad (19.31)$$

begrifflich (ohne Induktionsbeweis) herleiten?

Unter der Lupe: Historische Kontroversen über Gleichwahrscheinlichkeit

In der Geschichte der Wahrscheinlichkeitstheorie hat es diverse intensive Diskussionen über Fragen der Gleichwahrscheinlichkeit gegeben. Nachstehend geben wir einige Kostproben.

1. D'Alembert's *Croix ou Pile?*
In einem provokanten Beitrag mit dem Titel *Croix ou Pile?* in der *Encyclopédie* aus dem Jahre 1754 stellte der Mathematiker Jean-Baptiste le Rond d'Alembert (1717–1783) die gängige Meinung zur Diskussion, beim zweimaligen Werfen einer echten Münze sei die Wahrscheinlichkeit des Ereignisses A, dass mindestens einmal *Zahl* auftritt, gleich $3/4$. Er argumentierte, dass es nur drei relevante, zu unterscheidende Möglichkeiten gebe, nämlich *Zahl* im ersten Wurf (dann könne man aufhören) oder *Kopf* im ersten und *Zahl* im zweiten Wurf oder aber in beiden Würfen *Kopf*. Da in den beiden ersten Fällen das Ereignis A eintritt, sei die Wahrscheinlichkeit gleich $2/3$.

Laplace kritisierte diesen Standpunkt, der die Gleichwahrscheinlichkeit der drei Fälle *Zahl*, *Kopf Zahl* und *Kopf Kopf* unterstellt. Tatsächlich müsse man den Fall, dass im ersten Wurf *Kopf* auftritt, in die gleich wahrscheinlichen Fälle *Zahl Kopf* und *Zahl Zahl* aufspalten, was zur Lösung 3/4 führe. Die gleiche Lösung erhält man für den Fall, dass man zwei nicht unterscheidbare Münzen gleichzeitig wirft. Durch gedankliche Färbung der Münzen erkennt man vier unterscheidbare gleich wahrscheinliche Fälle.

2. Das Teilungsproblem von Luca Pacioli (1494)
Bei dem vom Franziskanermönch Luca Pacioli (ca. 1445–1517) im Jahr 1494 formulierten *Teilungsproblem* geht es darum, einen Spieleinsatz bei vorzeitigem Spielabbruch „gerecht" aufzuteilen. Angenommen, zwei Spieler (A) und (B) setzen je 10 € ein und spielen wiederholt ein faires Spiel, bei dem beide die gleiche Gewinnchance haben. Wer zuerst sechs Runden gewonnen hat, erhält den Gesamteinsatz von 20 €. Wegen widriger Umstände muss das Spiel zu einem Zeitpunkt abgebrochen werden, bis zu dem A fünf Runden und B drei Runden gewonnen hat.

Pacioli schlug hier eine Aufteilung des Einsatzes im Verhältnis des Spielstandes, also von $5 : 3$ vor, was 12.50 € für A und 7.50 € für B bedeuten würde. Gerolamo Cardano (1501–1576) meinte, es käme vielmehr auf die Anzahl der zum Sieg noch fehlenden Spiele an, was zu einer Aufteilung von $3 : 1$ und somit zu 15 € für A und 5 € für B führen würde. Nicolo Tartaglia (1499–1557) empfand den Vorschlag von Pacioli als ungerecht, weil B für den Fall, dass er noch kein Spiel gewonnen hat, gar nichts erhalten würde. Den Mathematikern Pierre de Fermat (1601–1665) und Blaise Pascal (1623–1663) gelang im Jahre 1654 unabhängig voneinander die Lösung des Teilungsproblems, indem sie die vier (selbsterklärenden) fiktiven Spielfortsetzungen

$$A, \qquad BA, \qquad BBA, \qquad BBB$$

betrachteten. Dabei gewinnt A in den ersten drei Fällen und B nur im letzten. Müsste A also $3/4$ des Einsatzes (= 15 €) erhalten? Das wäre richtig, wenn diese Spielverläufe gleich wahrscheinlich wären. Offenbar ist aber die Wahrscheinlichkeit des Spielverlaufs A gleich $1/2$, von BA gleich $1/4$ und von BBA gleich $1/8$, sodass A mit der Wahrscheinlichkeit $7/8$ $(= 1/2 + 1/4 + 1/8)$ gewinnt und somit – entsprechend den einzelnen Gewinnwahrscheinlichkeiten bei fiktiver Spielfortsetzung – $7/8$ (= 17.50 €) des Einsatzes erhalten müsste.

3. Leibniz' Irrtum beim Würfelwurf
Werden zwei nichtunterscheidbare Würfel gleichzeitig geworfen, so kann man 21 Fälle unterscheiden, die durch den auf Seite 702 vorgestellten Grundraum, also die Menge $K_2^6(mW)$ gegeben sind. Wer glaubt, hier mit einem Laplace-Modell arbeiten zu können, unterliegt dem gleichen Trugschluss wie Gottfried Wilhelm von Leibniz (1646–1716), einem der letzten Universalgelehrten. Leibniz glaubte nämlich, dass beim Werfen mit zwei Würfeln die Augensummen 11 und 12 gleich wahrscheinlich seien. Auch Leibniz' Irrtum wird sofort deutlich, wenn wir die Würfel (etwa durch Färbung) unterscheidbar machen. Eine farbenblinde Person kann die Würfel nicht unterscheiden, eine nicht farbenblinde Person ist jedoch in der Situation des Beispiels auf Seite 713, wo die Verteilung der Augensumme unter Annahme eines Laplace-Modells auf der 36-elementigen Menge $\{1, 2, 3, 4, 5, 6\}^2$ hergeleitet wurde.

Wie schwierig das Erkennen der Gleichwahrscheinlichkeit war (und ist), zeigt auch ein Problem im Zusammenhang mit dem Werfen dreier Würfel. So beobachteten Glücksspieler, dass die Augensumme 10 häufiger auftrat als die Augensumme 9, obwohl doch 10 durch die „Kombinationen" $(1, 3, 6)$, $(1, 4, 5)$, $(2, 2, 6)$, $(2, 3, 5)$, $(2, 4, 4)$ und $(3, 3, 4)$ und 9 durch genauso viele Kombinationen, nämlich $(1, 2, 6)$, $(1, 3, 5)$, $(1, 4, 4)$, $(2, 2, 5)$, $(2, 3, 4)$ und $(3, 3, 3)$ erzeugt würde. Galileo Galilei (1564–1642) klärte diesen Widerspruch auf, indem er zeigte, dass die Kombinationen nicht gleich wahrscheinlich sind, also (analog zum Fall zweier Würfel) nicht mit der Gleichverteilung auf der Menge $K_3^6(mW)$ gearbeitet werden kann. Ein Stabdiagramm der Verteilung der Augensumme beim dreifachen Würfelwurf, die von der korrekten Gleichverteilung auf der Menge $P_3^6(mW) = \{1, 2, 3, 4, 5, 6\}^3$ ausgeht, zeigt Abb. 19.5.

Beispiel Beim Skatspiel werden 32 Karten an drei Spieler A, B, C verteilt, wobei jeder Spieler 10 Karten erhält. Zwei Karten werden verdeckt als sog. *Skat* auf den Tisch gelegt. Wie viele verschiedene Kartenverteilungen gibt es?

Da es nur darauf ankommt, welche *Teilmengen aller Karten* die drei Spieler erhalten und die Karten im *Skat* dann feststehen, ist die Menge aller Kartenverteilungen durch

$$\Omega := \{(A, B, C) \colon A + B + C \subseteq K, |A| = |B| = |C| = 10\}$$

gegeben. Dabei bezeichnen K die Menge aller 32 Karten und A, B und C die Menge der Karten für die Spieler A, B und C. Um die Anzahl der möglichen Tripel (A, B, C) zu bestimmen, verwenden wir die Multiplikationsregel sowie die Anzahlformel b) für Kombinationen. Für die erste Stelle im Tripel (A, B, C) gibt es $\binom{32}{10}$ Möglichkeiten, dann – unabhängig von der speziellen Teilmenge $A \subseteq K$ der an Spieler A verteilten Karten – $\binom{22}{10}$ Möglichkeiten für die Menge B der an Spieler B verteilten Karten und schließlich – unabhängig von den 22 bislang verteilten Karten – $\binom{12}{10}$ Möglichkeiten, 10 Karten an Spieler C zu verteilen. Insgesamt gibt es also

$$|\Omega| = \binom{32}{10} \cdot \binom{22}{10} \cdot \binom{12}{10} = \frac{32!}{10!^3 \cdot 2!}$$

und damit etwa $2.75 \cdot 10^{15}$ Kartenverteilungen. ◀

Beispiel Multinomialkoeffizient, multinomialer Lehrsatz

Die im obigen Beispiel behandelte Fragestellung lässt sich wie folgt direkt verallgemeinern: Seien M eine n-elementige Menge sowie $k_1, \ldots, k_s \in \mathbb{N}_0$ mit $k_1 + \ldots + k_s = n$. Auf wie viele Weisen lässt sich M in paarweise disjunkte Teilmengen $M_1, \ldots, M_s$ der Mächtigkeiten $k_1, \ldots, k_s$ aufteilen? Wie viele derartige k-Tupel $(M_1, \ldots, M_s)$ lassen sich bilden?

Die Lösung verwendet wie oben das zweite Fundamentalprinzip des Zählens sowie die Anzahlformel für Kombinationen ohne Wiederholung. Für die erste Stelle des Tupels gibt es $\binom{n}{k_1}$ Möglichkeiten, eine k_1-elementige Teilmenge von M zu bilden. Bei fester Wahl von M_1 bleiben für die Wahl von M_2 noch $\binom{n-k_1}{k_2}$ k_2-elementige Teilmengen aus $M \setminus M_1$ übrig, für die Wahl von M_3 dann noch $\binom{n-k_1-k_2}{k_3}$ k_3-elementige Teilmengen aus $M \setminus (M_1 \cup M_2)$ usw. Die gesuchte Anzahl ist somit das Produkt

$$\binom{n}{k_1}\binom{n-k_1}{k_2}\binom{n-k_1-k_2}{k_3}\cdots\binom{n-k_1-\ldots-k_{s-1}}{k_s}.$$

Drückt man hier jeden der Binomialkoeffizienten gemäß $\binom{m}{l} = m!/(l!(m-l)!)$ mithilfe von Fakultäten aus, so entsteht nach Kürzen der durch

$$\binom{n}{k_1, \ldots, k_s} := \frac{n!}{k_1! \cdot \ldots \cdot k_s!} \qquad (19.32)$$

definierte **Multinomialkoeffizient**.

Diese Herleitung ermöglicht einen einfachen begrifflichen Beweis des **multinomialen Lehrsatzes**

$$(x_1 + \cdots + x_s)^n = \sum_{(k_1,\ldots,k_s)} \binom{n}{k_1, \ldots, k_s} x_1^{k_1} \ldots x_s^{k_s} \qquad (19.33)$$

($n \geq 0$, $s \geq 2$, $x_1, \ldots, x_s \in \mathbb{R}$) als Verallgemeinerung der binomischen Formel (19.31). Die obige Summe erstreckt sich dabei über alle s-Tupel $(k_1, \ldots, k_s) \in \mathbb{N}_0^s$ mit $k_1 + \cdots + k_s = n$. Wie die binomische Formel folgt (19.33), indem man die linke Seite als Produkt n gleicher Faktoren („Klammern") $(x_1 + \cdots + x_s)$ ausschreibt. Beim Ausmultiplizieren entsteht das Produkt $x_1^{k_1} \ldots x_s^{k_s}$ immer dann, wenn aus k_r der Klammern x_r ausgewählt wird ($r = 1, \ldots, s$). Die Zahl der Möglichkeiten hierfür ist der in (19.32) stehende Multinomialkoeffizient. ◀

?

Warum gilt in der Situation des Beispiels auf Seite 725 $\mathbb{P}(A_j) = r/(r+s)$ für $j = 1, \ldots, n$?

19.7 Urnen- und Fächer-Modelle

Viele stochastische Vorgänge lassen sich mithilfe von *Urnen-* oder *Fächer-Modellen* beschreiben. Eine solche zugleich anschauliche und abstrakte Beschreibung lässt alle unwesentlichen Aspekte einer konkreten Fragestellung wegfallen. So kann etwa die Klassifikation eines Verkehrsunfalls nach dem Wochentag als Ziehen einer von sieben Kugeln, aber auch als Verteilen eines Teilchens in eines von sieben Fächern angesehen werden. In gleicher Weise ist die Feststellung des Geburtstages einer Person begrifflich gleichbedeutend damit, eine von 365 Kugeln zu ziehen oder ein Teilchen in eines von 365 Fächern zu legen. Dabei haben wir von Schaltjahren abgesehen. Wir beginnen zunächst mit Urnenmodellen.

In einer *Urne* liegen gleichartige von 1 bis n nummerierte Kugeln. Wir betrachten vier Möglichkeiten, k Kugeln aus dieser Urne zu ziehen. Diese unterscheiden sich danach, ob die Reihenfolge der gezogenen Kugeln beachtet wird oder nicht und ob das Ziehen mit oder ohne Zurücklegen erfolgt.

(U1) Beachtung der Reihenfolge mit Zurücklegen

Nach jedem Zug wird die Nummer der gezogenen Kugel notiert und diese Kugel wieder zurückgelegt. Bezeichnet a_j die Nummer der j-ten gezogenen Kugel, so ist die Menge

$$P_k^n(mW) = \{a_1, \ldots, a_k) \colon 1 \leq a_j \leq n \text{ für } j = 1, \ldots, k\}$$

der k-Permutationen aus $1, 2, \ldots, n$ mit Wiederholung ein geeigneter Grundraum für dieses Experiment.

(U2) Beachtung der Reihenfolge ohne Zurücklegen

Erfolgt das Ziehen mit Notieren wie oben, jedoch ohne Zurücklegender jeweils gezogenen Kugel, so ist (mit der Be-

Beispiel: Die hypergeometrische Verteilung

In einer Urne liegen r rote und s schwarze Kugeln, die wir z. B. als defekte bzw. intakte Exemplare einer Warenlieferung deuten können. Es werden rein zufällig (ohne Zurücklegen) n Kugeln entnommen. Mit welcher Wahrscheinlichkeit enthält diese Stichprobe genau k rote Kugeln?

Problemanalyse und Strategie: Eine unter mehreren Möglichkeiten, diese Situation zu modellieren, besteht darin, die Kugeln gedanklich von 1 bis $r+s$ durchzunummerieren, wobei $R=\{1,\ldots,r\}$ bzw. $S=\{r+1,\ldots,r+s\}$ die Mengen der Zahlen der roten bzw. schwarzen Kugeln bezeichnen. Ein natürlicher Grundraum für dieses Experiment ist dann $\Omega := P_n^{r+s}(oW) = \{(a_1,\ldots,a_n) \in \{1,\ldots,r+s\}^n : a_i \neq a_j \forall i \neq j\}$ mit der Deutung von a_j als Nummer der j-ten gezogenen Kugel. Als Wahrscheinlichkeitsmaß $\mathbb{P}$ wählen wir die Gleichverteilung auf Ω.

Lösung:
Nach Definition der Menge R beschreibt

$$A_j := \{(a_1,\ldots,a_n) \in \Omega : a_j \in R\} \qquad (19.34)$$

das Ereignis, dass die j-te gezogene Kugel rot ist, sowie

$$X := \mathbf{1}\{A_1\} + \ldots + \mathbf{1}\{A_n\}$$

die Anzahl der gezogenen roten Kugeln. Die für das Ereignis $\{X=k\}$ günstigen n-Tupel $(a_1,\ldots,a_n)$ haben an k Stellen eine Zahl aus der Menge R und an $n-k$ Stellen eine Zahl aus der Menge S. Um diese Tupel abzuzählen, wählen wir zuerst diejenigen k Stellen aus, die für die a_j aus R vorgesehen sind, wofür es $\binom{n}{k}$ Fälle gibt. Dann belegen wir diese k Stellen von links nach rechts mit verschiedenen Zahlen aus R. Hierfür existieren nach der Multiplikationsregel $(r)_k$ Möglichkeiten. Schließlich belegen wir die noch freien $n-k$ Plätze von links nach rechts mit verschiedenen Zahlen aus S, wofür es $(s)_{n-k}$ Möglichkeiten gibt. Wegen $|\Omega| = (r+s)_n$ liefert die Laplace-Annahme

$$\mathbb{P}(X=k) = \binom{n}{k} \cdot \frac{(r)_k \cdot (s)_{n-k}}{(r+s)_n} \qquad (19.35)$$

und somit unter Beachtung von $(m)_j = m!/(m-j)!$

$$\mathbb{P}(X=k) = \frac{\binom{r}{k} \cdot \binom{s}{n-k}}{\binom{r+s}{n}}, \quad 0 \le k \le n. \qquad (19.36)$$

Dabei haben wir die Festlegung $\binom{m}{j} := 0$ für $m < j$ getroffen.

Die durch obiges System von Wahrscheinlichkeiten definierte Verteilung von X heißt **hypergeometrische Verteilung mit Parametern** n, r und s, und wir schreiben hierfür kurz

$$X \sim \mathrm{Hyp}(n,r,s).$$

Die nachstehende Abbildung zeigt Stabdiagramme von hypergeometrischen Verteilungen. Im linken Bild gilt $r=s$, was wegen $\binom{r}{k} = \binom{r}{n-k}$ nach (19.36) die Symmetrie des Stabdiagramms zur Folge hat.

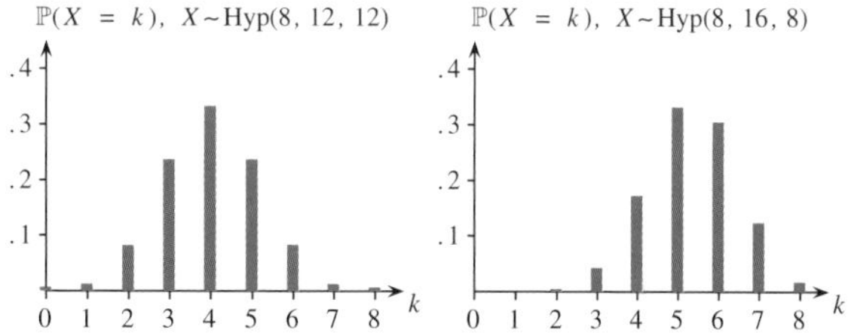

Stabdiagramme von hypergeometrischen Verteilungen

Man mache sich klar, dass die in (19.34) definierten Ereignisse unabhängig von j die gleiche Wahrscheinlichkeit $\mathbb{P}(A_j) = r/(r+s)$ besitzen.

deutung von a_j wie oben) die Menge

$$P_k^n(oW) = \{(a_1,\ldots,a_k) \in P_k^n(mW) : a_i \neq a_j \forall\, i \neq j\}$$

der k-Permutationen aus $1,2,\ldots,n$ ohne Wiederholung ein angemessener Ergebnisraum (siehe Abbildung 19.10). Natürlich ist hierbei $k \le n$ vorausgesetzt.

(U3) Reihenfolge irrelevant, mit Zurücklegen
Wird mit Zurücklegen gezogen, aber am Ende aller Ziehungen nur mitgeteilt, *wie oft* jede einzelne Kugel gezogen wurde, so bietet sich als Grundraum die Menge

$$K_k^n(mW) = \{(a_1,\ldots,a_k) \in P_k^n(mW) : a_1 \le \ldots \le a_k\}$$

der k-Kombinationen aus $1,2,\ldots,n$ mit Wiederholung an. In diesem Fall gibt a_j die j-kleinste der Nummern der gezogenen Kugeln an, wobei Mehrfachnennungen möglich sind.

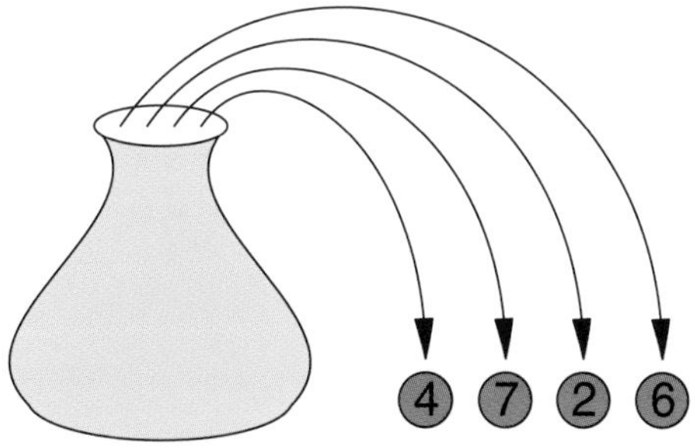

Abbildung 19.10 Ziehen ohne Zurücklegen unter Beachtung der Reihenfolge.

Beispiel: Die Binomialverteilung

Im Unterschied zu Seite 725 betrachten wir jetzt das n-malige rein zufällige Ziehen *mit Zurücklegen* aus einer Urne mit r roten und s schwarzen Kugeln. Nach jedem Zug legt man also die gezogene Kugel in die Urne zurück und mischt den Urneninhalt neu. Mit welcher Wahrscheinlichkeit zieht man jetzt genau k mal eine rote Kugel?

Problemanalyse und Strategie: Ein adäquater Grundraum für diese Situation ist die Menge $\Omega := P_n^{r+s}(mW) = \{(a_1, \ldots, a_n) \colon 1 \le a_j \le r + s \text{ für } j = 1, \ldots, r + s\}$. Dabei sei a_j die Nummer der im j-ten Zug gezogenen Kugel.

Lösung:
Mit $R = \{1, \ldots, r\}$ beschreibt dann

$$A_j := \{(a_1, \ldots, a_n) \in \Omega \colon a_j \in R\} \qquad (19.37)$$

das Ereignis, dass beim j-ten Zug eine rote Kugel erscheint, und die Indikatorsumme

$$X := \mathbf{1}\{A_1\} + \ldots + \mathbf{1}\{A_n\}$$

steht für die Anzahl der Male, dass dies passiert.

Um die Verteilung von X zu bestimmen, beachten wir, dass die Menge $\{X = k\}$ wie im Fall des Ziehens ohne Zurücklegen aus allen Tupeln $(a_1, \ldots, a_n)$ besteht, bei denen genau k der a_j aus der Menge R sind. Analog zur dortigen Argumentation folgt $|\{X = k\}| = \binom{n}{k} r^k s^{n-k}$ und somit wegen $|\Omega| = (r + s)^n$ das Ergebnis

$$\mathbb{P}(X = k) = \binom{n}{k} p^k (1-p)^{n-k}, \quad k = 0, \ldots, n\,. \qquad (19.38)$$

Dabei wurde $p := r/(r + s)$ gesetzt.

Die hierdurch definierte Verteilung von X heißt **Binomialverteilung mit Parametern n und p**, und wir schreiben hierfür kurz

$$X \sim \mathrm{Bin}(n, p)\,.$$

Die nachstehende Abbildung zeigt Stabdiagramme von Binomialverteilungen.

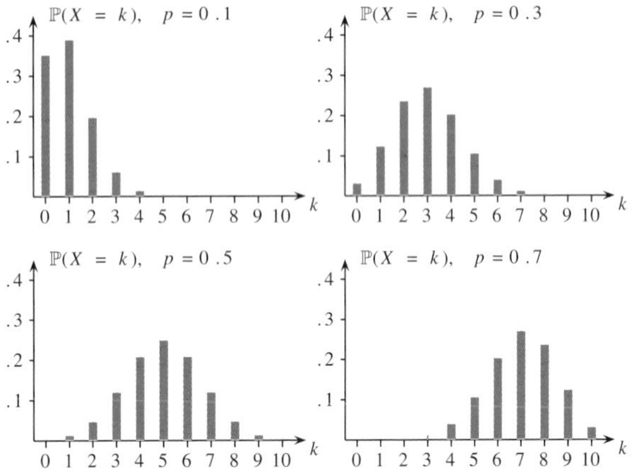

Stabdiagramme von Binomialverteilungen ($n = 10$)

Man beachte, dass wegen

$$\sum_{k=0}^{n} \binom{n}{k} p^k (1-p)^{n-k} = (p + 1 - p)^n = 1$$

die Binomialverteilung $\mathrm{Bin}(n, p)$ für jedes p mit $0 \le p \le 1$ definiert ist. Im obigen Urnenmodell steht $p = r/(r + s)$ für den Anteil der roten Kugeln. Die Binomialverteilung ist eine der grundlegenden Verteilungen in der Stochastik und wird uns noch mehrfach begegnen.

Kommentar:

- Die Ereignisse $A_1, \ldots, A_n$ in (19.37) und (19.34) sehen zwar formal gleich aus, sind aber Teilmengen verschiedener Grundräume. Somit ist auch die Zählvariable X auf unterschiedlichen Grundräumen definiert. Wir wissen aber auch, dass der Definitionsbereich einer Zufallsvariablen unwichtig ist, wenn nur deren Verteilung interessiert. Dies wird auch durch die Schreibweisen $X \sim \mathrm{Hyp}(n, r, s)$ und $X \sim \mathrm{Bin}(n, p)$ unterstrichen.
- Im Gegensatz zu den in (19.34) eingeführten Ereignissen sind die Ereignisse $A_1, \ldots, A_n$ in (19.37) in einem gewissen, das *Zurücklegen* der jeweils gezogenen Kugel widerspiegelnden und im nächsten Kapitel zu präzisierenden Sinn *stochastisch unabhängig*. Auf Seite 747 werden wir sehen, dass ganz allgemein Indikatorsummen stochastisch unabhängiger Ereignisse, die die gleiche Wahrscheinlichkeit besitzen, binomialverteilt sind.

(U4) Reihenfolge irrelevant, ohne Zurücklegen
Erfolgt das Ziehen wie in (U3), aber *ohne* Zurücklegen, so ist die Menge

$$K_k^n(oW) = \{(a_1, \ldots, a_k) \in K_k^n(mW) \colon a_1 < \ldots < a_k\}$$

der k-Kombinationen aus $1, 2, \ldots, n$ ohne Wiederholung ein geeigneter Grundraum. Hier bedeutet a_j die eindeutig bestimmte j-kleinste Nummer der gezogenen Kugeln, und es ist $k \le n$ vorausgesetzt.

Beispiel

- Der Wurf eines Würfels ist gedanklich gleichbedeutend damit, rein zufällig eine Kugel aus einer Urne zu ziehen, in der sechs von 1 bis 6 nummerierte Kugeln sind. Wirft man diesen Würfel k mal hintereinander, so liegt das Urnenmodell (U1) vor.
- Aus einer Warensendung von 1000 Schaltern werden zu Prüfzwecken rein zufällig 20 Schalter entnommen. Wir können die Schalter als Kugeln interpretieren, von denen 20 nacheinander ohne Zurücklegen gezogen werden. Sind die Schalter gedanklich durchnummeriert, so liegt das Urnenmodell (U4) vor.
- Wirft man k gleichartige Würfel gleichzeitig, so lässt sich nur unterscheiden, wie oft jede Augenzahl auftritt, wie oft also – in der obigen Uminterpretation als Urnenmodell – jede einzelne Kugel gezogen wurde. Es liegt somit das Urnenmodell (U3) vor. So bedeutet etwa im Fall $k = 4$ das Resultat $(1, 4, 4, 6)$, dass einer der Würfel eine 1, zwei Würfel eine 4 und einer eine 6 zeigen. ◀

Kommentar: Wenn die Anzahl der Ziehungen im Vergleich zum Urneninhalt klein ist, sollte es keine große Rolle für die Verteilung der Anzahl der gezogenen roten Kugeln spielen, ob das Ziehen mit oder ohne Zurücklegen erfolgt. Diese Vermutung bestätigt sich anhand der Darstellung (19.35), denn es gilt

$$\begin{aligned}\frac{(r)_k \cdot (s)_{n-k}}{(r+s)_n} &= \prod_{j=0}^{k-1} \frac{r-j}{r+s-j} \prod_{j=0}^{n-k-1} \frac{s-j}{r+s-k-j} \\ &\approx \left(\frac{r}{r+s}\right)^k \left(\frac{s}{r+s}\right)^{n-k},\end{aligned}$$

wenn r und s wesentlich größer als n sind. Somit findet die im Vergleich zur hypergeometrischen Verteilung einfacher zu handhabende Binomialverteilung häufig auch in der statistischen Qualitätskontrolle Verwendung. In diesem Zusammenhang erfolgt das Ziehen natürlich ohne Zurücklegen.

Wir stellen jetzt vier *Fächer-Modelle* vor, die zu obigen Urnenmodellen begrifflich äquivalent sind. In einem solchen Modell sollen Teilchen auf n von 1 bis n nummerierte Fächer verteilt werden. Die Anzahl der Besetzungen sowie der zugehörige Grundraum hängen davon ab, ob die Teilchen unterscheidbar sind und ob Mehrfachbesetzungen zugelassen werden oder nicht.

Interpretieren wir die vorgestellten Urnenmodelle dahingehend um, dass den Teilchen die Ziehungen und den Fächern die Kugeln entsprechen, so ergeben sich die folgenden Fächer-Modelle:

(T1) Teilchen unterscheidbar, Mehrfachbesetzungen erlaubt
In diesem Fall ist die Menge der Besetzungen durch $P_k^n(mW)$ wie im Urnenmodell (U1) gegeben. Dabei bezeichnet jetzt a_j die Nummer des Fachs, in das man das j-te Teilchen gelegt hat.

(T2) Teilchen unterscheidbar, keine Mehrfachbesetzungen
In diesem Fall ist $P_k^n(oW)$ (vgl. das Modell (U2)) der geeignete Ergebnisraum.

(T3) Teilchen nicht unterscheidbar, Mehrfachbesetzungen erlaubt
Sind die Teilchen nicht unterscheidbar, so kann man nach Verteilung der k Teilchen nur noch feststellen, *wie viele* Teilchen in jedem Fach liegen (siehe Abbildung 19.11 im Fall $n = 5, k = 7$). Die vorliegende Situation entspricht dem Urnenmodell (U3), wobei das Zulassen von Mehrfachbesetzungen gerade Ziehen mit Zurücklegen bedeutet. Der geeignete Grundraum ist $K_k^n(mW)$.

(T4) Teilchen nicht unterscheidbar, keine Mehrfachbesetzungen
Der Bedingung, keine Mehrfachbesetzungen zuzulassen, entspricht das Ziehen ohne Zurücklegen mit dem Grundraum $K_k^n(oW)$ (vgl. das Urnenmodell (U4)).

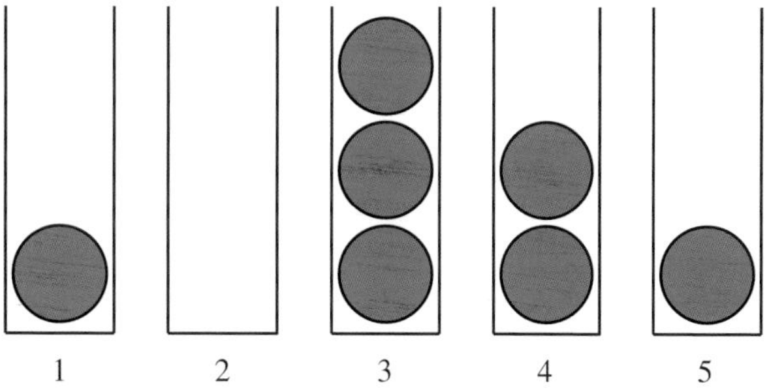

Abbildung 19.11 Fächer-Modell (T3). Die dargestellte Besetzung entspricht dem Tupel $(1, 3, 3, 3, 4, 4, 5) \in K_7^5(mW)$.

Beispiel Fächer-Modelle in der Physik

Die vorgestellten Fächer-Modelle (T1), (T3) und (T4) finden in der statistischen Physik Anwendung. Dort sind die Teilchen Gasmoleküle, Photonen, Elektronen, Protonen o. Ä., und der Phasenraum wird in Zellen (Fächer) unterteilt. Je nachdem, welche Gleichverteilungsannahme gemacht wird, ergeben sich verschiedene, nicht a priori, sondern nur aus der Situation bzw. aus der Erfahrung heraus begründbare Verteilungen, die „Statistiken" genannt werden. So tritt das Mo-

Übersicht: Urnen- und Fächer-Modelle

Ziehen von k Kugeln aus einer Urne mit n Kugeln
Verteilung von k Teilchen auf n Fächer

Beachtung der Reihenfolge? Teilchen unterscheidbar?	*Erfolgt Zurücklegen?* Mehrfachbesetzungen erlaubt?	Modell	Grundraum	Anzahl
Ja	Ja	(U1) bzw. (T1)	$P_k^n(mW)$	n^k
Ja	Nein	(U2) bzw. (T2)	$P_k^n(oW)$	$n^{\underline{k}}$
Nein	Ja	(U3) bzw. (T3)	$K_k^n(mW)$	$\binom{n+k-1}{k}$
Nein	Nein	(U4) bzw. (T4)	$K_k^n(oW)$	$\binom{n}{k}$

dell (T1) als eine nach den Physikern James Clerk Maxwell (1831–1879) und Ludwig Eduard Boltzmann (1844–1906) benannte *Maxwell-Boltzmann-Statistik* unter anderem bei Gasen unter mittleren und hohen Temperaturen auf. Das Modell (T3) ergibt sich als *Bose-Einstein-Statistik* – benannt nach den Physikern Satyendranath Bose (1894–1974) und Albert Einstein (1879–1955) – für Photonen und He-4-Kerne. Schließlich ist das Modell (T4), bei dem höchstens ein Teilchen in einer Zelle sein kann, eine adäquate Annahme für Elektronen, Neutronen und Protonen. In der statistischen Physik ist es nach den Physikern Enrico Fermi (1901–1954) und Paul Adrien Maurice Dirac (1902–1984) als *Fermi-Dirac-Statistik* bekannt. Die Forderung, dass höchstens ein Teilchen in einer Zelle liegt, entspricht in der Physik dem nach dem Physiker Wolfgang Pauli (1900–1958) benannten *Pauli-Verbot*. ◀

Zusammenfassung

Ein **Grundraum** Ω modelliert die Menge der Ergebnisse eines stochastischen Vorgangs. **Ereignisse** sind gewisse Teilmengen von Ω. Das System $\mathcal{A}$ aller Ereignisse ist eine **σ-Algebra** über Ω, d. h., $\mathcal{A}$ enthält $\emptyset$ und mit jeder Menge auch deren Komplement. Des Weiteren ist $\mathcal{A}$ abgeschlossen gegenüber der Bildung von *abzählbaren* Vereinigungen von Mengen aus $\mathcal{A}$. Ist Ω abzählbar, so kann $\mathcal{A}$ stets als Potenzmenge von Ω gewählt werden. Der Unmöglichkeitssatz von Vitali zeigt, dass man andernfalls Vorsicht walten lassen muss. Im Fall $\Omega = \mathbb{R}^k$ wählen wir die **Borel'sche** σ-Algebra, also die kleinste σ-Algebra, die alle offenen Teilmengen des $\mathbb{R}^k$ enthält. Ist $\mathcal{A}$ eine σ-Algebra über Ω, so nennt man das Paar $(\Omega, \mathcal{A})$ einen **Messraum**.

Sind $(\Omega, \mathcal{A})$ und $(\Omega', \mathcal{A}')$ Messräume, so heißt jede Abbildung $X\colon \Omega \to \Omega'$ mit der Eigenschaft, dass die Urbilder $X^{-1}(A')$ der Ereignisse aus $\mathcal{A}'$ zu $\mathcal{A}$ gehören, eine Ω'-wertige **Zufallsvariable**. Zufallsvariablen sind ein suggestives Darstellungsmittel für Ereignisse. Die **Indikatorfunktion** $\mathbf{1}\{A\}$ eines Ereignisses charakterisiert durch die möglichen Werte 1 oder 0, ob A eintritt oder nicht. Eine **Indikatorsumme** $\sum_{j=1}^{n} \mathbf{1}\{A_j\}$ gibt an, wie viele unter den Ereignissen $A_1, \ldots, A_n$ eintreten.

Nach dem Kolmogorov'schen Axiomensystem besteht ein **Wahrscheinlichkeitsraum** $(\Omega, \mathcal{A}, \mathbb{P})$ aus einem Messraum $(\Omega, \mathcal{A})$ und einer **Wahrscheinlichkeitsmaß** genannten nichtnegativen, durch die Festsetzung $\mathbb{P}(\Omega) = 1$ normierten und σ-additiven Funktion $\mathbb{P}\colon \mathcal{A} \to \mathbb{R}$. Die σ-Additivität besagt, dass die Wahrscheinlichkeit einer Vereinigung $\sum_{n=1}^{\infty} A_n$ paarweise disjunkter Mengen aus $\mathcal{A}$ gleich der Summe $\sum_{n=1}^{\infty} \mathbb{P}(A_n)$ der einzelnen Wahrscheinlichkeiten ist.

Sind $(\Omega, \mathcal{A}, \mathbb{P})$ ein Wahrscheinlichkeitsraum, $(\Omega', \mathcal{A}')$ ein Messraum und $X\colon \Omega \to \Omega'$ eine Zufallsvariable, so wird durch $\mathbb{P}^X(A') := \mathbb{P}(X^{-1}(A'))$, $A' \in \mathcal{A}'$, ein Wahrscheinlichkeitsmaß $\mathbb{P}^X$ auf $\mathcal{A}'$ definiert. Es heißt **Verteilung** von X. Zufallsvariablen mit einer vorgegebenen Verteilung Q auf $\mathcal{A}'$ lassen sich als Abbildungen kanonisch konstruieren, indem man $\Omega := \Omega'$, $\mathcal{A} := \mathcal{A}'$ und $X := \mathrm{id}_{\Omega}$ setzt.

Unter der Lupe: Die vermeintlich frühe erste Kollision

Befinden sich 23 Personen in einem Raum, so kann man getrost darauf wetten, dass mindestens zwei von ihnen am gleichen Tag Geburtstag haben. Obwohl es fast 14 Millionen verschiedene Sechserauswahlen im Lotto 6 aus 49 gibt, trat die erste Wiederholung einer bereits zuvor gezogenen Gewinnreihe schon nach der 3016. Ausspielung auf. Was haben diese Zufallsphänomene gemeinsam, und sind sie wirklich so überraschend?

Beiden Situationen liegt die gleiche Fragestellung in einem Teilchen-Fächer-Modell zugrunde. Gegeben seien n verschiedene Fächer, in die rein zufällig der Reihe nach Teilchen fallen. Wann gelangt zum ersten Mal ein Teilchen in ein Fach, das bereits mit einem Teilchen belegt ist, wann findet also die erste Kollision statt?

Im Fall des Geburtstags-Phänomens sind die Fächer die $n = 365$ Tage des Jahres (Schaltjahre seien ausgenommen) und die Teilchen die Personen, im Fall des Lotto-Phänomens die möglichen, in irgendeiner Weise von 1 bis $\binom{49}{6} = 13983816$ durchnummerierten Gewinnkombinationen und die Teilchen die jeweils gezogenen Gewinnreihen.

Bezeichnet X_n die zufällige Anzahl der bis zum Auftreten der ersten Kollision nötigen Teilchen, so gilt

$$\mathbb{P}(X_n \geq k+1) = \frac{(n)_k}{n^k} = \prod_{j=1}^{k-1}\left(1 - \frac{j}{n}\right)$$

$(k = 1, \ldots, n)$. Das Ereignis $\{X_n \geq k+1\}$ tritt nämlich genau dann ein, wenn die ersten k Teilchen in verschiedene Fächer fallen, und es gibt hierfür $(n)_k$ günstige bei insgesamt n^k möglichen gleichwahrscheinlichen Fällen. Geht man zum komplementären Ereignis über, so ist

$$\mathbb{P}(X_n \leq k) = 1 - \prod_{j=1}^{k-1}\left(1 - \frac{j}{n}\right) \tag{19.39}$$

die Wahrscheinlichkeit, dass die erste Kollision spätestens nach dem Verteilen des k-ten Teilchens erreicht ist. Hiermit ergeben sich insbesondere die Werte

$$\mathbb{P}(X_{365} \leq 23) \approx 0.507\,,$$
$$\mathbb{P}(X_{13983816} \leq 3016) \approx 0.278\,,$$

was insbesondere das eingangs behauptete „gestroste Wetten" rechtfertigt. Die Abbildung rechts zeigt ein durch Bildung der Differenzen

$$\begin{aligned}\mathbb{P}(X_n = k) &= \mathbb{P}(X_n \leq k) - \mathbb{P}(X_n \leq k-1)\\ &= \frac{k-1}{n} \cdot \prod_{j=1}^{k-2}\left(1 - \frac{j}{n}\right)\end{aligned}$$

erhaltenes Stabdiagramm der Verteilung von X_{365}.

Die Verteilung von X_{365} ist „rechtsschief", d. h., die Wahrscheinlichkeiten $\mathbb{P}(X_{365} = k)$ fallen nach Erreichen des Maximalwertes langsamer ab, als sie vorher zunehmen. Schreibt man (19.39) in der Form

$$\mathbb{P}(X_n \leq k) = 1 - \exp\left[\sum_{j=1}^{k-1} \log\left(1 - \frac{j}{n}\right)\right] \tag{19.40}$$

und verwendet die Ungleichungen $1 - 1/t \leq \log t \leq t - 1$, sowie die Summenformel $\sum_{j=1}^{m} j = m(m+1)/2$, so ergeben sich die Abschätzungen

$$\begin{aligned}1 - \exp\left(-\frac{k(k-1)}{2n}\right) &\leq \mathbb{P}(X_n \leq k)\\ &\leq 1 - \exp\left(-\frac{k(k-1)}{2(n-k+1)}\right)\end{aligned}$$

und daraus (vgl. Aufgabe 19.37) der Grenzwertsatz

$$\lim_{n\to\infty} \mathbb{P}\left(\frac{X_n}{\sqrt{n}} \leq t\right) = 1 - \exp\left(-\frac{t^2}{2}\right), \quad t > 0. \tag{19.41}$$

Hier steht auf der rechten Seite die Verteilungsfunktion der Weibull-Verteilung Wei(2, 1/2) (vgl. (22.50)). Aussage (19.41) bedeutet, dass die zufällige Anzahl der Teilchen bis zur ersten Kollision bei n Fächern bei wachsendem *n von der Größenordnung* $\sqrt{n}$ und damit kleiner als gemeinhin erwartet ist. Das dargestellte Stabdiagramm korrespondiert zur Dichte $(= t\exp(-t^2/2)$ für $t > 0)$ obiger Weibull-Verteilung.

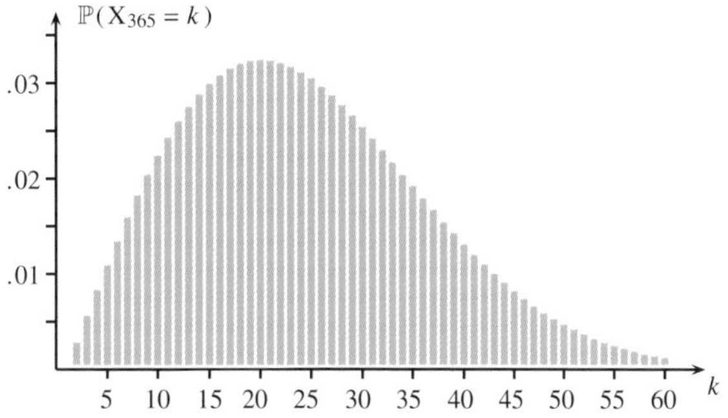

Stabdiagramm der Verteilung von X_{365}

Man mache sich klar, dass es bei der ersten Kollision nicht darum geht, dass zwei *bestimmte Teilchen* in das gleiche Fach gelangen. Die Wahrscheinlichkeit hierfür ist $1/n$. Bezeichnet $A_{i,j}$ das Ereignis, dass bei einer Nummerierung der Teilchen von 1 bis k die Teilchen Nr. i und Nr. j in dasselbe Fach zu liegen kommen, so geht es vielmehr um das (viel wahrscheinlichere) Eintreten von *mindestens einem* der $k(k-1)/2$ Ereignisse $A_{i,j}$, $1 \leq i < j \leq k$.

Natürlich ist die Annahme einer Gleichverteilung der Geburtstage über die Tage des Jahres unrealistisch. Intuitiv ist jedoch zu erwarten, dass sich bei Abweichung von diesem Modell die Wahrscheinlichkeit für mindestens einen Doppelgeburtstag unter k Personen nur vergrößert. Wir werden dieser Frage auf Seite 749 nachgehen.

Ein Wahrscheinlichkeitsraum $(\Omega, \mathcal{A}, \mathbb{P})$ heißt **diskret**, falls $\mathcal{A}$ alle einelementigen Teilmengen von Ω enthält und es eine abzählbare Teilmenge Ω_0 von Ω mit $\mathbb{P}(\Omega_0) = 1$ gibt. In diesem Fall ist $\mathbb{P}$ durch die Angabe der Werte $\mathbb{P}(\{\omega\})$ mit $\omega \in \Omega_0$ eindeutig bestimmt. Ist Ω eine endliche Menge, und gilt speziell $\mathbb{P}(A) = |A|/|\Omega|$, $A \subseteq \Omega$, so liegt ein sogenannter **Laplace'scher Wahrscheinlichkeitsraum** vor. In diesem Fall sind alle Elementarereignisse gleich wahrscheinlich. Eine weitere Beispielklasse von Wahrscheinlichkeitsräumen liefern nichtnegative Borel-messbare Funktionen $f: \mathbb{R}^k \to \mathbb{R}$ mit der Eigenschaft $\int_{\mathbb{R}^k} f(x)\mathrm{d}x = 1$. In diesem Fall wird durch $Q(B) := \int_B f(x)\,\mathrm{d}x$, $B \in \mathcal{B}^k$, ein Wahrscheinlichkeitsmaß auf der σ-Algebra $\mathcal{B}^k$ definiert. Die Funktion f heißt (**Wahrscheinlichkeits-**)**Dichte**.

Folgerungen aus den Kolmogorov'schen Axiomen sind $\mathbb{P}(\emptyset) = 0$, $\mathbb{P}(A^c) = 1 - \mathbb{P}(A)$ sowie das Additionsgesetz $\mathbb{P}(A \cup B) = \mathbb{P}(A) + \mathbb{P}(B) - \mathbb{P}(AB)$. Letzteres findet seine Verallgemeinerung in der **Formel des Ein- und Ausschließens** $\mathbb{P}(\cup_{j=1}^n A_j) = \sum_{r=1}^n (-1)^{r-1} S_r$. Dabei ist S_r die Summe über die Wahrscheinlichkeiten der Schnitte von r der Ereignisse $A_1, \ldots, A_n$. Bricht man die alternierende Summe nach einer geraden bzw. ungeraden Anzahl von Summanden ab, so entstehen untere bzw. obere Schranken für $\mathbb{P}(\cup_{j=1}^n A_j)$, die sogenannten **Bonferroni-Ungleichungen**. Wahrscheinlichkeitsmaße sind **stetig** in dem Sinne, dass für auf- oder absteigende Mengenfolgen $A_n \uparrow A$ bzw. $A_n \downarrow A$ die Beziehung $\mathbb{P}(A_n) \to \mathbb{P}(A)$ gilt.

Ist M eine n-elementige Menge, so nennt man die Elemente $a = (a_1, \ldots, a_k)$ des kartesischen Produkts M^k von M auch **k-Permutationen aus M mit Wiederholung**. Gilt $a_i \neq a_j$ für $i \neq j$, so heißt $(a_1, \ldots, a_k)$ **k-Permutation ohne Wiederholung**. Diese Mengen werden mit $P_k^n(mW) = M^k$ und $P_k^n(oW) = \{a \in M^k : a_i \neq a_j \ \forall i \neq j\}$ bezeichnet. Ist M durch die Relation „$\leq$" vollständig geordnet, so setzt man $K_k^n(mW) = \{a \in M^k : a_1 \leq \ldots \leq a_k\}$, $K_k^n(oW) = \{a \in M^k : a_1 < \ldots < a_k\}$. Die Elemente von $K_k^n(mW)$ bzw. $K_k^n(oW)$ heißen **k-Kombinationen aus M** mit bzw. ohne Wiederholung.

Für die Anzahlen dieser Mengen gelten die **Grundformeln der Kombinatorik** $|P_k^n(mW)| = n^k$, $|P_k^n(oW)| = \prod_{j=0}^{k-1}(n-j)$, $|K_k^n(mW)| = \binom{n+k-1}{k}$ und $|K_k^n(oW)| = \binom{n}{k}$. Dabei beschreibt der **Binomialkoeffizient** $\binom{n}{k}$ die Anzahl der Möglichkeiten, aus n Objekten k auszuwählen. Der **Multinomialkoeffizient** $\binom{n}{k_1,\ldots,k_s} = \frac{n!}{k_1! \cdot \ldots \cdot k_s!}$ ist die Anzahl der Möglichkeiten, eine n-elementige Menge in disjunkte Teilmengen der Mächtigkeiten $k_1, \ldots, k_s$ aufzuteilen. Dabei sind $k_1, \ldots, k_s \in \mathbb{N}_0$ mit $k_1 + \ldots + k_s = n$.

Die Mengen $P_k^n(mW)$, $P_k^n(oW)$, $K_k^n(mW)$ und $K_k^n(oW)$ sind natürliche Grundräume bei Urnenmodellen. Dabei führt die Beachtung der Reihenfolge auf *Permutationen*. Diese sind mit bzw. ohne Wiederholung je nachdem, ob das Ziehen mit bzw. ohne Zurücklegen erfolgt. Gibt es r rote und s schwarze Kugeln, und wird n-mal gezogen, so besitzt die Anzahl X der gezogenen roten Kugeln im Falle des Ziehens ohne Zurücklegen die hypergeometrische Verteilung $\mathrm{Hyp}(n, r, s)$. Erfolgt das Ziehen mit Zurücklegen, so ist X binomialverteilt mit Parametern n und $p := r/(r+s)$, d. h., es gilt $\mathbb{P}(X = k) = \binom{n}{k} \cdot p^k \cdot (1-p)^{n-k}$, $k = 0, 1, \ldots, n$. Ist nur bekannt, *wie oft* jede einzelne Kugel gezogen wurde, so entstehen *Kombinationen*. Urnenmodelle sind begrifflich äquivalent zu Fächer-Modellen, wenn man gedanklich den Teilchen die Ziehungen und den Fächern die Kugeln entsprechen lässt. Die Unterscheidbarkeit der Teilchen korrespondiert dann zur Beachtung der Reihenfolge, und das Erlauben bzw. Verbieten von Mehrfachbesetzungen entspricht dem Ziehen mit bzw. ohne Zurücklegen.

Aufgaben

Die Aufgaben gliedern sich in drei Kategorien: Anhand der *Verständnisfragen* können Sie prüfen, ob Sie die Begriffe und zentralen Aussagen verstanden haben, mit den *Rechenaufgaben* üben Sie Ihre technischen Fertigkeiten und die *Beweisaufgaben* geben Ihnen Gelegenheit, zu lernen, wie man Beweise findet und führt.

Ein Punktesystem unterscheidet leichte Aufgaben •, mittelschwere •• und anspruchsvolle ••• Aufgaben. Lösungshinweise am Ende des Buches helfen Ihnen, falls Sie bei einer Aufgabe partout nicht weiterkommen. Dort finden Sie auch die Lösungen – betrügen Sie sich aber nicht selbst und schlagen Sie erst nach, wenn Sie selber zu einer Lösung gekommen sind. Ausführliche Lösungswege, Beweise und Abbildungen finden Sie auf der Website zum Buch.

Viel Spaß und Erfolg bei den Aufgaben!

Verständnisfragen

19.1 • In einer Schachtel liegen fünf von 1 bis 5 nummerierte Kugeln. Geben Sie einen Grundraum für die Ergebnisse eines stochastischen Vorgangs an, der darin besteht, rein zufällig zwei Kugeln mit einem Griff zu ziehen.

19.2 • Geben Sie jeweils einen geeigneten Grundraum für folgende stochastischen Vorgänge an:

a) Drei nicht unterscheidbare 1-€-Münzen werden gleichzeitig geworfen.
b) Eine 1-€-Münze wird dreimal hintereinander geworfen.
c) Eine 1-Cent-Münze und eine 1-€-Münze werden gleichzeitig geworfen.

19.3 • Eine technische Anlage bestehe aus einem Generator, drei Kesseln und zwei Turbinen. Jede dieser sechs Komponenten kann während eines gewissen, definierten Zeitraums ausfallen oder intakt bleiben. Geben Sie einen Grundraum an, dessen Elemente einen Gesamtüberblick über den Zustand der Komponenten am Ende des Zeitraums liefern.

19.4 • Es seien A, B, C, D Ereignisse in einem Grundraum Ω. Sei E das Ereignis, dass von den Ereignissen A, B, C, D höchstens zwei eintreten. Drücken Sie das verbal beschriebene Ereignis E durch A, B, C und D aus.

19.5 •• In einem Stromkreis befinden sich vier nummerierte Bauteile, die jedes für sich innerhalb eines gewissen Zeitraums intakt bleiben oder ausfallen können. Im letzteren Fall ist der Stromfluss durch das betreffende Bauteil unterbrochen. Es bezeichnen A_j das Ereignis, dass das j-te Bauteil intakt bleibt ($j = 1, 2, 3, 4$) und A das Ereignis, dass der Stromfluss nicht unterbrochen ist. Drücken Sie für jedes der vier Schaltbilder das Ereignis A durch A_1, A_2, A_3, A_4 aus.

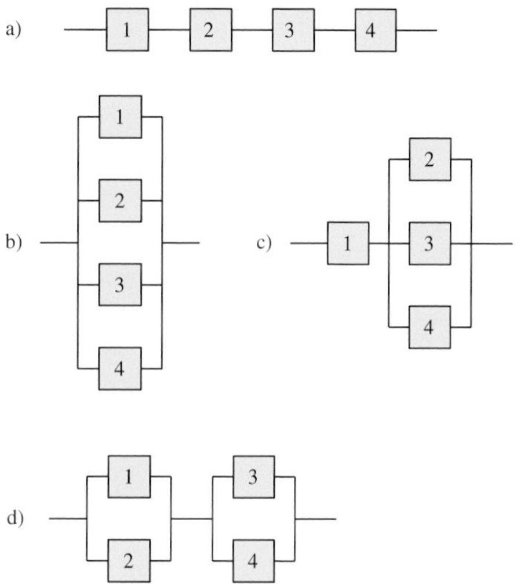

Schaltbilder zu Stromkreisen

19.6 • In der Situation von Aufgabe 19.3 sei die Anlage arbeitsfähig (Ereignis A), wenn der Generator, mindestens ein Kessel und mindestens eine Turbine intakt sind. Die Arbeitsfähigkeit des Generators, des i-ten Kessels und der j-ten Turbine seien durch die Ereignisse G, K_i und T_j ($i = 1, 2, 3$; $j = 1, 2$) beschrieben. Drücken Sie A und A^c durch G, K_1, K_2, K_3 und T_1, T_2 aus.

19.7 • Ein Versuch mit den möglichen Ergebnissen *Treffer* (1) und *Niete* (0) werde $2n$-mal durchgeführt. Die ersten (bzw. zweiten) n Versuche bilden die sog. erste (bzw. zweite) Versuchsreihe. Beschreiben Sie folgende Ereignisse mithilfe geeigneter Zählvariablen:

a) In der zweiten Versuchsreihe treten mindestens zwei Treffer auf,
b) bei beiden Versuchsreihen treten unterschiedlich viele Treffer auf,
c) die zweite Versuchsreihe liefert weniger Treffer als die erste,
d) in jeder Versuchsreihe gibt es mindestens einen Treffer.

19.8 •• Ein Würfel wird höchstens dreimal geworfen. Erscheint eine Sechs zum ersten Mal im j-ten Wurf ($j = 1, 2, 3$), so erhält eine Person a_j €, und das Spiel ist beendet. Hierbei sei $a_1 = 100$, $a_2 = 50$ und $a_3 = 10$. Erscheint auch im dritten Wurf noch keine Sechs, so sind 30 € an die Bank zu zahlen, und das Spiel ist ebenfalls beendet. Beschreiben Sie den Spielgewinn mithilfe einer Zufallsvariablen auf einem geeigneten Grundraum.

19.9 • Das gleichzeitige Eintreten der Ereignisse A und B ziehe das Eintreten des Ereignisses C nach sich. Zeigen Sie, dass dann gilt:

$$\mathbb{P}(C) \geq \mathbb{P}(A) + \mathbb{P}(B) - 1 .$$

19.10 •• Es sei $c \in (0, \infty)$ eine beliebige (noch so große) Zahl. Gibt es Ereignisse A, B in einem geeigneten Wahrscheinlichkeitsraum, sodass

$$\mathbb{P}(A \cap B) \geq c \cdot \mathbb{P}(A) \cdot \mathbb{P}(B)$$

gilt?

19.11 • Ist es möglich, dass von drei Ereignissen, von denen jedes die Wahrscheinlichkeit 0.7 besitzt, nur genau eines eintritt?

19.12 • Zeigen Sie, dass es unter acht paarweise disjunkten Ereignissen stets mindestens drei gibt, die höchstens die Wahrscheinlichkeit $1/6$ besitzen.

19.13 • Mit welcher Wahrscheinlichkeit ist beim Lotto 6 aus 49

a) die zweite gezogene Zahl kleiner als die erste?
b) die dritte gezogene Zahl kleiner als die beiden ersten Zahlen?
c) die letzte gezogene Zahl die größte aller 6 Gewinnzahlen?

19.14 •• Auf einem $m \times n$-Gitter mit den Koordinaten (i, j), $0 \leq i \leq m$, $0 \leq j \leq n$ (siehe nachstehende Abbildung für den Fall $m = 8$, $n = 6$) startet ein Roboter links unten im Punkt $(0, 0)$. Er kann wie abgebildet pro Schritt nur nach rechts oder nach oben gehen.

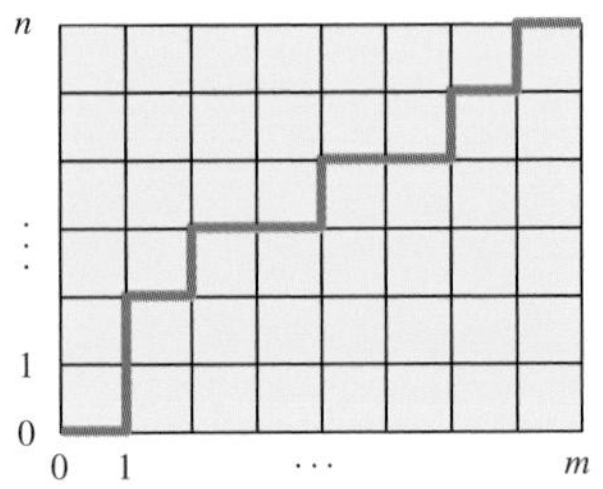

a) Auf wie viele Weisen kann er den Punkt (m, n) rechts oben erreichen?
b) Wie viele Wege von $(0, 0)$ nach (m, n) gibt es, die durch den Punkt (a, b) verlaufen?

19.15 • Wie viele Möglichkeiten gibt es, k verschiedene Teilchen so auf n Fächer zu verteilen, dass im j-ten Fach k_j Teilchen liegen ($j = 1, \ldots, n$, $k_1, \ldots, k_n \in \mathbb{N}_0$, $k_1 + \cdots + k_n = k$)?

19.16 • Es sei f eine auf einer offenen Teilmenge des $\mathbb{R}^n$ definierte stetig differenzierbare reellwertige Funktion. Wie viele verschiedene partielle Ableitungen k-ter Ordnung besitzt f?

19.17 • Aus sieben Männern und sieben Frauen werden sieben Personen rein zufällig ausgewählt. Mit welcher Wahrscheinlichkeit enthält die Stichprobe höchstens drei Frauen? Ist das Ergebnis ohne Rechnung einzusehen?

Rechenaufgaben

19.18 • Im Lotto 6 aus 49 ergab sich nach 5047 Ausspielungen die nachstehende Tabelle der Gewinnhäufigkeiten der einzelnen Zahlen.

a) Wie groß sind die relativen Gewinnhäufigkeiten der Zahlen 13, 19 und 43?
b) Wie groß wäre die relative Gewinnhäufigkeit, wenn jede Zahl gleich oft gezogen worden wäre?

1	**2**	**3**	**4**	**5**	**6**	**7**
616	624	638	626	607	649	617
8	**9**	**10**	**11**	**12**	**13**	**14**
598	636	605	623	600	561	610
15	**16**	**17**	**18**	**19**	**20**	**21**
588	623	615	618	610	585	594
22	**23**	**24**	**25**	**26**	**27**	**28**
627	611	619	652	659	648	577
29	**30**	**31**	**32**	**33**	**34**	**35**
593	602	649	629	643	615	615
36	**37**	**38**	**39**	**40**	**41**	**42**
618	610	658	617	616	639	623
43	**44**	**45**	**46**	**47**	**48**	**49**
663	612	570	592	621	612	649

19.19 • Zeigen Sie, dass durch die Werte $p_k := 1/(k(k+1))$, $k \geq 1$, eine Wahrscheinlichkeitsverteilung auf der Menge $\mathbb{N}$ der natürlichen Zahlen definiert wird.

19.20 • Bei einer Qualitätskontrolle können Werkstücke zwei Arten von Fehlern aufweisen, den Fehler A und den Fehler B. Aus Erfahrung sei bekannt, dass ein zufällig herausgegriffenes Werkstück mit Wahrscheinlichkeit

- 0.04 den Fehler A hat,
- 0.005 beide Fehler aufweist,
- 0.01 nur den Fehler B hat.

a) Mit welcher Wahrscheinlichkeit weist das Werkstück den Fehler B auf?
b) Mit welcher Wahrscheinlichkeit ist das Werkstück fehlerhaft bzw. fehlerfrei?
c) Mit welcher Wahrscheinlichkeit besitzt das Werkstück genau einen der beiden Fehler?

19.21 • Es seien A, B Ereignisse in einem Wahrscheinlichkeitsraum $(\Omega, \mathcal{A}, \mathbb{P})$. Zeigen Sie:

a) $\mathbb{P}(A^c \cap B^c) + \mathbb{P}(A) + \mathbb{P}(A^c \cap B) = 1$,
b) $\mathbb{P}(A \cap B) - \mathbb{P}(A)\mathbb{P}(B) = \mathbb{P}(A^c \cap B^c) - \mathbb{P}(A^c)\mathbb{P}(B^c)$.

19.22 • Beim Zahlenlotto6 *aus* 49 beobachtet man häufig, dass sich unter den sechs Gewinnzahlen mindestens ein *Zwilling*, d. h. mindestens ein Paar $(i, i+1)$ benachbarter Zahlen befindet. Wie wahrscheinlich ist dies?

19.23 • Sollte man beim Spiel mit einem fairen Würfel eher auf das Eintreten mindestens einer Sechs in vier Würfen oder beim Spiel mit zwei echten Würfeln auf das Eintreten mindestens einer Doppelsechs (Sechser-Pasch) in 24 Würfen setzen? (Frage des Antoine Gombault Chevalier de Méré (1607–1684))

19.24 • Bei der ersten Ziehung der *Glücksspirale* 1971 wurden für die Ermittlung einer 7-stelligen Gewinnzahl aus einer Trommel, die Kugeln mit den Ziffern $0, 1, \ldots, 9$ je 7mal enthält, nacheinander rein zufällig 7 Kugeln ohne Zurücklegen gezogen.

a) Welche 7-stelligen Gewinnzahlen hatten hierbei die größte und die kleinste Ziehungswahrscheinlichkeit, und wie groß sind diese Wahrscheinlichkeiten?
b) Bestimmen Sie die Gewinnwahrscheinlichkeit für die Zahl 3 143 643.
c) Wie würden Sie den Ziehungsmodus abändern, um allen Gewinnzahlen die gleiche Ziehungswahrscheinlichkeit zu sichern?

19.25 •• Bei der Auslosung der 32 Spiele der ersten Hauptrunde des DFB-Pokals 1986 gab es einen Eklat, als der Loszettel der Stuttgarter Kickers unbemerkt buchstäblich unter den Tisch gefallen und schließlich unter Auslosung des Heimrechts der zuletzt im Lostopf verbliebenen Mannschaft Tennis Borussia Berlin zugeordnet worden war. Auf einen Einspruch der Stuttgarter Kickers hin wurde die gesamte Auslosung der ersten Hauptrunde neu angesetzt. Kurioserweise ergab sich dabei wiederum die Begegnung Tennis Borussia Berlin – Stuttgarter Kickers.

a) Zeigen Sie, dass aus stochastischen Gründen kein Einwand gegen die erste Auslosung besteht.
b) Wie groß ist die Wahrscheinlichkeit, dass sich in der zweiten Auslosung erneut die Begegnung Tennis Borussia Berlin – Stuttgarter Kickers ergibt?

19.26 •• Die Zufallsvariable X_k bezeichne die k-kleinste der 6 Gewinnzahlen beim Lotto 6 aus 49. Welche Verteilung besitzt X_k unter einem Laplace-Modell?

19.27 •• Drei Spieler A, B, C spielen Skat. Berechnen Sie unter einem Laplace-Modell die Wahrscheinlichkeiten

a) Spieler A erhält alle vier Buben,
b) irgendein Spieler erhält alle Buben,
c) Spieler A erhält mindestens ein Ass,
d) es liegen ein Bube und ein Ass im Skat.

19.28 • Eine Warenlieferung enthalte 20 intakte und 5 defekte Stücke. Wie groß ist die Wahrscheinlichkeit, dass eine Stichprobe vom Umfang 5

a) genau zwei defekte Stücke enthält?
b) mindestens zwei defekte Stücke enthält?

Beweisaufgaben

19.29 •• Es sei $\Omega = \sum_{n=1}^{\infty} A_n$ eine Zerlegung des Grundraums Ω in paarweise disjunkte Mengen $A_1, A_2, \ldots$. Zeigen Sie, dass das System

$$\mathcal{A} = \left\{ B \subseteq \Omega\colon \exists T \subseteq \mathbb{N} \text{ mit } B = \sum_{n \in T} A_n \right\}$$

eine σ-Algebra über Ω ist.

Man mache sich klar, dass $\mathcal{A}$ nur dann gleich der vollen Potenzmenge von Ω ist, wenn jedes A_j einelementig (und somit Ω insbesondere abzählbar) ist.

19.30 • Es seien A und B Ereignisse in einem Grundraum Ω. Zeigen Sie:

a) $\mathbf{1}_{A\cap B} = \mathbf{1}_A \cdot \mathbf{1}_B$,
b) $\mathbf{1}_{A\cup B} = \mathbf{1}_A + \mathbf{1}_B - \mathbf{1}_{A\cap B}$,
c) $\mathbf{1}_{A+B} = \mathbf{1}_A + \mathbf{1}_B$,
d) $\mathbf{1}\{A^c\} = 1 - \mathbf{1}_A$,
e) $A \subseteq B \iff \mathbf{1}_A \le \mathbf{1}_B$.

19.31 • Es seien $(\Omega, \mathcal{A}, \mathbb{P})$ ein Wahrscheinlichkeitsraum und (A_n) eine Folge in $\mathcal{A}$ mit $A_n \downarrow A$. Zeigen Sie:

$$\mathbb{P}(A) = \lim_{n\to\infty} \mathbb{P}(A_n).$$

19.32 • Es seien $(\Omega, \mathcal{A})$ ein Messraum und $\mathbb{P}\colon \mathcal{A} \to [0, 1]$ eine Funktion mit

- $\mathbb{P}(A + B) = \mathbb{P}(A) + \mathbb{P}(B)$, falls $A, B \in \mathcal{A}$ mit $A \cap B = \emptyset$,
- $\mathbb{P}(B) = \lim_{n\to\infty} \mathbb{P}(B_n)$ für jede Folge (B_n) aus $\mathcal{A}$ mit $B_n \uparrow B$.

Zeigen Sie, dass $\mathbb{P}$ σ-additiv ist.

19.33 ••• Beweisen Sie die Formel des Ein- und Ausschließens auf Seite 717 durch Induktion über n.

19.34 •• In einer geordneten Reihe zweier verschiedener Symbole a und b heißt jede aus gleichen Symbolen bestehende Teilfolge maximaler Länge ein *Run*. Als Beispiel betrachten wir die Anordnung $b\,b\,a\,a\,a\,b\,a$, die mit einem b-Run der Länge 2 beginnt. Danach folgen ein a-Run der Länge 3 und jeweils ein b- und ein a-Run der Länge 1. Es mögen nun allgemein m Symbole a und n Symbole b vorliegen, wobei alle $\binom{m+n}{m}$ Anordnungen im Sinne von Auswahlen von m der $m+n$ Komponenten in einem Tupel für die a's (die übrigen Komponenten sind dann die b's) gleich wahrscheinlich seien. Die Zufallsvariable X bezeichne die Gesamtanzahl der Runs. Zeigen Sie:

$$\mathbb{P}(X = 2s) = \frac{2\binom{m-1}{s-1}\binom{n-1}{s-1}}{\binom{m+n}{m}}, \quad 1 \le s \le \min(m, n),$$

$$\mathbb{P}(X = 2s + 1) = \frac{\binom{n-1}{s}\binom{m-1}{s-1} + \binom{n-1}{s-1}\binom{m-1}{s}}{\binom{m+n}{m}},$$

$1 \le s < \min(m, n)$.

19.35 •• Es seien M_1 eine k-elementige und M_2 eine n-elementige Menge, wobei $n \geq k$ gelte. Wie viele surjektive Abbildungen $f: M_1 \to M_2$ gibt es?

19.36 •• Es seien $A_1, \ldots, A_n$ die in (19.34) definierten Ereignisse. Zeigen Sie:

$$P(A_i \cap A_j) = \frac{r \cdot (r-1)}{(r+s) \cdot (r+s-1)} \qquad (1 \leq i \neq j \leq n).$$

19.37 ••• Es fallen rein zufällig der Reihe nach Teilchen in eines von n Fächern. Die Zufallsvariable X_n bezeichne die Anzahl der Teilchen, die nötig sind, damit zum ersten Mal ein Teilchen in ein Fach fällt, das bereits belegt ist. Zeigen Sie:

a) $1 - \exp\left(-\frac{k(k-1)}{2n}\right) \leq \mathbb{P}(X_n \leq k)$,

b) $\mathbb{P}(X_n \leq k) \leq 1 - \exp\left(-\frac{k(k-1)}{2(n-k+1)}\right)$,

c) für jedes $t > 0$ gilt

$$\lim_{n\to\infty} \mathbb{P}\left(\frac{X_n}{\sqrt{n}} \leq t\right) = 1 - \exp\left(-\frac{t^2}{2}\right).$$

Antworten der Selbstfragen

S. 703

$$\begin{aligned} A &= \{(a_1, \ldots, a_n) \in \Omega : a_j \leq 5 \text{ für } j = 1, \ldots, n\} \\ &= \left\{(a_1, \ldots, a_n) \in \Omega : \max_{j=1,\ldots,n} a_j \leq 5\right\}. \end{aligned}$$

S. 704

$$\begin{aligned} D_1 &= AB^cC^c \; (= A \cap B^c \cap C^c), \\ D_2 &= ABC^c + A^cBC + AB^cC \\ &\quad (= A \cap B \cap C^c + A^c \cap B \cap C + A \cap B^c \cap C). \end{aligned}$$

Man beachte, dass wir die oben eingeführte Summenschreibweise verwendet haben, weil die in der Darstellung für D_2 auftretenden Ereignisse paarweise disjunkt sind.

S. 707
Diese Spezialfälle besagen, dass keines bzw. jedes der Ereignisse $A_1, \ldots, A_n$ eintritt. Es gilt

$$\begin{aligned} \{X = 0\} &= A_1^c \cap A_2^c \cap \ldots \cap A_n^c, \\ \{X = n\} &= A_1 \cap A_2 \cap \ldots \cap A_n. \end{aligned}$$

S. 712
Für endliche Summen reicht als Begründung, dass die Addition kommutativ ist. Hiermit beweist man auch den aus Band 1 bekannten Umordnungssatz für absolut konvergente Reihen, der im Fall unendlich vieler Summanden die Begründung liefert.

S. 722
Denkt man sich die linke Seite in der Form

$$(x+y) \cdot (x+y) \cdot \ldots \cdot (x+y) \qquad (n \text{ Faktoren})$$

ausgeschrieben, so entsteht beim Ausmultiplizieren das Produkt $x^k y^{n-k}$ immer dann, wenn aus genau k der n Klammern x gewählt wurde. Da es $\binom{n}{k}$ Fälle gibt, eine derartige Auswahl zu treffen, folgt die Behauptung.

S. 724
Jede der $r + s$ Kugeln hat aus Symmetriegründen die gleiche Chance, als j-te gezogen zu werden. Da es hierfür r günstige unter insgesamt $r + s$ möglichen Fällen gibt, folgt $\mathbb{P}(A_j) = r/(r+s)$. Für einen formalen Beweis besetzen wir zuerst die j-te Stelle des Tupels $(a_1, \ldots, a_n)$ (hierfür gibt es $r = |R|$ Fälle) und danach alle anderen Stellen von links nach rechts. Da man Letzteres auf $(r+s-1)_{n-1}$ Weisen bewerkstelligen kann, folgt

$$|A_j| = r \cdot (r+s-1)_{n-1} \qquad (19.42)$$

und damit die Behauptung.

20 Bedingte Wahrscheinlichkeit und Unabhängigkeit – Meister Zufall hängt (oft) ab

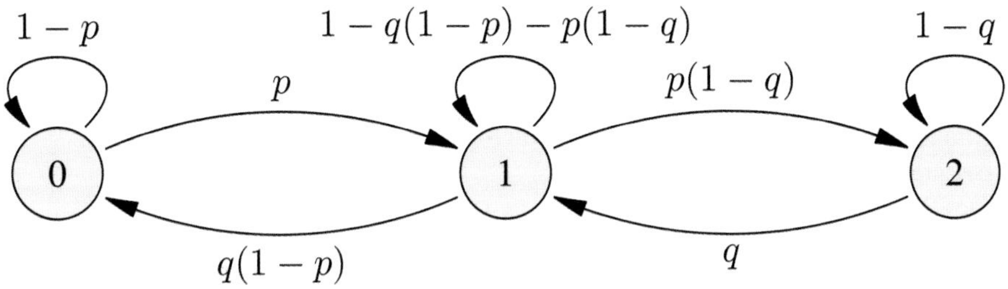

Warum ist die erste Pfadregel kein Satz?

Können Sie die Bayes-Formel herleiten?

Wann sind n Ereignisse stochastisch unabhängig?

Warum sind Funktionen unabhängiger Zufallsvariablen ebenfalls unabhängig?

Wie lautet der Ergodensatz für Markov-Ketten?

In diesem Kapitel lernen wir mit den Begriffsbildungen *bedingte Wahrscheinlichkeit* und *stochastische Unabhängigkeit* zwei grundlegende Konzepte der Stochastik kennen. Bedingte Wahrscheinlichkeiten dienen in Form von *Übergangswahrscheinlichkeiten* insbesondere als Bausteine bei der Modellierung mehrstufiger stochastischer Vorgänge über die erste Pfadregel. Mit der *Formel von der totalen Wahrscheinlichkeit* lassen sich die Wahrscheinlichkeiten komplizierter Ereignisse bestimmen, indem man eine Zerlegung nach sich paarweise ausschließenden Ereignissen durchführt und eine gewichtete Summe von bedingten Wahrscheinlichkeiten berechnet. Die *Bayes-Formel* ist ein schlagkräftiges Mittel, um Wahrscheinlichkeitseinschätzungen unter dem Einfluss von zusätzlicher Information neu zu bewerten. Stochastisch unabhängige Ereignisse üben wahrscheinlichkeitsheoretisch keinerlei Einfluss aufeinander aus. Der Begriff der stochastischen Unabhängigkeit lässt sich unmittelbar auf Mengensysteme und damit auch auf Zufallsvariablen mit allgemeinen Wertebereichen übertragen: Zufallsvariablen sind unabhängig, wenn die durch sie beschreibbaren Ereignisse unabhängig sind. Hinreichend reichhaltige Wahrscheinlichkeitsräume enthalten eine ganze Folge unabhängiger Ereignisse mit vorgegebenen Wahrscheinlichkeiten. *Markov-Ketten* beschreiben stochastische Systeme, deren zukünftiges Verhalten nur vom gegenwärtigen Zustand und nicht der Vergangenheit abhängt. Unter gewissen Voraussetzungen strebt die Verteilung einer Markov-Kette exponentiell schnell gegen eine eindeutig bestimmte stationäre Verteilung, die das Langzeitverhalten der Markov-Kette charakterisiert.

Die Abschnitte dieses Kapitels weisen einen sehr heterogenen mathematischen Schwierigkeitsgrad auf. Ein unbedingtes „Muss" sind die Abschnitte 20.1 und 20.2. Für sie wie auch für den Abschnitt über Markov-Ketten sind keinerlei Vorkenntnisse der Maß- und Integrationstheorie nötig. Gleiches gilt für den ersten Teil von Abschnitt 20.3 über stochastische Unabhängigkeit von Ereignissen. Maßtheoretisch nicht vorgebildete Leser sollten auf jeden Fall die Unabhängigkeit von Mengensystemen sowie die charakterisierende Gleichung (20.34) der Unabhängigkeit von Zufallsvariablen kennenlernen. Letztere Eigenschaft wird in den beiden folgenden Kapiteln im Zusammenhang mit diskreten und stetigen Zufallsvariablen wieder aufgegriffen.

20.1 Modellierung mehrstufiger stochastischer Vorgänge

Im Folgenden betrachten wir einen aus n Teilexperimenten (Stufen) bestehenden stochastischen Vorgang, der wie auf Seite 703 durch den Grundraum

$$\begin{aligned}\Omega &:= \Omega_1 \times \Omega_2 \times \ldots \times \Omega_n \\ &= \{\omega := (a_1, \ldots, a_n) \colon a_j \in \Omega_j \text{ für } j = 1, \ldots, n\}\end{aligned}$$

modelliert wird. Dabei stehe Ω_j für die Menge der möglichen Ausgänge des j-ten Teilexperiments. Wir setzen in diesem Abschnitt voraus, dass $\Omega_1, \ldots, \Omega_n$ *abzählbar* sind. Damit ist auch Ω abzählbar.

Die stochastische Dynamik eines mehrstufigen Vorgangs modelliert man mithilfe einer *Startverteilung* und *Übergangswahrscheinlichkeiten*. Der Übersichtlichkeit wegen betrachten wir zunächst den Fall $n = 2$. Der allgemeine Fall ergibt sich hieraus durch Induktion.

Übergangswahrscheinlichkeiten und Startverteilung modellieren mehrstufige Experimente

Eine **Startverteilung** ist eine Wahrscheinlichkeitsverteilung $\mathbb{P}_1$ auf Ω_1. Sie beschreibt die Wahrscheinlichkeiten, mit denen die Ausgänge des ersten Teilexperiments auftreten. Wegen der Abzählbarkeit von Ω_1 ist $\mathbb{P}_1$ schon durch die **Startwahrscheinlichkeiten**

$$p_1(a_1) := \mathbb{P}_1(\{a_1\}), \qquad a_1 \in \Omega_1,$$

festgelegt. Diese erfüllen die Normierungsbedingung

$$\sum_{a_1 \in \Omega_1} p_1(a_1) = 1. \tag{20.1}$$

Meist geht man umgekehrt vor und gibt sich nichtnegative Werte $p_1(a_1)$, $a_1 \in \Omega_1$, mit (20.1) vor. Dann definiert $\mathbb{P}_1(A_1) := \sum_{a_1 \in A_1} p_1(a_1)$, $A_1 \subseteq \Omega_1$, eine Startverteilung.

Eine **Übergangswahrscheinlichkeit von Ω_1 nach Ω_2** ist eine Funktion

$$\mathbb{P}_{1,2} \colon \Omega_1 \times \mathcal{P}(\Omega_2) \to \mathbb{R}_{\geq 0} \tag{20.2}$$

derart, dass $\mathbb{P}_{1,2}(a_1, \cdot)$ für jedes $a_1 \in \Omega_1$ ein Wahrscheinlichkeitsmaß auf Ω_2 ist. Wegen der Abzählbarkeit von Ω_2 ist $\mathbb{P}_{1,2}$ bereits durch die *Übergangswahrscheinlichkeiten*

$$p_2(a_1, a_2) := \mathbb{P}_{1,2}(a_1, \{a_2\}), \qquad a_2 \in \Omega_2,$$

festgelegt. Letztere erfüllen die Normierungsbedingung

$$\sum_{a_2 \in \Omega_2} p_2(a_1, a_2) = 1, \qquad a_1 \in \Omega_1. \tag{20.3}$$

Auch hier gibt man meist nichtnegative Werte $p_2(a_1, a_2)$ vor, die für jedes a_1 Gleichung (20.3) genügen. Dann definiert $\mathbb{P}_{1,2}(a_1, A_2) := \sum_{a_2 \in A_2} p_2(a_1, a_2)$, $A_2 \subseteq \Omega_2$, für jedes $a_1 \in \Omega_1$ ein Wahrscheinlichkeitsmaß über Ω_2.

Durch den *Modellierungsansatz*

$$p(\omega) := p_1(a_1) \cdot p_2(a_1, a_2), \qquad \omega = (a_1, a_2) \in \Omega, \tag{20.4}$$

wird dann vermöge

$$\mathbb{P}(A) := \sum_{\omega \in A} p(\omega), \qquad A \subseteq \Omega, \tag{20.5}$$

eine Wahrscheinlichkeitsverteilung $\mathbb{P}$ auf dem kartesischen Produkt $\Omega = \Omega_1 \times \Omega_2$ definiert. Hierzu ist nur zu beachten, dass wegen (20.1) und (20.3) die Normierungseigenschaft

$$\begin{aligned}\sum_{\omega\in\Omega} p(\omega) &= \sum_{a_1\in\Omega_1}\sum_{a_2\in\Omega_2} p_1(a_1)\cdot p_2(a_1,a_2)\\ &= \sum_{a_1\in\Omega_1} p_1(a_1)\cdot\left(\sum_{a_2\in\Omega_2} p_2(a_1,a_2)\right)\\ &= \sum_{a_1\in\Omega_1} p_1(a_1) = 1\end{aligned}$$

erfüllt ist.

Kommentar: Die von relativen Häufigkeiten her motivierte Definition (20.4) wird in der Schule als **erste Pfadregel** bezeichnet. Erwartet man bei einer oftmaligen Durchführung des zweistufigen Experiments in etwa $p_1 \cdot 100$ Prozent aller Fälle das Ergebnis a_1 und in etwa $p_2(a_1, a_2) \cdot 100$ Prozent *dieser Fälle* beim zweiten Teilexperiment das Ergebnis a_2, so wird sich im Gesamtexperiment in etwa $p_1(a_1)p_2(a_1, a_2) \cdot 100$ Prozent aller Fälle das Resultat (a_1, a_2) einstellen. Insofern sollte bei adäquater Modellierung des ersten Teilexperiments mit den Startwahrscheinlichkeiten $p_1(a_1)$ und des Übergangs vom ersten zum zweiten Teilexperiment mithilfe der von a_1 abhängenden Übergangswahrscheinlichkeiten $p_2(a_1, a_2)$ der Ansatz (20.4) ein passendes Modell für das zweistufige Experiment liefern. In diesem Zusammenhang findet man in der Literatur auch den Begriff **Kopplungspostulat**; das Wahrscheinlichkeitsmaß $\mathbb{P}$ wird dann als **Kopplung von $\mathbb{P}_1$ und $\mathbb{P}_{1,2}$** bezeichnet. In der Schule nennt man die Definition (20.5) als Berechnungsmethode für die Wahrscheinlichkeiten $\mathbb{P}(A)$ häufig auch **zweite Pfadregel**.

Beispiel **Das Pólya'sche Urnenmodell**

Das folgende Urnenschema wurde von dem Mathematiker George Pólya (1887–1985) als einfaches Modell vorgeschlagen, um die Ausbreitung ansteckender Krankheiten zu beschreiben: Ein Urne enthalte r rote und s schwarze Kugeln. Es werde eine Kugel rein zufällig gezogen, deren Farbe notiert und anschließend *diese sowie c weitere Kugel derselben Farbe* in die Urne gelegt. Nach gutem Mischen wird wiederum eine Kugel gezogen. Mit welcher Wahrscheinlichkeit ist diese rot?

Notieren wir das Ziehen einer roten oder schwarzen Kugel mit 1 bzw. 0, so ist $\Omega := \Omega_1 \times \Omega_2$ mit $\Omega_1 = \Omega_2 = \{0, 1\}$ ein geeigneter Grundraum für dieses zweistufige Experiment. Dabei stellt sich das Ereignis *die beim zweiten Mal gezogene Kugel ist rot* formal als

$$B = \{(1,1),\ (0,1)\} \tag{20.6}$$

dar. Da zu Beginn r rote und s schwarze Kugeln vorhanden sind, wählen wir als Startwahrscheinlichkeiten

$$p_1(1) := \frac{r}{r+s}, \quad p_1(0) := \frac{s}{r+s}. \tag{20.7}$$

Erscheint beim ersten Zug eine rote Kugel, so enthält die Urne vor der zweiten Ziehung $r + c$ rote und s schwarze Kugeln, andernfalls sind es r rote und $s + c$ schwarze Kugeln. Für die Übergangswahrscheinlichkeiten $p_2(i|j)$ $(i, j \in \{0, 1\})$ machen wir somit den Modellansatz

$$\begin{aligned}p_2(1,1) &:= \frac{r+c}{r+s+c}, \quad p_2(0,1) := \frac{r}{r+s+c},\\ p_2(1,0) &:= \frac{s}{r+s+c}, \quad p_2(0,0) := \frac{s+c}{r+s+c}.\end{aligned}$$

Das nachstehende ***Baumdiagramm*** veranschaulicht diese Situation für den speziellen Fall $r = 2$, $s = 3$ und $c = 1$. Es zeigt an den vom Startpunkt ausgehenden Pfeilen die Wahrscheinlichkeiten für die an den Pfeilenden notierten Ergebnisse der ersten Stufe. Darunter finden sich die davon abhängenden Übergangswahrscheinlichkeiten zu den Ergebnissen der zweiten Stufe. Jedem Ergebnis des Gesamtexperiments entspricht im Baumdiagramm ein vom Startpunkt ausgehender und entlang der Pfeile verlaufender *Pfad*. Dabei stehen an den Pfadenden die gemäß (20.4) gebildeten Wahrscheinlichkeiten.

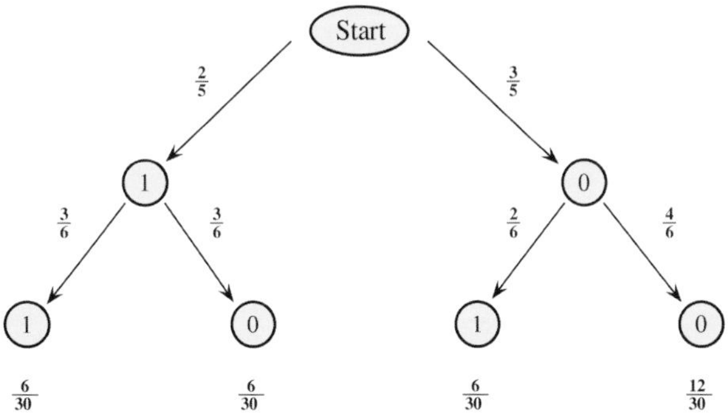

Abbildung 20.1 Baumdiagramm zum Pólya'schen Urnenmodell.

Für die Wahrscheinlichkeit des in (20.6) definierten Ereignisses B ergibt sich jetzt

$$\begin{aligned}\mathbb{P}(B) &= \mathbb{P}(\{(1,1)\}) + \mathbb{P}(\{(0,1)\})\\ &= \frac{r(r+c)}{(r+s)(r+s+c)} + \frac{sr}{(r+s)(r+s+c)}\\ &= \frac{r}{r+s}.\end{aligned}$$

Es ist also genauso wahrscheinlich (und kaum verwunderlich), im ersten wie im zweiten Zug eine rote Kugel zu ziehen. Der Urneninhalt vor der zweiten Ziehung besteht ja (in Unkenntnis des Ergebnisses der ersten Ziehung!) aus den ursprünglich vorhandenen Kugeln sowie c zusätzlich in die Urne gelegten Kugeln. Wird beim zweiten Zug eine der $r + s$ zu Beginn vorhandenen Kugeln gezogen, so ist die Wahrscheinlichkeit, eine rote Kugel zu ziehen, gleich $r/(r + s)$. Dies trifft aber auch zu, wenn eine der c Zusatzkugeln gezogen wird. ◀

Besitzt das Experiment mehr als zwei Stufen, so benötigt man neben den Startwahrscheinlichkeiten $p_1(a_1) := \mathbb{P}_1(\{a_1\})$,

$a_1 \in \Omega_1$, für jedes $j = 2, \ldots, n$ eine **Übergangswahrscheinlichkeit von $\Omega_1 \times \ldots \times \Omega_{j-1}$ nach Ω_j**. Diese ist eine Funktion

$$\mathbb{P}_{1,\ldots,j-1,j} \colon \Omega_1 \times \ldots \times \Omega_{j-1} \times \mathcal{P}(\Omega_j) \to \mathbb{R}_{\geq 0}$$

derart, dass für jede Wahl von $a_1 \in \Omega_1, \ldots, a_{j-1} \in \Omega_{j-1}$ die Zuordnung

$$A_j \mapsto \mathbb{P}_{1,\ldots,j-1,j}(a_1, \ldots, a_{j-1}, A), \quad A_j \subseteq \Omega_j,$$

eine Wahrscheinlichkeitsverteilung auf Ω_j ist. Letztere ist wegen der Abzählbarkeit von Ω_j durch die sogenannten **Übergangswahrscheinlichkeiten**

$$p_j(a_1, \ldots, a_{j-1}, a_j) := \mathbb{P}_{1,\ldots,j-1,j}(a_1, \ldots, a_{j-1}, \{a_j\}) \tag{20.8}$$

mit $a_j \in \Omega_j$ eindeutig bestimmt. Diese genügen für jede Wahl von $a_1, \ldots, a_{j-1}$ der Normierungsbedingung

$$\sum_{a_j \in \Omega_j} p_j(a_1, \ldots, a_{j-1}, a_j) = 1. \tag{20.9}$$

Wie oben wird man bei konkreten Modellierungen nichtnegative Zahlen $p_j(a_1, \ldots, a_{j-1}, a_j)$ mit (20.9) vorgeben. Dann entsteht eine Übergangswahrscheinlichkeit $\mathbb{P}_{1,\ldots,j-1,j}$ von $\Omega_1 \times \ldots \times \Omega_{j-1}$ nach Ω_j, indem man für jede Wahl von $a_1 \in \Omega_1, \ldots, a_{j-1} \in \Omega_{j-1}$ die Festlegung

$$\mathbb{P}_{1,\ldots,j-1,j}(a_1, \ldots, a_{j-1}, A_j) := \sum_{a_j \in A_j} p_j(a_1, \ldots, a_{j-1}, a_j),$$

$A_j \subseteq \Omega_j$, trifft.

Die Modellierung der Wahrscheinlichkeit $p(\omega)$ für das Ergebnis $\omega = (a_1, \ldots, a_n)$ des Gesamtexperiments erfolgt dann in direkter Verallgemeinerung von (20.4) durch

$$p(\omega) := p_1(a_1) \cdot \prod_{j=2}^{n} p_j(a_1, \ldots, a_{j-1}, a_j). \tag{20.10}$$

Dass die so definierten Wahrscheinlichkeiten die Bedingung $\sum_{\omega \in \Omega} p(\omega) = 1$ erfüllen und somit das durch

$$\mathbb{P}(A) := \sum_{\omega \in A} p(\omega), \quad A \subseteq \Omega, \tag{20.11}$$

definierte $\mathbb{P}$ eine Wahrscheinlichkeitsverteilung auf Ω ist, folgt wie im Fall $n = 2$, indem man bei der Summation der Produkte in (20.10) über $\Omega_1 \times \ldots \times \Omega_n$ sukzessive die Gleichungen (20.9) für $j = n$, $j = n - 1$ usw. ausnutzt.

Beispiel Das Pólya'sche Urnenmodell (Fortsetzung)
In Verallgemeinerung des Pólya'schen Urnenschemas von Seite 737 wird n-mal rein zufällig nach jeweils gutem Mischen aus einer Urne mit anfänglich r roten und s schwarzen Kugeln gezogen. Nach jedem Zug werden die gezogene Kugel und c weitere Kugeln derselben Farbe in die Urne zurückgelegt. *Dabei darf c auch negativ oder null sein.* Dann werden der Urne nach Zurücklegen der gezogenen Kugel $|c|$ Kugeln derselben Farbe entnommen. Der Urneninhalt muss hierfür nur hinreichend groß sein. Der Fall $c = 0$ bedeutet Ziehen mit Zurücklegen.

?

Was bedeutet hier „hinreichend groß"?

Als Grundraum diene die Menge $\Omega := \{0, 1\}^n$ der n-Tupel aus Nullen und Einsen, wobei eine 1 bzw. 0 an der j-ten Stelle des Tupels $(a_1, \ldots, a_n) \in \Omega$ angibt, ob die im j-ten Zug erhaltene Kugel rot oder schwarz ist.

Zur Modellierung von $p(\omega)$, $\omega = (a_1, \ldots, a_n)$, wählen wir die Startwahrscheinlichkeiten (20.7). Sind in den ersten $j-1$ Ziehungen insgesamt l rote und $j - 1 - l$ schwarze Kugeln aufgetreten, so enthält die Urne vor der j-ten Ziehung $r + l \cdot c$ rote und $s + (j - 1 - l) \cdot c$ schwarze Kugeln. Wir legen demnach für ein Tupel $(a_1, \ldots, a_{j-1})$ mit genau l Einsen und $j - 1 - l$ Nullen, d. h., $\sum_{\nu=1}^{j-1} a_\nu = l$, die Übergangswahrscheinlichkeiten wie folgt fest:

$$p_j(a_1, \ldots, a_{j-1}, 1) := \frac{r + l \cdot c}{r + s + (j-1) \cdot c},$$
$$p_j(a_1, \ldots, a_{j-1}, 0) := \frac{s + (j - 1 - l) \cdot c}{r + s + (j-1) \cdot c}.$$

Wegen der Kommutativität der Multiplikation ist dann die gemäß der ersten Pfadregel (20.10) gebildete Wahrscheinlichkeit $p(\omega)$ für ein n-Tupel $\omega = (a_1, \ldots, a_n) \in \Omega$ mit genau k Einsen durch

$$p(\omega) = \frac{\prod_{j=0}^{k-1}(r + jc) \cdot \prod_{j=0}^{n-k-1}(s + jc)}{\prod_{j=0}^{n-1}(r + s + jc)} \tag{20.12}$$

$(k = 0, 1, \ldots, n)$ gegeben. Dabei sei wie üblich ein Produkt über die leere Menge, also z. B. ein von $j = 0$ bis $j = -1$ laufendes Produkt, gleich eins gesetzt. Die Wahrscheinlichkeit für das Auftreten eines Tupels $(a_1, \ldots, a_n)$ hängt also nur von der *Anzahl* seiner Einsen, nicht aber von der Stellung dieser Einsen innerhalb des Tupels ab. Konsequenterweise sind die Ereignisse

$$A_j := \{(a_1, \ldots, a_n) \in \Omega \colon a_j = 1\}, \quad j = 1, \ldots, n,$$

im j-ten Zug eine rote Kugel zu erhalten, nicht nur gleich wahrscheinlich, sondern sogar austauschbar, d. h., es gilt

$$\mathbb{P}(A_{i_1} \cap \ldots \cap A_{i_k}) = \mathbb{P}(A_1 \cap \ldots \cap A_k)$$

für jedes $k = 1, \ldots, n$ und jede Wahl von $i_1, \ldots, i_k$ mit $1 \leq i_1 < \ldots < i_k \leq n$ (siehe Aufgabe 20.26). Diese Austauschbarkeit zeigt auch, dass die Verteilung der mit

$$X := \mathbf{1}\{A_1\} + \ldots + \mathbf{1}\{A_n\}$$

bezeichneten Anzahl gezogener roter Kugeln durch

$$\mathbb{P}(X = k) = \binom{n}{k} \frac{\prod_{j=0}^{k-1}(r + jc) \prod_{j=0}^{n-k-1}(s + jc)}{\prod_{j=0}^{n-1}(r + s + jc)} \tag{20.13}$$

$(k = 0, 1, \ldots, n)$ gegeben ist, denn die Anzahl der n-Tupel mit genau k Einsen ist ja $\binom{n}{k}$.

Die Verteilung von X heißt **Pólya-Verteilung** mit Parametern n, r, s und c, und wir schreiben hierfür kurz

$$X \sim \mathrm{Pol}(n, r, s, c).$$

Die Pólya-Verteilung enthält als Spezialfälle für $c = 0$ die Binomialverteilung $\mathrm{Bin}(n, r/(r+s))$ und für $c = -1$ die hypergeometrische Verteilung $\mathrm{Hyp}(n, r, s)$ (vgl. die Darstellung (19.35)).

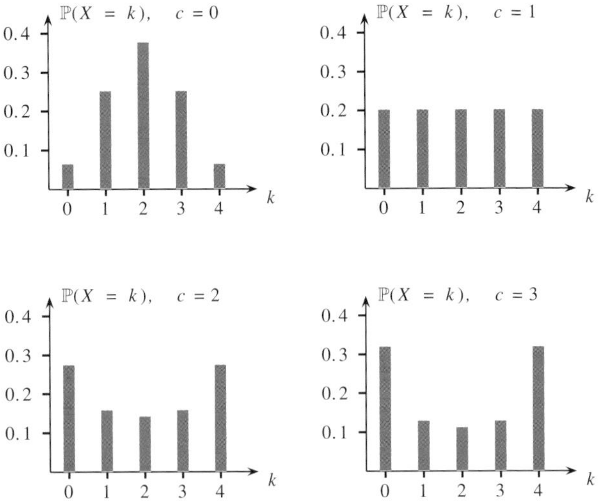

Abbildung 20.2 Stabdiagramme der Pólya-Verteilungen $\mathrm{Pol}(4, 1, 1, c)$ mit $c = 0, 1, 2, 3$.

Abbildung 20.2 zeigt Stabdiagramme von Pólya-Verteilungen mit $n = 4$, $r = s = 1$ und $c = 0, 1, 2, 3$. Man sieht, dass bei Vergrößerung von c (plausiblerweise) die Wahrscheinlichkeiten für die extremen Fälle, nur rote oder schwarze Kugeln zu ziehen, zunehmen. Für $c \to \infty$ gilt $\mathbb{P}(X = 0) = \mathbb{P}(X = 4) \to 1/2$ (siehe hierzu auch Aufgabe 20.5). ◀

Ein wichtiger Spezialfall eines mehrstufigen Experiments entsteht, wenn die n Teilexperimente unbeeinflusst voneinander ablaufen, also für jedes $j = 2, \ldots, n$ das j-te Teilexperiment ohne Kenntnis der Ergebnisse $a_1, \ldots, a_{j-1}$ der früheren $j-1$ Teilexperimente *räumlich oder zeitlich getrennt* von allen anderen Teilexperimenten durchgeführt werden kann. Ein alternativer Gedanke ist, dass die n Teilexperimente *gleichzeitig* durchgeführt werden. In diesem Fall hängen die Übergangswahrscheinlichkeiten in (20.8) nicht von $a_1, \ldots, a_{j-1}$ ab, sodass wir

$$p_j(a_j) := p_j(a_1, \ldots, a_{j-1} | a_j) \qquad (20.14)$$

($a_1 \in \Omega_1, \ldots, a_j \in \Omega_j$) setzen können. Dabei definiert $p_j(.)$ über die Festsetzung

$$\mathbb{P}_j(A_j) := \sum_{a_j \in A_j} p_j(a_j), \quad A_j \subseteq \Omega_j,$$

eine Wahrscheinlichkeitsverteilung $\mathbb{P}_j$ auf Ω_j.

Weil mit (20.14) der Ansatz (20.10) die Produktgestalt

$$p(\omega) := p_1(a_1) \cdot p_2(a_2) \cdot \ldots \cdot p_n(a_n) \qquad (20.15)$$

annimmt, nennen wir solche mehrstufigen Experimente auch **Produktexperimente**.

Insbesondere erhält man im Fall $\Omega_1 = \ldots = \Omega_n$ und $p_1(.) = \ldots = p_n(.)$ ein stochastisches Modell für die n-malige *unabhängige* wiederholte Durchführung eines durch die Grundmenge Ω_1 und die Startverteilung $\mathbb{P}_1$ modellierten Zufallsexperiments. Dieses Modell ist uns schon in Spezialfällen wie etwa dem Laplace-Ansatz für den zweifachen Würfelwurf begegnet. Hier gilt $\Omega_1 = \Omega_2 = \{1, 2, 3, 4, 5, 6\}$, $p_1(i) = p_2(j) = 1/6$, also $p(i, j) = 1/36$ für $i, j = 1, \ldots, 6$. Eine weitreichende Verallgemeinerung auf allgemeine Grundräume und abzählbar-unendliche Produkte findet sich auf Seite 753.

20.2 Bedingte Wahrscheinlichkeiten

Wie schon im vorigen Abschnitt geht es auch jetzt um Fragen der vernünftigen Verwertung von Teilinformationen über stochastische Vorgänge. Diese Verarbeitung geschah in 20.1 mithilfe von Übergangswahrscheinlichkeiten. In diesem Abschnitt lernen wir den zentralen Begriff der *bedingten Wahrscheinlichkeit* kennen. Hierzu stellen wir uns ein wiederholt durchführbares Zufallsexperiment vor, das durch den Wahrscheinlichkeitsraum $(\Omega, \mathcal{A}, \mathbb{P})$ beschrieben sei. Über den Ausgang ω des Experiments sei nur bekannt, dass ein Ereignis $A \in \mathcal{A}$ eingetreten ist, also $\omega \in A$ gilt. Diese Information werde im Folgenden kurz die *Bedingung A* genannt. Ist $B \in \mathcal{A}$ ein Ereignis, so würden wir aufgrund dieser unvollständigen Information über Ω gerne eine Wahrscheinlichkeit für das Eintreten von B *unter der Bedingung A* festlegen. Im Gegensatz zu früheren Überlegungen, bei denen Wahrscheinlichkeiten als Chancen für das Eintreten von Ereignissen bei *zukünftigen* Experimenten gedeutet wurden, stellt sich hier das Problem, die Aussicht auf das Eintreten von B *nach* Durchführung eines Zufallsexperiments zu bewerten.

Welche Eigenschaften sollte eine mit $\mathbb{P}(B|A)$ bezeichnete und geeignet zu definierende bedingte Wahrscheinlichkeit von B unter der Bedingung A besitzen? Natürlich sollte $\mathbb{P}(B|A)$ die Ungleichungen $0 \le \mathbb{P}(B|A) \le 1$ erfüllen. Weitere natürliche Eigenschaften wären

$$\mathbb{P}(B|A) = 1, \quad \text{falls } A \subseteq B, \qquad (20.16)$$

und

$$\mathbb{P}(B|A) = 0, \quad \text{falls } B \cap A = \emptyset. \qquad (20.17)$$

Die erste Gleichung sollte gelten, da die Inklusion $A \subseteq B$ unter der Bedingung A das Eintreten von B nach sich zieht.

(20.17) ist ebenfalls klar, weil im Fall $A \cap B = \emptyset$ das Eintreten von A das Eintreten von B ausschließt.

Natürlich stellen (20.16) und (20.17) extreme Situationen dar. Allgemein müssen wir mit den Möglichkeiten $\mathbb{P}(B|A) > \mathbb{P}(B)$, $\mathbb{P}(B|A) < \mathbb{P}(B)$ und $\mathbb{P}(B|A) = \mathbb{P}(B)$ rechnen. In den ersten beiden Fällen begünstigt bzw. beeinträchtigt das Eintreten von A die Aussicht auf das Eintreten von B. Im letzten Fall ist die Aussicht auf das Eintreten von B unabhängig vom Eintreten von A.

Beispiel In der Situation des Pólya-Urnenschemas auf Seite 737 seien $A := \{(1,0),(1,1)\}$ und $B := \{(0,1),(1,1)\}$ die Ereignisse, beim ersten bzw. zweiten Zug eine rote Kugel zu erhalten. Unter der Bedingung A enthält die Urne vor dem zweiten Zug $r + c$ rote und insgesamt $r + s + c$ Kugeln. Wir würden also in diesem konkreten Fall die bedingte Wahrscheinlichkeit von B unter der Bedingung A zu

$$\mathbb{P}(B|A) := \frac{r+c}{r+s+c}$$

ansetzen. Diese Festlegung ist aber identisch mit derjenigen für die Übergangswahrscheinlichkeit $p_2(1,1)$ auf Seite 737. Nachdem wir bedingte Wahrscheinlichkeiten formal definiert haben, werden wir sehen, dass Übergangswahrscheinlichkeiten immer als bedingte Wahrscheinlichkeiten interpretiert werden können. Man beachte, dass im vorliegenden Beispiel $\mathbb{P}(B|A) > \mathbb{P}(A)$ gleichbedeutend mit $c > 0$ und die umgekehrte Ungleichung „<" zu $c < 0$ äquivalent ist. Der Fall $c = 0$, also Ziehen mit Zurücklegen, lässt das Eintreten oder Nichteintreten von A die Aussicht auf das Eintreten von B unverändert. In diesem Fall sind die Ereignisse in einem im nächsten Abschnitt zu präzisierenden Sinn *stochastisch unabhängig*. ◀

Zur Motivierung der Definition von $\mathbb{P}(B|A)$ anhand relativer Häufigkeiten mögen in n gleichartigen und unbeeinflusst voneinander ablaufenden Versuchen $h_n(A)$ mal das Ereignis A und $h_n(A \cap B)$ mal sowohl A als auch B eingetreten sein. Unter allen Versuchen, bei denen A eintritt, zählt $h_n(A \cap B)$ somit diejenigen, bei denen sich auch noch B ereignet. Um die Aussicht auf das Eintreten von B unter der Bedingung A zu bewerten, liegt es nahe, bei positivem Nenner den Quotienten

$$r_n(B|A) := \frac{h_n(A \cap B)}{h_n(A)}$$

als *empirisch gestützte Chance für das Eintreten von B unter der Bedingung A* anzusehen. Teilt man hier Zähler und Nenner durch n, so ergibt sich die Darstellung

$$r_n(B|A) = \frac{r_n(B \cap A)}{r_n(A)}$$

als Quotient zweier relativer Häufigkeiten. Da sich nach dem empirischen Gesetz über die Stabilisierung relativer Häufigkeiten (vgl. die Diskussion auf Seite 708) $r_n(B \cap A)$ und $r_n(A)$ bei wachsendem n den „richtigen Modell-Wahrscheinlichkeiten" $\mathbb{P}(B \cap A)$ bzw. $\mathbb{P}(A)$ annähern sollten, ist die nachfolgende Definition kaum verwunderlich.

Bedingte Wahrscheinlichkeit, bedingte Verteilung

Es seien $(\Omega, \mathcal{A}, \mathbb{P})$ ein Wahrscheinlichkeitsraum und $A \in \mathcal{A}$ ein Ereignis mit $\mathbb{P}(A) > 0$. Dann heißt

$$\mathbb{P}(B|A) := \frac{\mathbb{P}(B \cap A)}{\mathbb{P}(A)}, \quad B \in \mathcal{A},$$

die **bedingte Wahrscheinlichkeit** von B unter der Bedingung A.

Das durch

$$\mathbb{P}_A(B) := \mathbb{P}(B|A), \quad B \in \mathcal{A}, \qquad (20.18)$$

definierte Wahrscheinlichkeitsmaß auf $\mathcal{A}$ heißt **bedingte Verteilung** von $\mathbb{P}$ unter der Bedingung A.

?

Warum ist $\mathbb{P}_A$ ein Wahrscheinlichkeitsmaß?

Kommentar: Aus der Definition von $\mathbb{P}(B|A)$ folgt unmittelbar, dass die von einem heuristischen Standpunkt aus wünschenswerten Eigenschaften (20.16) und (20.17) erfüllt sind. Man beachte, dass die bedingte Verteilung $\mathbb{P}_A$ wegen $\mathbb{P}_A(A) = 1$ ganz auf dem bedingenden Ereignis A konzentriert ist. Für den Spezialfall eines diskreten Wahrscheinlichkeitsraumes, in dem $\mathbb{P}$ durch die Wahrscheinlichkeiten $p(\omega) := \mathbb{P}(\{\omega\})$, $\omega \in \Omega$, festgelegt ist, ist die bedingte Verteilung $\mathbb{P}_A$ durch die Wahrscheinlichkeiten

$$p_A(\omega) := \mathbb{P}_A(\{\omega\}) = \begin{cases} \dfrac{p(\omega)}{\mathbb{P}(A)}, & \text{falls } \omega \in A \\ 0 & \text{sonst} \end{cases} \qquad (20.19)$$

$(\omega \in \Omega)$ eindeutig bestimmt. In diesem Fall erhält beim Übergang von $\mathbb{P}$ zur bedingten Verteilung $\mathbb{P}_A$ jedes Elementarereignis $\{\omega\}$ mit $\omega \notin A$ die Wahrscheinlichkeit 0, und die ursprünglichen Wahrscheinlichkeiten $p(\omega)$ der in A liegenden Elementarereignisse werden jeweils um den gleichen Faktor $\mathbb{P}(A)^{-1}$ vergrößert (siehe Abbildung 20.3).

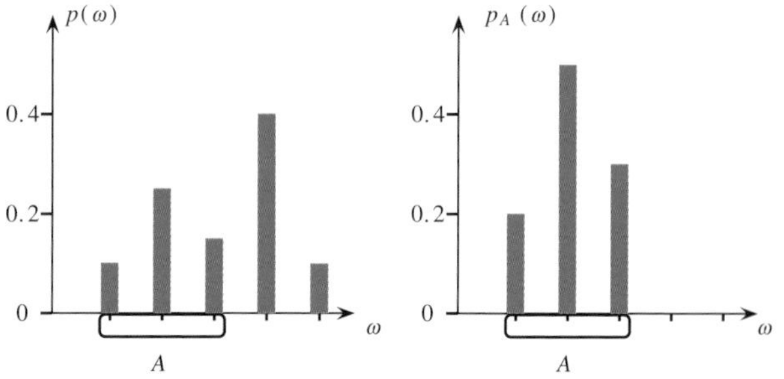

Abbildung 20.3 Übergang zur bedingten Verteilung.

Übergangswahrscheinlichkeiten sind bedingte Wahrscheinlichkeiten

Multipliziert man die $\mathbb{P}(B|A)$ definierende Gleichung mit $\mathbb{P}(A)$, so ergibt sich die im Hinblick auf Anwendungen wichtige Identität

$$\mathbb{P}(B \cap A) = \mathbb{P}(A) \cdot \mathbb{P}(B|A) . \qquad (20.20)$$

Meist wird nämlich nicht $\mathbb{P}(B|A)$ aus $\mathbb{P}(A)$ und $\mathbb{P}(B \cap A)$ berechnet, sondern $\mathbb{P}(B \cap A)$ aus $\mathbb{P}(A)$ und $\mathbb{P}(B|A)$ gemäß (20.20). Die Standardsituation hierfür ist ein zweistufiges Experiment, bei dem A bzw. B einen Ausgang des ersten bzw. zweiten Teilexperiments beschreiben. Formal ist hier

$$\Omega = \Omega_1 \times \Omega_2 , \quad A = \{a_1\} \times \Omega_2 , \quad B = \Omega_1 \times \{a_2\} , \qquad (20.21)$$

wobei $a_1 \in \Omega_1, a_2 \in \Omega_2$. Mit $\omega := (a_1, a_2)$ gilt dann $B \cap A = \{\omega\}$. Gibt man sich Startwahrscheinlichkeiten $p_1(a_1)$ und Übergangswahrscheinlichkeiten $p_2(a_1, a_2)$ vor und konstruiert hieraus das Wahrscheinlichkeitsmaß $\mathbb{P}$ auf Ω mithilfe von (20.4) und (20.5), so stellt (20.20) die erste Pfadregel (20.4) dar. Wir sehen also, dass Übergangswahrscheinlichkeiten in gekoppelten Experimenten bedingte Wahrscheinlichkeiten sind und dass bedingte Wahrscheinlichkeiten als Bausteine für die Modellierung stochastischer Vorgänge dienen.

Achtung: Bei der bedingten Wahrscheinlichkeit $\mathbb{P}(B|A)$ steht das „bedingende Ereignis" A durch den „Bedingungsstrich" | getrennt *hinter* dem Ereignis B, bei den Übergangswahrscheinlichkeiten $p_2(a_1, a_2)$ ist es umgekehrt. Hier steht der „bedingende Zustand" a_1 *vor* dem Zustand a_2 des zweiten Teilexperiments. In der Situation von (20.21) gilt also $p(a_1, a_2) = \mathbb{P}(B|A)$.

Eine direkte Verallgemeinerung von (20.20) ist die induktiv einzusehende **allgemeine Multiplikationsregel**

$$\mathbb{P}(A_1 \cap \ldots \cap A_n) = \mathbb{P}(A_1) \cdot \prod_{j=2}^{n} \mathbb{P}(A_j|A_1 \cap \ldots \cap A_{j-1})$$

für n Ereignisse $A_1, \ldots, A_n$, wobei $\mathbb{P}(A_1 \cap \ldots \cap A_{n-1}) > 0$. Letztere Bedingung stellt sicher, dass alle auftretenden bedingten Wahrscheinlichkeiten definiert sind. Der Hauptanwendungsfall hierfür ist ein n-stufiges Experiment mit gegebener Startverteilung und gegebenen Übergangswahrscheinlichkeiten (vgl. (20.8)), wobei

$$A_j = \Omega_1 \times \ldots \times \Omega_{j-1} \times \{a_j\} \times \Omega_{j+1} \times \ldots \times \Omega_n$$

das Ereignis bezeichnet, dass beim j-ten Teilexperiment das Ergebnis a_j auftritt ($j = 1, \ldots, n, a_j \in \Omega_j$). Definieren wir $\mathbb{P}$ über (20.11) und (20.10), so stimmt die bedingte Wahrscheinlichkeit $\mathbb{P}(A_j|A_1 \cap \ldots \cap A_{j-1})$ mit der in (20.8) angegebenen Übergangswahrscheinlichkeit $p_j(a_1, \ldots, a_{j-1}|a_j)$ überein, und die Multiplikationsregel ist nichts anderes als die erste Pfadregel (20.10).

Formel von der totalen Wahrscheinlichkeit

Es seien $(\Omega, \mathcal{A}, \mathbb{P})$ ein Wahrscheinlichkeitsraum und $A_1, A_2, \ldots$ endlich oder abzählbar-unendlich viele paarweise disjunkte Ereignisse mit $\sum_{j\geq 1} A_j = \Omega$ sowie $\mathbb{P}(A_j) > 0$, $j \geq 1$. Dann gilt für jedes $B \in \mathcal{A}$:

$$\mathbb{P}(B) = \sum_{j\geq 1} \mathbb{P}(A_j) \cdot \mathbb{P}(B|A_j) .$$

Beweis: Die Behauptung folgt wegen

$$B = \Omega \cap B = \left(\sum\nolimits_{j\geq 1} A_j\right) \cap B = \sum\nolimits_{j\geq 1} A_j \cap B$$

aus der σ-Additivität von $\mathbb{P}$ und der Definition von $\mathbb{P}(B|A_j)$. ■

Bayes-Formel

In der obigen Situation gilt für jedes $B \in \mathcal{A}$ mit $\mathbb{P}(B) > 0$ die nach Thomas Bayes (1702–1761) benannte Formel

$$\mathbb{P}(A_k|B) = \frac{\mathbb{P}(A_k) \cdot \mathbb{P}(B|A_k)}{\sum_{j\geq 1} \mathbb{P}(A_j) \cdot \mathbb{P}(B|A_j)} , \qquad k \geq 1 .$$

Beweis: Nach der Formel von der totalen Wahrscheinlichkeit sind der Nenner gleich $\mathbb{P}(B)$ und der Zähler ist gleich $\mathbb{P}(B \cap A_k)$. ■

Obwohl die Formel von der totalen Wahrscheinlichkeit und die Bayes-Formel aus *mathematischer* Sicht einfach sind, ist ihre Bedeutung sowohl für die Behandlung theoretischer Probleme als auch im Hinblick auf Anwendungen immens. Erstere Formel kommt immer dann zum Einsatz, wenn zur Bestimmung der Wahrscheinlichkeit eines „komplizierten" Ereignisses B eine Fallunterscheidung weiterhilft. Diese Fälle sind durch die paarweise disjunkten Ereignisse $A_1, A_2, \ldots$ einer Zerlegung des Grundraums Ω gegeben. Kennt man die Wahrscheinlichkeiten der A_j und – aufgrund der Rahmenbedingungen des stochastischen Vorgangs – die bedingten Wahrscheinlichkeiten von B unter diesen Fällen, so ergibt sich $\mathbb{P}(B)$ als eine mit den Wahrscheinlichkeiten der A_j gewichtete Summe dieser bedingten Wahrscheinlichkeiten. Ein Beispiel hierfür ist ein zweistufiges Experiment, bei dem das Ereignis $A_j = \{e_j\} \times \Omega_2$ einen Ausgang e_j des ersten Teilexperiments beschreibt und sich das Ereignis $B = \Omega_1 \times \{b\}$ auf ein Ergebnis b des zweiten Teilexperiments bezieht. Nach früher angestellten Überlegungen gilt $\mathbb{P}(A_j) = p_1(e_j)$ sowie $\mathbb{P}(B|A_j) = p_2(e_j|b)$. Wegen

$$\mathbb{P}(B) = \sum_{(a_1,a_2)\in\Omega_1\times\{b\}} p_1(a_1)p_2(a_1, a_2) = \sum_{j\geq 1} p_1(e_j)p_2(e_j|b)$$

geht die Formel von der totalen Wahrscheinlichkeit in diesem Fall in die zweite Pfadregel über.

Beispiel Gegeben seien 3 Urnen U_1, U_2, U_3. Urne U_j enthalte $j-1$ rote und $3-j$ schwarze Kugeln. Es wird eine Urne rein zufällig ausgewählt und dann werden aus dieser Urne rein zufällig zwei Kugeln mit Zurücklegen gezogen. Mit welcher Wahrscheinlichkeit sind beide Kugeln rot?

Bezeichnen A_j das Ereignis, dass Urne j ausgewählt wird ($j = 1, 2, 3$) und B das Ereignis, dass beide gezogenen Kugeln rot sind, so gilt aufgrund der Aufgabenstellung $\mathbb{P}(A_j) = 1/3$ ($j = 1, 2, 3$) sowie $\mathbb{P}(B|A_1) = 0$, $\mathbb{P}(B|A_2) = 1/4$ und $\mathbb{P}(B|A_3) = 1$. Nach der Formel von der totalen Wahrscheinlichkeit folgt

$$\mathbb{P}(B) = \frac{1}{3} \cdot \left(0 + \frac{1}{4} + 1\right) = \frac{5}{12}.$$

Als formaler Grundraum für diesen zweistufigen stochastischen Vorgang kann $\Omega = \{(j,k)\colon j = 1,2,3;\ k = 0,1,2\}$ gewählt werden. Dabei geben j die Nummer der ausgewählten Urne und k die Anzahl der gezogenen roten Kugeln an. In diesem Raum ist $A_j = \{(j,k)\colon k = 0,1,2\}$ und $B = \{(j,2)\colon j = 1,2,3\}$. ◀

Die Bayes-Formel erfährt eine interessante Deutung, wenn die Ereignisse $A_1, A_2, \ldots$ als *Ursachen* oder *Hypothesen* für das Eintreten des Ereignisses B angesehen werden. Ordnet man den A_j vor der Beobachtung eines stochastischen Vorgangs gewisse Wahrscheinlichkeiten $\mathbb{P}(A_j)$ zu, so nennt man $\mathbb{P}(A_j)$ die **A-priori-Wahrscheinlichkeit** für A_j. Mangels genaueren Wissens über die Hypothesen A_j werden letztere häufig als gleich wahrscheinlich angenommen (dies ist natürlich nur bei endlich vielen A_j möglich). Das Ereignis B trete mit der bedingten Wahrscheinlichkeit $\mathbb{P}(B|A_j)$ ein, falls A_j eintritt, d. h. Hypothese A_j zutrifft. Beobachtet man nun das Ereignis B, so ist die „inverse" bedingte Wahrscheinlichkeit $\mathbb{P}(A_j|B)$ die **A-posteriori-Wahrscheinlichkeit** dafür, dass A_j *Ursache von B ist.* Es liegt somit nahe, daraufhin die A-priori-Wahrscheinlichkeiten zu überdenken und den Hypothesen A_j gegebenenfalls andere, nämlich die A-posteriori-Wahrscheinlichkeiten zuzuordnen. Wie auch die nachstehende klassische Fragestellung von Laplace aus dem Jahr 1783 zeigt, löst die Bayes-Formel somit das Problem der Veränderung von Wahrscheinlichkeiten unter dem Einfluss von Information.

Beispiel Laplace, 1783
Eine Urne enthalte drei Kugeln, wobei jede Kugel entweder rot oder schwarz ist. Das Mischungsverhältnis von Rot zu Schwarz sei unbekannt. Es wird n-mal rein zufällig mit Zurücklegen eine Kugel gezogen und jedes Mal eine rote Kugel beobachtet. Wie groß sind die A-posteriori-Wahrscheinlichkeiten für die einzelnen Mischungsverhältnisse, wenn diese a priori gleich wahrscheinlich waren?

Es seien A_j das Ereignis, dass die Urne j rote Kugeln enthält ($j = 0, 1, 2, 3$), und B das Ereignis, dass man n-mal hintereinander eine rote Kugel zieht. Es gilt

$$\mathbb{P}(B|A_j) = \left(\frac{j}{3}\right)^n, \quad j = 0, 1, 2, 3.$$

Unter der Gleichverteilungsannahme $\mathbb{P}(A_j) = 1/4$ ($j = 0, 1, 2, 3$) folgt nach der Bayes-Formel

$$\begin{aligned}\mathbb{P}(A_k|B) &= \frac{\mathbb{P}(A_k) \cdot \mathbb{P}(B|A_k)}{\sum_{j=0}^{3} \mathbb{P}(A_j) \cdot \mathbb{P}(B|A_j)} \\ &= \frac{\left(\frac{k}{3}\right)^n}{\left(\frac{1}{3}\right)^n + \left(\frac{2}{3}\right)^n + 1}.\end{aligned}$$

Für $n \to \infty$ konvergieren (plausiblerweise) die A-posteriori-Wahrscheinlichkeiten $\mathbb{P}(A_k|B)$ für $k = 0, 1, 2$ gegen null und für $k = 3$ gegen eins. Das gleiche asymptotische Verhalten würde man für jede andere Wahl der A-priori-Wahrscheinlichkeiten $\mathbb{P}(A_j)$ ($j = 0, 1, 2, 3$) erhalten (Aufgabe 20.9). Unter dem Eindruck objektiver Daten gleichen sich also u. U. zunächst sehr unterschiedliche, z. B. von verschiedenen Personen vorgenommene, A-priori-Bewertungen als A-posteriori-Bewertungen immer weiter an – was sie bei lernfähigen Individuen auch sollten. ◀

Beispiel Zur Interpretation der Ergebnisse medizinischer Tests
Bei medizinischen Tests zur Erkennung von Krankheiten sind *falsch positive* und *falsch negative* Befunde unvermeidlich. Erstere diagnostizieren das Vorliegen der Krankheit bei einer gesunden Person, bei letzteren wird eine kranke Person als gesund angesehen. Unter der **Sensitivität** bzw. **Spezifität** des Tests versteht man die mit p_{se} bzw. p_{sp} bezeichneten Wahrscheinlichkeiten, dass eine kranke Person als krank bzw. eine gesunde Person als gesund erkannt wird. Für Standardtests gibt es hierfür verlässliche Schätzwerte. So besitzt etwa der *ELISA-Test* zur Erkennung von Antikörpern gegen das HI-Virus eine Sensitivität von 0.999 und eine Spezifität von 0.998.

Nehmen wir an, eine Person habe sich einem Test auf Vorliegen einer bestimmten Krankheit unterzogen und einen positiven Befund erhalten. Mit welcher Wahrscheinlichkeit ist sie wirklich krank? Die Antwort auf diese Frage hängt von der mit q bezeichneten A-priori-Wahrscheinlichkeit der Person ab, die Krankheit zu besitzen. Bezeichnen K das Ereignis, krank zu sein, sowie $\ominus$ und $\oplus$ die Ereignisse, ein negatives bzw. ein positives Testergebnis zu erhalten, so führen die Voraussetzungen zu den Modellannahmen $\mathbb{P}(K) = q$, $\mathbb{P}(\oplus|K) = p_{se}$ und $\mathbb{P}(\ominus|K^c) = p_{sp}$. Nach der Bayes-Formel folgt

$$\mathbb{P}(K|\oplus) = \frac{\mathbb{P}(K) \cdot \mathbb{P}(\oplus|K)}{\mathbb{P}(K) \cdot \mathbb{P}(\oplus|K) + \mathbb{P}(K^c) \cdot \mathbb{P}(\oplus|K^c)}$$

und somit wegen $\mathbb{P}(K^c) = 1 - q$ und $\mathbb{P}(\oplus|K^c) = 1 - p_{sp}$

$$\mathbb{P}(K|\oplus) = \frac{q \cdot p_{se}}{q \cdot p_{se} + (1-q) \cdot (1-p_{sp})}. \tag{20.26}$$

Abbildung 20.4 zeigt die Abhängigkeit dieser Wahrscheinlichkeit als Funktion des logarithmisch aufgetragenen Wertes

Unter der Lupe: Das Simpson-Paradoxon

Teilgesamtheiten können sich im Gleichschritt konträr zur Gesamtheit verhalten

Können Sie sich vorstellen, dass eine Universität Männer so eklatant benachteiligt, dass sie von 1000 Bewerbern nur 420 aufnimmt, aber 74 Prozent aller Bewerberinnen zulässt? Würden Sie glauben, dass diese Universität in jedem einzelnen Fach Männer den Vorzug gegenüber Frauen gibt? Dass dies möglich ist und in abgeschwächter Form an der Universität Berkeley, Kalifornien, unter Vertauschung der Geschlechter auch wirklich auftrat (siehe die zitierte Literatur), zeigen nachstehende fiktive Daten. Dabei wurden der Einfachheit halber nur zwei Fächer angenommen.

	Frauen		Männer	
	Bewerberinnen	zugelassen	Bewerber	zugelassen
Fach 1	900	720	200	180
Fach 2	100	20	800	240
Summe	1000	740	1000	420

Offenbar wurden für Fach 1 zwar 80% der Frauen, aber 90% aller Männer zugelassen. Auch im zweiten Fach wurden die Männer mitnichten benachteiligt, denn ihre Zulassungsquote ist mit 30% um 10% höher als die der Frauen. Eine Erklärung für diesen zunächst verwirrenden Sachverhalt liefern die Darstellungen

$$0.74 = 0.9 \cdot 0.8 + 0.1 \cdot 0.2\,, \quad 0.42 = 0.2 \cdot 0.9 + 0.8 \cdot 0.3$$

der globalen Zulassungsquoten als *gewichtete Mittel* der Zulassungsquoten in den einzelnen Fächern. Obwohl die Quoten der Männer in jedem Fach diejenige der Frauen übertreffen, erscheint die Universität aufgrund der bei Frauen und Männern völlig unterschiedlichen Gewichtung dieser Quoten auf den ersten Blick männerfeindlich. Die Männer haben sich eben überwiegend in dem Fach beworben, in dem eine Zulassung sehr schwer zu erlangen war.

Hinter diesem konstruierten Beispiel steckt ein allgemeines Phänomen, das als **Simpson-Paradoxon** bekannt ist und wie folgt mithilfe bedingter Wahrscheinlichkeiten formuliert werden kann:

Es seien $(\Omega, \mathcal{A}, \mathbb{P})$ ein Wahrscheinlichkeitsraum, $K_1, \ldots, K_n$ paarweise disjunkte Ereignisse mit $\Omega = K_1 + \ldots + K_n$ sowie A und B Ereignisse mit $\mathbb{P}(A \cap K_j) > 0$, $\mathbb{P}(A^c \cap K_j) > 0$ für jedes $j = 1, \ldots, n$. Das Simpson-Paradoxon liegt vor, wenn neben den für jedes $j = 1, \ldots, n$ geltenden Ungleichungen

$$\mathbb{P}(B|A \cap K_j) > \mathbb{P}(B|A^c \cap K_j) \qquad (20.22)$$

„paradoxerweise" die umgekehrte Ungleichung

$$\mathbb{P}(B|A) < \mathbb{P}(B|A^c) \qquad (20.23)$$

erfüllt ist.

Berechnet man die bedingten Wahrscheinlichkeiten $\mathbb{P}_A(B) = \mathbb{P}(B|A)$ und $\mathbb{P}_{A^c}(B) = \mathbb{P}(B|A^c)$ mithilfe der Formel von der totalen Wahrscheinlichkeit, so folgt

$$\mathbb{P}(B|A) = \sum_{j=1}^{n} \mathbb{P}(K_j|A)\mathbb{P}(B|A \cap K_j)\,, \qquad (20.24)$$

$$\mathbb{P}(B|A^c) = \sum_{j=1}^{n} \mathbb{P}(K_j|A^c)\mathbb{P}(B|A^c \cap K_j)\,. \qquad (20.25)$$

Da die bedingten Wahrscheinlichkeiten $\mathbb{P}(K_j|A)$ in (20.24) gerade für diejenigen j klein sein können, für die $\mathbb{P}(B|A \cap K_j)$ groß ist und umgekehrt sowie in gleicher Weise $\mathbb{P}(K_j|A^c)$ in (20.25) gerade für diejenigen j groß sein kann, für die $\mathbb{P}(B|A^c \cap K_j)$ groß ist (ohne natürlich (20.22) zu verletzen), ist es *mathematisch* banal, dass das Simpson-Paradoxon auftreten kann.

Im fiktiven Beispiel der vermeintlich männerfeindlichen Universität ist $n = 2$, und die Ereignisse K_1 und K_2 stehen für eine Bewerbung in Fach 1 bzw. Fach 2. Weiter bezeichnet B (bzw. A) das Ereignis, dass eine aus allen 2000 Bewerbern rein zufällig herausgegriffene Person zugelassen wird (bzw. männlich ist). Die in der Überschrift genannten Teilgesamtheiten sind die Bewerber(inn)en für die beiden Fächer.

Literatur

P. J. Bickel und J. W. O'Connel: *Is there sex bias in graduate admission? Science* 187, 1975, 398–404.

q für den ELISA-Test. Interessanterweise beträgt die Wahrscheinlichkeit für eine HIV-Infektion bei positivem Befund im Fall $q = 0.001$ nur etwa 1/3. Dieses Ergebnis erschließt sich leicht, wenn man gedanklich eine Million Personen dem Test unterzieht. Wenn von diesen (gemäß $q = 0.001$) 1000 infiziert und 999 000 gesund sind, so würden von den Infizierten fast alle positiv getestet, wegen $p_{sp} = 0.998$ aber auch (und das ist der springende Punkt!) etwa 2 Promille der Gesunden, also etwa 2000 Personen. Von insgesamt ca. 3000 positiv Getesteten ist dann aber nur etwa ein Drittel wirklich infiziert. Diese einfache Überlegung entspricht Formel (20.26), wenn man Zähler und Nenner mit der Anzahl der getesteten Personen, also im obigen Fall mit 1 000 000, multipliziert.

Bezüglich einer Verallgemeinerung von Formel (20.26) für den Fall, dass die wiederholte Durchführung des ELISA-Tests bei einer Person ein positives Resultat ergibt, siehe Übungsaufgabe 20.16. ◀

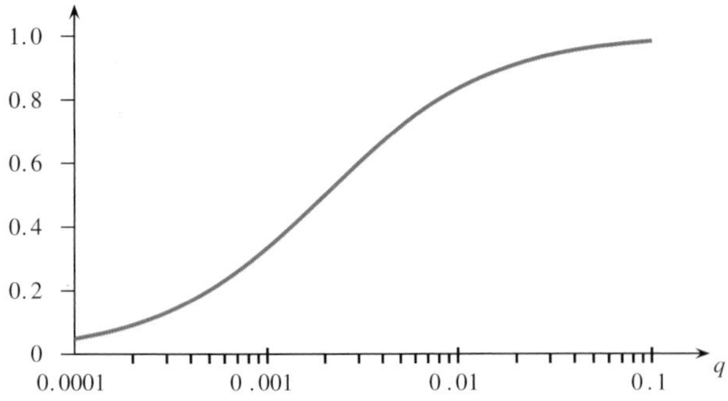

Abbildung 20.4 Wahrscheinlichkeit für eine HIV-Infektion bei positivem ELISA-Test in Abhängigkeit vom subjektiven A-priori-Krankheitsrisiko.

Beispiel Sterbetafeln
Sterbetafeln geben für jedes erreichte Lebensalter x (in Jahren) an, mit welcher Wahrscheinlichkeit eine Person einer wohldefinierten Gruppe das Alter $x + 1$ erreicht. Derartige Tafeln sind somit für die Prämienkalkulation von Lebens- und Rentenversicherungen von großer Bedeutung.

Tabelle 20.1 Auszug der Sterbetafel 2001/2003 für Deutschland (Quelle: Statistisches Bundesamt 2004).

Vollendetes Alter	Sterbewahrsch. in $[x, x+1)$	Überlebenswahrsch. in $[x, x+1)$	Lebende im Alter x
x	q_x	p_x	l_x
0	0.00465517	0.99534483	100 000
1	0.00042053	0.99957947	99534
2	0.00023474	0.99976526	99493
3	0.00021259	0.99978741	99469
⋮	⋮	⋮	⋮
58	0.00982465	0.99017535	89296
59	0.01072868	0.98927132	88419
60	0.01135155	0.98864845	87470
61	0.01249053	0.98750947	86477
62	0.01366138	0.98633862	85397
63	0.01493241	0.98506759	84230
64	0.01627038	0.98372962	82973
65	0.01792997	0.98207003	81623
66	0.01993987	0.98006013	80159
⋮	⋮	⋮	⋮

Tabelle 20.1 zeigt einen Auszug aus der vom Statistischen Bundesamt herausgegebenen und laufend aktualisierten Sterbetafel für Männer. Die Wahrscheinlichkeit einer x-jährigen Person, vor Erreichen des Alters $x + 1$ und somit innerhalb des nächsten Jahres zu sterben, wird als **Sterbewahrscheinlichkeit** q_x bezeichnet. Die Größe $p_x := 1 - q_x$ ist dann die entsprechende **Überlebenswahrscheinlichkeit**, also die Wahrscheinlichkeit, als x-jährige Person auch das Alter $x+1$ zu erreichen. Neben diesen Wahrscheinlichkeiten zeigt Tabelle 20.1 auch für jedes Alter x die Anzahl l_x der dann noch lebenden männlichen Personen. Dabei geht man wie üblich von einer sogenannten *Kohorte* von $l_0 := 100\,000$ neugeborenen Personen aus. Zwischen l_x und p_x besteht der Zusammenhang $p_x = l_{x+1}/l_x$.

Vom stochastischen Standpunkt aus sind die Einträge p_x und q_x in Tabelle 20.1 bedingte Wahrscheinlichkeiten. Ist A_x das Ereignis, dass eine rein zufällig aus der Kohorte herausgegriffene Person das Alter x erreicht, so gelten

$$p_x = \mathbb{P}(A_{x+1}|A_x), \quad q_x = \mathbb{P}(A_{x+1}{}^c|A_x).$$

Da für jedes $x \geq 1$ aus dem Ereignis A_{x+1} das Ereignis A_x folgt, also $A_{x+1} \subseteq A_x$ und somit $A_{x+1} \cap A_x = A_{x+1}$ gilt, ergibt sich nach der allgemeinen Multiplikationsregel auf Seite 741

$$\begin{aligned}\mathbb{P}(A_{x+2}|A_x) &= \frac{\mathbb{P}(A_{x+2} \cap A_{x+1} \cap A_x)}{\mathbb{P}(A_x)} \\ &= \frac{\mathbb{P}(A_x)\mathbb{P}(A_{x+1}|A_x)\mathbb{P}(A_{x+2}|A_{x+1} \cap A_x)}{\mathbb{P}(A_x)}\end{aligned}$$

und somit $\mathbb{P}(A_{x+2}|A_x) = p_x \cdot p_{x+1}$. Induktiv folgt dann

$$\mathbb{P}(A_{x+k}|A_x) = p_x \cdot p_{x+1} \cdot \ldots \cdot p_{x+k-1}, \quad k = 1, 2, \ldots$$

Die Wahrscheinlichkeit, dass ein 60-Jähriger seinen 65. Geburtstag erlebt, ist folglich nach Tabelle 20.1

$$\mathbb{P}(A_{65}|A_{60}) = p_{60} \cdot p_{61} \cdot p_{62} \cdot p_{63} \cdot p_{64} \approx 0.933.$$

Mit knapp 7-prozentiger Wahrscheinlichkeit stirbt er also vor Vollendung seines 65. Lebensjahres. ◀

20.3 Stochastische Unabhängigkeit

In diesem Abschnitt steht die *stochastische Unabhängigkeit* als eine weitere zentrale Begriffsbildung der Stochastik im Mittelpunkt. Die Schwierigkeiten im Umgang mit diesem Begriff erkennt man schon daran, dass man gemeinhin (fälschlicherweise) einem Ereignis eine umso höhere Wahrscheinlichkeit zubilligen würde, je länger es nicht eingetreten ist. Dies gilt etwa beim oft allzu langen Warten auf die erste Sechs beim wiederholten Würfelwurf oder beim Warten auf das Auftreten von *Rot* beim Roulette-Spiel, wenn einige Male *Schwarz* in Folge aufgetreten ist.

Im Folgenden sei $(\Omega, \mathcal{A}, \mathbb{P})$ ein fester Wahrscheinlichkeitsraum. Sind $A, B \in \mathcal{A}$ Ereignisse mit $\mathbb{P}(A) > 0$, so haben wir die bedingte Wahrscheinlichkeit von B unter der Bedingung A als den Quotienten $\mathbb{P}(B|A) = \mathbb{P}(A \cap B)/\mathbb{P}(A)$ definiert. Für den Fall, dass $\mathbb{P}(B|A)$ gleich der (unbedingten) Wahrscheinlichkeit $\mathbb{P}(B)$ ist, gilt

$$\mathbb{P}(A \cap B) = \mathbb{P}(A) \cdot \mathbb{P}(B)\,. \qquad (20.27)$$

Die Ereignisse sind demnach im Sinne der folgenden allgemeinen Definition stochastisch unabhängig.

Stochastische Unabhängigkeit von Ereignissen

Ereignisse $A_1, \ldots, A_n$, $n \geq 2$, in einem Wahrscheinlichkeitsraum $(\Omega, \mathcal{A}, \mathbb{P})$ heißen **(stochastisch) unabhängig**, falls gilt:

$$\mathbb{P}\left(\bigcap_{j \in T} A_j\right) = \prod_{j \in T} \mathbb{P}(A_j)$$

für jede mindestens zweielementige Menge $T \subseteq \{1, 2, \ldots, n\}$.

Die Unabhängigkeit von n Ereignissen ist durch $2^n - n - 1$ Gleichungen bestimmt

Kommentar: Unabhängigkeit von $A_1, \ldots, A_n$ bedeutet, dass die Wahrscheinlichkeit des Durchschnitts *irgendwelcher* dieser Ereignisse gleich dem Produkt der einzelnen Wahrscheinlichkeiten ist. Da aus einer n-elementigen Menge auf $2^n - n - 1$ Weisen Teilmengen mit mindestens zwei Elementen gebildet werden können, sind für den Nachweis der Unabhängigkeit von n Ereignissen $2^n - n - 1$ Gleichungen nachzuprüfen. Für zwei Ereignisse A und B bzw. drei Ereignisse A, B, C müssen also (20.27) bzw.

$$\mathbb{P}(A \cap B) = \mathbb{P}(A) \cdot \mathbb{P}(B), \quad (20.28)$$

$$\mathbb{P}(A \cap C) = \mathbb{P}(A) \cdot \mathbb{P}(C), \quad (20.29)$$

$$\mathbb{P}(B \cap C) = \mathbb{P}(B) \cdot \mathbb{P}(C), \quad (20.30)$$

$$\mathbb{P}(A \cap B \cap C) = \mathbb{P}(A) \cdot \mathbb{P}(B) \cdot \mathbb{P}(C) \quad (20.31)$$

gelten.

?

Warum hat eine n-elementige Menge $2^n - n - 1$ Teilmengen mit mindestens 2 Elementen?

Achtung:

- Unabhängigkeit ist strikt von realer Beeinflussung zu unterscheiden! Als Beispiel betrachten wir eine Urne mit zwei roten und einer schwarzen Kugel, aus der zweimal rein zufällig *ohne* Zurücklegen gezogen wird. Bezeichnen A bzw. B die Ereignisse, dass die erste bzw. die zweite gezogene Kugel rot ist, so gelten $\mathbb{P}(B|A) = 1/2$ und $\mathbb{P}(B) = 2/3$. Dies zeigt, dass A und B nicht unabhängig sind. Zwar ist B real beeinflusst von A, aber nicht A von B, da sich B auf den zweiten und A auf den ersten Zug bezieht. Im Unterschied zu realer Beeinflussung ist jedoch der Unabhängigkeitsbegriff symmetrisch!
- Wie das folgende Beispiel zeigt, schließen sich reale Beeinflussung und Unabhängigkeit aber auch nicht aus. Bezeichnen bei zweifachen Wurf mit einem echten Würfel A bzw. B die Ereignisse, dass die Augensumme ungerade ist bzw. dass der erste Wurf eine gerade Augenzahl ergibt, so gelten – wie man durch elementares Abzählen nachrechnet – $\mathbb{P}(A) = \mathbb{P}(B) = 1/2$ sowie $\mathbb{P}(A \cap B) = 1/4$. Die Ereignisse A und B sind also unabhängig, obwohl jedes Ereignis das Eintreten des jeweils anderen Ereignisses real mitbestimmt.
- Unabhängigkeit darf keinesfalls mit Disjunktheit verwechselt werden! Wegen $A \cap B = \emptyset$ sind disjunkte Ereignisse genau dann unabhängig, wenn mindestens eines von ihnen die Wahrscheinlichkeit null besitzt und damit ausgesprochen uninteressant ist.
- Aus der Unabhängigkeit von $A_1, \ldots, A_n$ für $n \geq 3$ folgt direkt aus der Definition, dass für jedes $k \in \{2, \ldots, n-1\}$ und jede Wahl von $i_1, \ldots, i_k$ mit $1 \leq i_1 < \ldots < i_k \leq n$ die Ereignisse $A_{i_1}, \ldots, A_{i_k}$ unabhängig sind. Wie Aufgabe 20.29 zeigt, kann man jedoch im Allgemeinen aus der Unabhängigkeit von jeweils $n-1$ von n Ereignissen $A_1, \ldots, A_n$ nicht auf die Unabhängigkeit von $A_1, \ldots, A_n$ schließen.

Das nachstehende Beispiel zeigt, dass man aus der Gleichung (20.31) nicht auf die Gültigkeit von (20.28)–(20.30) schließen kann. Die Unabhängigkeit von n Ereignissen lässt sich somit im Fall $n \geq 3$ nicht durch die eine Gleichung $\mathbb{P}(\cap_{j=1}^n A_j) = \prod_{j=1}^n \mathbb{P}(A_j)$ beschreiben. Umgekehrt ziehen aber die Gleichungen (20.28)–(20.30) auch nicht die Gültigkeit von (20.31) nach sich (siehe Aufgabe 20.29). Paarweise Unabhängigkeit reicht demnach zum Nachweis der Unabhängigkeit von drei Ereignissen nicht aus!

Beispiel Es seien $\Omega := \{1, 2, 3, 4, 5, 6, 7, 8\}$ und $\mathbb{P}$ die Gleichverteilung auf Ω. Für die Ereignisse $A := B := \{1, 2, 3, 4\}$ und $C := \{1, 5, 6, 7\}$ gelten dann $\mathbb{P}(A) = \mathbb{P}(B) = \mathbb{P}(C) = 1/2$ sowie

$$\mathbb{P}(A \cap B \cap C) = 1/8 = \mathbb{P}(A) \cdot \mathbb{P}(B) \cdot \mathbb{P}(C).$$

Die Ereignisse A und B sind jedoch nicht unabhängig, da

$$\mathbb{P}(A \cap B) = \frac{1}{2} \neq \frac{1}{4} = \mathbb{P}(A) \cdot \mathbb{P}(B). \qquad ◀$$

Das nachfolgende Beispiel zeigt, dass in einem Produktexperiment (vgl. Seite 739) Ereignisse, die sich auf verschiedene Teilexperimente beziehen, stochastisch unabhängig sind.

Beispiel Es seien $\Omega = \Omega_1 \times \ldots \times \Omega_n$ mit abzählbaren Mengen Ω_j und $\mathbb{P}_j$ ein Wahrscheinlichkeitsmaß auf Ω_j, $j = 1, \ldots, n$. Setzen wir $p_j(a_j) := \mathbb{P}_j(\{a_j\})$, $a_j \in \Omega_j$, sowie

$$p(\omega) := \prod_{j=1}^{n} p_j(a_j), \quad \omega = (a_1, \ldots, a_n) \in \Omega, \quad (20.32)$$

und $\mathbb{P}(A) := \sum_{\omega \in A} p(\omega)$, $A \subseteq \Omega$, so ist $\mathbb{P}$ ein Wahrscheinlichkeitsmaß auf Ω. In der Sprache der Maßtheorie ist $\mathbb{P}$ das *Produkt-Wahrscheinlichkeitsmaß* von $\mathbb{P}_1, \ldots, \mathbb{P}_n$ (siehe Abschnitt 7.9). Definieren wir

$$A_j := \Omega_1 \times \ldots \times \Omega_{j-1} \times B_j \times \Omega_{j+1} \times \ldots \times \Omega_n,$$

mit $B_j \subseteq \Omega_j$, $j = 1, \ldots, n$, so ist A_j ein Ereignis in Ω, das sich nur auf das j-te Teilexperiment bezieht. Wir zeigen

Unter der Lupe: Stochastik vor Gericht – der Fall Sally Clark

Ist doppelter plötzlicher Kindstod ein Fall von Unabhängigkeit?

Dass mangelnde Sensibilisierung für die Frage, wie stark Zufallsereignisse stochastisch voneinander abhängen können, bisweilen fatale Folgen haben kann, zeigt sich immer wieder in Gerichtsverfahren. Der nachstehend geschilderte Fall steht insofern nicht allein.

Im Dezember 1996 stirbt der 11 Wochen alte Christopher Clark; die Diagnose lautet auf plötzlichen Kindstod. Nachdem die Eltern im November 1997 ein zweites Baby bekommen und auch dieses im Alter von acht Wochen unter gleichen Umständen stirbt, gerät die Mutter Sally unter zweifachen Mordverdacht. Sie wird im November 1999 zu lebenslanger Haft verurteilt.

Das Gericht stützte sich maßgeblich auf ein statistisches Gutachten von Sir Roy Meadow, einem renommierten Kinderarzt. Sir Meadow lagen Ergebnisse epidemiologischer Studien vor, nach denen die Wahrscheinlichkeit, dass in einer wohlhabenden Nichtraucherfamilie ein Kind an plötzlichem Kindstod stirbt, 1 zu 8543 beträgt. Er argumentierte dann, die Wahrscheinlichkeit, dass auch das zweite Kind dieses Schicksal erleidet, sei mit ca. 1 zu 73 Millionen ($= (1/8543)^2$) so klein, dass ein Zufall praktisch ausgeschlossen sei. Die Jury ließ sich von diesem Argument überzeugen (sie interpretierte diese verschwindend kleine Wahrscheinlichkeit zudem fälschlicherweise als Wahrscheinlichkeit für die Unschuld der Mutter!) und verurteilte Sally Clark mit 10:2 Stimmen.

Die Royal Statistical Society (RSS) drückte in einer Presseerklärung im Oktober 2001 ihre Besorgnis über den Missbrauch von Statistik im Fall Sally Clark aus. Die von Herrn Meadow in dessen Berechnung unterstellte Annahme, die Ereignisse A_j, dass das j-te Kind durch plötzlichen Kindstod stirbt ($j = 1, 2$), seien stochastisch unabhängig, sei sowohl empirisch nicht gerechtfertigt als auch aus prinzipiellen Gründen falsch. So könne es genetische oder Umweltfaktoren geben, die die (bedingte) Wahrscheinlichkeit für einen zweiten Kindstod deutlich erhöhen könnten; die RSS führte noch weitere Aspekte von Missbrauch der Statistik im Fall Sally Clark an. Weitere Informationen und diverse Literaturangaben finden sich unter der Internetadresse

http://en.wikipedia.org/wiki/Sally_Clark.

Die Freilassung von Sally Clark im Januar 2003 führte dazu, dass die Urteile in zwei weiteren, ähnlichen Fällen revidiert wurden. Sally Clark wurde im März 2007 mit einer akuten Alkoholvergiftung tot in ihrer Wohnung aufgefunden. Nach Aussage ihrer Familie hatte sie sich nie von dem Justizirrtum erholt.

jetzt, dass $A_1, \ldots, A_n$ aufgrund des Produktansatzes (20.32) stochastisch unabhängig sind. Sei hierzu $T \subseteq \{1, \ldots, n\}$ mit $2 \leq |T| \leq n$ beliebig. Dann gilt

$$\bigcap_{j \in T} A_j = C_1 \times C_2 \times \ldots \times C_n$$

mit $C_j := A_j$ für $j \in T$ und $C_j := \Omega_j$, falls $j \notin T$. Wegen

$$\begin{aligned} \mathbb{P}(C_1 \times \ldots \times C_n) &= \sum_{\omega \in C_1 \times \ldots \times C_n} p(\omega) \\ &= \sum_{a_1 \in C_1} p_1(a_1) \cdot \ldots \cdot \sum_{a_n \in C_n)} p_n(a_n) \\ &= \mathbb{P}_1(C_1) \cdot \ldots \cdot \mathbb{P}_n(C_n) \\ &= \prod_{j \in T} \mathbb{P}(A_j) \end{aligned}$$

sind $A_1, \ldots, A_n$ stochastisch unabhängig. Dabei ergibt sich das letzte Gleichheitszeichen wegen $\mathbb{P}_j(C_j) = \mathbb{P}(A_j)$ für $j \in T$ und $\mathbb{P}_j(C_j) = 1$ für $j \notin T$. ◀

Sind A und B unabhängige Ereignisse, so gilt

$$\begin{aligned} \mathbb{P}(A^c \cap B) &= \mathbb{P}(B) - \mathbb{P}(A \cap B) = \mathbb{P}(B) - \mathbb{P}(A) \cdot \mathbb{P}(B) \\ &= \mathbb{P}(A^c) \cdot \mathbb{P}(B), \end{aligned}$$

und somit sind die Ereignisse A^c und B ebenfalls unabhängig. In gleicher Weise kann man jetzt auch beim Ereignis B zum Komplement übergehen und erhält, dass A^c und B^c unabhängig sind. Induktiv ergibt sich hieraus, dass im Fall der Unabhängigkeit von Ereignissen $A_1, \ldots, A_n$ für jede Wahl nichtleerer Teilmengen $I, J \subseteq \{1, \ldots, n\}$ mit $I \cap J = \emptyset$ die Gleichungen

$$\mathbb{P}\left(\bigcap_{i \in I} A_i \cap \bigcap_{j \in J} A_j^c\right) = \prod_{i \in I} \mathbb{P}(A_i) \cdot \prod_{j \in J} \mathbb{P}(A_j^c) \quad (20.33)$$

erfüllt sind. Wir werden dieses Resultat in einem allgemeineren Rahmen herleiten. Hierzu definieren wir die stochastische Unabhängigkeit von Mengensystemen.

Stochastische Unabhängigkeit von Mengensystemen

Es seien $(\Omega, \mathcal{A}, \mathbb{P})$ ein Wahrscheinlichkeitsraum und $\mathcal{M}_j \subseteq \mathcal{A}$, $j = 1, \ldots, n$, $n \geq 2$, nichtleere Systeme von Ereignissen. Die Mengensysteme $\mathcal{M}_1, \ldots, \mathcal{M}_n$ heißen **(stochastisch) unabhängig**, falls gilt:

$$\mathbb{P}\left(\bigcap_{j \in T} A_j\right) = \prod_{j \in T} \mathbb{P}(A_j)$$

für jede mindestens zweielementige Menge $T \subseteq \{1, 2, \ldots, n\}$ und jede Wahl von $A_j \in \mathcal{M}_j$, $j \in T$.

Kommentar:

- Unabhängigkeit von Mengensystemen besagt, dass die Wahrscheinlichkeit des Schnittes von Ereignissen stets gleich dem Produkt der einzelnen Wahrscheinlichkeiten ist, und zwar ganz egal, welche der n Mengensysteme ausgewählt und welche Ereignisse dann aus diesen Mengensystemen jeweils herausgegriffen werden. Man beachte, dass sich im Spezialfall $\mathcal{M}_j := \{A_j\}$, $j = 1, \ldots, n$, die Definition der stochastischen Unabhängigkeit von n Ereignissen $A_1, \ldots, A_n$ ergibt.
- Aus obiger Definition ist klar, dass mit Mengensystemen $\mathcal{M}_1, \ldots, \mathcal{M}_n$ auch Teilsysteme $\mathcal{N}_1 \subseteq \mathcal{M}_1, \ldots, \mathcal{N}_n \subseteq \mathcal{M}_n$ stochastisch unabhängig sind. Oben haben wir gesehen, dass mit $\{A\}$ und $\{B\}$ auch die größeren Systeme $\{A, A^c\}$ und $\{B, B^c\}$ unabhängig sind. Offenbar können wir hier jedes System auch um die Ereignisse $\emptyset$ und Ω erweitern und erhalten, dass mit $\{A\}$ und $\{B\}$ auch deren erzeugte σ-Algebren

$$\{\emptyset, A, A^c, \Omega\} = \sigma(\{A\}), \quad \{\emptyset, B, B^c, \Omega\} = \sigma(\{B\})$$

stochastisch unabhängig sind. Das nächste Resultat verallgemeinert diese Beobachtung.

Auch die erzeugten σ-Algebren unabhängiger $\cap$-stabiler Mengensysteme sind unabhängig

Erweitern unabhängiger $\cap$-stabiler Systeme

Es seien $(\Omega, \mathcal{A}, \mathbb{P})$ ein Wahrscheinlichkeitsraum und $\mathcal{M}_j \subseteq \mathcal{A}$, $1 \leq j \leq n$, $n \geq 2$, *durchschnittsstabile* Mengensysteme. Dann folgt aus der Unabhängigkeit von $\mathcal{M}_1, \ldots, \mathcal{M}_n$ die Unabhängigkeit der erzeugten σ-Algebren $\sigma(\mathcal{M}_1), \ldots, \sigma(\mathcal{M}_n)$.

Beweis: Wir betrachten das Mengensystem

$$\mathcal{D}_n := \{E \in \mathcal{A}\colon \mathcal{M}_1, \ldots, \mathcal{M}_{n-1}, \{E\} \text{ sind unabhängig}\}$$

und weisen nach, dass $\mathcal{D}_n$ die Eigenschaften eines Dynkin-Systems (siehe Seite 213) besitzt. Zunächst gilt offenbar $\Omega \in \mathcal{D}_n$. Sind weiter $D, E \in \mathcal{D}_n$ mit $D \subseteq E$, so ergibt sich für eine beliebige Teilmenge $\{j_1, \ldots, j_k\} \neq \emptyset$ von $\{1, \ldots, n-1\}$ und beliebige Mengen $A_{j_\nu} \in \mathcal{M}_{j_\nu}$ $(\nu = 1, \ldots, k)$

$$\begin{aligned}\mathbb{P}\left(\bigcap_{\nu=1}^k A_{j_\nu} \cap (E \setminus D)\right) &= \mathbb{P}\left(\bigcap_{\nu=1}^k A_{j_\nu} \cap E\right) - \mathbb{P}\left(\bigcap_{\nu=1}^k A_{j_\nu} \cap D\right) \\ &= \prod_{\nu=1}^k \mathbb{P}(A_{j_\nu}) \cdot (\mathbb{P}(E) - \mathbb{P}(D)) \\ &= \prod_{\nu=1}^k \mathbb{P}(A_{j_\nu}) \cdot \mathbb{P}(E \setminus D)\,.\end{aligned}$$

Folglich liegt auch die Differenzmenge $E \setminus D$ in $\mathcal{D}_n$. Um die dritte Eigenschaft eines Dynkin-Systems zu zeigen, seien $D_1, D_2, \ldots$ paarweise disjunkte Mengen aus $\mathcal{D}_n$ und A_{j_ν} $(\nu = 1, \ldots, k)$ wie oben. Das Distributivgesetz und die σ-Additivität von $\mathbb{P}$ liefern zusammen mit der Unabhängigkeit von $A_{j_1}, \ldots, A_{j_k}, D_l$

$$\begin{aligned}\mathbb{P}\left(\bigcap_{\nu=1}^k A_{j_\nu} \cap \left(\sum_{l=1}^\infty D_l\right)\right) &= \sum_{l=1}^\infty \mathbb{P}\left(\bigcap_{\nu=1}^k A_{j_\nu} \cap D_l\right) \\ &= \sum_{l=1}^\infty \prod_{\nu=1}^k \mathbb{P}(A_{j_\nu}) \cdot \mathbb{P}(D_l) \\ &= \prod_{\nu=1}^k \mathbb{P}(A_{j_\nu}) \cdot \mathbb{P}\left(\sum_{l=1}^\infty D_l\right).\end{aligned}$$

Es gilt also die noch fehlende Eigenschaft $\sum_{l=1}^\infty D_l \in \mathcal{D}_n$, und somit ist $\mathcal{D}_n$ ein Dynkin-System.

Nach Konstruktion sind $\mathcal{M}_1, \ldots, \mathcal{M}_{n-1}$, $\mathcal{D}_n$ unabhängige Mengensysteme. Wegen $\mathcal{M}_n \subseteq \mathcal{D}_n$ enthält $\mathcal{D}_n$ als Dynkin-System das kleinste $\mathcal{M}_n$ umfassende Dynkin-System. Letzteres ist aber wegen der $\cap$-Stabilität von $\mathcal{M}_n$ nach dem Lemma auf Seite 215 gleich der von $\mathcal{M}_n$ erzeugten σ-Algebra $\sigma(\mathcal{M}_n)$. Folglich sind die Mengensysteme $\mathcal{M}_1, \ldots, \mathcal{M}_{n-1}, \sigma(\mathcal{M}_n)$ unabhängig. Fahren wir in der gleichen Weise mit dem Mengensystem $\mathcal{M}_{n-1}$ usw. fort, so ergibt sich die Behauptung. ■

Beispiel Bernoulli-Kette, Binomialverteilung

Es seien $(\Omega, \mathcal{A}, \mathbb{P})$ ein Wahrscheinlichkeitsraum und $A_1, \ldots, A_n \in \mathcal{A}$ *stochastisch unabhängige Ereignisse mit gleicher Wahrscheinlichkeit* p, wobei $0 \leq p \leq 1$. Dann besitzt die Indikatorsumme

$$X := \mathbf{1}\{A_1\} + \ldots + \mathbf{1}\{A_n\}$$

die Binomialverteilung $\text{Bin}(n, p)$, d. h., es gilt

$$\mathbb{P}(X = k) = \binom{n}{k} \cdot p^k (1-p)^{n-k}, \quad k = 0, 1, \ldots, n\,.$$

Nach (19.6) gilt nämlich

$$\{X = k\} = \sum_{T:|T|=k} \left(\bigcap_{j \in T} A_j \cap \bigcap_{l \notin T} A_l^c\right),$$

wobei T alle k-elementigen Teilmengen von $\{1, \ldots, n\}$ durchläuft. Da nach obigem Satz mit $A_1, \ldots, A_n$ auch die Systeme $\{\emptyset, A_j, A_j^c, \Omega\}$, $j = 1, \ldots, n$, unabhängig sind und demnach (20.33) gilt, folgt im Fall $|T| = k$

$$\mathbb{P}\left(\bigcap_{j \in T} A_j \cap \bigcap_{l \notin T} A_l^c\right) = p^k (1-p)^{n-k}$$

und somit die Behauptung, denn es gibt $\binom{n}{k}$ k-elementige Teilmengen von $\{1, \ldots, n\}$.

Ein konkretes Modell für $(\Omega, \mathcal{A}, \mathbb{P})$ und $A_1, \ldots, A_n$ ist das spezielle Produktexperiment $\Omega := \{0, 1\}^n$, $\mathcal{A} := \mathcal{P}(\Omega)$,

$\mathbb{P}(\{\omega\}) := p^k(1-p)^{n-k}$, falls $\omega = (a_1, \ldots, a_n)$ mit $\sum_{j=1}^n a_j = k$ sowie $A_j := \{(a_1, \ldots, a_n) \in \Omega : a_j = 1\}$. Dieses Modell heißt **Bernoulli-Kette** der Länge n mit *Trefferwahrscheinlichkeit* p. Dabei interpretiert man eine 1 als Treffer und eine 0 als Niete. Die Zufallsvariable X zählt also die Anzahl der Treffer in n unabhängigen gleichartigen Versuchen, die je mit Wahrscheinlichkeit p einen Treffer und mit Wahrscheinlichkeit $1-p$ eine Niete ergeben. ◀

Zufallsvariablen sind unabhängig, wenn ihre erzeugten σ-Algebren unabhängig sind

Wir betrachten jetzt die stochastische Unabhängigkeit von Zufallsvariablen. Auf Seite 706 haben wir ganz allgemein eine Zufallsvariable X als Abbildung $X : \Omega \to \Omega'$ zwischen zwei Messräumen $(\Omega, \mathcal{A})$ und $(\Omega', \mathcal{A}')$ eingeführt, die $(\mathcal{A}, \mathcal{A}')$-messbar ist, also die Eigenschaft besitzt, dass die Urbilder $X^{-1}(A')$ der Mengen aus $\mathcal{A}'$ sämtlich in $\mathcal{A}$ liegen. Schreiben wir kurz

$$\sigma(X) := X^{-1}(\mathcal{A}') := \{X^{-1}(A') : A' \in \mathcal{A}'\}$$

für das System aller dieser Urbilder, also der *durch X beschreibbaren Ereignisse*, so ist aufgrund der Verträglichkeit von X^{-1} mit mengentheoretischen Operationen $\sigma(X)$ eine σ-Algebra (siehe auch Teil a) des Lemmas auf Seite 227). Man nennt $\sigma(X)$ **die von X erzeugte σ-Algebra**. Da es somit zu jeder Zufallsvariablen X ein charakteristisches Mengensystem $\sigma(X)$ mit $\sigma(X) \subseteq \mathcal{A}$ gibt und wir die Unabhängigkeit von Mengensystemen bereits eingeführt haben, liegt die folgende Begriffsbildung auf der Hand.

Unabhängigkeit von Zufallsvariablen

Es seien $(\Omega, \mathcal{A}, \mathbb{P})$ ein Wahrscheinlichkeitsraum, $(\Omega_1, \mathcal{A}_1), \ldots, (\Omega_n, \mathcal{A}_n)$, $n \geq 2$, Messräume und $X_j : \Omega \to \Omega_j$, $j = 1, \ldots, n$, Zufallsvariablen. Die Zufallsvariablen $X_1, \ldots, X_n$ heißen **(stochastisch) unabhängig**, falls ihre erzeugten σ-Algebren $\sigma(X_j) = X_j^{-1}(\mathcal{A}_j)$, $j = 1, \ldots, n$, unabhängig sind.

Nach Definition sind die Mengensysteme $\sigma(X_1), \ldots, \sigma(X_n)$ unabhängig, wenn für jede mindestens zweielementige Teilmenge T von $\{1, \ldots, n\}$ und jede Wahl von Ereignissen $A_j \in \sigma(X_j)$, $j \in T$, die Beziehung $\mathbb{P}\left(\bigcap_{j \in T} A_j\right) = \prod_{j \in T} \mathbb{P}(A_j)$ erfüllt ist. Wegen $A_j \in X^{-1}(\mathcal{A}_j)$ gibt es eine Menge $B_j \in \mathcal{A}_j$ mit $A_j = X_j^{-1}(B_j)$, $j = 1, \ldots, n$. Mit $\mathbb{P}(X_j \in B_j) := \mathbb{P}(X_j^{-1}(B_j))$ geht obige Gleichung in

$$\mathbb{P}\left(\bigcap_{j \in T} \{X_j \in B_j\}\right) = \prod_{j \in T} \mathbb{P}(X_j \in B_j)$$

über. Sollte T eine echte Teilmenge von $\{1, \ldots, n\}$ sein, so kann für jedes i mit $i \in \{1, \ldots, n\} \setminus T$ die Menge B_i als $B_i := \Omega_i$ gewählt werden. Für jedes solche i ergänzt man die zu schneidenden Mengen auf der linken Seite um Ω $(= \{X_i \in \Omega_i\})$ und das Produkt rechts um den Faktor 1 $(= \mathbb{P}(X_i \in \Omega_i))$. Vereinbaren wir noch, Schnitte von Ereignissen, die durch Zufallsvariablen beschrieben werden, durch Kommata zu kennzeichnen, also

$$\mathbb{P}(X_1 \in B_1, X_2 \in B_2) := \mathbb{P}(\{X_1 \in B_1\} \cap \{X_2 \in B_2\})$$

usw. zu schreiben, so haben wir folgendes Kriterium für die Unabhängigkeit von n Zufallsvariablen erhalten:

Allgemeines Unabhängigkeitskriterium

In der Situation obiger Definition sind $X_1, \ldots, X_n$ genau dann unabhängig, wenn gilt:

$$\mathbb{P}(X_1 \in B_1, \ldots, X_n \in B_n) = \prod_{j=1}^n \mathbb{P}(X_j \in B_j) \quad (20.34)$$

für jede Wahl von Mengen $B_1 \in \mathcal{A}_1, \ldots, B_n \in \mathcal{A}_n$.

Kommentar: Schreiben wir $X := (X_1, \ldots, X_n)$ für die durch $X(\omega) := (X_1(\omega), \ldots, X_n(\omega))$, $\omega \in \Omega$, definierte Abbildung : $\Omega \to \Omega_1 \times \ldots \times \Omega_n$, und $\bigotimes_{j=1}^n \mathcal{A}_j$ für die Produkt-σ-Algebra von $\mathcal{A}_1, \ldots, \mathcal{A}_n$ (vgl. Seite 233), so ist X nach dem Satz auf Seite 233 $(\mathcal{A}, \bigotimes_{j=1}^n \mathcal{A}_j)$-messbar. Bezeichnet $\mathcal{H} := \{A_1 \times \ldots \times A_n : A_j \in \mathcal{A}_j,\ j = 1, \ldots, n\}$ das System der messbaren Rechtecke, so besagt (20.34), dass das Wahrscheinlichkeitsmaß $\mathbb{P}^X$ und das Produkt-Maß (vgl. Abschnitt 7.9) $\bigotimes_{j=1}^n \mathbb{P}^{X_j}$ auf dem Mengensystem $\mathcal{H}$ übereinstimmen. Nach dem Eindeutigkeitssatz für Maße auf Seite 221 sind beide Maße identisch. In der Situation obiger Definition sind also $X_1, \ldots, X_n$ genau dann stochastisch unabhängig, wenn ihre *gemeinsame Verteilung* (das Wahrscheinlichkeitsmaß $\mathbb{P}^X$) gleich dem Produkt der Verteilungen von $X_1, \ldots, X_n$ ist, wenn also

$$\mathbb{P}^{(X_1, \ldots, X_n)} = \bigotimes_{j=1}^n \mathbb{P}^{X_j} \quad (20.35)$$

gilt.

Sind $X_1, \ldots, X_n$ *reelle* Zufallsvariablen, so ist die Unabhängigkeit von $X_1, \ldots, X_n$ gleichbedeutend damit, dass (20.34) für jede Wahl von Borelmengen $B_1, \ldots, B_n$ gilt. Mit dem Satz über das Erweitern $\cap$-stabiler unabhängiger Systeme und der Tatsache, dass die σ-Algebra $\sigma(X)$ nach Teil b) des Lemmas auf Seite 227 von den Urbildern eines Erzeugendensystems der σ-Algebra des Wertebereichs von X erzeugt wird, reicht es aus, (20.34) für die Mengen B_j eines Erzeugendensystems der Borel'schen σ-Algebra zu fordern. Nach einem Ergebnis der Maßtheorie auf Seite 215 bilden die Intervalle $(-\infty, x]$ mit $x \in \mathbb{R}$ ein derartiges System. Wir erhalten somit für reelle Zufallsvariablen das folgende Kriterium für stochastische Unabhängigkeit:

Unter der Lupe: Das Geburtstagsproblem und die Gleichverteilungsannahme

Kollisionen beim Verteilen von Kugeln auf Fächer sind bei einer rein zufälligen Verteilung am unwahrscheinlichsten.

k Kugeln werden unabhängig voneinander auf n von 1 bis n nummerierte Fächer verteilt. Jede Kugel gelange mit Wahrscheinlichkeit p_j in das j-te Fach. Dabei sei $p_j > 0$ für jedes j sowie $\sum_{j=1}^{n} p_j = 1$ und $k \leq n$.

Die Wahrscheinlichkeit des mit A bezeichneten Ereignisses, dass die Kugeln in verschiedene Fächer fallen, ist

$$\mathbb{P}(A) = k! \cdot \sum_{1 \leq i_1 < \ldots < i_k \leq n} p_{i_1} \cdot \ldots \cdot p_{i_k},$$

denn es müssen die Nummern $i_1, \ldots, i_k$ für diese Fächer spezifiziert werden, und jede der $k!$ Reihenfolgen führt zur gleichen Wahrscheinlichkeit $p_{i_1} \cdot \ldots \cdot p_{i_k}$. Somit ist

$$\mathbb{P}(A^c) = 1 - k! \cdot S_{k,n}(p_1, \ldots, p_n)$$

die Wahrscheinlichkeit, dass mindestens zwei Kugeln im gleichen Fach liegen. Dabei ist allgemein

$$S_{r,m}(q_1, \ldots, q_m) := \sum_{1 \leq i_1 < \cdots < i_r \leq m} q_{i_1} \cdot \ldots \cdot q_{i_r}$$

gesetzt.

Es ist plausibel, dass $\mathbb{P}(A^c)$ in Abhängigkeit von $p_1, \ldots, p_n$ im Gleichverteilungsfall $p_1 = \ldots = p_n = 1/n$ minimal wird, und diese Behauptung soll jetzt bewiesen werden. Hierzu zerlegen wir die Summe $S_{k,n}(p_1, \ldots, p_n)$ nach dem Auftreten der vier Fälle $i_1 = 1$ oder $i_1 \geq 2$ und $i_k = n$ oder $i_k < n$. Mit der abkürzenden Schreibweise $\mathbf{a} = (p_2, \ldots, p_{n-1})$ ergibt sich dann

$$\begin{aligned} S_{k,n}(p_1, \ldots, p_n) = S_{k,n-2}(\mathbf{a}) & \\ +(p_1 + p_n) \cdot S_{k-1,n-2}(\mathbf{a}) & \\ +p_1 \cdot p_n \cdot S_{k-2,n-2}(\mathbf{a}) & \end{aligned}$$

und folglich wegen $(p_1 + p_n)^2 \geq 4 p_1 p_n$

$$\begin{aligned} & S_{k,n}\left(\frac{p_1 + p_n}{2}, p_2, \ldots, p_{n-1}, \frac{p_1 + p_n}{2}\right) \\ = \; & S_{k,n-2}(\mathbf{a}) + (p_1 + p_n) \cdot S_{k-1,n-2}(\mathbf{a}) \\ & + \left(\frac{p_1 + p_n}{2}\right)^2 \cdot S_{k-2,n-2}(\mathbf{a}) \\ \geq \; & S_{k,n}(p_1, \cdots, p_n). \end{aligned}$$

Das Gleichheitszeichen tritt dabei nur für $p_1 = p_n$ ein.

Es sei nun

$$S_{k,n}\left(p_1^*, \ldots, p_n^*\right) = \max_{p_1, \ldots, p_n} S_{k,n}(p_1, \ldots, p_n),$$

wobei aus Symmetriegründen o.B.d.A. $p_1^* \leq \cdots \leq p_n^*$ gelte. Da die Annahme $p_1^* < p_n^*$ aufgrund obiger Ungleichung zum Widerspruch

$$\begin{aligned} & S_{k,n}\left(\frac{p_1^* + p_n^*}{2}, p_2^*, \ldots, p_{n-1}^*, \frac{p_1^* + p_n^*}{2}\right) \\ & > S_{k,n}\left(p_1^*, \ldots, p_n^*\right) \end{aligned}$$

führt, muss die Gleichverteilung $p_1^* = \cdots = p_n^* = 1/n$ vorliegen, und dies war zu zeigen.

Unabhängigkeit und Verteilungsfunktionen

Reelle Zufallsvariablen $X_1, \ldots, X_n$ auf einem Wahrscheinlichkeitsraum $(\Omega, \mathcal{A}, \mathbb{P})$ sind genau dann stochastisch unabhängig, wenn gilt:

$$\mathbb{P}(X_1 \leq x_1, \ldots, X_n \leq x_n) = \prod_{j=1}^{n} \mathbb{P}(X_j \leq x_j) \quad (20.36)$$

für alle $x_1, \ldots, x_n \in \mathbb{R}$.

Die Namensgebung des obigen Kriteriums rührt daher, dass $\mathbb{P}(X_j \leq x)$ als Funktion von x die Verteilungsfunktion von X_j darstellt (siehe Seite 815). Da zudem für die linke Seite von (20.36) als Funktion von $x_1, \ldots, x_n$ der Begriff **gemeinsame Verteilungsfunktion von $X_1, \ldots, X_n$** üblich ist, kann obiges Kriterium auch wie folgt formuliert werden: Reelle Zufallsvariablen $X_1, \ldots, X_n$ sind genau unabhängig, wenn ihre gemeinsame Verteilungsfunktion gleich dem Produkt der Verteilungsfunktionen der X_j ist. Spezielle Situationen (diskrete und stetige Zufallsvariablen) werden in den beiden nächsten Kapiteln behandelt.

Funktionen unabhängiger Zufallsvariablen sind unabhängig

Sind X, Y und Z unabhängige reelle Zufallsvariablen, so sind auch die Zufallsvariablen $\sin(X + \cos(Y))$ und $\exp(Z)$ unabhängig. Hinter diesem (zu beweisenden) offensichtlichen Resultat stecken zwei allgemeine Prinzipien. Das erste besagt, dass man unabhängige Zufallsvariablen in disjunkte Blöcke zusammenfassen kann und wieder unabhängige Zufallsvariablen enthält. In obigem Fall sind die Blöcke der zweidimensionale Vektor (X, Y) sowie Z. Das zweite Prinzip lautet, dass messbare Funktionen unabhängiger Zufallsvariablen ebenfalls unabhängig sind. Im obigen Beispiel sind dies die Funktionen $f: \mathbb{R}^2 \to \mathbb{R}$, $(x, y) \mapsto \sin(x + \cos(y))$ und $g: \mathbb{R} \to \mathbb{R}$, $x \mapsto \exp(x)$. Wir werden beide Prinzipien unter allgemeinen Voraussetzungen beweisen und beginnen dabei mit dem Letzteren.

Funktionen unabhängiger Zufallsvariablen

Es seien $(\Omega, \mathcal{A}, \mathbb{P})$ ein Wahrscheinlichkeitsraum und $(\Omega_j, \mathcal{A}_j)$ sowie $(\Omega'_j, \mathcal{A}'_j)$, $j = 1, \ldots, n$, $n \geq 2$, Messräume. Weiter seien $X_j : \Omega \to \Omega_j$ und $h_j : \Omega_j \to \Omega'_j$ $(\mathcal{A}, \mathcal{A}_j)$- bzw. $(\mathcal{A}_j, \mathcal{A}'_j)$-messbare Abbildungen, $j = 1, \ldots, n$. Sind dann $X_1, \ldots, X_n$ stochastisch unabhängig, so sind auch die Zufallsvariablen

$$h_j(X_j) = h_j \circ X_j : \begin{cases} \Omega \to \Omega'_j, \\ \omega \mapsto h_j(X_j)(\omega) := h_j(X_j(\omega)), \end{cases}$$

$j = 1, \ldots, n$, stochastisch unabhängig.

Beweis: Für den Beweis benötigen wir nur, dass die Unabhängigkeit von $X_1, \ldots, X_n$ über die Unabhängigkeit der erzeugten σ-Algebren $\sigma(X_1), \ldots, \sigma(X_n)$ definiert ist und mit Mengensystemen auch Teilsysteme davon unabhängig sind. Die Behauptung folgt dann aus

$$\begin{aligned} \sigma(h_j \circ X_j) &= (h_j \circ X_j)^{-1}(\mathcal{A}'_j) = X_j^{-1}(h_j^{-1}(\mathcal{A}'_j)) \\ &\subseteq X_j^{-1}(\mathcal{A}_j) = \sigma(X_j). \end{aligned}$$

Dabei gilt die Inklusion wegen der Messbarkeit von h_j. ■

Zusammenfassen unabhängiger $\cap$-stabiler Systeme

Es seien $(\Omega, \mathcal{A}, \mathbb{P})$ ein Wahrscheinlichkeitsraum und $\mathcal{M}_j \subseteq \mathcal{A}$, $1 \leq j \leq n$, $n \geq 2$, unabhängige durchschnittsstabile Mengensysteme. Weiter sei $\{1, \ldots, n\} = I_1 + \ldots + I_s$ eine Zerlegung von $\{1, \ldots, n\}$ in paarweise disjunkte nichtleere Mengen $I_1, \ldots, I_s$. Bezeichnet

$$\mathcal{A}_k := \sigma\left(\bigcup_{j \in I_k} \mathcal{M}_j\right), \qquad k = 1, \ldots, s,$$

die von allen $\mathcal{M}_j$ mit $j \in I_k$ erzeugte σ-Algebra, so sind auch $\mathcal{A}_1, \ldots, \mathcal{A}_s$ stochastisch unabhängig.

Beweis: Für $k = 1, \ldots, s$ sei

$$\begin{aligned} \mathcal{B}_k := \big\{ A_{i_1} \cap \ldots \cap A_{i_m} : m \geq 1, \emptyset \neq \{i_1, \ldots, i_m\} \subseteq I_k, \\ A_{i_1} \in \mathcal{M}_{i_1}, \ldots, A_{i_m} \in \mathcal{M}_{i_m} \big\} \end{aligned}$$

die Menge aller Schnitte endlich vieler Mengen aus den zu I_k gehörenden Mengensystemen $\mathcal{M}_1, \ldots, \mathcal{M}_n$. Wegen der $\cap$-Stabilität der $\mathcal{M}_j$ ist auch $\mathcal{B}_k$ $\cap$-stabil. Zudem sind $\mathcal{B}_1, \ldots, \mathcal{B}_s$ unabhängige Mengensysteme, denn die Wahrscheinlichkeit des Schnittes von Durchschnitten des Typs $A_{i_1} \cap \ldots \cap A_{i_m}$ wie oben ist wegen der paarweisen Disjunktheit der Mengen $I_1, \ldots, I_s$ und der Unabhängigkeit aller $\mathcal{M}_j$ gleich dem Produkt der einzelnen Wahrscheinlichkeiten aller beteiligter Mengen. Andererseits gilt aber auch $\mathbb{P}(\cap_{\nu=1}^m A_{i_\nu}) = \prod_{\nu=1}^m \mathbb{P}(A_{i_\nu})$. Wegen

$$\bigcup_{j \in I_k} \mathcal{M}_j \subseteq \mathcal{B}_k \subseteq \sigma\left(\bigcup_{j \in I_k} \mathcal{M}_j\right) = \mathcal{A}_k \tag{20.37}$$

ergibt sich $\sigma(\mathcal{B}_k) = \mathcal{A}_k$, sodass die Behauptung aus dem Lemma über das Erweitern $\cap$-stabiler unabhängiger Systeme auf Seite 747 folgt. ■

?

Warum gilt die zweite Inklusion in (20.37)?

Das Blockungslemma

Es seien $(\Omega, \mathcal{A}, \mathbb{P})$ ein Wahrscheinlichkeitsraum, $(\Omega_j, \mathcal{A}_j)$, $j = 1, \ldots, n$, $n \geq 2$, Messräume und $X_j : \Omega \to \Omega_j$, $j = 1, \ldots, n$, Zufallsvariablen. Für $l \in \{1, \ldots, n-1\}$ seien $Z_1 := (X_1, \ldots, X_l)$ und $Z_2 := (X_{l+1}, \ldots, X_n)$, also

$$Z_1 : \begin{cases} \Omega \to \Omega_1 \times \ldots \times \Omega_l, \\ \omega \mapsto Z_1(\omega) := (X_1(\omega), \ldots, X_l(\omega)), \end{cases}$$

$$Z_2 : \begin{cases} \Omega \to \Omega_{l+1} \times \ldots \times \Omega_n, \\ \omega \mapsto Z_2(\omega) := (X_{l+1}(\omega), \ldots, X_n(\omega)). \end{cases}$$

Dann sind mit $X_1, \ldots, X_n$ auch Z_1 und Z_2 stochastisch unabhängig.

Beweis: Wir schicken voraus, dass nach dem Satz auf Seite 233 Z_1 und Z_2 Zufallsvariablen, also messbare Abbildungen sind, wenn man die kartesischen Produkte $\tilde{\Omega}_1 := \Omega_1 \times \ldots \times \Omega_l$ und $\tilde{\Omega}_2 := \Omega_{l+1} \times \ldots \times \Omega_n$ mit den jeweiligen Produkt-σ-Algebren $\mathcal{B}_1 := \otimes_{j=1}^l \mathcal{A}_j$ bzw. $\mathcal{B}_2 := \otimes_{j=l+1}^n \mathcal{A}_j$ versieht. Wegen

$$\begin{aligned} \sigma(Z_1) &= \sigma\left(\bigcup_{j=1}^l \sigma(X_j)\right), \\ \sigma(Z_2) &= \sigma\left(\bigcup_{j=l+1}^n \sigma(X_j)\right) \end{aligned} \tag{20.38}$$

(vgl. Aufgabe 20.31) folgt die Unabhängigkeit von Z_1 und Z_2 aus dem Satz über das Zusammenfassen unabhängiger $\cap$-stabiler Systeme, wenn man dort $\mathcal{M}_j = \sigma(X_j)$, $s = 2$, $I_1 = \{1, \ldots, l\}$ und $I_2 = \{l+1, \ldots, n\}$ setzt. ■

Aus dem Beweis des Blockungslemmas ist klar, dass die Aussage dieses Lemmas auch für Unterteilungen in mehr als zwei Blöcke gültig bleibt. Die Botschaft des Blockungslemmas ist, dass man unabhängige Zufallsvariablen (die nicht notwendig reell sein müssen) in Blöcke zusammenfassen kann und dass dann die entstehenden – einen vektorartigen Charakter tragenden – Zufallsvariablen ebenfalls stochastisch unabhängig sind. Bildet man letztere Zufallsvariablen mithilfe messbarer

Funktionen weiter ab, so sind die entstehenden Zufallsvariablen nach dem Satz über Funktionen unabhängiger Zufallsvariablen ebenfalls unabhängig. Insofern sind mit drei reellen Zufallsvariablen X, Y und Z auch $\sin(X + \cos(Y))$ und $\exp(Z)$ unabhängig.

Nach Aufgabe 20.30 sind n Ereignisse $A_1, \ldots, A_n$ genau dann unabhängig, wenn die Indikatorfunktionen $\mathbf{1}\{A_1\}, \ldots, \mathbf{1}\{A_n\}$ unabhängig sind. Da den mengentheoretischen Operationen $A \mapsto A^c$, $(A, B) \mapsto A \cup B$ und $(A, B) \mapsto A \cap B$ die algebraischen Operationen $\mathbf{1}\{A\} \mapsto 1 - \mathbf{1}\{A\}$, $(\mathbf{1}\{A\}, \mathbf{1}\{B\}) \mapsto \max(\mathbf{1}\{A\}, \mathbf{1}\{B\})$ und $(\mathbf{1}\{A\}, \mathbf{1}\{B\}) \mapsto \mathbf{1}\{A\}\cdot\mathbf{1}\{B\}$ entsprechen, ergibt sich aus dem Blockungslemma unmittelbar die nachstehende Folgerung.

Folgerung (Blockungslemma für Ereignisse)

Es seien $(\Omega, \mathcal{A}, \mathbb{P})$ ein Wahrscheinlichkeitsraum und $A_1, \ldots, A_n \in \mathcal{A}$, $n \geq 2$, stochastisch unabhängige Ereignisse. Für $l \in \{1, \ldots, n-1\}$ sei B eine mengentheoretische Funktion von $A_1, \ldots, A_l$ und C eine mengentheoretische Funktion von $A_{l+1}, \ldots, A_n$. Dann sind B und C stochastisch unabhängig.

20.4 Folgen unabhängiger Zufallsvariablen

Die Grenzen diskreter Wahrscheinlichkeitsräume werden insbesondere dann erreicht, wenn man auf einem Wahrscheinlichkeitsraum unendlich viele stochastisch unabhängige Zufallsvariablen mit vorgegebenen Verteilungen oder auch nur eine Folge $A_1, A_2, \ldots$ unabhängiger Ereignisse mit gleicher Wahrscheinlichkeit $1/2$ zur Verfügung haben möchte. Hierzu müssen wir zunächst definieren, wann unendlich viele Zufallsvariablen oder unendlich viele Ereignisse stochastisch unabhängig sein sollen. Für unsere Zwecke reicht es aus, den abzählbar-unendlichen Fall, also Folgen von Zufallsvariablen, Ereignissen oder auch Mengensystemen zu betrachten. Die Botschaft ist einfach: Man zieht sich einfach auf den bislang behandelten Fall zurück.

Unabhängigkeit einer Folge von Ereignissen, Mengensystemen oder Zufallsvariablen

Es sei $(\Omega, \mathcal{A}, \mathbb{P})$ ein Wahrscheinlichkeitsraum. Eine Folge $A_1, A_2, \ldots$ von Ereignissen heißt (stochastisch) **unabhängig**, wenn je endlich viele dieser Ereignisse unabhängig sind, wenn also für jede *endliche* Menge $I \subseteq \mathbb{N}$ mit $|I| \geq 2$ die Ereignisse A_i mit $i \in I$ unabhängig sind. Gleiches gilt für die Unabhängigkeit einer Folge $\mathcal{M}_1, \mathcal{M}_2, \ldots$ von Mengensystemen $\mathcal{M}_j \subseteq \mathcal{A}$ oder einer Folge $X_1, X_2, \ldots$ von Zufallsvariablen $X_j : \Omega \to \Omega_j$ mit Werten in allgemeinen Messräumen $(\Omega_j, \mathcal{A}_j)$, $j \geq 1$.

Abbildung 20.5 zeigt ein prägnantes Beispiel für die Notwendigkeit, über eine ganze Folge unabhängiger Ereignisse auf einem Wahrscheinlichkeitsraum verfügen zu müssen. Im ganzzahligen Gitter $\mathbb{Z}^2 = \{(i, j) : i, j \in \mathbb{Z}\}$ werden je zwei benachbarte Gitterpunkte, also Gitterpunkte (i, j) und (k, l) mit $i = k$ und $|j - l| = 1$ oder $j = l$ und $|i - k| = 1$, mit Wahrscheinlichkeit p durch eine Kante verbunden, und zwar unabhängig von allen anderen Kanten. Abbildung 20.5 zeigt einen Ausschnitt dieses Gitters, in dem die so (durch Simulation erhaltenen) Kanten farbig hervorgehoben sind. Auf diese Weise entsteht ein Graph mit Knotenmenge $\mathbb{Z}^2$ und zufallsabhängigen Kanten. Eine Menge von Knoten heißt *zusammenhängend*, wenn je zwei Knoten dieser Menge durch einen Weg entlang der farbigen Kanten verbunden sind. Eine der Ausgangsfragen der *Perkolationstheorie* ist die folgende: Was ist der kleinste Wert für $p \in [0, 1]$, sodass *Perkolation auftritt*, also mit Wahrscheinlichkeit eins eine *unendliche* zusammenhängende Knotenmenge existiert?

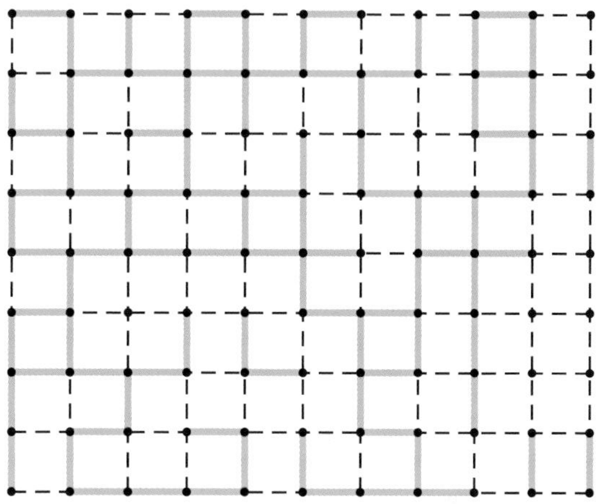

Abbildung 20.5 Perkolationsproblem auf $\mathbb{Z}^2$.

Beispiel In einem diskreten Wahrscheinlichkeitsraum sucht man vergeblich nach einer Folge unabhängiger Ereignisse mit gleicher Wahrscheinlichkeit $1/2$. Ist nämlich $(\Omega, \mathcal{A}, \mathbb{P})$ ein solcher Wahrscheinlichkeitsraum, so gibt es eine abzählbare Teilmenge $D \subseteq \Omega$ mit $\mathbb{P}(D) = 1$. Nehmen wir an, $A_1, A_2, \ldots$ wäre eine unabhängige Folge von Ereignissen aus $\mathcal{A}$ mit $\mathbb{P}(A_j) = 1/2$ für jedes $j \geq 1$. Wir fixieren ein beliebiges $\omega_0 \in D$. Für jedes $j \in \mathbb{N}$ gilt entweder $\omega_0 \in A_j$ oder $\omega_0 \in A_j^c$. Setzen wir $B_j := A_j$, falls $\omega_0 \in A_j$ und $B_j := A_j^c$ sonst, so sind $B_1, B_2, \ldots$ unabhängige Ereignisse, und es gilt $\{\omega_0\} \subseteq \cap_{j=1}^n B_j$, $n \geq 1$, und damit

$$\mathbb{P}(\{\omega_0\}) \leq \mathbb{P}\left(\bigcap_{j=1}^n B_j\right) = \prod_{j=1}^n \mathbb{P}(B_j) = \left(\frac{1}{2}\right)^n, \quad n \geq 1,$$

also $\mathbb{P}(\{\omega_0\}) = 0$. Da $\omega_0 \in D$ beliebig war, folgt $\mathbb{P}(D) = 0$, was ein Widerspruch zur Annahme $\mathbb{P}(D) = 1$ ist. Ein diskreter Wahrscheinlichkeitsraum ist also „zu klein", um eine derartige Folge von Ereignissen zu enthalten (siehe hierzu auch Aufgabe 20.32). ◀

Es gibt eine Folge unabhängiger Zufallsvariablen mit gegebenen Verteilungen

Eine Folge unabhängiger Ereignisse mit gleicher Wahrscheinlichkeit $1/2$ wird benötigt, um ein Modell für den gedanklich unendlich oft ausgeführten Wurf einer homogenen Münze zu erhalten. Ein kanonischer Grundraum für diese Situation ist die Menge $\Omega = \{0, 1\}^{\mathbb{N}}$ aller 0-1-Folgen. Auf Seite 710 haben wir gesehen, dass zumindest auf der vollen Potenzmenge von Ω kein passendes Wahrscheinlichkeitsmaß zur Beschreibung dieser Situation existiert. Der nachfolgende Satz und die auf Seite 753 gegebenen Hintergrundinformationen zeigen, dass man sich nur auf eine passende σ-Algebra über Ω einschränken muss, um Erfolg zu haben. Allgemeiner erhält man sogar, dass auf unendlichen Produkträumen Folgen unabhängiger Zufallsvariablen mit beliebigen Wertebereichen und beliebig vorgegebenen Verteilungen existieren.

Existenz einer Folge unabhängiger Zufallsvariablen

Es seien $(\Omega_j, \mathcal{A}_j, Q_j)$, $j \geq 1$, Wahrscheinlichkeitsräume. Dann existieren ein Wahrscheinlichkeitsraum $(\Omega, \mathcal{A}, \mathbb{P})$ und Zufallsvariablen $X_j\colon \Omega \to \Omega_j$, $j \geq 1$, mit folgenden Eigenschaften:

- $X_1, X_2, \ldots$ sind stochastisch unabhängig,
- es gilt $\mathbb{P}^{X_j} = Q_j$ für jedes $j \geq 1$.

Kommentar:

- Für den speziellen Fall, dass alle Räume $(\Omega_j, \mathcal{A}_j, Q_j)$ gleich einem festen Wahrscheinlichkeitsraum $(\Omega', \mathcal{A}', Q)$ sind, nennt man die Folge $X_1, X_2, \ldots$ **unabhängig und identisch verteilt mit Verteilung Q** und schreibt hierfür kurz
$$X_1, X_2, \ldots \overset{\text{u.i.v.}}{\sim} Q\,.$$
Ist die Verteilung Q nicht von Belang, so spricht man nur von einer **unabhängigen und identisch verteilten Folge** oder kürzer von einer u.i.v.-Folge $(X_j)_{j\geq 1}$.
- Der obige Satz garantiert insbesondere, dass zu jedem $p \in [0, 1]$ ein Modell für eine u.i.v.-Folge $X_1, X_2, \ldots$ mit $\mathbb{P}(X_j = 1) = p$ und $\mathbb{P}(X_j = 0) = 1 - p$ existiert. Mit $A_j := \{X_j = 1\}$, $j \geq 1$, liefert dieses Modell zugleich eine Folge stochastisch unabhängiger Ereignisse mit gleicher Wahrscheinlichkeit p. Interpretiert man das Eintreten von A_j als einen Treffer im j-ten Versuch, so kann dieses Modell – etwa für den in unabhängiger Folge ausgeführten Wurf mit einer nicht notwendig homogenen Münze – als eine Bernoulli-Kette unendlicher Länge mit Trefferwahrscheinlichkeit p angesehen werden.

Für ein terminales Ereignis A bezüglich einer unabhängigen Folge (X_n) gilt $\mathbb{P}(A) \in \{0, 1\}$

Ist das Eintreten oder Nichteintreten eines Ereignisses A, das sich durch eine Folge von Zufallsvariablen $X_1, X_2, \ldots$ beschreiben lässt, für jedes (noch so große) $k \in \mathbb{N}$ nur von den Realisierungen der Zufallsvariablen $X_k, X_{k+1}, \ldots$ abhängig, so ist A im folgenden Sinn *terminal* bezüglich der Folge $(X_j)_{j\geq 1}$:

Terminale σ-Algebra bezüglich einer Folge (X_j)

Es seien $(\Omega, \mathcal{A}, \mathbb{P})$ ein Wahrscheinlichkeitsraum, $(\Omega_j, \mathcal{A}_j)$, $j \geq 1$, Messräume und $X_j\colon \Omega \to \Omega_j$, $j \geq 1$, Zufallsvariablen. Dann heißt die σ-Algebra
$$\mathcal{A}_\infty := \bigcap_{k=1}^{\infty} \sigma(X_k, X_{k+1}, \ldots) \qquad (\subseteq \mathcal{A})$$
die **terminale σ-Algebra bezüglich der Folge $(X_j)_{j\geq 1}$** oder die **σ-Algebra der terminalen Ereignisse**.

Beispiel Es sei $X_1, X_2, \ldots$ eine Folge reeller Zufallsvariablen auf einem Wahrscheinlichkeitsraum $(\Omega, \mathcal{A}, \mathbb{P})$ und $S_n := \sum_{j=1}^{n} X_j$, $n \geq 1$, deren n-te Partialsumme. Wegen
$$\frac{1}{n}\cdot S_n = \frac{1}{n}\cdot\sum_{j=1}^{k-1} X_j + \frac{1}{n}\cdot\sum_{j=k}^{n} X_j$$
erhalten wir für das Ereignis
$$A := \left\{\omega \in \Omega\colon \lim_{n\to\infty} \frac{1}{n}\cdot S_n(\omega) = 0\right\}$$
für jedes feste $k \in \mathbb{N}$ die Darstellung
$$A = \bigcap_{l\geq 1}\bigcup_{m\geq k}\bigcap_{n\geq m}\left\{\left|\frac{1}{n}\cdot\sum_{j=k}^{n} X_j\right| \leq \frac{1}{l}\right\}$$
und somit $A \in \sigma(X_k, X_{k+1}, \ldots)$. Nach Definition der terminalen σ-Algebra ist A ein terminales Ereignis bezüglich der Folge (X_j). ◀

Das Null-Eins-Gesetz von Kolmogorov

Ist in der Situation obiger Definition die Folge $(X_j)_{j\geq 1}$ stochastisch unabhängig, so gilt für jedes terminale Ereignis $A \in \mathcal{A}_\infty$ entweder $\mathbb{P}(A) = 0$ oder $\mathbb{P}(A) = 1$.

Beweis: Wir zeigen, dass jedes $A \in \mathcal{A}_\infty$ stochastisch unabhängig von sich selbst ist, woraus die Behauptung folgt. Nach Definition der Unabhängigkeit unendlich vieler Mengensysteme und dem Satz über das Zusammenfassen unabhängiger $\cap$-stabiler Systeme auf Seite 750 sind für jedes k die σ-Algebren $\sigma(X_{k+1}, X_{k+2}, \ldots)$ und $\sigma(X_1, \ldots, X_k)$ unabhängig. Wegen $\mathcal{A}_\infty \subseteq \sigma(X_{k+1}, X_{k+2}, \ldots)$ sind dann auch $\mathcal{A}_\infty$ und $\sigma(X_1, \ldots, X_k)$ für jedes $k \geq 1$ unabhängig. Es ergibt sich die Unabhängigkeit von $\mathcal{A}_\infty$ und $\cup_{k=1}^{\infty}\sigma(X_1, \ldots, X_k)$. Da das letzte Mengensystem $\cap$-stabil ist, folgt nach dem Satz über das Erweitern unabhängiger $\cap$-stabiler Systeme auf Seite 747 und der mittels der Implikation

Hintergrund und Ausblick: Unendliche Produkträume

Der Maßfortsetzungssatz garantiert die Existenz hinreichend reichhaltiger Wahrscheinlichkeitsräume

Die folgende Konstruktion liefert einen Wahrscheinlichkeitsraum, auf dem eine unabhängige Folge von Zufallsvariablen mit beliebig vorgegebenen Verteilungen existiert. Wir starten hierzu mit einer Folge $(\Omega_j, \mathcal{A}_j, Q_j)$, $j \geq 1$, beliebiger Wahrscheinlichkeitsräume. Als Grundraum wählen wir das kartesische Produkt

$$\Omega := \times_{j=1}^{\infty} \Omega_j = \{\omega = (\omega_j)_{j\geq 1} \colon \omega_j \in \Omega_j,\ j \geq 1\}$$

von $\Omega_1, \Omega_2, \ldots$ Die Abbildung

$$X_k \colon \begin{cases} \Omega \to \Omega_j\,, \\ \omega = (\omega_j)_{j\geq 1} \mapsto X_k(\omega) := \omega_k\,, \end{cases}$$

ordnet als ***k*-te Projektionsabbildung** einer Folge aus Ω deren k-tes Folgenglied zu. Als σ-Algebra $\mathcal{A}$ über Ω bietet sich die von $X_1, X_2, \ldots$ erzeugte σ-Algebra

$$\mathcal{A} := \bigotimes_{j=1}^{\infty} \mathcal{A}_j = \sigma\left(\bigcup_{j=1}^{\infty} X_j^{-1}(\mathcal{A}_j)\right),$$

das sog. **Produkt** von $\mathcal{A}_1, \mathcal{A}_2, \ldots$, an (siehe Seite 232 und Seite 233).

Gäbe es ein Wahrscheinlichkeitsmaß $\mathbb{P}$ auf $\mathcal{A}$ mit

$$\mathbb{P}\Big(A_1 \times \cdots \times A_n \times \times_{j=n+1}^{\infty} \Omega_j\Big) = \prod_{k=1}^{n} Q_k(A_k) \quad (20.39)$$

für jedes $n \geq 1$ und beliebige Mengen $A_k \in \mathcal{A}_k$, $k = 1, \ldots, n$, dann wäre für jedes $j \geq 1$ und jede Wahl von $A_j \in \mathcal{A}_j$ nach Definition von X_j

$$\begin{aligned} \mathbb{P}^{X_j}(A_j) &= \mathbb{P}(X_j^{-1}(A_j)) \\ &= \mathbb{P}\left(\times_{k=1}^{j-1}\Omega_k \times A_j \times \times_{k=j+1}^{\infty}\Omega_k\right) \\ &= Q_j(A_j)\,. \end{aligned}$$

Somit hätte X_j die Verteilung Q_j. Zudem wären $X_1, X_2, \ldots$ unabhängig, denn für jedes $n \geq 2$ und jede Wahl von $A_1 \in \mathcal{A}_1, \ldots, A_n \in \mathcal{A}_n$ würde

$$\begin{aligned} \mathbb{P}(X_1 \in A_1, \ldots, X_n \in A_n) &= \mathbb{P}\big(A_1 \times \cdots \times A_n \times \times_{k=n+1}^{\infty}\Omega_k\big) \\ &= \prod_{j=1}^{n} Q_j(A_j) = \prod_{j=1}^{n} \mathbb{P}^{X_j}(A_j) \\ &= \prod_{j=1}^{n} \mathbb{P}(X_j \in A_j) \end{aligned}$$

gelten. Setzen wir $\mathcal{S} := \cup_{n=1}^{\infty} \mathcal{S}_n$, wobei

$$\mathcal{S}_n := \{A_1 \times \cdots \times A_n \times \times_{j=n+1}^{\infty} \Omega_j \colon A_1 \in \mathcal{A}_1, \ldots, A_n \in \mathcal{A}_n\},$$

so ist $\mathcal{S}$ $\cap$-stabil, und wegen $\cup_{j=1}^{\infty} X_j^{-1}(\mathcal{A}_j) \subseteq \mathcal{S}$ gilt $\sigma(\mathcal{S}) = \mathcal{A}$. Nach dem Eindeutigkeitssatz für Maße auf Seite 221 wäre also $\mathbb{P}$ durch die Vorgabe (20.39) eindeutig bestimmt. Bezeichnet $\mathcal{B}_n := \mathcal{A}_1 \otimes \cdots \otimes \mathcal{A}_n$ die auf Seite 233 eingeführte Produkt-σ-Algebra von $\mathcal{A}_1, \ldots, \mathcal{A}_n$, so bilden die Mengensysteme

$$\mathcal{F}_n := \{B_n \times \times_{j=n+1}^{\infty} \Omega_j \colon B_n \in \mathcal{B}_n\}, \quad n \geq 1,$$

eine aufsteigende Folge von σ-Algebren über Ω. Das System $\mathcal{Z} := \cup_{n=1}^{\infty} \mathcal{F}_n \subseteq \mathcal{A}$ ist eine Algebra (nicht σ-Algebra), die sogenannte *Algebra der Zylindermengen*.

Definiert man mithilfe des Produkt-Maßes $Q_1 \otimes \cdots \otimes Q_n$ (vgl. Seite 263) auf der σ-Algebra $\mathcal{F}_n$ das Wahrscheinlichkeitsmaß $\mathbb{P}_n$ durch

$$\mathbb{P}_n(B_n \times \times_{j=n+1}^{\infty} \Omega_j) := Q_1 \otimes \cdots \otimes Q_n(B_n)$$

und auf der Algebra $\mathcal{Z}$ die Mengenfunktion $\mathbb{P}$ durch

$$\mathbb{P}(A) := \mathbb{P}_n(A)\,, \quad \text{falls } A \in \mathcal{F}_n\,,$$

so lässt sich zeigen, dass $\mathbb{P}$ wohldefiniert und auf $\mathcal{Z}$ σ-additiv ist. Nach dem Maßfortsetzungssatz auf Seite 223 hat $\mathbb{P}$ eine Fortsetzung auf $\mathcal{A} = \sigma(\mathcal{Z})$. Man nennt das Wahrscheinlichkeitsmaß $\mathbb{P}$ mit (20.39) das **Produkt** von $Q_1, Q_2, \ldots$, und bezeichnet es mit $\mathbb{P} =: \bigotimes_{j=1}^{\infty} Q_j$. Der Wahrscheinlichkeitsraum

$$\left(\bigtimes_{j=1}^{\infty} \Omega_j, \bigotimes_{j=1}^{\infty} \mathcal{A}_j, \bigotimes_{j=1}^{\infty} Q_j \right) := (\Omega, \mathcal{A}, \mathbb{P})$$

heißt das **Produkt** von $(\Omega_j, \mathcal{A}_j, Q_j)$, $j \geq 1$.

Literatur

P. Billingsley: *Probability and Measure*. 2. Aufl. John Wiley & Sons, New York 1986, Section 36. Q

„aus $\mathcal{M} \subseteq \sigma(\mathcal{N})$ und $\mathcal{N} \subseteq \sigma(\mathcal{M})$ folgt $\sigma(\mathcal{M}) = \sigma(\mathcal{N})$" erhältlichen Identität

$$\sigma\left(\bigcup_{k=1}^{\infty} \sigma(X_1, \ldots, X_k)\right) = \sigma\left(\bigcup_{k=1}^{\infty} \sigma(X_k)\right)$$

die Unabhängigkeit von $\mathcal{A}_\infty$ und $\sigma\left(\cup_{k=1}^{\infty} \sigma(X_k)\right)$. Wegen $\mathcal{A}_\infty \subseteq \sigma\left(\cup_{k=1}^{\infty} \sigma(X_k)\right)$ folgt dann, dass $\mathcal{A}_\infty$ stochastisch unabhängig von sich selbst ist, und dies war zu zeigen. ∎

?

Warum ist das System $\cup_{k=1}^{\infty} \sigma(X_1, \ldots, X_k)$ $\cap$-stabil?

Aus dem Null-Eins-Gesetz von Kolmogorov und obigem Beispiel ergibt sich sofort, dass die Folge der arithmetischen Mittel $n^{-1} \sum_{j=1}^{n} X_j$ von stochastisch unabhängigen reellen Zufallsvariablen $X_1, X_2, \ldots$ entweder mit Wahrscheinlichkeit 1 oder mit Wahrscheinlichkeit 0 konvergiert. In Kapitel 23 werden wir mit dem starken Gesetz großer Zahlen eine hinreichende Bedingung für die erste Alternative angeben. Das Null-Eins-Gesetz zeigt auch, dass in dem zu Beginn dieses Abschnitts beschriebenen Perkolationsproblem entweder mit Wahrscheinlichkeit eins oder mit Wahrscheinlichkeit null eine unendliche zusammenhängende Knotenmenge existiert. Hierzu definiert man $X_j := 1$, falls die j-te Kante gefärbt ist und $X_j := 0$ sonst. Dabei nummeriert man alle Kanten nach dem Abstand der sie bildenden Knoten vom Ursprung „von innen nach außen" durch. Das Ereignis, dass eine Knotenmenge wie oben existiert, ist dann terminal bzgl. der Folge (X_j).

Limes superior und limes inferior von Ereignissen

Es sei $(A_n)_{n\geq 1}$ eine Folge von Ereignissen in einem Wahrscheinlichkeitsraum $(\Omega, \mathcal{A}, \mathbb{P})$. Dann heißen

$$\limsup_{n\to\infty} A_n := \bigcap_{n=1}^{\infty}\bigcup_{k=n}^{\infty} A_k$$

der **Limes superior** und

$$\liminf_{n\to\infty} A_n := \bigcup_{n=1}^{\infty}\bigcap_{k=n}^{\infty} A_k$$

der **Limes inferior** der Folge $(A_n)_{n\geq 1}$.

Kommentar: Wegen

$$\begin{aligned}\limsup_{n\to\infty} A_n &= \{\omega \in \Omega\colon \forall n \geq 1\; \exists k \geq n \text{ mit } \omega \in A_k\}\\ \liminf_{n\to\infty} A_n &= \{\omega \in \Omega\colon \exists n \geq 1\; \forall k \geq n \text{ mit } \omega \in A_k\}\end{aligned}$$

tritt das Ereignis $\limsup_{n\to\infty} A_n$ genau dann ein, wenn *unendlich viele* der Ereignisse $A_1, A_2, \ldots$ eintreten. Diese Bedingung wird beim Limes inferior noch verschärft. Das Ereignis $\liminf_{n\to\infty} A_n$ tritt genau dann ein, wenn *bis auf höchstens endlich viele Ausnahmen jedes* A_n eintritt. Folglich gilt die Inklusion

$$\liminf_{n\to\infty} A_n \subseteq \limsup_{n\to\infty} A_n\,.$$

Offenbar sind beide Ereignisse terminal bezüglich der Folge $(\mathbf{1}\{A_n\})_{n\geq 1}$. Sie treten also nach dem Kolmogorov'schen Null-Eins-Gesetz nur mit Wahrscheinlichkeit 0 oder 1 ein, wenn die Ereignisse $A_1, A_2, \ldots$ stochastisch unabhängig sind. Das nachfolgende Lemma gibt Kriterien hierfür an.

Das Lemma von Borel-Cantelli

Es sei $(A_n)_{n\geq 1}$ eine beliebige Folge von Ereignissen in einem Wahrscheinlichkeitsraum $(\Omega, \mathcal{A}, \mathbb{P})$. Dann gilt:

a) Aus $\displaystyle\sum_{n=1}^{\infty} \mathbb{P}(A_n) < \infty$ folgt $\mathbb{P}\left(\limsup_{n\to\infty} A_n\right) = 0$.

b) Sind die Ereignisse $A_1, A_2, \ldots$ unabhängig, so gilt:

Aus $\displaystyle\sum_{n=1}^{\infty} \mathbb{P}(A_n) = \infty$ folgt $\mathbb{P}\left(\limsup_{n\to\infty} A_n\right) = 1$.

Beweis:

a) Für die durch $B_n := \cup_{k=n}^{\infty} A_k$, $n \geq 1$, definierten Mengen gilt wegen der σ-Subadditivität von $\mathbb{P}$ $\mathbb{P}(B_n) \leq \sum_{k=n}^{\infty} \mathbb{P}(A_k)$. Aus der Voraussetzung folgt somit $\lim_{n\to\infty} \mathbb{P}(B_n) = 0$. Da $\mathbb{P}$ stetig von oben und die Folge (B_n) absteigend ist, ergibt sich

$$\mathbb{P}(\limsup_{n\to\infty} A_n) = \mathbb{P}\left(\cap_{n=1}^{\infty} B_n\right) = \lim_{n\to\infty} \mathbb{P}(B_n) = 0\,.$$

b) Die Ungleichung $1 - x \leq \mathrm{e}^{-x}$ liefert für $x = \mathbb{P}(A_k)$ und jede Wahl von $m, n \in \mathbb{N}$ mit $n \leq m$

$$1 - \exp\left(-\sum_{k=n}^{m} \mathbb{P}(A_k)\right) \leq 1 - \prod_{k=n}^{m}(1 - \mathbb{P}(A_k)) \leq 1$$

und somit beim Grenzübergang $m \to \infty$

$$\lim_{m\to\infty} \prod_{k=n}^{m}(1 - \mathbb{P}(A_k)) = 0\,.$$

Zusammen mit der Unabhängigkeit von $A_n, \ldots, A_m$ folgt

$$\begin{aligned}1 - \mathbb{P}(\limsup_{n\to\infty} A_n) &= 1 - \lim_{n\to\infty} \mathbb{P}\left(\bigcup_{k=n}^{\infty} A_k\right)\\ &= \lim_{n\to\infty} \mathbb{P}\left(\bigcap_{k=n}^{\infty} A_k^c\right)\\ &= \lim_{n\to\infty}\left[\lim_{m\to\infty} \mathbb{P}\left(\bigcap_{k=n}^{m} A_k^c\right)\right]\\ &= \lim_{n\to\infty}\left[\lim_{m\to\infty} \prod_{k=n}^{m}(1 - \mathbb{P}(A_k))\right]\\ &= 0.\end{aligned}$$

■

20.5 Markov-Ketten

In diesem Abschnitt betrachten wir stochastische Prozesse in diskreter Zeit mit abzählbarem Zustandsraum, deren zukünftiges Verhalten nur von der Gegenwart, nicht aber von der Vergangenheit abhängt. Um diese anschauliche Vorstellung mathematisch zu präzisieren, legen wir für diesen Abschnitt einen festen Wahrscheinlichkeitsraum $(\Omega, \mathcal{A}, \mathbb{P})$ zugrunde, auf dem alle auftretenden Zufallsvariablen definiert sind.

Ein **stochastischer Prozess in diskreter Zeit** ist eine Folge $(X_n)_{n\geq 0}$ von Zufallsvariablen auf Ω. Hierbei deuten wir den Index n als Zeit(punkt). Der Prozess beginnt also zur Zeit 0 und entwickelt sich zu den diskreten Zeitpunkten $1, 2, \ldots$ weiter. Die Zufallsvariablen mögen Werte in einer abzählbaren Menge S, dem sogenannten **Zustandsraum**, annehmen. Sind $i_0, i_1, \ldots, i_n \in S$ mit $\mathbb{P}(X_0 = i_0, \ldots, X_{n-1} = i_{n-1}) > 0$, so gilt nach der allgemeinen Multiplikationsregel auf Seite 741

$$\begin{aligned}&\mathbb{P}(X_0 = i_0, \ldots, X_n = i_n)\\&\quad = \mathbb{P}(X_0 = i_0) \cdot \mathbb{P}(X_1 = i_1 | X_0 = i_0) \cdot\\&\quad\quad \cdot \prod_{k=2}^{n} \mathbb{P}(X_k = i_k | X_0 = i_0, \ldots, X_{k-1} = i_{k-1}) .\end{aligned}$$

Die Wahrscheinlichkeit für den gesamten Verlauf des Prozesses bis zur Zeit n ist also bestimmt durch die Anfangswahrscheinlichkeiten $\mathbb{P}(X_0 = i_0)$ und die Übergangswahrscheinlichkeiten $\mathbb{P}(X_k = i_k | X_0 = i_0, \ldots, X_{k-1} = i_{k-1})$.

Man beachte, dass es sich hierbei nur um einen wie zu Beginn dieses Kapitels beschriebenen mehrstufigen stochastischen Vorgang handelt. Die Ergebnisse der einzelnen, zu den Zeitpunkten $0, 1, \ldots, n$ durchgeführten Stufen werden im Gegensatz zu früher jetzt durch Realisierungen von Zufallsvariablen beschrieben.

Definition einer Markov-Kette

Eine Folge $(X_n)_{n \geq 0}$ von Zufallsvariablen auf Ω heißt **Markov-Kette** mit Zustandsraum S, falls sie die folgende **Markov-Eigenschaft** besitzt: Für jedes $n \in \mathbb{N}_0$ und jede Wahl von $i_0, \ldots, i_{n+1} \in S$ mit

$$\mathbb{P}(X_0 = i_0, X_1 = i_1, \ldots, X_n = i_n) > 0 \qquad (20.40)$$

gilt:

$$\begin{aligned}&\mathbb{P}(X_{n+1} = i_{n+1} | X_0 = i_0, \ldots, X_n = i_n)\\&\quad = \mathbb{P}(X_{n+1} = i_{n+1} | X_n = i_n) . \qquad (20.41)\end{aligned}$$

Kommentar: Interpretieren wir X_n als den zufälligen Zustand eines wie immer gearteten stochastischen Systems zur Zeit n, so präzisiert die auf den russischen Mathematiker Andrej Andrejewitsch Markov (1856–1922) zurückgehende Markov-Eigenschaft gerade die zu Beginn dieses Abschnitts formulierte „Gedächtnislosigkeit“: Das Verhalten des Systems zu einem zukünftigen Zeitpunkt $n + 1$ hängt nur von dessen (gegenwärtigem) Zustand zur Zeit n ab, nicht aber von der weiteren Vorgeschichte, also von den Zuständen zu den Zeitpunkten $0, , \ldots, n-1$. Die Positivitätsbedingung (20.40) garantiert, dass die bedingte Wahrscheinlichkeit in (20.41) wohldefiniert ist. Bedingungen dieser Art werden zukünftig stillschweigend vorausgesetzt und nicht immer formuliert.

Beispiel Partialsummen unabhängiger Zufallsvariablen

Es sei $Y_0, Y_1, \ldots$ eine Folge stochastisch unabhängiger Zufallsvariablen mit Werten in $\mathbb{Z}$. Setzen wir

$$X_n := Y_0 + \ldots + Y_n , \qquad n \geq 0 ,$$

so bildet die Folge $(X_n)_{n\geq 0}$ eine Markov-Kette mit Zustandsraum $S := \mathbb{Z}$, denn es gilt $X_{n+1} = X_n + Y_{n+1}$, und da X_n eine Funktion von $Y_0, \ldots, Y_n$ ist, sind X_n und Y_{n+1} nach dem Blockungslemma stochastisch unabhängig. Der Zustand des Systems zur Zeit $n+1$ ist also eine additive Überlagerung des gegenwärtigen Zustandes X_n und einer davon (und auch von $X_0, \ldots, X_{n-1}$) unabhängigen Zufallsvariablen. Bitte rechnen Sie direkt nach, dass Eigenschaft (20.41) erfüllt ist (Aufgabe 20.20). ◀

Wir setzen stets voraus, dass die Markov-Kette **homogen** ist, was bedeutet, dass die Übergangswahrscheinlichkeiten $\mathbb{P}(X_{n+1} = i_{n+1} | X_n = i_n)$ nicht vom Zeitpunkt n abhängen. Es gilt dann also

$$\mathbb{P}(X_{n+1} = i_{n+1} | X_0 = i_0, \ldots, X_n = i_n) = p(i_n, i_{n+1})$$

mit einer Funktion $p\colon S \times S \to \mathbb{R}_{\geq 0}$. Ein einfaches Beispiel einer nicht homogenen Markov-Kette liefert die zufällige Anzahl X_n roter Kugeln nach dem n-ten Zug im Pólya'schen Urnenmodell von Seite 738 (Aufgabe 20.3).

Das folgende Resultat zeigt, dass wir in (20.41) die Bedingung $X_0 = i_0, \ldots, X_{n-1} = i_{n-1}$ durch ein allgemeines mithilfe von $(X_0, \ldots, X_{n-1})$ formuliertes Ereignis ersetzen können und somit die Markov-Eigenschaft auch in einer (vermeintlich) verschärften Form gilt.

Satz über die verallgemeinerte Markov-Eigenschaft

Es seien $X_0, X_1, \ldots$ eine Markov-Kette mit Zustandsraum S sowie $n \geq 1$ und $k > n$. Dann gilt für $i_n \in S$ und beliebige Mengen $A \subseteq S^{k-n}$, $B \subseteq S^n$:

$$\begin{aligned}&\mathbb{P}((X_{n+1}, \ldots, X_k) \in A | X_n = i_n, (X_0, \ldots, X_{n-1}) \in B)\\&\quad = \mathbb{P}((X_{n+1}, \ldots, X_k) \in A | X_n = i_n) .\end{aligned}$$

Beweis: Da $\mathbb{P}$ σ-additiv ist, kann o.B.d.A. $A = \{(i_{n+1}, \ldots, i_k)\}$ mit $i_{n+1}, \ldots, i_k \in S$ angenommen werden. Für beliebige $i_0, \ldots, i_{n-1} \in S$ gilt

$$\begin{aligned}&\mathbb{P}\big((X_{n+1}, \ldots, X_k) \in A | X_n = i_n, X_0 = i_0, \ldots, X_{n-1} = i_{n-1}\big)\\&\quad = \frac{\mathbb{P}(X_0 = i_0, \ldots, X_n = i_n, X_{n+1} = i_{n+1}, X_k = i_k)}{\mathbb{P}(X_0 = i_0, \ldots, X_n = i_n)}\\&\quad = \frac{\mathbb{P}(X_0 = i_0) \cdot \prod_{r=1}^{k} p(i_{r-1}, i_r)}{\mathbb{P}(X_0 = i_0) \cdot \prod_{r=1}^{n} p(i_{r-1}, i_r)}\\&\quad = p(i_n, i_{n+1}) \cdot \ldots \cdot p(i_{k-1}, i_k) .\end{aligned}$$

Da diese Wahrscheinlichkeit nicht von $i_0, \ldots, i_{n-1}$ und damit vom Ereignis $\{X_0 = i_0, \ldots, X_{n-1} = i_{n-1}\}$ abhängt, folgt die Behauptung aus Aufgabe 20.25, indem man für das dortige Ereignis C $\{X_n = i_n\}$ und für die paarweise disjunkten C_j die Ereignisse $\{X_n = i_n, X_0 = i_0, \ldots, X_{n-1} = i_{n-1}\}$ für verschiedene Vektoren $(i_0, \ldots, i_{n-1})$ wählt. ■

Kommentar: Interpretieren wir den Zeitpunkt n als „Gegenwart“, so besagt obiges Resultat, dass zwei Ereignisse, von denen sich eines auf die Zukunft und das andere auf die Vergangenheit bezieht, bei gegebener Gegenwart *bedingt stochastisch unabhängig* sind.

Startverteilung und Übergangsmatrix bestimmen das Verhalten einer Markov-Kette

Zählt man die Zustände aus S in irgendeiner Weise ab, so kann man sich die Übergangswahrscheinlichkeiten

$$p_{ij} := p_{i,j} := p(i, j)$$

in Form einer Matrix mit eventuell unendlich vielen Zeilen und Spalten angeordnet denken. Die Matrix

$$\mathbf{P} := (p_{ij})_{i,j \in S}$$

heißt **Übergangsmatrix** der Markov-Kette. Die durch

$$\pi_0(i) := \mathbb{P}(X_0 = i), \quad i \in S,$$

gegebene Verteilung $\mathbb{P}^{X_0}$ von X_0 heißt **Startverteilung** von $(X_n)_{n\geq 0}$. Startverteilung und Übergangsmatrix legen die stochastische Entwicklung der Markov-Kette (X_n) eindeutig fest.

Die Übergangsmatix ist **stochastisch**, d. h., sie besitzt nichtnegative Einträge, und es gilt

$$\sum_{j\in S} p_{ij} = 1, \quad i \in S.$$

Jede Zeilensumme von $\mathbf{P}$ ist also gleich 1.

Im Fall einer Markov-Kette mit endlichem Zustandsraum S oder kurz einer endlichen Markov-Kette nehmen wir S meist als $S := \{1, 2, \ldots, s\}$ oder – was manchmal vorteilhaft ist – als $S := \{0, 1, \ldots, s-1\}$ an. Im Fall eines abzählbar-unendlichen Zustandsraums ist häufig $S = \mathbb{N}$, $S = \mathbb{N}_0$ oder $S = \mathbb{Z}$.

Beispiel Die Übergangsmatrix einer Markov-Kette mit den beiden möglichen Zuständen 0 und 1 hat die Gestalt

$$\mathbf{P} = \begin{pmatrix} 1-p & p \\ q & 1-q \end{pmatrix},$$

wobei $0 \leq p, q \leq 1$. Wir deuten X_n als Zustand eines einfachen Bediensystems zur Zeit n. Dieses kann entweder frei ($X_n = 0$) oder besetzt ($X_n = 1$) sein. Die Matrix $\mathbf{P}$ ergibt sich dann aus folgenden Annahmen: Bis zum nächsten Zeitpunkt kann – wenn überhaupt – nur ein neuer Kunde kommen, was mit Wahrscheinlichkeit p geschehe. Dabei wird der Kunde abgewiesen, wenn das System besetzt ist. Ist ein Kunde im System, so verlässt dieser mit der Wahrscheinlichkeit q bis zum nächsten Zeitpunkt das System.

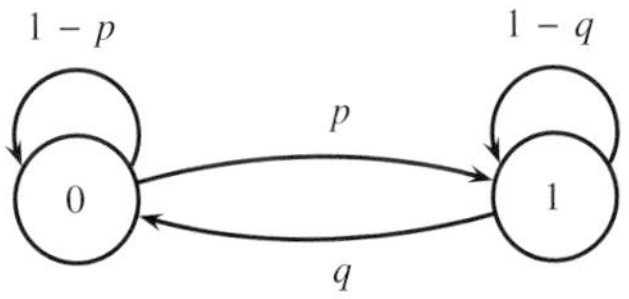

Abbildung 20.6 Zustandsgraph einer Markov-Kette mit 2 Zuständen.

Abbildung 20.6 illustriert die Markov-Kette anhand eines Graphen, dessen Knoten die Zustände bilden. Die Übergänge zwischen den Zuständen sind durch Pfeile mit zugehörigen Übergangswahrscheinlichkeiten dargestellt. ◀

Beispiel Wir verfeinern obiges Modell dahingehend, dass ein Kunde in einer Warteschleife gehalten werden kann. Dementsprechend gibt es jetzt die möglichen Zustände 0, 1 und 2, wobei $X_n = j$ bedeutet, dass sich zur Zeit n genau j Kunden im System befinden. Unter der oben gemachten Annahme über hinzukommende Kunden erhält man die Übergangswahrscheinlichkeiten

$$p_{00} = 1-p, \quad p_{01} = p, \quad p_{02} = 0.$$

Im Fall $X_n = 2$ kann der nicht in der Warteschleife befindliche Kunde mit Wahrscheinlichkeit q das System bis zum nächsten Zeitpunkt verlassen, woraus sich

$$p_{20} = 0, \quad p_{21} = q, \quad p_{22} = 1-q$$

ergibt. Ist genau ein Kunde im System, so seien die Ereignisse, dass dieser Kunde das System verlässt und ein neuer Kunde hinzukommt, stochastisch unabhängig. Das System geht also vom Zustand 1 in den Zustand 2 über, wenn der Kunde im System bleibt und zugleich ein neuer Kunde (in die Warteschleife) hinzukommt, was mit Wahrscheinlichkeit $p_{12} = p(1-q)$ geschieht. In gleicher Weise gilt $p_{10} = q(1-p)$, und wir erhalten die Übergangsmatrix

$$\mathbf{P} = \begin{pmatrix} 1-p & p & 0 \\ q(1-p) & 1-q(1-p)-p(1-q) & p(1-q) \\ 0 & q & 1-q \end{pmatrix}.$$

Abbildung 20.7 zeigt den Zustandsgraphen zu dieser Markov-Kette.

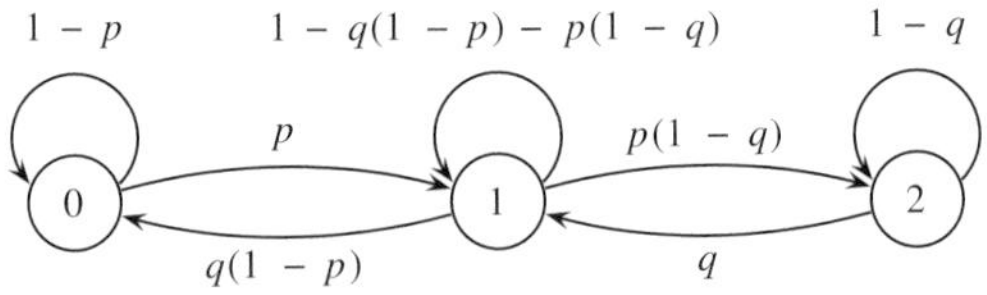

Abbildung 20.7 Zustandsgraph zum Bediensystem mit 3 Zuständen. ◀

Wir wenden uns nun der Frage nach dem Langzeitverhalten von Markov-Ketten zu. Hierzu bezeichne

$$p_{ij}^{(n)} := \mathbb{P}(X_n = j | X_0 = i), \quad i, j \in S,$$

die Wahrscheinlichkeit, vom Zustand i ausgehend in n Zeitschritten in den Zustand j zu gelangen. Dabei lässt man auch $n = 0$ zu und definiert

$$p_{ij}^{(0)} := 1, \text{ falls } i = j \text{ und } p_{ij}^{(0)} := 0 \text{ sonst.}$$

Man nennt $p_{ij}^{(n)}$ die ***n*-Schritt-Übergangswahrscheinlichkeit** von i nach j. Die mit $\mathbf{P}^{(n)}$ bezeichnete Matrix dieser Übergangswahrscheinlichkeiten heißt ***n*-Schritt-Übergangsmatrix**. Natürlich gilt $\mathbf{P}^{(1)} = \mathbf{P}$.

Die folgende Überlegung zeigt, dass $\mathbf{P}^{(n)}$ gleich der n-ten Potenz von $\mathbf{P}$ ist. Zerlegen wir das Ereignis $\{X_{n+1} = j\}$ nach den möglichen Werten von X_n, so ergibt sich mit der Formel von der totalen Wahrscheinlichkeit und der (verallgemeinerten) Markov-Eigenschaft

$$\begin{aligned} &\mathbb{P}(X_{n+1} = j | X_0 = i) \\ &= \sum_{k \in S} \mathbb{P}(X_n = k | X_0 = i) \cdot \mathbb{P}(X_{n+1} = j | X_n = k) \\ &= \sum_{k \in S} p_{ik}^{(n)} \cdot p_{kj} \,. \end{aligned}$$

?

Wo wurde hier die Markov-Eigenschaft verwendet?

Deuten wir $p_{ij}^{(n+1)}$ als Eintrag in der i-ten Zeile und der j-ten Spalte der Matrix der $(n+1)$-Schritt-Übergangswahrscheinlichkeiten, so besagt obige Gleichung, dass dieser Eintrag über eine Multiplikation der Matrix der n-Schritt-Übergangswahrscheinlichkeiten mit der Übergangsmatrix $\mathbf{P}$ gewonnen werden kann. Induktiv ergibt sich hieraus, dass die gesuchte Matrix die n-te Potenz $\mathbf{P}^n$ von $\mathbf{P}$ ist.

Satz über die Verteilung von X_n

Für eine Markov-Kette (X_n) mit Übergangsmatrix $\mathbf{P}= (p_{ij})_{i,j \in S}$ bezeichne

$$\pi_n := (\mathbb{P}(X_n = i) \colon i \in S)$$

den (u. U. unendlich langen) Zeilenvektor der Wahrscheinlichkeiten für die Zustände der Kette zur Zeit n, $n \geq 0$. Dann gilt:

$$\pi_n = \pi_0 \cdot \mathbf{P}^n \,, \quad n \geq 1 \,.$$

Beweis: Die zu beweisende Gleichung folgt aus der Formel von der totalen Wahrscheinlichkeit, denn es ist

$$\begin{aligned} \mathbb{P}(X_n = j) &= \sum_{i \in S} \mathbb{P}(X_n = j | X_0 = i) \cdot \mathbb{P}(X_0 = i) \\ &= \sum_{i \in S} p_{ij}^{(n)} \cdot \mathbb{P}(X_0 = i). \end{aligned}$$

■

Nach obigem Resultat ergibt sich die Verteilung von X_n in Form des Vektors π_n durch Multiplikation des Vektors π_0 der Startwahrscheinlichkeiten mit der n-Schritt-Übergangsmatrix. Dabei seien für den Rest dieses Kapitels Vektoren grundsätzlich als Zeilenvektoren geschrieben. Das Studium des Langzeitverhaltens einer Markov-Kette, also dem Verhalten von π_n für große Werte von n, läuft somit darauf hinaus, Informationen über $\mathbf{P}^n$ für $n \to \infty$ zu gewinnen. Für die folgenden Betrachtungen setzen wir eine *endliche* Markov-Kette voraus. Das zentrale Resultat gilt aber unter einer Zusatzbedingung auch allgemeiner.

Beispiel Wir betrachten die Markov-Kette des Bediensystems mit 3 Zuständen 0, 1 und 2 auf Seite 756 für die speziellen Parameterwerte $p = 0.4$ und $q = 0.5$ und somit die Übergangsmatrix

$$\mathbf{P} = \begin{pmatrix} 0.6 & 0.4 & 0 \\ 0.3 & 0.5 & 0.2 \\ 0 & 0.5 & 0.5 \end{pmatrix}.$$

Für $\mathbf{P}^2$ ergibt sich

$$\mathbf{P}^2 = \begin{pmatrix} 0.48 & 0.44 & 0.08 \\ 0.33 & 0.47 & 0.2 \\ 0.15 & 0.5 & 0.35 \end{pmatrix},$$

und $\mathbf{P}^{20}$ besitzt die Gestalt

$$\mathbf{P}^{20} = \begin{pmatrix} 0.3488 & 0.4651 & 0.1860 \\ 0.3488 & 0.4651 & 0.1860 \\ 0.3488 & 0.4651 & 0.1860 \end{pmatrix}.$$

Die Bildung höherer Potenzen ändert nichts an den angegebenen 4 Nachkommastellen. Die Folge $(\mathbf{P}^n)_{n \geq 1}$ scheint also gegen eine Matrix mit identischen Zeilen zu konvergieren. Das gleiche Phänomen tritt auf, wenn man andere Werte von p und q wählt. Dass die Matrix $\mathbf{P}^{20}$ identische Zeilen hat, bedeutet, dass $p_{ij}^{(20)}$ (auf vier Nachkommastellen berechnet) für jedes j nicht von den drei möglichen Anfangszuständen abhängt. Ganz egal, in welchem Zustand die Markov-Kette startet, ist die Wahrscheinlichkeit, dass sie sich nach 20 Zeitschritten im Zustand 0 befindet und damit kein Kunde im System ist, gleich 0.3488, und genau ein Kunde bzw. genau zwei Kunden sind nach 20 Zeitschritten mit Wahrscheinlichkeit 0.4651 bzw. 0.186 im System. Die Markov-Kette scheint also schon nach relativ kurzer Zeit einem stochastischen Gleichgewicht in Form einer durch die Zeilen von $\mathbf{P}^{20}$ gegebenen *invarianten Verteilung* zuzustreben, die sich auch für die folgenden Zeitpunkte nicht mehr ändert. ◀

Ist (X_n) eine Markov-Kette, so heißt eine Verteilung auf S **invariant**, falls $\mathbb{P}^{X_0} = \mathbb{P}^{X_j}$ für jedes $j \geq 1$ gilt, wenn sich also anschaulich gesprochen das stochastische Verhalten der Markov-Kette über die Zeit nicht ändert. Man spricht in diesem Fall auch von einer **stationären Verteilung** der Markov-Kette. Aufgrund der Abzählbarkeit von S ist eine invariante Verteilung durch den (u. U. unendlich langen) Zeilenvektor

$$\alpha := (\alpha_i, \; i \in S)$$

mit $\alpha_i = \mathbb{P}(X_0 = i)$ eindeutig bestimmt. Der Vektor α erfüllt (vgl. den Beweis des Satzes über die Verteilung von X_n) die Gleichungen

$$\alpha_j = \sum_{i \in S} p_{ij} \cdot \alpha_i \,, \quad j \in S \,. \tag{20.42}$$

Im Fall des endlichen Zustandsraums $S = \{1, 2 \ldots, s\}$ gilt $\alpha = (\alpha_1, \ldots, \alpha_s) \in W$, wobei

$$W := \left\{ x = (x_1, \ldots, x_s) \in \mathbb{R}^s : x_1 \geq 0 \ldots, x_s \geq 0, \; \sum_{j=1}^{s} x_j = 1 \right\}$$

die Menge aller möglichen *Wahrscheinlichkeitsvektoren* im $\mathbb{R}^s$ bezeichnet. Die Gleichungen (20.42) gehen dann in

$$\alpha = \alpha \cdot \mathbf{P} \tag{20.43}$$

über, was bedeutet, dass α ein linker Eigenvektor von $\mathbf{P}$ zum Eigenwert 1 ist.

Aufgrund des obigen Beispiels erheben sich in natürlicher Weise die folgenden Fragen:

- Besitzt jede Markov-Kette eine invariante Verteilung α?
- Falls ja, ist diese eindeutig bestimmt?
- Gilt $\lim_{n\to\infty} \pi_n = \alpha$ für jede Wahl des Start-Wahrscheinlichkeitsvektors π_0?
- Wie schnell konvergiert π_n gegen α?

Dass diese Fragen nicht uneingeschränkt mit Ja beantwortet werden können, zeigt das in offensichtlicher Weise auch allgemeiner geltende folgende Beispiel.

Beispiel Wir betrachten eine in Abbildung 20.8 dargestellte symmetrische Irrfahrt auf der Menge $\{0, 1, 2, 3, 4\}$ mit reflektierenden Rändern bei 0 und 4.

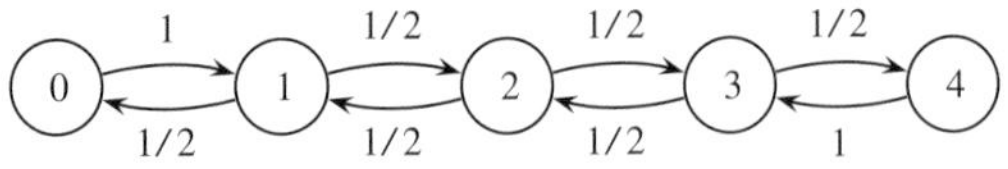

Abbildung 20.8 Symmetrische Irrfahrt auf $\{0, 1, 2, 3, 4\}$ mit reflektierenden Rändern.

Beginnt diese Irrfahrt in 0, 2 oder 4, so kann für jedes $n \geq 1$ die Zufallsvariable X_{2n} nur die Werte 0, 2, 4 und X_{2n-1} nur die Werte 1 und 3 annehmen. Ist der Startzustand 1 oder 3, so können die Zustände 0, 2, 4 nur zu ungeradzahligen und 1, 3 nur zu geradzahligen Zeitpunkten erreicht werden. Diese Irrfahrt ist somit in einer gewissen Weise *periodisch*. Auf 4 Nachkommastellen genau berechnet ändert sich $\mathbf{P}^{2k}$ ab $k = 14$ nicht mehr. Gleiches gilt für $\mathbf{P}^{2k+1}$. Die Matrizen

$$\mathbf{P}^{28} = \begin{pmatrix} 0.25 & 0 & 0.5 & 0 & 0.25 \\ 0 & 0.5 & 0 & 0.5 & 0 \\ 0.25 & 0 & 0.5 & 0 & 0.25 \\ 0 & 0.5 & 0 & 0.5 & 0 \\ 0.25 & 0 & 0.5 & 0 & 0.25 \end{pmatrix},$$

$$\mathbf{P}^{29} = \begin{pmatrix} 0 & 0.5 & 0 & 0.5 & 0 \\ 0.25 & 0 & 0.5 & 0 & 0.25 \\ 0 & 0.5 & 0 & 0.5 & 0 \\ 0.25 & 0 & 0.5 & 0 & 0.25 \\ 0 & 0.5 & 0 & 0.5 & 0 \end{pmatrix}$$

spiegeln den eben beschriebenen Sachverhalt wider. Im Fall $X_0 = 1$ befindet sich die Irrfahrt bei ungeradem großen n mit gleicher Wahrscheinlichkeit $1/2$ in 1 oder 3 und bei geradem großen n mit Wahrscheinlichkeit $1/2$ in 2 und je mit gleicher Wahrscheinlichkeit $1/4$ in 0 oder 4. ◀

Ist $\mathbf{P}^k$ für ein k strikt positiv, so strebt eine Markov-Kette gegen die invariante Verteilung

Der folgende Satz über das Langzeitverhalten von Markov-Ketten schließt in seiner Voraussetzung periodische Fälle wie den eben beschriebenen aus.

Ergodensatz für endliche Markov-Ketten

Es sei $X_0, X_1, \ldots$ eine Markov-Kette mit endlichem Zustandsraum. Für mindestens ein $k \geq 1$ seien alle Einträge der k-Schritt-Übergangsmatrix $\mathbf{P}^k$ strikt positiv. Dann gelten:

a) Es gibt genau eine invariante Verteilung α.

b) Für jede Wahl des Start-Wahrscheinlichkeitsvektors π_0 gilt $\lim_{n\to\infty} \pi_n = \alpha$. Dabei ist die Konvergenz exponentiell schnell.

c) Es gilt

$$\lim_{n\to\infty} \mathbf{P}^n = \begin{pmatrix} \alpha \\ \vdots \\ \alpha \end{pmatrix}.$$

Beweis: Es sei o.B.d.A. $S = \{1, \ldots, s\}$ für ein $s \geq 2$. Bezeichnet $\|x\| := \sum_{j=1}^s |x_j|$ die Summenbetragsnorm von $x \in \mathbb{R}^s$, so gilt für $x, y \in \mathbb{R}^s$ zunächst

$$\begin{aligned} \|x\mathbf{P} - y\mathbf{P}\| &= \sum_{j=1}^s \left| \sum_{i=1}^s (x_i - y_i) \cdot p_{ij} \right| \\ &\leq \sum_{i=1}^s |x_i - y_i| \cdot \sum_{j=1}^s p_{ij} \end{aligned}$$

und somit wegen $\sum_{j=1}^s p_{ij} = 1$

$$\|x\mathbf{P} - y\mathbf{P}\| \leq \|x - y\|. \tag{20.46}$$

Dabei gilt diese Ungleichung für jede stochastische Matrix. Nach Voraussetzung gibt es ein $\delta > 0$ mit $p_{ij}^{(k)} \geq \delta/s$ für alle i, j, wobei $\delta < 1$ angenommen werden kann. Es gilt also $\mathbf{P}^k \geq \delta E$, wobei E die stochastische $s \times s$-Matrix bezeichnet, deren Einträge identisch gleich $1/s$ sind. Die durch

$$Q := \frac{1}{1-\delta} \cdot (\mathbf{P}^k - \delta E)$$

definierte Matrix ist stochastisch, und es gilt $\mathbf{P}^k = \delta E + (1-\delta)Q$. Für $x, y \in W$ folgt dann mit der Dreiecksungleichung, der Beziehung $xE = yE$ für $x, y \in W$ und (20.46) mit Q anstelle von $\mathbf{P}$

$$\begin{aligned} \|x\mathbf{P}^k - y\mathbf{P}^k\| &\leq \delta \cdot \|(x-y)E\| + (1-\delta) \cdot \|(x-y)Q\| \\ &\leq (1-\delta) \cdot \|x - y\|. \end{aligned} \tag{20.47}$$

Bezeichnet $m := \lfloor n/k \rfloor$ den ganzzahligen Anteil von n/k, so folgt durch Anwendung von (20.46) auf $x\mathbf{P}^{km}$, $y\mathbf{P}^{km}$ und die stochastische Matrix $\mathbf{P}^{n-km}$

$$\begin{aligned} \|x\mathbf{P}^n - y\mathbf{P}^n\| &= \|(x\mathbf{P}^{km} - x\mathbf{P}^{km}) \cdot \mathbf{P}^{n-km}\| \\ &\leq \|(x-y)\mathbf{P}^{km}\|. \end{aligned}$$

Unter der Lupe: Das Spieler-Ruin-Problem

Markov-Ketten mit zwei absorbierenden Zuständen

Für $a, b \in \mathbb{N}$ betrachten wir eine Markov-Kette (X_n) mit Zustandsraum $S = \{0, 1, \ldots, a+b\}$ und Übergangswahrscheinlichkeiten $p_{i,i+1} = p = 1 - p_{i,i-1}$ für $1 \leq i \leq a+b-1$ sowie $p_{0,0} = 1 = p_{a+b,a+b}$. Die Zustände 0 und $a+b$ sind somit *absorbierend*: Hat man einen von ihnen erreicht, so kann man ihn nicht mehr verlassen. Wir interpretieren a und b als die Kapitalvermögen (in Euro) zweier Spieler A und B, die wiederholt in unabhängiger Folge ein Spiel spielen, bei dem A und B mit den Wahrscheinlichkeiten p bzw. $1-p$ gewinnen und im Gewinnfall einen Euro von ihrem Gegenspieler erhalten. Mit $X_0 := a$ steht dann X_n für den Kapitalstand von A nach dem n-ten Spiel, und eine Absorption der Markov-Kette im Zustand $a+b$ bzw. 0 besagt, dass Spieler B bzw. Spieler A bankrott ist (siehe nachfolgende Abbildung).

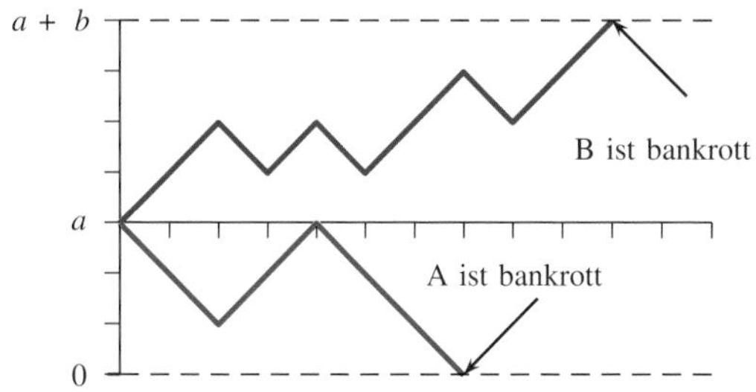

Zum Spieler-Ruin-Problem

Da die Übergangsmatrix Tridiagonalgestalt besitzt, ist die invariante Verteilung $\alpha = (\alpha_0, \ldots, \alpha_{a+b})$ durch (20.50) gegeben. Wie man leicht sieht, liefern die entstehenden Gleichungen $\alpha_0 + \alpha_{a+b} = 1$, sodass früher oder später Absorption stattfindet. Wir behaupten, dass

$$\alpha_{a+b} = \begin{cases} \dfrac{a}{a+b}, & \text{falls } p = 1/2, \\ \dfrac{1-(q/p)^a}{1-(q/p)^{a+b}}, & \text{falls } p \neq 1/2, \end{cases}$$

gilt. Dabei ist kurz $q := 1 - p$ gesetzt.

Zur Herleitung von α_{a+b} betrachten wir den Anfangszustand X_0 als *Parameter* k und untersuchen die mit P_k bezeichnete Wahrscheinlichkeit, dass Absorption im Zustand $a+b$ stattfindet, als Funktion von k. Mit $r := a+b$ folgt offenbar

$$P_0 = 0, \qquad P_r = 1, \tag{20.44}$$

denn im Fall $k = 0$ bzw. $k = r$ findet bereits zu Beginn eine Absorption statt. Im Fall $1 \leq k \leq r-1$ gilt entweder $X_1 = k+1$ oder $X_1 = k-1$. Die Situation stellt sich also nach dem ersten Zeitschritt wie zu Beginn dar, wobei sich nur der Parameter k geändert hat. Nach der Formel von der totalen Wahrscheinlichkeit folgt

$$P_k = p \cdot P_{k+1} + q \cdot P_{k-1}, \qquad k = 1, 2, \ldots, r-1,$$

und somit für $d_k := P_{k+1} - P_k$ die Rekursionsformel

$$d_k = d_{k-1} \cdot \frac{q}{p}, \qquad k = 1, \ldots, r-1. \tag{20.45}$$

Hieraus liest man sofort P_k im Fall $p = q = 1/2$ ab: Da die Differenzen $d_1, \ldots, d_{r-1}$ nach (20.45) gleich sind, ergibt sich wegen (20.44) das Resultat $P_k = k/r$ und somit $\alpha_{a+b} = P_a = a/(a+b)$, falls $p = 1/2$. Im Fall $p \neq 1/2$ folgt aus (20.45) induktiv $d_j = (q/p)^j \cdot d_0$ $(j = 1, \ldots, r-1)$ und somit

$$P_k = P_k - P_0 = \sum_{j=0}^{k-1} d_j = d_0 \cdot \sum_{j=0}^{k-1} \left(\frac{q}{p}\right)^j = d_0 \cdot \frac{1-(q/p)^k}{1-q/p}.$$

Setzt man hier $k = r$, so folgt wegen $P_r = 1$ die Gleichung $d_0 = (1-q/p)/(1-(q/p)^r)$, und man erhält

$$P_k = \frac{1-(q/p)^k}{1-(q/p)^r}, \qquad \text{falls } p \neq 1/2.$$

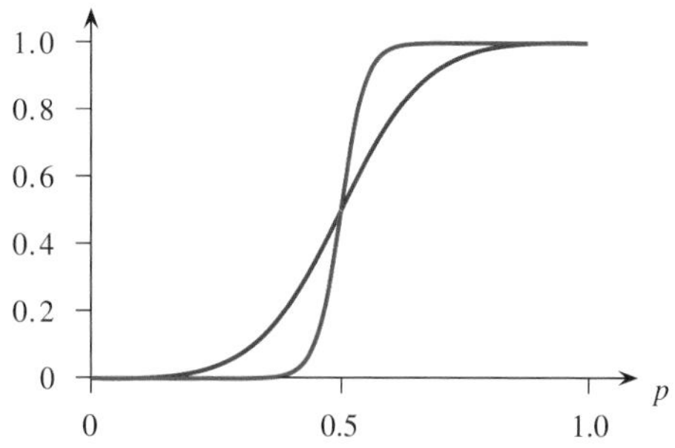

Ruinwahrscheinlichkeit für B als Funktion von p für $a = b = 3$ (blau) und $a = b = 10$ (rot)

Die obige Abbildung zeigt die Absorptionswahrscheinlichkeit in $a+b$ und damit die Ruinwahrscheinlichkeit für Spieler B in Abhängigkeit der Erfolgswahrscheinlichkeit p für A im Falle eines Startkapitals von je drei Euro (blau) bzw. je 10 Euro (rot) für jeden der Spieler. Bemerkenswert ist, wie sich das größere Startkapital auf die Ruinwahrscheinlichkeit auswirkt: Beginnt jeder Spieler mit 3 Euro, so geht Spieler B bei einer Erfolgswahrscheinlichkeit $p = 0.55$ für A mit einer Wahrscheinlichkeit von ungefähr 0.65 bankrott. Startet jedoch jeder Spieler mit 10 Euro, so kann sich die größere Erfolgswahrscheinlichkeit von A gegenüber B in einer längeren Serie von Einzelspielen besser durchsetzen, was sich in der großen Ruinwahrscheinlichkeit von 0.88 für Spieler B auswirkt. Man beachte auch, dass letztere immer positiv bleibt, wenn $p > 1/2$ gilt, denn sie ist dann unabhängig vom Startkapital b immer mindestens $1 - (q/p)^a$.

Wiederholte Anwendung von (20.47) und $\|x-y\| \leq 2$ liefern dann

$$\|x\mathbf{P}^n - y\mathbf{P}^n\| \leq 2 \cdot (1-\delta)^{\lfloor n/k \rfloor}. \tag{20.48}$$

Diese Ungleichung ist der Schlüssel für die weiteren Betrachtungen. Definieren wir für beliebiges $x \in W$ eine Folge (x_n) rekursiv durch $x_0 := x$ und $x_{n+1} := x_n\mathbf{P}$, $n \geq 0$, so ergibt sich für $l, n \geq 0$

$$\begin{aligned} \|x_{n+l} - x_n\| &= \|x_0\mathbf{P}^{n+l} - x_0\mathbf{P}^n\| \\ &= \|(x_0\mathbf{P}^l - x_0)\mathbf{P}^n\| \\ &\leq 2(1-\delta)^{\lfloor n/k \rfloor}. \end{aligned}$$

Dies zeigt, dass (x_n) eine Cauchy-Folge bildet. Setzen wir $x_\infty := \lim_{n\to\infty} x_n$, so liefert (20.46)

$$\begin{aligned} \|x_\infty\mathbf{P} - x_\infty\| &= \|x_\infty\mathbf{P} - x_n + x_n - x_\infty\| \\ &= \|x_\infty\mathbf{P} - x_{n-1}\mathbf{P} + x_n - x_\infty\| \\ &\leq \|(x_\infty - x_{n-1})\mathbf{P}\| + \|x_n - x_\infty\| \\ &\leq \|x_\infty - x_{n-1}\| + \|x_n - x_\infty\| \end{aligned}$$

und somit $x_\infty = x_\infty\mathbf{P}$. Es kann aber nur ein $y \in W$ mit $y = y\mathbf{P}$ geben, denn die Annahme $y = y\mathbf{P}$ und $z = z\mathbf{P}$ zieht wegen $y = y\mathbf{P}^n$ und $z = z\mathbf{P}^n$ für jedes n und (20.48) wegen $\delta > 0$ die Gleichheit $\|y - z\| = 0$ und somit $y = z$ nach sich. Hiermit sind a) und b) bewiesen. Der Zusatz über die Konvergenzgeschwindigkeit ergibt sich, wenn man in (20.48) für x die stationäre Verteilung α und für y den Vektor π_0 der Startwahrscheinlichkeiten einsetzt. Wegen $\alpha\mathbf{P}^n = \alpha$ und $\pi_{n+1} = \pi_0\mathbf{P}^n$ und $\lfloor n/k \rfloor \geq n/k - 1$ folgt mit der Abkürzung $c := \log(1-\delta)^{-1/k}$ die Ungleichung

$$\|\pi_{n+1} - \alpha\| \leq \frac{2}{1-\delta} \cdot \exp(-c \cdot n), \quad n \geq 1,$$

also exponentiell schnelle Konvergenz von π_n gegen α. Aussage c) folgt, wenn man als Start-Vektoren für die Iteration $x_{n+1} = x_n\mathbf{P}$ die kanonischen Einheitsvektoren des $\mathbb{R}^s$ wählt. ■

Kommentar: Die invariante Verteilung $\alpha = (\alpha_1, \ldots, \alpha_s)$ ist nach (20.43) Lösung des linearen Gleichungssystems

$$\alpha_j = \sum_{i=1}^{s} p_{ij} \cdot \alpha_i, \quad i = 1, \ldots, s, \tag{20.49}$$

wobei α als Wahrscheinlichkeitsvektor nichtnegative Komponenten hat und die Normierungsbedingung

$$\alpha_1 + \ldots + \alpha_s = 1$$

erfüllt.

Beispiel Die Markov-Kette mit 2 Zuständen von Seite 756 und der Übergangsmatrix

$$\mathbf{P} = \begin{pmatrix} 1-p & p \\ q & 1-q \end{pmatrix},$$

erfüllt im Fall $0 < p, q < 1$ die Voraussetzungen des obigen Satzes. Die Gleichungen (20.49) lauten in diesem Fall

$$\begin{aligned} \alpha_1 &= (1-p)\alpha_1 + q\alpha_2, \\ \alpha_2 &= p\alpha_1 + (1-q)\alpha_2, \end{aligned}$$

stellen also ein und dieselbe Gleichung dar. Zusammen mit der Normierungsbedingung ergibt sich

$$\alpha_1 = \frac{q}{p+q}, \quad \alpha_2 = \frac{p}{p+q}.$$

In diesem Fall lässt sich auch relativ leicht ein geschlossener Ausdruck für $\mathbf{P}^n$ angeben. Wie man direkt nachrechnet, gilt nämlich mit

$$A := \begin{pmatrix} 1 & -p \\ 1 & q \end{pmatrix}, \qquad D := \begin{pmatrix} 1 & 0 \\ 0 & 1-p-q \end{pmatrix}$$

die Identität $\mathbf{P} = A \cdot D \cdot A^{-1}$ und somit

$$\begin{aligned} \mathbf{P}^n &= A \cdot D^n \cdot A^{-1} \\ &= A \cdot \begin{pmatrix} 1 & 0 \\ 0 & (1-p-q)^n \end{pmatrix} \cdot A^{-1} \\ &= \frac{1}{p+q} \cdot \left[\begin{pmatrix} q & p \\ q & p \end{pmatrix} + (1-(p+q))^n \cdot \begin{pmatrix} p & -p \\ -q & q \end{pmatrix} \right]. \end{aligned}$$

Wegen $|1-(p+q)| < 1$ liest man hieran noch einmal direkt die Konvergenz der n-Schritt-Übergangsmatrix gegen die Matrix

$$\begin{pmatrix} \alpha_1 & \alpha_2 \\ \alpha_1 & \alpha_2 \end{pmatrix}$$

ab. Die invariante Verteilung des Bediensystems mit 3 Zuständen von Seite 756 wird in Aufgabe 20.23 behandelt. ◀

Die im Ergodensatz angegebene Bedingung der strikten Positivität von $\mathbf{P}^k$ für mindestens ein $k \geq 1$ ist zwar hinreichend, aber nicht notwendig für die Existenz einer eindeutigen stationären Verteilung. Ist die Übergangsmatrix $\mathbf{P} = (p_{ij})_{1\leq i,j\leq s}$ eine Tridiagonalmatrix, gilt also

$$p_{ij} = 0, \quad \text{für alle } i, j \in S \text{ mit } |i-j| > 1,$$

so geht das Gleichungssystem (20.49) in

$$\begin{aligned} \alpha_1 &= p_{11}\,\alpha_1 + p_{21}\,\alpha_2 \\ \alpha_2 &= p_{12}\,\alpha_1 + p_{22}\,\alpha_2 + p_{32}\,\alpha_3 \\ \alpha_3 &= p_{23}\,\alpha_2 + p_{33}\,\alpha_3 + p_{43}\,\alpha_4 \\ \vdots & \qquad \vdots \\ \alpha_{s-1} &= p_{s-2,s-1}\,\alpha_{s-2} + p_{s-1,s-1}\,\alpha_{s-1} + p_{s,s-1}\,\alpha_s \\ \alpha_s &= p_{s-1,s}\,\alpha_{s-1} + p_{ss}\,\alpha_s \end{aligned}$$

über. Nutzt man aus, dass die Zeilensummen von $\mathbf{P}$ gleich 1 sind, so ergibt sich

$$\alpha_2 = \frac{p_{12}}{p_{21}} \cdot \alpha_1, \quad \alpha_3 = \frac{p_{12}p_{23}}{p_{21}p_{32}} \cdot \alpha_1, \quad \alpha_4 = \frac{p_{12}p_{23}p_{34}}{p_{21}p_{32}p_{43}} \cdot \alpha_1$$

und allgemein

$$\alpha_k = \prod_{j=1}^{k-1} \frac{p_{j,j+1}}{p_{j+1,j}} \cdot \alpha_1 , \quad k = 2, \dots, s .$$

Um triviale Fälle auszuschließen, haben wir dabei stets $p_{ij} > 0$ für $|i - j| = 1$ vorausgesetzt. Mit der Konvention, ein Produkt über die leere Menge gleich 1 zu setzen, erhält man wegen $\sum_{k=1}^{s} \alpha_k = 1$

$$\alpha_k = \frac{\prod_{j=1}^{k-1} \frac{p_{j,j+1}}{p_{j+1,j}}}{1 + \sum_{k=1}^{s-1} \prod_{j=1}^{k-1} \frac{p_{j,j+1}}{p_{j+1,j}}} , \quad k = 1, \dots, s . \tag{20.50}$$

Beispiel Beim diskreten Diffusionsmodell des Physikers Paul Ehrenfest (1880–1933) und der Mathematikerin Tatjana Ehrenfest (1876–1964) aus dem Jahr 1907 befinden sich in zwei Behältern A und B zusammen s Kugeln. Man wählt eine der s Kugeln rein zufällig aus und legt sie in den anderen Behälter. Dieser Vorgang wird in unabhängiger Folge wiederholt. Die Zufallsvariable X_n bezeichne die Anzahl der Kugeln in Behälter A nach n solchen Auswahlen, $n \geq 0$. Da die Übergangswahrscheinlichkeit $\mathbb{P}(X_{n+1} = j | X_n = i)$ nur von der Anzahl i der Kugeln in Behälter A nach n Auswahlen abhängt, liegt eine zeitlich homogene Markov-Kette vor, deren Übergangsmatrix tridiagonal ist, denn es gilt

$$\begin{aligned} p_{01} &= 1 , \quad p_{s,s-1} = 1 , \\ p_{j,j-1} &= \frac{j}{s} , \quad j = 1, \dots, s-1 , \\ p_{j,j+1} &= 1 - \frac{j}{s} , \quad j = 1, \dots, s-1 \end{aligned}$$

und $p_{ij} = 0$ sonst. Wegen

$$\prod_{j=0}^{k-1} \frac{p_{j,j+1}}{p_{j+1,j}} = \prod_{j=0}^{k-1} \frac{s-j}{j+1} = \binom{s}{k}$$

und

$$\sum_{k=0}^{s-1} \prod_{j=0}^{k-1} \frac{p_{j,j+1}}{p_{j+1,j}} = \sum_{k=0}^{s} \binom{s}{k} = 2^s$$

folgt aus (20.50) – wobei nur zu beachten ist, dass wegen $S = \{0, 1, \dots, s\}$ die Indizes ab $k = 0$ laufen und auch der Index j in den auftretenden Produkten bei 0 beginnt –

$$\alpha_k = \binom{s}{k} 2^{-s} , \quad k = 0, 1, \dots, s .$$

Die invariante Verteilung ist also die Binomialverteilung $\text{Bin}(s, 1/2)$. Diese kann man gleich zu Beginn bei der Befüllung der Behälter erreichen, wenn jede Kugel unabhängig von den anderen mit gleicher Wahrscheinlichkeit $1/2$ in Behälter A oder B gelegt wird. In der Physik bezeichnet man eine solche invariante Verteilung auch als *Gleichgewichtsverteilung*. Aufgabe 20.24 behandelt das diskrete Diffusionsmodell von Bernoulli-Laplace, bei dem als Gleichgewichtsverteilung die hypergeometrische Verteilung auftritt.

Man beachte, dass die Folge $(\mathbf{P}^n)_{n \geq 1}$ der n-Schritt-Übergangsmatrizen nicht konvergiert, denn $p_{i,j}^{(2k)} > 0$ kann nur eintreten, wenn $i - j$ gerade ist. Andererseits muss $i - j$ ungerade sein, wenn $p_{i,j}^{(2k+1)}$ positiv ist. ◀

Für irreduzible aperiodische endliche Markov-Ketten gilt der Ergodensatz

Wie kann man einer Markov-Kette ansehen, ob sie die Voraussetzungen des Ergodensatzes erfüllt, ob also für ein $k \geq 1$ (was u. U. sehr groß sein kann) alle Einträge der k-Schritt-Übergangsmatrix strikt positiv sind? In diesem Zusammenhang sind die Begriffsbildungen **Irreduzibilität** und **Aperiodizität** wichtig.

Um den ersten Begriff zu definieren, betrachten wir zwei Zustände i und j aus S. Wir sagen ***i* führt zu *j*** oder ***j* ist von *i* aus erreichbar** und schreiben hierfür $i \to j$, falls es ein $n \geq 0$ mit $p_{ij}^{(n)} > 0$ gibt. Gilt $i \to j$ und $j \to i$, so heißen i und j **kommunizierend**, und wir schreiben hierfür $i \leftrightarrow j$.

Mit der auf Seite 756 getroffenen Vereinbarung $p_{ij}^{(0)} = 1$ bzw. $= 0$, falls $i = j$ bzw. $i \neq j$ gilt, sieht man leicht ein, dass die Kommunikations-Relation $\leftrightarrow$ eine Äquivalenzrelation auf S darstellt: Wegen obiger Vereinbarung ist $\leftrightarrow$ ja zunächst reflexiv und nach Definition symmetrisch. Um die Transitivität nachzuweisen, gelte $i \leftrightarrow j$ und $j \leftrightarrow k$. Es gibt dann $m,\ n \in \mathbb{N}_0$ mit $p_{ij}^{(m)} > 0$ und $p_{jk}^{(n)} > 0$. Wegen

$$\begin{aligned} p_{ik}^{(m+n)} &= \sum_{l \in S} p_{il}^{(m)} \cdot p_{lk}^{(n)} \\ &\geq p_{ij}^{(m)} \cdot p_{jk}^{(n)} \end{aligned} \tag{20.51}$$

folgt $p_{ik}^{(m+n)} > 0$, und aus Symmetriegründen ziehen $p_{ji}^{(m)} > 0$ und $p_{kj}^{(n)} > 0$ die Ungleichung $p_{ki}^{(m+n)} > 0$ nach sich. Die Relation $\leftrightarrow$ ist also in der Tat eine Äquivalenzrelation, was bedeutet, dass die Zustandsmenge S in paarweise disjunkte sogenannte **Kommunikationsklassen** von Zuständen zerfällt. Ein Zustand $i \in S$ mit $p_{ii} = 1$ heißt **absorbierend**. Absorbierende Zustände bilden einelementige Kommunikationsklassen.

Eine Markov-Kette heißt **irreduzibel**, wenn sie aus einer Klasse besteht, also jeder Zustand mit jedem kommuniziert, andernfalls **reduzibel**.

?

Warum gilt die Gleichung (20.51)?

Beispiel Die Markov-Kette mit zwei Zuständen auf Seite 756 ist genau dann irreduzibel, wenn $0 < p, q < 1$ gilt. Gleiches gilt für das Bediensystem mit drei Zuständen auf Seite 756. Eine wie in Abbildung 20.8 dargestellte Irrfahrt mit reflektierenden Rändern ist irreduzibel, nicht jedoch die auf Seite 759 behandelte Irrfahrt mit absorbierenden Rändern, also den absorbierenden Zuständen 0 und $a+b$. Diese zerfällt in die drei Kommunikationsklassen $\{0\}$, $\{1, \ldots, a+b-1\}$ und $\{a+b\}$. ◀

Die mit $d(i)$ bezeichnete **Periode** eines Zustands $i \in S$ ist der größte gemeinsame Teiler der Menge

$$J_i := \{n \geq 1\colon p_{ii}^{(n)} > 0\},$$

also $d(i) := \mathrm{ggT}(J_i)$, falls $J_i \neq \emptyset$. Ist $p_{ii}^{(n)} = 0$ für jedes $n \geq 1$, so setzt man $d(i) := \infty$. Ein Zustand mit der Periode 1 heißt **aperiodisch**. Eine Markov-Kette heißt **aperiodisch**, wenn jeder Zustand $i \in S$ aperiodisch ist. Man beachte, dass jeder Zustand i mit $p_{ii} > 0$ aperiodisch ist.

Besitzt also ein Zustand i die Periode 2, so kann die Markov-Kette nur nach 2, 4, 6... Zeitschritten nach i zurückkehren. Dies trifft etwa für jeden Zustand der Irrfahrt mit reflektierenden Rändern zu.

Zustände in derselben Kommunikationsklasse besitzen die gleiche Periode. Gilt nämlich $i \leftrightarrow j$ für verschiedene $i, j \in S$, so gibt es $m, n \in \mathbb{N}$ mit $p_{ij}^{(m)} > 0$ und $p_{ji}^{(n)} > 0$ und somit $p_{ii}^{(m+n)} > 0$, $p_{jj}^{(m+n)} > 0$. Hieraus folgt zunächst $J_i \neq \emptyset$, $J_j \neq \emptyset$ und somit $d(i) < \infty$, $d(j) < \infty$. Gilt $p_{jj}^{(k)} > 0$ für ein $k \in \mathbb{N}$, was zu $d(j)|k$ äquivalent ist, so folgt $p_{ii}^{(m+k+n)} > 0$ und somit $d(i)|k+m+n$. Wegen $p_{ii}^{(m+n)} > 0$ gilt aber auch $d(i)|m+n$ und somit $d(i)|k$. Die Periode $d(i)$ ist somit gemeinsamer Teiler aller $k \in J_j$, was $d(i) \leq d(j)$ impliziert. Aus Symmetriegründen gilt auch $d(j) \leq d(i)$ und damit insgesamt $d(i) = d(j)$.

Ist $M \subseteq \mathbb{N}$ eine Teilmenge der natürlichen Zahlen, die mit je zwei Zahlen auch deren Summe enthält und den größten gemeinsamen Teiler 1 besitzt, so enthält M nach einem Resultat der elementaren Zahlentheorie alle bis auf endlich viele natürliche Zahlen (siehe Aufgabe 20.36). Ist $i \in S$ ein aperiodischer Zustand, so gibt es – da die Menge $J_i \subseteq \mathbb{N}$ gegenüber der Addition abgeschlossen ist – nach diesem Resultat ein $n_0(i) \in \mathbb{N}$ mit der Eigenschaft $p_{ii}^{(n)} > 0$ für jedes $n \geq n_0(i)$. Gilt zudem $i \leftrightarrow j$ für ein $j \neq i$, so existiert ein $k(i, j) \in \mathbb{N}$ mit $p_{ij}^{(k)} > 0$. Für jedes $n \geq n_0(i)$ folgt dann $p_{ij}^{(n+k)} \geq p_{ii}^{(n)} p_{ij}^{(k(i,j))} > 0$. Ist (X_n) eine irreduzible und aperiodische Markov-Kette mit Zustandsraum $S = \{1, \ldots, s\}$, so setzen wir

$$r_1 := \max_{i=1\ldots,s} n_0(i), \quad r_2 := \max_{1 \leq i \neq j \leq s} k(i, j)$$

und erhalten wegen $p_{ij}^{(n)} > 0$ für alle $i, j \in S$ und jedes $n \geq r_1 + r_2$ das folgende Resultat.

Satz

Ist (X_n) eine endliche irreduzible und aperiodische Markov-Kette, so gilt der Ergodensatz von Seite 758.

Zusammenfassung

Ein zweistufiger stochastischer Vorgang wird durch den Grundraum $\Omega = \Omega_1 \times \Omega_2$ modelliert. Dabei beschreibt Ω_j die Menge der Ergebnisse der j-ten Stufe, $j = 1, 2$. Motiviert durch Produkte relativer Häufigkeiten definiert man die Wahrscheinlichkeit $p(\omega) = \mathbb{P}(\{\omega\})$ von $\omega = (a_1, a_2) \in \Omega$ durch die **erste Pfadregel** $p(\omega) := p_1(a_1) \cdot p_2(a_1, a_2)$. Hier ist $p_1(a_1)$ die **Start-Wahrscheinlichkeit**, dass das erste Teilexperiment den Ausgang a_1 hat, und $p_2(a_1, a_2)$ ist eine **Übergangswahrscheinlichkeit**, die angibt, mit welcher Wahrscheinlichkeit im zweiten Teilexperiment das Ergebnis a_2 auftritt, wenn das erste Teilexperiment das Resultat a_1 ergab. Induktiv modelliert man n-stufige stochastische Vorgänge, wobei $n \geq 3$.

Die **bedingte Wahrscheinlichkeit** eines Ereignisses B unter der Bedingung, dass ein Ereignis A eintritt, ist durch $\mathbb{P}(B|A) := \mathbb{P}(A \cap B)/\mathbb{P}(A)$ definiert. Sind $A_1, A_2, \ldots$ paarweise disjunkte Ereignisse mit $\Omega = \sum_{j \geq 1} A_j$, so gilt die

Formel von der totalen Wahrscheinlichkeit

$$\mathbb{P}(B) = \sum_{j \geq 1} \mathbb{P}(A_j) \cdot \mathbb{P}(B|A_j)$$

sowie die **Bayes-Formel**

$$\mathbb{P}(A_k|B) = \frac{\mathbb{P}(A_k) \cdot \mathbb{P}(B|A_k)}{\sum_{j \geq 1} \mathbb{P}(A_j) \cdot \mathbb{P}(B|A_j)}.$$

Die $\mathbb{P}(A_j)$ heißen **A-priori**- und die $\mathbb{P}(A_j|B)$ **A-posteriori-Wahrscheinlichkeiten**.

Ereignisse $A_1, \ldots, A_n$ heißen (stochastisch) **unabhängig**, falls die $2^n - n - 1$ Gleichungen

$$\mathbb{P}\left(\bigcap_{j \in T} A_j\right) = \prod_{j \in T} \mathbb{P}(A_j)$$

($T \subseteq \{1, \ldots, n\}$, $|T| \geq 2$) gelten. Mengensysteme $\mathcal{M}_1, \ldots, \mathcal{M}_n \subseteq \mathcal{A}$ heißen (stochastisch) **unabhängig**, wenn diese Beziehung für jedes T und jede Wahl von $A_1 \in \mathcal{M}_1, \ldots, A_n \in \mathcal{M}_n$ gilt. Die Unabhängigkeit $\cap$-stabiler Mengensysteme überträgt sich auf deren erzeugte σ-Algebren und auch auf die von paarweise disjunkten Blöcken dieser Systeme erzeugten σ-Algebren.

Ist X eine Zufallsvariable mit Werten in einem Messraum $(\Omega', \mathcal{A}')$, so heißt das Mengensystem $\sigma(X) := X^{-1}(\mathcal{A}') \subseteq \mathcal{A}$ **die von** X **erzeugte** $\boldsymbol{\sigma}$**-Algebra**. Zufallsvariablen $X_1, \ldots, X_n$ mit allgemeinen Wertebereichen heißen (stochastisch) **unabhängig**, wenn die von ihnen erzeugten σ-Algebren unabhängig sind. Unendlich viele Ereignisse, Mengensysteme oder Zufallsvariablen sind unabhängig, wenn dies für je endlich viele von ihnen zutrifft. Messbare Funktionen paarweise disjunkter Blöcke von unabhängigen Zufallsvariablen sind unabhängig. In gleicher Weise sind mengentheoretische Funktionen, die aus paarweise disjunkten Blöcken unabhängiger Ereignisse gebildet werden, ebenfalls unabhängig. Reelle Zufallsvariablen $X_1, \ldots, X_n$ sind genau dann unabhängig, wenn

$$\mathbb{P}\left(\bigcap_{j=1}^{n} X_j \in B_j\right) = \prod_{j=1}^{n} \mathbb{P}(X_j \in B_j)$$

für jede Wahl von Borelmengen $B_1, \ldots, B_n$ gilt.

Auf unendlichen Produkträumen existieren Folgen unabhängiger Zufallsvariablen mit beliebig vorgegebenen Verteilungen.

Ein bezüglich einer Folge $(X_n)_{n \geq 1}$ von Zufallsvariablen auf einem Wahrscheinlichkeitsraum $(\Omega, \mathcal{A}, \mathbb{P})$ **terminales Ereignis** gehört zur σ-Algebra $\cap_{k=1}^{\infty} \sigma(X_k, X_{k+1}, \ldots)$, ist also für jedes (noch so große) k nur durch $X_k, X_{k+1}, \ldots$ bestimmt. Im Fall einer stochastisch unabhängigen Folge hat jedes terminale Ereignis entweder die Wahrscheinlichkeit 0 oder 1 (**Null-Eins-Gesetz von Kolmogorov**).

Eine **Markov-Kette** ist eine Folge $X_0, X_1, \ldots$ von Zufallsvariablen auf einem Wahrscheinlichkeitsraum $(\Omega, \mathcal{A}, \mathbb{P})$ mit Werten in einem abzählbaren Zustandsraum S, sodass für jedes $n \geq 1$ und jede Wahl von Zuständen $i_0, \ldots, i_{n+1} \in S$ die bedingte Wahrscheinlichkeit $\mathbb{P}(X_{n+1} = i_{n+1} | X_0 = i_0, \ldots, X_n = i_n)$ gleich $\mathbb{P}(X_{n+1} = i_{n+1} | X_n = i_n)$ ist. Diese sogenannte **Markov-Eigenschaft** bedeutet, dass das zukünftige Verhalten der Markov-Kette nur von der Gegenwart und nicht von der Vergangenheit bestimmt ist. Bei einer **zeithomogenen** Markov-Kette hängt $\mathbb{P}(X_{n+1} = j | X_n = i)$ nicht von n ab. Die Markov-Eigenschaft bleibt gültig, wenn man die Bedingung $X_0 = i_0, \ldots, X_{n-1} = i_{n-1}$ durch ein allgemeines, mithilfe von $(X_0, \ldots, X_{n-1})$ beschreibbares Ereignis ersetzt.

Die Matrix $\mathbf{P} = (p_{ij})$, $i, j \in S$ der Übergangswahrscheinlichkeiten einer zeithomogenen Markov-Kette heißt **Übergangsmatrix**. Die Matrix der n-Schritt-Übergangswahrscheinlichkeiten $p_{ij}^{(n)} := \mathbb{P}(X_n = j | X_0 = i)$ heißt $\boldsymbol{n}$**-Schritt-Übergangsmatrix**. Sie ist die n-te Potenz von $\mathbf{P}$, und im Fall $S = \{1, \ldots, s\}$ gilt für den Zeilenvektor $\pi_n = (\mathbb{P}(X_n = 1), \ldots, \mathbb{P}(X_n = s))$ die Gleichung

$$\pi_n = \pi_0 \cdot \mathbf{P}^n, \qquad n \geq 0 .$$

Eine Verteilung $\alpha = (\alpha_1, \ldots, \alpha_s)$ auf S heißt **invariant** oder **stationär**, falls $\alpha = \alpha \mathbf{P}$ gilt. Der **Ergodensatz für endliche Markov-Ketten** besagt, dass es genau eine invariante Verteilung α gibt, wenn für ein $k \geq 1$ alle Einträge von $\mathbf{P}^k$ strikt positiv sind. In diesem Fall konvergiert für jede Wahl des Start-Wahrscheinlichkeitsvektors π_0 die Folge π_n exponentiell schnell gegen α. Kommuniziert jeder Zustand mit jedem anderen, gibt es also für jede Wahl von $i, j \in S$ ein $n \geq 0$ mit $p_{ij}^{(n)} > 0$, so heißt die Markov-Kette **irreduzibel**. Gibt es ein $n \geq 1$ mit $p_{ii}^{(n)} > 0$, so heißt der größte gemeinsame Teiler aller dieser n die **Periode** $d(i)$ des Zustands i. Andernfalls setzt man $d(i) := \infty$. In einer **aperiodischen** Markov-Kette besitzt jeder Zustand die Periode 1. Für irreduzible und aperiodische endliche Markov-Ketten gilt der Ergodensatz.

Aufgaben

Die Aufgaben gliedern sich in drei Kategorien: Anhand der *Verständnisfragen* können Sie prüfen, ob Sie die Begriffe und zentralen Aussagen verstanden haben, mit den *Rechenaufgaben* üben Sie Ihre technischen Fertigkeiten und die *Beweisaufgaben* geben Ihnen Gelegenheit, zu lernen, wie man Beweise findet und führt.

Ein Punktesystem unterscheidet leichte Aufgaben •, mittelschwere •• und anspruchsvolle ••• Aufgaben. Lösungshinweise am Ende des Buches helfen Ihnen, falls Sie bei einer Aufgabe partout nicht weiterkommen. Dort finden Sie auch die Lösungen – betrügen Sie sich aber nicht selbst und schlagen Sie erst nach, wenn Sie selber zu einer Lösung gekommen sind. Ausführliche Lösungswege, Beweise und Abbildungen finden Sie auf der Website zum Buch.

Viel Spaß und Erfolg bei den Aufgaben!

Verständnisfragen

20.1 •• (3-Kasten-Problem von Joseph Bertrand (1822–1900))
Drei Kästen haben je zwei Schubladen. In jeder Schublade liegt eine Münze, und zwar in Kasten 1 je eine Gold- und in Kasten 2 je eine Silbermünze. In Kasten 3 befindet sich in einer Schublade eine Gold- und in der anderen eine Silbermünze. Es wird rein zufällig ein Kasten und danach aufs Geratewohl eine Schublade gewählt, in der sich eine Goldmünze befinde. Mit welcher bedingten Wahrscheinlichkeit ist dann auch in der anderen Schublade des gewählten Kastens eine Goldmünze?

20.2 •• Es seien A, B und C Ereignisse in einem Wahrscheinlichkeitsraum $(\Omega, \mathcal{A}, \mathbb{P})$.

a) A und B sowie A und C seien stochastisch unabhängig. Zeigen Sie an einem Beispiel, dass nicht unbedingt auch A und $B \cap C$ unabhängig sein müssen.
b) A und B sowie B und C seien stochastisch unabhängig. Zeigen Sie anhand eines Beispiels, dass A und C nicht notwendig unabhängig sein müssen. Der Unabhängigkeitsbegriff ist also nicht transitiv !

20.3 • Es bezeichne X_n, $n \geq 1$, die Anzahl roter Kugeln nach dem n-ten Zug im Pólya'schen Urnenmodell von Seite 738 mit $c > 0$. Zeigen Sie: Mit der Festsetzung $X_0 := r$ ist $(X_n)_{n \geq 0}$ eine nicht homogene Markov-Kette.

20.4 • Es sei $(X_n)_{n \geq 0}$ eine Markov-Kette mit Zustandsraum S. Ein Zustand $i \in S$ heißt **wesentlich**, falls gilt:

$$\forall j \in S : i \to j \Longrightarrow j \to i.$$

Andernfalls heißt i **unwesentlich**. Ein wesentlicher Zustand führt also nur zu Zuständen, die mit ihm kommunizieren. Zeigen Sie: Jede Kommunikationsklasse hat entweder nur wesentliche oder nur unwesentliche Zustände.

Rechenaufgaben

20.5 • Zeigen Sie, dass für eine Zufallsvariable X mit der in (20.13) definierten Pólya-Verteilung $\text{Pol}(n, r, s, c)$ gilt:

$$\lim_{c \to \infty} \mathbb{P}_c(X = 0) = \frac{s}{r+s}, \qquad \lim_{c \to \infty} \mathbb{P}_c(X = n) = \frac{r}{r+s}.$$

Dabei haben wir die betrachtete Abhängigkeit der Verteilung von c durch einen Index hervorgehoben.

20.6 •• Eine Schokoladenfabrik stellt Pralinen her, die jeweils eine Kirsche enthalten. Die benötigten Kirschen werden an zwei Maschinen entkernt. Maschine A liefert 70% dieser Kirschen, wobei 8% der von A gelieferten Kirschen den Kern noch enthalten. Maschine B produziert 30% der benötigten Kirschen, wobei 5% der von B gelieferten Kirschen den Kern noch enthalten. Bei einer abschließenden Gewichtskontrolle werden 95% der Pralinen, in denen ein Kirschkern enthalten ist, aussortiert, aber auch 2% der Pralinen ohne Kern.

a) Modellieren Sie diesen mehrstufigen Vorgang geeignet. Wie groß ist die Wahrscheinlichkeit, dass eine Praline mit Kirschkern in den Verkauf gelangt?
b) Ein Kunde kauft eine Packung mit 100 Pralinen. Wie groß ist die Wahrscheinlichkeit, dass nur gute Pralinen, also Pralinen ohne Kirschkern, in der Packung sind?

20.7 •• Ein homogenes Glücksrad mit den Ziffern $1, 2, 3$ wird gedreht. Tritt das Ergebnis 1 auf, so wird das Rad noch zweimal gedreht, andernfalls noch einmal.

a) Modellieren Sie diesen zweistufigen Vorgang.
b) Das Ergebnis im zweiten Teilexperiment sei die Ziffer bzw. die Summe der Ziffern. Mit welcher Wahrscheinlichkeit tritt das Ergebnis j auf, $j = 1, \ldots, 6$?
c) Mit welcher Wahrscheinlichkeit ergab die erste Drehung eine 1, wenn beim zweiten Teilexperiment das Ergebnis 3 auftritt?

20.8 •• Beim *Skatspiel* werden 32 Karten rein zufällig an drei Spieler 1, 2 und 3 verteilt, wobei jeder 10 Karten erhält; zwei Karten werden verdeckt als *Skat* auf den Tisch gelegt. Spieler 1 gewinnt das Reizen, nimmt den Skat auf und will mit Karo-Buben und Herz-Buben einen *Grand* spielen. Mit welcher Wahrscheinlichkeit besitzt

a) jeder der Gegenspieler einen Buben?
b) jeder der Gegenspieler einen Buben, wenn Spieler 1 bei Spieler 2 den Kreuz-Buben (aber sonst keine weitere Karte) sieht?

c) jeder der Gegenspieler einen Buben, wenn Spieler 1 bei Spieler 2 einen (schwarzen) Buben erspäht (er ist sich jedoch völlig unschlüssig, ob es sich um den Pik-Buben oder den Kreuz-Buben handelt)?

20.9 • Zeigen Sie, dass im Beispiel von Laplace auf Seite 742 die A-posteriori-Wahrscheinlichkeiten $\mathbb{P}(A_k|B)$ für jede Wahl von A-priori-Wahrscheinlichkeiten $\mathbb{P}(A_j)$ für $n \to \infty$ gegen die gleichen Werte null (für $k \leq 2$) und eins (für $k = 3$) konvergieren.

20.10 •• **Drei-Türen-Problem, Ziegenproblem**
In der Spielshow *Let's make a deal!* befindet sich hinter einer von drei rein zufällig ausgewählten Türen ein Auto, hinter den beiden anderen jeweils eine Ziege. Ein Kandidat wählt eine der Türen aufs Geratewohl aus; diese bleibt aber vorerst verschlossen. Der Spielleiter öffnet daraufhin eine der beiden anderen Türen, und es zeigt sich eine Ziege. Der Kandidat kann nun bei seiner ursprünglichen Wahl bleiben oder die andere verschlossene Tür wählen. Er erhält dann den Preis hinter der von ihm zuletzt gewählten Tür. Mit welcher Wahrscheinlichkeit gewinnt der Kandidat bei einem Wechsel zur verbleibenden verschlossenen Tür das Auto, wenn wir unterstellen, dass

a) der Spielleiter weiß, hinter welcher Tür das Auto steht, diese Tür nicht öffnen darf und für den Fall, dass er eine Wahlmöglichkeit hat, mit gleicher Wahrscheinlichkeit eine der beiden verbleibenden Türen wählt?
b) der Spielleiter aufs Geratewohl eine der beiden verbleibenden Türen öffnet, und zwar auch auf die Gefahr hin, dass das Auto offenbart wird?

20.11 •• Eine Mutter zweier Kinder sagt:

a) „Mindestens eines meiner beiden Kinder ist ein Junge."
b) „Das älteste meiner beiden Kinder ist ein Junge."

Wie schätzen Sie jeweils die Chance ein, dass auch das andere Kind ein Junge ist?

20.12 • 95% der in einer Radarstation eintreffenden Signale sind mit einer Störung überlagerte Nutzsignale, und 5% sind reine Störungen. Wird ein gestörtes Nutzsignal empfangen, so zeigt die Anlage mit Wahrscheinlichkeit 0.98 die Ankunft eines Nutzsignals an. Beim Empfang einer reinen Störung wird mit Wahrscheinlichkeit 0.1 fälschlicherweise ein Nutzsignals angezeigt. Mit welcher Wahrscheinlichkeit ist ein als Nutzsignal angezeigtes Signal wirklich ein (störungsüberlagertes) Nutzsignal?

20.13 •• Es bezeichne $a_k \in \{m, j\}$ das Geschlecht des k-jüngsten Kindes in einer Familie mit $n \geq 2$ Kindern (j = Junge, m = Mädchen, $k = 1, \ldots, n$). $\mathbb{P}$ sei die Gleichverteilung auf der Menge $\Omega = \{m, j\}^n$ aller Tupel $(a_1, \ldots, a_n)$. Weiter sei

$$\begin{aligned} A &= \{(a_1, \ldots, a_n) \in \Omega\colon |\{a_1, \ldots, a_n\} \cap \{j, m\}| = 2\} \\ &= \{\text{„die Familie hat Kinder beiderlei Geschlechts"}\}, \\ B &= \{(a_1, \ldots, a_n) \in \Omega\colon |\{j\colon 1 \leq j \leq n,\ a_j = m\}| \leq 1\} \\ &= \{\text{„die Familie hat höchstens ein Mädchen"}\}. \end{aligned}$$

Beweisen oder widerlegen Sie: A und B sind stochastisch unabhängig $\Longleftrightarrow n = 3$.

20.14 •• Zwei Spieler A und B drehen in unabhängiger Folge abwechselnd ein Glücksrad mit den Sektoren A und B. Das Glücksrad bleibt mit Wahrscheinlichkeit p im Sektor A stehen. Gewonnen hat derjenige Spieler, welcher als Erster erreicht, dass das Glücksrad in *seinem* Sektor stehen bleibt. Spieler A beginnt. Zeigen Sie:

Gilt $p = (3 - \sqrt{5})/2 \approx 0.382$, so ist das Spiel fair, d. h., beide Spieler haben die gleiche Gewinnchance.

20.15 • Eine Urne enthalte eine rote und eine schwarze Kugel. Es wird rein zufällig eine Kugel gezogen. Ist diese rot, ist das Experiment beendet. Andernfalls werden die schwarze Kugel sowie eine weitere schwarze Kugel in die Urne gelegt und der Urneninhalt gut gemischt. Dieser Vorgang wird so lange wiederholt, bis die (eine) rote Kugel gezogen wird. Die Zufallsvariable X bezeichne die Anzahl der dazu benötigten Züge. Zeigen Sie:

$$\mathbb{P}(X = k) = \frac{1}{k(k+1)}, \quad k \geq 1.$$

20.16 •• In der auf Seite 742 ff. geschilderten Situation habe sich eine Person r-mal einem ELISA-Test unterzogen. Wir nehmen an, dass die einzelnen Testergebnisse – unabhängig davon, ob eine Infektion vorliegt oder nicht – als stochastisch unabhängige Ereignisse angesehen werden können. Zeigen Sie: Die bedingte Wahrscheinlichkeit, dass die Person infiziert ist, wenn alle r Tests positiv ausfallen, ist in Verallgemeinerung von (20.26) durch

$$\frac{q \cdot p_{se}^r}{q \cdot p_{se}^r + (1-q) \cdot (1 - p_{sp})^r}$$

gegeben. Was ergibt sich speziell für $q = 0.0001$, $p_{se} = 0.999$, $p_{sp} = 0.998$ und $r = 1, 2, 3$?

20.17 • Von einem regulären Tetraeder seien drei der vier Flächen mit jeweils einer der Farben 1, 2 und 3 gefärbt; auf der vierten Fläche sei jede dieser drei Farben sichtbar. Es sei A_j das Ereignis, dass nach einem Wurf des Tetraeders die unten liegende Seite die Farbe j enthält ($j = 1, 2, 3$). Zeigen Sie:

a) Je zwei der Ereignisse A_1, A_2 und A_3 sind unabhängig.
b) A_1, A_2, A_3 sind nicht unabhängig.

20.18 •• Es sei $(\Omega, \mathcal{P}(\Omega), \mathbb{P})$ ein Laplace'scher Wahrscheinlichkeitsraum mit

a) $|\Omega| = 6$ (echter Würfel),

b) $|\Omega| = 7$.

Wie viele Paare (A, B) unabhängiger Ereignisse mit $0 < \mathbb{P}(A) \leq \mathbb{P}(B) < 1$ gibt es jeweils?

20.19 • Ein kompliziertes technisches Gerät bestehe aus n Einzelteilen, die innerhalb eines festen Zeitraumes unabhängig voneinander mit derselben Wahrscheinlichkeit p ausfallen. Das Gerät ist nur funktionstüchtig, wenn jedes Einzelteil funktionstüchtig ist.

a) Welche Ausfallwahrscheinlichkeit besitzt das Gerät?

b) Durch Parallelschaltung identischer Bauelemente zu jedem der n Einzelteile soll die Ausfallsicherheit erhöht werden. Bei Ausfall eines Bauelements übernimmt dann eines der noch funktionierenden Parallel-Elemente dessen Aufgabe. Zeigen Sie: Ist jedes Einzelteil k-fach parallel geschaltet, und sind alle Ausfälle voneinander unabhängig, so ist die Ausfallwahrscheinlichkeit des Gerätes gleich $1 - (1 - p^k)^n$.

c) Welche Ausfallwahrscheinlichkeiten ergeben sich für $n = 200$, $p = 0.0015$ und die Fälle $k = 1$, $k = 2$ und $k = 3$?

20.20 • Zeigen Sie durch Nachweis der Markov-Eigenschaft, dass Partialsummen unabhängiger $\mathbb{Z}$-wertiger Zufallsvariablen (siehe Seite 755) eine Markov-Kette bilden.

20.21 • Es seien $Y_0, Y_1, \ldots$ unabhängige und je $\mathrm{Bin}(1, p)$ verteilte Zufallsvariablen, wobei $0 < p < 1$. Die Folge $(X_n)_{n \geq 0}$ sei rekursiv durch $X_n := 2Y_n + Y_{n+1}, n \geq 0$, definiert. Zeigen Sie, dass (X_n) eine Markov-Kette bildet, und bestimmen Sie die Übergangsmatrix.

20.22 •• Es sei $X_0, X_1, \ldots$ eine Markov-Kette mit Zustandsraum S. Zeigen Sie, dass für alle k, m, n mit $0 \leq k < m < n$ und alle $h, j \in S$ die sogenannte*Chapman-Kolmogorov-Gleichung*

$$\begin{aligned}\mathbb{P}(X_n = j|X_k = h) \\ = \sum_{i \in S} \mathbb{P}(X_m = i|X_k = h) \cdot \mathbb{P}(X_n = j|X_m = i)\end{aligned}$$

gilt.

20.23 • Leiten Sie im Fall des Bediensystems mit drei Zuständen auf Seite 756 die invariante Verteilung $\alpha = (\alpha_0, \alpha_1, \alpha_2)$ her. Warum sind die Voraussetzungen des Ergodensatzes erfüllt?

20.24 •• Beim *diskreten Diffusionsmodell von Bernoulli-Laplace* für den Fluss zweier inkompressibler Flüssigkeiten befinden sich in zwei Behältern A und B jeweils m Kugeln. Von den insgesamt $2m$ Kugeln seien m weiß und m schwarz. Das System sei im Zustand j, $j \in S := \{0, 1, \ldots, m\}$, wenn sich im Behälter A genau j weiße Kugeln befinden. Aus jedem Behälter wird unabhängig voneinander je eine Kugel rein zufällig entnommen und in den jeweils anderen Behälter gelegt. Dieser Vorgang wird in unabhängiger Folge wiederholt. Die Zufallsvariable X_n beschreibe den Zustand des Systems nach n solchen Ziehungsvorgängen, $n \geq 0$. Leiten Sie die Übergangsmatrix der Markov-Kette $(X_n)_{n \geq 0}$ her und zeigen Sie, dass die invariante Verteilung eine hypergeometrische Verteilung ist.

Beweisaufgaben

20.25 •• Es seien $(\Omega, \mathcal{A}, \mathbb{P})$ ein Wahrscheinlichkeitsraum und $C_1, C_2, \ldots$ endlich oder abzählbar-unendlich viele paarweise disjunkte Ereignisse mit positiver Wahrscheinlichkeit sowie $C := \sum_{j \geq 1} C_j$. Besitzt $A \in \mathcal{A}$ die Eigenschaft, dass $\mathbb{P}(A|C_j)$ nicht von j abhängt, so gilt

$$\mathbb{P}(A|C) = \mathbb{P}(A|C_1).$$

20.26 •• Im Pólya'schen Urnenmodell von Seite 738 sei

$$A_j := \{(a_1, \ldots, a_n) \in \Omega : a_j = 1\}$$

das Ereignis, im j-ten Zug eine rote Kugel zu erhalten ($j = 1, \ldots, n$). Zeigen Sie: Für jedes $k = 1, \ldots, n$ und jede Wahl von $i_1, \ldots, i_k$ mit $1 \leq i_1 < \ldots < i_k \leq n$ gilt

$$\mathbb{P}(A_{i_1} \cap \ldots \cap A_{i_k}) = \mathbb{P}(A_1 \cap \ldots \cap A_k) = \prod_{j=0}^{k-1} \frac{r + jc}{r + s + jc}.$$

20.27 • Es seien $(\Omega, \mathcal{A}, \mathbb{P})$ ein Wahrscheinlichkeitsraum und $A, B \in \mathcal{A}$. Beweisen oder widerlegen Sie:

a) A und $\emptyset$ sowie A und Ω sind unabhängig.

b) A und A sind genau dann stochastisch unabhängig, wenn gilt: $\mathbb{P}(A) \in \{0, 1\}$.

c) Gilt $A \subseteq B$, so sind A und B genau dann unabhängig, wenn $\mathbb{P}(B) = 1$ gilt.

d) $A \cap B = \emptyset \Rightarrow A$ und B sind stochastisch unabhängig.

e) Es gelte $0 < \mathbb{P}(B) < 1$ und $A \cap B = \emptyset$. Dann folgt: $\mathbb{P}(A^C|B) = \mathbb{P}(A|B^C) \Longleftrightarrow \mathbb{P}(A) + \mathbb{P}(B) = 1$.

20.28 •• Es sei $\Omega := P_n^n = \{(a_1, \ldots, a_n) : 1 \leq a_j \leq n,\ j = 1, \ldots, n;\ a_i \neq a_j \text{ für } i \neq j\}$ die Menge der Permutationen der Zahlen $1, \ldots, n$. Für $k = 1, \ldots, n$ bezeichne

$$A_k := \{(a_1, \ldots, a_n) \in \Omega : a_k = \max(a_1, \ldots, a_k)\}$$

das Ereignis, dass an der Stelle k ein „Rekord" auftritt. Zeigen Sie: Unter einem Laplace-Modell gilt:

a) $\mathbb{P}(A_j) = 1/j, \quad j = 1, \ldots, n$.

b) $A_1, \ldots, A_n$ sind stochastisch unabhängig.

20.29 ••• Es sei $\Omega := \{\omega = (a_1, \ldots, a_n) : a_j \in \{0,1\}$ für $1 \leq j \leq n\} = \{0,1\}^n$, $n \geq 3$, und $p : \Omega \to [0,1]$ durch

$$p(\omega) := \begin{cases} 2^{-n+1}, & \text{falls } \sum_{j=1}^{n} a_j \text{ ungerade} \\ 0 & \text{sonst} \end{cases}$$

definiert. Ferner sei

$$A_j := \{(a_1, \ldots, a_n) \in \Omega : a_j = 1\}, \qquad 1 \leq j \leq n .$$

Zeigen Sie:

a) Durch $\mathbb{P}(A) := \sum_{\omega \in A} p(\omega)$, $A \subseteq \Omega$, wird ein Wahrscheinlichkeitsmaß auf $\mathcal{P}(\Omega)$ definiert.
b) Je $n-1$ der Ereignisse $A_1, \ldots, A_n$ sind unabhängig.
c) $A_1, \ldots, A_n$ sind nicht unabhängig.

20.30 •• Es seien $A_1, \ldots, A_n$ Ereignisse in einem Wahrscheinlichkeitsraum $(\Omega, \mathcal{A}, \mathbb{P})$. Zeigen Sie, dass $A_1, \ldots, A_n$ genau dann unabhängig sind, wenn die Indikatorfunktionen $\mathbf{1}\{A_1\}, \ldots, \mathbf{1}\{A_n\}$ unabhängig sind.

20.31 •• Beweisen Sie die Identitäten in (20.38).

20.32 ••• Es sei $(\Omega, \mathcal{A}, \mathbb{P})$ ein diskreter Wahrscheinlichkeitsraum. Weiter sei $A_1, A_2, \ldots \in \mathcal{A}$ eine Folge unabhängiger Ereignisse mit $p_n := \mathbb{P}(A_n)$, $n \geq 1$. Zeigen Sie:

$$\sum_{n=1}^{\infty} \min(p_n, 1-p_n) < \infty .$$

20.33 •• Es seien $A_n, n \geq 1$, Ereignisse in einem Wahrscheinlichkeitsraum $(\Omega, \mathcal{A}, \mathbb{P})$. Zeigen Sie:

a) $\limsup_{n\to\infty} A_n^c = (\liminf_{n\to\infty} A_n)^c$,
b) $\liminf_{n\to\infty} A_n^c = (\limsup_{n\to\infty} A_n)^c$,
c) $\limsup_{n\to\infty} A_n \setminus \liminf_{n\to\infty} A_n = \limsup_{n\to\infty}(A_n \cap A_{n+1}^c)$.

20.34 •• Es seien $A_n, B_n, n \geq 1$, Ereignisse in einem Wahrscheinlichkeitsraum $(\Omega, \mathcal{A}, \mathbb{P})$. Zeigen Sie:

a) $\limsup_{n\to\infty} A_n \cap \limsup_{n\to\infty} B_n \supseteq \limsup_{n\to\infty}(A_n \cap B_n)$,
b) $\limsup_{n\to\infty} A_n \cup \limsup_{n\to\infty} B_n = \limsup_{n\to\infty}(A_n \cup B_n)$,
c) $\liminf_{n\to\infty} A_n \cap \liminf_{n\to\infty} B_n = \liminf_{n\to\infty}(A_n \cap B_n)$,
d) $\liminf_{n\to\infty} A_n \cup \liminf_{n\to\infty} B_n \subseteq \liminf_{n\to\infty}(A_n \cup B_n)$.

Geben Sie Beispiele für strikte Inklusion in a) und d) an.

20.35 •• Es seien $X_1, X_2, \ldots$ stochastisch unabhängige Zufallsvariablen auf einem Wahrscheinlichkeitsraum $(\Omega, \mathcal{A}, \mathbb{P})$ mit $\mathbb{P}(X_j = 1) = p$ und $\mathbb{P}(X_j = 0) = 1-p$, $j \geq 1$, wobei $0 < p < 1$. Zu vorgegebenem $r \in \mathbb{N}$ und $(a_1, \ldots, a_r) \in \{0,1\}^r$ sei A_k das Ereignis

$$A_k := \bigcap_{l=1}^{r} \{X_{k+l-1} = a_l\}, \qquad k \geq 1 .$$

Zeigen Sie: $\mathbb{P}(\limsup_{k\to\infty} A_k) = 1$.

20.36 •• Es seien $A \subseteq \mathbb{N}$ und 1 der größte gemeinsame Teiler von A. Für $m, n \in A$ gelte $m + n \in A$. Zeigen Sie: Es gibt ein $n_0 \in \mathbb{N}$, sodass $n \in A$ für jedes $n \geq n_0$.

Antworten der Selbstfragen

S. 738
Damit sichergestellt ist, dass im Fall $c < 0$ auch im n-ten Zug eine rote oder eine schwarze Kugel gezogen werden kann, muss $\min(r, s) \geq (n-1)|c| + 1$ gelten.

S. 740
Es gelten $\mathbb{P}_A(B) \geq 0$ für jedes $B \in \mathcal{A}$ sowie $\mathbb{P}_A(\Omega) = \mathbb{P}(A \cap \Omega)/\mathbb{P}(A) = 1$. Sind $B_1, B_2, \ldots$ paarweise disjunkte Mengen aus $\mathcal{A}$, so sind $B_1 \cap A, B_2 \cap A, \ldots$ paarweise disjunkte Mengen aus $\mathcal{A}$. Die σ-Additivität von $\mathbb{P}$ ergibt dann

$$\begin{aligned} \mathbb{P}_A\left(\sum_{j=1}^{\infty} B_j\right) &= \frac{1}{\mathbb{P}(A)} \cdot \mathbb{P}\left(\left(\sum_{j=1}^{\infty} B_j\right) \cap A\right) \\ &= \frac{1}{\mathbb{P}(A)} \cdot \mathbb{P}\left(\sum_{j=1}^{\infty} B_j \cap A\right) \\ &= \frac{1}{\mathbb{P}(A)} \cdot \sum_{j=1}^{\infty} \mathbb{P}(B_j \cap A) = \sum_{j=1}^{\infty} \mathbb{P}_A(B_j), \end{aligned}$$

also die σ-Additivität von $\mathbb{P}_A$.

S. 745
Von den insgesamt 2^n Teilmengen muss man die n einelementigen Teilmengen sowie die leere Menge abziehen.

S. 750
Jede σ-Algebra, die die Vereinigung $\bigcup_{j \in I_k} \mathcal{M}_j$ enthält, muss als σ-Algebra auch die Durchschnitte $A_{i_1} \cap \ldots \cap A_{i_m}$ von Mengen $A_{i_1}, \ldots, A_{i_m}$ mit $\{i_1, \ldots, i_m\} \subseteq I_k$ und $A_{i_\nu} \in \mathcal{A}_{i_\nu}$ für $\nu = 1, \ldots, m$, also das System $\mathcal{B}_k$, umfassen.

S. 753
Wegen $\mathcal{S}_k := \sigma(X_1, \ldots, X_k) = \sigma(\cup_{j=1}^k \sigma(X_j))$ gilt $\mathcal{S}_1 \subseteq \mathcal{S}_2 \subseteq \ldots$ Sind $A, B \in \cup_{k=1}^{\infty} \sigma(X_1, \ldots, X_k)$, so gibt es $m, n \in \mathbb{N}$ mit $A \in \mathcal{S}_m$ und $B \in \mathcal{S}_n$. Es sei o.B.d.A. $m \leq n$. Dann gilt $A \in \mathcal{S}_n$ und somit wegen der $\cap$-Stabilität von $\mathcal{S}_n$ auch $A \cap B \in \mathcal{S}_n \subseteq \cup_{k=1}^{\infty} \sigma(X_1, \ldots, X_k)$.

S. 757
In der ersten Summe steht eigentlich $\mathbb{P}(X_{n+1} = j | X_n = k, X_0 = i)$. Die Bedingung $X_0 = i$ kann jedoch wegen der verallgemeinerten Markov-Eigenschaft entfallen.

S. 761

Sie folgt aus der Formel von der totalen Wahrscheinlichkeit, wenn man das Ereignis $\{X_{m+n} = k\}$ nach den möglichen Werten l für X_n zerlegt und die verallgemeinerte Markov-Eigenschaft verwendet. Letztlich ist es die Matrizengleichung $\mathbf{P}^{m+n} = \mathbf{P}^m \cdot \mathbf{P}^n$, die auch für unendliche Matrizen gilt, siehe auch Aufgabe 20.22.

Diskrete Verteilungsmodelle – wenn der Zufall zählt

21

Warum ist die Erwartungswertbildung ein lineares Funktional?

Wie entsteht die Multinomialverteilung?

Wie beweist man die Tschebyschow-Ungleichung?

Warum kann man von Unabhängigkeit auf Unkorreliertheit schließen?

Auf welche Weise entsteht die bedingte Erwartung $\mathbb{E}(X|Z)$?

Auf Seite 710 haben wir die Verteilung einer Zufallsvariablen mit Werten in einer allgemeinen Menge eingeführt. In diesem Kapitel werden wir deutlich konkreter und betrachten *reelle Zufallsvariablen* oder *Zufallsvektoren*, die höchstens abzählbar viele verschiedene Werte annehmen können. Die zugehörigen Verteilungen sind meist mit *Zählvorgängen* verknüpft. So entstehen Binomialverteilung, hypergeometrische Verteilung und Pólya-Verteilung, wenn die *Anzahl* gezogener Kugeln einer bestimmten Art in unterschiedlichen Urnenmodellen betrachtet wird. *Zählt* man die Nieten vor dem Auftreten von Treffern in Bernoulli-Ketten, so ergeben sich die geometrische Verteilung und die negative Binomialverteilung, und die Multinomialverteilung tritt in natürlicher Weise beim *Zählen* von Treffern unterschiedlicher Art in einem verallgemeinerten Bernoulli'schen Versuchsschema auf. Die Poisson-Verteilung modelliert die *Anzahl* eintretender Ereignisse bei spontanen Phänomenen; sie ist eine gute Approximation der Binomialverteilung bei großem n und kleinem p. Diese Verteilungen sind grundlegend für ein begriffliches Verständnis vieler stochastischer Vorgänge. Zugleich werden Grundbegriffe der Stochastik wie gemeinsame Verteilung, Unabhängigkeit, Erwartungswert, Varianz, Kovarianz, Korrelation sowie bedingte Erwartungswerte und bedingte Verteilungen in einem elementaren technischen Rahmen behandelt, der keinerlei Kenntnisse der Maß- und Integrationstheorie voraussetzt.

21.1 Diskrete Zufallsvariablen

In diesem Abschnitt führen wir die Begriffe *diskrete Zufallsvariable*, *diskreter Zufallsvektor* sowie *gemeinsame Verteilung* und *Marginalverteilung ein*. Wir werden sehen, wie sich Verteilungen abgeleiteter Zufallsvariablen bestimmen lassen. Hier lernen wir insbesondere die *diskrete Faltungsformel* kennen, mit deren Hilfe man die Verteilung der Summe zweier unabhängiger Zufallsvariablen erhalten kann. Es sei vereinbart, dass alle auftretenden Zufallsvariablen auf dem gleichen Wahrscheinlichkeitsraum $(\Omega, \mathcal{A}, \mathbb{P})$ definiert sind.

Diskrete Zufallsvariable, diskreter Zufallsvektor

Es seien X eine reelle Zufallsvariable oder ein k-dimensionaler Zufallsvektor. X heißt **diskret** (**verteilt**), wenn es eine abzählbare Menge $D \subseteq \mathbb{R}$ (bzw. $D \subseteq \mathbb{R}^k$) gibt, sodass $\mathbb{P}(X \in D) = 1$ gilt. Man sagt auch, dass X eine **diskrete Verteilung** besitzt.

In diesem Sinn ist also insbesondere jede Indikatorsumme (vgl. Seite 707) eine diskrete Zufallsvariable, was insbesondere die Binomialverteilung und die hypergeometrische Verteilung mit einschließt. Man beachte, dass in der obigen Definition der zugrunde liegende Wahrscheinlichkeitsraum keine Erwähnung findet, weil nur eine Aussage über die *Verteilung* von X getroffen wird. Ist X auf einem diskreten Wahrscheinlichkeitsraum (siehe Seite 711) definiert, so ist X immer diskret verteilt. Wegen der σ-Additivität von $\mathbb{P}$ ist die Verteilung von X durch das System der Wahrscheinlichkeiten $\mathbb{P}(X = t)$ mit $t \in D$ eindeutig bestimmt, denn es gilt

$$\mathbb{P}(X \in B) = \sum_{t \in B \cap D} \mathbb{P}(X = t) \qquad (21.1)$$

für jede eindimensionale bzw. jede k-dimensionale Borelmenge B. Aus diesem Grund bezeichnet man bei diskreten Zufallsvariablen oft auch das System der Wahrscheinlichkeiten $\mathbb{P}(X = t)$, $t \in D$, synonym als Verteilung von X. Für die Abbildung $t \mapsto \mathbb{P}(X = t)$ ist bisweilen auch die Namensgebung *Wahrscheinlichkeitsfunktion* gebräuchlich. Verteilungen diskreter Zufallsvariablen können wie in den Abbildungen 19.5 und 19.4 durch Stabdiagramme veranschaulicht werden.

Achtung:

- Wenn wir in der Folge Formulierungen wie „die Augensumme X beim zweifachen Wurf mit einem echten Würfel besitzt die Verteilung

$$\mathbb{P}(X = k) = \frac{6 - |7 - k|}{36}, \quad k = 2, 3, \ldots, 12\text{“}$$

  verwenden (vgl. das Beispiel auf Seite 713), so ist uns damit stets Zweierlei bewusst: Erstens ist klar, dass man für X als Abbildung einen Definitionsbereich angeben kann, und zweitens liefern die obigen Wahrscheinlichkeiten über die Bildung (21.1) eine Wahrscheinlichkeitsverteilung auf der Borel'schen σ-Algebra $\mathcal{B}$.
- Sind X eine Zufallsvariable und M eine Borelmenge mit $\mathbb{P}(X \in M) = 1$, so nennt man X eine *M-wertige Zufallsvariable*. Dabei ist zugelassen, dass $\mathbb{P}(X \in M') = 1$ für eine echte Teilmenge M' von M gilt. Spricht man also von einer *$\mathbb{N}_0$-wertigen Zufallsvariablen X*, so bedeutet dies nur, dass X mit Wahrscheinlichkeit eins nichtnegative ganzzahlige Werte annimmt. Insofern sind etwa die Augensumme beim zweifachen Würfelwurf oder eine Indikatorsumme $\mathbb{N}_0$-wertige Zufallsvariablen. Analoge Sprechweisen sind für Zufallsvektoren anzutreffen.

Die folgende Definition hebt zwei im Zusammenhang mit (nicht notwendig diskret verteilten) Zufallsvektoren übliche Namensgebungen hervor.

Gemeinsame Verteilung, Marginalverteilung

Ist $\mathbf{X} = (X_1, \ldots, X_k)$ ein k-dimensionaler Zufallsvektor, so nennt man die Verteilung von $\mathbf{X}$ auch die **gemeinsame Verteilung von $X_1, \ldots, X_k$**. Die Verteilung von X_j heißt **j-te Marginalverteilung** oder **Randverteilung** von $\mathbf{X}$, $j \in \{1, \ldots, k\}$.

Die letzte Sprechweise wird durch den Fall $k = 2$ verständlich. Nehmen die Zufallsvariablen X und Y die Werte $x_1, x_2, \ldots, x_r$ bzw. $y_1, y_2, \ldots, y_s$ an, so ist die gemeinsame Verteilung von X und Y durch die Wahrscheinlichkeiten

$$p_{i,j} := \mathbb{P}(X = x_i, Y = y_j),$$

$i = 1, \ldots, r$; $j = 1, \ldots, s$ festgelegt. Ordnet man die $p_{i,j}$ in Form einer Tabelle mit r Zeilen und s Spalten an, so ergeben sich die Marginalverteilungen, indem man die Zeilen- bzw. Spaltensummen bildet und an den *Rändern* (lat. *margo* für *Rand*) notiert. Für jedes $i \in \{1, \ldots, r\}$ gilt

$$\{X = x_i\} = \sum_{j=1}^{r} \{X = x_i, Y = y_j\},$$

d. h., das Ereignis $\{X = x_i\}$ ist Vereinigung der paarweise disjunkten Mengen $\{X = x_i, Y = y_j\}$, $1 \leq j \leq s$. Ein analoger Sachverhalt gilt für $\{Y = y_j\}$ (Tabelle 21.1).

	1	2	$\cdots$	$\cdots$	s	Σ
1	$p_{1,1}$	$p_{1,2}$	$\cdots$	$\cdots$	$p_{1,s}$	$\mathbb{P}(X = x_1)$
2	$p_{2,1}$	$p_{2,2}$	$\cdots$	$\cdots$	$p_{2,s}$	$\mathbb{P}(X = x_2)$
$\vdots$	$\vdots$	$\vdots$	$\vdots$	$\vdots$	$\vdots$	$\vdots$
$\vdots$	$\vdots$	$\vdots$	$\vdots$	$\vdots$	$\vdots$	$\vdots$
r	$p_{r,1}$	$p_{r,2}$	$\cdots$	$\cdots$	$p_{r,s}$	$\mathbb{P}(X = x_r)$
Σ	$\mathbb{P}(Y = y_1)$	$\mathbb{P}(Y = y_2)$	$\cdots$	$\cdots$	$\mathbb{P}(Y = y_s)$	1

Tabelle 21.1 Tabellarische Aufstellung der gemeinsamen Verteilung zweier Zufallsvariablen mit Marginalverteilungen.

Die gemeinsame Verteilung lässt sich im Fall $k = 2$ auch noch in Form eines Stabdiagrammes veranschaulichen. Hierzu bringt man in einer (x, y)-Ebene für jedes Paar (i, j) mit $1 \leq i \leq r$ und $1 \leq j \leq s$ über dem Punkt (x_i, y_j) ein Stäbchen der Höhe $\mathbb{P}(X = x_i, Y = y_j)$ an (siehe Abb. 21.1 im nachfolgenden Beispiel).

Beispiel Erste und höchste Augenzahl
Ein echter Würfel wird zweimal in unabhängiger Folge geworfen. Die Zufallsvariablen X und Y bezeichnen das Ergebnis des ersten Wurfs bzw. die höchste geworfene Augenzahl. Wählen wir den kanonischen Grundraum $\Omega = \{(i, j) : 1 \leq i, j \leq 6\}$ mit der Gleichverteilung $\mathbb{P}$ auf Ω, so gilt etwa $\mathbb{P}(X = 2, Y = 2) = \mathbb{P}(\{(2, 1), (2, 2)\}) = 2/36$, $\mathbb{P}(X = 3, Y = 5) = \mathbb{P}(\{(3, 5)\}) = 1/36$ usw. Die gemeinsame Verteilung von X und Y ist zusammen mit den an den Rändern aufgeführten Marginalverteilungen von X und Y in Tabelle 21.2 veranschaulicht.

j (Spalten), i (Zeilen)

i \ j	1	2	3	4	5	6	Σ
1	1/36	1/36	1/36	1/36	1/36	1/36	1/6
2	0	2/36	1/36	1/36	1/36	1/36	1/6
3	0	0	3/36	1/36	1/36	1/36	1/6
4	0	0	0	4/36	1/36	1/36	1/6
5	0	0	0	0	5/36	1/36	1/6
6	0	0	0	0	0	6/36	1/6
Σ	1/36	3/36	5/36	7/36	9/36	11/36	1

Spalte Σ: $\mathbb{P}(X = i)$; Zeile Σ: $\mathbb{P}(Y = j)$

Tabelle 21.2 Gemeinsame Verteilung und Marginalverteilungen der ersten und der größten Augenzahl beim zweifachen Würfelwurf.

Abbildung 21.1 zeigt das Stabdiagramm der gemeinsamen Verteilung von X und Y. ◀

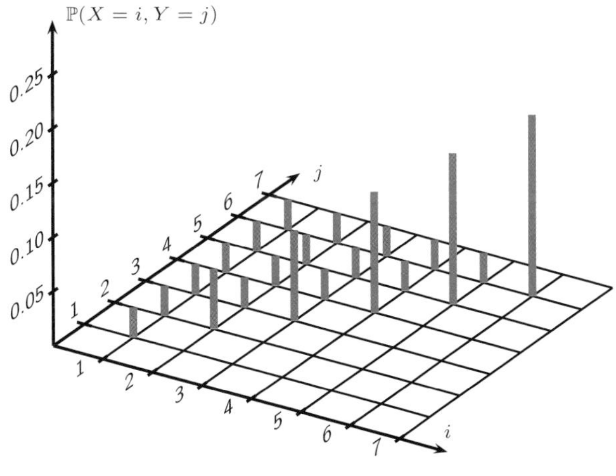

Abbildung 21.1 Stabdiagramm der gemeinsamen Verteilung von erster und größter Augenzahl beim zweifachen Würfelwurf.

Ist allgemein $\mathbf{X} = (X_1, \ldots, X_k)$ ein k-dimensionaler diskreter Zufallsvektor mit $\mathbb{P}(X_i \in D_i) = 1$ für abzählbare Mengen $D_1, \ldots, D_k \subseteq \mathbb{R}$, so gilt wegen der σ-Additivität von $\mathbb{P}$ für jedes $x_1 \in D_1$

$$\mathbb{P}(X_1 = x_1) = \sum_{x_2 \in D_2} \cdots \sum_{x_k \in D_k} \mathbb{P}(X_1 = x_1, \ldots, X_k = x_k).$$

Allgemein ergibt sich $\mathbb{P}(X_j = x_j)$, indem man die Wahrscheinlichkeiten $\mathbb{P}(X_1 = x_1, \ldots, X_k = x_k)$ über alle $x_1 \in D_1, \ldots, x_{j-1} \in D_{j-1}, x_{j+1} \in D_{j+1}, \ldots, x_k \in D_k$ aufsummiert. Den Übergang von der gemeinsamen Verteilung zu den Verteilungen der einzelnen Komponenten bezeichnet man als *Marginalverteilungsbildung*. Diese erfolgt bei diskreten Zufallsvektoren wie oben beschrieben durch Summation und bei den im nächsten Kapitel behandelten Zufallsvektoren mit stetiger Verteilung durch Integration.

Die gemeinsame Verteilung bestimmt die Marginalverteilungen, aber nicht umgekehrt

Wie das folgende Beispiel zeigt, kann man aus den Marginalverteilungen nicht ohne Weiteres die gemeinsame Verteilung bestimmen.

Beispiel Ist c eine beliebige Zahl im Intervall $[0, 1/2]$, so wird durch die nachstehende Tabelle die gemeinsame Verteilung zweier Zufallsvariablen X und Y definiert, deren Marginalverteilungen nicht von c abhängen, denn es gilt $\mathbb{P}(X = 1) = \mathbb{P}(X = 2) = 1/2$ und $\mathbb{P}(Y = 1) = \mathbb{P}(Y = 2) = 1/2$. Ohne weitere Kenntnis wie etwa die stochastische Unabhängigkeit von X und Y (siehe unten) kann also von den Marginalverteilungen nicht auf die gemeinsame Verteilung geschlossen werden! ◀

i \ j	1	2	Σ	
1	c	$\frac{1}{2}-c$	$\frac{1}{2}$	$\mathbb{P}(X=i)$
2	$\frac{1}{2}-c$	c	$\frac{1}{2}$	
Σ	$\frac{1}{2}$	$\frac{1}{2}$	1	
	$\mathbb{P}(Y=j)$			

Tabelle 21.3 Verschiedene gemeinsame Verteilungen mit gleichen Marginalverteilungen.

Nach dem Kriterium auf Seite 748 sind n reelle Zufallsvariablen $X_1, \ldots, X_n$ genau dann stochastisch unabhängig, wenn für beliebige Borelmengen $B_1, \ldots, B_n$ die Identität

$$\mathbb{P}(X_1 \in B_1, \ldots, X_n \in B_n) = \prod_{j=1}^{n} \mathbb{P}(X_j \in B_j) \qquad (21.2)$$

besteht. Sind $X_1, \ldots, X_n$ diskret verteilt, gilt also $\mathbb{P}(X_j \in D_j) = 1$ für eine abzählbare Teilmenge $D_j \subset \mathbb{R}$ ($j = 1, \ldots, n$), so ist (21.2) gleichbedeutend mit

$$\mathbb{P}(X_1 = x_1, \ldots, X_n = x_n) = \prod_{j=1}^{n} \mathbb{P}(X_j = x_j) \qquad (21.3)$$

für jede Wahl von $x_1 \in D_1, \ldots, x_n \in D_n$.

Zunächst folgt ja (21.3) unmittelbar aus (21.2), wenn man $B_j := \{x_j\}$ setzt, und umgekehrt ergibt sich (21.2) wie folgt aus (21.3) (wir führen den Nachweis für den Fall $n = 2$, der allgemeine Fall erfordert nur einen höheren Schreibaufwand): Sind B_1, B_2 beliebige Borelmengen, so gilt wegen der σ-Additivität von $\mathbb{P}$

$$\begin{aligned}
&\mathbb{P}(X_1 \in B_1, X_2 \in B_2)\\
&= \sum_{x_1 \in B_1 \cap D_1} \sum_{x_2 \in B_2 \cap D_2} \mathbb{P}(X_1 = x_1, X_2 = x_2)\\
&= \sum_{x_1 \in B_1 \cap D_1} \sum_{x_2 \in B_2 \cap D_2} \mathbb{P}(X_1 = x_1) \cdot \mathbb{P}(X_2 = x_2)\\
&= \left(\sum_{x_1 \in B_1 \cap D_1} \mathbb{P}(X_1 = x_1)\right) \cdot \left(\sum_{x_2 \in B_2 \cap D_2} \mathbb{P}(X_2 = x_2)\right)\\
&= \mathbb{P}(X_1 \in B_1) \cdot \mathbb{P}(X_2 \in B_2).
\end{aligned}$$

?

Was ergibt sich für c in Tabelle 21.3, wenn X und Y stochastisch unabhängig sind?

Durch Summieren erhält man auch die Verteilung irgendeiner reell- oder vektorwertigen Funktion eines diskreten Zufallsvektors $\mathbf{X} = (X_1, \ldots, X_k)$, wobei $\mathbb{P}(\mathbf{X} \in D) = 1$ für eine abzählbare Menge $D \subseteq \mathbb{R}^k$. Ist $g\colon \mathbb{R}^k \to \mathbb{R}^m$ eine messbare Funktion, so gilt mit $x := (x_1, \ldots, x_k)$ für jede Borelmenge $B \in \mathcal{B}^m$

$$\begin{aligned}
\mathbb{P}(g(\mathbf{X}) \in B) &= \mathbb{P}(\mathbf{X} \in g^{-1}(B))\\
&= \mathbb{P}(\mathbf{X} \in g^{-1}(B) \cap D)\\
&= \sum_{x \in g^{-1}(B) \cap D} \mathbb{P}(X_1 = x_1, \ldots, X_k = x_k).
\end{aligned}$$

Als Spezialfall betrachten wir die Situation zweier diskreter Zufallsvariablen X_1 und X_2 mit $\mathbb{P}(X_1 \in D_1) = \mathbb{P}(X_2 \in D_2) = 1$ für abzählbare Mengen $D_1, D_2 \subseteq \mathbb{R}$, also $\mathbb{P}((X_1, X_2) \in D) = 1$ mit $D := D_1 \times D_2$. Eine häufig auftretende Funktion ist die Summenbildung $g(x_1, x_2) := x_1 + x_2$, $(x_1, x_2) \in \mathbb{R}^2$. Nach der obigen allgemeinen Vorgehensweise gilt mit $B := \{y\}$, $y \in \mathbb{R}$,

$$\begin{aligned}
\mathbb{P}(X_1 + X_2 = y) &= \mathbb{P}(g(X_1, X_2) \in B)\\
&= \mathbb{P}((X_1, X_2) \in g^{-1}(B))\\
&= \mathbb{P}((X_1, X_2) \in g^{-1}(\{y\}) \cap D)\\
&= \sum_{(x_1,x_2) \in D\colon x_1 + x_2 = y} \mathbb{P}(X_1 = x_1, X_2 = x_2)\\
&= \sum_{x_1 \in D_1} \mathbb{P}(X_1 = x_1, X_2 = y - x_1). \qquad (21.4)
\end{aligned}$$

?

Warum gilt das letzte Gleichheitszeichen?

Sind X_1 und X_2 stochastisch unabhängig, gilt also

$$\mathbb{P}(X_1 = x_1, X_2 = x_2) = \mathbb{P}(X_1 = x_1) \cdot \mathbb{P}(X_2 = x_2)$$

für $(x_1, x_2) \in D_1 \times D_2$, so ergibt sich das folgende auch als *Faltungsformel* bezeichnete Resultat. Bei dessen Formulierung haben wir die in (21.4) stehende Menge D_1 durch deren Teilmenge $\{x_1 \in \mathbb{R}\colon \mathbb{P}(X_1 = x_1) > 0\}$ ersetzt.

Diskrete Faltungsformel

Es seien X_1 und X_2 *stochastisch unabhängige* diskrete Zufallsvariablen. Dann gilt für jedes $y \in \mathbb{R}$

$$\begin{aligned}
&\mathbb{P}(X_1 + X_2 = y)\\
&\quad = \sum_{x_1\colon \mathbb{P}(X_1 = x_1) > 0} \mathbb{P}(X_1 = x_1)\mathbb{P}(X_2 = y - x_1).
\end{aligned}$$

Man beachte, dass die links stehende Wahrscheinlichkeit nur für abzählbar viele Werte y positiv sein kann. Wir werden die diskrete Faltungsformel in Abschnitt 21.3 wiederholt anwenden und darum an dieser Stelle nur ein Beispiel angeben, das die Namensgebung *Faltungs*formel verständlich macht und typische Tücken bei der Anwendung dieser Formel offenbart. Um nicht zu viele Indizes schreiben zu müssen, setzen wir $X := X_1$ und $Y := X_2$.

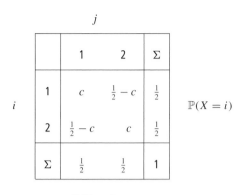

Beispiel **Faltung diskreter Gleichverteilungen**
Die Zufallsvariablen X und Y seien unabhängig und besitzen jeweils eine Gleichverteilung auf den Werten $1, 2, \ldots, k$. Es gelte also $\mathbb{P}(X = j) = \mathbb{P}(Y = j) = 1/k$ für $j \in \{1, \ldots, k\}$. Die Zufallsvariable $X + Y$ kann mit positiver Wahrscheinlichkeit nur die Werte $2, 3, \ldots, 2k$ annehmen. Für $z \in \{2, 3, \ldots, 2k\}$ gilt nach der Faltungsformel

$$\mathbb{P}(X + Y = z) = \sum_{j=1}^{k} \mathbb{P}(X = j) \cdot \mathbb{P}(Y = z - j)\,.$$

Wegen $\mathbb{P}(Y = z - j) = 1/k$ für $1 \leq z - j \leq k$ und $\mathbb{P}(Y = z - j) = 0$ sonst, ist der zweite Faktor auf der rechten Seite nicht unbedingt für jedes $j \in \{1, \ldots, k\}$ positiv. Hat man diese Tücke eingesehen, so betrachtet man die Fälle $z \leq k + 1$ und $k + 2 \leq z \leq 2k$ getrennt. Im ersten wird die Summe auf der rechten Seite zu $\sum_{j=1}^{z-1} 1/k^2 = (z-1)/k^2$ und im zweiten zu $\sum_{j=z-k}^{k} 1/k^2 = (2k - (z-1))/k^2$. Beide Fälle lassen sich unter das Endergebnis

$$\mathbb{P}(X + Y = z) = \frac{k - |k + 1 - z|}{k^2}\,, \qquad z = 2, 3, \ldots, 2k\,,$$

subsumieren, das aus (19.12) für den Spezialfall $k = 6$ (Augensumme beim zweifachen Würfelwurf) bekannt ist. Das für diesen Fall in Abbildung 19.4 gezeigte Stabdiagramm besitzt eine Dreiecksgestalt. Ist k sehr groß, so geht das „plane" Stabdiagramm der Gleichverteilung auf $1, \ldots, k$ in ein Stabdiagramm über, das Assoziationen an ein in der Mitte gefaltetes Blatt weckt. ◀

Wir möchten zum Schluss dieses Abschnitts darauf hinweisen, dass man die Verteilung der Summe zweier *unabhängiger* Zufallsvariablen oft als *Faltung* oder *Faltungsprodukt der Verteilungen* $\mathbb{P}^X$ und $\mathbb{P}^Y$ bezeichnet und hierfür die Symbolik $\mathbb{P}^{X+Y} = \mathbb{P}^X \star \mathbb{P}^Y$ verwendet. Diese Namensgebung haben auch wir in der Überschrift zu obigem Beispiel benutzt.

21.2 Erwartungswert und Varianz

In diesem Abschnitt behandeln wir den *Erwartungswert* und die *Varianz* als zwei grundlegende Kenngrößen von Verteilungen. Um die Definition des Erwartungswertes zu verstehen, stellen Sie sich vor, Sie würden an einem Glücksspiel teilnehmen, dessen mögliche Ausgänge durch den Grundraum $\Omega = \{\omega_1, \ldots, \omega_s\}$ beschrieben werden. Dabei trete das Ergebnis ω_j mit der Wahrscheinlichkeit p_j auf, und es gelte $p_1 + \ldots + p_s = 1$. Durch die Festsetzung $\mathbb{P}(A) := \sum_{j:\, \omega_j \in A} p_j$, $A \subseteq \Omega$, entsteht dann ein endlicher Wahrscheinlichkeitsraum. Erhält man $X(\omega_j)$ Euro ausbezahlt, wenn sich beim Spiel das Ergebnis ω_j einstellt, und tritt dieser Fall bei n-maliger Wiederholung des Spiels h_j-mal auf ($h_j \geq 0, h_1 + \ldots + h_s = n$), so beträgt der Gesamtgewinn aus den n Spielen $\sum_{j=1}^{s} X(\omega_j) \cdot h_j$ Euro. Der durchschnittliche Gewinn pro Spiel beläuft sich somit auf $\sum_{j=1}^{s} X(\omega_j) \cdot h_j / n$ Euro. Da sich nach dem empirischen Gesetz über die Stabilisierung relativer Häufigkeiten auf Seite 708 der Quotient h_j/n bei wachsendem n der Wahrscheinlichkeit $\mathbb{P}(\{\omega_j\})$ annähern sollte, müsste die Summe

$$\sum_{j=1}^{s} X(\omega_j) \cdot \mathbb{P}(\{\omega_j\}) \tag{21.5}$$

den *auf lange Sicht erwarteten Gewinn pro Spiel* und somit einen fairen Einsatz für dieses Spiel darstellen. Mathematisch gesprochen ist obige Summe der *Erwartungswert* der Zufallsvariablen X als Abbildung auf Ω. Dieser Grundbegriff der Stochastik geht auf Christiaan Huygens (1629–1695) zurück, der in seiner Abhandlung *Van rekeningh in spelen van geluck* (1656) den erwarteten Wert eines Spiels mit „Das ist mir so viel wert" umschreibt.

Der Erwartungswert einer Zufallsvariablen hängt nur von deren Verteilung ab

Um von der obigen Situation zu abstrahieren und technische Feinheiten zu umgehen, nehmen wir ohne Beschränkung der Allgemeinheit an, dass die auftretenden diskreten Zufallsvariablen auf einem *diskreten* Wahrscheinlichkeitsraum im Sinne der auf Seite 711 getroffenen Vereinbarung definiert sind. Es gibt also eine abzählbare Teilmenge Ω_0 von Ω mit $\mathbb{P}(\Omega_0) = 1$. Der Vorteil dieser Annahme ist, dass sich die wichtigen strukturellen Eigenschaften der Erwartungswertbildung unmittelbar auch ohne jegliche Kenntnisse der Maß- und Integrationstheorie erschließen. Die nachfolgende Definition knüpft unmittelbar an (21.5) an. Wer sofort Erwartungswerte ausrechnen möchte, kann erst einmal zur Darstellung (21.9) springen.

Definition des Erwartungswertes

Der Erwartungswert einer reellen Zufallsvariablen X existiert, falls gilt:

$$\sum_{\omega \in \Omega_0} |X(\omega)| \cdot \mathbb{P}(\{\omega\}) < \infty\,. \tag{21.6}$$

In diesem Fall heißt

$$\mathbb{E}(X) := \mathbb{E}_{\mathbb{P}}(X) := \sum_{\omega \in \Omega_0} X(\omega) \cdot \mathbb{P}(\{\omega\}) \tag{21.7}$$

der **Erwartungswert** von X (bezüglich $\mathbb{P}$).

Kommentar:

- Wer Kenntnisse der Maß- und Integrationstheorie mitbringt, erkennt obige Definition als Spezialfall des allgemeinen Maß-Integrals $\int X \, d\mathbb{P}$. Er kann entspannt weiterlesen und gewisse Sachverhalte überspringen.

- Die bisweilen verwendete Indizierung des Erwartungswertes mit $\mathbb{P}$ und die Sprechweise *bezüglich* $\mathbb{P}$ sollen deutlich machen, dass der Erwartungswert entscheidend von der Wahrscheinlichkeitsverteilung $\mathbb{P}$ abhängt. In Abschnitt 21.5 werden wir *bedingte* Erwartungswerte betrachten, die nichts anderes als *Erwartungswerte bezüglich bedingter Verteilungen* sind.
- Bedingung (21.6) ist nur nachzuprüfen, wenn X unendlich viele verschiedene Werte mit positiver Wahrscheinlichkeit annimmt. In diesem Fall ist mit (21.6) die absolute Konvergenz einer unendlichen Reihe nachzuweisen. Diese garantiert, dass der Erwartungswert wohldefiniert ist und gewisse Rechenregeln gelten.
- In der Folge lassen wir häufig die Klammern bei der Erwartungswertbildung weg, schreiben also

$$\mathbb{E}X := \mathbb{E}(X),$$

wenn keine Verwechslungen zu befürchten sind.
- Die Zufallsvariable X darf auch die Werte ∞ und/oder $-\infty$ annehmen. Der Erwartungswert von X kann aber nur existieren, wenn $\mathbb{P}(X = \pm\infty) = 0$ gilt.

Achtung: Im Fall einer *nichtnegativen* diskreten Zufallsvariablen sind die in (21.6) und (21.7) stehenden Reihen identisch. Da die rechte Seite von (21.7) aber auch (mit dem Wert ∞) Sinn macht, wenn die Reihe divergiert, *definiert man* für eine *nichtnegative* diskrete Zufallsvariable

$$\mathbb{E}(X) := \sum_{\omega \in \Omega_0} X(\omega) \cdot \mathbb{P}(\{\omega\}) \quad (\leq \infty).$$

Hiermit existiert der Erwartungswert einer *beliebigen* diskreten Zufallsvariablen genau dann, wenn gilt:

$$\mathbb{E}|X| < \infty.$$

Wir möchten zunächst zeigen, dass der Erwartungswert einer Zufallsvariablen nur von deren Verteilung und nicht von der konkreten Gestalt des zugrunde liegenden Wahrscheinlichkeitsraums abhängt.

Transformationsformel für den Erwartungswert

Der Erwartungswert einer diskreten Zufallsvariablen X existiert genau dann, wenn gilt:

$$\sum_{x \in \mathbb{R}:\, \mathbb{P}(X=x)>0} |x| \cdot \mathbb{P}(X = x) < \infty.$$

In diesem Fall folgt

$$\mathbb{E}X = \sum_{x \in \mathbb{R}:\, \mathbb{P}(X=x)>0} x \cdot \mathbb{P}(X = x). \qquad (21.8)$$

Beweis: Mit dem großen Umordnungssatz für Reihen (siehe z. B. Band 1, Abschnitt 10.4) gilt im Falle der Konvergenz

$$\begin{aligned}\sum_{\omega \in \Omega_0} |X(\omega)| \cdot \mathbb{P}(\{\omega\}) &= \sum_{x \in X(\Omega_0)} |x| \cdot \sum_{\omega \in \Omega_0:\, X(\omega)=x} \mathbb{P}(\{\omega\}) \\ &= \sum_{x \in X(\Omega_0)} |x| \cdot \mathbb{P}(X = x) \\ &= \sum_{x \in \mathbb{R}:\, \mathbb{P}(X=x)>0} |x| \cdot \mathbb{P}(X = x).\end{aligned}$$

Lässt man jetzt die Betragsstriche weg, so folgt die Behauptung. ■

Kommentar: Formel (21.8) zur Berechnung des Erwartungswertes kann salopp als „Summe aus Wert mal Wahrscheinlichkeit" beschrieben werden. Nimmt X die Werte $x_1, x_2, \ldots$ an, so ist

$$\mathbb{E}(X) = \sum_{j \geq 1} x_j \cdot \mathbb{P}(X = x_j). \qquad (21.9)$$

Beispiel Gleichverteilung auf 1, 2, ..., k

Besitzt X eine Gleichverteilung auf den Werten $1, 2, \ldots, k$, gilt also $\mathbb{P}(X = j) = 1/k$ für $j = 1, \ldots, k$, so folgt mit (21.8)

$$\mathbb{E}X = \sum_{j=1}^{k} j \cdot \frac{1}{k} = \frac{1}{k} \cdot \frac{k(k+1)}{2} = \frac{k+1}{2}.$$

Im Spezialfall $k = 6$ (Augenzahl beim Wurf eines echten Würfels) gilt somit $\mathbb{E}X = 3.5$. Der Erwartungswert einer Zufallsvariablen X muss also nicht notwendig eine mögliche Realisierung von X sein. ◀

Beispiel Eine Urne enthalte eine rote und eine schwarze Kugel. Es wird rein zufällig eine Kugel gezogen. Ist diese rot, ist das Experiment beendet. Andernfalls werden die schwarze Kugel sowie eine weitere schwarze Kugel in die Urne gelegt und der Urneninhalt gut gemischt. Dieser Vorgang wird so lange wiederholt, bis die (eine) rote Kugel gezogen wird. Die Zufallsvariable X bezeichne die Anzahl der dazu benötigten Züge. Nach Aufgabe 20.15 gilt

$$\mathbb{P}(X = k) = \frac{1}{k(k+1)}, \quad k \geq 1,$$

und somit

$$\mathbb{E}X = \sum_{k=1}^{\infty} k \cdot \mathbb{P}(X = k) = \sum_{k=1}^{\infty} \frac{1}{k+1} = \infty.$$

Der Erwartungswert von X existiert also nicht. ◀

Die Zuordnung $X \mapsto \mathbb{E}(X)$ ist ein lineares Funktional

Die nachfolgenden Eigenschaften bilden das grundlegende Werkzeug im Umgang mit Erwartungswerten.

Eigenschaften der Erwartungswertbildung

Es seien X und Y Zufallsvariablen mit existierenden Erwartungswerten und $a \in \mathbb{R}$. Dann existieren auch die Erwartungswerte von $X+Y$ und aX, und es gelten:

a) $\mathbb{E}(aX) = a\mathbb{E}X$ **(Homogenität)**,
b) $\mathbb{E}(X+Y) = \mathbb{E}X + \mathbb{E}Y$ **(Additivität)**,
c) $\mathbb{E}(\mathbf{1}_A) = \mathbb{P}(A)$, $A \in \mathcal{A}$,
d) aus $X \le Y$ folgt $\mathbb{E}X \le \mathbb{E}Y$ **(Monotonie)**,
e) $|\mathbb{E}(X)| \le \mathbb{E}|X|$.

Beweis: In (21.7) steht eine endliche Summe oder der Grenzwert einer absolut konvergenten Reihe. Die Regeln a), b), d) und e) folgen dann durch elementare Betrachtungen endlicher Summen bzw. Rechenregeln für absolut konvergente unendliche Reihen. c) ergibt sich aus

$$\mathbb{E}(\mathbf{1}_A) = \sum_{\omega \in A \cap \Omega_0} \mathbb{P}(\{\omega\}) = \mathbb{P}(A \cap \Omega_0) = \mathbb{P}(A).$$

Das letzte Gleichheitszeichen gilt wegen $\mathbb{P}(\Omega_0) = 1$. ■

?

Können Sie Eigenschaft e) beweisen?

Nach a) und b) ist die Erwartungswertbildung $X \mapsto \mathbb{E}X$ ein lineares Funktional auf dem Vektorraum aller reellen Zufallsvariablen auf Ω, für die $\mathbb{E}|X| < \infty$ gilt. Durch Induktion erhalten wir die wichtige Rechenregel

$$\mathbb{E}\left(\sum_{j=1}^{n} a_j X_j\right) = \sum_{j=1}^{n} a_j \mathbb{E}X_j \tag{21.10}$$

für Zufallsvariablen $X_1, \ldots, X_n$ mit existierenden Erwartungswerten und reelle Zahlen $a_1, \ldots, a_n$. Zusammen mit c) ergibt sich der Erwartungswert einer Indikatorsumme $\sum_{j=1}^{n} \mathbf{1}\{A_j\}$ von Ereignissen $A_1, \ldots, A_n \in \mathcal{A}$ zu

$$\mathbb{E}\left(\sum_{j=1}^{n} \mathbf{1}\{A_j\}\right) = \sum_{j=1}^{n} \mathbb{P}(A_j). \tag{21.11}$$

Insbesondere gilt also

$$\mathbb{E}\left(\sum_{j=1}^{n} \mathbf{1}\{A_j\}\right) = n \cdot p, \tag{21.12}$$

wenn $A_1, \ldots, A_n$ die gleiche Wahrscheinlichkeit p besitzen.

Beispiel Binomialverteilung

Das Beispiel auf Seite 747 zeigt, dass eine Zufallsvariable X mit der Binomialverteilung $\text{Bin}(n,p)$ als Indikatorsumme $X = \sum_{j=1}^{n} \mathbf{1}\{A_j\}$ von n Ereignissen $A_1, \ldots, A_n$ mit $\mathbb{P}(A_1) = \ldots = \mathbb{P}(A_n) = p$ dargestellt werden kann. Nach (21.12) gilt $\mathbb{E}(X) = np$. Dieses Ergebnis erhält man auch umständlicher durch direkte Rechnung aus der Verteilung

$$\mathbb{P}(X = k) = \binom{n}{k} p^k (1-p)^{n-k}, \quad k = 0, 1, \ldots, n$$

(vgl. Seite 747), denn (21.8) sowie die binomische Formel liefern

$$\begin{aligned}\mathbb{E}X &= \sum_{k=0}^{n} k \cdot \binom{n}{k} p^k (1-p)^{n-k} \\ &= np \cdot \sum_{k=1}^{n} \binom{n-1}{k-1} p^{k-1} (1-p)^{(n-1)-(k-1)} \\ &= np \cdot (p + 1 - p)^{n-1} \\ &= np.\end{aligned}$$

Ganz analog ergibt sich der Erwartungswert einer Zufallsvariablen mit der auf Seite 725 vorgestellten hypergeometrischen Verteilung $\text{Hyp}(n,r,s)$ zu $\mathbb{E}X = np$, wobei $p = r/(r+s)$, siehe Aufgabe 21.9. ◀

Wie in diesem Beispiel gesehen ist es oft eleganter, den Erwartungswert einer Zufallsvariablen mithilfe der Linearität der Zuordnung $X \mapsto \mathbb{E}X$ und der Beziehung $\mathbb{E}\mathbf{1}\{A\} = \mathbb{P}(A)$ als über die Transformationsformel (21.8) zu berechnen. Überdies kann es Fälle wie den folgenden geben, in denen der Erwartungswert ohne Kenntnis der (viel komplizierteren) Verteilung angegeben werden kann.

Beispiel Rekorde in zufälligen Permutationen

Ein Kartenspiel (32 Karten) wird gut gemischt und eine Karte aufgedeckt; diese bildet den Beginn eines ersten Stapels. Hat die nächste aufgedeckte Karte bei vorab definierter Rangfolge einen höheren Wert, so beginnt man einen neuen Stapel. Andernfalls legt man die Karte auf den ersten Stapel. Auf diese Weise fährt man fort, bis alle Karten aufgedeckt sind. Wie viele Stapel liegen am Ende im Mittel vor?

Offenbar ist dieses Problem gleichwertig damit, die Anzahl der Rekorde in einer rein zufälligen Permutation der Zahlen von 1 bis 32 zu untersuchen. Allgemeiner betrachten wir hierzu wie im Beispiel auf Seite 718 die Menge $\Omega = P_n^n(oW)$ aller Permutationen der Zahlen von 1 bis n mit der Gleichverteilung $\mathbb{P}$ sowie die Ereignisse

$$A_j = \left\{(a_1, \ldots, a_n) \in \Omega : a_j = \max_{i=1,\ldots,j} a_i\right\}, \quad j = 1, \ldots, n.$$

Denkt man sich $a_1, a_2, \ldots, a_n$ wie Karten nacheinander aufgedeckt, so tritt A_j ein, wenn die j-te Zahl einen Rekord liefert, also a_j unter den bis dahin aufgedeckten Zahlen die größte ist. Somit gibt die Indikatorsumme $X = \sum_{j=1}^{n} \mathbf{1}\{A_j\}$ die Anzahl der Rekorde in einer zufälligen Permutation der Zahlen $1, \ldots, n$ an.

Wegen $\mathbb{P}(A_j) = 1/j$ (siehe Aufgabe 20.28) liefert (21.11) das Resultat

$$\mathbb{E}X = 1 + \frac{1}{2} + \frac{1}{3} + \ldots + \frac{1}{n} \tag{21.13}$$

und somit $\mathbb{E}X \approx 4.06$ im Fall $n = 32$.

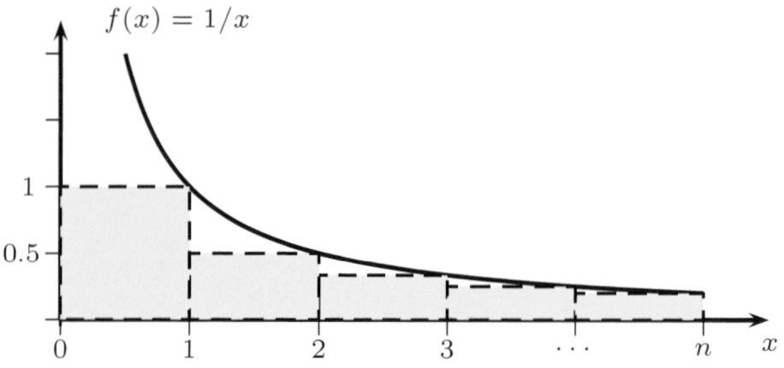

Abbildung 21.2 Zur Ungleichung $\sum_{j=1}^{n} 1/j \leq 1 + \log n$.

Das Verhalten von $\mathbb{E}X$ für große Werte von n ist überraschend. Durch Integral-Abschätzung (Abb. 21.2) folgt $\mathbb{E}X \leq 1 + \log n$, was in den Fällen $n = 1000$ und $n = 1\,000\,000$ die Ungleichungen $\mathbb{E}X \leq 7.91$ bzw. $\mathbb{E}X \leq 14.81$ liefert. Es sind also deutlich weniger Rekorde zu erwarten, als so mancher vielleicht zunächst annehmen würde. ◀

$\mathbb{E}(X)$ ist der Schwerpunkt einer Verteilung

Wir haben zu Beginn dieses Abschnitts den Erwartungswert einer diskreten Zufallsvariablen X über eine Häufigkeitsinterpretation motiviert, nämlich den auf lange Sicht erwarteten Gewinn pro Spiel. Eine wichtige *physikalische Interpretation des Erwartungswertes* ergibt sich, wenn die möglichen Werte $x_1, \ldots, x_k$ von X als *Massepunkte* mit den Massen $\mathbb{P}(X = x_j)$ auf der als gewichtslos angenommenen reellen Zahlengeraden gedeutet werden. Der *Schwerpunkt* (Massenmittelpunkt) s des so entstehenden Körpers ergibt sich nämlich aus der *Gleichgewichtsbedingung* $\sum_{j=1}^{k}(x_j - s)\,\mathbb{P}(X = x_j) = 0$ zu

$$s = \sum_{j=1}^{k} x_j \cdot \mathbb{P}(X = x_j) = \mathbb{E}X$$

(siehe Abb. 21.3).

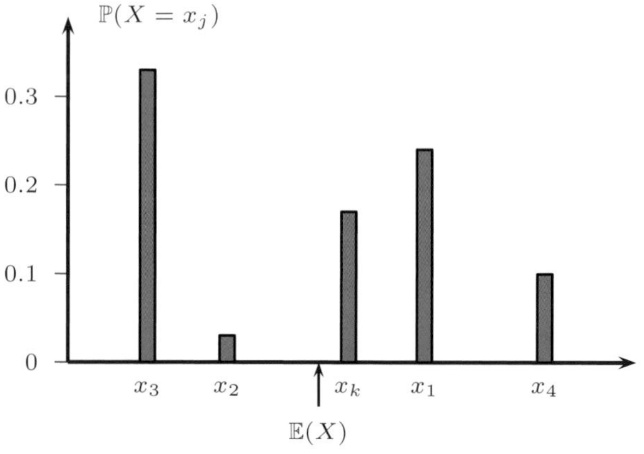

Abbildung 21.3 Erwartungswert als physikalischer Schwerpunkt.

Häufig ist eine Zufallsvariable X eine Funktion eines Zufallsvektors. Für diesen Fall ist zur Berechnung des Erwartungswertes von X folgendes Resultat wichtig.

Allgemeine Transformationsformel

Es seien Z ein k-dimensionaler diskreter Zufallsvektor und $g\colon \mathbb{R}^k \to \mathbb{R}$ eine messbare Funktion. Dann existiert der Erwartungswert der Zufallsvariablen $g(Z) = g \circ Z$ genau dann, wenn gilt:

$$\sum_{z \in \mathbb{R}^k:\, \mathbb{P}(Z=z)>0} |g(z)| \cdot \mathbb{P}(Z = z) < \infty .$$

In diesem Fall folgt

$$\mathbb{E}g(Z) = \sum_{z \in \mathbb{R}^k:\, \mathbb{P}(Z=z)>0} g(z) \cdot \mathbb{P}(Z = z) . \qquad (21.15)$$

Beweis: Es sei $D := \{z \in \mathbb{R}^k : \mathbb{P}(Z = z) > 0\}$. Wegen

$$\begin{aligned}\sum_{\omega \in \Omega_0} |g(Z(\omega))| \cdot \mathbb{P}(\{\omega\}) &= \sum_{z \in D} |g(z)| \cdot \sum_{\omega \in \Omega_0:\, Z(\omega)=z} \mathbb{P}(\{\omega\}) \\ &= \sum_{z \in D} |g(z)| \cdot \mathbb{P}(Z = z)\end{aligned}$$

ergibt sich die erste Behauptung aus dem Großen Umordnungssatz. Lässt man die Betragsstriche weg, so folgt die Darstellung für $\mathbb{E}g(Z)$. ■

?

Wie folgt die (spezielle) Transformationsformel (21.8) aus diesem allgemeinen Resultat?

Eine in (21.15) enthaltene Botschaft ist wiederum, dass nur die Verteilung von Z und nicht die spezielle Gestalt des zugrunde liegenden Wahrscheinlichkeitsraums zur Bestimmung von $\mathbb{E}g(Z)$ benötigt wird.

Als erste Anwendung der allgemeinen Transformationsformel erhalten wir eine weitere grundlegende Eigenschaft des Erwartungswertes.

Multiplikationsregel für Erwartungswerte

Sind X und Y *stochastisch unabhängige* Zufallsvariablen mit existierenden Erwartungswerten, so existiert auch der Erwartungswert des Produktes $X \cdot Y$, und es gilt

$$\mathbb{E}(X \cdot Y) = \mathbb{E}X \cdot \mathbb{E}Y .$$

Beweis: Wir wenden die allgemeine Transformationsformel mit $k = 2$, $Z = (X, Y)$ und $g(x, y) = x \cdot y$ an. Mit

Hintergrund und Ausblick: Die Jordan'sche Formel

Über die Verteilungen von Indikatorsummen

Sind $A_1, \ldots, A_n$ Ereignisse in einem Wahrscheinlichkeitsraum, so kann die Verteilung der Indikatorsumme

$$X = \mathbf{1}\{A_1\} + \ldots + \mathbf{1}\{A_n\}$$

mithilfe der schon bei der Formel des Ein- und Ausschließens auf Seite 717 verwendeten Summen

$$S_r := \sum_{1 \le i_1 < \ldots < i_r \le n} \mathbb{P}(A_{i_1} \cap \ldots \cap A_{i_r}), \qquad (21.14)$$

$1 \le r \le n$, sowie $S_0 := 1$ ausgedrückt werden. Es gilt nämlich das folgende, auf den ungarischen Mathematiker und Chemiker Károly Jordan (1871–1959) zurückgehende Resultat.

Jordan-Formel

Für $k \in \{0, 1, \ldots, n\}$ gilt

$$\mathbb{P}(X = k) = \sum_{j=k}^{n} (-1)^{j-k} \binom{j}{k} S_j .$$

Beweis: Die Beweisidee ist sehr klar und einsichtig. Wir setzen $N := \{1, \ldots, n\}$ und schreiben allgemein $\{M\}_s$ für die Menge aller s-elementigen Teilmengen einer Menge M. Nach (19.6) gilt dann

$$\{X = k\} = \sum_{T \in \{N\}_k} \left(\bigcap_{j \in T} A_j \cap \bigcap_{l \in N \setminus T} A_l^c \right),$$

und die Rechenregeln über Indikatoren auf Seite 707 liefern

$$\mathbf{1}\{X = k\} = \sum_{T \in \{N\}_k} \prod_{j \in T} \mathbf{1}\{A_j\} \prod_{l \in N \setminus T} (1 - \mathbf{1}\{A_l\}) .$$

Multipliziert man das rechts stehende Produkt aus, so ergibt sich

$$\prod_{l \in N \setminus T} (1 - \mathbf{1}\{A_l\}) = \sum_{r=0}^{n-k} (-1)^r \sum_{U \in \{N \setminus T\}_r} \prod_{i \in U} \mathbf{1}\{A_i\},$$

und man erhält insgesamt

$$\mathbf{1}\{X = k\} = \sum_{r=0}^{n-k} (-1)^r \sum_{T \in \{N\}_k} \sum_{U \in \{N \setminus T\}_r} \prod_{j \in T \cup U} \mathbf{1}\{A_j\} .$$

Die $(k+r)$-elementige Menge $T \cup U$ tritt hier $\binom{k+r}{k}$-mal auf, denn so oft lässt sich aus $T \cup U$ eine k-elementige Teilmenge T bilden. Mit dieser Einsicht folgt

$$\mathbf{1}\{X = k\} = \sum_{r=0}^{n-k} (-1)^r \binom{k+r}{k} \sum_{V \in \{N\}_{k+r}} \prod_{j \in V} \mathbf{1}\{A_j\} .$$

Die auf Seite 775 formulierten Eigenschaften sowie (19.3) ergeben dann

$$\begin{aligned} \mathbb{P}(X = k) &= \mathbb{E}\mathbf{1}\{X = k\} \\ &= \sum_{r=0}^{n-k} (-1)^r \binom{k+r}{k} \sum_{V \in (N)_{k+r}} \mathbb{P}\left(\cap_{j \in V} A_j\right) \\ &= \sum_{r=0}^{n-k} (-1)^r \binom{k+r}{k} S_{k+r} , \end{aligned}$$

und die Behauptung folgt mit der Indexverschiebung $j := k + r$. ■

Aus der Jordan'schen Formel ergibt sich die Formel des Ein- und Ausschließens (Aufgabe 21.10), und man erhält unter anderem in Verallgemeinerung des auf Seite 718 behandelten Rencontre-Problems die Verteilung der Anzahl der Fixpunkte in einer rein zufälligen Permutation (Aufgabe 21.24).

$D := \{x : \mathbb{P}(X = x) > 0\}$ und $E := \{y \in \mathbb{R} : \mathbb{P}(Y = y) > 0\}$ folgt

$$\begin{aligned} \sum_{\omega \in \Omega_0} |X(\omega)Y(\omega)| \mathbb{P}(\{\omega\}) &= \sum_{(x,y) \in D \times E} |xy| \, \mathbb{P}(X = x, Y = y) \\ &= \sum_{(x,y) \in D \times E} |x||y| \mathbb{P}(X = x) \mathbb{P}(Y = y) \\ &= \sum_{x \in D} |x| \mathbb{P}(X = x) \sum_{y \in E} |y| \mathbb{P}(Y = y) \\ &< \infty \end{aligned}$$

und somit $\mathbb{E}|XY| < \infty$. Weglassen der Betragsstriche liefert dann wegen (21.8) die Behauptung. ■

Während der Erwartungswert als „Schwerpunkt einer Verteilung" deren grobe Lage beschreibt, fehlt uns noch eine Kenngröße, um die Stärke der Streuung einer Verteilung um deren Erwartungswert zu messen.

Betrachtet man etwa die Stabdiagramme der (den gleichen Erwartungswert 4 aufweisenden) Binomialverteilung Bin(8, 0.5) und der hypergeometrischen Verteilung Hyp(8, 9, 9) in Abbildung 21.4, so scheinen die Wahrscheinlichkeitsmassen der Binomialverteilung im Vergleich zu denen der hypergeometrischen Verteilung stärker um den Wert 4 zu streuen. Unter diversen Möglichkeiten, die Stärke der Streuung einer Verteilung um ihren Erwartungswert zu mes-

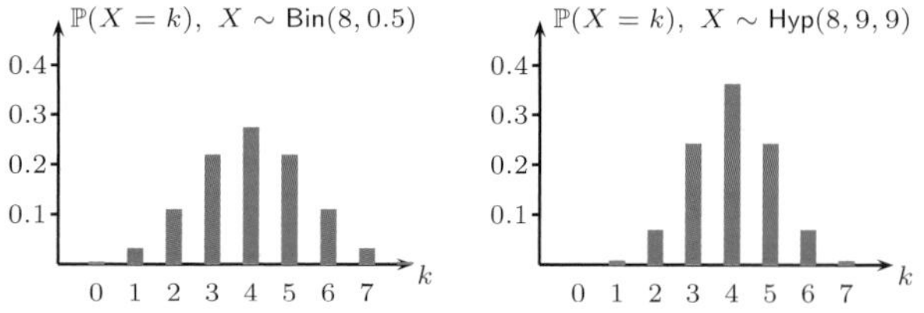

Abbildung 21.4 Stabdiagramme der Binomialverteilung Bin$(8, 0.5)$ und der hypergeometrischen Verteilung Hyp$(8, 9, 9)$.

sen, ist die *Varianz* die gebräuchlichste.

Definition von Varianz und Standardabweichung

Ist X eine Zufallsvariable mit $\mathbb{E}X^2 < \infty$, so heißen

$$\mathbb{V}(X) := \mathbb{E}(X - \mathbb{E}X)^2$$

die **Varianz** von X und

$$+\sqrt{\mathbb{V}(X)}$$

die **Standardabweichung** oder **Streuung** von X.

Kommentar: Wegen $|X| \leq 1 + X^2$ folgt aus der vorausgesetzten Existenz von $\mathbb{E}X^2$ auch $\mathbb{E}|X| < \infty$ und damit die Existenz von $\mathbb{E}X$. Weiter existiert wegen

$$(X-a)^2 \;\leq\; X^2 + 2|a|\cdot|X| + a^2, \qquad a \in \mathbb{R},$$

auch der Erwartungswert von $(X - \mathbb{E}X)^2$.

Als Erwartungswert der Zufallsvariablen $g(X)$ mit $g(x) := (x - \mathbb{E}X)^2$, $x \in \mathbb{R}$, kann man analog zu den zu Beginn dieses Abschnitts angestellten Überlegungen die Größe $\mathbb{V}(X)$ als durchschnittliche Auszahlung pro Spiel auf lange Sicht deuten, wenn der Spielgewinn im Fall des Ausgangs ω nicht durch $X(\omega)$, sondern durch $(X(\omega) - \mathbb{E}X)^2$ gegeben ist. Eine *physikalische Interpretation* erfährt die Varianz, wenn in der auf Seite 776 beschriebenen Situation die als gewichtslos angenommene reelle Zahlengerade mit konstanter *Winkelgeschwindigkeit* v um den Schwerpunkt $\mathbb{E}X$ gedreht wird. Es sind dann $v_j := |x_j - \mathbb{E}X| \cdot v$ die *Rotationsgeschwindigkeit* und $E_j := \frac{1}{2}\mathbb{P}(X = x_j)v_j^2$ die *Rotationsenergie* des j-ten Massepunktes. Die gesamte Rotationsenergie beträgt

$$\sum_{j=1}^{k} E_j = \frac{1}{2}v^2 \sum_{j=1}^{k}(x_j - \mathbb{E}X)^2\,\mathbb{P}(X = x_j)\,.$$

Somit ist $\mathbb{V}(X)$ das *Trägheitsmoment* des Systems von Massepunkten bezüglich der Rotationsachse um den Schwerpunkt.

Als Erwartungswert einer Funktion der Zufallsvariablen X kann man die Varianz von X über die allgemeine Darstellungsformel (21.15) berechnen und erhält

$$\mathbb{V}(X) = \sum_{x\in\mathbb{R}:\,\mathbb{P}(X=x)>0} (x - \mathbb{E}X)^2 \cdot \mathbb{P}(X = x)\,. \qquad (21.16)$$

Oft ist es jedoch zweckmäßiger, den Ausdruck $(X - \mathbb{E}X)^2$ nach der binomischen Formel auszurechnen und die auf Seite 775 formulierten Eigenschaften a) bis c) der Erwartungswertbildung auszunutzen. Da c) mit $A := \Omega$ zusammen mit b) insbesondere bedeutet, dass der Erwartungswert der konstanten Zufallsvariablen $Y \equiv a$ gleich a ist, folgt

$$\begin{aligned}\mathbb{V}(X) &= \mathbb{E}\Big[(X - \mathbb{E}X)^2\Big]\\ &= \mathbb{E}\Big[X^2 - 2(\mathbb{E}X)X + (\mathbb{E}X)^2\Big]\\ &= \mathbb{E}X^2 - 2(\mathbb{E}X)\cdot(\mathbb{E}X) + (\mathbb{E}X)^2\,.\end{aligned}$$

Somit haben wir die zweite der nachfolgenden elementaren Eigenschaften der Varianz bewiesen.

Elementare Eigenschaften der Varianz

Für die Varianz einer Zufallsvariablen X gelten:

a) $\mathbb{V}(X) = \mathbb{E}(X-a)^2 - (\mathbb{E}X - a)^2, \quad a \in \mathbb{R}$,

b) $\mathbb{V}(X) = \mathbb{E}X^2 - (\mathbb{E}X)^2$,

c) $\mathbb{V}(X) = \min_{a\in\mathbb{R}} \mathbb{E}(X-a)^2$,

d) $\mathbb{V}(aX + b) = a^2\mathbb{V}(X), \quad a, b \in \mathbb{R}$,

e) $\mathbb{V}(X) \geq 0, \quad \mathbb{V}(X) = 0 \iff \mathbb{P}(X = a) = 1$ für ein $a \in \mathbb{R}$.

Beweis: a) folgt wie die bereits hergeleitete Regel b), indem man $(X - a + a - \mathbb{E}X)^2$ ausquadriert. Die Minimaleigenschaft c) ist eine Konsequenz aus a). Den Nachweis von d) und e) sollten Sie selbst führen können. ■

?

Können Sie d) und e) beweisen?

Kommentar: Zu Ehren des Mathematikers Jakob Steiner (1796–1863) bezeichnet man die Eigenschaft a) auch als *Steiner'schen Verschiebungssatz*. Die Größe $\mathbb{E}(X-a)^2$ wird *mittlere quadratische Abweichung von X um a* genannt. Da wir die Varianz als Trägheitsmoment des durch die Verteilung von X definierten Systems von Massepunkten bezüglich der *Rotationsachse um den Schwerpunkt* $\mathbb{E}X$ identifiziert haben, ist in gleicher Weise $\mathbb{E}(X-a)^2$ das resultierende Trägheitsmoment, wenn die Drehung des Systems um den Punkt a erfolgt. Die Minimaleigenschaft c) heißt dann aus physikalischer Sicht nur, dass das Trägheitsmoment bei Drehung um den Schwerpunkt minimal wird. Eigenschaft d) besagt insbesondere, dass sich die Varianz einer Zufallsvariablen nicht unter Verschiebungen der Verteilung, also bei Addition einer Konstanten, ändert.

Beispiel Gleichverteilung auf 1, 2, . . . , k

Besitzt X eine Gleichverteilung auf den Werten $1, 2, \ldots, k$, gilt also $\mathbb{P}(X = j) = 1/k$ für $j = 1, \ldots, k$, so folgt mit der allgemeinen Transformationsformel

$$\begin{aligned}\mathbb{E}X^2 &= \sum_{j=1}^{k} j^2 \mathbb{P}(X=j) = \frac{1}{k}\sum_{j=1}^{k} j^2 \\ &= \frac{1}{k}\cdot\frac{k(k+1)(2k+1)}{6} = \frac{(k+1)(2k+1)}{6}\,.\end{aligned}$$

Zusammen mit dem auf Seite 774 berechneten Erwartungswert $\mathbb{E}X = (k+1)/2$ ergibt sich unter Beachtung von Eigenschaft b) das Resultat

$$\mathbb{V}(X) = \frac{(k+1)(2k+1)}{6} - \frac{(k+1)^2}{4} = \frac{k^2-1}{12}\,. \quad (21.17)$$

◀

Wohingegen der Erwartungswert einer Summe von Zufallsvariablen nach (21.10) gleich der Summe der Erwartungswerte der Summanden ist, trifft dieser Sachverhalt für die Varianz im Allgemeinen nicht mehr zu (siehe Abschnitt 21.4). Es gilt jedoch folgendes wichtige Resultat.

Additionsregel für die Varianz

Es seien $X_1, \ldots, X_n$ *stochastisch unabhängige* Zufallsvariablen mit existierenden Varianzen. Dann gilt

$$\mathbb{V}\left(\sum_{j=1}^{n} X_j\right) = \sum_{j=1}^{n} \mathbb{V}(X_j)\,.$$

Beweis: Nach der Cauchy-Schwarz'schen-Ungleichung gilt $(\sum_{j=1}^{n} X_j \cdot 1)^2 \le n \cdot \sum_{j=1}^{n} X_j^2$. Dies zeigt, dass auch die Varianz der Summe $X_1 + \ldots + X_n$ existiert. Wegen $\mathbb{V}(X+a) = \mathbb{V}(X)$ reicht es aus, den Fall $\mathbb{E}X_j = 0$, $j = 1, \ldots, n$, zu betrachten. Dann gilt nach der Multiplikationsregel $\mathbb{E}(X_j X_k) = 0$ für $j \ne k$ sowie $\mathbb{E}X_j^2 = \mathbb{V}(X_j)$, und es folgt

$$\begin{aligned}\mathbb{V}\left(\sum_{j=1}^{n} X_j\right) &= \mathbb{E}\left(\left(\sum_{j=1}^{n} X_j\right)^2\right) \\ &= \mathbb{E}\left(\sum_{j=1}^{n}\sum_{k=1}^{n} X_j X_k\right) \\ &= \sum_{j=1}^{n}\sum_{k=1}^{n} \mathbb{E}(X_j X_k) \\ &= \sum_{j=1}^{n} \mathbb{E}(X_j^2) + \sum_{j\ne k} \mathbb{E}(X_j X_k) \\ &= \sum_{j=1}^{n} \mathbb{V}(X_j)\,.\end{aligned}$$

■

Beispiel Binomialverteilung

Um die Varianz einer $\text{Bin}(n, p)$-verteilten Zufallsvariablen zu bestimmen, nutzen wir wie bei der Berechnung des Erwartungswertes von X aus, dass X die gleiche Verteilung wie eine Indikatorsumme $\sum_{j=1}^{n} \mathbf{1}\{A_j\}$ besitzt, in der die auftretenden Ereignisse unabhängig sind und die gleiche Wahrscheinlichkeit p besitzen. Da die Indikatorvariablen $\mathbf{1}\{A_j\}$, $j = 1, \ldots, n$, nach Aufgabe 20.30 stochastisch unabhängig sind, folgt mit obigem Satz

$$\mathbb{V}(X) = \sum_{j=1}^{n} \mathbb{V}(\mathbf{1}\{A_j\}) = n\,\mathbb{V}(\mathbf{1}\{A_j\})\,.$$

Mit $\mathbf{1}\{A_1\}^2 = \mathbf{1}\{A_1\}$ und $\mathbb{E}\mathbf{1}\{A_1\} = \mathbb{P}(A_1) = p$ sowie $\mathbb{V}(\mathbf{1}\{A_1\}) = \mathbb{E}(\mathbf{1}\{A_1\}^2) - (\mathbb{E}\mathbf{1}\{A_1\})^2$ ergibt sich dann

$$\mathbb{V}(X) = n\,p\,(1-p)\,.$$

Natürlich kann man dieses Resultat auch über die Darstellungsformel erhalten (siehe Aufgabe 21.41). ◀

Eine standardisierte Zufallsvariable hat den Erwartungswert 0 und die Varianz 1

Man nennt die Verteilung $\mathbb{P}^X$ einer Zufallsvariablen *ausgeartet* oder *degeneriert*, falls sie in einem Punkt konzentriert ist, falls also ein $a \in \mathbb{R}$ mit $\mathbb{P}(X = a) = 1$ existiert. Andernfalls heißt $\mathbb{P}^X$ *nichtausgeartet* oder *nichtdegeneriert*. Diese Begriffsbildungen gelten gleichermaßen für Zufallsvektoren. Da degenerierte Verteilungen in der Regel uninteressant sind, wird dieser Fall im Folgenden häufig stillschweigend ausgeschlossen.

Hat X eine nichtdegenerierte Verteilung, und gilt $\mathbb{E}X^2 < \infty$, so ist nach Eigenschaft e) auf Seite 778 die Varianz von X positiv. In diesem Fall kann man von X mittels der affinen Transformation

$$X \longmapsto \frac{X - \mathbb{E}X}{\sqrt{\mathbb{V}(X)}} =: X^*$$

zu einer Zufallsvariablen X^* übergehen, die nach Rechenregel d) von Seite 778 den Erwartungswert 0 und die Varianz 1 besitzt. Man nennt den Übergang von X zu $(X - \mathbb{E}X)/\sqrt{\mathbb{V}(X)}$ die **Standardisierung** von X. Gilt bereits $\mathbb{E}X = 0$ und $\mathbb{V}(X) = 1$, so heißt X eine **standardisierte Zufallsvariable** oder kurz **standardisiert**. Man beachte, dass man wegen $\mathbb{V}(aX) = a^2\mathbb{V}(X)$ beim Standardisieren durch die Standardabweichung, also die Wurzel aus der Varianz, dividiert.

Die folgende wichtige Ungleichung zeigt, wie die Wahrscheinlichkeit einer großen Abweichung einer Zufallsvariablen X um ihren Erwartungswert mithilfe der Varianz abgeschätzt werden kann. Sie wird gemeinhin mit dem Namen des russischen Mathematikers Pafnuti Lwowitsch Tschebyschow (1821–1894) verknüpft, war aber schon Irénée-Jules Bienaymé im Jahr 1853 im Zusammenhang mit der Methode der kleinsten Quadrate bekannt.

Hintergrund und Ausblick: Der Weierstraß'sche Approximationssatz

Bernstein-Polynome, die Binomialverteilung und die Tschebyschow-Ungleichung

Nach dem Weierstraß'schen Approximationssatz (siehe z. B. Band 1, Abschnitt 19.6) gibt es zu jeder stetigen Funktion f auf einem kompakten Intervall $[a, b]$ mit $a < b$ eine Folge $(P_n)_{n\geq 1}$ von Polynomen, die gleichmäßig gegen f konvergiert, für die also

$$\lim_{n\to\infty} \max_{a\leq x\leq b} |P_n(x) - f(x)| = 0$$

gilt. Die nachfolgende Konstruktion einer solchen Folge geht auf den Mathematiker Sergej Natanowitsch Bernstein (1880–1968) zurück. Zunächst ist klar, dass wir o.B.d.A. $a = 0$ und $b = 1$ setzen können. Wir müssen ja nur zur Funktion $g\colon [0,1] \to \mathbb{R}$ mit $g(x) := f(a + x(b-a))$ übergehen. Gilt dann $\max_{0\leq x\leq 1} |g(x) - Q(x)| \leq \varepsilon$ für ein Polynom Q, so folgt $\max_{a\leq y\leq b} |f(x) - P(x)| \leq \varepsilon$, wobei P das durch $P(y) := Q((y-a/(b-a))$ gegebene Polynom ist.

Die von Bernstein verwendeten und nach ihm benannten *Bernstein-Polynome* B_n^f sind durch

$$B_n^f(x) := \sum_{k=0}^{n} f\left(\frac{k}{n}\right)\binom{n}{k} x^k (1-x)^{n-k}$$

definiert (siehe auch Abschnitt 13.1). Um die Approximationsgüte der Funktion f durch B_n^f zu prüfen, geben wir uns ein beliebiges $\varepsilon > 0$ vor. Da f auf $[0, 1]$ gleichmäßig stetig ist, gibt es ein $\delta > 0$ mit der Eigenschaft

$$\forall x, y \in [0,1]\colon |y - x| \leq \delta \Longrightarrow |f(y) - f(x)| \leq \varepsilon. \tag{21.18}$$

Zudem existiert ein $M < \infty$ mit $\max_{0\leq x\leq 1} |f(x)| \leq M$, denn f ist auf dem Intervall $[0, 1]$ beschränkt. Wir behaupten nun die Gültigkeit der Ungleichung

$$\max_{0\leq x\leq 1} |B_n^f(x) - f(x)| \leq \varepsilon + \frac{M}{2n\delta^2}. \tag{21.19}$$

Diese zöge die gleichmäßige Konvergenz der Folge (B_n^f) gegen f nach sich, denn die rechte Seite wäre für genügend großes n kleiner oder gleich 2ε.

Wegen $\sum_{k=0}^{n} \binom{n}{k} x^k (1-x)^{n-k} = 1$ gilt

$$|B_n^f(x) - f(x)| \leq \sum_{k=0}^{n} \left| f\left(\frac{k}{n}\right) - f(x) \right| \binom{n}{k} x^k (1-x)^{n-k}.$$

Wir spalten jetzt die rechts stehende Summe über $k \in \{0, 1, \ldots, n\}$ auf, indem wir k einmal die Menge $I_1 := \{k\colon |k/n - x| \leq \delta\}$ und zum anderen die Menge $I_2 := \{k\colon |k/n - x| > \delta\}$ durchlaufen lassen. Nach (21.18) ist die Summe über $k \in I_1$ höchstens gleich ε. In der Summe über $k \in I_2$ schätzen wir $|f(k/n) - f(x)|$ durch $2M$ nach oben ab und erhalten insgesamt

$$|B_n^f(x) - f(x)| \leq \varepsilon + 2M \sum_{k\in I_2} \binom{n}{k} x^k (1-x)^{n-k}.$$

Die hier übrig bleibende Summe ist aber stochastisch interpretierbar, nämlich als $\mathbb{P}(|X/n - x| > \delta)$, wobei die Zufallsvariable X die Binomialverteilung $\mathrm{Bin}(n, x)$ besitzt. Wegen $\mathbb{E}(X/n) = x$ ergibt sich mit der Tschebyschow-Ungleichung

$$\begin{aligned}\sum_{k\in I_2} \binom{n}{k} x^k (1-x)^{n-k} &= \mathbb{P}\left(\left|\frac{X}{n} - x\right| > \delta\right) \leq \frac{\mathbb{V}(X/n)}{\delta^2} \\ &= \frac{nx(1-x)}{n^2\delta^2} \leq \frac{1}{4n\delta^2},\end{aligned}$$

sodass (21.19) folgt.

Tschebyschow-Ungleichung

Ist X eine Zufallsvariable mit $\mathbb{E}X^2 < \infty$, so gilt für jedes $\varepsilon > 0$:

$$\mathbb{P}(|X - \mathbb{E}X| \geq \varepsilon) \leq \frac{\mathbb{V}(X)}{\varepsilon^2}. \tag{21.20}$$

Beweis: Wir betrachten die Funktionen

$$g(x) := \begin{cases} 1, & \text{falls } |x - \mathbb{E}X| \geq \varepsilon, \\ 0 & \text{sonst,} \end{cases}$$

$$h(x) := \frac{1}{\varepsilon^2} \cdot (x - \mathbb{E}X)^2, \quad x \in \mathbb{R}.$$

Wegen $g(x) \leq h(x), x \in \mathbb{R}$ (siehe Abb. 21.5) gilt $g(X(\omega)) \leq h(X(\omega))$ für jedes $\omega \in \Omega$. Nach Eigenschaft d) der Erwartungswertbildung folgt $\mathbb{E}g(X) \leq \mathbb{E}h(X)$, was zu zeigen war. ■

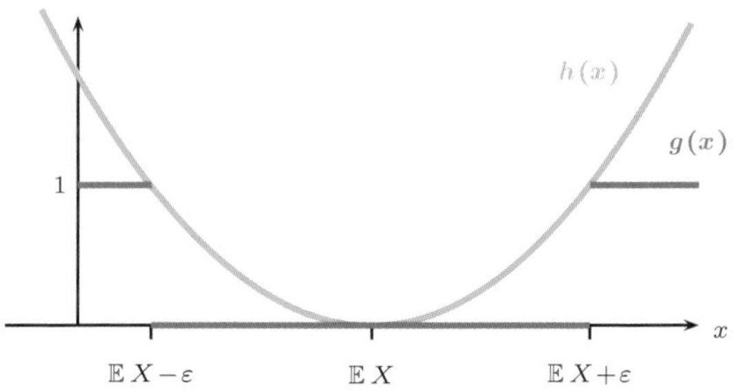

Abbildung 21.5 Zum Beweis der Tschebyschow-Ungleichung.

Nach der Tschebyschow-Ungleichung gilt also für eine *standardisierte* Zufallsvariable X

$$\mathbb{P}(|X| \geq 2) \leq 0.25, \ \mathbb{P}(|X| \geq 5) \ \leq \ 0.04, \ \mathbb{P}(|X| \geq 10) \leq 0.01\,.$$

Für spezielle Verteilungen gibt es hier bessere Schranken. Wie wir jetzt sehen werden, liegt der Wert der Tschebyschow-Ungleichung vor allem in ihrer Allgemeinheit.

Wir haben auf Seite 708 das empirische Gesetz über die Stabilisierung relativer Häufigkeiten herangezogen, um die axiomatischen Eigenschaften von Wahrscheinlichkeiten als mathematische Objekte zu motivieren. Diese Erfahrungstatsache stand auch auf Seite 773 Pate, als wir die Definition des Erwartungswertes einer Zufallsvariablen über die durchschnittliche Auszahlung pro Spiel auf lange Sicht verständlich gemacht haben. Das folgende *Schwache Gesetz großer Zahlen* stellt ebenfalls einen Zusammenhang zwischen arithmetischen Mitteln und Erwartungswerten her. Es geht dabei jedoch vom axiomatischen Wahrscheinlichkeitsbegriff aus.

Das Schwache Gesetz großer Zahlen

Es seien $X_1, X_2, \ldots, X_n$ *stochastisch unabhängige* Zufallsvariablen mit gleichem Erwartungswert $\mu := \mathbb{E}X_1$ und gleicher Varianz $\sigma^2 := \mathbb{V}(X_1)$. Die Zufallsvariable

$$\overline{X}_n := \frac{1}{n}\sum_{j=1}^{n} X_j$$

bezeichne das arithmetische Mittel von $X_1, \ldots, X_n$. Dann gilt für jedes $\varepsilon > 0$:

$$\lim_{n\to\infty} \mathbb{P}\left(|\overline{X}_n - \mu| \geq \varepsilon\right) = 0\,. \qquad (21.21)$$

Beweis: Da die Erwartungswertbildung linear ist und gleiche Erwartungswerte vorliegen, gilt $\mathbb{E}\overline{X}_n = \mu$. Wegen der Unabhängigkeit ist auch die Varianzbildung additiv, und der Faktor $1/n$ vor der Summe $\sum_{j=1}^{n} X_j$ führt zu $\mathbb{V}(\overline{X}_n) = \sigma^2/n$. Mithilfe der Tschebyschow-Ungleichung folgt dann $\mathbb{P}\left(|\overline{X}_n - \mu| \geq \varepsilon\right) \leq \frac{\sigma^2}{n\cdot\varepsilon^2}$ und somit die Behauptung. ■

Kommentar: Die Aussage des schwachen Gesetzes großer Zahlen bedeutet, dass die Folge der arithmetischen Mittel unabhängiger Zufallsvariablen mit gleichem Erwartungswert μ und gleicher Varianz *stochastisch gegen* μ konvergiert (siehe Abschnitt 23.2). In diesem Sinn präzisiert es unsere Vorstellung, dass der Erwartungswert ein auf die Dauer erhaltener durchschnittlicher Wert sein sollte.

Abbildung 21.6 zeigt Plots der arithmetischen Mittel $\overline{X}_n$, $n = 1, \ldots, 300$, der Augenzahlen $X_1, \ldots, X_n$ von $n = 300$ simulierten Würfen mit einem echten Würfel. Es ist deutlich zu erkennen, dass sich diese Mittel gegen den Erwartungswert $\mathbb{E}(X_1) = \mu = 3.5$ stabilisieren.

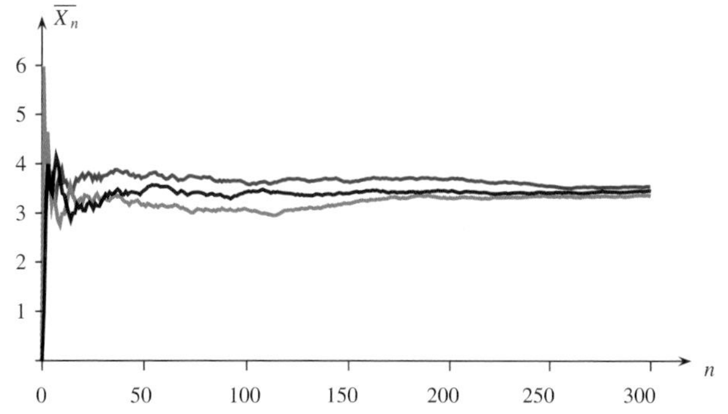

Abbildung 21.6 Simulierte arithmetische Mittel der Augensumme beim Würfelwurf.

Sind $A_1, \ldots, A_n$ stochastisch unabhängige Ereignisse mit gleicher Wahrscheinlichkeit p, so kann man in der Situation des obigen Satzes speziell $X_j := \mathbf{1}\{A_j\}$, $j = 1, \ldots, n$, setzen. Es gilt dann $\mu = \mathbb{E}X_1 = \mathbb{P}(A_1) = p$ und $\sigma^2 = p(1-p)$. Deutet man das Ereignis A_j als Treffer in einem j-ten Versuch einer Bernoulli-Kette der Länge n, so kann das mit $R_n := \overline{X}_n = n^{-1}\sum_{j=1} \mathbf{1}\{A_j\}$ bezeichnete arithmetische Mittel als *zufällige relative Trefferhäufigkeit* angesehen werden. Das Schwache Gesetz großer Zahlen bedeutet dann in „komplementärer Formulierung"

$$\lim_{n\to\infty} \mathbb{P}(|R_n - p| < \varepsilon) = 1 \quad \text{für jedes } \varepsilon > 0\,. \qquad (21.22)$$

Dieses Hauptergebnis der *Ars Conjectandi* von Jakob Bernoulli besagt, dass sich die Wahrscheinlichkeit von Ereignissen, deren Eintreten oder Nichteintreten unter unabhängigen und gleichen Bedingungen beliebig oft wiederholt beobachtbar ist, wie eine physikalische Konstante messen lässt: Die Wahrscheinlichkeit, dass sich die relative Trefferhäufigkeit R_n in einer Bernoulli-Kette vom Umfang n von der Trefferwahrscheinlichkeit p um weniger als einen beliebig kleinen, vorgegebenen Wert ε unterscheidet, konvergiert beim Grenzübergang $n \to \infty$ gegen eins. In der Sprache der Analysis heißt (21.22), dass es zu jedem $\varepsilon > 0$ und zu jedem η mit $0 < \eta < 1$ eine von ε und η abhängende natürliche Zahl n_0 mit der Eigenschaft

$$\mathbb{P}(|R_n - p| < \varepsilon) \geq 1 - \eta \qquad (21.23)$$

für *jedes feste* $n \geq n_0$ gibt. In Abschnitt 23.4 werden wir dieses Ergebnis dahingehend zu einem *Starken Gesetz großer Zahlen* verschärfen, dass man die in (21.23) stehende Wahrscheinlichkeitsaussage für genügend großes n_0 *simultan für jedes* $n \geq n_0$ behaupten kann, dass also

$$\mathbb{P}\left(\bigcap_{n=n_0}^{\infty} \{|R_n - p| < \varepsilon\}\right) \geq 1 - \eta$$

gilt.

21.3 Wichtige diskrete Verteilungen

Mit der *hypergeometrischen Verteilung* und der *Binomialverteilung* sind uns bereits zwei wichtige diskrete Verteilungsmodelle begegnet. Beide treten beim n-maligen rein zufälligen Ziehen aus einer Urne auf, die r rote und s schwarze Kugeln enthält. Die zufällige Anzahl X der gezogenen roten Kugeln besitzt die hypergeometrische Verteilung $\mathrm{Hyp}(n, r, s)$, falls das Ziehen ohne Zurücklegen erfolgt. Wird mit Zurücklegen gezogen, so hat X die Binomialverteilung $\mathrm{Bin}(n, p)$ mit $p = r/(r+s)$ (vgl. die auf den Seiten 725–726 geführte Diskussion). Der Vollständigkeit halber führen wir beide Verteilungen noch einmal an.

Definition der hypergeometrischen Verteilung

Die Zufallsvariable X besitzt eine **hypergeometrische Verteilung mit Parametern n, r und s** ($r, s \in \mathbb{N}$, $n \geq r + s$), falls gilt:

$$\mathbb{P}(X = k) = \frac{\binom{r}{k} \cdot \binom{s}{n-k}}{\binom{r+s}{n}}, \quad k = 0, 1, \ldots, n\,.$$

Wir schreiben hierfür kurz $X \sim \mathrm{Hyp}(n, r, s)$.

Definition der Binomialverteilung

Die Zufallsvariable X besitzt eine **Binomialverteilung mit Parametern n und p**, $0 < p < 1$, in Zeichen $X \sim \mathrm{Bin}(n, p)$, falls gilt:

$$\mathbb{P}(X = k) = \binom{n}{k} p^k (1-p)^{n-k}, \quad k = 0, 1, \ldots, n\,.$$

Strukturell sind die Verteilungen $\mathrm{Hyp}(n, r, s)$ und $\mathrm{Bin}(n, p)$ (wie auch deren gemeinsame Verallgemeinerung, die auf Seite 738 vorgestellte Pólya-Verteilung $\mathrm{Pol}(n, r, s, c)$) Verteilungen von *Zählvariablen*, also von Indikatorsummen der Gestalt $\mathbf{1}\{A_1\} + \ldots + \mathbf{1}\{A_n\}$. Kennzeichnend für die Binomialverteilung ist, dass die Ereignisse $A_1, \ldots, A_n$ *stochastisch unabhängig sind und die gleiche Wahrscheinlichkeit besitzen*. Letztere Eigenschaft liefert eine begriffliche Einsicht in das folgende Additionsgesetz.

Additionsgesetz für die Binomialverteilung

Die Zufallsvariablen X und Y seien stochastisch unabhängig, wobei $X \sim \mathrm{Bin}(m, p)$ und $Y \sim \mathrm{Bin}(n, p)$. Dann gilt $X + Y \sim \mathrm{Bin}(m + n, p)$.

Beweis: Wir geben zwei Beweise an, einen begrifflichen und einen mithilfe der Faltungsformel auf Seite 772. Da die Verteilung von $X + Y$ wegen der Unabhängigkeit von X und Y durch $\mathbb{P}^X$ und $\mathbb{P}^Y$ festgelegt ist, konstruieren wir einen speziellen Wahrscheinlichkeitsraum, auf dem unabhängige Zufallsvariablen $X \sim \mathrm{Bin}(m, p)$ und $Y \sim \mathrm{Bin}(n, p)$ definiert sind, wobei $X + Y$ die Binomialverteilung $\mathrm{Bin}(m + n, p)$ besitzt. Hierzu betrachten wir das Standard-Modell einer Bernoulli-Kette der Länge $m + n$ wie im Beispiel auf Seite 747. In dem dort konstruierten Grundraum $\{0, 1\}^{m+n}$ gibt es unabhängige Ereignisse $A_1, \ldots, A_{m+n}$ mit gleicher Wahrscheinlichkeit p. Setzen wir $X := \sum_{j=1}^{m} \mathbf{1}\{A_j\}$ und $Y := \sum_{j=1}^{n} \mathbf{1}\{A_{m+j}\}$, so sind X und Y unabhängig und besitzen die geforderten Verteilungen. Außerdem ist $X + Y = \sum_{j=1}^{m+n} \mathbf{1}\{A_j\}$ binomialverteilt mit Parametern $m + n$ und p, was zu zeigen war. Der Beweis mithilfe der Faltungsformel erfolgt durch direkte Rechnung: Für jedes $k \in \{0, 1, \ldots, n\}$ gilt

$$\begin{aligned}
&\mathbb{P}(X + Y = k) \\
&= \sum_{j=0}^{k} \mathbb{P}(X = j, Y = k - j) \\
&= \sum_{j=0}^{k} \mathbb{P}(X = j) \cdot \mathbb{P}(Y = k - j) \\
&= \sum_{j=0}^{k} \binom{m}{j} p^j (1-p)^{m-j} \binom{n}{k-j} p^{k-j} (1-p)^{n-k+j} \\
&= p^k (1-p)^{m+n-k} \sum_{j=0}^{k} \binom{m}{j}\binom{n}{k-j}.
\end{aligned}$$

Hieraus folgt die Behauptung, denn die letzte Summe ist wegen der Beziehung $\sum_{j=0}^{k} \mathbb{P}(Z = j) = 1$ für eine Zufallsvariable $Z \sim \mathrm{Hyp}(k, m, n)$ gleich $\binom{m+n}{k}$. ∎

Mit der *geometrischen Verteilung*, der *negativen Binomialverteilung*, der *Poisson-Verteilung* und der *Multinomialverteilung* lernen wir jetzt weitere grundlegende diskrete Verteilungsmodelle kennen. All diesen Verteilungen ist gemeinsam, dass sie etwas mit stochastischer Unabhängigkeit zu tun haben.

Die geometrische Verteilung modelliert die Anzahl der Nieten vor dem ersten Treffer

Um die geometrische Verteilung und deren Verallgemeinerung, die negative Binomialverteilung, einzuführen, betrachten wir eine Folge unabhängiger gleichartiger Versuche mit den Ausgängen Treffer bzw. Niete. Dabei trete ein Treffer mit Wahrscheinlichkeit p und eine Niete mit Wahrscheinlichkeit $1 - p$ auf. Es liege also eine Bernoulli-Kette unendlicher Länge mit Trefferwahrscheinlichkeit p vor (vgl. Seite 752). Dabei sei $0 < p < 1$ vorausgesetzt.

Mit welcher Wahrscheinlichkeit treten *vor dem ersten Treffer genau k Nieten* auf? Nun, hierfür muss die Bernoulli-Kette mit k Nieten beginnen, denen sich ein Treffer anschließt.

Schreiben wir X für die zufällige Anzahl der Nieten vor dem ersten Treffer, so besitzt X wegen der stochastischen Unabhängigkeit von Ereignissen, die sich auf verschiedene Versuche beziehen, eine geometrische Verteilung im Sinne der folgenden Definition.

Definition der geometrischen Verteilung

Die Zufallsvariable X hat eine **geometrische Verteilung mit Parameter p, $0 < p < 1$**, wenn gilt:

$$\mathbb{P}(X = k) = (1 - p)^k \cdot p, \qquad k \in \mathbb{N}_0 .$$

In diesem Fall schreiben wir kurz $X \sim \mathrm{G}(p)$.

Wegen $\sum_{k=0}^{\infty}(1 - p)^k p = (1 - (1 - p))^{-1} p = 1$ bildet die geometrische Verteilung in der Tat eine Wahrscheinlichkeitsverteilung auf den nichtnegativen ganzen Zahlen. Die Namensgebung dieser Verteilung rührt von der eben benutzten geometrischen Reihe her. Abbildung 21.7 zeigt Stabdiagramme der Verteilungen G(0.8) und G(0.5).

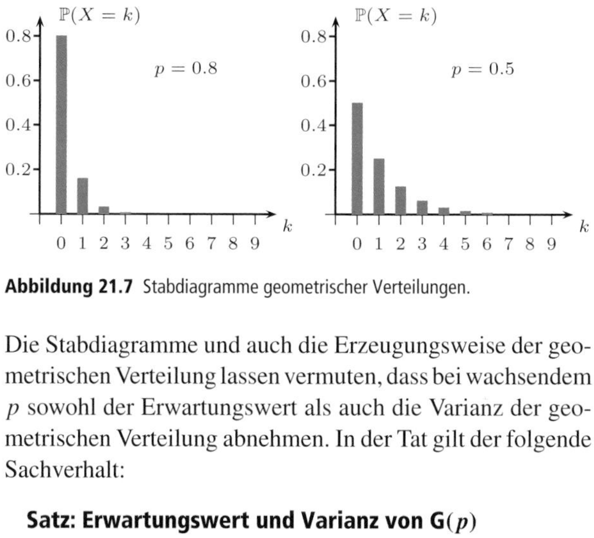

Abbildung 21.7 Stabdiagramme geometrischer Verteilungen.

Die Stabdiagramme und auch die Erzeugungsweise der geometrischen Verteilung lassen vermuten, dass bei wachsendem p sowohl der Erwartungswert als auch die Varianz der geometrischen Verteilung abnehmen. In der Tat gilt der folgende Sachverhalt:

Satz: Erwartungswert und Varianz von G(p)

Für eine Zufallsvariable X mit der geometrischen Verteilung G(p) gilt:

$$\mathbb{E}(X) = \frac{1-p}{p}, \quad \mathbb{V}(X) = \frac{1-p}{p^2}.$$

Beweis: Der Nachweis kann mithilfe der allgemeinen Transformationsformel erfolgen und ist dem Leser als Übungsaufgabe 21.33 überlassen. ■

Die geometrische Verteilung ist *gedächtnislos* in folgendem Sinn: Für jede Wahl von $k, m \in \mathbb{N}_0$ gilt

$$\mathbb{P}(X = k + m | X \geq k) = \mathbb{P}(X = m). \qquad (21.24)$$

Diese Gleichung desillusioniert alle, die das Auftreten der ersten Sechs beim fortgesetzten Würfeln für umso wahrscheinlicher halten, je länger diese nicht vorgekommen ist. Unter der Bedingung einer noch so langen Serie von Nieten (d. h. $X \geq k$) ist es genauso wahrscheinlich, dass sich m weitere Nieten bis zum ersten Treffer einstellen, als wenn die Bernoulli-Kette mit dem ersten Versuch starten würde. Aufgabe 21.22 zeigt, dass die Verteilung G(p) durch diese „Gedächtnislosigkeit" *charakterisiert wird.*

?

Können Sie Gleichung (21.24) beweisen?

Wir fragen jetzt allgemeiner nach der Wahrscheinlichkeit, dass für ein festes $r \geq 1$ *vor dem r-ten Treffer genau k Nieten auftreten*. Dieses Ereignis tritt ein, wenn der $k+r$-te Versuch einen Treffer ergibt und sich davor – in welcher Reihenfolge auch immer – k Nieten und $r - 1$ Treffer einstellen. Nun gibt es $\binom{k+r-1}{k}$ Möglichkeiten, aus $k+r-1$ Versuchen k Stück für die Nieten (und damit $r-1$ für die Treffer) auszuwählen. Jede konkrete Ergebnisfolge, bei der einem Treffer k Nieten und $r - 1$ Treffer vorangehen, hat wegen der Kommutativität der Multiplikation und der Unabhängigkeit von Ereignissen, die sich auf verschiedene Versuche beziehen, die Wahrscheinlichkeit $(1 - p)^k p^r$. Somit besitzt die Anzahl der Nieten vor dem r-ten Treffer eine *negative Binomialverteilung* im Sinne der folgenden Definition.

Definition der negativen Binomialverteilung

Die Zufallsvariable X besitzt eine **negative Binomialverteilung mit Parametern r und p, $r \in \mathbb{N}$, $0 < p < 1$**, wenn gilt:

$$\mathbb{P}(X = k) = \binom{k+r-1}{k}(1 - p)^k \cdot p^r, \quad k \in \mathbb{N}_0 .$$

In diesem Fall schreiben wir kurz $X \sim \mathrm{Nb}(r, p)$.

Offenbar geht die negative Binomialverteilung für den Fall $r = 1$ in die geometrische Verteilung über; es gilt also $\mathrm{G}(p) = \mathrm{Nb}(1, p)$. Wegen $\binom{k+r-1}{k} = (-1)^k\binom{-r}{k}$ und der Binomialreihe

$$(1 + x)^\alpha = \sum_{k=0}^{\infty}\binom{-\alpha}{k}x^k, \quad \alpha \in \mathbb{R},\ |x| < 1, \qquad (21.25)$$

(siehe Band 1, Kap. 15, Übersicht über Potenzreihen) folgt

$$\sum_{k=0}^{\infty}\mathbb{P}(X = k) = \sum_{k=0}^{\infty}\binom{-r}{k}(-(1 - p))^k p^r = p^{-r} p^r = 1,$$

und somit definiert die negative Binomialverteilung in der Tat eine Wahrscheinlichkeitsverteilung auf $\mathbb{N}_0$. Das Adjektiv „negative" rührt von der Darstellung

$$\mathbb{P}(X = k) = \binom{-r}{k}p^r(-(1 - p))^k, \quad k \in \mathbb{N}_0, \qquad (21.26)$$

her.

Abbildung 21.8 zeigt Stabdiagramme von negativen Binomialverteilungen $\text{Nb}(r, p)$ für $r = 2$ (oben) und $r = 3$ (unten). Es ist deutlich zu erkennen, dass bei Vergrößerung von p bei gleichem r eine „stärkere Verschmierung" der Wahrscheinlichkeitsmassen stattfindet. Gleiches trifft bei Vergrößerung von r bei festem p zu.

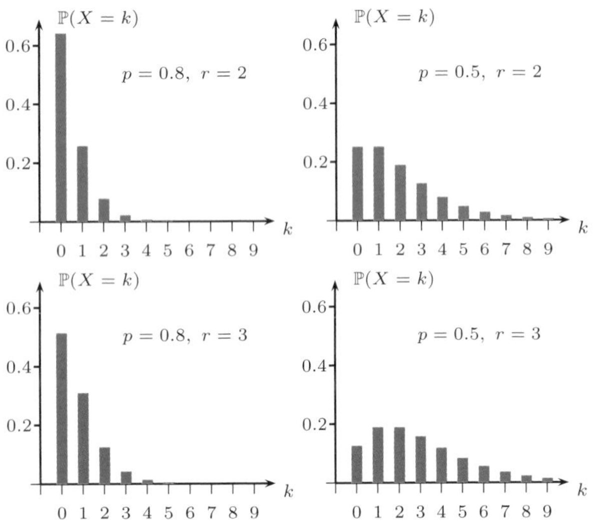

Abbildung 21.8 Stabdiagramme von negativen Binomialverteilungen.

Für die Verteilungen $\text{Bin}(n, p)$, $\text{Nb}(r, p)$ und $\text{Po}(\lambda)$ gelten Additionsgesetze

Intuitiv ist klar, dass bei einer Bernoulli-Kette die Anzahl der Nieten vor dem ersten und zwischen dem j-ten und $j+1$-ten Treffer ($j = 1, 2, \ldots, r-1$) unabhängige Zufallsvariablen sein sollten. Da nach jedem Treffer die Bernoulli-Kette neu startet, sollte eine Zufallsvariable mit der negativen Binomialverteilung die additive Überlagerung von unabhängigen geometrisch verteilten Zufallsvariablen darstellen. In der Tat gilt folgender Zusammenhang zwischen den Verteilungen $\text{Nb}(r, p)$ und $\text{G}(p)$.

Additionsgesetz für die Verteilung Nb(r, p)

a) Es seien $X_1, \ldots, X_r$ unabhängige Zufallsvariablen mit der gleichen geometrischen Verteilung $\text{G}(p)$. Dann besitzt die Summe $X_1 + \ldots + X_r$ die negative Binomialverteilung $\text{Nb}(r, p)$.
b) Die Zufallsvariablen X und Y seien stochastisch unabhängig, wobei $X \sim \text{Nb}(r, p)$ und $Y \sim \text{Nb}(s, p)$ mit $r, s \in \mathbb{N}$. Dann gilt $X + Y \sim \text{Nb}(r + s, p)$.

Beweis: Wegen $\text{G}(p) = \text{Nb}(1, p)$ ergibt sich a) durch Induktion aus b), sodass nur b) zu zeigen ist. Mit (21.26) und der diskreten Faltungsformel gilt für jedes $k \in \mathbb{N}_0$

$$\begin{aligned}\mathbb{P}(X+Y=k) &= \sum_{j=0}^{k} \mathbb{P}(X=j, Y=k-j)\\ &= \sum_{j=0}^{k} \mathbb{P}(X=j)\cdot\mathbb{P}(Y=k-j)\\ &= p^{r+s}\sum_{j=0}^{k}\binom{-r}{j}\binom{-s}{k-j}(-(1-p))^k\\ &= \binom{-(r+s)}{k}p^{r+s}(-(1-p))^k,\end{aligned}$$

was zu zeigen war. Dabei ergibt sich das letzte Gleichheitszeichen, wenn man die in (21.25) stehenden Binomialreihen für $\alpha = r$ und $\alpha = s$ miteinander multipliziert (Cauchy-Produkt) und einen Koeffizientenvergleich durchführt. ■

Da der Erwartungswert additiv ist und diese Eigenschaft bei unabhängigen Zufallsvariablen auch für die Varianz zutrifft, erhalten wir aus Teil a) zusammen mit den Ergebnissen zur geometrischen Verteilung das folgende Resultat.

Folgerung

Ist X eine Zufallsvariable mit der negativen Binomialverteilung $\text{Nb}(r, p)$, so gelten

$$\mathbb{E}(X) = r\cdot\frac{1-p}{p}, \quad \mathbb{V}(X) = r\cdot\frac{1-p}{p^2}.$$

Wir kommen jetzt zu einer weiteren grundlegenden diskreten Verteilung mit zahlreichen Anwendungen, der *Poisson-Verteilung*. Diese trat schon rein formal auf Seite 253 als Beispiel eines Wahrscheinlichkeitsmaßes auf $\mathbb{N}_0$ auf, wir wollen aber jetzt inhaltlich auf diese Verteilung eingehen und insbesondere beleuchten, wie sie entsteht.

Die Verteilung $\text{Bin}(n, p)$ nähert sich für großes n und kleines p einer Poisson-Verteilung an

Die Poisson-Verteilung entsteht als Approximation der Binomialverteilung $\text{Bin}(n, p)$ bei großem n und kleinem p. Genauer gesagt betrachten wir eine Folge von Verteilungen $\text{Bin}(n, p_n)$, $n \geq 1$, mit *konstantem Erwartungswert*

$$\lambda := n\cdot p_n, \qquad 0 < \lambda < \infty, \tag{21.27}$$

setzen also $p_n := \lambda/n$. Da $\text{Bin}(n, p_n)$ die Verteilung der Trefferanzahl in einer Bernoulli-Kette der Länge n mit Trefferwahrscheinlichkeit p_n angibt, kompensiert eine wachsende Anzahl von Versuchen eine immer kleiner werdende Trefferwahrscheinlichkeit dahingehend, dass die *erwartete Trefferanzahl* konstant bleibt. Mit $(n)_k$ wie in (19.28) gilt für jedes $n \geq k$

$$\begin{aligned}\binom{n}{k}p_n^k(1-p_n)^{n-k} &= \frac{(np_n)^k}{k!}\,\frac{(n)_k}{n^k}\left(1-\frac{np_n}{n}\right)^{-k}\left(1-\frac{np_n}{n}\right)^{n}\\ &= \frac{\lambda^k}{k!}\,\frac{(n)_k}{n^k}\left(1-\frac{\lambda}{n}\right)^{-k}\left(1-\frac{\lambda}{n}\right)^{n}.\end{aligned}$$

Wegen $\lim_{n\to\infty}(n)_k/n^k = 1$ sowie

$$\lim_{n\to\infty}\left(1-\frac{\lambda}{n}\right)^{-k} = 1\,, \quad \lim_{n\to\infty}\left(1-\frac{\lambda}{n}\right)^{n} = \mathrm{e}^{-\lambda}\,,$$

folgt dann für jedes feste $k \in \mathbb{N}_0$

$$\lim_{n\to\infty}\binom{n}{k}\cdot p_n^k \cdot (1-p_n)^{n-k} = \mathrm{e}^{-\lambda}\cdot\frac{\lambda^k}{k!}\,. \quad (21.28)$$

Die Wahrscheinlichkeit für das Auftreten von k Treffern in obiger Bernoulli-Kette konvergiert also gegen den Ausdruck $\mathrm{e}^{-\lambda}\lambda^k/k!$. Wegen $\sum_{k=0}^{\infty}\mathrm{e}^{-\lambda}\cdot\lambda^k/k! = \mathrm{e}^{-\lambda}\cdot\mathrm{e}^{\lambda} = 1$ bildet die rechte Seite von (21.28) eine Wahrscheinlichkeitsverteilung auf $\mathbb{N}_0$, und es ergibt sich folgende Definition.

Definition der Poisson-Verteilung

Die Zufallsvariable X besitzt eine **Poisson-Verteilung mit Parameter $\boldsymbol{\lambda}$** $(\lambda > 0)$, kurz: $X \sim \mathrm{Po}(\lambda)$, falls gilt:

$$\mathbb{P}(X=k) = \mathrm{e}^{-\lambda}\cdot\frac{\lambda^k}{k!}\,, \quad k = 0, 1, 2, \ldots$$

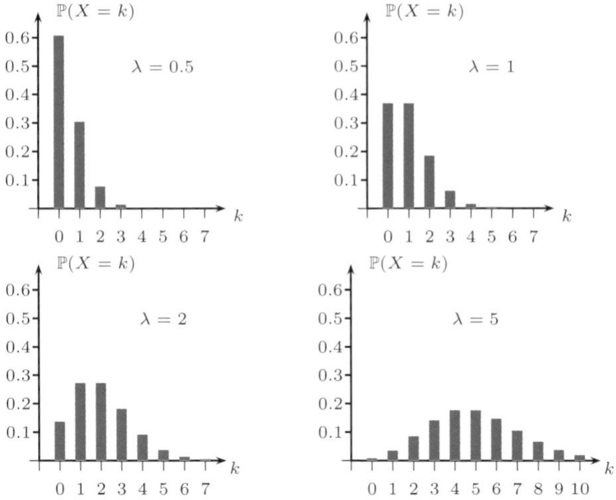

Abbildung 21.9 Stabdiagramme von Poisson-Verteilungen.

Die in (21.28) formulierte *Poisson-Approximation der Binomialverteilung* ist oft unter der Bezeichnung *Gesetz seltener Ereignisse* zu finden. Diese Namensgebung wird verständlich, wenn man die Erzeugungsweise der Binomialverteilung $\mathrm{Bin}(n, p_n)$ als Indikatorsumme von unabhängigen Ereignissen gleicher Wahrscheinlichkeit p_n rekapituliert. Obwohl jedes einzelne Ereignis eine kleine Wahrscheinlichkeit $p_n = \lambda/n$ besitzt und somit *selten* eintritt, konvergiert die Wahrscheinlichkeit, dass k dieser Ereignisse eintreten, gegen einen von λ und k abhängenden Wert. Aufgabe 21.36 zeigt, dass die Grenzwertaussage (21.28) auch unter schwächeren Annahmen gültig bleibt.

Abbildung 21.9 zeigt Stabdiagramme der Poisson-Verteilung für verschiedene Werte von λ. Offenbar sind die Wahrscheinlichkeitsmassen für kleines λ stark in der Nähe des Nullpunktes konzentriert, wohingegen bei wachsendem λ sowohl eine Vergrößerung des Schwerpunktes als auch eine „stärkere Verschmierung" stattfindet. Die Erklärung hierfür liefert das folgende Resultat. Den Beweis überlassen wir dem Leser als Übung (Aufgabe 21.34).

Erwartungswert und Varianz der Verteilung Po(λ)

Ist X eine Zufallsvariable mit der Poisson-Verteilung $\mathrm{Po}(\lambda)$, so gelten

$$\mathbb{E}(X) = \lambda\,, \qquad \mathbb{V}(X) = \lambda\,.$$

Analog zur negativen Binomialverteilung besteht auch für die Poisson-Verteilung ein Additionsgesetz. Der Beweis ist völlig analog zum Nachweis des Additionsgesetzes für die negative Binomialverteilung.

Additionsgesetz für die Poisson-Verteilung

Es seien X und Y unabhängige Zufallsvariablen mit $X \sim \mathrm{Po}(\lambda)$ und $Y \sim \mathrm{Po}(\mu)$, wobei $0 < \lambda, \mu < \infty$. Dann gilt

$$X + Y \sim \mathrm{Po}(\lambda + \mu)\,.$$

?

Können Sie dieses Additionsgesetz beweisen?

Aufgrund ihrer Entstehung über das Gesetz seltener Ereignisse (21.28) bietet sich die Poisson-Verteilung immer dann als Verteilungsmodell an, wenn gezählt wird, wie viele von vielen möglichen, aber einzeln unwahrscheinlichen Ereignissen eintreten. Neben den Zerfällen von Atomen (siehe Seite 787) sind etwa auch die Anzahl registrierter Photonen oder Elektronen bei sehr geringem Fluss angenähert poissonverteilt. Gleiches gilt für die Anzahl fehlerhafter Teile in Produktionsserien, die Anzahl von Gewittern innerhalb eines festen Zeitraums in einer bestimmten Region oder die Anzahl von Unfällen oder Selbstmorden, bezogen auf eine gewisse große Population und eine festgelegte Zeitdauer.

Die Multinomialverteilung verallgemeinert die Binomialverteilung auf Experimente mit mehr als zwei Ausgängen

Die Binomialverteilung entsteht bei der unabhängigen Wiederholung eines Experiments mit *zwei* Ausgängen. In Verallgemeinerung dazu betrachten wir jetzt einen stochastischen Vorgang, der s verschiedene, zweckmäßigerweise mit $1, 2, \ldots, s$ bezeichnete Ausgänge besitzt. Der Ausgang k wird *Treffer k-ter Art* genannt; er trete mit der Wahrscheinlichkeit p_k auf. Dabei sind $p_1, \ldots, p_s$ nichtnegative Zahlen mit der Eigenschaft $p_1 + \cdots + p_s = 1$. Der Vorgang werde n-mal in unabhängiger Folge durchgeführt. Ein einfaches Beispiel für diese Situation ist der n-malige Würfelwurf; hier gilt $s = 6$, und ein Treffer k-ter Art bedeutet, dass

Unter der Lupe: Eine Poisson-Approximation von Zählvariablen durch geeignete Kopplung

Die Kopplungsmethode zielt darauf ab, bei vorgegebenen Verteilungen möglichst weit übereinstimmende Zufallsvariablen mit diesen Verteilungen zu konstruieren

Das folgende Resultat des Mathematikers Lucien Marie Le Cam (1924–2000) ist eine Verallgemeinerung der Aussage (21.28) mit konkreter Fehlerabschätzung.

Satz Le Cam (1960)
Seien $A_1, \ldots, A_n$ unabhängige Ereignisse mit $\mathbb{P}(A_j) := p_j > 0$ für $j = 1, \ldots, n$ sowie $S_n := \mathbf{1}\{A_1\} + \cdots + \mathbf{1}\{A_n\}$, $\lambda := p_1 + \cdots + p_n$. Dann gilt:

$$\sum_{k=0}^{\infty} \left| \mathbb{P}(S_n = k) - \mathrm{e}^{-\lambda} \frac{\lambda^k}{k!} \right| \leq 2 \sum_{j=1}^{n} p_j^2 .$$

Beweis: Es seien $Y_1, \ldots, Y_n$ und $Z_1, \ldots, Z_n$ stochastisch unabhängige Zufallsvariablen mit den Verteilungen $Y_j \sim \mathrm{Po}(p_j)$ $(j = 1, \ldots, n)$ sowie

$$\mathbb{P}(Z_j = 1) := 1 - (1 - p_j)\,\mathrm{e}^{p_j} =: 1 - \mathbb{P}(Z_j = 0) .$$

Wegen $\exp(-p_j) \geq 1 - p_j$ gilt dabei $0 \leq \mathbb{P}(Z_j = 1) \leq 1$. Als Grundraum, auf dem alle Y_i, Z_j als Abbildungen definiert sind, kann das kartesische Produkt $\Omega := \mathbb{N}_0^n \times \{0, 1\}^n$ gewählt werden (vgl. die Überlegungen im Beispiel auf Seite 745). Setzen wir

$$A_j := \{Y_j > 0\} \cup \{Z_j = 1\}, \quad j = 1, \ldots, n ,$$

so sind wegen der Unabhängigkeit aller Y_i, Z_j die Ereignisse $A_1, \ldots, A_n$ und damit die Indikatorvariablen $X_j := \mathbf{1}\{A_j\}$, $j = 1, \ldots, n$, unabhängig, und es gilt

$$\begin{aligned} \mathbb{P}(A_j) &= 1 - \mathbb{P}(A_j^c) = 1 - \mathbb{P}(Y_j = 0) \cdot \mathbb{P}(Z_j = 0) \\ &= 1 - \mathrm{e}^{-p_j} \cdot (1 - p_j)\,\mathrm{e}^{p_j} = p_j . \end{aligned}$$

Ferner besitzt die Zufallsvariable $T_n := Y_1 + \ldots + Y_n$ nach dem Additionsgesetz für die Poisson-Verteilung auf Seite 785 die Verteilung $\mathrm{Po}(\lambda)$, wobei $\lambda = p_1 + \ldots + p_n$.

Nach Konstruktion unterscheiden sich X_j und Y_j und somit auch $S_n := X_1 + \ldots + X_n$ und T_n nur wenig. Da das Ereignis $\{X_j \neq Y_j\}$ genau dann eintritt, wenn entweder $\{Y_j \geq 2\}$ oder $\{Y_j = 0, Z_j = 1\}$ gilt, folgt ja wegen $\mathbb{P}(Y_j \geq 2) = 1 - \mathbb{P}(Y_j = 0) - \mathbb{P}(Y_j = 1)$ zunächst

$$\begin{aligned} \mathbb{P}(X_j \neq Y_j) &= \mathbb{P}(Y_j \geq 2) + \mathbb{P}(Y_j = 0, Z_j = 1) \\ &= 1 - \mathrm{e}^{-p_j} - p_j\,\mathrm{e}^{-p_j} \\ &\quad + \mathrm{e}^{-p_j}(1 - (1 - p_j)\,\mathrm{e}^{p_j}) \\ &= p_j(1 - \mathrm{e}^{-p_j}) \leq p_j^2 . \end{aligned}$$

Mit $\{S_n = k\} = \{S_n = k = T_n\} + \{S_n = k \neq T_n\}$ und $\{T_n = k\} = \{T_n = k = S_n\} + \{T_n = k \neq S_n\}$ sowie der Inklusion $\{S_n \neq T_n\} \subset \bigcup_{j=1}^{n} \{X_j \neq Y_j\}$ folgt dann

$$\begin{aligned} &\sum_{k=0}^{\infty} \left| \mathbb{P}(S_n = k) - \mathrm{e}^{-\lambda} \frac{\lambda^k}{k!} \right| \\ &= \sum_{k=0}^{\infty} |\mathbb{P}(S_n = k) - \mathbb{P}(T_n = k)| \\ &\leq \sum_{k=0}^{\infty} [\mathbb{P}(S_n = k \neq T_n) + \mathbb{P}(S_n \neq k = T_n)] \\ &= 2\,\mathbb{P}(S_n \neq T_n) \\ &\leq 2 \sum_{j=1}^{n} \mathbb{P}(X_j \neq Y_j) \leq 2 \sum_{j=1}^{n} p_j^2 . \end{aligned}$$

■

die Augenzahl k auftritt. Bei einem echten Würfel würde man $p_1 = \ldots = p_6 = 1/6$ setzen.

Protokolliert man die Ergebnisse der n Versuche in Form einer Strichliste (Abb. 21.10), so steht am Ende fest, wie oft jede einzelne Trefferart aufgetreten ist. Die vor Durchführung der Versuche zufällige Anzahl der Treffer k-ter Art wird mit X_k bezeichnet, $k \in \{1, \ldots, s\}$.

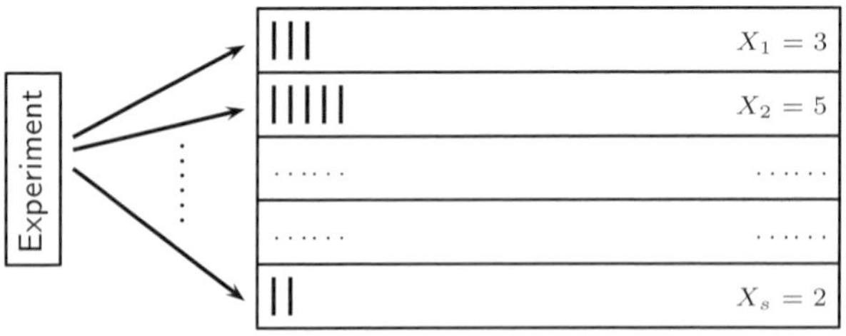

Abbildung 21.10 Trefferanzahlen in einem Experiment mit s Ausgängen

?

Können Sie einen Grundraum angeben, auf dem $X_1, \ldots, X_s$ als Abbildungen definiert sind?

Eine sich nahezu aufdrängende Frage ist die nach der gemeinsamen Verteilung der einzelnen Trefferanzahlen, also nach der Verteilung des Zufallsvektors $(X_1, \ldots, X_s)$. Da sich die Trefferanzahlen zur Gesamtzahl n der Versuche aufaddieren müssen, kann $(X_1, \ldots, X_s)$ mit positiver Wahrscheinlichkeit nur s-Tupel $(k_1, \ldots, k_s)$ mit $k_j \in \mathbb{N}_0$ $(j = 1, \ldots, s)$ und $k_1 + \ldots + k_s = n$ annehmen. Für ein solches Tupel bedeutet das Ereignis $\{X_1 = k_1, \ldots, X_s = k_s\}$, dass in den n Versuchen k_1 Treffer erster Art, k_2 Treffer zweiter Art usw. auftreten. Jede konkrete Versuchsfolge mit diesen Trefferanzahlen hat wegen der Unabhängigkeit von Ereignissen, die sich auf verschiedene Versuche beziehen, und der Kommutativität

Unter der Lupe: Das Rutherford-Geiger-Experiment

Die Poisson-Verteilung und spontane Phänomene

1910 untersuchten Ernest Rutherford (1871–1937) und Hans Wilhelm Geiger (1882–1945) ein radioaktives Präparat über 2608 je 7 Sekunden lange Zeitintervalle. Dabei zählten sie insgesamt 10 097 Zerfälle, also durchschnittlich 3.87 Zerfälle pro Intervall. Die folgende Tabelle gibt für jedes $k = 0, 1, \ldots, 14$ die Anzahl n_k der Zeitintervalle an, in denen k Zerfälle beobachtet wurden.

k	0	1	2	3	4	5	6	7
n_k	57	203	383	525	532	408	273	139
k	8	9	10	11	12	13	14	
n_k	45	27	10	4	0	1	1	

Die nachstehende Abbildung zeigt die zugehörigen *relativen* Häufigkeiten (blau) sowie ein Stabdiagramm der Poisson-Verteilung mit Parameter $\lambda = 3.87$ (orange).

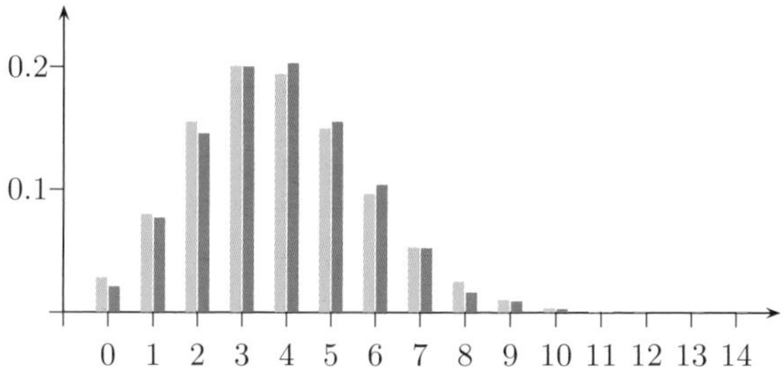

Um diese frappierende Übereinstimmung zu begreifen, nehmen wir idealisierend an, dass während eines Untersuchungszeitraums nur ein ganz geringer Anteil der Atome des Präparates zerfällt. Ferner soll jedes Atom nur von einem Zustand hoher Energie in einen Grundzustand niedriger Energie zerfallen können, was (wenn überhaupt) unabhängig von den anderen Atomen *ohne Alterungserscheinung völlig spontan* geschehe.

Als Untersuchungszeitraum wählen wir o.B.d.A. das Intervall $I := (0, 1]$ und schreiben X für die zufällige Anzahl der Zerfälle in I sowie $\lambda := \mathbb{E}X$ für den Erwartungswert von X (die sog. *Intensität des radioaktiven Prozesses*). Wir behaupten, dass X *unter gewissen mathematischen Annahmen* Po(λ)-verteilt ist. Hierzu zerlegen wir I in die Intervalle $I_j := ((j-1)/n, j/n]$ $(j = 1, \ldots, n)$ und schreiben $X_{n,j}$ für die Anzahl der Zerfälle in I_j, sodass

$$X = X_{n,1} + X_{n,2} + \ldots + X_{n,n} \qquad (21.29)$$

gilt. Durch obige Annahmen motiviert unterstellen wir dabei die Unabhängigkeit und identische Verteilung der Summanden. Da die Erwartungswertbildung additiv ist (Eigenschaft b) auf Seite 775) folgt insbesondere $\mathbb{E}(X_{n,j}) = \lambda/n$. Ferner fordern wir die von Physikern fast unbesehen akzeptierte Regularitätsbedingung

$$\lim_{n\to\infty} \mathbb{P}\left(\bigcup_{j=1}^{n}\{X_{n,j} \geq 2\}\right) = 0 \,. \qquad (21.30)$$

Bei feiner werdender Intervalleinteilung soll also das Auftreten von mehr als einem Zerfall in irgendeinem Teilintervall immer unwahrscheinlicher werden. Damit liegt es nahe, $X_{n,j}$ durch die *Indikatorvariable* $\mathbf{1}\{X_{n,j} \geq 1\}$ anzunähern, die in den Fällen $X_{n,j} = 0$ und $X_{n,j} = 1$ mit $X_{n,j}$ übereinstimmt. Konsequenterweise betrachten wir dann die Indikatorsumme

$$S_n := \sum_{j=1}^{n} \mathbf{1}\{X_{n,j} \geq 1\}$$

als eine Approximation der in (21.29) stehenden Summe und somit als Näherung für X. Da die Ereignisse $\{X_{n,j} \geq 1\}$ $(j = 1, \ldots, n)$ unabhängig sind und die gleiche Wahrscheinlichkeit $p_n := \mathbb{P}(X_{n,1} \geq 1)$ besitzen, gilt $S_n \sim$Bin(n, p_n), wobei

$$p_n \leq \sum_{j\geq 1} j \cdot \mathbb{P}(X_{n,1} = j) = \mathbb{E}(X_{n,1}) = \frac{\lambda}{n} \,.$$

Fordern wir noch $\lim_{n\to\infty} np_n = \lambda$, so liefert Aufgabe 21.36 die Grenzwertaussage

$$\lim_{n\to\infty} \mathbb{P}(S_n = k) = \mathrm{e}^{-\lambda} \cdot \frac{\lambda^k}{k!} \,.$$

Zerlegt man das Ereignis $\{X = k\}$ nach den Fällen $\{X = S_n\}$ und $\{X \neq S_n\}$, so ergibt sich

$$\begin{aligned} \mathbb{P}(X = k) &= \mathbb{P}(X = k, X = S_n) + \mathbb{P}(X = k, X \neq S_n) \\ &= \mathbb{P}(S_n = k, X = S_n) + \mathbb{P}(X = k, X \neq S_n) \\ &= \mathbb{P}(S_n = k) - \mathbb{P}(S_n = k, X \neq S_n) \\ &\quad + \mathbb{P}(X = k, X \neq S_n) \,. \end{aligned}$$

Da aus dem Ereignis $\{X \neq S_n\}$ das Ereignis $\cup_{j=1}^{n}\{X_{n,j} \geq 2\}$ folgt, liefert (21.30) die Beziehung $\lim_{n\to\infty} \mathbb{P}(X \neq S_n) = 0$ und somit

$$\lim_{n\to\infty} \mathbb{P}(S_n = k, X \neq S_n) = 0 = \lim_{n\to\infty} \mathbb{P}(X = k, X \neq S_n) \,.$$

Insgesamt erhalten wir dann wie behauptet

$$\mathbb{P}(X = k) = \lim_{n\to\infty} \mathbb{P}(S_n = k) = \mathrm{e}^{-\lambda} \cdot \frac{\lambda^k}{k!} \,.$$

der Multiplikation die Wahrscheinlichkeit $p_1^{k_1} p_2^{k_2} \cdot \ldots \cdot p_s^{k_s}$. Da es nach den auf Seite 724 angestellten Überlegungen

$$\binom{n}{k_1, \ldots, k_s} = \frac{n!}{k_1! \cdot \ldots \cdot k_s!}$$

Möglichkeiten gibt, aus n Versuchen mit den Nummern $1, \ldots, n$ k_1 für einen Treffer erster Art, k_2 für einen Treffer zweiter Art usw. auszuwählen, besitzt der Vektor $(X_1, \ldots, X_s)$ eine *Multinomialverteilung* im Sinne der folgenden Definition:

Definition der Multinomialverteilung

Der Zufallsvektor $(X_1, \ldots, X_s)$ hat eine **Multinomialverteilung mit Parametern n und $p_1, \ldots, p_s$** ($s \geq 2$, $n \geq 1$, $p_1 \geq 0, \ldots, p_s \geq 0$, $p_1 + \cdots + p_s = 1$), falls für $k_1, \ldots, k_s \in \mathbb{N}_0$ mit $k_1 + \ldots + k_s = n$ gilt:

$$\mathbb{P}(X_1 = k_1, \ldots, X_s = k_s) = \frac{n!}{\prod_{j=1}^{s} k_j!} \cdot \prod_{j=1}^{s} p_j^{k_j} \tag{21.31}$$

Andernfalls sei $\mathbb{P}(X_1 = k_1, \ldots, X_s = k_s) := 0$ gesetzt. Für einen multinomialverteilten Zufallsvektor schreiben wir kurz

$$(X_1, \ldots, X_s) \sim \text{Mult}(n; p_1, \ldots, p_s).$$

Beispiel Ein echter Würfel wird sechsmal in unabhängiger Folge geworfen. Mit welcher Wahrscheinlichkeit tritt jede Augenzahl genau einmal auf?

Bezeichnet X_j die zufällige Anzahl der Würfe, bei denen die Augenzahl j auftritt, so besitzt $(X_1, \ldots, X_6)$ die Multinomialverteilung Mult$(6; 1/6, \ldots, 1/6)$. Es folgt

$$\mathbb{P}(X_1 = 1, \ldots, X_6 = 1) = \frac{6!}{1!^6} \cdot \left(\frac{1}{6}\right)^6 \approx 0.0154.$$

Mancher hätte hier wohl eine größere Wahrscheinlichkeit erwartet. ◀

Beispiel Für die Vererbung eines Merkmals sei ein Gen verantwortlich, das die beiden Ausprägungen A (dominant) und a (rezessiv) besitze. Machen wir die Annahme, dass zwei hybride Aa-Eltern unabhängig voneinander und je mit gleicher Wahrscheinlichkeit $1/2$ die Keimzellen A bzw. a hervorbringen und dass die Verschmelzung beider Keimzellen zu einer (diploiden) Zelle rein zufällig erfolgt, so besitzt jede der Möglichkeiten AA, Aa, aA und aa die gleiche Wahrscheinlichkeit $1/4$. Da die Fälle Aa und aA nicht unterscheidbar sind, gibt es somit für den Genotyp eines Nachkommen die mit den Wahrscheinlichkeiten $1/4$, $1/2$ und $1/4$ auftretenden drei Möglichkeiten AA, Aa und aa.

Unter der Annahme, dass bei mehrfacher Paarung zweier Aa-Eltern die zufälligen Genotypen der Nachkommen stochastisch unabhängig sind, besitzen bei insgesamt n Nachkommen die Genotyp-Anzahlen

$$\begin{aligned} X_{AA} &= \text{Anzahl aller Nachkommen mit Genotyp } AA, \\ X_{Aa} &= \text{Anzahl aller Nachkommen mit Genotyp } Aa, \\ X_{aa} &= \text{Anzahl aller Nachkommen mit Genotyp } aa \end{aligned}$$

die Verteilung Mult$(n; 1/4, 1/2, 1/4)$, d. h., es gilt

$$\mathbb{P}(X_{AA}=i, X_{Aa} = j, X_{aa} = k) = \frac{n!}{i!j!k!} \left(\frac{1}{4}\right)^i \left(\frac{1}{2}\right)^j \left(\frac{1}{4}\right)^k$$

für jede Wahl von $i, j, k \geq 0$ mit $i + j + k = n$. ◀

Man sollte auf keinen Fall die Definition der Multinomialverteilung auswendig lernen, sondern die Entstehung dieser Verteilung verinnerlichen: Es handelt sich um die gemeinsame Verteilung von Trefferanzahlen, nämlich den Treffern j-ter Art in n unabhängig voneinander durchgeführten Experimenten ($j = 1, \ldots, s$). Da wir Trefferarten immer zu Gruppen zusammenfassen können – so kann beim Würfeln eine 1, 2 oder 3 als Treffer erster Art, eine 4 oder 5 als Treffer zweiter Art und eine 6 als Treffer dritter Art interpretiert werden – ist folgendes Resultat offensichtlich. Sie sind aufgefordert, einen formalen Nachweis der ersten Aussage durch Marginalverteilungsbildung in Übungsaufgabe 21.40 zu führen.

Folgerung

Falls $(X_1, \ldots, X_s) \sim \text{Mult}(n; p_1, \ldots, p_s)$, so gelten:

a) $X_i \sim \text{Bin}(n, p_i)$, $i = 1, \ldots, s$.
b) Es sei $T_1 + \cdots + T_l$ eine Zerlegung der Menge $\{1, \ldots, s\}$ in nichtleere Mengen $T_1, \ldots, T_l$, $l \geq 2$. Für

$$Y_r := \sum_{k \in T_r} X_k, \quad q_r := \sum_{k \in T_r} p_k \quad r = 1, \ldots, l,$$

gilt dann: $(Y_1, \ldots, Y_l) \sim \text{Mult}(n; q_1, \ldots, q_l)$.

Die Situation unabhängiger gleichartiger Versuche ist insbesondere dann gegeben, wenn man n-mal rein zufällig mit Zurücklegen aus einer Urne zieht, die verschiedenfarbige Kugeln enthält, wobei r_j Kugeln die Farbe j tragen ($j = 1, \ldots, s$). Ein Treffer j-ter Art bedeutet dann das Ziehen einer Kugel der Farbe j. Erfolgt das Ziehen ohne Zurücklegen, so besitzt der Zufallsvektor der Trefferanzahlen die in Aufgabe 21.8 behandelte *mehrdimensionale hypergeometrische Verteilung*.

21.4 Kovarianz und Korrelation

In diesem Abschnitt wenden wir uns mit der *Kovarianz* und der *Korrelation* zwei weiteren Grundbegriffen der Stochastik zu. Um Definitionen und Sätze möglichst prägnant zu halten, machen wir die stillschweigende Annahme, dass jede

Übersicht: Diskrete Verteilungen

Verteilung	Entstehung	Wertebereich	$\mathbb{P}(X=k)$	$\mathbb{E}(X)$	$\mathbb{V}(X)$
$\text{Bin}(n,p)$	S.726, S.747	$\{0,1,\ldots,n\}$	$\binom{n}{k}p^k(1-p)^{n-k}$	np	$np(1-p)$
$\text{Hyp}(n,r,s)$	S.725	$\{0,1,\ldots,n\}$	$\frac{\binom{r}{k}\binom{s}{n-k}}{\binom{r+s}{n}}$	$\frac{nr}{r+s}$	$\frac{nrs}{(r+s)^2}\left(1-\frac{n-1}{r+s-1}\right)$
$\text{Pol}(n,r,s,c)$	S.738	$\{0,1,\ldots,n\}$	$\binom{n}{k}\frac{\prod_{j=0}^{k-1}(r+jc)\prod_{j=0}^{n-k-1}(s+jc)}{\prod_{j=0}^{n-1}(r+s+jc)}$	$\frac{nr}{r+s}$	$\frac{nrs}{(r+s)^2}\left(1+\frac{(n-1)c}{r+s+c}\right)$
$\text{G}(p)$	S.782	$\mathbb{N}_0$	$(1-p)^k p$	$\frac{1-p}{p}$	$\frac{1-p}{p^2}$
$\text{Nb}(r,p)$	S.783	$\mathbb{N}_0$	$\binom{k+r-1}{k}p^r(1-p)^k$	$\frac{r(1-p)}{p}$	$\frac{r(1-p)}{p^2}$
$\text{Po}(\lambda)$	S.784	$\mathbb{N}_0$	$\mathrm{e}^{-\lambda}\frac{\lambda^k}{k!}$	λ	λ

$\text{Mult}(n;p_1,\ldots,p_s)$, S. 785	$\{k=(k_1,\ldots,k_s)\in\mathbb{N}_0^s : \sum_{j=1}^s k_j = n\}$	$\mathbb{P}(X=k)=\frac{n!}{k_1!\cdots k_s!}\prod_{j=1}^s p_j^{k_j}$

auftretende Zufallsvariable die Eigenschaft $\mathbb{E}X^2 < \infty$ besitzt. Falls nötig (wie z. B. bei der Definition des Korrelationskoeffizienten) setzen wir zudem voraus, dass die Verteilungen nichtausgeartet sind und somit positive Varianzen besitzen. Wir werden auch nicht betonen, dass die auftretenden Zufallsvariablen diskret sind, da alle Aussagen (unter Heranziehung stärkerer technischer Hilfsmittel, siehe nächstes Kapitel) auch in größerer Allgemeinheit gelten.

Der Grund für die Namensgebung *Kovarianz* („mit der Varianz") wird klar, wenn wir die Varianz der Summe zweier Zufallsvariablen X und Y berechnen wollen. Nach Definition der Varianz und wegen der Linearität der Erwartungswertbildung gilt

$$\begin{aligned}\mathbb{V}(X+Y) &= \mathbb{E}\left[(X+Y-\mathbb{E}(X+Y))^2\right]\\ &\ \mathbb{E}\left[(X-\mathbb{E}X+Y-\mathbb{E}Y)^2\right]\\ &= \mathbb{E}(X-\mathbb{E}X)^2+\mathbb{E}(Y-\mathbb{E}Y)^2\\ &\qquad +2\mathbb{E}\left[(X-\mathbb{E}X)(Y-\mathbb{E}Y)\right]\\ &= \mathbb{V}(X)+\mathbb{V}(X)\\ &\qquad +2\mathbb{E}\left[(X-\mathbb{E}X)(Y-\mathbb{E}Y)\right].\end{aligned}$$

Die Varianz der Summe ist also nicht einfach die Summe der einzelnen Varianzen, sondern es tritt ein zusätzlicher Term auf, der von der gemeinsamen Verteilung von X und Y abhängt.

Kovarianz und Korrelationskoeffizient

Der Ausdruck

$$\text{Cov}(X,Y) := \mathbb{E}\left[(X-\mathbb{E}X)(Y-\mathbb{E}Y)\right]$$

heißt **Kovarianz** zwischen X und Y. Der Quotient

$$\rho(X,Y) := \frac{\text{Cov}(X,Y)}{\sqrt{\mathbb{V}(X)\mathbb{V}(Y)}}$$

heißt **Korrelationskoeffizient** zwischen X und Y.

X und Y heißen **unkorreliert**, falls $\text{Cov}(X,Y)=0$ gilt.

Aus Unabhängigkeit folgt Unkorreliertheit, aber nicht umgekehrt

Die wichtigsten Eigenschaften der Kovarianz sind nachstehend aufgeführt.

Eigenschaften der Kovarianz

Für Zufallsvariablen $X, Y, X_1, \ldots, X_m, Y_1, \ldots, Y_n$ und reelle Zahlen $a, b, a_1, \ldots, a_m, b_1, \ldots, b_n$ gelten:

a) $\text{Cov}(X,Y) = \mathbb{E}(XY) - \mathbb{E}X\cdot\mathbb{E}Y$,

b) $\text{Cov}(X,Y) = \text{Cov}(Y,X)$, $\quad\text{Cov}(X,X) = \mathbb{V}(X)$,

c) $\text{Cov}(X+a, Y+b) = \text{Cov}(X,Y)$.

d) Sind X und Y unabhängig, so gilt $\text{Cov}(X,Y)=0$.

e) $\text{Cov}\left(\sum_{i=1}^m a_i X_i, \sum_{j=1}^n b_j Y_j\right) = \sum_{i=1}^m\sum_{j=1}^n a_i b_j \text{Cov}(X_i, Y_j)$,

f) $$\mathbb{V}(X_1+\ldots+X_n) = \sum_{j=1}^n \mathbb{V}(X_j) + 2\sum_{1\le i<j\le n}\text{Cov}(X_i,X_j).$$

Beweis: Die Aussagen a) bis c) folgen unmittelbar aus der Definition der Kovarianz und der Linearität der Erwartungswertbildung. d) ergibt sich mit a) und der Multiplikationsregel $\mathbb{E}(XY) = \mathbb{E}X\,\mathbb{E}Y$ auf Seite 776. Aus a) und der Linearität der Erwartungswertbildung erhalten wir weiter

$$\begin{aligned}
&\operatorname{Cov}\left(\sum_{i=1}^m a_i X_i, \sum_{j=1}^n b_j Y_j\right)\\
&= \mathbb{E}\left(\sum_{i=1}^m\sum_{j=1}^n a_i b_j X_i Y_j\right) - \mathbb{E}\left(\sum_{i=1}^m a_i X_i\right)\mathbb{E}\left(\sum_{j=1}^n b_j Y_j\right)\\
&= \sum_{i=1}^m\sum_{j=1}^n a_i b_j \cdot \mathbb{E}(X_i Y_j) - \sum_{i=1}^m\sum_{j=1}^n a_i b_j \cdot \mathbb{E}(X_i)\cdot\mathbb{E}(Y_j)\\
&= \sum_{i=1}^m\sum_{j=1}^n a_i b_j \cdot \operatorname{Cov}(X_i, Y_j)
\end{aligned}$$

und somit e). Behauptung f) folgt aus b) und e). ■

Beispiel erste und größte Augenzahl
Es seien wie auf Seite 771 X und Y das Ergebnis des ersten Wurfs bzw. die höchste geworfene Augenzahl beim zweifachen Würfelwurf. Es gilt $\mathbb{E}X = 3.5$, und nach (21.17) mit $k = 6$ folgt $\mathbb{V}(X) = 35/12$. Aus Tabelle 21.27 entnimmt man $\mathbb{P}(Y = j) = (2j-1)/36$, $j = 1,\ldots,6$, und somit folgt

$$\begin{aligned}
\mathbb{E}Y &= \frac{1}{36}\sum_{j=1}^6 j(2j-1) = \frac{161}{36} \approx 4.472,\\
\mathbb{E}Y^2 &= \frac{1}{36}\sum_{j=1}^6 j^2(2j-1) = \frac{791}{36} \approx 21.972,
\end{aligned}$$

$$\mathbb{V}(Y) = \mathbb{E}Y^2 - (\mathbb{E}Y)^2 = \frac{2555}{1296} \approx 1.971.$$

Mit der in Tabelle 21.27 gegebenen gemeinsamen Verteilung ergibt sich durch direkte Rechnung

$$\mathbb{E}(XY) = \sum_{i,j=1}^6 i\,j \cdot \mathbb{P}(X=i, Y=j) = \frac{616}{36} \approx 17.111$$

und somit die Kovarianz zwischen X und Y zu

$$\operatorname{Cov}(X,Y) = \mathbb{E}(XY) - \mathbb{E}X\cdot\mathbb{E}Y = \frac{35}{24} \approx 1.458.$$

Hiermit erhält man den Korrelationskoeffizienten

$$\rho(X,Y) = \frac{\frac{35}{24}}{\sqrt{\frac{35}{12}\cdot\frac{2555}{1296}}} \approx 0.60816.$$ ◀

Nach e) ist die Kovarianz-Bildung $(X,Y) \to \operatorname{Cov}(X,Y)$ ein bilineares Funktional für Paare von Zufallsvariablen. Aus f) folgt, dass die Varianz einer Summe von Zufallsvariablen gleich der Summe der einzelnen Varianzen ist, wenn die Zufallsvariablen *paarweise unkorreliert* sind, wenn also $\operatorname{Cov}(X_i, X_j)$ für jede Wahl von i, j mit $i \neq j$ gilt. Insbesondere folgt mit d) die schon auf Seite 779 bewiesene Additivität der Varianz für Summen *unabhängiger* Zufallsvariablen.

Das folgende Beispiel zeigt, dass unkorrelierte Zufallsvariablen nicht notwendig stochastisch unabhängig sein müssen.

Beispiel Unkorreliertheit und Unabhängigkeit
Es seien X und Y unabhängige Zufallsvariablen mit identischer Verteilung; es gelte also $\mathbb{P}^X = \mathbb{P}^Y$. Da die Kovarianz-Bildung bilinear ist, erhalten wir

$$\begin{aligned}
\operatorname{Cov}(X+Y, X-Y) &= \operatorname{Cov}(X,X) + \operatorname{Cov}(Y,X)\\
&\quad - \operatorname{Cov}(X,Y) - \operatorname{Cov}(Y,Y)\\
&= \mathbb{V}(X) - \mathbb{V}(Y) = 0,
\end{aligned}$$

sodass $X+Y$ und $X-Y$ unkorreliert sind. Besitzen X und Y jeweils eine Gleichverteilung auf den Werten $1, 2, \ldots, 6$ und modellieren hiermit die Augenzahlen beim zweifachen Würfelwurf, so ergibt sich

$$\begin{aligned}
\mathbb{P}(X+Y=12, X-Y=0) &= \frac{1}{36},\\
\mathbb{P}(X+Y=12)\cdot\mathbb{P}(X-Y=0) &= \frac{1}{36}\cdot\frac{1}{6}.
\end{aligned}$$

Dies zeigt, dass $X+Y$ und $X-Y$ nicht stochastisch unabhängig sind. Summe und Differenz der Augenzahlen beim zweifachen Würfelwurf bilden somit ein einfaches Beispiel für unkorrelierte, aber nicht unabhängige Zufallsvariablen. ◀

?

Warum gilt $\mathbb{V}(X) = \mathbb{V}(Y)$?

Sind $A_1,\ldots,A_n$ Ereignisse, so kann man in Eigenschaft f) der Kovarianz speziell $X_j = \mathbf{1}\{A_j\}$, $j = 1,\ldots,n$, setzen. Wegen

$$\begin{aligned}
\operatorname{Cov}(\mathbf{1}\{A_i\}, \mathbf{1}\{A_j\}) &= \mathbb{E}(\mathbf{1}\{A_i\}\mathbf{1}\{A_j\}) - \mathbb{E}\mathbf{1}\{A_i\}\mathbb{E}\mathbf{1}\{A_j\}\\
&= \mathbb{E}(\mathbf{1}\{A_iA_j\}) - \mathbb{P}(A_i)\mathbb{P}(A_j)\\
&= \mathbb{P}(A_iA_j) - \mathbb{P}(A_i)\mathbb{P}(A_j)
\end{aligned}$$

ergibt sich folgendes nützliche Resultat für die Varianz einer Zählvariablen.

Folgerung (Varianz einer Indikatorsumme)
Für eine Indikatorsumme $X = \mathbf{1}\{A_1\} + \ldots + \mathbf{1}\{A_n\}$ gilt

$$\begin{aligned}
\mathbb{V}(X) &= \sum_{j=1}^n \mathbb{P}(A_j)(1-\mathbb{P}(A_j))\\
&\quad + 2\sum_{1\le i<j\le n}\big(\mathbb{P}(A_iA_j) - \mathbb{P}(A_i)\mathbb{P}(A_j)\big).
\end{aligned}$$

Wie schon der Erwartungswert $\mathbb{E}X = \sum_{j=1}^{n} \mathbb{P}(A_j)$ lässt sich somit auch die Varianz einer Indikatorsumme in einfacher Weise ohne Zuhilfenahme der Verteilung bestimmen. Sind die A_i gleichwahrscheinlich und hängt die Wahrscheinlichkeit der Durchschnitte $A_i A_j$ nicht von i und j ab, vereinfacht sich diese Darstellung zu

$$\begin{aligned} \mathbb{V}(X) &= n\mathbb{P}(A_1)(1-\mathbb{P}(A_1)) \\ &\quad + n(n-1)\left(\mathbb{P}(A_1A_2) - \mathbb{P}(A_1)^2\right). \end{aligned} \tag{21.32}$$

Beispiel Pólya-Verteilung

Im Pólya'schen Urnenmodell von Seite 738 wird n-mal rein zufällig aus einer Urne mit r roten und s schwarzen Kugeln gezogen, wobei nach jedem Zug die gezogene sowie c weitere Kugeln derselben Farbe zurückgelegt werden. Bezeichnet A_j das Ereignis, im j-ten Zug eine rote Kugel zu ziehen, so besitzt die Anzahl $X = \sum_{j=1}^{n} \mathbf{1}\{A_j\}$ der gezogenen roten Kugeln die in (20.13) angegebene Pólya-Verteilung $\mathrm{Pol}(n, r, s, c)$. Nach Aufgabe 20.26 gilt

$$\mathbb{P}(A_j) = \frac{r}{r+s}, \qquad \mathbb{P}(A_iA_j) = \frac{r(r+c)}{(r+s)(r+s+c)}$$

für alle $i, j \in \{1, \ldots, n\}$ mit $i \neq j$. Es folgt

$$\mathbb{E}X = n \cdot \frac{r}{r+s}$$

sowie nach direkter Rechnung mit (21.32)

$$\mathbb{V}(X) = n \cdot \frac{r}{r+s}\left(1 - \frac{r}{r+s}\right)\left(1 + \frac{(n-1)c}{r+s+c}\right). \tag{21.33}$$

Als Spezialfall ergibt sich für $c = -1$ die Varianz der hypergeometrischen Verteilung $\mathrm{Hyp}(n, r, s)$ zu

$$\mathbb{V}(X) = n \cdot \frac{r}{r+s}\left(1 - \frac{r}{r+s}\right)\left(1 - \frac{n-1}{r+s-1}\right).$$

Indem man die Quotienten der Ausdrücke (21.33) für zwei aufeinanderfolgende Werte von c betrachtet, folgt mit direkter Rechnung, dass die Varianz der Verteilung $\mathrm{Pol}(n, r, s, c)$ monoton mit c wächst, was durch die „variabilitätsfördernde Wirkung" zusätzlicher Kugeln plausibel ist. Insbesondere ist die Varianz der hypergeometrischen Verteilung $\mathrm{Hyp}(n, r, s)$ kleiner als die sich für $c = 0$ ergebende Varianz der Verteilung $\mathrm{Bin}(n, p)$ mit $p = r/(r+s)$ (siehe Abb. 21.4). ◀

Wir wenden uns nun dem Korrelationskoeffizienten $\rho(X, Y)$ zu, der sich aus der Kovarianz nach Division durch $\sqrt{\mathbb{V}(X)\mathbb{V}(Y)}$ ergibt. Er entsteht quasi als „Abfallprodukt" aus einem Optimierungsproblem. Hierzu stellen wir uns die Aufgabe, die Realisierungen einer Zufallsvariablen Y aufgrund der Kenntnis der Realisierungen von X in einem noch zu präzisierenden Sinn möglichst gut vorherzusagen. Ein Beispiel hierfür wäre die Vorhersage der größten Augenzahl beim zweifachen Würfelwurf durch die Augenzahl des ersten Wurfes. Wir fassen allgemein eine Vorhersage als Funktion $g: \mathbb{R} \to \mathbb{R}$ mit der Deutung von $g(X(\omega))$ als Prognosewert für $Y(\omega)$ bei Kenntnis der Realisierung $X(\omega)$ auf. Da die einfachste nicht konstante Funktion einer reellen Variablen von der Gestalt $y = g(x) = a + bx$ ist, liegt der Versuch nahe, $Y(\omega)$ nach geeigneter Wahl von a und b durch $a + bX(\omega)$ vorherzusagen. Dabei orientiert sich diese Wahl am Gütekriterium, die *mittlere quadratische Abweichung* $\mathbb{E}(Y - a - bX)^2$ des Prognosefehlers durch geeignete Wahl von a und b zu minimieren.

Satz

Das Optimierungsproblem

$$\min_{a,b} \mathbb{E}(Y - a - bX)^2 \tag{21.34}$$

besitzt die Lösung

$$b^* = \frac{\mathrm{Cov}(X, Y)}{\mathbb{V}(X)}, \quad a^* = \mathbb{E}(Y) - b^*\mathbb{E}(X), \tag{21.35}$$

und der Minimalwert M^* in (21.34) ergibt sich zu

$$M^* = \mathbb{V}(Y) \cdot (1 - \rho^2(X, Y)). \tag{21.36}$$

Beweis: Mit $Z := Y - bX$ gilt nach Eigenschaft a) der Varianz auf Seite 778

$$\mathbb{E}(Y-a-bX)^2 = \mathbb{E}(Z-a)^2 = \mathbb{V}(Z) + (\mathbb{E}Z-a)^2 \geq \mathbb{V}(Z).$$

Somit kann $a = \mathbb{E}Z = \mathbb{E}Y - b\mathbb{E}X$ gesetzt werden. Mit den Abkürzungen $\widetilde{Y} := Y - \mathbb{E}Y$, $\widetilde{X} := X - \mathbb{E}X$ bleibt die Aufgabe, die durch $h(b) := \mathbb{E}(\widetilde{Y} - b\widetilde{X})^2$, $b \in \mathbb{R}$, definierte Funktion h bezüglich b zu minimieren. Wegen

$$\begin{aligned} 0 \leq h(b) &= \mathbb{E}(\widetilde{Y}^2) - 2b\mathbb{E}(\widetilde{X} \cdot \widetilde{Y}) + b^2\mathbb{E}(\widetilde{X}^2) \\ &= \mathbb{V}(Y) - 2b\,\mathrm{Cov}(X, Y) + b^2\mathbb{V}(X) \end{aligned}$$

beschreibt h als Funktion von b eine Parabel, welche für $b^* = \mathrm{Cov}(X, Y)/\mathbb{V}(X)$ ihren nichtnegativen Minimalwert M^* annimmt. Einsetzen von b^* liefert dann wie behauptet

$$\begin{aligned} M^* &= \mathbb{V}(Y) - 2 \cdot \frac{\mathrm{Cov}(X, Y)^2}{\mathbb{V}(X)} + \frac{\mathrm{Cov}(X, Y)^2}{\mathbb{V}(X)} \\ &= \mathbb{V}(Y) \cdot \left(1 - \frac{\mathrm{Cov}(X, Y)^2}{\mathbb{V}(X) \cdot \mathbb{V}(Y)}\right) \\ &= \mathbb{V}(Y) \cdot (1 - \rho^2(X, Y)). \end{aligned}$$

■

Der Korrelationskoeffizient misst die Güte der affinen Vorhersagbarkeit

Bevor wir einige Folgerungen aus diesem Ergebnis ziehen, möchten wir mit einem Beispiel etwas konkreter werden.

Beispiel erste und größte Augenzahl, Forts.

Wir wollen das Maximum Y der Augenzahlen beim zweifachen Würfelwurf durch die Augenzahl X des ersten Wurfes im Sinne der mittleren quadratischen Abweichung bestmöglich durch eine affine Funktion $X \mapsto a + bX$ vorhersagen. Mit den Ergebnissen des Beispiels von Seite 790 sowie (21.35) sind die Parameter a^* und b^* dieser besten affinen Vorhersagefunktion durch

$$b^* = \frac{\mathrm{Cov}(X,Y)}{\mathbb{V}(X)} = \frac{1}{2}, \quad a^* = \mathbb{E}Y - b\mathbb{E}X = \frac{49}{18}$$

gegeben. Die konkreten Vorhersagewerte $g(k) := 49/18 + k/2, k = 1, \ldots, 6$, sind nachstehend auf zwei Nachkommastellen genau berechnet aufgeführt.

k	1	2	3	4	5	6
$g(k)$	3.22	3.72	4.22	4.72	5.22	5.72

Tabelle 21.4 Beste affine Vorhersage der größten Augenzahl durch die erste Augenzahl k im quadratischen Mittel

Aus dieser Tabelle wird deutlich, welche Kritik man an einem aufgrund *mathematischer Optimalitätsgesichtspunkte* erhaltenen Verfahren anbringen muss. Zunächst wird jeder, der das Maximum der größten Augenzahl nach einer Vier im ersten Wurf mit 4.72 vorhersagt, Gelächter hervorrufen, denn das Maximum kann ja nur 4, 5 oder 6 sein. Diese Kritik bezieht sich also auf den Wertebereich der Vorhersagefunktion. Noch wahnwitziger fällt ja die Vorhersage des Maximums zu 5.72 aus, wenn schon der erste Wurf eine Sechs ergeben hat. Kritisieren kann man natürlich auch, dass nur affine Funktionen in Betracht gezogen wurden. Hierauf gehen wir in Abschnitt 21.5 näher ein. Die beste Vorhersage im quadratischen Mittel, die nur Vorhersagefunktionen mit Wertebereich $\{1, \ldots, 6\}$ zulässt, ist Gegenstand von Aufgabe 21.11. ◄

Folgerung

Für Zufallsvariablen X und Y gilt:

a) $\mathrm{Cov}(X,Y)^2 \le \mathbb{V}(X)\mathbb{V}(Y)$ (*Cauchy-Schwarz'sche-Ungleichung*)

b) $|\rho(X,Y)| \le 1$,

c) $|\rho(X,Y)| = 1 \iff \exists a, b \in \mathbb{R}$ mit $\mathbb{P}(Y = a + bX) = 1$. Dabei gilt $b > 0$ im Fall $\rho(X,Y) = 1$ und $b < 0$ im Fall $\rho(X,Y) = -1$.

Beweis: Die beiden ersten Aussagen folgen aus der Nichtnegativität von M^* in (21.36). Im Fall $|\rho(X,Y)| = 1$ gilt $M^* = 0$ und somit $0 = \mathbb{E}(Y - a - bX)^2$, also $\mathbb{P}(Y = a + bX) = 1$ für gewisse reelle Zahlen a und b. Die Umkehrung gilt ebenfalls. Der Zusatz in c) gilt, weil $\rho(X,Y)$ und $\mathrm{Cov}(X,Y)$ das gleiche Vorzeichen besitzen. ■

Wir möchten noch eine Eigenschaft des Korrelationskoeffizienten notieren, die man sich merken sollte. Aus den Rechenregeln c) und e) zur Kovarianz auf Seite 789 sowie $\sqrt{\mathbb{V}(aX+b)} = |a|\sqrt{\mathbb{V}(X)}$ ergibt sich für $a, c \neq 0$

$$\begin{aligned}\rho(aX+b, cY+d) &= \frac{ac \cdot \mathrm{Cov}(X,Y)}{|a||c| \cdot \sqrt{\mathbb{V}(X)}\sqrt{\mathbb{V}(Y)}}\\ &= \mathrm{sgn}(ac) \cdot \rho(X,Y).\end{aligned}$$

Der Korrelationskoeffizient ist also invariant gegenüber nichtausgearteten affinen Transformationen $X \mapsto aX + b$, $Y \mapsto cY + d$, bei denen a und c das gleiche Vorzeichen besitzen. Im Fall $\mathrm{sgn}(ac) = -1$ kehrt sich das Vorzeichen von ρ um.

Nach (21.4) kann das Quadrat des Korrelationskoeffizienten als Maß für die Güte der affinen Vorhersagbarkeit von Y durch X gedeutet werden. Je näher $\rho(X,Y)$ bei $+1$ oder -1 liegt, umso besser gruppieren sich die Wertepaare $(X(\omega), Y(\omega))$ um eine gewisse Gerade. In dieser Hinsicht zeigt Abbildung 21.11 einen klassischen, auf Karl Pearson (1857–1936) und Alice Lee (1859–1939) zurückgehenden Datensatz, nämlich die an 11 Geschwisterpaaren (Bruder/Schwester) gemessene Größe des Bruders (X) und der Schwester (Y). Der hervorgehobene Punkt bedeutet, dass hier zwei Datenpaare vorliegen.

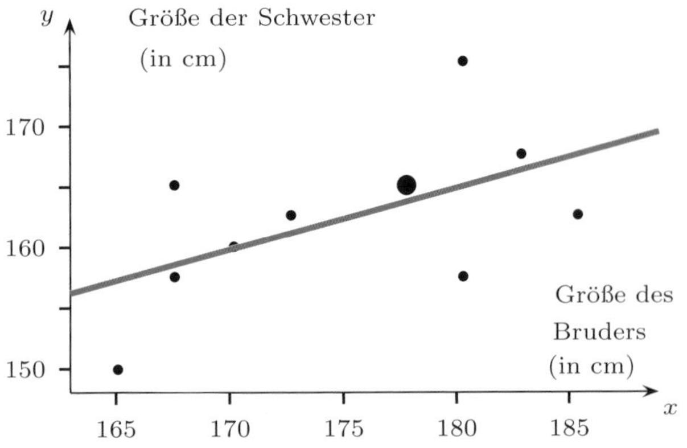

Abbildung 21.11 Größen von 11 Geschwisterpaaren mit Regressionsgerade.

Offenbar besitzen größere Brüder zumindest tendenziell auch größere Schwestern, es besteht also – wohltuend vage formuliert – ein „statistischer Zusammenhang" zwischen den Größen von Geschwistern. Zu dessen Quantifizierung liegt es nahe, eine *Trendgerade* festzulegen, die in einem zu präzisierenden Sinn möglichst gut zu den Daten passt.

Carl Friedrich Gauß (1777–1855) und Adrien-Marie Legendre (1752–1833) schlugen vor, bei Vorliegen einer durch Datenpaare $(x_j, y_j) \in \mathbb{R}^2$, $1 \le j \le n$, gegebenen *Punktwolke* in einem (x,y)-Koordinatensystem eine *Ausgleichsgerade* $y = a^* + b^*x$ so zu bestimmen, dass sie die Eigenschaft

$$\sum_{j=1}^{n}(y_j - a^* - b^*x_j)^2 = \min_{a,b}\sum_{j=1}^{n}(y_j - a - bx_j)^2 \quad (21.37)$$

besitzt. Weil hier anschaulich eine Summe von Quadratflächen minimiert wird (Abb. 21.12), heißt dieser Ansatz auch die *Methode der kleinsten Quadrate*.

Betrachten wir das Merkmalpaar (X,Y) als zweidimensionalen Zufallsvektor, der die Wertepaare (x_j, y_j) $(j = 1, \ldots, n)$ mit gleicher Wahrscheinlichkeit $1/n$ annimmt (wobei jedoch ein mehrfach auftretendes Paar auch mehrfach gezählt wird,

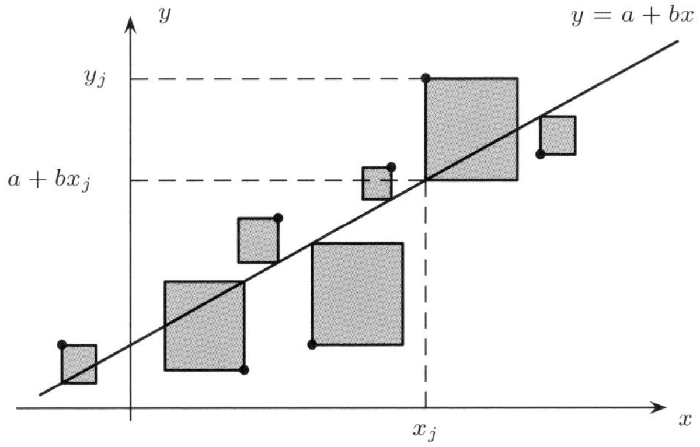

Abbildung 21.12 Zur Methode der kleinsten Quadrate: Die Summe der Quadratflächen ist durch geeignete Wahl von a und b zu minimieren.

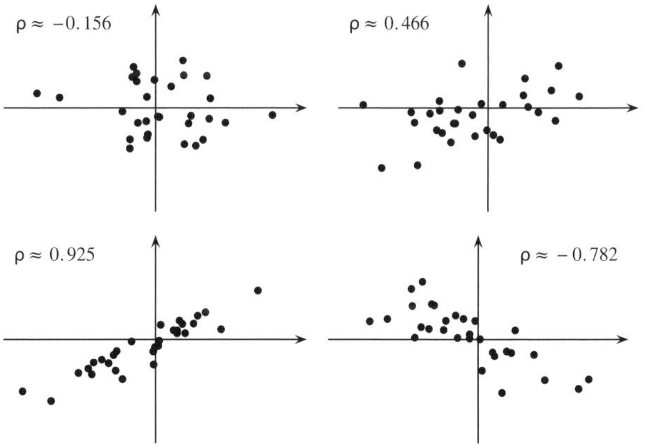

Abbildung 21.13 Punktwolken mit zugehörigen empirischen Korrelationskoeffizienten.

sodass seine Wahrscheinlichkeit ein entsprechendes Vielfaches von $1/n$ ist), so gilt

$$\mathbb{E}(Y - a - bX)^2 = \frac{1}{n} \cdot \sum_{j=1}^{n} (y_j - a - bx_j)^2 .$$

Folglich ist die Bestimmung des Minimums in (21.37) ein Spezialfall der Aufgabe (21.34). Setzen wir

$$\bar{x} := \frac{1}{n} \sum_{j=1}^{n} x_j, \quad \bar{y} := \frac{1}{n} \sum_{j=1}^{n} y_j, \quad \sigma_x^2 := \frac{1}{n} \sum_{j=1}^{n} (x_j - \bar{x})^2,$$

$$\sigma_y^2 := \frac{1}{n} \sum_{j=1}^{n} (y_j - \bar{y})^2, \qquad \sigma_{xy} := \frac{1}{n} \sum_{j=1}^{n} (x_j - \bar{x})(y_j - \bar{y}),$$

so gelten $\mathbb{E}X = \bar{x}$, $\mathbb{E}Y = \bar{y}$, $\operatorname{Cov}(X, Y) = \sigma_{xy}$, $\mathbb{V}(X) = \sigma_x^2$ und $\mathbb{V}(Y) = \sigma_y^2$. Somit besitzt die Lösung (a^*, b^*) der Aufgabe (21.37) nach (21.35) die Gestalt

$$b^* = \frac{\sigma_{xy}}{\sigma_x^2}, \qquad a^* = \bar{y} - b^* \bar{x} . \tag{21.38}$$

Die nach der Methode der kleinsten Quadrate gewonnene optimale Gerade $y = a^* + b^* x$ heißt die *(empirische) Regressionsgerade von* Y *auf* X. Dabei geht das Wort *Regression* auf Sir Francis Galton (1822–1911) zurück, der bei der Vererbung von Erbsen einen Rückgang des durchschnittlichen Durchmessers feststellte. Wegen der zweiten Gleichung in (21.38) geht die Regressionsgerade durch den *Schwerpunkt* $(\bar{x}, \bar{y})$ der Daten. Die Regressionsgerade zur Punktwolke der Größen der 11 Geschwisterpaare ist in Abbildung 21.11 veranschaulicht. Weiter gilt im Fall $\sigma_x^2 > 0$, $\sigma_y^2 > 0$:

$$\rho(X, Y) = \frac{\sigma_{xy}}{\sqrt{\sigma_x^2 \sigma_y^2}} = \frac{\sum_{j=1}^{n} (x_j - \bar{x})(y_j - \bar{y})}{\sqrt{\sum_{j=1}^{n} (x_j - \bar{x})^2 \sum_{j=1}^{n} (y_j - \bar{y})^2}} . \tag{21.39}$$

Die rechte Seite heißt *empirischer Korrelationskoeffizient* von $(x_1, y_1), \ldots (x_n, y_n)$. Abbildung 21.13 zeigt verschiedene Punktwolken aus je 30 Punkten mit zugehörigen empirischen Korrelationskoeffizienten.

Abbildung 21.14 sollte als warnendes Beispiel dafür dienen, dass ein starker funktionaler Zusammenhang zwischen Merkmalen vorliegen kann, der nicht durch den Korrelationskoeffizienten erfasst wird. Man sieht eine Punktwolke, deren Punkte auf einer Parabel liegen. Der empirische Korrelationskoeffizient dieser Punktwolke ist jedoch exakt gleich null.

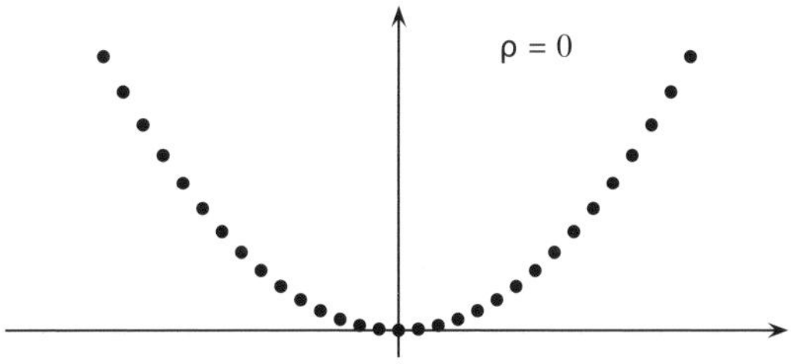

Abbildung 21.14 Punktwolke mit perfektem quadratischen Zusammenhang.

Abschließend sei betont, dass oft vorschnell von Korrelation auf Kausalität geschlossen wird. So stellte man etwa bei Gehältern von Berufsanfängern fest, dass Studiendauer und Einstiegsgehalt *positiv* korreliert sind, also ein langes Studium tendenziell zu höheren Anfangsgehältern führt. Bei Unterscheidung nach dem Studienfach stellt sich hingegen in jedem einzelnen Fach eine *negative* Korrelation zwischen Studiendauer und Einstiegsgehalt ein. Der Grund für diesen in Abbildung 21.15 mit drei verschiedenen Studienfächern dargestellten auf den ersten Blick verwirrenden Sachverhalt ist einfach: Die Absolventen des rot gekennzeichneten Faches erzielen im Schnitt ein höheres Startgehalt als ihre Kommilitonen im blau markierten Fach, weil ihr Studium augenscheinlich wesentlich aufwendiger ist. Das orangefarben gekennzeichnete Fach nimmt hier eine Mittelstellung ein. Offenbar führt innerhalb jedes einzelnen Faches ein schnellerer Studienabschluss tendenziell zu einem höheren Anfangsgehalt.

Hier wird deutlich, dass bei Vernachlässigung eines dritten Merkmals in Form einer sogenannten *Hintergrundvariablen* (hier des Studienfaches) zwei Merkmale positiv korreliert sein können, obwohl sie in jeder Teilpopulation mit gleichem

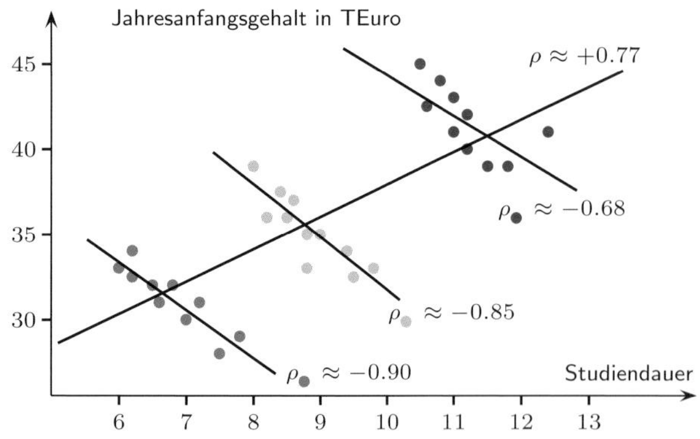

Abbildung 21.15 Punktwolke mit positiver Korrelation, aber negativen Korrelationen innerhalb verschiedener Gruppen.

Wert der Hintergrundvariablen eine negative Korrelation aufweisen.

21.5 Bedingte Erwartungswerte und bedingte Verteilungen

In diesem Abschnitt machen wir uns mit einem zentralen Objekt der modernen Stochastik vertraut, dem *bedingten Erwartungswert*. Wir setzen weiterhin voraus, dass die auftretenden Zufallsvariablen und Zufallsvektoren auf einem *diskreten* Wahrscheinlichkeitsraum $(\Omega, \mathcal{A}, \mathbb{P})$ definiert sind. Es gibt also eine abzählbare Teilmenge Ω_0 mit $\mathbb{P}(\Omega_0) = 1$.

Definition des bedingten Erwartungswertes

Sind X eine Zufallsvariable mit existierendem Erwartungswert und A ein Ereignis mit $\mathbb{P}(A) > 0$, so heißt

$$\mathbb{E}(X|A) := \frac{1}{\mathbb{P}(A)} \cdot \sum_{\omega \in A \cap \Omega_0} X(\omega) \cdot \mathbb{P}(\{\omega\}) \qquad (21.40)$$

bedingter Erwartungswert von X **unter der Bedingung** A (bzw. **unter der Hypothese** A).

Gilt speziell $A = \{Z = z\}$ für einen k-dimensionalen Zufallsvektor Z und ein $z \in \mathbb{R}^k$, so heißt

$$\mathbb{E}(X|Z = z) := \mathbb{E}(X|\{Z = z\}) \qquad (21.41)$$

der **bedingte Erwartungswert von** X **unter der Bedingung** $Z = z$.

?

Warum ist die Existenz von $\mathbb{E}(X|A)$ gesichert?

In der Definition des Erwartungswertes von X haben wir in (21.7) auch die Schreibweise $\mathbb{E}_{\mathbb{P}}(X)$ verwendet, um die Abhängigkeit des Erwartungswertes von $\mathbb{P}$ kenntlich zu machen. Wenn wir uns jetzt daran erinnern, dass wir auf Seite 740 das durch

$$\mathbb{P}_A(B) := \mathbb{P}(B|A) = \frac{\mathbb{P}(A \cap B)}{\mathbb{P}(A)}, \qquad B \in \mathcal{A},$$

definierte Wahrscheinlichkeitsmaß als *bedingte Verteilung* von $\mathbb{P}$ unter der Bedingung A bezeichnet haben, so gilt wegen $\mathbb{P}_A(\{\omega\}) = \mathbb{P}(\{\omega\})/\mathbb{P}(A)$

$$\mathbb{E}(X|A) = \sum_{\omega \in \Omega_0} X(\omega) \cdot \mathbb{P}_A(\{\omega\}) = \mathbb{E}_{\mathbb{P}_A}(X). \qquad (21.42)$$

Der bedingte Erwartungswert $\mathbb{E}(X|A)$ ist also nichts anderes als der (normale) Erwartungswert von X bezüglich der bedingten Verteilung $\mathbb{P}_A$. Mit dieser Sichtweise ist klar, dass die für die Erwartungswertbildung charakteristischen Eigenschaften auch für bedingte Erwartungswerte bei festem „bedingenden Ereignis“ A gelten.

Besitzt der Zufallsvektor Z die Komponenten $Z_1, \ldots, Z_k$, so setzt man

$$\mathbb{E}(X|Z_1 = z_1, \ldots, Z_k = z_k) := \mathbb{E}(X|Z = z),$$

wobei $z = (z_1, \ldots, z_k)$ mit $\mathbb{P}(Z = z) > 0$. Grundsätzlich lässt man wie in (21.41) die Mengenklammern weg, wenn das bedingende Ereignis durch eine Zufallsvariable oder einen Zufallsvektor definiert ist. Man schreibt also etwa $\mathbb{E}(X|Z_1 - Z_2 \leq 3)$ anstelle von $\mathbb{E}(X|\{Z_1 - Z_2 \leq 3\})$.

Für bedingte Erwartungswerte gelten die folgenden Eigenschaften:

Eigenschaften des bedingten Erwartungswertes

Es seien X und Y Zufallsvariablen mit existierenden Erwartungswerten, A ein Ereignis mit $\mathbb{P}(A) > 0$ sowie Z ein k-dimensionaler Zufallsvektor und $z \in \mathbb{R}^k$ mit $\mathbb{P}(Z = z) > 0$. Dann gelten:

a) $\mathbb{E}(X + Y|A) = \mathbb{E}(X|A) + \mathbb{E}(Y|A)$,

b) $\mathbb{E}(a \cdot X|A) = a \cdot \mathbb{E}(X|A), \qquad a \in \mathbb{R}$,

c) $\mathbb{E}(\mathbf{1}_B|A) = \mathbb{P}(B|A), \qquad B \in \mathcal{A}$,

d) $\mathbb{E}(X|A) = \sum_{j \geq 1} x_j \cdot \mathbb{P}(X = x_j|A)$,
falls $\sum_{j \geq 1} \mathbb{P}(X = x_j) = 1$,

e) $\mathbb{E}(X|Z = z) = \sum_{j \geq 1} x_j \cdot \mathbb{P}(X = x_j|Z = z)$,
falls $\sum_{j \geq 1} \mathbb{P}(X = x_j) = 1$,

f) $\mathbb{E}(X|Z = z) = \mathbb{E}(X)$, falls X und Z unabhängig sind.

Beweis: Die Eigenschaften a) bis c) folgen direkt aus der Darstellung (21.42). Man muss nur in den Eigenschaften a) bis c) auf Seite 775 stets $\mathbb{P}$ durch die bedingte Verteilung $\mathbb{P}_A$ ersetzen. In gleicher Weise ergibt sich d) aus der Transformationsformel auf Seite 774. e) ist ein Spezialfall von d) mit $A := \{Z = z\}$. Wegen $\mathbb{P}(X = x_j|Z = z) = \mathbb{P}(X = x_j)$ im Fall der Unabhängigkeit von X und Z folgt f) aus e). ∎

Beispiel Beim zweifachen Wurf mit einem echten Würfel sei X_j die Augenzahl des j-ten Wurfs. Wie groß ist der bedingte Erwartungswert von X_1 unter der Bedingung $X_1 + X_2 \leq 5$? Zur Beantwortung dieser Frage beachten wir, dass sich das Ereignis $A := \{X_1 + X_2 \leq 5\}$ im Grundraum $\Omega := \{(i,j) \colon i, j \in \{1,2,3,4,5,6\}\}$ in der Form $A = \{(1,1), (1,2), (1,3), (1,4), (2,1), (2,2), (2,3), (3,1), (3,2), (4,1)\}$ darstellt. Wegen $\mathbb{P}(A) = 10/36$ und $\mathbb{P}(\{\omega\}) = 1/36$, $\omega \in \Omega$, folgt nach Definition des bedingten Erwartungswertes

$$\begin{aligned}\mathbb{E}(X_1|A) &= \mathbb{E}(X_1|X_1 + X_2 \leq 5)\\ &= \frac{\frac{1}{36}\cdot(1+1+1+1+2+2+2+3+3+4)}{10/36}\\ &= 2.\end{aligned}$$

Aus Symmetriegründen gilt $\mathbb{E}(X_2|A) = 2$. ◀

Wir wenden uns nun dem Problem zu, die Realisierungen $X(\omega)$ einer Zufallsvariablen X mithilfe der Realisierungen $Z(\omega)$ eines k-dimensionalen Zufallsvektors Z vorherzusagen. Diese Vorhersage erfolgt über eine Funktion $h \colon \mathbb{R}^k \to \mathbb{R}$, wobei $h(Z(\omega))$ als Prognosewert für $X(\omega)$ bei Kenntnis der Realisierung $Z(\omega)$ angesehen wird. Als Kriterium für die Qualität der Vorhersage diene die *mittlere quadratische Abweichung* (MQA)

$$\mathbb{E}\,(X - h(Z))^2 = \sum_{\omega\in\Omega_0} (X(\omega) - h(Z(\omega)))^2\,\mathbb{P}(\{\omega\}) \quad (21.43)$$

zwischen tatsächlichem und vorhergesagtem Wert.

Welche Prognose-Funktion h liefert die kleinstmögliche MQA? Die Antwort erschließt sich relativ leicht, wenn man bedenkt, dass nach Eigenschaft c) der Varianz auf Seite 778 die mittlere quadratische Abweichung $\mathbb{E}(X-a)^2$ für die Wahl $a := \mathbb{E}X$ minimal wird. In unserer Situation führt die Lösung auf den *bedingten* Erwartungswert.

Satz über den bedingten Erwartungswert als beste Vorhersage im quadratischen Mittel

Der Zufallsvektor Z nehme die verschiedenen Werte $z_1, z_2, \ldots$ mit positiven Wahrscheinlichkeiten an, wobei $\sum_{j\geq 1} \mathbb{P}(Z = z_j) = 1$ gelte. Dann wird die mittlere quadratische Abweichung (21.43) minimal, falls

$$h(z) := \begin{cases} \mathbb{E}(X|Z = z_j), & \text{falls } z = z_j \text{ für ein } j \geq 1\\ 0, & \text{falls } z \in \mathbb{R}^k \setminus \{z_1, z_2, \ldots\}\end{cases} \quad (21.44)$$

gesetzt wird.

Beweis: Wir schreiben kurz $A_j := \{Z = z_j\}$ und sortieren die Summanden auf der rechten Seite von (21.43) nach gleichen Werten z_j für $Z(\omega)$. Zusammen mit $\mathbb{P}_{A_j}(\{\omega\}) = \mathbb{P}(\{\omega\})/\mathbb{P}(Z = z_j)$ und $\mathbb{P}_{A_j}(\{\omega\}) = 0$ für $\omega \in \Omega \setminus A_j$ sowie in der in (21.42) verwendeten Schreibweise $\mathbb{E}_{\mathbb{P}_{A_j}}$ folgt

$$\begin{aligned}\mathbb{E}\,(X - h(Z))^2 &= \sum_{j\geq 1}\sum_{\omega\in A_j} (X(\omega) - h(z_j))^2\mathbb{P}(\{\omega\})\\ &= \sum_{j\geq 1} \mathbb{P}(Z = z_j) \sum_{\omega\in A_j} (X(\omega) - h(z_j))^2 \mathbb{P}_{A_j}(\{\omega\})\\ &= \sum_{j\geq 1} \mathbb{P}(Z = z_j) \sum_{\omega\in \Omega_0} (X(\omega) - h(z_j))^2 \mathbb{P}_{A_j}(\{\omega\})\\ &= \sum_{j\geq 1} \mathbb{P}(Z = z_j)\mathbb{E}_{\mathbb{P}_{A_j}}(X - h(z_j))^2\,.\end{aligned}$$

Die MQA $\mathbb{E}_{\mathbb{P}_{A_j}}(X - h(z_j))^2$ wird nach Eigenschaft c) der Varianz auf Seite 778 für die Wahl

$$h(z_j) := \mathbb{E}_{\mathbb{P}_{A_j}}(X) = \mathbb{E}(X|A_j) = \mathbb{E}(X|Z = z_j)\,, \quad j \geq 1\,,$$

minimal. Die in (21.44) getroffene Festsetzung $h(z) := 0$ für $z \in \mathbb{R}^k \setminus \{z_1, z_2, \ldots\}$ ist willkürlich. Sie dient nur dazu, die Funktion h auf ganz $\mathbb{R}^k$ zu definieren. ■

Die bedingte Erwartung $\mathbb{E}(X|Z)$ ist eine von Z abhängende Zufallsvariable

Bilden wir die Komposition von Z und der eben konstruierten Abbildung h, so entsteht die folgende zentrale Begriffsbildung.

Definition der bedingten Erwartung

Die mit h wie in (21.44) für jedes $\omega \in \Omega$ durch

$$\begin{aligned}\mathbb{E}(X|Z)(\omega) &:= h(Z(\omega))\\ &= \begin{cases}\mathbb{E}(X|Z = Z(\omega)), & \text{falls } Z(\omega) \in \{z_1, z_2, \ldots\}\\ 0 & \text{sonst,}\end{cases}\end{aligned}$$

definierte Zufallsvariable $E(X|Z)$ heißt **bedingte Erwartung von X bei gegebenem Z.**

Man beachte, dass die Realisierungen $\mathbb{E}(X|Z)(\omega)$, $\omega \in \Omega$, von $\mathbb{E}(X|Z)$ nur vom Wert $Z(\omega)$ abhängen. Die bedingte Erwartung $\mathbb{E}(X|Z)$ ist somit als Funktion auf Ω konstant auf den Mengen $\{Z = z_j\}$, $j \geq 1$.

Beispiel Beim zweifachen Würfelwurf seien X_j die Augenzahl des j-ten Wurfs sowie $M := \max(X_1, X_2)$ die höchste Augenzahl. Welche Gestalt besitzt die bedingte Erwartung $\mathbb{E}(M|X_1)$?

In diesem Beispiel ist aus Sicht obiger Definition $Z = X_1$ und $X = M$. Unter der Bedingung $X_1 = j$ gilt $M = j$, falls das Ereignis $X_2 \leq j$ eintritt, was mit der Wahrscheinlichkeit $j/6$ geschieht, andernfalls gilt $M = X_2$. Somit nimmt unter der Bedingung $X_1 = 6$ die Zufallsvariable M den Wert 6 mit der (bedingten) Wahrscheinlichkeit 1 an, und im Fall $X_1 = j$ mit $j < 6$ werden die Werte j und $j+1, \dots, 6$ mit den (bedingten) Wahrscheinlichkeiten $j/6$ bzw. $1/6, \dots, 1/6$ angenommen. Mit der Konvention, eine Summe über die leere Menge gleich 0 zu setzen, folgt für $j \in \{1, \dots, 6\}$

$$\begin{aligned}\mathbb{E}(M|X_1 = j) &= j \cdot \frac{j}{6} + \sum_{k=j+1}^{6} k \cdot \frac{1}{6} \\ &= \frac{1}{6} \cdot \left(j^2 + 21 - \frac{j(j+1)}{2}\right) \\ &= 3.5 + \frac{j(j-1)}{12},\end{aligned}$$

und somit

$$\mathbb{E}(M|X_1) = 3.5 + \frac{X_1(X_1 - 1)}{12}.$$

Setzt man die möglichen Realisierungen $1, 2, \dots, 6$ für X_1 ein, so ergeben sich als Vorhersagewerte für M die auf zwei Stellen gerundeten Werte 3.5, 3.67, 4, 4.5, 5.17, 6. Auch hier treten (als jeweils bedingte Erwartungswerte) nicht ganzzahlige Werte auf. Würde man den Wertebereich einer Prognosefunktion auf die Menge $\{1, 2, \dots, 6\}$ einschränken, so ergäbe sich eine andere Lösung (Aufgabe 21.11). ◀

Formel vom totalen Erwartungswert

Es seien $A_1, A_2, \dots$ endlich oder abzählbar-unendlich viele paarweise disjunkte Ereignisse mit $\mathbb{P}(A_j) > 0$ für jedes j sowie $\sum_{j \geq 1} \mathbb{P}(A_j) = 1$. Dann gilt für jede Zufallsvariable X mit existierendem Erwartungswert:

$$\mathbb{E}X = \sum_{j \geq 1} \mathbb{E}(X|A_j) \cdot \mathbb{P}(A_j). \qquad (21.45)$$

Beweis: Wegen $\mathbb{E}(X|A_j) \cdot \mathbb{P}(A_j) = \sum_{\omega \in A_j} X(\omega) \cdot \mathbb{P}(\{\omega\})$ ergibt sich

$$\begin{aligned}\mathbb{E}X &= \sum_{\omega \in \Omega_0} X(\omega)\mathbb{P}(\{\omega\}) = \sum_{j \geq 1} \left(\sum_{\omega \in A_j} X(\omega)\mathbb{P}(\{\omega\}) \right) \\ &= \sum_{j \geq 1} \mathbb{E}(X|A_j) \cdot \mathbb{P}(A_j),\end{aligned}$$

was zu zeigen war. Dabei folgt das zweite Gleichheitszeichen im Fall einer unendlichen Menge Ω_0 aus dem Großen Umordnungssatz für Reihen (siehe Band I), da die Reihe $\sum_{\omega \in \Omega_0} X(\omega)\mathbb{P}(\{\omega\})$ als absolut konvergent vorausgesetzt ist. Diese Überlegung entfällt natürlich, wenn Ω_0 endlich ist. ■

Setzt man in (21.45) speziell $X = \mathbf{1}_B$ für ein Ereignis B, so entsteht wegen Eigenschaft c) des bedingten Erwartungswertes auf Seite 794 die Formel von der totalen Wahrscheinlichkeit.

Man kann Erwartungswerte durch Bedingen nach einer Zufallsvariablen iteriert ausrechnen

Iterierte Erwartungswertbildung

Gilt im obigen Satz speziell $A_j = \{Z = z_j\}$ für einen Zufallsvektor Z, der die Werte $z_1, z_2, \dots$ mit positiver Wahrscheinlichkeit annimmt, so geht (21.45) über in

$$\mathbb{E}X = \sum_{j \geq 1} \mathbb{E}(X|Z = z_j) \cdot \mathbb{P}(Z = z_j). \qquad (21.46)$$

Nach Definition der bedingten Erwartung $\mathbb{E}(X|Z)$ steht auf der rechten Seite von (21.46) der Erwartungswert von $\mathbb{E}(X|Z)$. Somit besitzt Darstellung (21.46) die Kurzform

$$\mathbb{E}X = \mathbb{E}(\mathbb{E}(X|Z)). \qquad (21.47)$$

Gleichung (21.46) kann als eine *iterierte Erwartungswertbildung* verstanden werden. Man erhält $\mathbb{E}X$, indem man zunächst die bedingten Erwartungswerte von X bei gegebenen Realisierungen z_j von Z bestimmt, diese mit den Wahrscheinlichkeiten $\mathbb{P}(Z = z_j)$ gewichtet und dann aufsummiert. Natürlich machen die Anwendung der Formel vom totalen Erwartungswert und die iterierte Erwartungswertbildung (21.46) nur dann Sinn, wenn die bedingten Erwartungswerte $\mathbb{E}(X|A_j)$ bzw. $\mathbb{E}(X|Z = z_j)$ wie im folgenden Beispiel leicht erhältlich sind.

Beispiel Warten auf den ersten Doppeltreffer

In einer Bernoulli-Kette mit Trefferwahrscheinlichkeit $p \in (0, 1)$ bezeichne X die Anzahl der Versuche, bis zum ersten Mal direkt hintereinander zwei Treffer aufgetreten sind. Welchen Erwartungswert besitzt X?

Abbildung 21.16 zeigt diese Situation anhand eines sog. *Zustandsgraphen* mit den Knoten *Start*, 1 und 11. Zu Beginn befindet man sich im Startknoten. Dort bleibt man, wenn eine Niete auftritt, was mit Wahrscheinlichkeit $q := 1 - p$ geschieht. Andernfalls gelangt man in den Knoten 1. Von dort erreicht man entweder den Knoten 11, oder man fällt wieder in den Startknoten zurück.

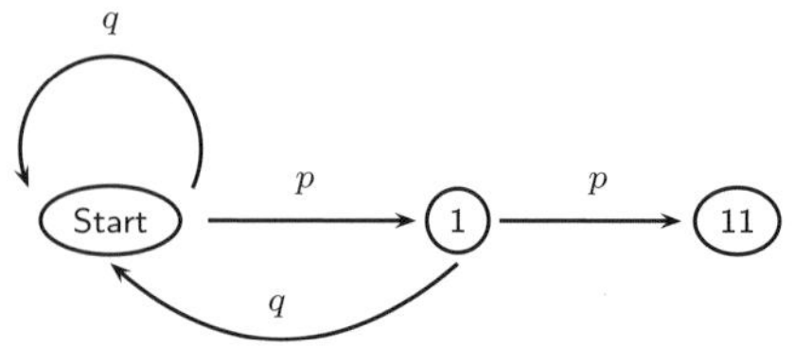

Abbildung 21.16 Zustandsgraph beim Warten auf den ersten Doppeltreffer.

Einer unter mehreren möglichen Grundräumen für dieses Problem ist die (abzählbare) Menge Ω aller endlichen Sequenzen aus Nullen und Einsen, die nur am Ende zwei direkt aufeinanderfolgende Einsen aufweisen. Wir gehen an dieser

Stelle nicht auf die Existenz des Erwartungswertes von X und die Gleichung $\sum_{\omega\in\Omega}\mathbb{P}(\{\omega\}) = 1$ ein (siehe Aufgabe 21.25), sondern machen deutlich, wie die Formel vom totalen Erwartungswert in dieser Situation angewendet werden kann.

Aufgrund von Abbildung 21.16 drängt sich auf, nach den Ergebnissen der beiden ersten Versuche zu bedingen. Hierzu bezeichne A_1 das Ereignis, dass der erste Versuch eine Niete ergibt. Der konträre Fall, dass die Bernoulli-Kette mit einem Treffer beginnt, wird in die beiden Unterfälle aufgeteilt, dass sich im zweiten Versuch eine Niete bzw. ein Treffer einstellt. Diese Ereignisse werden mit A_2 bzw. A_3 bezeichnet. Offenbar gelten $A_1+A_2+A_3 = \Omega$ sowie $\mathbb{P}(A_1) = q, \mathbb{P}(A_2) = pq$ und $\mathbb{P}(A_3) = p^2$. Tritt A_1 ein, so verbleibt man nach einem im Hinblick auf den Doppeltreffer vergeblichen Versuch im Startzustand, was sich in der Gleichung

$$\mathbb{E}(X|A_1) = 1 + \mathbb{E}X$$

äußert. Im Fall von A_2 ist man nach zwei Versuchen wieder im Startzustand, es gilt also $\mathbb{E}(X|A_2) = 2 + \mathbb{E}X$. Tritt A_3 ein, so ist der erste Doppeltreffer nach zwei Versuchen aufgetreten, was $\mathbb{E}(X|A_3) = 2$ bedeutet. Nach Gleichung (21.45) folgt

$$\mathbb{E}X = (1+\mathbb{E}X)\cdot q + (2+\mathbb{E}X)\cdot pq + 2p^2$$

und somit

$$\mathbb{E}X = \frac{1+p}{p^2}\,.$$

Insbesondere gilt $\mathbb{E}X = 6$ im Fall $p = 1/2$. Interessanterweise ergibt sich für die Wartezeit Y auf das mit gleicher Wahrscheinlichkeit $1/4$ eintretende Muster 01 der kleinere Wert $\mathbb{E}Y = 4$ (Aufgabe 21.45). ◂

Für den Umgang mit bedingten Erwartungswerten ist folgendes Resultat wichtig.

Substitutionsregel

Es seien X ein n-dimensionaler und Z ein k-dimensionaler Zufallsvektor. Weiter sei $g\colon \mathbb{R}^n \times \mathbb{R}^k \to \mathbb{R}$ eine Funktion mit der Eigenschaft, dass der Erwartungswert der Zufallsvariablen $g(X,Z)$ existiert. Dann gilt für jedes $z \in \mathbb{R}^k$ mit $\mathbb{P}(Z=z) > 0$:

$$\mathbb{E}(g(X,Z)|Z=z) = \mathbb{E}(g(X,z)|Z=z)\,. \qquad (21.50)$$

Beweis: Mit der Abkürzung $p_z := \mathbb{P}(Z=z)$ gilt

$$\begin{aligned}\mathbb{E}(g(X,Z)|Z=z) &= \frac{1}{p_z}\cdot\sum_{\omega\in\Omega_0:\,Z(\omega)=z} g(X(\omega),Z(\omega))\mathbb{P}(\{\omega\})\\ &= \frac{1}{p_z}\cdot\sum_{\omega\in\Omega_0:\,Z(\omega)=z} g(X(\omega),z)\mathbb{P}(\{\omega\})\\ &= \mathbb{E}(g(X,z)|Z=z)\,.\end{aligned}$$ ■

Die Substitutionsregel besagt, dass man die durch Bedingung $Z = z$ gegebene Information über Z in die Funktion $g(X,Z)$ „einsetzen", also den Zufallsvektor Z durch dessen Realisierung z ersetzen kann.

Beispiel Augensumme mit zufälliger Wurfanzahl
Ein echter Würfel wird geworfen. Fällt die Augenzahl k, so werden danach k echte Würfel geworfen. Welchen Erwartungswert hat die *insgesamt* gewürfelte Augensumme? Zur Beantwortung dieser Frage wählen wir den Grundraum $\Omega = \{1,2,\ldots,6\}^7 = \{\omega = (a_0,a_1,\ldots,a_6)\colon 1 \le a_j \le 6$ für $j = 0,\ldots,6\}$ mit der Gleichverteilung $\mathbb{P}$ auf Ω. Die durch $X_j(\omega) := a_j$ definierte Zufallsvariable X_j gibt die Augenzahl des $(j+1)$-ten Wurfs an. Die Zufallsvariablen $X_0, X_1, \ldots, X_6$ sind unabhängig, und die durch

$$X(\omega) := X_0(\omega) + \sum_{j=1}^{X_0(\omega)} X_j(\omega)\,, \qquad \omega\in\Omega\,,$$

definierte Zufallsvariable X beschreibt die insgesamt gewürfelte Augensumme. Es ist

$$\begin{aligned}\mathbb{E}(X|X_0=k) &= \mathbb{E}\left(X_0 + \sum_{j=1}^{X_0} X_j\,\Big|\,X_0=k\right)\\ &= \mathbb{E}\left(k + \sum_{j=1}^{k} X_j\,\Big|\,X_0=k\right)\\ &= \mathbb{E}(k|X_0=k) + \sum_{j=1}^{k}\mathbb{E}(X_j|X_0=k)\\ &= k + \sum_{j=1}^{k}\mathbb{E}(X_j)\\ &= k + k\cdot 3.5\,.\end{aligned}$$

Dabei wurde beim zweiten Gleichheitszeichen die Substitutionsregel (21.50) und beim dritten Gleichheitszeichen die Additivität des bedingten Erwartungswertes (Eigenschaft a) auf Seite 794) verwendet. Das dritte Gleichheitszeichen gilt nach Eigenschaft f) auf Seite 794, da X_0 und X_j unabhängig sind. Mit (21.46) folgt

$$\begin{aligned}\mathbb{E}X &= \sum_{k=1}^{6}\mathbb{E}(X|X_0=k)\cdot P(X_0=k)\\ &= \frac{1}{6}\cdot 4.5\cdot\sum_{k=1}^{6} k = 15.75\,.\end{aligned}$$ ◂

?

Warum gilt $\mathbb{E}(k|X_0=k) = k$?

Unter der Lupe: Zwischen Angst und Gier: Die Sechs verliert

Ein Problem des optimalen Stoppens

Ein echter Würfel wird wiederholt geworfen. Solange keine Sechs auftritt, werden die erzielten Augenzahlen auf ein Punktekonto addiert. Das Spiel kann jederzeit gestoppt werden. Der erzielte Punktestand ist dann der Gewinn (in Euro). Kommt eine Sechs, so fällt man auf 0 Punkte zurück und gewinnt nichts. Würfelt man etwa 4,5,2,2 und stoppt dann, so beträgt der Gewinn 13 Euro. Bei der Sequenz 3,1,6 geht man leer aus, da nach den ersten beiden Würfen das Spiel nicht beendet wurde. Welche Strategie sollte verfolgt werden, wenn man das Spiel oft wiederholt spielen müsste?

Eine Entscheidung zwischen Weiterwürfeln und Stoppen sollte offenbar vom erreichten Punktestand und nicht von der Anzahl der Würfe, die man ohne Sechs überstanden hat, abhängig gemacht werden, denn die Wahrscheinlichkeit für eine Sechs wird ja nicht größer, je länger sie ausgeblieben ist. Aber lohnt es sich, bei k erreichten Punkten weiterzuwürfeln? Hierzu betrachten wir den Erwartungswert des zufälligen Punktestandes X_k nach einem gedanklichen weiteren Wurf. Da X_k die Werte $k+1, \ldots, k+5$ und 0 jeweils mit Wahrscheinlichkeit $1/6$ annimmt, gilt

$$\mathbb{E}(X_k) = \frac{1}{6} \cdot \sum_{j=1}^{5}(k+j) = \frac{5 \cdot k + 15}{6}$$

und somit $\mathbb{E}(X_k) > k \iff k < 15$. Nach diesem aus der Betrachtung des Erwartungswertes abgeleiteten Prinzip sollte man also weiterspielen, falls der Punktestand kleiner ist als 15. Andernfalls sollte man aufhören und den Gewinn mitnehmen.

Welchen Erwartungswert hat der Spielgewinn G, wenn man so vorgeht? Als Definitionsbereich Ω für G bietet sich die Menge aller denkbaren Wurfsequenzen ω bis zum Spielende an. Diese haben eine maximale Länge von 15 (die bei 14 Einsen in Folge erreicht wird) und enthalten entweder nur am Ende eine Sechs (dann gilt $G(\omega) = 0$) oder keine Sechs. Im letzteren Fall ist ω von der Gestalt $\omega = a_1 a_2 \ldots a_l$ mit $l \geq 3$ und $a_1 + \ldots + a_l \geq 15$ sowie $a_1 + \ldots + a_{l-1} < 15$. In diesem Fall gilt $G(\omega) = a_1 + \ldots + a_l$.

Prinzipiell lässt sich $\mathbb{E}G$ über Definition (21.7) berechnen. Wegen der großen Zahl an Spielverläufen ist hierfür jedoch ein Computerprogramm erforderlich. Einfacher geht es, wenn man den Erwartungswert von G *in Abhängigkeit vom erreichten Punktestand* k betrachtet, also den mit $\mathbb{E}_k(G)$ abgekürzten *bedingten Erwartungswert* von G unter demjenigen Ereignis A_k, das aus allen zu einem Punktestand von k führenden Wurfsequenzen besteht. Wenn wir formal $A_0 := \Omega$ setzen, läuft k hierbei von 0 bis 19. Der maximale Wert 19 wird erreicht, wenn man mit 14 Punkten eine Fünf würfelt. Nach Definition gilt offenbar $\mathbb{E}G = \mathbb{E}_0(G)$.

Da man mit mindestens 15 Punkten stoppt und diese Punktzahl als Gewinn erhält, gilt

$$\mathbb{E}_k(G) = k, \quad \text{falls } k \in \{15, 16, 17, 18, 19\}. \tag{21.48}$$

Für $k \leq 14$ betrachten wir das zufällige Ergebnis X des nächsten Wurfs. Die Formel vom totalen Erwartungswert, angewendet auf $\mathbb{E}_k(G)$, besagt

$$\mathbb{E}_k(G) = \sum_{j=1}^{6} \mathbb{E}_k(G|X=j) \cdot \mathbb{P}(X=j). \tag{21.49}$$

Da eine Sechs verliert, gilt $\mathbb{E}_k(G|X=6) = 0$. Im Fall $X = j$ mit $j \leq 5$ erhält man weitere j Punkte, es gilt also $\mathbb{E}_k(G|X=j) = \mathbb{E}_{k+j}(G)$. Wegen $\mathbb{P}(X=j) = 1/6$ $(j = 1, \ldots, 6)$ nimmt dann (21.49) die Gestalt

$$\mathbb{E}_k(G) = \frac{1}{6} \cdot \sum_{j=1}^{5} \mathbb{E}_{k+j}(G)$$

an. Zusammen mit (21.48) lässt sich hiermit $\mathbb{E}_0(G)$ durch *Rückwärtsinduktion* gemäß

$$\mathbb{E}_{14}(G) = \frac{1}{6} \cdot (15+16+17+18+19) = \frac{85}{6} \approx 14.167,$$
$$\mathbb{E}_{13}(G) = \frac{1}{6} \cdot \left(\frac{85}{6}+15+16+17+18\right) = \frac{481}{36} \approx 13.361$$

usw. berechnen (Tabellenkalkulation). Schließlich ergibt sich

$$\mathbb{E}G = \mathbb{E}_0(G) \approx 6.154.$$

Man kann beweisen, dass die vorgestellte Strategie in dem Sinne optimal ist, dass sie den Erwartungswert des Spielgewinns maximiert.

Literatur

M. Roters: *Optimal stopping in a dice game*. Journal of Applied Probability 35, 1988, 229–235.

Definition der bedingten Verteilung

Es seien X und Z n- bzw. k-dimensionale diskrete Zufallsvektoren sowie $z \in \mathbb{R}^k$ mit $P(Z = z) > 0$. Dann heißt das Wahrscheinlichkeitsmaß

$$\mathbb{P}^X_{Z=z} : \begin{cases} \mathcal{B}^k \to [0,1] \\ B \mapsto \mathbb{P}^X_{Z=z}(B) := \mathbb{P}(X \in B | Z = z) \end{cases}$$

bedingte Verteilung von X unter der Bedingung $Z = z$.

Gilt $\sum_{j \geq 1} \mathbb{P}(X = x_j) = 1$, so ist die bedingte Verteilung $\mathbb{P}^X_{Z=z}$ durch das System der Wahrscheinlichkeiten

$$\mathbb{P}(X = x_j | Z = z), \quad j \geq 1,$$

eindeutig bestimmt, denn es gilt

$$\mathbb{P}(X \in B | Z = z) = \sum_{j:\, x_j \in B} \mathbb{P}(X = x_j | Z = z).$$

Man beachte auch, dass

$$\mathbb{E}(X | Z = z) = \sum_{j \geq 1} x_j \cdot \mathbb{P}(X = x_j | Z = z)$$

nach Eigenschaft e) von Seite 794 der Erwartungswert der bedingten Verteilung von X unter der Bedingung $Z = z$ ist.

Beispiel Binomialverteilung als bedingte Verteilung

Die Zufallsvariablen X und Y seien stochastisch unabhängig, wobei $X \sim \text{Po}(\lambda)$ und $Y \sim \text{Po}(\mu)$ mit $\lambda, \mu > 0$. Welche bedingte Verteilung besitzt X unter der Bedingung $X + Y = n$ mit festem $n \in \mathbb{N}$? Da X und Y $\mathbb{N}_0$-wertig sind, kann X unter der Bedingung $X + Y = n$ jeden Wert $k \in \{0, 1, \ldots, n\}$ annehmen. Für ein solches k gilt

$$\mathbb{P}(X = k | X + Y = n) = \frac{\mathbb{P}(X = k, X + Y = n)}{\mathbb{P}(X + Y = n)}.$$

Da $X + Y$ nach dem Additionsgesetz auf Seite 785 die Verteilung $\text{Po}(\lambda + \mu)$ besitzt und das Ereignis $\{X = k, X + Y = n\}$ gleichbedeutend mit $\{X = k, Y = n - k\}$ ist, folgt wegen der Unabhängigkeit von X und Y

$$\begin{aligned} \mathbb{P}(X = k | X + Y = n) &= \frac{\mathbb{P}(X = k)\,\mathbb{P}(Y = n - k)}{\mathbb{P}(X + Y = n)} \\ &= \frac{\mathrm{e}^{-\lambda} \frac{\lambda^k}{k!}\, \mathrm{e}^{-\mu} \frac{\mu^{n-k}}{(n-k)!}}{\mathrm{e}^{-(\lambda+\mu)} \frac{(\lambda+\mu)^n}{n!}} \\ &= \binom{n}{k} \left(\frac{\lambda}{\lambda + \mu}\right)^k \left(1 - \frac{\lambda}{\lambda + \mu}\right)^{n-k}. \end{aligned}$$

Die gesuchte bedingte Verteilung ist also die Binomialverteilung $\text{Bin}(n, \lambda/(\lambda + \mu))$ oder kurz

$$\mathbb{P}^X_{X+Y=n} = \text{Bin}(n, \lambda/(\lambda + \mu)).$$

Hiermit ergibt sich insbesondere $\mathbb{E}(X | X + Y = n) = n\lambda/(\lambda + \mu)$. Selbstverständlich sind X und Y unter der eine lineare Beziehung zwischen X und Y darstellenden Bedingung $X + Y = n$ nicht mehr stochastisch unabhängig.

In gleicher Weise entsteht die hypergeometrische Verteilung als bedingte Verteilung bei gegebener Summe von zwei unabhängigen binomialverteilten Zufallsvariablen (Aufgabe 21.12). Eine Verallgemeinerung des obigen Beispiels auf die Multinomialverteilung findet sich in Aufgabe 21.48. ◀

Nach (21.46) und (21.47) kann der Erwartungswert einer Zufallsvariablen durch Bedingen nach einer anderen Zufallsvariablen iteriert berechnet werden. Die Frage, ob es eine analoge Vorgehensweise zur Bestimmung der Varianz gibt, führt auf folgende Begriffsbildung.

Definition der bedingten Varianz

Es seien X eine Zufallsvariable mit existierender Varianz, Z ein k-dimensionaler Zufallsvektor und $z \in \mathbb{R}^k$ mit $\mathbb{P}(Z = z) > 0$. Dann heißt

$$\mathbb{V}(X | Z = z) := \mathbb{E}\big[(X - \mathbb{E}(X | Z = z))^2 | Z = z\big]$$

die **bedingte Varianz von X unter der Bedingung** $Z = z$.

Nimmt Z die Werte $z_1, z_2, \ldots$ mit positiven Wahrscheinlichkeiten an, so heißt die durch

$$\mathbb{V}(X|Z)(\omega) := \begin{cases} \mathbb{V}(X | Z = Z(\omega)), & \text{falls } Z(\omega) \in \{z_1, z_2, \ldots\} \\ 0 & \text{sonst,} \end{cases}$$

($\omega \in \Omega$) definierte Zufallsvariable $\mathbb{V}(X|Z)$ die **bedingte Varianz von X bei gegebenem Z.**

Nach Definition ist $\mathbb{V}(X | Z = z)$ die Varianz der bedingten Verteilung von X unter der Bedingung $Z = z$. Nimmt X die Werte $x_1, x_2, \ldots$ an, so berechnet sich $\mathbb{V}(X | Z = z)$ gemäß

$$\mathbb{V}(X | Z = z) = \sum_{j \geq 1} \big(x_j - \mathbb{E}(X | Z = z)\big)^2\, \mathbb{P}(X = x_j | Z = z).$$

Die Zufallsvariable $\mathbb{V}(X|Z)$ ist ebenso wie die bedingte Erwartung $\mathbb{E}(X|Z)$ auf den Mengen $\{Z = z_j\}$, $j \geq 1$, konstant. Die Festsetzung $\mathbb{V}(X|Z)(\omega) := 0$ im Fall $Z(\omega) \notin \{z_1, z_2, \ldots\}$ dient nur dazu, dass $\mathbb{V}(X|Z)$ auf ganz Ω definiert ist.

Das angekündigte Resultat zur iterierten Berechnung der Varianz lautet wie folgt:

Satz über die iterierte Berechnung der Varianz

In der Situation der obigen Definition gilt

$$\mathbb{V}(X) = \mathbb{V}(\mathbb{E}(X|Z)) + \mathbb{E}(\mathbb{V}(X|Z)). \qquad (21.51)$$

Beweis: Der Zufallsvektor Z nehme die Werte $z_1, z_2, \ldots$ an, wobei $\sum_{j\geq 1} \mathbb{P}(Z = z_j) = 1$ gelte. Wenden wir (21.46) auf die Zufallsvariable $(X - \mathbb{E}X)^2$ an, so folgt

$$\mathbb{V}(X) = \mathbb{E}\,(X - \mathbb{E}X)^2 = \sum_{j\geq 1} \mathbb{E}\Big[(X - \mathbb{E}X)^2 \big| Z = z_j\Big]\,\mathbb{P}(Z = z_j)\,.$$

Schreiben wir auf der rechten Seite $X - \mathbb{E}X = X - h(z_j) + h(z_j) - \mathbb{E}X$ mit $h(z_j) := \mathbb{E}(X|Z = z_j)$, so liefern die binomische Formel und die Linearität des bedingten Erwartungswerts sowie die Substitutionsregel

$$\begin{aligned}\mathbb{V}(X) = &\sum_{j\geq 1} \mathbb{E}\Big[(X - h(z_j))^2 | Z = z_j\Big]\,\mathbb{P}(Z = z_j)\\ &+ 2\sum_{j\geq 1}(h(z_j) - \mathbb{E}X)^2\mathbb{E}\big[X - h(z_j)|Z = z_j\big]\,\mathbb{P}(Z = z_j)\\ &+ \sum_{j\geq 1}(h(z_j) - \mathbb{E}X)^2\,\mathbb{P}(Z = z_j)\,.\end{aligned}$$

Wegen $\mathbb{E}(X - h(z_j)|Z = z_j) = \mathbb{E}(X|Z = z_j) - h(z_j) = 0$ verschwindet hier der gemischte Term. Der erste Term ist nach Definition der bedingten Varianz gleich $\sum_{j\geq 1} \mathbb{V}(X|Z = z_j)\mathbb{P}(Z = z_j)$, also gleich $\mathbb{E}(\mathbb{V}(X|Z))$, und der letzte Term gleich $\mathbb{V}(\mathbb{E}(X|Z))$. ■

Nach diesem Satz ergibt sich also die Varianz von X als Summe aus der Varianz der bedingten Erwartung von X bei gegebenem Z und des Erwartungswerts der bedingten Varianz von X bei gegebenem Z. Ein schon einmal behandeltes Beispiel soll die Vorgehensweise verdeutlichen.

Beispiel **Fortsetzung von Seite 797**
In Fortsetzung des Beispiels von Seite 797 wollen wir die Varianz der insgesamt gewürfelten Augensumme $X := X_0 + \sum_{j=1}^{X_0} X_j$ bestimmen. Hierzu bedingen wir nach der Zufallsvariablen X_0. Die bedingte Verteilung von X unter der Bedingung $X_0 = k$ ist die Verteilung der Zufallsvariablen $k + \sum_{j=1}^{k} X_j$. Wir müssen diese Verteilung nicht kennen, um deren Varianz zu bestimmen, sondern nutzen die Summenstruktur aus. Da sich Varianzen bei Addition von Konstanten nicht ändern und $\mathbb{V}(X_j) = 35/12$ gilt, folgt wegen der Unabhängigkeit von $X_1, \ldots, X_6$

$$\mathbb{V}(X|X_0 = k) = k \cdot \frac{35}{12}, \qquad k = 1, 2, \ldots, 6,$$

also

$$\mathbb{V}(X|X_0) = X_0 \cdot \frac{35}{12}\,.$$

Wegen $\mathbb{E}(X|X_0) = 4.5 \cdot X_0$ (vgl. das Beispiel auf Seite 797) folgt

$$\begin{aligned}\mathbb{V}(X) &= \mathbb{V}(4.5 \cdot X_0) + \mathbb{E}\left(X_0 \cdot \frac{35}{12}\right)\\ &= 4.5^2 \cdot \frac{35}{12} + 3.5 \cdot \frac{35}{12} \approx 69.27\,.\end{aligned}$$ ◄

21.6 Erzeugende Funktionen

Erzeugende Funktionen sind ein häufig verwendetes Hilfsmittel zur Lösung kombinatorischer Probleme (siehe z. B. Band 1, Abschnitt 26.3). In der Stochastik verwendet man sie bei der Untersuchung von $\mathbb{N}_0$-wertigen Zufallsvariablen.

Definition der erzeugenden Funktion
Für eine $\mathbb{N}_0$-wertige Zufallsvariable X heißt die durch

$$g_X(t) := \sum_{k=0}^{\infty} \mathbb{P}(X = k) \cdot t^k, \qquad |t| \leq 1, \qquad (21.52)$$

definierte Potenzreihe g_X die **erzeugende Funktion von X**.

Kommentar:

- Allgemein nennt man für eine reelle Zahlenfolge $(a_k)_{k\geq 0}$ die Potenzreihe

$$g(t) := \sum_{k=0}^{\infty} a_k \cdot t^k \qquad (21.53)$$

die *erzeugende Funktion von* $(a_k)_{k\geq 0}$. Hiermit ist also g_X die erzeugende Funktion der Folge $(\mathbb{P}(X = k))_{k\geq 0}$. In (21.53) setzen wir voraus, dass der Konvergenzradius von g nicht verschwindet. Wegen

$$1 = \sum_{k=0}^{\infty} \mathbb{P}(X = k) = g_X(1)$$

ist diese Bedingung für erzeugende Funktionen von Zufallsvariablen stets erfüllt.
- Die erzeugende Funktion einer Zufallsvariablen X hängt nur von der Verteilung $\mathbb{P}^X$ von X und nicht von der speziellen Gestalt des zugrunde liegenden Wahrscheinlichkeitsraums ab. Aus diesem Grund wird g_X auch die *erzeugende Funktion von* $\mathbb{P}^X$ genannt. Wegen

$$g_X(0) = \mathbb{P}(X = 0)$$

und

$$\begin{aligned}\frac{\mathrm{d}^j}{\mathrm{d}t^j} g_X(t)|_{t=0} &= \sum_{k=j}^{\infty} (k)_j \cdot \mathbb{P}(X = k)t^{k-j}|_{t=0}\\ &= j! \cdot \mathbb{P}(X = j)\end{aligned}$$

$(j = 1, 2, \ldots)$ kann aus der Kenntnis von g_X die Verteilung von X zurückgewonnen werden. Folglich gilt der *Eindeutigkeitssatz*

$$\mathbb{P}^X = \mathbb{P}^Y \Longleftrightarrow g_X = g_Y \qquad (21.54)$$

für $\mathbb{N}_0$-wertige Zufallsvariablen X und Y.

- Nach der allgemeinen Transformationsformel auf Seite 776 gilt

$$g_X(t) = \mathbb{E}(t^X), \quad |t| \le 1. \tag{21.55}$$

Beispiel

a) Eine Bin(n, p)-verteilte Zufallsvariable X besitzt die erzeugende Funktion

$$\begin{aligned} g_X(t) &= \sum_{k=0}^{n} \binom{n}{k} p^k (1-p)^{n-k} \cdot t^k \\ &= (1 - p + pt)^n . \end{aligned} \tag{21.56}$$

b) Ist X eine Zufallsvariable mit der Poisson-Verteilung Po(λ), so gilt

$$\begin{aligned} g_X(t) &= \sum_{k=0}^{\infty} \mathrm{e}^{-\lambda} \frac{\lambda^k}{k!} \cdot t^k = \mathrm{e}^{-\lambda} \cdot \mathrm{e}^{\lambda t} \\ &= \mathrm{e}^{\lambda(t-1)} . \end{aligned} \tag{21.57}$$

c) Besitzt X die negative Binomialverteilung Nb(r, p), so gilt

$$g_X(t) = \left(\frac{p}{1-(1-p)t} \right)^r$$

(Übungsaufgabe 21.49). ◀

Eine wichtige Eigenschaft erzeugender Funktionen ist, dass sie sich *multiplikativ* gegenüber der *Addition unabhängiger Zufallsvariablen* verhalten.

Multiplikationsformel für erzeugende Funktionen

Sind X, Y unabhängige $\mathbb{N}_0$-wertige Zufallsvariablen, so gilt

$$g_{X+Y}(t) = g_X(t) \cdot g_Y(t), \qquad |t| \le 1 .$$

Beweis: Da mit X und Y auch t^X und t^Y stochastisch unabhängig sind, folgt mit der Darstellung (21.55)

$$\begin{aligned} g_{X+Y}(t) &= \mathbb{E}(t^{X+Y}) = \mathbb{E}(t^X \cdot t^Y) \\ &= \mathbb{E}(t^X) \cdot \mathbb{E}(t^Y) \\ &= g_X(t) \cdot g_Y(t), \qquad |t| \le 1 . \end{aligned}$$

■

Beispiel Sind X und Y unabhängige Zufallsvariablen mit $X \sim \text{Bin}(m, p)$ und $Y \sim \text{Bin}(n, p)$, so folgt mit (21.56) und der Multiplikationsformel

$$\begin{aligned} g_{X+Y}(t) &= (1 - p + pt)^m \cdot (1 - p + pt)^n \\ &= (1 - p + pt)^{m+n} . \end{aligned}$$

Mit dem Eindeutigkeitssatz (21.54) und (21.56) ergibt sich das Additionsgesetz $X + Y \sim \text{Bin}(m+n, p)$ (vgl. Seite 782). Völlig analog beweist man die Additionsgesetze für die Poisson-Verteilung und die negative Binomialverteilung. ◀

?

Können Sie das Additionsgesetz für die Poisson-Verteilung beweisen?

Dass man mithilfe erzeugender Funktionen sehr einfach Erwartungswert und Varianz von Verteilungen berechnen kann, zeigt folgendes Resultat. In diesem Zusammenhang erinnern wir an die abkürzende Schreibweise $(k)_r = k(k-1) \cdot \ldots \cdot (k-r+1)$.

Satz über erzeugende Funktionen und Momente

Es seien X eine $\mathbb{N}_0$-wertige Zufallsvariable mit erzeugender Funktion g_X sowie r eine natürliche Zahl. Dann sind folgende Aussagen äquivalent:

a) $\mathbb{E}(X)_r < \infty$,

b) die linksseitige Ableitung

$$g_X^{(r)}(1-) := \lim_{t \to 1, t < 1} \frac{\mathrm{d}^r}{\mathrm{d}t^r} g_X(t)$$

existiert (als endlicher Wert).

In diesem Fall gilt $\mathbb{E}(X)_r = g_X^{(r)}(1-)$.

Beweis: a) ist äquivalent zur Aussage

$$\sum_{k=r}^{\infty} (k)_r \cdot \mathbb{P}(X = k) < \infty ,$$

welche ihrerseits gleichbedeutend mit der *Konvergenz* der Potenzreihe

$$\frac{\mathrm{d}^r}{\mathrm{d}t^r} g_X(t) = \sum_{k=r}^{\infty} (k)_r \cdot \mathbb{P}(X = k) \cdot t^{k-r}$$

im Randpunkt $t = 1$ des Intervalls $(-1, 1)$ ist. Die Äquivalenz dieser letzten Aussage zu b) ist eine Folge des Abel'schen Grenzwertsatzes (siehe z. B. Band 1, Abschnitt 11.1). ■

Kommentar: Man nennt $\mathbb{E}(X)_r$ das *r-te faktorielle Moment* von X. Die Existenz (Endlichkeit) des r-ten faktoriellen Momentes ist also gleichbedeutend mit der Existenz der *linksseitigen r-ten Ableitung* der erzeugenden Funktion an der Stelle 1.

Wir schreiben im Folgenden kurz $g_X^{(r)}(1) = g_X^{(r)}(1-)$ sowie $g'_X(1) = g_X^{(1)}(1)$, $g''_X(1) = g_X^{(2)}(1)$ usw. Mithilfe des obigen Satzes lassen sich Erwartungswert und Varianz von X sehr leicht aus g_X berechnen, wobei rekursiv vorgegangen wird:

$$\begin{aligned} \mathbb{E}(X) &= g'_X(1) \\ \mathbb{E}(X^2) &= \mathbb{E}[X(X-1)] + \mathbb{E}X = g''_X(1) + g'_X(1) \text{ usw.} \end{aligned}$$

Beispiel: Die exakte Verteilung der Augensumme S_n beim n-fachen Würfelwurf

Mithilfe erzeugender Funktionen lässt sich ein einfacher geschlossener Ausdruck für $\mathbb{P}(S_n = k)$ angeben.

Problemanalyse und Strategie: Die Zufallsvariablen $X_1, \ldots, X_n$ seien unabhängig und je gleichverteilt auf den Werten $1, 2, \ldots, s$, wobei $s \geq 2$. Im Folgenden leiten wir einen geschlossenen Ausdruck für die Verteilung der Summe $S_n = X_1 + \ldots + X_n$ her. Für $s = 6$ erhält man somit die Verteilung der Augensumme beim n-fachen Wurf mit einem echten Würfel.

Lösung:
Bezeichnet

$$g(t) := \mathbb{E}t^{X_1} = \frac{1}{s}\left(t + t^2 + \ldots + t^s\right)$$

die erzeugende Funktion von X_1, so gilt nach der Multiplikationsformel auf Seite 801 und der Summenformel für die geometrische Reihe

$$\begin{aligned} g_{S_n}(t) &= g(t)^n = \frac{1}{s^n}\left(t + t^2 + \ldots + t^s\right)^n \\ &= \frac{t^n}{s^n}\left(\sum_{j=0}^{s-1} t^j\right)^n = \frac{t^n}{s^n}\left(\frac{t^s - 1}{t - 1}\right)^n \\ &= \frac{t^n}{s^n}(t-1)^{-n}(t^s - 1)^n \\ &= \frac{t^n}{s^n}(1-t)^{-n}(-1)^n(t^s - 1)^n, \qquad t \neq 1\,. \end{aligned}$$

Mit der Binomialreihe (21.25) und der binomischen Formel folgt für $t \neq 1$

$$\begin{aligned} g_{S_n}(t) &= \frac{t^n}{s^n}\sum_{j=0}^{\infty}\binom{n+j-1}{j} t^j \sum_{i=0}^{n}(-1)^i\binom{n}{i} t^{i\,s} \\ &= \frac{1}{s^n}\sum_{j=0}^{\infty}\binom{n+j-1}{j}\sum_{i=0}^{n}(-1)^i\binom{n}{i} t^{n+i\,s+j}\,. \end{aligned}$$

Mit $k := n + i\,s + j$, also $j = k - n - i\,s$ ergibt sich

$$\binom{n+j-1}{j} = \binom{k-i\,s-1}{k-i\,s-n} = \binom{k-i\,s-1}{n-1}.$$

Der letzte Binomialkoeffizient ist nur dann von null verschieden, falls $k - i\,s - 1 \geq n - 1$ gilt, was gleichbedeutend mit $i \leq \lfloor\frac{k-n}{s}\rfloor$ ist. Weiter gilt $n \leq k \leq n\,s$, da andernfalls $\mathbb{P}(S_n = k) = 0$ wäre. Es folgt

$$g_{S_n}(t) = \sum_{k=n}^{n\,s}\sum_{i=0}^{\lfloor\frac{k-n}{s}\rfloor}\binom{k-i\,s-1}{n-1}(-1)^i\binom{n}{i}\frac{1}{s^n}\cdot t^k$$

Mit dem Eindeutigkeitssatz (21.54) erhält man wegen $g_{S_n}(t) = \sum_{k=0}^{\infty}\mathbb{P}(S_n = k)t^k$ durch Koeffizientenvergleich das Resultat

$$\mathbb{P}(S_n = k) = \sum_{i=0}^{\lfloor\frac{k-n}{s}\rfloor}\binom{k-i\,s-1}{n-1}(-1)^i\binom{n}{i}\frac{1}{s^n},$$

falls $k \in \{n, n+1, \ldots, n\,s\}$ und $\mathbb{P}(S_n = k) = 0$ sonst.

Die nachstehende Abbildung zeigt das Stabdiagramm der Verteilung der Augensumme beim fünffachen Würfelwurf.

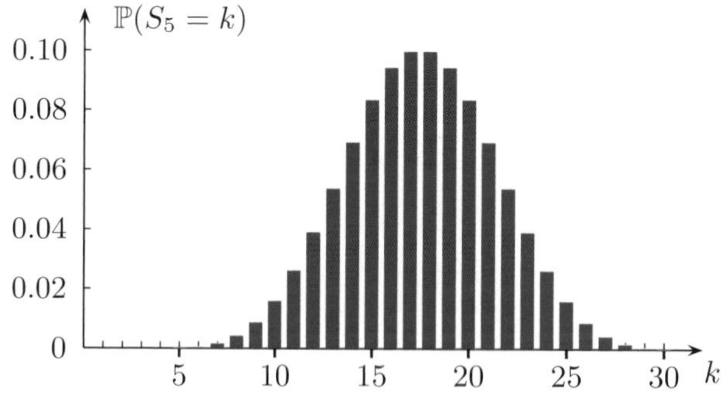

Insbesondere ergibt sich

$$\mathbb{V}(X) = g_X''(1) + g_X'(1) - (g_X'(1))^2\,. \qquad (21.58)$$

Beispiel Für eine Bin(n, p)-verteilte Zufallsvariable X folgt mit $g_X(t) = (1 - p + pt)^n$

$$\begin{aligned} g_X'(t) &= np(1-p+pt)^{n-1} \\ g_X''(t) &= n(n-1)p^2(1-p+pt)^{n-2}, \end{aligned}$$

und wir erhalten die schon bekannten Resultate

$$\begin{aligned} \mathbb{E}(X) &= g_X'(1) = np, \\ \mathbb{V}(X) &= g_X''(1) + g_X'(1) - (g_X'(1))^2 \\ &= n(n-1)p^2 + np - n^2p^2 \\ &= np(1-p)\,. \end{aligned}$$

Völlig analog ergeben sich Erwartungswert und Varianz für die Poisson-Verteilung und die negative Binomialverteilung (Aufgabe 21.50). ◀

In Anwendungen treten häufig *randomisierte Summen*, also Summen von Zufallsvariablen mit einer zufälligen Anzahl von Summanden, auf. Beispielsweise ist die Anzahl der einer Versicherung in einem bestimmten Zeitraum gemeldeten Schadensfälle zufällig, und die Gesamt-Schadenshöhe setzt sich additiv aus den zufälligen Schadenshöhen der einzelnen Schadensfälle zusammen.

Wir betrachten hier den Fall stochastisch unabhängiger $\mathbb{N}_0$-wertiger Zufallsvariablen $N, X_1, X_2, \ldots$, die alle auf einem gemeinsamen Wahrscheinlichkeitsraum $(\Omega, \mathcal{A}, \mathbb{P})$ definiert seien. Dabei mögen $X_1, X_2, \ldots$ alle die gleiche Verteilung und somit auch die gleiche erzeugende Funktion g besitzen. Die erzeugende Funktion von N sei $\varphi(t) = \mathbb{E}(t^N)$. Mit $S_0 := 0$, $S_k := X_1 + \cdots + X_k$, $k \geq 1$, ist die *randomisierte Summe* S_N durch

$$S_N(\omega) := S_{N(\omega)}(\omega), \qquad \omega \in \Omega,$$

definiert. Indem man das Ereignis $\{S_N = j\}$ nach dem angenommenen Wert von N zerlegt und beachtet, dass N und S_k nach dem Blockungslemma stochastisch unabhängig sind, ergibt sich

$$\begin{aligned}\mathbb{P}(S_N = j) &= \sum_{k=0}^{\infty} \mathbb{P}(N = k, S_k = j)\\ &= \sum_{k=0}^{\infty} \mathbb{P}(N = k) \cdot \mathbb{P}(S_k = j).\end{aligned}$$

Die Multiplikationsformel für erzeugende Funktionen liefert $g_{S_k}(t) = g(t)^k$, und wir erhalten

$$\begin{aligned}g_{S_N}(t) &= \sum_{j=0}^{\infty} \mathbb{P}(S_N = j) \cdot t^j\\ &= \sum_{k=0}^{\infty} \mathbb{P}(N = k) \cdot \left(\sum_{j=0}^{\infty} \mathbb{P}(S_k = j) \cdot t^j \right)\\ &= \sum_{k=0}^{\infty} \mathbb{P}(N = k) \cdot (g(t))^k,\end{aligned}$$

also

$$g_{S_N}(t) = \varphi(g(t)). \tag{21.59}$$

Beispiel Die Wahrscheinlichkeit, dass ein ankommendes radioaktives Teilchen von einem Messgerät erfasst wird, sei p. Die zufällige Anzahl N der von einem radioaktiven Präparat in einem bestimmten Zeitintervall Δt emittierten Teilchen sei poissonverteilt mit Parameter λ. Setzen wir $X_j = 1$, falls das j-te Teilchen wahrgenommen wird ($X_j = 0$ sonst; $j = 1, 2, \ldots$), so gibt die randomisierte Summe $S_N = \sum_{j=1}^{N} X_j$ die Anzahl der im Zeitintervall Δt erfassten Teilchen an. Unter der Annahme, dass $N, X_1, X_2, \ldots$ stochastisch unabhängig sind und die X_j die Binomialverteilung $\mathrm{Bin}(1, p)$ besitzen, erhalten wir mit (21.59) sowie (21.56) und (21.57) für die erzeugende Funktion der Anzahl registrierter Teilchen

$$\begin{aligned}g_{S_N}(t) &= \mathrm{e}^{\lambda(g(t)-1)} = \mathrm{e}^{\lambda(1-p+pt-1)}\\ &= \mathrm{e}^{\lambda p(t-1)}.\end{aligned}$$

Nach dem Eindeutigkeitssatz und (21.57) hat S_N somit die Poisson-Verteilung $\mathrm{Po}(\lambda p)$. ◀

Zusammenfassung

In diesem Kapitel sind alle auftretenden Zufallsvariablen und Zufallsvektoren auf einem *diskreten* Wahrscheinlichkeitsraum $(\Omega, \mathcal{A}, \mathbb{P})$ definiert. Da es damit eine abzählbare Menge Ω_0 mit $\mathbb{P}(\Omega_0) = 1$ gibt, nehmen solche Zufallsvariablen und Zufallsvektoren nur abzählbar viele verschiedene Werte mit positiven Wahrscheinlichkeiten an. Sie sind in diesem Sinne *diskret*.

Ist $\mathbf{X} = (X_1, \ldots, X_k)$ ein k-dimensionaler Zufallsvektor, so erhält man die Verteilungen der einzelnen Komponenten X_j durch **Marginalverteilungsbildung**, also durch Summieren der Wahrscheinlichkeiten $\mathbb{P}(X_1 = x_1, \ldots, X_k = x_k)$ über alle x_i mit $i \neq j$. Die **gemeinsame Verteilung** von $X_1, \ldots, X_k$ ist im Allgemeinen nicht durch die k Marginalverteilungen bestimmt. Über die **diskrete Faltungsformel**

$$\mathbb{P}(X + Y = z) = \sum_{x:\, \mathbb{P}(X=x)>0} \mathbb{P}(X = x)\mathbb{P}(Y = z - x)$$

kann die Verteilung der Summe zweier *unabhängiger* Zufallsvariablen bestimmt werden.

Der **Erwartungswert** einer Zufallsvariablen ist durch die im Fall einer unendlichen Menge Ω_0 als absolut konvergent vorausgesetzte Summe $\mathbb{E}(X) = \sum_{\omega \in \Omega_0} X(\omega)\mathbb{P}(\{\omega\})$ definiert. Aus obiger Darstellung folgen die Linearität der Erwartungswertbildung und durch Zusammenfassen der Summanden nach gleichen Werten von $X(\omega)$ die Transformationsformel

$$\mathbb{E}(X) = \sum_{x \in \mathbb{R}:\, \mathbb{P}(X=x)>0} x \cdot \mathbb{P}(X = x).$$

Der Erwartungswert einer Zufallsvariablen hängt also nur von deren Verteilung ab. Die Gleichung $\mathbb{E}\mathbf{1}_A = \mathbb{P}(A)$ für ein Ereignis A zeigt zusammen mit der Linearität, dass der Erwartungswert einer Indikatorsumme $\sum_{j=1}^{n} \mathbf{1}\{A_j\}$ gleich

Hintergrund und Ausblick: Stochastische Populationsdynamik

Der einfache Galton-Watson-Prozess

Francis Galton (1822–1911) formulierte im Jahre 1873 das folgende Problem: Mit welcher Wahrscheinlichkeit stirbt die männliche Linie der Nachkommenschaft eines Mannes aus, wenn dieser und jeder seiner Söhne, Enkel usw. unabhängig voneinander mit der gleichen Wahrscheinlichkeit p_k genau k Söhne hat ($k \in \{0, 1, 2, \ldots\}$)?

In neutraler Einkleidung und mit weiteren vereinfachenden Annahmen liege eine Population von Individuen vor, die alle eine Lebensdauer von einer Zeiteinheit besitzen und sich ungeschlechtlich vermehren. Dabei kommen die Individuen einer Generation simultan zur Welt und sterben auch gleichzeitig. Wir bezeichnen mit M_n den Umfang der Population zur Zeit $n \geq 1$ und setzen $M_0 := 1$.

Die Folge $(p_k)_{k\geq 0}$ definiert eine Wahrscheinlichkeitsverteilung auf $\mathbb{N}_0$, die sogenannte *Reproduktionsverteilung*. Die erzeugende Funktion dieser Verteilung sei mit

$$g(t) := \sum_{k=0}^{\infty} p_k \cdot t^k, \quad |t| \leq 1,$$

bezeichnet. Wir nehmen an, dass sich jedes Individuum in jeder Generation unabhängig von den anderen Individuen nach dieser Verteilung fortpflanzt. Diese Annahme führt zur *Reproduktionsgleichung*

$$M_{n+1} = \sum_{j=1}^{M_n} X_{n+1}^{(j)}. \tag{21.60}$$

Dabei seien $\{X_n^{(j)} : n, j \in \mathbb{N}\}$ unabhängige $\mathbb{N}_0$-wertige Zufallsvariablen mit obiger erzeugender Funktion, und $X_{n+1}^{(j)}$ bezeichne die Anzahl der Nachkommen des j-ten Individuums in der n-ten Generation. Die durch (21.60) rekursiv definierte Folge $(M_n)_{n\geq 0}$ heißt (einfacher) *Galton-Watson-Prozess* (kurz: GW-Prozess).

Bezeichnet φ_n die erzeugende Funktion von M_n, so folgt aus (21.60) und (21.59) $\varphi_{n+1}(t) = \varphi_n(g(t))$ und somit wegen $\varphi_1(t) = g(t)$, dass

$$\varphi_n(t) = (g \circ \cdots \circ g)(t)$$

die n-fach iterierte Anwendung von g ist. Die Wahrscheinlichkeit, dass der Prozess ausstirbt, ist

$$w := \mathbb{P}\left(\cup_{n=1}^{\infty}\{M_n = 0\}\right).$$

Da $\mathbb{P}$ stetig von unten ist, folgt wegen $\{M_k = 0\} \subseteq \{M_{k+1} = 0\}$, $k \geq 1$, die Darstellung

$$w = \lim_{n\to\infty} \mathbb{P}(M_n = 0) = \lim_{n\to\infty} g_n(0).$$

Man kann vermuten, dass w entscheidend von dem als existent angenommenen Erwartungswert $\mu := g'(1)$ der Reproduktionsverteilung abhängt. Gilt $\mu > 1$ bzw. $\mu = 1$ bzw. $\mu < 1$, so heißt der Galton-Watson-Prozess *superkritisch* bzw. *kritisch* bzw. *subkritisch*. In der Tat ist w die kleinste nichtnegative Lösung der Gleichung $g(t) = t$, und es gilt $w < 1$ im superkritischen Fall $\mu > 1$. Nehmen wir $p_1 < 1$ an, so stirbt der Prozess im Fall $\mu \leq 1$ mit Wahrscheinlichkeit 1 aus.

Diese Behauptungen sind relativ leicht einzusehen. Zunächst ist wegen

$$\begin{aligned} g(w) &= g\left(\lim_{n\to\infty} \varphi_n(0)\right) = \lim_{n\to\infty} g(\varphi_n(0)) \\ &= \lim_{n\to\infty} \varphi_{n+1}(0) = w \end{aligned}$$

w ein Fixpunkt von g. Für einen weiteren Fixpunkt $x \geq 0$ gilt $x = g(x) \geq g(0) = \varphi_1(0)$ und somit induktiv $x \geq \varphi_n(0)$, $n \in \mathbb{N}$, also $x \geq w = \lim_{n\to\infty} \varphi_n(0)$.

Falls $p_0 + p_1 = 1$, so folgt $\mathbb{P}(M_n = 0) = 1 - p_1^n$ und somit $w = 1$ für $p_1 < 1$ (in diesem Fall ist $\mu \leq 1$). Falls $p_0 + p_1 < 1$, so ist $g'(t) = \sum_{k=1}^{\infty} k p_k t^{k-1}$ auf $[0, 1]$ streng monoton und $g(t)$ dort strikt konvex. g kann dann höchstens zwei Fixpunkte haben. Die beiden Möglichkeiten $\mu = g'(1) \leq 1$ bzw. $\mu = g'(1) > 1$ sind nachstehend veranschaulicht. Die Behauptungen ergeben sich unmittelbar aus dem Mittelwertsatz (falls $g'(1) \leq 1$) bzw. aus dem Zwischenwertsatz (falls $g'(1) > 1$).

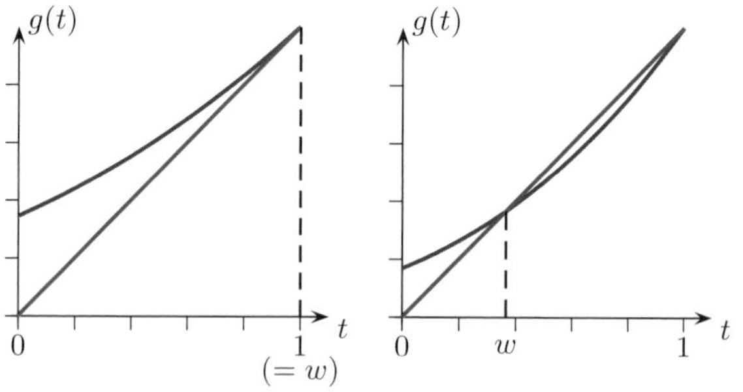

Als Beispiel betrachten wir für $\mu > 1$ die geometrische Reproduktionsverteilung mit Erwartungswert μ und erzeugender Funktion $g(t) = 1/(\mu + t - \mu t)$, also

$$p_k := \frac{1}{\mu + 1}\left(\frac{\mu}{\mu + 1}\right)^k, \quad k \in \mathbb{N}_0.$$

Die Gleichung $g(t) = t$ führt auf die quadratische Gleichung $\mu t^2 - (\mu + 1)t + 1 = 0$, die neben der trivialen Lösung 1 die Lösung $1/\mu < 1$ besitzt. Der Galton-Watson-Prozess mit dieser Reproduktionsverteilung stirbt also mit Wahrscheinlichkeit $1/\mu$ aus.

$\sum_{j=1}^{n} \mathbb{P}(A_j)$ ist. Hiermit ergibt sich u. a. unmittelbar der Erwartungswert der Binomialverteilung $\text{Bin}(n, p)$ zu np. Für unabhängige Zufallsvariablen X und Y gilt die Multiplikationsregel $\mathbb{E}(XY) = \mathbb{E}X \cdot \mathbb{E}Y$.

Die **Varianz** $\mathbb{V}(X) := \mathbb{E}(X - \mathbb{E}X)^2$ einer Zufallsvariablen misst die Stärke der Streuung einer Verteilung um den Erwartungswert. Unter affinen Transformationen gilt $\mathbb{V}(aX + b) = a^2\mathbb{V}(X)$, und somit kann jede **nichtausgeartete** Zufallsvariable X mithilfe der auch **Standardisierung** genannten Transformation $X \mapsto (X - \mathbb{E}X)/\sqrt{\mathbb{V}(X)}$ in eine standardisierte Zufallsvariable mit dem Erwartungswert 0 und der Varianz 1 überführt werden. Die **Tschebyschow-Ungleichung** $\mathbb{P}(|X - \mathbb{E}| \geq \varepsilon) \leq \mathbb{V}(X)/\varepsilon^2$ liefert einen kurzen Beweis des Schwachen Gesetzes großer Zahlen $\mathbb{P}(|\overline{X}_n - \mu| \geq \varepsilon) \to 0$ bei $n \to \infty$ für jedes $\varepsilon > 0$. Hierbei ist $\overline{X}_n$ das arithmetische Mittel von n unabhängigen Zufallsvariablen mit gleichem Erwartungswert μ und gleicher Varianz.

Wichtige diskrete Verteilungen sind die **hypergeometrische Verteilung** $\text{Hyp}(n, r, s)$, die **Binomialverteilung** $\text{Bin}(n, p)$, die **geometrische Verteilung** $\text{G}(p)$, die **negative Binomialverteilung** $\text{Nb}(r, p)$, die **Poisson-Verteilung** $\text{Po}(\lambda)$ und die **Multinomialverteilung** $\text{Mult}(n; p_1, \ldots, p_s)$. Die Anzahl der Nieten vor dem r-ten Treffer in einer Bernoulli-Kette mit Trefferwahrscheinlichkeit p hat die Verteilung $\text{Nb}(r, p)$. Im Spezialfall $r = 1$ entsteht hier die *gedächtnislose* geometrische Verteilung $\text{G}(p)$. Die Verteilung $\text{Po}(\lambda)$ ergibt sich als Gesetz seltener Ereignisse aus der Binomialverteilung für $n \to \infty$, $p_n \to 0$ und $np_n \to \lambda$. Für die Verteilungen $\text{Bin}(n, p)$, $\text{Nb}(r, p)$ und $\text{Po}(\lambda)$ gelten **Additionsgesetze**. Die **Multinomialverteilung** entsteht als gemeinsame Verteilung der Trefferanzahlen in n unabhängigen gleichartigen Experimenten, die jeweils s mögliche Ausgänge besitzen.

Für *unabhängige* Zufallsvariablen gilt $\mathbb{V}(X + Y) = \mathbb{V}(X) + \mathbb{V}(Y)$, sonst steht auf der rechten Seite das Zweifache der **Kovarianz** $\text{Cov}(X, Y) = \mathbb{E}((X - \mathbb{E}X)(Y - \mathbb{E}Y))$ als zusätzlicher Summand. Die Kovarianzbildung ist ein bilineares Funktional. Durch die Normierung $\rho(X, Y) = \text{Cov}(X, Y)/\sqrt{\mathbb{V}(X)\mathbb{V}(Y)}$ ergibt sich der **Korrelationskoeffizient** $\rho(X, Y)$. Letzterer tritt im Ergebnis der Approximationsaufgabe $\mathbb{E}(Y - a - bX)^2 = \min_{a,b}!$ auf, denn der resultierende Minimalwert ergibt sich zu $\mathbb{V}(Y)(1 - \rho^2(X, Y))$. Da dieser Wert nichtnegativ ist, folgt die **Cauchy-Schwarz'sche Ungleichung** $\text{Cov}(X, Y)^2 \leq \mathbb{V}(X)\mathbb{V}(Y)$. Die obige Approximationsaufgabe führt zur **Methode der kleinsten Quadrate**, wenn der Zufallsvektor (X, Y) endlich viele Wertepaare (x_j, y_j) mit gleicher Wahrscheinlichkeit annimmt.

Für ein Ereignis A mit $\mathbb{P}(A) > 0$ definiert man den **bedingten Erwartungswert** von X unter der Bedingung A durch

$$\mathbb{E}(X|A) = \frac{1}{\mathbb{P}(A)} \sum_{\omega \in \Omega_0 \cap A} X(\omega)\mathbb{P}(\{\omega\}).$$

Für einen Zufallsvektor Z schreibt man $\mathbb{E}(X|Z = z) := \mathbb{E}(X|\{Z = z\})$. Nimmt X die Werte $x_1, x_2, \ldots$ an, so gilt

$$\mathbb{E}(X|Z = z) = \sum_{j \geq 1} x_j \mathbb{P}(X = x_j|Z = z).$$

Somit ist $\mathbb{E}(X|Z = z)$ der Erwartungswert der **bedingten Verteilung** von X unter der Bedingung $Z = z$. Nimmt der Zufallsvektor Z die Werte $z_1, z_2, \ldots \in \mathbb{R}^k$ mit positiven Wahrscheinlichkeiten an, so löst die durch $h(z_j) := \mathbb{E}(X|Z = z_j)$, $j \geq 1$, und $h(z) := 0$ für $z \in \mathbb{R}^k \setminus \{z_1, z_2, \ldots\}$ definierte Funktion h das Problem, die mittlere quadratische Abweichung $\mathbb{E}(X - h(Z))^2$ zu minimieren. Die durch $\mathbb{E}(X|Z) := h(Z)$ erklärte Zufallsvariable heißt **bedingte Erwartung** von X bezüglich Z. Sie ist konstant auf den Mengen $\{Z = z_j\}$, $j \geq 1$. Der Erwartungswert kann durch Bedingen nach Z in der Form $\mathbb{E}(X) = \sum_{j \geq 1} \mathbb{E}(Z|Z = z_j)\mathbb{P}(Z = z_j)$ berechnet werden, wofür man auch kurz $\mathbb{E}X = \mathbb{E}(\mathbb{E}(X|Z))$ schreibt. Die analoge Formel für die Varianz ist $\mathbb{V}(X) = \mathbb{E}(\mathbb{V}(X|Z)) + \mathbb{V}(\mathbb{E}(X|Z))$.

Für eine $\mathbb{N}_0$-wertige Zufallsvariable X heißt die durch $g_X(t) := \sum_{k=0}^{\infty} \mathbb{P}(X = k)t^k = \mathbb{E}(t^X)$, $|t| \leq 1$, definierte Potenzreihe die **erzeugende Funktion** von X. Sie legt die Verteilung von X eindeutig fest, und sie verhält sich multiplikativ bei der Addition unabhängiger Zufallsvariablen. Erwartungswert und Varianz von X – sofern sie existieren – erhält man durch Differenziation. Es gilt $g'_X(1) = \mathbb{E}(X)$ und $g''_X(1) = \mathbb{E}(X(X - 1))$.

Aufgaben

Die Aufgaben gliedern sich in drei Kategorien: Anhand der *Verständnisfragen* können Sie prüfen, ob Sie die Begriffe und zentralen Aussagen verstanden haben, mit den *Rechenaufgaben* üben Sie Ihre technischen Fertigkeiten und die *Beweisaufgaben* geben Ihnen Gelegenheit, zu lernen, wie man Beweise findet und führt.

Ein Punktesystem unterscheidet leichte Aufgaben •, mittelschwere •• und anspruchsvolle ••• Aufgaben. Lösungshinweise am Ende des Buches helfen Ihnen, falls Sie bei einer Aufgabe partout nicht weiterkommen. Dort finden Sie auch die Lösungen – betrügen Sie sich aber nicht selbst und schlagen Sie erst nach, wenn Sie selber zu einer Lösung gekommen sind. Ausführliche Lösungswege, Beweise und Abbildungen finden Sie auf der Website zum Buch.

Viel Spaß und Erfolg bei den Aufgaben!

Verständnisfragen

21.1 •• In der gynäkologischen Abteilung eines Krankenhauses entbinden in einer bestimmten Woche n Frauen. Es mögen keine Mehrlingsgeburten auftreten, und Jungen- bzw. Mädchengeburten seien gleich wahrscheinlich. Außerdem werde angenommen, dass das Geschlecht der Neugeborenen für alle Geburten stochastisch unabhängig sei. Sei a_n die Wahrscheinlichkeit, dass mindestens 60% der Neugeborenen Mädchen sind.

a) Bestimmen Sie a_{10}.

b) Beweisen oder widerlegen Sie: $a_{100} < a_{10}$.

c) Zeigen Sie: $\lim_{n\to\infty} a_n = 0$.

21.2 •• Es werden unabhängig voneinander Kugeln auf n Fächer verteilt, wobei jede Kugel in jedes Fach mit Wahrscheinlichkeit $1/n$ gelangt. Es sei W_n die (zufällige) Anzahl der Kugeln, die benötigt wird, bis jedes Fach mindestens eine Kugel enthält. Zeigen Sie:

a) $\mathbb{E}(W_n) = n \cdot \sum_{j=1}^{n} \frac{1}{j}$.

b) $\mathbb{V}(W_n) = n^2 \cdot \sum_{j=1}^{n-1} \frac{1}{j^2} - n \cdot \sum_{j=1}^{n-1} \frac{1}{j}$.

21.3 •• Ein echter Würfel wird solange in unabhängiger Folge geworfen, bis die erste Sechs auftritt. Welche Verteilung besitzt die Anzahl der davor geworfenen Einsen?

21.4 ••• Es werden n echte Würfel gleichzeitig geworfen. Diejenigen, die eine Sechs zeigen, werden beiseitegelegt, und die (falls noch vorhanden) übrigen Würfel werden wiederum gleichzeitig geworfen und die erzielten Sechsen beiseitegelegt. Der Vorgang wird solange wiederholt, bis auch der letzte Würfel eine Sechs zeigt. Die Zufallsvariable M_n bezeichne die Anzahl der dafür nötigen Würfe. Zeigen Sie:

a) $\mathbb{P}(M_n > k) = 1 - \left(1 - \left(\frac{5}{6}\right)^k\right)^n, \ k \in \mathbb{N}_0$.

b) $\mathbb{E}(M_n) = \sum_{k=1}^{n} (-1)^{k-1} \frac{\binom{n}{k}}{1 - \left(\frac{5}{6}\right)^k}$.

21.5 •• Die Zufallsvariablen X und Y seien stochastisch unabhängig und je geometrisch verteilt mit Parameter p. Überlegen Sie sich ohne Rechnung, dass

$$\mathbb{P}(X = j | X + Y = k) = \frac{1}{k+1}, \quad j = 0, 1, \ldots, k$$

gelten muss, und bestätigen Sie diese Einsicht durch formale Rechnung. Die bedingte Verteilung von X unter der Bedingung $X+Y = k$ ist also eine Gleichverteilung auf den Werten $0, 1, \ldots, k$.

21.6 •• Stellen Sie sich eine patriarchisch orientierte Gesellschaft vor, in der Eltern so lange Kinder bekommen, bis der erste Sohn geboren wird. Wir machen zudem die Annahmen, dass es keine Mehrlingsgeburten gibt, dass Jungen- und Mädchengeburten gleich wahrscheinlich sind und dass die Geschlechter der Neugeborenen stochastisch unabhängig voneinander sind.

a) Welche Verteilung (Erwartungswert, Varianz) besitzt die Anzahl der Mädchen in einer Familie?

b) Welche Verteilung (Erwartungswert, Varianz) besitzt die Anzahl der Jungen in einer Familie?

a) Es bezeichne S_n die Gesamtanzahl der Mädchen in einer aus n Familien bestehenden Gesellschaft. Benennen Sie die Verteilung von S_n und zeigen Sie:

$$\mathbb{P}(|S_n - n| \geq K\sqrt{2n}) \leq \frac{1}{K^2}, \qquad K > 0.$$

Was bedeutet diese Ungleichung für $K = 10$ und eine aus 500 000 Familien bestehenden Gesellschaft?

21.7 • In einer Urne befinden sich 10 rote, 20 blaue, 30 weiße und 40 schwarze Kugeln. Es werden rein zufällig 25 Kugeln mit Zurücklegen gezogen. Es sei R (bzw. B, W, S) die Anzahl gezogener roter (bzw. blauer, weißer, schwarzer) Kugeln. Welche Verteilungen besitzen

a) (R, B, W, S)?

b) $(R + B, W, S)$?

c) $R + B + W$?

21.8 •• In einer Urne befinden sich $r_1 + \cdots + r_s$ gleichartige Kugeln, von denen r_j die *Farbe* j tragen. Es werden rein zufällig n Kugeln nacheinander ohne Zurücklegen gezogen. Die Zufallsvariable X_j bezeichne die Anzahl der gezogenen Kugeln der Farbe j, $1 \leq j \leq s$. Die Verteilung des Zufallsvektors $(X_1, \ldots, X_s)$ heißt *mehrdimensionale hypergeometrische Verteilung*. Zeigen Sie:

a) $$\mathbb{P}(X_1 = k_1, \ldots, X_s = k_s) = \frac{\binom{r_1}{k_1} \cdot \ldots \cdot \binom{r_s}{k_s}}{\binom{r_1 + \ldots + r_s}{n}},$$
$0 \leq k_j \leq r_j, k_1 + \cdots + k_s = n$.

b) $X_j \sim \text{Hyp}(n, r_j, m - r_j), \qquad 1 \leq j \leq s$.

21.9 •• Die Zufallsvariable X besitze die auf Seite 725 eingeführte hypergeometrische Verteilung $\text{Hyp}(n, r, s)$, d. h., es gelte

$$\mathbb{P}(X = k) = \frac{\binom{r}{k} \cdot \binom{s}{n-k}}{\binom{r+s}{n}}, \quad 0 \leq k \leq n.$$

Leiten Sie analog zum Fall der Binomialverteilung den Erwartungswert

$$\mathbb{E}(X) = n \cdot \frac{r}{r+s}$$

von X auf zwei unterschiedliche Weisen her.

21.10 • Zeigen Sie, dass die auf Seite 717 formulierte Formel des Ein- und Ausschließens aus der Jordan'schen Formel auf Seite 777 folgt.

21.11 •• In der Situation des Beispiels auf Seite 795 soll die mittlere quadratische Abweichung $\mathbb{E}(M - h(X_1))^2$ durch geeignete Wahl einer Funktion h minimiert werden. Dabei darf h nur die Werte $1, 2, \ldots, 6$ annehmen. Zeigen Sie: Die unter diesen Bedingungen optimale Funktion h ist durch $h(1) \in \{3, 4\}$, $h(2) = h(3) = 4$, $h(4) \in \{4, 5\}$, $h(5) = 5$ und $h(6) = 6$ gegeben.

21.12 • Die Zufallsvariablen X und Y seien stochastisch unabhängig, wobei $X \sim \text{Bin}(m, p)$ und $Y \sim \text{Bin}(n, p)$, $0 < p < 1$. Zeigen Sie: Für festes $k \in \{1, 2, \ldots, m + n\}$ ist die bedingte Verteilung von X unter der Bedingung $X + Y = k$ die hypergeometrische Verteilung $\text{Hyp}(k, m, n)$. Ist dieses Ergebnis ohne Rechnung einzusehen?

21.13 •• Es seien X_1, X_2 und X_3 unabhängige Zufallsvariablen mit identischer Verteilung. Zeigen Sie:

$$\mathbb{E}(X_1 | X_1 + X_2 + X_3) = \frac{1}{3} \cdot (X_1 + X_2 + X_3).$$

21.14 •• Die Zufallsvariable X besitze die Binomialverteilung $\text{Bin}(n, p)$. Zeigen Sie:

$$\mathbb{P}\left(X \in \left\{0, 2, \ldots, 2 \cdot \left\lfloor \frac{n}{2} \right\rfloor\right\}\right) = \frac{1 + (1 - 2p)^n}{2}.$$

21.15 •• Es sei $(M_n)_{n \geq 0}$ ein Galton-Watson-Prozess wie auf Seite 804 mit $M_0 = 1$, $\mathbb{E}M_1 = \mu$ und $\mathbb{V}(M_1) = \sigma^2 < \infty$. Zeigen Sie mithilfe von Aufgabe 21.52:

a) $\mathbb{E}(M_n) = \mu^n$,

b)

$$\mathbb{V}(M_n) = \begin{cases} \dfrac{\sigma^2 \mu^{n-1}(\mu^n - 1)}{\mu - 1}, & \text{falls } \mu \neq 1 \\ n \cdot \sigma^2, & \text{falls } \mu = 1. \end{cases}$$

21.16 ••• Kann man zwei Würfel (möglicherweise unterschiedlich) so fälschen, d. h. die Wahrscheinlichkeiten der einzelnen Augenzahlen festlegen, dass beim gleichzeitigen Werfen jede Augensumme $2, 3, \ldots, 12$ gleich wahrscheinlich ist?

Beweisaufgaben

21.17 ••• Beim *Coupon-Collector-Problem* oder *Sammlerproblem* wird einer Urne, die n gleichartige, von 1 bis n nummerierte Kugeln enthält, eine rein zufällige Stichprobe von s Kugeln (Ziehen ohne Zurücklegen bzw. „mit einem Griff") entnommen. Nach Notierung der gezogenen Kugeln werden diese wieder in die Urne zurückgelegt und der Urneninhalt neu gemischt.

Die Zufallsvariable X bezeichne die Anzahl der *verschiedenen* Kugeln, welche in den ersten k (in unabhängiger Folge entnommenen) Stichproben aufgetreten sind. Zeigen Sie:

a) $$\mathbb{E}X = n \cdot \left[1 - \left(1 - \frac{s}{n}\right)^k\right]$$

b) $$\mathbb{P}(X = r) = \binom{n}{r} \sum_{j=0}^{r} (-1)^j \binom{r}{j} \left[\binom{r-j}{s} \Big/ \binom{n}{s}\right]^k$$
$(0 \leq r \leq n)$.

21.18 •• Es sei X eine $\mathbb{N}_0$-wertige Zufallsvariable mit $\mathbb{E}X < \infty$ (für a)) und $\mathbb{E}X^2 < \infty$ (für b)). Zeigen Sie:

a) $\mathbb{E}X = \sum_{n=1}^{\infty} \mathbb{P}(X \geq n)$.

b) $\mathbb{E}X^2 = \sum_{n=1}^{\infty} (2n - 1)\mathbb{P}(X \geq n)$.

21.19 •• Es sei X eine Zufallsvariable mit der Eigenschaft $b \leq X \leq c$, wobei $b < c$. Zeigen Sie:

a) $\mathbb{V}(X) \leq \frac{1}{4}(c - b)^2$.

b) $\mathbb{V}(X) = \frac{1}{4}(c - b)^2 \iff \mathbb{P}(X = b) = \mathbb{P}(X = c) = \frac{1}{2}$.

21.20 •• Es sei X eine Zufallsvariable mit $\mathbb{E}X = 0$ und $\mathbb{E}X^2 < \infty$. Zeigen Sie:

$$\mathbb{P}(X \geq \varepsilon) \leq \frac{\mathbb{V}(X)}{\mathbb{V}(X) + \varepsilon^2} \qquad \varepsilon > 0.$$

21.21 ••

a) $X_1, \ldots, X_n$ seien Zufallsvariablen mit $\mathbb{E}X_j =: \mu$ und $\mathbb{V}(X_j) =: \sigma^2$ für $j = 1, \ldots, n$. Weiter existiere eine natürliche Zahl k, sodass für $|i - j| \geq k$ die Zufallsvariablen X_i und X_j unkorreliert sind. Zeigen Sie:

$$\lim_{n\to\infty} \mathbb{P}\left(\left|\frac{1}{n}\sum_{j=1}^{n} X_j - \mu\right| \geq \varepsilon\right) = 0 \quad \text{für jedes } \varepsilon > 0\,.$$

b) Ein echter Würfel werde in unabhängiger Folge geworfen. Die Zufallsvariable Y_j bezeichne die beim j-ten Wurf erzielte Augenzahl, und für $j \geq 1$ sei $A_j := \{Y_j < Y_{j+1}\}$. Zeigen Sie mithilfe von Teil a):

$$\lim_{n\to\infty} \mathbb{P}\left(\left|\frac{1}{n}\sum_{j=1}^{n} \mathbf{1}\{A_j\} - \frac{5}{12}\right| \geq \varepsilon\right) = 0 \quad \text{für jedes } \varepsilon > 0\,.$$

21.22 •• Es sei X eine $\mathbb{N}_0$-wertige Zufallsvariable mit $0 < \mathbb{P}(X = 0) < 1$ und der Eigenschaft

$$\mathbb{P}(X = m + k | X \geq k) = \mathbb{P}(X = m) \qquad (21.61)$$

für jede Wahl von $k, m \in \mathbb{N}_0$. Zeigen Sie: Es gibt ein $p \in (0, 1)$ mit $X \sim \mathrm{G}(p)$.

21.23 •• Zeigen Sie: In der Situation und mit den Bezeichnungen der Jordan'schen Formel auf Seite 777 gilt

$$\mathbb{P}(X \geq k) = \sum_{j=k}^{n} (-1)^{j-k} \binom{j-1}{k-1} S_j\,, \qquad k = 0, 1, \ldots, n\,.$$

21.24 •• Wir betrachten wie auf Seite 718 die Gleichverteilung $\mathbb{P}$ auf der Menge

$$\Omega := \{(a_1, \ldots, a_n) \colon \{a_1, \ldots, a_n\} = \{1, \ldots, n\}\}\,,$$

also eine rein zufällige Permutation der Zahlen $1, 2, \ldots, n$. Mit $A_j := \{(a_1, a_2, \ldots, a_n) \in \Omega \colon a_j = j\}$ für $j \in \{1, \ldots, n\}$ gibt die Zufallsvariable $X_n := \sum_{j=1}^{n} \mathbf{1}\{A_j\}$ die Anzahl der Fixpunkte einer solchen Permutation an. Zeigen Sie:

a) $\mathbb{E}(X_n) = 1$,

b) $\mathbb{P}(X_n = k) = \dfrac{1}{k!} \displaystyle\sum_{j=0}^{n-k} \frac{(-1)^j}{j!}, \qquad k = 0, 1, \ldots, n,$

c) $\lim_{n\to\infty} \mathbb{P}(X_n = k) = \dfrac{\mathrm{e}^{-1}}{k!}, \qquad k \in \mathbb{N}_0,$

d) $\mathbb{V}(X_n) = 1$.

21.25 ••• In der Situation des Beispiels von Seite 796 (Warten auf den ersten Doppeltreffer) sei $w_n := \mathbb{P}(X = n)$, $n \geq 2$, gesetzt. Zeigen Sie:

a) $w_{k+1} = q \cdot w_k + pq \cdot w_{k-1}, \quad k \geq 3\,,$

b) $\sum_{k=2}^{\infty} w_k = 1\,,$

c) $\sum_{k=2}^{\infty} k \cdot w_k < \infty$ (d. h., $\mathbb{E}X$ existiert).

Rechenaufgaben

21.26 •• Die Verteilung des Zufallsvektors (X, Y) sei gegeben durch

$$\begin{array}{ll} \mathbb{P}(X = -1, Y = 1) = 1/8 & \mathbb{P}(X = 0, Y = 1) = 1/8 \\ \mathbb{P}(X = 1, Y = -1) = 1/8 & \mathbb{P}(X = 0, Y = -1) = 1/8 \\ \mathbb{P}(X = 2, Y = 0) = 1/4 & \mathbb{P}(X = -1, Y = 0) = 1/4. \end{array}$$

Bestimmen Sie:
a) $\mathbb{E}X$ b) $\mathbb{E}Y$ c) $\mathbb{V}(X)$ d) $\mathbb{V}(Y)$ e) $\mathbb{E}(XY)$.

21.27 • Beim *Roulette* gibt es 37 gleich wahrscheinliche Zahlen, von denen 18 rot und 18 schwarz sind. Die Zahl 0 besitzt die Farbe Grün. Man kann auf gewisse Mengen von n Zahlen setzen und erhält dann im Gewinnfall in Abhängigkeit von n *zusätzlich zum Einsatz* das $k(n)$-fache des Einsatzes zurück. Die Setzmöglichkeiten mit den Werten von n und $k(n)$ zeigt die folgende Tabelle:

n	Name	$k(n)$
1	Plein	35
2	Cheval	17
3	Transversale	11
4	Carré	8
6	Transversale simple	5
12	Douzaines, Colonnes	2
18	Rouge/Noir, Pair/Impair, Manque/Passe	1

Es bezeichne X den Spielgewinn bei Einsatz einer Geldeinheit. Zeigen Sie: Unabhängig von der gewählten Setzart gilt $\mathbb{E}X = -1/37$. Man verliert also beim Roulette im Durchschnitt pro eingesetztem Euro ungefähr 2,7 Cent.

21.28 ••• n Personen haben unabhängig voneinander und je mit gleicher Wahrscheinlichkeit p eine Krankheit, die durch Blutuntersuchung entdeckt werden kann. Dabei sollen von den n Blutproben dieser Personen die Proben mit positivem Befund möglichst kostengünstig herausgefunden werden. Statt alle Proben zu untersuchen bietet sich ein *Gruppen-screening* an, bei dem jeweils das Blut von k Personen vermischt und untersucht wird. In diesem Fall muss nur bei einem positiven Befund jede Person der Gruppe einzeln untersucht werden, sodass insgesamt $k + 1$ Tests nötig sind. Andernfalls kommt man mit einem Test für k Personen aus.

Es sei Y_k die (zufällige) Anzahl nötiger Blutuntersuchungen bei einer Gruppe von k Personen. Zeigen Sie:

a) $\mathbb{E}Y_k = k + 1 - k(1-p)^k$.
b) Für $p < 1 - 1/\sqrt[3]{3} = 0.3066\ldots$ gilt $\mathbb{E}(Y_k) < k$.
c) Welche Gruppengröße ist im Fall $p = 0.01$ in Bezug auf die erwartete Ersparnis pro Person optimal?
d) Begründen Sie die Näherungsformel $k \approx 1/\sqrt{p}$ für die optimale Gruppengröße bei sehr kleinem p.

21.29 •• Beim Pokerspiel Texas Hold'em wird ein 52-Blatt-Kartenspiel gut gemischt; jeder von insgesamt 10 Spielern erhält zu Beginn zwei Karten. Mit welcher Wahrscheinlichkeit bekommt mindestens ein Spieler zwei Asse?

21.30 •• Es sei $X \sim \text{Bin}(n, p)$ mit $0 < p < 1$. Zeigen Sie die Gültigkeit der Rekursionsformel

$$\mathbb{P}(X = k+1) = \frac{(n-k)p}{(k+1)(1-p)} \cdot \mathbb{P}(X = k),$$
$$k = 0, \ldots, n-1,$$

und überlegen Sie sich hiermit, für welchen Wert bzw. welche Werte von k die Wahrscheinlichkeit $\mathbb{P}(X = k)$ maximal wird.

21.31 •• In Kommunikationssystemen werden die von der Informationsquelle erzeugten Nachrichten in eine Bitfolge umgewandelt, die an den Empfänger übertragen werden soll. Um die durch Rauschen und Überlagerung verursachten Störungen zu unterdrücken und die Zuverlässigkeit der Übertragung zu erhöhen, fügt man einer binären Quellfolge kontrolliert Redundanz hinzu. Letztere hilft, Übertragungsfehler zu erkennen und eventuell sogar zu korrigieren. Wir machen die Annahme, dass jedes zu übertragende Bit unabhängig von anderen Bits mit derselben Wahrscheinlichkeit p in dem Sinne gestört wird, dass 0 in 1 und 1 in 0 umgewandelt wird. Die zu übertragenden Codewörter mögen jeweils aus k Bits bestehen.

a) Es werden n Wörter übertragen. Welche Verteilung besitzt die Anzahl X der nicht (d. h. in keinem Bit) gestörten Wörter?
b) Zur Übertragung werden nur Codewörter verwendet, die eine Korrektur von bis zu zwei Bitfehlern pro Wort gestatten. Wie groß ist die Wahrscheinlichkeit, dass ein übertragenes Codewort korrekt auf Empfängerseite ankommt (evtl. nach Korrektur)? Welche Verteilung besitzt die Anzahl der richtig erkannten unter n übertragenen Codewörtern?

21.32 •• Peter wirft 10-mal in unabhängiger Folge einen echten Würfel. Immer wenn eine Sechs auftritt, wirft Claudia eine echte Münze (Zahl/Wappen). Welche Verteilung besitzt die Anzahl der dabei erzielten Wappen?

21.33 •• Es sei $X \sim \text{G}(p)$. Zeigen Sie:

a) $\mathbb{E}(X) = \dfrac{1-p}{p}$,
b) $\mathbb{V}(X) = \dfrac{1-p}{p^2}$.

21.34 • Es sei $X \sim \text{Po}(\lambda)$. Zeigen Sie:

$$\mathbb{E}(X) = \mathbb{V}(X) = \lambda .$$

21.35 •• Ein echter Würfel wird in unabhängiger Folge geworfen. Bestimmen Sie die Wahrscheinlichkeiten folgender Ereignisse:

a) mindestens eine Sechs in sechs Würfen,
b) mindestens zwei Sechsen in 12 Würfen,
c) mindestens drei Sechsen in 18 Würfen.

21.36 • Es sei $(p_n)_{n\geq 1}$ eine Folge aus $(0, 1)$ mit $\lim_{n\to\infty} np_n = \lambda$, wobei $0 < \lambda < \infty$. Zeigen Sie:

$$\lim_{n\to\infty} \binom{n}{k} p_n^k (1-p_n)^{n-k} = \mathrm{e}^{-\lambda} \cdot \frac{\lambda^k}{k!}, \qquad k \in \mathbb{N}_0 .$$

21.37 • Es sei $X \sim \text{Po}(\lambda)$. Für welche Werte von k wird $\mathbb{P}(X = k)$ maximal?

21.38 • Ein echter Würfel wird 8-mal in unabhängiger Folge geworfen. Wie groß ist die Wahrscheinlichkeit, dass jede Augenzahl mindestens einmal auftritt?

21.39 •• Beim Spiel *Kniffel* werden fünf Würfel gleichzeitig geworfen. Mit welcher Wahrscheinlichkeit erhält man

a) einen Kniffel (5 gleiche Augenzahlen)?
b) einen Vierling (4 gleiche Augenzahlen)?
c) ein Full House (Drilling und Zwilling, also z. B. 55522)?
d) einen Drilling ohne weiteren Zwilling (z. B. 33361)?
e) zwei Zwillinge (z. B. 55226)?
f) einen Zwilling (z. B. 44153)?
g) fünf verschiedene Augenzahlen?

21.40 •• Der Zufallsvektor $(X_1, \ldots, X_s)$ besitze die Multinomialverteilung $\text{Mult}(n, p_1, \ldots, p_s)$. Leiten Sie aus (21.31) durch Zerlegung des Ereignisses $\{X_1 = k_1\}$ nach den Werten der übrigen Zufallsvariablen die Verteilungsaussage $X_1 \sim \text{Bin}(n, p_1)$ her.

21.41 •• Leiten Sie die Varianz $np(1-p)$ einer $\text{Bin}(n, p)$-verteilten Zufallsvariablen X über die Darstellungsformel her.

21.42 •• Es seien $X_1, \ldots, X_n$ unabhängige Zufallsvariablen mit gleicher Verteilung und der Eigenschaft $\mathbb{E}X_1^2 < \infty$. Ferner seien $\mu := \mathbb{E}X_1$, $\sigma^2 := \mathbb{V}(X_1)$ und $\bar{X}_n := \sum_{k=1}^n X_k/n$. Zeigen Sie:

a) $E(\bar{X}_n) = \mu$.
b) $V(\bar{X}_n) = \sigma^2/n$.
c) $\text{Cov}(X_j, \bar{X}_n) = \sigma^2/n$.
d) $\rho(X_1 - 2X_2, \bar{X}_n) = -1/\sqrt{5n}$.

21.43 •• Der Zufallsvektor $(X_1, \ldots, X_s)$ besitze die Multinomialverteilung $\text{Mult}(n, p_1, \ldots, p_s)$, wobei $p_1 > 0, \ldots, p_s > 0$ vorausgesetzt ist. Zeigen Sie:

a) $\text{Cov}(X_i, X_j) = -n \cdot p_i \cdot p_j \quad (i \neq j)$,

b) $\rho(X_i, X_j) = -\sqrt{\dfrac{p_i \cdot p_j}{(1-p_i)\cdot(1-p_j)}} \quad (i \neq j)$.

21.44 •• In der Situation des zweifachen Wurfs mit einem echten Würfel seien X_j die Augenzahl des j-ten Wurfs sowie $M := \max(X_1, X_2)$. Zeigen Sie:

$$\mathbb{E}(X_1|M) = \frac{M^2 + M(M-1)/2}{2M-1}.$$

21.45 •• In einer Bernoulli-Kette mit Trefferwahrscheinlichkeit $p \in (0,1)$ sei X die Anzahl der Versuche, bis erstmalig

a) die Sequenz 01 aufgetreten ist. Zeigen Sie: Es gilt $\mathbb{E}X = 1/(p(1-p))$.

b) die Sequenz 111 aufgetreten ist. Zeigen Sie: Es gilt $\mathbb{E}X = (1 + p + p^2)/p^3$.

21.46 •• Wir würfeln in der Situation zwischen Angst und Gier auf Seite 798 k-mal und stoppen dann. Falls bis dahin eine Sechs auftritt, ist das Spiel natürlich sofort (mit dem Gewinn 0) beendet. Zeigen Sie, dass bei dieser Strategie der Erwartungswert des Spielgewinns G durch

$$\mathbb{E}G = 3 \cdot k \cdot \left(\frac{5}{6}\right)^k$$

gegeben ist. Welcher Wert für k liefert den größten Erwartungswert?

21.47 •• In einer Bernoulli-Kette mit Trefferwahrscheinlichkeit $p \in (0,1)$ bezeichne Y_j die Anzahl der Nieten vor dem j-ten Treffer ($j = 1, 2, 3$). Nach Übungsaufgabe 21.5 besitzt Y_1 unter der Bedingung $Y_2 = k$ eine Gleichverteilung auf den Werten $0, 1, \ldots, k$. Zeigen Sie: Unter der Bedingung $Y_3 = k$, $k \in \mathbb{N}_0$, ist die bedingte Verteilung von Y_1 durch

$$\mathbb{P}(Y_1 = j | Y_3 = k) = \frac{2(k+1-j)}{(k+1)(k+2)}, \quad j = 0, 1, \ldots, k,$$

gegeben.

21.48 •• Es seien $X_1, \ldots, X_s$ unabhängige Zufallsvariablen mit den Poisson-Verteilungen $X_j \sim \text{Po}(\lambda_j)$, $j = 1, \ldots, s$. Zeigen Sie, dass der Zufallsvektor $(X_1, \ldots, X_s)$ unter der Bedingung $X_1 + \ldots + X_s = n$, $n \in \mathbb{N}$, die Multinomialverteilung $\text{Mult}(n, p_1, \ldots, p_s)$ besitzt. Dabei ist $p_j = \lambda_j/(\lambda_1 + \ldots + \lambda_s)$, $j \in \{1, \ldots, s\}$.

21.49 • Es gelte $X \sim \text{Nb}(r, p)$. Zeigen Sie, dass X die erzeugende Funktion

$$g_X(t) = \left(\frac{p}{1-(1-p)t}\right)^r, \quad |t| < 1,$$

besitzt.

21.50 • Leiten Sie mithilfe der erzeugenden Funktion Erwartungswert und Varianz der Poisson-Verteilung (vgl. Seite 785) und der negativen Binomialverteilung (vgl. Seite 784) her.

21.51 •• Die Zufallsvariable X sei poissonverteilt mit Parameter λ. Zeigen Sie:

a) $\mathbb{E}[X(X-1)(X-2)] = \lambda^3$.

b) $\mathbb{E}X^3 = \lambda^3 + 3\lambda^2 + \lambda$.

c) $\mathbb{E}(X-\lambda)^3 = \lambda$.

21.52 •• Zeigen Sie, dass in der auf Seite 803 beschriebenen Situation für die randomisierte Summe S_N gilt:

a) $\mathbb{E}(S_N) = \mathbb{E}N \cdot \mathbb{E}X_1$,

b) $\mathbb{V}(S_N) = \mathbb{V}(N) \cdot (\mathbb{E}X_1)^2 + \mathbb{E}N \cdot \mathbb{V}(X_1)$.

Dabei sei $\mathbb{E}X_1^2 < \infty$ und $\mathbb{E}N^2 < \infty$ vorausgesetzt.

Antworten der Selbstfragen

S. 772
In diesem Fall ist $\mathbb{P}(X = 1, Y = 1) = \mathbb{P}(X = 1)$ $\mathbb{P}(Y = 1) = 1/4 = c$.

S. 772
Die Wahrscheinlichkeit $\mathbb{P}(X_1 = x_1, X_2 = y - x_1)$ kann nur positiv sein, wenn $x_1 \in D_1$ gilt und wenn die in der Summe stehende Bedingung $x_1 + x_2 = y$ erfüllt ist, also neben $X_1 = x_1$ noch die Gleichheit $X_2 = y - x_1$ besteht.

S. 775
Die zu zeigende Ungleichung

$$\left|\sum_{\omega \in \Omega_0} X(\omega)\mathbb{P}(\{\omega\})\right| \le \sum_{\omega \in \Omega_0} |X(\omega)|\mathbb{P}(\{\omega\})$$

folgt für endliches Ω_0 direkt aus der Dreiecksungleichung. Im anderen Fall gilt die Ungleichung, wenn man auf der linken Seite über jede beliebige *endliche* Teilmenge von Ω_0 summiert. Hieraus folgt die Behauptung.

S. 776
Sie brauchen nur $k = 1$, $X = Z$ und $g(x) = x$, $x \in \mathbb{R}$, zu setzen.

S. 778
Es ist

$$\begin{aligned}\mathbb{V}(aX+b) &= \mathbb{E}\left[(aX+b-\mathbb{E}(aX+b))^2\right]\\ &= \mathbb{E}\left[(aX+b-a\mathbb{E}X-b)^2\right]\\ &= \mathbb{E}\left[(a(X-\mathbb{E}X))^2\right]\\ &= a^2\cdot\mathbb{V}(X)\,.\end{aligned}$$

Die Ungleichung $0 \leq \mathbb{V}(X)$ in e) ergibt sich aus der Monotonieeigenschaft d) auf Seite 775. Mit (21.16) folgt aus

$$\begin{aligned}0 &= \mathbb{V}(X)\\ &= \sum_{x\in\mathbb{R}:\ \mathbb{P}(X=x)>0}(x-\mathbb{E}X)^2\cdot\mathbb{P}(X=x)\,,\end{aligned}$$

dass für jedes x mit der Eigenschaft $\mathbb{P}(X=x)>0$ zwingenderweise $x=\mathbb{E}X$ gelten muss. Es gibt somit ein $a(=\mathbb{E}X)$ mit $\mathbb{P}(X=a)=1$. Gilt umgekehrt $\mathbb{P}(X=a)=1$, so folgt $\mathbb{E}X=a$ und $\mathbb{V}(X)=(a-a)^2\cdot 1=0$.

S. 783
Es gilt

$$\begin{aligned}\mathbb{P}(X\geq k) &= \sum_{j=k}^{\infty}\mathbb{P}(X=j)\\ &= \sum_{j=k}^{\infty}p(1-p)^j\\ &= p(1-p)^k\sum_{l=0}^{\infty}(1-p)^l=(1-p)^k\,.\end{aligned}$$

Wegen $\{X=k+m\}\subseteq\{X\geq k\}$ folgt nach Definition der bedingten Wahrscheinlichkeit

$$\begin{aligned}\mathbb{P}(X=k+m|X\geq k) &= \frac{\mathbb{P}(X=k+m)}{\mathbb{P}(X\geq k)}\\ &= \frac{p(1-p)^{k+m}}{(1-p)^k}\\ &= p(1-p)^m=\mathbb{P}(X=m)\,.\end{aligned}$$

S. 785
Für jedes $k\in\mathbb{N}_0$ gilt

$$\begin{aligned}\mathbb{P}(X+Y=k) &= \sum_{j=0}^{k}\mathbb{P}(X=j,Y=k-j)\\ &= \sum_{j=0}^{k}\mathbb{P}(X=j)\cdot\mathbb{P}(Y=k-j)\\ &= \sum_{j=0}^{k}\mathrm{e}^{-\lambda}\frac{\lambda^j}{j!}\cdot\mathrm{e}^{-\mu}\frac{\mu^{k-j}}{(k-j)!}\\ &= \frac{\mathrm{e}^{-(\lambda+\mu)}}{k!}\cdot\sum_{j=0}^{k}\binom{k}{j}\lambda^j\mu^{k-j}\\ &= \frac{\mathrm{e}^{-(\lambda+\mu)}}{k!}\cdot(\lambda+\mu)^k\,,\end{aligned}$$

was zu zeigen war.

S. 786
Eine naheliegende Möglichkeit besteht darin, $\Omega := \{1,\ldots,s\}^n$ zu setzen. Für ein n-Tupel $(a_1,\ldots,a_n)\in\Omega$ interpretieren wir dabei die j-te Komponente a_j als Ausgang des j-ten Experiments. Die Anzahl X_k der Treffer k-ter Art ist auf diesem Grundraum durch $X_k(a_1,\ldots,a_n)=\sum_{j=1}^{n}\mathbf{1}\{a_j=k\}$ gegeben.

S. 790
Weil die Varianz einer Zufallsvariablen nur von deren Verteilung abhängt und X und Y die gleiche Verteilung besitzen.

S. 794
Die Existenz von $\mathbb{E}X$ garantiert, dass für den Fall einer unendlichen Menge Ω_0 die in der Definition von $\mathbb{E}(X|A)$ stehende Reihe absolut konvergiert.

S. 797
Setzen Sie $X=\mathbf{1}_\Omega$ in Eigenschaft b) auf Seite 794 und beachten Sie die Eigenschaft c).

S. 801
Sind X und Y unabhängige poissonverteilte Zufallsvariablen mit Parametern λ bzw. μ, so besitzen X und Y die erzeugenden Funktionen $g_X(t)=\mathrm{e}^{\lambda(t-1)}$ und $g_Y(t)=\mathrm{e}^{\mu(t-1)}$. Nach der Multiplikationsformel hat $X+Y$ die erzeugende Funktion $g_X(t)g_Y(t)=\mathrm{e}^{(\lambda+\mu)(t-1)}$. Der Eindeutigkeitssatz ergibt, dass $X+Y$ poissonverteilt mit Parameter $\lambda+\mu$ ist.

Stetige Verteilungen und allgemeine Betrachtungen – jetzt wird es analytisch

22

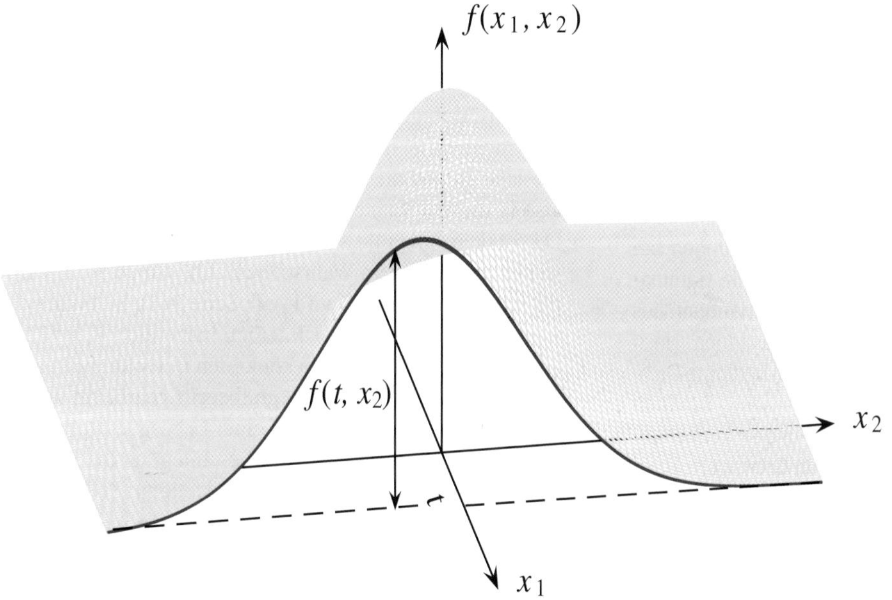

Besitzt jede stetige Verteilungsfunktion eine Dichte?

Wie überträgt sich die Dichte eines Zufallsvektors unter einer regulären Transformation?

Wie ist der Erwartungswert einer Zufallsvariablen definiert?

Wie entsteht die Normalverteilung $N_k(\mu, \Sigma)$?

Was besagt die Multiplikationsformel für charakteristische Funktionen?

Im letzten Kapitel haben wir uns ausgiebig mit *diskreten Verteilungen* beschäftigt. Solche Verteilungen modellieren stochastische Vorgänge, bei denen nur abzählbar viele Ergebnisse auftreten können. In diesem Kapitel stellen wir zum einen allgemeine Betrachtungen über reelle Zufallsvariablen und k-dimensionale Zufallsvektoren an, die das bereits Gelernte vertiefen und unter einem höheren Gesichtspunkt wieder aufgreifen. Zum anderen werden wir uns intensiv mit stetigen Zufallsvariablen und -vektoren befassen. Solche Zufallsvariablen besitzen eine Lebesgue-Dichte, was unter anderem zur Folge hat, dass sie jeden festen Wert nur mit der Wahrscheinlichkeit null annehmen. Die Berechnung von Wahrscheinlichkeiten und Verteilungskenngrößen wie Erwartungswerten, Varianzen, höheren Momenten und Quantilen erfordert Techniken der Analysis.

In einem ersten Abschnitt stehen die Begriffe *Verteilungsfunktion* und *Dichte* im Vordergrund. Wir werden sehen, wie sich Dichten unter regulären Transformationen von Zufallsvektoren verhalten und uns mit wichtigen Verteilungsfamilien befassen. Hierzu gehören die ein- und mehrdimensionale Normalverteilung, die Gleichverteilung, die Gammaverteilung, die Weibull-Verteilung, die Exponentialverteilung, die Lognormalverteilung und die Cauchy-Verteilung. Zwischen diesen Verteilungen bestehen zahlreiche Querverbindungen, und bis auf die Gammaverteilung lassen sich alle durch einfache Transformationen aus der Gleichverteilung auf dem Einheitsintervall gewinnen. Nach einem Abschnitt über bedingte Verteilungen und bedingte Dichten werden wir abschließend mit der charakteristischen Funktion ein weiteres Beschreibungsmittel für Verteilungen kennenlernen, das unter anderem für die Herleitung von Grenzwertsätzen nützlich ist.

Gelegentlich greifen wir auf Resultate der Maß- und Integrationstheorie zurück, die in Kapitel 7 nachgelesen werden können. Für das gesamte Kapitel sei ein fester Wahrscheinlichkeitsraum $(\Omega, \mathcal{A}, \mathbb{P})$ zugrunde gelegt, auf dem alle auftretenden Zufallsvariablen definiert sind.

22.1 Verteilungsfunktionen und Dichten

In diesem Abschnitt führen wir stetige Zufallsvariablen und Zufallsvektoren sowie die Begriffe *Verteilungsfunktion* und *Dichte* ein. Die folgende Definition nimmt Bezug auf die auf Seite 713 angestellten Betrachtungen.

Definition einer stetigen Zufallsvariablen

Eine reelle Zufallsvariable X heißt **(absolut) stetig (verteilt)**, wenn es eine nichtnegative Borel-messbare Funktion $f: \mathbb{R} \to \mathbb{R}$ mit der Eigenschaft

$$\int_{-\infty}^{\infty} f(t)\,\mathrm{d}t = 1 \qquad (22.1)$$

gibt, sodass gilt:

$$\mathbb{P}^X(B) = \mathbb{P}(X \in B) = \int_B f(t)\,\mathrm{d}t, \qquad B \in \mathcal{B}. \qquad (22.2)$$

In diesem Fall sagt man, X habe eine **(absolut) stetige Verteilung**. Die Funktion f heißt **Dichte** (genauer: **Lebesgue-Dichte**) **von X** (bzw. von $\mathbb{P}^X$).

Kommentar:

- Wie schon im Fall einer diskret verteilten Zufallsvariablen (vgl. Seite 770) wurde auch in der obigen Definition der zugrunde liegende Wahrscheinlichkeitsraum nicht kenntlich gemacht, weil sich die Aussage nur auf die *Verteilung* $\mathbb{P}^X$ von X bezieht. Die Konstruktion $(\Omega, \mathcal{A}, \mathbb{P}) := (\mathbb{R}, \mathcal{B}, \mathbb{P}^X)$ und $X := \mathrm{id}_\Omega$ zeigt, dass es immer einen Wahrscheinlichkeitsraum gibt, auf dem X als Abbildung definiert ist. Entscheidend ist nur, dass die Funktion f nichtnegativ und messbar ist und die Normierungsbedingung (22.1) erfüllt, also in diesem Sinn eine *Wahrscheinlichkeitsdichte* ist.
- Die obigen Integrale sind als Lebesgue-Integrale zu verstehen, damit $\mathbb{P}^X$ ein Wahrscheinlichkeitsmaß auf der Borel'schen σ-Algebra $\mathcal{B}$ wird (vgl. Seite 713). Im Folgenden werden jedoch f und der Integrationsbereich B in (22.2) so beschaffen sein, dass bei konkreten Berechnungen auch mit dem Riemann'schen Integralbegriff gearbeitet werden kann. Da sich die Dichte f auf einer Lebesgue-Nullmenge abändern lässt, ohne den Wert des Integrals in (22.2) zu beeinflussen, ist die Dichte einer stetigen Zufallsvariablen nur fast überall eindeutig bestimmt. Sie kann also insbesondere an endlich vielen Stellen beliebig modifiziert werden. Wer bereits Kenntnisse der Maß- und Integrationstheorie besitzt, erkennt, dass die Verteilung einer stetigen Zufallsvariablen als absolut stetig bezüglich des Borel-Lebesgue-Maßes λ^1 angenommen wird.
- Besitzt X eine Dichte, so stellt sich die Wahrscheinlichkeit $\mathbb{P}(a \le X \le b)$ anschaulich als Fläche zwischen dem Graphen von f und der x-Achse über dem Intervall $[a, b]$ dar (siehe etwa Abb. 19.6 auf Seite 714).

Beispiel Die Festsetzung

$$f(x) := \begin{cases} 1 - |x-1|, & \text{falls } 0 \le x \le 2, \\ 0 & \text{sonst}, \end{cases} \qquad (22.3)$$

definiert eine Wahrscheinlichkeitsdichte, denn f ist nichtnegativ und als stetige Funktion Borel-messbar. Weiter gilt $\int_{-\infty}^{\infty} f(t)\,\mathrm{d}t = 1$. Abbildung 22.1 zeigt, dass der Graph von f eine Dreiecksgestalt besitzt, und so heißt eine Zufallsvariable X mit der Dichte f *dreiecksverteilt* im Intervall $[0, 2]$. ◀

?

Wie groß ist $\mathbb{P}(0.2 < X \le 0.8)$, wenn X die obige Dichte besitzt?

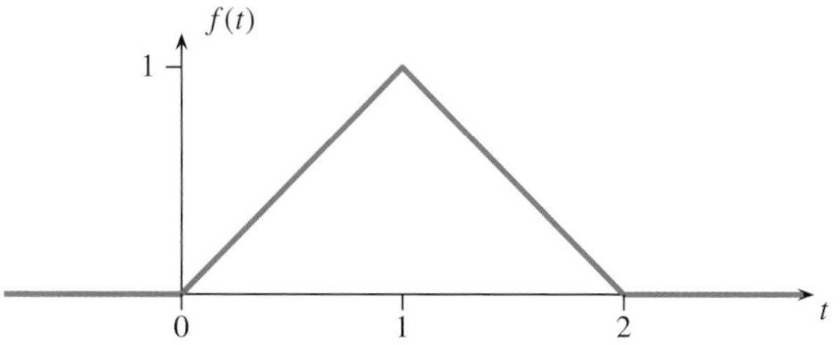

Abbildung 22.1 Dichte der Dreiecksverteilung in [0, 2].

Beispiel Standardnormalverteilung
Die Gleichung $\int_{-\infty}^{\infty} \exp(-x^2)\mathrm{d}x = \sqrt{\pi}$ (vgl. Band 1, Abschnitt 16.7) zeigt, dass die durch

$$\varphi(x) := \frac{1}{\sqrt{2\pi}} \exp\left(-\frac{x^2}{2}\right), \quad x \in \mathbb{R}, \tag{22.4}$$

definierte nichtnegative stetige Funktion φ (Abb. 22.2) die Bedingung $\int_{-\infty}^{\infty} \varphi(x)\,\mathrm{d}x = 1$ erfüllt, also die Dichte einer stetigen Zufallsvariablen ist. Eine Zufallsvariable X mit dieser Dichte heißt *standardnormalverteilt*, und wir schreiben hierfür $X \sim \mathrm{N}(0, 1)$. Die Standardnormalverteilung ist ein Spezialfall der ausführlicher auf Seite 825 behandelten allgemeinen Normalverteilung $\mathrm{N}(\mu, \sigma^2)$.

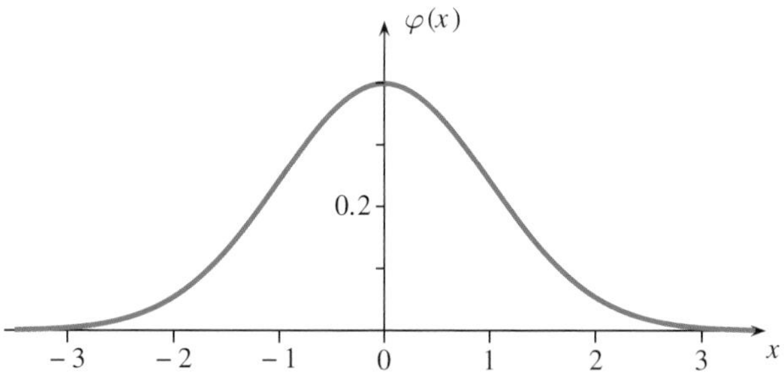

Abbildung 22.2 Dichte der Standardnormalverteilung. ◀

Die Verteilung $\mathbb{P}^X$ einer reellen Zufallsvariablen ist als Wahrscheinlichkeitsmaß eine auf der Borel'schen σ-Algebra $\mathcal{B}$ definierte Funktion, deren Argumente *Mengen* sind. Diese Funktion ist für eine diskrete Zufallsvariable durch die Angabe aller x_j mit $\mathbb{P}(X = x_j) > 0$ sowie der Wahrscheinlichkeiten $\mathbb{P}(X = x_j)$, $j \geq 1$, und im Fall einer stetigen Zufallsvariablen durch deren Dichte festgelegt. Das folgende Konzept fasst beide Fälle zusammen.

Verteilungsfunktion einer Zufallsvariablen

Für eine reelle Zufallsvariable X heißt die durch

$$F(x) := \mathbb{P}(X \leq x), \quad x \in \mathbb{R},$$

definierte Funktion $F\colon \mathbb{R} \to [0, 1]$ die **Verteilungsfunktion von X**.

Man beachte, dass auch hier nicht auf den zugrunde liegenden Wahrscheinlichkeitsraum $(\Omega, \mathcal{A}, \mathbb{P})$ Bezug genommen wird, weil $\mathbb{P}(X \leq x) = \mathbb{P}^X((-\infty, x])$ nur von der Verteilung von X abhängt. Aus diesem Grund nennt man F auch die *Verteilungsfunktion von* $\mathbb{P}^X$.

Ist X eine diskrete Zufallsvariable, so heißt F eine *diskrete Verteilungsfunktion*. Gilt $\mathbb{P}(X \in D) = 1$ für eine abzählbare Menge $D \subseteq \mathbb{R}$, vgl. Seite 770, so besitzt F die Gestalt

$$F(x) = \sum_{y \in D\colon y \leq x} \mathbb{P}(X = y). \tag{22.5}$$

Der Wert $F(x) = \mathbb{P}(X \leq x)$ ergibt sich also durch *Aufhäufen* oder *Kumulieren* der abzählbar vielen Einzelwahrscheinlichkeiten $\mathbb{P}(X = y)$ der zu D gehörenden y mit $y \leq x$. Aus diesem Grund ist häufig auch die Sprechweise *kumulative Verteilungsfunktion* anzutreffen. Nimmt X mit Wahrscheinlichkeit eins nur *endlich viele* Werte an, so springt F an diesen Stellen und ist zwischen den Sprungstellen konstant. Abbildung 22.3 zeigt dieses Verhalten anhand der Verteilungsfunktion der Augensumme beim zweifachen Würfelwurf (vgl. das Beispiel auf Seite 713).

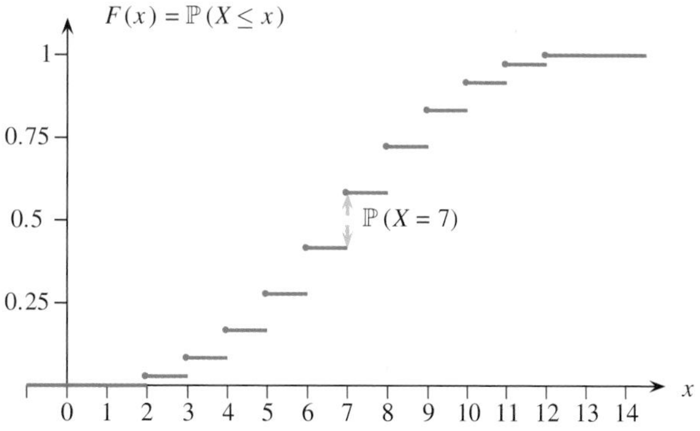

Abbildung 22.3 Verteilungsfunktion der Augensumme beim zweifachen Würfelwurf.

Ist X eine stetige Zufallsvariable mit Dichte f, so folgt aus (22.2) speziell für $B = (-\infty, x]$ die Darstellung

$$F(x) = \mathbb{P}(X \leq x) = \int_{-\infty}^{x} f(t)\,\mathrm{d}t, \quad x \in \mathbb{R}. \tag{22.6}$$

Der Wert $F(x)$ ist also anschaulich die unter der Dichte f bis zur Stelle x von links *erreichte* Fläche (Abb. 22.4).

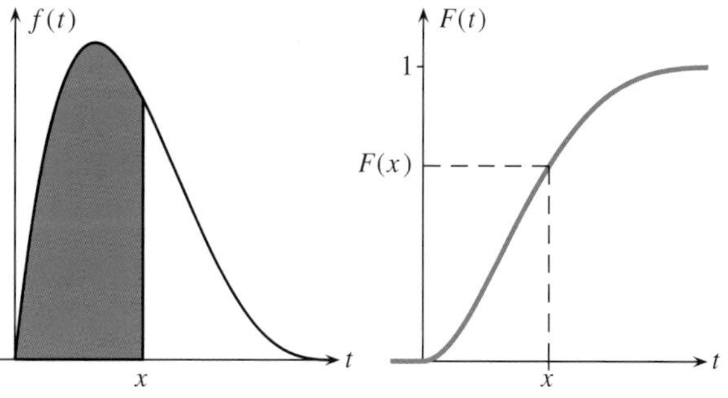

Abbildung 22.4 Dichte (links) und zugehörige Verteilungsfunktion (rechts) einer stetigen Zufallsvariablen.

Angesichts der Abbildungen 22.3 und 22.4 ist das folgende Resultat nicht verwunderlich (siehe auch die Definition einer maßdefinierenden Funktion auf Seite 224).

Eigenschaften einer Verteilungsfunktion

Die Verteilungsfunktion F einer Zufallsvariablen X besitzt folgende Eigenschaften:

- Aus $x \leq y$ folgt $F(x) \leq F(y)$
  (F ist **monoton wachsend**),
- für jedes $x \in \mathbb{R}$ und jede Folge (x_n) mit $x_n \geq x_{n+1}$, $n \geq 1$, und $\lim_{n\to\infty} x_n = x$ gilt
  $F(x) = \lim_{n\to\infty} F(x_n)$
  (F ist **rechtsseitig stetig**),
- es gilt

$$\lim_{x\to-\infty} F(x) = 0, \qquad \lim_{x\to\infty} F(x) = 1 \qquad (22.7)$$

(„**F kommt von 0 und geht nach 1**").

Beweis: Die Monotonie von F folgt aus der Monotonie von $\mathbb{P}^X$, denn $x \leq y$ impliziert $(-\infty, x] \subseteq (-\infty, y]$. Zum Nachweis der rechtsseitigen Stetigkeit von F seien $x \in \mathbb{R}$ beliebig und (x_n) eine beliebige Folge mit $x_n \geq x_{n+1}, n \geq 1$, und $\lim_{n\to\infty} x_n = x$. Dann wird durch $A_n := (-\infty, x_n]$, $n \geq 1$, eine absteigende Mengenfolge (A_n) mit $A_n \downarrow A := (-\infty, x]$ definiert. Da $\mathbb{P}^X$ stetig von oben ist, ergibt sich

$$F(x) = \mathbb{P}^X(A) = \lim_{n\to\infty} \mathbb{P}^X(A_n) = \lim_{n\to\infty} F(x_n)\,.$$

Die letzte Eigenschaft folgt analog unter Verwendung der Stetigkeit von $\mathbb{P}^X$. ∎

?

Können Sie den Beweis selbst zu Ende führen?

Abbildung 22.5 illustriert die obigen Eigenschaften einer Verteilungsfunktion F. Um die rechtsseitige Stetigkeit von F an der Stelle x_0 zu kennzeichnen, ist der Punkt $(x_0, F(x_0))$ durch einen ausgefüllten Kreis hervorgehoben.

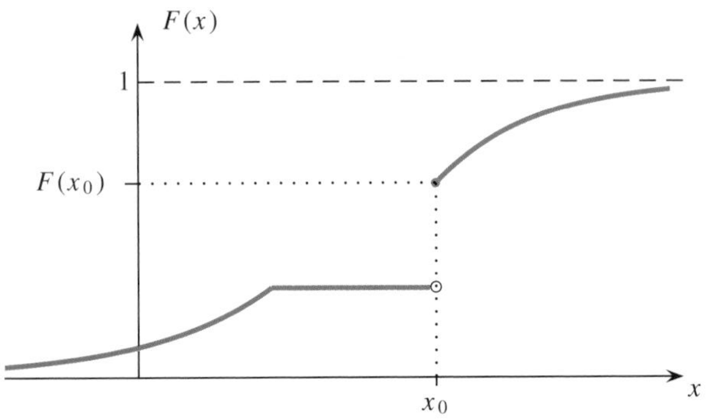

Abbildung 22.5 Graph einer Verteilungsfunktion.

Verteilungsfunktionen legen Verteilungen fest

Die Verteilungsfunktion F einer Zufallsvariablen X legt die Verteilung $\mathbb{P}^X$ als Wahrscheinlichkeitsmaß auf der Borel'schen σ-Algebra in eindeutiger Weise fest. Wegen $F(x) = \mathbb{P}^X((-\infty, x])$, $x \in \mathbb{R}$, folgt dieser Sachverhalt daraus, dass ein Wahrscheinlichkeitsmaß auf $\mathcal{B}$ nach dem Eindeutigkeitssatz für Maße auf Seite 221 schon durch seine Werte auf dem Mengensystem $\mathcal{J} = \{(-\infty, x] \colon x \in \mathbb{R}\}$ bestimmt ist. Das nachstehende Resultat besagt, dass die obigen Eigenschaften von F im Hinblick auf das „Erzeugen einer Verteilung" charakteristisch sind.

Existenzsatz

Zu jeder monoton wachsenden rechtsseitig stetigen Funktion $F\colon \mathbb{R} \to [0, 1]$ mit (22.7) gibt es eine Zufallsvariable X mit der Verteilungsfunktion F.

Beweis: Nach dem Satz über maßdefinierende Funktionen auf Seite 226 gibt es genau ein Wahrscheinlichkeitsmaß Q_F auf $\mathcal{B}$ mit der Eigenschaft

$$Q_F((a, b]) = F(b) - F(a) \quad \text{für alle } a, b \text{ mit } a \leq b\,.$$

Die kanonische Konstruktion $\Omega := \mathbb{R}$, $\mathcal{A} := \mathcal{B}$, $\mathbb{P} := Q_F$ und $X := \mathrm{id}_{\mathbb{R}}$ liefert dann die Behauptung. ∎

Es besteht also eine bijektive Zuordnung zwischen *Verteilungen* reeller Zufallsvariablen (Wahrscheinlichkeitsmaßen auf $\mathcal{B}$) und monoton wachsenden rechtsseitig stetigen Funktionen $F\colon \mathbb{R} \to [0, 1]$ mit (22.7). Im Folgenden werden wir uns etwas genauer mit Verteilungsfunktionen befassen.

Die in Abbildung 22.5 dargestellte Verteilungsfunktion F einer Zufallsvariablen X besitzt an der Stelle x_0 eine Sprungstelle. Wie der folgende Satz zeigt, ist die Sprunghöhe gleich der Wahrscheinlichkeit $\mathbb{P}(X = x_0)$ (vgl. auch Abb. 22.3). Zur Formulierung des Satzes, dessen Beweis Gegenstand von Aufgabe 22.1 ist, bezeichne allgemein

$$F(x-) := \lim_{x_1 \leq x_2 \leq \ldots, x_n \to x} F(x_n)$$

den *linksseitigen Grenzwert* von F an der Stelle x. Wegen der Monotonie von F hängt dieser Grenzwert nicht von der speziellen Wahl einer von links gegen x konvergierenden Folge $(x_n)_{n\geq 1}$ mit $x_1 \leq x_2 \leq \ldots < x$ ab.

Weitere Eigenschaften von Verteilungsfunktionen

Für die Verteilungsfunktion F von X gelten:

- $\mathbb{P}(a < X \leq b) = F(b) - F(a), \quad a, b \in \mathbb{R}, \ a < b\,.$
- $\mathbb{P}(X = x) = F(x) - F(x-), \quad x \in \mathbb{R}\,.$

Da die Verteilungsfunktion F einer Zufallsvariablen X rechtsseitig stetig ist, liegt somit in einem Punkt x genau dann eine Stetigkeitsstelle von F vor, wenn $\mathbb{P}(X = x) = 0$ gilt. Eine Verteilungsfunktion kann höchstens abzählbar viele Unstetigkeitsstellen besitzen (Aufgabe 22.2), und diese können sogar in $\mathbb{R}$ dicht liegen (Aufgabe 22.8 c)). Selbstverständlich ist die Verteilungsfunktion einer stetigen Zufallsvariablen X stetig, denn es ist

$$\mathbb{P}(X = x) = \int_{\mathbb{R}} f(t)\mathbf{1}\{x\}(t)\,\mathrm{d}t = 0\,,$$

da der Integrand fast überall verschwindet. Wie das folgende Beispiel zeigt, sollte man sich jedoch hüten zu glauben, jede stetige Verteilungsfunktion F ließe sich in der Form (22.6) mit einer geeigneten Dichte f schreiben (siehe hierzu auch die Hintergrundinformation auf Seite 818).

Beispiel Cantor'sche Verteilungsfunktion

Die folgende Konstruktion von Georg Ferdinand Ludwig Philipp Cantor (1845–1918) zeigt, dass es stetige Verteilungsfunktionen gibt, die sich nicht in der Form (22.6) mit einer geeigneten Dichte schreiben lassen.

Wir setzen $F(x) := 0$ für $x \leq 0$ sowie $F(x) := 1$ für $x \geq 1$. Für jedes x aus dem mittleren Drittel $[1/3, 2/3]$ definieren wir $F(x) := 1/2$. Aus den übrigen Dritteln $[0, 1/3]$ und $[2/3, 1]$ werden wieder jeweils das mittlere Drittel, also das Intervall $[1/9, 2/9]$ bzw. $[7/9, 8/9]$, gewählt und dort $F(x) := 1/4$ bzw. $F(x) := 3/4$ gesetzt. In gleicher Weise verfährt man mit den jeweils mittleren Dritteln der noch nicht erfassten vier Intervalle $[0, 1/9]$, $[2/9, 1/3]$, $[2/3, 7/9]$, $[8/9, 1]$ und setzt auf dem j-ten dieser Intervalle $F(x) := (2j-1)/8$. Fährt man so unbegrenzt fort, so entsteht eine stetige Funktion F, die auf jedem der offenen Intervalle $(1/3, 2/3)$, $(1/9, 2/9)$, $(7/9, 8/9)$, … differenzierbar ist und dort die Ableitung 0 besitzt. Da die Summe der Längen dieser Intervalle gleich

$$\sum_{k=0}^{\infty} 2^k \left(\frac{1}{3}\right)^{k+1} = \frac{1}{3}\sum_{k=0}^{\infty}\left(\frac{2}{3}\right)^k = 1$$

ist, besitzt F fast überall auf dem Intervall $[0, 1]$ die Ableitung 0, ist also nicht in der Form (22.6) darstellbar.

Abbildung 22.6 zeigt den Versuch, die auch *Teufelstreppe* genannte *Cantor'sche Verteilungsfunktion* zu approximieren (vgl. auch Band 1, Abschnitte 9.4 und 16.2). ◀

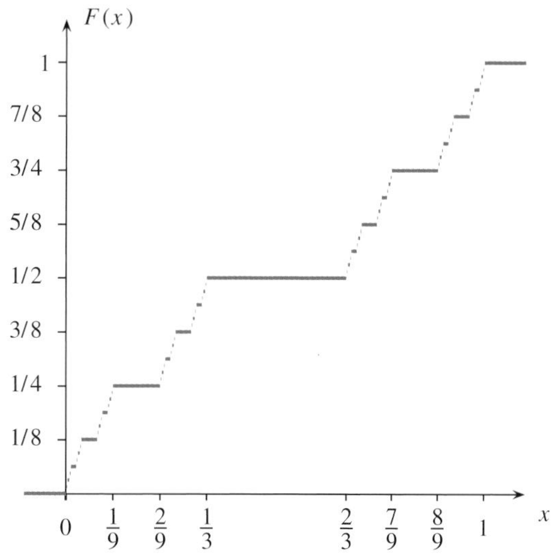

Abbildung 22.6 Cantor'sche Verteilungsfunktion.

Besitzt eine Zufallsvariable X mit Verteilungsfunktion F eine Dichte f, so nennt man F *absolut stetig* (siehe Seite 818) und sagt auch, *F habe die Dichte f*. Wegen der Darstellung (22.6) kann man nach dem ersten Hauptsatz der Differenzial- und Integralrechnung an jeder Stelle t, an der die Funktion f stetig ist, die Verteilungsfunktion F differenzieren und erhält die Ableitung $F'(t) = f(t)$. Ist andererseits F eine Verteilungsfunktion, die außerhalb einer endlichen – eventuell leeren – Menge M stetig differenzierbar ist, so wird durch

$$f(x) := F'(x)\,, \quad x \in \mathbb{R} \setminus M\,,$$

und $f(x) := 0$, falls $x \in M$, eine Dichte definiert, und es gilt dann (22.6). Unabhängig davon, ob eine Dichte existiert oder nicht, ist jede Verteilungsfunktion fast überall differenzierbar (siehe Seite 818).

Sind t Stetigkeitspunkt einer Dichte f und Δ eine kleine positive Zahl, so gilt (vgl. Abb. 22.7)

$$\mathbb{P}(t \leq X \leq t + \Delta) = \int_t^{t+\Delta} f(x)\,\mathrm{d}x \approx \Delta\, f(t)$$

und somit

$$f(t) \approx \frac{1}{\Delta}\,\mathbb{P}(t \leq X \leq t + \Delta)\,. \tag{22.9}$$

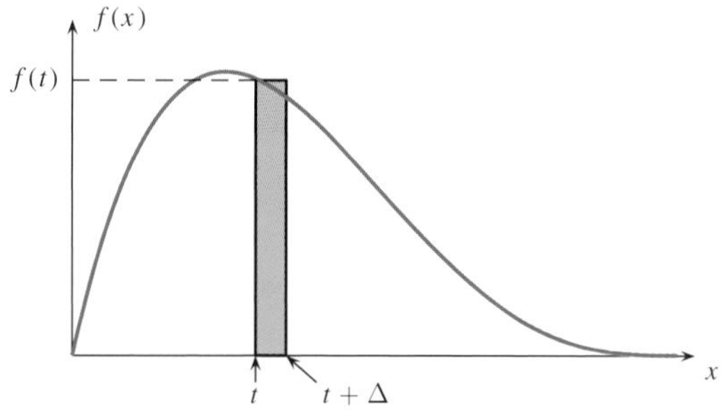

Abbildung 22.7 Zum Verständnis des Dichtebegriffs.

Der Wert $f(t)$ ist also approximativ gleich der Wahrscheinlichkeit, dass X einen Wert im Intervall $[t, t + \Delta t]$ annimmt, dividiert durch die Länge Δt dieses Intervalls. Ähnliche Betrachtungen findet man in der Physik, wo der Begriff *Massendichte* als Grenzwert von Masse pro Volumeneinheit definiert wird (siehe hierzu auch die Ausführungen auf Seite 258).

Wir werden später noch viele wichtige stetige Verteilungen von (eindimensionalen) Zufallsvariablen kennenlernen, möchten aber an dieser Stelle zunächst den Begriff eines (absolut) stetig verteilten Zufallsvektors einführen.

Hintergrund und Ausblick: Absolut stetige und singuläre Verteilungsfunktionen

Nach einem berühmten Satz von Henri Lebesgue aus dem Jahr 1904 ist jede Verteilungsfunktion $F\colon \mathbb{R} \to [0,1]$ als monotone Funktion fast überall differenzierbar. Setzt man $F'(x) := 0$ für jede Stelle x, an der F nicht differenzierbar ist, so gilt

$$\int_a^b F'(t)\,\mathrm{d}t \;\le\; F(b) - F(a)\,, \qquad a, b \in \mathbb{R}\,,\; a \le b\,,$$

und damit auch

$$\int_{-\infty}^x F'(t)\,\mathrm{d}t \;\le\; F(x)\,, \qquad x \in \mathbb{R}\,. \tag{22.8}$$

Verteilungsfunktionen, bei denen hier stets das Gleichheitszeichen eintritt, sind wie folgt charakterisiert:

Eine Verteilungsfunktion F heißt **absolut stetig**, wenn zu jedem kompakten Intervall $[a,b] \subseteq \mathbb{R}$ und zu jedem $\varepsilon > 0$ ein $\delta > 0$ existiert, sodass für jedes $n \ge 1$ und jede Wahl von $u_1, \ldots, u_n$ und $v_1, \ldots, v_n$ mit $a \le u_1 < v_1 \le u_2 < v_2 \le \ldots \le u_n < v_n \le b$ und $\max_{1 \le j \le n}(v_j - u_j) \le \delta$ die Ungleichung $\sum_{j=1}^n |F(v_j) - F(u_j)| < \varepsilon$ erfüllt ist.

Nach dem Hauptsatz der Differenzial- und Integralrechnung für das Lebesgue-Integral ist jede Verteilungsfunktion F absolut stetig, die sich in der Form

$$F(x) = \int_{-\infty}^x f(t)\,\mathrm{d}t\,, \qquad x \in \mathbb{R}\,,$$

mit einer nichtnegativen messbaren Funktion f schreiben lässt. Dabei gilt $F'(x) = f(x)$ für fast alle x. Andererseits impliziert die absolute Stetigkeit von F, dass in (22.8) für jedes x das Gleichheitszeichen eintritt. Konsequenterweise ist dann die fast überall existierende und ggf. auf einer Nullmenge durch $F'(x) := 0$ zu ergänzende Ableitung F' eine Dichte von F.

Jede absolut stetige Verteilungsfunktion ist insbesondere stetig. Dass die Umkehrung im Allgemeinen nicht gilt, zeigt das Beispiel der Cantor'schen Verteilungsfunktion. Letztere ist **singulär** in dem Sinne, dass $F'(x) = 0$ für fast alle x gilt. Im Falle einer singulären Verteilungsfunktion ist somit die linke Seite von (22.8) identisch gleich null, sodass man durch Integration der Ableitung „nichts von F zurückgewinnt". Jede diskrete Verteilungsfunktion ist singulär. Dieser Sachverhalt erschließt sich unmittelbar, wenn die Sprungstellen von F isoliert voneinanderliegen, er gilt aber auch, wenn die Sprungstellen eine in $\mathbb{R}$ dichte Menge bilden. Überraschenderweise gibt es *streng monoton wachsende stetige* Verteilungsfunktionen, die singulär sind.

Nach dem *Lebesgue'schen Zerlegungssatz* besitzt jede Verteilungsfunktion F genau eine Darstellung der Gestalt

$$F = a_1\,F_d + a_2\,F_{cs} + a_3\,F_{ac}$$

mit nichtnegativen Zahlen a_i, wobei $a_1 + a_2 + a_3 = 1$. Des Weiteren sind F_d eine diskrete, F_{cs} eine stetige singuläre und F_{ac} eine absolut stetige Verteilungsfunktion.

Abschließend sei gesagt, dass F genau dann absolut stetig bzw. singulär ist, wenn das nach dem Existenzsatz auf Seite 816 zu F korrespondierende Wahrscheinlichkeitsmaß μ_F absolut stetig bzw. singulär bezüglich des Borel-Lebesgue-Maßes im Sinne der Definition auf Seite 254 bzw. auf Seite 256 ist. Die beiden ersten Summanden in obiger Darstellung bilden den singulären und $a_3 F_{ac}$ den absolut stetigen Anteil von μ_F im Sinne des Lebesgue'schen Zerlegungssatzes auf Seite 257.

Literatur

1. P. Billingsley: *Probability and Measure*. 2. Aufl. John Wiley & Sons, New York 1986.
2. J. Elstrodt: *Maß- und Integrationstheorie*. 4. Aufl. Springer-Verlag, Heidelberg 2005.

Definition eines stetigen Zufallsvektors

Ein k-dimensionaler Zufallsvektor $\mathbf{X} = (X_1, \ldots, X_k)$ heißt **(absolut) stetig (verteilt)**, wenn es eine nichtnegative Borel-messbare Funktion $f\colon \mathbb{R}^k \to \mathbb{R}$ mit

$$\int_{\mathbb{R}^k} f(x)\,\mathrm{d}x = 1$$

(sog. **Wahrscheinlichkeitsdichte**) gibt, sodass gilt:

$$\mathbb{P}^{\mathbf{X}}(B) = \mathbb{P}(\mathbf{X} \in B) = \int_B f(x)\,\mathrm{d}x\,, \qquad B \in \mathcal{B}^k\,. \tag{22.10}$$

In diesem Fall sagt man, $\mathbf{X}$ habe eine **(absolut) stetige Verteilung**. Die Funktion f heißt **Dichte** (genauer: **Lebesgue-Dichte**) **von X** (bzw. von $\mathbb{P}^{\mathbf{X}}$).

Offenbar ist diese Begriffsbildung eine direkte Verallgemeinerung der auf Seite 814 gegebenen Definition einer stetig verteilten Zufallsvariablen. Liegt obige Situation vor, so nennt man f auch eine *gemeinsame Dichte* von $X_1, \ldots, X_k$. Der unbestimmte Artikel *eine* soll verdeutlichen, dass man nach allgemeinen Sätzen der Maßtheorie f auf einer Nullmenge abändern kann, ohne obiges Integral und damit die Verteilung von $\mathbf{X}$ zu beeinflussen.

Beispiel Gleichverteilung auf einer Menge B

Ist $B \in \mathcal{B}^k$ eine beschränkte Menge mit $\lambda^k(B) > 0$, also mit positivem Borel-Lebesgue-Maß, so heißt der Zufallsvektor $\mathbf{X} = (X_1, \ldots, X_k)$ *gleichverteilt* in B, falls $\mathbf{X}$ die auf B

konstante Dichte

$$f(x) := \frac{1}{\lambda^k(B)} \cdot \mathbf{1}_B(x), \quad x \in \mathbb{R}^k,$$

besitzt, und wir schreiben hierfür kurz $\mathbf{X} \sim \mathrm{U}(B)$.

Wichtige Spezialfälle sind hier der Einheitswürfel $B = [0, 1]^k$ und die Einheitskugel $B = \{x \in \mathbb{R}^k : \|x\| \leq 1\}$ (siehe Abb. 22.8 für den Fall $k = 2$). Die Gleichverteilung $\mathrm{U}(B)$ modelliert die rein zufällige Wahl eines Punktes aus B. Der Buchstabe U weckt Assoziationen an das Wort *uniform*.

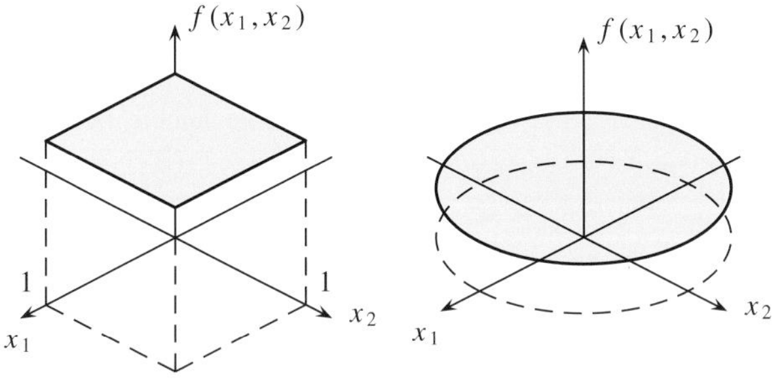

Abbildung 22.8 Dichte der Gleichverteilung auf dem Einheitsquadrat (links) und auf dem Einheitskreis (rechts). ◀

Beispiel Standardnormalverteilung im $\mathbb{R}^k$

Der Zufallsvektor $\mathbf{X} = (X_1, \ldots, X_k)$ heißt *standardnormalverteilt* im $\mathbb{R}^k$, falls $\mathbf{X}$ die Dichte

$$\varphi_k(x) := \left(\frac{1}{\sqrt{2\pi}}\right)^k \exp\left(-\frac{1}{2}\sum_{j=1}^{k} x_j^2\right),$$

$x = (x_1, \ldots, x_k) \in \mathbb{R}^k$, besitzt (siehe Abb. 22.9 für den Fall $k = 2$). Wegen

$$\varphi_k(x) = \prod_{j=1}^{n} \varphi(x_j), \quad x = (x_1, \ldots, x_k), \tag{22.11}$$

mit der in (22.4) definierten Funktion φ folgt

$$\int_{\mathbb{R}^k} \varphi_k(x)\,\mathrm{d}x = \prod_{j=1}^{k} \int_{-\infty}^{\infty} \varphi(x_j)\,\mathrm{d}x_j = 1,$$

sodass φ_k in der Tat eine Wahrscheinlichkeitsdichte ist. ◀

Integration der gemeinsamen Dichte liefert die marginalen Dichten

Besitzt der Zufallsvektor $\mathbf{X} = (X_1, \ldots, X_k)$ die Dichte f, so erhält man die sogenannten *marginalen Dichten* der Komponenten $X_1, \ldots, X_k$ von $\mathbf{X}$ analog zum Fall diskreter Zufallsvektoren auf Seite 771 aus f durch Integration über die nicht interessierenden Variablen.

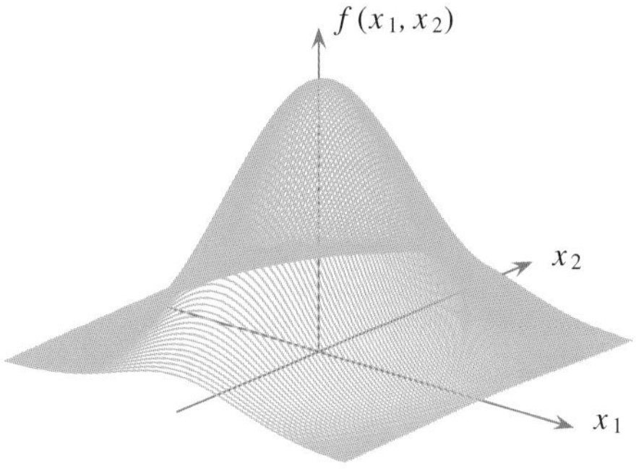

Abbildung 22.9 Dichte der zweidimensionalen Standardnormalverteilung als Gebirge.

Marginalverteilungsbildung bei Dichten

Ist $\mathbf{X} = (X_1, \ldots, X_k)$ ein stetiger Zufallsvektor mit Dichte f, so sind $X_1, \ldots, X_k$ stetige Zufallsvariablen. Die mit f_j bezeichnete Dichte von X_j ergibt sich zu

$$f_j(t) = \int_{-\infty}^{\infty} \cdots \int_{-\infty}^{\infty} f(x_1, \ldots, x_{j-1}, t, x_{j+1}, \ldots, x_k)\, \mathrm{d}x_1 \ldots \mathrm{d}x_{j-1}\mathrm{d}x_{j+1} \ldots \mathrm{d}x_k. \tag{22.12}$$

Beweis: Um Schreibaufwand zu sparen, führen wir den Beweis nur für den Fall $k = 2$ sowie $j = 1$ (siehe auch Abb. 22.10). Ist $B_1 \in \mathcal{B}^1$ eine beliebige Borelmenge, so ist $B := B_1 \times \mathbb{R}$ eine Borelmenge in $\mathbb{R}^2$. Mit (22.10) folgt

$$\begin{aligned}
\mathbb{P}^{X_1}(B_1) &= \mathbb{P}(X_1^{-1}(B_1)) = \mathbb{P}(X_1^{-1}(B_1) \cap X_2^{-1}(\mathbb{R})) \\
&= \mathbb{P}^{\mathbf{X}}(B_1 \times \mathbb{R}) \\
&= \int_B f(x_1, x_2)\,\mathrm{d}x_1\mathrm{d}x_2 \\
&= \int_{\mathbb{R}^2} \mathbf{1}_{B_1}(x_1) f(x_1, x_2)\,\mathrm{d}x_1\mathrm{d}x_2.
\end{aligned}$$

Nach dem Satz von Tonelli auf Seite 262 kann hier iteriert integriert werden, sodass wir

$$\begin{aligned}
\mathbb{P}^{X_1}(B_1) &= \int_{\mathbb{R}} \mathbf{1}_{B_1}(x_1) \left(\int_{-\infty}^{\infty} f(x_1, x_2)\mathrm{d}x_2\right) \mathrm{d}x_1 \\
&= \int_{B_1} f_1(x_1)\,\mathrm{d}x_1
\end{aligned}$$

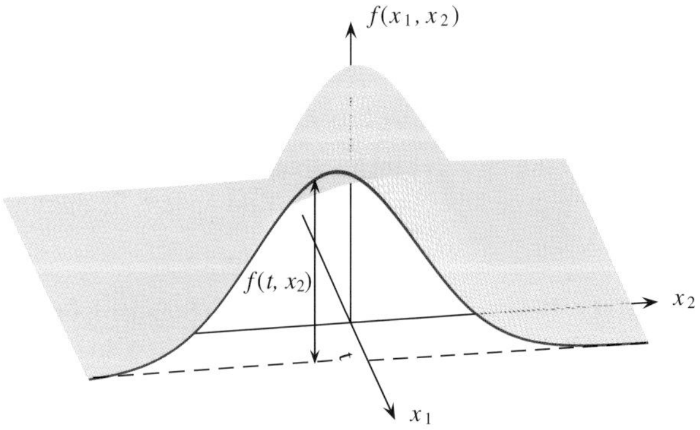

Abbildung 22.10 Bildung der marginalen Dichte $f_1(t) = \int f(t, x_2)\,\mathrm{d}x_2$ von X_1.

mit

$$f_1(x_1) = \int_{-\infty}^{\infty} f(x_1, x_2)\, \mathrm{d}x_2\,, \quad x_1 \in \mathbb{R}\,, \qquad (22.13)$$

erhalten. Der Satz von Tonelli liefert auch, dass f_1 eine messbare Funktion und (als Integral über eine nichtnegative Funktion) nichtnegativ ist. Somit ist X_1 eine stetige Zufallsvariable mit der Dichte f_1. ■

Kommentar:

- Mit dem Satz von Tonelli ergibt sich allgemeiner, dass für jedes $j \in \{1, \ldots, k-1\}$ und jede Wahl von $i_1, \ldots, i_j$ mit $1 \leq i_1 < \ldots < i_j \leq k$ der Zufallsvektor $(X_{i_1}, \ldots, X_{i_j})$ eine Dichte besitzt, die man durch Integration von f über alle x_l mit $l \notin \{i_1, \ldots, i_k\}$ erhält.
- Im Fall $k = 2$ schreiben wir in der Folge $(X, Y) := (X_1, X_2)$ sowie h für die gemeinsame Dichte von X und Y und f bzw. g für die marginale Dichte von X bzw. von Y. Damit wird (22.13) zu

$$f(x) = \int_{-\infty}^{\infty} h(x, y)\, \mathrm{d}y\,. \qquad (22.14)$$

Es ist auch üblich, durchgängig den Buchstaben f zu verwenden und die Zufallsvariable oder den Zufallsvektor als Index anzuhängen, also

$$f_X(x) = \int_{-\infty}^{\infty} f_{X,Y}(x, y)\, \mathrm{d}y$$

zu schreiben.

Beispiel Marginalverteilungsbildung
Der Zufallsvektor (X, Y) besitze eine Gleichverteilung im Bereich $A := \{(x, y) \in [0, 1]^2 : 0 \leq x \leq y \leq 1\}$ (Abb. 22.11 links), also die Dichte $h(x, y) := 2$, falls $(x, y) \in A$ und $h(x, y) := 0$ sonst. Durch Marginalverteilungsbildung ergibt sich die marginale Dichte f von X zu

$$f(x) = \int_{-\infty}^{\infty} h(x, y)\, \mathrm{d}y = 2 \int_x^1 1\, \mathrm{d}y = 2(1 - x)$$

für $0 \leq x \leq 1$ sowie $f(x) = 0$ sonst (blauer Graph in Abb. 22.11 rechts). Analog folgt

$$g(y) = 2y\,, \quad \text{falls } 0 \leq y \leq 1\,,$$

und $g(y) := 0$ sonst. Der Graph der marginalen Dichte g von Y ist in Abbildung 22.11 rechts orangefarben skizziert (man beachte die gegenüber dem linken Bild andere Skalierung der vertikalen Achse!). ◀

Beispiel Besitzt $\mathbf{X} = (X_1, \ldots, X_k)$ eine Standardnormalverteilung im $\mathbb{R}^k$ (vgl. das Beispiel auf Seite 819), so ist jede Komponente X_j von $\mathbf{X}$ eine standardnormalverteilte reelle Zufallsvariable. Wegen der Produktdarstellung (22.11) liefert ja das Integrieren von $\varphi_k(x)$ über alle von x_j verschiedenen x_i gemäß (22.12) den Wert $\varphi(x_j)$. ◀

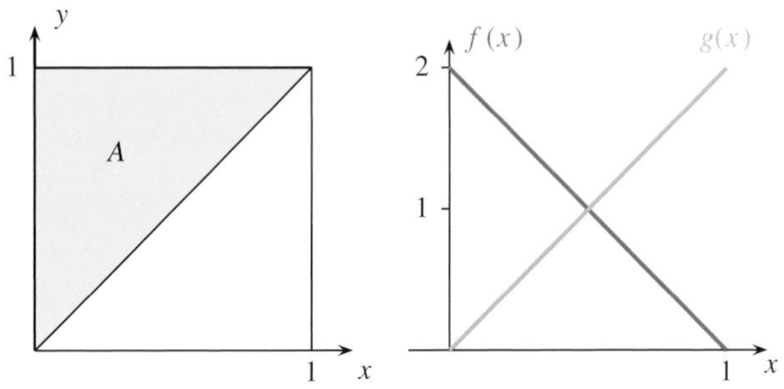

Abbildung 22.11 Bereich A (links) und Dichten von X bzw. Y (rechts).

Achtung: Sind X_1 und X_2 stetige reelle Zufallsvariablen auf einem Wahrscheinlichkeitsraum $(\Omega, \mathcal{A}, \mathbb{P})$, so muss der zweidimensionale Vektor (X_1, X_2) keine Dichte besitzen. Gilt etwa $X_2(\omega) = X_1(\omega)$, $\omega \in \Omega$, so folgt $\mathbb{P}((X_1, X_2) \in \Delta) = 1$, wobei $\Delta := \{(x, x) : x \in \mathbb{R}\}$. Die Diagonale Δ ist aber eine λ^2-Nullmenge. Würde (X_1, X_2) eine λ^2-Dichte f besitzen, so müsste jedoch

$$\mathbb{P}((X_1, X_2) \in \Delta) = \int_\Delta f(x, y)\, \mathrm{d}x\, \mathrm{d}y = 0$$

gelten.

Die Verteilungsfunktion einer Zufallsvariablen X ordnet einer reellen Zahl x die Wahrscheinlichkeit $\mathbb{P}(X \leq x)$ zu. Definiert man die Kleiner-Gleich-Relation für Vektoren $x = (x_1, \ldots, x_k)$ und $y = (y_1, \ldots, y_k)$ komponentenweise durch $x \leq y$, falls $x_j \leq y_j$ für jedes $j \in \{1, \ldots, k\}$, so ergibt sich in direkter Verallgemeinerung der auf Seite 815 gegebenen Definition:

Verteilungsfunktion eines Zufallsvektors

Für einen Zufallsvektor $\mathbf{X} = (X_1, \ldots, X_k)$ heißt die durch

$$F(x) := \mathbb{P}(\mathbf{X} \leq x) = \mathbb{P}(X_1 \leq x_1, \ldots, X_k \leq x_k)\,,$$

$x = (x_1, \ldots, x_k) \in \mathbb{R}^k$, definierte Funktion $F : \mathbb{R}^k \to [0, 1]$ die **Verteilungsfunktion** von $\mathbf{X}$ oder die **gemeinsame Verteilungsfunktion von** $X_1, \ldots, X_k$.

Schreiben wir kurz $(-\infty, x] := \times_{j=1}^{k}(-\infty, x_j]$, so gilt $F(x) = \mathbb{P}^{\mathbf{X}}((-\infty, x])$. Die Verteilungsfunktion hängt also auch im Fall $k \geq 2$ nur von der Verteilung von $\mathbf{X}$ ab. Wie im Fall $k = 1$ ist F rechtsseitig stetig, d. h., es gilt

$$F(x) = \lim_{n \to \infty} F(x^{(n)})$$

für jede Folge $(x^{(n)}) = (x_1^{(n)}, \ldots, x_k^{(n)})$ mit $x_j^{(n)} \downarrow x_j$ für jedes $j \in \{1, \ldots, k\}$, wobei $x = (x_1, \ldots, x_k)$. Dies liegt daran, dass die Mengen $(-\infty, x^{(n)}]$ eine absteigende Folge bilden, die gegen $(-\infty, x]$ konvergiert und $\mathbb{P}^{\mathbf{X}}$ stetig von oben ist. In gleicher Weise gilt $\lim_{n\to\infty} F(x^{(n)}) = 0$, falls mindestens eine Komponentenfolge $(x_j^{(n)})$ gegen $-\infty$ konvergiert.

Konvergiert *jede* Komponentenfolge $(x_j^{(n)})$ gegen unendlich, so gilt $\lim_{n\to\infty} F(x^{(n)}) = 1$, da $\mathbb{P}^{\mathbf{X}}$ stetig von unten ist und die Folge $(-\infty, x^{(n)}]$ dann von unten gegen $\mathbb{R}^k$ konvergiert. Der Monotonie einer Verteilungsfunktion im Fall $k = 1$ auf Seite 816 entspricht im Fall $k \geq 2$ die schon bei maßdefinierenden Funktionen auf $\mathbb{R}^k$ (siehe Seite 228) festgestellte *verallgemeinerte Monotonieeigenschaft*

$$\Delta_x^y F \geq 0 \qquad \forall x, y \in \mathbb{R}^k \text{ mit } x \leq y\,.$$

Dabei gilt mit $\rho := (\rho_1, \ldots, \rho_k)$ und $s(\rho) := \rho_1 + \ldots + \rho_k$

$$\Delta_x^y F := \sum_{\rho \in \{0,1\}^k} (-1)^{k-s(\rho)} F(y_1^{\rho_1} x_1^{1-\rho_1}, \ldots, y_k^{\rho_k} x_k^{1-\rho_k})\,.$$

Die Ungleichung $\Delta_x^y F \geq 0$ ist eine Konsequenz der Gleichung $\Delta_x^y F = \mathbb{P}(\mathbf{X} \in (x, y])$ (Aufgabe 22.9). Im Fall $k = 2$ gilt (siehe Abb. 22.12)

$$\Delta_x^y F = F(y_1, y_2) - F(x_1, y_2) - F(y_1, x_2) + F(x_1, x_2)\,.$$

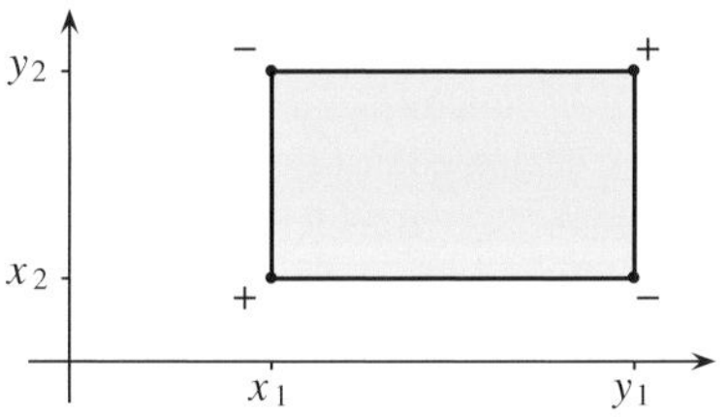

Abbildung 22.12 $\mathbb{P}(\mathbf{X} \in (x, y])$ als alternierende Summe $F(y_1, y_2) - F(x_1, y_2) - F(y_1, x_2) + F(x_1, x_2)$.

Mit Mitteln der Maß- und Integrationstheorie kann gezeigt werden, dass zu jeder rechtsseitig stetigen Funktion $F\colon \mathbb{R}^k \to [0, 1]$, die die verallgemeinerte Monotonieeigenschaft besitzt und die oben angegebenen Grenzwertbeziehungen erfüllt, genau ein Wahrscheinlichkeitsmaß Q_F auf $\mathcal{B}^k$ existiert, das F als Verteilungsfunktion hat, für das also $Q_F((-\infty, x]) = F(x)$, $x \in \mathbb{R}^k$, gilt (vgl. Seite 228).

Zufallsvariablen sind unabhängig, wenn die gemeinsame Dichte das Produkt der marginalen Dichten ist

Wir wollen uns jetzt überlegen, ob es ein Kriterium für die Unabhängigkeit von k Zufallsvariablen mit einer gemeinsamen Dichte gibt, das der Charakterisierung (21.3) bei diskreten Zufallsvariablen entspricht. Nach den allgemeinen Betrachtungen auf Seite 748 sind k reelle Zufallsvariablen $X_1, \ldots, X_k$ genau dann stochastisch unabhängig, wenn

$$\mathbb{P}(X_1 \in B_1, \ldots, X_k \in B_k) = \prod_{j=1}^{k} \mathbb{P}(X_j \in B_j) \qquad (22.15)$$

für beliebige Borelmengen $B_1, \ldots, B_k$ gilt. Besitzen $X_1, \ldots, X_k$ eine gemeinsame Dichte f, so nimmt dieses Kriterium die folgende Gestalt an:

Stochastische Unabhängigkeit und Dichten

Der k-dimensionale Zufallsvektor $\mathbf{X} := (X_1, \ldots, X_k)$ besitze die Dichte f. Bezeichnet f_j die marginale Dichte von X_j, $j = 1, \ldots, k$, so sind $X_1, \ldots, X_k$ genau dann stochastisch unabhängig, wenn gilt:

$$f(x) = \prod_{j=1}^{k} f_j(x_j)$$

für λ^k-fast alle $x = (x_1, \ldots, x_k) \in \mathbb{R}^k$.

Beweis: Der Beweis ergibt sich wie folgt elegant mit Techniken der Maßtheorie: Wie im Kommentar auf Seite 748 dargelegt, ist (20.34) gleichbedeutend mit (20.35). Nach Voraussetzung hat $\mathbb{P}^X$ die λ^k-Dichte f. Wegen

$$\begin{aligned} \bigotimes_{j=1}^{k} \mathbb{P}^{X_j}(B_1 \times \ldots \times B_k) &= \prod_{j=1}^{k} \int_{B_j} f_j(x_j)\,\mathrm{d}x_j \\ &= \int_{B_1 \times \ldots \times B_k} \prod_{j=1}^{k} f_j(x_j)\,\mathrm{d}x \end{aligned}$$

besitzt $\bigotimes_{j=1}^{k} \mathbb{P}^{X_j}$ die λ^k-Dichte $\prod_{j=1}^{k} f_j(x_j)$. Nach dem Satz über die Eindeutigkeit der Dichte auf Seite 253 sind f und $\prod_{j=1}^{k} f_j(x_j)$ λ^k-f.ü. gleich, was zu zeigen war. ■

Beispiel Standardnormalverteilung

Ein standardnormalverteilter k-dimensionaler Zufallsvektor $\mathbf{X} = (X_1, \ldots, X_k)$ hat die Dichte

$$\varphi_k(x) = \left(\frac{1}{\sqrt{2\pi}}\right)^k \exp\left(-\frac{1}{2} \sum_{j=1}^{k} x_j^2\right),$$

$x = (x_1, \ldots, x_k) \in \mathbb{R}^k$ (siehe Seite 819). Nach dem Beispiel auf Seite 820 ist jedes X_j eindimensional standardnormalverteilt, besitzt also die Dichte $f_j(t) = \exp(-t^2/2)/\sqrt{2\pi}$, $t \in \mathbb{R}$. Damit gilt

$$\varphi_k(x) = \prod_{j=1}^{k} f_j(x_j), \qquad x = (x_1, \ldots, x_k) \in \mathbb{R}^k,$$

was zeigt, dass $X_1, \ldots, X_k$ stochastisch unabhängig sind. Interessanterweise ist letztere Eigenschaft bei rotationsinvarianter Dichte für $\mathbf{X}$ charakteristisch für die Normalverteilung (Aufgabe 22.13). ◀

?

Besitzt der Zufallsvektor mit der Gleichverteilung auf der in Abbildung 22.11 angegebenen Menge A stochastisch unabhängige Komponenten?

Unter der Lupe: Das Bertrand'sche Sehnen-Paradoxon

Was ist eine rein zufällige Sehne?

Das nachfolgende Paradoxon von Joseph Bertrand (1822–1900) zeigt, dass die oft vage Vorstellung vom *reinen Zufall* zu verschiedenen stochastischen Modellen und somit unterschiedlichen Wahrscheinlichkeiten für ein anscheinend gleiches Ereignis führen kann. Das verwirrende Objekt ist hier eine *rein zufällige Sehne*, die im Einheitskreis gezogen wird. Mit welcher Wahrscheinlichkeit ist diese länger als eine Seite des dem Kreis einbeschriebenen gleichseitigen Dreiecks, also $\sqrt{3}$ (siehe nachstehendes Bild links)?

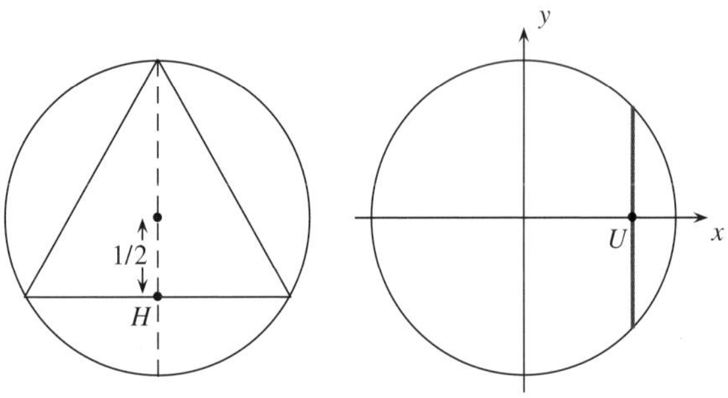

Bertrand'sches Paradoxon: Problemstellung (links) und Modell 1 (rechts)

Modell 1: Eine Sehne ist durch ihren Abstand vom Kreismittelpunkt und ihre Richtung festgelegt. Da Letztere irrelevant ist, wählen wir eine Sehne parallel zur y-Achse, wobei der Schnittpunkt U auf der x-Achse die Gleichverteilung $\mathrm{U}(-1, 1)$ besitzt (obiges Bild rechts). Da der Höhenfußpunkt H des gleichseitigen Dreiecks den Kreisradius halbiert (obiges Bild links), ist die so erzeugte *rein zufällige* Sehne genau dann länger als $\sqrt{3}$, wenn $-1/2 < U < 1/2$ gilt, und die Wahrscheinlichkeit hierfür ist $1/2$.

Modell 2: Zwei Punkte auf dem Kreisrand legen eine Sehne fest. Wegen der Drehsymmetrie des Problems wählen wir einen festen Punkt M und modellieren den Winkel Θ zwischen der Tangente durch M und der gesuchten Sehne als gleichverteilt im Intervall $(0, \pi)$ (nachstehendes Bild links). Die so erzeugte *rein zufällige* Sehne ist genau dann länger als $\sqrt{3}$, wenn $\pi/3 < \Theta < 2\pi/3$ gilt. Die Wahrscheinlichkeit hierfür ist $1/3$.

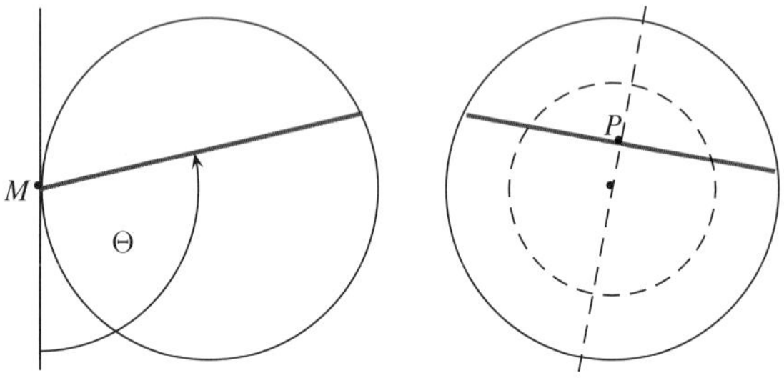

Bertrand'sches Paradoxon: Modelle 2 (links) und 3 (rechts)

Modell 3: Es sei P *gleichverteilt im Einheitskreis*. Ist P vom Mittelpunkt verschieden (dies geschieht mit Wahrscheinlichkeit eins), so betrachten wir die Sehne, deren Mittelsenkrechte durch P und den Kreismittelpunkt geht (obiges Bild rechts). Die so generierte *rein zufällige* Sehne ist genau dann länger als $\sqrt{3}$, wenn P in den konzentrischen Kreis mit Radius $1/2$ fällt. Die Wahrscheinlichkeit hierfür ist der Flächenanteil $\pi(1/2)^2/\pi = 1/4$. Die unterschiedlichen Werte $1/2$, $1/3$ und $1/4$ zeigen, dass erst ein präzises stochastisches Modell Wahrscheinlichkeitsaussagen ermöglicht!

22.2 Transformationen von Verteilungen

Es seien $\mathbf{X} = (X_1, \ldots, X_k)$ ein k-dimensionaler Zufallsvektor und $T : \mathbb{R}^k \to \mathbb{R}^s$ eine messbare Abbildung, also

$$T(x) =: (T_1(x), \ldots, T_s(x)), \quad x = (x_1, \ldots, x_k),$$

mit Komponentenabbildungen $T_j : \mathbb{R}^k \to \mathbb{R}$, $j = 1, \ldots, s$. Dabei setzen wir $s \leq k$ voraus. In diesem Abschnitt gehen wir der Frage nach, wie man die Verteilung des durch

$$\mathbf{Y} := T(\mathbf{X}), \quad \mathbf{Y} = (Y_1, \ldots, Y_s) = (T_1(\mathbf{X}), \ldots, T_s(\mathbf{X})),$$

gegebenen transformierten Zufallsvektors $\mathbf{Y}$ aus derjenigen von $\mathbf{X}$ erhält.

Da die Verteilung von $\mathbf{Y}$ als Wahrscheinlichkeitsmaß auf der σ-Algebra der Borelmengen des $\mathbb{R}^s$ durch

$$\mathbb{P}(\mathbf{Y} \in B) = \mathbb{P}(\mathbf{X} \in T^{-1}(B)), \quad B \in \mathcal{B}^s,$$

gegeben ist, kann sich die Frage nur darauf beziehen, ob man diese Verteilung einfach beschreiben kann, etwa über die Verteilungsfunktion oder eine Dichte.

Wir stellen jetzt drei Methoden vor, mit denen man dieses Problem angehen kann. Diese grundsätzlichen Vorgehensweisen können schlagwortartig als

- *„Methode Verteilungsfunktion"*,
- *„Methode Transformationssatz (Trafosatz)"* und
- *„Methode Ergänzen, Trafosatz und Marginalverteilung"*

bezeichnet werden.

Bei der *Methode Verteilungsfunktion* geht es darum, direkt aus der Verteilungsfunktion von X diejenige von Y zu erhalten. Wir haben hier bewusst keinen Fettdruck verwendet, weil diese Methode fast ausschließlich im Fall $k = s = 1$ angewendet wird.

Hintergrund und Ausblick: Der lineare Kongruenzgenerator

Wie simuliert man die Gleichverteilung im Einheitsintervall?

Zufallsvorgänge werden häufig mit dem Computer simuliert. Bausteine hierfür sind *gleichverteilte Pseudozufallszahlen*, die von *Pseudozufallszahlengeneratoren* (kurz: Zufallsgeneratoren) erzeugt werden und versuchen, die Gleichverteilung U(0, 1) sowie stochastische Unabhängigkeit nachzubilden. Hinter jedem Zufallsgenerator verbirgt sich ein *Algorithmus*, der eine *deterministische Folge* $x_0, x_1, x_2, \ldots$ im Intervall [0, 1] erzeugt. Dabei sollen $x_0, x_1, x_2, \ldots$ „unabhängig voneinander und gleichverteilt in [0, 1]" wirken. Zufallsgeneratoren versuchen, dieser Vorstellung durch Simulation der *diskreten Gleichverteilung* auf der Menge $\Omega_m := \{\frac{0}{m}, \frac{1}{m}, \frac{2}{m}, \ldots, \frac{m-1}{m}\}$ mit einer großen natürlichen Zahl m (z. B. $m = 2^{32}$) möglichst gut zu entsprechen (siehe Aufgabe 22.10). Der n-maligen unabhängigen rein zufälligen Auswahl einer Zahl aus Ω_m entspricht dann die Gleichverteilung auf dem n-fachen kartesischen Produkt Ω_m^n, die ihrerseits für $m \to \infty$ die (stetige) Gleichverteilung auf $[0, 1]^n$ approximiert (Aufgabe 22.11). Natürlich können die von einem Zufallsgenerator erzeugten Zahlenreihen diese Wünsche nur bedingt erfüllen. Dabei müssen gute Generatoren verschiedene Tests hinsichtlich der *statistischen Qualität* der produzierten Zufallszahlen bestehen.

Der häufig verwendete *lineare Kongruenzgenerator* basiert auf nichtnegativen ganzen Zahlen m (*Modul*), a (*Faktor*), b (*Inkrement*) und z_0 (*Anfangsglied*) mit $z_0 \le m - 1$ und verwendet das *iterative Kongruenzschema*

$$z_{j+1} \equiv a \cdot z_j + b \pmod{m}, \quad j \ge 0. \tag{22.16}$$

Durch die Normierungsvorschrift

$$x_j := \frac{z_j}{m}, \quad j \ge 0, \tag{22.17}$$

entsteht dann eine Folge $x_0, x_1, \ldots$ im Einheitsintervall.

Als Beispiel diene der Fall $m = 100$, $a = 18$, $b = 11$ und $z_0 = 40$. Hier gilt (bitte nachrechnen!) $z_1 = 31$, $z_2 = 69$, $z_3 = 53$, $z_4 = 65$, $z_5 = 81$ und $z_6 = 69 = z_2$. Dies bedeutet, dass der Generator schon nach zwei Schritten eine *Periode* der Länge vier läuft. Die wünschenswerte maximale Periodenlänge m wird genau dann erreicht, wenn gilt:

- b ist teilerfremd zu m,
- jede Primzahl, die m teilt, teilt auch $a - 1$,
- ist m durch 4 teilbar, so auch $a - 1$.

Dass die Periodenlänge m vorliegt, bedeutet nur, dass alle Zahlen j/m, $0 \le j < m$, nach $(m-1)$-maligem Aufruf von (22.16) aufgetreten sind. Die obigen Bedingungen sagen jedoch nichts über die statistische Qualität der erzeugten Zufallszahlen aus. So besitzt etwa das lineare Kongruenzschema $z_{j+1} = z_j + 1 \pmod{m}$ maximale Periodenlänge; diese Folge wird man jedoch kaum als zufällig erzeugt ansehen. Um die Aussicht auf die Vermeidung derart pathologischer Fälle zu vergrößern, sollte man a nicht zu klein und nicht zu groß wählen.

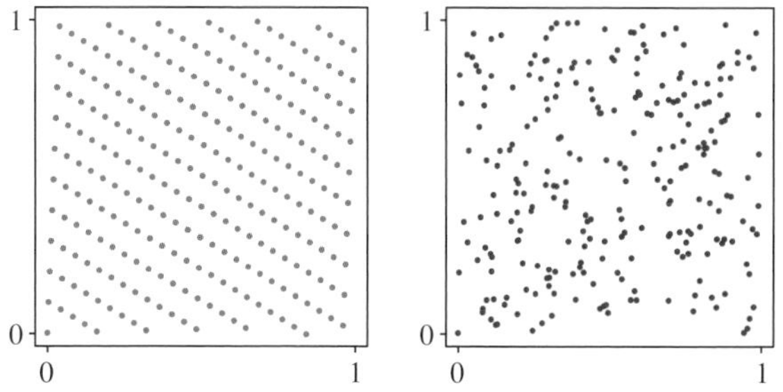

Von linearen Kongruenzgeneratoren erzeugte Punktepaare

Eine prinzipielle Schwäche linearer Kongruenzgeneratoren ist deren *Gitterstruktur*. Diese Namensgebung bedeutet, dass für jedes $d \ge 2$ die Vektoren $(x_i, x_{i+1}, \ldots, x_{i+d-1})$, $i \ge 0$, auf einem Gitter im $\mathbb{R}^d$ liegen (Aufgabe 22.12). So fallen die 256 Pseudozufalls-Paare $(x_0, x_1), \ldots, (x_{255}, x_{256})$ des Kongruenzgenerators mit $m = 256$, $a = 25$, $b = 1$ und $z_0 = 1$ auf insgesamt 16 Geraden (siehe obige Abb. links).

Ein guter linearer Kongruenzgenerator sollte eine hinreichend feine Gitterstruktur besitzen. Der *Spektraltest* präzisiert diese Idee, indem für den Fall $d = 2$ in $[0, 1]^2$ der breiteste Streifen zwischen irgendwelchen parallelen Geraden im Gitter betrachtet wird, der kein Punktepaar (x_i, x_{i+1}) enthält. Je schmaler dieser Streifen, desto besser ist nach dem Wertmaßstab dieses Tests die statistische Qualität der Pseudozufalls-Paare (x_i, x_{i+1}), $i \ge 0$. Im Fall $d = 3$ bildet man analog im Einheitswürfel den größten Streifen zwischen parallelen Ebenen, der keinen der Punkte (x_i, x_{i+1}, x_{i+2}), $i \ge 0$, enthält. Durch geeignete Wahl von a wird dann versucht, die Breite dieses punktfreien Streifens zu minimieren. Dieser *Gittereffekt* wird kaum sichtbar, wenn bei großem Modul m relativ wenige Punktepaare (x_j, x_{j+1}) geplottet werden. So sehen z. B. die ersten 250 Paare $(x_0, x_1), \ldots, (x_{249}, x_{250})$ des Generators mit $m = 2^{24}$, $a = 54677$, $b = 1$, $z_0 = 1$ „unabhängig und in $[0, 1]^2$ gleichverteilt" aus (obiges Bild rechts).

Literatur

D. E. Knuth: *The art of Computer Programming Vol. 2/ Seminumerical Algorithms*. 3. Aufl. Addison-Wesley, Reading, Mass. 1997.

Satz: Methode Verteilungsfunktion, $k = s = 1$

Es sei X eine Zufallsvariable mit Verteilungsfunktion F und einer bis auf endlich viele Stellen stetigen Dichte f, wobei $\mathbb{P}(X \in O) = 1$ für ein offenes Intervall O. Die Restriktion der Abbildung $T : \mathbb{R} \to \mathbb{R}$ auf O sei stetig differenzierbar und streng monoton mit $T'(x) \neq 0, x \in O$. Bezeichnen $T^{-1} : T(O) \to O$ die Inverse von T auf $T(O)$ und G die Verteilungsfunktion von $Y := T(X)$, so gelten:

a) Ist T streng monoton wachsend, so ist

$$G(y) = F(T^{-1}(y)), \quad y \in T(O).$$

b) Ist T streng monoton fallend, so ist

$$G(y) = 1 - F(T^{-1}(y)), \quad y \in T(O).$$

c) In jedem dieser beiden Fälle besitzt Y die Dichte

$$g(y) := \frac{f(T^{-1}(y))}{|T'(T^{-1}(y))|}, \quad y \in T(O),$$

und $g(y) := 0$ sonst.

Beweis: Ist T streng monoton wachsend, so folgt

$$\begin{aligned} G(y) &= \mathbb{P}(Y \leq y) = \mathbb{P}(T(X) \leq y) = \mathbb{P}(X \leq T^{-1}(y)) \\ &= F(T^{-1}(y)), \quad y \in T(O), \end{aligned}$$

und somit durch Differenziation (in jedem Stetigkeitspunkt der Ableitung)

$$g(y) = G'(y) = \frac{F'(T^{-1}(y))}{T'(T^{-1}(y))} = \frac{f(T^{-1}(y))}{T'(T^{-1}(y))}.$$

Der zweite Fall ergibt sich analog. ■

?

Können Sie den Beweis für fallendes T selbstständig zu Ende führen?

Kommentar: Sie sollten die Dichte g nach der in c) angegebenen Formel nicht nur durch formales Differenzieren herleiten können, sondern damit auch eine intuitive Vorstellung verbinden. Nach (22.9) mit x anstelle von t gilt ja für jede Stetigkeitsstelle x von f die Approximation

$$f(x)\,\Delta \approx \mathbb{P}(x \leq X \leq x + \Delta)$$

bei kleinem positiven Δ (siehe auch Abb. 22.7). Eine streng monoton wachsende Transformation T bildet das Intervall $[x, x+\Delta]$ auf das Intervall $[T(x), T(x+\Delta)]$ ab, das seinerseits mit $y := T(x)$ und der Differenzierbarkeitsvoraussetzung durch das Intervall $[y, y + T'(x)\Delta]$ approximiert wird. Aus einem kleinen Intervall der Länge Δ ist also eines der approximativen Länge $T'(x)\Delta$ geworden. Wegen

$$\begin{aligned} g(y) &\approx \frac{\mathbb{P}(y \leq Y \leq T'(x)\Delta)}{T'(x)\Delta} \approx \frac{\mathbb{P}(x \leq X \leq x + \Delta)}{T'(x)\Delta} \\ &\approx \frac{f(x)\Delta}{T'(x)\Delta} = \frac{f(x)}{T'(x)} = \frac{f(T^{-1}(y))}{T'(T^{-1}(y))} \end{aligned}$$

„muss" die in c) angegebene Darstellung für die Dichte von Y gelten. Ist T fallend, so wird aus $[x, x + \Delta]$ das Intervall $[T(x + \Delta), T(x)]$. Dieses wird durch das Intervall $[y + T'(x)\Delta, y]$ mit der Länge $|T'(x)|\Delta$ approximiert.

Beispiel **Lokations-Skalen-Familien**

Wir betrachten für $\sigma, \mu \in \mathbb{R}$ mit $\sigma > 0$ die affine Abbildung

$$T(x) := \sigma x + \mu, \quad x \in \mathbb{R}. \tag{22.18}$$

Besitzt die Zufallsvariable X die Dichte f, so ist nach Teil c) des obigen Satzes die Dichte von $Y := \sigma X + \mu$ durch

$$g(y) = \frac{1}{\sigma} \cdot f\left(\frac{y-\mu}{\sigma}\right), \quad y \in \mathbb{R},$$

gegeben. Die obige Zuordnung T wird auch als *Lokations-Skalen-Transformation* bezeichnet, weil μ eine Verschiebung und σ eine Skalenänderung bewirken. Die Bedeutung der Transformation (22.18) im Hinblick auf Anwendungen ist immens, erlaubt sie doch, aus einer gegebenen Verteilung eine ganze Klasse von Verteilungen zu generieren, die durch zwei Parameter, nämlich μ und σ, charakterisiert ist. Ist X_0 eine Zufallsvariable mit Verteilungsfunktion F_0 und Dichte f_0, so heißt die Menge der Verteilungsfunktionen

$$\left\{ F_{\mu,\sigma}(\cdot) = F_0\left(\frac{\cdot - \mu}{\sigma}\right) \,\middle|\, \mu \in \mathbb{R},\ \sigma > 0 \right\} \tag{22.19}$$

die von F_0 erzeugte *Lokations-Skalen-Familie*. Die zugehörigen Dichten sind

$$\left\{ f_{\mu,\sigma}(\cdot) = \frac{1}{\sigma}\, f_0\left(\frac{\cdot - \mu}{\sigma}\right) \,\middle|\, \mu \in \mathbb{R},\ \sigma > 0 \right\}.$$

Eine Lokations-Skalen-Familie, die von der Verteilung von X_0 erzeugt wird, besteht also aus den Verteilungen aller Zufallsvariablen $X := \sigma X_0 + \mu$ mit $\mu \in \mathbb{R}$ und $\sigma > 0$. ◀

Ist X_0 standardnormalverteilt, so hat $\sigma X_0 + \mu$ die Normalverteilung $\mathrm{N}(\mu, \sigma^2)$

Wählen wir im obigen Beispiel als erzeugende Verteilung speziell die Standardnormalverteilung N(0, 1) mit der in (22.4) angegebenen Dichte φ, so ergibt sich als Lokations-Skalen-Familie die Menge aller (eindimensionalen) Normalverteilungen im Sinne der folgenden Definition.

Definition der Normalverteilung

Die Zufallsvariable X hat eine **Normalverteilung mit Parametern μ und σ^2** (kurz: $X \sim \mathrm{N}(\mu, \sigma^2)$), falls X die durch

$$f(x) := \frac{1}{\sigma\sqrt{2\pi}} \exp\left(-\frac{(x-\mu)^2}{2\sigma^2}\right), \quad x \in \mathbb{R},$$

gegebene Dichte f besitzt.

Kommentar: Es ist allgemein üblich, den zweiten Parameter der Normalverteilung $\mathrm{N}(\mu, \sigma^2)$ als σ^2 (und nicht als σ) zu wählen. Wir werden auf Seite 837 sehen, dass μ der Erwartungswert und σ^2 die Varianz dieser Verteilung sind.

Abbildung 22.13 zeigt die Dichte (links) und die Verteilungsfunktion (rechts) der Normalverteilung $\mathrm{N}(\mu, \sigma^2)$. Eine einfache Kurvendiskussion ergibt, dass die Dichte symmetrisch um $x = \mu$ ist und an den Stellen $\mu + \sigma$ und $\mu - \sigma$ Wendepunkte besitzt.

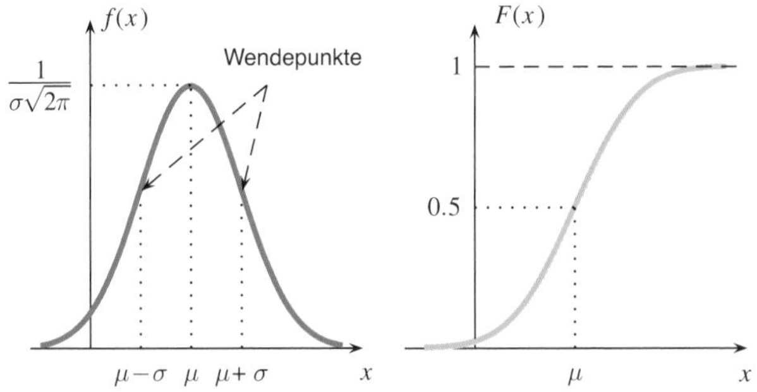

Abbildung 22.13 Dichte (links) und Verteilungsfunktion (rechts) der Normalverteilung $\mathrm{N}(\mu, \sigma^2)$.

?

Warum sind an den Stellen $\mu \pm \sigma$ Wendepunkte?

Es ist üblich, die Verteilungsfunktion der Standardnormalverteilung mit

$$\Phi(x) := \int_{-\infty}^{x} \frac{1}{\sqrt{2\pi}} \exp\left(-\frac{t^2}{2}\right) \mathrm{d}t, \quad x \in \mathbb{R}, \qquad (22.20)$$

zu bezeichnen. Da die Funktion $x \mapsto \exp(-x^2/2)$ nicht elementar integrierbar ist, gibt es für Φ keine in geschlossener Form angebbare Stammfunktion, wenn man von einer Potenzreihe absieht (siehe Aufgabe 22.35). In Tabelle 22.1 sind Werte für Φ angegeben. Wegen der Symmetrie der Standardnormalverteilungsdichte φ um 0 ist der Graph der Funktion Φ punktsymmetrisch zu $(0, 1/2)$ (siehe Abb. 22.14). Diese Eigenschaft spiegelt sich in der Gleichung

$$\Phi(-x) = 1 - \Phi(x), \quad x \in \mathbb{R}, \qquad (22.21)$$

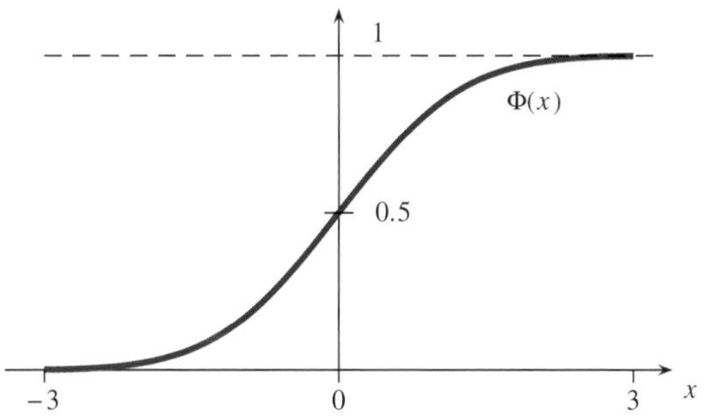

Abbildung 22.14 Graph der Verteilungsfunktion Φ der Standardnormalverteilung $\mathrm{N}(0, 1)$.

wider. Insbesondere erhält man aus Tabelle 22.1 damit auch Werte $\Phi(x)$ für negatives x, also z. B. $\Phi(-1) = 1 - \Phi(1) = 1 - 0.8413 = 0.1587$.

Tabelle 22.1 Verteilungsfunktion Φ der Standardnormalverteilung (für $x < 0$ verwende man die Beziehung (22.21)).

x	$\Phi(x)$	x	$\Phi(x)$	x	$\Phi(x)$	x	$\Phi(x)$
0.00	0.5000	0.76	0.7764	1.52	0.9357	2.28	0.9887
0.02	0.5080	0.78	0.7823	1.54	0.9382	2.30	0.9893
0.04	0.5160	0.80	0.7881	1.56	0.9406	2.32	0.9898
0.06	0.5239	0.82	0.7939	1.58	0.9429	2.34	0.9904
0.08	0.5319	0.84	0.7995	1.60	0.9452	2.36	0.9909
0.10	0.5398	0.86	0.8051	1.62	0.9474	2.38	0.9913
0.12	0.5478	0.88	0.8106	1.64	0.9495	2.40	0.9918
0.14	0.5557	0.90	0.8159	1.66	0.9515	2.42	0.9922
0.16	0.5636	0.92	0.8212	1.68	0.9535	2.44	0.9927
0.18	0.5714	0.94	0.8264	1.70	0.9554	2.46	0.9931
0.20	0.5793	0.96	0.8315	1.72	0.9573	2.48	0.9934
0.22	0.5871	0.98	0.8365	1.74	0.9591	2.50	0.9938
0.24	0.5948	1.00	0.8413	1.76	0.9608	2.52	0.9941
0.26	0.6026	1.02	0.8461	1.78	0.9625	2.54	0.9945
0.28	0.6103	1.04	0.8508	1.80	0.9641	2.56	0.9948
0.30	0.6179	1.06	0.8554	1.82	0.9656	2.58	0.9951
0.32	0.6255	1.08	0.8599	1.84	0.9671	2.60	0.9953
0.34	0.6331	1.10	0.8643	1.86	0.9686	2.62	0.9956
0.36	0.6406	1.12	0.8686	1.88	0.9699	2.64	0.9959
0.38	0.6480	1.14	0.8729	1.90	0.9713	2.66	0.9961
0.40	0.6554	1.16	0.8770	1.92	0.9726	2.68	0.9963
0.42	0.6628	1.18	0.8810	1.94	0.9738	2.70	0.9965
0.44	0.6700	1.20	0.8849	1.96	0.9750	2.72	0.9967
0.46	0.6772	1.22	0.8888	1.98	0.9761	2.74	0.9969
0.48	0.6844	1.24	0.8925	2.00	0.9772	2.76	0.9971
0.50	0.6915	1.26	0.8962	2.02	0.9783	2.78	0.9973
0.52	0.6985	1.28	0.8997	2.04	0.9793	2.80	0.9974
0.54	0.7054	1.30	0.9032	2.06	0.9803	2.82	0.9976
0.56	0.7123	1.32	0.9066	2.08	0.9812	2.84	0.9977
0.58	0.7190	1.34	0.9099	2.10	0.9821	2.86	0.9979
0.60	0.7257	1.36	0.9131	2.12	0.9830	2.88	0.9980
0.62	0.7324	1.38	0.9162	2.14	0.9838	2.90	0.9981
0.64	0.7389	1.40	0.9192	2.16	0.9846	2.92	0.9982
0.66	0.7454	1.42	0.9222	2.18	0.9854	2.94	0.9984
0.68	0.7517	1.44	0.9251	2.20	0.9861	2.96	0.9985
0.70	0.7580	1.46	0.9279	2.22	0.9868	2.98	0.9986
0.72	0.7642	1.48	0.9306	2.24	0.9875	3.00	0.9987
0.74	0.7703	1.50	0.9332	2.26	0.9881	3.02	0.9987

Nach der Erzeugungsweise der Normalverteilung $N(\mu, \sigma^2)$ aus der Standardnormalverteilung $N(0, 1)$ über die Lokations-Skalen-Transformation

$$X_0 \sim N(0,1) \implies X := \sigma X_0 + \mu \sim N(\mu, \sigma^2) \quad (22.22)$$

lässt sich die Verteilungsfunktion der Normalverteilung $N(\mu, \sigma^2)$ mithilfe von Φ ausdrücken, denn es ist

$$\begin{aligned} \mathbb{P}(X \le x) &= \mathbb{P}(\sigma X_0 + \mu \le x) = \mathbb{P}\left(X_0 \le \frac{x-\mu}{\sigma}\right) \\ &= \Phi\left(\frac{x-\mu}{\sigma}\right) \end{aligned} \quad (22.23)$$

(siehe (22.19)).

?

Wie groß ist die Wahrscheinlichkeit $\mathbb{P}(2 \le X \le 5)$, wenn X die Normalverteilung $N(4, 4)$ besitzt?

Wir werden der Normalverteilung noch an verschiedenen Stellen begegnen und uns jetzt einer weiteren wichtigen Lokations-Skalen-Familie zuwenden. Starten wir hierzu im Beispiel einer allgemeinen Lokations-Skalen-Familie auf Seite 824 mit der Dichte $f_0(x) = 1$ für $0 < x < 1$ und $f_0(x) := 0$ sonst, also mit einer auf $(0, 1)$ gleichverteilten Zufallsvariablen X_0, und wenden für $a, b \in \mathbb{R}$ mit $a < b$ die Transformation

$$T(x) := a + (b-a)x, \qquad x \in \mathbb{R}, \quad (22.24)$$

an, so entsteht die Gleichverteilung auf (a, b) im Sinne der folgenden Definition.

Definition der stetigen Gleichverteilung

Die Zufallsvariable X hat eine (stetige) **Gleichverteilung auf dem Intervall (a, b)** (kurz: $X \sim U(a, b)$), falls X die Dichte

$$f(x) := \frac{1}{b-a}, \quad \text{falls } a < x < b,$$

und $f(x) := 0$ sonst, besitzt.

Die Dichte der Gleichverteilung $U(a, b)$ ist in Abbildung 22.15 links skizziert. Das rechte Bild zeigt die durch $F(x) = 0$, falls $x \le a$, und $F(x) = 1$, falls $x \ge b$, sowie

$$F(x) = \frac{x-a}{b-a}, \quad \text{falls } a < x < b, \quad (22.25)$$

gegebene Verteilungsfunktion von X. Man beachte, dass die Gleichverteilung im Beispiel auf Seite 818 bereits allgemein auf Borelmengen im $\mathbb{R}^k$ mit positivem, endlichen Borel-Lebesgue-Maß eingeführt wurde. Die Gleichverteilung $U(a, b)$ ist aber so wichtig, dass wir obige Definition gesondert aufgenommen haben. Aufgrund der Transformation (22.24) und den Betrachtungen über Pseudozufallszahlengeneratoren auf Seite 823 ist klar, wie wir z. B. eine

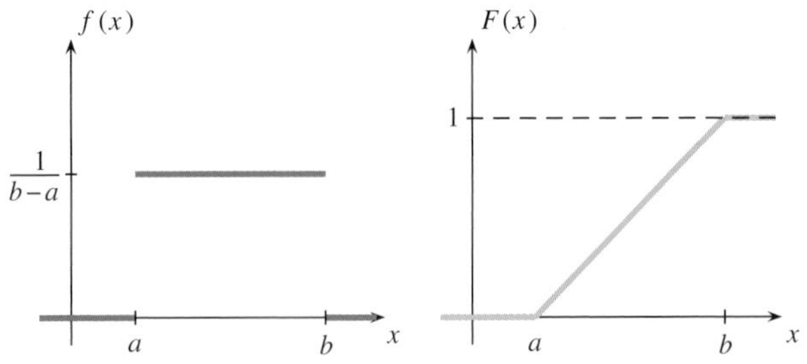

Abbildung 22.15 Dichte und Verteilungsfunktion der Verteilung $U(a, b)$.

Gleichverteilung auf dem Intervall $(4, 7)$ simulieren können. Wir transformieren die erhaltenen, auf $(0, 1)$ gleichverteilten Pseudozufallszahlen x_j einfach gemäß $x_j \mapsto 4 + 3x_j$.

Man beachte, dass die Verteilungsfunktion F mit Ausnahme der Stellen $x = a$ und $x = b$ differenzierbar ist und dort die Gleichung $f(x) = F'(x)$ erfüllt. Wie die Dichte f an den Stellen a und b definiert wird, ist unerheblich, da eine solche Festlegung die Verteilung nicht beeinflusst.

Das folgende Beispiel zeigt, dass die Anwendung der *Methode Verteilungsfunktion* auch dann zum Erfolg führen kann, wenn die Transformation T nicht notwendig streng monoton ist (siehe auch Aufgabe 22.3).

Beispiel Quadrat-Transformation

Es sei X eine Zufallsvariable mit Verteilungsfunktion F und stückweise stetiger Dichte f. Wir betrachten die Transformation $T: \mathbb{R} \to \mathbb{R}$, $T(x) := x^2$, und damit die Zufallsvariable $Y := X^2$. Für die Verteilungsfunktion G von Y gilt wegen der Stetigkeit von F die Beziehung $G(y) = \mathbb{P}(Y \le 0) = 0$ für $y \le 0$ sowie für $y > 0$

$$\begin{aligned} G(y) &= \mathbb{P}(X^2 \le y) = \mathbb{P}(-\sqrt{y} \le X \le \sqrt{y}) \\ &= F(\sqrt{y}) - F(-\sqrt{y}). \end{aligned}$$

Differenziation liefert dann für $y > 0$

$$g(y) := G'(y) = f(\sqrt{y})\,\frac{1}{2\sqrt{y}} - f(-\sqrt{y})\left(-\frac{1}{2\sqrt{y}}\right).$$

Somit ist

$$g(y) = \frac{1}{2\sqrt{y}}\left(f(\sqrt{y}) + f(-\sqrt{y})\right), \quad y > 0, \quad (22.26)$$

und $g(y) := 0$ sonst, eine Dichte von Y. ◀

Unter einer regulären Transformation T ergibt sich die Dichte g von $Y = T(X)$ zu $g(y) = f(T^{-1}(y))/|\det T'(T^{-1}(y))|$

Wir wollen es an dieser Stelle mit weiteren Beispielen zur *Methode Verteilungsfunktion* bewenden lassen, möchten aber schon jetzt darauf hinweisen, dass uns diese Methode im Zusammenhang mit wichtigen Verteilungen wie z. B. der

Lognormalverteilung und der *Weibull-Verteilung* begegnen wird. Stattdessen wenden wir uns der *Methode Transformationssatz* (kurz: *Trafosatz*) zu. Diese Methode kommt immer dann zur Geltung, wenn der k-dimensionale Zufallsvektor $\mathbf{X}$ eine Dichte (bezüglich des Borel-Lebesgue-Maßes λ^k) besitzt und die Transformation T dimensionserhaltend ist, also den $\mathbb{R}^k$ in sich abbildet.

Satz: Methode Transformationssatz, $k = s > 1$

Es sei $\mathbf{X}$ ein k-dimensionaler Zufallsvektor mit einer Dichte f, die außerhalb einer offenen Menge O verschwinde; es gelte also $\{x\colon f(x) > 0\} \subseteq O$. Weiter sei $T\colon \mathbb{R}^k \to \mathbb{R}^k$ eine Borel-messbare Abbildung, deren Restriktion auf O stetig differenzierbar sei, eine nirgends verschwindende Funktionaldeterminante besitze und O bijektiv auf $T(O) \subseteq \mathbb{R}^k$ abbilde. Dann ist die durch

$$g(y) := \begin{cases} \dfrac{f(T^{-1}(y))}{|\det T'(T^{-1}(y))|}, & \text{falls } y \in T(O)\,, \\ 0\,, & \text{falls } y \in \mathbb{R}^k \setminus T(O)\,, \end{cases}$$

definierte Funktion g eine Dichte von $\mathbf{Y} := T(\mathbf{X})$.

Dieser Satz findet sich auf Seite 256. Er wurde dort in maßtheoretischer Formulierung bewiesen, ohne die Sprache von Zufallsvektoren zu verwenden. Ausgangspunkt ist der in Abschnitt 22.3 von Band 1 behandelte Transformationssatz für Gebietsintegrale. Nach diesem Satz gilt für jede offene Teilmenge M von $T(O)$

$$\begin{aligned} \mathbb{P}(\mathbf{Y} \in M) &= \mathbb{P}(\mathbf{X} \in T^{-1}(M)) \\ &= \int_{T^{-1}(M)} f(x)\,\mathrm{d}x \\ &= \int_M \frac{f(T^{-1}(y))}{|\det T'(T^{-1}(y))|}\,\mathrm{d}y\,. \end{aligned}$$

Mit Techniken der Maßtheorie folgert man, dass diese Gleichungskette dann auch für jede Borelmenge M des $\mathbb{R}^k$ gilt.

Kommentar: Wie im Fall $k = 1$ (vgl. Seite 824) sollte man auch dieses Ergebnis nicht nur formal beweisen, sondern sich klar machen, dass die Dichte g von $\mathbf{Y} = T(\mathbf{X})$ die im Transformationssatz angegebene Gestalt „besitzen muss". Wir betrachten hierzu eine Stelle x, an der die Dichte f von $\mathbf{X}$ stetig ist. Ist B_x ein x enthaltender Quader, so gilt bei kleinem $\lambda^k(B_x)$ (vgl. Seite 258)

$$f(x) \approx \frac{\mathbb{P}(\mathbf{X} \in B_x)}{\lambda^k(B_x)}\,.$$

Unter der Transformation T geht B_x in $T(B_x)$ über. Auf B_x wird T durch die lineare Abbildung $z \mapsto T'(x)z$ approximiert, und es gilt $\lambda^k(T(B_x)) \approx |\det T'(x)|\,\lambda^k(B_x)$ (siehe Seite 235). Setzen wir $y = T(x)$ und damit $x = T^{-1}(y)$, so gilt für die Dichte von Y an der Stelle y

$$\begin{aligned} g(y) &\approx \frac{\mathbb{P}(\mathbf{Y} \in T(B_x))}{\lambda^k(T(B_x))} = \frac{\mathbb{P}(\mathbf{X} \in B_x)}{\lambda^k(B_x)}\,\frac{\lambda^k(B_x)}{\lambda^k(T(B_x))} \\ &\approx f(x)\,\frac{1}{|\det T'(x)|} = \frac{f(T^{-1}(y))}{|\det T'(T^{-1}(y))|}\,. \end{aligned}$$

Beispiel Polarmethode
Formuliert man das auf Seite 256 behandelte Beispiel $k = s = 2$, $O = (0,1)^2$, $f = \mathbf{1}_O$ und $T(x) := (T_1(x), T_2(x))$ mit $T_1(x) = \sqrt{-2\log x_1}\cos(2\pi x_2)$ und $T_2(x) = \sqrt{-2\log x_1}\sin(2\pi x_2)$, $x = (x_1, x_2)$, in die Sprache von Zufallsvariablen um, so ergibt sich folgende Aussage:

Sind X_1, X_2 stochastisch unabhängige und je U(0, 1)-verteilte Zufallsvariablen, so sind die durch

$$\begin{aligned} Y_1 &:= \sqrt{-2\log X_1}\,\cos(2\pi X_2)\,, \\ Y_2 &:= \sqrt{-2\log X_1}\,\sin(2\pi X_2) \end{aligned}$$

definierten Zufallsvariablen Y_1, Y_2 stochastisch unabhängig und je N(0, 1)-verteilt. Diese Erkenntnis kann verwendet werden, um aus zwei Pseudozufallszahlen x_1, x_2 mit der Gleichverteilung auf (0, 1) zwei Pseudozufallszahlen y_1, y_2 mit einer Standardnormalverteilung zu erzeugen. Aus letzteren erhält man dann mit der affinen Transformation $y_j \mapsto \sigma y_j + \mu$ $(j = 1, 2)$ zwei Pseudozufallszahlen mit der Normalverteilung $\mathrm{N}(\mu, \sigma^2)$. ◀

Wie im nächsten Beispiel ist es oft vorteilhaft, Vektoren des $\mathbb{R}^k$ und k-dimensionale Zufallsvektoren als *Spaltenvektoren* zu schreiben. Dies ist insbesondere dann der Fall, wenn Abbildungen durch Matrizen definiert werden.

Beispiel Affine Abbildung
Wir betrachten die affine Abbildung

$$T(x) := Ax + \mu\,, \quad x \in \mathbb{R}^k\,,$$

mit einer invertierbaren $k \times k$)-Matrix A und einem (Spalten-)Vektor $\mu \in \mathbb{R}^k$. Diese stetig differenzierbare Transformation bildet den $\mathbb{R}^k$ auf sich ab und besitzt die Funktionaldeterminante $\det A$. Ist $\mathbf{X}$ ein k-dimensionaler Zufallsvektor mit Dichte f, so hat der Zufallsvektor $\mathbf{Y} := A\mathbf{X} + b$ nach dem Transformationssatz die Dichte

$$g(y) = \frac{f(A^{-1}(y - \mu))}{|\det A|}\,, \quad y \in \mathbb{R}^k\,. \qquad ◀$$

Die k-dimensionale Normalverteilung entsteht durch eine affine Transformation aus der Standardnormalverteilung im $\mathbb{R}^k$

Was ergibt sich, wenn wir die obige affine Transformation auf einen k-dimensionalen Zufallsvektor $\mathbf{X}$ mit der Standardnormalverteilung im $\mathbb{R}^k$ anwenden? Schreiben wir den transponierten Zeilenvektor eines Spaltenvektors x mit $x^\top$, so stellt sich die Dichte von $\mathbf{X}$ in der Form

$$f(x) = \prod_{j=1}^{k}\left(\frac{1}{\sqrt{2\pi}}\exp\left(-\frac{x_j^2}{2}\right)\right) = \frac{1}{(2\pi)^{k/2}}\exp\left(-\frac{x^\top x}{2}\right)$$

dar. Nach dem obigen Beispiel besitzt der Zufallsvektor $\mathbf{Y} := A\mathbf{X} + \mu$ die Dichte

$$g(y) = \frac{1}{(2\pi)^{k/2}|\det A|} \cdot \exp\left(-\frac{1}{2}\left(A^{-1}(y-\mu)\right)^\top\left(A^{-1}(y-\mu)\right)\right),$$

$y \in \mathbb{R}^k$. Setzen wir

$$\Sigma := A\,A^\top, \qquad (22.27)$$

so geht dieser Ausdruck wegen $\left(A^{-1}\right)^\top = \left(A^\top\right)^{-1}$ und $|\det A| = \sqrt{\det \Sigma}$ in

$$g(y) = \frac{1}{(2\pi)^{k/2}\sqrt{\det\Sigma}}\exp\left(-\frac{1}{2}(y-\mu)^\top\Sigma^{-1}(y-\mu)\right)$$

über. Die Dichte und damit auch die Verteilung von $\mathbf{Y}$ hängen also von der Transformationsmatrix A nur über die in (22.27) definierte Matrix Σ ab. Offenbar ist Σ symmetrisch und positiv definit, da A invertierbar ist. Da es zu jeder vorgegebenen symmetrischen und positiv definiten Matrix Σ eine invertierbare Matrix A mit $\Sigma = AA^\top$ gibt (Cholesky-Zerlegung!), haben wir gezeigt, dass die nachfolgende Definition – bei der wir den Zufallsvektor als $\mathbf{X}$ und nicht als $\mathbf{Y}$ schreiben – widerspruchsfrei ist. Außerdem haben wir bewiesen, wie man einen Zufallsvektor mit dieser Verteilung mithilfe einer affinen Transformation erzeugt.

Definition der nichtausgearteten k-dimensionalen Normalverteilung

Es seien $\mu \in \mathbb{R}^k$ und Σ eine symmetrische positiv-definite $(k \times k)$-Matrix. Der Zufallsvektor $\mathbf{X} = (X_1, \dots, X_k)$ hat eine **nichtausgeartete k-dimensionale Normalverteilung mit Parametern μ und Σ**, falls $\mathbf{X}$ die Dichte

$$f(x) = \frac{1}{(2\pi)^{k/2}\sqrt{\det\Sigma}}\exp\left(-\frac{1}{2}(x-\mu)^\top\Sigma^{-1}(x-\mu)\right),$$

$x \in \mathbb{R}^k$, besitzt. In diesem Fall schreiben wir kurz

$$\mathbf{X} \sim \mathrm{N}_k(\mu, \Sigma).$$

Kommentar: Die multivariate Normalverteilung ist die wichtigste multivariate Verteilung. Wir werden auf Seite 838 sehen, dass die j-te Komponente μ_j des Vektors $\mu = (\mu_1, \dots, \mu_k)$ gleich dem Erwartungswert von X_j ist, und dass die Einträge σ_{ij} der $(k \times k)$-Matrix $\Sigma = (\sigma_{ij})$ die Kovarianzen $\mathrm{Cov}(X_i, X_j)$ darstellen. Zudem wird sich aus dem Additionsgesetz für die Normalverteilung ergeben, dass jede Komponente X_j normalverteilt ist. Abbildung 22.16 zeigt die Dichte der zweidimensionalen Normalverteilung mit Parametern $\mu_1 = \mu_2 = 0$ und $\sigma_{11} = 2.25$, $\sigma_{12} = 1.2$ sowie $\sigma_{22} = 1$. Die Höhenlinien der Dichte einer k-dimensionalen Normalverteilung sind Ellipsoide, deren Lage und Gestalt von μ und Σ abhängt (siehe Seite 829).

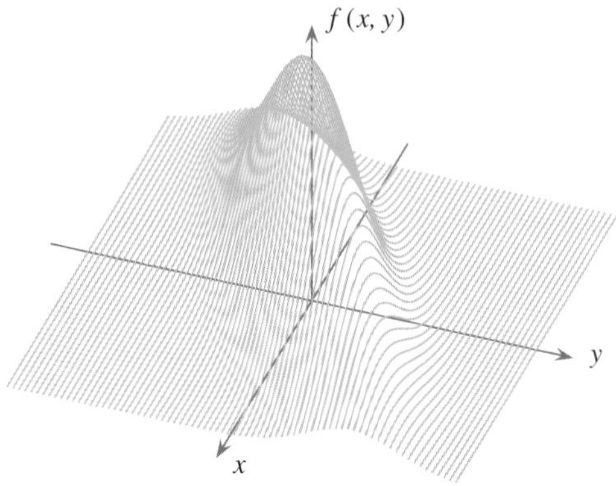

Abbildung 22.16 Dichte der zweidimensionalen Normalverteilung mit $\mu_1 = \mu_2 = 0$ und $\sigma_{11} = 2.25$, $\sigma_{12} = 1.2$ und $\sigma_{22} = 1$.

Die Methode „Ergänzen, Trafosatz und Marginalverteilung" funktioniert bei dimensionsreduzierenden Transformationen

Wir wenden uns nun der Methode *Ergänzen, Trafosatz und Marginalverteilung* zu. Hinter dieser schlagwortartigen Bezeichnung verbirgt sich eine Vorgehensweise, die im Fall einer Abbildung $T: \mathbb{R}^k \to \mathbb{R}^s$ mit $s < k$, also einer *dimensionsreduzierenden Transformation*, gewinnbringend eingesetzt werden kann.

Ist es nämlich möglich, die Abbildung $T = (T_1, \dots, T_s)$ durch Hinzunahme geeigneter Funktionen $T_j: \mathbb{R}^k \to \mathbb{R}$ für $j = s+1, \dots, k$ so zu einer durch

$$\widetilde{T}(x) := (T_1(x), \dots, T_s(x), T_{s+1}(x), \dots, T_k(x))$$

definierten Abbildung $\widetilde{T}: \mathbb{R}^k \to \mathbb{R}^k$ zu *ergänzen*, dass für $\widetilde{T}$ die Voraussetzungen des Transformationssatzes auf Seite 827 erfüllt sind, so ist man ein gutes Stück weiter. Durch Anwendung des Transformationssatzes erhält man ja mit $\mathbf{X} = (X_1, \dots, X_k)$ und $\mathbf{Z} = (T_{s+1}(\mathbf{X}), \dots, T_k(\mathbf{X}))$ zunächst die Dichte $\widetilde{g}$ des k-dimensionalen Zufallsvektors

$$\widetilde{\mathbf{Y}} := \widetilde{T}(\mathbf{X}) =: (\mathbf{Y}, \mathbf{Z}).$$

Da der interessierende Zufallsvektor $\mathbf{Y}$ gerade aus den ersten s Komponenten von $\widetilde{\mathbf{Y}}$ besteht, integriert man die Dichte $\widetilde{g}$ nach dem Rezept zur Bildung der Marginalverteilung und

Unter der Lupe: Die Hauptkomponentendarstellung

Zur Struktur der multivariaten Normalverteilung

Die Dichte eines $N_k(\mu, \Sigma)$-normalverteilten Zufallsvektors $\mathbf{X}$ ist konstant auf den Mengen

$$\{x \in \mathbb{R}^k : (x-\mu)^\top \Sigma^{-1}(x-\mu) = c\}, \qquad c > 0,$$

also auf Ellipsoiden mit Zentrum μ. Als symmetrische und positiv definite Matrix besitzt Σ ein vollständiges System $v_1, \ldots, v_k$ von normierten und paarweise orthogonalen Eigenvektoren mit zugehörigen positiven Eigenwerten $\lambda_1, \ldots, \lambda_k$. Es gilt also

$$\Sigma\, v_j = \lambda_j\, v_j, \quad j = 1, \ldots, k, \tag{22.28}$$

sowie $v_i^\top v_j = 1$ für $i = j$ und $v_i^\top v_j = 0$ sonst. Bezeichnen $V = (v_1 \ \ldots \ v_k)$ die orthonormale Matrix der Eigenvektoren und $\Lambda := \operatorname{diag}(\lambda_1, \ldots, \lambda_k)$ die Diagonalmatrix der Eigenwerte von Σ, so können wir die Gleichungen (22.28) in der kompakten Form

$$\Sigma\, V = V\, \Lambda$$

schreiben. Wegen $V^\top = V^{-1}$ ist diese Gleichung nach Rechtsmultiplikation mit $V^\top$ äquivalent zu

$$\Sigma = V\, \Lambda\, V^\top.$$

Mit $\Lambda^{1/2} := \operatorname{diag}(\sqrt{\lambda_1}, \ldots, \sqrt{\lambda_k})$ und $A := V\,\Lambda^{1/2}$ gilt dann $\Sigma = A\,A^\top$. Sind $Y_1, \ldots, Y_k$ stochastisch unabhängig und je standardnormalverteilt, und setzen wir $\mathbf{Y} := (Y_1, \ldots, Y_k)^\top$, so besitzt nach den auf Seite 827 angestellten Betrachtungen der Zufallsvektor $A\mathbf{Y} + \mu$ die gleiche Verteilung wie $\mathbf{X}$. Wegen $A = V\,\Lambda^{1/2}$ gilt also die sogenannte *Hauptkomponentendarstellung*

$$\mathbf{X} \sim V\Lambda^{1/2}\mathbf{Y} + \mu = \sqrt{\lambda_1}\, Y_1 v_1 + \ldots + \sqrt{\lambda_k}\, Y_k v_k + \mu.$$

Diese Erzeugungsweise der Normalverteilung $N_k(\mu, \Sigma)$ lässt sich leicht veranschaulichen: Im Punkt $\mu \in \mathbb{R}^k$ wird das (im Allgemeinen schief liegende) rechtwinklige Koordinatensystem der $v_1, \ldots, v_k$ angetragen. Nach Erzeugung von k unabhängigen und je $N(0, 1)$ verteilten Zufallsvariablen $Y_1, \ldots, Y_k$ trägt man $\sqrt{\lambda_j} Y_j$ in Richtung von v_j auf $(j = 1, \ldots, k)$ (siehe nachstehende Abbildung).

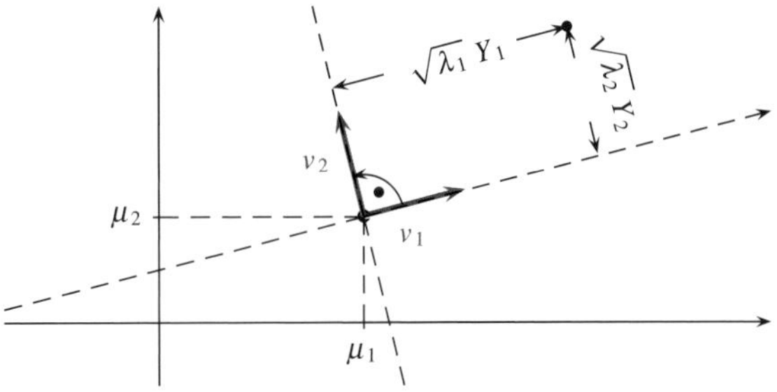

Wegen $\Sigma^{-1} = V\,\Lambda^{-1}\,V^\top$ folgt

$$\begin{aligned}(x-\mu)^\top \Sigma^{-1}(x-\mu) &= \left(V^\top(x-\mu)\right)^\top \Lambda^{-1} \left(V^\top(x-\mu)\right) \\ &= \sum_{j=1}^{k} \frac{z_j^2}{\lambda_j},\end{aligned}$$

wobei

$$z_j = v_j^\top(x-\mu), \qquad j = 1, \ldots, n.$$

Somit ist die Menge $\{x \in \mathbb{R}^k : (x-\mu)^\top\Sigma^{-1}(x-\mu) = 1\}$ ein Ellipsoid in $\mathbb{R}^k$ mit Zentrum μ und Hauptachsen in Richtung von $v_1, \ldots, v_k$. Die Länge der Hauptachse in Richtung von v_j ist $\sqrt{\lambda_j}$, $1 \le j \le k$.

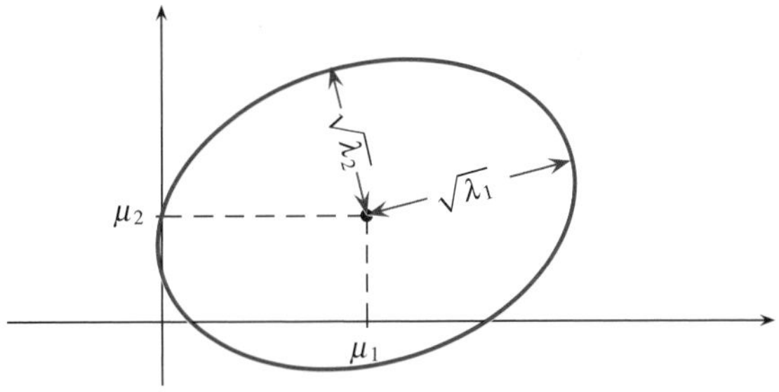

erhält somit die Dichte g von $\mathbf{Y} = T(\mathbf{X})$ zu

$$g(y) = \int_{-\infty}^{\infty} \cdots \int_{-\infty}^{\infty} \widetilde{g}(y_1, \ldots, y_s, y_{s+1}, \ldots, y_k)\, \mathrm{d}y_{s+1} \cdots \mathrm{d}y_k,$$

$y = (y_1, \ldots, y_s) \in \mathbb{R}^s$.

Als Beispiel für die Methode *Ergänzen, Trafosatz und Marginalverteilung* betrachten wir die durch $T(x) := x_1 + x_2$, $x = (x_1, x_2) \in \mathbb{R}^2$, definierte Summen-Abbildung $T : \mathbb{R}^2 \to \mathbb{R}$. Um eine Transformation $\widetilde{T} : \mathbb{R}^2 \to \mathbb{R}^2$ zu erhalten, kann man als ergänzende Komponenten-Abbildung $T_2 : \mathbb{R}^2 \to \mathbb{R}$, $T_2(x) := x_1$, wählen, denn dann ist

$$\widetilde{T}(x_1, x_2)^\top = \begin{pmatrix} 1 & 1 \\ 1 & 0 \end{pmatrix} \cdot \begin{pmatrix} x_1 \\ x_2 \end{pmatrix} = \begin{pmatrix} x_1 + x_2 \\ x_1 \end{pmatrix}$$

eine lineare Abbildung mit invertierbarer Matrix, sodass für $\widetilde{T}$ die Voraussetzungen des Transformationssatzes erfüllt sind. Besitzt $\mathbf{X} = (X_1, X_2)$ die Dichte f, so hat $\widetilde{T}(\mathbf{X}) = (X_1 + X_2, X_1)$ nach dem Transformationssatz unter Beachtung von $|\det \widetilde{T}'(x)| = 1$ die Dichte

$$\widetilde{g}(y_1, y_2) = f(\widetilde{T}^{-1}(y_1, y_2)) = f(y_2, y_1 - y_2).$$

Bildet man jetzt die Marginalverteilung von $X_1 + X_2$, integriert man also über y_2, so ergibt sich die Dichte von $X_1 + X_2$

zu

$$g(y_1) = \int_{-\infty}^{\infty} f(y_2, y_1 - y_2)\,\mathrm{d}y_2 .$$

Für den Spezialfall, dass X_1 und X_2 unabhängig sind, verwenden wir eine andere Notation und schreiben die Zufallsvariable als Index an die Dichte. Aus obiger Gleichung ergibt sich dann als „stetiges Analogon" der diskreten Faltungsformel auf Seite 772 das nachstehende Resultat.

Die Faltungsformel für Dichten

Es seien X_1 und X_2 *stochastisch unabhängige* Zufallsvariablen mit Dichten f_{X_1} bzw. f_{X_2}. Dann besitzt $X_1 + X_2$ die Dichte

$$f_{X_1+X_2}(t) = \int_{-\infty}^{\infty} f_{X_1}(s)\, f_{X_2}(t-s)\,\mathrm{d}s\,, \qquad t \in \mathbb{R}\,.$$

Das nächste Beispiel zeigt, dass bei Anwendung der Faltungsformel die Positivitätsbereiche der beteiligten Dichten beachtet werden müssen.

Beispiel Es seien X_1 und X_2 stochastisch unabhängig und je im Intervall $(0, 1)$ gleichverteilt. In diesem Fall besitzen X_1 und X_2 die gleiche Dichte $f_{X_1} = f_{X_2} = \mathbf{1}_{(0,1)}$, und die Faltungsformel liefert

$$f_{X_1+X_2}(t) = \int_{-\infty}^{\infty} \mathbf{1}_{(0,1)}(s)\mathbf{1}_{(0,1)}(t-s)\,\mathrm{d}s\,.$$

Da das Produkt dieser Indikatorfunktionen genau dann von null verschieden und damit gleich eins ist, wenn die Ungleichungen $0 < s < 1$ und $0 < t - s < 1$ erfüllt sind, nimmt die obige Gleichung die Gestalt

$$f_{X_1+X_2}(t) = \int_{\max(0,t-1)}^{\min(1,t)} 1\,\mathrm{d}s\,, \qquad 0 < t < 2\,,$$

an. Außerdem ist $f_{X_1+X_2}(t) = 0$, falls $t \le 0$ oder $t \ge 2$. Im Fall $0 < t \le 1$ folgt aus obiger Gleichung $f_{X_1+X_2}(t) = t$, im Fall $1 < t < 2$ ergibt sich $f_{X_1+X_2}(t) = 2 - t$. Die Summe $X_1 + X_2$ besitzt also die in Abbildung 22.1 dargestellte Dreiecksverteilung auf dem Intervall $(0, 2)$. ◀

Mit der Faltungsformel erhält man das folgende wichtige Resultat, dass durch Induktion auch für mehr als zwei Zufallsvariablen gültig bleibt.

Additionsgesetz für die Normalverteilung

Es seien X und Y unabhängige Zufallsvariablen, wobei $X \sim \mathrm{N}(\mu, \sigma^2)$ und $Y \sim \mathrm{N}(\nu, \tau^2)$ mit $\mu, \nu \in \mathbb{R}$ und $\sigma^2 > 0$, $\tau^2 > 0$. Dann gilt

$$X + Y \sim \mathrm{N}(\mu + \nu, \sigma^2 + \tau^2)\,.$$

Beweis: Nach (22.22) können wir ohne Beschränkung der Allgemeinheit $\mu = \nu = 0$ annehmen. Setzt man in die Faltungsformel die Dichten von X und Y ein und zieht Konstanten vor das Integral, so folgt

$$f_{X+Y}(t) = \frac{1}{2\pi\sigma\tau} \int_{-\infty}^{\infty} \exp\left(-\frac{1}{2}\left\{\frac{s^2}{\sigma^2} + \frac{(t-s)^2}{\tau^2}\right\}\right)\mathrm{d}s\,.$$

Führt man die Substitution

$$z = s \cdot \frac{\sqrt{\sigma^2+\tau^2}}{\sigma\tau} - \frac{t\sigma}{\tau\sqrt{\sigma^2+\tau^2}}$$

durch, so ist $\mathrm{d}s = \sigma\tau/\sqrt{\sigma^2+\tau^2}\,\mathrm{d}z$, und da die geschweifte Klammer in obigem Integral zu $z^2 + t^2/(\sigma^2+\tau^2)$ wird, ergibt sich nach Kürzen durch $\sigma\tau$

$$\begin{aligned} f_{X+Y}(t) &= \frac{1}{2\pi\sqrt{\sigma^2+\tau^2}} \exp\left(-\frac{t^2}{2(\sigma^2+\tau^2)}\right) \int_{-\infty}^{\infty} \mathrm{e}^{-z^2/2}\,dz \\ &= \frac{1}{\sqrt{2\pi(\sigma^2+\tau^2)}} \exp\left(-\frac{t^2}{2(\sigma^2+\tau^2)}\right). \end{aligned}$$

■

Aus diesem Additionsgesetz ergibt sich ohne formale Bildung der Marginalverteilung durch Integration der gemeinsamen Dichte über die nicht interessierenden Koordinaten, dass die Komponenten eines multivariat normalverteilten Zufallsvektors eindimensional normalverteilt sind. Auf Seite 851 werden wir allgemeiner zeigen, dass auch die gemeinsamen Verteilungen irgendwelcher Komponenten von $\mathbf{X}$ multivariate Normalverteilungen sind.

Folgerung

Der Zufallsvektor $\mathbf{X} = (X_1, \ldots, X_k)$ besitze die k-dimensionale Normalverteilung $\mathrm{N}_k(\mu, \Sigma)$, wobei $\mu = (\mu_1, \ldots, \mu_k)^\top$, $\Sigma = (\sigma_{ij})_{1 \le i,j \le k}$. Dann gilt

$$X_j \sim \mathrm{N}(\mu_j, \sigma_{jj})\,, \qquad j = 1, \ldots, k\,.$$

Beweis: Wir nutzen die Verteilungsgleichheit $\mathbf{X} \sim A\mathbf{Y} + \mu$ mit $\Sigma = A A^\top$ und $\mathbf{Y} = (Y_1, \ldots, Y_k)^\top$ aus. Dabei sind $Y_1, \ldots, Y_k$ unabhängige und je $\mathrm{N}(0, 1)$-normalverteilte Zufallsvariablen. Mit $A = (a_{ij})_{1 \le i,j \le k}$ folgt dann

$$X_j \sim \sum_{l=1}^{k} a_{jl} Y_l + \mu_j\,.$$

Es gilt $Z_l := a_{jl} Y_l \sim \mathrm{N}(0, a_{jl}^2)$, und die Zufallsvariablen $Z_1, \ldots, Z_k$ sind stochastisch unabhängig. Nach dem Additionsgesetz für die Normalverteilung ergibt sich

$$X_j \sim \mathrm{N}\left(\mu_j, \sum_{l=1}^{k} a_{jl}^2\right).$$

Wegen $\Sigma = A A^\top$ folgt $\sigma_{jj} = \sum_{l=1}^{k} a_{jl}^2$. ■

Mithilfe der Methode *Ergänzen, Trafosatz und Marginalverteilung* ergeben sich folgende Regeln für die Dichte der Differenz, des Produktes und des Quotienten von *unabhängigen* Zufallsvariablen:

Dichte von Differenz, Produkt und Quotient

Sind X_1, X_2 *unabhängige* Zufallsvariablen mit den Dichten f_{X_1} bzw. f_{X_2}, so gelten:

a) $f_{X_1-X_2}(t) = \int_{-\infty}^{\infty} f_{X_1}(t+s)\, f_{X_2}(s)\,\mathrm{d}s\,,$

b) $f_{X_1\cdot X_2}(t) = \int_{-\infty}^{\infty} f_{X_1}\left(\frac{t}{s}\right) f_{X_2}(s)\,\frac{1}{|s|}\,\mathrm{d}s\,,$

c) $f_{X_1/X_2}(t) = \int_{-\infty}^{\infty} f_{X_1}(ts)\, f_{X_2}(s)\,|s|\,\mathrm{d}s\,, \quad t \in \mathbb{R}\,.$

Beweis: Wir zeigen exemplarisch Teil c) und nehmen zunächst nur an, dass der Zufallsvektor (X_1, X_2) eine λ^2-Dichte $f(x_1, x_2)$ besitze. Den Quotienten $Y := X_1/X_2$ definieren wir als 0, wenn $X_2 = 0$ gilt, was mit Wahrscheinlichkeit null passiert. Um die Voraussetzungen des Transformationssatzes auf Seite 827 zu erfüllen, setzen wir f auf der λ^2-Nullmenge $N := \{x := (x_1, x_2) \in \mathbb{R}^2 : x_2 = 0\}$ gleich 0. Die Abbildung

$$T(x) := \begin{cases} \frac{x_1}{x_2}, & \text{falls } x_2 \neq 0\,, \\ 0 & \text{sonst}\,, \end{cases}$$

ergänzen wir durch die Komponente $x \mapsto x_2$ zu der Transformation $\widetilde{T}(x) := (T(x), x_2)$, $x \in \mathbb{R}^2$. Diese bildet die offene Menge $O := \{(x_1, x_2) \in \mathbb{R}^2 : x_2 \neq 0\}$ eineindeutig auf sich selbst ab, und sie besitzt die Funktionaldeterminante

$$\widetilde{T}'(x_1, x_2) = \det \begin{pmatrix} \frac{1}{x_2} & -\frac{x_1}{x_2^2} \\ 0 & 1 \end{pmatrix} = \frac{1}{x_2} \neq 0\,, \quad x \in O\,.$$

Nach dem Transformationssatz hat $\widetilde{Y} := \widetilde{T}(X_1, X_2) = (T(X_1, X_2), X_2)$ auf O und damit – da $\lambda^2(N) = 0$ gilt – auf ganz $\mathbb{R}^2$ die Dichte $\widetilde{g}(y_1, y_2) = f(y_1 y_2, y_2)|y_2|$. Durch Integration bezüglich y_2 ergibt sich die Dichte von $Y = X_1/X_2$ zu

$$g(y) = \int_{-\infty}^{\infty} f(ys, s)\,|s|\,\mathrm{d}s \tag{22.29}$$

und damit zu $\int_{-\infty}^{\infty} f_{X_1}(ys) f_{X_2}(s)|s|\,\mathrm{d}s$, wenn X_1 und X_2 unabhängig sind und die Dichten f_{X_1} bzw. f_{X_2} besitzen. In gleicher Weise können die Dichten von $X_1 - X_2$ und $X_1 \cdot X_2$ erhalten werden. Man beachte dass Teil a) leicht aus der Faltungsformel folgt, denn die Dichte von $-X_2$ ist $f_{-X_2}(s) = f_{X_2}(-s)$. ■

Beispiel Die Cauchy-Verteilung C(0, 1)

Sind X_1 und X_2 stochastisch unabhängig und je N(0, 1)-normalverteilt, so ergibt sich die Dichte $f := f_{X_1/X_2}$ des Quotienten X_1/X_2 nach Teil c) des obigen Satzes zu

$$\begin{aligned} f(t) &= \frac{1}{2\pi} \int_{-\infty}^{\infty} \exp\left(-\frac{(t^2+1)s^2}{2}\right) |s|\,\mathrm{d}s \\ &= \frac{1}{\pi} \int_0^{\infty} s \exp\left(-\frac{(t^2+1)s^2}{2}\right) \mathrm{d}s \\ &= -\frac{1}{\pi(1+t^2)} \left[\exp\left(-\frac{(t^2+1)s^2}{2}\right)\right]_0^{\infty} \\ &= \frac{1}{\pi(1+t^2)}\,, \quad t \in \mathbb{R}\,. \end{aligned}$$

Der Graph von f ist symmetrisch zur Ordinate und wie die Dichte φ der Standardnormalverteilung glockenförmig. Die Dichte f fällt aber für $t \to \pm\infty$ im Vergleich zu φ wesentlich langsamer ab (Abb. 22.17).

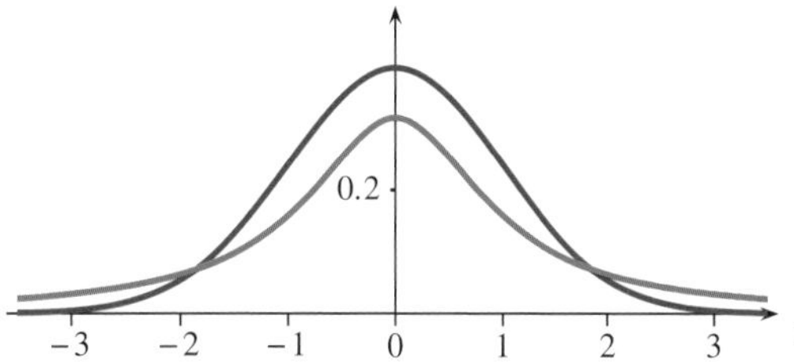

Abbildung 22.17 Dichte der Cauchy-Verteilung C(0, 1) (blau) und Dichte der Standardnormalverteilung (rot).

Die Verteilung mit der Dichte f heißt **Cauchy-Verteilung** C(0, 1). Sie entsteht allgemeiner als Verteilung des Quotienten X_1/X_2 zweier Zufallsvariablen mit einer rotationsinvarianten gemeinsamen Dichte (Aufgabe 22.41). Dass der Quotient zweier unabhängiger standardnormalverteilter Zufallsvariablen die obige Dichte besitzt, ergibt sich auch direkt mit der Polarmethode (Aufgabe 22.42). ◀

?

Können Sie die Verteilungsfunktion der Cauchy-Verteilung C(0, 1) angeben?

Die Verteilung einer Ordnungsstatistik hängt mit der Binomialverteilung zusammen

Wir möchten diesen Abschnitt mit *Ordnungsstatistiken* und deren Verteilungen beschließen. Ordnungsstatistiken entstehen, wenn die Realisierungen von Zufallsvariablen nach aufsteigender Größe sortiert werden. Es bezeichne hierzu $T_o : \mathbb{R}^n \to \mathbb{R}^n$ diejenige Abbildung, die bei Anwendung auf einen Vektor $x = (x_1, \ldots, x_n)$ dessen Komponenten $x_1, \ldots, x_n$ nach aufsteigender Größe sortiert. Für $y = T_o(x) = (y_1, \ldots, y_n)$ gilt also $y_1 \leq y_2 \leq \cdots \leq y_n$, und $(y_1, \ldots, y_n)$ ist eine im Allgemeinen nicht eindeutig bestimmte Permutation von $(x_1, \ldots, x_n)$. Beispielweise ist $T_o((2.7, -1.3, 0, -1.3)) = (-1.3, -1.3, 0, 2.7)$.

Geordnete Stichprobe, Ordnungsstatistiken

Ist $\mathbf{X} = (X_1, \ldots, X_n)$ ein n-dimensionaler Zufallsvektor auf einem Wahrscheinlichkeitsraum $(\Omega, \mathcal{A}, \mathbb{P})$, so heißt der Zufallsvektor

$$(X_{1:n}, X_{2:n}, \ldots, X_{n:n}) := T_o(\mathbf{X})$$

die **geordnete Stichprobe von $X_1, \ldots, X_n$**. Die Zufallsvariable $X_{r:n}$ heißt **r-te Ordnungsstatistik**, $r = 1, \ldots, n$.

Kommentar:

- Spezielle Ordnungsstatistiken sind das *Maximum*
$$X_{n:n} = \max(X_1, \ldots, X_n)$$
und das *Minimum*
$$X_{1:n} = \min(X_1, \ldots, X_n)$$
von $X_1, \ldots, X_n$.
- Die Doppelindizierung mit r und n bei $X_{r:n}$ soll betonen, dass es die Komponenten eines n-dimensionalen Zufallsvektors sind, die der Größe nach sortiert werden. Wird hierauf kein Wert gelegt, weil n aus dem Zusammenhang feststeht, ist auch die Schreibweise
$$(X_{(1)}, X_{(2)}, \ldots, X_{(n)})$$
für die geordnete Stichprobe üblich.
- Die $(\mathcal{A}, \mathcal{B})$-Messbarkeit der Abbildung $X_{r:n}$ für festes r (und folglich die $(\mathcal{A}, \mathcal{B}^n)$-Messbarkeit der Abbildung $T_o(\mathbf{X})$ nach Folgerung c) auf Seite 230) ergibt sich aus der für jedes $t \in \mathbb{R}$ geltenden Ereignis-Gleichheit
$$\{X_{r:n} \le t\} = \left\{ \sum_{j=1}^{n} \mathbf{1}\left\{X_j > t\right\} \le n - r \right\} \qquad (22.30)$$
zusammen mit Folgerung a) auf Seite 230 und der $(\mathcal{A}, \mathcal{B})$-Messbarkeit der Abbildung $\sum_{j=1}^n \mathbf{1}\{X_j > t\}$. Um (22.30) einzusehen, mache man sich klar, dass für jedes $\omega \in \Omega$ die Ungleichung $X_{r:n}(\omega) \le t$ zur Aussage „mindestens r der Werte $X_1(\omega), \ldots, X_n(\omega)$ sind kleiner oder gleich t" und somit zu „höchstens $n - r$ der Werte $X_1(\omega), \ldots, X_n(\omega)$ sind größer als t" äquivalent ist. (22.30) ist auch der Schlüssel zur Bestimmung der Verteilungsfunktion von $X_{r:n}$. Hier betrachten wir den Spezialfall, dass $X_1, \ldots, X_n$ stochastisch unabhängig und identisch verteilt sind.

Verteilung der r-ten Ordnungsstatistik

Die Zufallsvariablen $X_1, \ldots, X_n$ seien unabhängig und identisch verteilt mit Verteilungsfunktion F. Bezeichnet $G_{r,n}$ die Verteilungsfunktion von $X_{r:n}$, so gilt

$$G_{r,n}(t) = \sum_{j=0}^{n-r} \binom{n}{j} (1 - F(t))^j \, F(t)^{n-j}, \quad t \in \mathbb{R}.$$

Besitzt X_1 die λ^1-Dichte f, so hat $X_{r:n}$ die λ^1-Dichte

$$g_{r,n}(t) = n \binom{n-1}{r-1} F(t)^{r-1} (1 - F(t))^{n-r} f(t), \; t \in \mathbb{R}.$$

Beweis: Da die Ereignisse $A_j := \{X_j > t\}$, $j = 1, \ldots, n$, stochastisch unabhängig sind und die gleiche Wahrscheinlichkeit $\mathbb{P}(A_j) = 1 - F(t)$ besitzen, hat die Indikatorsumme $\sum_{j=1}^n \mathbf{1}\{A_j\}$ die Binomialverteilung $\text{Bin}(n, 1 - F(t))$. Wegen $G_{r,n}(t) = \mathbb{P}(X_{r:n} \le t)$ folgt somit die erste Aussage aus (22.30). Die zweite ergibt sich hieraus durch Differenziation der rechten Summe nach t, wenn man beachtet, dass von der nach Anwendung der Produktregel auftretenden Differenz nach einer Index-Verschiebung nur ein Term übrig bleibt. ■

Man kann die Dichte von $X_{r:n}$ auch auf anderem Wege als Grenzwert des Quotienten $\mathbb{P}(t \le X_{r:n} \le t + \varepsilon)/\varepsilon$ für $\varepsilon \downarrow 0$ herleiten (Aufgabe 22.14). Bevor wir ein Beispiel geben, sollen die Spezialfälle $r = n$ und $r = 1$ gesondert hervorgehoben werden.

Folgerung

Sind $X_1, \ldots, X_n$ unabhängige Zufallsvariablen mit gleicher Verteilungsfunktion F, so gelten:

$$\mathbb{P}\left(\max_{j=1,\ldots,n} X_j \le t \right) = F(t)^n, \quad t \in \mathbb{R},$$

$$\mathbb{P}\left(\min_{j=1,\ldots,n} X_j \le t \right) = 1 - (1 - F(t))^n, \quad t \in \mathbb{R}.$$

Eine Verallgemeinerung dieser Aussagen findet sich in Aufgabe 22.4.

Beispiel (Gleichverteilung U(0, 1))

Besitzen $X_1, \ldots, X_n$ die Gleichverteilung U(0, 1), so hat die r-te Ordnungsstatistik $X_{r:n}$ die Dichte

$$g_{r:n}(t) = \frac{n!}{(k-1)!(n-k)!} t^{k-1} (1-t)^{n-k}, \quad 0 \le t \le 1,$$

und $g_{r:n}(t) = 0$ sonst. Abbildung 22.18 zeigt die Graphen dieser Dichten für den Fall $n = 5$. Es handelt sich hierbei um Spezialfälle der in Aufgabe 22.53 behandelten *Betaverteilung*.

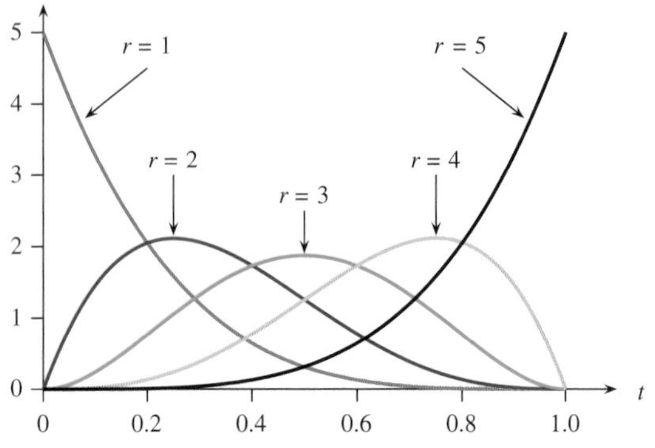

Abbildung 22.18 Dichte $g_{r:5}$ der r-ten Ordnungsstatistik von 5 in (0, 1) gleichverteilten Zufallsvariablen. ◀

22.3 Kenngrößen von Verteilungen

In diesem Abschnitt behandeln wir die wichtigsten Kenngrößen von Verteilungen. Hierzu zählen *Erwartungswert* und *Varianz*, höhere *Momente* sowie *Quantile*. Für Zufallsvektoren kommen die Begriffe *Kovarianz*, *Korrelation* und *Kovarianzmatrix* hinzu. Wir beginnen mit Erwartungswerten und den davon abgeleiteten Begriffen Varianz, Kovarianz und Korrelation, die alle bereits im Kapitel über diskrete Verteilungen auftraten.

Sind $(\Omega, \mathcal{A}, \mathbb{P})$ ein diskreter Wahrscheinlichkeitsraum und X eine auf Ω definierte Zufallsvariable, so wurde der Erwartungswert von X als

$$\mathbb{E}(X) := \sum_{\omega \in \Omega_0} X(\omega)\, \mathbb{P}(\{\omega\}) \qquad (22.31)$$

definiert. Dabei ist Ω_0 eine abzählbare Teilmenge von Ω mit $\mathbb{P}(\Omega_0) = 1$, und die obige (im Fall $|\Omega_0| = \infty$) unendliche Reihe wird als absolut konvergent vorausgesetzt. Durch Zusammenfassen nach gleichen Werten von X erhielten wir die Darstellungsformel

$$\mathbb{E}(X) = \sum_{x \in \mathbb{R}:\ \mathbb{P}(X=x)>0} x\, \mathbb{P}(X = x)\,, \qquad (22.32)$$

und die Eigenschaften der Erwartungswertbildung wie etwa Linearität und Monotonie (siehe Seite 775) ermöglichten oft, Erwartungswerte zu bestimmen, ohne die mit (22.32) einhergehenden Berechnungen durchführen zu müssen.

Die Verallgemeinerung der Definition (22.31) für *beliebige* $\bar{\mathbb{R}}$-wertige Zufallsvariablen auf einem *beliebigen* Wahrscheinlichkeitsraum ist ein Spezialfall des in Abschnitt 7.5 eingeführten Maß-Integrals. Wer damit (noch) nicht vertraut ist, sollte in der nachfolgenden Definition ein formales „Integral-Analogon" von (22.31) sehen.

Definition des Erwartungswertes (allgemeiner Fall)

Es seien $(\Omega, \mathcal{A}, \mathbb{P})$ ein Wahrscheinlichkeitsraum und $X \colon \Omega \to \bar{\mathbb{R}}$ eine Zufallsvariable. *Der Erwartungswert von X existiert*, falls gilt:

$$\int |X|\, \mathrm{d}\mathbb{P} < \infty\,. \qquad (22.33)$$

In diesem Fall heißt

$$\mathbb{E}(X) := \int X\, \mathrm{d}\mathbb{P} \qquad (22.34)$$

der **Erwartungswert von** X.

Die wichtigste Botschaft dieser Definition ist, dass die nachstehenden, im Fall eines diskreten Wahrscheinlichkeitsraums auf Seite 775 formulierten und bewiesenen Eigenschaften der Erwartungswertbildung unverändert gültig bleiben, sind sie doch ein Spezialfall der auf Seite 241 aufgeführten Eigenschaften integrierbarer Funktionen.

Eigenschaften der Erwartungswertbildung

Es seien X und Y $\bar{\mathbb{R}}$-wertige Zufallsvariablen auf $(\Omega, \mathcal{A}, \mathbb{P})$ mit existierenden Erwartungswerten und $a \in \mathbb{R}$. Dann existieren auch die Erwartungswerte von $X + Y$ und aX, und es gelten:

a) $\mathbb{E}(aX) = a\mathbb{E}X$ **(Homogenität)**,

b) $\mathbb{E}(X + Y) = \mathbb{E}X + \mathbb{E}Y$ **(Additivität),**

c) $\mathbb{E}(\mathbf{1}_A) = \mathbb{P}(A), \quad A \in \mathcal{A}$,

d) aus $X \le Y$ folgt $\mathbb{E}X \le \mathbb{E}Y$ **(Monotonie)**,

e) $|\mathbb{E}(X)| \le \mathbb{E}|X|$.

Wer bereits Kapitel 7 gelesen hat, findet in (22.34) und obigen Eigenschaften mathematisch nichts Neues, ist doch $\int X \mathrm{d}\mathbb{P}$ ein Spezialfall des Maß-Integrals $\int f\, \mathrm{d}\mu$ mit $X = f$ und $\mathbb{P} = \mu$. Für alle anderen rekapitulieren wir kurz die zum Integral $\int X \mathrm{d}\mathbb{P}$ führende und in Abschnitt 7.5 allgemeiner dargelegte Vorgehensweise.

Das Integral $\int X \mathrm{d}\mathbb{P}$ wird für eine Indikatorfunktion $\mathbf{1}_A$ mit $A \in \mathcal{A}$ als $\int \mathbf{1}_A \mathrm{d}\mathbb{P} := \mathbb{P}(A)$ erklärt. Ist $X = \sum_{j=1}^{k} a_j \mathbf{1}\{A_j\}$ ($a_j \ge 0$, $A_j \in \mathcal{A}$) eine nichtnegative Zufallsvariable, die endlich viele Werte annimmt, so definiert man

$$\int X\, \mathrm{d}\mathbb{P} := \sum_{j=1}^{n} a_j \mathbb{P}(A_j)\,. \qquad (22.35)$$

Man setzt also das für Indikatorfunktionen eingeführte Integral „linear fort". Ist X eine $[0, \infty]$-wertige Zufallsvariable, so gibt es eine Folge $(X_n)_{n \ge 1}$ von nichtnegativen reellen Zufallsvariablen X_n mit jeweils endlichem Wertebereich, die punktweise von unten gegen X konvergiert, nämlich

$$X_n = \sum_{j=0}^{n2^n-1} \frac{j}{2^n} \cdot \mathbf{1}\left\{\frac{j}{2^n} \le X < \frac{j+1}{2^n}\right\} + n \cdot \mathbf{1}\{X \ge n\}\,.$$

Da X_n auf $X^{-1}([j/2^n, (j+1)/2^n))$ den Wert $j/2^n$ mit der Wahrscheinlichkeit $\mathbb{P}(j/2^n \le X < (j+1)/2^n)$ sowie den Wert n mit der Wahrscheinlichkeit $\mathbb{P}(X \ge n)$ annimmt, folgt mit (22.35)

$$\int X_n\, \mathrm{d}\mathbb{P} = \sum_{j=0}^{n2^n-1} \frac{j}{2^n} \mathbb{P}\left(\frac{j}{2^n} \le X < \frac{j+1}{2^n}\right) + n\mathbb{P}(X \ge n)\,.$$

Man definiert dann

$$\mathbb{E}(X) := \int X\, \mathrm{d}\mathbb{P} := \lim_{n \to \infty} \int X_n\, \mathrm{d}\mathbb{P}\,. \qquad (22.36)$$

Schließlich löst man sich von der Bedingung $X \ge 0$, indem eine beliebige Zufallsvariable X gemäß $X = X^+ - X^-$ als Differenz ihres Positivteils $X^+ = \max(X, 0)$ und ihres Negativteils $X^- = \max(-X, 0)$ geschrieben wird. Wohingegen in (22.36) $\mathbb{E}(X) = \infty$ gelten kann, fordert man $\mathbb{E}(X^+) < \infty$ und $\mathbb{E}(X^-) < \infty$ und setzt (nur) dann

$$\mathbb{E}(X) := \int X \,\mathrm{d}\mathbb{P} := \mathbb{E}(X^+) - \mathbb{E}(X^-).$$

Natürlich muss bei diesem Aufbau beachtet werden, dass alle Definitionen widerspruchsfrei sind.

Kommentar:

- Die obige Vorgehensweise zeigt, dass der Erwartungswert nicht von der genauen Gestalt des zugrunde liegenden Wahrscheinlichkeitsraums $(\Omega, \mathcal{A}, \mathbb{P})$ abhängt, sondern nur von der Verteilung $\mathbb{P}^X$ der Zufallsvariablen X.
- Wie bereits im vorangehenden Kapitel lassen wir auch in der Folge häufig die Klammern bei der Erwartungswertbildung weg, schreiben also

$$\mathbb{E}X := \mathbb{E}(X),$$

  wenn keine Verwechslungen zu befürchten sind.
- Ist X eine *nichtnegative* Zufallsvariable, so existiert der Erwartungswert von X genau dann, wenn $\mathbb{E}X < \infty$. Für eine allgemeine Zufallsvariable ist demnach die Existenz des Erwartungswertes von X gleichbedeutend mit dem Bestehen der Ungleichung

$$\mathbb{E}|X| < \infty. \tag{22.37}$$

Bevor wir uns mit der konkreten Bestimmung von Erwartungswerten für stetige Zufallsvariablen befassen, sei ein Ergebnis aus Abschnitt 7.6 in die Sprache von Zufallsvariablen und Wahrscheinlichkeitsmaßen umformuliert.

Markov-Ungleichung

Für jede Zufallsvariable $X\colon \Omega \to \bar{\mathbb{R}}$ und jedes $\varepsilon > 0$ gilt

$$\mathbb{P}(|X| \geq \varepsilon) \leq \frac{\mathbb{E}\,|X|}{\varepsilon}.$$

Man beachte, dass diese Ungleichung unmittelbar aus der elementweise auf Ω geltenden Abschätzung

$$\mathbf{1}\{|X(\omega)| \geq \varepsilon\} \;\leq\; \frac{|X(\omega)|}{\varepsilon}, \qquad \omega \in \Omega,$$

folgt, wenn man auf beiden Seiten den Erwartungswert bildet. Lässt man ε gegen unendlich streben, so ergibt sich auch, dass die Existenz des Erwartungswertes, also $\mathbb{E}\,|X| < \infty$, notwendigerweise $\mathbb{P}(|X| = \infty) = 0$ nach sich zieht, was man kompakt auch durch

$$\mathbb{E}\,|X| < \infty \implies \mathbb{P}(|X| < \infty) = 1$$

ausdrücken kann. Sollte eine Zufallsvariable X also auch die Werte ∞ und $-\infty$ annehmen können, so geschieht dies nur mit der Wahrscheinlichkeit 0, sofern der Erwartungswert von X existiert.

Wir möchten an dieser Stelle noch eine nützliche Ungleichung angeben, die nach dem Telefoningenieur und mathematischen Autodidakten Johann Ludvig Valdemar Jensen (1859–1925) benannt ist und erinnern in diesem Zusammenhang an folgenden, in Band 1, Abschnitt 15.4 behandelten Begriff. Eine auf einem Intervall $M \subset \mathbb{R}$ definierte reelle Funktion g heißt *konvex*, falls für jede Wahl von $x, y \in M$ und jedes $\lambda \in [0, 1]$ die Ungleichung

$$g(\lambda x + (1-\lambda)y) \leq \lambda g(x) + (1-\lambda)g(y)$$

erfüllt ist. Steht hier für $x \neq y$ und $\lambda \in (0, 1)$ stets „$<$“, so heißt g *strikt konvex*. Aus obiger Ungleichung folgt, dass der Graph von g oberhalb jeder Stützgeraden verläuft, die man an Punkten $(x, g(x))$ mit $x \in M$ an g legen kann.

Jensen-Ungleichung

Es seien $M \subset \mathbb{R}$ ein Intervall, X eine Zufallsvariable mit $\mathbb{P}(X \in M) = 1$ und $g\colon M \to \mathbb{R}$ eine konvexe Funktion. Gelten $\mathbb{E}|X| < \infty$ und $\mathbb{E}|g(X)| < \infty$, so folgt

$$\mathbb{E}g(X) \geq g(\mathbb{E}X).$$

Ist g strikt konvex und die Verteilung von X nicht ausgeartet, so ist obige Ungleichung strikt.

Beweis: Zunächst gilt $\mathbb{E}X \in M$, was im Fall $M = \mathbb{R}$ aus $\mathbb{E}|X| < \infty$ und andernfalls aus der Monotonie der Erwartungswertbildung folgt. Nach den Vorbemerkungen liegt der Graph von g oberhalb der Stützgeraden an g im Punkt $(\mathbb{E}X, g(\mathbb{E}X))$, d. h., es gibt ein $a \in \mathbb{R}$ mit

$$g(x) \geq a(x - \mathbb{E}X) + g(\mathbb{E}X), \qquad x \in M.$$

Die Monotonie der Erwartungswertbildung liefert dann

$$\begin{aligned}\mathbb{E}g(X) &\geq \mathbb{E}\left[a(X - \mathbb{E}X)\right] + g(\mathbb{E}X)\\ &= a \cdot 0 + g(\mathbb{E}X) = g(\mathbb{E}X).\end{aligned}$$

Der Zusatz folgt aus (7.34), wenn man für das dort stehende f die nichtnegative Funktion $Y := g(X) - a(X - \mathbb{E}X) - g(\mathbb{E}X)$ auf Ω betrachtet. Letztere ist im Fall der strikten Konvexität von g bis auf die Menge $\{\omega \in \Omega\colon X(\omega) = \mathbb{E}X\}$ strikt positiv. Aus $\mathbb{E}Y = 0$ würde dann $Y = 0$ $\mathbb{P}$-fast sicher und somit $X = \mathbb{E}X$ $\mathbb{P}$-fast sicher folgen. Eine Entartung der Verteilung von X war jedoch ausgeschlossen. ■

Erwartungswerte von Funktionen stetiger Zufallsvektoren erhält man durch Integration

Diejenigen, die (noch) nicht mit der allgemeinen Maß- und Integrationstheorie vertraut sind, werden sich natürlich an dieser Stelle fragen, wie man zum Beispiel überprüft, ob eine stetige Zufallsvariable X mit Dichte f einen Erwartungswert besitzt, und wie man diesen gegebenenfalls konkret berechnet. Wir geben hierzu ein allgemeines Resultat an und zeigen auch, welche Sätze aus Kapitel 7 in den Beweis eingehen.

Die allgemeine Transformationsformel (Erwartungswerte von Funktionen stetiger Zufallsvektoren)

Es seien $\mathbf{Z}$ ein k-dimensionaler Zufallsvektor mit Dichte f und $g: \mathbb{R}^k \to \mathbb{R}$ eine messbare Funktion. Dann existiert der Erwartungswert der Zufallsvariablen $g(\mathbf{Z}) = g \circ \mathbf{Z}$ genau dann, wenn gilt:

$$\int_{\mathbb{R}^k} |g(z)|\, f(z)\, \mathrm{d}z < \infty .$$

In diesem Fall folgt

$$\mathbb{E}\, g(\mathbf{Z}) = \int_{\mathbb{R}^k} g(z)\, f(z)\, \mathrm{d}z . \qquad (22.38)$$

Beweis: Nach dem Transformationssatz für Integrale auf Seite 243 gilt

$$\mathbb{E}|g(\mathbf{Z})| = \int_{\Omega} |g(\mathbf{Z})|\, \mathrm{d}\mathbb{P} = \int_{\mathbb{R}^k} |g(z)|\, \mathbb{P}^{\mathbf{Z}}(\mathrm{d}z) .$$

Da die Verteilung $\mathbb{P}^{\mathbf{Z}}$ von $\mathbf{Z}$ die Dichte f bezüglich λ^k besitzt, gilt nach dem Satz über den Zusammenhang zwischen μ- und ν-Integralen auf Seite 238

$$\int_{\mathbb{R}^k} |g(z)|\, \mathbb{P}^{\mathbf{Z}}(\mathrm{d}z) = \int_{\mathbb{R}^k} |g(z)|\, f(z)\, \mathrm{d}z .$$

Dabei haben wir kurz $\mathrm{d}z$ für die Integration bezüglich des Borel-Lebesgue-Maßes λ^k geschrieben. Zusammen ergibt sich also die erste Behauptung des Satzes. Die zweite folgt aus den jeweiligen Teilen b) der oben zitierten Sätze. ■

Kommentar: Formel (22.38) ist das „stetige Analogon" der Gleichung

$$\mathbb{E}\, g(\mathbf{Z}) = \sum_{z \in \mathbb{R}^k:\, \mathbb{P}(\mathbf{Z}=z)>0} g(z)\, \mathbb{P}(\mathbf{Z} = z)$$

für diskret verteilte Zufallsvektoren auf Seite 776. Für den Spezialfall einer reellen Zufallsvariablen X und die Funktion $g(x) = x$, $x \in \mathbb{R}$, erhalten wir aus (22.38) das folgende stetige Analogon der Transformationsformel (22.32) für diskrete Zufallsvariablen (siehe auch Seite 774).

Transformationsformel für den Erwartungswert

Ist X eine Zufallsvariable mit Dichte f, so existiert der Erwartungswert von X genau dann, wenn gilt:

$$\int_{-\infty}^{\infty} |x|\, f(x)\, \mathrm{d}x < \infty .$$

In diesem Fall gilt

$$\mathbb{E}\, X = \int_{-\infty}^{\infty} x\, f(x)\, \mathrm{d}x . \qquad (22.39)$$

Kommentar: (22.38) und (22.39) sind „die Rezepte" zur Berechnung von Erwartungswerten, *sofern keine elegantere Methode zur Verfügung steht*. So sollte vor deren Befolgung wie schon bei diskreten Zufallsvariablen mehrfach geschehen stets versucht werden, die auf Seite 833 formulierten strukturellen Eigenschaften der Erwartungswertbildung auszunutzen. Man beachte, dass jede Zufallsvariable, die mit Wahrscheinlichkeit eins Werte in einem kompakten Intervall annimmt, einen Erwartungswert besitzt, denn $\mathbb{P}(a \le X \le b) = 1$ zieht $|X| \le \max(|a|, |b|)$ und damit $\mathbb{E}|X| \le \max(|a|, |b|)$ nach sich.

Beispiel

- Für eine Zufallsvariable X mit der Gleichverteilung $\mathrm{U}(a, b)$, also der Dichte $f = (b-a)^{-1} \mathbf{1}_{[a,b]}$, gilt

$$\mathbb{E}\, X = \frac{1}{b-a} \int_a^b x\, \mathrm{d}x = \frac{1}{b-a} \frac{x^2}{2}\Big|_a^b = \frac{a+b}{2} .$$

  Der Erwartungswert von X ist also – kaum verwunderlich – das Symmetriezentrum der Dichte f.
- Eine Zufallsvariable mit der Cauchy-Verteilung $\mathrm{C}(0, 1)$, also der Dichte $f(x) = 1/(\pi(1+x^2))$, $x \in \mathbb{R}$ (vgl. Seite 831) besitzt keinen Erwartungswert, da

$$\int_{-\infty}^{\infty} \frac{|x|}{1+x^2}\, \mathrm{d}x = \infty .$$

  Man beachte hierzu, dass

$$\int_0^n \frac{x}{1+x^2}\, \mathrm{d}x = \frac{\log(1+n^2)}{2} \to \infty \text{ für } n \to \infty . \quad ◀$$

Kommentar: Ist X eine Zufallsvariable mit Verteilungsfunktion F, so findet man häufig auch die Schreibweise

$$\mathbb{E} g(X) = \int_{-\infty}^{\infty} g(x)\, \mathrm{d}F(x)$$

für den als existent vorausgesetzten Erwartungswert einer Funktion g von X. Diese „$\mathrm{d}F$-Notation" steht synonym für das Maß-Integral

$$\int_{-\infty}^{\infty} g(x)\, \mathrm{d}F(x) := \int_{-\infty}^{\infty} g(x)\, \mathbb{P}^X(\mathrm{d}x) .$$

Da wir nur die beiden Fälle betrachten, dass X entweder diskret oder stetig verteilt ist, gilt im ersten Fall

$$\int_{-\infty}^{\infty} g(x)\, \mathrm{d}F(x) = \sum_{j \ge 1} g(x_j)\, \mathbb{P}(X = x_j)$$

(falls $\sum_{j \ge 1} \mathbb{P}(X = x_j) = 1$) und im zweiten

$$\int_{-\infty}^{\infty} g(x)\, \mathrm{d}F(x) = \int_{-\infty}^{\infty} g(x)\, f(x)\, \mathrm{d}x .$$

Dabei besitzt X die Lebesgue-Dichte f.

Momente sind Erwartungswerte von Potenzen einer Zufallsvariablen

Wichtige Erwartungswerte von Funktionen einer Zufallsvariablen oder Funktionen zweier Zufallsvariablen sind mit Namen belegt, die größtenteils schon aus dem vorigen Kapitel bekannt sind. Bei der folgenden Definition wird stillschweigend unterstellt, dass die Zufallsvariablen X und Y auf dem gleichen Wahrscheinlichkeitsraum definiert sind und alle auftretenden Erwartungswerte existieren.

Momente, Varianz, Kovarianz, Korrelation

Für $p \in \mathbb{R}$ mit $p > 0$ und $k \in \mathbb{N}$ heißen

- $\mathbb{E}\, X^k$ das **k-te Moment** von X,
- $\mathbb{E}(X - \mathbb{E}\, X)^k$ das **k-te zentrale Moment** von X,
- $\mathbb{V}(X) = \mathbb{E}(X - \mathbb{E}\, X)^2$ die **Varianz** von X,
- $\sqrt{\mathbb{V}(X)}$ die **Standardabweichung** von X,
- $\mathbb{E}\,|X|^p$ das **p-te absolute Moment** von X,
- $\operatorname{Cov}(X, Y) = \mathbb{E}[(X - \mathbb{E}X)(Y - \mathbb{E}Y)]$ die **Kovarianz** zwischen X und Y,
- $\rho(X, Y) = \dfrac{\operatorname{Cov}(X, Y)}{\sqrt{\mathbb{V}(X)\,\mathbb{V}(Y)}}$ (falls $\mathbb{V}(X)\mathbb{V}(Y) > 0$) der **Korrelationskoeffizient** zwischen X und Y.

Kommentar: Der Begriff *Moment* stammt aus der Mechanik, wo insbesondere die Bezeichnungen *Drehmoment* und *Trägheitsmoment* geläufig sind. Nach obigen Definitionen sind also der Erwartungswert das erste Moment und die Varianz das zweite zentrale Moment. Man spricht auch von den *Momenten der Verteilung von* X, da Erwartungswerte einer Funktion von X bzw. einer Funktion von (X, Y) nur von der Verteilung $\mathbb{P}^X$ bzw. der gemeinsamen Verteilung $\mathbb{P}^{(X,Y)}$ von X und Y abhängen. Besitzen X eine Dichte f und (X, Y) eine gemeinsame Dichte h, so gelten nach der allgemeinen Transformationsformel (22.38) mit den Abkürzungen $\mu := \mathbb{E}X$ und $\nu := \mathbb{E}Y$

$$
\begin{aligned}
\mathbb{E}\, X^k &= \int x^k f(x)\,\mathrm{d}x\,,\\
\mathbb{E}(X - \mathbb{E}X)^k &= \int (x-\mu)^k f(x)\,\mathrm{d}x\,,\\
\mathbb{V}(X) &= \int (x-\mu)^2 f(x)\,\mathrm{d}x\,,\\
\mathbb{E}|X|^p &= \int |x|^p f(x)\,\mathrm{d}x\,,\\
\operatorname{Cov}(X, Y) &= \iint (x-\mu)(y-\nu)\,h(x, y)\,\mathrm{d}x\mathrm{d}y\,.
\end{aligned}
$$

Dabei erstrecken sich alle Integrale grundsätzlich über $\mathbb{R}$ und im konkreten Einzelfall über den Positivitätsbereich von f bzw. von h. Wir betonen an dieser Stelle ausdrücklich, dass alle im vorigen Kapitel hergeleiteten strukturellen Eigenschaften der Varianz- und Kovarianzbildung (siehe Seite 778, 779 und 789) erhalten bleiben, weil sie auf den grundlegenden Eigenschaften der Erwartungswertbildung auf Seite 833 gründen. Insbesondere sei hervorgehoben, dass auch die Schlussfolgerung

$$X, Y \text{ unabhängig} \Longrightarrow \operatorname{Cov}(X, Y) = 0$$

ganz allgemein gültig bleibt. Wegen $\operatorname{Cov}(X, Y) = \mathbb{E}(X\,Y) - \mathbb{E}X\,\mathbb{E}Y$ ist diese Implikation gleichbedeutend mit der nachfolgenden, bereits im vorigen Kapitel im Spezialfall diskreter Zufallsvariablen formulierten Aussage, deren Beweis wichtige Techniken der Maß- und Integrationstheorie verwendet.

Die Multiplikationsregel für Erwartungswerte

Sind X und Y *stochastisch unabhängige* Zufallsvariablen mit existierenden Erwartungswerten, so existiert auch der Erwartungswert von $X\,Y$, und es gilt

$$\mathbb{E}(X\,Y) = \mathbb{E}X\,\mathbb{E}Y\,.$$

Beweis: Die Unabhängigkeit von X und Y ist gleichbedeutend damit, dass die gemeinsame Verteilung $\mathbb{P}^{(X,Y)}$ das Produkt $\mathbb{P}^X \otimes \mathbb{P}^Y$ der Marginalverteilungen ist (vgl. den Kommentar auf Seite 748). Nach dem Transformationssatz für Integrale auf Seite 243 und dem Satz von Tonelli gilt unter Weglassung der Integrationsgrenzen $-\infty$ und ∞

$$
\begin{aligned}
\mathbb{E}|X\,Y| &= \iint |x\,y|\,\mathbb{P}^{(X,Y)}(\mathrm{d}x, \mathrm{d}y)\\
&= \iint |x|\,|y|\,\mathbb{P}^X \otimes \mathbb{P}^Y(\mathrm{d}x, \mathrm{d}y)\\
&= \left(\int |x|\,\mathbb{P}^X(\mathrm{d}x)\right)\left(\int |y|\,\mathbb{P}^Y(\mathrm{d}y)\right)\\
&= \mathbb{E}|X|\,\mathbb{E}|Y|\,.
\end{aligned}
$$

Folglich gilt $\mathbb{E}|X\,Y| < \infty$. Wir können jetzt jeweils die Betragsstriche weglassen und erhalten wie behauptet $\mathbb{E}(X\,Y) = \mathbb{E}X\,\mathbb{E}Y$. ■

Beispiel Gleichverteilung

Das k-te Moment einer Zufallsvariablen X mit der Gleichverteilung $\mathrm{U}(0, 1)$ ist durch

$$\mathbb{E}X^k = \int_0^1 x^k\,\mathrm{d}x = \frac{1}{k+1}\,, \quad k \in \mathbb{N}\,,$$

gegeben. Hiermit erhält man

$$\mathbb{V}(X) = \mathbb{E}X^2 - (\mathbb{E}X)^2 = \frac{1}{3} - \frac{1}{4} = \frac{1}{12}\,.$$

Besitzt Y die Gleichverteilung $\mathrm{U}(a, b)$, so gilt die Verteilungsgleichheit $Y \sim (b-a)X + a$ und folglich

$$
\begin{aligned}
\mathbb{E}Y^k &= \mathbb{E}\left[((b-a)X + a)^k\right]\\
&= \mathbb{E}\left[\sum_{j=0}^{k} \binom{k}{j} (b-a)^j X^j a^{k-j}\right]\\
&= \sum_{j=0}^{k} \binom{k}{j} \frac{(b-a)^j}{j+1}\, a^{k-j}\,.
\end{aligned}
$$

◀

Beispiel **Normalverteilung**

Die Zufallsvariable X sei $\mathrm{N}(0,1)$-normalverteilt, besitze also die Dichte

$$\varphi(x) = \frac{1}{\sqrt{2\pi}} \exp\left(-\frac{x^2}{2}\right), \quad x \in \mathbb{R}.$$

Für $k \in \mathbb{N}$ gilt wegen der Symmetrie von φ um 0, der Substitution $u = x^2/2$ und der Definition der Gammafunktion

$$\begin{aligned}\mathbb{E}|X|^k &= \frac{1}{\sqrt{2\pi}} \int_{-\infty}^{\infty} |x|^k \exp\left(-\frac{x^2}{2}\right) \mathrm{d}x \\ &= \frac{2}{\sqrt{2\pi}} \int_0^{\infty} x^k \exp\left(-\frac{x^2}{2}\right) \mathrm{d}x \\ &= \frac{2^{k/2}}{\sqrt{\pi}} \int_0^{\infty} u^{(k+1)/2-1} \,\mathrm{e}^{-u}\, \mathrm{d}u \\ &= \frac{2^{k/2}}{\sqrt{\pi}} \Gamma\left(\frac{k+1}{2}\right) < \infty.\end{aligned}$$

Somit existiert für jedes $k \in \mathbb{N}$ das k-te Moment von X. Wiederum wegen der Symmetrie von φ um 0 ergibt sich dann

$$\mathbb{E}X^{2m+1} = 0, \quad m \in \mathbb{N}_0,$$

sowie

$$\mathbb{E}X^{2m} = \frac{2^m}{\sqrt{\pi}} \Gamma\left(\frac{2m+1}{2}\right) = \prod_{j=1}^{m}(2j-1), \quad m \in \mathbb{N}.$$

Das letzte Gleichheitszeichen folgt dabei aus $\Gamma(x+1) = x\Gamma(x)$, $x > 0$, und $\Gamma(1/2) = \sqrt{\pi}$. Insbesondere erhält man $\mathbb{E}X = 0$ und $\mathbb{V}(X) = \mathbb{E}X^2 = 1$.

Besitzt X die Normalverteilung $\mathrm{N}(\mu,\sigma^2)$, so gilt $X \sim \sigma Y + \mu$ mit $Y \sim \mathrm{N}(0,1)$. Nach den Rechenregeln für Erwartungswert und Varianz erhalten wir

$$\begin{aligned}\mathbb{E}X &= \mathbb{E}(\sigma Y + \mu) = \sigma\,\mathbb{E}Y + \mu = \mu, \\ \mathbb{V}(X) &= \mathbb{V}(\sigma Y + \mu) = \sigma^2\mathbb{V}(Y) = \sigma^2.\end{aligned}$$

Die Parameter μ und σ^2 der Normalverteilung $\mathrm{N}(\mu,\sigma^2)$ sind also Erwartungswert bzw. Varianz dieser Verteilung. ◀

In Aufgabe 21.18 haben wir gesehen, dass der Erwartungswert einer $\mathbb{N}_0$-wertigen Zufallsvariablen X in der Form

$$\mathbb{E}\,X = \sum_{n=1}^{\infty} \mathbb{P}(X \geq n)$$

dargestellt werden kann. Bezeichnet F die Verteilungsfunktion von X, so gilt wegen der Ganzzahligkeit von X die Identität $\mathbb{P}(X \geq n) = \mathbb{P}(X > n-1)$, und wir erhalten

$$\mathbb{E}\,X = \sum_{n=0}^{\infty}(1 - F(n)) = \int_0^{\infty} (1 - F(x))\,\mathrm{d}x\,.$$

Dabei existiert der Erwartungswert genau dann, wenn das uneigentliche Integral bzw. die unendliche Reihe konvergiert.

Die nachstehende Eigenschaft ist eine Verallgemeinerung dieses Resultats. Der Beweis ist eine direkte Anwendung des Satzes von Tonelli, der für die Leserinnen und Leser, die bereits Kenntnisse der Maß- und Integrationstheorie besitzen, als Aufgabe 22.15 formuliert ist.

Darstellungsformel für den Erwartungswert

Ist X eine Zufallsvariable mit Verteilungsfunktion F, so gilt

$$\mathbb{E}|X| < \infty \iff \int_0^{\infty} (1 - F(x))\,\mathrm{d}x < \infty, \quad \int_{-\infty}^{0} F(x)\,\mathrm{d}x < \infty.$$

In diesem Fall gilt

$$\mathbb{E}\,X = \int_0^{\infty} (1 - F(x))\,\mathrm{d}x - \int_{-\infty}^{0} F(x)\,\mathrm{d}x\,.$$

Die Darstellungsformel besagt, dass die Werte $F(x)$ der Verteilungsfunktion F hinreichend schnell gegen null (für $x \to -\infty$) und eins (für $x \to \infty$) konvergieren müssen, damit der Erwartungswert existiert. Ist dies der Fall, so kann man den Erwartungswert als Differenz zweier Flächeninhalte deuten (Abb. 22.19).

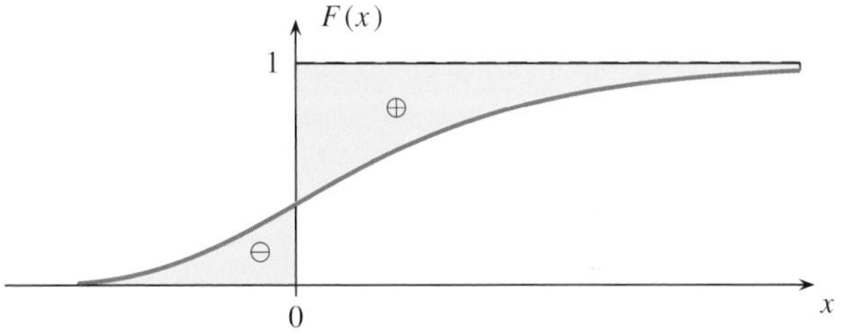

Abbildung 22.19 Erwartungswert als Differenz zweier Flächeninhalte.

Im Folgenden wenden wir uns den Begriffen *Erwartungswertvektor* und *Kovarianzmatrix* zu. In diesem Zusammenhang ist es zweckmäßig, Vektoren grundsätzlich als *Spaltenvektoren* zu verstehen. Für einen Spaltenvektor x bezeichne dann $x^\top$ den zu x transponierten Zeilenvektor. In gleicher Weise sei $A^\top$ die zu einer Matrix A transponierte Matrix. Weiter setzen wir voraus, dass alle auftretenden Erwartungswerte existieren.

Erwartungswertvektor, Kovarianzmatrix

Es sei $\mathbf{X} = (X_1, \ldots, X_k)^\top$ ein k-dimensionaler Zufallsvektor. Dann heißen

$$\mathbb{E}(\mathbf{X}) := (\mathbb{E}X_1, \ldots, \mathbb{E}X_k)^\top$$

der **Erwartungswertvektor** und

$$\Sigma(\mathbf{X}) := (\mathrm{Cov}(X_i, X_j))_{1 \leq i,j \leq k}$$

die **Kovarianzmatrix** von $\mathbf{X}$.

Sei $\mathbf{Z} = (Z_{i,j})_{1\le i\le m, 1\le j\le n}$ ein in Form einer $(m \times n)$-dimensionalen Matrix geschriebener Zufallsvektor. Mit der Festsetzung

$$\mathbb{E}\,\mathbf{Z} := (\mathbb{E}Z_{i,j})_{1\le i\le m, 1\le j\le n}$$

gilt dann

$$\begin{aligned}\Sigma(\mathbf{X}) &= \mathbb{E}\big[(\mathbf{X}-\mathbb{E}\,\mathbf{X})(\mathbf{X}-\mathbb{E}\,\mathbf{X})^\top\big]\\ &= \mathbb{E}\left[\begin{pmatrix} X_1-\mathbb{E}\,X_1\\ \vdots \\ X_k-\mathbb{E}\,X_k\end{pmatrix}\big(X_1-\mathbb{E}\,X_1 \;\cdots\; X_k-\mathbb{E}\,X_k\big)\right].\end{aligned}$$

Rechenregeln

Es seien $\mathbf{X}$ ein k-dimensionaler Zufallsvektor, $b \in \mathbb{R}^n$ und A eine $(n \times k)$-Matrix. Dann gelten:

a) $\mathbb{E}(A\mathbf{X}+b) = A\,\mathbb{E}\,\mathbf{X}+b$,

b) $\Sigma(A\mathbf{X}+b) = A\,\Sigma(\mathbf{X})\,A^\top$.

?

Können Sie diese Rechenregeln beweisen?

Eigenschaften der Kovarianzmatrix

Die Kovarianzmatrix $\Sigma(\mathbf{X})$ eines Zufallsvektors $\mathbf{X}$ besitzt folgende Eigenschaften:

a) $\Sigma(\mathbf{X})$ ist symmetrisch und positiv-semidefinit.

b) $\Sigma(\mathbf{X})$ ist genau dann singulär, wenn es ein $c \in \mathbb{R}^k$ mit $c \neq 0$ und ein $\gamma \in \mathbb{R}$ mit $\mathbb{P}(c^\top\mathbf{X} = \gamma) = 1$ gibt.

Beweis: Da die Kovarianzbildung $\mathrm{Cov}(\cdot,\cdot)$ ein symmetrischer Operator ist, ist $\Sigma(\mathbf{X})$ symmetrisch. Für einen beliebigen Vektor $c = (c_1,\ldots,c_k)^\top \in \mathbb{R}^k$ gilt

$$\begin{aligned}\sum_{i=1}^k\sum_{j=1}^k c_ic_j\mathrm{Cov}(X_i,X_j) &= \mathrm{Cov}\left(\sum_{i=1}^k c_iX_i, \sum_{j=1}^k c_jX_j\right)\\ &= \mathbb{V}\left(\sum_{j=1}^k c_jX_j\right) = \mathbb{V}(c^\top\mathbf{X})\\ &\ge 0.\end{aligned}$$

Somit ist $\Sigma(\mathbf{X})$ positiv-semidefinit. Nach dem Gezeigten ist $\Sigma(\mathbf{X})$ genau dann singulär, also nicht invertierbar, wenn ein vom Nullvektor verschiedenes $c \in \mathbb{R}^k$ existiert, sodass $\mathbb{V}(c^\top\mathbf{X}) = 0$ gilt. Letztere Eigenschaft ist äquivalent dazu, dass es ein $c \neq 0$ und ein $\gamma \in \mathbb{R}$ gibt, sodass gilt:

$$\mathbb{P}(c^\top\mathbf{X} = \gamma) = 1. \qquad \blacksquare$$

Die Kovarianzmatrix eines Zufallsvektors $\mathbf{X}$ ist also genau dann singulär, wenn $\mathbf{X}$ mit Wahrscheinlichkeit 1 in eine Hyperebene $\mathcal{H}$ des $\mathbb{R}^k$, also eine Menge der Gestalt $\mathcal{H} = \{x \in \mathbb{R}^k : c^\top x = \gamma\}$ mit $c \neq 0$ und $\gamma \in \mathbb{R}$ fällt. Diese Eigenschaft trifft etwa für einen Zufallsvektor mit einer Multinomialverteilung zu (Aufgabe 22.6).

Das folgende Resultat zeigt, dass die Parameter μ und Σ der auf Seite 828 definierten nichtausgearteten k-dimensionalen Normalverteilung $\mathrm{N}_k(\mu,\Sigma)$ den Erwartungswertvektor bzw. die Kovarianzmatrix dieser Verteilung darstellen. Aus diesem Grunde sagt man auch, ein Zufallsvektor $\mathbf{X}$ habe eine nichtausgeartete k-dimensionale Normalverteilung *mit Erwartungswert(vektor)* μ *und Kovarianzmatrix* Σ.

Erwartungswert und Kovarianzmatrix von $\mathrm{N}_k(\mu,\Sigma)$

Für einen Zufallsvektor $\mathbf{X} \sim \mathrm{N}_k(\mu,\Sigma)$ gilt

$$\mathbb{E}(\mathbf{X}) = \mu, \qquad \Sigma(\mathbf{X}) = \Sigma.$$

Beweis: Wir verwenden die Verteilungsgleichheit $\mathbf{X} \sim A\mathbf{Y}+\mu$, wobei $\Sigma = A\,A^\top$ und $\mathbf{Y} = (Y_1,\ldots,Y_k)^\top$ mit unabhängigen und je $\mathrm{N}(0,1)$-verteilten Zufallsvariablen $Y_1,\ldots,Y_k$, vgl. die auf Seite 827 angestellten Überlegungen. Wegen $\mathbb{E}(\mathbf{Y}) = 0$ und $\Sigma(\mathbf{Y}) = \mathrm{I}_k$ (k-reihige Einheitsmatrix) folgt die Behauptung aus den obigen Rechenregeln, da

$$\begin{aligned}\mathbb{E}(\mathbf{X}) &= \mathbb{E}(A\mathbf{Y}+\mu) = A\,\mathbb{E}(\mathbf{Y})+\mu,\\ \Sigma(\mathbf{X}) &= A\Sigma(\mathbf{Y})A^\top = A\,A^\top = \Sigma. \qquad \blacksquare\end{aligned}$$

Wir wissen, dass ganz allgemein stochastisch unabhängige Zufallsvariablen unkorreliert sind, also die Kovarianz 0 besitzen. Insbesondere ist dann die Kovarianzmatrix Σ eines Zufallsvektors $\mathbf{X} = (X_1,\ldots,X_k)^\top \sim \mathrm{N}_k(\mu,\Sigma)$ mit unabhängigen Komponenten eine Diagonalmatrix. Aufgabe 22.46 zeigt, dass man in diesem Fall auch umgekehrt schließen kann: Gilt $\mathbf{X} \sim \mathrm{N}_k(\mu,\Sigma)$, und ist Σ eine Diagonalmatrix, so sind $X_1,\ldots,X_k$ stochastisch unabhängig. Für die multivariate Normalverteilung gilt zudem noch folgendes wichtiges Reproduktionsgesetz:

Reproduktionsgesetz für die Normalverteilung

Es seien $\mathbf{X} \sim \mathrm{N}_k(\mu,\Sigma)$, $B \in \mathbb{R}^{m\times k}$ eine Matrix mit $m \le k$ und $\mathrm{rg}(B) = m$ sowie $\nu \in \mathbb{R}^m$. Dann gilt

$$B\mathbf{X}+\nu \sim \mathrm{N}_m(B\mu+\nu, B\Sigma B^\top).$$

Beweis: Es ist nur zu zeigen, dass $B\mathbf{X}+\nu$ normalverteilt ist, da sich die Parameter aus den Rechenregeln auf Seite 838 ergeben. Gilt $m = k$, so ist $\mathbf{X}$ verteilungsgleich mit $A\mathbf{Y}+\mu$, wobei $AA^\top = \Sigma$ und $\mathbf{Y} \sim \mathrm{N}_k(0,\mathrm{I}_k)$. Somit folgt $B\mathbf{X}+\nu \sim BA\mathbf{Y}+B\mu+\nu$ mit einer regulären Matrix BA, und $B\mathbf{X}+\nu$ ist (k-dimensional) normalverteilt. Im Fall $m < k$ ergänzen wir die Matrix B durch Hinzufügen von $k-m$ Zeilen zu einer regulären Matrix C. Dann ist nach dem Gezeigten $C\mathbf{X}$ normalverteilt, und nach den Ausführungen des Beispiels auf Seite 851 hat dann auch $B\mathbf{X}$ als gemeinsame Verteilung von Komponenten von $C\mathbf{X}$ eine (m-dimensionale) Normalverteilung. Eine Addition von ν ändert daran nichts. $\blacksquare$

Das p-Quantil teilt die Gesamtfläche unter einer Dichte im Verhältnis p zu $1 - p$ auf

Wir wenden uns nun *Quantilen* als weiteren wichtigen Kenngrößen von Verteilungen zu.

Quantile, Quantilfunktion

Es seien X eine Zufallsvariable mit Verteilungsfunktion F und p eine Zahl mit $0 < p < 1$. Dann heißt

$$F^{-1}(p) := \inf\{x \in \mathbb{R}: F(x) \geq p\} \qquad (22.40)$$

das **p-Quantil von F** (bzw. von $\mathbb{P}^X$).

Die durch (22.40) definierte Funktion $F^{-1}: (0,1) \to \mathbb{R}$ heißt **Quantilfunktion zu F**.

Wegen $\lim_{x\to\infty} F(x) = 1$ und $\lim_{x\to-\infty} F(x) = 0$ ist die Quantilfunktion wohldefiniert. Da eine Verteilungsfunktion Konstanzbereiche haben kann und somit nicht injektiv sein muss, darf man der Quantilfunktion nicht unbedingt die Rolle einer Umkehrfunktion zuschreiben, obwohl die Schreibweise F^{-1} Assoziationen an die Umkehrfunktion weckt. Da F rechtsseitig stetig ist, gilt die Äquivalenz

$$F(x) \geq p \iff x \geq F^{-1}(p), \quad 0 < p < 1,\ x \in \mathbb{R}. \qquad (22.41)$$

?

Bei welcher der Richtungen „$\Rightarrow$" und „$\Leftarrow$" geht die rechtsseitige Stetigkeit von F ein?

Im Folgenden schreiben wir auch

$$Q_p := Q_p(F) := F^{-1}(p)$$

für das p-Quantil zu F. Abbildung 22.20 veranschaulicht diese Begriffsbildung.

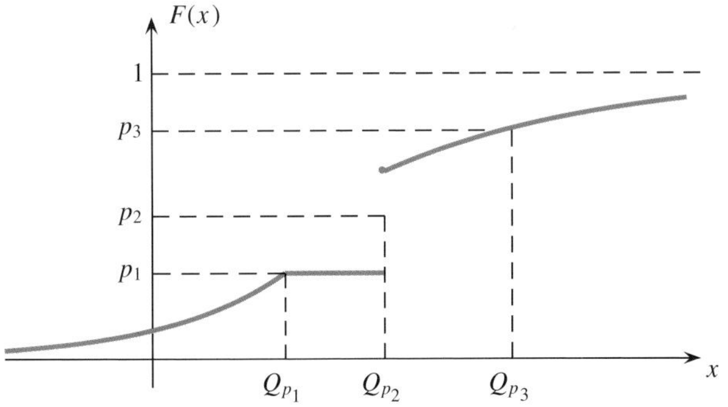

Abbildung 22.20 Zur Definition des p-Quantils.

In dem in Abbildung 22.20 für $p = p_3$ skizzierten „Normalfall", dass F an der Stelle Q_p eine positive Ableitung hat, gilt

$$\mathbb{P}(X \leq Q_p) = F(Q_p) = p,$$
$$\mathbb{P}(X \geq Q_p) = 1 - F(Q_p) = 1 - p.$$

Ist X stetig mit der Dichte f, so teilt Q_p die Gesamtfläche 1 unter dem Graphen von f in einen Anteil p links und einen Anteil $1 - p$ rechts von Q_p auf (Abb. 22.21).

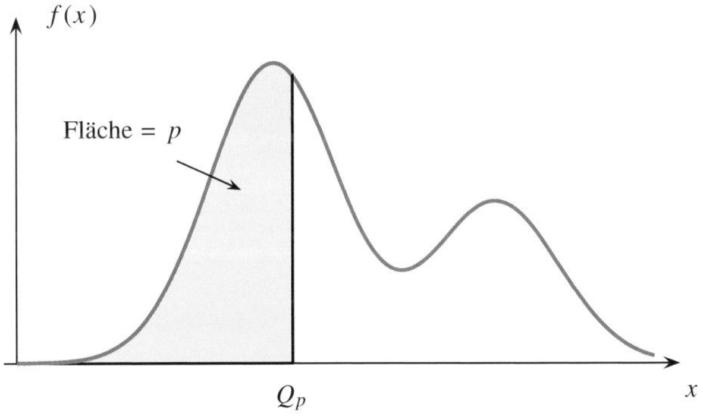

Abbildung 22.21 p-Quantil als „Flächen-Teiler".

Gewisse Quantile sind mit speziellen Namen belegt. So wird das 0.5-Quantil als **Median** oder **Zentralwert** bezeichnet, und $Q_{0.25}$ sowie $Q_{0.75}$ heißen **unteres Quartil** bzw. **oberes Quartil** von F. Der Median halbiert somit die Fläche unter einer Dichte f, und das untere (obere) Quartil spaltet ein Viertel der gesamten Fläche von links (rechts) kommend ab. Die Differenz $Q_{0.75} - Q_{0.25}$ heißt **Quartilsabstand**. Das Quantil $Q_{k\cdot 0.2}$ heißt ***k*-tes Quintil** ($k = 1, 2, 3, 4$) und das Quantil $Q_{k\cdot 0.1}$ ***k*-tes Dezil** ($k = 1, 2, \ldots, 9$).

Beispiel Lokations-Skalen-Familien

Wir betrachten eine Zufallsvariable X_0 mit stetiger, auf $\{x: 0 < F_0(x) < 1\}$ streng monoton wachsender Verteilungsfunktion F_0 sowie die von F_0 erzeugte Lokations-Skalen-Familie

$$\left\{F_{\mu,\sigma}(\cdot) = F_0\left(\frac{\cdot - \mu}{\sigma}\right) \,\middle|\, \mu \in \mathbb{R},\ \sigma > 0\right\}$$

wie auf Seite 824. Da X_0 die Verteilungsfunktion F_0 und $X := \sigma X_0 + \mu$ die Verteilungsfunktion

$$F_{\mu,\sigma}(x) = \mathbb{P}(X \leq x) = F_0\left(\frac{x - \mu}{\sigma}\right)$$

besitzt, hängt das p-Quantil $Q_p(F)$ mit dem p-Quantil von F_0 über die Beziehung

$$Q_p(F) = \mu + \sigma\, Q_p(F_0) \qquad (22.42)$$

zusammen.

Für den Spezialfall $X_0 \sim \mathrm{N}(0,1)$, also $F_0 = \Phi$, sind nachstehend wichtige Quantile tabelliert.

Tabelle 22.2 Quantile der Standardnormalverteilung.

p	0.75	0.9	0.95	0.975	0.99	0.995
$\Phi^{-1}(p)$	0.667	1.282	1.645	1.960	2.326	2.576

◀

?

Welchen Quartilsabstand besitzt die Normalverteilung $N(\mu, \sigma^2)$?

Man beachte, dass der Median einer Verteilung im Gegensatz zum Erwartungswert immer existiert. Wohingegen der Erwartungswert einer Zufallsvariablen X die *mittlere quadratische Abweichung*

$$\mathbb{E}(X - c)^2$$

als Funktion von $c \in \mathbb{R}$ minimiert, löst der Median $Q_{1/2}$ von X das Problem, die *mittlere absolute Abweichung*

$$\mathbb{E}|X - c|$$

in Abhängigkeit von c zu minimieren (Aufgabe 22.21).

Im Allgemeinen sind Median (als „Hälftigkeitswert") und Erwartungswert als Schwerpunkt einer Verteilung verschieden. Es gibt jedoch eine einfache hinreichende Bedingung dafür, wann beide Werte zusammenfallen. Man nennt eine Zufallsvariable X *symmetrisch verteilt um einen Wert* a, falls $X - a$ und $-(X - a)$ dieselbe Verteilung besitzen, falls also gilt:

$$X - a \sim a - X\,. \tag{22.43}$$

In diesem Fall sagt man auch, die *Verteilung von X sei symmetrisch um* a, und nennt a das *Symmetriezentrum* der Verteilung.

Besitzt X eine Dichte f, so ist X symmetrisch verteilt um a, falls $f(a + t) = f(a - t)$, $t \in \mathbb{R}$, gilt.

?

Können Sie diese Aussage beweisen?

Beispiele für symmetrische Verteilungen sind die Binomialverteilung $\text{Bin}(n, 1/2)$, die Gleichverteilung $U(a, b)$ und die Normalverteilung $N(\mu, \sigma^2)$ mit den jeweiligen Symmetriezentren $n/2$, $(a+b)/2$ und μ. Wie das folgende Resultat zeigt, fallen unter schwachen Voraussetzungen bei symmetrischen Verteilungen Median und Erwartungswert (falls existent) zusammen.

Erwartungswert und Median bei symmetrischen Verteilungen

Die Zufallsvariable X mit stetiger Verteilungsfunktion F sei symmetrisch verteilt um a. Dann gelten:

a) $\mathbb{E}X = a$ (falls $\mathbb{E}|X| < \infty$),

b) $F(a) = \dfrac{1}{2}$,

c) $Q_{1/2} = a$, falls $|\{x \in \mathbb{R}: F(x) = 1/2\}| = 1$.

Beweis: Aus (22.43) folgt

$$\mathbb{E}X - a = \mathbb{E}(X - a) = \mathbb{E}(a - X) = a - \mathbb{E}X$$

und damit a). Wegen $\mathbb{P}(X = a) = 0$ liefert (22.43) ferner

$$\begin{aligned}\mathbb{P}(X \le a) &= \mathbb{P}(X - a \le 0) = \mathbb{P}(a - X \le 0) = \mathbb{P}(X \ge a)\\ &= 1 - \mathbb{P}(X \le a)\,,\end{aligned}$$

also b). Behauptung c) folgt unmittelbar aus b). ■

Ein prominentes Beispiel einer symmetrischen Verteilung, die keinen Erwartungswert besitzt, ist die Cauchy-Verteilung $C(\alpha, \beta)$. Sie entsteht aus der bereits bekannten Cauchy-Verteilung $C(0, 1)$ durch die Lokations-Skalen-Transformation

$$X_0 \sim C(0, 1) \implies \beta X_0 + \alpha \sim C(\alpha, \beta)\,.$$

Definition der Cauchy-Verteilung

Die Zufallsvariable X hat eine **Cauchy-Verteilung** mit Parametern α und β ($\alpha \in \mathbb{R}$, $\beta > 0$), kurz: $X \sim C(\alpha, \beta)$, falls X die Dichte

$$f(x) = \frac{\beta}{\pi(\beta^2 + (x - \alpha)^2)}, \qquad x \in \mathbb{R},$$

besitzt.

Wie man unmittelbar durch Differenziation bestätigt, ist die Verteilungsfunktion der Cauchy-Verteilung $C(\alpha, \beta)$ durch

$$F(x) = \frac{1}{2} + \frac{1}{\pi}\arctan\left(\frac{x - \alpha}{\beta}\right), \quad x \in \mathbb{R}, \tag{22.44}$$

gegeben.

Die Cauchy-Verteilung ist symmetrisch um den Median a (Abb. 22.22), und es gilt $2\beta = Q_{3/4} - Q_{1/4}$. Der Skalenparameter β ist also die Hälfte des *Quartilsabstandes* $Q_{3/4} - Q_{1/4}$ (Aufgabe 22.48).

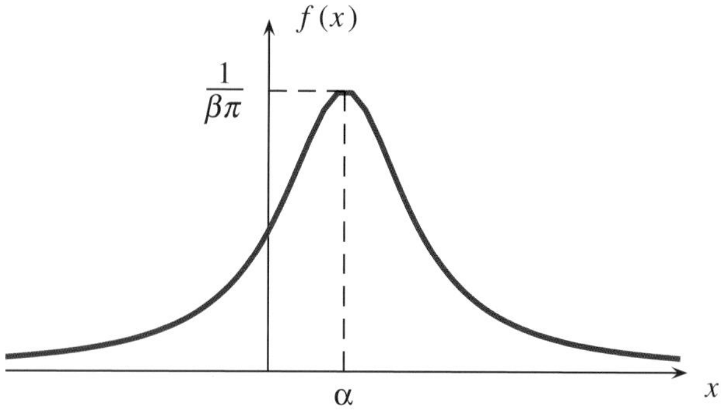

Abbildung 22.22 Dichte der Cauchy-Verteilung $C(\alpha, \beta)$.

Eine physikalische Erzeugungsweise der Verteilung $C(\alpha, \beta)$ zeigt Abbildung 22.23. Eine im Punkt (α, β) angebrachte Quelle sendet rein zufällig Partikel in Richtung der x-Achse aus. Dabei sei der von der Geraden $y = \beta$ gegen den Uhrzeigersinn aus gemessene Winkel Θ, unter dem das Teilchen die Quelle verlässt, auf dem Intervall $(0, \pi)$ gleichverteilt. Der zufällige Ankunftspunkt X des Teilchens auf der x-Achse besitzt dann die Verteilung $C(\alpha, \beta)$ (Aufgabe 22.47).

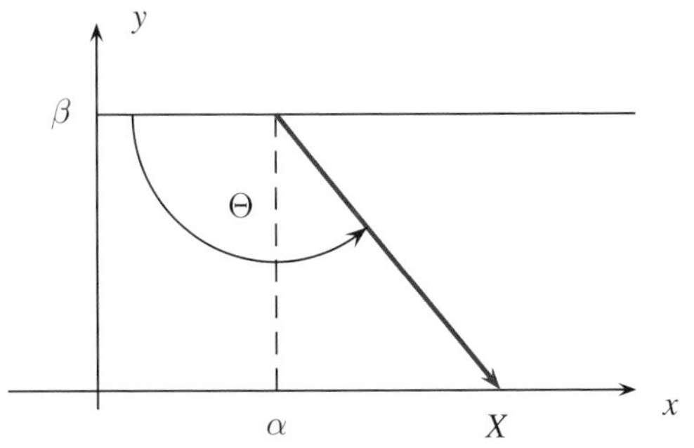

Abbildung 22.23 Erzeugungsweise der Cauchy-Verteilung.

Satz über die Quantiltransformation

Es seien $F : \mathbb{R} \to [0, 1]$ eine Verteilungsfunktion und U eine Zufallsvariable mit $U \sim U(0, 1)$. Dann besitzt die Zufallsvariable

$$X := F^{-1}(U)$$

(sog. **Quantiltransformation**) die Verteilungsfunktion F.

Beweis: Aufgrund der Äquivalenz (22.41) gilt für jedes $x \in \mathbb{R}$

$$\mathbb{P}(X \leq x) = \mathbb{P}(F^{-1}(U) \leq x) = \mathbb{P}(U \leq F(x)).$$

Wegen der Gleichverteilung von U ist die rechts stehende Wahrscheinlichkeit gleich $F(x)$, was zu zeigen war. ∎

Kann die Quantilfunktion F^{-1} leicht in geschlossener Form angegeben werden, so liefert die Quantiltransformation eine einfache Möglichkeit, aus einer auf $(0, 1)$ gleichverteilten Pseudozufallszahl eine Pseudozufallszahl zu der Verteilungsfunktion F zu erzeugen. Dieser Sachverhalt trifft zwar nicht für die Normalverteilung, wohl aber etwa für die Cauchy-Verteilung zu.

Beispiel Cauchy-Verteilung

Eine Zufallsvariable mit der Cauchy-Verteilung $C(\alpha, \beta)$ hat die in (22.44) angegebene Verteilungsfunktion F. Diese ist auf $\mathbb{R}$ streng monoton wachsend und stetig, und sie besitzt die (mit der Quantilfunktion zusammenfallende) Umkehrfunktion

$$F^{-1}(p) = \beta \tan\left[\pi\left(p - \frac{1}{2}\right)\right] + \alpha, \quad 0 < p < 1.$$

Aus einer Pseudozufallszahl x mit der Gleichverteilung auf $(0, 1)$ erhält man also mit $F^{-1}(x)$ eine Pseudozufallszahl nach der Cauchy-Verteilung $C(\alpha, \beta)$. ◀

Wohingegen die Quantiltransformation $U \mapsto X := F^{-1}(U)$ aus einer Zufallsvariablen $U \sim U(0, 1)$ eine Zufallsvariable X mit der Verteilungsfunktion F erzeugt, geht bei der nachstehend erklärten *Wahrscheinlichkeitsintegraltransformation* eine Zufallsvariable mit einer *stetigen* Verteilungsfunktion in eine Zufallsvariable mit der Gleichverteilung $U(0, 1)$ über.

Wahrscheinlichkeitsintegraltransformation

Es sei X eine Zufallsvariable mit *stetiger* Verteilungsfunktion F. Dann besitzt die durch die sogenannte **Wahrscheinlichkeitsintegraltransformation** $X \mapsto F(X)$ erklärte Zufallsvariable

$$U := F(X) = F \circ X$$

die Gleichverteilung $U(0, 1)$.

Beweis: Es sei p mit $0 < p < 1$ beliebig. Wegen der Äquivalenz (22.41) und der Stetigkeit von F gilt

$$\begin{aligned}\mathbb{P}(U < p) &= \mathbb{P}(F(X) < p) = \mathbb{P}(X < F^{-1}(p)) \\ &= \mathbb{P}(X \leq F^{-1}(p)) = F(F^{-1}(p)) = p.\end{aligned}$$

Hiermit ergibt sich

$$\mathbb{P}(U \leq p) = \lim_{n\to\infty} \mathbb{P}\left(U < p + \frac{1}{n}\right) = \lim_{n\to\infty}\left(p + \frac{1}{n}\right) = p,$$

was zu zeigen war. ∎

?

Warum ist die Stetigkeit von F für obigen Sachverhalt auch notwendig?

22.4 Wichtige stetige Verteilungen

Wir haben bereits mit der *Gleichverteilung* $U(a, b)$, der *Normalverteilung* $N(\mu, \sigma^2)$ und der *Cauchy-Verteilung* $C(\alpha, \beta)$ drei wichtige Verteilungen kennengelernt. Diese Verteilungen sind jeweils Mitglieder von Lokations-Skalen-Familien, die durch die Gleichverteilung $U(0, 1)$, die Standardnormalverteilung $N(0, 1)$ und die Cauchy-Verteilung $C(0, 1)$ erzeugt werden, denn es gelten

- $X \sim U(0, 1) \Longrightarrow a + (b - a)X \sim U(a, b)$,
- $X \sim N(0, 1) \Longrightarrow \mu + \sigma X \sim N(\mu, \sigma^2)$,
- $X \sim C(0, 1) \Longrightarrow \alpha + \beta X \sim C(\alpha, \beta)$.

In diesem Abschnitt lernen wir weitere grundlegende stetige Verteilungen und deren Eigenschaften sowie Erzeugungsweisen und Querverbindungen zwischen ihnen kennen. Wir beginnen mit der *Exponentialverteilung*.

Definition der Exponentialverteilung

Die Zufallsvariable X hat eine **Exponentialverteilung** mit Parameter $\lambda > 0$, kurz: $X \sim \mathrm{Exp}(\lambda)$, falls X die Dichte

$$f(x) = \lambda e^{-\lambda x}, \quad x \geq 0,$$

und $f(x) = 0$ sonst, besitzt.

Offenbar wird durch diese Festsetzung in der Tat eine Wahrscheinlichkeitsdichte definiert, denn f ist bis auf die Stelle 0 stetig, und es gilt $\int_{-\infty}^{\infty} f(x)\,dx = 1$. Der Graph von f ist in Abbildung 22.24 dargestellt.

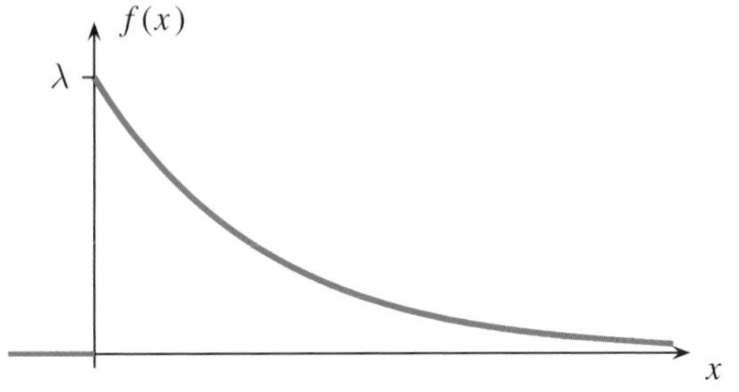

Abbildung 22.24 Dichte der Exponentialverteilung Exp(λ).

Die Verteilungsfunktion der Verteilung Exp(λ) ist durch

$$F(x) = \begin{cases} 1 - \exp(-\lambda x), & \text{falls } x \geq 0\,, \\ 0 & \text{sonst}\,, \end{cases} \tag{22.45}$$

gegeben. Der Graph von F ist in Abbildung 22.25 skizziert.

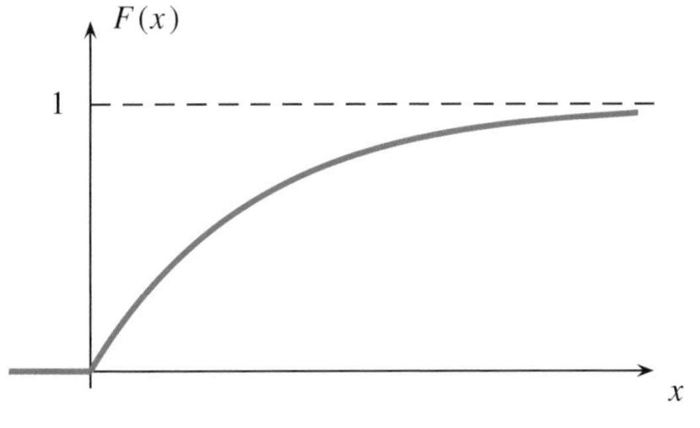

Abbildung 22.25 Verteilungsfunktion der Exponentialverteilung Exp(λ).

Aus der Verteilungsfunktion ergibt sich unmittelbar, dass der Parameter λ die Rolle eines *Skalenparameters* spielt. Genauer gilt

$$X \sim \mathrm{Exp}(1) \Longrightarrow \frac{1}{\lambda} X \sim \mathrm{Exp}(\lambda)\,; \tag{22.46}$$

jede Exponentialverteilung lässt sich also aus der Exponentialverteilung Exp(1) durch eine Multiplikation erzeugen. Die einfache Gestalt der Verteilungsfunktion ermöglicht auch problemlos deren Invertierung: Die zugehörige Quantilfunktion ist

$$F^{-1}(p) = -\frac{1}{\lambda} \log(1-p)\,, \quad 0 < p < 1\,,$$

und wir erhalten mithilfe der Quantiltransformation den Zusammenhang

$$U \sim \mathrm{U}(0,1) \Longrightarrow -\frac{1}{\lambda} \log(1-U) \sim \mathrm{Exp}(\lambda)\,.$$

Aus der Dichte erhält man Erwartungswert und Varianz der Exponentialverteilung mithilfe direkter Integration zu

$$\begin{aligned} \mathbb{E}\,X &= \int_0^{\infty} x\,\lambda\,e^{-\lambda x}\,dx = \frac{1}{\lambda}\,, \\ \mathbb{V}(X) &= \mathbb{E}(X^2) - (\mathbb{E}X)^2 = \frac{2}{\lambda^2} - \frac{1}{\lambda^2} = \frac{1}{\lambda^2}\,. \end{aligned}$$

?

Welchen Median besitzt die Exponentialverteilung?

Die Exponentialverteilung ist ein grundlegendes Modell zur Beschreibung der zufälligen Lebensdauer von Maschinen oder Bauteilen, wenn Alterungserscheinungen vernachlässigbar sind. In der Physik findet sie z. B. bei der Modellierung der zufälligen Zeitspannen zwischen radioaktiven Zerfällen Verwendung. Der Grund hierfür ist die Eigenschaft der *Gedächtnislosigkeit*, die wir schon in ähnlicher Form bei der geometrischen Verteilung kennengelernt haben. Im Fall $X \sim \mathrm{Exp}(\lambda)$ gilt nämlich für beliebige positive reelle Zahlen t und h die Gleichung

$$\mathbb{P}(X \geq t+h | X \geq t) = \mathbb{P}(X \geq h)\,. \tag{22.47}$$

?

Können Sie diese Gleichung beweisen?

Als zweite Verteilungsfamilie betrachten wir die nach dem schwedischen Ingenieur und Mathematiker Ernst Hjalmar Waloddi Weibull (1887–1979) benannten *Weibull-Verteilungen*. Sie finden unter anderem bei der Modellierung von Niederschlagsmengen, Windgeschwindigkeiten und zufälligen Lebensdauern in der Qualitätssicherung Verwendung.

Definition der Weibull-Verteilung

Eine positive Zufallsvariable X hat eine **Weibull-Verteilung** mit Parametern $\alpha > 0$ und $\lambda > 0$, falls X die Dichte

$$f(x) = \alpha\,\lambda\,x^{\alpha-1} \exp\left(-\lambda x^{\alpha}\right)\,, \quad x > 0\,, \tag{22.48}$$

und $f(x) = 0$ sonst, besitzt, und wir schreiben hierfür kurz $X \sim \mathrm{Wei}(\alpha, \lambda)$.

Offenbar ist die Exponentialverteilung Exp(λ) ein Spezialfall der Weibull-Verteilung, denn es gilt $\mathrm{Exp}(\lambda) = \mathrm{Wei}(1, \lambda)$. Die Weibull-Verteilung ist aber auch für allgemeines α unmittelbar durch den Zusammenhang

$$Y \sim \mathrm{Exp}(\lambda) \Longrightarrow X := Y^{1/\alpha} \sim \mathrm{Wei}(\alpha, \lambda)\,, \tag{22.49}$$

mit der Exponentialverteilung verknüpft, denn es ist für $x > 0$

$$\begin{aligned} F(x) &:= \mathbb{P}(X \leq x) = \mathbb{P}(Y^{1/\alpha} \leq x) = \mathbb{P}(Y \leq x^\alpha) \\ &= 1 - \exp\left(-\lambda x^\alpha\right), \end{aligned} \tag{22.50}$$

und durch Differenziation (Kettenregel!) ergibt sich die Dichte der Weibull-Verteilung zu (22.48). Wegen

$$X \sim \text{Wei}(\alpha, 1) \Longrightarrow \left(\frac{1}{\lambda}\right)^{1/\alpha} X \sim \text{Wei}(\alpha, \lambda) \tag{22.51}$$

(Übungsaufgabe 22.49) bewirkt der Parameter λ wie schon bei der Exponentialverteilung nur eine Skalenänderung. Die Gestalt der Dichte von X wird somit maßgeblich durch den sogenannten *Formparameter* α beeinflusst. Abbildung 22.26 zeigt Dichten von Weibull-Verteilungen für $\lambda = 1$ und verschiedene Werte von α.

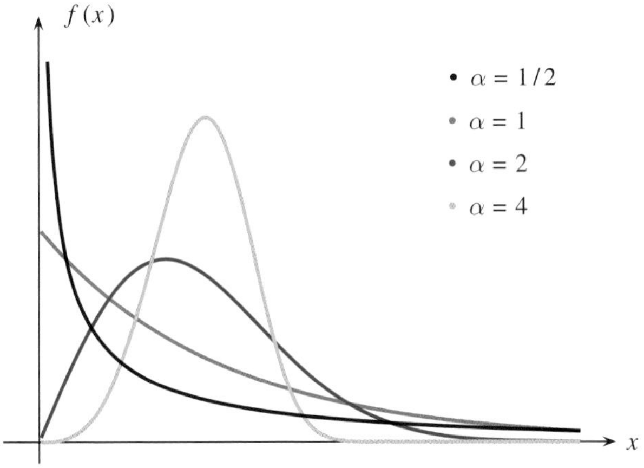

Abbildung 22.26 Weibull-Dichten für verschiedene Werte von α.

Die Momente der Weibull-Verteilung lassen sich mithilfe der Gammafunktion ausdrücken (Aufgabe 22.50):

Satz

Es sei $X \sim \text{Wei}(\lambda, \alpha)$. Dann gilt

$$\mathbb{E}X^k = \frac{\Gamma\left(1 + \frac{k}{\alpha}\right)}{\lambda^{k/\alpha}}, \quad k \in \mathbb{N}.$$

Insbesondere folgt

$$\begin{aligned} \mathbb{E}X &= \frac{1}{\lambda^{1/\alpha}} \Gamma\left(1 + \frac{1}{\alpha}\right), \\ \mathbb{V}(X) &= \frac{1}{\lambda^{2/\alpha}} \left(\Gamma\left(1 + \frac{2}{\alpha}\right) - \left[\Gamma\left(1 + \frac{1}{\alpha}\right)\right]^2\right). \end{aligned}$$

Abschließend erinnern wir daran, dass uns die Weibull-Verteilung Wei(2, 1/2) in Aufgabe 19.37 als Grenzverteilung der Zeit bis zur ersten Kollision in einem Fächer-Modell mit n Fächern begegnet ist. Bezeichnet X_n die Anzahl der rein zufällig und unabhängig voneinander platzierten Teilchen, bis zum ersten Mal ein Teilchen in ein bereits besetztes Fach gelangt, so gilt

$$\lim_{n\to\infty} \mathbb{P}\left(\frac{X_n}{\sqrt{n}} \leq t\right) = 1 - \exp\left(-\frac{1}{2}t^2\right), \quad t > 0.$$

Die rechte Seite ist die Verteilungsfunktion der Weibull-Verteilung Wei(2, 1/2).

Auch die im Folgenden betrachtete *Gammaverteilung* ist eine weitere Verallgemeinerung der Exponentialverteilung. Sie tritt unter anderem bei der Modellierung von Bedien- und Reparaturzeiten in Warteschlangen auf. Im Versicherungswesen dient sie zur Beschreibung kleiner bis mittlerer Schäden.

Definition der Gammaverteilung

Die Zufallsvariable X hat eine **Gammaverteilung** mit Parametern $\alpha > 0$ und $\lambda > 0$, kurz: $X \sim \Gamma(\alpha, \lambda)$, wenn X die Dichte

$$f(x) = \frac{\lambda^\alpha}{\Gamma(\alpha)} x^{\alpha-1} \mathrm{e}^{-\lambda x}, \quad \text{falls} \quad x > 0 \tag{22.52}$$

und $f(x) = 0$ sonst, besitzt.

Mithilfe des Satzes auf Seite 824 („Methode Verteilungsfunktion“) erschließt sich unmittelbar die Implikation

$$X \sim \Gamma(\alpha, 1) \Longrightarrow \frac{1}{\lambda} X \sim \Gamma(\alpha, \lambda). \tag{22.53}$$

Wohingegen der Parameter α die Gestalt der Dichte wesentlich beeinflusst, bewirkt λ wie bei der Exponentialverteilung also nur eine Skalenänderung. Abbildung 22.27 zeigt Dichten der Gammaverteilung für $\lambda = 1$ und verschiedene Werte von α.

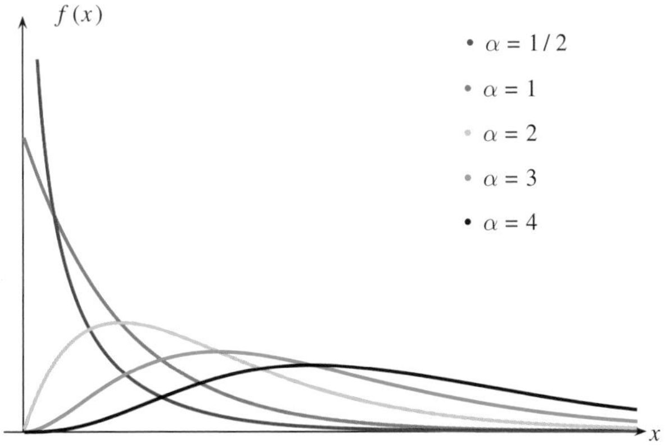

Abbildung 22.27 Dichten der Gammaverteilung mit $\lambda = 1$ für verschiedene Werte von α.

Wie bei der Normalverteilung gibt es auch bei der Gammaverteilung $\Gamma(\alpha, \lambda)$ zumindest für allgemeines α keinen geschlossenen Ausdruck für die Verteilungsfunktion und die Quantile. Für die Momente gilt das folgende Resultat:

Satz

Die Zufallsvariable X besitze die Gammaverteilung $\Gamma(\alpha,\lambda)$. Dann gilt

$$\mathbb{E}X^k = \frac{\Gamma(k+\alpha)}{\lambda^k\,\Gamma(\alpha)}, \quad k \in \mathbb{N}. \tag{22.54}$$

Insbesondere folgt

$$\mathbb{E}\,X = \frac{\alpha}{\lambda}, \quad \mathbb{V}(X) = \frac{\alpha}{\lambda^2}.$$

?

Können Sie (22.54) beweisen?

Für die Gammaverteilung gilt das folgende Additionsgesetz, dessen Beweis als Abfallprodukt eine wichtige Integral-Identität liefert.

Additionsgesetz für die Gammaverteilung

Sind X und Y unabhängige Zufallsvariablen mit den Gammaverteilungen $\Gamma(\alpha,\lambda)$ bzw. $\Gamma(\beta,\lambda)$, so gilt:

$$X + Y \sim \Gamma(\alpha+\beta,\lambda)\,.$$

Beweis: Setzt man die durch (22.52) gegebenen Dichten f_X und f_Y von X bzw. Y in die Faltungsformel auf Seite 830 ein, so folgt wegen $f_X(s) = 0$ für $s \le 0$ sowie $f_Y(t-s) = 0$ für $s \ge t$

$$\begin{aligned} f_{X+Y}(t) &= \int_0^t f_X(s)\, f_Y(t-s)\,\mathrm{d}s \\ &= \frac{\lambda^\alpha}{\Gamma(\alpha)}\,\frac{\lambda^\beta}{\Gamma(\beta)}\,\mathrm{e}^{-\lambda t}\int_0^t s^{\alpha-1}(t-s)^{\beta-1}\,\mathrm{d}s\,. \end{aligned}$$

Die Substitution $s = t\,u$ liefert dann

$$f_{X+Y}(t) = \int_0^1 u^{\alpha-1}(1-u)^{\beta-1}\mathrm{d}u\,\frac{\lambda^{\alpha+\beta}}{\Gamma(\alpha)\,\Gamma(\beta)}\,t^{\alpha+\beta-1}\,\mathrm{e}^{-\lambda t}$$

für $t > 0$ und $f_{X+Y}(t) = 0$ für $t \le 0$. Da der rechts stehende Ausdruck eine Dichte ist und die Verteilung $\Gamma(\alpha+\beta,\lambda)$ die Dichte

$$g(t) = \frac{\lambda^{\alpha+\beta}}{\Gamma(\alpha+\beta)}\,t^{\alpha+\beta-1}\exp(-\lambda t)\,, \quad t > 0\,,$$

besitzt, liefert die Normierungsbedingung $1 = \int_0^\infty g(t)\mathrm{d}t = \int_0^\infty f_{X+Y}(t)\mathrm{d}t$ die schon auf Seite 262 gezeigte Beziehung

$$\int_0^1 u^{\alpha-1}(1-u)^{\beta-1}\,\mathrm{d}u = \frac{\Gamma(\alpha)\,\Gamma(\beta)}{\Gamma(\alpha+\beta)}, \tag{22.55}$$

woraus die Behauptung folgt. ■

Kommentar: Das in (22.55) stehende Integral

$$\mathrm{B}(\alpha,\beta) := \int_0^1 u^{\alpha-1}(1-u)^{\beta-1}\,\mathrm{d}u \tag{22.56}$$

trat bereits auf Seite 262 auf. Es heißt (als Funktion von $\alpha > 0$ und $\beta > 0$ betrachtet) *Euler'sche Betafunktion*. Gleichung (22.55) zeigt, wie diese Betafunktion mit der Gammafunktion zusammenhängt.

Die nachfolgende *Chi-Quadrat-Verteilung* ist insbesondere in der Statistik wichtig. Sie lässt sich wie folgt direkt aus der Normalverteilung ableiten.

Definition der Chi-Quadrat-Verteilung

Die Zufallsvariablen $Y_1,\ldots,Y_k$ seien *stochastisch unabhängig* und je N(0, 1)-normalverteilt. Dann heißt die Verteilung der Quadratsumme

$$X := Y_1^2 + Y_2^2 + \ldots + Y_k^2$$

Chi-Quadrat-Verteilung mit k Freiheitsgraden, und wir schreiben hierfür kurz $X \sim \chi_k^2$.

Wir können an dieser Stelle sofort Erwartungswert und Varianz von X angeben, ohne die genaue Gestalt der Verteilung wie Verteilungsfunktion und Dichte zu kennen. Wegen $\mathbb{E}Y_1^2 = \mathbb{V}(Y_1) = 1$ und

$$\mathbb{V}(Y_1^2) = \mathbb{E}Y_1^4 - (\mathbb{E}Y_1^2)^2 = 3 - 1 = 2$$

folgt wegen der Additivität von Erwartungswert- und Varianzbildung $\mathbb{E}X = k$ und $\mathbb{V}(X) = 2k$.

Mithilfe der Faltungsformel (Aufgabe 22.51) erhält man durch Induktion über k das folgende Resultat:

Satz über die Dichte der χ_k^2-Verteilung

Eine Zufallsvariable X mit der χ_k^2-Verteilung besitzt die Dichte

$$f(x) = \frac{1}{2^{k/2}\Gamma(k/2)}\,x^{\frac{k}{2}-1}\,\mathrm{e}^{-\frac{x}{2}}, \quad x > 0\,,$$

und $f(x) = 0$ sonst.

Kommentar: Nach obigem Resultat ist die Chi-Quadrat-Verteilung mit k Freiheitsgraden nichts anderes als die Gammaverteilung $\Gamma(\alpha,\lambda)$ mit $\alpha = k/2$ und $\lambda = 1/2$. Konsequenterweise folgt aus dem Additionsgesetz für die Gammaverteilung das

Additionsgesetz für die χ^2-Verteilung

Sind X und Y unabhängige Zufallsvariablen mit den Chi-Quadrat-Verteilungen $X \sim \chi_k^2$ und $Y \sim \chi_l^2$, so folgt $X + Y \sim \chi_{k+l}^2$.

Dieses Resultat ergibt sich auch sofort aufgrund der Erzeugungsweise der Chi-Quadrat-Verteilung.

Als weitere Verteilung stellen wir die *Lognormalverteilung* vor. Sie dient unter anderem zur Modellierung von Aktienkursen im sogenannten *Black-Scholes-Modell* der Finanzmathematik.

Hintergrund und Ausblick: Der Poisson-Prozess

Unabhängige und identisch exponentialverteilte „Zeit-Lücken" modellieren zeitlich spontane Phänomene

Es sei $X_1, X_2, \ldots$ eine Folge unabhängiger und je $\mathrm{Exp}(\lambda)$-verteilter Zufallsvariablen. Wir stellen uns vor, dass X_1 eine vom Zeitpunkt 0 aus gerechnete Zeitspanne bis zum ersten Klick eines Geiger-Zählers beschreibe. Die Zufallsvariable X_2 modelliere dann die „zeitliche Lücke" bis zum nächsten Zählerklick. Allgemein beschreibe die Summe $S_n := X_1 + \ldots + X_n$ die von 0 an gerechnete Zeit bis zum n-ten Klick. Wegen $X_j \sim \Gamma(1, \lambda)$ hat S_n nach dem Additionsgesetz für die Gammaverteilung die Verteilung $\Gamma(n, \lambda)$, also die Dichte

$$f_n(t) := \frac{\lambda^n}{(n-1)!}\, t^{n-1}\, \mathrm{e}^{-\lambda t}$$

für $t > 0$ und $f_n(t) := 0$ sonst.

Welche Verteilung besitzt die mit

$$N_t := \sup\{k \in \mathbb{N}_0 \colon S_k \le t\} \qquad (22.57)$$

bezeichnete Anzahl der Klicks bis zum Zeitpunkt $t \in [0, \infty)$? Dabei haben wir $S_0 := 0$ gesetzt (siehe auch Seite 787). Wegen $\{N_t = 0\} = \{X_1 > t\}$ gilt zunächst

$$\mathbb{P}(N_t = 0) = \mathrm{e}^{-\lambda t}\,.$$

Ist $k \ge 1$, so folgt

$$\begin{aligned}\{N_t = k\} &= \{S_k \le t, S_{k+1} > t\}\\ &= \{S_k \le t, S_k + X_{k+1} > t\}\,.\end{aligned}$$

Da die Zufallsvariablen $S_k (= X_1 + \ldots + X_k)$ und X_{k+1} unabhängig sind, ergibt sich mit dem Satz von Fubini

$$\begin{aligned}\mathbb{P}(N_t = k) &= \int_0^t \mathbb{P}(X_{k+1} > t - x)\, f_k(x)\,\mathrm{d}x\\ &= \int_0^t \mathrm{e}^{-\lambda(t-x)}\, \frac{\lambda^n}{(k-1)!}\, x^{k-1}\, \mathrm{e}^{-\lambda x}\,\mathrm{d}x\\ &= \mathrm{e}^{-\lambda t}\, \frac{(\lambda t)^k}{k!}\,.\end{aligned}$$

Die Zufallsvariable N_t besitzt also die Poisson-Verteilung $\mathrm{Po}(\lambda t)$.

Die Familie $(N_t)_{t\ge 0}$ $\mathbb{N}_0$-wertiger Zufallsvariablen heißt **Poisson-Prozess mit Intensität** λ. Sie besitzt folgende charakteristische Eigenschaften (die üblicherweise zur Definition eines Poisson-Prozesses dienen):

a) Es gilt $\mathbb{P}(N_0 = 0) = 1$.
b) Für jedes $n \in \mathbb{N}$ und jede Wahl von $t_0, \ldots, t_n \in \mathbb{R}$ mit $0 = t_0 < t_1 < \ldots < t_n$ sind die Zufallsvariablen $N_{t_j} - N_{t_{j-1}}$, $1 \le j \le n$, stochastisch unabhängig.
c) Für jede Wahl von t und s mit $0 \le s < t$ gilt $N_t - N_s \sim \mathrm{Po}(\lambda(t-s))$.

Offenbar ist mit der konkreten Konstruktion (22.57) Bedingung a) erfüllt. Dass b) und c) gelten, kann wie folgt gezeigt werden (wobei wir uns auf den Fall $n = 2$ beschränken): Sind $s, t > 0$ mit $s < t$ und $k, l \in \mathbb{N}_0$, so ist die Gleichung

$$\begin{aligned}&\mathbb{P}(N_s = k, N_t - N_s = l) \qquad (22.58)\\ &\quad = \mathrm{e}^{-\lambda s}\,\frac{(\lambda s)^k}{k!}\,\mathrm{e}^{-\lambda(t-s)}\,\frac{(\lambda(t-s))^l}{l!}\end{aligned}$$

nachzuweisen. Summiert man hier über k, so folgt unmittelbar, dass $N_t - N_s$ die geforderte Poisson-Verteilung besitzt. Um (22.58) zu zeigen, startet man mit der für $l \ge 1$ gültigen Identität

$$\begin{aligned}&\mathbb{P}(N_s = k, N_t - N_s = l)\\ &\quad = \mathbb{P}(S_k \le s < S_{k+1} \le S_{k+l} \le t < S_{k+l+1})\end{aligned}$$

(der Fall $l = 0$ folgt analog). Rechts steht die Wahrscheinlichkeit eines Ereignisses, das durch die Zufallsvariablen $X_1, \ldots, X_{k+l+1}$ beschrieben ist. Diese besitzen die gemeinsame Dichte $\lambda^{k+l+1}\exp(-\lambda\sigma_{k+l+1}(x))$. Dabei wurde $x = (x_1, \ldots, x_{j+k+1})$ und allgemein $\sigma_m(x) := x_1 + \ldots + x_m$ gesetzt. Die rechts stehende Wahrscheinlichkeit stellt sich damit als Integral

$$\begin{aligned}&\int_0^\infty \cdots \int_0^\infty \mathrm{d}x_1 \ldots \mathrm{d}x_{k+l+1}\,\lambda^{k+l+1}\mathrm{e}^{-\lambda\sigma_{k+l+1}(x)}\\ &\qquad \cdot \mathbf{1}_{\{\sigma_k(x)\le s<\sigma_{k+1}(x)\le\sigma_{k+l}(x)\le t<\sigma_{k+l+1}(x)\}}\end{aligned}$$

dar. Dieses lässt sich durch iterierte Integration von innen nach außen und geeignete Substitutionen berechnen, wobei sich die rechte Seite von (22.58) ergibt.

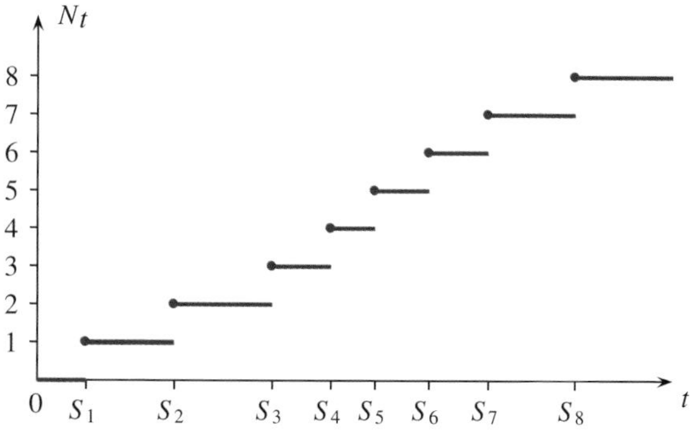

Realisierung eines Poisson-Prozesses

Definition der Lognormalverteilung

Die positive Zufallsvariable X besitzt eine **Lognormalverteilung** mit Parametern μ und σ^2 ($\mu \in \mathbb{R}, \sigma > 0$), kurz: $X \sim \mathrm{LN}(\mu, \sigma^2)$, falls gilt:

$$\log X \sim \mathrm{N}(\mu, \sigma^2)\,.$$

Eine Zufallsvariable ist also lognormalverteilt, wenn ihr Logarithmus normalverteilt ist. Diese Definition, bei der die Erzeugungsweise aus der Normalverteilung (beachte: $Y \sim \mathrm{N}(\mu, \sigma^2) \Longrightarrow \exp(Y) \sim \mathrm{LN}(\mu, \sigma^2)$) und nicht die Dichte im Vordergrund steht, liefert ein begriffliches Verständnis dieser Verteilung. Die Dichte von X können wir uns sofort über die Verteilungsfunktion herleiten:

Für $x > 0$ ist

$$\begin{aligned} F(x) &:= \mathbb{P}(X \le x) = \mathbb{P}(\log X \le \log x) \\ &= \Phi\left(\frac{\log x - \mu}{\sigma}\right) \end{aligned}$$

die Verteilungsfunktion von X, und offenbar ist $F(x) = 0$ für $x \le 0$. Hiermit erhält man durch Differenziation (Kettenregel!) das folgende Resultat:

Satz über die Dichte der Lognormalverteilung

Eine Zufallsvariable X mit der Lognormalverteilung $\mathrm{LN}(\mu, \sigma^2)$ besitzt die Dichte

$$f(x) = \frac{1}{\sigma x \sqrt{2\pi}} \cdot \exp\left(-\frac{(\log x - \mu)^2}{2\sigma^2}\right), \qquad x > 0\,,$$

und $f(x) = 0$ sonst.

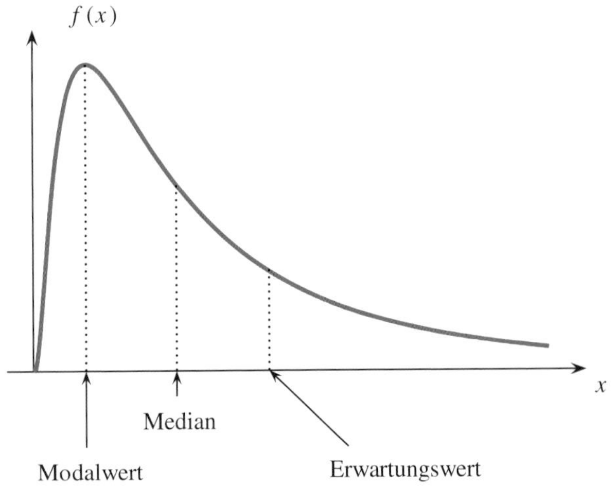

Abbildung 22.28 Dichte der Lognormalverteilung.

Die in Abbildung 22.28 skizzierte Dichte der Lognormalverteilung ist *rechtsschief*, d. h., sie steigt schnell an und fällt dann nach Erreichen des Maximums langsamer wieder ab. Besitzt die Dichte f einer Zufallsvariablen X ein eindeutiges Maximum, so bezeichnet man den Abszissenwert, für den dieses Maximum angenommen wird, als *Modalwert* von f (von X) und schreibt hierfür $\mathrm{Mod}(X)$. Das nachstehende Resultat, dessen Beweis Gegenstand von Aufgabe 22.52 ist, rechtfertigt die in Abbildung 22.28 dargestellte Reihenfolge zwischen Modalwert, Median und Erwartungswert der Lognormalverteilung.

Satz über Eigenschaften der Lognormalverteilung

Die Zufallsvariable X besitze die Lognormalverteilung $\mathrm{LN}(\mu, \sigma^2)$. Dann gelten:

a) $\mathrm{Mod}(X) = \exp(\mu - \sigma^2)$,
b) $Q_{1/2} = \exp(\mu)$,
c) $\mathbb{E}\,X = \exp(\mu + \sigma^2/2)$,
d) $\mathbb{V}(X) = \exp(2\mu + \sigma^2)(\exp(\sigma^2) - 1)$.

Die behandelten stetigen Verteilungen sind auf Seite 847 in übersichtlicher Form dargestellt.

22.5 Bedingte Verteilungen

In Abschnitt 20.1 haben wir mithilfe von *Startverteilungen* und *Übergangswahrscheinlichkeiten* mehrstufige stochastische Vorgänge modelliert. Wir lösen uns jetzt von den dort zugrunde gelegten *abzählbaren* Grundräumen und betrachten zur Einstimmung folgendes instruktives Beispiel.

Beispiel Bernoulli-Kette mit rein zufälliger Trefferwahrscheinlichkeit

In einem ersten Teilexperiment werde die Realisierung z einer Zufallsvariablen Z mit der Gleichverteilung $\mathrm{U}(0, 1)$ beobachtet. Danach führt man als zweites Teilexperiment n-mal in unabhängiger Folge ein Bernoulli-Experiment mit Trefferwahrscheinlichkeit z durch. Die Zufallsvariable X beschreibe die Anzahl der dabei erzielten Treffer. Welche Verteilung besitzt X?

Aufgrund der Rahmenbedingungen dieses zweistufigen stochastischen Vorgangs hat X *unter der Bedingung* $Z = z$ die Binomialverteilung $\mathrm{Bin}(n, z)$. Man beachte jedoch, dass wegen $\mathbb{P}(Z = z) = 0$ für jedes z die bedingte Wahrscheinlichkeit $\mathbb{P}(X = k | Z = z)$ nicht definiert ist. Trotzdem sollte die *Festlegung*

$$\mathbb{P}(X = k | Z = z) := \binom{n}{k} z^k (1 - z)^{n-k}, \qquad k = 0, 1, \ldots, n\,,$$

zu einem brauchbaren stochastischen Modell führen. Durch Integration über die möglichen Realisierungen $z \in [0, 1]$ von Z, die nach der Gleichverteilungs-Dichte auftreten, müsste sich dann die Verteilung von X zu

$$\begin{aligned} \mathbb{P}(X = k) &= \int_0^1 \mathbb{P}(X = k | Z = z)\,\mathrm{d}z \\ &= \binom{n}{k} \int_0^1 z^k (1 - z)^{n-k}\,\mathrm{d}z \\ &= \binom{n}{k} \frac{k!(n-k)!}{(n+1)!} \\ &= \frac{1}{n+1}, \qquad k = 0, 1, \ldots, n\,, \end{aligned}$$

Übersicht: Stetige Verteilungen

Verteilung	Dichte	Bereich	Erwartungswert	Varianz
$\mathrm{U}(a,b)$	$\frac{1}{b-a}$	$a<x<b$	$\frac{a+b}{2}$	$\frac{(b-a)^2}{12}$
$\mathrm{Exp}(\lambda)$	$\lambda\exp(-\lambda x)$	$x>0$	$\frac{1}{\lambda}$	$\frac{1}{\lambda^2}$
$\mathrm{N}(\mu,\sigma^2)$	$\frac{1}{\sigma\sqrt{2\pi}}\exp\left(-\frac{(x-\mu)^2}{2\sigma^2}\right)$	$x\in\mathbb{R}$	μ	σ^2
$\Gamma(\alpha,\lambda)$	$\frac{\lambda^\alpha}{\Gamma(\alpha)}x^{\alpha-1}\exp(-\lambda x)$	$x>0$	$\frac{\alpha}{\lambda}$	$\frac{\alpha}{\lambda^2}$
$\mathrm{Wei}(\alpha,\lambda)$	$\alpha\lambda x^{\alpha-1}\exp(-\lambda x^\alpha)$	$x>0$	$\frac{\Gamma(1+1/\alpha)}{\lambda^{1/\alpha}}$	$\frac{\Gamma(1+\frac{2}{\alpha})-\Gamma^2(1+\frac{1}{\alpha})}{\lambda^{2/\alpha}}$
$\mathrm{LN}(\mu,\sigma^2)$	$\frac{1}{\sigma x\sqrt{2\pi}}\exp\left(-\frac{(\log x-\mu)^2}{2\sigma^2}\right)$	$x>0$	$\exp\left(\mu+\frac{\sigma^2}{2}\right)$	$\mathrm{e}^{2\mu+\sigma^2}(\exp(\sigma^2)-1)$
$\mathrm{C}(\alpha,\beta)$	$\frac{\beta}{\pi(\beta^2+(x-\alpha)^2)}$	$x\in\mathbb{R}$	existiert nicht	existiert nicht
$\mathrm{N}_k(\mu,\Sigma)$	$\frac{1}{(2\pi)^{k/2}\sqrt{\det\Sigma}}\exp\left(-\frac{1}{2}(x-\mu)^\top\Sigma^{-1}(x-\mu)\right)$	$x\in\mathbb{R}^k$	μ	Σ (Kovarianzmatrix)

ergeben. Die Verteilung von X sollte also die Gleichverteilung auf den Werten $0, 1, \ldots, n$ sein. ◀

Dass wir auch in allgemeineren Situationen so vorgehen können, zeigen die nachfolgenden Betrachtungen. Für diese verwenden wir zunächst nicht die Sprache und Terminologie von Zufallsvariablen oder Zufallsvektoren.

Die Kopplung $\mathbb{P}_1 \otimes \mathbb{P}_{1,2}$ verknüpft eine Startverteilung $\mathbb{P}_1$ mit einer Übergangswahrscheinlichkeit $\mathbb{P}_{1,2}$

Es seien Ω_1 und Ω_2 *beliebige* nichtleere Mengen, die mit σ-Algebren $\mathcal{A}_j \subseteq \mathcal{P}(\Omega_j)$, $j = 1, 2$, versehen seien. Wie früher stehe Ω_j für die Menge der möglichen Ergebnisse der j-ten Stufe eines zweistufigen stochastischen Vorgangs. Weiter sei $\mathbb{P}_1$ ein Wahrscheinlichkeitsmaß auf $\mathcal{A}_1$, das als *Startverteilung* für die erste Stufe dieses Vorgangs diene.

Definition einer Übergangswahrscheinlichkeit

In obiger Situation heißt eine Abbildung

$$\mathbb{P}_{1,2}\colon \Omega_1 \times \mathcal{A}_2 \to \mathbb{R}$$

Übergangswahrscheinlichkeit von $(\Omega_1, \mathcal{A}_1)$ nach $(\Omega_2, \mathcal{A}_2)$, falls gilt:

- Für jedes $\omega_1 \in \Omega_1$ ist $\mathbb{P}_{1,2}(\omega_1, \cdot)\colon \mathcal{A}_2 \to \mathbb{R}$ ein Wahrscheinlichkeitsmaß auf $\mathcal{A}_2$,
- Für jedes $A_2 \in \mathcal{A}_2$ ist $\mathbb{P}_{1,2}(\cdot, A_2)\colon \Omega_1 \to \mathbb{R}$ eine $(\mathcal{A}_1, \mathcal{B}^1)$-messbare Abbildung.

Kommentar: Diese Definition ist offenbar eine direkte Verallgemeinerung von (20.2). Die Forderung nach der Messbarkeit der Abbildung $\mathbb{P}_{1,2}(\cdot, A_2)\colon \Omega_1 \to \mathbb{R}$ für festes $A_2 \in \mathcal{A}_2$ ist im diskreten Fall entbehrlich, da dann als σ-Algebra $\mathcal{A}_1$ die Potenzmenge $\mathcal{P}(\Omega_1)$ zugrunde liegt. Wie wir gleich sehen werden, wird die Messbarkeit jedoch jetzt benötigt, wenn man die Startverteilung $\mathbb{P}_1$ und die Übergangswahrscheinlichkeit $\mathbb{P}_{1,2}$ zu einem Wahrscheinlichkeitsmaß $\mathbb{P}$ auf der Produkt-σ-Algebra $\mathcal{A}_1 \otimes \mathcal{A}_2$ über $\Omega_1 \times \Omega_2$ *koppelt*.

Existenz und Eindeutigkeit der Kopplung

Es seien $(\Omega_1, \mathcal{A}_1, \mathbb{P}_1)$ ein Wahrscheinlichkeitsraum, $(\Omega_2, \mathcal{A}_2)$ ein Messraum und $\mathbb{P}_{1,2}$ eine Übergangswahrscheinlichkeit wie oben. Dann wird durch

$$\mathbb{P}(A) := \int_{\Omega_1}\left[\int_{\Omega_2} \mathbf{1}_A(\omega_1, \omega_2)\mathbb{P}_{1,2}(\omega_1, \mathrm{d}\omega_2)\right]\mathbb{P}_1(\mathrm{d}\omega_1) \tag{22.59}$$

ein Wahrscheinlichkeitsmaß $\mathbb{P}$ auf $\mathcal{A} := \mathcal{A}_1 \otimes \mathcal{A}_2$ definiert. Es heißt **Kopplung von $\mathbb{P}_1$ und $\mathbb{P}_{1,2}$** und wird mit $\mathbb{P}_1 \otimes \mathbb{P}_{1,2}$ bezeichnet. $\mathbb{P}$ ist das einzige Wahrscheinlichkeitsmaß auf $\mathcal{A}$ mit der Eigenschaft

$$\mathbb{P}(A_1 \times A_2) = \int_{A_1} \mathbb{P}_{1,2}(\omega_1, A_2)\,\mathbb{P}_1(\mathrm{d}\omega_1) \tag{22.60}$$

für jede Wahl von $A_1 \in \mathcal{A}_1$ und $A_2 \in \mathcal{A}_2$.

Beweis: Ist allgemein $f\colon \Omega_1 \times \Omega_2 \to \mathbb{R}$ eine nichtnegative $\mathcal{A}$-messbare Funktion, so ist (vgl. Seite 261) die Abbildung $\omega_2 \mapsto f(\omega_1, \omega_2)$ für jedes feste $\omega_1 \in \Omega_1$ $\mathcal{A}_2$-messbar und somit das innere Integral in (22.59) wohldefiniert. Zum

Nachweis der Aussage

$$\omega_1 \mapsto \int_{\Omega_2} f(\omega_1,\omega_2)\mathbb{P}_{1,2}(\omega_1, \mathrm{d}\omega_2) \text{ ist } \mathcal{A}_1\text{-messbar} \quad (22.61)$$

überlege man sich unter Verwendung der Messbarkeitseigenschaft von $\mathbb{P}_{1,2}(\cdot, A_2)$ bei festem A_2, dass das Mengensystem $\mathcal{D} := \{A \in \mathcal{A}\colon (22.61) \text{ gilt für } f = \mathbf{1}_A\}$ ein Dynkin-System ist, welches das $\cap$-stabile Erzeugendensystem $\{A_1 \times A_2\colon A_1 \in \mathcal{A}_1,\ A_2 \in \mathcal{A}_2\}$ von $\mathcal{A}$ enthält. Nach dem Lemma auf Seite 215 folgt dann $\mathcal{D} = \mathcal{A}$, und die noch vorzunehmende Erweiterung von Indikatorfunktionen auf nichtnegative messbare Funktionen geschieht durch algebraische Induktion (vgl. Seite 243). Somit ist $\mathbb{P}$ wohldefiniert und offenbar nichtnegativ. Mit (22.60) gilt weiter $\mathbb{P}(\Omega_1 \times \Omega_2) = 1$. Ist (A_n) eine Folge paarweise disjunkter Mengen aus $\mathcal{A}$, so folgt aus $\mathbf{1}\{\sum_{n=1}^\infty A_n\} = \sum_{n=1}^\infty \mathbf{1}\{A_n\}$ unter zweimaliger Anwendung des Satzes von der monotonen Konvergenz auf Seite 245

$$\begin{aligned}\mathbb{P}\left(\sum_{n=1}^\infty A_n\right) &= \int_{\Omega_1}\left[\int_{\Omega_2} \mathbf{1}_{\sum A_n}(\omega_1,\omega_2)\mathbb{P}_{1,2}(\omega_1, \mathrm{d}\omega_2)\right]\mathbb{P}_1(\mathrm{d}\omega_1)\\ &= \int_{\Omega_1}\left[\sum_{n=1}^\infty \int_{\Omega_2} \mathbf{1}_{A_n}(\omega_1,\omega_2)\mathbb{P}_{1,2}(\omega_1, \mathrm{d}\omega_2)\right]\mathbb{P}_1(\mathrm{d}\omega_1)\\ &= \sum_{n=1}^\infty \int_{\Omega_1}\left[\int_{\Omega_2} \mathbf{1}_{A_n}(\omega_1,\omega_2)\,\mathbb{P}_{1,2}(\omega_1, \mathrm{d}\omega_2)\right]\mathbb{P}_1(\mathrm{d}\omega_1)\\ &= \sum_{n=1}^\infty \mathbb{P}(A_n).\end{aligned}$$

Also ist $\mathbb{P}$ σ-additiv. Nach dem Eindeutigkeitssatz auf Seite 221 ist $\mathbb{P}$ durch (22.60) eindeutig bestimmt. ■

Die Verteilung eines Zufallsvektors $(\mathbf{Z}, \mathbf{X})$ ist durch $\mathbb{P}^{\mathbf{Z}}$ und die bedingte Verteilung $\mathbb{P}^{\mathbf{X}}_{\mathbf{Z}}$ von $\mathbf{X}$ bei gegebenem $\mathbf{Z}$ festgelegt

Kommentar: Die obige Vorgehensweise bedeutet für den Spezialfall $(\Omega_1, \mathcal{A}_1) = (\mathbb{R}^k, \mathcal{B}^k)$, $(\Omega_2, \mathcal{A}_2) = (\mathbb{R}^n, \mathcal{B}^n)$, dass wir ein Wahrscheinlichkeitsmaß auf der σ-Algebra $\mathcal{B}^{k+n}$ $(= \mathcal{B}^k \otimes \mathcal{B}^n$, vgl. Seite 233) konstruieren können, indem wir ein Wahrscheinlichkeitsmaß $\mathbb{P}_1$ auf $\mathcal{B}^k$ angeben und dann für jedes $z \in \mathbb{R}^k$ ein Wahrscheinlichkeitsmaß $\mathbb{P}_{1,2}(z, \cdot)$ auf $\mathcal{B}^n$ spezifizieren. Dabei muss nur die Abbildung $\mathbb{R}^k \ni z \mapsto \mathbb{P}_{1,2}(z, C)$ für jedes $C \in \mathcal{B}^n$ messbar sein.

Man beachte, dass wir mit der kanonischen Konstruktion $\mathbf{Z} := \mathrm{id}_{\mathbb{R}^k}$ und $\mathbf{X} := \mathrm{id}_{\mathbb{R}^n}$ die Kopplung $\mathbb{P}$ als gemeinsame Verteilung zweier Zufallsvektoren $\mathbf{Z}$ und $\mathbf{X}$ ansehen können; es gilt also $\mathbb{P} = \mathbb{P}^{(\mathbf{Z},\mathbf{X})}$. Weiter ist $\mathbb{P}_1 = \mathbb{P}^{\mathbf{Z}}$ die (marginale) Verteilung von $\mathbf{Z}$, denn nach (22.60) gilt wegen $\mathbb{P}_{1,2}(z, \mathbb{R}^n) = 1$ für jede Menge $B \in \mathcal{B}^k$

$$\begin{aligned}\mathbb{P}^{\mathbf{Z}}(B) &= \mathbb{P}^{(\mathbf{Z},\mathbf{X})}(B \times \mathbb{R}^n) = \mathbb{P}(B \times \mathbb{R}^n)\\ &= \int_B \mathbb{P}_{1,2}(z, \mathbb{R}^n)\,\mathbb{P}_1(\mathrm{d}z)\\ &= \mathbb{P}_1(B).\end{aligned}$$

Die Übergangswahrscheinlichkeit $\mathbb{P}_{1,2}$ wird in diesem Fall als **bedingte Verteilung von X bei gegebenem Z** bezeichnet und mit dem Symbol

$$\mathbb{P}^{\mathbf{X}}_{\mathbf{Z}} := \mathbb{P}_{1,2}$$

beschrieben. Hiermit besteht also die „Kopplungs-Gleichung"

$$\mathbb{P}^{(\mathbf{Z},\mathbf{X})} = \mathbb{P}^{\mathbf{Z}} \otimes \mathbb{P}^{\mathbf{X}}_{\mathbf{Z}}. \quad (22.62)$$

Das Wahrscheinlichkeitsmaß $\mathbb{P}_{1,2}(z, \cdot)$ heißt **bedingte Verteilung von X unter der Bedingung** $\mathbf{Z} = \mathbf{z}$, und man schreibt hierfür

$$\mathbb{P}^{\mathbf{X}}_{\mathbf{Z}=z} := \mathbb{P}_{1,2}(z, \cdot).$$

Gleichung (22.60) nimmt dann die Gestalt

$$\begin{aligned}\mathbb{P}^{(\mathbf{Z},\mathbf{X})}(B \times C) &= \mathbb{P}(\mathbf{Z} \in B, \mathbf{X} \in C)\\ &= \int_B \mathbb{P}^{\mathbf{X}}_{\mathbf{Z}=z}(C)\,\mathbb{P}^{\mathbf{Z}}(\mathrm{d}z), \quad (22.63)\end{aligned}$$

$B \in \mathcal{B}^k$, $C \in \mathcal{B}^n$, an. Setzt man speziell $B = \mathbb{R}^k$, so ergibt sich die Verteilung von $\mathbf{X}$ zu

$$\mathbb{P}^{\mathbf{X}}(C) = \int_{\mathbb{R}^n} \mathbb{P}^{\mathbf{X}}_{\mathbf{Z}=z}(C)\,\mathbb{P}^{\mathbf{Z}}(\mathrm{d}z). \quad (22.64)$$

Es ist üblich, auch

$$\mathbb{P}(\mathbf{X} \in C|\mathbf{Z} = z) := \mathbb{P}^{\mathbf{X}}_{\mathbf{Z}=z}(C)$$

zu schreiben, obwohl im Fall $\mathbb{P}(\mathbf{Z} = z) = 0$ keine elementare bedingte Wahrscheinlichkeit im Sinne von $\mathbb{P}(A|B) = \mathbb{P}(A \cap B)/\mathbb{P}(B)$ für $\mathbb{P}(B) > 0$ vorliegt. Gleichung (22.64) geht dann in

$$\mathbb{P}(\mathbf{X} \in C) = \int_{\mathbb{R}^n} \mathbb{P}(\mathbf{X} \in C|\mathbf{Z} = z)\,\mathbb{P}^{\mathbf{Z}}(\mathrm{d}z) \quad (22.65)$$

über. Da bezüglich der Verteilung von $\mathbf{Z}$ integriert wird, kann der Integrand $\mathbb{P}(\mathbf{X} \in C|\mathbf{Z} = z)$ als Funktion von z nach den in Abschnitt 7.6 angestellten Überlegungen auf einer $\mathbb{P}^{\mathbf{Z}}$-Nullmenge modifiziert werden, ohne den Wert $(= \mathbb{P}(\mathbf{X} \in C))$ des Integrals zu ändern.

Man beachte, dass wir im einführenden Beispiel zu diesem Abschnitt die Verteilung von X nach Gleichung (22.65) berechnet haben. In der Situation des Beispiels ist $C = \{k\}$, und die Integration $\mathbb{P}^Z(\mathrm{d}z)$ bedeutet $\mathrm{d}z$.

Beispiel Spezialfall: Z ist diskret verteilt
Ist in der obigen Situation $\mathbf{Z}$ ein *diskreter* Zufallsvektor, so kann man für jedes $z \in M := \{z \in \mathbb{R}^n\colon \mathbb{P}(\mathbf{Z} = z) > 0\}$ und jedes $C \in \mathcal{B}^k$ die elementare bedingte Wahrscheinlichkeit

$$\mathbb{P}^{\mathbf{X}}_{\mathbf{Z}=z}(C) := \mathbb{P}(\mathbf{X} \in C|\mathbf{Z} = z) = \frac{\mathbb{P}(\mathbf{X} \in C, \mathbf{Z} = z)}{\mathbb{P}(\mathbf{Z} = z)}$$

bilden. Nach der Formel von der totalen Wahrscheinlichkeit gilt dann

$$\mathbb{P}(\mathbf{X} \in C) = \sum_{z \in M} \mathbb{P}(\mathbf{X} \in C|\mathbf{Z} = z)\,\mathbb{P}(\mathbf{Z} = z),$$

was Gleichung (22.65) entspricht. In diesem Fall ist es irrelevant, wie wir den Integranden in (22.65) auf der Menge $\mathbb{R}^n \setminus M$ definieren. Eine Möglichkeit wäre, ein beliebiges Wahrscheinlichkeitsmaß Q auf $\mathcal{B}^k$ zu wählen und $\mathbb{P}(\mathbf{X} \in C|\mathbf{Z} = z) := Q(C)$, $z \in \mathbb{R}^n \setminus M$, zu setzen. Eine solche elementare bedingte Verteilung haben wir in Abschnitt 21.5 für den Fall betrachtet, dass auch $\mathbf{X}$ diskret verteilt ist. Dort ergab sich unter anderem, dass die Binomialverteilung $\text{Bin}(k, p)$ mit $p = \lambda/(\lambda + \mu)$ als bedingte Verteilung von X unter der Bedingung $X + Y = k$ entsteht, wenn X und Y unabhängig sind und die Poisson-Verteilungen $X \sim \text{Po}(\lambda)$, $Y \sim \text{Po}(\mu)$ besitzen.

Nimmt $\mathbf{Z}$ (ausschließlich) die Werte $z_1, \ldots, z_s$ mit positiven Wahrscheinlichkeiten an, und besitzt der Zufallsvektor $\mathbf{X}$ im Fall $\mathbf{Z} = z_j$ die Lebesgue-Dichte f_j, $j \in \{1, \ldots, s\}$, so gilt

$$\mathbb{P}(\mathbf{X} \in C|\mathbf{Z} = z_j) = \int_C f_j(x)\,\mathrm{d}x\,.$$

Mit der Abkürzung $p_j := \mathbb{P}(\mathbf{Z} = z_j)$ erhalten wir dann

$$\mathbb{P}(\mathbf{X} \in C) = \int_C f(x)\,\mathrm{d}x\,,$$

wobei

$$f(x) := p_1 f_1(x) + \ldots + p_s f_s(x)\,, \qquad x \in \mathbb{R}^n\,,$$

gesetzt ist. Die Dichte von $\mathbf{X}$ ist also eine Konvexkombination der Dichten $f_1, \ldots, f_s$. Man spricht in diesem Fall auch von einer *diskreten Mischung endlich vieler stetiger Verteilungen* und nennt f eine *Mischungsdichte*. Es kommt für diese Bildung offenbar nicht auf die Werte $z_1, \ldots, z_s$ an, sondern nur auf die Wahrscheinlichkeiten $p_1, \ldots, p_s$. Mischungsverteilungen treten etwa dann auf, wenn sich eine Population aus Teilpopulationen zusammensetzt und ein Merkmal, das durch eine Zufallsvariable X modelliert wird, in der j-ten Teilpopulation eine Dichte f_j besitzt, $j = 1, \ldots, s$. Tritt bei rein zufälliger Auswahl eines Elementes der Population mit der Wahrscheinlichkeit p_j ein Element der j-ten Teilpopulation auf, so hat X die Mischungsdichte $p_1 f_1 + \ldots + p_s f_s$. Abbildung 22.29 zeigt zwei Normalverteilungsdichten und eine daraus gebildete Mischungsdichte.

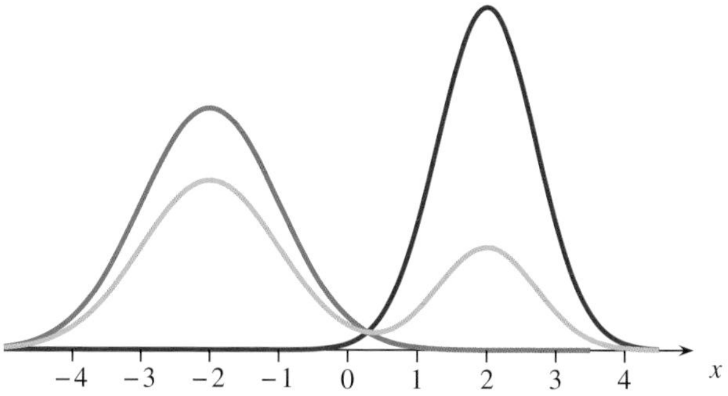

Abbildung 22.29 Dichten f_1 (blau) und f_2 (rot) der Normalverteilungen $\text{N}(-2, 1)$ bzw. $\text{N}(2, 1/2)$ und Mischungsdichte $0.7 f_1 + 0.3 f_2$ (orange). ◂

Ein Spezialfall dieses Beispiels entsteht für eine Indikatorvariable $Z = \mathbf{1}_A$ mit $A \in \mathcal{A}$ und $\mathbb{P}(A) > 0$. In diesem Fall heißt das durch

$$\mathbb{P}_A^{\mathbf{X}}(C) := \mathbb{P}(\mathbf{X} \in C|\mathbf{1}_A = 1) = \mathbb{P}(\mathbf{X} \in C|A)\,, \qquad C \in \mathcal{B}^n\,,$$

definierte Wahrscheinlichkeitsmaß $\mathbb{P}_A^{\mathbf{X}}$ die *bedingte Verteilung von* $\mathbf{X}$ *unter (der Bedingung)* A.

Beispiel Es sei $\mathbf{X} \sim \text{U}(B)$ für eine beschränkte Borelmenge $B \subseteq \mathbb{R}^n$ mit $0 < \lambda^n(B)$. Der Zufallsvektor $\mathbf{X}$ besitze also eine Gleichverteilung auf B. Ist $B_0 \in \mathcal{B}^n$ mit $B_0 \subseteq B$ und $\lambda^n(B_0) > 0$, so gilt für jede Borelmenge $C \in \mathcal{B}^n$

$$\begin{aligned}\mathbb{P}(\mathbf{X} \in C|\mathbf{X} \in B_0) &= \frac{\mathbb{P}(\mathbf{X} \in C, \mathbf{X} \in B_0)}{\mathbb{P}(\mathbf{X} \in B_0)} \\ &= \frac{\dfrac{\lambda^n(C \cap B_0)}{\lambda^n(B)}}{\dfrac{\lambda^n(B_0)}{\lambda^n(B)}} \\ &= \frac{\lambda^n(C \cap B_0)}{\lambda^n(B_0)}\,.\end{aligned}$$

Die bedingte Verteilung von $\mathbf{X}$ unter der Bedingung $\mathbf{X} \in B_0$ ist also die Gleichverteilung auf B_0, d. h., es gilt

$$\mathbb{P}_{\mathbf{X} \in B_0}^{\mathbf{X}} := \mathbb{P}_{\{\mathbf{X} \in B_0\}}^{\mathbf{X}} = \text{U}(B_0)\,.$$

Als Konsequenz dieser Überlegungen bietet sich die folgende Möglichkeit an, mithilfe von Pseudozufallszahlen, die im Intervall $(0, 1)$ gleichverteilt sind, Realisierungen eines Zufallsvektors $\mathbf{X}$ mit einer Gleichverteilung in einer eventuell recht komplizierten Borelmenge B_0 zu erhalten. Gilt $B_0 \subseteq B$ für einen achsenparallelen Quader der Gestalt $B = \times_{j=1}^n [a_j, b_j]$, so erzeuge solange unabhängige und je in B gleichverteilte Zufallsvektoren $\mathbf{X}_1, \mathbf{X}_2, \ldots$, bis die Bedingung $\mathbf{X}_j \in B_0$ erfüllt ist. Im letzteren Fall liegt ein Zufallsvektor mit der Gleichverteilung $\text{U}(B_0)$ vor. Eine Realisierung eines in B gleichverteilten Zufallsvektors $\mathbf{Y}$ erzeugt man mithilfe von n unabhängigen und je in $(0, 1)$ gleichverteilten Zufallsvariablen $U_1, \ldots, U_n$, indem man $\widetilde{U}_j := a_j + U_j(b_j - a_j)$, $1 \le j \le n$, sowie $\mathbf{X} := (\widetilde{U}_1, \ldots, \widetilde{U}_n)$ setzt. Realisierungen der U_j gewinnt man mithilfe von gleichverteilten Pseudozufallszahlen. ◂

?

Wie würden Sie die Gleichverteilung im Kreis $K := \{(x, y) \in \mathbb{R}^2 : x^2 + y^2 \le 1\}$ simulieren?

Wir betrachten jetzt den wichtigen Spezialfall, dass der Zufallsvektor $\mathbf{Z}$ in (22.65) eine Lebesgue-Dichte besitzt.

Beispiel **Spezialfall: Z ist stetig verteilt**
Ist $\mathbf{Z}$ ein *stetiger* Zufallsvektor mit Lebesgue-Dichte g, so nimmt Gleichung (22.65) die spezielle Gestalt

$$\mathbb{P}(\mathbf{X} \in C) = \int_{\mathbb{R}^n} \mathbb{P}(\mathbf{X} \in C|\mathbf{Z} = z)\, g(z)\,\mathrm{d}z \qquad (22.66)$$

an. Schreiben wir $M := \{z \in \mathbb{R}^n : g(z) > 0\}$ für den Positivitätsbereich der Dichte g, so ist es offenbar unerheblich, wie der Integrand $\mathbb{P}(\mathbf{X} \in C|\mathbf{Z} = z)$ als Funktion von z auf der $\mathbb{P}^{\mathbf{Z}}$-Nullmenge $\mathbb{R}^n \setminus M$ definiert ist. Auch hier könnten wir ein beliebiges Wahrscheinlichkeitsmaß Q auf $\mathcal{B}^k$ wählen und $\mathbb{P}(\mathbf{X} \in C|\mathbf{Z} = z) := Q(C)$, $z \in \mathbb{R}^n \setminus M$, setzen.

Man beachte, dass das einführende Beispiel zu diesem Abschnitt einen Spezialfall dieses Beispiels darstellt. Aufgabe 22.54 behandelt den Fall, dass Z eine Gamma-Verteilung besitzt und die Zufallsvariable X bei gegebenem $Z = z$, $z > 0$, eine Poisson-Verteilung Po(z) hat. ◂

Wir haben gesehen, dass man die gemeinsame Verteilung $\mathbb{P}^{(\mathbf{Z},\mathbf{X})}$ eines Zufallsvektors $(\mathbf{Z}, \mathbf{X})$ festlegen kann, indem man die Verteilung $\mathbb{P}^{\mathbf{Z}}$ von $\mathbf{Z}$ und die bedingte Verteilung $\mathbb{P}^{\mathbf{X}}_{\mathbf{Z}}$ von $\mathbf{X}$ bei gegebenem $\mathbf{Z}$ spezifiziert. Dabei können $\mathbf{Z}$ und $\mathbf{X}$ Zufallsvektoren beliebiger Dimensionen sein. Um gekehrt gilt, dass man eine gegebene gemeinsame Verteilung $\mathbb{P}^{(\mathbf{Z},\mathbf{X})}$ in die Marginalverteilung $\mathbb{P}^{\mathbf{Z}}$ von $\mathbf{Z}$ und eine bedingte Verteilung $\mathbb{P}^{\mathbf{X}}_{\mathbf{Z}}$ von $\mathbf{X}$ bei gegebenem $\mathbf{Z}$ „zerlegen kann", sodass die Kopplungsgleichung (22.62) erfüllt ist. Wir möchten diese nicht triviale Fragestellung nicht im allgemeinsten Rahmen behandeln, sondern betrachten die beiden Spezialfälle, dass $(\mathbf{Z}, \mathbf{X})$ diskret verteilt ist oder eine Lebesgue-Dichte besitzt. Im ersten Fall ist die Existenz einer Zerlegung $\mathbb{P}^{(\mathbf{Z},\mathbf{X})} = \mathbb{P}^{\mathbf{Z}} \otimes \mathbb{P}^{\mathbf{X}}_{\mathbf{Z}}$ schnell gezeigt, gilt doch

$$\mathbb{P}(\mathbf{Z} = z, \mathbf{X} = x) = \mathbb{P}(\mathbf{Z} = z) \cdot \mathbb{P}(\mathbf{X} = x|\mathbf{Z} = z)$$

für jedes $z \in \mathbb{R}^k$ mit $\mathbb{P}(\mathbf{Z} = z) > 0$.

Sind $\mathbf{Z}$ und $\mathbf{X}$ *stetige* Zufallsvektoren auf einem allgemeinen Wahrscheinlichkeitsraum, die die Dichten $f_{\mathbf{Z}}$ bzw. $f_{\mathbf{X}}$ und die gemeinsame Dichte $f_{\mathbf{Z},\mathbf{X}}$ besitzen, so ist eine Bildung wie oben nicht möglich, da $\mathbb{P}(\mathbf{Z} = z) = 0$ für jedes $z \in \mathbb{R}^k$ gilt. In diesem Fall erhält man wie folgt eine bedingte Verteilung von $\mathbf{X}$ unter der Bedingung $\mathbf{Z}$:

Bedingte Dichte

Es seien $\mathbf{Z}$ und $\mathbf{X}$ k- bzw. n-dimensionale Zufallsvektoren auf einem Wahrscheinlichkeitsraum $(\Omega, \mathcal{A}, \mathbb{P})$. Der Zufallsvektor $(\mathbf{Z}, \mathbf{X})$ besitze die gemeinsame Dichte $f_{\mathbf{Z},\mathbf{X}}$. Weiter seien $f_{\mathbf{Z}}$ die marginale Dichte von $\mathbf{Z}$ und $z \in \mathbb{R}^k$ mit $f_{\mathbf{Z}}(z) > 0$. Dann heißt die durch

$$f(x|z) := \frac{f_{\mathbf{Z},\mathbf{X}}(z, x)}{f_{\mathbf{Z}}(z)}$$

definierte Funktion $f(\cdot|z)\colon \mathbb{R}^n \to \mathbb{R}$ die **bedingte Dichte von X unter der Bedingung Z** $= z$.

Die Namensgebung *bedingte Dichte* wird dadurch gerechtfertigt, dass $f(\cdot|z)$ für festes z eine nichtnegative und nach Sätzen der Maßtheorie messbare Funktion ist, für die

$$\int_{\mathbb{R}^n} f(x|z)\, dz = 1$$

gilt. Die **bedingte Verteilung** $\mathbb{P}^{\mathbf{X}}_{\mathbf{Z}=z}$ **von X bei gegebenem** $\mathbf{Z} = z$ ist die Verteilung mit der Dichte $f(\cdot|z)$, d. h., es gilt für jede Borelmenge $C \subseteq \mathbb{R}^n$

$$\mathbb{P}^{\mathbf{X}}_{\mathbf{Z}=z}(C) = \mathbb{P}(\mathbf{X} \in C|\mathbf{Z} = z) = \int_C f(x|z)\, dx\,.$$

Damit auch für den mit Wahrscheinlichkeit null eintretenden Fall $f_{\mathbf{Z}}(z) = 0$ eine bedingte Verteilung von $\mathbf{X}$ unter der Bedingung $\mathbf{Z} = z$ definiert ist, wählen wir eine *beliebige* Dichte g_0 auf $\mathbb{R}^n$ und treffen für solche z die Festsetzung $f(x|z) := g_0(x)$, $x \in \mathbb{R}^n$. Wie man direkt überprüft, gilt dann Gleichung (22.63).

?

Können Sie Gleichung (22.63) nachrechnen?

Beispiel Der Zufallsvektor (X, Y) besitze eine Gleichverteilung im Bereich $A := \{(x, y) \in [0, 1]^2 : 0 \le x \le y \le 1\}$ (Abb. 22.11 links), also die Dichte $h(x, y) := 2$, falls $(x, y) \in A$ und $h(x, y) := 0$ sonst. Die marginale Dichte f von X ist durch $f(x) = 2(1 - x)$ für $0 \le x \le 1$ sowie $f(x) = 0$ sonst, gegeben (blauer Graph in Abb. 22.11 rechts). Für $0 \le x < 1$ gilt $f(x) > 0$, und wir erhalten die bedingte Dichte von Y unter der Bedingung $X = x$ zu

$$f(y|x) = \frac{h(x, y)}{f(x)} = \frac{2}{2(1 - x)} = \frac{1}{1 - x}$$

für $x \le y \le 1$ und $f(y|x) = 0$ sonst. Die bedingte Verteilung von Y unter der Bedingung $X = x$ ist also die Gleichverteilung U$(x, 1)$.

In gleicher Weise ist die bedingte Verteilung von X unter der Bedingung $Y = y$, $0 < y \le 1$, die Gleichverteilung auf dem Intervall $(0, y)$. ◂

Sind $(\mathbf{Z}, \mathbf{X})$ ein $(k + n)$-dimensionaler Zufallsvektor wie im Kommentar auf Seite 848 und $f : \mathbb{R}^{k+n} \to \mathbb{R}$ eine messbare Funktion, so kann man den Erwartungswert $\mathbb{E}f(\mathbf{Z}, \mathbf{X})$ – sofern dieser existiert – iteriert berechnen. Die maßtheoretische Grundlage hierfür ist der nachfolgende Satz von Fubini für Übergangswahrscheinlichkeiten.

Satz von Fubini für $\mathbb{P}_1 \otimes \mathbb{P}_{1,2}$

Ist in der Situation des Satzes über die Existenz und Eindeutigkeit der Kopplung auf Seite 847 $f : \Omega_1 \times \Omega_2 \to \mathbb{R}$ eine $\mathcal{A}_1 \otimes \mathcal{A}_2$-messbare nichtnegative oder $\mathbb{P}_1 \otimes \mathbb{P}_{1,2}$-integrierbare Funktion, so gilt

$$\begin{aligned}\int_{\Omega_1 \times \Omega_2} f\, d\mathbb{P}_1 \otimes \mathbb{P}_{1,2} \qquad (22.74)\\ = \int_{\Omega_1} \left[\int_{\Omega_2} f(\omega_1, \omega_2) \mathbb{P}_{1,2}(\omega_1, d\omega_2) \right] \mathbb{P}_1(d\omega_1).\end{aligned}$$

Beispiel: Marginale und bedingte Verteilungen bei multivariater Normalverteilung

Es seien $\mathbf{X}$ ein k- und $\mathbf{Y}$ ein l-dimensionaler Zufallsvektor. Der $(k+l)$-dimensionale Zufallsvektor $(\mathbf{X}, \mathbf{Y})$ besitze eine nichtausgeartete Normalverteilung. Welche bedingte Verteilung besitzt $\mathbf{X}$ unter der Bedingung $\mathbf{Y} = y$?

Problemanalyse und Strategie: Wir notieren $\mathbf{X}$ und $\mathbf{Y}$ als Spaltenvektoren und treffen die Annahme

$$\begin{pmatrix}\mathbf{X}\\ \mathbf{Y}\end{pmatrix} \sim \mathrm{N}_{k+l}\left(\begin{pmatrix}\mu\\ \nu\end{pmatrix}, \Sigma\right), \quad \text{wobei } \Sigma = \begin{pmatrix}\Sigma_{11} & \Sigma_{12}\\ \Sigma_{21} & \Sigma_{22}\end{pmatrix}.$$

Hierbei bezeichnen Σ_{11} und Σ_{22} die k-reihigen bzw. l-reihigen Kovarianzmatrizen von $\mathbf{X}$ bzw. $\mathbf{Y}$, Σ_{12} die $(k \times l)$-Matrix der „Kreuz-Kovarianzen" $C(X_i, Y_j)$ $(1 \le i \le k, 1 \le j \le l)$ und Σ_{21} deren Transponierte sowie $X_1, \ldots, X_k$ bzw. $Y_1, \ldots, Y_l$ die Komponenten von $\mathbf{X}$ bzw. $\mathbf{Y}$. Weiter seien h die gemeinsame Dichte von $\mathbf{X}$ und $\mathbf{Y}$ sowie f und g die marginalen Dichten von $\mathbf{X}$ bzw. $\mathbf{Y}$. Wir bestimmen zunächst g und dann die bedingte Dichte von $\mathbf{X}$ unter der Bedingung $\mathbf{Y} = y$ als Quotienten $h(x, y)/g(y)$.

Lösung:
Schreiben wir kurz

$$Q(x, y) := \left((x-\mu)^\top (y-\nu)^\top\right) \Sigma^{-1} \begin{pmatrix}x-\mu\\ y-\nu\end{pmatrix}$$

und setzen allgemein $|D| := \det D$ für eine quadratische Matrix D, so gilt nach Definition einer multivariaten Normalverteilung auf Seite 828

$$h(x, y) = \frac{1}{(2\pi)^{(k+l)/2}|\Sigma|^{1/2}} \exp\left(-\frac{Q(x, y)}{2}\right).$$

Partitioniert man die Inverse Σ^{-1} von Σ gemäß

$$\begin{pmatrix}\Sigma_{11} & \Sigma_{12}\\ \Sigma_{21} & \Sigma_{22}\end{pmatrix} =: \begin{pmatrix}A & B\\ B^\top & C\end{pmatrix},$$

so liefern die Bedingungen $\Sigma\Sigma^{-1} = \Sigma^{-1}\Sigma = I_{k+l}$ die Gleichungen

$$\begin{aligned}
\Sigma_{11}A &+ \Sigma_{12}B^\top = I_k\,, && (22.67)\\
\Sigma_{11}B &+ \Sigma_{12}C = 0\,, && (22.68)\\
\Sigma_{21}A &+ \Sigma_{22}B^\top = 0\,, && (22.69)\\
\Sigma_{21}B &+ \Sigma_{22}C = I_l\,. && (22.70)
\end{aligned}$$

Mit den Abkürzungen

$$\begin{aligned}
\kappa &:= \mu - A^{-1}B(y-\nu)\,,\\
S &:= C - B^\top A^{-1}B
\end{aligned}$$

nimmt dann die quadratische Form Q die Gestalt

$$Q(x, y) = (x-\kappa)^\top A(x-\kappa) + (y-\nu)^\top S(y-\nu)$$

an. Somit folgt $h(x, y) = u(x, y)v(y)$, wobei

$$u(x,y) = \frac{1}{(2\pi)^{k/2}|A^{-1}|^{1/2}} \exp\left(-\frac{(x-\kappa)^\top (A^{-1})^{-1}(x-\kappa)}{2}\right),$$

$$v(y) = \frac{1}{(2\pi)^{l/2}|\Sigma|^{1/2}|A|^{1/2}} \exp\left(-\frac{(y-\nu)^\top S(y-\nu)}{2}\right).$$

Da $u(\cdot, y)$ die Dichte der Normalverteilung $\mathrm{N}_k(\kappa, A^{-1})$ darstellt und sich die marginale Dichte g von $\mathbf{Y}$ durch Integration gemäß $g(y) = \int h(x, y)\mathrm{d}x$ ergibt sowie $v(y)$ nicht von x abhängt, gilt $g(y) = v(y)$, $y \in \mathbb{R}^l$, d. h., v ist die marginale Dichte von $\mathbf{Y}$.

Aus (22.70) und (22.69) erhält man $\Sigma_{22}S = S\Sigma_{22} = I_l$ und somit $S = \Sigma_{22}^{-1}$. Hiermit folgt $\mathbf{Y} \sim \mathrm{N}_l(\nu, \Sigma_{22})$, denn die Normierungsbedingung $1 = \int g(y)\,\mathrm{d}y$ liefert ohne Matrizenrechnung die Identität $|\Sigma|^{1/2}|A|^{1/2} = |\Sigma_{22}|^{1/2}$.

Man beachte, dass wir in Verallgemeinerung der Folgerung auf Seite 830 gezeigt haben, dass auch die gemeinsame Verteilung irgendwelcher Komponenten eines multivariat normalverteilten Zufallsvektors eine multivariate Normalverteilung ist.

Die Darstellung $h(x, y) = u(x, y)g(y)$ liefert auch, dass $u(x, y) = h(x, y)/g(y)$ die bedingte Dichte von $\mathbf{X}$ unter der Bedingung $\mathbf{Y} = y$ ist. Aus der Gestalt von $u(x, y)$ ist klar, dass die bedingte Verteilung von $\mathbf{X}$ unter der Bedingung $\mathbf{Y} = y$ die Normalverteilung $\mathrm{N}_k(\mu - A^{-1}B(y-\nu), A^{-1})$ ist.

Um die Matrizen $A^{-1}B$ und A^{-1} in Abhängigkeit von Σ_{ij} $(i, j \in \{1, 2\})$ auszudrücken, verwenden wir Gleichung (22.69), wonach $B^\top = -\Sigma_{22}^{-1}\Sigma_{21}A$ gilt. Setzt man diesen Ausdruck für $B^\top$ in (22.67) ein, so ergibt sich $A = (\Sigma_{11} - \Sigma_{12}\Sigma_{22}^{-1}\Sigma_{21})^{-1}$ und somit

$$A^{-1} = \Sigma_{11} - \Sigma_{12}\Sigma_{22}^{-1}\Sigma_{21}\,.$$

Zusammen mit (22.68) und (22.70) ergibt sich weiter

$$\begin{aligned}
-A^{-1}B &= -(\Sigma_{11} - \Sigma_{12}\Sigma_{22}^{-1}\Sigma_{21})B\\
&= \Sigma_{12}(C + \Sigma_{22}^{-1}(I_l - \Sigma_{22}C))\\
&= \Sigma_{12}\Sigma_{22}^{-1}\,.
\end{aligned}$$

Mit $\Sigma_{22.1} := \Sigma_{11} - \Sigma_{21}\Sigma_{22}^{-1}\Sigma_{12}$ gilt also

$$\mathbb{P}^{\mathbf{X}}_{\mathbf{Y}=y} = \mathrm{N}_k(\mu + \Sigma_{12}\Sigma_{22}^{-1}(y-\nu), \Sigma_{22.1})\,. \qquad (22.71)$$

In der numerischen Mathematik nennt man die Matrix $\Sigma_{22.1}$ das **Schur-Komplement** von Σ_{11} in Σ.

Hintergrund und Ausblick: Bedingte Erwartungen und Martingale

Es seien $(\Omega, \mathcal{A}, \mathbb{P})$ ein Wahrscheinlichkeitsraum und $X\colon \Omega \to \mathbb{R}$ eine Zufallsvariable mit $\mathbb{E}|X| < \infty$. Ist $(\Omega, \mathcal{A}, \mathbb{P})$ diskret, gilt also $\mathbb{P}(\Omega_0) = 1$ für eine abzählbare Teilmenge Ω_0 von Ω, so wurde in Abschnitt 21.5 für jedes Ereignis A mit $\mathbb{P}(A) > 0$ der *bedingte Erwartungswert von X unter der Bedingung A* als

$$\mathbb{E}(X|A) := \frac{1}{\mathbb{P}(A)} \sum_{\omega \in A \cap \Omega_0} X(\omega)\,\mathbb{P}(\{\omega\})$$

definiert. Die direkte Übertragung dieser Begriffsbildung auf den allgemeinen Fall ist

$$\mathbb{E}(X|A) := \frac{1}{\mathbb{P}(A)} \int_A X\,\mathrm{d}\mathbb{P} = \frac{\mathbb{E}\left(X\mathbf{1}\{A\}\right)}{\mathbb{P}(A)}.$$

Hiermit folgt unmittelbar $\mathbb{E}(X) = \sum_{j\ge1} \mathbb{E}(X|A_j)\,\mathbb{P}(A_j)$, wenn die Ereignisse $A_1, A_2, \ldots$ mit $\mathbb{P}(A_j) > 0$, $j \ge 1$, paarweise disjunkt sind und eine Zerlegung von Ω bilden, also $\Omega = \sum_{j\ge1} A_j$ gilt, vgl. (21.45). Setzen wir

$$Y := \sum_{j\ge1} \mathbb{E}(X|A_j)\,\mathbf{1}\{A_j\},$$

so ist $Y\colon \Omega \to \mathbb{R}$ eine Zufallsvariable mit

$$\mathbb{E}|Y| \le \sum_{j\ge1} |\mathbb{E}(X|A_j)|\,\mathbb{P}(A_j) \le \mathbb{E}|X| < \infty.$$

Weiter ist Y auf jeder der Mengen A_j konstant (mit dem Wert $\mathbb{E}(X|A_j)$) und somit messbar bzgl. der von $A_1, A_2, \ldots$ erzeugten Sub-σ-Algebra $\mathcal{G} = \{\cup_{k\in T} A_k | T \subseteq \{1, 2, \ldots\}\}$ von $\mathcal{A}$. Wegen $\mathbb{E}(Y\mathbf{1}\{A_j\}) = \mathbb{E}(X\mathbf{1}\{A_j\})$ für jedes $j \ge 1$ gilt dann

$$\int_A Y\,\mathrm{d}\mathbb{P} = \int_A X\,\mathrm{d}\mathbb{P}, \quad A \in \mathcal{G}. \tag{22.72}$$

Ein grundlegendes Resultat besagt, dass es *zu jeder* Sub-σ-Algebra $\mathcal{G}$ von $\mathcal{A}$ eine $\mathcal{G}$-messbare Zufallsvariable Y mit $\mathbb{E}|Y| < \infty$ und (22.72) gibt. Die Menge aller solchen Zufallsvariablen wird mit $\mathbb{E}(X|\mathcal{G})$ bezeichnet und heißt **bedingte Erwartung von X unter $\mathcal{G}$**. Jedes $Y \in \mathbb{E}(X|\mathcal{G})$ heißt **Version der bedingten Erwartung von X unter $\mathcal{G}$**. Je zwei Versionen von $\mathbb{E}(X|\mathcal{G})$ stimmen $\mathbb{P}$-fast sicher überein.

Letztere Behauptung lässt sich schnell einsehen: Gelten $Y \in \mathbb{E}(X|\mathcal{G})$ und $\widetilde{Y} \in \mathbb{E}(X|\mathcal{G})$, so folgt $\mathbb{E}|Y| < \infty$ und $\mathbb{E}|\widetilde{Y}| < \infty$ sowie $\int_A (Y - \widetilde{Y})\mathrm{d}\mathbb{P} = 0$ für jedes $A \in \mathcal{G}$. Die Mengen $\{Y > \widetilde{Y}\}$ und $\{Y < \widetilde{Y}\}$ liegen wegen der $\mathcal{G}$-Messbarkeit von Y und $\widetilde{Y}$ in $\mathcal{G}$, und es folgt

$$\mathbb{E}|Y - \widetilde{Y}| = \int_{\{Y>\widetilde{Y}\}} (Y - \widetilde{Y})\mathrm{d}\mathbb{P} + \int_{\{Y<\widetilde{Y}\}} (\widetilde{Y} - Y)\mathrm{d}\mathbb{P} = 0$$

und damit $Y = \widetilde{Y}$ $\mathbb{P}$-f.s. Um $\mathbb{E}(X|\mathcal{G}) \ne \emptyset$ zu zeigen, nehmen wir wegen $X = X^+ - X^-$ o.B.d.A. $X \ge 0$ an. Durch

$$\nu(A) := \int_A X\,\mathrm{d}\mathbb{P}, \quad A \in \mathcal{G},$$

wird dann ein Maß ν auf $\mathcal{G}$ definiert, das absolut stetig bezüglich der Restriktion $\mathbb{P}_{|\mathcal{G}}$ von $\mathbb{P}$ auf $\mathcal{G}$ ist. Nach dem Satz von Radon-Nikodym auf Seite 254 hat ν eine mit Y bezeichnete Dichte bezüglich $\mathbb{P}_{|\mathcal{G}}$. Nach Definition der Radon-Nikodym-Dichte ist Y $\mathcal{G}$-messbar, und es gilt

$$\nu(A) = \int_A Y\,\mathrm{d}\mathbb{P}_{|\mathcal{G}} = \int_A Y\,\mathrm{d}\mathbb{P}, \quad A \in \mathcal{G}$$

und damit $Y \in \mathbb{E}(X|\mathcal{G})$.

Man beachte, dass $\mathbb{E}(X|\{\emptyset, \Omega\})$ nur die konstante Abbildung $Y \equiv \mathbb{E}(X)$ enthält, und dass $X \in \mathbb{E}(X|\mathcal{A})$ gilt.

Im Fall $\mathbb{E}X^2 < \infty$ ist jedes $Y \in \mathbb{E}(X|\mathcal{G})$ eine orthogonale Projektion von X auf den Teilraum $\mathcal{L}^2(\Omega, \mathcal{G}, \mathbb{P})$ der quadratisch integrierbaren $\mathcal{G}$-messbaren Zufallsvariablen auf Ω bezüglich des (positiv-semidefiniten) Skalarproduktes $\langle U, V\rangle = \mathbb{E}(UV)$, d. h., es gilt $\mathbb{E}(X - Y)^2 = \inf\{\mathbb{E}(X - W)^2 | W \in \mathcal{L}^2(\Omega, \mathcal{G}, \mathbb{P})\}$.

Wird $\mathcal{G}$ von einer Zufallsvariablen Z erzeugt, die Werte in einem Messraum $(\Omega', \mathcal{A}')$ annimmt, gilt also $\mathcal{G} = \sigma(Z) = \{Z^{-1}(A')\colon A' \in \mathcal{A}'\}$, so gibt es zu jeder Version $Y \in \mathbb{E}(X|\mathcal{G})$ eine messbare Funktion $h\colon \Omega' \to \mathbb{R}$ mit der Eigenschaft $Y = h \circ Z = h(Z)$ (sog. *Faktorisierungssatz*). Man setzt dann $\mathbb{E}(X|Z) := \mathbb{E}(X|\sigma(Z))$. Für den Fall, dass Z mit Wahrscheinlichkeit eins endlich viele Werte annimmt, wurde eine Version von $\mathbb{E}(X|Z)$ auf Seite 795 bestimmt.

Mithilfe bedingter Erwartungen definiert man eine wichtige Klasse stochastischer Prozesse, die *Martingale*. Eine Folge $(X_n)_{n\in\mathbb{N}}$ reeller Zufallsvariablen auf Ω mit $\mathbb{E}|X_n| < \infty$ für jedes n heißt **Martingal**, falls gilt:

$$\mathbb{E}(X_{n+1}|X_1, \ldots, X_n) = X_n \quad \mathbb{P}\text{-f.s.}, \quad n \ge 1. \tag{22.73}$$

Dabei ist die Gleichheit $\mathbb{P}$-fast sicher so zu verstehen, dass X_n eine Version von $\mathbb{E}(X_{n+1}|X_1, \ldots, X_n)$ ist. Interpretiert man X_n als Spielstand nach der n-ten Durchführung eines Spiels, so beschreiben Martingale „im Mittel faire Spiele“. Gilt in (22.73) stets „$\le$“ bzw. stets „$\ge$“, so heißt die Folge (X_n) ein **Supermartingal** bzw. ein **Submartingal**.

Literatur

A. Klenke: *Wahrscheinlichkeitstheorie*. 3. Aufl. Springer Spektrum, Heidelberg 2013.

Beweis: Nach (22.59) gilt die Behauptung für Indikatorfunktionen und folglich mittels algebraischer Induktion auch für nichtnegative messbare Funktionen. Ist f $\mathbb{P}_1 \otimes \mathbb{P}_{1,2}$-integrierbar, so ergibt sich mit Folgerung b) aus der Markov-Ungleichung auf Seite 245, dass für $\mathbb{P}_1$-fast alle $\omega_1 \in \Omega_1$ der auf der rechten Seite von (22.74) in Klammern stehende Integrand endlich und somit $f(\omega_1, \cdot)$ bezüglich $\mathbb{P}_{1,2}(\omega_1, \cdot)$-integrierbar ist. Also ist die Abbildung

$$\omega_1 \mapsto \int_{\Omega_2} f(\omega_1, \omega_2)\, \mathbb{P}_{1,2}(\omega_1, \mathrm{d}\omega_2)$$

$\mathbb{P}_1$-fast sicher definiert, und die Zerlegung $f = f^+ - f^-$ liefert die Behauptung. ■

Spezialisiert man dieses Ergebnis auf die Situation zu Beginn des Kommentars auf Seite 848, so ergibt sich:

Iterierte Erwartungswertbildung

Es seien $\mathbf{Z}$ und $\mathbf{X}$ ein k- bzw. n-dimensionaler Zufallsvektor auf einem Wahrscheinlichkeitsraum $(\Omega, \mathcal{A}, \mathbb{P})$. Weiter sei $f: \mathbb{R}^{k+n} \to \mathbb{R}$ eine messbare Funktion derart, dass $\mathbb{E}|f(\mathbf{Z}, \mathbf{X})| < \infty$. Dann gilt

$$\mathbb{E}f(\mathbf{Z}, \mathbf{X}) = \int_{\mathbb{R}^k} \mathbb{E}\,[f(\mathbf{Z}, \mathbf{X})|\mathbf{Z} = z]\, \mathbb{P}^{\mathbf{Z}}(\mathrm{d}z)\,.$$

Hierbei ist

$$\mathbb{E}[f(\mathbf{Z}, \mathbf{X})|\mathbf{Z} = z] := \int_{\mathbb{R}^n} f(z, x) \mathbb{P}^{\mathbf{X}}_{\mathbf{Z}=z}(\mathrm{d}x)$$

der sogenannte **bedingte Erwartungswert von $f(\mathbf{Z}, \mathbf{X})$ unter der Bedingung $\mathbf{Z} = z$.**

Im Fall $n = 1$ ist X eine reelle Zufallsvariable, sodass Kenngrößen der bedingten Verteilung von X unter der Bedingung $\mathbf{Z} = z$ bestimmt werden können. Für den Spezialfall $f(x, z) = x$ ergibt sich dann aus obigem Resultat:

Bedingter Erwartungswert

Es seien X eine Zufallsvariable $\mathbf{Z}$ ein k-dimensionaler Zufallsvektor. Falls $\mathbb{E}|X| < \infty$, so gilt

$$\mathbb{E}(X) = \int_{\mathbb{R}^k} \mathbb{E}(X|\mathbf{Z} = z)\, \mathbb{P}^{\mathbf{Z}}(\mathrm{d}z)\,.$$

Dabei ist

$$\mathbb{E}(X|\mathbf{Z} = z) := \int_{\mathbb{R}} x\, \mathbb{P}^{X}_{\mathbf{Z}=z}(\mathrm{d}x)$$

der **bedingte Erwartungswert von X unter der Bedingung $\mathbf{Z} = \mathbf{z}$.**

Der bedingte Erwartungswert $\mathbb{E}(X|\mathbf{Z} = z)$ ist also nichts anderes als der Erwartungswert der bedingten Verteilung von X unter der Bedingung $\mathbf{Z} = z$. Besitzt X unter der Bedingung $\mathbf{Z} = z$ die bedingte Dichte $f(\cdot|z)$, so gilt

$$\mathbb{E}(X|\mathbf{Z} = z) = \int_{\mathbb{R}} x\, f(x|z)\, \mathrm{d}x\,.$$

Beispiel Bivariate Normalverteilung

Der Zufallsvektor (X, Y) besitze die nichtausgeartete bivariate Normalverteilung

$$\mathrm{N}_2\left(\begin{pmatrix}\mu\\ \nu\end{pmatrix}, \begin{pmatrix}\sigma^2 & \rho\sigma\tau\\ \rho\sigma\tau & \tau^2\end{pmatrix}\right),$$

wobei $\mu = \mathbb{E}X$, $\nu = \mathbb{E}Y$, $\sigma^2 = \mathbb{V}(X)$, $\tau^2 = \mathbb{V}(Y)$, $\rho = \rho(X, Y)$.

Es liegt somit ein Spezialfall der allgemeinen Situation des Beispiels auf Seite 851 mit $k = l = 1$ und

$$\Sigma_{11} = (\sigma^2),\ \Sigma_{22} = (\tau^2),\ \Sigma_{12} = (\rho\sigma\tau)$$

vor. Wegen $\Sigma_{22}^{-1} = \tau^{-2}$ ist nach (22.71) die bedingte Verteilung von X unter der Bedingung $Y = y$ die Normalverteilung

$$\mathrm{N}\left(\mu + \rho\,\frac{\sigma}{\tau}(y - \nu), \sigma^2(1 - \rho^2)\right).$$

Folglich gilt

$$\mathbb{E}(X|Y = y) = \mu + \rho\,\frac{\sigma}{\tau}\,(y - \nu)\,;$$

der bedingte Erwartungswert ist also eine affine Funktion von y.

Nach dem Satz auf Seite 791 (unter Vertauschung der Rollen von X und Y) wird die mittlere quadratische Abweichung $\mathbb{E}(X - a - bY)^2$ für die Wahl

$$\begin{aligned} b &= \frac{\mathrm{Cov}(X, Y)}{\mathbb{V}(Y)} = \rho\,\frac{\sigma}{\tau},\\ a &= \mathbb{E}(X) - b\mathbb{E}(Y) = \mu - \rho\,\frac{\sigma}{\tau}\,\nu \end{aligned}$$

minimal. Die sogenannte *bedingte Erwartung*

$$\mathbb{E}(X|Y) = \mu + \rho\,\frac{\sigma}{\tau}\,(Y - \nu)$$

(vgl. die Hintergrundinformation auf Seite 852) liefert also eine Bestapproximation von X im quadratischen Mittel durch eine *affine* Funktion von Y. Nach den Ausführungen auf Seite 852 ist diese Approximation sogar bestmöglich innerhalb der größeren Klasse aller messbaren Funktionen $h(Y)$ von Y mit $\mathbb{E}h(Y)^2 < \infty$. ◀

22.6 Charakteristische Funktionen (Fourier-Transformation)

Charakteristische Funktionen sind ein wichtiges Hilfsmittel der analytischen Wahrscheinlichkeitstheorie, insbesondere bei der Charakterisierung von Verteilungen und der Herleitung von Grenzwertsätzen. In diesem Abschnitt stellen wir die wichtigsten Eigenschaften charakteristischer Funktionen vor und beginnen dabei mit einem kleinen Exkurs über komplexwertige Zufallsvariablen.

Ist $(\Omega, \mathcal{A}, \mathbb{P})$ ein im Folgenden fest gewählter Wahrscheinlichkeitsraum, und sind U, V reelle Zufallsvariablen auf Ω, so ist $Z := U + \mathrm{i}V$ eine $\mathbb{C}$-wertige Zufallsvariable auf Ω. Hierbei ist $\mathbb{C}$ mit der σ-Algebra $\mathcal{B}(\mathbb{C}) := \{\{u + \mathrm{i}v : (u, v) \in B\} : B \in \mathcal{B}^2\}$ versehen. Das Symbol i bezeichne die *imaginäre Einheit* in $\mathbb{C}$; es gilt also $\mathrm{i}^2 = -1$. Ist $Z = U + \mathrm{i}V$ eine komplexwertige Zufallsvariable mit *Realteil* $U = \operatorname{Re} Z$ und *Imaginärteil* $V = \operatorname{Im} Z$, so definieren wir

$$\mathbb{E}Z := \mathbb{E}U + \mathrm{i}\,\mathbb{E}V\,,$$

falls $\mathbb{E}U$ und $\mathbb{E}V$ und damit $\mathbb{E}|Z|$ existieren. Die Rechenregeln für Erwartungswerte bleiben auch für Zufallsvariablen mit Werten in $\mathbb{C}$ gültig. Zusätzlich gilt

$$|\mathbb{E}Z| \leq \mathbb{E}|Z|\,. \tag{22.75}$$

Zum Nachweis von (22.75) betrachten wir die Polarkoordinaten-Darstellung $\mathbb{E}Z = r\mathrm{e}^{\mathrm{i}\vartheta}$ mit $r = |\mathbb{E}Z|$ und $\vartheta = \arg \mathbb{E}Z$. Wegen $\operatorname{Re}(\mathrm{e}^{-\mathrm{i}\vartheta} Z) \leq |Z|$ folgt

$$|\mathbb{E}Z| = r = \mathbb{E}\left(\mathrm{e}^{-\mathrm{i}\vartheta} Z\right) = \mathbb{E}\left(\operatorname{Re}(\mathrm{e}^{-\mathrm{i}\vartheta} Z)\right) \leq \mathbb{E}|Z|\,.$$

?

Warum gilt $\mathbb{E}(cZ) = c\,\mathbb{E}Z$ für $c \in \mathbb{C}$?

Definition der charakteristischen Funktion

Es sei X eine reelle Zufallsvariable mit Verteilung $\mathbb{P}^X$ und Verteilungsfunktion F. Dann heißt die durch

$$\varphi_X(t) := \mathbb{E}\left(\mathrm{e}^{\mathrm{i}tX}\right) = \int_{-\infty}^{\infty} \mathrm{e}^{\mathrm{i}tx}\,\mathbb{P}^X(\mathrm{d}x)$$

definierte Funktion $\varphi_X : \mathbb{R} \to \mathbb{C}$ die **charakteristische Funktion von X**.

Kommentar:

- Als Erwartungswert einer Funktion von X hängt φ_X nicht von der konkreten Gestalt des zugrunde liegenden Wahrscheinlichkeitsraums ab. Aus diesem Grund nennt man φ_X auch die *charakteristische Funktion der Verteilung* $\mathbb{P}^X$ *von* X oder auch die *charakteristische Funktion von* F. Synonym hierfür ist auch die Bezeichnung **Fourier-Transformierte** (von X, von $\mathbb{P}^X$, von F) gebräuchlich, wofür der Mathematiker Jean-Baptiste-Joseph de Fourier (1768–1830) Pate steht. Man beachte, dass $\varphi_X(t)$ wegen $|\mathrm{e}^{\mathrm{i}tX}| \leq 1$ wohldefiniert ist.
- Für eine $\mathbb{N}_0$-wertige Zufallsvariable X haben wir in Abschnitt 21.6 die *erzeugende Funktion* von X durch $\mathbb{E}(s^X)$, $|s| \leq 1$, definiert. Für solche Zufallsvariablen wird also bei der Bildung der charakteristischen Funktion formal s durch $\mathrm{e}^{\mathrm{i}t}$ ersetzt.

Besitzt X eine Dichte f, so berechnet sich φ_X gemäß

$$\begin{aligned}\varphi_X(t) &= \int_{-\infty}^{\infty} \mathrm{e}^{\mathrm{i}tx} f(x)\,\mathrm{d}x \\ &= \int_{-\infty}^{\infty} \cos(tx) f(x)\,\mathrm{d}x + \mathrm{i}\int_{-\infty}^{\infty} \sin(tx) f(x)\,\mathrm{d}x.\end{aligned}$$

Ist X diskret verteilt mit $\mathbb{P}(X \in \{x_1, x_2, \ldots\}) = 1$, so gilt

$$\begin{aligned}\varphi_X(t) &= \sum_k \mathrm{e}^{\mathrm{i}tx_k}\,\mathbb{P}(X = x_k) \\ &= \sum_k \cos(tx_k)\mathbb{P}(X = x_k) + \mathrm{i}\sum_k \sin(tx_k)\mathbb{P}(X = x_k).\end{aligned}$$

Beispiel

- Eine Zufallsvariable X mit der Binomialverteilung $\operatorname{Bin}(n, p)$ besitzt die charakteristische Funktion

$$\varphi_X(t) = \left(1 - p + p\mathrm{e}^{\mathrm{i}t}\right)^n,$$

denn es ist

$$\begin{aligned}\mathbb{E}\left(\mathrm{e}^{\mathrm{i}tX}\right) &= \sum_{k=0}^{n} \binom{n}{k} p^k (1-p)^{n-k} \mathrm{e}^{\mathrm{i}tk} \\ &= \sum_{k=0}^{n} \binom{n}{k} \left(p\mathrm{e}^{\mathrm{i}t}\right)^k (1-p)^{n-k},\end{aligned}$$

sodass die binomische Formel die Behauptung liefert.

- Im Fall $X \sim \mathrm{N}(0, 1)$ der Standardnormalverteilung gilt

$$\varphi_X(t) = \exp\left(-\frac{t^2}{2}\right). \tag{22.76}$$

Zum Nachweis sei $f(x) := (2\pi)^{-1/2} \exp(-\frac{1}{2}x^2)$, $x \in \mathbb{R}$, gesetzt. Wegen $f(x) = f(-x)$ und $f'(x) = -xf(x)$ folgt

$$\varphi_X(t) = \int_{-\infty}^{\infty} \cos(tx)\, f(x)\,\mathrm{d}x\,.$$

Mit dem Satz über die Ableitung eines Parameterintegrals auf Seite 247 und partieller Integration ergibt sich

$$\begin{aligned}\varphi_X'(t) &= \int_{-\infty}^{\infty} \sin(tx) \cdot (-x\, f(x))\,\mathrm{d}x \\ &= -t \int_{-\infty}^{\infty} \cos(tx)\, f(x)\,\mathrm{d}x \\ &= -t\,\varphi_X(t).\end{aligned}$$

Die einzige Lösung dieser Differenzialgleichung mit der Anfangsbedingung $\varphi_X(0) = 1$ ist $\varphi_X(t) = \exp(-t^2/2)$.

- Besitzt X die Poisson-Verteilung $\operatorname{Po}(\lambda)$, so gilt

$$\varphi_X(t) = \exp(\lambda(\mathrm{e}^{\mathrm{i}t} - 1))\,.$$

◄

?

Können Sie die charakteristische Funktion der Poisson-Verteilung $\mathrm{Po}(\lambda)$ herleiten?

Die nachstehenden Eigenschaften folgen direkt aus der Definition. Dabei bezeichne wie üblich $\bar{z} = u - \mathrm{i}v$ die zu $z = u + \mathrm{i}v$ $(u, v \in \mathbb{R})$ *konjugiert komplexe Zahl.*

Elementare Eigenschaften von φ_X

Für die charakteristische Funktion φ_X einer Zufallsvariablen X gelten:

a) $\varphi_X(0) = 1, \quad |\varphi_X(t)| \leq 1, \quad t \in \mathbb{R}$,

b) φ_X ist gleichmäßig stetig,

c) $\varphi_X(-t) = \overline{\varphi_X(t)}, \quad t \in \mathbb{R}$,

d) $\varphi_{aX+b}(t) = \mathrm{e}^{\mathrm{i}tb} \cdot \varphi_X(at), \quad a, b, t \in \mathbb{R}$.

Beweis: a) folgt unmittelbar aus der Definition von φ_X und (22.75). Zum Nachweis von b) schreiben wir im Folgenden abkürzend $\varphi = \varphi_X$. Mit (22.75) ergibt sich

$$\begin{aligned}|\varphi(t+h) - \varphi(t)| &= \left|\mathbb{E}\left(\mathrm{e}^{\mathrm{i}(t+h)X} - \mathrm{e}^{\mathrm{i}tX}\right)\right| \\ &= |\mathbb{E}(\mathrm{e}^{\mathrm{i}tX}(\mathrm{e}^{\mathrm{i}hX} - 1))| \\ &\leq \mathbb{E}|\mathrm{e}^{\mathrm{i}hX} - 1|.\end{aligned}$$

Nach dem Satz über die Stetigkeit eines Parameterintegrals auf Seite 247 gilt $\lim_{h\to 0} \mathbb{E}|\mathrm{e}^{\mathrm{i}hX} - 1| = 0$. Zusammen mit der obigen Ungleichungskette folgt die gleichmäßige Stetigkeit von φ. Der Nachweis von c) und d) ist Gegenstand von Aufgabe 22.24. ■

Beispiel Normalverteilung $\mathbf{N}(\mu, \sigma^2)$

Wegen $X_0 \sim \mathrm{N}(0, 1) \Longrightarrow X := \sigma X_0 + \mu \sim \mathrm{N}(\mu, \sigma^2)$ ist die charakteristische Funktion der Normalverteilung $\mathrm{N}(\mu, \sigma^2)$ nach Eigenschaft d) mit $a = \sigma$ und $b = \mu$ und $\varphi_{X_0}(t) = \exp(-t^2/2)$ durch

$$\varphi_X(t) = \exp\left(\mathrm{i}\mu t - \frac{\sigma^2 t^2}{2}\right), \quad t \in \mathbb{R}, \qquad (22.77)$$

gegeben. ◀

Nach Eigenschaft a) liegen die Werte der charakteristischen Funktion im abgeschlossenen Einheitskreis der komplexen Zahlenebene. Dass im Fall einer standardnormalverteilten Zufallsvariablen X nur reelle Werte auftreten, liegt daran, dass die Verteilung von X symmetrisch zu null ist (siehe Aufgabe 22.7). Allgemein ist das Bild $\{\varphi_X(t) : t \in \mathbb{R}\}$ eine Kurve im Einheitskreis. Da die Funktion $t \mapsto \mathrm{e}^{\mathrm{i}t}$ 2π-periodisch ist, besitzen auch die charakteristischen Funktionen der Binomialverteilung und der Poisson-Verteilung diese Periode. Abbildung 22.30 zeigt die Kurven $t \mapsto \varphi_X(t)$, $0 \leq t \leq 2\pi$ für die Poisson-Verteilungen $\mathrm{Po}(\lambda)$ mit $\lambda = 1$ (blau), $\lambda = 5$ (rot) und $\lambda = 10$ (grün). Gilt allgemein $|\varphi_X(2\pi/h)| = 1$ für ein $h > 0$, so existiert ein $a \in \mathbb{R}$ mit $\mathbb{P}(X \in \{a + hm : m \in \mathbb{Z}\} = 1)$ (Aufgabe 22.27). Für die Poisson-Verteilung ist diese Eigenschaft mit $a = 0$ und $h = 1$ erfüllt.

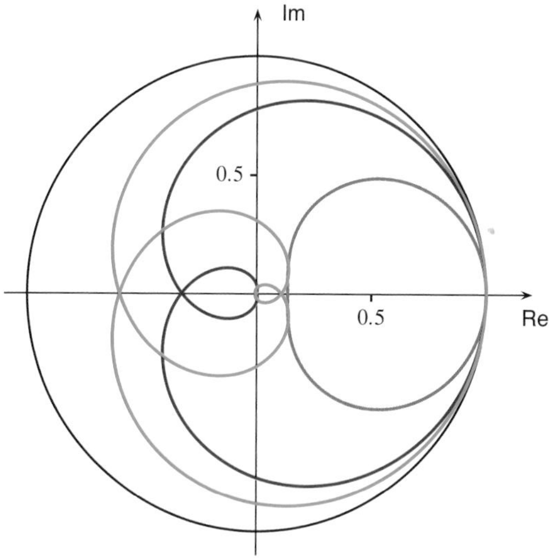

Abbildung 22.30 Charakteristische Funktionen der Poisson-Verteilungen $\mathrm{Po}(\lambda)$ mit $\lambda = 1$ (blau), $\lambda = 5$ (rot) und $\lambda = 10$ (grün).

Die folgenden Ergebnisse zeigen, dass die Existenz von Momenten von X mit Glattheitseigenschaften von φ_X verknüpft ist.

Charakteristische Funktionen und Momente

Gilt $\mathbb{E}|X|^k < \infty$ für ein $k \geq 1$, so ist φ_X k mal stetig differenzierbar, und es gilt für $r = 1, \ldots, k$

$$\varphi_X^{(r)}(t) = \frac{\mathrm{d}^r \varphi_X}{\mathrm{d}t^r}(t) = \int_{-\infty}^{\infty} (\mathrm{i}x)^r \mathrm{e}^{\mathrm{i}tx}\, \mathbb{P}^X(\mathrm{d}x), \quad t \in \mathbb{R},$$

insbesondere also

$$\varphi_X^{(r)}(0) = \mathrm{i}^r\, \mathbb{E}X^r, \quad r = 1, \ldots, k. \qquad (22.78)$$

Mit der Abkürzung $x \wedge y := \min(x, y)$ gilt weiter für jedes $t \in \mathbb{R}$

$$\left|\varphi_X(t) - \sum_{r=0}^{k} \frac{(\mathrm{i}t)^r}{r!} \mathbb{E}X^r\right| \leq \mathbb{E}\left(\frac{2|tX|^k}{k!} \wedge \frac{|tX|^{k+1}}{(k+1)!}\right) \qquad (22.79)$$

Beweis: Mit $\varphi := \varphi_X$ gilt für $h \in \mathbb{R}$ mit $h \neq 0$

$$\frac{\varphi(t+h) - \varphi(t)}{h} = \int \mathrm{e}^{\mathrm{i}tx} \left(\frac{\mathrm{e}^{\mathrm{i}hx} - 1}{h}\right) \mathbb{P}^X(\mathrm{d}x).$$

Wegen

$$\left|\frac{\mathrm{e}^{\mathrm{i}hx} - 1}{h}\right| \leq |x| \quad \text{und} \quad \lim_{h\to 0} \frac{\mathrm{e}^{\mathrm{i}hx} - 1}{h} = \mathrm{i}x$$

liefert der Satz von der Ableitung eines Parameterintegrals auf Seite 247 die Existenz der Ableitung φ' von φ und die Identität

$$\varphi'(t) = \int \mathrm{i}x\, \mathrm{e}^{\mathrm{i}tx}\, \mathbb{P}^X(\mathrm{d}x)\,, \qquad t \in \mathbb{R}\,.$$

Die Darstellung für $\varphi^{(r)}(t)$ ergibt sich jetzt durch Induktion über r, $1 \le r \le k$. Zum Nachweis der Abschätzung (22.79) verwenden wir, dass für den Restterm

$$R_k(x) := \mathrm{e}^{\mathrm{i}x} - \sum_{r=0}^{k} \frac{(\mathrm{i}x)^r}{r!}\,, \qquad x \in \mathbb{R},\ k \in \mathbb{N}_0\,,$$

der Exponentialreihe die Ungleichung

$$|R_k(x)| \le \frac{2|x|^k}{k!} \wedge \frac{|x|^{k+1}}{(k+1)!}\,, \qquad x \in \mathbb{R},\ k \in \mathbb{N}_0\,, \tag{22.80}$$

gilt. Der Beweis von (22.80) erfolgt durch Induktion über k. Offenbar ist

$$R_0(x) = \mathrm{e}^{\mathrm{i}x} - 1 = \int_0^x \mathrm{i}\mathrm{e}^{\mathrm{i}y}\,\mathrm{d}y\,.$$

Aus diesen beiden Gleichungen ergibt sich

$$|R_0(x)| \le 2 \text{ und } |R_0(x)| \le |x|\,,$$

womit der Induktionsanfang gezeigt ist. Wegen

$$R_{k+1}(x) = \mathrm{i}\int_0^x R_k(y)\,\mathrm{d}y$$

folgt für jedes $k \ge 0$

$$\begin{aligned} |R_{k+1}(x)| &\le \int_0^x \frac{2|y|^k}{k!}\,\mathrm{d}y \le \frac{2|x|^{k+1}}{(k+1)!}\,, \\ |R_{k+1}(x)| &\le \int_0^x \frac{|y|^{k+1}}{(k+1)!}\,\mathrm{d}y \le \frac{|x|^{k+2}}{(k+2)!} \end{aligned}$$

und damit der Induktionsschluss. Abschätzung (22.79) erhält man jetzt durch Ersetzen von x durch X in (22.80) und Bildung des Erwartungswertes. ■

Das folgende Resultat zeigt, dass sich charakteristische Funktionen – ebenso wie erzeugende Funktionen $\mathbb{N}_0$-wertiger Zufallsvariablen – multiplikativ gegenüber der Addition *unabhängiger* Zufallsvariablen verhalten.

Die Multiplikationsformel für charakteristische Funktionen

Für unabhängige Zufallsvariablen $X_1, \ldots, X_n$ gilt

$$\varphi_{X_1+\ldots+X_n}(t) = \prod_{j=1}^{n} \varphi_{X_j}(t)\,, \qquad t \in \mathbb{R}\,.$$

Beweis: Es sei o.B.d.A. $n = 2$ und abkürzend $X = X_1$, $Y = X_2$ gesetzt. Da sich die Multiplikationsformel für Erwartungswerte reeller Zufallsvariablen auf Seite 836 durch Zerlegung in Real- und Imaginärteil unmittelbar auf $\mathbb{C}$-wertige Zufallsvariablen überträgt und mit X und Y auch $\mathrm{e}^{\mathrm{i}tX}$ und $\mathrm{e}^{\mathrm{i}tY}$ unabhängig sind, folgt

$$\begin{aligned} \varphi_{X+Y}(t) &= \mathbb{E}\left(\mathrm{e}^{\mathrm{i}t(X+Y)}\right) \\ &= \mathbb{E}\left(\mathrm{e}^{\mathrm{i}tX}\,\mathrm{e}^{\mathrm{i}tY}\right) \\ &= \mathbb{E}\left(\mathrm{e}^{\mathrm{i}tX}\right)\mathbb{E}\left(\mathrm{e}^{\mathrm{i}tY}\right) \\ &= \varphi_X(t)\,\varphi_Y(t)\,. \end{aligned}$$ ■

?

Können Sie die Formel $\mathbb{E}(WZ) = \mathbb{E}W\,\mathbb{E}Z$ für unabhängige $\mathbb{C}$-wertige Zufallsvariablen aus der Multiplikationsformel für Erwartungswerte reeller Zufallsvariablen herleiten?

Aus der charakteristischen Funktion erhält man die Verteilungsfunktion

Die nächsten Resultate rechtfertigen die Namensgebung *charakteristische* Funktion. Sie zeigen, dass die Kenntnis von φ_X zur Bestimmung der Verteilung von X ausreicht.

Satz über Umkehrformeln

Es sei X eine Zufallsvariable mit charakteristischer Funktion φ. Dann gelten:

a) Sind $a, b \in \mathbb{R}$ mit $a < b$, so gilt

$$\begin{aligned} &\lim_{T\to\infty} \frac{1}{2\pi}\int_{-T}^{T} \frac{\mathrm{e}^{-\mathrm{i}ta} - \mathrm{e}^{-\mathrm{i}tb}}{\mathrm{i}t} \cdot \varphi(t)\,\mathrm{d}t \\ &= \frac{1}{2}\mathbb{P}(X=a) + \mathbb{P}(a < X < b) + \frac{1}{2}\mathbb{P}(X=b) \end{aligned}$$

(Umkehrformel für die Verteilungsfunktion).

b) Ist

$$\int_{-\infty}^{\infty} |\varphi(t)|\,\mathrm{d}t < \infty\,, \tag{22.81}$$

so besitzt X eine stetige beschränkte λ^1-Dichte f, die durch

$$f(x) = \frac{1}{2\pi}\int_{-\infty}^{\infty} \mathrm{e}^{-\mathrm{i}tx}\,\varphi(t)\,\mathrm{d}t$$

gegeben ist **(Umkehrformel für Dichten)**.

Beweis: a) Es sei für $T > 0$

$$\begin{aligned} I(T) &:= \frac{1}{2\pi}\int_{-T}^{T} \frac{\mathrm{e}^{-\mathrm{i}ta} - \mathrm{e}^{-\mathrm{i}tb}}{\mathrm{i}t}\,\varphi(t)\,\mathrm{d}t \\ &= \frac{1}{2\pi}\int_{-T}^{T} \frac{\mathrm{e}^{-\mathrm{i}ta} - \mathrm{e}^{-\mathrm{i}tb}}{\mathrm{i}t}\left[\int_{-\infty}^{\infty} \mathrm{e}^{\mathrm{i}tx}\,\mathbb{P}^X(\mathrm{d}x)\right]\mathrm{d}t \end{aligned}$$

gesetzt. Wegen

$$\left|\frac{e^{-ita}-e^{-itb}}{it}\right| = \left|\int_a^b e^{-it\xi}d\xi\right| \le b-a$$

liefert der Satz von Fubini

$$I(T) = \int_{-\infty}^{\infty}\left[\frac{1}{2\pi}\int_{-T}^{T}\frac{e^{it(x-a)}-e^{it(x-b)}}{it}\,dt\right]\mathbb{P}^X(dx)\,.$$

Setzen wir

$$S(T) := \int_0^T \frac{\sin x}{x}\,dx\,, \quad T \ge 0\,,$$

so folgt wegen

$$\int_0^T \frac{\sin t\vartheta}{t}dt = \operatorname{sgn}(\vartheta)S(T|\vartheta|)\,, \quad T\ge 0, \vartheta \in \mathbb{R}\,,$$

und Symmetrieüberlegungen

$$\begin{aligned} I(T) &= \int_{-\infty}^{\infty}\frac{1}{\pi}\int_0^T\frac{\sin(t(x-a))-\sin(t(x-b))}{t}\,dt\,\mathbb{P}^X(dx) \\ &= \int_{-\infty}^{\infty} g(x,T)\,\mathbb{P}^X(dx)\,, \end{aligned}$$

wobei

$$g(x,T) := \frac{\operatorname{sgn}(x-a)S(T|x-a|)-\operatorname{sgn}(x-b)\,S(T|x-b|)}{\pi}\,.$$

Die Funktion $g(x,T)$ ist beschränkt, und nach (7.77) gilt

$$\psi_{a,b}(x) := \lim_{T\to\infty} g(x,T) = \begin{cases} 0, \text{ falls } x<a \text{ oder } x>b\,, \\ 1/2, \text{ falls } x=a \text{ oder } x=b\,, \\ 1, \text{ falls } a<x<b\,. \end{cases}$$

Der Satz von der dominierten Konvergenz ergibt jetzt

$$\begin{aligned} \lim_{T\to\infty} I(T) &= \int_{-\infty}^{\infty}\psi_{a,b}(x)\,\mathbb{P}^X(dx) \\ &= \frac{1}{2}\mathbb{P}^X(\{a\}) + \mathbb{P}^X((a,b)) + \frac{1}{2}\mathbb{P}^X(\{b\})\,, \end{aligned}$$

was zu zeigen war.

b) Die durch $f(x) := (2\pi)^{-1}\int_{-\infty}^{\infty} e^{-itx}\varphi(t)\,dt$ definierte Funktion $f\colon \mathbb{R}\to\mathbb{C}$ ist wegen

$$|f(x)| \le \frac{1}{2\pi}\int_{-\infty}^{\infty}|\varphi(t)|\,dt < \infty$$

beschränkt. Weiter gilt

$$|f(x)-f(y)| \le \frac{1}{2\pi}\int_{-\infty}^{\infty}|e^{-itx}-e^{-ity}|\,|\varphi(t)|\,dt\,,$$

sodass der Satz von der dominierten Konvergenz die Stetigkeit von f liefert. Für $a,b\in\mathbb{R}$ mit $a<b$ gilt mit dem Satz von Fubini

$$\begin{aligned} \int_a^b f(x)\,dx &= \int_a^b \frac{1}{2\pi}\int_{-\infty}^{\infty} e^{-itx}\varphi(t)\,dt\,dx \\ &= \frac{1}{2\pi}\int_{-\infty}^{\infty}\varphi(t)\int_a^b e^{-itx}\,dx\,dt \\ &= \lim_{T\to\infty}\frac{1}{2\pi}\int_{-T}^{T}\varphi(t)\frac{e^{-ita}-e^{-itb}}{it}dt\,, \end{aligned}$$

sodass die Reellwertigkeit von f aus Teil a) folgt. Des Weiteren ergibt sich die Stetigkeit von f sowie $\mathbb{P}^X = f\lambda^1$. ■

Bezeichnet F die Verteilungsfunktion von x, so ist der Grenzwert in Teil a) des Satzes über Umkehrformeln gleich der Differenz $F(b)-F(a)$, wenn a und b Stetigkeitsstellen von F sind. Da F durch die Werte $F(a)$ in allen Stetigkeitsstellen eindeutig bestimmt ist, folgt aus der Gleichheit zweier charakteristischer Funktionen, dass die zugehörigen Verteilungen identisch sind. In diesem Sinn *charakterisiert* φ_X die Verteilung von X. Wir halten dieses Ergebnis wie folgt fest:

Eindeutigkeitssatz für charakteristische Funktionen

Sind X und Y Zufallsvariablen, so gilt:

$$\mathbb{P}^X = \mathbb{P}^Y \iff \varphi_X(t) = \varphi_Y(t)\,, \quad t\in\mathbb{R}\,.$$

Der Zusammenhang zwischen der Existenz von Momenten von X und Differenzierbarkeitseigenschaften von φ_X zeigt, dass das Verhalten einer Verteilung „in den Flanken" mit „Glattheitseigenschaften" der charakteristischen Funktion verknüpft ist. Wie die Umkehrformel b) auf Seite 856 zeigt, hängt andererseits das Verhalten der charakteristischen Funktion für $|t|\to\infty$ mit „Glattheitseigenschaften" der Verteilungsfunktion zusammen. Diesbezüglich soll noch eine später benötigte Ungleichung bewiesen werden.

Wahrscheinlichkeits-Ungleichung für charakteristische Funktionen

Es sei X eine Zufallsvariable mit charakteristischer Funktion φ. Dann gilt für jede positive reelle Zahl a:

$$\mathbb{P}\left(|X|\ge\frac{1}{a}\right) \le \frac{7}{a}\int_0^a(1-\operatorname{Re}\varphi(t))\,dt\,.$$

Beweis: Wegen $u^{-1}\sin u \le \sin 1$ für $|u|\ge 1$ und $1-\sin 1 \ge \frac{1}{7}$ folgt

$$\begin{aligned} \frac{1}{a}\int_0^a(1-\operatorname{Re}\varphi(t))\,dt &= \int\frac{1}{a}\int_0^a(1-\cos(tx))\,dt\,\mathbb{P}^X(dx) \\ &= \int\left(1-\frac{\sin(ax)}{ax}\right)\mathbb{P}^X(dx) \\ &\ge \int_{\{|x|\ge 1/a\}}\left(1-\frac{\sin(ax)}{ax}\right)\mathbb{P}^X(dx) \\ &\ge (1-\sin 1)\int_{\{|x|\ge 1/a\}} 1\,\mathbb{P}^X(dx) \\ &\ge \frac{1}{7}\mathbb{P}\left(|X|\ge\frac{1}{a}\right). \end{aligned}$$

■

Hintergrund und Ausblick: Charakteristische Funktionen von Zufallsvektoren

Auch für Zufallsvektoren lassen sich charakteristische Funktionen definieren. Aus einem Eindeutigkeitssatz ergibt sich der Satz von Radon-Herglotz-Cramér-Wold, wonach eine multivariate Verteilung durch die Verteilungen aller eindimensionalen Projektionen festgelegt ist. Dieser Sachverhalt bildet u.a. den Ausgangspunkt der Computertomographie.

Für einen k-dimensionalen Zufallsvektor $\mathbf{X} = (X_1, \ldots, X_k)^\top$ heißt die durch

$$\varphi_{\mathbf{X}}(t) := \mathbb{E}\left(\exp(\mathrm{i}t^\top \mathbf{X})\right)$$

definierte Abbildung $\varphi_{\mathbf{X}} \colon \mathbb{R}^k \to \mathbb{C}$ die **charakteristische Funktion** von $\mathbf{X}$.

Wie im Fall $k = 1$ gelten auch hier

- $\varphi_{\mathbf{X}}(0) = 1, \ |\varphi_{\mathbf{X}}(t)| \le 1,$
- $\varphi_{\mathbf{X}}$ ist gleichmäßig stetig,
- $\varphi_{\mathbf{X}}(-t) = \overline{\varphi_{\mathbf{X}}(t)},$

und direkt aus der Definition folgt das Verhalten

$$\varphi_{A\mathbf{X}+b}(t) = \mathrm{e}^{\mathrm{i}t^\top b}\, \varphi_{\mathbf{X}}\left(A^\top t\right)$$

unter einer affinen Transformation $x \mapsto Ax + b$ mit einer $(n \times k)$-Matrix A und $b \in \mathbb{R}^n$.

In Verallgemeinerung der Umkehrformel für die Verteilungsfunktion auf Seite 856 gilt für jeden kompakten Quader $B = [a_1, b_1] \times \ldots \times [a_k, b_k] \subset \mathbb{R}^k$ mit der Eigenschaft, dass für jedes $j = 1, \ldots, k$ die Punkte a_j und b_j Stetigkeitsstellen der Verteilungsfunktion von X_j sind,

$$\mathbb{P}^X(B) = \lim_{T\to\infty} \frac{1}{(2\pi)^k} \int_{C_T} \prod_{\nu=1}^{k} \frac{\mathrm{e}^{-\mathrm{i}t_\nu a_\nu} - \mathrm{e}^{-\mathrm{i}t_\nu b_\nu}}{\mathrm{i}t_\nu} \varphi_{\mathbf{X}}(t)\, \mathrm{d}t.$$

Dabei ist $C_T = [-T, T]^k$ und $\mathrm{d}t = \mathrm{d}t_1 \cdots \mathrm{d}t_k$.

Da die Menge dieser Quader B die Voraussetzungen des Eindeutigkeitssatzes für Maße auf Seite 221 erfüllt, gilt auch für k-dimensionale Zufallsvektoren $\mathbf{X}$ und $\mathbf{Y}$ der *Eindeutigkeitssatz*

$$\mathbf{X} \sim \mathbf{Y} \iff \varphi_{\mathbf{X}}(t) = \varphi_{\mathbf{Y}}(t), \quad t \in \mathbb{R}^k. \tag{22.82}$$

Daran knüpft nahtlos ein bedeutendes Resultat der Mathematiker Johann Karl August Radon (1887–1956), Gustav Herglotz (1881–1953), Harald Cramér (1893–1985) und Herman Ole Andreas Wold (1908–1992) an.

Satz von Radon-Herglotz-Cramér-Wold

Sind $\mathbf{X}$ und $\mathbf{Y}$ k-dimensionale Zufallsvektoren, so gilt $\mathbf{X} \sim \mathbf{Y} \iff a^\top \mathbf{X} \sim a^\top \mathbf{Y}\ \forall a \in \mathbb{R}^k$.

Um die nichttriviale Richtung „$\Leftarrow$" zu zeigen, beachte man die Gültigkeit der Gleichungskette

$$\begin{aligned}\varphi_{\mathbf{X}}(a) &= \mathbb{E}\left(\mathrm{e}^{\mathrm{i}a^\top \mathbf{X}}\right)\\ &= \varphi_{a^\top \mathbf{X}}(1) = \varphi_{a^\top \mathbf{Y}}(1)\\ &= \mathbb{E}\left(\mathrm{e}^{\mathrm{i}a^\top \mathbf{Y}}\right) = \varphi_{\mathbf{Y}}(a), \quad a \in \mathbb{R}^k.\end{aligned}$$

Nach dem Eindeutigkeitssatz (22.82) folgt $\mathbf{X} \sim \mathbf{Y}$.

Mithilfe dieses Satzes kann man die multivariate Normalverteilung im Vergleich zu Seite 828 auf anderem Weg und allgemeiner einführen: Fasst man eine Zufallsvariable, die einen Wert mit Wahrscheinlichkeit 1 annimmt, also die Varianz 0 besitzt, als (ausgeartete) Normalverteilung auf, so definiert man:

Definition der allgemeinen k-dimensionalen Normalverteilung

Der Zufallsvektor $\mathbf{X} = (X_1, \ldots, X_k)^\top$ besitzt eine k-dimensionale Normalverteilung, falls gilt:

$$c^\top \mathbf{X} = \sum_{j=1}^{k} c_j X_j \text{ ist normalverteilt } \forall c \in \mathbb{R}^k.$$

Aus dieser Definition folgt unmittelbar, dass jede s-Auswahl $(X_{i_1}, \ldots, X_{i_s})^\top$ mit $1 \le i_1 < \ldots < i_s \le k$ eine s-dimensionale Normalverteilung besitzt und insbesondere jedes X_j normalverteilt ist. Außerdem existieren der Erwartungswertvektor $\mathbb{E}\mathbf{X}$ und die Kovarianzmatrix $\Sigma(\mathbf{X})$ von $\mathbf{X}$. Da nach den Regeln auf Seite 838

$$\mathbb{E}(c^\top \mathbf{X}) = c^\top \mathbb{E}\mathbf{X}, \ \mathbb{V}(c^\top \mathbf{X}) = c^\top \Sigma(\mathbf{X}) c, \quad c \in \mathbb{R}^k,$$

gelten, folgt mit dem Satz von Radon-Herglotz-Cramér-Wold, dass die Verteilung von $\mathbf{X}$ durch $\mu := \mathbb{E}\mathbf{X}$ und $\Sigma := \Sigma(\mathbf{X})$ eindeutig festgelegt ist. Man sagt, $\mathbf{X}$ besitze eine k-dimensionale Normalverteilung mit Erwartungswert μ und Kovarianzmatrix Σ und schreibt hierfür $\mathbf{X} \sim \mathrm{N}_k(\mu, \Sigma)$.

Die charakteristische Funktion $\varphi_{\mathbf{X}}$ von $\mathbf{X}$ ist durch

$$\varphi_{\mathbf{X}}(t) = \exp\left(\mathrm{i}\mu^\top t - \frac{t^\top \Sigma t}{2}\right), \quad t \in \mathbb{R}^k,$$

gegeben. Diese Darstellung folgt aus der Verteilungsgleichheit $t^\top \mathbf{X} \sim \mathrm{N}(t^\top \mu, t^\top \Sigma t)$ sowie dem Beispiel auf Seite 855. Die Existenz der Verteilung $\mathrm{N}_k(\mu, \Sigma)$ erhält man jetzt auch für nicht unbedingt invertierbares Σ aus der Cholesky-Zerlegung $\Sigma = AA^\top$ und dem Ansatz $\mathbf{X} := A\mathbf{Y} + \mu$ und $\mathbf{Y} = (Y_1, \ldots, Y_k)^\top$ mit unabhängigen, je $\mathrm{N}(0, 1)$-verteilten Zufallsvariablen $Y_1, \ldots, Y_k$.

Zusammenfassung

Die Verteilung einer Zufallsvariablen X ist nach Sätzen der Maßtheorie durch die **Verteilungsfunktion** $F(x) = \mathbb{P}(X \leq x)$, $x \in \mathbb{R}$, von X festgelegt. F ist monoton wachsend sowie rechtsseitig stetig, und es gelten $F(x) \to 0$ bei $x \to -\infty$ und $F(x) \to 1$ bei $x \to \infty$. Umgekehrt existiert zu jeder Funktion $F\colon \mathbb{R} \to [0,1]$ mit diesen Eigenschaften eine Zufallsvariable X mit der Verteilungsfunktion F. Ist X diskret verteilt, gilt also $\mathbb{P}(X \in D) = 1$ für eine abzählbare Menge $D \subset \mathbb{R}$, so nimmt F die Gestalt $F(x) = \sum_{t \in D:\, t \leq x} \mathbb{P}(X = t)$ an. Wie das Beispiel der Cantor'schen Verteilungsfunktion zeigt, gibt es eine stetige Verteilungsfunktion, die fast überall die Ableitung null besitzt. Eine Zufallsvariable X heißt **(absolut) stetig (verteilt)**, wenn es eine nichtnegative Borel-messbare Funktion f mit

$$\mathbb{P}(X \in B) = \mathbb{P}^X(B) = \int_B f(x)\,\mathrm{d}x, \quad B \in \mathcal{B}, \qquad (22.83)$$

gibt. Man nennt f die **Dichte** von X bzw. von $\mathbb{P}^X$. In diesem Fall hat die Verteilungsfunktion F von X die Darstellung $F(x) = \int_{-\infty}^{x} f(t)\,\mathrm{d}t$, $x \in \mathbb{R}$.

Die obige Definition einer stetigen Zufallsvariablen überträgt sich unmittelbar auf einen k-dimensionalen Zufallsvektor $\mathbf{X} = (X_1, \ldots, X_k)$, wenn man in (22.83) X durch $\mathbf{X}$ und $\mathcal{B}$ durch $\mathcal{B}^k$ ersetzt. Die Dichte f heißt dann auch **gemeinsame Dichte** von $X_1, \ldots, X_k$. Aus f erhält man die marginalen Dichten der X_j durch Integration über die nicht interessierenden Variablen. Stetige Zufallsvariablen sind stochastisch unabhängig, wenn die gemeinsame Dichte das Produkt der marginalen Dichten ist. Die Dichte der Summe zweier unabhängiger Zufallsvariablen X und Y kann über die **Faltungsformel**

$$f_{X+Y}(t) = \int_{-\infty}^{\infty} f_X(s) f_Y(t-s)\,\mathrm{d}s$$

erhalten werden.

Sind $\mathbf{X}$ ein k-dimensionaler Zufallsvektor mit Dichte f und $T\colon \mathbb{R}^k \to \mathbb{R}^s$ eine Borel-messbare Abbildung, so hat der Zufallsvektor $\mathbf{Y} := T(\mathbf{X})$ unter gewissen Voraussetzungen ebenfalls eine Dichte. Gilt im Fall $k = s$ $\mathbb{P}(\mathbf{X} \in O) = 1$ für eine offene Menge O, und ist die Restriktion von T auf O stetig differenzierbar und injektiv mit nirgends verschwindender Funktionaldeterminante, so ist

$$g(y) = \frac{f(T^{-1}(y))}{|\det T'(T^{-1}(y))|}, \quad y \in T(O),$$

und $g(y) = 0$ sonst, eine Dichte von $\mathbf{Y}$. Wichtige Transformationen $x \mapsto T(x)$ sind affine Transformationen der Gestalt $y = Ax + \mu$ mit einer invertierbaren Matrix A und $\mu \in \mathbb{R}^k$. Hiermit ergibt sich zum Beispiel aus einem Vektor $\mathbf{X} = (X_1, \ldots, X_k)^\top$ mit unabhängigen und je $\mathrm{N}(0,1)$-verteilten Zufallsvariablen $X_1, \ldots, X_k$ ein Zufallsvektor mit der k-dimensionalen Normalverteilung $\mathrm{N}_k(\mu, \Sigma)$, wobei $\Sigma = AA^\top$.

Wichtige Kenngrößen von Verteilungen sind **Erwartungswert**, **Varianz** und höhere **Momente** sowie bei Zufallsvektoren **Erwartungswertvektor** und **Kovarianzmatrix**. Alle diese Größen sind auf dem Erwartungswertbegriff aufgebaut, der für Zufallsvariablen auf einem allgemeinen Wahrscheinlichkeitsraum in der Maßtheorie als Integral $\mathbb{E}X = \int X\,\mathrm{d}\mathbb{P}$ über dem Grundraum Ω eingeführt wird. Dabei setzt man $\mathbb{E}|X| < \infty$ voraus. Ist X eine Funktion g eines k-dimensionalen Zufallsvektors $\mathbf{Z}$, der eine Dichte f (bezüglich des Borel-Lebesgue-Maßes) besitzt, so kann man $\mathbb{E}g(\mathbf{Z})$ über

$$\mathbb{E}g(\mathbf{Z}) = \int_{\mathbb{R}^k} g(x) f(x)\,\mathrm{d}x$$

berechnen. Insbesondere ist also $\mathbb{E}X = \int x f(x)\,\mathrm{d}x$, wenn X eine Dichte f besitzt, für die $\int |x| f(x)\,\mathrm{d}x < \infty$ gilt. Für einen Zufallsvektor definiert man den **Erwartungswertvektor** als Vektor der Erwartungswerte der einzelnen Komponenten und die Kovarianzmatrix als Matrix, deren Einträge die Kovarianzen zwischen den Komponenten sind. Eine Kovarianzmatrix ist symmetrisch und positiv semidefinit, und sie ist genau dann singulär, wenn wie bei der Multinomialverteilung mit Wahrscheinlichkeit eins eine lineare Beziehung zwischen den Komponenten des Zufallsvektors besteht.

Zu einer Verteilungsfunktion F (einer Zufallsvariablen X) ist die **Quantilfunktion** $F^{-1}\colon (0,1) \to \mathbb{R}$ durch

$$F^{-1}(p) := \inf\{x \in \mathbb{R}\colon F(x) \geq p\}$$

definiert. Der Wert $F^{-1}(p)$ heißt **p-Quantil von F** bzw. von $\mathbb{P}^X$. Wichtige Quantile sind der **Median** für $p = 1/2$ und das **untere** bzw. **obere Quartil**, die sich für $p = 1/4$ bzw. $p = 3/4$ ergeben. Für eine **symmetrische Verteilung** sind unter schwachen Voraussetzungen Median und Erwartungswert gleich. Ist U eine Zufallsvariable mit der Gleichverteilung $\mathrm{U}(0,1)$, so liefert die **Quantiltransformation** $X := F^{-1}(U)$ eine Zufallsvariable X mit Verteilungsfunktion F. Besitzt X eine *stetige* Verteilungsfunktion, so ergibt die **Wahrscheinlichkeitsintegraltransformation** $U := F(X)$ eine Zufallsvariable mit der Verteilung $\mathrm{U}(0,1)$.

Eine grundlegende stetige Verteilung ist die **Gleichverteilung** $\mathrm{U}(a,b)$ auf dem Intervall (a,b). Sie ergibt sich durch die Lokations-Skalen-Transformation $x \mapsto a + (b-a)x$ aus der Gleichverteilung $\mathrm{U}(0,1)$. Letztere Verteilung wird durch Pseudozufallszahlengeneratoren im Computer simuliert. Die **Normalverteilung** $\mathrm{N}(\mu, \sigma^2)$ entsteht aus der Standardnormalverteilung $\mathrm{N}(0,1)$ mit der Dichte $\varphi(x) = (2\pi)^{-1/2}\exp(-x^2/2)$ durch die Transformation $x \mapsto \sigma x + \mu$. In gleicher Weise ergibt sich die **Cauchy-Verteilung** $\mathrm{C}(\alpha, \beta)$ aus der Cauchy-Verteilung $\mathrm{C}(0,1)$ mit der Dichte $f(x) = 1/(\pi(1 + x^2))$ durch die Transformation $x \mapsto \beta x + \alpha$. Die Cauchy-Verteilung besitzt keinen Erwartungswert; hier ist das Symmetriezentrum α der Dichte als Median zu interpretieren. Die gedächtnislose **Exponentialverteilung** $\mathrm{Exp}(\lambda)$ besitzt die für $x > 0$ positive Dichte $\lambda \exp(-\lambda x)$. Durch die Potenztransformation $x \mapsto x^{1/\alpha}$, $x > 0$, erhält man hieraus die allgemeinere Klasse der **Weibull-Verteilungen** $\mathrm{Wei}(\alpha, \lambda)$ mit der Verteilungsfunktion $F(x) = 1 - \exp(-\lambda x^\alpha)$, $x > 0$. Die **Gammaverteilung** $\Gamma(\alpha, \lambda)$ besitzt die für $x > 0$ positive Dichte $f(x) = \lambda^\alpha x^{\alpha-1} \mathrm{e}^{-\lambda x} / \Gamma(\alpha)$. Sie enthält für $\alpha = k/2$ und $\lambda = 1/2$ als Spezialfall die **Chi-Quadrat-Verteilung** mit k Freiheitsgraden. Letztere ist die Verteilung der Summe von k Quadraten unabhängiger und je $\mathrm{N}(0, 1)$-verteilter Zufallsvariablen. Die **Lognormalverteilung** $\mathrm{LN}(\mu, \sigma^2)$ ist die Verteilung von e^X, wobei X $\mathrm{N}(\mu, \sigma^2)$-verteilt ist. Für die Normalverteilung und die Gammaverteilung gelten **Additionsgesetze**, die mit der Faltungsformel hergeleitet werden können.

Sind $(\Omega_1, \mathcal{A}_1, \mathbb{P}_1)$ ein Wahrscheinlichkeitsraum, $(\Omega_2, \mathcal{A}_2)$ ein Messraum und $\mathbb{P}_{1,2} \colon \Omega_1 \times \mathcal{A}_2 \to \mathbb{R}$ eine Funktion (sog. **Übergangswahrscheinlichkeit**) derart, dass $\mathbb{P}_{1,2}(\omega_1, \cdot)$ ein Wahrscheinlichkeitsmaß auf $\mathcal{A}_2$ und $\mathbb{P}_{1,2}(\cdot, A_2)$ eine messbare Funktion ist ($\omega_1 \in \Omega_1$, $A_2 \in \mathcal{A}_2$), so wird durch

$$\mathbb{P}(A) := \int_{\Omega_1} \left[\int_{\Omega_2} \mathbf{1}_A(\omega_1, \omega_2) \mathbb{P}_{1,2}(\omega_1, \mathrm{d}\omega_2) \right] \mathbb{P}_1(\mathrm{d}\omega_1)$$

ein Wahrscheinlichkeitsmaß $\mathbb{P} =: \mathbb{P}_1 \otimes \mathbb{P}_{1,2}$ (sog. **Kopplung von $\mathbb{P}_1$ und $\mathbb{P}_{1,2}$**) auf der Produkt-σ-Algebra $\mathcal{A}_1 \otimes \mathcal{A}_2$ definiert, das durch seine Werte auf Rechteckmengen $A_1 \times A_2 \in \mathcal{A}_1 \times \mathcal{A}_2$ eindeutig bestimmt ist.

In der Sprache von Zufallsvektoren bedeutet dieses Resultat, dass man die Verteilung eines $(k + n)$-dimensionalen Zufallsvektors $(\mathbf{Z}, \mathbf{X})$ durch die Verteilung $\mathbb{P}^{\mathbf{Z}}$ von $\mathbf{Z}$ und die **bedingte Verteilung $\mathbb{P}^{\mathbf{X}}_{\mathbf{Z}}$ von X bei gegebenem Z** gemäß $\mathbb{P}^{(\mathbf{Z},\mathbf{X})} = \mathbb{P}^{\mathbf{Z}} \otimes \mathbb{P}^{\mathbf{X}}_{\mathbf{Z}}$ koppeln kann. Es gilt dann

$$\mathbb{P}(\mathbf{Z} \in B, \mathbf{X} \in C) = \int_B \mathbb{P}^{\mathbf{X}}_{\mathbf{Z}=z}(C)\, \mathbb{P}^{\mathbf{Z}}(\mathrm{d}z)\,, \qquad B \in \mathcal{B}^k,\ C \in \mathcal{B}^n\,.$$

$\mathbb{P}^{\mathbf{X}}_{\mathbf{Z}} \colon \mathbb{R}^k \times \mathcal{B}^n$ ist eine Übergangswahrscheinlichkeit von $(\mathbb{R}^k, \mathcal{B}^k)$ nach $(\mathbb{R}^n, \mathcal{B}^n)$, und man schreibt $\mathbb{P}^{\mathbf{X}}_{\mathbf{Z}=z}(\cdot) = \mathbb{P}^{\mathbf{X}}_{\mathbf{Z}}(z, \cdot)$. Besitzt $(\mathbf{Z}, \mathbf{X})$ eine Dichte $f_{\mathbf{Z},\mathbf{X}}$, und ist $f_{\mathbf{Z}}$ die marginale Dichte von $\mathbf{Z}$, so erhält man aus der gemeinsamen Dichte über die **bedingte Dichte** $f(x|z) := f_{\mathbf{Z},\mathbf{X}}(x, z)/f_{\mathbf{Z}}(z)$ von $\mathbf{X}$ unter der Bedingung $\mathbf{Z} = z$ die bedingte Verteilung von $\mathbf{X}$ bei gegebenem $\mathbf{Z} = z$. Besitzt $(\mathbf{Z}, \mathbf{X})$ eine Normalverteilung, so ist auch die bedingte Verteilung von $\mathbf{X}$ bei gegebenem $\mathbf{Z} = z$ eine Normalverteilung.

Die **charakteristische Funktion** φ_X einer Zufallsvariablen X ist durch

$$\varphi_X(t) = \mathbb{E}\left(\exp(\mathrm{i}tX)\right), \qquad t \in \mathbb{R}\,,$$

definiert. Dabei wird der komplexwertige Erwartungswert durch Zerlegung in Real- und Imaginärteil eingeführt. Die Funktion φ_X ist gleichmäßig stetig, und sie gestattet im Fall $\mathbb{E}|X|^k < \infty$ eine Taylorentwicklung bis zur Ordnung k um 0, wobei $\varphi_X^{(r)}(0) = \mathrm{i}^r \mathbb{E} X^r$, $r = 1, \ldots, k$. Sind X und Y unabhängig, so gilt die **Multiplikationsformel** $\varphi_{X+Y} = \varphi_X \varphi_Y$. Über Umkehrformeln lässt sich aus φ_X die Verteilung zurückgewinnen. Es gilt also der **Eindeutigkeitssatz** $X \sim Y \iff \varphi_X = \varphi_Y$. Für den Fall, dass $|\varphi_X|$ integrierbar ist, besitzt X die durch

$$f(x) = \frac{1}{2\pi} \int_{-\infty}^{\infty} \mathrm{e}^{-\mathrm{i}tx} \varphi_X(t)\, \mathrm{d}t\,, \qquad x \in \mathbb{R}\,,$$

gegebene stetige beschränkte Dichte.

Aufgaben

Die Aufgaben gliedern sich in drei Kategorien: Anhand der *Verständnisfragen* können Sie prüfen, ob Sie die Begriffe und zentralen Aussagen verstanden haben, mit den *Rechenaufgaben* üben Sie Ihre technischen Fertigkeiten und die *Beweisaufgaben* geben Ihnen Gelegenheit, zu lernen, wie man Beweise findet und führt.

Ein Punktesystem unterscheidet leichte Aufgaben •, mittelschwere •• und anspruchsvolle ••• Aufgaben. Lösungshinweise am Ende des Buches helfen Ihnen, falls Sie bei einer Aufgabe partout nicht weiterkommen. Dort finden Sie auch die Lösungen – betrügen Sie sich aber nicht selbst und schlagen Sie erst nach, wenn Sie selber zu einer Lösung gekommen sind. Ausführliche Lösungswege, Beweise und Abbildungen finden Sie auf der Website zum Buch.

Viel Spaß und Erfolg bei den Aufgaben!

Verständnisfragen

22.1 •• Es sei F die Verteilungsfunktion einer Zufallsvariablen X. Zeigen Sie.

a) $\mathbb{P}(a < X \leq b) = F(b) - F(a), \qquad a,\ b \in \mathbb{R},\ a < b.$

b) $\mathbb{P}(X = x) = F(x) - F(x-), \qquad x \in \mathbb{R}.$

22.2 •• Zeigen Sie, dass eine Verteilungsfunktion höchstens abzählbar unendlich viele Unstetigkeitsstellen besitzen kann.

22.3 •• Die Zufallsvariable X besitze eine Gleichverteilung in $(0, 2\pi)$. Welche Verteilung besitzt $Y := \sin X$?

22.4 • Die Zufallsvariablen $X_1, \ldots, X_n$ seien stochastisch unabhängig. Die Verteilungsfunktion von X_j sei mit F_j bezeichnet, $j = 1, \ldots, n$. Zeigen Sie:

a) $\mathbb{P}\left(\max_{j=1,\ldots,n} X_j \leq t\right) = \prod_{j=1}^{n} F_j(t),\ t \in \mathbb{R},$

b) $\mathbb{P}\left(\min_{j=1,\ldots,n} X_j \leq t\right) = 1 - \prod_{j=1}^{n}(1 - F_j(t)),\ t \in \mathbb{R}.$

22.5 •• Es sei X eine Zufallsvariable mit nichtausgearteter Verteilung. Zeigen Sie:

a) $\mathbb{E}\left(\frac{1}{X}\right) > \frac{1}{\mathbb{E}X},$

b) $\mathbb{E}(\log X) < \log(\mathbb{E}X),$

c) $\mathbb{E}\left(\mathrm{e}^X\right) > \mathrm{e}^{\mathbb{E}X}.$

Dabei mögen alle auftretenden Erwartungswerte existieren, und für a) und b) sei $\mathbb{P}(X > 0) = 1$ vorausgesetzt.

22.6 • Der Zufallsvektor $\mathbf{X} = (X_1, \ldots, X_s)$ sei multinomialverteilt mit Parametern n und $p_1, \ldots, p_s$. Zeigen Sie, dass die Kovarianzmatrix von $\mathbf{X}$ singulär ist.

22.7 • Es sei X eine Zufallsvariable mit charakteristischer Funktion φ_X. Zeigen Sie:

$$X \sim -X \iff \varphi_X(t) \in \mathbb{R} \quad \forall t \in \mathbb{R}.$$

Beweisaufgaben

22.8 ••• Es seien $F, G\colon \mathbb{R} \to [0, 1]$ Verteilungsfunktionen. Zeigen Sie:

a) Stimmen F und G auf einer in $\mathbb{R}$ dichten Menge (deren Abschluss also ganz $\mathbb{R}$ ist) überein, so gilt $F = G$.

b) Die Menge

$$W(F) := \{x \in \mathbb{R}\colon F(x + \varepsilon) - F(x - \varepsilon) > 0\ \forall\, \varepsilon > 0\}$$

der *Wachstumspunkte* von F ist nichtleer und abgeschlossen.

c) Es gibt eine diskrete Verteilungsfunktion F mit der Eigenschaft $W(F) = \mathbb{R}$.

22.9 •• Sei F die Verteilungsfunktion eines k-dimensionalen Zufallsvektors $\mathbf{X} = (X_1, \ldots, X_k)$. Zeigen Sie: Für $x = (x_1, \ldots, x_k), y = (y_1, \ldots, y_k) \in \mathbb{R}^k$ mit $x \leq y$ gilt

$$\Delta_x^y F = \mathbb{P}(\mathbf{X} \in (x, y]),$$

wobei

$$\Delta_x^y F := \sum_{\rho \in \{0,1\}^k} (-1)^{k-s(\rho)}\, F(y_1^{\rho_1} x_1^{1-\rho_1}, \ldots, y_k^{\rho_k} x_k^{1-\rho_k})$$

und $\rho = (\rho_1, \ldots, \rho_k), s(\rho) = \rho_1 + \ldots + \rho_k$.

22.10 •• Für eine natürliche Zahl m sei $\mathbb{P}_m$ die Gleichverteilung auf der Menge $\Omega_m := \{0, 1/m, \ldots, (m-1)/m\}$. Zeigen Sie: Ist $[u, v]$, $0 \leq u < v \leq 1$, ein beliebiges Teilintervall von $[0, 1]$, so gilt

$$|\mathbb{P}_m(\{a \in \Omega_m\colon u \leq a \leq v\}) - (v - u)| \leq \frac{1}{m}. \qquad (22.84)$$

22.11 •• Es seien $r_1, \ldots, r_n, s_1, \ldots, s_n \in [0, 1]$ mit $|r_j - s_j| \leq \varepsilon,\ j = 1, \ldots, n$, für ein $\varepsilon > 0$.

a) Zeigen Sie:

$$\left| \prod_{j=1}^{n} r_j - \prod_{j=1}^{n} s_j \right| \leq n\,\varepsilon. \qquad (22.85)$$

b) Es seien $\mathbb{P}_m^n$ die Gleichverteilung auf Ω_m^n (vgl. Aufgabe 22.10) sowie $u_j, v_j \in [0, 1]$ mit $u_j < v_j$ für

$j = 1, \ldots, n$. Weiter sei $A := \{(a_1, \ldots, a_n) \in \Omega_m^n : u_j \le a_j \le v_j$ für $j = 1, \ldots, n\}$. Zeigen Sie mithilfe von (22.85):

$$\left| \mathbb{P}_m^n(A) - \prod_{j=1}^{n} (v_j - u_j) \right| \le \frac{n}{m}.$$

22.12 •• Es sei $z_{j+1} \equiv a z_j + b \pmod m$ das iterative lineare Kongruenzschema des linearen Kongruenzgenerators mit Startwert z_0, Modul m, Faktor a und Inkrement b (siehe Seite 823). Weiter seien $d \in \mathbb{N}$ mit $d \ge 2$ und

$$\mathcal{Z}_i := (z_i, z_{i+1}, \ldots, z_{i+d-1})^\top, \quad 0 \le i < m.$$

Dabei bezeichne $u^\top$ den zu einem Zeilenvektor u transponierten Spaltenvektor. Zeigen Sie:

a) $\mathcal{Z}_i - \mathcal{Z}_0 \equiv (z_i - z_0)(1\, a\, a^2 \cdots a^{d-1})^\top \pmod m$, $i \ge 0$.
b) Bezeichnet $\mathcal{G}$ die Menge der ganzzahligen Linearkombinationen der d Vektoren

$$\begin{pmatrix} 1 \\ a \\ \vdots \\ a^{d-1} \end{pmatrix}, \begin{pmatrix} 0 \\ m \\ \vdots \\ 0 \end{pmatrix}, \ldots, \begin{pmatrix} 0 \\ 0 \\ \vdots \\ m \end{pmatrix},$$

so gilt $\mathcal{Z}_i - \mathcal{Z}_0 \in \mathcal{G}$ für jedes i.

22.13 •• Die Zufallsvariablen $X_1, \ldots, X_k$, $k \ge 2$, seien stochastisch unabhängig mit gleicher, überall positiver differenzierbarer Dichte f. Dabei hänge $\prod_{j=1}^k f(x_j)$ von $(x_1, \ldots, x_k) \in \mathbb{R}^k$ nur über $x_1^2 + \ldots + x_k^2$ ab. Zeigen Sie: Es gibt ein $\sigma > 0$ mit

$$f(x) = \frac{1}{\sigma\sqrt{2\pi}} \exp\left(-\frac{x^2}{2\sigma^2}\right), \quad x \in \mathbb{R}.$$

22.14 •• Leiten Sie die auf Seite 832 angegebene Dichte $g_{r,n}$ der r-ten Ordnungsstatistik $X_{r:n}$ über die Beziehung

$$\lim_{\varepsilon \to 0} \frac{\mathbb{P}(t \le X_{r:n} \le t + \varepsilon)}{\varepsilon} = g_{r,n}(t)$$

für jede Stetigkeitsstelle t der Dichte f von X_1 her.

22.15 •• Leiten Sie die Darstellungsformel für den Erwartungswert auf Seite 837 her.

22.16 •• Es seien X eine Zufallsvariable und p eine positive reelle Zahl. Man prüfe, ob die folgenden Aussagen äquivalent sind:

a) $\mathbb{E}|X|^p < \infty$,
b) $\sum_{n=1}^{\infty} \mathbb{P}\left(|X| > n^{1/p}\right) < \infty$.

22.17 ••

a) Es sei X eine Zufallsvariable mit $\mathbb{E}|X|^p < \infty$ für ein $p > 0$. Zeigen Sie: Es gilt $\mathbb{E}|X|^q < \infty$ für jedes $q \in (0, p)$.
b) Geben Sie ein Beispiel für eine Zufallsvariable X mit $\mathbb{E}|X| = \infty$ und $\mathbb{E}|X|^p < \infty$ für jedes p mit $0 < p < 1$ an.

22.18 ••• Es sei X eine Zufallsvariable mit $\mathbb{E}X^4 < \infty$ und $\mathbb{E}X = 0, \mathbb{E}X^2 = 1 = \mathbb{E}X^3$. Zeigen Sie: $\mathbb{E}X^4 \ge 2$. Wann tritt hier Gleichheit ein?

22.19 •• Die Zufallsvariablen $X_1, X_2, \ldots$ seien identisch verteilt, wobei $\mathbb{E}|X_1| < \infty$. Zeigen Sie:

$$\lim_{n \to \infty} \mathbb{E}\left(\frac{1}{n} \max_{j=1,\ldots,n} |X_j|\right) = 0.$$

22.20 ••• Es sei (X_1, X_2) ein zweidimensionaler Zufallsvektor mit $0 < \mathbb{V}(X_1) < \infty$, $0 < \mathbb{V}(X_2) < \infty$. Zeigen Sie: Mit $\rho := \rho(X_1, X_2)$ gilt für jedes $\varepsilon > 0$:

$$\mathbb{P}\left(\bigcup_{j=1}^{2} \left\{|X_j - \mathbb{E}X_j| \ge \varepsilon\sqrt{\mathbb{V}(X_j)}\right\}\right) \le \frac{1 + \sqrt{1 - \rho^2}}{\varepsilon^2}.$$

22.21 ••• Es sei X eine Zufallsvariable mit $\mathbb{E}|X| < \infty$. Zeigen Sie: Ist $a_0 \in \mathbb{R}$ mit

$$\mathbb{P}(X \ge a_0) \ge \frac{1}{2}, \quad \mathbb{P}(X \le a_0) \ge \frac{1}{2},$$

so folgt $\mathbb{E}|X - a_0| = \min_{a \in \mathbb{R}} \mathbb{E}|X - a|$. Insbesondere gilt also

$$\mathbb{E}|X - Q_{1/2}| = \min_{a \in \mathbb{R}} \mathbb{E}|X - a|.$$

22.22 •• Die Zufallsvariable X sei symmetrisch verteilt und besitze die stetige, auf $\{x : 0 < F(x) < 1\}$ streng monotone Verteilungsfunktion F. Weiter gelte $\mathbb{E}X^2 < \infty$. Zeigen Sie:

$$Q_{3/4} - Q_{1/4} \le \sqrt{8\mathbb{V}(X)}.$$

22.23 •• Es gelte $\mathbf{X} \sim \mathrm{N}_k(\mu, \Sigma)$. Zeigen Sie, dass die quadratische Form $(\mathbf{X} - \mu)^\top \Sigma^{-1} (\mathbf{X} - \mu)$ eine χ_k^2-Verteilung besitzt.

22.24 • Zeigen Sie: Für die charakteristische Funktion φ_X einer Zufallsvariablen X gelten:

a) $\varphi_X(-t) = \overline{\varphi_X(t)}$, $t \in \mathbb{R}$,
b) $\varphi_{aX+b}(t) = \mathrm{e}^{\mathrm{i}tb} \varphi_X(at)$, $a, b, t \in \mathbb{R}$.

22.25 •• Es sei X eine Zufallsvariable mit charakteristischer Funktion φ und Dichte f. Weiter sei φ reell und nichtnegativ, und es gelte $c := \int \varphi(t)\,\mathrm{d}t < \infty$. Zeigen Sie:

a) Es gilt $c > 0$, sodass durch $g(x) := \varphi(x)/c$, $x \in \mathbb{R}$, eine Dichte g definiert wird.
b) Ist Y eine Zufallsvariable mit Dichte g, so besitzt Y die charakteristische Funktion

$$\psi(t) = \frac{2\pi}{c} f(t), \quad t \in \mathbb{R}.$$

22.26 ••

a) Es seien X und Y unabhängige und je Exp(1)-verteilte Zufallsvariablen. Bestimmen Sie Dichte und charakteristische Funktion von $Z := X - Y$.

b) Zeigen Sie: Eine Zufallsvariable mit der Cauchy-Verteilung C(0, 1) besitzt die charakteristische Funktion $\psi(t) = \exp(-|t|)$, $t \in \mathbb{R}$.

c) Es seien $X_1, \ldots, X_n$ unabhängig und identisch verteilt mit Cauchy-Verteilung $\mathrm{C}(\alpha, \beta)$. Dann gilt:

$$\frac{1}{n}\sum_{j=1}^{n} X_j \sim \mathrm{C}(\alpha, \beta)\,.$$

22.27 ••• Es sei h eine positive reelle Zahl. Die Zufallsvariable X besitzt eine *Gitterverteilung mit Spanne h*, falls ein $a \in \mathbb{R}$ existiert, sodass $\mathbb{P}^X(\{a + hm \colon m \in \mathbb{Z}\}) = 1$ gilt. (Beispiele für $a = 0$, $h = 1$: Binomialverteilung, Poissonverteilung). Beweisen Sie die Äquivalenz der folgenden Aussagen:

a) X besitzt eine Gitterverteilung mit Spanne h.

b) $\left|\varphi_X\left(\frac{2\pi}{h}\right)\right| = 1$.

c) $|\varphi_X(t)|$ ist periodisch mit Periode $\frac{2\pi}{h}$.

22.28 •• Es sei X eine Zufallsvariable mit charakteristischer Funktion φ. Zeigen Sie: Es gilt

$$\lim_{T\to\infty}\frac{1}{2T}\int_{-T}^{T} \mathrm{e}^{-\mathrm{i}ta}\varphi(t)\,\mathrm{d}t = \mathbb{P}(X = a), \quad a \in \mathbb{R}.$$

Rechenaufgaben

22.29 •

a) Zeigen Sie, dass die Festsetzung

$$F(x) := 1 - \frac{1}{1+x}, \quad x \geq 0,$$

und $F(x) := 0$ sonst, eine Verteilungsfunktion definiert.

b) Es sei X eine Zufallsvariable mit Verteilungsfunktion F. Bestimmen Sie $\mathbb{P}(X \leq 10)$ und $\mathbb{P}(5 \leq X \leq 8)$.

c) Besitzt X eine Dichte?

22.30 •• Der Zufallsvektor (X, Y) besitze eine Gleichverteilung im Einheitskreis $B := \{(x, y) \colon x^2 + y^2 \leq 1\}$. Welche marginalen Dichten haben X und Y? Sind X und Y stochastisch unabhängig?

22.31 •• Die Zufallsvariable X habe die stetige Verteilungsfunktion F. Welche Verteilungsfunktion besitzen die Zufallsvariablen

a) X^4, b) $|X|$, c) $-X$?

22.32 • Wie ist die Zahl a zu wählen, damit die durch $f(x) := a\exp(-|x|)$, $x \in \mathbb{R}$, definierte Funktion eine Dichte wird? Wie lautet die zugehörige Verteilungsfunktion?

22.33 • Der Messfehler einer Waage kann aufgrund von Erfahrungswerten als approximativ normalverteilt mit Parametern $\mu = 0$ (entspricht optimaler Justierung) und $\sigma^2 = 0.2025\ \mathrm{mg}^2$ angenommen werden. Wie groß ist die Wahrscheinlichkeit, dass eine Messung um weniger als 0.45 mg (weniger als 0.9 mg) vom wahren Wert abweicht?

22.34 • Die Zufallsvariable X sei $\mathrm{N}(\mu, \sigma^2)$-verteilt. Wie groß ist die Wahrscheinlichkeit, dass X vom Erwartungswert μ betragsmäßig um höchstens das k-Fache der Standardabweichung σ abweicht, $k \in \{1, 2, 3\}$?

22.35 • Zeigen Sie, dass die Verteilungsfunktion Φ der Standardnormalverteilung die Darstellung

$$\Phi(x) = \frac{1}{2} + \frac{1}{\sqrt{2\pi}}\sum_{k=0}^{\infty}\frac{(-1)^k x^{2k+1}}{2^k k!(2k+1)}, \quad x > 0,$$

besitzt.

22.36 •• Es sei $F_0(x) := (1 + \exp(-x))^{-1}$, $x \in \mathbb{R}$.

a) Zeigen Sie: F_0 ist eine Verteilungsfunktion, und es gilt $F_0(-x) = 1 - F_0(x)$ für $x \in \mathbb{R}$.

b) Skizzieren Sie die Dichte von F_0. Die von F_0 erzeugte Lokations-Skalen-Familie heißt *Familie der logistischen Verteilungen*. Eine Zufallsvariable X mit der Verteilungsfunktion

$$F(x) = \left[1 + \exp\left(-\frac{x-a}{\sigma}\right)\right]^{-1} = F_0\left(\frac{x-a}{\sigma}\right)$$

heißt *logistisch verteilt* mit Parametern a und σ, $\sigma > 0$, kurz: $X \sim \mathrm{L}(a, \sigma)$.

c) Zeigen Sie: Ist F wie oben und $f = F'$ die Dichte von F, so gilt

$$f(x) = \frac{1}{\sigma}F(x)(1 - F(x))\,.$$

Die Verteilungsfunktion F genügt also einer *logistischen Differenzialgleichung*.

22.37 • Die Zufallsvariable X habe die Gleichverteilung $\mathrm{U}(0, 1)$. Welche Verteilung besitzt $Y := 4X(1 - X)$?

22.38 •• Die Zufallsvariablen X_1, X_2 besitzen die gemeinsame Dichte

$$f(x_1, x_2) = \frac{\sqrt{2}}{\pi}\exp\left(-\frac{3}{2}x_1^2 - x_1x_2 - \frac{3}{2}x_2^2\right), \ (x_1, x_2) \in \mathbb{R}^2.$$

a) Bestimmen Sie die Dichten der Marginalverteilungen von X_1 und X_2. Sind X_1, X_2 stochastisch unabhängig?

b) Welche gemeinsame Dichte besitzen $Y_1 := X_1 + X_2$ und $Y_2 := X_1 - X_2$? Sind Y_1 und Y_2 unabhängig?

22.39 •• Die Zufallsvariablen X, Y seien unabhängig und je $\text{Exp}(\lambda)$-verteilt, wobei $\lambda > 0$. Zeigen Sie: Der Quotient X/Y besitzt die Verteilungsfunktion

$$G(t) = \frac{t}{1+t}, \quad t > 0,$$

und $G(t) = 0$ sonst.

22.40 •• In der *kinetischen Gastheorie* werden die Komponenten V_j des Geschwindigkeitsvektors $V = (V_1, V_2, V_3)$ eines einzelnen Moleküls mit Masse m als stochastisch unabhängige und je $\text{N}(0, kT/m)$-verteilte Zufallsvariablen betrachtet. Hierbei bezeichnen k die Boltzmann-Konstante und T die absolute Temperatur. Zeigen Sie, dass $Y := \sqrt{V_1^2 + V_2^2 + V_3^2}$ die Dichte

$$g(y) = \sqrt{\frac{2}{\pi}} \left(\frac{m}{kT}\right)^{3/2} y^2 \exp\left(-\frac{m\,y^2}{2kT}\right) \mathbf{1}_{(0,\infty)}(y)$$

besitzt (sog. *Maxwell'sche Geschwindigkeitsverteilung*).

22.41 •• Die gemeinsame Dichte f der Zufallsvariablen X und Y habe die Gestalt $f(x, y) = \psi(x^2 + y^2)$ mit einer Funktion $\psi\colon \mathbb{R}_{\geq 0} \to \mathbb{R}_{\geq 0}$. Zeigen Sie: Der Quotient X/Y besitzt die Cauchy-Verteilung $\text{C}(0, 1)$, also die Dichte

$$g(t) = \frac{1}{\pi(1+t^2)}, \quad t \in \mathbb{R}.$$

22.42 • Zeigen Sie unter Verwendung der Polarmethode (siehe Seite 827), dass der Quotient zweier unabhängiger standardnormalverteilter Zufallsvariablen die Cauchy-Verteilung $\text{C}(0, 1)$ besitzt.

22.43 •• Es seien X_1 und X_2 unabhängige und je $\text{N}(0, 1)$-verteilte Zufallsvariablen: Zeigen Sie:

$$\frac{X_1 X_2}{\sqrt{X_1^2 + X_2^2}} \sim \text{N}\left(0, \frac{1}{4}\right).$$

22.44 •• Welche Verteilung besitzt der Quotient X/Y, wenn X und Y stochastisch unabhängig und je im Intervall $(0, a)$ gleichverteilt sind?

22.45 •• Der Zufallsvektor (X, Y) besitze die Dichte $h := 2\mathbf{1}_A$, wobei $A := \{(x, y) \in \mathbb{R}^2 : 0 \leq x \leq y \leq 1\}$, vgl. Seite 850. Zeigen Sie:

a) $\mathbb{E}\,X = \frac{1}{3}$, $\mathbb{E}\,Y = \frac{2}{3}$,
b) $\mathbb{V}(X) = \mathbb{V}(Y) = \frac{1}{18}$,
c) $\text{Cov}(X, Y) = \frac{1}{36}$, $\rho(X, Y) = \frac{1}{2}$.

22.46 • Der Zufallsvektor $(X_1, \ldots, X_k)$ besitze eine nichtausgeartete Normalverteilung $\text{N}_k(\mu; \Sigma)$. Zeigen Sie: Ist Σ eine Diagonalmatrix, so sind $X_1, \ldots, X_k$ stochastisch unabhängig.

22.47 •• Zeigen Sie, dass in der Situation von Abb. 22.23 der zufällige Ankunftspunkt X auf der x-Achse die Cauchy-Verteilung $\text{C}(\alpha, \beta)$ besitzt.

22.48 • Es sei $X \sim \text{C}(\alpha, \beta)$. Zeigen Sie:

a) $Q_{1/2} = \alpha$,
b) $2\beta = Q_{3/4} - Q_{1/4}$.

22.49 • Die Zufallsvariable X besitze die Weibull-Verteilung $\text{Wei}(\alpha, 1)$. Zeigen Sie: Es gilt

$$\left(\frac{1}{\lambda}\right)^{1/\alpha} X \sim \text{Wei}(\alpha, \lambda).$$

22.50 •• Die Zufallsvariable X besitzt die Weibull-Verteilung $\text{Wei}(\alpha, \lambda)$. Zeigen Sie:

a) $\mathbb{E}X^k = \dfrac{\Gamma\left(1 + \frac{k}{\alpha}\right)}{\lambda^{k/\alpha}}, \quad k \in \mathbb{N}.$
b) $Q_{1/2} < \mathbb{E}\,X$.

22.51 •• Zeigen Sie, dass eine χ_k^2-verteilte Zufallsvariable X die Dichte

$$f_k(x) := \frac{1}{2^{k/2}\Gamma(k/2)}\, x^{\frac{k}{2}-1}\, \mathrm{e}^{-\frac{x}{2}}, \quad x > 0$$

und $f_k(x) := 0$ sonst besitzt.

22.52 •• Die Zufallsvariable X besitze die Lognormalverteilung $\text{LN}(\mu, \sigma^2)$. Zeigen Sie:

a) $\text{Mod}(X) = \exp(\mu - \sigma^2)$,
b) $Q_{1/2} = \exp(\mu)$,
c) $\mathbb{E}\,X = \exp(\mu + \sigma^2/2)$,
d) $\mathbb{V}(X) = \exp(2\mu + \sigma^2)(\exp(\sigma^2) - 1)$.

22.53 •• Die Zufallsvariable X hat eine *Betaverteilung* mit Parametern $\alpha > 0$ und $\beta > 0$, falls X die Dichte

$$f(x) := \frac{1}{\text{B}(\alpha, \beta)}\, x^{\alpha-1}(1-x)^{\beta-1} \quad \text{für } 0 < x < 1$$

und $f(x) := 0$ sonst besitzt, und wir schreiben hierfür kurz $X \sim \text{BE}(\alpha, \beta)$. Dabei ist

$$\text{B}(\alpha, \beta) := \frac{\Gamma(\alpha)\Gamma(\beta)}{\Gamma(\alpha+\beta)}$$

die in (22.56) eingeführte Euler'sche Betafunktion. Zeigen Sie:

a) $\mathbb{E}X^k = \displaystyle\prod_{j=0}^{k-1} \frac{\alpha + j}{\alpha + \beta + j}, \quad k \in \mathbb{N},$
b) $\mathbb{E}X = \dfrac{\alpha}{\alpha+\beta}, \quad \mathbb{V}(X) = \dfrac{\alpha\beta}{(\alpha+\beta+1)(\alpha+\beta)^2}.$
c) Sind V und W stochastisch unabhängige Zufallsvariablen, wobei $V \sim \Gamma(\alpha, \lambda)$ und $W \sim \Gamma(\beta, \lambda)$, so gilt

$$\frac{V}{V+W} \sim \text{BE}(\alpha, \beta).$$

22.54 •• Die Zufallsvariable Z besitze eine Gamma-Verteilung $\Gamma(r, \beta)$, wobei $r \in \mathbb{N}$. Die bedingte Verteilung der Zufallsvariablen X unter der Bedingung $Z = z$, $z > 0$ sei die Poisson-Verteilung $\text{Po}(z)$. Welche Verteilung hat X?

Antworten der Selbstfragen

S. 814
Es gilt

$$\begin{aligned}\mathbb{P}(0.2 < X \leq 0.8) &= \int_{0.2}^{0.8} f(x)\,\mathrm{d}x = \int_{0.2}^{0.8} x\,\mathrm{d}x \\ &= \frac{x^2}{2}\bigg|_{0.2}^{0.8} = 0.3\,.\end{aligned}$$

Wegen $\mathbb{P}(X = a) = 0$ für jedes feste $a \in \mathbb{R}$ gilt auch $\mathbb{P}(0.2 \leq X \leq 0.8) = 0.3$.

S. 816
Ist (x_n) eine beliebige Folge mit $x_n \geq x_{n+1}$, $n \geq 1$, und $\lim_{n\to\infty} x_n = -\infty$, so gilt $(-\infty, x_n] \downarrow \emptyset$. Da $\mathbb{P}^X$ stetig von oben ist, folgt die erste Limesaussage wegen $\mathbb{P}^X(\emptyset) = 0$. Ist (x_n) eine beliebige Folge mit $x_n \leq x_{n+1}$, $n \geq 1$, und $\lim_{n\to\infty} x_n = \infty$, so gilt $(-\infty, x_n] \uparrow \mathbb{R}$. Die zweite Grenzwertaussage ergibt sich dann aus $\mathbb{P}^X(\mathbb{R}) = 1$ und der Tatsache, dass $\mathbb{P}^X$ stetig von unten ist.

S. 821
Nein, denn es ist $\mathbb{P}(X \geq 0.5, Y \geq 0.5) = 0$, aber $\mathbb{P}(X \geq 0.5) > 0$ und $\mathbb{P}(Y \geq 0.5) > 0$.

S. 824
Ist T streng monoton fallend, so ergibt sich

$$\begin{aligned}G(y) &= \mathbb{P}(T(X) \leq y) = \mathbb{P}(X \geq T^{-1}(y)) \\ &= 1 - F(T^{-1}(y))\,.\end{aligned}$$

Dabei gilt das letzte Gleichheitszeichen wegen $\mathbb{P}(X = T^{-1}(y) = 0)$, denn F is stetig. Ableiten liefert für jeden Stetigkeitspunkt von g

$$g(y) = G'(y) = -\frac{F'(T^{-1}(y))}{T'(T^{-1}(y))} = \frac{f(T^{-1}(y))}{|T'(T^{-1}(y))|}\,.$$

S. 825
Ein Wendepunkt an einer Stelle x liegt vor, wenn $f''(x) = 0$ gilt. Mit der Ketten- und Produktregel ergibt sich

$$f''(x) = f(x) \cdot \frac{(x-\mu)^2 - \sigma^2}{\sigma^4}$$

und somit $f''(x) = 0 \Longleftrightarrow (x-\mu)^2 = \sigma^2$, also $x = \mu \pm \sigma$.

S. 826
Mit $\mu = 4$ und $\sigma^2 = 4$ gilt nach (22.23)

$$\mathbb{P}(X \leq x) = \Phi\left(\frac{x-4}{2}\right)$$

und damit wegen $\mathbb{P}(a \leq X \leq b) = \mathbb{P}(a < X \leq b)$

$$\begin{aligned}\mathbb{P}(2 \leq X \leq 5) &= \Phi(0.5) - \Phi(-1) = \Phi(.5) - (1 - \Phi(1)) \\ &\approx 0.6915 + 0.8413 - 1 = 0.5328\,.\end{aligned}$$

S. 831
Die allgemeine Stammfunktion von $1/(\pi(1+x^2))$ ist $\pi^{-1}\arctan(x) + c$, $c \in \mathbb{R}$. Wegen

$$\lim_{x\to\infty} \arctan(x) = \frac{\pi}{2}, \qquad \lim_{x\to-\infty} \arctan(x) = -\frac{\pi}{2}$$

muss $c = 1/2$ gesetzt werden, damit die dritte Eigenschaft (22.7) einer Verteilungsfunktion erfüllt ist. Die Verteilungsfunktion F der Verteilung $\mathrm{C}(0,1)$ ist somit

$$F(x) = \frac{1}{2} + \frac{1}{\pi}\arctan(x)\,, \qquad x \in \mathbb{R}\,.$$

S. 838
Sei $A = (a_{ij})_{1\leq i\leq n, 1\leq j\leq k}$ und $b = (b_1, \ldots, b_n)^\top$ sowie $Y_i = \sum_{j=1}^k a_{ij}X_j + b_i$ die i-te Komponente von $\mathbf{Y} = (Y_1, \ldots, Y_n)^\top$. Dann ist wegen der Linearität der Erwartungswertbildung

$$\mathbb{E}Y_i = \sum_{j=1}^k a_{ij}\,\mathbb{E}X_j + b_i\,, \qquad i = 1, \ldots, n\,,$$

was gleichbedeutend mit a) ist. Da die Kovarianzbildung bilinear ist und allgemein $\mathrm{Cov}(U+a, V+b) = \mathrm{Cov}(U,V)$ gilt, folgt weiter für jede Wahl von $i, j \in \{1, \ldots, n\}$

$$\begin{aligned}\mathrm{Cov}(Y_i, Y_j) &= \mathrm{Cov}\left(\sum_{l=1}^k a_{il}X_l + b_i, \sum_{m=1}^k a_{jm}X_m + b_j\right) \\ &= \sum_{l=1}^k \sum_{m=1}^k a_{il}a_{jm}\,\mathrm{Cov}(X_l, X_m)\,,\end{aligned}$$

was zu b) äquivalent ist.

S. 839
Bei der Richtung $\Leftarrow$, denn $x \geq F^{-1}(p)$ impliziert $F(x) \geq F(F^{-1}(p))$, und wegen der rechtsseitigen Stetigkeit von F gilt $F(F^{-1}(p)) \geq p$.

S. 840
Nach (22.42) und Tabelle 22.2 ist das obere Quartil durch

$$Q_{3/4}(F) = \mu + 0.667\,\sigma$$

gegeben. Wegen $\Phi^{-1}(0.25) = -\Phi^{-1}(0.75) = -0.667$ ist der Quartilsabstand $Q_{3/4}(F) - Q_{1/4}(F)$ gleich 1.334σ.

S. 840
Bezeichnet F die Verteilungsfunktion von X, so ist wegen der Stetigkeit von F Aussage (22.43) gleichbedeutend mit

$$F(a+t) = \mathbb{P}(X-a \leq t) = \mathbb{P}(a-X \leq t) = 1 - F(a-t)\,, \qquad t \in \mathbb{R}\,.$$

Nun ist mit geeigneten Substitutionen und unter der Voraussetzung $f(a+t) = f(a-t)$

$$\begin{aligned} F(a+t) &= \int_{-\infty}^{a+t} f(x)\,\mathrm{d}x = \int_{-\infty}^{t} f(a+u)\,\mathrm{d}u \\ &= \int_{-\infty}^{t} f(a-u)\,\mathrm{d}u = -\int_{\infty}^{a-t} f(x)\,\mathrm{d}x \\ &= \int_{a-t}^{\infty} f(x)\,\mathrm{d}x = 1 - F(a-t)\,. \end{aligned}$$

S. 841
Andernfalls gäbe es mindestens ein x_0 mit $F(x_0) - F(x_0-) > 0$. Damit wäre $\mathbb{P}(F(X) \in (F(x_0-), F(x_0))) = 0$, also $U = F(X)$ nicht gleichverteilt auf $(0, 1)$.

S. 842
Es ist

$$F^{-1}\left(\frac{1}{2}\right) = -\frac{1}{\lambda}\log\left(\frac{1}{2}\right) = \frac{\log 2}{\lambda} \approx \frac{0.6931}{\lambda}\,.$$

Der Median ist also kleiner als der Erwartungswert.

S. 842
Es gilt

$$\begin{aligned} \mathbb{P}(X \geq t+h | X \geq t) &= \frac{\mathbb{P}(X \geq t+h,\ X \geq t)}{\mathbb{P}(X \geq t)} \\ &= \frac{\mathbb{P}(X \geq t+h)}{\mathbb{P}(X \geq t)} \\ &= \frac{1 - F(t+h)}{1 - F(t)} \\ &= \frac{\exp(-\lambda(t+h))}{\exp(-\lambda t)} \\ &= \mathrm{e}^{-\lambda h} \\ &= \mathbb{P}(X \geq h)\,. \end{aligned}$$

S. 844
Mit der Substitution $y = \lambda\, x$ folgt

$$\begin{aligned} \mathbb{E}\,X^k &= \int_0^{\infty} x^k\, f(x)\,\mathrm{d}x = \frac{\lambda^{\alpha}}{\Gamma(\alpha)} \int_0^{\infty} x^{k+\alpha-1}\mathrm{e}^{-\lambda x}\mathrm{d}x \\ &= \frac{1}{\lambda^k \Gamma(\alpha)} \int_0^{\infty} y^{k+\alpha-1}\mathrm{e}^{-y}\mathrm{d}y = \frac{\Gamma(k+\alpha)}{\lambda^k\,\Gamma(\alpha)}\,. \end{aligned}$$

S. 849
Wiederhole folgenden Algorithmus, bis die Bedingung $\widetilde{u}_1^2 + \widetilde{u}_2^2 \leq 1$ erfüllt ist: Erzeuge in $[0, 1]$ gleichverteilte Pseudozufallszahlen u_1, u_2. Setze $\widetilde{u}_1 := -1 + 2u_1$, $\widetilde{u}_2 := -1 + 2u_2$. Falls $\widetilde{u}_1^2 + \widetilde{u}_2^2 \leq 1$, so ist $(\widetilde{u}_1, \widetilde{u}_2)$ ein Pseudozufallspunkt mit Gleichverteilung in K.

S. 850
Für beliebige Mengen $B \in \mathcal{B}^k$, $C \in \mathcal{B}^n$ gilt

$$\mathbb{P}^{(\mathbf{Z},\mathbf{X})}(B \times C) = \int_B \left[\int_C f_{\mathbf{Z},\mathbf{X}}(z, x)\,\mathrm{d}x\right] \mathrm{d}z$$

Nach Definition von $f(x|z)$ und der obigen Zusatzvereinbarung gilt dann $f_{\mathbf{Z},\mathbf{X}}(z, x) = f(x|z) f_{\mathbf{Z}}(z)$ für jede Wahl von x und z, und wir erhalten

$$\begin{aligned} \mathbb{P}^{(\mathbf{Z},\mathbf{X})}(B \times C) &= \int_B \left[\int_C f(x|z)\,\mathrm{d}x\right] f_{\mathbf{Z}}(z)\,\mathrm{d}z \\ &= \int_B \mathbb{P}^{\mathbf{X}}_{\mathbf{Z}=z}(C) f_{\mathbf{Z}}(z)\,\mathrm{d}z \\ &= \int_B \mathbb{P}^{\mathbf{X}}_{\mathbf{Z}=z}(C) \mathbb{P}^{\mathbf{Z}}(\mathrm{d}z)\,, \end{aligned}$$

was zu zeigen war.

S. 854
Wir zerlegen $Z = U + \mathrm{i}V$ und $c = a + \mathrm{i}\,b$ jeweils in Real- und Imaginärteil. Dann gilt

$$cZ = (a + \mathrm{i}\,b)(U + \mathrm{i}V) = (aU - bV) + \mathrm{i}\,(aV + bU)\,.$$

Nach Definition des Integrals einer komplexwertigen Zufallsvariablen folgt

$$\begin{aligned} \mathbb{E}(cZ) &= \mathbb{E}\,(aU - bV) + \mathrm{i}\mathbb{E}\,(aV + bU) \\ &= a\mathbb{E}U - b\mathbb{E}V + \mathrm{i}\,(a\mathbb{E}V + b\mathbb{E}U) \\ &= (a + \mathrm{i}b)\,(\mathbb{E}U + \mathrm{i}\mathbb{E}V) \\ &= c\,\mathbb{E}Z\,. \end{aligned}$$

Dabei existieren wegen $\mathbb{E}|Z| < \infty$ alle auftretenden Erwartungswerte.

S. 855
Im Fall $X \sim \mathrm{Po}(\lambda)$ gilt

$$\begin{aligned} \mathbb{E}\left(\mathrm{e}^{\mathrm{i}tX}\right) &= \sum_{k=0}^{\infty} \mathrm{e}^{-\lambda}\frac{\lambda^k}{k!}\,\mathrm{e}^{\mathrm{i}tk} = \mathrm{e}^{-\lambda}\sum_{k=0}^{\infty}\frac{1}{k!}\left(\lambda\mathrm{e}^{\mathrm{i}tk}\right)^k \\ &= \mathrm{e}^{-\lambda}\exp\left(\lambda\mathrm{e}^{\mathrm{i}t}\right) = \exp(\lambda(\mathrm{e}^{\mathrm{i}t} - 1))\,. \end{aligned}$$

S. 856
Es seien $W = U + \mathrm{i}V$, $Z = X + \mathrm{i}Y$ die Zerlegungen von W und Z in Real- und Imaginärteil. Es gilt $WZ = UX - VY + \mathrm{i}(UY + VX)$. Hier sind wegen der Unabhängigkeit von W und Z auf der rechten Seite die Faktoren jedes auftretenden Paars von Zufallsvariablen stochastisch unabhängig. Die bekannte Multiplikationsformel liefert somit

$$\mathbb{E}(WZ) = \mathbb{E}U\,\mathbb{E}X - \mathbb{E}V\,\mathbb{E}Y + \mathrm{i}(\mathbb{E}U\mathbb{E}Y + \mathbb{E}V\mathbb{E}X)\,.$$

Die rechte Seite ist gleich $\mathbb{E}W\,\mathbb{E}Z$.

Konvergenzbegriffe und Grenzwertsätze – Stochastik für große Stichproben

23

Wie stehen die Begriffe *fast sichere Konvergenz*, *stochastische Konvergenz*, *Konvergenz im p-ten Mittel* und *Verteilungskonvergenz* zueinander?

Was besagt das starke Gesetz großer Zahlen?

Was besagt der Stetigkeitssatz von Lévy-Cramér?

Warum ist der Zentrale Grenzwertsatz von Lindeberg-Feller *zentral*?

In diesem Kapitel lernen wir mit der fast sicheren Konvergenz, der stochastischen Konvergenz, der Konvergenz im **p**-ten Mittel und der Verteilungskonvergenz die wichtigsten Konvergenzbegriffe der Stochastik kennen. Hauptergebnisse sind das starke Gesetz großer Zahlen von Kolmogorov und die Zentralen Grenzwertsätze von Lindeberg-Lévy und Lindeberg-Feller. Diese Resultate zählen zu den Glanzlichtern der klassischen Wahrscheinlichkeitstheorie, und sie sind bei der Untersuchung statistischer Verfahren für große Stichproben unverzichtbar. Wir haben beim Beweis des Zentralen Grenzwertsatzes von Lindeberg-Lévy bewusst auf charakteristische Funktionen verzichtet und einen relativ elementaren Zugang von Stein gewählt. Damit wird dieser Satz auch für Leserinnen und Leser zugänglich, die mit charakteristischen Funktionen nicht vertraut sind. Bei allen Betrachtungen sei im Folgenden ein fester Wahrscheinlichkeitsraum $(\Omega, \mathcal{A}, \mathbb{P})$ zugrunde gelegt. Wir erinnern an dieser Stelle an die bequeme Notation, bei Ereignissen, die mithilfe von Zufallsvariablen geschrieben werden, die hierdurch gegebenen Elemente $\omega \in \Omega$ zu unterdrücken. So ist etwa für reelle Zufallsvariablen $X, X_1, X_2, \ldots$ und $k \in \mathbb{N}$ sowie $\varepsilon > 0$

$$\left\{ \sup_{n\geq k} |X_n - X| > \varepsilon \right\} := \left\{ \omega \in \Omega \colon \sup_{n \geq k} |X_n(\omega) - X(\omega)| > \varepsilon \right\}.$$

23.1 Konvergenz fast sicher, stochastisch und im *p*-ten Mittel

In der Analysis lernt man zu Beginn des Studiums die *punktweise* und die *gleichmäßige Konvergenz* von Funktionenfolgen kennen. In der Stochastik ist bereits die punktweise Konvergenz zu stark, da Mengen, die die Wahrscheinlichkeit null besitzen, irrelevant sind. Nach diesen Vorbemerkungen drängt sich der folgende Konvergenzbegriff für reelle Zufallsvariablen $X, X_1, X_2, \ldots$ auf einem Wahrscheinlichkeitsraum $(\Omega, \mathcal{A}, \mathbb{P})$ nahezu auf.

Definition der fast sicheren Konvergenz

Die Folge $(X_n)_{n\geq 1}$ konvergiert **($\mathbb{P}$-)fast sicher** gegen X, wenn

$$\mathbb{P}\left(\left\{\omega \in \Omega : \lim_{n\to\infty} X_n(\omega) = X(\omega)\right\}\right) = 1 \qquad (23.1)$$

gilt, und wir schreiben hierfür $X_n \xrightarrow{\text{f.s.}} X$.

Fast sichere Konvergenz bedeutet punktweise Konvergenz fast überall

Nennen wir eine Menge $\Omega_0 \in \mathcal{A}$ eine *Eins-Menge*, wenn $\mathbb{P}(\Omega_0) = 1$ gilt, so besagt $X_n \xrightarrow{\text{f.s.}} X$, dass die Folge (X_n) auf einer Eins-Menge punktweise gegen X konvergiert. Fast sichere Konvergenz bedeutet also „fast überall punktweise Konvergenz". Dass die in (23.1) stehende Menge zur σ-Algebra $\mathcal{A}$ gehört, zeigt Übungsaufgabe 23.1.

?

Ist der Grenzwert einer fast sicher konvergenten Folge mit Wahrscheinlichkeit 1 eindeutig bestimmt?

Wie wir sehen werden, ist der obige Konvergenzbegriff recht einschneidend, und die fast sichere Konvergenz einer Folge von Zufallsvariablen kann oft nur mit einigem technischen Aufwand nachgewiesen werden. Eine handliche notwendige und hinreichende Bedingung für die fast sichere Konvergenz liefert der nachstehende Satz.

Charakterisierung der fast sicheren Konvergenz

Die folgenden Aussagen sind äquivalent:

a) $X_n \xrightarrow{\text{f.s.}} X$,

b) $\lim_{n\to\infty} \mathbb{P}\left(\sup_{k\geq n} |X_k - X| > \varepsilon\right) = 0 \quad \forall \varepsilon > 0$.

Beweis: Die nachfolgende Beweisführung macht starken Gebrauch von der am Ende des Kapitelvorworts in Erinnerung gerufenen Konvention, durch Zufallsvariablen definierte Ereignisse in kompakter Form ohne „$\omega \in \Omega$: " zu schreiben.

Um „a) $\Rightarrow$ b)" zu zeigen, seien $\varepsilon > 0$ beliebig sowie $A_n := \{\sup_{k\geq n} |X_k - X| > \varepsilon\}$, $C := \{\lim_{n\to\infty} X_n = X\}$ und $B_n := C \cap A_n$ gesetzt. Nach Voraussetzung gilt dann $\mathbb{P}(C) = 1$, und zu zeigen ist $\lim_{n\to\infty} \mathbb{P}(A_n) = 0$. Die Definition des Supremums liefert $B_n \supseteq B_{n+1}$, $n \geq 1$, und die Definition von C und A_n ergibt $\bigcap_{n=1}^{\infty} B_n = \emptyset$. Da $\mathbb{P}$ stetig von oben ist und wegen $\mathbb{P}(C) = 1$ die Gleichheit $\mathbb{P}(A_n) = \mathbb{P}(B_n)$ besteht, folgt wie behauptet

$$0 = \lim_{n\to\infty} \mathbb{P}(B_n) = \lim_{n\to\infty} \mathbb{P}(A_n).$$

Für die Umkehrung „b) $\Rightarrow$ a)" seien A_n und C wie oben sowie $D_\varepsilon := \{\limsup_{n\to\infty} |X_n - X| > \varepsilon\}$. Nach Definition des Limes superior erhalten wir $D_\varepsilon \subseteq A_n$ für jedes $n \geq 1$ und somit $\mathbb{P}(D_\varepsilon) = 0$, da nach Voraussetzung $\mathbb{P}(A_n)$ gegen null konvergiert. Weiter gilt

$$C^c = \bigcup_{k=1}^{\infty} \left\{ \limsup_{n\to\infty} |X_n - X| > \frac{1}{k} \right\}$$

und somit wegen der σ-Subadditivität von $\mathbb{P}$

$$0 \leq \mathbb{P}(C^c) \leq \sum_{k=1}^{\infty} \mathbb{P}(D_{1/k}) = 0, \quad \text{also } \mathbb{P}(C) = 1. \qquad \blacksquare$$

Mithilfe des Lemmas von Borel-Cantelli auf Seite 754 erhält man folgende hinreichende Bedingung für fast sichere Konvergenz.

Reihenkriterium für fast sichere Konvergenz

Gilt $\sum_{n=1}^{\infty} \mathbb{P}(|X_n - X| > \varepsilon) < \infty$ für jedes $\varepsilon > 0$, so folgt $X_n \xrightarrow{\text{f.s.}} X$.

Beweis: Aus der Konvergenz obiger Reihe ergibt sich mit dem Lemma von Borel-Cantelli sowie nach Definition des Limes Superior einer Mengenfolge

$$\mathbb{P}\left(\bigcap_{n=1}^{\infty} \bigcup_{k=n}^{\infty} \{|X_k - X| > \varepsilon\}\right) = 0 \qquad \forall \varepsilon > 0. \qquad (23.2)$$

Wegen

$$\bigcup_{k=n}^{\infty} \{|X_k - X| > \varepsilon\} = \left\{\sup_{k \geq n} |X_k - X| > \varepsilon\right\}$$

und der Tatsache, dass diese Mengen absteigende Folgen bilden, ist die linke Seite von (23.2) gleich $\lim_{n\to\infty} \mathbb{P}(\{\sup_{k\geq n} |X_k - X| > \varepsilon\})$. Die Charakterisierung der fast sicheren Konvergenz liefert somit die Behauptung. ■

Stochastische Konvergenz ist schwächer als fast sichere Konvergenz

Auch der nachfolgende Konvergenzbegriff besitzt für die Stochastik grundlegende Bedeutung.

Definition der stochastischen Konvergenz

Die Folge $(X_n)_{n\geq 1}$ konvergiert **stochastisch** gegen X, falls gilt:

$$\lim_{n\to\infty} \mathbb{P}(|X_n - X| > \varepsilon) = 0 \qquad \forall \varepsilon > 0. \qquad (23.3)$$

In diesem Fall schreiben wir kurz $X_n \xrightarrow{\mathbb{P}} X$.

Stochastische Konvergenz von X_n gegen X besagt also, dass für jedes (noch so kleine) $\varepsilon > 0$ das Wahrscheinlichkeitsmaß derjenigen $\omega \in \Omega$, für die $X_n(\omega)$ außerhalb des ε-Schlauchs um $X(\omega)$ liegt, für $n \to \infty$ gegen null konvergiert.

Anstelle von *stochastischer Konvergenz* oder auch $\mathbb{P}$-*stochastischer Konvergenz* findet man häufig die synonyme Bezeichnung *Konvergenz in Wahrscheinlichkeit*. Gilt $\mathbb{P}(X = a) = 1$ für ein $a \in \mathbb{R}$, ist also $\mathbb{P}^X = \delta_a$ die Einpunktverteilung (Dirac-Maß) im Punkt a, so schreibt man anstelle von $X_n \xrightarrow{\mathbb{P}} X$ auch $X_n \xrightarrow{\mathbb{P}} a$. Im Fall $X_n/a_n \xrightarrow{\mathbb{P}} 0$ für eine Zahlenfolge (a_n) mit $a_n \neq 0$, $n \geq 1$, ist auch in Analogie zur Landau'schen o-Notation für konvergente Zahlenfolgen die *stochastische* $o_{\mathbb{P}}$*-Notation*

$$X_n = o_{\mathbb{P}}(a_n) \;:\Longleftrightarrow\; \frac{X_n}{a_n} \xrightarrow{\mathbb{P}} 0$$

üblich. Speziell ist also $X_n = o_{\mathbb{P}}(1)$ gleichbedeutend mit $X_n \xrightarrow{\mathbb{P}} 0$.

Aus der Teilmengenbeziehung

$$\{|X_n - X| > \varepsilon\} \subseteq \left\{\sup_{k\geq n} |X_k - X| > \varepsilon\right\}, \qquad \varepsilon > 0,$$

erhalten wir zusammen mit der Charakterisierung der fast sicheren Konvergenz:

Satz über fast sichere und stochastische Konvergenz

Aus $X_n \xrightarrow{\text{f.s.}} X$ folgt $X_n \xrightarrow{\mathbb{P}} X$.

Die Umkehrung dieser Aussage gilt in einem diskreten Wahrscheinlichkeitsraum (Aufgabe 23.3). Wie das folgende, schon in Kapitel 7 verwendete Beispiel zeigt, ist jedoch die fast sichere Konvergenz im Allgemeinen stärker als die stochastische Konvergenz.

Beispiel Seien $\Omega := [0, 1]$, $\mathcal{A} := \Omega \cap \mathcal{B}$ und $\mathbb{P} := \lambda^1_{\Omega}$ die Gleichverteilung auf Ω. Jede natürliche Zahl n besitzt eine eindeutige Darstellung der Form $n = 2^k + j$ mit $k \in \mathbb{N}_0$ und $0 \leq j < 2^k$. Somit wird durch

$$X_n(\omega) := \begin{cases} 1, & \text{falls } j2^{-k} \leq \omega \leq (j+1)2^{-k}, \\ 0 & \text{sonst,} \end{cases}$$

eine Folge (X_n) von Zufallsvariablen auf Ω definiert. Setzen wir $X :\equiv 0$, so gilt $X_n \xrightarrow{\mathbb{P}} X$, denn für jedes ε mit $0 < \varepsilon < 1$ ist

$$\mathbb{P}(|X_n - X| > \varepsilon) = \mathbb{P}(X_n = 1) = 2^{-k},$$

falls $2^k \leq n < 2^{k+1}$. Andererseits gilt für jedes $\omega \in \Omega$

$$0 = \liminf_{n\to\infty} X_n(\omega) \;<\; \limsup_{n\to\infty} X_n(\omega) \;=\; 1.$$

Die Folge $(X_n(\omega))$ konvergiert also für kein ω und ist damit erst recht nicht fast sicher konvergent. Abb. 23.1 zeigt die Graphen von $X_1, \ldots, X_6$. ◀

Der springende Punkt an obigem Beispiel für eine stochastisch, aber nicht fast sicher konvergente Folge ist, dass auf der einen Seite die Ausnahmemengen $A_n := \{\omega\colon |X_n(\omega) - X(\omega)| > \varepsilon\}$ mit wachsendem n immer kleiner werden und ihre Wahrscheinlichkeit gegen null strebt. Andererseits überdecken für jedes $k = 0, 1, 2, \ldots$ die Mengen A_n mit $n = 2^k, 2^k + 1, \ldots, 2^{k+1} - 1$ ganz Ω, weshalb keine punktweise Konvergenz vorliegt. Natürlich gibt es Teilfolgen wie z. B. $(X_{2^k})_{k\geq 0}$, die fast sicher gegen $X \equiv 0$ konvergieren. Das folgende Resultat charakterisiert die stochastische Konvergenz mithilfe der fast sicheren Konvergenz von Teilfolgen.

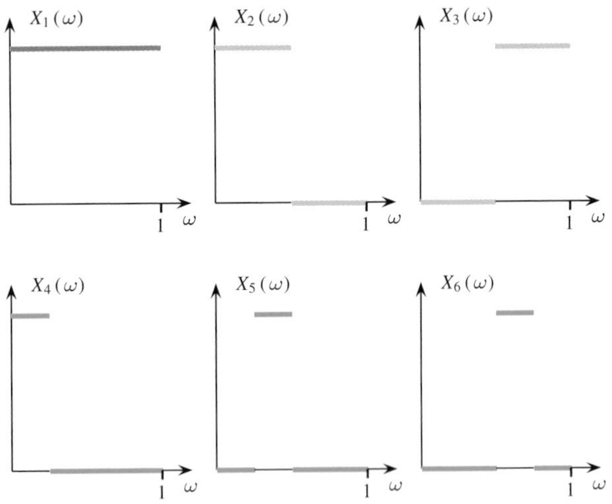

Abbildung 23.1 Eine Folge (X_n), die stochastisch, aber nicht fast sicher konvergiert (sie konvergiert in keinem Punkt!).

Teilfolgenkriterium für stochastische Konvergenz

Folgende Aussagen sind äquivalent:

a) $X_n \xrightarrow{\mathbb{P}} X$.

b) Jede Teilfolge $(X_{n_k})_{k\geq 1}$ von $(X_n)_{n\geq 1}$ besitzt eine weitere Teilfolge $(X_{n'_k})_{k\geq 1}$ mit $X_{n'_k} \xrightarrow{\text{f.s.}} X$.

Beweis: Wir zeigen zunächst die Gültigkeit der Implikation „a) $\Rightarrow$ b)" und starten hierzu mit einer beliebigen Teilfolge $(X_{n_k})_{k\geq 1}$ von (X_n). Da für jedes feste $k \in \mathbb{N}$ die Folge $\mathbb{P}(|X_n - X| > 1/k)$ gegen 0 konvergiert, gibt es eine Teilfolge $(X_{n'_k})_{k\geq 1}$ mit

$$\mathbb{P}\left(|X_{n'_k} - X| > \frac{1}{k}\right) \leq \frac{1}{k^2}, \qquad k \geq 1.$$

Wählen wir zu vorgegebenem $\varepsilon > 0$ die natürliche Zahl k so groß, dass die Ungleichung $k^{-1} < \varepsilon$ erfüllt ist, so folgt

$$\begin{aligned}\mathbb{P}\left(\sup_{r\geq k} |X_{n'_r} - X| > \varepsilon\right) &\leq \sum_{r=k}^{\infty} \mathbb{P}(|X_{n'_r} - X| > \varepsilon) \\ &\leq \sum_{r=k}^{\infty} \mathbb{P}\left(|X_{n'_r} - X| > \frac{1}{r}\right) \\ &\leq \sum_{r=k}^{\infty} \frac{1}{r^2}.\end{aligned}$$

Wegen $\lim_{k\to\infty} \sum_{r=k}^{\infty} r^{-2} = 0$ liefert das Kriterium für fast sichere Konvergenz $X_{n'_k} \xrightarrow{\text{f.s.}} X$.

Für die Beweisrichtung „b) $\Rightarrow$ a)" seien $\varepsilon > 0$ beliebig und kurz $a_n := \mathbb{P}(|X_n - X| > \varepsilon)$ gesetzt. Zu zeigen ist die Konvergenz $a_n \to 0$. Nach Voraussetzung gibt es zu jeder Teilfolge $(a_{n_k})_{k\geq 1}$ von (a_n) eine weitere Teilfolge $(a_{n'_k})_{k\geq 1}$ mit $X_{n'_k} \xrightarrow{\text{f.s.}} X$, also auch $X_{n'_k} \xrightarrow{\mathbb{P}} X$ und somit $\lim_{k\to\infty} a_{n'_k} = 0$. Hieraus folgt $\lim_{n\to\infty} a_n = 0$. ■

Aus diesem Teilfolgenkriterium ergibt sich unmittelbar, dass auch der stochastische Limes $\mathbb{P}$-fast sicher eindeutig ist, d. h., es gilt:

$$\text{Aus } X_n \xrightarrow{\mathbb{P}} X \text{ und } X_n \xrightarrow{\mathbb{P}} Y \text{ folgt } X = Y \ \mathbb{P}\text{-f.s.}$$

?

Wie könnte ein Beweis dieser Aussage aussehen?

Die beiden bislang vorgestellten Konvergenzbegriffe für Folgen reeller Zufallsvariablen lassen sich direkt auf Folgen k-dimensionaler Zufallsvektoren verallgemeinern. Hierzu bezeichne $\|\cdot\|_\infty$ die durch

$$\|\mathbf{x}\|_\infty := \max(|x_1|, \ldots, |x_k|), \qquad \mathbf{x} := (x_1, x_2, \ldots, x_k) \in \mathbb{R}^k$$

definierte *Maximum-Norm* im $\mathbb{R}^k$.

Fast sichere und stochastische Konvergenz im $\mathbb{R}^k$

Es seien $\mathbf{X}, \mathbf{X}_1, \mathbf{X}_2, \ldots$ $\mathbb{R}^k$-wertige Zufallsvektoren auf einem Wahrscheinlichkeitsraum $(\Omega, \mathcal{A}, \mathbb{P})$. Die Folge $(\mathbf{X}_n)_{n\geq 1}$ konvergiert

a) **fast sicher** gegen $\mathbf{X}$ (in Zeichen: $\mathbf{X}_n \xrightarrow{\text{f.s.}} \mathbf{X}$), falls

$$\mathbb{P}\left(\left\{\omega \in \Omega : \lim_{n\to\infty} \mathbf{X}_n(\omega) = \mathbf{X}(\omega)\right\}\right) = 1,$$

b) **stochastisch** gegen $\mathbf{X}$ (kurz: $\mathbf{X}_n \xrightarrow{\mathbb{P}} \mathbf{X}$), falls

$$\lim_{n\to\infty} \mathbb{P}(\|\mathbf{X}_n - \mathbf{X}\|_\infty > \varepsilon) = 0 \qquad \forall \varepsilon > 0.$$

Im $\mathbb{R}^k$ gibt es neben der Maximum-Norm noch viele weitere Normen wie z. B. die Summenbetragsnorm $\|\mathbf{x}\|_1 := |x_1| + \ldots + |x_k|$ oder die euklidische Norm. Da je zwei Normen $\|\cdot\|$ und $\|\cdot\|_*$ auf dem $\mathbb{R}^k$ in dem Sinne äquivalent sind, dass es positive Konstanten α und β mit

$$\|\cdot\| \leq \alpha \cdot \|\cdot\|_*, \qquad \|\cdot\|_* \leq \beta \cdot \|\cdot\|$$

gibt (siehe z. B. Band 1, Abschnitt 19.3), könnten wir in der Definition der stochastischen Konvergenz anstelle der Maximum-Norm auch jede andere Norm wählen.

Bekanntlich ist die Konvergenz von Folgen im $\mathbb{R}^k$ zur Konvergenz jeder der k Koordinatenfolgen äquivalent. Ein analoges Resultat gilt sowohl für die fast sichere als auch für die stochastische Konvergenz von Zufallsvektoren im $\mathbb{R}^k$. Versuchen Sie sich einmal selbst an einem Beweis (siehe Aufgabe 23.16)!

Satz über Äquivalenz zu komponentenweiser Konvergenz

Es seien $\mathbf{X} = (X^{(1)}, \ldots, X^{(k)})$ und $\mathbf{X}_n = (X_n^{(1)}, \ldots, X_n^{(k)})$, $n \geq 1$, k-dimensionale Zufallsvektoren auf einem Wahrscheinlichkeitsraum $(\Omega, \mathcal{A}, \mathbb{P})$. Dann gelten:

a) $\mathbf{X}_n \xrightarrow{\text{f.s.}} \mathbf{X} \iff X_n^{(j)} \xrightarrow{\text{f.s.}} X^{(j)}, \qquad j = 1, \ldots, k,$

b) $\mathbf{X}_n \xrightarrow{\mathbb{P}} \mathbf{X} \iff X_n^{(j)} \xrightarrow{\mathbb{P}} X^{(j)}, \qquad j = 1, \ldots, k.$

Aus dem obigen Satz und dem Teilfolgenkriterium für stochastische Konvergenz ergeben sich nachstehende Rechenregeln.

Rechenregeln für stochastische Konvergenz

Es seien $\mathbf{X}, \mathbf{X}_1, \mathbf{X}_2, \ldots$ k-dimensionale Zufallsvektoren auf einem Wahrscheinlichkeitsraum $(\Omega, \mathcal{A}, \mathbb{P})$ mit $\mathbf{X}_n \xrightarrow{\mathbb{P}} \mathbf{X}$. Dann gelten:

a) $h(\mathbf{X}_n) \xrightarrow{\mathbb{P}} h(\mathbf{X})$ für jede *stetige* Funktion $h : \mathbb{R}^k \to \mathbb{R}^s$.

b) Sind $A, A_1, A_2, \ldots$ reelle $(m \times k)$-Matrizen mit der Eigenschaft $\lim_{n\to\infty} A_n = A$, so folgt $A_n \mathbf{X}_n \xrightarrow{\mathbb{P}} A\,\mathbf{X}$. Hierbei wurden $\mathbf{X_n}$ und $\mathbf{X}$ als Spaltenvektoren aufgefasst.

Beweis: a) Wir benutzen das Teilfolgenkriterium auf Seite 870. Es sei $(\mathbf{X}_{n_l})_{l\geq 1}$ eine beliebige Teilfolge von $(\mathbf{X}_n)_{n\geq 1}$. Nach besagtem Kriterium existiert eine weitere Teilfolge $(\mathbf{X}_{n'_l})_{k\geq 1}$ mit $\mathbf{X}_{n'_l} \xrightarrow{\text{f.s.}} \mathbf{X}$, also $\lim_{l\to\infty} \mathbf{X}_{n'_l}(\omega) = \mathbf{X}(\omega)$ für jedes ω aus einer Eins-Menge Ω_0. Aufgrund der Stetigkeit von h folgt $\lim_{l\to\infty} h(\mathbf{X}_{n'_l}(\omega)) = h(\mathbf{X}(\omega))$, $\omega \in \Omega_0$, sodass das Teilfolgenkriterium die Behauptung a) liefert. Der Nachweis von b) erfolgt analog (siehe Aufgabe 23.4). ■

Sind also (X_n) und (Y_n) Folgen reeller Zufallsvariablen auf $(\Omega, \mathcal{A}, \mathbb{P})$ mit $X_n \xrightarrow{\mathbb{P}} X$ und $Y_n \xrightarrow{\mathbb{P}} Y$, so ergibt sich aus a) insbesondere

$$X_n \pm Y_n \xrightarrow{\mathbb{P}} X \pm Y,$$

$$X_n Y_n \xrightarrow{\mathbb{P}} XY,$$

$$e^{\sin X_n} \cos Y_n \xrightarrow{\mathbb{P}} e^{\sin X} \cos Y$$

usw.

Im Gegensatz zur fast sicheren und zur stochastischen Konvergenz erfordert der nachstehende Konvergenzbegriff für Folgen von Zufallsvariablen eine Integrierbarkeitsvoraussetzung.

Definition der Konvergenz im p-ten Mittel

Es seien $p \in (0, \infty)$ eine positive reelle Zahl und

$$\mathcal{L}^p = \mathcal{L}^p(\Omega, \mathcal{A}, \mathbb{P}) := \{X : \Omega \to \mathbb{R} \colon \mathbb{E}|X|^p < \infty\}$$

der Vektorraum aller reeller Zufallsvariablen auf Ω mit existierendem p-ten absoluten Moment. Sind $X, X_1, X_2, \ldots$ in $\mathcal{L}^p$, und gilt

$$\lim_{n\to\infty} \mathbb{E}|X_n - X|^p = 0,$$

so heißt die Folge $(X_n)_{n\geq 1}$ **im p-ten Mittel gegen X konvergent**, und wir schreiben hierfür $X_n \xrightarrow{\mathcal{L}^p} X$.

Kommentar: Im Fall $p = 1$ spricht man kurz von *Konvergenz im Mittel*, für $p = 2$ ist die Sprechweise *Konvergenz im quadratischen Mittel* üblich. Man beachte, dass die Konvergenz im p-ten Mittel nichts anderes ist als die schon im Kapitel über Maß- und Integrationstheorie behandelte Konvergenz im p-ten Mittel. Dort wurde unter anderem gezeigt, dass der Raum $\mathcal{L}^p$ vollständig ist, also jede Cauchy-Folge in $\mathcal{L}^p$ einen Grenzwert im Raum $\mathcal{L}^p$ besitzt. Weiter gilt im Fall $p \geq 1$ für $X, Y \in \mathcal{L}^p$ die *Minkowski-Ungleichung*

$$\left(\mathbb{E}|X+Y|^p\right)^{1/p} \leq \left(\mathbb{E}|X|^p\right)^{1/p} + \left(\mathbb{E}|Y|^p\right)^{1/p}.$$

Man beachte auch, dass die Konvergenz im p-ten Mittel schon in Abschnitt 19.6 von Band 1 für den Spezialfall der p-fach Lebesgue-integrierbaren Funktionen auf einem Intervall als *Konvergenz bezüglich der L^p-Norm* behandelt wurde.

Aus der Konvergenz im p-ten Mittel folgt die stochastische Konvergenz

Dass die Konvergenz im p-ten Mittel die stochastische Konvergenz nach sich zieht, folgt aus der nachstehenden, nach dem russischen Mathematiker Andrej Andrejewitsch Markov (1856–1922) benannten Ungleichung.

Allgemeine Markov-Ungleichung

Es seien $(\Omega, \mathcal{A}, \mathbb{P})$ ein Wahrscheinlichkeitsraum sowie $g : [0, \infty) \to \mathbb{R}$ eine monoton wachsende Funktion mit $g(t) > 0$ für jedes $t > 0$. Für jede Zufallsvariable X auf Ω und jedes $\varepsilon > 0$ gilt dann

$$\mathbb{P}(|X| \geq \varepsilon) \leq \frac{\mathbb{E}g(|X|)}{g(\varepsilon)}.$$

Beweis: Aufgrund der Voraussetzung über g gilt

$$\mathbf{1}\{|X(\omega)| \geq \varepsilon\} \leq \frac{g(|X(\omega)|)}{g(\varepsilon)}, \qquad \omega \in \Omega.$$

Bildet man auf beiden Seiten den Erwartungswert, so folgt die Behauptung. ■

?

Können Sie aus obiger Ungleichung die Tschebyschow-Ungleichung herleiten?

Wählt man speziell die Funktion $g(t) := t^p$, $t \geq 0$, so ergibt sich für Zufallsvariablen X_n und X aus $\mathcal{L}^p$ die Ungleichung

$$\mathbb{P}(|X_n - X| \geq \varepsilon) \leq \frac{\mathbb{E}|X_n - X|^p}{\varepsilon^p},$$

und man erhält das folgende Resultat.

Satz über Konvergenz im p-ten Mittel und stochastische Konvergenz

Aus $X_n \xrightarrow{\mathcal{L}^p} X$ folgt $X_n \xrightarrow{\mathbb{P}} X$. Die Umkehrung dieser Aussage gilt im Allgemeinen nicht.

Dass aus der stochastischen Konvergenz im Allgemeinen nicht die Konvergenz im p-ten Mittel folgt, zeigt das nachstehende Beispiel.

Beispiel Es seien $\Omega := [0,1]$, $\mathcal{A} := \Omega \cap \mathcal{B}$, $\mathbb{P} := \lambda^1_\Omega$ sowie $X :\equiv 0$ sowie X_n definiert durch

$$X_n(\omega) := \begin{cases} n^{1/p}, & \text{falls } 0 \leq \omega \leq 1/n, \\ 0 & \text{sonst.} \end{cases}$$

Dann gilt $X_n \xrightarrow{\mathbb{P}} X$, denn es ist $\mathbb{P}(|X_n - X| > \varepsilon) = \mathbb{P}(X_n = n^{1/p}) = 1/n \to 0$. Andererseits gilt $\mathbb{E}|X_n - X|^p = n \cdot 1/n = 1$ für jedes n, was zeigt, dass keine Konvergenz im p-ten Mittel vorliegt. ◀

Zwischen der fast sicheren Konvergenz und der Konvergenz im p-ten Mittel besteht ohne zusätzliche Voraussetzungen keinerlei Hierarchie. So konvergiert die Folge (X_n) im obigen Beispiel fast sicher gegen X, es liegt aber keine Konvergenz im p-ten Mittel vor. Auf der anderen Seite konvergiert die Folge (X_n) aus dem Beispiel von Seite 869 im p-ten Mittel gegen $X \equiv 0$, aber nicht fast sicher. Das nachstehende Resultat gibt eine hinreichende Bedingung an, unter der aus der fast sicheren Konvergenz die Konvergenz im p-ten Mittel folgt.

Satz

Es gelte $X_n \xrightarrow{\text{f.s.}} X$. Gibt es eine nichtnegative Zufallsvariable $Y \in \mathcal{L}^p$ (also $\mathbb{E}(Y^p) < \infty$) mit der Eigenschaft $|X_n| \leq Y$ $\mathbb{P}$-fast sicher für jedes $n \geq 1$, so folgt

$$X_n \xrightarrow{\mathcal{L}^p} X.$$

Beweis: Es sei $Z_n := |X_n - X|^p$. Wegen $|X_n| \leq Y$ $\mathbb{P}$-f.s. für jedes n und $X_n \xrightarrow{\text{f.s.}} X$ folgt $|X| \leq Y$ $\mathbb{P}$-f.s., und somit gilt $|Z_n| \leq (2Y)^p$ $\mathbb{P}$-f.s., $n \geq 1$. Wegen $Z_n \xrightarrow{\text{f.s.}} 0$ liefert der Satz von der dominierten Konvergenz auf Seite 246 wie behauptet $\mathbb{E}(Z_n) \to 0$. ■

Kommentar: Aus der stochastischen Konvergenz folgt die Konvergenz im Mittel, wenn die Folge (X_n) *gleichgradig integrierbar* ist, also der Bedingung

$$\lim_{a\to\infty} \sup_{n\geq 1} \mathbb{E}\left[|X_n| \mathbf{1}\{|X_n| \geq a\}\right] = 0 \qquad (23.4)$$

genügt. Wir werden im Folgenden nicht auf diese Begriffsbildung eingehen, sondern verweisen hier auf weiterführende Literatur. Abschließend zeigen wir noch, dass die Konvergenz im p-ten Mittel eine umso stärkere Eigenschaft darstellt, je größer p ist (siehe hierzu auch Aufgabe 7.41).

Satz

Es seien $X, X_1, X_2, \ldots$ Zufallsvariablen auf $(\Omega, \mathcal{A}, \mathbb{P})$ sowie $0 < p \leq s < \infty$. Dann gilt:

$$X_n \xrightarrow{\mathcal{L}^s} X \implies X_n \xrightarrow{\mathcal{L}^p} X.$$

Beweis: Es seien $\Delta_n := |X_n - X|$ sowie $\varepsilon > 0$ beliebig. Setzen wir

$$A_n = \{\Delta_n \leq \varepsilon^{1/p}\},\ B_n = \{\varepsilon^{1/p} < \Delta_n < 1\},\ C_n = \{1 \leq \Delta_n\},$$

so gilt $\mathbb{E}\Delta_n^p = \mathbb{E}\Delta_n^p \mathbf{1}\{A_n\} + \mathbb{E}\Delta_n^p \mathbf{1}\{B_n\} + \mathbb{E}\Delta_n^p \mathbf{1}\{C_n\}$. Hier ist der erste Summand auf der rechten Seite höchstens gleich ε und der dritte wegen $t^p \leq t^s$ für $t \geq 1$ kleiner oder gleich $\mathbb{E}\Delta_n^s$. Der zweite Summand ist wegen

$$\Delta_n^p \mathbf{1}\{B_n\} = \Delta_n^s \frac{\mathbf{1}\{B_n\}}{\Delta_n^{s-p}}$$

höchstens gleich $\mathbb{E}\Delta_n^s/\varepsilon^{(s-p)/p}$, sodass wir

$$\mathbb{E}\Delta_n^p \leq \varepsilon + \mathbb{E}\Delta_n^s/\varepsilon^{(s-p)/p} + \mathbb{E}\Delta_n^s$$

und somit $\limsup_{n\to\infty} \mathbb{E}\Delta_n^p \leq \varepsilon$ erhalten. Da ε beliebig war, folgt die Behauptung. ■

23.2 Das starke Gesetz großer Zahlen

In diesem Abschnitt betrachten wir eine Folge $X_1, X_2, \ldots$ stochastisch unabhängiger identisch verteilter reeller Zufallsvariablen (kurz: **u.i.v.-Folge**) auf einem Wahrscheinlichkeitsraum $(\Omega, \mathcal{A}, \mathbb{P})$. Existiert das zweite Moment von X_1, gilt also $\mathbb{E}X_1^2 < \infty$, so existieren auch der mit $\mu := \mathbb{E}(X_1)$ bezeichnete Erwartungswert von X_1 sowie die Varianz $\sigma^2 := \mathbb{V}(X_1)$, und es gilt das *schwache Gesetz großer Zahlen*

$$\frac{1}{n}\sum_{j=1}^{n} X_j \xrightarrow{\mathbb{P}} \mu$$

(vgl. Seite 781). Die Folge $(\overline{X}_n)$ der arithmetischen Mittel $\overline{X}_n := n^{-1}\sum_{j=1}^{n} X_j$ konvergiert also für $n \to \infty$ stochastisch gegen den Erwartungswert der zugrunde liegenden Verteilung.

Arithmetische Mittel von u.i.v.-Folgen aus $\mathcal{L}^1$ konvergieren fast sicher

Die obige Aussage lässt nur die Interpretation zu, dass es zu jedem vorgegebenen $\varepsilon > 0$ und jedem $\delta > 0$ ein von ε und δ abhängendes n_0 gibt, sodass für jedes (einzelne) *feste* n mit $n \geq n_0$ die Ungleichung

$$\mathbb{P}\left(|\overline{X}_n - \mu| > \varepsilon\right) \leq \delta$$

erfüllt ist. Wollen wir erreichen, dass sogar die unendliche Vereinigung $\cup_{n=n_0}^{\infty}\{|\overline{X}_n - \mu| > \varepsilon\}$ eine Wahrscheinlichkeit besitzt, die höchstens gleich δ ist, so müssen wir die fast sichere Konvergenz

$$\frac{1}{n}\sum_{j=1}^{n} X_j \xrightarrow{\text{f.s.}} \mu$$

nachweisen, denn diese ist nach dem Kriterium auf Seite 868 gleichbedeutend mit

$$\lim_{n\to\infty} \mathbb{P}(\cup_{k=n}^{\infty}|\overline{X}_n - \mu| > \varepsilon) = 0 \quad \text{für jedes } \varepsilon > 0.$$

In dieser Hinsicht bildet das folgende Resultat ein Hauptergebnis der klassischen Wahrscheinlichkeitstheorie.

Starkes Gesetz großer Zahlen von Kolmogorov

Es sei $(X_n)_{n\geq 1}$ eine u.i.v.-Folge von Zufallsvariablen auf einem Wahrscheinlichkeitsraum $(\Omega, \mathcal{A}, \mathbb{P})$. Dann sind folgende Aussagen äquivalent:

a) $\frac{1}{n}\sum_{j=1}^{n} X_j \xrightarrow{\text{f.s.}} X$ für eine Zufallsvariable X.

b) $\mathbb{E}|X_1| < \infty$.

In diesem Fall gilt $X = \mathbb{E}X_1$ $\mathbb{P}$-fast sicher und somit

$$\frac{1}{n}\sum_{j=1}^{n} X_j \xrightarrow{\text{f.s.}} \mathbb{E}X_1.$$

Beweis: Wir beweisen zunächst die Implikation „a) $\Rightarrow$ b)". Schreiben wir $S_n := X_1 + \ldots + X_n$ für die n-te Partialsumme der Folge $X_1, X_2, \ldots$, so gilt

$$\frac{X_n}{n} = \frac{S_n}{n} - \frac{n-1}{n} \cdot \frac{S_{n-1}}{n-1}. \tag{23.5}$$

Gibt es also eine Zufallsvariable X, gegen die S_n/n fast sicher konvergiert, so gilt auf einer Eins-Menge Ω_0 die punktweise Konvergenz $S_n(\omega)/n \to X(\omega)$, $\omega \in \Omega_0$, und nach (23.5) folgt $\lim_{n\to\infty} X_n(\omega)/n = 0$, $\omega \in \Omega_0$, also $X_n/n \xrightarrow{\text{f.s.}} 0$. Von den durch $A_n := \{|X_n| \geq n\}$, $n \geq 1$, definierten Ereignissen können somit nur mit Wahrscheinlichkeit null unendlich viele eintreten, es gilt also $\mathbb{P}(\limsup_{n\to\infty} A_n) = 0$. Da die Zufallsvariablen $X_1, X_2, \ldots$ identisch verteilt sind, gilt $\mathbb{P}(A_n) = \mathbb{P}(|X_1| \geq n)$. Teil b) des Lemmas von Borel-Cantelli liefert somit

$$\sum_{n=1}^{\infty} \mathbb{P}(|X_1| \geq n) < \infty. \tag{23.6}$$

Wegen

$$\begin{aligned}\int_0^{\infty} \mathbb{P}(|X_1| > t)\,\mathrm{d}t &= \sum_{n=1}^{\infty} \int_{n-1}^{n} \mathbb{P}(|X_1| \geq t)\,\mathrm{d}t \\ &\leq \sum_{n=0}^{\infty} \mathbb{P}(|X_1| \geq n)\end{aligned}$$

ergibt sich b) aus (23.6) und der Darstellungsformel für den Erwartungswert auf Seite 837.

Den Beweis der Richtung „b) $\Rightarrow$ a)" unterteilen wir der Übersichtlichkeit halber in mehrere Schritte. Zunächst zeigt eine Zerlegung in Positiv- und Negativteil, dass ohne Beschränkung der Allgemeinheit $X_n \geq 0$ angenommen werden kann (Übungsaufgabe 23.6). Um Zufallsvariablen mit existierenden Varianzen zu erhalten, die (hoffentlich) eine ausreichend gute Approximation der Ausgangsfolge (X_n) bilden, stutzen wir in einem zweiten Schritt die Zufallsvariable X_n in der Höhe n und setzen

$$Y_n := X_n \mathbf{1}\{X_n \leq n\}$$

sowie $T_n := Y_1 + Y_2 + \ldots + Y_n$, $\quad n \geq 1$.

Wir behaupten, dass

$$\frac{S_n}{n} - \frac{T_n}{n} \xrightarrow{\text{f.s.}} 0 \tag{23.7}$$

gilt und somit „nur"

$$\frac{T_n}{n} \xrightarrow{\text{f.s.}} \mathbb{E}X_1 \tag{23.8}$$

zu zeigen ist. Der Beweis von (23.7) ist schnell erbracht: Wegen der identischen Verteilung der X_j und der Darstellungsformel für den Erwartungswert auf Seite 837 gilt

$$\begin{aligned}\sum_{n=1}^{\infty} \mathbb{P}(X_n \neq Y_n) &= \sum_{n=1}^{\infty} \mathbb{P}(X_n > n) \\ &= \sum_{n=1}^{\infty} \mathbb{P}(X_1 > n) \\ &\leq \sum_{n=1}^{\infty} \int_{n-1}^{n} \mathbb{P}(X_1 > t)\,\mathrm{d}t \\ &= \int_0^{\infty} \mathbb{P}(X_1 > t)\,\mathrm{d}t \\ &= \mathbb{E}X_1 < \infty\end{aligned}$$

und somit $\mathbb{P}(\limsup_{n\to\infty}\{X_n \neq Y_n\}) = 0$ nach dem Borel-Cantelli-Lemma. Komplementbildung ergibt dann

$$\mathbb{P}\left(\bigcup_{n=1}^{\infty}\bigcap_{k=n}^{\infty}\{X_k = Y_k\}\right) = 1.$$

Zu jedem ω aus einer Eins-Menge Ω_0 gibt es also ein (von ω abhängendes) n_0 mit $X_k(\omega) = Y_k(\omega)$ für jedes $k \geq n_0$. Für jedes solche ω gilt demnach für jedes $n \geq n_0$

$$\left| \frac{S_n(\omega)}{n} - \frac{T_n(\omega)}{n} \right| \leq \frac{1}{n} \sum_{j=1}^{n_0} |X_j(\omega) - Y_j(\omega)|.$$

Da die rechte Seite gegen null konvergiert, folgt (23.7).

Um (23.8) nachzuweisen, untersuchen wir zunächst T_n/n entlang der für ein beliebiges $\alpha > 1$ durch

$$k_n := \lfloor \alpha^n \rfloor = \max\{l \in \mathbb{N} : l \leq \alpha\}, \quad n \geq 1,$$

definierten Teilfolge. Wir behaupten die Gültigkeit von

$$\frac{T_{k_n}}{k_n} \xrightarrow{\text{f.s.}} \mathbb{E}X_1 \tag{23.9}$$

und weisen diese Konvergenz nach, indem wir

$$\frac{T_{k_n}}{k_n} - \frac{\mathbb{E}T_{k_n}}{k_n} \xrightarrow{\text{f.s.}} 0 \tag{23.10}$$

und

$$\lim_{n\to\infty} \frac{\mathbb{E}T_{k_n}}{k_n} = \mathbb{E}X_1 \tag{23.11}$$

zeigen. Wegen der gleichen Verteilung aller X_j gilt $\mathbb{E}Y_n = \mathbb{E}(X_1 \mathbf{1}\{X_1 \leq n\})$ und somit nach dem Satz von der monotonen Konvergenz $\mathbb{E}Y_n \to \mathbb{E}X_1$. Da mit einer konvergenten Zahlenfolge auch die Folge der arithmetischen Mittel gegen den gleichen Grenzwert konvergiert, folgt (23.11). Um (23.10) zu zeigen, setzen wir für beliebiges $\varepsilon > 0$

$$B_n(\varepsilon) := \left\{ \left| \frac{1}{k_n} (T_{k_n} - \mathbb{E}T_{k_n}) \right| > \varepsilon \right\}$$

und behaupten

$$\sum_{n=1}^{\infty} \mathbb{P}(B_n(\varepsilon)) < \infty. \tag{23.12}$$

Hierzu nutzen wir aus, dass Y_n als beschränkte Zufallsvariable ein endliches zweites Moment besitzt. Aufgrund der Tschebyschow-Ungleichung, der Unabhängigkeit der Folge $Y_1, Y_2, \ldots$, der allgemeinen Ungleichung $\mathbb{V}(Z) \leq \mathbb{E}Z^2$ und der identischen Verteilung der X_j folgt dann

$$\begin{aligned}
\sum_{n=1}^{\infty} \mathbb{P}(B_n(\varepsilon)) &\leq \frac{1}{\varepsilon^2} \sum_{n=1}^{\infty} \frac{1}{k_n^2} \mathbb{V}(T_{k_n}) \\
&\leq \frac{1}{\varepsilon^2} \sum_{n=1}^{\infty} \frac{1}{k_n^2} \sum_{j=1}^{k_n} \mathbb{E}Y_j^2 \\
&= \frac{1}{\varepsilon^2} \sum_{n=1}^{\infty} \frac{1}{k_n^2} \sum_{j=1}^{k_n} \mathbb{E}[X_1^2 \mathbf{1}\{X_1 \leq j\}] \\
&\leq \frac{1}{\varepsilon^2} \sum_{n=1}^{\infty} \frac{1}{k_n} \mathbb{E}[X_1^2 \mathbf{1}\{X_1 \leq k_n\}] \\
&= \frac{1}{\varepsilon^2} \mathbb{E}\left[X_1^2 \sum_{n=1}^{\infty} \frac{1}{k_n} \mathbf{1}\{X_1 \leq k_n\} \right].
\end{aligned}$$

Dabei haben wir beim letzten Ungleichheitszeichen den Sachverhalt $j \leq k_n$ und beim letzten Gleichheitszeichen den Satz von der monotonen Konvergenz verwendet. Um den Nachweis von (23.12) abzuschließen, setzen wir $M := 2\alpha/(\alpha - 1)$ sowie für festes $x > 0$ $n_0 := \min\{n \geq 1 : k_n \geq x\}$. Die Ungleichung $y \leq 2\lfloor y \rfloor$ für $y \geq 1$ ergibt

$$\begin{aligned}
\sum_{n=1}^{\infty} \frac{1}{k_n} \mathbf{1}\{x \leq k_n\} &= \sum_{n=n_0}^{\infty} \frac{1}{k_n} \leq 2 \sum_{n=n_0}^{\infty} \frac{1}{\alpha^n} \\
&= \frac{2}{\alpha^{n_0}\left(1 - \frac{1}{\alpha}\right)} \leq \frac{M}{x}.
\end{aligned}$$

Hieraus folgt die Abschätzung

$$X_1^2 \sum_{n=1}^{\infty} \frac{1}{k_n} \mathbf{1}\{X_1 \leq k_n\} \leq M\, X_1$$

und somit (23.12). Nach dem Reihenkriterium für fast sichere Konvergenz gilt also (23.10) und somit auch (23.9), da (23.11) bereits gezeigt wurde. Da die schon bewiesene Beziehung (23.7) auch entlang der Teilfolge k_n gilt, wissen wir bereits, dass die Konvergenz

$$\frac{S_{k_n}}{k_n} \xrightarrow{\text{f.s.}} \mathbb{E}X_1$$

besteht. Die eigentliche Behauptung $S_n/n \xrightarrow{\text{f.s.}} \mathbb{E}X_1$ erhält man hieraus wie folgt durch eine geeignete Interpolation: Ist $j \geq 1$ mit $k_n < j \leq k_{n+1}$, so ergibt sich wegen $X_n \geq 0$ die Ungleichungskette

$$\frac{S_{k_n}}{k_{n+1}} \leq \frac{S_{k_n}}{j} \leq \frac{S_j}{j} \leq \frac{S_{k_{n+1}}}{j} \leq \frac{S_{k_{n+1}}}{k_n}$$

und somit

$$\frac{S_{k_n}}{k_n} \frac{k_n}{k_{n+1}} \leq \frac{S_j}{j} \leq \frac{S_{k_{n+1}}}{k_{n+1}} \frac{k_{n+1}}{k_n}.$$

Wegen $k_n^{-1} S_{k_n} \xrightarrow{\text{f.s.}} \mathbb{E}X_1$, $k_{n+1}^{-1} S_{k_{n+1}} \xrightarrow{\text{f.s.}} \mathbb{E}X_1$ und

$$\lim_{n\to\infty} \frac{k_n}{k_{n+1}} = \frac{1}{\alpha}, \qquad \lim_{n\to\infty} \frac{k_{n+1}}{k_n} = \alpha$$

folgt also $\mathbb{P}(\Omega(\alpha)) = 1$, wobei

$$\Omega(\alpha) := \left\{ \frac{\mathbb{E}X_1}{\alpha} \leq \liminf_{n\to\infty} \frac{S_n}{n} \leq \limsup_{n\to\infty} \frac{S_n}{n} \leq \alpha\, \mathbb{E}X_1 \right\}.$$

Setzen wir schließlich $\Omega^* := \bigcap_{r=1}^{\infty} \Omega\left(1 + r^{-1}\right)$, so gilt $\mathbb{P}(\Omega^*) = 1$ und

$$\lim_{n\to\infty} \frac{S_n(\omega)}{n} = \mathbb{E}X_1 \qquad \forall \omega \in \Omega^*,$$

also $S_n/n \xrightarrow{\text{f.s.}} \mathbb{E}X_1$. ∎

?

Nach Aufgabe 22.26 besitzt das arithmetische Mittel von unabhängigen Zufallsvariablen mit gleicher Cauchy-Verteilung $C(\alpha, \beta)$ die gleiche Verteilung wie jeder Summand. Warum widerspricht dieses Ergebnis nicht dem starken Gesetz großer Zahlen?

Kommentar: Der obige Beweis lässt sich wesentlich verkürzen, wenn zusätzliche Bedingungen an die u.i.v.-Folge (X_n) gestellt werden. So liefert z. B. die nachfolgende, auf Kolmogorov zurückgehende und eine Verschärfung der Tschebyschow-Ungleichung darstellende *Maximal-Ungleichung* unter anderem ein starkes Gesetz großer Zahlen in der eben betrachteten Situation, wenn zusätzlich $\mathbb{E}X_1^2 < \infty$ vorausgesetzt wird. Man beachte, dass in der Kolmogorov-Ungleichung nur die Unabhängigkeit, aber nicht die identische Verteilung der Zufallsvariablen vorausgesetzt ist. Zudem erinnern wir an die Definition $S_k := \sum_{j=1}^k X_j$.

Kolmogorov-Ungleichung

Es seien $X_1, \ldots, X_n$ unabhängige Zufallsvariablen mit $\mathbb{E}X_j^2 < \infty$, $j = 1, \ldots, n$. Dann gilt:

$$\mathbb{P}\left(\max_{1\le k\le n} |S_k| \ge \varepsilon\right) \le \frac{1}{\varepsilon^2}\mathbb{V}(S_n), \qquad \varepsilon > 0,$$

wobei $S_k = \sum_{j=1}^k (X_j - \mathbb{E}X_j)$, $k = 1, \ldots, n$.

Beweis: Da sich die Aussage auf die zentrierten Zufallsvariablen $X_j - \mathbb{E}X_j$ bezieht, kann o.B.d.A. $\mathbb{E}X_j = 0$, $j = 1, \ldots, n$, gesetzt werden. Bezeichnet

$$A_k := \{\omega \in \Omega\colon |S_k(\omega)| \ge \varepsilon,\ |S_j(\omega)| < \varepsilon \text{ für } j = 1, \ldots, k-1\}$$

das Ereignis, dass „erstmals zum Zeitpunkt k“ $|S_k(\omega)| \ge \varepsilon$ gilt, so folgt wegen $\sum_{k=1}^n A_k \subset \Omega$

$$\begin{aligned}
\mathbb{V}(S_n) &= \mathbb{E}S_n^2 \\
&\ge \sum_{k=1}^n \mathbb{E}\left[S_n^2 \mathbf{1}\{A_k\}\right] \\
&= \sum_{k=1}^n \mathbb{E}\left[(S_k + (S_n - S_k))^2 \mathbf{1}\{A_k\}\right] \\
&\ge \sum_{k=1}^n \mathbb{E}\left[(S_k^2 + 2S_k(S_n - S_k))\mathbf{1}\{A_k\}\right] \\
&= \sum_{k=1}^n \mathbb{E}\left[S_k^2 \mathbf{1}\{A_k\}\right] + 2\sum_{k=1}^n \mathbb{E}\left[S_k(S_n - S_k)\mathbf{1}\{A_k\}\right].
\end{aligned}$$

Nach Definition von A_k gilt $\mathbb{E}\left[S_k^2 \mathbf{1}\{A_k\}\right] \ge \varepsilon^2 \mathbb{P}(A_k)$. Da die Zufallsvariablen $\mathbf{1}\{A_k\}S_k$ und $S_n - S_k$ nur von $X_1, \ldots, X_k$ bzw. nur von $X_{k+1}, \ldots, X_n$ abhängen, sind sie nach dem Blockungslemma stochastisch unabhängig, was

$$\begin{aligned}
\mathbb{E}\left[S_k(S_n - S_k)\mathbf{1}\{A_k\}\right] &= \mathbb{E}(S_k \mathbf{1}\{A_k\})\,\mathbb{E}(S_n - S_k) \\
&= \mathbb{E}(S_k \mathbf{1}\{A_k\}) \cdot 0 = 0
\end{aligned}$$

zur Folge hat. Zusammen mit der Gleichung

$$\mathbb{P}\left(\sum_{k=1}^n A_k\right) = \mathbb{P}\left(\max_{1\le k\le n} |S_k| \ge \varepsilon\right)$$

folgt dann die Behauptung. ■

?

Warum gilt die letzte Gleichung?

Mithilfe der Kolmogorov-Ungleichung ergibt sich mit dem *Kolmogorov-Kriterium* eine hinreichende Bedingung für ein starkes Gesetz großer Zahlen für nicht notwendig identisch verteilte Zufallsvariablen mit existierender Varianz. Zur Vorbereitung dieses Resultats stellen wir zwei Hilfssätze aus der Analysis voran. Das erste ist nach Ernesto Cesàro (1859–1906), das zweite nach Leopold Kronecker (1823–1891) benannt.

Das Lemma von Cesàro

Sind (b_n) eine Folge reeller Zahlen mit $b_n \to b \in \mathbb{R}$ für $n \to \infty$ und (a_n) eine monoton wachsende Folge positiver reeller Zahlen mit $\lim_{n\to\infty} a_n = \infty$ (kurz: $a_n \uparrow \infty$), so gilt mit der Festsetzung $a_0 := b_0 := 0$:

$$\lim_{n\to\infty} \frac{1}{a_n} \sum_{j=1}^n (a_j - a_{j-1}) b_{j-1} = b.$$

Beweis: Zu jedem $\varepsilon > 0$ gibt es ein $k = k(\varepsilon)$ mit

$$b - \varepsilon \le b_n \le b + \varepsilon \text{ für jedes } n \ge k. \qquad (23.15)$$

Setzen wir $c_n := a_n^{-1} \sum_{j=1}^n (a_j - a_{j-1}) b_{j-1}$, so folgt für $n > k$

$$c_n \le \frac{1}{a_n} \sum_{j=1}^k (a_j - a_{j-1}) b_{j-1} + \frac{a_n - a_k}{a_n}(b + \varepsilon)$$

und somit $\limsup_{n\to\infty} c_n \le b + \varepsilon$. Da ε beliebig war, erhalten wir $\limsup_{n\to\infty} c_n \le b$. Verwendet man die erste Ungleichung in (23.15), so ergibt sich völlig analog die noch fehlende Abschätzung $\liminf_{n\to\infty} c_n \ge b$. ■

Man beachte, dass sich für $a_n = n$ das einfach zu merkende, als *Grenzwertsatz von Cauchy* bekannte Resultat ergibt, dass mit einer Folge auch die Folge der arithmetischen Mittel gegen den gleichen Grenzwert konvergiert.

Beispiel: Monte-Carlo-Integration

Selbst hochdimensionale Integrale können mithilfe von Pseudozufallszahlen beliebig genau bestimmt werden.

Kapitel 13 wurden verschiedene Methoden behandelt, um ein Integral $\int_a^b f(x)\,\mathrm{d}x$ durch eine geeignete Linearkombination $\sum_{j=0}^n a_j f(x_j)$ der Funktionswerte von f in gewissen Stützstellen x_j zu approximieren. Bei den Newton-Cotes-Formeln liegen diese Stützstellen äquidistant, bei den Gauß-Quadraturformeln bilden sie Nullstellen orthogonaler Polynome. Die Theorie beschränkte sich fast ausschließlich auf den eindimensionalen Fall; numerische Quadratur in mehreren Dimensionen ist ein weitestgehend offenes Forschungsgebiet.

Was passiert, wenn wir die Wahl der Stützstellen Meister Zufall überlassen? Hierzu seien B eine beschränkte Borelmenge im $\mathbb{R}^k$ mit $0 < |B| := \lambda^k(B)$ und f eine auf B definierte messbare, Lebesgue-integrierbare und nicht fast überall konstante Funktion, die nicht notwendig stetig sein muss. Ist $\mathbf{U}$ ein Zufallsvektor mit der Gleichverteilung $\mathrm{U}(B)$ auf B, so existiert der Erwartungswert der Zufallsvariablen $f(\mathbf{U})$, und es gilt $\mathbb{E}f(\mathbf{U}) = \int_B f(x)\frac{1}{|B|}\,\mathrm{d}x = \frac{I}{|B|}$, wobei $I := \int_B f(x)\,\mathrm{d}x$.

Ist $(\mathbf{U}_n)_{n\ge 1}$ eine u.i.v.-Folge mit $\mathbf{U}_1 \sim \mathrm{U}(B)$, so ist $(f(\mathbf{U}_n))_{n\ge1}$ eine u.i.v.-Folge von Zufallsvariablen mit $\mathbb{E}f(\mathbf{U}_1) = I/|B|$. Nach dem starken Gesetz großer Zahlen gilt dann $n^{-1}\sum_{j=1}^n f(\mathbf{U}_j) \xrightarrow{\text{f.s.}} I/|B|$ und somit

$$I_n := |B| \cdot \frac{1}{n}\sum_{j=1}^n f(\mathbf{U}_j) \xrightarrow{\text{f.s.}} I. \qquad (23.13)$$

Wählt man also die Stützstellen aus dem Integrationsbereich B rein zufällig und unabhängig voneinander, so ist die Zufallsvariable I_n, deren Realisierungen man durch Simulation erhält, ein sinnvoller *Schätzer* für I.

Realisierungen der $\mathbf{U}_j$ gewinnt man wie auf Seite 849 beschrieben mit Pseudozufallszahlen. Am einfachsten ist hier der Fall $B = \times_{j=1}^k [a_j, b_j]$ eines achsenparallelen Quaders, da man aus Pseudozufallszahlen $x_{j,1}, \ldots, x_{j,k}$, die je in $(0,1)$ gleichverteilt sind, den in B gleichverteilten Pseudozufallspunkt $u_j := (a_1 + x_{j,1}(b_1 - a_1), \ldots, a_k + x_{j,k}(b_k - a_k))$ erhält. Als Zahlenbeispiel betrachten wir den Bereich $B := [0,1]^3$ und die Funktion $f(x_1,x_2,x_3) := \sin(x_1+x_2+x_3)$. In diesem Fall berechnet sich das Integral

$$I := \int_0^1\int_0^1\int_0^1 \sin(x_1+x_2+x_3)\,\mathrm{d}x_1\mathrm{d}x_2\mathrm{d}x_3$$

zu $I = \cos(3) + 3\cos(1) - 3\cos(2) - 1 = 0.879354\ldots$ Zehn Simulationen mit jeweils $n = 10\,000$ Pseudozufallspunkten ergaben die Werte 0.8791, 0.8777, 0.8808, 0.8789, 0.8808, 0.8801, 0.8812, 0.8785, 0.8783 und 0.8813. In jedem dieser Fälle ist die betragsmäßige Abweichung vom wahren Wert höchstens gleich 0.002.

Gilt $\int_B f^2(x)\,\mathrm{d}x < \infty$, so können wir die Varianz der in (23.13) definierten Größe I_n angeben und eine Fehlerabschätzung durchführen: Es ist dann

$$\sigma_f^2 := \mathbb{V}(|B|f(\mathbf{U}_1)) = |B|^2\left(\mathbb{E}f^2(\mathbf{U}_1) - (\mathbb{E}f(\mathbf{U}_1))^2\right) = |B|^2\left(\frac{1}{|B|}\int_B f^2(x)\,\mathrm{d}x - \frac{1}{|B|^2}\left(\int_B f(x)\,\mathrm{d}x\right)^2\right)$$

und somit $\mathbb{V}(I_n) = \sigma_f^2/n$.

Die Varianz des Schätzers I_n für I konvergiert also invers proportional mit n gegen null, und diese Geschwindigkeit hängt nicht von der Dimension k ab! Eine Aussage über den zufälligen Schätzfehler $I_n - I$ macht der Zentrale Grenzwertsatz von Lindeberg-Lévy. Wenden wir diesen auf die u.i.v.-Folge $X_j := |B|f(\mathbf{U}_j)$, $j \ge 1$, an, so folgt

$$\frac{\sum_{j=1}^n X_j - n\mathbb{E}X_1}{\sqrt{n\,\mathbb{V}(X_1)}} = \frac{|B|\sum_{j=1}^n f(\mathbf{U}_j) - nI}{\sqrt{n\,|B|^2\mathbb{V}(f(\mathbf{U}_1))}} = \frac{\sqrt{n}\,(I_n - I)}{\sigma_f} \xrightarrow{\mathcal{D}} \mathrm{N}(0,1) \quad \text{für } n\to\infty.$$

Wählt man zu einem kleinen $\alpha \in (0,1)$ die Zahl $h = h_\alpha$ durch $h_\alpha = \Phi^{-1}(1-\alpha/2)$, so ergibt sich

$$\lim_{n\to\infty}\mathbb{P}\left(I_n - \frac{h_\alpha\sigma_f}{\sqrt{n}} \le I \le I_n + \frac{h_\alpha\sigma_f}{\sqrt{n}}\right) = 1-\alpha.$$

Für $\alpha = 0.05$ ist $h_\alpha = 1.96$, und so enthält für großes n ein zufälliges Intervall mit Mittelpunkt I_n (dem mit Pseudozufallszahlen simulierten Wert) und Intervallbreite $3.92\sigma_f/\sqrt{n}$ die unbekannte Zahl I mit großer Wahrscheinlichkeit 0.95. Dass σ_f nicht bekannt ist, bereitet kein großes Problem, da es durch ein von $\mathbf{U}_1, \ldots, \mathbf{U}_n$ abhängendes σ_n ersetzt werden kann, ohne obige Grenzwertaussage zu ändern (Aufgabe 23.13).

Beispiel: Normale Zahlen

In fast jeder reellen Zahl tritt jeder vorgegebene Ziffernblock beliebiger Länge unter den Nachkommastellen asymptotisch mit gleicher relativer Häufigkeit auf.

Eine reelle Zahl heißt *normal* (zur Basis 10), wenn in ihrer Dezimalentwicklung unter den Nachkommastellen für jedes $k \geq 1$ jeder mögliche k-stellige Ziffernblock mit gleicher asymptotischer relativer Häufigkeit auftritt. In diesem Sinn kann offenbar keine rationale Zahl normal sein, da ihre Dezimalentwicklung stets periodisch wird. Da es für die Normalität einer Zahl nur auf die Nachkommastellen ankommt und insbesondere natürliche Zahlen nicht normal sind, fragen wir, ob es normale Zahlen im Einheitsintervall $\Omega := (0, 1)$ gibt.

Um die eingangs gegebene verbale Beschreibung zu präzisieren, halten wir zunächst fest, dass jede reelle Zahl $\omega \in (0, 1)$ genau eine nicht in einer unendlichen Folge von Neunen endende Dezimalentwicklung

$$\omega = \sum_{j=1}^{\infty} \frac{d_j(\omega)}{10^j} = 0.d_1(\omega)d_2(\omega)\ldots$$

mit $d_j(\omega) \in \{0, 1, \ldots, 9\}$ für jedes j besitzt. Die Ziffer $d_j(\omega)$ steht dabei für die j-te Nachkommastelle von ω. So gilt z. B. $\frac{1}{11} = 0.090909\ldots$

Ein k-stelliger Ziffernblock ist durch ein k-tupel $(i_1, \ldots, i_k) \in \{0, 1, \ldots, 9\}^k$ definiert. Eine Zahl $\omega \in (0, 1)$ ist genau dann normal, wenn für jedes $k \geq 1$ und für jedes der 10^k möglichen Tupel $(i_1, \ldots, i_k)$ gilt:

$$\lim_{n\to\infty} \frac{1}{n} \sum_{l=1}^{n} \mathbf{1}\{d_l(\omega) = i_1, \ldots, d_{l+k-1}(\omega) = i_k\} = \frac{1}{10^k}.$$

Wir fassen $d_1, d_2, \ldots$ als Zufallsvariablen auf dem Grundraum Ω mit der Spur-σ-Algebra $\mathcal{A} = \mathcal{B}^1 \cap \Omega$ auf und legen als Wahrscheinlichkeitsmaß $\mathbb{P}$ die Gleichverteilung $\lambda^1_{|\Omega}$ auf Ω zugrunde. Den Schlüssel für eine auf Émile Borel (1909) zurückgehende Aussage über normale Zahlen in $(0, 1)$ und damit allgemeiner über normale Zahlen in $\mathbb{R}$ bildet die Beobachtung, dass $(d_j)_{j\geq 1}$ eine Folge *stochastisch unabhängiger und identisch verteilter* Zufallsvariablen ist, wobei

$$\mathbb{P}(d_j = m) = \frac{1}{10}, \quad m = 0, 1, \ldots, 9, \qquad (23.14)$$

gilt. Gilt $U \sim \mathrm{U}(0, 1)$, so tritt das Ereignis $\{d_j = m\}$ genau dann ein, wenn U in eine Vereinigung von 10^{j-1} paarweise disjunkten Intervallen der jeweiligen Länge 10^{-j} fällt, was mit der Wahrscheinlichkeit $1/10$ geschieht. Die d_j sind also identisch verteilt mit (23.14).

Da für ein beliebiges $k \geq 2$ und jede beliebige Wahl von $m_1, \ldots, m_k \in \{0, 1, \ldots, 9\}$ das Ereignis $\{d_1 = m_1, \ldots, d_k = m_k\}$ genau dann eintritt, wenn U in ein Intervall der Länge 10^{-k} fällt, gilt

$$\mathbb{P}(d_1 = m_1, \ldots, d_k = m_k) = \prod_{j=1}^{k} \mathbb{P}(d_j = m_j),$$

und somit sind $d_1, d_2, \ldots$ stochastisch unabhängig.

Setzen wir jetzt für festes $m \in \{0, 1\ldots, 9\}$ $X_j := \mathbf{1}\{d_j = m\}$, so ist $(X_n)_{n\geq 1}$ eine u.i.v.-Folge mit $\mathbb{E}X_1 = \mathbb{P}(X_1 = m) = \frac{1}{10}$. Nach dem starken Gesetz großer Zahlen von Kolmogorov folgt somit für $n \to \infty$

$$\frac{1}{n}\sum_{j=1}^{n} X_j = \frac{1}{n}\sum_{j=1}^{n} \mathbf{1}\{d_j = m\} \xrightarrow{\text{f.s.}} \frac{1}{10}.$$

Fast jede Zahl aus $(0, 1)$ besitzt also die Eigenschaft, dass jede Ziffer in der Folge der Nachkommastellen asymptotisch mit gleicher relativer Häufigkeit auftritt.

Ist nun $(i_1, \ldots, i_k) \in \{0, 1, \ldots, 9\}^k$ ein beliebiger Ziffernblock, so setzen wir für $l \geq 1$

$$Y_l := \mathbf{1}\{d_l = i_1, \ldots, d_{l+k-1} = i_k\}.$$

Dann sind $Y_1, Y_2, \ldots$ identisch verteilte Zufallsvariablen mit $\mathbb{E}Y_1 = \mathbb{P}(X_l = i_1, \ldots, X_{l+k-1} = i_k) = 10^{-k}$. Darüber hinaus sind für jede Wahl von $l, n \in \mathbb{N}$ die Zufallsvariablen Y_l und Y_n stochastisch unabhängig, falls $|n - m| \geq k + 1$ gilt, weil Y_l und Y_n dann von disjunkten Blöcken der unabhängigen d_j gebildet werden. Nach Aufgabe 23.20 gilt

$$\frac{1}{n}\sum_{l=1}^{n} Y_l = \frac{1}{n}\sum_{l=1}^{n} \mathbf{1}\{d_l = i_1, \ldots, d_{l+k-1} = i_k\} \xrightarrow{\text{f.s.}} \frac{1}{10^k}$$

für $n \to \infty$. Dieses als *Borel's Satz über normale Zahlen* bekannte Resultat zeigt, dass nicht normale Zahlen eine Nullmenge bilden. Es ist jedoch bis heute ein ungelöstes Problem, ob konkrete Zahlen wie π oder die Euler'sche Zahl e normal sind.

Man mache sich klar, dass wir anstelle der Dezimaldarstellung auch die Dualentwicklung oder eine allgemeine g-adische Entwicklung (mit entsprechender Definition einer normalen Zahl) hätten wählen können und sinngemäß zum gleichen Ergebnis gelangt wären.

Das Lemma von Kronecker

Es seien (x_n) eine reelle Folge und (a_n) eine Folge positiver Zahlen mit $a_n \uparrow \infty$. Dann gilt:

$$\text{Ist } \sum_{n=1}^{\infty} \frac{x_n}{a_n} \text{ konvergent, so folgt } \lim_{n\to\infty} \frac{1}{a_n} \sum_{j=1}^{n} x_j = 0.$$

Beweis: Sei $b_n := \sum_{j=1}^{n} x_j/a_j$ für $n \geq 1$ und $b_0 := 0$. Nach Voraussetzung gibt es ein $b \in \mathbb{R}$ mit $b_n \to b$ für $n \to \infty$. Wegen $b_n - b_{n-1} = x_n/a_n$ folgt

$$\sum_{j=1}^{n} x_j = \sum_{j=1}^{n} a_j(b_j - b_{j-1}) = a_n b_n - \sum_{j=1}^{n} (a_j - a_{j-1}) b_{j-1}.$$

Dividiert man jetzt durch a_n und beachtet Cesàro's Lemma, so ergibt sich die Behauptung. ∎

Kolmogorov-Kriterium

Es sei $(X_n)_{n\geq 1}$ eine *unabhängige Folge* von Zufallsvariablen mit $\mathbb{E}X_n^2 < \infty$, $n \geq 1$. Gilt für eine Folge (a_n) positiver reeller Zahlen mit $a_n \uparrow \infty$

$$\sum_{n=1}^{\infty} \frac{\mathbb{V}(X_n)}{a_n^2} < \infty,$$

$$\text{so folgt } \frac{1}{a_n} \sum_{j=1}^{n} (X_j - \mathbb{E}X_j) \xrightarrow{\text{f.s.}} 0.$$

Beweis: Wir setzen

$$Y_j := \frac{X_j - \mathbb{E}X_j}{a_j}, \quad j \geq 1,$$

sowie $S_n := Y_1 + \ldots + Y_n$ für $n \geq 1$ und $S_0 := 0$. Wegen $\mathbb{E}Y_j = 0$ können wir die Kolmogorov-Ungleichung für festes k, m mit $m > k$ auf $Y_{k+1}, \ldots, Y_m$ anwenden. Es folgt

$$\mathbb{P}\left(\max_{k\leq n\leq m} |S_n - S_k| \geq \varepsilon \right) \leq \frac{1}{\varepsilon^2} \sum_{n=k+1}^{m} \mathbb{V}(Y_n)$$

und deshalb für $m \to \infty$

$$\mathbb{P}\left(\sup_{n\geq k} |S_n - S_k| \geq \varepsilon \right) \leq \frac{1}{\varepsilon^2} \sum_{n=k+1}^{\infty} \mathbb{V}(Y_n).$$

Nach Voraussetzung gilt $\sum_{n=1}^{\infty} \mathbb{V}(Y_n) < \infty$, und somit folgt $\sup_{n\geq k} |S_n - S_k| \xrightarrow{\mathbb{P}} 0$ für $k \to \infty$. Nach dem Teilfolgenkriterium auf Seite 870 gibt es eine Teilfolge (k_j) mit

$$\lim_{j\to\infty} \sup_{n\geq k_j} |S_n - S_{k_j}| = 0 \ \mathbb{P}\text{-fast sicher}.$$

Da das Supremum monoton in k fällt, gilt die fast sichere Konvergenz für die gesamte Folge. Damit ist (S_n) $\mathbb{P}$-fast sicher eine Cauchy-Folge, und somit konvergiert die Reihe

$$\sum_{n=1}^{\infty} \frac{X_n(\omega) - \mathbb{E}X_n}{a_n}$$

für jedes ω aus einer Eins-Menge Ω_0 gegen einen endlichen Grenzwert. Aus dem Lemma von Kronecker folgt dann unmittelbar die Behauptung. ∎

Da die Reihe $\sum_{n=1}^{\infty} n^{-2}$ (mit dem Grenzwert $\pi^2/6$) konvergent ist, ergibt sich aus dem Kolmogorov-Kriterium unmittelbar das folgende Resultat.

Folgerung

Es sei (X_n) eine Folge unabhängiger Zufallsvariablen mit *gleichmäßig beschränkten Varianzen*. Es gebe also ein $c < \infty$ mit $\mathbb{V}(X_n) \leq c$ für jedes $n \geq 1$. Dann gilt das starke Gesetz großer Zahlen

$$\lim_{n\to\infty} \frac{1}{n} \sum_{j=1}^{n} (X_j - \mathbb{E}X_j) = 0 \ \mathbb{P}\text{-fast sicher.}$$

23.3 Verteilungskonvergenz

Wir wissen bereits, dass eine Folge von Zufallsvariablen *fast sicher*, *stochastisch* oder auch *im p-ten Mittel* konvergieren kann. In diesem Abschnitt lernen wir mit der *Verteilungskonvergenz* einen weiteren Konvergenzbegriff für Folgen von Zufallsvariablen kennen, dem sowohl in theoretischer Hinsicht als auch im Hinblick auf statistische Anwendungen eine zentrale Rolle zukommt. Für die weiteren Betrachtungen seien $X, X_1, X_2, \ldots$ reelle Zufallsvariablen auf einem Wahrscheinlichkeitsraum $(\Omega, \mathcal{A}, \mathbb{P})$ mit zugehörigen Verteilungsfunktionen

$$F(x) := \mathbb{P}(X \leq x), \quad F_n(x) := \mathbb{P}(X_n \leq x), \quad n \geq 1, x \in \mathbb{R}.$$

Für eine Funktion $G : \mathbb{R}^k \to \mathbb{R}^s$ stehe allgemein

$$\mathcal{C}(G) := \{x \in \mathbb{R}^k : G \text{ stetig an der Stelle } x\}$$

für die Menge der *Stetigkeitsstellen* von G.

Definition der Verteilungskonvergenz

Die Folge $(X_n)_{n\geq 1}$ **konvergiert nach Verteilung (schwach)** gegen X, falls

$$\lim_{n\to\infty} F_n(x) = F(x) \qquad \forall x \in \mathcal{C}(F), \qquad (23.17)$$

und wir schreiben hierfür kurz $X_n \xrightarrow{\mathcal{D}} X$.

Die Verteilung von X heißt **Grenzverteilung** oder auch **asymptotische Verteilung** von (X_n).

Hintergrund und Ausblick: Das Gesetz vom iterierten Logarithmus

Das Fluktuationsverhalten von Partialsummen unabhängiger identisch verteilter Zufallsvariablen mit endlichem zweiten Moment ist genauestens bekannt.

Es sei (X_n) eine Folge stochastisch unabhängiger und identisch verteilter Zufallsvariablen mit $\mathbb{E}X_1 = 0$ und $\mathbb{V}(X_1) = 1$. Nach dem starken Gesetz großer Zahlen gilt dann mit $a_n := n$ für die Folge (S_n) der Partialsummen $S_n = X_1 + \ldots + X_n$

$$\lim_{n\to\infty} \frac{S_n}{a_n} = 0 \ \mathbb{P}\text{-fast sicher.} \qquad (23.16)$$

Wir können hier die normierende Folge (a_n) sogar deutlich verkleinern, ohne an der Grenzwertaussage etwas zu ändern. Wählen wir zum Beispiel $a_n := n^{1/2+\varepsilon}$ für ein $\varepsilon > 0$, so folgt aus der Konvergenz

$$\sum_{n=1}^{\infty} \frac{1}{a_n^2} = \sum_{n=1}^{\infty} \frac{1}{n^{1+2\varepsilon}} < \infty$$

und dem Kolmogorov-Kriterium, dass (23.16) auch für diese Wahl von a_n gilt. Der Versuch, $\varepsilon = 0$ und somit $a_n = \sqrt{n}$ zu setzen, würde jedoch scheitern. Wir werden sehen, dass $S_n/\sqrt{n}$ in Verteilung gegen eine Standardnormalverteilung konvergieren würde.

Eine natürliche Frage betrifft das *fast sichere Fluktuationsverhalten* von $(S_n)_{n\ge1}$. Gibt es eine monoton wachsende Folge (λ_n) positiver Zahlen, sodass für jedes feste positive ε Folgendes gilt:

$$\mathbb{P}\left(\frac{S_n}{\lambda_n} \ge 1+\varepsilon \text{ für unendlich viele } n\right) = 0,$$

$$\mathbb{P}\left(\frac{S_n}{\lambda_n} \ge 1-\varepsilon \text{ für unendlich viele } n\right) = 1?$$

Da der Durchschnitt von abzählbar vielen Eins-Mengen ebenfalls eine Eins-Menge ist und die Vereinigung von abzählbar vielen Mengen der Wahrscheinlichkeit 0 ebenfalls die Wahrscheinlichkeit 0 besitzt, folgt aus obigen Wahrscheinlichkeitsaussagen, wenn wir

$$A_\varepsilon := \limsup_{n\to\infty}\left\{\frac{S_n}{\lambda_n} \ge 1+\varepsilon\right\}, \ B_\varepsilon := \limsup_{n\to\infty}\left\{\frac{S_n}{\lambda_n} \ge 1-\varepsilon\right\}$$

setzen und die Definition des Limes superior einer Mengenfolge (vgl. Seite 754) beachten:

$$\mathbb{P}\left(\bigcap_{k=1}^{\infty} A_{1/k} \setminus \left(\bigcup_{k=1}^{\infty} B_{1/k}\right)\right) = 1.$$

Dass eine solche Folge (λ_n) existiert, hat für den Fall $\mathbb{P}(X_1 = 1) = \mathbb{P}(X_1 = -1) = 1/2$ zuerst der russische Mathematiker Alexander Chintschin (1894–1959) bewiesen. Die Gestalt dieser Folge gibt dem folgenden berühmten Resultat dessen Namen.

Das Gesetz vom iterierten Logarithmus

In der obigen Situation gilt

$$\mathbb{P}\left(\limsup_{n\to\infty} \frac{S_n}{\sqrt{2n\log\log n}} = 1\right) = 1,$$

$$\mathbb{P}\left(\liminf_{n\to\infty} \frac{S_n}{\sqrt{2n\log\log n}} = -1\right) = 1.$$

Die nachstehende Abbildung zeigt Graphen der Funktionen $n \mapsto \sqrt{2n\log\log n}$ und $n \mapsto -\sqrt{2n\log\log n}$ zusammen mit zwei mittels Pseudozufallszahlen erzeugten Folgen (S_n) der Länge $n = 2500$, denen jeweils das Modell $\mathbb{P}(X_1 = 1) = \mathbb{P}(X_1 = -1) = 1/2$ zugrunde lag.

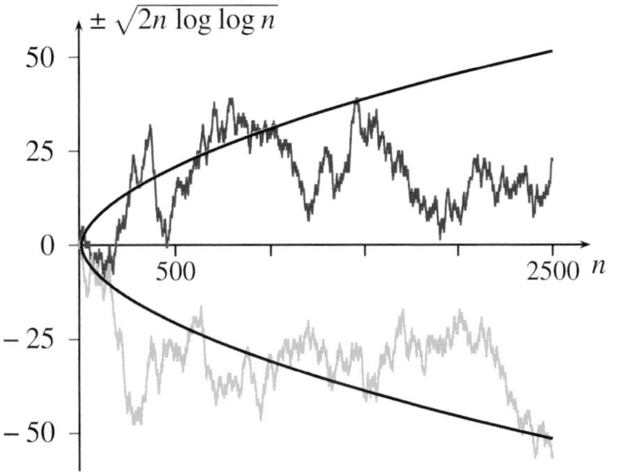

Literatur

P. Billingsley: *Probability and Measure*. 2. Aufl. Wiley, New York 1986.

Kommentar: Offenbar macht (23.17) nur eine Aussage über die Verteilungen $\mathbb{P}^{X_n}$ und $\mathbb{P}^X$: es wird die Konvergenz $\lim_{n\to\infty}\mathbb{P}^{X_n}(B) = \mathbb{P}^X(B)$ für *gewisse* Borelmengen $B \in \mathcal{B}^1$, nämlich jede Menge B der Gestalt $B = (-\infty, x]$ mit $x \in \mathcal{C}(F)$, gefordert. Die Zufallsvariablen X_n und X könnten jedoch hierfür auf völlig unterschiedlichen Wahrscheinlichkeitsräumen definiert sein. Aus diesem Grunde schreibt man im Falle von (23.17) auch oft

$$F_n \xrightarrow{\mathcal{D}} F \quad \text{bzw.} \quad \mathbb{P}^{X_n} \xrightarrow{\mathcal{D}} \mathbb{P}^X \quad \text{bzw.} \quad X_n \xrightarrow{\mathcal{D}} \mathbb{P}^X$$

und sagt, dass die Folge $(\mathbb{P}^{X_n})$ *schwach gegen* $\mathbb{P}^X$ *konvergiert*. Dabei ist insbesondere die letztere etwas „hybrid" anmutende Schreibweise häufig anzutreffen. Die erste Notation

$F_n \xrightarrow{\mathcal{D}} F$ verdeutlicht, dass (23.17) eine rein analytische Definition ist, nämlich punktweise Konvergenz von Funktionen in allen Stetigkeitsstellen der Grenzfunktion. Der für die Verteilungskonvergenz gewählte Buchstabe $\mathcal{D}$ soll auf die entsprechende englische Bezeichnung *convergence in distribution* hinweisen.

Das nachstehende Beispiel zeigt, dass es wenig Sinn machen würde, die Konvergenz der Folge (F_n) auch in Punkten zu fordern, in denen die Grenzfunktion F unstetig ist.

Beispiel Wir betrachten Folgen (X_n) und (Y_n) mit $\mathbb{P}(X_n = 1/n) = \mathbb{P}(Y_n = -1/n) = 1$, $n \geq 1$. Die Zufallsvariablen X_n und Y_n besitzen also Einpunktverteilungen in $1/n$ bzw. $-1/n$. Wegen $\lim_{n\to\infty} 1/n = \lim_{n\to\infty} -1/n = 0$ sollten sowohl X_n als auch Y_n in Verteilung gegen eine Zufallsvariable X konvergieren, die eine Einpunktverteilung in 0 besitzt. Nun hat X_n die Verteilungsfunktion

$$F_n(x) = \begin{cases} 0, & \text{falls } x < 1/n, \\ 1 & \text{sonst,} \end{cases}$$

und Y_n die Verteilungsfunktion

$$G_n(x) = \begin{cases} 0, & \text{falls } x < -1/n, \\ 1 & \text{sonst} \end{cases}$$

(siehe Abb. 23.2), und es gilt

$$\lim_{n\to\infty} F_n(x) = \lim_{n\to\infty} G_n(x) = \begin{cases} 0, & \text{falls } x < 0, \\ 1, & \text{falls } x > 0, \end{cases}$$

aber $0 = \lim_{n\to\infty} F_n(0) \neq \lim_{n\to\infty} G_n(0) = 1$. Eine Zufallsvariable X mit $\mathbb{P}(X = 0) = 1$ besitzt die Verteilungsfunktion $F(x) = 0$, falls $x < 0$, und $F(x) = 1$ sonst. Da die Konvergenz in (23.17) nur in den Stetigkeitsstellen der Grenzfunktion gefordert wird, gilt also $X_n \xrightarrow{\mathcal{D}} X$ und $Y_n \xrightarrow{\mathcal{D}} X$, wie es sein sollte.

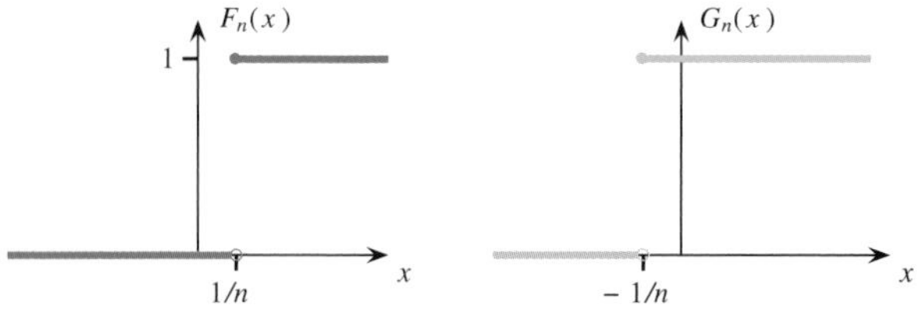

Abbildung 23.2 Graphen der Funktionen F_n (links) und G_n (rechts). ◀

Im nächsten Beispiel tritt eine Grenzverteilung auf, die in der *Extremwertstatistik* eine bedeutende Rolle spielt.

Beispiel Die Zufallsvariablen $Y_1, Y_2, \ldots$ seien stochastisch unabhängig und je exponentialverteilt mit Parameter 1, besitzen also die Verteilungsfunktion

$$\mathbb{P}(Y_1 \leq t) = \begin{cases} 1 - \exp(-t), & \text{falls } t \geq 0, \\ 0 \text{ sonst}. \end{cases}$$

Wir betrachten die Zufallsvariablen

$$X_n := \max_{j=1,\ldots,n} Y_j - \log n, \qquad n \geq 1.$$

Für die Verteilungsfunktion F_n von X_n gilt

$$\begin{aligned} F_n(x) &= \mathbb{P}(X_n \leq x) = \mathbb{P}\left(\max_{j=1,\ldots,n} Y_j \leq x + \log n\right) \\ &= \mathbb{P}(Y_1 \leq x + \log n)^n \end{aligned}$$

und somit für genügend großes n

$$F_n(x) = \left(1 - \mathrm{e}^{-(x+\log n)}\right)^n = \left(1 - \frac{\mathrm{e}^{-x}}{n}\right)^n.$$

Es folgt

$$\lim_{n\to\infty} F_n(x) = G(x), \quad x \in \mathbb{R},$$

wobei G die durch $G(x) := \exp(-\exp(-x))$ definierte Verteilungsfunktion der sogenannten *Extremwertverteilung von Gumbel* bezeichnet. Es gilt also

$$\max_{j=1,\ldots,n} Y_j - \log n \xrightarrow{\mathcal{D}} Z,$$

wobei Z die Verteilungsfunktion G besitzt. Die Dichte g der nach dem Mathematiker Emil Julius Gumbel (1891–1966) benannten Verteilung mit der Verteilungsfunktion G ist in Abb. 23.3 skizziert.

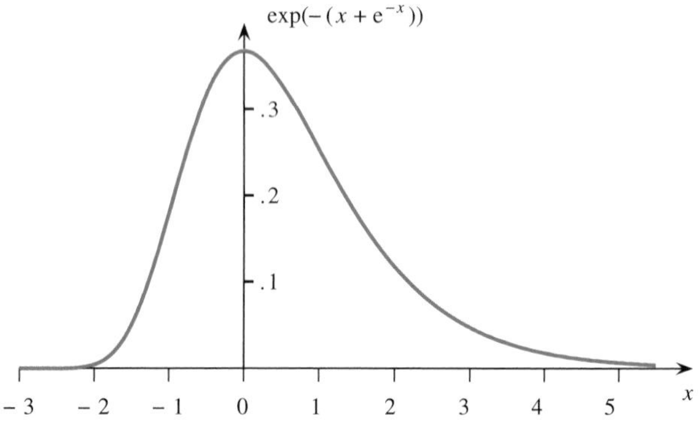

Abbildung 23.3 Dichte der Gumbel'schen Extremwertverteilung. ◀

Wohingegen der Grenzwert einer fast sicher konvergenten Folge von Zufallsvariablen $\mathbb{P}$-fast sicher eindeutig ist und Gleiches für die stochastische Konvergenz und die Konvergenz im p-ten Mittel gilt, kann bei einer nach Verteilung konvergenten Folge nur geschlossen werden, dass die Grenz*verteilung* eindeutig bestimmt ist. Es gilt also

$$X_n \xrightarrow{\mathcal{D}} X \text{ und } X_n \xrightarrow{\mathcal{D}} Y \Longrightarrow \mathbb{P}^X = \mathbb{P}^Y.$$

Bezeichnen nämlich F bzw. G die Verteilungsfunktionen von X bzw. Y, so zieht die gemachte Voraussetzung die Gleichheit $F(x) = G(x)\ \forall x \in \mathcal{C}(F) \cap \mathcal{C}(G)$ nach sich. Aufgrund der rechtsseitigen Stetigkeit von F und G und der Abzählbarkeit der Menge aller Unstetigkeitsstellen von F oder G gilt dann $F = G$ und somit $\mathbb{P}^X = \mathbb{P}^Y$.

Verteilungskonvergenz ist schwächer als stochastische Konvergenz

Das folgende Resultat besagt, dass die Verteilungskonvergenz unter den behandelten Konvergenzbegriffen für Folgen von Zufallsvariablen der schwächste ist. Abb. 23.4 zeigt die behandelten Konvergenzbegriffe in deren Hierarchie.

Satz über Verteilungskonvergenz und stochastische Konvergenz

Aus $X_n \xrightarrow{\mathbb{P}} X$ folgt $X_n \xrightarrow{\mathcal{D}} X$. Die Umkehrung gilt, falls X eine Einpunktverteilung besitzt.

Beweis: Im Folgenden seien F_n und F die Verteilungsfunktionen von X_n bzw. von X. Für $\varepsilon > 0$ liefert die Dreiecksungleichung die für jedes $x \in \mathbb{R}$ geltende Inklusion $\{X \leq x-\varepsilon\} \subseteq \{X_n \leq x\} \cup \{|X_n - X| \geq \varepsilon\}$. Diese zieht ihrerseits die Ungleichung $F(x-\varepsilon) \leq F_n(x) + \mathbb{P}(|X_n - X| \geq \varepsilon)$ und somit $F(x-\varepsilon) \leq \liminf_{n\to\infty} F_n(x)$ nach sich. Völlig analog ergibt sich $\limsup_{n\to\infty} F_n(x) \leq F(x+\varepsilon)$. Lässt man nun ε gegen null streben, so folgt $\lim_{n\to\infty} F_n(x) = F(x)\ \forall x \in \mathcal{C}(F)$, also $X_n \xrightarrow{\mathcal{D}} X$.

Gilt $\mathbb{P}(X = a) = 1$ für ein $a \in \mathbb{R}$, so folgt für jedes $\varepsilon > 0$

$$\begin{aligned}\mathbb{P}(|X_n - X| \geq \varepsilon) &= \mathbb{P}(|X_n - a| \geq \varepsilon) \\ &= \mathbb{P}(X_n \leq a - \varepsilon) + \mathbb{P}(X_n \geq a + \varepsilon) \\ &\leq F_n(a-\varepsilon) + 1 - F_n\left(a + \frac{\varepsilon}{2}\right).\end{aligned}$$

Falls $X_n \xrightarrow{\mathcal{D}} X$, so folgt wegen $a - \varepsilon \in \mathcal{C}(F)$ und $a + \varepsilon/2 \in \mathcal{C}(F)$ sowie $F(a-\varepsilon) = 0$ und $F(a+\varepsilon/2) = 1$ die Konvergenz $\mathbb{P}(|X_n - X| \geq \varepsilon) \to 0$ und somit $X_n \xrightarrow{\mathbb{P}} X$. ■

?

Warum gelten $a - \varepsilon \in \mathcal{C}(F)$ und $a + \varepsilon/2 \in \mathcal{C}(F)$?

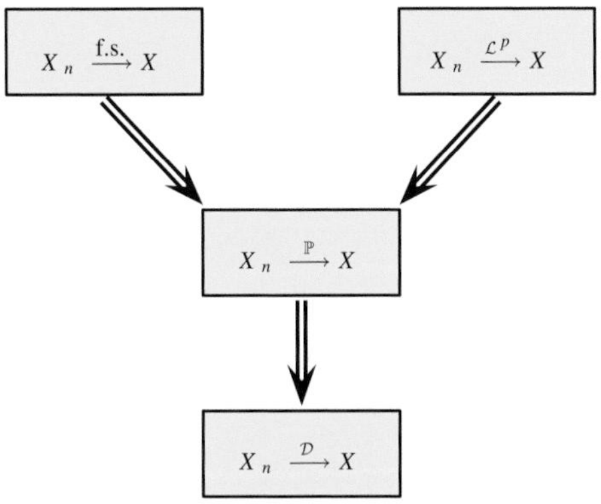

Abbildung 23.4 Konvergenzbegriffe für Zufallsvariablen in ihrer Hierarchie.

Das folgende Resultat besagt, dass im Falle von Verteilungskonvergenz nicht nur punktweise, sondern sogar gleichmäßige Konvergenz von F_n gegen F vorliegt, wenn die Verteilungsfunktion F stetig ist. Der Beweis ist dem Leser als Übungsaufgabe 23.29 überlassen.

Satz von Pólya

Ist die Grenzverteilungsfunktion F einer verteilungskonvergenten Folge $X_n \xrightarrow{\mathcal{D}} X$ von Zufallsvariablen X_n mit Verteilungsfunktionen F_n stetig, so gilt

$$\lim_{n\to\infty} \sup_{x\in\mathbb{R}} |F_n(x) - F(x)| = 0.$$

Oft lässt sich eine komplizierte Folge (Z_n) von Zufallsvariablen entweder additiv gemäß $Z_n = X_n + Y_n$ oder multiplikativ in der Form $Z_n = X_n\, Y_n$ zerlegen. Dabei konvergiert X_n nach Verteilung und Y_n stochastisch *gegen eine Konstante* a. Das folgende, nach dem russischen Mathematiker Jewgeni Jewgenjewitsch Sluzki (1880–1948) benannte Resultat zeigt, dass dann auch Z_n verteilungskonvergent ist und dass die Grenzverteilung von X_n um a zu verschieben bzw. mit a zu multiplizieren ist.

Lemma von Sluzki

Es seien $X, X_1, X_2, \ldots; Y_1, Y_2, \ldots$ Zufallsvariablen auf einem Wahrscheinlichkeitsraum $(\Omega, \mathcal{A}, \mathbb{P})$ mit $X_n \xrightarrow{\mathcal{D}} X$ und $Y_n \xrightarrow{\mathbb{P}} a$ für ein $a \in \mathbb{R}$. Dann gelten:

a) $X_n + Y_n \xrightarrow{\mathcal{D}} X + a$,

b) $X_n\, Y_n \xrightarrow{\mathcal{D}} a\, X$.

Beweis: a) Für jedes $\varepsilon > 0$ und jedes $t \in \mathbb{R}$ gilt

$$\begin{aligned}\mathbb{P}(X_n + Y_n \leq t) &= \mathbb{P}(X_n + Y_n \leq t,\ |Y_n - a| > \varepsilon) \\ &\quad + \mathbb{P}(X_n + Y_n \leq t,\ |Y_n - a| \leq \varepsilon) \\ &\leq \mathbb{P}(|Y_n - a| > \varepsilon) + \mathbb{P}(X_n \leq t - a + \varepsilon)\end{aligned}$$

und somit wegen $Y_n \xrightarrow{\mathbb{P}} a$ im Fall $t - a + \varepsilon \in \mathcal{C}(F)$

$$\limsup_{n\to\infty} \mathbb{P}(X_n + Y_n \leq t) \leq F(t - a + \varepsilon). \tag{23.18}$$

Dabei bezeichnet F die Verteilungsfunktion von X. Wegen $\mathbb{P}(X+a \leq t) = F(t-a)$ ist t genau dann Stetigkeitsstelle der Verteilungsfunktion von $X + a$, wenn $t - a \in \mathcal{C}(F)$ gilt. Für eine solche Stetigkeitsstelle erhalten wir aus (23.18), wenn $\varepsilon = \varepsilon_k$ eine Nullfolge mit der Eigenschaft $t - a + \varepsilon_k \in \mathcal{C}(F)$, $k \geq 1$, durchläuft, die Ungleichung

$$\limsup_{n\to\infty} \mathbb{P}(X_n + Y_n \leq t) \leq \mathbb{P}(X + a \leq t).$$

Völlig analog ergibt sich für $t - a \in \mathcal{C}(F)$

$$\liminf_{n\to\infty} \mathbb{P}(X_n + Y_n \leq t) \geq \mathbb{P}(X + a \leq t)$$

und somit $\lim_{n\to\infty} \mathbb{P}(X_n + Y_n \leq t) = \mathbb{P}(X + a \leq t)$ für $t - a \in \mathcal{C}(F)$, was zu zeigen war. Der Nachweis von b) ist eine Übungsaufgabe. ■

Achtung: Die Rechenregeln

$$X_n \xrightarrow{\text{f.s.}} X,\ Y_n \xrightarrow{\text{f.s.}} Y \implies X_n + Y_n \xrightarrow{\text{f.s.}} X + Y,$$
$$X_n \xrightarrow{\mathbb{P}} X,\ Y_n \xrightarrow{\mathbb{P}} Y \implies X_n + Y_n \xrightarrow{\mathbb{P}} X + Y$$

gelten nicht ohne Weiteres auch für die Verteilungskonvergenz. Als Gegenbeispiel betrachten wir eine Zufallsvariable $X \sim \mathrm{N}(0, 1)$ und setzen $X_n := Y_n := X$ für $n \geq 1$ sowie $Y := -X$. Dann gelten $X_n \xrightarrow{\mathcal{D}} X$ und wegen $Y \sim \mathrm{N}(0, 1)$ auch $Y_n \xrightarrow{\mathcal{D}} Y$. Es gilt aber $X_n + Y_n = 2X_n = 2X$ und somit $X_n + Y_n \xrightarrow{\mathcal{D}} \mathrm{N}(0, 4) \sim 2X$. Wegen $X + Y \equiv 0$ konvergiert also $X_n + Y_n$ nicht in Verteilung gegen $X + Y$. Gilt jedoch allgemein $(X_n, Y_n) \xrightarrow{\mathcal{D}} (X, Y)$ im Sinne der auf Seite 893 definierten Verteilungskonvergenz von Zufallsvektoren, so folgt $X_n+Y_n \xrightarrow{\mathcal{D}} X+Y$ nach dem dort formulierten Abbildungssatz.

Obwohl Verteilungskonvergenz mit fast sicherer Konvergenz auf den ersten Blick wenig gemeinsam hat, besteht ein direkter Zusammenhang zwischen beiden Begriffen, wie das folgende, auf den ukrainischen Mathematiker Anatolie Wladimirowitsch Skorokhod (1930–2011) zurückgehende Resultat besagt.

Satz von Skorokhod

Es seien $X, X_1, X_2, \ldots$ reelle Zufallsvariablen auf $(\Omega, \mathcal{A}, \mathbb{P})$ mit $X_n \xrightarrow{\mathcal{D}} X$. Dann existieren auf einem geeigneten Wahrscheinlichkeitsraum $(\widetilde{\Omega}, \widetilde{\mathcal{A}}, \widetilde{\mathbb{P}})$ Zufallsvariablen $Y, Y_1, Y_2, \ldots$ mit

$$\widetilde{\mathbb{P}}^Y = \mathbb{P}^X, \quad \widetilde{\mathbb{P}}^{Y_n} = \mathbb{P}^{X_n}, \quad n \geq 1, \tag{23.19}$$

also insbesondere $Y_n \xrightarrow{\mathcal{D}} Y$, und

$$\lim_{n\to\infty} Y_n = Y \quad \widetilde{\mathbb{P}}\text{-fast sicher.} \tag{23.20}$$

Beweis: Es seien $F, F_1, F_2, \ldots$ die Verteilungsfunktionen von $X, X_1, X_2, \ldots$ Wir setzen

$$(\widetilde{\Omega}, \widetilde{\mathcal{A}}, \widetilde{\mathbb{P}}) := ((0, 1), \mathcal{B} \cap (0, 1), \lambda^1|_{(0,1)}),$$

wobei $\lambda^1|_{(0,1)}$ das auf $(0, 1)$ eingeschränkte Borel-Lebesgue-Maß bezeichnet, sowie

$$Y(p) := F^{-1}(p), \quad Y_n(p) := F_n^{-1}(p), \quad n \geq 1,\ p \in \widetilde{\Omega}.$$

Dabei ist allgemein G^{-1} die in (22.40) definierte Quantilfunktion zu einer Verteilungsfunktion G. Nach dem Satz über die Quantiltransformation auf Seite 841 gilt dann (23.19), und eine einfache analytische Überlegung (Aufgabe 23.30) zeigt, dass aus der Konvergenz $F_n(x) \to F(x)\, \forall x \in \mathcal{C}(F)$ die Konvergenz $F_n^{-1}(p) \to F^{-1}(p)$ in jeder Stetigkeitsstelle p von F^{-1} folgt. Es gilt also

$$\lim_{n\to\infty} Y_n(p) = Y(p) \qquad \forall p \in \mathcal{C}(F^{-1}).$$

Da F^{-1} als monotone Funktion höchstens abzählbar viele Unstetigkeitsstellen besitzt, folgt (23.20). ■

Verteilungskonvergenz vererbt sich unter stetigen Abbildungen

Die Nützlichkeit des Satzes von Skorokhod zeigt sich beim Nachweis des folgenden wichtigen Resultats.

Abbildungssatz

Es seien $X, X_1, X_2, \ldots$ Zufallsvariablen auf einem Wahrscheinlichkeitsraum $(\Omega, \mathcal{A}, \mathbb{P})$ und $h\colon \mathbb{R} \to \mathbb{R}$ eine messbare Funktion, die $\mathbb{P}^X$-fast überall stetig ist, also $\mathbb{P}^X(\mathcal{C}(h)) = 1$ erfüllt. Dann gilt:

$$X_n \xrightarrow{\mathcal{D}} X \implies h(X_n) \xrightarrow{\mathcal{D}} h(X).$$

Beweis: Es seien $(\widetilde{\Omega}, \widetilde{\mathcal{A}}, \widetilde{\mathbb{P}})$ und Y_n, Y wie im Beweis des Satzes von Skorokhod. Nach diesem Satz existiert eine Menge $\widetilde{\Omega}_0 \in \widetilde{\mathcal{A}}$ mit $\widetilde{\mathbb{P}}(\widetilde{\Omega}_0) = 1$ und $\lim_{n\to\infty} Y_n(t) = Y(t)$, $t \in \widetilde{\Omega}_0$. Wegen $1 = \mathbb{P}^X(\mathcal{C}(h)) = \widetilde{\mathbb{P}}^Y(\mathcal{C}(h))$ gilt $\widetilde{\mathbb{P}}(\widetilde{\Omega}_1) = 1$, wobei $\widetilde{\Omega}_1 := \widetilde{\Omega}_0 \cap Y^{-1}(\mathcal{C}(h))$. Für jedes $t \in \widetilde{\Omega}_1$ gilt $\lim_{n\to\infty} h(Y_n(t)) = h(Y(t))$ und somit $h(Y_n) \to h(Y)$ $\widetilde{\mathbb{P}}$-fast sicher. Da aus der fast sicheren Konvergenz die Verteilungskonvergenz folgt (siehe Abb. 23.4), erhalten wir

$$\widetilde{\mathbb{P}}^{h(Y_n)} \xrightarrow{\mathcal{D}} \widetilde{\mathbb{P}}^{h(Y)},$$

was wegen $\widetilde{\mathbb{P}}^{h(Y_n)} = \mathbb{P}^{h(X_n)}$ und $\widetilde{\mathbb{P}}^{h(Y)} = \mathbb{P}^{h(X)}$ äquivalent zu $h(X_n) \xrightarrow{\mathcal{D}} h(X)$ ist. ■

?

Warum gilt $\widetilde{\mathbb{P}}^{h(Y_n)} = \mathbb{P}^{h(X_n)}$?

Achtung: Gilt $\mathbb{E}|X_n| < \infty$ und $\mathbb{E}|X| < \infty$, so folgt aus $X_n \xrightarrow{\mathcal{D}} X$ im Allgemeinen *nicht* $\mathbb{E}X_n \to \mathbb{E}X$. Obwohl mit $X_n \xrightarrow{\mathcal{D}} X$ die Konvergenz $\mathbb{E}h(X_n) \to \mathbb{E}h(X)$ für alle stetigen *beschränkten* Funktionen h verknüpft ist, trifft dieser Sachverhalt für die Funktion $h(x) = x$ zumindest ohne zusätzliche Voraussetzungen nicht zu. Ein instruktives Beispiel sind Zufallsvariablen $X, X_1, X_2 \ldots$ mit identischer Normalverteilung $\mathrm{N}(0, 1)$, für die trivialerweise $X_n \xrightarrow{\mathcal{D}} X$ (und auch $\mathbb{E}X_n \to \mathbb{E}X$) gilt. Addieren wir zu X_n eine Zufallsvariable Y_n mit $Y_n \xrightarrow{\mathbb{P}} 0$, so gilt nach dem Lemma von Sluzki $X_n + Y_n \xrightarrow{\mathcal{D}} X$; an der Verteilungskonvergenz hat sich also nichts geändert. Wählen wir nun Y_n spezieller, indem wir $\mathbb{P}(Y_n = n^2) = 1/n$ und $\mathbb{P}(Y_n = 0) = 1 - 1/n$ setzen, so gilt $\mathbb{E}Y_n = n \to \infty$ und somit

$$X_n + Y_n \xrightarrow{\mathcal{D}} X \sim \mathrm{N}(0, 1), \quad \mathbb{E}(X_n + Y_n) = n \to \infty.$$

Eine hinreichende Bedingung für die Gültigkeit der Implikation $X_n \xrightarrow{\mathcal{D}} X \Longrightarrow \mathbb{E}X_n \to \mathbb{E}X$ ist die in (23.4) formulierte *gleichgradige Integrierbarkeit* der Folge (X_n).

Wir werden jetzt weitere Kriterien für Verteilungskonvergenz kennenlernen. Diese sind zum einen wichtig für die Herleitung der Zentralen Grenzwertsätze, zum anderen geben Sie einen Hinweis darauf, wie das Konzept der Verteilungskonvergenz für Zufallsvariablen mit allgemeineren Wertebereichen aussehen könnte. Ausgangspunkt ist die Feststellung, dass die Wahrscheinlichkeit $\mathbb{P}(A)$ eines Ereignisses A gleich dem Erwartungswert $\mathbb{E}\mathbf{1}\{A\}$ der Indikatorfunktion von A ist. Folglich ist die Definition der Verteilungskonvergenz $X_n \xrightarrow{\mathcal{D}} X$ in (23.17) gleichbedeutend mit

$$\lim_{n\to\infty} \mathbb{E}h(X_n) = \mathbb{E}h(X) \quad \forall h \in \mathcal{H},$$

wobei $\mathcal{H}$ die Menge aller Indikatorfunktionen

$$h = \mathbf{1}_{(-\infty,x]} : \mathbb{R} \to \mathbb{R}$$

mit $x \in \mathcal{C}(F)$ bezeichnet. Das folgende Resultat zeigt, dass die Menge $\mathcal{H}$ durch andere Funktionenklassen ersetzt werden kann. Hierzu schreiben wir kurz

$$\begin{aligned} \mathcal{C}_b &:= \{h : \mathbb{R} \to \mathbb{R} \colon h \text{ stetig und beschränkt}\}, \\ \mathcal{C}_{b,\infty} &:= \left\{ h \in \mathcal{C}_b \,\middle|\, \lim_{x\to\pm\infty} h(x) \text{ existiert} \right\}. \end{aligned}$$

Man mache sich klar, dass die Funktionen aus $\mathcal{C}_{b,\infty}$ wegen der Existenz der Grenzwerte $\lim_{x\to\infty} h(x)$ und $\lim_{x\to-\infty} h(x)$ *gleichmäßig stetig* sind.

Kriterien für Verteilungskonvergenz

Die folgenden Aussagen sind äquivalent:

a) $X_n \xrightarrow{\mathcal{D}} X$,

b) $\lim_{n\to\infty} \mathbb{E}h(X_n) = \mathbb{E}h(X) \quad \forall h \in \mathcal{C}_b$,

c) $\lim_{n\to\infty} \mathbb{E}h(X_n) = \mathbb{E}h(X) \quad \forall h \in \mathcal{C}_{b,\infty}$.

Beweis: Wir zeigen zunächst die Implikation „a $\Rightarrow$ b)“. Es sei $h \in \mathcal{C}_b$ beliebig. Wir setzen $K := \sup_{x\in\mathbb{R}} |h(x)|$ sowie $Y_n := h(X_n)$, $n \ge 1$, und $Y := h(X)$. Die Verteilungsfunktionen von Y_n und Y seien mit G_n bzw. G bezeichnet. Nach dem Abbildungssatz zieht $X_n \xrightarrow{\mathcal{D}} X$ die Verteilungskonvergenz $Y_n \xrightarrow{\mathcal{D}} Y$ und somit insbesondere $G_n \to G$ λ^1-fast überall nach sich. Wegen $|Y_n| \le K$ und $|Y| \le K$ liefern die Darstellungsformel für den Erwartungswert und der Satz von der dominierten Konvergenz wie behauptet

$$\begin{aligned} \mathbb{E}Y_n &= \int_0^K (1 - G_n(x))\,\mathrm{d}x - \int_{-K}^0 G_n(x)\,\mathrm{d}x \\ &\to \int_0^K (1 - G(x))\,\mathrm{d}x - \int_{-K}^0 G(x)\,\mathrm{d}x \\ &= \mathbb{E}Y. \end{aligned}$$

Da die Implikation „b) $\Rightarrow$ c)“ wegen $\mathcal{C}_{b,\infty} \subseteq \mathcal{C}_b$ trivialerweise gilt, bleibt nur noch „c) $\Rightarrow$ a)“ zu zeigen. Seien hierzu $F, F_1, F_2, \ldots$ die Verteilungsfunktionen von $X, X_1, X_2, \ldots$, x eine beliebige Stetigkeitsstelle von F und $\varepsilon > 0$ beliebig. Wir approximieren die Indikatorfunktion $\mathbf{1}_{(-\infty,x]}$ durch eine Funktion h_ε aus $\mathcal{C}_{b,\infty}$, indem wir $h_\varepsilon(t) := 1$, falls $t \le x - \varepsilon$ sowie $h_\varepsilon(t) := 0$, falls $t \ge x$ setzen und im Intervall $[x-\varepsilon, x]$ linear interpolieren (Abb. 23.5 rechts).

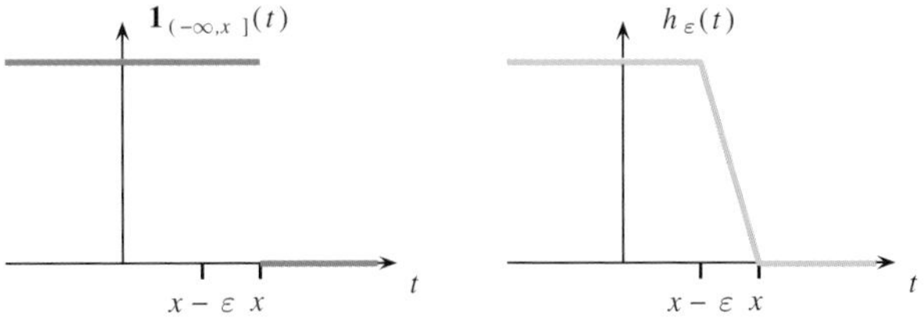

Abbildung 23.5 Die Funktion h_ε approximiert Indikatorfunktionen.

Dann gilt $\mathbf{1}_{(-\infty,x-\varepsilon]} \le h_\varepsilon \le \mathbf{1}_{(-\infty,x]}$ (siehe Abb. 23.5 links), und die Monotonie des Erwartungswertes sowie Voraussetzung c) liefern

$$\begin{aligned} F_n(x) &= \mathbb{E}\mathbf{1}_{(-\infty,x]}(X_n) \ge \mathbb{E}h_\varepsilon(X_n) \\ &\to \mathbb{E}h_\varepsilon(X) \ge \mathbb{E}\mathbf{1}_{(-\infty,x-\varepsilon]}(X) \\ &= F(x-\varepsilon) \end{aligned}$$

und somit $\liminf_{n\to\infty} F_n(x) \ge F(x-\varepsilon)$. Lässt man ε gegen null streben, so folgt wegen $x \in \mathcal{C}(F)$ die Ungleichung

$$\liminf_{n\to\infty} F_n(x) \ge F(x).$$

Völlig analog zeigt man $\limsup_{n\to\infty} F_n(x) \le F(x)$, indem man zu $\varepsilon > 0$ eine Funktion g_ε aus $\mathcal{C}_{b,\infty}$ mit der Eigenschaft $\mathbf{1}_{(-\infty,x]} \le g_\varepsilon \le \mathbf{1}_{(-\infty,x+\varepsilon]}$ wählt. ■

Wir werden jetzt mit dem Konzept der *Straffheit* eine notwendige Bedingung für Verteilungskonvergenz kennenlernen und beginnen hierzu mit einem auf Eduard Helly (1884–1943) zurückgehenden Resultat.

Auswahlsatz von Helly

Zu jeder Folge $(F_n)_{n\ge1}$ von Verteilungsfunktionen gibt es eine Teilfolge $(F_{n_k})_{k\ge1}$ und eine monoton wachsende, rechtsseitig stetige Funktion $F : \mathbb{R} \to [0, 1]$ mit

$$\lim_{k\to\infty} F_{n_k}(x) = F(x) \quad \forall\, x \in \mathcal{C}(F). \tag{23.21}$$

Beweis: Es sei $\mathbb{Q} := \{r_1, r_2, \ldots\}$ die Menge der rationalen Zahlen. Wegen $0 \le F_n(r_1) \le 1$, $n \ge 1$, gibt es nach dem Satz von Bolzano-Weierstraß (vgl. Band 1, Abschnitt 8.3) eine Teilfolge $(F_{n_{1,j}})_{j\ge1}$ von (F_n), für die der Grenzwert

$$G(r_1) := \lim_{j\to\infty} F_{n_{1,j}}(r_1)$$

existiert. Da die Folge $(F_{n_{1,j}})(r_2)$, $j \ge 1$, beschränkt ist, liefert der gleiche Satz eine mit $(F_{n_{2,j}})$ bezeichnete Teilfolge von $(F_{n_{1,j}})_{j\ge1}$, für die der Grenzwert

$$G(r_2) := \lim_{j\to\infty} F_{n_{2,j}}(r_2)$$

existiert. Fahren wir so fort, so ist $(F_{n_j})_{j\geq 1}$ mit $n_j := n_{j,j}$, $j \geq 1$, eine Teilfolge von (F_n), sodass der Grenzwert

$$G(r) := \lim_{j\to\infty} F_{n_j}(r)$$

für jede *rationale Zahl* r existiert. Setzen wir

$$F(x) := \inf\{G(r) \colon r \in \mathbb{Q}, r > x\}, \quad x \in \mathbb{R},$$

so ist $F : \mathbb{R} \to [0, 1]$ eine wohldefinierte monoton wachsende Funktion. Zu jedem $x \in \mathbb{R}$ und jedem $\varepsilon > 0$ gibt es ein $r \in \mathbb{Q}$ mit $x < r$ und $G(r) < F(x) + \varepsilon$. Für jedes $y \in \mathbb{R}$ mit $x \leq y < r$ gilt dann $F(y) \leq G(r) < F(x) + \varepsilon$. Somit ist F rechtsseitig stetig. Ist F an der Stelle x stetig, so wählen wir zu beliebigem $\varepsilon > 0$ ein $y < x$ mit $F(x) - \varepsilon < F(y)$ und dann $r, s \in \mathbb{Q}$ mit $y < r < x < s$ und $G(s) < F(x) + \varepsilon$. Wegen $F(x) - \varepsilon < G(r) \leq G(s) < F(x) + \varepsilon$ und $F_n(r) \leq F_n(x) \leq F_n(s)$, $n \geq 1$, folgt dann

$$F(x) - \varepsilon \leq \liminf_{k\to\infty} F_{n_k}(x) \leq \limsup_{k\to\infty} F_{n_k}(x) \leq F(x) + \varepsilon,$$

also $\lim_{k\to\infty} F_{n_k}(x) = F(x)$, da $\varepsilon > 0$ beliebig war. ■

Das Beispiel der Folge (F_n) mit $F_n(x) = \mathbf{1}_{[n,\infty)}(x)$ zeigt, dass die Funktion F im Auswahlsatz von Helly keine Verteilungsfunktion sein muss. In diesem Fall „wandert die bei F_n im Punkt n konzentrierte Wahrscheinlichkeitsmasse nach unendlich ab“, und für die Grenzfunktion F gilt $F \equiv 0$. Es stellt sich somit in natürlicher Weise die Frage nach einer Bedingung an die Folge (F_n), die garantiert, dass die Funktion im Satz von Helly eine Verteilungsfunktion ist, also auch die Bedingungen $F(x) \to 1$ für $x \to \infty$ und $F(x) \to 0$ für $x \to -\infty$ erfüllt.

Definition der Straffheit

Eine Menge $\mathcal{Q}$ von Wahrscheinlichkeitsmaßen auf der σ-Algebra $\mathcal{B}^1$ heißt **straff**, falls es zu jedem $\varepsilon > 0$ eine kompakte Menge $K \subset \mathbb{R}$ gibt, sodass gilt:

$$Q(K) \geq 1 - \varepsilon \quad \forall\, Q \in \mathcal{Q}.$$

Diese Definition verhindert gerade, dass etwa wie im obigen Beispiel Masse nach unendlich abwandert. Bitte überlegen Sie sich in Aufgabe 23.9, dass jede *endliche* Menge $\mathcal{Q}$ von Wahrscheinlichkeitsmaßen straff ist.

Beispiel Es seien $X_1, X_2, \ldots$ Zufallsvariablen mit existierenden Erwartungswerten, für die die Folge $(\mathbb{E}|X_n|)_{n\geq 1}$ beschränkt ist. Gilt etwa $\mathbb{E}|X_n| \leq M < \infty$ für jedes n, so ergibt sich mit der Markov-Ungleichung für jedes $c > 0$

$$\mathbb{P}(|X_n| > c) \leq \frac{\mathbb{E}|X_n|}{c} \leq \frac{M}{c}.$$

Legen wir somit zu vorgegebenem $\varepsilon > 0$ die Zahl c durch $c := M\varepsilon$ fest und setzen $K := [-c, c]$, so folgt

$$\mathbb{P}^{X_n}(K) = \mathbb{P}(|X_n| \leq c) = 1 - \mathbb{P}(|X_n| > c) \geq 1 - \varepsilon$$

für jedes $n \geq 1$. Die Menge $\{\mathbb{P}^{X_n} : n \geq 1\}$ ist somit straff. ◀

Beispiel
Die Zufallsvariable X_n sei Exp(λ_n)-verteilt, $n \geq 1$. Wegen $\mathbb{E}X_n = \mathbb{E}|X_n| = 1/\lambda_n$ ist die Menge $\{\mathbb{P}^{X_n} : n \geq 1\}$ straff, wenn die Folge $(1/\lambda_n)_{n\geq 1}$ beschränkt ist. Dies ist genau dann der Fall, wenn es ein $a > 0$ mit $\lambda_n \geq 1/a$, $n \geq 1$, gibt. Diese Bedingung ist aber auch notwendig für die Straffheit. Würde es nämlich eine Teilfolge $(\lambda_{n_k})_{k\geq 1}$ mit $\lambda_{n_k} \to 0$ für $k \to \infty$ geben, so würde für jede (noch so große) Zahl $L > 0$

$$\mathbb{P}(X_{n_k} > L) = \exp(-\lambda_{n_k} L) \to 1$$

für $k \to \infty$ gelten. Folglich kann es keine kompakte Menge K geben, für die zu vorgegebenem $\varepsilon > 0$ für jedes $n \geq 1$ die Ungleichung $\mathbb{P}(X_n \in K) \geq 1 - \varepsilon$ erfüllt ist. ◀

Straffheit und relative Kompaktheit sind äquivalent

Straffheitskriterium

Für eine Menge $\mathcal{Q}$ von Wahrscheinlichkeitsmaßen auf $\mathcal{B}^1$ sind folgende Aussagen äquivalent:

a) $\mathcal{Q}$ ist straff.
b) Zu jeder Folge $(Q_n)_{n\geq 1}$ aus $\mathcal{Q}$ existieren eine Teilfolge $(Q_{n_k})_{k\geq 1}$ und ein *Wahrscheinlichkeitsmaß* Q (welches nicht notwendig zu $\mathcal{Q}$ gehören muss!) mit

$$Q_{n_k} \xrightarrow{\mathcal{D}} Q \quad \text{für} \quad k \to \infty. \tag{23.22}$$

Beweis: a) $\Rightarrow$ b): Es sei F_n die Verteilungsfunktion von Q_n, also $F_n(x) = Q_n((-\infty, x])$, $n \geq 1$, $x \in \mathbb{R}$. Nach dem Auswahlsatz von Helly existieren eine Teilfolge $(F_{n_k})_{k\geq 1}$ und eine monoton wachsende, rechtsseitig stetige Funktion F mit (23.21). Da $\mathcal{Q}$ straff ist, gibt es zu beliebig vorgegebenem $\varepsilon > 0$ reelle Zahlen a, b mit $a < b$ und

$$Q_n((a, b]) = F_n(b) - F_n(a) \geq 1 - \varepsilon \;\; \forall\, n \geq 1.$$

Sind $a', b' \in \mathcal{C}(F)$ mit $a' < a$, $b' > b$, so folgt

$$\begin{aligned} 1 - \varepsilon &\leq Q_{n_k}((a, b]) \\ &\leq Q_{n_k}((a', b']) \\ &= F_{n_k}(b') - F_{n_k}(a') \\ &\to F(b') - F(a') \text{ für } k \to \infty. \end{aligned}$$

Also gilt $\lim_{x\to\infty} F(x) = 1$, $\lim_{x\to-\infty} F(x) = 0$, und somit ist F eine Verteilungsfunktion. Wählen wir Q als das zu F gehörende Wahrscheinlichkeitsmaß, so gilt (23.22).

b) $\Rightarrow$ a): Angenommen, $\mathcal{Q}$ sei nicht straff. Dann gibt es ein $\varepsilon > 0$ und eine Folge $(Q_n)_{n\geq 1}$ aus $\mathcal{Q}$ mit $Q_n([-n, n]) < 1 - \varepsilon$, $n \geq 1$. Nach Voraussetzung existieren eine Teilfolge $(Q_{n_k})_{k\geq 1}$ und ein Wahrscheinlichkeitsmaß Q mit (23.22). Wir wählen Stetigkeitsstellen a, b der Verteilungsfunktion von Q so, dass gilt:

$$Q((a, b]) \geq 1 - \frac{\varepsilon}{2}. \tag{23.23}$$

Übersicht: Konvergenzbegriffe in der Analysis, der Maßtheorie und der Stochastik

Auf dieser Seite haben wir die wichtigsten Konvergenzbegriffe für Funktionenfolgen in der Analysis, der Maßtheorie und der Stochastik zusammengestellt. Um eine möglichst einheitliche Notation zu erreichen, sei der gemeinsame Definitionsbereich der betrachteten reellwertigen Funktionen mit Ω bezeichnet.

Konvergenzbegriffe der Analysis

Punktweise Konvergenz:

$$f_n \to f :\Longleftrightarrow \lim_{n\to\infty} f_n(\omega) = f(\omega) \quad \forall \omega \in \Omega.$$

Gleichmäßige Konvergenz:

$$f_n \Longrightarrow f :\Longleftrightarrow \lim_{n\to\infty} \sup_{\omega\in\Omega} |f_n(\omega) - f(\omega)| = 0.$$

Das Beispiel $\Omega = [0,1]$, $f_n(\omega) = \omega^n$, $f(\omega) = 0$ für $0 \le \omega < 1$ und $f(1) = 1$ zeigt, dass die punktweise Konvergenz der schwächere dieser Begriffe ist. Man beachte, dass der Definitionsbereich Ω eine beliebige nichtleere Menge sein kann. In Abschnitt 16.1 von Band 1 wurde $\Omega \subseteq \mathbb{R}$ angenommen. Der Wertebereich der Funktionen f_n und f kann deutlich allgemeiner sein, um punktweise und gleichmäßige Konvergenz von f_n gegen f definieren zu können. So wurde in Abschnitt 19.2 von Band 1 ein metrischer Raum mit Metrik d betrachtet. Punktweise Konvergenz von f_n gegen f bedeutet dann $d(f_n(\omega), f(\omega)) \to 0$ für $n \to \infty$ für jedes feste $\omega \in \Omega$, und gleichmäßige Konvergenz von f_n gegen f ist gegeben durch $\lim_{n\to\infty} \sup_{\omega\in\Omega} d(f_n(\omega), f(\omega)) = 0$.

Eine Modifikation der punktweisen Konvergenz sowie zwei deutlich andere Konvergenzbegriffe ergeben sich, wenn die Menge Ω mit einer σ-Algebra $\mathcal{A} \subseteq \mathcal{P}(\Omega)$ versehen ist und ein Maß μ auf $\mathcal{A}$ zugrunde liegt. Man betrachtet dann *messbare* Funktionen, was im Hinblick auf eine tragfähige Theorie und Anwendungen jedoch keinerlei Einschränkung bedeutet.

Konvergenzbegriffe der Maßtheorie

Konvergenz μ-fast überall:

$$f_n \to f \ \mu\text{-f.ü.} :\Longleftrightarrow \exists N \in \mathcal{A} : \mu(N) = 0 \text{ und } \lim_{n\to\infty} f_n(\omega) = f(\omega) \ \forall \omega \in \Omega \setminus N.$$

Konvergenz dem Maße nach:

$$f_n \xrightarrow{\mu} f :\Longleftrightarrow \lim_{n\to\infty} \mu(\{|f_n - f| > \varepsilon\}) = 0 \ \forall \varepsilon > 0.$$

Konvergenz im p-ten Mittel, $0 < p < \infty$:

$$f_n \xrightarrow{\mathcal{L}^p} f :\Longleftrightarrow \lim_{n\to\infty} \int_\Omega |f_n - f|^p \, \mathrm{d}\mu = 0.$$

Die Konvergenz μ-fast überall ist die natürliche Abschwächung der punktweisen Konvergenz (überall), da μ-Nullmengen, also Mengen $N \in \mathcal{A}$ mit $\mu(N) = 0$, in der Maßtheorie keine Rolle spielen. Die Konvergenz dem Maße nach wurde in Kapitel 7 nicht behandelt. Sie besagt, dass für jedes (noch so kleine) $\varepsilon > 0$ das *Maß* der Menge aller ω, für die $f_n(\omega)$ außerhalb des ε-Schlauchs um $f(\omega)$ liegt, gegen null konvergiert. Wir nehmen die Konvergenz dem Maße nach hier auf, weil sie im Spezialfall eines Wahrscheinlichkeitsmaßes auf die stochastische Konvergenz führt. Für die Konvergenz im p-ten Mittel wird natürlich vorausgesetzt, dass die Funktionen f_n und f p-fach integrierbar sind. Die Konvergenz im p-ten Mittel trat bereits in Abschnitt 19.6 von Band 1 für den Spezialfall des Lebesgue-Integrals auf einem kompakten Intervall Ω auf. Sie wurde dort „Konvergenz bezüglich der L^p-Norm" genannt, weil die Menge der Äquivalenzklassen μ-fast überall gleicher Funktionen im Fall $p \ge 1$ einen Banachraum bezüglich der Norm $\|g\|_p := \left(\int |g|^p \, \mathrm{d}\mu\right)^{1/p}$ bildet (siehe Seite 251). Das Beispiel auf Seite 869 zeigt, dass eine dem Maße nach oder im p-ten Mittel konvergente Folge in keinem einzigen Punkt konvergieren muss.

In der Stochastik legt man einen Wahrscheinlichkeitsraum $(\Omega, \mathcal{A}, \mathbb{P})$ zugrunde und verwendet für die dann *Zufallsvariablen* genannten Funktionen auf Ω die Bezeichnungen $X_n := f_n$ und $X := f$.

Konvergenzbegriffe der Stochastik

$\mathbb{P}$-fast sichere Konvergenz:

$$X_n \xrightarrow{\text{f.s.}} X :\Longleftrightarrow \mathbb{P}(\{\omega\colon \lim_{n\to\infty} X_n(\omega) = X(\omega)\}) = 1.$$

Stochastische Konvergenz:

$$X_n \xrightarrow{\mathbb{P}} X :\Longleftrightarrow \lim_{n\to\infty} \mathbb{P}(|X_n - X| > \varepsilon) = 0 \,\forall \varepsilon > 0.$$

Konvergenz im p-ten Mittel:

$$X_n \xrightarrow{\mathcal{L}^p} X :\Longleftrightarrow \lim_{n\to\infty} \mathbb{E}|X_n - X|^p = 0.$$

Verteilungskonvergenz:

$$X_n \xrightarrow{\mathcal{D}} X :\Longleftrightarrow \lim_{n\to\infty} F_n(x) = F(x) \text{ für jede Stetigkeitsstelle } x \text{ von } F.$$

Die ersten drei Konvergenzbegriffe sind die entsprechenden Konvergenzbegriffe der Maßtheorie, spezialisiert auf den Fall eines Wahrscheinlichkeitsmaßes. Die Verteilungskonvergenz verwendet die Verteilungsfunktionen $F_n(x) = \mathbb{P}(X_n \le x)$ und $F(x) = \mathbb{P}(X \le x)$ von X_n bzw. X. Sie ist äquivalent zur Konvergenz

$$\lim_{n\to\infty} \mathbb{E}h(X_n) = \mathbb{E}h(X)$$

für jede stetige beschränkte Funktion $h : \mathbb{R} \to \mathbb{R}$.

Für hinreichend großes k gilt $(a,b] \subset [-n_k, n_k]$ und somit

$$\begin{aligned} 1-\varepsilon &> Q_{n_k}([-n_k,n_k]) \\ &\geq Q_{n_k}((a,b]) \\ &\to Q((a,b]) \quad \text{für } k\to\infty, \end{aligned}$$

was jedoch im Widerspruch zu (23.23) steht. ∎

?

Warum können wir Stetigkeitsstellen a und b der Verteilungsfunktion von Q mit (23.23) wählen?

Kommentar: Die im obigen Straffheitskriterium in b) formulierte Eigenschaft der Menge $\mathcal{Q}$ heißt *relative Kompaktheit* von $\mathcal{Q}$. Das Straffheitskriterium besagt also, dass Straffheit und relative Kompaktheit äquivalent zueinander sind. Man beachte die Analogie zum Begriff der relativen Kompaktheit einer Teilmenge M eines normierten Raumes oder allgemeiner eines metrischen Raumes. Eine solche Menge M heißt *relativ kompakt*, wenn jede Folge aus M eine konvergente Teilfolge besitzt, deren Grenzwert nicht notwendig in M liegen muss.

Aus dem Straffheitskriterium können wir zwei wichtige Schlussfolgerungen ziehen.

Satz über Straffheit und Verteilungskonvergenz

a) Die Verteilungskonvergenz $X_n \xrightarrow{\mathcal{D}} X$ hat die Straffheit der Menge $\{\mathbb{P}^{X_n} : n \geq 1\}$ zur Folge. Straffheit ist also eine notwendige Bedingung für Verteilungskonvergenz.

b) Ist $\{\mathbb{P}^{X_n} : n \geq 1\}$ straff und existiert ein Wahrscheinlichkeitsmaß Q, sodass jede schwach konvergente Teilfolge $(\mathbb{P}^{X_{n_k}})_{k\geq 1}$ gegen Q konvergiert, so gilt $\mathbb{P}^{X_n} \xrightarrow{\mathcal{D}} Q$.

Beweis: a) ergibt sich unmittelbar aus der Implikation b) $\Rightarrow$ a) des Straffheitskriteriums. Um b) zu zeigen, nehmen wir an, die Folge (X_n) würde nicht nach Verteilung gegen Q konvergieren. Bezeichnen F_n die Verteilungsfunktion von X_n und F die Verteilungsfunktion von Q, so gäbe es dann eine Stetigkeitsstelle x von F und ein $\varepsilon > 0$, sodass für eine geeignete Teilfolge $(F_{n_k})_{k\geq 1}$ von (F_n)

$$|F_{n_k}(x) - F(x)| > \varepsilon, \quad k \geq 1, \tag{23.24}$$

gelten würde. Da nach Voraussetzung die Menge $\{\mathbb{P}^{X_n} : n \geq 1\}$ und damit auch die Teilmenge $\{\mathbb{P}^{X_{n_k}} : k \geq 1\}$ straff ist, gibt es nach dem Straffheitskriterium eine Teilfolge $(X_{n'_k})$ von (X_{n_k}), die nach Voraussetzung nach Verteilung gegen Q konvergieren müsste. Insbesondere müsste also $F_{n'_k}(x) \to F(x)$ für $k \to \infty$ gelten, was jedoch (23.24) widerspricht. ∎

Kommentar: Die Straffheit einer Menge $\{\mathbb{P}^{X_n} : n \geq 1\}$ von Verteilungen von Zufallsvariablen wird als *Straffheit der Folge* $(X_n)_{n\geq 1}$ bezeichnet. Synonym hierfür ist auch die Sprechweise *die Folge* $(X_n)_{n\geq 1}$ *ist stochastisch beschränkt*. In Anlehnung an die in der Analysis gebräuchliche *Landau-Notation* $a_n = \mathrm{O}(1)$ für eine beschränkte Zahlenfolge (a_n) motiviert diese Sprechweise die Schreibweise

$$X_n = \mathrm{O}_{\mathbb{P}}(1) \quad (\text{für } n \to \infty)$$

für die Straffheit von $(X_n)_{n\geq 1}$ (vgl. die $\mathrm{o}_{\mathbb{P}}$-Notation auf Seite 869). Allgemeiner definiert man für eine Zahlenfolge (a_n) mit $a_n \neq 0$, $n \geq 1$, die stochastische Beschränktheit der Folge $(X_n/a_n)_{n\geq 1}$ durch

$$X_n = \mathrm{O}_{\mathbb{P}}(a_n) \;:\Longleftrightarrow\; \frac{X_n}{a_n} = \mathrm{O}_{\mathbb{P}}(1).$$

Wir können somit die im letzten Beispiel gefundene Charakterisierung einer Folge (X_n) mit $X_n \sim \mathrm{Exp}(\lambda_n)$ wie folgt kompakt formulieren:

$$X_n = \mathrm{O}_{\mathbb{P}}(1) \Longleftrightarrow \inf_{n\in\mathbb{N}} \lambda_n > 0.$$

Der folgende, auf Paul Lévy (1886–1971) und Harald Cramér (1893–1985) zurückgehende Satz ist ein grundlegendes Kriterium für Verteilungskonvergenz.

Stetigkeitssatz von Lévy-Cramér

Es sei $(X_n)_{n\geq 1}$ eine Folge von Zufallsvariablen mit zugehörigen Verteilungsfunktionen F_n und charakteristischen Funktionen φ_n. Dann sind folgende Aussagen äquivalent:

a) Es gibt eine Verteilungsfunktion F mit $F_n \xrightarrow{\mathcal{D}} F$.

b) Für jedes $t \in \mathbb{R}$ existiert $\varphi(t) := \lim_{n\to\infty} \varphi_n(t)$, und die Funktion $\varphi : \mathbb{R} \to \mathbb{C}$ ist stetig im Nullpunkt.

Falls a) oder b) gilt, so ist φ die charakteristische Funktion von F, es gilt also

$$\varphi(t) = \int e^{itx} \,\mathrm{d}F(x), \qquad t \in \mathbb{R}.$$

Beweis: Die Richtung a) $\Rightarrow$ b) folgt aus dem Kriterium b) für Verteilungskonvergenz auf Seite 883 mit $h(x) = \cos(tx)$ und $h(x) = \sin(tx)$ für festes $t \in \mathbb{R}$.

b) $\Rightarrow$ a): Mit der Wahrscheinlichkeitsungleichung für charakteristische Funktionen auf Seite 857 gilt für jedes $a > 0$

$$\mathbb{P}\left(|X_n| \geq \frac{1}{a}\right) \leq \frac{7}{a} \int_0^a [1 - \mathrm{Re}\,\varphi_n(t)]\,\mathrm{d}t.$$

Wegen $\varphi(t) = \lim_{n\to\infty} \varphi_n(t)$, $\varphi(0) = 1$ und der Stetigkeit von φ im Nullpunkt gibt es somit zu beliebig vorgegebenem $\varepsilon > 0$ ein $a > 0$, sodass gilt:

$$\mathbb{P}^{X_n}\left(\left[-\frac{1}{a}, \frac{1}{a}\right]\right) \geq 1 - \varepsilon, \quad n \geq 1.$$

Also ist die Folge (X_n) straff, und das Straffheitskriterium auf Seite 884 garantiert die Existenz einer Teilfolge $(X_{n_k})_{k\geq 1}$ sowie eines Wahrscheinlichkeitsmaßes Q mit $X_{n_k} \xrightarrow{\mathcal{D}} Q$ für $k \to \infty$. Sei X eine Zufallsvariable mit Verteilung Q und Verteilungsfunktion F. Aus dem Beweisteil „a) ⇒ b)" folgt $\lim_{k\to\infty} \varphi_{n_k}(t) = \mathbb{E}(e^{itX}) =: \psi(t)$, $t \in \mathbb{R}$. Wegen $\lim_{k\to\infty} \varphi_{n_k}(t) = \varphi(t)$ $(t \in \mathbb{R})$ erhalten wir die Gleichheit $\psi = \varphi$, und somit ist φ die charakteristische Funktion von X (von F). Da (mit den gleichen Überlegungen) jede schwach konvergente Teilfolge von $(\mathbb{P}^{X_n})$ gegen Q konvergiert, folgt die Behauptung aus Teil b) des Satzes über Straffheit und Verteilungskonvergenz. ■

23.4 Zentrale Grenzwertsätze

Hinter der schlagwortartigen Begriffsbildung *Zentraler Grenzwertsatz* verbirgt sich die auf den ersten Blick überraschend anmutende Tatsache, dass unter relativ allgemeinen Voraussetzungen Summen vieler stochastisch unabhängiger Zufallsvariablen approximativ normalverteilt sind. Dies erklärt, warum reale Zufallsphänomene, bei denen das Resultat eines durch additive Überlagerung vieler zufälliger Einflussgrößen entstandenen Prozesses beobachtet wird, häufig angenähert normalverteilt erscheinen.

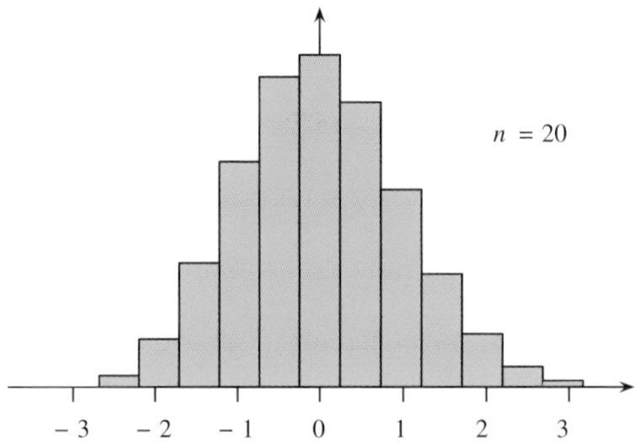

Abbildung 23.6 Histogramm der standardisierten Binomialverteilung Bin(20, 0.3).

Zur Einstimmung zeigt Abb. 23.6 ein Histogramm der *standardisierten Binomialverteilung* Bin(n, p) mit $n = 20$ und $p = 0.3$. Da eine Zufallsvariable S_n mit der Verteilung Bin(n, p) die Werte $k \in \{0, 1, \ldots, n\}$ mit den Wahrscheinlichkeiten

$$p_{n,k} = \binom{n}{k} p^k (1-p)^{n-k}$$

annimmt, nimmt die standardisierte Zufallsvariable $S_n^* = (S_n - np)/\sqrt{np(1-p)}$ die Werte $x_{n,k} := (k - np)/\sqrt{np(1-p)}$ mit $k \in \{0, 1, \ldots, n\}$ an. Dargestellt sind Rechtecke, deren Grundseiten-Mittelpunkte auf der x-Achse die $x_{n,k}$ sind; die *Fläche* des Rechtecks zu $x_{n,k}$ ist die Wahrscheinlichkeit $p_{n,k}$. Insofern ist die Summe der Rechteckflächen gleich 1.

Vergrößert man n und macht damit die Rechtecke schmaler, so wird die Gestalt des Histogramms zunehmend symmetrischer (zur y-Achse). Abbildung 23.7 zeigt diesen Effekt für $n = 100$. Zusätzlich ist noch der Graph der Dichtefunktion φ der Standardnormalverteilung N(0, 1) eingezeichnet, wobei die Güte der Übereinstimmung zwischen Histogramm und Schaubild von φ verblüffend ist.

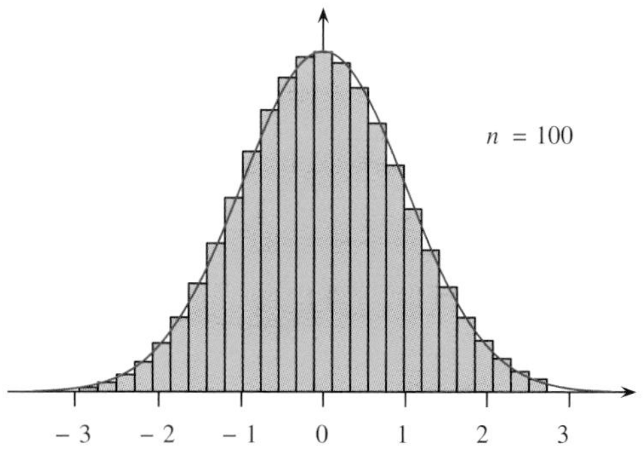

Abbildung 23.7 Histogramm der standardisierten Binomialverteilung Bin(100, 0.3) mit Dichte φ der Standardnormalverteilung.

Nach dem Additionsgesetz für die Binomialverteilung ist eine binomialverteilte Zufallsvariable S_n verteilungsgleich mit einer Summe von n unabhängigen identisch Bin$(1, p)$-verteilten Zufallsvariablen. Insofern kann sie wie eingangs beschrieben als Resultat eines durch additive Überlagerung vieler zufälliger Einflussgrößen entstandenen Prozesses angesehen werden. Ein erstes grundlegendes Ergebnis in diesem Zusammenhang ist das folgende, auf den finnischen Landwirt und Mathematiker Jarl Waldemar Lindeberg (1876–1932) und den französischen Mathematiker Paul Lévy (1886–1971) zurückgehende Resultat.

Zentraler Grenzwertsatz von Lindeberg-Lévy

Es sei $(X_n)_{n\geq 1}$ eine u.i.v.-Folge von Zufallsvariablen auf einem Wahrscheinlichkeitsraum $(\Omega, \mathcal{A}, \mathbb{P})$ mit endlicher, positiver Varianz. Setzen wir $\mu := \mathbb{E}X_1$, $\sigma^2 := \mathbb{V}(X_1)$, so gilt:

$$\frac{1}{\sigma\sqrt{n}} \left(\sum_{j=1}^{n} X_j - n\,\mu \right) \xrightarrow{\mathcal{D}} \mathrm{N}(0,1). \qquad (23.25)$$

Kommentar: Wir möchten dem Beweis einige Anmerkungen voranstellen. Schreiben wir

$$S_n := X_1 + \ldots + X_n, \qquad n \geq 1,$$

für die n-te Partialsumme der Folge (X_n), so steht auf der linken Seite von (23.25) gerade die aus S_n durch Standardisierung hervorgehende Zufallsvariable

$$S_n^* = \frac{S_n - \mathbb{E}S_n}{\sqrt{\mathbb{V}(S_n)}} = \frac{1}{\sqrt{n}} \sum_{j=1}^{n} \left(\frac{X_j - \mu}{\sigma} \right).$$

Da die Zufallsvariable $(X_j - \mu)/\sigma$ standardisiert sind, also den Erwartungswert 0 und die Varianz 1 besitzen, können wir im Beweis o.B.d.A. den Fall $\mu = \mathbb{E}X_1 = 0$ und $\sigma^2 = \mathbb{V}(X_1) = 1$ annehmen.

Beweis: Nach den Vorbemerkungen und Kriterium c) für Verteilungskonvergenz müssen wir für jede Funktion $h \in \mathcal{C}_{b,\infty}$ die Konvergenz

$$\lim_{n\to\infty} \mathbb{E}h\left(S_n^*\right) = \int_{-\infty}^{\infty} h(x)\varphi(x)\,\mathrm{d}x$$

nachweisen, denn die rechte Seite ist gerade $\mathbb{E}h(Z)$, wobei Z standardnormalverteilt ist. Gehen wir zur Funktion

$$f(x) := h(x) - \int_{-\infty}^{\infty} h(x)\varphi(x)\,\mathrm{d}x$$

über, so ist die Konvergenz

$$\lim_{n\to\infty} \mathbb{E}f\left(S_n^*\right) = 0 \tag{23.26}$$

zu zeigen. Bei der im Folgenden vorgestellten, auf den US-amerikanischen Statistiker Charles M. Stein (*1920) zurückgehenden Beweismethode benötigen wir eine differenzierbare Funktion $g : \mathbb{R} \to \mathbb{R}$ mit gleichmäßig stetiger und beschränkter Ableitung g' derart, dass

$$f(x) = g'(x) - xg(x) \tag{23.27}$$

gilt. Wie man unmittelbar nachrechnet, erfüllt die durch

$$g(x) := \frac{\int_{-\infty}^{x} f(y)\varphi(y)\,\mathrm{d}y}{\varphi(x)}$$

definierte Funktion g die obige Differenzialgleichung. Teilt man den Nenner durch x und wendet dann die Regel von l'Hospital an, so zeigt sich, dass die Grenzwerte $\lim_{x\to\pm\infty} xg(x)$ existieren und somit die Funktion $x \to xg(x)$ gleichmäßig stetig ist. Wegen (23.27) und der gleichmäßigen Stetigkeit von f ist dann auch g' gleichmäßig stetig. Mit (23.27) folgt jetzt

$$\begin{aligned}
\mathbb{E}f(S_n^*) &= \mathbb{E}g'(S_n^*) - \mathbb{E}\left(S_n^* g(S_n^*)\right) \\
&= \mathbb{E}g'(S_n^*) - \frac{1}{\sqrt{n}}\sum_{j=1}^{n} \mathbb{E}\left(X_j g(S_n^*)\right) \\
&= \mathbb{E}g'(S_n^*) - \sqrt{n}\mathbb{E}\left[X_1 g\left(\frac{X_1}{\sqrt{n}} + \frac{\sum_{j=2}^{n} X_j}{\sqrt{n}}\right)\right].
\end{aligned}$$

Dabei wurde beim zweiten Gleichheitszeichen verwendet, dass die Paare $(X_j, \overline{X}_n)$, $j = 1, \ldots, n$, aus Symmetriegründen die gleiche Verteilung besitzen. Setzen wir kurz $Z_n := \sum_{j=2}^{n} X_j/\sqrt{n}$, so liefert eine Taylor-Entwicklung von g um die Stelle Z_n

$$\begin{aligned}
g\left(\frac{X_1}{\sqrt{n}} + Z_n\right) &= g\left(Z_n\right) + g'\left(Z_n\right)\frac{X_1}{\sqrt{n}} + \\
&\quad + \left[g'\left(Z_n + \Theta_n\frac{X_1}{\sqrt{n}}\right) - g'(Z_n)\right]\frac{X_1}{\sqrt{n}}
\end{aligned}$$

mit einer Zufallsvariablen Θ_n, wobei $|\Theta_n| \le 1$. Mit

$$\Delta_n := g'\left(Z_n + \Theta_n\frac{X_1}{\sqrt{n}}\right) - g'(Z_n) \tag{23.28}$$

ergibt sich wegen der Unabhängigkeit von X_1 und Z_n sowie den Annahmen $\mathbb{E}X_1 = 0$ und $\mathbb{E}X_1^2 = 1$

$$\begin{aligned}
\sqrt{n}\mathbb{E}\left(X_1 g\left(\frac{X_1}{\sqrt{n}} + Z_n\right)\right) &= \sqrt{n}\mathbb{E}(X_1 g(Z_n)) + \mathbb{E}(X_1^2 g'(Z_n)) \\
&\quad + \mathbb{E}\left(X_1^2\Delta_n\right) \\
&= \sqrt{n}\mathbb{E}X_1\mathbb{E}g(Z_n) + \\
&\quad + \mathbb{E}X_1^2\mathbb{E}g'(Z_n) + \mathbb{E}\left(X_1^2\Delta_n\right) \\
&= \mathbb{E}g'(Z_n) + \mathbb{E}\left(X_1^2\Delta_n\right).
\end{aligned}$$

Insgesamt erhält man

$$\mathbb{E}f(S_n^*) = \mathbb{E}\left(g'\left(\frac{X_1}{\sqrt{n}} + Z_n\right) - g'(Z_n)\right) - \mathbb{E}(X_1^2\Delta_n).$$

Da g' gleichmäßig stetig und beschränkt ist, konvergieren beide Terme auf der rechten Seite gegen null, sodass (23.26) bewiesen ist. ■

?

Welcher Satz garantiert, dass die beiden Terme auf der rechten Seite gegen null konvergieren?

Kommentar: Der obige Zentrale Grenzwertsatz besagt, dass für jedes $x \in \mathbb{R}$ die Konvergenz

$$\lim_{n\to\infty} \mathbb{P}\left(\frac{S_n - n\,\mu}{\sigma\sqrt{n}} \le x\right) = \Phi(x) \tag{23.29}$$

besteht. Da die Verteilungsfunktion Φ der Standardnormalverteilung stetig ist, gilt nach dem Satz von Pólya auf Seite 881, dass selbst der betragsmäßig größte Abstand

$$\Delta_n := \sup_{x\in\mathbb{R}}\left|\mathbb{P}\left(\frac{S_n - n\,\mu}{\sigma\sqrt{n}} \le x\right) - \Phi(x)\right|$$

zwischen der Verteilungsfunktion der standardisierten Summe $S_n^* = (S_n - n\mu)/(\sigma\sqrt{n})$ und der Funktion Φ gegen null konvergiert. In diesem Zusammenhang ist es naheliegend, nach der Konvergenzgeschwindigkeit von Δ_n gegen null zu fragen. Diesbezüglich gilt der *Satz von Berry-Esseen*: Falls $\mathbb{E}|X_1|^3 < \infty$, so folgt

$$\Delta_n \le \frac{C}{\sqrt{n}}\mathbb{E}\left|\frac{X_1 - \mu}{\sigma}\right|^3$$

für eine Konstante C mit $(2\pi)^{-1/2} \approx 0.3989 \le C \le 0.7655$. Die Konvergenzgeschwindigkeit beim Zentralen Grenzwertsatz von Lindeberg-Lévy ist also unter der schwachen zusätzlichen Momentenbedingung $\mathbb{E}|X_1|^3 < \infty$ *von der Größenordnung* $1/\sqrt{n}$.

Die Botschaft des Zentralen Grenzwertsatzes von Lindeberg-Lévy ist salopp formuliert, dass eine Summe S_n aus vielen unabhängigen und identisch verteilten Summanden „im Limes $n \to \infty$ die Verteilung eines einzelnen Summanden bis auf Erwartungswert und Varianz vergisst." Durch Differenzbildung in (23.29) ergibt sich

$$\lim_{n\to\infty} \mathbb{P}\left(a \le \frac{S_n - n\mu}{\sigma\sqrt{n}} \le b\right) = \Phi(b) - \Phi(a) \qquad (23.30)$$

für jede Wahl von a, b mit $a < b$. Wählt man in (23.30) speziell $b = k \in \mathbb{N}$ und $a = -b$, so folgt wegen $\mathbb{E}S_n = n\mu$ und $\mathbb{V}(S_n) = n\sigma^2$ sowie $\Phi(-k) = 1 - \Phi(k)$

$$\lim_{n\to\infty} \mathbb{P}(\mathbb{E}S_n - k\sqrt{\mathbb{V}(S_n)} \le S_n \le \mathbb{E}S_n + k\sqrt{\mathbb{V}(S_n)})$$
$$= 2\Phi(k) - 1.$$

Die Wahrscheinlichkeit, dass sich die Summe S_n von ihrem Erwartungswert betragsmäßig um höchstens das k-Fache der Standardabweichung unterscheidet, stabilisiert sich also für $n \to \infty$ gegen einen nur von k abhängenden Wert. Für die Fälle $k = 1$, $k = 2$ und $k = 3$ gelten mit der Tabelle von Φ auf Seite 825 die Beziehungen

$$2\Phi(1) - 1 \approx 0.682,$$
$$2\Phi(2) - 1 \approx 0.954,$$
$$2\Phi(3) - 1 \approx 0.997.$$

Obige Grenzwertaussage liefert somit die folgenden Faustregeln: Die Summe S_n von n unabhängigen und identisch verteilten Zufallsvariablen liegt für großes n mit der approximativen Wahrscheinlichkeit

- 0.682 in den Grenzen $\mathbb{E}S_n \pm 1 \cdot \sqrt{\mathbb{V}(S_n)}$,
- 0.954 in den Grenzen $\mathbb{E}S_n \pm 2 \cdot \sqrt{\mathbb{V}(S_n)}$,
- 0.997 in den Grenzen $\mathbb{E}S_n \pm 3 \cdot \sqrt{\mathbb{V}(S_n)}$.

Beispiel

Ein echter Würfel wird n-mal in unabhängiger Folge geworfen; die Zufallsvariable X_j beschreibe das Ergebnis des j-ten Wurfs, $1 \le j \le n$. Wir nehmen an, dass $X_1, \ldots, X_n$ unabhängig und je auf $\{1, \ldots, 6\}$ gleichverteilt sind. Wegen $\mathbb{E}X_1 = 3.5$ und $\mathbb{V}(X_1) = 35/12 \approx 2.917$ (vgl. (21.17)) gilt dann nach obigen Faustregeln für die mit $S_n := X_1 + \ldots + X_n$ bezeichnete Augensumme im Fall $n = 100$: Die Augensumme aus 100 Würfelwürfen liegt mit der approximativen Wahrscheinlichkeit

- 0.682 in den Grenzen $350 \pm \sqrt{291.7}$, also zwischen 333 und 367,
- 0.954 in den Grenzen $350 \pm 2 \cdot \sqrt{291.7}$, also zwischen 316 und 384,
- 0.997 in den Grenzen $350 \pm 3 \cdot \sqrt{291.7}$, also zwischen 299 und 401. ◀

Wendet man den Satz von Lindeberg-Lévy auf Indikatorvariablen $X_j = \mathbf{1}\{A_j\}$ unabhängiger Ereignisse A_j mit gleicher Wahrscheinlichkeit $p \in (0, 1)$ an, so ergibt sich das folgende klassische Resultat von Abraham de Moivre (1667–1754) und Pierre Simon Laplace (1749–1827).

Zentraler Grenzwertsatz von de Moivre-Laplace

Es sei S_n eine Zufallsvariable mit der Binomialverteilung $\mathrm{Bin}(n, p)$, wobei $0 < p < 1$. Dann gilt

$$\frac{S_n - np}{\sqrt{np(1-p)}} \xrightarrow{\mathcal{D}} \mathrm{N}(0, 1) \text{ für } n \to \infty.$$

Beispiel Wir hatten in Aufgabe 21.35 die Anzahl der Sechsen in $6n$ unabhängigen Würfen eines echten Würfels betrachtet und für $n \in \{1, 2, 3\}$ die Wahrscheinlichkeit bestimmt, dass in $6n$ Würfen mindestens n Sechsen auftreten. Diese Wahrscheinlichkeiten berechneten sich zu 0.665 für $n = 1$, 0.618 für $n = 2$ und 0.597 für $n = 3$, Damals wurde behauptet, dass sich hier für $n \to \infty$ der Grenzwert $1/2$ ergibt. Diese Behauptung bestätigt sich unmittelbar mit dem Zentralen Grenzwertsatz von de Moivre-Laplace: Da die mit S_k bezeichnete Anzahl der Sechsen in k Würfelwürfen die Verteilung $\mathrm{Bin}(k, 1/6)$ besitzt, gilt

$$\frac{S_k - k\frac{1}{6}}{\sqrt{k\,\frac{1}{6}\,\frac{5}{6}}} \xrightarrow{\mathcal{D}} \mathrm{N}(0, 1) \quad \text{für } k \to \infty$$

und somit

$$\mathbb{P}(S_{6n} \ge n) = \mathbb{P}\left(\frac{S_{6n} - n}{\sqrt{6n\,\frac{1}{6}\,\frac{5}{6}}} \ge 0\right)$$
$$\to 1 - \Phi(0) = \frac{1}{2}.$$
◀

Wie das folgende Beispiel zeigt, sind die Voraussetzungen des Satzes von Lindeberg-Lévy selbst in einfachen Situationen nicht gegeben.

Beispiel Anzahl der Rekorde

Es sei Ω_n die Menge der Permutationen der Zahlen $1, \ldots, n$ mit der Gleichverteilung $\mathbb{P}_n$ auf Ω_n. Bezeichnet

$$A_{n,j} := \{(a_1, \ldots, a_n) \in \Omega_n : a_j = \max(a_1, \ldots, a_j)\}$$

das Ereignis, dass an der j-ten Stelle ein Rekord auftritt, so haben wir in Aufgabe 20.28 gesehen, dass $A_{n,1}, \ldots, A_{n,n}$ stochastisch unabhängige Ereignisse sind und die Wahrscheinlichkeiten $\mathbb{P}_n(A_{n,j}) = 1/j$, $j = 1, \ldots, n$, besitzen. Die zufällige Anzahl R_n der Rekorde hat dann die Darstellung

$$R_n = \mathbf{1}\{A_{n,1}\} + \mathbf{1}\{A_{n,2}\} + \ldots + \mathbf{1}\{A_{n,n}\}$$

als Summe von *unabhängigen, aber nicht identisch verteilten Zufallsvariablen*. Man beachte, dass für jedes n ein anderer Grundraum (mit der Potenzmenge als σ-Algebra) und ein anderes Wahrscheinlichkeitsmaß vorliegen. Wir werden sehen,

Unter der Lupe: Die Stetigkeitskorrektur

Bei der Normalapproximation diskreter Verteilungen liefert die Stetigkeitskorrektur vielfach bessere Ergebnisse.

Ist S_n eine Zufallsvariable mit der Binomialverteilung $\mathrm{Bin}(n, p)$ mit $0 < p < 1$, so besagt der Zentrale Grenzwertsatz von de Moivre-Laplace, dass für beliebige Wahl von a und b mit $a < b$ die Wahrscheinlichkeit

$$\mathbb{P}(np + a\sqrt{np(1-p)} \le S_n \le np + b\sqrt{np(1-p)})$$

für großes n durch $\Phi(b) - \Phi(a)$ und somit durch das Integral über die Dichte φ der Standardnormalverteilung in den Grenzen a und b approximiert wird. Im Hinblick auf die Güte dieser Approximation findet man bisweilen die Empfehlung, dass $np(1-p) \ge 9$ und damit die Standardabweichung der Binomialverteilung mindestens gleich 3 sein sollte. Im Fall $p = 1/2$ würde diese Empfehlung zur Ungleichung $n \ge 36$ führen. Ist jedoch $p = 0.1$, so ergibt sich ein viel größeres n von mindestens 400. Dieser Unterschied liegt anschaulich darin begründet, dass die Binomialverteilung mit sehr kleinem oder großem p ein gegenüber dem Fall $p = 1/2$ stark asymmetrisches Stabdiagramm aufweist.

Praktisch wird der Zentrale Grenzwertsatz von de Moivre-Laplace wie folgt angewandt: Soll für $S_n \sim \mathrm{Bin}(n, p)$ und $k, l \in \{0, 1, \ldots, n\}$ mit $k < l$ für großes n die Wahrscheinlichkeit

$$\mathbb{P}(k \le S_n \le l) = \sum_{j=k}^{l} \binom{n}{j} p^j (1-p)^{n-j} \qquad (23.31)$$

approximiert werden, so ergibt sich mit $q := 1 - p$

$$\begin{aligned}\mathbb{P}(k \le S_n \le l) &= \mathbb{P}\left(\frac{k-np}{\sqrt{npq}} \le \frac{S_n - np}{\sqrt{npq}} \le \frac{l-np}{\sqrt{npq}}\right)\\ &\approx \Phi\left(\frac{l-np}{\sqrt{npq}}\right) - \Phi\left(\frac{k-np}{\sqrt{npq}}\right) \qquad (23.32)\\ &= \Phi(x_{n,l}) - \Phi(x_{n,k}),\end{aligned}$$

wobei allgemein

$$x_{n,j} = \frac{j - np}{\sqrt{npq}}, \quad j = 0, 1, \ldots, k,$$

gesetzt ist. Eine im Vergleich hierzu vielfach bessere Näherung ist

$$\begin{aligned}&\mathbb{P}(k \le S_n \le l)\\ &\approx \Phi\left(\frac{l - np + \frac{1}{2}}{\sqrt{npq}}\right) - \Phi\left(\frac{k - np - \frac{1}{2}}{\sqrt{npq}}\right)\\ &= \Phi\left(x_{n,l} + \frac{1}{2\sqrt{npq}}\right) - \Phi\left(x_{n,k} - \frac{1}{2\sqrt{npq}}\right).\end{aligned}$$

Die hier auftretenden und häufig als *Stetigkeitskorrektur* bezeichneten Terme $\pm 1/(2\sqrt{npq})$ können folgendermaßen motiviert werden: Der Bestandteil $\mathbb{P}(S_n = l)$ $(= P(S_n^* = x_{n,l}))$ der Summe (23.31) tritt im Histogramm der standardisierten Binomialverteilung als Fläche eines Rechtecks mit Mittelpunkt $x_{n,l}$ und der Grundseite $1/\sqrt{np(1-p)}$ auf. Um diese Fläche bei der Approximation des Histogrammes durch ein Integral über die Funktion φ besser zu erfassen, sollte die obere Integrationsgrenze nicht $x_{n,l}$, sondern $x_{n,l} + 1/(2\sqrt{npq})$ sein. In gleicher Weise ist die untere Integrationsgrenze $x_{n,k} - 1/(2\sqrt{npq})$ begründet (siehe nachstehendes Bild).

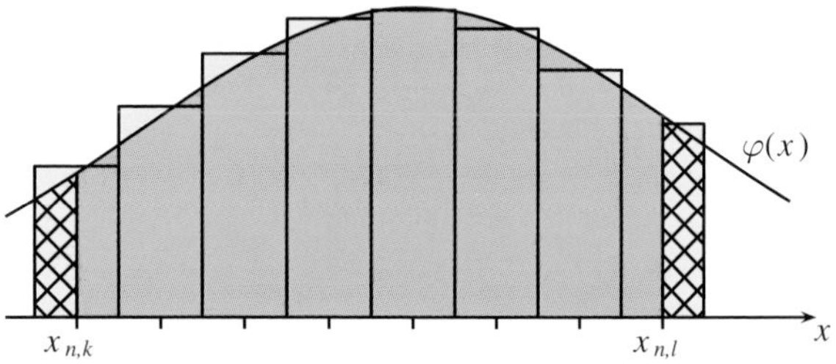

Als Zahlenbeispiel betrachten wir den Fall $n = 600$, $p = 1/6$, für den S_n als Anzahl der Sechsen beim 600-fachen Würfelwurf angesehen werden kann. Mit $\sigma_n := \sqrt{npq} \approx 9.129$ liefert (23.32)

$$\begin{aligned}&\mathbb{P}(90 \le S_n \le 110)\\ &= \mathbb{P}\left(\frac{90-100}{\sigma_n} \le \frac{S_n - 100}{\sigma_n} \le \frac{110-100}{\sigma_n}\right)\\ &\approx \Phi\left(\frac{10}{9.129}\right) - \Phi\left(-\frac{10}{9.129}\right) \approx 2\,\Phi(1.0954) - 1\\ &\approx 2 \cdot 0.862 - 1 = 0.724.\end{aligned}$$

Mit Stetigkeitskorrektur ergibt sich analog

$$\begin{aligned}\mathbb{P}(90 \le S_n \le 110) &\approx \Phi\left(\frac{10.5}{9.129}\right) - \Phi\left(-\frac{10.5}{9.129}\right)\\ &\approx 2 \cdot \Phi(1.150) - 1 \approx 0.75,\end{aligned}$$

was verglichen mit dem mittels MAPLE berechneten exakten Wert 0.7501 eine wesentlich bessere Näherung ist. Diese Überlegungen gelten in gleicher Weise, wenn andere diskrete Verteilungen wie etwa die Poisson-Verteilung oder die geometrische Verteilung als Verteilungen der X_j im Zentralen Grenzwertsatz von Lindeberg-Lévy eingehen.

dass mit einer Verallgemeinerung des Zentralen Grenzwertsatzes von Lindeberg-Lévy gezeigt werden kann, dass R_n nach Standardisierung für $n \to \infty$ asymptotisch standardnormalverteilt ist. ◀

Durch dieses Beispiel motiviert betrachten wir jetzt eine im Vergleich zum Satz von Lindeberg-Lévy allgemeinere Situation, bei der die Summanden von S_n zwar weiterhin stochastisch unabhängig sind, aber nicht mehr die gleiche Verteilung besitzen müssen. Genauer legen wir eine *Dreiecksschema* genannte doppelt-indizierte Folge von Zufallsvariablen

$$\{X_{nj} : n \in \mathbb{N}, j = 1, \ldots, k_n\}$$

zugrunde. Über diese setzen wir voraus, dass für jedes n die n-te Zeile $X_{n1}, X_{n2}, \ldots, X_{nk_n}$ aus stochastisch unabhängigen Zufallsvariablen besteht. Dabei könnten $X_{n1}, X_{n2}, \ldots, X_{nk_n}$ für jedes n auf einem anderen Wahrscheinlichkeitsraum definiert sein. Man beachte, dass sich die bisher betrachtete Situation dieser allgemeineren unterordnet: Von einer unendlichen Folge $X_1, X_2, \ldots$ unabhängiger Zufallsvariablen stehen in der n-ten Zeile des Dreiecksschemas die Zufallsvariablen $X_{n1} = X_1, \ldots, X_{nn} = X_n$; in diesem Fall ist also $k_n = n$.

Wir nehmen weiter $0 < \sigma_{nj}^2 := \mathbb{V}(X_{nj}) < \infty$ an und setzen $a_{nj} := \mathbb{E}X_{nj}$ sowie

$$\sigma_n^2 := \sigma_{n1}^2 + \ldots + \sigma_{nk_n}^2. \tag{23.33}$$

Mit $S_n := X_{n1} + \ldots + X_{nk_n}$ gilt dann

$$S_n^* := \frac{S_n - \mathbb{E}\,S_n}{\sqrt{\mathbb{V}(S_n)}} = \sum_{j=1}^{k_n} Y_{nj},$$

wobei

$$Y_{nj} := \frac{X_{nj} - a_{nj}}{\sigma_n}, \quad j = 1, \ldots, k_n.$$

Man beachte, dass $\mathbb{E}Y_{nj} = 0$ gilt und dass mit

$$\tau_{nj}^2 := \mathbb{V}(Y_{nj}) = \frac{\mathbb{V}(X_{nj})}{\sigma_n^2} = \frac{\sigma_{nj}^2}{\sigma_n^2}$$

wegen (23.33) die Beziehung

$$\tau_{n1}^2 + \ldots + \tau_{nk_n}^2 = 1 \tag{23.34}$$

besteht.

Zentraler Grenzwertsatz von Lindeberg-Feller

Ist in obiger Situation eines Dreiecksschemas die *Lindeberg-Bedingung*

$$L_n(\varepsilon) := \sum_{j=1}^{k_n} \mathbb{E}\left[Y_{nj}^2 \mathbf{1}\{|Y_{nj}| \geq \varepsilon\}\right] \to 0 \text{ für jedes } \varepsilon > 0$$

erfüllt, so gilt

$$S_n^* \xrightarrow{\mathcal{D}} \mathrm{N}(0, 1).$$

Beweis: Wir stellen zunächst eine Vorbetrachtung über komplexe Zahlen an. Sind $z_1, \ldots, z_n, w_1, \ldots, w_n \in \mathbb{C}$ mit $|z_j|, |w_j| \leq 1$ für $j = 1, \ldots, n$, so gilt die leicht durch Induktion einzusehende Ungleichung

$$\left|\prod_{j=1}^n z_j - \prod_{j=1}^n w_j\right| \leq \sum_{j=1}^n |z_j - w_j| \tag{23.35}$$

(Aufgabe 23.33). Bezeichnet φ_{nj} die charakteristische Funktion von Y_{nj}, so ist nach der Multiplikationsformel auf Seite 856 die Funktion $\varphi_n = \prod_{j=1}^{k_n} \varphi_{nj}$ die charakteristische Funktion von S_n^*. Nach (22.76) und dem Stetigkeitssatz von Lévy-Cramér ist somit die Konvergenz

$$\lim_{n\to\infty} \varphi_n(t) = \exp\left(-\frac{t^2}{2}\right), \quad t \in \mathbb{R},$$

zu zeigen. Hierzu schreiben wir wegen (23.34) $\exp(-t^2/2)$ in der Form

$$\exp\left(-\frac{t^2}{2}\right) = \prod_{j=1}^{k_n} \psi_{nj}(t), \quad \psi_{nj}(t) = \exp\left(-\frac{\tau_{nj}^2 t^2}{2}\right).$$

Da ψ_{nj} nach (22.77) die charakteristische Funktion einer mit Z_{nj} bezeichneten $\mathrm{N}(0, \tau_{nj}^2)$-normalverteilten Zufallsvariablen ist, folgt nach (23.35) und (22.79)

$$\begin{aligned}
&\left|\prod_{j=1}^{k_n} \varphi_{nj}(t) - \prod_{j=1}^{k_n} \psi_{nj}(t)\right| \\
&\leq \sum_{j=1}^{k_n} |\varphi_{nj}(t) - \psi_{nj}(t)| \\
&\leq \sum_{j=1}^{k_n} \left|\varphi_{nj}(t) - 1 + \frac{\tau_{nj}^2 t^2}{2}\right| + \sum_{j=1}^{k_n} \left|\psi_{nj}(t) - 1 + \frac{\tau_{nj}^2 t^2}{2}\right| \\
&\leq c \left(\sum_{j=1}^{k_n} \mathbb{E}\left[Y_{nj}^2 (1 \wedge |Y_{nj}|)\right] + \sum_{j=1}^{k_n} \mathbb{E}\left[Z_{nj}^2 (1 \wedge |Z_{nj}|)\right]\right).
\end{aligned}$$

Zu zeigen bleibt also, dass beide Summen innerhalb der großen Klammer für $n \to \infty$ gegen 0 streben. Für die erste Summe gilt zu beliebigem $\varepsilon > 0$

$$\begin{aligned}
&\sum_{j=1}^{k_n} \mathbb{E}\left[Y_{nj}^2 (1 \wedge |Y_{nj}|)\right] \\
&\leq \sum_{j=1}^{k_n} \left(\mathbb{E}\left[Y_{nj}^2 |Y_{nj}| \mathbf{1}\{|Y_{nj}| < \varepsilon\}\right] + \mathbb{E}\left[Y_{nj}^2 \mathbf{1}\{|Y_{nj}| \geq \varepsilon\}\right]\right) \\
&\leq \varepsilon \sum_{j=1}^{k_n} \tau_{nj}^2 + L_n(\varepsilon).
\end{aligned}$$

Wegen (23.34) und der Lindeberg-Bedingung folgt

$$\limsup_{n\to\infty} \sum_{j=1}^{k_n} \mathbb{E}\left[Y_{nj}^2 (1 \wedge |Y_{nj}|)\right] \leq \varepsilon,$$

und somit konvergiert die erste Summe gegen 0. Für die zweite Summe beachten wir, dass $Z_{nj} \sim \tau_{nj} Z$ mit $Z \sim$ N(0, 1) gilt. Damit ergibt sich

$$\begin{aligned}\sum_{j=1}^{k_n} \mathbb{E}\left[Z_{nj}^2(1 \wedge |Z_{nj}|)\right] &\le \sum_{j=1}^{k_n} \mathbb{E}|Z_{nj}|^3 = \sum_{j=1}^{k_n} \mathbb{E}\left[|\tau_{nj} Z|^3\right] \\ &= \mathbb{E}|Z|^3 \sum_{j=1}^{k_n} \tau_{nj}^3 \\ &\le \mathbb{E}|Z|^3 \left(\max_{j=1,\ldots,k_n} \tau_{nj}\right) \sum_{j=1}^{k_n} \tau_{nj}^2 \\ &= \mathbb{E}|Z|^3 \left(\max_{j=1,\ldots,k_n} \tau_{nj}\right).\end{aligned}$$

Wegen

$$\begin{aligned}\max_{j=1,\ldots,k_n} \tau_{n,j}^2 &\le \varepsilon^2 + \max_{j=1,\ldots,k_n} \mathbb{E}\left[Y_{nj}^2 \mathbf{1}\{|Y_{nj}| > \varepsilon\}\right] \\ &\le \varepsilon^2 + L_n(\varepsilon), \quad \varepsilon > 0,\end{aligned}$$

folgt aus der Lindeberg-Bedingung

$$\lim_{n\to\infty} \max_{j=1,\ldots,k_n} \tau_{nj}^2 = 0, \qquad (23.36)$$

und somit konvergiert auch die zweite Summe gegen 0. ■

Kommentar:

- Der auf anderem Wege bewiesene Zentrale Grenzwertsatz von Lindeberg-Lévy ist als Spezialfall im Satz von Lindeberg-Feller enthalten (Übungsaufgabe 23.31).
- Für die Zufallsvariablen $X_{n1}, \ldots, X_{nk_n}$ nimmt die im Satz eingeführte „Lindeberg-Funktion" L_n die Gestalt

$$L_n(\varepsilon) = \frac{1}{\sigma_n^2} \sum_{j=1}^{k_n} \mathbb{E}\left[(X_{nj} - a_{nj})^2 \mathbf{1}\{|X_{nj} - a_{nj}| > \sigma_n \varepsilon\}\right]$$

an. Die Lindeberg-Bedingung $L_n(\varepsilon) \to 0$ für jedes $\varepsilon > 0$ garantiert, dass jeder der Summanden X_{nj}, $1 \le j \le k_n$, nur einen kleinen Einfluss auf die Summe S_n besitzt. Nach (23.36) gilt ja – wenn wir $\tau_{nj}^2 = \sigma_{nj}^2/\sigma_n^2$ setzen –

$$\lim_{n\to\infty} \frac{\max_{j=1,\ldots,k_n} \sigma_{nj}^2}{\sigma_{n1}^2 + \ldots + \sigma_{nk_n}^2} = 0.$$

Diese sogenannte *Feller-Bedingung* besagt, dass die maximale Varianz eines einzelnen Summanden X_{nj} im Vergleich zur Varianz der Summe asymptotisch verschwindet. Mit der Markov-Ungleichung ergibt sich hieraus die sogenannte *asymptotische Vernachlässigbarkeit*

$$\lim_{n\to\infty} \frac{1}{\sigma_n^2} \max_{1\le j\le k_n} \mathbb{P}\left(|X_{nj} - a_{nj}| \ge \sigma_n\right) = 0 \;\; \forall \varepsilon > 0$$

der Zufallsvariablen $(X_{nj} - a_{nj})/\sigma_n$, $1 \le j \le k_n, n \ge 1$. Setzt man die asymptotische Vernachlässigbarkeit voraus, so ist die Lindeberg-Bedingung sogar notwendig für die Gültigkeit des Zentralen Grenzwertsatzes.

Eine einfache hinreichende Bedingung für die Gültigkeit des Zentralen Grenzwertsatzes geht auf den russischen Mathematiker Aleksander Michailowitsch Ljapunov (1857–1918) zurück.

Satz von Ljapunov

In der Situation des Satzes von Lindeberg-Feller existiere ein $\delta > 0$ mit

$$\lim_{n\to\infty} \frac{1}{\sigma_n^{2+\delta}} \sum_{j=1}^{k_n} \mathbb{E}\left[|X_{nj} - a_{nj}|^{2+\delta}\right] = 0 \qquad (23.37)$$

(sog. *Ljapunov-Bedingung*).

Dann gilt der Zentrale Grenzwertsatz $S_n^* \xrightarrow{\mathcal{D}} \text{N}(0, 1)$.

Beweis: Es sei $\varepsilon > 0$ beliebig. Wegen

$$(x - a)^2 \mathbf{1}\{|x - a| > \varepsilon\sigma\} \le |x - a|^{2+\delta} \frac{1}{(\varepsilon\sigma)^\delta}$$

für $x, a \in \mathbb{R}$ und $\sigma > 0$ folgt

$$\begin{aligned}L_n(\varepsilon) &\le \frac{1}{\sigma_n^2} \sum_{j=1}^{k_n} \mathbb{E}\left[(X_{nj} - a_{nj})^2 \mathbf{1}\{|X_{nj} - a_{nj}| > \varepsilon\sigma_n\}\right] \\ &\le \frac{1}{\varepsilon^\delta} \frac{1}{\sigma_n^{2+\delta}} \sum_{j=1}^{k_n} \mathbb{E}\left[|X_{nk} - a_{nk}|^{2+\delta}\right].\end{aligned}$$

Somit zieht die Ljapunov-Bedingung die Lindeberg-Bedingung nach sich. ■

Beispiel **Anzahl der Rekorde**

In Fortsetzung des Beispiels auf Seite 889 sei

$$R_n = \sum_{j=1}^{n} \mathbf{1}\{A_{n,j}\}$$

die Anzahl der Rekorde in einer rein zufälligen Permutation der Zahlen $1, \ldots, n$. Setzen wir $X_{nj} := \mathbf{1}\{A_{n,j}\}$, $j = 1, \ldots, n$, so liegt wegen der stochastischen Unabhängigkeit von $X_{n1}, \ldots, X_{nn}$ die Situation des Satzes von Lindeberg-Feller vor. Wir werden sehen, dass in diesem Fall die Ljapunov-Bedingung (23.37) mit $\delta = 2$ erfüllt ist, also

$$\lim_{n\to\infty} \frac{1}{\sigma_n^4} \sum_{j=1}^{n} \mathbb{E}\left(X_{nj} - a_{nj}\right)^4 = 0 \qquad (23.39)$$

gilt. Mit $a_{nj} = \mathbb{E}X_{nj} = 1/j$ folgt (23.39) leicht, indem man unter Verwendung von $X_{nj}^k = X_{nj}$, $k \in \mathbb{N}$,

$$\begin{aligned}(X_{nj} - a_{nj})^4 &= \left(X_{nj} - \frac{1}{j}\right)^4 \\ &= X_{nj} - \frac{4X_{nj}}{j} + \frac{6X_{nj}}{j^2} - \frac{4X_{nj}}{j^3} + \frac{1}{j^4} \\ &\le X_{nj} + \frac{6X_{nj}}{j^2} + \frac{1}{j^4}\end{aligned}$$

Hintergrund und Ausblick: Verteilungskonvergenz und Zentraler Grenzwertsatz im $\mathbb{R}^k$

Die Verteilungskonvergenz lässt sich auf Zufallsvariablen mit allgemeineren Wertebereichen verallgemeinern

Es seien $\mathbf{X}, \mathbf{X}_1, \mathbf{X}_2, \ldots$ k-dimensionale Zufallsvektoren mit Verteilungsfunktionen $F(x) = \mathbb{P}(\mathbf{X} \leq x)$, $F_n(x) = \mathbb{P}(\mathbf{X}_n \leq x)$, $x \in \mathbb{R}^k, n \geq 1$. Bezeichnen $\mathcal{O}^k$ und $\mathcal{A}^k$ die Systeme der offenen bzw. abgeschlossenen Mengen des $\mathbb{R}^k$, ∂B den Rand einer Menge $B \subset \mathbb{R}^k$ sowie $\mathcal{C}_b$ die Menge aller stetigen und beschränkten Funktionen $h\colon \mathbb{R}^k \to \mathbb{R}$, so sind folgende Aussagen äquivalent (sog. *Portmanteau-Theorem*):

a) $\lim_{n\to\infty} \mathbb{E}h(\mathbf{X}_n) = \mathbb{E}h(\mathbf{X}) \; \forall\, h \in \mathcal{C}_b$,

b) $\limsup_{n\to\infty} \mathbb{P}(\mathbf{X}_n \in A) \leq \mathbb{P}(\mathbf{X} \in A) \; \forall\, A \in \mathcal{A}^k$,

c) $\liminf_{n\to\infty} \mathbb{P}(\mathbf{X}_n \in O) \geq \mathbb{P}(\mathbf{X} \in O) \; \forall\, O \in \mathcal{O}^k$,

d) $\lim_{n\to\infty} \mathbb{P}(\mathbf{X}_n \in B) = \mathbb{P}(\mathbf{X} \in B) \; \forall\, B \in \mathcal{B}^k$ mit $\mathbb{P}(\partial B) = 0$,

e) $\lim_{n\to\infty} F_n(x) = F(x) \; \forall x \in \mathcal{C}(F)$.

Liegt eine dieser Gegebenheiten vor, so sagt man, $(\mathbf{X}_n)$ *konvergiere nach Verteilung gegen* $\mathbf{X}$ und schreibt

$$\mathbf{X}_n \xrightarrow{\mathcal{D}} \mathbf{X}.$$

Wie im Fall $k = 1$ ist dabei auch die Schreibweise $\mathbf{X}_n \xrightarrow{\mathcal{D}} \mathbb{P}^{\mathbf{X}}$ häufig anzutreffen. Man beachte, dass die Eigenschaft $\mathbb{P}(\partial B) = 0$ in d) im Fall $k = 1$ und $B = (-\infty, x]$ gerade die Stetigkeit der Verteilungsfunktion F an der Stelle x bedeutet.

Der *Abbildungssatz* überträgt sich direkt auf diese allgemeinere Situation: Ist $h : \mathbb{R}^k \to \mathbb{R}^s$ eine messbare Abbildung, die $\mathbb{P}^{\mathbf{X}}$-fast überall stetig ist, für die also $\mathbb{P}(\mathbf{X} \in \mathcal{C}(h)) = 1$ erfüllt ist, so gilt:

$$\mathbf{X}_n \xrightarrow{\mathcal{D}} \mathbf{X} \Longrightarrow h(\mathbf{X}_n) \xrightarrow{\mathcal{D}} h(\mathbf{X}).$$

Auch das Konzept der *Straffheit* als notwendige Bedingung für Verteilungskonvergenz bleibt unverändert: Eine Menge $\mathcal{Q}$ von Wahrscheinlichkeitsmaßen auf $\mathcal{B}^k$ heißt *straff*, falls es zu jedem $\varepsilon > 0$ eine kompakte Menge $K \subset \mathbb{R}^k$ mit $Q(K) \geq 1 - \varepsilon$ für jedes $Q \in \mathcal{Q}$ gibt. Eine Folge $(\mathbf{X}_n)$ von Zufallsvektoren heißt straff, wenn die Menge ihrer Verteilungen straff ist. Bezeichnet $X_n^{(j)}$ die j-te Komponente von $\mathbf{X}_n$, so folgt aus der Ungleichung

$$\mathbb{P}(|X_n^{(j)}| \leq c) \geq 1 - \frac{\varepsilon}{k}, \qquad j = 1, \ldots, k;\; n \geq 1,$$

mit $K = [-c, c]^d$

$$\mathbb{P}(\mathbf{X}_n \in K) = \mathbb{P}\left(\bigcap_{j=1}^{k} \{|X_n^{(j)}| \leq c\}\right) \geq 1 - \varepsilon,$$

$n \geq 1$. Ist jede Komponentenfolge $(X_n^{(j)})$, $1 \leq j \leq k$, straff, so ist also auch die Folge $(\mathbf{X}_n)$ straff.

Auch im multivariaten Fall gilt ein *Stetigkeitssatz* für charakteristische Funktionen. Bezeichnen

$$\varphi_n(t) = \mathbb{E}\left(\exp(\mathrm{i}t^\top \mathbf{X}_n)\right), \; \varphi(t) = \mathbb{E}\left(\exp(\mathrm{i}t^\top \mathbf{X})\right),$$

$t \in \mathbb{R}^k$, die charakteristischen Funktionen von $\mathbf{X}_n$ bzw. von $\mathbf{X}$ (vgl. Seite 858), so gilt

$$\mathbf{X}_n \xrightarrow{\mathcal{D}} \mathbf{X} \Longleftrightarrow \lim_{n\to\infty} \varphi_n(t) = \varphi(t) \; \forall t \in \mathbb{R}^k.$$

Dabei steckt die Richtung „$\Rightarrow$“ im Kriterium a) für Verteilungskonvergenz.

Ein wichtiges Mittel zum Nachweis der Verteilungskonvergenz ist die sogenannte *Cramér-Wold-Technik*. Nach dieser gilt die Äquivalenz

$$\mathbf{X}_n \xrightarrow{\mathcal{D}} \mathbf{X} \Longleftrightarrow c^\top \mathbf{X}_n \xrightarrow{\mathcal{D}} c^\top \mathbf{X} \;\; \forall c \in \mathbb{R}^k.$$

Die Verteilungskonvergenz im $\mathbb{R}^k$ kann also mittels der Verteilungskonvergenz aller Linearkombinationen von Komponenten von $\mathbf{X}_n$ gegen die entsprechenden Linearkombinationen der Komponenten von $\mathbf{X}$ bewiesen werden. Hiermit erhält man etwa das folgende Resultat.

Satz: Multivariater Zentraler Grenzwertsatz

Es sei $(\mathbf{X}_n)$ eine Folge unabhängiger und identisch verteilter k-dimensionaler Zufallsvektoren mit $\mathbb{E}\|\mathbf{X}_1\|^2 < \infty$. Bezeichnen $\mu := \mathbb{E}\mathbf{X}_1$ den Erwartungswertvektor und $\Sigma = \Sigma(\mathbf{X}_1)$ die Kovarianzmatrix von $\mathbf{X}_1$, so gilt

$$\frac{1}{\sqrt{n}}\left(\sum_{j=1}^{n} \mathbf{X}_j - n\,\mu\right) \xrightarrow{\mathcal{D}} \mathrm{N}_k(0, \Sigma).$$

Da sich die Eigenschaften der Stetigkeit und Beschränktheit für Funktionen mit allgemeineren Definitionsbereichen wie etwa metrischen Räumen verallgemeinern lassen, ist Eigenschaft a) der Ausgangspunkt für die Definition der Verteilungskonvergenz für Zufallsvariablen mit Werten in metrischen Räumen. Ein einfaches Beispiel für einen solchen Raum ist die Menge C[0, 1] der auf dem Intervall [0, 1] stetigen Funktionen mit der Metrik $\rho(f, g) := \max_{0\leq t\leq 1} |f(t) - g(t)|$.

Literatur

P. Billingsley: *Probability and Measure*. 2. Aufl. Wiley, New York 1986.

Hintergrund und Ausblick: Der Brown-Wiener-Prozess

Der Satz von Donsker: Ein Zentraler Grenzwertsatz für Partialsummenprozesse

Es sei $(X_n)_{n\geq 1}$ eine u.i.v.-Folge von Zufallsvariablen auf einem Wahrscheinlichkeitsraum $(\Omega, \mathcal{A}, \mathbb{P})$ mit $\mathbb{E}X_1 = 0$ und $\mathbb{V}(X_1) = 1$. Mit $S_k := \sum_{j=1}^{k} X_j$, $k \geq 1$, gilt nach dem Zentralen Grenzwertsatz von Lindeberg-Lévy

$$\frac{1}{\sqrt{n}} S_n \xrightarrow{\mathcal{D}} \mathrm{N}(0,1) \quad \text{für } n \to \infty.$$

Eine weitreichende Verallgemeinerung dieses Resultats ergibt sich, wenn wir die Zufallsvariablen

$$W_n(t) := \frac{S_{\lfloor nt \rfloor}}{\sqrt{n}} + (nt - \lfloor nt \rfloor)\frac{X_{\lfloor nt \rfloor + 1}}{\sqrt{n}}, \qquad (23.38)$$

$0 \leq t \leq 1$, $S_0 := 0$, betrachten. Man beachte, dass wir das Argument $\omega \in \Omega$ in der Notation sowohl bei $S_{\lfloor nt \rfloor}$ und $X_{\lfloor nt \rfloor + 1}$ als auch bei $W_n(t)$ unterdrückt haben. Die Realisierungen von $W_n(\cdot)$ sind aufgrund des linear interpolierenden Charakters des zweiten Summanden in (23.38) stetige Funktionen auf $[0, 1]$.

Die Familie $W_n := (W_n(t))_{0\leq t\leq 1}$ heißt **n-ter Partialsummenprozess von (X_n)**. Versieht man die Menge $C[0, 1]$ mit der von den (durch die Supremumsmetrik induzierten) offenen Mengen erzeugten Borel'schen σ-Algebra, so ist W_n eine $C[0, 1]$-wertige Zufallsvariable auf Ω. Nachstehende Abbildung zeigt drei Realisierungen von W_n für $n = 100$ im Fall $\mathbb{P}(X_1 = \pm 1) = 1/2$.

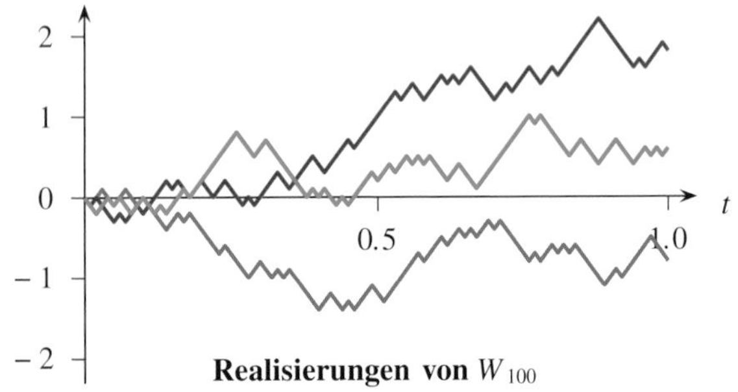

Realisierungen von W_{100}

Da der zweite Summand in (23.38) für $n \to \infty$ stochastisch gegen 0 konvergiert, gilt für $t > 0$

$$W_n(t) = \frac{\sqrt{\lfloor nt \rfloor}}{\sqrt{n}} \cdot \frac{S_{\lfloor nt \rfloor}}{\sqrt{\lfloor nt \rfloor}} + o_{\mathbb{P}}(1).$$

Wegen $S_{\lfloor nt \rfloor}/\sqrt{\lfloor nt \rfloor} \xrightarrow{\mathcal{D}} \mathrm{N}(0, 1)$ (Lindeberg-Lévy) und $\sqrt{\lfloor nt \rfloor}/\sqrt{n} \to \sqrt{t}$ folgt $W_n(t) \xrightarrow{\mathcal{D}} \mathrm{N}(0, t)$. Diese Aussage gilt wegen $W_n(0) = 0$ auch für $t = 0$, wenn wir die Einpunktverteilung in 0 als ausgeartete Normalverteilung mit Varianz 0 auffassen. Mit dem multivariaten Zentralen Grenzwertsatz zeigt man, dass für jedes $k \in \mathbb{N}$ und jede Wahl von $t_1, \ldots, t_k \in [0, 1]$ mit $0 \leq t_1 < \ldots < t_k \leq 1$ die Folge der Zufallsvektoren $(W_n(t_1), \ldots, W_n(t_k))$ in Verteilung gegen eine k-dimensionale Normalverteilung mit Erwartungswert 0 und Kovarianzmatrix $(\min(t_i, t_j))_{1\leq i,j\leq k}$ konvergiert.

Nach einem berühmten Satz von Donsker (1951) konvergiert die Folge (W_n) in Verteilung gegen einen stochastischen Prozess (Familie von Zufallsvariablen) $W = (W(t))_{0\leq t\leq 1}$. Diese Verteilungskonvergenz $W_n \xrightarrow{\mathcal{D}} W$ ist definiert durch die Konvergenz

$$\lim_{n\to\infty} \mathbb{E}h(W_n) = \mathbb{E}h(W)$$

für jede beschränkte Funktion $h : C[0, 1] \to \mathbb{R}$, die stetig bezüglich der Supremumsmetrik ist. Sie beinhaltet die oben beschriebene Konvergenz der sogenannten *endlich-dimensionalen Verteilungen* und wegen $W_n(1) \xrightarrow{\mathcal{D}} \mathrm{N}(0, 1)$ insbesondere den Zentralen Grenzwertsatz von Lindeberg-Lévy.

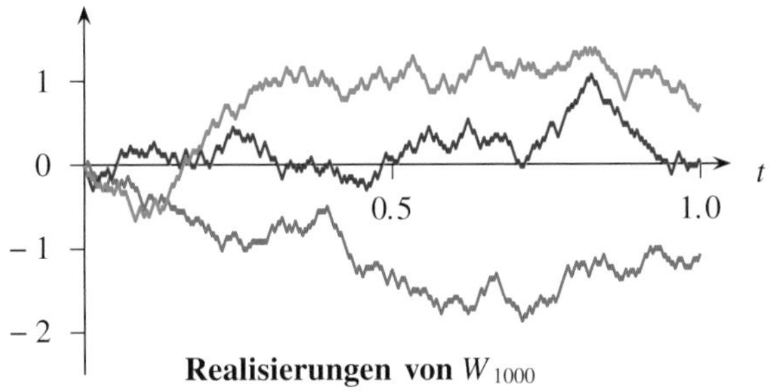

Realisierungen von W_{1000}

Der stochastische Prozess W, dessen Realisierungen stetige Funktionen auf $[0, 1]$ sind, heißt **Brown-Wiener-Prozess**. Er bildet den Ausgangspunkt für viele weitere stochastische Prozesse und ist durch folgende Eigenschaften charakterisiert:

- $\mathbb{P}(W(0) = 0) = 1$ (der Prozess startet in 0),
- W besitzt *unabhängige Zuwächse*, d. h., für jede Wahl von k und jede Wahl von $0 = t_0 < t_1 < \ldots < t_k$ sind die Zufallsvariablen $W(t_1) - W(t_0), \ldots, W(t_k) - W(t_{k-1})$ stochastisch unabhängig,
- Für $0 \leq s < t$ gilt $W(t) - W(s) \sim \mathrm{N}(0, t - s)$.

Die obige Abbildung zeigt drei Realisierungen des Partialsummenprozesses für $n = 1000$. Da bei Vergrößerung von n kaum qualitative Unterschiede sichtbar werden, hat man hiermit auch eine grobe Vorstellung der (mit Wahrscheinlichkeit eins nirgends differenzierbaren) Realisierungen des Brown-Wiener-Prozesses W.

Literatur

P. Billingsley: *Convergence of probability measures.* 2. Aufl. Wiley, New York 1999.

abschätzt und damit wegen $\mathbb{E}X_{nj} = 1/j$

$$\mathbb{E}(X_{nj} - a_{nj})^4 \le \frac{1}{j} + \frac{6}{j^3} + \frac{1}{j^4} \le \frac{8}{j}$$

erhält. Schreiben wir $H_n := \sum_{j=1}^n j^{-1}$ für die *n-te harmonische Zahl*, so ergibt sich also

$$\sum_{j=1}^n \mathbb{E}\left(X_{nj} - a_{nj}\right)^4 \le 8\, H_n.$$

Für die Varianz $\sigma_n^2 = \mathbb{V}(X_{n1} + \ldots + X_{nn})$ gilt

$$\sigma_n^2 = \sum_{j=1}^n \frac{1}{j}\left(1 - \frac{1}{j}\right) = H_n - \sum_{j=1}^n \frac{1}{j^2}.$$

Schätzt man H_n mittels geeigneter Integrale ab, so ergibt sich $\log(n+1) \le H_n \le 1 + \log n$, und wegen $\sum_{j=1}^n j^{-2} \le 2$ folgt für $n \ge 7$

$$\frac{1}{\sigma_n^4} \sum_{j=1}^n \mathbb{E}\left(X_{nj} - a_{nj}\right)^4 \le \frac{8(1+\log n)}{(\log(n+1) - 2)^2}$$

und damit (23.39). Nach dem Zentralen Grenzwertsatz von Lindeberg-Feller gilt also

$$\frac{R_n - \mathbb{E}R_n}{\sqrt{\mathbb{V}(R_n)}} = \frac{R_n - H_n}{\sqrt{H_n - \sum_{j=1}^n j^{-2}}} \xrightarrow{\mathcal{D}} \mathrm{N}(0,1)$$

für $n \to \infty$. Mit Aufgabe 23.11 ergibt sich hieraus

$$\frac{R_n - \log n}{\sqrt{\log n}} \xrightarrow{\mathcal{D}} \mathrm{N}(0,1) \quad \text{für } n \to \infty.$$

Die Anzahl der Rekorde wächst also sehr langsam mit n. ◀

Zusammenfassung

Für Zufallsvariablen $X, X_1, X_2, \ldots$ auf einem Wahrscheinlichkeitsraum $(\Omega, \mathcal{A}, \mathbb{P})$ definiert man die **$\mathbb{P}$-fast sichere Konvergenz** von X_n gegen X durch

$$\mathbb{P}\left(\left\{\omega \in \Omega : \lim_{n\to\infty} X_n(\omega) = X(\omega)\right\}\right) = 1$$

und schreibt hierfür $X_n \xrightarrow{\text{f.s.}} X$ für $n \to \infty$. Bei der **stochastischen Konvergenz**

$$X_n \xrightarrow{\mathbb{P}} X :\Longleftrightarrow \lim_{n\to\infty} \mathbb{P}(|X_n - X| > \varepsilon) = 0 \qquad \forall \varepsilon > 0$$

wird wegen

$$X_n \xrightarrow{\text{f.s.}} X \Longleftrightarrow \lim_{n\to\infty} \mathbb{P}\left(\sup_{k\ge n} |X_k - X| > \varepsilon\right) = 0 \quad \forall \varepsilon > 0$$

weniger gefordert; die stochastische Konvergenz ist also schwächer als die fast sichere Konvergenz. Nach dem **Teilfolgenkriterium für stochastische Konvergenz** gilt $X_n \xrightarrow{\mathbb{P}} X$ genau dann, wenn es zu jeder Teilfolge (X_{n_k}) von (X_n) eine weitere Teilfolge $(X_{n'_k})$ gibt, die fast sicher gegen X konvergiert. Aus der Konvergenz $\mathbb{E}|X_n - X|^p \to 0$ **im p-ten Mittel** folgt wegen der Markov-Ungleichung die stochastische Konvergenz.

Nach dem **starken Gesetz großer Zahlen** konvergiert das arithmetische Mittel $\overline{X}_n$ von unabhängigen und identisch verteilten Zufallsvariablen $X_1, X_2, \ldots$ genau dann $\mathbb{P}$-fast sicher gegen eine Zufallsvariable X, wenn der Erwartungswert von X_1 existiert, und in diesem Fall gilt $\overline{X}_n \xrightarrow{\text{f.s.}} \mathbb{E}X_1$. Das

Kolmogorov-Kriterium

$$\sum_{n=1}^\infty \frac{\mathbb{V}(X_n)}{a_n^2} < \infty$$

gibt eine hinreichende Bedingung für die Konvergenz $a_n^{-1}\sum_{j=1}^n (X_j - \mathbb{E}X_j) \xrightarrow{\text{f.s.}} 0$ an, wenn die X_j unabhängig, aber nicht notwendig identisch verteilt sind. Das Kriterium verwendet die **Kolmogorov-Ungleichung**

$$\mathbb{P}\left(\max_{1\le k\le n} |S_k| \ge \varepsilon\right) \le \frac{1}{\varepsilon^2}\,\mathbb{V}(S_n), \qquad \varepsilon > 0,$$

für die Partialsummen $S_n = X_1 + \ldots + X_n$ von unabhängigen zentrierten Zufallsvariablen mit endlichen Varianzen.

Die **Verteilungskonvergenz** $X_n \xrightarrow{\mathcal{D}} X$ ist definiert über die punktweise Konvergenz $F_n(x) \to F(x)$ der Verteilungsfunktionen F_n von X_n gegen die Verteilungsfunktion F von X in **jeder Stetigkeitsstelle** x von F. Ist F stetig, so liegt nach dem **Satz von Pólya** sogar gleichmäßige Konvergenz vor. Die Konvergenz $X_n \xrightarrow{\mathcal{D}} X$ ist gleichbedeutend mit

$$\lim_{n\to\infty} \mathbb{E}h(X_n) = \mathbb{E}h(X) \quad \forall h \in \mathcal{C}_b.$$

Dabei bezeichnet $\mathcal{C}_b$ die Menge der stetigen beschränkten reellen Funktionen auf $\mathbb{R}$. Man kann sich hier auch nur auf diejenigen Funktionen h aus $\mathcal{C}_b$ einschränken, bei denen die Grenzwerte $\lim_{x\to\pm\infty} h(x)$ existieren. Diese Erkenntnis führt zu einem Beweis des **Zentralen Grenzwertsatzes von Lindeberg-Lévy**: Ist (X_n) eine unabhängige und identisch verteilte Folge mit $\mathbb{E}X_1^2 < \infty$ und $0 < \sigma^2 := \mathbb{V}(X_1)$, so gilt mit $a := \mathbb{E}X_1$ die Verteilungskonvergenz

$$\frac{S_n - n\,a}{\sigma\sqrt{n}} \xrightarrow{\mathcal{D}} \mathrm{N}(0,1) \quad \text{für } n \to \infty.$$

Für $S_n \sim \mathrm{Bin}(n, p)$ und $a = p$, $\sigma^2 = p(1-p)$ ergibt sich als wichtiger Spezialfall der **Zentrale Grenzwertsatz von de Moivre-Laplace**.

Notwendig für die Verteilungskonvergenz $X_n \xrightarrow{\mathcal{D}} X$ ist die **Straffheit** der Folge (X_n), also der Menge $\{\mathbb{P}^{X_n} : n \in \mathbb{N}\}$. Allgemein heißt eine Menge $\mathcal{Q}$ von Wahrscheinlichkeitsmaßen auf $\mathcal{B}^1$ **straff**, wenn es zu jedem $\varepsilon > 0$ eine kompakte Menge K mit $Q(K) \geq 1 - \varepsilon$ für jedes $Q \in \mathcal{Q}$ gibt. Konvergiert die Folge φ_n der charakteristischen Funktionen von X_n punktweise auf $\mathbb{R}$ gegen eine Funktion φ, die **stetig im Nullpunkt ist**, so ist die Folge (X_n) straff und es gibt eine Zufallsvariable X mit $X_n \xrightarrow{\mathcal{D}} X$ (**Stetigkeitssatz für charakteristische Funktionen**).

Ein **Dreiecksschema** $\{X_{nj} : n \in \mathbb{N}, j = 1, \ldots, k_n\}$ ist eine doppelt-indizierte Folge von Zufallsvariablen, wobei $X_{n1}, \ldots, X_{nn}$ für jedes n stochastisch unabhängig sind. Setzt man $0 < \sigma_{nj}^2 := \mathbb{V}(X_{nj}) < \infty$ voraus, so ist mit $\sigma_n^2 := \sigma_{n1}^2 + \ldots + \sigma_{nk_n}^2$ sowie $a_{nj} := \mathbb{E}X_{nj}$ und $S_n := X_{n1} + \ldots + X_{nk_n}$ die sogenannte **Lindeberg-Bedingung**

$$\frac{1}{\sigma_n^2} \sum_{j=1}^{k_n} \mathbb{E}\Big[(X_{nj} - a_{nj})^2 \mathbf{1}\{|X_{nj} - a_{nj}| > \sigma_n \varepsilon\}\Big] \to 0 \ \forall \varepsilon > 0$$

hinreichend für den **Zentralen Grenzwertsatz**

$$\frac{S_n - \mathbb{E}S_n}{\sqrt{\mathbb{V}(S_n)}} \xrightarrow{\mathcal{D}} \mathrm{N}(0,1).$$

Letzterer folgt auch aus der **Ljapunov-Bedingung**:

$$\text{Es gibt ein } \delta > 0 \text{ mit } \lim_{n\to\infty} \frac{1}{\sigma_n^{2+\delta}} \sum_{j=1}^{k_n} \mathbb{E}|X_{nj} - a_{nj}|^{2+\delta} = 0.$$

Aufgaben

Die Aufgaben gliedern sich in drei Kategorien: Anhand der *Verständnisfragen* können Sie prüfen, ob Sie die Begriffe und zentralen Aussagen verstanden haben, mit den *Rechenaufgaben* üben Sie Ihre technischen Fertigkeiten und die *Beweisaufgaben* geben Ihnen Gelegenheit, zu lernen, wie man Beweise findet und führt.

Ein Punktesystem unterscheidet leichte Aufgaben •, mittelschwere •• und anspruchsvolle ••• Aufgaben. Lösungshinweise am Ende des Buches helfen Ihnen, falls Sie bei einer Aufgabe partout nicht weiterkommen. Dort finden Sie auch die Lösungen – betrügen Sie sich aber nicht selbst und schlagen Sie erst nach, wenn Sie selber zu einer Lösung gekommen sind. Ausführliche Lösungswege, Beweise und Abbildungen finden Sie auf der Website zum Buch.

Viel Spaß und Erfolg bei den Aufgaben!

Verständnisfragen

23.1 • Zeigen Sie, dass die in (23.1) stehende Menge zu $\mathcal{A}$ gehört.

23.2 • Es sei $(X_n)_{n\geq 1}$ eine Folge von Zufallsvariablen auf einem Wahrscheinlichkeitsraum $(\Omega, \mathcal{A}, \mathbb{P})$ mit $X_n \leq X_{n+1}$, $n \geq 1$, und $X_n \xrightarrow{\mathbb{P}} X$. Zeigen Sie: $X_n \xrightarrow{\text{f.s.}} X$.

23.3 •• Zeigen Sie, dass in einem diskreten Wahrscheinlichkeitsraum die Begriffe fast sichere Konvergenz und stochastische Konvergenz zusammenfallen.

23.4 • Es seien $\mathbf{X}, \mathbf{X}_1, \mathbf{X}_2, \ldots$ (als Spaltenvektoren aufgefasste) d-dimensionale Zufallsvektoren auf einem Wahrscheinlichkeitsraum $(\Omega, \mathcal{A}, \mathbb{P})$ mit $\mathbf{X}_n \xrightarrow{\mathbb{P}} \mathbf{X}$ und $A, A_1, A_2, \ldots$ reelle $(k \times d)$-Matrizen mit $A_n \to A$. Zeigen Sie: $A_n \mathbf{X}_n \xrightarrow{\mathbb{P}} A\mathbf{X}$.

23.5 •• Es sei $(X_n, Y_n)_{n\geq 1}$ eine Folge unabhängiger, identisch verteilter zweidimensionaler Zufallsvektoren auf einem Wahrscheinlichkeitsraum $(\Omega, \mathcal{A}, \mathbb{P})$ mit $\mathbb{E}X_1^2 < \infty$, $\mathbb{E}Y_1^2 < \infty$, $\mathbb{V}(X_1) > 0$, $\mathbb{V}(Y_1) > 0$ und

$$R_n := \frac{\frac{1}{n}\sum_{j=1}^{n}\left(X_j - \overline{X}_n\right)\left(Y_j - \overline{Y}_n\right)}{\sqrt{\frac{1}{n}\sum_{j=1}^{n}\left(X_j - \overline{X}_n\right)^2 \frac{1}{n}\sum_{j=1}^{n}\left(Y_j - \overline{Y}_n\right)^2}}$$

der sogenannte *empirische Korrelationskoeffizient* von $(X_1, Y_1), \ldots, (X_n, Y_n)$, wobei $\overline{X}_n := n^{-1}\sum_{j=1}^n X_j$, $\overline{Y}_n := n^{-1}\sum_{j=1}^n Y_j$. Zeigen Sie:

$$R_n \xrightarrow{\text{f.s.}} \frac{\mathrm{Cov}(X_1, Y_1)}{\sqrt{V(X_1)\cdot V(Y_1)}} = \varrho(X_1, Y_1).$$

23.6 • Zeigen Sie, dass für den Beweis des starken Gesetzes großer Zahlen o.B.d.A. die Nichtnegativität der Zufallsvariablen X_n angenommen werden kann.

23.7 •• Formulieren und beweisen Sie ein starkes Gesetz großer Zahlen für Zufallsvektoren.

23.8 •• Für die Folge (X_n) unabhängiger Zufallsvariablen gelte

$$\mathbb{P}(X_n = 1) = \mathbb{P}(X_n = -1) = \frac{1}{2}(1 - 2^{-n}),$$
$$\mathbb{P}(X_n = 2^n) = \mathbb{P}(X_n = -2^n) = \frac{1}{2^{n-1}}.$$

a) Zeigen Sie, dass die Folge (X_n) nicht dem Kolmogorov-Kriterium genügt.
b) Zeigen Sie mit Aufgabe 23.21, dass für (X_n) ein starkes Gesetz großer Zahlen gilt.

23.9 •• Zeigen Sie, dass eine endliche Menge $\mathcal{Q}$ von Wahrscheinlichkeitsmaßen auf $\mathcal{B}^1$ straff ist.

23.10 •• In einer Folge $(X_n)_{n\ge 1}$ von Zufallsvariablen habe X_n die charakteristische Funktion

$$\varphi_n(t) := \frac{\sin(nt)}{nt}, \quad t \neq 0,$$

und $\varphi_n(0) := 0$. Zeigen Sie, dass X_n eine Gleichverteilung in $(-n, n)$ besitzt und folgern Sie hieraus, dass die Folge (X_n) nicht nach Verteilung konvergiert, obwohl die Folge (φ_n) punktweise konvergent ist. Welche Bedingung des Stetigkeitssatzes von Lévy-Cramér ist verletzt?

23.11 •• Es seien $Y_1, Y_2, \ldots$ Zufallsvariablen und (a_n), (σ_n) reelle Zahlenfolgen mit $\sigma_n > 0$, $n \ge 1$, und

$$\frac{Y_n - a_n}{\sigma_n} \xrightarrow{\mathcal{D}} Z$$

für eine Zufallsvariable Z. Zeigen Sie: Sind (b_n) und (τ_n) reelle Folgen mit $\tau_n > 0$, $n \ge 1$, und $(a_n - b_n)/\sigma_n \to 0$ sowie $\sigma_n/\tau_n \to 1$, so folgt

$$\frac{Y_n - b_n}{\tau_n} \xrightarrow{\mathcal{D}} Z.$$

23.12 ••

a) Es seien $Y, Y_1, Y_2, \ldots$ Zufallsvariablen mit Verteilungsfunktionen $F, F_1, F_2, \ldots$, sodass $Y_n \xrightarrow{\mathcal{D}} Y$ für $n \to \infty$. Ferner sei t eine Stetigkeitsstelle von F und (t_n) eine Folge mit $t_n \to t$ für $n \to \infty$. Zeigen Sie:

$$\lim_{n\to\infty} F_n(t_n) = F(t).$$

b) Zeigen Sie, dass in den Zentralen Grenzwertsätzen von Lindeberg-Feller und Lindeberg-Lévy jedes der „$\le$"-Zeichen durch das „$<$"-Zeichen ersetzt werden kann.
c) Es sei $S_n \sim \text{Bin}(n, 1/2)$, $n \in \mathbb{N}$. Bestimmen Sie den Grenzwert

$$\lim_{n\to\infty} \mathbb{P}\left(S_n \le \frac{n}{2}\left(\sqrt{n}\sin\left(\frac{1}{n}\right) + 1\right)\right).$$

23.13 •• In der Situation und mit den Bezeichnungen der Box auf Seite 876 gilt $\sqrt{n}(I_n - I)/\sigma_f \xrightarrow{\mathcal{D}} \mathrm{N}(0, 1)$. Es sei

$$J_n := |B| \cdot \frac{1}{n}\sum_{j=1}^{n} f^2(\mathbf{U}_j), \quad \sigma_n^2 := |B|^2\left(\frac{J_n}{|B|} - \frac{I_n^2}{|B|^2}\right).$$

Zeigen Sie:

a) $\sigma_n^2 \xrightarrow{\text{f.s.}} \sigma_f^2$ für $n \to \infty$.

b) $\sqrt{n}(I_n - I)/\sigma_n \xrightarrow{\mathcal{D}} \mathrm{N}(0, 1)$ für $n \to \infty$.

23.14 •• Zeigen Sie:

a) $\lim\limits_{n\to\infty} \sum\limits_{k=0}^{n} \mathrm{e}^{-n}\frac{n^k}{k!} = \frac{1}{2}$,

b) $\lim\limits_{n\to\infty} \sum\limits_{k=0}^{2n} \mathrm{e}^{-n}\frac{n^k}{k!} = 1$.

23.15 •• Die Zufallsvariable S_n besitze die Binomialverteilung $\text{Bin}(n, p_n)$, $n \ge 1$, wobei $0 < p_n < 1$ und $p_n \to p \in (0, 1)$ für $n \to \infty$. Zeigen Sie:

$$\frac{S_n - np_n}{\sqrt{np_n(1 - p_n)}} \xrightarrow{\mathcal{D}} \mathrm{N}(0, 1) \quad \text{für } n \to \infty.$$

Beweisaufgaben

23.16 • Beweisen Sie den Satz zur Äquivalenz der fast sicheren bzw. stochastischen Konvergenz von Zufallsvektoren zur jeweils komponentenweisen Konvergenz auf Seite 871.

23.17 ••• Es sei $(X_n)_{n\ge 1}$ eine Folge von Zufallsvariablen auf einem Wahrscheinlichkeitsraum $(\Omega, \mathcal{A}, \mathbb{P})$.

a) Zeigen Sie: $X_n \xrightarrow{\text{f.s.}} 0 \Longrightarrow \frac{1}{n}\sum\limits_{j=1}^{n} X_j \xrightarrow{\text{f.s.}} 0$.
b) Gilt diese Implikation auch, wenn fast sichere Konvergenz durch stochastische Konvergenz ersetzt wird?

23.18 •• Es sei (X_n) eine Folge unabhängiger Zufallsvariablen auf einem Wahrscheinlichkeitsraum $(\Omega, \mathcal{A}, \mathbb{P})$ mit $\mathbb{P}(X_n = 1) = 1/n$ und $\mathbb{P}(X_n = 0) = 1 - 1/n$, $n \ge 1$. Zeigen Sie, dass die Folge (X_n) stochastisch, aber nicht fast sicher gegen null konvergiert.

23.19 •• Es sei V die Menge aller reellen Zufallsvariablen auf einem Wahrscheinlichkeitsraum $(\Omega, \mathcal{A}, \mathbb{P})$ und $d : V \times V \to [0, 1]$ durch

$$d(X, Y) := \inf\{\varepsilon \ge 0 \colon \mathbb{P}(|X - Y| > \varepsilon) \le \varepsilon\}$$

definiert. Zeigen Sie: Für $X, Y, Z, X_1, X_2, \ldots \in V$ gelten:

a) $d(X, Y) = \min\{\varepsilon > 0 \colon \mathbb{P}(|X - Y| > \varepsilon) \le \varepsilon\}$.

b) $d(X, Y) = 0 \iff X = Y$ $\mathbb{P}$-f.s.,

c) $d(X, Z) \le d(X, Y) + d(Y, Z)$,

d) $\lim_{n\to\infty} d(X_n, X) = 0 \iff X_n \xrightarrow{\mathbb{P}} X$.

23.20 •••

a) Es sei $(X_n)_{n\ge 1}$ eine Folge identisch verteilter Zufallsvariablen auf einem Wahrscheinlichkeitsraum $(\Omega, \mathcal{A}, \mathbb{P})$. Es existiere ein $k \ge 1$ so, dass X_m und X_n stochastisch unabhängig sind für $|m - n| \ge k$ $(m, n \ge 1)$. Zeigen Sie:

$$\mathbb{E}|X_1| < \infty \Longrightarrow \frac{1}{n}\sum_{j=1}^{n} X_j \xrightarrow{\text{f.s.}} \mathbb{E}X_1.$$

b) Ein echter Würfel werde in unabhängiger Folge geworfen. Die Zufallsvariable Y_j beschreibe die beim j-ten Wurf erzielte Augenzahl, $j \ge 1$. Zeigen Sie:

$$\frac{1}{n}\sum_{j=1}^{n} \mathbf{1}\{Y_j < Y_{j+1}\} \xrightarrow{\text{f.s.}} \frac{5}{12}.$$

23.21 •• Es seien $(X_n)_{n\ge 1}$ und $(Y_n)_{n\ge 1}$ Folgen von Zufallsvariablen auf einem Wahrscheinlichkeitsraum $(\Omega, \mathcal{A}, \mathbb{P})$ mit

$$\sum_{n=1}^{\infty} \mathbb{P}(X_n \ne Y_n) < \infty.$$

Zeigen Sie: $\frac{1}{n}\sum_{j=1}^{n} Y_j \xrightarrow{\text{f.s.}} 0 \Longrightarrow \frac{1}{n}\sum_{j=1}^{n} X_j \xrightarrow{\text{f.s.}} 0.$

23.22 •• Es sei (X_n) eine Folge unabhängiger Zufallsvariablen auf einem Wahrscheinlichkeitsraum $(\Omega, \mathcal{A}, \mathbb{P})$ mit $X_n \sim \text{Bin}(1, 1/n)$, $n \ge 1$. Zeigen Sie:

$$\lim_{n\to\infty} \frac{1}{\log n}\sum_{j=1}^{n} X_j = 1 \ \mathbb{P}\text{-fast sicher.}$$

23.23 •• Es sei (X_n) eine u.i.v.-Folge mit $X_1 \sim \text{U}(0, 1)$. Zeigen Sie:

a) $n\left(1 - \max\limits_{1\le j\le n} X_j\right) \xrightarrow{\mathcal{D}} \text{Exp}(1)$ für $n \to \infty$.

b) $n \min\limits_{1\le j\le n} X_j \xrightarrow{\mathcal{D}} \text{Exp}(1)$ für $n \to \infty$.

23.24 •• Es seien $X, X_1, X_2, \ldots; Y_1, Y_2, \ldots$ Zufallsvariablen auf einem Wahrscheinlichkeitsraum $(\Omega, \mathcal{A}, \mathbb{P})$ mit $X_n \xrightarrow{\mathcal{D}} X$ und $Y_n \xrightarrow{\mathbb{P}} a$ für ein $a \in \mathbb{R}$. Zeigen Sie:

$$X_n Y_n \xrightarrow{\mathcal{D}} a X.$$

23.25 •• Es seien X_n, Y_n, $n \ge 1$, Zufallsvariablen auf einem Wahrscheinlichkeitsraum $(\Omega, \mathcal{A}, \mathbb{P})$ sowie (a_n), (b_n) beschränkte Zahlenfolgen mit $\lim_{n\to\infty} a_n = 0$. Weiter gelte $X_n = \text{O}_{\mathbb{P}}(1)$ und $Y_n = \text{O}_{\mathbb{P}}(1)$. Zeigen Sie:

a) $X_n + Y_n = \text{O}_{\mathbb{P}}(1)$, $X_n Y_n = \text{O}_{\mathbb{P}}(1)$,

b) $X_n + b_n = \text{O}_{\mathbb{P}}(1)$, $b_n X_n = \text{O}_{\mathbb{P}}(1)$,

c) $a_n X_n = \text{o}_{\mathbb{P}}(1)$.

23.26 •• Es sei $X_n \sim \text{N}(\mu_n, \sigma_n^2)$, $n \ge 1$. Zeigen Sie:

$$X_n = \text{O}_{\mathbb{P}}(1) \iff (\mu_n) \text{ und } (\sigma_n^2) \text{ sind beschränkte Folgen.}$$

23.27 ••• Es sei $(\Omega, \mathcal{A}, \mathbb{P}) := ((0, 1), \mathcal{B}^1 \cap (0, 1), \lambda^1_{|(0,1)})$ sowie $N := \{\omega \in \Omega\colon \exists n \in \mathbb{N}\, \exists \varepsilon_1, \ldots, \varepsilon_n \in \{0, 1\}, \varepsilon = 1, \text{ mit } \omega = \sum_{j=1}^{n} \varepsilon_j\, 2^{-j}\}$ die Menge aller Zahlen in $(0, 1)$ mit abbrechender dyadischer Entwicklung.

a) Zeigen Sie: $\mathbb{P}(N) = 0$.

b) Jedes $\omega \in \Omega \setminus N$ besitzt eine eindeutig bestimmte dyadische Entwicklung $\omega = \sum_{j=1}^{\infty} X_j(\omega)\, 2^{-j}$. Definieren wir zusätzlich $X_j(\omega) := 0$ für $\omega \in N$, $j \ge 1$, so sind $X_1, X_2, \ldots$ $\{0, 1\}$-wertige Zufallsvariablen auf Ω. Zeigen Sie: $X_1, X_2, \ldots$ sind stochastisch unabhängig und je $\text{Bin}(1, 1/2)$-verteilt.

c) Nach Konstruktion gilt

$$\lim_{n\to\infty} \sum_{j=1}^{n} X_j\, 2^{-j} = \text{id}_\Omega \ \mathbb{P}\text{-fast sicher,}$$

wobei id_Ω die Gleichverteilung $\text{U}(0, 1)$ besitzt. Die Gleichverteilung in $(0, 1)$ besitzt die charakteristische Funktion $t^{-1} \sin t$. Zeigen Sie unter Verwendung des Stetigkeitssatzes von Lévy-Cramér:

$$\frac{\sin t}{t} = \prod_{j=1}^{\infty} \cos\left(\frac{t}{2^j}\right), \quad t \in \mathbb{R}.$$

23.28 •• Es seien $\mu \in \mathbb{R}$, (Z_n) eine Folge von Zufallsvariablen und (a_n) eine Folge positiver reeller Zahlen mit

$$a_n(Z_n - \mu) \xrightarrow{\mathcal{D}} \text{N}(0, 1) \quad \text{und} \quad Z_n \xrightarrow{\mathbb{P}} \mu$$

für $n \to \infty$. Weiter sei $g : \mathbb{R} \to \mathbb{R}$ eine stetig differenzierbare Funktion mit $g'(\mu) \ne 0$. Zeigen Sie:

$$a_n\,(g(Z_n) - g(\mu)) \xrightarrow{\mathcal{D}} \text{N}\left(0, (g'(\mu))^2\right) \quad \text{für } n \to \infty$$

(sog. *Fehlerfortpflanzungsgesetz*).

23.29 •• Es seien $X, X_1, X_2, \ldots$ Zufallsvariablen mit zugehörigen Verteilungsfunktionen $F, F_1, F_2, \ldots$ Zeigen Sie: Ist F stetig, so gilt:

$$X_n \xrightarrow{\mathcal{D}} X \iff \lim_{n\to\infty} \sup_{x\in\mathbb{R}} |F_n(x) - F(x)| = 0.$$

23.30 •• Es seien $X, X_1, X_2, \ldots$ Zufallsvariablen mit Verteilungsfunktionen $F, F_1, F_2, \ldots$ und zugehörigen Quantilfunktionen $F^{-1}, F_1^{-1}, F_2^{-1}, \ldots$ Zeigen Sie: Aus $F_n(x) \to F(x)$ für jede Stetigkeitsstelle x von F folgt $F_n^{-1}(p) \to F^{-1}(p)$ für jede Stetigkeitsstelle p von F^{-1}.

23.31 •• Zeigen Sie, dass aus dem Zentralen Grenzwertsatz von Lindeberg-Feller derjenige von Lindeberg-Lévy folgt.

23.32 •• Für eine u.i.v.-Folge (X_n) mit $0 < \sigma^2 := \mathbb{V}(X_1)$ und $\mathbb{E}X_1^4 < \infty$ sei

$$S_n^2 := \frac{1}{n-1}\sum_{j=1}^{n}(X_j - \overline{X}_n)^2$$

die sog. *Stichprobenvarianz*, wobei $\overline{X}_n := n^{-1}\sum_{j=1}^{n} X_j$. Zeigen Sie:

a) S_n^2 konvergiert $\mathbb{P}$-fast sicher gegen σ^2.

b) Mit $\mu := \mathbb{E}X_1$ und $\tau^2 := \mathbb{E}(X_1-\mu)^4 - \sigma^4 > 0$ gilt

$$\sqrt{n}\left(S_n^2 - \sigma^2\right) \xrightarrow{\mathcal{D}} \mathrm{N}(0, \tau^2).$$

23.33 • Es seien $z_1, \ldots, z_n, w_1, \ldots, w_n \in \mathbb{C}$ mit $|z_j|, |w_j| \le 1$ für $j = 1, \ldots, n$. Zeigen Sie:

$$\left|\prod_{j=1}^{n} z_j - \prod_{j=1}^{n} w_j\right| \le \sum_{j=1}^{n} |z_j - w_j|$$

23.34 •• Es seien $W_1, W_2, \ldots,$ eine u.i.v.-Folge mit $\mathbb{E}W_1 = 0$ und $0 < \sigma^2 := \mathbb{V}(W_1) < \infty$ sowie (a_n) eine reelle Zahlenfolge mit $a_n \neq 0$, $n \ge 1$. Weiter sei $T_n := \sum_{j=1}^{n} a_j W_j$. Zeigen Sie:

$$\text{Aus } \lim_{n\to\infty} \frac{\max_{1\le j\le n}|a_j|}{\sqrt{\sum_{j=1}^{n} a_j^2}} = 0 \text{ folgt } \frac{T_n}{\sqrt{\mathbb{V}(T_n)}} \xrightarrow{\mathcal{D}} \mathrm{N}(0,1).$$

23.35 •• Es sei $(X_n)_{n\ge 1}$ eine Folge von unabhängigen Indikatorvariablen und $S_n := \sum_{j=1}^{n} X_j$. Zeigen Sie: Aus $\sum_{n=1}^{\infty} \mathbb{V}(X_n) = \infty$ folgt die Gültigkeit des Zentralen Grenzwertsatzes $(S_n - \mathbb{E}S_n)/\sqrt{\mathbb{V}(S_n)} \xrightarrow{\mathcal{D}} \mathrm{N}(0,1)$.

Rechenaufgaben

23.36 •• Der Lufthansa Airbus A380 bietet insgesamt 526 Fluggästen Platz. Da Kunden manchmal ihren Flug nicht antreten, lassen Fluggesellschaften zwecks optimaler Auslastung Überbuchungen zu. Es sollen möglichst viele Tickets verkauft werden, wobei jedoch die Wahrscheinlichkeit einer Überbuchung maximal 0.05 betragen soll. Wie viele Tickets dürfen dazu maximal verkauft werden, wenn bekannt ist, dass ein Kunde mit Wahrscheinlichkeit 0.04 nicht zum Flug erscheint und vereinfachend angenommen wird, dass das Nichterscheinen für verschiedene Kunden unabhängig voneinander ist?

23.37 •• Da jeder Computer nur endlich viele Zahlen darstellen kann, ist das Runden bei numerischen Auswertungen prinzipiell nicht zu vermeiden. Der Einfachheit halber werde jede reelle Zahl auf die nächstgelegene ganze Zahl gerundet, wobei der begangene Fehler durch eine Zufallsvariable R mit der Gleichverteilung $\mathrm{U}(-1/2, 1/2)$ beschrieben sei. Für verschiedene zu addierende Zahlen seien diese Fehler stochastisch unabhängig. Addiert man 1200 Zahlen, so könnten sich die Rundungsfehler $R_1, \ldots, R_{1200}$ theoretisch zu ± 600 aufsummieren. Zeigen Sie: Es gilt

$$\mathbb{P}\left(\left|\sum_{j=1}^{1200} R_j\right| \le 20\right) \approx 0.9554.$$

23.38 •• Die Zufallsvariablen $X_1, X_2, \ldots$ seien stochastisch unabhängig, wobei $X_k \sim \mathrm{N}(0, k!)$, $k \ge 1$. Zeigen Sie:

a) Es gilt der Zentrale Grenzwertsatz.

b) Die Lindeberg-Bedingung ist *nicht* erfüllt.

23.39 •• In einer Bernoulli-Kette mit Trefferwahrscheinlichkeit $p \in (0,1)$ bezeichne T_n die Anzahl der Versuche, bis der n-te Treffer aufgetreten ist.

a) Zeigen Sie:

$$\lim_{n\to\infty} \mathbb{P}\left(T_n > \frac{n + a\sqrt{n(1-p)}}{p}\right) = 1 - \Phi(a), \quad a \in \mathbb{R}.$$

b) Wie groß ist ungefähr die Wahrscheinlichkeit, dass bei fortgesetztem Werfen eines echten Würfels die hundertste Sechs nach 650 Würfen noch nicht aufgetreten ist?

23.40 •• Wir hatten in Aufgabe 21.6 gesehen, dass in einer patriarchisch orientierten Gesellschaft, in der Eltern so lange Kinder bekommen, bis der erste Sohn geboren wird, die Anzahl der Mädchen in einer aus n Familien bestehenden Gesellschaft die negative Binomialverteilung $\mathrm{Nb}(n, 1/2)$ besitzt. Zeigen Sie:

a) Für jede Wahl von $a, b \in \mathbb{R}$ mit $a < b$ gilt

$$\lim_{n\to\infty} \mathbb{P}\left(n + a\sqrt{n} \le S_n \le b + \sqrt{n}\right) = \Phi\left(\frac{b}{\sqrt{2}}\right) - \Phi\left(\frac{a}{\sqrt{2}}\right).$$

b) $\lim_{n\to\infty} \mathbb{P}(S_n \ge n) = \dfrac{1}{2}$.

Antworten der Selbstfragen

S. 868
Ja, denn aus $X_n \xrightarrow{\text{f.s.}} X$ und $X_n \xrightarrow{\text{f.s.}} Y$ für Zufallsvariablen X und Y auf $(\Omega, \mathcal{A}, \mathbb{P})$ folgt wegen

$$\left\{\lim_{n\to\infty} X_n = X\right\} \cap \left\{\lim_{n\to\infty} X_n = Y\right\} \subseteq \{X = Y\}$$

und der Tatsache, dass der Schnitt zweier Eins-Mengen wieder eine Eins-Menge ist, die Aussage $\mathbb{P}(X = Y) = 1$, also $X = Y$ $\mathbb{P}$-f.s. Man beachte, dass die obige Inklusion wie folgt zu lesen ist: Gelten für ein $\omega \in \Omega$ sowohl $\lim_{n\to\infty} X_n(\omega) = X(\omega)$ als auch $\lim_{n\to\infty} X_n(\omega) = Y(\omega)$, so folgt $X(\omega) = Y(\omega)$.

S. 870
Aus der Voraussetzung und dem Teilfolgenkriterium ergibt sich, dass eine geeignete Teilfolge von (X_n) sowohl fast sicher gegen X als auch fast sicher gegen Y konvergiert. Da der fast sichere Grenzwert mit Wahrscheinlichkeit eins eindeutig bestimmt ist, folgt die Behauptung. Eine andere Beweismöglichkeit besteht darin, die aus der Dreiecksungleichung folgende Abschätzung

$$\mathbb{P}(|X - Y| > 2\varepsilon) \leq \mathbb{P}(|X_n - X| > \varepsilon) + \mathbb{P}(|X_n - Y| > \varepsilon)$$

zu verwenden. Da die rechte Seite für $n \to \infty$ gegen null konvergiert, folgt $\mathbb{P}(|X - Y| > 2\varepsilon) = 0$ für jedes $\varepsilon > 0$ und somit ebenfalls die Behauptung.

S. 871
Letztere erhält man für die Wahl $g(t) = t^2$ und $X - \mathbb{E}X$ anstelle von X.

S. 875
Weil der Erwartungswert der Cauchy-Verteilung nicht existiert.

S. 875
Die Vereinigung der paarweise disjunkten Ereignisse $A_1, \ldots, A_n$ ist gerade das Ereignis $\{\max_{1\leq k\leq n} |S_k| \geq \varepsilon\}$.

S. 881
Weil die Verteilungsfunktion F der Einpunktverteilung in a an der Stelle a von 0 nach 1 springt und somit für $x < a$ konstant gleich 0 und für $x > a$ konstant gleich 1 ist.

S. 882
Wegen $\widetilde{\mathbb{P}}^{Y_n} = \mathbb{P}^{X_n}$ folgt für jede Borelmenge B

$$\begin{aligned}\widetilde{\mathbb{P}}^{h(Y_n)}(B) &= \widetilde{\mathbb{P}}^{Y_n}(h^{-1}(B)) = \mathbb{P}^{X_n}(h^{-1}(B)) \\ &= \mathbb{P}^{h(X_n)}(B).\end{aligned}$$

S. 886
Weil die Menge der Stetigkeitsstellen in $\mathbb{R}$ dicht liegt.

S. 888
Es ist der Satz von der dominierten Konvergenz. Die Folge der in (23.28) definierten Zufallsvariablen Δ_n konvergiert wegen der gleichmäßigen Stetigkeit von g' punktweise auf Ω gegen null, und sie ist betragsmäßig durch die integrierbare konstante Funktion $2\sup_{x\in\mathbb{R}} |g'(x)|$ nach oben beschränkt. Ebenso argumentiert man für $X_1^2\Delta_n$; hier ist die integrierbare Majorante gleich $2X_1^2 \sup_{x\in\mathbb{R}} |g'(x)|$.

Grundlagen der Mathematischen Statistik – vom Schätzen und Testen

24

Welche Eigenschaften sollte ein guter Schätzer besitzen?

Wie unterscheiden sich Fehler erster und zweiter Art eines Tests?

Welches Testproblem wird durch den Ein-Stichproben-t-Test behandelt?

Was besagt das Lemma von Neyman-Pearson?

Wie erhält man nichtparametrische Konfidenzbereiche für Quantile?

In diesem Kapitel lernen wir die wichtigsten Grundbegriffe und Konzepte der *Mathematischen Statistik* kennen. Hierzu gehören die Begriffe *statistisches Modell, Verteilungsannahme, Schätzer, Maximum-Likelihood-Schätzmethode, Konfidenzbereich* und *statistischer Test.* Wünschenswerte Eigenschaften von Schätzern reeller Parameter sind eine kleine *mittlere quadratische Abweichung* und damit einhergehend *Erwartungstreue* sowie kleine Varianz. Bei Folgen von Schätzern kommen *asymptotische Erwartungstreue* und *Konsistenz* hinzu. Die Cramér-Rao-Ungleichung zeigt, dass die Varianz eines erwartungstreuen Schätzers in einem *regulären statistischen Modell* durch die Inverse der *Fisher-Information* nach unten beschränkt ist.

Ein *Konfidenzbereich* ist ein Bereichsschätzverfahren. Dieses garantiert, dass – ganz gleich, welcher unbekannte Parameter zugrunde liegt – eine zufallsabhängige Teilmenge des Parameterraums diesen unbekannten Parameter mit einer vorgegebenen hohen Mindestwahrscheinlichkeit überdeckt. Mit dem Satz von Student erhält man Konfidenzintervalle für den Erwartungswert einer Normalverteilung bei unbekannter Varianz. Asymptotische Konfidenzbereiche für große Stichprobenumfänge ergeben sich oft mithilfe Zentraler Grenzwertsätze.

Mit einem *statistischen Test* prüft man eine Hypothese über einen unbekannten Parameter. Grundbegriffe im Zusammenhang mit statistischen Tests sind *Hypothese* und *Alternative, kritischer Bereich, Testgröße, Fehler erster und zweiter Art, Gütefunktion* und *Test zum Niveau* α. Bei Folgen von Tests treten die Konzepte *asymptotisches Niveau* und *Konsistenz* auf. Mit dem *Binomialtest*, dem *Ein- und Zwei-Stichproben-t-Test*, dem *F-Test für den Varianzquotienten*, dem *exakten Test von Fisher* und dem *Chi-Quadrat-Anpassungstest* lernen wir wichtige Testverfahren kennen.

Das *Lemma von Neyman-Pearson* zeigt, wie man mithilfe des *Likelihoodquotienten* optimale *randomisierte Tests* konstruiert, wenn ein *Zwei-Alternativ-Problem* vorliegt. Hieraus ergeben sich *gleichmäßig beste einseitige Tests* bei *monotonem Dichtequotienten.*

Das Kapitel schließt mit einigen Grundbegriffen, Konzepten und Resultaten der *Nichtparametrischen Statistik.* Hierzu gehören die *empirische Verteilungsfunktion*, der *Satz von Glivenko-Cantelli*, die *nichtparametrische Schätzung von Quantilen*, der *Vorzeichentest* für den Median sowie der *Wilcoxon-Rangsummentest* als nichtparametrisches Analogon zum Zwei-Stichproben-*t*-Test.

24.1 Einführende Betrachtungen

Mit diesem Abschnitt steigen wir in die *Mathematische Statistik* ein. Im Gegensatz zur *deskriptiven Statistik*, die sich insbesondere mit der Aufbereitung von Daten und der Angabe statistischer Maßzahlen beschäftigt, fasst man in der Mathematischen Statistik vorliegende Daten x als Realisierung einer Zufallsvariablen X auf. Dabei zeichnet man für X aufgrund der Rahmenbedingungen des stochastischen Vorgangs eine gewisse Klasse von Verteilungen aus, die man für möglich ansieht. Innerhalb dieser Klasse sucht man dann nach einer Verteilung, die die Daten in einem zu präzisierenden Sinn möglichst gut erklärt. Das prinzipielle Ziel besteht darin, über die Daten hinaus Schlussfolgerungen zu ziehen. Die damit verbundenen grundsätzlichen Probleme lassen sich am besten anhand eines einfachen wegweisenden Beispiels erläutern.

Beispiel Bernoulli-Kette, Binomialverteilung
Ein auch als *Versuch* bezeichneter stochastischer Vorgang mit den beiden möglichen Ausgängen *Erfolg/Treffer* (1) und *Misserfolg/Niete* (0) werde n-mal in unabhängiger Folge unter gleichen Bedingungen durchgeführt. Wir modellieren diese bekannte Situation durch unabhängige Zufallsvariablen $X_1, \ldots, X_n$ mit der gleichen Binomialverteilung $\text{Bin}(1, \vartheta)$. Dabei beschreibe X_j den Ausgang des j-ten Versuchs. Im Gegensatz zu früher sehen wir die Erfolgswahrscheinlichkeit ϑ realistischerweise als unbekannt an. Diese veränderte Sichtweise drücken wir durch den Buchstaben ϑ, der in der schließenden Statistik ganz allgemein einen unbekannten Parameter bezeichnet, anstelle des vertrauteren p aus.

Wenn ϑ die wahre Erfolgswahrscheinlichkeit ist, tritt ein Daten-n-Tupel $x = (x_1, \ldots, x_n)$ aus Nullen und Einsen mit der Wahrscheinlichkeit

$$\mathbb{P}_\vartheta(X = x) = \prod_{j=1}^{n} \vartheta^{x_j}(1 - \vartheta)^{1-x_j}$$

auf. Dabei haben wir $X := (X_1, \ldots, X_n)$ gesetzt und die Abhängigkeit der Verteilung von X von ϑ durch Indizierung gekennzeichnet. Nach den auf Seite 747 angestellten Überlegungen besitzt die Anzahl $S := X_1 + \ldots + X_n$ der Erfolge die Binomialverteilung $\text{Bin}(n, \vartheta)$. Es gilt also

$$\mathbb{P}_\vartheta(S = k) = \binom{n}{k}\vartheta^k(1 - \vartheta)^{n-k}, \quad k = 0, \ldots, n, \quad (24.1)$$

wenn ϑ die wahre Erfolgswahrscheinlichkeit ist.

Der springende Punkt ist nun, dass der stochastische Vorgang (wie z. B. der Wurf einer Reißzwecke, vgl. Abb. 19.2) n-mal durchgeführt wurde und sich insgesamt k Treffer ergaben. Was kann man mit dieser Information über das unbekannte ϑ aussagen? Wie groß ist ϑ, wenn etwa in 100 Versuchen 38 Treffer auftreten?

Da die in (24.1) stehende Wahrscheinlichkeit bei gegebenem n und $k \in \{0, \ldots, n\}$ für jedes $\vartheta \in (0, 1)$ strikt positiv ist, müssen wir die entmutigende Erkenntnis ziehen, dass bei 38 Erfolgen in 100 Versuchen nur die triviale Antwort „es gilt $0 < \vartheta < 1$" mit Sicherheit richtig ist! Jede genauere Aussage über ϑ kann prinzipiell falsch sein. Wir müssen uns also offenbar damit abfinden, dass beim Schließen von Daten auf eine die Daten generierende Wahrscheinlichkeitsverteilung Fehler unvermeidlich sind. Andererseits werden wir etwa bei k Treffern in n Versuchen Werte für ϑ als „glaubwürdiger" bzw. „unglaubwürdiger" ansehen, für die die Wahrscheinlichkeit in (24.1) groß bzw. klein ist. Maximiert man $\mathbb{P}_\vartheta(S = k)$ als Funktion von ϑ, so ergibt sich als Lösung der Wert

$$\vartheta = \frac{k}{n},$$

also die *relative Trefferhäufigkeit* (Aufgabe 24.31).

Dieser prinzipielle Ansatz, bei gewonnenen Daten deren Auftretenswahrscheinlichkeit in Abhängigkeit verschiedener, durch einen Parameter beschriebener stochastischer Modelle zu maximieren, heißt *Maximum-Likelihood-Schätzmethode*, siehe Seite 910. Man zeichnet dann denjenigen Wert von ϑ, der diese Funktion maximiert, als glaubwürdigsten aus und nennt ihn *Maximum-Likelihood-Schätzwert* für ϑ. Offenbar sagt jedoch dieser Schätzwert k/n nichts über den Schätzfehler $k/n - \vartheta$ aus, da ϑ unbekannt ist. Um hier Erkenntnisse zu gewinnen, müssen wir die Verteilung der zufälligen relativen Trefferhäufigkeit S/n als *Schätz-Vorschrift* (kurz: *Schätzer*) für ϑ studieren, denn k ist ja eine Realisierung der Zufallsvariablen S. Wir werden z. B. in Abschnitt 24.3 ein von n, S und einer gewählten Zahl $\alpha \in (0, 1)$, aber nicht von ϑ abhängendes zufälliges Intervall I konstruieren, das der Ungleichung

$$\mathbb{P}_\vartheta(I \ni \vartheta) \geq 1 - \alpha \quad \text{für jedes } \vartheta \in [0, 1]$$

genügt. Dabei wurde bewusst „$I \ni \vartheta$" und nicht „$\vartheta \in I$" geschrieben, um den Gesichtspunkt hervorzuheben, dass das zufällige Intervall I den unbekannten, aber nicht zufälligen Parameter ϑ enthält.

Nach diesen Überlegungen sollte auch klar sein, dass Fehler unvermeidlich sind, wenn man aufgrund von x oder der daraus abgeleiteten Trefferanzahl k eine Entscheidung darüber treffen soll, ob ϑ in einer vorgegebenen echten Teilmenge Θ_0 von $\Theta := (0, 1)$ liegt oder nicht. Derartige Testprobleme werden in Abschnitt 24.4 behandelt. ◀

Mit diesem Hintergrund stellen wir jetzt den allgemeinen Ansatz der schließenden Statistik vor. Dieser Grundansatz betrachtet zufallsbehaftete Daten als Realisierung x einer Zufallsvariablen X. Somit ist x Funktionswert $X(\omega)$ einer auf einem Wahrscheinlichkeitsraum $(\Omega, \mathcal{A}, \mathbb{P})$ definierten Abbildung X, und man nennt x auch eine *Stichprobe zur Zufallsvariablen* X. Der mit $\mathcal{X}$ bezeichnete Wertebereich von X heißt *Stichprobenraum*. Dabei ist $\mathcal{X}$ mit einer geeigneten σ-Algebra $\mathcal{B}$ versehen, und $X : \Omega \to \mathcal{X}$ wird als $(\mathcal{A}, \mathcal{B})$-messbar vorausgesetzt. Ist $\mathcal{X}$ eine Borel'sche Teilmenge eines $\mathbb{R}^n$, so besteht $\mathcal{B}$ aus den Borel'schen Teilmengen von $\mathcal{X}$.

Jedes Verfahren der Mathematischen Statistik benutzt Wahrscheinlichkeits-Modelle

Gilt $\mathcal{X} \subseteq \mathbb{R}^n$, so ist $X = (X_1, \ldots, X_n)$ ein n-dimensionaler Zufallsvektor mit Komponenten $X_1, \ldots, X_n$. Sind $X_1, \ldots, X_n$ unabhängig und identisch verteilt, so nennt man $x = (x_1, \ldots, x_n)$ eine *Stichprobe vom Umfang n*.

Bei Fragestellungen der schließenden Statistik interessiert man sich für die durch $\mathbb{P}^X(B) := \mathbb{P}(X^{-1}(B))$, $B \in \mathcal{B}$, definierte *Verteilung* $\mathbb{P}^X$ von X; wie schon früher bleibt der zugrunde liegende Wahrscheinlichkeitsraum $(\Omega, \mathcal{A}, \mathbb{P})$ auch hier im Hintergrund. Wir werden oft stillschweigend die *kanonische Konstruktion*

$$\Omega := \mathcal{X}, \ \mathcal{A} := \mathcal{B}, \ X := \mathrm{id}_\Omega$$

verwenden und dann vom Wahrscheinlichkeitsraum $(\mathcal{X}, \mathcal{B}, \mathbb{P}^X)$ ausgehen, siehe auch (19.7). In diesem Fall schreiben wir für $\mathbb{P}^X$ häufig $\mathbb{P}$ und für $\mathbb{P}^X(B)$ auch $\mathbb{P}(X \in B)$, $B \in \mathcal{B}$.

Im Gegensatz zur Wahrscheinlichkeitstheorie besteht der spezifische Aspekt der Statistik darin, dass die Verteilung $\mathbb{P}$ von X als nicht vollständig bekannt angesehen wird und aufgrund einer Realisierung x von X eine Aussage über $\mathbb{P}$ getroffen werden soll. Dabei werden bei jedem konkreten Problem gewisse Kenntnisse hinsichtlich der Rahmenbedingungen eines stochastischen Vorgangs vorhanden sein. Diese führen zu einer Einschränkung der Menge aller möglichen Verteilungen von X und somit zur Auszeichnung einer speziellen Klasse $\mathcal{P}$ von überhaupt für möglich angesehenen Verteilungen von X über $(\mathcal{X}, \mathcal{B})$, der sogenannten *Verteilungsannahme*. Dabei indiziert man die Elemente $\mathbb{P} \in \mathcal{P}$ üblicherweise durch einen *Parameter* ϑ. Es gebe also eine bijektive Abbildung eines *Parameterraums* Θ auf $\mathcal{P}$, wobei das Bild von ϑ unter dieser Abbildung mit $\mathbb{P}_\vartheta$ bezeichnet werde. Diese Betrachtungen münden in die folgende Definition.

Definition eines statistischen Modells

Ein **statistisches Modell** ist ein Tripel $(\mathcal{X}, \mathcal{B}, (\mathbb{P}_\vartheta)_{\vartheta\in\Theta})$. Dabei sind

- $\mathcal{X} \neq \emptyset$ der **Stichprobenraum**,
- $\mathcal{B}$ eine σ-Algebra über $\mathcal{X}$,
- $\Theta \neq \emptyset$ der **Parameterraum**,
- $\mathbb{P}_\vartheta$ ein Wahrscheinlichkeitsmaß auf $\mathcal{B}$, $\vartheta \in \Theta$,
- $\Theta \ni \vartheta \to \mathbb{P}_\vartheta$ eine als **Parametrisierung** bezeichnete injektive Abbildung.

Kommentar: Oft wird ein statistisches Modell auch *statistischer Raum* genannt. Offenbar unterscheidet sich ein solches Modell von einem Wahrscheinlichkeitsraum nur dadurch, dass anstelle *eines* Wahrscheinlichkeitsmaßes $\mathbb{P}$ jetzt eine ganze Familie $(\mathbb{P}_\vartheta)_{\vartheta\in\Theta}$ auftritt. Diese bildet den *Modellrahmen* für weitere Betrachtungen. Der Statistiker nimmt an, dass eines dieser Wahrscheinlichkeitsmaße $\mathbb{P}_\vartheta$ die zufallsbehafteten Daten $x \in \mathcal{X}$ in dem Sinne „erzeugt hat", dass x Realisierung einer Zufallsvariablen X mit Verteilung $\mathbb{P}_\vartheta$ ist. Da die Parametrisierung $\Theta \ni \vartheta \to \mathbb{P}_\vartheta$ injektiv ist, gibt es also genau einen „wahren" Parameter ϑ, der über die Verteilung $\mathbb{P}_\vartheta$ das Auftreten der möglichen Realisierungen von X

Hintergrund und Ausblick: Ein kurzer Abriss der Geschichte der Statistik

Der Ursprung der Mathematischen Statistik ist die politische Arithmetik

Oft assoziiert man mit *Statistik* Tabellen und grafische Darstellungen und denkt vielleicht an *Arbeitslosen-*, *Krebs-* oder *Kriminalitätsstatistiken*. Der Gebrauch des Wortes Statistik in solchen Zusammensetzungen spiegelt einen wichtigen Teilaspekt der Statistik in Form der *amtlichen Statistik* wider. Diese reicht bis ca. 3000 v. Chr. zurück, wo sie Unterlagen für die Planung des Pyramidenbaus bildete und Einwohner- sowie Standesregister und Grundsteuerkataster umfasste. Die amtliche Statistik in Deutschland ist seit 1950 im Statistischen Bundesamt in Wiesbaden sowie in 14 statistischen Landesämtern institutionalisiert.

Der Ursprung des Wortes *Statistik* liegt im *Staatswesen* (italienisch *statista* = Staatsmann). In diesem Sinn steht Statistik für eine Sammlung von Daten, z. B. über Bevölkerung und Handel, die für einen Staatsmann von Interesse sind. Als *Universitätsstatistik* wurde die von Hermann Conring (1606–1681) begründete *wissenschaftliche* Staatskunde als „Wissenschaft und Lehre von den Staatsmerkwürdigkeiten" bezeichnet. Gottfried Achenwall (1719–1772) definierte Statistik im Sinne von Staatskunde. Der Gebrauch des Wortes Statistik in dieser Bedeutung verschwand um 1800.

Einer der ersten, der sich – abgesehen von Astronomen wie Tycho Brahe (1546–1601) und Johannes Kepler (1571–1630) – mit Fragen der Gewinnung von Erkenntnissen aus vorliegenden Daten beschäftigte und damit zusammen mit (Sir) William Petty (1623–1687) in England die sogenannte *politische Arithmetik* etablierte, war John Graunt (1620–1674), der als Begründer der *Biometrie* und der Bevölkerungsstatistik gilt. Petty führte statistische Methoden in die politische Ökonomie ein. Ein weiterer Vertreter der politischen Arithmetik war Edmond Halley (1656–1742). Mit der Erstellung der Sterbetafeln der Stadt Breslau 1693 war er ein Pionier der *Sozialstatistik*. In Deutschland wurde die politische Arithmetik vor allem durch Johann Peter Süßmilch (1707–1767) vertreten.

Ab ca. 1800 begann man, die mit der politischen Arithmetik verbundene Herangehensweise, nämlich Erkenntnisgewinn aus der Analyse von Daten zu ziehen, als *Statistik* zu bezeichnen. Auf der britischen Insel, wo ca. 100 Jahre später die *Mathematische Statistik* ihren Ausgang nahm, war Sir John Sinclair of Ulbster (1754–1835) der erste, der in seiner Abhandlung *Statistical Account of Scotland drawn up from the communications of the ministers of the different parishes* (1791–1799) das Wort Statistik in diesem Sinn verwendete. Der Ursprung der Statistik als eigenständige Wissenschaft von der Gewinnung, Analyse und Interpretation von Daten, um begründete Schlüsse zu ziehen, ist somit nicht die Staatenkunde, sondern die politische Arithmetik.

Nachdem sich im 19. Jahrhundert der Gedanke durchgesetzt hatte, dass der Wahrscheinlichkeitsbegriff wissenschaftlich gesicherte Erkenntnisse durch geeignetes Auswerten von Daten ermöglicht, entstand ab ca. 1900 die *Mathematische Statistik*. Obgleich es bis dahin schon diverse Techniken wie etwa die Methode der kleinsten Quadrate oder den Satz von Bayes gab, existierte noch keine kohärente Theorie. Den Beginn einer solchen markierte ein Aufsatz von Karl Pearson (1857–1936) im Jahr 1900, in dem der *Chi-Quadrat-Test* eingeführt wurde. Weitere Meilensteine waren die Einführung der t-Verteilung durch William Sealy Gosset (1876–1937) im Jahr 1908 sowie eine Arbeit von Sir Ronald Aylmer Fisher (1890–1962) im Jahr 1925, in der mit den Begriffen *Konsistenz, Suffizienz, Effizienz, Fisher-Information* und *Maximum-Likelihood-Schätzung* die Grundlagen der Schätztheorie gelegt wurden. Fisher war zudem der Urheber der *statistischen Versuchsplanung* und der *Varianzanalyse*. 1933 publizierten Jerzy Neyman (1894–1981) und Egon Sharpe Pearson (1895–1980) eine grundlegende Arbeit zum optimalen Testen, und 1950 wurde durch Abraham Wald (1902–1950) eine Theorie optimaler statistischer Entscheidungen begründet.

Während lange ausschließlich spezielle *parametrische Verteilungsannahmen* (insbesondere die einer zugrunde liegenden Normalverteilung) gemacht wurden, entstand ab ca. 1930 die *Nichtparametrische Statistik*. Seit etwa 1960 wird die Entwicklung der Statistik maßgeblich von immer schnelleren Computern bestimmt. Waren es zunächst Fragen der Robustheit von Verfahren gegenüber Abweichungen von Modellannahmen, so kam später verstärkt der Aspekt hinzu, sich weiteren Anwendungen zu öffnen und „Daten für sich selbst sprechen zu lassen", also *explorative Datenanalyse* zu betreiben. Auch die *Bootstrap-Verfahren*, die die beobachteten Daten für weitere Simulationen verwenden, um etwa die Verteilung einer komplizierten Teststatistik zu approximieren, wären ohne leistungsfähige Computer undenkbar. Aufgrund fast explosionsartig ansteigender Speicherkapazitäten und Rechengeschwindigkeiten ist aus der explorativen Datenanalyse mittlerweile ein *data mining* geworden, also eine Kunst, aus einem Berg an Daten etwas Wertvolles zu extrahieren.

Literatur

1. B. Ebner und N. Henze: *2013 – Internationales Jahr der Statistik*. DMV-Mitteilungen 4/2013, S. 12–18.
2. A. Hald: *A History of Probability and Statistics and their Applications before 1750*. Wiley, New York 1990.
3. A. Hald: *A History of Probability and Statistics from 1750 to 1930*. Wiley, New York 1998.

„steuert". Das Ziel besteht darin, aufgrund von x eine Aussage über ϑ zu machen. Eine solche Aussage kann in Form eines Schätzwertes $\widetilde{\vartheta}(x) \in \Theta$ oder eines Schätzbereiches $C(x) \subseteq \Theta$ geschehen. Manchmal kann auch ein *Testproblem* in Form einer Zerlegung $\Theta = \Theta_0 \cup \Theta_1$ des Parameterraums in zwei nichtleere disjunkte Teilmengen Θ_0 und Θ_1 vorliegen, wobei entschieden werden soll, ob der wahre Parameter in Θ_0 oder in Θ_1 liegt.

Beispiel Bernoulli-Kette, Binomialfall
Die Situation des Eingangsbeispiels zu diesem Abschnitt wird durch das statistische Modell $(\mathcal{X}, \mathcal{B}, (\mathbb{P}_\vartheta)_{\vartheta\in\Theta})$ mit $\mathcal{X} := \{0,1\}^n$, $\mathcal{B} := \mathcal{P}(\mathcal{X})$, $\Theta := [0,1]$ und

$$\mathbb{P}_\vartheta(X = x) = \prod_{j=1}^{n} \vartheta^{x_j}(1-\vartheta)^{1-x_j}$$

beschrieben. Im Laufe dieses Beispiels sind wir vom Zufallsvektor $X = (X_1, \ldots, X_n)$ zu der davon abgeleiteten Trefferanzahl $S = X_1 + \ldots + X_n$ übergegangen. Will man statistische Entscheidungen über ϑ auf Realisierungen von S gründen, so liegt das statistische Modell $(\mathcal{X}, \mathcal{B}, (\mathbb{P}_\vartheta)_{\vartheta\in\Theta})$ mit $\mathcal{X} := \{0, 1, \ldots, n\}$, $\mathcal{B} := \mathcal{P}(\mathcal{X})$, $\Theta := [0,1]$ und

$$\mathbb{P}_\vartheta(S = k) = \binom{n}{k}\vartheta^k(1-\vartheta)^{n-k}, \quad k = 0, \ldots, n,$$

vor. ◀

Beispiel Qualitätskontrolle
Eine Warensendung vom Umfang N enthalte ϑ defekte und $N - \vartheta$ intakte Einheiten, wobei ϑ unbekannt ist. In der statistischen Qualitätskontrolle entnimmt man der Sendung eine rein zufällige Stichprobe (Teilmenge) vom Umfang n, um hieraus den *Ausschussanteil* ϑ/N in der Sendung zu schätzen. Wir setzen $X_j := 1$ bzw. $X_j := 0$, falls das j-te entnommene Exemplar bei einer solchen Stichprobenentnahme (Ziehen ohne Zurücklegen) defekt bzw. intakt ist. Wie im vorigen Beispiel kann auch hier $\mathcal{X} = \{0,1\}^n$ gewählt werden. Im Gegensatz zu oben sind $X_1, \ldots, X_n$ zwar je binomialverteilt $X_j \sim \mathrm{Bin}(1, \vartheta/N)$, jedoch nicht mehr stochastisch unabhängig. Setzen wir $\Theta := \{0, 1, \ldots, N\}$, $X := (X_1, \ldots, X_n)$, so gilt mit der Abkürzung $k := x_1 + \ldots + x_n$ für jedes $x = (x_1, \ldots, x_n) \in \mathcal{X}$

$$\mathbb{P}_\vartheta(X = x) = \prod_{j=0}^{k-1} \frac{\vartheta - j}{N - j} \cdot \prod_{j=0}^{n-k-1} \frac{N - \vartheta - j}{N - k - j}.$$

Dabei wurden die erste Pfadregel und die Kommutativität der Multiplikation verwendet. ◀

Beispiel Wiederholte Messung
Eine physikalische Größe werde n-mal unter gleichen, sich gegenseitig nicht beeinflussenden Bedingungen fehlerbehaftet gemessen. Wir modellieren diese Situation durch unabhängige Zufallsvariablen $X_1, \ldots, X_n$ mit gleicher Normalverteilung $\mathrm{N}(\mu, \sigma^2)$. Dabei stehen μ für den unbekannten wahren Wert der physikalischen Größe (z. B. die Zeit, die eine Kugel benötigt, eine Rampe hinunterzurollen) und die Varianz σ^2 für die Ungenauigkeit des Messverfahrens. Die Realisierungen der X_j sind die Messergebnisse.

In diesem Fall ist der Parameterraum eines statistischen Modells durch

$$\Theta := \{\vartheta = (\mu, \sigma^2) \colon \mu \in \mathbb{R}, \sigma^2 > 0\}$$

gegeben. Die Verteilung $\mathbb{P}_\vartheta$ von $X := (X_1, \ldots, X_n)$ ist festgelegt durch die gemeinsame Dichte

$$\begin{aligned} f(x, \vartheta) &= \prod_{j=1}^{n} \left(\frac{1}{\sigma\sqrt{2\pi}} \exp\left(-\frac{(x_j - \mu)^2}{2\sigma^2} \right) \right) \\ &= \left(\frac{1}{\sigma\sqrt{2\pi}} \right)^n \exp\left(-\frac{1}{2\sigma^2} \sum_{j=1}^{n} (x_j - \mu)^2 \right) \end{aligned}$$

von $X_1, \ldots, X_n$. Hierbei ist $x = (x_1, \ldots, x_n) \in \mathcal{X} := \mathbb{R}^n$. ◀

In jedem dieser Beispiele könnte die Fragestellung darin bestehen, den unbekannten wahren Parameter ϑ aufgrund der Daten $x \in \mathcal{X}$ zu schätzen. Abbildung 24.1 verdeutlicht im Fall $\mathcal{X} = \mathbb{R}$ ein schon im Eingangsbeispiel beobachtetes prinzipielles Problem. In der Abbildung entsprechen verschiedenen Werten von ϑ unterschiedliche Dichten $f_\vartheta(\cdot) = f(\cdot, \vartheta)$. Das Wahrscheinlichkeitsmaß $\mathbb{P}_\vartheta$ besitzt also eine (Lebesgue-)Dichte f_ϑ.

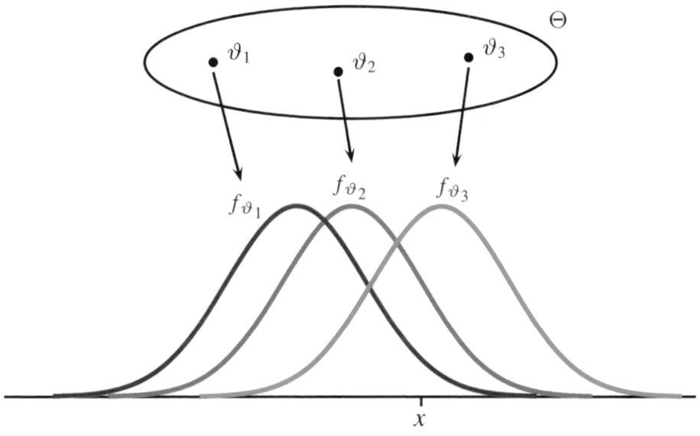

Abbildung 24.1 ϑ steuert das Auftreten von Daten (hier in Form unterschiedlicher Dichten).

Üblicherweise ist für ein beobachtetes x für jedes $\vartheta \in \Theta$ die Ungleichung $f_\vartheta(x) > 0$ erfüllt. Bei stetigen Dichten gilt dann $\mathbb{P}_\vartheta([x - \varepsilon, x + \varepsilon]) > 0$, $\vartheta \in \Theta$, für jedes noch so kleine $\varepsilon > 0$, was bedeutet, dass für den wahren Parameter ϑ nur die triviale Aussage „es gilt $\vartheta \in \Theta$" mit Sicherheit richtig ist. Nicht ganz so extrem ist die Situation im Beispiel der statistischen Qualitätskontrolle. Hat man aber etwa aus einer Sendung mit $k = 10\,000$ Einheiten eine Stichprobe vom Umfang $n = 50$ entnommen und in dieser genau ein defektes Exemplar gefunden, so kann man mit Sicherheit nur schließen, dass die Sendung mindestens ein defektes und höchstens 9951 defekte Exemplare enthält.

Wie diese Beispiele zeigen, können im Allgemeinen Daten durch mehrere Werte von ϑ über die Verteilung $\mathbb{P}_\vartheta$ erzeugt worden sein. Es kann also nur darum gehen, *Wahrscheinlichkeiten* für falsche Aussagen über den wahren Parameter klein zu halten. Man beachte, dass solche Wahrscheinlichkeiten wiederum vom unbekannten Wert ϑ über die Wahrscheinlichkeitsverteilung $\mathbb{P}_\vartheta$ abhängen.

Da erst durch Festlegung von ϑ in einem statistischen Modell Wahrscheinlichkeitsaussagen möglich sind, wird dieser Parameter auch bei Erwartungswerten, Varianzen o. Ä. als Index angebracht; man schreibt also für eine messbare reellwertige Funktion g auf dem Stichprobenraum, für die die auftretenden Kenngrößen existieren,

$$\mathbb{E}_\vartheta g(X), \quad \mathbb{V}_\vartheta g(X)$$

für den Erwartungswert bzw. die Varianz von $g(X)$ unter der Verteilung $\mathbb{P}_\vartheta$.

In der Folge werden wir statistische Modelle betrachten, bei denen wie in den obigen Beispielen entweder diskrete oder stetige Verteilungen auftreten. Konzeptionell besteht hier kein Unterschied, wenn man eine diskrete Verteilung als Verteilung mit einer Zähldichte $\mathbb{P}_\vartheta(X = x)$ bezüglich eines geeigneten Zähl-Maßes ansieht, vgl. Seite 253. Zudem behandeln wir meist statistische Modelle, bei denen $X = (X_1, \ldots, X_n)$ mit unabhängigen und identisch verteilten Zufallsvariablen $X_1, \ldots, X_n$ gilt. Dabei besitzt X_1 entweder eine Lebesgue-Dichte $f_1(t, \vartheta)$ oder eine diskrete Verteilung. Im letzteren Fall setzen wir

$$f_1(t, \vartheta) := \mathbb{P}_\vartheta(X_1 = t),$$

verwenden also die gleiche Schreibweise.

Es gibt parametrische und nichtparametrische statistische Modelle

Bevor wir uns Schätzproblemen zuwenden, sei noch auf eine Grob-Klassifikation statistischer Modelle in *parametrische* und *nichtparametrische Modelle* hingewiesen. In den obigen Beispielen gilt stets $\Theta \subseteq \mathbb{R}^d$ für ein $d \geq 1$. Man könnte weitere solche Beispiele angeben, indem man – die Unabhängigkeit und identische Verteilung von $X_1, \ldots, X_n$ unterstellt – irgendeine andere, durch einen *endlich-dimensionalen Parameter* beschriebene Verteilungs-Klasse für X_1 wählt. Diese könnte z. B. sein:

- die Poisson-Verteilungen $\mathrm{Po}(\vartheta)$, $\vartheta \in \Theta := (0, \infty)$,
- die Exponentialverteilungen $\mathrm{Exp}(\theta)$, $\vartheta \in \Theta := (0, \infty)$,
- die Klasse der Gammaverteilungen $\mathrm{G}(\alpha, \lambda)$, wobei $\vartheta := (\alpha, \lambda) \in \Theta := (0, \infty)^2$,
- die Klasse der Weibull-Verteilungen $\mathrm{Wei}(\alpha, \lambda)$, wobei $\vartheta := (\alpha, \lambda) \in \Theta := (0, \infty)^2$.

In derartigen Fällen spricht man von einem *parametrischen statistischen Modell*. Ein solches liegt vor, wenn der Parameterraum Θ für ein $d \geq 1$ Teilmenge des $\mathbb{R}^d$ ist; andernfalls ist das statistische Modell *nichtparametrisch*. Ein solches Modell ergibt sich z. B., wenn man – wiederum unter Annahme der Unabhängigkeit und identischen Verteilung von $X_1, \ldots, X_n$ – nur voraussetzt, dass X_1 irgendeine, auf dem Bereich $\{f_1 > 0\} = \{t \in \mathbb{R} \colon f_1(t) > 0\}$ stetige Lebesgue-Dichte f_1 besitzt. Da diese Dichte die Verteilung von $X := (X_1, \ldots, X_n)$ über die Produkt-Dichte

$$f_1(x_1) \cdot \ldots \cdot f_1(x_n), \qquad (x_1, \ldots, x_n) \in \mathbb{R}^n,$$

festlegt, können wir sie formal als Parameter ansehen. Der Parameterraum Θ ist dann die Menge aller Lebesgue-Dichten f_1, die auf ihrem Positivitätsbereich $\{f_1 > 0\}$ stetig sind.

Eine solche *nichtparametrische Verteilungsannahme*, bei der sich die Menge der für möglich erachteten Verteilungen nicht zwanglos durch einen endlich-dimensionalen Parameter beschreiben lässt, ist prinzipiell näher an der Wirklichkeit, weil sie kein enges Rahmen-Korsett spezifiziert, sondern in den getroffenen Annahmen viel schwächer bleibt. So ist etwa die Existenz einer Dichte eine schwache Voraussetzung in einer Situation, in der eine hohe Messgenauigkeit vorliegt und gleiche Datenwerte kaum vorkommen. Bei einer derartigen nichtparametrischen Verteilungsannahme interessiert man sich meist für eine reelle Kenngröße der durch die Dichte f_1 gegebenen Verteilung von X_1 wie etwa den Erwartungswert oder den Median. Wir werden in Abschnitt 24.6 einige Methoden der Nichtparametrischen Statistik kennenlernen.

24.2 Punktschätzung

Es sei $(\mathcal{X}, \mathcal{B}, (\mathbb{P}_\vartheta)_{\vartheta \in \Theta})$ ein *parametrisches* statistisches Modell mit $\Theta \subseteq \mathbb{R}^d$. Wir stellen uns die Aufgabe, aufgrund einer Realisierung $x \in \mathcal{X}$ der Zufallsvariablen X einen möglichst guten Näherungswert für ϑ anzugeben. Da x vor Beobachtung des Zufallsvorgangs nicht bekannt ist, muss ein Schätz*verfahren jedem* $x \in \mathcal{X}$ einen mit $T(x)$ bezeichneten *Schätzwert* für ϑ zuordnen und somit eine auf $\mathcal{X}$ definierte Abbildung sein. Eine solche bezeichnet man in der Mathematischen Statistik ganz allgemein als *Stichprobenfunktion* oder *Statistik*. Ist ϑ wie etwa im Beispiel der wiederholten Messung auf Seite 905 mehrdimensional, so ist häufig nur ein niederdimensionaler (meist eindimensionaler) Aspekt von ϑ von Belang, der durch eine Funktion $\gamma \colon \Theta \to \mathbb{R}^l$ mit $l \leq d$ beschrieben ist. So interessiert im Fall der Normalverteilung mit $\vartheta = (\mu, \sigma^2)$ häufig nur der Erwartungswert $\mu =: \gamma(\vartheta)$; die unbekannte Varianz wird dann als sogenannter *Störparameter* angesehen.

Definition eines (Punkt-)Schätzers

Es seien $(\mathcal{X}, \mathcal{B}, (\mathbb{P}_\vartheta)_{\vartheta \in \Theta})$ ein parametrisches statistisches Modell mit $\Theta \subseteq \mathbb{R}^d$ und $\gamma : \Theta \to \mathbb{R}^l$. Ein **(Punkt-)Schätzer für $\boldsymbol{\gamma(\vartheta)}$** ist eine messbare Abbildung $T \colon \mathcal{X} \to \mathbb{R}^l$. Für $x \in \mathcal{X}$ heißt $T(x)$ **Schätzwert für $\boldsymbol{\gamma(\vartheta)}$ zur Beobachtung $\boldsymbol{x}$**.

Kommentar:

- Das optionale Präfix *Punkt-* rührt daher, dass die Schätzwerte $T(x)$ einzelne Werte und damit „Punkte" im $\mathbb{R}^l$ sind. Offenbar wird bei der obigen Definition zugelassen, dass Werte $T(x) \in \mathbb{R}^l \setminus \gamma(\Theta)$ auftreten können, wenn $\gamma(\Theta)$ echte Teilmenge des $\mathbb{R}^l$ ist. Ist etwa im Beispiel der Bernoulli-Kette auf Seite 905 der Parameterraum Θ das *offene* Intervall $(0, 1)$, weil aus guten Gründen die extremen Werte $\vartheta = 0$ und $\vartheta = 1$ ausgeschlossen werden können, so kann die durch

$$T(x) := \frac{1}{n}(x_1 + \ldots + x_n)$$

definierte *relative Trefferhäufigkeit* als Schätzer $T\colon \mathcal{X} \to \mathbb{R}$ für $\gamma(\vartheta) := \vartheta$ auch die Werte 0 und 1 annehmen.
- Die obige sehr allgemein gehaltene Definition lässt offenbar auch Schätzer für $\gamma(\vartheta)$ zu, die kaum sinnvoll sind. So ist es z. B. möglich, ein festes $\vartheta_0 \in \Theta$ zu wählen und

$$T(x) := \gamma(\vartheta_0), \qquad x \in \mathcal{X},$$

zu setzen. Dieser Schätzer ist vollkommen daten-ignorant. Eine der Aufgaben der Mathematischen Statistik besteht darin, Kriterien für die Qualität von Schätzern zu entwickeln und Prinzipien für die Konstruktion *guter Schätzer* bereitzustellen. Dabei ist grundsätzlich zu beachten, dass jede Aussage über ϑ, die sich auf zufällige Daten, nämlich eine Realisierung x der Zufallsvariablen X stützt, falsch sein kann. Da ϑ über die Verteilung $\mathbb{P}_\vartheta$ von X den Zufallscharakter der Realisierung $x \in \mathcal{X}$ „steuert", ist ja auch der Schätzer T für $\gamma(\vartheta)$ als *Zufallsvariable* auf $\mathcal{X}$ mit Werten in $\mathbb{R}^l$ und einer von ϑ abhängenden Verteilung $\mathbb{P}_\vartheta^T$ auf $\mathcal{B}^l$ anzusehen. Wir können von einem guten Schätzer T also nur erhoffen, dass dessen Verteilung $\mathbb{P}_\vartheta^T$ für jedes $\vartheta \in \Theta$ in einem zu präzisierenden Sinne *stark um den Wert* $\gamma(\vartheta)$ *konzentriert ist.*

Beispiel Binomialfall, relative Trefferhäufigkeit

Um diesen letzten Punkt zu verdeutlichen, betrachten wir wieder die Situation einer Bernoulli-Kette der Länge n mit unbekannter Trefferwahrscheinlichkeit ϑ, also unabhängige und je $\text{Bin}(1, \vartheta)$-verteilte Zufallsvariablen $X_1, \ldots, X_n$, wobei $\vartheta \in \Theta := [0, 1]$, und als Schätzer $T_n = T_n(X_1, \ldots, X_n)$ für ϑ die zufällige relative Trefferhäufigkeit

$$T_n := \frac{1}{n}\sum_{j=1}^{n} X_j.$$

Mit Rechenregeln für Erwartungswert und Varianz sowie $X_j \sim \text{Bin}(1, \vartheta)$ gelten für jedes (unbekannte) $\vartheta \in \Theta$

$$\mathbb{E}_\vartheta(T_n) = \vartheta, \tag{24.2}$$

$$\mathbb{V}_\vartheta(T_n) = \frac{\vartheta(1-\vartheta)}{n}. \tag{24.3}$$

Man beachte, dass T_n eine Zufallsvariable ist, die unter dem wahren Parameter ϑ die möglichen Werte k/n, $k \in \{0, 1, \ldots, n\}$ mit den Wahrscheinlichkeiten

$$\mathbb{P}_\vartheta\left(T_n = \frac{k}{n}\right) = \binom{n}{k}\vartheta^k(1-\vartheta)^{n-k}$$

annimmt. Diese mit dem Faktor $1/n$ skalierte Binomialverteilung $\text{Bin}(n, \vartheta)$ ist die *Verteilung des Schätzers* T_n (kurz: *Schätz-Verteilung von* T_n) *unter* $\mathbb{P}_\vartheta$, siehe Abbildung 24.2 für $\vartheta = 0.1$ und $\vartheta = 0.7$ sowie $n \in \{10, 20, 50\}$.

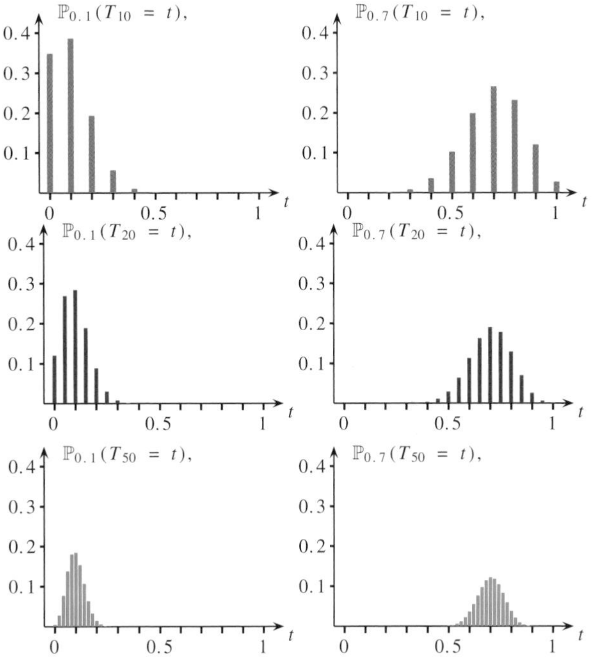

Abbildung 24.2 Verteilungen der relativen Trefferhäufigkeit für $\vartheta = 0.1$ und $\vartheta = 0.7$ und verschiedene Werte von n.

Beziehung (24.2) besagt, dass der Erwartungswert $\mathbb{E}_\vartheta(T_n)$ als physikalischer Schwerpunkt der Schätzverteilung von T_n gleich ϑ ist, und zwar unabhängig vom konkreten Wert dieses unbekannten Parameters. Ein solcher Schätzer wird das Attribut *erwartungstreu* erhalten, s. u. Gleichung (24.3) beinhaltet den Stichprobenumfang n. Wie nicht anders zu erwarten, wird bei größerem n, also immer breiterer Datenbasis, die Varianz der Schätzverteilung kleiner und damit die Schätzung genauer, vgl. Abb. 24.2.

Mit (24.2) und (24.3) folgt aus der Tschebyschow-Ungleichung

$$\lim_{n\to\infty} \mathbb{P}_\vartheta(|T_n - \vartheta| > \varepsilon) = 0 \quad \forall \varepsilon > 0. \tag{24.4}$$

Diese Eigenschaft wird *Konsistenz der Schätzfolge* (T_n) für ϑ genannt werden, siehe Seite 908. Hierbei betrachtet man (T_n) als eine *Folge von Schätzern* für ϑ, wobei unabhängige und identisch $\text{Bin}(1, \vartheta)$-verteilte Zufallsvariablen $X_1, X_2, \ldots$ auf einem gemeinsamen Wahrscheinlichkeitsraum zugrunde gelegt werden, vgl. Seite 753. Für jedes n ist dann T_n wie oben eine Funktion von $X_1, \ldots, X_n$. ◀

Wir wollen jetzt die wichtigsten wünschenswerten Eigenschaften für Schätzer formulieren und danach zwei grundlegende Schätzverfahren vorstellen.

Für die folgende Definition legen wir ein parametrisches statistisches Modell $(\mathcal{X}, \mathcal{B}, (\mathbb{P}_\vartheta)_{\vartheta\in\Theta})$ mit $\Theta \subseteq \mathbb{R}^d$ sowie eine reelle Funktion $\gamma : \Theta \to \mathbb{R}$ zu Grunde. Zu schätzen sei also ein reeller Aspekt eines möglicherweise vektorwertigen Parameters ϑ. Wir setzen weiter stillschweigend voraus, dass alle auftretenden Erwartungswerte existieren.

Definition

Es sei $T : \mathcal{X} \to \mathbb{R}$ ein Schätzer für $\gamma(\vartheta)$.

- $\mathrm{MQA}_T(\vartheta) := \mathbb{E}_\vartheta(T - \gamma(\vartheta))^2$ heißt **mittlere quadratische Abweichung von T (an der Stelle ϑ).**
- T heißt **erwartungstreu (für $\gamma(\vartheta)$)**, falls gilt:

$$\mathbb{E}_\vartheta(T) = \gamma(\vartheta) \quad \forall \vartheta \in \Theta$$

- $b_T(\vartheta) := \mathbb{E}_\vartheta(T) - \gamma(\vartheta)$ heißt **Verzerrung von T (an der Stelle ϑ).**

Die mittlere quadratische Abweichung ist ein mathematisch bequemes Gütemaß für einen Schätzer, und man würde mit diesem Maßstab einen Schätzer $\widetilde{T}$ einem Schätzer T vorziehen, wenn $\mathrm{MQA}_{\widetilde{T}}(\vartheta) \le \mathrm{MQA}_T(\vartheta)$ für jedes $\vartheta \in \Theta$ gelten würde, wenn also $\widetilde{T}$ *gleichmäßig besser* wäre als T. Unter allen denkbaren Schätzern für $\gamma(\vartheta)$ einen gleichmäßig besten finden zu wollen, ist aber ein hoffnungsloses Unterfangen, denn nach Satz 21.2 b) gilt

$$\mathrm{MQA}_T(\vartheta) = \mathbb{V}_\vartheta(T) + b_T(\vartheta)^2.$$

Die mittlere quadratische Abweichung setzt sich also additiv aus der Varianz des Schätzers und dem Quadrat seiner Verzerrung zusammen. Für den Schätzer $T_0 \equiv \gamma(\vartheta_0)$ mit einem festen Wert $\vartheta_0 \in \Theta$ gelten $\mathbb{V}_\vartheta(T_0) = 0, b_{T_0}(\vartheta) = \gamma(\vartheta_0) - \gamma(\vartheta)$ und somit

$$\mathrm{MQA}_{T_0}(\vartheta) = (\gamma(\vartheta_0) - \gamma(\vartheta))^2, \qquad \vartheta \in \Theta.$$

Auf Kosten der Verzerrung gibt es folglich stets (triviale) Schätzer mit verschwindender Varianz. Da $\vartheta_0 \in \Theta$ beliebig war und $\mathrm{MQA}_{T_0}(\vartheta_0) = 0$ gilt, müsste für einen gleichmäßig besten Schätzer T die Beziehung $\mathrm{MQA}_T(\vartheta) = 0$ für jedes $\vartheta \in \Theta$ gelten, was nicht möglich ist.

Beispiel Binomialfall, $n = 2$

Die Zufallsvariablen X_1, X_2 seien unabhängig und je $\mathrm{Bin}(1, \vartheta)$-verteilt, es liege also das im Beispiel auf Seite 905 behandelte statistische Modell mit $n = 2$ vor. Die Schätzer $T_0 \equiv 0.6 =: \vartheta_0$ sowie $T^* := X_1$ und $\widetilde{T} := (X_1 + X_2)/2$ für ϑ besitzen die nachstehend gezeigten mittleren quadratischen Abweichungen als Funktionen von ϑ.

Offenbar ist der Schätzer $\widetilde{T}$ gleichmäßig besser als der nicht die in X_2 „steckende Information" ausnutzende Schätzer T^*. Der datenignorante Schätzer T_0 ist natürlich unschlagbar, wenn das wahre ϑ gleich ϑ_0 ist oder in unmittelbarer Nähe dazu liegt. ◄

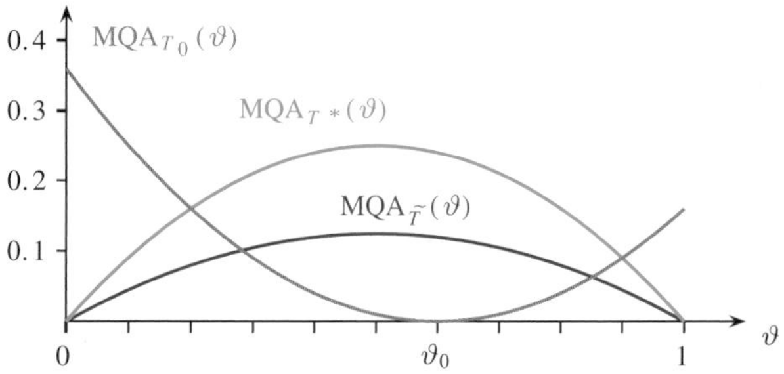

Abbildung 24.3 Mittlere quadratische Abweichungen verschiedener Schätzer für eine Erfolgswahrscheinlichkeit.

?

Können Sie die in Abb. 24.3 skizzierten Funktionen formal angeben?

Die Forderung der *Erwartungstreue* an einen Schätzer T für $\gamma(\vartheta)$ besagt, dass für jedes ϑ die Verteilung $\mathbb{P}_\vartheta^T$ von T unter ϑ den *physikalischen Schwerpunkt* $\gamma(\vartheta)$ besitzen soll. Sie schließt deshalb Schätzer wie das obige T_0 aus, die eine zu starke Präferenz für spezielle Parameterwerte besitzen. Trotzdem sollten nicht nur erwartungstreue Schätzer in Betracht gezogen werden. Es kann nämlich sein, dass für ein Schätzproblem überhaupt kein erwartungstreuer Schätzer existiert (Aufgabe 24.15) oder dass ein erwartungstreuer Schätzer, von anderen Kriterien aus beurteilt, unsinnig sein kann (siehe das Beispiel „Taxi-Problem" auf Seite 911).

In statistischen Modellen, bei denen Realisierungen eines Zufallsvektors $X = (X_1, \ldots, X_n)$ mit unabhängigen und identisch verteilten Komponenten $X_1, \ldots, X_n$ beobachtet werden, liegt es nahe, Eigenschaften von Schätzern in Abhängigkeit des Stichprobenumfangs n zu studieren und hier insbesondere das asymptotische Verhalten solcher Schätzer für $n \to \infty$. Wir nehmen hierfür an, dass für jedes $n \in \mathbb{N}$ (oder zumindest für jedes genügend große n) die Funktion $T_n : \mathcal{X}_n \to \mathbb{R}$ ein Schätzer für $\gamma(\vartheta)$ sei. Hierbei ist $\mathcal{X}_n$ der Stichprobenraum für $(X_1, \ldots, X_n)$. Man nennt dann $(T_n)_{n\ge1}$ eine *Schätzfolge*.

Definition

Eine Schätzfolge (T_n) für $\gamma(\vartheta)$ heißt

- **konsistent** (für $\gamma(\vartheta)$), falls

$$\lim_{n\to\infty} \mathbb{P}_\vartheta(|T_n - \gamma(\vartheta)| \ge \varepsilon) = 0 \quad \forall \varepsilon > 0 \quad \forall \vartheta \in \Theta,$$

- **asymptotisch erwartungstreu** (für $\gamma(\vartheta)$), falls

$$\lim_{n\to\infty} \mathbb{E}_\vartheta(T_n) = \gamma(\vartheta) \quad \forall\, \vartheta \in \Theta.$$

Kommentar: In dieser Definition wurde die Abhängigkeit von $\mathbb{P}_\vartheta$ und $\mathbb{E}_\vartheta$ vom Stichprobenumfang n aus bezeichnungstechnischen Gründen unterdrückt. Eine solche schwerfällige

Unter der Lupe: Antworten auf heikle Fragen: Die Randomized-Response-Technik

Durch Randomisierung bleibt die Anonymität des Befragten gewährleistet.

Würden Sie die Frage „Haben Sie schon einmal Rauschgift genommen?“ ehrlich beantworten? Vermutlich nicht, und Sie wären damit kaum allein. In der Tat ist bei solch heiklen Fragen kaum eine offene Antwort zu erwarten. Helfen kann hier die *Randomized-Response-Technik*, die in einfacher Form wie folgt beschrieben werden kann: Dem Befragten werden die drei im Bild zu sehenden Karten gezeigt. Nach gutem Mischen wählt er (wobei der Interviewer nicht zusieht) eine Karte rein zufällig aus und beantwortet die darauf stehende Frage mit Ja oder Nein. Dann mischt er die Karten, und der Interviewer wendet sich ihm wieder zu. Da eine Ja-Antwort nicht ursächlich auf die heikle Frage zurückzuführen ist, ist Anonymität gewährleistet.

Haben Sie schon einmal Rauschgift genommen?	Ist auf dieser Karte eine Eins? **1**	Ist auf dieser Karte eine Eins?

Zur Randomized-Response-Technik

Nehmen wir an, von 3000 Befragten hätten 1150 mit Ja geantwortet. Jede Karte wurde von ca. 1000 Befragten gezogen. Ca. 1000 Ja-Antworten sind also auf die mittlere Karte zurückzuführen, die übrigen 150 auf die linke. Da ca. 1000-mal die linke Karte gezogen wurde, ist der Prozentsatz der Merkmalträger ungefähr 15%.

Zur Modellierung setzen wir $X_j := 1$ (0), falls der j-te Befragte mit Ja (Nein) antwortet ($j = 1, \ldots, n$). Weiter bezeichne ϑ die Wahrscheinlichkeit, dass eine der Population rein zufällig entnommene Person Merkmalträger ist, also schon einmal Rauschgift genommen hat. Wir nehmen $X_1, \ldots, X_n$ als unabhängige Zufallsvariablen an. Ist K_i das Ereignis, dass die (im Bild von links gesehen) i-te Karte gezogen wurde, so gelten $\mathbb{P}(K_i) = 1/3$ ($i = 1, 2, 3$) und $\mathbb{P}(X_j = 1|K_1) = \vartheta$, $\mathbb{P}(X_j = 1|K_2) = 1$, $\mathbb{P}(X_j = 1|K_3) = 0$. Mit der Formel von der totalen Wahrscheinlichkeit folgt

$$\mathbb{P}_\vartheta(X_j = 1) = \sum_{i=1}^{3} \mathbb{P}_\vartheta(X_i = 1|K_i)\,\mathbb{P}(K_i) = \frac{\vartheta + 1}{3}.$$

Schreiben wir $R_n = n^{-1} \sum_{j=1}^{n} \mathbf{1}\{X_j = 1\}$ für den relativen Anteil der Ja-Antworten unter n Befragten und setzen $\widetilde{\vartheta}_n := 3R_n - 1$, so ergibt sich

$$\mathbb{E}_\vartheta[\widetilde{\vartheta}_n] = 3\mathbb{E}_\vartheta(R_n) - 1 = 3((\vartheta + 1)/3) - 1 = \vartheta.$$

$\widetilde{\vartheta}_n$ ist also ein erwartungstreuer Schätzer für ϑ. Es folgt

$$\begin{aligned} \mathbb{V}_\vartheta(\widetilde{\vartheta}_n) &= 9\,\mathbb{V}_\vartheta(R_n) = \frac{9}{n}\,\mathbb{V}_\vartheta(\mathbf{1}\{X_1 = 1\}) \\ &= \frac{9}{n}\,\frac{\vartheta + 1}{3}\left(1 - \frac{\vartheta + 1}{3}\right) = \frac{2 + \vartheta(1 - \vartheta)}{n}. \end{aligned}$$

Die Varianz hat sich also im Vergleich zur Schätzung ohne Randomisierung (vgl. (24.3)) vergrößert, was zu erwarten war.

Notation ist auch entbehrlich, da es einen Wahrscheinlichkeitsraum gibt, auf dem eine unendliche Folge unabhängiger und identisch verteilter Zufallsvariablen definiert ist, siehe Abschnitt 20.4.

In der auf Seite 869 eingeführten Terminologie bedeutet Konsistenz einer Schätzfolge, dass für jedes $\vartheta \in \Theta$ die Folge (T_n) unter $\mathbb{P}_\vartheta$ stochastisch gegen $\gamma(\vartheta)$ konvergiert. Diese Eigenschaft muss als Minimalforderung an eine Schätzfolge angesehen werden, da $\gamma(\vartheta)$ zumindest aus einer beliebig langen Serie von Beobachtungsergebnissen immer genauer zu schätzen sein sollte. Wie die im Beispiel auf Seite 907 angestellten Überlegungen zeigen, bilden die relativen Trefferhäufigkeiten bei wachsendem Stichprobenumfang eine konsistente Schätzfolge für die unbekannte Trefferwahrscheinlichkeit.

Ganz allgemein ist eine asymptotisch erwartungstreue Schätzfolge (T_n) für $\gamma(\vartheta)$ mit der Eigenschaft $\lim_{n\to\infty} \mathbb{V}_\vartheta(T_n) = 0$, $\vartheta \in \Theta$, konsistent für $\gamma(\vartheta)$.

?

Können Sie die obige Behauptung beweisen?

Maximum-Likelihood-Schätzung maximiert die Wahrscheinlichkeit(sdichte) $f(x, \vartheta)$ als Funktion von ϑ

Im Fall einer Bernoulli-Kette ist die relative Trefferhäufigkeit ein naheliegender Schätzer für eine unbekannte Trefferwahrscheinlichkeit. Das Problem gestaltet sich jedoch unter Umständen ungleich schwieriger, wenn nach der Angabe eines „vernünftigen“ Schätzers für $\gamma(\vartheta)$ in einem komplizierten statistischen Modell $(\mathcal{X}, \mathcal{B}, (\mathbb{P}_\vartheta)_{\vartheta\in\Theta})$ gefragt ist. Wir lernen jetzt mit der *Maximum-Likelihood-Methode* und der *Momentenmethode* zwei Schätzverfahren kennen, die unter allgemeinen Bedingungen zu Schätzern mit wünschenswerten Eigenschaften führen.

Die Maximum-Likelihood-Methode ist ein von Sir Ronald Aylmer Fisher (1890–1962) eingeführtes allgemeines und intuitiv naheliegendes *Konstruktionsprinzip für Schätzer*. Die Idee besteht darin, bei vorliegenden Daten $x \in \mathcal{X}$ die Wahrscheinlichkeit bzw. Wahrscheinlichkeitsdichte $f(x, \vartheta)$ *als Funktion von* ϑ zu betrachten und denjenigen Parameterwert ϑ für den plausibelsten zu halten, welcher dem beobachteten Ereignis $\{X = x\}$ die größte Wahrscheinlichkeit bzw. Wahrscheinlichkeitsdichte verleiht (sogenannte *Maximum-Likelihood-Schätzmethode*).

Für die folgende Definition setzen wir ein statistisches Modell $(\mathcal{X}, \mathcal{B}, (\mathbb{P}_\vartheta)_{\vartheta\in\Theta})$ mit $\Theta \subseteq \mathbb{R}^d$ voraus. Die Zufallsvariable X $(= \mathrm{id}_{\mathcal{X}})$ besitze entweder für jedes $\vartheta \in \Theta$ eine Lebesgue-Dichte $f(x, \vartheta)$ oder für jedes $\vartheta \in \Theta$ eine Zähldichte $f(x, \vartheta) = \mathbb{P}_\vartheta(X = x)$.

Definition

In obiger Situation heißen für $x \in \mathcal{X}$ die Funktion

$$L_x : \begin{cases} \Theta \;\to\; \mathbb{R}_{\geq 0} \\ \vartheta \;\to\; L_x(\vartheta) := f(x, \vartheta) \end{cases}$$

Likelihood-Funktion zu x und jeder Wert $\widehat{\vartheta}(x) \in \Theta$ mit

$$L_x(\widehat{\vartheta}(x)) = \sup\{L_x(\vartheta) \colon \vartheta \in \Theta\} \tag{24.5}$$

ein **Maximum-Likelihood-Schätzwert von ϑ zu x**. Eine messbare Abbildung $\widehat{\vartheta} \colon \mathcal{X} \to \mathbb{R}^d$ mit (24.5) für jedes $x \in \mathcal{X}$ heißt **Maximum-Likelihood-Schätzer** (kurz: ML-Schätzer) **für ϑ**.

Es wirkt gekünstelt, die Dichte bzw. Zähldichte $f(x, \vartheta)$ nur anders zu notieren und mit dem Etikett *likelihood* zu versehen. Die Schreibweise $L_x(\vartheta)$ offenbart jedoch die für die Mathematische Statistik charakteristische Sichtweise, dass Daten x vorliegen und man innerhalb des gesteckten Modellrahmens nach einem passenden, durch den Parameter ϑ beschriebenen Modell sucht.

Was die Tragweite der ML-Schätzmethode betrifft, so existiert in vielen statistischen Anwendungen ein eindeutig bestimmter ML-Schätzer $\widehat{\vartheta}$, und er ist gewöhnlich ein „guter" Schätzer für ϑ. Häufig ist Θ eine offene Teilmenge in $\mathbb{R}^d$ und $f(x, \vartheta)$ nach ϑ differenzierbar, sodass man versuchen wird, einen ML-Schätzer durch Differenziation zu erhalten. Dabei kann es zweckmäßig sein, statt L_x die sogenannte *Loglikelihood-Funktion* $\log L_x$ zu betrachten, die wegen der Monotonie der Logarithmus-Funktion ihr Maximum an der gleichen Stelle hat. Gilt nämlich $X = (X_1, \ldots, X_n)$ mit Zufallsvariablen $X_1, \ldots, X_n$, die unter $\mathbb{P}_\vartheta$ unabhängig und identisch verteilt sind und eine Dichte bzw. Zähldichte $f_1(t, \vartheta)$, $t \in \mathbb{R}$, besitzen, so hat X die Dichte bzw. Zähldichte

$$f(x, \vartheta) = \prod_{j=1}^n f_1(x_j, \vartheta), \quad x = (x_1, \ldots, x_n) \in \mathbb{R}^n.$$

Somit ergibt sich für jedes $x \in \mathbb{R}^n$ mit $f(x, \vartheta) > 0$

$$\log f(x, \vartheta) = \sum_{j=1}^n \log f_1(x_j, \vartheta).$$

Differenziation nach ϑ, also Bildung des Gradienten im Fall $d > 1$, liefert die sogenannten *Loglikelihood-Gleichungen*

$$\frac{\mathrm{d}}{\mathrm{d}\vartheta} \log f(x, \vartheta) = 0$$

als notwendige Bedingung für das Vorliegen eines Maximums. Diese Gleichung sind nur in den wenigsten Fällen explizit lösbar, sodass numerische Verfahren eingesetzt werden müssen, siehe Aufgabe 24.41.

Beispiel Exponentialverteilung

Die Zufallsvariablen $X_1, \ldots, X_n$ seien unabhängig und je $\mathrm{Exp}(\vartheta)$-verteilt, wobei $\vartheta \in \Theta := (0, \infty)$ unbekannt sei. Die Lebesgue-Dichte von X_1 unter $\mathbb{P}_\vartheta$ ist

$$f_1(t, \vartheta) = \vartheta \, \exp(-\vartheta t), \quad \text{falls } t > 0,$$

und $f_1(t, \vartheta) = 0$ sonst. Wegen $\mathbb{P}_\vartheta(X_1 > 0) = 1$ für jedes ϑ wählen wir den Stichprobenraum $\mathcal{X} = \{x = (x_1, \ldots, x_n) \in \mathbb{R}^n \colon x_1 > 0, \ldots, x_n > 0\}$. Für $x \in \mathcal{X}$ ist dann die Likelihood-Funktion L_x durch

$$L_x(\vartheta) = \prod_{j=1}^n f_1(x_j, \vartheta) = \vartheta^n \exp\left(-\vartheta \sum_{j=1}^n x_j\right)$$

gegeben, und die Loglikelihood-Funktion lautet

$$\log L_x(\vartheta) = n \log \vartheta - \vartheta \sum_{j=1}^n x_j.$$

Nullsetzen der Ableitung dieser Funktion ergibt $0 = n/\vartheta - \sum_{j=1}^n x_j$ und somit den ML-Schätzwert

$$\widehat{\vartheta}(x) = \frac{n}{\sum_{j=1}^n x_j} = \frac{1}{\overline{x}_n}.$$

Da die Ableitung $n/\vartheta - \sum_{j=1}^n x_j$ für hinreichend kleines ϑ positiv ist, streng monoton fällt und für $\vartheta > \widehat{\vartheta}(x)$ negativ wird, liegt ein eindeutiges Maximum der Likelihood-Funktion vor. Der ML-Schätzer $\widehat{\vartheta}_n$ für den Parameter ϑ der Exponentialverteilung ist also

$$\widehat{\vartheta}_n = \frac{n}{\sum_{j=1}^n X_j} = \frac{1}{\overline{X}_n}.$$

Dieser Schätzer ist *nicht* erwartungstreu. Die Schätzfolge $(\widehat{\vartheta}_n)_{n\geq 1}$ ist asymptotisch erwartungstreu und konsistent für ϑ, vgl. Aufgabe 24.37. ◀

Im folgenden Beispiel kann man den ML-Schätzer nicht mit Mitteln der Analysis erhalten, da der Parameterraum $\Theta = \mathbb{N}$ eine diskrete Menge ist.

Beispiel Das Taxi-Problem

In einer Urne befinden sich ϑ gleichartige, von 1 bis ϑ nummerierte Kugeln. Dabei sei $\vartheta \in \Theta := \mathbb{N}$ unbekannt. Es werden rein zufällig und unabhängig voneinander n Kugeln mit Zurücklegen gezogen. Bezeichnet X_j die Nummer der j-ten gezogenen Kugel, so sind die Zufallsvariablen $X_1, \ldots, X_n$ unabhängig und je gleichverteilt auf $\{1, 2, \ldots, \vartheta\}$. Setzen wir $X := (X_1, \ldots, X_n)$, so liegt ein statistisches Modell mit $\mathcal{X} = \mathbb{N}^n$ vor. Wegen $\mathbb{P}_\vartheta(X_j = x_j) = 1/\vartheta$ für $x_j \in \{1, \ldots, \vartheta\}$ und $\mathbb{P}_\vartheta(X_j = x_j) = 0$ für $x_j > \vartheta$ gilt für $x = (x_1, \ldots, x_n) \in \mathcal{X}$

$$L_x(\vartheta) = \mathbb{P}_\vartheta(X = x) = \begin{cases} \left(\frac{1}{\vartheta}\right)^n, & \text{falls } \max\limits_{1 \le j \le n} x_j \le \vartheta, \\ 0 & \text{sonst.} \end{cases}$$

Offenbar wird L_x maximal, wenn $\widehat{\vartheta}_n(x) := \max_{1 \le j \le n} x_j$ gesetzt wird. Der ML-Schätzer $\widehat{\vartheta}_n$ ist also

$$\widehat{\vartheta}_n := \max_{1 \le j \le n} X_j .$$

Dieser unterschätzt den wahren Wert ϑ systematisch und ist somit nicht erwartungstreu, denn für $\vartheta \ge 2$ gilt

$$\begin{aligned} \mathbb{E}_\vartheta(\widehat{\vartheta}_n) &= \sum_{k=1}^{\vartheta} k \, \mathbb{P}_\vartheta\left(\max_{1 \le j \le n} X_j = k\right) \\ &< \vartheta \sum_{k=1}^{\vartheta} \mathbb{P}_\vartheta\left(\max_{1 \le j \le n} X_j = k\right) \\ &= \vartheta. \end{aligned}$$

Die Schätzfolge $(\widehat{\vartheta}_n)$ ist jedoch asymptotisch erwartungstreu und konsistent für ϑ, siehe Aufgabe 24.33. Ein erwartungstreuer Schätzer für ϑ ist

$$T_n(x) = \frac{\widehat{\vartheta}_n(x)^{n+1} - (\widehat{\vartheta}_n(x) - 1)^{n+1}}{\widehat{\vartheta}_n(x)^n - (\widehat{\vartheta}_n(x) - 1)^n},$$

vgl. Aufgabe 24.33. Dieser ist jedoch insofern unsinnig, als er nicht ganzzahlige Werte annimmt. So gilt etwa $T_n(x) = 109.458\ldots$ für das Zahlenbeispiel $n = 10$, $\widehat{\vartheta}_n(x) = 100$.

Die hier beschriebene Situation ist als *Taxi-Problem* bekannt, wenn ϑ als die unbekannte Anzahl von Taxis in einer großen Stadt angesehen wird. Die Zufallsvariable X_j kann dann als Nummer des j-ten zufällig an einem Beobachter vorbeifahrenden Taxis gedeutet werden. ◀

Beispiel Normalverteilung

Es seien $X_1, \ldots, X_n$ unabhängige Zufallsvariablen mit gleicher Normalverteilung $\mathrm{N}(\mu, \sigma^2)$, $\vartheta := (\mu, \sigma^2)$ sei unbekannt, vgl. das Beispiel auf Seite 905. Dann gilt: Der ML-Schätzer für (μ, σ^2) ist $\widehat{\vartheta}_n := \left(\widehat{\mu}_n, \widehat{\sigma_n^2}\right)$, wobei $\widehat{\mu}_n$ und $\widehat{\sigma_n^2}$ durch

$$\widehat{\mu}_n := \overline{X}_n := \frac{1}{n} \sum_{j=1}^n X_j, \qquad \widehat{\sigma_n^2} := \frac{1}{n} \sum_{j=1}^n \left(X_j - \overline{X}_n\right)^2$$

gegeben sind.

Zum Nachweis dieser Behauptung betrachten wir die Likelihood-Funktion zu $x = (x_1, \ldots, x_n)$, also

$$\begin{aligned} L_x\left(\mu, \sigma^2\right) &= \prod_{j=1}^n \left[\frac{1}{\sigma\sqrt{2\pi}} \exp\left(-\frac{(x_j - \mu)^2}{2\sigma^2}\right)\right] \\ &= \left(\frac{1}{\sigma\sqrt{2\pi}}\right)^n \exp\left(-\frac{1}{2\sigma^2} \sum_{j=1}^n (x_j - \mu)^2\right). \end{aligned}$$

Hier ist es bequem, die Maximierung in zwei Schritten durchzuführen, und zwar zunächst bezüglich μ bei festem σ^2 und danach bzgl. σ^2. Die erste Aufgabe führt auf die Minimierung der Summe $\sum_{j=1}^n (x_j - \mu)^2$ bezüglich μ. Diese Aufgabe besitzt die Lösung $\overline{x}_n = n^{-1} \sum_{j=1}^n x_j$. Einsetzen von $\overline{x}_n$ für μ in L_x und Maximierung des entstehenden Ausdrucks bezüglich σ^2 liefert nach Logarithmieren und Bildung der Ableitung nach σ^2 mittels direkter Rechnung die Lösung $\sigma^2 = n^{-1} \sum_{j=1}^n \left(x_j - \overline{x}_n\right)^2$. ◀

Achtung: In der Literatur findet sich oft die Sprechweise „die ML-Schätzer für μ und σ^2 der Normalverteilung sind

$$\widehat{\mu}_n = \overline{X}_n, \qquad \widehat{\sigma_n^2} = \frac{1}{n} \sum_{j=1}^n (X_j - \overline{X}_n)^2\text{“.}$$

Wir schließen uns hier an, obwohl wir im Fall eines vektorwertigen Parameters keine ML-Schätzung für einen reellwertigen Aspekt $\gamma(\vartheta)$ wie z. B. $\gamma(\vartheta) = \mu$ vorgenommen, sondern nur $\widehat{\mu}_n$ und $\widehat{\sigma_n^2}$ als *Komponenten des ML-Schätzers* $\widehat{\vartheta}_n$ für $\vartheta = (\mu, \sigma^2)$ identifiziert haben.

Natürlich bietet sich ganz allgemein der aus einem ML-Schätzer $\widehat{\vartheta} : \mathcal{X} \to \Theta$ für ϑ abgeleitete Schätzer

$$\widehat{\gamma(\vartheta)} := \gamma(\widehat{\vartheta}),$$

für $\gamma(\vartheta)$ an, wenn ein statistisches Modell $(\mathcal{X}, \mathcal{B}, (\mathbb{P}_\vartheta)_{\vartheta \in \Theta})$ mit $\Theta \subseteq \mathbb{R}^d$ vorliegt und $\gamma(\vartheta)$ zu schätzen ist, wobei $\gamma : \Theta \to \mathbb{R}^l$.

Die folgenden Eigenschaften der ML-Schätzer für μ und σ^2 und hier insbesondere die Unabhängigkeit von $\widehat{\mu}_n$ und $\widehat{\sigma_n^2}$ sind grundlegend für statistische Verfahren, die als Verteilungsannahme eine Normalverteilung unterstellen.

Satz über Verteilungseigenschaften von $\widehat{\mu}_n$ und $\widehat{\sigma_n^2}$

Die Zufallsvariablen $X_1, \ldots, X_n$ seien unabhängig und je $\mathrm{N}(\mu, \sigma^2)$-normalverteilt. Dann sind

$$\widehat{\mu}_n = \overline{X}_n = \frac{1}{n} \sum_{j=1}^n X_j, \quad \widehat{\sigma_n^2} = \frac{1}{n} \sum_{j=1}^n (X_j - \overline{X}_n)^2$$

stochastisch unabhängig, und es gelten

$$\overline{X}_n \sim \mathrm{N}\left(\mu, \frac{\sigma^2}{n}\right), \quad \frac{n}{\sigma^2} \widehat{\sigma_n^2} \sim \chi^2_{n-1}. \qquad (24.6)$$

Beweis: Es sei $Z_j := X_j - \mu$ $(j = 1, \ldots, n)$ sowie $\mathbf{Z} := (Z_1, \ldots, Z_n)^\top$. Wegen $Z_j \sim \mathrm{N}(0, \sigma^2)$ und der Unabhängigkeit von $Z_1, \ldots, Z_n$ besitzt $\mathbf{Z}$ die Normalverteilung $\mathrm{N}_n\left(\mathbf{0}, \sigma^2 \mathrm{I}_n\right)$. Dabei bezeichnen $\mathbf{0}$ den Nullvektor in $\mathbb{R}^n$ und I_n die n-reihige Einheitsmatrix. Es sei $H = (h_{ij})_{1 \le i,j \le n}$ eine beliebige orthogonale $(n \times n)$-Matrix mit $h_{nj} = n^{-1/2}$, $1 \le j \le n$. Setzen wir $Y := (Y_1, \ldots, Y_n)^\top := H\mathbf{Z}$, so hat Y wegen $H H^\top = \mathrm{I}_n$ nach dem Reproduktionsgesetz auf Seite 838 die Verteilung $\mathrm{N}_n\left(\mathbf{0}, \sigma^2 \mathrm{I}_n\right)$, und nach Aufgabe 22.46 sind $Y_1, \ldots, Y_n$ stochastisch unabhängig. Die Orthogonalität von H und $h_{nj} \equiv n^{-1/2}$ liefern

$$\begin{aligned} Y_1^2 + \cdots + Y_n^2 &= Z_1^2 + \cdots + Z_n^2, \\ Y_n &= \frac{1}{\sqrt{n}} \sum_{j=1}^n Z_j = \sqrt{n}\left(\overline{X}_n - \mu\right) \end{aligned}$$

und folglich mit der Abkürzung $\overline{Z}_n := n^{-1} \sum_{j=1}^n Z_j$

$$\begin{aligned} \sum_{j=1}^n \left(X_j - \overline{X}_n\right)^2 &= \sum_{j=1}^n \left(Z_j - \overline{Z}_n\right)^2 = \sum_{j=1}^n Z_j^2 - n\overline{Z}_n^2 \\ &= \sum_{j=1}^n Y_j^2 - Y_n^2 = \sum_{j=1}^{n-1} Y_j^2. \end{aligned}$$

Da $\widehat{\sigma_n^2}$ und $\overline{X}_n$ nur von $Y_1, \ldots, Y_{n-1}$ bzw. Y_n abhängen, sind sie nach dem Blockungslemma stochastisch unabhängig. Die erste Aussage in (24.6) ergibt sich aus dem Additionsgesetz auf Seite 830 und dem oben zitierten Reproduktionsgesetz. Wegen

$$\frac{n}{\sigma^2}\widehat{\sigma_n^2} = \frac{1}{\sigma^2}\sum_{j=1}^n \left(X_j - \overline{X}_n\right)^2 = \sum_{j=1}^{n-1}\left(\frac{Y_j}{\sigma}\right)^2$$

mit $\sigma^{-1} Y_j \sim \mathrm{N}(0, 1)$ folgt die zweite Aussage in (24.6) nach Definition der χ_{n-1}^2-Verteilung auf Seite 844. ■

Da die χ_{n-1}^2-Verteilung den Erwartungswert $n - 1$ besitzt, folgt aus der obigen Verteilungsaussage, dass $\widehat{\sigma_n^2}$ *kein* erwartungstreuer Schätzer für σ^2 ist; es gilt

$$\mathbb{E}_\vartheta\left(\widehat{\sigma_n^2}\right) = \frac{n-1}{n}\sigma^2.$$

Teilt man die Summe der Abweichungsquadrate $(X_j - \overline{X}_n)^2$ nicht durch n, sondern durch $n - 1$, so ergibt sich die sogenannte *Stichprobenvarianz*

$$S_n^2 := \frac{1}{n-1}\sum_{j=1}^n (X_j - \overline{X}_n)^2.$$

Diese ist ganz allgemein ein erwartungstreuer Schätzer für die unbekannte Varianz einer Verteilung, wenn $X_1, \ldots, X_n$ stochastisch unabhängige Zufallsvariablen mit dieser Verteilung sind (Aufgabe 24.38).

Die Momentenmethode verwendet Stichprobenmomente zur Schätzung von Funktionen von Momenten

Wir möchten jetzt mit der *Momentenmethode* ein zweites Schätzprinzip vorstellen. Dieses ist unmittelbar einsichtig, wenn man an das Gesetz großer Zahlen auf Seite 873 denkt. Ist $(Y_n)_{n \ge 1}$ eine Folge unabhängiger und identisch verteilter Zufallsvariablen auf einem Wahrscheinlichkeitsraum $(\Omega, \mathcal{A}, \mathbb{P})$ mit existierendem Erwartungswert $\mu := \mathbb{E}\, Y_1$, so gilt nach diesem Gesetz

$$\lim_{n \to \infty} \frac{1}{n}\sum_{j=1}^n Y_j = \mu \quad \mathbb{P}\text{-fast sicher.}$$

Die Folge der auch als *Stichprobenmittel* bezeichneten arithmetischen Mittel $\overline{Y}_n = n^{-1}\sum_{j=1}^n Y_j$ konvergiert also $\mathbb{P}$-f.s. und damit (vgl. Seite 869) auch stochastisch gegen den Erwartungswert der zugrunde liegenden Verteilung.

Ist nun $X_1, X_2, \ldots,$ eine Folge unabhängiger und identisch verteilter Zufallsvariablen mit $\mathbb{E}|X_1|^d < \infty$ für ein $d \in \mathbb{N}$, existiert also das d-te Moment von X_1, so konvergiert nach obigem Gesetz für jedes $k \in \{1, \ldots, d\}$ die Folge

$$\widehat{\mu}_{k,n} := \frac{1}{n}\sum_{j=1}^n X_j^k, \quad n \ge 1,$$

der sogenannten *k-ten Stichprobenmomente* mit Wahrscheinlichkeit eins (und damit auch stochastisch) für $n \to \infty$ gegen das k-te Moment $\mu_k := \mathbb{E}X_1^k$ von X_1.

?

Warum gilt im Fall $d \ge 2$ die Konvergenz auch für $k < d$?

Lässt sich also in einem statistischen Modell der unbekannte Parameter-Vektor $\vartheta = (\vartheta_1, \ldots, \vartheta_d)$ durch die Momente $\mu_1, \ldots, \mu_d$, ausdrücken, gibt es somit (auf einer geeigneten Teilmenge des $\mathbb{R}^d$ definierte) Funktionen $h_1, \ldots, h_d$ mit

$$\begin{aligned} \vartheta_1 &= h_1(\mu_1, \ldots, \mu_d), \\ \vartheta_2 &= h_2(\mu_1, \ldots, \mu_d), \\ \vdots &= \quad \vdots \\ \vartheta_d &= h_d(\mu_1, \ldots, \mu_d), \end{aligned}$$

so ist der *Momentenschätzer* $\widetilde{\vartheta}_n$ für ϑ durch $\widetilde{\vartheta}_n := (\widetilde{\vartheta}_{1,n}, \ldots, \widetilde{\vartheta}_{d,n})$ mit

$$\widetilde{\vartheta}_{k,n} := h_k(\widehat{\mu}_{1,n}, \ldots, \widehat{\mu}_{d,n})$$

definiert. Man ersetzt folglich zur Schätzung von $\vartheta_k = h_k(\mu_1, \ldots, \mu_d)$ die μ_j durch die entsprechenden Stichprobenmomente $\widehat{\mu}_{j,n}$.

Beispiel Gammaverteilung
Die Zufallsvariablen $X_1, \ldots, X_n$ seien unabhängig und je $\Gamma(\alpha, \lambda)$-verteilt, vgl. (22.52). Der Parameter $\vartheta := (\alpha, \lambda) \in \Theta := (0, \infty)^2$ sei unbekannt. Nach (22.54) gilt

$$\mu_1 = \mathbb{E}X_1 = \frac{\Gamma(\alpha+1)}{\lambda\Gamma(\alpha)} = \frac{\alpha}{\lambda},$$
$$\mu_2 = \mathbb{E}X_1^2 = \frac{\Gamma(\alpha+2)}{\lambda^2\Gamma(\alpha)} = \frac{\alpha(\alpha+1)}{\lambda^2},$$

sodass mit $\vartheta_1 := \alpha$ und $\vartheta_2 := \lambda$

$$\vartheta_1 = h_1(\mu_1, \mu_2) = \frac{\mu_1^2}{\mu_2 - \mu_1^2},$$
$$\vartheta_2 = h_2(\mu_1, \mu_2) = \frac{\mu_1}{\mu_2 - \mu_1^2}$$

folgt. Mit

$$\widehat{\mu}_{1,n} = \overline{X}_n = \frac{1}{n}\sum_{j=1}^n X_j, \quad \widehat{\mu}_{2,n} = \overline{X_n^2} := \frac{1}{n}\sum_{j=1}^n X_j^2$$

ergibt sich somit der Momentenschätzer $\widetilde{\vartheta}_n = (\widetilde{\vartheta}_{1n}, \widetilde{\vartheta}_{2n})$ für ϑ zu

$$\widetilde{\vartheta}_{1n} = \frac{\overline{X}_n^2}{\overline{X_n^2} - \overline{X}_n^2}, \quad \widetilde{\vartheta}_{2n} = \frac{\overline{X}_n}{\overline{X_n^2} - \overline{X}_n^2}.$$

Im Gegensatz hierzu ist der ML-Schätzer für ϑ nicht in expliziter Form angebbar (Aufgabe 24.41). ◀

In manchen Fällen stimmen Momentenschätzer und ML-Schätzer überein. So ist im Fall der Normalverteilung der ML-Schätzer $\widehat{\mu}_n = \overline{X}_n$ auch der Momentenschätzer für μ. Gleiches trifft wegen

$$\widehat{\sigma_n^2} = \frac{1}{n}\sum_{j=1}^n (X_j - \overline{X}_n)^2 = \frac{1}{n}\sum_{j=1}^n X_j^2 - \overline{X}_n^2$$

für den ML-Schätzer für σ^2 zu. Auch im Fall der Exponentialverteilung ist wegen $\mathbb{E}_\vartheta X_1 = 1/\vartheta$ der ML-Schätzer

$$\widehat{\vartheta}_n = \frac{n}{\sum_{j=1}^n X_j} = \frac{1}{\overline{X}_n}$$

gleich dem Momentenschätzer für ϑ.

Die Fisher-Information ist die Varianz der Scorefunktion

Wir werden jetzt unter anderem sehen, dass die Varianz eines erwartungstreuen Schätzers unter bestimmten Regularitätsvoraussetzungen eine gewisse untere Schranke nicht unterschreiten kann. Hiermit lässt sich manchmal zeigen, dass ein erwartungstreuer Schätzer unter dem Kriterium der Varianz gleichmäßig bester Schätzer ist. Bei der folgenden Definition sei an die Schreibweise $f(x, \vartheta)$ sowohl für eine Lebesgue-Dichte als auch für eine Wahrscheinlichkeitsfunktion (Zähldichte) erinnert. Im letzteren Fall ist ein auftretendes Integral – das sich stets über den Stichprobenraum $\mathcal{X}$ erstreckt – durch eine entsprechende Summe zu ersetzen. Ableitungen nach ϑ werden mit dem gewöhnlichen Differenziations-Zeichen $\mathrm{d}/\mathrm{d}\vartheta$ geschrieben.

Definition eines regulären statistischen Modells

Ein statistisches Modell $(\mathcal{X}, \mathcal{B}, (\mathbb{P}_\vartheta)_{\vartheta\in\Theta})$ mit $\Theta \subseteq \mathbb{R}$ heißt **regulär**, falls gilt:

a) Θ ist ein offenes Intervall.
b) Die Dichte f ist auf $\mathcal{X} \times \Theta$ strikt positiv und für jedes $x \in \mathcal{X}$ nach ϑ stetig differenzierbar. Insbesondere existiert dann die sog. **Scorefunktion**

$$U_\vartheta(x) := \frac{\mathrm{d}}{\mathrm{d}\vartheta}\log f(x, \vartheta) = \frac{\frac{\mathrm{d}}{\mathrm{d}\vartheta}f(x, \vartheta)}{f(x, \vartheta)}.$$

c) Für jedes $\vartheta \in \Theta$ gilt die Vertauschungsrelation

$$\int \frac{\mathrm{d}}{\mathrm{d}\vartheta} f(x, \vartheta)\,\mathrm{d}x = \frac{\mathrm{d}}{\mathrm{d}\vartheta}\int f(x, \vartheta)\,\mathrm{d}x. \qquad (24.7)$$

d) Für jedes $\vartheta \in \Theta$ gilt

$$0 < \mathrm{I}_f(\vartheta) := \mathbb{V}_\vartheta(U_\vartheta) < \infty. \qquad (24.8)$$

Die Zahl $\mathrm{I}_f(\vartheta)$ heißt **Fisher-Information von f bezüglich ϑ**.

?

Können Sie (unter den bislang aufgetretenen) ein nicht reguläres statistisches Modell identifizieren?

Kommentar: Die Vertauschungsrelation (24.7) ist trivialerweise erfüllt, wenn eine diskrete Verteilungsfamilie vorliegt und $\mathcal{X}$ endlich ist. Andernfalls liefert der Satz über die Ableitung eines Parameterintegrals auf Seite 247 mit (7.36) eine hinreichende Bedingung. Da die rechte Seite von (24.7) wegen $\int f(x, \vartheta)\,\mathrm{d}x = 1$ verschwindet, ergibt sich

$$\mathbb{E}_\vartheta(U_\vartheta) = \int \frac{\frac{\mathrm{d}}{\mathrm{d}\vartheta}f(x, \vartheta)}{f(x, \vartheta)} f(x, \vartheta)\,\mathrm{d}x = 0$$

und somit $\mathrm{I}_f(\vartheta) = \mathbb{E}_\vartheta(U_\vartheta^2)$.

Beispiel Bernoulli-Kette
Wir betrachten wie zu Beginn dieses Abschnittes das statistische Modell $(\mathcal{X}, \mathcal{B}, (\mathbb{P}_\vartheta)_{\vartheta\in\Theta})$ mit $\mathcal{X} := \{0, 1\}^n$, $\mathcal{B} := \mathcal{P}(\mathcal{X})$, $\Theta := (0, 1)$ und $X = (X_1, \ldots, X_n) := \mathrm{id}_\mathcal{X}$ mit unabhängigen und identisch $\mathrm{Bin}(1, \vartheta)$-verteilten Zufallsvariablen $X_1, \ldots, X_n$. Es ist also

$$\mathbb{P}_\vartheta(X = x) = f(x, \vartheta) = \prod_{j=1}^n \vartheta^{x_j}(1-\vartheta)^{1-x_j}.$$

Dieses Modell ist regulär, denn die Eigenschaften a) und b) sind wegen der Wahl von Θ erfüllt, und c) gilt offensichtlich. Der Nachweis von d) ergibt sich mit

$$\log f(X,\vartheta) = \sum_{j=1}^{n} \left(X_j \log\vartheta + (1-X_j)\log(1-\vartheta)\right),$$

$$\begin{aligned} U_\vartheta(X) &= \frac{\mathrm{d}}{\mathrm{d}\vartheta}\log f(X,\vartheta) = \sum_{j=1}^{n}\left(\frac{X_j}{\vartheta} - \frac{1-X_j}{1-\vartheta}\right) \\ &= \sum_{j=1}^{n} \frac{X_j-\vartheta}{\vartheta(1-\vartheta)}. \end{aligned}$$

Wegen $X_j \sim \mathrm{Bin}(1,\vartheta)$ gilt $\mathbb{V}_\vartheta(X_j) = \vartheta(1-\vartheta)$. Da die Varianzbildung bei Summen unabhängiger Zufallsvariablen additiv ist, folgt mit (24.8)

$$\mathrm{I}_f(\vartheta) = \mathbb{V}_\vartheta\left(U_\vartheta(X)\right) = \frac{n}{\vartheta(1-\vartheta)}, \tag{24.9}$$

sodass auch d) erfüllt ist. ◀

Kommentar: Warum heißt $\mathrm{I}_f(\vartheta)$ Fisher-*Information*? Die Ableitung

$$\frac{\mathrm{d}}{\mathrm{d}\vartheta}\log f(x,\vartheta)\bigg|_{\vartheta=\vartheta_0} = \frac{\frac{\mathrm{d}}{\mathrm{d}\vartheta} f(x,\vartheta)}{f(x,\vartheta)}\bigg|_{\vartheta=\vartheta_0}$$

kann als lokale Änderungsrate der Dichte $f(x,\vartheta)$ an der Stelle $\vartheta = \vartheta_0$, bezogen auf den Wert $f(x,\vartheta_0)$, angesehen werden. Quadrieren wir diese lokale Änderungsrate und integrieren bezüglich der Dichte $f(\cdot,\vartheta_0)$, so ergibt sich $\mathrm{I}_f(\vartheta_0)$ als gemittelte Version dieser Rate. Ist $\mathrm{I}_f(\vartheta_0)$ groß, so ändert sich die Verteilung schnell, wenn wir von ϑ_0 zu Parameterwerten in der Nähe von ϑ_0 übergehen. Wir sollten also in der Lage sein, den Parameterwert ϑ_0 gut zu schätzen. Ist umgekehrt $\mathrm{I}_f(\vartheta_0)$ klein, so wäre die Verteilung $\mathbb{P}_{\vartheta_0}$ auch zu Verteilungen $\mathbb{P}_\vartheta$ ähnlich, bei denen sich ϑ deutlicher von ϑ_0 unterscheidet. Es wäre dann schwieriger, ϑ_0 zu schätzen. Wäre sogar $\mathrm{I}_f(\vartheta) = 0$ für jedes ϑ in einem Teilintervall Θ' von Θ, so gälte

$$\mathbb{P}_\vartheta\left(\frac{\mathrm{d}}{\mathrm{d}\vartheta}\log f(X,\vartheta) = 0\right) = 1, \quad \vartheta\in\Theta',$$

da die Varianz von U_ϑ genau dann verschwindet, wenn U_ϑ mit Wahrscheinlichkeit eins nur den Wert $\mathbb{E}_\vartheta(U_\vartheta) = 0$ annimmt. Somit wäre die Dichte bzw. Zähldichte $f(x,\vartheta)$ für (fast) alle $x\in\mathcal{X}$ auf Θ' konstant und keine Beobachtung könnte die Parameterwerte aus Θ' unterscheiden.

Ein weiteres Merkmal der Fisher-Information ist deren *Additivität im Fall unabhängiger Zufallsvariablen*. Hierzu betrachten wir ein statistisches Modell mit $X = (X_1,\ldots,X_n)$, wobei die Zufallsvariablen $X_1,\ldots,X_n$ unter $\mathbb{P}_\vartheta$ unabhängig und identisch verteilt sind. Besitzt X_1 die Dichte oder Zähldichte $f_1(t,\vartheta)$, $t\in\mathcal{X}_1\subseteq\mathbb{R}$, und sind die Regularitätsvoraussetzungen a) bis d) von Seite 913 für f_1 erfüllt, gilt also insbesondere

$$0 < \mathrm{I}_{f_1}(\vartheta) := \int_{\mathcal{X}_1}\left(\frac{\mathrm{d}}{\mathrm{d}\vartheta}\log f_1(t,\vartheta)\right)^2 f_1(t,\vartheta)\mathrm{d}t < \infty \tag{24.10}$$

für jedes $\vartheta\in\Theta$, so gelten a) bis d) auch für die Dichte

$$f(x,\vartheta) := \prod_{j=1}^{n} f_1(x_j,\vartheta), \quad x = (x_1,\ldots,x_n)$$

von $X = (X_1,\ldots,X_n)$ auf $\mathcal{X}\times\Theta$, wobei $\mathcal{X} = \mathcal{X}_1\times\ldots\times\mathcal{X}_1$ (n Faktoren). Wegen der Unabhängigkeit und identischen Verteilung von $X_1,\ldots,X_n$ folgt

$$\begin{aligned} \mathrm{I}_f(\vartheta) &= \mathbb{V}_\vartheta(U_\vartheta) = \mathbb{V}_\vartheta\left(\frac{\mathrm{d}}{\mathrm{d}\vartheta}\log f(X,\vartheta)\right) \\ &= \mathbb{V}_\vartheta\left(\sum_{j=1}^{n}\frac{\mathrm{d}}{\mathrm{d}\vartheta}\log f_1(X_j,\vartheta)\right) \\ &= \sum_{j=1}^{n}\mathbb{V}_\vartheta\left(\frac{\mathrm{d}}{\mathrm{d}\vartheta}\log f_1(X_j,\vartheta)\right) \\ &= n\,\mathbb{V}_\vartheta\left(\frac{\mathrm{d}}{\mathrm{d}\vartheta}\log f_1(X_1,\vartheta)\right) \end{aligned}$$

und somit

$$\mathrm{I}_f(\vartheta) = n\,\mathrm{I}_{f_1}(\vartheta). \tag{24.11}$$

Die Fisher-Information nimmt also proportional zur Anzahl n der Beobachtungen zu. Dieses Phänomen haben wir schon in Gleichung (24.9) im Spezialfall einer Bernoulli-Kette der Länge n kennengelernt.

?

Warum gilt die Gleichung (24.11)?

Aus der Cauchy-Schwarz'schen Ungleichung erhält man unmittelbar die folgende, auf Harald Cramér (1893–1985) und Radhakrishna Rao (*1920) zurückgehende Ungleichung.

Cramér-Rao-Ungleichung

Es seien $(\mathcal{X},\mathcal{B},(\mathbb{P}_\vartheta)_{\vartheta\in\Theta})$ ein reguläres statistisches Modell und $T:\mathcal{X}\to\mathbb{R}$ ein Schätzer für ϑ mit $\mathbb{E}_\vartheta|T| < \infty$, $\vartheta\in\Theta$, und

$$\frac{\mathrm{d}}{\mathrm{d}\vartheta}\mathbb{E}_\vartheta T = \int T(x)\frac{\mathrm{d}}{\mathrm{d}\vartheta}f(x,\vartheta)\,\mathrm{d}x. \tag{24.16}$$

Dann folgt

$$\mathbb{V}_\vartheta(T) \ge \frac{\left[\frac{\mathrm{d}}{\mathrm{d}\vartheta}\mathbb{E}_\vartheta(T)\right]^2}{\mathrm{I}_f(\vartheta)}, \quad \vartheta\in\Theta. \tag{24.17}$$

Beweis: Es sei o.B.d.A. $\mathbb{V}_\vartheta(T) < \infty$. Die Cauchy-Schwarz'sche Ungleichung und (24.8) liefern

$$\underset{\vartheta}{\mathrm{Cov}}(U_\vartheta,T)^2 \le \mathbb{V}_\vartheta(U_\vartheta)\,\mathbb{V}_\vartheta(T) = \mathrm{I}_f(\vartheta)\,\mathbb{V}_\vartheta(T).$$

Hintergrund und Ausblick: asymptotische Verteilung von ML-Schätzern

Unter Regularitätsvoraussetzungen ist der mit $\sqrt{n}$ multiplizierte Schätzfehler $\widehat{\vartheta}_n - \vartheta$ asymptotisch normalverteilt.

Es seien $X_1, X_2, \ldots$ unabhängige Zufallsvariablen mit gleicher Dichte oder Zähldichte $f_1(t, \vartheta)$, $t \in \mathcal{X} \subseteq \mathbb{R}$, $\vartheta \in \Theta$, wobei für f_1 die Voraussetzungen a) bis d) von Seite 913 erfüllt sind. Insbesondere gilt also (24.10). Der ML-Schätzer $\widehat{\vartheta}_n$ für ϑ genügt dann der Loglikelihood-Gleichung

$$0 = U_n(\widehat{\vartheta}_n). \tag{24.12}$$

Dabei ist

$$U_n(\vartheta) := \sum_{j=1}^{n} \frac{\mathrm{d}}{\mathrm{d}\vartheta} \log f_1(X_j, \vartheta)$$

eine Summe unabhängiger identisch verteilter Zufallsvariablen mit Erwartungswert 0 und Varianz $\mathrm{I}_{f_1}(\vartheta)$. Nach dem Zentralen Grenzwertsatz von Lindeberg-Lévy gilt also für jedes $\vartheta \in \Theta$

$$\frac{1}{\sqrt{n}} U_n(\vartheta) \xrightarrow{\mathcal{D}_\vartheta} \mathrm{N}\left(0, \mathrm{I}_{f_1}(\vartheta)\right) \text{ für } n \to \infty. \tag{24.13}$$

Dabei haben wir ϑ als Index an das Symbol für Verteilungskonvergenz geschrieben und werden Gleiches auch bei der stochastischen Konvergenz tun. Wir nehmen an, dass $\widehat{\vartheta}_n \xrightarrow{\mathbb{P}_\vartheta} \vartheta$ gilt, dass also die Folge der ML-Schätzer konsistent für ϑ ist. Ein Beweis hierfür findet sich in der angegebenen Literatur. Unter gewissen weiteren Voraussetzungen an f_1 ist dann die Folge $(\widehat{\vartheta}_n)$ asymptotisch normalverteilt. Genauer gilt

$$\sqrt{n}\left(\widehat{\vartheta}_n - \vartheta\right) \xrightarrow{\mathcal{D}_\vartheta} \mathrm{N}\left(0, \frac{1}{\mathrm{I}_{f_1}(\vartheta)}\right), \quad \vartheta \in \Theta. \tag{24.14}$$

Man gelangt relativ schnell zu diesem Ergebnis, wenn man beide Seiten der Gleichung (24.12) durch $\sqrt{n}$ dividiert und eine Taylorentwicklung von U_n um den wahren Wert ϑ vornimmt. Schreiben wir die Differenziation nach ϑ auch mit dem Differenziations-Strich, so folgt

$$0 = \frac{1}{\sqrt{n}} U_n(\vartheta) + \sqrt{n}(\widehat{\vartheta}_n - \vartheta)\, \frac{1}{n} U_n'(\vartheta) + R_n(\vartheta), \tag{24.15}$$

wobei $\widehat{\vartheta}_n \xrightarrow{\mathbb{P}_\vartheta} \vartheta$ und geeignete Annahmen an f_1 garantieren, dass $R_n(\vartheta) \xrightarrow{\mathbb{P}_\vartheta} 0$ gilt. Wegen

$$\frac{1}{n} U_n'(\vartheta) = \frac{1}{n} \sum_{j=1}^{n} \frac{\mathrm{d}^2}{\mathrm{d}\vartheta^2} \log f_1(X_j, \vartheta)$$

gilt nach dem starken Gesetz großer Zahlen

$$\lim_{n\to\infty} \frac{1}{n} U_n'(\vartheta) = \mathbb{E}_\vartheta \left(\frac{\mathrm{d}^2}{\mathrm{d}\vartheta^2} \log f_1(X_1, \vartheta) \right) \quad \mathbb{P}_\vartheta\text{-f.s.}$$

Da die rechte Seite gleich

$$\begin{aligned} & \int_{\mathcal{X}} \frac{f_1''(t,\vartheta) f_1(t,\vartheta) - f_1'(t,\vartheta)^2}{f_1(t,\vartheta)^2} f_1(t,\vartheta)\mathrm{d}t \\ = & \int_{\mathcal{X}} f_1''(t,\vartheta)\mathrm{d}t - \int_{\mathcal{X}} \left(\frac{\mathrm{d}}{\mathrm{d}\vartheta} \log f_1(t,\vartheta) \right)^2 f_1(t,\vartheta)\mathrm{d}t \\ = & \ 0 - \mathrm{I}_{f_1}(\vartheta) \end{aligned}$$

ist, erhält man aus (24.15) die Darstellung

$$\sqrt{n}(\widehat{\vartheta}_n - \vartheta) = \frac{1}{\mathrm{I}_{f_1}(\vartheta)} \frac{1}{\sqrt{n}} U_n(\vartheta) + \widetilde{R}_n(\vartheta)$$

mit $\widetilde{R}_n(\vartheta) \xrightarrow{\mathbb{P}_\vartheta} 0$. Die Asymptotik (24.14) folgt nun aus (24.13) und dem Lemma von Sluzki auf Seite 881.

Literatur

Th. S. Ferguson: *A Course in Large Sample Theory*. Chapman & Hall, London 1996.

Wegen $\mathbb{E}_\vartheta(U_\vartheta) = 0$ folgt

$$\begin{aligned} \operatorname*{Cov}_\vartheta(U_\vartheta, T) &= \mathbb{E}_\vartheta(U_\vartheta\, T) \\ &= \int T(x) \left(\frac{\mathrm{d}}{\mathrm{d}\vartheta} \log f(x,\vartheta) \right) f(x,\vartheta)\,\mathrm{d}x \\ &= \int T(x) \frac{\mathrm{d}}{\mathrm{d}\vartheta} f(x,\vartheta)\,\mathrm{d}x \\ &= \frac{\mathrm{d}}{\mathrm{d}\vartheta} \mathbb{E}_\vartheta(T). \end{aligned}$$

■

Kommentar: Bedingung (24.16) ist eine Regularitätsbedingung an den Schätzer T, die wie (24.7) eine Vertauschbarkeit von Differenziation und Integration bedeutet und bei endlichem $\mathcal{X}$ trivialerweise erfüllt ist. Ist unter obigen Voraussetzungen der Schätzer T erwartungstreu für ϑ, so geht die Cramér-Rao-Ungleichung in

$$\mathbb{V}_\vartheta(T) \geq \frac{1}{\mathrm{I}_f(\vartheta)}, \qquad \vartheta \in \Theta,$$

über. Je größer die Fisher-Information, desto kleiner kann also die Varianz eines erwartungstreuen Schätzers werden. Liegen wie in den Ausführungen zur Additivität der Fisher-Information auf Seite 914 unabhängige und identisch verteilte Zufallsvariablen $X_1, \ldots, X_n$ mit gleicher Dichte oder Zähldichte $f_1(t, \vartheta)$ vor, so gilt mit der in (24.10) eingeführten „Fisher-Information für eine Beobachtung" $\mathrm{I}_{f_1}(\vartheta)$ und (24.11) für jeden auf $X_1, \ldots, X_n$ basierenden erwartungs-

Unter der Lupe: Wann tritt in der Cramér-Rao-Ungleichung das Gleichheitszeichen ein?

Nur für einparametrige Exponentialfamilien kann die untere Schranke angenommen werden.

Schreiben wir kurz $\rho(\vartheta) := \mathbb{E}_\vartheta(T)$, so folgt mit $a(\vartheta) := \rho'(\vartheta)/\mathrm{I}_f(\vartheta)$ sowie $\mathrm{I}_f(\vartheta) = \mathbb{V}_\vartheta(U_\vartheta)$ und der im Beweis der Cramér-Rao-Ungleichung eingesehenen Gleichheit $\mathrm{Cov}_\vartheta(U_\vartheta, T) = \rho'(\vartheta)$

$$\begin{aligned} 0 &\le \mathbb{V}_\vartheta(T - a(\vartheta)U_\vartheta) = \mathbb{V}_\vartheta(T) + a(\vartheta)^2\mathbb{V}_\vartheta(U_\vartheta) \\ &\qquad -2a(\vartheta)\mathrm{Cov}_\vartheta(T, U_\vartheta) \\ &= \mathbb{V}_\vartheta(T) - \frac{\rho'(\vartheta)^2}{\mathrm{I}_f(\vartheta)}. \end{aligned}$$

Diese Abschätzung bestätigt nicht nur die Cramér-Rao-Ungleichung, sondern zeigt auch, dass in (24.17) genau dann Gleichheit eintritt, wenn für jedes $\vartheta \in \Theta$ die Varianz $\mathbb{V}_\vartheta(T - a(\vartheta)U_\vartheta)$ verschwindet, wenn also die Zufallsvariable $T - a(\vartheta)U_\vartheta$ $\mathbb{P}_\vartheta$-fast sicher gleich ihrem Erwartungswert $\rho(\vartheta)$ ist oder gleichbedeutend

$$\mathbb{P}_\vartheta(T - \rho(\vartheta) \ne a(\vartheta)U_\vartheta) = 0, \quad \vartheta \in \Theta,$$

gilt. Weil $\mathbb{P}_\vartheta$ eine strikt positive Dichte $f(\cdot, \vartheta)$ bezüglich des mit μ bezeichneten Borel-Lebesgue-Maßes oder Zählmaßes auf $\mathcal{X}$ besitzt, folgt somit

$$\mu(\{x \in \mathcal{X}: T(x) - \rho(\vartheta) \ne a(\vartheta)U_\vartheta(x)\}) = 0.$$

Da diese Aussage für jedes $\vartheta \in \Theta$ gilt, ergibt sich unter Beachtung der Tatsache, dass die abzählbare Vereinigung von μ-Nullmengen ebenfalls eine μ-Nullmenge ist und man sich aus Stetigkeitsgründen bei der folgenden Aussage auf rationale $\vartheta \in \Theta$ beschränken kann:

$$\mu\left(\left\{x \in \mathcal{X} \,\middle|\, \frac{T(x) - \rho(\vartheta)}{a(\vartheta)} \ne U_\vartheta(x) \text{ für ein } \vartheta \in \Theta\right\}\right) = 0.$$

Für μ-fast alle $x \in \mathcal{X}$ gilt also

$$\frac{\mathrm{d}}{\mathrm{d}\vartheta} \log f(x, \vartheta) = \frac{1}{a(\vartheta)} T(x) - \frac{\rho(\vartheta)}{a(\vartheta)}.$$

Durch unbestimmte Integration über ϑ folgt jetzt, dass für μ-fast alle x die Dichte $f(x, \vartheta)$ die Gestalt

$$f(x, \vartheta) = b(\vartheta)\, h(x)\, \mathrm{e}^{Q(\vartheta)T(x)} \qquad (24.18)$$

besitzen muss. Hier sind $h: \mathcal{X} \to (0, \infty)$ eine messbare Funktion, $Q: \Theta \to \mathbb{R}$ eine Stammfunktion von $1/a(\vartheta)$ und $b(\vartheta)$ eine durch $\int f(x, \vartheta)\,\mathrm{d}x = 1$ bestimmte Normierungsfunktion.

Man nennt eine Verteilungsfamilie $(\mathbb{P}_\vartheta)_{\vartheta\in\Theta}$ auf $(\mathcal{X}, \mathcal{B})$ *einparametrige Exponentialfamilie bezüglich* T, falls $\Theta \subseteq \mathbb{R}$ ein offenes Intervall ist und die Dichte oder Zähldichte von $\mathbb{P}_\vartheta$ auf $\mathcal{X}$ durch (24.18) gegeben ist. Dabei setzt man die Funktion Q als stetig differenzierbar mit $Q'(\vartheta) \ne 0$, $\vartheta \in \Theta$, voraus. Die untere Schranke in der Cramér-Rao-Ungleichung kann also nur angenommen werden, wenn die zugrunde liegende Verteilungsdichte eine ganz spezielle Struktur besitzt. Einfache Beispiele einparametriger Exponentialfamilien sind die Binomialverteilung, die Poisson-Verteilung und die Exponentialverteilung (Aufgabe 24.42).

---

treuen Schätzer T_n

$$\mathbb{V}_\vartheta(T_n) \ge \frac{1}{n\mathrm{I}_{f_1}(\vartheta)}, \qquad \vartheta \in \Theta.$$

Dabei haben wir den Stichprobenumfang n als Index an T kenntlich gemacht.

Ein erwartungstreuer Schätzer T für ϑ heißt *Cramér-Rao-effizient*, falls

$$\mathbb{V}_\vartheta(T) = \frac{1}{\mathrm{I}_f(\vartheta)}, \qquad \vartheta \in \Theta,$$

gilt, falls also in der Cramér-Rao-Ungleichung das Gleichheitszeichen eintritt.

Beispiel Relative Trefferhäufigkeit
Im Beispiel der Bernoulli-Kette der Länge n auf Seite 913 haben wir die Fisher-Information $\mathrm{I}_f(\vartheta)$ zu

$$\mathrm{I}_f(\vartheta) = \frac{n}{\vartheta(1-\vartheta)}, \qquad 0 < \vartheta < 1,$$

nachgewiesen. Da die relative Trefferhäufigkeit $T_n = \overline{X}_n = n^{-1}\sum_{j=1}^n X_j$ ein erwartungstreuer Schätzer für ϑ ist und die Varianz

$$\mathbb{V}_\vartheta(T_n) = \frac{\vartheta(1-\vartheta)}{n} = \frac{1}{\mathrm{I}_f(\vartheta)}$$

besitzt, nimmt dieser Schätzer für jedes $\vartheta \in (0, 1)$ die Cramér-Rao-Schranke $1/\mathrm{I}_f(\vartheta)$ an und ist somit in obigem Sinn Cramér-Rao-effizient, also gleichmäßig bester erwartungstreuer Schätzer. Letztere Aussage gilt auch, wenn wir den Parameterraum Θ um die extremen Werte 0 und 1 erweitern, denn es gilt $\mathbb{V}_0(T_n) = \mathbb{V}_1(T_n) = 0$. ◀

24.3 Konfidenzbereiche

Es seien $(\mathcal{X}, \mathcal{B}, (\mathbb{P}_\vartheta)_{\vartheta\in\Theta})$ mit $\Theta \subseteq \mathbb{R}^d$ ein statistisches Modell und $\gamma: \Theta \to \mathbb{R}^l$. Ein Punktschätzer $T: \mathcal{X} \to \mathbb{R}^l$ für $\gamma(\vartheta)$ liefert bei Vorliegen von Daten $x \in \mathcal{X}$ einen *konkreten Schätzwert* $T(x)$ für $\gamma(\vartheta)$. Da dieser Schätzwert

Hintergrund und Ausblick: Bayes-Schätzung

Wie lässt sich bei Schätzproblemen Vorwissen über Parameter nutzen?

Wir betrachten ein statistisches Modell $(\mathcal{X}, \mathcal{B}, (\mathbb{P}_\vartheta)_{\vartheta\in\Theta})$, wobei der Einfachheit halber $\Theta \subseteq \mathbb{R}$ ein Intervall sei. Im Unterschied zum bisherigen Ansatz, durch geeignete Wahl eines erwartungstreuen Schätzers T für ϑ die mittlere quadratische Abweichung $\mathbb{E}_\vartheta(T-\vartheta)^2$ *gleichmäßig in* ϑ minimieren zu wollen, verfolgen Bayes-Verfahren ein anderes Ziel. Sie betrachten den Parameter ϑ als *zufallsabhängig* und legen für ϑ eine sogenannte *A-priori-Verteilung* auf den Borel'schen Teilmengen von Θ zugrunde. Wir nehmen an, dass diese Verteilung durch eine Lebesgue-Dichte γ über Θ gegeben ist. Durch geeignete Wahl von T soll dann das als *Bayes-Risiko von T bezüglich* γ bezeichnete Integral

$$R(\gamma, T) := \int_\Theta \mathbb{E}_\vartheta(T-\vartheta)^2\,\gamma(\vartheta)\,\mathrm{d}\vartheta \qquad (24.19)$$

minimiert werden. Ein Schätzer $T^* : \mathcal{X} \to \Theta$ mit

$$R(\gamma, T^*) = \inf\{R(\gamma, T) : T : \mathcal{X} \to \Theta \text{ Schätzer für } \vartheta\}$$

heißt *Bayes-Schätzer für* ϑ *zur A-priori-Verteilung* γ.

Um einen solchen Schätzer zu bestimmen, sehen wir die Dichte (bzw. Zähldichte) $f(x,\vartheta)$ von X $(:= \mathrm{id}_\mathcal{X})$ als *bedingte Dichte* $f(x|\vartheta) := f(x,\vartheta)$ unter der Bedingung an, dass die Zufallsvariable $G := \mathrm{id}_\Theta$ mit der Dichte γ die Realisierung ϑ ergeben hat, und verwenden die Notation $f(x|\vartheta)$ anstelle von $f(x,\vartheta)$. In dieser Deutung ist dann das Produkt $\gamma(\vartheta)f(x|\vartheta)$ die gemeinsame Dichte von G und X. Weiter ist

$$m(x) := \int_\Theta \gamma(\vartheta) f(x|\vartheta)\,\mathrm{d}\vartheta, \qquad x \in \mathcal{X},$$

die marginale Dichte (bzw. Zähldichte) von X und in Analogie zur Bayes-Formel

$$g(\vartheta|x) := \frac{\gamma(\vartheta)f(x|\vartheta)}{\int_\Theta \gamma(t)f(x|t)\,\mathrm{d}t} \qquad (24.20)$$

die sogenannte *A-posteriori-Dichte* von G bei gegebenem $X = x$. Diese Dichte kann als Update von γ aufgrund der Stichprobe $x \in \mathcal{X}$ angesehen werden.

Ersetzen wir in (24.19) $\mathbb{E}_\vartheta(T-\vartheta)^2$ durch das Integral $\int_\mathcal{X}(T(x)-\vartheta)^2 f(x|\vartheta)\,\mathrm{d}x$ (bei einer Zähldichte steht hier eine Summe) und vertauschen unter Verwendung des Satzes von Tonelli die Integrationsreihenfolge, so ergibt sich wegen $\gamma(\vartheta)f(x|\vartheta) = g(\vartheta|x)m(x)$ die Darstellung

$$R(\gamma, T) = \int_\mathcal{X}\left[\int_\Theta (\vartheta - T(x))^2 g(\vartheta|x)\,\mathrm{d}\vartheta\right] m(x)\,\mathrm{d}x.$$

Hieran liest man die Gestalt eines Bayes-Schätzers ab: Man muss für jedes $x \in \mathcal{X}$ den Schätzwert $T^*(x)$ so wählen, dass das in eckigen Klammern stehende Integral minimal wird. Da Letzteres gleich $\mathbb{E}[(G-T(x))^2|X=x]$ ist, liefert der bedingte Erwartungswert

$$T^*(x) := \mathbb{E}(G|X=x) = \int_\Theta \vartheta\, g(\vartheta|x)\,\mathrm{d}\vartheta$$

der A-posteriori-Verteilung von G bei gegebenem $X = x$ die gesuchte Bayes-Schätzung.

Besitzt X bei gegebenem $G = \vartheta$ die Binomialverteilung $\mathrm{Bin}(n,\vartheta)$, gilt also $f(x|\vartheta) = \binom{n}{x}\vartheta^x(1-\vartheta)^{n-x}$ für $x = 0,\ldots,n$, und legt man für G die Beta-Dichte

$$\gamma(\vartheta) = \gamma_{\alpha,\beta}(\vartheta) = \frac{\vartheta^{\alpha-1}(1-\vartheta)^{\beta-1}}{B(\alpha,\beta)}, \qquad 0 < \vartheta < 1,$$

zugrunde, siehe nachfolgende Abbildung und Aufgabe 22.53, so ergibt sich mit (24.20) die A-posteriori-Dichte von G unter $X = x$ zu

$$g(\vartheta|x) = \frac{\vartheta^{x+\alpha-1}(1-\vartheta)^{n-x+\beta-1}}{B(x+\alpha, n-x+\beta)}.$$

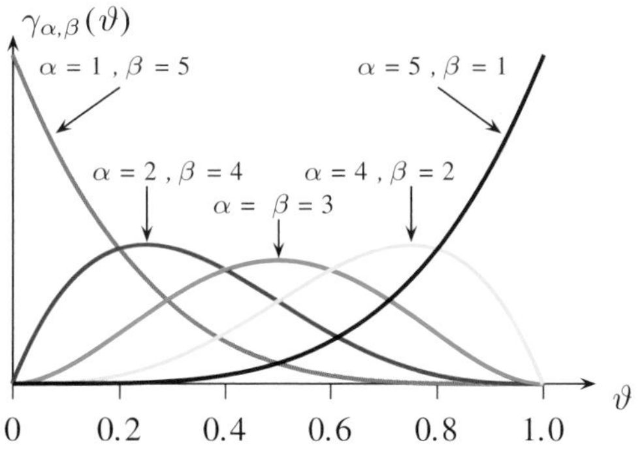

Die A-posteriori-Verteilung von G unter $X = x$ ist also die Betaverteilung $\mathrm{B}(x+\alpha, n-x+\beta)$. Der Erwartungswert dieser Verteilung ist nach Aufgabe 22.53 b) gleich

$$T^*(x) := \int_0^1 \vartheta\, g(\vartheta|x)\,\mathrm{d}\vartheta = \frac{x+\alpha}{n+\alpha+\beta}.$$

Dieser Bayes-Schätzer ist verschieden vom ML-Schätzer $\widehat{\vartheta}(x) = x/n$. So ergibt sich etwa bei $x = 38$ Treffern in $n = 100$ unabhängigen Versuchen mit gleicher unbekannter Trefferwahrscheinlichkeit unter der Betaverteilung mit $\alpha = 1$ und $\beta = 5$ als A-priori-Verteilung der Bayes-Schätzwert $39/106 \approx 0.368$. Gewichtet man hingegen große Werte von ϑ stärker und wählt als A-priori-Verteilung die Betaverteilung $\mathrm{B}(5,1)$, so ist der Bayes-Schätzwert gleich $32/106 \approx 0.406$. Schreiben wir

$$T_n^* := \frac{X_n + \alpha}{n+\alpha+\beta}$$

mit $X_n \sim \mathrm{Bin}(n,\vartheta)$ unter $G = \vartheta$ für den auf dem Stichprobenumfang n basierenden Bayes-Schätzer, so gelten

$$\mathbb{E}_\vartheta(T_n^*) = \frac{n\vartheta+\alpha}{n+\alpha+\beta} \to \vartheta, \quad \mathbb{V}_\vartheta(T_n^*) = \frac{n\vartheta(1-\vartheta)}{(n+\alpha+\beta)^2} \to 0.$$

Die Folge der Bayes-Schätzer ist somit für $n \to \infty$ asymptotisch erwartungstreu und konsistent für ϑ.

nichts über die Größe des *Schätzfehlers* $T(x) - \gamma(\vartheta)$ aussagt, liegt es nahe, die Punktschätzung $T(x)$ mit einer Genauigkeitsangabe zu versehen. Ist γ reellwertig, gilt also $l = 1$, so könnte diese Angabe in Form eines Intervalls $\mathcal{C}(x) = [T(x)-\varepsilon_1(x), T(x)+\varepsilon_2(x)]$ geschehen. Im Folgenden beschäftigen wir uns mit dem Wahrheitsanspruch eines Statistikers, der behauptet, die Menge $\mathcal{C}(x)$ enthalte die unbekannte Größe $\gamma(\vartheta)$.

Definition eines Konfidenzbereichs

Es sei $\alpha \in (0, 1)$. In der obigen Situation heißt eine Abbildung

$$\mathcal{C}\colon \mathcal{X} \to \mathcal{P}(\mathbb{R}^l)$$

Konfidenzbereich für $\gamma(\vartheta)$ zur Konfidenzwahrscheinlichkeit $1 - \alpha$ oder kurz **$(1 - \alpha)$-Konfidenzbereich**, falls gilt:

$$\mathbb{P}_\vartheta(\{x \in \mathcal{X}\colon \mathcal{C}(x) \ni \gamma(\vartheta)\}) \geq 1 - \alpha \quad \forall \vartheta \in \Theta. \tag{24.21}$$

Synonym hierfür sind auch die Begriffe **Vertrauensbereich** und **Vertrauenswahrscheinlichkeit** üblich. Ist im Fall $l = 1$ die Menge $\mathcal{C}(x)$ für jedes $x \in \mathcal{X}$ ein Intervall, so spricht man von einem **Konfidenzintervall** oder **Vertrauensintervall**. Die Menge $\mathcal{C}(x) \subseteq \mathbb{R}^l$ heißt **konkreter Schätzbereich** zu $x \in \mathcal{X}$ für $\gamma(\vartheta)$. Ein Konfidenzbereich wird in Abgrenzung zur *Punktschätzung* auch **Bereichsschätzer** genannt, da die Schätzwerte $\mathcal{C}(x)$ Teilmengen (Bereiche) des $\mathbb{R}^l$ sind. Weil wir nur mit kleiner Wahrscheinlichkeit in unserem Vertrauen enttäuscht werden wollen, ist in der obigen Definition α eine kleine Zahl. Übliche Werte sind $\alpha = 0.05$ oder $\alpha = 0.01$. Es ist dann gängige Praxis, von einem 95%- bzw. 99%-*Konfidenzbereich* zu sprechen.

Kommentar:

- Setzen wir wie üblich $X := \mathrm{id}_{\mathcal{X}}$, so beschreibt für ein $\vartheta \in \Theta$ die (als messbar vorausgesetzte) Menge

  $$\{\mathcal{C}(X) \ni \gamma(\vartheta)\} = \{x \in \mathcal{X}\colon \mathcal{C}(x) \ni \gamma(\vartheta)\}$$

  das Ereignis „$\gamma(\vartheta)$ wird vom zufallsabhängigen Bereich $\mathcal{C}(X)$ überdeckt". Man beachte, dass $\mathcal{C}(X)$ eine Zufallsvariable auf $\mathcal{X}$ ist, deren Realisierungen Teilmengen des $\mathbb{R}^l$ sind.
- Nicht ϑ variiert zufällig, sondern x und damit $\mathcal{C}(x)$. Wird z. B. das konkrete Schätz-Intervall $[0.31, 0.64]$ für die Trefferwahrscheinlichkeit ϑ aufgrund einer beobachteten Trefferanzahl in einer Bernoulli-Kette angegeben, so ist nicht etwa die Wahrscheinlichkeit mindestens $1 - \alpha$, dass *dieses* Intervall den Parameter ϑ enthält. Für ein festes Intervall I gilt entweder $\vartheta \in I$ oder $\vartheta \notin I$, aber $\{\vartheta \in [0, 1]\colon \vartheta \in I\}$ ist kein „Ereignis", dem wir eine Wahrscheinlichkeit zugeordnet haben. Die Aussage über das Niveau $1 - \alpha$ ist vielmehr eine Aussage über die gesamte Familie $\{\mathcal{C}(x)\colon x \in \mathcal{X}\}$, d. h. über das Bereichsschätzverfahren als Abbildung auf $\mathcal{X}$.

  Wenn wir wiederholt (unter gleichen sich gegenseitig nicht beeinflussenden Bedingungen) ein Bereichsschätzverfahren $\mathcal{C} : \mathcal{X} \to \mathcal{P}(\mathbb{R}^l)$ für $\gamma(\vartheta)$ zum Niveau $1-\alpha$ durchführen, so werden – was auch immer der wahre unbekannte Parameter $\vartheta \in \Theta$ ist – die zufälligen Mengen $\mathcal{C}(X)$ auf die Dauer in ca. $(1 - \alpha) \cdot 100\%$ aller Fälle $\gamma(\vartheta)$ enthalten (Gesetz großer Zahlen!). Das bedeutet jedoch nicht, dass in $(1 - \alpha) \cdot 100\%$ aller Fälle, bei denen die Beobachtung zur konkreten Menge $B \subseteq \mathbb{R}^l$ führt, nun auch die Aussage $\gamma(\vartheta) \in B$ zutrifft.
- Der Konfidenzbereich $\mathcal{C}(x) := \gamma(\Theta)\ \forall x \in \mathcal{X}$ erfüllt zwar trivialerweise Bedingung (24.21), ist aber völlig nutzlos. Wünschenswert wären natürlich bei Einhaltung eines vorgegebenen Niveaus $1 - \alpha$ möglichst „kleine" Konfidenzbereiche, also im Fall $l = 1$ „kurze" Konfidenzintervalle.

Das Konfidenzbereichs-Rezept: Bilde für jedes $\vartheta \in \Theta$ eine hochwahrscheinliche Menge $\mathcal{A}(\vartheta) \subseteq \mathcal{X}$ und löse $x \in \mathcal{A}(\vartheta)$ nach ϑ auf

Wir stellen jetzt ein *allgemeines Konstruktionsprinzip für Konfidenzbereiche* vor. Dabei sei ϑ mit $\vartheta \in \Theta \subseteq \mathbb{R}^d$ der interessierende Parameter(vektor). Prinzipiell führt ein Konfidenzbereich für ϑ unmittelbar zu einem Konfidenzbereich für $\gamma(\vartheta)$, denn aus dem Ereignis $\{\mathcal{C}(X) \ni \vartheta\}$ folgt das Ereignis $\{\gamma(\mathcal{C}(X)) \ni \gamma(\vartheta)\}$. Wir werden zudem nur im Fall der Normalverteilung Konfidenzbereiche für Komponenten eines vektorwertigen Parameters behandeln.

Die Angabe der Abbildung $\mathcal{C} : \mathcal{X} \to \mathcal{P}(\mathbb{R}^d)$ ist gleichbedeutend mit der Angabe der Menge

$$\widetilde{\mathcal{C}} := \{(x, \vartheta) \in \mathcal{X} \times \Theta\colon \vartheta \in \mathcal{C}(x)\}$$

und daher auch mit der Angabe aller „Schnitt-Mengen"

$$\mathcal{A}(\vartheta) = \{x \in \mathcal{X}\colon (x, \vartheta) \in \widetilde{\mathcal{C}}\}, \qquad \vartheta \in \Theta.$$

$\mathcal{A}(\vartheta)$ enthält die Stichprobenwerte x, in deren Konfidenzbereich ϑ enthalten ist. Zeichnen wir etwa zur Veranschaulichung Θ und $\mathcal{X}$ als Intervalle, so kann sich die in Abb. 24.4 skizzierte Situation ergeben. Hier sind $\mathcal{C}(x)$ der Schnitt durch $\widetilde{\mathcal{C}}$ bei Festhalten der x-Koordinate und $\mathcal{A}(\vartheta)$ der Schnitt durch $\widetilde{\mathcal{C}}$ bei festgehaltener ϑ-Koordinate.

Aufgrund der Äquivalenz

$$x \in \mathcal{A}(\vartheta) \iff \vartheta \in \mathcal{C}(x) \quad \forall (x, \vartheta) \in \mathcal{X} \times \Theta$$

ist (24.21) gleichbedeutend mit

$$\mathbb{P}_\vartheta(\mathcal{A}(\vartheta)) \geq 1 - \alpha \quad \forall \vartheta \in \Theta. \tag{24.22}$$

Wir müssen also nur für jedes $\vartheta \in \Theta$ eine Menge $\mathcal{A}(\vartheta) \subseteq \mathcal{X}$ mit (24.22) angeben. Um $\widetilde{\mathcal{C}}$ und damit auch die Mengen $\mathcal{C}(x)$, $x \in \mathcal{X}$, „klein" zu machen, wird man die Mengen $\mathcal{A}(\vartheta)$,

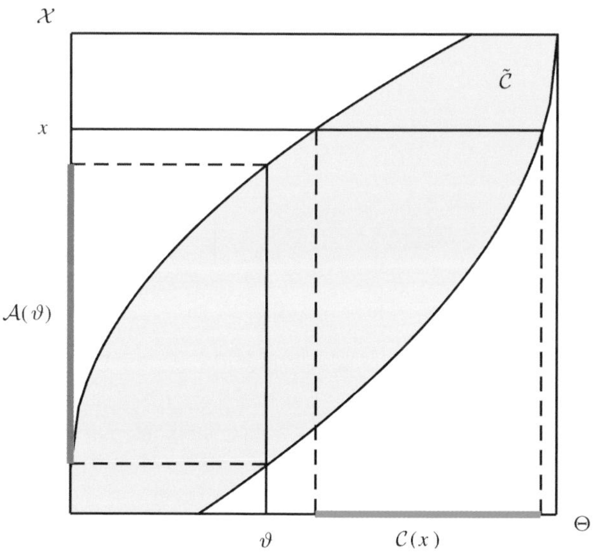

Abbildung 24.4 Allgemeines Konstruktionsprinzip für Konfidenzbereiche.

$\vartheta \in \Theta$, so wählen, dass sie im Fall eines endlichen Stichprobenraums $\mathcal{X}$ möglichst wenige Punkte enthalten oder – für den Fall, dass $\mathcal{X}$ ein Intervall ist – möglichst kurze Teilintervalle von $\mathcal{X}$ sind. Damit wir trotzdem (24.22) erfüllen können, liegt es nahe, die Menge $\mathcal{A}(\vartheta)$ so zu wählen, dass sie diejenigen Stichprobenwerte x enthält, für welche die Dichte oder Zähldichte $f(x, \vartheta)$ besonders groß ist.

Beispiel **Binomialverteilung, zweiseitige Konfidenzintervalle**
Die Zufallsvariable X besitze eine Binomialverteilung $\text{Bin}(n, \vartheta)$, wobei $\vartheta \in \Theta = [0, 1]$ unbekannt sei. Hier ist $\mathcal{X} = \{0, 1, \ldots, n\}$. Durch Betrachten der Quotienten

$$\frac{\mathbb{P}_\vartheta(X = k)}{\mathbb{P}_\vartheta(X = k-1)} = \frac{(n-k+1)\vartheta}{k(1-\vartheta)} \quad (k = 1, \ldots, n,\ \vartheta \neq 1)$$

folgt, dass die nach obigem Rezept zu konstruierenden Mengen $\mathcal{A}(\vartheta)$ vom Typ

$$\{x \in \mathcal{X}\colon a(\vartheta) \le x \le A(\vartheta)\} \tag{24.23}$$

mit $a(\vartheta), A(\vartheta) \in \mathcal{X}$, also „Intervalle in $\mathcal{X}$" sind. Durch die aus (24.22) resultierende Forderung

$$\sum_{j=a(\vartheta)}^{A(\vartheta)} \binom{n}{j} \vartheta^j (1-\vartheta)^{n-j} \ge 1 - \alpha \quad \forall \vartheta \in \Theta$$

sind $a(\vartheta)$ und $A(\vartheta)$ nicht eindeutig bestimmt. Eine praktikable Möglichkeit ergibt sich, wenn

$$a(\vartheta) = \max\left\{k \in \mathcal{X} \,\middle|\, \sum_{j=0}^{k-1} \binom{n}{j} \vartheta^j (1-\vartheta)^{n-j} \le \frac{\alpha}{2}\right\}, \tag{24.24}$$

$$A(\vartheta) = \min\left\{k \in \mathcal{X} \,\middle|\, \sum_{j=k+1}^{n} \binom{n}{j} \vartheta^j (1-\vartheta)^{n-j} \le \frac{\alpha}{2}\right\} \tag{24.25}$$

und

$$\mathcal{A}(\vartheta) := \{x \in \mathcal{X} : a(\vartheta) \le x \le A(\vartheta)\} \tag{24.26}$$

gesetzt wird. Nach Definition gilt dann offenbar (24.22). Diese Konstruktion bedeutet anschaulich, dass man für jedes ϑ beim Stabdiagramm der Binomialverteilung $\text{Bin}(n, \vartheta)$ auf beiden Flanken eine Wahrscheinlichkeitsmasse von jeweils höchstens $\alpha/2$ abzweigt. Die übrig bleibenden Werte j mit $a(\vartheta) \le j \le A(\vartheta)$ haben dann unter $\mathbb{P}_\vartheta$ zusammen eine Wahrscheinlichkeit von mindestens $1 - \alpha$. Sie bilden die Teilmenge $\mathcal{A}(\vartheta)$ von $\mathcal{X}$, vgl. Abb. 24.5. In der Abbildung ist $n = 20$, $\vartheta = 1/2$, $\alpha = 0.1$, sowie $a(\vartheta) = 6$, $A(\vartheta) = 14$.

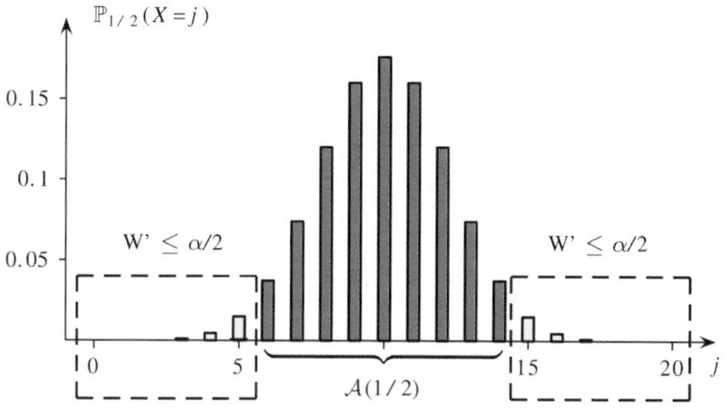

Abbildung 24.5 Zur Konstruktion der Mengen $\mathcal{A}(\vartheta)$.

Um die in (24.26) stehende Ungleichungskette nach ϑ aufzulösen, setzen wir $\mathcal{C}(x) := (l(x), L(x))$, wobei

$$l(x) := \inf\{\vartheta \in \Theta | A(\vartheta) = x\}, \tag{24.27}$$

$$L(x) := \sup\{\vartheta \in \Theta | a(\vartheta) = x\}. \tag{24.28}$$

Mithilfe von Übungsaufgabe 24.16 ergibt sich dann

$$\vartheta \in \mathcal{C}(x) \Longleftrightarrow x \in \mathcal{A}(\vartheta) \qquad \forall (x, \vartheta) \in \mathcal{X} \times \Theta, \tag{24.29}$$

und folglich ist die Abbildung $\mathcal{C} : \mathcal{X} \to \mathcal{P}(\Theta)$ ein Konfidenzbereich für ϑ zum Niveau $1 - \alpha$.

Die Funktionen l und L sind für den Fall $n = 20$ und $\alpha = 0.05$ in Abb. 24.6 skizziert.

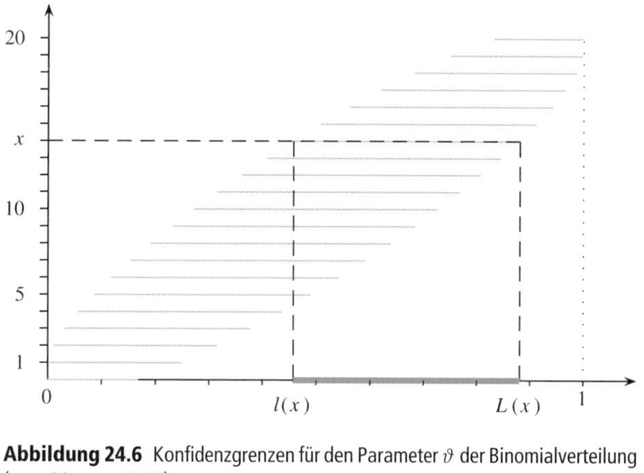

Abbildung 24.6 Konfidenzgrenzen für den Parameter ϑ der Binomialverteilung ($n = 20$, $\alpha = 0.05$).

Die sogenannten *Konfidenzgrenzen* $l(x)$ und $L(x)$ können für $n \in \{20, 30, 40, 50\}$ und $\alpha = 0.05$ der nachstehenden Tabelle 24.1 entnommen oder mithilfe von Aufgabe 24.17 numerisch berechnet werden. Für das in Abb. 24.6 dargestellte Zahlenbeispiel mit $n = 20$, $\alpha = 0.05$ und $x = 14$ gilt $l(x) = 0.457$, $L(x) = 0.881$.

Tabelle 24.1 Binomialverteilung: Konfidenzgrenzen für ϑ ($\alpha = 0.05$).

x	$n = 20$		$n = 30$		$n = 40$		$n = 50$	
	$l(x)$	$L(x)$	$l(x)$	$L(x)$	$l(x)$	$L(x)$	$l(x)$	$L(x)$
0	0.000	0.168	0.000	0.116	0.000	0.088	0.000	0.071
1	0.001	0.249	0.001	0.172	0.001	0.132	0.001	0.106
2	0.012	0.317	0.008	0.221	0.006	0.169	0.005	0.137
3	0.032	0.379	0.021	0.265	0.016	0.204	0.013	0.165
4	0.057	0.437	0.038	0.307	0.028	0.237	0.022	0.192
5	0.087	0.491	0.056	0.347	0.042	0.268	0.033	0.218
6	0.119	0.543	0.077	0.386	0.057	0.298	0.045	0.243
7	0.154	0.592	0.099	0.423	0.073	0.328	0.058	0.267
8	0.191	0.639	0.123	0.459	0.091	0.356	0.072	0.291
9	0.231	0.685	0.147	0.494	0.108	0.385	0.086	0.314
10	0.272	0.728	0.173	0.528	0.127	0.412	0.100	0.337
11	0.315	0.769	0.199	0.561	0.146	0.439	0.115	0.360
12	0.361	0.809	0.227	0.594	0.166	0.465	0.131	0.382
13	0.408	0.846	0.255	0.626	0.186	0.491	0.146	0.403
14	0.457	0.881	0.283	0.657	0.206	0.517	0.162	0.425
15	0.509	0.913	0.313	0.687	0.227	0.542	0.179	0.446
16	0.563	0.943	0.343	0.717	0.249	0.567	0.195	0.467
17	0.621	0.968	0.374	0.745	0.270	0.591	0.212	0.488
18	0.683	0.988	0.406	0.773	0.293	0.615	0.229	0.508
19	0.751	0.999	0.439	0.801	0.315	0.639	0.247	0.528
20	0.832	1.000	0.472	0.827	0.338	0.662	0.264	0.548
21			0.506	0.853	0.361	0.685	0.282	0.568
22			0.541	0.877	0.385	0.707	0.300	0.587
23			0.577	0.901	0.409	0.730	0.318	0.607
24			0.614	0.923	0.433	0.751	0.337	0.626
25			0.653	0.944	0.458	0.773	0.355	0.645

Wie nicht anders zu erwarten, werden die Konfidenzintervalle bei gleicher beobachteter relativer Trefferhäufigkeit kürzer, wenn der Stichprobenumfang n zunimmt. So führt der Wert $x/n = 0.4$ im Fall $n = 20$ zum Intervall $[0.191, 0.639]$, im Fall $n = 50$ jedoch zum deutlich kürzeren Intervall $[0.264, 0.548]$.

Abbildung 24.7 zeigt die schon im Kommentar zur Definition eines Konfidenzbereichs angesprochene Fluktuation der konkreten Konfidenzintervalle bei wiederholter Bildung unter gleichen, unabhängigen Bedingungen. Zur Erzeugung von Abb. 24.7 wurde 30-mal eine Bernoulli-Kette der Länge $n = 50$ mit Trefferwahrscheinlichkeit $\vartheta = 0.35$ mithilfe von Pseudo-Zufallszahlen simuliert und jedes Mal gemäß Tabelle 24.1 das konkrete Vertrauensintervall für ϑ berechnet. Aufgrund der gewählten Konfidenzwahrscheinlichkeit von 0.95 sollten nur etwa ein bis zwei der 30 Intervalle den wahren Wert ($= 0.35$) nicht enthalten. Dies trifft im vorliegenden Fall für genau ein Intervall zu. ◀

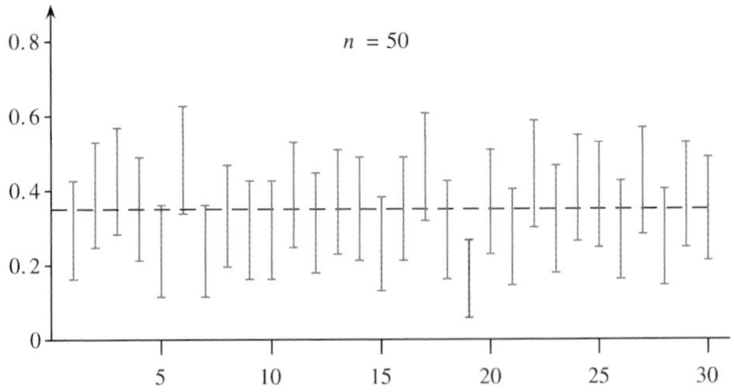

Abbildung 24.7 Konkrete Konfidenzintervalle für ϑ $(1 - \alpha = 0.95)$.

Beispiel Binomialverteilung, einseitiger Konfidenzbereich

Häufig – z. B. wenn ein „Treffer" den Ausfall eines technischen Gerätes bedeutet – interessieren nur *obere Konfidenzschranken* für die unbekannte Wahrscheinlichkeit ϑ in einer Bernoulli-Kette. Hier empfiehlt es sich, die Menge $\mathcal{A}(\vartheta)$ im Unterschied zu (24.23) *einseitig* in der Form

$$\mathcal{A}(\vartheta) := \{x \in \mathcal{X} : a(\vartheta) \leq x\}$$

mit

$$a(\vartheta) := \max\left\{k \in \mathcal{X} \,\middle|\, \sum_{j=0}^{k-1} \binom{n}{j} \vartheta^j (1 - \vartheta)^{n-j} \leq \alpha\right\}$$

anzusetzen. Man beachte, dass im Vergleich zu (24.24) $\alpha/2$ durch α ersetzt worden ist. Diese Festlegung bewirkt, dass die durch

$$\widetilde{C}(x) := [0, \widetilde{L}(x)), \qquad \widetilde{L}(x) := \sup\{\vartheta \in \Theta : a(\vartheta) = x\}$$

definierte Abbildung $\widetilde{C} : \mathcal{X} \to \mathcal{P}(\Theta)$ wegen $x \in \mathcal{A}(\vartheta) \iff \vartheta \in \widetilde{C}(x)$ ein *einseitiger Konfidenzbereich* (nach oben) für ϑ zum Niveau $1 - \alpha$ ist. $\widetilde{L}(x)$ ergibt sich für jedes $x \in \{0, 1, \ldots, n-1\}$ als Lösung ϑ der Gleichung

$$\sum_{j=0}^{x} \binom{n}{j} \vartheta^j (1 - \vartheta)^{n-j} = \alpha.$$

Speziell gilt also

$$\widetilde{L}(0) = 1 - \alpha^{1/n}. \tag{24.30}$$

Analog zu Abb. 24.6 zeigt Abb. 24.8 für den Fall $n = 20$ und $\alpha = 0.05$ die (blau eingezeichneten) konkreten einseitigen Konfidenzintervalle $[0, \widetilde{L}(x))$. Zusätzlich wurden aus Abb. 24.6 die orangefarbenen zweiseitigen Intervalle $(l(x), L(x))$ übernommen. Nach Konstruktion gilt für jedes x mit $x \leq 19$ die Ungleichung $\widetilde{L}(x) < L(x)$. Wie nicht anders zu erwarten, sind also unter Aufgabe jeglicher Absicherung nach unten die einseitigen oberen Konfidenzschranken kleiner als die jeweiligen oberen Konfidenzgrenzen eines zweiseitigen Konfidenzintervalls. Der hiermit verbundene Genauigkeitsgewinn hinsichtlich einer Abschätzung von ϑ nach oben wirkt sich umso stärker aus, je kleiner x ist. So gilt für den eingezeichneten Fall $x = 3$ $\widetilde{L}(3) = 0.344$. Im Unterschied dazu ist das zweiseitige konkrete Konfidenzintervall gleich $[0.032, 0.379]$. Auf Kosten einer fehlenden unteren Konfidenzschranke für ϑ liegt die einseitige obere Konfidenzschranke um knapp 10% unter der entsprechenden oberen Grenze eines zweiseitigen Konfidenzintervalls. ◀

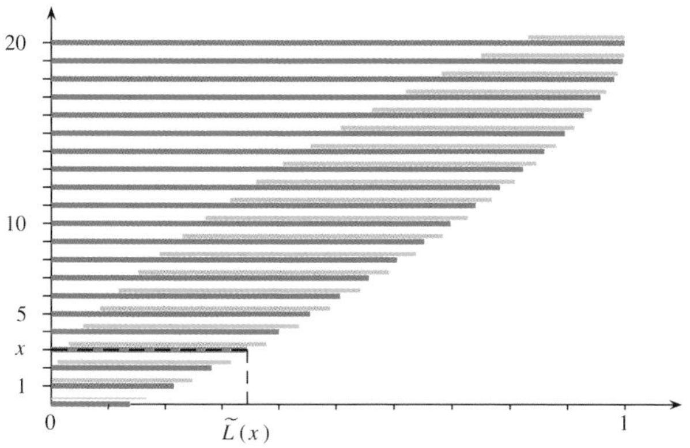

Abbildung 24.8 Obere Konfidenzgrenzen für den Parameter ϑ der Binomialverteilung ($n = 20,\ \alpha = 0.05$).

Unter Normalverteilung erhält man einen Konfidenzbereich für μ durch Studentisieren

Wir stellen jetzt Konfidenzbereiche für die Parameter der Normalverteilung vor. Dabei legen wir ein statistisches Modell zu Grunde, bei dem die beobachtbaren Zufallsvariablen $X_1, \ldots, X_n$ unabhängig und je $\mathrm{N}(\mu, \sigma^2)$-verteilt sind. Von besonderer Bedeutung ist in dieser Situation ein Konfidenzbereich für μ. Um die damit verbundenen Probleme zu verdeutlichen, nehmen wir zunächst an, die Varianz σ^2 sei bekannt. Mithilfe des Stichprobenmittels $\overline{X}_n = n^{-1}\sum_{j=1}^n X_j$ und der Zufallsvariablen

$$U := \frac{\sqrt{n}\,(\overline{X}_n - \mu)}{\sigma} \tag{24.31}$$

lässt sich dann unmittelbar ein Konfidenzintervall für μ angeben: Da U die Verteilung $\mathrm{N}(0, 1)$ besitzt, gilt für $\alpha \in (0, 1)$ und $\mu \in \mathbb{R}$

$$\mathbb{P}_\mu\Big(|U| \le \Phi^{-1}\Big(1 - \frac{\alpha}{2}\Big)\Big) = 2\Phi\Big(\Phi^{-1}\Big(1 - \frac{\alpha}{2}\Big)\Big) - 1 = 1 - \alpha$$

und somit

$$\mathbb{P}_\mu\left(\overline{X}_n - \frac{\sigma\Phi^{-1}(1-\frac{\alpha}{2})}{\sqrt{n}} \le \mu \le \overline{X}_n + \frac{\sigma\Phi^{-1}(1-\frac{\alpha}{2})}{\sqrt{n}}\right) = 1-\alpha.$$

Folglich ist

$$\left[\overline{X}_n - \frac{\sigma\Phi^{-1}\left(1-\frac{\alpha}{2}\right)}{\sqrt{n}},\ \overline{X}_n + \frac{\sigma\Phi^{-1}\left(1-\frac{\alpha}{2}\right)}{\sqrt{n}}\right]$$

ein $(1 - \alpha)$-Konfidenzintervall für μ, dies jedoch nur unter der meist unrealistischen Annahme, σ^2 sei bekannt.

An dieser Stelle kommt William Sealy Gosset (1876–1937) ins Spiel, der unter dem Pseudonym *Student* veröffentlichte, weil ihm sein Arbeitsvertrag bei der Dubliner Brauerei Arthur Guinness & Son jegliches Publizieren verbot. Gosset ersetzte zunächst das unbekannte σ im Nenner von (24.31) durch einen auf $X_1, \ldots, X_n$ basierenden Schätzer, nämlich die *Stichprobenstandardabweichung*

$$S_n := \sqrt{\frac{1}{n-1}\sum_{j=1}^n (X_j - \overline{X}_n)^2}, \tag{24.32}$$

also durch $\sqrt{S_n^2}$. Hierdurch ist das unbekannte σ formal verschwunden, es ist jedoch eine neue Zufallsvariable entstanden, deren Verteilung möglicherweise von σ^2 abhängt. Die große Leistung von Gosset bestand darin, diese Verteilung herzuleiten und als nicht von σ^2 abhängig zu identifizieren. Wir definieren zunächst diese Verteilung und stellen dann das zentrale Resultat von Gosset vor.

Definition der t-Verteilung

Es seien $N_0, N_1, \ldots, N_k$ unabhängige und je $\mathrm{N}(0, 1)$-normalverteilte Zufallsvariablen. Dann heißt die Verteilung des Quotienten

$$Y := \frac{N_0}{\sqrt{\frac{1}{k}\sum_{j=1}^k N_j^2}} \tag{24.33}$$

(Student'sche) t-Verteilung mit k Freiheitsgraden oder kurz t_k-Verteilung, und wir schreiben hierfür $Y \sim t_k$.

Kommentar: Da Zähler und Nenner in der Definition von Y nach dem Blockungslemma stochastisch unabhängig sind und die im Nenner stehende Quadratsumme eine χ_k^2-Verteilung besitzt, kann man die t_k-Verteilung auch wie folgt definieren: Sind N, Z_k unabhängige Zufallsvariablen, wobei $N \sim \mathrm{N}(0, 1)$ und $Z_k \sim \chi_k^2$, so gilt definitionsgemäß

$$\frac{N}{\sqrt{\frac{1}{k}Z_k}} \sim t_k. \tag{24.34}$$

Mit der auf Seite 831 angegebenen Formel zur Berechnung der Dichte des Quotienten zweier unabhängiger Zufallsvariablen ergibt sich die Dichte der t_k-Verteilung zu

$$f_k(t) = \frac{1}{\sqrt{\pi k}}\,\frac{\Gamma\left(\frac{k+1}{2}\right)}{\Gamma\left(\frac{k}{2}\right)}\left(1 + \frac{t^2}{k}\right)^{-(k+1)/2}, \tag{24.35}$$

$t \in \mathbb{R}$ (Aufgabe 24.43 a)).

Abbildung 24.9 zeigt Graphen der Dichten von t_k-Verteilungen für verschiedene Werte von k. Die Dichten sind symmetrisch zu 0 und fallen für $t \to \pm\infty$ langsamer ab als die Dichte der Normalverteilung $\mathrm{N}(0, 1)$, die sich im Limes für $k \to \infty$ ergibt. Für $k = 1$ entsteht die auf Seite 831 eingeführte Cauchy-Verteilung $\mathrm{C}(0, 1)$.

Tabelle 24.2 gibt für verschiedene Werte von p und k das mit $t_{k;p}$ bezeichnete p-Quantil der t_k-Verteilung an. Aus Symmetriegründen gilt $t_{k;1-p} = -t_{k;p}$, sodass sich zum Beispiel $t_{7;0.05} = -1.895$ ergibt.

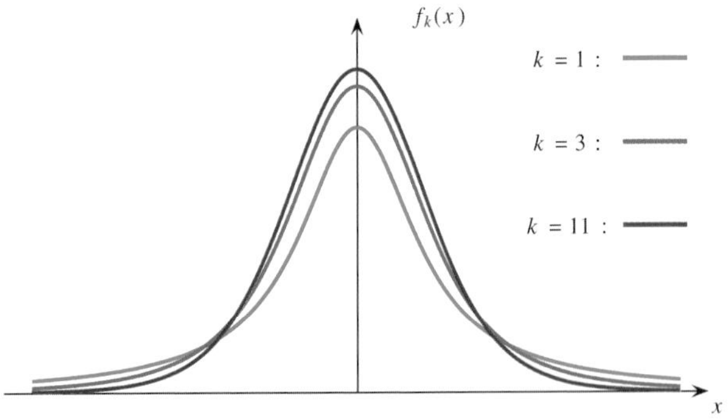

Abbildung 24.9 Dichten der t_k-Verteilung für $k = 1$, $k = 3$ und $k = 11$.

Tabelle 24.2 p-Quantile $t_{k;p}$ der t-Verteilung mit k Freiheitsgraden. In der Zeile zu $k = \infty$ stehen die Quantile $\Phi^{-1}(p)$ der $\mathrm{N}(0, 1)$-Verteilung.

	p					
k	0.900	0.950	0.975	0.990	0.995	0.999
1	3.078	6.314	12.706	31.820	63.657	318.309
2	1.886	2.920	4.303	6.965	9.925	22.327
3	1.638	2.353	3.182	4.541	5.841	10.214
4	1.533	2.132	2.776	3.747	4.604	7.173
5	1.476	2.015	2.571	3.365	4.032	5.893
6	1.440	1.943	2.447	3.143	3.707	5.208
7	1.415	1.895	2.365	2.998	3.499	4.785
8	1.397	1.860	2.306	2.896	3.355	4.501
9	1.383	1.833	2.262	2.821	3.250	4.297
10	1.372	1.812	2.228	2.764	3.169	4.144
11	1.363	1.796	2.201	2.718	3.106	4.025
12	1.356	1.782	2.179	2.681	3.055	3.930
13	1.350	1.771	2.160	2.650	3.012	3.852
14	1.345	1.761	2.145	2.625	2.977	3.787
15	1.341	1.753	2.131	2.602	2.947	3.733
16	1.337	1.746	2.120	2.584	2.921	3.686
17	1.333	1.740	2.110	2.567	2.898	3.646
18	1.330	1.734	2.101	2.552	2.878	3.610
19	1.328	1.729	2.093	2.539	2.861	3.579
20	1.325	1.725	2.086	2.528	2.845	3.552
22	1.321	1.717	2.074	2.508	2.819	3.505
24	1.318	1.711	2.064	2.492	2.797	3.467
26	1.315	1.706	2.056	2.479	2.779	3.435
28	1.313	1.701	2.048	2.467	2.763	3.408
30	1.310	1.697	2.042	2.457	2.750	3.385
50	1.299	1.676	2.009	2.403	2.678	3.261
100	1.290	1.660	1.984	2.364	2.626	3.174
∞	1.282	1.645	1.960	2.326	2.576	3.090

Satz von Student (1908)

Es seien $X_1, \ldots, X_n$ stochastisch unabhängige und je $\mathrm{N}(\mu, \sigma^2)$-verteilte Zufallsvariablen. Bezeichnen $\overline{X}_n = n^{-1} \sum_{j=1}^n X_j$ den Stichprobenmittelwert und $S_n^2 = (n-1)^{-1} \sum_{j=1}^n (X_j - \overline{X}_n)^2$ die Stichprobenvarianz von $X_1, \ldots, X_n$, so gilt

$$\frac{\sqrt{n}\,(\overline{X}_n - \mu)}{S_n} \sim t_{n-1}.$$

Beweis: Nach dem Satz über Verteilungseigenschaften für die ML-Schätzer der Parameter der Normalverteilung auf Seite 911 sind $\overline{X}_n$ und $\sum_{j=1}^n (X_j - \overline{X}_n)^2$ und somit auch die Zufallsvariablen

$$U := \frac{\sqrt{n}\,(\overline{X}_n - \mu)}{\sigma}, \qquad V := \sqrt{\frac{1}{\sigma^2} S_n^2}$$

unabhängig. Weiter gelten $U \sim \mathrm{N}(0, 1)$ und (nach oben zitiertem Satz, insbes. (24.6)) $V \sim \sqrt{Z/(n-1)}$, wobei $Z \sim \chi^2_{n-1}$. Nach Definition der t_{n-1}-Verteilung folgt

$$\frac{U}{V} = \frac{\frac{\sqrt{n}\,(\overline{X}_n - \mu)}{\sigma}}{\sqrt{\frac{1}{\sigma^2} S_n^2}} = \frac{\sqrt{n}\,(\overline{X}_n - \mu)}{S_n} \sim t_{n-1}$$ ■

Kommentar: Der Geniestreich von Student bestand also in der Entdeckung der nur vom Stichprobenumfang n abhängenden t_{n-1}-Verteilung als Verteilung von $\sqrt{n}(\overline{X}_n - \mu)/S_n$. Wegen der Bedeutung dieses Resultates auch in anderen Zusammenhängen wird die Ersetzung von σ durch S_n im Nenner von (24.31) auch *Studentisierung* genannt. Man beachte, dass sich σ in der Beweisführung des obigen Satzes im Bruch U/V einfach herauskürzt!

Die Bedeutung des Satzes von Student liegt unter anderem darin, dass sich unmittelbar die folgenden Konfidenzbereiche für μ bei unbekanntem σ^2 ergeben.

Konfidenzbereiche für μ bei Normalverteilung

Es liege die Situation des Satzes von Student vor. Dann ist jedes der folgenden Intervalle ein Konfidenzintervall für μ zur Konfidenzwahrscheinlichkeit $1 - \alpha$:

a) $\left[\overline{X}_n - \frac{S_n\, t_{n-1;1-\alpha/2}}{\sqrt{n}}, \overline{X}_n + \frac{S_n\, t_{n-1;1-\alpha/2}}{\sqrt{n}}\right]$,

b) $\left(-\infty, \overline{X}_n + \frac{S_n\, t_{n-1;1-\alpha}}{\sqrt{n}}\right]$,

c) $\left[\overline{X}_n - \frac{S_n\, t_{n-1;1-\alpha}}{\sqrt{n}}, \infty\right)$.

Dabei ist allgemein $t_{k;p}$ das p-Quantil der t_k-Verteilung.

?

Können Sie exemplarisch das Intervall in b) herleiten?

Das zweiseitige Konfidenzintervall in a) ist vom Typ „$\overline{X}_n \pm$ Faktor $\times$ S_n“. Dabei hängt der Faktor über das $(1 - \alpha/2)$-Quantil der t_{n-1}-Verteilung von der gewählten Vertrauenswahrscheinlichkeit $1 - \alpha$ und vom Stichprobenumfang n ab. Letzterer wirkt sich über die Wurzel im Nenner insbesondere auf die Breite des Intervalls aus. Der Einfluss von n sowohl über $t_{n-1;1-\alpha/2}$ als auch über S_n auf die Intervallbreite ist demgegenüber geringer, da S_n für $n \to \infty$ stochastisch gegen die Standardabweichung σ konvergiert und sich $t_{n-1;1-\alpha/2}$ immer mehr dem $(1 - \alpha/2)$-Quantil der Standardnormalverteilung annähert. Wegen der Wurzel im

Nenner ist auch offensichtlich, dass man den Stichprobenumfang in etwa vervierfachen muss, um ein halb so langes Konfidenzintervall zu erhalten. Dass aber auch die gewählte Vertrauenswahrscheinlichkeit eine Rolle für die Breite des Konfidenzintervalls spielt, sieht man anhand der Werte von Tabelle 24.2. So gilt etwa im Fall $n = 11$, also $n - 1 = 10$ Freiheitsgraden $t_{10;0.95} = 1.812$ und $t_{10;0.995} = 3.169$. Ein 99%-Konfidenzintervall ist also wegen der höheren Vertrauenswahrscheinlichkeit etwa 1.75-mal so lang wie ein 90%-Konfidenzintervall.

Die einseitigen Intervalle b) oder c) wählt man, wenn aufgrund der Aufgabenstellung nur nach einer oberen oder unteren Konfidenzschranke für μ gefragt ist.

Beispiel Kann die Füllmenge einer Flaschenabfüllmaschine als angenähert $\mathrm{N}(\mu, \sigma^2)$-normalverteilt angesehen werden, so kommt es für eine Verbraucherorganisation nur darauf an, dass eine behauptete Nennfüllmenge μ_0 mit großer Sicherheit nicht unterschritten wird. Sie würde aufgrund einer Stichprobe von n abgefüllten Flaschen den in c) angegebenen Konfidenzbereich für μ wählen. Ist dann der Sollwert μ_0 höchstens gleich dem festgestellten Wert von $\overline{X}_n - S_n\, t_{n-1;1-\alpha}/\sqrt{n}$, so würde die Organisation bei kleinem α zufrieden sein, da sie ja dann großes Vertrauen darin setzt, dass das in c) angegebene Intervall das unbekannte μ enthält (was dann mindestens gleich μ_0 wäre). Eine Absicherung nach oben ist der Organisation egal, da Verbraucher ja nicht abgeneigt sein dürften, für das gleiche Geld „im Mittel mehr zu erhalten". Der Produzent hat hier natürlich eine entgegengesetzte Perspektive.

Man beachte, dass wegen $t_{n-1;1-\alpha} < t_{n-1;1-\alpha/2}$ der linke Endpunkt des zweiseitigen Konfidenzintervalls in a) kleiner als der linke Endpunkt des Intervalls in c) ist. Liegt μ_0 zwischen diesen Endpunkten, so kann man sich beim einseitigen Intervall ziemlich sicher sein, dass μ mindestens gleich μ_0 ist, beim einseitigen Intervall jedoch nicht. Diese Situation ist schematisch in Abb. 24.10 skizziert. ◀

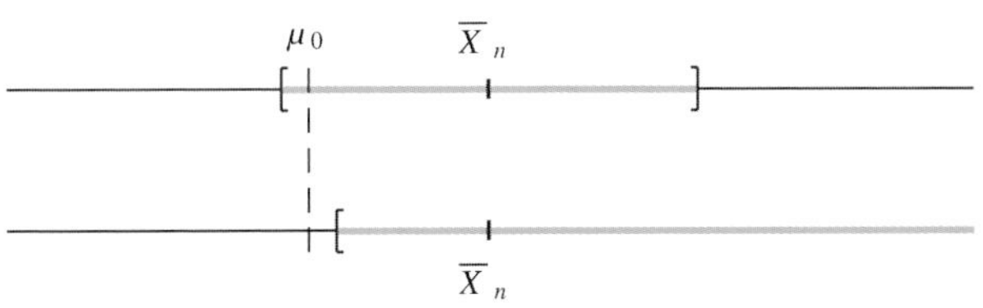

Abbildung 24.10 Ein- und zweiseitiger Konfidenzbereich für μ (schematisch).

Nach dem Satz über die Eigenschaften der ML-Schätzer unter Normalverteilungsannahme auf Seite 911 besitzt in der Situation des Satzes von Student die Zufallsvariable

$$\frac{n-1}{\sigma^2}\, S_n^2$$

eine χ^2_{n-1}-Verteilung. Hieraus gewinnt man sofort die folgenden Konfidenzbereiche für σ^2 (die durch Ziehen der Wurzel der Intervallgrenzen zu Konfidenzbereichen für σ führen).

Konfidenzbereiche für σ^2 bei Normalverteilung

Es liege die Situation des Satzes von Student vor. Dann ist jedes der folgenden Intervalle ein Konfidenzintervall für σ^2 zur Konfidenzwahrscheinlichkeit $1 - \alpha$:

a) $$\left[\frac{(n-1)S_n^2}{\chi^2_{n-1;1-\alpha/2}}, \frac{(n-1)S_n^2}{\chi^2_{n-1;\alpha/2}}\right],$$

b) $$\left(0, \frac{(n-1)S_n^2}{\chi^2_{n-1;\alpha}}\right],$$

Dabei ist allgemein $\chi^2_{k;p}$ das p-Quantil der χ^2_k-Verteilung.

?

Wie ergibt sich das Intervall in a)?

Tabelle 24.3 gibt für ausgewählte Werte von k und p das p-Quantil $\chi^2_{k;p}$ der Chi-Quadrat-Verteilung mit k Freiheitsgraden an.

Tabelle 24.3 p-Quantile $\chi^2_{k;p}$ der χ^2-Verteilung mit k Freiheitsgraden.

	p					
k	0.025	0.050	0.100	0.900	0.950	0.975
1	0.00098	0.0039	0.02	2.71	3.84	5.02
2	0.05	0.10	0.21	4.61	5.99	7.38
3	0.22	0.35	0.58	6.25	7.81	9.35
4	0.48	0.71	1.06	7.78	9.49	11.14
5	0.83	1.15	1.61	9.24	11.07	12.83
6	1.24	1.64	2.20	10.64	12.59	14.45
7	1.69	2.17	2.83	12.02	14.07	16.01
8	2.18	2.73	3.49	13.36	15.51	17.53
9	2.70	3.33	4.17	14.68	16.92	19.02
10	3.25	3.94	4.87	15.99	18.31	20.48
11	3.82	4.57	5.58	17.28	19.68	21.92
12	4.40	5.23	6.30	18.55	21.03	23.34
13	5.01	5.89	7.04	19.81	22.36	24.74
14	5.63	6.57	7.79	21.06	23.68	26.12
15	6.26	7.26	8.55	22.31	25.00	27.49
20	9.59	10.85	12.44	28.41	31.41	34.17
25	13.12	14.61	16.47	34.38	37.65	40.65
30	16.79	18.49	20.60	40.26	43.77	46.98
40	24.43	26.51	29.05	51.81	55.76	59.34
50	32.36	34.76	37.69	63.17	67.50	71.42
60	40.48	43.19	46.46	74.40	79.08	83.30
80	57.15	60.39	64.28	96.58	101.88	106.63
100	74.22	77.93	82.36	118.50	124.34	129.56

Ist also etwa aus $n = 10$ wiederholten Messungen unter gleichen unabhängigen Bedingungen eine Stichprobenvarianz von 1.27 festgestellt worden, so ist eine obere 95%-Konfidenzgrenze für die unbekannte Varianz σ^2 nach Tabelle 24.3 durch

$$\frac{9 \cdot 1.27}{3.33} \approx 3.43$$

gegeben, und ein konkretes zweiseitiges 95%-Konfidenzintervall hat die Gestalt

$$\left[\frac{9 \cdot 1.27}{19.02}, \frac{9 \cdot 1.27}{2.70}\right] \approx [0.60, 4.23].$$

Man beachte jedoch, dass wir bei diesen Berechnungen unterstellt haben, dass die Messwerte Realisierungen von *normalverteilten* Zufallsvariablen sind.

Auch für die Differenz der Erwartungswerte zweier Normalverteilungen erhält man einen Konfidenzbereich mittels Studentisierung

Wir betrachten jetzt mit dem *Zwei-Stichproben-Problem* (bei unabhängigen Stichproben) eine praktisch höchst bedeutsame Situation der statistischen Datenanalyse. Diese tritt immer dann auf, wenn unter sonst gleichen Bedingungen eine sog. *Versuchsgruppe* von m Untersuchungseinheiten wie z. B. Pflanzen oder Personen eine bestimmten *Behandlung* (z. B. Düngung oder Gabe eines Medikaments) erfährt, wobei zum Vergleich in einer sog. *Kontrollgruppe* mit n Einheiten keine Behandlung erfolgt. Bei Pflanzen würde man also nicht düngen, und die Personen erhielten anstelle eines Medikamentes ein Placebo. Sind $x_1, \ldots, x_m$ die gemessenen Werte eines interessierenden Merkmals in der Versuchsgruppe und $y_1, \ldots, y_n$ diejenigen in der Kontrollgruppe, so stellt sich die Frage, ob die beobachteten Gruppen-Mittelwerte $\overline{x}_m$ und $\overline{y}_n$ *signifikant voneinander abweichen oder der gemessene Unterschied auch gut durch reinen Zufall erklärt werden kann.* Wir haben den letzten Teilsatz bewusst kursiv gesetzt, weil wir zur Beantwortung dieser Frage gewisse Modellannahmen machen müssen.

Eine oft getroffene Vereinbarung ist in diesem Zusammenhang, dass $x_1, \ldots, x_m, y_1, \ldots, y_n$ Realisierungen unabhängiger Zufallsvariablen $X_1, \ldots, X_m, Y_1, \ldots, Y_n$ sind. Dabei nimmt man weiter an, dass $X_i \sim \mathrm{N}(\mu, \sigma^2)$ für $i = 1, \ldots, m$ und $Y_j \sim \mathrm{N}(\nu, \sigma^2)$ für $j = 1, \ldots, n$ gelten, unterstellt also insbesondere eine *gleiche Varianz* für die Beobachtungen der Behandlungs- und der Kontrollgruppe (für einen statistischen Test dieser Annahme siehe Seite 936). Die Parameter μ, ν und σ^2 seien unbekannt. Es liegt somit ein statistisches Modell vor, bei dem der beobachtbare Zufallsvektor

$$X := (X_1, \ldots, X_m, Y_1, \ldots, Y_n)$$

unabhängige Komponenten besitzt, aber (möglicherweise) nur jeweils die ersten m und die letzten n Komponenten identisch verteilt sind. Da drei unbekannte Parameter auftreten, nimmt der Parameterraum Θ die Gestalt

$$\Theta := \{\vartheta = (\mu, \nu, \sigma^2) \colon \mu, \nu \in \mathbb{R}, \sigma^2 > 0\} = \mathbb{R} \times \mathbb{R} \times \mathbb{R}_{>0}$$

an. Die gemeinsame, von ϑ abhängende Dichte aller Zufallsvariablen ist dann

$$f(x; \vartheta) = \left(\frac{1}{\sigma\sqrt{2\pi}}\right)^k \cdot \exp\left[-\frac{1}{2\sigma^2}\left(\sum_{i=1}^m (x_i - \mu)^2 + \sum_{j=1}^n (y_j - \nu)^2\right)\right]$$

$(x = (x_1, \ldots, x_m, y_1, \ldots, y_n) \in \mathbb{R}^{m+n}, k := m + n)$.

In dieser Situation wird meist ein *Zwei-Stichproben-t-Test* durchgeführt (siehe Seite 935). Wir werden jetzt darlegen, dass die oben im kursiv gesetzten Halbsatz aufgeworfene Frage auch mit einem Konfidenzintervall für die Differenz $\mu - \nu$ gelöst werden kann. Für einen allgemeinen Zusammenhang zwischen Konfidenzbereichen und Tests siehe Aufgabe 24.6.

Ein solches Konfidenzintervall ergibt sich durch folgende Überlegung: Für die einzelnen Stichprobenmittelwerte $\overline{X}_m := m^{-1} \sum_{i=1}^m X_i$ und $\overline{Y}_n := n^{-1} \sum_{j=1}^n Y_j$ gelten

$$\overline{X}_m \sim \mathrm{N}\left(\mu, \frac{\sigma^2}{m}\right), \quad \overline{Y}_n \sim \mathrm{N}\left(\nu, \frac{\sigma^2}{n}\right). \tag{24.36}$$

Da nach dem Blockungslemma $\overline{X}_m$ und $\overline{Y}_n$ stochastisch unabhängig sind, ergibt sich mit dem Additionsgesetz für die Normalverteilung und Standardisierung

$$\frac{\sqrt{\frac{mn}{m+n}}\left(\overline{X}_m - \overline{Y}_n - (\mu - \nu)\right)}{\sigma} \sim \mathrm{N}(0, 1). \tag{24.37}$$

Hieraus könnte man ein Konfidenzintervall für $\mu - \nu$ konstruieren, wenn σ^2 bekannt wäre. Da dies jedoch nicht der Fall ist, bietet es sich an, das oben im Nenner auftretende σ durch einen geeigneten Schätzer zu ersetzen, also zu „studentisieren". Hierzu führen wir die Zufallsvariable

$$S_{m,n}^2 := \frac{1}{m+n-2}\left(\sum_{i=1}^m (X_i - \overline{X}_m)^2 + \sum_{j=1}^n (Y_j - \overline{Y}_n)^2\right)$$

ein. Mit (24.6) gelten dann

$$\frac{\sum_{i=1}^m (X_i - \overline{X}_m)^2}{\sigma^2} \sim \chi^2_{m-1}, \quad \frac{\sum_{j=1}^n (Y_j - \overline{Y}_n)^2}{\sigma^2} \sim \chi^2_{n-1}, \tag{24.38}$$

wobei diese Zufallsvariablen nach dem Blockungslemma stochastisch unabhängig sind. Mit dem Additionsgesetz für die Chi-Quadrat-Verteilung auf Seite 844 erhält man

$$\frac{(m + n - 2)S_{m,n}^2}{\sigma^2} \sim \chi^2_{m+n-2}. \tag{24.39}$$

Da nach dem Blockungslemma alle Zufallsvariablen in (24.36) und (24.38) unabhängig sind und damit auch $S_{m,n}^2$ stochastisch unabhängig von der standardnormalverteilten Zufallsvariablen in (24.37) ist, liefern (24.39), der Satz von Student und die Erzeugungsweise der Student'schen t-Verteilung (vgl. (24.34)) die Verteilungsaussage

$$\frac{\sqrt{\frac{mn}{m+n}}\left(\overline{X}_m - \overline{Y}_n - (\mu - \nu)\right)}{S_{m,n}} \sim t_{m+n-2}. \tag{24.40}$$

Kürzt man die hier auftretende Zufallsvariable mit T ab, so ergeben die Wahrscheinlichkeitsaussagen

$$\begin{aligned} \mathbb{P}_\vartheta\left(|T| \le t_{m+n-2;1-\alpha/2}\right) &= 1 - \alpha, \\ \mathbb{P}_\vartheta\left(T \le t_{m+n-2;1-\alpha}\right) &= 1 - \alpha, \\ \mathbb{P}_\vartheta\left(T \ge -t_{m+n-2;1-\alpha}\right) &= 1 - \alpha. \end{aligned}$$

Durch Auflösen des jeweiligen Ereignisses nach $\mu - \nu$ ergeben sich die folgenden $(1-\alpha)$-Konfidenzbereiche für $\mu - \nu$:

Konfidenzbereiche für $\mu - \nu$

Sind $X_1, \ldots, X_m, Y_1, \ldots, Y_n$ unabhängige Zufallsvariablen mit $X_i \sim \mathrm{N}(\mu, \sigma^2)$ $(i = 1, \ldots, m)$ und $Y_j \sim \mathrm{N}(\nu, \sigma^2)$ $(j = 1, \ldots, n)$, so ist mit der Abkürzung

$$c_{m,n;p} := \sqrt{\frac{m+n}{mn}}\, t_{m+n-2;1-p}$$

jedes der folgenden Intervalle ein Konfidenzbereich für $\mu - \nu$ zur Konfidenzwahrscheinlichkeit $1-\alpha$:

a) $\left[\overline{X}_m - \overline{Y}_n - c_{m,n;\alpha/2} S_{m,n}, \overline{X}_m - \overline{Y}_n + c_{m,n;\alpha/2} S_{m,n}\right]$,

b) $\left[\overline{X}_m - \overline{Y}_n - c_{m,n;\alpha} S_{m,n}, \infty\right)$,

c) $\left(-\infty, \overline{X}_m - \overline{Y}_n + c_{m,n;\alpha} S_{m,n}\right]$.

Kommentar: Welches der obigen Intervalle in einer konkreten Situation gewählt wird, hängt ganz von der Fragestellung ab. Wegen $c_{m,n;\alpha/2} > c_{m,n;\alpha}$ liegen die Intervalle in a) und b) wie in Abb. 24.11 skizziert. Sollte sich der Wert 0 wie in der Abbildung angedeutet zwischen dem linken Endpunkt des zweiseitigen und dem linken Endpunkt des nach oben unbeschränkten Intervalls befinden, so kann man bei Verwendung des letzten Intervalls ziemlich sicher sein, dass $\mu - \nu > 0$ und somit $\mu > \nu$ gilt, beim zweiseitigen Intervall jedoch nicht. Schlägt sich eine Behandlung gegenüber einem Placebo prinzipiell in größeren Werten des untersuchten Merkmals nieder, so kommt man also bei Wahl des nach oben unbeschränkten Konfidenzintervalls leichter zur begründeten Antwort „es gilt $\mu > \nu$".

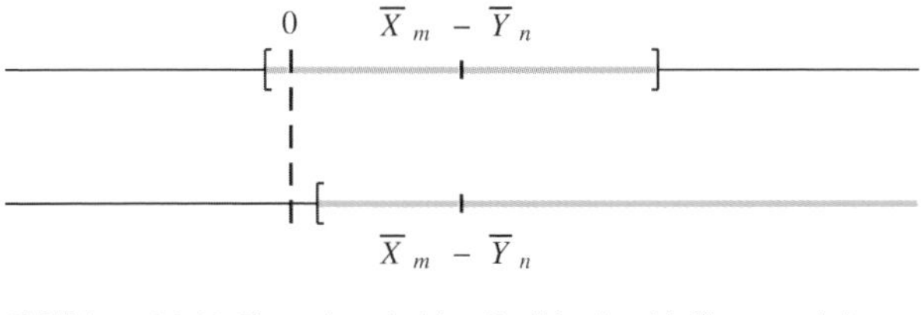

Abbildung 24.11 Ein- und zweiseitiger Konfidenzbereich für $\mu - \nu$ (schematisch).

Wenn man ein einseitiges Konfidenzintervall wählt, sollte jedoch vor der Datenerhebung klar sein, um welches der Intervalle in b) und c) es sich handelt. Auf keinen Fall ist es erlaubt, sich nach Bestimmung beider konkreter einseitiger Intervalle das passendere herauszusuchen und zu behaupten, man hätte es mit einem Konfidenzbereichs-Verfahren erhalten, das die Vertrauenswahrscheinlichkeit $1-\alpha$ besitzt! Bei diesem „Best-of-Verfahren" bildet man jedoch de facto den *Durchschnitt der Intervalle* in b) und c). Schreiben wir kurz I für das Intervall in b) und J für das Intervall in c), so gilt nach (19.27)

$$\mathbb{P}_\vartheta(I \cap J \ni \mu - \nu) \geq 1 - 2\alpha,$$

denn es ist $\mathbb{P}_\vartheta(I \ni \mu-\nu) \geq 1-\alpha$ und $\mathbb{P}_\vartheta(J \ni \mu-\nu) \geq 1-\alpha$. Der Schnitt der Intervalle I und J ist also nur ein Konfidenzintervall zur *geringeren* Konfidenzwahrscheinlichkeit $1-2\alpha$. Möchte man also durch Schnitt-Bildung von I und J ein zweiseitiges $(1-\alpha)$-Konfidenzintervall erhalten, so müssen I und J jeweils Konfidenzintervalle zur Konfidenzwahrscheinlichkeit $1-\alpha/2$ sein. Dann sind aber bei der Bildung von I und J jeweils $c_{m,n;\alpha}$ durch $c_{m,n;\alpha/2}$ zu ersetzen, und man gelangt zum zweiseitigen Intervall.

Mit dem Zentralen Grenzwertsatz erhält man oft approximative Konfidenzintervalle bei großem Stichprobenumfang

Häufig lassen sich Konfidenzbereiche für große Stichprobenumfänge approximativ mithilfe von Grenzwertsätzen konstruieren. Hierzu betrachten wir analog zu Schätzfolgen die Situation, dass Realisierungen eines Zufallsvektors $X = (X_1, \ldots, X_n)$ mit unabhängigen und identisch verteilten Komponenten $X_1, \ldots, X_n$ beobachtet werden und $\mathcal{C}_n$ für jedes $n \in \mathbb{N}$ (oder zumindest für jedes genügend große n) eine Abbildung von $\mathcal{X}_n$ nach $\mathcal{P}(\mathbb{R}^d)$ ist. Dabei sei $\mathcal{X}_n$ der Stichprobenraum für $(X_1, \ldots, X_n)$.

Definition eines asymptotischen Konfidenzbereichs

In obiger Situation heißt die Folge $(\mathcal{C}_n)$ **asymptotischer Konfidenzbereich für $\gamma(\vartheta)$ zum Niveau $1-\alpha$**, falls gilt:

$$\liminf_{n\to\infty} \mathbb{P}_\vartheta\left(\{x \in \mathcal{X}_n : \mathcal{C}_n(x) \ni \gamma(\vartheta)\}\right) \geq 1-\alpha \quad \forall \vartheta \in \Theta.$$

Man beachte, dass die obige Bedingung insbesondere dann erfüllt ist, wenn anstelle des Limes inferior der Limes existiert und für jedes $\vartheta \in \Theta$ gleich $1-\alpha$ ist.

Beispiel Binomialverteilung

Die Zufallsvariablen $X_1, \ldots, X_n$ seien unabhängig und je $\mathrm{Bin}(1, \vartheta)$-verteilt, wobei $\vartheta \in \Theta = (0,1)$. Setzen wir $T_n := n^{-1}\sum_{j=1}^n X_j$, so gilt nach dem Zentralen Grenzwertsatz von De Moivre-Laplace für jedes $h > 0$

$$\lim_{n\to\infty} \mathbb{P}_\vartheta\left(\left|\frac{\sqrt{n}(T_n - \vartheta)}{\sqrt{\vartheta(1-\vartheta)}}\right| \leq h\right) = \Phi(h) - \Phi(-h). \tag{24.41}$$

Wegen $\Phi(h) - \Phi(-h) = 2\Phi(h) - 1$ ist dann mit der Wahl

$$h_\alpha := \Phi^{-1}\left(1 - \frac{\alpha}{2}\right)$$

die rechte Seite von (24.41) gleich $1-\alpha$, also

$$\mathcal{A}_n(\vartheta) := \left\{\left|\frac{\sqrt{n}(T_n - \vartheta)}{\sqrt{\vartheta(1-\vartheta)}}\right| \leq h_\alpha\right\}$$

ein asymptotisch hochwahrscheinliches Ereignis. Die innerhalb der geschweiften Klammer stehende Ungleichung ist zur quadratischen Ungleichung

$$(n + h_\alpha^2)\,\vartheta^2 - (2nT_n + h_\alpha^2)\,\vartheta + n\,T_n^2 \le 0$$

und somit nach Bestimmung der Nullstellen einer quadratischen Gleichung zu $l_n \le \vartheta \le L_n$ mit

$$l_n = \frac{T_n + \frac{h_\alpha^2}{2n} - \frac{h_\alpha}{\sqrt{n}}\sqrt{T_n(1-T_n) + \frac{h_\alpha^2}{4n}}}{1 + \frac{h_\alpha^2}{n}},$$

$$L_n = \frac{T_n + \frac{h_\alpha^2}{2n} + \frac{h_\alpha}{\sqrt{n}}\sqrt{T_n(1-T_n) + \frac{h_\alpha^2}{4n}}}{1 + \frac{h_\alpha^2}{n}}$$

äquivalent. Dabei hängen l_n und L_n von $X_1, \ldots, X_n$ ab. Somit ist die durch $\mathcal{C}_n := [l_n, L_n]$ definierte Folge $(\mathcal{C}_n)$ ein asymptotischer $(1-\alpha)$-Konfidenzbereich für ϑ, denn es gilt

$$\lim_{n\to\infty} \mathbb{P}_\vartheta\,(l_n \le \vartheta \le L_n) = 1 - \alpha \quad \forall \vartheta \in \Theta. \tag{24.42}$$

Dass obige Konfidenzgrenzen schon für $n = 50$ brauchbar sind, zeigt ein Vergleich mit Tabelle 24.1. So liefern l_n und L_n bei einer Konfidenzwahrscheinlichkeit 0.95 und $k = 20$ Treffern das Intervall [0.276, 0.538], verglichen mit dem aus Tabelle 24.1 entnommenen Intervall [0.264, 0.548]. ◄

Kommentar: Die obigen Konfidenzgrenzen l_n und L_n können unter Vernachlässigung aller Terme der Ordnung $O(n^{-1})$ durch

$$l_n^* := T_n - \frac{h_\alpha}{\sqrt{n}}\sqrt{T_n(1-T_n)}, \tag{24.43}$$

$$L_n^* := T_n + \frac{h_\alpha}{\sqrt{n}}\sqrt{T_n(1-T_n)} \tag{24.44}$$

ersetzt werden, ohne dass die Grenzwertaussage (24.42) mit l_n^* und L_n^* anstelle von l_n und L_n verletzt ist, vgl. Aufgabe 24.18. In der Praxis kann man l_n^* und L_n^* verwenden, falls je mindestens 50 Treffer und Nieten auftreten, was insbesondere einen Mindeststichprobenumfang von $n = 100$ voraussetzt. Die obigen Grenzen l_n^* und L_n^* erlauben auch, einen solchen Mindeststichprobenumfang zu planen, wenn ein Konfidenzintervall eine vorgegebene Höchstlänge nicht überschreiten soll (siehe Aufgabe 24.46).

Die Gestalt von l_n^* und L_n^* liefert die schon beim Konfidenzintervall für den Erwartungswert der Normalverteilung beobachtete Faustregel, dass der Stichprobenumfang n vervierfacht werden muss, um ein halb so langes Konfidenzintervall zu erhalten.

Der Zentrale Grenzwertsatz liefert ein asymptotisches Konfidenzintervall für den Erwartungswert einer Verteilung

Mithilfe des Zentralen Grenzwertsatzes von Lindeberg-Lévy und des Lemmas von Sluzki können wir wie folgt einen asymptotischen Konfidenzbereich für den Erwartungswert einer Verteilung in einem *nichtparametrischen statistischen Modell* konstruieren: Wir nehmen an, dass $X_1, \ldots, X_n$ unabhängige und identisch verteilte Zufallsvariablen sind. Die Verteilungsfunktion F von X_1 sei nicht bekannt; es wird nur vorausgesetzt, dass $\mathbb{E}X_1^2 < \infty$ gilt, also das zweite Moment der zugrunde liegenden Verteilung existiert, und dass die Varianz positiv ist. Im Folgenden schreiben wir die Verteilungsfunktion F als Parameter an Wahrscheinlichkeiten, Erwartungswerte und Varianzen. Bezeichnen $\mu = \mathbb{E}_F(X_1)$ den unbekannten Erwartungswert und $\sigma^2 = \mathbb{V}_F(X_1)$ die Varianz von X_1, so gilt nach dem Zentralen Grenzwertsatz von Lindeberg-Lévy für das Stichprobenmittel $\overline{X}_n$ die Verteilungskonvergenz

$$\frac{\sqrt{n}\,(\overline{X}_n - \mu)}{\sigma} \xrightarrow{\mathcal{D}} \mathrm{N}(0,1)$$

bei $n \to \infty$. Da nach Aufgabe 23.32 die Stichprobenvarianz S_n^2 fast sicher gegen σ^2 und folglich die Stichprobenstandardabweichung S_n fast sicher und somit stochastisch gegen σ konvergiert, gilt nach dem Lemma von Sluzki

$$\frac{\sqrt{n}\,(\overline{X}_n - \mu)}{S_n} = \frac{\sqrt{n}\,(\overline{X}_n - \mu)}{\sigma} \cdot \frac{\sigma}{S_n} \xrightarrow{\mathcal{D}} \mathrm{N}(0,1),$$

denn der Faktor σ/S_n konvergiert stochastisch gegen 1. Wir erhalten somit für $\alpha \in (0,1)$ und jede Verteilungsfunktion F mit $\mathbb{E}_F(X_1^2) < \infty$ und $0 < \mathbb{V}_F(X_1)$

$$\lim_{n\to\infty} \mathbb{P}_F\left(\left|\frac{\sqrt{n}\,(\overline{X}_n - \mu)}{S_n}\right| \le \Phi^{-1}\left(1 - \frac{\alpha}{2}\right)\right) = 1 - \alpha.$$

Löst man dieses asymptotisch hoch wahrscheinliche Ereignis nach μ auf, so ergibt das folgende Resultat.

Asymptotisches Konfidenzintervall für einen Erwartungswert

Sind $X_1, \ldots, X_n$ unabhängige identisch verteilte Zufallsvariablen mit $0 < \mathbb{V}(X_1) < \infty$, so ist

$$\left[\overline{X}_n - \frac{\Phi^{-1}(1-\alpha/2)S_n}{\sqrt{n}},\ \overline{X}_n + \frac{\Phi^{-1}(1-\alpha/2)S_n}{\sqrt{n}}\right]$$

ein asymptotisches $(1-\alpha)$-Konfidenzintervall für den Erwartungswert von X_1.

Natürlich kann man auch hier einseitige Intervalle erhalten, wenn man etwa in der obigen Grenzwertaussage die Betragsstriche weglässt und $\Phi^{-1}(1-\alpha/2)$ durch $\Phi^{-1}(1-\alpha)$ ersetzt. Man beachte, dass das obige Intervall bis auf die Tatsache,

Beispiel: Zur Genauigkeit der Aussagen beim „ZDF-Politbarometer"

Was verbirgt sich hinter den „Fehlerbereichen" der Forschungsgruppe Wahlen?

Auf der Website *http://www.forschungsgruppe.de* findet man unter dem Punkt *Zur Methodik der Politbarometer-Untersuchungen* unter anderem die Aussage

> *.... ergeben sich bei einem Stichprobenumfang von n = 1250 folgende Vertrauensbereiche: Der Fehlerbereich beträgt bei einem Parteianteil von 40 Prozent rund +/− drei Prozentpunkte und bei einem Parteianteil von 10 Prozent rund +/− zwei Prozentpunkte.*

Um diese Behauptung kritisch zu hinterfragen, legen wir ein vereinfachendes Binomial-Urnenmodell zugrunde. Hierbei stellen wir uns vor, in einer Urne sei für jeden von N Wahlberechtigten eine Kugel. Von diesen Kugeln seien r rote, was einer Präferenz für eine bestimmte „Partei A" entspricht. Von Interesse ist der unbekannte Anteil $\vartheta := r/N$ der (momentanen) Anhänger dieser Partei. Wir stellen uns vor, aus dieser fiktiven Urne würde eine rein zufällige Stichprobe vom Umfang n gezogen und setzen

$$X_j := \mathbf{1}\{j\text{-ter Befragter präferiert Partei A}\},$$

$j = 1, \ldots, n$. Obwohl das Ziehen ohne Zurücklegen erfolgt, arbeiten wir mit dem Modell stochastisch unabhängiger und je $\text{Bin}(1, \vartheta)$-verteilter Zufallsvariablen $X_1, \ldots, X_n$, da N im Vergleich zu n sehr groß ist.

Ein approximatives 95%-Konfidenzintervall für ϑ aufgrund der zufälligen relativen Trefferhäufigkeit T_n (Anteil der Partei-A-Anhänger unter den Befragten) ist nach (24.43) und (24.44)

$$\left[T_n - \frac{1.96}{\sqrt{n}}\sqrt{T_n(1-T_n)},\ T_n + \frac{1.96}{\sqrt{n}}\sqrt{T_n(1-T_n)}\right].$$

Die *halbe* Länge dieses Intervalls ist bei $n = 1250$:

$$\frac{1.96}{\sqrt{1250}}\sqrt{T_n\,(1-T_n)} = \begin{cases} 0.027\ldots \text{ bei } T_n = 0.4 \\ 0.017\ldots \text{ bei } T_n = 0.1 \end{cases}$$

Die zu Beginn zitierte Behauptung der Forschungsgruppe Wahlen hat also ihre Berechtigung.

dass $t_{n-1;1-\alpha/2}$ durch $\Phi^{-1}(1-\alpha/2)$ ersetzt wurde, identisch mit dem in a) angegebenen Intervall auf Seite 922 ist. Im Unterschied zu dort machen wir hier zwar keine spezielle parametrische Verteilungsannahme, dies geschieht jedoch auf Kosten einer nur noch asymptotisch für $n \to \infty$ geltenden Konfidenzwahrscheinlichkeit.

24.4 Statistische Tests

In diesem Abschnitt führen wir in Theorie und Praxis des Testens statistischer Hypothesen ein. Mit der Verfügbarkeit zahlreicher Statistik-Softwarepakete erfolgt das Testen solcher Hypothesen in den empirischen Wissenschaften oft nur noch per Knopfdruck nach einem fast schon rituellen Schema. Statistische Tests erfreuen sich u. a. deshalb so großer Beliebtheit, weil ihre Ergebnisse objektiv und exakt zu sein scheinen, alle von ihnen Gebrauch machen und der Nachweis der *statistischen Signifikanz* eines Resultats oft zum Erwerb eines Doktortitels unabdingbar ist. Wir werden zunächst sehen, dass die zu testenden Hypothesen nur insoweit *statistisch* sind, als sie sich auf den *Parameter in einem statistischen Modell* beziehen.

Wir legen im Folgenden ein solches statistisches Modell $(\mathcal{X}, \mathcal{B}, (\mathbb{P}_\vartheta)_{\vartheta\in\Theta})$ zugrunde. Im Unterschied zu bisherigen Überlegungen, bei denen der unbekannte, wahre Parameter ϑ zu schätzen war, liegt jetzt eine Zerlegung

$$\Theta = \Theta_0 \cup \Theta_1$$

des Parameterraums Θ in zwei nichtleere, disjunkte Teilmengen vor. Setzen wir wie früher $X := \text{id}_{\mathcal{X}}$, so besteht ein *Testproblem* darin, aufgrund einer Realisierung x von X zwischen den Möglichkeiten $\vartheta \in \Theta_0$ und $\vartheta \in \Theta_1$ zu entscheiden. Man kann also einen statistischen Test als *Regel* auffassen, die für jedes $x \in \mathcal{X}$ festlegt, ob man sich für die

$$\textit{Hypothese } H_0\text{: es gilt } \vartheta \in \Theta_0$$

oder für die

$$\textit{Alternative } H_1\text{: es gilt } \vartheta \in \Theta_1$$

entscheidet. Die übliche, eine Asymmetrie zwischen Θ_0 und Θ_1 widerspiegelnde Redensart ist hier „zu testen ist die Hypothese H_0 gegen die Alternative H_1". Häufig findet man auch die Sprechweisen *Nullhypothese* für H_0 und *Alternativhypothese* für H_1. Da die Entscheidungsregel nur zwei Antworten zulässt, ist die nachstehende formale Definition verständlich.

Definition eines nichtrandomisierten Tests

Ist in obiger Situation $\mathcal{K} \subseteq \mathcal{X}$ eine messbare Menge, so heißt die Indikatorfunktion $\mathbf{1}_{\mathcal{K}}$ **nichtrandomisierter Test (kurz: Test) zur Prüfung der Hypothese H_0 gegen die Alternative H_1.** Die Menge $\mathcal{K}$ heißt **kritischer Bereich** des Tests. Die Abbildung $\mathbf{1}_{\mathcal{K}}$ ist wie folgt zu interpretieren:

$$\text{Falls } \begin{cases} x \in \mathcal{K}, \text{ also } \mathbf{1}_{\mathcal{K}}(x) = 1, \text{ so Entscheidung für } H_1, \\ x \notin \mathcal{K}, \text{ also } \mathbf{1}_{\mathcal{K}}(x) = 0, \text{ so Entscheidung für } H_0. \end{cases}$$

Kommentar: Gilt $x \in \mathcal{K}$, fällt also die Beobachtung in den kritischen Bereich, so sagt man auch, *die Hypothese H_0 wird verworfen*. Das Komplement $\mathcal{X} \setminus \mathcal{K}$ des kritischen Bereichs wird *Annahmebereich* genannt. Gilt $x \in \mathcal{X} \setminus \mathcal{K}$, so sagt man auch, *die Beobachtung x steht nicht im Widerspruch zu H_0*. Das Wort *Annahmebereich* bezieht sich also auf *Annahme von H_0*. Man beachte, dass aufgrund der eineindeutigen Zuordnung zwischen Ereignissen und Indikatorfunktionen ein nichtrandomisierter Test auch mit dem (seinem) kritischen Bereich identifiziert werde kann. Das Attribut *nichtrandomisiert* deutet an, dass es auch randomisierte Tests gibt. Dies ist aus mathematischen Optimalitätsgesichtspunkten der Fall, und wir werden hierauf in Abschnitt 24.5 eingehen.

Da die Beobachtung x im Allgemeinen von jedem $\vartheta \in \Theta$ über die Verteilung $\mathbb{P}_\vartheta$ erzeugt worden sein kann, sind Fehlentscheidungen beim Testen unvermeidlich.

Fehler erster und zweiter Art

Es sei $\mathbf{1}_{\mathcal{K}}$ ein nichtrandomisierter Test. Gelten $\vartheta \in \Theta_0$ und $x \in \mathcal{K}$, so liegt ein **Fehler 1. Art** vor. Ein **Fehler 2. Art** entsteht, wenn $\vartheta \in \Theta_1$ und $x \notin \mathcal{K}$ gelten.

Man begeht also einen Fehler 1. Art (ohne dies zu wissen, denn man kennt ja ϑ nicht!), wenn man die Hypothese H_0 *fälschlicherweise verwirft*. Ein Fehler 2. Art tritt auf, wenn *fälschlicherweise gegen H_0 kein Einwand erhoben wird*. Die unterschiedlichen Möglichkeiten sind in der **Wirkungstabelle** eines Tests (Tabelle 24.4) veranschaulicht. Der Ausdruck *Wirklichkeit* unterstellt dabei, dass wir an die Angemessenheit des durch das statistische Modell $(\mathcal{X}, \mathcal{B}, (\mathbb{P}_\vartheta)_{\vartheta \in \Theta})$ gesteckten Rahmens glauben.

Tabelle 24.4 Wirkungstabelle eines Tests.

		Wirklichkeit	
		$\vartheta \in \Theta_0$	$\vartheta \in \Theta_1$
Entscheidung	H_0 gilt	richtige Entscheidung	Fehler 2. Art
	H_1 gilt	Fehler 1. Art	richtige Entscheidung

Das nachfolgende klassische Beispiel diene zur Erläuterung der bisher vorgestellten Begriffsbildungen.

Beispiel Die tea tasting lady
Eine Lady trinkt ihren Tee stets mit Milch. Sie behauptet, allein am Geschmack unterscheiden zu können, ob zuerst Milch oder zuerst Tee eingegossen wurde. Dabei sei sie zwar nicht unfehlbar; sie würde aber im Vergleich zum blinden Raten öfter die richtige Eingießreihenfolge treffen.

Um der Lady eine Chance zu geben, ihre Behauptung unter Beweis zu stellen, ist folgendes Verfahren denkbar: Es werden ihr n mal zwei Tassen Tee gereicht, von denen jeweils eine vom Typ „Milch vor Tee" und die andere vom Typ „Tee vor Milch" ist. Die Reihenfolge beider Tassen wird durch Münzwurf festgelegt. Hinreichend lange Pausen zwischen den n Geschmacksproben garantieren, dass die Lady unbeeinflusst von früheren Entscheidungen urteilen kann. Aufgrund dieser Versuchsanordnung können wir die n Geschmacksproben als Bernoulli-Kette der Länge n mit unbekannter Trefferwahrscheinlichkeit ϑ modellieren, wobei die richtige Zuordnung als Treffer angesehen wird. Da der Fall $\vartheta < 1/2$ ausgeschlossen ist (der Strategie des Ratens entspricht ja schon $\vartheta = 1/2$), ist eine Antwort auf die Frage „gilt $\vartheta = 1/2$ oder $\vartheta > 1/2$?" zu finden.

Wir beschreiben diese Situation durch ein statistisches Modell mit $\mathcal{X} := \{0, 1\}^n$, $\mathcal{B} := \mathcal{P}(\mathcal{X})$ und $\Theta := [1/2, 1]$ sowie $X = (X_1, \ldots, X_n)$, wobei $X_1, \ldots, X_n$ unter $\mathbb{P}_\vartheta$ unabhängige und je Bin$(1, \vartheta)$-verteilte Zufallsvariablen sind. Dabei ist $X_j := 1$ bzw. $X_j := 0$ gesetzt, falls die Lady das j-te Tassenpaar richtig bzw. falsch zuordnet. Setzen wir $\Theta_0 := \{1/2\}$ und $\Theta_1 := (1/2, 1]$, so bedeutet die Hypothese $H_0 \colon \vartheta \in \Theta_0$ blindes Raten, und $H_1 \colon \vartheta \in \Theta_1$ besagt, dass die Lady die Eingießreihenfolge mehr oder weniger gut vorhersagen kann. Wir schreiben in der Folge Hypothese und Alternative auch als $H_0 \colon \vartheta = 1/2$, $H_1 \colon \vartheta > 1/2$.

Um einen Test für H_0 gegen H_1 festzulegen, müssen wir eine Menge $\mathcal{K} \subseteq \mathcal{X}$ als kritischen Bereich auszeichnen. Hier liegt es nahe, die Testentscheidung von einem n-Tupel $x = (x_1, \ldots, x_n) \in \mathcal{X}$ nur über dessen Einsen-Anzahl $T(x) := x_1 + \ldots + x_n$, also nur von der Anzahl der richtigen Tassenzuordnungen, abhängig zu machen. Da T als Abbildung auf $\mathcal{X}$ die Werte $0, 1, \ldots, n$ annimmt und nur große Werte von T gegen ein blindes Raten sprechen, bietet sich ein kritischer Bereich der Gestalt $\{T \geq c\} = \{x \in \mathcal{X} \colon T(x) \geq c\}$ an. Man würde also die Hypothese H_0 blinden Ratens zugunsten einer Attestierung besonderer geschmacklicher Fähigkeiten verwerfen, wenn die Lady mindestens c Tassenpaare richtig zuordnet.

Wie sollten wir c wählen? Sprechen etwa im Fall $n = 20$ mindestens 17 richtig zugeordnete Paare gegen H_0? Oder hat die Lady bei so vielen richtigen Zuordnungen nur geraten und dabei großes Glück gehabt? Wir sehen, dass hier ein Fehler 1. Art dem fälschlichen Attestieren besonderer geschmacklicher Fähigkeiten entspricht. Ein Fehler 2. Art wäre, ihr solche Fähigkeiten abzusprechen, obwohl sie (in Form von ϑ) mehr oder weniger stark vorhanden sind. Es ist klar, dass wir mit dem Wert c das Auftreten von Fehlern erster und 2. Art beeinflussen können. Vergrößern wir c, so lehnen wir H_0 seltener ab und begehen somit seltener einen Fehler 1. Art. Hingegen nimmt die Aussicht auf einen Fehler 2. Art zu. ◀

Typisch an diesem Beispiel ist, dass der kritische Bereich $\mathcal{K} \subseteq \mathcal{X}$ oft mithilfe einer messbaren Funktion $T \colon \mathcal{X} \to \mathbb{R}$ beschrieben werden kann. Diese Funktion heißt **Test sta tis tik** oder **Prüfgröße**. Der kritische Bereich ist dann meist von der Form

$$\{T \geq c\} = \{x \in \mathcal{X} \colon T(x) \geq c\}$$

oder $\{T \leq c\} = \{x \in \mathcal{X} \colon T(x) \leq c\}$.

Die Konstante c heißt **kritischer Wert**. Die Hypothese wird also abgelehnt, wenn die Teststatistik mindestens oder höchstens gleich einem bestimmten Wert ist. Im ersten Fall liegt ein **oberer**, im zweiten ein **unterer Ablehnbereich** vor. Es kommt auch vor, dass H_0 abgelehnt wird, wenn für Konstanten c_1, c_2 mit $c_1 < c_2$ mindestens eine der Ungleichungen $T \geq c_2$ oder $T \leq c_1$ zutrifft. In diesem Fall spricht man von einem **zweiseitigen Ablehnbereich**, da die Ablehnung sowohl für zu große als auch für zu kleine Werte von T erfolgt.

Definition der Gütefunktion eines Tests

Die durch

$$G_{\mathcal{K}}(\vartheta) := \mathbb{P}_{\vartheta}(X \in \mathcal{K})$$

definierte Funktion $G_{\mathcal{K}} : \Theta \to [0, 1]$ heißt **Gütefunktion** des Tests $\mathbf{1}_{\mathcal{K}}$ mit kritischem Bereich $\mathcal{K} \subseteq \mathcal{X}$ für $H_0 \colon \vartheta \in \Theta_0$ gegen $H_1 \colon \vartheta \in \Theta_1$.

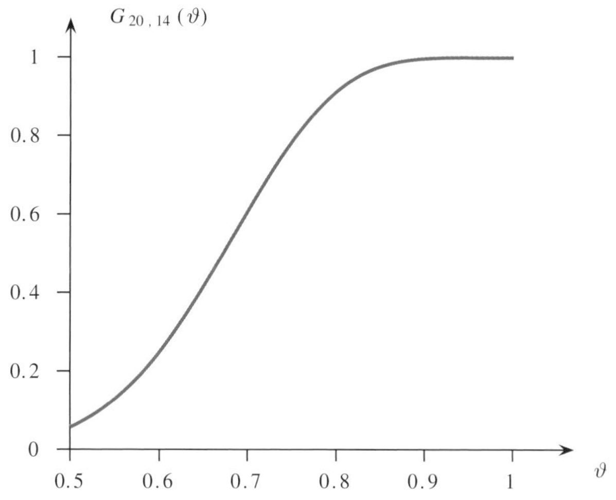

Abbildung 24.12 Gütefunktion $G_{20,14}$ im Beispiel der tea tasting lady.

Kommentar: Die Gütefunktion eines Tests ordnet jedem $\vartheta \in \Theta$ die *Verwerfungswahrscheinlichkeit der Hypothese* H_0 *unter* $\mathbb{P}_{\vartheta}$ zu. Die ideale Gütefunktion eines Tests hätte die Gestalt $G_{\mathcal{K}}(\vartheta) = 0$ für jedes $\vartheta \in \Theta_0$ und $G_{\mathcal{K}}(\vartheta) = 1$ für jedes $\vartheta \in \Theta_1$. Die erste Eigenschaft besagt, dass man nie einen Fehler 1. Art begeht, denn dieser würde ja in einer fälschlichen Ablehnung von H_0 bestehen. Gilt $\vartheta \in \Theta_1$, so möchte man die (nicht geltende) Hypothese H_0 ablehnen. Insofern bedeutet der Idealfall $G_{\mathcal{K}} \equiv 1$ auf Θ_1, dass kein Fehler 2. Art begangen wird.

Man beachte, dass es zwei datenblinde triviale Tests gibt, nämlich diejenigen mit kritischen Bereichen $\mathcal{K} = \emptyset$ und $\mathcal{K} = \mathcal{X}$. Der erste lehnt H_0 nie ab, was einen Fehler 1. Art kategorisch ausschließt. Der zweite Test lehnt H_0 immer ab, was bedeutet, dass ein Fehler 2. Art nicht auftritt.

Beispiel Tea tasting lady, Fortsetzung

Reichen wir der Lady $n = 20$ Tassenpaare und verwerfen die Hypothese $H_0 \colon \vartheta = 1/2$ genau dann, wenn mindestens 14 Paare richtig zugeordnet werden, so ist mit $T_{20} \colon \{0, 1\}^{20} \to \{0, \ldots, n\}$, $T_{20}(x_1, \ldots, x_{20}) = x_1 + \ldots + x_{20}$, der kritische Bereich gleich $\{T_{20} \geq 14\}$. Da $x_1, \ldots, x_{20}$ unter $\mathbb{P}_{\vartheta}$ Realisierungen der unabhängigen und je $\mathrm{Bin}(1, \vartheta)$-verteilten Zufallsvariablen $X_1, \ldots, X_{20}$ sind und die zufällige Trefferanzahl $T_{20} = X_1 + \ldots + X_{20}$ die Verteilung $\mathrm{Bin}(20, \vartheta)$ besitzt, ist die Gütefunktion dieses Tests durch

$$G_{20,14}(\vartheta) := \sum_{k=14}^{20} \binom{20}{k} \vartheta^k (1-\vartheta)^{20-k}$$

gegeben. Hier haben wir das Zahlenpaar (20, 14) als Index an G geschrieben, um den kritischen Bereich, nämlich mindestens 14 Treffer in 20 Versuchen, deutlich zu machen. Abbildung 24.12 zeigt den Graphen dieser Gütefunktion.

Wegen $G_{20,14}(0.5) = 0.0576\ldots$ haben wir mit obigem Verfahren erreicht, dass der Lady im Falle blinden Ratens nur mit der kleinen Wahrscheinlichkeit von ungefähr 0.058 besondere geschmackliche Fähigkeiten zugesprochen werden. Wir können diese Wahrscheinlichkeit für einen Fehler 1. Art verkleinern, indem wir den Wert 14 vergrößern und z. B. erst eine Entscheidung für H_1 treffen, wenn mindestens 15 oder sogar mindestens 16 von 20 Tassen-Paaren richtig zugeordnet werden. So ist etwa $\mathbb{P}_{0.5}(T_{20} \geq 15) \approx 0.0207$ und $\mathbb{P}_{0.5}(T_{20} \geq 16) \approx 0.0059$. Die Frage, ab welcher Mindesttrefferanzahl man H_0 verwerfen sollte, hängt von den Konsequenzen eines Fehlers 1. Art ab. Im vorliegenden Fall bestünde z. B. die Gefahr einer gesellschaftlichen Bloßstellung der Lady bei einem weiteren Geschmackstest, wenn man ihr Fähigkeiten zubilligt, die sie gar nicht besitzt. Bild 24.12 zeigt, dass aufgrund der Monotonie der Funktion $G_{20,14}$ mit einer größeren Trefferwahrscheinlichkeit ϑ der Lady plausiblerweise auch die Wahrscheinlichkeit wächst, mindestens 14 Treffer in 20 Versuchen zu erzielen. Ist etwa $\vartheta = 0.9$, so gelangen wir bei obigem Verfahren mit der Wahrscheinlichkeit $G_{20,14}(0.9) = 0.997\ldots$ zur richtigen Antwort „H_1 trifft zu", entscheiden uns also nur mit der sehr kleinen Wahrscheinlichkeit $0.002\ldots$ fälschlicherweise für H_0. Beträgt ϑ hingegen nur 0.7, so gelangen wir mit der Wahrscheinlichkeit $1 - G_{20,14}(0.7) = \mathbb{P}_{0.7}(T_{20} \leq 13) = 0.392$ zur falschen Entscheidung „H_0 gilt". Die Wahrscheinlichkeit, fälschlicherweise für H_0 zu entscheiden, d. h. tatsächlich vorhandene geschmackliche Fähigkeiten abzusprechen, hängt also stark davon ab, wie groß diese Fähigkeiten in Form der Trefferwahrscheinlichkeit ϑ wirklich sind.

Um der Lady eine Chance zu geben, auch im Fall $\vartheta = 0.7$ ein Ergebnis zu erreichen, das der Hypothese des bloßen Ratens deutlich widerspricht, müssen wir die Anzahl n der Tassenpaare vergrößern. Wählen wir etwa $n = 40$ Paare und lehnen H_0 ab, falls mindestens $k = 26$ Treffer erzielt werden, so ist die Wahrscheinlichkeit einer fälschlichen Ablehnung von H_0 wegen $\mathbb{P}_{0.5}(T_{40} \geq 26) = 0.0403\ldots$ im Vergleich zum bisherigen Verfahren etwas kleiner geworden.

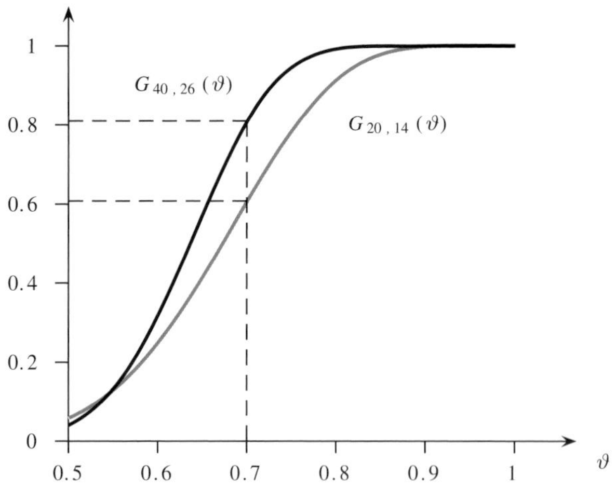

Abbildung 24.13 Gütefunktionen $G_{20,14}$ und $G_{40,26}$.

Abbildung 24.13 zeigt die Gütefunktionen $G_{20,14}$ und $G_{40,26}$. Durch Verdoppelung der Versuchsanzahl von 20 auf 40 hat sich offenbar die Wahrscheinlichkeit für eine richtige Entscheidung im Fall $\vartheta = 0.7$ von 0.608 auf über 0.8 erhöht. ◀

Anhand dieses Beispiels wurde klar, dass Fehler erster und zweiter Art bei einem Test unterschiedliche Auswirkungen haben können. Zur Konstruktion vernünftiger Tests hat sich eingebürgert, die Wahrscheinlichkeit eines Fehlers 1. Art einer Kontrolle zu unterwerfen. Die Konsequenzen dieses Ansatzes werden wir gleich beleuchten.

Definition eines Tests zum Niveau α

Es sei $\alpha \in (0, 1)$. Ein Test $\mathbf{1}_{\mathcal{K}}$ für $H_0\colon \vartheta \in \Theta_0$ gegen $H_1 : \vartheta \in \Theta_1$ heißt **Test zum Niveau α** oder **Niveau-α-Test**, falls gilt:

$$G_{\mathcal{K}}(\vartheta) \le \alpha \quad \text{für jedes } \vartheta \in \Theta_0. \tag{24.45}$$

Kommentar: Durch Beschränkung auf Niveau-α-Tests wird erreicht, dass die Hypothese H_0 *im Fall ihrer Gültigkeit* auf die Dauer (d. h. bei oftmaliger Durchführung unter unabhängigen gleichartigen Bedingungen) in höchstens $\alpha \cdot 100\%$ aller Fälle verworfen wird. Man beachte, dass bei dieser Vorgehensweise ein Fehler 1. Art im Vergleich zum Fehler 2. Art als schwerwiegender erachtet wird und deshalb mittels (24.45) kontrolliert werden soll. Dementsprechend muss in einer praktischen Situation die Wahl von H_0 und H_1 (diese sind rein formal austauschbar!) anhand sachlogischer Überlegungen erfolgen.

Um einen sinnvollen Niveau-α-Test mit kritischem Bereich $\mathcal{K}$ für H_0 gegen H_1 zu konstruieren liegt es nahe, $\mathcal{K}$ (im Fall eines endlichen Stichprobenraums $\mathcal{X}$) aus denjenigen Stichprobenwerten in $\mathcal{X}$ zu bilden, die unter H_0 am unwahrscheinlichsten und somit am wenigsten glaubhaft sind. Dieser Gedanke lag bereits dem bei der tea tasting lady gemachten Ansatz zugrunde.

Es ist üblich, α im Bereich $0.01 \le \alpha \le 0.1$ zu wählen. Führt ein Niveau α-Test für das Testproblem H_0 gegen H_1 mit solch kleinem α zur Ablehnung von H_0, so erlauben die beobachteten Daten begründete Zweifel an H_0, da sich das Testergebnis unter dieser Hypothese nur mit einer Wahrscheinlichkeit von höchstens α eingestellt hätte. Hier sind auch die Sprechweisen *die Ablehnung von H_0 ist signifikant zum Niveau α* bzw. *die Daten stehen auf dem $\alpha \cdot 100\%$-Niveau im Widerspruch zu H_0* üblich. Der Wert $1 - \alpha$ wird häufig als die *statistische Sicherheit* des Urteils „Ablehnung von H_0" bezeichnet.

Ergibt der Test hingegen das Resultat „H_0 wird nicht verworfen", so bedeutet dies nur, dass die Beobachtung x bei einer zugelassenen Wahrscheinlichkeit α für einen Fehler 1. Art nicht im Widerspruch zu H_0 steht. Formulierungen wie „H_0 ist verifiziert" oder „H_0 ist validiert" sind hier völlig fehl am Platze. Sie suggerieren, dass man im Falle des Nicht-Verwerfens von H_0 die Gültigkeit von H_0 „bewiesen" hätte, was jedoch blanker Unsinn ist!

Beispiel Zweiseitiger Binomialtest

Sind $X_1, \dots, X_n$ unabhängige und je $\text{Bin}(1, \vartheta)$-verteilte Zufallsvariablen, so prüft man bei einem *einseitigen Binomialtest* eine Hypothese der Form $H_0\colon \vartheta \le \vartheta_0$ (bzw. $\vartheta \ge \vartheta_0$) gegen die *einseitige Alternative* $H_1\colon \vartheta > \vartheta_0$ (bzw. $\vartheta < \vartheta_0$). Dabei kann wie im Fall der *tea tasting lady* die Hypothese auch aus einem Parameterwert bestehen.

Im Gegensatz dazu spricht man von einem *zweiseitigen Binomialtest*, wenn eine Hypothese der Form $H_0^* : \vartheta = \vartheta_0$ gegen die *zweiseitige Alternative* $H_1^* : \vartheta \ne \vartheta_0$ geprüft werden soll. Der wichtigste Spezialfall ist hier das Testen auf Gleichwahrscheinlichkeit zweier sich ausschließender Ereignisse, also der Fall $\vartheta_0 = 1/2$.

Da im Vergleich zu der unter $H_0^* : \vartheta = \vartheta_0$ zu erwartenden Trefferanzahl sowohl zu große als auch zu kleine Werte von $\sum_{j=1}^n X_j$ für die Gültigkeit von H_1 sprechen, verwendet man beim zweiseitigen Binomialtest einen *zweiseitigen kritischen Bereich*, d. h. eine Teilmenge $\mathcal{K}$ des Stichprobenraumes $\{0, 1, \dots, n\}$ der Form $\mathcal{K} = \{0, 1, \dots, l\} \cup \{k, k+1, \dots, n\}$ mit $l < k$. Die Hypothese $H_0^* : \vartheta = \vartheta_0$ wird abgelehnt, wenn höchstens l oder mindestens k Treffer aufgetreten sind.

Im Spezialfall $\vartheta_0 = 1/2$ hat die zufällige Trefferanzahl S_n unter H_0^* die symmetrische Binomialverteilung $\text{Bin}(n, 1/2)$. Plausiblerweise wählt man dann auch den kritischen Bereich symmetrisch zum Erwartungswert $n/2$ und setzt $l := n - k$. Dieser Test hat die Gütefunktion

$$G_{n,k}^*(\vartheta) = \sum_{j=k}^{n} \binom{n}{j} \vartheta^j (1-\vartheta)^{n-j} + \sum_{j=0}^{l} \binom{n}{j} \vartheta^j (1-\vartheta)^{n-j},$$

und seine Wahrscheinlichkeit für den Fehler 1. Art ist

$$G_{n,k}^*(1/2) = 2\left(\frac{1}{2}\right)^n \cdot \sum_{j=k}^{n} \binom{n}{j}.$$

Man bestimmt den kleinsten Wert k mit der Eigenschaft $G^*_{n,k}(1/2) \le \alpha$, indem man beim Stabdiagramm der Verteilung $\mathrm{Bin}(n, 1/2)$ so lange von *beiden* Seiten her kommend Wahrscheinlichkeitsmasse für den kritischen Bereich auszeichnet, wie jeweils der Wert $\alpha/2$ nicht überschritten wird. Im Zahlenbeispiel $n = 20$, $\alpha = 0.1$ ergibt sich der Wert $k = 15$, vgl. Abb. 24.5. Abbildung 24.14 zeigt die Gütefunktion zu diesem Test.

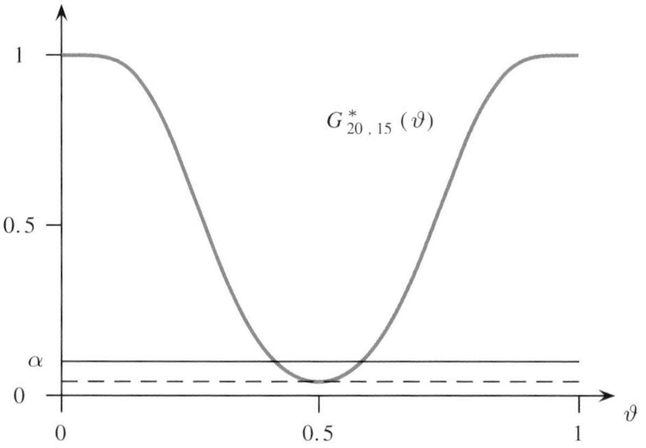

Abbildung 24.14 Gütefunktion beim zweiseitigen Binomialtest.

Zusätzlich wurden in Abb. 24.14 zwei Niveaulinien eingezeichnet, und zwar einmal in der Höhe $\alpha = 0.1$ und zum anderen in der Höhe $0.0414 = G^*_{20,15}(0.5)$. Obwohl die zugelassene Wahrscheinlichkeit für einen Fehler 1. Art gleich 0.1 und dieser Test somit ein Test zu diesem Niveau ist, ist seine tatsächliche Wahrscheinlichkeit für einen solchen Fehler viel geringer, nämlich nur 0.0414. Er ist also auch ein Test zu diesem Niveau. ◀

Beispiel **Einseitiger Gauß-Test**

Es seien $X_1, \ldots, X_n$ unabhängige Zufallsvariablen mit gleicher Normalverteilung $\mathrm{N}(\mu, \sigma^2)$, wobei σ^2 *bekannt* und μ unbekannt sei. Weiter sei μ_0 ein gegebener Wert. Der *einseitige Gauß-Test* prüft die Hypothese $H_0\colon \mu \le \mu_0$ gegen die Alternative $H_1 : \mu > \mu_0$ und verwendet hierfür die Teststatistik

$$T_n := \frac{\sqrt{n}(\overline{X}_n - \mu_0)}{\sigma}. \qquad (24.46)$$

Lehnt man H_0 genau dann ab, wenn $T_n \ge \Phi^{-1}(1-\alpha)$ gilt (zur Erinnerung: Φ ist die Verteilungsfunktion der Normalverteilung $\mathrm{N}(0,1)$), so besitzt dieser Test das Niveau α, und seine mit $G_n(\mu) := \mathbb{P}_\mu(T_n \ge \Phi^{-1}(1-\alpha))$, $\mu \in \mathbb{R}$, bezeichnete Gütefunktion ist durch

$$G_n(\mu) = 1 - \Phi\left(\Phi^{-1}(1-\alpha) - \frac{\sqrt{n}(\mu - \mu_0)}{\sigma}\right), \qquad (24.47)$$

$\mu \in \mathbb{R}$, gegeben (Aufgabe 24.19). Abbildung 24.15 zeigt den Graphen dieser Gütefunktion für verschiedene Werte von n.

Natürlich kann die Teststatistik T_n auch zur Prüfung der Hypothese $H_0\colon \mu \ge \mu_0$ gegen die Alternative $H_1 : \mu < \mu_0$ verwendet werden. Ablehnung von H_0 erfolgt hier, falls

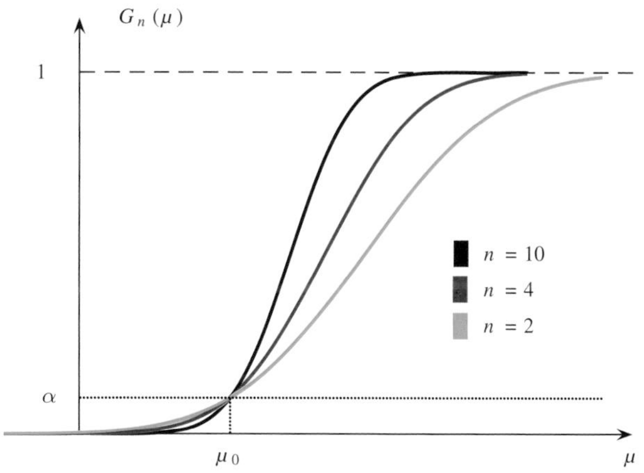

Abbildung 24.15 Gütefunktion des einseitigen Gauß-Tests für verschiedene Stichprobenumfänge.

$T_n \le -\Phi^{-1}(1-\alpha)$ gilt. Der Graph der Gütefunktion dieses Tests ergibt sich durch Spiegelung des in Abb. 24.15 dargestellten Graphen an der durch den Punkt (μ_0, α) verlaufenden, zur Ordinate parallelen Geraden. Ob die Hypothese $\mu \le \mu_0$ oder die Hypothese $\mu \ge \mu_0$ getestet wird, hängt ganz von der konkreten Fragestellung ab, siehe etwa das Beispiel auf Seite 932. ◀

Beispiel **Zweiseitiger Gauß-Test**

Analog zum zweiseitigen Binomialtest entsteht der *zweiseitige Gauß-Test*, wenn in der Situation des vorigen Beispiels

$$H_0^* : \mu = \mu_0 \quad \text{gegen} \quad H_1^* : \mu \ne \mu_0$$

getestet werden soll. Bei der hier vorliegenden *zweiseitigen* Alternative H_1^* möchte man sich gegenüber Werten von μ absichern, die größer oder kleiner als μ_0 sind.

Als Prüfgröße dient wie bisher die in (24.46) definierte Statistik T_n. Im Unterschied zum einseitigen Gauß-Test wird H_0^* zum Niveau α genau dann abgelehnt, wenn

$$|T_n| \ge \Phi^{-1}\left(1 - \frac{\alpha}{2}\right)$$

gilt. Gleichbedeutend hiermit ist das Bestehen mindestens einer der beiden Ungleichungen

$$\overline{X}_n \ge \mu_0 + \frac{\sigma\,\Phi^{-1}(1-\alpha/2)}{\sqrt{n}}, \quad \overline{X}_n \le \mu_0 - \frac{\sigma\,\Phi^{-1}(1-\alpha/2)}{\sqrt{n}}.$$

Die Gütefunktion $G_n^*(\mu) := \mathbb{P}_\mu(H_0^* \text{ ablehnen})$ des zweiseitigen Gauß-Tests ist durch

$$\begin{aligned} G_n^*(\mu) &= 2 - \Phi\left(\Phi^{-1}\left(1 - \frac{\alpha}{2}\right) + \frac{\sqrt{n}(\mu - \mu_0)}{\sigma}\right) \qquad (24.48) \\ &= -\Phi\left(\Phi^{-1}\left(1 - \frac{\alpha}{2}\right) - \frac{\sqrt{n}(\mu - \mu_0)}{\sigma}\right) \end{aligned}$$

gegeben (Aufgabe 24.19). Abbildung 24.16 zeigt die Gestalt dieser Gütefunktion für verschiedene Stichprobenumfänge.

Unter der Lupe: Typische Fehler im Umgang mit statistischen Tests

Über Wahrscheinlichkeiten von Hypothesen, Datenschnuppern und Signifikanzerschleichung.

Ein oft begangener Fehler im Umgang mit Tests ist der fälschliche Rückschluss vom Testergebnis auf die „Wahrscheinlichkeit, dass H_0 bzw. H_1 gilt". Ergibt ein Niveau-α-Test die Ablehnung von H_0 aufgrund von $x \in \mathcal{X}$, so ist eine Formulierung wie „Die Wahrscheinlichkeit ist höchstens α, dass aufgrund des Testergebnisses die Hypothese H_0 zutrifft" sinnlos, da das Signifikanzniveau *nicht* angibt, mit welcher Wahrscheinlichkeit eine aufgrund einer Beobachtung x getroffene Entscheidung falsch ist, vgl. hierzu die Übungsaufgaben 24.3, 24.4 und 24.5. Das Signifikanzniveau α charakterisiert nur in dem Sinne das Testverfahren, dass *bei Unterstellung der Gültigkeit von* H_0 die Wahrscheinlichkeit für eine Ablehnung von H_0 höchstens α ist.

Führt man etwa einen Test zum Niveau 0.05 unter unabhängigen gleichartigen Bedingungen 1000-mal durch, so wird sich *für den Fall, dass die Hypothese* H_0 *gilt*, in etwa 50 Fällen ein signifikantes Ergebnis, also eine Ablehnung von H_0, einstellen. In jedem *dieser* ca. 50 Fälle wurde *mit Sicherheit* eine falsche Entscheidung getroffen. Diese Sicherheit war aber nur vorhanden, weil wir a priori die Gültigkeit von H_0 für alle 1000 Testläufe unterstellt hatten! In gleicher Weise wird sich *bei Unterstellung der Alternative* H_1 in 1000 unabhängigen Testdurchführungen ein gewisser Prozentsatz von signifikanten Ergebnissen, also Ablehnungen von H_0, einstellen. Hier hat man in jedem *dieser* Fälle mit Sicherheit eine richtige Entscheidung getroffen, weil die Gültigkeit von H_1 angenommen wurde. In der Praxis weiß man aber nicht, ob H_0 oder H_1 zutrifft, da man sich sonst die Testdurchführung ersparen könnte.

Es ist ferner vom Grundprinzip statistischer Tests her unzulässig, Hypothesen, die im Rahmen eines „Schnupperns" in Daten gewonnen wurden, anhand *dieser* Daten zu testen. Der Test kann dann nur dem Wunsch des Hypothesen-Formulierers entsprechend antworten. Haben sich z. B. in einer Bernoulli-Kette mit unbekannter Trefferwahrscheinlichkeit ϑ in 100 Versuchen 60 Treffer ergeben, so muss die Hypothese $H_0\colon \vartheta = 0.6$ anhand „unvoreingenommener", unter denselben Bedingungen gewonnener Daten geprüft werden.

Problematisch im Umgang mit Tests ist auch, dass fast nur signifikante Ergebnisse veröffentlicht werden, da man die anderen als uninteressant einstuft. Der damit einhergehende *Verzerrungs-Effekt* des Verschweigens nichtsignifikanter Ergebnisse wird *publication bias* genannt. Auf der Jagd nach Signifikanz wird manchmal auch verzweifelt nach einem Test gesucht, der gegebenen Daten diese höhere Weihe erteilt (für kompliziertere, hier nicht behandelte Testprobleme existieren häufig mehrere Tests, die jeweils zur „Aufdeckung bestimmter Alternativen" besonders geeignet sind). Hat man etwa nach neun vergeblichen Anläufen endlich einen solchen Test gefunden, so ist es ein dreistes Erschleichen von Signifikanz, das Nichtablehnen der Hypothese durch die neun anderen Tests zu verschweigen.

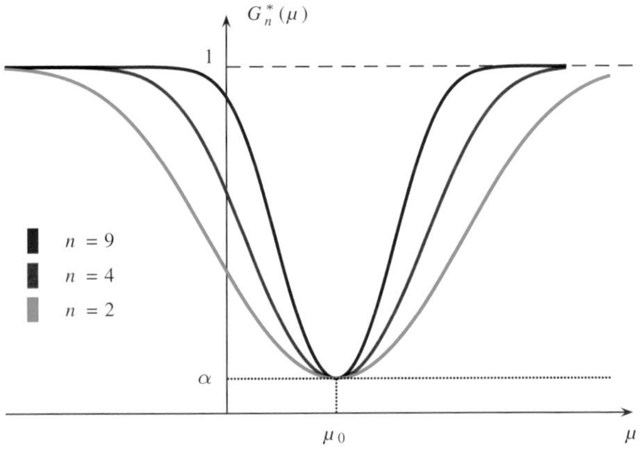

Abbildung 24.16 Gütefunktion des zweiseitigen Gauß-Tests für verschiedene Stichprobenumfänge.

Man beachte die Ähnlichkeit mit der in Abb. 24.14 dargestellten Gütefunktion des zweiseitigen Binomialtests. ◄

Wie das folgende Beispiel zeigt, hängt es ganz von der Fragestellung ab, ob der Gauß-Test ein- oder zweiseitig durchgeführt wird.

Beispiel Konsumenten- und Produzentenrisiko
Eine Abfüllmaschine für Milchflaschen ist so konstruiert, dass die zufällige Abfüllmenge X (gemessen in ml) angenähert als $\mathrm{N}(\mu, \sigma^2)$-verteilt angenommen werden kann. Dabei gilt $\sigma = 2$. Mithilfe einer Stichprobe soll überprüft werden, ob die Maschine im Mittel mindestens 1 l einfüllt, also $\mu \geq 1000$ ml gilt. Das *Produzentenrisiko* besteht darin, dass $\mu > 1000$ ml gilt, denn dann würde systematisch im Mittel mehr eingefüllt, als nötig wäre. Im Gegensatz dazu handelt es sich beim *Konsumentenrisiko* um die Möglichkeit, dass die Maschine zu niedrig eingestellt ist, also $\mu < 1000$ ml gilt. Möchte eine Verbraucherorganisation dem Hersteller statistisch nachweisen, dass die Maschine zu niedrig eingestellt ist, so testet sie unter Verwendung der Prüfgröße (24.46) die Hypothese $H_0\colon \mu \geq 1000$ gegen die Alternative $H_1\colon \mu < 1000$. Lehnt der Test die Hypothese H_0 zum Niveau α ab, so ist man bei kleinem α praktisch sicher, dass die Maschine zu niedrig eingestellt ist. Prüft man in dieser Situation die Hypothese $H_0^*\colon \mu = \mu_0$ gegen die zweiseitige Alternative $H_1^*\colon \mu \neq \mu_0$, so möchte man testen, ob die Maschine richtig eingestellt ist, wobei sowohl systematische Abweichungen nach oben und nach unten entdeckt werden sollen. Ein einseitiger Test sollte nur verwendet werden, wenn vor

der Datenerhebung klar ist, ob man sich gegenüber großen oder kleinen Werten von μ im Vergleich zu μ_0 absichern will. Andernfalls erschleicht man sich Signifikanz. ◀

Der Ein-Stichproben-t-Test prüft Hypothesen über den Erwartungswert einer Normalverteilung bei unbekannter Varianz

Wir legen jetzt ein statistisches Modell mit unabhängigen und je $\mathrm{N}(\mu, \sigma^2)$-verteilten Zufallsvariablen zugrunde, wobei μ und σ^2 *(beide) unbekannt sind.* Zu prüfen sei wieder

$$H_0\colon \mu \le \mu_0 \text{ gegen } H_1: \mu > \mu_0. \tag{24.49}$$

Man beachte, dass hier im Unterschied zum einseitigen Gauß-Test der Hypothesen- und Alternativenbereich durch $\Theta_0 := \{(\mu, \sigma^2)\colon \mu \le \mu_0, \sigma^2 > 0\}$ bzw. $\Theta_1 := \{(\mu, \sigma^2)\colon \mu > \mu_0, \sigma^2 > 0\}$ gegeben sind. Der „Stör"-Parameter σ^2 ist für die Fragestellung nicht von Interesse.

Es liegt nahe, für das obige Testproblem die in (24.46) definierte Prüfgröße T_n des Gauß-Tests zu *studentisieren* und die im Nenner auftretende Standardabweichung durch die in (24.32) definierte Stichprobenstandardabweichung S_n zu ersetzen. Auf diese Weise entsteht die Prüfgröße

$$T_n := \frac{\sqrt{n}\,(\overline{X}_n - \mu_0)}{S_n} \tag{24.50}$$

des *Ein-Stichproben-t-Tests.* Da nur große Werte von T_n gegen H_0 sprechen, würde man die Hypothese ablehnen, wenn T_n einen noch festzulegenden kritischen Wert überschreitet. Die Darstellung

$$T_n = \frac{\sqrt{n}\,(\overline{X}_n - \mu)}{S_n} + \frac{\sqrt{n}\,(\mu - \mu_0)}{S_n} \tag{24.51}$$

zeigt, wie der kritische Wert gewählt werden muss, wenn der Test ein vorgegebenes Niveau α besitzen soll. Ist $\mu = \mu_0$, so hat T_n nach dem Satz von Student eine t_{n-1}-Verteilung. Ist μ der wahre Erwartungswert, so hat der erste Summand in (24.51) eine t_{n-1}-Verteilung. Da der zweite für $\mu < \mu_0$ negativ ist, ergibt sich für solche μ

$$\mathbb{P}_{\mu,\sigma^2}\left(T_n \ge t_{n-1;1-\alpha}\right) \le \mathbb{P}_{\mu,\sigma^2}\left(\frac{\sqrt{n}(\overline{X}_n - \mu)}{S_n} \ge t_{n-1;1-\alpha}\right) = \alpha.$$

Also gilt $\mathbb{P}_\vartheta(T_n \ge t_{n-1;1-\alpha}) \le \alpha$ für jedes $\vartheta = (\mu, \sigma^2) \in \Theta_0$, und somit hat der Test, der H_0 genau dann ablehnt, wenn $T_n \ge t_{n-1,1-\alpha}$ gilt, das Niveau α. Die Gütefunktion

$$G_n(\vartheta) = \mathbb{P}_\vartheta(T_n \ge t_{n-1;1-\alpha}), \quad \vartheta \in \Theta, \tag{24.52}$$

dieses Tests hängt von n, μ_0 und $\vartheta = (\mu, \sigma^2)$ nur über $\delta := \sqrt{n}(\mu - \mu_0)/\sigma$ ab und führt auf die *nichtzentrale t-Verteilung*, siehe Übungsaufgabe 24.7.

Soll die Hypothese

$$H_0^*: \mu = \mu_0 \quad \text{gegen die Alternative} \quad H_1^*: \mu \ne \mu_0$$

getestet werden, so erfolgt Ablehnung von H_0^* genau dann, wenn $|T_n| \ge t_{n-1;1-\alpha/2}$ gilt. Da T_n im Fall $\mu = \mu_0$ die t_{n-1}-Verteilung besitzt, hat dieser Test das Niveau α.

Beispiel Nach der Fertigpackungsverordnung von 1981 dürfen nach Gewicht oder Volumen gekennzeichnete Fertigpackungen gleicher Nennfüllmenge nur so hergestellt werden, dass die Füllmenge im Mittel die Nennfüllmenge nicht unterschreitet und eine in Abhängigkeit von der Nennfüllmenge festgelegte Minusabweichung von der Nennfüllmenge nicht überschreitet. Letztere beträgt bei einer Nennfüllmenge von einem Liter 15 ml; sie darf nur von höchstens 2% der Fertigpackungen überschritten werden. Fertigpackungen müssen regelmäßig überprüft werden. Diese Überprüfung besteht zunächst aus der Feststellung der sog. *Losgröße*, also der Gesamtmenge der Fertigpackungen gleicher Nennfüllmenge, gleicher Aufmachung und gleicher Herstellung, die am selben Ort abgefüllt sind.

Aus einem Los wird dann eine Zufallsstichprobe vom Umfang n entnommen, wobei n in Abhängigkeit von der Losgröße festgelegt ist. So gilt etwa $n = 13$, wenn die Losgröße zwischen 501 und 3200 liegt. Die Vorschriften über die mittlere Füllmenge sind erfüllt, wenn der festgestellte Mittelwert $\overline{x}_n$ der amtlich gemessenen Füllmengen $x_1, \ldots, x_n$, vermehrt um den Betrag $k\,s_n$, mindestens gleich der Nennfüllmenge ist. Dabei ist s_n die Stichprobenstandardabweichung, und k wird für die Stichprobenumfänge 8, 13 und 20 (diese entsprechen Losgrößen zwischen 100 und 500, 501 bis 3200 und größer als 3200) zu $k = 1.237$, $k = 0.847$ und $k = 0.640$ festgelegt. Ein Vergleich mit Tabelle 24.2 zeigt, dass k durch

$$k := \frac{t_{n-1;0.995}}{\sqrt{n}}$$

gegeben ist. Schreiben wir μ_0 für die Nennfüllmenge und μ für die mittlere Füllmenge, so zeigt die beschriebene Vorgehensweise, dass die zufallsbehaftete Füllmenge als $\mathrm{N}(\mu, \sigma^2)$-normalverteilt betrachtet wird, wobei σ^2 unbekannt ist. Da man die Vorschriften über die mittlere Füllmenge μ als erfüllt betrachtet, wenn die Ungleichung

$$\overline{x}_n \ \ge\ \mu_0 + \frac{t_{n-1;0.995}}{\sqrt{n}}\, s_n$$

gilt, bedeutet die amtliche Prüfung, dass ein einseitiger t-Test der Hypothese $H_0\colon \mu \le \mu_0$ gegen die Alternative $H_1: \mu > \mu_0$ zum Niveau $\alpha = 0.005$ durchgeführt wird. ◀

Der Zwei-Stichproben-t-Test prüft auf Gleichheit der Erwartungswerte von Normalverteilungen mit unbekannter Varianz

Wir nehmen jetzt wie auf Seite 924 an, dass $X_1, \ldots, X_m$ und $Y_1, \ldots, Y_n$ unabhängige Zufallsvariablen mit den Normalverteilungen $X_i \sim \mathrm{N}(\mu, \sigma^2)$, $i = 1, \ldots, m$, und

Unter der Lupe: Ein- oder zweiseitiger Test?

Legt man die Richtung eines einseitigen Tests nach Erhebung der Daten fest, so täuscht man Signifikanz vor.

Die nachstehende Abbildung zeigt die Gütefunktionen des einseitigen Gauß-Tests der Hypothese $H_0: \mu \le \mu_0$ gegen die Alternative $H_1: \mu > \mu_0$ (blau) und des zweiseitigen Gauß-Tests der Hypothese $H_0^*: \mu = \mu_0$ gegen die Alternative $H_1^*: \mu \neq \mu_0$ zum gleichen Niveau α und zum gleichem Stichprobenumfang n.

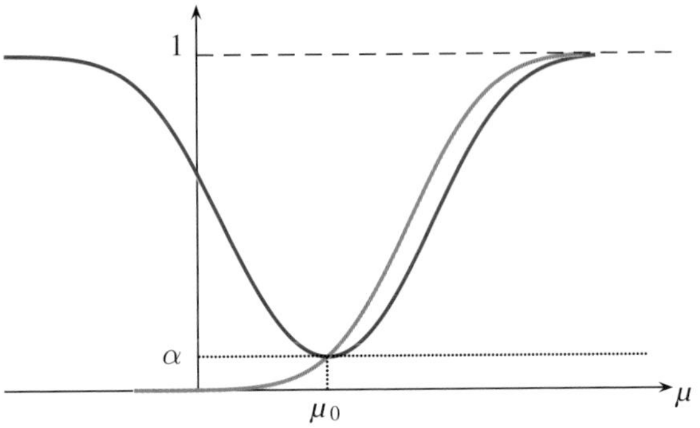

Gütefunktionen des ein- und zweiseitigen Gauß-Tests bei gleichem Stichprobenumfang

Es ist nicht verwunderlich, dass der einseitige Test Alternativen $\mu > \mu_0$ mit größerer Wahrscheinlichkeit erkennt und somit leichter zu einem signifikanten Resultat kommt als der zweiseitige Test, der im Hinblick auf die zweiseitige Alternative $\mu \neq \mu_0$ hin konzipiert wurde. Der zweiseitige Test lehnt ja die Hypothese $\mu = \mu_0$ „erst" ab, wenn die Ungleichung $|G_n| \ge \Phi^{-1}(1-\alpha/2)$ erfüllt ist. Der einseitige Test mit oberem Ablehnbereich kommt jedoch schon im Fall $G_n \ge \Phi^{-1}(1-\alpha)$ zu einer Ablehnung der Nullhypothese. In gleicher Weise lehnt der Test mit unterem Ablehnbereich die Hypothese $\mu = \mu_0$ (sogar: $\mu \ge \mu_0$) zugunsten der Alternative $\mu < \mu_0$ ab, wenn $G_n \le -\Phi^{-1}(1-\alpha)$ gilt. Wenn man also nach Beobachtung der Teststatistik G_n die Richtung der Alternative festlegt und sich gegen $H_0^*: \mu = \mu_0$ entscheidet, wenn $|G_n| \ge \Phi^{-1}(1-\alpha)$ gilt, so hat man de facto einen zweiseitigen Test zum Niveau 2α durchgeführt. Das Testergebnis ist also in Wirklichkeit weniger signifikant.

Unter der Lupe: Der p-Wert

Es liege ein statistisches Modell $(\mathcal{X}, \mathcal{B}, (\mathbb{P}_\vartheta)_{\vartheta\in\Theta})$ vor, wobei die Hypothese $H_0: \vartheta \in \Theta_0$ gegen die Alternative $H_1: \vartheta \in \Theta_1$ getestet werden soll. Die Testentscheidung gründe auf einer Prüfgröße $T: \mathcal{X} \to \mathbb{R}$. Dabei erfolge eine Ablehnung von H_0 für *große* Werte von T.

Anstatt einen Höchstwert α für die Wahrscheinlichkeit eines Fehlers 1. Art festzulegen und dann den kritischen Wert für T zu wählen, stellen Statistik-Programmpakete meist einen sogenannten *p-Wert* $p(x)$ zur Beobachtung $x \in \mathcal{X}$ bereit. Hierzu beachte man, dass bei Wahl von c als kritischem Wert

$$\alpha(c) := \sup_{\vartheta\in\Theta_0} \mathbb{P}_\vartheta(T \ge c) \qquad (24.53)$$

die kleinste Zahl α ist, für die dieser Test noch das Niveau α besitzt.

Der **p-Wert $p(x)$ zu $x \in \mathcal{X}$** ist durch $\alpha(T(x))$ definiert. Er liefert sofort eine Anweisung an jemanden, der einen Test zum Niveau α durchführen möchte: Ist $p(x) \le \alpha$, so lehnt man H_0 ab, andernfalls erhebt man keinen Einwand gegen H_0.

Als Beispiel betrachten wir einen einseitigen Binomialtest der Hypothese $H_0: \vartheta \in \Theta_0 := (0, \vartheta_0]$ gegen die Alternative $H_1: \vartheta \in \Theta_1 := (\vartheta_0, 1)$, der auf Realisierungen $x_1, \ldots, x_n$ von unabhängigen und je Bin$(1, \vartheta)$-verteilten Zufallsvariablen $X_1, \ldots, X_n$ gründet. Die Prüfgröße T ist $T(x_1, \ldots, x_n) = x_1 + \ldots + x_n$. Da $\mathbb{P}_\vartheta(T \ge c)$ nach Aufgabe 24.16 a) monoton in ϑ wächst, wird das Supremum in (24.53) für $\vartheta = \vartheta_0$ angenommen, und der p-Wert zu $x = (x_1, \ldots, x_n)$ ist

$$p(x) = \mathbb{P}_{\vartheta_0}(T \ge T(x)) = \sum_{j=T(x)}^{n} \binom{n}{j} \vartheta_0^j (1-\vartheta_0)^{n-j}.$$

Setzen wir speziell $\vartheta_0 = 0.5$ und $n = 20$ sowie $T(x) = 13$, so folgt $p(x) = 0.0576$, vgl. das Beispiel der tea tasting lady auf Seite 929.

Wird in obiger Situation $H_0: \vartheta = 1/2$ gegen $H_1: \vartheta \neq 1/2$ getestet und die Prüfgröße $T(x) = |x_1 + \ldots + x_n - n/2|$ gewählt, so ist der p-Wert zu x gleich

$$p(x) = \mathbb{P}_{0.5}(T \ge T(x)) = \left(\frac{1}{2}\right)^{n-1} \sum_{j=n/2+T(x)}^{n} \binom{n}{j}.$$

Problematisch an der Verwendung von p-Werten ist u. a., dass sie leicht missverstanden werden. So wäre es ein großer Irrtum zu glauben, dass etwa im Falle $p(x) = 0.017$ die Hypothese H_0 „mit der Wahrscheinlichkeit 0.017 richtig sei" (siehe auch die Box auf Seite 932).

$Y_j \sim \mathrm{N}(\nu, \sigma^2)$, $j = 1, \dots, n$, sind. Die Parameter μ, ν und σ^2 sind unbekannt. In dieser Situation prüft der *Zwei-Stichproben-t-Test* die Hypothese $H_0\colon \mu \le \nu$ gegen die Alternative $H_1\colon \mu > \nu$ (einseitiger Test) bzw. $H_0^*\colon \mu = \nu$ gegen $H_1^*\colon \mu \ne \nu$ (zweiseitiger Test). Die Prüfgröße ist

$$T_{m,n} = \frac{\sqrt{\frac{mn}{m+n}}(\overline{X}_m - \overline{Y}_n)}{S_{m,n}}$$

mit

$$S_{m,n}^2 = \frac{1}{m+n-2}\left(\sum_{i=1}^m (X_i - \overline{X}_m)^2 + \sum_{j=1}^n (Y_j - \overline{Y}_n)^2\right)$$

wie auf Seite 924. Nach (24.40) hat $T_{m,n}$ im Fall $\mu = \nu$ (unabhängig von σ^2) eine t_{m+n-2}-Verteilung.

Hiermit ist klar, dass der zweiseitige Zwei-Stichproben-t-Test $H_0^*\colon \mu = \nu$ genau dann zum Niveau α ablehnt, wenn

$$\left|T_{m,n}\right| \ge t_{m+n-2;1-\alpha/2}$$

gilt. Andernfalls besteht kein Einwand gegen H_0^*.

Der *einseitige Zwei-Stichproben-t-Test* lehnt $H_0\colon \mu \le \nu$ zugunsten von $H_1\colon \mu > \nu$ ab, wenn $T_{m,n} \ge t_{m+n-2;1-\alpha}$ gilt. Analog testet man $H_0\colon \mu \ge \nu$ gegen $H_1\colon \mu < \nu$. Dieser Test ist ein Test zum Niveau α, denn wegen

$$T_{m,n} = \frac{\frac{\sqrt{\frac{mn}{m+n}}(\overline{X}_m - \overline{Y}_n - (\mu - \nu))}{\sigma} + \delta}{\frac{S_{m,n}}{\sigma}}$$

mit

$$\delta = \sqrt{\frac{mn}{m+n}} \cdot \frac{\mu - \nu}{\sigma}$$

wächst seine Gütefunktion streng monoton in δ. Nach Aufgabe 24.7 hat $T_{m,n}$ unter $\mathbb{P}_\vartheta$, $\vartheta = (\mu, \nu, \sigma^2)$, eine nichtzentrale t_{m+n-2}-Verteilung mit Nichtzentralitätsparameter δ.

Beispiel In einem Werk werden Widerstände in zwei unterschiedlichen Fertigungslinien produziert. Es soll geprüft werden, ob die in jeder der Linien hergestellten Widerstände im Mittel den gleichen Wert (gemessen in Ohm) besitzen. Dabei wird unterstellt, dass die zufallsbehafteten Widerstandswerte als Realisierungen unabhängiger normalverteilter Zufallsvariablen mit gleicher unbekannter Varianz, aber möglicherweise unterschiedlichen (und ebenfalls unbekannten) Erwartungswerten μ bzw. ν für Fertigungslinie 1 bzw. 2 angesehen werden können.

Bei der Messung der Widerstandswerte einer aus der Fertigungslinie 1 entnommenen Stichprobe $x_1, \dots, x_m$ vom Umfang $m = 15$ ergaben sich Stichprobenmittelwert und Stichprobenvarianz zu $\overline{x}_{15} = 151.1$ bzw. $\sum_{i=1}^{15}(x_i - \overline{x}_{15})^2/(15-1) = 2.56$. Die entsprechenden, aus einer Stichprobe vom Umfang $n = 11$ aus der Fertigungslinie 2 erhaltenen Werte waren $\overline{y}_{11} = 152.8$ und $\sum_{j=1}^{11}(y_j - \overline{y}_{11})^2/(11-1) = 2.27$.

Da die Hypothese $H_0^*\colon \mu = \nu$ gegen $H_1^*\colon \mu \ne \nu$ getestet werden soll, verwenden wir den zweiseitigen Zwei-Stichproben-t-Test. Aus den obigen Stichprobenvarianzen ergibt sich die Realisierung von $S_{m,n}^2$ (mit $m = 15$, $n = 11$) zu

$$s_{15,11}^2 = \frac{1}{15+11-2} \cdot (14 \cdot 2.56 + 10 \cdot 2.27) = 2.44.$$

Folglich nimmt die Prüfgröße $T_{15,11}$ den Wert

$$T_{15,11} = \sqrt{\frac{15 \cdot 11}{15+11}} \cdot \frac{151.1 - 152.8}{\sqrt{2.44}} = -2.74$$

an. Zum üblichen Signifikanzniveau $\alpha = 0.05$ ergibt sich aus Tabelle 24.2 der kritische Wert zu $t_{24;0.975} = 2.064$. Wegen $|T_{15,11}| \ge 2.064$ wird die Hypothese abgelehnt. ◀

Bei verbundenen Stichproben wird die gleiche Größe zweimal gemessen

Im Unterschied zu unabhängigen Stichproben treten in den Anwendungen häufig *verbundene* oder *gepaarte Stichproben* auf. Dies ist immer dann der Fall, wenn für jede Beobachtungseinheit die gleiche Zielgröße zweimal gemessen wird, und zwar in verschiedenen „Zuständen" dieser Einheit. Beispiele hierfür sind der Blutdruck (Zielgröße) einer Person (Beobachtungseinheit) vor und nach Einnahme eines Medikaments (Zustand 1 bzw. 2) oder der Bremsweg (Zielgröße) eines Testfahrzeugs (Beobachtungseinheit), das mit zwei Reifensätzen unterschiedlicher Profilsorten (Zustand 1 bzw. Zustand 2) bestückt wird.

Modellieren X_j bzw. Y_j die zufallsbehafteten Zielgrößen-Werte der j-ten Beobachtungseinheit im Zustand 1 bzw. Zustand 2, so können zwar die Paare (X_j, Y_j), $j = 1, \dots, n$ als unabhängige identisch verteilte bivariate Zufallsvektoren angesehen werden. Für jedes j sind X_j und Y_j jedoch nicht stochastisch unabhängig, da sie sich auf dieselbe Beobachtungseinheit beziehen.

In diesem Fall betrachtet man die stochastisch unabhängigen und identisch verteilten Differenzen $Z_j := X_j - Y_j$, $j = 1, \dots, n$, der Zielgröße in den beiden Zuständen. Haben die unterschiedlichen Zustände keinen systematischen Effekt auf die Zielgröße, so sollte die Verteilung von Z_1 symmetrisch um 0 sein. Nimmt man spezieller an, dass $Z_1 \sim \mathrm{N}(\mu, \sigma^2)$ gilt, wobei μ und σ^2 unbekannt sind, so testet der *t-Test für verbundene Stichproben* die Hypothese $H_0\colon \mu \le 0$ gegen die Alternative $H_1\colon \mu > 0$ (einseitiger Test) bzw. die Hypothese $H_0^*\colon \mu = 0$ gegen $H_1^*\colon \mu \ne 0$ (zweiseitiger Test). Mit $\overline{Z}_n = n^{-1}\sum_{j=1}^n Z_j$ ist die Prüfgröße

$$T_n := \frac{\sqrt{n}\,\overline{Z}_n}{\sqrt{(n-1)^{-1}\sum_{j=1}^n (Z_j - \overline{Z}_n)^2}}$$

die gleiche wie in (24.50), nur mit dem Unterschied, dass das dortige X_j durch Z_j ersetzt wird. Gilt $\mu = 0$, so hat T_n

nach dem Satz von Student eine t_{n-1}-Verteilung. Die Hypothese H_0 wird zum Niveau α abgelehnt, falls $T_n \geq t_{n-1;1-\alpha}$ gilt, andernfalls erhebt man keinen Einwand gegen H_0. Beim zweiseitigen Test erfolgt Ablehnung von H_0^* zum Niveau α genau dann, wenn $|T_n| \geq t_{n-1;1-\alpha/2}$ gilt (siehe hierzu Aufgabe 24.49).

Der F-Test für den Varianzquotienten prüft auf Gleichheit der Varianzen bei unabhängigen normalverteilten Stichproben

In Verallgemeinerung der beim Zwei-Stichproben-t-Test gemachten Annahmen setzen wir jetzt voraus, dass $X_1, \ldots, X_m, Y_1, \ldots, Y_n$ unabhängige Zufallsvariablen mit den Normalverteilungen $\mathrm{N}(\mu, \sigma^2)$ für $i = 1, \ldots, m$ und $\mathrm{N}(\nu, \tau^2)$ für $j = 1, \ldots, n$ sind. Dabei sind μ, ν, σ^2 und τ^2 unbekannt. Die Varianzen der Beobachtungen in der Behandlungs- und der Kontrollgruppe können also verschieden sein. Will man in dieser Situation die Hypothese

$$H_0\colon \sigma^2 = \tau^2$$

gegen die (zweiseitige) Alternative $H_1 : \sigma^2 \neq \tau^2$ testen, so bietet sich an, die unbekannten Varianzen σ^2 und τ^2 durch die Stichprobenvarianzen $(m-1)^{-1}\sum_{i=1}^m (X_i - \overline{X}_m)^2$ und $(n-1)^{-1}\sum_{j=1}^n (Y_j - \overline{Y}_n)^2$ zu schätzen und als Prüfgröße den sogenannten *Varianzquotienten*

$$Q_{m,n} := \frac{\frac{1}{m-1}\sum_{i=1}^{m}(X_i - \overline{X}_m)^2}{\frac{1}{n-1}\sum_{j=1}^{n}(Y_j - \overline{Y}_n)^2} \qquad (24.54)$$

zu verwenden. Bei Gültigkeit der Hypothese kann man hier gedanklich Zähler und Nenner durch die dann gleiche Varianz σ^2 dividieren und erhält, dass $Q_{m,n}$ die nachstehend definierte Verteilung mit $r := m-1$ und $s := n-1$ besitzt.

Definition der $\mathrm{F}_{r,s}$-Verteilung

Sind R und S unabhängige Zufallsvariablen mit $R \sim \chi_r^2$ und $S \sim \chi_s^2$, so heißt die Verteilung des Quotienten

$$Q := \frac{\frac{1}{r} R}{\frac{1}{s} S}$$

(Fisher'sche) F-Verteilung mit r Zähler- und s Nenner-Freiheitsgraden, und wir schreiben hierfür

$$Q \sim \mathrm{F}_{r,s}.$$

?

Sehen Sie, dass $Q_{m,n}$ unter H_0 $\mathrm{F}_{m-1,n-1}$-verteilt ist?

Kommentar: Dividiert man eine Chi-Quadrat-verteilte Zufallsvariable durch die Anzahl der Freiheitsgrade, so entsteht eine sogenannte *reduzierte Chi-Quadrat-Verteilung*. Die auf R. A. Fisher (1890–1962) zurückgehende $\mathrm{F}_{r,s}$-Verteilung ist also die Verteilung zweier unabhängiger reduziert Chi-Quadrat-verteilter Zufallsvariablen mit r bzw. s Freiheitsgraden. Die Dichte der $\mathrm{F}_{r,s}$-Verteilung ist nach Aufgabe 24.21 durch

$$f_{r,s}(t) := \frac{\left(\frac{r}{s}\right)^{r/2} t^{r/2-1}}{B\left(\frac{r}{2}, \frac{s}{2}\right)\left(1 + \frac{r}{s}t\right)^{(r+s)/2}} \qquad (24.55)$$

für $t > 0$ und $f_{r,s}(t) := 0$ sonst, gegeben. Tabelle 24.5 gibt für ausgewählte Werte von r und s das mit $\mathrm{F}_{r,s;p}$ bezeichnete p-Quantil der $\mathrm{F}_{r,s}$-Verteilung für $p = 0.95$ an. Aufgrund der Erzeugungsweise der $\mathrm{F}_{r,s}$-Verteilung gilt

$$\mathrm{F}_{r,s;p} = \frac{1}{\mathrm{F}_{s,r;1-p}} \qquad (24.56)$$

(Aufgabe 24.8), sodass mithilfe von Tabelle 24.5 für gewisse Werte von r und s auch 5%-Quantile bestimmt werden können. So gilt z. B. $\mathrm{F}_{8,9;0.05} = 1/\mathrm{F}_{9,8;0.95} = 1/3.39 = 0.295$.

Tabelle 24.5 p-Quantile $\mathrm{F}_{r,s;p}$ der $\mathrm{F}_{r,s}$-Verteilung für $p = 0.95$.

	r								
s	1	2	3	4	5	6	7	8	9
1	161.45	199.50	215.71	224.58	230.16	233.99	236.77	238.88	240.54
2	18.51	19.00	19.16	19.25	19.30	19.33	19.35	19.37	19.38
3	10.13	9.55	9.28	9.12	9.01	8.94	8.89	8.85	8.81
4	7.71	6.94	6.59	6.39	6.26	6.16	6.09	6.04	6.00
5	6.61	5.79	5.41	5.19	5.05	4.95	4.88	4.82	4.77
6	5.99	5.14	4.76	4.53	4.39	4.28	4.21	4.15	4.10
7	5.59	4.74	4.35	4.12	3.97	3.87	3.79	3.73	3.68
8	5.32	4.46	4.07	3.84	3.69	3.58	3.50	3.44	3.39
9	5.12	4.26	3.86	3.63	3.48	3.37	3.29	3.23	3.18
10	4.96	4.10	3.71	3.48	3.33	3.22	3.14	3.07	3.02
12	4.75	3.89	3.49	3.26	3.11	3.00	2.91	2.85	2.80
14	4.60	3.74	3.34	3.11	2.96	2.85	2.76	2.70	2.65
16	4.49	3.63	3.24	3.01	2.85	2.74	2.66	2.59	2.54
18	4.41	3.55	3.16	2.93	2.77	2.66	2.58	2.51	2.46
20	4.35	3.49	3.10	2.87	2.71	2.60	2.51	2.45	2.39
50	4.03	3.18	2.79	2.56	2.40	2.29	2.20	2.13	2.07

Der *F-Test für den Varianzquotienten* lehnt die Hypothese $H_0\colon \sigma^2 = \tau^2$ zum Niveau α genau dann ab, wenn

$$Q_{m,n} \leq F_{m-1,n-1;\alpha/2} \quad \text{oder} \quad Q_{m,n} \geq F_{m-1,n-1;1-\alpha/2}$$

gilt. Im Fall $m = 9$ und $n = 10$ würde man also H_0 zum Niveau $\alpha = 0.1$ verwerfen, wenn $Q_{9,10} \geq \mathrm{F}_{8,9;0.95} = 3.23$ oder $Q_{9,10} \leq \mathrm{F}_{8,9;0.05} = 1/\mathrm{F}_{9,8;0.95} = 1/3.39 = 0.295$ gilt. Bei solch kleinen Stichprobenumfängen können sich also die Schätzwerte für σ^2 und τ^2 um den Faktor 3 unterscheiden, ohne dass dieser Unterschied zum Niveau $\alpha = 0.1$ signifikant wäre.

Analog zu früher lehnt man die Hypothese $H_0\colon \sigma^2 \leq \tau^2$ gegen die einseitige Alternative $H_1 : \sigma^2 > \tau^2$ zum Niveau α

ab, wenn $Q_{m,n} \geq \mathrm{F}_{m-1,n-1;1-\alpha}$ gilt. Da die Gütefunktion dieses Tests streng monoton in τ^2/σ^2 wächst, besitzt dieser Test das Niveau α (Aufgabe 24.8).

Der exakte Test von Fisher prüft auf Gleichheit zweier Wahrscheinlichkeiten

Wir betrachten jetzt ein Zwei-Stichproben-Problem mit unabhängigen Zufallsvariablen $X_1, \ldots, X_m, Y_1, \ldots, Y_n$, wobei $X_i \sim \mathrm{Bin}(1, p)$ für $i = 1, \ldots, m$ und $Y_j \sim \mathrm{Bin}(1, q)$ für $j = 1, \ldots, n$. Als Anwendungsszenarium können $m+n$ Personen dienen, von denen m nach einer neuen und n nach einer herkömmlichen (alten) Methode behandelt werden. Das Behandlungsergebnis schlage sich in den Möglichkeiten Erfolg (1) und Misserfolg (0) nieder, sodass p und q die unbekannten Erfolgswahrscheinlichkeiten für die neue bzw. alte Methode sind. Der Parameterraum eines statistischen Modells mit $\mathcal{X} := \{0, 1\}^{m+n}$ ist dann

$$\Theta := \{\vartheta := (p, q) : 0 < p, q < 1\} = (0, 1)^2,$$

und es gilt für $(x_1, \ldots, x_m, y_1, \ldots, y_n) \in \mathcal{X}$

$$\begin{aligned} &\mathbb{P}_\vartheta(X_1 = x_1, \ldots, X_m = x_m, Y_1 = y_1, \ldots, Y_n = y_n) \\ &= p^s (1-p)^{m-s} q^t (1-q)^{n-t}. \end{aligned}$$

Dabei sind $s = x_1 + \ldots + x_m$ und $t = y_1 + \ldots + y_n$ die jeweiligen Anzahlen der Erfolge in den beiden Stichproben. In dieser Situation testet man üblicherweise die Hypothese

$$H_0 \colon p \leq q$$

gegen die Alternative $H_1 : p > q$ (einseitiger Test) oder die Hypothese $H_0^* : p = q$ gegen die Alternative $H_1^* : p \neq q$ (zweiseitiger Test). Offenbar entspricht H_0 der Teilmenge $\Theta_0 := \{(p, q) \in \Theta \colon p \leq q\}$ von Θ. Da die relativen Trefferhäufigkeiten s/m und t/n Schätzwerte für die Wahrscheinlichkeiten p bzw. q darstellen, erscheint es plausibel, H_0 abzulehnen, wenn s/m im Vergleich zu t/n „zu groß ist". Da sich „zu groß" nur auf die Verteilung der zufälligen relativen Trefferhäufigkeiten $\overline{X}_m := m^{-1} \sum_{j=1}^m X_j$ und $\overline{Y}_n := n^{-1} \sum_{j=1}^n Y_j$ unter H_0 beziehen kann und diese Verteilung selbst für diejenigen $(p, q) \in \Theta_0$ mit $p = q$, also „auf der Grenze zwischen Hypothese und Alternative", vom unbekannten p abhängt, ist zunächst nicht klar, wie eine Teststatistik und ein zugehöriger kritischer Wert aussehen könnten.

An dieser Stelle kommt eine Idee von R. A. Fisher ins Spiel. Stellen wir uns vor, es gälte $p = q$, und wir hätten insgesamt $k := s + t = \sum_{i=1}^m x_i + \sum_{j=1}^n y_j$ Treffer beobachtet. Schreiben wir $S := X_1 + \ldots + X_m$ und $T := Y_1 + \ldots + Y_n$ für die zufälligen Trefferzahlen aus beiden Stichproben, so ist nach Aufgabe 21.12 die bedingte Verteilung von S unter der Bedingung $S + T = k$ durch die *nicht von p abhängende* hypergeometrische Verteilung $\mathrm{Hyp}(k, m, n)$ gegeben. Es gilt also für alle infrage kommenden j

$$\mathbb{P}(S = j | S + T = k) = \frac{\binom{m}{j}\binom{n}{k-j}}{\binom{m+n}{k}} =: h_{m,n,k}(j). \quad (24.57)$$

Der sogenannte **exakte Test von Fisher** beurteilt die Signifikanz einer Realisierung s von S nach dieser Verteilung, also *bedingt nach der beobachteten Gesamttrefferzahl* $k = s + t$. Die Wahrscheinlichkeit, unter dieser Bedingung und $p = q$ (unabhängig vom konkreten Wert von p) mindestens s Treffer in der X-Stichprobe zu beobachten, ist

$$\sum_{j=s}^{k} \frac{\binom{m}{j}\binom{n}{k-j}}{\binom{m+n}{k}}.$$

Ist dieser Wert höchstens α, so wird H_0 zum Niveau α abgelehnt. Gilt in Wahrheit $p < q$, so wäre diese Wahrscheinlichkeit im Vergleich zum Fall $p = q$ noch kleiner. Formal ist also der kritische Bereich dieses Tests durch

$$\mathcal{K} := \left\{(x_1, \ldots, x_m, y_1, \ldots, y_n) \in \mathcal{X} \,\middle|\, \sum_{j=s}^{k} h_{m,n,k}(j) \leq \alpha\right\}$$

mit $k = \sum_{i=1}^m x_i + \sum_{j=1}^n y_j$ und $s = x_1 + \ldots + x_m$ gegeben. Beim zweiseitigen Test $H_0^* : p = q$ gegen $H_1^* : p \neq q$ würde man analog zum zweiseitigen Binomialtest ebenfalls mit der hypergeometrischen Verteilung (24.57) arbeiten, aber von jedem der beiden Enden ausgehend jeweils die Wahrscheinlichkeitsmasse $\alpha/2$ wegnehmen.

Beispiel Als Zahlenbeispiel für diesen Test betrachten wir den Fall $m = 12$ und $n = 10$. Es mögen sich insgesamt $k = 9$ Heilerfolge (Treffer) ergeben haben, von denen $s = 7$ auf die nach der neuen und nur zwei auf die nach der alten Methode behandelten Patienten fallen.

	Erfolg	Misserfolg	Gesamt
neu	7	5	12
alt	2	8	10
Gesamt	9	13	22

Da die neue Methode von vorneherein nicht schlechter als die alte erachtet wird, untersuchen wir (unter $p = q$) die bedingte Wahrscheinlichkeit, bei insgesamt $k = 12$ Heilerfolgen mindestens 7 davon unter den nach der neuen Methode behandelten Patienten anzutreffen. Diese ist

$$\sum_{j=7}^{9} \frac{\binom{12}{j}\binom{10}{9-j}}{\binom{22}{9}} \approx 0.073$$

und somit nicht klein genug, um die Hypothese $H_0 \colon p \leq q$ auf dem 5%-Niveau zu verwerfen, wohl aber auf dem 10%-Niveau. Hätten wir 8 Heilerfolge nach der neuen und nur einen nach der alten beobachtet, so hätte sich der p-Wert

$$\sum_{j=8}^{9} \frac{\binom{12}{j}\binom{10}{9-j}}{\binom{22}{9}} \approx 0.014$$

und eine Ablehnung von H_0 zum Niveau 0.05 ergeben. ◀

Konsistenz ist eine wünschenswerte Eigenschaft einer Testfolge

Ganz analog zur Vorgehensweise bei Punktschätzern und Konfidenzbereichen möchten wir jetzt *asymptotische Eigenschaften von Tests* definieren und untersuchen. Hierzu betrachten wir der Einfachheit halber eine Folge unabhängiger und identisch verteilter Zufallsvariablen $X_1, X_2, \ldots$, deren Verteilung von einem Parameter $\vartheta \in \Theta$ abhängt. Zu testen sei die Hypothese $H_0\colon \vartheta \in \Theta_0$ gegen die Alternative $H_1\colon \vartheta \in \Theta_1$. Dabei sind Θ_0, Θ_1 disjunkte nichtleere Mengen, deren Vereinigung Θ ist. Der Stichprobenraum für $(X_1, \ldots, X_n)$ sei mit $\mathcal{X}_n$ bezeichnet. Ein auf $X_1, \ldots, X_n$ basierender Test für H_0 gegen H_1 ist eine mit

$$\varphi_n := \mathbf{1}\{\mathcal{K}_n\}$$

abgekürzte Indikatorfunktion eines kritischen Bereichs $\mathcal{K}_n \subseteq \mathcal{X}_n$. Gilt $\varphi_n(x) = 1$ für $x \in \mathcal{X}_n$, so wird H_0 aufgrund der Realisierung x von $(X_1, \ldots, X_n)$ abgelehnt, andernfalls erhebt man keinen Einwand gegen H_0. Im Allgemeinen wird $\varphi_n = \mathbf{1}\{T_n \geq c_n\}$ mit einer Prüfgröße $T_n : \mathcal{X}_n \to \mathbb{R}$ und einem kritischen Wert c_n gelten.

Wir werden bei Wahrscheinlichkeitsbetrachtungen stets $\mathbb{P}_\vartheta$ schreiben, also eine Abhängigkeit der gemeinsamen Verteilung von $X_1, \ldots, X_n$ unter ϑ vom Stichprobenumfang n unterdrücken. Wie schon früher erwähnt, ist eine solche aufwendigere Schreibweise auch entbehrlich, weil $X_1, X_2, \ldots$ als unendliche Folge von Koordinatenprojektionen auf einem gemeinsamen Wahrscheinlichkeitsraum definiert werden kann, dessen Grundraum der Folgenraum $\mathbb{R}^{\mathbb{N}}$ ist.

Liegt diese Situation vor, so spricht man bei $(\varphi_n)_{n\geq 1}$ von einer **Testfolge**. Der Stichprobenumfang n muss dabei nicht unbedingt ab $n = 1$ laufen. Es reicht, wenn φ_n für genügend großes n definiert ist.

Man beachte, dass die Gütefunktion von φ_n durch

$$G_{\varphi_n}(\vartheta) := \mathbb{E}_\vartheta \varphi_n = \mathbb{P}_\vartheta\left((X_1, \ldots, X_n) \in \mathcal{K}_n\right), \qquad \vartheta \in \Theta,$$

gegeben ist.

Asymptotisches Niveau, Konsistenz

Eine Testfolge (φ_n) für $H_0\colon \vartheta \in \Theta_0$ gegen $H_1\colon \vartheta \in \Theta_1$

- **hat asymptotisch das Niveau α, $\alpha \in (0, 1)$**, falls gilt:

$$\limsup_{n\to\infty} G_{\varphi_n}(\vartheta) \leq \alpha \quad \forall \vartheta \in \Theta_0,$$

- heißt **konsistent für H_0 gegen H_1**, falls gilt:

$$\lim_{n\to\infty} G_{\varphi_n}(\vartheta) = 1 \quad \forall \vartheta \in \Theta_1.$$

Kommentar: Die erste Forderung besagt, dass die Wahrscheinlichkeit für einen Fehler 1. Art – unabhängig vom konkreten Parameterwert $\vartheta \in \Theta_0$ – asymptotisch für $n \to \infty$ höchstens gleich einem vorgegebenen Wert α ist. Die zweite Eigenschaft der Konsistenz betrifft den Fehler 2. Art. Liegt ein $\vartheta \in \Theta_1$ und somit die Alternative H_1 zu H_0 vor, so möchte man bei wachsendem Stichprobenumfang mit einer für $n \to \infty$ gegen null konvergierenden Wahrscheinlichkeit einen Fehler 2. Art begehen. Diese Eigenschaft ist selbstverständlich wünschenswert, jedoch vor allem in Situationen, in denen das statistische Modell nichtparametrisch ist, nicht immer gegeben. Zumindest sollte man sich stets überlegen, welche alternativen Verteilungen asymptotisch für $n \to \infty$ mit immer größerer Sicherheit erkannt werden können.

Beispiel Asymptotischer einseitiger Binomialtest
Es seien $X_1, \ldots, X_n, \ldots$ unabhängige und je $\mathrm{Bin}(1, \vartheta)$-verteilte Zufallsvariablen, wobei $\vartheta \in \Theta := (0, 1)$. Zu testen sei die Hypothese $H_0\colon \vartheta \leq \vartheta_0$ gegen die Alternative $H_1\colon \vartheta > \vartheta_0$; es gilt also $\Theta_0 = (0, \vartheta_0]$ und $\Theta_1 = (\vartheta_0, 1)$. Dabei ist ϑ_0 ein Wert, der vor Beobachtung von $X_1, \ldots, X_n$ festgelegt wird. Wir möchten eine Testfolge (φ_n) konstruieren, die asymptotisch ein vorgegebenes Niveau α besitzt und konsistent für H_0 gegen H_1 ist. Setzen wir

$$c_n := n\vartheta_0 + \sqrt{n\vartheta_0(1-\vartheta_0)} \cdot \Phi^{-1}(1-\alpha) \tag{24.58}$$

und für $(x_1, \ldots, x_n) \in \mathcal{X}_n := \{0, 1\}^n$

$$\varphi_n(x_1, \ldots, x_n) := \mathbf{1}\left\{\sum_{j=1}^n x_j \geq c_n\right\},$$

so gilt mit dem Zentralen Grenzwertsatz von De Moivre-Laplace

$$\begin{aligned}
\lim_{n\to\infty} G_{\varphi_n}(\vartheta_0) &= \lim_{n\to\infty} \mathbb{P}_{\vartheta_0}\left(\sum_{j=1}^n X_j \geq c_n\right)\\
&= \lim_{n\to\infty} \mathbb{P}_{\vartheta_0}\left(\frac{\sum_{j=1}^n X_j - n\vartheta_0}{\sqrt{n\vartheta_0(1-\vartheta_0)}} \geq \Phi^{-1}(1-\alpha)\right)\\
&= 1 - \Phi\left(\Phi^{-1}(1-\alpha)\right)\\
&= \alpha.
\end{aligned}$$

Da nach Aufgabe 24.16 a) die Funktion G_{φ_n} streng monoton wächst, hat die Testfolge (φ_n) asymptotisch das Niveau α.

Um die Konsistenz von (φ_n) nachzuweisen, sei ϑ_1 mit $\vartheta_0 < \vartheta_1 < 1$ beliebig gewählt. Weiter sei $\varepsilon > 0$ mit $\varepsilon < \vartheta_1 - \vartheta_0$. Aufgrund des schwachen Gesetzes großer Zahlen gilt

$$\mathbb{P}_{\vartheta_1}\left(\left|\frac{1}{n}\sum_{j=1}^n X_j - \vartheta_1\right| < \varepsilon\right) \to 1 \quad \text{für } n \to \infty. \tag{24.59}$$

Wird n so groß gewählt, dass die Ungleichung

$$a_n := \frac{\sqrt{n}(\vartheta_1 - \vartheta_0 - \varepsilon)}{\sqrt{\vartheta_0(1-\vartheta_0)}} \geq \Phi^{-1}(1-\alpha)$$

erfüllt ist, so folgen die Ereignis-Inklusionen

$$\left\{\left|\frac{1}{n}\sum_{j=1}^{n} X_j - \vartheta_1\right| < \varepsilon\right\} \subseteq \left\{\frac{\sum_{j=1}^n X_j - n\vartheta_0}{\sqrt{n\vartheta_0(1-\vartheta_0)}} \geq a_n\right\}$$

$$\subseteq \left\{\frac{\sum_{j=1}^n X_j - n\vartheta_0}{\sqrt{n\vartheta_0(1-\vartheta_0)}} \geq \Phi^{-1}(1-\alpha)\right\}$$

$$= \left\{\sum_{j=1}^{n} X_j \geq c_n\right\}$$

und somit wegen (24.59) die Konsistenzeigenschaft

$$\lim_{n\to\infty} G_{\varphi_n}(\vartheta_1) = \lim_{n\to\infty} \mathbb{P}_{\vartheta_1}\left(\sum_{j=1}^{n} X_j \geq c_n\right) = 1. \quad ◀$$

Man beachte, dass wir die Abhängigkeit der Gütefunktion vom Stichprobenumfang n schon im Fall der tea tasting lady anhand von Abb. 24.13 und im Fall des ein- und zweiseitigen Gauß-Tests mit den Abbildungen 24.15 und 24.16 veranschaulicht haben. Die Gestalt der Gütefunktionen (24.47) und (24.48) des ein- bzw. zweiseitigen Gauß-Tests zeigt, dass diese Verfahren, jeweils als Testfolgen betrachtet, konsistent sind. In diesem Fall kann man sogar mit elementaren Mitteln beweisen, dass die Wahrscheinlichkeit für einen Fehler 2. Art exponentiell schnell gegen null konvergiert (Aufgabe 24.20).

?

Können Sie die Konsistenz des ein- und zweiseitigen Gauß-Tests zeigen?

Beispiel Planung des Stichprobenumfangs
Wir wollen jetzt in der Situation des vorigen Beispiels eine Näherungsformel für den nötigen Mindeststichprobenumfang n angeben, um einen vorgegebenen Wert ϑ_1, $\vartheta_1 > \vartheta_0$, mit einer ebenfalls vorgegebenen Wahrscheinlichkeit β, wobei $\alpha < \beta < 1$, zu „erkennen“. Die Forderung

$$\beta \stackrel{!}{=} \mathbb{P}_{\vartheta_1}\left(\sum_{j=1}^{n} X_j \geq c_n\right)$$

mit c_n wie in (24.58) geht für die standardisierte Zufallsvariable $S_n^* := (\sum_{j=1}^n X_j - n\vartheta_1)/\sqrt{n\vartheta_1(1-\vartheta_1)}$ in

$$\beta \stackrel{!}{=} \mathbb{P}_{\vartheta_1}\left(S_n^* \geq \frac{\sqrt{n}(\vartheta_0-\vartheta_1) + \sqrt{\vartheta_0(1-\vartheta_0)}\Phi^{-1}(1-\alpha)}{\sqrt{\vartheta_1(1-\vartheta_1)}}\right)$$

über. Durch Approximation mit der Standardnormalverteilung (obwohl der Ausdruck rechts vom Größer-Zeichen von n abhängt) ergibt sich

$$\beta \approx 1-\Phi\left(\Phi^{-1}(1-\alpha)\sqrt{\frac{\vartheta_0(1-\vartheta_0)}{\vartheta_1(1-\vartheta_1)}} + \sqrt{n}\frac{\vartheta_0-\vartheta_1}{\sqrt{\vartheta_1(1-\vartheta_1)}}\right),$$

also

$$n \approx \frac{\vartheta_1(1-\vartheta_1)}{(\vartheta_0-\vartheta_1)^2}\left[\Phi^{-1}(1-\beta) - \Phi^{-1}(1-\alpha)\sqrt{\frac{\vartheta_0(1-\vartheta_0)}{\vartheta_1(1-\vartheta_1)}}\right]^2.$$

Als Zahlenbeispiel diene der Fall $\vartheta_0 = 1/2$, $\vartheta_1 = 0.6$, $\alpha = 0.1$ und $\beta = 0.9$. Mit $\Phi^{-1}(0.1) = -\Phi^{-1}(0.9) = -1.282$ liefert die obige Approximation hier den Näherungswert $n \approx 161$, wobei auf die nächstkleinere ganze Zahl gerundet wurde. Der mithilfe des Computer-Algebra-Systems MAPLE berechnete exakte Wert von n beträgt 163.

Im Eingangsbeispiel der *tea tasting lady* sollten also der Lady ca. 160 Tassenpaare gereicht werden, damit bei einer zugelassenen Wahrscheinlichkeit von 0.1 für einen Fehler 1. Art die Wahrscheinlichkeit 0.9 beträgt, dass der Test besondere geschmackliche Fähigkeiten entdeckt, wenn ihre Erfolgswahrscheinlichkeit, die richtige Eingießreihenfolge zu treffen, in Wirklichkeit 0.6 ist. ◀

Der Chi-Quadrat-Anpassungstest prüft die Verträglichkeit von relativen Häufigkeiten mit hypothetischen Wahrscheinlichkeiten

Wir lernen jetzt mit dem von Karl Pearson (1857–1938) entwickelten *Chi-Quadrat-Anpassungstest* (im Folgenden kurz *Chi-Quadrat-Test* genannt) eines der ältesten Testverfahren der Statistik kennen. In seiner einfachsten Form prüft dieser Test die Güte der Anpassung von relativen Häufigkeiten an hypothetische Wahrscheinlichkeiten in einem multinomialen Versuchsschema. Hierzu betrachten wir wie auf Seite 785 n unabhängige gleichartige Versuche (Experimente) mit jeweils s möglichen Ausgängen $1, 2, \ldots, s$, die wir wie früher Treffer 1. Art, ... ,Treffer s-ter Art nennen. Beispiele sind der Würfelwurf mit den Ergebnissen 1 bis 6 ($s = 6$) oder ein Keimungsversuch bei Samen mit den Ausgängen *normaler Keimling*, *anormaler Keimling* und *fauler Keimling* ($s = 3$).

Bezeichnet p_j die Wahrscheinlichkeit für einen Treffer j-ter Art, so hat der Zufallsvektor $X := (X_1, \ldots, X_s)$ der Trefferanzahlen nach (21.31) die Multinomialverteilung $\mathrm{Mult}(n; p_1, \ldots, p_s)$. Der Wertebereich für X ist die Menge

$$\mathcal{X}_n := \{\mathbf{k} = (k_1, \ldots, k_s) \in \mathbb{N}_0^s \colon k_1 + \ldots + k_s = n\}$$

aller möglichen Vektoren von Trefferanzahlen. Wir nehmen an, dass $p_1, \ldots, p_s$ unbekannt sind und legen als Parameterraum eines statistischen Modells die Menge

$$\Theta := \left\{\vartheta := (p_1, \ldots, p_s) \,\middle|\, p_1 > 0, \ldots, p_s > 0, \sum_{j=1}^{s} p_j = 1\right\}$$

zugrunde. Zu testen sei die Hypothese

$$H_0\colon \vartheta = \vartheta_0 = (\pi_1, \ldots, \pi_s)$$

gegen die Alternative $H_1\colon \vartheta \neq \vartheta_0$. Dabei ist ϑ_0 ein Vektor mit vorgegebenen Wahrscheinlichkeiten. Im Fall $s = 6$ und

$\pi_1 = \ldots = \pi_6 = 1/6$ geht es also etwa darum, einen Würfel auf Echtheit zu prüfen. Im Folgenden schreiben wir kurz

$$m_n(\mathbf{k}) := \frac{n!}{k_1! \cdot \ldots \cdot k_s!} \prod_{j=1}^{s} \pi_j^{k_j}, \quad \mathbf{k} \in \mathcal{X}_n ,$$

für die Wahrscheinlichkeit $\mathbb{P}_{\vartheta_0}(X = \mathbf{k})$.

Um einen Test für H_0 gegen H_1 zu konstruieren liegt es nahe, diejenigen $\mathbf{k}$ in einen kritischen Bereich $\mathcal{K} \subseteq \mathcal{X}_n$ aufzunehmen, die unter H_0 am unwahrscheinlichsten sind, also die kleinsten Werte für $m_n(\mathbf{k})$ liefern. Als Zahlenbeispiel betrachten wir den Fall $n = 4$, $s = 3$ und $\pi_1 = \pi_2 = 1/4$, $\pi_3 = 1/2$. Hier besteht der Stichprobenraum $\mathcal{X}_4$ aus 15 Tripeln, die zusammen mit ihren nach aufsteigender Größe sortierten H_0-Wahrscheinlichkeiten in Tabelle 24.6 aufgelistet sind (die Bedeutung der letzten Spalte wird später erklärt).

Tabelle 24.6 Der Größe nach sortierte H_0-Wahrscheinlichkeiten im Fall $n = 4$, $s = 3$, $\pi_1 = \pi_2 = 1/4$, $\pi_3 = 1/2$.

(k_1, k_2, k_3)	$\frac{4!}{k_1!k_2!k_3!}$	$\prod_{j=1}^{3} \pi_j^{k_j}$	$m_4(\mathbf{k})$	$\chi_4^2(\mathbf{k})$
(4, 0, 0)	1	1/256	1/256	12
(0, 4, 0)	1	1/256	1/256	12
(3, 1, 0)	4	1/256	4/256	6
(1, 3, 0)	4	1/256	4/256	6
(2, 2, 0)	6	1/256	6/256	4
(3, 0, 1)	4	1/128	8/256	5.5
(0, 3, 1)	4	1/128	8/256	5.5
(0, 0, 4)	1	1/16	16/256	4
(2, 1, 1)	12	1/128	24/256	1.5
(1, 2, 1)	12	1/128	24/256	1.5
(2, 0, 2)	6	1/64	24/256	2
(0, 2, 2)	6	1/64	24/256	2
(0, 1, 3)	4	1/32	32/256	1.5
(1, 0, 3)	4	1/32	32/256	1.5
(1, 1, 2)	12	1/64	48/256	0

Nehmen wir die obersten 5 Tripel in Tabelle 24.6 in den kritischen Bereich auf, setzen wir also

$$\mathcal{K} := \{(k_1, k_2, k_3) \in \mathcal{X}_4 \colon k_3 = 0\},$$

so gilt $\mathbb{P}_{\vartheta_0}(X \in \mathcal{K}) = (1 + 1 + 4 + 4 + 6)/256 = 0.0625$. Folglich besitzt dieser Test das Niveau $\alpha = 0.0625$.

Prinzipiell ist diese Vorgehensweise auch für größere Werte von n und s möglich. Der damit verbundene Rechenaufwand steigt jedoch mit wachsendem n und s so rapide an, dass ein praktikableres Verfahren gefunden werden muss.

Ausgangspunkt hierfür ist die Darstellung

$$m_n(\mathbf{k}) = \frac{\prod_{j=1}^{s} \left(\mathrm{e}^{-n\pi_j} \frac{(n\pi_j)^{k_j}}{k_j!} \right)}{\mathrm{e}^{-n} \frac{n^n}{n!}} \tag{24.60}$$

von $m_n(\mathbf{k})$ mithilfe von Poisson-Wahrscheinlichkeiten

$$p_\lambda(k) := \mathrm{e}^{-\lambda} \frac{\lambda^k}{k!}.$$

Letztere kann man für beliebiges $C > 0$ für $\lambda \to \infty$ gleichmäßig für alle k mit $k \in I(\lambda, C) := \{l \in \mathbb{N}_0 \colon |l - \lambda| \le C\sqrt{\lambda}\}$ approximieren. Genauer gilt mit

$$g_\lambda(k) := \frac{1}{\sqrt{2\pi\lambda}} \exp\left(-\frac{(k-\lambda)^2}{2\lambda}\right)$$

die Grenzwertaussage

$$\lim_{\lambda \to \infty} \sup_{k \in I(\lambda, C)} \left| \frac{p_\lambda(k)}{g_\lambda(k)} - 1 \right| = 0. \tag{24.61}$$

Diese ergibt sich, wenn man $z_k := (k - \lambda)/\sqrt{\lambda}$ setzt und nur Werte $k \in I(\lambda, C)$ und damit nur z_k mit $|z_k| \le C$ betrachtet. Für $L_\lambda(k) := \log p_\lambda(k)$ gilt dann

$$L_\lambda(k+1) - L_\lambda(k) = -\log\left(1 + \frac{z_k}{\sqrt{\lambda}} + \frac{1}{\lambda}\right),$$

und die Ungleichungen $\log t \le t - 1$ und $\log t \ge 1 - 1/t$, $t > 0$, liefern nach direkter Rechnung

$$L_\lambda(k+1) - L_\lambda(k) = -\frac{z_k}{\sqrt{\lambda}} + \frac{C(k, \lambda)}{\lambda},$$

wobei $|C(k, \lambda)|$ für die betrachteten z_k beschränkt bleibt. Summiert man obige Differenzen über k von $k = k_0 := \lfloor \lambda \rfloor$ bis $k = k_0 + m - 1$, wobei $|m| \le C\sqrt{\lambda}$, so ergibt sich unter Ausnutzung eines Teleskop-Effektes

$$L_\lambda(k_0 + m) - L_\lambda(k_0) = -\frac{m^2}{2\lambda} + O\left(\frac{1}{\sqrt{\lambda}}\right).$$

Nach Exponentiation erhält man dann mit einer Normierungskonstanten K_λ

$$p_\lambda(k) = K_\lambda \exp\left(-\frac{(k-\lambda)^2}{2\lambda}\right)\left(1 + O\left(\frac{1}{\sqrt{\lambda}}\right)\right) \tag{24.62}$$

für $\lambda \to \infty$. Da sich K_λ nach Aufgabe 24.23 zu $1/\sqrt{2\pi\lambda}$ bestimmen lässt, folgt (24.61).

Setzt man in (24.60) für die Poisson-Wahrscheinlichkeiten die für $n \to \infty$ asymptotisch äquivalenten Ausdrücke

$$\mathrm{e}^{-n\pi_j} \frac{(n\pi_j)^{k_j}}{k_j!} \sim \frac{1}{\sqrt{2\pi n\pi_j}} \exp\left(-\frac{(k_j - n\pi_j)^2}{2n\pi_j}\right)$$

und

$$\mathrm{e}^{-n} \frac{n^n}{n!} \sim \frac{1}{\sqrt{2\pi n}}$$

ein, so ergibt sich für $n \to \infty$ und beliebiges $C > 0$

$$\lim_{n \to \infty} \sup_{\mathbf{k} \in I_n(C)} \left| \frac{m_n(\mathbf{k})}{f_n(\mathbf{k})} - 1 \right| = 0.$$

Dabei wurde

$$I_n(C) := \{(k_1, \ldots, k_s) \colon |k_j - n\pi_j| \le C\sqrt{n}, 1 \le j \le s\}$$

und

$$f_n(\mathbf{k}) := \frac{1}{\sqrt{(2\pi n)^{s-1}\prod_{j=1}^{s}\pi_j}} \exp\left(-\frac{1}{2}\sum_{j=1}^{s}\frac{(k_j - n\pi_j)^2}{n\pi_j}\right)$$

gesetzt. Da somit bei großem n kleine Werte von $m_n(\mathbf{k})$ großen Werten der hier auftretenden Summe

$$\chi_n^2(k_1,\ldots,k_s) := \sum_{j=1}^{s}\frac{(k_j - n\pi_j)^2}{n\pi_j} \tag{24.63}$$

entsprechen, ist es sinnvoll, den kritischen Bereich $\mathcal{K}$ durch

$$\mathcal{K} := \left\{\mathbf{k} \in \mathcal{X}_n \,\middle|\, \sum_{j=1}^{s}\frac{(k_j - n\pi_j)^2}{n\pi_j} \geq c\right\}$$

festzulegen, d. h., die Hypothese H_0 für große Werte von $\chi_n^2(k_1,\ldots,k_s)$ abzulehnen. Dabei ist der kritische Wert c aus der vorgegebenen Wahrscheinlichkeit α für einen Fehler 1. Art zu bestimmen. Man beachte, dass die Korrespondenz zwischen kleinen Werten von $m_n(\mathbf{k})$ und großen Werten von $\chi_n^2(\mathbf{k})$ schon für den Fall $n = 4$ in den beiden letzten Spalten von Tabelle 24.6 deutlich sichtbar ist.

Die durch (24.63) definierte Funktion $\chi_n^2\colon \mathcal{X}_n \to \mathbb{R}$ heißt χ^2-*Testgröße*. Sie misst die Stärke der Abweichung zwischen den Trefferanzahlen k_j und den unter H_0 zu erwartenden Anzahlen $n\pi_j$ in einer ganz bestimmten Weise.

Um den kritischen Wert c festzulegen, müssen wir die Verteilung der *Zufallsvariablen*

$$T_n := \sum_{j=1}^{s}\frac{(X_j - n\pi_j)^2}{n\pi_j} \tag{24.64}$$

unter H_0 kennen. Dies sieht hoffnungslos aus, da diese Verteilung in komplizierter Weise von n und insbesondere von $\vartheta_0 = (\pi_1,\ldots,\pi_s)$ abhängt. Interessanterweise gilt jedoch wegen $X_j \sim \text{Bin}(n,\pi_j)$ die Beziehung $\mathbb{E}_{\vartheta_0}(X_j - n\pi_j)^2 = n\pi_j(1-\pi_j)$ und somit für jedes n und jedes ϑ_0

$$\mathbb{E}_{\vartheta_0}(T_n) = \sum_{j=1}^{s}(1-\pi_j) = s-1.$$

Das folgende Resultat besagt, dass T_n unter H_0 für $n\to\infty$ eine Grenzverteilung besitzt, die nicht von ϑ_0 abhängt.

Satz über die asymptotische H_0-Verteilung von T_n

Für die in (24.64) definierte Chi-Quadrat-Testgröße T_n gilt bei Gültigkeit der Hypothese H_0

$$T_n \xrightarrow{\mathcal{D}_{\vartheta_0}} \chi_{s-1}^2 \quad \text{bei } n\to\infty.$$

Beweis: Wir setzen

$$U_{n,j} := \frac{X_j - n\pi_j}{\sqrt{n}}, \quad j = 1,\ldots,s$$

sowie $U_n := (U_{n,1},\ldots,U_{n,s-1})^\top$. Wegen $\sum_{j=1}^{s} X_j = n$ gilt dann $\sum_{j=1}^{s} U_{n,j} = 0$, und hiermit folgt

$$\begin{aligned} T_n &= \sum_{j=1}^{s}\frac{U_{n,j}^2}{\pi_j} \\ &= \sum_{j=1}^{s-1}\frac{U_{n,j}^2}{\pi_j} + \frac{1}{\pi_s}\left(-\sum_{\nu=1}^{s-1}U_{n,\nu}\right)^2 \\ &= \sum_{i,j=1}^{s-1}\left(\frac{\delta_{ij}}{\pi_j} + \frac{1}{\pi_s}\right)U_{n,i}U_{n,j} \\ &= U_n^\top A U_n, \end{aligned}$$

wobei die $(s-1)\times(s-1)$-Matrix A die Einträge

$$a_{ij} = \frac{\delta_{ij}}{\pi_j} + \frac{1}{\pi_s}, \quad 1 \leq i,j \leq s-1,$$

besitzt. Wie man direkt verifiziert, gilt $A = \Sigma^{-1}$, wobei

$$\Sigma = (\sigma_{ij}) \text{ mit } \sigma_{ij} = \delta_{ij}\pi_i - \pi_i\pi_j$$

nach Aufgabe 21.43 die Kovarianzmatrix eines $(s-1)$-dimensionalen Zufallsvektors Y ist, dessen Verteilung mit der Verteilung der ersten $s-1$ Komponenten eines Zufallsvektors mit der Multinomialverteilung $\text{Mult}(1;\pi_1,\ldots,\pi_{s-1},\pi_s)$ übereinstimmt. Da $(X_1,\ldots,X_{s-1})^\top$ nach Erzeugungsweise der Multinomialverteilung wie die Summe von n unabhängigen und identisch verteilten Kopien von Y verteilt ist und $\mathbb{E}(Y) = (\pi_1,\ldots,\pi_{s-1})^\top$ gilt, ergibt sich mithilfe des multivariaten Zentralen Grenzwertsatzes auf Seite 893

$$U_n \xrightarrow{\mathcal{D}} Z,$$

wobei $Z \sim \text{N}_{s-1}(0,\Sigma)$. Mit dem Abbildungssatz auf Seite 893 folgt dann

$$T_n = U_n^\top A U_n \xrightarrow{\mathcal{D}} Z^\top A Z = Z^\top\Sigma^{-1}Z.$$

Nach Aufgabe 24.24 gilt $Z^\top\Sigma^{-1}Z \sim \chi_{s-1}^2$. ■

Da wir nach diesem Satz die Limesverteilung der Chi-Quadrat-Testgröße bei Gültigkeit der Hypothese kennen, können wir eine Testfolge konstruieren, die asymptotisch ein vorgegebenes Niveau $\alpha \in (0,1)$ besitzt.

Satz über den Chi-Quadrat-Test

Die durch

$$\varphi_n(\mathbf{k}) := \mathbf{1}\left\{\sum_{j=1}^{s}\frac{(k_j - n\pi_j)^2}{n\pi_j} \geq \chi_{s-1;1-\alpha}^2\right\},$$

$\mathbf{k} \in \mathcal{X}_n$, definierte Testfolge (φ_n) besitzt für das Testproblem $H_0\colon \vartheta = \vartheta_0$ gegen $H_1\colon \vartheta \neq \vartheta_0$ asymptotisch das Niveau α, und sie ist konsistent.

Unter der Lupe: Der Chi-Quadrat-Test als Monte-Carlo-Test

Wie schätzt man den p-Wert bei kleinem Stichprobenumfang?

Es gibt viele Untersuchungen darüber, ab welchem Stichprobenumfang n die Verteilung von T_n unter H_0 gut durch eine χ^2_{s-1}-Verteilung approximiert wird und somit die Einhaltung eines angestrebten Niveaus α durch Wahl des kritischen Wertes als $(1-\alpha)$-Quantil dieser Verteilung für praktische Zwecke hinreichend genau ist. Die übliche Empfehlung hierzu ist, dass n die Ungleichung $n \min(\pi_1, \ldots, \pi_s) \geq 5$ erfüllen sollte.

Um den χ^2-Test auch im Fall $n \min(\pi_1, \ldots, \pi_s) < 5$ durchführen zu können, bietet sich neben der Methode, die H_0-Verteilung von T_n analog zum Vorgehen in Tabelle 24.6 exakt zu bestimmen, die Möglichkeit an, den Wert $\chi^2_n(\mathbf{k})$ zu berechnen und anschließend den p-Wert $p(\mathbf{k}) = \mathbb{P}_{\vartheta_0}(T_n \geq \chi^2_n(\mathbf{k}))$ zu schätzen. Bei diesem sog. *Monte-Carlo-Test* geht man wie folgt vor:

Man wählt eine große Zahl M, z. B. $M = 10\,000$, und setzt einen Zähler Z auf den Anfangswert 0. Dann führt man für einen Laufindex $m = 1, 2, \ldots, M$ M-mal hintereinander folgenden Algorithmus durch:

1) Mithilfe von Pseudozufallszahlen wird wie auf Seite 823 beschrieben n-mal ein Experiment simuliert, das mit Wahrscheinlichkeit π_j einen Treffer j-ter Art ergibt ($j = 1, \ldots, s$). Die so simulierten Trefferanzahlen seien mit $k_{1,m}, k_{2,m}, \ldots, k_{s,m}$ bezeichnet.
2) Mithilfe von $k_{1,m}, \ldots, k_{s,m}$ berechnet man den Wert
$$\chi^2_{n,m} := \sum_{j=1}^{s} \frac{\left(k_{j,m} - n\pi_j\right)^2}{n\pi_j}.$$
3) Gilt $\chi^2_{n,m} \geq \chi^2_n(\mathbf{k})$, so wird Z um eins erhöht.

Nach den M Durchläufen ist dann die relative Häufigkeit Z/M ein Schätzwert für den p-Wert $p(\mathbf{k}) = \mathbb{P}_{\vartheta_0}(T_n \geq \chi^2_n(\mathbf{k}))$. Bei einer zugelassenen Wahrscheinlichkeit α für einen Fehler 1. Art lehnt man die Hypothese H_0 ab, falls $Z/M \leq \alpha$ gilt, andernfalls nicht.

Als Beispiel betrachten wir einen Test auf Echtheit eines Würfels, d. h. den Fall $s = 6$ und $\pi_1 = \ldots = \pi_6 = 1/6$. Anhand von 24 Würfen dieses Würfels haben sich der Vektor $\mathbf{k} = (4, 3, 3, 4, 7, 3)$ von Trefferanzahlen und somit der Wert $\chi^2_{24}(\mathbf{k}) = 3$ ergeben. Bei $M = 10\,000$ Simulationen der χ^2-Testgröße trat in $Z = 7413$ Fällen ein Wert von mindestens 3 auf. Der geschätzte p-Wert $Z/M = 0.7413$ ist so groß, dass gegen die Echtheit des Würfels kein Einwand besteht.

Beweis: Bezeichnet F_{s-1} die Verteilungsfunktion einer χ^2_{s-1}-verteilten Zufallsvariablen, so gilt wegen der Verteilungskonvergenz von T_n unter H_0
$$\begin{aligned} G_{\varphi_n}(\vartheta_0) &= \mathbb{P}_{\vartheta_0}\left(T_n \geq \chi^2_{s-1;1-\alpha}\right) \\ &\to 1 - F_{s-1}\left(\chi^2_{s-1;1-\alpha}\right) \\ &= 1 - (1-\alpha) \\ &= \alpha, \end{aligned}$$
was die erste Behauptung beweist. Der Nachweis der Konsistenz ist Gegenstand von Aufgabe 24.25. ■

Kommentar: Der χ^2-Test ist weit verbreitet. So wird er etwa von Finanzämtern routinemäßig bei der Kontrolle von bargeldintensiven Betrieben eingesetzt. Dabei geht man u. a. davon aus, dass bei Erlösen im mindestens dreistelligen Bereich die letzte Vorkommastelle auf den möglichen Ziffern $0, 1, \ldots, 9$ approximativ gleichverteilt ist. Werden Zahlen systematisch manipuliert oder erfunden, um die Steuerlast zu drücken, so treten solche Veränderungen insbesondere in dieser Stelle auf, was durch einen χ^2-Test entdeckt werden kann. Signifikante Abweichungen von der Gleichverteilung, die nicht vom Finanzbeamten erklärt werden können, führen dann oftmals zu einem Erklärungsbedarf beim Betrieb.

Beispiel Mendel's Erbsen

Der Ordenspriester und Naturforscher Gregor Mendel (1822–1884) publizierte 1865 verschiedene Ergebnisse im Zusammenhang mit seiner Vererbungslehre. So beobachtete er in einem Experiment Form (rund, kantig) und Farbe (gelb, grün) von gezüchteten Erbsen. Nach seiner Theorie sollten sich die Wahrscheinlichkeiten für die Merkmalausprägungen (r, ge), (r, gr), (k, ge) und (k, gr) verhalten wie 9:3:3:1. Er zählte unter $n = 556$ Erbsen 315-mal (r, ge), 108-mal (r, gr), 101-mal (k, ge) und 32-mal (k, gr).

Wird die Theorie durch diese Daten gestützt? Hierzu führen wir einen Chi-Quadrat-Test mit $s = 4$, $\pi_1 = 9/16$, $\pi_2 = 3/16 = \pi_3$, $\pi_4 = 1/16$ und $n = 556$, $k_1 = 315$, $k_2 = 108$, $k_3 = 101$ und $k_4 = 32$ durch. Eine direkte Rechnung ergibt, dass die Chi-Quadrat-Testgröße (24.63) den Wert 0.470 annimmt. Ein Vergleich mit dem 0.95-Quantil 7.81 der χ^2_3-Verteilung (vgl. Tabelle 24.3) zeigt, dass keinerlei Einwand gegen Mendel's Theorie besteht. Da die Daten nahezu perfekt mit der Theorie in Einklang stehen, ist hier bisweilen der Verdacht geäußert worden, Mendel habe seine Zahlen manipuliert. Den erst im Jahr 1900 publizierten Chi-Quadrat-Test konnte er jedoch nicht kennen. ◀

Hintergrund und Ausblick: Das lineare statistische Modell

Regressions- und Varianzanalyse: Zwei Anwendungsfelder der Statistik

In der experimentellen Forschung untersucht man oft den Einfluss *quantitativer* Größen auf eine *Zielgröße*. So ist etwa die Zugfestigkeit von Stahl als Zielgröße u. a. abhängig vom Eisen- und Kohlenstoffanteil und der Wärmebehandlung. Ein *Regressionsmodell* beschreibt einen funktionalen Zusammenhang zwischen den auch *Regressoren* genannten Einflussgrößen und der Zielgröße. Mit einer *Regressionsanalyse* möchte man dann die Effekte der Regressoren auf die Zielgröße bestimmen und zukünftige Beobachtungen vorhersagen.

Da Messfehler und unbekannte weitere Einflüsse bei Versuchswiederholungen unterschiedliche Resultate zeigen, tritt ein im Modell als *additiv angenommener Zufallsfehler* auf. Bei Vorliegen von m Einflussgrößen hat das *allgemeine lineare Regressionsmodell* die Gestalt

$$Y_i = \beta_0 + \beta_1 f_1(x^{(i)}) + \ldots + \beta_p f_p(x^{(i)}) + \varepsilon_i, \quad (24.65)$$

$i = 1, \ldots, n$. Dabei stehen i für die Nummer des Versuchs, Y_i für eine Zufallsvariable, die das Ergebnis für die Zielgröße im i-ten Versuch modelliert, und

$$x^{(i)} := (x_1^{(i)}, \ldots, x_m^{(i)}), \quad i = 1, \ldots, n,$$

die für den i-ten Versuch ausgewählte Kombination der m Einflussgrößen. $f_1, \ldots, f_p$ sind *bekannte* reelle Funktionen mit i. Allg. unterschiedlichen Definitionsbereichen, und $\beta_0, \beta_1, \ldots, \beta_p$ sind *unbekannte* Parameter. Ein wichtiger Spezialfall von (24.65) ist das Modell $Y_i = \beta_0 + \beta_1 x_i + \varepsilon_i$ der *einfachen linearen Regression.*

Mit $Y := (Y_1, \ldots, Y_n)^\top$, $s := p+1$, $D := (d_{ij}) \in \mathbb{R}^{n\times s}$, wobei $d_{i1} := 1$ und $d_{ij} ::= f_{j-1}(x^{(i)})$ für $1 \le i \le n$ und $2 \le j \le s$ sowie $\vartheta := (\beta_0, \ldots, \beta_p)^\top$ und $\varepsilon := (\varepsilon_1, \ldots, \varepsilon_n)^\top$ ist (24.65) ein Spezialfall des folgenden *linearen statistischen Modells.*

Definition eines linearen statistischen Modells

Die Gleichung

$$Y = D\vartheta + \varepsilon \quad (24.66)$$

heißt **lineares statistisches Modell**. Hierbei sind

- Y ein n-dimensionaler Zufallsvektor,
- $D \in \mathbb{R}^{n\times s}$ eine Matrix mit $n > s$ und $\text{rg}(D) = s$,
- $\vartheta \in \mathbb{R}^s$ ein unbekannter Parametervektor,
- ε ein n-dimensionaler Zufallsvektor mit $\mathbb{E}(\varepsilon) = 0$ und $\mathbb{E}(\varepsilon\varepsilon^\top) = \sigma^2 \mathrm{I}_n$, wobei $\sigma^2 > 0$ unbekannt ist.

Das lineare statistische Modell enthält als Spezialfall auch das Modell der von R. A. Fisher begründeten und in der englischsprachigen Literatur mit ANOVA (analysis of variance) abgekürzten *Varianzanalyse*. Bei diesem Verfahren, das zunächst in der landwirtschaftlichen Versuchstechnik angewandt wurde, studiert man Mittelwerts-Einflüsse einer oder mehrerer *qualitativer* Größen, die auch *Faktoren* genannt werden, auf eine quantitative Zielgröße. Je nach Anzahl dieser Faktoren spricht man von einer *einfachen, zweifachen* ... Varianzanalyse. Bei der einfachen Varianzanalyse werden die verschiedenen Werte des Faktors auch *Stufen* genannt und als *Gruppen* interpretiert. Gibt es k Gruppen, und stehen für die i-te Gruppe n_i Beobachtungen zur Verfügung, so formuliert man das Modell

$$Y_{ij} = \mu_i + \varepsilon_{ij}, \quad i = 1 \ldots, k, \; j = 1, \ldots, n_i. \quad (24.67)$$

Hierbei sind die ε_{ij} unabhängige Zufallsvariablen mit $\mathbb{E}\varepsilon_{ij} = 0$ und gleicher, unbekannter Varianz σ^2, und μ_i ist der unbekannte Erwartungswert von Y_{ij}.

Mit $s := k$, $n := \sum_{i=1}^k n_i$, $\vartheta := (\mu_1, \ldots, \mu_k)^\top$ ordnet sich (24.67) dem linearen Modell (24.66) unter, wenn wir $Y =: (Y_{11}, \ldots, Y_{1n_1}, \ldots, Y_{k1}, \ldots, Y_{kn_k})^\top$ und $\varepsilon =: (\varepsilon_{11}, \ldots, \varepsilon_{1n_1}, \ldots, \varepsilon_{k1}, \ldots, \varepsilon_{kn_k})^\top$ setzen und die ersten n_1 Zeilen der Matrix D gleich dem ersten Einheitsvektor im $\mathbb{R}^s$, die nächsten n_2 Zeilen gleich dem zweiten Einheitsvektor im $\mathbb{R}^s$ wählen usw.

Da nach (24.66) $\mathbb{E}(Y) = D\vartheta$ in dem von den Spaltenvektoren von D aufgespannten Untervektorraum V des $\mathbb{R}^n$ liegt, löst man zur Schätzung von ϑ die Aufgabe

$$\|Y - D\vartheta\|^2 = \min_{\vartheta}!,$$

fällt also Lot von Y auf V (siehe Abb.). Das zum Lotfußpunkt gehörende eindeutig bestimmte $\widehat{\vartheta} = (D^\top D)^{-1} D^\top Y$ heißt *Kleinste-Quadrate-Schätzer* für ϑ.

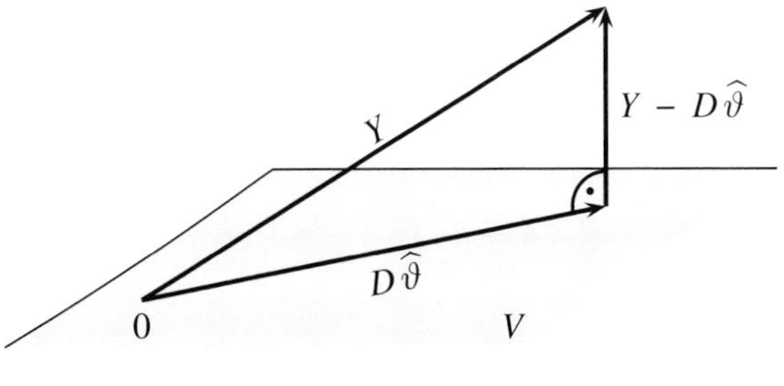

Ein erwartungstreuer Schätzer für σ^2 ist

$$\widehat{\sigma^2} = \frac{1}{n-s} \|Y - D\widehat{\vartheta}\|^2.$$

Gilt speziell $\varepsilon \sim \mathrm{N}_n(0, \sigma^2 \mathrm{I}_n)$ (sog. *lineares Gauß-Modell*), so sind $\widehat{\vartheta}$ und $\widehat{\sigma^2}$ stochastisch unabhängig, wobei $\widehat{\vartheta} \sim \mathrm{N}_s(\vartheta, \sigma^2(D^\top D)^{-1})$, $(n-s)\widehat{\sigma^2}/\sigma^2 \sim \chi^2_{n-s}$.

24.5 Optimalitätsfragen: Das Lemma von Neyman-Pearson

Die im vorigen Abschnitt vorgestellten Testverfahren wurden rein heuristisch motiviert. In diesem Abschnitt formulieren wir Optimalitätsgesichtspunkte für Tests und beweisen u. a., dass der einseitige Binomialtest und der einseitige Gauß-Test in einem zu definierenden Sinn *gleichmäßig beste Tests* sind. Im Hinblick auf optimale Tests bei Problemen im Zusammenhang mit diskreten Verteilungen muss der bisherige Testbegriff erweitert werden.

Randomisierte Tests schöpfen bei diskreten Verteilungen ein gegebenes Niveau voll aus

Definition eines randomisierten Tests

Jede (messbare) Funktion $\varphi\colon \mathcal{X} \to [0,1]$ heißt **randomisierter Test** für das Testproblem $H_0\colon \vartheta \in \Theta_0$ gegen $H_1\colon \vartheta \in \Theta_1$.

Kommentar: Der Wert $\varphi(x)$ ist als *bedingte Wahrscheinlichkeit* zu verstehen, *die Hypothese* H_0 *abzulehnen, wenn* $X = x$ *beobachtet wurde*. Im Fall $\varphi(x) = 1$ bzw. $\varphi(x) = 0$ lehnt man also H_0 ab bzw. erhebt keinen Einwand gegen H_0. Auf diese Fälle beschränkt sich ein nichtrandomisierter Test der Gestalt $\varphi = \mathbf{1}_{\mathcal{K}}$ mit einem kritischen Bereich $\mathcal{K} \subseteq \mathcal{X}$. Gilt $0 < \varphi(x) < 1$, so erfolgt ein Testentscheid mithilfe eines Pseudozufallszahlengenerators, der eine im Intervall $(0,1)$ gleichverteilte Pseudozufallszahl u erzeugt, vgl. Seite 823. Gilt $u \le \varphi(x)$ – was mit Wahrscheinlichkeit $\varphi(x)$ geschieht – so verwirft man H_0, andernfalls nicht.

Randomisierte Tests treten auf, um bei Testproblemen mit diskreten Verteilungen ein zugelassenes Testniveau voll auszuschöpfen. Sie besitzen dann oft die Gestalt

$$\varphi(x) = \begin{cases} 1, & \text{falls } T(x) > c, \\ \gamma, & \text{falls } T(x) = c, \\ 0, & \text{falls } T(x) < c. \end{cases} \qquad (24.68)$$

Dabei sind $T\colon \mathcal{X} \to \mathbb{R}$ eine Teststatistik, $\gamma \in [0,1]$ eine *Randomisierungswahrscheinlichkeit* und c ein *kritischer Wert*. Man *randomisiert* also nur dann, wenn das Testergebnis gewissermaßen *auf der Kippe steht*. Die Gütefunktion G_φ eines randomisierten Tests ist

$$G_\varphi(\vartheta) = \mathbb{E}_\vartheta \varphi, \quad \vartheta \in \Theta,$$

es gilt also $G_\varphi(\vartheta) = \int_{\mathcal{X}} \varphi(x) f(x,\vartheta)\,\mathrm{d}x$, wenn X unter $\mathbb{P}_\vartheta$ eine Dichte $f(x,\vartheta)$ besitzt. Im Fall einer Zähldichte ist das Integral durch eine Summe zu ersetzen. Hat φ wie in (24.68) die Gestalt $\varphi = \mathbf{1}_{\{T>c\}} + \gamma \mathbf{1}_{\{T=c\}}$, so folgt

$$G_\varphi(\vartheta) = \mathbb{P}_\vartheta(T > c) + \gamma\, \mathbb{P}_\vartheta(T = c), \quad \vartheta \in \Theta.$$

Beispiel **Tea tasting lady, Fortsetzung von Seite 929**
Reichen wir der tea tasting lady $n = 20$ Tassenpaare und lehnen die Hypothese $H_0\colon \vartheta = 1/2$ blinden Ratens ab, falls sie mindestens 14 Treffer erzielt, also die richtige Eingießreihenfolge trifft, so ist die Wahrscheinlichkeit für einen Fehler 1. Art bei diesem Verfahren gleich

$$\mathbb{P}_{1/2}(T \ge 14) = \left(\frac{1}{20}\right)^{20} \sum_{j=14}^{20} \binom{20}{j} = 0.0577.$$

Dabei ist T die binomialverteilte zufällige Trefferzahl.

Wollen wir einen Test konstruieren, dessen Wahrscheinlichkeit für einen Fehler 1. Art gleich 0.1 ist, so bietet sich an, H_0 auch noch bei 13 Treffern zu verwerfen. Die Wahrscheinlichkeit für einen Fehler 1. Art wäre dann aber mit $\mathbb{P}_{1/2}(T \ge 13) = 0.1316$ zu groß. Hier kommt der Randomisierungsgedanke ins Spiel: Lehnen wir H_0 im Fall $T \ge 14$ und mit der Wahrscheinlichkeit γ im Fall $T = 13$ ab, so ist die Wahrscheinlichkeit für einen Fehler 1. Art bei diesem Verfahren gleich

$$\mathbb{P}_{1/2}(T \ge 14) + \gamma \mathbb{P}_{1/2}(T = 13) = 0.0577 + \gamma \cdot 0.0739.$$

Soll sich der Wert 0.1 ergeben, so berechnet sich γ zu

$$\gamma = \frac{0.1 - 0.0577}{0.0739} = 0.5724,$$

und es entsteht der Test (24.68) mit $c = 13$ und $\gamma = 0.5724$.

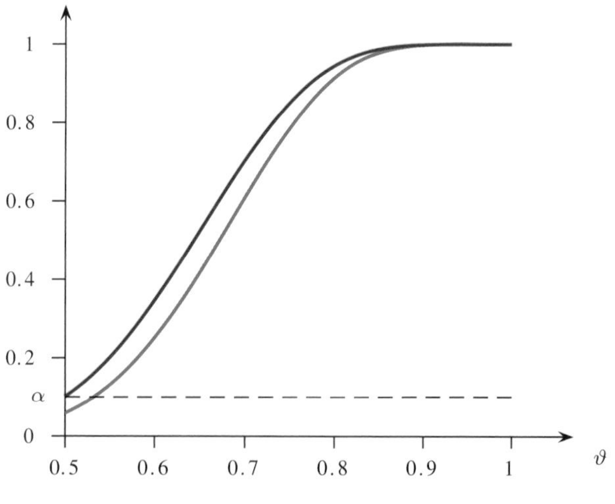

Abbildung 24.17 Gütefunktionen der Tests $\mathbf{1}\{T > 13\}$ (blau) und $\mathbf{1}\{T > 13\} + \gamma \mathbf{1}\{T = 13\}$ (rot).

Abbildung 24.17 zeigt die Gütefunktionen des nichtrandomisierten Tests $\mathbf{1}\{T > 13\}$ (blau) und des randomisierten Tests $\mathbf{1}\{T > 13\} + \gamma \mathbf{1}\{T = 13\}$ (rot). Da man beim randomisierten Test für jedes $\vartheta > 1/2$ mit einer kleineren Wahrscheinlichkeit einen Fehler 2. Art begeht, ist dieser Test bei Einhaltung eines vorgegebenen Höchstwerts von $\alpha (= 0.1)$ für die Wahrscheinlichkeit eines Fehlers 1. Art im Vergleich zum nichtrandomisierten Test *gleichmäßig besser*. ◀

Im Folgenden bezeichne

$$\Phi_\alpha := \left\{ \varphi : \mathcal{X} \to [0,1] \,\middle|\, \sup_{\vartheta \in \Theta_0} G_\varphi(\vartheta) \le \alpha \right\}$$

die Menge aller randomisierten Tests zum Niveau α für das Testproblem $H_0 \colon \vartheta \in \Theta_0$ gegen $H_1 \colon \vartheta \in \Theta_1$.

Unverfälschter Test, gleichmäßig bester Test

Ein Test $\varphi \in \Phi_\alpha$ heißt

- **unverfälscht** (zum Niveau α), falls gilt:

$$G_\varphi(\vartheta) \ge \alpha \quad \text{für jedes } \vartheta \in \Theta_1,$$

- **gleichmäßig bester Test** (zum Niveau α), falls für jeden anderen Test $\psi \in \Phi_\alpha$ gilt:

$$G_\varphi(\vartheta) \;\ge\; G_\psi(\vartheta) \quad \text{für jedes } \vartheta \in \Theta_1.$$

Kommentar: Die Unverfälschtheit eines Tests ist eine selbstverständliche Eigenschaft, denn man möchte sich zumindest nicht mit einer kleineren Wahrscheinlichkeit für die Alternative entscheiden, wenn diese vorliegt, als wenn in Wahrheit H_0 gilt. Der Verlauf der Gütefunktion des Tests in Abb. 24.14 zeigt, dass dieser Test nicht unverfälscht zum Niveau α ist, denn seine Gütefunktion nimmt in der Nähe von $\Theta_0 = \{0.5\}$ Werte kleiner als α an.

Ein gleichmäßig bester Test wird in der englischsprachigen Literatur als *uniformly most powerful* bezeichnet und mit UMP-Test abgekürzt, was auch wir tun werden. Ein UMP-Test existiert nur in seltenen Fällen. Oft muss man sich auf unverfälschte Tests beschränken, um einen solchen Test zu erhalten. Letzterer wird dann UMPU-Test genannt (von *uniformly most powerful unbiased*).

Beim Zwei-Alternativ-Problem sind Hypothese und Alternative einfach

Um einen UMP-Test zu konstruieren beginnen wir mit der besonders einfachen Situation, dass in einem statistischen Modell $(\mathcal{X}, \mathcal{B}, (\mathbb{P}_\vartheta)_{\vartheta\in\Theta})$ der Parameterraum $\Theta = \{\vartheta_0, \vartheta_1\}$ eine zweielementige Menge ist und man sich zwischen den beiden Möglichkeiten $H_0 \colon \vartheta = \vartheta_0$ und $H_1 \colon \vartheta = \vartheta_1$ zu entscheiden hat. Hypothese und Alternative sind somit *einfach* in dem Sinne, dass $\Theta_0 = \{\vartheta_0\}$ und $\Theta_1 = \{\vartheta_1\}$ *einelementige* Mengen sind (sog. **Zwei-Alternativ-Problem**). Wir setzen voraus, dass die beobachtbare Zufallsvariable (oder Zufallsvektor) $X = \mathrm{id}_\mathcal{X}$ sowohl unter $\mathbb{P}_0 := \mathbb{P}_{\vartheta_0}$ als auch unter $\mathbb{P}_1 := \mathbb{P}_{\vartheta_1}$ entweder eine Lebesgue- oder eine Zähldichte besitzt, die mit f_0 bzw. f_1 bezeichnet sei.

Nach dem Maximum-Likelihood-Schätzprinzip liegt es nahe, bei vorliegenden Daten $x \in \mathcal{X}$ die beiden Dichte-Werte $f_1(x)$ und $f_0(x)$ miteinander zu vergleichen und H_0 abzulehnen, wenn $f_1(x)$ wesentlich größer als $f_0(x)$ ist. Hierzu betrachtet man den sogenannten **Likelihoodquotienten**

$$\Lambda(x) := \begin{cases} \dfrac{f_1(x)}{f_0(x)}, & \text{falls } f_0(x) > 0, \\ \infty, & \text{falls } f_0(x) = 0. \end{cases}$$

Nach den Statistikern Jerzy Neyman (1894–1981) und Egon Sharpe Pearson (1895–1980) heißt ein Test φ für dieses Testproblem **Neyman-Pearson-Test** (kurz: NP-Test), falls es ein $c \in \mathbb{R}$, $c \ge 0$, gibt, sodass φ die Gestalt

$$\varphi(x) = \begin{cases} 1, & \text{falls } \Lambda(x) > c, \\ 0, & \text{falls } \Lambda(x) < c, \end{cases} \tag{24.69}$$

besitzt. Dabei wird zunächst nichts für den Fall $\Lambda(x) = c$ festgelegt. Die Prüfgröße eines NP-Tests ist also der Likelihoodquotient, und c ist ein kritischer Wert, der durch die Forderung an das Testniveau bestimmt wird.

Lemma von Neyman-Pearson (1932)

a) In obiger Situation existiert zu jedem $\alpha \in (0,1)$ ein NP-Test φ mit $\mathbb{E}_0\varphi = \alpha$.
b) Jeder NP-Test φ mit $\mathbb{E}_0\varphi = \alpha$ ist ein bester Test zum Niveau α, d. h., für jeden anderen Test ψ mit $\mathbb{E}_0\psi \le \alpha$ gilt $\mathbb{E}_1\varphi \ge \mathbb{E}_1\psi$.

Beweis: a) Nach Definition von Λ gilt $\mathbb{P}_0(\Lambda < \infty) = 1$, und so existiert ein c mit $\mathbb{P}_0(\Lambda \ge c) \ge \alpha$ und $\mathbb{P}_0(\Lambda > c) \le \alpha$, woraus $\alpha - \mathbb{P}_0(\Lambda > c) \le \mathbb{P}_0(\Lambda = c)$ folgt. Wir unterscheiden die Fälle $\mathbb{P}_0(\Lambda = c) = 0$ und $\mathbb{P}_0(\Lambda = c) > 0$. Im ersten gilt $\mathbb{P}_0(\Lambda > c) = \alpha$, und somit ist $\varphi = \mathbf{1}_{\{\Lambda > c\}}$ ein NP-Test mit $\mathbb{E}_0\varphi = \alpha$. Im zweiten Fall gilt

$$\gamma := \frac{\alpha - \mathbb{P}_0(\Lambda > c)}{\mathbb{P}_0(\Lambda = c)} \in [0,1].$$

Folglich ist der in (24.68) gegebene Test (mit Λ anstelle von T) ein NP-Test mit $\mathbb{E}_0\varphi = \mathbb{P}_0(\Lambda > c) + \gamma\mathbb{P}_0(\Lambda = c) = \alpha$.

b) Es seien φ ein NP-Test wie in (24.69) mit $\mathbb{E}_0\varphi = \alpha$ und $\psi \in \Phi_\alpha$ ein beliebiger Test zum Niveau α. Dann gilt

$$\mathbb{E}_1\varphi - \mathbb{E}_1\psi = \int_\mathcal{X} (\varphi(x) - \psi(x)) f_1(x)\,\mathrm{d}x.$$

Dabei ist im diskreten Fall das Integral durch eine Summe zu ersetzen. Gilt $\varphi(x) > \psi(x)$, so folgt $\varphi(x) > 0$ und damit insbesondere $\Lambda(x) \ge c$, also $f_1(x) \ge cf_0(x)$. Ist andererseits $\varphi(x) < \psi(x)$, so folgt $\varphi(x) < 1$ und somit $\Lambda(x) \le c$, also auch $f_1(x) \le cf_0(x)$. Insgesamt erhält man die Ungleichung $(\varphi(x) - \psi(x))(f_1(x) - cf_0(x)) \ge 0$, $x \in \mathcal{X}$. Integriert (bzw. summiert) man hier über x, so ergibt sich unter Weglassung des Arguments x bei Funktionen sowie des Integrations- bzw. Summationsbereichs $\mathcal{X}$

$$\int \varphi f_1\,\mathrm{d}x - \int \psi f_1\,\mathrm{d}x \ge c\left(\int \varphi f_0\,\mathrm{d}x - \int \psi f_0\,\mathrm{d}x\right).$$

Wegen $\alpha = \int \varphi f_0 \mathrm{d}x = \mathbb{E}_0\varphi$ und $\int \psi f_0 \mathrm{d}x = \mathbb{E}_0\psi \leq \alpha$ ist die rechte Seite nichtnegativ, und es folgt $\mathbb{E}_1\varphi = \int \varphi f_1 \mathrm{d}x \geq \int \psi f_1 \mathrm{d}x = \mathbb{E}_1\psi$, was zu zeigen war. ■

Bezeichnen

$$\alpha(\varphi) := \mathbb{E}_0\varphi, \quad \beta(\varphi) := 1 - \mathbb{E}_1\varphi$$

die Wahrscheinlichkeiten für einen Fehler erster bzw. zweiter Art eines Tests φ im Zwei-Alternativ-Problem, so nennt man die Menge $\mathcal{R}$ aller möglichen „Fehlerwahrscheinlichkeitspunkte" $(\alpha(\varphi), \beta(\varphi))$ von Tests $\varphi\colon \mathcal{X} \to [0, 1]$ die *Risikomenge* des Testproblems. Diese Menge enthält die Punkte $(0, 1)$ und $(1, 0)$, und sie ist punktsymmetrisch zu $(1/2, 1/2)$ sowie konvex (Aufgabe 24.26). Die typische Gestalt einer Risikomenge ist in Abb. 24.18 skizziert.

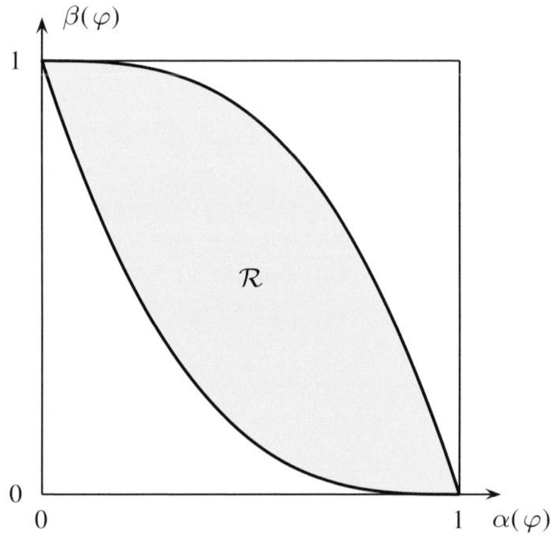

Abbildung 24.18 Risikomenge eines Zwei-Alternativ-Problems.

Das Lemma von Neyman-Pearson besagt, dass die Fehlerwahrscheinlichkeitspunkte auf dem „linken unteren Rand" $\partial(\mathcal{R} \cap \{(x, y) \in \mathbb{R}^2 : x + y \leq 1\})$ der Risikomenge $\mathcal{R}$ liegen.

Kommentar: Ist $\mathcal{X}$ eine endliche Menge, so bedeutet die Konstruktion eines besten Tests, die Zielfunktion (Güte)

$$G_\varphi(\vartheta_1) = \sum_{x \in \mathcal{X}} \varphi(x)\, f_1(x)$$

unter den Nebenbedingungen $0 \leq \varphi(x) \leq 1$, $x \in \mathcal{X}$, und

$$G_\varphi(\vartheta_0) = \sum_{x \in \mathcal{X}} \varphi(x)\, f_0(x) \;\leq\; \alpha \qquad (24.70)$$

(Niveau-Einhaltung) zu maximieren. Dies ist ein *lineares Optimierungsproblem*, dessen Lösung sich durch folgende heuristische Überlegung erahnen lässt: Wir betrachten $f_0(x)$ als *Kosten* (Preis), mit denen wir durch die Festlegung $\varphi(x) := 1$ den Stichprobenwert x und somit dessen *Güte-Beitrag* (Leistung) $f_1(x)$ „kaufen" können. Wegen (24.70) liegt es nahe, das verfügbare *Gesamt-Budget* α so auszugeben, dass – solange die Mittel reichen – diejenigen x mit dem größten *Leistungs-Preis-Verhältnis* $f_1(x)/f_0(x)$ „gekauft" werden. Diese Kosten/Nutzen-Rechnung führt unmittelbar zum Ansatz von Neyman und Pearson.

Beispiel Es sei $X = (X_1, \ldots, X_n)$, wobei $X_1, \ldots, X_n$ unabhängig und je Bin$(1, \vartheta)$-verteilt sind. Wir testen (zunächst) die einfache Hypothese $H_0\colon \vartheta = \vartheta_0$ gegen $H_1\colon \vartheta = \vartheta_1$, wobei $0 < \vartheta_0 < \vartheta_1 < 1$. Mit $\mathcal{X} = \{0, 1\}^n$, $x = (x_1, \ldots, x_n) \in \mathcal{X}$ sowie $t = \sum_{j=1}^n x_j$ gilt

$$f_j(x) = \mathbb{P}_{\vartheta_j}(X = x) = \vartheta_j^t\,(1 - \vartheta_j)^{n-t}$$

und somit

$$\begin{aligned} \frac{f_1(x)}{f_0(x)} &= \left(\frac{\vartheta_1}{\vartheta_0}\right)^t \left(\frac{1-\vartheta_1}{1-\vartheta_0}\right)^{n-t} \\ &= \left[\frac{\vartheta_1(1-\vartheta_0)}{\vartheta_0(1-\vartheta_1)}\right]^t \left(\frac{1-\vartheta_1}{1-\vartheta_0}\right)^n . \end{aligned}$$

Mit den Abkürzungen

$$\rho := \frac{\vartheta_1(1-\vartheta_0)}{\vartheta_0(1-\vartheta_1)} \;(> 1), \qquad \eta := \left(\frac{1-\vartheta_1}{1-\vartheta_0}\right)^n$$

ergibt sich für jede positive Zahl c die Äquivalenzkette

$$\begin{aligned} \frac{f_1(x)}{f_0(x)} \begin{Bmatrix} > \\ = \\ < \end{Bmatrix} c &\iff t\, \log\rho + \log\eta \begin{Bmatrix} > \\ = \\ < \end{Bmatrix} \log c \\ &\iff t = \sum_{j=1}^n x_j \begin{Bmatrix} > \\ = \\ < \end{Bmatrix} \tilde{c}, \end{aligned}$$

wobei $\tilde{c} := (\log c - \log\eta)/\log\rho$ gesetzt ist. Dies bedeutet, dass jeder NP-Test φ wegen der Ganzzahligkeit von $\sum_{j=1}^n x_j$ die Gestalt (24.68) mit $c \in \{0, 1, \ldots, n\}$ besitzt. Hierbei bestimmen sich c und γ aus einer vorgegebenen Wahrscheinlichkeit $\alpha \in (0, 1)$ für einen Fehler 1. Art zu

$$\begin{aligned} c &= \min\left\{\nu \in \{0, 1, \ldots, n\} : \mathbb{P}_{\vartheta_0}(S_n > \nu) \leq \alpha\right\}, \\ \gamma &= \frac{\alpha - \mathbb{P}_{\vartheta_0}(S_n > k)}{\mathbb{P}_{\vartheta_0}(S_n = k)}. \end{aligned}$$

◀

Bei monotonem Dichtequotienten erhält man gleichmäßig beste einseitige Tests

Die Tatsache, dass der eben konstruierte Test φ nicht von ϑ_1 abhängt, macht ihn zu einem UMP-Test für das Testproblem $H_0\colon \vartheta \leq \vartheta_0$ gegen $H_1\colon \vartheta > \vartheta_0$. In der Tat: Zunächst ist φ ein Test zum Niveau α für $H_0\colon \vartheta \leq \vartheta_0$, denn seine Gütefunktion ist wegen

$$\begin{aligned} G_\varphi(\vartheta) &= \mathbb{P}_\vartheta(S_n > c) + \gamma\mathbb{P}_\vartheta(S_n = c) \\ &= \gamma\mathbb{P}_\vartheta(S_n \geq c) + (1-\gamma)\mathbb{P}_\vartheta(S_n \geq c+1) \end{aligned}$$

und Aufgabe 24.16 a) monoton wachsend. Sind nun $\psi \in \Phi_\alpha$ ein beliebiger konkurrierender Niveau-α-Test und $\vartheta_1 > \vartheta_0$ beliebig, so gilt wegen $\mathbb{E}_{\vartheta_0}\psi \leq \mathbb{E}_{\vartheta_0}\varphi = \alpha$ nach Teil b) des Neyman-Pearson-Lemmas $\mathbb{E}_{\vartheta_1}\varphi \geq \mathbb{E}_{\vartheta_1}\psi$, da φ NP-Test für das Zwei-Alternativ-Problem $H_0^* : \vartheta = \vartheta_0$ gegen $H_1^* : \vartheta = \vartheta_1$ ist. Da ϑ_1 beliebig war, ist der ein vorgegebenes Testniveau α voll ausschöpfende einseitige Binomialtest gleichmäßig bester Test zum Niveau α.

Entscheidend an dieser Argumentation war, dass der Likelihoodquotient $f_1(x)/f_0(x)$ eine streng monoton wachsende Funktion von $x_1 + \ldots + x_n$ ist. Um ein allgemeineres Resultat zu formulieren, legen wir ein statistisches Modell $(\mathcal{X}, \mathcal{B}, (\mathbb{P}_\vartheta)_{\vartheta \in \Theta})$ mit $\mathcal{X} \subseteq \mathbb{R}^n$ und $\Theta \subseteq \mathbb{R}$ zugrunde. Wir nehmen weiter an, dass $\mathbb{P}_\vartheta$ eine Lebesgue-Dichte oder Zähldichte $f(\cdot, \vartheta)$ besitzt, und dass $f : \mathcal{X} \times \Theta \to \mathbb{R}$ strikt positiv ist. Weiter sei $T : \mathcal{X} \to \mathbb{R}$ eine Statistik.

Verteilungen mit monotonem Dichtequotienten

In obiger Situation heißt $(\mathbb{P}_\vartheta)_{\vartheta \in \Theta}$ **Verteilungsklasse mit monotonem Dichtequotienten in** T, wenn es zu beliebigen $\vartheta_0, \vartheta_1 \in \Theta$ mit $\vartheta_0 < \vartheta_1$ eine streng monoton wachsende Funktion $g_{\vartheta_0,\vartheta_1}(t)$ gibt, sodass gilt:

$$\frac{f(x, \vartheta_1)}{f(x, \vartheta_0)} = g_{\vartheta_0,\vartheta_1}(T(x)), \quad x \in \mathcal{X}.$$

Beispiel **Einparametrige Exponentialfamilie**
Besitzt $f(x, \vartheta)$ wie in (24.18) die Gestalt

$$f(x, \vartheta) = b(\vartheta)\, h(x)\, \mathrm{e}^{Q(\vartheta)T(x)}$$

mit einer streng monoton wachsenden Funktion Q, so liegt eine Verteilungsklasse mit monotonem Dichtequotienten in T vor, denn es gilt für $\vartheta_0, \vartheta_1 \in \Theta$ mit $\vartheta_0 < \vartheta_1$

$$\frac{f(x, \vartheta_1)}{f(x, \vartheta_0)} = \frac{b(\vartheta_1)}{b(\vartheta_0)}\, \mathrm{e}^{(Q(\vartheta_1) - Q(\vartheta_0))T(x)}.$$

Beispiele hierfür sind die Binomialverteilungen $\mathrm{Bin}(n, \vartheta)$, $0 < \vartheta < 1$, die Exponentialverteilungen $\mathrm{Exp}(\vartheta)$, $0 < \vartheta < \infty$, die Poisson-Verteilungen $\mathrm{Po}(\vartheta)$, $0 < \vartheta < \infty$ (vgl. Aufgabe 24.42) und die Normalverteilungen $\mathrm{N}(\vartheta, \sigma^2)$, $\vartheta \in \mathbb{R}$, bei festem σ^2. ◀

?

Warum sind die Dichten der Normalverteilungen $\mathrm{N}(\vartheta, \sigma^2)$, $\vartheta \in \mathbb{R}$, von obiger Gestalt?

Satz: UMP-Tests bei monotonem Dichtequotienten

Es seien $(\mathbb{P}_\vartheta)_{\vartheta \in \Theta}$ eine Verteilungsklasse mit monotonem Dichtequotienten in T und $\vartheta_0 \in \Theta$. Dann existiert zu jedem $\alpha \in (0, 1)$ ein UMP-Test zum Niveau α für das Testproblem $H_0 : \vartheta \leq \vartheta_0$ gegen $H_1 : \vartheta > \vartheta_0$. Dieser Test besitzt die Gestalt

$$\varphi(x) = \begin{cases} 1, & \text{falls } T(x) > c, \\ \gamma, & \text{falls } T(x) = c, \\ 0, & \text{falls } T(x) < c. \end{cases} \tag{24.71}$$

Dabei sind c und $\gamma \in [0, 1]$ festgelegt durch

$$\mathbb{E}_{\vartheta_0}\varphi = \mathbb{P}_{\vartheta_0}(T > c) + \gamma \mathbb{P}_{\vartheta_0}(T = c) = \alpha. \tag{24.72}$$

Beweis: Wir betrachten zunächst für beliebiges $\vartheta_1 \in \Theta$ mit $\vartheta_0 < \vartheta_1$ das Zwei-Alternativ-Problem $H_0' : \vartheta = \vartheta_0$ gegen $H_1' : \vartheta = \vartheta_1$. Hierzu gibt es einen (besten) NP-Test φ mit $\mathbb{E}_{\vartheta_0}\varphi = \alpha$, nämlich

$$\varphi(x) = \begin{cases} 1\,, & \text{falls } \Lambda(x) > c^*, \\ \gamma^*, & \text{falls } \Lambda(x) = c^*, \\ 0\,, & \text{falls } \Lambda(x) < c^* \end{cases}$$

mit dem Likelihoodquotienten $\Lambda(x) = f(x, \vartheta_1)/f(x, \vartheta_0)$ und $c^* \geq 0$ sowie $\gamma^* \in [0, 1]$, die sich aus der Forderung

$$\mathbb{E}_{\vartheta_0}\varphi = \mathbb{P}_{\vartheta_0}(\Lambda > c^*) + \gamma^* \mathbb{P}_{\vartheta_0}(\Lambda = c^*) = \alpha$$

bestimmen. Wegen der vorausgesetzten strengen Monotonie von $\Lambda(x)$ in $T(x)$ ist dieser Test aber zu (24.71) und (24.72) äquivalent. Da c und γ unabhängig von ϑ_1 sind, ist φ nach dem Neyman-Pearson-Lemma gleichmäßig bester Test zum Niveau α für $H_0' : \vartheta = \vartheta_0$ gegen $H_1 : \vartheta > \vartheta_0$.

Wir müssen nur noch nachweisen, dass φ ein Test zum Niveau α für H_0 gegen H_1 ist, denn jeder beliebige solche Test ψ ist ja auch ein Niveau-α-Test für H_0' gegen H_1, und im Vergleich mit diesem Test gilt $\mathbb{E}_\vartheta\varphi \geq \mathbb{E}_\vartheta\psi$ für jedes $\vartheta > \vartheta_0$. Um diesen Nachweis zu führen, sei $\vartheta^* \in \Theta$ mit $\vartheta^* < \vartheta_0$ beliebig. Zu zeigen ist die Ungleichung $\alpha^* := \mathbb{E}_{\vartheta^*}\varphi \leq \alpha$. Aufgrund der strikten Monotonie des Dichtequotienten ist φ NP-Test für $H_0^* : \vartheta = \vartheta^*$ gegen $H_0 : \vartheta = \vartheta_0$ zum Niveau α^*. Da der Test $\widetilde{\varphi} \equiv \alpha^*$ ebenfalls ein Test zum Niveau α^* für H_0^* gegen H_0 ist, folgt nach dem Neyman-Pearson-Lemma $\alpha^* \leq \mathbb{E}_{\vartheta_0}\varphi = \alpha$. ■

Kommentar: Mit diesem Ergebnis folgt unter anderem, dass der einseitige Gauß-Test UMP-Test für das Testproblem $H_0 : \mu \leq \mu_0$ gegen $H_1 : \mu > \mu_0$ ist. Man beachte, dass die oben angestellten Überlegungen auch für Testprobleme der Gestalt $H_0 : \vartheta \geq \vartheta_0$ gegen $H_1 : \vartheta < \vartheta_0$ gültig bleiben. Man muss nur ϑ durch $-\vartheta$ und T durch $-T$ ersetzen, was dazu führt, dass sich beim Test φ in (24.71) das Größer- und das Kleiner-Zeichen vertauschen.

Für zweiseitige Testprobleme der Gestalt $H_0 : \vartheta = \vartheta_0$ gegen $H_1 : \vartheta \neq \vartheta_0$ wie beim zweiseitigen Binomial- und beim zweiseitigen Gauß-Test kann es im Allgemeinen keinen UMP-Test zum Niveau $\alpha \in (0, 1)$ geben. Ein solcher Test φ wäre ja UMP-Test für jedes der Testprobleme H_0 gegen $H_1^> : \vartheta > \vartheta_0$ und H_0 gegen $H_1^< : \vartheta < \vartheta_0$, und für seine Gütefunktion würde dann sowohl $G_\varphi(\vartheta) < \alpha$ für $\vartheta < \vartheta_0$ als auch $G_\varphi(\vartheta) > \alpha$ für $\vartheta < \vartheta_0$ gelten (wir haben diese strikte Ungleichung beim Binomial- und beim Gauß-Test eingesehen, sie gilt aber auch allgemeiner). Beschränkt man sich bei zweiseitigen Testproblemen auf *unverfälschte Tests*, so lassen sich etwa in einparametrigen Exponentialfamilien gleichmäßig beste unverfälschte (UMPU-)Tests konstruieren. Diese sind dann von der Gestalt

$$\varphi(x) = \begin{cases} 1\,, & \text{falls } T(x) < c_1 \text{ oder } T(x) > c_2, \\ \gamma_j, & \text{falls } T(x) = c_j,\ j = 1, 2, \\ 0\,, & \text{falls } c_1 < T(x) < c_2, \end{cases}$$

wobei c_1, c_2, γ_1 und γ_2 durch die Forderungen $G_\varphi(\vartheta_0) = \alpha$ und $G_\varphi^{'}(\vartheta_0) = 0$ bestimmt sind. Hier müssen wir auf weiterführende Literatur verweisen (siehe z. B. A. Irle: Wahrscheinlichkeitstheorie und Statistik. Grundlagen – Resultate – Anwendungen. Springer Vieweg 2005, 2. Aufl., Kap. 19). Mit größerem Aufwand lässt sich auch zeigen, dass der Ein-Stichproben-t-Test ein UMPU-Test ist, siehe z. B. L. Rüschendorf: Mathematische Statistik. Springer Spektrum 2014, Kap. 6.

Verallgemeinerte Likelihoodquotienten-Tests – ein genereller Ansatz bei Testproblemen in parametrischen Modellen

Zum Schluss dieses Abschnittes möchten wir noch einen allgemeinen Ansatz zur Konstruktion von Tests vorstellen, dem sich viele der in der Praxis auftretenden Tests unterordnen. Wir nehmen hierzu ein statistisches Modell $(\mathcal{X}, \mathcal{B}, (\mathbb{P}_\vartheta)_{\vartheta\in\Theta})$ an, bei dem der beobachtbare Zufallsvektor X $(= \mathrm{id}_\mathcal{X})$ unter $\mathbb{P}_\vartheta$ eine Dichte (oder Zähldichte) $f(x, \vartheta)$ besitze. Möchte man in dieser Situation die Hypothese

$$H_0 \colon \vartheta \in \Theta_0$$

gegen die Alternative $H_1 \colon \vartheta \notin \Theta_0$ testen, so liegt es nahe, ϑ nach der Maximum-Likelihood-Methode zu schätzen, wobei man einmal nur Argumente ϑ der Likelihood-Funktion in Θ_0 zulässt, und zum anderen eine uneingeschränkte ML-Schätzung vornimmt. Auf diese Weise entsteht der sogenannte *verallgemeinerte Likelihoodquotient*

$$Q(x) := \frac{\sup_{\vartheta\in\Theta_0} f(x, \vartheta)}{\sup_{\vartheta\in\Theta} f(x, \vartheta)}. \tag{24.73}$$

Dieser nimmt nach Konstruktion nur Werte kleiner oder gleich eins an. Liegt der wahre Parameter ϑ in Θ_0, so würde man erwarten, dass sich Zähler und Nenner nicht wesentlich unterscheiden. Im Fall $\vartheta \in \Theta \setminus \Theta_0$ muss man jedoch davon ausgehen, dass der Zähler deutlich kleiner als der Nenner ausfällt. Diese Überlegungen lassen Tests als sinnvoll erscheinen, die H_0 für *kleine Werte* von $Q(x)$ verwerfen. Solche Tests heißen *verallgemeinerte Likelihoodquotiententests* oder kurz (verallgemeinerte) *LQ-Tests*.

Beispiel Ein-Stichproben-t-Teststatistik
Auf Seite 905 haben wir das Modell der wiederholten Messung unter Normalverteilungsannahme betrachtet, also $X = (X_1, \ldots, X_n)$ mit unabhängigen und je $\mathrm{N}(\mu, \sigma^2)$-verteilten Zufallsvariablen $X_1, \ldots, X_n$. In diesem Fall gilt $\Theta = \{\vartheta = (\mu, \sigma^2) \colon \mu \in \mathbb{R}, \sigma^2 > 0\}$ und

$$f(x, \vartheta) = \left(\frac{1}{\sigma\sqrt{2\pi}}\right)^n \exp\left(-\frac{1}{2\sigma^2}\sum_{j=1}^n (x_j - \mu)^2\right).$$

Soll die Hypothese $H_0 \colon \mu = \mu_0$ gegen $\mu \neq \mu_0$ getestet werden, so ist $\Theta_0 = \{(\mu, \sigma^2) \in \Theta \colon \mu = \mu_0\}$. Die ML-Schätzer für μ und σ^2 wurden auf Seite 911 zu $\widehat{\mu}_n = \overline{X}_n$ und $\widehat{\sigma_n^2} = n^{-1}\sum_{j=1}^n \left(X_j - \overline{X}_n\right)^2$ hergeleitet. Die ML-Schätzaufgabe im Zähler von (24.73) führt auf das Problem, in der obigen Dichte $\mu = \mu_0$ einzusetzen und bezüglich σ^2 zu maximieren. Als Lösung ergibt sich $\widetilde{\sigma_n^2} := n^{-1}\sum_{j=1}^n \left(X_j - \mu_0\right)^2$, und somit erhält man

$$Q(X) = \frac{f(X, \mu_0, \widetilde{\sigma_n^2})}{f(X, \widehat{\mu}_n, \widehat{\sigma_n^2})}.$$

Eine direkte Rechnung (siehe Aufgabe 24.10) ergibt

$$(n-1)\left(Q(X)^{-2/n} - 1\right) = T_n^2,$$

wobei $T_n = \sqrt{n}(\overline{X}_n - \mu_0)/S_n$ die Prüfgröße des Ein-Stichproben-t-Tests ist, siehe (24.50). Da kleinen Werten von $Q(X)$ große Werte von $|T_n|$ entsprechen, führt der verallgemeinerte LQ-Test in diesem Fall zum zweiseitigen t-Test. ◄

Sind $X_1, \ldots, X_n$ unter $\mathbb{P}_\vartheta$ stochastisch unabhängig mit gleicher Dichte (oder Zähldichte) $f_1(t, \vartheta)$, so besitzt die LQ-Statistik die Gestalt

$$Q_n := \frac{\sup_{\vartheta\in\Theta_0}\prod_{j=1}^n f_1(X_j, \vartheta)}{\sup_{\vartheta\in\Theta}\prod_{j=1}^n f_1(X_j, \vartheta)} = \prod_{j=1}^n \frac{f_1(X_j, \widetilde{\vartheta}_n)}{f_1(X_j, \widehat{\vartheta}_n)}.$$

Dabei sind $\widetilde{\vartheta}_n$ der ML-Schätzer für ϑ unter $H_0 \colon \vartheta \in \Theta_0$ und $\widehat{\vartheta}_n$ der (uneingeschränkte) ML-Schätzer für ϑ. In diesem Fall verwendet man eine streng monoton fallende Transformation von Q_n, nämlich die sogenannte *Loglikelihoodquotienten-Statistik*

$$M_n := -2\log Q_n = 2\sum_{j=1}^n \log\frac{f_1(X_j, \widehat{\vartheta}_n)}{f_1(X_j, \widetilde{\vartheta}_n)}.$$

Ablehnung von H_0 erfolgt hier für *große Werte* von M_n. Der Hintergrund für diese auf den ersten Blick überraschend anmutende Transformation ist, dass unter gewissen Regularitätsvoraussetzungen die Statistik M_n für jedes $\vartheta \in \Theta_0$ (also bei Gültigkeit der Hypothese) asymptotisch für $n \to \infty$ eine Chi-Quadrat-Verteilung besitzt. Die Anzahl k der Freiheitsgrade dieser Verteilung richtet sich dabei nach den Dimensionen der Parameterbereiche Θ und Θ_0. Sind Θ eine offene Teilmenge des $\mathbb{R}^s$ und Θ_0 das Bild $g(U)$ einer offenen Teilmenge U des $\mathbb{R}^l$, $1 \leq l < s$, unter einer regulären injektiven Abbildung g, so gilt $k = s - l$. Ist $\Theta_0 = \{\vartheta_0\}$ für ein $\vartheta_0 \in \Theta$, so gilt $k = s$. Letzterer Fall lässt sich für $s = 1$ noch mit den Ausführungen zur Asymptotik der ML-Schätzung auf Seite 915 abhandeln. Im Fall $\Theta_0 = \{\vartheta_0\}$ gilt

$$Q_n = \prod_{j=1}^n \frac{f_1(X_j, \vartheta_0)}{f_1(X_j, \widehat{\vartheta}_n)}$$

und damit

$$M_n = 2\sum_{j=1}^n \left(\log f_1(X_j, \widehat{\vartheta}_n) - \log f_1(X_j, \vartheta_0)\right).$$

Nimmt man hier unter Annahme der stochastischen Konvergenz von $\widehat{\vartheta}_n$ gegen ϑ_0 unter $\mathbb{P}_{\vartheta_0}$ eine Taylorentwicklung von $\log f_1(X_j, \vartheta)$ um $\vartheta = \vartheta_0$ vor, so lässt sich (siehe auch die Ausführungen auf Seite 915) die Darstellung

$$M_n = \left(\sqrt{\mathrm{I}_1(\vartheta_0)}\sqrt{n}(\widehat{\vartheta}_n - \vartheta_0)\right)^2 + R_n$$

zeigen, wobei R_n unter $\mathbb{P}_{\vartheta_0}$ stochastisch gegen null konvergiert. Da $\sqrt{\mathrm{I}_1(\vartheta_0)}\sqrt{n}(\widehat{\vartheta}_n - \vartheta_0)$ nach Verteilung unter $\mathbb{P}_{\vartheta_0}$ gegen eine standardnormalverteilte Zufallsvariable N konvergiert (vgl. (24.14)), konvergiert M_n nach Verteilung gegen N^2, und es gilt $N^2 \sim \chi_1^2$.

24.6 Elemente der nichtparametrischen Statistik

Allen bisher betrachteten statistischen Verfahren lag die Annahme zugrunde, dass die Verteilung der auftretenden Zufallsvariablen bis auf endlich viele reelle Parameter bekannt ist. Es wurde also eine *spezielle parametrische Verteilungsannahme* wie etwa die einer Normalverteilung unterstellt. Im Gegensatz dazu gehen *nichtparametrische statistische Verfahren* von wesentlich schwächeren und damit oft realitätsnäheren Voraussetzungen aus. Wir möchten zum Abschluss einige elementare Konzepte und Verfahren der nichtparametrischen Statistik vorstellen. Hierzu gehören die *empirische Verteilungsfunktion* als Schätzer einer unbekannten Verteilungsfunktion, *Konfidenzbereichsverfahren für Quantile*, der *Vorzeichentest für den Median* sowie als nichtparametrisches Analogon zum Zwei-Stichproben-t-Test der *Wilcoxon-Rangsummentest*.

Die empirische Verteilungsfunktion F_n konvergiert $\mathbb{P}$-fast sicher gleichmäßig gegen F

Wir wenden uns zunächst *Ein-Stichproben-Problemen* zu und nehmen für die weiteren Betrachtungen an, dass vorliegende Daten $x_1, \ldots, x_n$ als Realisierungen stochastisch unabhängiger und identisch verteilter Zufallsvariablen $X_1, \ldots, X_n$ angesehen werden können. Dabei sei die durch $F(x) := \mathbb{P}(X_1 \le x)$, $x \in \mathbb{R}$, gegebene Verteilungsfunktion F von X_1 unbekannt. Da sich der relative Anteil aller X_j, die kleiner oder gleich x sind, als Schätzer für die Wahrscheinlichkeit $F(x) = \mathbb{P}(X_1 \le x)$ geradezu aufdrängt, ist die folgende Begriffsbildung naheliegend.

Definition der empirischen Verteilungsfunktion

In obiger Situation heißt für jedes $n \ge 1$ die durch

$$F_n(x) := \frac{1}{n} \sum_{j=1}^{n} \mathbf{1}\{X_j \le x\}$$

definierte Funktion $F_n : \mathbb{R} \to [0, 1]$ die **empirische Verteilungsfunktion** von $X_1, \ldots, X_n$.

Kommentar: Für festes x ist die empirische Verteilungsfunktion eine Zufallsvariable auf Ω. Im Folgenden heben wir deren Argument ω durch die Notation

$$F_n^{\omega}(x) := \frac{1}{n} \sum_{j=1}^{n} \mathbf{1}\{X_j(\omega) \le x\}, \quad \omega \in \Omega, \tag{24.74}$$

hervor. Für festes $\omega \in \Omega$ ist $F_n^{\omega}(\cdot)$ die sogenannte *Realisierung von* F_n zu $x_1 := X_1(\omega), \ldots, x_n := X_n(\omega)$. Diese Realisierung besitzt die Eigenschaften einer diskreten Verteilungsfunktion, denn sie ist rechtsseitig stetig und hat Sprünge an den Stellen $x_1, \ldots, x_n$. Dabei ist die Höhe des Sprunges in x_i gleich der Anzahl der mit x_i übereinstimmenden x_j, dividiert durch n (Abb. 24.19).

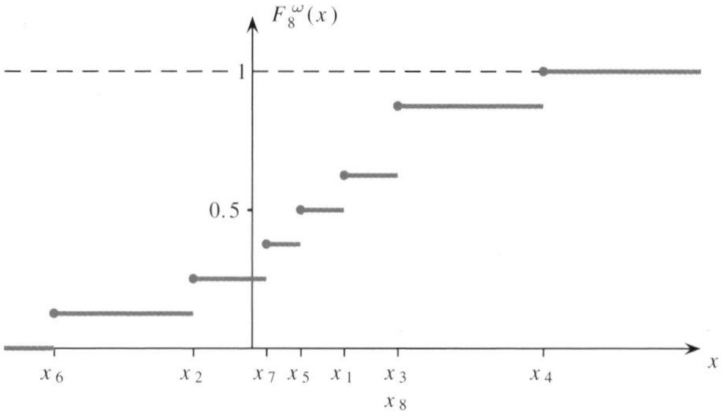

Abbildung 24.19 Realisierung einer empirischen Verteilungsfunktion.

Um asymptotische Eigenschaften eines noch zu definierenden Schätzers für F zu formulieren, setzen wir voraus, dass $X_1, X_2, \ldots$ eine Folge unabhängiger und identisch verteilter Zufallsvariablen auf einem Wahrscheinlichkeitsraum $(\Omega, \mathcal{A}, \mathbb{P})$ ist. Nach dem starken Gesetz großer Zahlen auf Seite 873 konvergiert dann für festes $x \in \mathbb{R}$ die Folge $F_n(x)$, $n \ge 1$, $\mathbb{P}$-fast sicher gegen $F(x)$. Das folgende, auf Waleri I. Glivenko (1897–1940) und Francesco P. Cantelli (1875–1966) zurückgehende, oft als *Zentralsatz der Statistik* bezeichnete Resultat besagt, dass F_n sogar mit Wahrscheinlichkeit eins *gleichmäßig* gegen F konvergiert.

Satz von Glivenko-Cantelli (1933)

Unter den gemachten Annahmen gilt

$$\lim_{n\to\infty} \sup_{x\in\mathbb{R}} \left|F_n(x) - F(x)\right| = 0 \qquad \mathbb{P}\text{-fast sicher.}$$

Den Beweis dieses Satzes findet man in der Box auf Seite 950. Wir merken an dieser Stelle an, dass aufgrund der rechtsseitigen Stetigkeit von F_n und F

$$\sup_{x\in\mathbb{R}} \left|F_n(x) - F(x)\right| = \sup_{x\in\mathbb{Q}} \left|F_n(x) - F(x)\right|$$

gilt und somit $\sup_{x\in\mathbb{R}} \left|F_n(x) - F(x)\right|$ als Supremum *abzählbar vieler* messbarer Funktionen messbar und somit eine Zufallsvariable ist, vgl. Seite 231.

Unter der Lupe: Der Beweis des Satzes von Glivenko-Cantelli

Hier spielen das starke Gesetz großer Zahlen und Monotoniebetrachtungen zusammen.

Wir müssen zeigen, dass es eine Menge $\Omega_0 \in \mathcal{A}$ mit $\mathbb{P}(\Omega_0) = 1$ gibt, sodass mit der Notation (24.74)

$$\lim_{n\to\infty} \sup_{x\in\mathbb{R}} |F_n^\omega(x) - F(x)| = 0 \qquad \forall \omega \in \Omega_0$$

gilt. Hierzu wenden wir das starke Gesetz großer Zahlen auf die Folgen $(\mathbf{1}_{(-\infty,x]}(X_j))$ und $(\mathbf{1}_{(-\infty,x)}(X_j))$, $j \geq 1$, an und erhalten damit zu jedem $x \in \mathbb{R}$ Mengen $A_x, B_x \in \mathcal{A}$ mit $\mathbb{P}(A_x) = \mathbb{P}(B_x) = 1$ und

$$\lim_{n\to\infty} F_n^\omega(x) = F(x), \ \omega \in A_x, \tag{24.75}$$

$$\lim_{n\to\infty} F_n^\omega(x-) = F(x-) = \mathbb{P}(X_1 < x), \ \omega \in B_x. \tag{24.76}$$

Dabei sei allgemein $H(x-) := \lim_{y\nearrow x} H(y)$ gesetzt.

Um $D_n^\omega := \sup_{x\in\mathbb{R}} |F_n^\omega(x) - F(x)|$ abzuschätzen, setzen wir $x_{m,k} := F^{-1}(k/m)$ $(m \geq 2,\ 1 \leq k \leq m-1)$ mit der Quantilfunktion F^{-1} von F, vgl. (22.40). Kombiniert man die Ungleichungen $F(F^{-1}(p)-) \leq p \leq F(F^{-1}(p))$ für $p = k/m$ und $p = (k-1)/m$, so folgt

$$F(x_{m,k}-) \ - \ F(x_{m,k-1}) \leq \frac{1}{m}. \tag{24.77}$$

Außerdem gilt

$$F(x_{m,1}-) \leq \frac{1}{m}, \quad F(x_{m,m-1}) \geq 1 - \frac{1}{m}. \tag{24.78}$$

Wir behaupten nun die Gültigkeit der Ungleichung

$$D_n^\omega \leq \frac{1}{m} + D_{m,n}^\omega, \quad m \geq 2, n \geq 1, \omega \in \Omega, \tag{24.79}$$

wobei

$$D_{m,n}^\omega := \max\Big\{|F_n^\omega(x_{m,k}) - F(x_{m,k})|,\\ |F_n^\omega(x_{m,k}-) - F(x_{m,k}-)| : 1 \leq k \leq m-1\Big\}.$$

Sei hierzu $x \in \mathbb{R}$ beliebig gewählt. Falls $x_{m,k-1} \leq x < x_{m,k}$ für ein $k \in \{2, \ldots, m-1\}$, so liefern (24.77), die Monotonie von F_n^ω und F und die Definition von $D_{m,n}^\omega$

$$\begin{aligned} F_n^\omega(x) &\leq F_n^\omega(x_{m,k}-) \leq F(x_{m,k}-) + D_{m,n}^\omega \\ &\leq F(x_{m,k-1}) + \frac{1}{m} + D_{m,n}^\omega \\ &\leq F(x) + \frac{1}{m} + D_{m,n}^\omega. \end{aligned}$$

Analog gilt $F_n^\omega(x) \geq F(x) - \frac{1}{m} - D_{m,n}^\omega$, also zusammen

$$|F_n^\omega(x) - F(x)| \leq \frac{1}{m} + D_{m,n}^\omega. \tag{24.80}$$

Falls $x < x_{m,1}$ (der Fall $x \geq x_{m,m-1}$ wird entsprechend behandelt), so folgt

$$\begin{aligned} F_n^\omega(x) - F(x) &\leq F_n^\omega(x) \leq F_n^\omega(x_{m,1}-) \\ &\leq F(x_{m,1}-) + D_{m,n}^\omega \leq \frac{1}{m} + D_{m,n}^\omega \end{aligned}$$

und unter Beachtung von (24.78)

$$F(x) - F_n^\omega(x) \leq F(x_{m,1}-) \leq \frac{1}{m} + D_{m,n}^\omega.$$

Folglich gilt (24.80) für jedes $x \in \mathbb{R}$ und damit (24.79). Setzen wir

$$\Omega_0 := \bigcap_{m=2}^{\infty} \bigcap_{k=1}^{m-1} (A_{x_{m,k}} \cap B_{x_{m,k}})$$

mit A_x aus (24.75) und B_x aus (24.76), so liegt Ω_0 in $\mathcal{A}$, und es gilt $\mathbb{P}(\Omega_0) = 1$, denn Ω_0 ist abzählbarer Durchschnitt von Eins-Mengen. Ist $\omega \in \Omega_0$, so folgt $\lim_{n\to\infty} D_{m,n}^\omega = 0$ für jedes $m \geq 2$ und somit wegen (24.79) $\limsup_{n\to\infty} D_n^\omega \leq \frac{1}{m}, m \geq 2$, also auch $\lim_{n\to\infty} D_n^\omega = 0$, was zu zeigen war.

Der Kolmogorov-Smirnov-Anpassungstest prüft $H_0: F = F_0$, wobei F_0 stetig ist

Der Satz von Glivenko-Cantelli legt nahe, die empirische Verteilungsfunktion für Schätz- und Testprobleme zu verwenden. Wir setzen hierzu die zugrunde liegende Verteilungsfunktion F als *stetig* voraus (was insbesondere gilt, wenn F eine Lebesgue-Dichte besitzt). Die Stetigkeit garantiert, dass gleiche Realisierungen unter $X_1, X_2, \ldots$ nur mit der Wahrscheinlichkeit null auftreten, denn dann gilt

$$\mathbb{P}\left(\bigcup_{1\leq i<j<\infty} \{X_i = X_j\}\right) = 0$$

(Aufgabe 24.27). Es folgt, dass die auf Seite 832 eingeführten Ordnungsstatistiken $X_{1:n}, \ldots, X_{n:n}$ von $X_1, \ldots X_n$ mit Wahrscheinlichkeit eins strikt aufsteigen, d. h., es gilt

$$\mathbb{P}(X_{1:n} < X_{2:n} < \ldots < X_{n:n}) = 1.$$

Wegen

$$F_n(x) = \begin{cases} 0, \text{ falls } x < X_{1:n}, \\ \frac{k}{n}, \text{ falls } X_{k:n} \leq x < X_{k+1:n} \text{ und } k \in \{1, \ldots, n-1\}, \\ 1, \text{ falls } X_{n:n} \leq x \end{cases}$$

ergibt sich, dass die im Satz von Glivenko-Cantelli auftretende Zufallsvariable

$$\Delta_n^F := \sup_{x \in \mathbb{R}} |F_n(x) - F(x)|$$

die Darstellung

$$\Delta_n^F = \max_{1 \le k \le n} \left(\max \left(F(X_{k:n}) - \frac{k-1}{n}, \frac{k}{n} - F(X_{k:n}) \right) \right) \quad (24.81)$$

besitzt. Nach dem Satz über die Wahrscheinlichkeitsintegraltransformation auf Seite 841 sind die Zufallsvariablen $U_1 := F(X_1), \ldots, U_n := F(X_n)$ unabhängig und je gleichverteilt U(0, 1). Wegen der Monotonie von F besitzt dann der Zufallsvektor $(F(X_{1:n}), \ldots, F(X_{n:n}))$ die gleiche Verteilung wie der Vektor $(U_{1:n}, \ldots, U_{n:n})$ der Ordnungsstatistiken von $U_1, \ldots, U_n$. Da Δ_n^F eine Funktion von $(F(X_{1:n}), \ldots, F(X_{n:n}))$ ist, haben wir folgendes Resultat erhalten:

Satz über die Verteilungsfreiheit von Δ_n^F

Sind $X_1, \ldots, X_n$ stochastisch unabhängig mit *stetiger* Verteilungsfunktion F, so hängt die Verteilung von

$$\Delta_n^F = \sup_{x \in \mathbb{R}} |F_n(x) - F(x)|$$

nicht von F ab.

Man kann also zur Bestimmung der Verteilung von Δ_n^F den Spezialfall $X_1 \sim$ U(0, 1) annehmen. Bitte überlegen Sie sich selbst, welche Verteilung Δ_1^F besitzt (Aufgabe 24.11).

Obiges Resultat führt unmittelbar zu einem *Anpassungstest*, der die Hypothese

$$H_0\colon F = F_0$$

gegen die Alternative $H_1\colon F \neq F_0$ prüft. Dabei ist F_0 eine gegebene stetige Verteilungsfunktion. Als Prüfgröße dient der sogenannte nach A. N. Kolmogorov (1903–1987) und N. W. Smirnov (1900–1966) benannte *Kolmogorov-Smirnov-Abstand*

$$d(F_n, F_0) := \Delta_n^{F_0} = \sup_{x \in \mathbb{R}} |F_n(x) - F_0(x)|$$

zwischen F_n und F_0.

Der sogenannte *Kolmogorov-Smirnov-Anpassungstest* lehnt die Hypothese H_0 für große Werte von $d(F_n, F_0)$ ab. Nach dem Satz über die Verteilungsfreiheit von Δ_n^F hängt die Verteilung von $d(F_n, F_0)$ unter H_0 nicht von F_0 ab. Ablehnung von H_0 erfolgt, wenn $d(F_n, F_0) > c_{n;\alpha}$ gilt. Dabei ist $c_{n;\alpha}$ das $(1-\alpha)$-Quantil der H_0-Verteilung von $d(F_n, F_0)$. Tabelle 24.7 gibt diese Werte für $\alpha = 0.05$ und verschiedene Werte von n an.

Für größere Werte von n kann als approximativer kritischer Wert

$$c_{n,0.05} := \frac{1.36}{\sqrt{n}} \quad (24.82)$$

Tabelle 24.7 Kritische Werte für $d(F_n, F_0)$, $\alpha = 0.05$.

n	$c_{n;\alpha}$	n	$c_{n;\alpha}$	n	$c_{n;\alpha}$	n	$c_{n;\alpha}$	n	$c_{n;\alpha}$
4	0.624	8	0.454	12	0.375	16	0.327	20	0.294
5	0.563	9	0.430	13	0.361	17	0.318	25	0.264
6	0.519	10	0.409	14	0.349	18	0.309	30	0.242
7	0.483	11	0.391	15	0.338	19	0.301	35	0.224

gesetzt werden. Diese Empfehlung gründet auf den Sachverhalt, dass $\sqrt{n}\, d(F_n, F_0)$ unter H_0 eine Grenzverteilung besitzt (siehe die Box auf Seite 952).

Darstellung (24.81) mit $F := F_0$ dient der konkreten Berechnung der Testgröße, wenn Daten $x_1, \ldots, x_n$ als Realisierungen von $X_1, \ldots, X_n$ vorliegen.

Beispiel Die Werte

0.038	0.080	0.104	0.106	0.137
0.179	0.202	0.225	0.230	0.237
0.266	0.322	0.457	0.510	0.556
0.605	0.676	0.677	0.695	0.779
0.782	0.787	0.835	0.854	0.983

wurden mit dem linearen Kongruenzgenerator der freien Statistik-Programmiersprache **R** erhalten. Unterstellt man, dass diese Werte als geordnete Stichprobe von Realisierungen unabhängiger und identisch verteilter Zufallsvariablen in [0, 1] mit stetiger Verteilungsfunktion angesehen werden können, so liefert die Kolmogorov-Smirnov-Testgröße $d(F_n, F_0)$ mit $F_0(t) = t$, $0 \le t \le 1$, bei Anwendung auf diese Daten den Wert 0.174. Ein Vergleich mit dem kritischen Wert 0.264 in Tabelle 24.7 zeigt, dass die Hypothese einer Gleichverteilung auf [0, 1] bei einer zugelassenen Wahrscheinlichkeit von 0.05 für einen Fehler erster Art nicht verworfen werden kann. ◀

Kommentar: Wir haben bereits mit dem Chi-Quadrat-Test einen Anpassungstest kennengelernt (siehe Seite 939 ff.). Da jener Test die Güte der Anpassung von beobachteten Häufigkeiten an theoretische Wahrscheinlichkeiten in einem multinomialen Versuchsschema testet, kann er unmittelbar angewendet werden, wenn die zugrunde liegende Verteilungsfunktion F diskret ist und endliche viele bekannte Sprungstellen $x_1, \ldots, x_s$ aufweist. Dann liegt nämlich die Situation des multinomialen Versuchsschemas mit $p_j := F(x_j) - F(x_j-)$, $j = 1, \ldots, s$, vor. Die hypothetische Verteilungsfunktion F_0 hat dann an den gleichen Stellen Sprünge mit den als Hypothese angenommenen Höhen $\pi_j := F_0(x_j) - F_0(x_j-)$, $j = 1, \ldots, s$.

Ist F_0 stetig, so ist der Chi-Quadrat-Test prinzipiell auch anwendbar. Man muss dann aber (mit einer gewissen Willkür behaftet) die obige Situation herstellen, indem man zunächst ein $s \ge 2$ wählt und dann $\mathbb{R}$ in $s \ge 2$ paarweise disjunkte Intervalle $I_1 := (-\infty, x_1]$, $I_2 := (x_1, x_2], \ldots, I_{s-1} := (x_{s-2}, x_{s-1}]$, $I_s := (x_{s-1}, \infty)$ aufteilt und für die Testentscheidung die Anzahlen $N_j := \sum_{i=1}^n \mathbf{1}\{X_i \in I_j\}$ für $j = 1, \ldots, s$ heranzieht. Der Zufallsvektor $(N_1, \ldots, N_s)$

Hintergrund und Ausblick: Empirischer Standard-Prozess und Brown'sche Brücke

Die Kolmogorov-Verteilung ist die Verteilung der Supremumsnorm der Brown'schen Brücke.

Sind $X_1, X_2, \ldots,$ unabhängige Zufallsvariablen auf einem Wahrscheinlichkeitsraum $(\Omega, \mathcal{A}, \mathbb{P})$ mit der Gleichverteilung $\mathrm{U}(0, 1)$, so beschreibt

$$B_n(t) := \sqrt{n}\,(F_n(t) - t)\,, \quad 0 \le t \le 1,$$

die mit $\sqrt{n}$ multiplizierte Differenz zwischen der empirischen Verteilungsfunktion F_n von $X_1, \ldots, X_n$ und der Verteilungsfunktion $F(t) = t$, $0 \le t \le 1$, von X_1.

Durch $(B_n(t))_{0 \le t \le 1}$ wird eine *empirischer Standard-Prozess* genannte Familie von Zufallsvariablen auf Ω definiert. Möchte man wie bei F_n das Argument ω der X_j und damit auch von $B_n(t)$ betonen, so schreibt man

$$B_n^{\omega}(t) := \sqrt{n}\left(F_n^{\omega}(t) - t\right), \quad 0 \le t \le 1.$$

Für festes ω ist $[0, 1] \ni t \to B_n^{\omega}(t)$ eine rechtsseitig stetige reelle Funktion auf $[0, 1]$ mit linksseitigen Grenzwerten an allen Stellen $t \in (0, 1]$. Die Menge dieser Funktionen wird als *Càdlàg-Raum* $D[0, 1]$ bezeichnet (von französisch *continue à droite, limites à gauche*).

Die nachstehende Abbildung zeigt eine Realisierung von B_{25}, wobei die Realisierungen von $X_1, \ldots, X_{25}$ mithilfe eines Zufallszahlengenerators erzeugt wurden.

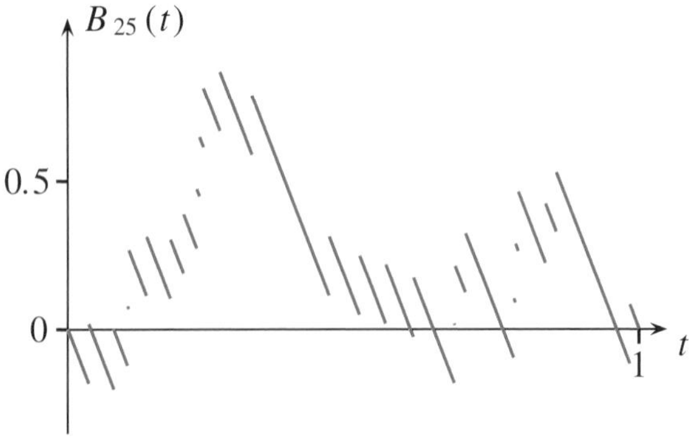

Aus dem multivariaten Zentralen Grenzwertsatz auf Seite 893 folgt, dass für beliebiges $k \in \mathbb{N}$ und beliebige Wahl von $t_1, \ldots, t_k \in [0, 1]$ mit $0 \le t_1 < t_2 < \ldots < t_k \le 1$ die Verteilungskonvergenz

$$(B_n(t_1,), \ldots, B_n(t_k))^\top \xrightarrow{\mathcal{D}} \mathrm{N}_k(0, \Sigma) \qquad (24.83)$$

besteht. Dabei sind die Einträge der Kovarianzmatrix Σ durch $\sigma_{i,j} = \min(t_i, t_j) - t_i t_j$ gegeben.

Versieht man den Raum $D[0, 1]$ mit einer geeigneten σ-Algebra, so wird $B_n(\cdot)$ eine $D[0, 1]$-wertige Zufallsvariable auf Ω, und es lässt sich dann über (24.83) hinaus

$$B_n(\cdot) \xrightarrow{\mathcal{D}} B(\cdot) \quad \text{bei } n \to \infty$$

(im Sinne von $\mathbb{E}h(B_n) \to \mathbb{E}h(B)$ für jede stetige beschränkte Funktion $h\colon D[0, 1] \to \mathbb{R}$) nachweisen. Dabei ist $B(\cdot)$ die sogenannte *Brown'sche Brücke*. Diese hängt mit dem Brown-Wiener-Prozess $W(\cdot)$ auf Seite 894 über die Beziehung $B(t) = W(t) - tW(1)$ zusammen. Mit einer Verallgemeinerung des Abbildungssatzes auf Seite 882 überträgt sich die obige Verteilungskonvergenz auf die Supremumsnorm, d. h., es gilt

$$\sup_{0 \le t \le 1} |B_n(t)| = \sqrt{n} \sup_{0 \le t \le 1} |F_n(t) - t| \xrightarrow{\mathcal{D}} \sup_{0 \le t \le 1} |B(t)|.$$

Die Verteilung von $\sup_{0 \le t \le 1} |B(t)|$ heißt *Kolmogorov-Verteilung*. Ihre Verteilungsfunktion ist für $x > 0$ durch

$$K(x) := 1 - 2\sum_{j=1}^{\infty}(-1)^{j-1} \exp\left(-2j^2x^2\right) \qquad (24.84)$$

und $K(x) := 0$ für $x \le 0$ gegeben. Es gilt $K(1.36) = 0.95$, was die Empfehlung (24.82) erklärt.

Literatur

P. Billingsley: *Convergence of probability measures.* 2. Aufl. Wiley, New York 1999.

hat die Multinomialverteilung $\mathrm{Mult}(n; p_1, \ldots, p_s)$, wobei $p_j = \mathbb{P}(X_i \in I_j)$, also $p_1 = F(x_1)$, $p_2 = F(x_2) - F(x_1)$ usw. Man beachte, dass beim Übergang von $X_1, \ldots, X_n$ zu den Anzahlen $N_1, \ldots, N_s$ prinzipiell Information verloren geht.

Quantile kann man nichtparametrisch mithilfe von Ordnungsstatistiken schätzen

Wir haben zu gegebenem p mit $0 < p < 1$ das p-Quantil einer Verteilungsfunktion F durch

$$Q_p(F) = \inf\{x \in \mathbb{R}\colon F(x) \ge p\}$$

definiert, vgl. (22.40). Sind $X_1, \ldots, X_n$ unabhängige Zufallsvariablen mit gleicher Verteilungsfunktion F, so liegt es nach dem Satz von Glivenko-Cantelli nahe, als Schätzer für $Q_p(F)$ die Größe $Q_p(F_n)$ zu verwenden.

Definition des empirischen p-Quantils

Sind $X_1, \ldots, X_n$ unabhängige, identisch verteilte Zufallsvariablen mit empirischer Verteilungsfunktion F_n sowie $p \in (0, 1)$, so heißt

$$Q_{n,p} := Q_p(F_n) := F_n^{-1}(p) = \inf\{x \in \mathbb{R}\colon F_n(x) \geq p\}$$

empirisches p-Quantil von $X_1, \ldots, X_n$.

Offenbar gilt

$$Q_{n,p} = \begin{cases} X_{np:n}, & \text{falls } np \in \mathbb{N}, \\ X_{\lfloor np+1 \rfloor:n} & \text{sonst,} \end{cases}$$

sodass das empirische p-Quantil eine Ordnungsstatistik von $X_1, \ldots, X_n$ ist.

?

Warum gilt die obige Darstellung?

Im Spezialfall $p = 1/2$ nennt man $Q_{n,1/2}$ den *empirischen Median* von $X_1, \ldots, X_n$. In diesem Fall ist es üblich, bei geradem n, also $n = 2m$ für $m \in \mathbb{N}$, die modifizierte Größe

$$\frac{1}{2}\left(X_{m:n} + X_{m+1:n}\right), \tag{24.85}$$

also das arithmetische Mittel der beiden „innersten Ordnungsstatistiken", als empirischen Median zu bezeichnen. Durch diese Modifikation wird der empirische Median zu einem erwartungstreuen Schätzer für den Median, wenn die Verteilung von X_1 symmetrisch ist (Aufgabe 24.12).

Natürlich stellt sich die Frage, welche Eigenschaften $Q_{n,p}$ als Schätzer für $Q_p := Q_p(F)$ besitzt. Das nachstehende Resultat besagt, dass unter schwachen Voraussetzungen an das lokale Verhalten von F im Punkt Q_p die Schätzfolge $(Q_{n,p})$ (stark) konsistent für Q_p ist, und dass der Schätzfehler $Q_{n,p} - Q_p$ nach Multiplikation mit $\sqrt{n}$ für $n \to \infty$ asymptotisch normalverteilt ist.

Konsistenz und asymptotische Verteilung von $Q_{n,p}$

Die Verteilungsfunktion F sei an der Stelle Q_p differenzierbar, wobei $F'(Q_p) > 0$. Dann gelten:

a) $\lim_{n\to\infty} Q_{n,p} = Q_p$ $\mathbb{P}$-fast sicher,

b) $\sqrt{n}\left(Q_{n,p} - Q_p\right) \xrightarrow{\mathcal{D}} \mathrm{N}\left(0, \dfrac{p(1-p)}{(F'(Q_p))^2}\right)$.

Beweis: a) Es sei $\varepsilon > 0$ beliebig. Wegen der Differenzierbarkeit von F an der Stelle Q_p mit positiver Ableitung finden wir ein $\delta > 0$ mit

$$F(Q_p - \varepsilon) < p - \delta, \quad F(Q_p + \varepsilon) > p + \delta.$$

Gilt dann für die empirische Verteilungsfunktion F_n

$$\sup_{x\in\mathbb{R}} |F_n(x) - F(x)| < \delta,$$

so folgt $|F_n^{-1}(p) - F^{-1}(p)| \leq \varepsilon$, also $|Q_{n,p} - Q_p| \leq \varepsilon$. Der Satz von Glivenko-Cantelli liefert eine Menge $\Omega_0 \in \mathcal{A}$ mit

$$\lim_{n\to\infty} \sup_{x\in\mathbb{R}} |F_n^\omega(x) - F(x)| = 0 \;\; \forall \omega \in \Omega_0$$

(vgl. die Notation (24.74) und den Beweis des Satzes von Glivenko-Cantelli). Zu beliebigem $\omega \in \Omega_0$ existiert ein $n_0 = n_0(\omega, \delta)$ mit

$$\sup_{x\in\mathbb{R}} |F_n^\omega(x) - F(x)| < \delta \;\; \forall n \geq n_0.$$

Mit $Q_{n,p}(\omega) := (F_n^\omega)^{-1}(p)$ folgt dann nach den obigen Überlegungen $|Q_{n,p}(\omega) - Q_p| \leq \varepsilon$ und somit

$$\limsup_{n\to\infty} |Q_{n,p}(\omega) - Q_p| \leq \varepsilon,$$

also auch $\lim_{n\to\infty} Q_{n,p}(\omega) = Q_p$, was zu zeigen war.

b) Es sei (r_n) eine Folge natürlicher Zahlen mit $1 \leq r_n \leq n$, $n \geq 1$, sowie

$$\frac{r_n}{n} = p + \delta_n, \quad \text{wobei } \sqrt{n}\delta_n \to 0.$$

Wir zeigen

$$\sqrt{n}\left(X_{r_n:n} - Q_p\right) \xrightarrow{\mathcal{D}} \mathrm{N}\left(0, \frac{p(1-p)}{F'(Q_p)^2}\right). \tag{24.86}$$

Hieraus folgt die Behauptung. Um (24.86) nachzuweisen, sei $u \in \mathbb{R}$ beliebig. Bezeichnet Φ die Verteilungsfunktion der Standard-Normalverteilung, so ist offenbar

$$\lim_{n\to\infty} \mathbb{P}\left(\sqrt{n}(X_{r_n:n} - Q_p) \leq u\right) = \Phi\left(\frac{uF'(Q_p)}{\sqrt{p(1-p)}}\right)$$

zu zeigen. Mit $Y_n := \sum_{j=1}^n \mathbf{1}\{X_j \leq Q_p + \frac{u}{\sqrt{n}}\}$ gilt aufgrund des Zusammenhangs zwischen Ordnungsstatistiken und der Binomialverteilung auf Seite 832

$$\begin{aligned} \mathbb{P}\left(\sqrt{n}(X_{r_n:n} - Q_p) \leq u\right) &= \mathbb{P}\left(X_{r_n:n} \leq Q_p + \frac{u}{\sqrt{n}}\right) \\ &= \mathbb{P}(Y_n \geq r_n) \\ &= \mathbb{P}\left(\frac{Y_n - np_n}{\sqrt{np_n(1-p_n)}} \geq t_n\right), \end{aligned}$$

wobei $Y_n \sim \mathrm{Bin}(n, p_n)$, $p_n = F(Q_p + u/\sqrt{n})$ und

$$t_n = \frac{np + n\delta_n - np_n}{\sqrt{np_n(1-p_n)}} = -\frac{\sqrt{n}(p_n - p) + \sqrt{n}\delta_n}{\sqrt{p_n(1-p_n)}}.$$

Wegen der Differenzierbarkeitsvoraussetzung gilt

$$\sqrt{n}\,(p_n - p) = \sqrt{n}\left(F(Q_p + u/\sqrt{n}) - F(Q_p)\right) \to uF'(Q_p)$$

und somit (da $\sqrt{n}\delta_n \to 0$)

$$\lim_{n\to\infty} t_n = -\frac{uF'(Q_p)}{\sqrt{p(1-p)}}.$$

Nach Aufgabe 23.15 ist $(Y_n - np_n)/\sqrt{np_n(1-p_n)}$ asymptotisch N(0, 1)-verteilt, und mit Aufgabe 23.12 folgt dann

$$\lim_{n\to\infty} \mathbb{P}\left(\frac{Y_n - np_n}{\sqrt{np_n(1-p_n)}} \geq t_n\right) = 1 - \Phi\left(-\frac{uF'(Q_p)}{\sqrt{p(1-p)}}\right) = \Phi\left(\frac{uF'(Q_p)}{\sqrt{p(1-p)}}\right),$$

was zu zeigen war. ■

Kommentar: Nach Teil b) des Satzes hängt die Varianz der Limesverteilung des mit $\sqrt{n}$ multiplizierten *Schätzfehlers* $Q_{n,p} - Q_p$ von der zugrunde liegenden Verteilung nur über die Ableitung $F'(Q_p)$ ab. Je größer diese ist, desto stärker ist der Zuwachs von F in einer kleinen Umgebung des p-Quantils Q_p, und desto größer ist nach dem Satz von Glivenko-Cantelli auch der Zuwachs der empirischen Verteilungsfunktion F_n in dieser Umgebung. Vereinfacht gesprochen sind bei großer Ableitung $F'(Q_p)$ viele „Daten“ (Realisierungen von $X_1, \ldots, X_n$) in der Nähe von Q_p zu erwarten, wodurch die Schätzung von Q_p durch $Q_{n,p}$ genauer wird, siehe auch die Box auf Seite 955.

Mithilfe von Ordnungsstatistiken ergibt sich ein Konfidenzintervall für den Median

Wir greifen jetzt einen wichtigen Spezialfall der Quantilsschätzung, nämlich die Schätzung des Medians, wieder auf und nehmen hierfür an, dass die Verteilungsfunktion F *stetig* ist. In Ergänzung zu einer reinen (Punkt-)Schätzung von $Q_{1/2} = Q_{1/2}(F)$ durch den empirischen Median $Q_{n,1/2}$ (oder bei geradem n dessen modifizierte Form (24.85)) soll jetzt ein Konfidenzbereich für $Q_{1/2}$ angegeben werden.

Man beachte, dass obige Annahmen wesentlich schwächer als die spezielle Normalverteilungsannahme $X_j \sim \mathrm{N}(\mu, \sigma^2)$ sind. Unter letzterer hatten wir auf Seite 922 einen Konfidenzbereich für $\mu = Q_{1/2}$ mithilfe des Satzes von Student konstruiert. Bezeichnet

$$\mathcal{F}_c := \{F : \mathbb{R} \to [0, 1] \colon F \text{ stetige Verteilungsfunktion}\}$$

die Menge aller stetigen Verteilungsfunktionen, so suchen wir jetzt zu gegebenem (kleinen) $\alpha \in (0, 1)$ von $X_1, \ldots, X_n$ abhängende Zufallsvariablen U_n und O_n mit

$$\mathbb{P}_F\left(U_n \leq Q_{1/2}(F) \leq O_n\right) \geq 1 - \alpha \quad \forall F \in \mathcal{F}_c. \quad (24.87)$$

Durch die Indizierung der Wahrscheinlichkeit mit der unbekannten Verteilungsfunktion F haben wir analog zur Schreibweise $\mathbb{P}_\vartheta$ betont, dass Wahrscheinlichkeiten erst nach Festlegung eines stochastischen Modells gebildet werden können. Zudem macht die Notation $Q_{1/2}(F)$ die Abhängigkeit des Medians von F deutlich. Im Folgenden werden wir jedoch $\mathbb{P} = \mathbb{P}_F$ und $Q_{1/2} = Q_{1/2}(F)$ schreiben, um die Notation nicht zu überladen.

Obere und untere Konfidenzgrenzen O_n und U_n für $Q_{1/2}$ erhält man in einfacher Weise mithilfe der Ordnungsstatistiken $X_{(1)} = X_{1:n}, \ldots, X_{(n)} = X_{n:n}$. Seien hierzu r, s Zahlen mit $1 \leq r < s \leq n$. Zerlegen wir das Ereignis $\{X_{(r)} \leq Q_{1/2}\}$ danach, ob bereits $X_{(s)} \leq Q_{1/2}$ gilt (wegen $X_{(r)} \leq X_{(s)}$ ist dann erst recht $X_{(r)} \leq Q_{1/2}$) oder aber $X_{(r)} \leq Q_{1/2} < X_{(s)}$ gilt, so ergibt sich

$$\mathbb{P}(X_{(r)} \leq Q_{1/2} < X_{(s)}) = \mathbb{P}(X_{(r)} \leq Q_{1/2}) - \mathbb{P}(X_{(s)} \leq Q_{1/2}).$$

Rechts stehen die Verteilungsfunktionen von $X_{(r)}$ und $X_{(s)}$, ausgewertet an der Stelle $Q_{1/2}$. Nach dem Satz über die Verteilung der r-ten Ordnungsstatistik auf Seite 832 mit $t = Q_{1/2}$ und $F(t) = 1/2$ folgt

$$\mathbb{P}\left(X_{(r)} \leq Q_{1/2} < X_{(s)}\right) = \sum_{j=r}^{s-1} \binom{n}{j} \left(\frac{1}{2}\right)^n. \quad (24.88)$$

Das zufällige Intervall $[X_{(r)}, X_{(s)})$ enthält also den unbekannten Median mit einer von F unabhängigen, sich aus der Binomialverteilung $\mathrm{Bin}(n, 1/2)$ ergebenden Wahrscheinlichkeit. Setzt man speziell $s = n - r + 1$ und beachtet die Gleichung $\mathbb{P}(X_{(s)} = Q_{1/2}) = 0$, so folgt wegen der Symmetrie der Verteilung $\mathrm{Bin}(n, 1/2)$

$$\mathbb{P}(X_{(r)} \leq Q_{1/2} \leq X_{(n-r+1)}) = 1 - 2\sum_{j=0}^{r-1} \binom{n}{j}\left(\frac{1}{2}\right)^n. \quad (24.89)$$

?

Warum gilt $\mathbb{P}(X_{(s)} = Q_{1/2}) = 0$?

Wählt man also r so, dass die auf der rechten Seite von (24.89) stehende Summe höchstens gleich $\alpha/2$ ist, so gilt (24.87) mit $U_n := X_{(r)}$, $O_n := X_{(n-r+1)}$; das Intervall $[X_{(r)}, X_{(n-r+1)}]$ ist also ein Konfidenzintervall zur Konfidenzwahrscheinlichkeit $1 - \alpha$ für den unbekannten Median einer Verteilung mit stetiger Verteilungsfunktion.

Bei gegebener Konfidenzwahrscheinlichkeit wird man den Wert r in (24.89) größtmöglich wählen, um eine möglichst genaue Antwort über die Lage von $Q_{1/2}$ zu erhalten. Der größte Wert von r, sodass das Intervall $[X_{(r)}, X_{(n-r+1)}]$ einen $(1-\alpha)$-Konfidenzbereich für den Median bildet, kann für $n \leq 45$ Tabelle 24.8 entnommen werden. Dabei ist eine Konfidenzwahrscheinlichkeit von 0.95 zugrunde gelegt.

Asymptotische Konfidenzintervalle für $Q_{1/2}$ erhält man wie folgt mithilfe des Zentralen Grenzwertsatzes von de Moivre-Laplace.

Unter der Lupe: Arithmetisches Mittel oder empirischer Median?

Wie schätzt man das Zentrum einer symmetrischen Verteilung?

Es sei $X_1, X_2, \ldots$ eine Folge unabhängiger identisch verteilter Zufallsvariablen mit unbekannter Verteilungsfunktion F. Wir setzen nur voraus, dass die Verteilung von X_1 *symmetrisch* um einen unbekannten Wert ist. Es gebe also ein $a \in \mathbb{R}$ mit der Eigenschaft

$$X_1 - a \sim a - X_1,$$

vgl. die Ausführungen auf Seite 840. Dann ist a im Falle der Existenz des Erwartungswertes gleich $\mathbb{E}(X_1)$ und zugleich der Median von X_1. Besitzt die Verteilung von X_1 eine positive, endliche Varianz σ_F^2, so gilt nach dem Zentralen Grenzwertsatz von Lindeberg-Lévy

$$\sqrt{n}\left(\overline{X}_n - a\right) \xrightarrow{\mathcal{D}} \mathrm{N}\left(0, \sigma_F^2\right).$$

Nach Teil b) des Satzes über Konsistenz und asymptotische Verteilung von $Q_{n,p}$ auf Seite 953 gilt

$$\sqrt{n}\left(Q_{n,1/2} - a\right) \xrightarrow{\mathcal{D}} \mathrm{N}\left(0, \frac{1}{4F'(Q_{1/2})^2}\right),$$

wenn wir voraussetzen, dass F an der Stelle $Q_{1/2}$ eine positive Ableitung besitzt.

Wenn man bei großem Stichprobenumfang n zwischen $\overline{X}_n$ und $Q_{n,1/2}$ als Schätzer für a wählen sollte, würde man angesichts obiger Verteilungskonvergenzen denjenigen Schätzer wählen, für den die Varianz der Limes-Normalverteilung, also die sogenannte *asymptotische Varianz*, den kleineren Wert liefert. Man nennt den Quotienten

$$\mathrm{ARE}_F(Q_{n,1/2}, \overline{X}_n) := \frac{\sigma_F^2}{\frac{1}{4F'(Q_{1/2})^2}} = 4F'(Q_{1/2})^2\sigma_F^2$$

die *asymptotische relative Effizienz* (ARE) von $(Q_{n,1/2})$ bezüglich $(\overline{X}_n)$ (jeweils als Schätzfolgen gesehen).

Liegt eine Normalverteilung vor, gilt also $F(x) =: F_{\mathrm{N}}(x) = \Phi((x-a)/\sigma)$, so folgt $\sigma_F^2 = \sigma^2$ und

$$F'(x) = \varphi\left(\frac{x-a}{\sigma}\right)\frac{1}{\sigma},$$

wobei φ die Dichte der Standardnormalverteilung bezeichnet. Es ergibt sich

$$\mathrm{ARE}_{F_{\mathrm{N}}}(Q_{n,1/2}, \overline{X}_n) = 4\varphi(0)^2\frac{1}{\sigma^2}\sigma^2 = \frac{2}{\pi} \approx 0.6366,$$

und somit ist das arithmetische Mittel dem empirischen Median als Schätzer für den Erwartungswert einer *zugrunde liegenden Normalverteilung* unter dem Gesichtspunkt der ARE deutlich überlegen. Man beachte jedoch, dass für Verteilungen mit nicht existierender Varianz das arithmetische Mittel als Schätzer unbrauchbar sein kann. So besitzt nach Aufgabe 22.26 das arithmetische Mittel von n unabhängigen und je Cauchy-verteilten Zufallsvariablen die gleiche Verteilung wie X_1. Hat $X_1 - a$ eine t-Verteilung mit s Freiheitsgraden, so ist die ARE von $(Q_{n,1/2})$ bezüglich $(\overline{X}_n)$ für $s = 3$ und $s = 4$ größer als eins (Aufgabe 24.29).

Tabelle 24.8 $[X_{(r)}, X_{(n-r+1)}]$ ist ein 95%-Konfidenzintervall für $Q_{1/2}$.

n	6	7	8	9	10	11	12	13	14	15
r	1	1	1	2	2	2	3	3	3	4
n	16	17	18	19	20	21	22	23	24	25
r	4	5	5	5	6	6	6	7	7	8
n	26	27	28	29	30	31	32	33	34	35
r	7	7	8	8	9	9	10	10	11	11
n	36	37	38	39	40	41	42	43	44	45
r	12	12	12	13	13	14	14	15	15	15

Asymptotisches Konfidenzintervall für den Median

Es seien $X_1, X_2, \ldots$ unabhängige Zufallsvariablen mit stetiger Verteilungsfunktion F und $\alpha \in (0,1)$. Mit

$$r_n := \left\lfloor \frac{n}{2} - \frac{\sqrt{n}}{2}\Phi^{-1}\left(1 - \frac{\alpha}{2}\right)\right\rfloor$$

gilt dann

$$\lim_{n\to\infty} \mathbb{P}\left(X_{r_n:n} \le Q_{1/2} \le X_{n-r_n:n}\right) = 1 - \alpha.$$

Beweis: Nach (24.89) gilt mit $S_n \sim \mathrm{Bin}(n, 1/2)$

$$\mathbb{P}\left(X_{r_n:n} \le Q_{1/2} \le X_{n-r_n:n}\right) = 1 - 2\mathbb{P}(S_n \le r_n - 1).$$

Nun ist

$$\mathbb{P}(S_n \le r_n - 1) = \mathbb{P}\left(\frac{S_n - \frac{n}{2}}{\sqrt{n\frac{1}{2}(1-\frac{1}{2})}} \le t_n\right),$$

wobei

$$t_n = \frac{r_n - 1 - \frac{n}{2}}{\sqrt{n\frac{1}{2}(1-\frac{1}{2})}}$$

und $\lim_{n\to\infty} t_n = -\Phi^{-1}(1-\alpha/2)$ nach Definition von r_n. Der Zentrale Grenzwertsatz von de Moivre-Laplace liefert $(S_n - n/2)/\sqrt{n/4} \xrightarrow{\mathcal{D}} \mathrm{N}(0,1)$, und mit Aufgabe 23.12 folgt

$$\lim_{n\to\infty} \mathbb{P}\left(X_{r_n:n} \le Q_{1/2} \le X_{n-r_n:n}\right) = 1 - 2\Phi\left(-\Phi^{-1}\left(1-\frac{\alpha}{2}\right)\right) = 1 - \alpha,$$

da $\Phi(-x) = 1 - \Phi(x)$. ■

Obwohl das obige Resultat rein mathematisch gesehen ein Grenzwertsatz ist, stimmen die Werte für r_n mit den in Tabelle 24.8 angegebenen Werten bemerkenswerterweise schon ab $n = 32$ überein. Im Fall $n = 100$ liefert obiges Resultat wegen $\Phi^{-1}(0.975) \approx 1.96$ den Wert $r_n = 40$ und somit die approximativen 95%-Konfidenzgrenzen $X_{40:100}$ und $X_{60:100}$ für den Median.

Die Aufgaben 24.13 und 24.28 zeigen, dass die oben angestellten Überlegungen auch greifen, wenn man allgemeiner Konfidenzgrenzen für das p-Quantil $Q_p(F)$ einer unbekannten stetigen Verteilungsfunktion angeben möchte.

Der Vorzeichentest prüft Hypothesen über den Median einer Verteilung

Der Ein-Stichproben-t-Test prüft Hypothesen über den Erwartungswert einer *Normalverteilung* bei unbekannter Varianz, vgl. Seite 933. Da in diesem Fall Erwartungswert und Median übereinstimmen, prüft dieser Test zugleich Hypothesen über den Median, *wenn als spezielle parametrische Verteilungsannahme eine Normalverteilung unterstellt wird.* Ist eine solche Annahme zweifelhaft, so bietet sich hier mit dem *Vorzeichentest* eines der ältesten statistischen Verfahren als Alternative an. Der Vorzeichentest wurde schon 1710 vom englischen Mathematiker, Physiker und Mediziner John Arbuthnot (1667–1735) im Zusammenhang mit der Untersuchung von Geschlechterverteilungen bei Neugeborenen verwendet.

Die diesem Test zugrunde liegenden Annahmen sind denkbar schwach. So wird nur unterstellt, dass vorliegende Daten $x_1, \ldots, x_n$ Realisierungen unabhängiger Zufallsvariablen $X_1, \ldots, X_n$ mit *gleicher unbekannter stetiger Verteilungsfunktion* F sind. Der Vorzeichentest prüft dann die

$$\text{Hypothese} \quad H_0\colon\ Q_{1/2}(F) \le \mu_0$$

gegen die Alternative $H_1\colon\ Q_{1/2}(F) > \mu_0$.

Dabei ist μ_0 ein vorgegebener, nicht von $x_1, \ldots, x_n$ abhängender Wert. Der Name *Vorzeichentest* erklärt sich aus der Gestalt der Prüfgröße $V_n(x_1, \ldots, x_n)$, die die positiven *Vorzeichen* aller Differenzen $x_j - \mu_0$, $j = 1, \ldots, n$, zählt. Äquivalent hierzu ist die Darstellung

$$V_n(x_1, \ldots, x_n) = \sum_{j=1}^{n} \mathbf{1}\{x_j > \mu_0\} \tag{24.90}$$

als Indikatorsumme. Da unter H_1 der Median der zugrunde liegenden Verteilung größer als μ_0 ist, ist im Vergleich zu H_0 eine größere Anzahl von Beobachtungen x_j mit $x_j > \mu_0$ zu erwarten. Folglich lehnt man H_0 für zu große Werte von $V_n(x_1, \ldots, x_n)$ ab. Selbstverständlich kann man auch die Hypothese $Q_{1/2}(F) \ge \mu_0$ gegen die Alternative $Q_{1/2}(F) < \mu_0$ oder $Q_{1/2}(F) = \mu_0$ gegen die Alternative $Q_{1/2}(F) \ne \mu_0$ testen. Im ersten Fall ist unter der Alternative ein vergleichsweise kleiner Wert für $V_n(x_1, \ldots, x_n)$ zu vermuten, im zweiten sprechen sowohl zu kleine als auch zu große Werte der Prüfgröße gegen die Hypothese, sodass ein zweiseitiger Ablehnbereich angebracht ist.

Da die Zufallsvariable

$$V_n := V_n(X_1, \ldots, X_n) = \sum_{j=1}^{n} \mathbf{1}\{X_j > \mu_0\} \tag{24.91}$$

als Summe von Indikatoren unabhängiger Ereignisse mit gleicher Wahrscheinlichkeit $\mathbb{P}(X_1 > \mu_0) = 1 - F(\mu_0)$ die Binomialverteilung $\mathrm{Bin}(n, 1 - F(\mu_0))$ besitzt und unter H_0 bzw. H_1 die Ungleichungen $1 - F(\mu_0) \le 1/2$ bzw. $1 - F(\mu_0) > 1/2$ gelten, führt das obige Testproblem auf einen einseitigen Binomialtest mit oberem Ablehnbereich.

Die Hypothese H_0 wird somit genau dann zum Niveau α abgelehnt, wenn $V_n \ge k$ gilt. Dabei ist k durch

$$k = \min\left\{ r \in \{0, \ldots, n\} \,\middle|\, \left(\frac{r}{2}\right)^n \sum_{j=l}^{n} \binom{n}{j} \le \alpha \right\} \tag{24.92}$$

definiert. Soll die Hypothese $H_0^*\colon Q_{1/2}(F) = \mu_0$ gegen die zweiseitige Alternative $Q_{1/2}(F) \ne \mu_0$ getestet werden, so besitzt V_n unter H_0^* die Binomialverteilung $\mathrm{Bin}(n, 1/2)$, und H_0^* wird genau dann zum Niveau α abgelehnt, wenn $V_n \ge k$ oder $V_n \le n - k$ gilt. Dabei wird k wie in (24.92) gewählt, wobei nur α durch $\alpha/2$ zu ersetzen ist.

Beispiel Bei 10 Dehnungsversuchen mit Nylonfäden einer Produktserie ergab sich für die Kraft (in Newton), unter der die Fäden rissen, die Datenreihe

81.7 81.1 80.2 81.9 79.2 81.2 79.8 81.4 79.7 82.5.

Der Hersteller behauptet, dass mindestens die Hälfte der produzierten Fäden erst oberhalb der Belastung 81.5 N reißt. Modelliert man die obigen Werte $x_1, \ldots, x_{10}$ als Realisierungen unabhängiger Zufallsvariablen $X_1, \ldots, X_{10}$ mit unbekannter stetiger Verteilungsfunktion F, so kann die Behauptung des Herstellers als Hypothese $H_0\colon\ Q_{1/2}(F) \ge 81.5$ formuliert werden. Der Wert der Vorzeichenstatistik in (24.90) (mit $\mu_0 := 81.5$) ergibt sich für die obigen Daten zu $V_{10}(x_1, \ldots, x_{10}) = 3$. Unter $H_1\colon\ Q_{1/2}(F) < 81.5$ ist ein vergleichsweise kleiner Wert für V_{10} zu erwarten. Im Fall $Q_{1/2}(F) = 81.5$ besitzt V_{10} in (24.91) die Binomialverteilung $\mathrm{Bin}(10, 1/2)$. Die Wahrscheinlichkeit, dass eine Zufallsvariable mit dieser Verteilung einen Wert kleiner oder gleich 3 annimmt, beträgt

$$\frac{1 + 10 + \binom{10}{2} + \binom{10}{3}}{2^{10}} = \frac{176}{1024} \approx 0.172\,.$$

Die Hypothese des Herstellers kann somit (bei Zugrundelegung üblicher Fehlerwahrscheinlichkeiten von 0.05 oder 0.1 für einen Fehler 1. Art) nicht verworfen werden. ◂

Der Vorzeichentest kann auch in der auf Seite 935 beschriebenen Situation verbundener Stichproben angewendet werden. Im Gegensatz zum t-Test für verbundene Stichproben, der eine $\mathrm{N}(\mu, \sigma^2)$-Normalverteilung mit unbekannten Para-

Unter der Lupe: Wie verhält sich der Vorzeichentest unter lokalen Alternativen?

Die Güte des Vorzeichentests hängt entscheidend von der Ableitung $F'(\mu_0)$ ab.

Sind $X_1, X_2, \ldots$ unabhängige Zufallsvariablen mit stetiger Verteilungsfunktion F, so testet die Prüfgröße

$$V_n := \sum_{j=1}^{n} \mathbf{1}\{X_j > \mu_0\}$$

des Vorzeichentests die Hypothese $H_0\colon Q_{1/2}(F) \leq \mu_0$ gegen $H_1\colon Q_{1/2}(F) > \mu_0$. Im Fall $Q_{1/2}(F) = \mu_0$ gilt $V_n \sim \text{Bin}(n, 1/2)$, und so entsteht ein Test zum asymptotischen Niveau α, wenn Ablehnung von H_0 für

$$V_n > c_n := \frac{n}{2} + \frac{\sqrt{n}}{2}\Phi^{-1}(1-\alpha)$$

erfolgt, denn dann gilt für $n \to \infty$

$$\begin{aligned}\mathbb{P}(V_n > c_n) &= \mathbb{P}\left(\frac{V_n - n/2}{\sqrt{n\,\frac{1}{2}(1-\frac{1}{2})}} > \frac{c_n - n/2}{\sqrt{n\,\frac{1}{2}(1-\frac{1}{2})}}\right)\\ &= \mathbb{P}\left(\frac{V_n - n/2}{\sqrt{n\,\frac{1}{2}(1-\frac{1}{2})}} > \Phi^{-1}(1-\alpha)\right)\\ &\to 1 - \Phi(\Phi^{-1}(1-\alpha)) = \alpha.\end{aligned}$$

Wie verhält sich dieser Test bei wachsendem n, wenn die Hypothese nicht gilt? Hierzu betrachten wir ein Dreiecksschema $\{X_{n,1}, \ldots, X_{n,n}\colon n \geq 1\}$, wobei $X_{n,1}, \ldots, X_{n,n}$ für jedes $n \geq 2$ unabhängig sind und die Verteilungsfunktion $G_n(t) := F(t - a/\sqrt{n})$, $t \in \mathbb{R}$, besitzen. Dabei ist $a > 0$ eine gegebene Zahl. Nehmen wir $F(\mu_0) = 1/2$ an und setzen voraus, dass F in einer Umgebung von μ_0 streng monoton wächst, so gilt $G_n(\mu_0) < 1/2$. Der Median von G_n ist also größer als μ_0. Da sich dieser Median bei wachsendem n von oben dem Wert μ_0 annähert, wird eine bessere Datenbasis dahingehend kompensiert, dass die Alternative zu H_0 immer „schwerer erkennbar wird". Wie verhält sich die Ablehnwahrscheinlichkeit von H_0 des Vorzeichentests gegenüber einer solchen Folge sogenannter *lokaler Alternativen*

$$H_n\colon X_{n,1}, \ldots, X_{n,n} \text{ u.i.v. } \sim G_n, \quad n \geq 1?$$

Unter H_n gilt $V_n \sim \text{Bin}(n, p_n)$, wobei

$$p_n := \mathbb{P}_n(X_{n,1} > \mu_0) = 1 - G_n(\mu_0) = 1 - F\left(\mu_0 - \frac{a}{\sqrt{n}}\right).$$

Dabei haben wir $\mathbb{P}_n$ für die gemeinsame Verteilung von $X_{n,1}, \ldots, X_{n,n}$ unter H_n geschrieben.

Ist F in μ_0 differenzierbar, und gilt $F'(\mu_0) > 0$, so folgt $0 < p_n < 1$ für jedes hinreichend große n sowie $\lim_{n\to\infty} p_n = 1/2 = F(\mu_0)$. Nach Aufgabe 23.15 gilt dann

$$\lim_{n\to\infty} \mathbb{P}_n\left(\frac{V_n - np_n}{\sqrt{np_n(1-p_n)}} > t\right) = 1 - \Phi(t), \quad t \in \mathbb{R}.$$

Die Ablehnwahrscheinlichkeit von H_0 unter H_n ist

$$\mathbb{P}_n(V_n > c_n) = \mathbb{P}_n\left(\frac{V_n - np_n}{\sqrt{np_n(1-p_n)}} > t_n\right),$$

wobei

$$t_n = \frac{c_n - np_n}{\sqrt{np_n(1-p_n)}} = \frac{\frac{\sqrt{n}}{2} + \frac{1}{2}\Phi^{-1}(1-\alpha) - \sqrt{n}\,p_n}{\sqrt{p_n(1-p_n)}}.$$

Der Nenner des letzten Ausdrucks konvergiert gegen $1/2$, und für den Zähler gilt aufgrund der Differenzierbarkeitsvoraussetzung an F und $F(\mu_0) = 1/2$

$$\sqrt{n}\left(\frac{1}{2} - p_n\right) = \sqrt{n}\left(F\left(\mu_0 - \frac{a}{\sqrt{n}}\right) - F(\mu_0)\right) \to -aF'(\mu_0).$$

Somit folgt $\lim_{n\to\infty} t_n = \Phi^{-1}(1-\alpha) - 2aF'(\mu_0)$, und Aufgabe 23.12 liefert

$$\lim_{n\to\infty} \mathbb{P}_n(V_n > c_n) = 1 - \Phi\left(\Phi^{-1}(1-\alpha) - 2aF'(\mu_0)\right) > \alpha.$$

Die (Limes-)Wahrscheinlichkeit, dass der Vorzeichentest die Hypothese H_0 unter der Folge (H_n) von Alternativen ablehnt, wächst also monoton mit $F'(\mu_0)$.

metern für die als unabhängig und identisch verteilten Differenzen $Z_j = X_j - Y_j$ unterstellt, nimmt der Vorzeichentest nur an, dass die Z_j symmetrisch um einen unbekannten Wert μ verteilt sind und eine (unbekannte) stetige Verteilungsfunktion besitzen. Der *Vorzeichentest für verbundene Stichproben* prüft dann die Hypothese $H_0\colon \mu \leq 0$ gegen die Alternative $H_1\colon \mu > 0$ (einseitiger Test) bzw. die Hypothese $H_0^*\colon \mu = 0$ gegen $H_1^*\colon \mu \neq 0$ (zweiseitiger Test). Die Prüfgröße ist die Anzahl $T_n = \sum_{j=1}^{n} \mathbf{1}\{Z_j > 0\}$ der positiven Z_j. Im Fall $\mu = 0$ besitzt T_n die Binomialverteilung $\text{Bin}(n, 1/2)$ (siehe Aufgabe 24.52).

Im Vergleich zum Zwei-Stichproben-t-Test sind die Annahmen beim nichtparametrischen Zwei-Stichproben-Problem deutlich schwächer

Wir wenden uns jetzt *Zwei-Stichproben-Problemen* zu und erinnern in diesem Zusammenhang an den Zwei-Stichproben-t-Test auf Seite 933. Diesem Test lag folgendes Modell zugrunde: $X_1, \ldots, X_m, Y_1, \ldots, Y_n$ sind unabhängige Zufallsvariablen, und es gilt $X_i \sim \text{N}(\mu, \sigma^2)$ für $i = 1, \ldots, m$ und $Y_j \sim \text{N}(\nu, \sigma^2)$ für $j = 1, \ldots, n$. Unter dieser speziellen Normalverteilungsannahme mit unbekannten Parametern μ, ν und σ^2 wurde dann unter anderem die Hypothese $H_0\colon \mu = \nu$ der Gleichheit der Verteilungen von X_1 und Y_1 gegen die Alternative $H_1 : \mu \neq \nu$ getestet.

Die obigen mathematischen Annahmen sind bequem und bisweilen auch gerechtfertigt, doch es gibt viele Situationen, in denen die nachfolgende wesentlich schwächere *nichtparametrische Verteilungsannahme* geboten erscheint. Wir unterstellen wie oben, dass $X_1, \ldots, X_m$ und $Y_1, \ldots, Y_n$ unabhängige Zufallsvariablen sind, wobei $X_1, \ldots, X_m$ dieselbe Verteilungsfunktion F und $Y_1, \ldots, Y_n$ dieselbe Verteilungsfunktion G besitzen. Es werde weiter angenommen, dass F und G stetig, aber ansonsten unbekannt sind. Zu testen ist die Hypothese $H_0\colon F = G$ gegen eine noch zu spezifizierende Alternative (die nicht unbedingt $H_1\colon F \neq G$ lauten muss). Diese Situation wird als *nichtparametrisches Zwei-Stichproben-Problem* bezeichnet.

Im Kern geht es bei einem Zwei-Stichproben-Problem um die Frage nach der *Signifikanz festgestellter Unterschiede* in zwei zufallsbehafteten Datenreihen. Ein typisches Beispiel hierfür ist ein kontrollierter klinischer Versuch, mit dessen Hilfe festgestellt werden soll, ob eine bestimmte Behandlung gegenüber einem Placebo-Präparat einen Erfolg zeigt oder nicht. Wir unterstellen, dass die zur Entscheidungsfindung vorliegenden Daten $x_1, \ldots, x_m, y_1, \ldots, y_n$ Realisierungen von Zufallsvariablen mit den oben gemachten Voraussetzungen sind. Dabei könnten $y_1, \ldots, y_n$ die Werte von n behandelten Personen und $x_1, \ldots, x_m$ die Werte einer sog. *Kontrollgruppe* sein, denen lediglich ein Placebo verabreicht wurde. Sind alle $m + n$ Datenwerte unbeeinflusst voneinander sowie die Werte innerhalb der beiden Stichproben jeweils unter gleichen Bedingungen entstanden, so ist obiges Rahmenmodell angemessen.

Zwei-Stichproben-Tests prüfen in dieser Situation die Hypothese $H_0\colon F = G$. Unter H_0 haben alle Zufallsvariablen $X_1, \ldots, X_m, Y_1, \ldots, Y_n$ die gleiche unbekannte Verteilungsfunktion, deren genaue Gestalt jedoch nicht von Interesse ist. Im oben beschriebenen Kontext eines kontrollierten klinischen Versuchs besagt die Gültigkeit von H_0, dass das auf möglichen Behandlungserfolg getestete Medikament gegenüber einem Placebo wirkungslos ist.

Die allgemeinste Alternative zu H_0 bedeutet, dass die beiden Verteilungsfunktionen verschieden sind, dass also $F(x) \neq G(x)$ für mindestens ein x gilt. Viele Zwei-Stichproben-Prüfverfahren, wie z. B. der im Folgenden vorgestellte Wilcoxon-Rangsummentest, zielen jedoch nicht darauf ab, jeden möglichen Unterschied zwischen F und G „aufdecken zu wollen", sondern sind in erster Linie daraufhin zugeschnitten, potenzielle *Lage-Unterschiede* zwischen F und G aufzuspüren. Ein solcher Lage-Unterschied besagt, dass die Verteilungsfunktion G gegenüber F *verschoben* ist, also eine (unbekannte) Zahl δ mit $G(x) = F(x - \delta)$, $x \in \mathbb{R}$, existiert (sog. *Zwei-Stichproben-Lokationsmodell*). Besitzen F und G stetige Dichten f bzw. g, so gilt dann auch $g(x) = f(x - \delta)$, $x \in \mathbb{R}$ (Abb. 24.20).

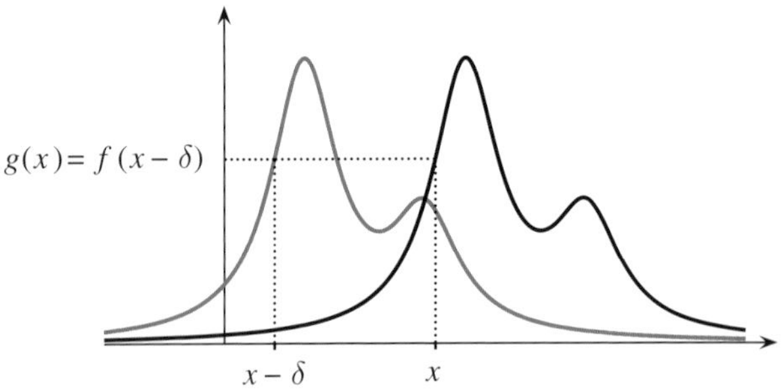

Abbildung 24.20 Zwei-Stichproben-Lokationsmodell. Die Graphen von f und g gehen durch Verschiebung auseinander hervor.

Im Zwei-Stichproben-Lokationsmodell gibt es eine Zahl δ, so dass Y_1 die gleiche Verteilung wie $X_1 + \delta$ besitzt, denn wegen $G(x) = F(x - \delta)$ gilt ja für jedes $x \in \mathbb{R}$

$$\begin{aligned}\mathbb{P}(Y_1 \le x) &= G(x) = F(x - \delta) \\ &= \mathbb{P}(X_1 \le x - \delta) = \mathbb{P}(X_1 + \delta \le x).\end{aligned}$$

Der Zufallsvektor $(X_1, \ldots, X_m, Y_1, \ldots, Y_n)$ hat also die gleiche Verteilung wie

$$(X_1, \ldots, X_m, X_{m+1} + \delta, \ldots, X_{m+n} + \delta) \qquad (24.93)$$

mit unabhängigen Zufallsvariablen X_j, $j = 1, \ldots, m + n$, die alle die Verteilungsfunktion F besitzen. Man beachte, dass die dem Zwei-Stichproben-t-Test zugrunde liegende Annahme ein spezielles *parametrisches* Lokationsmodell mit $X_i \sim \mathrm{N}(\mu, \sigma^2)$ und $Y_j \sim \mathrm{N}(\nu, \sigma^2)$, also

$$F(x) = \Phi\left(\frac{x - \mu}{\sigma}\right), \quad G(x) = F(x - \delta)$$

mit $\delta = \nu - \mu$ ist.

Die Wilcoxon-Rangsummen-Statistik ist verteilungsfrei unter H_0

Der im Folgenden vorgestellte, nach dem US-amerikanischen Chemiker und Statistiker Frank Wilcoxon (1892–1965) benannte *Wilcoxon-Rangsummentest* ist das nichtparametrische Analogon zum Zwei-Stichproben-t-Test (siehe Seite 935). Dieses Verfahren verwendet die durch

$$\begin{aligned} r(X_i) &= \sum_{j=1}^{m} \mathbf{1}\{X_j \le X_i\} + \sum_{k=1}^{n} \mathbf{1}\{Y_k \le X_i\}, \qquad (24.94)\\ r(Y_j) &= \sum_{i=1}^{m} \mathbf{1}\{X_i \le Y_j\} + \sum_{k=1}^{n} \mathbf{1}\{Y_k \le Y_j\}, \end{aligned}$$

$i = 1, \ldots, m$, $j = 1, \ldots, n$, definierten *Ränge* von $X_1, \ldots, X_m$ und $Y_1, \ldots, Y_n$ in der gemeinsamen Stichprobe $X_1, \ldots, X_m, Y_1, \ldots, Y_n$. Die Zufallsvariablen $r(X_i)$ und $r(Y_j)$ beschreiben die Anzahl aller $X_1, \ldots, X_m, Y_1, \ldots, Y_n$, die kleiner oder gleich X_i bzw. Y_j sind.

Da nach Aufgabe 24.27 nur mit Wahrscheinlichkeit null gleiche Werte unter $X_1, \ldots, X_m, Y_1, \ldots, Y_n$ auftreten und unter $H_0\colon F = G$ jede Permutation der Komponenten des Zufallsvektors $(X_1, \ldots, X_m, Y_1, \ldots, Y_n)$ die gleiche Verteilung besitzt, hat der Zufallsvektor

$$(r(X_1), \ldots, r(X_m), r(Y_1), \ldots, r(Y_n))$$

der *Rang-Zahlen* (Ränge) unter $H_0\colon F = G$ mit Wahrscheinlichkeit eins eine (von F unabhängige!) Gleichverteilung auf der Menge aller Permutationen der Zahlen $1, \ldots, m+n$. Konsequenterweise hat dann jede Prüfgröße $T_{m,n} = T_{m,n}(X_1 \ldots, X_m, Y_1, \ldots, Y_n)$, die von $X_1, \ldots, Y_{m+n}$ nur über den obigen Zufallsvektor der Rang-Zahlen $r(X_1), \ldots, r(Y_m)$ abhängt, unter H_0 eine Verteilung, die nicht von der unbekannten stetigen Verteilungsfunktion F abhängt. Man sagt dann, $T_{m,n}$ sei *verteilungsfrei auf* H_0.

Die Prüfgröße des Wilcoxon-Rangsummentests ist

$$W_{m,n} = W_{m,n}(X_1, \ldots, X_m, Y_1, \ldots, Y_n) := \sum_{i=1}^{m} r(X_i),$$

also die Summe der Ränge von $X_1, \ldots, X_m$ in der gemeinsamen Stichprobe mit $Y_1, \ldots, Y_n$. Die dieser Bildung zugrunde liegende Heuristik ist einfach: Unter $H_0\colon F = G$ besitzt der Vektor $(r(X_1), \ldots, r(X_m))$ unter H_0 mit Wahrscheinlichkeit eins eine Gleichverteilung auf der Menge

$$P_m^{m+n}(oW) = \{(r_1, \ldots, r_m) \in \{1, \ldots, m+n\}^m\colon r_i \neq r_j \; \forall i \neq j\}$$

der m-Permutationen ohne Wiederholung aus $\{1, \ldots, m+n\}$, siehe Seite 720. Die Ränge der X_i sind also eine reine Zufallsauswahl aus den Zahlen $1, \ldots, m+n$. Anschaulich entspricht dieser Umstand der Vorstellung, dass auf der Zahlengeraden aufgetragene Realisierungen $x_1, \ldots, y_n$ von $X_1, \ldots, Y_n$ unter $H_0\colon F = G$ „gut durchmischt" sein sollten, siehe Abb. 24.21 im Fall $m = 4$ und $n = 5$.

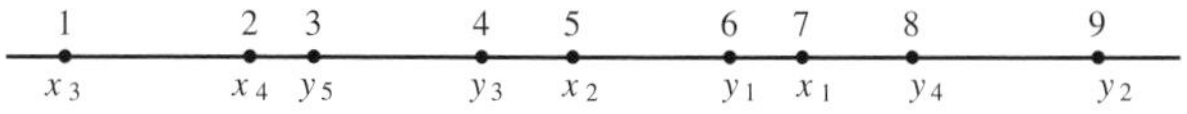

Abbildung 24.21 Rangbildung in zwei Stichproben.

Unter Lagealternativen der Form $G(x) = F(x - \delta)$, $x \in \mathbb{R}$, sollten nach (24.93) die Werte $x_1, \ldots, x_m$ im Vergleich zu $y_1, \ldots, y_n$ nach links bzw. nach rechts tendieren, und zwar je nachdem, ob δ größer oder kleiner als 0 ist.

Für die in Abb. 24.21 dargestellte Situation nimmt die Statistik $W_{4,5}$ den Wert $1 + 2 + 5 + 7 = 15$ an. Prinzipiell könnte man auch die Summe der Rangzahlen von $Y_1, \ldots, Y_n$ als Prüfgröße betrachten. Da die Summe der Ränge aller Beobachtungen gleich der Summe der Zahlen von 1 bis $m+n$ und damit vor der Datenerhebung bekannt ist, tragen die Rangsummen $\sum_{i=1}^m r(X_i)$ und $\sum_{j=1}^n r(Y_j)$ die gleiche Information hinsichtlich einer Testentscheidung „Widerspruch oder kein Widerspruch zu H_0".

Da es für die Rang-Summe $W_{m,n}$ nur darauf ankommt, welche *Teilmenge* vom Umfang m aus der Menge $\{1, \ldots, m+n\}$ die Ränge von $X_1, \ldots, X_m$ bilden und unter H_0 jede der $\binom{m+n}{m}$ möglichen Teilmengen die gleiche, von F unabhängige Wahrscheinlichkeit $1/\binom{m+n}{m}$ besitzt, kann man die H_0-Verteilung von $W_{m,n}$ mit rein kombinatorischen Mitteln gewinnen.

Als Beispiel betrachten wir den Fall $m = 2, n = 3$. Hier gibt es $\binom{5}{2} = 10$ in den Zeilen von Tabelle 24.9 illustrierte Möglichkeiten, 2 der insgesamt 5 Plätze mit x's (und die restlichen beiden mit y's) zu besetzen. Dabei sind die x's durch Fettdruck hervorgehoben. Rechts in der Tabelle findet sich der jeweils resultierende Wert $w_{2,3}$ für $W_{2,3}$.

Tabelle 24.9 Zur Bestimmung der H_0-Verteilung von $W_{2,3}$.

1	2	3	4	5	$w_{2,3}$
x	**x**	y	y	y	3
x	y	**x**	y	y	4
x	y	y	**x**	y	5
x	y	y	y	**x**	6
y	**x**	**x**	y	y	5
y	**x**	y	**x**	y	6
y	**x**	y	y	**x**	7
y	y	**x**	**x**	y	7
y	y	**x**	y	**x**	8
y	y	y	**x**	**x**	9

Hieraus folgt $\mathbb{P}_{H_0}(W_{2,3} = j) = 1/10$ für $j = 3, 4, 8, 9$ und $\mathbb{P}_{H_0}(W_{2,3} = j) = 2/10$ für $j = 5, 6, 7$. Dabei wurde durch die Indizierung mit H_0 betont, dass die Wahrscheinlichkeiten unter H_0 berechnet wurden. Abbildung 24.22 zeigt ein Stabdiagramm der H_0-Verteilung von $W_{8,6}$. Ins Auge springt nicht nur dessen Symmetrie (um den Wert 60), sondern auch die glockenförmige, an eine Normalverteilungsdichte erinnernde Gestalt. Die wichtigsten Eigenschaften der Verteilung von $W_{m,n}$ unter H_0 sind nachstehend zusammengefasst:

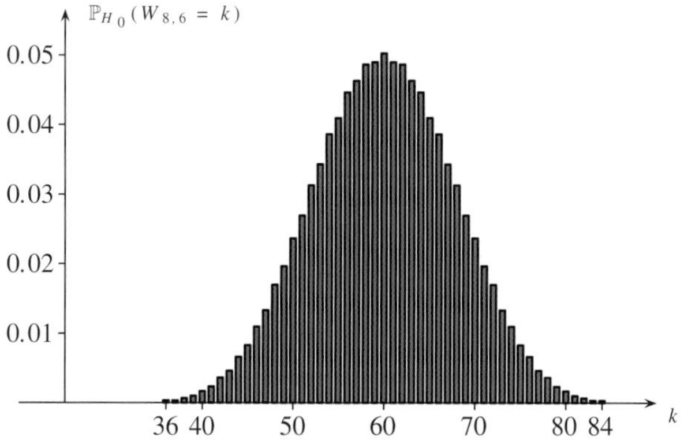

Abbildung 24.22 Stabdiagramm der H_0-Verteilung von $W_{8,6}$.

Satz über die H_0-Verteilung von $W_{m,n}$

Für die Wilcoxon-Rangsummenstatistik $W_{m,n}$ gilt unter $H_0\colon F = G$:

a) $\mathbb{E}_{H_0}(W_{m,n}) = \dfrac{m\,(m+n+1)}{2}$.

b) $\mathbb{V}_{H_0}(W_{m,n}) = \dfrac{m\,n\,(m+n+1)}{12}$.

Hintergrund und Ausblick: Der Kolmogorov-Smirnov-Test

Ein Verfahren für das nichtparametrische Zwei-Stichproben-Problem mit allgemeiner Alternative.

Möchte man in der Situation des nichtparametrischen Zwei-Stichproben-Problems auf Seite 958 die Hypothese $H_0\colon F = G$ gegen die allgemeine Alternative $H_1 : F \neq G$ testen, so bietet sich an, die unbekannten stetigen Verteilungsfunktionen F und G durch die jeweiligen empirischen Verteilungsfunktionen

$$F_m(x) = \frac{1}{m}\sum_{i=1}^{m} \mathbf{1}\{X_i \leq x\}, \quad G_n(x) = \frac{1}{n}\sum_{j=1}^{n} 1\{Y_j \leq x\}$$

zu schätzen und den Supremumsabstand

$$K_{m,n} := \sup_{x\in\mathbb{R}} \left|F_m(x) - G_n(x)\right|$$

zu bilden, siehe nachstehende Abb. im Fall $m = n = 14$.

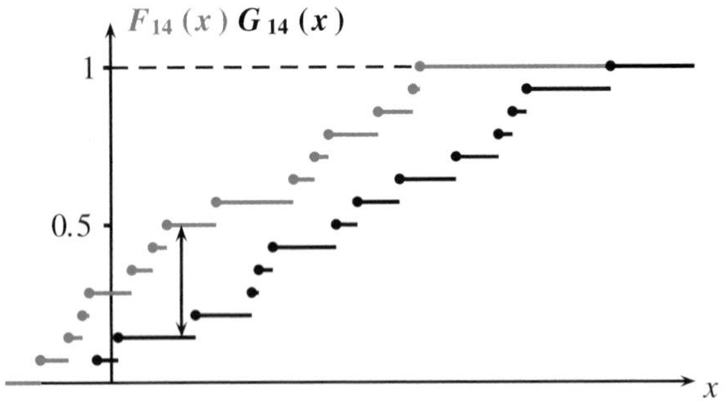

Plausiblerweise lehnt man die Hypothese H_0 für große Werte der nach A. N. Kolmogorov (1903–1987) und N. W. Smirnov (1900–1966) benannten sogenannten *Kolmogorov-Smirnov-Testgröße* $K_{m,n}$ ab.

Wegen der Stetigkeit von F und G sind alle X_i, Y_j mit Wahrscheinlichkeit eins verschieden, und F_m bzw. G_n besitzen Sprungstellen mit Sprüngen der Höhe $1/m$ bzw. $1/n$ an den Stellen $X_1, \ldots, X_m$ bzw. $Y_1, \ldots, Y_n$. Unter $H_0\colon F = G$ hängt die Verteilung von $K_{m,n}$ nicht von F ab, da es für den Wert von $K_{m,n}$ nur auf die Ränge von $r(X_j)$, $j = 1, \ldots, m$, von $X_1, \ldots, X_m$ in der gemeinsamen Stichprobe mit $Y_1, \ldots, Y_n$ ankommt. Wie bei der Wilcoxon-Rangsummenstatistik führt somit auch die Bestimmung der H_0-Verteilung von $K_{m,n}$ auf ein rein kombinatorisches Problem.

Liegen unabhängige Zufallsvariablen $X_1, X_2, \ldots$ und $Y_1, Y_2, \ldots$ auf einem gemeinsamen Wahrscheinlichkeitsraum $(\Omega, \mathcal{A}, \mathbb{P})$ vor, so folgt aus dem Satz von Glivenko-Cantelli unter der Hypothese H_0

$$\lim_{m,n\to\infty} K_{m,n} = 0 \quad \mathbb{P}\text{-fast sicher.}$$

Eine Vorstellung von der Größenordnung von $K_{m,n}$ liefert der Grenzwertsatz

$$\lim_{m,n\to\infty} \mathbb{P}_{H_0}\left(\sqrt{\frac{mn}{m+n}} K_{m,n} \leq x\right) = K(x), \quad x > 0,$$

wobei K die in (24.84) definierte Verteilungsfunktion der Kolmogorov-Verteilung bezeichnet. Ein einfacher Beweis dieses Satzes für den Spezialfall $m = n$ findet sich in N. Henze: *Irrfahrten und verwandte Zufälle.* Verlag Springer Spektrum 2013, Seite 155–157.

c) Die H_0-Verteilung von $W_{m,n}$ ist symmetrisch um $\mathbb{E}_{H_0}(W_{m,n})$.

d) Für $m, n \to \infty$ gilt

$$\frac{W_{m,n} - \mathbb{E}_{H_0}(W_{m,n})}{\sqrt{\mathbb{V}_{H_0}(W_{m,n})}} \xrightarrow{\mathcal{D}} \mathrm{N}(0, 1).$$

Die standardisierte Zufallsvariable $W_{m,n}$ ist also unter H_0 beim Grenzübergang $m, n \to \infty$ asymptotisch $\mathrm{N}(0, 1)$-normalverteilt.

Beweis: Die Aussagen a) und b) folgen mit direkter Rechnung aus der Gleichverteilung des Vektors aller Ränge $(r(X_1), \ldots, r(Y_n))$ auf der Menge der Permutationen der Zahlen $1, \ldots, m+n$. Ihr Nachweis ist dem Leser als Übungsaufgabe 24.30 überlassen. Um c) zu beweisen, setzen wir kurz $R_i := r(X_i)$ für $i = 1, \ldots, m$. Da der Zufallsvektor $(R_1, \ldots, R_m)$ eine Gleichverteilung auf der Menge

$$P_m^{m+n}(oW) = \{(r_1, \ldots, r_m) \in \{1, \ldots, m+n\}^m : r_i \neq r_j \; \forall i \neq j\}$$

der m-Permutationen ohne Wiederholung aus $\{1, \ldots, m+n\}$ besitzt, hat der Vektor $(k+1-R_1, k+1-R_2, \ldots, k+1-R_m)$ ebenfalls diese Gleichverteilung. Man beachte hierzu, dass die Zuordnung $(a_1, \ldots, a_m) \mapsto (k+1-a_1, \ldots, k+1-a_m)$ eine bijektive Abbildung auf $P_m^{m+n}(oW)$ darstellt. Aus der Verteilungsgleichheit

$$(R_1, \ldots, R_m) \sim (k+1-R_1, \ldots, k+1-R_m)$$

folgt dann auch die Verteilungsgleichheit

$$W_{m,n} = \sum_{i=1}^{m} R_i \sim \sum_{i=1}^{m} (k+1-R_i) = m(k+1) - W_{m,n}$$

und somit

$$W_{m,n} - \frac{m(k+1)}{2} \sim -\left(\frac{m(k+1)}{2} - W_{m,n}\right),$$

was zu zeigen war. Der Nachweis von d) kann mithilfe bedingter Erwartungen und des Zentralen Grenzwertsatzes von Lindeberg-Feller erfolgen (siehe hierzu die Box auf Seite 961). ■

Hintergrund und Ausblick: Wilcoxon-Rangsummenstatistik und Mann-Whitney-Statistik

Wie verhält sich der Wilcoxon-Rangsummentest bei Nichtgültigkeit der Hypothese und wie ergibt sich die asymptotische Normalverteilung von $W_{m,n}$ unter H_0?

Die Wilcoxon-Rangsummenstatistik $W_{m,n}$ geht mit Wahrscheinlichkeit eins durch Verschiebung aus der von den US-amerikanischen Statistikern Henry B. Mann (1905–2000) und Donald R. Whitney (1915–2001) vorgeschlagenen sogenannten *Mann-Whitney-Statistik*

$$M_{m,n} := \sum_{i=1}^{m} \sum_{k=1}^{n} \mathbf{1}\{Y_k \le X_i\} \tag{24.95}$$

hervor. Summiert man nämlich beide Seiten von (24.94) über i von 1 bis m, so entsteht links die Wilcoxon-Prüfgröße $W_{m,n}$. Da $X_1, \ldots, X_m$ mit Wahrscheinlichkeit eins paarweise verschieden sind, ist die erste Doppelsumme $\sum_{i=1}^m \sum_{j=1}^m \mathbf{1}\{X_j \le X_i\}$ rechts mit Wahrscheinlichkeit eins gleich $m(m+1)/2$, und die zweite ist definitionsgemäß gleich $M_{m,n}$. Es besteht also (mit Wahrscheinlichkeit eins) die Translations-Beziehung

$$W_{m,n} = \frac{m\,(m+1)}{2} + M_{m,n}. \tag{24.96}$$

Obige Darstellungen geben einen Hinweis auf das Verhalten von $W_{m,n}$ bei Nichtgültigkeit der Hypothese. Wegen $\mathbb{E}(\mathbf{1}_A) = \mathbb{P}(A)$ und Symmetrieargumenten folgt aus (24.95) $\mathbb{E}(M_{m,n}) = m\,n\,\mathbb{P}(Y_1 \le X_1)$ und damit

$$\mathbb{E}(W_{m,n}) = \frac{m\,(m+1)}{2} + m\,n\,\mathbb{P}(Y_1 \le X_1).$$

Das Verhalten von $W_{m,n}$ unter Alternativen wird also maßgeblich durch die Wahrscheinlichkeit $\mathbb{P}(Y_1 \le X_1)$ bestimmt. Letztere ist 1/2, wenn X_1 und Y_1 die gleiche stetige Verteilungsfunktion besitzen. Unter einer Lagealternative der Gestalt (24.93) gilt $\mathbb{P}(Y_1 \le X_1) > 1/2$ bzw. $\mathbb{P}(Y_1 \le X_1) < 1/2$ je nachdem, ob $\delta < 0$ oder $\delta > 0$ gilt. Der Schwerpunkt der Verteilung von $W_{m,n}$ ist dann im Vergleich zu H_0 nach rechts bzw. links verschoben.

Mithilfe der Darstellung (24.96) kann man auch die asymptotische Normalverteilung von $W_{m,n}$ sowohl unter der Hypothese H_0 als auch unter Alternativen erhalten. Aus (24.96) folgt

$$\mathbb{E}(W_{m,n}) = \frac{m(m+1)}{2} + \mathbb{E}(M_{m,n}), \quad \mathbb{V}(W_{m,n}) = \mathbb{V}(M_{m,n})$$

und somit

$$\frac{W_{m,n} - \mathbb{E}(W_{m,n})}{\sqrt{\mathbb{V}(W_{m,n})}} = \frac{M_{m,n} - \mathbb{E}(M_{m,n})}{\sqrt{\mathbb{V}(M_{m,n})}}.$$

Für $M_{m,n}$ lässt sich eine asymptotische Normalverteilung herleiten, indem man $M_{m,n}$ durch die Summe

$$\widehat{M}_{m,n} := \sum_{i=1}^{m} \mathbb{E}(M_{m,n}|X_i) + \sum_{j=1}^{n} \mathbb{E}(M_{m,n}|Y_j) - (m+n-1)\mathbb{E}(M_{m,n})$$

bedingter Erwartungen (vgl. die Box auf Seite 852) approximiert. $\widehat{M}_{m,n}$ ist eine Summe unabhängiger Zufallsvariablen, auf die der Zentrale Grenzwertsatz von Lindeberg-Feller auf Seite 891 angewendet werden kann. Die dahinter stehende Theorie ist die der *Zwei-Stichproben-U-Statistiken.*

Der Wilcoxon-Rangsummentest wird je nach Art der Alternative als ein- oder zweiseitiger Test durchgeführt. Soll die Hypothese $H_0\colon F = G$ gegen die Lagealternative

$$H_1^-: \text{ Es gibt ein } \delta < 0 \text{ mit } G(x) = F(x-\delta), \quad x \in \mathbb{R},$$

getestet werden, so lehnt man H_0 genau dann zum Niveau α ab, wenn die Ungleichung $W_{m,n} \ge w_{m,n;\alpha}$ erfüllt ist. Dabei ist

$$w_{m,n;\alpha} := \min\{w : \mathbb{P}_{H_0}(W_{m,n} \ge w) \le \alpha\}.$$

Anschaulich zweigt man also analog zum einseitigen Binomialtest beim Stabdiagramm der H_0-Verteilung von $W_{m,n}$ von rechts kommend so lange Wahrscheinlichkeitsmasse für den kritischen Bereich ab, wie die vorgegebene Höchstwahrscheinlichkeit α für einen Fehler erster Art nicht überschritten wird. Die kritischen Werte $w_{m,n;\alpha}$ sind für verschiedene Werte von m, n und $\alpha \in \{0.05, 0.025\}$ in Tabelle 24.10 aufgeführt (Ablesebeispiel: $w_{9,7;0.05} = 93$).

Soll H_0 gegen die sich gegenüber H_1^- durch das Vorzeichen von δ unterscheidende Lagealternative

$$H_1^+: \text{ Es gibt ein } \delta > 0 \text{ mit } G(x) = F(x-\delta), \quad x \in \mathbb{R},$$

getestet werden, so erfolgt die Ablehnung von H_0 zum Niveau α, wenn die Ungleichung

$$W_{m,n} \le m(m+n+1) - w_{m,n;\alpha}$$

erfüllt ist. Der kritische Wert ergibt sich also unter Ausnutzung der Symmetrie der H_0-Verteilung von $W_{m,n}$, indem man den zur Alternative H_1^- korrespondierenden kritischen Wert $w_{m,n;\alpha}$ am Erwartungswert der H_0-Verteilung von $W_{m,n}$ spiegelt. Im Fall $m = 9$, $n = 7$ und $\alpha = 0.05$ erhält man so den Wert $153 - 93 = 60$.

Ist $H_0\colon F = G$ gegen die zweiseitige Lagealternative

$$H_1^{\neq}: \text{ Es gibt ein } \delta \neq 0 \text{ mit } G(x) = F(x-\delta), \quad x \in \mathbb{R},$$

zu testen, so wird H_0 zum Niveau α genau dann abgelehnt, wenn mindestens eine der beiden Ungleichungen

$$W_{m,n} \geq w_{m,n;\alpha/2} \text{ oder } W_{m,n} \leq m(m+n+1) - w_{m,n;\alpha/2}$$

erfüllt ist. Im Zahlenbeispiel $m = 9$, $n = 7$ und $\alpha = 0.05$ erhält man aus Tabelle 24.10 den Wert $w_{m,n;\alpha/2} = 96$. Der zweiseitige Test lehnt also H_0 zum Niveau 0.05 ab, falls $W_{9,7} \geq 96$ oder $W_{9,7} \leq 57$ gilt.

Tabelle 24.10 Kritische Werte $w_{m,n;\alpha}$ der Wilcoxon-Statistik $W_{m,n}$.

		α				α	
m	n	0.050	0.025	m	n	0.05	0.025
8	3	57	58	11	4	102	104
	4	63	64		5	109	112
	5	68	70		6	116	119
	6	74	76		7	124	127
	7	79	82		8	131	135
	8	85	87		9	138	142
					10	145	150
9	3	68	70		11	153	157
	4	75	77				
	5	81	83	12	5	125	127
	6	87	89		6	133	136
	7	93	96		7	141	144
	8	99	102		8	148	152
	9	105	109		9	156	160
					10	164	169
10	4	88	90		11	172	177
	5	94	97		12	180	185
	6	101	104				
	7	108	111	13	5	141	144
	8	115	118		6	150	153
	9	121	125		7	158	162
	10	128	132		8	167	171

Beispiel In einer Studie soll untersucht werden, ob ein bestimmtes Düngemittel einen positiven Einfluss auf das Wachstum von Sojabohnen besitzt. Dabei sei schon vorab bekannt, dass das Wachstum durch die Düngung nicht verringert wird. Von 16 gleichartigen Sojapflanzen werden 8 rein zufällig ausgewählt und gedüngt, die übrigen Pflanzen wachsen ungedüngt. Nach einer bestimmten Zeit wird die Höhe (in cm) aller 16 Pflanzen gemessen. Dabei ergaben sich die in Tabelle 24.11 angegebenen Werte.

Tabelle 24.11 Wachstum von Sojabohnen mit und ohne Düngung.

gedüngt	36.1	34.5	35.7	37.1	37.7	38.1	34.0	34.9
ungedüngt	35.5	33.9	32.0	35.4	34.3	34.7	32.3	32.4

Offenbar sind die gedüngten Pflanzen in der Tendenz stärker gewachsen als die ungedüngten. Ist dieser Effekt jedoch statistisch signifikant? Um diese Frage zu beantworten, sehen wir die Daten als Realisierungen unabhängiger Zufallsvariablen $X_1, \ldots, X_8, Y_1, \ldots, Y_8$ (diese modellieren die Pflanzenhöhe mit bzw. ohne Düngung) mit stetigen Verteilungsfunktionen F bzw. G an und testen zum Niveau $\alpha = 0.05$ die Hypothese $H_0\colon F = G$ gegen die Lagealternative H_1^-. Sortiert man alle 16 Werte der Größe nach, so besitzen die den gedüngten Pflanzen entsprechenden Werte die Ränge 7,9,12,13,14,15 und 16. Die Wilcoxon-Rangsummenstatistik $W_{8,8}$ nimmt den Wert

$$w = 7 + 9 + 12 + 13 + 14 + 15 + 16 = 86$$

an. Aus Tabelle 24.10 entnimmt man zu $\alpha = 0.05$ den kritischen Wert 85. Wegen $w \geq 85$ wird H_0 verworfen. Die Daten sprechen also auf dem 5%-Niveau signifikant dafür, dass Düngung einen wachstumsfördernden Effekt besitzt. ◀

Die Normalverteilungsapproximation d) im Satz über die H_0-Verteilung von $W_{m,n}$ auf Seite 959 lässt sich für den Fall $m \geq 10$, $n \geq 10$ verwenden. Der einseitige Test mit oberem Ablehnbereich lehnt dann H_0 zum Niveau α ab, wenn mit $k := m + n$ die Ungleichung

$$W_{m,n} \geq \frac{m\,(k+1)}{2} + \Phi^{-1}(1-\alpha)\sqrt{\frac{m\,n\,(k+1)}{12}}$$

erfüllt ist. Beim einseitigen Test mit unterem Ablehnbereich erfolgt ein Widerspruch zu H_0, falls

$$W_{m,n} \leq \frac{m\,(k+1)}{2} - \Phi^{-1}(1-\alpha)\sqrt{\frac{m\,n\,(k+1)}{12}}$$

gilt. Der zweiseitige Test lehnt H_0 zum Niveau α ab, falls – jeweils nach Ersetzen von α durch $\alpha/2$ – mindestens eine dieser beiden Ungleichungen erfüllt ist.

Die obigen Näherungen sind selbst für kleine Stichprobenumfänge gute Approximationen der exakten kritischen Werte. So ergibt sich für den Fall $m = 9$, $n = 8$ und $\alpha = 0.05$ beim Test mit oberem Ablehnbereich der approximative kritische Wert zu

$$\frac{9(17+1)}{2} - 1.645\sqrt{\frac{9 \cdot 7 \cdot (17+1)}{12}} = 98.095\ldots,$$

was nach Aufrunden auf die nächstgrößere ganze Zahl den kritischen Wert 99 ergibt. Dieser stimmt mit dem aus Tabelle 24.10 erhaltenen Wert überein.

Zusammenfassung

Ausgangspunkt der Mathematischen Statistik ist ein **statistisches Modell** $(\mathcal{X}, \mathcal{B}, (\mathbb{P}_\vartheta)_{\vartheta\in\Theta})$. Dabei sind $\mathcal{X}$ ein **Stichprobenraum**, $\mathcal{B}$ eine σ-Algebra über $\mathcal{X}$ und $(\mathbb{P}_\vartheta)_{\vartheta\in\Theta}$ eine **Verteilungsannahme** genannte Familie von Wahrscheinlichkeitsmaßen auf $\mathcal{B}$, die durch einen Parameter ϑ indiziert ist. Die Menge Θ heißt **Parameterraum**. Die **Parametrisierung** genannte Zuordnung $\Theta \ni \vartheta \mapsto \mathbb{P}_\vartheta$ wird als injektiv vorausgesetzt. Man nimmt an, dass für ein $\vartheta \in \Theta$ das Wahrscheinlichkeitsmaß $\mathbb{P}_\vartheta$ tatsächlich zugrunde liegt; dieses ϑ wird dann oft als „wahrer Parameter" bezeichnet.

Aufgabe der Mathematischen Statistik ist es, aus Daten $x \in \mathcal{X}$ begründete Rückschlüsse über ϑ zu ziehen. Dabei fasst man x als Realisierung einer $\mathcal{X}$-wertigen Zufallsvariablen auf. Der Definitionsbereich von X bleibt im Hintergrund; man kann immer die kanonische Konstruktion $\Omega := \mathcal{X}$, $\mathcal{A} := \mathcal{B}$ und $X := \mathrm{id}_\mathcal{X}$ wählen. Eine Verteilungsannahme heißt **parametrisch**, wenn $\Theta \subseteq \mathbb{R}^d$ für ein $d \in \mathbb{N}$ gilt, andernfalls **nichtparametrisch**. Eine typische Grundannahme bei **Ein-Stichproben-Problemen** ist, dass X die Gestalt $X = (X_1, \ldots, X_n)$ mit unabhängigen, identisch verteilten (reellen) Zufallsvariablen $X_1, \ldots, X_n$ besitzt. Unter dieser Grundannahme liegt etwa ein parametrisches Modell vor, wenn für X_1 eine Normalverteilung $\mathrm{N}(\mu, \sigma^2)$ mit unbekannten Parametern μ und σ^2 unterstellt wird. Demgegenüber handelt es sich um eine nichtparametrische Verteilungsannahme, wenn man nur voraussetzt, dass X_1 eine stetige Verteilungsfunktion besitzt. Der Parameterraum ist dann die Menge aller stetigen Verteilungsfunktionen.

In einem parametrischen statistischen Modell mit $\Theta \subseteq \mathbb{R}^d$ und $\gamma : \Theta \to \mathbb{R}^l$ heißt jede messbare Abbildung $T : \mathcal{X} \to \mathbb{R}^l$ **(Punkt-)Schätzer** für $\gamma(\vartheta)$. Im Fall $l = 1$ nennt man T **erwartungstreu für** $\gamma(\vartheta)$, falls für jedes $\vartheta \in \Theta$ die Gleichung $\mathbb{E}_\vartheta T = \gamma(\vartheta)$ erfüllt ist. Dabei wurde auch der Erwartungswert mit ϑ indiziert, um dessen Abhängigkeit von ϑ anzudeuten. Gleiches geschieht mit der Varianz. Alle Erwartungswerte werden als existent angenommen. Die Größe

$$\mathrm{MQA}_T(\vartheta) := \mathbb{E}_\vartheta(T - \gamma(\vartheta))^2$$

heißt **mittlere quadratische Abweichung** von T an der Stelle ϑ. Es gilt $\mathrm{MQA}_T(\vartheta) = \mathbb{V}_\vartheta(T) + b_T(\vartheta)^2$, wobei $b_T(\vartheta) = \mathbb{E}_\vartheta(T) - \gamma(\vartheta)$ die **Verzerrung** von T an der Stelle ϑ bezeichnet. Ist für jedes $n \geq 1$ $T_n : \mathcal{X}_n \to \mathbb{R}^l$ ein Schätzer für $\gamma(\vartheta)$, so nennt man (T_n) eine **Schätzfolge**. Im Fall $l = 1$ heißt (T_n) **konsistent** für $\gamma(\vartheta)$, falls

$$\lim_{n\to\infty} \mathbb{P}_\vartheta(|T_n - \gamma(\vartheta)| \geq \varepsilon) = 0 \quad \forall \varepsilon > 0$$

gilt. Falls $\lim_{n\to\infty} \mathbb{E}_\vartheta(T_n) = \gamma(\vartheta)$ für jedes $\vartheta \in \Theta$ erfüllt ist, so heißt (T_n) **asymptotisch erwartungstreu** für $\gamma(\vartheta)$.

Ein grundlegendes Schätzprinzip ist die **Maximum-Likelihood-Methode** (kurz: ML-Methode). Besitzt $X (= \mathrm{id}_\mathcal{X})$ die Lebesgue-Dichte bzw. Zähldichte $f(x, \vartheta)$, so heißt für festes $x \in \mathcal{X}$ die durch $L_x(\vartheta) = f(x, \vartheta)$ definierte Funktion $L_x : \Theta \to \mathbb{R}_{\geq 0}$ die **Likelihood-Funktion zu** x und jeder Wert $\widehat{\vartheta} \in \Theta$ mit $L_x(\widehat{\vartheta}(x)) = \sup\{L_x(\vartheta) : \vartheta \in \Theta\}$ **Maximum-Likelihood-Schätzwert von** ϑ **zu** x. Unter einer Normalverteilungsannahme ist $(\widehat{\mu}_n, \widehat{\sigma_n^2})$ mit $\widehat{\mu}_n = \overline{X}_n = n^{-1}\sum_{j=1}^n X_j$ und $\widehat{\sigma_n^2} = n^{-1}\sum_{j=1}^n (X_j - \overline{X}_n)^2$ der ML-Schätzer für $\vartheta := (\mu, \sigma^2)$. Die Zufallsvariablen $\overline{X}_n$ und $\widehat{\sigma_n^2}$ sind stochastisch unabhängig, wobei $\overline{X}_n \sim \mathrm{N}(\mu, \sigma^2/n)$ und $n\widehat{\sigma_n^2}/\sigma^2 \sim \chi^2_{n-1}$.

Bei einem **regulären statistischen Modell** ist Θ ein offenes Intervall, und die Dichte f ist auf $\mathcal{X} \times \Theta$ positiv sowie für jedes x stetig nach ϑ differenzierbar. Ferner kann man die Reihenfolge von Differenziation (nach ϑ) und Integration (bzgl. x) vertauschen, und die **Fisher-Information** genannte Varianz $\mathrm{I}_f(\vartheta)$ der **Scorefunktion** $U_\vartheta(x) = \frac{\mathrm{d}}{\mathrm{d}\vartheta}\log f(x, \vartheta)$ ist für jedes ϑ positiv und endlich. Dann gilt für jeden Schätzer T mit $\frac{\mathrm{d}}{\mathrm{d}\vartheta}\mathbb{E}_\vartheta T = \int T(x)\frac{\mathrm{d}}{\mathrm{d}\vartheta}f(x, \vartheta)\,\mathrm{d}x$ die **Cramér-Rao-Ungleichung**

$$\mathbb{V}_\vartheta(T) \geq \frac{\left[\frac{\mathrm{d}}{\mathrm{d}\vartheta}\mathbb{E}_\vartheta(T)\right]^2}{\mathrm{I}_f(\vartheta)}, \quad \vartheta \in \Theta.$$

Insbesondere ist die Varianz eines erwartungstreuen Schätzers durch $1/\mathrm{I}_f(\vartheta)$ nach unten beschränkt.

Sind $(\mathcal{X}, \mathcal{B}, (\mathbb{P}_\vartheta)_{\vartheta\in\Theta})$ mit $\Theta \subseteq \mathbb{R}^d$ ein statistisches Modell und $\alpha \in (0, 1)$, so heißt eine Abbildung $\mathcal{C} : \mathcal{X} \to \mathcal{P}(\mathbb{R}^l)$ **Konfidenzbereich für** ϑ **zur Konfidenzwahrscheinlichkeit** $1 - \alpha$, falls gilt:

$$\mathbb{P}_\vartheta(\{x \in \mathcal{X} : \mathcal{C}(x) \ni \vartheta\}) \geq 1 - \alpha \quad \forall \vartheta \in \Theta.$$

Der zufällige Bereich $\mathcal{C}(X)$ überdeckt also das unbekannte ϑ – ganz egal, welcher Parameterwert ϑ zugrunde liegt – mit einer Wahrscheinlichkeit von mindestens $1 - \alpha$. Hierbei setzt man üblicherweise $\alpha = 0.05$. Prinzipiell ergibt sich ein Konfidenzbereich, indem man für jedes $\vartheta \in \Theta$ eine Menge $\mathcal{A}(\vartheta) \subseteq \mathcal{X}$ mit $\mathbb{P}_\vartheta(\mathcal{A}(\vartheta)) \geq 1 - \alpha$ angibt. Mit $\mathcal{C}(x) := \{\vartheta \in \Theta : x \in \mathcal{A}(\vartheta)\}$, $x \in \mathcal{X}$, gilt dann $x \in \mathcal{A}(\vartheta) \Leftrightarrow \mathcal{C}(x) \ni \vartheta$, und so ist $\mathcal{C}$ ein Konfidenzbereich für ϑ zur Konfidenzwahrscheinlichkeit $1 - \alpha$. Gilt $X = (X_1, \ldots, X_n)$ mit unabhängigen und je $\mathrm{N}(\mu, \sigma^2)$-normalverteilten Zufallsvariablen $X_1, \ldots, X_n$, so ergibt sich ein Konfidenzintervall für μ bei (auch) unbekanntem σ^2 durch **Studentisieren** zu

$$\left[\overline{X}_n - \frac{S_n\, t_{n-1;1-\alpha/2}}{\sqrt{n}}, \overline{X}_n + \frac{S_n\, t_{n-1;1-\alpha/2}}{\sqrt{n}}\right].$$

Dabei bezeichnen $S_n^2 = (n-1)^{-1}\sum_{j=1}^n (X_j - \overline{X}_n)^2$ die Stichprobenvarianz von $X_1, \ldots, X_n$ und $t_{n-1;1-\alpha/2}$ das

$(1-\alpha/2)$-Quantil der t_{n-1}-Verteilung. In gleicher Weise ergibt sich ein Konfidenzintervall für die Differenz $\mu-\nu$ der Erwartungswerte zweier Normalverteilungen mit gleicher, unbekannter Varianz. Mithilfe des Zentralen Grenzwertsatzes kann man oft approximative Konfidenzintervalle bei großem Stichprobenumfang konstruieren.

Bei einem **statistischen Test** ist der Parameterbereich Θ in zwei disjunkte nichtleere Teilmengen Θ_0 und Θ_1 zerlegt. Ein **nichtrandomisierter Test** zum Prüfen der **Hypothese** $H_0\colon \vartheta \in \Theta_0$ gegen die **Alternative** $H_1 : \vartheta \in \Theta_1$ ist eine Indikatorfunktion $\mathbf{1}_{\mathcal{K}}$ eines sogenannten **kritischen Bereichs** $\mathcal{K} \subseteq \mathcal{X}$. Gilt $x \in \mathcal{K}$, so wird H_0 aufgrund von $x \in \mathcal{X}$ abgelehnt, andernfalls erhebt man keinen Einwand gegen H_0. Da die Beobachtung $x \in \mathcal{X}$ im Allgemeinen von jedem Parameter ϑ über die Verteilung $\mathbb{P}_\vartheta$ erzeugt worden sein kann, sind Fehler beim Testen unvermeidlich. Ein **Fehler erster Art** besteht darin, die Hypothese H_0 abzulehnen, obwohl sie in Wirklichkeit zutrifft. Bei einem **Fehler zweiter Art** erhebt man keinen Einwand gegen H_0, obwohl in Wirklichkeit $\vartheta \in \Theta_1$ gilt. Die **Gütefunktion** $G_{\mathcal{K}}$ eines Tests mit kritischem Bereich $\mathcal{K}$ ordnet jedem $\vartheta \in \Theta$ die Ablehnwahrscheinlichkeit $\mathbb{P}_\vartheta(X \in \mathcal{K})$ der Hypothese H_0 unter $\mathbb{P}_\vartheta$ zu. Ein **Test zum Niveau** α ist durch die Bedingung $G_{\mathcal{K}}(\vartheta) \le \alpha$, $\vartheta \in \Theta_0$, definiert. Ein solcher Test kontrolliert also die Wahrscheinlichkeit für einen Fehler erster Art. Lehnt ein Niveau-α-Test H_0 ab, so ist man bei kleinem α „praktisch sicher", dass H_0 nicht zutrifft. Man sagt dann, die Ablehnung von H_0 sei **signifikant zum Niveau** α.

Der kritische Bereich eines Tests ist meist durch eine **Prüfgröße** oder **Testgröße** $T : \mathcal{X} \to \mathbb{R}$ in der Form $\mathcal{K} = \{T \ge c\}$ mit einem sogenannten **kritischen Wert** c gegeben. Gilt $\Theta \subseteq \mathbb{R}$, so sind Testprobleme oft von der Gestalt $H_0\colon \vartheta \le \vartheta_0$ gegen $H_1 : \vartheta > \vartheta_0$ (einseitiger Test) oder $H_0\colon \vartheta = \vartheta_0$ gegen $H_1 : \vartheta \ne \vartheta_0$ (zweiseitiger Test). Dabei ist $\vartheta_0 \in \Theta$ ein vorgegebener Wert.

Der **Ein-Stichproben-t-Test** prüft Hypothesen der Form $H_0\colon \mu \le \mu_0$ gegen $H_1 : \mu > \mu_0$ über den Erwartungswert μ einer Normalverteilung bei unbekannter Varianz. Seine Prüfgröße $T_n = \sqrt{n}(\overline{X}_n - \mu_0)/S_n$ hat im Fall $\mu = \mu_0$ eine t_{n-1}-Verteilung. Der Test kann auch als zweiseitiger Test durchgeführt werden. In gleicher Weise prüft der **Zwei-Stichproben-t-Test** auf Gleichheit der Erwartungswerte von Normalverteilungen mit gleicher unbekannter Varianz. Der Chi-Quadrat-Anpassungstest prüft die Verträglichkeit von relativen Häufigkeiten mit hypothetischen Wahrscheinlichkeiten in einem multinomialen Versuchsschema.

Ein **randomisierter Test** für H_0 gegen H_1 ist eine messbare Funktion $\varphi\colon \mathcal{X} \to [0,1]$. Dabei ist die sogenannte **Randomisierungswahrscheinlichkeit** $\varphi(x)$ als bedingte Wahrscheinlichkeit zu interpretieren, die Hypothese H_0 bei vorliegenden Daten x abzulehnen. Im Fall $0 < \varphi(x) < 1$ ist zur Testdurchführung ein Pseudozufallszahlengenerator erforderlich. Gilt $\Theta = \{\vartheta_0, \vartheta_1\}$ (sog. **Zwei-Alternativ-Problem**) und besitzt X für $j \in \{0,1\}$ unter $\mathbb{P}_{\vartheta_j}$ eine Lebesgue-Dichte oder Zähldichte f_j, so gibt es nach dem Lemma von Neyman-Pearson zu jedem $\alpha \in (0,1)$ unter allen Tests zum Niveau α der **einfachen Hypothese** $H_0\colon \vartheta = \vartheta_0$ gegen die **einfache Alternative** $H_1 : \vartheta = \vartheta_1$ einen Test mit kleinster Wahrscheinlichkeit für einen Fehler zweiter Art. Dieser basiert auf dem **Likelihoodquotienten** $\Lambda(x) := f_1(x)/f_0(x)$ und besitzt für ein $c \in \mathbb{R}_{\ge 0}$ die Gestalt

$$\varphi(x) = \begin{cases} 1, & \text{falls } \Lambda(x) > c, \\ 0, & \text{falls } \Lambda(x) < c. \end{cases}$$

Ist die Verteilung von X unter H_0 diskret, so ist im Fall $\Lambda(x) = c$ im Allgemeinen eine Randomisierung erforderlich, um ein vorgegebenes Testniveau voll auszuschöpfen. Besitzt die Verteilungsklasse $(\mathbb{P}_\vartheta)_{\vartheta\in\Theta}$ einen monotonen Dichtequotienten in einer Statistik T, ist also für beliebige $\vartheta_0, \vartheta_1 \in \Theta$ mit $\vartheta_0 < \vartheta_1$ der Quotient $f(x,\vartheta_1)/f(x,\vartheta_0)$ eine streng monoton wachsende Funktion von T, so gibt es zu jedem $\alpha \in (0,1)$ einen **gleichmäßig besten Test zum Niveau** α für $H_0\colon \vartheta \le \vartheta_0$ gegen $H_1 : \vartheta > \vartheta_0$. Dieses Resultat liefert zum Beispiel die Optimalität des einseitigen Gauß-Tests.

Sind $X_1, X_2, \ldots$ unabhängige Zufallsvariablen mit gleicher Verteilungsfunktion F, so konvergiert nach dem Satz von Glivenko-Cantelli die Folge (F_n) der empirischen Verteilungsfunktionen mit Wahrscheinlichkeit eins gleichmäßig gegen F. Dabei ist F_n durch $F_n(x) = n^{-1}\sum_{j=1}^n \mathbf{1}\{X_j \le x\}$, $x \in \mathbb{R}$, definiert. Ist F stetig, so hängt die Verteilung von $d(F_n, F) := \sup_{x\in\mathbb{R}} |F_n(x) - F(x)|$ nicht von F ab. Diese Beobachtung motiviert die Prüfgröße $d(F_n, F_0)$, wenn die Hypothese $H_0\colon F = F_0$ mit einer vollständig spezifizierten Verteilungsfunktion getestet werden soll.

Das p-Quantil $Q_p = Q_p(F) = F^{-1}(p)$ kann man nichtparametrisch mithilfe des empirischen p-Quantils $Q_{n,p} = F_n^{-1}(p)$ schätzen. Besitzt F bei Q_p eine positive Ableitung, so gilt $\sqrt{n}(Q_{n,p} - Q_p) \xrightarrow{\mathcal{D}} \mathrm{N}(0, \sigma^2)$, wobei $\sigma^2 = p(1-p)/F'(Q_p)^2$. Ist F stetig, so ergibt sich ein Konfidenzbereich für den Median $Q_{1/2}$ mithilfe der Ordnungsstatistiken $X_{(1)}, \ldots, X_{(n)}$, denn es gilt

$$\mathbb{P}\left(X_{(r)} \le Q_{1/2} \le X_{(n-r+1)}\right) = 1 - 2\sum_{j=0}^{r-1}\binom{n}{j}\left(\frac{1}{2}\right)^n.$$

Asymptotische Konfidenzintervalle für $Q_{1/2}$ erhält man mit dem Zentralen Grenzwertsatz von de Moivre-Laplace.

Wird F als stetig vorausgesetzt, so prüft der **Vorzeichentest** Hypothesen der Form $H_0\colon Q_{1/2} \le \mu_0$ über den Median. Die Prüfgröße $V_n = \sum_{j=1}^n \mathbf{1}\{X_j > \mu_0\}$ zählt die Anzahl der positiven Vorzeichen unter $X_j - \mu_0$, $j = 1, \ldots, n$. Im Fall $Q_{1/2} = \mu_0$ hat V_n die Verteilung $\mathrm{Bin}(n, 1/2)$.

Der **Wilcoxon-Rangsummentest** prüft die Hypothese $H_0\colon F = G$, wenn stochastisch unabhängige Zufallsvariablen $X_1, \ldots, X_m, Y_1, \ldots, Y_n$ vorliegen und $X_1, \ldots, X_m$ die stetige Verteilungsfunktion F und $Y_1, \ldots, Y_n$ die stetige Verteilungsfunktion G besitzen. Die Prüfgröße $W_{m,n}$ dieses Tests ist die Summe aller Ränge von $X_1, \ldots, X_m$ in der gemeinsamen Stichprobe mit $Y_1, \ldots, Y_n$.

Aufgaben

Die Aufgaben gliedern sich in drei Kategorien: Anhand der *Verständnisfragen* können Sie prüfen, ob Sie die Begriffe und zentralen Aussagen verstanden haben, mit den *Rechenaufgaben* üben Sie Ihre technischen Fertigkeiten und die *Beweisaufgaben* geben Ihnen Gelegenheit, zu lernen, wie man Beweise findet und führt.

Ein Punktesystem unterscheidet leichte Aufgaben •, mittelschwere •• und anspruchsvolle ••• Aufgaben. Lösungshinweise am Ende des Buches helfen Ihnen, falls Sie bei einer Aufgabe partout nicht weiterkommen. Dort finden Sie auch die Lösungen – betrügen Sie sich aber nicht selbst und schlagen Sie erst nach, wenn Sie selber zu einer Lösung gekommen sind. Ausführliche Lösungswege, Beweise und Abbildungen finden Sie auf der Website zum Buch.

Viel Spaß und Erfolg bei den Aufgaben!

Verständnisfragen

24.1 •• Konstruieren Sie in der Situation von Aufgabe 24.40 eine obere Konfidenzschranke für ϑ zur Konfidenzwahrscheinlichkeit $1-\alpha$.

24.2 •• Die Zufallsvariablen $X_1, \ldots, X_n$ seien stochastisch unabhängig mit gleicher Poisson-Verteilung $\mathrm{Po}(\lambda)$, wobei $\lambda \in (0, \infty)$ unbekannt sei. Konstruieren Sie in Analogie zum Beispiel auf Seite 925 einen asymptotischen Konfidenzbereich zum Niveau $1-\alpha$ für λ. Welches konkrete 95%-Konfidenzintervall ergibt sich für die Daten des Rutherford-Geiger-Experiments auf Seite 787?

24.3 • In einem Buch konnte man lesen: „Die Wahrscheinlichkeit α für einen Fehler erster Art bei einem statistischen Test gibt an, wie oft aus der Beantwortung der Testfrage falsch auf die Nullhypothese geschlossen wird. Wird $\alpha = 0.05$ gewählt und die Testfrage mit *ja* beantwortet, dann ist die Antwort *ja* in 5% der Fälle falsch und mithin in 95% der Fälle richtig." Wie ist Ihre Meinung hierzu?

24.4 • Der Leiter der Abteilung für Materialbeschaffung hat eine Sendung von elektronischen Schaltern mit einem Test zum Niveau 0.05 stichprobenartig auf Funktionsfähigkeit überprüft. Bei der Stichprobe lag der Anteil defekter Schalter signifikant über dem vom Hersteller behaupteten Ausschussanteil. Mit den Worten „Die Chance, dass eine genaue Überprüfung zeigt, dass die Sendung den Herstellerangaben entspricht, ist höchstens 5%" empfiehlt er, die Lieferung zu reklamieren und zurückgehen zu lassen. Ist seine Aussage richtig?

24.5 • Der Statistiker einer Firma, die Werkstücke zur Weiterverarbeitung bezieht, lehnt eine Lieferung dieser Werkstücke mit folgender Begründung ab: „Ich habe meinen Standard-Test zum Niveau 0.05 anhand einer zufälligen Stichprobe durchgeführt. Diese Stichprobe enthielt einen extrem hohen Anteil defekter Exemplare. Wenn der Ausschussanteil in der Sendung wie vom Hersteller behauptet höchstens 2% beträgt, ist die Wahrscheinlichkeit für das Auftreten des festgestellten oder eines noch größeren Anteils defekter Werkstücke in der Stichprobe höchstens 2.7%."Der Werkmeister entgegnet: „Bislang erwiesen sich 70% der von Ihnen beanstandeten Sendungen im Nachhinein als in Ordnung. Aller Wahrscheinlichkeit nach liegt auch in diesem Fall ein blinder Alarm vor." Muss mindestens eine der beiden Aussagen falsch sein?

24.6 •• (*Zusammenhang zwischen Konfidenzbereichen und Tests*) Es sei $(\mathcal{X}, \mathcal{B}, (\mathbb{P}_\vartheta)_{\vartheta\in\Theta})$ ein statistisches Modell. Zeigen Sie:

a) Ist $C\colon \mathcal{X} \to \mathcal{P}(\Theta)$ ein Konfidenzbereich für ϑ zur Konfidenzwahrscheinlichkeit $1-\alpha$, so ist für beliebiges $\vartheta_0 \in \Theta$ die Menge $\mathcal{K}_{\vartheta_0} := \{x \in \mathcal{X}\colon C(x) \not\ni \vartheta_0\}$ ein kritischer Bereich für einen Niveau-α-Test der Hypothese $H_0\colon \vartheta = \vartheta_0$ gegen die Alternative $H_1 : \vartheta \neq \vartheta_0$.
b) Liegt für jedes $\vartheta_0 \in \Theta$ ein nichtrandomisierter Niveau-α-Test für $H_0\colon \vartheta = \vartheta_0$ gegen $H_1 : \vartheta \neq \vartheta_0$ vor, so lässt sich hieraus ein Konfidenzbereich zur Konfidenzwahrscheinlichkeit $1-\alpha$ gewinnen.

24.7 •• Es seien U und V unabhängige Zufallsvariablen, wobei $U \sim \mathrm{N}(0,1)$ und $V \sim \chi^2_k$, $k \in \mathbb{N}$. Ist $\delta \in \mathbb{R}$, so heißt die Verteilung des Quotienten

$$Y_{k,\delta} := \frac{U+\delta}{\sqrt{V/k}}$$

nichtzentrale t-Verteilung mit k Freiheitsgraden und Nichtzentralitätsparameter δ. Zeigen Sie: Für die Gütefunktion (24.52) des einseitigen t-Tests gilt

$$g_n(\vartheta) = \mathbb{P}\left(Y_{n-1,\delta} > t_{n-1;1-\alpha}\right),$$

wobei $\delta = \sqrt{n}(\mu - \mu_0)/\sigma$.

24.8 • a) Zeigen Sie die Beziehung $\mathrm{F}_{r,s;p} = 1/\mathrm{F}_{s,r;1-p}$ für die Quantile der F-Verteilung.

b) Weisen Sie nach, dass die Gütefunktion des einseitigen F-Tests für den Varianzquotienten eine streng monoton wachsenden Funktion von σ^2/τ^2 ist.

24.9 •• Die Zufallsvariable X besitze eine Binomialverteilung $\mathrm{Bin}(3, \vartheta)$, wobei $\vartheta \in \Theta := \{1/4, 3/4\}$. Bestimmen Sie die Risikomenge des Zwei-Alternativ-Problems $H_0\colon \vartheta = \vartheta_0 := 1/4$ gegen $H_1\colon \vartheta = \vartheta_1 := 3/4$.

24.10 •• Leiten Sie die Beziehung

$$(n-1)\left(Q(X)^{-2/n}-1\right)=T_n^2$$

im Beispiel von Seite 948 her.

24.11 •• Es seien $X_1,\ldots,X_n$ unabhängige Zufallsvariablen mit gleicher stetiger Verteilungsfunktion F und empirischer Verteilungsfunktion F_n. Bestimmen Sie die Verteilung von

$$\Delta_n^F = \sup_{x\in\mathbb{R}}\left|F_n(x)-F(x)\right|$$

im Fall $n=1$.

24.12 •• Die Zufallsvariablen $X_1,\ldots,X_{2n}$ seien stochastisch unabhängig mit gleicher symmetrischer Verteilung. Es gebe also ein $a\in\mathbb{R}$ mit $X_1-a\sim a-X_1$. Zeigen Sie: Ist $m:=n/2$, so gilt (im Fall $\mathbb{E}|X_1|<\infty$)

$$\mathbb{E}\left(\frac{X_{m:2n}+X_{m+1:2n}}{2}\right)=a.$$

24.13 •• Es seien $X_1,\ldots,X_n$ unabhängige Zufallsvariablen mit gleicher stetiger Verteilungsfunktion. Zeigen Sie: In Verallgemeinerung von (24.88) gilt:

$$\mathbb{P}\left(X_{(r)}\le Q_p<X_{(s)}\right)=\sum_{j=r}^{s-1}\binom{n}{j}p^j(1-p)^{n-j}$$

24.14 • In welcher Form tritt die Verteilung einer geeigneten Wilcoxon-Rangsummenstatistik bei der Ziehung der Lottozahlen auf?

Beweisaufgaben

24.15 •• Die Zufallsvariable X besitze eine hypergeometrische Verteilung Hyp(n,r,s), wobei $n,r\in\mathbb{N}$ bekannt sind und $s\in\mathbb{N}_0$ unbekannt ist. Der zu schätzende unbekannte Parameter sei $\vartheta:=r+s\in\Theta:=\{r,r+1,r+2,\ldots\}$. Zeigen Sie: Es existiert kein erwartungstreuer Schätzer $T:\mathcal{X}\to\Theta$ für ϑ. Dabei ist $\mathcal{X}:=\{0,1,\ldots,n\}$ der Stichprobenraum für X.

24.16 •• Zeigen Sie:

a) Für $\vartheta\in[0,1]$ und $k\in\{1,2,\ldots,n\}$ gilt

$$\sum_{j=k}^{n}\binom{n}{j}\vartheta^j(1-\vartheta)^{n-j}=\frac{n!}{(k-1)!(n-k)!}\int_0^{\vartheta}t^{k-1}(1-t)^{n-k}\,\mathrm{d}t.$$

b) Die in (24.24), (24.25) eingeführten Funktionen $a(\cdot)$, $A(\cdot):\Theta\to\mathcal{X}$ sind (schwach) monoton wachsend, a ist rechtsseitig und A linksseitig stetig, und es gilt $a\le A$.

c) Es gilt die Aussage (24.29).

24.17 •• Zeigen Sie, dass für die in (24.27) und (24.28) eingeführten Funktionen $l(\cdot)$ bzw. $L(\cdot)$ gilt:

a) $l(0)=0$, $L(0)=1-\left(\frac{\alpha}{2}\right)^{1/n}$, $l(n)=\left(\frac{\alpha}{2}\right)^{1/n}$, $L(n)=1$.

b) Für $x=1,2,\ldots,n-1$ ist

1) $l(x)$ die Lösung ϑ der Gleichung

$$\sum_{j=x}^{n}\binom{n}{j}\vartheta^j(1-\vartheta)^{n-j}=\frac{\alpha}{2},$$

2) $L(x)$ die Lösung ϑ der Gleichung

$$\sum_{j=0}^{x}\binom{n}{j}\vartheta^j(1-\vartheta)^{n-j}=\frac{\alpha}{2}.$$

24.18 •• Es seien $X_1,X_2,\ldots$ unabhängige und je Bin$(1,\vartheta)$-verteilte Zufallsvariablen, wobei $\vartheta\in\Theta:=(0,1)$. Weiter sei $h_\alpha:=\Phi^{-1}(1-\alpha/2)$, wobei $\alpha\in(0,1)$. Zeigen Sie: Mit $T_n:=n^{-1}\sum_{j=1}^n X_j$ und $W_n:=T_n(1-T_n)$ gilt

$$\lim_{n\to\infty}\mathbb{P}_\vartheta\left(T_n-\frac{h_\alpha}{\sqrt{n}}\sqrt{W_n}\le\vartheta\le T_n+\frac{h_\alpha}{\sqrt{n}}\sqrt{W_n}\right)=1-\alpha,$$

$\vartheta\in\Theta$.

24.19 • Zeigen Sie, dass die Gütefunktionen des ein- bzw. zweiseitigen Gauß-Tests durch (24.47) bzw. durch (24.48) gegeben sind.

24.20 •• Weisen Sie für die Verteilungsfunktion Φ und die Dichte φ der Normalverteilung N(0, 1) die Ungleichung

$$1-\Phi(x)\le\frac{\varphi(x)}{x},\qquad x>0,$$

nach. Zeigen Sie hiermit: Für die in (24.47) gegebene Gütefunktion $g_n(\mu)$ des einseitigen Gauß-Tests gilt für jedes $\mu>\mu_0$ und jedes hinreichend große n

$$1-g_n(\mu)\le\frac{1}{\sqrt{2\pi\mathrm{e}}}\exp\left(-\frac{n(\mu-\mu_0)^2}{2\sigma^2}\right).$$

Die Wahrscheinlichkeit für einen Fehler zweiter Art konvergiert also exponentiell schnell gegen null.

24.21 •• Die Zufallsvariable Q habe eine Fisher'sche $\mathrm{F}_{r,s}$-Verteilung. Zeigen Sie:

a) Q besitzt die in (24.55) angegebene Dichte.

b) $\mathbb{E}(Q)=\dfrac{s}{s-2}$, $s>2$.

c) $\mathbb{V}(Q)=\dfrac{2s^2(r+s-2)}{r(s-2)^2(s-4)}$, $s>4$.

24.22 •• Die Zufallsvariablen $X_1,X_2,\ldots,X_n,\ldots$ seien stochastisch unabhängig und je Poisson-verteilt Po(λ), wobei $\lambda\in(0,\infty)$ unbekannt ist. Konstruieren Sie analog zum „Binomialfall" auf Seite 938 eine Testfolge (φ_n) zum asymptotischen Niveau α für das Testproblem $H_0\colon\lambda\le\lambda_0$

gegen $H_1: \lambda > \lambda_0$ und weisen Sie deren Konsistenz nach. Dabei ist $\lambda_0 \in (0, \infty)$ ein vorgegebener Wert.

24.23 ••• Zeigen Sie, dass die Konstante K_λ in (24.62) durch $K_\lambda = 1/\sqrt{2\pi\lambda}$ gegeben ist.

24.24 •• Der Zufallsvektor X besitze eine nichtausgeartete k-dimensionale Normalverteilung $\mathrm{N}_k(\mu, \Sigma)$. Zeigen Sie, dass die quadratische Form $(X-\mu)^\top \Sigma^{-1}(X-\mu)$ eine χ^2_k-Verteilung besitzt.

24.25 •• Beweisen Sie die Konsistenz des Chi-Quadrat-Tests.

24.26 •• Zeigen Sie, dass für die Risikomenge $\mathcal{R}$ aller Fehlerwahrscheinlichkeitspunkte $(\alpha(\varphi), \beta(\varphi))$ von Tests $\varphi: \mathcal{X} \to [0,1]$ im Zwei-Alternativ-Problem gilt:

a) $\mathcal{R}$ enthält die Punkte $(1,0)$ und $(0,1)$,
b) $\mathcal{R}$ ist punktsymmetrisch zu $(1/2, 1/2)$,
c) $\mathcal{R}$ ist konvex.

24.27 •• Es seien $X_1, X_2, \ldots,$ unabhängige Zufallsvariablen mit stetigen Verteilungsfunktionen $F_1, F_2, \ldots$ Zeigen Sie:

$$\mathbb{P}\left(\bigcup_{1\le i<j<\infty} \{X_i = X_j\}\right) = 0.$$

24.28 •• Es seien $X_1, X_2, \ldots$ unabhängige Zufallsvariablen mit gleicher stetiger Verteilungsfunktion F. Die Ordnungsstatistiken von $X_1, \ldots, X_n$ seien mit $X_{1:n}, \ldots, X_{n:n}$ bezeichnet. Zeigen Sie: Ist für $\alpha \in (0,1)$ $h_\alpha := \Phi^{-1}(1-\alpha/2)$ gesetzt, und sind zu $p \in (0,1)$ $r_n, s_n \in \mathbb{N}$ durch

$$\begin{aligned} r_n &:= \lfloor np - h_\alpha\sqrt{np(1-p)}\rfloor, \\ s_n &:= \lfloor np + h_\alpha\sqrt{np(1-p)}\rfloor \end{aligned}$$

definiert, so gilt

$$\lim_{n\to\infty} \mathbb{P}\left(X_{r_n:n} \le Q_p \le X_{s_n:n}\right) = 1-\alpha.$$

24.29 •• Die Zufallsvariable $X-a$ besitze für ein unbekanntes $a \in \mathbb{R}$ eine t-Verteilung mit s Freiheitsgraden, wobei $s \ge 3$. Die Verteilungsfunktion von X sei mit F_s bezeichnet. Zeigen Sie:
a) Die auf Seite 206 eingeführte asymptotische relative Effizienz von $Q_{n,1/2}$ bezüglich $\overline{X}_n$ als Schätzer für a ist

$$ARE_{F_s}(Q_{n,1/2}, \overline{X}_n) = \frac{4\Gamma^2\left(\frac{s+1}{2}\right)}{(s-2)\pi\,\Gamma^2\left(\frac{s}{2}\right)}.$$

b) Der Ausdruck in a) ist für $s=3$ und $s=4$ größer und für $s \ge 5$ kleiner als 1, und im Limes für $s \to \infty$ ergibt sich der Wert $2/\pi$.

24.30 •• Beweisen Sie die Aussagen a) und b) des Satzes über die H_0-Verteilung der Wilcoxon-Rangsummenstatistik auf Seite 959.

Rechenaufgaben

24.31 • Es seien $n \in \mathbb{N}$ und $k \in \{0, \ldots, n\}$. Zeigen Sie, dass die durch

$$h(\vartheta) = \binom{n}{k}\vartheta^k(1-\vartheta)^{n-k}$$

definierte Funktion $h: [0,1] \to [0,1]$ für $\vartheta = k/n$ ihr Maximum annimmt.

24.32 •• In der Situation des Beispiels der Qualitätskontrolle auf Seite 905 mögen sich in einer rein zufälligen Stichprobe $x = (x_1, \ldots, x_n)$ vom Umfang n genau $k = x_1 + \ldots + x_n$ defekte Exemplare ergeben haben. Zeigen Sie, dass ein Maximum-Likelihood-Schätzwert für ϑ zu x durch

$$\widehat{\vartheta}(x) = \begin{cases} \left\lfloor \frac{k(N+1)}{n} \right\rfloor, & \text{falls } \frac{k(N+1)}{n} \notin \mathbb{N}, \\ \in \left\{\frac{k(N+1)}{n}, \frac{k(N+1)}{n} - 1\right\} & \text{sonst,} \end{cases}$$

gegeben ist.

24.33 •• Es sei die Situation des Beispiels von Seite 911 (Taxi-Problem) zugrunde gelegt. Zeigen Sie:

a) Die Folge $(\widehat{\vartheta}_n)$ der ML-Schätzer ist asymptotisch erwartungstreu und konsistent für ϑ.
b) Der durch

$$T_n(x) = \frac{\widehat{\vartheta}_n(x)^{n+1} - (\widehat{\vartheta}_n(x)-1)^{n+1}}{\widehat{\vartheta}_n(x)^n - (\widehat{\vartheta}_n(x)-1)^n}$$

definierte Schätzer T_n ist erwartungstreu für ϑ.

24.34 •• Es seien $X_1, \ldots, X_n$ stochastisch unabhängige Zufallsvariablen mit gleicher Poisson-Verteilung $\mathrm{Po}(\vartheta)$, $\vartheta \in \Theta := (0, \infty)$ sei unbekannt. Zeigen Sie:

a) Das arithmetische Mittel $\overline{X}_n = n^{-1}\sum_{j=1}^n X_j$ ist der ML-Schätzer für ϑ.
b) Die Fisher-Information $\mathrm{I}_f(\vartheta)$ ist

$$\mathrm{I}_f(\vartheta) = \frac{n}{\vartheta}, \quad \vartheta \in \Theta.$$

c) Der Schätzer $\overline{X}_n$ ist Cramér-Rao-effizient.

24.35 •• Ein Bernoulli-Experiment mit unbekannter Trefferwahrscheinlichkeit $\vartheta \in (0,1)$ wird in unabhängiger Folge durchgeführt. Beim $(k+1)$-ten Mal $(k \in \mathbb{N}_0)$ sei der erste Treffer aufgetreten.

a) Bestimmen Sie den ML-Schätzwert $\widehat{\vartheta}(k)$ für ϑ.
b) Ist der Schätzer $\widehat{\vartheta}$ erwartungstreu für ϑ?

24.36 •• In der Situation des Beispiels auf Seite 911 (Taxi-Problem) sei

$$\widetilde{\vartheta}_n := \frac{2}{n} \sum_{j=1}^{n} X_j - 1.$$

Zeigen Sie, dass der Schätzer $\widetilde{\vartheta}_n$ erwartungstreu für ϑ ist und die Varianz

$$\mathbb{V}_\vartheta(\widetilde{\vartheta}_n) = \frac{\vartheta^2 - 1}{3n}$$

besitzt.

24.37 •• Es seien $X_1, \dots, X_n$ unabhängige Zufallsvariablen mit gleicher Exponentialverteilung $\operatorname{Exp}(\vartheta)$, $\vartheta \in \Theta := (0, \infty)$ sei unbekannt. Im Beispiel auf Seite 910 wurde der ML-Schätzer für ϑ zu

$$\widehat{\vartheta}_n = \frac{n}{\sum_{j=1}^{n} X_j}$$

hergeleitet. Zeigen Sie:

a) $\mathbb{E}_\vartheta(\widehat{\vartheta}_n) = \frac{n}{n-1}\,\vartheta, \qquad n \geq 2.$

b) $\mathbb{V}_\vartheta(\widehat{\vartheta}_n) = \frac{n^2\vartheta^2}{(n-1)^2(n-2)}, \qquad n \geq 3.$

c) Die Schätzfolge $(\widehat{\vartheta}_n)$ ist konsistent für ϑ.

24.38 •• Es seien $X_1, \dots, X_n$ stochastisch unabhängige identisch verteilte Zufallsvariablen mit $\mathbb{E}X_1^2 < \infty$. Zeigen Sie: Mit $\sigma^2 := \mathbb{V}(X_1)$ gilt

$$\mathbb{E}\left(\frac{1}{n-1}\sum_{j=1}^{n}(X_j - \overline{X}_n)^2\right) = \sigma^2.$$

24.39 •• Die Zufallsvariablen $X_1, \dots, X_n$ seien stochastisch unabhängig und je $\mathrm{N}(\mu, \sigma^2)$-verteilt, wobei μ und σ^2 unbekannt seien. Als Schätzer für σ^2 betrachte man

$$S_n(c) := c\sum_{j=1}^{n}(X_j - \overline{X}_n)^2, \qquad c > 0.$$

Für welche Wahl von c wird die mittlere quadratische Abweichung $\mathbb{E}(S_n(c) - \sigma^2)^2$ minimal?

24.40 •• Die Zufallsvariablen $X_1, \dots, X_n$ seien stochastisch unabhängig und je gleichverteilt $\mathrm{U}[0, \vartheta]$, wobei $\vartheta \in \Theta := (0, \infty)$ unbekannt sei. Zeigen Sie:

a) Der ML-Schätzer für ϑ ist $\widehat{\vartheta}_n := \max_{j=1,\dots,n} X_j$.

b) Der Schätzer

$$\vartheta_n^* := \frac{n+1}{n}\widehat{\vartheta}_n$$

ist erwartungstreu für ϑ. Bestimmen Sie $\mathbb{V}_\vartheta(\vartheta_n^*)$.

c) Der Momentenschätzer für ϑ ist

$$\widetilde{\vartheta}_n := 2 \cdot \frac{1}{n}\sum_{j=1}^{n} X_j.$$

d) Welcher der Schätzer ϑ_n^* und $\widetilde{\vartheta}_n$ ist vorzuziehen, wenn als Gütekriterium die mittlere quadratische Abweichung zugrunde gelegt wird?

24.41 •• Die Zufallsvariablen $X_1, \dots, X_n$ seien unabhängig und je $\Gamma(\alpha, \lambda)$-verteilt. Der Parameter $\vartheta := (\alpha, \lambda) \in \Theta := (0, \infty)^2$ sei unbekannt. Zeigen Sie: Die Loglikelihood-Gleichungen führen auf

$$\overline{X}_n = \frac{\widehat{\alpha}_n}{\widehat{\lambda}_n}, \qquad \frac{1}{n}\sum_{j=1}^{n}\log X_j = \frac{\mathrm{d}}{\mathrm{d}\alpha}\log\Gamma(\widehat{\alpha}_n) - \log\widehat{\lambda}_n.$$

24.42 •• Zeigen Sie, dass die folgenden Verteilungsklassen einparametrige Exponentialfamilien bilden:

a) $\{\operatorname{Bin}(n, \vartheta),\ 0 < \vartheta < 1\}$,
b) $\{\operatorname{Po}(\vartheta),\ 0 < \vartheta < \infty\}$,
c) $\{\operatorname{Exp}(\vartheta),\ 0 < \vartheta < \infty\}$.

24.43 •• a) Leiten Sie die in (24.35) angegebene Dichte der t_k-Verteilung her.
b) Zeigen Sie: Besitzt X eine t_k-Verteilung, so existieren Erwartungswert und Varianz von X genau dann, wenn $k \geq 2$ bzw. $k \geq 3$ gelten. Im Fall der Existenz folgt

$$\mathbb{E}(X) = 0, \qquad \mathbb{V}(X) = \frac{k}{k-2}.$$

24.44 •• a) Zeigen Sie: In der Situation des Taxi-Problems auf Seite 911 ist die durch

$$\mathcal{C}(x_1, \dots, x_n) := \left\{\vartheta \in \Theta\colon \vartheta \leq \alpha^{-1/n} \max_{j=1,\dots,n} x_j\right\}$$

definierte Abbildung $\mathcal{C}$ ein Konfidenzbereich für ϑ zum Niveau $1 - \alpha$.

b) Wir groß muss n mindestens sein, damit die größte beobachtete Nummer, versehen mit einem Sicherheitsaufschlag von 10% (d. h. $1.1 \cdot \max_{j=1,\dots,n} x_j$) eine obere Konfidenzschranke für ϑ zum Niveau 0.99 darstellt, also

$$\mathbb{P}_\vartheta\left(\vartheta \leq 1.1 \cdot \max_{j=1,\dots,n} X_j\right) \geq 0.99 \quad \forall \vartheta \in \Theta$$

gilt?

24.45 •• Um die Übertragbarkeit der Krankheit BSE zu erforschen, wird 275 biologisch gleichartigen Mäusen über einen gewissen Zeitraum täglich eine bestimmte Menge Milch von BSE-kranken Kühen verabreicht. Innerhalb dieses Zeitraums entwickelte keine dieser Mäuse irgendwelche klinischen Symptome, die auf eine BSE-Erkrankung hindeuten könnten. Es bezeichne ϑ die Wahrscheinlichkeit, dass eine Maus der untersuchten Art unter den obigen Versuchsbedingungen innerhalb des Untersuchungszeitraumes BSE-spezifische Symptome zeigt.

a) Wie lautet die obere Konfidenzschranke für ϑ zur Garantiewahrscheinlichkeit 0.99?
b) Wie viele Mäuse müssten anstelle der 275 untersucht werden, damit die obere Konfidenzschranke für ϑ höchstens 10^{-4} ist?

c) Nehmen Sie vorsichtigerweise an, die obere Konfidenzschranke aus Teil a) sei die „wahre Wahrscheinlichkeit" ϑ. Wie viele Mäuse mit BSE-Symptomen würden Sie dann unter 10 000 000 Mäusen erwarten?

24.46 •

a) In einer repräsentativen Umfrage haben sich 25% aller 1250 Befragten für die Partei A ausgesprochen. Wie genau ist dieser Schätzwert, wenn wir die Befragten als rein zufällige Stichprobe aus einer Gesamtpopulation von vielen Millionen Wahlberechtigten ansehen und eine Vertrauenswahrscheinlichkeit von 0.95 zugrunde legen?
b) Wie groß muss der Stichprobenumfang mindestens sein, damit der Prozentsatz der Wähler einer Volkspartei (zu erwartender Prozentsatz ca. 30%) bis auf $\pm$ 1% genau geschätzt wird (Vertrauenswahrscheinlichkeit 0.95)?

24.47 •• Um zu testen, ob in einem Paket, das 100 Glühbirnen enthält, höchstens 10 defekte Birnen enthalten sind, prüft ein Händler jedes Mal 10 der Birnen und nimmt das Paket nur dann an, wenn alle 10 in Ordnung sind. Beschreiben Sie dieses Verhalten testtheoretisch und ermitteln Sie das Niveau des Testverfahrens.

24.48 •• Es sei die Situation des Beispiels von Seite 932 (Konsumenten- und Produzentenrisiko) zugrunde gelegt. Eine Verbraucherorganisation möchte dem Hersteller nachweisen, dass die mittlere Füllmenge μ kleiner als $\mu_0 := 1000$ ml ist. Hierzu wird der Produktion eine Stichprobe vom Umfang n entnommen. Die gemessenen Füllmengen werden als Realisierungen unabhängiger und je $\mathrm{N}(\mu, 4)$ normalverteilter Zufallsvariablen angenommen.

a) Warum wird als Hypothese $H_0\colon \mu \geq \mu_0$ und als Alternative $H_1\colon \mu < \mu_0$ festgelegt?
b) Zeigen Sie: Ein Gauß-Test zum Niveau 0.01 lehnt H_0 genau dann ab, wenn das Stichprobenmittel $\overline{X}_n$ die Ungleichung $\overline{X}_n \leq \mu_0 - 4.652/\sqrt{n}$ erfüllt.
c) Die Organisation möchte erreichen, dass der Test mit Wahrscheinlichkeit 0.9 zur Ablehnung von H_0 führt, wenn die mittlere Füllmenge μ tatsächlich 999 ml beträgt. Zeigen Sie, dass hierzu der Mindeststichprobenumfang $n = 53$ nötig ist.

24.49 • Die folgenden Werte sind Reaktionszeiten (in Sekunden) von 8 Studenten in nüchternem Zustand (x) und 30 Minuten nach dem Trinken einer Flasche Bier (y). Unter der Grundannahme, dass das Trinken von Bier die Reaktionszeit prinzipiell nur verlängern kann, prüfe man, ob die beobachteten Daten mit der Hypothese verträglich sind, dass die Reaktionszeit durch das Trinken einer Flasche Bier nicht beeinflusst wird.

i	1	2	3	4	5	6	7	8
x_i	0.45	0.34	0.72	0.60	0.38	0.52	0.44	0.54
y_i	0.53	0.39	0.69	0.61	0.45	0.63	0.52	0.67

24.50 • Ein möglicherweise gefälschter Würfel wird 200-mal in unabhängiger Folge geworfen, wobei sich für die einzelnen Augenzahlen die Häufigkeiten 32, 35, 41, 38, 28, 26 ergaben. Ist dieses Ergebnis mit der Hypothese der Echtheit des Würfels verträglich, wenn eine Wahrscheinlichkeit von 0.1 für den Fehler erster Art toleriert wird?

24.51 • Es seien $X_1, \ldots, X_n$ unabhängige Zufallsvariablen mit gleicher stetiger Verteilungsfunktion. Wie groß muss n sein, damit das Intervall $[X_{(1)}, X_{(n)}]$ ein 95%-Konfidenzintervall für den Median wird?

24.52 • Welches Resultat ergibt die Anwendung des Vorzeichentests für verbundene Stichproben in der Situation von Aufgabe 24.49?

Antworten der Selbstfragen

S. 908
Es sind $\mathrm{MQA}_{T_0}(\vartheta) = (\vartheta_0 - \vartheta)^2$, $\mathrm{MQA}_{T^*}(\vartheta) = \vartheta(1-\vartheta)$, $\mathrm{MQA}_{\widetilde{T}}(\vartheta) = \vartheta(1-\vartheta)/2$.

S. 909
Es sei $\varepsilon > 0$ beliebig. Aus $\lim_{n\to\infty} \mathbb{E}_\vartheta T_n = \gamma(\vartheta)$ für jedes $\vartheta \in \Theta$ und der Dreiecksungleichung

$$|T_n - \gamma(\vartheta)| \leq |T_n - \mathbb{E}_\vartheta(T_n)| + |\mathbb{E}_\vartheta(T_n) - \gamma(\vartheta)|$$

folgt, dass für hinreichend großes n die Inklusion

$$\{|T_n - \gamma(\vartheta)| > \varepsilon\} \subseteq \left\{|T_n - \mathbb{E}_\vartheta(T_n)| > \frac{\varepsilon}{2}\right\}$$

bestehen muss. Die Wahrscheinlichkeit des rechts stehenden Ereignisses ist unter $\mathbb{P}_\vartheta$ nach der Tschebyschow-Ungleichung nach oben durch $4\mathbb{V}_\vartheta(T_n)/\varepsilon^2$ beschränkt. Wegen $\mathbb{V}_\vartheta(T_n) \to 0$ folgt die Behauptung.

S. 912
Wegen $|x|^k \leq 1 + |x|^d$ für $x \in \mathbb{R}$ gilt auch $\mathbb{E}|X_1|^k < \infty$.

S. 913
Im Fall des Taxi-Problems hängt die Menge $\{(x,\vartheta)\colon f(x,\vartheta) > 0\}$ von ϑ ab, was in einem regulären statistischen Modell nicht zulässig ist.

S. 914
Schreiben wir kurz $W_\vartheta = \frac{\mathrm{d}}{\mathrm{d}\vartheta} \log f_1(X_1, \vartheta)$, so ist diese Gleichung gleichbedeutend mit

$$\mathbb{V}_\vartheta(W_\vartheta) = \int_{\mathcal{X}_1} \left(\frac{\mathrm{d}}{\mathrm{d}\vartheta} \log f_1(t, \vartheta) \right)^2 f_1(t, \vartheta)\, \mathrm{d}t.$$

Auf der rechten Seite steht hier $\mathbb{E}_\vartheta(W_\vartheta^2)$. Wie im Kommentar auf Seite 913 sieht man, dass $\mathbb{E}_\vartheta(W\vartheta) = 0$ gilt. Hieraus folgt die Behauptung.

S. 922
Bezeichnet I_n das zufällige Intervall in b), so gilt wegen

$$I_n \ni \mu \iff -t_{n-1;1-\alpha} \le \frac{\sqrt{n}\,(\overline{X}_n - \mu)}{S_n}$$

und dem Satz von Student sowie $-t_{n-1;1-\alpha} = t_{n-1;\alpha}$

$$\mathbb{P}_{\mu,\sigma^2}(I_n \ni \mu) = \mathbb{P}_{\mu,\sigma^2}\left(\frac{\sqrt{n}\,(\overline{X}_n - \mu)}{S_n} \ge t_{n-1;\alpha} \right) = \alpha$$

für jede Wahl von $(\mu, \sigma^2) \in \mathbb{R} \times \mathbb{R}_{>0}$, was zu zeigen war.

S. 923
Indem man die Ungleichungen in der Wahrscheinlichkeitsaussage

$$\mathbb{P}_{\mu,\sigma^2}\left(\chi^2_{n-1;\alpha/2} \le \frac{(n-1)S_n^2}{\sigma^2} \le \chi^2_{n-1;1-\alpha/2} \right) = 1 - \alpha$$

in Ungleichungen für σ^2 umschreibt.

S. 936
Als Funktionen von $X_1, \ldots, X_m$ bzw. $Y_1, \ldots, Y_n$ sind Zähler und Nenner in (24.54) nach dem Blockungslemma stochastisch unabhängig. Mit (24.6) ist der Zähler nach Division durch σ^2 verteilt wie $R/(m-1)$, wobei $R \sim \chi^2_{m-1}$. Ebenso ist der Nenner nach Division durch σ^2 verteilt wie $S/(n-1)$, wobei $S \sim \chi^2_{n-1}$. Hieraus folgt die behauptete $\mathrm{F}_{m-1,n-1}$-Verteilung von $Q_{m,n}$ unter H_0.

S. 939
Der einseitige Gauß-Test auf Seite 931 kann kompakt als $\varphi_n = \mathbf{1}\{T_n \ge \Phi^{-1}(1-\alpha)\}$ mit T_n wie in (24.46) geschrieben werden. Seine Gütefunktion ist nach (24.47) durch

$$G_{\varphi_n}(\mu) = 1 - \Phi\left(\Phi^{-1}(1-\alpha) - \frac{\sqrt{n}(\mu - \mu_0)}{\sigma} \right),$$

$\mu \in \mathbb{R}$, gegeben. Für jedes $\mu > \mu_0$ gilt $\lim_{n\to\infty} G_{\varphi_n}(\mu) = 1$, was die Konsistenz zeigt. Betrachtet man die Gütefunktion des zweiseitigen Gauß-Tests $\varphi_n^* = \mathbf{1}\{|T_n| > \Phi^{-1}(1-\alpha/2)\}$ zum Testen von $H_0^* : \mu = \mu_0$ gegen $H_1^* : \mu \ne \mu_0$ in (24.48), so konvergieren für $\mu > \mu_0$ der erste Minuend gegen 1 und der zweite gegen 0, im Fall $\mu < \mu_0$ ist es umgekehrt. In jedem dieser Fälle konvergiert $G_{\varphi_n^*}(\mu)$ gegen 1, was die Konsistenz des zweiseitigen Gauß-Tests nachweist.

S. 947
Die Dichte der Normalverteilung $\mathrm{N}(\vartheta, \sigma^2)$ ist

$$\begin{aligned} f(x,\vartheta) &= \frac{1}{\sigma\sqrt{2\pi}} \exp\left(-\frac{(x-\vartheta)^2}{2\sigma^2} \right) \\ &= \underbrace{\frac{1}{\sigma\sqrt{2\pi}} \exp\left(-\frac{\vartheta^2}{2\sigma^2} \right)}_{=:b(\vartheta)} \underbrace{\exp\left(-\frac{x^2}{2\sigma^2} \right)}_{=:h(x)} \exp\left(\frac{\vartheta}{\sigma^2} x \right), \end{aligned}$$

und wir können $T(x) := x$ und $Q(\vartheta) := \vartheta/\sigma^2$ setzen.

S. 953
Es ist

$$F_n(x) \ge p \iff \sum_{j=1}^{n} \mathbf{1}\{X_j \le x\} \ge np.$$

Äquivalent hierzu ist, dass im Fall $np \in \mathbb{N}$ die Ungleichung $X_{np:n} \le x$ und im Fall $np \notin \mathbb{N}$ die Ungleichung $X_{\lfloor np+1 \rfloor:n} \le x$ erfüllt ist. Das kleinste solche x ist im ersten Fall $X_{np:n}$ und im zweiten gleich $X_{\lfloor np+1 \rfloor:n}$.

S. 954
Es ist $\{X_{(s)} = Q_{1/2}\} \subseteq \cup_{j=1}^n \{X_j = Q_{1/2}\}$ und somit $\mathbb{P}(X_{(s)} = Q_{1/2}) \le n\mathbb{P}(X_1 = Q_{1/2}) = 0$, da F stetig ist.

Hinweise zu den Aufgaben

Zu einigen Aufgaben gibt es keine Hinweise.

Kapitel 2

2.1 Eine skalare lineare Differenzialgleichung 1. Ordnung ist von der Gestalt

$$a_1(x)y'(x) + a_2(x)y(x) = f(x).$$

Die stetigen Funktionen a_1, a_2 und f hängen nicht von der gesuchten Funktion y ab.

2.2 Matrixexponentialfunktion.

2.3 Es gilt: Für zwei stetig differenzierbare linear abhängige Funktionen y_1 und y_2 ist $W[y_1, y_2](x) = 0,\ x \in I$. Gilt die Umkehrung?

2.4 Jede Lösung einer solchen Differenzialgleichung lässt sich in der Form

$$\boldsymbol{y}(x) = c_1 \boldsymbol{v}_1\, e^{\lambda_1 x} + c_2 \boldsymbol{v}_2\, e^{\lambda_2 x}$$

mit Eigenwerten λ_i und Eigenvektoren $\boldsymbol{v}_i$ $i = 1, 2$ von $\boldsymbol{A}$ darstellen.

2.6 Integration.

2.7 Differenzieren und Einsetzen.

2.8 Berechnen Sie die Eigenwerte und die zugehörigen Eigenvektoren und Hauptvektoren.

2.9 Matrixexponentialfunktion.

2.10 Eigenwerte und Eigenvektoren ausrechnen.

2.12 Resonanz tritt auf, wenn die charakteristische Gleichung $p(\lambda) = 0$ entweder eine mehrfache Nullstelle hat oder in der Inhomogenität f ein Term $e^{\mu x}$ auftritt und $p(\mu) = 0$ ist.

2.13 Hier liegt eine lineare skalare inhomogene Differenzialgleichung 1. Ordnung vor, $y'(x) = xy(x) + x$.

2.14 Berechnen Sie die charakteristische Gleichung und machen Sie eine Fallunterscheidung.

2.16 Wählen Sie einen geeigneten Ansatz zur Berechnung einer Partikulärlösung.

2.17 Die Methode der Variation der Konstanten zur Berechnung einer Partikulärlösung führt auf ein dreidimensionales lineares Gleichungssystem mit der Fundamentalmatrix als Koeffizientenmatrix. Einfacher berechnet man hier mittels Ansatzmethode eine Partikulärlösung. Achtung, es tritt Resonanz auf!

2.18 Eine weitere Methode, Differenzialgleichungen höherer Ordnung zu lösen, ist der Potenzreihenansatz. Ist

$$y^{(n)}(x) = f(x, y'(x), \ldots, y^{(n-1)}(x))$$

mit den Anfangsbedingungen $y(x_0), \ldots, y^{(n-1)}(x_0)$ gegeben, so setzt man als Lösung eine Potenzreihe der Form

$$y(x) = \sum_{k=0}^{\infty} a_k (x - x_0)^k\,,$$

mit $a_k = \frac{y^{(k)}(x_0)}{k!}$ für $k \leq n - 1$ an. Durch das Einsetzen der Potenzreihe in die Differenzialgleichung und anschließenden Koeffizientenvergleich bekommt man die Koeffizienten a_k für $k \geq n$ rekursiv.

2.22 Transformieren Sie die logistische Differenzialgleichung in eine lineare Differenzialgleichung.

2.24 Binomischer Lehrsatz, Cauchy-Produkt.

2.25 Verwenden Sie die Darstellung $\boldsymbol{A} = \boldsymbol{T}\boldsymbol{J}\boldsymbol{T}^{-1}$, wobei $\boldsymbol{J}$ die Jordan'sche Normalform von $\boldsymbol{A}$ ist.

2.26 Die Matrix $\boldsymbol{N}$ mit sich selbst multiplizieren und beobachten, was mit den von 0 verschiedenen Einträgen passiert.

2.27 Transformation auf ein zweidimensionales System 1. Ordnung und Satz von Picard-Lindelöf anwenden.

2.28 Eine spezielle Lösung ist hier $u(x) = 1$.

2.29 Schauen Sie sich die Parameter a und b im Satz von Picard-Lindelöf an.

2.30 Gehen Sie von einer Fundamentalmatrix $\boldsymbol{Y}(x)$ aus und verwenden Sie außerdem die Linearität der Determinantenfunktion als Funktion jeder Spalte.

Kapitel 3

3.1 Überprüfen Sie die Integrabilitätsbedingung.

3.5 Finden Sie eine geeignete Substitution zur Berechnung des y-Integrals.

3.8 Wählen Sie als Ansatz für den integrierenden Faktor

$$u(x, y) = u(x) .$$

3.9 Ein Ansatz für den integrierenden Faktor ist

$$u(x, y) = x^a y^b , \quad a, b \in \mathbb{R} .$$

3.13 Partielle Integration.

3.14 Diese Differenzialgleichung ist vom Typ $y' = h\left(\frac{y}{x}\right)$, also homogen.

3.18 $\mathcal{L}[f'(t)] = s\mathcal{L}[f(t)] - f(0)$

3.19 $\mathcal{L}[f''(t)] = s^2\mathcal{L}[f(t)] - sf(0) - f'(0)$

3.20 Der Separationsansatz führt auf $w''(t)v(x) = w(t)v''(x)$, und Division durch wv ergibt

$$\frac{w''}{w} = \frac{v''}{v} .$$

Die linke Seite hängt nur noch von t ab und die rechte nur von x. Die Gleichung kann nur dann für alle x und t erfüllt sein, wenn gilt

$$\frac{w''}{w} = \lambda, \quad \frac{u''}{u} = \lambda , \qquad \text{mit } \lambda \in \mathbb{R}.$$

3.22 Zeigen Sie zuerst, dass alle Eigenwerte positiv sind und man daher $\lambda = \mu^2$, $\mu \in \mathbb{R}$ setzen kann. Multiplizieren Sie dazu die Gleichung mit u und integrieren Sie über das Intervall $[1, \mathrm{e}]$. Es handelt sich hier um eine Euler'sche Differenzialgleichung. Machen Sie daher einen Ansatz $u(x) = x^\alpha$, $\alpha \in \mathbb{C}$.

3.23 Studieren Sie die Voraussetzungen des Satzes von Picard-Lindelöf.

Kapitel 4

4.1 Falls die Funktion f in $y' = f(y, \varepsilon)$ stetig differenzierbar vom Parameter ε abhängt, dann hängt auch die Lösung y dieser Differenzialgleichung stetig differenzierbar von ε ab.

4.7 Stellen Sie eine Differenzialgleichung für y_2 als Funktion von y_1 auf und lösen Sie diese.

4.13 Verwenden Sie Polarkoordinaten.

4.15 Beachten Sie, dass die Geraden $y_1 = 0$ und $y_2 = 0$ invariant sind.

4.16 Es ist zu zeigen, dass falls $z_n \in \omega(\boldsymbol{y}_0)$ und $\lim_{n\to\infty} z_n = z$, dass dann auch $z \in \omega(\boldsymbol{y}_0)$. Approximieren Sie z_n durch Punkte der Bahn $\boldsymbol{y}$.

4.17 Setzen Sie $y(t) := \int_{t_0}^t L(x)u(x)\,\mathrm{d}x$ und zeigen Sie $y' \le Ly + L\delta$. Setzen Sie $z(t) := y(t)\mathrm{e}^{-\int_{t_0}^t L(x)\,\mathrm{d}x}$ und leiten Sie eine Differenzialungleichung für $z(t)$ her.

Kapitel 5

5.2 Satz von Liouville.

5.7 Seien $(w, t) = p^{-1}(z)$, $(w', t') = p^{-1}(z')$. Zeigen Sie durch Rechnen mit den Formeln (5.3) – (5.6) die Identitäten

$$d(z, z')^2 = |w - w'|^2 + (t - t')^2 = 2 - w\overline{w'} - w'\overline{w} - 2tt' ,$$
$$\frac{2 - 2tt'}{(1-t)(1-t')} = |z|^2 + |z'|^2 ,$$
$$\frac{w\overline{w'} + w'\overline{w}}{(1-t)(1-t')} = |z|^2 + |z'|^2 - |z - z'|^2 .$$

5.8 Potenzreihenentwicklung.

5.9 Cauchy-Riemann'sche Differenzialgleichungen.

5.10 Definition des Wegintegrals.

5.11 Partialbruchzerlegung und geometrische Reihe.

5.12 Partialbruchzerlegung und geometrische Reihe.

5.13 Untersuchung der Laurentreihe von f in c.

5.14 Untersuchung der Laurentreihe von f.

5.15 Anwendung der Formeln, die sich durch Ergänzung des reellen Integrationsintervalles durch einen Halbkreis ergeben.

5.16 Erweitern Sie mit $1 - \overline{z}$.

5.17 Euler'sche Formel.

5.18 Der Kreis K liegt in einer Ebene im $\mathbb{R}^3$, also gilt $\langle a, k\rangle = \alpha$ für alle k auf K mit geeignetem $a \in \mathbb{R}^3$ und $\alpha \in \mathbb{R}$. Gewinnen Sie daraus eine Gleichung für $p(\mathrm{K})$ und zeigen Sie, dass diese eine Gerade oder einen Kreis darstellt.

5.19 Verallgemeinerte Integralformel von Cauchy.

5.20 Partielle Integration über $[0, R]$ und Grenzübergang $R \to \infty$.

5.21 (a) Kontraposition (= indirekter Beweis) mit dem Satz von Liouville, angewendet auf $1/p$.
(b) Entwicklung von p um die Nullstelle nach (a) und Induktion.

5.22 Satz von Liouville, angewendet auf $h = \exp \circ f$.

5.23 Identitätssatz.

5.24 Offenheit und Kriterium für lokale Biholomorphie.

5.25 Definition einer Polstelle.

5.26 Satz von Casorati-Weierstraß.

5.27 Betrachten Sie die Entwicklung von f nahe c.

5.28 Verwenden Sie das Ergebnis der vorangehenden Aufgabe.

5.29 (a) Integralsatz von Cauchy. (b) Zerlegung des Sektors in kleine Sektoren und Zusammensetzen der Integrale.

5.30 (a) Betrachten Sie die Ableitung von G. (b) Nutzen Sie aus, dass $G(b) = G(a)$.

Kapitel 6

6.1 Prüfen Sie die definierenden Eigenschaften.

6.4 Nutzen Sie die Eigenschaft $f^\sigma = \operatorname{sgn}(\sigma) f$ für alternierende Tensoren (siehe Seite 165).

6.8 Betrachten Sie

$$\sum_{j=1}^{k} (-1)^{\left(\sum_{i=1}^{j-1} p_i\right)} \omega_1 \wedge \ldots \wedge \mathrm{d}\omega_j \wedge \ldots \wedge \omega_k,$$

wobei $\sum_{i=1}^{0} p_i := 0$, und zeigen Sie, dass dies die gesuchte Produktformel ist.

6.9 Zeigen Sie $\mathrm{d}f \wedge \mathrm{d}g = \mathrm{d}g \wedge \mathrm{d}f$ und argumentieren Sie anschließend mit der Antikommutativität des Dachprodukts.

6.10 Die obere Einheitshalbsphäre lässt sich durch

$$\alpha\colon \begin{cases} [0, \frac{\pi}{2}) \times [0, 2\pi] \to \mathbb{R}^3, \\ (\vartheta, \varphi) \mapsto (\cos\varphi \sin\vartheta, \sin\varphi \sin\vartheta, \cos\vartheta) \end{cases}$$

parametrisieren.

6.11 Betrachten Sie für $(p; v_1), \ldots, (p; v_d) \in \mathcal{T}_p(M)$ die Form

$$\omega_v(p)((p; v_1), \ldots, (p; v_d)) := \det \begin{bmatrix} v_1 \cdot e_1 & \ldots & v_1 \cdot e_d \\ \vdots & & \vdots \\ v_d \cdot e_1 & \ldots & v_d \cdot e_d \end{bmatrix},$$

wobei $\{(p; e_1), \ldots, (p; e_d)\}$ eine beliebige ONB des Tangentialraums $\mathcal{T}_p(M)$ ist.

6.12 Orientieren Sie sich am Beweis des Satzes auf Seite 196.

6.13 Benutzen Sie den Satz von Stokes.

6.14 Benutzen Sie den Satz von Stokes.

Kapitel 7

7.3 Es ist $(-\infty, x] = (-\infty, x) \cup \{x\}$.

7.6 Bezeichnen $\sigma(\mathcal{M})$ bzw. $\bar{\sigma}(\mathcal{M})$ die von $\mathcal{M} \subseteq \mathcal{P}(\mathbb{R})$ bzw. $\mathcal{M} \subseteq \mathcal{P}(\bar{\mathbb{R}})$ über $\mathbb{R}$ bzw. über $\bar{\mathbb{R}}$ erzeugte σ-Algebra, so gilt im Fall $\mathcal{M} \subseteq \mathcal{P}(\mathbb{R})$ die Inklusionsbeziehung $\sigma(\mathcal{M}) \subseteq \bar{\sigma}(\mathcal{M})$.

7.11 Für festes $a > 0$ ist die durch $h(x) := a^p + x^p - (a+x)^p$ definierte Funktion $h\colon \mathbb{R}_{\geq 0} \to \mathbb{R}$ monoton wachsend.

7.15 Es gilt $\varepsilon = \sum_{n=1}^{\infty} \varepsilon/2^n$.

7.17 Betrachten Sie die Funktion $g(x) = x^{-1} \cdot (1 + |\log(x)|)^{-2}$.

7.20 In b) ist echte Inklusion gemeint.

7.22 Jede abgeschlossene Menge ist die abzählbare Vereinigung kompakter Mengen.

7.24 Für b) beachte man $\mu(\mathbb{R} \setminus \mathbb{Q}) = 0$.

7.31 Vollständige Induktion!

7.32 Beachten Sie den Satz über den von einem Halbring erzeugten Ring auf Seite 216.

7.34 Für die Richtung b) $\Rightarrow$ a) betrachte man die Mengen $\{h \geq 1/n\}$. Für die andere Richtung hilft Teil a) der vorigen Aufgabe.

7.35 Wie wirken beide Seiten der obigen Gleichung auf eine Menge $(a, b] \in \mathcal{I}^k$?

7.39 Die durch $a_n := (1 + x/n)^n$, $x \in [0, \infty]$, definierte Folge $(a_n)_{n \geq 1}$ ist monoton wachsend.

7.43 Benutzen Sie den Satz von der dominierten Konvergenz.

7.44 Es kann o.B.d.A. $f \geq 0$ angenommen werden.

7.45 Um b) zu zeigen, setzen Sie $A := G$, $B := \cup_{k=1}^{\infty} \left(\left[2^{2k}, 2^{2k+1}\right] \cap G \cup \left[2^{2k-1}, 2^{2k}\right] \cap U \right)$, wobei G die Menge der geraden und U die Menge der ungeraden Zahlen bezeichnen.

7.46 Zeigen Sie zunächst, dass das System $\mathcal{G}$ aller Borelmengen, die die in a) angegebene Eigenschaft besitzen, eine σ-Algebra bildet, die das System $\mathcal{A}^k$ enthält. Eine abgeschlossene Menge lässt sich durch eine absteigende Folge offener Mengen approximieren. Beachten Sie noch, dass die Vereinigung von *endlich vielen* abgeschlossenen Mengen abgeschlossen ist.

7.47 Für Teil c) ist (7.19) hilfreich.

7.48 Betrachten Sie zu einer Folge (A_n) mit $\mu(A_n) \leq 2^{-n}$ und $\nu(A_n) > \varepsilon$ die Menge $A := \bigcap_{n=1}^{\infty} \bigcup_{k=n}^{\infty} A_k$.

7.49 Nach dem Satz von Radon-Nikodym hat ν eine Dichte g bezüglich μ. Zeigen Sie: $\mu(\{g > 1\}) = 0$.

Kapitel 8

8.1 Hölder'sche Ungleichung!

8.2 Man betrachte eine Cauchy-Folge in l^p, definiere sich einen Kandidaten für die Grenzfolge aus der Konvergenz der Folgenglieder und zeige dann, dass diese Folge in l^p ist.

8.3 Die Integralgleichung ergibt sich durch zweimaliges Integrieren der Differenzialgleichung und Vertauschen der Integrationsreihenfolge.

8.4 Linearität und auch Beschränktheit sind relativ offensichtlich. Für den Wert der Operator-Norm lassen sich passende Beispiele finden. Gegenbeispiele belegen, dass R nicht surjektiv und L nicht injektiv ist.

8.5 Für Teilaufgabe (b) zeige man, dass (x_n) Cauchy-Folge ist, wenn die Folge (Lx_n) in Y konvergiert.

8.6 Um die Normeigenschaften zu prüfen, zeige man, dass durch $\sup\limits_{x\neq y} \frac{|(f(x))-f(y)|}{|x-y|^{\alpha}}$ eine Halbnorm gegeben ist, d. h., es gelten alle Normeigenschaften bis auf die Definitheit.

Für die Vollständigkeit in der zweiten Teilaufgabe betrachte man eine Cauchy-Folge und nutze, dass die stetigen Funktionen vollständig sind und die Funktionen gleichmäßig stetig sind.

8.7 Im zweiten Teil führt jeweils eine Induktion auf die Rekursionsgleichung und auf die explizite Darstellung der iterierten Kerne. Ein Einsetzen der expliziten Darstellung in die Neumann'sche Reihe liefert die Lösung.

8.8 Zweimaliges Integrieren der Differenzialgleichung und Vertauschen der Integrationsreihenfolge führt auf eine Integralgleichung.

8.9 Zu $(y_n) \in l^\infty$ betrachte das lineare Funktional $l_y : l^1 \to \mathbb{C}$ mit

$$l_y(x) = \sum_{n=1}^{\infty} x_n\, y_n\,.$$

Analog untersuche man in der zweiten Teilaufgabe diese Funktionale mit $(y_n) \in l^1$ und $(x_n) \in c_o$. Bei der dritten Teilaufgabe betrachte man die Eigenschaft der Separabilität der involvierten Räume.

8.10 Zeigen Sie zu den angegebene Darstellungen die Identitäten $AA^{-1} = I$, $BB^{-1} = I$, $A^{-1}A = I$ und $B^{-1}B = I$.

8.11 Zeigen Sie induktiv, dass aus $AB - BA = I$ die Gleichung $AB^n - B^nA = nB^{n-1}$ folgt und folgern Sie daraus einen Widerspruch.

8.12 Mit einer Cauchy-Folge (x_n) in X ist (Ax_n) Cauchy-Folge in Y, da A beschränkt ist. Damit lässt sich der Operator $A: X \to Y$ zu einem linearen beschränkten Operator auf $\tilde{X}$ erweitern.

8.13 Für die Implikation „(i) $\Rightarrow$ (ii)" betrachte man den Quotienten $\tilde{X}/\text{Kern}(\varphi)$ und zeige, dass durch $\|\tilde{x}\| = \inf_{x\in\tilde{X}} \|x\|_X$ eine Norm auf diesem eindimensionalen Raum gegeben ist.

8.14 Für eine der beiden zu zeigenden Implikationen wende man den Satz über die stetige Inverse auf die lineare Abbildung $B: G \to X$ mit $B(x, Ax) = x$ an.

8.15 Für die nicht offensichtliche Richtung des Beweises nutze man das Prinzip der gleichmäßigen Beschränktheit.

8.16 Anwenden des Trennungssatzes von Eidelheit.

8.17 Verwenden Sie den Trennungssatz aus Aufgabe 8.16.

8.18 Nutzen Sie die Notationen $J_x \in X''$ und $L_l \in X'''$ für Funktionale, die $x \in X$ bzw. $l \in X'$ zugeordnet werden. Für eine Richtung des Beweises zeige man, dass, wenn X nicht reflexiv ist, die Menge $\{J_x : x \in X\} \subseteq X''$ ein abgeschlossener echter Unterraum ist und verwende die Folgerung von Seite 300.

Kapitel 9

9.1 Man konstruiere eine beschränkte Folge stetiger Funktionen, die punktweise, auch nach Multiplikation mit t, gegen eine unstetige Funktion konvergiert.

9.2 Der Satz von Arzela-Ascoli lässt sich auf eine Teilmenge $A(M) \subseteq C([a, b])$ zu einer beschränkten Menge $M \subseteq C([a, b])$ anwenden.

9.3 In Teil (b) betrachte man die Dimensionen der Bildräume und zum Beantworten von Teil (c) ist das Beispiel aus Teil (a) nützlich.

9.4 Man verwende die Folgerung (b) auf Seite 329.

9.5 Verwenden Sie den Satz von Arzela-Ascoli.

9.6 Überlegen Sie sich, dass die Partialsummen der Reihe eine Folge kompakter Operatoren liefern, die gegen den Operator T in der Operatornorm konvergiert. Warum sind Banachräume vorausgesetzt?

9.7 Beachten Sie, dass $A = A^*$ bzgl. des L^2-Skalarprodukts symmetrisch ist, und unterscheiden Sie die Fälle $\operatorname{Im}(\lambda) \neq 0$ und $\lambda \in \mathbb{R}$. Überlegen Sie sich im zweiten Fall zunächst, dass $r \leq 1$ gilt, und betrachten Sie dann die beiden Situationen $\lambda = 0$ und $\lambda \neq 0$.

9.8 Zweimaliges Integrieren und eine Vertauschung der Integrationsreihenfolge führt auf die gesuchte Integralgleichung, die mit der Fredholm-Theorie analysiert werden kann.

9.9 Beachten Sie, dass Y genau dann endliche Dimension hat, wenn es $\varepsilon > 0$ gibt, sodass

$$\overline{B(0,\varepsilon)} = \{y \in Y : \|y\| \leq \varepsilon\} \subseteq Y$$

kompakt ist.

9.10 Man beachte, dass P nach dem Lemma auf Seite 330 ein kompakter Operator ist.

9.11 Zeigen Sie zunächst, dass E invertierbar ist.

9.12 Für die eine Richtung des Beweises zeige man, dass T injektiv ist und für die Rückrichtung führe man die Annahme $r > 1$ zum Widerspruch.

9.13 Man betrachte direkt die Definition des Bidualraums und zugehörige adjungierte Operatoren.

9.14 Im zweiten Teil betrachte man den Ableitungsoperator $D \in \mathcal{L}(C^1_\diamond([0,1]), C([0,1]))$ mit $Dy = y'$. Beachten Sie, dass gezeigt werden muss, dass die auftretenden Integraloperatoren auf den entsprechenden Räumen kompakt sind.

Kapitel 10

10.1 Man verwende den Projektionssatz.

10.2 Betrachten Sie die Partialsummen der Reihe von Operatoren und verwenden Sie die Abgeschlossenheit der Menge kompakter Operatoren.

10.3 Schätzen Sie $a(u - u_h, u - u_h)$ sowohl nach oben als auch nach unten ab.

10.4 Mit dem Spektralsatz lässt sich

$$Bx = \sum_{n=1}^{\infty} \sqrt[k]{\lambda_n}\,(x, x_n)\, x_n$$

mit den Eigenwerten λ_n und Eigenvektoren x_n, $n \in \mathbb{N}$ von A definieren. Man zeige die angegebenen Eigenschaften.

10.5 Es müssen alle Eigenschaften eines Skalarproduktes explizit gezeigt werden.

10.6 Für den zweiten Teil verwende man, dass Integraloperatoren über kompakten Intervallen mit stetigem Kern kompakt sind (s. Seite 321).

10.7 Für die Vollständigkeit des Orthonormalsystems betrachte man den Fourier-Entwicklungssatz.

10.8 Die auftretenden Operatoren sind selbstadjungiert, somit sind nur die Fälle $\lambda = 0$, $\lambda > 0$ und $\lambda < 0$ zu untersuchen. Dazu leite man aus der jeweiligen Integralgleichung eine Differenzialgleichung zweiter Ordnung her.

10.9 Für den ersten Teil wende man den Spektralsatz an. Umformulieren des Randwertproblems zu einer Integralgleichung ermöglicht dann die Anwendung des ersten Teils der Aufgabe.

10.10 Für eine der beiden Implikationen betrachte man Elemente $x + \lambda y \in X$ mit $x, y \in X$ und $\lambda \in \mathbb{C}$.

10.11 Mit der Definition des adjungierten Operators in Hilberträumen ergeben sich entsprechende Inklusionen relativ direkt, wobei nur eine aufwendiger ist. Hier hilft der Projektionssatz weiter.

10.12 Die Abschätzung lässt sich mithilfe einer Orthonormalbasis von $\mathcal{N}(I - A)$ bezüglich des L^2-Skalarprodukts und der Bessel'schen Ungleichung zeigen.

10.13 Aus der Konvergenz einer Folge (A^*Ax_n) kann man zeigen, dass Ax_n Cauchy-Folge ist.

10.14 Für eine der beiden zu zeigenden Implikationen betrachte man $x + \alpha y \in X$ für spezielle Wahlen von $\alpha \in \mathbb{C}$.

10.15 Für die erste Rekursionsgleichung verwende man die Leibniz'sche Formel (s. Aufgabe 15.16 in *Band 1*).

10.16 Überlegen Sie sich, unter welcher Bedingung der Multiplikationsoperator beschränkt invertierbar ist.

Kapitel 11

11.1 Runden Sie die Zahl auf das Format der Maschine.

11.2 Bedenken Sie, für welches x_0 in $x \to x_0$ Sie eine asymptotische Aussage treffen möchten.

11.3 Die Fehlerabschätzung im Leibniz-Kriterium für alternierende Reihen ist hilfreich.

11.4 Definieren Sie $Ty = \begin{pmatrix} y(0) - y_0 \\ y'(x) - f(x,y) \end{pmatrix}$.

11.6 Multiplizieren Sie die Faktoren in der Definition von S_n aus und schätzen dann ab.

11.7 Taylor-Entwicklung.

11.9 Wenn jede Wurzel nur auf zwei Stellen genau berechnet wird, dann ist der maximale Fehler jedes Summanden 0.005.

11.10 (b). Berechnen Sie den Schnittwinkel der beiden Geraden.

Kapitel 12

12.5 Verwenden Sie vollständige Induktion über k.

12.6 Beginnen Sie mit $P := \prod_{0 \le i < j \le n}(x_j - x_i)$ und zeigen Sie zuerst, dass für $0 \le \ell \le n$

$$\begin{aligned} P =&(x_\ell - x_0)(x_\ell - x_1) \cdot \ldots \cdot (x_\ell - x_{\ell-1}) \\ &\cdot (-1)^{n-\ell}[(x_\ell - x_{\ell+1}) \cdot \ldots \cdot (x_\ell - x_n)] \\ &\cdot \prod_{\substack{0 \le i < j \le n \\ i,j \ne \ell}} (x_j - x_i) \\ =&(-1)^{n-\ell} \prod_{\substack{m=0 \\ m \ne \ell}}^{n} (x_\ell - x_m) \cdot \prod_{\substack{0 \le i < j \le n \\ i,j \ne \ell}} (x_j - x_i) \end{aligned}$$

gilt. Setzen Sie dieses Resultat in Darstellung I. ein. Dann entwickeln Sie

$$D := \begin{vmatrix} 1 & 1 & \cdots & 1 \\ x_0 & x_1 & \cdots & x_n \\ \vdots & \vdots & \ddots & \vdots \\ x_0^{n-1} & x_1^{n-1} & \cdots & x_n^{n-1} \\ f(x_0) & f(x_1) & \cdots & f(x_n) \end{vmatrix}$$

nach der (n+1)-ten Zeile und beweisen

$$D = \sum_{\ell=0}^{n} (-1)^{n+\ell+2} f(x_\ell) \prod_{\substack{0 \le i < j \le n \\ i,j \ne \ell}} (x_j - x_i).$$

12.7 Vollständige Induktion über n.

12.8 Verwenden Sie den Ansatz $p(x) = \sum_{i=0}^{n} a_i (x - x_0)^i$.

12.9 Verwenden Sie die Fehlerdarstellung (12.22).

12.13 Die zweite Ableitung von $\sin x$ verschwindet an den Rändern. Daher läge es nahe, zuerst den natürlichen Spline zu berechnen.

12.14 Verwenden Sie (12.57) und (12.58).

Kapitel 13

13.2 Kapitel 12, Abschnitt 12.4.

13.3 Suchen Sie nach alternativen Interpolationen in Kapitel 12.

13.6 Die Definition des Stetigkeitsmoduls bedeutet, dass für $|x - y| \le \delta$ die Abschätzung $|f(x) - f(y)| \le w(\delta)$ folgt. Nutzen Sie diese Abschätzung mit $\delta := h$.

13.7 Aufgabe 13.6.

13.8 Kapitel 12, (12.22).

13.10 Kapitel 13.3.

13.11 Kapitel 13.3 und Aufgabe 13.10.

13.13 Schätzen Sie den Fehlerterm der zusammengesetzten Trapezformel auf $[0, 1]$ ab.

13.15 Vergessen Sie nicht die affine Transformation von $[-1, 1]$ auf $[0, 1]$!

Kapitel 14

14.1 Setzen Sie geeignete Diagonalmatrizen für die Iterationsmatrizen an.

14.4 Nutzen Sie komplexe Zahlen der Form $e^{i\Theta}$

14.5 Zeigen Sie, dass jeder Eigenwert $\lambda \ne 0$ der Iterationsmatrix $\boldsymbol{M}_\phi \boldsymbol{M}_\psi$ auch Eigenwert der Matrix $\boldsymbol{M}_\psi \boldsymbol{M}_\phi$ ist und umgekehrt.

14.6 Nutzen Sie den Zusammenhang zwischen der euklidischen Norm und dem Skalarprodukt.

14.7 Nutzen Sie den Satz zur Existenz einer LR-Zerlegung, der sich auf Seite 488 befindet.

14.8 Nutzen Sie den Satz zur Existenz einer LR-Zerlegung, der sich auf Seite 488 befindet.

14.9 Beachten Sie den Einheitskreis bezüglich der sogenannten Betragssummennorm $\|.\|_1$ im Abschnitt zur Funktionalanalysis auf Seite 277.

14.14 Nutzen Sie einen der vorgestellten Algorithmen.

14.15 Nutzen Sie den vorgestellten Algorithmus.

14.16 Nutzen Sie die graphentheoretische Betrachtung zum Nachweis der Irreduzibilität.

Kapitel 15

15.2 Eine Matrix ist genau dann regulär, wenn $\lambda = 0$ kein Eigenwert der Matrix ist.

15.4 Weisen Sie unter der Annahme $\boldsymbol{v} \not\perp M$ die Eigenschaft $\lambda \notin \partial W(\boldsymbol{A})$ nach.

15.10 Betrachten Sie für die obige Frage die Schnittmengen der Gerschgorin-Kreise.

15.11 Verwenden Sie den Satz von Bendixson und die Gerschgorin-Kreise für die Mengenabschätzung der eingehenden Wertebereiche.

Kapitel 16

16.1 Bei $\|\cdot\|_1$ handelt es sich um die Betragssummennorm, die für jeden Vektor $\boldsymbol{x} \in \mathbb{R}^n$ durch $\|\boldsymbol{x}\|_1 = \sum_{i=1}^n |x_i|$ definiert ist. Durch $\|\cdot\|_\infty$ ist die Maximumnorm mit $\|\boldsymbol{x}\|_\infty = \max_{i=1,\ldots,n} |x_i|$ gegeben.

16.2 Beachten Sie die notwendige Dimension der Produktmatrizen.

16.3 Einfaches Nachrechnen der vier Eigenschaften führt zum Ziel.

16.4 Konstruieren Sie ein Gegenbeispiel.

16.7 Nutzen Sie die explizite Darstellung der Matrix $\boldsymbol{A}$ innerhalb der Singulärwertzerlegung.

16.8 Die Matrix der zugehörigen Normalgleichungen kann der Seite 587 entnommen werden.

16.9 Stellen Sie das lineare Ausgleichsproblem auf und lösen Sie es unter Verwendung der Normalgleichungen.

16.11 Orientieren Sie sich am Beispiel auf Seite 601.

16.13 Nutzen Sie die zugehörigen Normalgleichungen und beachten Sie die Selbstfrage auf Seite 586.

16.14 Nutzen Sie die Normalgleichungen.

Kapitel 17

17.3 Eine solche Funktion kann nicht stetig sein.

17.5 Führen Sie das Iterationsverfahren auf das Newton-Verfahren zurück.

17.6 a) Zeigen Sie: Φ ist eine Selbstabbildung von $[1, 2]$ und $\sup_{1 \le x \le 2} |\Phi'(x)| < 1$.

b) Drücken Sie den Fehler im n-ten Schritt aus durch einen Faktor mal den Fehler des $(n-1)$-ten Schrittes und verwenden Sie das ξ aus der Aufgabenstellung.

17.9 Weisen Sie die Voraussetzungen des Satzes von Newton-Kantorowitsch auf Seite 639 nach. Um auf die Existenz von $(\boldsymbol{f}'(\boldsymbol{x}^0))^{-1}$ schließen zu können, verwenden Sie das Störungslemma von Seite 283 mit den sich anschließenden Folgerungen in der folgenden Form:

Ist $\boldsymbol{U} \in \mathbb{R}^{m \times m}$ mit

$$\|\boldsymbol{U}\| \le q < 1,$$

dann hat die Matrix $\boldsymbol{U} - \boldsymbol{I}$ eine Inverse mit

$$\|(\boldsymbol{U} - \boldsymbol{I})^{-1}\| \le \frac{1}{1-q}.$$

17.10 Beachten Sie, dass $\boldsymbol{G} = \boldsymbol{f}'(\boldsymbol{x}^0)$ eine Matrix mit konstanten Einträgen ist! Sie können daher die zweite Fréchet-Ableitung des Produkts $\boldsymbol{G}\boldsymbol{f}''(\boldsymbol{x})$ berechnen.

17.14 Verwenden Sie die Abschätzung aus Aufgabe 17.10.

17.15 Um den Grenzwert numerisch zu erkennen, reicht es, nach der Iteration das Produkt von Real- und Imaginärteil auf $= 0$, < 0 und > 0 abzufragen.

Kapitel 18

18.2 Betrachten Sie die Verfahrensfunktion und führen Sie eine Taylor-Entwicklung durch.

18.4 Nutzen Sie den Satz zur Konsistenz von Runge-Kutta-Verfahren.

18.5 Führen Sie eine vollständige Induktion unter Berücksichtigung der exakten Lösung $y(t) = \widehat{y}_0 - a(t^2 - t_0^2)$ durch.

18.6 Betrachten Sie die Vorgehensweise im Beweis auf Seite 666 und nutzen Sie den Zusammenhang zwischen Konsistenz und Konvergenz bei Einschrittverfahren.

18.7 Es ist hinreichend $(\boldsymbol{I} + \boldsymbol{A})^{n-1}\boldsymbol{x} > \boldsymbol{0}$ für beliebige nicht-negative $\boldsymbol{x} \in \mathbb{R}^n \setminus \{\boldsymbol{0}\}$ zu zeigen. Betrachten Sie dabei die durch die Iteration $\boldsymbol{x}_{k+1} := (\boldsymbol{I} + \boldsymbol{A})\boldsymbol{x}_k$ mit nicht-negativem $\boldsymbol{x}_0 \in \mathbb{R}^n \setminus \{\boldsymbol{0}\}$ definierte Vektorfolge.

18.9 $r_x = r_{\alpha x}$ für alle $\alpha > 0$. Betrachten Sie für „$r \le \sup_{y \in Q^n}\{r_y\}$" die Aussage von Aufgabe 18.7 mit $\|\boldsymbol{x}\| = 1$ und Aufgabe 18.8.

18.11 Zeigen Sie die Aussage zunächst für irreduzible, nicht-negative Matrizen. Wegen Aufgabe 18.10 reicht es, $r \ge \lambda$ für alle $\lambda \in \sigma(\boldsymbol{A})$ zu zeigen. Nutzen Sie dazu die Aussagen der vorherigen Aufgaben. Beweisen Sie anschließend die Aussage für reduzible Matrizen, indem Sie die Nulleinträge von $\boldsymbol{A}$ durch $\varepsilon > 0$ ersetzen und $\varepsilon \to 0$ betrachten.

18.14 Betrachten Sie das Beispiel auf Seite 672.

18.15 Nutzen Sie die Box zu Butcher-Bäumen auf Seite 668.

18.16 Verwenden Sie den auf Seite 666 aufgeführten Satz zur Konsistenz von Runge-Kutta-Verfahren.

18.17 Man stelle die Stabilitätsfunktion R auf und bestimme die Menge der Werte $\xi \in \mathbb{C}^-$, für die $|R(\xi)| < 1$ gilt.

18.18 Nutzen Sie den auf Seite 666 aufgeführten Satz zur Konsistenz von Runge-Kutta-Verfahren.

18.20 Nutzen Sie den Satz zur Konsistenz linearer Mehrschrittverfahren auf Seite 675.

18.21 Betrachten Sie das Polynom $p\colon \mathbb{C} \to \mathbb{C}$, $p(\xi) = \sum_{j=0}^{m-1} \alpha_j \xi^j$.

18.23 Führen Sie eine sukzessive Entwicklung nach der jeweils letzten Spalte durch.

Kapitel 19

19.10 Wählen Sie $\Omega := \{1, \ldots, n\}$ und ein Laplace-Modell.

19.11 Betrachten Sie einen Laplace-Raum der Ordnung 10.

19.13 Stellen Sie Symmetriebetrachtungen an.

19.16 Es kommt nur darauf an, wie oft nach jeder einzelnen Variablen differenziert wird.

19.22 Man betrachte das komplementäre Ereignis.

19.24 Unterscheiden Sie gedanklich die 7 gleichen Exemplare jeder Ziffer.

19.25 Nummeriert man alle Mannschaften gedanklich von 1 bis 64 durch, so ist das Ergebnis einer regulären Auslosung ein 64-Tupel $(a_1, \ldots, a_{64})$, wobei Mannschaft a_{2i-1} gegen Mannschaft a_{2i} Heimrecht hat ($i = 1, \ldots, 32$).

19.34 Um die Längen der a-Runs festzulegen, muss man bei den in einer Reihe angeordneten m a's Trennstriche anbringen.

19.35 Formel des Ein- und Ausschließens!

19.37 Starten Sie mit (19.40).

Kapitel 20

20.1 2/3.

20.2 Für Teil a) kann man Aufgabe 20.17 verwenden.

20.6 Sehen Sie die obigen Prozentzahlen als Wahrscheinlichkeiten an.

20.10 Aus Symmetriegründen kann angenommen werden, dass der Kandidat Tür Nr. 1 wählt.

20.11 Nehmen Sie an, dass die Geschlechter der Kinder stochastisch unabhängig voneinander und Mädchen- sowie Jungengeburten gleichwahrscheinlich sind.

20.12 Interpretieren Sie die Prozentzahlen als Wahrscheinlichkeiten.

20.21 Y_n und Y_{n+1} sind durch X_n bestimmt.

20.22 Beachten Sie die verallgemeinerte Markov-Eigenschaft.

20.24 Es ist $\binom{2m}{m} = \sum_{k=0}^{m} \binom{m}{k}^2$.

20.30 Wie sieht $\sigma(\mathbf{1}\{A_j\})$ aus?

20.31 Für $A_1 \in \mathcal{A}_1, \ldots, A_l \in \mathcal{A}_l$ gilt

$$Z_1^{-1}(A_1 \times \ldots \times A_l) = \cap_{j=1}^{l} X_j^{-1}(A_j). \tag{20.97}$$

20.35 Es reicht, die Aussage für eine Teilfolge von (A_k) zu zeigen.

20.36 Da 1 größter gemeinsamer Teiler von A ist, gibt es ein $k \in \mathbb{N}$ und $a_1, \ldots, a_k \in A$ sowie $n_1, \ldots, n_k \in \mathbb{Z}$ mit $1 = \sum_{j=1}^{k} n_j a_j$. Fasst man die positiven und negativen Summanden zusammen, so gilt $1 = P - N$ mit $P, N \in A$, und $n_0 := (N+1)(N-1)$ leistet das Verlangte. Stellen Sie $n \geq n_0$ in der Form $n = qN + r$ mit $0 \leq r \leq N - 1$ dar. Es gilt dann $q \geq N - 1$.

Kapitel 21

21.2 Modellieren Sie W_n als Summe unabhängiger Zufallsvariablen.

21.3 Es kommt nicht auf die Zahlen 2 bis 5 an.

21.4 Stellen Sie sich vor, jede von n Personen hat einen Würfel, und jede zählt, wie viele Versuche sie bis zu ersten Sechs benötigt.

21.13 Verwenden Sie ein Symmetrieargument.

21.14 Betrachten Sie die erzeugende Funktion von X an der Stelle -1.

21.16 Sind X und Y die zufälligen Augenzahlen bei einem Wurf mit dem ersten bzw. zweiten Würfel und g bzw. h die erzeugenden Funktionen von X bzw. Y, so gilt $g(t) = tP(t)$ und $h(t) = tQ(t)$ mit Polynomen vom Grad 5, die jeweils mindestens eine reelle Nullstelle besitzen müssen.

21.17 Stellen Sie X mithilfe einer geeigneten Indikatorsumme dar.

21.18 Es ist $\sum_{n=1}^{k} 1 = k$ und $2\sum_{n=1}^{k} n = k(k+1)$.

21.19 Setzen sie $a := (b+c)/2$ in Eigenschaft a) der Varianz auf Seite 778.

21.20 Schätzen Sie den Indikator des Ereignisses $\{X \geq \varepsilon\}$ möglichst gut durch ein Polynom zweiten Grades ab, das durch den Punkt $(\varepsilon, 1)$ verläuft.

21.22 Leiten Sie mit $k = 1$ in (21.61) eine Rekursionsformel für $\mathbb{P}(X = m)$ her.

21.23 Es gilt $\mathbb{P}(X \geq k) = \sum_{l=k}^{n} \mathbb{P}(X = l)$ sowie (vollständige Induktion über m!)

$$\sum_{\nu=0}^{m}(-1)^{\nu}\binom{j}{\nu} = (-1)^{m}\binom{j-1}{m}, \quad m = 0, 1, \ldots, j-1.$$

21.25 Verwenden Sie die im Beispiel auf Seite 796 verwendeten Ereignisse A_1, A_2 und A_3.

21.29 Formel des Ein- und Ausschließens!

21.32 Sie brauchen nicht zu rechnen!

21.33 Bestimmen Sie die Varianz, indem Sie zunächst $\mathbb{E}X(X-1)$ berechnen.

21.34 Bestimmen Sie $\mathbb{E}X(X-1)$.

21.36 Es gilt $1 - 1/t \leq \log t \leq t - 1, t > 0$.

21.37 Betrachten Sie $\mathbb{P}(X = k+1)/\mathbb{P}(X = k)$.

21.39 Die Wahrscheinlichkeiten aus a) bis g) addieren sich zu eins auf.

21.40 Multinomialer Lehrsatz!

21.41 Bestimmen Sie zunächst $\mathbb{E}X(X-1)$.

21.43 Es gilt $X_i + X_j \sim \text{Bin}(n, p_i + p_j)$.

21.45 Gehen Sie analog wie im Beispiel auf Seite 796 vor.

21.47 (Y_1, Y_3) hat die gleiche gemeinsame Verteilung wie $(X_1, X_1 + X_2 + X_3)$, wobei X_1, X_2, X_3 unabhängig und je $\mathrm{G}(p)$-verteilt sind.

21.51 Verwenden Sie die erzeugende Funktion.

21.52 Verwenden Sie (21.59).

Kapitel 22

22.3 Machen Sie sich eine Skizze!

22.6 Sie müssen die Kovarianzmatrix nicht kennen!

22.9 Es ist $\mathbb{P}(\mathbf{X} \in (x, y]) = F(y_1, \ldots, y_k) - \mathbb{P}(\cup_{j=1}^{k} A_j)$, wobei $A_j = \{X_1 \leq y_1, \ldots, X_{j-1} \leq y_{j-1}, X_j \leq x_j, X_{j+1} \leq y_{j+1}, \ldots, X_k \leq y_k\}$.

22.13 Der Ansatz $\prod_{j=1}^{k} f(x_j) = g(x_1^2 + \ldots + x_k^2)$ für eine Funktion g führt nach Logarithmieren und partiellem Differenzieren auf eine Differenzialgleichung für f.

22.14 Bezeichnet $N_B := \sum_{j=1}^{n} \mathbf{1}\{X_j \in B\}$ die Anzahl der X_j, die in die Menge $B \subseteq \mathbb{R}$ fallen, so besitzt der Zufallsvektor $(N_{(-\infty,t)}, N_{[t,t+\varepsilon]}, N_{(t+\varepsilon,\infty)})$ die Multinomialverteilung $\text{Mult}(n; F(t), F(t+\varepsilon) - F(t), 1 - F(t+\varepsilon))$. Es gilt $\mathbb{P}(N_{[t,t+\varepsilon]} \geq 2) = O(\varepsilon^2)$ für $\varepsilon \to 0$.

22.15 Integrieren Sie die Indikatorfunktion der Menge $B := \{(x, y) \in \mathbb{R}^2 : x \geq 0,\ 0 \leq y < x\}$ bezüglich des Produktmaßes $\mathbb{P}^X \otimes \lambda^1$ und beachten Sie dabei den Satz von Tonelli.

22.16 Setze $Y := |X|^p$.

22.18 Betrachten Sie für $a := (1 + \sqrt{5})/2$ das Polynom $p(x) = (x-a)^2(x + 1/a)^2$.

22.19 Verwenden Sie die Darstellungsformel auf Seite 837 und spalten Sie den Integrationsbereich geeignet auf.

22.20 Schätzen Sie die Indikatorfunktion der Menge $A := \mathbb{R}^2 \setminus (-\varepsilon, \varepsilon)^2$ durch eine geeignete quadratische Form nach oben ab.

22.21 Es kann o.B.d.A. $a_0 = 0$ gesetzt werden. Betrachten Sie die Funktion $x \mapsto |x - a| - |x|$ getrennt für $a > 0$ und $a < 0$ und schätzen Sie nach unten ab.

22.22 Es kann o.B.d.A. $\mathbb{E}X = 0$ angenommen werden. Dann gilt $\mathbb{P}(|X| \geq Q_{3/4}) = 0.5$.

22.23 Es gilt $\mathbf{X} \sim A\mathbf{Y} + \mu$ mit $\Sigma = AA^{\top}$ und $\mathbf{Y} \sim \mathrm{N}_k(0, \mathrm{I}_k)$.

22.25 Verwenden Sie Aufgabe 22.7.

22.26 Verwenden Sie für b) Teil a) und Aufgabe 22.25.

22.27 Für die Richtung „b) $\Rightarrow$ a)" ist die Implikation

$$\begin{aligned}\varphi_X\left(\frac{2\pi}{h}\right) &= e^{i\alpha} \Rightarrow 0\\ &= \int_{-\infty}^{\infty}\left[1-\cos\left(\frac{2\pi}{h}x-\alpha\right)\right]\mathbb{P}^X(dx)\end{aligned}$$

hilfreich.

22.28 Gehen Sie wie beim Beweis des Satzes über die Umkehrformeln vor.

22.34 Verwenden Sie Tabelle 22.1.

22.35 Potenzreihenentwicklung von φ!

22.37 Versuchen Sie, direkt die Verteilungsfunktion G von Y zu bestimmen.

22.40 Sind Z_1, Z_2, Z_3 unabhängig und je N(0, 1)-normalverteilt, so besitzt $Z := Z_1^2 + Z_2^2 + Z_3^2$ eine χ_3^2-Verteilung.

22.41 Verwenden Sie Gleichung (22.29) sowie Polarkoordinaten.

22.43 Polarmethode!

22.46 Welche Gestalt besitzt die gemeinsame Dichte von $X_1, \ldots, X_k$?

22.51 Verwenden Sie die Faltungsformel.

22.52 Für c) und d) ist bei Integralberechnungen die Substitution $u = \log x$ hilfreich.

22.53 a) Verwenden Sie (22.56) und die Gleichung $\Gamma(t+1) = t\Gamma(t)$, $t > 0$. c) Bestimmen Sie zunächst die Dichte von W/V.

Kapitel 23

23.1 Betrachten Sie die Ereignisse $\{|X_n - X| \le 1/k\}$.

23.2 Verwenden Sie die auf Seite 868 angegebene Charakterisierung der fast sicheren Konvergenz.

23.3 In einem diskreten Wahrscheinlichkeitsraum $(\Omega, \mathcal{A}, \mathbb{P})$ gibt es eine abzählbare Teilmenge $\Omega_0 \in \mathcal{A}$ mit $\mathbb{P}(\Omega_0) = 1$.

23.4 Verwenden Sie das Teilfolgenkriterium für stochastische Konvergenz.

23.5 Der Durchschnitt endlich vieler Eins-Mengen ist ebenfalls eine Eins-Menge.

23.6 Zerlegen Sie X_n in Positiv- und Negativteil.

23.7 Der Durchschnitt endlich vieler Eins-Mengen ist ebenfalls eine Eins-Menge.

23.8 Wählen Sie in b) $Y_n := X_n\mathbf{1}\{X_n = \pm 1\}$.

23.9 Die Vereinigung endlich vieler kompakter Mengen ist kompakt.

23.10 Rechnen Sie die charakteristische Funktion der Gleichverteilung U(0, 1) aus.

23.11 Beachten Sie das Lemma von Sluzki.

23.13 Verwenden Sie für b) das Lemma von Sluzki.

23.14 Deuten Sie die Summen wahrscheinlichkeitstheoretisch.

23.17 Wählen Sie für b) unabhängige Zufallsvariablen $X_1, X_2, \ldots$ mit $\mathbb{P}(X_n = 0) = 1 - \frac{1}{n}$ und $\mathbb{P}(X_n = 2n) = \frac{1}{n}$, $n \ge 1$, und schätzen Sie die Wahrscheinlichkeit $\mathbb{P}(n^{-1}\sum_{j=1}^n X_j > 1)$ nach unten ab. Verwenden Sie dabei die Ungleichung $\log t \le t - 1$ sowie die Beziehung

$$\sum_{j=1}^{k}\frac{1}{j} - \log k - \gamma \to 0 \text{ für } k \to \infty,$$

wobei γ die *Euler-Mascheroni'sche Konstante* bezeichnet.

23.18 Wenden Sie das Lemma von Borel-Cantelli einmal auf die Ereignisse $A_n = \{X_n = 1\}$, $n \ge 1$, und zum anderen auf die Ereignisse $B_n = \{X_n = 0\}$, $n \ge 1$, an.

23.19 Überlegen Sie sich, dass das Infimum angenommen wird.

23.20 Betrachten Sie die Teilfolge $X_1, X_{k+1}, X_{2k+1}, \ldots$

23.21 Verwenden Sie das Lemma von Borel-Cantelli.

23.22 Verwenden Sie das Kolmogorov-Kriterium und beachten Sie $\sum_{n=2}^{\infty} 1/(n(\log n)^2) < \infty$.

23.23 Nutzen Sie für b) die Verteilungsgleichheit $(X_1, \ldots, X_n) \sim (1 - X_1, \ldots, 1 - X_n)$ aus.

23.24 Betrachten Sie die Fälle $a = 0$, $a > 0$ und $a < 0$ getrennt.

23.26 Verwenden Sie für „$\Leftarrow$" die Markov-Ungleichung $\mathbb{P}(|X_n| > L) \le L^{-2}\mathbb{E}X_n^2$. Überlegen Sie sich für „$\Rightarrow$" zunächst, dass die Folge (μ_n) beschränkt ist.

23.28 Taylorentwicklung von g um μ!

23.29 Schätzen Sie die Differenz $F_n(x) - F(x)$ mithilfe der Differenzen $F_n(x_{jk}) - F(x_{jk})$ ab, wobei für $k \geq 2$ $x_{jk} := F^{-1}(j/k)$, $1 \leq j < k$, sowie $x_{0k} := -\infty$, $x_{kk} := \infty$.

23.31 Weisen Sie die Lindeberg-Bedingung nach.

23.32 Es ist $X_j - \overline{X}_n = X_j - \mu - (\overline{X}_n - \mu)$.

23.34 Prüfen Sie die Gültigkeit der Lindeberg-Bedingung.

23.35 Mit $a_j = \mathbb{E}X_j$ gilt $\mathbb{E}(X_j - a_j)^4 \leq a_j(1 - a_j)$.

23.37 Zentraler Grenzwertsatz!

23.38 Wie verhält sich $n!$ zu $\sum_{k=1}^{n} k!$?

23.39 Stellen Sie T_n als Summe von unabhängigen Zufallsvariablen dar.

23.40 Verwenden Sie das Additionsgesetz für die negative Binomialverteilung und den Zentralen Grenzwertsatz von Lindeberg-Lévy.

Kapitel 24

24.1 Es ist $\mathbb{P}_\vartheta(\max(X_1, \ldots, X_n) \leq t) = (t/\vartheta)^n, 0 \leq t \leq \vartheta$.

24.2 Verwenden Sie den Zentralen Grenzwertsatz von Lindeberg-Lévy auf Seite 887.

24.9 Die Neyman-Pearson-Tests sind Konvexkombinationen zweier nichtrandomisierter NP-Tests.

24.11 O.B.d.A. gelte $X_1 \sim \mathrm{U}(0, 1)$.

24.12 Nutzen Sie aus, dass $(X_1 - a, \ldots, X_{2n} - a)$ und $(a - X_1, \ldots, a - X_{2n})$ dieselbe Verteilung besitzen, was sich auf die Vektoren der jeweiligen Ordnungsstatistiken überträgt. Überlegen Sie sich vorab, warum die Voraussetzung $\mathbb{E}|X_1| < \infty$ gemacht wird.

24.15 T kann – ganz egal, wie groß ϑ ist – nur endlich viele Werte annehmen.

24.18 Verwenden Sie den Zentralen Grenzwertsatz von de Moivre-Laplace und Teil b) des Lemmas von Sluzki auf Seite 881.

24.21 Nutzen Sie die Erzeugungsweise der Verteilung aus.

24.22 Es gilt für jedes $k \in \mathbb{N}$ und jedes $u \geq 0$ (Beweis durch Differenziation nach u)

$$\sum_{j=k}^{\infty} \mathrm{e}^{-u} \frac{u^j}{j!} = \frac{1}{(k-1)!} \int_0^u \mathrm{e}^{-t} t^{k-1} \,\mathrm{d}t.$$

Setzen Sie $\varphi_n := \mathbf{1}\{\sum_{j=1}^{n} x_j \geq n\lambda_0 + \Phi^{-1}(1-\alpha)\sqrt{n\lambda_0}.\}$

24.23 Für $X \sim \mathrm{Po}(\lambda)$ gilt $\mathbb{P}(|X - \lambda| \leq C\sqrt{\lambda}) \geq 1 - C^{-2}$. Mit $z_k = (k - \lambda)/\sqrt{\lambda}$ ist

$$\sqrt{\lambda} \sum_{k:|z_k| \leq C} \exp\left(-\frac{z_k^2}{2}\right)$$

eine Riemann'sche Näherungssumme für das Integral $\int_{-C}^{C} \exp(-z^2/2)\,\mathrm{d}z$.

24.25 Es reicht, die Summe T_n in (24.64) durch einen Summanden nach unten abzuschätzen und das Gesetz großer Zahlen zu verwenden.

24.27 Verwenden Sie die σ-Subadditivität von $\mathbb{P}$ und den Satz von Tonelli auf Seite 262.

24.28 Verwenden Sie das Resultat von Aufgabe 24.13 und den Zentralen Grenzwertsatz von de Moivre-Laplace.

24.29 a) X besitzt die Varianz $s/(s-2)$. b) Es gilt $\Gamma(x + 1/2) \leq \Gamma(x)\sqrt{x}$, $x > 0$.

24.30 Nutzen Sie die Summen-Struktur von $W_{m,n}$ sowie die Tatsache aus, dass der Vektor $(r(X_1), \ldots, r(Y_n))$ unter H_0 auf den Permutationen von $(1, \ldots, m+n)$ gleichverteilt ist. Beachten Sie auch, dass die Summe aller Ränge konstant ist.

24.31 Betrachten Sie die Fälle $k = 0$, $k = n$ und $1 \leq k \leq n - 1$ getrennt.

24.32 Betrachten Sie für $1 \leq k \leq n-1$ den Quotienten $L_x(\vartheta + 1)/L_x(\vartheta)$, wobei L_x die Likelihood-Funktion zu x ist.

24.35 Verwenden Sie die Jensen'sche Ungleichung auf Seite 834.

24.37 Es gilt $\sum_{j=1}^{n} X_j \sim \Gamma(n, \vartheta)$ unter $\mathbb{P}_\vartheta$.

24.38 Es kann o.B.d.A. $\mathbb{E}X_1 = 0$ angenommen werden.

24.39 Nutzen Sie aus, dass die Summe der Abweichungsquadrate bis auf einen Faktor χ^2_{n-1}-verteilt ist.

24.40 $\mathbb{V}_\vartheta(\vartheta_n^*) = \vartheta^2/(n(n+2))$

24.43 Beachten Sie Gleichung c) auf Seite 831. Für die Berechnung der Varianz von X hilft Darstellung (24.33).

24.45 Beachten Sie (24.30).

24.49 Legen Sie die auf Seite 935 gemachten Annahmen zugrunde.

24.52 Nach den auf Seite 957 gemachten Voraussetzungen haben die Differenzen $Z_j = Y_j - X_j$ eine symmetrische Verteilung mit unbekanntem Median μ.

Lösungen zu den Aufgaben

In einigen Aufgaben ist keine Lösung angegeben, z. B. bei Herleitungen oder Beweisen. Sie finden die Lösungswege auf der Website zum Buch matheweb.

Kapitel 2

2.1
a) nichtlinear
b) linear
c) linear
d) linear

2.2 Es gibt keine reelle 2×2-Matrix, aber eine entsprechende komplexe Matrix.

2.4
a) nein
b) ja
c) nein
d) nein

2.5
a) $\begin{pmatrix} u_1 \\ u_2 \end{pmatrix}' = \begin{pmatrix} u_2 \\ u_1\, u_2^2 \sin x + \cosh x - u_1^2 \end{pmatrix}$
b) $\begin{pmatrix} u_1 \\ u_2 \\ u_3 \end{pmatrix}' = \begin{pmatrix} u_2 \\ u_3 \\ -2\, u_3 - u_2 + 2\, e^{3x} \end{pmatrix}$

2.6 $y(x) = 2x^2 + 1$

2.8
$$e^{A} = T e^{J} T^{-1} = \begin{pmatrix} e^{-1} & -e^{-1} & 0 \\ 0 & e^{-1} & 0 \\ 0 & 0 & e^{-2} \end{pmatrix}.$$

2.9
$$Y_1(x) = e^{2x} \begin{pmatrix} 1 & 0 \\ 0 & 1 \end{pmatrix}$$
$$Y_2(x) = e^{2x} \begin{pmatrix} 0 & 1 \\ 1 & x \end{pmatrix}$$
$$Y_3(x) = \begin{pmatrix} e^{-2x} & e^{2x} \\ 0 & 2e^{2x} \end{pmatrix}$$

2.10
$A_1 : y_1(x) = v_1 e^{-x},\ y_2(x) = v_2 e^{x},\ y_3(x) = v_3 e^{-3x}$ mit
$$v_1 = \begin{pmatrix} -1 \\ 1 \\ 1 \end{pmatrix}, \quad v_2 = \begin{pmatrix} 0 \\ 1 \\ 1 \end{pmatrix}, \quad v_3 = \begin{pmatrix} 2 \\ -3 \\ 1 \end{pmatrix}$$
$A_2 : y_1(x) = v_1 e^{4x},\ y_2(x) = v_2 e^{2x},\ y_3(x) = h_1 e^{4x}$ mit
$$v_1 = \begin{pmatrix} -1 \\ 1 \\ 1 \end{pmatrix}, \quad v_2 = \begin{pmatrix} -2 \\ 0 \\ 1 \end{pmatrix}, \quad h_1 = \begin{pmatrix} 3 \\ 1 \\ 0 \end{pmatrix}$$
$$A_3 : y_1(x) = e^{2x}\left(\cos x \begin{pmatrix} 4 \\ 1 \end{pmatrix} - \sin x \begin{pmatrix} 1 \\ 0 \end{pmatrix}\right),$$
$$y_2(x) = e^{2x}\left(\cos x \begin{pmatrix} 1 \\ 0 \end{pmatrix} + \sin x \begin{pmatrix} 4 \\ 1 \end{pmatrix}\right)$$

2.11
a) $y(x) = \cos x$,
b) $y(x) = \cosh x$.

2.12 $f(x) = ce^{-1}$, $f(x) = ce^{ix}$ oder $f(x) = ce^{-ix}$, $c \in \mathbb{C}$

2.13 $y(x) = ce^{\frac{x^2}{2}} - 1$

2.15
$$\begin{aligned} y(x) &= y_h(x) + y_p(x) \\ &= 4e^{-2x} - 3e^{-3x} + \frac{\sqrt{2}}{10}\cos(x - \frac{\pi}{4}) \end{aligned}$$

2.16 $y(x) = c_1 + c_2 e^{-x} + \frac{1}{2}x^2, \quad c_1, c_2 \in \mathbb{C}$

2.17
$$y(x) = c_1 e^{x} + c_2 x e^{x} + c_3 e^{-2x} + \frac{3}{2}x^2 e^{x}, \quad c_1, c_2, c_3 \in \mathbb{C}$$

2.18 $y(x) = e^{\lambda x}$

2.19
$$y_0 = 1,\ y_n = \frac{1}{n}\sum_{k=0}^{n-1} y_k y_{n-1-k}$$
$$y(x) = \sum_{n=0}^{\infty} x^n = \frac{1}{1-x}, \quad |x| < 1$$

2.20 $z'(x) = (1-\gamma)a(x)z(x) + (1-\gamma)b(x)$

2.21 $v'(x) = (2r(x)u(x) + p(x))v(x) + r(x)v^2(x)$

2.26 Alle Eigenwerte sind 0.

2.28
$$y(x) = 1 + \frac{1}{ce^{x+x^2} + e^{x+x^2}\int_{x_0}^{x} e^{t+t^2}\, dt}$$

Das Integral ist in geschlossener Form nicht darstellbar.

Kapitel 3

3.1 Die Differenzialgleichung ist exakt, da
$$\frac{\partial}{\partial y} e^{-y} = \frac{\partial}{\partial x}(1 - xe^{-y}) = -e^{-y}.$$

3.2 Diese Differenzialgleichung ist exakt, ihre Lösung ist
$$y'(x) = \ln(e^{x} + e + 1).$$

3.3

a) $F(s) = \dfrac{2}{(s+4)^2}$

b) $F(s) = \dfrac{a}{s^2 - a^2}$

c) $F(s) = \dfrac{2}{s(s^2+4)}$

3.4 Diese Differenzialgleichung ist separabel mit Lösung $y(x) = \tan\left(\frac{x^3}{3} + x + \frac{\pi}{4}\right)$.

3.5

$y(x) = u^{1-\gamma}(x)$ mit $u(x) = \dfrac{b}{a} + \dfrac{c}{a}\exp(a(\gamma-1)x)$, $c \in \mathbb{R}$

3.6 $y(x) = ce^{-x} - 2 + 2x$, $c \in \mathbb{R}$

3.7 Die vorliegende Differenzialgleichung ist exakt mit Stammfunktion

$$\varphi(x, y) = x^2 y .$$

Die Lösungen $y(x)$ dieser Differenzialgleichung sind für $x \neq 0$ durch

$$y(x) = \frac{c}{x^2}, \quad c \in \mathbb{R}$$

gegeben.

3.8 Mit dem integrierenden Faktor $u(x, y) = e^x$ ist die Differenzialgleichung

$$e^x(y^2 - 2x - 2) + 2e^x y\, y'(x) = 0$$

exakt. Die Lösung lautet

$$y(x) = \pm\sqrt{2x + ce^{-x}}, \quad c \in \mathbb{R}.$$

3.9 Die Differenzialgleichung

$$\frac{1}{xy^2}(y^2 - xy) + \frac{1}{xy^2}(2xy^3 + xy + x^2)y'(x) = 0$$

ist exakt. Die Lösung in impliziter Form lautet:

$$\ln(xy) - \frac{x}{y} + y^2 = c, \quad c \in \mathbb{R}.$$

3.10

$$y(x) = \frac{2x}{2c - x^2}, \quad c = 1$$

3.11 Die Differenzialgleichung ist exakt, ihre Lösung lautet

$$x^2 + xy - \frac{1}{2}y^2 = c, \quad c \in \mathbb{R}$$

und in expliziter Form, wenn wir nach y auflösen

$$y = x \pm \sqrt{3x^2 - 2c}.$$

3.12

$$u(x) = \frac{1}{x}, \quad x \neq 0$$

ist ein integrierender Faktor.

3.14 $y(x) = xz(x) = x(cx - 1) = cx^2 - x$, $c \in \mathbb{R}$

3.15

$$y(x) = \frac{1}{4}(x^2 + c)^2$$

$$y(0) = 1 \Rightarrow y(x) = \frac{1}{4}(x^2 + 2)^2$$

$$y(0) = 0 \Rightarrow y(x) = \frac{1}{4}x^4$$

$$y(0) = -1 \Rightarrow y(x) = \frac{1}{4}(x^2 + 2i)^2$$

Für $y(0) = -1$ existiert keine reelle Lösung.

3.16 $y(x) = \dfrac{e^x + e^{-x} - 2}{2}$

3.17 $y(x) = c_1 \sin x$, $c_1 \in \mathbb{R}$ beliebig

3.18

a) $\mathcal{L}[f'(t)] = \mathcal{L}[a\cosh(at)] = \frac{as}{s^2 - a^2}$

b) $\mathcal{L}[f'(t)] = \mathcal{L}[3t^2] = \frac{6}{s^3}$

3.19 $\mathcal{L}[f(t)] = \mathcal{L}[\sin(\omega t)] = F(s) = \frac{\omega}{s^2+\omega^2}$

3.20

$$\begin{aligned} u(x,t) &= w(t)v(x) \\ &= \sum_{k=1}^{\infty}(a_k \cos(k\pi t) + b_k \sin(k\pi t))\sin(k\pi x) \\ \text{mit } a_k &= 2\int_0^1 g(s)\sin(k\pi s)\mathrm{d}s \\ \text{und } b_k &= \frac{2}{k\pi}\int_0^1 h(s)\sin(k\pi s)\mathrm{d}s \end{aligned}$$

3.21

$$k(x) = -\frac{1}{2}p' - \frac{1}{4}p^2 + q$$

Die Transformation bewirkt beim Eigenwertproblem, dass λ ein Eigenwert von L ist, genau dann wenn λ ein Eigenwert von $\bar{L}$ mit $\bar{L}v = v'' + k(x)v$.

Die Hermitesche Differenzialgleichung wird zu

$$v'' + (1 - x^2 + 2n)v = 0.$$

3.22 Die Eigenfunktionen sind $u_k(x) = \sin(\pi k \ln x)$ zu den Eigenwerten $\lambda_k = k^2\pi^2$, $k \in \mathbb{N}$.

3.23 Es gibt zwei Lösungen $y(x) \equiv 0$ und $y(x) = x^2$. Da die Funktion $f(y) = 2\sqrt{y(x)}$ die Bedingung der Lipschitz-Stetigkeit an der Stelle $y = 0$ nicht erfüllt, stellt das keinen Widerspruch zum Satz von Picard-Lindelöf dar.

Kapitel 4

4.2

a) $y(t) = c_1 + c_2 t + c_3 e^t + c_4 e^{-1}$ mit $c_1, c_2, c_3, c_4 \in \mathbb{R}$, die Lösung ist beschränkt für $t \to \infty$, falls $c_2 = c_3 = 0$.

b) Die Lösung $y(t) = t$ ist unbeschränkt.

c) $y(t) = c_1 e^{-t} + c_2 e^{\frac{t}{2}} \cos(\frac{\sqrt{3}}{2} t) + c_3 e^{\frac{t}{2}} \sin(\frac{\sqrt{3}}{2} t)$, die Lösung ist beschränkt für $t \to \infty$, falls $c_2 = c_3 = 0$.

d) $y(t) = c_1 \sin(\sqrt{2} t) + c_2 t \sin(\sqrt{2} t) + c_3 \cos(\sqrt{2} t) + c_4 t \cos(\sqrt{2} t)$, die Lösung ist beschränkt für $t \to \infty$, falls $c_2 = c_4 = 0$.

4.3 Die Ljapunov-Funktion ist $V = \frac{1}{2}(y_1^2 + y_2^2)$. Der Gleichgewichtspunkt $(0, 0)$ ist asymptotisch stabil.

4.4 Der Gleichgewichtspunkt $\bar{\mathbf{y}} = \mathbf{0}$ ist asymptotisch stabil.

4.5 Der Gleichgewichtspunkt $\mathbf{0}$ ist asymptotisch stabil. Mittels Linearisierung lässt sich keine Aussage treffen.

4.6

- Für $a = -1$ bilden die beiden Lösungen

$$\mathbf{y}_1(t) = \begin{pmatrix} e^t \\ -e^t \end{pmatrix} \quad \text{und} \quad \mathbf{y}_2(x) = \begin{pmatrix} e^{-2t} \\ 2\,e^{-2t} \end{pmatrix}$$

ein Fundamentalsystem.

- Für $a = 3$ bilden die beiden Lösungen

$$\mathbf{y}_1(t) = \begin{pmatrix} e^t \\ -e^t \end{pmatrix} \quad \text{und} \quad \mathbf{y}_2(x) = \begin{pmatrix} e^{2t} \\ -2\,e^{2t} \end{pmatrix}$$

ein Fundamentalsystem.

4.7

a) Die Gleichgewichtspunkte sind $\bar{\mathbf{y}}_a = [a, 0]^T$ mit $a \in \mathbb{R}$.

4.8

b) $y(t) = \frac{1}{-\cos t + \frac{1+y_0}{y_0}}$

c) Für $t = \arccos(\frac{1+y_0}{y_0})$ existiert $y(t)$ nicht.

d) Die Nulllösung ist stabil, aber nicht asymptotisch stabil.

4.9 Der Gleichgewichtspunkt $\bar{\mathbf{y}} = \mathbf{0}$ ist stabil.

4.11 Für $t \geq \frac{\pi}{2}$ sind die Lösungskurven unbeschränkt und für $t \leq \frac{\pi}{2}$ beschränkt.

4.12

a) $\bar{y}$ ist stabil, aber nicht asymptotisch stabil. Die Differenzialgleichung ist bereits linear.

b) $\bar{y}$ ist instabil.

c) $\bar{y}$ ist asymptotisch stabil.

d) $\bar{y}$ ist asymptotisch stabil.

e) $\bar{y}$ ist stabil, aber nicht asymptotisch stabil.

4.18 $\omega(0) = 0$ und $\omega(y_0) = 1$ für $y_0 \in (0, 1]$

Kapitel 5

5.1 In keinem Punkt.

5.2 Nein.

5.3 a) Für reelle oder rein imaginäre z. b) Für reelle z.

5.4 $f(K)$ ist die senkrechte Gerade gegeben durch $\operatorname{Re} w = 1/2$.

5.5 $f(\mathbb{H}) = \mathbb{C}^- = \mathbb{C} \setminus \{z \colon z \leq 0\}$, die längs der negativen reellen Achse aufgeschnittene Ebene. f ist auf $\mathbb{H}$ injektiv.

5.6 $f(\mathbb{C}^\times) = \mathbb{C}$, $f(\partial\mathbb{E}) = [-1, 1]$ und $f(\mathbb{E}^\times) = \mathbb{C} \setminus [-1, 1]$. Auf $\mathbb{E}^\times$ ist f bijektiv.

5.8 Die einzige solche Funktion ist die Konstante $f = 1$.

5.9 Es muss $b = -1$ sein, $a \in \mathbb{R}$ ist beliebig. Die gesuchten Funktionen haben die Form

$$f(x, y) = x^2 + 2axy - y^2 + i(2xy + ay^2 - ax^2 + d)$$

mit einem weiteren freien Parameter $d \in \mathbb{R}$.

5.10 $1 + \frac{1}{3} i$.

5.11

$$f(z) = -\frac{1}{z} - 1 - z - z^2 - \ldots$$

5.12

$$f(z) = \frac{1 - i}{z - i} + \frac{1 + i}{2i} \sum_{k=0}^{\infty} (\frac{i}{2})^k (z - i)^k .$$

5.13 (a) $\operatorname{Res}(f, 0) = 3$. (b) $\operatorname{Res}(f, 1) = -1/4$.

5.14 (a) $\operatorname{Res}(f, 0) = 1$.
(b) Die Singularitätenmenge von f besteht aus den Punkten $c_k = \pi i + 2k\pi i$ für $k \in \mathbb{Z}$. Es gilt $\operatorname{Res}(f, c_k) = -1 - c_k^2)/e^{c_k}$ für alle $k \in \mathbb{Z}$.

5.15 Das Integral hat den Wert $1/3$.

Kapitel 6

6.1 $d \in \mathcal{A}^2(\mathbb{R}^4)$, $f \in \mathcal{L}^3(\mathbb{R}^4)$, $g \in \mathcal{L}^2(\mathbb{R}^4)$, h ist kein Tensor

6.2

$$\begin{aligned} f \otimes g &= 2\Phi_{(1,2,2,2,1)} - \Phi_{(2,3,1,2,1)} - 10\Phi_{(1,2,2,3,1)} \\ &\quad + \Phi_{(2,3,1,3,1)} \end{aligned}$$

$$\begin{aligned} f \otimes g(x, y, z, u, v) &= 2x_1 y_2 z_2 u_2 v_1 - x_2 y_3 z_1 u_2 v_1 \\ &\quad - 10 x_1 y_2 z_2 u_3 v_1 + 5 x_2 y_3 z_1 u_3 v_1 . \end{aligned}$$

6.3 $\sigma = e_4 \circ e_3 \circ e_1 \circ e_2$

6.4

$$\Psi_I(a_{j_1}, \ldots, a_{j_d}) = \begin{cases} (-1)^{l+1} & , |I \cap J| = d \\ 0 & \text{sonst.} \end{cases}$$

6.5

$$\begin{aligned} & \mathrm{d}\alpha_1 \wedge \mathrm{d}\alpha_3 \wedge \mathrm{d}\alpha_5 \\ = & \det\left(\frac{\partial(\alpha_1, \alpha_3, \alpha_5)}{\partial(x_1, x_2, x_3)}\right) \mathrm{d}x_1 \wedge \mathrm{d}x_2 \wedge \mathrm{d}x_3 \end{aligned}$$

6.6 $\int_M \omega = \frac{1}{2}$

6.8

$$\sum_{j=1}^{k} (-1)^{\left(\sum_{i=1}^{j-1} p_i\right)} \omega_1 \wedge \ldots \wedge \mathrm{d}\omega_j \wedge \ldots \wedge \omega_k$$

Kapitel 7

7.24 a) μ ist σ-endlich $\iff \Omega$ ist abzählbar.

Kapitel 8

8.1 1. richtig, 2. falsch, 3. richtig.

8.3 Die äquivalente Formulierung ist die Integralgleichung

$$(I + A)x = f$$

mit $Ax(t) = \int_0^t (t-s)g(s)x(s)\,\mathrm{d}s$ und $f(t) = \int_0^t (t-s)h(s)\,\mathrm{d}s + bt + a$ in den stetigen Funktionen.

8.8

$$x(t) - \int_0^1 k(t,s)\,x^2(s)\,\mathrm{d}s = \frac{1}{2}t(t-1).$$

Kapitel 9

9.11 Der Operator hat die Riesz-Zahl $r = 1$.

Kapitel 11

11.1 Die auf das Maschinenformat gerundete Zahl lautet $0.1235 \cdot 10^{-100}$ und ist damit keine Maschinenzahl.

Kapitel 12

12.1 Die Polynome (b) und (c) sind Monome. Die Polynome (a) und (d) bestehen aus Summen von Monomen, sind also selbst keine Monome.

12.2 Da alle Daten auf einer horizontalen Geraden liegen, ist das eindeutig bestimmte Interpolationspolynom $p(x) = 3$.

12.3 Da f ein Polynom vom Grad 4 ist, ist $p^* = f$.

Kapitel 13

13.1 Das ist in der Tat der Fall und ein guter Grund, Newton-Cotes-Formeln nicht für großes n zu verwenden! Wie wir gezeigt haben, gilt stets $\sum_{i=0}^n \alpha_i = n$, also $\lim_{n\to\infty} \sum_{i=0}^n \alpha_i = \infty$.

13.2 Polynome höheren Grades zeigen auf äquidistanten Knoten das Runge-Phänomen, d. h., sie oszillieren zwischen den Knoten.

13.3 Sie können selbstverständlich kubische Splines verwenden und in der Praxis wird diese Technik auch angewendet.

13.4 Nach dem Satz über die maximale Ordnung einer Quadraturregel ist der Höchstgrad $2n + 1$. Die Klasse der Gauß-Quadraturen erreicht diese Ordnung tatsächlich. Die Knotenverteilung ist dabei gegeben durch die Nullstellen von Orthogonalpolynomen.

13.5 Die Knoten sind Nullstellen von Orthogonalpolynomen und das sind in der Regel irrationale Zahlen. Man hat also in der Regel mit zahlreichen Nachkommastellen bei den Knoten zu rechnen, was die Gauß-Quadraturen für Handrechnung unattraktiv macht.

13.14 Für das Intervall $[0, 0.1]$ erhält man mit der Trapezformel den Wert 0.0189876, also einen Fehler im Betrag von 0.000053, während die Simpson-Regel den Wert 0.0190144 und damit den Fehler von 0.0000215 liefert. Im Intervall $[0.4, 0.5]$ liefert die Trapezregel den Wert -0.0330067 und einen Fehler von 0.0000265, und die Simpson-Regel -0.0328827 mit einem Fehler von 0.0000975.

Der Fehler der (eigentlich genaueren!) Simpson-Regel ist damit höher als der der Trapezregel. Unsere Fehlerabschätzungen basieren stets auf der Differenzierbarkeit von f. Ist diese Differenzierbarkeit wie in diesem Fall nicht gegeben, macht die Verwendung eines aufwendigeren Verfahrens keinen Sinn.

13.15 Für die Gauß-Quadratur mit zwei Stützstellen ergibt sich

$$Q^{\mathrm{G}}\left[\frac{1}{1+x^4}\right] = \frac{1}{1 + \left(\frac{-1}{\sqrt{3}}\right)^4} + \frac{1}{1 + \left(\frac{1}{\sqrt{3}}\right)^4}$$

mit $x_0 = -x_1 = -1/\sqrt{3}$ und $\alpha_0 = \alpha_1 = 1$. Die affine Transformation auf $[0, 1]$ liefert

$$y_i := \frac{x_i + 1}{2}, \quad \widetilde{\alpha}_i := \frac{\alpha_i}{2}, \quad i = 0, 1,$$

und damit

$$\begin{aligned} \widetilde{Q}_2^{\mathrm{G}}\left[\frac{1}{1+x^4}\right] &= \frac{1}{2}\left(\frac{1}{1 + \left(\frac{1 - \frac{1}{\sqrt{3}}}{2}\right)^4} + \frac{1}{1 + \left(\frac{1 + \frac{1}{\sqrt{3}}}{2}\right)^4}\right) \\ &= 0.8595\,2249. \end{aligned}$$

Die Gauß-Quadratur mit vier Knoten liefert den Wert 0.8669 5566. Der Fehler liegt also für die Formel mit zwei Knoten bei 0.0075 und für die Formel mit vier Knoten bei 0.0000 1733.

Kapitel 14

14.13 Wir erhalten

$$A = \underbrace{\begin{pmatrix} 1 & 0 & 0 \\ 1 & 1 & 0 \\ 2 & 3 & 1 \end{pmatrix}}_{=L} \underbrace{\begin{pmatrix} 1 & 4 & 5 \\ 0 & 2 & 6 \\ 0 & 0 & 3 \end{pmatrix}}_{=R}.$$

Zur Lösung des Gleichungssystems

$$\begin{pmatrix} 17 \\ 31 \\ 82 \end{pmatrix} = Ax = L \underbrace{Rx}_{=y}$$

berechnen wir zunächst durch eine Vorwärtselimination aus $Ly = (17,\ 31,\ 82)^T$ den Hilfsvektor

$$y = \begin{pmatrix} 17 \\ 14 \\ 6 \end{pmatrix}.$$

Analog ergibt sich aus einer Rückwärtselimination

$$x = R^{-1} y = \begin{pmatrix} 3 \\ 1 \\ 2 \end{pmatrix}.$$

14.14 Es gilt

$$A = \underbrace{\begin{pmatrix} \frac{\sqrt{2}}{2} & \frac{\sqrt{2}}{2} \\ -\frac{\sqrt{2}}{2} & \frac{\sqrt{2}}{2} \end{pmatrix}}_{=Q} \underbrace{\begin{pmatrix} \sqrt{2} & \sqrt{2} \\ 0 & 2\sqrt{2} \end{pmatrix}}_{=R}$$

und wir erhalten die Lösung des Gleichungssystems mit

$$QRx = \begin{pmatrix} 16 \\ 0 \end{pmatrix} \Leftrightarrow Rx = Q^T x = \begin{pmatrix} \frac{8}{\sqrt{2}} \\ \frac{8}{\sqrt{2}} \end{pmatrix}$$

durch Rückwärtselimination zu

$$x = \begin{pmatrix} 4 \\ 4 \end{pmatrix}.$$

14.15 Es gilt

$$A = \underbrace{\begin{pmatrix} 3 & 0 & 0 \\ 1 & 4 & 0 \\ 3 & 2 & 2 \end{pmatrix}}_{=L} \underbrace{\begin{pmatrix} 3 & 1 & 3 \\ 0 & 4 & 2 \\ 0 & 0 & 2 \end{pmatrix}}_{=L^T}$$

und wir erhalten durch die bekannte Eliminationstechnik

$$x = A^{-1} \begin{pmatrix} 24 \\ 16 \\ 32 \end{pmatrix} = L^{-T} L^{-1} \begin{pmatrix} 24 \\ 16 \\ 32 \end{pmatrix} = \begin{pmatrix} 1 \\ -1 \\ 2 \end{pmatrix}.$$

Kapitel 15

15.10 $\sigma(A) \subseteq \bigcup_{i=1}^{3} K_i$ mit $K_1 = K(3,5)$, $K_2 = K(4,3)$ und $K_3 = K(-4,1)$.

15.11 $\sigma(A) \subset [-4, 8] + [-2\mathrm{i}, 2\mathrm{i}]$.

15.12 Die Eigenwerte lauten $\lambda_1 = \frac{3}{2} + \frac{1}{2}\sqrt{17} \approx 3.56$, $\lambda_1 = 1$ und $\lambda_3 = \frac{3}{2} - \frac{1}{2}\sqrt{17} \approx -0.56$. Dabei liegen wie zu erwarten alle Eigenwerte in der Menge $[-2, 4] + [-2\mathrm{i}, 2\mathrm{i}]$.

Kapitel 16

16.1 Die Eindeutigkeit der Lösung ist dabei nur noch im Fall der Maximumnorm und nicht mehr bei der Betrachtung der Betragssummennorm gegeben.

16.4 Nein

16.8

$$\begin{aligned} \Phi(t) &= \frac{1}{340}\left(104\,\Phi_0(t) + 1\,\Phi_1(t) + 209\,\Phi_2(t)\right) \\ &= \frac{1}{340}\left(210\,t^2 + 102\,t\right) \end{aligned}$$

Das Polynom ist unabhängig von der Variation der Koeffizienten innerhalb des Lösungsraums der Normalgleichungen.

16.9 $y(t) = -\sin t - \frac{1}{3}\cos t$

16.10

y-Werte: $g(t) = 2.04 + 1.94\,t$, $\quad p(t) = 0.969 + 1.004\,t^2$
z-Werte: $g(t) = -2.89 + 1.99\,t$, $p(t) = -3.072 + 0.724\,t^2$

16.11

$$A^{\clubsuit} = \frac{1}{125}\begin{pmatrix} 3 & 6 \\ 4 & 8 \end{pmatrix}.$$

16.12

$$p(t) = 2 + 0.6\,t$$

16.13

$$s(v) = \frac{1}{100}(5.71\,v + 12.68\,v^2)$$

16.14 Die allgemeine Lösungsdarstellung lautet

$$x = \frac{1}{2}\begin{pmatrix} 5 \\ 3 \\ 0 \end{pmatrix} + \lambda \begin{pmatrix} -1 \\ -1 \\ 1 \end{pmatrix} \quad \text{mit } \lambda \in \mathbb{R}.$$

Dabei stellt

$$x = \frac{1}{6}\begin{pmatrix} 7 \\ 1 \\ 8 \end{pmatrix}$$

die Optimallösung dar.

Kapitel 17

17.1 Das Bisektionsverfahren liefert als beste Schätzung der Nullstelle $x_n = (a_n + b_n)/2$, wobei $[a_n, b_n]$ das im n-ten Schritt durch Bisektion konstruierte Teilintervall ist. Division durch $2 = (10)_2$ bedeutet im Dualsystem das Streichen der letzten Stelle des Dividenden („Rechtsshift").

17.2 Als absoluter Fehler im n-ten Schritt ergibt sich

$$|\xi - x_n| \leq \frac{b_n - a_n}{2^n}.$$

Kapitel 18

18.14 $S = \{\xi \in \mathbb{C} \mid |1 + \xi| < 1\}$

18.15 Die Konsistenzordnung ist $p = 4$.

18.16 Es handelt sich um ein Verfahren dritter Ordnung.

18.18 c_2 beliebig und $c_3 = \frac{1}{2}$.

18.20 Das Verfahren besitzt genau die Konsistenzordnung $p = 3$.

Kapitel 19

19.5 a) $A = A_1 \cap A_2 \cap A_3 \cap A_4$
b) $A = A_1 \cup A_2 \cup A_3 \cup A_4$ c) $A = A_1 \cap (A_2 \cup A_3 \cup A_4)$
d) $A = (A_1 \cup A_2) \cap (A_3 \cup A_4)$.

19.6 $A = G \cap (K_1 \cup K_2 \cup K_3) \cap (T_1 \cup T_2)$,
$A^c = G^c \cup (K_1^c \cap K_2^c \cap K_3^c) \cup (T_1^c \cap T_2^c)$.

19.16 $\binom{n+k-1}{k}$.

19.17 $1/2$.

19.35 $\sum_{r=0}^{n-1} (-1)^r \binom{n}{r} (n-r)^k$

Kapitel 20

20.8 a) $10/19$, b) $10/19$, c) $20/29$.

20.10 a) $2/3$. b) $1/2$.

20.23

$$\alpha_0 = \frac{1}{1+u+v}, \quad \alpha_1 = \frac{u}{1+u+v}, \quad \alpha_2 = \frac{v}{1+u+v},$$

wobei

$$u = \frac{p}{q(1-p)}, \quad v = \frac{p^2(1-q)}{q^2(1-p)}.$$

20.24 Die invariante Verteilung ist die hypergeometrische Verteilung $\mathrm{Hyp}(m, m, m)$.

Kapitel 21

21.3 $\mathrm{G}(1/2)$

21.16 Nein.

21.26 $\mathbb{E}X = 1/4$, $\mathbb{E}Y = 0$, $\mathbb{E}X^2 = 3/2$, $\mathbb{E}Y^2 = 1/2$, $\mathbb{V}(X) = 23/16$, $\mathbb{V}(Y) = 1/2$, $\mathbb{E}(XY) = -1/4$.

21.29 0.04508...

21.37 Der Maximalwert wird im Fall $\lambda \notin \mathbb{N}$ für $k = \lfloor \lambda \rfloor$ und für $\lambda \in \mathbb{N}$ für die beiden Werte $k = \lambda$ und $k = \lambda - 1$ angenommen.

21.39 a) $6/6^5$, b) $150/6^5$, c) $300/6^5$, d) $1200/6^5$, e) $1800/6^5$, f) $3600/6^5$, g) $720/6^5$.

Kapitel 22

22.3 Die Verteilungsfunktion von Y ist $G(y) = \frac{1}{2} + \frac{1}{\pi} \arcsin y$, $-1 \leq y \leq 1$.

22.16 Die Aussagen sind äquivalent.

22.18 Es gilt

$$\mathbb{E}X^4 = 2 \Longleftrightarrow \mathbb{P}(X = a) = \frac{2}{5 + \sqrt{5}} = 1 - \mathbb{P}\left(X = -\frac{1}{a}\right).$$

22.26 Es ist $\varphi_Z(t) = 1/(1 + t^2)$, $t \in \mathbb{R}$.

22.29 b) $\mathbb{P}(X \leq 10) = 10/11$, $\mathbb{P}(5 \leq X \leq 8) = 1/18$.
c) Ja.

22.30 $f(x) = 2\sqrt{1 - x^2}/\pi$ für $|x| \leq 1$. X und Y sind nicht unabhängig.

22.31 a) $F(t^{1/4}) - F(-t^{1/4})$ für $t \geq 0$ b) $F(t) - F(-t)$ für $t \geq 0$ c) $1 - F(-t)$, $t \in \mathbb{R}$.

22.32 $a = 1/2$. Die Verteilungsfunktion ist $F(x) = 1 - \exp(-x)/2$ für $x \geq 0$ und $F(x) = 1 - F(-x)$ für $x < 0$.

22.33 $2\Phi(1) - 1 \approx 0.6826$ $(2\Phi(2) - 1 \approx 0.9544)$.

22.34 $k = 1$: 0.6826, $k = 2$: 0.9544, $k = 3$: 0.9974

22.37 Es gilt $G(y) = 1 - \sqrt{1 - y}$, $0 \leq y \leq 1$.

22.38 a) Die Dichte von X_1 (und von X_2) ist

$$f_1(x_1) = \frac{1}{\sigma\sqrt{2\pi}} \exp\left(-\frac{x_1^2}{2\sigma^2}\right), \quad x_1 \in \mathbb{R}.$$

X_1 und X_2 sind nicht stochastisch unabhängig.

b) Die gemeinsame Dichte von Y_1 und Y_2 ist

$$g(y_1, y_2) = \frac{1}{\pi\sqrt{2}} \exp\left(-y_1^2 - \frac{y_2^2}{2}\right).$$

Y_1 und Y_2 sind stochastisch unabhängig.

22.44 Die Dichte von X/Y ist

$$g(t) = \frac{1}{2} \cdot (\min(1, 1/t))^2 \quad \text{für } t > 0 \text{ und } g(t) = 0 \text{ sonst.}$$

22.54 Die negative Binomialverteilung $\mathrm{NB}(r, p)$ mit $p = \beta/(1+\beta))$.

Kapitel 23

23.7 Es sei $(\mathbf{X}_n)_{n\geq 1}$ eine Folge stochastisch unabhängiger und identisch verteilter k-dimensionaler Zufallsvektoren auf einem Wahrscheinlichkeitsraum $(\Omega, \mathcal{A}, \mathbb{P})$ mit $\mathbb{E}\|\mathbf{X}\|_\infty < \infty$. Dann gilt

$$\frac{1}{n}\sum_{j=1}^{n} \mathbf{X}_j \xrightarrow{\text{f.s.}} \mathbb{E}\mathbf{X}_1,$$

wobei $\mathbb{E}\mathbf{X}_1$ der Vektor der Erwartungswerte der Komponenten von $\mathbf{X}_1$ ist.

23.12 c) $\Phi(1)$.

23.17 b) Nein.

Kapitel 24

24.1 $\alpha^{-1/n}\max(X_1, \ldots, X_n)$.

24.2 Es gilt

$$\lim_{n\to\infty} \mathbb{P}_\lambda\,(U_n \leq \lambda \leq O_n) = 1 - \alpha \quad \forall \lambda \in (0, \infty),$$

wobei mit $h := \Phi^{-1}(1 - \alpha/2)$ und $T_n := n^{-1}\sum_{j=1}^n X_j$

$$U_n = T_n + \frac{h^2}{2n} - \frac{h}{\sqrt{n}}\sqrt{T_n + \frac{h^2}{4n}}, \; O_n = T_n + \frac{h^2}{2n} + \frac{h}{\sqrt{n}}\sqrt{T_n + \frac{h^2}{4n}}.$$

24.4 Nein.

24.5 Nein.

24.35 a) $\vartheta(k) = 1/(k+1)$. b) Nein.

24.39 $c = 1/(n+1)$.

24.40 d) Der Schätzer $\widetilde{\vartheta}_n$.

24.49 Die Hypothese wird auf dem 5%-Niveau abgelehnt.

24.52 Die Hypothese $H_0\colon \mu \leq 0$ wird auf dem 5%-Niveau abgelehnt.

Bildnachweis

Kapitel 1
Eröffnungsbild: Gabriela Schranz-Kirlinger **1.9:** Popular Science Monthly, Bd. 82, 1913. **1.10:** Wikimedia commons **1.11:** Informationsdienst Wissenschaft (idw) zum Gauß-Jahr **1.12:** CauchyDibner-Collection Smithsonian Inst. **1.13:** mit freundlicher Genehmigung des *Mathematical Institute of the Polish Academy of Sciences* **1.14:** Lexikon der bedeutenden Naturwissenschaftler, Spektrum Akademischer Verlag 2004 **1.15:** Bildarchiv des Mathematischen Forschungsinstituts Oberwolfach

Kapitel 2
Eröffnungsbild: Gabriela Schranz-Kirlinger

Kapitel 3
Eröffnungsbild: Gabriela Schranz-Kirlinger

Kapitel 4
Eröffnungsbild: Gabriela Schranz-Kirlinger

Kapitel 5
Eröffnungsbild: Thomas Epp

Kapitel 6
Eröffnungsbild: adaptiert nach Lars H. Rohwedder, Sarregouset – source files: Image:OgaPeninsulaAkiJpLandsat.jpg (GFDL) and Image: Orthographic Projection Japan.jpg (GFDL and CC-By-SA).

Kapitel 7
Eröffnungsbild: Der Geode-Garten in La Villette, Paris, © 2007 Guy Patry

Kapitel 8
Eröffnungsbild: Fernsprechamt Stettin (1892), Reproduktion in: Mix & Genest (Hsg.), *75 Jahre Mix & Genest, 1879–1954*, E. Klett Stuttgart **Hintergrund und Ausblick:** Nichtlineare Funktionalanalysis, Frank Hettlich

Kapitel 9
Eröffnungsbild: polarlichter101_v-contentgross.jpg, ndr.de

Kapitel 10
Eröffnungsbild: Mathematisches Institut der Georg-August-Universität Göttingen, Daniel Schwen, CC BY-SA 2.5

Kapitel 11
Eröffnungsbild: © dpa / picture alliance

Kapitel 12
Eröffnungsbild: Joscha Kaiser

Kapitel 13
Eröffnungsbild: Matheplanet.com, http://matheplanet.com/matheplanet/nuke/html/uploads/8/22566_2_4_1.png

Kapitel 14
Eröffnungsbild: Wirbelschleppen © NASA

Kapitel 15
Eröffnungsbild: Eisenbahnbrücke, Metro Centric Hamburg, cc by 2.0

Kapitel 16
Eröffnungsbild: Ceres/Weltraumteleskop Herschel, ESA/ATG medialab

Kapitel 17
Eröffnungsbild: © Kiel-Marketing e. V. **Beispiel:** Das Heron-Verfahren, Keilschrifttext YBC 7289 aus der Babylonischen Sammlung Yale und Umsetzung mit indischarabischen Ziffern, aus: H. Wußing: 6000 Jahre Mathematik, Springer 2008 **17.8:** Feigenbaumdiagramm, R. Matzdorf, Unviversität Kassel

Kapitel 18
Eröffnungsbild: Lorenz-Attraktor 2 © SafePit

Kapitel 19
Eröffnungsbild: Thomas Epp

Kapitel 20
Eröffnungsbild: Thomas Epp

Kapitel 21
Eröffnungsbild: Würfel „five dice“ © Fotolia

Kapitel 22
Eröffnungsbild: Bildung der marginalen Dichtung, Norbert Henze

Kapitel 23
Eröffnungsbild: Menschenmenge, © Fuse, Thinkstock by Getty Images

Kapitel 24
Eröffnungsbild: Tea testing lady, grullina

Sachregister

C

D

T

Hauptsatz über Peano-Kerne

Es gelte $R_{n+1}[\Pi^{s-1}] = 0$. Besitzt f eine absolut stetige $(s-1)$-te Ableitung, dann gilt

$$R_{n+1}[f] = \int_a^b f^{(s)}(x) K_s(x)\,\mathrm{d}x.$$

Satz über die Existenz Gauß'scher Quadraturregeln

Gegeben seien m Quadraturknoten $x_0, x_1, \ldots, x_n$, $m = n+1$, als Nullstellen des m-ten Legendre-Polynoms P_m wie in (13.32) definiert. Dann gibt es genau eine Quadraturregel

$$Q_{n+1}^{\mathrm{G}}[f] = \sum_{i=0}^{n} \alpha_i f(x_i), \quad x_k \in [-1, 1],$$

die Polynome vom Höchstgrad $2m-1$ exakt integriert. Die Gewichte sind gegeben durch

$$\alpha_i = \int_{-1}^{1} \prod_{\substack{j=0 \\ j\neq i}}^{n} \left(\frac{x - x_j}{x_i - x_j}\right)^2 \mathrm{d}x, \quad i = 0, 1, 2, \ldots, n.$$

Diese Quadraturregel heißt Gauß'sche Quadraturregel.

Satz zur Konvergenz linearer Iterationsverfahren

Ein lineares Iterationsverfahren ϕ ist genau dann konvergent, wenn der Spektralradius der Iterationsmatrix $\boldsymbol{M}$ die Bedingung

$$\rho(\boldsymbol{M}) < 1$$

erfüllt.

Satz zur Konvergenz des Jacobi-Verfahrens

Für jede symmetrische Matrix $\boldsymbol{A} \in \mathbb{R}^{n\times n}$ mit $n \geq 2$ konvergiert die Folge der durch das klassische Jacobi-Verfahren erzeugten, zueinander ähnlichen Matrizen

$$\boldsymbol{A}^{(k)} = \boldsymbol{Q}_k^T \boldsymbol{A}^{(k-1)} \boldsymbol{Q}_k$$

gegen eine Diagonalmatrix $\boldsymbol{D}$.

Satz zu den Normalgleichungen

Ein Vektor $\widehat{\boldsymbol{x}} \in \mathbb{R}^n$ ist genau dann Ausgleichslösung des linearen Ausgleichsproblems

$$\| \boldsymbol{A}\boldsymbol{x} - \boldsymbol{b} \|_2 \overset{!}{=} \min,$$

wenn $\widehat{\boldsymbol{x}}$ den sogenannten Normalgleichungen

$$\boldsymbol{A}^\top \boldsymbol{A}\boldsymbol{x} = \boldsymbol{A}^\top \boldsymbol{b}$$

Satz über die Konvergenz von Iterationsfolgen

Die Iterationsfunktion $\boldsymbol{\Phi}\colon \mathbb{R}^m \to \mathbb{R}^m$ besitze einen Fixpunkt $\boldsymbol{\xi}$, also $\boldsymbol{\Phi}(\boldsymbol{\xi}) = \boldsymbol{\xi}$, und es sei $U_r(\boldsymbol{\xi}) := \{\boldsymbol{x}\colon \|\boldsymbol{x} - \boldsymbol{\xi}\| < r\}$ eine Umgebung des Fixpunktes, in der $\boldsymbol{\Phi}$ eine kontrahierende Abbildung oder Kontraktion ist, d. h., es gilt

$$\|\boldsymbol{\Phi}(\boldsymbol{x}) - \boldsymbol{\Phi}(\boldsymbol{y})\| \leq C\|\boldsymbol{x} - \boldsymbol{y}\|$$

mit einer Konstanten $C < 1$ und für alle $\boldsymbol{x}, \boldsymbol{y} \in U_r(\boldsymbol{\xi})$. Dann hat die durch die Iteration

$$\boldsymbol{x}^{n+1} = \boldsymbol{\Phi}(\boldsymbol{x}^n), \quad n = 0, 1, \ldots$$

definierte Folge *für alle* Startwerte $\boldsymbol{x}^0 \in U_r(\boldsymbol{\xi})$ die Eigenschaften:

- Für alle $n = 0, 1, \ldots$ ist $\boldsymbol{x}^n \in U_r(\boldsymbol{\xi})$,
- $\|\boldsymbol{x}^{n+1} - \boldsymbol{\xi}\| \leq C\|\boldsymbol{x}^n - \boldsymbol{\xi}\| \leq C^{n+1}\|\boldsymbol{x}^0 - \boldsymbol{\xi}\|$,

die Folge $(\boldsymbol{x}_n)$ konvergiert also mindestens linear gegen den Fixpunkt.

Satz von Newton-Kantorowitsch I

Die Funktion $\boldsymbol{f}$ sei in $U_r(\boldsymbol{x}^0)$ definiert und habe in $\overline{U_r(\boldsymbol{x}^0)}$ eine stetige zweite Ableitung. Die reellwertige Funktion ψ sei zweimal stetig differenzierbar. Folgende Bedingungen seien erfüllt:

1. Die Matrix $\boldsymbol{G} := (\boldsymbol{f}'(\boldsymbol{x}^0))^{-1}$ möge existieren.
2. $c_0 := -1/\psi'(t^0) > 0$.
3. $\|\boldsymbol{G}\boldsymbol{f}(\boldsymbol{x}^0)\| \leq c_0\psi(t^0)$.
4. $\|\boldsymbol{G}\boldsymbol{f}''(\boldsymbol{x})\| \leq c_0\psi''(t)$ für $\|\boldsymbol{x} - \boldsymbol{x}^0\| \leq t - t^0 \leq R$.
5. Die Gleichung $\psi(t) = 0$ hat in $[t^0, t^*]$ eine Nullstelle $\bar{t}$.

Dann konvergiert das *vereinfachte* Newton-Verfahren für die beiden Gleichungen

$$\boldsymbol{f}(\boldsymbol{x}) = \boldsymbol{0},$$
$$\psi(t) = 0,$$

mit den Anfangswerten $\boldsymbol{x}^0$ bzw. t^0 und liefert Lösungen $\boldsymbol{\xi}$ bzw. τ und es gilt

$$\|\boldsymbol{\xi} - \boldsymbol{x}^0\| \leq \tau - t^0.$$

Definition der Einschrittverfahren

Ein Verfahren zur approximativen Berechnung einer Lösung des Anfangswertproblems (18.1), (18.2) der Form

$$y_{i+1} = y_i + \Delta t\, \Phi(t_i, y_i, y_{i+1}, \Delta t)$$

mit gegebenem Startwert y_0 zum Zeitpunkt t_0 und einer Verfahrensfunktion

$$\Phi : [a, b] \times \mathbb{R} \times \mathbb{R} \times \mathbb{R}^+ \to \mathbb{R}$$

wird als Einschrittverfahren bezeichnet. Dabei sprechen wir von einer expliziten Methode, falls Φ nicht von der zu bestimmenden Größe y_{i+1} abhängt. Ansonsten wird das Verfahren implizit genannt.